U0808668

中国石油和化学工业出版物奖(图书奖)一等奖书籍

# 钻井工程技术手册

(第四版)

张桂林　主编

中国石化出版社

## 内 容 提 要

本手册是针对石油钻井工程需要编写的一部工具书，系统介绍了钻井工具、钻井管材、仪器仪表、钻井设备、固井与完井、基础数据与计算等内容，内容包括钻头及辅助破岩工具、钻井管材、钻台工具与自动化装置、钻井仪表、钻井设备、井下动力钻具、定向井专用工具仪器、钻井井控、钻井液、钻井取心、侧钻工具、随钻震击(减震、振荡)器、套管与油管、固井与完井、常用井下故障处理工具、基础数据及有关计算、常用材料及其他和附录。

本手册内容全面、取材广泛、实用性强，是一本供广大钻井技术人员、管理人员、监督人员和工人使用的工具书，也是勘探、开发等相关行业的参考用书，钻井科研机构、石油院校也可参考使用。

**图书在版编目（CIP）数据**

钻井工程技术手册／张桂林主编．—4版．—北京：中国石化出版社，2023.5（2025.1重印）
ISBN 978-7-5114-7072-0

Ⅰ．①钻… Ⅱ．①张… Ⅲ．①油气钻井-技术手册 Ⅳ．①TE2-62

中国版本图书馆CIP数据核字(2023)第073238号

未经本社书面授权，本书任何部分不得被复制、抄袭，或者以任何形式或任何方式传播。版权所有，侵权必究。

**中国石化出版社出版发行**

地址:北京市东城区安定门外大街58号
邮编:100011 电话:(010)57512446
读者服务部电话:(010)57512575
http://www.sinopec-press.com
E-mail:press@sinopec.com
北京艾普海德印刷有限公司印刷
全国各地新华书店经销

*

850毫米×1168毫米 32开本 56.375印张 1456千字
2023年7月第1版 2025年1月第2次印刷
定价：360.00元

# 作者简介

**张桂林**，中石化胜利石油工程公司技术发展部。中国石油大学(华东)油气井工程专业硕士研究生毕业，教授级高级工程师，中国石油化工集团有限公司突出贡献专家。历任钻井队技术员，钻井公司技术科长，管理局钻井处(生产管理部、工程技术管理处)主任工程师、副处长，石油工程公司工程技术管理处(技术装备处、技术发展处等)副处长，工程公司高级专家、常驻专家组组长等职务，现任工程公司常驻专家。

从事钻井技术与管理工作42年，一直致力于业务钻研和技术研究应用，开展技术创新，解决了大量技术难题，具有较高水平和丰富经验。如研究应用“液量稳定”控压方法，解决了土库曼斯坦“高压高产、零压力窗口、喷漏同存”盐水层与灰岩裂缝气层钻井与完井难题，形成了平衡压力钻井技术。

在井控方面有独到见解，对井控原理、井喷压井方法、井控标准等有深入研究，解决理论与现场问题，形成了压井方法与工艺系列。如关井套压超过50MPa的超深高压气井重大井喷，制定实施了强行下钻方法和井眼喷空后的循环压井方法，取得了一次性成功的重大成果。

获得胜利油田技术革新能手、科技工作先进个人、优秀青年知识分子、优秀兼职培训师和石油天然气总公司“八五”石油系统合理化建议和技术改进先进个人、中国石化集团公司优秀基层管理者、中国石化突出贡献专家、石油行业钻井标准化先进工作者等称号，荣立胜利油田二等功一次、三等功两次。

先后荣获科技进步奖20项(国家级1项，省部级9项，局级10项），获得专利20项(发明3项，实用新型17项)，主编出版《井控技术》(钻井、井下作业、采油采气)、《石油钻井工》、《石油工程英语》、《钻井工程技术手册》等书籍13部，国家核心刊物发表论文26篇，学术技术水平在国内石油系统具有一定知名度。

重视技术交流与培训，长期为胜利油田各级技术与管理人员以及中国石化集团公司、中国石油大学、中国海油、中国石油、延长石油等单位进行井控与技术培训授课，受到高度认可和评价！

# 再版说明

《钻井工程技术手册》2005年首次出版，受到了广大使用者的欢迎和喜爱，先后多次印刷增发。之后每隔6年再版一次已连续出版了3版，本次再版周期仍为6年左右。实践证明，以5年到6年的频次进行再版，基本能够满足钻井技术发展的需要。

本次修订，仍本着满足钻井工程技术需要的思路，本着面向生产一线、面向广大技术人员、面向科研院所、面向全行业的原则，本着为使用者提供一种先进、实用工具用书的目的进行编写，力求达到最新、全面、正确、实用，保持国内领先水平。涉及标准的内容，全部按照新标准进行修订更新；对于产品类内容，调研落实产品研发与应用进展，达到规格系列齐全和最新状态；对于工艺技术类内容，跟踪技术进展，达到已成系列配套技术的性能指标最新状态。淘汰过时技术与产品，进行去冗删减和更新补充，内容得到彻底更新修订，达到最新状态。

按照钻井工艺过程，对《钻井工程技术手册》(第三版)章节进行了调整，由原来十六章调整为十七章加附录。

主要补充增加的内容有：PDC-牙轮混合钻头和辅助破岩工具、管柱自动化装置、JZ型指重表和VDX多参数仪、新型钻机与顶驱设备、固控设备、新型动力钻具系列、新型高温随钻测井与导向测井系列、新型旋转防喷器、远程遥控关井控制装置、高压开启旋塞阀等装置、双台肩特殊螺纹钻杆与无磁钻具新产品、新型抗高温钻井液体系与处理剂、钻井取心工具系列、国内外侧钻工具系列、水力振荡器、直连套管的使用性能、平衡液缸式悬挂器等新型耐高温高压套管工具附件、新型大功率固井设备、新的“相对时间法”油气上窜速度计算公式等。

主要删减的内容有：刮刀钻头、已淘汰的落后钻机、GEOLINK系列测井仪、已无产品的特种钻具、铁铬木质素磺酸盐和铬腐殖酸等处理剂、震击器钻具组合中的屈性长轴、M65 钢级套管相关的信息、CPT986 与 CPT-Y4 老旧双泵固井水泥车等。

第一章钻头及辅助破岩工具由彭烨、毛洪伟编写，第二章钻井管材由刘光磊、张桂林编写，第三章钻台工具与管柱自动化装置由张连涛、蔡文军编写，第四章钻井仪表由王智锋、孙在编写，第五章钻井设备由孟祥卿、初新杰、乔建华编写，第六章井下动力钻具由史桂云、张桂林编写，第七章定向井专用工具仪器由张晓林、孙鹏编写，第八章井控设备由杨利强、宋荣荣、张桂林编写，第九章钻井液由郭保雨、王旭东编写，第十章钻井取心由刘峰编写，第十一章侧钻工具由吴仲华、陈忠帅编写，第十二章随钻震击(减震、振荡)器由马国良、史桂云、黄磊编写，第十三章套管和油管由牛步青、郑振兴编写，第十四章固井与完井由李延伟、邓杰编写，第十五章常用井下故障处理工具由冯相尧、张桂林编写，第十六章基础数据及有关计算由张延明、隋梅、张桂林编写，第十七章钻井常用材料及其他由刘佑云、曲忭编写，附录由张桂林、邓美寅编写。

根据多年来的应用情况和内容与实际的相关性分析，在满足实用要求的前提下尽量缩小篇幅，便于快捷查询、携带和使用。第四版字数和图、表数量都进行了严格控制，总字数约 146 万字，各种表格 1163 张，各种图示 638 幅。

本手册由张桂林主编，制定编写大纲并进行统编和审定。隋梅负责材料组织和初稿审查。在编写过程中，何立成、田辉、王国防给予了精心指导和大力支持，许多钻井专家同行也提出了宝贵建议和意见，在此表示诚挚的谢意！

由于钻井技术发展迅速，工艺技术、工具仪器、管材、设备等日新月异，加之掌握新工艺、新技术的局限性以及编写水平有限，手册中难免存在不足与错误，恳请广大使用者多提宝贵意见。

编　者

# 目 录

## 第一章 钻头及辅助破岩工具

## 第二章 钻井管材

## 第三章 钻台工具与管柱自动化装置

# 第四章　钻井仪表



# 第五章　钻井设备

## 第六章 井下动力钻具

## 第七章　定向井专用工具仪器

## 第八章 井控设备

## 第九章　钻井液

## 第十章　钻井取心



## 第十一章　侧钻工具

## 第十二章　随钻震击(减震、振荡)器

## 第十三章　套管和油管



## 第十四章　固井与完井

## 第十五章　常用井下故障处理工具

## 第十六章　基础数据及有关计算

## 第十七章　钻井常用材料及其他

## 附录



## 后记

# 第一章　钻头及辅助破岩工具

## 第一节　钻 头 材 料

按钻头切削齿固定与否分为活动齿钻头和固定齿钻头，活动齿钻头主要有牙轮钻头和滚刀钻头，固定齿钻头主要有 PDC (Polycrystalline Diamond Compact) 钻头、金刚石钻头和刮刀钻头。按钻头功用分为全面钻进钻头、取心钻头、特殊工艺钻头(扩眼器、定向钻头等)。钻头类型不同，制造材料也有所不同。

### 一、牙轮钻头材料

牙轮钻头主要由壳体(牙爪)、巴掌、牙齿、牙轮、轴承和喷嘴等部件组成。

壳体(牙爪)、巴掌和牙轮由合金钢加工制成。牙齿包括铣齿和镶齿(又称硬质合金齿)两类，前者在牙轮上直接加工制成，后者由碳化钨粉料在高温高压下制成。

轴承在牙爪和牙轮基础上加工制成。

### 二、PDC 钻头材料

PDC 钻头主要由钻头体、PDC 切削齿、喷嘴、保径材料和连接接头等组成。

钻头体分为胎体钻头体和钢体钻头体两种。胎体钻头体是将碳化钨粉料和浸渍合金加入钻头模具中并在高温炉中通过高温无压浸渍烧结而成，钢体钻头体由合金钢直接加工而成。PDC 切削齿(又称聚晶金刚石复合片，图 1-1)

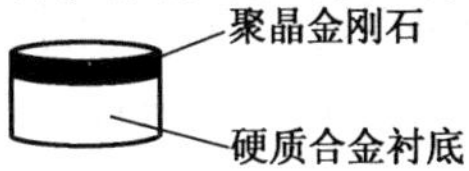

图 1-1　PDC 结构

是由金刚石微粉和硬质合金在模具中通过高温高压烧结而成。

保径材料是硬质合金块、聚晶金刚石或 PDC 复合片。

## 三、金刚石钻头材料

按切削齿材料分类，金刚石钻头分为天然金刚石钻头、TSP(Thermally Stable Polycrystalline Diamond)钻头(或巴拉斯钻头)和孕镶金刚石钻头。

### (一) 天然金刚石钻头材料

天然金刚石钻头由大颗粒天然金刚石、钻头体和连接接头等组成。大的天然金刚石颗粒用于表镶金刚石钻头，其钻头体和连接接头由合金钢制成。

### (二) TSP 钻头材料

TSP 钻头主要由热稳定聚晶金刚石、胎体、钢心和接头等组成。

TSP(又称热稳定聚晶金刚石)切削齿是由金刚石微粉和黏合剂等在高温下烧结而成的规则金刚石块。可以根据需求将切削齿制成不同的形状和大小，其中形状包括三棱柱形(三角聚晶)、四棱柱形(方聚晶)、圆柱形和圆片形等。

胎体材料和 PDC 钻头胎体材料类似，由钢心、碳化钨粉料和浸渍金属等材料在高温炉中烧结而成。

钢心和接头由合金钢加工制成。

### (三) 孕镶金刚石钻头材料

孕镶金刚石钻头有整体烧结式、胎体孕镶块钎焊式和钢体孕镶块钎焊式三种形式。整体烧结式、胎体孕镶块钎焊式两种形式孕镶金刚石钻头的钻头体由胎体、钢心和连接接头等组成。人造金刚石单晶、细颗粒天然金刚石和热稳定聚晶金刚石(TSP)用于孕镶金刚石钻头和孕镶块，胎体表层由人造金刚石单晶、天然金刚石、TSP 和碳化钨等粉料组成。将混合好的粉料和浸渍金属等放入组装好的石墨模具中，在高温下烧结成孕镶胎体。钢心和连接接头由合金钢加工制成。钢体孕镶块钎焊式孕镶金刚石钻头的钻头体由合金钢加工成型。

## 四、PDC-牙轮混合钻头材料

PDC-牙轮混合钻头由 PDC 部分、牙轮部分、喷嘴和连接接头等组成。PDC 部分由钻头钢体、PDC 切削齿和保径材料等组成，PDC 部分的材料参见 PDC 钻头材料中的钢体 PDC 钻头材料。牙轮部分由巴掌、牙轮、牙齿和轴承等组成，牙轮部分的材料参见镶齿牙轮钻头材料。

## 五、刮刀钻头材料

刮刀钻头由刮刀片、上钻头体、下钻头体和喷嘴组成。

刮刀片由刀片基体(钢体)及切削材料组成(图 1-2)，刀片基体一般采用合金钢，如 35CrMo、$25Si_2Mn_2MV$ 等；切削材料分为硬质合金和聚晶金刚石孕镶块。作为切削材料的硬质合金一般采用 YG8。聚晶金刚石孕镶块由人造聚晶金刚石块或柱与碳化钨混合粉料在高温下烧结成(图 1-3)，主要目的是提高与刀片基体的焊接强度。

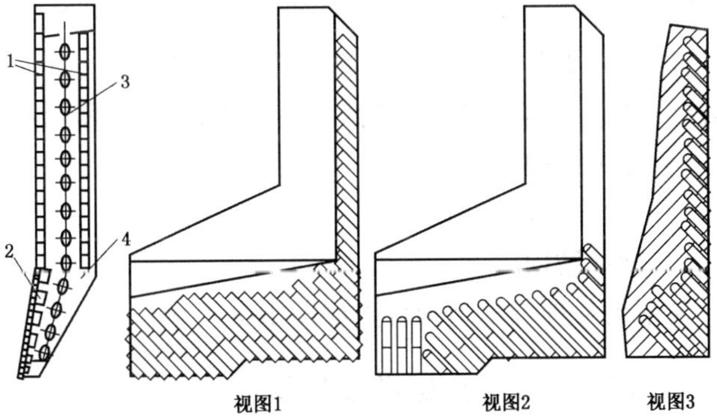


图 1-2 刮刀片结构

1—硬质合金；2、3—人造聚晶金刚石孕镶块；4—基体(合金钢)

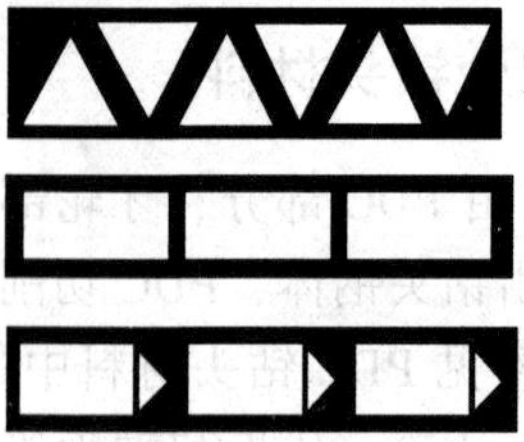


图 1-3　金刚石孕镶块结构

上钻头体和下钻头体一般采用相同的合金钢，如 35CrMo、40CrNiMn 等。

喷嘴一般由碳化钨粉料在高温高压下烧结制成。

## 第二节　牙轮钻头

### 一、牙轮钻头结构

牙轮钻头按工作牙轮数量分为单牙轮钻头、双牙轮钻头、三牙轮钻头……按切削齿材质分为铣齿(钢齿)牙轮钻头、镶齿牙轮钻头和混合齿牙轮钻头。在钻井作业中，使用最多、最广泛的是三牙轮钻头(简称牙轮钻头)，钻小井眼使用单牙轮钻头。镶齿、滑动轴承、密封、喷射“四合一”三牙轮钻头的结构如图 1-4 所示。

#### (一) 牙齿结构

牙齿结构分为铣齿和镶齿两类，如图 1-5～图 1-7 所示。

#### (二) 轴承结构

牙轮钻头各种轴承结构特点如图 1-8 所示。

### 二、牙轮钻头分类标准及编码

全国石油钻采设备和工具标准化技术委员会(SAC/TC96)提出制定了《三牙轮钻头》(SY/T 5164—2008)，该标准为中华人民共和国石油天然气行业标准，其中规定了三牙轮钻头的分类、型号及基本尺寸、要求、试验方法、检验规则、标志、包装、运输及储存。各厂家生产的钻头虽有自己的代号，但都采用该分类标准和编号。

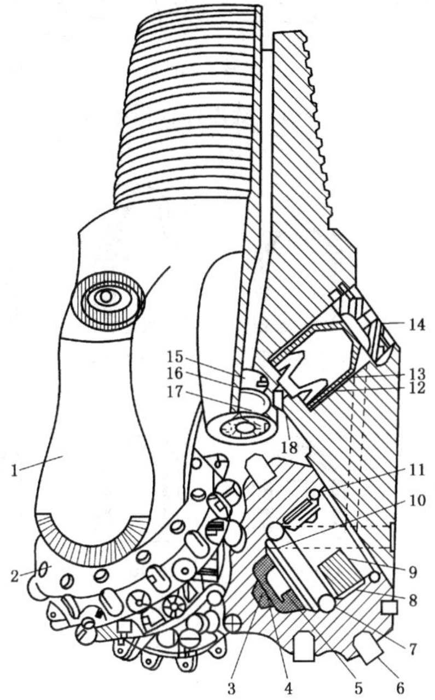


图 1-4 镶齿、密封、滑动轴承、喷射式牙轮钻头

1—牙爪；2—牙轮；3—牙轮轴；4—止推块；5—衬套；6—镶齿；7—滚珠；8—银锰合金；9—耐磨合金；10—第二道止推；11—密封圈；12—压力补偿膜；13—护膜杯；14—压盖；15—喷嘴；16—喷嘴密封圈；17—喷嘴卡簧；18—传压孔

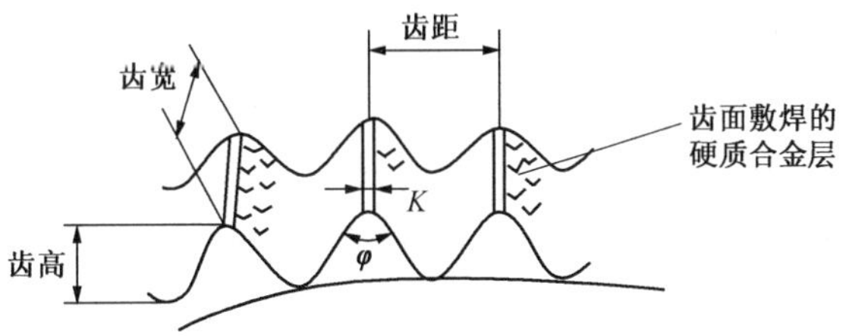


图 1-5 铣齿结构

φ—齿尖角；K—齿顶宽度

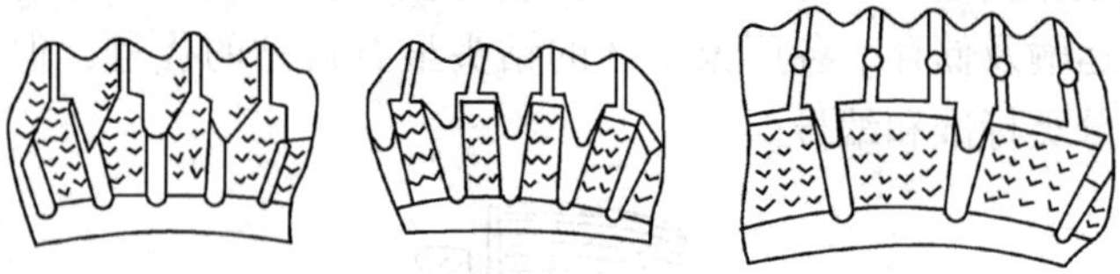

(a)L形　(b)T形　(c)Π形

图 1-6　铣齿保径齿类型

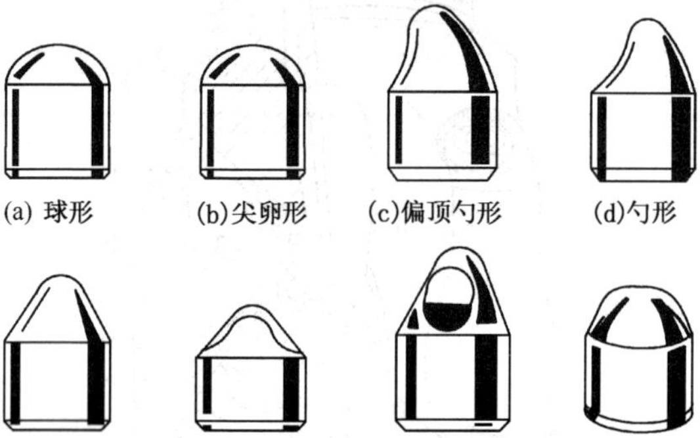

(a) 球形　(b)尖卵形　(c)偏顶勺形　(d)勺形

(e)圆锥形　(f)楔形　(g)锥勺形　(h)边楔形

图 1-7　镶齿类型

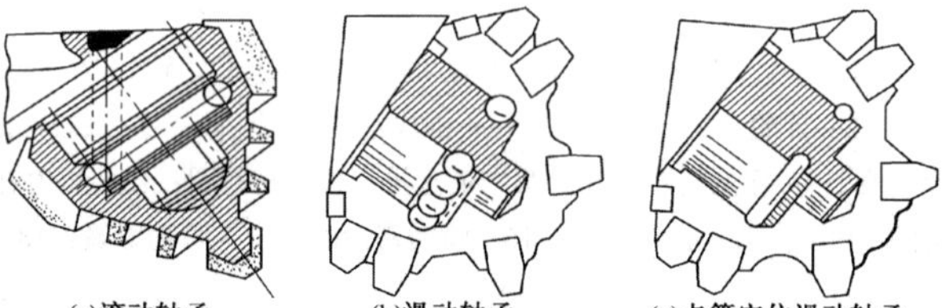

(a)滚动轴承　(b)滑动轴承　(c)卡簧定位滑动轴承

图 1-8　轴承结构特点

标准规定，牙轮钻头型号由钻头直径代号、钻头系列号、钻头分类号、钻头附加结构特征代号 4 个部分组成。

钻头直径代号采用英制尺寸或最多一位小数的公制尺寸。

钻头系列号由各厂家自行确定，没有用“-”代替。

钻头分类号由 3 位数字组成，第一位是地层系列号，第二位是地层分级号，第三位是结构特征代号，见表1-1。

**表1-1 牙轮钻头分类号**

| 钻头系列 | 适用地层 | | | 结构特征代号 | | | | | | |
|---|---|---|---|---|---|---|---|---|---|---|
| | 系列号 | 岩性 | 分级号 | 非密封滚动轴承 | 空气冷却滚动轴承 | 滚动轴承保径 | 密封滚动轴承 | 密封滚动轴承保径 | 密封滑动轴承 | 密封滑动轴承保径 |
| | | | | 1 | 2 | 3 | 4 | 5 | 6 | 7 |
| 铣齿钻头 | 1 | 低抗压强度、高可钻性的软地层 | 1<br>2<br>3<br>4 | | | | | | | |
| | 2 | 高抗压强度的中到中硬地层 | 1<br>2<br>3<br>4 | | | | | | | |
| | 3 | 中等研磨性或研磨性的硬地层 | 1<br>2<br>3<br>4 | | | | | | | |
| 镶齿钻头 | 4 | 低抗压强度、高可钻性的软地层 | 1<br>2<br>3<br>4 | | | | | | | |
| | 5 | 低抗压强度的软到中地层 | 1<br>2<br>3<br>4 | | | | | | | |

续表

| 钻头系列 | 适用地层 | | | 结构特征代号 | | | | | | |
|---|---|---|---|---|---|---|---|---|---|---|
| | 系列号 | 岩性 | 分级号 | 非密封滚动轴承 | 空气冷却滚动轴承 | 滚动轴承保径 | 密封滚动轴承 | 密封滚动轴承保径 | 密封滑动轴承 | 密封滑动轴承保径 |
| | | | | 1 | 2 | 3 | 4 | 5 | 6 | 7 |
| 镶齿钻头 | 6 | 高抗压强度的中硬地层 | 1<br>2<br>3<br>4 | | | | | | | |
| | 7 | 中等研磨性或研磨性的硬地层 | 1<br>2<br>3<br>4 | | | | | | | |
| | 8 | 高研磨性的极硬地层 | 1<br>2<br>3<br>4 | | | | | | | |

钻头附加结构特征代号见表1-2。当兼有多种附加结构特征时，可选择一个主要的代号或同时列多个代号来表示。

**表1-2 钻头附加结构特征代号**

| 代号 | 附加结构特征 | 代号 | 附加结构特征 | 代号 | 附加结构特征 |
|---|---|---|---|---|---|
| A | 空气钻井应用 | B | 特殊轴承密封 | C | 中心喷嘴 |
| D | 防斜稳斜 | E | 加长喷嘴 | G | 爪尖/爪背保护 |
| H | 水平/导向应用 | J | 喷嘴偏射 | L | 爪背扶正块 |
| M | 马达钻井应用 | S | 标准钢齿模式 | T | 双牙轮钻头 |
| W | 切削结构强化 | X | 镶楔形齿为主 | Y | 镶圆锥形齿 |
| Z | 镶其他齿形 | | | | |

牙轮钻头直径、极限偏差、连接螺纹和台肩倒角直径见表1-3。

**表 1-3　牙轮钻头直径、极限偏差、连接螺纹和台肩倒角直径**

| 钻头直径 | | | 连接螺纹 | 台肩倒角直径 | |
|---|---|---|---|---|---|
| 代号 | 基本尺寸/mm | 极限偏差/mm | 旋转台肩式外螺纹规格和类型 | 基本尺寸/mm | 极限偏差/mm |
| $3\frac{1}{2}\sim4\frac{1}{2}$ | 88.9~114.3 | +0.8，0 | $2\frac{3}{8}$ REG | 78.2 | ±0.4 |
| $4\frac{5}{8}\sim5$ | 117.5~127 | | $2\frac{7}{8}$ REG | 92.5 | |
| $5\frac{1}{8}\sim7\frac{3}{8}$ | 130.2~187.3 | | $3\frac{1}{2}$ REG | 105.2 | |
| $7\frac{1}{2}\sim9\frac{3}{8}$ | 190.5~238.1 | | $4\frac{1}{2}$ REG | 136.1 | |
| $9\frac{1}{2}\sim13\frac{3}{4}$ | 241.3~349.3 | | $6\frac{5}{8}$ REG | 187.7 | |
| $14\sim14\frac{3}{8}$ | 355.6~465.1 | +1.6，0 | $6\frac{5}{8}$ REG | 187.7 | |
| $14\frac{1}{2}\sim17\frac{1}{2}$ | 368.3~444.5 | | $6\frac{5}{8}$ REG 或 $7\frac{5}{8}$REG | 187.7 或 215.9 | |
| $14\frac{5}{8}\sim18\frac{1}{2}$ | 447.7~469.9 | +2.4，0 | $6\frac{5}{8}$ REG 或 $7\frac{5}{8}$REG | 187.7 或 215.9 | |
| $18\frac{5}{8}\sim26$ | 473.1~660.4 | | $7\frac{5}{8}$ REG 或 $8\frac{5}{8}$REG | 215.9 或 243.3 | |
| ≥27 | ≥685.8 | | $8\frac{5}{8}$ REG | 243.3 | |

## 三、牙轮钻头磨损评定方法

中国国家能源局石油钻井工程专业标准化委员会提出制定的《钻头使用基本规则和磨损评定方法》(SY/T 5415—2012)规定，用8项字母与数字混合编码形式来描述钻头切削结构、轴承/密封、直径、磨损特征等磨损情况及起钻原因，见表1-4。

第①格、第②格内分别填写内排齿（半径内所有内圈）和外排齿(仅保径圈)的牙齿磨损情况。

牙齿磨损分为8级，铣齿和镶齿的分级划分标准不同。铣齿的分级是以切削齿磨损或折断的高度与新齿高度比值的8倍来确定。镶齿的分级是以断齿和掉齿总数与新钻头总齿数比值，再加上其余齿崩碎或磨损高度与新齿高度比值和的8倍来确定。

第③格内填写磨损特征，指钻头使用后切削结构上发生的影响钻头使用性能的明显变化，用字母代码表示。

第④格内填写切削结构磨损特征位置，用一个字母或数字1~3表示。

第⑤格内填写钻头轴承和密封情况，用一个字母或数字0~8表示。

非密封轴承磨损分级是以钻头使用时间与轴承寿命($h$)之比来评定，分为8级。0表示新轴承，使用时间达到轴承寿命(指厂家出厂规定的轴承寿命)的1/8时定为1级，使用时间达到轴承寿命的2/8时定为2级，依次类推，共分为8级，轴承寿命已用完即定为8级。

对于密封轴承分为密封有效(代号E)、密封无效(代号F)、不能作出评价(代号N)。

第⑥格内填钻头直径磨损量，单位为毫米(mm)，取自然数。

第⑦格内填写其他磨损特征，对第③格磨损特征以外的磨损特征进一步描述，用字母表示的代码记录。

第⑧格内填写起钻原因，用字母代码表示。

**表 1-4 牙轮钻头磨损分级标准及代号**

| 切削结构 | | | | 轴承 | 直径 | 说明 | |
|---|---|---|---|---|---|---|---|
| 内排齿<br>I | 外排齿<br>O | 磨损特征<br>D | 位置<br>L | 轴承/密封<br>B | 直径<br>G/mm | 其他磨损特征<br>O | 起钻原因<br>R |
| ① | ② | ③ | ④ | ⑤ | ⑥ | ⑦ | ⑧ |

①②：
0—无磨损
……
8—全磨损

③⑦：
BC—牙轮破裂
BU—钻头泥包
CI—牙轮干涉
CR—钻头心部磨凹
ER—牙轮冲蚀
HC—热裂纹
LC—掉牙轮
LT—掉齿
OC—偏心磨损
PN—堵喷嘴
RG—保径面磨圆
SD—巴掌尖损坏
WO—钻头冲蚀
NO—无其他磨损特征
BT—断齿
CC—牙轮裂纹
CD—牙轮卡死
CT—牙齿碎裂
FC—齿顶磨平
JD—外侧损坏
LN—掉喷嘴
NR—不能再用
PB—钻头缩径
RR—可再用
SS—自锐磨损
TR—轨迹磨损
WT—牙齿磨损

④：
1—1 号轮　2—2 号轮
3—3 号轮　N—内排齿
M—中排齿　H—外排齿
A—全部齿排

⑤：
非密封轴承：
0-无磨损
……
8-全磨损
密封轴承：
E-密封有效
F-密封无效
N-不能评价

⑥：
0—直径无磨损
$\frac{1}{16}$—磨小$\frac{1}{16}$ in
……
$\frac{4}{16}$—磨小$\frac{4}{16}$ in

⑧：
BHA—换井底钻具组合
CM—处理钻井液
DMF—井下马达失效
DTF—井下工具失效
FM—地层变化
HR—钻头已到寿命
PP—泵压异常
RIG—钻机修理
TD—钻达设计井深
WC—天气恶劣
LIH—井下落物
CP—取心位置
DSF—钻具失效
DP—钻具堵塞
DST—中途测试
HP—井眼问题
LOG—测井
PR—钻速低
TQ—扭矩波动
TW—钻具扭断
WO—刺钻具

## 四、牙轮钻头的合理使用

(1) 根据地层岩性、可钻性级值、钻井工艺，并参考邻井钻头使用资料，选择进尺多、速度快、成本低、磨损正常的钻头型号。在上部松软地层(可钻性级值小于5级)，可选用机械钻速高的铣齿钻头，在深井段地层(可钻性级值大于5级)，可选用进尺多的镶齿钻头。见表1-5。

**表1-5　牙轮钻头类型与地层硬度及可钻性关系**

<table>
<tr><td colspan="2">地层硬度级别</td><td>Ⅰ~Ⅲ</td><td>Ⅲ~Ⅳ</td><td>Ⅳ~Ⅵ</td><td>Ⅵ~Ⅷ</td><td>Ⅷ~Ⅹ</td><td>>Ⅹ</td></tr>
<tr><td colspan="2">地层可钻性级值</td><td>级值<3</td><td>3≤级值<4</td><td>4≤级值<6</td><td>6≤级值<8</td><td>8≤级值<10</td><td>级值≥10</td></tr>
<tr><td colspan="2">国际地层分类</td><td>黏软<br>SS</td><td>软<br>S</td><td>软~中<br>S~M</td><td>中~硬<br>M~H</td><td>硬<br>H</td><td>超硬<br>EH</td></tr>
<tr><td rowspan="2">牙轮钻头分类</td><td>铣齿钻头</td><td>1-1</td><td>1-2</td><td>1-3<br>1-4<br>2-1<br>2-2</td><td>2-3<br>2-4<br>3-1<br>3-2</td><td>3-3<br>3-4</td><td></td></tr>
<tr><td>镶齿钻头</td><td>4-1<br>4-2<br>4-3</td><td>4-4</td><td>5-1<br>5-2<br>5-3<br>5-4</td><td>6-1<br>6-2<br>6-3<br>6-4</td><td>7-1<br>7-2<br>7-3<br>7-4</td><td>8-1<br>8-2<br>8-3<br>8-4</td></tr>
</table>

(2) 在易井斜地层，多选用牙轮偏移量小、无保径齿及齿多而短的牙轮钻头。

(3) 井底应清洁，无落物。

(4) 下钻速度要慢，防止顿钻。在钻头距井底1根单根时，要开泵和旋转钻头，充分洗井，清除井底岩屑，避免下钻过快岩屑堵塞喷嘴或开泵过猛憋漏地层。

(5) 钻头接触井底后，在低钻压、低转速(钻压10~30kN，转速60r/min)下跑合0. 5h以上，在完成造型井底后，方可逐步提高钻压和转速到设计值。

(6) 做好钻速试验，即固定钻压、改变转速，或固定转速、改变钻压，使钻压和转速合理匹配，实现较高钻速钻进。

(7) 钻进中应尽量提高泵压，增大钻头水功率，充分发挥水力参数和机械破岩参数的交互作用，以提高破岩效率。

(8) 使用组合喷嘴，提高清岩效率。

(9) 应以厂家推荐的钻压与转速的乘积为约束条件，不能同时使用最高钻压和最高转速。

(10) 钻进中操作要平稳，送钻要均匀，严禁猛提猛放、溜钻和顿钻。

(11) 连续产生蹩跳钻时，若不是地面设备的问题，应立即起钻，避免掉牙轮。

(12) 从钻头下钻到底钻进开始，须做随钻成本计算，只要发现连续几个点成本上升时，应起钻。

(13) 当发现钻头无进尺，泵压明显升高或降低，机械钻速突然下降，扭矩增大等现象时，若地面设备无问题，应起钻检查。

## 五、牙轮钻头制造厂家及其产品

### (一) 江汉石油钻头股份有限公司牙轮钻头

1. 钻头系列简介及命名方法

石化机械江钻公司简称江钻。

江钻牙轮钻头型号由 4 个部分组成：直径代号+系列代号+分类号+附加特征代号。

直径代号：用单位为 in 的直径数值(整数或分数)表示。

系列代号：按其牙齿、轴承及密封结构的主要特征和应用目的，分为 15 个系列。钻头系列代号及应用见表 1-6。

**表 1-6　江钻牙轮钻头系列代号及应用**

| 钻头应用 | MD | Mini MD | SMD | KHD | YC | HJ/HJT | CJ/GJT | HA/HAT | GA/GAT |
|---|---|---|---|---|---|---|---|---|---|
| 超高转速 | | | √ | | | | | | |
| 高转速 | √ | √ | √ | √ | | | √ | | |
| 高温 | √ | √ | √ | | | √ | | | |
| 高钻压 | | | | | | √ | | | |

续表

| 钻头应用 | MD | Mini MD | SMD | KHD | YC | HJ/HJT | GJ/GJT | HA/HAT | GA/GAT |
|---|---|---|---|---|---|---|---|---|---|
| 高研磨性 | √ | √ | √ | | | √ | | | |
| 小井眼 | | | | | √ | | | √ | |
| 超大尺寸井眼 | | | | √ | | | | | |
| 硬地层—中低速 | √ | √ | | | | | | | |
| 硬地层—高速 | √ | √ | | | | | | | |
| 一般地层 | √ | √ | √ | √ | √ | √ | √ | √ | √ |

分类号：采用SPE/IADC 23937的规定，由3位数字组成的IADC编码。

附加特征代号：为满足钻井或地层的特殊需要而进行改进或加强时，则在分类号后加附加结构特征代号，用字母表示。附加特征代号见表1–7。

**表1–7　江钻牙轮钻头附加特征代号**

| 代号 | 附加结构特征 | 代号 | 附加结构特征 | 代号 | 附加结构特征 |
|---|---|---|---|---|---|
| C | 中心喷嘴 | D | 掌背金刚石复合齿保径 | E | 加长双喷嘴 |
| G | 掌背强化 | H | 牙轮金刚石复合齿保径 | J | 定向喷射 |
| K | 硬塑性地层切削机构 | L | 掌背扶正 | S | 牙轮体保护 |
| T | 牙轮特别保径 | V | 流道强化 | W | 增强齿形 |
| X | 凸顶楔齿 | Y | 锥球齿 | | |

示例如下：

8½ HJ517GL钻头：8½表示钻头直径8½in（215.9mm）；HJ表示滑动轴承金属密封；517表示低抗压强度的软到中等地层的滑动轴承镶齿钻头；G表示掌背强化；L表示掌背扶正。

2. 江钻系列牙轮钻头

1）MD高速马达钻头

该钻头主要应用于定向井和水平井等井型中，适合与螺杆钻具配合使用。其采用了适合高转速的浮动轴承金属密封结构、高效切削齿形及优化切削结构、螺旋式双稳定掌背，以及强化保径、牙轮壳体保护技术等结构特征。MD 高速马达钻头尺寸和型号见表 1-8。

**表 1-8 MD 高速马达钻头尺寸和型号**

| 钻头尺寸 | | 钻头型号 |
|---|---|---|
| mm | in | |
| 200.0 | $7\frac{7}{8}$ | MD437、MD447、MD517、MD527、MD537、MD617、MD637、MD647 |
| 212.7 | $8\frac{3}{8}$ | MD437、MD447、MD517、MD527、MD537、MD617、MD637、MD647 |
| 215.9 | $8\frac{1}{2}$ | MD437、MD447、MD517、MD527、MD537、MD617、MD637、MD647 |
| 222.3 | $8\frac{3}{4}$ | MD437、MD447、MD517、MD527、MD537、MD617、MD637、MD647 |
| 241.3 | $9\frac{1}{2}$ | MD437、MD447、MD517、MD527、MD537、MD617、MD637、MD647 |
| 250.8 | $9\frac{7}{8}$ | MD437、MD447、MD517、MD527、MD537、MD617、MD637、MD647 |
| 311.2 | $12\frac{1}{4}$ | MD437、MD447、MD517、MD527、MD537、MD617 |

2）SMD 超高速马达钻头

该钻头主要用于配合涡轮钻具等超高转速井底动力钻具使用。其采用了滚滑复合轴承金属密封结构、适应超高速钻进的倾斜结构、加长双喷嘴水力结构，保证钻头在高转速和高钻压下的高可靠性和长寿命。SMD 超高速马达钻头尺寸和型号见表 1-9。

**表 1-9 SMD 超高速马达钻头尺寸和型号**

| 钻头尺寸 | | 钻头型号 |
|---|---|---|
| mm | in | |
| 212.7 | $8\frac{3}{8}$ | SMD417、SMD437、SMD447、SMD517、SMD537、SMD617 |
| 215.9 | $8\frac{1}{2}$ | SMD417、SMD437、SMD447、SMD517、SMD537、SMD617 |

续表

| 钻头尺寸 | | 钻头型号 |
|---|---|---|
| mm | in | |
| 222.3 | 8¾ | SMD417、SMD437、SMD447、SMD517、SMD537、SMD617 |
| 269.9 | 10⅝ | SMD417、SMD437、SMD447、SMD517、SMD537、SMD617 |
| 295.3 | 11⅝ | SMD417、SMD437、SMD447、SMD517、SMD537、SMD617 |

3）MiniMD 小井眼钻头

该钻头主要应用于深井—超深井下部小井眼井段中，可以与螺杆钻具配合使用。其采用了镶套轴承金属密封结构、新型储油润滑系统、倾斜式双稳定掌背及强化掌背保护结构等结构特征，有效提高了钻头的高可靠性和长寿命。MiniMD 小井眼钻头尺寸和型号见表 1-10。

**表 1-10　MiniMD 小井眼钻头尺寸和型号**

| 钻头尺寸 | | 钻头型号 |
|---|---|---|
| mm | in | |
| 146.1 | 5¾ | MD437、MD517、MD537、MD547、MD617、MD637 |
| 149.2 | 5⅞ | MD437、MD517、MD537、MD547、MD617、MD637、MD647 |
| 152.4 | 6 | MD437、MD517、MD537、MD547、MD617、MD637、MD647 |
| 155.6 | 6⅛ | MD437、MD517、MD537、MD547、MD617、MD637、MD647 |
| 158.8 | 6¼ | MD437、MD517、MD537、MD547、MD617、MD637、MD647 |
| 165.1 | 6½ | MD437、MD517、MD537、MD547、MD617、MD637、MD647 |

4）KHD 超大尺寸钻头

该钻头主要应用于大井眼钻井中。其采用了滚动轴承橡胶密封和独特的超长水力结构。超长水力结构能及时、有效地清洗牙轮和井底，并快速运移出井底的岩屑，实现钻头的快速钻进，可大幅提高进尺和机械钻速，钻头使用安全，且性能稳定可靠。KHD 超大尺寸钻头尺寸和型号见表 1-11。

表 1-11 KHD 超大尺寸钻头尺寸和型号

<table>
<tr><th colspan="2">钻头尺寸</th><th colspan="3">钻 头 型 号</th></tr>
<tr><th>mm</th><th>in</th><th>非密封轴承</th><th>滚动轴承</th><th>滚动镶齿钻头</th></tr>
<tr><td>490.5</td><td>$19\frac{5}{16}$</td><td rowspan="7">KHD111<br>KHD121<br>KHD131</td><td rowspan="7">KHD115G<br>KHD125G<br>KHD135G<br>KHD215G</td><td rowspan="7">KHD415G<br>KHD425G<br>KHD435G<br>KHD445G<br>KHD515G<br>KHD535G</td></tr>
<tr><td>508.0</td><td>20</td></tr>
<tr><td>558.8</td><td>22</td></tr>
<tr><td>596.9</td><td>$23\frac{1}{2}$</td></tr>
<tr><td>609.6</td><td>24</td></tr>
<tr><td>660.4</td><td>26</td></tr>
<tr><td>711.2</td><td>28</td></tr>
<tr><td>863.6</td><td>34</td><td colspan="3">KHD111</td></tr>
<tr><td>914.4</td><td>36</td><td colspan="3">KHD131</td></tr>
</table>

5）HJ/HJT 滑动轴承金属密封钻头

该钻头在较高转速下能稳定地钻进。其采用了滑动轴承金属密封，镶齿钻头优选了合金齿齿形，HJT 滑动轴承金属密封钻头具有保护牙轮和修整井壁齿排的功能。HJ/HJT 滑动轴承金属密封钻头尺寸和型号见表 1-12。

表 1-12 HJ/HJT 滑动轴承金属密封钻头尺寸和型号

| 钻头尺寸 | | 钻 头 型 号 |
|---|---|---|
| mm | in | |
| 200.0 | $7\frac{7}{8}$ | HJ437G、HJ447G、HJ517G、HJT537G |
| 215.9 | $8\frac{1}{2}$ | HJT417G、HJT437G、HJT447G、HJ517G、HJT517G、HJ527G、HJT527G、HJ537G、HJT537G、HJ547G、HJT547GY |
| 222.3 | $8\frac{3}{4}$ | HJ437G、HJ447G、HJT517G、HJ527G |
| 241.3 | $9\frac{1}{2}$ | HJ437G、HJ447G、HJ517G、HJT517G、HJ537G、HJT537G、HJ547G、HJT547G |
| 250.8 | $9\frac{7}{8}$ | HJ437G、HJT437G、HJ517G |
| 266.7 | $10\frac{1}{2}$ | HJT517GK、HJT537GK、HJT547GK |
| 269.9 | $10\frac{5}{8}$ | HJT517G |

续表

| 钻头尺寸 | | 钻头型号 |
|---|---|---|
| mm | in | |
| 304.8 | 12 | HJT517GK、HJT537GK、HJT547GK |
| 311.2 | 12¼ | HJT417G、HJ437G、HJT437G、HJ447G、HJT447G、HJ517G、HJT517G、HJ537G、HJT537G |
| 342.9 | 13½ | HJT517GK、HJT537GK、HJT547G |
| 374.7 | 14¾ | HJT517GK、HJT537GK、HJT547G |
| 444.5 | 17½ | HJ517G、HJT517G、HJ527G |
| 479.4 | 18⅞ | HJT517G、HJT537G |

6）GJ/GJT 滚动轴承金属密封钻头

该钻头用于上部地层中，在中低钻压、中高转速下钻进。其采用了滚动轴承金属密封，镶齿钻头优选了合金齿齿形，钢齿钻头增加了敷焊层厚度，GJT 滚动轴承金属密封钻头具有保护牙轮和修整井壁齿排。GJ/GJT 滚动轴承金属密封钻头尺寸和型号见表 1-13。

**表 1-13　GJ/GJT 滚动轴承金属密封钻头尺寸和型号**

| 钻头尺寸 | | 钻头型号 |
|---|---|---|
| mm | in | |
| 311.2 | 12¼ | GJ115C、GJT115C、GJT125C、GJ135G、GJT415G、GJT435G、GJT445G |
| 406.4 | 16 | GJT435G、GJ515G、GJT515GC、GJ535G |
| 444.5 | 17½ | GJ115G、GJT115G、GJ135G、GJT135G、GJ415G、GJT415G、GJ435G、GJT435G、GJT445G、GJ515G、GJT515G、GJT525G、GJ535G |

7）HA/HAT 滑动轴承橡胶密封钻头

在常规转速下使用该钻头可承受较高的钻压，配合不同的切削结构可以适应极软到中硬地层。其采用了滑动轴承、O 形橡胶密封、全橡胶储油囊，镶齿钻头优选了合金齿齿形，钢齿钻头增加了敷焊层厚度，HAT 滑动轴承橡胶密封钻头具有保护牙轮和修整井壁齿排的功能。HA/HAT 滑动轴承橡胶密封钻头尺寸和型号见表 1-14。

**表 1-14　HA/HAT 滑动轴承橡胶密封钻头尺寸和型号**

| 钻头尺寸 | | 钻头型号 |
|---|---|---|
| mm | in | |
| 95.3 | 3¾ | HA137G、HA217G、HA517G、HA527G、HA537G |
| 98.4 | 3⅞ | HA137G、HA217G、HA517G、HA527G、HA537G |
| 101.6 | 4 | HA137G、HA217G、HA517G、HA527G、HA537G |
| 104.8 | 4⅛ | HA137G、HA217G、HA517G、HA527G、HA537G |
| 114.3 | 4½ | HA117G、HA127G、HAT517G、HA537GL、HA547GL |
| 117.5 | 4⅝ | HA117G、HA127G、HAT517G、HA537GL、HA547GL |
| 120.7 | 4¾ | HA117G、HA127G、HAT517G、HA537GL、HA547GL |
| 123.8 | 4⅞ | HA117G、HA127G、HAT517G、HA537GL、HA547GL |
| 139.7 | 5½ | HA117G、HA127G、HAT517G、HA537GL、HA547GL |
| 142.9 | 5⅝ | HA117G、HA127G、HA137G、HA217G、HA437GL、HA517GL、HA537GL、HA547GL |
| 149.2 | 5⅞ | HA117G、HA127G、HA137G、HA217G、HA437GL、HA517GL、HA537GL、HA547GL |
| 152.4 | 6 | HA117G、HA127G、HA137G、HA217G、HA437GL、HA517GL、HA537GL、HA547GL |
| 155.6 | 6⅛ | HA117G、HA127G、HA137G、HA217G、HA437GL、HA517GL、HA537GL、HA547GL |
| 165.1 | 6½ | HA117G、HA127G、HA137G、HA217G、HA437GL、HA517GL、HA537GL、HA547GL |
| 212.7 | 8⅜ | HA117G、HA127G、HA137G、HA217G、HA437GL、HA517GL、HA537GL、HA547GL |
| 215.9 | 8½ | HAT117G、HAT127G、HAT137G、HAT217G、HA317G、HA427G、HA437G、HA447G、HAT517G、HAT537GL、HA547GLY |

续表

| 钻头尺寸 | | 钻头型号 |
|---|---|---|
| mm | in | |
| 241.3 | 9½ | HA117G、HAT127G、HA417G、HA437GL、HA447GX、HAT517、HA537G |
| 250.8 | 9⅞ | HA117G、HAT127G、HA417G、HAT437GL、HA447GX、HAT517、HA537G |
| 269.9 | 10⅝ | HAT117G、HAT127G、HA137G、HAT217G、HAT437GL、HAT517GL、HAT537G、HA547GY |
| 279.4 | 11 | HAT117G、HAT127G、HA137G、HAT217G、HAT437GL、HA517GL、HAT537G、HA547GY |
| 311.2 | 12¼ | HAT117GL、HAT127G、HAT137G、HA217G、HAT437GL、HAT517GL、HA527GL、HAT537G、HA547GL |

8）GA/GAT 滚动轴承橡胶密封钻头

该钻头适合中低钻压的较高转速钻井。其采用了滚动轴承橡胶密封，止推轴承进行了减磨处理和硬化处理，以及全橡胶储油囊。GA/GAT 滚动轴承橡胶密封钻头尺寸和型号见表 1-15。

**表 1-15　GA/GAT 滚动轴承橡胶密封钻头尺寸和型号**

| 钻头尺寸 | | 钻头型号 |
|---|---|---|
| mm | in | |
| 311.2 | 12¼ | GA114G、GAT115、GA124、GA135G、GAT215G、GA415G、GA425、GA435G、GA535G、GA545GY |
| 342.9 | 13½ | GA114G、GA115G、GA135、GAT415G、GAT535G |
| 349.3 | 13¾ | GA114、GA115G、GAT115G、GAT125G、GAT415G、GAT435G、GA515G、GAT515G |
| 374.7 | 14¾ | GA114G、GA115G、GAT115G、GA124、GAT125G、GA1435GC、GAT515G、GA535G、GA545C |
| 406.4 | 16 | GA114、GA115、GAT115、GA134G、GAT415GC、GAT435G、GA515G、GAT535CG |

续表

| 钻头尺寸 | | 钻头型号 |
| --- | --- | --- |
| mm | in | |
| 444.5 | 17½ | GA114G、GA115G、GAT115G、GAT125G、GA135G、GA215G、GAT415G、GAT435G、GAT445G、GAT515G、GA525G、GAT535G、GA545GY |

9）YC 单牙轮钻头

该钻头适合老井开窗侧钻和老井加深等小井眼作业。其采用了永久接触区与轮换接触区等磨损设计，永久接触区布置金刚石复合齿，优化设计的新型水力结构，牙掌体上镶装主动切削保径锥球齿，使钻头具有保径作用和倒划眼功能。YC 单牙轮钻头尺寸和型号见表 1-16。

**表 1-16　YC 单牙轮钻头尺寸和型号**

| 钻头尺寸 | | 钻头型号 |
| --- | --- | --- |
| mm | in | |
| 95.3 | 3¾ | YC537、YC617 |
| 104.8 | 4⅛ | YC517、YC527、YC537、YC617 |
| 114.3 | 4½ | YC517、YC527、YC537 |
| 117.5 | 4⅝ | YC427、YC437、YC517、YC527、YC537 |
| 120.7 | 4¾ | YC437、YC517、YC537 |
| 139.7 | 5½ | YC517、YC537、YC617、YC637 |
| 149.2 | 5⅞ | YC517、YC537、YC617、YC637 |
| 152.4 | 6 | YC517、YC537、YC617、YC637 |
| 155.6 | 6⅛ | YC517、YC537、YC617、YC637 |
| 165.1 | 6½ | YC517、YC537、YC617、YC637 |

## （二）四川宝石机械石油钻头有限责任公司牙轮钻头

1. 钻头型号说明

见图 1-9 和表 1-17、表 1-18。

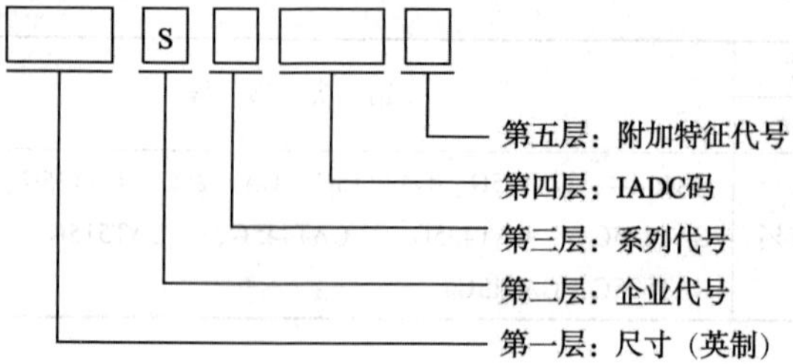


图 1-9　钻头型号说明

**表 1-17　企业代号及系列代号说明**

| 企业代号及系列代号 | 说明 |
|---|---|
| S(T) | 橡胶密封滑动轴承三牙轮钻头 |
|  | 橡胶密封滚动轴承三牙轮钻头 |
| SJ(T) | 金属密封轴承三牙轮钻头 |
| SV(T) | 高速马达三牙轮钻头 |
| SG(T) | 改进型滚动密封轴承三牙轮钻头 |
| SD | 单牙轮钻头 |

注：企业代号 S 表示川石牌钻头，T 表示牙轮镶嵌修边齿加强保径。

**表 1-18　附加特征代号说明**

| 附加特征代号 | 说明 |
|---|---|
| C | 中心喷嘴 |
| E | 加长喷嘴 |
| G(第一个) | 爪尖/爪背加强保径 |
| G(第二个) | 镶金刚石复合齿加强保径 |
| K | 镶宽顶齿 |
| L | 爪背加扶正块 |
| W | 加强型切削结构 |
| Y | 镶锥形齿 |

示例如下：

17½SJT517G：17½表示钻头直径为 17.5in，即 444.5mm；

S 表示川石钻头；J 表示金属密封；T 表示牙轮修边齿；517 表示低抗压强度的软到中等地层的滑动轴承镶齿钻头；G 表示爪尖/爪背加强保径。

2. 钻头规格说明

1) S 系列橡胶密封滑动轴承钻头

在钢齿钻头齿面敷焊新型耐磨合金，增强了切削齿耐磨性。镶齿钻头采用新配方、新工艺的优质硬质合金齿，增强了切削齿的综合机械性能。采用高精度配合的径向滑动、轴向止推轴承，以及钢球锁紧。在牙爪轴颈焊有耐磨合金，在牙轮内孔焊有特殊合金并镀银，增加了轴承副的耐磨性和抗咬合能力。轴承密封选用高性能氢化丁腈橡胶 O 形密封圈、最佳密封压缩量、弧形密封结构，有效提高了轴承的密封性能。采用高性能钻头专用润滑脂。在常规转速下，能承受较高的钻压，配合不同齿形、齿数和出刃高度的切削结构，适合在各种地层中钻进。S 系列橡胶密封滑动轴承钻头尺寸和型号见表 1-19。

**表 1-19　S 系列橡胶密封滑动轴承钻头尺寸和型号**

| 钻头尺寸 | | 钻头型号 |
|---|---|---|
| mm | in | |
| 88.9 | 3½ | S517C |
| 117.5 | 4⅝ | S126、S517 |
| 120.7 | 4¾ | S116C |
| 149.2 | 5⅞ | S216、S537、S547、S637 |
| 152.4 | 6 | S117W、S216、S246、S517、S547 |
| 158.8 | 6¼ | S127W、S247、S517、S527、S547、S637 |
| 165.1 | 6½ | S127W、S217、S517、S537 |
| 171.5 | 6¾ | S116GW、S447、S537 |
| 190.5 | 7½ | S127W、S217、S517、ST517、S527、ST527、S617 |

续表

| 钻头尺寸 | | 钻 头 型 号 |
|---|---|---|
| mm | in | |
| 200.0 | 7 7/8 | S117GW、S437G、S517G、S527G、S537G、S547G、S547GY、S617GY、S627G、S637GY |
| 212.7 | 8 3/8 | S217、S527、S547 |
| 215.9 | 8 1/2 | ST117W、ST127W、S137W、S217、S247、ST437GK、ST447GK、ST517GK、ST527GK、ST537G、ST547G、S617G、S627G、S637G |
| 222.3 | 8 3/4 | S116GW、S437GK、ST517G、S537G、S627G |
| 241.3 | 9 1/2 | ST117CW、ST127GW、ST417G、ST437G、ST517G、ST527G、ST537G |
| 244.5 | 9 5/8 | ST437G、ST517G、S527G |
| 250.8 | 9 7/8 | S117GW、ST417GK、ST437G ST517G、S527G |
| 254.0 | 10 | S126W |
| 269.9 | 10 5/8 | ST127GW、S217G、ST437G、ST517G、ST547G |
| 279.4 | 11 | S117GW、S517G、S537G |
| 295.3 | 11 5/8 | S117GW、S127GW、S137GW、S217G、ST417G、ST517G、ST537G、ST547G |
| 304.8 | 12 | S126W、S216、ST517、ST537、ST547、S617 |
| 311.2 | 12 1/4 | ST117W、S127W、S137、ST417GK、ST437G、ST517G、ST527G、ST537G、ST547G、ST617GY、S627G、S637G |
| 314.3 | 12 3/8 | ST117W、S127W、S137、ST417GK、ST437G、ST517G、ST527G、ST537G、ST547G、ST617GY、S627G、S637G |
| 316.7 | 15/32 | ST117W、S127W、S137、ST417GK、ST437G、ST517G、ST527G、ST537G、ST547G、ST617GY、S627G、S637G |
| 333.4 | 13 1/8 | S437、S517、S527、S537、S547 |
| 346.1 | 13 5/8 | S437、S515、S517 |
| 349.3 | 13 3/4 | S437、S517 |
| 374.7 | 14 3/4 | S117W、S127W、S137、S517、S527 |
| 393.7 | 15 1/2 | S127GW、S217G、S517G、S527G、S537G、S547G |

续表

| 钻头尺寸 | | 钻头型号 |
|---|---|---|
| mm | in | |
| 406.4 | 16 | ST117GW、ST127GW、S127G、ST517G、ST527G、S535、ST537G、ST547G、S545 |
| 444.5 | 17½ | ST117GW、S127W、S137、ST437G、ST517G、ST527G、ST537G、ST547G |
| 457.2 | 18 | ST547G |
| 469.9 | 18½ | S547G |

2）S 系列橡胶密封滚动轴承钻头

在钢齿钻头齿面敷焊新型耐磨合金，增强了切削齿耐磨性。镶齿钻头采用新配方、新工艺的优质硬质合金齿，增强了切削齿的综合机械性能。采用高精度配合的径向滚动、轴向止推轴承，以及钢球锁紧。在止推轴承表面堆焊耐磨合金和进行减摩处理，提高了钻头承受轴向载荷和止推面抗咬合的能力。轴承密封选用高性能氢化丁腈橡胶 O 形密封圈、最佳密封压缩量、弧形密封结构，有效提高了轴承的密封性能。采用高性能钻头专用润滑脂。在中、低钻压下能实现较高转速，适合在各种地层中钻进。S 系列橡胶密封滚动轴承钻头尺寸和型号见表 1-20。

**表 1-20　S 系列橡胶密封滚动轴承钻头尺寸和型号**

| 钻头尺寸 | | 钻头型号 |
|---|---|---|
| mm | in | |
| 190.5 | 7½ | S124C、S134C、S244C |
| 200.0 | 7⅞ | S125、S135 |
| 212.7 | 8⅜ | S215 |
| 215.9 | 8½ | S125W、S135 |
| 241.3 | 9½ | S125G |
| 244.5 | 9⅝ | S114G、S124G、S134G |
| 250.8 | 9⅞ | S115GW |

续表

| 钻头尺寸 | | 钻 头 型 号 |
| --- | --- | --- |
| mm | in | |
| 269.9 | 10⅝ | S115GW、S125GW、S215G |
| 279.4 | 11 | S115GW |
| 295.3 | 11⅝ | S115GW、S125GW、S215G |
| 304.8 | 12 | S125W |
| 311.2 | 12¼ | ST115GW、ST125GW、S135、S214、S244、S324 |
| 346.1 | 13⅝ | ST115GW、S124W |
| 349.3 | 13¾ | ST115W、ST125W、ST135W |
| 374.7 | 14¾ | S115W、S125W、S135W |
| 381.0 | 15 | S125G、S245G |
| 393.7 | 15½ | S115GW、S125GW、S135GW、S215G |
| 444.5 | 17½ | S115GW、S125GW、S135G、S215G |
| 489.0 | 19¼ | S115CGW、S225CG |
| 508.0 | 20 | S125CGW、S215CGW、S515CG、ST515CG、S525CG、ST525CG、ST545CG、T645CG |
| 558.8 | 22 | S125CW、S545CG、S645CG |
| 609.6 | 24 | S125CW、S525CG、S645CG |
| 660.4 | 26 | S125CW、S525CG、S645CG |
| 711.2 | 28 | S125CW、S525CG、S645CG |
| 762.0 | 30 | S125CW、S525CG、S645CG |
| 812.8 | 32 | S125CW、S545CG、S645CG |
| 914.4 | 36 | S125CW、S525CG |

3）SJ 系列金属密封钻头

轴承采用金属密封，显著提高了轴承密封的可靠性和寿命。可靠性高，适合井下动力钻具和高钻速转盘钻井。SJ 系列金属密封钻头尺寸和型号见表 1-21。

表 1-21 SJ 系列金属密封钻头尺寸和型号

| 钻头尺寸 | | 钻头型号 |
|---|---|---|
| mm | in | |
| 200.0 | 7⅞ | SJ517G、SJ527G、SJ547GY、SJ617GY、SJ627G、SJ637GY |
| 215.9 | 8½ | SJT437GK、SJT447GK、SJT517G、SJT537G、SJT617GY、SJT627G、SJT637GY |
| 241.3 | 9½ | SJT437G、SJT517G、SJT537G |
| 311.2 | 12¼ | SJT437G、SJT517G、SJT537G、SJT617GY、SJT627G、SJT637GY |
| 374.7 | 14¾ | SJT517G、SJT537G、SJT617GY |
| 406.4 | 16 | SJT517G、SJT537G、SJT617GY |
| 444.5 | 17½ | SJT517G、SJT537G、SJT617GY、SJT627G、SJT637GY |
| 609.6 | 24 | SJ525CG |

4）SV 系列高速马达钻头

轴承采用金属密封，显著提高了轴承密封的可靠性和寿命。牙爪采用特殊的整体式爪背结构，使喷嘴外壁和爪背可同时接触井壁，实现了钻头准六点定位功能，减小了钻头振动，使钻进特别平稳，保证井身质量；喷嘴座外壁镶硬质合金齿，有效保护了喷嘴壁，可满足高速钻井对水力系统的要求，提高了钻头的整体性能。适合井下动力钻具和高钻速转盘钻井。SV 系列高速马达钻头尺寸和型号见表 1-22。

表 1-22 SV 系列高速马达钻头尺寸和型号

| 钻头尺寸 | | 钻头型号 |
|---|---|---|
| mm | in | |
| 215.9 | 8½ | SVT417G、SVT437G、SVT447G、SVT517G、SVT527G、SVT537G、SVT547G |
| 241.3 | 9½ | SVT417G、SVT437G、SVT447G、SVT517G、SVT527G、SVT537G、SVT547G |

续表

| 钻头尺寸 | | 钻头型号 |
|---|---|---|
| mm | in | |
| 311.2 | 12¼ | SVT417G、SVT437G、SVT447G、SVT517G、SVT527G、SVT537G、SVT547G |

5）SG 系列改进型滚动轴承钻头

轴承采用滚动结构，以及钢球锁紧，滚动体置于牙轮体内孔凹槽内，具有承受高钻压和适应高转速的能力。在止推轴承副表面堆焊耐磨合金和进行减摩处理，提高了钻头承受轴向载荷和止推面抗咬合的能力。比普通滚动轴承钻头的承载能力和转速更高，更适合高转速钻井。SG 系列改进型滚动轴承钻头尺寸和型号见表 1-23。

**表 1-23　SG 系列改进型滚动轴承钻头尺寸和型号**

| 钻头尺寸 | | 钻头型号 |
|---|---|---|
| mm | in | |
| 406.4 | 16 | SGT115GW |
| 444.5 | 17½ | SGT115GW、SG125G、SG135G、SGT435G、SGT515G、SGT525G、SGT535G、SGT545G、SGT615G、SGT625G、SGT635G |

6）SD 系列单牙轮钻头

在牙轮布齿面上，根据单牙轮钻头牙轮上不同区域牙齿运动切削方式不同的特点，在永久接触区布置锥球齿，在交替接触区布置楔形齿，提高了牙齿破碎岩石的效率；在牙轮上牙齿磨损最严重的永久接触区布置金刚石复合齿，增强了牙齿的耐磨性。牙轮顶平面上镶有保护牙轮基体的硬质合金齿，防止牙轮基体被磨蚀。与三牙轮钻头相比，由于其轴承尺寸大，承受钻压能力强。适用于开窗侧钻、中深井钻井和老井修复。SD 系列单牙轮钻头尺寸和型号见表 1-24。

表 1-24　SD 系列单牙轮钻头尺寸和型号

| 钻头尺寸 | | 钻头型号 |
|---|---|---|
| mm | in | |
| 117.5 | 4⅝ | SD527、SD547、SD617 |
| 152.4 | 6 | SD527、SD547、SD617 |
| 190.5 | 7½ | SD527、SD547、SD617 |
| 200.0 | 7⅞ | SD527、SD547、SD617 |
| 215.9 | 8½ | SD527、SD547、SD617 |

### (三) 宜春飞龙牌牙轮钻头型号及推荐参数

宜春第一机械厂主要生产飞龙牌 GHJ/GHJT、GY/GYT、GYD 等系列牙轮钻头。

1. GHJ/GHJT 刚性密封钻头

该钻头适用于定向井、水平井等高转速下钻进。其采用了刚性密封结构，高强度、高韧性硬质合金齿，新型牙掌牙轮的保径材料，新型储油密封装置。GHJ/GHJT 刚性密封钻头尺寸和型号见表 1-25。

表 1-25　GHJ/GHJT 刚性密封钻头尺寸和型号

| 钻头尺寸 | | 钻头型号 |
|---|---|---|
| mm | in | |
| 215.9 | 8½ | GHJ437T、GHJ437G、GHJT437G、GHJ447T、GHJ517T、GHJ517G、GHJ517GK、GHJT517G |
| 241.3 | 9½ | GHJ437T、GHJ437G、GHJ447T、GHJ517T、GHJ517G |
| 311.2 | 12¼ | GHJ437T、GHJ517T |

2. GY/GYT 镶齿牙轮钻头

该钻头适应从软到坚硬的多种地层。镶齿钻头采用储油密封滑动轴承，高强度、高韧性硬质合金齿，多种齿形和齿高等结构。钢齿钻头采用滚动轴承，齿面堆焊碳化钨耐磨材料，并采用高耐磨性合金砂硬化掌背和牙齿全部表面。GY/GYT 镶齿牙轮钻头尺寸和型号见表 1–26。

**表 1–26　GY/GYT 镶齿牙轮钻头尺寸和型号**

| 钻头尺寸 | | 钻头型号 | 钻头尺寸 | | 钻头型号 |
|---|---|---|---|---|---|
| mm | in | | mm | in | |
| 85.7 | 3⅜ | GY537 | 219.1 | 8⅝ | GY537 |
| 92.1 | 3⅝ | GY126 | 222.3 | 8¾ | GY517B、GY447G、GY447T |
| 95.3 | 3¾ | GY126 | 241.3 | 9½ | GY127、GY437、GYT437L、GY517 |
| 98.4 | 3⅞ | GY131、GY517、GY537 | 244.5 | 9⅝ | GY121、GY124、GY127、GY517 |
| 114.3 | 4½ | GY126 | 247.7 | 9¾ | GYT437L |
| 117.5 | 4⅝ | GY126、GY537 | 250.8 | 9⅞ | GY127、GY537、GY517、 |
| 142.9 | 5 ⅝ | GY537 | 311.2 | 12¼ | GY121、GY124、GY126、GY127L、GY437T、GY517、GY517T、GY537 |
| 149.2 | 5⅞ | GY537 | 346.1 | 13⅝ | GY517T |
| 165.1 | 6 ½ | GY517 | 349.3 | 13¾ | GY127、GY127L |
| 193.7 | 7 ⅝ | GY517、GY537 | 381.0 | 15 | GY127、GY127L |
| 200.0 | 7⅞ | GY517、GY537 | 444.5 | 17½ | GY121、GY124、GY125、GY127L、GY517G |
| 215.9 | 8½ | GY114、GY121、GY124、GY127、GY437、GYT437L、GY447G、GY447T、GY517、GY517FT、GYT517L、GY537 GY537T | | | |

3. GYD 单牙轮钻头

该钻头适用于小井眼钻井（如开窗侧钻、修井等）。其采用了牙轮和钻头体两级保径，储油密封滑动轴承，轴承表面堆焊耐磨合金，主、副水眼式水力结构。GYD 单牙轮钻头尺寸和型号见表 1-27。

**表 1-27　GYD 单牙轮钻头尺寸和型号**

| 钻头尺寸 | | 钻头型号 | 钻头尺寸 | | 钻头型号 |
|---|---|---|---|---|---|
| mm | in | | mm | in | |
| 95.3 | $3\frac{3}{4}$ | GYD437 | 120.7 | $4\frac{3}{4}$ | GYD437BK、GYD517BK、GYD537BK、GYD617BK、GYD737AL |
| 101.6 | 4 | GYD437 | 142.9 | $5\frac{5}{8}$ | GYD617Q |
| 104.8 | $4\frac{1}{8}$ | GYD437AL、GYD517AL | 149.2 | $5\frac{7}{8}$ | GYD437 |
| 114.3 | $4\frac{1}{2}$ | GYD437AL、GYD517AL | 152.4 | 6 | GYD437AL、GYD517AL、GYD537AL、GYD617AL |
| 117.5 | $4\frac{5}{8}$ | GYD437AL、GYD437Q、GYD517B、GYD517Q GYD517AL、GYD537AL、GYD537B、GYD537Q、GYD617AL、GYD617Q、GYD737AL | | | |

**（四）立林牙轮钻头**

1. 钻头简介及命名方法

立林牙轮钻头包括：LS 极速钻头、LR 领跑者钻头、LW 矿用钻头。

型号由 5 个部分组成：钻头直径+厂家代号+系列代号+IADC 编码+附加结构特征。

钻头直径：用数字（整数或分数）表示其钻头直径（in）。

系列代号：对于三牙轮钻头，按其牙齿、轴承及密封结构主要特征和应用目的，分为 3 个系列。系列代号及应用见表 1-28。

IADC 编码：采用 SPE/IADC 23937 的规定，由 3 位数字组成。

附加结构特征：表示掌背强化等。附加特征代号见表1-29。

**表1-28　立林牙轮钻头系列代号及应用**

| 钻头应用 | LS | LR | LW |
|---|---|---|---|
| 复合钻井 | √ | | |
| 转盘钻井 | √ | √ | |
| 高温钻井 | √ | | |
| 深度钻井 | √ | | |
| 水井及矿用 | | | √ |

**表1-29　立林牙轮钻头附加特征代号**

| 代号 | 附加结构特征 | 代号 | 附加结构特征 | 代号 | 附加结构特征 |
|---|---|---|---|---|---|
| C | 中心喷嘴 | D1 | 掌背100%金刚石复合齿保径 | E | 加长喷嘴 |
| G | 掌背强化 | D | 掌背50%金刚石复合齿保径 | L | 掌背扶正块 |
| K | 宽顶齿 | H1 | 牙轮100%金刚石复合齿保径 | WT | 狼牙齿钻头 |
| X | 楔形齿 | H | 牙轮50%金刚石复合齿保径 | SP | 水平井钻头 |
| Y | 锥球齿 | Y1 | 球形齿 | | |

示例如下：

8½ LS517GL钻头：8½表示钻头直径215.9mm(8½in)；L表示厂家代号(立林)；S表示系列代号；517表示低抗压强度的软到中等地层的滑动轴承镶齿钻头；G表示掌背强化；L表示掌背扶正块。

2. 立林系列牙轮钻头

1) LS极速钻头

该钻头主要配合螺杆钻具使用。其采用了适合高转速的滑动轴承新型密封结构，镶齿系列采用优化的布齿结构及高效的破岩齿形结构，钢齿系列优化的齿形结构使齿面和齿顶可以敷焊更多的耐磨合金，具有更强的攻击性和耐磨性，掌背强化保径及牙轮强化保径技术，有效提高了钻头寿命。LS极速钻头尺寸和型号见表1-30。

**表 1-30　LS 极速钻头尺寸和型号**

| 钻头尺寸 | | 钻头型号 |
| --- | --- | --- |
| mm | in | |
| 114.3 | 4½ | LS417、LS437、LS447、LS517、LS537、LS547、LS617、LS627、LS637、LS647 |
| 117.5 | 4⅝ | LS417、LS437、LS447、LS517、LS537、LS547、LS647 |
| 120.7 | 4¾ | LS417、LS437、LS447、LS517、LS537、LS547、LS647 |
| 142.9 | 5⅝ | LS417、LS437、LS447、LS517、LS537、LS547、LS617、LS627、LS637、LS647 |
| 149.2 | 5⅞ | LS417、LS437、LS447、LS517、LS537、LS547、LS617、LS627、LS637、LS647 |
| 152.4 | 6 | LS417、LS437、LS447、LS517、LS537、LS547、LS617、LS627、LS637、LS647 |
| 155.6 | 6⅛ | LS417、LS437、LS447、LS517、LS537、LS547、LS617、LS627、LS637、LS647 |
| 158.8 | 6¼ | LS417、LS437、LS447、LS517、LS537、LS547、LS617、LS627、LS637、LS647 |
| 165.1 | 6½ | LS417、LS437、LS447、LS517、LS537、LS547、LS617、LS627、LS637、LS647 |
| 171.5 | 6¾ | LS417、LS437、LS447、LS517、LS537、LS547、LS617、LS627、LS637、LS647 |
| 190.5 | 7 ½ | LS417、LS437、LS447、LS517、LS537、LS547、LS617、LS627、LS637、LS647 |
| 193.7 | 7⅝ | LS417、LS437、LS447、LS517、LS537、LS547、LS617、LS627、LS637、LS647 |

续表

| 钻头尺寸 | | 钻 头 型 号 |
|---|---|---|
| mm | in | |
| 200.0 | $7\frac{7}{8}$ | LS417、LS437、LS447、LS517、LS537、LS547、LS617、LS627、LS637、LS647 |
| 212.7 | $8\frac{3}{8}$ | LS417、LS437、LS447、LS517、LS537、LS547、LS617、LS627、LS637、LS647 |
| 215.9 | $8\frac{1}{2}$ | LS417、LS437、LS447、LS517、LS537、LS547、LS617、LS627、LS637、LS647 |
| 222.3 | $8\frac{3}{4}$ | LS417、LS437、LS447、LS517、LS537、LS547、LS617、LS627、LS637、LS647 |
| 228.6 | 9 | LS417、LS437、LS447、LS517、LS537、LS547、LS617、LS627、LS637、LS647 |
| 241.3 | $9\frac{1}{2}$ | LS417、LS437、LS447、LS517、LS537、LS547、LS617、LS627、LS637、LS647 |
| 244.5 | $9\frac{5}{8}$ | LS417、LS437、LS447、LS517、LS537、LS547、LS617、LS627、LS637、LS647 |
| 247.7 | $9\ \frac{3}{4}$ | LS417、LS437、LS447、LS517、LS537、LS547、LS617、LS627、LS637、LS647 |
| 250.8 | $9\frac{7}{8}$ | LS417、LS437、LS447、LS517、LS537、LS547、LS617、LS627、LS637、LS647 |
| 304.8 | 12 | LS417、LS437、LS447、LS517、LS537、LS547、LS617、LS627、LS637、LS647 |
| 311.2 | $12\frac{1}{4}$ | LS417、LS437、LS447、LS517、LS537、LS547、LS617、LS627、LS637、LS647 |
| 342.9 | $13\frac{1}{2}$ | LS417、LS437、LS447、LS517、LS537、LS547、LS617、LS627、LS637、LS647 |

2）LR 领跑者钻头

该钻头主要用于常规钻井，适合中、低转速。其采用了能负载较大钻压的滑动轴承密封结构。产品覆盖镶齿系列及钢齿系列，可满足用户的不同需求。LR 领跑者钻头尺寸和型号见表 1-31。

**表1-31　LR领跑者钻头尺寸和型号**

| 钻头尺寸 | | 钻头型号 |
|---|---|---|
| mm | in | |
| 114.3 | 4½ | LR114、LR214、LR115、LR125、LR135、LR415、LR435、LR515、LR535、LR117、LR127、LR137、LR217、LR317、LR417、LR437、LR447、LR517 |
| 117.5 | 4⅝ | LR114、LR214、LR115、LR125、LR135、LR415、LR435、LR515、LR535、LR117、LR127、LR137、LR217、LR317、LR417、LR437、LR447、LR517 |
| 120.7 | 4¾ | LR114、LR214、LR115、LR125、LR135、LR415、LR435、LR515、LR535、LR117、LR127、LR137、LR217、LR317、LR417、LR437、LR447、LR517 |
| 142.9 | 5⅝ | LR114、LR214、LR115、LR125、LR135、LR415、LR435、LR515、LR535、LR117、LR127、LR137、LR217、LR317、LR417、LR437、LR447、LR517、LR537、LR547、LR617、LR627、LR737、LR837 |
| 149.2 | 5⅞ | LR114、LR214、LR115、LR125、LR135、LR415、LR435、LR515、LR535、LR117、LR127、LR137、LR217、LR317、LR417、LR437、LR447、LR517、LR537、LR547、LR617、LR627、LR637、LR737、LR837 |
| 152.4 | 6 | LR114、LR214、LR115、LR125、LR135、LR415、LR435、LR515、LR535、LR117、LR127、LR137、LR217、LR317、LR417、LR437、LR447、LR517、LR537、LR547、LR617、LR627、LR637、LR737、LR837 |
| 155.6 | 6⅛ | LR114、LR214、LR115、LR125、LR135、LR415、LR435、LR515、LR535、LR117、LR127、LR137、LR217、LR317、LR417、LR437、LR447、LR517、LR537、LR547、LR617、LR627、LR637、LR737、LR837 |
| 158.8 | 6¼ | LR114、LR214、LR115、LR125、LR135、LR415、LR435、LR515、LR535、LR117、LR127、LR137、LR217、LR317、LR417、LR437、LR447、LR517、LR537、LR547、LR617、LR627、LR637、LR737、LR837 |

续表

| 钻头尺寸 | | 钻头型号 |
| --- | --- | --- |
| mm | in | |
| 165.1 | 6½ | LR114、LR214、LR115、LR125、LR135、LR415、LR435、LR515、LR535、LR117、LR127、LR137、LR217、LR317、LR417、LR437、LR447、LR517、LR537、LR547、LR617、LR627、LR637、LR737、LR837 |
| 171.5 | 6¾ | LR114、LR214、LR115、LR125、LR135、LR415、LR435、LR515、LR535、LR117、LR127、LR137、LR217、LR317、LR417、LR437、LR447、LR517、LR537、LR547、LR617、LR627、LR637、LR737、LR837 |
| 190.5 | 7 ½ | LR114、LR214、LR115、LR125、LR135、LR415、LR435、LR515、LR535、LR117、LR127、LR137、LR217、LR317、LR417、LR437、LR447、LR517、LR537、LR547、LR617、LR627、LR637、LR737、LR837 |
| 193.7 | 7⅝ | LR114、LR214、LR115、LR125、LR135、LR415、LR435、LR515、LR535、LR117、LR127、LR137、LR217、LR317、LR417、LR437、LR447、LR517、LR537、LR547、LR617、LR627、LR637、LR737、LR837 |
| 200.0 | 7⅞ | LR114、LR214、LR115、LR125、LR135、LR415、LR435、LR515、LR535、LR117、LR127、LR137、LR217、LR317、LR417、LR437、LR447、LR517、LR537、LR547、LR617、LR627、LR637、LR737、LR837 |
| 212.7 | 8⅜ | LR114、LR214、LR115、LR125、LR135、LR415、LR435、LR515、LR535、LR117、LR127、LR137、LR217、LR317、LR417、LR437、LR447、LR517、LR537、LR547、LR617、LR627、LR637、LR737、LR837 |
| 215.9 | 8½ | LR114、LR214、LR115、LR125、LR135、LR415、LR435、LR515、LR535、LR117、LR127、LR137、LR217、LR317、LR417、LR437、LR447、LR517、LR537、LR547、LR617、LR627、LR637、LR737、LR837 |

续表

| 钻头尺寸 | | 钻头型号 |
|---|---|---|
| mm | in | |
| 222.3 | 8¾ | LR114、LR214、LR115、LR125、LR135、LR415、LR435、LR515、LR535、LR117、LR127、LR137、LR217、LR317、LR417、LR437、LR447、LR517、LR537、LR547、LR617、LR627、LR637、LR737、LR837 |
| 241.3 | 9½ | LR114、LR214、LR115、LR125、LR135、LR415、LR435、LR515、LR535、LR117、LR127、LR137、LR217、LR317、LR417、LR437、LR447、LR517、LR537、LR547、LR617、LR627、LR637、LR737、LR837 |
| 244.5 | 9⅝ | LR114、LR214、LR115、LR125、LR135、LR415、LR435、LR515、LR535、LR117、LR127、LR137、LR217、LR317、LR417、LR437、LR447、LR517、LR537、LR547、LR617、LR627、LR637、LR737、LR837 |
| 247.7 | 9 ¾ | LR114、LR214、LR115、LR125、LR135、LR415、LR435、LR515、LR535、LR117、LR127、LR137、LR217、LR317、LR417、LR437、LR447、LR517、LR537、LR547、LR617、LR627、LR637、LR737、LR837 |
| 250.8 | 9⅞ | LR114、LR214、LR115、LR125、LR135、LR415、LR435、LR515、LR535、LR117、LR127、LR137、LR217、LR317、LR417、LR437、LR447、LR517、LR537、LR547、LR617、LR627、LR637、LR737、LR837 |
| 304.8 | 12 | LR114、LR214、LR115、LR125、LR135、LR415、LR435、LR515、LR535、LR127、LR137、LR217、LR317、LR417、LR437、LR447、LR517、LR537、LR547、LR617、LR627、LR637、LR737、LR837 |
| 311.2 | 12¼ | LR114、LR214、LR115、LR125、LR135、LR415、LR435、LR515、LR535、LR117、LR127、LR137、LR217、LR317、LR417、LR437、LR447、LR517、LR537、LR547、LR617、LR627、LR637、LR737、LR837 |

续表

| 钻头尺寸 | | 钻头型号 |
|---|---|---|
| mm | in | |
| 342.9 | 13½ | LR114、LR214、LR115、LR125、LR135、LR415、LR435、LR515、LR535、LR127、LR137、LR217、LR317、LR417、LR437、LR447、LR517、LR537、LR547、LR617、LR627、LR637、LR737、LR837 |
| 349.3 | 13¾ | LR114、LR214、LR115、LR125、LR135、LR415、LR435、LR515、LR535、LR117、LR127、LR137、LR217、LR317、LR417、LR437、LR447、LR517、LR537、LR547、LR617、LR627、LR637、LR737、LR837 |
| 444.5 | 17½ | LR114、LR214、LR115、LR125、LR135、LR415、LR435、LR515、LR535、LR117、LR127、LR137、LR217、LR317、LR417、LR437、LR447、LR517、LR537、LR547、LR617、LR627、LR637、LR737 |

**（五）Baker Hughes 牙轮钻头**

Baker Hughes 牙轮钻头包括：V 领导者钻头、MX 和 GX 一流钻头、RC 标准型钻头。

各系列钻头型号表示规则如下：

（1）V 领导者钻头由 5 个部分组成：生产线代号 V+密封类型+应用代号+切削结构+特征代号。

密封类型：G 表示橡胶密封（HAR）；M 表示金属密封（SEMII）；X 表示无密封(耐高温)。

应用代号：A 表示阿拉伯碳酸盐岩；D 表示定向；G 表示耐高温；无代码表示无特殊应用要求或钢齿钻头。

特征代号：见表 1-32。

**表 1-32 Baker Hughes 钻头特征代号**

| 代号 | 附加结构特征 | 代号 | 附加结构特征 | 代号 | 附加结构特征 |
|---|---|---|---|---|---|
| A | 空气滑动轴承，空气喷嘴 | C | 前：中心喷嘴，后：锥形齿 | C3 | 三向中心喷嘴 |
| DDX | 33%金刚石保径齿/50%修径尖齿 | DDT | 33%金刚石保径齿/100%修径尖齿 | DH | 100%金刚石修径球齿 |
| DH1 | 50%金刚石修径球齿 | DP | 金刚石强化扶正块 | DS | 金刚石加强掌背 |
| DT | 100%修径尖齿 | DT1 | 50%修径尖齿 | DX | 33%金刚石保径齿 |
| DX0 | 20%金刚石保径齿 | DX1 | 50%金刚石保径齿 | DX2 | 100%金刚石保径齿 |
| DX3 | 金刚石保径齿/第一圈 33%，第二圈 100% | DVH | 金刚石领导者修径齿 | DVHX0 | 金刚石领导者修径齿/20%金刚石保径齿 |
| DVHX1 | 金刚石领导者修径齿/50%金刚石保径齿 | DVHX2 | 金刚石领导者修径齿/100%金刚石保径齿 | G | 强化修径齿耐磨性 |
| H | 抗崩修径齿 | M | 前：掌背堆焊，后：M 技术 | P | 前：掌背扶正块 |
| R | 喷焊牙轮体 | S | 掌背硬质合金强化 | T | 2 个高效加长喷嘴 |
| T1 | 1 个高效加长喷嘴 | T3 | 3 个高效加长喷嘴 | | |

(2) MX 和 GX 一流钻头由 4 个部分组成：生产线代号 MX 或 GX+特征代号+切削结构+特征代号。

(3) RC 标准型钻头由 2 个部分组成：生产线代号 RC+分类号。

分类号：采用 SPE/IADC 23937 的规定，由 3 位数字组成。

轴承与生产线特征包对应关系见表 1-33。

Baker Hughes 牙轮钻头选型和结构特点见表 1-34。

Baker Hughes 牙轮钻头推荐钻压和转速见表 1-35。

**(六) NOV 牙轮钻头**

1. 钻头简介及命名规则

NOV 公司(收购 Reed 公司)牙轮钻头包括：RockForce™高端牙轮钻头(包括 R 高端镶齿钻头、RT 高端铣齿钻头、RD 高端定向钻头)、Titan™大直径牙轮钻头、ShredR™小直径牙轮钻头、TuffCutter™粉末锻造齿牙轮钻头、Jet Air 空气和泡沫钻用牙轮钻头、S 系列标准牙轮钻头、Y 系列非密封轴承牙轮钻头。

**表 1-33　轴承与生产线特征包对应关系**

| 轴承 | 领导者线 | | | MX 线 | GX 线 | STX 线 | GTX 线 | Triton 线 |
|---|---|---|---|---|---|---|---|---|
| | VXG | VM | VG | | | | | |
| 滑动轴承 | | ● | ● | ● | ● | ● | | ● |
| 球和滚子轴承 | ● | ● | ● | ● | | | ● | ● |
| 金属密封 | | ● | | ● | | | | |
| 橡胶密封 | | | ● | | ● | ● | ● | ● |
| GT 特性包 | | | | ● | ● | ● | ● | |
| 高温特性包 | ● | ● | | | | | | |
| 定向特性包 | ● | ● | ● | | | | | |
| 非密封 | ● | | | | | | | |

## 表 1-34　Baker Hughes 牙轮钻头选型和结构特点

| 系列 | | 地层 | 分级 | 结构特点 | | | | | | |
|---|---|---|---|---|---|---|---|---|---|---|
| | | | | 标准型滚动轴承 1 | 密封滚动轴承 4 | 密封滚动轴承保径 5 | | 密封滑动轴承 6 | 密封滑动轴承保径 7 | |
| | | | | | | 橡胶密封 | 金属密封 | | 橡胶密封 | 金属密封 |
| 铣齿钻头 | 1 | 低抗压强度、高可钻性的软地层 | 1 | RC111 | GTX-1，RC114 | VG-1，GTX-G1，RC115 | VM-1，MX-1 | | VG-1，STX-1，RC117 | VM-1，MX-1 |
| | | | 2 | RC121 | RC124 | RC125 | VM-2 | RC126 | RC127 | |
| | | | 3 | RC131 | GTX-3 | VG-3，RC135 | VM-3，MX-3 | RC136 | RC137 | VM-3，MX-3 |
| | 2 | 高抗压强度的中到中硬地层 | 1 | RC211 | | RC215 | | RC216 | RC217 | |
| | | | 3 | | | RC235 | | RC236 | RC237 | |
| | 3 | 硬、中等研磨性或研磨性地层 | 2 | RC321 | | | | | | |
| | | | 4 | | | | | | RC347 | |

续表

| 系列 | | 地层 | 分级 | 结构特点 | | | | | | |
|---|---|---|---|---|---|---|---|---|---|---|
| | | | | 标准型滚动轴承<br>1 | 密封滚动轴承<br>4 | 密封滚动轴承保径<br>5 | | 密封滑动轴承<br>6 | 密封滑动轴承保径<br>7 | |
| | | | | | | 橡胶密封 | 金属密封 | | 橡胶密封 | 金属密封 |
| 镶齿钻头 | 4 | 低抗压强度、高可钻性的软地层 | 1 | | VG-03，VG-03M，VGA-02，VGA-02M，GTX-03，GTX-03H | VMA-02，VMA-02M，MX-00，MX-03 | | VGA-03，GX-00，GX-03H，GX-03 | VMA-03，MXB-00，MX-03，MXB-03，MX-05 | |
| | | | 3 | | VGA-09，GTX-11H，VGA-10G，VGA-10M，VGA-11M，VG-09，GTX-09，GTX-09H | VM-11HM，VMA-10M，MX-09，MX-09G，VMA-11MH，MX-09H，MX-11H | | GX-09，STX-09，STX-09C，GX-09H，STX-09H，GX-09M，GX-11，GX-09C，GX-11C，GX-11M | MX-11，VMA-09，MX-09，VMD-11，VMD-11G，MXB-09，MX-09CG，MX-09G，MX-09H，MXB-09H，MX-09C | |
| | | | 4 | | GTX-11C，GTX-11CH，GTX-12H，GTX-18 | MX-11CH，MX-18，MX-18H，MX-18CH | | VGA-18，GX-18，GX-18H，STX-18H，GX-18C，STX-18 | M-18，VMA-18，VMD-18H，MX-18，MX-18H，MX-18C，MXB-18C，MX-18CH | |

续表

| 系列 | | 地层 | 分级 | 结构特点 | | | | | | |
|---|---|---|---|---|---|---|---|---|---|---|
| | | | | 滚动轴承空气冷却 2 | 密封滚动轴承保径 5 | | 密封滑动轴承保径 7 | | | 高温密封 |
| | | | | | 橡胶密封 | 金属密封 | 空气 | 橡胶密封 | 金属密封 | |
| 镶齿钻头 | 5 | 低抗压强度的软到中硬地层 | 1 | | VG-22, GTX-20, GTX-20H, GTX-22 | MX-20, MX-20G, MX-20H | | VG-20M, VGD-20, STX-20, STX-20G, GX-20, GX-20H, STX-20H, GX-20M, GX-22, GX-23, GX-22M, GX-22S | VM-20, VMA-20, VMA-20M, MX-20, VMD-20, VMD-22S, MXB-20, MX-20G, MX-20H, MX-22 | VMG-20 |
| | | | 2 | | VG-28G, GTX-28 | MX-28 | | VG-28, GX-28, GX-25, VGD-26, VGD-28, GX-28C, VGD-25S, GX-20C, STX-20C, GX-20CH, VGD-25 | VMD-25, VMD-26, VMD-28, VMD-29, MX-20CH, MX-28, MX-28G | |
| | | | 3 | | VG-30, VG-30HM, GTX-30, GTX-30H, GTX-33 | MX-30H, MX-33 | VG-28A | VG-30, VGD-30H, VGD-30S, STX-30H, VGD-34, STX-30, GX-30, GX-30G, GX-30M, GX-30S | VMD-33, MX-30, MX-30G, MXB-30G, MX-30H | VMG-30 |

续表

| 系列 | | 地层 | 分级 | 结构特点 | | | | | | |
|---|---|---|---|---|---|---|---|---|---|---|
| | | | | 滚动轴承空气冷却 2 | 密封滚动轴承保径 5 | | 密封滑动轴承保径 7 | | | 高温密封 |
| | | | | | 橡胶密封 | 金属密封 | 空气 | 橡胶密封 | 金属密封 | |
| 镶齿钻头 | 5 | 低抗压强度的软到中硬地层 | 4 | | GTX-30C | | VG-30A | VG-30C, VG-35, GX-33, VG-35C, VGD-35, VG-38C, VG-38CH, GX-38CH, STX-35, VGD-38CH, STX-30C, GX-30C, GX-38C, STX-30CG, GX-35 | VMD-38C, MX-35, MX-35CG, MX-35M, MX-38C | VMG-35CG |
| | 6 | 高抗压强度的中到中硬地层 | 1 | VXG-44 | | | VG-38A | VGD-40, VGD-44G, GX-44, GX-44G | VM-44G, MX-40G, MX-44G | |
| | | | 2 | VXG-44C | | VM-40C, VM-44C, MX-44C | VG-40A | VG-44C, VG-45C, STX-40C, GX-45, GX-44C, STX-44C | VM-44C, MX-40CG, MXB-40CG, MX-44C, MX-44CH | VMG-44C |
| | | | 3 | | | MX-55 | | VG-50, VG-55M, VGD-50RG, GX-55, GX-55RG, STX-50R, STX-55, STX-50 | VMD-55, MX-50, MX-50R, MX-50RG, MX-55 | VMG-55 |

续表

| 系列 | | 地层 | 分级 | 结构特点 | | | | | | |
|---|---|---|---|---|---|---|---|---|---|---|
| | | | | 滚动轴承空气冷却 2 | 密封滚动轴承保径 5 | | 密封滑动轴承保径 7 | | | 高温密封 |
| | | | | | 橡胶密封 | 金属密封 | 空气 | 橡胶密封 | 金属密封 | |
| 镶齿钻头 | 6 | 高抗压强度的中到中硬地层 | 4 | | | | | VG-66, VGD-66, GX-66, STX-66, GX-68 | VM-66, VMD-68, MX-66, MX-68 | VMG-68 |
| 镶齿钻头 | 7 | 硬、中等研磨性或研磨性地层 | 3 | | | | | VGD-70, STX-70 | | |
| 镶齿钻头 | 7 | 硬、中等研磨性或研磨性地层 | 4 | | | | | STX-77 | | |
| 镶齿钻头 | 8 | 极硬的研磨性地层 | 1 | | | | | STX-88 | VM-80 | |
| 镶齿钻头 | 8 | 极硬的研磨性地层 | 2 | | | | | GX-89 | | |
| 镶齿钻头 | 8 | 极硬的研磨性地层 | 3 | | | | | VG-90M, STX-90, GX-95, GX-98M, STX-99 | | |

表 1-35　Baker Hughes 牙轮钻头推荐钻压和转速

| 钻头类型 | 适应地层 | 钻压/(kN/mm) | 转速/(r/min) |
|---|---|---|---|
| 铣齿钻头 | 软 | 0.54~1.04 | 60~250 |
| | 中 | 0.7~1.47 | 60~250 |
| | 硬 | 1.04~1.47 | 60~200 |
| 镶齿钻头 | 极软 | 0.54~0.89 | 60~250 |
| | 软 | 0.54~0.89 | 60~250 |
| | 中 | 0.7~1.04 | 60~220 |
| | 硬 | 0.8~1.31 | 60~180 |
| | 极硬 | 1.04~1.47 | 60~150 |

NOV 牙轮钻头型号表示规则如下:

由 4 个部分组成:产品线代号+型号代号+镶齿形状代号+特性代号。

产品线代号:R 表示 RockForce™;RT 表示 RockForce™铣齿;RD 表示 RockForce™定向;T 表示 Titan™(镶齿和铣齿);SH 表示 ShredR™;TC 表示 TuffCutter™;JA 表示 Jet Air;S 表示 S 系列;Y 表示 Y 系列。

型号代号:

可钻性分类:与镶齿数量或轮廓有关。

一位数字表示铣齿(仅 RockForce™有);两位数字表示镶齿。

镶齿形状代号:A 表示楔形齿;Blank 表示锥形齿。

特性代号:

液压系统:Blank 表示 Mudpick;M 表示 Mudpick Ⅱ;C 表示 Center Jets。

保护:P 表示优质巴掌保护;K 表示金刚石巴掌保护;T 表示

GageGuard™镶齿;F 表示火焰喷涂; G 表示 TuffGage(仅铣齿); L 表示片垫。

巴掌保护:DP2 表示 100%;DP 表示 50%;DK 表示金刚石保护;DL 表示片垫保护。

金刚石增强型根部排镶齿:DH2 表示 100%;DH 表示 50%。

金刚石增强型 GageGuard 行列镶齿:DT 表示 100%。

保径镶齿:DI 表示 100%。

主要排镶齿:DI 表示 100%。

冠部镶齿:DI 表示 100%。

全部镶齿:DA 表示 100%。

2. NOV 公司系列牙轮钻头

1) RockForce™高端牙轮钻头

RockForce™高端牙轮钻头在最苛刻的钻井工况中也能提供可靠且经得起现场考验的性能。

轴承系统加入了以下各项:①保留高能牙轮;②镀银轴承表面;③紧凑公差加工;④先进的润滑和压力补偿。

经验证的功能包括:①SuperTuff™碳化钨镶齿 ;②MatchFit™镶齿保留 ;③行业领先的 Mudpick™。

工具液压系统:铣齿钻头的 Armorclad Ⅱ 领先堆焊技术

RockForce™钻头可用于铣齿和镶齿设计,见表 1-36。

2) RockForce™定向钻头

RockForce™定向钻头旨在专门处理定向钻进中涉及的磨损状况。重点关注镶齿布局和几何形状,以提供一种更耐用的切削结构,从而顺利克服偏心磨损、侧向载荷、保径转动并减缓切口形成。这些改进在定向井段中提供卓越的性能,同时在该井段前、后保持较高的性能。RockForce™系列定向钻头见表 1-37。

**表 1-36　RockForce™ 系列钻头**

| 钻头种类 | 适用地层 | 钻头型号 | 钻头尺寸/in |
|---|---|---|---|
| 铣齿钻头 | 软地层 | RT1 | 6½、8½、9½、10⅝、11、11¼ |
| | | RT2 | 5⅞、6、6⅛、6¼、6½、6¾ |
| | | RT3 | 8¼、8⅜ |
| | | RT4 | 6、6⅛ |
| 镶齿钻头 | 中至硬地层 | R01 | 8½ |
| | | R03 | 7⅞、8¾、12¼ |
| | | R07 | 4⅞、5⅝、11⅝、12¼ |
| | | R09 | 7⅞、8½、8¾ |
| | | R12 | 6、6¼、9⅞、10⅝、11、12¼ |
| | | R14 | 7⅞、8¾ |
| | | R15 | 8½、8¾、11⅝、12¼ |
| | | R19 | 7⅞ |
| | | R20 | 8⅜、8½、8¾ |
| | | R21 | 7⅞、8¾ |
| | | R22 | 4⅛、4¾、4⅞、5⅝、5⅞、6、6⅛、6¼、6¾、8⅜、8½、8¾、10⅝、11、12¼ |
| | | R23 | 8¾ |
| | | R24 | 7⅞、8¾、12¼ |
| | | R25 | 7⅞、8½、8¾、9⅞ |
| | | R27 | 7⅞、11 |
| | | R28 | 7⅞、8¾ |
| | | R34 | 7⅞、8½、8¾、9½ |
| 镶齿钻头 | 中至硬地层 | R30 | 3⅞、4½、4⅝、4¾、5½、5⅝、6、6⅛、6¼、6¾、7⅞、8¼、8⅜、8½、8¾、9⅞、11、11⅝、12、12¼ |
| | | R35 | 7⅞ |
| | | R36 | 7⅞ |
| | | R37 | 7⅞、8¾ |
| | | R40 | 6、6⅛、6¼、6½、6¾、8⅜、8½、8⅝、8¾、9⅞、12¼、12⅜ |
| | | R44 | 4¾、5⅝、6、6⅛、6½、6¾、7⅞、8½、9⅞、11、12¼ |
| | | R45 | 4⅝、4¾、4⅞、5⅞、6、6⅛、6½、6¾、8½、8¾、9⅞、11⅝、12、12¼ |
| | | R48 | 7⅞、8¾ |
| | | R50 | 3¾、3⅞、5⅞、6、6⅛、6½、6¾、7⅞、8⅜、8½、8¾、9⅞、11 |
| | 硬地层 | R60 | 6⅛、7⅞、12¼ |
| | | R65 | 8¾ |
| | | R70 | 6⅛、6½、7⅞、8⅜、8½、8¾ |
| | | R75 | 12¼ |
| | | R80 | 8¾ |
| | | R85 | 5⅞、7⅞、8¾ |
| | | R90 | 6、6⅛、6½、7⅞、9⅞、12¼ |

表 1-37 RockForce™系列定向钻头

| 钻头型号 | 钻头尺寸/in |
|---|---|
| RD12 | 8½ |
| RD15 | 7⅞、8½、8¾、9⅞、12¼ |
| RD21 | 7⅞、8½、8¾、9½、9⅞ |
| RD25 | 7⅞、8¾ |
| RD33 | 7⅞、8¾ |

3）Titan™系列大直径钻头

Titan™系列大直径钻头由于采用优化轴承系统、切削结构和加强保径,有更长的寿命。通过优化切削结构和 Mudpick™液压系统,在钻速（ROP）方面具有卓越的性能。Titan™系列大直径钻头见表 1-38。

4）TuffCutter™粉末锻造牙轮钻头

TuffCutter™粉末锻造牙轮钻头可提供具有超强钻削性的切削结构。结合了粉末锻造工艺生产的超强耐久性与 RockForce™钻头轴承的极佳可靠性,可提供无与伦比的性能。由此而得到的是业内最耐久、一致性的软地层切削结构。TuffCutter™系列粉末锻造牙轮钻头见表 1-39。

5）Jet Air 空气和泡沫钻用牙轮钻头

Jet Air 空气和泡沫钻用牙轮钻头专为空气和泡沫钻井设计,已经证明在这种独特工况中性能卓越。具有以下特点:优质径向轴承、径向 HNBR 橡胶密封件、MudPick™液压系统、低圆锥偏移、SuperTuff™镶齿和碳化钨根部保护,已经证明在欠平衡工况下可提供最佳钻头性能和钻井效率。Jet Air 系列空气和泡沫钻用牙轮钻头见表 1-40。

6）S 系列和 Y 系列牙轮钻头

对于要求不高的工况,如垂直钻井,提供了几种标准的牙轮钻头。S 系列钻头产品线涵盖所有尺寸,包括 TuffDuty™钻头、Sabre™钻头、增强型马达系列、涡轮和 Y 系列钻头。S 系列钻头的优点是其多功能性、适应性、耐久性,且整合了增值功能,如用于各种现场工况的成熟镶齿设计。

**表 1-38 Titan™系列大直径钻头**

| 钻头种类 | 适用地层 | 钻头型号 | 钻头尺寸/in | 钻头种类 | 适用地层 | 钻头型号 | 钻头尺寸/in |
|---|---|---|---|---|---|---|---|
| 铣齿钻头 | 软至中硬地层 | T11 | 12¼、14½、14¾、16、16½、17、17½、18⅛、18¼、20、22、23、24、26 | 镶齿钻头 | 中至硬地层 | T43 | 12¼、13½、14¾、16、16½、17½、22、23、26、28 |
| | | T12 | 24 | | | T51 | 12¼、16、17½ |
| | | T13 | 12¼、16、17½ | | | T52 | 16 |
| 镶齿钻头 | 中至硬地层 | T41 | 16、17½、18⅛、22、23½、24、26 | | | T53 | 16、17½ |
| | | T42 | 16、20 | | | T61 | 12¼ |
| | | T44 | 12¼、14¾、16、17、17½ | | | | |

表 1-39 TuffCutter™粉末锻造牙轮钻头

| 钻头型号 | 钻头尺寸/in |
|---|---|
| TC10 | 7⅞、8½、8¾、12¼ |
| TC11 | 7⅞、8½、9⅞、11⅝、12¼ |

表 1-40 Jet Air 空气和泡沫钻用牙轮钻头

| 钻头型号 | 钻头尺寸/in |
|---|---|
| JA53 | 7⅞ |
| JA62 | 7⅞、8¾、8⅞、11 |
| JA63 | 8⅞ |

许多大直径表层部分很浅、易钻孔,不需要优质的密封轴承钻头。因此,泥浆冷却、开式轴承 Y 系列大直径钻头的尺寸从 12¼in 到 26in。在牙齿磨损和轴承寿命上,非密封滚柱轴承钻头常在重复运行的条件下抛锚。如果恰当地清洁和存放这些钻头,则可以实现多次运行,从而显著节约成本。S 系列牙轮钻头见表 1-41,Y 系列牙轮钻头见表 1-42。

表 1-41 S 系列牙轮钻头

| 钻头型号 | 钻头尺寸/in | 钻头型号 | 钻头尺寸/in |
|---|---|---|---|
| S10 | 7⅞ | S54 | 7⅞ |
| S11 | 17½ | S61 | 12 |
| S13 | 7½、12 | S62 | 7½ |
| S21 | 7⅞ | | |

表 1-42 Y 系列牙轮钻头

| 钻头型号 | 钻头尺寸/in |
|---|---|
| Y11 | 12¼、13½、14¾、17½、24、26 |
| Y13 | 26 |

推荐的钻压和转速见表 1-43。

表 1-43　NOV 牙轮钻头推荐钻压和转速

| 钻头类型 | 使用地层 | 钻压/(kN/mm) | 转速/(r/min) |
|---|---|---|---|
| 铣齿钻头 | 软 | 0. 54～1. 04 | 80～200 |
| | 中 | 0. 6～1. 04 | 60～180 |
| | 硬 | 0. 6～1. 16 | 60～180 |
| 镶齿钻头 | 极软 | 0. 54～0. 89 | 40～200 |
| | 软 | 0. 54～1. 04 | 50～180 |
| | 中 | 0. 6～1. 04 | 50～180 |
| | 硬 | 0. 7～1. 16 | 50～140 |
| | 极硬 | 0. 7～1. 16 | 50～120 |

## (七) Smith 牙轮钻头

Smith 牙轮钻头名称由产品系列和轴承前缀、切削结构和保径等编码、设计特征编码 3 个部分组成。

Smith 牙轮钻头产品系列和密封轴承(前缀)见表 1-44，Smith 牙轮钻头切削结构和保径等编码见表 1-45，Smith 牙轮钻头设计特征编码见表 1-46，选型和结构特点见表 1-47，Smith 牙轮钻头推荐的钻压和转速见表 1-48。

表 1-44　Smith 牙轮钻头产品系列和密封轴承(前缀)

| 产品系列和密封轴承(前缀) | 适用于钻头 | 说　明 | 描　述 |
|---|---|---|---|
| FH | 镶齿钻头 | 产品系列 | 单密封，滑动轴承 |
| GF | 所有钻头 | 产品系列 | Gemini 双密封，滑动轴承 |
| G | 所有钻头 | 产品系列 | Gemini 双密封，滚动轴承 |
| i | 所有钻头 | IDEAS | 集成动态工程分析系统验证产品 |
| XR | 镶齿钻头 | 产品系列 | Xplorer 单密封，滑动轴承 |
| XR+ | 铣齿钻头 | 产品系列 | Xplorer 单密封，滑动轴承扩展产品系列 |
| TCT | 所有钻头 | 产品系列 | TCT |

续表

| 产品系列和密封轴承（前缀） | 适用于钻头 | 说　明 | 描　述 |
|---|---|---|---|
| D | 铣齿钻头 | 轴承和密封 | 无密封轴承 |
| S | 铣齿钻头 | 轴承和密封 | 单密封，滚动轴承 |
| F | 所有钻头 | 轴承和密封 | 单密封，滑动轴承 |
| M | 所有钻头 | 轴承和密封 | 配合马达的单密封滚动轴承钻头 |
| MF | 所有钻头 | 轴承和密封 | 配合马达的单密封滑动轴承钻头 |
| K | 所有钻头 | 轴承和密封 | 应用于高温的抗高温密封 |

**表 1-45　Smith 牙轮钻头切削结构和保径等编码**

| 切削结构和保径等编码 | 适用于钻头 | 说　明 | 描　述 |
|---|---|---|---|
| S | 铣齿钻头 | 切削结构 | 软地层适用钻头 |
| T | 铣齿钻头 | 切削结构 | 中软地层适用钻头 |
| G | 铣齿钻头 | 切削结构 | 中硬地层适用钻头 |
| V | 铣齿钻头 | 切削结构 | 中硬、硬地层适用钻头 |
| S | 铣齿钻头 | 切削结构 | 带表面硬化材料的自锐设计 |
| + | 铣齿钻头 | 切削结构 | 铣齿钻头专用/增强的切削结构 |
| DS | 铣齿钻头 | 切削结构 | IADC |
| DG | 铣齿钻头 | 切削结构 | IADC |
| S | 镶齿钻头 | 切削结构 | Shamal |
| B | 镶齿钻头 | 碳化钨合金保径 | 双排保径设计 |
| H | 镶齿钻头 | 碳化钨合金保径 | 加强保径设计（镶齿数量和硬度增强） |
| T | 镶齿钻头 | 碳化钨合金保径 | 修边齿（碳化钨合金材料加强保径和保径周围的区域） |
| 00—99 | 镶齿钻头 | 切削结构 | 镶齿钻头硬度等级（00 最软-99 最硬） |

表 1-46　Smith 牙轮钻头设计特征编码

| 设计特征编码 | 应用钻头 | 说　明 | 描　述 |
|---|---|---|---|
| A | 镶齿钻头 | 切削结构 | 空气钻应用钻头 |
| B | 镶齿钻头 | 切削结构 | 双排保径设计 |
| BD | 镶齿钻头 | 切削结构 | 金刚石加强双排保径 |
| C | 所有钻头 | 水力设计 | 中心喷嘴 |
| D | 镶齿钻头 | 金刚石保径 | 半球顶型金刚石保径齿 |
| DD | 镶齿钻头 | 全金刚石镶齿 | 所有切削均为金刚石加强齿 |
| DD2 | 镶齿钻头 | 全金刚石镶齿 | 所有切削均为金刚石加强的加大齿设计 |
| E | 所有钻头 | 水力设计 | 加长喷嘴 |
| G | 镶齿钻头 | 切削结构 | 碳化钨合金涂层牙轮本体保护(表面硬化) |
| H | 镶齿钻头 | 切削结构 | 背锥镶齿,加强保径 |
| I | 镶齿钻头 | 切削结构 | 偏斜保径楔形齿设计 |
| J3 | 所有钻头 | 水力设计 | 额外 3 个喷嘴的强化水力设计 |
| L | 所有钻头 | 巴掌保护 | 碳化钨合金齿加强巴掌保护块 |
| LD | 所有钻头 | 巴掌保护 | 金刚石加强齿加强巴掌保护块 |
| N | 所有钻头 | 尺寸大小 | 标准外径的钻头 |
| OD | 所有钻头 | 金刚石背锥齿 | 金刚石加强背锥齿(20%~50%) |
| OD1 | 所有钻头 | 金刚石背锥齿 | 金刚石加强背锥齿(50%~100%) |
| P | 所有钻头 | 巴掌保护 | 改进的巴掌保护方式(只适用于美国得克萨斯州) |
| PS | 所有钻头 | 巴掌保护 | 碳化钨合金齿加强巴掌保护块 |
| PD | 所有钻头 | 巴掌保护 | 金刚石加强齿加强巴掌保护块 |

续表

| 设计特征编码 | 应用钻头 | 说　明 | 描　述 |
|---|---|---|---|
| Q | 所有钻头 | 水力设计 | Q 形水力设计 |
| R | 所有钻头 | 巴掌保护 | 巴掌上部采用半球型碳化钨合金齿加强保护 |
| RD | 所有钻头 | 巴掌保护 | 巴掌上部采用半球型碳化金刚石加强齿加强保护 |
| SD | 镶齿钻头 | 金刚石保径 | 雕塑型的金刚石加强保径和背锥齿(20%~50%) |
| SD1 | 镶齿钻头 | 金刚石保径 | 雕塑型的金刚石加强保径和背锥齿(50%~100%) |
| T | 镶齿钻头 | 加强保径 | 修边齿(碳化钨合金材料加强保径和保径周围的区域) |
| TD | 镶齿钻头 | 金刚石保径 | 金刚石加强修边齿(金刚石保径齿和碳化钨内排齿) |
| U | 所有钻头 | 个性化设计 | 针对具体应用设计的钻头(切削结构和保护特性) |
| V | 所有钻头 | 水力设计 | 定向流水力设计 |
| VE | 所有钻头 | 水力设计 | 定向流加长喷嘴设计 |
| W | 镶齿钻头 | 切削结构 | 比相同型号标准钻头软一个等级的镶齿 |
| Y | 镶齿钻头 | 切削结构 | 锥形齿 |
| 3 | 所有钻头 | 连接丝扣 | $2\frac{7}{8}$in 连接丝扣 |
| 6 | 所有钻头 | 连接丝扣 | $6\frac{5}{8}$in 连接丝扣 |
| 7 | 所有钻头 | 连接丝扣 | $7\frac{5}{8}$in 连接丝扣 |

**表 1-47　Smith 牙轮钻头选型和结构特点**

| 系列 | | 地层 | 分级 | 结构特点<br>标准型滚动轴承<br>1 | 密封滚动轴承<br>4 | 密封滚动轴承保径<br>5 | 密封滑动轴承<br>6 | 密封滑动轴承保径<br>7 |
|---|---|---|---|---|---|---|---|---|
| 铣齿钻头 | 1 | 低抗压强度、高可钻性的软地层 | 1 | DSJ | SDS | XR+, GSSH+, TCTi+ | FDS | XR+, FDS+, TCTi+ |
| | | | 2 | DTJ | | | FDT | |
| | | | 3 | DGJ | MGG | GGH+, MSDGH | | MFDGH, FDGH |
| | | | 4 | | | | | GFVH, FVH |
| | 2 | 高抗压强度的中到中硬地层 | 1 | | | SVH | | |
| | | | 2 | OFM | | MSVH | | |
| | | | 3 | | | | | |

| 系列 | | 地层 | 分级 | 结构特点<br>密封滚动轴承保径<br>5 | 密封滑动轴承保径<br>7 |
|---|---|---|---|---|---|
| 镶齿钻头 | 4 | 低抗压强度、高可钻性的软地层 | 1 | GSi01B, GS01, GS01B, GS02B, GS02T, GS03B, Gi03B, G04B, GS04B, TCTi01 | GFSi01, GFS04, GFS04B, MFS04, MFi04 |
| | | | 2 | GS05, GS05B, GSi06B, G08B, GS08B | GF05, GF05B, GFi05B, GFSi06, MF05B |
| | | | 3 | G10B, G10T, GS10B, GSi12B, GSi12UB, TCT10 | F10, F10B, F12, F12Y, GF08B, GF10B, F10HB, GFS10B, GF12T, XR12, MF10T, MFS10T, XR10T, TCT11, TCT12 |

续表

| 系列 | | 地层 | 分级 | 结构特点 | |
|---|---|---|---|---|---|
| | | | | 密封滚动轴承保径<br>5 | 密封滑动轴承保径<br>7 |
| 镶齿钻头 | 4 | 低抗压强度、高可钻性的软地层 | 4 | GSi15B，G15，GSi20B，G11Y，GSi18B，M15S，M15JS | FH16，FH16B，FHi18，MF15M，F15T，MF15B，MF19，GF15，GF15B，GF15Y，GFS15B，XR15，XR15T，XRi15G |
| 镶齿钻头 | 5 | 低抗压强度的软到中地层 | 1 | G20，GS20B，G25 G20B，20GMS，2JS GSi20B | F15H，F2，MF2，MF15H，FHi20，FHi21，FHi23，GFi20，GF21，GF25，GFS20，MFS20，XR20，XR20B，XR25，F25Y，GF20Y，XR20Y，TCTi20 |
| 镶齿钻头 | 5 | 低抗压强度的软到中地层 | 2 | G28B | GF26，F27，GFS28，FHi28，GFi28B，FHi29，Fhi25，F26Y，MF26Y，FHi24Y，F27A，F27IY，GF27Y，XR20TY |
| 镶齿钻头 | 5 | 低抗压强度的软到中地层 | 3 | G30，GS30B 3JS | F3，F30，FH30，F30T，FHi30，FHi31，FH32，GF30，GF30B，GF30T，MF30T，XR30，XR32，F30Y，FH30Y |
| 镶齿钻头 | 5 | 低抗压强度的软到中地层 | 4 | | FHi35，GFi35，F30Y，F37Y，FHi37Y，FHi38Y，F39Y，XR35Y，Fi35YG，F37Y，XR30Y，XRi35 |

续表

| 系列 | | 地层 | 分级 | 结构特点 | |
|---|---|---|---|---|---|
| | | | | 密封滚动轴承保径<br>5 | 密封滑动轴承保径<br>7 |
| 镶齿钻头 | 6 | 高抗压强度的中到中硬地层 | 1 | G40，G40Y，G40Y 4JS | FH40，FHi45，F40，F45H，MF4H，GF40H，GF40Y，Xr38，XR40，XR45Y，F40Y，F40YA，F47Y，F47YA，FH43Y，GF47Y |
| | | | 2 | | F50，FHi50，FHi50Y，F46HY，F47HY，GF45Y，GF50Y，XR40Y，XR40YA，XR45Y，XR50 |
| | | | 3 | | F57Y，F57HY，GF50YB，F50YA，XR50Y |
| | | | 4 | | F59Y，F59HY，F67Y，GF67Y，XRi65Y |
| | 7 | 硬、中等研磨性或研磨性地层 | 2 | | |
| | | | 3 | | F7，XR68Y，XR68HY，XR70Y |
| | | | 4 | | XR75Y |
| | 8 | 极硬的研磨性地层 | 1 | | F80Y，GF80Y，XR80Y |
| | | | 2 | | F85Y |
| | | | 3 | | F90Y，FHi90Y，XR90Y |

**表 1-48　Smith 牙轮钻头推荐钻压和转速**

| 钻头类型 | 使用地层 | 钻压/(kN/mm) | 转速/(r/min) |
|---|---|---|---|
| 铣齿钻头 | 软 | 0.35~1.24 | 70~250 |
| | 中 | 0.54~1.39 | 60~200 |
| 镶齿钻头 | 软 | 0.35~1.04 | 50~200 |
| | 软~中 | 0.54~1.04 | 50~180 |
| | 中硬 | 0.54~1.16 | 50~140 |
| | 硬 | 0.7~1.16 | 50~140 |
| | 极硬 | 0.7~1.39 | 50~120 |

### (八) Halliburton DBS 牙轮钻头

Halliburton DBS 牙轮钻头命名由系列、切削结构特征、切削结构编码、附加特征编码 4 个部分组成。

系列包括：SR 表示 StrikeForce™降低振动系列；

XN 表示 X Series™；

A 表示 Adaero™。

切削结构特征：C 表示爪形齿；

D 表示金刚石保径；

DD 表示金刚石保径和内排；

P 表示等离子涂层。

切削结构编码：铣齿钻头用 1~7；镶齿钻头用 00~99。

Halliburton DBS 牙轮钻头附加特征编码见表 1-49。

Halliburton DBS 牙轮钻头推荐钻压和转速见表 1-50。

**表 1-49　Halliburton DBS 牙轮钻头附加特征编码**

| 代号 | 附加结构特征 | 代号 | 附加结构特征 | 代号 | 附加结构特征 |
|---|---|---|---|---|---|
| A | 空气钻井 | C | 中心喷嘴 | D | 33%金刚石修径齿 |
| D2 | 50%金刚石修径齿 | D3 | 100%金刚石修径尖齿 | G | 非标保径齿 |
| L | 稳定保径块 | LD | 金刚石稳定保径块 | H | 镶齿、铣齿混合结构 |
| R | 掌背硬质合金凸齿保护 | S | 掌背硬质合金加强保护 | SD | 掌背金刚石加强保护 |
| RD | 掌背金刚石凸齿保护 | O | 内置传感器 | E | 耐极端高温高压 |

表 1-50 Halliburton DBS 牙轮钻头推荐钻压和转速

| 钻头类型 | 适应地层 | 钻压/(kN/mm) | 转速/(r/min) |
|---|---|---|---|
| 铣齿钻头 | 软 | 0. 35~0. 89<br>0. 54~1. 04 | 60~200<br>200~50 |
| | 中 | 0. 54~1. 04 | 50~180 |
| | 硬 | 0. 7~1. 16 | 40~140 |
| 镶齿钻头 | 软 | 0. 35~1. 04 | 70~160 |
| | 软~中 | 0. 54~1. 04 | 50~120 |
| | 中硬 | 0. 54~1. 16 | 50~80 |
| | 硬 | 0. 7~1. 16 | 40~70 |
| | 极硬 | 0. 7~1. 39 | 30~50 |

# 第三节 PDC 钻头及金刚石钻头

## 一、PDC 钻头

在钻头的冠部表面镶装 PDC 复合片,PDC 复合片有 0808、1008、1308、1613、1913 等尺寸,有平齿、屋脊齿、三棱齿等齿形,根据布置在 PDC 钻头上的部位分为前排齿、后排齿、保径齿和倒划眼齿等。其适用于软到中硬的较为均质的地层,可用于直井、定向井和水平井等的转盘钻进、复合钻进、滑动钻进和旋转导向钻进等。

PDC 钻头结构如图 1-10 所示。

常见 PDC 钻头冠部剖面的几何形状如图 1-11 所示。

PDC 复合片切削齿工作角具有前倾角 $\alpha$ 和侧倾角 $\beta$,如图 1-12所示。

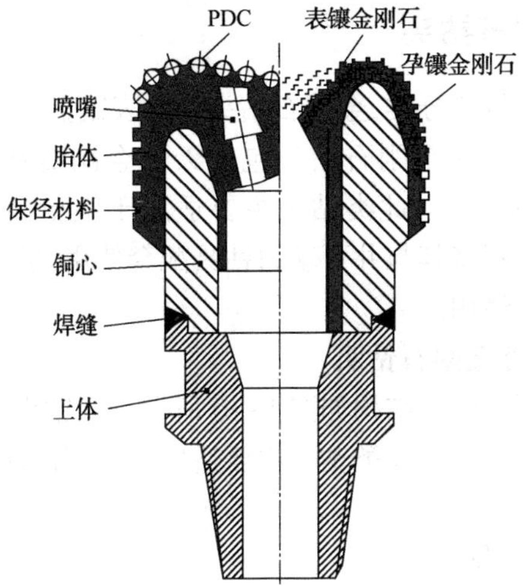


图 1-10 金刚石钻头结构

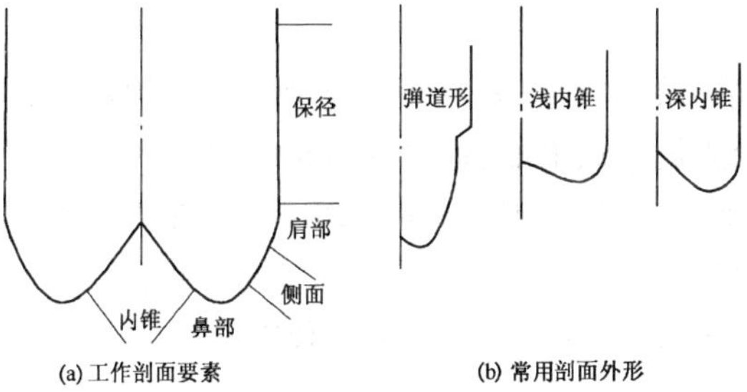


图 1-11 常见 PDC 钻头冠部剖面的几何形状

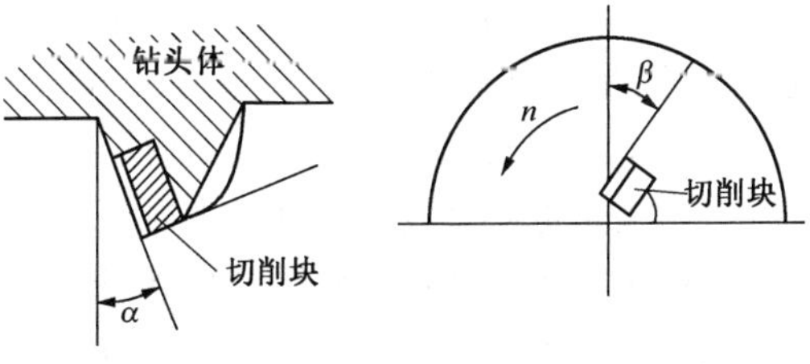


图 1-12 PDC 复合片切削齿工作角

## 二、金刚石钻头

按切削齿材料分类，金刚石钻头分为表镶金刚石钻头和孕镶金刚石钻头。表镶金刚石钻头包括天然金刚石钻头、TSP 钻头（又称巴拉斯钻头）。此类钻头主要适用于中至极硬、研磨性较强的地层。推荐将其与井下动力钻具配套使用，最好与井下高速动力钻具配套使用。

### （一）天然金刚石钻头

天然金刚石钻头结构如图 1-10 所示。在钻头冠部外表面镶装一层天然金刚石。此类钻头主要适用于硬到极硬、研磨性较强的地层。

### （二）TSP 钻头

TSP 钻头结构如图 1-10 所示。在钻头冠部外表面镶装一层热稳定聚晶金刚石（TSP）。此类钻头主要适用于中到硬、研磨性较强的地层。

TSP 钻头的水力结构与天然金刚石钻头的水力结构非常相似，也可分为逼压式水槽、辐射式水槽、辐射逼压式水槽，刀翼形的 TSP 钻头的水力结构与刀翼形 PDC 钻头的水力结构相似。由于 TSP 齿的尺寸介于天然金刚石颗粒和聚晶金刚石复合片之间，加之 TSP 齿形状多样化，因此 TSP 钻头一般适用于较硬的地层。

### （三）孕镶金刚石钻头

孕镶金刚石钻头结构如图 1-10 所示。在钻头冠部基体内孕镶一层金刚石，可以是天然金刚石、人造金刚石单晶和 TSP。此类钻头主要适用于中到极硬、研磨性较强的地层。

孕镶金刚石钻头是近年来发展成熟的金刚石钻头，尤其是涡轮钻具和高速螺杆钻具等高速动力钻具的成熟，推动了此类钻头的发展和成熟进程。在不断发展进程中，出现了以上 3 种金刚石钻头融合的孕表镶金刚石钻头，此类钻头具有 3 种钻头的优点。

## 三、PDC 钻头及金刚石钻头行业标准、IADC 分类标准及编码

金刚石钻头的行业标准是《金刚石钻头》（SY/T 5217—2016），IADC（国际钻井承包商协会）分类标准及编码由 4 个部分组成，分别描述金刚石钻头的钻头体、适用地层、切削结构和钻头冠部，见表 1-51。

IADC 还规定了金刚石钻头的尺寸、公差、连接螺纹和上扣扭矩标准，见表 1-52 和表 1-53。

**表 1-51　PDC 钻头及金刚石钻头的 IADC 编码**

| 钻头体 | | 适用地层 | | 切削结构 | | 钻头冠部 | |
|---|---|---|---|---|---|---|---|
| 编码 | 描述特征 | 编码 | 描述特征 | 编码 | 描述特征 | 编码 | 描述特征 |
| M | 胎体 | 1 | 极软 | 2 | PDC，19mm | 1 | 短鱼尾 |
| S | 钢体 | | | 3 | PDC，13mm | 2 | 短冠部 |
| D | 金刚石 | | | 4 | PDC，8mm | 3 | 中冠部 |
| | | 2 | 软 | 2 | PDC，19mm | 4 | 中 |
| | | | | 3 | PDC，13mm | | |
| | | | | 4 | PDC，8mm | | |
| | | 3 | 软到中 | 2 | PDC，19mm | | |
| | | | | 3 | PDC，13mm | | |
| 实例 | | | | 4 | PDC，8mm | | |
| 编码 | 描述特征 | 4 | 中 | 2 | PDC，19mm | | |
| M | 胎体 | | | 3 | PDC，13mm | | |
| 4 | 中 | | | 4 | PDC，8mm | | |
| 3 | PDC，13mm | 5 | | 无编码 | | | |
| 4 | 长冠部 | 6 | 中硬 | 1 | 天然金刚石 | | |
| | | | | 2 | TSP | | |
| | | | | 3 | 混合布置 | | |
| | | 7 | 硬 | 1 | 天然金刚石 | | |
| | | | | 2 | TSP | | |
| | | | | 3 | 混合布置 | | |
| | | 8 | 极硬 | 1 | 天然金刚石 | | |
| | | | | 4 | 孕镶金刚石 | | |

表 1-52 PDC 钻头及金刚石钻头的尺寸、连接螺纹和上扣扭矩标准

| 钻头尺寸 | | 连接螺纹 | 上扣扭矩/kN · m |
|---|---|---|---|
| mm | in | | |
| 95.3~114.3 | $3\frac{3}{4}$~$4\frac{1}{2}$ | $2\frac{3}{8}$ REG | 4.1~4.7 |
| 117.5~127.0 | $4\frac{5}{8}$~5 | $2\frac{7}{8}$ REG | 6.1~7.5 |
| 130.2~187.3 | $5\frac{1}{8}$~$7\frac{3}{8}$ | $3\frac{1}{2}$ REG | 9.5~12.2 |
| 193.7~228.6 | $7\frac{5}{8}$~9 | $4\frac{1}{2}$ REG | 16.3~21.7 |
| 241.3~368.3 | $9\frac{1}{2}$~$14\frac{1}{2}$ | $6\frac{5}{8}$ REG | 38.0~43.4 |
| >368.3 | >$14\frac{1}{2}$ | $7\frac{5}{8}$ REG | 46.1~54.2 |

表 1-53 PDC 钻头及金刚石钻头的尺寸和公差标准

| 钻头尺寸 | | 公差/mm |
|---|---|---|
| mm | in | |
| <171.5 | <$6\frac{3}{4}$ | +0, -0.38 |
| 172.2~228.6 | $6\frac{25}{32}$~9 | +0,-0.51 |
| 229.4~349.3 | $9\frac{1}{32}$~$13\frac{3}{4}$ | +0,-0.76 |
| 350.0~444.5 | $13\frac{25}{32}$~$17\frac{1}{2}$ | +0,-1.14 |

## 四、工作原理

### （一）PDC 钻头工作原理

PDC 钻头实质上是具有负切削角度的微型切削片刮刀钻头,其工作原理与刮刀钻头基本相同。在钻压和扭矩的作用下,聚晶金刚石复合片吃入地层,充分利用复合片极硬、耐磨(磨耗比是碳化钨的 100 倍)、自锐等特点,犁削和剪切岩石,从而破碎地层。

### （二）天然金刚石钻头工作原理

由于岩石性质及钻头工作条件的复杂性,国内外对天然金刚

石钻头破岩机理持有不同的观点，如研磨、剪切、压碎、犁削等，目前还没有统一的解释，但可以归纳如下：在钻压作用下，金刚石吃入地层，并在钻头扭矩作用下使前方岩石内部发生破碎或塑性流动，将破碎或流动的岩石脱离岩石基体，形成岩屑。

**(三) TSP 钻头工作原理**

TSP 钻头工作原理与天然金刚石钻头工作原理基本类似，其破岩机理主要以犁削和切削为主，辅以研磨和压碎等形式。

**(四) 孕镶金刚石钻头工作原理**

由于岩石性质及钻头工作条件的复杂性，国内外学者对孕镶金刚石钻头的破岩机理存在不同的观点，如切削、研磨、犁削、压碎和剪切等，可以归纳如下：在钻压作用下，当地层的硬度低于含金刚石的基体的硬度时，以切削和剪切地层为主；当地层硬度较硬，金刚石能吃入地层时，以犁削和剪切地层为主；当地层硬度极硬，金刚石难以吃入地层或吃入很少时，以研磨和压碎为主。

## 五、金刚石钻头磨损评定方法

中国国家能源局石油钻井工程专业标准化委员会提出制定的《钻头使用基本规则及磨损评定方法》(SY/T 5415—2012)规定，用 7 项字母与数字混合编码的形式来描述钻头切削结构、直径、磨损特征等磨损情况及起钻原因，见表 1-54。第①格、第②格内分别填写内排齿（从钻头中心至 2/3 半径区域内的切削齿）和外排齿（钻头外侧 1/3 区域内的切削齿）的牙齿磨损情况。以 PDC 钻头为例，切削齿磨损特征示意图如图 1-13所示。

牙齿磨损分为 8 级，以断齿和掉齿总数与新钻头总齿数比值，加上其余齿崩碎或磨损高度与新齿高度比值和的 8 倍来确定。若和为 0，则分级为 0；若和处于(0,1]，则分级为 1；若和处于(1,2]，则分级为 2；以此类推。

表1-54　金刚石钻头磨损分级及编码

| 切削结构 | | | | 轴承 | 规径 | 注释 | |
|---|---|---|---|---|---|---|---|
| 内排齿 I | 外排齿 O | 磨损特征 D | 位置 L | 轴承/密封 B（X 表示固定齿钻头） | 直径 G/mm | 其他磨损特征 O | 起钻原因 R |
| ① | ② | ③ | ④ | ⑤ | ⑥ | ⑦ | ⑧ |

①②：

0—无磨损
…
8—齿磨秃

④：

C—内锥　N—鼻部
T—外锥　S—台肩
G—保径　A—全部齿

⑥：

0—直径无磨损
1—直径减小 1mm
2—直径减小 2mm

③⑦：

BT—断齿
BF—切削齿联结失效
CT—切削齿碎裂
HC—热裂纹
LN—掉喷嘴
NR—不应再用
PB—挤小的钻头
RO—磨出环形槽
WO—钻头冲蚀
NO—无其他磨损特征
BU—钻头泥包
CR—钻头心部磨凹
ER—齿和基体冲蚀
JD—落物损坏
LT—掉齿
OC—偏小磨损
PN—堵喷嘴/水道
RR—可再用
WT—切削齿磨损

⑧：

BHA—更换井底钻具
CM—处理钻井液
DMF—井下马达失效
DTF—井下工具失效
FM—地层变化
HR—钻头已到寿命
LIH—井下落物
PR—机械钻速慢
TQ—扭矩变化
TW—钻杆扭断
WO—钻具刺漏
CP—取心位置
DSF—钻柱失效
DP—钻完水泥塞
DST—钻杆测试
HP—井眼有问题
LOG—电测
PP—泵压异常
RIG—钻机修理
TD—钻达设计井深
WC—气候原因
WD—钻具刺漏

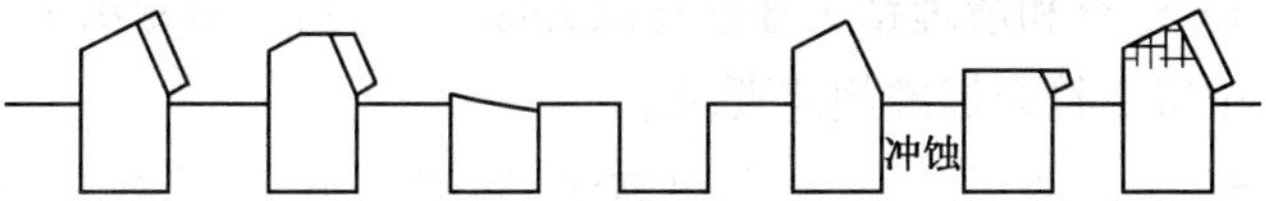


(a)齿柱式切削齿

(b)片式切削齿

图 1-13 切削齿磨损特征示意图

第③格内填写磨损特征,指钻头被使用后切削结构上发生的影响钻头使用性能的明显变化,用字母代码表示。

第④格内填写切削结构磨损特征位置,用一个字母表示。

第⑤格内填写钻头轴承和密封情况,用 X 表示无此项评价内容。

第⑥格内填写钻头直径磨损量,单位毫米(mm),取自然数。

第⑦格内填写其他磨损特征,对第③格内磨损特征以外的磨损特征进行进一步描述,并用字母表示的代码记录。

第⑧格内填写起钻原因,用字母代码表示。

## 六、金刚石钻头的合理使用

(1) 根据地层可钻性级值,结合邻井地质资料、钻头使用资料和钻井工艺,进行综合分析,选择金刚石钻头类型。一般情况下,地层可钻性级值小于 7 级,即在极软到中硬地层中选用 PDC 钻头;地层可钻性级值大于 5 级且小于 9 级,即在中硬到硬地层中选用 TSP 钻头;地层可钻性级值大于 7 级,即在硬到坚硬地层中选用孕镶金刚石钻头和天然金刚石钻头。

(2) 井底清洁,无落物。

(3) 使用组合喷嘴钻进,提高清岩效率。

(4) 检查和清理钻头连接螺纹并涂抹密封脂,用专用工具紧扣,紧扣扭矩符合标准规定要求。

(5) 下钻要慢,以安全通过转盘、防喷器组、套管鞋、井眼中不规则的台阶、高曲率井段、缩径段。当下到最后一个单根时,宜缓慢开泵,逐渐加大排量,低转速旋转循环,清除岩屑及沉砂,冲洗井底。

(6) 钻头接触井底后,开始新井底造型。地层较软时,以低于每毫米钻头半径 90N 的钻压,井底造型进尺 0.5m 以上;地层较硬时,宜用递增钻压井底造型,先以低于每毫米钻头半径 90N 的钻压,井底造型 20min,然后按每 5min 增大 5kN,钻压增大到预定钻压,或井底造型进尺超过 0.5m,完成新井底造型。

(7) 做好钻速试验,即固定钻压,改变转速,或固定转速,改变钻压,使钻压和转速合理匹配,以获得钻进最高机械钻速。

(8) 应以厂家推荐的钻压与转速的乘积为约束条件,不能同时使用最高钻压和最高转速。钻进中,操作要平稳,送钻要均匀,严禁猛提猛放、溜钻和顿钻。

(9) 做好随钻成本计算,只要发现连续几个点成本上升,应起钻检查。

(10) 如发现钻头无进尺、泵压明显升高或降低、机械钻速突然下降,以及扭矩增大等现象,若地面设备无问题,应起钻检查。

(11) 在裸眼井段,尤其是复杂井段、套管鞋、防喷器组和转盘等处,起钻要慢。

## 七、金刚石取心钻头

除前文中钻井用金刚石钻头外,还有金刚石取心钻头。按金刚石材料,可将金刚石取心钻头分为 PDC 取心钻头(图 1-14)、TSP 取心钻头(图 1-15)、天然金刚石取心钻头(图 1-16)和孕镶金刚石取心钻头(图 1-17)等。

图 1-14　PDC 取心钻头

图 1-15　TSP 取心钻头

图 1-16　天然金刚石取心钻头

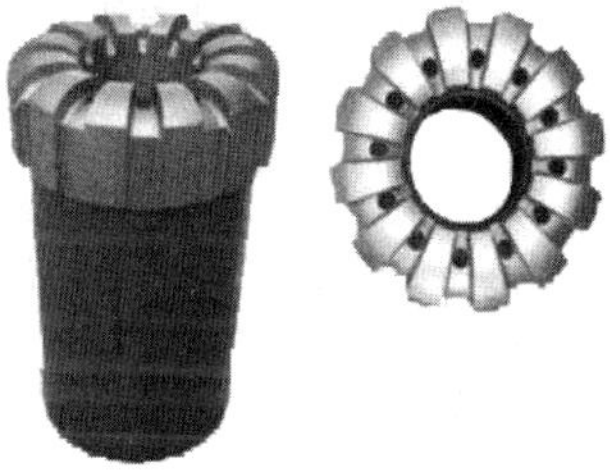

图 1-17　孕镶金刚石取心钻头

## 八、金刚石钻头制造厂家及其产品

### (一) 中石化胜利石油工程有限公司钻井工艺研究院金刚石钻头

1. 钻头代码及含义中石化胜利石油工程有限公司钻井工艺研究院(简称胜利钻井院)金刚石钻头代码及含义见表 1-55。

**表 1-55　胜利钻井院金刚石钻头代码及含义**

| 系列 | 字位 | 代码 | 含　义 | 说　　明 |
|---|---|---|---|---|
| PK、PQ、P 系列 | 第一位 | P | PDC 钻头 | |
| | 第二位 | K、Q | 钻头系列 | K、Q 表示进口齿系列和混装齿系列；无代码表示国产齿系列 |
| | 第三位 | 0~9 | 刀翼数 | 0~9 表示 10~12,3~9 刀翼 |
| | 第四位 | 0~5 | 切削齿直径 | 0 表示<12；1 表示[12,15)；2 表示[15,18)；3 表示[18,21)；4 表示[21,24)；5 表示≥24[①] |
| | 第五位 | 1~9 | 冠部高度 | 1~3 表示极短、短；4~6 表示中长；7~9 表示长 |
| | 第六位 | 1~9 | 布齿密度 | 1~3 表示极稀、稀密度；4~6 表示中密度；7~9 表示高密度 |
| | (第七位) | M、S | 基体类型 | M 表示胎体；S 表示钢体 |
| | (第八位) | 字母 | 附加特征 | D 表示定向；H 表示水平井；R 表示旋转导向；W 表示微心；C 表示复合结构；J 表示双排齿；G 表示加强保径；U 表示倒划眼 |
| | 规格 | | 钻头规格 | 钻头公称直径，如 118、120.7、149.2、152.4、165.1、215.9、241.3、311.2、406.4 和 444.5 等[①] |
| DI、DT、DN、DP 系列 | 第一位、第二位 | DI(T、N、P) | 孕镶钻头 | DI 表示常规孕镶金刚石钻头；DT 表示表镶 TSP 钻头；DN 表示表镶天然金刚石钻头；DP 表示表镶 PDC 钻头 |
| | 第三位 | 3~9、A~G | 刀翼数 | 3~9 表示 3~9 刀翼；A~G 表示 10~16 |
| | 第四位 | 0~5 | 切削齿直径 | 同 PK、PQ、P 系列 |
| | 第五位 | 1~9 | 冠部高度 | 1~3 表示极短、短；4~6 表示中长；7~9 表示长 |
| | 第六位 | 1~9 | 布齿密度 | 同 PK、PQ、P 系列 |
| | (第七位) | M、S | 基体类型 | M 表示胎体；S 表示钢体 |
| | (第八位) | 字母 | 附加特征 | 同 PK、PQ、P 系列 |
| | 规格 | | 钻头规格 | 同 PK、PQ、P 系列 |

续表

| 系列 | 字位 | 代码 | 含义 | 说明 |
|---|---|---|---|---|
| PCK、TCK、PC、TC、NC、DC系列 | 第一位 | P、T、N、D | 切削齿材质 | P 表示 PDC;T 表示 TSP;N 表示天然金刚石;D 表示孕镶金刚石 |
| | (第二位) | M、S、无代码 | 基体类型 | 同 PK、PQ、P 系列,TCK、TC、NC、DC 默认胎体,无代码 |
| | 第三位 | C | 取心钻头 | |
| | (第四位) | K、无代码 | 钻头系列 | K 表示进口齿系列;无代码表示国产齿系列 |
| | 第五位 | 0~5 | 切削齿直径 | 同 PK、PQ、P 系列 |
| | 第六位 | 1~5 | 冠部轮廓 | 1 表示单锥;2 表示双锥;3 表示圆弧;4 表示阶梯刮刀;5 表示其他 |
| | 第七位 | 1~9 | 布齿密度 | 同 PK、PQ、P 系列 |
| | (第八位) | b、m、mb、d、s、无代码 | 取心方式 | b 表示保形;m 表示密闭;mb 表示保形密闭;d 表示定向井;s 表示水平井;无代码表示常规 |
| | 规格 | | 钻头规格 | 外径代码和内径,外径代码以 6、8、9 对应外径 150、215、241① |

注:①单位:mm。

示例如下:

P5265MJ-215.9:P 表示 PDC 钻头;5 表示 5 刀翼;2 表示切削齿直径大于等于 15mm 且小于 18mm;6 表示冠部代号,中长;5 表示中密度布齿;M 表示胎体;J 表示后排 PDC 齿;215.9 表示钻头直径为 215.9mm。

DIA256M-215.9: DI 表示常规孕镶金刚石钻头;A 表示 10 刀翼;2 表示切削齿直径大于等于 15mm 且小于 18mm;5 表示冠部代号,中长;6 表示中密度布齿;M 表示胎体;215.9 表示钻头直径为 215.9mm。

2. 钻头系列型号及选型指南

胜利钻井院金刚石钻头系列型号及选型指南见表 1-56。

3. 推荐钻压和转速

PDC 钻头:钻压 0.08~0.45kN/mm(钻头直径);转速 60~300 r/min。

孕镶金刚石钻头:钻压 0.10~0.37kN/mm(钻头直径);转速 300~1000r/min。

**表 1-56 胜利钻井院金刚石钻头系列型号及选型指南**

| 地层 | | | 牙轮钻头 | 金刚石钻头 | | |
|---|---|---|---|---|---|---|
| 硬度 | 特性 | 岩性 | IADC 标准 | PDC 钻头 | 取心钻头 | 孕镶金刚石钻头 |
| 软、黏 | 低抗压强度的软地层、黏土层 | 黏土、泥灰岩 | $\frac{111-126}{417}$ | P4362MC、P4362M、P4361SJ | PCM135 | |
| 软 | 低抗压强度和高可钻性软地层 | 泥灰岩、盐岩、石膏、页岩 | $\frac{116-126}{417-447}$ | P4362MC、P4361SJ、P5363S、P5363SZ、P4362SZ、P4362SJ、P4252SJZ | PCM135、PCM136 | |
| 软—中 | 低抗压强度夹硬层的软至中地层 | 砂岩、页岩、白垩 | $\frac{136-216}{517-537}$ | P4362MC、P4252SJ、P4362SZ、P4362SJ、P4361SJ、P5253S、P5263S、P5263SJ、P5255SJ、P5362MC、P5265MC、P5244MJ、PQ4362MC、PQ4252SJ、PQ4362SZ、PQ4362SJ、PQ4361SJ、PQ5253S、PQ5263S、PQ5263SJ、PQ5255SJ、PQ5362MC、PK5253S、PK4362MC、PK4252SJ、PK4362SZ、PK4362SJ、PK4361SJ、PK5263S、PK5263SJ、PK5255SJ | PCM135、PCM136、PCKM135、PCKM136 | |

续表

| 地层 | | | 牙轮钻头 | 金刚石钻头 | | |
|---|---|---|---|---|---|---|
| 硬度 | 特性 | 岩性 | IADC 标准 | PDC 钻头 | 取心钻头 | 孕镶金刚石钻头 |
| 中—硬 | 高、极高抗压强度、低研磨性的致密中至硬地层 | 页岩、泥岩、砂岩、灰岩、白云岩、石膏 | 537-627 | PQ6256S、PQ6256SJ、PQ6135SJ、PK6256S、PK6256SJ、PK6135SJ | PCM136<br>PCKM136 | DI8256M、DIA256M<br>DIG259M、DI6253M<br>DI6253S、DI8145M |
| 硬 | 极高抗压强度、研磨性且致密的地层 | 粉砂岩、砂岩、泥岩 | 637-737 | PK8265MJ、PK8156S、PK8145MJ、PK7146M、PK7156SJ | NCM938 | DI8256M、DI6253M<br>DIG259M、DIA256M<br>DI8145M |
| 极硬 | 极硬的研磨性地层 | 石英岩、火山岩 | 637-737 | | NCM938 | DIA256M、DI8145M、DIG259M |

### （二）江钻石油钻头股份有限公司金刚石钻头

江汉石油钻头股份有限公司（简称江钻）针对性地对不同钻井工艺、不同岩石力学特性条件下的钻井工况，开发出一系列PDC钻头：KM胎体PDC钻头系列、KS钢体PDC钻头系列、KMD定向钻进胎体PDC钻头、KSD定向钻进钢体PDC钻头、KMH硬地层胎体PDC钻头系列、KMC胎体取心PDC钻头、KMI孕镶胎体钻头、KBS双心钢体钻头、PD桥塞钻头等。

江钻PDC钻头型号由6个部分组成：直径代号+系列代号+主切削齿代号+刀翼数+轮廓代号+附加特征代号。

直径代号：用单位为in的直径数值（整数或分数）表示。

系列代号：按其牙齿、轴承及密封结构主要特征、应用目的，分为15个系列。钻头系列代号及应用见表1-57。

示例如下：

8½KM1952GR：8½表示钻头直径为8½in（215.9mm）；KM表示KM胎体PDC钻头系列；19表示$\Phi$19.05mm；5表示5刀翼；2表示中抛物线型；GR表示斜保径、倒划眼。

### （三）四川川石·克锐达金刚石钻头有限公司金刚石钻头

1. 钻头代码

四川川石·克锐达金刚石钻头有限公司（简称川克）金刚石钻头代码见表1-58。

示例如下：

8½ G606D：8½表示直径为8.5in（215.9mm）；G表示金系列抗回旋PDC钻头；6表示切削齿尺寸为19mm；06表示6刀翼；D表示可用于定向钻井。

2. 川克金刚石钻头系列型号及选型指南(表 1-59)

**表 1-57 钻头系列代号及应用**

| 钻头直径代号 | 钻头系列代号 | 主切削齿代号 | 刀翼数 | 钻头轮廓代号 | | 附加特征代号 |
|---|---|---|---|---|---|---|
| $3\frac{1}{8}$~26 | KM、KS 胎体、钢体 PDC 钻头系列 | | | 抛物线形 | 1 表示短 | A 表示减震齿 |
| | KMD、KSD 定向胎体、钢体 PDC 钻头 | 25 表示 $\Phi$25. 40mm | | | 2 表示中 | D 表示双排齿 |
| | KMH 硬地层胎体 PDC 钻头系列 | 22 表示 $\Phi$22mm | 3~9 表示 3~9 | | 3 表示长 | G 表示斜保径 |
| | KMC 胎体取心 PDC 钻头 | 19 表示 $\Phi$19. 05mm | 0 表示 10 | 圆形 | 4 表示短 | R 表示倒划眼 |
| | KMI 孕镶胎体钻头 | 16 表示 $\Phi$15. 875mm | 1 表示 11 | | 5 表示中 | S 表示螺旋刀翼 |
| | KBS 双心钢体钻头 | 13 表示 $\Phi$13. 44mm | 2 表示 12 | | 6 表示长 | T 表示特殊保径 |
| | PD 桥塞钻头 | 10 表示 $\Phi$10mm | A 表示 12 以上 | 锥形 | 7 表示短 | Y 表示锥球齿 |
| | “尖锋”PDC 钻头 | 08 表示 $\Phi$8mm | | | 8 表示中 | X 表示尖圆齿 |
| | “先锋”PDC 钻头 | | | | 9 表示长 | F 表示斧形齿 |

**表 1-58 川克金刚石钻头代码**

| 前缀代码 | | 数字代码 | | | 后缀 |
|---|---|---|---|---|---|
| 字母 | | 第一位 | 第二位 | 第三位 | |
| 钻头系列 | | 切削齿尺寸 | 刀翼数量 | | 供选择的特征 |
| CK/CKS | PDC 钻头 | 3：8~10mm($\frac{3}{8}$in) | | | A、B、D、E、F、 |
| | | 4：13mm($\frac{1}{2}$in) | | | |
| G/GS | | 5：16mm($\frac{5}{8}$in) | | | G、H、K、KG、P、 |
| | | 6：19mm($\frac{3}{4}$in) | | | S、ST、U、V、X |
| BD | | 7：25mm(1in) | | | |

续表

| 前缀代码 | | 数字代码 | | | 后缀 |
|---|---|---|---|---|---|
| 字母 | | 第一位 | 第二位 | 第三位 | |
| 钻头系列 | | 切削齿尺寸 | 刀翼数量 | | 供选择的特征 |
| S | 巴拉斯 | 2 表示三角聚晶<br>7 表示圆柱聚晶 | N/A | 1~3 表示低密度<br>4~6 表示中密度<br>7~9 表示高密度 | G、CE、P |
| D | 天然金刚石 | N/A | N/A | N/A | G、GE、SM |

**表 1-59　川克金刚石钻头系列型号及选型指南**

| 牙轮钻头 | 地　层 | 岩性 | "金"系列 | "CK"系列 | 巴拉斯及天然金刚石 |
|---|---|---|---|---|---|
| 111-126<br>417 | 极软地层，<br>含黏性夹层和低抗压强度 | 黏土、<br>泥灰岩 | G604、AG604 | CKS503、CKS603、CKS604、CKS504 | |
| 116-126<br>417-447 | 软地层，<br>低抗压强度、高可钻性 | 黏土、盐岩、<br>石膏、页岩 | AG604、AG605、G605P、G605、G505、GS605F | CKS605、CKS505、CK605、CK404 | |

续表

| 牙轮钻头 | 地　层 | 岩性 | “金”系列 | “CK”系列 | 巴拉斯及天然金刚石 |
|---|---|---|---|---|---|
| 136-216<br>417-447 | 软至中硬地层，低抗压强度的均质夹层地层 | 砂岩、页岩、白垩 | AG605、GS605T、G605、G606、G605H、G605KG、G606XL、G405、G606H、GS606、G606X、G506、G406XL、G406、G407 | CKS606、CKS506、CKS406、CK505、CK405、CK606 | S225、S725<br>D331、D41 |
| 437-517 | 中至硬地层，中等抗压强度、含少量研磨性夹层的地层 | 页岩、砂岩、灰岩 | G408XL、G606、G408 | CKS507、CKS407、CK506、CK507、CK406、CK407 | S226、S248、S725、D41、D24 |
| 517-637 | 硬至致密地层，高抗压强度、无研磨性 | 粉砂、砂岩、灰岩、白云岩 | G408XL、G410XL | CK508、CK408、CK409、CK410 | S725、S278、S279、S280、S281、S790、D24、D41 |
| 647-837 | 极硬和研磨性地层 | 火成岩 | | CK308、CK309、CK310、CK312 | S279、S280、S281 |

3. 川克系列取心钻头型号及选型指南(表 1-60)

4. 川克金刚石钻头推荐钻压和转速

PDC 钻头:钻压 0.10~0.49 kN/mm(2.5~12.5 kN/in)(钻头直径);转速 80~300r/min。

TSP 钻头和天然金刚石钻头:钻压 0.16~0.61 kN/mm(4.0~15.5kN/in)(钻头直径);转速 80~500r/min。

**表 1-60　川克系列取心钻头型号及选型指南**

| 钻头型号 | 极软地层 | 软地层 | 软至中硬地层 | 中至硬地层 | 硬至致密地层 |
|---|---|---|---|---|---|
| RC376 | | 6in×2⅝in<br>5⅞in×2⅝in | | | |
| GCS406 | | 8½in×4in | | | |
| RC475 | | | 8½in×4in | | |
| GC476 | | | 8½in×4in | | |
| GC315 | | | 8½in×4in,<br>6in×2⅝in | | |
| GC308M | | | 8½in×4in,<br>6in×2⅝in | | |
| SC276 | | | | 8½in×4in,<br>6in×2⅝in | |
| SC278 | | | | 8½in×4in,<br>6in×2⅝in | |
| SC279 | | | | | 8½in×4in,<br>6in×2⅝in |
| C201 | | | | 8½in×4in,<br>6in×2⅝in<br>5⅞in×2⅝in | |

示例如下:

8½in×4in:8½in 表示取心钻头外径为 8.5in(215.9mm),4in

表示取心钻头内径为4in(101.6mm)。

**(四) 新疆DBS金刚石钻头有限公司金刚石钻头**

1. 钻头分类及特性

新疆DBS金刚石钻头有限公司金刚石钻头(简称新疆DBS金刚石钻头)分类及特性见表1-61。

**表1-61　新疆DBS金刚石钻头分类及特性**

| 系列 | 字母及数字代码 | 变化范围 | 代码含义 |
|---|---|---|---|
| GT/SF/MM系列PDC钻头 | 第一位、第二位字母 | GT、SF、MM | GT表示领先;SF表示钢体;MM表示胎体 |
| | (第三位字母) | G、D、E、T、i | G表示指向导向;D表示推动导向或弯螺杆;E表示地质导向;i表示智能导向;T表示高速涡轮 |
| | 第一位数字 | 3~9、0、1、2 | 刀翼数量:3~9表示3~9刀翼;0表示10刀翼;1表示11刀翼;2表示12刀翼 |
| | 第二位数字 | 2、3、4、5、6 | 切削齿尺寸=数字×1/8in:2表示2×1/8in;3表示3×1/8in;4表示4×1/8in;5表示5×1/8in;6表示6×1/8in |
| | 第三位字母 | D、W、I、M、U、R | D表示双排齿;W表示Stega™高效布齿;I表示孕镶块限位元件;M表示尖齿被动切削元件;U表示滚动限位元件;R表示尖齿主动切削元件 |
| | 第四位字母 | K、B、H、HE、O、F | K表示异型齿;B表示梯形刀翼;H表示高抗研磨性;HE表示高能量;O表示内置控制传感器;F表示内置控制力学传感器 |
| | 第五位字母 | S | 钢体钻头 |

2. 新疆DBS金刚石钻头推荐钻压和转速

PDC钻头:钻压0.10~0.49 kN/mm(2.5~12.5 kN/in)(钻

头直径）；转速 60～450 r/min。

**（五）成都百施特金刚石钻头有限公司金刚石钻头**

（1）钻头代码见表 1-62；$8\frac{1}{2}$in TS716BGU 钻头示例如图 1-18 所示。

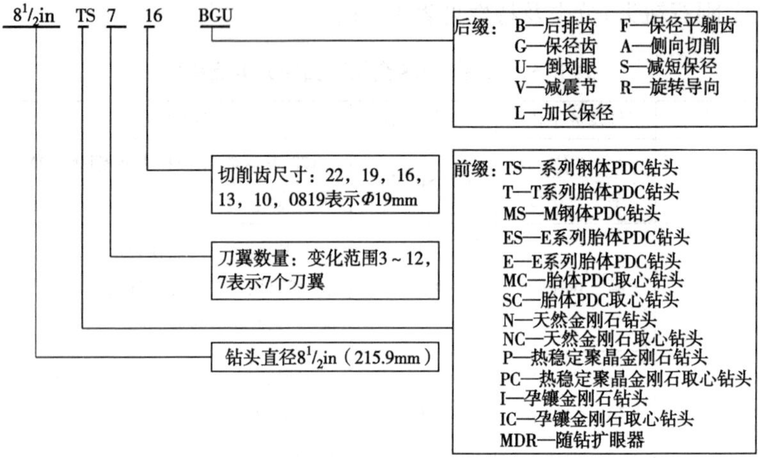


图 1-18　$8\frac{1}{2}$inTS716BGU 钻头示例

（2）钻头系列型号及选型指南见表 1-63。

（3）钻头推荐钻压、排量和转速见表 1-64。

**表 1-62　成都百施特金刚石钻头代码及含义**

| 系列 | 字符及数字代码 | 变化范围 | 代码含义 |
|---|---|---|---|
| PDC 钻头 | 字母 | TS、T、MS、M、MC、SC、E、ES | 钻头系列和类型 |
| | 第一组数字 | 3～12 | 刀翼数量 |
| | 第二组数字 | 22、19、16、13、10、08 | 切削齿尺寸（mm） |
| | 后缀字母 | A、B、C、U、V、F、D、R、L、S | 钻头设计特性 |
| 天然金刚石钻头 | 字母 | N、NC | 钻头类型（全面/取心） |
| | 第一组数字 | 1～12 | 金刚石粒度 |
| | 第二组数字 | 1～3 | 布齿密度 |
| | 第三组数字 | 1～9 | 冠部形状 |

续表

| 系列 | 字符及数字代码 | 变化范围 | 代码含义 |
|---|---|---|---|
| TSP钻头 | 字母 | P、PC | 钻头类型(全面/取心) |
| | 第一组数字 | 1~3 | 金刚石粒度 |
| | 第二组数字 | 1~3 | 布齿密度 |
| | 第三组数字 | 1~9 | 冠部形状 |
| 孕镶金刚石钻头 | 字母 | I、IC | 钻头类型(全面/取心) |
| | 第一组数字 | 10~30 | 单晶粒度 |
| | 第二组数字 | 1~3 | 孕镶块密度 |
| | 第三组数字 | 1~9 | 冠部形状 |

示例如下:

全面钻进 PDC 钻头/取心 PDC 钻头(8½inTS716BGU)。

**表 1-63 成都百施特金刚石钻头系列型号及选型指南**

| 金刚石钻头分级 | 地层 | 岩性 | 金刚石钻头 |
|---|---|---|---|
| M/S112-M/S223 | 极软,低抗压强度 | 黏土、粉砂岩、砂岩 | TS419、TS519、T419、T519 |
| M/S222-M/S333 | 软,低抗压强度 | 黏土、泥灰岩、盐岩、页岩、褐煤、砂岩 | TS519、TS619、TS516、TS616、T519、T619、T516、T616 |
| M/S323-M/S433 | 中软,低抗压强度的均质夹层地层 | 黏土、泥灰岩、褐煤、砂岩、粉砂岩、硬石膏、凝灰岩 | TS519、TS619、TS616、T519、T619、T616 |
| M/S333-M/S443 | 中等抗压强度的非均质夹层地层 | 泥岩、灰岩、硬石膏、钙质砂岩、页岩 | TS619、TS616、TS613、T619、T616、T613 |

续表

| 金刚石钻头分级 | 地　层 | 岩　性 | 金刚石钻头 |
|---|---|---|---|
| M/S432-M/S444 | 中硬，中等抗压强度和含研磨性夹层的地层 | 灰岩、硬石膏、白云岩、砂岩、页岩 | TS716、TS816、TS613、TS713、TS813、T716、T713、P325、P326 |
| M/S611-M/S734 | 硬，高抗压强度的硬及致密地层 | 钙质页岩、硅质砂岩、粉砂岩、灰岩 | TS813、T813、T608、TM808、P328、N623、N833 |
| M/S711-M/S844 | 极硬和研磨性地层 | 石英岩、火成岩 | I3018、I3026、I3028 |

**表 1-64　成都百施特钻头系列推荐参数指南**

| 钻头类型 | 钻头尺寸/in | 钻压/(kN/in) | 排量/(L/s) | 转速/(r/min) |
|---|---|---|---|---|
| 全面钻头 | 4.125 | 10~50 | 10~18 | 60~180 |
| | 6 | 20~80 | 10~30 | 60~260 |
| | 8.5 | 25~100 | 22~35 | |
| | 9.5 | 30~120 | 24~48 | |
| | 12.25 | 30~140 | 28~70 | |
| | 14.75 | 30~160 | 35~70 | |
| | 16 | 30~180 | 40~70 | |
| | 17.5 | 30~200 | 45~80 | |
| PDC 取心钻头 | 6×2.625 | 40~60 | 10~25 | 40~150 |
| | 8.5×4 | 40~80 | 10~30 | |
| | 214.4×105 | | | |
| 巴拉斯取心钻头<br>孕镶取心钻头 | 6×2.625 | 10~70 | 10~25 | 40~80<br>(大于 200 孕镶) |
| | 8.5×4 | 20~80 | 10~30 | |
| | 214.4×105 | | | |
| 金刚石取心钻头 | 6×2.625 | 20~70 | 10~25 | 40~80 |
| | 8.5×4 | 20~100 | 10~30 | |
| | 214.4×105 | | | |

## (六) Smith 公司金刚石钻头

### 1. 钻头代码及特征代码

Smith 公司金刚石钻头代码见表 1-65,特征代码见表 1-66。

**表 1-65 Smith 公司金刚石钻头代码及含义**

| 系列 | 字位 | 代码 | 代码含义 |
|---|---|---|---|
| PDC 钻头 | 第一位 | M、S | M 表示胎体;S 表示钢体 |
| | (第二位) | D、V | D 表示定向井认证;V 表示垂直钻头 |
| | (第三位) | A、S、C | A 表示 ARCS 技术;S 表示 SHARC 硬地层钻头;C 表示适合碳酸盐岩地层 |
| | (第四位) | i | IDEAS 认证 |
| | 第五位 | 数字 | 刀翼数量 |
| | 第六位、第七位 | 数字 | 切削齿直径 |
| | 第八位~ | 字母 | 特征代码 |
| 天然金刚石钻头 | 第一位 | D | 金刚石系列 |
| | (第二位、第三位) | ST | 侧钻 |
| | (第四位、第五位) | 数字 | 地层硬度级别(00 表示较硬;99 表示较软) |
| | 第六位~ | 字母 | 特征代码 |
| 孕镶金刚石钻头 | 第一位 | K | 动力孕镶钻头系列 |
| | (第二位) | H | 混合切削结构 |
| | (第三位) | 数字 | 刀翼密度(1 表示密;9 表示稀) |
| | 第四位(第五位) | 数字 | 产品线迭代 |
| | 第六位 | 数字 | 剖面结构(3 表示圆形;5 表示中抛;7 表示长抛) |
| | 第七位~ | 字母 | 特征代码 |

表 1-66 Smith 公司金刚石钻头特征代码

| 冠部特征 | 解释与描述 | 水力特征 | 解释与描述 | 保径特征 | 解释与描述 | 丝扣特征 | 解释与描述 |
|---|---|---|---|---|---|---|---|
| L | 降低吃入深度 | H | 比标准喷嘴数量多 | E | 加长保径块长度 | C | 非标准扣连接 |
| M | 可更换的减震齿 | N | 比标准喷嘴数量少 | S | 缩短保径块长度 | I | 可根据需要制作 |
| V | 减震齿 | Y | 30 系列喷嘴 | T | 涡轮套筒结构 | | |
| Z | 前缘布置 TSP | W | 40 系列喷嘴 | D | 狗腿套筒结构 | | |
| K | 孕含的金刚石衬垫 | U | 50 系列喷嘴 | B | 倒划眼齿 | | |
| | | Q | 固定流道孔 | PX | TSP 热稳定聚晶金刚石保径 | | |
| | | R | 限流盘 | PXX | 涡轮套筒充满金刚石 | | |

## 2. 钻头型号及适用钻头尺寸

Smith 公司金刚石钻头系列型号及适用尺寸见表 1-67。

**表 1-67　Smith 公司金刚石钻头系列型号及适用钻头尺寸**

| 型号 | 适用钻头尺寸/in | 型号 | 适用钻头尺寸/in |
|---|---|---|---|
| MA613 | $6\frac{1}{8}$ | MA913 | $5\frac{3}{4}$、$6\frac{1}{8}$、$8\frac{3}{8}$、$8\frac{1}{2}$ |
| MA616 | $5\frac{1}{2}$、$6\frac{3}{4}$、$8\frac{1}{2}$、$12\frac{1}{4}$ | MA916 | 6、$8\frac{1}{2}$、$12\frac{1}{4}$、$15\frac{1}{2}$ |
| MA619 | $8\frac{1}{2}$、$12\frac{1}{4}$、$16\frac{3}{8}$ | MAi513 | 6、$7\frac{7}{8}$、$8\frac{3}{4}$ |
| MA816 | $8\frac{1}{2}$ | MAi619 | $8\frac{1}{2}$ |
| MA819 | $8\frac{1}{2}$、$9\frac{1}{4}$、$12\frac{1}{4}$ | MASi513 | $7\frac{7}{8}$、$8\frac{3}{4}$ |
| MDSiA613 | $5\frac{7}{8}$、$8\frac{3}{4}$ | MSi613 | 6、$6\frac{1}{8}$、$6\frac{1}{2}$、$7\frac{7}{8}$、$8\frac{1}{2}$ |
| MDSiA619 | $14\frac{3}{4}$ | MSi616 | 6、$7\frac{7}{8}$、$8\frac{1}{2}$、$8\frac{3}{4}$、$9\frac{7}{8}$、$12\frac{1}{4}$、$14\frac{3}{4}$ |
| MSi416 | $7\frac{7}{8}$、$8\frac{3}{4}$ | MSi711 | $5\frac{7}{8}$、6 |
| MSi513 | $7\frac{7}{8}$ | MSi716 | $7\frac{7}{8}$ |
| MSi516 | $6\frac{3}{4}$、$7\frac{7}{8}$、$8\frac{3}{4}$ | MSi816 | $7\frac{7}{8}$、$8\frac{3}{8}$、$8\frac{1}{2}$、$8\frac{3}{4}$、$9\frac{7}{8}$、$12\frac{1}{4}$、16 |
| MSi519 | $8\frac{3}{4}$、$12\frac{1}{4}$ | MSi1013 | 12 |
| MSi611 | 6 | MV513 | $6\frac{1}{8}$ |
| MV516 | $6\frac{1}{2}$ | MV613 | $6\frac{1}{2}$ |
| MV616 | $7\frac{7}{8}$、8 | MV716 | $7\frac{7}{8}$、$8\frac{1}{2}$、$8\frac{3}{4}$、9 |
| Mi413 | $6\frac{1}{2}$ | M413 | $7\frac{7}{8}$ |
| Mi416 | $6\frac{1}{8}$、$6\frac{1}{4}$、$6\frac{3}{4}$、$7\frac{5}{8}$、$7\frac{7}{8}$ | M416 | 6、$7\frac{7}{8}$ |
| Mi419 | $6\frac{1}{8}$、$8\frac{1}{2}$、$9\frac{7}{8}$ | M419 | $8\frac{1}{2}$ |
| M509 | $3\frac{3}{4}$ | M511 | $4\frac{1}{2}$ |
| Mi513 | $6\frac{1}{4}$、$6\frac{1}{2}$、$7\frac{7}{8}$、$8\frac{3}{4}$ | M513 | $4\frac{3}{4}$、$4\frac{7}{8}$、$6\frac{1}{8}$、$6\frac{1}{4}$、$7\frac{7}{8}$ |
| Mi516 | $6\frac{1}{2}$、$8\frac{3}{4}$、$12\frac{1}{4}$ | M516 | $5\frac{7}{8}$、$9\frac{7}{8}$、$11\frac{5}{8}$、$12\frac{1}{4}$、16 |
| Mi519 | $8\frac{3}{4}$、$9\frac{7}{8}$、$12\frac{1}{4}$ | M519 | 6、$9\frac{7}{8}$、$12\frac{1}{4}$ |
| M609 | $3\frac{5}{8}$、$3\frac{3}{4}$、$4\frac{1}{8}$、$4\frac{1}{2}$、$4\frac{3}{4}$ | M711 | $5\frac{7}{8}$ |

续表

| 型号 | 适用钻头尺寸/in | 型号 | 适用钻头尺寸/in |
|---|---|---|---|
| Mi613 | $6\frac{1}{2}$、$7\frac{7}{8}$、$8\frac{3}{4}$ | M613 | 6、$8\frac{1}{2}$、$11\frac{5}{8}$、$12\frac{1}{4}$ |
| Mi616 | $7\frac{7}{8}$、$9\frac{7}{8}$、$12\frac{1}{4}$ | M616 | $6\frac{3}{4}$、$9\frac{7}{8}$、$12\frac{1}{4}$ |
| Mi619 | $12\frac{1}{4}$、17 | M619 | $7\frac{7}{8}$、$17\frac{1}{2}$ |
| Mi713 | $6\frac{1}{8}$ | M713 | $8\frac{1}{2}$、$8\frac{3}{4}$、$9\frac{1}{2}$、$12\frac{1}{4}$ |
| Mi716 | $7\frac{7}{8}$、$8\frac{3}{4}$、12、$12\frac{1}{4}$、$14\frac{3}{4}$ | M716 | 6、$8\frac{3}{8}$、$12\frac{1}{4}$ |
| Mi811 | 6 | M809 | 6、$6\frac{1}{8}$、$6\frac{3}{4}$ |
| Mi813 | $6\frac{1}{8}$、$6\frac{3}{4}$、$10\frac{5}{8}$、$17\frac{1}{2}$ | M813 | 6、$7\frac{7}{8}$、9、$12\frac{1}{4}$ |
| Mi816 | $12\frac{1}{4}$、$17\frac{1}{2}$ | M816 | 16 |
| Mi913 | $7\frac{7}{8}$、$12\frac{1}{4}$ | M909 | $4\frac{3}{4}$、$5\frac{7}{8}$、6、$6\frac{1}{2}$ |
| Mi916 | $12\frac{1}{4}$、14、16 | M916 | $8\frac{1}{2}$ |
| Mi919 | 16 | M1609 | $8\frac{1}{2}$、$8\frac{3}{4}$ |
| Mi1016 | $12\frac{1}{4}$ | MD519 | $8\frac{1}{2}$、$12\frac{1}{4}$ |
| MD611 | $5\frac{7}{8}$ | MD613 | 6、$6\frac{1}{8}$ |
| MD619 | $8\frac{1}{2}$、$9\frac{1}{2}$、$12\frac{1}{4}$、17 | MD813 | $8\frac{1}{2}$ |
| MD816 | 6、$6\frac{1}{8}$、$8\frac{1}{2}$、$9\frac{1}{2}$、$12\frac{1}{4}$、$16\frac{1}{2}$ | MD819 | $12\frac{1}{4}$ |
| MD913 | $8\frac{1}{2}$、$12\frac{1}{4}$ | MD916 | $8\frac{1}{2}$、$12\frac{1}{4}$ |
| MD919 | $12\frac{1}{4}$、$13\frac{1}{2}$ | MDi416 | $6\frac{1}{8}$ |
| MDi513 | $5\frac{5}{8}$、$6\frac{1}{8}$、$6\frac{1}{4}$、$7\frac{7}{8}$、$8\frac{3}{4}$ | MDi516 | $6\frac{1}{8}$、$8\frac{1}{2}$ |
| MDi519 | $8\frac{3}{4}$、14 | MDi613 | $6\frac{3}{4}$、$8\frac{1}{2}$、$8\frac{5}{8}$、$9\frac{1}{2}$、$9\frac{7}{8}$ |
| MDi616 | $8\frac{1}{2}$、$14\frac{3}{4}$ | MDi619 | $12\frac{1}{4}$、$14\frac{1}{2}$、16、$17\frac{1}{2}$ |
| MDi713 | $5\frac{7}{8}$ | MDi716 | $8\frac{1}{2}$、$12\frac{1}{4}$、$14\frac{3}{4}$ |
| MDi719 | $8\frac{1}{2}$、$10\frac{5}{8}$、$12\frac{1}{4}$、$14\frac{1}{2}$ | MDi813 | $5\frac{3}{4}$、$8\frac{3}{4}$、$12\frac{1}{4}$、$14\frac{1}{2}$、$14\frac{3}{4}$、$16\frac{1}{2}$ |
| S416 | $6\frac{3}{4}$ | MDi816 | $8\frac{3}{8}$、$8\frac{1}{2}$、$10\frac{5}{8}$、$12\frac{1}{4}$、$13\frac{3}{4}$、$17\frac{1}{2}$、$18\frac{1}{8}$、$18\frac{1}{4}$ |

续表

| 型号 | 适用钻头尺寸/in | 型号 | 适用钻头尺寸/in |
|---|---|---|---|
| S422 | 6、12¼ | S516 | 8½、12¼ |
| S519 | 8½、10⅝、12¼、13½、14¾、16、17、17½ | S522 | 12¼ |
| S613 | 16 | S619 | 8½、12¼、17½ |
| S716 | 12¾ | S719 | 12¼ |
| S816 | 16、17½、26 | S819 | 26 |
| SD519 | 16、17¼ | SDi613 | 17½ |
| SDi616 | 13½ | Si419 | 8½ |
| Si519 | 8½、12¼ | Si613 | 16 |
| Si616 | 12¼ | Si619 | 13½ |
| Si819 | 23、24 | K503 | 4⅛、12¼ |
| K505 | 3¾、6、6⅛、14¾ | K507 | 6½、8⅜、8½、8¾、12¼ |
| K703 | 4½、8¾ | K705 | 6、12¼ |
| K707 | 6、6½、8½ | KH613 | 6 |
| KH813 | 8⅜、8½、12¼ | KH1013 | 8½ |
| KH1213 | 14 | D54 | 6⅛ |
| D66 | 4⅝、4¾ | D71 | 6¾ |
| DST12 | 5⅞、6、6⅛、7⅞、8¾ | | |

## （七）NOV公司金刚石钻头

1. 钻头代码

NOV公司PDC钻头代码见表1-68。

NOV公司孕镶金刚石钻头代码见表1-69。

NOV公司天然金刚石钻头代码见表1-70。

NOV公司混合金刚石钻头代码见表1-71。

**表 1–68　NOV 公司 PDC 钻头代码**

| 产品线 | 切削齿型号 | 刀片数目 | 切削齿尺寸 | 本体材质 |
|---|---|---|---|---|
| DS 表示标准 | | | 8mm | |
| FT 表示 FuseTek™ | H 表示 Helios™ | | 11mm | S 表示钢 |
| MS 表示马达导向 | DFXD 表示 DuraForce™ XD | 2 表示 2 个刀片 | 13mm | M 表示基体 |
| RS 表示旋转导向 | ION 表示 ION™ 高端齿 | 3 表示 3 个刀片 | 16mm | DS 表示 DuraShell |
| S 表示 S 系列 | 3D 表示 ION™ 3D 高端齿 | 4 表示 4 个刀片 | 19mm | |
| SG 表示 SAGD | 4DX 表示 ION™ 4DX 高端齿 | 5 表示 5 个刀片 | | |
| SK 表示定向及旋转导向 | 5DX 表示 ION™ 5DX 高端齿 | 6 表示 6 个刀片 | 1 表示 11mm | |
| ST 表示侧钻钻头 | Fortis 表示 ION™ Fortis 高端齿 | 7 表示 7 个刀片 | 3 表示 13mm | |
| TF 表示 Titan™ 固定 | ST 表示 ION™ Stealth 高端齿 | 8 表示 8 个刀片 | 6 表示 16mm | 空白 |
| TU 表示 Titan™ 超级 | Alpha 表示 ION™ Alpha™ 1in 齿 | 9 表示 9 个刀片 | 9 表示 19mm | |
| | | 10 表示 10 个刀片 | 25 表示 25mm | |
| TK 表示 Tektonic™ 特快 | | | | |

表 1-69　NOV 公司孕镶金刚石钻头代码

| 产品系列 | 系列(轮廓) | 短节系列刀片布局 | 金刚石砾砂混合 | 涡轮套管材质 |
| --- | --- | --- | --- | --- |
| DD 表示孕镶钻头 | 3 表示浅锥体/短锥面;<br>4 表示浅锥体/长锥面;<br>5 表示深锥体/长锥面 | 5 表示 3 个刀片有间断地围绕中心;<br>7 表示 4 个刀片围绕中心,宽刀片 | 40 表示标准混合;<br>60 表示+ 耐磨性 | S 表示钢;<br>M 表示基体;<br>Blank 表示无套管 |

表 1-70　NOV 公司天然金刚石钻头代码

| 系列号 | 每克拉金刚石颗粒数 | 金刚石品质 |
| --- | --- | --- |
| 828 | 4~6 | P 表示优质;<br>M 表示西非;<br>L 表示正八面体 |

表 1-71　NOV 公司混合金刚石钻头代码

| 产品系列 | 刀片数量 | 切削齿尺寸 |
| --- | --- | --- |
| FT 表示 FuseTek 在主切削结构后的孕镶金刚石混合 | 8 | 13 表示 13mm |

2. 钻头型号及适用钻头尺寸

NOV 公司金刚石钻头系列型号及适用钻头尺寸见表 1-72。

3. 取心钻头型号及适用钻头尺寸

NOV 公司取心钻头系列型号及适用钻头尺寸见表 1-73。

示例如下:

$7\frac{7}{8}$in×4in:$7\frac{7}{8}$in 表示取心钻头外径为 200.0mm;4in 表示取心钻头内径为 101.6mm。

**(八) 贝克休斯 PDC 钻头**

贝克休斯 PDC 钻头有两大系列:Dynamus 蛟龙长寿命 PDC 钻头和 Talon Strike 泰龙 PDC 钻头。

**表 1-72　NOV 公司金刚石钻头系列型号及适用钻头尺寸**

| 型 号 | 适用钻头尺寸/in | 型 号 | 适用钻头尺寸/in |
|---|---|---|---|
| TK36 | $8\frac{1}{2}$ | TK39 | $8\frac{1}{2}$ |
| TK325 | $8\frac{1}{2}$ | TK41 | 4 |
| TK43 | $3\frac{3}{8}$、$3\frac{1}{2}$、$3\frac{3}{4}$、3.898 | TK46 | $6\frac{1}{8}$、$6\frac{3}{8}$ |
| TK49 | $8\frac{1}{2}$、$12\frac{1}{4}$ | TK425 | $8\frac{1}{2}$ |
| TK51 | $4\frac{1}{8}$、$4\frac{1}{2}$ | TK53 | $4\frac{3}{4}$、6、$6\frac{1}{8}$、$6\frac{1}{4}$、$6\frac{1}{2}$、$6\frac{3}{4}$、$7\frac{7}{8}$、$8\frac{1}{2}$、$8\frac{3}{4}$ |
| TK56 | 6、$6\frac{1}{8}$、$6\frac{1}{4}$、$6\frac{3}{4}$、$7\frac{7}{8}$、$8\frac{1}{2}$、$8\frac{5}{8}$、$8\frac{3}{4}$、$9\frac{1}{2}$、$12\frac{1}{4}$、$17\frac{1}{2}$ | TK59 | $7\frac{7}{8}$、$8\frac{1}{2}$、$8\frac{3}{4}$、$9\frac{1}{2}$、$9\frac{7}{8}$、$11\frac{5}{8}$、$12\frac{1}{4}$、16、17、$17\frac{1}{2}$、26 |
| TK525 | $8\frac{1}{2}$、$12\frac{1}{4}$、$13\frac{1}{2}$ | TK63 | $5\frac{5}{8}$、$5\frac{7}{8}$、6、$6\frac{1}{8}$、$6\frac{1}{2}$、$6\frac{3}{4}$、$6\frac{7}{8}$、$7\frac{7}{8}$、$8\frac{1}{2}$、$12\frac{1}{4}$、$14\frac{3}{4}$ |
| TK66 | 6、$6\frac{1}{8}$、$7\frac{7}{8}$、$8\frac{3}{8}$、$8\frac{1}{2}$、$8\frac{3}{4}$、$9\frac{1}{2}$、$9\frac{7}{8}$、$12\frac{1}{4}$、$13\frac{1}{8}$、$13\frac{1}{2}$、$14\frac{3}{4}$、$15\frac{1}{2}$、16、$17\frac{1}{2}$、$18\frac{1}{2}$、26 | TK69 | $8\frac{3}{8}$、$8\frac{1}{2}$、$11\frac{5}{8}$、$12\frac{1}{4}$、$13\frac{1}{2}$、$14\frac{3}{4}$、$15\frac{1}{2}$、16、$17\frac{1}{2}$、 |
| TK625 | $17\frac{1}{2}$ | TK71 | $5\frac{7}{8}$、6 |
| TK73 | $5\frac{3}{4}$、$5\frac{7}{8}$、6、$6\frac{1}{8}$、$6\frac{3}{4}$、$7\frac{7}{8}$、$8\frac{1}{2}$、$8\frac{3}{4}$、$10\frac{5}{8}$、$12\frac{1}{4}$ | TK76 | $6\frac{1}{8}$、$7\frac{7}{8}$、$8\frac{3}{8}$、$8\frac{1}{2}$、$8\frac{5}{8}$、$8\frac{3}{4}$、$9\frac{7}{8}$、$10\frac{5}{8}$、$11\frac{5}{8}$、12、$12\frac{1}{4}$、$14\frac{1}{2}$、16、$16\frac{1}{2}$、$17\frac{1}{2}$、$18\frac{1}{4}$、$18\frac{1}{2}$ |
| TK79 | $12\frac{1}{4}$ | TK81 | $4\frac{1}{2}$ |
| TK83 | 6、$6\frac{1}{8}$ $8\frac{1}{2}$、$8\frac{5}{8}$、$8\frac{3}{4}$、$10\frac{5}{8}$、$12\frac{1}{4}$ | TK86 | $9\frac{7}{8}$、$12\frac{1}{4}$、$14\frac{1}{2}$、16、$16\frac{1}{2}$、$17\frac{1}{2}$、$18\frac{1}{8}$、20 |
| TK89 | $14\frac{3}{4}$、$8\frac{1}{2}$、$20\frac{3}{4}$ | TK96 | $10\frac{5}{8}$、$12\frac{1}{4}$、16、26 |
| TK99 | $12\frac{1}{4}$、22 | TK106 | $12\frac{1}{4}$、$17\frac{1}{2}$ |

续表

| 型 号 | 适用钻头尺寸/in | 型 号 | 适用钻头尺寸/in |
|---|---|---|---|
| SKH413 | $6\frac{1}{8}$、$6\frac{1}{4}$、$6\frac{3}{4}$、$7\frac{7}{8}$、$8\frac{1}{2}$、$8\frac{3}{4}$ | SKH619 | $8\frac{3}{8}$、$8\frac{1}{2}$、$12\frac{1}{4}$、$16\frac{1}{2}$、17 |
| SKH416 | $7\frac{7}{8}$、$8\frac{1}{2}$、$8\frac{2}{3}$、$9\frac{7}{8}$ | SKH711 | $5\frac{7}{8}$、6、$6\frac{1}{8}$、$6\frac{1}{4}$、$6\frac{1}{2}$、$6\frac{3}{4}$ |
| SKH419 | $8\frac{1}{2}$、$8\frac{2}{3}$ | SKH713 | $8\frac{3}{4}$、$14\frac{3}{4}$ |
| SKH511 | $4\frac{5}{8}$、$4\frac{3}{4}$ | SKH716 | $7\frac{7}{8}$、$8\frac{1}{2}$、$8\frac{3}{4}$、$9\frac{1}{2}$、$10\frac{1}{4}$、$10\frac{5}{8}$、$12\frac{1}{4}$、$13\frac{1}{2}$、$18\frac{1}{8}$ |
| SKH513 | $5\frac{5}{8}$、$5\frac{7}{8}$、6、$6\frac{1}{4}$、$6\frac{3}{4}$、$7\frac{7}{8}$、$8\frac{1}{2}$、$8\frac{3}{4}$ | SKH811 | $6\frac{1}{8}$、$6\frac{3}{4}$ |
| SKH516 | $6\frac{1}{8}$、$6\frac{1}{4}$、$6\frac{1}{2}$、$6\frac{3}{4}$、$7\frac{7}{8}$、$8\frac{3}{8}$、$8\frac{1}{2}$、8s、$8\frac{2}{3}$、$8\frac{3}{4}$、$9\frac{1}{2}$、$9\frac{7}{8}$、$10\frac{5}{8}$、$12\frac{1}{4}$ | SKH616 | $8\frac{3}{8}$、$8\frac{1}{2}$、$8\frac{3}{4}$、$9\frac{1}{2}$、$9\frac{7}{8}$、$10\frac{1}{4}$、12、$12\frac{1}{4}$、135、$14\frac{1}{2}$、$14\frac{3}{4}$、$16\frac{1}{2}$、17、$17\frac{1}{2}$、$18\frac{1}{8}$ |
| SKH519 | $8\frac{1}{2}$、$8\frac{3}{4}$、$12\frac{1}{4}$ | SKH813 | $8\frac{3}{8}$、$8\frac{1}{2}$、$8\frac{3}{4}$、$10\frac{5}{8}$、$12\frac{1}{4}$、$18\frac{1}{8}$ |
| SKH611 | $8\frac{3}{4}$ | SKH816 | $12\frac{1}{4}$、$17\frac{1}{2}$ |
| SKH613 | $5\frac{1}{2}$、$5\frac{3}{4}$、6、$6\frac{1}{8}$、$6\frac{1}{2}$、$6\frac{3}{4}$、$7\frac{7}{8}$、$8\frac{1}{2}$、$8\frac{2}{3}$、$8\frac{3}{4}$、$9\frac{7}{8}$、$12\frac{1}{4}$ | SKH819 | 12、$12\frac{1}{4}$、$14\frac{3}{4}$ |
| SKH513S | $6\frac{1}{2}$、$6\frac{3}{4}$、$7\frac{7}{8}$、$8\frac{1}{2}$、$8\frac{3}{4}$ | SKH516S | $8\frac{1}{2}$ |
| SKH513M | $7\frac{7}{8}$、$8\frac{3}{4}$ | SKH613M | 6 |
| RSH413/MSH413 | $6\frac{1}{8}$、$7\frac{7}{8}$、$8\frac{1}{2}$、$8\frac{3}{4}$ | RSH616/MSH616 | $7\frac{7}{8}$、$8\frac{1}{2}$、$8\frac{3}{4}$、$9\frac{7}{8}$、$10\frac{5}{8}$、$12\frac{1}{4}$、$13\frac{1}{2}$、$14\frac{3}{4}$、16、$17\frac{1}{2}$ |
| RSH513/MSH513 | $5\frac{7}{8}$、6、$6\frac{1}{8}$、$6\frac{1}{2}$、$6\frac{3}{4}$、$7\frac{7}{8}$、$8\frac{3}{4}$ | RSH713/MSH713 | 6、$6\frac{1}{8}$、$8\frac{1}{2}$、$8\frac{3}{4}$、$9\frac{7}{8}$ |

续表

| 型 号 | 适用钻头尺寸/in | 型 号 | 适用钻头尺寸/in |
|---|---|---|---|
| RSH516/MSH516 | $6\frac{1}{8}$、$6\frac{1}{2}$、$6\frac{3}{4}$、$7\frac{7}{8}$、$8\frac{1}{2}$、$8\frac{3}{4}$、$9\frac{7}{8}$、$12\frac{1}{4}$ | RSH716/MSH716 | $8\frac{1}{2}$、$10\frac{5}{8}$、$12\frac{1}{4}$、$14\frac{3}{4}$、16 |
| RSH419 | $9\frac{7}{8}$、$12\frac{1}{4}$ | RSH719 | 12 |
| RSH319 | $12\frac{1}{4}$ | MSH811 | $6\frac{1}{8}$、$6\frac{3}{4}$ |
| RSH711/MSH711 | $5\frac{7}{8}$、6、$6\frac{1}{8}$、$6\frac{1}{2}$、$6\frac{3}{4}$ | RSH813/MSH813 | $8\frac{1}{2}$、$10\frac{5}{8}$、$12\frac{1}{4}$、$13\frac{1}{2}$ |
| RSH619/MSH619 | $8\frac{1}{2}$、$9\frac{7}{8}$、$12\frac{1}{4}$、$13\frac{1}{2}$、16 | RSH816/MSH816 | $8\frac{1}{2}$、$12\frac{1}{4}$、$14\frac{3}{4}$、16、$17\frac{1}{2}$、$18\frac{1}{2}$、26 |
| RSH613 | 6、$6\frac{1}{8}$、$6\frac{1}{2}$、$6\frac{3}{4}$、$8\frac{1}{2}$、$8\frac{3}{4}$、$9\frac{7}{8}$、$12\frac{1}{4}$、$13\frac{1}{2}$ | RSH819 | $12\frac{1}{4}$ |
| RSH519 | 8、$8\frac{1}{2}$ | RSH1013 | $18\frac{1}{2}$ |
| MSH416 | $7\frac{7}{8}$、$9\frac{7}{8}$ | RSH1016 | $14\frac{3}{4}$ |
| TFH519 | $14\frac{3}{4}$、$17\frac{1}{2}$ | TFH913 | 16 |
| TFH619 | 16、$17\frac{1}{2}$、$18\frac{1}{2}$ | TFH919 | $14\frac{3}{4}$、16、$17\frac{1}{2}$、22、26 |
| TUH816 | $18\frac{1}{2}$ | TUH1016 | $18\frac{1}{2}$ |
| TUH819 | $17\frac{1}{2}$ | TUH1019 | 24、26、28 |
| DSR313 | 6、$6\frac{1}{8}$、$6\frac{1}{4}$、$6\frac{1}{2}$、$9\frac{7}{8}$ | DSR713 | $5\frac{7}{8}$、6、$6\frac{1}{8}$、$6\frac{1}{2}$、$7\frac{7}{8}$、$8\frac{1}{2}$、$8\frac{3}{4}$、$9\frac{7}{8}$、$12\frac{1}{4}$ |

续表

| 型 号 | 适用钻头尺寸/in | 型 号 | 适用钻头尺寸/in |
|---|---|---|---|
| DSR316 | 6 | DSR716 | 7⅞、8½、8¾、9⅞、12¼ |
| DSR319 | 8½ | DSR719 | 10⅝、12¼、14¾、16 |
| DSR408 | 6½ | DSR808 | 8½ |
| DSR411 | 5⅞、6、6¾ | DSR811 | 7⅞、8½、8¾ |
| DSR413 | 3 | DSR813 | 5⅞、6、6⅛、6½、6¾、7⅞、8½、8¾、9⅞、10⅝、12¼、14¾、17½ |
| DSR416 | 6、6⅛、6½、6¾、7⅞、8¾ | | |
| DSR419 | 6、6⅛、6¾、8½、8¾、9⅞、12¼、14¾ | DSR816 | 7⅞、8½、8¾、10⅝、12¼、16、18½ |
| DSR508 | 3¾、4⅛、4¾ | DSR819 | 12¼、16、17½ |
| DSR511 | 3¾、4⅛ | DSR908 | 5⅞、6、6⅛、6¼、6½、8½、8¾ |
| DSR513 | 6、6⅛、6¼、6½、6¾、7⅞、8½、8¾ | DSR913 | 6、6⅛、6½、8½、12¼、16 |
| DSR516 | 6、6⅛、6¼、6½、6¾、7⅞、8½、8¾、9⅞、12¼ | DSR916 | 7⅞ |
| DSR519 | 6、6⅛、7⅞、8½、8¾、9⅞、12¼、14¾、16、17½ | DSR919 | 14¾、16、17½ |
| DSR611 | 4¾、6⅛、6½ | DSR1011 | 7⅞ |
| DSR613 | 5⅞、6、6⅛、6¼、6½、6¾、7⅞、8½、8¾、9⅞、10⅝、12¼ | DSR1013 | 8¾、12¼、14¾、16 |
| DSR616 | 6½、7⅞、8½、8¾、9⅞、12¼ | DSR1016 | 14¾ |
| DSR619 | 7⅞、8½、8¾、9⅞、12¼、14¾、17½ | DSR1108 | 10⅝、12¼ |

续表

| 型 号 | 适用钻头尺寸/in | 型 号 | 适用钻头尺寸/in |
|---|---|---|---|
| DSR711 | 5⅞、6、6⅛、6¼、6½、6¾ | DSR1208 | 5⅞、6、6⅛、6½、8½ |
| DD3560 | 6、6½、12½ | DD3540 | 4¾、6、6½、8½、12¼ |
| DD4540 | 6½、7⅞、8½、8¾ | DD5540 | 6、8½ |
| DD4560 | 6¾、8½、10⅝、14¾、16 | DD5560 | 6、8½ |
| FT613 | 6⅛、8½ | 828ST | 3¾、4¾、6、6⅛、7⅞、8½、8¾、9⅞、12¼、13½ |
| FT616 | 13⅛ | FT716 | 12¼ |
| FT713 | 6、13⅛ | FT813 | 8⅜、8½ |
| STH613 | 6⅛、6½、8½、8¾、9⅞ | FT816 | 18½ |
| STH616 | 8½ | STH908 | 6½ |
| STH711 | 6½、6¾ | STH1013 | 5⅞、6、12¼ |
| STH813 | 12¼ | STH1513 | 8½ |

表 1-73　NOV 公司取心钻头系列型号及适用尺寸

| 型号 | 适用钻头尺寸 | 型号 | 适用钻头尺寸 |
| --- | --- | --- | --- |
| CCPF513S | $7\frac{7}{8}$in×4in、$9\frac{7}{8}$in×5in | CN455M | 6in×$2\frac{5}{8}$in、$6\frac{3}{32}$in×$2\frac{5}{8}$in、$6\frac{1}{4}$in×$2\frac{5}{8}$in |
| CCPF913S | $7\frac{7}{8}$in×4in | CNR77 | $5\frac{7}{8}$in×$2\frac{5}{8}$in、$8\frac{3}{8}$in×4in、$8\frac{3}{4}$in×4in |
| CCPFX911S | $6\frac{1}{8}$in×$2\frac{5}{8}$in | CNR77FD | $8\frac{27}{32}$in×4in |
| CCPR513S | 6in×3in、$6\frac{1}{2}$in×$2\frac{5}{8}$in、$6\frac{3}{4}$in×$2\frac{5}{8}$in、$6\frac{3}{4}$in×3in、$8\frac{3}{4}$in×4in | CVPF713S | $5\frac{7}{8}$in×$3\frac{1}{2}$in、6in×$3\frac{1}{2}$in、$6\frac{1}{8}$in×$3\frac{1}{2}$in、$6\frac{1}{4}$in×$3\frac{1}{2}$in、$6\frac{1}{2}$in×3in、$6\frac{3}{4}$in×$3\frac{1}{2}$in |
| CCPR711S | $5\frac{5}{8}$in×$2\frac{5}{8}$in、$6\frac{1}{4}$in×3in、$6\frac{1}{2}$in×3in、$6\frac{3}{4}$in×3in、$8\frac{3}{4}$in×4in | | |
| CCPR713S | $6\frac{1}{8}$in×3in、$6\frac{1}{4}$in×$2\frac{5}{8}$in、$6\frac{1}{4}$in×3in、$6\frac{3}{4}$in×$2\frac{5}{8}$in、$6\frac{3}{4}$in×3in、$7\frac{7}{8}$in×4in、$8\frac{3}{4}$in×4in | CEPF513S | $8\frac{1}{2}$in×$3\frac{1}{2}$in |
| | | CEPF616S | $8\frac{1}{2}$in×3in、$8\frac{1}{2}$in×$3\frac{1}{2}$in |
| CCPR813S | $9\frac{7}{8}$in×5in | CEPF713S | $8\frac{3}{8}$in×3in、$8\frac{3}{4}$in×$3\frac{1}{2}$in |
| CCPR908S | $6\frac{1}{2}$in×3in、$6\frac{3}{4}$in×4in、$8\frac{1}{2}$in×$3\frac{1}{4}$in、$8\frac{1}{2}$in×4in、$8\frac{3}{4}$in×4in | CEPF913S | $8\frac{3}{8}$in×3in、$8\frac{3}{4}$in×$3\frac{1}{2}$in |
| CCPR911S | 6in×$2\frac{5}{8}$in、$6\frac{1}{8}$in×3in、$6\frac{1}{4}$in×3in、$6\frac{1}{4}$in×$3\frac{1}{2}$in、$6\frac{1}{2}$in×$2\frac{5}{8}$in、$6\frac{3}{4}$in×3in、$8\frac{1}{2}$in×4in、$8\frac{3}{4}$in×4in | CEPH513S | $8\frac{1}{2}$in×$3\frac{1}{2}$in |
| | | CEPH616S | $8\frac{1}{2}$in×3in、$8\frac{1}{2}$in×$3\frac{1}{2}$in |

续表

| 型 号 | 适用钻头尺寸 | 型 号 | 适用钻头尺寸 |
|---|---|---|---|
| CCPR913S | $6\frac{1}{8}$in×3in、$8\frac{1}{2}$in×4in、$8\frac{3}{4}$in×4in | CEPH713S | $8\frac{3}{8}$in×3in、$8\frac{1}{2}$in×3in |
| CCPX713S | $7\frac{7}{8}$in×4in | CEPH913S | $8\frac{1}{2}$in×3in |
| CCPX813 | $8\frac{1}{2}$in×4in | CEPHI513S | $8\frac{3}{4}$in×$3\frac{1}{2}$in |
| CDPF519S | $12\frac{1}{4}$in×$5\frac{1}{4}$in | CEPR513S | $7\frac{7}{8}$in×3in、$8\frac{1}{2}$in×$3\frac{1}{2}$in、$8\frac{1}{2}$in×3in |
| CDPF713S | $5\frac{7}{8}$in×$2\frac{5}{8}$in、$8\frac{3}{8}$in×4in、$8\frac{3}{4}$in×4in | CEPR713S | $7\frac{7}{8}$in×3in、$8\frac{1}{2}$in×$3\frac{1}{2}$in、$8\frac{1}{2}$in×3in |
| CDPF913S | $8\frac{3}{8}$in×4in | CEPR908S | $8\frac{1}{2}$in×$3\frac{1}{2}$in |
| CDPH713S | $5\frac{7}{8}$in×$2\frac{5}{8}$in | CEPR911S | $8\frac{1}{2}$in×$3\frac{1}{2}$in |
| CDP911S | $8\frac{1}{2}$in×4in | CEPR913S | $7\frac{7}{8}$in×3in、$8\frac{1}{2}$in×$3\frac{1}{2}$in、$8\frac{1}{2}$in×3in |

1. Dynamus 蛟龙长寿命 PDC 钻头

Dynamus 蛟龙长寿命 PDC 钻头命名及说明如图 1-19 所示。

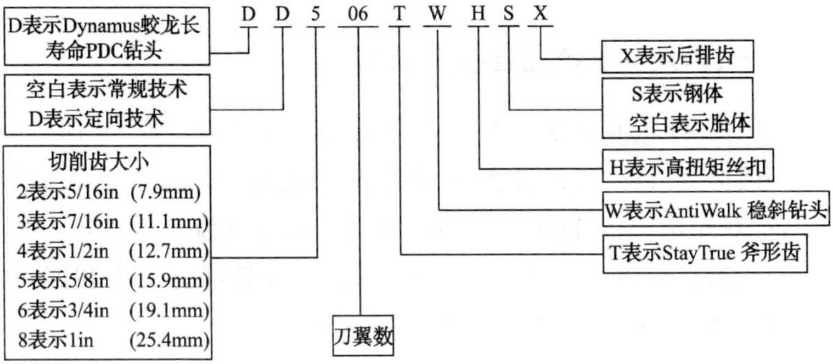


图 1-19　Dynamus 蛟龙长寿命 PDC 钻头命名及说明

2. Talon Strike 泰龙 PDC 钻头

Talon Strike 泰龙 PDC 钻头命名及说明如图 1-20 所示。

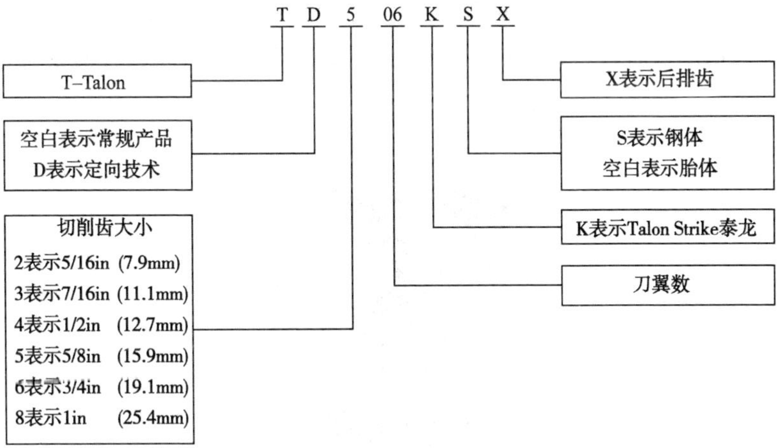


图 1-20　Talon Strike 泰龙 PDC 钻头命名及说明

# 第四节　PDC-牙轮混合钻头

## 一、PDC-牙轮混合钻头结构

PDC-牙轮混合钻头由 PDC 部分和牙轮部分组成。PDC 部分一般为双刀翼、三刀翼、四刀翼等,切削齿有牙轮部分一般为单牙轮、双牙轮、三牙轮等。切削齿材质一般为镶齿。在钻井作业中使用最广泛的是三刀翼、三牙轮 PDC-牙轮混合钻头和四刀翼、双牙轮 PDC-牙轮混合钻头(图 1-21)。

## 二、PDC-牙轮混合钻头分类标准及编码

目前,对 PDC-牙轮混合钻头还没有专门的分类标准,主要参照行业标准《金刚石钻头》(SY/T 5217—2016)和 API Spec 7-1 执行。各厂家生产的钻头虽有自己的代号,但大多以 PDC 部分的切削齿直径、刀翼数量和牙轮部分的牙轮数量组成进行编号。

图 1-21　四刀翼、双牙轮 PDC-牙轮混合钻头

## 三、PDC-牙轮混合钻头磨损评定方法

参照中国国家能源局石油钻井工程专业标准化委员会提出和制定的《钻头使用基本规则及磨损评定方法》(SY/T 5415—2012),对PDC部分参照PDC钻头的评价方法,对牙轮部分参照牙轮钻头的评价方法。

## 四、PDC-牙轮混合钻头生产厂家及其产品

### (一) 江汉石油钻头股份有限公司PDC-牙轮混合钻头

1. 钻头系列简介及命名方法

针对不同应用地层工况,江钻推出了“龙”系列PDC-牙轮混合钻头产品:标准(Standard 麒麟)系列混合钻头、复杂地层(Hard Drill 铁甲龙)系列混合钻头、快速钻进(Fastar 迅猛龙)系列混合钻头及异形齿(Xstar 剑齿龙)系列混合钻头等。

江钻PDC-牙轮混合钻头型号由6个部分组成:直径代号+系列代号+主切削齿代号+刀翼数+牙轮数+附加特征代号。

直径代号:用单位为in的直径数值(整数或分数)表示。

系列代号:ST表示标准(Standard 麒麟)系列混合钻头;HD表示复杂地层(Hard Drill 铁甲龙)系列混合钻头;FS表示快速钻进(Fastar 迅猛龙)系列混合钻头;XS表示异形齿(Xstar 剑齿龙)系列混合钻头。

示例说明如图1-22所示。

2. 江钻PDC-牙轮混合钻头系列

1) 标准(Standard 麒麟)系列PDC-牙轮混合钻头

标准(Standard 麒麟)系列混合钻头应用了常规混合钻头设计理念,集中在软至中地层中使用,兼顾钻头定向性能,性价比高。

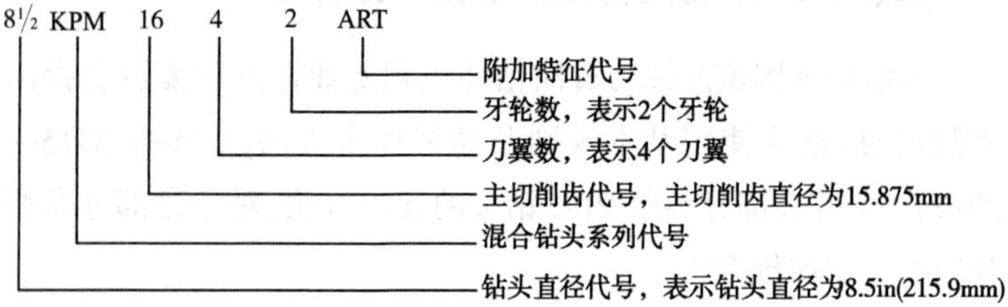


图 1-22　江钻 PDC-牙轮混合钻头命名及说明

2)复杂地层(Hard Drill 铁甲龙)系列 PDC-牙轮混合钻头

复杂地层(Hard Drill 铁甲龙)系列混合钻头应用了硬地层混合钻头设计理念及相应专利,主要优势为在硬夹层地层中钻进时具有较长的寿命。

3) 快速钻进(Fastar 迅猛龙)系列 PDC-牙轮混合钻头

快速钻进(Fastar 迅猛龙)系列混合钻头采用了快速钻进混合钻头设计技术,为其匹配了性能优异的聚晶金刚石复合片,能够适应在软至中软的各种地层中钻进,尤其在软地层、软至中带夹层的地层中能够获得更高的机械钻速及更长的进尺。

4) 异形齿系列(Xstar 剑齿龙)PDC-牙轮混合钻头

异形齿(Xstar 剑齿龙)系列混合钻头采用了异形齿混合破岩技术,应用了尖圆齿、斧形齿、三棱齿、锥球齿等多种高端异形齿复合片,能够显著提升混合钻头的抗冲击能力和抗磨损能力,在各种复杂难钻地层中具有显著优势。

**(二) 中石化胜利石油工程有限公司钻井工艺研究院 PDC-牙轮混合钻头**

胜利钻井院 PDC-牙轮混合钻头代码及含义见表 1-74。

**表 1-74　胜利钻井院 PDC-牙轮混合钻头代码及含义**

| 系列 | 字位 | 代码 | 含　义 | 说　　明 |
|---|---|---|---|---|
| PR 系列 | 第一位，第二位 | PR | 钻头类型 | PDC-牙轮混合钻头 |
| | 第三位 | K、Q | 钻头系列 | K、Q 表示进口齿系列和混装齿系列；无代码表示国产齿系列 |
| | 第四位 | 2~5 | 刀翼数 | 2~5 表示 2~5 个刀翼 |
| | 第五位 | 1~5 | 牙轮数量 | 1~5 表示 1~5 个牙轮 |
| | 第六位 | 0~5 | 切削齿直径 | 0 表示<12；1 表示[12,15)；2 表示[15,18)；3 表示[18,21)；4 表示[21,24)；5 表示≥24① |
| | (第七位) | 1~9 | 冠部高度 | 1~3 表示极短、短；4~6 表示中长；7~9 表示长 |
| | 第八位 | M、S | 基体类型 | M 表示胎体；S 表示钢体 |
| | (第九位) | 字母 | 附加特征 | D 表示定向；H 表示水平井；R 表示旋转导向；W 表示微心；C 表示复合结构；J 表示双排齿；G 表示加强保径；U 表示倒划眼 |
| | 规格 | | 钻头规格 | 钻头公称直径，如 215.9、241.3、311.2、406.4、444.5 等① |

注：①单位：mm。

胜利钻井院 PDC-牙轮混合钻头示例说明如图 1-23 所示。

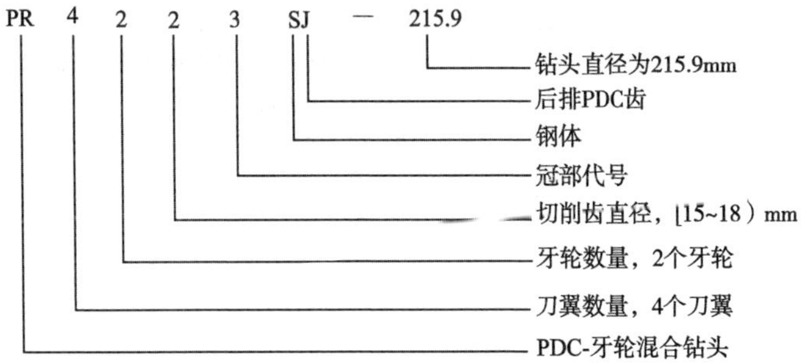


图 1-23　胜利钻井院 PDC-牙轮混合钻头示例说明

**(三) 四川宝石机械石油钻头有限责任公司 PDC-牙轮混合钻头**

钻头系列简介及命名方法如下：

宝石公司针对常规钻头定向或钻进较为困难的钻井应用情景(如软硬交错地层、非均质地层、定向钻进、大尺寸井眼等工况),开发出一系列复合钻头,复合钻头具有较好的地层适应性,同时兼具 PDC 钻头攻击性强、机械钻速快及牙轮钻头工作平稳、低扭矩的优势,可以广泛应用于四川、新疆、大庆等区块。根据应用地层工况的不同,宝石公司可为客户提供特殊定制钻头。

宝石混合钻头型号由 6 个部分组成:钻头直径代号+钻头系列代号+主切削齿代号+刀翼数量+牙轮数量+附加特征/区块代号。

直径代号:用单位为 in 的直径数值(整数或分数)表示。

系列代号:SH 代表混合钻头。钻头系列代号及应用见表 1-75。

宝石混合钻头示例说明如图 1-24 所示。

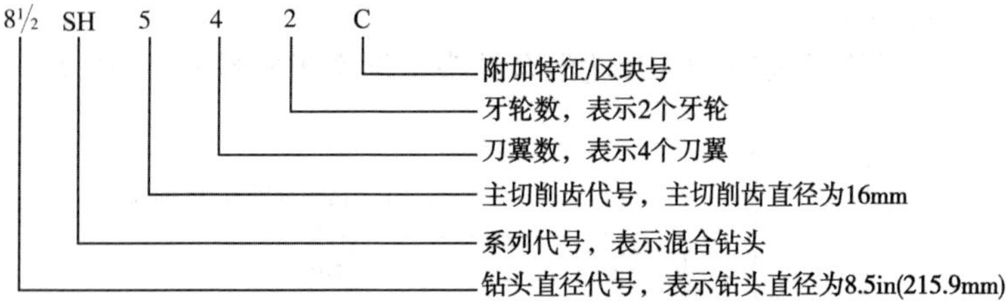


图 1-24　宝石混合钻头命名及说明

**表 1-75　钻头系列代号及应用**

| 钻头直径代号 | 钻头系列号 | 主切削齿代号 | 刀翼数量 | 牙轮数量 | 附加特征/区块号 |
|---|---|---|---|---|---|
| $5\frac{7}{8}$~22in | SH 表示宝石混合钻头系列 | 4 表示 13mm；<br>5 表示 16mm；<br>6 表示 19mm | 2 表示 2 个刀翼；<br>3 表示 3 个刀翼；<br>4 表示 4 个刀翼；<br>5 表示 5 个刀翼 | 2 表示两牙轮；<br>3 表示三牙轮 | 特征号：<br>B 表示后排齿；<br>K 表示磨损节或硬质合金柱；<br>C 表示加强保径；<br>R 表示异型齿；<br>S 表示螺旋规径；<br>U 表示倒划眼；<br>SS 表示后排 stinger 齿强化；<br>H 表示高效破岩，强攻击性<br>区块号：<br>PS 表示专为蓬深区块设计；<br>LX 表示专为页岩气须家河设计；<br>LS 表示专为九龙山砾石段设计 |

### (四) 贝克休斯 PDC-牙轮混合钻头

第五代 PDC-牙轮混合钻头:

Kymera™系列 PDC-牙轮混合钻头命名及说明如图 1-25 所示。

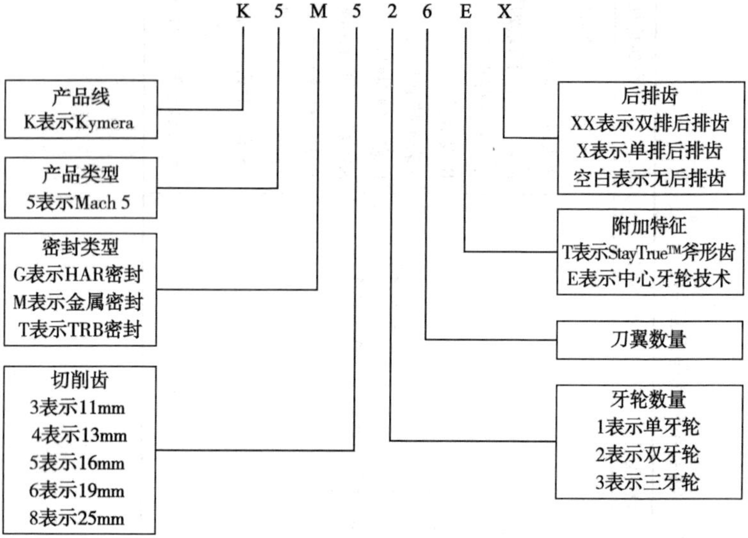


图 1-25　Kymera™系列 PDC-牙轮混合钻头命名及说明

## 第五节　喷嘴(水眼)

### 一、喷嘴结构特点及种类

喷嘴是钻头内腔与外部的水力通道。对于天然金刚石钻头和 TSP 钻头,喷嘴又被称为水眼,其形状如图 1-26 所示。对于牙轮钻头和 PDC 钻头,按喷嘴长度分类包括普通喷嘴、中长喷嘴、长喷嘴,按喷嘴布置位置和角度分类包括中心喷嘴、直喷嘴、斜喷嘴、水平喷嘴,按喷嘴内部结构和射流特性分类包括振荡脉冲射流喷嘴、空化喷嘴、矩形喷嘴、锥形喷嘴等。普通喷嘴结构如图 1-27 所示。

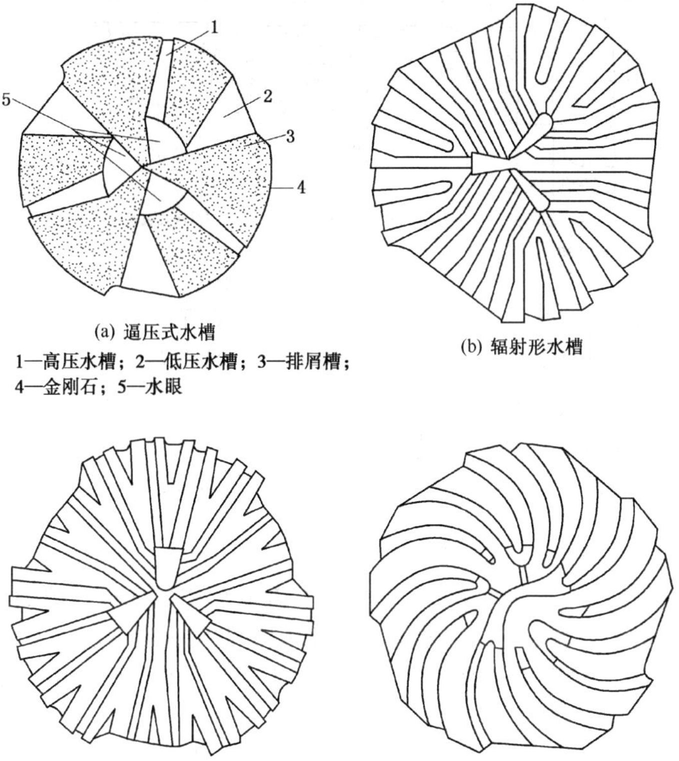


(a) 逼压式水槽

1—高压水槽；2—低压水槽；3—排屑槽；4—金刚石；5—水眼

(b) 辐射形水槽

(c) 辐射形逼压式水槽

(d) 螺旋形水槽

图 1-26　天然金刚石钻头水力结构

中长喷嘴：比普通喷嘴长 35mm 左右，可缩短喷嘴出口距井底的距离，可强化井底漫流，可提高破岩效率和清洗井底能力，以及提高钻头机械钻速。

长喷嘴：出口接近井底，能充分利用水力能量破岩，可提高钻头机械钻速。

中心喷嘴：安装在钻头中心的喷嘴，可提高钻头心部的清洗能力，防止泥包，并提高钻头机械钻速。

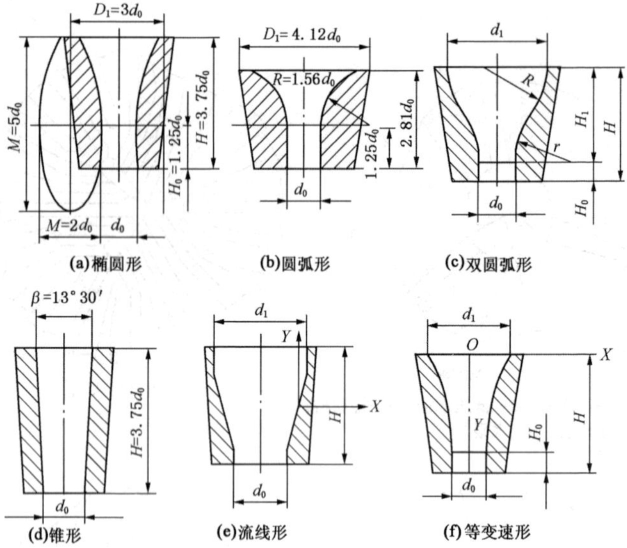


图 1-27　普通喷嘴结构

斜喷嘴:通过喷嘴出口的射流在井底产生较大的漫流速度,增大对岩石裂缝的径向冲击压力,以提高钻头机械钻速。

水平喷嘴:利用高速射流中心压力低的特性,可在钻头局部产生负压,有利于提高钻头机械钻速。

振荡脉冲射流喷嘴:钻井液通过喷嘴脉冲发生器转变为振动脉冲射流,可增强水力破岩能力,并提高钻头机械钻速。

空化喷嘴:钻井液通过喷嘴空化腔能产生空化气泡,空化气泡破灭能释放很大的空化能,有利于破岩和提高钻头机械钻速。

牙轮钻头的喷嘴表示方法如图 1-28 所示。

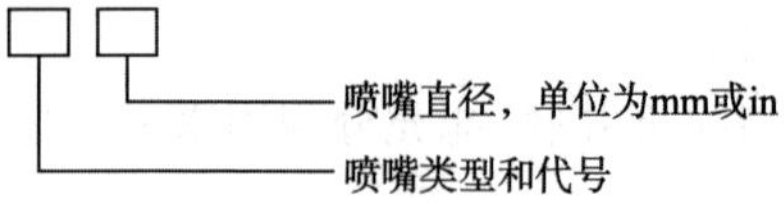


图 1-28　牙轮钻头的喷嘴表示方法

牙轮钻头的安装尺寸、水孔直径及喷嘴类型和代号见表 1-76。

**表 1-76 牙轮钻头的安装尺寸、水孔直径及喷嘴类型和代号**

| 钻头尺寸/in | 喷嘴直径 | | 喷嘴装配长度 | | 水孔直径/mm | 喷嘴类型和代号 | | |
|---|---|---|---|---|---|---|---|---|
| | 基本尺寸/mm | 极限偏差/mm | 基本尺寸/mm | 极限偏差/mm | | 标准型 | 保护盖型 | 中长型 |
| $3\frac{1}{2}\sim5\frac{1}{2}$ | 20.3 | 0<br>-0.13 | 17.5 | 0<br>-0.3 | 4~10 | S1 | P1 | M1 |
| $5\frac{5}{8}\sim7\frac{3}{8}$ | 23.6 | | 19.0 | | 5~16 | S2 | P2 | M2 |
| $7\frac{1}{2}\sim8\frac{1}{4}$ | 29.8 | | 21.0 | | 7~18 | S3 | P3 | M3 |
| $8\frac{3}{8}\sim14\frac{5}{8}$ | 33.0 | 0<br>-0.16 | 27.0 | | 8~20 | S4 | P4 | M4 |
| $\geqslant14\frac{3}{4}$ | 40.9 | | | | 10~22 | S5 | P5 | M5 |

示例如下

M3-15:M 表示中长型;3 表示用于 $7\frac{1}{2}$~$8\frac{1}{4}$in 钻头;15 表示喷嘴出口直径为 15mm。

## 二、喷嘴过流面积及组合喷嘴计算

喷嘴过流面积是指液体通过钻头内腔处的最小截面积。

对于天然金刚石钻头和 TSP 钻头,其喷嘴过流面积即内腔最小截面积。

对于牙轮钻头和 PDC 钻头,其喷嘴过流面积是根据安装在钻头上的喷嘴出口大小来计算的,并可以通过安装不同尺寸的喷嘴来改变钻头的过流面积。其计算公式如下:

$$S=\frac{\pi}{4}\sqrt{d_1^2+d_2^2+d_3^2+\cdots}$$

式中　$S$——钻头喷嘴过流面积,$mm^2$或 $in^2$;

$d_1$、$d_2$、$d_3$——钻头喷嘴的出口直径,mm 或 in。

## 三、喷嘴直径及过流面积

喷嘴直径指钻井液通过钻头内腔出口处的直径。

对于多个喷嘴的牙轮钻头和 PDC 钻头,其喷嘴当量直径计算式如下:

$$d_e=\sqrt{d_1^2+d_2^2+d_3^2+\cdots}$$

为使用方便,表 1-77 给出了英制喷嘴过流面积数据。

**表 1-77　普通喷嘴过流面积**　　$in^2$

| 喷嘴尺寸 | | 喷嘴数量 | | | | | | | | |
|---|---|---|---|---|---|---|---|---|---|---|
| mm | $\frac{1}{32}$in | 1 | 2 | 3 | 4 | 5 | 6 | 7 | 8 | 9 |
| 5.56 | 7 | 0.0376 | 0.0751 | 0.1127 | 0.1503 | 0.1878 | 0.2254 | 0.2629 | 0.3005 | 0.3381 |
| 6.35 | 8 | 0.0491 | 0.0981 | 0.1472 | 0.1963 | 0.2453 | 0.2944 | 0.3434 | 0.3925 | 0.4416 |
| 7.14 | 9 | 0.0621 | 0.1242 | 0.1863 | 0.2484 | 0.3105 | 0.3726 | 0.4347 | 0.4968 | 0.5589 |

续表

| 喷嘴尺寸 | | 喷嘴数量 | | | | | | | | |
|---|---|---|---|---|---|---|---|---|---|---|
| mm | 1/32 in | 1 | 2 | 3 | 4 | 5 | 6 | 7 | 8 | 9 |
| 7. 94 | 10 | 0. 0767 | 0. 1533 | 0. 2300 | 0. 3066 | 0. 3833 | 0. 4600 | 0. 5366 | 0. 6133 | 0. 6899 |
| 8. 73 | 11 | 0. 0928 | 0. 1855 | 0. 2783 | 0. 3710 | 0. 4638 | 0. 5566 | 0. 6493 | 0. 7421 | 0. 8348 |
| 9. 53 | 12 | 0. 1104 | 0. 2208 | 0. 3312 | 0. 4416 | 0. 5520 | 0. 6623 | 0. 7727 | 0. 8831 | 0. 9935 |
| 10. 32 | 13 | 0. 1296 | 0. 2591 | 0. 3887 | 0. 5182 | 0. 6478 | 0. 7773 | 0. 9069 | 1. 0364 | 1. 1660 |
| 11. 11 | 14 | 0. 1503 | 0. 3005 | 0. 4508 | 0. 6010 | 0. 7513 | 0. 9015 | 1. 0518 | 1. 2020 | 1. 3523 |
| 11. 91 | 15 | 0. 1725 | 0. 3450 | 0. 5175 | 0. 6899 | 0. 8624 | 1. 0349 | 1. 2074 | 1. 3799 | 1. 5524 |
| 12. 7 | 16 | 0. 1963 | 0. 3925 | 0. 5888 | 0. 7850 | 0. 9813 | 1. 1775 | 1. 3738 | 1. 5700 | 1. 7663 |
| 14. 29 | 18 | 0. 2484 | 0. 4968 | 0. 7451 | 0. 9935 | 1. 2419 | 1. 4903 | 1. 7387 | 1. 9870 | 2. 2354 |
| 15. 88 | 20 | 0. 3066 | 0. 6133 | 0. 9199 | 1. 2266 | 1. 5332 | 1. 8398 | 2. 1465 | 2. 4531 | 2. 7598 |
| 17. 46 | 22 | 0. 3710 | 0. 7421 | 1. 1131 | 1. 1841 | 1. 8552 | 2. 2262 | 2. 5972 | 2. 9683 | 3. 3393 |

## 第六节　空气锤及锤头

气体钻井是指在钻进过程中的循环介质为气体，主要包括空气钻井、氮气钻井、天然气钻井、惰性气体钻井、雾化钻井和泡沫钻井等。气体钻井在国内外应用已相当广泛，近几年在国内的四川地区得到普遍应用，在新疆、玉门等地区得到试用和推广。气体钻井主要优点如下：

(1) 可以大幅提高钻井速度，降低钻井成本。

(2) 有利于在高陡易斜构造中防斜快打。

(3) 在克服严重井漏、恶性井漏方面有不可替代的优势。

(4) 可以最大限度地保护油气层，提高油气资源的发现率和评价的准确性、单井产能和采收率。

与此同时，随着气体钻井技术的不断发展，空气锤、锤头及打捞工具也在不断得到改进、完善和创新。

## 一、空气锤

### (一) 空气锤结构

空气锤的结构如图 1-29 所示。

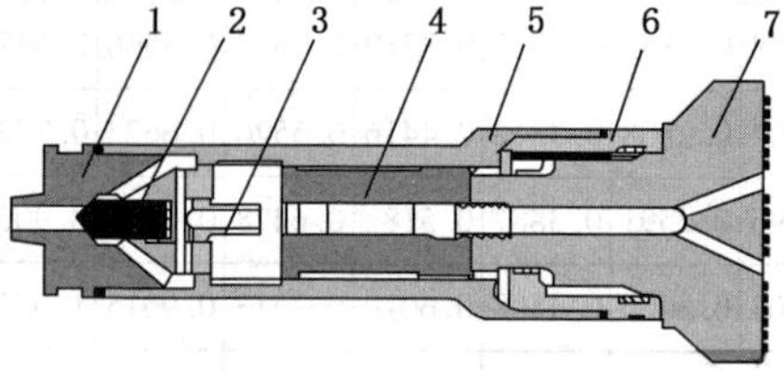


图 1-29 空气锤结构简图

1—上接头;2—止回阀和弹簧;3—配气管;
4—活塞;5—本体;6—锤头夹头;7—锤头

空气锤主要组件的功能和作用如下:

(1) 上接头:空气锤通过上接头的连接螺纹与钻柱连接。

(2) 止回阀和弹簧:当循环中断后,止回阀和弹簧可保持空气锤内的压力不变,以平衡井眼内的静压力,防止污染物进入空气锤底部。

(3) 配气管:配气管将主气流供到活塞中心,当配气管上的进气孔与活塞上的孔连通时,气体推动活塞下行,而当排气孔与活塞上的孔连通时,活塞上行。

(4) 活塞:活塞是空气锤中的唯一运动件,通过与供气孔和排气孔交替切换连通,实现活塞的连续冲击作用,带动破岩的钻头做周期性往复运动。

(5) 本体:本体用来容纳组成空气锤内部总成的所有部件,其表面被进行过硬化处理且无任何机械加工孔眼,从而可以延长工具本体在研磨性环境中的使用寿命。

(6) 锤头夹头:锤头夹头通过螺纹连接在工具本体底部,通过花键将钻柱的旋转运动传递给锤头。

### (二) 空气锤厂家及其产品

1. 四川京石工程技术有限公司系列空气锤

见表 1-78。

**表 1-78 四川京石工程技术有限公司系列空气锤**

| 产品型号 | 外径/mm | 锤体长度/mm | 接头螺纹/in | 钻孔/mm | 工作风压/MPa | 冲击频率/Hz | 耗风量/(L/s) | 额定轴压/kN | 转速/(r/min) |
|---|---|---|---|---|---|---|---|---|---|
| KQC275-445 | 275.8 | 2270 | 7⅝REG | 444.0~450.0 | 0.6~2.5 | 27 | 120 | 18.3 | 30 |
| KQC275-310 | 275.8 | 2270 | 7⅝REG | 310.0~350.0 | 0.6~2.5 | 27 | 120 | 18.3 | 30 |
| KQC180 | 180.0 | 1314 | 4½REG | 216.0~241.3 | 0.6~2.5 | 27 | 105 | 18.3 | 30 |
| KQC330-445 | 330.0 | 2750 | 7⅝REG | 444.5.0~456.0 | 0.6~3.5 | 27 | 120 | 18.3 | 30 |
| KQC330-661 | 330.0 | 2750 | 7⅝REG | 661.0 | 0.6~3.5 | 27 | 120 | 18.3 | 30 |
| KQC406-661 | 406.0 | 3100 | 7⅝REG | 661.0 | 0.8~4.0 | 27 | 180 | 18.3 | 30 |
| KQC275-333.4 | 275.0 | 2270 | 7⅝REG | 333.4~456.0 | 0.6~2.5 | 27 | 120 | 18.3 | 30 |

2. 长沙天和钻具机械有限公司系列空气锤

见表 1-79。

**表 1-79 长沙天和钻具机械有限公司系列空气锤**

| 产品型号 | 外径/mm | 锤体长度/mm | 接头螺纹/in | 钻孔/mm | 工作风压/MPa | 冲击频率/Hz | 耗风量/($m^3$/min) | 额定轴压/kN | 转速/(r/min) |
|---|---|---|---|---|---|---|---|---|---|
| TS8 | 180.0 | 1551 | 4½ REG P | 203.0~271.0 | 1.4~2.4 | 20 | 22.5~39.6 | 18.3 | 30~40 |
| TS12 | 275.0 | 2032 | 6⅝ REG P | 311.0~444.5 | 1.7~2.4 | 17 | 45.3~62.3 | 25.0 | 30~40 |

续表

| 产品型号 | 外径/mm | 锤体长度/mm | 接头螺纹/in | 钻孔/mm | 工作风压/MPa | 冲击频率/Hz | 耗风量/($m^3$/min) | 额定轴压/kN | 转速/(r/min) |
|---|---|---|---|---|---|---|---|---|---|
| TS14 | 330.0 | 2389 | 7⅝ REG P | 444.5~600.0 | 1.7~2.4 | 16 | 49.3~70.3 | 31.5 | 30~40 |
| TS18 | 398.0 | 2100 | 8⅝ REG P | 500.0~570.0 | 1.7~2.4 | 15 | 53.5~78.8 | 34.5 | 30~40 |
| TK18 | 406.0 | 2126 | 8⅝ REG P | 500.0~700.0 | 1.4~2.4 | 18 | 52.0~73.0 | 35.0 | 25~35 |
| TK24 | 525.0 | 2230 | 8⅝ REG P | 600.0~800.0 | 1.4~2.4 | 15 | 65.0~95.0 | 45.0 | 25~35 |

3. 长沙黑金刚实业有限公司系列空气锤

见表 1-80。

**表 1-80 长沙黑金刚实业有限公司系列空气锤**

| 产品型号 | 外径/mm | 锤体长度/mm | 接头螺纹/in | 钻孔/mm | 工作风压/MPa | 冲击频率/Hz | 耗风量/($m^3$/min) | 可配钎柄 | 转速/(r/min) |
|---|---|---|---|---|---|---|---|---|---|
| HD142A | 142.0 | 1388 | 3½ REG P | 155.0~195.0 | 1.0~2.5 | 25 | 9~26 | DHD360 | 20~30 |

续表

| 产品型号 | 外径/mm | 锤体长度/mm | 接头螺纹/in | 钻孔/mm | 工作风压/MPa | 冲击频率/Hz | 耗风量/($m^3$/min) | 可配钎柄 | 转速/(r/min) |
|---|---|---|---|---|---|---|---|---|---|
| HD180A | 180.0 | 1520 | $4\frac{1}{2}$ REG P | 195.0~254.0 | 1.0~2.5 | 20 | 12~28 | QL80 | 20~30 |
| HD225A | 225.0 | 1745 | $4\frac{1}{2}$ REG P<br>$6\frac{5}{8}$ REG P | 254.0~311.0 | 1.0~2.5 | 20 | 22~65 | NUMA100 | 15~25 |
| HD275A | 275.0 | 2626 | $6\frac{5}{8}$ REG P<br>$7\frac{5}{8}$ REG P | 305.0~445.0 | 1.0~2.5 | 20 | 28~71 | NUMA125 | 15~25 |
| HD330A | 330.0 | 3870 | $7\frac{5}{8}$ REG P | 350.0~660.0 | 1.0~2.5 | 20 | 32~85 | HD330 | 15~25 |
| HD475A | 475.0 | 4080 | $8\frac{5}{8}$ REG P | 508.0~760.0 | 1.0~2.5 | 20 | 56~85 | HD475 | 15~25 |
| HD525A | 525.0 | 4260 | $8\frac{5}{8}$ REG P | 610.0~800.0 | 1.0~2.5 | 20 | 50~99 | HD525 | 15~25 |

## 二、锤头厂家及其产品

### 1. 长沙天和钻具机械有限公司系列锤头

见表 1-81。

**表 1-81　长沙天和钻具机械有限公司系列锤头**

| 钻头直径/mm | 喷嘴数 | 边齿数 | 中齿数 | 背齿数 | 质量/kg | 连接类型 |
|---|---|---|---|---|---|---|
| 3½in 空气锤 | | | | | | |
| 85 | 2 | 6×13 | 4×12 | | 4.8 | TH68<br>TH3.5<br>DHD3.5<br>COP32<br>COP34<br>MACH303<br>BR33 |
| 90 | 2 | 6×14 | 4×13 | | 4.9 | |
| 95 | 2 | 6×14 | 4×13 | | 5.2 | |
| 100 | 2 | 6×14 | 5×13 | | 5.8 | |
| 102 | 2 | 6×14 | 5×13 | | 5.9 | |
| 105 | 2 | 6×14 | 5×13 | | 6.2 | |
| 115 | 2 | 8×14 | 7×13 | | 6.7 | |
| 120 | 2 | 8×14 | 7×13 | | 7.2 | |
| 4in 空气锤 | | | | | | |
| 105 | 2 | 7×14 | 6×13 | | 8.0 | TH4<br>COP42<br>MACH44<br>Mission40<br>SD4<br>QL4<br>XL4 |
| 110 | 2 | 8×14 | 6×13 | | 8.5 | |
| 115 | 2 | 8×14 | 7×13 | | 8.8 | |
| 120 | 2 | 8×14 | 7×13 | | 9.0 | |
| 125 | 2 | 8×14 | 7×13 | | 9.5 | |
| 127 | 2 | 8×14 | 7×14 | | 9.8 | |
| 130 | 2 | 8×14 | 7×13 | | 10.0 | |
| 135 | 2 | 8×16 | 7×14 | | 10.8 | |
| 138 | 2 | 8×16 | 8×14 | | 11.5 | |
| 140 | 2 | 8×16 | 8×14 | | 12.0 | |
| 150 | 2 | 8×16 | 8×14 | | 13.0 | |
| 152 | 2 | 8×16 | 8×14 | | 14.0 | |
| 5in 空气锤 | | | | | | |
| 135 | 2 | 7×18 | 7×14 | | 15.2 | |
| 138 | 2 | 7×18 | 7×14 | | 15.5 | |

续表

| 钻头直径/mm | 喷嘴数 | 边齿数 | 中齿数 | 背齿数 | 质量/kg | 连接类型 |
|---|---|---|---|---|---|---|
| 140 | 2 | 8×16 | 9×14 | | 15.5 | M TH5<br>DHD350D<br>ACH50<br>Mission50<br>SD5<br>QL50 |
| 146 | 2 | 8×18 | 8×14 | | 15.7 | |
| 150 | 2 | 8×16 | 9×14 | | 15.8 | |
| 156 | 2 | 8×18 | 8×14 | | 16.4 | |
| 160 | 2 | 8×16 | 8×16 | | 17.1 | |
| 165 | 2 | 8×16 | 9×14 | | 17.7 | |
| 178 | 2 | 9×18 | 10×16 | | 20.7 | |
| 192 | 2 | 10×16 | 12×16 | | 24.0 | |
| 200 | 2 | 10×18 | 6×18+7×16 | | 25.0 | |
| 203 | 2 | 10×18 | 6×18+7×16 | | 25.0 | |
| 210 | 2 | 10×16 | 13×16 | | 27.0 | |
| 220 | 2 | 10×16 | 13×16 | | 30.0 | |
| 6in 空气锤 | | | | | | |
| 152 | 2 | 8×16 | 4×16+4×14 | | 22.0 | TH6<br>COP62<br>Mission60<br>SD6<br>QL60<br>XL6<br>JW150 |
| 165 | 2 | 8×18 | 4×18+5×16 | | 25.0 | |
| 172 | 2 | 8×18 | 4×18+4×16 | | 26.0 | |
| 178 | 3 | 9×18 | 5×18+5×16 | | 27.0 | |
| 185 | 2 | 8×19 | 5×19+5×16 | | 28.0 | |
| 190 | 2 | 10×18 | 10 ×16 | | 29.0 | |
| 195 | 2 | 10×18 | 5×18+5×16 | | 29.5 | |
| 203 | 2 | 10×18 | 6×18+7×16 | | 30.0 | |
| 216 | 2 | 10×18 | 6×18+7×16 | | 31.0 | |
| 219 | 2 | 10×18 | 6×18+7×16 | | 32.0 | |
| 225 | 2 | 10 ×18 | 6×18+7×16 | | 33.0 | |
| 230 | 2 | 10 ×18 | 6×18+8×16 | | 34.0 | |
| 235 | 2 | 10×18 | 6×18+9×16 | | 35.0 | |
| 245 | 2 | 10×18 | 6×18+9×16 | | 38.0 | |
| 254 | 2 | 12×18 | 12×18+9×16 | | 40.0 | |

续表

| 钻头直径/mm | 喷嘴数 | 边齿数 | 中齿数 | 背齿数 | 质量/kg | 连接类型 |
|---|---|---|---|---|---|---|
| 8in 空气锤 | | | | | | |
| 198 | 2 | 10×18 | 6×18+7×16 | | 40.0 | TH8<br>TS180<br>SD8<br>QL80 |
| 203 | 2 | 10×18 | 6×18+7×16 | | 41.0 | |
| 210 | 2 | 10×18 | 6×18+8×16 | | 42.0 | |
| 216 | 2 | 10×18 | 6×18+7×16 | | 43.0 | |
| 219 | 2 | 10×18 | 6×18+7×16 | | 43.0 | |
| 220 | 3 | 10×18 | 6×18+7×16 | | 44.0 | |
| 230 | 2 | 10×18 | 6×18+9×16 | | 45.0 | |
| 235 | 2 | 10×18 | 6×18+9×16 | | 55.0 | |
| 240 | 2 | 10×18 | 6×18+9×16 | | 60.0 | |
| 254 | 3 | 12×18 | 12×18+8×16 | | 65.0 | |
| 271 | 3 | 12×18 | 12×18+8×16 | | 72.0 | |
| 280 | 3 | 12×18 | 12×18+11×16 | | 85.0 | TH8<br>TS180<br>SD8<br>QL80 |
| 295 | 3 | 12×18 | 12×18+12×16 | | 95.0 | |
| 305 | 2 | 14×18 | 14×18+11×16 | | 105.0 | |
| 311 | 2 | 14×18 | 14×18+13×16 | | 110.0 | |
| 315 | 2 | 14×18 | 14×18+13×16 | | 112.0 | |
| 325 | 2 | 14×18 | 16×18+13×16 | | 120.0 | |
| 350 | 2 | 16×18 | 16×18+17×16 | | 135.0 | |
| 381 | 2 | 16×18 | 16×18+21×16 | | 150.0 | |
| 10in 空气锤 | | | | | | |
| 248 | 2 | 20×18 | 12×18+7×16 | | 85.0 | TH10<br>NUMA100<br>SD10 |
| 254 | 3 | 12×18 | 12×18+9×16 | | 90.0 | |
| 295 | 2 | 14×18 | 16×18+11×16 | | 110.0 | |
| 305 | 2 | 14×18 | 14×18+11×16 | | 120.0 | |
| 310 | 2 | 14×18 | 14×18+13×16 | | 125.0 | |
| 313 | 2 | 14×18 | 16×18+12×16 | | 130.0 | |
| 320 | 2 | 14×18 | 16×18+13×16 | | 145.0 | |
| 330 | 2 | 14×18 | 16×18+13×16 | | 160.0 | |
| 350 | 3 | 18×18 | 15×18+18×16 | | 175.0 | |
| 400 | 3 | 18×18 | 16×18+21×16 | | 200.0 | |

续表

| 钻头直径/mm | 喷嘴数 | 边齿数 | 中齿数 | 背齿数 | 质量/kg | 连接类型 |
|---|---|---|---|---|---|---|
| 12in 空气锤 | | | | | | |
| 311 | 3 | 15×18 | 15×18+15×16 | 12×12 | 140.0 | TH12 TS12 NUMA120 SD12 |
| 315 | 3 | 18×18 | 9×18+15×18+9×16 | 9×16 | 145.0 | |
| 320 | 3 | 18×18 | 9×18+15×18+9×16 | 9×16 | 190.0 | |
| 333 | 3 | 18×19 | 9×18+15×18+14×16 | 6×12+6×16 | 200.0 | |
| 350 | 3 | 15×19 | 9×19+15×19+15×16 | 12×12 | 210.0 | |
| 380 | 3 | 18×18 | 12×18+18×18+21×16 | 9×14 | 235.0 | |
| 400 | 3 | 18×19 | 12×19+18×19+29×16 | 12×12 | 245.0 | |
| 420 | 3 | 18×19 | 12×19+18×19+30×16 | 12×12 | 260.0 | |
| 445 | 3 | 18×19 | 12×19+21×19+34×16 | 54×12 | 275.0 | |
| 508 | 3 | 24×19 | 15×19+48×19+29×16 | 6×14 | 350.0 | |
| 14in 空气锤 | | | | | | |
| 400 | 3 | 18×19 | 12×19+18×19+29×16 | 12×12 | 255.0 | TH14 TS14 |
| 420 | 3 | 18×19 | 12×19+18×19+30×16 | 12×12 | 270.0 | |
| 445 | 3 | 18×19 | 12×19+21×19+34×16 | 12×12 | 285.0 | |
| 508 | 3 | 24×19 | 15×19+48×19+29×16 | 12×12 | 360.0 | |
| 550 | 3 | 24×20 | 20×20+36×19+33×16 | 12×12 | 420.0 | |
| 18in 空气锤 | | | | | | |
| 500 | 3 | 24×19 | 18×19+48×19+32×16 | | 480.0 | TH18 TS18 |
| 550 | 3 | 24×20 | 20×20+36×19+33×16 | | 510.0 | |
| 28in 空气锤 | | | | | | |
| 800 | 6 | 30×20 | 24×20+60×20+90×18 | 12×16 | 480.0 | TH28 |
| 1000 | 6 | 48×20 | 36×20+192×20+81×18 | 18×16 | 510.0 | |

2. 长沙黑金刚实业有限公司系列锤头

见表 1-82。

**表 1-82　长沙黑金刚实业有限公司系列锤头**

| 钻头直径/mm | 喷嘴数 | 保径齿数 | 面齿数 | 质量/kg | 连接类型 | 钻头型号 |
|---|---|---|---|---|---|---|
| 3in 高压空气锤 | | | | | | |
| 85 | 2 | 6×13 | 4×12 | 4.2 | COP32 BR3<br>HD35(IR3.5,COP34)<br>QL30(COP34) | COP32—钻头直径<br>BR3—钻头直径<br>DHD35—钻头直径<br>QL30—钻头直径 |
| 90 | 2 | 6×14 | 4×12 | 4.5 | | |
| 95 | 2 | 6×14 | 4×13 | 4.7 | | |
| 100 | 2 | 6×14 | 5×12 | 5.0 | | |
| 105 | 2 | 6×14 | 5×13 | 5.3 | | |
| 4in 高压空气锤 | | | | | | |
| 105 | 2 | 6×14 | 5×13 | 8.5 | HD45(DHD340A,COP44)<br>SD4 QL40<br>HM4 | HD45—钻头直径<br>SD4—钻头直径<br>QL40—钻头直径<br>HM4—钻头直径 |
| 110 | 2 | 7×14 | 6×13 | 8.8 | | |
| 115 | 2 | 7×14 | 6×13 | 9.0 | | |
| 120 | 2 | 8×14 | 7×13 | 9.8 | | |
| 127 | 2 | 8×14 | 7×13 | 11.0 | | |
| 5in 高压空气锤 | | | | | | |
| 135 | 2 | 7×18 | 6×14 | 15.0 | HD55(DHD350R,COP54)<br>SD5<br>QL50<br>HM5 | HD55—钻头直径<br>SD5—钻头直径<br>QL50—钻头直径<br>HM5—钻头直径 |
| 140 | 2 | 7×18 | 7×14 | 16.0 | | |
| 146 | 2 | 7×18 | 7×14 | 17.0 | | |
| 152 | 2 | 8×18 | 8×14 | 17.5 | | |
| 165 | 2 | 8×18 | 8×16 | 18.5 | | |
| 6in 高压空气锤 | | | | | | |
| 152 | 2 | 8×18 | 7×16 | 22.0 | HD65(DHD360,COP64)<br>SD6<br>QL60<br>HM6 | HD65—钻头直径<br>SD6—钻头直径<br>QL60—钻头直径<br>HM6—钻头直径 |
| 165 | 2 | 8×18 | 8×16 | 26.0 | | |
| 171 | 2 | 8×18 | 8×16 | 27.0 | | |
| 190 | 3 | 9×18 | 9×16 | 28.5 | | |
| 203 | 3 | 9×18 | 11×16 | 29.5 | | |
| 8in 高压空气锤 | | | | | | |
| 195 | 2 | 10×18 | 10×16 | 40.0 | HD85(DHD380,COP84)<br>SD8<br>QL80<br>HM8 | DHD380—钻头直径<br>SD8—钻头直径<br>QL80—钻头直径<br>M80—钻头直径 |
| 203 | 2 | 10×18 | 12×16 | 49.0 | | |
| 216 | 2 | 12×18 | 18×16 | 64.0 | | |
| 254 | 3 | 12×18 | 21×16 | 71.0 | | |
| 305 | 4 | 12×18 | 29×16 | 95.0 | | |

续表

| 钻头直径/mm | 喷嘴数 | 保径齿数 | 面齿数 | 质量/kg | 连接类型 | 钻头型号 |
|---|---|---|---|---|---|---|
| 10in 高压空气锤 | | | | | | |
| 254 | 3 | 12×18 | 20×16 | 108.0 | SD10<br>Numa100 | SD10—钻头直径<br>Numa100—钻头直径 |
| 305 | 4 | 12×18 | 36×16 | 125.0 | | |
| 311 | 4 | 12×18 | 36×16 | 130.0 | | |
| 318 | 4 | 12×18 | 38×16 | 142.0 | | |
| 330 | 4 | 16×18 | 42×16 | 155.0 | | |
| 12in 高压空气锤 | | | | | | |
| 305 | 4 | 12×18 | 36×16 | 170.0 | DHD1120<br>SD12<br>Numa120<br>Numa125 | DHD1120—钻头直径<br>SD12—钻头直径<br>N120—钻头直径<br>N125—钻头直径 |
| 311 | 4 | 12×18 | 36×16 | 173.0 | | |
| 330 | 4 | 16×18 | 42×16 | 182.0 | | |
| 356 | 4 | 16×19 | 48×16 | 191.0 | | |
| 381 | 4 | 16×19 | 48×18 | 200.0 | | |
| 大孔径锤头 | | | | | | |
| 311 | 3 | 15×18 | 36×16 | 205.0 | HD275 | HD275—钻头直径 |
| 334 | 3 | 18×19 | 44×18 | 216.0 | | |
| 356 | 3 | 18×19 | 48×18 | 225.0 | | |
| 368 | 4 | 20×19 | 50×18 | 230.0 | | |
| 381 | 4 | 20×19 | 54×18 | 236.0 | | |
| 381 | 4 | 20×19 | 54×18 | 297.0 | HD330 | HD330—钻头直径 |
| 406 | 4 | 20×19 | 58×18 | 311.0 | | |
| 431 | 4 | 20×19 | 64×18 | 324.0 | | |
| 445 | 4 | 24×20 | 72×18 | 334.0 | | |
| 470 | 4 | 24×20 | 80×18 | 347.0 | | |
| 495 | 4 | 24×20 | 88×18 | 710.0 | HD475 | HD475—钻头直径 |
| 525 | 4 | 24×20 | 100×18 | 760.0 | | |
| 580 | 4 | 24×20 | 116×18 | 855.0 | | |
| 660 | 4 | 28×20 | 140×19 | 950.0 | | |
| 680 | 4 | 28×20 | 144×19 | 968.0 | | |

续表

| 钻头直径/mm | 喷嘴数 | 保径齿数 | 面齿数 | 质量/kg | 连接类型 | 钻头型号 |
|---|---|---|---|---|---|---|
| 711 | 4 | 28×20 | 154×19 | 1455. 0 | HD525 | HD525—钻头直径 |
| 762 | 4 | 32×20 | 172×19 | 1539. 0 | | |
| 780 | 4 | 32×20 | 180×19 | 1564. 0 | | |
| 825 | 4 | 36×20 | 216×19 | 1625. 0 | | |
| 998 | 4 | 40×20 | 348×19 | 1980. 0 | | |

## 三、空气锤和锤头使用原则

1. 清洁空气输送

空气锤的活塞和本体内孔之间为间隙配合，以 900～2500 次/分钟做往复运动，因此输送带有润滑油的清洁空气对工具的可靠性要求至关重要，否则将导致活塞过热、材料粘连、卡住或失效。所有的管线、软管和钻柱组件在与空气锤连接之前都必须在垂直状态下与压缩机连接，以便空气可以吹扫干净整个系统，以免污染物进入空气锤。

2. 操作原则

空气锤和锤头的使用应遵循以下原则：

(1) 开气循环：将锤头在停止作用状态下提离井底后开气，气流将在活塞不做往复运动的情况下直接吹过空气锤。如果将锤头放到了井底或放进了一个湿井眼段后开气，就可能造成钻头的排气孔堵塞或污染物进入空气锤底部，使空气锤产生冲击作用的气流就是流经锤头底面上的排气孔来清洗井眼的。

(2) 开始转动：缓慢启动转盘或顶驱，转速可按下列经验规则确定：机械钻速(m/h)的约 1. 6 倍。

与常规钻井不同，增加转速未必能增加机械钻速，旋转的主要作用是引导锤头齿锤击新地层，并保持空气锤的各连接始终处于上紧状态，过高的转速只会导致锤头齿的早期损坏和锤头体的过度磨损。空气锤始终应保持顺时针转动，在停转情况下操作或按逆时针方向旋转会导致空气锤连接松动，并最终导致空气锤落井或连接扣损坏。

(3) 下放锤头：下放锤头到井底，锤头进入工作位置，空气锤开始动作，调节钻压以获得空气锤的平稳、最佳使用效果，刚开始的钻压值的大小可按下列经验原则确定：每毫米锤头直径钻压约 0.09kN。

在湿井眼或疏松地层中钻进时，有必要控制送钻速度，以确保充分清洗井眼。

当钻进砾岩层时，会出现蹩钻现象，应把锤头提离井底，然后缓慢送钻，直到将其锤掉，反复此过程直至旋转平稳。

在硬地层中钻进时，钻柱的旋转会非常平稳，声音很有力且很平滑，应据此调整转速和钻压，以获得工具的最佳工作效果。一旦空气锤的声音发生变化或者扭矩出现波动，则应在继续保持旋转的前提下，将空气锤和锤头立即提离井底，然后缓慢放回井底继续钻进。

应密切关注井眼的净化情况，定期将空气锤提离井底，以便将井眼内的所有岩屑清除干净，在该过程中须始终保持转动。

钻进结束后，将空气锤和锤头提离井底并循环几分钟，以防沉砂埋钻具，在该过程中也须始终保持转动。

(4) 注水钻进：钻进过程中人为注水有两个意图，一是在湿润的地层中钻进时会形成泥环，而形成的泥环会妨碍井眼的净化，这些泥环发展到一定程度后会造成锤头和空气锤卡在井眼内，注水可以带走岩屑，从而减小形成泥环的可能性。二是注水有利于对空气锤组件的冷却。

(5) 润滑：空气锤在工作期间，需要对其连续补充专用润滑油，否则短时间内就可造成无法修复的损坏，在活塞表面上形成热裂纹，并在使用过程中持续扩展，最后失效。

(6) 磨刃：当锤头齿的磨损平面直径达到齿直径的 1/3 时，就需要进行锐化处理；当达到齿直径的 1/2 时，锤头齿将承受极大的径向力。当径向负荷太大时，就会破碎或断裂。并且，钻头齿严重磨损后,机械钻速会显著下降。

(7) 锤头齿破损后继续钻进:将导致钢制锤头基体被快速冲蚀,当仅一颗锤头齿破损后,这种情况还不是特别明显,当多颗齿出现破损后,这种冲蚀速度将相当快。

锤头基体发生严重冲蚀后,冲蚀区将无法再次修复,因此一旦发现齿损,应立即停用并送回厂家修复,如继续使用,将造成锤头彻底报废。

(8) 空气锤储藏的注意事项如下:

① 储存前,连接到钻柱上,用带润滑剂的干燥空气吹扫10min,清除使用过程中存留在体内的水分,并对其内部组件进行润滑。

② 从钻柱上卸下,将其两端戴好护丝。

③ 存放时,处于水平位置。

④ 使用前,从顶部倒入专用润滑油。

## 四、选型及使用技术

### (一) 空气锤选型

选择空气锤时,需要考虑下面三个方面的因素:

(1) 井眼尺寸:应选用外径最接近所钻井眼尺寸的空气锤,以提高钻井效率、减少井眼坍塌、利于井眼清洁。需要保证空气锤与井眼之间有足够的间隙,以确保岩屑可以顺利通过。

(2) 耗气量:选用空气锤时,必须考虑空压机的制气能力,不同尺寸的空气锤需要不同的气排量和气压力来实现最佳工作状态。一般来说,随着空气锤尺寸的增加,它所需要的气排量要增加,而需要的气压则减少。

(3) 钻机能力:锤头和空气锤的尺寸越大,转动扭矩就越高,需要的提放钻柱频度也会增加,任何情况下都不可超过钻机的作业能力。

### (二) 锤头底面形状选择

图1-30给出了锤头的三种底面形状。

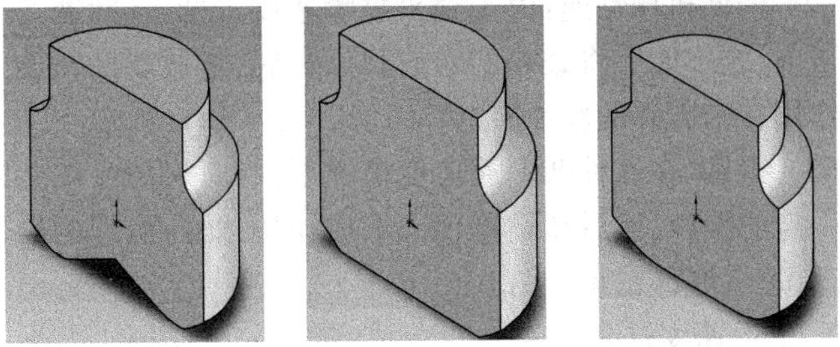


图 1-30　锤头底面形状

1. 凹底式结构

(1) 可以在各种地层中钻进。

(2) 锤头底面的内凹结构有利于防斜打直。

(3) 特别适合于软到中硬地层。

2. 平底式结构

(1) 底面排屑槽有助于在软地层钻进时消除锤头堵塞。

(2) 增加了布齿数量,有利于破碎岩石。

(3) 特别适合于中硬到硬地层。

3. 凸底式结构

(1) 机械钻速高。

(2) 冠部剖面允许布更多的保径齿。

(3) 适合于钻硬地层或研磨性地层。

**(三) 上返速度**

1. 上返速度过低

在任何应用条件下,都必须考虑井眼净化问题,本手册中推荐的上返速度为 20.32~35.56 m/s(4000~7000ft/min),环空上返速度取决于压缩机的排量、锤头直径和钻柱直径,若上返速度低于 20.32m/s(4000ft/min),将发生以下情况:

(1) 缩短锤头寿命:由于上返速度不够,大直径岩屑不能及时被带出,而连续不断地落回井底,引起重复破碎,造成锤头的早期磨损。

（2）降低机械钻速：由于锤头喷嘴速度太低，在活塞产生再次冲击前，它不能够将破碎的岩屑移离井底，造成新的锤击不是直接作用在未破碎的新地层上。

（3）卡钻：在这种低上返速度情况下，有时岩屑会在井眼内上行一定的距离，然后在钻铤顶部形成泥环，妨碍后续的岩屑继续上返，造成底部钻具卡钻。

2. 上返速度过高

若上返速度高于 35.56m/s（7000ft/min），则会造成空气锤、锤头和钻具的过度冲蚀。

3. 上返速度计算

$$v=\frac{76404.7\times Q}{D^2-d^2}$$

式中　$v$——上返速度，m/min；

$Q$——排量，L/s；

$D$——锤头直径，mm；

$d$——钻杆直径，mm。

如果压缩机的排量有富余，那么利用位于配气管线端部的互换阀可使空气锤得到更佳的工作效果。

**（四）带水作业**

在井下存在水头压力的情况下，循环压力参数将发生变化。在空气锤带水作业中，需要有足够高的循环压力才能将水带出井眼，该压力通常称作“最高卸载压力”，可以通过井眼内的水柱高度计算出来。

井眼内 0.3048m（1ft）的水柱可产生 0.003MPa（0.434psi）的压力。

一旦水头压力被消除，循环压力就会恢复到正常作业压力。当地层水大量进入井眼时，作业压力将升高，作业效果将变差。在有些情况下，可能需要用到高压增压机来继续维持钻进。

**（五）泡沫钻井**

泡沫钻井有许多益处，且在特定的地层条件下可以改善钻进

状况,包括:

(1) 具备低上返速度净化井眼的能力,使用一定数量的泡沫的混合物在环空上返速度仅为 40m/min(150ft/min)的情况下,也足以完成井眼净化。

(2) 使用硬泡沫混合物,可以最大限度地减小对不稳定地层裸眼的冲蚀程度,不仅可以降低对高上返速度的要求,还能够在接单根期间悬浮岩屑,在裸眼井壁上形成滤饼,抑制泥岩膨胀,以及减少井眼坍塌。

(3) 当钻进期间发生水侵出现回压升高时,泡沫混合物也有助于降低最高卸载压力和作业压力。

需要注意的是,泡沫钻井结束后,必须用清水清洗和保养所有的钻井工具,否则其长时间暴露在大气中,将发生泡沫腐蚀钢材的现象,而且腐蚀应力集中是导致钻柱事故的一个常见原因。

**(六) 海拔高度和环境温度**

海拔高度和环境温度对空气的分子分布有直接影响,此时必须调整排量,以满足这种变化的要求,从而实现高效作业。

1. 海拔高度

在高海拔地区,单位体积内的空气分子数量将低于低海拔地区,由压缩机排出的压缩空气的密度也将低于低海拔地区,低密度的压缩空气到达空气锤所产生的压力将低于正常海拔下的作业压力。

2. 环境温度

高的环境温度所产生的影响基本类似于高海拔的影响,高温时空气会变得稀薄,低温时则会变得稠密,这些变化所带来的影响也需要通过调节供气排量来予以消除。

**(七) 钻压控制**

由于井下空气锤活塞的运动频率高、冲程短,钻进时不需要大钻压,只需要将钻头压紧在井底即可。

在浅层钻进时,可以从地面观察到钻柱跳钻现象,一旦发生该现象,则需要增加钻压予以抑制。但在深层钻进时,所需的钻压则需要通过计算获得，即 9kg/mm 锤头直径。

需要说明的是，这仅仅是由经验获得的起始钻压，具体到每口井的井眼条件又可能有一些变化。增加钻压并不能增加机械钻速，过高的钻压只能造成锤头寿命缩短、钻柱扭矩增大。

钻压太大不行，钻压太小同样不行，钻压不足会造成如下影响：

(1) 锤头掉齿：当活塞冲击锤头时，如果锤头不是紧抵井底，在惯性的作用下锤头齿可能从齿窝中弹出。

(2) 锤头接头失效：如果锤头不是紧抵在井底，就会在锤头花键和锤头夹头花键之间产生过度的纵向相对运动，进而产生过高的温度，将导致锤头与锤头夹头之间发生粘连，通常被称为冷焊接。一旦出现热损伤，则失效在所难免。

(3) 残留应力失效：如果空气锤不是紧抵地层，活塞产生的能量就不能够得到正确的传递，大部分能量会留给活塞产生能量振动，它可通过多种方式造成活塞、给气管或顶部驱动头失效。

**(八) 转速控制**

转速对锤头寿命和空气锤的使用效果有直接影响，合理的转速对延长锤头和空气锤的寿命至关重要，与转速有关的因素有：

1. 锤头寿命

(1) 转速过低：转动井下空气锤和锤头的主要作用是引导碳化钨齿在每次冲击中都能冲击新地层，如果转速过低，牙齿倾向于重复冲击同一个位置，这将导致转速波动。另外，转速过低还会导致重复切削，导致牙齿磨损加快。

(2) 转速过高：增加转速未必就增加机械钻速，过高的转速将导致碳化钨保径齿的快速磨损，这是因为这些齿所承受的是剪切力而非冲击力。

2. 空气锤性能发挥

钻进时，转动空气锤只有两个作用：

(1) 顺时针转动,保持工具各连接始终处于上紧状态。

(2) 引导锤头齿在每次冲击中锤击新地层。

在停转情况下工作或逆时针旋转,会导致空气锤连接松动,最终导致空气锤落井或连接扣损坏。

现场操作人员必须学会寻求最佳转速的方法。起始转速可按下面的经验公式确定:

$$RPM = 1.6\,v$$

式中 $RPM$——转速,r/min;

$v$——机械钻速,m/h。

需要说明的是,这仅仅是一种大概的方法,还要考虑地面条件、地层硬度、地层研磨性等诸多因素。

**(九) 扭矩**

不同的锤头需要不同的扭矩,表 1-83 为 NUMA 公司给出的各种尺寸锤头所需的扭矩参考值。

**表 1-83 钻头尺寸与预测扭矩对照**

| 钻头尺寸级别 | 预测扭矩 |
|---|---|
| 102mm(4in) | 676N · m(69kg · m)(500ft · lbs) |
| 127mm(5in) | 882N · m(90kg · m)(650ft · lbs) |
| 152mm(6in) | 1087N · m(111kg · m)(800ft · lbs) |
| 203mm(8in) | 2028N · m(207kg · m)(1500ft · lbs) |
| 254mm(10in) | 2714N · m(277kg · m)(2000ft · lbs) |
| 305mm(12in) | 6771N · m(691kg · m)(5000ft · lbs) |
| 508mm(20in) | 10838N · m(1106kg · m)(8000ft · lbs) |
| 559mm(22in) | 13582N · m(1386kg · m)(10000ft · lbs) |
| 610mm(24in) | 16258N · m(1659kg · m)(12000ft · lbs) |
| 762mm(30in) | 27097N · m(2765kg · m)(20000ft · lbs) |
| 914mm(36in) | 37935N · m(3871kg · m)(28000ft · lbs) |
| 1092mm(43in) | 55164N · m(5629kg · m)(40700ft · lbs) |
| 1219mm(48in) | 68707N · m(7011kg · m)(50688ft · lbs) |
| 1372mm(54in) | 86955N · m(8873kg · m)(64152ft · lbs) |
| 1524mm(60in) | 107349N · m(10954kg · m)(79200ft · lbs) |

102~305mm(4~12in)锤头的制动扭矩为相应尺寸预测扭矩的3~4倍,305mm(12in)以上锤头的制动扭矩为相应尺寸预测扭矩的1.5~2倍。

需要注意的是,表1-83中仅仅是理想情况下的预测扭矩数据,具体扭矩的大小还受到井眼条件的影响。

**(十)润滑、腐蚀和污染**

1. 润滑

需要用专用润滑油对井下空气锤进行连续不断的润滑,不同厂家、型号、尺寸的工具需要不同的耗油量,使用前应认真阅读使用说明。对于专用润滑油,一定要使用指定厂家生产的正规产品。

2. 腐蚀

腐蚀是指材料与周围环境发生反应,空气、水、大部分的钻井液都具有腐蚀性。

空气锤的主要腐蚀类型是汽蚀(在其表面形成腐蚀坑),且汽蚀最容易发生在非运动区,例如螺纹根部、O形圈、密封槽等位置。

当泡沫钻井结束后,一定要用洁净的淡水彻底清洗钻具,以减少腐蚀。

防腐的最好方法是始终保持空气锤处于良好的润滑状态。

3. 污染

固体污染物进入空气锤通常是导致空气锤和锤头失效的另一个重要原因,污染物一般是在接单根时进入钻柱和空气锤的,因此在接单根期间,一定要确保接入的单根内部干净,对应遮盖的部位一定要遮盖好。

在空气锤接到钻柱上之前,应先盖好空气锤,用高压空气或水冲洗钻柱数秒钟,以清除钻柱内的尘垢、铁锈和其他污染物。

在将锤头与空气锤连接之前,应注意将锤头接头上的岩屑及其他固体污染物清理干净。

### (十一) 空气锤储存

1. 空气锤短期储存

对短期储存的空气锤,可按下列要求处理:

(1) 吹扫干净空气锤内的水分。

(2) 从工具顶部倒入 1L 专用润滑油。

(3) 打开气开关,令其动作 10s,以润滑工具内部组件。

(4) 将其两端戴好护丝。

(5) 将工具水平放置和储存在干燥的环境中。

2. 空气锤长期储存

对长期储存的空气锤,可按下列要求处理:

(1) 吹扫干净空气锤内的水分。

(2) 如条件允许,将工具上、下两端的扣尽量在井场卸松,尽量不要留到不方便拆卸的车间里去卸。

(3) 拆卸空气锤。

(4) 擦净并检查所有的部件。

(5) 润滑所有的内部组件。

(6) 将其两端戴好护丝、

(7) 将工具水平放置和储存在干燥的环境中。

3. 重新启用

工具在被存放一段时间后,在重新启用之前,应将工具拆开并检查每个部件。

如果发现部件生锈,可用金刚砂纸对每个部件进行打磨抛光并清洗干净、擦干,用专用润滑油重新对其润滑,之后将工具重新组装好。

在重新启用前,不做检查、检查不彻底或处理不当将给空气锤的后续使用带来极大的隐患。

## 五、故障排除

### (一) 常规项目检查

如果空气锤在使用过程中达不到预期效果,可以对下列一些项目进行简单的检查。

1. 检查压缩机排量

(1) 根据海拔高度和环境温度合理调整。

(2) 进行孔口测试。

(3) 检查空气锤进气滤子。

2. 检查钻柱

(1) 检查钻柱有无泄漏点。

(2) 检查软管(水龙带等)内压力损失。

3. 检查钻压

(1) 调整钻压。

(2) 评价所钻地层。

4. 检查配气管

(1) 测量配气管的直径和高度。

(2) 检查有无裂纹和碎片。

5. 检查空气锤节流阀

(1) 检查节流阀安装情况。

(2) 检查节流阀选用是否合适。

**(二) 空气锤故障排除**

表 1-84 给出了部分部件的故障问题、原因和解决办法。

**表 1-84　空气锤的故障及排除**

| 部件 | 问题 | 原 因 | 解决办法 |
|---|---|---|---|
| 上接头 | 粘扣 | 润滑不充分 | 使用合适类型和数量的润滑脂 |
| | 断扣 | 连接过程中造成扣的损伤 | 使用推荐的扭矩上扣 |
| | | 腐蚀 | 保持合理的润滑 |
| | | 连接了已经损伤的扣 | 按有关要求对损伤扣进行修复 |
| | 外径磨损 | 研磨性地层 | 加强井眼净化 |

续表

| 部件 | 问题 | 原 因 | 解决办法 |
|---|---|---|---|
| 止回阀 | 不密封 | 密封面损坏 | 更换止回阀 |
| | | 弹簧失效 | 更换止回阀弹簧 |
| | | 温度过高 | 在井内被卡住时注水 |
| | | | 检查压缩机排出口温度 |
| | | | 更换止回阀 |
| | | 固体污染物 | 接单根时盖好井口钻柱上端 |
| | | | 对注入水进行过滤 |
| | | | 检查压缩机空气滤清器 |
| | | | 清洗钻柱 |
| | | 不同轴 | 检查配气管的座腔 |
| | | | 检查工具壳体内的配气管座 |
| | | | 检查压缩弹簧的同轴度及损坏情况 |
| | | 润滑不充分 | 保持合理润滑 |
| | | 活塞或工具内腔严重磨损 | 更换磨损件 |
| | | 热损伤 | 保持合理润滑 |
| | | | 清除固体污染物 |
| | | | 保持同轴 |
| | | 腐蚀 | 保持合理润滑 |
| | | 作业压力过高 | 更换节流阀 |
| 工具壳体 | 壳体快速磨损 | 锤头尺寸偏小 | 使用直径更大的锤头 |
| | | | 及时更换锤头 |
| | | 研磨性地层 | 加强井眼净化 |
| | 丝扣部位出现裂纹 | 腐蚀 | 保持合理的丝扣润滑 |
| | | | 储存前对工具进行拆洗 |
| | | 拆卸时被工具咬伤 | 使用合适的拆卸工具 |
| | | 拆卸时形成变形 | 使用合适的拆卸扭矩 |

续表

| 部件 | 问题 | 原因 | 解决办法 |
| --- | --- | --- | --- |
| 钻头锁圈 | 损坏 | 夹头锁圈磨损 | 更换锁圈 |
| 钻头卡套 | 外径快速磨损 | 锤头尺寸偏小 | 使用直径更大的锤头 |
| | | | 及时更换锤头 |
| | 外径出现对称磨损 | 钻头上磨出槽子 | 更换锤头 |
| | 丝扣部位出现裂纹 | 拆卸时被工具咬伤 | 使用合适的拆卸工具 |
| | | 壳体丝扣受损 | 使用合适的拆卸工具 |
| | | 腐蚀 | 保持合理的润滑 |
| | 驱动花键磨损 | 润滑不足 | 保持合理的润滑 |
| | 底密封磨损 | 因钻压不足造成固体颗粒进入 | 增加钻压 |
| | 破裂或锁圈磨坏 | 钻压不足 | 增加钻压 |

# 第七节　扩眼器及特种钻头

## 一、牙轮扩眼器和滚轮铰孔器

### （一）牙轮扩眼器

按伸出翼与本体的连接形式可将牙轮扩眼器分为固定翼式牙轮扩眼器（图 1–31）和液压式牙轮扩眼器（图 1–32）。

### （二）滚轮铰孔器

图 1–33 为滚轮铰孔器结构图。

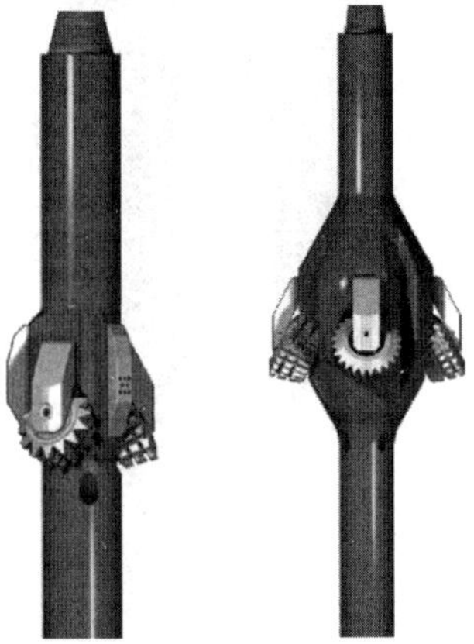

图 1-31　固定翼式牙轮扩眼器

图 1-32　液压式牙轮扩眼器

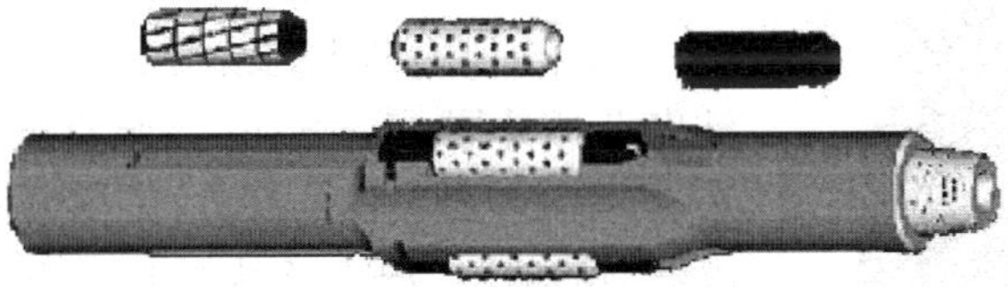

图 1-33　滚轮铰孔器

## 二、金刚石扩眼器及特种金刚石钻头

### (一) 双心金刚石钻头

双心金刚石钻头是能钻出直径大于自身通径的井眼的钻头。其被广泛应用于套管开窗侧钻、深井加深、易缩径井段处理等作业中,实现提高固井质量、防止卡钻等目的。其适用于软到中硬地层,被分为整体式双心 PDC 钻头(图 1-34)和分体式双心 PDC 钻头(图 1-35)。

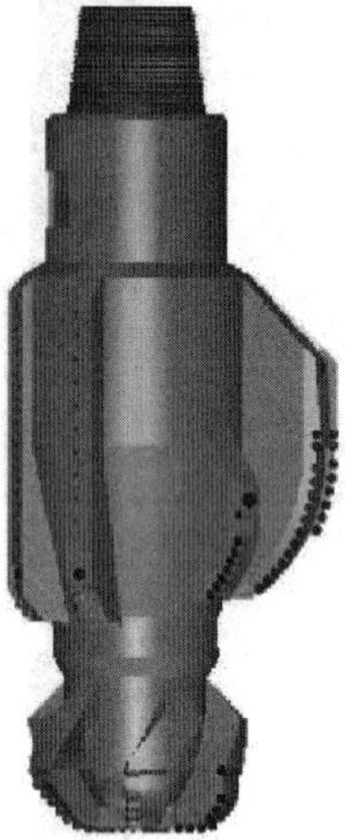

图 1-34　整体式双心 PDC 钻头

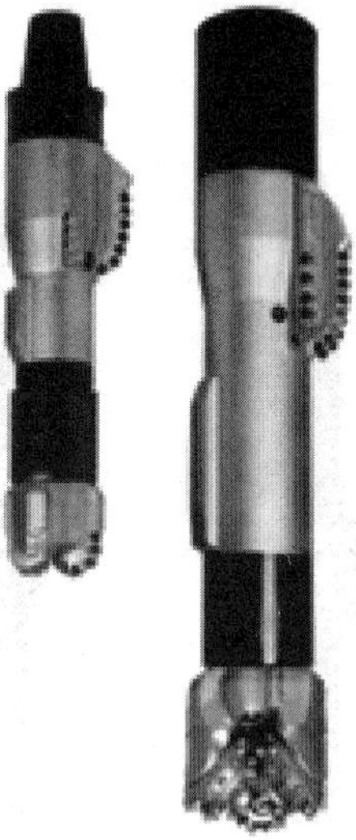

图 1-35　分体式双心 PDC 钻头

图 1-36　整体式双级 PDC 钻头

**（二）双级金刚石钻头及双级扩眼器**

双级金刚石钻头先钻出小导眼，紧接着钻出设计井眼。一方面，导眼直径相对较小，有提高机械钻速的潜力；另一方面，由扩眼器钻的地层多出一个大的自由面，形成以周向应力大、径向应力小为特点的二次应力场，有利于提高机械钻速。该钻头被分为整体式双级 PDC 钻头（图 1-36）和分体式双级 PDC 钻头（此处不作介绍）。

**（二）金刚石扩眼器**

金刚石扩眼器被分为液压式 PDC 扩眼器（图 1-37）、双心 PDC 扩眼器（图 1-38）和双级 PDC 扩眼器（图 1-39）。

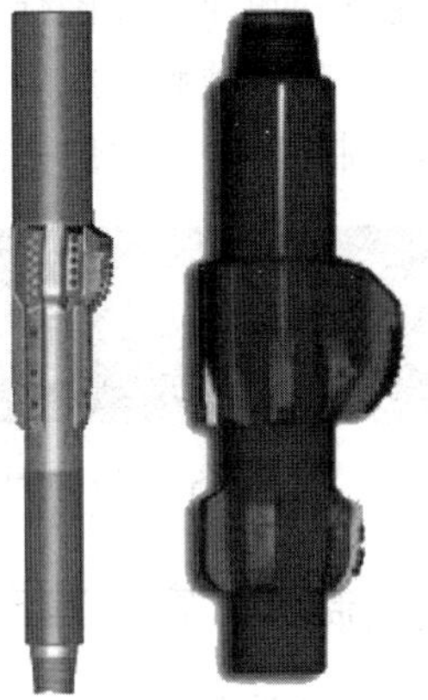

图 1-37 液压式 PDC 扩眼器　　图 1-38 双心 PDC 扩眼器

图 1-39 双级 PDC 扩眼器

### (四) 金刚石微扩眼器

工作原理:采用大小不同的固定式扩眼刀翼实现微偏心,可扩出比钻头理论直径略微大一些的井眼;该工具(图 1-40)的主要作用是降低定向井中的狗腿严重度,清除井下的微狗腿、小台阶,在膨胀性的页岩地层和具有蠕变性的盐膏层、软泥岩层、煤层等井段扩出直径略微大于钻头理论直径的井眼，可减少常规钻井过程中的划眼作业时间，并确保起下钻、电测、下套管、下膨胀封隔器等作业的安全、顺利。此外，该工具还具有清除定向井中岩屑床和有效控制水平井、大位移井钻井液当量循环密度的作用。

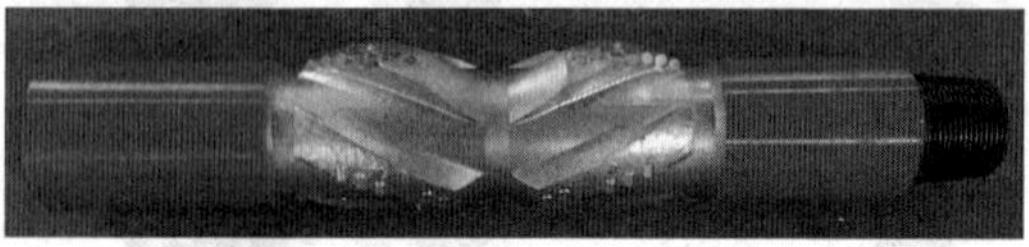

图 1-40　金刚石微扩眼器

## 三、钻头制造厂家及其产品

### （一）中石化胜利石油工程有限公司钻井工艺研究院扩眼器及特种钻头

1. 钻头代码及含义。

中石化胜利石油工程有限公司钻井工艺研究院（简称胜利钻井院）特种钻头代码及含义见表 1-85。

表 1-85　胜利钻井院特种钻头代码及含义

| | | | | |
|---|---|---|---|---|
| PBK、PBQ、PB、DB、双心系列 | 第一位 | P、D | 切削齿材质 | P 表示 PDC；D 表示孕镶金刚石 |
| | 第二位 | B | 双心钻头 | |
| | 第三位 | K、Q | 钻头系列 | K、Q 表示进口齿系列、混装齿系列；无代码表示国产齿系列 |
| | 第四位 | 0~5 | 切削齿直径 | 0 表示<12；1 表示[12,15)；2 表示[15,18)；3 表示[18,21)；4 表示[21,24)；5 表示≥24[①] |
| | 第五位 | 1~9 | 冠部特征 | 1~3 表示极短、短；4~6 表示中长；7~9 表示长 |
| | 第六位 | 1~9 | 布齿密度 | 1~3 表示极稀、稀密度；4~6 表示中密度；7~9 表示高密度 |
| | 第七位 | M、S、L、F | 基体类型 | M 表示胎体；S 表示钢体；L 表示两体分别为 M 和 S；X 表示分体式 |

续表

| | | | | |
|---|---|---|---|---|
| PBK、PBQ、PB、DB、双心系列 | （第八位） | 字母 | 附加特征 | D 表示定向；H 表示水平井；R 表示旋转导向；W 表示微心；C 表示复合结构；J 表示双排齿；G 表示加强保径；U 表示倒划眼 |
| | 规格 | | 钻头规格 | 名义直径×扩眼直径，如 118×139① |
| PDK、PDQ、PD、双级系列 | 第一位 | P | 切削齿材质 | P 表示 PDC |
| | 第二位 | D | 双级钻头 | |
| | 第三位 | K、Q | 钻头系列 | 同双心系列 |
| | 第四位 | 0～5 | 切削齿直径 | 同双心系列 |
| | 第五位 | 1～9 | 冠部高度 | 同双心系列 |
| | 第六位 | 1～9 | 布齿密度 | 同双心系列 |
| | 第七位 | M、S、L、F | 基体类型 | 同双心系列 |
| | （第八位） | 字母 | 附加特征 | 同双心系列 |
| | 规格 | | 钻头规格 | 导眼体直径×扩眼体直径，如 241.3×311.2① |

注：①单位为 mm。

示例如下：

118×139PBK135L：118×139 表示名义直径为 118mm 和扩眼直径为 139 mm；PB 表示 PDC 双心钻头；K 表示进口齿系列；1 表示切削齿直径为[12～15）mm；3 表示冠部代号；5 表示中密度布齿；L 表示两体，分别为胎体和钢体。

2. 钻头系列型号及选型指南胜利钻井院特种钻头系列型号及选型指南见表 1-86。

**表 1-86　胜利钻井院扩眼器及特种钻头系列型号及选型指南**

| 地层 | | | 牙轮钻头 IADC 标准 | 金刚石钻头 | |
|---|---|---|---|---|---|
| 硬度 | 特性 | 岩性 | | 取心钻头 | 双心钻头 |
| 软、黏 | 低抗压强度的软地层、黏土层 | 黏土<br>泥灰岩 | 111-126<br>417 | PCM135 | PB135L |

续表

| 地层 | | | 牙轮钻头 | 金刚石钻头 | |
|---|---|---|---|---|---|
| 硬度 | 特性 | 岩性 | IADC 标准 | 取心钻头 | 双心钻头 |
| 软 | 低抗压强度和高可钻性的软地层 | 泥灰岩、盐岩石膏、页岩 | 116-126<br>417-447 | PCM135<br>PCM136 | PB135L |
| 软—中 | 低抗压强度夹硬层的软至中地层 | 砂岩、页岩、白垩 | 136-216<br>517-537 | PCM135、<br>PCM136<br>PCKM135、<br>PCKM136 | PB135L、<br>PBQ135L<br>PBK135L |
| 中—硬 | 高、极高抗压强度和低研磨性的致密中至硬地层 | 页岩、泥岩、砂岩灰岩、白云岩、石膏 | 537-627 | PCM136<br>PCKM136 | |
| 硬 | 极高抗压强度、研磨性且致密的地层 | 粉砂岩、砂岩、泥岩 | 637-737 | NCM938 | |
| 极硬 | 极硬的研磨性地层 | 石英岩、火山岩 | 637-737 | NCM938 | |

3. 胜利 YK 系列液压式 PDC 扩眼器

（1）胜利 YK 系列液压式 PDC 扩眼器技术规范见表 1-87。

**表 1-87　胜利 YK 系列液压式 PDC 扩眼器技术规范**

| 型号 | 工具外径/mm | 刀翼数量 | 上端螺纹 | 下端螺纹 | 排量/(L/s) | 钻压/kN | 刀翼张开外径/mm |
|---|---|---|---|---|---|---|---|
| YK311-365 | $\Phi$290 | 3 | $6\frac{5}{8}$in REG | $6\frac{5}{8}$in REG | 30~40 | 5~40 | $\Phi$352~$\Phi$365 |
| YK216-280 | $\Phi$206 | 3 | NC50 | $4\frac{1}{2}$in REG | 20~28 | 5~40 | $\Phi$280 |
| YK216-245 | $\Phi$210 | 6 | NC50 | $4\frac{1}{2}$in REG | 20~28 | 5~40 | $\Phi$245 |
| YK165-190 | $\Phi$165 | 3 | NC38 | NC38 | 12~15 | 5~30 | $\Phi$190 |
| YK152-178 | $\Phi$142 | 4 | NC38 | NC38 | 12~15 | 5~30 | $\Phi$178 |
| YK118-140 | $\Phi$114 | 4 | NC31 | NC31 | 8~11 | 5~30 | $\Phi$140 |

(2) 胜利 YK 系列液压式 PDC 扩眼器主要技术特点：

① 适用于钻后扩眼。

② 采用水力活塞式结构，利用喷嘴产生的压降推动活塞外张扩眼刀翼。

③ 根据不同用途，采用不同直径的聚晶金刚石复合片作为切削刃，而且扩眼刀翼设计有多种不同的结构形式与布齿方式、布齿密度等，扩眼刀翼上设9计有保径齿，工作寿命长。

④ 大尺寸扩眼器本体外部设计有钻井液流道，有利于减少起下钻过程中的压力激动，降低钻屑输送难度，防止发生掉块卡钻。

4. 胜利 JK 系列机械式 PDC 随钻扩眼器

(1) 胜利 JK 系列机械式 PDC 随钻扩眼器技术规范见表 1-88。

**表 1-88　胜利 JK 系列机械式 PDC 随钻扩眼器技术规范**

| 型　号 | 领眼直径/mm | 通过直径/mm | 扩孔直径/mm | 总长/mm | 上部扣型 | 上部扣型 |
|---|---|---|---|---|---|---|
| JK-178 | 152.4 | 152 | 178 | 780 | NC38 | 2⅞in REG |
| JK-245 | 215.9 | 216 | 245 | 780 | NC50 | 3½in REG |

(2) 胜利 JK 系列机械式 PDC 随钻扩眼器主要技术特点：

① 适用于随钻扩眼。

② 为六方驱动，具有浮动机械剪断销钉设计。

③ 可一趟钻完成钻水泥塞、套管附件及扩眼作业。

④ 同心性和居中性良好，工作平稳，井斜控制性能好。

⑤ 楔形刀翼/驱动轴配合，燕尾槽固定。

5. 胜利钻柱式双心随钻微扩眼器

(1) 胜利钻柱式双心随钻微扩眼器技术规范见表 1-89。

(2) 胜利钻柱式双心随钻微扩眼器主要技术特点：

① 为一体式结构，整体采用数控车床铣制而成，无活动件。

② 为上、下两组反向螺旋刀翼，有利于工具工作稳定，而且具有倒划眼功能。

③ 上、下两端为标准的钻杆扣,方便连接。

④ 长度仅 1m 左右,接在一根钻杆立柱中,不影响立柱摆放和二层台操作。

⑤ 采用进口优质高抗冲击球形 PDC 齿,可依据地层硬度对直径予以调整。

⑥ 采用柱形齿保径,确保工具寿命。

**表 1-89　胜利钻柱式双心随钻微扩眼器技术规范**

| 型号 | 井眼尺寸/mm | 扣型（下端×上端） | 理论扩后直径/mm | 本体直径/mm |
|---|---|---|---|---|
| DSR-118 | 118.0 | 211×210 | 130 | 105.00 |
| DSR-152 | 152.4(6in) | 311×310 | 158 | 120.65 |
| DSR-165 | 165.1(6½in) | 311×310 | 173 | 120.65 |
| DSR-216 | 215.9(8½in) | 411×410 | 226 | 165.00 |
| DSR-241 | 241.3(9½in) | 411×410 | 254 | 165.00 |
| DSR-311 | 311.2(12¼in) | 411×410 | 326 | 178.00 |

### （二）四川川石·克锐达金刚石钻头有限公司扩眼器及特种钻头

1. 钻头型号及系列工具

四川川石·克锐达金刚石钻头有限公司(简称川克)双心钻头型号及系列工具见表 1-90。

**表 1-90　川克双心钻头型号及系列工具**

| 钻头型号 | 通过通径/in | 系列及代码 | 扩眼直径/in | 领眼直径/in |
|---|---|---|---|---|
| 20.000RWD6-17.000 | 17.000 | 常规随钻扩眼器 RWD | 20.000 | 12.250 |
| 18.000RWD6-15.750 | 15.750 | | 18.000 | 12.250 |
| 17.000RWD6-14.500 | 14.500 | | 17.000 | 10.625 |
| 14.750RWD6-12.250 | 12.250 | | 14.750 | 9.500 |
| 14.000RWD6-12.000 | 12.000 | | 14.000 | 8.500 |
| 12.250RWD6-10.625 | 10.625 | | 12.250 | 8.500 |

续表

| 钻头型号 | 通过通径/in | 系列及代码 | 扩眼直径/in | 领眼直径/in |
|---|---|---|---|---|
| 9.875SRWD6-8.375 | 8.375 | 定向井随钻扩眼器 SRWD | 9.875 | 6.500 |
| 8.000SRWD4-6.625 | 6.625 | | 8.000 | 4.750 |
| 7.500SRWD4-6.300 | 6.300 | | 7.500 | 4.750 |
| 7.000SRWD4-6.000 | 6.000 | | 7.000 | 4.750 |
| 6.700STRWD4-5.950 | 5.950 | 小井眼随钻扩眼器 STRWD | 6.700 | 4.750 |
| 6.000STRWD4-5.400 | 5.400 | | 6.000 | 4.750 |

2. 推荐钻压和转速

川克双心 PDC 钻头：钻压 0.10～0.57kN/mm（2.54～14.48kN/in）（钻头直径）；转速 80～300r/min。

川克双心 TSP 钻头：钻压 0.16～0.66kN/mm（4.06～16.76kN/in）（钻头直径）；转速 100～300r/min。

**（四）成都百施特金刚石钻头有限公司特种钻头**

成都百施特特种钻头代码及含义见表 1-91。

**表 1-91　成都百施特特种钻头代码及含义**

| 系列 | 字符及数字代码 | 变化范围 | 含义 |
|---|---|---|---|
| 复合片双心钻头 | 字母 | MB | 取心/双心钻头系列和类型 |
| | 第一组数字 | 22、19、16、13、10、08 | 切削齿尺寸（mm） |
| | 第二组数字 | 3～12 | 刀翼数量 |
| | 第三组数字 | 1～9 | 当量布齿密度 |
| | 后缀字母 | A、D、G、U、V、F、D、R、L、S | 钻头设计特性 |
| 天然金刚石双心钻头 | 字母 | NB | 取心/双心钻头类型 |
| | 第一组数字 | 1～12 | 金刚石粒度 |
| | 第二组数字 | 1～3 | 布齿密度 |
| | 第三组数字 | 1～9 | 冠部形状 |

续表

| 系 列 | 字符及数字代码 | 变化范围 | 含义 |
|---|---|---|---|
| 热稳定聚晶金刚石双心钻头 | 字母 | PB | 取心/双心钻头类型 |
| | 第一组数字 | 1~3 | 金刚石粒度 |
| | 第二组数字 | 1~3 | 布齿密度 |
| | 第三组数字 | 1~9 | 冠部形状 |
| 孕镶金刚石双心钻头 | 字母 | IB | 取心/双心钻头类型 |
| | 第一组数字 | 10~30 | 单晶粒度 |
| | 第二组数字 | 1~3 | 孕镶块密度 |
| | 第三组数字 | 1~9 | 冠部形状 |

示例如下：

双心 PDC 钻头（5⅞in MB1365BGU 钻头）示例如图 1-41 所示。

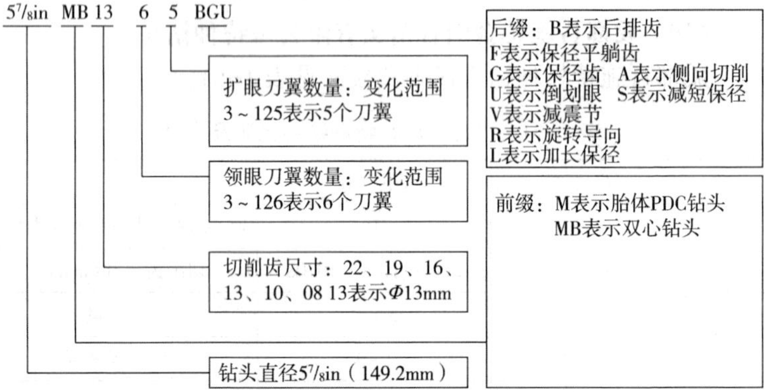


图 1-41　双心 PDC 钻头示例

**（五）牡丹江石油工具有限责任公司滚轮铰孔器**

（1）牡丹江石油工具有限责任公司（简称牡丹江）滚轮铰孔器技术规范见表 1-92。

（2）牡丹江滚轮铰孔器主要技术特点如下：

① 该工具可分为钻柱型和井底型两种，钻柱型工具接在钻柱中间，井底型工具即近钻头型工具，直接接在钻头上。

**表 1-92 牡丹江滚轮铰孔器技术规范**

| 型号 | 井眼尺寸/in | 最大外径/in | 内径/mm | 打捞颈长度/mm | 滚轮直径/mm | 滚轮长度/mm | 工具长度/mm | | 接头螺纹 | |
|---|---|---|---|---|---|---|---|---|---|---|
| | | | | | | | 钻柱型 | 井底型 | 钻柱型 | 井底型 |
| WG149 | $5\frac{7}{8}$ | $5\frac{7}{8}$ | 47 | 121 | 41.0 | 200 | 1500 | 1400 | NC38 | NC38×$3\frac{1}{2}$in REG |
| WG152 | 6 | 6 | 47 | 121 | 41.0 | 200 | 1500 | 1400 | NC38 | NC38×$3\frac{1}{2}$in REG |
| WG155 | $6\frac{1}{8}$ | $6\frac{1}{8}$ | 47 | 121 | 41.0 | 200 | 1500 | 1400 | NC38 | NC38×$3\frac{1}{2}$in REG |
| WG212 | $8\frac{3}{8}$ | $8\frac{3}{8}$ | 47 | 159 | 60.3 | 200 | 1600 | 1400 | NC38 | NC46×$4\frac{1}{2}$in REG |
| WG215 | $8\frac{1}{2}$ | $8\frac{1}{2}$ | 47 | 159 | 60.3 | 200 | 1600 | 1400 | NC38 | NC46×$4\frac{1}{2}$in REG |
| WG311 | $12\frac{1}{4}$ | $12\frac{1}{4}$ | 71 | 203 | 100.0 | 300 | 1900 | 1700 | $6\frac{5}{8}$in REG | $6\frac{5}{8}$in REG |
| WG406 | 16 | 16 | 76 | 229 | 140.0 | 350 | 2200 | 2000 | $7\frac{5}{8}$in REG | $7\frac{5}{8}$in REG |
| WG432 | 17 | 17 | 76 | 229 | 140.0 | 350 | 2200 | 2000 | $7\frac{5}{8}$in REG | $7\frac{5}{8}$in REG |
| WG444 | $17\frac{1}{2}$ | $17\frac{1}{2}$ | 76 | 229 | 140.0 | 350 | 2200 | 2000 | $7\frac{5}{8}$in REG | $7\frac{5}{8}$in REG |
| WG559 | 22 | 22 | 76 | 241 | 152.0 | 380 | 2350 | 2200 | $7\frac{5}{8}$in REG | $7\frac{5}{8}$in REG |
| WG666 | 26 | 26 | 76 | 241 | 178.0 | 400 | 2350 | 2200 | $6\frac{5}{8}$in REG | $7\frac{5}{8}$in REG |
| WG711 | 28 | 28 | 76 | 241 | 178.0 | 400 | 2350 | 2200 | $6\frac{5}{8}$in REG | $6\frac{5}{8}$in REG |

② 滚轮有钢齿、平点齿和镶齿三种结构形式,可根据地层软硬程度进行选择。

③ 该工具适用于任何地层,在研磨性地层中具有扶正器的作用。

④ 该工具只能将井眼修整并扩大到钻头的理论直径尺寸。

⑤ 滚轮具有降低钻井扭矩的作用。

**(六) Smith 公司扩眼器及特种钻头**

1. 扩眼器及特种钻头代码及含义

Smith 公司扩眼器及特种钻头代码及含义见表 1-93。

**表 1-93　Smith 公司扩眼器及特种钻头代码及含义**

| 产品前缀 | 含义 |
| --- | --- |
| PR | 领眼扩眼器 |
| T | 涡轮钻 |
| ST | 侧钻钻头 |
| SHO | 扩眼器 |
| QD | 双外径钻头 |
| G | 标准扣型连接的划眼器(母扣在下,公扣在上) |
| R | 非标准扣型连接的划眼器(<6⅝in)(公扣在下,母扣在上) |

2. 固定翼式牙轮扩眼器

(1) 固定翼式牙轮扩眼器尺寸系列:涵盖 6¼~42in 所有的常规范围,并可根据用户特殊要求进行加工。

(2) 固定翼式牙轮扩眼器主要技术特点如下:

① 适用于软到中硬地层,尤其可以防止形成泥包。

② 牙轮有钢齿与镶齿两种类型。

③ 牙轮扩眼刀翼可在现场予以更换,操作简单、方便。

④ 工具设有清洗牙轮扩眼刀翼的 3 个可更换的喷嘴,有利于防止形成泥包、提高扩眼速度与井眼清洁。

⑤ 大部分工具都可以配装镶齿牙轮扩眼刀翼及牙轮扩眼刀翼密封轴承。

⑥ 安装的 Lipjets 特殊喷嘴有利于钻屑的清除。

⑦ 寿命长,进尺多。

3. Drilling-Type 液压张开扩眼器

(1) Drilling-Type 液压张开扩眼器技术规范见表 1-94。

表 1-94　Drilling-Type 液压张开扩眼器技术规范

| 工具系列 | 理论扩眼直径/in | 可选扩眼直径/in | 工具本体直径/in | 刀翼收回直径/in | 打捞颈/in | | 工具总长/in | 上公/下母 REG 扣型/in | 大约质量/lb | 最小领眼直径/in |
|---|---|---|---|---|---|---|---|---|---|---|
| | | | | | 长度 | 直径 | | | | |
| 17000 | 32 | 24~32 | 17 | 17 | 20 | 9.1 | 127 | $7\frac{5}{8}/8\frac{5}{8}$ | 3800 | $17\frac{1}{8}$ |
| 22000 | 36 | 28~36 | 22 | 22 | 20 | 9.1 | 100 | $7\frac{5}{8}/8\frac{5}{8}$ | 4400 | 24 |

（2）Drilling-Type 液压张开扩眼器主要技术特点如下：

① 可接钻头用于随钻扩眼，也可接引鞋用于钻后扩眼。

② 扩眼刀翼可安装钢齿、镶齿和 PDC 齿。

③ 扩眼刀翼可现场快速更换。

4. Reamaster®-XTU 液压张开扩眼器

（1）Reamaster®-XTU 液压张开扩眼器技术规范见表 1-95。

表 1-95　Reamaster®-XTU 液压张开扩眼器技术规范

| 工具系列 | 理论扩眼直径/in | 领眼尺寸/in | 刀翼收回直径/in | 打捞颈/in | | 工具总长/in | 上公/下母 REG 扣型/in | 大约质量/lb |
|---|---|---|---|---|---|---|---|---|
| | | | | 长度 | 直径 | | | |
| 5750 | $8\frac{1}{2}$、9 | $5\frac{7}{8}$~$6\frac{1}{2}$ | $5\frac{3}{4}$ | 18 | $4\frac{3}{4}$ | 90 | $3\frac{1}{2}$ | 500 |
| 7200 | 11、$11\frac{3}{4}$、$12\frac{1}{4}$ | $7\frac{1}{2}$~11 | $7\frac{1}{4}$ | 18 | $5\frac{3}{4}$ | 99 | $4\frac{1}{2}$ | 700 |
| 8250 | $9\frac{7}{8}$、$10\frac{5}{8}$、11、$12\frac{4}{4}$、$13\frac{1}{2}$ | $8\frac{1}{2}$~$9\frac{7}{8}$ | $8\frac{1}{4}$ | 18 | $5\frac{3}{4}$ | 123 | $4\frac{1}{2}$ | 900 |
| 9500 | $12\frac{4}{4}$13 $\frac{1}{2}$15、16 | $9\frac{7}{8}$-$12\frac{1}{4}$ | $9\frac{1}{2}$ | 24 | 8 | 136 | $6\frac{5}{6}$ | 1100 |
| 11750 | 14、15、16、$17\frac{1}{2}$ | $12\frac{1}{4}$~$14\frac{1}{2}$ | $11\frac{3}{4}$ | 20 | 8 | 130 | $6\frac{5}{8}$ | 1700 |
| 16000 | 20、22、24、26 | $17\frac{1}{2}$~22 | 16 | 20 | 10 | 140 | $8\frac{5}{8}$ | 3200 |

（2）Reamaster®-XTU 液压张开扩眼器主要技术特点如下。

① 刀翼为铸造成型,可承受高冲击与高扭矩载荷。

② 刀翼采用密封轴承,可获得更长的工作寿命。

③ 刀翼一旦打开,便可被锁定在最大张开位置。

④ 使钻井液流实现优化配置。

⑤ 优化了喷嘴布置。

⑥ 可选择性地采用钢齿(牙轮)、镶齿(牙轮)与 PDC 齿扩眼刀翼。

（3）Reamaster®-XTU 液压张开扩眼器适用范围如下:

① 用于管下扩眼。

② 用于小间隙或膨胀管完井作业。

③ 用于随钻扩眼。

④ 用于砾石充填和膨胀筛管完井作业。

⑤ 用于清除键槽或井下台阶。

5. Rock-Type 牙轮式扩眼器

（1）Rock-Type 牙轮式扩眼器技术规范见表 1-96。

（2）Rock-Type 牙轮式扩眼器主要技术特点如下:

① 刀翼类型可选范围广(铣齿、镶齿与 PDC 齿)。

② 喷嘴尺寸可调,可适应钻井液排量与井下条件。

③ 可在现场更换扩眼刀翼。

（3）Rock-Type 牙轮式扩眼器适用范围如下:

① 用于裸眼砾石充填完井。

② 用于应对页岩或断层的特殊套管程序扩眼。

③ 用于侧钻前期准备。

6. Rhino® XS Reamer 液压张开扩眼器

（1）Rhino® XS Reamer 液压张开扩眼器技术规范见表 1-97。

表 1-96　Rock-Type 牙轮式扩眼器技术规范

| 工具系列 | 理论扩眼直径/in | 领眼尺寸/in | 刀翼收回直径/in | 打捞颈/in | | 工具总长/in | 上公/下母 REG 扣型/in | 大约质量/lb |
|---|---|---|---|---|---|---|---|---|
| | | | | 长度 | 直径 | | | |
| 4500 | 6½、8½ | 4¾ | 4⅝ | 18 | 4⅛ | 67 | 2⅞ | 235 |
| 5750 | 8½、9、9¾、10、10½、11 | 5 | 6 | 18 | 4¾ | 76½ | 3½ | 380 |
| 6000 | 10⅝～13 | 6½ | 6⅛ | 18 | 4¾ | 78½ | 3½ | 380 |
| 7200 | 9½～14 | 7⅜ | 7⅜ | 18 | 5¾、8 | 86 | 4½ | 775 |
| 8200 | 10～16 | 8½ | 8⅜ | 18 | 8 | 89 | 4½、6⅝ | 920 |
| 9500 | 12¼～17½ | 9⅞ | 9¾ | 18 | 8 | 91 | 6⅝ | 1160 |
| 11700 | 15～22 | 12¼ | 12¼ | 20 | 8 | 91 | 6⅝ | 1670 |
| 15000LP | 26 | 17½ | 14¾ | 20 | 8，9 | 97 | 6⅝、7⅝ | 2800 |

表 1-97　Rhino® XS Reamer 液压张开扩眼器技术规范

| 系列型号 | 最小领眼直径/in | 理论扩眼直径/in | 最大本本直径/in | 刀翼收回最小直径/in | 标准打捞颈直径/in | 打捞颈最小长度/in | 最高工作排量/GPM① |
|---|---|---|---|---|---|---|---|
| 3500 | 3.75 | 3.75～4.50 | 3.50 | 3.50 | 3.50 | 8.38 | 141 |
| 4500 | 4.75 | 4.75～5.75 | 4.50 | 4.50 | 4.50 | 14.13 | 230 |
| 5625 | 6.00 | 6.50～7.00 | 5.63 | 5.63 | 5.25 | 13.75 | 350 |

续表

| 系列型号 | 最小领眼直径/in | 理论扩眼直径/in | 最大本体直径/in | 刀翼收回最小直径/in | 标准打捞颈直径/in | 打捞颈最小长度/in | 最高工作排量/GPM① |
|---|---|---|---|---|---|---|---|
| 6125 | 6.75 | 7.00~7.50 | 6.50 | 6.50 | 5.38 | 13.63 | 350 |
| 7250 | 7.50 | 8.00~9.00 | 7.25 | 7.25 | 6.25 | 13.75 | 350 |
| 8000 | 8.38 | 9.00~10.25 | 8.00 | 8.00 | 7.25 | 16.25 | 750 |
| 9250 | 9.50 | 10.25~11.75 | 9.25 | 9.25 | 7.75 | 16.25 | 750 |
| 10000 | 10.50 | 11.00~12.50 | 10.00 | 10.00 | 8.50 | 14.50 | 1200 |
| 10375 | 10.75 | 11.75~13.50 | 10.38 | 10.38 | 8.50 | 14.50 | 1200 |
| 11625 | 12.13 | 13.00~15.00 | 11.63 | 11.63 | 10.50 | 20.00 | 1700 |
| 13000 | 13.50 | 14.50~16.00 | 13.00 | 13.00 | 11.00 | 24.50 | 1700 |
| 14250 | 14.75 | 15.75~18.25 | 14.25 | 14.25 | 11.00 | 20.00 | 1700 |
| 16000 | 16.50 | 17.50~20.00 | 16.00 | 16.00 | 12.00 | 18.00 | 1700 |
| 16000 | 18.00 | 18.50~22.00 | 16.00 | 17.50 | 12.00 | 18.00 | 1700 |
| 17500 | 18.13 | 19.00~24.00 | 17.50 | 17.88 | 12.00 | 18.00 | 1700 |

注：①1GPM=3.785L/min=0.063L/s。

（2）Rhino® XS Reamer 液压张开扩眼器主要技术特点如下：

① 质量平衡设计有利于减小振动。

② 尺寸足够大的内通径可以满足大流量钻井液的需要。

③ 优化分配钻头和刀翼之间的流量分配比例。

④ 切削齿位置的合理设置可以有效提高倒划眼能力。

⑤ 一体式本体可以承受更高的拉伸与扭矩载荷。

⑥ 地面泵压变化信号可指示扩眼刀翼张开情况。

⑦ 在钻套管鞋时，锁紧系统能确保扩眼器刀翼处于锁定状态。

⑧ 地层适应范围广泛。

⑨ 可实现随钻扩眼。

⑩ 可与定向和旋转导向系统联合应用。

7. Smith 公司系列双心钻头及双心扩眼器

Smith 公司系列双心钻头及双心扩眼器钻头尺寸见表 1-98。

8. SHO 固定翼式扩眼器（双级 PDC 扩眼器）

（1）SHO 固定翼式扩眼器尺寸系列见表 1-99。

示例如下：

SHO516：SHO 表示 Staged Hole Opener（阶梯式井眼扩大器）；5 表示扩眼刀翼数量为 5 个；16 表示 PDC 切削齿直径为 16mm。

（2）SHO 固定翼式扩眼器主要技术特点如下：

① 有单阶梯、两阶梯、三阶梯和四阶梯四种结构形式。

② 阶梯越多，越有利于井底地层应力释放，从而获得更高的机械钻速。

③ 可用于直井，也可用于斜井，并可与旋转导向系统联合应用。

④ 可随钻扩眼，也可钻后扩眼。

⑤ 保径巴掌有利于工具工作稳定。

**表 1-98　Smith 公司系列双心钻头及双心扩眼器**

| 型 号 | 适用钻头尺寸 | 型 号 | 适用钻头尺寸 |
|---|---|---|---|
| QDM3209 | $3\frac{3}{4}$in×$4\frac{1}{8}$in | QDS5209 | 7in×$8\frac{3}{8}$in |
| QDM3309 | $5\frac{7}{8}$in×$6\frac{1}{2}$in | QDS5213 | $8\frac{1}{2}$in×$9\frac{7}{8}$in、$12\frac{1}{4}$in×$14\frac{3}{4}$in、$14\frac{1}{2}$in×$17\frac{1}{2}$in |
| QDM4209 | $3\frac{3}{4}$in×$4\frac{1}{8}$in | QDS5216 | $8\frac{1}{2}$in×$9\frac{7}{8}$in、$14\frac{1}{2}$in×$17\frac{1}{2}$in |
| QDM4213 | 6in×7in | QDS5219 | 17in×20in |
| QDM7309 | 6in×7in | QDS6309 | $6\frac{1}{2}$in×$7\frac{1}{2}$in、$8\frac{1}{2}$in×$9\frac{7}{8}$in |
| QDM7313 | $8\frac{1}{2}$in×$9\frac{7}{8}$in、$10\frac{5}{8}$in×$12\frac{1}{4}$in | QDS7213 | $12\frac{1}{4}$in×$14\frac{1}{4}$in |
| QDMS4209 | $3\frac{3}{4}$in×$4\frac{1}{8}$in | QDS7309 | 6in×7in |
| QDS3209 | $4\frac{3}{4}$in×$5\frac{5}{8}$in、$4\frac{1}{2}$in×$5\frac{3}{4}$in | QDS7313 | $7\frac{1}{2}$in×$8\frac{1}{2}$in、$8\frac{1}{2}$in×$9\frac{7}{8}$in、$9\frac{1}{2}$in×11in、$10\frac{5}{8}$in×$12\frac{1}{4}$in、$16\frac{1}{2}$in×20in |
| QDS4209 | $4\frac{3}{4}$in×$5\frac{5}{8}$in、6in×7in | | |
| QDG5216 | $8\frac{1}{2}$in×$9\frac{7}{8}$in、$14\frac{1}{2}$in×$17\frac{1}{2}$in、16in×20in、17in×20in、$18\frac{1}{8}$in×22in | QDR5313 | $8\frac{1}{2}$in×$9\frac{7}{8}$in、$9\frac{1}{2}$in×$10\frac{3}{4}$in、$10\frac{5}{8}$in×$12\frac{1}{4}$in、$12\frac{1}{4}$in×$14\frac{3}{4}$in、$14\frac{1}{2}$in×$17\frac{1}{2}$in |
| QDG5313 | $7\frac{1}{2}$in×$8\frac{1}{2}$in、$10\frac{5}{8}$in×$12\frac{1}{4}$in | QDR5319 | $16\frac{1}{2}$in×19in |
| QDG5316 | 6in×7in | QDR6313 | $5\frac{5}{8}$in×$7\frac{1}{8}$in |
| QDG7313 | $13\frac{7}{8}$in×17in | QDRS5216 | $16\frac{1}{2}$in×20in |
| QDR5213 | $12\frac{1}{4}$in×$14\frac{1}{2}$in | QDRS6313 | $6\frac{5}{8}$in×$7\frac{1}{8}$in |

表 1-99　SHO 固定翼式扩眼器尺寸系列

| 型号 | 尺寸系列 |
|---|---|
| SHO516 | $8\frac{1}{2}$in×$10\frac{5}{8}$in、$8\frac{1}{2}$in×$13\frac{1}{2}$in、$9\frac{1}{2}$in×$10\frac{5}{8}$in、$12\frac{1}{4}$in×$17\frac{1}{2}$in、$17\frac{1}{2}$in×24in |
| SHO519 | $8\frac{1}{2}$in×$12\frac{1}{4}$in、$8\frac{1}{2}$in×$17\frac{1}{2}$in、$12\frac{1}{4}$in×$14\frac{3}{4}$in、$12\frac{1}{4}$in×16in、$12\frac{1}{4}$in×$17\frac{1}{2}$in |
| SHO716 | $12\frac{1}{4}$in×17in |
| SHOS516 | $17\frac{1}{2}$in×24in |

## (七) NOV 公司扩眼器及特种钻头

### 1. 扩眼器及特种钻头代码及含义

NOV 公司扩眼器及特种钻头代码及含义见表 1-100。

双心钻头尺寸表示:通径×钻孔直径。

DL 扩眼器尺寸表示:通径×钻孔直径×导眼钻头直径。

表 1-100　NOV 公司扩眼器及特种钻头代码及含义

| 产品线 | 切削齿型号 | 刀片数目 | 切削齿尺寸 | 本体材质 |
|---|---|---|---|---|
| SD 表示 SpeedDrill™钻头<br>CS 表示同心扩眼器<br>PSD 表示双心钻头<br>EN 表示双心扩眼器<br>DL 表示双向扩眼器<br>CCP 表示常规 PDC 取心钻头<br>CDP 表示常规 DuraTeq PDC 取心钻头<br>CE 表示 Corion Express 取心钻头 | H 表示 Helios™<br>HE 表示 Helios™ 边缘<br>HI 表示 Helios™ 耐冲击<br>F 表示 DuraForce™<br>FX 表示 DuraForce™ XD<br>FE 表示 DuraForce™ XD 边缘<br>FI 表示 DuraForce™ XD 耐冲击<br>R 表示 Raptor™<br>F 表示 DuraForce™ | 2 表示 2 个刀片<br>3 表示 3 个刀片<br>4 表示 4 个刀片<br>5 表示 5 个刀片<br>6 表示 6 个刀片<br>7 表示 7 个刀片<br>8 表示 8 个刀片<br>9 表示 9 个刀片<br>10 表示 10 个刀片 | 8mm<br>11mm<br>13mm<br>16mm<br>19mm | S 表示钢<br>M 表示基体<br>DS 表示 DuraShell |

2. NOV 公司系列扩眼器及特种钻头

(1) NOV 公司系列 SpeedDrill PDC 钻头见表 1-101。

**表 1-101　NOV 公司系列 SpeedDrill PDC 钻头**

| 型号 | 适用钻头尺寸/in | 型号 | 适用钻头尺寸/in |
|---|---|---|---|
| SDH319 | 8½ | SDH519 | 12¼ |
| SDH408 | 3¾ | SDH613 | 6⅛ |
| SDH419 | 8½、9⅞、12¼ | SDH619 | 12¼ |
| SDH513 | 6¾、7⅞、8½ | SDH813 | 8¾ |
| SDH516 | 7⅞、8¾ | SDH913 | 12¼ |

(2) NOV 公司系列 PSD、CSD 和 ShredR 双心钻头及双心扩眼器见表 1-102。

**表 1-102　NOV 公司系列双心钻头及双心扩眼器**

| 型号 | 适用钻头尺寸 | 型号 | 适用钻头尺寸 |
|---|---|---|---|
| SR3408 | 2. 7in×3in | PSD4313 | 8½in×9½in |
| SR3611 | 3¾in×4¼in | PSD4316 | 8½in×9½in |
| SR3208 | 4⅛in×5in、4½in×5¾in | PSD4319 | 8½in×9in |
| SR3108 | 5⅝in×6¾in | PSD5413 | 8½in×9½in |
| CSD3211 | 4½in×5⅜in、4¾in×5⅝in | CSD5413 | 12¼in×14½in |
| CSD5213 | 6½in×7½in | CSD6413 | 12¼in×14¼in、14½in×17½in、17in×20in、17½in×21½in、18in×22in，19¼in×23¾in |
| CSD5311 | 6½in×7½in | | |
| CSD5313 | 7½in×8½in、8½in×9⅞in | PSD5316 | 9¼in×10¼in |
| CSD6311 | 7½in×8½in | PSD5311 | 10⅜in×12¼in |
| CSD6411 | 7½in×8½in、8½in×9½in | PSD4313 | 9⅞in×10⅝in，9⅞in×10¾in |
| CSD5413 | 8½in×9½in | PSD6613 | 10⅝in×11⅝in |
| PSD3211 | 4½in×5⅜in | PSD5413 | 10⅜in×12⅛in |
| PSD3213 | 5¾in×6½in、6in×7in | PSD5313 | 10⅜in×12¼in |
| PSD5311 | 5¼in×6in、6in×7in、8½in×9in | PSD5319 | 12¼in×14½in |
| PSD4213 | 6½in×7½in、8⅝in×9⅝in | PSD5416 | 12¼in×13½in |

续表

| 型 号 | 适用钻头尺寸 | 型 号 | 适用钻头尺寸 |
|---|---|---|---|
| ES413S | $10\frac{5}{8}$in×12in、$10\frac{5}{8}$in×$12\frac{1}{4}$in、$12\frac{1}{4}$in×$14\frac{1}{2}$in | PSD6613 | $12\frac{1}{4}$in×$13\frac{1}{2}$in |
| ES213S | $12\frac{1}{4}$in×$14\frac{3}{4}$in | EN213S | $6\frac{1}{4}$in×7in、$6\frac{1}{4}$in×$7\frac{1}{2}$in |
| ES316S | $14\frac{1}{2}$in×$17\frac{1}{2}$in、$17\frac{1}{2}$in×21in | EN316S | $12\frac{1}{4}$in×$14\frac{1}{2}$in、$14\frac{1}{2}$in×$17\frac{1}{2}$in、$17\frac{1}{2}$in×21in |
| ES416S | $14\frac{1}{2}$in×$17\frac{1}{4}$in | EN516S | $12\frac{1}{4}$in×$13\frac{1}{2}$in |

(3) NOV 公司系列同心扩眼器及 DL 扩眼器见表 1-103。

**表 1-103 NOV 公司系列同心扩眼器及 DL 扩眼器**

| 型号 | 适用钻头尺寸 | 型号 | 适用钻头尺寸 |
|---|---|---|---|
| CS513S | $8\frac{1}{2}$in × $12\frac{1}{4}$in | CS1013S | $9\frac{7}{8}$in ×$14\frac{3}{4}$in |
| CS416S | $8\frac{1}{2}$in× $10\frac{5}{8}$in | DL411 | $5\frac{3}{4}$in×515/16in×$5\frac{7}{8}$in 、<br>$5\frac{7}{8}$in×$6\frac{1}{8}$in×6in、<br>6in×$6\frac{3}{16}$in × $6\frac{1}{8}$in |
| CS516S | $7\frac{7}{8}$in × $10\frac{5}{8}$in、<br>$10\frac{5}{8}$in × $14\frac{1}{2}$in、<br>$10\frac{5}{8}$in × 16in、<br>$10\frac{5}{8}$in × $16\frac{1}{2}$in、<br>$10\frac{5}{8}$in × $17\frac{1}{2}$in、<br>$10\frac{5}{8}$in × $18\frac{1}{2}$in | DL413 | $6\frac{1}{8}$in×$6\frac{3}{8}$in×$6\frac{1}{4}$in、<br>$6\frac{3}{8}$in×$6\frac{9}{16}$in×$6\frac{1}{2}$in、<br>$6\frac{11}{16}$in×$6\frac{13}{16}$in×$6\frac{3}{4}$in、<br>$8\frac{3}{8}$in×$8\frac{5}{8}$in×$8\frac{1}{2}$in、<br>$8\frac{5}{8}$in×$8\frac{7}{8}$in×$8\frac{3}{4}$in、<br>$12\frac{1}{8}$in×$12\frac{1}{2}$in×$12\frac{1}{4}$in |
| CS616S | $9\frac{7}{8}$in × $13\frac{1}{2}$in、16in × 24in、$16\frac{1}{2}$in × 26in | | |

# 第八节 辅助破岩工具

为了实现在难钻地层中提高机械钻速，在钻井界技术人员的共同努力下，多种辅助破岩工具被研发出来，目前主要以冲击提速工具为主，按冲击方向可分为周向冲击辅助破岩工具、轴向冲击辅助破岩工具和复合冲击辅助破岩工具。

## 一、冲击辅助破岩工具

### （一）周向冲击辅助破岩工具

周向冲击辅助破岩工具通过钻井液驱动动力机构，带动冲击机构对钻头做功，在传统钻井方式的基础上，在钻头周向上产生均匀、稳定的高频冲击力，在轴向上产生高频水力加压脉冲，使钻头和井底始终保持连续的高频切削，减少扭矩波动，提高钻头切削效率。钻头在随钻柱旋转钻进过程中，在钻压、旋转和脉动冲击下联合破碎岩石，使其在传统刮削破岩的基础上，增加了机械冲击和水力脉冲的辅助作用，有效解决了 PDC 钻头在深井硬地层、软硬交错地层中钻进时的钻柱纵向弹跳及周向黏滑问题。此外，利用井底水力脉动，可有效减少由压持效应引起的岩石重复破碎，在一定程度上改善了井底附近的岩石受力状况，提高了钻头的破岩效率。

### （二）轴向冲击辅助破岩工具

轴向冲击辅助破岩工具动力机构内部的转子在钻井液驱动下高速旋转，同时带动冲击机构旋转，产生高频的机械冲击并传递给冲击工具下本体，冲击工具下本体连接钻头，使高频机械冲击传递给钻头并辅助钻头破岩，由于冲击载荷在极短的时间内变化幅度很大，因而在这种急剧变化的载荷作用下，冲击能量将以应力波的形式和一定的波速传播到钻头齿表面，最终作用在井底岩石上并破碎岩石，达到冲击钻井提速的目的。

### （三）复合冲击辅助破岩工具

复合冲击辅助破岩工具将流体的能量转换成工具周向和轴向的高频往复的冲击机械能。周向冲击振动可使钻杆的旋转破岩能量传递到钻头上，减少黏滑效应；轴向冲击振动则给钻头提供轴向破岩的能量，从而促进钻头吃入岩石，提高破岩效率，达到提高机械钻速的目的。

## 二、工具制造厂家及其产品

### （一）江汉石油钻头股份有限公司辅助破岩工具

1. 扭力冲击器

江钻扭力冲击器规格及主要技术参数见表 1-104。

表 1-104 江钻扭力冲击器规格及主要技术参数

| 序号 | 名称 | 主要技术参数 | | | | |
|---|---|---|---|---|---|---|
| 1 | 规格型号 | NC131-2.0 | NC186-2.0 | NC210-2.0 | NC254-2.0 | NC286-2.0 |
| 2 | 适用井眼/in | 5 7/8~6½ | 8½~9⅛ | 9½~11⅞ | 12¼~14⅛ | 14½~26 |
| 3 | 工具外径/mm | 131 | 186 | 210 | 254 | 286 |
| 4 | 排量/(L/s) | 12~20 | 25~35 | 35~50 | 40~60 | 50~70 |
| 5 | 压降/MPa | 2~3 | 2~3 | 2~3 | 2~3 | 2~3 |
| 6 | 钻压/kN | 30~80 | 40~120 | 50~170 | 80~220 | 100~240 |
| 7 | 转速/(r/min) | 50~250 | 50~250 | 50~250 | 50~250 | 50~250 |
| 8 | 连接螺杆钻具弯角/(°) | ≤1 | ≤1 | ≤1 | ≤1 | ≤1 |
| 9 | 上扣扭矩/kN·m | 7.1~10.5 | 17.0~22.4 | 50.3~57.5 | 50.3~57.5 | 65.5~71.9 |
| 10 | 冲击频率/Hz | 15~25 | 15~25 | 15~25 | 15~25 | 15~25 |
| 11 | 上扣长度/mm | 600 | 660 | 870 | 775 | 822 |
| 12 | 工具总长/mm | 695 | 768 | 997 | 902 | 955 |
| 13 | 工具质量/kg | 54.3 | 111.5 | 195.0 | 252.4 | 338.0 |
| 14 | 最高工作温度/℃ | 280 | 280 | 280 | 280 | 280 |
| 15 | 适用钻井液类型 | 所有类型 | 所有类型 | 所有类型 | 所有类型 | 所有类型 |

2. 旋冲螺杆

江钻旋冲螺杆规格及主要技术参数见表 1-105。

**表 1-105　江钻旋冲螺杆规格及主要技术参数**

| 规格 | $6\frac{3}{4}$in(171.5mm) |
|---|---|
| 钻头至扶正器长度/mm | 576 |
| 钻头至弯角长度/mm | 2451 |
| 扶正器处本体最大外径/mm | 194 |
| 扶正器外径/mm | 208 |
| 冲击频率/Hz | 6~20 |
| 冲击行程/mm | 3~13 |
| 冲击功/J | 300~1000 |
| 上端螺纹规格 | NC46/NC50/$4\frac{1}{2}$in REG |
| 下端螺纹规格 | $4\frac{1}{2}$in REG |
| 工作最大钻压/kN | 150 |
| 使用排量/(L/s) | 19.72~39.43 |
| 工具长度/mm | 8367 |
| 适应钻井液类型 | 水基/油基钻井液 |
| 最高工作温度/℃ | 205 |

## (二) 青岛中石自强石油工程技术有限公司多维冲击器

1. 产品型号说明

青岛中石自强石油工程技术有限公司(简称青岛中石)多维冲击器型号如图 1-42 所示。

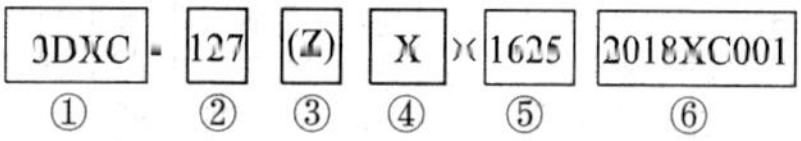


图 1-42　青岛中石冲击器型号

青岛中石冲击器型号中各部分的意义说明如下:

①:多维冲击器产品代号。

②:冲击器外径尺寸,如 127mm。

③:若有,表示该型号为增强型工具。

④:多维冲击器类型代号:

X 表示常规型钻井用;

S 表示与螺杆配合用;

H 表示斜井/水平井防托压用。

⑤:工具长度,如 1625mm。

⑥:工具出厂批次代码,如 2018XC001。

2. 作业参数要求

为保证多维冲击器能够正常工作,在钻进过程中必须达到下述排量要求:

(1) 3DXC-127 工具钻井液排量≥15L/s。

(2) 3DXC-178/178Z 工具钻井液排量≥32L/s。

(3) 3DXC-197/203 工具钻井液排量≥42L/s。

(4) 3DXC-230/245/245Z/286 工具钻井液排量≥50L/s。

为保持工具效能,在钻进过程中所施加的钻压必须超过定值 $W_c$(闭合钻压)。$W_c$ 随工具型号、钻头压降 $\Delta p$(单位为 MPa)的变化而变化,其值可由表 1-106 中的公式计算得出。

**表 1-106　$W_c$ 计算公式**

| 工具型号 | 闭合钻压 $W_c$/t |
|---|---|
| 3DXC-127 | $W_c=3.05+1.36\times\Delta p$ |
| 3DXC-178 | $W_c=2.51+2.04\times\Delta p$ |
| 3DXC-178Z | $W_c=3.33+2.84\times\Delta p$ |
| 3DXC-197/203 | $W_c=5.28+2.96\times\Delta p$ |
| 3DXC-230/245 | $W_c=4.05+2.75\times\Delta p$ |
| 3DXC-245Z/286 | $W_c=5.95+4.24\times\Delta p$ |

**(三) 百施特恒扭振击器(扭冲)**

常用恒扭振击器技术参数规范见表 1-107。

表 1-107　常用恒扭振击器技术参数规范

| 序号 | 型号/in | 排量/(L/s) | 钻压/kN | 推荐使用时间/h |
|---|---|---|---|---|
| 1 | 5 | 15～20 | 60～100 | 200 |
| 2 | 6½ | 25～32 | 80～140 | 200 |
| 3 | 7¾ | 28～35 | 80～160 | 200 |
| 4 | 10 | 40～55 | 100～180 | 200 |
| 5 | 13⅛ | 65～75 | 100～200 | 200 |

### (四) NOV 冲击螺杆钻具

NOV 冲击螺杆钻具功能特性如下:

(1) 提高钻头切削效率,改善钻压传递状况。

(2) 在定向井中应用,可以提高滑动钻进效率。

(3) 显著提高机械钻速和钻头进尺。

(4) 减少起下钻次数。

(5) 为客户降低钻井综合成本。

(6) 减少钻头磨损,延长钻头寿命。

NOV 冲击螺杆钻具冲击频率见表 1-108。

表 1-108　NOV 冲击螺杆钻具冲击频率

| 尺寸/in | 5 | 5⅛ | 6½ | 6¾ | 8 | 9⅝ |
|---|---|---|---|---|---|---|
| 频率/Hz | 15 | 18 | 17 | 15 | 15 | 12 |

# 第二章 钻井管材

钻井管材是指连接钻头与钻机地面系统进行钻井作业的管形构件，是钻具的主要组成部分，用以传递机械与水力能量及破碎地层形成井眼。本章内容主要包括方钻杆、钻杆、钻铤等管材，也涉及稳定器、扩大器等井下工具。

## 第一节 方 钻 杆

方钻杆位于钻柱最上端，由驱动部分和上、下接头组成，主要作用是在转盘钻井中传递扭矩并承受钻柱重量，在涡轮和螺杆钻具的钻井中，方钻杆承受钻柱悬重和反扭矩。方钻杆及钻铤材料化学成分见表 2-1。

### 一、方钻杆结构

方钻杆上部接头螺纹为左旋螺纹，下部接头螺纹为右旋螺纹，水眼为圆形。两端接头与方钻杆本体对焊在一起，或与方钻杆一体锻造而成。

按方钻杆驱动部分的断面形状，方钻杆可分为四方方钻杆和六方方钻杆，如图 2-1 和图 2-2 所示。一般情况下，大型钻机多使用四方方钻杆，小型钻机多使用六方方钻杆。

### 二 、方钻杆规范

方钻杆规范是按其驱动部分的对边宽度来分类的，四方方钻杆和六方方钻杆参数分别见表 2-2 和表 2-3。

**表 2-1　国内外方钻杆及钻铤材料化学成分**

%

| 钢种 | C | Si | Mn | P | S | Cr | Mo | 其他 |
|---|---|---|---|---|---|---|---|---|
| AISI 4130 | 0. 28～0. 33 | 0. 20～0. 35 | 0. 40～0. 60 | <0. 040 | <0. 040 | 0. 80～1. 10 | 0. 15～0. 25 | |
| AISI 4140 | 0. 38～0. 43 | 0. 20～0. 35 | 0. 75～1. 00 | <0. 040 | <0. 040 | 0. 90～1. 20 | 0. 15～0. 25 | |
| AISI 4140H | 0. 37～0. 45 | 0. 20～0. 35 | 0. 70～1. 05 | <0. 040 | <0. 040 | 0. 80～1. 15 | 0. 15～0. 25 | |
| AISI 4142 | 0. 40～0. 45 | 0. 20～0. 35 | 0. 75～1. 00 | <0. 040 | <0. 040 | 0. 80～1. 10 | 0. 15～0. 25 | |
| AISI 4142H | 0. 40～0. 48 | 0. 20～0. 35 | 0. 70～1. 05 | <0. 040 | <0. 040 | 0. 80～1. 15 | 0. 15～0. 25 | |
| AISI 4145 | 0. 43～0. 48 | 0. 20～0. 35 | 0. 75～1. 00 | <0. 040 | <0. 040 | 0. 80～1. 10 | 0. 15～0. 25 | |
| AISI 4145H | 0. 42～0. 50 | 0. 20～0. 35 | 0. 70～1. 05 | <0. 040 | <0. 040 | 0. 80～1. 15 | 0. 15～0. 25 | |
| 强化型 AISI 4145H | 0. 42～0. 49 | 0. 15～0. 35 | 0. 65～1. 15 | <0. 035 | <0. 040 | 0. 75～1. 20 | 0. 15～0. 35 | |
| AISI 4340 | 0. 38～0. 43 | 0. 20～0. 35 | 0. 60～0. 80 | <0. 040 | <0. 040 | 0. 70～0. 90 | 0. 20～0. 30 | Ni 1. 65～2. 00 |
| 日 P110 | 0. 25～0. 30 | 0. 29～0. 37 | 1. 58～1. 71 | 0. 015～0. 024 | 0. 018～0. 031 | 0. 35～0. 41 | 0. 06～0. 09 | |
| 意 $38CD_4$ | 0. 39～0. 42 | 0. 76～0. 89 | 0. 23～0. 39 | <0. 030 | <0. 031 | | 0. 21～0. 29 | Ni 0. 90～1. 06 |
| 法 $42CD_4$ | 0. 43 | 0. 31 | 0. 97 | 0. 016 | 0. 023 | 0. 90 | 0. 23 | |
| 罗 41CrNi12 | 0. 37～0. 45 | 0. 17～0. 37 | 0. 40～0. 80 | ≤0. 040 | ≤0. 040 | 0. 45～0. 75 | | Ni 1. 00～1. 48 |
| 罗 41MoCr11 | 0. 38～0. 45 | 0. 17～0. 37 | 0. 40～0. 80 | ≤0. 040 | 0. 040 | 0. 90～1. 30 | 0. 15～0. 30 | |
| 波兰 34HNM | 0. 32～0. 40 | 0. 17～0. 37 | 0. 40～0. 70 | 0. 035 | 0. 035 | 1. 30～1. 70 | 0. 15～0. 25 | Ni 1. 30～1. 70 |
| 苏联 Д | 0. 43～0. 53 | 0. 17～0. 37 | 0. 90～1. 15 | 0. 045 | 0. 045 | | | |
| 苏联 $36Г_2C$ | 0. 36～0. 40 | 0. 40～0. 70 | 1. 05～1. 80 | 0. 045 | 0. 045 | | | |
| 国产 42CrMo | 0. 38～0. 45 | 0. 20～0. 40 | 0. 50～0. 80 | <0. 040 | <0. 040 | 0. 90～1. 20 | 0. 15～0. 25 | |
| 国产 35CrMoV | 0. 30～0. 38 | 0. 20～0. 40 | 0. 40～0. 70 | <0. 040 | <0. 040 | 1. 00～1. 30 | 0. 20～0. 30 | V 0. 10～0. 20 |

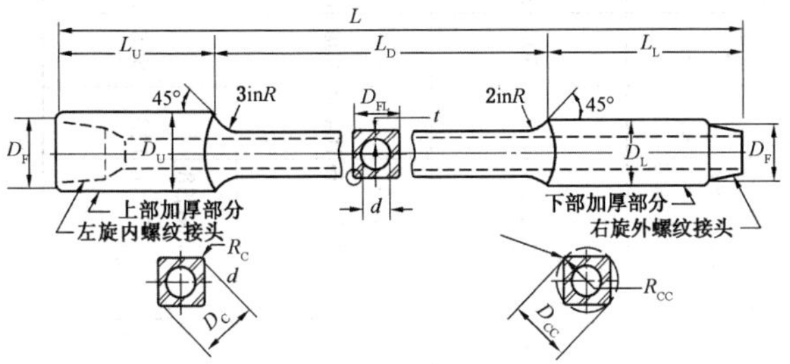


图 2-1 国产四方方钻杆结构示意图

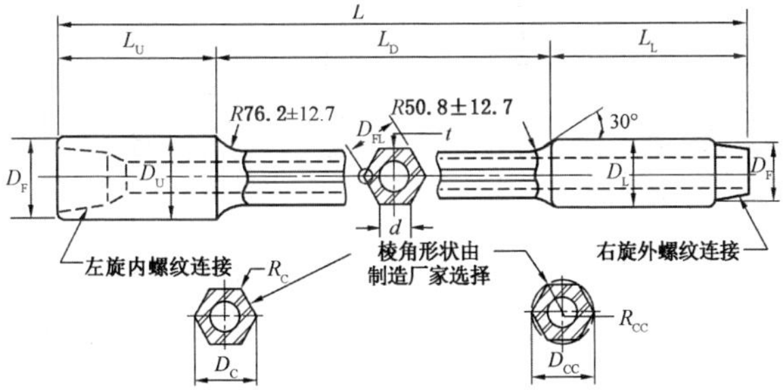


图 2-2 国产六方方钻杆结构示意图

**表 2–2　四方方钻杆参数**

| 规格/mm (in) | 标准或选择 | 长度/m | | 驱动部分/mm | | | | | | 上端内螺纹接头/mm | | | | 下端外螺纹接头/mm | | | | 内径 $D$/mm | 公称质量/(kg/m) |
|---|---|---|---|---|---|---|---|---|---|---|---|---|---|---|---|---|---|---|---|
| | | 全长 $L$ | 有效长度 $L_D$ | 对边宽度 $D_{FL}$ | 对角宽度 $D_C$ | 对角宽度 $D_{CC}$ | 棱角半径 $R_C$ | 棱角半径 $R_{CC}$ | 偏心孔最小壁厚 $t$ | 螺纹类型(左旋) | 外径 | 长度 $L_U$ | 倒角直径 $D_F$ | 螺纹类型(右旋) | 外径 $D_{LR}$ | 长度 $L_L$ | 倒角直径 $D_F$ | | |
| 63. 5 ($2\frac{1}{2}$) | 标准<br>选择 | 12. 19 | 11. 23 | 63. 5 | 83. 3 | 82. 55 | 7. 9 | 41. 3 | 11. 43 | $6\frac{5}{8}$in REG<br>$4\frac{1}{2}$in REG | 196. 9<br>146. 1 | 406. 4 | 186. 1<br>134. 5 | NC26 ($2\frac{3}{8}$in IF) | 85. 7 | 508 | 82. 9 | 31. 8 | 27. 8 |
| 76. 2 (3) | 标准<br>选择 | 12. 19 | 11. 23 | 76. 2 | 100. 0 | 98. 43 | 9. 5 | 49. 2 | 11. 43 | $6\frac{5}{8}$in REG<br>$4\frac{1}{2}$in REG | 196. 9<br>146. 1 | 406. 4 | 186. 1<br>134. 5 | NC31 ($2\frac{7}{8}$in IF) | 104. 8 | 508 | 100. 4 | 44. 4 | 38. 5<br>34. 8 |
| 88. 9 ($3\frac{1}{2}$) | 标准<br>选择 | 12. 19 | 11. 23 | 88. 9 | 115. 1 | 112. 70 | 12. 7 | 56. 4 | 11. 43 | $6\frac{5}{8}$in REG<br>$4\frac{1}{2}$in REG | 196. 9<br>146. 1 | 406. 4 | 186. 1<br>134. 5 | NC38 ($3\frac{1}{2}$in IF) | 120. 6 | 508 | 116. 3 | 57. 2 | 45. 1<br>41. 4 |

续表

| 规格/mm(in) | 标准或选择 | 长度/m | | 驱动部分/mm | | | | | | 上端内螺纹接头/mm | | | | 下端外螺纹接头/mm | | | | 内径 $D$/mm | 公称质量/(kg/m) |
|---|---|---|---|---|---|---|---|---|---|---|---|---|---|---|---|---|---|---|---|
| | | 全长 $L$ | 有效长度 $L_D$ | 对边宽度 $D_{FL}$ | 对角宽度 $D_C$ | 对角宽度 $D_{CC}$ | 棱角半径 $R_C$ | 棱角半径 $R_{CC}$ | 偏心孔最小壁厚 $t$ | 螺纹类型(左旋) | 外径 | 长度 $L_U$ | 倒角直径 $D_F$ | 螺纹类型(右旋) | 外径 $D_{LR}$ | 长度 $L_L$ | 倒角直径 $D_F$ | | |
| 108.0(4¼) | 标准<br>选择 | 12.19<br>16.46 | 11.28<br>15.54 | 108.0 | 141.3 | 139.70 | 12.7 | 69.9 | 12.07 | 6⅝in REG<br>4½in REG | 196.9<br>146.1 | 406.4 | 186.1<br>134.5 | NC46(4in IF) | 158.8 | 508 | 145.3 | 71.4 | 61.1<br>57.4 |
| 108.0(4¼) | 标准<br>选择 | 12.19<br>16.46 | 11.28<br>15.54 | 108.0 | 141.3 | 139.70 | 12.7 | 69.9 | 12.07 | 6⅝in REG<br>4½in REG | 196.9<br>146.1 | 406.4 | 186.1<br>134.5 | NC50(4½ IF) | 161.9 | 508 | 154.0 | 71.4 | 62.3<br>58.4 |
| 133.4(5¼) | 标准<br>选择 | 12.19<br>16.46 | 11.28<br>15.54 | 133.4 | 175.4 | 171.45 | 15.9 | 85.7 | 15.88 | 6⅝in REG | 196.9 | 406.4 | 186.1 | 5½in FH | 177.8 | 508 | 170.7 | 82.6 | 101.2<br>97.2 |
| 133.4(5¼) | 标准<br>选择 | 12.19<br>16.46 | 11.28<br>15.54 | 133.4 | 175.4 | 171.45 | 15.9 | 85.7 | 15.88 | 6⅝in REG | 196.9 | 406.4 | 186.1 | NC56 | 177.8 | 508 | 171.1 | 82.6 | 101.2<br>97.2 |

**表 2–3 六方方钻杆参数**

| 规格/mm(in) | 标准或选择 | 长度/m | | 驱动部分/mm | | | | | | 上端内螺纹接头/mm | | | | 下端外螺纹接头/mm | | | | 内径 $D$/mm | 公称质量/(kg/m) |
|---|---|---|---|---|---|---|---|---|---|---|---|---|---|---|---|---|---|---|---|
| | | 全长 $L$ | 有效长度 $L_D$ | 对边宽度 $D_{FL}$ | 对角宽度 $D_C$ | 对角宽度 $D_{CC}$ | 棱角半径 $R_C$ | 棱角半径 $R_{CC}$ | 偏心孔最小壁厚 $t$ | 螺纹类型(左旋) | 外径 | 长度 $L_U$ | 倒角直径 $D_F$ | 螺纹类型(右旋) | 外径 $D_{LR}$ | 长度 $L_L$ | 倒角直径 $D_F$ | | |
| 76.2<br>(3) | 标准<br>选择 | 12.19 | 11.28 | 76.2 | 85.7 | 85.7 | 6.4 | 42.9 | 12.1 | 6⅝in REG<br>4½in REG | 196.9<br>146.1 | 406.4 | 186.1<br>134.5 | NC26<br>(2⅜in IF) | 85.7 | 508 | 83.0 | 31.8 | 36.9<br>33.2 |
| 88.9<br>(3½) | 标准<br>选择 | 12.19 | 11.28 | 88.9 | 100.8 | 100.0 | 6.4 | 50.0 | 13.3 | 6⅝in REG<br>4½in REG | 196.9<br>146.1 | 406.4 | 186.1<br>134.5 | NC31<br>(2⅞in IF) | 104.8 | 508 | 100.4 | 44.5 | 43.0<br>39.4 |
| 108.0<br>(4¼) | 标准<br>选择 | 12.19 | 11.28 | 108.0 | 122.2 | 121.4 | 9.9 | 60.7 | 15.9 | 6⅝in REG<br>4½in REG | 196.9<br>146.1 | 406.4 | 186.1<br>134.5 | NC38<br>(3½in IF) | 120.6 | 508 | 116.3 | 57.2 | 56.9<br>53.3 |

续表

| 规格/mm (in) | 标准或选择 | 长度/m | | 驱动部分/mm | | | | | | 上端内螺纹接头/mm | | | | 下端外螺纹接头/mm | | | | 内径 $D$/mm | 公称质量/(kg/m) |
|---|---|---|---|---|---|---|---|---|---|---|---|---|---|---|---|---|---|---|---|
| | | 全长 $L$ | 有效长度 $L_D$ | 对边宽度 $D_{FL}$ | 对角宽度 $D_C$ | 对角宽度 $D_{CC}$ | 棱角半径 $R_C$ | 棱角半径 $R_{CC}$ | 偏心孔最小壁厚 $t$ | 螺纹类型(左旋) | 外径 | 长度 $L_U$ | 倒角直径 $D_F$ | 螺纹类型(右旋) | 外径 $D_{LR}$ | 长度 $L_L$ | 倒角直径 $D_F$ | | |
| 133.4 (5¼) | 标准<br>选择 | 12.19<br>16.46 | 11.28<br>15.54 | 133.4 | 151.6 | 149.9 | 9.5 | 75.0 | 15.9 | 6⅝in REG | 196.9 | 406.4 | 186.1 | NC46 (4in IF) | 158.8 | 508 | 145.3 | 71.4 | 85.7<br>97.2 |
| 133.4 (5¼) | 标准<br>选择 | 12.19<br>16.46 | 11.28<br>15.54 | 133.4 | 151.6 | 149.9 | 9.5 | 75.0 | 15.9 | 6⅝in REG | 196.9 | 406.4 | 186.1 | NC50 (4½in IF) | 161.9 | 508 | 154.0 | 71.4 | 86.7<br>98.2 |
| 152.4 (6) | 标准<br>选择 | 12.19<br>16.46 | 11.28<br>15.54 | 152.4 | 173.0 | 173.0 | 9.5 | 86.6 | 15.9 | 6⅝in REG | 196.9 | 406.4 | 186.1 | 5½in FH | 177.8 | 508 | 170.7 | 82.6 | 88.4<br>85.1 |
| 152.4 (6) | 标准<br>选择 | 12.19<br>16.46 | 11.28<br>15.54 | 152.4 | 173.0 | 173.0 | 9.5 | 86.6 | 15.9 | 6⅝in REG | 196.9 | 406.4 | 186.1 | NC56 | 177.8 | 508 | 171.1 | 82.6 | 88.4<br>85.1 |

## 三、方钻杆机械性能

方钻杆的机械性能应符合表 2-4 和表 2-5 的规定。

**表 2-4　方钻杆机械性能**

| 方钻杆类型及尺寸/mm(in) | | 内径/mm | 下部外螺纹接头/mm | | 推荐最小套管外径/mm | 抗拉屈服值/kN | | 抗扭屈服值/N·m | | 抗弯屈服值(驱动部分)/N·m | 抗内压强度(驱动部分)/MPa |
|---|---|---|---|---|---|---|---|---|---|---|---|
| | | | 螺纹形式 | 外径/mm | | 下部公端 | 驱动部分 | 下部公端 | 驱动部分 | | |
| 四方方钻杆 | 63.5(2½) | 31.8 | NC26(2⅜in IF) | 85.7 | 114.3 | 1850 | 1977 | 13084 | 16677 | 17626 | 205 |
| | 76.2(3) | 44.5 | NC31(2⅞in IF) | 104.8 | 139.7 | 2380 | 2591 | 19592 | 26438 | 30235 | 176 |
| | 88.9(3½) | 57.2 | NC38(3½in IF) | 120.6 | 168.3 | 3221 | 3226 | 30777 | 38370 | 46369 | 153 |
| | 108.0(4¼) | 71.4 | NC46(4in IF) | 158.8 | 219.1 | 4688 | 4657 | 53351 | 66571 | 81756 | 134 |
| | 108.0(4¼) | 71.4 | NC50(4½in IF) | 161.9 | 219.1 | 6117 | 4657 | 75668 | 66571 | 81756 | 134 |
| | 133.4(5¼) | 82.6 | 5½in IFH | 177.8 | 244.5 | 7157 | 7577 | 98907 | 134768 | 158631 | 142 |
| 六方方钻杆 | 76.2(3) | 31.8 | NC26(2⅜in IF) | 85.7 | 114.3 | 1584 | 2404 | 11253 | 27659 | 27116 | 184 |
| | 88.9(3½) | 47.6 | NC31(2⅞in IF) | 104.8 | 139.7 | 2202 | 3158 | 18168 | 42573 | 42302 | 176 |
| | 108.0(4¼) | 57.2 | NC38(3½in IF) | 120.6 | 168.3 | 3221 | 4656 | 30777 | 76739 | 75926 | 172 |
| | 133.4(5¼) | 76.2 | NC46(4in IF) | 158.8 | 219.1 | 4270 | 6706 | 48064 | 138158 | 139649 | 142 |
| | 133.4(5¼) | 82.6 | NC50(4½in IF) | 161.9 | 219.1 | 5169 | 6215 | 63384 | 129481 | 134633 | 142 |
| | 152.4(6) | 88.9 | 5½in FH | 177.8 | 244.5 | 6508 | 8610 | 89959 | 203102 | 206762 | 125 |

**表 2-5　方钻杆综合机械性能(SY/T 6509—2012)**

| 下端接头外径/mm | 屈服强度 $\sigma_{t0.2}$/MPa | 抗拉强度 $\sigma_b$/MPa | 伸长率 $\delta_4$/% | 表面布氏硬度/HB | 夏比冲击吸收功/J |
|---|---|---|---|---|---|
| 85.7~174.6 | ≥758 | ≥965 | ≥13 | ≥285 | ≥54 |
| 174.6~177.8 | ≥689 | ≥930 | ≥13 | ≥285 | ≥54 |

# 第二节 钻 杆

钻杆由管体和接头两部分组成。根据钻杆的机械特性可分为普通钻杆和特种钻杆,根据钻杆的结构可分为普通平台肩钻杆(俗称直台肩钻杆)、斜台肩钻杆和加重钻杆等。钻杆管体及接头钢材化学成分见表2-6。普通平台肩钻杆结构如图2-3所示,斜台肩钻杆结构如图2-4所示。

图2-3 普通平台肩钻杆结构

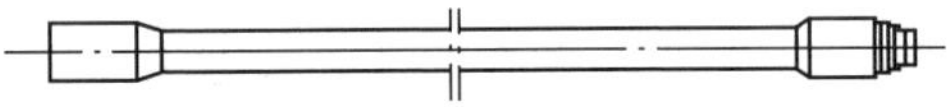

图2-4 斜台肩钻杆结构

## 一、钻杆管体

1. 结构

钻杆管体是轧制的无缝钢管,两端镦粗加厚,加厚形式分为内加厚、外加厚和内外加厚三种。加厚过渡段一般长度为20~65mm,最长者为120~130mm。

2. 尺寸及规范

API钻杆管体尺寸见表2-7~表2-9及图2-5、图2-6。

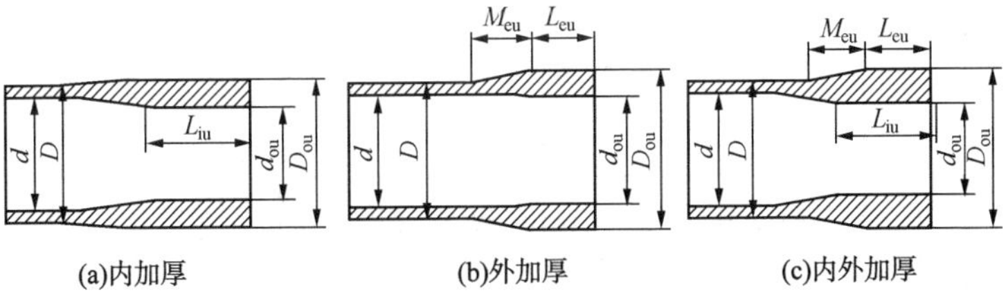


图2-5 API钻杆加厚端尺寸图(X、G、S钢级)

表 2-6　各国钻杆管体及接头钢材化学成分

| | 钢级 | 国别 | 化学成分/% | | | | | | | | 备注 |
|---|---|---|---|---|---|---|---|---|---|---|---|
| | | | C | Si | Mn | P | S | Cr | Mo | 其他 | |
| 管体 | E | 美国 | 0.44 | 0.25 | 1.72 | 0.013 | 0.015 | | 0.18 | | |
| | | 西德 | 0.40 | 0.35 | 1.20 | <0.040 | <0.060 | | | | |
| | | 日本 | 0.18~0.24 | 0.30~0.33 | 1.25~1.47 | 0.040~0.023 | 0.016~0.029 | | | | |
| | | 日本 | 0.44~0.47 | 0.23~0.31 | 1.40~1.58 | 0.015~0.021 | 0.011~0.028 | | 0.023~0.027 | Al 0.010~0.050 | |
| | | 日本 | 0.25~0.35 | 0.15~0.35 | 1.20~1.70 | <0.030 | <0.020 | <0.30 | | | 资料数据 |
| | X | 日本 | 0.22~0.35 | 0.15~0.35 | 0.50~0.90 | ≤0.030 | ≤0.020 | 0.75~1.25 | <0.30 | Al 0.010~0.050 | 资料数据 |
| | | 美国 | 0.28 | 0.24 | 0.98 | 0.015 | 0.007 | 0.35 | 0.25 | | |
| | | 法国 | 0.26 | 0.20 | 1.59 | 0.022 | 0.010 | 0.01 | 0.01 | | |
| | G | 美国 | 0.28 | 0.06 | 1.44 | 0.010 | 0.016 | | 0.30 | | |
| | | 西德 | 0.44~0.45 | 0.21~0.23 | 1.16~1.19 | 0.015~0.020 | 0.019~0.022 | 0.62~0.68 | 0.25~0.29 | V0.118~0.130 | |
| | | 法国 | 0.33 | 0.22 | 1.27 | 0.022 | 0.014 | 0.54 | <0.01 | Ni 0.040 | |
| | | 日本 | 0.22~0.35 | 0.15~0.35 | 0.50~0.90 | ≤0.030 | ≤0.020 | 0.75~1.25 | ≤0.30 | | 资料数据 |
| | S | 西德 | 0.37 | 0.29 | 0.76 | 0.009 | 0.011 | 1.16 | 0.24 | Ni 1.100 | |
| | | 日本 | 0.22~0.35 | 0.15~0.35 | 0.50~0.90 | ≤0.030 | ≤0.020 | 0.75~1.25 | 0.20~0.40 | Nb+V≤0.150 | 资料数据 |
| | | 中国(宝钢) | 0.35~0.36 | 0.29~0.29 | 0.76~0.77 | 0.005~0.008 | 0.001~0.003 | 1.11~1.17 | 0.27~0.30 | Ni0.100 | 资料数据 |
| 工具 | 美国 AISI 4137H | | 0.37~0.41 | 0.20~0.35 | 0.60~1.00 | <0.035 | <0.040 | 0.75~1.20 | 0.15~0.25 | Cu<0.350 | ГОСТ 7565—73 |
| | 苏联 40XH | | 0.36~0.44 | 0.17~0.37 | 0.80 | <0.035 | <0.040 | 0.45~0.75 | 1.00~1.40 | Cu≤0.300 | |
| 接头 | 西德 $36CrNiMo_4$ | | 0.32~0.40 | 0.15~0.35 | 0.50~0.80 | ≤0.035 | ≤0.035 | 0.90~1.20 | 0.15~0.25 | Ni 0.900~1.200 | 资料数据 |
| | 日本(住友) | | 0.34~0.41 | 0.20~0.35 | 0.60~1.00 | ≤0.040 | ≤0.030 | 0.75~1.20 | 0.15~0.25 | | |

**表 2-7 API 对焊钻杆尺寸(X、G、S 钢级)**

| 钻杆直径/mm (in) | 加厚形式 | 公称质量/(kg/m) | 壁厚 ($t$)/mm | 内径 ($d$)/mm | 加厚尺寸/mm | | | | | 理论质量 | |
|---|---|---|---|---|---|---|---|---|---|---|---|
| | | | | | 外径($D_{ou}$) +3.18 −0.79 | 内径($d_{ou}$) ±1.59 | 内加厚长度($L_{iu}$) +38.1 −12.7 | 最小外加厚长度($L_{eu}$) | 管端至锥尾消失长度($L_{eu}+M_{eu}$) | 光管/(kg/m) | 两端加厚部分/kg |
| 73.0(2⅞) | 内加厚 | 15.51 | 9.19 | 54.64 | 73.02 | 33.34 | 88.90 | | | 14.48 | 2.45 |
| 88.9(3½) | 内加厚 | 19.84 | 9.35 | 70.20 | 88.90 | 49.21 | 88.90 | | | 18.34 | 3.36 |
| 101.6(4) | 内加厚 | 20.88 | 8.38 | 84.84 | 107.95 | 66.68 | 88.90 | | | 19.26 | 4.00 |
| 127.0(5) | 内加厚 | 24.23 | 7.52 | 111.96 | 127.00 | 90.49 | 88.90 | | | 22.15 | 6.17 |
| 60.3(2⅜) | 外加厚 | 9.92 | 7.11 | 46.10 | 67.46 | 39.69 | 107.90 | 76.20 | 139.70 | 9.32 | 2.09 |
| 73.0(2⅞) | 外加厚 | 15.51 | 9.19 | 54.64 | 82.55 | 49.21 | 107.90 | 76.20 | 139.70 | 14.48 | 2.82 |
| 88.9(3½) | 外加厚 | 19.84 | 9.35 | 70.20 | 101.60 | 63.50 | 107.90 | 76.20 | 139.70 | 18.34 | 4.63 |
| 88.9(3½) | 外加厚 | 23.12 | 11.40 | 66.10 | 101.60 | 63.50 | 107.90 | 76.20 | 139.70 | 21.79 | 3.72 |
| 101.6 (4) | 外加厚 | 20.88 | 8.38 | 84.84 | 117.48 | 77.79 | 107.90 | 76.20 | 139.70 | 19.26 | 6.54 |
| 114.3(4½) | 外加厚 | 24.76 | 8.56 | 97.18 | 131.78 | 90.49 | 107.90 | 76.20 | 139.70 | 22.31 | 7.81 |
| 114.3(4½) | 外加厚 | 29.82 | 10.92 | 92.46 | 131.78 | 87.31 | 107.90 | 76.20 | 139.70 | 27.84 | 7.27 |
| 127.0(5) | 外加厚 | 29.08 | 9.19 | 108.62 | 146.05 | 100.01 | 107.90 | 76.20 | 139.70 | 26.71 | 9.81 |
| 127.0(5) | 外加厚 | 38.18 | 12.70 | 101.60 | 149.22 | 96.84 | 107.90 | 76.20 | 139.70 | 35.79 | 9.63 |

续表

| 钻杆直径/mm(in) | 加厚形式 | 公称质量/(kg/m) | 壁厚(t)/mm | 内径(d)/mm | 加厚尺寸/mm | | | | | 理论质量 | |
|---|---|---|---|---|---|---|---|---|---|---|---|
| | | | | | 外径($D_{ou}$) +3.18 −0.79 | 内径($d_{ou}$) ±1.59 | 内加厚长度($L_{iu}$) +38.1 −12.7 | 最小外加厚长度($L_{eu}$) | 管端至锥尾消失长度($L_{eu}+M_{eu}$) | 光管/(kg/m) | 两端加厚部分/kg |
| 88.9(3½) | 内外加厚 | 23.12 | 11.40 | 66.10 | 96.04 | 49.21 | 107.90 | 76.20 | 139.70 | 21.79 | 5.03 |
| 114.3(4½) | | 24.76 | 8.56 | 97.18 | 120.65 | 73.02 | 63.50 | 38.10 | 139.70 | 22.31 | 3.95 |
| 114.3(4½) | | 29.82 | 10.92 | 92.46 | 121.44 | 71.44 | 107.90 | 76.20 | 139.70 | 27.84 | 7.99 |
| 127.0(5) | | 29.08 | 9.19 | 108.62 | 131.78 | 90.49 | 107.90 | 76.20 | 139.70 | 26.71 | 7.63 |
| 127.0(5) | | 38.18 | 12.70 | 101.60 | 131.78 | 84.14 | 107.90 | 76.20 | 139.70 | 35.79 | 6.99 |
| 139.7(5½) | | 32.66 | 9.17 | 121.36 | 146.05 | 96.84 | 107.90 | 76.20 | 139.70 | 29.51 | 9.53 |
| 139.7(5½) | | 36.84 | 10.54 | 118.62 | 146.05 | 96.84 | 107.90 | 76.20 | 139.70 | 33.57 | 8.36 |
| 168.3(6⅝) | | | 8.38 | 151.52 | 177.80 | 135.00 | 107.90 | 76.20 | 139.70 | 33.05 | 11.75 |
| 168.3(6⅝) | | | 9.19 | 149.90 | 177.80 | 135.00 | 107.90 | 76.20 | 139.70 | 36.06 | 10.90 |

表 2-8　API 对焊钻杆尺寸(D、E 钢级)

| 钻杆直径/mm (in) | 加厚形式 | 公称质量/(kg/m) | 壁厚 (t)/mm | 内径 (d)/mm | 加厚尺寸/mm | | | | | | | | 理论质量 | |
|---|---|---|---|---|---|---|---|---|---|---|---|---|---|---|
| | | | | | 外径 ($D_{ou}$) +3.18 −0.79 | 内径 ($d_{ou}$) ±1.59 | 内加厚长度($L_{iu}$) +38.1 −12.7 | 最小内锥面长度($M_{iu}$) | 最小外加厚长度($L_{eu}$) | 外锥面长度 最小 | 外锥面长度 最大 | 管端至锥面消失处最大长度 ($L_{eu}+M_{eu}$) | 光管/(kg/m) | 两端加厚部分/kg |
| 73.0 (2⅞) | 内加厚 | 15.51 | 9.19 | 54.64 | 73.02 | 33.34 | 44.45 | 38.10 | | | | | 14.47 | 1.45 |
| 88.9 (3½) | 内加厚 | 14.17 | 6.45 | 76.00 | 88.90 | 57.15 | 44.45 | | | | | | 13.12 | 2.00 |
| 88.9 (3½) | 内加厚 | 19.84 | 9.35 | 70.20 | 88.90 | 49.21 | 44.45 | 38.10 | | | | | 18.34 | 2.00 |
| 88.9 (3½) | 内加厚 | 23.11 | 11.40 | 66.10 | 88.90 | 49.21 | 44.45 | 38.10 | | | | | 21.79 | 1.54 |
| 101.6 (4) | 内加厚 | 20.88 | 8.38 | 84.84 | 107.95 | 69.85 | 44.45 | 50.80 | | | | | 19.27 | 2.09 |
| 114.3 (4½) | 内加厚 | 20.51 | 6.88 | 100.54 | 120.65 | 85.72 | 44.45 | | | | | | 18.23 | 2.36 |
| 127.0 (5) | 内加厚 | 24.23 | 7.52 | 111.96 | 127.00 | 95.25 | 44.45 | | | | | | 22.16 | 3.00 |

续表

| 钻杆直径/mm（in） | 加厚形式 | 公称质量/（kg/m） | 壁厚（$t$）/mm | 内径（$d$）/mm | 加厚尺寸/mm | | | | | | | | 理论质量 | |
|---|---|---|---|---|---|---|---|---|---|---|---|---|---|---|
| | | | | | 外径（$D_{ou}$）+3.18 −0.79 | 内径（$d_{ou}$）±1.59 | 内加厚长度（$L_{iu}$）+38.1 −12.7 | 最小内锥面长度（$M_{iu}$） | 最小外加厚长度（$L_{eu}$） | 外锥面长度 | | 管端至锥面消失处最大长度（$L_{eu}+M_{eu}$） | 光管/（kg/m） | 两端加厚部分/kg |
| | | | | | | | | | | 最小 | 最大 | | | |
| 60.3（2⅜） | 外加厚 | 9.92 | 7.11 | 46.13 | 67.46 | 46.10 | | | 38.10 | 38.10 | | 101.60 | 9.34 | 0.82 |
| 73.0（2⅞） | | 15.51 | 9.19 | 54.64 | 81.76 | 54.64 | | | 38.10 | 38.10 | | 101.60 | 14.47 | 1.09 |
| 88.9（3½） | | 14.71 | 6.45 | 76.00 | 100.02 | 76.00 | | | 38.10 | 38.10 | | 101.60 | 13.12 | 1.18 |
| 88.9（3½） | | 19.84 | 9.35 | 70.20 | 100.02 | 66.09 | 57.15 | 50.80 | 38.10 | 38.10 | | 101.60 | 18.34 | 1.81 |
| 88.9（3½） | | 23.11 | 11.40 | 66.10 | 100.02 | 66.09 | | | 38.10 | 38.10 | | 101.60 | 21.79 | 1.27 |
| 101.6（4） | | 17.67 | 6.65 | 88.84 | 115.90 | 84.84 | | | 38.10 | 38.10 | | 101.60 | 19.27 | 2.27 |
| 114.3（4½） | | 20.51 | 6.88 | 100.54 | 128.60 | 100.53 | | | 38.10 | 38.10 | | 101.60 | 18.23 | 2.54 |
| 114.3（4½） | | 24.76 | 8.56 | 97.18 | 128.60 | 97.18 | | | 38.10 | 38.10 | | 101.60 | 22.32 | 2.54 |
| 114.3（4½） | | 29.83 | 10.92 | 92.46 | 128.60 | 92.46 | | | 38.10 | 38.10 | | 101.60 | 27.84 | 2.54 |

续表

| 钻杆直径/mm (in) | 加厚形式 | 公称质量/(kg/m) | 壁厚($t$)/mm | 内径($d$)/mm | 加厚尺寸/mm | | | | | | | | 理论质量 | |
|---|---|---|---|---|---|---|---|---|---|---|---|---|---|---|
| | | | | | 外径($D_{ou}$) +3.18 −0.79 | 内径($d_{ou}$) ±1.59 | 内加厚长度($L_{iu}$) +38.1 −12.7 | 最小内锥面长度($M_{iu}$) | 最小外加厚长度($L_{eu}$) | 外锥面长度 最小 | 外锥面长度 最大 | 管端至锥面消失处最大长度($L_{eu}+M_{eu}$) | 光管/(kg/m) | 两端加厚部分/kg |
| 114.3 (4½) | 内外加厚 | 24.76 | 8.56 | 97.18 | 120.65 | 80.17 | 63.50 | | 38.10 | 25.40 | 38.10 | | 22.32 | 3.68 |
| 114.3 (4½) | | 29.82 | 10.92 | 92.46 | 121.44 | 76.20 | 57.15 | 50.80 | 38.10 | 25.40 | 38.10 | | 27.84 | 3.91 |
| 127.0 (5) | | 29.08 | 9.19 | 108.62 | 131.78 | 93.66 | 57.15 | 50.80 | 38.10 | 25.40 | 38.10 | | 26.70 | 3.91 |
| 127.0 (5) | | 38.18 | 12.70 | 101.60 | 131.78 | 87.31 | 57.15 | 50.80 | 38.10 | 25.40 | 38.10 | | 35.80 | 3.54 |
| 139.7 (5½) | | 32.66 | 9.17 | 121.36 | 146.05 | 101.60 | 57.15 | 50.80 | 76.20 | 25.40 | 38.10 | | 29.52 | 4.81 |
| 139.7 (5½) | | 36.84 | 10.54 | 118.62 | 146.05 | 101.60 | 57.15 | 50.80 | 76.20 | 25.40 | 38.10 | | 33.57 | 4.09 |
| 168.3 (6⅝) | | | 8.38 | 151.52 | 177.80 | 135.00 | 114.30 | 50.80 | 139.70 | | | 139.70 | 33.05 | 11.75 |
| 168.3 (6⅝) | | | 9.19 | 149.90 | 177.80 | 135.00 | 114.30 | 50.80 | 139.70 | | | 139.70 | 36.06 | 10.90 |

表 2-9 油田常用钻杆技术参数

| 公称尺寸/mm(in) | 139.7(5½) | 127.0(5) | 127.0(5 非标) | 114.3(4½) | 101.6(4) | 88.9(3½) | 73.0(2⅞) | 60.3(2⅜) |
|---|---|---|---|---|---|---|---|---|
| 公称质量/(lb/ft) | 21.90 | 19.50 | 24.51 | 20.00 | 15.70 | 13.30 | 10.40 | 6.65 |
| 本体外径/mm | 139.700 | 127.000 | 127.000 | 114.300 | 101.600 | 88.900 | 73.025 | 60.325 |
| 本体内径/mm | 121.400 | 108.620 | 107.700 | 92.500 | 82.300 | 70.200 | 54.635 | 46.101 |
| 钢级 | S135 | S135 | S135 | S135 | S135 | S135 | S135 | S135 |
| 壁厚/mm | 9.170 | 9.190 | 9.650 | 10.920 | 9.650 | 9.350 | 9.195 | 7.112 |
| 加厚形式 | IEU | IEU | EU | IEU | IU | EU | EU | EU |
| 内容积/(L/m) | 11.35 | 9.16 | 9.11 | 6.56 | 5.20 | 3.87 | 2.36 | 1.68 |
| 闭排/(L/m) | 16.25 | 13.35 | 13.33 | 10.79 | 8.51 | 6.70 | 4.48 | 3.02 |
| 开排/(L/m) | 4.90 | 4.19 | 4.22 | 4.23 | 3.31 | 2.83 | 2.12 | 10.54 |
| 重量/(kg/m) | 38.48 | 32.87 | 26.70 | 29.84 | 23.39 | 22.25 | 16.67 | 10.54 |
| 截面积/$mm^2$ | 3760.0 | 3403.0 | 3557.6 | 3539.0 | 2786.0 | 2337.0 | 1843.0 | 1189.0 |
| 抗扭强度(管体)/N·m | 123542 | 100290 | 104200 | 89920 | 62883 | 45189 | 28147 | 15239 |
| 抗扭强度(接头)/N·m | 109956 | 86000 | 83900 | 71930 | 62883 | 40679 | 23000 | 12864 |
| 抗拉强度(管体)/kN | 3503 | 3170 | 3311 | 3304 | 2598 | 2176 | 1718 | 1108 |
| 抗拉强度(接头)/kN | 7904 | 6904 | 6431 | 6766 | 3726 | 3988 | 2775 | 1848 |
| 抗内压强度/MPa | 106.90 | 117.90 | 123.80 | 155.72 | 154.70 | 177.00 | 205.00 | 192.40 |

续表

| 公称尺寸/mm(in) | 139.7 ($5\frac{1}{2}$) | 127.0(5) | 127.0(5 非标) | 114.3($4\frac{1}{2}$) | 101.6(4) | 88.9($3\frac{1}{2}$) | 73.0($2\frac{7}{8}$) | 60.3($2\frac{3}{8}$) |
|---|---|---|---|---|---|---|---|---|
| 抗挤强度/MPa | 95.20 | 108.16 | 119.00 | 160.89 | 160.00 | 175.13 | 204.80 | 193.50 |
| 加厚段外径/mm | 141.3 | 131.8 | 136.0 | 121.4 | 106.0 | 97.1 | 81.8 | 67.5 |
| 加厚段内径/mm | 101.6 | 90.5 | 100.0 | 71.5 | 71.4 | X | X | X |
| 外加厚段长度/mm | 76.2 | 220.0 | 280.0 | 76.2 | 76.2 | 76.2 | 76.2 | 76.2 |
| 内锥面段长度/mm | ≥120 | ≥120 | ≥120 | ≥120 | ≥120 | ≥120 | ≥120 | ≥120 |
| 接头外径/in(mm) | $7\frac{1}{4}$(184.2)、$7\frac{1}{2}$(190.5) | $6\frac{5}{8}$ (168.3) | $6\frac{3}{4}$ (171.5) | $6\frac{1}{4}$ (158.8) | $5\frac{1}{2}$ (139.7) | 5 (127.0) | $4\frac{3}{8}$ (111.1) | $2\frac{3}{8}$ (60.3) |
| 母接头内径/mm | 88.9 | 88.9 | 100.0 | 76.2 | 65.1 | 54.0 | 50.8/41.3 | 41.3 |
| 公接头内径/mm | 88.9 | 69.8 | 88.9 | 63.5 | 65.1 | 54.0 | 50.8/41.3 | 41.3 |
| 母接头长度/mm | 280.0~305.0 | 280.0~305.0 | 254.0 | 300.0 | 304.8 | 279.4 | 254.0 | 254.0 |
| 公接头长度/mm | 254.0 | 228.6 | 203.2 | 230.0~235.0 | 228.6 | 254.0 | 203.2 | 203.2 |
| 螺纹连接形式 | $5\frac{1}{2}$in FH | NC50 | NC52 | NC46 | HT40 | NC38 | NC31 | NC26 |
| 螺纹牙型 | V-0.065 | V-0.038R | V-0.038R | V-0.038R | V-0.038R | V-0.038R | V-0.038R | V-0.038R |
| 扣数 | 4 扣/in | 4 扣/in | 4 扣/in | 4 扣/in | 4 扣/in | 4 扣/in | 4 扣/in | 4 扣/in |
| 锥度 | 1∶6 | 1∶6 | 1∶6 | 1∶6 | 1∶6 | 1∶6 | 1∶6 | 1∶6 |
| 紧扣扭矩/N·m | 59100 | 43000 | 50300 | 34500 | 25000 | 18000 | 11800 | 4700 |

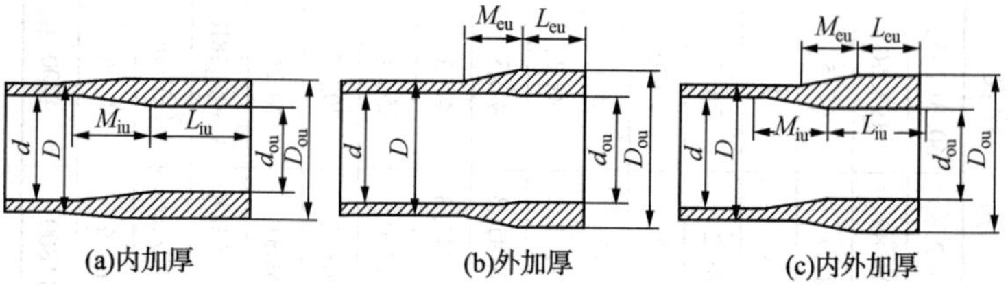


图 2-6　API 钻杆加厚端尺寸图(D、E 钢级)

3. 长度及钢级

在 API 标准中,对钻杆的长度有要求,长度 $L$ 应从台肩到台肩进行测量,范围分为三类,见表 2-10。

**表 2-10　钻杆长度 $L$**　　m

| 范围 | 1 | 2 | 3 |
|---|---|---|---|
| 长度 $L$(包含) | 6. 10~7. 01 | 8. 84~9. 75 | 12. 19~13. 72 |
| 95%订货量的长度范围: | | | |
| 最大变化量 | 0. 61 | — | — |
| 最小长度 | 6. 40 | — | — |
| 90%订货量的长度范围: | | | |
| 最大变化量 | — | 0. 61 | 0. 91 |
| 最小长度 | — | 9. 14 | 12. 19 |

钻杆管体长度测量应从管子的一端测量到另一端,包括加厚部分但不包括钻杆接头。API 标准中,钻杆管体长度有Ⅲ类:第Ⅰ类长度为 5. 5~6. 7m,主要在水井和地质钻井中应用;第Ⅱ类长度为 8. 23~9. 65m,第Ⅲ类长度为 11. 6~13. 7m。钻杆钢级有 E 级、X 级、G 级和 S 级,性能见表 2-11。

**表 2-11　API 钻杆拉伸性能要求**

| 钢级 | 最小屈服强度/MPa | 最大屈服强度/MPa | 最小抗拉强度/MPa | 最小伸长率/% |
|---|---|---|---|---|
| E 级 | 517 | 724 | 689 | $e=625000A^{0.2}/U^{0.9}$<br>式中　$e$——在 50. 8mm 内最小伸长率;<br>$A$——拉伸试样断面积,$mm^2$;<br>$U$——最小抗拉强度,MPa。 |
| X 级 | 655 | 862 | 724 | |
| G 级 | 724 | 931 | 793 | |
| S 级 | 931 | 1138 | 1000 | |

4. 钻杆标记

(1) 钻杆公称外径和质量代号见表2-12。

表2-12 钻杆公称外径和质量代号

| 公称外径/mm(in) | 公称外径代号 | 公称质量/(kg/m) | 壁厚/mm | 公称质量代号 |
|---|---|---|---|---|
| 60.3(2⅜) | 1 | 7.2 | 4.83 | 1 |
| | | 9.9① | 7.11 | 2 |
| 73.0(2⅞) | 2 | 10.2 | 5.51 | 1 |
| | | 15.5① | 9.19 | 2 |
| 88.9(3½) | 3 | 14.1 | 6.45 | 1 |
| | | 19.8① | 9.35 | 2 |
| | | 23.1 | 11.40 | 3 |
| 101.6(4) | 4 | 17.6 | 6.65 | 1 |
| | | 20.8① | 8.38 | 2 |
| | | 23.4 | 9.65 | 3 |
| 114.3(4½) | 5 | 20.5 | 6.88 | 1 |
| | | 24.7①) | 8.56 | 2 |
| | | 29.8 | 10.92 | 3 |
| | | 34.0 | 12.70 | 4 |
| | | 36.7 | 13.97 | 5 |
| | | 38.0 | 14.61 | 6 |
| 127.0(5) | 6 | 24.2 | 7.52 | 1 |
| | | 29.0① | 9.19 | 2 |
| | | 38.1 | 12.70 | 3 |
| 139.7(5½) | 7 | 28.6 | 7.72 | 1 |
| | | 32.6 | 9.17 | 2 |
| | | 36.8 | 10.54 | 3 |

注:①表示标准质量钻杆。

(2) 钻杆钢级代号见表2-13。

**表 2-13　钻杆钢级代号**

| 钻杆等级 | |
|---|---|
| 等级 | 代号 |
| E75 | E |
| X95 | X |
| G105 | G |
| S135 | S |

(3) 钻杆色标识别法。利用涂在钻杆两端接头和钻杆本体上的色带颜色识别钻杆的等级,如图 2-7 和表 2-14 所示。

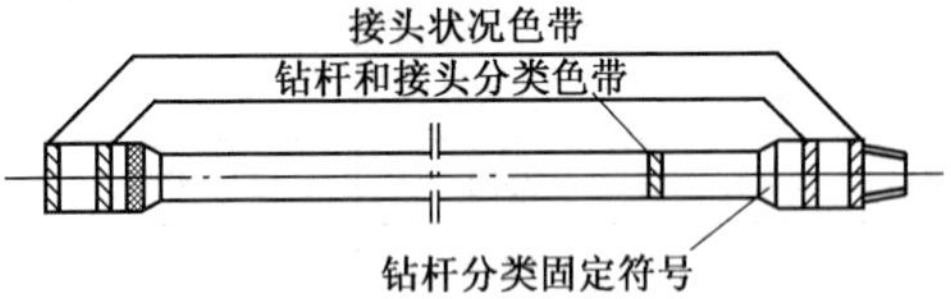


图 2-7　钻杆和接头识别色标

**表 2-14　色带颜色与钻杆及接头等级**

| 钻杆和接头分类 | | 接头状况 | |
|---|---|---|---|
| 等级 | 条数及颜色 | 状况 | 色带颜色 |
| 优等 | 两条白色 | 报废或进厂修复 | 红色 |
| 二 | 一条黄色 | 现场修复 | 绿色 |
| 三 | 一条橘红色 | | |
| 报废 | 一条红色 | | |

(4) 钻杆铣槽识别法。铣槽识别法是识别钻杆接头上的铣槽数和槽中打印的代号,国产钻杆铣槽识别如图 2-8 所示。

## 二、钻杆接头

1. 钻杆接头性能

目前,大多数钻杆都采用了摩擦焊接工艺,将接头和管体对焊在一起。API 钻杆接头的机械性能见表 2-15。国产海隆接头机械性能见表 2-16。

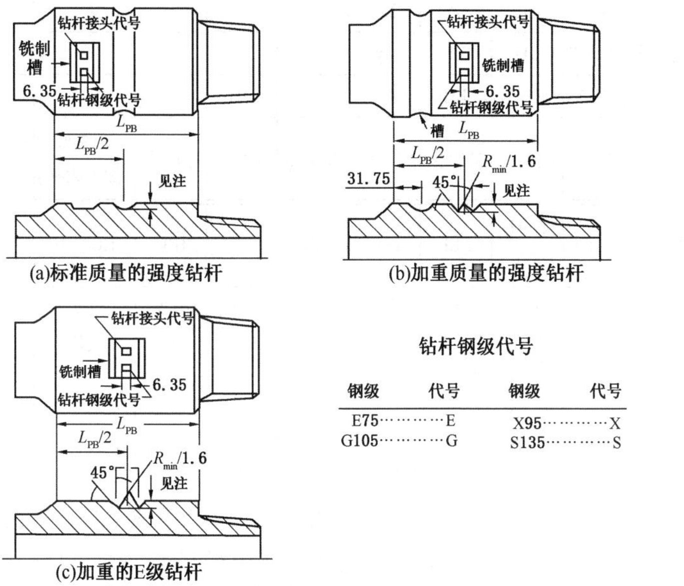


注：槽深对大于5 1/4 in规格的钻杆为6.35mm (1/4in)，
对于小于或等于5in规格的钻杆为4.76mm (3/16in)。

图 2-8　国产钻杆标志槽与识别槽

**表 2-15　API 钻杆接头机械性能[API Spec 5DP(第一版)]**

| 最小抗拉强度/MPa | 最小屈服强度/MPa | 最小伸长率/% |
|---|---|---|
| 965.3 | 827.4 | 13 |

**表 2-16　HT 海隆双台肩钻杆(4in)接头机械性能[API Spec 5DP(第一版)]**

| 抗拉载荷/kN | 抗扭强度/N·m | 上扣扭矩/N·m |
|---|---|---|
| 3450 | 56809 | 28400~34100 |

将钻杆接头与管体连接部位镦粗加厚,按照不同的加厚形式,粗牙螺纹有内平、贯眼、正规三种类型的接头。目前,也使用数字型接头,螺纹的牙型和锥度较内平型螺纹、贯眼型螺纹和正规型螺纹更为合理。各种接头术语的缩略语表示见表 2-17。

**表 2-17　各种接头术语的缩略语**

| | | | | | | | | | |
|---|---|---|---|---|---|---|---|---|---|
| 缩略语 | 中国 | ZG | GY | NP | | | | | |
| | 俄罗斯 | 3H | 3ш | 3у | | | | | |
| | 美国 | REG | FH | IF | NC | OH | | | |
| 术语 | | 正规型 | 贯眼型 | 内平型 | 数字型 | 开眼型 | 小眼型 | 轻便型(加大内平) | 修正加大贯眼型 |
| 缩略语 | 美国 | SL-H-90 | DSL | H-90 | IU | EU | IEU | EU. XH | PAC |
| 术语 | | 小井眼术语休斯 90°螺纹 | 双流型接头 | 休斯 90°螺纹 | 内加厚 | 外加厚 | 内外加厚 | 加大贯眼型 | V-0.076 螺纹 |

（1）内平型接头（IF）。适用于外加厚和内外加厚钻杆，这种钻杆加厚处的内径和接头内径及管体内径基本一致，故钻井液流动阻力小，有利于水功率的利用。但接头外径大，容易磨损，强度较低。

（2）贯眼型接头（FH）。适用于内加厚或内外加厚钻杆，这种钻杆接头内径等于管体加厚处内径，但小于管体内径，钻井液流动阻力大于内平式接头，但外径较小。

（3）正规型接头（REG）。适用于内加厚钻杆，接头内径小于钻杆加厚部分内径，加厚部分内径又小于管体内径，钻井液流动阻力最大，但外径小、强度大。

（4）数字型接头（NC）。数字型接头以螺纹基面中径的英寸和十分之一英寸数字值来表示，具有 1.651mm 的平螺纹顶和 0.965mm 的圆形螺纹底。螺纹牙型以 V-0.038R 表示并可与 V-0.065 牙型相连接。在数字型接头中，有几种与旧的 API 标准中的接头有相同的节圆直径、锥度、螺距和螺纹长度，且可以互换，见表 2-18。

表 2-18　接头类型互换对照表

| NC | IF | FH |
|---|---|---|
| 数字型接头 | 内平型接头 | 贯眼型接头 |
| NC26 | $2\frac{3}{8}$in IF | — |
| NV31 | $2\frac{7}{8}$in IF | — |
| NC38 | $3\frac{1}{2}$in IF | — |
| NC40 | — | 4in FH |
| NC46 | 4in IF | — |
| NC50 | $4\frac{1}{2}$in IF | — |

2. 钻杆接头尺寸

钻杆接头尺寸如图 2-9 和表 2-19 所示。

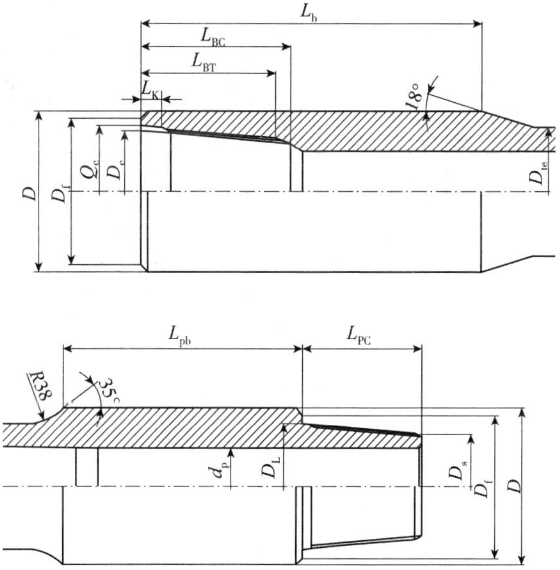


图 2-9　石油钻杆接头尺寸

根据内螺纹接头的吊卡扣合处(即吊卡台肩)形状,分为 18°锥形斜台肩接头和直角台肩接头。

**表 2-19　钻杆接头尺寸(SY/T 5561-2014)**

| 钻　杆[2] | | | | 钻杆接头/mm | | | | | | | | | |
|---|---|---|---|---|---|---|---|---|---|---|---|---|---|
| 钻杆接头代号[1] | 规格和类型 | 标称质量/(kg/m) | 钢级 | 内、外螺纹接头外径 ±0.8$D$ | 外螺纹接头内径[3] +0.4, -0.8$d$ | 内、外螺纹接头台肩倒角直径 ±0.4$D_F$ | 外螺纹接头体长度 +6.4, -9.5$L_P$ | 外螺纹接头大钳空间 ±6.4 $L_{PB}$ | 内螺纹接头大钳空间 ±6.4 $L_B$ | 内、外接头组合长度 ±12.7 $L$ | 外螺纹接头焊颈直径 max $D_{PE}$ | 内螺纹接头焊颈最大 Max $D_{TE}$, $D_{SE}$ | 外螺纹接头对钻杆的扭矩比 |
| NC26 (2⅜in IF) | 2⅜in EU | 9.90 | E75 | 85.70 | 44.50 | 82.95 | 254.0 | 177.8 | 203.2 | 381.0 | 65.09 | 65.09 | 1.10 |
| | | | X95 | 85.70 | 44.50 | 82.95 | 254.0 | 177.8 | 203.2 | 381.0 | 65.09 | 65.09 | 0.87 |
| | | | G105 | 85.70 | 44.50 | 82.95 | 254.0 | 177.8 | 203.2 | 381.0 | 65.09 | 65.09 | 0.79 |
| NC31 (2⅞in IF) | 2⅞in EU | 15.49 | E75 | 104.80 | 53.98 | 100.41 | 266.7 | 177.8 | 228.6 | 406.4 | 80.96 | 80.96 | 1.03 |
| | | | X95 | 104.80 | 50.80 | 100.41 | 266.7 | 177.8 | 228.6 | 406.4 | 80.96 | 80.96 | 0.90 |
| | | | G105 | 104.80 | 50.80 | 100.41 | 266.7 | 177.8 | 228.6 | 406.4 | 80.96 | 80.96 | 0.82 |
| | | | S135 | 111.10 | 41.28 | 100.41 | 266.7 | 177.8 | 228.6 | 406.4 | 80.96 | 80.96 | 0.82 |
| NC38 | 3½in EU | 14.15 | E75 | 120.70 | 76.20 | 116.28 | 292.1 | 203.2 | 266.7 | 469.9 | 98.43 | 98.43 | 0.91 |
| NC38 (3½in IF) | 3½in EU | 19.81 | E75 | 120.70 | 68.26 | 116.28 | 304.8 | 203.2 | 266.7 | 469.9 | 98.43 | 98.43 | 0.98 |
| | | | X95 | 127.00 | 65.09 | 116.28 | 304.8 | 203.2 | 266.7 | 469.9 | 98.43 | 98.43 | 0.87 |
| | | | G105 | 127.00 | 61.91 | 116.28 | 304.8 | 203.2 | 266.7 | 469.9 | 98.43 | 98.43 | 0.86 |
| | | | S135 | 127.00 | 53.98 | 116.28 | 304.8 | 203.2 | 266.7 | 469.9 | 98.43 | 98.43 | 0.80 |
| | | 23.09 | E75 | 127.00 | 65.09 | 116.28 | 304.8 | 203.2 | 266.7 | 469.9 | 98.43 | 98.43 | 0.97 |
| | | | X95 | 127.00 | 61.91 | 116.28 | 304.8 | 203.2 | 266.7 | 469.9 | 98.43 | 98.43 | 0.83 |
| | | | G105 | 127.00 | 53.98 | 116.28 | 304.8 | 203.2 | 266.7 | 469.9 | 98.43 | 98.43 | 0.90 |

续表

| 钻杆[②] | | | | 钻杆接头/mm | | | | | | | | | |
|---|---|---|---|---|---|---|---|---|---|---|---|---|---|
| 钻杆接头代号[①] | 规格和类型 | 标称质量/(kg/m) | 钢级 | 内、外螺纹接头外径 ±0.8$D$ | 外螺纹接头内径[③] +0.4, −0.8$d$ | 内、外螺纹接头台肩倒角直径 ±0.4$D_F$ | 外螺纹接头体长度 +6.4, −9.5$L_P$ | 外螺纹接头大钳空间 ±6.4 $L_{PB}$ | 内螺纹接头大钳空间 ±6.4 $L_B$ | 内、外接头组合长度 ±12.7 $L$ | 外螺纹接头焊颈直径 max $D_{PE}$ | 内螺纹接头焊颈最大 Max $D_{TE}$, $D_{SE}$ | 外螺纹接头对钻杆的扭矩比 |
| NC40 (4in FH) | 3½in EU<br>4in IU | 23.09<br>20.85 | S135 | 139.70 | 57.15 | 127.40 | 292.1 | 177.8 | 254.0 | 431.8 | 98.43 | 98.43 | 0.87 |
| | | | E75 | 133.40 | 71.44 | 127.40 | 292.1 | 177.8 | 254.0 | 431.8 | 106.36 | 106.36 | 1.01 |
| | | | X95 | 133.40 | 68.26 | 127.40 | 292.1 | 177.8 | 254.0 | 431.8 | 106.36 | 106.36 | 0.86 |
| | | | G105 | 139.70 | 61.91 | 127.40 | 292.1 | 177.8 | 254.0 | 431.8 | 106.36 | 106.36 | 0.93 |
| | | | S135 | 139.70 | 50.80 | 127.40 | 292.1 | 177.8 | 254.0 | 431.8 | 106.36 | 106.36 | 0.87 |
| NC46 (4in IF) | 4in EU | 20.85 | E75 | 152.40 | 82.55 | 145.26 | 292.1 | 177.8 | 254.0 | 431.8 | 114.30 | 114.30 | 1.43 |
| | | | X95 | 152.40 | 82.55 | 145.26 | 292.1 | 177.8 | 254.0 | 431.8 | 114.30 | 114.30 | 1.13 |
| | | | G105 | 152.40 | 82.55 | 145.26 | 292.1 | 177.8 | 254.0 | 431.8 | 114.30 | 114.30 | 1.02 |
| | | | S135 | 152.40 | 76.20 | 145.26 | 292.1 | 177.8 | 254.0 | 431.8 | 114.30 | 114.30 | 0.94 |
| | 4½in IU<br>4½in IEU | 20.48<br>24.73 | E75 | 152.40 | 85.73 | 145.26 | 292.1 | 177.8 | 254.0 | 431.8 | 119.06 | 119.06 | 1.20 |
| | | | E75 | 158.80 | 82.55 | 145.26 | 292.1 | 177.8 | 254.0 | 431.8 | 119.06 | 119.06 | 1.09 |
| | | | X95 | 158.80 | 76.20 | 145.26 | 292.1 | 177.8 | 254.0 | 431.8 | 119.06 | 119.06 | 1.01 |
| | | | G105 | 158.8 | 76.20 | 145.26 | 292.1 | 177.8 | 254.0 | 431.8 | 119.06 | 119.06 | 0.91 |
| | | | S135 | 158.8 | 69.85 | 145.26 | 292.1 | 177.8 | 254.0 | 431.8 | 119.06 | 119.06 | 0.81 |
| | 4½in IEU | 29.79 | E75 | 158.75 | 76.20 | 145.30 | 292.1 | 177.8 | 254.0 | 431.8 | 119.07 | 119.07 | 1.07 |
| | | | X95 | 158.75 | 69.85 | 145.30 | 292.1 | 177.8 | 254.0 | 431.8 | 119.07 | 119.07 | 0.96 |
| | | | G105 | 158.75 | 63.50 | 145.30 | 292.1 | 177.8 | 254.0 | 431.8 | 119.07 | 119.07 | 0.96 |
| | | | S135 | 158.75 | 57.45 | 145.30 | 292.1 | 177.8 | 254.0 | 431.8 | 119.07 | 119.07 | 0.81 |

续表

| 钻杆② | | | | 钻杆接头/mm | | | | | | | | | |
|---|---|---|---|---|---|---|---|---|---|---|---|---|---|
| 钻杆接头代号① | 规格和类型 | 标称质量/(kg/m) | 钢级 | 内、外螺纹接头外径 ±0.8$D$ | 外螺纹接头内径③ +0.4，−0.8$d$ | 内、外螺纹接头台肩倒角直径 ±0.4$D_F$ | 外螺纹接头体长度 +6.4，−9.5$L_P$ | 外螺纹接头大钳空间 ±6.4 $L_{PB}$ | 内螺纹接头大钳空间 ±6.4 $L_B$ | 内、外接头组合长度 ±12.7 $L$ | 外螺纹接头焊颈直径 max $D_{PE}$ | 内螺纹接头焊颈最大 Max $D_{TE}$，$D_{SE}$ | 外螺纹接头对钻杆的扭矩比 |
| NC50 (4½in IF) | 4½in EU<br>4½in EU | 20.48<br>24.73 | E75 | 168.28 | 98.43 | 154.00 | 292.1 | 177.8 | 254.0 | 431.8 | 127.0 | 127.0 | 1.32 |
| | | | E75 | 168.28 | 95.25 | 154.00 | 292.1 | 177.8 | 254.0 | 431.8 | 127.0 | 127.0 | 1.23 |
| | | | X95 | 168.28 | 95.25 | 154.00 | 292.1 | 177.8 | 254.0 | 431.8 | 127.0 | 127.0 | 0.97 |
| | | | G105 | 168.28 | 95.25 | 154.00 | 292.1 | 177.8 | 254.0 | 431.8 | 127.0 | 127.0 | 0.88 |
| | | | S135 | 168.28 | 88.90 | 154.00 | 292.1 | 177.8 | 254.0 | 431.8 | 127.0 | 127.0 | 0.81 |
| | 4½in EU | 29.79 | E75 | 168.28 | 92.08 | 154.00 | 292.1 | 177.8 | 254.0 | 431.8 | 127.0 | 127.0 | 1.02 |
| | | | X95 | 168.28 | 88.90 | 154.00 | 292.1 | 177.8 | 254.0 | 431.8 | 127.0 | 127.0 | 0.96 |
| | | | G105 | 168.28 | 88.90 | 154.00 | 292.1 | 177.8 | 254.0 | 431.8 | 127.0 | 127.0 | 0.86 |
| | | | S135 | 168.28 | 76.20 | 154.00 | 292.1 | 177.8 | 254.0 | 431.8 | 127.0 | 127.0 | 0.87 |
| | 5in IEU | 29.05 | E75 | 168.28 | 95.26 | 154.00 | 292.1 | 177.8 | 254.0 | 431.8 | 130.18 | 130.18 | 0.92 |
| | | | X95 | 168.28 | 88.90 | 154.00 | 292.1 | 177.8 | 254.0 | 431.8 | 130.18 | 130.18 | 0.86 |
| | | | G105 | 168.28 | 82.55 | 154.00 | 292.1 | 177.8 | 254.0 | 431.8 | 130.18 | 130.18 | 0.89 |
| | | | S135 | 168.28 | 69.85 | 154.00 | 292.1 | 177.8 | 254.0 | 431.8 | 130.18 | 130.18 | 0.86 |

续表

| 钻 杆② | | | | 钻杆接头/mm | | | | | | | | | |
|---|---|---|---|---|---|---|---|---|---|---|---|---|---|
| 钻杆接头代号① | 规格和类型 | 标称质量/(kg/m) | 钢级 | 内、外螺纹接头外径 ±0.8 $D$ | 外螺纹接头内径③ +0.4, −0.8 $d$ | 内、外螺纹接头台肩倒角直径 ±0.4 $D_F$ | 外螺纹接头体长度 +6.4, −9.5 $L_P$ | 外螺纹接头大钳空间 ±6.4 $L_{PB}$ | 内螺纹接头大钳空间 ±6.4 $L_B$ | 内、外接头组合长度 ±12.7 $L$ | 外螺纹接头焊颈直径 max $D_{PE}$ | 内螺纹接头焊颈最大 Max $D_{TE}$, $D_{SE}$ | 外螺纹接头对钻杆的扭矩比 |
| | 5in IEU | 38.13 | E75 | 168.28 | 88.90 | 154.00 | 292.1 | 177.8 | 254.0 | 431.8 | 130.18 | 130.18 | 0.86 |
| | | | X95 | 168.28 | 76.20 | 154.00 | 292.1 | 177.8 | 254.0 | 431.8 | 130.18 | 130.18 | 0.86 |
| | | | G105 | 168.28 | 69.85 | 154.00 | 292.1 | 177.8 | 254.0 | 431.8 | 130.18 | 130.18 | 0.87 |
| 5½in FH | 5in IEU | 29.05 | E75 | 177.80 | 95.25 | 170.70 | 330.2 | 203.2 | 254.0 | 457.2 | 130.18 | 130.18 | 1.53 |
| | | | X95 | 177.80 | 95.25 | 170.70 | 330.2 | 203.2 | 254.0 | 457.2 | 130.18 | 130.18 | 1.21 |
| | | | G105 | 177.80 | 95.25 | 170.70 | 330.2 | 203.2 | 254.0 | 457.2 | 130.18 | 130.18 | 1.09 |
| | | | S135 | 184.15 | 88.90 | 170.70 | 330.2 | 203.2 | 254.0 | 457.2 | 130.18 | 130.18 | 0.98 |
| | 5in IEU | 38.13 | E75 | 177.80 | 88.90 | 170.70 | 330.2 | 203.2 | 254.0 | 457.2 | 130.18 | 130.18 | 1.21 |
| | | | X95 | 177.80 | 88.90 | 170.70 | 330.2 | 203.2 | 254.0 | 457.2 | 130.18 | 130.18 | 0.95 |
| | | | G105 | 184.15 | 88.90 | 170.70 | 330.2 | 203.2 | 254.0 | 457.2 | 130.18 | 130.18 | 0.99 |
| | | | S135 | 184.15 | 82.55 | 170.70 | 330.2 | 203.2 | 254.0 | 457.2 | 130.18 | 130.18 | 0.83 |
| | 5½in IEU | 32.62 | E75 | 177.80 | 101.60 | 170.70 | 330.2 | 203.2 | 254.0 | 457.2 | 144.46 | 144.46 | 1.11 |
| | | | X95 | 177.80 | 95.25 | 170.70 | 330.2 | 203.2 | 254.0 | 457.2 | 144.46 | 144.46 | 0.98 |
| | | | G105 | 184.15 | 88.90 | 170.70 | 330.2 | 203.2 | 254.0 | 457.2 | 144.46 | 144.46 | 1.02 |
| | | | S135 | 190.50 | 76.20 | 170.70 | 330.2 | 203.2 | 254.0 | 457.2 | 144.46 | 144.46 | 0.96 |

续表

| 钻杆接头代号① | 钻　杆② | | | 钻杆接头/mm | | | | | | | | | |
|---|---|---|---|---|---|---|---|---|---|---|---|---|---|
| | 规格和类型 | 示称质量/(kg/m) | 钢级 | 内、外螺纹接头外径 ±0. 8$D$ | 外螺纹接头内径③ +0. 4, −0. 8$d$ | 内、外螺纹接头台肩倒角直径 ±0. 4$D_F$ | 外螺纹接头体长度 +6. 4, −9. 5$L_P$ | 外螺纹接头大钳空间 ±6. 4 $L_{PB}$ | 内螺纹接头大钳空间 ±6. 4 $L_B$ | 内、外接头组合长度 ±12. 7 $L$ | 外螺纹接头焊颈直径 max $D_{PE}$ | 内螺纹接头焊颈最大 Max $D_{TE}$, $D_{SE}$ | 外螺纹接头对钻杆的扭矩比 |
| 5½in FH | 5½in IEU | 35. 79 | E75 | 177. 80 | 101. 60 | 170. 70 | 330. 2 | 203. 2 | 254. 0 | 457. 2 | 144. 46 | 144. 46 | 0. 99 |
| | | | X95 | 184. 15 | 88. 90 | 170. 70 | 330. 2 | 203. 2 | 254. 0 | 457. 2 | 144. 46 | 144. 46 | 1. 01 |
| | | | G105 | 184. 15 | 88. 90 | 170. 70 | 330. 2 | 203. 2 | 254. 0 | 457. 2 | 144. 46 | 144. 46 | 0. 92 |
| | | | S135 | 190. 50 | 76. 20 | 170. 70 | 330. 2 | 203. 2 | 254. 0 | 457. 2 | 144. 46 | 144. 46 | 0. 86 |
| | 6⅝in IEU | 37. 54 | E75 | 203. 20 | 127. 00 | 195. 70 | 330. 2 | 203. 2 | 279. 4 | 482. 6 | 176. 21 | 176. 21 | 1. 04 |
| | | | X95 | 203. 20 | 127. 00 | 195. 70 | 330. 2 | 203. 2 | 279. 4 | 482. 6 | 176. 21 | 176. 21 | 0. 82 |
| | | | G105 | 209. 55 | 120. 65 | 195. 70 | 330. 2 | 203. 2 | 279. 4 | 482. 6 | 176. 21 | 176. 21 | 0. 87 |
| | | | S135 | 215. 90 | 107. 95 | 195. 70 | 330. 2 | 203. 2 | 279. 4 | 482. 6 | 176. 21 | 176. 21 | 0. 86 |
| | 6⅝in IEU | 41. 29 | E75 | 203. 20 | 127. 00 | 195. 70 | 330. 2 | 203. 2 | 279. 4 | 482. 6 | 176. 21 | 176. 21 | 0. 96 |
| | | | X95 | 209. 55 | 120. 65 | 195. 70 | 330. 2 | 203. 2 | 279. 4 | 482. 6 | 176. 21 | 176. 21 | 0. 89 |
| | | | G105 | 209. 55 | 120. 65 | 195. 70 | 330. 2 | 203. 2 | 279. 4 | 482. 6 | 176. 21 | 176. 21 | 0. 81 |
| | | | S135 | 215. 90 | 107. 95 | 195. 70 | 330. 2 | 203. 2 | 279. 4 | 482. 6 | 176. 21 | 176. 21 | 0. 80 |

注:1. 颈部直径 $D_{P二}$、$D_{TE}$、$D_{SE}$ 和内径 $d$ 均为成品尺寸。

2. 外螺纹长度可减小至 88. 9mm(比标准长度短 12. 7mm)以适应 76. 2mm 内径。

① 钻杆接头代号表示适用连接螺纹规格和类型。

② 所示钻杆尺寸和类型,标称质量及钢级是供订货时识别之用。

③ 内径 $d$ 不适于内螺纹接头,内螺纹接头内径由制造厂确定。

3. 钻杆接头标志

（1）国产钻杆接头代号如图2-10所示。

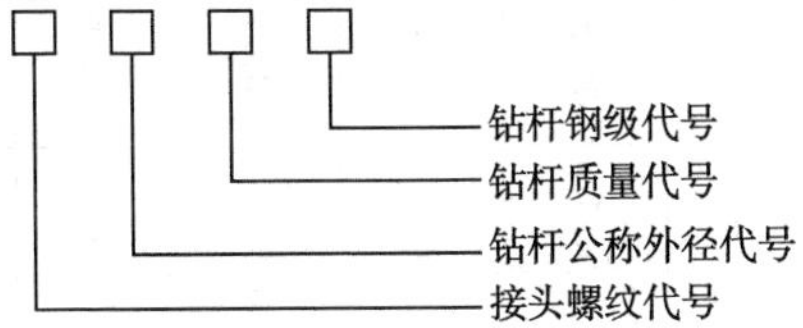


图2-10　国产钻杆接头代号

例：接头螺纹为NC50，所配钻杆公称外径为127.00mm，公称质量为38.13kg/m，钢级为G105的石油钻杆接头代号NC50—63G。

（2）API Spec 5DP钻杆接头代号

打印在公接头根部，如图2-11所示。

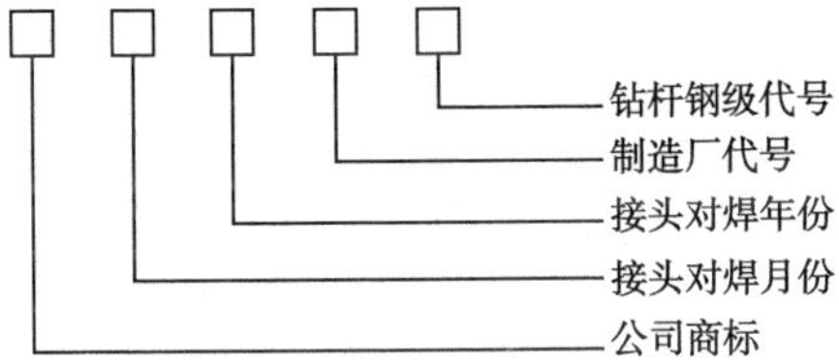


图2-11　API Spec 5DP钻杆接头代号

例：美国钢铁公司制造的E级钻杆，于1970年6月对焊，则表示为R670NE。

## 三、钻杆技术特性

表2-20列出了API Spec 5DP（第二版）各种尺寸、不同壁厚和钢级的新钻杆的抗拉、抗扭、抗内压和抗外挤的强度数据。其中，最小抗拉强度决定了该种钻杆的钻井深度，抗扭强度是抵抗扭矩破坏的能力。一般钻杆的抗扭强度是根据管体材料最小屈服强度的57.7%计算的，管体尺寸取公称尺寸参与计算。

**表 2-20　API 新钻杆强度数据**

| 钻杆尺寸/mm(in) | 壁厚/mm | 最小抗挤强度/MPa | | | | | 最小抗内压强度/MPa | | | | | 抗扭屈服强度/N·m | | | | | 最小抗拉强度/kN | | | | |
|---|---|---|---|---|---|---|---|---|---|---|---|---|---|---|---|---|---|---|---|---|---|
| | | D | E | X | G | S | D | E | X | G | S | D | E | X | G | S | D | E | X | G | S |
| 60.3 (2⅜) | 4.83 | 55.8 | 76.1 | 96.4 | 106.6 | 131.5 | — | 72.4 | 91.7 | 101.4 | 130.3 | — | 6454 | 8162 | 9030 | 11606 | — | 435.5 | 551.6 | 609.7 | 783.9 |
| 60.3 (2⅜) | 7.11 | 78.9 | 107.6 | 135.8 | 150.6 | 193.6 | 78.3 | 106.7 | 135.1 | 149.3 | 192.0 | 6210 | 8460 | 10711 | 11850 | 15239 | 451.3 | 615.4 | 779.5 | 861.5 | 1107.6 |
| 73.0 (2⅞) | 5.51 | 53.0 | 72.2 | 89.2 | 96.6 | 117.6 | — | 68.3 | 86.5 | 95.6 | 122.9 | — | 10941 | 13856 | 15321 | 19700 | — | 605.1 | 766.4 | 847.1 | 1089.1 |
| 73.0 (2⅞) | 9.19 | 83.5 | 113.8 | 144.2 | 159.3 | 204.9 | 83.6 | 114.0 | 114.3 | 159.6 | 205.1 | 11470 | 15633 | 19809 | 17890 | 22973 | 700.0 | 954.3 | 1208.8 | 1336.0 | 1717.8 |
| 88.9 (3½) | 6.45 | 51.0 | 69.2 | 83.2 | 90.0 | 108.8 | — | 65.6 | 83.2 | 92.0 | 118.2 | — | 19144 | 24256 | 26805 | 34465 | — | 864.9 | 1095.6 | 1210.9 | 1556.9 |
| 88.9 (3½) | 9.35 | 71.4 | 97.3 | 123.3 | 136.2 | 175.1 | 69.8 | 95.2 | 120.5 | 133.2 | 171.3 | 18412 | 25110 | 31807 | 30117 | 35950 | 886.7 | 1209.1 | 1531.5 | 1692.7 | 2176.3 |
| 88.9 (3½) | 11.40 | 84.8 | 115.6 | 146.5 | 161.9 | 208.1 | 85.2 | 116.1 | 147.1 | 162.5 | 209.0 | 20934 | 28540 | 36146 | 35950 | 44665 | 1054.0 | 1437.1 | 1820.3 | 2011.9 | 2586.7 |

续表

| 钻杆尺寸/mm(in) | 壁厚/mm | 最小抗挤强度/MPa | | | | | 最小抗内压强度/MPa | | | | | 抗扭屈服强度/N·m | | | | | 最小抗拉强度/kN | | | | |
|---|---|---|---|---|---|---|---|---|---|---|---|---|---|---|---|---|---|---|---|---|---|
| | | D | E | X | G | S | D | E | X | G | S | D | E | X | G | S | D | E | X | G | S |
| 101.6 (4) | 6.65 | 45.4 | 58.0 | 68.7 | 73.8 | 87.2 | — | 59.3 | 75.1 | 83.0 | 106.7 | — | 26357 | 33380 | 36905 | 47440 | — | 1027.3 | 1301.3 | 1438.3 | 1849.3 |
| 101.6 (4) | 8.38 | 57.4 | 78.3 | 99.2 | 109.6 | 139.0 | 54.7 | 74.7 | 94.6 | 104.5 | 134.4 | 23117 | 31523 | 39929 | 40829 | 49302 | 931.8 | 1270.5 | 1609.3 | 1778.7 | 2286.9 |
| 101.6 (4) | 9.65 | 65.2 | 88.9 | 112.7 | 124.4 | 160.0 | 63.0 | 86.0 | 108.9 | 120.4 | 154.7 | 25611 | 34926 | 44240 | 48904 | 62883 | 1058.3 | 1443.2 | 1828.0 | 2020.5 | 2597.5 |
| 114.3 (4½) | 6.88 | 39.4 | 49.6 | 57.9 | 61.7 | 71.1 | — | 54.5 | 69.0 | 76.3 | 98.1 | — | 35061 | 44417 | 49094 | 63113 | — | 1202.2 | 1522.8 | 1683.2 | 2164.0 |
| 114.3 (4½) | 8.56 | 52.5 | 71.6 | 87.9 | 95.3 | 115.8 | 49.7 | 67.8 | 85.9 | 94.9 | 122.0 | 30574 | 41691 | 52809 | 58368 | 75045 | 1079.1 | 1471.7 | 1864.1 | 2060.4 | 2649.0 |
| 114.3 (4½) | 10.92 | 65.6 | 89.4 | 113.2 | 125.1 | 160.8 | 63.4 | 86.5 | 109.6 | 120.1 | 155.7 | 36621 | 49948 | 63262 | 69920 | 89891 | 1346.3 | 1835.9 | 2325.5 | 2570.3 | 3304.6 |
| 114.3 (4½) | 12.70 | 74.9 | 102.1 | 129.4 | 143.0 | 183.9 | 73.7 | 100.5 | 127.4 | 140.8 | 181.0 | 4067.5 | 55467 | 70258 | 77661 | 99842 | 1538.6 | 2098.1 | 2657.5 | 2937.3 | 3776.5 |

续表

| 钻杆尺寸/mm(in) | 壁厚/mm | 最小抗齐强度/MPa | | | | | 最小抗内压强度/MPa | | | | | 抗扭屈服强度/N·m | | | | | 最小抗拉强度/kN | | | | |
|---|---|---|---|---|---|---|---|---|---|---|---|---|---|---|---|---|---|---|---|---|---|
| | | D | E | X | G | S | D | E | X | G | S | D | E | X | G | S | D | E | X | G | S |
| 127.0 (5) | 7.52 | 38.3 | 48.1 | 55.8 | 59.4 | 68.0 | — | 53.6 | 67.8 | 75.0 | 96.5 | — | 47427 | 60076 | 66394 | 85376 | — | 1460.6 | 1850.2 | 2044.9 | 2629.2 |
| 127.0 (5) | 9.19 | 51.3 | 69.0 | 82.8 | 89.6 | 108.3 | 48.1 | 65.5 | 83.0 | 91.7 | 118.0 | 40858 | 55711 | 70570 | 69753 | 85967 | 1291.6 | 1761.3 | 2231.0 | 2465.8 | 3170.3 |
| 127.0 (5) | 12.70 | 68.3 | 93.1 | 117.8 | 130.3 | 167.5 | 66.3 | 90.5 | 114.6 | 126.7 | 162.9 | 51860 | 70719 | 89579 | 85967 | 106725 | 1730.9 | 2360.3 | 2990.0 | 3304.4 | 4248.6 |
| 139.7 (5½) | 7.72 | 33.9 | 41.9 | 47.8 | 50.3 | 56.0 | — | 50.0 | 63.4 | 70.1 | 90.0 | — | 59900 | 75872 | 83857 | 107815 | — | 1657.0 | 2099.0 | 2320.0 | 2982.6 |
| 139.7 (5½) | 9.17 | 45.6 | 58.2 | 69.0 | 74.1 | 87.6 | 43.6 | 59.4 | 75.2 | 83.2 | 106.9 | 50328 | 68632 | 86935 | 98274 | 118187 | 1427.2 | 1946.1 | 2465.1 | 2724.6 | 3503.0 |
| 139.7 (5½) | 10.54 | 52.9 | 72.1 | 89.1 | 96.5 | 117.6 | 50.1 | 68.3 | 86.5 | 95.6 | 122.9 | 56144 | 76563 | 96982 | 98274 | 118787 | 1623.4 | 2213.7 | 2804.1 | 3099.2 | 3984.7 |
| 168.3 (6⅝) | 8.38 | 27.6 | 33.2 | 36.5 | 37.8 | 41.6 | 33.0 | 45.1 | 57.1 | 63.1 | — | 70150 | 95653 | 121156 | 133914 | — | 1598.0 | 2179.1 | 2760.3 | 3050.9 | — |

在进行中途测试时，应着重考虑钻杆抗挤强度；在高压气井的中途测试和压裂时，应认真核算钻杆抗内压强度，压裂时钻杆承受的内压是泵压与静液柱压力之和。如果钻柱底部是敞口的，钻柱在任一深度的内、外液体静压力是相互平衡的。

1. 抗拉对抗挤的影响

在钻杆受拉的情况下，其抗挤强度要降低。例如在进行中途测试时，如果要上提卡住的封隔器，就应计算在有拉力情况下的抗挤强度。

$$P_{CL}=\left[\sqrt{1-0.75(S_A/Y_P)^2}-0.75(S_A/Y_P)\right]P_{CO} \qquad (2-1)$$

式中　$P_{CL}$——有轴向拉力时的最低抗挤强度，MPa；

$S_A$——轴向拉应力，MPa；

$Y_P$——管体最低屈服强度，MPa；

$P_{CO}$——无轴向拉力时的最低抗挤强度，MPa。

式(2-1)是以屈服变形理论的最大应变能力为基础的，适用于挤压力与屈服强度成正比的情况，且适用于屈服挤压和塑性挤压，不适用于弹性挤压。

2. 抗拉对抗扭的影响

卡钻时，为了解卡，有时采取上提拉力后再用转盘扭转。此时，钻杆的抗扭屈服强度可用式(2-2)计算。

$$Q_T=\frac{10^{-5}\times1.16J}{D}\sqrt{10^4Y_m^2-\frac{p^2}{A^2}}\,;J=\frac{\pi}{32}(D^4-d^4) \qquad (2-2)$$

式中　$Q_T$——在拉力下的最小扭转屈服强度，N · m；

$J$——管体极惯性矩，$mm^4$；

$D$——管体外径，mm；

$d$——管体内径，mm；

$Y_m$——管体材料最小屈服强度，MPa；

$p$——拉伸负荷，N；

$A$——管体横断面积，$mm^2$。

# 第三节　加重钻杆

加重钻杆是一种和钻杆类似的中等重量钻具,其管壁比钻杆厚,比钻铤薄。管体连接有特别加长的钻杆接头。钻具组合一般加在钻杆与钻铤之间,防止钻杆疲劳破坏。用它替代一部分钻铤,在钻深井中可以减小扭矩和提高负荷,增强钻深能力。起下钻不用提升短节和安全卡瓦,操作方便。在定向井中使用,可以在较低扭矩的情况下钻进,减少了钻柱的磨损和破裂。由于其刚性比钻铤小,和井壁接触面积小,不容易卡钻。

## 一、钢级及长度

加重钻杆的总长度一般为 9.3m,也有特殊长度为 2m、3m、13m 的加重钻杆。国产的 JZ－5I 型和 JZ－5Ⅱ型加重钻杆用 4145H 合金钢制造,机械性能见表 2-21。JZ-5I 型的耐磨带用含有粗颗粒碳化钨特制焊条敷焊,JZ-5Ⅱ型的耐磨带用的是铁铬硼硅粉喷焊。国外产品用钢符合 API Spec 7-1 标准,法国 SMFI 生产的加重钻杆和美国 Smith 公司 Drilco 分公司生产的加重钻杆均由 4145H 合金钢制造,接头上的耐磨带用钨钢粉和钨钢碎屑喷焊,接头用钢与钻杆接头相同。

**表 2-21　加重钻杆机械性能(SY/T 5146—2014)**

| 抗拉强度($\sigma_b$)/MPa | 屈服强度($\sigma_{r0.2}$)/MPa | 伸长率($\delta_4$)% | 硬度/HB | 夏比冲击吸收功($A_{kv}$)/J |
|---|---|---|---|---|
| ≥964 | ≥758 | ≥13 | 285~341 | 平均值≥70<br>单个值≥60 |

## 二、结构、尺寸及规格

加重钻杆除两端有超长的外加厚接头外,中部还有一外加厚部分用以保护管体使之不受磨损。长度为 13m 的加重钻杆还有

2个中间加厚部分。国产加重钻杆为整体式,国外产品多是管体和接头对焊而成。无论整体的还是对焊的加重钻杆,在其两端接头和中部加厚部分都有表面耐磨带。

目前,加重钻杆已列入 API Spec 7-1 标准。国内已制定《加重钻杆》(SY/T 5146—2014)标准,如图2-12和表2-22所示。

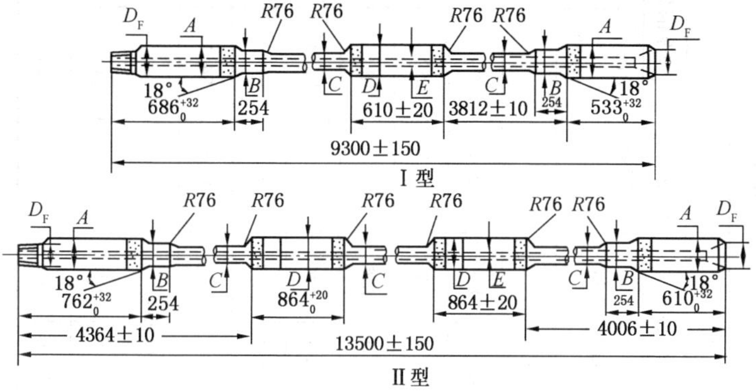


图2-12 加重钻杆结构

## 三、技术特点

加重钻杆的主要特点是:

(1) 壁厚大,增加了重量。管体外径和接头外径与普通钻杆一致,内径至少等于钻铤内径,重量为同尺寸钻杆的两倍以上。

(2) 中间的外加厚段起小型扶正器作用,更能适应受压产生的挠曲,比钻铤更能适应井眼弯曲。弯曲时,只有两端的接头和中部的加厚段与井壁接触,有利于防卡,而且管体不受磨损。

(3) 两端接头和中部加厚部分焊有硬质合金或铁基合金粉末,工作寿命大幅延长。

(4) 超长的整体接头可以提供较大的耐磨表面,接头可多次修理。

(5) 弯曲交变应力大,韧性、刚度和强度要求高。

表 2-22 加重钻杆的尺寸规格(SY/T 5146—2014)

| 规格 | 外径(*C*) | | 内径(*E*) | | 接头 | | | | 管体 | | 单根质量/kg |
|---|---|---|---|---|---|---|---|---|---|---|---|
| | | | | | 形式 | 外径(*A*) | | 内、外螺纹台肩倒角($D_F$)/mm | 加厚部分尺寸 | | |
| | mm | in | mm | in | | mm | in | | 中部(*D*)/mm | 端部(*B*)/mm | |
| Ⅰ型(单根长度为9300mm) | | | | | | | | | | | |
| ZH-JZ66-6⅝FH-Ⅰ | 168.3 | 6⅝ | 114.3 | 4½ | 6⅝FH | 209.6 | 8¼ | 195.7 | 184.2 | 176.2 | 965 |
| ZH-JZ55-5½FH-Ⅰ | 139.7 | 5½ | 92.1 | 3⅝ | 5½FH | 177.8 | 7 | 170.7 | 152.4 | 144.5 | 730 |
| ZH-JZ50-NC50-Ⅰ | 127.0 | 5 | 76.2 | 3 | NC50 | 153.9 | 6 1/16 | 154.0 | 139.7 | 130.2 | 700 |
| ZH-JZ45-NC46-Ⅰ | 114.3 | 4½ | 71.4 | 2 13/16 | NC46 | 158.8 | 6¼ | 145.3 | 127.0 | 117.5 | 585 |
| ZH-JZ35-NC38-Ⅰ | 88.9 | 3½ | 52.4 | 2 1/16 | NC38 | 120.7 | 4¾ | 116.3 | 101.6 | 92.1 | 370 |
| ZH-JZ29-NC31-Ⅰ | 73.0 | 2⅞ | 50.8 | 2 | NC31 | 104.8 | 4⅛ | 100.4 | 84.1 | 81.0 | 220 |
| Ⅱ型(单根长度为13500mm) | | | | | | | | | | | |
| ZH-JZ50-NC50-Ⅱ | 127.0 | 5 | 76.2 | 3 | NC50 | 165.1 | 6½ | 154.0 | 139.7 | 130.2 | 945 |
| ZH-JZ45-NC46-Ⅱ | 114.3 | 4½ | 71.4 | 2 13/16 | NC46 | 158.8 | 6¼ | 145.3 | 120.0 | 117.5 | 790 |

## 四、加重钻杆与钻头、钻铤尺寸的配合

加重钻杆与钻铤共同形成钻压。为防止疲劳损坏,钻柱转换区的抗弯强度比不应超过 5.5。对于不同规格的加重钻杆可匹配的最大钻铤列于表 2-23。

**表 2-23　加重钻杆与钻铤的匹配表**

| 加重钻杆 | | | | 钻铤 | | | | 抗弯断面模数比 |
|---|---|---|---|---|---|---|---|---|
| 规格/mm(in) | 外径/mm | 内径/mm | 断面模数/$mm^3$ | 规格/mm(in) | 外径/mm | 内径/mm | 断面模数/$mm^3$ | |
| 88.9 (3½) | 88.9 | 52.4 | 60632 | 152.4 (6) | 152.4 | 57.2 | 339212 | 5.6 |
| 101.6 (4) | 101.6 | 65.1 | 85213 | 165.1 (6½) | 165.1 | 57.2 | 434257 | 5.1 |
| 114.3 (4½) | 114.3 | 69.9 | 126180 | 184.2 (7¼) | 184.2 | 71.4 | 598128 | 4.7 |
| 127.0 (5) | 127.0 | 76.2 | 175342 | 209.6 (8¼) | 209.6 | 71.4 | 889818 | 5.1 |

考虑到不同的操作条件,还可用加重钻杆与钻铤组合图来确定它们的组合,如图 2-13 所示。

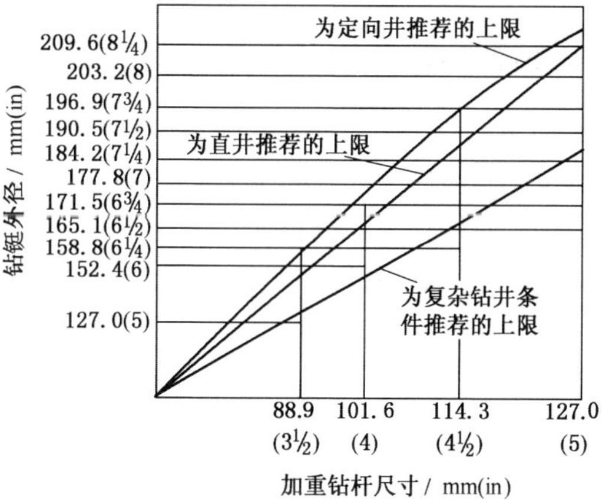


图 2-13　加重钻杆与钻铤组合

每种条件的钻铤外径应选择在上限曲线以下,否则可能发生疲劳损坏。如果使用的钻铤外径大于图中推荐的最大钻铤外径,则至少应用 3 根图中推荐的钻铤作为过渡。

加重钻杆磨损后,接头外径和壁厚小于表 2-24 的规定,应进行修复。

**表 2-24　加重钻杆接头磨损限定尺寸**

| 规格 | | 接头外径/mm | | 螺纹台肩面/mm | |
|---|---|---|---|---|---|
| mm | in | 新钻杆 | 磨损后 | 新台肩 | 磨损后 |
| 88.9 | (3½) | 127.0、120.7 | 119.0 | 8.56 | 6.5 |
| 114.3 | (4½) | 158.8 | 145.0 | 17.09 | 8.0 |
| 127.0 | (5) | 165.1 | 155.0 | 15.10 | 9.0 |
| 139.7 | (5½) | 177.8 | 170.0 | 13.80 | 9.0 |

## 五、加重钻杆的用量

在钻铤以上接 15~30 根加重钻杆将会大幅降低过渡带的疲劳损坏。

## 六、加重钻杆标记

(1) 按《加重钻杆》(SY/T 5146—2014)制造的整体加重钻杆,出厂前应按下列顺序在外螺纹接头外圆表面上沿轴线方向加工印记槽,用钢字打印如下标记:

① 制造厂厂标(或厂名);

② 出厂年、月;

③ 接头形式;

④ 外径;

⑤ 内径。

(2) 对整体加重钻杆按图 2-14 进行标记。

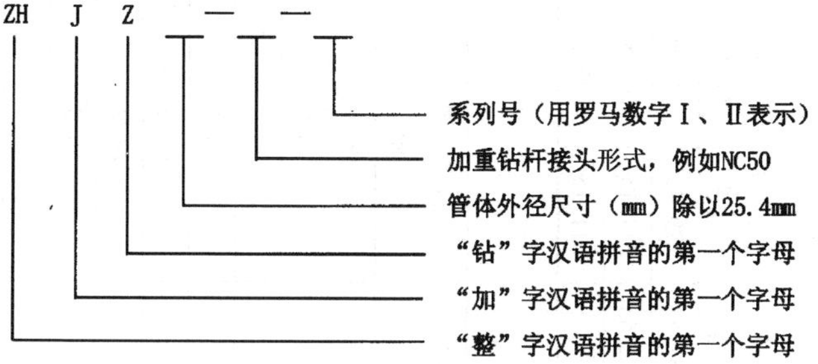


图 2-14　整体加重钻杆标记

# 第四节　特种钻杆

## 一、铝合金钻杆

铝合金钻杆的主要优点是重量轻(约为钢质钻杆重量的1/3)、韧性大、弹性好,具有很好的抗疲劳性能和很强的防硫化氢性能。其疲劳寿命比磨损寿命长,耐腐蚀性比普通钢钻杆高许多倍。这种钻杆强度重量比率性能好,使钻机的钻深能力得到提高,在深井、大位移井钻井中使用具有显著优势。

铝合金钻杆还未列入 API 标准,其尺寸规范及使用性能从生产厂家和用户得到。

1. 渤海能克钻杆有限公司铝合金钻杆

渤海能克钻杆有限公司铝合金钻杆主要尺寸和机械性能见表 2-25 和表 2-26。

2. 山东威玛装备科技股份有限公司铝合金钻杆

山东威玛装备科技股份有限公司铝合金钻杆机械性能见表 2-27。

结构:带钢接头内加厚铝合金钻杆、带钢接头外加厚铝合金钻杆、中间带保护器内加厚铝合金钻杆(带钢接头)、全铝合金钻杆;接头和管体之间通过螺纹连接,产品规格:参考 GB/T 20659 或根据客户定制。

表 2-25　铝合金钻杆主要尺寸

| 通称尺寸/mm(in) | 公称质量/(kg/m) | 带接头质量/(kg/m) | 外径/mm | 横断面积/mm | 壁厚/mm | 加厚部分 | | 接头数据 | | | |
|---|---|---|---|---|---|---|---|---|---|---|---|
| | | | | | | 内径/mm | 外径/mm | 外径/mm | 内径/mm | 大钳夹紧位置/mm | |
| | | | | | | | | | | 母接头 | 公接头 |
| 88.9(3½) | 9.25 | 11.72 | 93.98 | 3307 | 13.00 | 67.95 | 98.43 | 120.65 | 67.47 | 279.40 | 177.80 |
| 101.6(4) | 9.76 | 14.41 | 106.68 | 3487 | 11.69 | 83.30 | 117.48 | 146.05 | 82.55 | 311.15 | 196.85 |
| 114.3(4½) | 11.62 | 16.01 | 116.84 | 4155 | 12.70 | 91.40 | 127.79 | 155.58 | 91.28 | 311.15 | 196.85 |

表 2-26　铝合金钻杆机械性能

| 级别 | 通称尺寸/mm(in) | 抗拉强度/kN | 扭转强度/N·m | 抗挤压强度/MPa | 抗内压强度/MPa |
|---|---|---|---|---|---|
| 1 级 | 88.9 (3½) | 1322.3 | 26886 | 84.9 | 96.9 |
| | 101.6(4) | 1395.8 | 31970 | 69.3 | 76.5 |
| | 114.3(4½) | 1662.9 | 44742 | 69.0 | 76.0 |
| 2 级 | 88.9 (3½) | 1032.9 | 16744 | 63.8 | 79.4 |
| | 101.6(4) | 1087.1 | 21558 | 50.7 | 61.6 |
| | 114.3(4½) | 1297.9 | 28133 | 50.2 | 61.2 |
| 3 级 | 88.9 (3½) | 779.9 | 14168 | 56.5 | 69.5 |
| | 101.6(4) | 880.6 | 19049 | 45.3 | 53.4 |
| | 114.3(4½) | 992.1 | 23456 | 44.0 | 53.0 |

**表 2-27　铝合金钻杆机械性能**

| 特性 | 单位 | 材料组别 | | | |
|---|---|---|---|---|---|
| 合金系列 | — | Al-Cu-Mg | Al-Zn-Mg | Al-Cu-Mg-Si-Fe | Al-Zn-Mg |
| 最小屈服强度 | MPa | 325 | 480 | 340 | 350 |
| 最小抗拉强度 | MPa | 460 | 530 | 410 | 400 |
| 最小伸长率 | % | 12 | 7 | 8 | 9 |
| 最高操作温度 | ℃ | 160 | 120 | 220 | 160 |

3. 俄罗斯阿克瓦基科公司铝合金钻杆

阿克瓦基科公司研制的铝合金钻杆有整体钻杆和钢接头钻杆两种。钢接头与钻杆本体采用具有固定台肩和锥形稳定面的锥形螺纹连接,这种连接是在一定温度下装配完成的,比三角形丝扣连接的疲劳强度提高 60% 以上,如图 2-15 和表 2-28～表 2-36 所示。

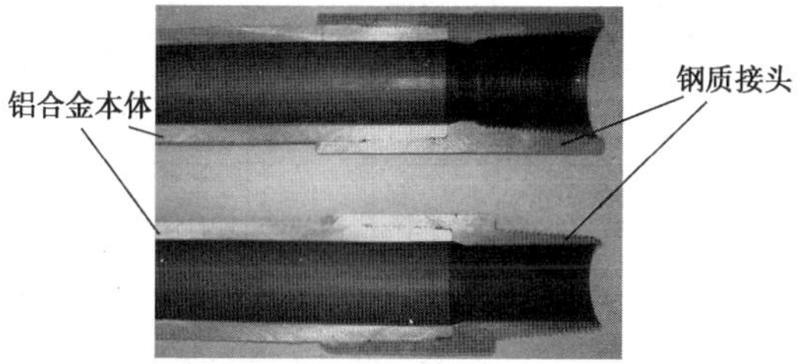


图 2-15　铝合金钻杆本体与接头(端部有锥形稳定面和台肩)

**表 2-28　铝合金性能**

| 性能 | D16T | 1953T1 | AK4 - 1T1 | 1980T1 |
|---|---|---|---|---|
| 屈服极限/MPa(20℃) | 325 | 480 | 340 | 350 |
| 强度极限/MPa(20℃) | 460 | 530 | 410 | 400 |
| 相对伸长率/% | 12 | 7 | 8 | 9 |
| 使用温度/℃ | 160 | 120 | 220 | 160 |

**表 2-29　轻质铝合金钻杆性能(抗拉)**

| 参数 | 内加厚钻杆(本体外径×壁厚)/mm×mm | | | | | 外加厚钻杆(本体外径×壁厚)/mm×mm | | |
|---|---|---|---|---|---|---|---|---|
| | 90×9 | 103×9 | 147×11 | 147×13 | 147×15 | 131×13 | 164×9 | 168×11 |
| 钻杆长度/mm | 9170 | 9210 | 12230 | 12230 | 12230 | 9220 | 9000 | 9010 |

**表 2-30　D16T 合金/1953T1 合金抗拉强度性能**

| 允许抗拉强度/kN | | | | | | | | |
|---|---|---|---|---|---|---|---|---|
| D16T | 588 | 691 | 1221 | 1423 | 1618 | 1253 | 1358 | 1410 |
| 1953T1 | 890 | 1020 | 1805 | 2102 | 2389 | 1850 | 1900 | 2083 |
| 最大抗拉强度/kN | | | | | | | | |
| D16T | 735 | 864 | 1527 | 1779 | 2022 | 1566 | 1607 | 1763 |
| 1953T1 | 1113 | 1276 | 2256 | 2627 | 2986 | 2313 | 2250 | 2604 |

**表 2-31　轻质铝合金钻杆性能(抗外挤)**

| 参数 | 内加厚钻杆(本体外径×壁厚)/mm×mm | | | | 外加厚钻杆(本体外径×壁厚)/mm×mm | | | |
|---|---|---|---|---|---|---|---|---|
| | 90×9 | 103×9 | 147×11 | 147×13 | 147×15 | 131×13 | 164×9 | 168×11 |
| 钻杆长度/mm | 9170 | 9210 | 12230 | 12230 | 12230 | 9220 | 9000 | 9010 |

**表 2-32　D16T 合金/1953T1 合金强度性能**　　MPa

| | | | | | | | | |
|---|---|---|---|---|---|---|---|---|
| D16T | 54.4 | 45.7 | 35.9 | 46.5 | 56.7 | 54.6 | 22.0 | 28.3 |
| 1953T1 | 75.0 | 61.2 | 45.8 | 62.5 | 78.7 | 75.4 | 33.0 | 34.4 |

**表 2-33　轻质铝合金钻杆性能(抗内压)**

| 参数 | 内加厚钻杆(本体外径×壁厚)/mm×mm | | | | | 外加厚钻杆(本体外径×壁厚)/mm×mm | | |
|---|---|---|---|---|---|---|---|---|
| | 90×9 | 103×9 | 147×11 | 147×13 | 147×15 | 131×13 | 164×9 | 168×11 |
| 钻杆长度/mm | 9170 | 9210 | 12230 | 12230 | 12230 | 9220 | 9000 | 9010 |

表 2-34 D16T 合金/1953T1 合金强度性能 MPa

| | | | | | | | | |
|---|---|---|---|---|---|---|---|---|
| D16T | 56.9 | 49.7 | 42.6 | 50.3 | 58.0 | 56.4 | 29.0 | 37.2 |
| 1953T1 | 84.0 | 73.4 | 62.9 | 74.3 | 85.7 | 83.4 | 40.0 | 55.0 |

表 2-35 轻质铝合金钻杆性能(抗扭)

| 参数 | 内加厚钻杆(本体外径×壁厚)/mm×mm | | | | | 外加厚钻杆(本体外径×壁厚)/mm×mm | | |
|---|---|---|---|---|---|---|---|---|
| | 90×9 | 103×9 | 147×11 | 147×13 | 147×15 | 131×13 | 164×9 | 168×11 |

表 2-36 D16T 合金/1953T1 合金抗扭性能 kN · m

| | | | | | | | | |
|---|---|---|---|---|---|---|---|---|
| 允许<br>D16T<br>1953T1 | 10.3<br>15.4 | 13.7<br>20.2 | 35.4<br>52.3 | 40.2<br>59.4 | 44.5<br>60.2 | 30.9<br>45.6 | 44.0<br>61.0 | 47.6<br>70.3 |
| 最大值<br>D16T<br>1953T1 | 12.9<br>19.1 | 17.1<br>25.3 | 44.3<br>65.4 | 50.2<br>74.2 | 55.6<br>75.2 | 38.6<br>57.0 | 52.0<br>72.0 | 59.5<br>87.9 |

## 二、钛合金钻杆

钛合金具有优异的物理、机械性能,强度高、密度低(是普通钻杆的 57%),弹性系数小于钢铁的一半,疲劳寿命是普通钢材的 10 倍以上。对于高压、高速含固体微颗粒的流体具有很好的防冲蚀性,耐用性/抗断裂性好。具有低热膨胀系数、高熔点、基本无磁性的特点。钛合金钻杆还有很高的抗震性,不需要随钻震击器。具有极强的防腐性和井下环境适应性,满足 NACE MR-01-75 标准,可在高温硫化氢酸性高腐蚀环境中作业。含钌钛合金 Ti-6Al-4V(0.1 Ru)(Grade 29)可在如下井下环境中应用,并能完全抵抗压力腐蚀断裂(SCC)、硫化物诱发腐蚀断裂(SSC)、缝隙腐蚀(Crevice Corrosion)和点蚀(Pitting)等常见井下材料破坏:井下温度小于 315℃,硫化氢($H_2S$)介质,氯、溴、卤化物($Cl^-$、$Br^-$、Brine)、硫化物(Sulphide)、一氧化碳(CO)。

美国 RTI Energy System 钛合金钻杆与钢质钻杆比较见

表 2-37和表 2-38。

**表 2-37　钛合金物理、机械性能表**

| 钻杆合金 | 屈服强度/ksi | 抗拉强度/lbs | 扭矩强度/ft · lbs | 弹性模量/($10^6$ lb/in$^2$) | 调整后重/长/(lbs/ft) | 密度/(lb/in$^3$) | 硬度/HRC |
|---|---|---|---|---|---|---|---|
| S135 | 135 | 786. 810 | 91. 300 | 30. 0 | 26. 35 | | |
| G105 | 105 | 612. 000 | 71. 000 | 30. 0 | 25. 24 | 0. 28 | 28 |
| Ti-6Al-4V | 120 | 699. 430 | 81. 100 | 16. 5 | 15. 97 | 0. 16 | 35 |

**表 2-38　钛合金钻杆和普通钻杆单重(PPF)比较表**

| 钻杆级别 | 2⅞in 9. 19mm | 3½in 9. 35mm | 4in 8. 38mm | 5in 9. 19mm | 5½in 9. 17mm |
|---|---|---|---|---|---|
| S135/(kg/m) | 7. 056 | 8. 938 | 9. 408 | 13. 104 | 14. 717 |
| G105/(kg/m) | 7. 056 | 8. 938 | 9. 408 | 13. 104 | 14. 717 |
| Ti(Gr5 或 Gr29)Ti-6A1-4V(0. 1Ru)/(kg/m) | 4. 160 | 5. 275 | 5. 537 | 7. 674 | 8. 487 |
| 百分比/% | 58. 95 | 59. 02 | 58. 85 | 58. 56 | 57. 67 |

## 三、高强度系列和抗硫系列钻杆

新日铁生产的高强度钻杆母管 ND-l50D、ND-165D 及抗硫钻杆母管 ND-95S、ND-l05S、ND-110S 钢级产品是高强度系列产品，在钻杆接头方面也制造了高强度系列产品 NJ-150D、NJ-l65D 及抗硫系列产品 NJ-95S、NJ-110S。这些产品代号中的数字部分代表钢材的最小屈服强度，是以 1000lb/in$^2$ 为单位表示的规定的最小屈服强度。

## 四、疲劳寿命加倍的钻杆

普通设计的钻杆焊颈厚，内加厚区锥度部分短，接近管体处应力集中大，易在加厚过渡区消失处发生早期疲劳或腐蚀疲劳。为延长钻杆的寿命，必须使内锥面部分的长度 *miu* 和从母管至内锥面的过渡圆弧半径 $R$ 放大，即必须满足 $miu > 100$mm、$R \geq 300$mm 的要求。日本 NKK、新日铁和住友金属公司对钻杆加厚工艺进行了改进，生产出新一代钻杆，使用结果表明，这种钻杆的寿命比改进前可提高 2 倍以上。

## 五、高韧性钻杆

满足低温环境及酸性环境钻探的需要，特点是独特的化学成分和特殊的淬火-回火热处理。一般均采用经过精炼的纯净钢，其中对磷、硫等杂质和有害气体含量均有严格要求，如 $S \leq 0.010\%$，$P \leq 0.015\%$，并加入 Gr、Mo 等提高淬透性和回火稳定性的合金元素。其中，一般环境用高韧性钻杆其屈服强度可达 931MPa。酸性环境用高韧性钻杆的典型牌号如 TSS-95，其最小屈服强度为 655MPa，最大屈服强度为 758MPa，最小抗拉强度为 724MPa，最高硬度为 HRC26。

## 六、高抗扭接头钻杆

这种接头与普通接头相比，多出外螺纹基底和外螺纹凸缘两个光平部分，抗扭能力提高 40%以上。德国曼内斯曼公司开发了一种用于气井的优质钻杆接头，在静态和动态内压载荷、拉伸和弯曲应力作用下，以及温度变化等各种复杂条件下，气密封性仍可达到 70 MPa。光滑、无缺口的内平连接可得到优异的流动条件，防止涡流、侵蚀及腐蚀，即使在经过多次上卸扣之后，仍具有良好的性能。密封圈在经过多次上卸扣损坏后可以更换。采用粗扣连接，在粗糙的操作和安装条件下，螺纹也不易损坏。

## 七、双锥面钻杆

山东威玛装备科技股份有限公司双锥面钻杆主要是为了解决自动化作业时气动卡瓦严重咬伤钻杆管体而研发的一种新型钻杆，它改变了钻杆起下钻时的受力方式，实现无咬痕坐卡，延长了钻杆的使用寿命。同时，解决了双吊卡和一吊一卡作业时劳动强度大、效率低、安全隐患大的问题，便于实现井口无人化作业。其特点是在API普通钻杆的基础上，在距离母接头端面一定距离增加了一个台肩，起下钻时，新增加的台肩坐在特制的“气动卡瓦”承载块上，实现轴向支撑，管体表面无卡瓦牙的咬伤，减少钻杆氢脆穿刺事故的发生。新台肩设计升高了螺纹上扣位置，更便于井口工操作。

产品优势：减少了气动卡瓦对钻杆表面的咬伤，降低了氢脆穿刺事故发生概率，延长了钻杆寿命；解决了双吊卡和一吊一卡作业时劳动强度大、效率低、安全隐患大的问题，便于实现井口无人化作业；起下钻时，上卸扣位置固定，设计高度更符合人的操作习惯；更能满足自动化作业的需求。

产品尺寸：4in、4½in、5in、5½in、5⅞in等。产品钢级：G105、S135。

## 八、双台肩特殊螺纹非标钻杆

1. BH系列双台肩螺纹连接结构

BH系列双台肩螺纹连接结构属于渤海能克钻杆有限公司开发的双台肩螺纹连接结构，包括BHDS、BHDH和BHDX三种不同的规格系列，据渤海能克钻杆有限公司提供的资料，BH系列双台肩螺纹连接结构性能参数见表2-39～表2-41。

**表2-39　BHDS螺纹连接结构性能参数**

| 螺纹结构代号 | 外径/mm | 内径/mm | 上扣扭矩/N·m | 抗扭强度/N·m |
|---|---|---|---|---|
| BHDS38 | 117.5 | 65.1 | 16407 | 27346 |
| BHDS38 | 117.5 | 61.9 | 16407 | 27346 |
| BHDS38 | 117.5 | 58.7 | 16798 | 27997 |
| BHDS38 | 117.5 | 54.0 | 17301 | 28835 |
| BHDS38 | 120.7 | 65.1 | 19193 | 31989 |
| BHDS38 | 120.7 | 61.9 | 19621 | 32702 |
| BHDS38 | 120.7 | 58.7 | 20012 | 33353 |

续表

| 螺纹结构代号 | 外径/mm | 内径/mm | 上扣扭矩/N·m | 抗扭强度/N·m |
|---|---|---|---|---|
| BHDS38 | 120.7 | 54.0 | 20515 | 34192 |
| BHDS38 | 123.8 | 65.1 | 20102 | 33503 |
| BHDS38 | 123.8 | 61.9 | 22212 | 37020 |
| BHDS38 | 123.8 | 58.7 | 23353 | 38922 |
| BHDS38 | 123.8 | 54.0 | 23857 | 39761 |
| BHDS38 | 127.0 | 65.1 | 20222 | 33704 |
| BHDS38 | 127.0 | 61.9 | 22340 | 37233 |
| BHDS38 | 127.0 | 58.7 | 24330 | 40549 |
| BHDS38 | 127.0 | 54.0 | 27078 | 45130 |
| BHDS40 | 130.2 | 71.4 | 22918 | 38197 |
| BHDS40 | 130.2 | 68.3 | 24998 | 41663 |
| BHDS40 | 130.2 | 65.1 | 25479 | 42464 |
| BHDS40 | 130.2 | 61.9 | 25907 | 43178 |
| BHDS40 | 133.4 | 71.4 | 23046 | 38409 |
| BHDS40 | 133.4 | 68.3 | 25531 | 42552 |
| BHDS40 | 133.4 | 65.1 | 27874 | 46457 |
| BHDS40 | 133.4 | 61.9 | 29729 | 49548 |
| BHDS40 | 136.5 | 71.4 | 23173 | 38622 |
| BHDS40 | 136.5 | 68.3 | 25674 | 42790 |
| BHDS40 | 136.5 | 65.1 | 28024 | 46707 |
| BHDS40 | 136.5 | 61.9 | 30247 | 50411 |
| BHDS40 | 139.7 | 71.4 | 23308 | 38847 |
| BHDS40 | 139.7 | 68.3 | 25809 | 43015 |
| BHDS40 | 139.7 | 65.1 | 28182 | 46970 |
| BHDS40 | 139.7 | 61.9 | 30412 | 50687 |
| BHDS46 | 149.2 | 82.6 | 33401 | 55668 |
| BHDS46 | 149.2 | 76.2 | 39738 | 66231 |

续表

| 螺纹结构代号 | 外径/mm | 内径/mm | 上扣扭矩/N·m | 抗扭强度/N·m |
|---|---|---|---|---|
| BHDS46 | 149.2 | 69.9 | 41248 | 68746 |
| BHDS46 | 149.2 | 63.5 | 42171 | 70286 |
| BHDS46 | 149.2 | 57.2 | 42892 | 71487 |
| BHDS46 | 152.4 | 82.6 | 33566 | 55943 |
| BHDS46 | 152.4 | 76.2 | 39934 | 66556 |
| BHDS46 | 152.4 | 69.9 | 45678 | 76130 |
| BHDS46 | 152.4 | 63.5 | 47127 | 78546 |
| BHDS46 | 152.4 | 57.2 | 47848 | 79747 |
| BHDS46 | 155.6 | 82.6 | 33724 | 56206 |
| BHDS46 | 155.6 | 76.2 | 40129 | 66881 |
| BHDS46 | 155.6 | 69.9 | 45896 | 76493 |
| BHDS46 | 155.6 | 63.5 | 51055 | 85091 |
| BHDS46 | 155.6 | 57.2 | 52962 | 88270 |
| BHDS46 | 158.8 | 82.6 | 33889 | 56481 |
| BHDS46 | 158.8 | 76.2 | 40317 | 67194 |
| BHDS46 | 158.8 | 69.9 | 46114 | 76856 |
| BHDS46 | 158.8 | 63.5 | 51295 | 85492 |
| BHDS46 | 158.8 | 57.2 | 55868 | 93113 |
| BHDS50 | 158.8 | 95.3 | 37335 | 62226 |
| BHDS50 | 158.8 | 88.9 | 45145 | 75242 |
| BHDS50 | 158.8 | 82.6 | 46722 | 77870 |
| BHDS50 | 158.8 | 76.2 | 48059 | 80098 |
| BHDS50 | 158.8 | 69.9 | 49162 | 81937 |
| BHDS50 | 161.9 | 95.3 | 37508 | 62514 |
| BHDS50 | 161.9 | 88.9 | 45596 | 75993 |
| BHDS50 | 161.9 | 82.6 | 52376 | 87294 |
| BHDS50 | 161.9 | 76.2 | 53705 | 89509 |

续表

| 螺纹结构代号 | 外径/mm | 内径/mm | 上扣扭矩/N·m | 抗扭强度/N·m |
|---|---|---|---|---|
| BHDS50 | 161.9 | 69.9 | 54809 | 91349 |
| BHDS50 | 165.1 | 95.3 | 37681 | 62801 |
| BHDS50 | 165.1 | 88.9 | 45806 | 76343 |
| BHDS50 | 165.1 | 82.6 | 53232 | 88721 |
| BHDS50 | 165.1 | 76.2 | 59525 | 99208 |
| BHDS50 | 165.1 | 69.9 | 60621 | 101036 |
| BHDS50 | 168.3 | 95.3 | 37846 | 63077 |
| BHDS50 | 168.3 | 88.9 | 46009 | 76681 |
| BHDS50 | 168.3 | 82.6 | 53465 | 89109 |
| BHDS50 | 168.3 | 76.2 | 60253 | 100422 |
| BHDS50 | 168.3 | 69.9 | 66366 | 110610 |
| BHDS55 | 174.6 | 101.6 | 55763 | 92938 |
| BHDS55 | 174.6 | 95.3 | 57858 | 96430 |
| BHDS55 | 174.6 | 88.9 | 59668 | 99446 |
| BHDS55 | 174.6 | 82.6 | 61215 | 102024 |
| BHDS55 | 174.6 | 76.2 | 62514 | 104189 |
| BHDS55 | 177.8 | 101.6 | 56334 | 93889 |
| BHDS55 | 177.8 | 95.3 | 64661 | 107769 |
| BHDS55 | 177.8 | 88.9 | 66471 | 110785 |
| BHDS55 | 177.8 | 82.6 | 68018 | 113363 |
| BHDS55 | 177.8 | 76.2 | 69317 | 115528 |
| BHDS55 | 181.0 | 101.6 | 56566 | 94277 |
| BHDS55 | 181.0 | 95.3 | 66028 | 110047 |
| BHDS55 | 181.0 | 88.9 | 73454 | 122424 |
| BHDS55 | 181.0 | 82.6 | 75001 | 125002 |
| BHDS55 | 181.0 | 76.2 | 76293 | 127155 |
| BHDS55 | 184.2 | 101.6 | 56799 | 94665 |

续表

| 螺纹结构代号 | 外径/mm | 内径/mm | 上扣扭矩/N · m | 抗扭强度/N · m |
|---|---|---|---|---|
| BHDS55 | 184.2 | 95.3 | 66298 | 110497 |
| BHDS55 | 184.2 | 88.9 | 75039 | 125065 |
| BHDS55 | 184.2 | 82.6 | 81955 | 136591 |
| BHDS55 | 184.2 | 76.2 | 83457 | 139094 |

**表 2-40　BHDH 螺纹连接结构性能参数**

| 螺纹结构代号 | 外径/mm | 内径/mm | 上扣扭矩/N · m | 抗扭强度/N · m |
|---|---|---|---|---|
| BHDH38 | 120.7 | 68.3 | 20581 | 34302 |
| BHDH38 | 120.7 | 65.1 | 21883 | 36472 |
| BHDH38 | 120.7 | 61.9 | 23103 | 38505 |
| BHDH38 | 127.0 | 65.1 | 24079 | 40132 |
| BHDH38 | 127.0 | 61.9 | 26845 | 44742 |
| BHDH38 | 127.0 | 57.2 | 27577 | 45962 |
| BHDH40 | 133.4 | 71.4 | 25950 | 43251 |
| BHDH40 | 133.4 | 68.3 | 29204 | 48674 |
| BHDH40 | 133.4 | 65.1 | 32133 | 53555 |
| BHDH40 | 133.4 | 61.9 | 33353 | 55589 |
| BHDH46 | 158.8 | 82.6 | 38722 | 64537 |
| BHDH46 | 158.8 | 76.2 | 46938 | 78231 |
| BHDH50 | 158.8 | 88.9 | 48159 | 80264 |
| BHDH50 | 158.8 | 92.1 | 51006 | 85010 |
| BHDH50 | 161.9 | 88.9 | 53446 | 89077 |
| BHDH50 | 168.3 | 95.3 | 43359 | 72265 |
| BHDH50 | 168.3 | 88.9 | 53853 | 89755 |
| BHDH50 | 168.3 | 82.6 | 63452 | 105754 |
| BHDH55 | 177.8 | 101.6 | 62801 | 104669 |
| BHDH55 | 177.8 | 95.3 | 71343 | 118905 |

表 2-41　BHDX 螺纹连接结构性能参数

| 螺纹结构代号 | 外径/mm | 内径/mm | 上扣扭矩/N · m | 抗扭强度/N · m |
|---|---|---|---|---|
| BHDX24 | 76. 2 | 41. 3 | 6900 | 11500 |
| BHDX26 | 88. 9 | 41. 3 | 9000 | 15000 |
| BHDX31 | 98. 4 | 60. 3 | 12013 | 20012 |
| BHDX31 | 98. 4 | 54. 0 | 14046 | 23410 |
| BHDX31 | 98. 4 | 50. 8 | 14955 | 24961 |
| BHDX31 | 98. 4 | 47. 6 | 15782 | 26302 |
| BHDX31 | 98. 4 | 44. 5 | 16541 | 27566 |
| BHDX31 | 101. 6 | 60. 3 | 12284 | 20480 |
| BHDX31 | 101. 6 | 54. 0 | 16256 | 27099 |
| BHDX31 | 101. 6 | 50. 8 | 17165 | 28606 |
| BHDX31 | 101. 6 | 47. 6 | 17992 | 29992 |
| BHDX31 | 101. 6 | 44. 5 | 18751 | 31256 |
| BHDX31 | 104. 8 | 60. 3 | 12352 | 20579 |
| BHDX31 | 104. 8 | 54. 0 | 16866 | 28112 |
| BHDX31 | 104. 8 | 50. 8 | 18914 | 31516 |
| BHDX31 | 104. 8 | 47. 6 | 20310 | 33848 |
| BHDX31 | 104. 8 | 44. 5 | 21069 | 35113 |
| BHDX39 | 123. 8 | 71. 4 | 27971 | 46612 |
| BHDX39 | 123. 8 | 65. 1 | 32526 | 54219 |
| BHDX39 | 123. 8 | 61. 9 | 33814 | 56363 |
| BHDX39 | 123. 8 | 57. 2 | 35577 | 59302 |
| BHDX39 | 127. 0 | 65. 1 | 33500 | 55800 |
| BHDX52 | 171. 5 | 95. 3 | 67723 | 109223 |
| BHDX52 | 171. 5 | 88. 9 | 79166 | 127690 |
| BHDX54 | 171. 5 | 108. 0 | 56714 | 91477 |
| BHDX54 | 171. 5 | 101. 6 | 70353 | 113464 |
| BHDX57 | 177. 8 | 108. 0 | 81593 | 132340 |
| BHDX57 | 177. 8 | 104. 8 | 88793 | 143215 |
| BHDX57 | 177. 8 | 101. 6 | 92643 | 149343 |

2. HL 系列双台肩螺纹连接结构

HL 系列双台肩螺纹连接结构属于上海海隆石油钻具有限公司开发的双台肩螺纹连接结构，包括 HLIDS 和 HLST 两种不同的规格系列，据上海海隆石油钻具有限公司提供的资料，HLIDS 和 HLST 系列双台肩螺纹连接结构性能参数见表 2-42 和表 2-43。

**表 2-42 HLIDS 系列双台肩螺纹连接结构性能参数**

| 螺纹结构代号 | 外径/mm | 内径/mm | 上扣扭矩/N·m | 抗扭强度/N·m |
|---|---|---|---|---|
| HLIDS23 | 76.2 | 34.93 | 5272 | 8787 |
| HLIDS26 | 92.1 | 41.28 | 8896 | 14826 |
| | 85.7 | 44.45 | 7253 | 12088 |
| HLIDS31 | 111.1 | 41.28 | 19547 | 32579 |
| | 104.8 | 53.98 | 12434 | 20724 |
| | 104.8 | 50.80 | 14360 | 23934 |
| HLIDS38 | 127.0 | 65.09 | 21633 | 36055 |
| | 127.0 | 61.91 | 24372 | 40620 |
| | 127.0 | 53.98 | 30529 | 50881 |
| | 123.8 | 68.26 | 18637 | 31062 |
| | 123.8 | 65.09 | 21526 | 35876 |
| | 123.8 | 61.91 | 24254 | 40424 |
| | 120.7 | 68.26 | 18540 | 30900 |
| | 120.7 | 65.09 | 20695 | 34492 |
| HLIDS40 | 139.7 | 50.80 | 42164 | 70273 |
| | 136.5 | 63.50 | 31826 | 53044 |
| | 133.4 | 68.26 | 27206 | 45343 |
| | 133.4 | 65.09 | 30231 | 50385 |
| | 133.4 | 61.91 | 32773 | 54622 |
| HLIDS46 | 158.8 | 82.55 | 36120 | 60200 |
| | 158.8 | 76.20 | 44347 | 73911 |
| | 158.8 | 69.85 | 51809 | 86349 |
| | 152.4 | 82.55 | 35821 | 59701 |
| | 152.4 | 79.38 | 40004 | 66674 |
| | 152.4 | 76.20 | 43997 | 73328 |

续表

| 螺纹结构代号 | 外径/mm | 内径/mm | 上扣扭矩/N·m | 抗扭强度/N·m |
|---|---|---|---|---|
| HLIDS50 | 168.3 | 88.90 | 50115 | 83525 |
| | 168.3 | 82.55 | 59683 | 99471 |
| | 168.3 | 76.20 | 68426 | 114043 |
| | 165.1 | 95.25 | 39554 | 65924 |
| | 165.1 | 88.90 | 49930 | 83217 |
| | 165.1 | 82.55 | 59471 | 99118 |
| | 165.1 | 76.20 | 67762 | 112937 |
| HLIDS5½FH | 190.5 | 76.20 | 104669 | 174449 |
| | 184.2 | 101.60 | 60967 | 101612 |
| | 184.2 | 95.25 | 73088 | 121813 |
| | 184.2 | 88.90 | 84297 | 140495 |
| | 184.2 | 82.55 | 93807 | 156345 |
| | 177.8 | 104.78 | 54171 | 90285 |
| | 177.8 | 101.60 | 60545 | 100909 |
| HLIDS6⅝FH | 209.6 | 120.65 | 97381 | 162302 |
| | 209.6 | 114.30 | 114125 | 190209 |
| | 203.2 | 127.00 | 79079 | 131799 |
| | 203.2 | 120.65 | 96821 | 161368 |

**表 2-43　HLST 系列双台肩螺纹连接结构性能参数**

| 螺纹结构代号 | 外径/mm | 内径/mm | 上扣扭矩/N·m | 抗扭强度/N·m |
|---|---|---|---|---|
| HLST26 | 92.1 | 38.10 | 11801 | 19669 |
| | 92.1 | 34.93 | 12972 | 21620 |
| | 88.9 | 44.45 | 9053 | 15089 |
| | 88.9 | 41.28 | 10456 | 17426 |
| | 88.9 | 38.10 | 11738 | 19564 |
| | 85.7 | 44.45 | 9005 | 15008 |
| HLST31 | 104.8 | 50.80 | 17465 | 29108 |
| | 104.8 | 47.63 | 19317 | 32195 |
| | 104.8 | 44.45 | 20275 | 33792 |
| | 101.6 | 53.98 | 15401 | 25668 |
| | 101.6 | 50.80 | 16466 | 27444 |

续表

| 螺纹结构代号 | 外径/mm | 内径/mm | 上扣扭矩/N·m | 抗扭强度/N·m |
|---|---|---|---|---|
| HLST36 | 120.7 | 65.09 | 19866 | 33110 |
| | 120.7 | 61.91 | 22593 | 37655 |
| | 114.3 | 65.09 | 19698 | 32830 |
| | 114.3 | 61.91 | 21989 | 36648 |
| HLST39 | 127.0 | 65.09 | 31641 | 52735 |
| | 127.0 | 61.91 | 34092 | 56820 |
| | 123.8 | 68.26 | 28178 | 46963 |
| | 123.8 | 65.09 | 29532 | 49220 |
| HLST40 | 136.5 | 65.09 | 40549 | 67581 |
| | 133.4 | 68.26 | 37246 | 62076 |
| | 133.4 | 65.09 | 39836 | 66393 |
| HLST46 | 158.8 | 76.20 | 56999 | 94998 |
| | 152.4 | 82.55 | 48146 | 80243 |
| HLST52 | 168.3 | 88.90 | 73433 | 122388 |
| | 168.3 | 82.55 | 81434 | 135723 |
| | 165.1 | 95.25 | 62328 | 103880 |
| HLST54 | 177.8 | 95.25 | 80621 | 134368 |
| | 177.8 | 88.90 | 91935 | 153225 |
| | 174.6 | 101.60 | 68185 | 113642 |
| | 174.6 | 95.25 | 80396 | 133994 |
| | 171.5 | 104.78 | 61552 | 102587 |
| | 171.5 | 101.60 | 67993 | 113321 |
| | 171.5 | 98.43 | 72993 | 121655 |
| HLST57 | 184.2 | 101.60 | 89557 | 149261 |
| | 184.2 | 98.43 | 95993 | 159989 |
| | 184.2 | 95.25 | 102190 | 170317 |
| | 181.0 | 104.78 | 82651 | 137752 |
| | 181.0 | 101.60 | 89315 | 148858 |
| | 177.8 | 107.95 | 75536 | 125893 |
| | 177.8 | 104.78 | 80829 | 134715 |

3. HY 系列双台肩螺纹连接结构

HY 系列双台肩螺纹连接结构属于曙光华阳钻具有限公司开发的双台肩螺纹连接结构，包括 HYHT 和 JSHET 两种不同的规格系列，据曙光华阳钻具有限公司提供的资料，HYHT 和 JSHET 系列双台肩螺纹连接结构性能参数见表 2-44 和表 2-45。

表 2-44　HYHT 螺纹连接结构性能参数

| 螺纹结构代号 | 外径/mm | 内径/mm | 上扣扭矩/N·m | 抗扭强度/N·m |
|---|---|---|---|---|
| HYHT26 | 85.7 | 44.45 | 7050 | 11795 |
| HYHT26 | 85.7 | 41.28 | 7728 | 12880 |
| 2⅞JSHHTPAC | 79.4 | 38.10 | 6915 | 11524 |
| HYHT31 | 104.8 | 50.80 | 25624 | 15320 |
| HYHT38 | 120.7 | 68.30 | 34302 | 20608 |
| HYHT38 | 120.7 | 65.10 | 36471 | 21828 |
| HYHT38 | 120.7 | 61.90 | 38505 | 23048 |
| HYHT40 | 133.4 | 71.40 | 43250 | 25625 |
| HYHT40 | 133.4 | 65.10 | 53554 | 32132 |
| HYHT46 | 158.8 | 82.60 | 64536 | 38370 |
| HYHT46 | 161.9 | 88.90 | 49622 | 28336 |
| HYHT50 | 168.3 | 88.90 | 89755 | 53825 |
| HYHT55 | 177.8 | 101.60 | 109278 | 65621 |
| HYHT65 | 203.2 | 127.00 | 135175 | 79450 |
| HYHT70 | 230.0 | 101.60 | 158000 | 263380 |
| HYHT77 | 260.0 | 114.30 | 250380 | 417300 |

表 2-45　JSHET 螺纹连接结构性能参数

| 螺纹结构代号 | 外径/mm | 内径/mm | 上扣扭矩/N·m | 抗扭强度/N·m |
|---|---|---|---|---|
| JSHET24 | 79.4 | 38.10 | 12338 | 7321 |
| JSHET26 | 88.9 | 38.10 | 19523 | 11660 |
| JSHET31 | 104.8 | 50.80 | 29827 | 17896 |

续表

| 螺纹结构代号 | 外径/mm | 内径/mm | 上扣扭矩/N·m | 抗扭强度/N·m |
|---|---|---|---|---|
| JSHET38 | 120.7 | 61.90 | 43657 | 26167 |
| JSHET39 | 123.8 | 68.30 | 44877 | 26980 |
| JSHET39 | 123.8 | 71.40 | 44606 | 27523 |
| JSHET39 | 123.8 | 65.10 | 50978 | 30641 |
| JSHET40 | 133.4 | 71.40 | 58706 | 35251 |
| JSHET46 | 152.4 | 88.90 | 77417 | 46368 |
| JSHET50 | 165.1 | 95.25 | 101280 | 60740 |
| JSHET50 | 165.1 | 101.60 | 84738 | 50843 |
| JSHET50 | 168.3 | 88.90 | 128260 | 77010 |
| JSHET54 | 171.5 | 107.95 | 97618 | 58571 |
| JSHET54 | 171.4 | 101.60 | 97618 | 58571 |
| JSHET57 | 177.8 | 107.95 | 129616 | 77688 |
| JSHET57 | 184.2 | 107.95 | 138293 | 82976 |
| JSHET65 | 203.2 | 127.00 | 175442 | 105211 |

4. FL 系列双台肩螺纹连接结构

FL 系列双台肩螺纹连接结构属于山西北方风雷工业集团有限公司开发的双台肩螺纹连接结构，包括 FLDS、FLHT 和 FL 三种不同的规格系列，据山西北方风雷工业集团有限公司提供的资料，FLDS、FLHT 和 FL 三种系列双台肩螺纹连接结构性能参数见表 2-46～表 2-48。

**表 2-46　FLDS 螺纹连接结构性能参数**

| 螺纹结构代号 | 外径/mm | 内径/mm | 上扣扭矩/N·m | 抗扭强度/N·m |
|---|---|---|---|---|
| FLDS26 | 88.9 | 44.5 | 7.38 | 12.30 |
| FLDS26 | 88.9 | 42.9 | 8.09 | 13.48 |
| FLDS26 | 88.9 | 41.3 | 8.76 | 14.60 |
| FLDS31 | 104.8 | 50.8 | 14.14 | 23.57 |

续表

| 螺纹结构代号 | 外径/mm | 内径/mm | 上扣扭矩/N · m | 抗扭强度/N · m |
|---|---|---|---|---|
| FLDS31 | 104. 8 | 47. 6 | 15. 74 | 26. 23 |
| FLDS38 | 127. 0 | 61. 9 | 24. 16 | 40. 26 |
| FLDS38 | 127. 0 | 65. 1 | 21. 41 | 35. 68 |
| FLDS38 | 123. 8 | 61. 9 | 24. 04 | 40. 07 |
| FLDS38 | 123. 8 | 65. 1 | 21. 30 | 35. 50 |
| FLDS38 | 120. 7 | 54. 0 | 24. 37 | 40. 62 |
| FLDS38 | 120. 7 | 63. 5 | 21. 15 | 35. 24 |
| FLDS40 | 133. 4 | 61. 9 | 32. 92 | 54. 87 |
| FLDS40 | 133. 4 | 65. 1 | 30. 32 | 50. 54 |
| FLDS40 | 133. 4 | 68. 3 | 27. 30 | 45. 51 |
| FLDS40 | 127. 0 | 61. 9 | 26. 05 | 43. 42 |
| FLDS40 | 127. 0 | 65. 1 | 24. 81 | 41. 35 |
| FLDS50 | 168. 3 | 69. 9 | 75. 94 | 126. 57 |
| FLDS50 | 168. 3 | 76. 2 | 68. 10 | 113. 50 |
| FLDS50 | 168. 3 | 82. 6 | 59. 32 | 98. 86 |
| FLDS50 | 165. 1 | 82. 6 | 59. 10 | 98. 51 |
| FLDS50 | 165. 1 | 88. 9 | 49. 67 | 82. 78 |
| FLDS50 | 165. 0 | 95. 3 | 39. 25 | 65. 41 |
| FLDS50 | 161. 9 | 82. 6 | 58. 32 | 97. 20 |
| FLDS55 | 184. 2 | 95. 3 | 72. 83 | 121. 39 |
| FLDS55 | 184. 2 | 104. 8 | 54. 41 | 90. 68 |
| FLDS55 | 181. 0 | 95. 3 | 72. 59 | 120. 98 |
| FLDS55 | 177. 8 | 88. 9 | 76. 32 | 127. 20 |
| FLDS55 | 177. 8 | 95. 3 | 71. 39 | 118. 90 |
| FLDS55 | 177. 8 | 101. 6 | 60. 42 | 100. 70 |

**表 2-47　FLHT 螺纹连接结构性能参数**

| 螺纹结构代号 | 外径/mm | 内径/mm | 上扣扭矩/N · m | 抗扭强度/N · m |
|---|---|---|---|---|
| FLHT2⅞PAC | 82.6 | 38.1 | 6.80 | 11.33 |
| FLHT2⅞PAC | 81.0 | 38.1 | 6.78 | 11.29 |
| FLHT2⅞PAC | 79.3 | 38.1 | 6.75 | 11.26 |
| FLHT26 | 92.1 | 31.8 | 12.36 | 20.59 |
| FLHT26 | 92.1 | 34.9 | 11.39 | 18.98 |
| FLHT26 | 92.1 | 38.1 | 10.29 | 17.16 |
| FLHT26 | 88.9 | 38.1 | 10.14 | 16.89 |
| FLHT26 | 85.7 | 44.5 | 7.50 | 12.49 |
| FLHT38 | 127.0 | 58.8 | 28.69 | 47.82 |
| FLHT38 | 127.0 | 61.9 | 26.18 | 43.63 |
| FLHT38 | 127.0 | 65.1 | 23.47 | 39.12 |
| FLHT38 | 125.4 | 65.1 | 23.42 | 39.03 |
| FLHT38 | 123.8 | 61.9 | 26.06 | 39.03 |
| FLHT38 | 123.8 | 65.1 | 23.36 | 38.93 |
| FLHT38 | 120.7 | 61.9 | 23.79 | 39.64 |
| FLHT38 | 120.7 | 65.1 | 22.60 | 37.66 |
| FLHT38 | 120.7 | 68.3 | 20.41 | 34.01 |
| FLHT40 | 133.4 | 71.5 | 25.26 | 42.10 |
| FLHT40 | 130.2 | 65.1 | 29.29 | 48.82 |
| FLHT40 | 130.2 | 68.3 | 27.99 | 46.64 |
| FLHT40 | 127.0 | 61.9 | 28.00 | 46.66 |
| FLHT40 | 127.0 | 65.1 | 25.96 | 43.27 |
| FLHT50 | 168.3 | 76.2 | 70.20 | 116.70 |
| FLHT50 | 168.3 | 82.6 | 61.34 | 102.24 |
| FLHT50 | 168.3 | 88.9 | 51.99 | 86.65 |
| FLHT50 | 168.3 | 95.3 | 41.65 | 69.42 |
| FLHT50 | 165.1 | 88.9 | 51.81 | 86.35 |

续表

| 螺纹结构代号 | 外径/mm | 内径/mm | 上扣扭矩/N·m | 抗扭强度/N·m |
|---|---|---|---|---|
| FLHT55 | 187.3 | 101.6 | 62.23 | 103.72 |
| FLHT55 | 184.2 | 76.2 | 98.24 | 163.73 |
| FLHT55 | 184.2 | 82.6 | 94.32 | 157.19 |
| FLHT55 | 184.2 | 88.9 | 84.92 | 141.53 |
| FLHT55 | 184.2 | 95.3 | 73.83 | 123.05 |
| FLHT55 | 184.2 | 98.4 | 68.13 | 113.56 |
| FLHT55 | 184.2 | 101.6 | 62.03 | 103.38 |
| FLHT55 | 181.0 | 82.6 | 87.81 | 146.35 |
| FLHT55 | 181.0 | 98.4 | 67.91 | 113.18 |
| FLHT55 | 181.0 | 101.6 | 61.81 | 103.02 |
| FLHT55 | 177.8 | 76.2 | 85.48 | 142.46 |
| FLHT55 | 177.8 | 82.6 | 81.55 | 135.92 |
| FLHT55 | 177.8 | 88.9 | 77.25 | 128.75 |
| FLHT55 | 177.8 | 95.3 | 72.42 | 120.69 |
| FLHT55 | 177.8 | 101.6 | 61.60 | 102.67 |

**表 2-48　FL 螺纹连接结构性能参数**

| 螺纹结构代号 | 外径/mm | 内径/mm | 上扣扭矩/N·m | 抗扭强度/N·m |
|---|---|---|---|---|
| FL39 | 127.0 | 65.1 | 33.11 | 55.18 |
| FL39 | 127.0 | 68.3 | 30.02 | 50.04 |
| FL39 | 127.0 | 75.1 | 26.77 | 44.61 |
| FL39 | 127.0 | 73.0 | 25.18 | 41.97 |
| FL39 | 125.4 | 65.1 | 32.14 | 53.56 |
| FL39 | 125.4 | 71.5 | 26.72 | 44.53 |
| FL39 | 124.6 | 69.9 | 28.34 | 47.23 |
| FL39 | 124.6 | 71.5 | 26.69 | 44.49 |
| FL39 | 123.8 | 65.1 | 30.49 | 50.82 |

续表

| 螺纹结构代号 | 外径/mm | 内径/mm | 上扣扭矩/N · m | 抗扭强度/N · m |
|---|---|---|---|---|
| FL39 | 123.8 | 68.3 | 29.12 | 48.53 |
| FL39 | 123.8 | 69.9 | 28.31 | 47.18 |
| FL39 | 123.8 | 71.5 | 26.67 | 44.44 |
| FL54 | 171.5 | 101.6 | 69.98 | 116.63 |
| FL54 | 168.3 | 101.6 | 68.17 | 113.62 |
| FL57 | 187.3 | 82.6 | 122.07 | 203.46 |
| FL57 | 184.2 | 81.0 | 116.43 | 194.05 |
| FL57 | 184.2 | 82.6 | 115.34 | 192.23 |
| FL57 | 184.2 | 88.9 | 110.80 | 184.66 |
| FL57 | 184.2 | 95.3 | 102.60 | 171.00 |
| FL57 | 184.2 | 101.6 | 90.14 | 150.23 |
| FL57 | 184.2 | 108.0 | 76.62 | 127.70 |
| FL57 | 181.0 | 82.6 | 108.52 | 180.86 |
| FL57 | 181.0 | 108.0 | 76.41 | 127.35 |
| FL57 | 177.8 | 88.9 | 97.41 | 162.35 |
| FL57 | 177.8 | 95.3 | 92.30 | 153.83 |
| FL57 | 177.8 | 101.6 | 86.77 | 144.61 |
| FL57 | 177.8 | 108.0 | 76.21 | 127.01 |

5. WM 系列双台肩螺纹连接结构

WMDS 系列双台肩螺纹连接结构属于东营威玛石油钻具有限公司开发的双台肩螺纹连接结构，据东营威玛石油钻具有限公司提供的资料，WMDS 和 WMT 系列双台肩螺纹连接结构性能参数见表 2-49 和表 2-50。

**表 2-49　WMDS 系列螺纹连接结构性能参数**

| 螺纹结构代号 | 外径/mm | 内径/mm | 上扣扭矩/N · m | 抗扭强度/N · m |
|---|---|---|---|---|
| WMDS23 | 77.0 | 33.00 | 5277 | 8795 |

续表

| 螺纹结构代号 | 外径/mm | 内径/mm | 上扣扭矩/N · m | 抗扭强度/N · m |
|---|---|---|---|---|
| WMDS23 | 79.4 | 34.93 | 5476 | 9126 |
| WMDS26 | 85.7 | 44.45 | 6126 | 10209 |
| WMDS26 | 88.9 | 44.45 | 7159 | 11931 |
| WMDS31 | 104.8 | 50.80 | 14073 | 23456 |
| WMDS31 | 104.8 | 47.63 | 16026 | 26710 |
| WMDS31 | 108.0 | 47.63 | 16188 | 26981 |
| WMDS38 | 123.8 | 65.10 | 21069 | 35116 |
| WMDS38 | 127.0 | 61.90 | 23754 | 39590 |
| WMDS38 | 127.0 | 65.10 | 21151 | 35251 |
| WMDS40 | 133.4 | 61.90 | 32377 | 53962 |
| WMDS40 | 133.4 | 65.10 | 29448 | 49081 |
| WMDS40 | 136.5 | 61.90 | 32865 | 54775 |
| WMDS40 | 139.7 | 61.90 | 32377 | 53962 |
| WMDS40 | 139.7 | 65.10 | 30099 | 50165 |
| WMDS46 | 158.8 | 82.55 | 34573 | 57622 |
| WMDS46 | 152.4 | 82.55 | 34573 | 57622 |
| WMDS46 | 152.4 | 76.20 | 43278 | 72130 |
| WMDS46 | 152.4 | 74.60 | 45450 | 75750 |
| WMDS46 | 152.4 | 69.90 | 51250 | 85417 |
| WMDS50 | 165.1 | 88.90 | 48484 | 80807 |
| WMDS50 | 165.1 | 85.73 | 53934 | 89891 |
| WMDS50 | 165.1 | 80.96 | 61663 | 102771 |
| WMDS50 | 165.1 | 76.20 | 68740 | 114567 |
| WMDS50 | 168.3 | 88.90 | 48809 | 81349 |
| WMDS50 | 168.3 | 85.73 | 54178 | 90297 |
| WMDS50 | 168.3 | 82.55 | 59385 | 98975 |
| WMDS50 | 168.3 | 80.96 | 61988 | 103313 |

续表

| 螺纹结构代号 | 外径/mm | 内径/mm | 上扣扭矩/N · m | 抗扭强度/N · m |
|---|---|---|---|---|
| WMDS50 | 168. 3 | 76. 20 | 69147 | 115245 |
| WMDS55 | 177. 8 | 104. 78 | 50843 | 84739 |
| WMDS55 | 177. 8 | 101. 60 | 59385 | 98975 |
| WMDS55 | 181. 0 | 104. 78 | 51250 | 85417 |
| WMDS55 | 181. 0 | 101. 60 | 59385 | 98975 |
| WMDS55 | 184. 2 | 101. 60 | 59792 | 99653 |
| WMDS55 | 184. 2 | 95. 25 | 71831 | 119719 |
| WMDS55 | 184. 2 | 98. 40 | 65258 | 108764 |
| WMDS55 | 190. 5 | 95. 25 | 72563 | 120939 |
| WMDS65 | 209. 6 | 123. 80 | 85417 | 142361 |
| WMDS65 | 209. 6 | 120. 65 | 94690 | 157817 |
| WMDS65 | 203. 2 | 125. 40 | 79421 | 132369 |
| WMDS65 | 203. 2 | 123. 80 | 84603 | 141005 |
| WMDS65 | 203. 2 | 120. 65 | 93877 | 156461 |

**表 2-50　WMT 系列螺纹连接结构性能参数**

| 螺纹结构代号 | 外径/mm | 内径/mm | 上扣扭矩/N · m | 抗扭强度/N · m |
|---|---|---|---|---|
| WMT24 | 79. 4 | 38. 10 | 7484 | 12474 |
| WMT24 | 79. 4 | 34. 93 | 8460 | 14101 |
| WMT26 | 85. 7 | 44. 45 | 9030 | 15050 |
| WMT26 | 85. 7 | 38. 10 | 10982 | 18304 |
| WMT26 | 88. 9 | 38. 10 | 12121 | 20202 |
| WMT26 | 88. 9 | 44. 45 | 9111 | 15185 |
| WMT29 | 95. 3 | 50. 80 | 11958 | 19931 |
| WMT29 | 95. 3 | 47. 63 | 13829 | 23049 |
| WMT30 | 98. 4 | 50. 80 | 14806 | 24676 |
| WMT30 | 101. 6 | 50. 80 | 15375 | 25625 |

续表

| 螺纹结构代号 | 外径/mm | 内径/mm | 上扣扭矩/N·m | 抗扭强度/N·m |
|---|---|---|---|---|
| WMT31 | 98.4 | 54.00 | 13179 | 21964 |
| WMT31 | 101.6 | 50.80 | 16473 | 27455 |
| WMT31 | 104.8 | 50.80 | 16921 | 28201 |
| WMT31 | 104.8 | 47.63 | 18954 | 31591 |
| WMT31 | 104.8 | 44.45 | 20825 | 34709 |
| WMT38 | 117.5 | 68.30 | 21883 | 36472 |
| WMT38 | 117.5 | 71.40 | 18710 | 31184 |
| WMT38 | 120.7 | 61.90 | 28065 | 46776 |
| WMT38 | 120.7 | 57.15 | 30262 | 50436 |
| WMT38 | 127.0 | 65.10 | 25706 | 42844 |
| WMT38 | 127.0 | 61.90 | 28879 | 48132 |
| WMT39 | 123.8 | 71.40 | 25950 | 43251 |
| WMT39 | 123.8 | 68.30 | 28716 | 47860 |
| WMT39 | 123.8 | 65.10 | 30506 | 50843 |
| WMT39 | 127.0 | 71.40 | 26113 | 43522 |
| WMT39 | 127.0 | 68.30 | 29692 | 49487 |
| WMT39 | 127.0 | 65.10 | 33028 | 55046 |
| WMT40 | 133.4 | 76.20 | 29855 | 49759 |
| WMT40 | 133.4 | 71.40 | 35794 | 59656 |
| WMT40 | 133.4 | 68.26 | 39454 | 65757 |
| WMT46 | 152.4 | 82.55 | 54097 | 90162 |
| WMT46 | 152.4 | 88.90 | 46125 | 76875 |
| WMT46 | 158.8 | 82.55 | 57107 | 95178 |
| WMT46 | 158.8 | 79.40 | 61825 | 103042 |
| WMT52 | 161.9 | 95.25 | 61256 | 102093 |
| WMT52 | 161.9 | 88.90 | 67194 | 111991 |
| WMT52 | 165.1 | 101.60 | 49216 | 82027 |

续表

| 螺纹结构代号 | 外径/mm | 内径/mm | 上扣扭矩/N · m | 抗扭强度/N · m |
|---|---|---|---|---|
| WMT52 | 165. 1 | 95. 25 | 61988 | 103313 |
| WMT52 | 165. 1 | 88. 90 | 72807 | 121346 |
| WMT52 | 168. 3 | 95. 25 | 62313 | 103856 |
| WMT52 | 168. 3 | 88. 90 | 74272 | 123786 |
| WMT52 | 168. 3 | 85. 73 | 79966 | 133277 |
| WMT54 | 168. 3 | 101. 60 | 67682 | 112804 |
| WMT54 | 171. 5 | 107. 95 | 55480 | 92467 |
| WMT54 | 171. 5 | 101. 60 | 69716 | 116194 |
| WMT55 | 177. 8 | 101. 60 | 78339 | 130565 |
| WMT55 | 184. 2 | 95. 25 | 92738 | 154563 |
| WMT57 | 177. 8 | 107. 95 | 75655 | 126091 |
| WMT57 | 177. 8 | 101. 60 | 87044 | 145073 |
| WMT57 | 177. 8 | 95. 25 | 94365 | 157275 |
| WMT57 | 184. 2 | 101. 60 | 91192 | 151987 |
| WMT57 | 184. 2 | 98. 40 | 98351 | 163918 |
| WMT57 | 184. 2 | 95. 25 | 105103 | 175172 |

## 第五节　钻　　铤

钻铤有圆钻铤、螺旋钻铤、方钻铤、无磁钻铤等。普通钻铤为圆形截面，中心有水眼，壁厚较大，水眼较小，单位长度的重量比同尺寸的钻杆大 4~5 倍。绝大多数钻铤是在管体上直接加工连接螺纹，但也有加替换接头的。钻铤由铬钼合金钢制造，一般用棒料或空心棒镗孔制成。

根据外形与材料不同，钻铤分为三种类型：

A 型（圆柱式）：管体横截面内外皆为圆形的钻铤，代号为 ZT。

B 型(螺旋式):管体外表面具有螺旋槽的钻铤。根据螺旋槽的不同,又分为Ⅰ型和Ⅱ型两种形式,代号分别为 LTⅠ和 LTⅡ。

C 型(无磁钻铤):用磁导率很低的不锈合金钢制成的、管体横截面内外皆为圆形的钻铤,代号为 WT。

若加工为螺旋式,螺旋槽的结构和尺寸应符合 B 型钻铤的规定。

## 一、普通钻铤

普通钻铤的结构如图 2-16 所示。

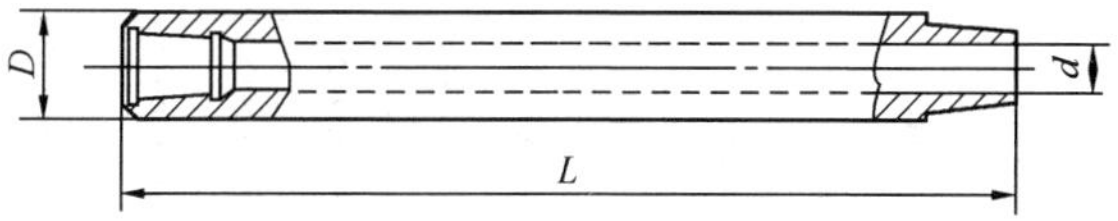


图 2-16　普通钻铤结构

1. 钻铤的主要执行标准及各标准之间的比较

1)钻铤的主要执行标准

《钻铤》(SY/T 5144—2013),《旋转钻柱构件规范》(API Spec 7-1:2006)和《新型及改制的钻井与完井设备的质量与检验要求》(NS-1)。

2)钻铤的尺寸规格

以上三个标准中的钻铤尺寸规格基本一致,见表 2-51。

3)钻铤机械性能

SY/T 5144—2013 与 API Spec 7-1 和 NS-1 规范的钻铤机械性能,应符合表 2-52、表 2-53 所列数据要求。

表 2-51　钻铤尺寸和基本参数(SY/T 5144—2013)

| 钻铤型号 | 外径(*D*) | | 内径(*d*) | | 长度(*L*)/mm | 台肩倒角直径($D_F$)/mm | 参考的弯曲强度比② | 公称质量/(kg/m) |
|---|---|---|---|---|---|---|---|---|
| | mm | in | mm | in | | | | |
| NC23-31①(试行) | 79.4 | 3⅛ | 31.8 | 1¼ | 9150 | 76.2 | 2.57 : 1 | 32.8 |
| NC26-35(2⅜ IF①) | 88.9 | 3½ | 38.1 | 1½ | 9150 | 82.9 | 2.42 : 1 | 40.2 |
| Nc31-41(2⅞ IF) | 104.8 | 4⅛ | 50.8 | 2 | 9150 | 100.4 | 2.43 : 1 | 52.1 |
| NC35-47 | 120.7 | 4¾ | 50.8 | 2 | 9150 | 114.7 | 2.58 : 1 | 74.5 |
| NC38-50(3½ IF) | 127.0 | 5 | 57.2 | 2¼ | 9150 | 121.0 | 2.38 : 1 | 79.0 |
| NC44-60 | 152.4 | 6 | 57.2 | 2¼ | 9150 或 9450 | 144.5 | 2.49 : 1 | 123.7 |
| NC44-60 | 152.4 | 6 | 71.4 | 2 13/16 | 9150 或 9450 | 144.5 | 2.84 : 1 | 111.8 |
| NC44-62 | 158.8 | 6¼ | 57.2 | 2¼ | 9150 或 9450 | 149.2 | 2.91 : 1 | 135.6 |
| NC46-62(4 IF) | 158.8 | 6¼ | 71.4 | 2 13/16 | 9150 或 9450 | 150.0 | 2.63 : 1 | 111.8 |
| NC46-65(4 IF) | 155.1 | 6½ | 57.2 | 2¼ | 9150 或 9450 | 154.8 | 2.76 : 1 | 147.5 |
| NC46-65(4 IF) | 155.1 | 6½ | 71.4 | 2 13/16 | 9150 或 9450 | 154.8 | 3.05 : 1 | 135.6 |
| NC46-67(4 IF) | 171.5 | 6¾ | 57.2 | 2¼ | 9150 或 9450 | 159.5 | 3.18 : 1 | 160.9 |
| NC50-67③(4 ½ IF) | 171.5 | 6¾ | 71.4 | 2 13/16 | 9150 或 9450 | 159.5 | 2.37 : 1 | 148.5 |

续表

| 钻铤型号 | 外径(D) |  | 内径(d) |  | 长度(L)/mm | 台肩倒角直径($D_F$)/mm | 参考的弯曲强度比② | 公称质量/(kg/m) |
|---|---|---|---|---|---|---|---|---|
|  | mm | in | mm | in |  |  |  |  |
| NC50-70(4½ IF) | 177.8 | 7 | 57.2 | 2¼ | 9150 或 9450 | 164.7 | 2.54∶1 | 174.3 |
| NC50-70(4½ IF) | 177.8 | 7 | 71.4 | 2 13/16 | 9150 或 9450 | 164.7 | 2.73∶1 | 163.9 |
| Nc50-72(4½1F) | 184.2 | 7¼ | 71.4 | 2 13/16 | 9150 或 9450 | 169.5 | 3.12∶1 | 177.3 |
| NC56-77 | 196.9 | 7¾ | 71.4 | 2 13/16 | 9150 或 9450 | 185.3 | 2.70∶1 | 207.1 |
| NC56-80 | 203.2 | 8 | 71.4 | 2 13/16 | 9150 或 9450 | 190.1 | 3.02∶1 | 223.5 |
| 6⅝ REG① | 209.6 | 8¼ | 71.4 | 2 13/16 | 9150 或 9450 | 195.7 | 2.93∶1 | 238.4 |
| NC61-90 | 228.6 | 9 | 71.4 | 2 13/16 | 9150 或 9450 | 212.7 | 3.17∶1 | 290.6 |
| 7⅝REG | 241.3 | 9½ | 76.2 | 3 | 9150 或 9450 | 223.8 | 2.81∶1 | 321.8 |
| NC70-97 | 247.7 | 9¾ | 76.2 | 3 | 9150 或 9450 | 232.6 | 2.57∶1 | 341.2 |
| NC70-100 | 254.0 | 10 | 76.2 | 3 | 9150 或 9450 | 237.3 | 2.81∶1 | 362.0 |
| 8⅝ REG | 279.4 | 11 | 76.2 | 3 | 9150 或 9450 | 266.7 | 2.84∶1 | 445.5 |

注：①螺纹类型表示：NCXX——数字型，IF——内平型，REG——正规型。括号内是可以互换的螺纹类型。

②弯曲强度比：内螺纹危险断面抗弯截面模数与外螺纹危险断面抗弯截面模数之比。

③仅适用于 C 型钻铤。

**表 2-52　普通钻铤机械性能**

| 各项参数 | | SY/T 5144—2013 | API Spec 7-1 | NS-1 |
|---|---|---|---|---|
| 屈服强度($R_{p0.2}$)/MPa | 外径/mm 79.4~171.4 | ≥758 | ≥758 | 符合 API Spec 7-1 规定 |
| | 外径/mm 177.8~279.4 | ≥689 | ≥689 | |
| 抗拉强度 $R_m$/MPa | 外径/mm 79.4~171.4 | ≥965 | ≥965 | |
| | 外径/mm 177.8~279.4 | ≥930 | ≥931 | |
| 伸长率($A$)/% | | ≥13 | ≥13 | |
| 表面硬度/HBW | 表面硬度/HBW | 285~341 | ≥285 | — |
| | 端面硬度/HBW | — | — | ≥30HRC,硬度波动幅度小于 6HRC |
| 冲击功($A_{KV}$)/J | 单个值 | ≥60 | ≥47 | ≥32 |
| | 平均值 | ≥70 | ≥54 | ≥42 |

**表 2-53　C 型钻铤机械性能(SY/T 5144—2013)**

| 外径 | | 最小屈服强度/MPa | | 最小拉伸强度/MPa | | 伸长率($A$)/% | 布氏硬度/HB | 夏比冲击功($A_{KV}$)/J |
|---|---|---|---|---|---|---|---|---|
| mm | in | MPa | psi | MPa | psi | | | |
| 79.4~171.4 | 3⅛~6¾ | ≥758 | ≥110.000 | ≥827 | ≥120.000 | ≥18 | 270~320 | ≥75 |
| 177.8~279.4 | 7~11 | ≥689 | ≥100.00 | ≥758 | ≥110.000 | ≥20 | | |

2. 钻铤标记

钻铤标记如图 2-17 所示。

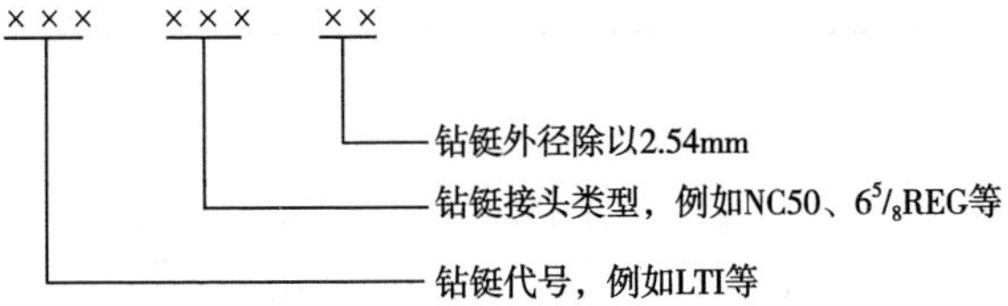


图 2-17 钻铤标记

## 二、特种钻铤

### 1. 螺旋钻铤

螺旋钻铤是在圆钻铤外圆柱面上加工出 3 条右旋螺旋槽的钻铤,质量比同尺寸圆钻铤小 4%。其中,外螺纹端接头部分留有 305~560mm、内螺纹端接头部分留有 460~610mm 不加工螺旋槽,以便于接卸操作和修扣。

螺旋钻铤未列入 API Spec 7-1 标准,但在 NS-1 标准中有所描述和要求,国外已进行了生产。国产螺旋钻铤已经大量生产,其规格尺寸依据《钻铤》(SY/T 5144—2013),见图 2-18、表 2-54、图 2-19和表 2-55。

表 2-54 B I 型钻铤螺旋槽尺寸(SY/T 5144—2013)

| 外径(*D*) | | 切削深度(*A*)/mm | 导程±25.4/mm | 切削深度(*B*)/mm |
|---|---|---|---|---|
| mm | in | | | |
| 98.4 | 3⅞ | 4.00±0.79 | 914 | |
| 101.6~111.1 | 4~4⅜ | 4.80±0.79 | 914 | |
| 114.3~130.2 | 4½~5⅛ | 5.60±0.79 | 965 | |
| 133.4~146.1 | 5¼~5¾ | 6.40±0.79 | 1067 | |
| 149.2~161.9 | 5⅞~6⅜ | 7.10±1.59 | 1067 | |
| 165.1~177.8 | 6½~7 | 7.90±1.59 | 1168 | |
| 181.0~200.0 | 7⅛~7⅞ | 8.70±1.59 | 1626 | 5.60±0.79 |
| 203.2~225.4 | 8~8⅞ | 9.50±1.59 | 1727 | 6.40±0.79 |
| 228.6~250.8 | 9~9⅞ | 10.30±2.37 | 1829 | 7.10±1.59 |

续表

| 外径(D) | | 切削深度 (A)/mm | 导程±25.4/ mm | 切削深度 (B)/mm |
|---|---|---|---|---|
| mm | in | | | |
| 254.0~276.2 | 10~10⅞ | 11.10±2.37 | 1930 | 7.90±1.59 |
| 279.4 | 11 | 11.90±2.37 | 2032 | 8.70±1.59 |

注:BⅠ型钻铤有3个螺旋槽,右旋,均布。

**表2-55　BⅡ型钻铤螺旋槽尺寸(SY/T 5144—2013)**

| 外径(D) | | 最大切削深度 ($E=2e$①) | 导程±25.4/ mm |
|---|---|---|---|
| mm | in | | |
| 120.7 | 4¾ | 4.8 | 1000 |
| 155.6 | 6⅛ | 6.4 | |
| 158.8 | 6¼ | 6.4 | |
| 171.5 | 6¾ | 7.1 | |
| 184.2 | 7¼ | 7.9 | |
| 190.5 | 7½ | 7.9 | |
| 196.9 | 7¾ | 7.9 | |
| 203.2 | 8 | 9.5 | |
| 209.6 | 8¼ | 9.5 | |
| 215.9 | 8½ | 9.5 | |
| 228.6 | 9 | 9.5 | |
| 241.3 | 9½ | 11.9 | |
| 254.0 | 10 | 11.9 | |

注:BⅡ型钻铤有3个螺旋槽,右旋,均布。

BⅡ型钻铤外轮廓曲线方程:

$$\rho=R-e(1-\cos3\theta)$$

式中,$\rho$为极径;$\theta$为极角;$R$为半径;$e$为系数。

各种规格的螺旋钻铤的连接螺纹、内外径尺寸偏差、直度要求,以及用钢的机械性能和化学成分要求等均和普通常用钻铤一样。

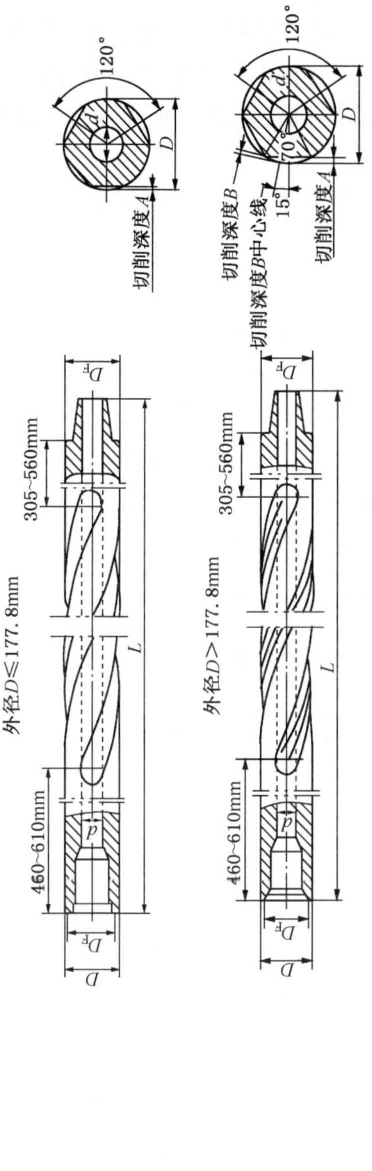


图2-18　BⅠ型钻铤结构

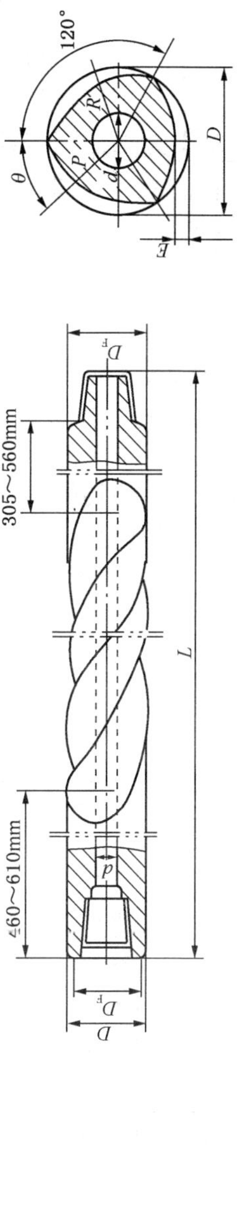


图2-19　BⅡ型钻铤结构

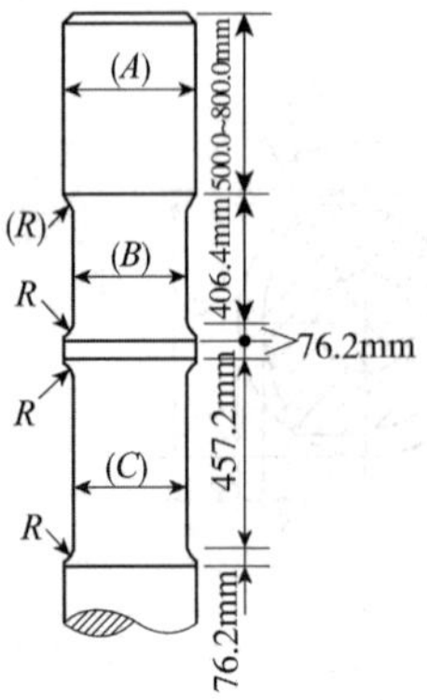


图 2-20　带吊卡槽和卡瓦槽的钻铤

2. 带吊卡槽和卡瓦槽钻铤

钻铤吊卡槽和卡瓦槽是为了方便起下钻、提高起下钻时效而设计的。钻铤吊卡槽和卡瓦槽的过渡半径经特殊滚压工具冷压处理后，延长了疲劳寿命，如图2-20所示。

钻铤吊卡槽和卡瓦槽规格见表2-56。

3. 无磁钻铤

1）无磁钻铤结构及作用

无磁钻铤是定向钻井中的特殊钻具，用磁力测斜仪测定井斜角和方位角时，仪器不受钻柱磁场的影响。结构与钻铤相同，化学成分和机械性能有别于普通钻铤。国外于1990年列入API Spec 7标准，我国制定了《钻铤》(SY/T 5144—2013)标准。

**表 2-56　钻铤吊卡槽和卡瓦槽规格**

| 钻铤外径(A) | | 吊卡槽直径(B)/mm | 卡瓦槽直径(C)/mm | 吊卡槽半径(R)/mm | 吊卡内径/mm | |
|---|---|---|---|---|---|---|
| in | mm | | | | 上 | 下 |
| 104.8 | 4⅛ | 93.66 | 95.25 | 3.18 | 96.84 | 107.95 |
| 120.7 | 4¾ | 107.95 | 111.13 | 3.18 | 111.13 | 123.83 |
| 127.0 | 5 | 114.30 | 117.48 | 3.18 | 117.48 | 130.18 |
| 152.40 | 6 | 136.53 | 139.70 | 3.18 | 139.70 | 155.58 |
| 158.8 | 6¼ | 142.88 | 146.05 | 3.18 | 146.05 | 161.93 |
| 165.1 | 6½ | 149.23 | 152.40 | 3.18 | 152.40 | 168.28 |
| 171.5 | 6¾ | 152.40 | 158.75 | 4.76 | 157.16 | 174.63 |
| 177.8 | 7 | 158.75 | 165.10 | 4.76 | 163.51 | 180.98 |
| 184.2 | 7¼ | 165.10 | 171.45 | 4.76 | 169.86 | 187.33 |
| 196.9 | 7¾ | 177.80 | 184.15 | 4.76 | 182.56 | 200.03 |
| 203.2 | 8 | 184.15 | 190.50 | 4.76 | 188.91 | 206.38 |

续表

| 钻铤外径(A) | | 吊卡槽 | 卡瓦槽 | 吊卡槽 | 吊卡内径/mm | |
|---|---|---|---|---|---|---|
| in | mm | 直径(B)/mm | 直径(C)/mm | 半径(R)/mm | 上 | 下 |
| 209.6 | 8¼ | 190.50 | 196.85 | 4.76 | 195.26 | 212.73 |
| 228.6 | 9 | 206.38 | 215.90 | 6.35 | 212.73 | 231.78 |
| 241.3 | 9½ | 219.08 | 228.60 | 6.35 | 225.47 | 244.48 |
| 247.7 | 9¾ | 225.43 | 234.95 | 6.35 | 231.78 | 250.83 |
| 254.0 | 10 | 231.78 | 241.30 | 6.35 | 238.13 | 257.18 |
| 279.4 | 11 | 257.18 | 166.70 | 6.35 | 263.53 | 282.58 |

2）无磁钻铤材料

① 蒙耐尔钢:一种含铜30%、含镍65%的合金钢,这种钢抗钻井液腐蚀性能好,价格昂贵。

② 铬-镍钢:约含18%的铬和13%的镍,这种钢易于塑性变形,导致螺纹过早损坏。

③ 以铬和锰为基础的奥氏体钢:这种钢含锰大于18%,目前国内外多数无磁钻铤都是用奥氏体无磁钢制造,制造方法为在短时间内通过温锻形变强化方法得到稳定的奥氏体组织。

④ 铍铜合金:用铍铜巴氏合金25制造的无磁钻铤,抗钻井液腐蚀性好,尤其对硫化物应力破坏抵抗性更好。磁化率低,接头不易磨损,机加工性能好。铜占98%,铍占2%,价格很贵。

3）无磁钻铤规格

无磁钻铤规格见表2-57。

**表2-57　无磁钻铤规格**

| 外径 | | 内径 | 连接螺纹 | 公称质量/(kg/m) | |
|---|---|---|---|---|---|
| mm | in | mm | | 长度(7620mm) | 长度(9144mm) |
| 120.65 | 4¾ | 57.15 | NC35 | 69.69 | 72.40 |
| 120.65 | 4¾ | 57.15 | NC38 | 69.69 | 72.40 |
| 127.00 | 5 | 57.15 | NC38 | 79.53 | 82.57 |
| 152.40 | 6 | 57.15 | NC44 | 123.23 | 127.84 |

续表

| 外径 | | 内径 | 连接螺纹 | 公称质量/(kg/m) | |
|---|---|---|---|---|---|
| mm | in | mm | | 长度(7620mm) | 长度(9144mm) |
| 152.40 | 6 | 71.44 | NC44 | 111.81 | 116.03 |
| 158.75 | 6¼ | 57.15 | NC44 | 135.70 | 136.15 |
| 158.75 | 6¼ | 71.44 | NC46 | 124.28 | 128.83 |
| 165.10 | 6½ | 57.15 | NC46 | 148.29 | 153.87 |
| 165.10 | 6½ | 71.44 | NC46 | 136.88 | 141.95 |
| 174.63 | 6⅞ | 71.44 | NC50 | 149.74 | 155.40 |
| 177.80 | 7 | 57.15 | NC50 | 175.20 | 181.87 |
| 177.80 | 7 | 71.44 | NC50 | 163.91 | 169.95 |
| 184.15 | 7¼ | 71.40 | NC50 | 178.35 | 184.82 |
| 196.85 | 7¾ | 71.40 | NC56 | 207.35 | 215.11 |
| 203.20 | 8 | 71.40 | 6⅝ REG | 223.23 | 231.41 |
| 209.55 | 8¼ | 71.40 | 6⅝ REG | 239.63 | 247.70 |
| 228.60 | 9 | 71.40 | NC61-70 | 290.94 | 301.84 |
| 241.30 | 9½ | 76.20 | 7⅝ REG | 323.88 | 335.08 |

4）无磁钻铤机械性能见表2-58。

**表2-58　无磁钻铤机械性能**

| 屈服强度($\sigma_{0.2}$)/MPa(kgf/mm$^2$) | 抗拉屈服强度($\sigma_b$)/MPa(kgf/mm$^2$) | 延伸率($\delta_4$)/% | | 夏比冲击功/J(ft·lb) | 硬度/HB |
|---|---|---|---|---|---|
| ≥689(≥70.3) | ≥823(≥84) | ≥25 | | ≥68(≥50) | ≥285 |

无磁钻铤的磁导率及磁感应强度：

磁导率：当磁场强度为$(1\times10^5/4\pi)$ A/m时，无磁钻铤材料的相对磁导率$\mu_r\leqslant1.010$，在各点测量的$\mu_r$平均值应小于1.005。

磁场强度：无磁钻铤的磁均匀性为沿内孔任意相距100mm的磁感应强度之差$\Delta B\leqslant0.05\mu T$。

5）中原特钢股份有限公司生产的无磁钻铤

中原特钢股份有限公司生产的无磁钻铤规格性能见表2-59～表2-61。

表 2-59　无磁钻铤规格

| 钻铤型号 | 外径(D) | | 内径(d) | | 长度(L)/mm | 台肩倒角直径($D_F$)/mm | 参考的弯曲强度比② | 公称质量/(kg/m) |
|---|---|---|---|---|---|---|---|---|
| | mm | in | mm | in | | | | |
| NC23-31①(试行) | 79.4 | 3⅛ | 31.8 | 1¼ | 9150 | 76.2 | 2.57:1 | 32.8 |
| NC26-35(2⅜ IF①) | 88.9 | 3½ | 38.1 | 1½ | 9150 | 82.9 | 2.42:1 | 40.2 |
| NC31-41(2⅞ IF) | 104.8 | 4⅛ | 50.8 | 2 | 9150 | 100.4 | 2.43:1 | 52.1 |
| NC35-47 | 120.7 | 4¾ | 50.8 | 2 | 9150 | 114.7 | 2.58:1 | 74.5 |
| NC38-50(3½ IF) | 127.0 | 5 | 57.2 | 2¼ | 9150 | 121.0 | 2.38:1 | 79.0 |
| NC44-60 | 152.4 | 6 | 57.2 | 2¼ | 9150 或 9450 | 144.5 | 2.49:1 | 123.7 |
| NC44-60 | 152.4 | 6 | 71.4 | 2 13/16 | 9150 或 9450 | 144.5 | 2.84:1 | 111.8 |
| NC44-62 | 158.8 | 6¼ | 57.2 | 2¼ | 9150 或 9450 | 149.2 | 2.91:1 | 135.6 |
| NC46-62(4 IF) | 158.8 | 6¼ | 71.4 | 2 13/16 | 9150 或 9450 | 150.0 | 2.63:1 | 111.8 |
| NC46-65(4 IF) | 165.1 | 6½ | 57.2 | 2¼ | 9150 或 9450 | 154.8 | 2.76:1 | 147.5 |
| NC46-65(4 IF) | 165.1 | 6½ | 71.4 | 2 13/16 | 9150 或 9450 | 154.8 | 3.05:1 | 135.6 |
| NC46-67(4 IF) | 171.5 | 6¾ | 57.2 | 2¼ | 9150 或 9450 | 159.5 | 3.18:1 | 160.9 |
| NC50-67③(4½ IF) | 171.5 | 6¾ | 71.4 | 2 13/16 | 9150 或 9450 | 159.5 | 2.37:1 | 148.5 |

续表

| 钻铤型号 | 外径(D) | | 内径(d) | | 长度(L)/mm | 台肩倒角直径($D_F$)/mm | 参考的弯曲强度比② | 公称质量/(kg/m) |
|---|---|---|---|---|---|---|---|---|
| | mm | in | mm | in | | | | |
| NC50-70(4½ IF) | 177.8 | 7 | 57.2 | 2¼ | 9150 或 9450 | 164.7 | 2.54 : 1 | 174.3 |
| NC50-70(4½ IF) | 177.8 | 7 | 71.4 | $2^{13}/_{16}$ | 9150 或 9450 | 164.7 | 2.73 : 1 | 163.9 |
| Nc50-72(4½ 1F) | 184.2 | 7¼ | 71.4 | $2^{13}/_{16}$ | 9150 或 9450 | 169.5 | 3.12 : 1 | 177.3 |
| NC56-77 | 196.9 | 7¾ | 71.4 | $2^{13}/_{16}$ | 9150 或 9450 | 185.3 | 2.70 : 1 | 207.1 |
| NC56-80 | 203.2 | 8 | 71.4 | $2^{13}/_{16}$ | 9150 或 9450 | 190.1 | 3.02 : 1 | 223.5 |
| 6⅝ REG ① | 209.6 | 8¼ | 71.4 | $2^{13}/_{16}$ | 9150 或 9450 | 195.7 | 2.93 : 1 | 238.4 |
| NC61-90 | 228.6 | 9 | 71.4 | $2^{13}/_{16}$ | 9150 或 9450 | 212.7 | 3.17 : 1 | 290.6 |
| 7⅝REG | 241.3 | 9½ | 76.2 | 3 | 9150 或 9450 | 223.8 | 2.81 : 1 | 321.8 |
| NC70-97 | 247.6 | 9¾ | 76.2 | 3 | 9150 或 9450 | 232.6 | 2.57 : 1 | 341.2 |
| NC70-100 | 254.0 | 10 | 76.2 | 3 | 9150 或 9450 | 237.3 | 2.81 : 1 | 362.0 |

注:①螺纹类型表示:NCXX——数字型,IF——内平型,REG——正规型。括号内是可以互换的螺纹类型。

②弯曲强度比:内螺纹危险断面抗弯截面模数与外螺纹危险断面抗弯截面模数之比。

③仅适用于 C 型钻铤。

**表 2-60　无磁钻铤力学性能**

| 材料 | 外径(*D*) mm | 外径(*D*) in | 屈服强度($R_{p0.2}$)/MPa | 抗拉强度($R_m$)/MPa | 伸长率(*A*)/% | 常温冲击功/J | 布氏硬度/HB |
|---|---|---|---|---|---|---|---|
| 普通无磁 W1813N | 79.4~171.5 | 3⅛~6¾ | ≥758 | ≥827 | ≥18 | ≥80 | 275~320 |
| | 177.8~279.4 | 7~11 | ≥689 | ≥827 | ≥20 | | |
| 普通无磁 W2014N | 79.4~171.5 | 3⅛~6¾ | ≥758 | ≥827 | ≥18 | ≥80 | 285~341 |
| | 177.8~279.4 | 7~11 | ≥689 | ≥758 | ≥20 | | |
| 高强无磁 ZYNM7 | ≤203.2 | ≤ 8 | ≥758 | ≥827 | ≥20 | 平均值≥120 平均值≥100 | 285~430 |
| | 209.6~279.4 | 8¼~11 | ≥689 | | | | |
| 高强无磁 ZYNM9 | ≤203.2 | ≤ 8 | ≥965 | ≥1034 | ≥20 | 平均值≥100 平均值≥80 | 300~460 |
| | 209.6~235.0 | 8¼~9¼ | ≥896 | | | | |
| | 241.3~279.4 | 9½~11 | ≥827 | ≥965 | ≥20 | | |

**表 2-61　无磁钻铤磁性能表**

| 材料牌号 | 相对磁导率($\mu_r$) | 磁场梯度($\Delta B$) |
|---|---|---|
| W1813N W2014N | ≤1.010 | ≤0.05μT |
| ZYNM7 ZYNM9 | ≤1.005 | ≤0.04μT |

注：磁场=($1\times10^5/4\pi$)A/m。

4. 无磁承压钻杆

(1) 无磁承压钻杆是定向钻井中的特殊钻具，结构与一般加重钻杆相同，如图 2-21 所示。化学成分和机械性能等与无磁钻铤相当，满足井眼全角变化率大于 15°/30m 的高造斜率需要。

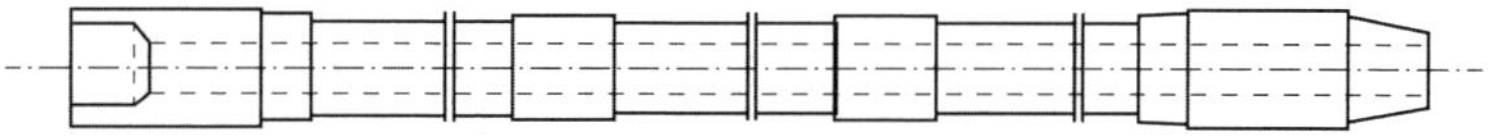

图 2-21　无磁承压钻杆结构

(2) 中原特钢股份有限公司生产无磁整体钻杆的尺寸规格见表 2-62。

**表 2-62　中原特钢股份有限公司生产无磁整体钻杆的尺寸规格**

| 规格 | 外径(C) | | 内径(d) | | 接头 | | | | 管体 | |
|---|---|---|---|---|---|---|---|---|---|---|
| | | | | | 螺纹类型 | 外径(A) | | 螺纹台肩倒角直径($D_F$)/mm | 加厚部分尺寸 | |
| | mm | in | mm | in | | mm | in | | 中部(D)/mm | 端部(B)/mm |
| WZH-CY66-6⅝FH<br>WZH-JZ66-6⅝FH | 168.3 | 6⅝ | 114.3 | 4½ | 6⅝FH | 209.6 | 8¼ | 195.7 | 184.2 | 176.2 |
| WZH-CY55-5½FH<br>WZH-JZ55-5½FH | 139.7 | 5½ | 92.1 | 3⅝ | 5½FH | 177.8 | 7 | 170.7 | 152.4 | 144.5 |
| WZH-CY50-NC50<br>WZH-JZ50-NC50 | 127.0 | 5 | 76.2 | 3 | NC50 | 168.3 | 6⅝ | 154.0 | 139.7 | 130.2 |
| WZH-CY45-NC46<br>WZH-JZ45-NC46 | 114.3 | 4½ | 71.4 | $2^{13}/_{16}$ | NC46 | 158.8 | 6¼ | 145.3 | 127.0 | 117.5 |
| WZH-CY40-NC40<br>WZH-JZ40-NC40 | 101.6 | 4 | 65.1 | 2 9/16 | NC40 | 133.4 | 5¼ | 127.4 | 114.3 | 106.4 |
| WZH-CY35-NC38<br>WZH-JZ35-NC38 | 88.9 | 3½ | 52.4 | 2 1/16 | NC38 | 120.7 | 4¾ | 116.3 | 101.6 | 92.1 |
| WZH-CY29-NC31<br>WZH-JZ29-NC31 | 73.0 | 2⅞ | 50.8 | 2 | NC31 | 104.8 | 4⅛ | 100.4 | 84.1 | 81.0 |

中原特钢股份有限公司生产无磁整体钻杆标记按图 2-22 所示原则命名：

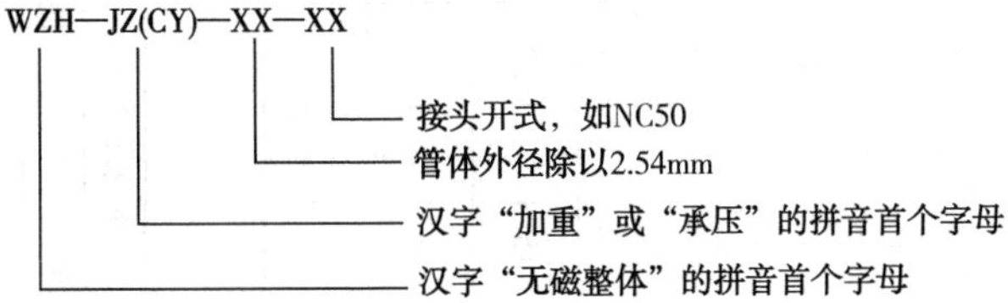


图 2-22　无磁整体钻杆标记

无磁整体钻杆的材料、力学性能和磁性能与无磁钻铤要求相同。

## 三、钻铤使用规定

钻铤允许使用参数见表 2-63，钻铤允许直线度见表 2-64。

# 第六节　其　　他

## 一、螺旋稳定器

螺旋稳定器规格见表 2-65。

## 二、防磨工具接头

套管防磨接头是钻井中防止钻具与套管相互磨损而造成套管损坏的一种专用工具。在深井、超深井、水平井及大位移井的钻井中，需要使用套管防磨接头。FMJ 型套管防磨接头如图 2-23所示，技术参数见表 2-66。

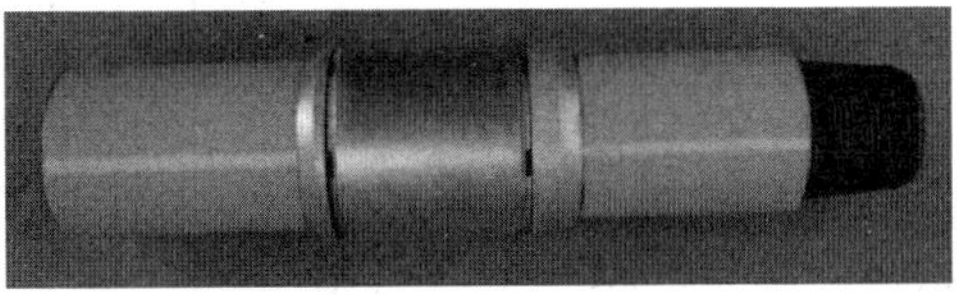

图 2-23　FMJ 型套管防磨接头

表 2-63　钻铤尺寸及工作参数

| 公称尺寸 | | 内径/mm | 螺纹类型 | 倒角直径/mm | 均磨后外径/mm | 偏磨限定尺寸/mm | 外伤凹痕允许量/mm | | 新钻铤台肩/mm | | 磨损后台肩宽/mm | | 紧扣扭矩/kN·m |
|---|---|---|---|---|---|---|---|---|---|---|---|---|---|
| in | mm | | | | | | 横伤深×长 | 纵伤深 | 外螺纹 | 内螺纹 | 外螺纹 | 内螺纹 | |
| 3½ | 88.9 | 38.1 | NC26 | 82.9 | 85.1 | 3.8 | 4.0×28 | 4.0 | 5.0 | 4.2 | 4.6 | 4.0 | 6.3 |
| 4⅛ | 104.8 | 50.8<br>57.2 | NC31 | 100.4 | 100.5 | 4.0 | 5.0×33 | 5.0 | 7.1 | 6.4 | 6.5 | 6.0 | 9.2 |
| 4¾ | 120.7 | 50.8 | NC35 | 114.7 | 115.0 | 5.2 | 5.0×38 | 5.0 | 9.9 | 8.9 | 9.0 | 8.2 | 14.7 |
| 6¼ | 158.8 | 71.4 | NC46 | 150.0 | 152.0 | 6.6 | 6.0×50 | 6.0 | 13.6 | 12.7 | 12.5 | 11.8 | 24.4 |
| 7 | 177.8 | 71.4 | NC50 | 164.7 | 168.0 | 8.0 | 6.5×56 | 6.5 | 15.7 | 14.9 | 15.3 | 14.7 | 43.4 |
| 8 | 203.2 | 71.4<br>76.2 | NC56 | 190.1 | 190.0 | 9.9 | 7.0×64 | 7.0 | 21.7 | 19.6 | 15.8 | 15.2 | 65.2 |
| 9 | 228.6 | 71.4<br>76.2 | NC61 | 212.7 | 210.0 | 11.8 | 7.0×72 | 7.0 | 24.6 | 23.8 | 18.0 | 17.3 | 92.3 |
| 11 | 279.4 | 76.2 | 8⅝REG<br>NC77 | 266.7<br>260.0 | 266.0 | 12.7 | 8.0×80 | 8.0 | 25.0 | 25.0 | 25.0 | 25.0 | 142.5 |

表 2-64　钻铤允许直线度

mm

| 钻铤长度 | 全长允许直线度 | | 两端 2m 内允许直线度 | | 每米直线度 | |
|---|---|---|---|---|---|---|
| | 校直 | 使用 | 校直 | 使用 | 校直 | 使用 |
| ≤9 | <3.0 | <5.0 | <1.5 | <2.5 | <1.5 | <2.0 |
| >9 | <4.0 | <6.0 | <2.0 | <3.5 | | |

表 2-65 螺旋稳定器规格

| 螺旋稳定器外径/mm | 螺纹类型 | 本体接头外径/mm | 接头内径/mm | 接头长度/mm | 螺旋带数量 | 螺旋升角/(°) | 螺旋带长度/mm | 适用井眼/mm |
|---|---|---|---|---|---|---|---|---|
| Φ666 | $7\frac{5}{8}$REG | Φ228 | Φ71.4 | 2000 | 3 | 70 | 600 | Φ660.40 |
| Φ444 | $7\frac{5}{8}$REG | Φ228 | Φ71.4 | 2000 | 3 | 70 | 600 | Φ444.50 |
| Φ432 | $7\frac{5}{8}$REG | Φ228 | Φ71.4 | 2000 | 3 | 70 | 600 | Φ444.50 |
| Φ346 | $6\frac{5}{8}$REG | Φ203 | Φ71.4 | 2000 | 3 | 70 | 600 | Φ311.15 |
| Φ311 | $6\frac{5}{8}$REG | Φ203 | Φ71.4 | 2000 | 3 | 70 | 600 | Φ311.15 |
| Φ308 | $6\frac{5}{8}$REG | Φ203 | Φ71.4 | 2000 | 3 | 70 | 600 | Φ244.48 |
| Φ244 | NC50 | Φ178 | Φ71.4 | 2000 | 3 | 70 | 600 | Φ244.48 |
| | NC50×$6\frac{5}{8}$REG(双母) | Φ178×Φ203(双母) | | | | | | |
| Φ241 | NC50 | Φ178 | Φ71.4 | 2000 | 3 | 70 | 600 | Φ244.48 |
| | NC50×$6\frac{5}{8}$REG(双母) | Φ178×Φ203(双母) | | | | | | |

续表

| 螺旋稳定器外径/mm | 螺纹类型 | 本体接头外径/mm | 接头内径/mm | 接头长度/mm | 螺旋带数量 | 螺旋升角/(°) | 螺旋带长度/mm | 适用井眼/mm |
|---|---|---|---|---|---|---|---|---|
| Φ238 | NC50 | Φ178 | Φ71.4 | 2000 | 3 | 70 | 600 | Φ244.48 |
| | NC50×6⅝REG(双母) | Φ178×Φ203(双母) | | | | | | |
| Φ215 | NC46 | Φ159 | Φ71.4 | 2000 | 3 | 70 | 600 | Φ215.90 |
| | NC46×4½REG(双母) | | | | | | | |
| Φ214 | NC50 | Φ178 | Φ71.4 | 2000 | 3 | 70 | 600 | Φ215.90 |
| | NC50×4½REG(双母) | | | | | | | |
| Φ152 | NC38 | Φ121 | Φ57 | 2000 | 3 | 70 | 600 | Φ152.40 |
| | NC38×3½REG(双母) | | | | | | | |
| Φ118 | NC31 | Φ105 | Φ50 | 1200 | 3 | 70 | 600 | Φ120.65 |
| | NC31×2⅞REG(双母) | | | | | | | |

表 2-66 FMJ 型套管防磨接头技术参数

| 型号 | FMJ212 | FMJ146 |
|---|---|---|
| 护套长度 mm | 150 | 150 |
| 本体外径/mm | 165 | 140 |
| 水眼/mm | 82 | 51 |
| 总长/mm | 580 | 580 |
| 连接扣型 | 410×411 | 310×311 |

## 三、清砂钻杆

山东威玛装备科技股份有限公司清砂钻杆主要是在大位移井、长水平段水平井等复杂结构井的钻井过程中使用,岩屑床、键槽、井壁不规则等因素严重影响井下安全及钻井效率,针对上述问题,开发研制了一种清砂钻杆。其结构设计如图 2-24 所示:随着钻柱的旋转,该工具能够破坏岩屑床、消除键槽、修整不规则井壁,从而有效改善井眼质量。此外,还能使钻井液通过该钻具时发生流态变化,从层流变为紊流,把井底的沉砂搅动起来,使沉砂易于被钻井液携带,同时钻井液通过该钻具时流速加快,从而进一步提高钻井液的携岩能力。起到了清洁井眼和携砂的作用,有效减少了钻井过程中的沉砂,降低了钻柱运移摩阻,改善了托压现象,减少了钻柱的短程起下钻及泥浆循环洗井作业时间,降低了井下复杂事故的风险。根据不同井眼、不同工况要求,有表 2-67多种型号的钻杆供用户选择,也可根据钻井要求定制特殊型号的钻杆。

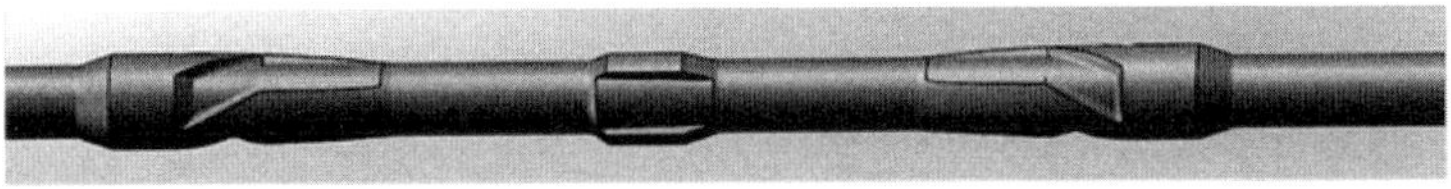

图 2-24 清砂钻杆结构

表 2-67 清砂钻杆规格型号

| 工具外径/in | 工具内径/in | 最小屈服强度/MPa | 管体机械性能 | | 接头机械性能 | | |
|---|---|---|---|---|---|---|---|
| | | | 拉伸屈服强度/kN | 扭转屈服强度/N·m | 拉伸屈服强度/kN | 扭转屈服/强度/N·m | 推荐上扣扭矩/N·m |
| 4 | 2½ | ≥758 | 4086 | 83270 | 3845 | 37400 | 22440 |
| 4½ | 2⅛ | ≥758 | 5316 | 120397 | 4663 | 58978 | 36387 |
| 5 | 3 | ≥758 | 6704 | 167048 | 5644 | 76830 | 46100 |
| 5½ | 3¼ | ≥689 | 6783 | 200242 | 6443 | 85285 | 51171 |
| 5⅞ | 4 | ≥689 | 6465 | 203650 | 5169 | 128923 | 77353 |

# 第三章　钻台工具与管柱自动化装置

井口工具泛指在钻台上实施对钻柱的上卸扣、提升和下放入井,以及旋转传递动力等而使用的专用工具,主要包括吊卡、吊钳、液压大钳、卡瓦、方补心、安全卡瓦等。

## 第一节　吊　　卡

吊卡是用以悬挂、提升和下放钻杆、钻铤、套管或油管的工具。按其用途,吊卡可分为钻杆吊卡、钻铤吊卡、套管吊卡和油管吊卡。按其结构,吊卡可分为侧开式吊卡、对开式(牛头式)吊卡和闭锁环式吊卡。按其作用原理,吊卡可分为机械式吊卡和气动吊卡。

### 一、钻杆吊卡

#### (一) 钻杆吊卡结构

吊卡结构如图 3-1~图 3-4 所示。

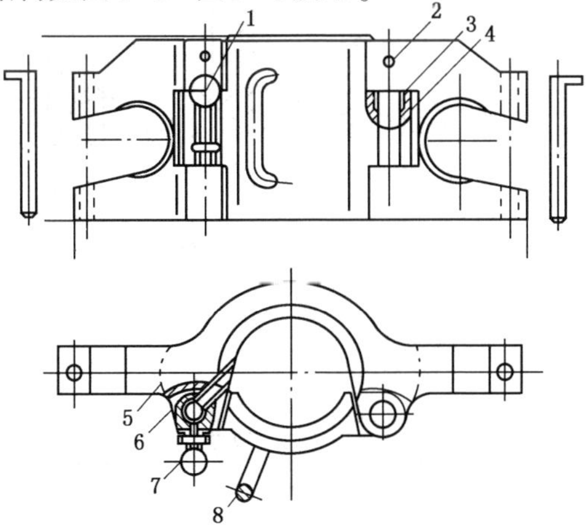


图 3-1　侧开式吊卡结构

1—锁销手柄;2—螺钉;3—上锁销;4—活页销;5—主体;6—活页;7—开口销;8—手柄

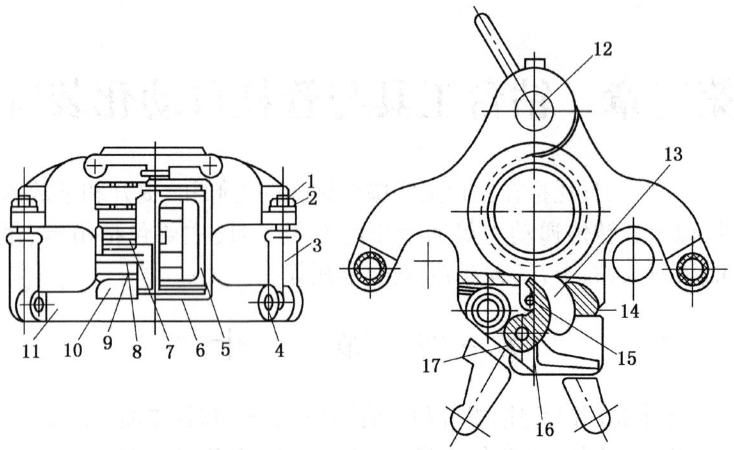


图 3-2　对开式(牛头式)吊卡结构

1—螺栓;2—垫圈;3—耳环;4—耳销;5、17—锁板;6—右主体;7—扭力弹簧;8—弹簧座;9—长销 10、15—锁销;11—左主体;12—轴销;13—右体锁舌;14—锁孔;16—短锁

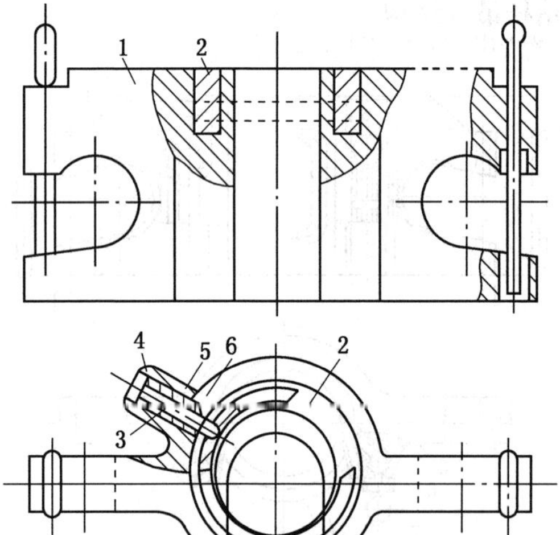


图 3-3　闭锁环式吊卡结构

1—主体;2—闭锁环;3—锁销;4—弹簧 ;5—把手;6—壳体

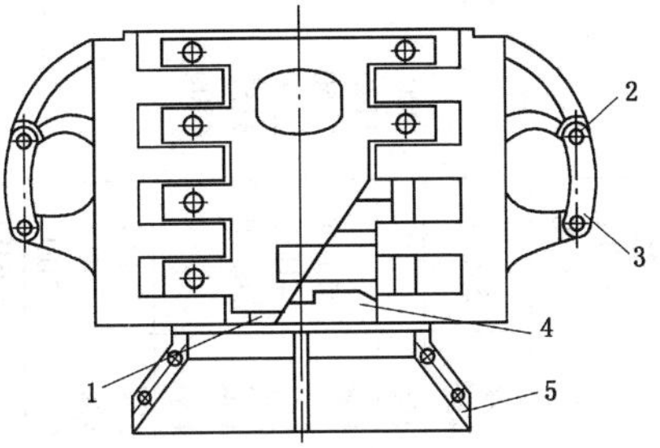


图 3-4　气动吊卡结构

1—下扶正前块;2—上插销;3—耳环;4—下扶正块;5—下导向罩

## (二) 形式和型号表示方法

1. 吊卡形式

吊卡形式见表 3-1。

**表 3-1　吊卡形式**

| 种类 | 形　式 | | |
|---|---|---|---|
| | 侧开式 | 对开式 | 闭锁环式 |
| 钻杆吊卡 | 平台肩锥形台肩 | 平台肩锥形台肩 | |
| 钻铤吊卡 | 平台肩 | 平台肩 | |
| 套管吊卡 | 平台肩 | 平台肩 | |
| 油管吊卡 | 平台肩 | 平台肩 | 平台肩 |

2. 吊卡型号表示方法

吊卡型号表示方法如图 3-5 所示。

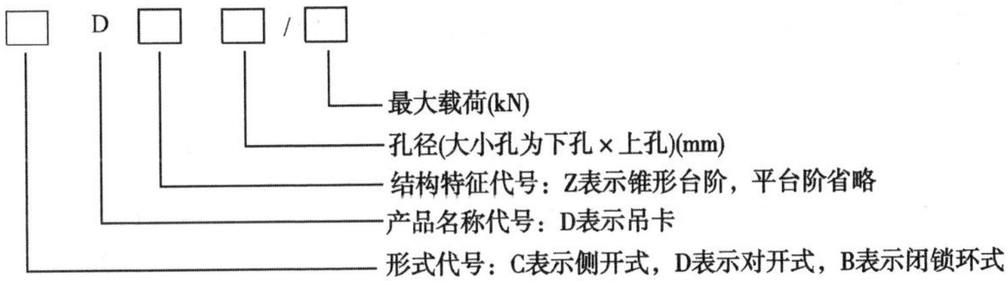


图 3-5　吊卡型号表示方法

例如:侧开式平台阶吊卡,下孔径为 131mm,上孔径为 134mm,最大载荷为 1350kN,可表示为 CD131×134/1350。

## (三) 钻杆吊卡技术规范

《石油天然气工业钻井和采油提升设备》(GB/T 19190—2013)规定见表 4-2。

# 表 3-2　钻杆吊卡技术规范

| 钻杆接头代号 | 钻杆规格和形式(所有质量及级别) | 钻杆接头 | | | | | | | | 吊卡标志 | 吊卡最大载荷系列/kN |
|---|---|---|---|---|---|---|---|---|---|---|---|
| | | 锥形台肩 | | | | 直角台肩 | | | | | |
| | | 颈部直径 $D_{TE}$(最大) | | 吊卡孔径 | | 颈部直径 $D_{SE}$(最大) | | 吊卡孔径 | | | |
| | | mm | in | mm | in | mm | in | mm | in | | |
| NC26(2⅜IF) | 2⅜EU | 65.09 | 2 9/16 | 67.47 | 2 21/32 | — | ① | — | ① | 2⅜EU | |
| NC31(2⅞IF)<br>NC31 | 2⅞EU<br>3½IU | 80.96<br>93.66② | 3 3/16<br>3 11/16② | 83.34<br>96.04② | 3 9/32<br>3 25/32② | 80.96① | 3 3/16① | 85.73① | 3⅜① | 2⅞EU<br>3½IU | |
| NC38(3½IF)<br>NC40(4FH) | 3½EU<br>3½EU | 98.43<br>98.43 | 3⅞<br>3⅞ | 100.81<br>100.81 | 3 31/32<br>3 31/32 | 98.43<br>98.43 | 3⅞<br>3⅞ | 103.19<br>103.19 | 4 1/16<br>4 1/16 | 3½EU | |
| NC40(4FH) | 4IU | 106.36 | 4 3/16 | 108.74 | 4 9/32 | 104.78 | 4⅛ | 109.54 | 4 5/16 | 4IU | 900 |
| NC46(4IF)<br>NC46(4IF)<br>NC46(4IF)<br>4½FH<br>4½FH | 4EU<br>4½IU<br>4½IEU<br>4½IU<br>4½IEU | 114.30<br>119.06<br>119.06<br>119.06<br>119.06 | 4½<br>4 11/16<br>4 11/16<br>4 11/16<br>4 11/16 | 121.44<br>121.44<br>121.44<br>121.44<br>121.44 | 4 25/32<br>4 25/32<br>4 25/32<br>4 25/32<br>4 25/32 | 114.30<br>117.48<br>117.48<br>117.48<br>117.48 | 4½<br>4⅝<br>4⅝<br>4⅝<br>4⅝ | 122.24<br>122.24<br>122.24<br>122.24<br>122.24 | 4 13/16<br>4 13/16<br>4 13/16<br>4 13/16<br>4 13/16 | 4EU 或<br>4½IU<br>或 4½IEU | 1125<br>1350<br>2250<br>3150<br>4500 |
| NC50(4½IF)<br>NC50(4½IF)<br>5½FH | 4½EU<br>5IEU<br>5IEU | 127.00<br>130.18<br>130.18 | 5<br>5⅛<br>5⅛ | 133.35<br>133.35<br>133.35 | 5¼<br>5¼<br>5¼ | 127.00<br>130.18<br>130.18 | 5<br>5⅛<br>5⅛ | 134.94<br>134.94<br>134.94 | 5 5/16<br>5 5/16<br>5 5/16 | 4½EU<br>或<br>5IEU | |
| 5½FH | 5½IEU | 144.46 | 5 11/16 | 147.64 | 5 13/16 | 144.46① | 5 11/16① | 149.23① | 5⅞① | 5½IEU | |
| 6⅝FH | 6⅝IEU | 176.21 | 6 15/16 | 178.59 | 7 1/32 | | | | | 6⅝IEU | |

公差(孔径)：$^{+0.8}_{0}$ mm($^{+1/32}_{0}$ in)，锥度：$^{+2°}_{0}$

注：孔径尺寸相同的吊卡均属同类吊卡。

①不生产。

②表明通常使用的尺寸 API Spec 5DP 并未涵盖。

江苏泰兴石油机械厂、江苏如东通用机械有限公司钻杆吊卡孔径和标志见表3-3。

表3-3　江苏泰兴石油机械厂、江苏如东通用机械有限公司钻杆吊卡技术规范

| 钻杆公称直径/mm(in) | 钻杆接头焊接部位最大外径/mm | 平台阶吊卡孔径 | | 锥形台阶吊卡孔径/mm | 吊卡最大载荷系列/kN |
|---|---|---|---|---|---|
| | | 上孔/mm | 下孔/mm | | |
| 60.3(2⅜)EU | 65.1 | 69 | 63 | 67 | 1125 |
| | | | | | 1350 |
| 73.0(2⅞)EU | 81.0 | 84 | 76 | 83 | 1125 |
| | | | | | 1350 |
| 88.9(3½)EU | 98.4 | 102 | 92 | 101 | 1350 |
| | | | | | 1960 |
| | | | | | 2250 |
| 114.3(4½)EU | 127.0 | 131 | 118 | 133 | 1350 |
| | | | | | 1960 |
| | | | | | 2250 |
| 127.0(5)IEU | 130.2 | 134 | 131 | 133 | 1960 |
| | | | | | 2250 |
| | | | | | 3150 |
| 139.7(5½)IU | — | 149 | 144 | — | 3150 |
| 139.7(5½)EU | 144.5 | 149 | 144 | 148 | 3150 |

## 二、钻铤吊卡

钻铤吊卡用于带吊卡槽钻铤的提升作业，钻铤吊卡结构如图3-2所示，钻铤吊卡形式见表3-1。

钻铤吊卡型号表示方法与钻杆吊卡型号表示方法相同。

江苏如东通用机械有限公司钻铤吊卡技术规范见表 3-4。

**表 3-4 钻铤吊卡技术规范**

| | | |
|---|---|---|
| 钻铤吊卡规格/mm(in) | 104.8(4⅛)、120.7(4¾)、133.4(5¼)、139.7(5½)、146.1(5¾)、152.4(6) | 158.8(6¼)、165.1(6½)、171.5(6¾)、177.8(7)、184.2(7¼)、190.5(7½)、196.9(7¾)、203.2(8)、209.6(8¼)、215.9(8½)、222.3(8¾)、228.6(9)、235.0(9¼)、241.3(9½)、254.0(10)、260.4(10½)、279.4(11) |
| 最大载荷/t(kN) | 100(900)、150(1350) | 150(1350) |

## 三、套管吊卡

套管吊卡结构同图 3-1、图 3-2 和图 3-4，套管吊卡形式见表 3-1。

套管吊卡型号表示方法与钻杆吊卡型号表示方法相同。

套管吊卡技术规范：气动套管吊卡除结构与机械式套管吊卡不同外，其余技术规范相同。《石油天然气工业钻井和采油提升设备》(GB/T 19190—2013)中不加厚套管和油管吊卡孔径规定见表 3-5。套管吊卡最大载荷系列见表 3-6。

**表 3-5 不加厚套管和油管吊卡孔径**

| 套管或油管公称尺寸($D$)/in | 新顶径 $T_B$①②公式/mm |
|---|---|
| $D<4\frac{1}{2}$ | $1.001\times(D\times25.4)+1.88$<br>$(1.001\times D+0.074)$③ |
| $4\frac{1}{2}\leq D<9\frac{5}{8}$ | $1.0125\times(D\times25.4)+1.22$<br>$(1.0125\times D+0.048)$③ |

续表

| 套管或油管公称尺寸($D$)/in | 新顶径 $T_B$ ①,②公式/mm |
|---|---|
| $9\frac{5}{8} \leqslant D < 12\frac{7}{8}$ | $1.0125\times(D\times25.4)+0.89$<br>$(1.0125\times D+0.035)$③ |
| $12\frac{7}{8} \leqslant D < 20$ | $1.0125\times(D\times25.4)+0.56$<br>$(1.0125\times D+0.022)$③ |
| $20 < D < 42$ | $1.010\times(D\times25.4)+1.90$<br>$(1.010\times D+0.075)$③ |
| $42 \leqslant D$ | $1.010\times(D\times25.4)+3.18$<br>$(1.010\times D+0.125)$③ |

公差:

$T_B \leqslant 254\text{mm} \pm 0.40\text{mm}$　　　　$B_B \leqslant 254^{+0.80}_{-0.40}\text{mm}$

$(T_B \leqslant 10\text{in} \pm \frac{1}{64}\text{in})$　　　　$(B_B \leqslant 10^{+\frac{1}{32}}_{-\frac{1}{64}}\text{in})$

$254\text{mm} < T_B \leqslant 508^{+0.80}_{-0.40}\text{mm}$　　　　$254\text{mm} < B_B \leqslant 508^{+1.60}_{-0.40}\text{mm}$

$(10\text{in} < T_B \leqslant 20^{+\frac{1}{32}}_{-\frac{1}{64}}\text{in})$　　　　$(10\text{in} < B_B \leqslant 20^{+\frac{1}{16}}_{-\frac{1}{64}}\text{in})$

$T_B > 508^{+1.60}_{-0.80}\text{mm}$　　　　$B_B > 508^{+1.60}_{-0.80}\text{mm}$

$(T_B > 20^{+\frac{1}{16}}_{-\frac{1}{32}}\text{in})$　　　　$(B_B > 20^{+\frac{1}{16}}_{-\frac{1}{32}}\text{in})$

$T_B$ 和 $B_B$ 的关系如图 3-6 所示。

套管外部与卡瓦或吊卡接触区域的纵向焊缝、圆周焊缝或螺旋焊缝应打磨平整。

套管吊卡孔径考虑到套管外径公差(+1%,-0.5%)。当包括圆周焊缝在内的套管直径在标准公差范围之内时,可以采用这些孔径。如果底孔与纵向焊缝、圆周焊缝或螺旋焊缝相干扰,应考虑打磨可能与卡瓦或吊卡接触区域的焊接浮渣。

作业中的直角台肩吊卡孔最大许用磨损见 API RP 8B:2002 表 1

注:①底孔 $B_B$ 供选择,一些吊卡设计无底孔。

②制造商可以选择相同的新底孔 $B_B$。

③单位为英寸(in)。

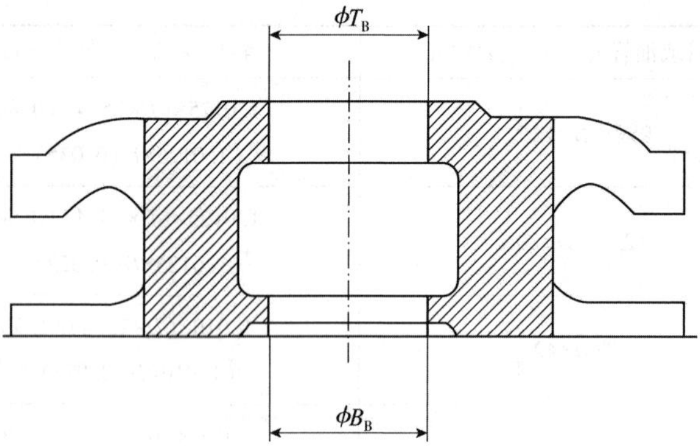


图 3-6　套管和油管的孔径

**表 3-6　套管吊卡最大载荷系列**

<table>
<tr><th>套管吊卡规格/mm(in)</th><th>套管吊卡最大载荷系列/kN</th></tr>
<tr><td>114.3(4½)</td><td rowspan="15">900<br>1125<br>1350<br>2250<br>3150<br>4500</td></tr>
<tr><td>127.0(5)</td></tr>
<tr><td>139.7(5½)</td></tr>
<tr><td>168.3(6⅝)</td></tr>
<tr><td>177.8(7)</td></tr>
<tr><td>193.7(7⅝)</td></tr>
<tr><td>219.1(8⅝)</td></tr>
<tr><td>244.5(9⅝)</td></tr>
<tr><td>254.0(10)</td></tr>
<tr><td>298.5(11¾)</td></tr>
<tr><td>323.9(12¾)</td></tr>
<tr><td>339.7(13⅜)</td></tr>
<tr><td>406.4(16)</td></tr>
<tr><td>473.1(18⅝)</td></tr>
<tr><td>508.0(20)</td></tr>
</table>

江苏泰兴石油机械厂、江苏如东通用机械有限公司套管吊卡技术规范见表3-7。

**表3-7　江苏泰兴石油机械厂、江苏如东通用机械有限公司套管吊卡技术规范**

| 套管吊卡规格/mm(in) | 吊卡孔径/mm | 吊卡最大载荷系列/kN |
|---|---|---|
| 114.3($4\frac{1}{2}$) | 118 | 1250 |
| 139.7($5\frac{1}{2}$) | 142 | 1350 |
| | | 1960 |
| | | 2250 |
| 168.3($6\frac{5}{8}$) | 171 | 1960 |
| 177.8(7) | 181 | 1960 |
| | | 3150 |
| 193.7($7\frac{5}{8}$) | 197 | 1350 |
| | | 1960 |
| 219.1($8\frac{5}{8}$) | 222 | 1960 |
| 244.5($9\frac{5}{8}$) | 248 | 1250 |
| | | 1960 |
| | | 2250 |
| | | 3350 |
| 254.0(10) | 277 | 1960 |
| | | 2250 |
| | | 3150 |
| 323.9($12\frac{3}{4}$) | 329 | 1250 |
| 339.7($13\frac{3}{8}$) | 344 | 1250 |
| | | 1960 |
| | | 2250 |
| | | 3150 |
| 508.0(20) | 513 | 1125 |

## 四、油管吊卡

油管吊卡结构同图3-1、图3-2和图3-3，油管吊卡形式见表3-1，其型号表示方法与钻杆吊卡型号表示方法相同。《石油天然气工业钻井和采油提升设备》(GB/T 19190—2013)中不加厚油管吊卡孔径规定见表3-5，加厚油管吊卡孔径见表3-8，不加厚和加厚油管吊卡最大载荷系列见表3-9。

**表 3-8　加厚油管吊卡孔径**

| 油管 | 外加厚油管 | | | | | | | |
|---|---|---|---|---|---|---|---|---|
| | 接箍直径 | | 加厚直径 | | 顶径($T_B$) | | 底径①($B_B$) | |
| 公称规格 | mm | in | mm | in | mm | in | mm | in |
| 1.050 | 42.16 | 1.660 | 33.40 | 1.315 | 36.12 | 1.422 | 36.12 | 1.422 |
| 1.315 | 48.26 | 1.900 | 37.31 | 1.469 | 40.08 | 1.578 | 40.08 | 1.578 |
| 1.660 | 55.88 | 2.200 | 46.02 | 1.812 | 48.82 | 1.922 | 48.82 | 1.922 |
| 1.900 | 63.50 | 2.500 | 53.19 | 2.094 | 55.96 | 2.203 | 55.96 | 2.203 |
| 2⅜ | 77.80 | 3.063 | 65.89 | 2.594 | 68.66 | 2.703 | 68.66 | 2.703 |
| 2⅞ | 93.17 | 3.668 | 78.59 | 3.094 | 81.36 | 3.203 | 81.36 | 3.203 |
| 3½ | 114.30 | 4.500 | 95.25 | 3.750 | 98.02 | 3.859 | 98.02 | 3.859 |
| 4 | 127.00 | 5.000 | 107.95 | 4.250 | 110.72 | 4.359 | 110.72 | 4.359 |
| 4½ | 141.30 | 5.563 | 120.65 | 4.750 | 123.42 | 4.859 | 123.42 | 4.859 |

不加厚油管不得使用加厚油管吊卡。

公差:

顶径 $T_B$: ±0.40mm(±1/64 in)。

底径 $B_B$: $^{+0.80}_{-0.40}$mm($^{+1/32}_{-1/64}$ in)。

$T_B$和$B_B$的关系如图 3-6 所示。

注:①底径 $B_B$供选择,某些吊卡设计无底孔。

**表 3-9　油管吊卡最大载荷系列**

<table>
<tr><th>油管公称直径及加厚形式/mm(in)</th><th>吊卡最大载荷系列/kN</th></tr>
<tr><td>48.3(1.9)</td><td rowspan="12">225<br>360<br>585<br>675<br>900<br>1125<br>1350</td></tr>
<tr><td>48.3(1.9)EU</td></tr>
<tr><td>60.3(2⅜)</td></tr>
<tr><td>60.3(2⅜)EU</td></tr>
<tr><td>73.0(2⅞)</td></tr>
<tr><td>73.0(2⅞)EU</td></tr>
<tr><td>88.9(3½)</td></tr>
<tr><td>88.9(3½)EU</td></tr>
<tr><td>101.6(4)</td></tr>
<tr><td>101.6(4)EU</td></tr>
<tr><td>114.3(4½)</td></tr>
<tr><td>114.3(4½)</td></tr>
</table>

江苏泰兴石油机械厂、江苏如东通用机械有限公司油管吊卡技术规范见表 3-10。

**表 3-10 江苏泰兴石油机械厂、江苏如东通用机械有限公司油管吊卡技术规范**

| 油管公称直径及加厚形式/mm(in) | 油管吊卡形式 | 油管加厚部分外径/mm | 吊卡孔径/mm | | 吊卡最大载荷系列/kN |
|---|---|---|---|---|---|
| | | | 上孔 | 下孔 | |
| 48.3(1.9) | 闭锁环式 | — | 50 | 50 | 360 |
| | | | 56 | 56 | 360 |
| 48.3(1.9)EU | 闭锁环式 | 53.0 | 56 | 50 | 360 |
| 60.3(2⅜) | 闭锁环式 | — | 63 | 63 | 585 |
| | | | 68 | 68 | 585 |
| 60.3(2⅜)EU | 闭锁环式 | 65.9 | 68 | 63 | 585 |
| | | | | | 900 |
| 73.0(2⅞) | 闭锁环式 | — | 76 | 76 | 585 |
| | | | 82 | 82 | 900 |
| 73.0(2⅞)EU | 闭锁环式 | 78.6 | 82 | 76 | 585 |
| | | | 82 | 76 | 900 |
| 88.9(3½) | 闭锁环式 | — | 92 | 92 | 900 |
| 88.9(3½)EU | 闭锁环式 | 95.2 | 98 | 92 | 585 |
| | | | 98 | 92 | 900 |
| 101.6(4) | 闭锁环式 | — | 104 | 104 | 900 |
| 114.3(4½) | 闭锁环式 | — | 117 | 117 | 900 |
| 48.3(1.9) | 侧开式 | — | 50 | 50 | 585 |
| 48.3(1.9)EU | 侧开式 | 53.0 | 56 | 50 | 585 |
| 60.3(2⅜) | 侧开式 | — | 63 | 63 | 585 |
| | | | | | 1350 |
| 60.3(2⅜) | 侧开式 | — | 68 | 68 | 900 |
| 73.0(2⅞) | 侧开式 | — | 76 | 76 | 900 |
| 73.0(2⅞)EU | 侧开式 | 78.6 | 82 | 76 | 585 |
| | | | | | 1125 |
| | | | | | 1350 |
| 73.0(2⅞) | 侧开式 | — | 82 | 82 | 900 |
| 88.9(3½) | 侧开式 | — | 98 | 98 | 1125 |
| 88.9(3½)EU | 侧开式 | 95.2 | 98 | 92 | 1125 |
| | | | | | 1350 |

## 五、卡瓦式吊卡(吊卡/卡盘)

卡瓦式吊卡(吊卡/卡盘)是一种下套管用的设备,用于下套管作业。

卡瓦式吊卡结构如图 3-7 所示,江苏如东通用机械有限公司 SE 型卡瓦式吊卡技术规范见表 3-11。

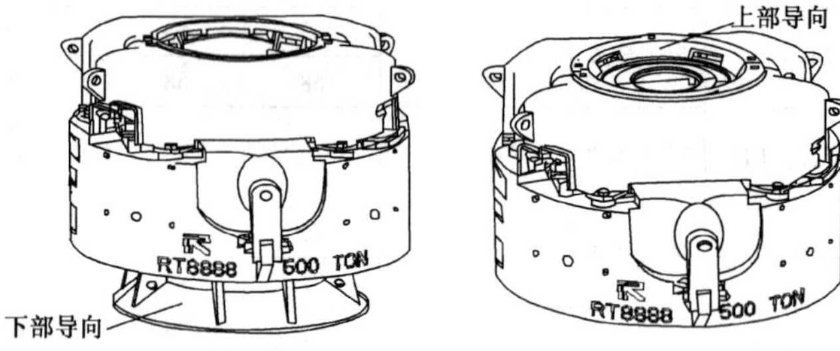

(a)吊卡　(b)卡盘

图 3-7　卡瓦式吊卡结构

**表 3-11　SE 型卡瓦式吊卡技术规范**

| 型号 | 卡持范围 | 额定载荷/t(kN) | 工作压力/MPa |
| --- | --- | --- | --- |
| SE 150 | $2\frac{3}{8}$~$5\frac{1}{2}$ | 150(1135) | 0.6~0.8 |
| SE 350 | $4\frac{1}{2}$~14 | 350(3134) | 0.6~0.8 |
| SE 500 Ⅰ | $4\frac{1}{2}$~14 | 500(4450) | 0.6~0.8 |
| SE 500 Ⅱ | 16~$24\frac{1}{2}$ | 500(4450) | 0.6~0.8 |

## 六、吊卡与吊环的配合

吊卡与吊环的配合关系如图 3-8 所示,其配合部位尺寸见表 3-12。

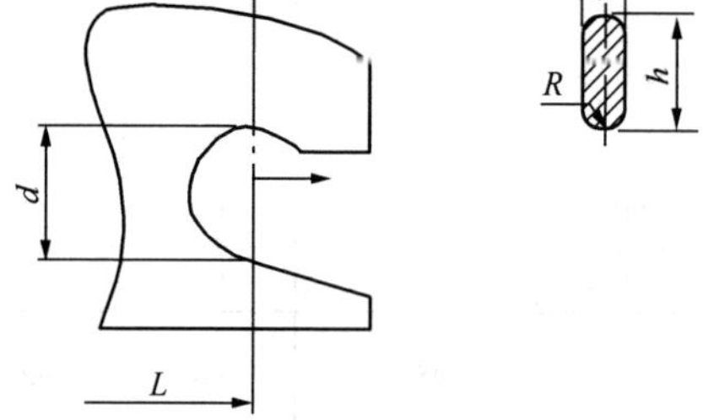


图 3-8　吊卡与吊环的配合

表 3-12 吊卡与吊环的配合部位尺寸

| 吊卡最大载荷/kN | 适用吊环最大载荷/kN | $d_{min}$/mm | $R$/mm | $h_{max}$/mm | $b_{max}$/mm | $L$/mm |
|---|---|---|---|---|---|---|
| 225 | 225~2250 | 75 | 50 | 40 | 30 | 侧开式钻杆吊卡应大于或等于 380 |
| 360 | 360~2250 | 75 | 50 | 50 | 30 | |
| 585 | 585~2250 | 75 | 50 | 70 | 40 | |
| 675 | 675~2250 | 75 | 50 | 70 | 50 | |
| 900 | 900~2250 | 90 | 60 | 80 | 60 | |
| 1125 | 1125~3150 | 90 | 60 | 90 | 65 | |
| 1350 | 1350~3150 | 90 | 60 | 90 | 65 | |
| 2250 | 2250~4500 | 100 | 75 | 130 | 80 | |
| 3150 | 3150~4500 | 100 | 75 | 150 | 120 | |
| 4500 | 4500~8750 | 130 | 90 | 200 | 145 | |

# 第二节 吊 环

吊环是石油、天然气钻井和井下修井作业过程中起下钻柱的主要悬挂工具之一，用于承载钻具、套管等载荷。其下端悬挂吊卡，上端挂在大钩的两侧耳环内。

按结构不同，吊环可分为单臂吊环和双臂吊环两种。

## 一、吊环结构

吊环结构如图 3-9 所示。

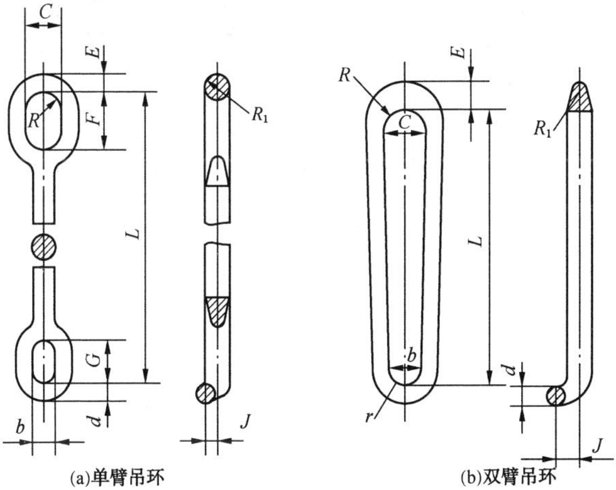


图 3-9 吊环结构

## 二、型号表示方法

吊环型号表示方法如图 3-10 所示。

D(S)　H　××××

最大载荷,kN

“环”字,用汉语拼音第一个字母表示

“D”表示单臂;“S”表示双臂

图 3-10　吊环型号表示方法

例如:吊环 DH1350 表示最大载荷为 1350kN 的单臂吊环。

## 三、技术规范

单臂吊环技术规范见表 3-13,双臂吊环技术规范见表 3-14。

江苏如东通用机械有限公司顶驱(大耳孔)单臂吊环:

适用于顶驱(大耳孔)的单臂吊环结构如图 3-11 所示,其技术规范见表 3-15,常用顶驱配套吊环长度见表 3-16。

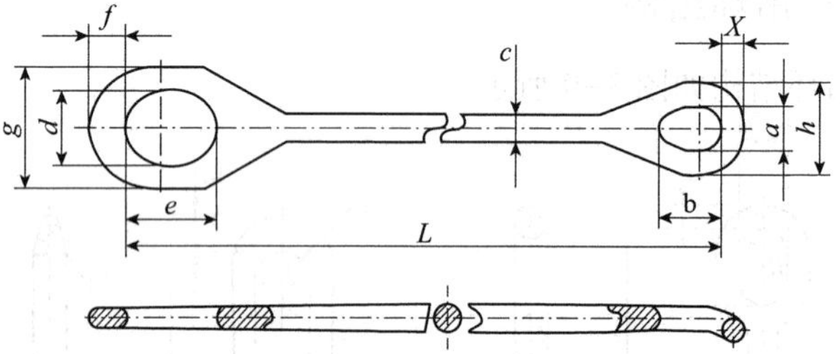


图 3-11　适用于顶驱的单臂吊环结构

表 3-13 单臂吊环技术规范

| 型 号 | 吊环上耳与大钩配合尺寸/mm | | | | | 吊环下耳与吊卡配合尺寸/mm | | | | | 载荷/kN | 吊环长度 $(L)$①/mm |
|---|---|---|---|---|---|---|---|---|---|---|---|---|
| | $E$ | $R$ | $R_1$ | $C$ | $F$ | $d$ | $r$ | $J$ | $b$ | $G$ | | |
| DH360 | ≤60 | ≥38.10 | ≤22.23 | ≥120 | ≥180 | ≤40.00 | ≥50.80 | ≥20 | ≥100 | ≥150 | 360 | 1200 |
| DH585 | ≤70 | ≥63.50 | | | | | | | | | 585 | 1100 |
| DH675② | ≤70 | ≥63.50 | ≤28.58 | ≥120 | ≥180 | ≤45.00 | ≥50.80 | ≥20 | ≥100 | ≥150 | 675 | 1500 |
| DH900 | ≤80 | ≥63.50 | ≤28.58 | ≥140 | ≥190 | ≤45.00 | ≥50.80 | ≥20 | ≥100 | ≥150 | 900 | 1500 |
| DH1350 | ≤100 | | | | ≥210 | ≤47.64 | | ≥25 | | | 1350 | 1800 |
| DH2250 | ≤140 | ≥101.60 | ≤34.93 | ≥200 | ≥250 | ≤61.92 | ≥69.85 | ≥30 | ≥140 | ≥200 | 2250 | 2700 |
| DH3150 | | | | | | ≤74.62 | | ≥35 | | | 3150 | 3300 |
| DH4500 | ≤160 | ≥120.65 | ≤47.63 | ≥240 | ≥300 | ≤95.26 | ≥82.55 | ≥50 | ≥170 | ≥250 | 4500 | 3600 |
| DH5850③ | — | — | — | — | — | — | — | — | — | — | 5850 | — |
| DH6750 | ≤190 | ≥127.00 | ≤63.50 | | ≥305 | ≤114.30 | ≥127.00 | ≥50 | ≥190 | ≥318 | 6750 | 3600 |

注:①长度 $L$ 为推荐尺寸。

②DH675 为过渡产品,新产品设计不推荐采用。

③目前无此产品。

## 表 3-14　双臂吊环技术规范

| 型号 | 吊环上耳与大钩配合尺寸/mm | | | | 吊环下耳与吊卡配合尺寸/mm | | | | 载荷/kN | 吊环长度$(L)$①/mm |
|---|---|---|---|---|---|---|---|---|---|---|
| | $E$ | $R$ | $R_1$ | $C$ | $d$ | $r$ | $J$ | $b$ | | |
| SH225 | ≤35 | ≥38.10 | ≤22.23 | ≥90 | ≤30.00 | ≥29.00 | ≥20 | ≥58 | 225 | 600 |
| SH360 | ≤45 | | | ≥100 | ≤40.00 | ≥50.80 | | ≥100 | 360 | 1100 |
| SH585 | ≤65 | ≥63.50 | | ≥120 | ≤45.00 | | | | 585 | |
| DH675② | ≤75 | ≥63.50 | ≤28.58 | ≤160 | ≤45.00 | ≥50.80 | ≥20 | ≥100 | 675 | 1500 |
| SH900 | ≤80 | ≥63.50 | ≤28.58 | ≥160 | ≤45.00 | ≥50.80 | ≥25 | ≥100 | 900 | 1500 |
| SH1350 | ≤100 | | | | ≤47.64 | | ≥35 | | 1350 | 1700 |

注:表 3-14 中①、②内容与表 3-13 中①、②内容相同。

## 表 3-15　适用于顶驱的单臂吊环技术规范

| 型号 | 额定载荷/t | $X$/mm | $a$/mm | $b$/mm | $c$/mm | $d$/mm | $e$/mm | $f$/mm | $g$/mm | $h$/mm |
|---|---|---|---|---|---|---|---|---|---|---|
| DH750 | 750 | 120 | $220^{+8}_{0}$ | 320 | $140.0^{+9.5}_{0}$ | $264.0^{+9}_{0}$ | $371.0^{+6}_{0}$ | $182^{+7.6}_{0}$ | 532.0 | 448 |
| DH500 | 500 | $95^{0}_{-1}$ | $170^{+8}_{0}$ | $256^{+6}_{-6}$ | $114.3^{+9.5}_{0}$ | $241.4^{+8}_{0}$ | $304.8^{+6}_{-4}$ | $152.4^{+7.6}_{0}$ | 431.8 | 360 |
| DH350 | 350 | $74^{0}_{-2}$ | $142^{+6}_{0}$ | $213^{+12}_{0}$ | $90.0^{+3}_{0}$ | $241.3^{+6}_{-6}$ | $304.8^{+12}_{0}$ | $127.0^{+5}_{0}$ | 390.0 | 298 |
| DH250 | 250 | $62^{0}_{-2}$ | $140^{+4}_{0}$ | $200^{+12}_{0}$ | $78.0^{+6}_{0}$ | $241.3^{+6}_{-6}$ | $304.8^{+12}_{0}$ | $127.0^{+5}_{0}$ | 390.0 | 266 |

注:额定载荷 t 为短吨,(1 短吨=0.907 吨)。

表 3-16　常用顶驱配套吊环长度

| 生产厂商 | 顶驱型号 | 吊环长度(L)/mm | 额定载荷/t |
|---|---|---|---|
| Varco BJ | TDS-11SA | 2700 | 250、350、500、750 |
| Varco BJ | TDS-11SH | 3100 | 250、350、500、750 |
| Varco BJ | TDS-10SH | 2700 | 250、350 |
| 大庆景宏 | DQ40BQ-JH | 2740 | 350 |
| 大庆景宏 | DQ50BQ-JH | 2740 | 350 |
| 辽河天意 | DQ50BQ-JH | 3300 | 325 |

注：吊环长度根据用户要求而定，国外惯例为 4.88m（192.1in）和 3.35m（131.9in）。

# 第三节　吊　　钳

吊钳是用于石油、天然气钻井和修井作业中旋紧或卸开钻柱、套管、油管等连接螺纹的工具。一般作业中，内、外钳同时使用。

按结构不同，吊钳可分为多扣合钳和单扣合钳两种。按功能不同，吊钳可分为钻杆吊钳、套管吊钳、油管吊钳。按性能不同，吊钳可分为 B 型吊钳和液压大（吊）钳。B 型吊钳为多扣合钳。

## 一、钻杆、套管、油管吊钳

1. 吊钳结构

吊钳结构如图 3-12 ~图 3-14 所示。

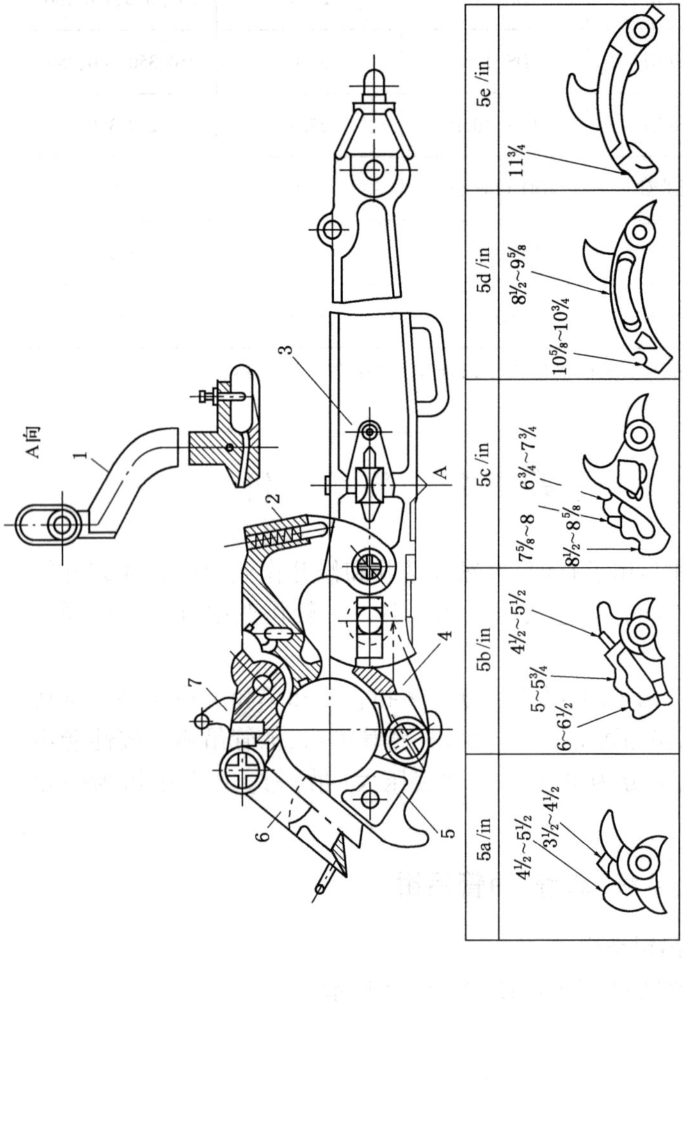


图3-12　B型吊钳及5"扣合钳扣合范围示意图

1—吊杆；2—3"长钳；3—钳柄；4—4"短钳；5—5"扣合钳；6—1"扣合钳；7—2"扣合钳

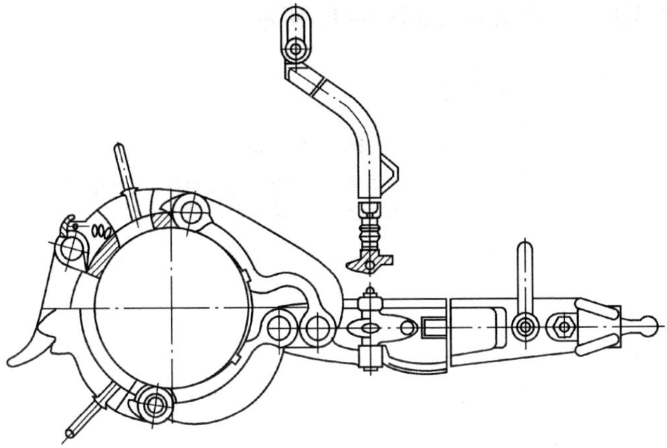

图 3-13　套管吊钳结构

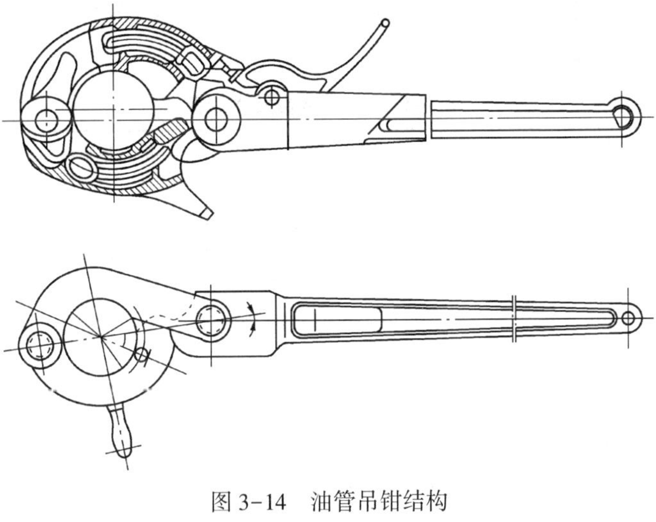

图 3-14　油管吊钳结构

注：图 3-12 的 B 型吊钳也可作套管吊钳使用。

2. 型号表示方法

吊钳型号表示方法如图 3-15 所示。

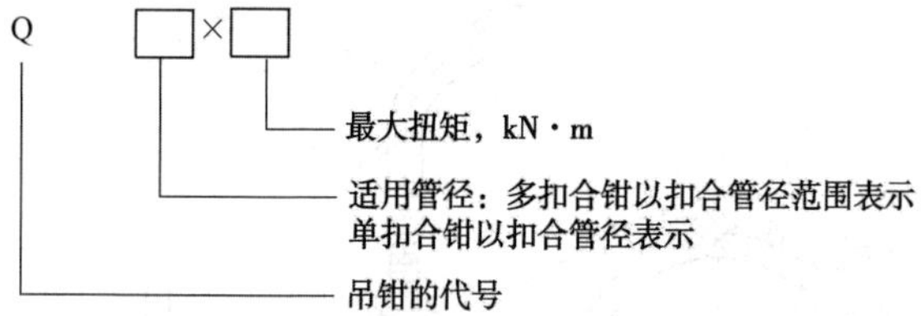


图 3-15　吊钳型号表示方法

例如：Q86～324×75 表示多扣合钳，扣合范围为 85.7～323.9mm（3⅜～12¾in），最大扭矩为 75 kN·m。

3. 技术规范

多扣合钳（钻杆、套管吊钳）技术规范见表 3-17，单扣合钳（套管、油管吊钳）技术规范见表 3-18，B 型吊钳（钻杆、套管、油管吊钳）技术规范见表 3-19，江苏如东通用机械有限公司吊钳技术规范见表 3-20。

**表 3-17　多扣合钳技术规范**

| 型　　号 | 适用管径/mm（in） | 最大扭矩/kN·m |
|---|---|---|
| Q60～273×35 | 60.3～273.1（2⅜～10¾） | 35 |
| Q340～648×35 | 339.7～647.7（13⅜～25½） | 35 |
| Q86～324×75 | 85.7～114.3（3⅜～4½） | 55 |
| | 114.3～196.9（4½～7¾） | 75 |
| | 196.9～323.9（7¾～12¾） | 55 |
| Q89～299×75① | 88.9～114.3（3½～4½） | 55 |
| | 114.3～196.9（4½～7¾） | 75 |
| | 196.9～298.5（7¾～11¾） | 55 |
| Q86～432×90 | 85.7～215.9（3⅜～8½） | 90 |
| | 215.9～431.8（8½～17） | 55 |
| Q102～305×140 | 101.6～304.8（4～12） | 140 |

注：①此型号为过渡型号。

**表 3-18 单扣合钳技术规范**

| 型 号 | 适用管径/mm(in) | 适用接箍或接头外径/mm(in) | 最大扭矩/kN · m |
|---|---|---|---|
| Q324×8 | 323.9($12\frac{3}{4}$) | 349.3($13\frac{3}{4}$) | 8 |
| Q340×8 | 339.7($13\frac{3}{8}$) | 365.1($14\frac{3}{8}$) | 8 |
| Q375×8 | 365.1($14\frac{3}{8}$) | 400.1($15\frac{3}{4}$) | 8 |
| Q425×8 | 425.5($16\frac{3}{4}$) | 450.9($17\frac{3}{4}$) | 8 |
| Q60×30 | 60.3($2\frac{3}{8}$) | 85.7($3\frac{3}{8}$) | 30 |
| Q73×30 | 73.0($2\frac{7}{8}$) | 104.8($4\frac{1}{8}$) | 30 |

**表 3-19 B 型吊钳技术规范**

| 规格名称/mm(in) | 5 号扣合钳台肩序号 | 扣合管径尺寸 | | 钳柄端额定负荷/kN |
|---|---|---|---|---|
| | | mm | in | |
| 73.0($2\frac{7}{8}$)钻杆吊钳 | | 73.0~104.8 | $2\frac{7}{8}$~$4\frac{1}{8}$ | 29.4 |
| 88.9~298.5 ($3\frac{1}{2}$~$11\frac{3}{4}$) B 型吊钳 | $5a_1$ | 88.9~104.8 | $3\frac{1}{2}$~$4\frac{1}{8}$ | 29.4 |
| | $5a_2$ | 104.8~133.4 | $4\frac{1}{8}$~$5\frac{1}{4}$ | 29.4 |
| | $5b_1$ | 104.8~133.4 | $4\frac{1}{8}$~$5\frac{1}{4}$ | 29.4 |
| | $5b_2$ | 127.0~146.1 | 5~$5\frac{3}{4}$ | 39.2 |
| | $5b_3$ | 152.4~165.1 | 6~$6\frac{1}{2}$ | 49.0 |
| | $5c_1$ | 168.3~187.3 | $6\frac{5}{8}$~$7\frac{3}{8}$ | 49.0 |
| | $5c_2$ | 187.3~203.2 | $7\frac{3}{8}$~8 | 49.0 |
| | $5c_3$ | 215.9~219.1 | $8\frac{1}{2}$~$8\frac{5}{8}$ | 78.4 |
| | $5d_1$ | 215.9~244.5 | $8\frac{1}{2}$~$9\frac{5}{8}$ | 78.4 |
| | $5d_2$ | 269.9~273.1 | $10\frac{5}{8}$~$10\frac{3}{4}$ | 78.4 |
| | 5e | 298.5 | $11\frac{3}{4}$ | 78.4 |
| 323.9($12\frac{3}{4}$)套管吊钳 | | 324~351 | | 78.4 |
| 339.7($13\frac{3}{8}$)套管吊钳 | | 340~365 | | 78.4 |
| 374.7($14\frac{3}{4}$)套管吊钳 | | 375~402 | | 78.4 |
| 425.5($16\frac{3}{4}$)套管吊钳 | | 426~451 | | 78.4 |

表 3-20 江苏如东通用机械有限公司吊钳技术规范

| 型　号 | 适用管径 | | 最大扭矩/kN·m | 相当于美国 Varco BJ 公司吊钳型号 |
|---|---|---|---|---|
| | mm | in | | |
| Q60-178×35 | 60.3~177.8 | 2⅜~7 | 22 | LF 型钳 |
| Q60-273×35 | 60.3~273.1 | 2⅜~10¾ | 35 | C 型钳 |
| Q340-648×35 | 339.7~647.7 | 13⅜~25½ | 35 | B 型延伸钳 |
| Q86-824×75 | 85.7~114.3 | 3⅜~4½ | 55 | B 型钳 |
| | 114.3~196.9 | 4½~7¾ | 75 | |
| | 196.9~323.9 | 7¾~12¾ | 55 | |
| Q86-432×90 | 85.7~215.9 | 3⅜~8½ | 90 | DB 型钳 |
| | 215.9~431.8 | 8½~17 | 55 | |
| Q102-305×140 | 101.6~304.8 | 4 ~ 12 | 140 | SDD 型钳 |

## 二、液压大(吊)钳

1. 钻杆 Q10Y-M 型液压大钳

1）结构

Q10Y-M 型液压大钳结构如图 3-16 所示。

2）主要性能参数

液压系统:额定流量为 0.185L/s,最高工作压力为 16.6MPa,电机功率为 40kW。

气压系统:工作压力为 0.5~1 MPa。

不同流量下钳头转速见表 3-21,不同压力下钳头扭矩见表 3-22。

表 3-21 不同流量下钳头转速

| 流量/(L/s) | 钳头转速/(r/min) | |
|---|---|---|
| | 高　挡 | 低　挡 |
| 1.90 | 40.0 | 2.7 |
| 1.67 | 35.1 | 2.4 |
| 1.50 | 31.6 | 2.1 |
| 1.33 | 28.0 | 1.9 |
| 1.17 | 24.5 | 1.7 |
| 1.00 | 21.0 | 1.4 |

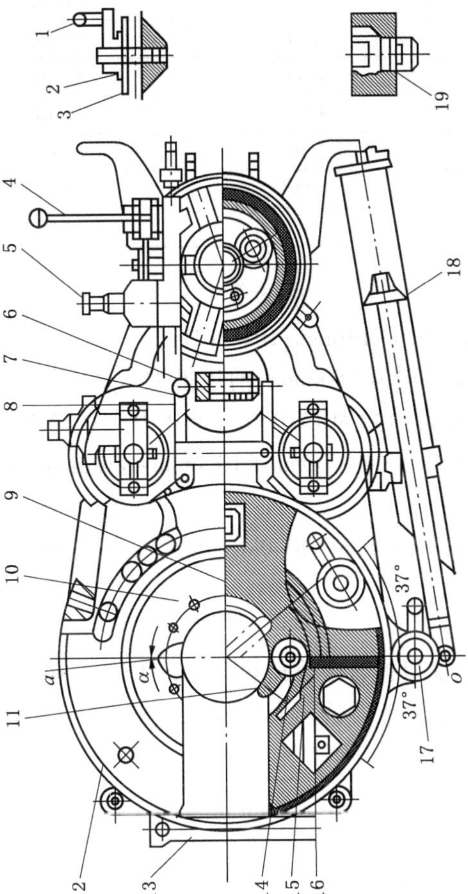


图3-16　Q10Y-M型液压大钳结构

1—手柄;2—阀套;3—制动盘;4—手动换向阀;5—溢流阀;6—正反螺钉;7—调节筒;8—连杆;9—腭板架;10—堵头螺钉;11—腭板;12—刹带;13—门框;14—腭板销子;15—腭板滚子;16—坡板;17—定位把手;18—夹紧气缸;19—弹簧

表 3-22　不同压力下钳头扭矩

| 液压系统压力/MPa | 钳头扭矩/kN·m | |
| --- | --- | --- |
| | 高　挡 | 低　挡 |
| 16.6 | 5.90 | 100.00 |
| 15.0 | 5.20 | 95.05 |
| 13.0 | 4.40 | 81.10 |
| 11.0 | 3.60 | 66.10 |
| 9.0 | 2.70 | 53.90 |
| 7.0 | 1.90 | 41.70 |
| 5.0 | 1.07 | 29.50 |

钳头腭板适用于 5 种尺寸的管径：183～203mm；158～178mm；142～162mm；126～146mm；101～121mm。

移送气缸：最大行程为 1500mm，前进推力为 2360N（气源压力为 0.6MPa 时），后退拉力为 1710N（气源压力为 0.6MPa 时）。

外形尺寸：长×宽×高＝1700mm×1000mm×1140mm（包括吊杆高度）。

大钳质量：2400kg；总质量：4000kg（包括大钳、液压系统、移送气缸等）。

2. 套管动力钳

1）江苏如东石油机械有限公司套管动力钳悬吊、液压系统

江苏如东石油机械有限公司套管动力钳悬吊、液压系统如图 3-17所示，套管动力钳结构如图 3-18 所示。

2）基本技术参数

适用管径为 114.3～339.7mm（$4\frac{1}{2}$～$13\frac{3}{8}$in）。

最大工作压力为 16MPa。

流量为 1.83～2.67L/s。

油马达最大工作压力为 16MPa，理论流量为 112mL/s。

传动比：高挡为 33.93r/min，低挡为 188.46 r/min。

最大扭矩（油马达进、出口压差为 16MPa 时）：高挡为 7.1kN·m，低挡为 32.0～38.0kN·m。压力表读数与扭矩关系见表 3-23。

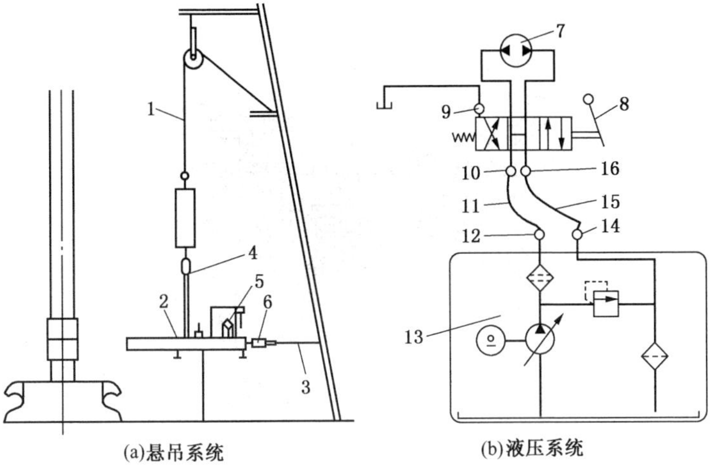


图 3-17　悬吊、液压系统示意图

1—½in 钢丝绳；2—纵向调平；3—⅝in 尾绳钢丝绳；4—横向调平；5—扭矩表；6—扭矩拉力缸；7、18—齿轮马达（CMN121）；8—手动换向阀；9—手动换向阀回油接头（M16×1.5）；10、12—高压接头（M39×2）；11—高压软管（25MPa）；13—液压站（110L/min，160kg/cm²）；14、16—回油接头（M42×2）；15—回油软管（0.5MPa）；17—手动换向阀（34SH-B20H）

**表 3-23　套管动力钳压力与扭矩关系**

| 压力表读数/MPa | 对应扭矩/kN·m | 压力表读数/MPa | 对应扭矩/kN·m |
|---|---|---|---|
| 1.0 | 2.00 | 9.0 | 18.30 |
| 1.5 | 3.10 | 9.5 | 19.40 |
| 2.0 | 4.10 | 10.0 | 20.40 |
| 2.5 | 5.10 | 10.5 | 21.40 |
| 3.0 | 6.10 | 11.0 | 22.40 |
| 3.5 | 7.10 | 11.5 | 23.40 |
| 4.0 | 8.20 | 12.0 | 24.50 |
| 4.5 | 9.20 | 12.5 | 25.50 |
| 5.0 | 10.20 | 13.0 | 26.50 |
| 5.5 | 11.20 | 13.5 | 27.50 |
| 6.0 | 12.20 | 14.0 | 28.50 |
| 6.5 | 13.20 | 14.5 | 29.60 |
| 7.0 | 14.30 | 15.0 | 30.60 |
| 7.5 | 15.30 | 15.5 | 31.60 |
| 8.0 | 16.30 | 16.0 | 32.60 |
| 8.5 | 17.30 | | |

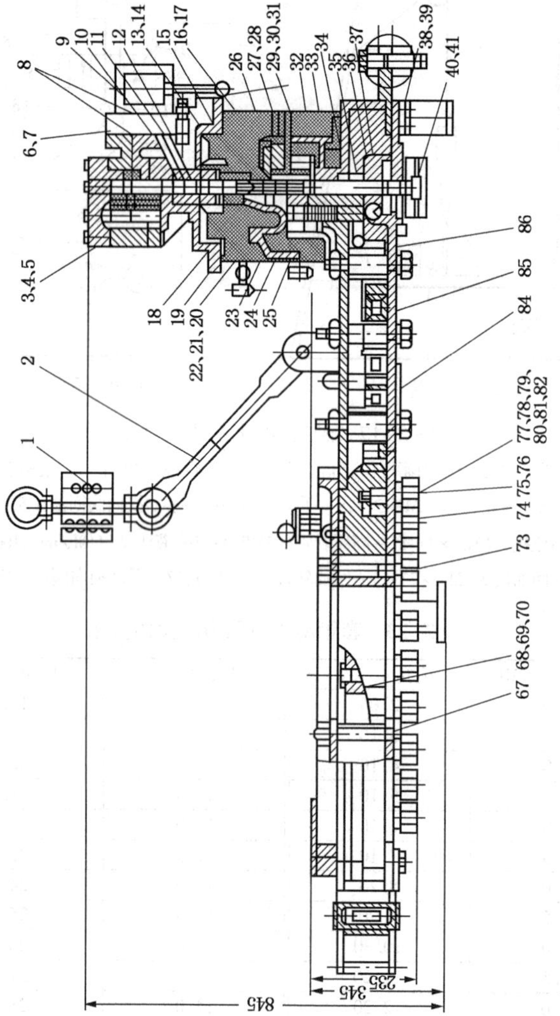
1
2
3,4,5
6,7
8
9
10
11
12
13,14
15
16,17
18
19
22,21,20
23
24
25
26
27,28
29,30,31
32
33
34
35
36
37
38,39
40,41
67
68,69,70
73
74
75,76
77,78,79,80,81,82
84
85
86
235
345
845

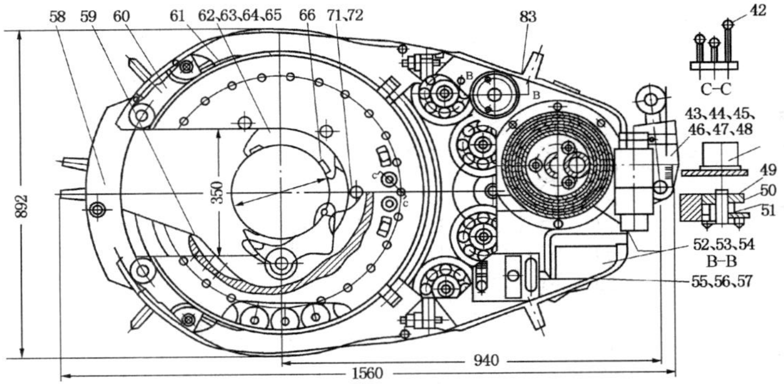


图 3–18 TQ340－35 套管动力钳结构示意图(续)

1—吊簧组;2—吊杆总成;3—齿轮马达(CMN135);4—密封圈;5—密封块;6—液压管路;7—A 形胶管接头;8、11、15、39、45—O 形密封圈;9—手动换向阀;10—轴承(7207E);12—油封;13—反涨式气胎离合器;14—反涨式气胎离合器闸瓦;16—气胎离合器(2);17—气胎离合器(2)闸瓦;18—轴承(7007C);19—轴承(61908);20—滚针;21—行星轮(2);22—行星轮(2)轴;23—中心组轮;24—中心轴;25—轴承(6006);26—上内齿轮;27—气胎离合器(1);28—气胎离合器(1)闸瓦;29—滚针轴承(4084104);30—行星轮(1)轴;31—行星轮(1);32—下内齿轮;33—球轴承(61817);34—轴承(7017AC);35—输出齿轮;36—滚针轴承(544206);37—调心轴承(53512);38—石墨环;40—快速放气阀;41—矩形密封圈;42—换向插销;43—矩形缸;44—挡圈;46—孔用阶梯圈(D65);47—导向环;48—A 形高压胶管;49—测速齿轮;50—轴承(6140);51—测速轴;52—扭矩表;53—扭矩表正反接头;54—紫铜垫;55—气控管路;56—四通气开关;57—二通气开关;58—防护门;59—坡板;60—复位杆;61—刹袋;62—5½in 腭板总成;63—7in 腭板总成;64—9⅝in 腭板总成;65—13⅜in 腭板总成;66—钳牙;67—前定位轴组;68—滚子轴;69—滚子(5½in);70—滚子(5½ in、9⅝in);71—后定位轴组;72—滚子(13⅜in);73—腭板轴;74—小滚轮组;75—轴套;76—小滚轮轴;77—大滚子;78—轴承(644907);79—外套;80—定垫圈;81—大滚轮轴;82—动垫圈;83—压力表;84—惰轮Ⅱ组 85—惰轮Ⅰ组;86— 双联齿轮组钻头转速：高挡为 28~42r/min，低挡为 5~7r/min。

液压动力源：流量为 1.83~2.67L/s，压力为 16MPa。

外形尺寸：长×宽×高（钳门闭合时）= 1520mm×850mm×670mm。

大钳质量：560kg。

动力站质量：1510kg。

3. 美国艾克公司液压动力钳

美国艾克公司液压动力钳技术规范见表 3-24。

**表 3-24　美国艾克公司液压动力钳技术规范**

| 型　号 | 夹持管径/mm | 质量/kg | 最大扭矩/kN · m |
|---|---|---|---|
| 3500DTT Hydra-Shift 型 | 26.67~88.90 | 362.88 | 9.490 |
| 3500DTTH · S 型液压固定钳 | 26.67~114.30 | 653.18 | |
| 4½Hydra-Shift 型 | 26.67~114.30 | 294.84 | 6.780 |
| 4½H · S 型液压固定钳 | 26.67~141.29 | 703.08 | |
| 4½标准型 | 26.67~114.30 | 353.81 | 11.526 |
| 4½标准型液压固定钳 | 26.67~141.29 | 771.12 | |
| 4½Hydra-Shift cm T 型 | 26.67~114.30 | 567.00 | （高）2.576<br>（低）10.846 |
| 5½Hydra-Shift（LS）型 | 26.67~139.70 | 607.82 | （高）9.490<br>（低）20.337 |
| 液压固定钳 | 26.67~153.67 | 1215.65 | |
| 5½Hydra-Shift（VS）型 | 26.67~139.70 | 621.43 | （高—高）2.169<br>（高—低）4.745<br>（低—高）10.846<br>（低—低）23.048 |
| 液压固定钳 | 26.67~153.67 | 1224.72 | |
| 5½标准型 | 26.67~139.70 | 444.53 | 16.272 |
| 液压固定钳 | 26.67~153.67 | 1215.65 | |
| 5½UHT 型 | 52.39~139.70 | 707.62 | 27.120 |
| 液压固定钳 | 52.39~153.67 | 1315.44 | |
| 7⅝ 标准型 | 52.39~193.68 | 498.96 | 20.340 |

续表

| 型　号 | 夹持管径/mm | 质量/kg | 最大扭矩/kN·m |
| --- | --- | --- | --- |
| 液压固定钳 | 52.39~215.90 | 1315.44 | |
| 8⅝Hydra-Shift 型 | 52.39~219.08 | 997.92 | 40.665 |
| 液压固定钳 | 52.39~244.48 | 1746.00 | |
| 10¾标准型 | 101.60~273.65 | 498.96 | 24.408 |
| 液压固定钳 | 102.00~298.00 | 1215.65 | |
| 13⅜标准型 | 101.60~346.08 | 571.54 | 27.120 |
| 液压固定钳 | 101.60~365.13 | 1338.12 | |
| 14Hydra-Shift 型 | 101.60~355.60 | 988.84 | (高—高)8.135<br>(高—低)14.913<br>(低—高)25.760<br>(低—低)47.453 |
| 14UHT 型 | 101.60~355.60 | 1134.00 | 67.790 |
| 液压固定钳 | 101.60~355.60 | 2268.00 | |
| 17Hydra-Shift 型 | 139.70~431.80 | 1451.00 | 47.460 |
| 20 标准型 | 177.80~508.00 | 1242.86 | 47.460 |
| 20 标准型<br>液压固定钳 | 177.80~533.40 | 2404.08 | |
| 20Hydra-Shift 型 | 177.80~533.40 | 1973.00 | (高—高)5.423<br>(高—低)10.847<br>(低—高)40.675<br>(低—低)81.349 |
| 20UHF 型 | 219.08~508.00 | 2358.72 | 108.480 |
| 25Hydra-Shift 型 | 273.05~635.00 | 1814.00 | 81.349 |
| 24UHF 型 | 339.73~609.60 | 3628.8 | 108.480 |
| 36Hydra-Shift 型 | 406.40~914.40 | 3175.00 | 101.686 |
| 36UHF 型 | 406.40~914.40 | 5896.80 | 135.581 |
| 6¾型钻杆钳 | 60.33~171.45 | 3420.14 | 67.800 |
| 870 型 | 104.78~203.20 | 3265.92 | 101.700 |
| 10 型钻杆/钻铤钳 | 101.60~254.00 | 4536.00 | 169.477 |
| 12 型钻杆/钻铤钳 | 101.60~304.80 | 5443.20 | 203.373 |

# 第四节　卡瓦与安全卡瓦

## 一、卡瓦

### (一) 分类

卡瓦是用来卡住并悬挂下井的钻杆、钻铤、动力钻具、套管等管柱的工具。按作用原理不同,卡瓦可分为机械卡瓦和气动卡瓦两种。按结构不同,卡瓦可分为三片式卡瓦、四片式卡瓦和多片式卡瓦三种。按用途不同,卡瓦可分为钻杆卡瓦、钻铤卡瓦和套管卡瓦三种。

### (二) 卡瓦结构

卡瓦结构如图 3-19~图 3-25 所示。

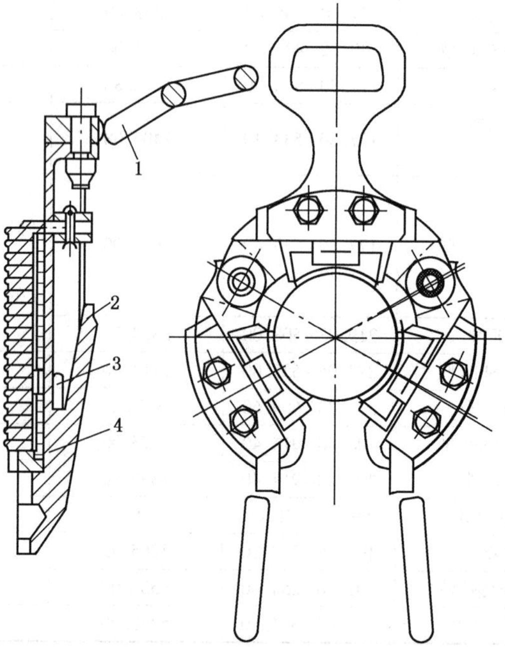


图 3-19　三片式卡瓦结构

1—手柄;2—卡瓦体;3—卡瓦牙;4—衬套

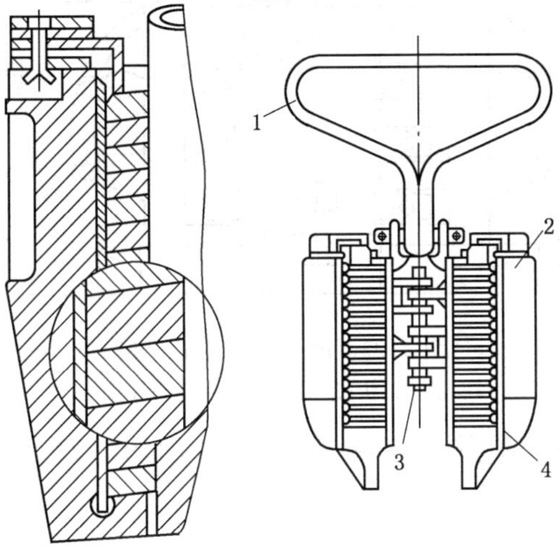


图 3-20 四片式卡瓦结构

1—手柄;2—卡瓦体;;3—铰链销钉;4—卡瓦牙

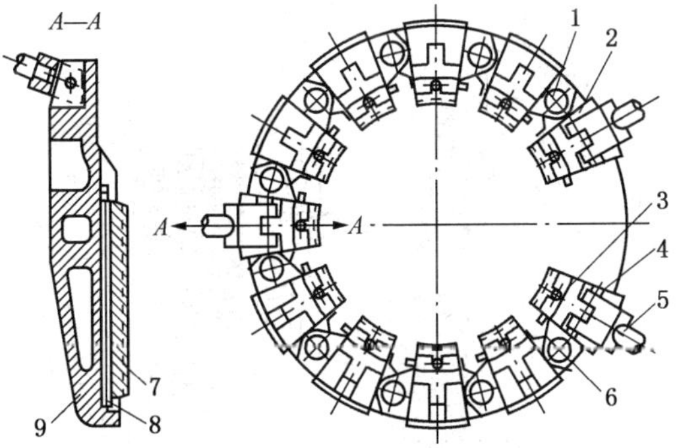


图 3-21 多片式卡瓦结构

1—卡瓦连接销;2—右卡瓦体;3—左卡瓦体;4—手柄连接销

5—手柄;6—开口销;7—卡瓦牙;8—卡瓦牙固定销;9—中卡瓦体

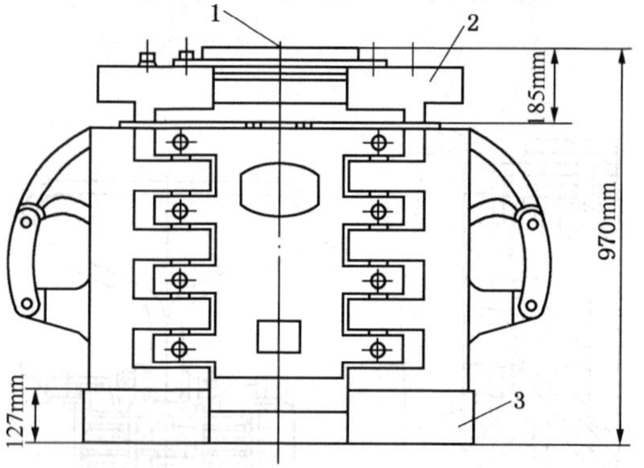


图 3-22 PS 型气动卡瓦结构

1—上扶正块;2—上护盖;3—转盘连接板

江苏如东通用机械有限公司卡瓦结构如图 3-23~图 3-25 所示。

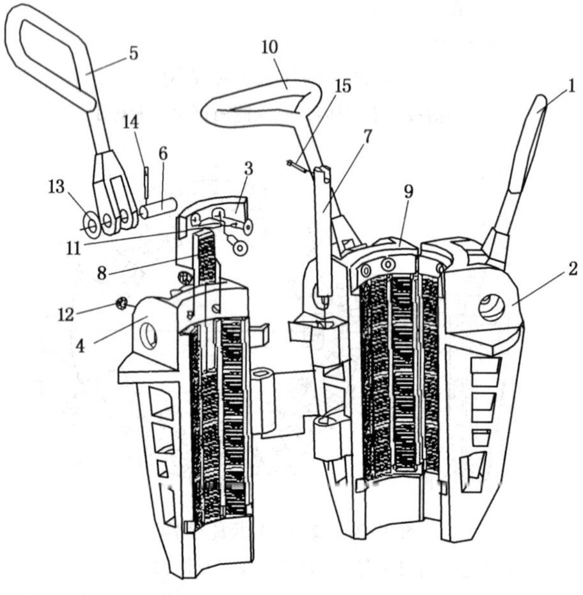


图 3-23 钻杆卡瓦结构

1—右手把;2—右页卡瓦体;3—挡环;4—左页卡瓦体;5—左手把;
6—销轴;7—铰链销;8—牙板;9—中页卡瓦体;10—中手把;
11—沉头螺钉;12—锁紧螺母;13—垫圈;14、15—开口销

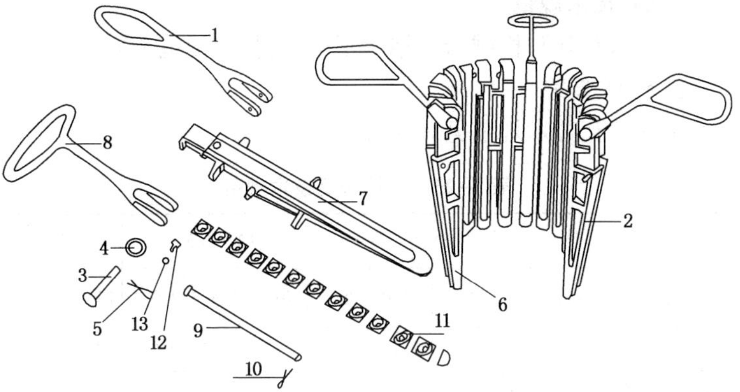


图 3-24　套管卡瓦结构

1—边叶手把;2—右叶卡瓦体;3—销轴;4、13—垫圈;
5、10—开口销;6—左叶卡瓦体;7—中叶卡瓦体;8—中叶手把;
9—卡瓦体连接销;11—牙板;12—螺钉

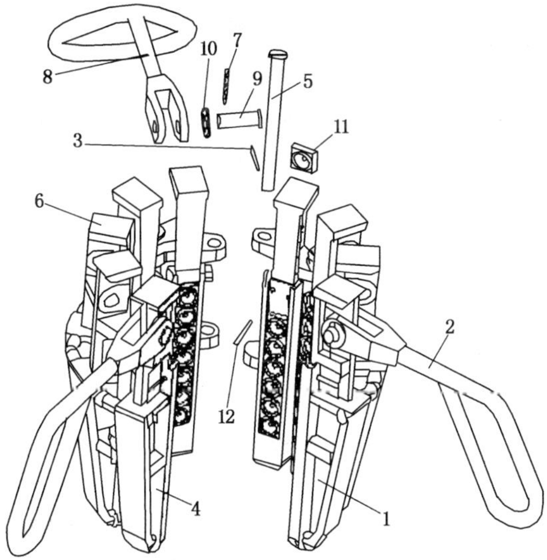


图 3-25　钻铤卡瓦结构

1—右页卡瓦体;2—边手把;3、7、12—开口销;4—左页卡瓦体;
5—连接销 6—中页卡瓦体;8—中页手把;9—销轴;10—垫圈;11—牙板

### (三) 技术规范

气动卡瓦除与机械卡瓦结构不同外,技术规范相同。

1. 钻杆卡瓦

钻杆卡瓦技术规范见表 3-25。

**表 3-25　钻杆卡瓦技术规范**

| 名义尺寸/mm(in) | 88.9(3½) | | | 127.0(5) | | | 139.7(5½) | |
|---|---|---|---|---|---|---|---|---|
| 配用卡瓦牙尺寸/mm | 60.3 | 73.0 | 88.9 | 101.6 | 114.3 | 127.0 | 139.7 | 168.3 |
| 最大载荷/kN | 675、1125 | | | 675、1125、2250 | | | 1125、2250 | |
| 卡瓦与管柱接触长度及载荷/mm(kN) | 280(675);350(1125);420(2250) | | | | | | | |

注:钻杆卡瓦名义尺寸是指被卡持钻杆外径实际尺寸。

2. 钻铤卡瓦

钻铤卡瓦技术规范见表 3-26。

**表 3-26　钻铤卡瓦技术规范**

| 名义尺寸/mm(in) | 114.3~152.4(4½~6) | 139.7~177.8(5½~7) | 171.5~209.6(6¾~8¼) | 203.2~241.3(8~9½) | 215.9~254.0(8½~10) | 235.0~285.8(9¼~11¼) |
|---|---|---|---|---|---|---|
| 最大载荷/kN | 360 | | | | | |

注:钻铤卡瓦名义尺寸是指被卡持钻铤外径的实际尺寸。

3. 套管卡瓦

套管卡瓦技术规范见表 3-27。

**表 3-27　套管卡瓦技术规范**

| 名义尺寸/mm(in) | 114.3(4½) | 127.0(5) | 139.7(5½) | 168.3(6⅝) | 177.8(7) | 193.7(7⅝) | 219.1(8⅝) | 244.5(9⅝) | 273.1(10¾) | 298.5(11¾) | 339.7(13⅜) | 406.4(16) | 508.0(20) | 660.4(26) |
|---|---|---|---|---|---|---|---|---|---|---|---|---|---|---|
| 最大载荷/kN | 1125、2250 | | | | | | | | | | | 1125 | | |

4. 江苏如东通用机械有限公司卡瓦

江苏如东通用机械有限公司卡瓦技术规范见表3-28~表3-31。

**表3-28 钻杆卡瓦技术规范**

| 规格型号 | | | 适用钻杆外径 in | 适用钻杆外径 mm | 最大载荷/kN |
|---|---|---|---|---|---|
| SDS | 3½ | 2⅜ | 2⅜ | 60.3 | 675、1125 |
| | | 2⅞ | 2⅞ | 73.0 | |
| | | 3½ | 3½ | 88.9 | |
| | 4½ | 3½ | 3½ | 88.9 | |
| | | 4 | 4 | 101.6 | |
| | | 4½ | 4½ | 114.3 | |
| SDML | 3½ | 2⅜ | 2⅜ | 60.3 | 1125、2250 |
| | | 2⅞ | 2⅞ | 73.0 | |
| | | 3½ | 3½ | 88.9 | |
| | 4½ | 3½ | 3½ | 88.9 | |
| | | 4 | 4 | 101.6 | |
| | | 4½ | 4½ | 114.3 | |
| | 5 | 4 | 4 | 101.6 | |
| | | 4½ | 4½ | 114.3 | |
| | | 5 | 5 | 127.0 | |
| | 5½ | 4½ | 4½ | 114.3 | |
| | | 5 | 5 | 127.0 | |
| | | 5½ | 5½ | 139.7 | |
| SDXL | 4½ | 3½ | 3½ | 88.9 | 2250、3150 |
| | | 4 | 4 | 101.6 | |
| | | 4½ | 4½ | 114.3 | |
| | 5 | 4 | 4 | 101.6 | |
| | | 4½ | 4½ | 114.3 | |
| | | 5 | 5 | 127.0 | |
| | 5½ | 4½ | 4½ | 114.3 | |
| | | 5 | 5 | 127.0 | |
| | | 5½ | 5½ | 139.7 | |

**表 3-29　套管卡瓦技术规范**

| 适用套管外径 | in | 6⅝ | 7 | 7⅝ | 8⅝ | 9⅝ | 10¾ | 11¾ |
|---|---|---|---|---|---|---|---|---|
| | mm | 168.3 | 177.8 | 193.7 | 219.1 | 244.5 | 273.1 | 298.5 |
| 最大载荷/kN | | 250(2250) | | | | | | |
| 适用套管外径 | in | 13⅜ | 16 | 18⅝ | 20 | 24 | 26 | 30 |
| | mm | 339.7 | 406.4 | 473.1 | 508.0 | 609.6 | 660.4 | 762.0 |
| 最大载荷/kN | | 250(2250) | | 125(1125) | | | | |

**表 3-30　钻铤卡瓦技术规范**

| 型　号 | | DCS-S | | DCS-R | |
|---|---|---|---|---|---|
| 扣合管径 | in | 3~4 | 4~4⅞ | 4½~6 | 5½~7 |
| | mm | 76.2~101.6 | 101.6~123.8 | 114.3~152.4 | 139.7~177.8 |
| 最大载荷/kN | | 360 | | | |

| 型　号 | | DCS-L | | | | | |
|---|---|---|---|---|---|---|---|
| 扣合管径 | in | 6¾~8¼ | 8~9½ | 8½~10 | 9¼~11¼ | 11~12¾ | 12~14 |
| | mm | 171.5~209.6 | 203.2~241.3 | 215.9~254.0 | 235.0~285.8 | 279.4~323.9 | 304.8~355.6 |
| 最大载荷/kN | | 360 | | | | | |

**表 3-31　PS 系列气动卡瓦技术规范**

| 型　号 | PS175 | PS205 | PS275 | PS375 | PS16 | PS 轻便 |
|---|---|---|---|---|---|---|
| 适用转盘规格/in | 17½ | 20½ | 27½ | 37½ | 27½及以上转盘 | 23in 以上四销驱动转盘 |
| 适用管径/in | 2⅜~5¾ | 2⅜~5¾ | 2⅜~9⅞ | 2⅜~14 | 3½~7¾ | 2⅜~5½ |
| 额定载荷/t | 150 | 250 | 350 | 500 | 500 | 250、350 |
| 工作压力/MPa | 0.6~0.8 | 0.6~0.8 | 0.6~0.8 | 0.6~0.8 | 0.6~0.8 | 0.6~0.8 |
| 最大压力/MPa | 1 | 1 | 1 | 1 | 1 | 1 |

5. 胜利油田钻井气动卡瓦

胜利油田钻井气动卡瓦技术规范见表 3-32、图 3-26。

**表 3-32　胜利油田钻井气动卡瓦技术规范**

| 规格/mm(in) | 88.9(3½) | 127.0(5) |
|---|---|---|
| 最大载荷/kN | 1125 | 2250 |

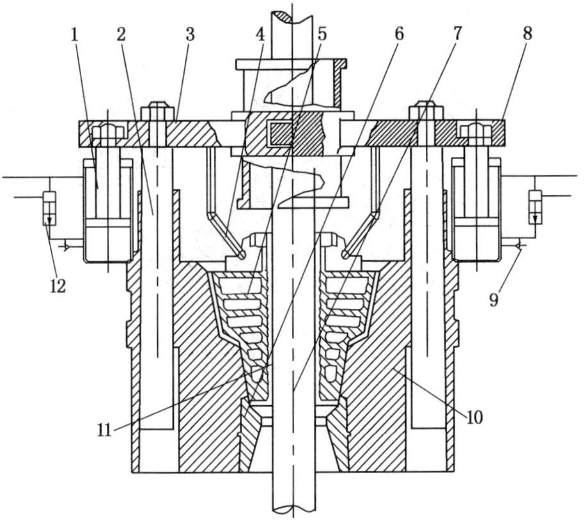


图 3-26　胜利油田钻井气动卡瓦结构

1—动力缸;2—导向杆;3—左提升架;4—连杆;5—楔体;6—衬套;7—管柱;8—右提升架;9—限压阀;10—座体;11—牙板;12—气控阀

### (四) 型号表示方法

卡瓦型号表示方法如图 3-27 所示。

□ □ □
- 最大载荷,kN
- 卡瓦尺寸代号
- 产品名称代号:W 表示钻杆卡瓦,WT 表示钻铤卡瓦,WG 表示套管卡瓦,QD 表示气动卡瓦

图 3-27　卡瓦型号表示方法

例如:WT4½~6—360 表示能卡持 114.3~152.4mm 管径,最大载荷为 360kN 的钻铤卡瓦。

## 二、安全卡瓦

安全卡瓦是防止无台肩或无接头的管柱或工具发生滑脱落

井的保险卡紧工具，是用于防止钻铤从卡瓦中滑脱的重要辅助工具。

### (一) 结构

安全卡瓦结构如图 3-28 所示。

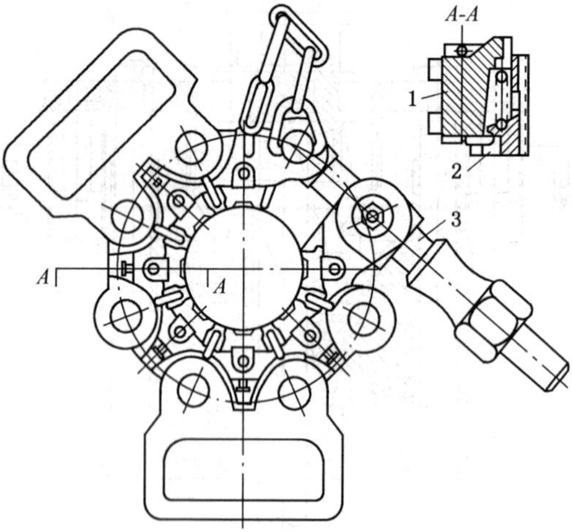


图 3-28　安全卡瓦结构

1—牙板套;2—卡瓦牙;3—调节丝杠

### (二) 技术规范

安全卡瓦技术规范见表 3-33。

**表 3-33　安全卡瓦技术规范**

| 卡持物体外径/mm(in) | 安全卡瓦的使用节数/节 | 最大载荷/kN |
|---|---|---|
| 92. 1~117. 5(3⅝~4⅝) | 7 | 225 |
| 114. 3~142. 9(4½~5⅝) | 8 | |
| 139. 7~168. 3(5½~6⅝) | 9 | |
| 165. 1~193. 7(6½~7⅝) | 10 | |
| 190. 5~219. 1(7½~8⅝) | 11 | |
| 215. 9~244. 5(8½~9⅝) | 12 | |
| 241. 3~269. 9(9½~10⅝) | 13 | |

# 第五节　补　　心

补心包括方补心和小补心。方补心是旋转钻井中传递转盘功率、驱动方钻杆旋转的工具。小补心又名垫叉,用于防止吊卡落井。

按驱动方钻杆的类型不同,方补心可分为六方式方补心和四方式方补心两种。按结构不同,方补心可分为对开式方补心和滚子式方补心两种。按用途不同,补心可分为方补心和小补心。

## 一、滚子式方补心

1. 结构

滚子式方补心结构如图 3-29 所示。

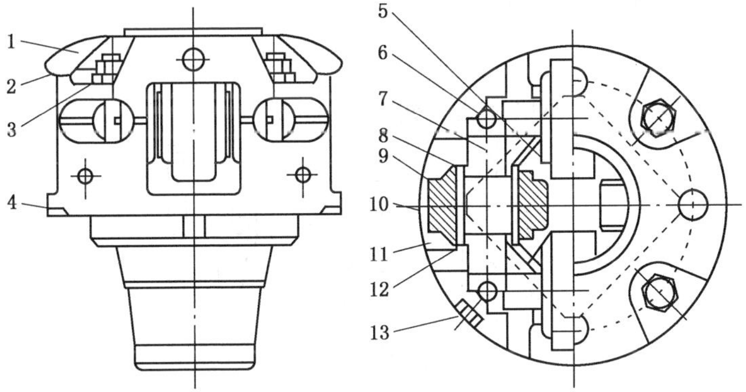


图 3-29　滚子方补心结构

1—上盖;2—螺母;3—垫圈;4—下座;5—销子;6,13—螺栓;7—轴

8—密封体;9—滚针轴承;10—滚轮;11—外 O 形圈;12—内 O 形圈

2. 型号表示方法

滚子式方补心型号表示方法如图 3-30 所示。

GFX—×××

所适用方钻杆的公称尺寸,mm

滚子式方补心,用汉语拼音第一个大写字母

图 3-30　滚子式方补心型号表示方法

例如:GFX-134 表示用于 133.4mm($5^{1}/_{4}$in)方钻杆的滚子式方补心。

3. 技术规范

方补心技术规范见表 3-34。

**表 3-34　方补心技术规范**

| 方钻杆公称尺寸/mm | 76.2 | 88.9 | 108.0 | 114.3 | 133.4 | 139.7 | 152.4 |
|---|---|---|---|---|---|---|---|
| 方补心内方尺寸/mm | 80 | 93 | 112 | 118 | 138 | 145 | 158 |
| 方补心外方尺寸/mm | 330×330(转盘方瓦尺寸为 335.0)<br>或 340×340(转盘方瓦尺寸为 344.5) | | | | | | |

## 二、对开式方补心

1. 单片结构

对开式方补心单片结构如图 3-31 所示。

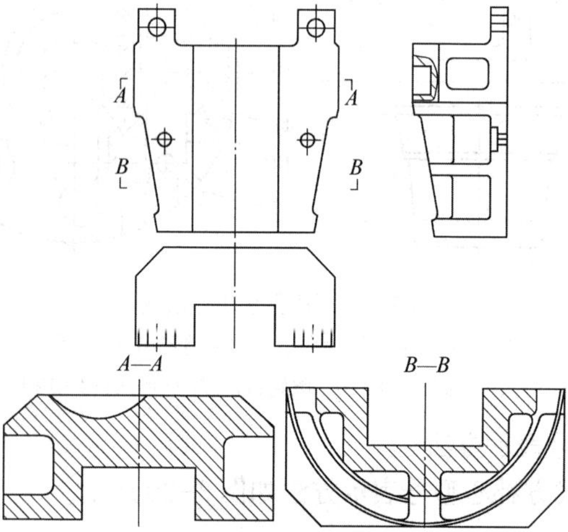


图 3-31　对开式方补心结构

2. 型号表示方式

方补心是以外方尺寸(mm)×内方尺寸(mm)表示的。其中,外方尺寸为转盘方瓦尺寸,内方尺寸为所驱动的方钻杆尺寸。如:330mm×138mm。

3. 技术规范

对开式方补心技术规范同表 3-34。

## 三、小补心(垫叉)

小补心结构如图 3-32 所示。

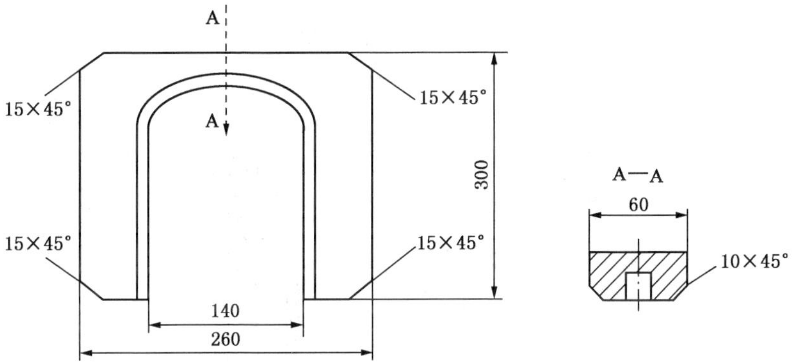


图 3-32　小补心结构(mm)

# 第六节　上　扣　器

## 一、钻杆气动上扣器

钻杆气动上扣器是用来旋紧和卸开钻杆接头螺纹的钻井工具。

1. 结构

钻杆气动上扣器结构如图 3-33 所示。

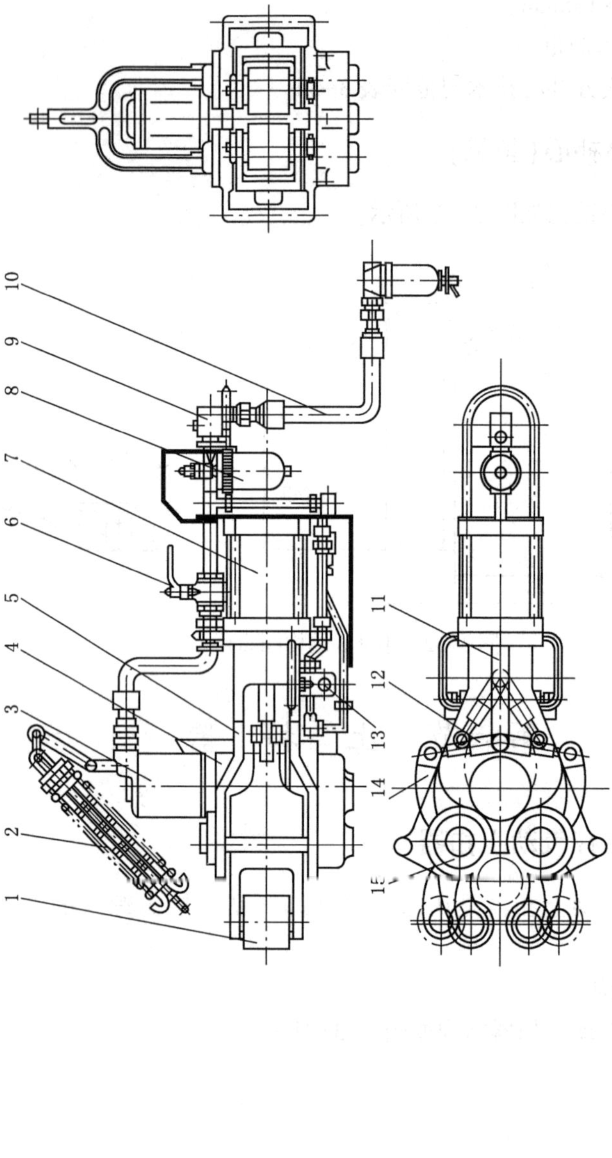


图 3-33　钻杆气动上扣器(钳)结构

1—巨力滚子;2—吊簧组;3—气动马达;4—行星减速器;5—壳体;6—球阀;7—气缸;8—油雾器;9—活动接头;10—胶管;11—活塞杆;12—增力杆;13—手动换向阀;14—夹紧臂;15—驱动滚子

2. 技术规范

钻杆气动上扣器技术规范见表 3-35。

(1) 气动系统：

工作压力:0.7~0.9MPa。

气马达额定功率:8.82kW。

空气消耗量:10.3m³/min。

气马达额定转速:3200r/min。

(2) 在气压 0.7~0.9MPa 时,上扣转速、上扣力矩及钳子制动力矩见表 3-35。

**表 3-35　钻杆气动上扣器(钳)技术规范**

| 钻杆直径/mm(in) | 旋扣转速/(r/min) | 最大功率时旋扣力矩/kN · m | 制动力矩/kN · m |
|---|---|---|---|
| 139.7(5½) | 56.8 | 10.0 | 15.0~20.0 |
| 127.0(5) | 62.5 | 9.0 | 13.0~18.0 |
| 114.3(4½) | 69.5 | 8.0 | 12.0~16.0 |
| 101.6(4) | 78.0 | 7.1 | 10.0~14.5 |
| 88.9(3½) | 89.3 | 6.2 | 9.5~12.6 |

(3) 压力滚柱选用与安装位置见表 3-36。

**表 3-36　压力滚柱选用与安装位置**

| 钻杆直径 | | 压力滚柱直径 | | 夹紧臂中安装位置 |
|---|---|---|---|---|
| mm | in | mm | in | |
| 139.7 | 5½ | 101.6 | 4 | 前孔 |
| 127.0 | 5 | 127.0 | 5 | 前孔 |
| 114.3 | 4½ | 120.7 | 4¾ | 后孔 |
| 101.6 | 4 | 146.1 | 5¾ | 后孔 |
| 88.9 | 3½ | 168.3 | 6⅝ | 后孔 |

(4) 气缸直径:200mm;行程:152.4mm。

(5) 外形尺寸(长×宽×高):1400mm×530mm×835mm。

(6) 钳子质量:378kg;总质量:467kg。

## 二、方钻杆上扣器

方钻杆上扣器用于钻井中连接方钻杆与钻杆单根。按结构不同,方钻杆上扣器可分为内置式方钻杆上扣器和外置式方钻杆上扣器两种。内置式方钻杆上扣器安装于水龙头内,又被称为两用水龙头。外置式方钻杆上扣器安装于水龙头下方。方钻杆上扣器的动力来自起动气马达。

1. 方钻杆上扣器安装

方钻杆上扣器安装如图 3-34 和图 3-35 所示。

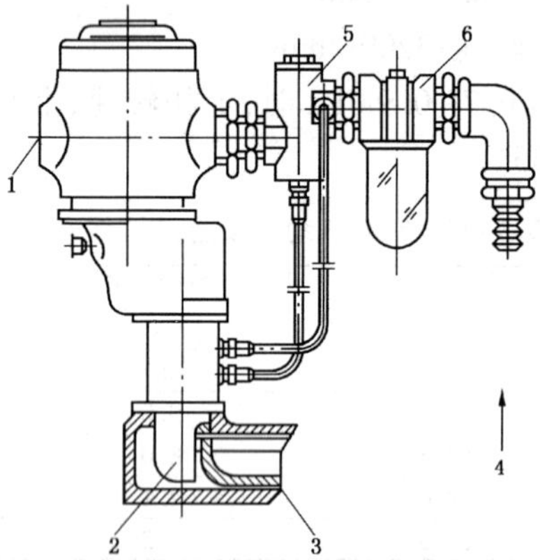


图 3-34　起动马达管线安装

1—排气;2—起动气马达;3—被动大齿轮;4—进气;5—继气器;6—油雾器

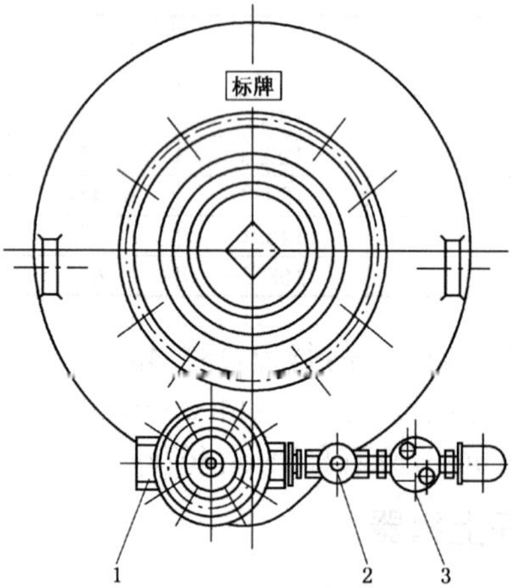


图 3-35　方钻杆上扣器与起动气马达安装

1—起动气马达;2—继气器;3—油雾器

2. 技术规范(以 FSK-15 型为例)

(1) 工作压力:0.5~0.9MPa。

(2) 额定输出功率:15kW。

(3) 额定功率中心管最大扭矩:≥1200N·m。

(4) 上扣时间:≤9s。

(5) 上扣时中心管转速:110r/min。

(6) 输出齿轮行程:40~45mm。

# 第七节　管柱自动化装置

## 一、钻机管柱自动化处理系统

钻机管柱自动化处理系统基本参数见表 3-37。

表 3-37　钻机管柱自动化处理系统基本参数

| 钻机类型① | | ZJ30 | ZJ40 | ZJ50 | ZJ70 | ZJ80 | ZJ90 | ZJ120 |
|---|---|---|---|---|---|---|---|---|
| 适用钻杆管径 | in | 3½~5 | | 3½~5½ | | 3½~6⅝ | | |
| | (mm) | (88.9~127.0) | | (88.9~139.7) | | (88.9~168.3) | | |
| 适用钻铤立根管径 | in | 4¾~7 | | 4¾~9 | | 4¾~11 | | 4¾~14 |
| | (mm) | (120.7~177.8) | | (120.7~228.6) | | (120.7~279.4) | | (120.7~355.6) |
| 适用套管管径④ | in | 5~13⅜ | | 5~20 | | 5~24 | | |
| | (mm) | (127.0~339.7) | | (127.0~508.0) | | (127.0~609.6) | | |
| 处理单根管柱的最大长度 | m | 8.0、10.0、12.5 | | 12.5、13.7、14.7 | | 13.7、14.7 | | |
| 输送单根管柱的载荷② | kN | ≥35 | | ≥35 | | ≥45 | | |
| 处理立根的载荷③ | kN | ≥35 | | ≥65 | | ≥100 | | |
| 最大上扣扭矩 | kN·m | 100 | | 100、135 | | 135、160 | | |

续表

| 钻机类型① | | ZJ30 | ZJ40 | ZJ50 | ZJ70 | ZJ80 | ZJ90 | ZJ120 |
|---|---|---|---|---|---|---|---|---|
| 最大卸扣扭矩 | kN · m | 100 | | 100、135 | | 135、160 | | |
| 输送钻杆周期⑤ | s | ≤80 | | ≤100 | ≤120 | ≤150 | | |
| 建/甩 1 柱立根(5in 钻杆)周期 | s | ≤450 | | | | ≤510 | | |
| 起下钻速度 | 柱/h | ≥18 | | | | | | |

注:①钻机级别符合 GB/T 23505 中表 1 的规定。

②最大载荷能力数值圆整为 5 的整数倍;按 3 根立柱的重量确定,立柱结构不同时应予以增减。

③立根处理形式为推扶式。

④对于套管,只进行输送或上卸扣处理,不建立根和二层台排放作业。

⑤输送钻杆周期指 5in 钻杆在由动力猫道输送至钻台面并复位的用时,不包含排管架输送、动力吊卡抓取和提升钻杆的过程。

## 二、动力猫道

动力猫道主要技术参数见表 3-38。

**表 3-38　动力猫道主要技术参数**

| 项目名称 | | 单位 | 技术参数 | | | | |
|---|---|---|---|---|---|---|---|
| 适用钻台高度 | | m | 5.0~7.5 | 7.5~10.5 | | 10.5~12.0 | 12.0~14.0 |
| 最大输送管柱长度① | | m | 8.0,10.0、12.5.0、13.7.0、14.7 | | | | |
| 额定载荷② | | kN | 35 | | | 45 | |
| 最大输送管径 | 钻铤 | in(mm) | 7(177.8) | 9(228.6) | | 11(279.4) | |
| | 套管 | in(mm) | 13⅜(339.7) | 20(508.0) | | 24(609.6) | |
| 输送钻杆周期③ | | s | ≤80 | ≤100 | ≤120 | ≤150 | ≤220 |

注:①单根管柱长度符合 SY/T 7421—2018 的要求。

②最大载荷能力数值圆整为 5 的整数倍。

③输送钻杆周期指 5in 钻杆由动力猫道输送至钻台面并复位的用时,不包含排管架运移、动力吊卡抓取和提升钻杆的过程。

## 三、二层台排管装置

二层台排管装置主要技术参数见表 3-39。

**表 3-39 二层台排管装置主要技术参数**

<table>
<tr><th colspan="2">项目名称</th><th>单位</th><th colspan="4">技术参数</th></tr>
<tr><td rowspan="2">适用管径</td><td>钻杆</td><td>in<br>(mm)</td><td colspan="2">3½~5½<br>(88.9~139.7)</td><td colspan="2">3½~6⅝<br>(88.9~168.3)</td></tr>
<tr><td>钻铤</td><td>in<br>(mm)</td><td>4¾~7<br>(120.7~177.8)</td><td>4¾~9<br>(120.7~228.6)</td><td>4¾~11<br>(120.7~279.4)</td><td>4¾~14<br>(120.7~355.6)</td></tr>
<tr><td colspan="2">二层台容量</td><td>柱</td><td>5in/127.0mm<br>钻杆≥130<br>6in/152.4mm<br>钻铤≥8<br>7in/177.8mm<br>钻铤≥3</td><td>5in/127.0mm<br>钻杆≥180<br>7in/177.8mm<br>钻铤≥8<br>9in/228.6mm<br>钻铤≥3</td><td>5in/127.0mm<br>钻杆≥280<br>(5½in/139.7mm<br>钻杆≥250)<br>8in/203.2mm<br>钻铤≥8<br>9in/228.6mm<br>钻铤≥3<br>11in/279.4mm<br>钻铤≥1</td><td>5in/127.0mm<br>钻杆≥300<br>(5½in/139.7mm<br>钻杆≥250)<br>8in/203.2mm<br>钻铤≥8<br>10in/254.0mm<br>钻铤≥3<br>14in/355.6mm<br>钻铤≥2</td></tr>
<tr><td colspan="2">最大操作力</td><td>kN</td><td colspan="2">3</td><td colspan="2">5</td></tr>
<tr><td colspan="2">机械手<br>运行速度</td><td>m/s</td><td colspan="4">0.2</td></tr>
<tr><td colspan="2">最大回转速度</td><td>r/min</td><td colspan="4">4</td></tr>
<tr><td colspan="2">回转角度</td><td>°</td><td colspan="4">±90</td></tr>
<tr><td colspan="2">回转精度</td><td>°</td><td colspan="4">0.15</td></tr>
<tr><td colspan="2">位置精度</td><td>mm</td><td colspan="4">±5</td></tr>
</table>

## 四、钻台机械手

钻台机械手主要技术参数见表 3-40。

表 3-40　钻台机械手主要技术参数

| 项目名称 | 单位 | 技术参数 | | | | | | |
|---|---|---|---|---|---|---|---|---|
| 钻机级别 | | ZJ30 | ZJ40 | ZJ50 | ZJ70 | ZJ80 | ZJ90 | ZJ120 |
| 适用管径 | in<br>(mm) | 2⅞~8<br>(73.0~203.2) | | | 3½~11<br>(88.9~279.4) | | | |
| 最大径向推力 | kN | 4.5 | | | 6 | | | |
| 回转角度 | ° | ±180 | | | | | | |
| 最大工作半径 | m | 3 | | | 3.9 | | | |
| 最小工作半径 | m | 550 | | | 600 | | | |
| 最大伸缩速度 | m/s | 0.6 | | | | | | |
| 最大旋转扭矩 | N·m | 3000 | | | 6000 | | | |
| 最大回转速度 | r/min | 4 | | | | | | |
| 位置精度 | mm | ±5 | | | | | | |

## 五、铁钻工(伸缩臂式)

铁钻工主要技术参数见表 3-41。

表 3-41　铁钻工主要技术参数

| 项目名称 | 单位 | 技术参数 |
|---|---|---|
| 适合管径 | in(mm) | 钻杆:2⅞~6⅝(73.0~168.3)<br>钻铤:4¾~9¾(120.7~247.7) |
| 上扣扭矩 | kN·m | ≥100 |
| 卸扣扭矩 | kN·m | ≥135 |
| 最大旋扣扭矩 | kN·m | 4 |
| 旋扣速度 | r/min | ≥80 |
| 冲扣角度 | ° | ≥±30 |
| 水平位移 | mm | ≥1500 |
| 垂直位移 | mm | ≥900 |

## 六、缓冲机械手

缓冲机械手主要技术参数见表 3-42。

**表 3-42　缓冲机械手主要技术参数**

| 项目名称 | 单位 | 技术参数 | |
|---|---|---|---|
| 钻机级别 | | ZJ50D 及以下 | ZJ70D 及以上 |
| 适用管径 | in<br>(mm) | 钻杆:$2\frac{7}{8}$~$5\frac{1}{2}$<br>(73.0~139.7)<br>钻铤:$4\frac{3}{4}$~8<br>(120.7~203.2)<br>套管:$4\frac{1}{2}$~20<br>(114.3~508.0) | 钻杆:$2\frac{7}{8}$~$6\frac{5}{8}$<br>(73.0~168.3)<br>钻铤:$4\frac{3}{4}$~11<br>(120.7~279.4)<br>套管:$4\frac{1}{2}$~24<br>(114.3~609.6) |
| 机械手行程 | mm | ≥3800 | ≥4200 |
| 缓冲推力 | N | ≥6000 | ≥8000 |
| 伸缩速度 | m/s | ≥0.6 | |
| 摆动角度 | ° | ≥80 | |

## 七、动力卡瓦

动力卡瓦主要技术参数见表 3-43。

**表 3-43　动力卡瓦主要技术参数**

| 项目名称 | 单位 | 技术参数 | |
|---|---|---|---|
| 适用管径 | in<br>(mm) | $3\frac{1}{2}$~$13\frac{3}{8}$<br>(88.9~339.7) | |
| 最大工作载荷 | t | 500 | 650 |
| 系统额定工作压力 | MPa | 气动:0.6~0.8;液动:14~16 | |

## 八、动力吊卡

动力吊卡主要技术参数见表 3-44。

表 3-44　动力吊卡主要技术参数

| 项目名称 | 单位 | 技术参数 | |
|---|---|---|---|
| 适用管径 | in<br>(mm) | $3\frac{1}{2}$~$5\frac{1}{2}$<br>(88.9~139.7) | $3\frac{1}{2}$~$6\frac{5}{8}$<br>(88.9~168.3) |
| 翻转角度 | ° | 0~90 | |
| 额定载荷 | t | 350 | 500 |
| 额定工作压力 | MPa | 14~17 | |

## 九、泥浆防溅盒

泥浆防溅盒主要技术参数见表 3-45。

表 3-45　泥浆防溅盒主要技术参数

| 项目名称 | 单位 | 技术参数 |
|---|---|---|
| 适用管径 | in<br>(mm) | $2\frac{7}{8}$~$6\frac{5}{8}$<br>(73.0~168.3) |
| 本体长度 | mm | ≥1200 |
| 工作半径 | mm | ≥3300 |
| 伸缩行程 | mm | ≥1900 |
| 伸缩速度 | m/s | ≥0.6 |
| 液压系统工作压力 | MPa | ≤16 |

## 十、综合液压站

综合液压站主要技术参数见表 3-46。

表 3-46　综合液压站主要技术参数

| 项目名称 | | 单位 | 技术参数 |
|---|---|---|---|
| 主泵组 | 最高工作压力 | MPa | 21 |
| | 最大流量 | L/s | 150(单泵)×2 |
| | 功率 | kW | 55(单电机)×2 |

续表

| 项目名称 | | 单位 | 技术参数 |
|---|---|---|---|
| 副泵组 | 最高工作压力 | MPa | 16 |
| | 最大流量 | L/s | 35 |
| | 功率 | kW | ≤11 |
| 散热泵组 | 最大流量 | L/s | 100 |
| | 功率 | kW | ≥2.2 |
| 电加热功率 | | kW | ≥3×2 |
| 油箱总容积 | | L | ≥1200 |

## 十一、丝扣自动清洁涂抹装置

丝扣自动清洁涂抹装置主要技术参数见表 3-47。

**表 3-47　丝扣自动清洁涂抹装置主要技术参数**

| 项目名称 | 单位 | 技术参数 |
|---|---|---|
| 适用螺纹大径 | in<br>(mm) | $3\frac{1}{2}$~11<br>(88.9~279.4) |
| 垂直行程 | mm | ≥600 |
| 系统工作压力 | MPa | 气动:≤0.7MPa;液动:≤16MPa |

## 十二、动力排管架

动力排管架主要技术参数见表 3-48。

**表 3-48　动力排管架主要技术参数**

| 项目名称 | 单位 | 技术参数 |
|---|---|---|
| 载荷 | t | ≥80 |
| 高度 | mm | 1070 |
| 钻杆容量 | 根 | ≥132(三层 127.0mm 钻杆) |
| 钻杆长度 | m | 钻台左侧 6m,右侧 8~10m(面向钻台) |

# 第八节　其他工具

## 一、提升短节

提升短节是用来提升无台肩的钻铤等管柱、配合卡瓦进行起下钻作业的工具。按结构不同，提升短节可分为整体式提升短节和分体式提升短节两种。按台肩面不同，提升短节可分为直台肩式提升短节和斜台肩式提升短节两种。

1. 结构

提升短节结构如图 3-36 所示。

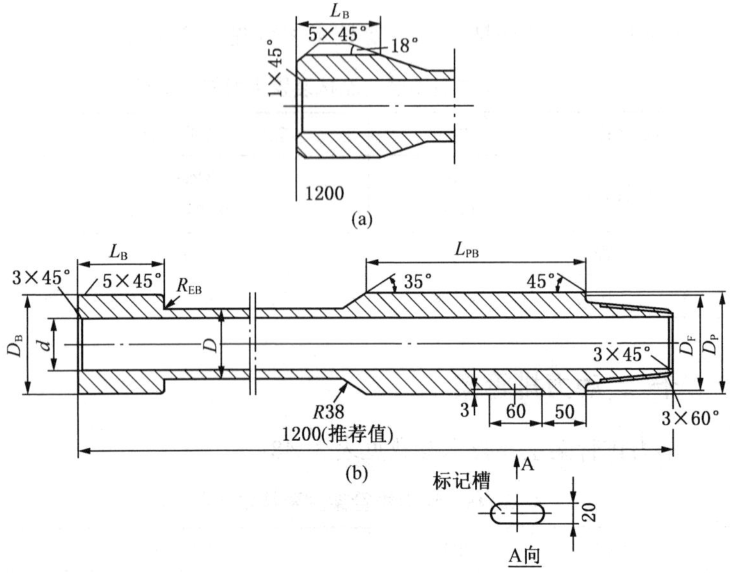


图 3-36　提升短节结构

2. 型号表示方法

提升短节型号表示方法如图 3-37 所示。

TSDJ　××—××
螺纹类型
公称尺寸，mm
“提升短节”四字用汉语拼音的第一个字母表示

图 3-37　提升短节型号表示方法

例如：TSDJ127-NC50 是指本体直径为 127.0mm，扣型为 NC50 的提升短节。

3. 型号及技术规范

提升短节型号及技术规范见表 3-49。

**表 3-49　提升短节型号及技术规范**

| 公称外径/[$D\pm0.08$ (1/32)] mm(in) | 内径/mm | 外螺纹接头 | | | | 提升端 | | |
|---|---|---|---|---|---|---|---|---|
| | | 螺纹类型 | 外径 ($D_p\pm$ 0.08)/mm | 倒角直径 ($D_F$)/mm | 大钳咬合长度 ($L_{PB}$)/mm | 外径 ($D_B\pm$ 0.08)/mm | 吊卡台肩根部圆角半径 ($R_{SE}\pm0.04$)/mm | 大钳咬合长度 ($L_B$)/mm |
| 73.0 (2⅞) | 31.8 | NC23 | 79.4 | 76.2 | 250.0 | 111.1 | 4.8 | 100.0 |
| | 44.5 | NC26 | 88.9 | 82.9 | | | | |
| 88.9 (3½) | 54.0 | NC31 | 104.8 | 100.4 | | 127.0 | | |
| | 50.8 | NC35 | 120.7 | 114.7 | | | | |
| | 68.3 | NC38 (3½IF) | 127.0 | 121.0 | | | | |
| 127.0 (5) | 71.4 | NC44 | 152.4 | 144.5 | | 168.3 | 6.4 | |
| | | | 158.8 | 149.2 | | | | |
| | 82.6 | NC46 (4IF) | 158.8 | 150.0 | | | | |
| | | | 165.1 | 154.8 | | | | |
| | | | 171.5 | 159.5 | | | | |
| | 95.3 | NC50 (4½IF) | 177.8 | 164.7 | | | | |
| | | | 184.2 | 169.5 | | | | |
| | | NC56 | 196.8 | 185.3 | 300.0 | | | |
| | | | 203.2 | 190.1 | | | | |
| | | 6⅝REG | 209.6 | 195.7 | | | | |
| | | NC61 | 228.6 | 212.7 | | | | |
| | | 7⅝REG | 241.3 | 223.8 | | | | |
| | | NC70 | 247.7 | 232.6 | | | | |
| | | | 254.0 | 237.3 | | | | |
| | | NC77 | 279.4 | 260.7 | | | | |

## 二、常用钻具配合接头

API 配合接头螺纹规格见表 3-50。

**表 3-50　API 配合接头螺纹规格**

| 接头类型 | | 扣型 | 扣数/(扣/in) | 锥度 | 基面丝扣平均直径/mm | 公接头/mm | | 公扣长度/mm | 母扣长度/mm | 母扣镗孔直径/mm |
|---|---|---|---|---|---|---|---|---|---|---|
| | | | | | | 大端直径 | 小头直径 | | | |
| 数字型 | NC44 | V-0.038R | 4 | 1:6 | 112.190 | 117.470 | 98.42 | 114.30 | 130.180 | 119.060 |
| | NC46 | V-0.038R | 4 | 1:6 | 117.500 | 122.780 | 103.73 | 114.30 | 130.180 | 124.610 |
| | NC50 | V-0.038R | 4 | 1:6 | 128.060 | 133.350 | 114.30 | 114.30 | 130.180 | 134.940 |
| | NC56 | V-0.038R | 4 | 1:4 | 142.646 | 149.250 | 117.50 | 127.00 | 142.880 | 150.810 |
| | NC61 | V-0.038R | 4 | 1:4 | 156.920 | 163.520 | 128.60 | 139.70 | 155.580 | 165.100 |
| | NC70 | V-0.038R | 4 | 1:4 | 179.140 | 185.750 | 147.65 | 152.40 | 163.280 | 187.330 |
| | NC77 | V-0.038R | 4 | 1:4 | 196.621 | 203.200 | 161.85 | 165.10 | 180.980 | 204.790 |
| 正规型 | 2⅜REG | V-0.040 | 5 | 1:4 | 60.080 | 66.670 | 47.62 | 76.20 | 92.075 | 68.260 |
| | 2⅞REG | V-0.040 | 5 | 1:4 | 69.605 | 76.200 | 53.97 | 88.90 | 104.780 | 77.780 |
| | 3½REG | V-0.040 | 5 | 1:4 | 82.292 | 88.900 | 65.07 | 95.25 | 111.130 | 90.488 |
| | 4½REG | V-0.040 | 5 | 1:4 | 110.860 | 117.470 | 90.47 | 107.95 | 123.830 | 119.060 |
| | 5½REG | V-0.050 | 4 | 1:4 | 132.944 | 110.210 | 110.06 | 120.65 | 136.530 | 141.680 |
| | 6⅝REG | V-0.050 | 4 | 1:6 | 146.240 | 152.190 | 131.03 | 127.00 | 142.880 | 153.990 |
| | 7⅝REG | V-0.050 | 4 | 1:4 | 170.549 | 177.800 | 144.47 | 133.35 | 149.230 | 180.181 |
| | 8⅝REG | V-0.050 | 4 | 1:4 | 194.730 | 201.980 | 167.84 | 136.53 | 152.400 | 204.390 |
| 贯眼型 | 3½FH | V-0.040 | 5 | 1:4 | 94.843 | 101.450 | 77.62 | 95.25 | 111.130 | 102.790 |
| | 4FH | V-0.065 | 4 | 1:6 | 103.428 | 108.710 | 89.66 | 114.30 | 130.180 | 110.331 |
| | 4½FH | V-0.040 | 5 | 1:4 | 115.112 | 121.716 | 96.31 | 101.60 | 117.480 | 123.830 |
| | 5½FH | V-0.050 | 4 | 1:6 | 142.011 | 147.950 | 126.79 | 127.00 | 142.880 | 150.020 |
| | 6⅝FH | V-0.050 | 4 | 1:6 | 165.590 | 171.526 | 150.37 | 127.00 | 142.880 | 173.830 |
| 内平型 | 2⅜IF | V-0.065 | 4 | 1:6 | 67.767 | 73.050 | 60.35 | 76.20 | 92.075 | 74.613 |
| | 2⅞IF | V-0.065 | 4 | 1:6 | 80.848 | 86.130 | 71.31 | 88.90 | 104.780 | 87.710 |
| | 3½IF | V-0.065 | 4 | 1:6 | 96.720 | 102.000 | 85.06 | 101.60 | 117.480 | 130.580 |
| | 4IF | V-0.065 | 4 | 1:6 | 117.500 | 122.778 | 103.73 | 114.30 | 130.180 | 124.610 |
| | 4½IF | V-0.065 | 4 | 1:6 | 128.059 | 133.350 | 114.30 | 114.30 | 130.180 | 134.940 |
| | 5½IF | V-0.065 | 4 | 1:6 | 157.200 | 162.480 | 141.32 | 127.00 | 142.880 | 163.910 |

注:NC 型接头可以与 FH 型接头和 IF 型接头互换。

## 三、扩大器

刀翼式扩大器、螺旋扩大孔器规格见表3-51和表3-52。

表3-51　刀翼式扩大器规格

| 扩大器外径/mm | 螺纹类型 | 接头外径/mm | 接头内径/mm | 接头长度/mm | 刀片数量 | 加强筋数量 | 适用井眼/mm | 下抗冰管尺寸/mm |
|---|---|---|---|---|---|---|---|---|
| Φ914 | 7⅝REG | Φ228 | Φ71.4 | 610 | 3 | 3 | | Φ850 |
| Φ838 | 7⅝REG | Φ228 | Φ71.4 | 610 | 3 | 3 | | Φ762 |
| Φ660 | 7⅝REG | Φ228 | Φ71.4 | 610 | 3 | 3 | Φ660.4 | |
| Φ444 | 7⅝REG | Φ228 | Φ71.4 | 610 | 3 | 3 | Φ444.5 | |
| Φ311 | 6⅝REG | Φ203 | Φ71.4 | 610 | 3 | | Φ311.2 | |
| Φ244 | NC50 | Φ178 | Φ71.4 | 610 | 3 | | Φ244.5 | |
| Φ215 | NC50 | Φ178 | Φ71.4 | 610 | 3 | | Φ215.9 | |
| Φ215 | NC50 | Φ165 | Φ71.4 | 610 | 3 | | Φ215.9 | |
| Φ215 | NC46 | Φ159 | Φ50.8<br>Φ71.4 | 610 | 3 | | Φ215.9 | |
| Φ213 | NC50 | Φ178 | Φ71.4 | 610 | 3 | | Φ215.9 | |
| Φ213 | NC46 | Φ159 | Φ50.8<br>Φ71.4 | 610 | 3 | | Φ215.9 | |

表3-52　螺旋扩孔器规格

| 扩孔器外径/mm | 螺纹类型 | 接头外径/mm | 接头内径/mm | 接头长度/mm | 螺旋带数量 | 螺旋升角/(°) | 螺旋带长度/mm | 适用井眼/mm |
|---|---|---|---|---|---|---|---|---|
| Φ308 | 6⅝REG | Φ203 | Φ71.4 | 810 | 4 | 40 | 200 | Φ311.2 |
| Φ213 | NC50 | Φ178 | Φ71.4 | 810 | 4 | 40 | 200 | Φ215.9 |

## 四、光杆转动卡瓦(可转动钻杆卡瓦)

光杆转动卡瓦应用于未配备顶驱的钻机,在井下出现事故或方钻杆不能入井的情况下转动钻具。将卡瓦放进方补心内,利用卡瓦内的板牙,可以传递转盘的扭矩,使光杆钻具旋转。

光杆转动卡瓦主要由外方补心、内补心和卡瓦等组成。

1. 结构

光杆转动卡瓦结构如图 3-38 所示。

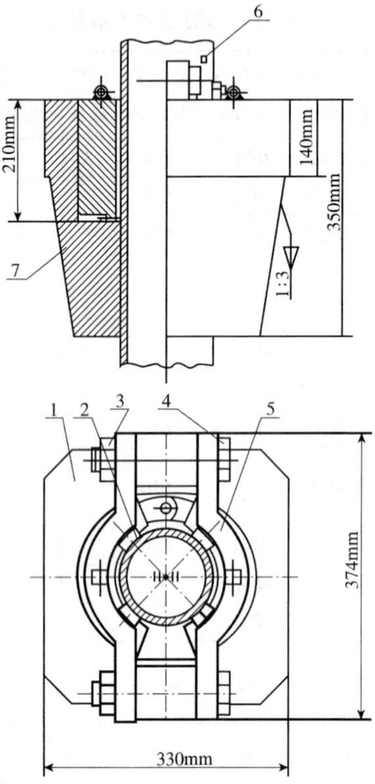


图 3-38　光杆转动卡瓦结构

1—方补心;2—卡瓦滑动体总成;3—螺母;4—螺栓;5—安全盖板;6—钻杆

2. 技术规范

光杆转动卡瓦技术规范见表 3-53。

**表 3-53　光杆转动卡瓦技术规范**

| 型号 | 工作直径/mm | 外形尺寸/mm×mm | 总高/mm |
|---|---|---|---|
| GW-127 | Φ127.0 | 330X330 | 476 |

# 第四章　钻 井 仪 表

## 第一节　钻井仪表概述

### 一、基本概念

在生产过程中，需要使用各种自动测量仪表不断地对各参数进行检测，并把测量结果及时指示或记录下来，这个系统叫自动测量系统。钻井仪表是一种测量系统，在钻井过程中对钻井参数进行感应、测量或传送，实现对生产过程的控制。

在钻井缓慢发展阶段，在钻机上逐步配备了一些简单的单参数检测仪表和指重表、泵压表、转速表等；在科学钻井阶段，需要监视和记录的钻井参数逐渐增多，成套的钻井参数测量记录仪应运而生，在钻井中可以连续测量、显示和记录钻井工艺的各种有关参数；到了自动化钻井阶段，要求及时处理大量的资料并发出指令，相继研制出计算机控制的属于综合自动化的钻井仪表。随着科学技术的进一步发展，逐步实现钻井工程的全面自动化、信息化，将检测到的参数自动输入工业计算机，对钻井工艺过程进行全面自动调节和控制。

钻井仪表系统可以分为三大部分：信号检测部分、信号变换部分、指示和记录部分。

### 二、测量及控制的参数

钻井是一项复杂的系统工程，钻井参数数量多、变化大、涉及面广。钻井工程的工作面集中，钻头处在离地面数千米的地下，钻井测量参数需远距离、多介质传递，并滞后一定的时间才能到达地面，测量和控制复杂。

钻井参数可分为以下三类：

（1）与泥浆有关的参数：泥浆类型、泥浆体积、固相含量、可燃气体含量、$H_2S$ 含量、泥浆密度、返出泥浆流量、泥浆起下钻池体积、$CO_2$ 含量、泥浆温度、塑性黏度、动切力、电导率、pH 值和泥浆液位等。

（2）水力参数：泵压、泵排量、立管压力、套管压力、喷射速度、环空流速和泵冲数等。

（3）钻井参数：钻压、转速、扭矩、钻速、进尺、井深、$d_c$ 指数、起下钻及钻进时间、井斜角、方位角、工具面方向、磁场强度、地磁倾角、井下扭矩、振动、井下钻压、地层放射性、电阻率、弯曲力矩向量、合力向量、井径、环空温度、孔隙度和水泥浆密度等。

## 三、钻井仪表的分类

### （一）按驱动动力分类

气动仪表，如气动记录仪等；液动仪表，如泵压表、指重表等；电动仪表，如电动转速表、电动压力变送器等。

### （二）按结构及完善程度分类

（1）单参数检测仪表：如指重表、测斜表等。

（2）多参数钻井仪表处理系统：如 ZJC 型钻井仪、SK-2Z01/2Z11/2Z16 系列钻井仪表、Datalog 系列钻井仪表、M/D-3200 马丁-戴克钻井仪表和 VDX 钻井仪表等。

（3）钻井数据集中遥测和分析系统：如 TELEDRILL 钻井仪，可对上百台钻机进行遥控。

## 四、钻井仪表的构成

钻井仪表系统分为：传感器（一次仪表），信号处理器（放大、校正、滤波等），显示、记录仪，计算机，打印机，磁带记录器和报警器等。

### (一)传感器

传感器也叫一次仪表，它能把待测参数的变化分辨出来，并转换为另一种形式的可测量。它有两种功能：一是能够接收待测参数；二是变换并传送待测参数。

传感器的输入量即待测的钻井参数；而输出量则是另一种形式的可测量，如电压、电流、频率、气压和液压等。

传感器的输入信号来自钻机的三大系统：循环系统、吊升系统和旋转系统。它们分装在钻机的相关部位。

取自循环系统的参数：泥浆池体积、泥浆入口/出口密度、泥浆入口/出口温度、泥浆入口/出口流量、泵压和泵排量等。

与吊升系统有关的参数：大钩负荷、大钩高度与井深等。

取自旋转系统的参数：转盘转速和扭矩。

### (二)信号处理器

从传感器来的信号往往能量较低，不足以直接驱动显示记录仪表，因此必须加以放大；而过强的信号则须加以衰减；信号中所含的各种干扰成分必须加以滤除；显示仪表往往具有标准限量，因而要把传感器输出信号做相应的调整与校正。如果要显示、记录一个运算结果(如泥浆体积等于泥浆液位与泥浆池截面积之积)，则还要对原始数据进行运算。

上述的放大、衰减、校正、滤波、阻尼及运算作用，都是由信号处理器来实现的。

处理器可以是由气动元件、液动元件、电子元件组成的电子线路或计算机系统，它们的性能及复杂程度有较大差异。

### (三)显示、记录仪

显示、记录部分的作用是实时地显示和永久性地记录各种钻井参数。

显示器有模拟指针式表头(如电压表、电流表、压力计等)，也有数字式显示器(如发光二极管、液晶显示器)，还有DFM显示器等。装在钻台上的显示器，应保证司钻可以在一定距离内准确地读出数据。

记录仪可以连续地记录生产系统或工艺过程中的某些变量。在多数场合中，变量值被记录在时间坐标上，即把随时间变化的变量值作为记录的内容。

记录仪可以大致分为两种类型：圆图记录仪和长图记录仪。圆图记录仪使用有规定刻度的圆形记录纸；长图记录仪则用很长的带状记录纸，将记录纸收卷在卷纸轴上。

记录仪的走纸信号可以是时间，也可以是井深等参数。因此，同一个参数既可以记录成时间函数曲线，也可以记录成井深等其他函数曲线。

有的记录仪只记录一个变量，而有的记录仪却能够记录 2 个、4 个、6 个、8 个以至更多个变量。钻井仪表中往往使用多道记录仪，把几个参数集中记录在一张记录纸上，既节约了设备，又便于把各有关的参数联系起来进行综合观察、分析对比。

这种模拟记录仪在钻井技术的发展过程中起到了重要作用，但是随着新型的多参数钻井仪表的大规模普及应用，这种模拟记录仪将会全面被多参数钻井仪表所代替，毕竟后者在功能上更丰富、更稳定，在使用与维护上更方便，所以模拟记录仪应用越来越少。

**（四）其他部分**

信息处理系统：具有存储、运算等功能，一些反映钻井工艺的实质性参数，如 $d_c$ 指数、水力功率、环空流速等，其运算就是在这里进行的。信息处理系统是数据采集系统的核心，是所有外围执行装置的指令发布装置。

外围装置：打印机、磁带记录仪和报警器。打印机可以把数据保留为档案资料，根据需要，把数据整理成报表或报告的格式；磁带记录仪把数据以磁带记录形式保留下来，以备对该井进行综合的技术经济评价或下一步最优措施、最优化设计使用。随着新技术的发展，磁带记录方式应用越来越少，大容量硬盘及其他新式数据存储设备代替了磁带式记录仪；报警器包括声、光报警装置，在钻井参数出现异常时进行逻辑判断，发出预报警信号并操纵报警装置发出声、光报警信号，提醒相关人员采取措施。

## 第二节　钻井指重表

钻井指重表是石油钻井中普遍使用的一种重要钻井仪表。指重表主要用于测量钻具悬重和钻压大小及其变化。根据钻具悬重和钻压大小及其变化，了解钻头、钻柱的工作情况，指导钻进、打捞作业和井下复杂情况的处理。

钻井指重表按其工作原理不同可分为液压式指重表和电子式指重表两大类。目前，液压式指重表被普遍使用，而电子式指重表的使用还不多。

在液压式指重表中，性能较好和使用较多的有日本产 W 系列指重表、国产 JZ 系列和 MZ 系列指重表及美国产 FS 系列指重表三种。

W 系列指重表已被国产 JZ 系列和 MZ 系列指重表代替，美国 FS 系列指重表数量很少。因此，本节仅着重介绍国产 JZ 系列和 MZ 系列指重表的原理、结构及使用方法。

### 一、悬重和钻压的测量原理

钻压测量是通过测量大钩总负荷的变化间接测得的，这种方法的依据是

$$W_{压}=W_{总}-W_{悬} \tag{4-1}$$

式中　$W_{压}$——钻压，kN；

$W_{总}$——钻具提离井底时的大钩负荷，kN；

$W_{悬}$——钻进状态时的大钩负荷，kN。

由式(4-1)可知，要测得钻压，必须测得 $W_{总}$ 和 $W_{悬}$。而 $W_{总}$ 和 $W_{悬}$ 是不同钻井状态下的大钩负荷，只要测得钢丝绳的张力，便可换算出大钩负荷，进而计算出钻压。钢丝绳张力通过死绳固定器传感器转换为压力信号，再由指重表将该信号转换

成大钩负荷的表盘读数显示出来，原理示意如图 4-1 所示。

当钻速较低，且钻机又存在振动的情况下，可忽略滑轮的摩擦力，则钢丝绳的张力处处相等并服从式(4-2)：

$$T=\frac{W}{n} \tag{4-2}$$

式中　$T$——钢丝绳的张力，kN；

$W$——大钩负荷，kN；

$n$——游车上钢丝绳的有效股数。

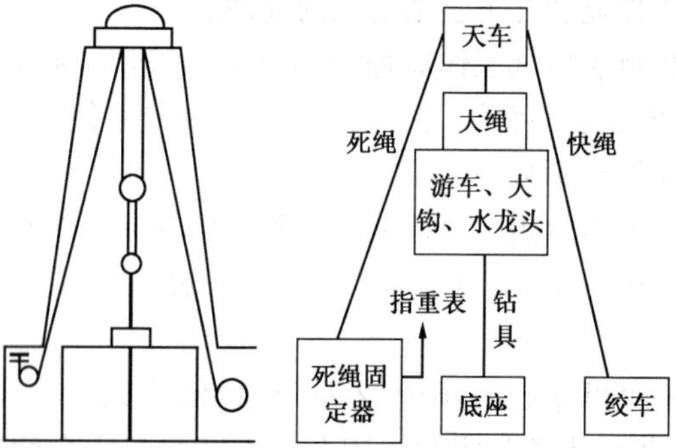


图 4-1　钢丝绳拉力与大钩质量测量示意图

钢丝绳通过死绳固定器固定于井架底座上，并由传感器机构测量大钩负荷 $W$。死绳固定器是一个以轴心 $O$ 为支点的杠杆，简化力学模型如图 4-2 所示。

$$F=\frac{L_T}{L_F}T \tag{4-3}$$

式中　$F$——传感器对臂梁的拉力，kN；

$T$——钢丝绳的张力，kN；

$L_T$——力 $T$ 对 $O$ 点的力臂，m；

$L_F$——力 $T$ 对 $O$ 点的力臂，m。

在传感器中：

$$P=\frac{10^3 F}{S} \tag{4-4}$$

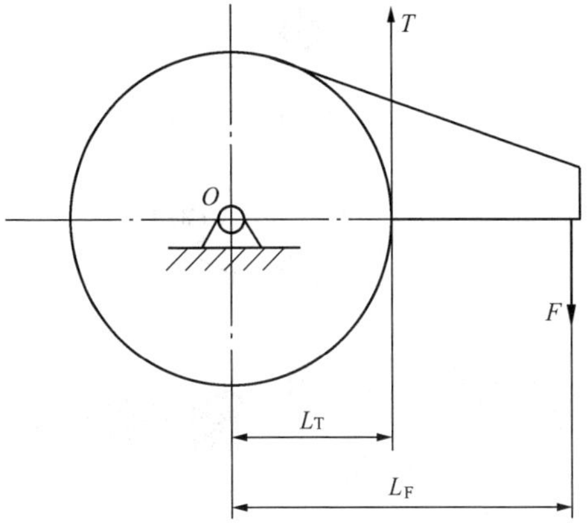


图 4-2 死绳固定器受力分析

式中 $P$——承压室内液体压强，MPa；

$S$——承压室截面积，$m^2$。

将式(4-2)、式(4-3)代入式(4-4)得：

$$P=\frac{10^3 L_T}{nSL_F}W \tag{4-5}$$

由式(4-5)可知，当 $L_T$、$L_F$、$n$、$S$ 为常量时，承压室中液体压强 $P$ 与大钩负荷 $W$ 成正比。只要测得 $P$，便可测得 $W$。

## 二、JZ 系列指重表

### (一)概述

JZ 系列指重表，适用于石油、地质勘探中各种钻机、修井机的钻井或修井作业过程，指示并记录钻具悬重和钻压变化的一种显示仪器，帮助司钻掌握钻机、修井机在钻井或修井作业中的工作参数和判断钻具的工作状态。图 4-3 为指重表工作示意图。

### (二) 产品规格及技术指标

JZ 系列指重表由 JZG 型死绳固定器、JZZ 型重量指示仪和 JZJ 型记录仪三部分组成，如图 4-4~图 4-6 所示。

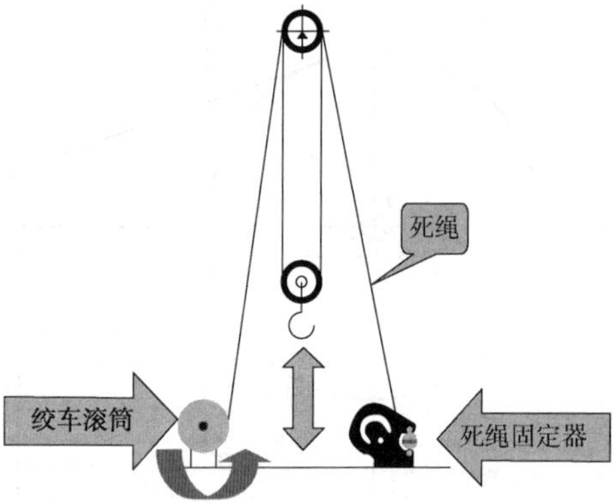


图 4-3　指重表(死绳固定器)工作示意图

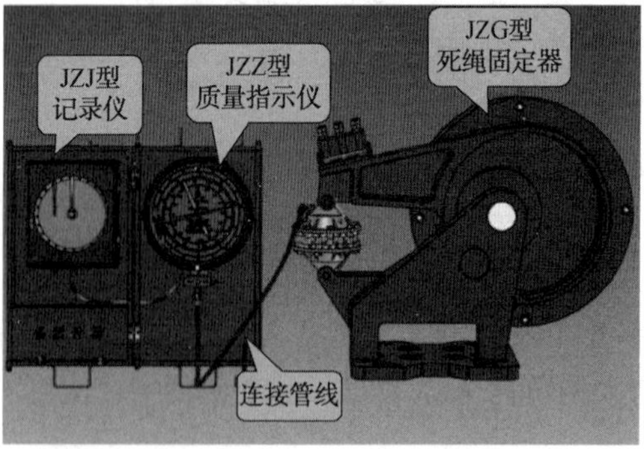


图 4-4　指重表(JZ400 型指重表/立式)

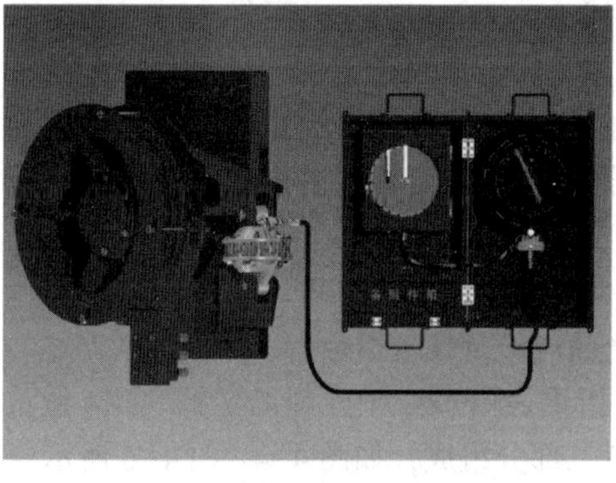

图 4-5　指重表(JZ500A 型指重表/卧式)

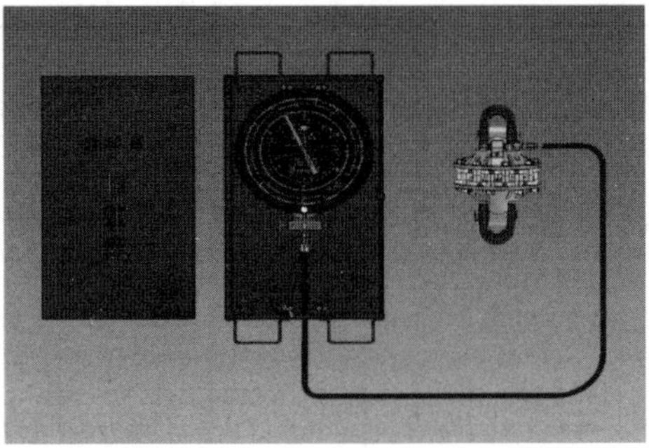

图 4-6　指重表(JZ60 型指重表/直拉式)

1. 产品规格

JZ 系列指重表产品规格见表 4-1。

**表 4-1　JZ 系列指重表产品规格**

| 指重表型号 | 死绳固定器型号 | 形式 | 最大死绳拉力/kN | 表盘绳数 | 相应载荷/kN | 死绳固定器输出压力/MPa |
|---|---|---|---|---|---|---|
| JZ500 | JZG42 | 立式 | 420.0 | 12 | 5040 | 6.00 |
| | | | | 10 | 4200 | |
| JZ500A | JZG41 | 卧式 | 410.0 | 12 | 4920 | 6.83 |
| | | | | 10 | 4100 | |
| JZ400 | JZG35 | 立式 | 350.0 | 12 | 4200 | 6.00 |
| | | | | 10 | 3500 | |
| | | | | 8 * | 2800 | |
| JZ400B | JZG34A | 卧式 | 340.0 | 12 | 4080 | 6.00 |
| | | | | 10 | 3400 | |
| JZ250 | JZG24 | 立式 | 240.0 | 12 * | 2880 | 6.00 |
| | | | | 10 | 2400 | |
| | | | | 8 | 1920 | |

续表

| 指重表型号 | 死绳固定器型号 | 形式 | 最大死绳拉力/kN | 表盘绳数 | 相应载荷/kN | 死绳固定器输出压力/MPa |
|---|---|---|---|---|---|---|
| JZ200 | JZG20 | 立式 | 200.0 | 10 | 2000 | 6.00 |
| | | | | 8 | 1600 | |
| | | | | 6 * | 1200 | |
| JZ150A | ZG18A | 立式 | 180.0 | 10 * | 1800 | 6.00 |
| | | | | 8 | 1440 | |
| | | | | 6 | 1080 | |
| JZ150 | JZG18 | 卧式 | 180.0 | 10 * | 1800 | 6.00 |
| | | | | 8 | 1440 | |
| | | | | 6 | 1080 | |
| JZ100 | JZG15 | 卧式 | 150.0 | 10 * | 1500 | 6.00 |
| | | | | 8 | 1200 | |
| | | | | 6 | 900 | |
| JZ100A | JZG15A | 立式 | 150.0 | 10 * | 1500 | 6.00 |
| | | | | 8 | 1200 | |
| | | | | 6 | 900 | |
| JZ60 | JZG10 | 直拉式 | 100.0 | 8 | 800 | 4.20 |
| | | | | 6 | 600 | |
| | | | | 4 * | 400 | |
| JZ40 | JZG10A | 卧式 | 100.0 | 6 | 600 | 6.00 |
| | | | | 4 | 400 | |
| JZ82 | JZG13 | 直拉 | 136.6 | 6 | 820 | 6.00 |
| JZ75 | JZG12 | 直拉 | 125.0 | 6 | 750 | 5.20 |

注：凡带 * 的均为用户特殊定制型号。

2. 技术指标

（1）死绳固定器输出压力误差：±1.0%FS。

（2）质量指示仪允许误差：±1.0%FS；质量指示系统允许

误差：±2.0%FS。

（3）记录仪允许误差：±2.0%；质量记录系统允许误差：±2.5%FS。

（4）指重表灵敏限：见表4-2。

**表4-2　指重表灵敏限**

| 型号 | JZ500、JZ500A | JZ400、JZ400B | JZ250 | JZ200 | JZ150、JZ150A | JZ100、JZ100A | JZ82、JZ75、JZ60、JZ40 |
|---|---|---|---|---|---|---|---|
| 灵敏限/kN | 25.0 | 21.0 | 12.0 | 10.0 | 7.2 | 6.0 | 4.0 |

（5）仪器管路系统在最大工作压力条件下不得渗漏。

（6）仪器工作环境温度：-40~50℃。注：仪器传压介质为 $45^{\#}$ 变压器油。

**（三）仪器原理与结构**

1. 死绳固定器

死绳固定器是将钻机的死绳拉力转换为液体压力的机构，它由绳轮、底座、传感器三大部分组成，如图4-7~图4-9所示。

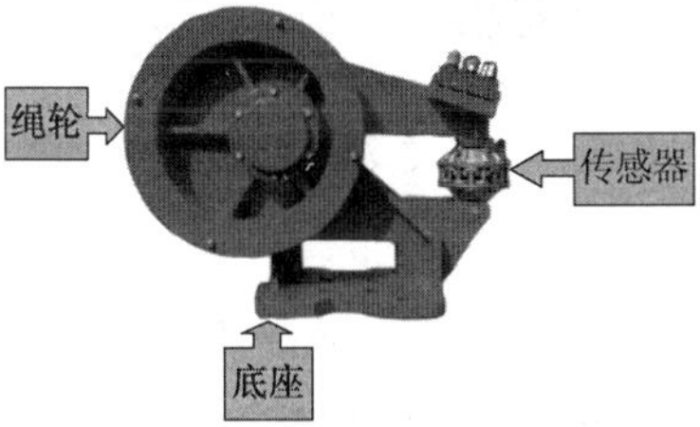


图4-7　死绳固定器（JZG42型死绳固定器）

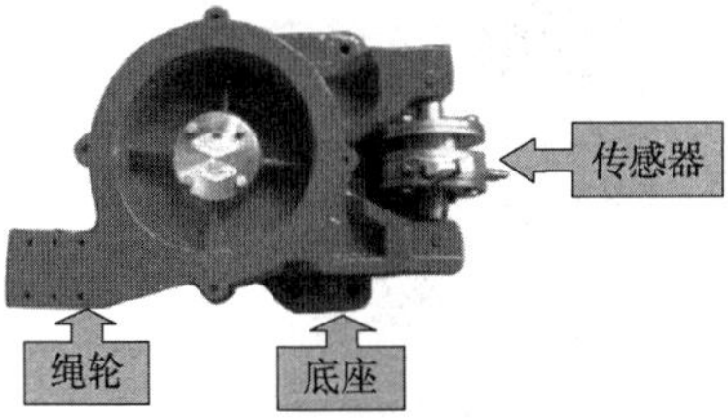


图4-8　死绳固定器（JZG18型死绳固定器）

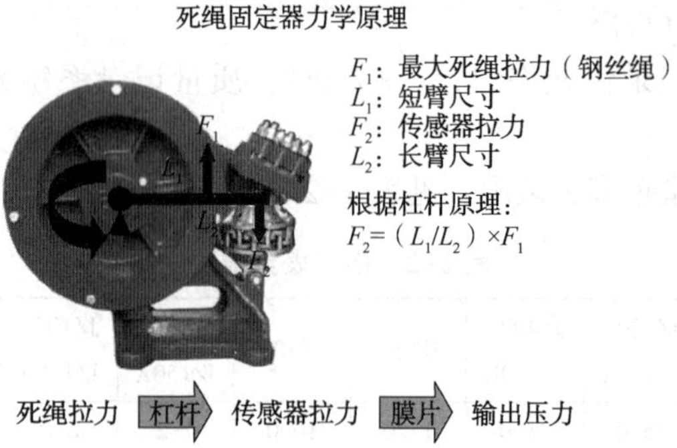


图 4-9　死绳固定器力学原理

传感器是死绳固定器的主要部件之一，它将死绳的拉力通过膜片挤压液体而转换为压力信号，传递给重量指示仪和记录仪。因而，它是一个能量转换元件，如图 4-10、图 4-11 所示。

图 4-10　传感器(拉式)

图 4-11　传感器(压式)

2. 重量指示仪

重量指示仪通过连接管线、快速接头与传感器连接。传感器产生的液体压力作用于弹簧管，经放大机构带动指针偏转而指示井下钻具重量。短指针为指重指针(黄色)，长指针为灵敏指针(红色)，如图4-12、图4-13所示。重量指示仪内分别有指重、灵敏弹簧管各一根弹簧管在液体压力的作用下产生的自由端位移，通过放大机构的连杆及伞形齿轮转动齿轮轴，使指针产生偏转，从而指示出大钩悬重和钻压，如图4-14所示。

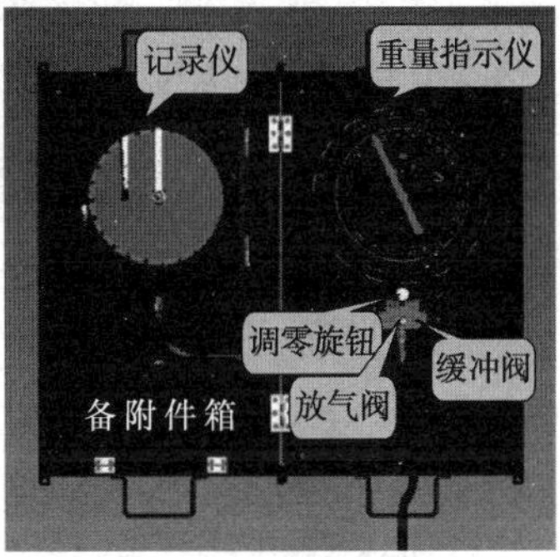

图4-12 重量指示仪

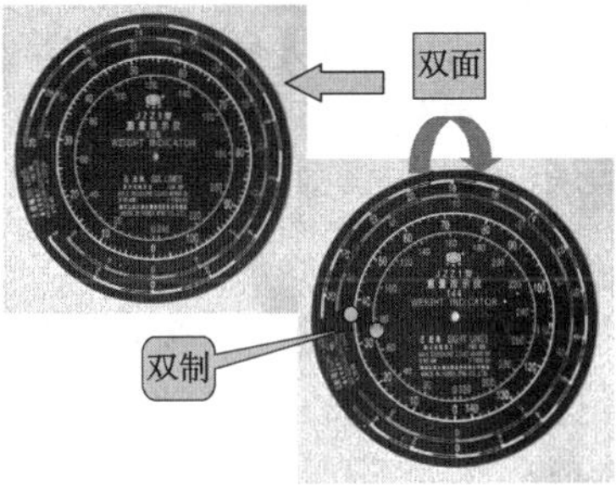

图4-13 表盘

钻压的获取：接入单根钻杆后提升游车至井下井上钻具全部悬起，则指重表示值为最大悬重，此时，旋转调零旋钮将灵敏表盘“0”点与灵敏表针对准；在钻井过程中，司钻控制绞车下放钻具，使钻头与地层接触进行钻进，则悬重减小，指重表针、灵敏表针回转，此时，灵敏表针相对零点的示值即为钻压值。

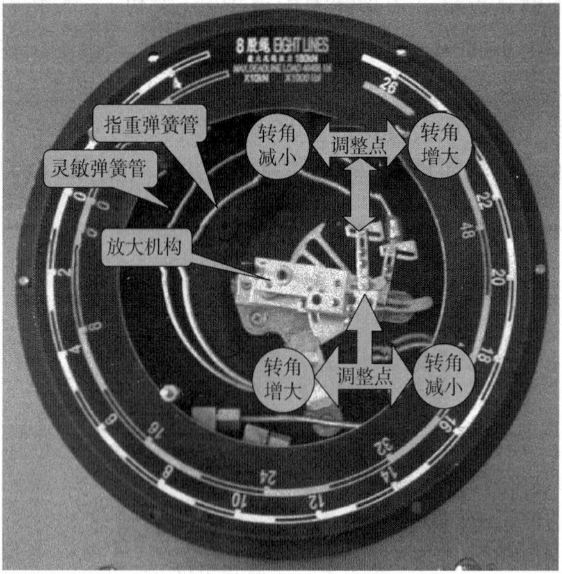


图 4-14　重量指示仪(内部结构)

公式为：钻压=最大悬重-当前悬重。

注意：每次接入单根钻杆后都要提升游车至井下井上钻具全部悬起，将灵敏表盘对“0”。

3. 记录仪

由传感器产生的液体压力通过连接管线作用于记录仪弹簧管，管端产生的位移通过连动机构带动记录笔偏转，同时记录时钟带动记录纸旋转，从而记录钻井过程的工作曲线。记录仪记录方式为墨水记录。直拉式指重表出厂不配置记录仪，其他形式指重表均配记录仪，如图 4-15 所示。

4. 手压泵

手压泵是指重表的附件，其作用是在必要时对仪器进行液体补充。使用前，先连接油路管线，查看泵内油箱有无液体并及时补充，然后关紧回油阀，上下施力于加力杆即可注油。注油时，应观察二次表的显示或传感器的间隙，使用重量指示仪上的排气阀，排净空气，当二次表指针偏离“0”位或传感器的间隙达到正常值并超过少许后停止注油。使用重量指示仪上的排气阀或手压泵回油阀可放掉仪器内多余液体，使二次表指针或传感器的间隙达到正常值，如图4-16所示。

图4-15 记录仪(右边为重量指示仪)

图4-16 手压泵

5. 拔针器

拔针器是重量指示仪表针的专用起拔工具，用于对表针的位置进行重新定位，其规格有两种。

6. 连接管线

用于连接死绳固定器和重量指示仪及记录仪的连接管线长

度为 10m(特殊订货时可以为 15m 或 20m)，用于给传感器补充液体的连接管线长度为 5m。

7. 快速公、母接头和自封公、母接头

快速公、母接头和自封公、母接头是 JZ 系列指重表重要的油路管线连接件。快速公、母接头和自封公、母接头均为自封式接头。传感器上装有快速母接头、自封公接头各一个。用于连接死绳固定器和重量指示仪的连接管线，其上一端装有快速公接头与传感器上快速母接头相连；用于给传感器补充液体的连接管线(手压泵管线)，其上一端装有自封母接头与传感器上自封公接头相连。快速公、母接头和自封公、母接头原理是一样的。快速公、母接头结构如图 4-17 所示。自封公、母接头结构见说明书(图 4-18)。

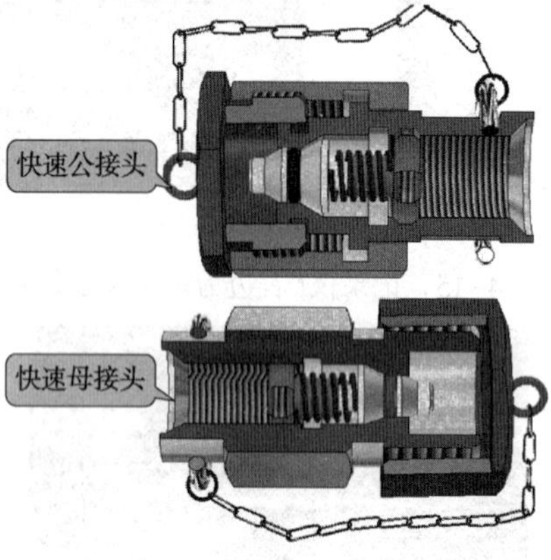


图 4-17　快速公、母接头结构

### (四) 安装与使用

1. 死绳固定器

死绳固定器安装位置由钻机(修井机)生产厂家确定，位置确定后，用螺栓牢固地固定在钻机底座上。死绳沿绳轮的绳槽全部缠绕后，放入相应的绳卡中，用压紧块和螺栓、螺母压紧。注意：绳卡与钢丝绳必须放正、贴合，以防钢丝绳滑动。安装直拉式死绳固定器时，死绳穿过上提环并打结，然后直接绕过传感器(很松弛)，穿过下提环并打结，最后与钻机(修井机)底座固定。对于一端采用耳片轴销安装的直拉式指重表，也必须将死绳在钻机(修井机)底座上固定。

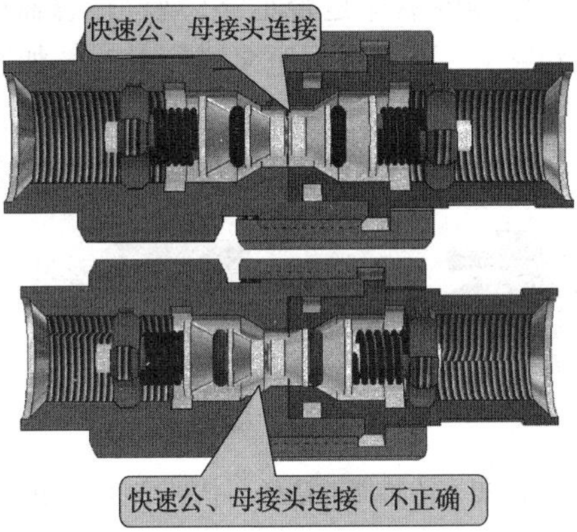


图 4-18　快速公、母接头

2. 二次仪表(重量指示仪、记录仪)

将二次仪表固定在司钻位置的前方，让司钻能直接观察到表盘数据，如图 4-19 所示。

图 4-19　指重表的安装

（1）将长连接管线与死绳固定器上的传感器相连。

（2）打开重量指示仪上“指重、灵敏”两端的调节阀，此时指针应回零位，否则应用拔针器拔出指针并重新定位。

（3）检查传感器内液体是否足够(观察传感器的法兰与扶圈的间隙并予以判断)，及时用手压泵进行补充，如图4-20所示。补充液体时，应将游车系统放置在钻台上，使指重表处于无载荷的情况之下，并将重量指示仪上的排气阀打开，排净空气。

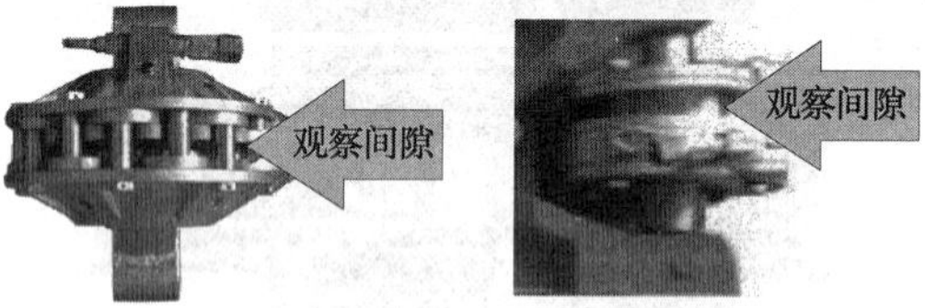


图4-20　传感器的法兰与扶圈之间的间隙

（4）打开记录仪箱盖，用时钟钥匙上弦器将记录时钟发条上满弦；拧下压纸螺帽，更换记录纸，调整记录笔的起始位置，使其与指重表表针的起始位置相符，不符时，可调整微调螺丝，使其相符。记录仪与重量指示仪配套使用，记录一天的工作曲线，以便掌握和分析钻进工作状态。如图4-21所示。

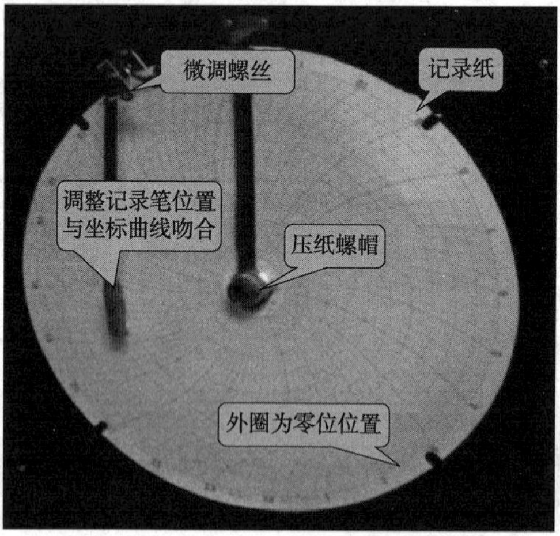


图4-21　记录表局部图

（5）灵敏表指针的指示值供掌握钻压和处理事故之用，当下入最后一根钻杆时，应将钻具悬空，转动框盖上的旋钮，使灵敏表表盘的零点与长表针对正后，才可正常使用灵敏表。钻具重量的微量变化，可以由灵敏表表针的指示值直接读出。钻进时，灵敏表表针逆时针偏转，其指示值即为钻压值。

（6）由于灵敏表表针的摆动幅度较大，故在起下钻具时，应轻提轻放，避免发生灵敏表表针甩松(脱)现象，必须经常检查指针是否松动。

（7）因操作需要，使钻具出现剧烈震荡时(如爆炸解卡、起下钻具)，应提前将调节阀关小并将连接管线盘成螺旋线形式，使液压管路系统振幅减小，从而保护指重表免受损伤。

**（五）仪器计量检定**

仪器必须在规定使用期限内交由有资质的专业计量测试单位进行检定，合格后方可使用。

**（六）仪器维护与保养**

（1）安装指重表时，应首先检查钻机参数与指重表参数是否相符，当不符时，应立即更换。检查钻机额定死绳拉力与重量指示仪表盘上的最大死绳拉力是否相符；检查游车系统的钢丝绳股数与重量指示仪表盘上的绳数是否相符；钻机额定死绳拉力小于重量指示仪表盘上的最大死绳拉力。检查死绳固定器型号是否与二次表配套，配套情况参照表 4-3。

（2）在钻机搬迁时，应卸掉仪器载荷，使表针回到零位，同时关闭重量指示仪上的调节阀，再卸下连接管线。

（3）在使用仪器过程中，应保持仪器的清洁。切不可用蒸汽冲洗仪器玻璃，以免造成玻璃爆炸。

（4）仪器应使用 45#变压器油，并保持液体干净、无沉淀物，以免管线、接头堵塞，影响仪器性能。

（5）为延长仪器的使用寿命、确保安全可靠，钻机使用的最大悬重，原则上以不超过指重表最大负荷的 80%为准则。

（6）每天在工作前，应清除传感器上的杂物，同时检查传感器的法兰与扶圈的间隙是否符合附图 4-14“传感器结构图”的要求，间隙小时立即补充液体。

(7) 定期(一般为 12 个月)拆下绳轮中部的端盖，在轴承上涂钙基润滑脂。

### (七) 常见故障原因及排除方法

常见故障原因及排除方法见表 4-3。

表 4-3　常见故障原因及排除方法

| 序号 | 故障现象 | 原因分析 | 排除方法 | 备注 |
|---|---|---|---|---|
| 1 | 指针不稳定或卡滞 | 减震阀调节不正确 | 重新调整减震阀 | |
| | | 指针之间，或指针与表盘、玻璃摩擦接触 | 卸下框盖，矫正指针，重装框盖 | |
| | | 放大机构中有脏物，必要时应重新检定 | 卸下框盖、表盘等部件，用汽油清洗干净放大机构，然后重装 | |
| | | 液压系统有气体 | 从传感器处注入液体，在重量指示仪放气阀上放出气体和多余液体 | |
| 2 | 显示数值不准确 | 死绳与井架摩擦 | 对正绳道，保证畅通 | |
| | | 绳轮转动不灵活 | 清洗轴承，并加润滑脂 | |
| | | 传感器受限制 | 清除外部脏物，并清洗干净 | |
| | | 液体过多 | 从放气阀放出多余液体 | |
| | | 液体不足 | 给传感器补注液压油，并在放气阀上放出气体和多余液体 | |
| 3 | 指针转动异常 | 表针针体与固定套松动 | 拔出表针，重新铆死针体和固定套或更换新表针 | |
| | | 表针与轴连接松动 | 重新订表针 | |
| | | 表针固定套锥孔变形后连接松动 | 更换新表针，重新订表针 | |

续表

| 序号 | 故障现象 | 原因分析 | 排除方法 | 备注 |
|---|---|---|---|---|
| 4 | 指针不摆动 | 快速公(母)接头O形密封圈被挤出或快速公(母)接头内有杂物 | 卸下快速公(母)接头，从内螺纹端取出阀座、弹簧、阀芯，清洗干净，将O形密封圈重新放入密封槽，重新安装并调整。如O形密封圈损坏应予以更换 | |
| 5 | 指针异常回转 | 传感器膜片破裂 | 重新更换新膜片 | |
| | | 连接管线破裂 | 重新更换新连接管线 | |
| | | 快速公(母)接头或自封公(母)接头中O形密封圈破裂造成漏油 | 卸下快速公(母)接头或自封公(母)接头，从内螺纹端取出阀座、弹簧、阀芯，清洗干净，更换新的密封圈，重新安装并调整 | |

## 三、FS系列指重表

FS系列指重表是美国马丁代克公司(Maritin-Decker Co.)的产品。目前，主要在引进的钻机上使用。

### (一) 结构与原理

FS系列指重表和日本W系列指重表及国产JZ系列、MZ系列指重表一样，都由死绳固定器、传感器、指重表、记录仪、胶管、快速自封接头、手压泵等组成。其工作原理和使用要求也基本相同。

1. 死绳固定器

死绳固定器安装在井架底座上，起固定死绳的作用。死绳固定器根据轴承等结构分为118型死绳固定器和118T型死绳固定器，如图4-22所示。

大力神118型死绳固定器主要由支架、滚轮、钢丝绳压板、挡板、地脚螺栓、传感器、倒绳缓冲器组成，如图4-23所示。

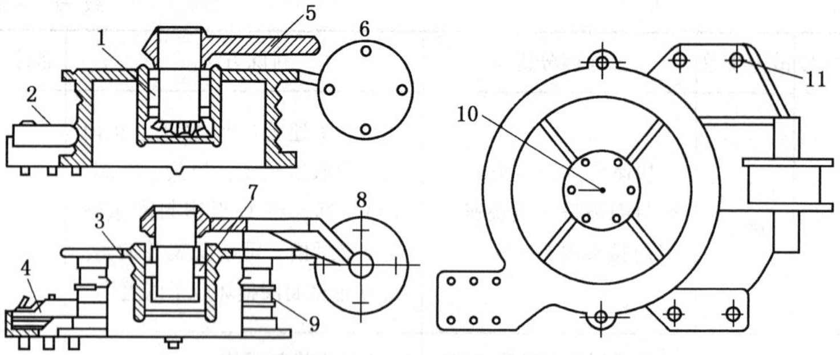


图 4-22　大力神死绳固定器滚轮及轴承

1—滚柱轴承；2—绳卡压板；3—锥形滚柱轴承；4—嵌板；5、9—框架；6—118 型滚柱轴承；7—轴承支架；8—118T 型锥形轴承；10—固定轴承黄油盖；11—螺栓

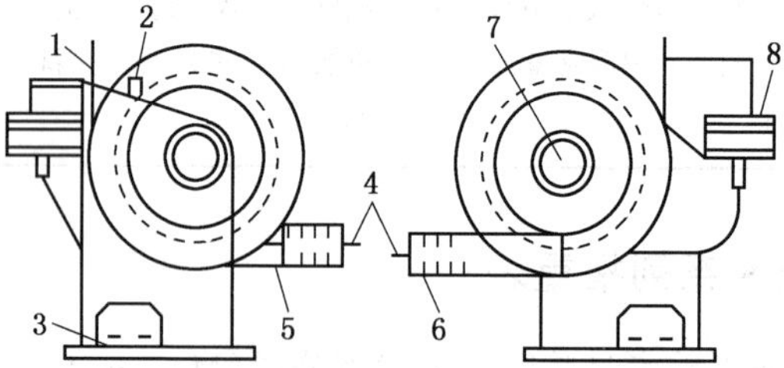


图 4-23　大力神 118 型死绳固定器总成

1—到天车的死绳；2—挡块；3—地脚螺栓和地脚螺母；4—到绞车滚筒的大绳；5—绳卡压板；6—压板螺母；7—固定轴承黄油盖；8—传感器

这种类型的死绳固定器上还安装了一套倒绳缓冲器。其作用在于当一个人倒绳时，操作它抵住绳锚，限制钢丝绳滑动。

2. 压力传感器

E542 压力传感器与 FS 系列指重表、大力神 118 型死绳固定器配套使用。其结构与 JZ 系列传感器相似，也安装在死绳固定器上，是将张力转换为压力的重要敏感元件。

3. FS 系列指重表

FS 系列指重表的组成元件基本上与 JZ 系列指重表相同。

指重表的表盘有 $\Phi$215mm 和 $\Phi$305mm 两种。表盘箱上除指重表之外还安装有泥浆压力表、转盘转速表等五种表。

$\Phi$215mm 指重表的表盘以白色作底色，刻度为黑色，而 $\Phi$305mm 指重表的表盘以黑色为底色，刻度为白色。$\Phi$215mm 表盘只有一只，且是固定的；$\Phi$305mm 表盘为两只，内盘为指重表盘，是固定的，外盘为灵敏表表盘，可以由上方的旋钮转动，指示钻压。指重表内有一长一短的指针，长针为灵敏针，短针为指重针。除上述主要部件之外还有高压钢丝胶管、快速自封接头和手压泵。手压泵的形式与 JZ 系列手压泵略有不同，如图 4-24 所示。

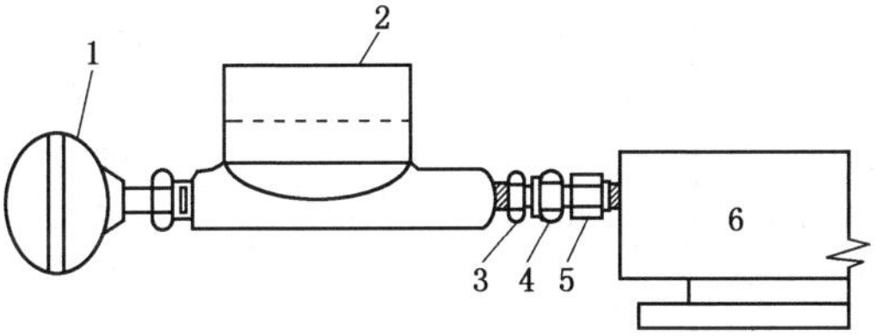


图 4-24 YAZ 型手压泵

1—手动泵柄；2—油碗；3—旋转接头；4—旋转螺母；5—单向阀；6—传感器液压室

## （二）技术规格

1. 系统校准精度

系统校准精度见表 4-4。

表 4-4 系统校准精度

| 部件型号 | 钢丝绳直径/mm | 校准读出误差/% |
|---|---|---|
| 指重表，FS 系列；死绳固定器，118T 型；传感器，E542 型 | 22 | <0.7 |
| | 25 | 无 |
| | 28 | >0.7 |
| | 32 | >1.5 |

2. 误差

指重表和死绳固定器的高差引起的误差列于表 4-5。死绳固定器安装在指重表的下方，这样距离越大，指重表的读数值越小。

**表 4-5　安装高差引起的误差**

| 钢丝绳数 | 4 | 6 | 8 | 10 |
|---|---|---|---|---|
| 每降低 1m 的差值/N | 594.5 | 891.7 | 1189 | 1486.2 |

3. FS 系列指重表系统规格

FS 系列指重表系统规格见表 4-6。

**表 4-6　FS 系列指重表系统规格**

| 系列 | AWA6H 和 AWA9H | AWA8H-3，-5 | AWA8H-2，-4 |
|---|---|---|---|
| 绳径/mm | 22、25、28、32 | 25、28 | |
| 绳数 | 4、6、8、10 | 4、6、8 | 6、8、10 |
| 单绳负荷/kN | 181.2 | 181.2 | |
| 传感器负荷/kN | 102.82 | 102.82 | |
| 系统校准压力/MPa | 9.71 | 9.71 | |
| 传感器有效面积/$mm^2$ | 103.8 | 103.8 | |

## （三）安装与使用方法

FS 系列指重表的安装与使用方法与 JZ 系列指重表基本相同，不再赘述。

此处着重介绍 E542 型传感器的间隙范围。E542 型传感器间隙位置示于图 4-25 中。与 FS 系列指重表、118 型死绳固定器配套使用的 E542 传感器的间隙范围为 8~11mm。

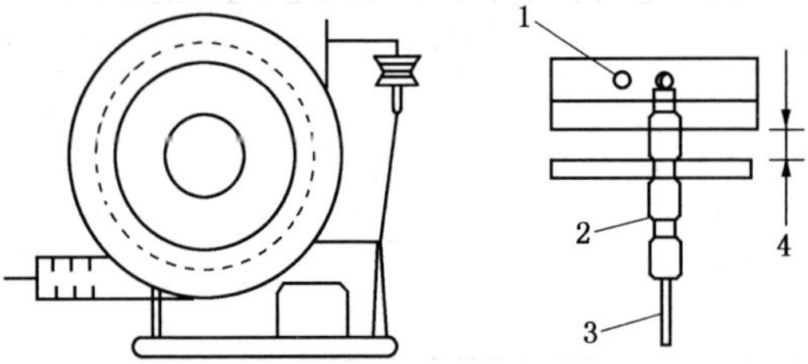


图 4-25　传感器间隙

1—单向阀；2—拆卸接头；3—液压胶管；4—间隙

### (四) 故障及其排除方法

表 4-7 列出了 FS 系列指重表系统的故障及排除方法。

表 4-7 故障原因及排除方法

| 故障 | 原因 | 排除方法 |
| --- | --- | --- |
| 指针运动欠佳或反应迟钝 | 阻尼器设置不合适 | 调整阻尼器 |
| | 表针彼此接触或与表盘面、表盘玻璃接触 | 取下环型表罩及玻璃，校直针体，重新装好 |
| | 表芯积污 | 取下环型表罩、玻璃及表盘，用煤油或类似清洗剂清洗表芯，重新装好 |
| | 液压系统中存在空气 | 从传感器单流阀处泵入 W15 型液压油，打开阻流器处的丝堵放出气体和部分油，以排除系统中的空气 |
| 指示不准 | 死绳与井架间有摩擦或死绳挂在绳锚法兰上 | 整理钢丝绳 |
| | 死绳轮转动不灵活 | 注润滑油 |
| | 绳锚卷筒活动不轻快 | 润滑轴承 |
| | 方钻杆弯曲 | 校直或更换 |
| | 转盘或方补心与天车不在同一垂线上 | 检查转盘或方补心。如果磨损过量，须及时更换 |
| | 液压油泵入过量 | 从阻流器丝堵处放掉一部分 |
| | 液压油欠量 | 在传感器单流阀处泵入 W15 型液压油，并在丝堵处进行排气调节 |

## 第三节 多参数钻井仪

### 一、江汉仪表厂 SZJ 系列多参数钻井仪表系统

SZJ 系列多参数钻井仪表系统是江汉石油管理局仪表厂设计生产的仪表，测量并显示钻机在作业过程中各钻井参数的变

化情况，帮助司钻掌握钻机的工作状态，其系统框图如图 4-26 所示。

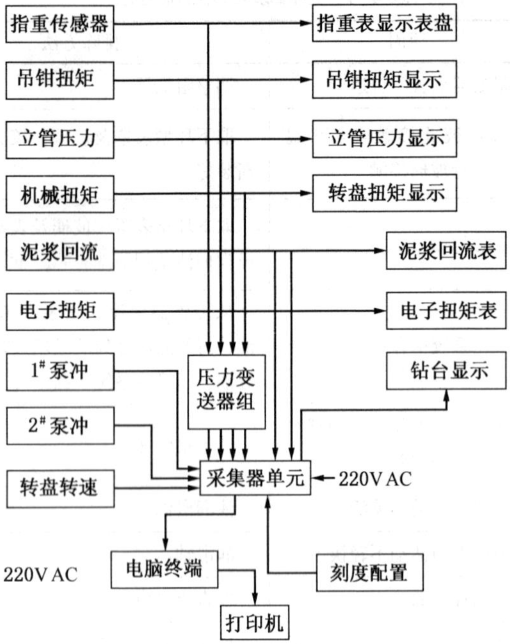


图 4-26　SZJ 系列多参数钻井仪表系统框图

工作条件如下：

(1) 工作温度：-30~70℃。

(2) 相对湿度：0~90%。

## (一) 传感器测量单元

1. 指重表

指重测量系统图 4-27 由指重表传感器、重量指示仪、指重压力变送器(安装在仪表箱内)、连接管线等组成，前面已有详细说明，这里不再赘述。

2. 转盘扭矩传感器

对机械钻机，转盘扭矩测量系统由惰轮转盘扭矩传感

图 4-27　指重测量系统

器、转盘扭矩指示仪、压力变送器(安装在仪表箱内)、连接管线组成。

对电动钻机，转盘扭矩测量系统由霍尔传感器及电动转盘扭矩指示仪组成。

测量范围：0~40kN · m。

误差：±5%。

表盘尺寸：$\Phi$200mm。

3. 立管压力传感器

立管压力测量系统由立管压力传感器(图 4-28)、立管压力指示仪、压力变送器(安装在仪表箱内)、连接管线(与立管压力传感器组装在一起)组成。

测量范围：0~35MPa。

误差：±1.5%。

表盘尺寸：$\Phi$150mm。

4. 吊钳扭矩传感器

吊钳扭矩测量系统由吊钳扭矩传感器(图 4-29)、吊钳扭矩指示仪、压力变送器(安装在仪表箱内)、连接管线(与吊钳扭矩传感器组装在一起)组成。

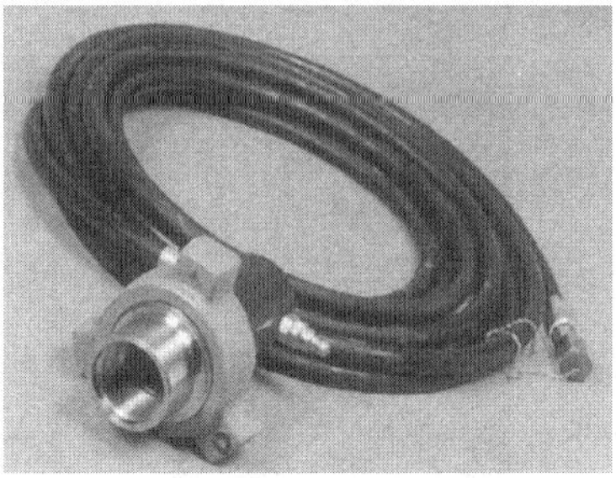

图 4-28　立管压力传感器

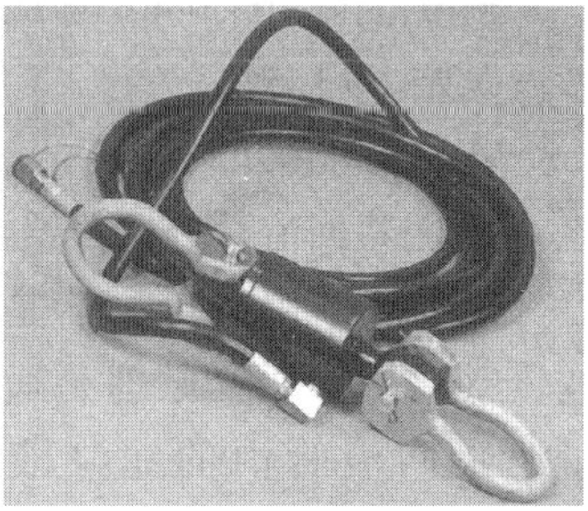

图 4-29　吊钳扭矩传感器

测量范围：0~100kN · m。

误差：±1.5%。

表盘尺寸：Φ150mm。

5. 转盘转速和泵速传感器

转盘转速和泵速测量系统组成单元和工作原理相同，均采用无接触式测量。金属物体在传感器(图 4-30、图 4-31)附近划过，产生脉冲信号，送往微处理器计数和处理，由液晶显示器在司钻显示台进行显示。

测量范围：

转盘转速：0~300r/min。

泵速：0~300SPM。

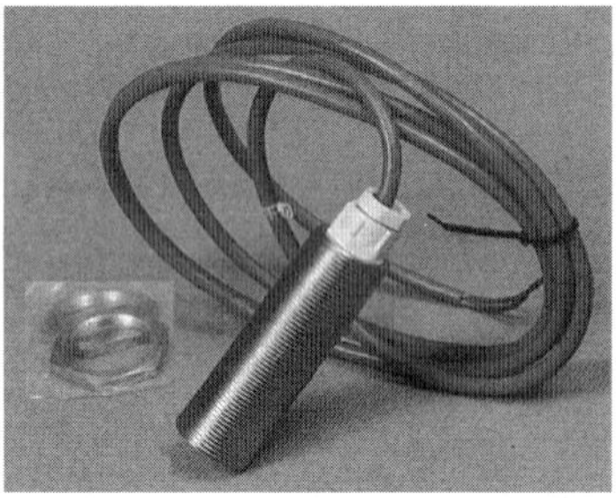

图 4-30　转盘转速传感器

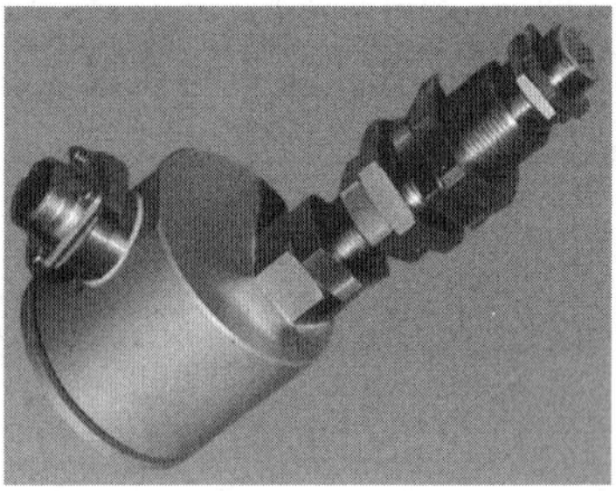

图 4-31　泵速传感器

6. 大钩悬重传感器(图 4-32)

测量范围：0~1440kN(8 绳)。

误差：±1.5%。

表盘尺寸：Φ390mm。

7. 泥浆回流百分比传感器

该参数采用的传感器是超声波传感器，其主要原理是通过测量泥浆回流管内的泥浆液面来测得。

测量范围：0~100%。

图 4-32　大钩悬重传感器

### （二）司钻仪表显示台

该部分主要接收指重传感器、立管压力传感器、转盘扭矩传感器、吊钳扭矩传感器、泥浆回流传感器等信号，还接收采集器传输过来的电信号（例如转盘转速、泥浆泵冲速、泥浆回流等），上面配有4块液压表盘：指重表、吊钳扭矩表、立管压力表、转盘扭矩表；2～5块液晶显示屏（根据用户选择）：钻压、转盘转速、1#泥浆泵泵速、2#泥浆泵泵速和泥浆回流百分比，另外还有1个钻压回零按钮、4个压力变送器用于把液压信号转换为电信号后送给采集器。

整个司钻仪表显示台采用防爆设计，框架采用不锈钢板焊接而成，表面抛光。

### （三）采集器单元

主要由电源单元、前端处理板、数据采集板、通信板和安全栅等组成。

各路传感器单元信号送往采集器单元，通过前端处理板进行放大、滤波、整形处理，由数据采集板进行采集、处理运算，再通过通信板送往司钻显示台进行显示，同时送往队长办公室电脑进行记录。整个单元集中在一个不锈钢箱体内，采用防爆设计，安装在钻台司钻偏房内。

### （四）系统可供选择的其他配置

根据用户的特殊需要，该系统还可配置泥浆温度传感器、泥浆密度传感器、泥浆液面传感器及对应的二次仪表。这些传感器信号均可进采集器进行运算及存储，从而计算出泥浆进口流量、泥浆罐总容积等参数。

### （五）系统的可靠性

作为钻井设备，各个单元的使用都要防爆，对传感器要进行密封，同时使用安全防爆栅。对连接电缆接头使用密封防水防爆航空接头。

系统能工作在环境温度变化大、振动强、电磁干扰严重的场合。

在电路设计上，尽量采用集成度高的器件，减少元器件数量。传感器选择集成化产品，电传感器(例如转盘转速传感器、泵冲速传感器等)选择进口产品。

各电路单元采用电磁场屏蔽，以减少外界干扰，信号电缆选用带有屏蔽层电缆，能防水、防腐、阻燃、耐低温。

选用的元器件为适应环境温度的元器件。

软件设计操作方便简单，尽量减少操作内容，系统拆装方便，减少因人为因素出现的故障。

## 二、上海神开钻井多参数仪

### (一) 系统框图

该仪器是由传感器、数据采集接口、工控计算机、钻台监视仪、彩色打印机构成的一个数据采集、测量、显示系统。仪器可监测 17 项参数：如悬重、泵压、钻压、大钩位置、井底上空、泵冲和总泵次、转盘转速、出口流量、转盘扭矩、井深、钻时、大钳扭矩、总烃、钻头用时等。其系统框图如图 4-33 所示。

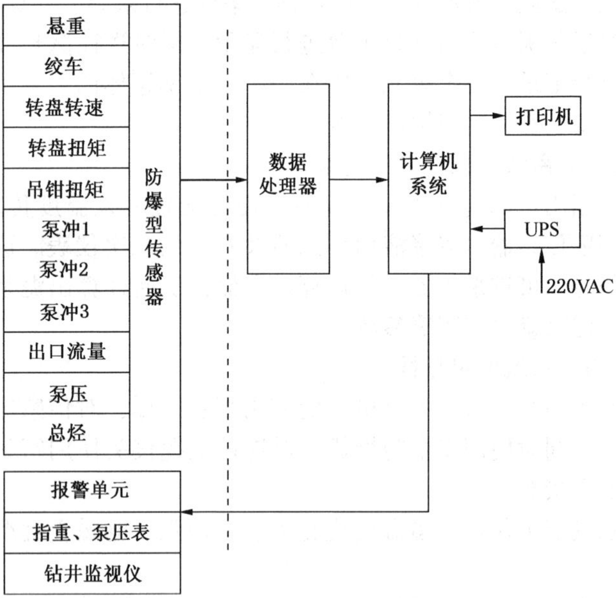


图 4-33　SK-2Z01/2Z11 钻井监视仪系统框图

## （二）SK-2Z01/2Z11 钻井监视仪面板布置图

SK-2Z01/2Z11 钻井监视仪面板布置如图 4-34 所示。

SK-2Z01钻井监视仪面板布置图

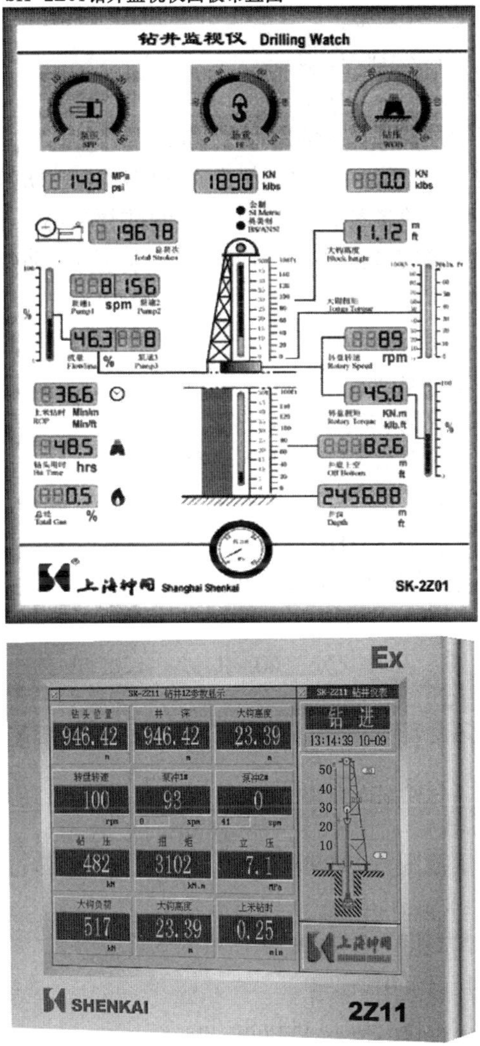


图 4-34 SK-2Z01/2Z11 钻井监视仪面板布置图

### （三）环境技术指标

SK-2Z01：

环境温度：−30～+50℃。

环境湿度：<90%。

输入电压：220VAC$^{+10\%}_{-20\%}$。

输入频率：45～52Hz。

外电源中断后续电时间：≥15min。

防爆条件：SK－2Z01 钻井监视仪增压防爆（正压为 0.2MPa），配套的各类传感器有相应的防爆要求。传感器信号电缆引入首先经安全隔离栅，使安全区与危险区防爆隔离。

SK-2Z11：

环境温度：−40～+60℃。

环境湿度：<90%。

钻台监视仪防护等级：IP67。

钻台监视仪防爆类型：限呼吸型。

输入电压：220VAC$^{+30\%}_{-30\%}$。

输入频率：35～65Hz。

### （四）传感器的配置（基本型）

1. 泵冲、转盘转速单元

测量范围：30 冲/分、60 冲/分、120 冲/分、240 冲/分、480 冲/分、1920 冲/分可选。

测量精度：1%。

输出信号：4%～20%mA。

2. 深度单元

井深测量范围：0～9999.99m。

精度：±1%（单根）。

显示大钩高度：0～50m。

显示步长：0.01m。

钻时测量范围：0.1～600min/m。

图 4-35 为泵冲传感器，图 4-36 为绞车井深传感器。

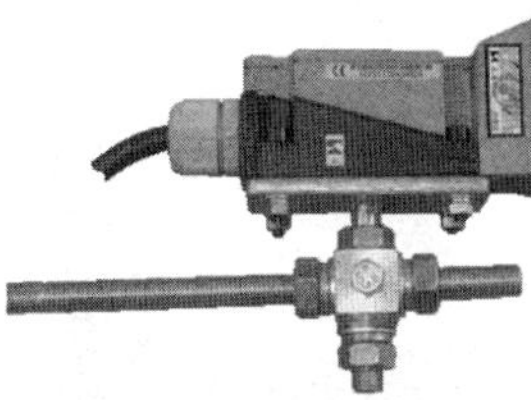

图 4-35　泵冲传感器

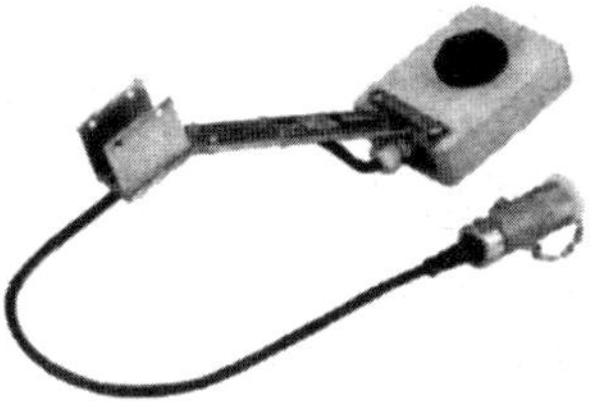

图 4-36　绞车井深传感器

3. 大钩悬重单元

测量范围：0~2000kN 或 0~4000kN。

精度：±2%。

图 4-37 为通用压力传感器单元。

图 4-37　通用压力传感器单元

4. 泥浆出口流量单元

测量范围：0~100%(相对流量)。

精度：5%。

输出信号：4~20mA。

图 4-38 为泥浆出口流量传感器。

5. 转盘扭矩单元

测量范围：0~50kN·m(0~1.6MPa 压力传感器)。

精度：±2%(F.S)。

输出信号：4~20mA。

6. 吊钳扭矩单元或液压扭矩单元

测量范围：0~100kN(以尾绳拉力表示)或 0~30MPa。

精度：2.5%。

图 4-38　泥浆出口流量传感器

输出信号：4~20mA。

7. 立压单元(配减压缓冲器 1：5)

测量范围：0~30MPa。

精度：±2%(F. S)。

温漂：1%F. S。

输出信号：4~20mA。

8. 总烃：

测量范围：0~5%(甲烷)。

输出信号：4~20mA。

图 4-39 为总烃传感器。

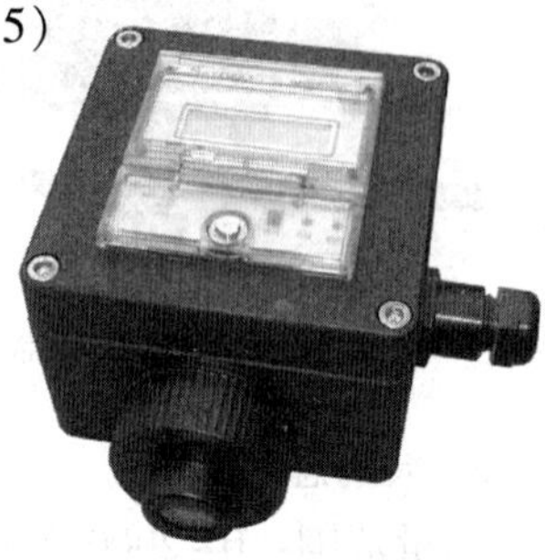

图 4-39　总烃传感器

**(五) 计算机硬件配置**

1. 计算机

CPU：PIII800，内存：64MB，显示器：17in 彩显，硬盘：20G，显卡：AGP/16M 显存，光驱：40 速。

2. 外设

实时打印机：EPSONMJ1520K 彩色喷墨打印机。

网卡：100M。

多串口卡：C104P。

声卡：CREATIVE。

音箱：有源音箱一对。

UPS 电源：1 台 1kV · A。

**(六) 软件系统**

1. 操作系统

中文 Windows98/NT 版，智能化钻井工程参数仪软件，数据采集系统为 SK-DLS2000 版本，SK-2Z11 钻台触摸屏安装 MS-DOS操作系统。

2. 主要功能

具有自动实时数据采集、处理、输出、保存、声光报警等多种功能；具有实时监测、远距离传输通信、显示功能；提供钻井动画、曲线监测和回放、仪表仿真等多个监测画面，实现中英文、中俄文自由切换，以及公制/英制单位切换。

3. 资料输出方式

打印：可以按时间间隔打印工程参数报表或曲线图。

显示：能显示参数数据及动画，可以通过字母、数字及图形曲线等方式显示。钻井工程参数监视仪可通过计算机控制大屏幕液晶显示和光柱趋势显示。视觉效果良好。

资料：可以打印钻井液的班报和钻井工程的班报。

4. 操作使用

该软件操作便捷、简单。它是由程序图标菜单来控制和选择，其程序图标功能模块由钻井动画、钻井主参数、网络设置、系统初始化、采集卡测试、传感器标定、起下钻、系统报警、钻具管理、钻井曲线、气测解释、色谱谱图远程显示等众多模块组成，用鼠标点取图标菜单即可调用这些功能模块进行操作。

**（七）特点**

模块化的系统设计；智能化的控制；较强的灵活性；高亮度的 LCD 显示和背景光，可适用于白天和晚上；获得国家级防爆认证证书；基于 Windows98 操作系统的软件，操作直观、简单、灵活，画面美观、大方；如遇到异常情况，提供声光警报；能长时间无故障使用；可智能化地提供事故报警和参数最佳选择；可建立每口井的井史，并加以回放对比；可显示字母、数字和图形方式(柱形图和直方图)。

## 三、Petron 钻井仪表 IDS2000

### （一）简介

IDS2000 钻井仪表监测系统能提供钻井参数与泥浆参数的综合信息，在钻井行业中有不少应用。该钻井仪表可以把钻井作业的相关参数显示到 IDS2000 的背光式 LCD 面板上，方便司钻实时、全面地把握当前钻井状态数据。IDS2000 可以监测、跟踪并记录钻井过程的各种参数，如转盘转速、顶驱转速、井深、钻压、悬重、转盘扭矩、顶驱扭矩、机械钻速、泥浆池液位、泵冲、泥浆泵排量、泥浆出/入口流量、泥浆温度、泥浆密度、可燃气体浓度等。图 4-40 为 Petron IDS2000DFM 钻井仪表。

图 4-40　Petron IDS2000DFM

IDS2000 钻井仪表具有以下特点：

(1) IDS2000 的 LCD 显示单元可以同时显示钻井参数与泥浆参数，并可以设置报警。

(2) 支持多达 8 个含计量罐在内的泥浆池液位监控。

(3) 坚固的不锈钢外壳与不锈钢表面的键盘。

(4) 泥浆可燃气体监测的可选显示。

(5) 本地显示与远程显示。

Petron IDS2000 的结构示意图如图 4-41 所示。

1. 井深传感器

精确度：1/10000。

类型：接近开关。

环境温度：-26～+71℃。

2. 悬重传感器

量程：0～1000psi 或 0～2000psi。

精度：±0.25%。

环境温度：-40～104℃。

图 4-42 为井深与悬重传感器。

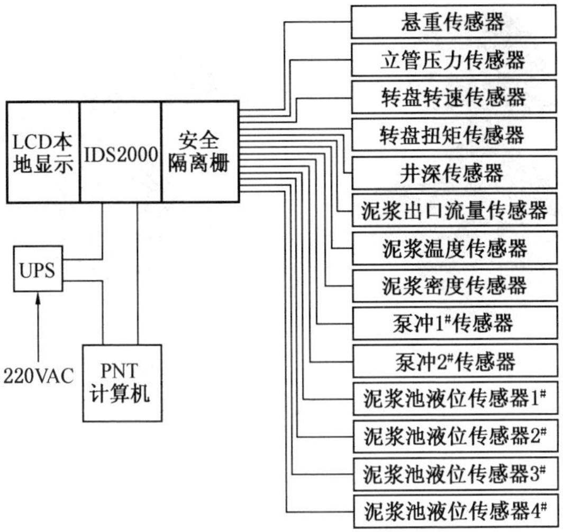


图 4-41　Petron IDS2000 结构示意图

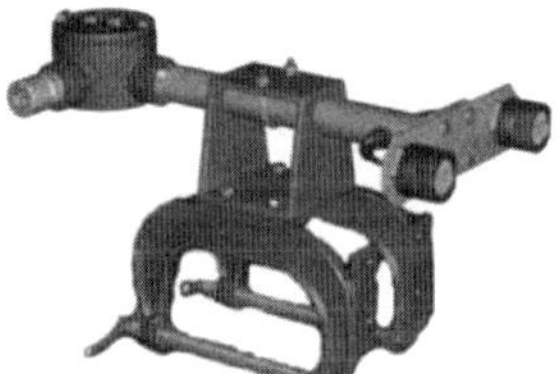

(a) 井深传感器

(b) 悬重传感器

图 4-42　井深与悬重传感器

3. 立管压力传感器

量程：0~5000psi 或 0~10000psi。

精度：±0. 25%。

环境温度：-40~+104℃。

4. 转盘转速/泵冲传感器

量程：0~300r/min。

环境温度：-26~+71℃。

图 4-43 为立压与泵冲传感器。

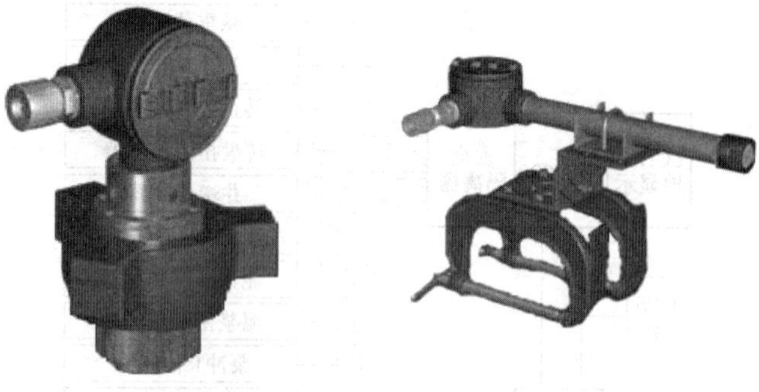

(a) 立压传感器　(b) 泵冲传感器

图 4-43　立压与泵冲传感器

5. 转盘电扭矩传感器

量程：0~1000A。

精度：±2%。

环境温度：−40~+126℃。

6. 泥浆出口流量传感器

量程：0~100%。

精度：±1%。

环境温度：−40~+126℃。

图 4-44 为转盘电扭矩与泥浆出口流量传感器。

7. 泥浆密度传感器

量程：0. 8~3. 0g/cm$^3$。

精度：±0. 1g/cm$^3$。

环境温度：−40~+126℃。

8. 泥浆液位传感器

量程：0~6ft(0~1. 8m)，可达 30ft(9. 1m)。

9. 泥浆温度传感器

量程：−45~+149℃。

精度：±0. 2%。

环境温度：−46~+150℃。

图 4-45 为泥浆液位、泥浆密度与泥浆温度传感器。

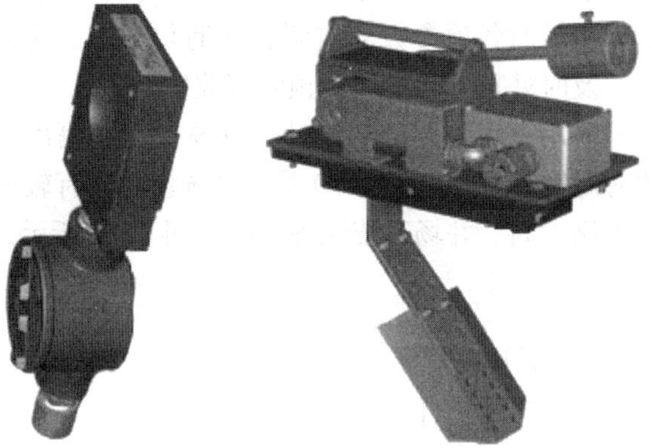

(a) 转盘电扭矩传感器　　(b) 泥浆出口流量传感器

图 4-44　转盘电扭矩与泥浆出口流量传感器

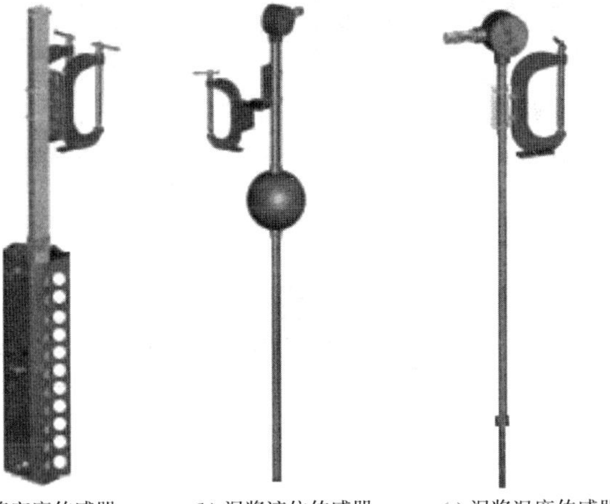

(a) 泥浆密度传感器　　(b) 泥浆液位传感器　　(c) 泥浆温度传感器

图 4-45　泥浆液位、泥浆密度与泥浆温度传感器

## 四、VDX 钻井参数仪

VDX 钻井参数仪由中原油田钻井工程技术研究院生产，是一种能对钻井井场各种数据进行采集、显示、分析和存储的新

一代钻井参数监测仪表。系统集成了计算机、信息、网络和电子技术，满足对各项参数的监测、查询与分析，能实时掌握钻井状况，及时处理异常情况，预防事故发生。

系统采用正压防爆结构设计，以及安全栅隔离，满足钻井现场的防爆需求。独立的 DAQ 采集系统使之具有较好的环境适应性，可靠性高。井场系统原理简图如图 4-46 所示，仪器测量主要指标见表 4-8。

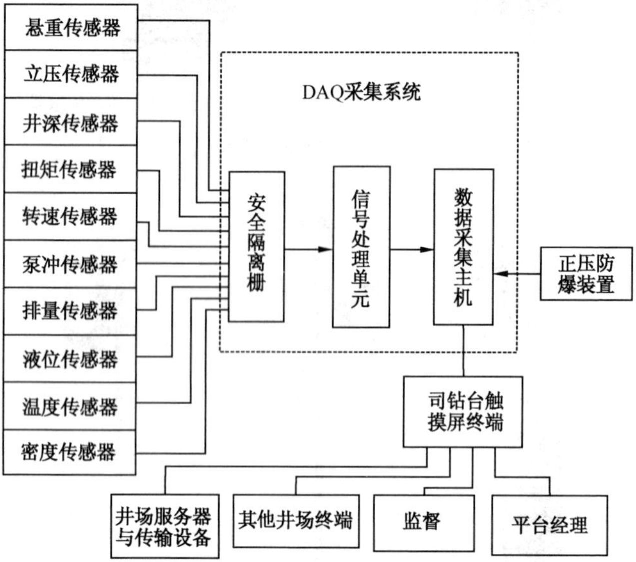


图 4-46　VDX 结构原理示意图

**表 4-8　测量范围及测量精度**

| 序号 | 参数 | 测量范围 | 测量精度 |
|---|---|---|---|
| 1 | 大钩负荷/kN | 0~10080 | ±1.5% |
| 2 | 井深/m | 0~9999.99 | ±1.0% |
| 3 | 转盘转速/(r/min) | 6~300 | ±1r/min |

续表

| 序号 | 参数 | 测量范围 | 测量精度 |
| --- | --- | --- | --- |
| 4 | 转盘扭矩 | 0~50kN·m(机械钻机)<br>0~1000A(电动钻机) | ±2.5%<br>±1.5% |
| 5 | 泵速 | 6~300冲/分 | ±1冲/分 |
| 6 | 立管压力/MPa | 0~70 | ±1.5% |
| 7 | 套管压力/MPa | 0~105 | ±1.5% |
| 8 | 钻井液体积/$m^3$ | 0~900 | ±1.5% |
| 9 | 出口排量 | 0~100% | ±2.5% |
| 10 | 顶驱扭矩/kN·m | 0~100 | ±1.5% |
| 11 | 顶驱转速/(r/min) | 0~300 | ±1.5% |
| 12 | 吊钳扭矩/kN·m | 0~160 | ±1.5% |

VDX钻井参数仪表系统井场使用局域网连接技术，可设置多台远程终端与钻台显示器之间进行数据传输，并采用井场信息传输国际规范(WITS)，符合国际市场的要求。根据用户的需求，系统可增加无线网络传输功能，通过无线网桥或GPRS终端实现远程的实时数据传输，便于进行钻井生产的网络化管理。

1. 司钻台触摸屏终端

15″触摸屏式液晶显示器，如图4-47所示显示亮度1750cd/$m^2$；工作环境温度-20~+60℃；可触摸操作；采用IP65防水标准。

2. 数据采集主机

工作温度：-20~+70℃。

湿度：10%~95%。

输入电压：180~264VAC，频率47~63Hz。

平均无故障时间：50000h。

图4-48为数据采集主机。

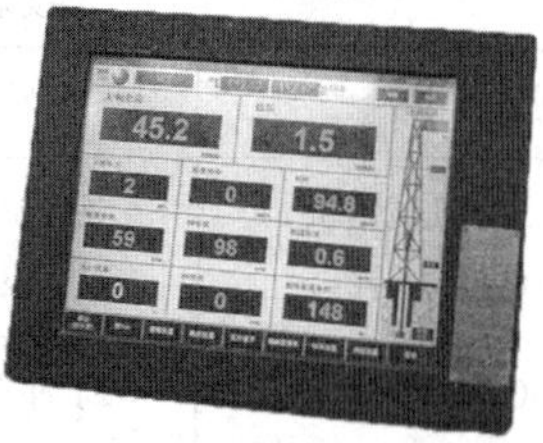


图 4-47　司钻台触摸屏终端

图 4-48　数据采集主机

3. 悬重传感器

量程：0~4080kN。

精度：±1.5%。

图 4-49 为悬重传感器。

图 4-49　悬重传感器

4. 立压传感器

量程：0~40MPa。

精度：±1.5%。

图 4-50 为立压传感器。

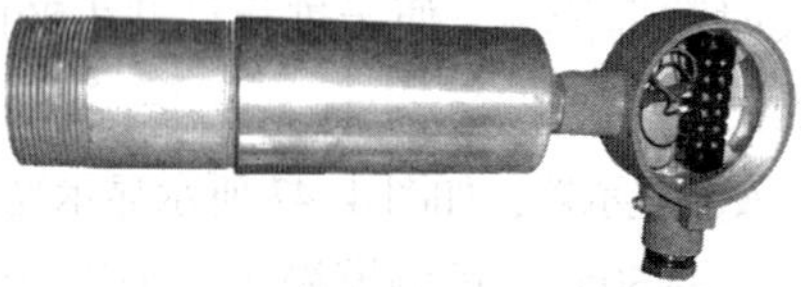

图 4-50　立压传感器

5. 转盘电扭矩传感器

量程：0~1000A。

精度：±1.5%。

6. 转速/泵冲传感器

量程：0~25000ft · lb。

精度：±1%。

图 4-51 为转盘电扭矩与转速/泵冲传感器。

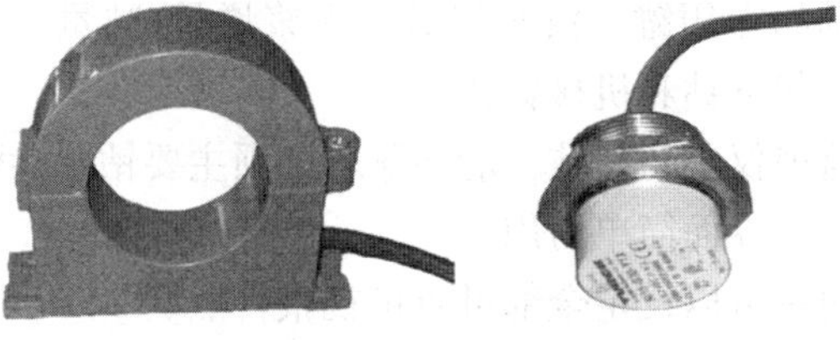

(a) 转盘电扭矩传感器　　(b) 转速/泵冲传感器

图 4-51　转盘电扭矩与转速/泵冲传感器

7. 井深传感器

量程：0~9999.9m。

精度：±1%。

图 4-52 为绞车井深传感器。

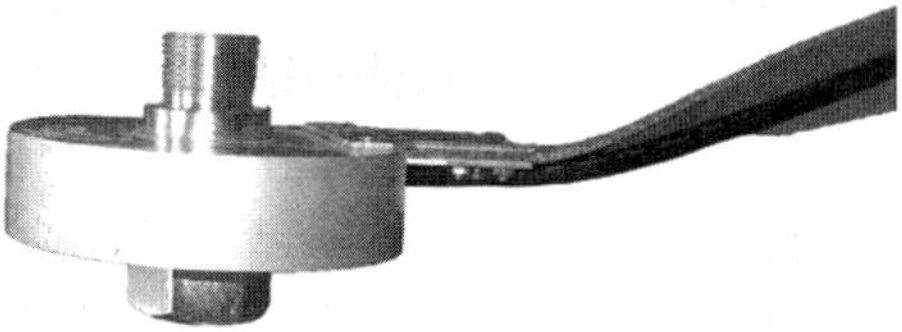

图 4-52　绞车井深传感器

8. 泥浆液位传感器

量程：0~9999.9m。

精度：±1%。

图 4-53 为浮球式泥浆液位传感器。

图 4-53　浮球式泥浆液位传感器

## 五、马丁/戴克-托特克智能化钻井监视仪

马丁/戴克-托特克智能化钻井监视仪能够在钻井、起下钻及其他重要钻机活动期间提供精确的钻井和流体参数。其使用了容易识别的大型液晶显示器，钻井机监视仪可以提供钻机和

循环系统数据并可以报警。利用集成键盘，可以在钻井期间或钻机操作期间很容易地设定或修改报警点、报警确认和显示作业参数，例如在用罐、滑车绳数、泥浆增量/减量、顶驱/转盘齿轮选择、起下钻和机械钻速等。

钻井监视仪小巧精致，能够显示各项主要钻井参数：

(1) 操作界面简单易用。

(2) 司钻可以设定全部可听可视报警点。

(3) 带背光的大型液晶显示适用于所有的光线条件。

(4) 显示器获得了危险区使用的 EEXiaIIBT4 认证。

1. 马丁仪表 Drill Watch 液晶显示单元

Drill Watch 系统能提供钻进、起下钻和其他钻井过程中的钻井和钻井液参数信息，液晶显示器通过钻台上的显示装置提供重要的钻进和循环系统值，以及相关的报警点设置(图 4-54)。系统能够监控大钩负荷和钻压、立管压力、转盘转速和扭矩、井深、总泥浆体积、损失/补偿、三个泵各自的泵冲和总的泵冲，以及泥浆回流量等众多参数。由 DAQ 数据采集装置对信号进行处理，通过通信网络把信号传输给显示终端。如果需要，还可以把信息接入个人计算机，以便进行远程显示、存档和打印。

图 4-54　马丁仪表液晶显示单元

2. M/D Totco 系列标准化司钻控制台

M/D Totco 系列标准化司钻控制台(图 4-55)包括单舱、双舱和三舱安排。用户可以选择多种配置，如 NT Tracer、Drill

Watch 和 Mud Watch 等显示系统，以满足客户信息监控和分析的要求。同时，可以选择多种显示表盘，如钻压和大钩重量、转盘转速/扭矩、泵压和泵速等。

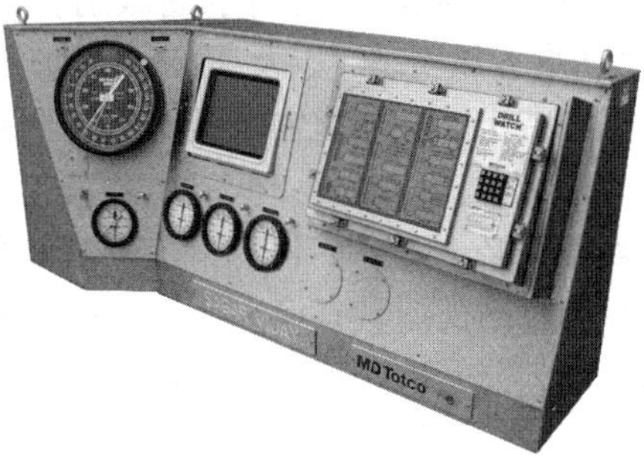


图 4-55　标准化司钻台

（集成了 NT Tracer、Drill Watch 和液压及电表头）

3. NT Tracer(Dolch)触摸屏监控系统

Dolch 触摸屏监控系统采用数字技术取代了传统的模拟技术，能同时有效地满足陆地和海上这两类的钻井要求。从可靠的传感器，到操作员和钻井工人所看到的最上部界面，Dolch 触摸屏监控系统为基本钻井数据采集提供了性价比最高的完整系统(图 4-56)。该系统充分利用了来自 M/D Totco 仪表生产线的经过实践证明的最先进的仪表技术。

图 4-56　NT Tracer 触摸屏

Dolch 触摸屏监控系统具有独立的钻井参数显示页面和整个钻井周期的趋势分析。此外，还包括用户可配置的显示页面，以适合特殊的井下操作。用户能够察看趋势或数字读数，还可以根据操作需要对工艺参数设置多个报警级别。

Class1Div2 防爆等级安装，以及连接到 TPOT 网络；客户定制化(CTO)可实现特定钻井通道需求的最大定制化；便于安置在需要访问钻井信息的任何地方；低成本决策支持解决方案为当前的钻塔活动提供必不可少的信息；提供基础数据分析的带状历史记录；可配置的视图具有最大 8 笔的历史通道配置；EZ View 数字读出器更容易读出信息；对单个钻井通道的数据采集，可进行高位和低位设置的报警管理；支持多种语言，以便于钻井工人更好地理解。

4. Anchor 型指重表系统

精确、可靠地反映大钩负荷和钻压，对司钻有效地控制机械钻速和井眼方向十分必要。液压死绳固定器型指重表是业内一种标准仪表，M/D Totco 公司的指重表建立了质量、精确性、可靠性的标准，所有其他仪器都以此作为评比依据。指重表能准确地获取死绳端传感器的拉力，通过它指示出大钩负荷和钻压(图 4-57)。

M/D Totco 公司各种型号的指重表使用拉力型或压力型传压包，能与所有行业标准的死绳固定器配合使用。指示表系统可被用于轻便式盒状安装仪表系统，也可用于面板式安装仪表系统而作为司钻控制台的一部分。

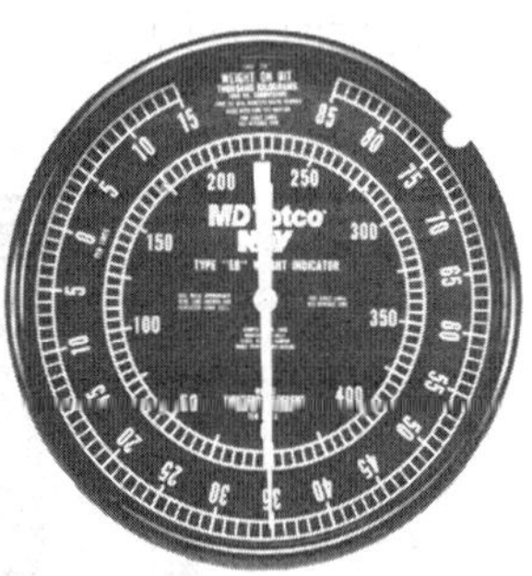


图 4-57　M/D Totco 指重表系统

具有如下特点：独特的、无摩擦的膜片式液压负载传感器，分为压力型和拉力型两种，能承受恶劣的钻井和环境条件；能够适用于国内外各种标准的死绳固定器，包括 JZG 系列、Hercules 系列和 National 系列等；附带高压软管组件和装卸配件；针型阻尼器能消除硬岩层中钻进或者振动作业过程中的液压振动负荷及剧烈的指针摆动；能够灵敏地指示钻压的 4∶1 微调装置；根据客户的选择，提供 12in 和 16in 指重表头。

5. Hydro-Mech 机械式转盘扭矩指示系统(FA9 系列)

Hydro-Mech 机械式转盘扭矩指示系统具有可靠和灵敏的转盘扭矩指示，适用于使用链传动转盘的所有机械钻机。惰轮装置安装在旋转驱动链下方，一般在链罩的油浴范围内，这样，惰轮装置就能传感驱动链的松紧度，而该松紧度指示的是扭矩的变化(图 4-58)。表盘阻尼器能够最小化硬岩层中钻进和钻柱移动引起的指针的振动；有助于判断井眼状况和扭矩模式，并向司钻提示何时需要更换钻头。通过指示钻具所受的应力，液压机械系统能够提醒司钻发生了下列事故：钻头牙轮卡死、钻头故障、钻头直径磨损或井眼尺寸不合标准，以及地层变化。

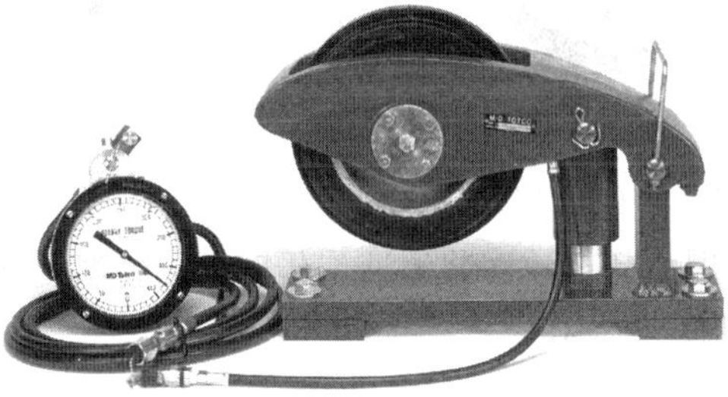

图 4-58　过桥轮式转盘扭矩仪

Hydro-Mech 机械式转盘扭矩指示系统是一个独立的设备组合，具有液体填充表盘，能够长期和无故障提供服务。该装置包括带 2in 软管的惰轮和带 15ft 软管的表盘；这些软管用一个自行密封的接箍连接在一起。可以提供与 4.063～5.500in 单链配套的中间齿轮，以及与 3.125～5.500in 双链配套的中间齿轮。

6. 吊钳扭矩指示系统

H6E 系列吊钳扭矩指示系统（图 4-59）特点：万能钳拉力装置是最大化延长钻柱寿命的必要设备；准确检测为所有钻具接头、钻铤和钻柱组件施加关键的上扣扭矩或进行卸下扣矩的作业；6in 充液指示仪能够直接读出拉力值；目标指针设置了一个与预期扭矩相应的拉力值，考虑了大钳手柄的长度和负载变送器的连接位置；型号和性能适于与所有手动大钳一起使用；安装在箱内或控制台上的固定装备型号包括 25ft 软管组合和便携式装备，在大钳手柄上直接配有 5ft 软管指示仪和液压缸；高达 25000lb 拉力，可以提供公制当量；部分型号提供组合刻度盘。

图 4-59　吊钳扭矩系统

7. 超声波液位传感器

本安防爆型超声波泥浆池液位传感器内置温度补偿功能。

测量范围：1～30ft。

声波夹角：10°。

电源：19～30VDC。

输出：4～20mA。

分辨率：0.125in（3.175mm）

温度：-40～+70℃。

外壳等级：4X 型，NEMA4X/IP66。

8. 泥浆池液位电子探头装置

坚固的不锈钢结构；耐化学药品的环氧浮标能提供 4 种标准长度：

（1）8ft（2.44m）。

（2）10ft（3.05m）。

（3）15ft（4.57m）。

（4）20ft（6.10m）。

能提供的用户自定义长度达25ft（7.64m）。

电源：5VDC。

图4-60为液位传感器。

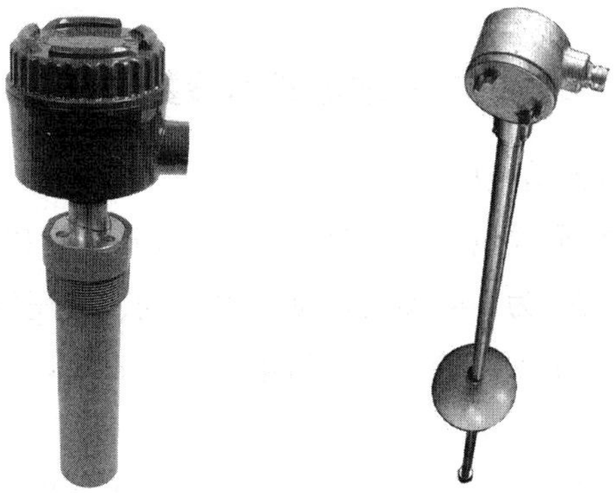

(a) 超声波液位传感器　(b) 液位电子探头装置

图4-60　液位传感器

9. 电子流量传感器

可用于以下4种直径的管道：

（1）8～10in。

（2）10～12in。

（3）12～14in。

（4）16～18in。

额定流量压力：150psi。

10. 接近开关传感器

工作电压：14～30VDC。

输出信号：4～20mA。

# 第五章 钻井设备

## 第一节 钻机技术规范

### 一、石油钻机的基本形式和参数

**（一）石油钻机形式**

石油钻机形式包括：驱动形式、传动形式、移运方式。

驱动形式分为：柴油机驱动、电驱动、液压驱动、复合驱动。其中，电驱动又分为：交流电驱动、直流电驱动、交流变频电驱动。

传动形式分为：链条传动、V 带传动、齿轮传动、液力传动。

移运方式分为：块装式、自行式、拖挂式。

**（二）石油钻机基本参数**

石油钻机按名义钻深范围上限和最大钩载不同共分为九个级别，各级别钻机的基本参数应符合表 5-1 的规定。

### 二、石油钻机主要技术参数

块装石油钻机主要技术参数见表 5-2、表 5-4，车装石油钻机主要技术参数见表 5-3。

表 5-1 石油钻机基本形式和基本参数

| 钻机级别 | | ZJ10/600 | ZJ15/900 | ZJ20/1350 | ZJ30/1800 | ZJ40/2250 | ZJ50/3150 | ZJ70/4500 | ZJ80/5850② | ZJ90/6750 | ZJ120/9000 | ZJ150/11250 |
|---|---|---|---|---|---|---|---|---|---|---|---|---|
| 最大钩载/kN | | ZJ10/600 | ZJ15/900 | ZJ20/1350 | ZJ30/1800 | ZJ40/2250 | ZJ50/3150 | ZJ70/4500 | ZJ80/5850② | ZJ90/6750 | ZJ120/9000 | ZJ150/11250 |
| 名义钻深范围①/m | 114mm钻杆 | 500~1000 | 800~1500 | 1200~2000 | 1600~3000 | 2500~4000 | 3500~5000 | 4500~7000 | 5000~8000 | 6000~9000 | 7500~12000 | 10000~15000 |
| | 127mm钻杆 | 500~800 | 700~1400 | 1100~1800 | 1500~2500 | 2000~3200 | 2800~4500 | 4000~6000 | 4500~7000 | 5000~8000 | 7000~10000 | 8500~12500 |
| 绞车额定功率③ | kW | 110~200 | 260~335 | 335~510 | 410~710 | 746~1120 | 1100~1492 | 1492~2240 | 1600~2610 | 2200~2985 | 2985~4475 | 4475~5965 |
| | hp | 150~270 | 350~450 | 450~680 | 550~950 | 1000~1500 | 1475~2000 | 2000~3000 | 2150~3500 | 2950~4000 | 4000~6000 | 6000~8000 |
| 游动系统绳数 | 钻井绳数 | 6 | 8 | 8 | 8 | 8 | 10 | 10 | 12 | 14 | 14 | 16 |
| | 最多绳数 | 6 | 8 | 8 | 10 | 10 | 12 | 12 | 14 | 16 | 16 | 18 |

续表

| 钻机级别 | | ZJ10/600 | ZJ15/900 | ZJ20/1350 | ZJ30/1800 | ZJ40/2250 | ZJ50/3150 | ZJ70/4500 | ZJ80/5850② | ZJ90/6750 | ZJ120/9000 | ZJ150/11250 |
|---|---|---|---|---|---|---|---|---|---|---|---|---|
| 最大钩载/kN | | ZJ10/600 | ZJ15/900 | ZJ20/1350 | ZJ30/1800 | ZJ40/2250 | ZJ50/3150 | ZJ70/4500 | ZJ80/5850② | ZJ90/6750 | ZJ120/9000 | ZJ150/11250 |
| 钻井钢丝绳公称直径④ | mm | 19，22 | 22，26 | 26，29 | 29，32 | | 32，35 | 35，38 | 38，42 | 42，45 | 48，52 | |
| | in | 3/4，7/8 | 7/8，1 | 1，$1\frac{1}{8}$ | $1\frac{1}{8}$，$1\frac{1}{4}$ | | $1\frac{1}{4}$，$1\frac{3}{8}$ | $1\frac{3}{8}$，$1\frac{1}{2}$ | $1\frac{1}{2}$，$1\frac{5}{8}$ | $1\frac{5}{8}$，$1\frac{3}{4}$ | $1\frac{7}{8}$，2 | |
| 最小钻井泵单台额定输入功率 | kW | 373 | 597 | | 746 | | 969 | 1193 | | | 1641 | |
| | hp | 500 | 800 | | 1000 | | 1300 | 1600 | | | 2200 | |
| 转盘通孔直径 | mm | 381，444.5 | | 444.5，520.7，698.5 | | | 698.5，952.5 | | 952.5，1257.3，1536.7 | | | 1257.3，1536.7 |
| | in | 15，$17\frac{1}{2}$ | | $17\frac{1}{2}$，$20\frac{1}{2}$，$27\frac{1}{2}$ | | | $27\frac{1}{2}$，$37\frac{1}{2}$ | | $37\frac{1}{2}$，$49\frac{1}{2}$，$60\frac{1}{2}$ | | | $49\frac{1}{2}$，$60\frac{1}{2}$ |
| 钻台面高度 | m | 3，4 | 4，5 | | 5，6，7.5 | | 7.5，9，10.5 | | 10.5，12 | | | 12，16 |

注：① 114mm 钻杆组成的钻柱的名义平均质量为 30kg/m，127mm 钻杆组成的钻柱的名义平均质量为 36kg/m。以 114mm 钻杆组成的钻柱标定的名义钻深范围上限作为钻机型号的表示依据。

② ZJ80/5850 级别为非优先选用级别。

③ 1kW = 1.341hp。

④ 选用英制直径时，与钢丝绳相关设备应符合英制钢丝绳要求。

表 5-2 块装石油钻机主要技术参数

| 钻机型号 | ZJ120/9000DB1 | ZJ90/6750DB1 |
|---|---|---|
| 生产厂家 | 宝鸡石油机械有限责任公司 | 宝鸡石油机械有限责任公司 |
| 1. 名义钻深范围/m(ft)<br>[Φ127mm(5in)钻杆] | 9000~12000(29530~39370) | 6500~9000(21325~29530) |
| 最大钩载/kN(lbs) | 9000(2023281) | 6750(1517400) |
| 2. 绞车额定功率/kW(hp) | 4400(6000) | 2640(3600) |
| 绞车挡数 | 1 挡 交流变频驱动 无级调速 | 2 正 2 倒 交流变频驱动 无级调速 |
| 主刹车 | 液压盘式刹车 | 液压盘式刹车 |
| 辅助刹车 | 能耗制动 | 能耗制动 |
| 3. 提升系统最大绳系 | 7×8 | 7×8 |
| 钻井钢丝绳直径/mm(in) | 48($1\frac{7}{8}$) | 45($1\frac{3}{4}$) |
| 提升系统滑轮外径/mm(in) | 1828.8(72) | 1524.0(60) |
| 4. 水龙头中心管通径/mm(in) | 101.6(4) | 101.6(4) |
| 5. 钻井泵型号及台数 | F-2200HL 3 台 | F-1600HL 3 台 |
| 6. 转盘开口名义直径/mm(in) | 1257.3($49\frac{1}{2}$) | 952.5($37\frac{1}{2}$) |
| 转盘挡数 | Ⅰ挡 交流变频电机单独驱动 无级调速 | Ⅰ挡 交流变频电机单独驱动 无级调速 |

续表

| 钻机型号 | ZJ120/9000DB1 | ZJ90/6750DB1 |
| --- | --- | --- |
| 生产厂家 | 宝鸡石油机械有限责任公司 | 宝鸡石油机械有限责任公司 |
| 7. 井架形式及有效高支/m(ft) | 前开口型　52(170.6) | 前开口型　48(157.5) |
| 二层台高度/m(ft) | 24.5(80.4)、25.5(83.7)、26.5(86.9) | 24.5(80.4)、25.5(83.7)、26.5(86.9) |
| 8. 底座形式 | 旋升式 | 旋升式 |
| 钻台高度/m(ft) | 12(39.4) | 12(39.4) |
| 钻台面积/m(ft) | 13.8×13(45.3×42.6) | 13.8×11.9(45.3×39) |
| 转盘梁底面高度(净空高)/m(ft) | 10(32.8) | 10(32.8) |
| 9. 动力传动方式 | 全数字控制 | 全数字控制 |
| 绞车、转盘、钻井泵 | AC-DC-AC | AC-DC-AC |
| 10. 柴油发电机组 | CAT3512B | CAT3512B |
| 柴油机台数×主功率/kW(hp) | 5×1310(1757) | 5×1310(1757) |
| 柴油机转速/(r/min) | 1500 | 1500 |
| 发电机型号 | SR4 | SR4 |
| 发电机参数 | 1900kV · A，600V，50Hz | 1900kV · A，600V，50Hz |
| 功率因数 | 0.7 无刷励磁 | 0.7 无刷励磁 |
| 11. 电动机 | | |

续表

| 钻机型号 | ZJ120/9000DB1 | ZJ90/6750DB1 |
|---|---|---|
| 生产厂家 | 宝鸡石油机械有限责任公司 | 宝鸡石油机械有限责任公司 |
| 交流变频电机台数×额定功率(绞车)/kW(hp) | 4×1100(1496) | 2×1320(1796) |
| 交流变频电机台数×额定功率(转盘)/kW(hp) | 1×800(1073) | 1×800(1073) |
| 交流变频电机台数×额定功率(钻井泵)/kW(hp) | 6×900(1224) | 6×700(952) |
| 12. 电传动系统 | | |
| 交流变频控制单元 | 一对一控制 5+2 套 | 9 套 |
| 变频控制单元输入电压 | 600VAC | 600VAC |
| 变频控制单元输出电压、频率 | 0~600V 0~150Hz | 0~600V 0~150Hz |
| 13. 自动送钻系统变频电动机 | 400V 2×37kW(连续) | 400V 2×37kW(连续) |
| 变频控制单元输出电压、频率 | 0~400V 0~100Hz | 0~400V 0~100Hz |
| 送钻最低速度 | 0. 34m/h(1. 11ft/h) | 0. 1m/h(0. 33ft/h) |
| 14. MCC 系统 | 600V/400V(三相)/230V(单相) 50Hz | 600V/400V(三相)/230V(单相) 50Hz |
| 15. 高压液管汇/mm×MPa(in×psi) | $\Phi$102×70(4×10153) | $\Phi$102×70(4×10153) |
| 固井管汇/mm×MPa(in×psi) | $\Phi$70×70(2¾×10153) | $\Phi$70×70(2¾×10153) |

续表

| 钻机型号 | ZJ120/9000DB1 | ZJ90/6750DB1 |
|---|---|---|
| 生产厂家 | 宝鸡石油机械有限责任公司 | 宝鸡石油机械有限责任公司 |
| 立管/mm×MPa(in×psi) | $\phi$102×70(4×10153)，双立管 | $\phi$102×70(4×10153)，双立管 |
| 16. 气源压力/MPa(psi) | 0.7~0.9(101.5~130.5) | 0.7~0.9(101.5~130.5) |
| 储气罐容积/$m^3$(gal) | (2×2+2.5) (2×528+660)US(带止回阀等附件) | (2×2+2.5) (2×528+660)US(带止回阀等附件) |
| 17. 适应环境 | | |
| 温度/℃ | -35~+50 | -35~+50 |
| 湿度/% | ≤85(+20℃) | ≤85(+20℃) |
| 风速/(km/h) | <110 | <110 |
| 18. 泥浆罐有效容积(不含储备罐)/$m^3$ | ≥690 | ≥480 |

| 钻机型号 | | ZJ70D | ZJ70/4500D | ZJ70/4500DS | ZJ70/4500LD | ZJ70/4500L |
|---|---|---|---|---|---|---|
| 生产厂家 | | 兰石厂 | 宝鸡石油机械厂 | 宝鸡石油机械厂 | 宝鸡石油机械厂 | 宝鸡石油机械厂 |
| 名义钻深/m | 127mm 钻杆 | 6000 | 6000 | 6000 | 6000 | 6000 |
| | 114mm 钻杆 | 7000 | 7000 | 7000 | 7000 | 7000 |
| 最大钩载/kN | | 4500 | 4500 | 4500 | 4500 | 4500 |
| 绞车额定功率 | kW | 1470 | 1470 | 1470 | 1470 | 1470 |
| | hp | 2000 | 2000 | 2000 | 2000 | 2000 |

续表

| 钻机型号 | | | ZJ70D | ZJ70/4500D | ZJ70/4500DS | ZJ70/4500LD | ZJ70/4500L |
| --- | --- | --- | --- | --- | --- | --- | --- |
| 生产厂家 | | | 兰石厂 | 宝鸡石油机械厂 | 宝鸡石油机械厂 | 宝鸡石油机械厂 | 宝鸡石油机械厂 |
| 绞车挡数 | | | 4 挡直流电机驱动 | 4 挡无级调速 | 4 | 4 正 2 倒 | 4 正 2 倒 |
| 提升系统最大绳数 | | | 12(6×7) | 12(6×7) | 12(6×7) | 12(6×7) | 12(6×7) |
| 钻井钢丝绳直径 | | mm | 38 | 38 | 38 | 38 | 38 |
| | | in | 1½ | 1½ | 1½ | 1½ | 1½ |
| 水龙头中心管通径/mm | | | 75 | 75 | 75 | 75 | 75 |
| 泥浆泵台数×功率 | | kW | 2×1180 | 2×1180 | 2×956 | 2×1180 | 2×1180 |
| | | hp | 2×1600 | 2×1600 | 2×1300 | 2×1600 | 2×1600 |
| 转盘 | 开口直径 | mm | 952.2 | 952.2 | 952.2 | 952.2 | 952.2 |
| | | in | 37½ | 37½ | 37½ | 37½ | 37½ |
| | 挡数 | | 2 | 2 | 2 | AC-SCR-DC | 4 正 2 倒 |
| | 驱动功率 | kW | | | | | |
| | | hp | | | | | |
| 井架形式 | | | "Π"形 | 前开口 | 前开口 | 前开口 | 前开口 |
| 井架有效高度/m | | | 45 | 45 | 45 | 45 | 45 |
| 钻台高度/m | | | 9 | 9 | 9 | 9 | 7.5 |

续表

| 钻机型号 | ZJ70D | ZJ70/4500D | ZJ70/4500DS | ZJ70/4500LD | | ZJ70/4500L |
|---|---|---|---|---|---|---|
| 生产厂家 | 兰石厂 | 宝鸡石油机械厂 | 宝鸡石油机械厂 | 宝鸡石油机械厂 | | 宝鸡石油机械厂 |
| 动力及电传动方式 | AC-SCR-DC | AC-SCR-DC | AC-SCR-DC | 绞车 | 机械驱动 | 链条传动 |
| | | | | 转盘 | AC-SCR-DC | |
| 主动力机台数×功率/kW | 4×800 | 4×800 | 5×700 | 3×800(发电机1×400kW) | | 4×800 |
| 电动机台数 | 6(直流) | 6(直流) | 6(直流) | 1(直流) | | |
| 泥浆罐有效容积/$m^3$(不含储备罐) | ≥360 | ≥360 | ≥360 | ≥360 | | ≥360 |

| 钻机型号 | | ZJ50/3150D | ZJ50/3150$L_3$ | ZJ40/2250LHB | ZJ40/2250DB |
|---|---|---|---|---|---|
| 生产厂家 | | 宝鸡石油机械厂 | 宝鸡石油机械厂 | 胜利石油机械厂 | 宝鸡石油机械厂 |
| 名义钻深/m | 127mm 钻杆 | 4500 | 4500 | 3200 | 3200 |
| | 114mm 钻杆 | 5000 | 5000 | 4000 | 4000 |
| 最大钩载/kN | | 3150 | 3150 | 2250 | 2250 |
| 绞车额定功率 | kW | 1100 | 1100 | 735 | 735 |
| | hp | 1500 | 1500 | 1000 | 1000 |
| 绞车挡数 | | 4 挡无级调速 | 4 正 2 倒 | 4 正 2 倒 | |

续表

| 钻机型号 | | | ZJ50/3150D | $ZJ50/3150L_3$ | ZJ40/2250LHB | ZJ40/2250DB |
|---|---|---|---|---|---|---|
| 生产厂家 | | | 兰石厂 | 宝鸡石油机械厂 | 宝鸡石油机械厂 | 宝鸡石油机械厂 |
| 提升系统最大绳数 | | | 12(6×7) | 12(6×7) | 10(5×6) | 10(5×6) |
| 钻井钢丝绳直径 | | mm | 35 | 35 | 32 | 32 |
| | | in | $1\frac{3}{8}$ | $1\frac{3}{8}$ | $1\frac{1}{4}$ | $1\frac{1}{4}$ |
| 水龙头中心管通径/mm | | | 75 | 75 | 75 | 75 |
| 泥浆泵台数×功率 | | kW | 2×1180 | 2×956 | 2×956 | 2×956 |
| | | hp | 2×1600 | 2×1300 | 2×1300 | 2×1300 |
| 转盘 | 开口直径 | mm | 952.2 | 952.5 | 700 | 700 |
| | | in | $37\frac{1}{2}$ | $37\frac{1}{2}$ | $27\frac{1}{2}$ | $27\frac{1}{2}$ |
| | 挡数 | | 2挡无级调速 | 4正2倒 | 4正2倒 | |
| | 驱动功率 | kW | | | | |
| | | hp | | | | |
| 井架形式 | | | “K”形 | “K”形 | “K”形 | 前开口 |
| 井架有效高度/m | | | 45 | 45 | 43.5 | 44 |
| 钻台高度/m | | | 9 | 7.5 | 7.5 | 7.5 |
| 动力及电传动方式 | | | AC-SCR-DC | 链条传动 | 链条传动 | 交流变频 |

续表

<table>
<tr><td>钻机型号</td><td colspan="2">ZJ50/3150D</td><td colspan="2">ZJ50/3150$L_3$</td><td colspan="2">ZJ40/2250LHB</td><td colspan="2">ZJ40/2250DB</td></tr>
<tr><td>生产厂家</td><td>兰石厂</td><td colspan="2">宝鸡石油机械厂</td><td colspan="2">宝鸡石油机械厂</td><td colspan="2">宝鸡石油机械厂</td><td>宝鸡石油机械厂</td></tr>
<tr><td>主动力机台数×功率/kW</td><td colspan="2">3×800</td><td colspan="2"></td><td colspan="2">3×810</td><td colspan="2">3×800</td></tr>
<tr><td>电动机台数</td><td colspan="2">6(直流)</td><td colspan="2">—</td><td colspan="2">—</td><td colspan="2">6(交流)</td></tr>
<tr><td>泥浆罐有效容积(不含储备罐)/m³</td><td colspan="2">≥240</td><td colspan="2">≥240</td><td colspan="2">≥180</td><td colspan="2">≥180</td></tr>
</table>

<table>
<tr><td colspan="2">钻机型号</td><td>ZJ40/2250LT</td><td>ZJ30/1700B</td><td>ZJ30/1700</td></tr>
<tr><td colspan="2">生产厂家</td><td>宝鸡石油机械厂</td><td>宝鸡石油机械厂</td><td>宝鸡石油机械厂</td></tr>
<tr><td rowspan="2">名义钻深/m</td><td>127mm 钻杆</td><td>3200</td><td>2500</td><td>2500</td></tr>
<tr><td>114mm 钻杆</td><td>4000</td><td>3000</td><td>3000</td></tr>
<tr><td colspan="2">最大钩载/kN</td><td>2250</td><td>1700</td><td>1700</td></tr>
<tr><td rowspan="2">绞车额定功率</td><td>kW</td><td>735</td><td>515</td><td>485</td></tr>
<tr><td>hp</td><td>1000</td><td>700</td><td>660</td></tr>
<tr><td colspan="2">绞车挡数</td><td></td><td>3 正 1 倒</td><td>5 正 1 倒</td></tr>
<tr><td colspan="2">提升系统最大绳数</td><td>10(5×6)</td><td>10(5×6)</td><td>10(5×6)</td></tr>
<tr><td rowspan="2">钻井钢丝绳直径</td><td>mm</td><td>32</td><td>29</td><td>29</td></tr>
<tr><td>in</td><td>1¼</td><td>1⅛</td><td>1⅛</td></tr>
<tr><td colspan="2">水龙头中心管通径/mm</td><td>75</td><td>75</td><td>75</td></tr>
</table>

续表

| 钻机型号 | | | ZJ40/2250LT | ZJ30/1700B | ZJ30/1700 |
|---|---|---|---|---|---|
| 生产厂家 | | | 宝鸡石油机械厂 | 宝鸡石油机械厂 | 宝鸡石油机械厂 |
| 泥浆泵台数×功率 | | kW | 2×956 | 1×956 | 2×588 |
| | | hp | 2×1300 | 1×1300 | 2×800 |
| 转盘 | 开口直径 | mm | 700 | 445 | 445 |
| | | in | 27½ | 17½ | 17½ |
| | 挡数 | | 4 正 2 倒 | 3 正 1 倒 | 5 正 1 倒 |
| | 驱动功率 | kW | | | |
| | | hp | | | |
| 井架形式 | | | 前开口 | 前开口 | “K”形两节伸缩式 |
| 井架有效高度/m | | | 43 | 41 | 32 |
| 钻台高度/m | | | 6 | 4.3 | 4.5 |
| 动力及电传动方式 | | | 链条传动 | | Allison S6600 |
| 主动力机台数×功率/kW | | | 3×800 | 3×882 | 3×841 |
| 电动机台数 | | | — | | |
| 泥浆罐有效容积（不含储备罐）/$m^3$ | | | ≥180 | ≥165 | ≥165 |

续表

| 钻机型号 | | | ZJ30/1700JD | ZJ30/1700DZ | ZJ20/1350Z | ZJ20/1350DB |
|---|---|---|---|---|---|---|
| 生产厂家 | | | 宝鸡石油机械厂 | 宝鸡石油机械厂 | 宝鸡石油机械厂 | 宝鸡石油机械厂 |
| 名义钻深/m | | 127mm 钻杆 | 2500 | 2500 | 1500 | 1500 |
| | | 114mm 钻杆 | 3000 | 3000 | 2000 | 2000 |
| 最大钩载/kN | | | 1700 | 1700 | 1350 | 1350 |
| 绞车额定功率 | | kW | 380 | 800 | 410 | 400 |
| | | hp | 517 | 1088 | 558 | 544 |
| 绞车挡数 | | | 4 正 1 倒 | 2 挡无级变速 | | 2 挡无级变速 |
| 提升系统最大绳数 | | | 10(5×6) | 10(5×6) | | 8(4×5) |
| 钻井钢丝绳直径 | | mm | 29 | 29 | 29 | 29 |
| | | in | $1\frac{1}{8}$ | $1\frac{1}{8}$ | $1\frac{1}{8}$ | $1\frac{1}{8}$ |
| 水龙头中心管通径/mm | | | 75 | 75 | 57 | 57 |
| 泥浆泵台数×功率 | | kW | 956 | 956 | 2×588 | 956 |
| | | hp | 1300 | 1300 | 2×800 | 1300 |
| 转盘 | 开口直径 | mm | 445 | 445 | 445 | 445 |
| | | in | $17\frac{1}{2}$ | $17\frac{1}{2}$ | $17\frac{1}{2}$ | $17\frac{1}{2}$ |
| | 挡数 | | 4 正 1 倒 | 2 挡无级变速 | | 2 挡无级变速 |
| | 驱动功率 | kW | | | | |
| | | hp | | | | |

续表

| 钻机型号 | ZJ30/1700JD | ZJ30/1700DZ | ZJ20/1350Z | ZJ20/1350DB |
|---|---|---|---|---|
| 生产厂家 | 宝鸡石油机械厂 | 宝鸡石油机械厂 | 宝鸡石油机械厂 | 宝鸡石油机械厂 |
| 井架形式 | “A”形 | “A”形 | JJ136/35-W | “A”形 |
| 井架有效高度/m | 40 | 40 | 31 | 40 |
| 钻台高度/m | 前台 3.8/后台 3.24 | 前台 3.8/后台 3.24 | 4.5 | 前台 3.8/后台 3.24 |
| 动力及电传动方式 | 机械+AC | AC-SCR-DC | 阿里逊传动箱 | 交流变频 |
| 主动力机台数×功率/kW | 绞车、转盘：1×700(或网电) 泥浆泵：2×800 | 2×800(或网电) | CAT3406×2 | 绞车、转盘：1×700(或网电) 泥浆泵：2×800 |
| 电动机台数 | 2(含应急电动机 1 台) | 4 | | 2(含应急电动机 1 台) |
| 泥浆罐有效容积(不含储备罐)$m^3$ | ≥165 | ≥165 | ≥160 | ≥160 |

| 钻机型号 | | ZJ15/900DB-1 |
|---|---|---|
| 生产厂家 | | 宝鸡石油机械厂 |
| 名义钻深/m | 127mm 钻杆 | 1400 |
| | 114mm 钻杆 | 1500 |
| 最大钩载/kN | | 900 |
| 绞车额定功率 | kW | 400 |
| | hp | 544 |
| 绞车挡数 | | 2 挡无级变速 |
| 提升系统最大绳数 | | 8(4×5) |

续表

| | | | |
|---|---|---|---|
| 钻机型号 | | | ZJ15/900DB-1 |
| 生产厂家 | | | 宝鸡石油机械厂 |
| 钻井钢丝绳直径 | | mm | 26 |
| | | in | 1 |
| 水龙头中心管通径/mm | | | |
| 泥浆泵台数×功率 | | kW | 1×735 |
| | | hp | 1×1000 |
| 转盘 | 开口直径 | mm | 445 |
| | | in | 17½ |
| | 挡数 | | 1 挡无级变速 |
| | 驱动功率 | kW | |
| | | hp | |
| 井架形式 | | | 两节伸缩式 |
| 井架有效高度/m | | | 31 |
| 钻台高度/m | | | 4. 5 |
| 动力及电传动方式 | | | AC-SCR-1GPT-AC |
| 主动力机台数×功率/kW | | | 2×800 |
| 电动机台数 | | | 500kW×1　600kW×1 |
| 泥浆罐有效容积(不含储备罐)/$m^3$ | | | ≥80 |

**表 5-3　车装钻机主要技术参数**

| 型号 | ZJ10 | ZJ15 | ZJ20 | ZJ30 |
|---|---|---|---|---|
| 结构形式 | 自走式 | | | |
| 钻井深度/m(114mm 钻杆) | 1000 | 1500 | 2000 | 3000 |
| 修井深度/m(88.9mm 钻杆) | 3200 | 4500 | 5500 | 6500 |
| 最大钩载/kN | 900 | 1125 | 1580 | 1800 |
| 大钩速度/(m/s) | 0.2~1.4 | | | |
| 井架高度/m | 29 | 32 | 35 | 37 |
| 发动机型号 | CAT3406B | CAT3408B DITA | CAT3412B DITA | CAT3408B DITA |
| 发动机功率/kW | 269 | 354 | 485 | 354×2 |
| 液力传动箱型号 | CLBT5961 | CLBT5961 | CLBT6061 | CLBT5961×2 |
| 传动形式 | 液力+机械 | | | |
| 提升系统最大绳数 | 4×3 | 5×4 | 5×4 | 5×4 |
| 主大绳直径/mm | Φ26 | Φ26 | Φ29 | Φ32 |
| 游车大钩型号 | YG90 | YG110 | YG135/YG160 | YG180 |
| 水龙头型号 | SL110 | SL130 | SL135/SL160 | SL160/SL225 |
| 转盘型号 | ZP175 | ZP175 | ZP175 | ZP205 |
| 底盘型号/驱动形式 | XD40/8×6 | XD50/10×8B | XD60/12×8 | XD70/14×8 |
| 接近角/离去角/(°) | 25/16 | 25/16.3 | 30/18 | 30/18 |
| 最小离地间隙/mm | 311 | 311 | 311 | 311 |
| 最大爬坡度/% | 30 | 26 | 26 | 26 |
| 最小转弯半径/m | 14 | 15 | 19.2 | 20.5 |
| 移运时外形尺寸/m | 16.7×2.8×4.3 | 18.8×2.8×4.3 | 20.5×2.85×4.45 | 22.5×2.9×4.45 |
| 主机质量/kg | 42000 | 47000 | 55000 | 60000 |
| 附件质量/kg | 约 15000 | 约 20000 | 约 25000 | 约 30000 |
| 泥浆罐有效容积(不含储备罐)/$m^3$ | ≥80 | ≥80 | ≥160 | ≥165 |

**表 5-4　兰石国民油井电动钻机基本参数**

| 钻机型号 | ZJ40/2250DZ(DB) | ZJ50/3150DZ(DB) | ZJ70/4500(DZ) | ZJ90/5850DZ |
|---|---|---|---|---|
| 名义钻深/m(114mm 钻杆) | 2500~4000 | 3500~5000 | 4500~7000 | 6000~9000 |
| 最大钩载/kN | 2250 | 3150 | 4500 | 5850 |
| 游动系统最大绳数 | 10 | 12 | 12 | 14 |
| 钻井钢丝绳直径/mm | 32(1¼) | 35(1⅜) | 38(1½) | 42(1⅝) |

续表

| 钻机型号 | ZJ40/2250DZ(DB) | ZJ50/3150DZ(DB) | ZJ70/4500(DZ) | ZJ90/5850DZ |
|---|---|---|---|---|
| 游动系统滑轮外径/mm | 1120 | 1270 | 1524 | 1524 |
| 水龙头中心管通径/mm | 75 | 75 | 75 | 75 |
| 绞车额定功率/kW | 735 | 1100 | 1470 | 2210 |
| 绞车挡数 | 4 | 4 | 4 | 4 |
| 转盘开口直径/mm(in) | 520.7(20½) | 698.5(27½) | 952.5(37½) | 1257.3(49½) |
| 转盘挡数 | 2 | 2 | 2 | 2 |
| 泥浆泵单台功率/kW(hp) | 735(1000) | 960(1300) | 1180(1600) | 1470(2000) |
| 井架工作高度/m | 43 | 45 | 45 | 45 |
| 钻台高度/m | 7.5 | 9/10.5 | 9/10.5 | 10.5/12 |
| 钻台净空高度/m | 6.26 | 7.617/8.92 | 7.42/8.92 | 8.7/10 |
| 泥浆罐有效容积(不含储备罐)/$m^3$ | ≥180 | ≥240 | ≥360 | ≥480 |
| 钻机型号 | ZJ30/1700L(J) | ZJ40/2250L(J，JD) | ZJ50/3150L(J，JD) | ZJ70/4500L(LD) |
| 名义钻深/m(114mm 钻杆) | 1600~3000 | 2500~4000 | 3500~5000 | 4500~7000 |
| 最大钩载/kN | 1700 | 2250 | 3150 | 4500 |
| 游动系统最大绳数 | 10 | 10 | 12 | 12 |
| 钻井钢丝绳直径/mm(in) | 32(1¼) | 32(1¼) | 35(1⅜) | 38(1½) |
| 游动系统滑轮外径/mm | 912 | 1120 | 1270 | 1524 |
| 水龙头中心管通径/mm | 64 | 75 | 75 | 75 |
| 绞车额定功率/kW | 550 | 735 | 1100 | 1470 |
| 绞车挡数 | 3 正 1 倒 | 4 正 2 倒 | 6 正 2 倒 | 6 正 2 倒 |
| 转盘开口直径/mm(in) | 520.7(20½) | 698.5(27½) | 952.5(37½) | 952.5(37½) |
| 转盘挡数 | 3 正 1 倒 | 4 正 2 倒 | 6 正 2 倒 | 6 正 2 倒 |
| 传动装置数量 | 2 | 3 | 3 | 4 |
| 泥浆泵单台功率/kW(hp) | 735(1000) | 960(1300) | 1180(1600) | 1180(1600) |
| 井架工作高度/m | 31.5 | 43 | 45 | 45 |
| 钻台高度/m | 4.5 | 6 | 7.5 | 9 |
| 钻台净空高度/m | 3.44 | 4.76 | 6.26 | 7.7 |
| 泥浆罐有效容积(不含储备罐)/$m^3$ | ≥165 | ≥180 | ≥240 | ≥360 |

各型钻机转盘的工作转速见表 5-5，各型钻机大钩提升速度与钩载见表 5-6，ZJ120DB 钻机提升参数(7×8 绳系、6×7 绳系)分别见表 5-7 和表 5-8，ZJ90DB1 钻机提升参数(7×8 绳系、6×7 绳系)分别见表 5-9 和表 5-10。

表 5-5 各型钻机转盘的工作转速

| 钻机型号 | 生产厂家 | 转速/(r/min) | | | | | | | 备注 |
|---|---|---|---|---|---|---|---|---|---|
| | | Ⅰ挡 | Ⅱ挡 | Ⅲ挡 | Ⅳ挡 | Ⅴ挡 | 倒Ⅰ | 倒Ⅱ | |
| ZJ25S | 胜利石油机械厂 | 46.5 | 72 | 136 | 210 | | 24 | 70 | |
| ZJ32J-$S_1$ | 胜利石油机械厂 | 79 | 136 | 207 | — | — | 124 | — | |
| ZJ45J | 兰州石油化工机器厂 | 75 | 139 | 195 | — | — | 107 | — | 中间轴链轮 $Z=31$ |
| | | 56 | 103 | 144 | — | — | 79 | — | 中间轴链轮 $Z=23$ |
| 大庆Ⅱ-130 | 兰州石油化工机器厂 | 69.8 | 117 | 203 | — | — | 90.5 | — | $N_{柴}=1300$r/min 时 |
| ZJ40/2250LHB | 胜利石油机械厂 | 34.77 | 60.1 | 102.2 | 176.6 | — | 62.5 | 183.8 | |
| ZJ50/3150$L_3$ | 宝鸡石油机械厂 | 16~63 | 27~108 | 47~81 | 82~280 | — | 27~106 | 77~260 | $N_{柴}=1300$r/min 时 |
| ZJ50/3150D | 宝鸡石油机械厂 | 0~119 | 119~184 | — | — | — | — | — | |
| ZJ50/3150DBF | 宝鸡石油机械厂 | 0~300 | | | | | 0~300 | | |
| ZJ30/1700DBT | 宝鸡石油机械厂 | 0~300 | | | | | 0~300 | | |
| ZJ90/6750DB1 | 宝鸡石油机械有限责任公司 | Ⅰ挡 交流变频电机单独驱动 无级调速 0~280r/min | | | | | | | |
| ZJ120/9000DB1 | 宝鸡石油机械有限责任公司 | Ⅰ挡 交流变频电机单独驱动 无级调速 0~302r/min | | | | | | | |

**表 5-6　各型钻机大钩提升速度与钩载**

| 钻机型号 | 生产厂家 | 绳数 | Ⅰ挡 | | Ⅱ挡 | | Ⅲ挡 | | Ⅳ挡 | | Ⅴ挡 | | Ⅵ挡 | |
|---|---|---|---|---|---|---|---|---|---|---|---|---|---|---|
| | | | 钩速/(m/s) | 钩载/kN | 钩速/(m/s) | 钩载/kN | 钩速/(m/s) | 钩载/kN | 钩速/(m/s) | 钩载/kN | 钩速/(m/s) | 钩载/kN | 钩速/(m/s) | 钩载/kN |
| ZJ25S | 胜利石油机械厂 | 10(5×6) | 0. 23 | 1550 | 0. 37 | 986 | 0. 67 | 550 | 1. 08 | 338 | — | — | — | — |
| ZJ40/2250LHB | 胜利石油机械厂 | 10(5×6) | — | — | 0. 26 | 1907. 31 | 0. 56 | 889. 7 | — | — | — | — | — | — |
| | | | — | — | 0. 35 | 1510. 65 | 0. 74 | 704. 62 | 1. 28 | 407. 67 | — | — | — | — |
| | | | 0. 23 | 2329. 88 | 0. 39 | 1348. 0 | 0. 84 | 628. 8 | 1. 45 | 363. 85 | — | — | — | — |
| | | | 0. 25 | 2085. 75 | 0. 43 | 1206. 74 | 0. 93 | 562. 87 | 1. 61 | 325. 7 | — | — | — | — |
| | | | 0. 30 | 1674. 43 | 0. 52 | 968. 76 | 1. 12 | 451. 9 | 1. 93 | 261. 47 | — | — | — | — |
| | | | — | — | 0. 61 | 764. 56 | 1. 3 | 356. 64 | — | — | — | — | — | — |
| $ZJ50/3150L_3$ | 宝鸡石油机械厂 | 12(6×7) | 0. 14～0. 28 | 1718～3150 | 0. 54～0. 26 | 892～1757 | 0. 50～1. 00 | 480～945 | 0. 96～1. 93 | 250～491 | — | — | — | — |
| ZJ50/3150D | 宝鸡石油机械厂 | 12(6×7) | 0～0. 33 | 2117～3150 | 0. 33～0. 52 | 1315～2117 | 0. 52～0. 92 | 732～1315 | 0. 92～1. 44 | 472～732 | | | | |

表 5-7　ZJ120DB 钻机提升参数(7×8 绳系)
(宝鸡石油机械有限责任公司)

| 电机转速/(r/min) | 大钩钩速/(m/s) | 4 台机组 4400kW 钩载/kN | 3 台机组 3200kW 钩载/kN | 2 台机组 2000kW 钩载/kN | 1 台机组 1100kW 钩载/kN |
|---|---|---|---|---|---|
| 0 | 0. 000 | 7202 | 7202 | 7202 | 7202 |
| 44. 09 | 0. 036 | 7202 | 7202 | 7202 | 7202 |
| 84. 09 | 0. 068 | 7202 | 7202 | 7202 | 7202 |
| 124. 06 | 0. 101 | 7202 | 7202 | 7202 | 7202 |
| 164. 06 | 0. 133 | 7202 | 7202 | 7202 | 7202 |
| 204. 06 | 0. 166 | 7202 | 7202 | 7202 | 4411 |
| 244. 06 | 0. 198 | 7202 | 7202 | 7202 | 3688 |
| 284. 06 | 0. 231 | 7202 | 7202 | 7202 | 3169 |
| 324. 06 | 0. 263 | 7202 | 7202 | 7202 | 2778 |
| 364. 06 | 0. 296 | 7202 | 7202 | 4495 | 2472 |
| 404. 06 | 0. 328 | 7202 | 7202 | 4050 | 2228 |
| 444. 06 | 0. 361 | 7202 | 7202 | 3685 | 2027 |
| 484. 06 | 0. 393 | 7202 | 7202 | 3381 | 1859 |
| 494. 06 | 0. 401 | 7202 | 7202 | 3312 | 1822 |
| 500. 24 | 0. 406 | 7198 | 5234 | 3271 | 1799 |
| 559. 54 | 0. 454 | 6435 | 4680 | 2925 | 1609 |
| 618. 81 | 0. 502 | 5819 | 4231 | 2645 | 1455 |
| 678. 07 | 0. 551 | 5310 | 3862 | 2414 | 1327 |
| 737. 31 | 0. 599 | 4884 | 3551 | 2220 | 1221 |
| 796. 53 | 0. 647 | 4521 | 3287 | 2055 | 1130 |
| 855. 73 | 0. 695 | 4208 | 3060 | 1912 | 1052 |

续表

| 电机转速/(r/min) | 大钩钩速/(m/s) | 4 台机组 4400kW 钩载/kN | 3 台机组 3200kW 钩载/kN | 2 台机组 2000kW 钩载/kN | 1 台机组 1100kW 钩载/kN |
|---|---|---|---|---|---|
| 914.9 | 0.743 | 3936 | 2862 | 1789 | 984 |
| 974.04 | 0.791 | 3697 | 2688 | 1680 | 924 |
| 1033.15 | 0.839 | 3485 | 2534 | 1584 | 871 |
| 1092.21 | 0.887 | 3297 | 2397 | 1498 | 824 |
| 1151.24 | 0.935 | 3128 | 2274 | 1422 | 782 |
| 1210.21 | 0.983 | 2975 | 2164 | 1352 | 744 |
| 1269.11 | 1.030 | 2837 | 2063 | 1290 | 709 |
| 1327.94 | 1.078 | 2712 | 1972 | 1232 | 678 |
| 1386.71 | 1.126 | 2597 | 1888 | 1180 | 649 |
| 1445.36 | 1.174 | 2491 | 1812 | 1132 | 623 |
| 1503.95 | 1.221 | 2394 | 1741 | 1088 | 598 |
| 1543.59 | 1.253 | 2333 | 1696 | 1060 | 583 |
| 1583.24 | 1.286 | 2274 | 1654 | 1034 | 569 |
| 1622.9 | 1.318 | 2219 | 1613 | 1008 | 555 |
| 1650.64 | 1.340 | 2181 | 1586 | 991 | 545 |
| 1676.566 | 1.361 | 2121 | 1565 | 976 | 537 |
| 1776.5 | 1.442 | 1896 | 1474 | 921 | 507 |
| 1876.433 | 1.524 | 1705 | 1395 | 872 | 480 |
| 1976.439 | 1.605 | 1539 | 1325 | 828 | 455 |
| 2076.532 | 1.686 | 1392 | 1261 | 788 | 433 |
| 2176.172 | 1.767 | 1279 | 1203 | 752 | 414 |
| 2276.454 | 1.848 | 1162 | 1150 | 719 | 395 |

表 5-8　ZJ120DB 钻机提升参数(6×7 绳系)

(宝鸡石油机械有限责任公司)

| 电机转速/(r/min) | 大钩钩速/(m/s) | 4 台机组 4400kW 钩载/kN | 3 台机组 3200kW 钩载/kN | 2 台机组 2000kW 钩载/kN | 1 台机组 1100kW 钩载/kN |
|---|---|---|---|---|---|
| 0 | 0.000 | 6394 | 6394 | 6394 | 6394 |
| 44.09 | 0.042 | 6394 | 6394 | 6394 | 6394 |
| 84.09 | 0.080 | 6394 | 6394 | 6394 | 6394 |
| 124.06 | 0.118 | 6394 | 6394 | 6394 | 6394 |
| 164.06 | 0.155 | 6394 | 6394 | 6394 | 6394 |
| 204.06 | 0.193 | 6394 | 6394 | 6394 | 3916 |
| 244.06 | 0.231 | 6394 | 6394 | 6394 | 3274 |
| 284.06 | 0.269 | 6394 | 6394 | 6394 | 2813 |
| 324.06 | 0.307 | 6394 | 6394 | 6394 | 2466 |
| 364.06 | 0.345 | 6394 | 6394 | 3991 | 2195 |
| 404.06 | 0.383 | 6394 | 6394 | 3596 | 1978 |
| 444.06 | 0.421 | 6394 | 6394 | 3272 | 1800 |
| 484.06 | 0.459 | 6394 | 6394 | 3001 | 1651 |
| 494.06 | 0.468 | 6394 | 6394 | 2941 | 1617 |
| 500.24 | 0.474 | 6391 | 4647 | 2904 | 1597 |
| 559.54 | 0.530 | 5713 | 4155 | 2597 | 1428 |
| 618.81 | 0.586 | 5166 | 3757 | 2348 | 1291 |
| 678.07 | 0.642 | 4715 | 3428 | 2143 | 1178 |
| 737.31 | 0.698 | 4336 | 3153 | 1971 | 1084 |
| 796.53 | 0.755 | 4013 | 2918 | 1824 | 1003 |
| 855.73 | 0.811 | 3736 | 2717 | 1698 | 934 |
| 914.9 | 0.867 | 3494 | 2541 | 1588 | 873 |

续表

| 电机转速/(r/min) | 大钩钩速/(m/s) | 4 台机组 4400kW 钩载/kN | 3 台机组 3200kW 钩载/kN | 2 台机组 2000kW 钩载/kN | 1 台机组 1100kW 钩载/kN |
|---|---|---|---|---|---|
| 974. 04 | 0. 923 | 3282 | 2387 | 1492 | 820 |
| 1033. 15 | 0. 979 | 3094 | 2250 | 1406 | 773 |
| 1092. 21 | 1. 035 | 2927 | 2128 | 1330 | 732 |
| 1151. 24 | 1. 091 | 2777 | 2019 | 1262 | 694 |
| 1210. 21 | 1. 146 | 2642 | 1921 | 1201 | 660 |
| 1269. 11 | 1. 202 | 2519 | 1832 | 1145 | 630 |
| 1327. 94 | 1. 258 | 2407 | 1751 | 1094 | 602 |
| 1386. 71 | 1. 314 | 2305 | 1676 | 1048 | 576 |
| 1445. 36 | 1. 369 | 2212 | 1608 | 1005 | 553 |
| 1503. 95 | 1. 425 | 2126 | 1546 | 966 | 531 |
| 1543. 59 | 1. 462 | 2071 | 1506 | 941 | 518 |
| 1583. 24 | 1. 500 | 2019 | 1468 | 918 | 505 |
| 1622. 9 | 1. 537 | 1970 | 1432 | 895 | 492 |
| 1650. 64 | 1. 564 | 1937 | 1408 | 880 | 484 |
| 1676. 566 | 1. 588 | 1883 | 1387 | 867 | 477 |
| 1776. 5 | 1. 683 | 1683 | 1309 | 818 | 450 |
| 1876. 433 | 1. 778 | 1514 | 1239 | 774 | 426 |
| 1976. 439 | 1. 872 | 1366 | 1176 | 735 | 404 |
| 2076. 532 | 1. 967 | 1236 | 1119 | 700 | 385 |
| 2176. 172 | 2. 061 | 1135 | 1068 | 668 | 367 |
| 2276. 454 | 2. 156 | 1032 | 1021 | 638 | 351 |

表 5-9　ZJ90DB1 钻机提升参数(7×8 绳系)

(宝鸡石油机械有限责任公司)

| 电机参数 | | | 高速 $I$=5.72448 | | 低速 $I$=8.7568 | |
|---|---|---|---|---|---|---|
| 转速/(r/min) | 功率/kW | 转矩/N·m | 钩速/(m/s) | 钩载/kN | 钩速/(m/s) | 钩载/kN |
| 0 | 0 | 21010.7 | 0.00 | 3532 | 0.00 | 5403 |
| 44.09 | 96.46 | 21010.7 | 0.04 | 3532 | 0.02 | 5403 |
| 84.09 | 184 | 21010.7 | 0.07 | 3532 | 0.05 | 5403 |
| 124.06 | 272.96 | 21010.72 | 0.10 | 3532 | 0.07 | 5403 |
| 164.06 | 360.97 | 21010.72 | 0.14 | 3532 | 0.09 | 5403 |
| 204.06 | 448.98 | 21010.72 | 0.17 | 3532 | 0.11 | 5403 |
| 244.06 | 536.99 | 21010.72 | 0.20 | 3532 | 0.13 | 5403 |
| 284.06 | 625 | 21010.72 | 0.24 | 3532 | 0.15 | 5403 |
| 324.06 | 713.02 | 21010.72 | 0.27 | 3532 | 0.18 | 5403 |
| 364.06 | 801.03 | 21010.72 | 0.30 | 3532 | 0.20 | 5403 |
| 404.06 | 889.04 | 21010.72 | 0.33 | 3532 | 0.22 | 5403 |
| 444.06 | 977.05 | 21010.72 | 0.37 | 3532 | 0.24 | 5403 |
| 494.06 | 1087.06 | 21010.72 | 0.41 | 3532 | 0.27 | 5403 |
| 500 | 1100 | 21010.72 | 0.41 | 3532 | 0.27 | 5403 |
| 500.24 | 1100 | 20998.28 | 0.41 | 3530 | 0.27 | 5400 |
| 559.54 | 1100 | 18773.02 | 0.46 | 3156 | 0.30 | 4827 |
| 618.81 | 1100 | 16974.83 | 0.51 | 2854 | 0.33 | 4365 |
| 678.07 | 1100 | 15491.38 | 0.56 | 2604 | 0.37 | 3984 |
| 737.31 | 1100 | 14246.74 | 0.61 | 2395 | 0.40 | 3664 |
| 796.53 | 1100 | 13187.53 | 0.66 | 2217 | 0.43 | 3391 |
| 855.73 | 1100 | 12275.23 | 0.71 | 2064 | 0.46 | 3157 |

续表

| 电机参数 | | | 高速 $I=5.72448$ | | 低速 $I=8.7568$ | |
|---|---|---|---|---|---|---|
| 转速/(r/min) | 功率/kW | 转矩/N·m | 钩速/(m/s) | 钩载/kN | 钩速/(m/s) | 钩载/kN |
| 914.9 | 1100 | 11481.33 | 0.76 | 1930 | 0.50 | 2952 |
| 974.04 | 1100 | 10784.2 | 0.81 | 1813 | 0.53 | 2773 |
| 1033.15 | 1100 | 10167.17 | 0.86 | 1709 | 0.56 | 2614 |
| 1092.21 | 1100 | 9617.38 | 0.90 | 1617 | 0.59 | 2473 |
| 1151.24 | 1100 | 9124.31 | 0.95 | 1534 | 0.62 | 2346 |
| 1210.21 | 1100 | 8679.67 | 1.00 | 1459 | 0.65 | 2232 |
| 1269.11 | 1100 | 8276.86 | 1.05 | 1391 | 0.69 | 2128 |
| 1327.94 | 1100 | 7910.15 | 1.10 | 1330 | 0.72 | 2034 |
| 1386.71 | 1100 | 7574.95 | 1.15 | 1273 | 0.75 | 1948 |
| 1445.36 | 1100 | 7267.58 | 1.20 | 1222 | 0.78 | 1869 |
| 1503.87 | 1100 | 6984.79 | 1.25 | 1174 | 0.81 | 1796 |
| 1562.27 | 1100 | 6723.68 | 1.29 | 1130 | 0.85 | 1729 |
| 1620.45 | 1100 | 6482.28 | 1.34 | 1090 | 0.88 | 1667 |
| 1650.44 | 1100 | 6364.5 | 1.37 | 1070 | 0.89 | 1637 |
| 1673.243 | 1089.051 | 6215.282 | 1.39 | 1045 | 0.91 | 1598 |
| 1753.629 | 1035.279 | 5637.564 | 1.45 | 948 | 0.95 | 1450 |
| 1833.104 | 1000.601 | 5212.493 | 1.52 | 876 | 0.99 | 1340 |
| 1913.059 | 961.057 | 4797.25 | 1.58 | 806 | 1.04 | 1234 |
| 1992.974 | 924.809 | 4431.204 | 1.65 | 745 | 1.08 | 1139 |
| 2072.881 | 891.598 | 4107.394 | 1.72 | 690 | 1.12 | 1056 |
| 2152.802 | 860.118 | 3815.271 | 1.78 | 641 | 1.17 | 981 |
| 2232.685 | 831.307 | 3555.537 | 1.85 | 598 | 1.21 | 914 |

表 5-10 ZJ90DB1 钻机提升参数(6×7 绳系)
(宝鸡石油机械有限责任公司)

| 电机参数 | | | 高速 $I=5.72448$ | | 低速 $I=8.7568$ | |
|---|---|---|---|---|---|---|
| 转速/(r/min) | 功率/kW | 转矩/N·m | 钩速/(m/s) | 钩载/kN | 钩速/(m/s) | 钩载/kN |
| 0 | 0 | 21010.7 | 0.00 | 3136 | 0.00 | 4797 |
| 44.09 | 96.46 | 21010.7 | 0.04 | 3136 | 0.03 | 4797 |
| 84.09 | 184 | 21010.7 | 0.08 | 3136 | 0.05 | 4797 |
| 124.06 | 272.96 | 21010.72 | 0.12 | 3136 | 0.08 | 4797 |
| 164.06 | 360.97 | 21010.72 | 0.16 | 3136 | 0.10 | 4797 |
| 204.06 | 448.98 | 21010.72 | 0.20 | 3136 | 0.13 | 4797 |
| 244.06 | 536.99 | 21010.72 | 0.24 | 3136 | 0.15 | 4797 |
| 284.06 | 625 | 21010.72 | 0.27 | 3136 | 0.18 | 4797 |
| 324.06 | 713.02 | 21010.72 | 0.31 | 3136 | 0.20 | 4797 |
| 364.06 | 801.03 | 21010.72 | 0.35 | 3136 | 0.23 | 4797 |
| 404.06 | 889.04 | 21010.72 | 0.39 | 3136 | 0.26 | 4797 |
| 444.06 | 977.05 | 21010.72 | 0.43 | 3136 | 0.28 | 4797 |
| 494.06 | 1087.06 | 21010.72 | 0.48 | 3136 | 0.31 | 4797 |
| 500 | 1100 | 21010.72 | 0.48 | 3136 | 0.32 | 4797 |
| 500.24 | 1100 | 20998.28 | 0.48 | 3134 | 0.32 | 4794 |
| 559.54 | 1100 | 18773.02 | 0.54 | 2802 | 0.35 | 4286 |
| 618.81 | 1100 | 16974.83 | 0.60 | 2533 | 0.39 | 3875 |
| 678.07 | 1100 | 15491.38 | 0.65 | 2312 | 0.43 | 3537 |
| 737.31 | 1100 | 14246.74 | 0.71 | 2126 | 0.47 | 3252 |
| 796.53 | 1100 | 13187.53 | 0.77 | 1968 | 0.50 | 3011 |
| 855.73 | 1100 | 12275.23 | 0.83 | 1832 | 0.54 | 2802 |

续表

| 电机参数 | | | 高速 $I=5.72448$ | | 低速 $I=8.7568$ | |
|---|---|---|---|---|---|---|
| 转速/(r/min) | 功率/kW | 转矩/N·m | 钩速/(m/s) | 钩载/kN | 钩速/(m/s) | 钩载/kN |
| 914.9 | 1100 | 11481.33 | 0.88 | 1713 | 0.58 | 2621 |
| 974.04 | 1100 | 10784.2 | 0.94 | 1609 | 0.62 | 2462 |
| 1033.15 | 1100 | 10167.17 | 1.00 | 1517 | 0.65 | 2321 |
| 1092.21 | 1100 | 9617.38 | 1.05 | 1435 | 0.69 | 2196 |
| 1151.24 | 1100 | 9124.31 | 1.11 | 1362 | 0.73 | 2083 |
| 1210.21 | 1100 | 8679.67 | 1.17 | 1295 | 0.76 | 1982 |
| 1269.11 | 1100 | 8276.86 | 1.23 | 1235 | 0.80 | 1890 |
| 1327.94 | 1100 | 7910.15 | 1.28 | 1181 | 0.84 | 1806 |
| 1386.71 | 1100 | 7574.95 | 1.34 | 1130 | 0.88 | 1729 |
| 1445.36 | 1100 | 7267.58 | 1.40 | 1085 | 0.91 | 1659 |
| 1503.87 | 1100 | 6984.79 | 1.45 | 1042 | 0.95 | 1595 |
| 1562.27 | 1100 | 6723.68 | 1.51 | 1003 | 0.99 | 1535 |
| 1620.45 | 1100 | 6482.28 | 1.57 | 967 | 1.02 | 1480 |
| 1650.44 | 1100 | 6364.5 | 1.59 | 950 | 1.04 | 1453 |
| 1673.243 | 1089.051 | 6215.282 | 1.62 | 928 | 1.06 | 1419 |
| 1753.629 | 1035.279 | 5637.564 | 1.69 | 841 | 1.11 | 1287 |
| 1833.104 | 1000.601 | 5212.493 | 1.77 | 778 | 1.16 | 1190 |
| 1913.059 | 961.057 | 4797.25 | 1.85 | 716 | 1.21 | 1095 |
| 1992.974 | 924.809 | 4431.204 | 1.92 | 661 | 1.26 | 1012 |
| 2072.881 | 891.598 | 4107.394 | 2.00 | 613 | 1.31 | 938 |
| 2152.802 | 860.118 | 3815.271 | 2.08 | 569 | 1.36 | 871 |
| 2232.685 | 831.307 | 3555.537 | 2.16 | 531 | 1.41 | 812 |

## 三、海上钻井平台主要技术规范

### (一) 中国石化海上钻井平台主要技术参数

中国石化海上钻井平台主要技术参数见表 5-11~表 5-13。

**表 5-11 胜利自升式钻井平台技术参数**

| 平台编号 | | 新胜利一号 | 胜利十号 |
|---|---|---|---|
| 类型 | | 独立三桩腿悬臂梁型自升式钻井平台 | 齿轮齿条电驱动自升式、圆柱式 3 桩腿 |
| 船级 | | CCS | CCS |
| 主尺度(型长×型宽×型深)/m | | 56.0×54.0×5.5 | 54.0×52.0×5.5 |
| 桩腿(外径×长度)/m | | 3.5×82.0 | 3.5×80.0 |
| 桩靴(长×宽×高)/m | | 11.5×11.5×1.95 | 11.0×11.0×1.95 |
| 两桩腿横向中心间距/m | | 41.5 | 39.0 |
| 储备能力 | 钻井水/$m^3$ | 946 | 712 |
| | 淡水/$m^3$ | 526 | 542 |
| | 柴油/$m^3$ | 445 | 458 |
| | 润滑油/$m^3$ | 3 | 20 |
| | 水泥/$m^3$ | 144 | 150 |
| | 重晶石/$m^3$ | 96 | 100 |
| | 泥浆池/$m^3$ | 457 | 330 |
| | 袋装品/t | 350 | 350 |
| | 床位 | 100 | 100 |
| | 自持能力/d | 20 | 20 |
| | 管材/t | 220 | 220 |
| 作业极限环境条件 | | | |
| 1 | 静水深(包括天文潮+风暴潮)/m | 风暴自存：50.0 | 风暴自存：50.0 |
| | | 钻井状态：50.0 | 钻井状态：50.0 |
| 2 | 波高/m | 风暴自存：9.3 | 风暴自存：9.3 |
| | | 钻井状态：7.5 | 钻井状态：7.5 |

续表

| 平台编号 | | | 新胜利一号 | 胜利十号 |
|---|---|---|---|---|
| 类型 | | | 独立三桩腿悬臂梁型自升式钻井平台 | 齿轮齿条电驱动自升式、圆柱式3桩腿 |
| 船级 | | | CCS | CCS |
| 3 | 波浪周期/s | | 风暴自存：9.6 | 风暴自存：9.6 |
| | | | 钻井状态：9.6 | 钻井状态：9.6 |
| 4 | 风速/(m/s) | | 风暴自存：51.5 | 风暴自存：51.5 |
| | | | 钻井状态：36.0 | 钻井状态：36.0 |
| 5 | 流速/(m/s) | | 风暴自存：1.285 | 风暴自存：1.285 |
| | | | 钻井状态：1.285 | 钻井状态：1.285 |
| 6 | 最低气隙/m | | 风暴自存 8.0 | 风暴自存 7.4 |
| | | | 钻井状态 8.0 | 钻井状态 7.4 |
| 7 | 入泥深度/m | | 风暴自存：3.0 | 风暴自存：3.0 |
| | | | 钻井状态：3.0 | 钻井状态：3.0 |
| 8 | 活动载荷/t | | 风暴自存：1340 | 风暴自存：1340 |
| | | | 钻井状态：1850+大钩载荷 | 钻井状态：1850+大钩载荷 |
| 9 | 地基承载力 | 每桩靴负荷/t | 2421(空船) 2929(最大) | 2421(空船) 2929(最大) |
| | | 单位桩靴面积负荷/($t/m^2$) | 23.97(空船) 29.0(最大) | 23.97(空船) 29.0(最大) |
| 载重线吃水/m | | | 3.55 | 3.49 |
| 主要设备 | 钻机能力/m | | 7000 | 7000 |
| | 绞车(电驱) | | JC70DB | JC70DB |
| | 泥浆泵 | | F-1600 3台 | F-1600 3台 |
| | 主动力机组 | | CAT3516B 4台 | CAT3516B 4台 |
| | 转盘 | | ZP375 | ZP375 |
| | 吊机 | | (35t-40m)2台 | (35t-35m)2台 |
| | 固井泵组 | | ACMS986-70-25-TG06 | ACMS986-70-25-TG06 |
| | 顶驱 | | DQ70/4500DB | DQ70/4500DB |

续表

| 平台编号 | | 新胜利一号 | 胜利十号 |
|---|---|---|---|
| 类型 | | 独立三桩腿悬臂梁型自升式钻井平台 | 齿轮齿条电驱动自升式、圆柱式3桩腿 |
| 船级 | | CCS | CCS |
| 悬臂梁纵向伸出距离/m | | 12 | 12 |
| 井架横向移动范围/m | | ±3.8 | ±3.6 |
| 允许大钩载荷/t | 左距船艄3.6m(第一排) | 300，350，450，450，450，450 | 300，350，450，450，450，450 |
| | 左距船艄1.8m(第二排) | 350，400，450，450，450，450 | 330，400，450，450，450，450 |
| | 船艄(第三排) | 380，450，450，450，450，450 | 350，450，450，450，450，450 |
| | 右距船艄1.8m(第四排) | 350，400，450，450，450，450 | 330，400，450，450，450，450 |
| | 右距船艄3.6m(第五排) | 300，350，450，450，450，450 | 300，350，450，450，450，450 |
| 直升飞机坪尺寸/m | | 20.5×18.9 | 20.5×18.9 |

| 平台编号 | 新胜利五号 | 胜利六号 | 胜利七号 |
|---|---|---|---|
| 类型 | 独立三桩腿悬臂梁型自升式钻井平台 | 齿轮齿条液压自升、大脚型、圆柱式4桩腿 | 齿轮齿条电驱动自升式、圆柱式3桩腿 |
| 船级 | CCS | CCS | CCS |
| 主尺度(型长×型宽×型深)/m | 64.2×62.0×8.0 | 47.5×33.53×4.57 | 44×32.2×5.2 |
| 桩腿(外经×长度)/m | 弦管中心距10.5m长127m | 2.44×52.7 | 3×70 |
| 桩靴(长×宽×高)/m | 15.1×179.1 | 9.14×9.14×1.52 | 5.8×5.8×1.7 |
| 船底以上转盘补心高度/m | 44.7×42.0 | 14.77 | 8.6 |
| 两桩腿横向中心距/m | 1822 | 22.38 | 25 |

续表

| 平台编号 | | | 新胜利五号 | 胜利六号 | 胜利七号 |
|---|---|---|---|---|---|
| 类型 | | | 独立三桩腿悬臂梁型自升式钻井平台 | 齿轮齿条液压自升、大脚型、圆柱式4桩腿 | 齿轮齿条电驱动自升式、圆柱式3桩腿 |
| 船级 | | | CCS | CCS | CCS |
| 储备能力 | 钻井水/$m^3$ | | 476 | 898 | 187 |
| | 淡水/$m^3$ | | 635 | 177 | 132 |
| | 柴油/$m^3$ | | 3 | 265 | 132 |
| | 润滑油/$m^3$ | | 15 | 4 | 2.3 |
| | 水泥/$m^3$ | | 181 | 99 | 48 |
| | 重晶石/$m^3$ | | 181 | 33 | 48 |
| | 泥浆池/$m^3$ | | 200 | 235 | 188 |
| | 袋装品/t | | 200 | 300 | 50 |
| | 床位 | | 400 | 100 | 65 |
| | 自持能力/天 | | 5100 | 15 | 15 |
| 作业极限环境条件 | | | 120 | | |
| 1 | 静水深(海图水深+天文潮+风暴潮)/m | 风暴自存 | 20 | 23 | 39 |
| | | 钻井状态 | 9443 | 30.5 | 39 |
| 2 | 入泥深度/m | 风暴自存 | | 3.05 | 10 |
| | | 钻井状态 | 风暴自存：90.0 | 3.05 | 10 |
| 3 | 最大波高/m | 风暴自存 | 钻井状态：90.0 | 10.7 | 6.3 |
| | | 钻井状态 | 风暴自存：18.1 | 7.62 | 5.3 |
| 4 | 波浪周期/s | 风暴自存 | 钻井状态：13.5 | 14 | 8.6 |
| | | 钻井状态 | 风暴自存：13.5 | 10 | 8.6 |
| 5 | 设计风速/(m/s) | 风暴自存 | 钻井状态：13.5 | 51.4 | 51.4 |
| | | 钻井状态 | 风暴自存：51.5 | 36 | 36 |

续表

| 平台编号 | | | | 新胜利五号 | 胜利六号 | 胜利七号 |
|---|---|---|---|---|---|---|
| 类型 | | | | 独立三桩腿悬臂梁型自升式钻井平台 | 齿轮齿条液压自升、大脚型、圆柱式4桩腿 | 齿轮齿条电驱动自升式、圆柱式3桩腿 |
| 船级 | | | | CCS | CCS | CCS |
| 6 | 海流/(m/s) | | 风暴自存 | 钻井状态：36.0 | 0 | 1.03 |
| | | | 钻井状态 | 风暴自存：1.028 | 0 | 1.03 |
| 7 | 活动载荷/t | | 风暴自存 | 钻井状态：1.028 | 642.5 | 1028 |
| | | | 钻井状态 | 风暴自存 13.5 | 1100 | 1028+大钩载荷 |
| 8 | 气隙/m | | 风暴自存 | 钻井状态 13.5 | 9.14 | 9 |
| | | | 钻井状态 | 风暴自存：3.0 | 7.6 | 7 |
| 9 | 地基承载力 | 每桩靴负荷/t | 风暴自存 | 钻井状态：3.0 | 最小：978<br>最大：1528 | 最大：1427 |
| | | | 钻井状态 | 风暴自存：2806 | 最小：893<br>最大：1562.4 | 最大：1627 |
| | | 单位桩靴面积负荷/(t/$m^2$) | 风暴自存 | 钻井状态：4519（含大钩载荷） | 最小：11.7<br>最大：18.3 | 最大：42.4 |
| | | | 钻井状态 | 3825(空船)<br>7896(预压 最大) | 最小：10.68<br>最大：18.62 | 最大：48.36 |
| 10 | 载重线吃水/m | | | 21.36(空船)<br>44.08<br>(预压 最大) | 3.2+0.15<br>(裙板高) | 3.17+0.2<br>(船底以下桩靴高度) |
| 主要设备 | 钻机能力/m | | | 5.34 | 7000 | 5000 |
| | 绞车(电驱) | | | 9000 | JC70D(1838kW) | JC50D(1472kW) |
| | 泥浆泵 | | | 6750 | F-1600<br>2台(电驱) | F-1600<br>(单电机) |
| | 主动力机组 | | | JC-90DB | CAT3512B 4台<br>(IEMD12-645-E6 3台) | DEUTZTBB620<br>4台 |
| | 转盘 | | | F-2200 3台 | B375(电驱) | FT3750<br>(链条传动) |

续表

| 平台编号 | | 新胜利五号 | 胜利六号 | 胜利七号 |
|---|---|---|---|---|
| 类型 | | 独立三桩腿悬臂梁型自升式钻井平台 | 齿轮齿条液压自升、大脚型、圆柱式4桩腿 | 齿轮齿条电驱动自升式、圆柱式3桩腿 |
| 船级 | | CCS | CCS | CCS |
| 附属设备 | 吊机 | 5台 输出功率各为1600ekW | YQHG2240-35t-10m | 右舷：MB420 F20电动<br>左舷：TQHG1800-10t-15m液压 |
| | 固井泵组 | ZP495 | SNQ50-30Ⅱ | SNQ50-30Ⅱ |
| | 顶驱 | 左舷柴油机驱动 SH2000SE-42D-41.11t-9m (12.7t-44.9m)<br>右舷柴油机驱动 SH2000SE-42E-41.11t-9m(12.7t-44.9m)<br>左艉部 电驱动 SH2000S-36E-32.04t-7.5m (10t-38.67m) | Varco IDS-1 | |
| 槽口尺寸(长×宽)/m | | GJQ100-30 | 10.6×10.6 | 10×9 |
| 井架移动范围(纵×横)/m | | VARCO TDS-8SA | 4×1.8 | 5.3×3.8 |
| 直升飞机坪(长×宽)/m | | 距船艉最大距离17.0m | 16.8×16.8 | 正八边形、对边间距16m |

| 平台编号 | 胜利八号 | 胜利九号 |
|---|---|---|
| 类型 | 齿轮齿条液压自升式、圆柱式3桩腿悬臂梁型 | 齿轮齿条液压自升式、圆柱式3桩腿悬臂梁型 |
| 船级 | CCS | CCS |
| 主尺度(型长×型宽×型深)/m | 44.5×40.16×4.27 | 48.16×47.55×4.27 |
| 桩腿(外经×长度)/m | 3.045×69.34 | 2.65×56.7 |

续表

| 平台编号 | | 胜利八号 | 胜利九号 |
| --- | --- | --- | --- |
| 类型 | | 齿轮齿条液压自升式、圆柱式3桩腿悬臂梁型 | 齿轮齿条液压自升式、圆柱式3桩腿悬臂梁型 |
| 船级 | | CCS | CCS |
| 桩靴(长×宽×高)/m | | 8.53×8.53×1.22 | 7.92×7.92×2.74 |
| 船底以上转盘补心高度/m | | 12.4 | 12.12 |
| 两桩腿横向中心距/m | | 26.82 | 39 |
| 储备能力 | 钻井水/$m^3$ | 150 | 767 |
| | 淡水/$m^3$ | 150 | 466 |
| | 柴油/$m^3$ | 50 | 262 |
| | 润滑油/$m^3$ | 8 | 1.6 |
| | 水泥/$m^3$ | | 90 |
| | 重晶石/$m^3$ | | 90 |
| | 泥浆池/$m^3$ | | 108 |
| | 袋装品/t | | 260 |
| | 床位 | 41 | 73 |
| | 自持能力/天 | 15 | 15 |
| | 管材/t | | |
| 作业极限环境条件(爪哇海50年一遇风暴标准) | | | |
| 1 | 静水深(包括天文潮和风暴潮)/m | 42.7 | 风暴自存：30.48 |
| | | | 钻井状态：35.05 |
| 2 | 波高/m | 7.62 | 风暴自存：10.67 |
| | | | 钻井状态：9.14 |
| 3 | 波浪周期/s | 9.6 | 风暴自存：14 |
| | | | 钻井状态：12 |

续表

| 平台编号 | | | 胜利八号 | 胜利九号 |
|---|---|---|---|---|
| 类型 | | | 齿轮齿条液压自升式、圆柱式 3 桩腿悬臂梁型 | 齿轮齿条液压自升式、圆柱式 3 桩腿悬臂梁型 |
| 船级 | | | CCS | CCS |
| 4 | 风速/(m/s) | 3s 阵风风速 | 28.3 | 风暴自存：51.4<br>钻井状态：36 |
| | | 1h 平均风速 | 17 | |
| | | 1h 平均风速 | 22.65 | |
| 5 | 流速/(m/s) | | 0.77 | 0 |
| 6 | 最低气隙/m | | 6 | 风暴自存：9.14<br>钻井状态：7.47 |
| 7 | 入泥深度/m | | 6 | 风暴自存：3.05<br>钻井状态：2.44 |
| 8 | 活动载荷/t | | 320 | 风暴自存：1020<br>钻井状态：1360 |
| 9 | 地基承载力 | 每桩靴负荷/t | 813(空船)921(最大) | |
| | | 单位桩靴面积负荷/($t/m^2$) | 10.9　12.3(最大) | |
| 载重线吃水/m | | | 2.4+1.5<br>(桩靴高度) | 3.1+1.067<br>(船底下桩靴高度) |
| 主要设备 | 钻机能力/m | | 8000 | 6000 |
| | 绞车(电驱) | | 1625DE | 1320UDBE |
| | 泥浆泵 | | SL3NB-1600　2 台 | F-1600　2 台 |
| | 主动力机组 | | D399PC　2 台 | CAT3516B　4 台 |
| | 转盘 | | C-375 | |
| | 吊机 | | AERO G-150 液压 2 台 | FAVELLE FAVCO 6/10K(35t 30m)　2 台 |
| | 固井泵组 | | 3184-3 | SNQ50-30Ⅱ |
| 悬臂梁纵向伸出距离/m | | | 8.53 | 10.67 |

续表

| 平台编号 | | 胜利八号 | 胜利九号 |
|---|---|---|---|
| 类型 | | 齿轮齿条液压自升式、圆柱式3桩腿悬臂梁型 | 齿轮齿条液压自升式、圆柱式3桩腿悬臂梁型 |
| 船级 | | CCS | CCS |
| 井架横向移动范围/m | | ±2.3 | ±2.3 |
| 允许大钩载荷/t | 离舷边距离8.53m(第三排) | 272；322；306 | — |
| | 离舷边距离6.25m(第二排) | 300；354；345 | — |
| | 离舷边距离3.96m(第一排) | 327；386；367 | — |
| | 离舷边距离10.7m(第三排) | — | 130；170；130 |
| | 离舷边距离7.60m(第二排) | — | 181；238；181 |
| | 离舷边距离4.60m(第一排) | — | 304；397；304 |
| 直升飞机坪尺寸/m | | | 正八边形、对边间距21m |

**表5-12 胜利坐底式钻井平台技术参数**

| 平台编号 | | | 胜利四号 |
|---|---|---|---|
| 类型 | | | 坐底式 |
| 船级 | | | CCS |
| 主尺度/m | 外体 | 沉垫(长×宽×高) | 63.86×24×4.27 |
| | | 甲板(长×宽) | 67.18×24 |
| | 内体 | 沉垫(长×宽×高) | |
| | | 主甲板(长×宽) | |
| | 主甲板高度 | | 8.52 |
| | 船底以上转盘补心高度 | | 14.94 |
| 储备能力 | 钻井水/$m^3$ | | 1096 |
| | 淡水/$m^3$ | | 209 |
| | 柴油/$m^3$ | | 308 |
| | 润滑油/$m^3$ | | 3 |
| | 水泥/$m^3$ | | 120 |
| | 重晶石/$m^3$ | | 40 |
| | 泥浆池/$m^3$ | | 217 |
| | 袋装品/t | | 60 |
| | 床位 | | 82 |
| | 自持能力/d | | 20 |

续表

| 平台编号 | | 胜利四号 |
|---|---|---|
| 类型 | | 坐底式 |
| 船级 | | CCS |
| 作业极限环境条件 | 工作水深/m | 2.1~5 |
| | 作业工期 | 无冰期作业 |
| | 地基坡度(硬地层) | ≤1/1000 |
| | 地基承载力/kPa | ≥25 |
| | 入泥深度/m | ≤0.5 |
| | 波高/m | <3 |
| | 载重线吃水/m | 2.1 |
| | 坐底自存条件(风速)/(m/s) | <31 |
| 主要设备 | 钻机能力/m | 9000 |
| | 绞车(电驱) | E-3000 |
| | 泥浆泵(电驱) | SL3NB-1300A 2 台 |
| | 主动力机组 | EMD16-645-E9B 2 台 |
| | 转盘 | LR375-E(电驱) |
| | 吊机 | 液压 20t 2 台 |
| | 固井泵组 | SNQ50-30Ⅱ |
| | 顶驱 | — |
| 槽口尺寸(长×宽)/m×m | | 11×3.05 |
| 井架移动范围(纵×横)/m×m | | — |
| 直升飞机坪(长×宽)/m×m | | 19.9×14.6 |

**表 5-13　上海局钻井平台技术参数**

| 平台基本信息 | 平台名称 | 勘探二号 | 勘探三号 |
|---|---|---|---|
| | 平台类型 | 自升式 | 非自航 半潜式 |
| | 平台设计型号 | ROBRAY 300 | — |
| | 建造年代 | 1977 年 | 1984 年 |
| | 船籍 | 中国 | 中国 |

续表

<table>
<tr><td rowspan="10">平台基本信息</td><td>船级社</td><td colspan="2">ABS；CCS</td></tr>
<tr><td>建造船厂</td><td>新加坡罗宾船厂</td><td>上海船厂</td></tr>
<tr><td>船体型长</td><td>64.92m(213ft)</td><td>91m</td></tr>
<tr><td>船体型宽</td><td>64.62m(212ft)</td><td>71m</td></tr>
<tr><td>船体型深</td><td>8.23m(27ft)</td><td></td></tr>
<tr><td>最大排水量</td><td>11878Mt</td><td>—</td></tr>
<tr><td>桩腿数量/长度</td><td>3 127.1m(417ft)</td><td>—</td></tr>
<tr><td>总吨</td><td>13608</td><td>13914</td></tr>
<tr><td>净吨</td><td>4082</td><td>5484</td></tr>
<tr><td>生活区最大容纳人数</td><td>120</td><td>130</td></tr>
<tr><td rowspan="3">操作性能</td><td>最大作业水深</td><td>91.44m(300ft)</td><td>91.44m(300ft)</td></tr>
<tr><td>最小作业水深</td><td>9.14m(30ft)</td><td>9.14m(30ft)</td></tr>
<tr><td>额定钻井深度</td><td>6096m(20000ft)</td><td>6096m(20000ft)</td></tr>
<tr><td rowspan="4">钻井设备</td><td>绞车</td><td>National 1320-UE，额定输入1600hp 最大输入 2000hp</td><td>National 1320-UE，额定输入1600hp 最大输入 2000hp</td></tr>
<tr><td>井架</td><td>Pyramid，147ft，最大静钩载 454.5Mt</td><td>Pyramid，147ft，最大静钩载 454.5Mt</td></tr>
<tr><td>顶驱</td><td>VARCO TDS 11SA 500t</td><td>VARCO TDS 11SA 500t</td></tr>
<tr><td>泥浆泵</td><td>2×BOMCO F-1600</td><td>2×BOMCO F-1600</td></tr>
<tr><td rowspan="4">井控设备</td><td rowspan="4">防喷器组</td><td>1×Hydrill MSP-2000 2000psi 21¼in</td><td>1×Hydrill MSP-2000 2000psi 21¼in</td></tr>
<tr><td>1×神开 FH35-35/70 5000psi 13⅝in</td><td>1×神开 FH35-35/70 5000psi 13⅝in</td></tr>
<tr><td>1×神开 FZ3570UM 10000psi 13⅝in 单闸</td><td>1×神开 FZ3570UM 10000psi 13⅝in 单闸</td></tr>
<tr><td>1×神开 2FZ3570UM 10000psi 13⅝in 双闸</td><td>1×神开 2FZ3570UM 10000psi 13⅝in 双闸</td></tr>
</table>

续表

| | | | | | |
|---|---|---|---|---|---|
| 动力设备 | 柴油机 | 2×Caterpillar3516B-HD 1530kW/1200r/min | | 2×Caterpillar3516B-HD 1530kW/1200r/min | |
| | | 2×Caterpillar3516C-HD 1530kW/1200r/min | | 2×Caterpillar3516C-HD 1530kW/1200r/min | |
| 甲板吊机 | 吊车型号 | 1×National H65A | 2×NOV 10000HD | 1×National H65A | 2×NOV 10000HD |
| | 大钩 | 12. 8Mt/20ft | 37. 4Mt/21. 9ft | 12. 8Mt/20ft | 37. 4Mt/21. 9ft |
| | 小钩 | 3Mt/70ft | 8. 8Mt/100ft | 3Mt/70ft | 8. 8Mt/100ft |
| | 臂长 | 80ft | 100ft | 80ft | 100ft |
| 可变载荷/Mt | 拖航时 | 645 | | 645 | |
| | 钻井时 | 2000 | | 2000 | |
| | 升降时 | 645 | | 645 | |
| | 生存状态 | 1007 | | 1007 | |
| 平台基本信息 | 平台名称 | 勘探四号 | | 勘探六号 | |
| | 平台类型 | 非自航 半潜式 | | 悬臂梁自升式钻井平台 | |
| | 平台设计型号 | | | Baker Marine Paciffic Class 375 | |
| | 建造年代 | 1983 年 | | 2010 年 | |
| | 船籍 | 巴拿马 | | | |
| | 船级社 | ABS | | ABS/CCS | |
| | 建造船厂 | FAR EAST LEVINGSTON | | PPL Shipyard Pte Ltd-Singapore | |
| | 船体型长 | 78. 9m(259ft) | | 72. 1m(236. 56ft) | |
| | 船体型宽 | 64. 0m(210ft) | | 68. 4m(224. 41ft) | |
| | 船体型深 | 8. 23m(27ft) | | 8. 5m(27. 89ft) | |
| | 最大排水量 | 11878Mt | | 19915. 91Mt | |
| | 桩腿数量/长度 | 3 127. 1m(417ft) | | 3 154. 3m(506. 2ft) | |
| | 总吨 | 13608 | | — | |
| | 净吨 | 4082 | | — | |
| | 生活区最大容纳人数 | 120 | | 120 | |

续表

<table>
<tr><td rowspan="3">操作性能</td><td>最大作业水深</td><td colspan="2">609. 6m(2000ft)</td><td colspan="2">114. 3m(375ft)</td></tr>
<tr><td>最小作业水深</td><td colspan="2">200ft</td><td colspan="2">现场评估</td></tr>
<tr><td>额定钻井深度</td><td colspan="2">7620m(25000ft)</td><td colspan="2">9144m(30000ft)</td></tr>
<tr><td rowspan="4">钻井设备</td><td>绞车</td><td colspan="2">Continental EMSCO，2700hp</td><td colspan="2">3xNOV ADS-10T，额定输入 1150hp×3 最大输入 1400hp×3</td></tr>
<tr><td>井架</td><td colspan="2">pyramid Dynamic Mast 1000000 lbs capacity</td><td colspan="2">NOV D-170 40-2000-JU-BN，160ft，最大静钩载 726Mt</td></tr>
<tr><td>顶驱</td><td colspan="2">Varco TDS-4S. Rated capacity 580lt</td><td colspan="2">NOV TDS-8SA 680mt</td></tr>
<tr><td>泥浆泵</td><td colspan="2">3×Continental Emsco FB1600</td><td colspan="2">3×NOV 14-P-220</td></tr>
<tr><td rowspan="2">井控设备</td><td rowspan="2">防喷器组</td><td colspan="2">1×Shaffer 10000psi 18¾in annular type preventer</td><td colspan="2">1×Shaffer 10000psi 18¾in</td></tr>
<tr><td colspan="2">2×Shaffer 15000psi 18¾in ram type preventers</td><td colspan="2">2×Shaffer 15000psi 18¾in</td></tr>
<tr><td rowspan="3">动力设备</td><td rowspan="3">柴油机</td><td colspan="2">2×EMD 645DIESEL 16 CYL 1575kW</td><td colspan="2">5×Caterpillar3516CHD</td></tr>
<tr><td colspan="2">1×EMD 645DIESEL 12 CYL 1650kW</td><td colspan="2">1603kW/1200r/min</td></tr>
<tr><td colspan="2">1×EMD 645DIESEL 12 CYL 1090kW</td><td colspan="2">—</td></tr>
<tr><td rowspan="4">甲板吊机</td><td>吊车型号</td><td>2×Patriot King Post Crane</td><td>1×Patriot King Post Crane</td><td>1×BMC 900E</td><td>2×BMC2250E</td></tr>
<tr><td>大钩</td><td>50t/30ft</td><td>70t/23ft</td><td>22. 67Mt/6. 1m</td><td>50. 77Mt/7. 5ft</td></tr>
<tr><td>小钩</td><td>12t/133. 6ft</td><td>12t/92ft</td><td>5. 0Mt</td><td>10Mt</td></tr>
<tr><td>臂长</td><td>120ft</td><td>80ft</td><td>100ft</td><td>120ft</td></tr>
<tr><td rowspan="4">可变载荷</td><td>拖航时</td><td colspan="2">2240lt</td><td colspan="2">2268Mt</td></tr>
<tr><td>钻井时</td><td colspan="2">3584lt</td><td colspan="2">3401Mt</td></tr>
<tr><td>升降时</td><td colspan="2">—</td><td colspan="2">2268Mt</td></tr>
<tr><td>生存状态</td><td colspan="2">2576lt</td><td colspan="2">2948Mt</td></tr>
</table>

续表

| | | |
|---|---|---|
| 平台基本信息 | 平台名称 | 勘探七号 |
| | 平台类型 | 自升式 |
| | 平台设计型号 | — |
| | 建造年代 | 2015 年 |
| | 船籍 | 中国 |
| | 船级社 | ABS；CCS |
| | 建造船厂 | 中集来福士 |
| | 船体型长 | 70.358m |
| | 船体型宽 | 76m |
| | 船体型深 | — |
| | 最大排水量 | — |
| | 桩腿数量/长度 | — |
| | 总吨 | 15273Mt |
| | 净吨 | 4582Mt |
| | 生活区最大容纳人数 | 140 |
| 操作性能 | 最大作业水深 | 121.92m(400ft) |
| | 最小作业水深 | 现场评估 |
| | 额定钻井深度 | 10668m(35000ft) |
| 钻井设备 | 绞车 | GH 4500 EG-AC Aker Solutions 907Mt |
| | 井架 | Aker MH，170ft，最大静钩载 2000kips |
| | 顶驱 | Aker Solutions DDM1000-AC-2M AC Electric，2motors 907mt |
| | 泥浆泵 | Aker Solutions 3×TPK 7½in×14in/2200CL-AC-TG 7500psi |
| 井控设备 | 防喷器组 | 1×18¾in 10000psi Cameron “DL” Annular<br>1×18¾in 15000psi Cameron “TL” Double BOP |
| | | 1×18¾in 15000psi Cameron “TL” Double BOP |

续表

| | | | |
|---|---|---|---|
| 动力设备 | 柴油机 | 6×Caterpillar3516C HD Offshore Engine 1603kW@ 1200r/min SR4B | |
| | | 1×Caterpillar 3512B Radiator-cool Engine 1102kW@ 1200r/min SR4B | |
| 甲板吊机 | 吊车型号 | 2×10000XHD offshore pedestal crane | 1×TSC 198-200VE |
| | 大钩 | 2×120ft 50Mt at 25ft | 60t/7.5~19.8 |
| | 小钩 | 9Mt | 10Mt |
| | 臂长 | 120ft | 41.4m |
| 可变载荷 | 拖航时 | 2800Mt | |
| | 钻井时 | 6488Mt | |
| | 升降时 | | |
| | 生存状态 | 2995Mt | |

## （二）中国石油海洋钻井平台主要技术参数

中国石油海洋钻井平台主要技术参数见表5-14和表5-15。

**表5-14　坐底式钻井平台技术参数**

| | | |
|---|---|---|
| 平台编号 | | CPOE3/33号 |
| 类型 | | 坐底式 |
| 船级 | | CCS |
| 主尺度/m | 沉垫(长×宽×高) | 70.8×41.0×3.0 |
| | 上体(长×宽×高) | 74.4×36.4×5.2 |
| 主甲板高度/m | | 15.7 |
| 储备能力 | 钻井水/$m^3$ | 380 |
| | 淡水/$m^3$ | 380 |
| | 柴油/$m^3$ | 610 |
| | 润滑油/$m^3$ | 20 |

续表

| 平台编号 | | CPOE3/33 号 |
|---|---|---|
| 类型 | | 坐底式 |
| 船级 | | CCS |
| 储备能力 | 水泥/$m^3$ | |
| | 重晶石/$m^3$ | |
| | 泥浆池/$m^3$ | 260 |
| | 袋装品/t | |
| | 床位 | 90 |
| | 自持能力/d | 20 |
| 作业极限环境条件 | 工作水深/m | 2.5~10(包括天文潮、风暴潮) |
| | 作业工期 | 无冰期作业 |
| | 地基坡度 | 1/1000 |
| | 地基承载力/kPa | ≥25 |
| | 入泥深度/m | ≤0.5 |
| | 波高/m | ≤5 |
| | 载重线吃水/m | 2.31 |
| | 坐底自存风速/(m/s) | ≤51.5 |
| 主要设备 | 钻机能力/m | 7000 |
| | 绞车(电驱) | JC70DB |
| | 泥浆泵 | F-1600 3 台 |
| | 主动力机组 | CAT3516B 4 台 |
| | 转盘 | ZP375 |
| | 吊机 | (35t-35m)2 台 |
| | 固井泵组 | ACMS986-70-25-TG06 |
| | 顶驱 | |
| 槽口尺寸/m×m | | 18.0×12.0 |
| 井架移动范围(纵×横)/m×m | | 8.4×6.0 |
| 直升飞机坪(长×宽)/m×m | | 15.9×24.0 |

表 5-15　自升式钻井平台技术参数

| 平台编号 | | CPOE1 号 | CPOE5/6/7/8 号 | CPOE9/10 号 |
|---|---|---|---|---|
| 类型 | | 液压缸插销式自升式、圆柱式 4 桩腿 | 齿轮齿条电驱动自升式、圆柱式 3 桩腿 | 齿轮齿条电驱动自升式、桁架式 3 桩腿 |
| 船级 | | CCS | CCS | CCS |
| 主尺度(型长×型宽×型深)/m | | 66.0×36.0×4.0 | 54.0×49.0×5.2 | 54.86×53.34×7.62 |
| 桩腿/m | | 直径：2.1 | 直径：3.2 | 弦杆中心距：9.906 |
| | | 长度：43.0 | 长度：73.0 | 长度：107.0 |
| 桩靴/m | | 无 | 宽度：9.2 | 直径：12.14 |
| | | | 高度：1.65 | 高度：4.42 |
| 两桩腿横向中心间距/m | | | 37.5 | 36.576 |
| 储备能力 | 钻井水/$m^3$ | | 658 | 892 |
| | 淡水/$m^3$ | | 427 | 302 |
| 储备能力 | 柴油/$m^3$ | | 542 | 417 |
| | 润滑油/$m^3$ | | 21 | 4.5 |
| | 水泥/$m^3$ | | 135 | |
| | 重晶石/$m^3$ | | 90 | |
| | 泥浆舱/$m^3$ | | 330 | 298 |
| | 袋装品/t | | 350 | 500 |
| | 床位 | | 100 | 94 |
| | 自持能力/天 | | 20 | 20 |
| | 管材/t | | 220 | 340 |
| 作业极限环境条件 | | | | |
| 1 | 静水深(包括天文潮+风暴潮)/m | 风暴自存：7.8 | 风暴自存：40.0 | 风暴自存：91.4 |
| | | 钻井状态：7.8 | 钻井状态：40.0 | 钻井状态：91.4 |
| 2 | 波高/m | 风暴自存：3.5 | 风暴自存：9.3 | 风暴自存：15.24 |
| | | 钻井状态：4.1 | 钻井状态：7.5 | 钻井状态：7.62 |

续表

| 平台编号 | | | CPOE1 号 | CPOE5/6/7/8 号 | CPOE9/10 号 |
|---|---|---|---|---|---|
| 类型 | | | 液压缸插销式自升式、圆柱式 4 桩腿 | 齿轮齿条电驱动自升式、圆柱式 3 桩腿 | 齿轮齿条电驱动自升式、桁架式 3 桩腿 |
| 船级 | | | CCS | CCS | CCS |
| 3 | 波浪周期/s | | | 风暴自存：9.6 | 风暴自存：13.5 |
| | | | | 钻井状态：9.6 | 钻井状态：13.5 |
| 4 | 风速/(m/s) | | 风暴自存：41.9 | 风暴自存：51.5 | 风暴自存：51.5 |
| | | | 钻井状态：20.7 | 钻井状态：36.0 | 钻井状态：36.0 |
| 5 | 流速/(m/s) | | 风暴自存：1.4 | 风暴自存：1.285 | |
| | | | 钻井状态：1.4 | 钻井状态：1.285 | |
| 6 | 最低气隙/m | | 风暴自存：11.3 | 风暴自存：7.4 | 风暴自存：11.28 |
| | | | 钻井状态：11.3 | 钻井状态：7.4 | 钻井状态：15.24 |
| 7 | 入泥深度/m | | 风暴自存：10.0 | 风暴自存：10.0 | 风暴自存：4.57 |
| | | | 钻井状态：10.0 | 钻井状态：10.0 | 钻井状态：4.57 |
| 8 | 活动载荷/t | | 风暴自存：550 | 风暴自存：1340 | 风暴自存：1815 |
| | | | 钻井状态：830+大钩载荷 | 钻井状态：1850+大钩载荷 | 钻井状态：2269(含大钩载荷) |
| 9 | 地基承载力 | 每桩靴负荷/t | | 2357(空船)<br>3317(最大) | |
| | | 单位桩靴面积负荷/($t/m^2$) | | 33.19(空船)<br>46.72(最大) | |
| 载重线吃水/m | | | | 3.41 | |

续表

| 平台编号 | | CPOE1 号 | CPOE5/6/7/8 号 | CPOE9/10 号 |
|---|---|---|---|---|
| 类型 | | 液压缸插销式自升式、圆柱式 4 桩腿 | 齿轮齿条电驱动自升式、圆柱式 3 桩腿 | 齿轮齿条电驱动自升式、桁架式 3 桩腿 |
| 船级 | | CCS | CCS | CCS |
| 主要设备 | 钻机能力/m | 4500 | 7000 | 7000 |
| | 绞车(电驱) | JC45DB | JC70DB | JC70DB |
| | 泥浆泵 | | F-1600 3 台 | F-1600 3 台 |
| | 主动力机组 | 4 台 D399+1 台 D398 | CAT3516B 4 台 | CAT3516B 4 台 |
| | 转盘 | | ZP375 | ZP375 |
| | 吊机 | (36t-17m)2 台 | (35t-35m)2 台 | (35t-35m)2 台 |
| | 固井泵组 | | ACMS986-70-25-TG06 | SJP600 |
| | 顶驱 | | DQ70/4500DB | DQ70/4500DB |
| 悬臂梁纵向伸出距离/m | | | 12 | 12.2 |
| 井架横向移动范围/m | | | ±3.5 | ±3.66 |
| 直升飞机坪尺寸/m | | | 16.5×14.0 | 12 边形，边长 5.958 |

## (三) 中国海油钻井平台主要技术参数

中国海油钻井平台主要技术规范见表 5-16。

**表 5-16　中国海油钻井平台技术参数**

| 平台编号 | 海洋石油 981 | 海洋石油 982 |
|---|---|---|
| 类型 | 半潜式 | 半潜式 |
| 船级 | ABS/CCS | ABS/CCS |
| 定位方式 | 1500m 以上 DPS3 动力定位，1500m 以内锚泊定位 | 锚泊定位 |
| 最大作业水深/m | 3000 | 1500 |

续表

| 平台编号 | | 海洋石油 981 | 海洋石油 982 |
|---|---|---|---|
| 类型 | | 半潜式 | 半潜式 |
| 船级 | | ABS/CCS | ABS/CCS |
| 航速/kn | | 9 | — |
| 主体尺度 | 沉垫(长×宽)/m | 114.07×78.68 | 104.5×72.5 |
| | 主甲板距基线高度/m | 38.6 | 42 |
| | 钻台距基线高度/m | 48.3 | — |
| 浮筒尺度 | 浮筒(长×宽×高)/m | 114.07×20.12×8.54 | — |
| 支柱尺度 | 长度/m | 17.385 | — |
| | 上壳体宽/m | 15.86 | — |
| | 中跨宽/m | 17.385 | — |
| | 浮筒宽/m | 15.86 | — |
| | 高度/m | 21.46 | — |
| | 横向空间(中心线距)/m | 58.56 | — |
| | 纵向空间(中心线距)/m | 58.56 | — |
| 上壳体尺度 | 上壳体(长×宽×高)/m | 77.47×74.42×8.60 | — |
| 吃水 | 作业吃水/m | 19.0 | 21.0 |
| | 自存吃水/m | 16.0 | 19.0 |
| | 拖航吃水/m | 8.20 | 10.1 |
| 储备能力 | 钻井水/$m^3$ | — | 1330.3 |
| | 淡水/$m^3$ | — | 805 |
| | 柴油/$m^3$ | — | 3482.4 |
| | 水泥/$m^3$ | — | 457.2 |
| | 重晶石/$m^3$ | — | 457.2 |
| | 泥浆池/$m^3$ | — | 1080.5 |
| | 基油/$m^3$ | — | 1187.8 |
| | 盐水/$m^3$ | — | 1205.4 |
| | 定员 | 160 | 130 |

续表

| 平台编号 | | 海洋石油 981 | 海洋石油 982 |
|---|---|---|---|
| 类型 | | 半潜式 | 半潜式 |
| 船级 | | ABS/CCS | ABS/CCS |
| 作业极限环境条件 | 工作水深/m | 3000 | 1500 |
| | 风速/(m/s) | 56.5 | 51.5 |
| | 有义波高/m | 13.7 | — |
| | 周期/s | 11.89 | — |
| 主要设备 | 钻机能力/m | 12000 | 9000 |
| | 绞车(电驱)/t | 907 | 680 |
| | 泥浆泵 | — | 7500psi HEX 3 台 |
| | 主动力机组 | 8 台×5530kW | 6 台×5530kW |
| | 转盘 | 60½in | |
| | 吊机 | — | (80t-20m)2 台 |
| | 顶驱/t | 907 | 680 |
| | 锚泊系统 | 4 台锚绞车 | 4 台锚绞车 |
| | 推进器 | 8×4600kW | 6×3800kW |
| 直升飞机平台 | | S61N | S61N |

# 第二节 钻机主要部件技术规范

## 一、天车

天车基本技术参数见表 5-17。

**表 5-17 天车基本技术参数**

| 型号 | 最大钩载/kN | 滑轮外径/mm | 滑轮数 | 钢丝绳直径/mm | 外形尺寸(长×宽×高)/mm | 质量/kg | 生产厂家 |
|---|---|---|---|---|---|---|---|
| TC135 | 1350 | 915 | 5 | 29 | 2500×2050×1920 | 2400 | 兰州石油化工机器厂 |
| TC135-1 | 1350 | 915 | 5 | 29 | 2500×2050×1920 | 2410 | |
| TC225 | 2250 | 1120 | 6 | 32 | 2717×2634×3204 | 4790 | |

续表

| 型号 | 最大钩载/kN | 滑轮外径/mm | 滑轮数 | 钢丝绳直径/mm | 外形尺寸(长×宽×高)/mm | 质量/kg | 生产厂家 |
|---|---|---|---|---|---|---|---|
| TC250-1 | 2500 | 1120 | 6 | 32 | 2717×2575×2379 | 4669 | 兰州石油化工机器厂 |
| TC315 | 3150 | 1270 | 7 | 32 | 2924×2160×2379 | 6284 | |
| TC450 | 4500 | 1527 | 7 | 35 | 2935×1320×2300 | 7497 | |
| TC450S | 4500 | 1524 | 7 | 38 | 2886×2410×1797 | 8903 | |
| TC450-2 | 4500 | 1524 | 7 | 38 | 2886×2410×1797 | 8770 | |
| TC585 | 5850 | 1524 | 8 | 42 | 3070×3000×3600 | 10000 | |
| TC30 | 300 | 475 | 4 | 24 | 738×472×575 | 245 | 宝鸡石油机械有限责任公司 |
| TC50 | 500 | 610 | 5 | 24 | 860×670×588 | 464 | |
| TC90 | 900 | 660 | 5 | 26 | 1208×1092×1207 | 1500 | |
| TC135 | 1350 | 1016 | 5 | 29 | 2320×1436×1781 | 2775 | |
| TC170 | 1700 | 1016 | 6 | 29 | 2668×2460×1855 | 4540 | |
| TC225 | 2250 | 1120 | 6 | 32 | 2667×2709×2469 | 5270 | |
| TC315 | 3150 | 1270 | 7 | 35 | 3112×2783×2800 | 7600 | |
| TC450 | 4500 | 1524 | 7 | 38 | 3407×2722×2856 | 9750 | |
| TC675-1 | 6750 | 1524 | 7(主)<br>1(导向) | 45 | 4650×3340×2702 | 13750 | |
| TC900 | 9000 | 1829 | 7(主)<br>1(导向) | 48 | 4217×3606×3146 | 19150 | |
| TC180 | 1800 | 915 | 5+1 | 29 | 3510×2340×3080 | 3925 | 山东高原油气装备有限公司 |
| TC225 | 2250 | 1120 | 5+1 | 32 | 3750×2450×3660 | 5910 | |
| TC315 | 3150 | 1270 | 6+1 | 35 | 3850×2760×3970 | 7340 | |
| TC450 | 4500 | 1524 | 6+1 | 38 | 4540×2850×3970 | 11130 | |

## 二、游动滑车

游动滑车基本技术参数见表 5-18。

**表 5-18 游动滑车(游车大钩)基本技术参数**

| 型号 | | 最大静负荷/kN | 滑轮外径/mm | 滑轮数 | 钢丝绳直径/mm | 外形尺寸(长×宽×高)/mm | 质量/kg | 生产厂家 |
|---|---|---|---|---|---|---|---|---|
| YC50 | | 500 | | 4 | 24 | 953×552×620 | 532 | 宝鸡石油机械有限责任公司 |
| YC135 | | 1350 | | 4 | 29 | 1353×595×840 | 1761 | |
| YC170 | | 1700 | | 5 | 29 | 2123×1045×840 | 2068 | |
| YC675 | | 6750 | 1524 | 7 | 45 | 3410×1600×1150 | 10860 | |
| YC900 | | 9000 | 1829 | 7 | 48 | 3850×1905×1235 | 16625 | |
| YC225 | | 2250 | 1120 | 5 | 32 | 2234×1129×630 | 3805 | 兰州石油化工机器厂 |
| YC250 | | 2500 | 1120 | 5 | 32 | 2294×1190×630 | 3805 | |
| YC315 | | 3150 | 1270 | 6 | 35 | 2680×1350×974 | 6842 | |
| YC350 | | 3500 | 1270 | 6 | 35 | 2680×1350×974 | 6842 | |
| YC450 | | 4500 | 1524 | 6 | 35 | 3075×1600×800 | 8135 | |
| YC450S | | 4500 | 1524 | 6 | 35 | 3075×1600×800 | 8135 | |
| YC585 | | 5850 | 1524 | 7 | 42 | 3100×1600×965 | 9600 | |
| 游车大钩 | MC-125 | 1250 | | | 25 | 2900×980×680 | 2900 | 高邮市华兴石油机械制造有限公司 |
| | YG-1350 | 1350 | | | 28 | 2946×836×652 | 3138 | |

## 三、大钩

大钩基本技术参数见表 5-19。

**表 5-19 大钩基本技术参数**

| 型号 | 最大钩载/kN | 弹簧行程/mm | 主钩口开口尺寸/mm | 外形尺寸(长×宽×高)/mm | 质量/kg | 生产厂家 |
|---|---|---|---|---|---|---|
| DG-50 | 500 | 140 | 130 | 1660×522×500 | 419 | 宝鸡石油机械有限责任公司 |
| DG-100 | 1000 | 140 | 140 | 1900×765×700 | 1310 | |

续表

| 型号 | 最大钩载/kN | 弹簧行程/mm | 主钩口开口尺寸/mm | 外形尺寸(长×宽×高)/mm | 质量/kg | 生产厂家 |
|---|---|---|---|---|---|---|
| DG-135 | 1350 | 150 | 165 | 1997×700×730 | 1685 | 宝鸡石油机械有限责任公司 |
| DG-675 | 6750 | 220 | 235 | 3730×1210×975 | 7300 | |
| DG-900 | 9000 | 250 | 305 | 4150×1315×1110 | 10350 | |
| DG-225 | 2250 | 180 | 190 | 2545×780×750 | 2180 | 兰州石油化工机器厂 |
| DG-250 | 2500 | 180 | 190 | 2545×780×750 | 2180 | |
| DG-315 | 3150 | 200 | 220 | 2953×890×830 | 3410 | |
| DG-350 | 3500 | 200 | 220 | 2953×890×830 | 3410 | |
| DG-450 | 4500 | 200 | 220 | 2950×890×883 | 3496 | |
| DG-450S | 4500 | 200 | 220 | 2953×880×930 | 3496 | |
| DG-585 | 5850 | 200 | 238 | 3156×930×930 | 3900 | |

## 四、水龙头

水龙头基本技术参数见表5-20。

**表5-20　水龙头基本技术参数**

| 型号 | 最大静负荷/kN | 最高转速/(r/min) | 高压工作压力/MPa | 中心管内径/mm | 接头螺纹 | | 外形尺寸(长×宽×高)/mm | 质量/kg | 生产厂家 |
|---|---|---|---|---|---|---|---|---|---|
| | | | | | 接中心管 | 接方钻杆 | | | |
| SL135 | 1350 | 300 | 35 | 64 | 4½in REG LH | 6⅝in REG LH | 2520×758×840 | 1341 | 兰州石油化工机器厂 |
| SL225 | 2250 | 300 | 35 | 75 | 6⅝in REG LH | 6⅝in REG LH | 2880×1026×820 | 2246 | |
| SL250 | 2500 | 300 | 35 | 75 | 6⅝in REG LH | 6⅝in REG LH | 2880×1026×820 | 2246 | |

续表

| 型号 | 最大静负荷/kN | 最高转速/(r/min) | 高压工作压力/MPa | 中心管内径/mm | 接头螺纹 | | 外形尺寸(长×宽×高)/mm | 质量/kg | 生产厂家 |
|---|---|---|---|---|---|---|---|---|---|
| | | | | | 接中心管 | 接方钻杆 | | | |
| SL250-2 | 2500 | 300 | 35 | 75 | 6⅝in REG LH | 6⅝in REG LH | 2880×1026×820 | 2563 | 兰州石油化工机器厂 |
| SL450 | 4500 | 300 | 35 | 75 | 7⅝in REG LH | 6⅝in REG LH | 3015×1096×960 | 2700 | |
| SL450S | 4500 | 300 | 35 | 75 | 7⅝in REG LH | 6⅝in REG LH | 3015×1000×960 | 3461 | |
| SL450-Ⅱ | 4500 | 300 | 35 | 75 | 7⅝in REG LH | 6⅝in REG LH | 3015×1096×960 | 3460 | |
| SL586 | 5850 | 300 | 35 | 75 | 7⅝in REG LH | 6⅝in REG LH | 3115×1143×990 | 4000 | |
| SL675 | 6750 | 300 | 52 | 102 | 8⅝in REG LH | 6⅝in REG LH | 3775×1406×1240 | 6923 | 宝鸡石油机械有限责任公司 |
| SL225 | 2250 | 300 | 35 | 75 | 6⅝in REG LH | 6⅝in REG LH | 2880×1026×820 | 2246 | 四川宏华石油设备有限公司 |
| SL450 | 4500 | 300 | 35 | 75 | 7⅝in REG LH | 6⅝in REG LH | 3015×1096×960 | 2700 | |

## 五、转盘

转盘基本技术参数见表5-21。

**表 5-21　转盘基本技术参数**

| 型号 | 通孔直径/mm | 中心距/mm | 最大静负荷/kN | 最大工作扭矩/N·m | 最高转速/(r/min) | 齿轮传动比 | 外形尺寸(长×宽×高)/mm | 质量/kg | 生产厂家 |
|---|---|---|---|---|---|---|---|---|---|
| ZP175 | 444.5 | 1118 | 1350 | 13729 | 300 | 3.58 | 1935×280×585 | 3888 | 兰州石油化工机器厂 |
| ZP205 | 520.7 | 1353 | 3150 | 22555 | 300 | 3.22 | 2291.5×1475×668 | 5530 | |
| ZP275 | 698.5 | 1353 | 4500 | 27459 | 300 | 3.67 | 2392×1670×685 | 6163 | |
| ZP375 | 952.5 | 1353 | 5850 | 32362 | 300 | 3.56 | 2468×1810×718 | 7548 | |
| ZP375AS | 952.5 | 1478 | 5850 | 32362 | 300 | 3.56 | 2468×1810×718 | 8026 | |
| ZP495 | 1257.3 | 1651 | 7250 | 36285 | 300 | 3.93 | 2940×2184×813 | 11626 | |
| ZP375Z | 952.5 | 1353 | 6750 | 45000 | 300 | 3.62 | 2454×1810×723 | 9504 | 宝鸡石油机械有限责任公司 |
| ZP495 | 1257.3 | 1651 | 9000 | 45000 | 300 | 4.0833 | 3015×2254×819 | 14238 | |

## 六、绞车

宝石、兰石、高原绞车基本技术参数见表 5-22。

**表 5-22　宝石、兰石、高原绞车基本技术参数**

| 型号 | JC10B | JC15DB | JC20DB | JC20DY | JC30 | JC40DB | JC40B |
|---|---|---|---|---|---|---|---|
| 名义钻深(114mm 钻杆)/m | 1000 | 1500 | 2000 | 2000 | 3000 | 4000 | 4000 |
| 最大输入功率/kW | 210 | 400 | 500 | 400 | 400 | 735 | 735 |
| 最大快绳拉力/kN | 80 | 150 | 200 | 200 | 200 | 280 | 280 |

续表

| 型号 | JC10B | JC15DB | JC20DB | JC20DY | JC30 | JC40DB | JC40B |
| --- | --- | --- | --- | --- | --- | --- | --- |
| 钢丝绳公称直径/mm | Φ22 | Φ26 | Φ29 | Φ29 | Φ29 | Φ32 | Φ32 |
| 滚筒尺寸（直径×宽度）/mm | Φ400×650 | Φ473×900 | Φ473×1000 | Φ560×1120 | Φ473×1000 | Φ644×1208 | Φ660×1208 |
| 刹车轮毂尺寸（直径×宽度）/mm | Φ1100×230 | Φ1500（盘刹） | Φ1500（盘刹） | Φ1500（盘刹） | Φ1500（盘刹） | Φ1168×265 | Φ1168×265 |
| 刹带包角/(°) | 273° | — | — | — | — | 280 | 280 |
| 提升速度挡数 | 2 | 2 | 2 | 3 | 5 | 4 | 4 |
| 转盘速度挡数 | 2 | 2 | 2 | 3 | 5 | 2 | 2 |
| 辅助刹车 | - | FDWS15 | FDWS20 | FDWS20 | FDWS30 | FDWS40 | FDWS40 |
| 最大外形尺寸（长×宽×高）/mm | 7390×2500×2410 | 10350×3400×2577 | 6800×3256×2463 | 7040×2850×2470 | 13800×3400×2500 | 7000×3200×3010 | 6300×2628×2699 |
| 质量/kg | 9819 | 29500 | 29020 | 29530 | 35500 | 37800 | 28000 |

| 型号 | JC45B | JC45D | JC50B | JC50D | JC70B | JC70D |
| --- | --- | --- | --- | --- | --- | --- |
| 名义钻深（114mm 钻杆）/m | 5000 | 5000 | 5000 | 5000 | 7000 | 7000 |
| 最大输入功率/kW | 1100 | 1100 | 1100 | 1100 | 1470 | 1470 |
| 最大快绳拉力/kN | 341 | 350 | 350 | 350 | 450 | 450 |
| 钢丝绳公称直径/mm | Φ35 | Φ35 | Φ35 | Φ35 | Φ38 | Φ38 |
| 滚筒尺寸（直径×宽度）/mm | Φ685×1160 | Φ685×1160 | Φ685×1160 | Φ770×1460 | Φ770×1310 | Φ770×1310 |
| 刹车轮毂尺寸（直径×宽度）/mm | Φ1270×267 | Φ1270×267 | Φ1270×267 | Φ1370×270 | Φ1370×270 | Φ1370×270 |
| 刹带包角/(°) | 280 | 280 | 280 | 280 | 280 | 280 |
| 提升速度挡数 | 6 | 4 | 4 | 4 | 4 | 4 |
| 转盘速度挡数 | 3 | 2 | 2 | 2 | - | 2 |
| 辅助刹车 | FDWS40 | FDWS45 | FDWS50 | SDF45 | FDWS70 | FDWS70 |
| 最大运输尺寸（长×宽×高）/mm | 7000×3658×2630 | 7000×2565×2630 | 6760×2565×2881 | 7670×2830×3050 | 6600×3000×2110 | 7670×2812×3216 |
| 质量/kg | 35663 | 35728 | 34203 | 38476 | 36500 | 44000 |

续表

| 型号 | | JC-90DB1 | JC-120DB |
|---|---|---|---|
| 生产厂家 | | 宝鸡石油机械有限责任公司 | |
| 额定输入功率/kW(hp) | | 2640(3600) | 4×1100 |
| 最大快绳拉力/kN | | 640 | 851 |
| 钢丝绳直径/mm | | Φ45 | Φ48 |
| 挡数 | | 2 正 2 倒(无级调速) | 1 正 1 倒(无级调速) |
| 滚筒转速/(r/min) | | 0~380(高速挡) | 0~328 |
| | | 0~250(低速挡) | |
| 钩速/(m/s) | | 0~1.8(高速挡) | 0~1.85 |
| | | 0~1.2(低速挡) | |
| 开槽滚筒尺寸(直径×长度)/mm | | Φ1060×1840 | Φ1320×2305 |
| 刹车盘尺寸(外径×厚度)/mm | | Φ2200×80 | Φ2400×80 |
| 自动送钻基本参数: | 自动送钻型号 | GK167-Y37-4p-129.64-M4-A-90°(左) | |
| | | GK167-Y37-4p-129.64-M4-B-90°(右) | |
| | 送钻电机 | 37kW SEW 交流变频电机 | |
| | 减速比 | 1∶129.64 | 1∶126.9 |
| | 钩速/(m/s) | 0~0.015 | 0~0.01 |
| | 单台额定输出扭矩/N·m | 32000 | 28645 |
| 绞车外形尺寸/mm | | 10680×3200×3120 | 12000×3375×3260 |
| 绞车质量/kg | | 82000 | 105100 |

## 七、井架及底座

井架、底座基本技术参数分别见表 5-23 和表 5-24。

表 5-23 井架基本技术参数

| 型号 | 井架形式 | 井架高度/m | 最大钩载/kN | 立根容量（Φ114mm钻杆）/m | 井架可承受最大风载/（km/h） | 生产厂家 |
|---|---|---|---|---|---|---|
| JJ60/29-A | A形 | 29 | 588 | 1000 | 172 | 宝鸡石油机械有限责任公司 |
| JJ90/39-A | A形 | 39 | 882 | 1500 | 172 | |
| JJ135/40-A | A形 | 40 | 1323 | 2000 | 172 | |
| JJ170/41-A | A形 | 41 | 1666 | 3000 | 172 | |
| JJ225/42-A | A形 | 42 | 2205 | 4000 | 172 | |
| JJ315/43-A | A形 | 43 | 3087 | 5000 | 172 | |
| JJ90/38-K | K形 | 38 | 882 | 1500 | 172 | |
| JJ135/40-K | K形 | 40 | 1323 | 2000 | 172 | |
| JJ170/41-K | K形 | 41 | 1666 | 3000 | 172 | |
| JJ225/43-K | K形 | 43 | 2205 | 4000 | 172 | |
| JJ315/45-K | K形 | 45 | 3087 | 5000 | 172 | |
| JJ450/45-K | K形 | 45 | 4410 | 7000 | 172 | |
| TJ2-41 | 塔式 | 41 | 2205 | 4000 | 80 | |
| HJJ315/45-T | 塔式 | 45 | 3087 | 5000 | 172 | |
| HJJ450/45-T | 塔式 | 45 | 4410 | 7000 | 172 | |
| HJJ450/49-T | 塔式 | 49 | 4410 | 7000 | 172 | |
| JJ675/48-K | 前开口形 | 48 | 6570 | 9000（Φ127mm钻杆） | 172 | |
| JJ900/52-K | 前开口形 | 52 | 9000 | 12000（Φ127mm钻杆） | 172 | |
| JJ180/41-K | K形 | 41 | 1800 | 3000 | 172 | 山东高原油气装备有限公司 |
| JJ225/42.5-K | K形 | 42.5 | 2250 | 4000 | 172 | |
| JJ315/45-K | K形 | 45 | 3150 | 5000 | 172 | |
| JJ450/45-K | K形 | 45 | 4500 | 7000 | 172 | |

表 5-24　底座基本技术参数

| 型号 | 形式 | 钻台高度/m | 动力机台高度/m | 转盘大梁下净高度/m | 转盘大梁负荷/kN | 立根盒负荷/kN | 生产厂家 |
|---|---|---|---|---|---|---|---|
| DZ60/3-T | 拖橇式 | 3 | 2.16 | 1.9 | 588 | 392 | 宝鸡石油机械有限责任公司 |
| DZ90/3.9-T1 | 拖橇式 | (3.2)3.9 | (2.6)3.54 | (2.55)3.2 | 882 | 588 | |
| DZ135/4.5-T | 拖橇式 | (3.2)4.5 | 1.5 | (2.5)3.5 | 1323 | 784 | |
| DZ170/4-T | 拖橇式 | (3.6)4 | (2.55)2.95 | (2.51)2.91 | 1666 | 882 | |
| DZ135/4.5-C | 车装式 | 4.5 | 1.5 | 3.5 | 1323 | 784 | |
| TJ2-41 | 箱叠式 | 4.5 | 1.5 | 3.2 | 2205 | 1274 | |
| DZ225/6-K | 块式 | (4.5)6 | (1.5)<br>0.4~1.4 | (3.2)4.8 | 2205 | 1274 | |
| DZ225/7.5-K | 块式 | 7.5 | 1.4 | 6.2 | 2450 | 1274 | |
| DZ315/6-K | 块式 | 6 | 1.5 | 4.5 | 3087 | 1764 | |
| DZ450/6.7-K | 块式 | (6)6.7 | (3)0.4~1.4 | (4.5)5.5 | 4410 | 2352 | |
| DZ315/9-S | 升举式 | 9 | 9 | 7.69 | 3087 | 1764 | |
| DZ450/9-S | 升举式 | 9 | 9 | 7.5 | 4410 | 2352 | |
| DZ675/12-X | 升举式 | 12 | — | 10.34 | 6750 | 3250 | |
| DZ900/12-X | 升举式 | 12 | — | 10.1 | 9000 | 4320 | |
| DZ180/6-XD | 箱叠式 | 6 | 0.8 | 4.8 | 1800 | 900 | 山东高原油气装备有限公司 |
| DZ225/7.5-XD | 箱叠式 | 7.5 | 0.8 | 6.3 | 2250 | 1200 | |
| DZ315/7.5-XD | 箱叠式 | 7.5 | 0.8 | 6.3 | 3150 | 1800 | |
| DZ225/7.5-X | 旋升式 | 7.5 | 7.5 | 6.3 | 2250 | 1200 | |
| DZ315/9-X | 旋升式 | 9 | 9 | 7.6 | 3150 | 1800 | |
| DZ450/10.5-X | 旋升式 | 10.5 | 10.5 | 9.1 | 4500 | 2200 | |

## 八、电磁涡流刹车

兰石 DS 系列电磁涡流刹车基本技术参数见表 5-25。

表 5-25　兰石 DS 系列电磁涡流刹车基本技术参数

| 型　　号 | DS20 | DS40 | DS50 | DS70 | DS90 |
|---|---|---|---|---|---|
| 额定制动扭矩/kN·m | 6.5 | 44 | 60.76 | 107.8 | 110 |
| 适用井深<br>(用 Φ114mm 钻杆时)/m | 1200~<br>2000 | 2500~<br>4000 | 3500~<br>5000 | 4500~<br>7000 | 6000~<br>9000 |
| 最大励磁功率/kW | 5 | 9 | 12 | 23.5 | 25 |
| 励磁线圈(H 级) | 2 | 4 | 4 | 4 | 4 |
| 冷却水量/(L/min) | 100 | 190 | 285 | 560 | 600 |
| 最高进水温度/℃ | 42 | 42 | 42 | 42 | 42 |
| 最高出水温度/℃ | 72 | 72 | 72 | 72 | 72 |
| 质量/kg | 1550 | 5830 | 7285 | 12300 | 14000 |
| 适合安装钻机类型 | ZJ20 系列 | ZJ40 系列 | ZJ50 系列 | ZJ70 系列 | ZJ90 系列 |

山东恒信电器集团有限公司

| 型号 | DS(F)30 | DS(F)40 | DS(F)50 | DS(F)70 | DS(F)90 |
|---|---|---|---|---|---|
| 额定制动扭矩/kN·m | 23 | 44 | 60 | 107 | 125 |
| 适用井深<br>(用 Φ114mm 钻杆时)/m | 3000 | 4000 | 5000 | 7000 | 9000 |
| 最大励磁功率/kW | 9 | 10 | 12 | 23 | 25 |
| 励磁线圈(H 级) | 4 | 4 | 4 | 4 | 4 |
| 冷却水量/(L/min) | 150 | 190 | 285 | 560 | 600 |
| 最高进水温度/℃ | 42 | 42 | 42 | 42 | 42 |
| 最高出水温度/℃ | 72 | 72 | 72 | 72 | 72 |
| 质量/kg | 1550 | 5830 | 7285 | 12300 | 14000 |
| 适合安装钻机类型 | ZJ30 系列 | ZJ40 系列 | ZJ50 系列 | ZJ70 系列 | ZJ90 系列 |

## 九、钻井泵

1. 宝鸡石油机械有限责任公司钻井泵

宝鸡石油机械有限责任公司钻井泵基本技术参数见表 5-26~表 5-32。

表 5-26　F-500 钻井泵基本技术参数

| 齿轮速比 | 4.286：1 | 润滑形式 | 强制加飞溅 | 吸入管口法兰直径 | 203mm |
|---|---|---|---|---|---|
| 齿轮类型 | 人字齿轮 | 额定功率 | 370kW | 排出管口法兰直径 | 103mm |
| 最大缸套直径×冲程 | 170mm×191mm | 额定冲数 | 165 次/分 | 质量 | 9770kg |

性能参数

| 冲数/分 | 额定功率 | | 缸套直径/mm 和额定压力/MPa | | | | | | | |
|---|---|---|---|---|---|---|---|---|---|---|
| | | | 170 | 160 | 150 | 140 | 130 | 120 | 110 | 100 |
| | | | 9.3 | 10.5 | 11.9 | 13.7 | 15.9 | 18.6 | 22.2 | 26.8 |
| | kW | hp | 排量/(L/s) | | | | | | | |
| 170 | 379 | 515 | 36.75 | 32.56 | 28.61 | 24.93 | 21.49 | 18.31 | 15.39 | 12.72 |
| 165 * | 368 | 500 | 35.67 | 31.60 | 27.77 | 24.19 | 20.86 | 17.77 | 14.93 | 12.34 |
| 150 | 334 | 455 | 32.43 | 28.73 | 25.25 | 21.99 | 19.96 | 16.16 | 13.58 | 11.22 |
| 140 | 312 | 424 | 30.37 | 26.81 | 23.56 | 20.53 | 17.70 | 15.08 | 12.67 | 10.47 |
| 130 | 290 | 394 | 28.11 | 24.90 | 21.88 | 19.06 | 16.44 | 14.00 | 11.77 | 9.73 |
| 120 | 267 | 364 | 25.94 | 22.98 | 20.20 | 17.60 | 15.17 | 12.93 | 10.86 | 8.98 |
| 110 | 245 | 333 | 23.78 | 21.07 | 18.52 | 16.13 | 13.91 | 11.85 | 9.96 | 8.23 |
| 1 | | | 0.2162 | 0.1915 | 0.1683 | 0.1466 | 0.126 | 0.1077 | 0.0905 | 0.0748 |

注：1. 按容积效率 100%和机械效率 90%计算。

2. * 推荐的冲次和连续运转时的输入功率。

表 5-27　F-800 泥浆泵基本技术参数

| 齿轮类型 | 人字齿轮 | 润滑形式 | 强制加飞溅 | 吸入管口法兰直径 | 254mm |
|---|---|---|---|---|---|
| 齿轮速比 | 4.185：1 | 额定功率 | 590kW | 排出管口法兰直径 | 130mm |
| 最大缸套直径×冲程 | 170mm×229mm | 额定冲数 | 150 次/分 | 质量 | 14500kg |

续表

| 齿轮类型 | | | 人字齿轮 | 润滑形式 | 强制加飞溅 | 吸入管口法兰直径 | 254mm | | | |
|---|---|---|---|---|---|---|---|---|---|---|
| 冲数/分 | 额定功率 | | 缸套直径/mm 和额定压力/MPa | | | | | | | |
| | | | 170 | 160 | 150 | 140 | 130 | 120 | 110 | 100 |
| | | | 13.6 | 15.4 | 17.5 | 20.1 | 23.3 | 27.3 | 32.5 | 34.3 |
| | kW | hp | 排量/(L/s) | | | | | | | |
| 160 | 627 | 853 | 41.51 | 36.77 | 32.32 | 28.15 | 24.27 | 20.68 | 17.38 | 14.36 |
| 150 * | 588 | 800 | 38.92 | 34.47 | 30.30 | 26.39 | 22.76 | 19.39 | 16.29 | 13.47 |
| 140 | 549 | 747 | 36.32 | 32.17 | 28.28 | 24.63 | 21.24 | 18.10 | 15.21 | 12.57 |
| 130 | 510 | 693 | 33.73 | 29.88 | 26.26 | 22.87 | 19.72 | 16.81 | 14.12 | 11.67 |
| 120 | 471 | 640 | 31.13 | 27.58 | 24.24 | 21.11 | 18.21 | 15.51 | 13.03 | 10.77 |
| 110 | 431 | 587 | 28.54 | 25.28 | 22.22 | 19.35 | 16.69 | 14.22 | 11.95 | 9.87 |
| 1 | | | 0.2594 | 0.2298 | 0.2020 | 0.1759 | 0.1517 | 0.1293 | 0.1086 | 0.0898 |

注：1. 按容积效率100%和机械效率90%计算。

2. * 推荐的冲次和连续运转时的输入功率。

**表5-28　F-1000泥浆泵基本技术参数**

| 齿轮类型 | | | 人字齿轮 | 润滑形式 | 强制加飞溅 | 吸入管口法兰直径 | 305mm | | |
|---|---|---|---|---|---|---|---|---|---|
| 齿轮速比 | | | 4.207∶1 | 额定功率 | 735kW | 排出管口法兰直径 | 130mm | | |
| 最大缸套直径×冲程 | | | 170mm×254mm | 额定冲数 | 140次/分 | 质量 | 18790kg | | |
| 冲数/分 | 额定功率 | | 缸套直径/mm 和额定压力/MPa | | | | | | |
| | | | 170 | 160 | 150 | 140 | 130 | 120 | 110 |
| | | | 16.4 | 18.5 | 21.1 | 24.2 | 28.0 | 32.9 | 34.3 |
| | kW | hp | 排量/(L/s) | | | | | | |
| 150 | 788 | 1072 | 43.24 | 38.30 | 33.66 | 29.33 | 25.29 | 21.55 | 18.10 |
| 140 * | 735 | 1000 | 40.36 | 35.75 | 31.42 | 27.37 | 23.60 | 20.11 | 16.90 |
| 130 | 683 | 929 | 37.47 | 33.20 | 29.18 | 25.42 | 21.91 | 18.67 | 15.69 |

续表

| 齿轮类型 | | | 人字齿轮 | 润滑形式 | 强制加飞溅 | 吸入管口法兰直径 | 305mm | |
|---|---|---|---|---|---|---|---|---|
| 冲数/分 | 额定功率 | | 缸套直径/mm 和额定压力/MPa | | | | | |
| | | | 170 | 160 | 150 | 140 | 130 | 120 | 110 |
| | | | 16.4 | 18.5 | 21.1 | 24.2 | 28.0 | 32.9 | 34.3 |
| | kW | hp | 排量/(L/s) | | | | | | |
| 120 | 630 | 857 | 34.59 | 30.64 | 26.93 | 23.46 | 20.23 | 17.24 | 14.48 |
| 110 | 578 | 786 | 31.71 | 28.09 | 24.69 | 21.51 | 18.54 | 15.80 | 13.28 |
| 100 | 525 | 714 | 28.83 | 25.53 | 22.44 | 19.55 | 16.86 | 14.36 | 12.07 |
| 1 | | | 0.2883 | 0.2553 | 0.2244 | 0.1955 | 0.1686 | 0.1436 | 0.1207 |

注：1. 按容积效率 100%和机械效率 90%计算。

2. * 推荐的冲次和连续运转时的输入功率。

## 表 5-29　F-1300 泥浆泵基本技术参数

| 齿轮类型 | | | 人字齿轮 | 润滑形式 | 强制加飞溅 | 吸入管口法兰直径 | 305mm |
|---|---|---|---|---|---|---|---|
| 齿轮速比 | | | 4.206：1 | 额定冲数 | 120 次/分 | 排出管口法兰直径 | 130mm |
| 最大缸套直径×冲程 | | | 180mm×305mm | 额定功率 | 960kW | 质量 | 24572kg |
| 冲数/分 | 额定功率 | | 缸套直径/mm 和额定压力/MPa | | | | |
| | | | 180 | 170 | 160 | 150 | 140 | 130 |
| | | | 18.5 | 20.7 | 23.4 | 26.6 | 30.5 | 34.3 |
| | kW | hp | 排量/(L/s) | | | | | |
| 130 | 1036 | 1408 | 50.42 | 44.97 | 39.83 | 35.01 | 30.50 | 26.30 |
| 120 * | 956 | 1300 | 46.54 | 41.51 | 36.77 | 32.32 | 28.15 | 24.27 |
| 110 | 876 | 1192 | 42.66 | 38.05 | 33.71 | 29.62 | 25.81 | 22.25 |
| 100 | 797 | 1083 | 38.78 | 34.59 | 30.64 | 26.93 | 23.46 | 20.23 |
| 90 | 717 | 975 | 34.90 | 31.31 | 27.58 | 24.24 | 21.11 | 18.21 |
| 1 | | | 0.3878 | 0.3459 | 0.3064 | 0.2693 | 0.2346 | 0.2023 |

注：1. 按容积效率 100%和机械效率 90%计算。

2. * 推荐的冲次和连续运转时的输入功率。

表 5-30　F-1600 泥浆泵基本技术参数

| 齿轮类型 | | | 人字齿轮 | 润滑形式 | 强制加飞溅 | 吸入管口法兰直径 | 305mm |
|---|---|---|---|---|---|---|---|
| 齿轮速比 | | | 4.206∶1 | 额定冲数 | 120 次/分 | 排出管口法兰直径 | 130mm |
| 最大缸套直径×冲程 | | | 180mm×305mm | 额定功率 | 1180kW | 质量 | 24791kg |
| 冲数/分 | 额定功率 | | 缸套直径/mm 和额定压力/MPa | | | | |
| | | | 180 | 170 | 160 | 150 | 140 | 130 |
| | | | 22.7 | 25.5 | 28.8 | 32.7 | 34.3 | 34.3 |
| | kW | hp | 排量/(L/s) | | | | | |
| 130 | 1275 | 1733 | 50.42 | 44.97 | 39.83 | 35.01 | 30.50 | 26.30 |
| 120 * | 1176 | 1600 | 46.54 | 41.51 | 36.77 | 32.32 | 28.15 | 24.27 |
| 110 | 1078 | 1467 | 42.66 | 38.05 | 33.71 | 29.62 | 25.81 | 22.25 |
| 100 | 980 | 1333 | 38.78 | 34.59 | 30.64 | 26.93 | 23.46 | 20.23 |
| 90 | 882 | 1200 | 34.90 | 31.13 | 27.58 | 24.24 | 21.11 | 18.21 |
| 1 | | | 0.3878 | 0.3459 | 0.3064 | 0.2693 | 0.2346 | 0.2023 |

注：1. 按容积效率 100%和机械效率 90%计算。

2. * 推荐的冲次和连续运转时的输入功率。

表 5-31　F-1600HL 泥浆泵基本技术参数

| 齿轮类型 | 人字齿轮 | | 润滑形式 | | 强制加飞溅 | | 吸入管口法兰直径 | 305mm |
|---|---|---|---|---|---|---|---|---|
| 齿轮速比 | 4.206∶1 | | 额定冲数 | | 120 次/分 | | 排出管口法兰直径 | 130mm |
| 最大缸套直径×冲程 | 190mm×304.8mm | | 额定功率 | | 1170kW | | 质量 | 29535kg |
| 缸套内孔直径/mm | 190 | 180 | 170 | 160 | 150 | * 140 | * 130 | * 120 |
| 额定压力/MPa | 20.7 | 23.0 | 25.8 | 29.2 | 33.2 | 38.1 | 44.2 | 51.9 |

续表

| 齿轮类型 | | 人字齿轮 | | 润滑形式 | | 强制加飞溅 | 吸入管口法兰直径 | 305mm | |
|---|---|---|---|---|---|---|---|---|---|
| 冲次/(次/分) | 额定功率/kW | 排量/(L/s) | | | | | | | |
| *120 | 1176 | 51.85 | 46.54 | 41.51 | 36.77 | 32.32 | 28.15 | 24.27 | 20.68 |
| 110 | 1078 | 47.52 | 42.66 | 38.05 | 33.71 | 29.62 | 25.81 | 22.26 | 18.97 |
| 100 | 980 | 43.20 | 38.78 | 34.59 | 30.64 | 26.93 | 23.46 | 20.24 | 17.25 |
| 90 | 882 | 38.88 | 34.90 | 31.13 | 27.58 | 24.24 | 21.11 | 18.21 | 15.52 |
| 80 | 784 | 34.56 | 31.02 | 27.67 | 24.51 | 21.54 | 18.77 | 1.19 | 13.80 |
| 1 | | 0.43208 | 0.3878 | 0.3459 | 0.3064 | 0.2693 | 0.2346 | 0.2040 | 0.1725 |

注：1. 按容积效率100%和机械效率90%计算。

2. 最高工作压力51.9MPa。

3. *工作压力高于35MPa时推荐采用柱塞盘根结构。

**表5-32　F-2200HL泥浆泵基本技术参数**

| 齿轮类型 | | | 人字齿轮 | | 润滑形式 | | 强制加飞溅 | | 吸入管口法兰直径 | | 305mm |
|---|---|---|---|---|---|---|---|---|---|---|---|
| 齿轮速比 | | | 3.5122∶1 | | 额定冲数 | | 105次/分 | | 排出管口法兰直径 | | 130mm |
| 最大缸套直径×冲程 | | | 230mm×356mm | | 额定功率 | | 1640kW | | 质量 | | 43080kg |
| 缸套内孔直径/mm | | 230 | 220 | 210 | 200 | 190 | 180 | 170 | 160 | 150 | 140 | 130 |
| 额定压力/MPa | | 19.0 | 20.8 | 22.8 | 25.1 | 27.9 | 31.0 | 34.8 | 39.3 | 44.7 | 51.3 | 52(最大) |
| 冲次/(次/分) | 额定功率/kW | 排量/(L/s) | | | | | | | | | | |
| *105 | *1640 | 77.65 | 71.05 | 64.73 | 58.72 | 52.99 | 47.56 | 42.42 | 37.58 | 33.03 | 28.77 | 24.81 |
| 90 | 1406 | 66.56 | 60.90 | 55.49 | 50.33 | 45.42 | 40.77 | 36.36 | 32.21 | 28.31 | 24.66 | 21.26 |
| 80 | 1250 | 59.16 | 54.13 | 49.32 | 44.74 | 40.37 | 36.24 | 32.32 | 28.63 | 25.16 | 21.92 | 18.90 |

续表

| 齿轮类型 | | | | 人字齿轮 | | 润滑形式 | | 强制加飞溅 | | 吸入管口法兰直径 | | 305mm |
|---|---|---|---|---|---|---|---|---|---|---|---|---|
| 冲次/(次/分) | 额定功率/kW | 排量/(L/s) | | | | | | | | | | |
| 70 | 1094 | 51.76 | 47.36 | 43.16 | 39.14 | 35.33 | 31.71 | 28.28 | 25.05 | 22.02 | 19.18 | 16.54 |
| 60 | 937 | 44.37 | 40.60 | 36.99 | 33.55 | 30.28 | 27.18 | 24.24 | 21.47 | 18.87 | 16.44 | 14.18 |
| 1 | | 0.7395 | 0.6766 | 0.6165 | 0.5592 | 0.5047 | 0.4530 | 0.4040 | 0.3579 | 0.3146 | 0.2740 | 0.2363 |

注：1. 按容积效率100%和机械效率90%计算。
2. 兰州石油化工机器厂钻井泵
3. * 推荐的额定冲数和额定输入功率。

## 2. 兰州石油化工机器厂钻井泵

兰州石油化工机器厂钻井泵基本技术参数见表5-33。

**表5-33 兰州石油化工机器厂钻井泵基本技术参数**

| 型号 | 3NB350 | 3NB500C | 3NB800 | 3NB1000 |
|---|---|---|---|---|
| 功率/kW、hp | 258、350 | 368、500 | 589、800 | 736、1000 |
| 冲数/(冲/分) | 120 | 95 | 160 | 150 |
| 冲程/mm | 203 | 254 | 216 | 235 |
| 齿轮传动比 | 3.782 | 3.82 | 2.51 | 2.658 |
| 最高工作压力/MPa | 20.3 | 29.0 | 32.3 | 34.3 |
| 缸套最大直径/mm | 150 | 160 | 160 | 170 |
| 吸入管径/mm | 219 | 254 | 257 | 254 |
| 排出管径/mm | 76 | 100 | 100 | 100 |
| 外形尺寸(长×宽×高)/mm | 3435×1530×1470 | 4200×2640×2430 | 3995×2360×1541 | 4575×2600×1700 |
| 质量/kg | 11457 | 15940 | 13260 | 17985 |

续表

| 型号 | 3NB1000C | 3NB1300 | 3NB1300C | 3NB1600 |
|---|---|---|---|---|
| 功率/kW、hp | 736、1000 | 956、1300 | 956、1300 | 1176、1600 |
| 冲数/(冲/分) | 110 | 140 | 120 | 120 |
| 冲程/mm | 305 | 245 | 305 | 305 |
| 齿轮传动比 | 3.833 | 2.868 | 3.81 | 3.81 |
| 最高工作压力/MPa | 34.3 | 34.3 | 34.3 | 34.3 |
| 缸套最大直径/mm | 170 | 171.5 | 180 | 190 |
| 吸入管径/mm | 305 | 257 | 305 | 305 |
| 排出管径/mm | 100 | 100 | 100 | 100 |
| 外形尺寸(长×宽×高)/mm | 5170×2809×2530 | 4900×2690×1800 | 5010×1942×1918 | 4450×2850×2077 |
| 质量/kg | 21450 | 35120 | 23000 | 29700 |

3. 青州石油机械厂钻井泵

青州石油机械厂钻井泵基本技术参数见表5-34。

**表5-34 青州石油机械厂钻井泵基本技术参数**

<table>
<tr><td colspan="2">型号</td><td colspan="2">SL3NB-1000A</td><td colspan="2">SL3NB-1300A</td><td colspan="2">SL3NB-1600A</td></tr>
<tr><td colspan="2">输入功率/kW</td><td colspan="2">736</td><td colspan="2">956</td><td colspan="2">1176</td></tr>
<tr><td colspan="2">额定冲数/(冲/分)</td><td colspan="2">120</td><td colspan="2">120</td><td colspan="2">120</td></tr>
<tr><td colspan="2">冲程/mm</td><td colspan="2">305</td><td colspan="2">305</td><td colspan="2">305</td></tr>
<tr><td colspan="2">齿轮传动比</td><td colspan="2">3.657</td><td colspan="2">3.657</td><td colspan="2">3.657</td></tr>
<tr><td colspan="2">吸入管径/mm</td><td colspan="2">254</td><td colspan="2">305</td><td colspan="2">305</td></tr>
<tr><td colspan="2">排出管径/mm</td><td colspan="2">123</td><td colspan="2">123</td><td colspan="2">128</td></tr>
<tr><td colspan="2">外形尺寸(长×宽×高)/mm</td><td colspan="2">4600×2720×2470</td><td colspan="2">4300×2750×2525</td><td colspan="2">4720×2822×2660</td></tr>
<tr><td colspan="2">总重/t</td><td colspan="2">19.3</td><td colspan="2">20.8</td><td colspan="2">27.1</td></tr>
<tr><td>缸套直径/mm</td><td>Φ130</td><td>Φ140</td><td>Φ150</td><td>Φ160</td><td>Φ170</td><td>Φ180</td><td>Φ190</td></tr>
</table>

续表

| 型号 | | | SL3NB-1000A | | SL3NB-1300A | | SL3NB-1600A | |
|---|---|---|---|---|---|---|---|---|
| 柴油机转速/(r/min) | 泵冲数/(冲/分) | 理论排量/(L/s) | | | | | | |
| 1500 | 120 | 24.28 | 28.16 | 32.32 | 36.78 | 41.52 | 46.54 | 51.85 |
| 1400 | 112 | 22.66 | 26.28 | 30.17 | 34.32 | 38.75 | 43.44 | 48.40 |
| 1300 | 104 | 21.04 | 24.40 | 28.01 | 31.87 | 36.00 | 40.34 | 44.94 |
| 1200 | 96 | 19.42 | 22.53 | 25.86 | 29.42 | 33.21 | 37.24 | 41.48 |
| 1100 | 88 | 17.80 | 20.65 | 23.70 | 26.97 | 30.44 | 34.13 | 38.03 |
| 1000 | 80 | 16.19 | 18.77 | 21.55 | 24.52 | 27.68 | 31.03 | 34.57 |
| | 1 | 0.202 | 0.235 | 0.269 | 0.307 | 0.346 | 0.388 | 0.432 |
| 最大排出压力/MPa | SL3NB-1000A | 27.0 | 24.0 | 21.0 | 18.5 | 16.0 | 14.5 | |
| | SL3NB-1300A | 35.0 | 31.0 | 27.0 | 24.0 | 21.0 | 19.0 | |
| | SL3NB-1600A | 35.0 | 35.0 | 33.0 | 29.0 | 26.0 | 23.0 | 21.0 |

注：按机械效率90%和容积效率100%计算。

## 十、钻井泵安全阀

钻井泵安全阀基本技术参数见表5-35和表5-36。

**表5-35 SLNF-35型杠杆式安全阀基本技术参数**

| 形式 | 杠杆单销剪切式 | 安全销直径 | $\Phi$5.9mm | | |
|---|---|---|---|---|---|
| 最大安全压力 | 34.3MPa | 安全销材料 | $A_3$钢 | | |
| 抗拉强度($\delta_b$) | 431~460MPa | 外形尺寸(长×宽×高)/mm×mm×mm | 205×115×385(360) | | |
| 质量 | 30kg | 生产厂家 | 南张石油机械厂 | | |
| 安全压力挡次 | | | | | |
| 单位 | 1 | 2 | 3 | 4 | 5 |
| MPa | 18.6 | 22.5 | 26.5 | 30.4 | 34.3 |

表 5-36　JA-3 型剪切式安全阀基本技术参数

| 形式 | 杠杆单销剪切式 | | 安全销直径 | | $\Phi$6.65mm±0.025mm | |
|---|---|---|---|---|---|---|
| 最大安全压力 | 37.9MPa | | 安全销材料 | | 20 号钢 | |
| 生产厂家 | 宝鸡石油机械厂 | | | | | |
| 安全压力挡次 | | | | | | |
| 单位 | 1 | 2 | 3 | 4 | 5 | 6 |
| MPa | 10.3 | 15.1 | 19.9 | 25.5 | 31.7 | 37.9 |

# 第三节　钻机动力及控制系统

## 一、190 系列柴油机

190 系列柴油机基本技术参数见表 5-37～表 5-39。

表 5-37　190 系列柴油机基本技术参数

| 型号<br>项目 | C12V<br>$190Z_LP$ | C12V<br>$190Z_LP-1$ | C12V<br>$190Z_LP-2$ | C12V<br>$190Z_LP-3$ | C8V<br>$190Z_L$ | C8V<br>$190Z_LP-1$ |
|---|---|---|---|---|---|---|
| 形式 | 四冲程、直喷式燃烧室、水冷、增压、中冷 | | | | | |
| 气缸排列 | V 形　60°夹角 | | | | | |
| 气缸数 | 12 | | | | 8 | |
| 气缸直径/mm | 190 | | | | | |
| 活塞行程/mm | 210 | | | | | |
| 活塞总排量/L | 71.45 | | | | 47.60 | |
| 压缩比 | 14∶1 | | | | | |
| 额定转速/(r/min) | 1500 | 1200 | 1000 | 1300 | 1500 | 1200 |
| 活塞平均速度/(m/s) | 10.5 | 8.4 | 7.0 | 9.1 | 10.5 | 8.4 |

续表

| 项目＼型号 | | C12V $190Z_LP$ | C12V $190Z_LP$-1 | C12V $190Z_LP$-2 | C12V $190Z_LP$-3 | C8V $190Z_L$ | C8V $190Z_LP$-1 |
|---|---|---|---|---|---|---|---|
| 额定功率/kW | 12h | 882 | 735 | 588 | 810 | 588 | 471 |
| | 持续 | 794 | 662 | 529 | 729 | 529 | 424 |
| 平均有效压力/MPa | | 0.99 | 1.03 | 0.99 | 1.03 | 0.99 | 0.99 |
| 最高爆发压力/MPa | | 10.3 | 10.3 | 10.3 | 10.3 | 10.3 | 10.3 |
| 最大扭矩/N·m | | 6177 | 6434 | 6177 | 6380 | 4117 | 4095 |
| 最大扭矩转速/(r/min) | | 1050 | 840 | 700 | 910 | 1050 | 840 |
| 燃油消耗率/[g/(kW·h)] | | $204^{+5\%}$ | | | | $206^{+5\%}$ | |
| 机油消耗率/[g/(kW·h)] | | 1.0 | | | | 1.1 | |
| 排气温度/℃ | | ≤600 | | | | | |
| 主油道机油压力/kPa | | 392~784 | | | | | |
| 喷油控制方式 | | 压力喷射 | | | | | |
| 燃油喷射压力/MPa | | 21±0.5 | 21±0.5 | 21±0.5 | 21±0.5 | 21±0.5 | 21±0.5 |
| 调速方式 | | 全程式机械调速 | | | | | |
| 增压度 | | 2.2 | 2.2 | 2.2 | 2.2 | 2.2 | 2.2 |
| 油底壳机油容量/L | | 220 | 220 | 220 | 220 | 160 | 160 |
| 冷却方式 | | 强制水冷 | | | | | |
| 润滑方式 | | 压力和飞溅润滑 | | | | | |
| 起动方式 | | 气马达或电马达起动 | | | | | |
| 第一次大修期/h | | 18000 | | | | | |
| 外形尺寸(长×宽×高)/mm | | 4301×1980×2678 | | | | 3950×1980×2678 | |
| 质量/kg | | 7500 | | | | 6300 | |

**表 5-38　2000 系列偶合器机组**

| 系列 | 柴油机参数 | | | 柴油机型号 | 偶合器型号 | 机组型号 | 输入功率/kW | 最高效率/% | 外形尺寸（长×宽×高）/mm | 中心高/mm | 用途 |
|---|---|---|---|---|---|---|---|---|---|---|---|
| | 燃油消耗率/[g/(kW·h)] | 转速/(r/min) | 额定功率/kW | | | | | | | | |
| 2112 | 209 | 1200 | 740 | G12V $190PZ_L-1$ | YOZJ 750-20FL. sh | G12V $190PZ_L-1/0$ | 695 | 95±2 | 5349×2040×2678 | 760 | 钻机动力<br>单机泵组<br>挖泥船 |
| | | 1300 | 810 | G12V $190PZ_L-3$ | YOZJ 750-20FL. sh | G12V $190PZ_L-3/0$ | 770 | | | | |
| | | 1500 | 900 | G12V $190PZ_L$ | YOZJ 750-20FL. sh | G12V $190PZ_L/0$ | 860 | | | | |
| 2108 | 209 | 1200 | 470 | G8V $190PZ_L-1$ | YOJ700-[ ]$ML_W$ | G8V $190PZ_L-1/0$ | 430 | | 4450×2040×2678 | | |
| | | 1300 | 510 | G8V $190PZ_L-3$ | YOJ 700-[ ]$ML_W$ | G8V $190PZ_L-3/0$ | 470 | | | | |
| | | 1500 | 600 | G8V $190PZ_L$ | YOJ 700-[ ]$ML_W$ | G8V $190PZ_L/0$ | 560 | | | | |

表 5-39 3000 系列偶合器机组

| 系列 | 柴油机参数 | | | 柴油机型号 | 偶合器型号 | 机组型号 | 输入功率/kW | 最高效率/% | 外形尺寸（长×宽×高）/mm | 中心高/mm | 用途 |
|---|---|---|---|---|---|---|---|---|---|---|---|
| | 燃油消耗率/[g/(kW·h)] | 转速/(r/min) | 额定功率/kW | | | | | | | | |
| 3112 | 205 | 1200 | 1000 | A12V190 $PZ_L-1$ | YOJ800-19YHL$_{sh}$ | A12V190 $PZ_L-1/0$ | 960 | 95±2 | 4540×2250×2753 | 760 | 钻机动力 单机泵组 挖泥船 |
| | | 1300 | 1100 | A12V190 $PZ_L-3$ | YOJ800-19YHL$_{sh}$ | A12V190 $PZ_L-3/0$ | 1060 | | | | |
| | | 1500 | 1200 | A12V190 $PZ_L$ | YOJ800-19YHL$_{sh}$ | A12V190 $PZ_L/0$ | 1160 | | | | |
| 3108 | 205 | 1200 | 700 | A8V190 $PZ_L-1$ | YOJ800-19YHL$_{sh}$ | A8V190 $PZ_L-1/0$ | 660 | | 3940×2250×2753 | | |
| | | 1300 | 760 | A8V190 $PZ_L-3$ | YOJ800-19YHL$_{sh}$ | A8V190 $PZ_L-3/0$ | 720 | | | | |
| | | 1500 | 900 | A8V190 $PZ_L$ | YOJ800-19YHL$_{sh}$ | A8V190 $PZ_L/0$ | 860 | | | | |

## 二、CAT 发电机组

CAT3512 柴油发电机组基本技术参数见表 5-40。

表 5-40　CAT3512 柴油发电机组基本技术参数

| | | | |
|---|---|---|---|
| 柴油机型号 | CAT3512DITA | 气缸总排量/L | 51.8 |
| 类型 | 四冲程涡轮增压 | 压缩比 | 13 : 1 |
| 额定功率/kW | 1030 | 空气滤清器 | 单级或双级 |
| 额定转速/(r/min) | 1500 | 进气门间隙/mm | 0.38 |
| 怠速/(r/min) | 550 | 排气门间隙/mm | 0.76 |
| 气缸数 | 12 缸<br>50°V 形排列 | 发火顺序(顺时针) | 1-4-9-8-5-2-<br>11-10-3-6-7-12 |
| 缸径/mm | 170 | 发火顺序(逆时针) | 1-12-9-4-5-8-<br>11-2-3-10-7-6 |
| 冲程/mm | 190 | 旋转方向(从飞轮端) | 标准是逆时针,<br>顺时针也可选 |
| 气缸单缸排量/L | 4.3 | 起动方式 | 电起动或气起动 |

## 三、济柴 175 系列、4000 系列、500kW 柴油发电机组

济柴 175 系列、4000 系列、500kW 柴油发电机组基本技术参数见表 5-41 ~表 5-43。

表 5-41　济柴 175 系列柴油发电机组基本技术参数(1200kW/600V)

| 发电机组参数 | |
|---|---|
| 机组型号 | 1200GF50 |
| 机组输出 | 1200kW, 三相三线, 600V, 50Hz |
| 柴油机噪声 | 110dB(A) |
| 柴油机排气噪声<br>(距离排气口 1m 处) | 120dB(A) |
| 使用环境温度 | -20~+50℃ |
| 相对湿度 | ≤90% |

续表

| 发电机组参数 | | |
|---|---|---|
| 海拔 | | <1000m |
| 机组外形尺寸 | 长 | 6163mm |
| | 宽 | 2220mm |
| | 高 | 2799mm |
| 机组质量 | | 16600kg |
| 柴油机参数 | | |
| 型号 | | 12V175ZL-1 |
| 类型 | | 四冲程、水冷、高压共轨、电控电喷、增压中冷 |
| 气缸数 | | 12 缸　V 形 |
| 缸径×冲程 | | 175mm×190mm |
| 总排量 | | 54.84L |
| 压缩比 | | 16.5∶1 |
| 转速 | | 1500r/min |
| 点火顺序(喷射次序) | | 1→11→5→9→3→12→6→8→2→10→4→7→1 |
| 转向 | | 面向飞轮端视曲轴为逆时针旋转 |
| 燃油系统 | 燃油 | GB 252—2000 轻柴油 |
| | 喷油技术路线 | 高压共轨 |
| | 调速方式 | ECU 控制 |
| | 喷油器 | 横腔进油、带电磁阀 |
| | 轨压 | 最高供油压力>180MPa |
| | 标定工况下燃油消耗率(允差 5%) | 198g/(kW·h) |
| 润滑系统 | 类型 | 压力、飞溅润滑 |
| | 润滑油容量(约) | 油底壳：278L，整机：380L |
| | 油冷却器 | 水冷式 |
| | 润滑油消耗率 | 0.6g/(kW·h) |
| | 润滑油牌号 | 推荐使用昆仑 CF-4 级以上 |

续表

| 柴油机参数 | | |
| --- | --- | --- |
| 冷却系统 | 类型 | 强制水冷，带有风扇冷却的水箱，闭式循环 |
| | 冷却液容量(约) | 660L |
| 起动系统 | 类型 | 气起动或电起动 |
| | 气马达 | 50kW，工作压力 0.5~0.6MPa |
| | 电马达 | 24V DC |
| 涡轮增压器 | | 高效增压、油冷却 |
| 柴油机尺寸(长×宽×高) | | 3177mm×1844mm×2095mm |
| 质量(约) | | 8160kg |
| 发电机参数 | | |
| 形式 | | 无刷三相同步发电机 |
| 电机容量 | | 1900kV · A |
| 保护 | | IP23 |
| 冷却方式 | | IC01 空气冷却 |
| 励磁方式 | | 无刷自励 |
| 额定电压 | | 600V |
| 频率 | | 50Hz |
| 转速 | | 1500r/min |
| 功率因数 | | 0.7 |
| 相数 | | 3 |
| 线数 | | 3 |
| 极数 | | 4 |
| 连接 | | 星形 |

**表 5-42　济柴 4000 系列柴油发电机组基本技术参数(1100kW/600V)**

| 发电机组参数 | |
| --- | --- |
| 机组型号 | 1100GF10 |
| 机组输出 | 1100kW，三相三线，600V，50Hz |

续表

| 发电机组参数 | | |
|---|---|---|
| 柴油机噪声 | | 110dB(A) |
| 柴油机排气噪声<br>(距离排气口 1m 处) | | 120dB(A) |
| 使用环境温度 | | -20~+50℃ |
| 相对湿度 | | ≤90% |
| 海拔 | | <1000m |
| 机组外形尺寸 | 长 | 6940mm |
| | 宽 | 2280mm |
| | 高 | 2758mm |
| 机组质量 | | 19000kg |
| 柴油机参数 | | |
| 型号 | | AL12V190ZL-2 |
| 类型 | | 四冲程、水冷、直喷(电控)、增压中冷 |
| 气缸数 | | 12 缸　V 形 |
| 缸径×冲程 | | 190mm×255mm |
| 总排量 | | 86. 72L |
| 压缩比 | | 14. 5 : 1 |
| 转速 | | 1000r/min |
| 点火顺序(喷射次序) | | 1→8→5→10→3→7→6→11→2→9→4→12 |
| 转向 | | 面向飞轮端视曲轴为逆时针旋转 |
| 燃油系统 | 燃油 | GB 252—2000 轻柴油 |
| | 喷油技术路线 | 电控单体泵 |
| | 调速方式 | ECU 控制 |
| | 喷油嘴 | 多孔针阀式 |
| | 最高喷射压力 | 190MPa |
| | 标定工况下燃油消耗率(允差 5%) | 200g/(kW · h) |

续表

| 发电机组参数 | | |
|---|---|---|
| 润滑系统 | 类型 | 压力、飞溅润滑 |
| | 润滑油容量(约) | 油底壳：340L，整机：430L |
| | 油冷却器 | 水冷式 |
| | 润滑油消耗率 | 1.0g/(kW·h) |
| | 润滑油牌号 | 推荐使用昆仑 CF-4 级以上 |
| 冷却系统 | 类型 | 强制水冷，带有风扇冷却的水箱，闭式循环 |
| | 冷却液容量(约) | 480L |
| 起动系统 | 类型 | 气起动或电起动 |
| | 气马达 | 工作压力：0.4~0.6MPa |
| | 电马达 | 24V DC |
| 涡轮增压器 | | 径流式废弃涡轮、高效增压、油冷却 |
| 柴油机尺寸(长×宽×高) | | 2950mm×1980mm×2315mm |
| 质量(约) | | 10050kg |
| 发电机参数 | | |
| 形式 | | 无刷三相同步发电机 |
| 电机容量 | | 1750kV·A |
| 保护 | | IP23 |
| 冷却方式 | | IC01 空气冷却 |
| 励磁方式 | | 无刷自励 |
| 额定电压 | | 600V |
| 频率 | | 50Hz |
| 转速 | | 1000r/min |
| 功率因数 | | 0.7 |
| 相数 | | 3 |
| 线数 | | 3 |
| 极数 | | 4 |
| 连接 | | 星形 |

表 5-43 济柴 500kW 柴油发电机组基本技术参数(VOLVO)

| | | |
|---|---|---|
| 发电机组参数 | | |
| 机组型号 | | CDVS-500B |
| 机组输出 | | 500kW，三相三线，600V，50Hz |
| 柴油机噪声 | | 108dB(A) |
| 柴油机排气噪声(距离排气口 1m 处) | | |
| 使用环境温度 | | -18~+50℃ |
| 相对湿度 | | ≤90% |
| 海拔 | | ≤1000m |
| 机组外形尺寸 | 长 | 4000mm |
| | 宽 | 1520mm |
| | 高 | 2053mm |
| 机组质量(约) | | 5800kg |
| 柴油机参数 | | |
| 型号 | | VOLVO，TWD1653GE |
| 类型 | | 四冲程、水冷、直喷(电控)、增压中冷 |
| 气缸数 | | 6 缸 L 形 |
| 缸径×冲程 | | 144mm×165mm |
| 总排量 | | 16.12L |
| 压缩比 | | 16.5：1 |
| 转速 | | 1500r/min |
| 点火顺序(喷射次序) | | 1→5→3→6→2→4 |
| 转向 | | 面向飞轮端逆时针 |
| 燃油系统 | 燃油 | GB 252—2000 轻柴油 |
| | 喷油技术路线 | 电控单体泵 |
| | 调速方式 | ECU 电控 |
| | 喷油嘴 | 电控泵喷嘴 |
| | 最高喷射压力 | |
| | 标定工况下燃油消耗率(允差 5%) | <195g/(kW·h) |

续表

| | | |
|---|---|---|
| 发电机组参数 | | |
| 润滑系统 | 类型 | 压力、飞溅润滑 |
| | 润滑油容量(约) | 油底壳：32L，整机：48L |
| | 油冷却器 | 水冷式 |
| | 润滑油消耗率 | 0.05L/(kW·h) |
| | 润滑油牌号 | 推荐使用昆仑 CH-4 级别以上 |
| 冷却系统 | 类型 | 强制水冷，带有风扇冷却的水箱，闭式循环 |
| | 冷却液容量 | 68L |
| 起动系统 | 类型 | 电起动 |
| | 气马达 | — |
| | 电马达 | 24V DC |
| 涡轮增压器 | | 径流式废弃涡轮、高效增压、油冷却 |
| 柴油机尺寸(长×宽×高) | | 2070mm×1320mm×1853mm |
| 质量(约) | | 3100kg |
| 发电机参数 | | |
| 形式 | | 无刷三相同步发电机 |
| 电机容量 | | 773kV·A |
| 保护 | | IP23 |
| 冷却方式 | | IC01 空气冷却 |
| 励磁方式 | | 无刷励磁(PMG) |
| 额定电压 | | 600V |
| 频率 | | 50Hz |
| 转速 | | 1500r/min |
| 功率因数 | | 0.7 |
| 相数 | | 3 |
| 线数 | | 3 |
| 极数 | | 4 |
| 连接 | | 星形 |

## 四、三菱重工柴油发电机组

三菱重工 1040kW 柴油发电机组基本技术参数见表 5-44。

**表 5-44 三菱重工 1040kW 柴油发电机组基本技术参数**

| 发电机组参数 | | |
|---|---|---|
| 机组型号 | | MOG-1200(S) |
| 机组输出 | | 1040kW，三相三线，600V，50Hz |
| 柴油机噪声 | | 110dB(A) |
| 柴油机排气噪声（距离排气口 1m 处） | | 120dB(A) |
| 使用环境温度 | | 5~50℃ |
| 相对湿度 | | ≤95%(不允许有凝露) |
| 海拔 | | <1000m |
| 机组外形尺寸 | 长 | 5440mm |
| | 宽 | 2160mm |
| | 高 | 2610mm |
| 质量 | | 15000kg |
| 柴油机参数 | | |
| 型号 | | S12R-PTA-S |
| 类型 | | 4 冲程、直喷、水冷、涡轮增压 |
| 气缸数 | | 12 缸 V 形 |
| 缸径×冲程 | | 170mm×180mm |
| 总排量 | | 49L |
| 压缩比 | | 14∶1 |
| 转速 | | 1500r/min |
| 点火顺序(喷射次序) | | 1-12-5-8-3-10-6-7-2-11-4-9 |
| 转向 | | 从飞轮侧可见逆时针方向旋转 |

续表

| 柴油机参数 | | |
|---|---|---|
| 燃油系统 | 燃油 | 柴油 |
| | 喷油泵 | 三菱 PS6 型×2 |
| | 调速器 | Wood Ward PSG 液压或电动调速器 |
| | 喷油嘴 | 孔眼型 |
| | 初始燃油喷射压力 | 34. 32MPa |
| | 燃油消耗率(允差 5%) | 207. 0g/(kW · h)<br>(100%负荷；基于低热值为 42700kJ/kg) |
| 润滑系统 | 类型 | 压力润滑 |
| | 润滑油容量(约) | 油盘：150L；整机：200L |
| | 油冷却器 | 水冷式 |
| | 润滑油消耗率(约) | 1. 3g/(kW · h) |
| 冷却系统 | 类型 | 水强制冷却，带有风扇冷却的水箱，闭式循环 |
| | 冷却液容量(约) | 125L |
| 起动系统 | 类型 | 气起动或电起动 |
| | 气马达 | 最大 14. 3kW，空气压力 1. 0MPa |
| | 电起动 | 24V DC |
| 涡轮增压器 | | 三菱 TD15 或 TD13×2 |
| 尺寸(长×宽×高) | | 2320mm×1360mm×1565mm |
| 质量 | | 4800kg |
| 发电机参数 | | |
| 输出 | | 1600kV　A(1040kW) |
| 保护 | | IP23 |
| 冷却方法 | | IC01 |
| 工作方式 | | 连续 |
| 额定电压 | | 600V |

续表

| 发电机组参数 | |
|---|---|
| 频率 | 50Hz |
| 转速 | 1500r/min |
| 功率因数 | 0.65 |
| 相数 | 3 |
| 线数 | 3 |
| 极数 | 4 |
| 连接 | 星形 |

## 五、康姆勒柴油发电机组

康姆勒柴油发电机组基本技术参数见表5-45。

**表5-45 康姆勒柴油发电机组基本技术参数**

| 项目 \ 机组型号 | COMLER500/kV550E |
|---|---|
| 输出功率/kW | 500 |
| 功率因数/频率/Hz | 0.8(滞后)/50 |
| 输出电压/V | 600/380 |
| 最大输出电流/A | 722/794 |
| 柴油机型号 | COMLER500 |
| 气缸数 | L形 |
| 气缸排列 | 6 |
| 气缸直径/mm | 144 |
| 活塞行程/mm | 165 |
| 活塞总排量/L | 16.12 |
| 压缩比 | 16.5∶1 |
| 进气方式 | 涡轮增压 |
| 调速方式 | 电子喷射EDC4 |

续表

| 项目＼机组型号 | COMLER500/kV550E |
|---|---|
| 起动方式 | 电起动　24V DC |
| 最大允许背压/kPa | 10 |
| 冷却方式 | 闭式循环水冷 |
| 冷却液总容量/L | 64 |
| 冷却液工作温度/℃ | 86～96 |
| 润滑油正常工作温度/℃ | 125 |
| 排烟最高温度/℃ | 490 |
| 额定转速/(r/min) | 1500 |
| 最大输出功率/kW | 473 |
| 燃油消耗量/[g/(kW·h)] | 213 |
| 润滑油规格等级 | API-CE 级及以上 |
| 润滑油总容量/L | 64 |
| 润滑油消耗量/(L/h) | 0. 12/0. 13 |
| 燃气量/($m^3$/min) | 39 |
| 排烟量/($m^3$/min) | 98 |
| 发火顺序 | 1-5-3-6-2-4 |
| 发电机型号 | HCI544D |
| 电压调整范围 | ≥±6% |
| 励磁方式 | 无刷自励式(PMG 可选) |
| 电压控制方式 | AVR(S×440) |
| 机组外形尺寸(长×宽×高)/mm | 3300×1160×2030 |
| 机组净质量/kg | 3678 |

## 六、常用直流电控系统 2200/50D SCR 系统

常用直流电控系统 2200/50D SCR 系统基本技术参数见表 5-46。

表 5-46　常用直流电控系统 2200/50D SCR 系统主要技术参数

| 引擎、发电机交流控制柜 | |
|---|---|
| 1. 引擎、发电机主要参数 | |
| 输出功率/kW | 1000 |
| 功率因数 | 0.7 |
| 转速/(r/min) | 1500 |
| 额定电压/V | 600 |
| 频率/Hz | 50 |
| 2. 线路断路器 | |
| 控制电压/V | 120(DC) |
| 电流/A | 2000 |
| 3. 计量模块 | |
| 工作温度范围/℃ | -20~+55 |
| 控制电压(DC)/V | 24 |
| 欠压保护/V | 530 |
| 过压保护/V | 700 |
| 欠频保护/Hz | 46 |
| 过频保护/Hz | 54 |
| 逆功 | 7% |
| 4. 调压器控制模块 | |
| 额定输出励磁电流(励磁电压为 63VDC 或 100VDC 时)/A | 10 |
| 由空负载到满负载的电压调节率/% | +1 |
| 通常反应时间/s | 1 |
| 由空负载到满负载的电压调节率/% | ±3 |
| 励磁电源提供的最大电流/A | 12 |
| 励磁电源提供的最大电压/V | 240 |
| 5. 调速器控制模块 | |
| 由空负载到满负载的速度调节率 | ±½Hz |

续表

| | |
|---|---|
| 引擎、发电机交流控制柜 | |
| 通常反应时间/s | 0.6 |
| SCR 整流器 | |
| 型号 | 2200 |
| 输入电压(AC)/V | 600 |
| 输入频率/Hz | 50 |
| 输出电流(连续)/A | 2000 |
| 输出电流(间断)/A | 2200 |
| 转换效率(在全输出电压条件下)/% | 98 |
| 工作温度/℃ | -20~+50 |
| 储存温度范围/℃ | -38~+55 |
| SCR 控制器 | |
| 型号 | Type-E |
| 手轮输入电压(DC)/V | 0~10 |
| 逻辑控制器 | |
| 控制线路电压/V | 120 |
| 相数 | 单 |
| 频率/Hz | 50 |
| 微处理器型号 | Allen-Bradley SLC-500 |
| 支持的设备数量 | 64 |
| 运行速度 | 57.6K baud |
| 编程软件 | Windows APS6.0 |
| 操作温度/℃ | 0~60 |
| 湿度/% | 5~95(非冷凝) |

## 七、钻机网电供电系统

钻机网电供电系统基本技术参数见表 5-47。

## 表 5-47　钻机网电供电系统基本技术参数

| 序号 | | 规格型号 | ZJ30DBW | ZJ40DBW | YZB10-50D | YZB-70D/35 |
|---|---|---|---|---|---|---|
| | | 生产厂家 | 胜利钻井工艺研究院 | | 胜利电器有限责任公司 | |
| 1 | 变压器 | 规格型号 | S9-M-2500 | SG(B)10-2500 | ZSC9-3150 | ZSC9-3150 |
| | | 额定容量/kV·A | 2500 | 2500 | 3150 | 3150 |
| | | 电压等级/kV | 10/6/0.6 | 10/6/0.6 | 10/6/0.6 | 35/0.6 |
| | | 使用条件/℃ | -30～+40 海拔≤1000m | -30～+40 海拔≤1000m | -30～+45 海拔≤2000m | -30～+45 海拔≤2000m |
| 2 | 高压隔离开关 | 额定电压/kV | 6 | 12 | 12 | 35 |
| | | 额定电流/A | 630 | 630 | 630 | 630 |
| 3 | 高压电缆 | 规格型号 | YJV22-3×70 | YJV22-3×70 | YJV22-8.7/10 3×85 | YJV22-35 3×95 |
| | | 额定电压/kV | 10 | 10 | 10 | 35 |
| 4 | 高压真空断路器 | 规格型号 | 威乐斯 VS1-1250/25kA | DZN-12/1250A | EV12-12 630A 25kA | VEP40.5-1250A 25kA |
| | | 额定电压/kV | 12 | 12 | 12 | 40.5 |
| | | 额定电流/A | 1250 | 1250 | 630 | 1250 |
| | | 额定短路开断电流/kA | 25 | 25 | 25 | 25 |
| 5 | 低压电缆 | 截面积/$mm^2$ | 300 | 300 | 300 | 300 |
| | | 额定电压/V | 750 | 750 | 750 | 750 |
| | | 额定载流量(25℃)/A | 732 | 732 | 732 | 732 |
| 6 | 低压断路器 | 额定电压/V | 690 | 690 | 690 | 690 |
| | | 额定电流/A | 2500 | 2500 | 4000(主变开关) 2500(消谐补偿) | 4000(主变开关) 2500(消谐补偿) |
| | | 最大短路/过载开断电流/kA | 30 | 30 | 65 | 65 |

续表

| 序号 | 规格型号 | | ZJ30DBW | ZJ40DBW | YZB10-50D | YZB-70D/35 |
|---|---|---|---|---|---|---|
| | 生产厂家 | | 胜利钻井工艺研究院 | | 胜利电器有限责任公司 | |
| 7 | 消谐与无功补偿装置 | 监控终端 | BWKN-3500 | BWKN-3500 | AR1520/6-2-640.50-P5.2-10 | AR1520/6-2-640.50-P5.2-10 |
| | | 额定电压/V | 600 | 600 | 三相 600 | 三相 600 |
| | | 补偿范围 | 0.9 以上 | 0.9 以上 | ①正常工作时，负荷 900kW：由 0.4 提高至 0.95 以上；②最大负荷时，负荷 2200kW：由 0.5 提高至 0.8 以上 | ①正常工作时，负荷 900kW：由 0.4 提高至 0.95 以上；②最大负荷时，负荷 2200kW：由 0.5 提高至 0.8 以上 |
| | | 通信接口 | RS485，RS232 | RS485，RS232 | RS485，RS232 | RS485，RS232 |
| | | 海拔/m | ≤2500 | ≤2500 | ≤2000 | ≤2000 |
| | | 环境温度/℃ | -25～+75 | -25～+75 | -30～+45 | -30～+45 |
| 8 | 机房外形尺寸（长×宽×高）/m | | 9.7×2.8×2.9 | 9.7×2.8×2.9 | 10.8×2.9×3.3 | 高压撬 10.8×2.9×3.3<br>低压撬 9.5×2.9×3.3 |
| 9 | 机房质量/kg | | 22000 | 22000 | 20000 | 高压撬 15000<br>低压撬 20000 |

## 八、交流变频电控系统

1. VFD-ZJ50DB 交流变频电控系统。

VFD-ZJ50DB 交流变频电控系统基本技术参数见表 5-48。

**表 5-48 VFD-ZJ50DB 交流变频电控系统基本技术参数**

| | | | | | |
|---|---|---|---|---|---|
| 规格型号 | | VFD-ZJ50DB | 送钻变频柜 | 额定功率/kW | 45 |
| 生产厂家 | | 东营高原电气有限公司 | 送钻变频柜 | 输入电压/V | 400、3 相 |
| 转盘电动机 | 额定功率/kW | 450 | 送钻变频柜 | 输入频率/Hz | 50 |
| 转盘电动机 | 额定电压/V | 400 3 相 | 送钻变频柜 | 输出电压/V | 0~400、3 相 |
| 转盘电动机 | 额定频率/Hz | 20.0 | 送钻变频柜 | 输出频率/Hz | 0~200(恒转矩)<br>300(恒功率) |
| 转盘电动机 | 额定转速/(r/min) | 392 | 送钻变频柜 | 额定输出电流/A | 92 |
| 自动送钻电动机 | 额定功率/kW | 37 | 工作环境条件 | 房温/℃ | ≤28 |
| 自动送钻电动机 | 额定电压/V | 380 3 相 | 工作环境条件 | 海拔/m | <1000<br>(每增加 1000m,降容 8%) |
| 自动送钻电动机 | 额定频率/Hz | 50 | 工作环境条件 | 相对湿度/% | <90(环境温度 20℃时) |
| 自动送钻电动机 | 额定转速/(r/min) | 1500 | 工作环境条件 | 环境 | 不应有过量的酸、碱、盐腐蚀性气体和爆炸性气体 |
| 转盘变频柜 | 额定功率/kW | 630 | 外形尺寸(长×宽×高)/m | | 9.5×2.9×3.1 |
| 转盘变频柜 | 输入电压/V | 400 3 相 | 质量/kg | | 12000 |
| 转盘变频柜 | 输入频率/Hz | 50 | | | |
| 转盘变频柜 | 输出电压/V | 0~400 3 相 | | | |
| 转盘变频柜 | 输出频率/Hz | 0~200(恒转矩)<br>300(恒功率) | | | |
| 转盘变频柜 | 额定输出电流/A | 1100 | | | |

2. WB-ZJ70DB 交流变频电控系统

WB-ZJ70DB 交流变频电控系统基本技术参数见表 5-49。

**表 5-49　WB-ZJ70DB 交流变频电控系统基本技术参数**

| | | | | | |
|---|---|---|---|---|---|
| 规格型号 | | WB-ZJ70DB | 自动送钻电机 | 额定功率/kW | 45 |
| 生产厂家 | | 西安宝德自动化技术有限公司 | | 额定电压/V | 400 |
| 动力传动方式 | | AC-DC-AC 全数字变频 | | 额定频率/Hz | 50 |
| 转盘变频电动机 | | 1×600kW | | 极数 | 4 极 |
| 交流变频控制单元（VFD） | 转盘 | 西门子 6SE70 系列一对一控制 | MCC 系统 | | 400V/230V 50Hz |
| | 自动送钻（辅助电机） | 西门子 6SE70 系列一对一控制 | 工作环境 | 海拔/m | ≤1000 |
| 司钻台触摸屏 | 型号 | 西门子 MP377 | | 相对湿度/% | ≤90(20℃) |
| | 处理器 | 64 位 RISC CPU | | 环境温度/℃ | -20～+50 |
| | 存储器 | 闪存 12MB(其中最大 7MB 用于 Flexible 组态) | | | |
| | 操作系统 | MS Windows CE | | | |
| | 电源（DC）/V | 24 | | | |
| 悬重变送器 | 量程/Mp | 0～6 | | | |
| | 接线方式 | 2 线制 | | | |
| | 供电电压（DC）/V | 15～36 | | | |
| | 输出（DC）/mA | 4～20(可编程设定线性或平方根输出方式) | | | |

3. WB-ZJ90DB 交流变频电控系统

WB-ZJ90DB 交流变频电控系统基本技术参数见表 5-50。

表 5-50 WB-ZJ90DB 交流变频电控系统基本技术参数

<table>
<tr><td colspan="2">规格型号</td><td>WB-ZJ90DB</td><td rowspan="4">自动送钻电机</td><td>额定功率/kW</td><td>45</td></tr>
<tr><td colspan="2">生产厂家</td><td>西安宝德自动化技术有限公司</td><td>额定电压/V</td><td>400</td></tr>
<tr><td colspan="2">动力传动方式</td><td>AC-DC-AC 全数字变频</td><td>额定频率/Hz</td><td>50</td></tr>
<tr><td colspan="2">转盘变频电动机</td><td>1×600kW</td><td>极数</td><td>4 极</td></tr>
<tr><td rowspan="2">交流变频控制单元(VFD)</td><td>转盘</td><td>西门子 6SE70 系列<br>一对一控制</td><td colspan="2">MCC 系统</td><td>400V/230V<br>50Hz</td></tr>
<tr><td>自动送钻(辅助电机)</td><td>西门子 6SE70 系列<br>一对一控制</td><td rowspan="3">工作环境</td><td>海拔/m</td><td>≤1000</td></tr>
<tr><td rowspan="5">司钻台触摸屏</td><td>型号</td><td>西门子 MP377</td><td>相对湿度/%</td><td>≤90(20℃)</td></tr>
<tr><td>处理器</td><td>64 位 RISC CPU</td><td>环境温度/℃</td><td>-20~+50</td></tr>
<tr><td>存储器</td><td>闪存 12MB(其中最大 7MB<br>用于 Flexible 组态)</td><td></td><td></td><td></td></tr>
<tr><td>操作系统</td><td>MS Windows CE</td><td></td><td></td><td></td></tr>
<tr><td>电源<br>(DC)/V</td><td>24</td><td></td><td></td><td></td></tr>
<tr><td rowspan="4">悬重变送器</td><td>量程/MPa</td><td>0~6</td><td></td><td></td><td></td></tr>
<tr><td>接线方式</td><td>2 线制</td><td></td><td></td><td></td></tr>
<tr><td>供电电压<br>(DC)/V</td><td>15~36</td><td></td><td></td><td></td></tr>
<tr><td>输出<br>(DC)/mA</td><td>4~20(可编程设定线性<br>或平方根输出方式)</td><td></td><td></td><td></td></tr>
</table>

## 九、YOZJ750 液力偶合器正车减速箱

YOZJ750 液力偶合器正车减速箱功率容量如图 5-1 所示，基本技术参数见表 5-51。

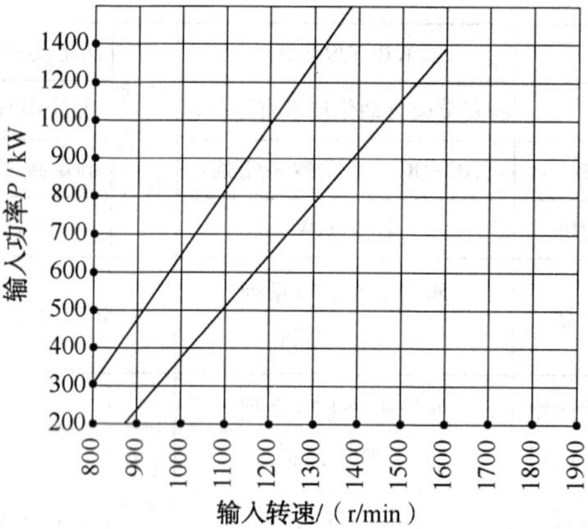


图 5-1　YOZJ750 液力偶合器正车减速箱功率容量图

**表 5-51　YOZJ750 液力偶合器正车减速箱基本技术参数**

| | | | |
|---|---|---|---|
| 工作腔直径/mm | 750 | 工作油温/℃ | ≤110 |
| 最大输入功率/kW | 1200 | 使用油品 | 6 号或 8 号液力传动油 |
| 最大输入转速/(r/min) | 1500 | 减速比 | 1.8：2.2 |
| 传动效率/% | 92～95 | | |

## 十、钻机用电动机

ZJ90DB1 钻机用电动机基本参数见表 5-52，ZJ120DB1 钻机用电动机基本技术参数见表 5-53。

**表 5-52　ZJ90DB1 钻机用电动机基本技术参数**

| 用途 | 绞车电机 | 转盘电机 | 钻井泵电机 | 自动送钻电机 |
|---|---|---|---|---|
| 额定功率/kW | 1100 | 800 | 700 | 37 |
| 额定电压(AC)/V | 600 | 600 | 600 | 400 |
| 额定电流/A | 1245 | 1020 | 798 | 68 |

续表

| 用途 | 绞车电机 | 转盘电机 | 钻井泵电机 | 自动送钻电机 |
|---|---|---|---|---|
| 额定转速/(r/min) | 500 | 740 | 1000 | 1475 |
| 最高转速/(r/min) | 2200 | 1350(恒功) | 1200(恒功) | |
| 额定频率/Hz | 25.3 | 33.5 | 50.5 | 50 |
| 最高频率/Hz | 140 | 140 | 140 | 50 |
| 额定转矩/N·m | 21000 | 10324 | 6685 | 240 |
| 极数 | 6 | 6 | 6 | 4 |

**表 5-53　ZJ120DB1 钻机用电动机基本技术参数**

| 用途 | 绞车电机 | 转盘电机 | 钻井泵电机 | 自动送钻电机 |
|---|---|---|---|---|
| 额定功率/kW | 1100 | 800 | 900 | 37 |
| 额定电压(AC)/V | 600 | 600 | 600 | 400 |
| 额定电流/A | 1245 | 1033 | 1020 | 68 |
| 额定转速/(r/min) | 500 | 740 | 1000 | 1475 |
| 最高转速/(r/min) | 2200 | 2800 | 1500 | 2800 |
| 额定频率/Hz | 25.3 | 37.5 | 55.5 | 50 |
| 额定转矩/N·m | 21010 | 10324 | 7814 | 240 |
| 极数 | 6 | 6 | 6 | 4 |

## 十一、空气压缩机

空气压缩机基本技术参数见表 5-54~表 5-64。

**表 5-54 复盛牌 SA 系列双螺杆式空气压缩机基本技术参数**

| 形式项目 | SA-220AII | SA-230AII | SA-340AII | SA-350AII | SA-475A | SA-4100A | SA-5175A | SA-5200A | SA-5250A | SA-5300A | SA-5350A |
|---|---|---|---|---|---|---|---|---|---|---|---|
| 机体形式 | SA-2 | | SA-3 | | SA-4G | | SA-5G | | | | |
| 排气量/($m^3$/min)/排气压力/MPa | 2.4/0.7 | 3.6/0.7 | 4.9/0.7 | 6.1/0.7 | 10.3/0.7 | 13.0/0.7 | 23.5/0.7 | 26.5/0.7 | 32.0/0.7 | 36.0/0.7 | 42.0/0.7 |
| | 2.2/0.8 | 3.4/0.8 | 4.6/0.8 | 5.8/0.8 | 9.6/0.8 | 12.3/0.8 | 22.1/0.8 | 25.5/0.8 | 30.4/0.8/ | 34.3/0.8 | 40.5/0.8 |
| | 2.0/1.0 | 3.0/1.0 | 4.0/1.0 | 5.1/1.0 | 8.5/1.0 | 10.9/1.0 | 19.7/1.0 | 22.3/1.0 | 27.4/1.0 | 30.2/1.0 | 38.1/1.0 |
| | 1.7/1.2 | 2.6/1.2 | 3.6/1.2 | 4.6/1.2 | 7.6/1.2 | 9.8/1.2 | 17.7/1.2 | 19.7/1.2 | 24.8/1.2 | 27.7/1.2 | 34.6/1.2 |
| 排气温度/℃ | 环境温度+15℃以内 | | | | | | | | | | |
| 润滑油量/L | 22 | | 26 | | 90 | | 140 | 160 | | | |
| 噪声/dB(A) | 70±3 | | 72±3 | | 75±3 | | | 82±3 | | | |
| 电动机 功率/kW | 15 | 22 | 30 | 37 | 55 | 75 | 132 | 160 | 185 | 220 | 250 |
| 电动机 启动方式 | Y-△启动 | | | | | | | | | | |
| 电动机 电压/V 频率/Hz | 380/50 | | | | | | | | | | |
| 外形尺寸 长/mm | 1104 | | 1300 | | 2180 | | 2840 | 3095 | | | |
| 外形尺寸 宽/mm | 910 | | 1140 | | 1400 | | 1800 | 2130 | | | |
| 外形尺寸 高/mm | 1500 | | 1600 | | 1750 | | 1920 | 2370 | | | |
| 质量/kg | 775 | 825 | 1020 | 1070 | 2160 | 2320 | 3950 | 5800 | 6080 | 6300 | 6600 |

表 5-55 复盛 SA08A～SA11AT 系列螺杆式空压机基本技术参数

| 机型 | | SA08A | SA08AR | SA08AT | SA11A | SA11AR | SA11AT |
|---|---|---|---|---|---|---|---|
| 冷却方式 | | 风冷 | | | | | |
| 吸气状态 | 温度/℃ | 2～40 | | | | | |
| | 压力 | 大气压 | | | | | |
| 排气量/($m^3$/min)/排气压力/MPa | | 1.1/0.75 | | | 1.6/0.75 | | |
| | | 1.0/0.85 | | | 1.5/0.85 | | |
| | | 0.9/1.05 | | | 1.3/1.05 | | |
| | | 0.8/1.25 | | | 1.2/1.25 | | |
| 电机 | 功率/kW | 7.5 | | | 11 | | |
| | 启动方式 | 直接启动 | | | | | |
| | 电压/V/频率/Hz | 380/50 | | | | | |
| | 型号 | $Y132S_2-2$ | | | $Y160M_1-2$ | | |
| | 满载电流/A | 16.7 | | | 25.1 | | |
| | 电机质量/kg | 71 | | | 119 | | |
| | 绝缘等级 | F 级 | | | | | |
| 传动方式 | | 皮带传动 | | | | | |
| 噪声/dB | | ≤70 | ≤72 | ≤70 | ≤72 | | |
| 气体含油量/ppm | | ≤3 | | | | | |
| 压力露点/℃ | | | 2～10 | | | 2～10 | |
| 振动/(mm/s) | | ≤7 | | | | | |
| 排风扇 | 型号 | FZL400-C635S4 | | | | | |
| | 风量/($m^3$/min) | 75 | | | | | |
| | 功率/kW | 0.25 | | | | | |
| | 电压/V/频率/Hz | 380/50 | | | | | |
| 安全阀设定压力/MPa | | 空气机排气压力+0.1 | | | | | |

续表

| 机型 | | SA08A | SA08AR | SA08AT | SA11A | SA11AR | SA11AT |
|---|---|---|---|---|---|---|---|
| 冷干机 | 型号 | | 94112311-02 C1D5-6 | | | 94112 311-02 C1D5-6 | |
| | 功率/kW | | 0.73 | | | 0.73 | |
| | 电压/V/频率/Hz | | 220/50 | | | 220/50 | |
| 润滑油量/(L/min) | | 10 | | | | | |
| 润滑油牌号 | | 复盛螺杆空压机高级冷却液 | | | | | |
| 外形尺寸 | 长/mm | 880 | 915 | 1150 | 880 | 915 | 1150 |
| | 宽/mm | 720 | 890 | 700 | 720 | 890 | 700 |
| | 高/mm | 1200 | 1230 | 1620 | 1200 | 1230 | 1620 |
| 净重/kg | | 372 | 452 | 495 | 398 | 500 | 532 |

**表 5-56　辽宁阜新单螺杆压缩机基本技术参数**

| 参数名称 | 参数数值 |
|---|---|
| 排气压力/MPa | 1.0 |
| 排气量/($m^3$/min) | 6 |
| 环境温度/℃ | -10~+50 |
| 最高工作温度/℃ | 100 |
| 工作压力/bar | 6.8~8.0 |
| 主机过载电流/A | 53 |
| 星角转换时间/s | 6~10 |
| 大气压强/kPa | 86~106 |
| 空气过滤器保养/h | 2000 |
| 机油过滤器保养/h | 2000 |
| 精分滤芯保养/h | 4000 |

表 5-57　美国寿力螺杆压风机 LS12-50HH 基本技术参数

| 整机参数 | |
| --- | --- |
| 机型 | LS12-50HH |
| 公称容积流量/($m^3$/min)(CFM) | 5.6(198) |
| 额定排气压力/bar(psi) | 10(145) |
| 最大工作压力/bar(psi) | 11(160) |
| 安全阀开启压力/bar(psi) | 12(175) |
| 机组质量/kg(lb) | 约 1280(2820) |
| 长×宽×高/mm×mm×mm | 1829×1219×1581 |
| 主机参数 | |
| 类型 | 喷油双螺杆压风机 |
| 配置 | 单级齿轮传动 |
| 轴承 | 耐磨损型 |
| 润滑油牌号 | Sullube 或 24KT |
| 润滑油容量/L | 30 |
| 电动机参数 | |
| 型号 | 326TSC-4 |
| 额定功率/kW(hp) | 37(50) |
| 额定转速/(r/min) | 1475 |
| 电压/V/频率/Hz | 380/415　50(可选 230/460　60) |
| 使用系数 | 1.15 |
| 使用环境温度/℃ | ≤40 |
| 启动方式 | Y-△启动 |

表 5-58　复盛螺杆压风机 SA-37A 基本技术参数

| 整机参数 | |
| --- | --- |
| 机型 | SA-37A |
| 公称容积流量/($m^3$/min) | 5.6 |
| 额定排气压力/MPa | 1.05 |

续表

| 整机参数 | |
|---|---|
| 最大工作压力/MPa | 1.25 |
| 安全阀开启压力/MPa | 排气压力+0.1 |
| 机组质量/kg | 1020 |
| 长×宽×高/mm×mm×mm | 1000×1330×1485 |
| 主机参数 | |
| 冷却方式 | 风冷 |
| 噪声/dB(A) | 75±3 |
| 气体含油量/ppm | ≤3 |
| 润滑油牌号 | 复盛螺杆空压机高级冷却液 |
| 润滑油容量/L | 23 |
| 电动机参数 | |
| 型号 | Y250S-4 |
| 额定功率/kW | 37 |
| 启动方式 | Y-△启动 |
| 电压/频率/防护等级 | 380V/50Hz/IP54 |
| 满载电流/A | 69.8 |
| 电机质量/kg | 297 |
| 绝缘等级 | F级 |

**表 5-59　复盛螺杆压风机 SA-45A 基本技术参数**

| 整机参数 | |
|---|---|
| 机型 | SA-45A |
| 公称容积流量/($m^3$/min) | 7.1 |
| 额定排气压力/MPa | 1.05 |
| 最大工作压力/MPa | 1.25 |
| 安全阀开启压力/MPa | 排气压力+0.1 |
| 机组质量/kg | 1020 |

续表

| 整机参数 | |
|---|---|
| 长×宽×高/mm×mm×mm | 1000×1330×1485 |
| 主机参数 | |
| 冷却方式 | 风冷 |
| 噪声/dB(A) | 75±3 |
| 气体含油量/ppm | ≤3 |
| 润滑油牌号 | 复盛螺杆空压机高级冷却液 |
| 润滑油容量/L | 23 |
| 电动机参数 | |
| 型号 | Y250S-4 |
| 额定功率/kW | 45 |
| 启动方式 | Y-△启动 |
| 电压/频率/防护等级 | 380V/50Hz/IP54 |
| 满载电流 A | 69.8 |
| 电机质量/kg | 297 |
| 绝缘等级 | F 级 |

**表 5-60 昆山昆西螺杆压风机 QTD-37HH 基本技术参数**

| 电动机参数 | |
|---|---|
| 机型 | QTD-37HH |
| 公称容积流量/($m^3$/min)(CFM) | 5.6(198) |
| 额定排气压力/bar(psi) | 10(145) |
| 最大工作压力/bar(psi) | 11(160) |
| 安全阀开启压力/bar(psi) | 12(175) |
| 最大排气温度/℃ | 110 |
| 润滑油牌号 | QuinSyn Plus |
| 电动机参数 | |
| 额定功率/kW(hp) | 37(50) |

续表

| 电动机参数 | |
|---|---|
| 电压/V/频率/Hz | 380/50 |
| 防护等级/绝缘等级 | IP54/F |
| 使用环境温度/℃ | ≤40 |
| 启动方式 | Y-△启动 |

**表 5-61　烟台冰轮螺杆压风机 SAC37-8 基本技术参数**

| 整机参数 | |
|---|---|
| 机型 | SAC37-8 |
| 公称容积流量/($m^3$/min) | 5.6 |
| 额定排气压力/MPa | 0.85 |
| 最高排气温度/℃ | 100 |
| 安全阀开启压力/bar(psi) | 排气压力+0.1MPa |
| 机组输入比功率/[kW/($m^3$/min)] | 9.5 |
| 额定功率/kW(hp) | 37(50) |
| 电压/V/频率/Hz | 380/415　50(可选 230/460　60) |
| 启动方式 | Y-△启动 |
| 最高排气温度/℃ | 100 |
| 使用环境温度/℃ | 5~40 |
| 润滑油 | 冰轮螺杆空气压缩机专用润滑油 |
| 机组质量/kg | 900 |

**表 5-62　烟台冰轮螺杆压风机 SAC37-10 基本技术参数**

| 整机参数 | |
|---|---|
| 机型 | SAC37-10 |
| 公称容积流量/($m^3$/min) | 5.6 |
| 额定排气压力/MPa | 1.0 |
| 最高排气温度/℃ | 100 |

续表

| 整机参数 | |
|---|---|
| 安全阀开启压力/bar(psi) | 排气压力+0.1MPa |
| 机组输入比功率/[kW/($m^3$/min)] | 9.5 |
| 额定功率/kW(hp) | 37(50) |
| 电压/V/频率/Hz | 380/415　50(可选 230/460　60) |
| 启动方式 | Y-△启动 |
| 最高排气温度/℃ | 100 |
| 使用环境温度/℃ | 5~40 |
| 润滑油 | 冰轮螺杆空气压缩机专用润滑油 |
| 机组质量/kg | 900 |

**表 5-63　中山复盛螺杆压风机 SPE-306X 基本技术参数**

| 电动机参数 | |
|---|---|
| 机型 | SPE-306X |
| 公称容积流量/($m^3$/min) | 5.6 |
| 额定排气压力/MPa | 1.05 |
| 最大工作压力/MPa | 1.25 |
| 安全阀开启压力/MPa | 排气压力+0.1 |
| 机组质量/kg | 1020 |
| 长×宽×高 mm | 1000×1330×1485 |
| 主机参数 | |
| 冷却方式 | 风冷 |
| 噪声/dB(A) | 75±3 |
| 气体含油量/ppm | ≤3 |
| 润滑油牌号 | 复盛螺杆空压机高级冷却液 |
| 润滑油容量/L | 23 |
| 电动机参数 | |
| 型号 | Y250S-4 |

续表

| 电动机参数 | |
|---|---|
| 额定功率/kW | 37 |
| 启动方式 | Y-△启动 |
| 电压/频率/防护等级 | 380V/50Hz/IP54 |
| 满载电流/A | 69.8 |
| 电机质量/kg | 297 |
| 绝缘等级 | F级 |

**表 5-64　活塞式压风机 2V-6.5/12**

| 型号 | 活塞式压风机 2V-6.5/12 |
|---|---|
| 启动方式 | 机械启动气动控制 |
| 形式 | V形两级单作用风冷式 |
| 排气量/($m^3$/min) | 6.5 |
| 排气压力(表压)/MPa | 一级0.2~0.28/二级1.2 |
| 气缸数 | 一级2个/二级2个 |
| 气缸直径/mm | 一级210/二级120 |
| 活塞行程/mm | 130 |
| 额定转速/(r/min) | 980 |
| 轴功率/kW | 51 |
| 吸气温度/℃ | 一级≤45/二级≤55 |
| 排气温度/℃ | 一级≤180/二级≤190 |
| 冷却方式 | 风冷 |
| 润滑方式 | 强制润滑和飞溅润滑 |
| 润滑油容量/L | 20 |
| 润滑油耗量/(g/h) | ≤70 |
| 润滑油调整压力/MPa | 0.1~0.2 |
| 润滑油温度/℃ | ≤70 |
| 压力调节器调整压力/MPa | 一级0.25/二级0.7-1.2 |

续表

| 型号 | 活塞式压风机 2V-6.5/12 |
| --- | --- |
| 安全阀开启压力/MPa | 一级 0.3±0.02/二级 1.26±0.025 |
| 传动方式 | 气胎离合器传动 |
| 回转方向 | 根据位置可选 |

# 第四节　主要固控设备技术规范

## 一、振动筛

振动筛基本参数见表 5-65。

**表 5-65　振动筛基本参数**

| 型号规格 | ZS1600×1130-2-3 | ZZS-Ⅱ |
| --- | --- | --- |
| 生产厂家 | 胜利油田 | 胜利油田 |
| 单筛处理量/(L/s) | ≥20 | >50 |
| 激振器功率/kW | 1.1×2 | 1.1×4 |
| 激振转速/(r/min) | 1430±50 | 1430±50 |
| 筛箱运动轨迹 | 直线型 | 直线型 |
| 外形尺寸/mm | 3700×2300×1200 | 3900×2600×1338 |
| 型号规格 | ZS6A | ZS6B |
| 生产厂家 | 胜利油田 | |
| 单筛处理量/(L/s) | 30~40 | 35~55 |
| 激振频率/kW | 23.83 | 24.16 |
| 振幅/mm | 3.6 | 5 |
| 振动强度/g | 4.1 | 5.498 |
| 激振力/kN | 0~40 | 63 |
| 电机功率/kW | 2.2 | 3 |

续表

| | | |
|---|---|---|
| 振动方向角/(°) | 45 | 45 |
| 频率比 | 5.42 | 5.15 |
| 隔振系数 | 0.077 | 0.097 |
| 抛掷指数 | 2.065 | 3.547 |
| 外形尺寸/mm | | |
| 质量 | | |
| 型号规格 | 2ZS4.2-280 | |
| 生产厂家 | 宝鸡石油机械有限责任公司 | |
| 单筛处理量/(L/s) | 40~50 | |
| 激振频率/Hz | 20.46 | |
| 振幅/mm | 2.5 | |
| 震动强度/g | 4.2 | |
| 电机功率/kW | 2×3 | |
| 外形尺寸/mm | 400×1900×1380 | |
| 质量 | 1.94t | |

## 二、泥浆清洁器

泥浆清洁器基本参数见表5-66。

**表5-66　泥浆清洁器(除砂器)基本参数**

| 除砂器型号 | NCJ227 | 东营市永吉石油机械有限责任公司除砂一体机 ZQJ300×2 |
|---|---|---|
| 旋流器规格/in | 2×12 | 2×12 |
| 工作压力/MPa | 0.25~0.30 | 0.25~0.30 |
| 分离粒度/μm | 30~40 | 30~40 |
| 处理能力/($m^3$/h) | 227 | 227 |

续表

| | | |
|---|---|---|
| 震动频率/Hz | 22 | 22 |
| 振幅/mm | 2 | 2 |
| 筛网面积/$mm^2$ | 1200×600 | 1200×800 |
| 外形尺寸/mm | 1700×1200×1700 | 1750×1850×2310 |
| 质量/kg | 1100 | 1500 |

## 三、离心机

南张石油机械厂钻井液离心机基本参数见表 5-67。

**表 5-67　南张石油机械厂钻井液离心机基本参数**

| 生产厂家 | 南张石油机械厂 | | 东营市永吉石油机械有限责任公司 | 东营市永吉石油机械有限责任公司 |
|---|---|---|---|---|
| 型号 | LW450×1000-NJ | LW455-NY | LW500-NY | LW600-NY |
| 滚筒转速/(r/min) | 1500~1700 | 1800 | 1800 | 1800 |
| 最大处理量/($m^3$/h) | 30 | 50 | 60 | 80 |
| 最小分离点/μm | 2.5~5.0 | 2.5~5.0 | 2.5~5.0 | 2.5~5.0 |
| 主电机功率/kW | 30 | 30 | 30 | 45 |
| 副电机功率/kW | 5.5 | 5.5 | 5.5 | 7.5 |
| 主机外形尺寸/mm | 2868×1765×1125 | 2868×1765×1125 | 2950×1800×1680 | 3150×2110×1800 |
| 总质量/kg | 2600 | 3000 | 3500 | 4500 |

## 四、除气器

除气器基本参数见表 5-68。

表 5-68　除气器基本参数

| 型号 | ZCQ/4 | ZCQ200 | ZCQ240 |
|---|---|---|---|
| 处理量/($m^3$/h) | 200 | 200 | 240 |
| 真空泵电机功率/kW | 2.2 | 2.2 | 3 |
| 主电机功率/kW | 15 | 15 | 18.5 |
| 除气器转速/(r/min) | 970 | 970 | 970 |
| 真空度/MPa | 0.03~0.04 | 0.03~0.04 | 0.03~0.04 |
| 工作电压/V/频率/Hz | 380/50 | 380/50 | 380/50 |

## 五、砂泵

150PSLA 型砂泵基本参数见表 5-69。

表 5-69　150PSLA 型砂泵基本参数

| 流量 | | 扬程/m | 转速/(r/min) | 轴功率/kW | 效率/% | 叶轮直径/mm | 连接形式 |
|---|---|---|---|---|---|---|---|
| $m^3$/h | L/s | | | | | | |
| 180 | 50 | 34 | 1480 | 29.3 | 56.8 | 330 | 直联 |
| 200 | 55.6 | 33.5 | | 30.6 | 59.2 | | |
| 252 | 70 | 32 | | 35.4 | 62 | | |
| 243 | 67.6 | 49.6 | 1800 | 54.7 | 60 | | 带传动 |
| 生产厂家 | | | 南张石油机械厂 | | | | |

## 六、剪切泵

JQB 150-6-5 型剪切泵基本参数见表 5-70。

表 5-70　JQB 150-6-5 型剪切泵基本参数

| 转速/(r/min) | 流量/($m^3$/h) | 扬程/m | 轴功率/kW | 配套电机功率/kW |
|---|---|---|---|---|
| | 150 | 46 | 70 | 90 |
| 2250 | 138 | 38 | 52 | 75 |

续表

| 转速/(r/min) | 流量/($m^3$/h) | 扬程/m | 轴功率/kW | 配套电机功率/kW |
|---|---|---|---|---|
| 2050 | 125 | 32 | 40 | 55 |
| 1750 | 105 | 24 | 25 | 37 |
| 生产厂家 | | 南张石油机械厂 | | |

## 七、搅拌机

泥浆搅拌机基本参数见表5-71。

**表5-71 泥浆搅拌机基本参数**

| 型号 | NJ5.5 | NJ7.5 | 东营市永吉石油机械有限责任公司 |
|---|---|---|---|
| 功率/kW | 5.5 | 7.5 | NJ-11 |
| 电压/V | 380 | 380 | 380 |
| 叶轮转速/(r/min) | 57.6 | 80 | 71 |
| 排量/(L/min) | 11610 | 16125 | 3550 |
| 使用钻井液密度/(g/$cm^3$) | ≤2.4 | ≤2.4 | ≤2.4 |
| 使用环境温度/℃ | -30~+40 | -30~+40 | -20~+55 |
| 质量/kg | 467 | 505 | 400 |

# 第五节 顶部驱动钻井系统

## 一、国内顶部驱动钻井系统

### (一) 北京石油机械厂顶部驱动钻井系统

北京石油机械厂顶部驱动钻井系统基本参数见表5-72。

**表 5-72　北京石油机械厂顶部驱动钻井系统参数**

| 型号 | DQ30Y | DQ40Y | DQ40BCQ | DQ50BC |
|---|---|---|---|---|
| 驱动方式 | 液压驱动(Hydraulic) | 液压驱动(Hydraulic) | 交流变频驱动(AC VFD) | 交流变频驱动(AC VFD) |
| 名义钻井深度 | 3000m(114mm 钻杆)/9843ft($4\frac{1}{2}$in 钻杆) | 4000m(114mm 钻杆)/13123ft($4\frac{1}{2}$in 钻杆) | 4000m(114mm 钻杆)/13123ft($4\frac{1}{2}$in 钻杆) | 5000m(114mm 钻杆)/16404ft($4\frac{1}{2}$in 钻杆) |
| 额定载荷 | 1700/2000kN/190/220ton(US) | 2250kN/250ton(US) | 2250kN/250ton(US) | 3150kN/350ton(US) |
| 供电电源 | 380V AC/50Hz(可选 60Hz) | 380V AC/50Hz(可选 60Hz) | 600V AC/50Hz(可选 60Hz) | 600V AC/50Hz(可选 60Hz) |
| 额定功率(连续) | 300kW/408hp | 400kW/544hp | 295kW/400hp | 368kW/500hp |
| 转速 | 0~150r/min | 0~180r/min | 0~200r/min | 0~180r/min |
| 工作扭矩(连续) | 22kN·m/16200lbf·ft | 30kN·m/22000lbf·ft | 30kN·m/22000lbf·ft | 40kN·m/29500lbf·ft |
| 最大卸扣扭矩 | 40kN·m/29500lbf·ft | 45kN·m/33200lbf·ft | 45kN·m/33200lbf·ft | 60kN·m/44300lbf·ft |
| 背钳夹持长度 | 87~200mm/$2\frac{7}{8}$~$5\frac{1}{2}$in(钻杆) | 87~200mm/$2\frac{7}{8}$~$5\frac{1}{2}$in(钻杆) | 87~200mm/$2\frac{7}{8}$~$5\frac{1}{2}$in(钻杆) | 87~220mm/$2\frac{7}{8}$~$6\frac{5}{8}$in(钻杆) |
| 液压系统工作压力 | 35MPa/5000psi | 35MPa/5000psi | | |
| 液压辅助系统工作压力 | 16MPa/2280psi | 16MPa/2280psi | 16MPa/2280psi | 16MPa/2280psi |
| 中心管通孔直径 | 64mm/$2\frac{1}{2}$in | 75mm/3in | 75mm/3in | 75mm/3in |

续表

| 型号 | DQ30Y | DQ40Y | DQ40BCQ | DQ50BC |
|---|---|---|---|---|
| 中心管通孔额定压力 | 35MPa/5000psi | 35MPa/5000psi | 35MPa/5000psi | 35MPa/5000psi |
| 本体工作高度 | 5.4m/17.7ft | 5.6m/18.4ft | 5.3m/17.4ft | 5.9m/19.4ft |
| 本体宽度 | 990mm/3.25ft | 1330mm/4.36ft | 1196mm/3.92ft | 1537mm/5.04ft |
| 导轨中心距<br>井口中心距离 | 500mm/1.64ft | 纵向：622mm，横向：467mm/纵向：2.04ft，横向：1.53ft | 纵向：525mm，横向：346mm/纵向：1.72ft，横向：1.14ft | 纵向：700mm，横向：467mm/纵向：2.30ft，横向：1.53ft |
| 型号 | DQ70BSE | DQ70BSC | DQ70BSD | DQ90BSC |
| 驱动方式 | 交流变频驱动(AC VFD) | 交流变频驱动(AC VFD) | 交流变频驱动(AC VFD) | 交流变频驱动(AC VFD) |
| 名义钻井深度 | 7000m(114mm 钻杆)/<br>22966 ft(4½ in 钻杆) | 7000m(114mm 钻杆)/<br>22966 ft(4½in 钻杆) | 7000m(114mm 钻杆)/<br>22966 ft(4½in 钻杆) | 9000m(114mm 钻杆)/<br>29528 ft(4½in 钻杆) |
| 额定载荷 | 4500kN/500ton(US) | 4500kN/500ton(US) | 4500kN/500ton(US) | 6750kN/750ton(US) |
| 供电电源 | 600V AC/50Hz(可选 60Hz) | 600V AC/50Hz(可选 60Hz) | 600V AC/50Hz(可选 60Hz) | 600V AC/50Hz(可选 60Hz) |
| 额定功率(连续) | 295kW×2/400hp×2 | 295kW×2/400hp×2 | 368kW×2/500hp×2 | 368kW×2/500hp×2 |
| 转速 | 0~200r/min | 0~200r/min | 0~200r/min | 0~200r/min |
| 工作扭矩(连续) | 50kN·m/36900lbf·ft | 50kN·m/36900lbf·ft | 60kN·m/44300lbf·ft | 70kN·m/51600lbf·ft |
| 最大卸扣扭矩 | 75kN·m/55300lbf·ft | 75kN·m/55300lbf·ft | 90kN·m/66400lbf·ft | 110kN·m/81100lbf·ft |

续表

| 型号 | DQ70BSE | DQ70BSC | DQ70BSD | DQ90BSC |
|---|---|---|---|---|
| 背钳夹持长度 | 87～220mm/<br>$2\frac{7}{8}$～$6\frac{5}{8}$ in(钻杆) | 87～220mm/<br>$2\frac{7}{8}$～$6\frac{5}{8}$ in(钻杆) | 87～220mm/<br>$2\frac{7}{8}$～$6\frac{5}{8}$ in(钻杆) | 87～220mm/<br>$2\frac{7}{8}$～$6\frac{5}{8}$in |
| 液压辅助系统工作压力 | 16MPa/2280psi | 16MPa/2280psi | 16MPa/2280psi | 16MPa/2280psi |
| 中心管通孔直径 | 75mm/3in | 75mm/3in | 75mm/3in | 89mm/$3\frac{1}{2}$in |
| 中心管通孔额定压力 | 35MPa/5000psi | 35MPa/5000psi | 52MPa/7540psi | 52MPa/7540psi |
| 本体工作高度 | 6. 1m/20ft | 6. 1m/20ft | 6. 4m/21ft | 6. 5m/21. 3ft |
| 本体宽度 | 1594mm/5. 23ft | 1663mm/5. 46ft | 1778mm/5. 83ft | 1778mm/5. 83ft |
| 导轨中心距井口中心距离 | 930mm/3. 05ft | 930mm/3. 05ft | 930mm/3. 05ft | 960mm/3. 15ft |

| 型号 | DQ90BSD | DQ120BSC |
|---|---|---|
| 驱动方式 | 交流变频驱动(AC VFD) | 交流变频驱动(AC VFD) |
| 名义钻井深度 | 9000m(114mm 钻杆)/2958ft($4\frac{1}{2}$in 钻杆) | 12000m(114mm 钻杆)/<br>39370ft($4\frac{1}{2}$in 钻杆) |
| 额定载荷 | 6750kN/70ton(US) | 9000kN/1000ton(US) |

续表

| 型号 | DQ90BSD | DQ120BSC |
|---|---|---|
| 供电电源 | 600V AC/50Hz(可选 60Hz) | 600V AC/50Hz(可选 60Hz) |
| 额定功率(连续) | 440kW×2/600hp×2 | 440kW×2/600hp×2 |
| 转速 | 0~200r/min | 0~200r/min |
| 工作扭矩(连续) | 85kN · m/62700lbf · ft | 85kN · m/62700lbf · ft |
| 最大卸扣扭矩 | 135kN · m/99600lbf · ft | 135kN · m/99600lbf · ft |
| 背钳夹持长度 | 87~220mm/$2\frac{7}{8}$~$6\frac{5}{8}$in(钻杆) | 87~250mm/$2\frac{7}{8}$~$6\frac{5}{8}$in(钻杆) |
| 液压系统工作压力 | | |
| 液压辅助系统工作压力 | 16MPa/2280psi | 16MPa/2280psi |
| 中心管通孔直径 | 89mm/$3\frac{1}{2}$in | 102mm/4in |
| 中心管通孔额定压力 | 52MPa/7540psi | 52MPa/7540psi |
| 本体工作高度 | 6. 7m/22ft | 6. 9m/22. 6ft |
| 本体宽度 | 2096mm/6. 88ft | 2096mm/6. 88ft |
| 导轨中心距井口中心距离 | 1090mm/3. 58ft | 1090mm/3. 58ft |

## （二）宝鸡石油机械有限责任公司顶部驱动钻井系统

宝鸡石油机械有限责任公司顶部驱动钻井系统基本参数见表5-73。

**表5-73 宝鸡石油机械有限责任公司顶部驱动钻井系统基本参数**

| 顶驱型号 | DQ40/2250DB | DQ50/3150DB | DQ70/4500DB | HDQ70/4500DB | DQ90/6750DB |
|---|---|---|---|---|---|
| 名义钻深范围（114mm钻杆）/m | 2500~4000 | 3500~5000 | 4500~7000 | 4500~7000 | 6000~9000 |
| 额定载荷/kN(ton) | 2250（250） | 3150（350） | 4500（500） | 4500（500） | 6750（750） |
| 最大连续钻井扭矩/N·m(lb·ft) | 31400（23160） | 46700（34444） | 52600（38796） | 58000（42779） | 80000（59005） |
| 最大卸扣扭矩/N·m(lb·ft) | 53000（39030） | 70000（51630） | 78900（58194） | 87000（64168） | 140000（103259） |
| 刹车扭矩/N·m(lb·ft) | 35000（25815） | 53000（39090） | 53000（39090） | 80000（59005） | 100000（73756） |
| 主轴转速/(r/min) | 0~191 | 0~227 | 0~227 | 0~227 | 0~241 |
| 保护接头与钻杆连接扣型 | NC50* | NC50* | NC50* | NC50* | NC50* |
| 背钳夹持钻杆长度/mm(in) | 79.4~203.2（$2\frac{7}{8}$~$6\frac{5}{8}$） | 79.4~203.2（$2\frac{7}{8}$~$6\frac{5}{8}$） | 79.4~203.2（$2\frac{7}{8}$~$6\frac{5}{8}$） | 79.4~203.2（$2\frac{7}{8}$~$6\frac{5}{8}$） | 73~203.2（$2\frac{7}{8}$~$6\frac{5}{8}$） |
| 背钳最大通径/mm | $\Phi$216 | $\Phi$216 | $\Phi$216 | $\Phi$216 | $\Phi$260 |
| 泥浆通道直径/mm | $\Phi$76 | $\Phi$76 | $\Phi$76 | $\Phi$76 | $\Phi$102 |
| 额定压力/MPa | 35 | 35 | 35 | 35 | 52.5 |
| 主电机额定功率/kW | 1×315 | 2×280 | 2×315 | 2×350 | 2×450 |
| 主体工作高度（挂大钩时）/m | 4.85 | 5.50 | 5.52 | 5.52 | 6.45 |
| 主体工作高度（挂游车时）/m | 5.36 | 5.965 | 5.985 | 5.985 | 6.91 |
| 主体质量/kg | 8700 | 11300 | 11300 | 11300 | 20000 |

注：*标记的扣型可按用户要求变更。

### （三）盘锦辽河油田天意石油装备有限公司顶部驱动钻井系统

盘锦辽河油田天意石油装备有限公司顶部驱动钻井系统基本参数见表 5-74。

表 5-74　盘锦辽河油田天意石油装备有限公司顶部驱动钻井系统基本参数

| 型号 | DQ-40LHTY-A | DQ-50LHTY1 | DQ-70LHTY1 |
|---|---|---|---|
| 额定载荷/kN | 2250 | 3150 | 4500 |
| 工作高度/m | 5.12（2.7m 吊环） | 5.9（3.3m 吊环） | 6.07（3.3m 吊环） |
| 电动机功率(连续)/kW | 257 | 350 | 2×350 |
| 零转速扭矩(连续) | 100% | 100% | 100% |
| 零转速过载能力(1min) | 150% | 150% | 150% |
| 最大连续钻井扭矩(<110r/min)/kN·m | 26 | 36 | 60 |
| 最大卸扣扭矩/kN·m | 39 | 50 | 80 |
| 刹车扭矩/kN·m | 47 | 53 | 2×53 |
| 额定循环压力/MPa | 35 | 35 | 35 |
| IBOP 额定压力/MPa | 70 | 70 | 70 |
| 主轴中心通道内径/mm | 76 | 76 | 76 |
| 主轴中心与导轨中心距离/mm | 510 | 690 | 992 |
| 主轴中心与前端最大距离/mm | 452 | 475 | 505 |
| 电源电压/V | 575～625　AC | 575～625　AC | 575～625　AC |
| 电源频率/Hz | 47～53 | 47～53 | 47～53 |
| 额定工作电流/A | 310 | 436 | 436×2 |
| 最大峰值电流/A | 465 | 775 | 775×2 |
| 转速范围/(r/min) | 0～180 | 0～180 | 0～220 |
| 环境温度/℃ | -35～+55 | -35～+55 | -35～+55 |

### （四）大庆景宏钻采技术开发有限公司顶部驱动钻井系统

大庆景宏钻采技术开发有限公司顶部驱动钻井系统基本参数见表 5-75。

**表 5-75　大庆景宏钻采技术开发有限公司顶部驱动钻井系统基本参数**

| 型号 | DQ40B-JH | DQ40BQ-JH | DQ50B-JH | DQ50BQ-JH | DQ70BSQⅡ-JH | DQ90BS-JH |
|---|---|---|---|---|---|---|
| 名义钻井深度 | 4000m（114mm钻杆） | 4000m（114mm钻杆） | 5000m（114mm钻杆） | 5000m（114mm钻杆） | 7000m（114mm钻杆） | 9000m（114mm钻杆） |
| 最大载荷 | 2250kN（250ton） | 2250kN（250ton） | 3150kN（350ton） | 3150kN（350ton） | 4500kN（500ton） | 6750kN（750ton） |
| 供电电源 | 600V AC/50Hz | 600V AC/50Hz | 600V AC/50Hz | 600V AC/50Hz | 600V AC/50Hz | 600V AC/50Hz |
| 额定电流 | 415A | 465A | 465A | 555A | 555A×2 | 555A×2 |
| 最大电流 | 623A | 698A | 698A | 833A | 833A×2 | 833A×2 |
| 额定功率（连续） | 315kW（422hp） | 375kW（500hp） | 375kW（500hp） | 450kW（600hp） | 450kW×2（600hp×2） | 450kW×2（600hp×2） |
| 转速/（r/min） | 0～180连续可调 | 0～180连续可调 | 0～220连续可调 | 0～220连续可调 | 0～220连续可调 | 0～220连续可调 |
| 工作扭矩 | 33kN · m（0～90r/min连续） | 40kN · m（0～90r/min连续） | 40kN · m（0～90r/min连续） | 48kN · m（0～90r/min连续） | 76kN · m（0～110r/min连续） | 78kN · m（0～110r/min连续） |
| 最大卸扣扭矩/（kN · m） | 50（间断） | 60（间断） | 60（间断） | 72（间断） | 120（间断） | 120（间断） |
| 背钳夹持长度/mm | 76～206 | 76～206 | 76～206 | 76～206 | 76～206 | 80～224 |
| 液压系统工作压力/MPa | 13.0 | 13.0 | 13.5 | 13.5 | 13.5 | 13.5 |
| IBOP 额定压力/MPa | 70 | 70 | 70 | 70 | 70 | 70 |
| 中心管通孔直径/mm | Φ75 | Φ75 | Φ75 | Φ75 | Φ75 | Φ89 |
| 中心管通孔额定压力/MPa | 35 | 35 | 35/52 | 35/52 | 35/52 | 35/52 |

续表

| 型号 | DQ40B-JH | DQ40 BQ-JH | DQ50 B-JH | DQ50 BQ-JH | DQ70 BSQⅡ-JH | DQ90 BS-JH |
|---|---|---|---|---|---|---|
| 工作高度/m | 5. 2 | 5. 2 | 5. 6 | 5. 6 | 5. 9 | 6. 8 |
| 环境温度/℃ | -35~+50 | -35~+50 | -35~+50 | -35~+50 | -35~+55 | -35~+55 |
| 主体质量/t | 9. 8 | 9. 8 | 13. 5 | 13. 5 | 16 | 18 |
| 主体外形尺寸/mm×mm×mm | 4830×1360×1220 | 4830×1360×1220 | 5200×1550×1500 | 5200×1550×1500 | 5600×1700×1700 | 5940×1850×1840 |

## 二、国外顶部驱动钻井系统

### (一) 国民油井华高(National Oilwell Varco)顶部驱动钻井系统

National Oilwell Varco 顶部驱动钻井系统基本参数见表 5-76。

**表 5-76　National Oilwell Varco 顶部驱动钻井系统基本参数**

| 型号 | TDX-1250 | TDX-1000 | HPS-1000 |
|---|---|---|---|
| 额定提升 | 1133981kg(1250t) | 907185kg(1000t) | 907185kg(1000t) |
| 电机额定功率/hp | 2×1340 | 2000 | 2×1150 |
| 低速挡传动比 | 6. 1∶1 | 6. 9∶1 | 5. 3∶1(6. 16∶1) |
| 高速挡传动比 | 不适用 | 不适用 | 不适用 |
| 低速挡最高转速/(r/min) | 250 | 250 | 280 |
| 高速挡最高转速 | 不适用 | 不适用 | 不适用 |
| 低速挡最大扭矩 | 142361N·m (105000ft·lbs)连续 | 123380N·m (91000ft·lbs)连续 | 106000N·m (78181ft·lbs)连续 |
| 高速挡最大扭矩 | 不适用 | 不适用 | 不适用 |
| 最大连续扭矩时的转速/(r/min) | 130 | 116 | 150 |
| 最大间歇扭矩 | 203337N·m (150000ft·lbs) | 203337N·m (150000ft·lbs) | 150500N·m (111000ft·lbs) |
| 静止锁紧制动 | 203337N·m (150000ft·lbs) | 203337N·m (150000ft·lbs) | 105000N·m (77444ft·lbs) |

续表

| 型号 | TDX-1250 | TDX-1000 | HPS-1000 |
|---|---|---|---|
| 中心管直经 | 101.6mm(4in) | 95.25mm(3.75in) | 78mm(3$\frac{1}{16}$in) |
| 冲管 | 517bar(7500psi) | 517bar(7500psi) | 517bar(7500psi) |
| 管子处理装置 | | | |
| 扭矩 | 203337N·m<br>(150000ft·lbs) | 203337N·m<br>(150000ft·lbs) | 156000N·m<br>(115000ft·lbs) |
| 钻杆直径 | 88.9~177.8mm<br>(3$\frac{1}{2}$~7in) | 88.9~177.8mm<br>(3$\frac{1}{2}$~7in) | 73~168.3mm<br>(2$\frac{7}{8}$~6$\frac{5}{8}$in) |
| 接头外径 | 114.3~254mm<br>(4$\frac{1}{2}$~10in) | 114.3~254mm<br>(4$\frac{1}{2}$~10in) | 76.2~219mm<br>(3~8$\frac{5}{8}$in) |
| 内防喷阀额定压力 | 1034bar(15000psi) | 1034bar(15000psi) | 1034bar(15000psi) |
| 上内防喷阀 | 7$\frac{5}{8}$in<br>API 常规右<br>旋母扣(遥控) | 7$\frac{5}{8}$in<br>API 常规右<br>旋母扣(遥控) | 7$\frac{5}{8}$in<br>API 常规右旋公<br>扣和母扣(遥控) |
| 下内防喷阀 | 7$\frac{5}{8}$in<br>API 常规右旋公<br>扣和母扣(手动) | 7$\frac{5}{8}$in<br>API 常规右旋公<br>扣和母扣(手动) | 7$\frac{5}{8}$in<br>API 常规右旋公<br>扣和母扣(手动) |
| 旋转角度/定位 | 360°/无限制 | 360°/无限制 | 360°/无限制 |
| 顶驱工作高度 | 7925mm | 6604mm | 8407mm |
| 吊环 | 350，500，750，<br>1000 或 1250ton API | 350，500，750<br>或 1000ton API | 350，500，750<br>或 1000ton API |
| 温度/℃ | -20~+45 | -20~+55 | -20~+40 |
| 质量 | 54431kg<br>(120000lbs) | 41280kg<br>(91000lbs) | 27215kg<br>(60000lbs) |

| 型号 | TDS-1000 | TDS-8SA | TDS-4 |
|---|---|---|---|
| 额定提升 | 907185kg(1000ton) | 680388kg(750ton) | 650 或 750ton |
| 电机额定功率/hp | 1150 | 1150 | 1100 |
| 低速挡传动比 | 8.5∶1 | 8.5∶1 | 7.95∶1 |
| 高速挡传动比 | 不适用 | 不适用 | 5.08∶1 |
| 低速挡最高转速/(r/min) | 270 | 353 | 130 |
| 高速挡最高转速 | 不适用 | 不适用 | 205r/min |
| 低速挡最大扭矩 | 84739N·m<br>(62250ft·lbs)连续 | 84739N·m<br>(62250ft·lbs)连续 | 45500ft·lbs(并联)<br>50900ft·lbs<br>(串联) 连续 |

续表

| 型号 | TDS-1000 | TDS-8SA | TDS-4 |
|---|---|---|---|
| 高速挡最大扭矩 | 不适用 | 不适用 | 29100ft · lbs(并联)<br>32500ft · lbs<br>(串联) 连续 |
| 最大连续扭矩时的转速/(r/min) | 94 | 94 | 120 |
| 最大间歇扭矩 | 128802N · m<br>(95000ft · lbs) | 128802N · m<br>(95000ft · lbs) | 61800ft · lbs(并联)<br>67800ft · lbs(串联) |
| 静止锁紧制动 | 91382N · m<br>(67400ft · lbs) | 91382N · m<br>(67400ft · lbs) | 46097N · m<br>(34000ft · lbs) |
| 中心管直经 | 97mm(3. 82in) | 97mm(3. 82in) | 3 或 3. 82in |
| 冲管/psi | 5000 或 7500 | 5000 或 7500 | 5000 或 7500 |
| 管子处理装置 | | | |
| 扭矩 | 130158N · m<br>(96000ft · lbs) | 130158N · m<br>(96000ft · lbs) | 115245N · m<br>(85000ft · lbs) |
| 钻杆直径 | 88. 9~165. 1mm<br>($3\frac{1}{2}$~6. 5in) | 88. 9~165. 1mm<br>($3\frac{1}{2}$~6. 5in) | 88. 9~165. 1mm<br>($3\frac{1}{2}$~6. 5in) |
| 接头外径 | 101. 6~215. 9mm<br>(4~$8\frac{1}{2}$in) | 101. 6~215. 9mm<br>(4~$8\frac{1}{2}$in) | 107. 5~209. 6mm<br>($4\frac{5}{8}$~$8\frac{1}{4}$in) |
| 内防喷阀额定压力 | 1034bar(15000psi) | 1034bar(15000psi) | 1034bar(15000psi) |
| 上内防喷阀 | $7\frac{5}{8}$in<br>API 常规右旋<br>母扣(遥控) | $7\frac{5}{8}$in<br>API 常规右旋<br>母扣(遥控) | $7\frac{5}{8}$in<br>API 常规右旋<br>母扣(遥控) |
| 下内防喷阀 | $7\frac{5}{8}$in<br>API 常规右旋公<br>扣和母扣(手动) | $7\frac{5}{8}$in<br>API 常规右旋公<br>扣和母扣(手动) | $7\frac{5}{8}$in<br>API 常规右旋公<br>扣和母扣(手动) |
| 旋转角度/定位 | 360°/无限制 | 360°/无限制 | 360°/无限制 |
| 顶驱工作高度 | 7315mm | 7315mm | 6350mm |

续表

| 型号 | TDS-1000 | TDS-8SA | TDS-4 |
|---|---|---|---|
| 吊环 | 350，500，750 或 1000ton API | 350，500 或 750ton API | 350，500 或 750ton API |
| 温度/℃ | -20～+40 | -20～+40 | -20～+40 |
| 质量 | 18143kg(40000lbs) | 17576kg(38750lbs) | 14641kg(32280lbs) |
| 型号 | TDS-12 | TDS-11SA | IDS-4A |
| 额定提升 | 453500kg(500ton) | 453500kg(500ton) API-8C，PSL-1 | 453500kg(500ton) |
| 电机额定功率/hp | 1150 | 800 | 1150 |
| 低速挡传动比 | 12.7：1 | 10.5：1 | 6.0：1 |
| 高速挡传动比 | 不适用 | 不适用 | 不适用 |
| 低速挡最高转速/(r/min) | 213 | 228 | 265 |
| 高速挡最高转速 | 不适用 | 不适用 | 不适用 |
| 低速挡最大扭矩 | 74570N·m (55000ft·lbs)连续 | 50482N·m (37500ft·lbs)连续 | 59656 N·m (44000ft·lbs)连续 |
| 高速挡最大扭矩 | 不适用 | 不适用 | 不适用 |
| 最大连续扭矩时的转速/(r/min) | 93 | 125 | 230 |
| 最大间歇扭矩 | 115245N·m (85000ft·lbs) | 50482N·m (37500ft·lbs) | 90840 N·m (67000ft·lbs) |
| 静止锁紧制动 | 74570N·m (55000ft·lbs) | 52878N·m (39000ft·lbs) | 47455N·m (35000ft·lbs) |
| 中心管直径 | 79.4mm(3⅛in) | 76.2mm(3in) | 76.2mm(3in) |
| 冲管/psi | 7500 | 5000 或 7500 | 5000 或 7500 |
| 管子处理装置 | | | |
| 扭矩 | 115245N·m (85000ft·lbs) | 101686N·m (75000ft·lbs) | 101686N·m (75000ft·lbs) |

续表

| 型号 | TDS-12 | TDS-11SA | IDS-4A |
|---|---|---|---|
| 钻杆直径 | 88.9~193.7mm (3½~7⅝in) | 88.9~168.3mm (3½~6⅝in) | 88.9~168.3mm (3½~6⅝in) |
| 接头外径 | 88.9~228.6mm (3½~9in) | 101.6~215.9mm (4~8½in) | 101.6~215.9mm (4~8½in) |
| 内防喷阀额定压力 | 1034bar(15000psi) | 1034bar(15000psi) | 1034bar(15000psi) |
| 上内防喷阀 | 6⅝in API 常规右旋母扣(遥控) | 6⅝in API 常规右旋母扣(遥控) | 6⅝in API 常规右旋母扣(遥控) |
| 下内防喷阀 | 6⅝in API 常规右旋公扣和母扣(手动) | 6⅝in API 常规右旋公扣和母扣(手动) | 6⅝in API 常规右旋公扣和母扣(手动) |
| 旋转角度/定位 | 360°/无限制 | 360°/无限制 | 360°/无限制 |
| 顶驱工作高度/mm | 6045 | 5425 | 6949 |
| 吊环 | 250，350，500ton API | 250，350，500ton API | 250，350，500ton API |
| 温度/℃ | -20~+55 | -20~+40 | -20~+40 |
| 质量 | 16330kg(36000lbs) | 12247kg(27000lbs) | 14062kg(31000lbs) |

| 型号 | IDS-350PE | TDS-10SA |
|---|---|---|
| 额定提升 | 317450kg(350ton) API-8C，PSL-1 | 226750kg(250ton) API-8C，PSL-1 |
| 电机额定功率/hp | 900 | 250 |
| 低速挡传动比 | 10.1∶1 | 13.1∶1 |
| 高速挡传动比 | 不适用 | 不适用 |
| 低速挡最高转速/(r/min) | 200 | 182 |
| 高速挡最高转速 | 不适用 | 不适用 |
| 低速挡最大扭矩 | 38640N·m (28500ft·lbs)连续 | 27115N·m (20000ft·lbs)连续 |
| 高速挡最大扭矩 | 不适用 | 不适用 |
| 最大连续扭矩时的转速/(r/min) | 200 | 182 |

续表

| 型号 | IDS-350PE | TDS-10SA |
| --- | --- | --- |
| 最大间歇扭矩 | 81349N · m<br>(60000ft · lbs) | 49487N · m<br>(36500ft · lbs) |
| 静止锁紧制动 | 74570N · m<br>(55000ft · lbs) | 47454N · m<br>(35000ft · lbs) |
| 中心管直径 | 76. 2mm(3in) | 76. 2mm(3in) |
| 冲管 | 7500psi | 5000psi |
| 管子处理装置 | | |
| 扭矩 | 81350N · m<br>(60000ft · lbs) | 74570N · m<br>(55000ft · lbs) |
| 钻杆直径 | 88. 9~168. 3mm<br>($3\frac{1}{2}$~$6\frac{5}{8}$in) | 73~127mm<br>($2\frac{7}{8}$~5in) |
| 接头外径 | 101. 6~215. 9mm<br>(4~$8\frac{1}{2}$in) | 101. 6~168. 3mm<br>(4~$6\frac{5}{8}$in) |
| 内防喷阀额定压力 | 1034bar(15000psi) | 1034bar(15000psi) |
| 上内防喷阀 | $4\frac{1}{2}$in(遥控) | $6\frac{5}{8}$in<br>API 常规右旋母扣(遥控) |
| 下内防喷阀 | $4\frac{1}{2}$in | $6\frac{5}{8}$in<br>API 常规右旋公扣和母扣(手动) |
| 旋转角度/定位 | 360°/无限制 | 360°/无限制 |
| 顶驱工作高度 | 6340mm | 4663mm |
| 吊环 | 250，350ton API | 250 ton API |
| 温度/℃ | -40~+45 | -20~+40 |
| 质量 | 13154kg(29000lbs) | 8165kg(18000lbs) |

## (二) Canrig 顶部驱动钻井系统

Canrig 顶部驱动钻井系统基本参数见表 5-77。

**表 5-77　Canrig 顶部驱动钻井系统基本参数**

| 型号 | | 6027E | | 8035E | 1050E | | 1165E |
|---|---|---|---|---|---|---|---|
| 额定钻深 | m | 3600 | | 5000 | 7000 | | 9000 |
| | ft | 12000 | | 16000 | 24000 | | 30000 |
| 额定负荷 | ton | 275 | | 350 | 500 | | 650 |
| | tonne | 227 | | 318 | 455 | | 591 |
| 额定轴承负荷(API) | ton | 166 | | 323 | 413 | | 472 |
| | tonne | 151 | | 294 | 375 | | 429 |
| 连续输出功率 | hp | 600 | | 900 | 1130 | | 1130 |
| | kW | 450 | | 670 | 840 | | 840 |
| 传动比 | | 5.563∶1 | 9.387∶1 | 5∶1 | 5∶1 | 7.12∶1 | 7.12∶1 |
| 最大连续扭矩 | ft·lb | 145000 | 24400 | 22000 | 30000 | 42700 | 42700 |
| | N·m | 196600 | 33100 | 29800 | 40700 | 57900 | 57900 |
| 最大间歇扭矩 | ft·lb | 17800 | 30000 | 24000 | 33700 | 48000 | 48000 |
| | N·m | 24100 | 40700 | 32500 | 45700 | 65100 | 65100 |
| 最高转速/(r/min) | | 320 | 200 | 265 | 265 | 185 | 185 |
| 卸扣扭矩 | ft·lb | 60000 | 60000 | 67500 | 71000 | 75000 | 90000 |
| | N·m | 81000 | 81000 | 91500 | 96000 | 101000 | 122000 |
| 质量 | lb | 19000 | | 27000 | 28000 | | 29000 |
| | kg | 8600 | | 12300 | 12700 | | 13200 |

| 型号 | 4017AC | 6027AC | 1035AC-500 |
|---|---|---|---|
| 额定提升载荷/ton | 175 | 275 | 350 |
| 交流电机功率/hp | 400 | 600 | 1000 |
| 传动比 | 12.262∶1 | 9.387∶1 | 5∶1 |
| 额定连续扭矩/N·m(ft·lb) | 29000(21400) | 40700(30000) | 40700(30000)(200r/min) |

续表

| 型号 | 4017AC | 6027AC | 1035AC-500 |
| --- | --- | --- | --- |
| 额定最高转速/(r/min) | 215 | 225 | 265 |
| 刹车扭矩/N·m(ft·lb) | 29000(21400) | 38200(28000) | 40700(30000) |
| 最大卸扣扭矩/N·m(ft·lb) | 43400(32000) | 81300(60000) | 96000(70800) |
| 背钳夹持钻杆范围/mm(in) | 64~180<br>(2.5~7) | 146~228.6<br>(5.75~9) | 146~228.6<br>(5.75~9) |
| 背钳最大行程/mm(in) | 680(26.75) | 680(26.75) | 1100(43.25) |
| 主轴接头 | NC46 | NC50 | 常规 6⅝in |
| 泥浆通道直径/mm(in) | 65(2 9/16) | 65(2 9/16) | 76(3) |
| 额定循环压力/kPa(psi) | 34500(5000)标准<br>51700(7500)可选 | 34500(5000)标准<br>51700(7500)可选 | 34500(5000)标准<br>51700(7500)可选 |
| 质量/kg(lb) | 6800(15000) | 8200(18000) | 12200(27000) |
| 型号 | 1250AC | 1275AC | 8050AC |
| 额定提升载荷/ton | 500 | 750 | 500 |
| 交流电机功率/hp | 1150 | 1150 | 800 |
| 传动比 | 6.808∶1 | 6.808∶1 | 7.12∶1 |
| 额定连续扭矩/N·m(ft·lb) | 69700(51400)<br>(120) | 69700(51400)<br>(120) | 57100(42100)<br>(100r/min) |
| 额定最高转速/(r/min) | 265 | 265 | 265 |
| 刹车扭矩/N·m(ft·lb) | 67800(50000) | 67800(50000) | 70900(52300) |
| 最大卸扣扭矩/N·m(ft·lb) | 128800(95000) | 128800(95000) | 12200(90000) |
| 背钳夹持钻杆范围/mm(in) | 146~228.6<br>(5.75~9) | 146~228.6<br>(5.75~9) | 146~228.6<br>(5.75~9) |
| 背钳最大行程/mm(in) | 1100(43.25) | 1100(43.25) | 1100(43.25) |
| 主轴接头 | 常规 6⅝in | 常规 7⅝in | 常规 6⅝in |
| 泥浆通道直径/mm(in) | 76(3) | 76(3) | 76(3) |

续表

| 型号 | 1250AC | 1275AC | 8050AC |
| --- | --- | --- | --- |
| 额定循环压力/kPa(psi) | 34500(5000)标准<br>51700(7500)可选 | 34500(5000)标准<br>51700(7500)可选 | 34500(5000)标准<br>51700(7500)可选 |
| 质量/kg(lb) | 13200(29000) | 13600(30000) | 13200(29000) |

# 第六节　空气、氮气钻井设备

空气、氮气钻井设备主要技术参数见表5-78。

**表5-78　空气、氮气钻井设备主要技术参数**

| 序号 | 设备 | 主要规范 | | |
| --- | --- | --- | --- | --- |
| 1 | 系统设备的总体参数 | 总空气排量 | | 240~260m³/min 左右 |
| | | 总氮气排量 | | 130m³/min 左右 |
| | | 输出压力 | | 12.5~15MPa |
| | | 排气温度(气体入井温度) | | ≤65℃ |
| | | 电源 | | 220/380V AC 50Hz |
| | | 使用工况环境条件 | 海拔高度 | ≤3000m |
| | | | 环境温度 | -32~+42℃ |
| | | | 相对湿度 | 最大90% |
| | | | 系统设备地面工作基础 | 地基承载力0.2MPa |
| | | | 地面地理条件 | 山区、丘陵、高原和沙漠 |
| | | | 作业类型 | 全天候额定工况连续作业 |
| 2 | 柴油机驱动空气压缩机 | 额定排量 | | 25~42.45m³/min |
| | | 额定排气压力 | | 2.4MPa |
| | | 排出空气质量 | | 油含量<3ppm |
| | | 固相颗粒直径 | | <3μm |
| | | 数量 | | 根据总气量定 |

续表

<table>
<tr><th>序号</th><th colspan="2">设备</th><th colspan="3">主要规范</th></tr>
<tr><td rowspan="13">3</td><td colspan="2" rowspan="13">膜分离制氮设备</td><td colspan="2">空气供给量</td><td>40~80m³/min</td></tr>
<tr><td colspan="2">氮气产量</td><td>20~40m³/min</td></tr>
<tr><td colspan="2">氮气纯度</td><td>95%</td></tr>
<tr><td colspan="2">空气进气压力</td><td>2.2~2.4MPa</td></tr>
<tr><td colspan="2">排出氮气压力</td><td>1.8~2.0MPa</td></tr>
<tr><td colspan="2">数量</td><td>根据总气量定</td></tr>
<tr><td rowspan="3">膜组对压缩空气的要求</td><td>常压露点</td><td>≤-20℃</td></tr>
<tr><td>允许固体颗粒物含量</td><td>≤0.01μm</td></tr>
<tr><td>允许碳氢化合物含量</td><td>≤0.05ppm</td></tr>
<tr><td rowspan="4">排气成分</td><td>氮气</td><td>≥95%</td></tr>
<tr><td>二氧化碳</td><td>≤10ppm</td></tr>
<tr><td>水</td><td>≤10ppm</td></tr>
<tr><td>氮气+惰性气体</td><td>平衡</td></tr>
<tr><td rowspan="12">4</td><td rowspan="12">柴油机驱动增压机组</td><td rowspan="6">机型Ⅰ</td><td colspan="2">压缩介质</td><td>空气或氮气</td></tr>
<tr><td colspan="2">进气温度</td><td>40℃，最高温度63℃</td></tr>
<tr><td colspan="2">吸气压力</td><td>1.8~2.4MPa</td></tr>
<tr><td colspan="2">输出压力</td><td>12.5~15MPa</td></tr>
<tr><td colspan="2">工艺气排量</td><td>50~80m³/min</td></tr>
<tr><td colspan="2">数量</td><td>根据总气量定</td></tr>
<tr><td rowspan="6">机型Ⅱ</td><td colspan="2">压缩介质</td><td>空气或氮气</td></tr>
<tr><td colspan="2">进气温度</td><td>40℃，最高温度63℃</td></tr>
<tr><td colspan="2">吸气压力</td><td>1.8~2.4MPa</td></tr>
<tr><td colspan="2">输出压力</td><td>35MPa</td></tr>
<tr><td colspan="2">工艺气排量</td><td>30~40m³/min</td></tr>
<tr><td colspan="2">数量</td><td>1~2台</td></tr>
</table>

续表

| 序号 | 设备 | 主要规范 | |
|---|---|---|---|
| 5 | 柴油机驱动雾泵 | 液体排量 | 78~480L/min(可调) |
| | | 额定工作压力 | ≥15MPa |
| | | 液体介质 | 水、表面活性剂混合 |
| 6 | 液体罐 | 容积 | $3m^3$×2(整体 $6m^3$ 以隔板分割为 2 个 $3m^3$ 罐体) |
| 7 | 地面连接管汇 | 主管汇 | 3in(76.2mm)、额定压力 25MPa |
| | | 空气压缩机组 | 2in(50.8mm)、额定压力 7MPa |
| | | 膜分离制氮机组 | 3in(76.2mm)、额定压力 7MPa |
| | | | 2in(50.8mm)、额定压力 7MPa |
| | | 增压机组 | 3in(76.2mm)、额定压力 7MPa |
| | | | 2in(50.8mm)、额定压力 25MPa |
| | | | 2in(50.8mm)、额定压力 35MPa |
| | | 雾泵机组 | 1in(25.4mm)、额定压力 25MPa |
| 8 | 钻台立管管汇 | 设计工作压力等级 | 35MPa |
| | | 主注入管线 | 76.2mm |
| | | By-pass 管线 | 88.9mm |
| | | 喷射排放管线 | 101.6mm |

# 第六章　井下动力钻具

井下动力钻具是通过循环钻井液驱动转子旋转带动钻头破碎岩石的井下钻具，常用的有螺杆钻具和涡轮钻具两种。主要用于定向井的井身轨迹控制，也用于直井提高机械钻速。

## 第一节　螺杆钻具

螺杆钻具主要由定子和转子组成，有单头和多头两种。单头螺杆钻具转速高、扭矩小，多头螺杆钻具扭矩大、转速低。与涡轮钻具相比，螺杆钻具具有功率大、转速低、扭矩大、压降小、容易启动等优点，目前被广泛应用。

### 一、国产螺杆钻具

#### （一）螺杆钻具分类与连接螺纹

1. 分类

按结构和用途，螺杆钻具可分为单头螺杆钻具和多头螺杆钻具两种，结构形式见表 6-1。

**表 6-1　螺杆钻具结构形式代号（SY/T 5383—2010）**

| 种类 | 形式名称 | 形式代号 |
|---|---|---|
| 单头螺杆钻具 | 1/2 螺杆钻具 | LZ |
| 多头螺杆钻具 | 2/3 螺杆钻具 | 2LZ |
| | 3/4 螺杆钻具 | 3LZ |
| | 4/5 螺杆钻具 | 4LZ |
| | 5/6 螺杆钻具 | 5LZ |
| | 6/7 螺杆钻具 | 6LZ |

续表

| 种类 | 形式名称 | 形式代号 |
| --- | --- | --- |
| 多头螺杆钻具 | 7/8 螺杆钻具 | 7LZ |
| | 8/9 螺杆钻具 | 8LZ |
| | 9/10 螺杆钻具 | 9LZ |
| | 10/11 螺杆钻具 | 10LZ |

注：1. 1/2、2/3、3/4、4/5、5/6、6/7、7/8、8/9、9/10、10/11 是指液(气)马达转子横截面的瓣数与定子横截面的瓣数比。

2. 形式代号 LZ 系“螺钻”汉语拼音第一个字母的组合，LZ 字母前的数字系指多瓣钻具中转子横截面的瓣数。

## 2. 外径系列和连接螺纹

螺杆钻具外径系列和连接螺纹见表 6-2。

**表 6-2 螺杆钻具系列与连接螺纹(SY/T 5383—2010)**

| 螺杆钻具规格(外径) | | | | 连接螺纹 | |
| --- | --- | --- | --- | --- | --- |
| 第一系列 | | 第二系列 | | 上端 | 下端 |
| mm | in | mm | in | | |
| 43 | $1\frac{11}{16}$ | | | — | |
| 45 | $1\frac{3}{4}$ | 54 | $2\frac{1}{8}$ | — | |
| 60 | $2\frac{3}{8}$ | 65 | $2\frac{9}{16}$ | — | |
| 73 | $2\frac{7}{8}$ | — | — | — | |
| 89 | $3\frac{1}{2}$ | 86 | $3\frac{3}{8}$ | $2\frac{3}{8}$in REG | |
| 95 | $3\frac{3}{4}$ | 100 | $3\frac{15}{16}$ | $2\frac{7}{8}$in REG | |
| — | — | 102 | 4 | $2\frac{5}{8}$in REG | |
| 120 | $4\frac{3}{4}$ | 127 | 5 | $3\frac{1}{2}$in REG | |
| 165 | $6\frac{1}{2}$ | 159 | $6\frac{1}{4}$ | $4\frac{1}{2}$in REG | |
| 172 | $6\frac{3}{4}$ | 175 | $6\frac{7}{8}$ | $4\frac{1}{2}$in REG 或 $4\frac{1}{2}$in IF | |
| 185 | $7\frac{1}{4}$ | 178 | 7 | $4\frac{1}{2}$in REG 或 $4\frac{1}{2}$in IF | |
| 197 | $7\frac{3}{4}$ | 203 | 8 | $5\frac{1}{2}$in REG | $6\frac{5}{8}$in REG |
| 216 | $8\frac{1}{2}$ | 210 | $8\frac{1}{4}$ | $5\frac{1}{2}$in REG | $6\frac{5}{8}$in REG |
| 244 | $9\frac{5}{8}$ | 241 | $9\frac{1}{2}$ | $6\frac{5}{8}$in REG 内螺纹 | |
| 286 | $11\frac{1}{4}$ | 292 | $11\frac{1}{2}$ | $7\frac{5}{8}$in REG 内螺纹 | |

3. 螺纹上紧力矩

螺杆钻具各部位螺纹上紧力矩见表6-3。

表6-3　螺纹钻具各部位螺纹上紧力矩

| 项　目 | 钻具规格尺寸/mm | | |
|---|---|---|---|
| | 171.45 | 203.20 | 241.30 |
| 下止动螺帽/N·m | 5392 | 17000 | 25854 |
| 上止动螺帽/N·m | 1797 | 4148 | 9540 |
| 万向节与传动轴/N·m | 5530 | 8434 | 11890 |
| 转子与万向节/N·m | 5530 | 8434 | 11890 |
| 轴承外壳与下轴承筒/N·m | 6498 | 15900 | 25024 |
| 万向节外壳与传动轴外壳/N·m | 19356 | 50740 | 63044 |
| 定子外壳与万向节外壳/N·m | 19356 | 50740 | 63044 |
| 定子外壳与旁通阀/N·m | 19356 | 50740 | 63044 |

4. 材料机械性能

钻具壳体及传动轴所用材料的机械性能不低于《合金结构钢技术条件》(GB 3077)中对35CrMo的规定，定子及橡胶轴承橡胶的物理机械性能符合表6-4的规定。

表6-4　橡胶物理机械性能(SY/T 5383—2010)

| 项目 | 数值 |
|---|---|
| 邵尔A型硬度 | 75±5 |
| 拉伸强度/MPa | ≥14 |
| 扯断伸长率/% | >300 |
| 扯断永久变形/% | ≤15 |
| 撕裂强度/(kN/m) | ≥37 |
| 阿克隆磨耗/($cm^3$/1.61km) | ≤0.3 |
| 老化系数(90℃，24h) | ≥0.8 |
| 体积变化率(25号变压器油.24h)/% | ±4 |

## （二）螺杆钻具表示方法（SY/T 5383—2010）

螺杆钻具表示方法如图 6-1 所示。

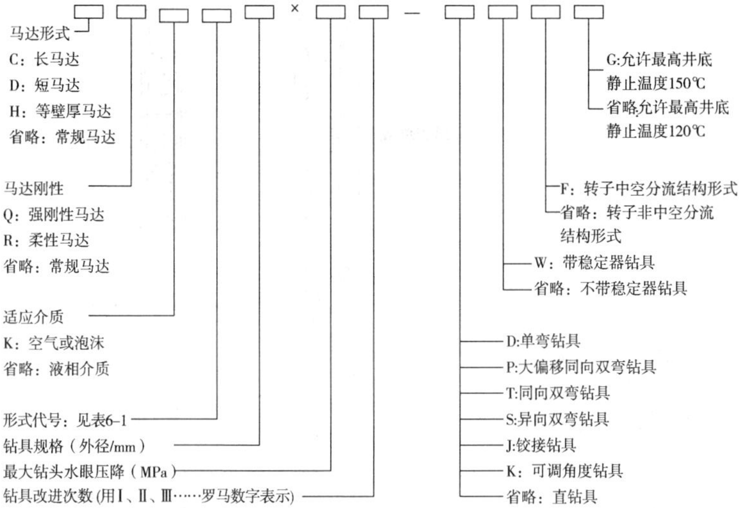


图 6-1　螺杆钻具表示方法

示例 1：外径 165mm，5/6 瓣比数马达、钻头水眼压降为 7.0MPa，经过第二次改进的直形螺杆钻具，应表示为：5LZ165×7.0-Ⅱ。

示例 2：外径 197mm，5/6 瓣比数马达、异向双弯带稳定器、转子中空分流、钻具允许最高工作温度 150℃，钻头水眼压降为 7.0MPa 的弯壳体钻具应表示为：5LZ197×7.0-SWFG。

注：所有生产厂家表示方法略有差异，但基本同上。

## （三）螺杆钻具结构与作用

1. 螺杆钻具结构

螺杆钻具主要由旁通阀总成、定转子总成、万向节总成、传动轴总成组成，如图 6-2～图 6-4 所示。

2. 螺杆钻具主要部件结构与作用

1）旁通阀总成

旁通阀总成主要由阀体、阀套、阀芯、弹簧、弹簧挡圈、阀口总成及密封圈等构件组成，如图 6-5 所示。旁通阀的作用是钻进时使循环钻井液流经马达驱动转子旋转，起下钻时与环空连通，保持钻具内外钻井液平衡，如图 6-6 和图 6-7 所示。

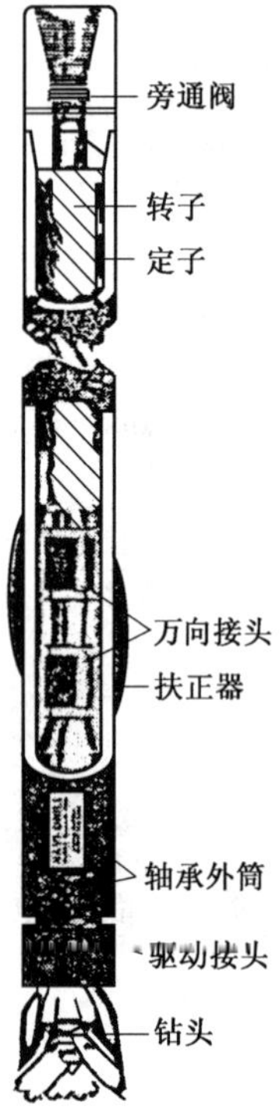


图 6-2　螺杆钻具示意图

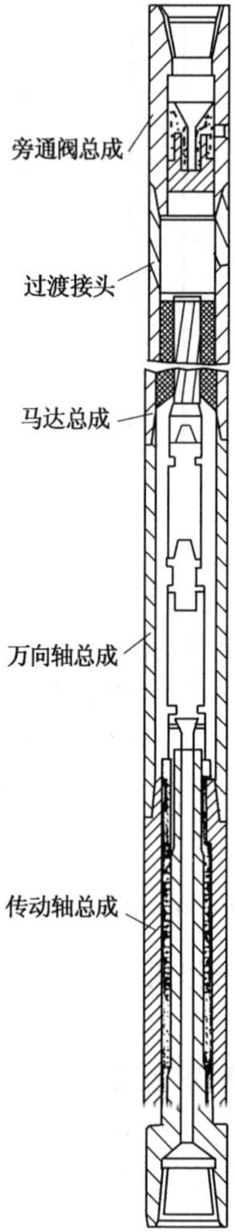


图 6-3　LZ 系列螺杆钻具示意图

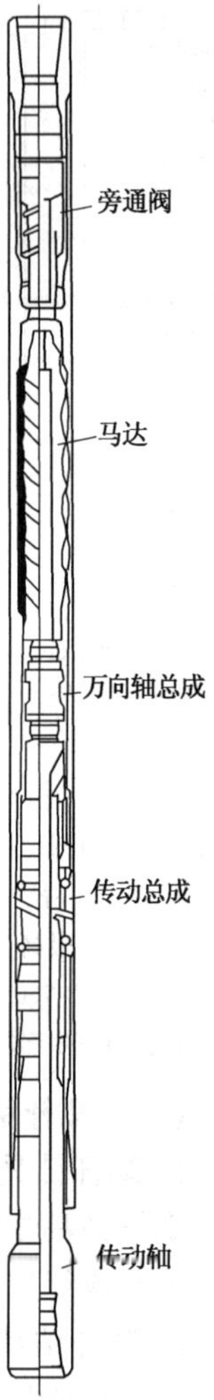


图 6-4　D 型螺杆钻具(Drilx)示意图

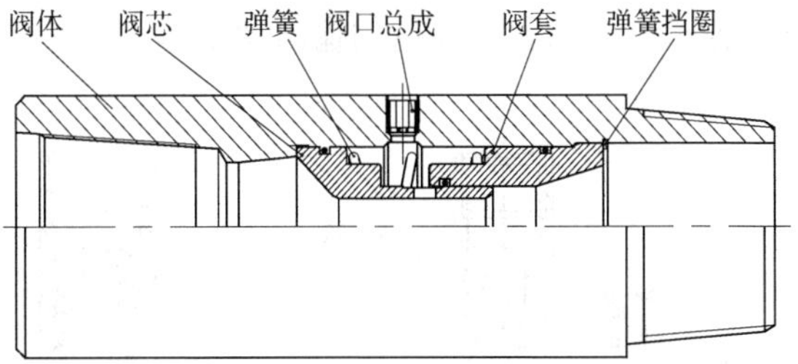


图 6-5　旁通阀总成(一)

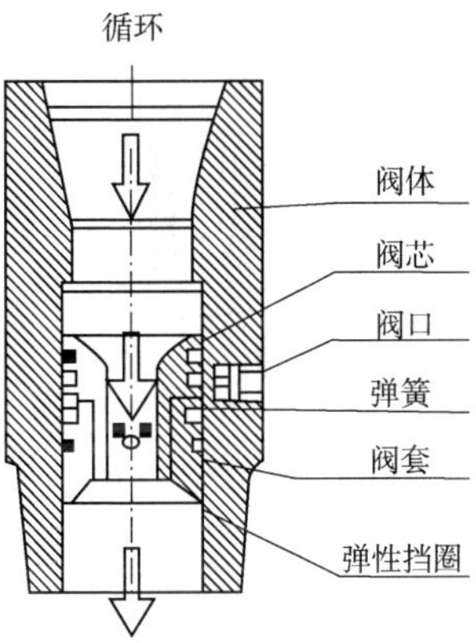


图 6-6　旁通阀关闭示意图

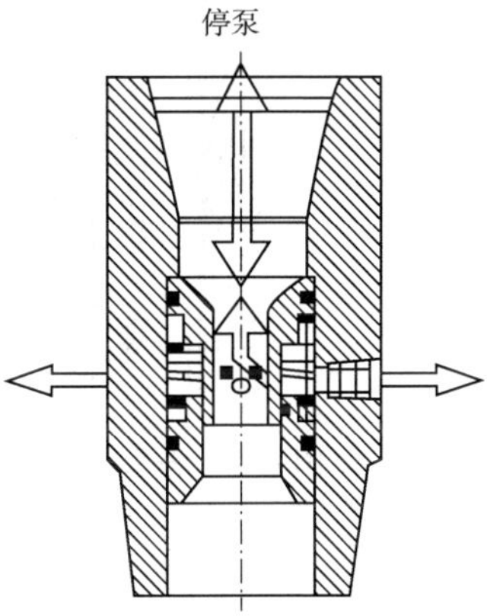


图 6-7　旁通阀开启示意图

2）马达总成

马达总成由定子和转子组成。定子是在钢筒内硫化一层具有螺旋腔的橡胶套的钢筒，转子是用合金钢加工成螺旋的钢轴，二者组成马达总成，如图 6-8~图 6-10 所示。

马达总成的作用是将钻井液的液压动能转化为驱动转子转动、带动钻头破碎岩石的机械能。马达总成是螺杆钻具的动力源，转子不转时，钻井液不能通过马达。由于定子螺旋腔的导向作用，高压液流迫使转子转动，并使钻井液从上一个空腔流入下一个空腔。流量越大，马达的输出功率越大。

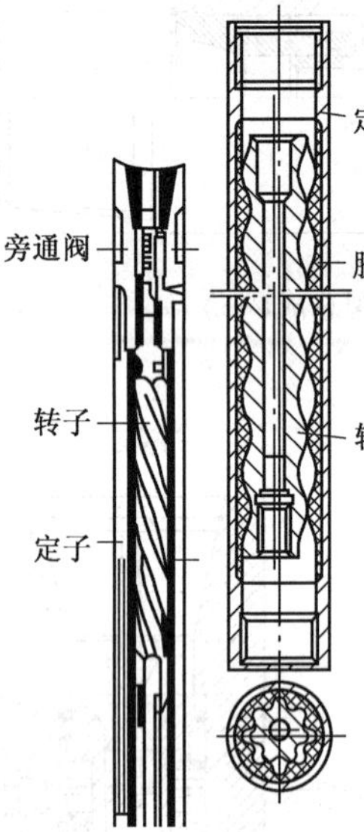

图 6-8　多头转子示意图

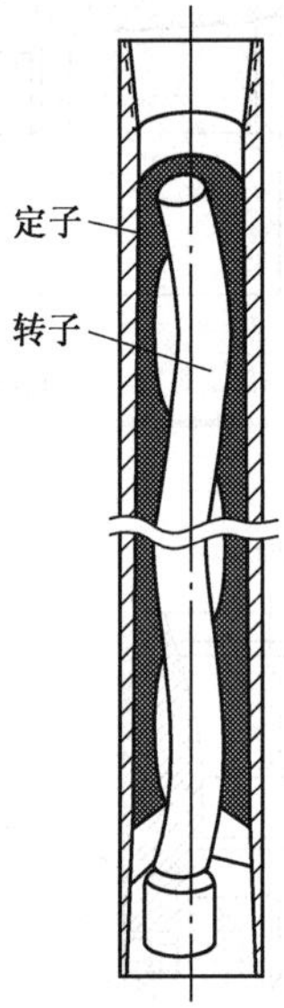

图 6-9　单头转子示意图

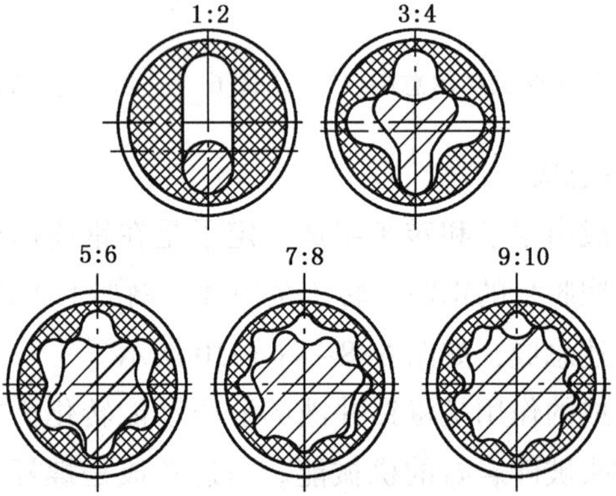

图 6-10　螺杆定子、转子剖面示意图

3）万向联轴节总成

万向联轴节总成(或挠轴总成)是将马达总成转子的偏心转动变为传动轴的同心运动，并传递马达的转矩。万向联轴节总成由万向轴、壳体等组成，上端与转子连接，下端与传动轴连接，如图6-11所示。挠轴代替万向节，为单杆式挠性连接轴，结构简单，安装方便，承载能力大，如图6-12所示。

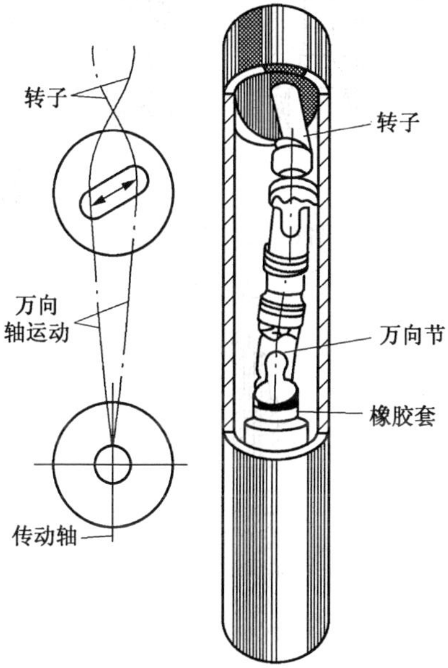


图6-12　万向连接轴总成

4）传动轴总成

传动轴总成主要由壳体、径向轴承、多列推力轴承组、轴体、水帽等组成，用于传递钻压、扭矩和钻井液，如图6-13所示。几种适合不同钻头水眼压降的螺杆钻具轴承总成如图6-14所示。

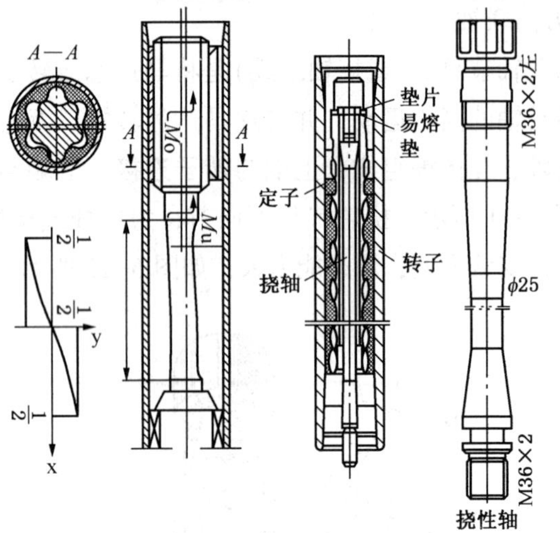


图 6-12 挠轴总成

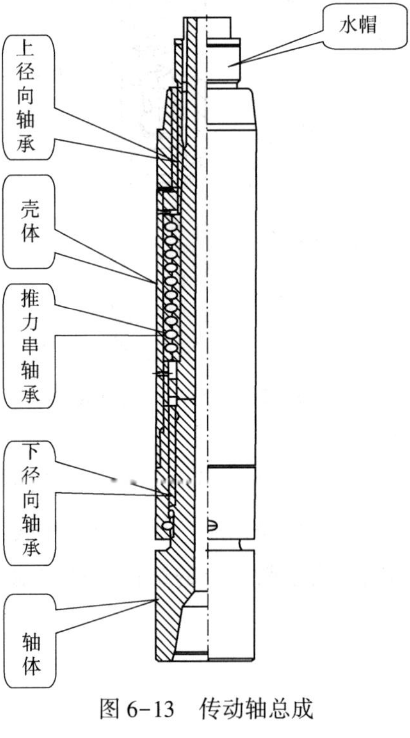


图 6-13 传动轴总成

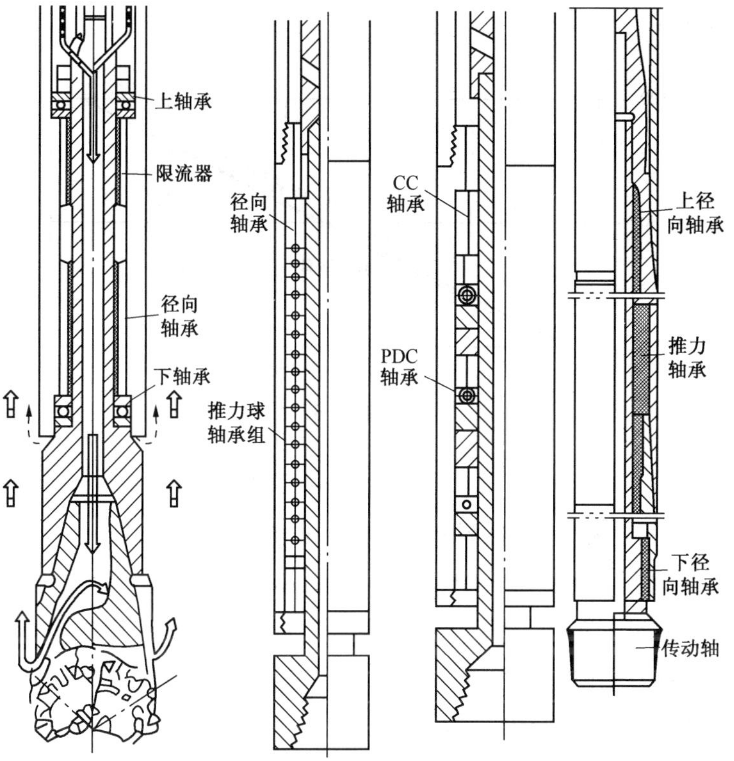


图 6-14　几种国产螺杆钻具传动轴总成

**(四) 螺杆钻具工作特性**

螺杆钻具工作特性与涡轮钻具工作特性有着明显差异。在流量不变的条件下，涡轮钻具随着钻压增大转速降低，力矩和功率增大至最大后下降，压降不变。而螺杆钻具在工作压差范围内，其功率随着螺杆钻具直径增大而增大(图 6-15)，随着钻压增大，马达负荷增大，力矩线性增加，转速基本不变。当超过工作压差时，泵压突然上升，转速急剧降低至制动，力矩达到最大。

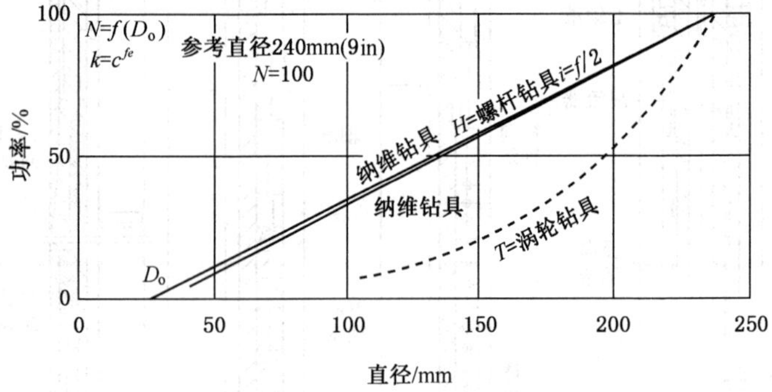


图 6-15　螺杆钻具功率随直径变化的变化曲线

## （五）国产 LZ 系列螺杆钻具技术规格及工作特性

目前，国内生产 LZ 系列螺杆钻具的厂家主要有大港、北京、德州、立林、潍坊、胜利钻采、贵州高峰等，其钻具的工作原理、结构基本相同。基本结构如图 6-16 所示。不同厂家技术规格见表 6-5～表 6-16。

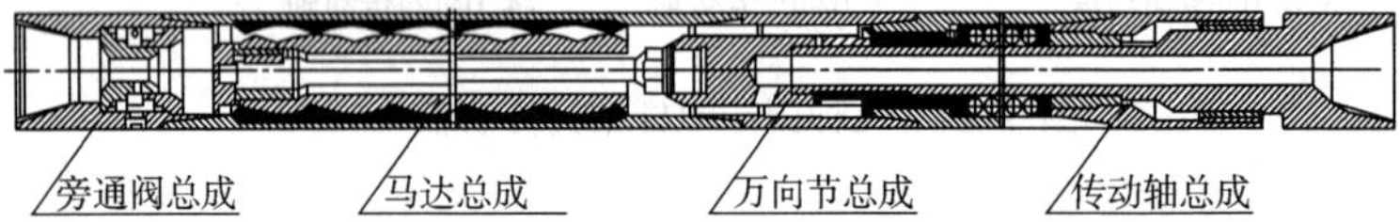


图 6-16　国产 LZ 系列螺杆钻具示意图

表 6-5　大港中成螺杆钻具技术规格及工作特性

| 型号 | | 3LZ60 ×7Y | 5LZ73 ×7Y-V | 5LZ80 ×7Y | 5LZ89 ×7Y | 7LZ89 ×7Y | LZ95 ×7Y | 3LZ95 ×7Y | 4LZ95 ×7Y-Ⅰ | 5LZ95 ×7Y | 5LZ95 ×7Y-Ⅰ |
|---|---|---|---|---|---|---|---|---|---|---|---|
| 公称外径 | mm (in) | 60 (2⅜) | 73 (2⅞) | 82 (3⅛) | 89 (3½) | 89 (3½) | 95 (3¾) | 95 (3¾) | 95 (3¾) | 95 (3¾) | 95 (3¾) |
| 头数 | | 3/4 | 5/6 | 5/6 | 5/6 | 7/8 | 1/2 | 3/4 | 4/5 | 5/6 | 5/6 |
| 级数 | | 3.0 | 7.0 | 3.5 | 3.0 | 3.8 | 5.0 | 4.5 | 8.0 | 3.0 | 4.0 |
| 标准长度 | m (ft) | 2.5 (8.2) | 4.5 (14.76) | 4.38 (14.37) | 3.98 (13.1) | 4.9 (16.1) | 6.97 (22.9) | 6.53 (21.4) | 6.97 (22.9) | 4.44 (14.6) | 5.73 (18.8) |
| 质量 | kg (lbs) | 53 (116) | 103 (227) | 116 (255) | 134 (295) | 184 (405) | 287 (631) | 222 (488) | 237 (519) | 179 (391) | 219 (479) |
| 钻头尺寸 | mm (in) | 73~83 (2⅞~3¼) | 89~114 (3⅛~4½) | 114~152 (4½~6) | 114~152 (4½~6) | 114~152 (4½~6) | 118~152 (4⅝~6) | 118~152 (4⅝~6) | 118~152 (4⅝~6) | 118~152 (4⅝~6) | 118~152 (4⅝~6) |
| 上端螺纹 (API-REG) | | 1.9 TBG | 2⅜in | 2⅜in | 2⅜inIF | 2⅜inIF | 2⅞in | 2⅞in | 2⅞in | 2⅞in | 2⅞in |
| 下端螺纹 (API-REG) | | 1.9 TBG | 2⅜in | 2⅜in | 2⅜in | 2⅜in | 2⅞in | 2⅞in | 2⅞in | 2⅞in | 2⅞in |

续表

| 型号 | | 3LZ60×7Y | 5LZ73×7Y-V | 5LZ80×7Y | 5LZ89×7Y | 7LZ89×7Y | LZ95×7Y | 3LZ95×7Y | 4LZ95×7Y-Ⅰ | 5LZ95×7Y | 5LZ95×7Y-Ⅰ |
|---|---|---|---|---|---|---|---|---|---|---|---|
| 流量 | L/s<br>(GPM) | 1.3~3.2<br>(20~50) | 1.3~5.1<br>(20~80) | 5~10<br>(80~160) | 2.5~7<br>(40~110) | 4.4~8.2<br>(70~130) | 3.8~8.8<br>(60~140) | 5~11<br>(80~180) | 4~11<br>(60~180) | 4~10<br>(60~160) | 4~11<br>(60~180) |
| 钻头速度 | r/min | 244~610 | 115~460 | 173~346 | 89~248 | 115~215 | 252~588 | 136~300 | 148~405 | 90~240 | 89~244 |
| 工作压降 | MPa<br>(psi) | 2.4<br>(348) | 5.6<br>(810) | 2.8<br>(406) | 2.4<br>(348) | 3.0<br>(441) | 4.0<br>(580) | 3.6<br>(522) | 6.4<br>(928) | 2.4<br>(350) | 3.2<br>(464) |
| 输出扭矩 | N·m<br>(ft·lbs) | 118<br>(87) | 600<br>(440) | 750<br>(553) | 642<br>(475) | 1100<br>(810) | 573<br>(424) | 1260<br>(933) | 1650<br>(1220) | 955<br>(707) | 1375<br>(1020) |
| 功率 | kW<br>(hp) | 7.5<br>(10) | 29<br>(38) | 24<br>(32) | 16<br>(21) | 25<br>(33) | 39<br>(52) | 40<br>(53) | 70<br>(94) | 24<br>(32) | 35<br>(47) |
| 最大压降 | MPa<br>(psi) | 3.81<br>(557) | 8.96<br>(1300) | 4.5<br>(650) | 3.84<br>(557) | 4.8<br>(705) | 6.4<br>(928) | 5.76<br>(835) | 10.24<br>(1488) | 3.84<br>(557) | 5.12<br>(742) |
| 最大扭矩 | N·m<br>(ft·lbs) | 189<br>(140) | 960<br>(704) | 1200<br>(885) | 1027<br>(760) | 1760<br>(1296) | 917<br>(679) | 2016<br>(1493) | 2640<br>(1952) | 1528<br>(1131) | 2200<br>(1632) |
| 推荐钻压 | kN<br>(lbs) | 5<br>(1125) | 10<br>(2250) | 12<br>(2700) | 22<br>(4950) | 22<br>(4950) | 29.4<br>(6600) | 30<br>(6600) | 30<br>(6600) | 30<br>(6600) | 30<br>(6600) |
| 最大钻压 | kN<br>(lbs) | 10<br>(2250) | 20<br>(4500) | 25<br>(5620) | 35<br>(7870) | 35<br>(7870) | 53.9<br>(12100) | 55<br>(12100) | 55<br>(12100) | 55<br>(12100) | 55<br>(12100) |

续表

| 型号 | | 5LZ95 ×7Y-Ⅱ | 7LZ95 ×7Y | 7LZ95 ×7Y-Ⅰ | 9LZ95 ×7Y | 5LZ102 ×7Y | 5LZ105 ×7Y | 3LZ120 ×7Y-Ⅳ | 4LZ120 ×7Y-Ⅳ | 5LZ120 ×7Y |
|---|---|---|---|---|---|---|---|---|---|---|
| 公称外径 | mm (in) | 95 (3¾) | 95 (3¾) | 95 (3¾) | 95 (3¾) | 102 (4) | 105 (4⅛) | 120 (4¾) | 120 (4¾) | 120 (4¾) |
| 头数 | | 5/6 | 7/8 | 7/8 | 9/10 | 5/6 | 5/6 | 3/4 | 4/5 | 5/6 |
| 级数 | | 8 | 2.3 | 6.7 | 4.0 | 3.0 | 3.0 | 8.0 | 5.0 | 3.0 |
| 标准长度 | m (ft) | 7.01 (23.0) | 5.38 (17.6) | 6.76 (22.2) | 5.24 (17.2) | 4.525 (14.9) | 4.525 (14.9) | 7.22 (23.7) | 6.23 (20.4) | 5.5 (18.0) |
| 质量 | kg (lbs) | 257 (563) | 204 (449) | 258 (568) | 203 (447) | 200 (440) | 210 (462) | 492 (1082) | 442 (972) | 397 (873) |
| 钻头尺寸 | mm (in) | 118~152 (4⅝~6) | 118~152 (4⅝~6) | 118~152 (4⅝~6) | 118~152 (4⅝~6) | 118~152 (4⅝~6) | 118~152 (4⅝~6) | 149~200 (5⅞~7⅞) | 149~200 (5⅞~7⅞) | 149~200 (5⅞~7⅞) |
| 上端螺纹 (API-REG) | | 2⅞in | 2⅞in | 2⅞in | 2⅞in | 3½in | 3½in | 3½in | 3½in | 3½in |
| 下端螺纹 (API-REG) | | 2⅞in | 2⅞in | 2⅞in | 2⅞in | 2⅞in | 2⅞in | 3½in | 3½in | 3½in |
| 流量 | L/s (GPM) | 6~11 (100~180) | 5~10 (80~160) | 5~10 (80~160) | 5~11 (80~180) | 6~14 (100~220) | 6~14 (100~220) | 8~16 (130~250) | 7~19 (110~300) | 7~16 (100~250) |

续表

| 型号 | | 5LZ95 ×7Y－Ⅱ | 7LZ95 ×7Y | 7LZ95 ×7Y－Ⅰ | 9LZ95 ×7Y | 5LZ102 ×7Y | 5LZ105 ×7Y | 3LZ120 ×7Y－Ⅳ | 4LZ120 ×7Y－Ⅳ | 5LZ120 ×7Y |
|---|---|---|---|---|---|---|---|---|---|---|
| 钻头速度 | r/min | 196～362 | 67～133 | 127～254 | 101～228 | 102～237 | 102～237 | 218～436 | 128～348 | 87～198 |
| 工作压降 | MPa (psi) | 6.4 (930) | 1.84 (267) | 5.36 (780) | 3.2 (464) | 2.4 (350) | 2.4 (350) | 6.4 (930) | 4.0 (580) | 2.4 (350) |
| 输出扭矩 | N·m (ft·lbs) | 1850 (1370) | 1330 (980) | 2047 (1510) | 1516 (1118) | 1350 (1000) | 1350 (1000) | 2240 (1660) | 2088 (1546) | 1837 (1360) |
| 功率 | kW (hp) | 70 (94) | 14 (19) | 49 (66) | 36 (48) | 31 (42) | 31 (42) | 102 (136) | 76 (102) | 38 (51) |
| 最大压降 | MPa (psi) | 10.24 (1488) | 2.911 (427) | 8.576 (1248) | 5.12 (744) | 3.84 (557) | 3.84 (557) | 10.24 (1488) | 6.4 (958) | 3.84 (557) |
| 最大扭矩 | N·m (ft·lbs) | 2960 (2152) | 2128 (1569) | 3275 (2415) | 2426 (1789) | 2163 (1600) | 2163 (1600) | 3584 (2656) | 3340 (2473) | 2939 (2176) |
| 推荐钻压 | kN (lbs) | 30 (6600) | 30 (6600) | 30 (6600) | 30 (6750) | 30 (6750) | 30 (6750) | 48 (10800) | 48 (10800) | 48 (10800) |
| 最大钻压 | kN (lbs) | 55 (12100) | 55 (12100) | 55 (12100) | 55 (12370) | 55 (12370) | 55 (12370) | 98 (22000) | 98 (22000) | 98 (22000) |

续表

| 型号 | | 5LZ120×7Y-Ⅰ | 5LZ120×7Y-Ⅲ | 5LZ120×7Y-Ⅳ | 6LZ120×7Y-ERT | 7LZ120×7Y | 7LZ120×7Y-AD | 7LZ120×7Y-Ⅱ | 7LZ120×7Y-Ⅲ |
|---|---|---|---|---|---|---|---|---|---|
| 公称外径 | mm (in) | 120 (4¾) | 120 (4¾) | 120 (4¾) | 120 (4¾) | 120 (4¾) | 120 (4¾) | 120 (4¾) | 120 (4¾) |
| 头数 | | 5/6 | 5/6 | 5/6 | 6/7 | 7/8 | 7/8 | 7/8 | 7/8 |
| 级数 | | 3.0 | 5.3 | 6.0 | 3.0 | 3.1 | 2.6 | 2.0 | 3.0 |
| 标准长度 | m (ft) | 4.96 (16.3) | 6.23 (20.4) | 7.64 (25.1) | 4.8 (15.8) | 6.23 (20.4) | 7.64 (25.1) | 7.22 (23.7) | 4.55 (14.9) |
| 质量 | kg (lbs) | 313 (689) | 437 (960) | 569 (1252) | 360 (792) | 462 (1016) | 569 (1252) | 536 (1180) | 232 (510) |
| 钻头尺寸 | mm (in) | 149~200 (5⅞~7⅞) | 149~200 (5⅞~7⅞) | 149~200 (5⅞~7⅞) | 149~200 (5⅞~7⅞) | 149~200 (5⅞~7⅞) | 149~200 (5⅞~7⅞) | 149~200 (5⅞~7⅞) | 149~200 (5⅞~7⅞) |
| 上端螺纹 (API-REG) | | 3½in | 3½in | 3½in | 3½in | 3½in | 3½in | 3½in | 3½in |
| 下端螺纹 (API-REG) | | 3½in | 3½in | 3½in | 3½in | 3½in | 3½in | 3½in | 3½in |
| 流量 | L/s (GPM) | 4~16 (60~250) | 8~16 (130~250) | 6~16 (100~250) | 9.5~19 (150~300) | 10~16 (160~250) | 10~19 (150~300) | 12~19 (190~300) | 10~16 (160~250) |

续表

| 型号 | | 5LZ120 ×7Y－Ⅰ | 5LZ120 ×7Y－Ⅲ | 5LZ120 ×7Y－Ⅳ | 6LZ120 ×7Y－ERT | 7LZ120 ×7Y | 7LZ120 ×7Y－AD | 7LZ120 ×7Y－Ⅱ | 7LZ120 ×7Y－Ⅲ |
|---|---|---|---|---|---|---|---|---|---|
| 钻头速度 | r/min | 62～248 | 134～270 | 82～206 | 67～134 | 88～140 | 40～80 | 58～91 | 147～233 |
| 工作压降 | MPa (psi) | 2.4 (350) | 4.2 (610) | 4.8 (700) | 3.0 (435) | 2.5 (360) | 2.1 (305) | 1.6 (232) | 2.4 (350) |
| 输出扭矩 | N·m (ft·lbs) | 1470 (1090) | 2380 (1364) | 3660 (2710) | 3455 (2548) | 2660 (1970) | 4750 (3500) | 3180 (2350) | 1560 (1155) |
| 功率 | kW (hp) | 38 (51) | 67 (90) | 79 (105) | 48 (64) | 39 (52) | 40 (54) | 30 (40) | 38 (51) |
| 最大压降 | MPa (psi) | 3.84 (557) | 6.72 (976) | 7.68 (1120) | 4.8 (696) | 4.0 (576) | 3.36 (488) | 2.56 (371) | 3.84 (560) |
| 最大扭矩 | N·m (ft·lbs) | 2352 (1744) | 3808 (2182) | 5856 (4336) | 5528 (4077) | 4256 (3152) | 7600 (5600) | 5088 (3760) | 2496 (1848) |
| 推荐钻压 | kN (lbs) | 48 (10800) | 48 (10800) | 48 (10800) | 48 (10800) | 48 (10800) | 48 (10800) | 48 (10800) | 48 (10800) |
| 最大钻压 | kN (lbs) | 98 (22000) | 98 (22000) | 98 (22000) | 98 (22000) | 98 (22000) | 98 (22000) | 98 (22000) | 98 (22000) |

续表

| 型号 | | 7LZ120 ×7Y-Ⅳ | 7LZ120 ×7Y-Ⅴ | 7LZ120 ×7Y-Ⅵ | 5LZ159 ×7Y | 7LZ159 ×7Y-Ⅰ | 7LZ159 ×7Y-Ⅳ | LZ165 ×7Y | 4LZ165 ×7Y |
|---|---|---|---|---|---|---|---|---|---|
| 公称外径 | mm (in) | 120 ($4\frac{3}{4}$) | 120 ($4\frac{3}{4}$) | 120 ($4\frac{3}{4}$) | 159 ($6\frac{1}{4}$) | 159 ($6\frac{1}{4}$) | 159 ($6\frac{1}{4}$) | 165 ($6\frac{1}{2}$) | 165 ($6\frac{1}{2}$) |
| 头数 | | 7/8 | 7/8 | 7/8 | 5/6 | 7/8 | 7/8 | 1/2 | 4/5 |
| 级数 | | 4.0 | 3.8 | 5.0 | 4.0 | 2.9 | 4.8 | 5.1 | 3.2 |
| 标准长度 | m (ft) | 7.22 (23.7) | 7.64 (25.1) | 7.64 (25.1) | 6.7 (22.0) | 9.573 (31.4) | 8.793 (28.9) | 7.6 (24.9) | 7.01 (23.0) |
| 质量 | kg (lbs) | 540 (1188) | 570 (1254) | 572 (1258) | 678 (1494) | 920 (2027) | 1005 (2211) | 916 (2020) | 945 (2080) |
| 钻头尺寸 | mm (in) | 149~200 ($5\frac{7}{8}$~$7\frac{7}{8}$) | 149~200 ($5\frac{7}{8}$~$7\frac{7}{8}$) | 149~200 ($5\frac{7}{8}$~$7\frac{7}{8}$) | 213~251 ($8\frac{3}{8}$~$9\frac{5}{8}$) | 213~251 ($8\frac{3}{8}$~$9\frac{7}{8}$) | 213~251 ($8\frac{3}{8}$~$9\frac{7}{8}$) | 213~251 ($8\frac{3}{8}$~$9\frac{7}{8}$) | 213~251 ($8\frac{3}{8}$~$9\frac{7}{8}$) |
| 上端螺纹 (API-REG) | | $3\frac{1}{2}$in | $3\frac{1}{2}$in | $3\frac{1}{2}$in | $4\frac{1}{2}$in | $4\frac{1}{2}$in | $4\frac{1}{2}$in | $4\frac{1}{2}$in | $4\frac{1}{2}$in |
| 下端螺纹 (API-REG) | | $3\frac{1}{2}$in | $3\frac{1}{2}$in | $3\frac{1}{2}$in | $4\frac{1}{2}$in | $4\frac{1}{2}$in | $4\frac{1}{2}$in | $4\frac{1}{2}$in | $4\frac{1}{2}$in |
| 流量 | L/s (GPM) | 10~16 (160~250) | 10~16 (150~250) | 10~19 (150~300) | 16~28 (250~450) | 13~32 (200~500) | 20~32 (300~500) | 15~25 (240~400) | 16~30 (250~480) |

续表

| 型号 | | 7LZ120<br>×7Y-Ⅳ | 7LZ120<br>×7Y-Ⅴ | 7LZ120<br>×7Y-Ⅵ | 5LZ159<br>×7Y | 7LZ159<br>×7Y-Ⅰ | 7LZ159<br>×7Y-Ⅳ | LZ165<br>×7Y | 4LZ165<br>×7Y |
|---|---|---|---|---|---|---|---|---|---|
| 钻头速度 | r/min | 88~140 | 76~121 | 92~184 | 112~197 | 35~87 | 101~163 | 267~445 | 97~182 |
| 工作压降 | MPa<br>(psi) | 3.2<br>(464) | 3.0<br>(435) | 4.0<br>(580) | 3.2<br>(464) | 2.3<br>(336) | 3.84<br>(557) | 4.1<br>(600) | 2.56<br>(371) |
| 输出扭矩 | N·m<br>(ft·lbs) | 3430<br>(2530) | 4018<br>(2976) | 4112<br>(3032) | 4334<br>(3210) | 8027<br>(5946) | 7230<br>(5356) | 1820<br>(1340) | 4025<br>(2968) |
| 功率 | kW<br>(hp) | 50<br>(67) | 59<br>(79) | 75<br>(100) | 90<br>(120) | 71<br>(94) | 123<br>(164) | 59<br>(79) | 76<br>(102) |
| 最大压降 | MPa<br>(psi) | 5.12<br>(742) | 4.8<br>(696) | 6.4<br>(928) | 5.12<br>(742) | 3.68<br>(537) | 6.144<br>(891) | 6.56<br>(960) | 4576<br>(652) |
| 最大扭矩 | N·m<br>(ft·lbs) | 5488<br>(4048) | 6428<br>(4761) | 6579<br>(4852) | 69343<br>(5136) | 12843<br>(9513) | 11568<br>(8569) | 2912<br>(2144) | 6432<br>(4864) |
| 推荐钻压 | kN<br>(lbs) | 48<br>(10800) | 48<br>(10800) | 48<br>(10800) | 147<br>(33000) | 147<br>(33000) | 147<br>(33000) | 48<br>(10800) | 80<br>(33000) |
| 最大钻压 | kN<br>(lbs) | 98<br>(22000) | 98<br>(22000) | 98<br>(22000) | 196<br>(44000) | 196<br>(44000) | 196<br>(44000) | 98<br>(22000) | 160<br>(44000) |

续表

| 型号 | | 4LZ165 ×7Y-Ⅰ | 5Z165 ×7Y | 5Z165 ×7Y-Ⅳ | 5LZ165 ×7Y-Ⅰ | 6LZ165 ×7Y | 7LZ165 ×7Y-Ⅱ | 7LZ165 ×7Y-Ⅲ | 7LZ165 ×7Y-Ⅳ |
|---|---|---|---|---|---|---|---|---|---|
| 公称外径 | mm (in) | 165 ($6\frac{1}{2}$) | 165 ($6\frac{1}{2}$) | 165 ($6\frac{1}{2}$) | 165 ($6\frac{1}{2}$) | 165 ($6\frac{1}{2}$) | 165 ($6\frac{1}{2}$) | 165 ($6\frac{1}{2}$) | 165 ($6\frac{1}{2}$) |
| 头数 | | 4/5 | 5/6 | 5/6 | 5/6 | 6/7 | 7/8 | 7/8 | 7/8 |
| 级数 | | 4.0 | 4.0 | 6.0 | 6.5 | 5.0 | 2.9 | 4.8 | 5.3 |
| 标准长度 | m (ft) | 7.851 (25.8) | 7.008 (23.0) | 7.851 (25.8) | 8.21 (27.0) | 8.344 (27.4) | 9.444 (31.0) | 8.665 (28.4) | 9.185 (30.1) |
| 质量 | kg (lbs) | 1000 (2200) | 945 (2080) | 1000 (2200) | 1045 (2300) | 1206 (2653) | 1369 (3012) | 1255 (2760) | 1330 (2926) |
| 钻头尺寸 | mm (in) | 213~251 ($8\frac{3}{8}$~$9\frac{7}{8}$) | 213~251 ($8\frac{3}{8}$~$9\frac{7}{8}$) | 213~251 ($8\frac{3}{8}$~$9\frac{7}{8}$) | 213~251 ($8\frac{3}{8}$~$9\frac{7}{8}$) | 213~251 ($8\frac{3}{8}$~$9\frac{7}{8}$) | 213~251 ($8\frac{3}{8}$~$9\frac{7}{8}$) | 213~251 ($8\frac{3}{8}$~$9\frac{7}{8}$) | 213~251 ($8\frac{3}{8}$~$9\frac{7}{8}$) |
| 上端螺纹（API-REG） | | $4\frac{1}{2}$in | $4\frac{1}{2}$in | $4\frac{1}{2}$in | $4\frac{1}{2}$in | $4\frac{1}{2}$in | $4\frac{1}{2}$in | $4\frac{1}{2}$in | $4\frac{1}{2}$in |
| 下端螺纹（API-REG） | | $4\frac{1}{2}$in | $4\frac{1}{2}$in | $4\frac{1}{2}$in | $4\frac{1}{2}$in | $4\frac{1}{2}$in | $4\frac{1}{2}$in | $4\frac{1}{2}$in | $4\frac{1}{2}$in |
| 流量 | L/s (GPM) | 16~30 (250~480) | 16~28 (250~450) | 10~27 (160~430) | 10~27 (160~430) | 13~32 (200~500) | 13~32 (250~500) | 20~32 (300~500) | 19~32 (300~500) |

续表

| 型号 | | 4LZ165 ×7Y-Ⅰ | 5Z165 ×7Y | 5Z165 ×7Y-Ⅳ | 5LZ165 ×7Y-Ⅰ | 6LZ165 ×7Y | 7LZ165 ×7Y-Ⅱ | 7LZ165 ×7Y-Ⅲ | 7LZ165 ×7Y-Ⅳ |
|---|---|---|---|---|---|---|---|---|---|
| 钻头速度 | r/min | 97~182 | 112~197 | 86~233 | 83~224 | 73~183 | 35~87 | 101~163 | 101~163 |
| 工作压降 | MPa (psi) | 3.2 (464) | 3.2 (464) | 4.8 (700) | 5.2 (754) | 4.0 (580) | 2.3 (336) | 3.84 (557) | 4.24 (615) |
| 输出扭矩 | N·m (ft·lbs) | 5032 (3701) | 4334 (3210) | 5294 (3920) | 6000 (4425) | 6580 (4853) | 8027 (5946) | 7230 (5356) | 8000 (5900) |
| 功率 | kW (hp) | 96 (128) | 90 (120) | 124 (165) | 140 (187) | 126 (168) | 71 (94) | 123 (164) | 136 (182) |
| 最大压降 | MPa (psi) | 6.9 (1001) | 5.12 (742) | 7.68 (1120) | 8.32 (1206) | 6.4 (928) | 3.68 (537) | 6.144 (891) | 6.784 (984) |
| 最大扭矩 | N·m (ft·lbs) | 8052 (5968) | 6934 (5136) | 8470 (6272) | 9600 (7080) | 10528 (7765) | 12843 (9514) | 11568 (8570) | 12800 (9440) |
| 推荐钻压 | kN (lbs) | 80 (18000) | 80 (18000) | 80 (18000) | 80 (18000) | 80 (18000) | 80 (18000) | 80 (18000) | 80 (18000) |
| 最大钻压 | kN (lbs) | 160 (36000) | 160 (36000) | 160 (36000) | 160 (36000) | 160 (36000) | 160 (36000) | 160 (36000) | 160 (36000) |

续表

| 型号 | | 7LZ165 ×7Y-AD | 9LZ165 ×7Y | 3LZ172 ×7Y | 4LZ172 ×7Y | 4LZ172 ×7Y-Ⅳ | 5LZ172 ×7Y | 5LZ172 ×7Y-Ⅰ | 5LZ172 ×7Y-Ⅳ |
|---|---|---|---|---|---|---|---|---|---|
| 公称外径 | mm (in) | 165 ($6\frac{1}{2}$) | 165 ($6\frac{1}{2}$) | 172 ($6\frac{3}{4}$) | 172 ($6\frac{3}{4}$) | 172 ($6\frac{3}{4}$) | 172 ($6\frac{3}{4}$) | 172 ($6\frac{3}{4}$) | 172 ($6\frac{3}{4}$) |
| 头数 | | 7/8 | 9/10 | 3/4 | 4/5 | 4/5 | 5/6 | 5/6 | 5/6 |
| 级数 | | 2.0 | 3.0 | 6.0 | 5.0 | 7.0 | 4.0 | 5.0 | 7.0 |
| 标准长度 | m (ft) | 7.92 (26.0) | 6.234 (20.45) | 7.97 (26.2) | 7.97 (26.5) | 8.78 (28.7) | 7.78 (25.5) | 8.78 (28.7) | 8.78 (28.7) |
| 质量 | kg (lbs) | 1028 (2252) | 850 (1870) | 985 (2167) | 1030 (2266) | 1258 (2768) | 1005 (2211) | 1210 (2717) | 1210 (2717) |
| 钻头尺寸 | mm (in) | 213~251 ($8\frac{3}{8}$~$9\frac{7}{8}$) | 213~251 ($8\frac{3}{8}$~$9\frac{7}{8}$) | 213~251 ($8\frac{3}{8}$~$9\frac{7}{8}$) | 213-251 ($8\frac{3}{8}$~$9\frac{7}{8}$) | 213~251 ($8\frac{3}{8}$~$9\frac{7}{8}$) | 213~251 ($8\frac{3}{8}$~$9\frac{7}{8}$) | 203~251 (8~$9\frac{7}{8}$) | 213~251 ($8\frac{3}{8}$~$9\frac{7}{8}$) |
| 上端螺纹 (API-REG) | | $4\frac{1}{2}$in | $4\frac{1}{2}$in | $4\frac{1}{2}$in | $4\frac{1}{2}$in | $4\frac{1}{2}$in | $4\frac{1}{2}$in | $4\frac{1}{2}$in | $4\frac{1}{2}$in |
| 下端螺纹 (API-REG) | | $4\frac{1}{2}$in | $4\frac{1}{2}$in | $4\frac{1}{2}$in | $4\frac{1}{2}$in | $4\frac{1}{2}$in | $4\frac{1}{2}$in | $4\frac{1}{2}$in | $4\frac{1}{2}$in |
| 流量 | L/s (GPM) | 20~32 (320~500) | 19~32 (300~500) | 16~30 (250~480) | 16~36 (250~570) | 16~36 (250~570) | 16~36 (250~570) | 13~38 (200~600) | 16~36 (250~570) |

续表

| 型号 | | 7LZ165×7Y-AD | 9LZ165×7Y | 3LZ172×7Y | 4LZ172×7Y | 4LZ172×7Y-Ⅳ | 5LZ172×7Y | 5LZ172×7Y-Ⅰ | 5LZ172×7Y-Ⅳ |
|---|---|---|---|---|---|---|---|---|---|
| 钻头速度 | r/min | 51~84 | 94~159 | 183~342 | 128~288 | 140~320 | 94~210 | 72~212 | 125~280 |
| 工作压降 | MPa (psi) | 1.6 (230) | 2.4 (350) | 4.80 (700) | 4.0 (580) | 5.6 (812) | 3.2 (464) | 4.0 (580) | 5.6 (810) |
| 输出扭矩 | N·m (ft·lbs) | 5790 (4290) | 4600 (3390) | 4020 (2980) | 4780 (3540) | 6016 (4456) | 5215 (3590) | 6844 (5070) | 6845 (5070) |
| 功率 | kW (hp) | 51 (68) | 77 (103) | 144 (193) | 144 (192) | 201 (269) | 115 (154) | 159 (212) | 200 (269) |
| 最大压降 | MPa (psi) | 2.56 (368) | 3.84 (557) | 7.68 (1120) | 6.4 (928) | 8.96 (1300) | 5.12 (742) | 6.4 (928) | 8.96 (1296) |
| 最大扭矩 | N·m (ft·lbs) | 9264 (6864) | 7360 (5428) | 6432 (4768) | 7648 (5664) | 9625 (7129) | 8344 (5744) | 10950 (8112) | 10952 (8112) |
| 推荐钻压 | kN (lbs) | 80 (18000) | 80 (18000) | 98 (22000) | 98 (22000) | 98 (22000) | 98 (22000) | 98 (22000) | 98 (22000) |
| 最大钻压 | kN (lbs) | 160 (36000) | 160 (36000) | 166 (37400) | 166 (37400) | 166 (37400) | 166 (37400) | 166 (37400) | 166 (37400) |

续表

| 型号 | | 7LZ172×7Y | 7LZ172<br>×7Y-AD | 7LZ172<br>×7Y-Ⅱ | 7LZ172<br>×7Y-Ⅳ | 7LZ172<br>X7Y-ERT | 7LZ172<br>X7Y-I-ERT | 5LZ185×7Y |
|---|---|---|---|---|---|---|---|---|
| 公称外径 | mm<br>(in) | 172<br>(6¾) | 172<br>(6¾) | 172<br>(6¾) | 172<br>(6¾) | 172<br>(6¾) | 172<br>(6¾) | 185<br>(7¼) |
| 头数 | | 7/8 | 7/8 | 7/8 | 7/8 | 7/8 | 7/8 | 5/6 |
| 级数 | | 3.0 | 2.0 | 5.0 | 4.0 | 3.0 | 6.0 | 4.0 |
| 标准长度 | m<br>(ft) | 7.08<br>(23.2) | 8.64<br>(28.4) | 8.78<br>(28.7) | 8.78<br>(28.7) | 4.87<br>(16.0) | 8.08<br>(26.5) | 8.64<br>(28.6) |
| 质量 | kg<br>(lbs) | 975<br>(2145) | 1000<br>(2255) | 1245<br>(2739) | 1242<br>(2732) | 720<br>(1584) | 1206<br>(2653) | 1642<br>(3612) |
| 钻头尺寸 | mm<br>(in) | 213~251<br>(8⅜~9⅞) | 213~251<br>(8⅜~9⅞) | 213~251<br>(8⅜~9⅞) | 213~251<br>(8⅜~9⅞) | 213~251<br>(8⅜~9⅞) | 213~251<br>(8⅜~9⅞) | 251~311<br>(9⅞~12¼) |
| 上端螺纹<br>(API-REG) | | 4½in | 4½in | 4½in | 4½in | 4½in | 4½in | 4½in IF |
| 下端螺纹<br>(API-REG) | | 4½in | 4½in | 4½in | 4½in | 4½in | 4½in | 6⅝in |
| 流量 | L/s<br>(GPM) | 16~36<br>(250~570) | 19~38<br>(300~600) | 20~38<br>(350~600) | 24~40<br>(380~640) | 19~41<br>(300~650) | 11~23<br>(175~365) | 19~38<br>(380~600) |

续表

| 型号 | | 7LZ172×7Y | 7LZ172<br>×7Y-AD | 7LZ172<br>×7Y-Ⅱ | 7LZ172<br>×7Y-Ⅳ | 7LZ172<br>X7Y-ERT | 7LZ172<br>X7Y-I-ERT | 5LZ185×7Y |
|---|---|---|---|---|---|---|---|---|
| 钻头速度 | r/min | 73~164 | 43~87 | 91~172 | 87~146 | 79~170 | 45~95 | 111~222 |
| 工作压降 | MPa<br>(psi) | 2.4<br>(350) | 1.6<br>(230) | 4.0<br>(580) | 3.2<br>(464) | 3.0<br>(435) | 6.4<br>(928) | 3.2<br>(464) |
| 输出扭矩 | N·m<br>(ft·lbs) | 5023<br>(3720) | 6016<br>(4435) | 8372<br>(6201) | 6400<br>(4720) | 5910<br>(4358) | 14740<br>(10870) | 5700<br>(4203) |
| 功率 | kW<br>(hp) | 86<br>(115) | 54<br>(73) | 151<br>(201) | 98<br>(130) | 83<br>(110) | 136<br>(181) | 132<br>(177) |
| 最大压降 | MPa<br>(psi) | 3.84<br>(560) | 2.56<br>(368) | 6.4<br>(928) | 5.12<br>(742) | 4.8<br>(696) | 8.8<br>(1280) | 5.12<br>(742) |
| 最大扭矩 | N·m<br>(ft·lbs) | 8036<br>(5952) | 9642<br>(7096) | 13971<br>(9921) | 10240<br>(7552) | 9456<br>(6974) | 20340<br>(15000) | 9120<br>(6726) |
| 推荐钻压 | kN<br>(lbs) | 98<br>(22000) | 98<br>(22000) | 98<br>(22000) | 98<br>(22000) | 98<br>(22000) | 98<br>(22000) | 130<br>(29200) |
| 最大钻压 | kN<br>(lbs) | 166<br>(37400) | 166<br>(37400) | 166<br>(37400) | 166<br>(37400) | 166<br>(37400) | 166<br>(37400) | 200<br>(45000) |

续表

| 型号 | | LZ197×7Y | 4LZ197×7Y | 5LZ197×7Y | 5LZ197×7Y-Ⅳ | 7LZ197×7Y | 5LZ203×7Y | 5LZ203×7Y-Ⅱ |
|---|---|---|---|---|---|---|---|---|
| 公称外径 | mm<br>(in) | 197<br>($7\frac{3}{4}$) | 197<br>($7\frac{3}{4}$) | 197<br>($7\frac{3}{4}$) | 197<br>($7\frac{3}{4}$) | 197<br>($7\frac{3}{4}$) | 203<br>(8) | 203<br>(8) |
| 头数 | | 1/2 | 4/5 | 5/6 | 5/6 | 7/8 | 5/6 | 5/6 |
| 级数 | | 5.1 | 6.0 | 4.0 | 6.5 | 3.0 | 5.5 | 5.0 |
| 标准长度 | m<br>(ft) | 8.3<br>(27.2) | 9.52<br>(31.2) | 7.5<br>(24.6) | 8.88<br>(29.1) | 7.98<br>(26.2) | 10.08<br>(33.1) | 10.08<br>(33.1) |
| 质量 | kg<br>(lbs) | 1281<br>(2825) | 1610<br>(3542) | 1620<br>(3564) | 1610<br>(3542) | 1520<br>(3344) | 2157<br>(4745) | 2157<br>(4745) |
| 钻头尺寸 | mm<br>(in) | 241~311<br>($9\frac{1}{2}$~$12\frac{1}{4}$) | 241~311<br>($9\frac{1}{2}$~$12\frac{1}{4}$) | 241~311<br>($9\frac{1}{2}$~$12\frac{1}{4}$) | 241~311<br>($9\frac{1}{2}$~$12\frac{1}{4}$) | 241~311<br>($9\frac{1}{2}$~$12\frac{1}{4}$) | 251~311<br>($9\frac{7}{8}$~$12\frac{1}{4}$) | 251~311<br>($9\frac{7}{8}$~$12\frac{1}{4}$) |
| 上端螺纹<br>(API-REG) | | $5\frac{1}{2}$in | $5\frac{1}{2}$in | $5\frac{1}{2}$in | $5\frac{1}{2}$in | $5\frac{1}{2}$in | $6\frac{5}{8}$in | $6\frac{5}{8}$in |
| 下端螺纹<br>(API-REG) | | $6\frac{5}{8}$in | $6\frac{5}{8}$in | $6\frac{5}{8}$in | $6\frac{5}{8}$in | $6\frac{5}{8}$in | $6\frac{5}{8}$in | $6\frac{5}{8}$in |
| 流量 | L/s<br>(GPM) | 16~32<br>(250~510) | 19~38<br>(300~600) | 19~38<br>(300~600) | 16~38<br>(250~600) | 22~40<br>(350~640) | 19~48<br>(300~760) | 32~57<br>(500~900) |

续表

| 型号 | | LZ197×7Y | 4LZ197×7Y | 5LZ197×7Y | 5LZ197×7Y-Ⅳ | 7LZ197×7Y | 5LZ203×7Y | 5LZ203×7Y-Ⅱ |
|---|---|---|---|---|---|---|---|---|
| 钻头速度 | r/min | 184~370 | 95~192 | 89~178 | 88~212 | 59~108 | 75~188 | 114~203 |
| 工作压降 | MPa<br>(psi) | 4.1<br>(600) | 4.8<br>(700) | 3.2<br>(464) | 5.2<br>(755) | 2.4<br>(350) | 4.4<br>(640) | 4.0<br>(580) |
| 输出扭矩 | N·m<br>(ft·lbs) | 2930<br>(2160) | 9015<br>(6680) | 6514<br>(4825) | 8855<br>(6550) | 8500<br>(6270) | 10707<br>(7930) | 10708<br>(7897) |
| 功率 | kW<br>(hp) | 125<br>(168) | 182<br>(243) | 121<br>(162) | 197<br>(263) | 96<br>(128) | 150<br>(201) | 220<br>(293) |
| 最大压降 | MPa<br>(psi) | 4.1<br>(960) | 7.68<br>(1120) | 5.12<br>(742) | 8.32<br>(1208) | 3.84<br>(560) | 7.04<br>(1024) | 6.4<br>(928) |
| 最大扭矩 | N·m<br>(ft·lbs) | 4688<br>(3456) | 14424<br>(10688 | 10422<br>(7720) | 14168<br>(10480) | 13600<br>(10032) | 17131<br>(12633) | 17132<br>(12634) |
| 推荐钻压 | kN<br>(lbs) | 98<br>(22000) | 130<br>(29200) | 130<br>(29200) | 130<br>(29200) | 130<br>(29200) | 152<br>(34100) | 152<br>(34100) |
| 最大钻压 | kN<br>(lbs) | 166<br>(37400) | 200<br>(45000) | 200<br>(45000) | 200<br>(45000) | 200<br>(45000) | 294<br>(66000) | 294<br>(66000) |

续表

| 型号 | | 7LZ203×7Y | 7LZ203×7Y-I | 3LZ210×7Y | 5LZ210×7Y | 3LZ216×7Y | 5LZ216×7Y | LZ245×7Y |
|---|---|---|---|---|---|---|---|---|
| 公称外径 | mm<br>(in) | 203<br>(8) | 203<br>(8) | 210<br>($8\frac{1}{4}$) | 210<br>($8\frac{1}{4}$) | 216<br>($8\frac{1}{2}$) | 216<br>($8\frac{1}{2}$) | 245<br>($9\frac{5}{8}$) |
| 头数 | | 7/8 | 7/8 | 3/4 | 5/6 | 3/4 | 5/6 | 1/2 |
| 级数 | | 5.0 | 3.0 | 5.4 | 5.2 | 5.3 | 5.0 | 6.5 |
| 标准长度 | m<br>(ft) | 10.08<br>(33.1) | 8.65<br>(28.4) | 9.3<br>(30.5) | 9.3<br>(30.5) | 8.24<br>(27.0) | 8.24<br>(27.0) | 9.4<br>(30.8) |
| 质量 | kg<br>(lbs) | 2177<br>(4789) | 1807<br>(3975) | 1810<br>(3982) | 1996<br>(4391) | 1554<br>(3418) | 1740<br>(3828) | 2272<br>(5010) |
| 钻头尺寸 | mm<br>(in) | 251~311<br>($9\frac{7}{8}$~$12\frac{1}{4}$) | 251~311<br>($9\frac{7}{8}$~$12\frac{1}{4}$) | 241~311<br>($9\frac{1}{2}$~$12\frac{1}{4}$) | 241~311<br>($9\frac{1}{2}$~$12\frac{1}{4}$) | 241~311<br>($9\frac{1}{2}$~$12\frac{1}{4}$) | 241~311<br>($9\frac{1}{2}$~$12\frac{1}{4}$) | 311~445<br>($12\frac{1}{4}$~$17\frac{1}{2}$) |
| 上端螺纹<br>(API-REG) | | $6\frac{5}{8}$in | $6\frac{5}{8}$in | $6\frac{5}{8}$in | $6\frac{5}{8}$in | $6\frac{5}{8}$in | $6\frac{5}{8}$in | $6\frac{5}{8}$in |
| 下端螺纹<br>(API-REG) | | $6\frac{5}{8}$in | $6\frac{5}{8}$in | $6\frac{5}{8}$in | $6\frac{5}{8}$in | $6\frac{5}{8}$in | $6\frac{5}{8}$in | $6\frac{5}{8}$in($7\frac{5}{8}$in) |
| 流量 | L/s<br>(GPM) | 24~48<br>(380~760) | 25~57<br>(400~900) | 23~54<br>(360~860) | 23~54<br>(360~860) | 23~54<br>(360~860) | 23~54<br>(360~860) | 38~62<br>(600~980) |

续表

| 型号 | | 7LZ203×7Y | 7LZ203×7Y-I | 3LZ210×7Y | 5LZ210×7Y | 3LZ216×7Y | 5LZ216×7Y | LZ245×7Y |
|---|---|---|---|---|---|---|---|---|
| 钻头速度 | r/min | 76~152 | 60~139 | 120~284 | 88~206 | 118~277 | 80~200 | 220~360 |
| 工作压降 | MPa<br>(psi) | 4.0<br>(580) | 2.4<br>(350) | 4.3<br>(626) | 4.2<br>(610) | 4.24<br>(615) | 4.0<br>(610) | 5.2<br>(750) |
| 输出扭矩 | N·m<br>(ft·lbs) | 12009<br>(8856) | 10125<br>(7500) | 7845<br>(5810) | 10375<br>(7680) | 8212<br>(6056) | 11060<br>(8150) | 5423<br>(4000) |
| 功率 | kW<br>(hp) | 189<br>(252) | 147<br>(196) | 233<br>(313) | 195<br>(261) | 238<br>(318) | 230<br>(307) | 204<br>(274) |
| 最大压降 | MPa<br>(psi) | 6.4<br>(928) | 3.84<br>(560) | 6.88<br>(1001) | 6.72<br>(976) | 6.8<br>(914) | 6.4<br>(928) | 8.32<br>(1200) |
| 最大扭矩 | N·m<br>(ft·lbs) | 19214<br>(14233) | 16200<br>(12000) | 12552<br>(9296) | 16600<br>(12288) | 13140<br>(9690) | 17143<br>(12640) | 8676<br>(6400) |
| 推荐钻压 | kN<br>(lbs) | 152<br>(34100) | 152<br>(34100) | 180<br>(39600) | 180<br>(39600) | 180<br>(39600) | 180<br>(39600) | 180<br>(39600) |
| 最大钻压 | kN<br>(lbs) | 294<br>(66000) | 294<br>(66000) | 300<br>(67500) | 300<br>(67500) | 300<br>(67500) | 300<br>(67500) | 300<br>(67500) |

续表

| 型号 | | 3LZ245×7Y-Ⅳ | 4LZ245×7Y | 5LZ245×7Y | 5LZ245×7Y-Ⅱ | 5LZ245×7Y-Ⅳ | 7LZ245×7Y-AD | 3LZ286×7Y |
|---|---|---|---|---|---|---|---|---|
| 公称外径 | mm<br>(in) | 245<br>($9\frac{5}{8}$) | 245<br>($9\frac{5}{8}$) | 245<br>($9\frac{5}{8}$) | 245<br>($9\frac{5}{8}$) | 245<br>($9\frac{5}{8}$) | 245<br>($9\frac{5}{8}$) | 286<br>($11\frac{1}{4}$) |
| 头数 | | 3/4 | 4/5 | 5/6 | 5/6 | 5/6 | 7/8 | 3/4 |
| 级数 | | 6.0 | 6.0 | 3.0 | 6.0 | 4.5 | 2.2 | 4.0 |
| 标准长度 | m<br>(ft) | 10.6<br>(34.8) | 10.6<br>(34.8) | 8.6<br>(28.2) | 10.387<br>(34.1) | 9.58<br>(31.4) | 8.6<br>(28.2) | 9.3<br>(30.5) |
| 质量 | kg<br>(lbs) | 2556<br>(5623) | 2525<br>(5555) | 2410<br>(5300) | 2370<br>(5214) | 2510<br>(5522) | 2410<br>(5300) | 3250<br>(7150) |
| 钻头尺寸 | mm<br>(in) | 311~455<br>($12\frac{1}{4}$~$17\frac{1}{2}$) | 311~455<br>($12\frac{1}{4}$~$17\frac{1}{2}$) | 311~445<br>($12\frac{1}{4}$~$17\frac{1}{2}$) | 311~445<br>($12\frac{1}{4}$~$17\frac{1}{2}$) | 311~445<br>($12\frac{1}{4}$~$17\frac{1}{2}$) | 311~445<br>($12\frac{1}{4}$~$17\frac{1}{2}$) | 375~660<br>($14\frac{3}{4}$~26) |
| 上端螺纹<br>(API-REG) | | $6\frac{5}{8}$in | $6\frac{5}{8}$in | $6\frac{5}{8}$in | $6\frac{5}{8}$in | $6\frac{5}{8}$in | $6\frac{5}{8}$in | $7\frac{5}{8}$in($8\frac{5}{8}$in) |
| 下端螺纹<br>(API-REG) | | $6\frac{5}{8}$in<br>($7\frac{5}{8}$in) | $6\frac{5}{8}$in<br>($7\frac{5}{8}$in) | $6\frac{5}{8}$in<br>($7\frac{5}{8}$in) | $6\frac{5}{8}$in<br>($7\frac{5}{8}$in) | $6\frac{5}{8}$in<br>($7\frac{5}{8}$in) | $6\frac{5}{8}$in<br>($7\frac{5}{8}$in) | $7\frac{5}{8}$in<br>($8\frac{5}{8}$in) |
| 流量 | L/s<br>(GPM) | 38~75<br>(600~1190) | 38~75<br>(600~1190) | 44~75<br>(700~1190) | 38~60<br>(600~950) | 38~62<br>(600~980) | 42~70<br>(660~1110) | 63~95<br>(1000~1500) |

续表

| 型号 | | 3LZ245×7Y-Ⅳ | 4LZ245×7Y | 5LZ245×7Y | 5LZ245×7Y-Ⅱ | 5LZ245×7Y-Ⅳ | 7LZ245×7Y-AD | 3LZ286×7Y |
|---|---|---|---|---|---|---|---|---|
| 钻头速度 | r/min | 139~274 | 119~235 | 90~154 | 110~172 | 92~149 | 48~80 | 108~163 |
| 工作压降 | MPa<br>(psi) | 4.8<br>(700) | 4.8<br>(700) | 2.4<br>(350) | 4.8<br>(696) | 3.6<br>(520) | 1.8<br>(260) | 3.2<br>(464) |
| 输出扭矩 | N·m<br>(ft·lbs) | 12500<br>(9260) | 14570<br>(10790) | 11150<br>(8260) | 15890<br>(11770) | 14267<br>(10560) | 15000<br>(11062) | 18010<br>(13340) |
| 功率 | kW<br>(hp) | 358<br>(478) | 360<br>(480) | 180<br>(240) | 286<br>(382) | 223<br>(299) | 123<br>(164) | 311<br>(415) |
| 最大压降 | MPa<br>(psi) | 7.68<br>(1120) | 7.68<br>(1120) | 3.84<br>(560) | 7.68<br>(1114) | 5.76<br>(832) | 2.8<br>(406) | 5.12<br>(742) |
| 最大扭矩 | N·m<br>(ft·lbs) | 20000<br>(14816) | 23312<br>(17264) | 17840<br>(13216) | 25424<br>(18832) | 22827<br>(16896) | 24000<br>(17700) | 28816<br>(21334) |
| 推荐钻压 | kN<br>(lbs) | 206<br>(46200) | 206<br>(46200) | 206<br>(46200) | 206<br>(46200) | 206<br>(46200) | 205<br>(46200) | 300<br>(66000) |
| 最大钻压 | kN<br>(lbs) | 392<br>(88000) | 200<br>(88000) | 166<br>(37400) | 392<br>(88000) | 392<br>(88000) | 400<br>(88000) | 540<br>(121000) |

表 6-6　北石螺杆钻具技术规格及工作特性

| 钻具型号 | | 5LZ60×7.0 | 5LZ73×7.0 | 5LZ89×7.0 | 5LZ95×7.0 | C5LZ95×7.0 | C5LZ95×7.0Ⅱ | 5LZ100×7.0 |
|---|---|---|---|---|---|---|---|---|
| 公称尺寸 | mm | 60 | 73 | 89 | 95 | 95 | 95 | 100 |
| 井眼尺寸 | in | $2\frac{3}{4}\sim4\frac{3}{4}$ | $3\frac{1}{8}\sim4\frac{3}{4}$ | $3\frac{3}{4}\sim6\frac{1}{2}$ | $4\frac{1}{4}\sim5\frac{7}{8}$ | $4\frac{1}{4}\sim5\frac{7}{8}$ | $4\frac{1}{4}\sim5\frac{7}{8}$ | $4\frac{1}{4}\sim5\frac{7}{8}$ |
| 马达头数 | | 5/6 | 5/6 | 5/6 | 5/6 | 5/6 | 5/6 | 5/6 |
| 马达排量 | L/s | 1.26~3.13 | 1.26~5.05 | 2~7 | 4.73~11.04 | 5.0~13.33 | 5.0~13.33 | 4.73~11.04 |
| 钻头转速 | r/min | 140~360 | 120~480 | 95~330 | 140~320 | 140~380 | 140~380 | 140~320 |
| 马达压降 | MPa | 2.5 | 3.45 | 4.1 | 3.2 | 6.5 | 5.2 | 3.2 |
| 额定扭矩 | N·m | 160 | 275 | 560 | 710 | 1490 | 1200 | 710 |
| 最大扭矩 | N·m | 280 | 480 | 980 | 1240 | 2235 | 1920 | 1240 |
| 推荐钻压 | kN | 5 | 12 | 18 | 21 | 40 | 35 | 21 |
| 最大钻压 | kN | 10 | 25 | 37 | 40 | 80 | 70 | 40 |
| 输出功率 | kW | 2.35~6.03 | 3.5~13.8 | 5.6~19.35 | 10.4~23.8 | 21.8~59.3 | 17.6~47.8 | 10.4~23.8 |
| 钻具长度 | m | 3.3 | 3.45 | 4.67 | 4.21 | 6.88 | 5.49 | 4.21 |
| 弯点到钻头距离 | m | — | — | 1.22 | 1.33 | 1.365 | 1.365 | 1.365 |
| 钻具质量 | kg | 70 | 80 | 150 | 180 | 250 | 250 | 200 |
| 连接螺纹 | 下端 | $1\frac{9}{10}$inTBG | $2\frac{3}{8}$in TBG | $2\frac{3}{8}$in REG | $2\frac{7}{8}$in REG | $2\frac{7}{8}$in REG | $2\frac{7}{8}$in REG | $2\frac{7}{8}$in REG |
| | 上端 | $1\frac{9}{10}$in TBG | $2\frac{3}{8}$in REG | $2\frac{3}{8}$in REG | $2\frac{7}{8}$in REG | $2\frac{7}{8}$in REG | $2\frac{7}{8}$in REG | $2\frac{7}{8}$in REG |
| | | | | | | 密封传动轴总成 | | |

续表

| 钻具型号 | | 5LZ120×7.0 | C5LZ120×7.0 | D5LZ120×7.0 | 3LZ165×7.0 | 5LZ165×7.0 | C5LZ165×7.0 |
|---|---|---|---|---|---|---|---|
| 公称尺寸 | mm | 120 | 120 | 120 | 165 | 165 | 165 |
| 井眼尺寸 | in | $5\frac{7}{8}$~$7\frac{7}{8}$ | $5\frac{7}{8}$~$7\frac{7}{8}$ | $5\frac{7}{8}$~$7\frac{7}{8}$ | $8\frac{3}{8}$~$9\frac{7}{8}$ | $8\frac{3}{8}$~$9\frac{7}{8}$ | $8\frac{3}{8}$~$9\frac{7}{8}$ |
| 马达头数 | | 5/6 | 5/6 | 5/6 | 3/4 | 5/6 | 5/6 |
| 马达流量 | L/s | 5.78~15.8 | 6.667~20 | 5.78~15.8 | 17~27 | 16~28/47.3 | 18.93~37.85 |
| 钻头转速 | r/min | 70~200 | 90~270 | 70~200 | 200~300 | 100~178 | 125~250 |
| 马达压降 | MPa | 2.5 | 5.2 | 1.6 | 4.1 | 3.2 | 5.0 |
| 额定扭矩 | N·m | 1300 | 2500 | 900 | 2500 | 3200 | 5000 |
| 最大扭矩 | N·m | 2275 | 4000 | 1485 | 3750 | 5600 | 8000 |
| 推荐钻压 | kN | 55 | 55 | 55 | 80 | 80 | 90 |
| 最大钻压 | kN | 72 | 100 | 72 | 160 | 160 | 180 |
| 输出功率 | kW | 9.5~27.23 | 23.5~70.5 | 6.6~18.85 | 52.4~78.54 | 33.5~59.65 | 68~112.6 |
| 钻具长度 | m | 4.88 | 6.88 | 3.29 | 6.5 | 6.5 | 8.15 |
| 弯点到钻头距离 | m | 1.41 | 1.41 | 1.41 | 1.385/2.055 | 1.385/2.055 | 1.385/2.055 |
| 钻具质量 | kg | 400 | 560 | 350 | 800 | 830 | 900 |
| 连接螺纹 | 下端 | $3\frac{1}{2}$in REG | $3\frac{1}{2}$in REG | $3\frac{1}{2}$in REG | $4\frac{1}{2}$in REG | $4\frac{1}{2}$in REG | $4\frac{1}{2}$in REG |
| | 上端 | $3\frac{1}{2}$in REG | $3\frac{1}{2}$in REG | $3\frac{1}{2}$in REG | $4\frac{1}{2}$in REG | $4\frac{1}{2}$in REG | $4\frac{1}{2}$in REG |

续表

| 钻具型号 | | D7LZ165×7.0 | 9LZ165×7.0 | 5LZ172×7.0 | C4LZ172×7.0 | C5LZ172×7.0 | C5LZ172×7.0Ⅱ |
|---|---|---|---|---|---|---|---|
| 公称尺寸 | mm | 165 | 165 | 172 | 172 | 172 | 172 |
| 井眼尺寸 | in | $8\frac{3}{8}$~$9\frac{7}{8}$ | $8\frac{3}{8}$~$9\frac{7}{8}$ | $8\frac{3}{8}$~$9\frac{7}{8}$ | $8\frac{3}{8}$~$9\frac{7}{8}$ | $8\frac{3}{8}$~$9\frac{7}{8}$ | $8\frac{3}{8}$~$9\frac{7}{8}$ |
| 马达头数 | | 7/8 | 9/10 | 5/6 | 4/5 | 5/6 | 5/6 |
| 马达流量 | L/s | 18~28 | 19~31.6/50.5 | 18.93~37.85 | 18.93~37.85 | 18.93~37.85 | 18.93~37.85 |
| 钻头转速 | r/min | 130~200 | 85~135 | 100~200 | 150~300 | 100~200 | 100~200 |
| 马达压降 | MPa | 2.5 | 2.5 | 3.2 | 7.0 | 6.0 | 4.5 |
| 额定扭矩 | N·m | 2300 | 3200 | 3660 | 6320 | 6870 | 5150 |
| 最大扭矩 | N·m | 3680 | 5600 | 5856 | 10110 | 10992 | 8240 |
| 推荐钻压 | kN | 80 | 80 | 100 | 170 | 170 | 150 |
| 最大钻压 | kN | 150 | 160 | 200 | 340 | 340 | 300 |
| 输出功率 | kW | 31.3~48.2 | 28.5~45.24 | 38.3~76.6 | 99.2~198.5 | 71.9~144 | 53.9~107.8 |
| 钻具长度 | m | 4.97 | 5.7 | 6.71 | 9.18 | 9.18 | 7.76 |
| 弯点到钻头距离 | m | 1.385/2.055 | 1.385/2.055 | 1.385 | 1.385 | 1.385 | 1.385 |
| 钻具质量 | kg | 800 | 765 | 950 | 1300 | 1300 | 1100 |
| 连接螺纹 | 下端 | $4\frac{1}{2}$in REG | $4\frac{1}{2}$in REG | $4\frac{1}{2}$in REG | $4\frac{1}{2}$in REG | $4\frac{1}{2}$in REG | $4\frac{1}{2}$in REG |
| | 上端 | $4\frac{1}{2}$in REG | $4\frac{1}{2}$in REG | $4\frac{1}{2}$in REG | $4\frac{1}{2}$in REG | $4\frac{1}{2}$in REG | $4\frac{1}{2}$in REG |

续表

| 钻具型号 | | 5LZ197×7.0 | C5LZ197×7.0 | C3LZ216×7.0 | C5LZ216×7.0 | 3LZ244×7.0 | 5LZ244×7.0 |
|---|---|---|---|---|---|---|---|
| 公称尺寸 | mm | 197 | 197 | 216 | 216 | 244 | 244 |
| 井眼尺寸 | in | $9\frac{7}{8}$~$12\frac{1}{4}$ | $9\frac{7}{8}$~$12\frac{1}{4}$ | $9\frac{7}{8}$~$12\frac{1}{4}$ | $9\frac{7}{8}$~$12\frac{1}{4}$ | $12\frac{1}{4}$~$17\frac{1}{2}$ | $12\frac{1}{4}$~$17\frac{1}{2}$ |
| 马达头数 | | 5/6 | 5/6 | 3/4 | 5/6 | 3/4 | 5/6 |
| 马达流量 | L/s | 22~36/55 | 22~36/55 | 28~56.78 | 28~56.78 | 18.93~56.78 | 50.7~75.7 |
| 钻头转速 | r/min | 95~150 | 100~160 | 145~290 | 105~210 | 96~290 | 90~140 |
| 马达压降 | MPa | 3.2 | 5.2 | 5.0 | 5.0 | 5.0 | 2.5 |
| 额定扭矩 | N·m | 5000 | 8890 | 7930 | 10700 | 7040 | 9300 |
| 最大扭矩 | N·m | 8750 | 14220 | 12700 | 17100 | 11260 | 16275 |
| 推荐钻压 | kN | 120 | 145 | 200 | 200 | 210 | 210 |
| 最大钻压 | kN | 240 | 290 | 360 | 360 | 400 | 400 |
| 输出功率 | kW | 49.7~78.54 | 93.1~150 | 120.4~240.8 | 117.6~235.3 | 70.8~213.8 | 87.7~136.3 |
| 钻具长度 | m | 6.9 | 8.7 | 8.285 | 8.285 | 7.56 | 7.8 |
| 弯点到钻头距离 | m | 2.3 | 2.3 | 2.46/1.57 | 2.46/1.57 | 2.46 | 2.46 |
| 钻具质量 | kg | 1270 | 1350 | 1500 | 1800 | 2250 | 2270 |
| 连接螺纹 | 下端 | $5\frac{1}{2}$in REG | $5\frac{1}{2}$in REG | $6\frac{5}{8}$in REG | $6\frac{5}{8}$in REG | $6\frac{5}{8}$in REG | $6\frac{5}{8}$in REG |
| | 上端 | $6\frac{5}{8}$in REG | $6\frac{5}{8}$in REG | $6\frac{5}{8}$in REG | $6\frac{5}{8}$in REG | $7\frac{5}{8}$in REG | $7\frac{5}{8}$in REG |

表 6-7 德州 DT 螺杆钻具技术规格及工作特性

| 钻具型号 | | 5LZ73×7.0 | 5LZ80×7.0 | 5LZ89×7.0 | 7LZ95×7.0 | 9LZ95×7.0 | 7LZ102×7.0 | 5LZ120×7.0（挠轴） | 5LZ120×7.0V |
|---|---|---|---|---|---|---|---|---|---|
| 适合井眼 | in | $3\frac{1}{2}$~$4\frac{1}{4}$ | $3\frac{1}{2}$~$4\frac{1}{4}$ | $4\frac{1}{2}$~6 | $4\frac{5}{8}$~6 | $4\frac{5}{8}$~6 | $4\frac{5}{8}$~6 | $5\frac{7}{8}$~$7\frac{7}{8}$ | $5\frac{7}{8}$~$7\frac{7}{8}$ |
| 流量 | L/s | 2~4 | 2.5~8 | 3~8 | 8~13 | 5~8 | 8~14 | 9~14 | 9~16 |
| 钻头转速 | r/min | 125~220 | 120~360 | 95~200 | 80~165 | 90~150 | 100~200 | 95~200 | 95~200 |
| 马达压降 | MPa | 2.4 | 2.8 | 2.4 | 2.4 | 3.2 | 2.4 | 2.4 | 4.0 |
| 工作扭矩 | N·m | 320 | 500 | 560 | 1200 | 1140 | 1300 | 1350 | 2180 |
| 滞动扭矩 | N·m | 560 | 875 | 980 | 2100 | 2050 | 2200 | 2360 | 3820 |
| 输出功率 | kW | 2.7~7.2 | 2.8~13.4 | 3.6~11.7 | 10~20.7 | 7.8~17.6 | 7.8~21 | 8.6~22 | 18~38.4 |
| 推荐钻压 | t | 1.5 | 1.6 | 2 | 2.5 | 2.5 | 2.5 | 3 | 4 |
| 最大钻压 | t | 2 | 2.5 | 3 | 5 | 5 | 5 | 6 | 6 |
| 连接螺纹 | 上端母扣（REG） | $2\frac{3}{8}$in TBG | $2\frac{3}{8}$in | $2\frac{3}{8}$in | $2\frac{7}{8}$in | $2\frac{7}{8}$in | $2\frac{7}{8}$in | $3\frac{1}{2}$in | $3\frac{1}{2}$in |
| | 下端母扣（REG） | $2\frac{3}{8}$in | $2\frac{3}{8}$in | $2\frac{3}{8}$in | $2\frac{7}{8}$in | $2\frac{7}{8}$in | $2\frac{7}{8}$in | $3\frac{1}{2}$in | $3\frac{1}{2}$in |

续表

| 钻具型号 | | 5LZ73×7.0 | 5LZ80×7.0 | 5LZ89×7.0 | 7LZ95×7.0 | 9LZ95×7.0 | 7LZ102×7.0 | 5LZ120×7.0（挠轴） | 5LZ120×7.0V |
|---|---|---|---|---|---|---|---|---|---|
| 钻具长度/mm | 直体 | 3670 | 3650 | 2700 | 4035 | 4505 | 4186 | 3385 | 5360 |
| | 单弯 | 4030 | 3650 | 3220 | 4035 | 4505 | 4186 | 3900 | 5360 |
| | 双弯 | — | — | — | 4185 | 4655 | 4336 | 4060 | 5520 |
| 钻具质量/kg | 直体 | 85 | 108 | 83 | 140 | 150 | 160 | 200 | 280 |
| | 单弯 | 90 | 108 | 92 | 145 | 150 | 160 | 248 | 285 |
| | 双弯 | — | — | — | 150 | 155 | 168 | 258 | 295 |

| 钻具型号 | | 5LZ120×7.0Ⅱ | 5LZ165×7.0Ⅲ | 5LZ165×7.0Ⅳ | 5LZ165×7.0Ⅴ | 7LZ165×7.0Ⅴ | 5LZ172×7.0Ⅳ | 5LZ172×7.0Ⅴ |
|---|---|---|---|---|---|---|---|---|
| 适合井眼 | in | $5\frac{7}{8}$~$7\frac{7}{8}$ | $8\frac{3}{8}$~$9\frac{7}{8}$ | $8\frac{3}{8}$~$9\frac{7}{8}$ | $8\frac{3}{8}$~$9\frac{7}{8}$ | $8\frac{3}{8}$~$9\frac{7}{8}$ | $8\frac{3}{8}$~$9\frac{7}{8}$ | $8\frac{3}{8}$~$9\frac{7}{8}$ |
| 流量 | L/s | 9~16 | 20~28 | 20~28 | 20~28 | 19.5~34.5 | 25~35 | 25~35 |
| 钻头转速 | r/min | 95~200 | 90~160 | 90~160 | 90~160 | 90~160 | 90~160 | 90~160 |
| 马达压降 | MPa | 3.2 | 2.4 | 3.2 | 4.0 | 4.0 | 3.2 | 4.0 |
| 工作扭矩 | N·m | 1700 | 3300 | 4500 | 5600 | 7400 | 5300 | 6600 |
| 滞动扭矩 | N·m | 2950 | 5775 | 7875 | 9800 | 13320 | 9275 | 10560 |
| 输出功率 | kW | 12~30.7 | 19.2~40.3 | 28.8~60 | 36~72.8 | 40~82.8 | 42~89.6 | 51~96 |

续表

| 钻具型号 | | 5LZ120×7.0Ⅱ | 5LZ165×7.0Ⅲ | 5LZ165×7.0Ⅳ | 5LZ165×7.0Ⅴ | 7LZ165×7.0Ⅴ | 5LZ172×7.0Ⅳ | 5LZ172×7.0Ⅴ |
|---|---|---|---|---|---|---|---|---|
| 推荐钻压 | t | 3 | 6 | 8 | 10 | 10 | 8 | 10 |
| 最大钻压 | t | 6 | 16 | 16 | 16 | 16 | 18 | 18 |
| 连接螺纹 | 上端母扣（REG） | $3\frac{1}{2}$in | $4\frac{1}{2}$in | $4\frac{1}{2}$in | $4\frac{1}{2}$in | $4\frac{1}{2}$in | $4\frac{1}{2}$in | $4\frac{1}{2}$in |
| | 下端母扣（REG） | $3\frac{1}{2}$in | $4\frac{1}{2}$in | $4\frac{1}{2}$in | $4\frac{1}{2}$in | $4\frac{1}{2}$in | $4\frac{1}{2}$in | $4\frac{1}{2}$in |
| 钻具长度/mm | 直体 | 4555 | 5860 | 6770 | 7665 | 7440 | 6730 | 7630 |
| | 单弯 | 4555 | 5860 | 6770 | 7665 | 7440 | 6730 | 7630 |
| | 双弯 | 4715 | 6110 | 7020 | 7915 | 7690 | 6980 | 7880 |
| 钻具质量/kg | 直体 | 265 | 668 | 730 | 810 | 780 | 809 | 913 |
| | 单弯 | 270 | 668 | 750 | 830 | 800 | 830 | 935 |
| | 双弯 | 280 | 715 | 776 | 856 | 826 | 858 | 962 |

| 钻具型号 | | 7LZ172×7.0Ⅴ | 7LZ172×7.0Ⅴ | 4LZ172×7.0Ⅶ | 5LZ172×7.0Ⅵ | 5LZ185×7.0Ⅴ | 4LZ197×7.0Ⅵ | 5LZ197×7.0Ⅳ |
|---|---|---|---|---|---|---|---|---|
| 适合井眼 | in | $8\frac{3}{8}$~$9\frac{7}{8}$ | $8\frac{3}{8}$~$9\frac{7}{8}$ | $8\frac{3}{8}$~$9\frac{7}{8}$ | $8\frac{3}{8}$~$9\frac{7}{8}$ | $9\frac{7}{8}$~$12\frac{1}{4}$ | $9\frac{7}{8}$~$12\frac{1}{4}$ | $9\frac{7}{8}$~$12\frac{1}{4}$ |
| 流量 | L/s | 22.5~40 | 25~35 | 25~31 | 15.8~34.7 | 25~35 | 25~56.5 | 30~50 |
| 钻头转速 | r/min | 90~160 | 90~160 | 130~260 | 95~208 | 90~160 | 110~265 | 90~160 |

续表

| 钻具型号 | | 7LZ172×7.0Ⅴ | 7LZ172×7.0Ⅴ | 4LZ172×7.0Ⅶ | 5LZ172×7.0Ⅵ | 5LZ185×7.0Ⅴ | 4LZ197×7.0Ⅵ | 5LZ197×7.0Ⅳ |
|---|---|---|---|---|---|---|---|---|
| 马达压降 | MPa | 4.0 | 4.8 | 5.6 | 4.8 | 4.0 | 4.8 | 3.2 |
| 工作扭矩 | N·m | 7150 | 8600 | 6050 | 6000 | 7200 | 9580 | 8500 |
| 滞动扭矩 | N·m | 12870 | 15480 | 10890 | 10800 | 13500 | 17240 | 12000 |
| 输出功率 | kW | 45~80 | 54~118 | 42.6~86.8 | 37.9~83.3 | 45~98 | 60~135.6 | 50~120 |
| 推荐钻压 | t | 10 | 12 | 10 | 10 | 14 | 16 | 16 |
| 最大钻压 | t | 16 | 18 | 16 | 16 | 20 | 24 | 25 |
| 连接螺纹 | 上端母扣（REG） | 4½in | 4½in | 4½in | 4½in | 5½in | 5½in | 5½in |
| | 下端母扣（REG） | 4½in | 4½in | 4½in | 4½in | 6⅝in | 6⅝in | 6⅝in |
| 钻具长度/mm | 直体 | 7390 | 8190 | 7730 | 8280 | 8280 | 9960 | 7900 |
| | 单弯 | 7390 | 8190 | 7730 | 8280 | 8280 | 9960 | 7900 |
| | 双弯 | 7640 | 8440 | 7980 | 8530 | 8530 | 10260 | 8200 |
| 钻具质量/kg | 直体 | 930 | 1020 | 820 | 930 | 1120 | 1420 | 1150 |
| | 单弯 | 950 | 1041 | 840 | 950 | 1150 | 1458 | 1185 |
| | 双弯 | 976 | 1068 | 866 | 976 | 1186 | 1498 | 1229 |

续表

| 钻具型号 | | 5LZ197×7.0Ⅴ | 5LZ203×7.0Ⅳ | 5LZ203×7.0Ⅴ | 5LZ216×7.0Ⅳ | 5LZ216×7.0Ⅴ | 3LZ244×7.0Ⅵ | 7LZ244×7.0 |
|---|---|---|---|---|---|---|---|---|
| 适合井眼 | in | $9\frac{7}{8}$～$12\frac{1}{4}$ | $9\frac{7}{8}$～$12\frac{1}{4}$ | $9\frac{7}{8}$～$12\frac{1}{4}$ | $12\frac{1}{4}$～$15\frac{1}{2}$ | $12\frac{1}{4}$～$15\frac{1}{2}$ | $12\frac{1}{4}$～$17\frac{1}{2}$ | $12\frac{1}{4}$～$17\frac{1}{2}$ |
| 流量 | L/s | 30～50 | 30～50 | 30～50 | 30～50 | 30～50 | 31.2～75 | 50～75 |
| 钻头转速 | r/min | 90～160 | 90～160 | 90～160 | 110～180 | 85～140 | 110～265 | 85～140 |
| 马达压降 | MPa | 4.0 | 3.2 | 4.0 | 3.2 | 4.0 | 4.8 | 3.2 |
| 工作扭矩 | N·m | 10000 | 8500 | 10000 | 11000 | 13000 | 10900 | 17000 |
| 滞动扭矩 | N·m | 14000 | 12000 | 14000 | 15800 | 21000 | 19620 | 25860 |
| 输出功率 | kW | 65～142 | 60～121 | 95～165 | 52～121 | 62～140 | 67.3～180 | 85～144 |
| 推荐钻压 | t | 17 | 17 | 18 | 17 | 18 | 18 | 18 |
| 最大钻压 | t | 25 | 25 | 26 | 28 | 28 | 30 | 26 |
| 连接螺纹 | 上端母扣(REG) | $5\frac{1}{2}$in | $5\frac{1}{2}$in | $5\frac{1}{2}$in | $6\frac{5}{8}$in | $6\frac{5}{8}$in | $6\frac{5}{8}$in | $6\frac{5}{8}$in |
| | 下端母扣(REG) | $6\frac{5}{8}$in | $6\frac{5}{8}$in | $6\frac{5}{8}$in | $6\frac{5}{8}$in | $6\frac{5}{8}$in | $6\frac{5}{8}$in | $6\frac{5}{8}$in |
| 钻具长度/mm | 直体 | 9050 | 7900 | 9050 | 8480 | 8880 | 9500 | 9510 |
| | 单弯 | 9050 | 7900 | 9050 | 8480 | 8880 | 9500 | 9510 |
| | 双弯 | 9350 | 8200 | 9350 | 8780 | 9180 | 9800 | 9810 |

续表

| 钻具型号 | | 5LZ197×7.0Ⅴ | 5LZ203×7.0Ⅳ | 5LZ203×7.0Ⅴ | 5LZ216×7.0Ⅳ | 5LZ216×7.0Ⅴ | 3LZ244×7.0Ⅵ | 7LZ244×7.0 |
|---|---|---|---|---|---|---|---|---|
| 钻具质量/kg | 直体 | 1395 | 1512 | 1762 | 1440 | 1580 | 1870 | 1830 |
| | 单弯 | 1433 | 1500 | 1800 | 1473 | 1610 | 1970 | 1930 |
| | 双弯 | 1478 | 1595 | 1745 | 1528 | 1665 | 2048 | 2005 |

**表 6-8　邹城东远螺杆钻具技术规格及工作特性**

| 钻具型号 | | 5LZ73 | 7LZ89<br>7LZ89D | 7LZ95<br>7LZ95D | 7LZ120<br>7LZ120D | 5LZ120<br>7LZ120D | 5LZ130<br>5LZ130D | 5LZ146<br>5LZ146D | 5LZ165<br>5LZ165D | 5LZ165<br>5LZ165D | 5LZ172<br>5LZ172D |
|---|---|---|---|---|---|---|---|---|---|---|---|
| 井眼尺寸 | mm | 95~149 | 118~152 | 118~152 | 149~200 | 149~200 | 149~200 | 170~215 | 213~251 | 213~251 | 213~251 |
| 接头螺纹 | 上 | $2\frac{3}{8}$in<br>油管扣 | $2\frac{7}{8}$in<br>REG | $2\frac{7}{8}$in<br>REG | $3\frac{1}{2}$in<br>REG | $3\frac{1}{2}$in<br>REG | $3\frac{1}{2}$in<br>REG | $4\frac{1}{2}$in<br>REG | $4\frac{1}{2}$in<br>REG | $4\frac{1}{2}$in<br>REG | $4\frac{1}{2}$in<br>REG |
| | 下 | $2\frac{3}{8}$in<br>REG | $2\frac{7}{8}$in<br>REG | $2\frac{7}{8}$in<br>REG | $3\frac{1}{2}$in<br>REG | $3\frac{1}{2}$in<br>REG | $3\frac{1}{2}$in<br>REG | $4\frac{1}{2}$in<br>REG | $4\frac{1}{2}$in<br>REG | $4\frac{1}{2}$in<br>REG | $4\frac{1}{2}$in<br>REG |
| 流量 | L/s | 2~5 | 5~9 | 6~10 | 9~16 | 9~16 | 9~16 | 12~20 | 16~30 | 16~30 | 16~30 |
| 钻头转速 | r/min | 100~230 | 90~165 | 100~170 | 90~160 | 120~185 | 100~180 | 90~175 | 95~180 | 95~180 | 95~180 |
| 马达压降 | MPa | 2.0 | 1.6 | 1.8 | 1.8 | 2.4 | 3.2 | 2.4 | 4.0 | 3.2 | 3.2 |
| 输出扭矩 | N·m | 320 | 710 | 900 | 1450 | 1650 | 2350 | 2600 | 5250 | 4300 | 4200 |
| 输出功率 | kW | 4~9 | 7~12 | 10~16 | 14~16 | 20~33 | 25~45 | 24~48 | 54~100 | 43~80 | 45~80 |

续表

| 钻具型号 | | 5LZ73 | 7LZ89<br>7LZ89D | 7LZ95<br>7LZ95D | 7LZ120<br>7LZ120D | 5LZ120<br>7LZ120D | 5LZ130<br>5LZ130D | 5LZ146<br>5LZ146D | 5LZ165<br>5LZ165D | 5LZ165<br>5LZ165D | 5LZ172<br>5LZ172D |
|---|---|---|---|---|---|---|---|---|---|---|---|
| 钻头水眼压降 | MPa | 1.5~7.0 | 1.5~7.0 | 1.5~7.0 | 1.5~7.0 | 1.5~7.0 | 1.5~7.0 | 1.5~7.0 | 1.5~7.0 | 1.5~7.0 | 1.5~7.0 |
| 推荐钻压 | t | 1 | 1.5 | 2 | 3 | 3 | 4 | 5 | 10 | 8 | 8 |
| 最大钻压 | t | 2 | 3 | 4 | 5 | 5 | 6 | 8 | 15 | 15 | 15 |
| 钻具长度 | m | 3.70 | 2.95<br>3.40 | 3.25<br>3.70 | 3.75<br>4.25 | 5.10 | 5.86 | 5.19 | 8.00 | 7.20 | 7.20 |
| 钻具质量 | kg | 90 | 110<br>130 | 140<br>160 | 250<br>280 | 420 | 500 | 550 | 850 | 880 | 720 |
| 钻具型号 | | 5LZ172<br>5LZ172D | 5LZ185<br>5LZ185D | 5LZ197<br>5LZ197D | 5LZ203<br>5LZ203D | 5LZ216<br>5LZ216D | 5LZ228<br>5LZ228D | 5LZ244<br>5LZ244D | 7LZ244<br>7LZ244D | 7LZ244-Ⅱ<br>7LZ244D-Ⅱ | 5LZ286 |
| 井眼尺寸 | mm | 213~251 | 251~311 | 251~311 | 251~311 | 251~311 | 311~375 | 311~445 | 311~445 | 311~445 | 375~660 |
| 接头螺纹 | 上 | $4\frac{1}{2}$in REG | $5\frac{1}{2}$in REG | $5\frac{1}{2}$in REG | $6\frac{5}{8}$in REG | $6\frac{5}{8}$in REG | $6\frac{5}{8}$in REG | $6\frac{5}{8}$in REG（$7\frac{5}{8}$in REG） | $6\frac{5}{8}$in REG（$7\frac{5}{8}$in REG） | $6\frac{5}{8}$in REG（$7\frac{5}{8}$in REG） | $6\frac{5}{8}$in REG（$7\frac{5}{8}$in REG） |
| | 下 | $4\frac{1}{2}$in REG | $6\frac{5}{8}$in REG | $6\frac{5}{8}$in REG | $6\frac{5}{8}$in REG | $6\frac{5}{8}$in REG | $6\frac{5}{8}$in REG | $6\frac{5}{8}$in REG（$7\frac{5}{8}$in REG） | $6\frac{5}{8}$in REG（$7\frac{5}{8}$in REG） | $6\frac{5}{8}$in REG（$7\frac{5}{8}$in REG） | $6\frac{5}{8}$in REG（$7\frac{5}{8}$in REG） |
| 流量 | L/s | 15~30 | 20~35 | 22~40 | 30~50 | 35~60 | 40~65 | 45~75 | 45~75 | 45~75 | 50~95 |

续表

| 钻具型号 | | 5LZ172<br>5LZ172D | 5LZ185<br>5LZ185D | 5LZ197<br>5LZ197D | 5LZ203<br>5LZ203D | 5LZ216<br>5LZ216D | 5LZ228<br>5LZ228D | 5LZ244<br>5LZ244D | 7LZ244<br>7LZ244D | 7LZ244-Ⅱ<br>7LZ244D-Ⅱ | 5LZ286 |
|---|---|---|---|---|---|---|---|---|---|---|---|
| 钻头转速 | r/min | 95~180 | 100~155 | 90~160 | 90~150 | 85~145 | 85~138 | 80~135 | 80~135 | 60~110 | 62~118 |
| 马达压降 | MPa | 4.0 | 4.0 | 3.2 | 3.2 | 4.0 | 3.2 | 3.2 | 3.2 | 3.5 | 3.2 |
| 输出扭矩 | N·m | 5400 | 7300 | 7100 | 8800 | 10500 | 11500 | 13300 | 14500 | 19200 | 17800 |
| 输出功率 | kW | 54~100 | 70~115 | 60~110 | 80~135 | 95~160 | 102~165 | 110~185 | 125~205 | 133~222 | 115~220 |
| 钻头水眼压降 | MPa | 1.5~7.0 | 1.5~7.0 | 1.5~7.0 | 1.5~7.0 | 1.5~7.0 | 1.5~7.0 | 1.5~7.0 | 1.5~7.0 | 1.5~7.0 | 1.5~7.0 |
| 推荐钻压 | t | 10 | 12 | 12 | 12 | 14 | 16 | 18 | 20 | 18 | 20 |
| 最大钻压 | t | 15 | 18 | 18 | 20 | 25 | 30 | 33 | 35 | 35 | 3.5 |
| 钻具长度 | m | 8.00 | 8.47 | 7.83 | 8.08 | 8.64 | 8.80 | 9.00 | 9.25 | 9.65 | 9.50 |
| 钻具质量 | kg | 950 | 1200 | 1300 | 1400 | 1500 | 1800 | 2200 | 2000 | 2500 | 3250 |

**表 6-9　山东陆海石油装备有限公司螺杆钻具技术规格及工作特性**

| 钻具型号 | 5LZ73×<br>7.0 | 5LZ89×<br>7.0 | 7LZ95×<br>7.0 | 7LZ102×<br>7.0 | 5LZ120×<br>7.0 | 5LZ165×<br>7.0Ⅳ | 5LZ165×<br>7.0Ⅴ | 5LZ172×<br>7.0Ⅳ | 5LZ172×<br>7.0Ⅴ |
|---|---|---|---|---|---|---|---|---|---|
| 公称尺寸/mm | 73 | 89 | 95 | 102 | 120 | 165 | 165 | 172 | 172 |
| 井眼尺寸/mm | 89~121 | 114~149 | 118~152 | 118~152 | 149~200 | 213~251 | 213~251 | 213~251 | 213~251 |

续表

| 钻具型号 | | 5LZ73×7.0 | 5LZ89×7.0 | 7LZ95×7.0 | 7LZ102×7.0 | 5LZ120×7.0 | 5LZ165×7.0Ⅳ | 5LZ165×7.0Ⅴ | 5LZ172×7.0Ⅳ | 5LZ172×7.0Ⅴ |
|---|---|---|---|---|---|---|---|---|---|---|
| 推荐流量/(L/s) | | 1.5~5 | 3~8 | 8~13 | 8~13 | 9~15 | 18~28 | 18~28 | 20~33 | 20~33 |
| 钻头转速/(r/min) | | 120~260 | 100~260 | 80~200 | 80~200 | 95~250 | 90~180 | 90~180 | 95~180 | 95~180 |
| 马达头数 | | 5/6 | 5/6 | 7/8 | 7/8 | 5/6 | 5/6 | 5/6 | 5/6 | 5/6 |
| 马达级数 | | 3 | 3 | 3 | 3 | 3 | 4 | 5 | 4 | 5 |
| 马达压降/MPa | | 2.4 | 2.4 | 2.4 | 2.4 | 2.4 | 3.2 | 4.0 | 3.2 | 4.0 |
| 工作扭矩/N·m | | 330 | 560 | 1200 | 1200 | 1800 | 4200 | 5500 | 5200 | 6500 |
| 滞动扭矩/N·m | | 560 | 970 | 2000 | 2000 | 3100 | 7300 | 9600 | 9100 | 11300 |
| 输出功率/kW | | 4~7.5 | 5.4~11.5 | 10~20.8 | 10~20.8 | 16.8~36 | 41~74.3 | 52~93.5 | 49.2~88 | 62~110 |
| 钻头水眼压降/MPa | | 1.4~7.0 | | | | | | | | |
| 推荐钻压/t | | 1.5 | 2 | 2.5 | 2.5 | 3 | 8 | 10 | 8 | 10 |
| 最大钻压/t | | 2 | 3 | 5 | 5 | 5 | 16 | 16 | 16 | 16 |
| 钻具长度/mm | | 3670 | 2700 | 4040 | 4040 | 4565 | 6685 | 7580 | 6550 | 7450 |
| 钻具质量/kg | | 85 | 85 | 150 | 150 | 270 | 730 | 810 | 802 | 906 |
| 连接螺纹 REG | 上端 | 2⅜in TBG | 2⅜in | 2⅞in | 2⅞in | 3½in | 4½in | 4½in | 4½in | 4½in |
| | 下端 | 2⅜in | 2⅜in | 2⅞in | 2⅞in | 3½in | 4½in | 4½in | 4½in | 4½in |

续表

| 钻具型号 | | 7LZ172×7.0Ⅵ | 5LZ197×7.0Ⅳ | 5LZ197×7.0Ⅴ | 5LZ203×7.0Ⅳ | 5LZ203×7.0Ⅴ | 5LZ216×7.0Ⅳ | 5LZ216×7.0Ⅴ | 7LZ244×7.0Ⅳ |
|---|---|---|---|---|---|---|---|---|---|
| 公称尺寸/mm | | 172 | 197 | 197 | 203 | 203 | 216 | 216 | 244 |
| 井眼尺寸/mm | | 213~251 | 251~311 | 251~311 | 251~311 | 251~311 | 311~394 | 311~394 | 311~445 |
| 推荐流量/(L/s) | | 22~36 | 20~38 | 20~38 | 20~38 | 20~38 | 28~50 | 28~50 | 35~65 |
| 钻头转速/(r/min) | | 75~145 | 90~160 | 90~160 | 90~160 | 90~160 | 75~140 | 75~140 | 75~130 |
| 马达头数 | | 7/8 | 5/6 | 5/6 | 5/6 | 5/6 | 5/6 | 5/6 | 7/8 |
| 马达级数 | | 6 | 4 | 5 | 4 | 5 | 4 | 5 | 4 |
| 马达压降/MPa | | 4.8 | 3.2 | 4.0 | 3.2 | 4.0 | 3.2 | 4.0 | 3.2 |
| 工作扭矩/N·m | | 7600 | 7200 | 8500 | 7100 | 8800 | 9000 | 11000 | 12000 |
| 滞动扭矩/N·m | | 13300 | 12600 | 14800 | 12400 | 15400 | 15700 | 19200 | 21000 |
| 输出功率/kW | | 80~152 | 68~120 | 80~142 | 68~120 | 80~142 | 70~112 | 115~183 | 75~140 |
| 钻头水眼压降/MPa | | 1.4~7.0 | | | | | | | |
| 推荐钻压/t | | 12 | 14 | 16 | 14 | 16 | 16 | 18 | 20 |
| 最大钻压/t | | 16 | 24 | 24 | 24 | 24 | 28 | 28 | 30 |
| 钻具长度/mm | | 8050 | 7790 | 8900 | 7790 | 8900 | 8480 | 9680 | 6900 |
| 钻具质量/kg | | 1010 | 1135 | 1215 | 1280 | 1345 | 1470 | 1620 | 1950 |
| 连接螺纹 REG | 上端 | $4\frac{1}{2}$in | $5\frac{1}{2}$in | $5\frac{1}{2}$in | $5\frac{1}{2}$in | $5\frac{1}{2}$in | $5\frac{1}{2}$in | $5\frac{1}{2}$in | $6\frac{5}{8}$in |
| | 下端 | $4\frac{1}{2}$in | $6\frac{5}{8}$in | $6\frac{5}{8}$in | $6\frac{5}{8}$in | $6\frac{5}{8}$in | $6\frac{5}{8}$in | $6\frac{5}{8}$in | $6\frac{5}{8}$in |

## 表 6-10　胜利钻采机械厂螺杆钻具技术规格及工作特性

| 型号 | | 5LZ73×7Y | 5LZ95×7Y | 5LZ120×7Y | 7LZ127×7Y | 5LZ172×7Y | 7LZ172×7Y | 5LZ185×7Y | 5LZ197×7Y | 5LZ203×7Y | 5LZ210×7Y | 5LZ216×7Y | 7LZ216×7Y | 5LZ245×7Y | 7LZ245×7Y |
|---|---|---|---|---|---|---|---|---|---|---|---|---|---|---|---|
| 公称外径 | mm | 73 | 95 | 120 | 127 | 172 | 172 | 185 | 197 | 203 | 210 | 216 | 216 | 244 | 244 |
| | in | $2\frac{7}{8}$ | $3\frac{3}{4}$ | $4\frac{3}{4}$ | 5 | $6\frac{3}{4}$ | $6\frac{3}{4}$ | $7\frac{1}{4}$ | $7\frac{3}{4}$ | 8 | $8\frac{1}{4}$ | $8\frac{1}{2}$ | $8\frac{1}{2}$ | $9\frac{5}{8}$ | $9\frac{5}{8}$ |
| 头数 | | 5∶6 | 5∶6 | 5∶6 | 7∶8 | 5∶6 | 5∶6 | 5∶6 | 5∶6 | 5∶6 | 5∶6 | 5∶6 | 7∶8 | 5∶6 | 7∶8 |
| 级数 | | 7.0 | 3.0 | 3.0 | 3.0 | 5.0 | 5.0 | 5.0 | 4.0 | 5.5 | 5.2 | 5.0 | 4.0 | 6.0 | 4.0 |
| 标准长度 | m | 4.5 | 4.44 | 5.52 | 5.92 | 7.8 | 8.78 | 7.8 | 7.1 | 9.32 | 9.3 | 9.1 | 9.1 | 9.2 | 9.2 |
| 质量 | kg | 103 | 179 | 397 | 500 | 1005 | 1242 | 1100 | 1620 | 1995 | 1996 | 1890 | 1890 | 2409 | 2409 |
| 钻头尺寸 | mm | 89~114 | 118~152 | 149~178 | 149~200 | 213~251 | 213~251 | 213~251 | 241~311 | 251~311 | 241~311 | 311~394 | 311~394 | 311~445 | 311~445 |
| 上端螺纹 | in | $2\frac{3}{8}$ | $2\frac{7}{8}$ | $3\frac{1}{2}$ | NC38 | $4\frac{1}{2}$ | $4\frac{1}{2}$ | $4\frac{1}{2}$ | $6\frac{5}{8}$ | $6\frac{5}{8}$ | $6\frac{5}{8}$ | $6\frac{5}{8}$ | $6\frac{5}{8}$ | $6\frac{5}{8}$ | $6\frac{5}{8}$ |
| 下端螺纹 | in | $2\frac{3}{8}$ | $2\frac{7}{8}$ | $3\frac{1}{2}$ | $3\frac{1}{2}$ | $4\frac{1}{2}$ | $4\frac{1}{2}$ | $4\frac{1}{2}$ | $6\frac{5}{8}$ | $6\frac{5}{8}$ | $6\frac{5}{8}$ | $6\frac{5}{8}$ | $6\frac{5}{8}$ | $6\frac{5}{8}$ | $6\frac{5}{8}$ |
| 流量 | L/s | 1.3~5.1 | 4~10 | 7~16 | 12~18 | 28~32 | 28~32 | 30~34 | 40~50 | 19~48 | 45~55 | 32~50 | 35~54 | 40~60 | 40~65 |
| 钻头速度 | r/min | 115~460 | 90~240 | 87~198 | 92~160 | 120~180 | 100~160 | 140~180 | 94~163 | 75~188 | 88~206 | 105~163 | 90~145 | 92~149 | 72~117 |
| 工作压降 | MPa | 5.6 | 2.4 | 2.4 | 3.2 | 4 | 4 | 4 | 3.2 | 4.4 | 4 | 4 | 3.2 | 4.8 | 3.2 |
| 输出扭矩 | N·m | 600 | 955 | 1837 | 3200 | 7000 | 9000 | 8000 | 9000 | 10707 | 13000 | 11060 | 10000 | 17640 | 17000 |

续表

| 型号 | | 5LZ73×7Y | 5LZ95×7Y | 5LZ120×7Y | 7LZ127×7Y | 5LZ172×7Y | 7LZ172×7Y | 5LZ185×7Y | 5LZ197×7Y | 5LZ203×7Y | 5LZ210×7Y | 5LZ216×7Y | 7LZ216×7Y | 5LZ245×7Y | 7LZ245×7Y |
|---|---|---|---|---|---|---|---|---|---|---|---|---|---|---|---|
| 功率 | kW | 29 | 24 | 38 | 41 | 60 | 98 | 70 | 80 | 180 | 195 | 200 | 210 | 240 | 228 |
| 推荐钻压 | kN | 10 | 30 | 50 | 50 | 100 | 98 | 120 | 150 | 152 | 180 | 180 | 180 | 180 | 180 |
| 最大钻压 | kN | 20 | 55 | 100 | 80 | 200 | 166 | 220 | 250 | 250 | 280 | 280 | 280 | 280 | 280 |

**表 6-11　天津立林螺杆钻具技术规格及工作特性**

| 钻具型号 | 外径/mm(in) | 接头螺纹（API-REG） | | 水眼压降/MPa | 推荐流量/（L/s） | 钻头转速/（r/min） | 马达压降/MPa | 输出扭矩/N·m | 输出功率/kW | 推荐钻压/kN | 质量/kg | 钻具长度/m |
|---|---|---|---|---|---|---|---|---|---|---|---|---|
| | | 上端 | 下端 | | | | | | | | | |
| 5LZ73A×7.0-Ⅳ BH | 73(2½) | 2⅜in TBG | 2⅜in | 1.4~6.9 | 2.7~6.5 | 108~261 | 2.4 | 357~936 | 12 | 12 | 96 | 3.3 |
| 5LZ89A×7.0-Ⅳ BH | 89(3½) | 2⅜in | 2⅜in | 1.4~6.9 | 4.4~10.5 | 100~240 | 2.4 | 628~1300 | 21 | 18 | 130 | 3.6 |
| 5LZ95A×7.0-Ⅳ BH | 95(3¾) | 2⅞in | 2⅞in | 1.4~6.9 | 5~12 | 108~260 | 2.4 | 684~1810 | 24 | 21 | 158 | 3.8 |
| 9LZ95A×7.0-Ⅳ BH | 95(3¾) | 2⅞in | 2⅞in | 1.4~6.9 | 3.6~8.8 | 60~145 | 3.2 | 1206~2091 | 23 | 30 | 172 | 3.8 |
| 5LZ120A×7.0-Ⅳ BH | 120(4¾) | 3½in | 3½in | 1.4~6.9 | 6.5~16 | 72~174 | 2.4 | 1289~2860 | 30 | 55 | 396 | 5.1 |
| 5LZ165B×7.0Ⅳ-Ⅳ BH | 165(6½) | 4½in | 4½in | 1.4~6.9 | 12~30 | 74~182 | 3.2 | 2996~6650 | 72 | 80 | 795 | 6.4 |

续表

| 钻具型号 | 外径/mm(in) | 接头螺纹(API-REG) | | 水眼压降/MPa | 推荐流量/(L/s) | 钻头转速/(r/min) | 马达压降/MPa | 输出扭矩/N·m | 输出功率/kW | 推荐钻压/kN | 质量/kg | 钻具长度/m |
|---|---|---|---|---|---|---|---|---|---|---|---|---|
| | | 上端 | 下端 | | | | | | | | | |
| 5LZ165C×7.0Ⅳ-Ⅳ BH | 165(6½) | 4½in | 4½in | 1.4~6.9 | 12~30 | 74~182 | 4.0 | 3745~8980 | 92 | 80 | 910 | 7.2 |
| 5LZ165D×7.0-Ⅳ BH | 165(6½) | 4½in | 4½in | 1.4~6.9 | 12~30 | 74~182 | 4.8 | 4490~9345 | 111 | 80 | 1028 | 8.0 |
| 5LZ172B×7.0-Ⅳ BH | 172(6¾) | 4½in | 4½in | 1.4~6.9 | 14~32 | 81~178 | 3.2 | 3605~7500 | 98 | 95 | 978 | 6.7 |
| 5LZ172C×7.0-Ⅳ BH | 172(6¾) | 4½in | 4½in | 1.4~6.9 | 14~32 | 81~178 | 4.0 | 4350~9065 | 116 | 95 | 1142 | 7.5 |
| 5LZ197B×7.0-Ⅳ BH | 197(7¾) | 5½in | 6⅝in | 1.4~6.9 | 19~38 | 81~178 | 3.2 | 4975~11500 | 93 | 120 | 1210 | 6.6 |
| 5LZ197C×7.0-Ⅳ BH | 197(7¾) | 5½in | 6⅝in | 1.4~6.9 | 19~38 | 81~178 | 4.0 | 6218~14200 | 120 | 120 | 1355 | 7.5 |
| 5LZ216B×7.0-Ⅳ BH | 216(8½) | 6⅝in | 6⅝in | 1.4~6.9 | 24~54 | 78~180 | 3.2 | 6048~15800 | 105 | 160 | 1650 | 6.6 |
| 5LZ216C×7.0-Ⅳ BH | 216(8½) | 6⅝in | 6⅝in | 1.4~6.9 | 24~54 | 76~180 | 4.0 | 7560~19600 | 128 | 160 | 1752 | 7.5 |
| 5LZ244B×7.0-Ⅳ BH | 244(9⅝) | 6⅝in | 7⅝in | 1.4~6.9 | 28~70 | 74~185 | 3.2 | 7135~21900 | 110 | 220 | 2130 | 7.3 |
| 5LZ244C×7.0-Ⅳ BH | 244(9⅝) | 6⅝in | 7⅝in | 1.4~6.9 | 28~70 | 74~185 | 4.0 | 8918~22930 | 138 | 220 | 2305 | 8.1 |
| 5LZ244C×7.0-Ⅳ BH | 244(9⅝) | 6⅝in | 7⅝in | 1.4~6.9 | 30~72 | 77~186 | 4.8 | 11130~23149 | 171 | 220 | 2485 | 9.0 |

表 6-12　潍坊盛德螺杆钻具技术规格及工作特性

| 钻具型号 | 外径/mm(in) | 接头螺纹(API-REG) | | 推荐流量/(L/s) | 钻头水眼压降/MPa | 钻头转速/(r/min) | 马达压降/MPa | 输出扭矩/N·m | 输出功率/kW | 推荐钻压/kN | 质量/kg | 钻具长度/m |
|---|---|---|---|---|---|---|---|---|---|---|---|---|
| | | 上端 | 下端 | | | | | | | | | |
| 5LZ73×7.0 | 73(2½) | 2⅜in TBG | 2⅜in TBG | 2~4 | 2.0~7.0 | 125~250 | 2.4 | 311~560 | 4.8~8.0 | 15 | 86 | 3.7 |
| 5LZ89×3.5 | 89(3½) | 2⅜in TBG | 2⅜in | 4~8 | 1.0~3.5 | 106~212 | 2.0 | 458~801 | 5.1~10 | 12 | 84 | 2.7 |
| 5LZ89×7.0 | 89(3½) | 2⅜in | 2⅜in | 4~10 | 2.0~7.0 | 100~250 | 3.2 | 750~1300 | 7.8~20 | 15 | 90 | 3.2 |
| 5LZ95×3.5 | 95(3¾) | 2⅞in TBG | 2⅞in | 5~12 | 1.0~3.5 | 160~320 | 2.4 | 550~950 | 7.6~18 | 14 | 122 | 3.5 |
| 9LZ95×7.0 | 95(3¾) | 2⅜in | 2⅞in | 6~12 | 2.0~7.0 | 133~320 | 3.2 | 850~1500 | 14~28 | 19 | 130 | 4.1 |
| 7LZ100×3.5 | 100(3⅞ | 2⅞in TBG | 2⅞in | 5~12 | 1.0~3.5 | 160~320 | 2.4 | 705~1235 | 7.6~18 | 17 | 139 | 3.5 |
| 7LZ100×7.0 | 100(3⅞ | 2⅞in | 2⅞in | 6~14 | 2.0~7.0 | 103~247 | 2.5 | 1150~2000 | 9.6~22 | 29 | 146 | 4.1 |
| 7LZ120×3.5 | 120(4¾ | 3½in TBG | 3½in | 8~15 | 1.0~3.5 | 80~186 | 2.4 | 1355~2375 | 12~24 | 34 | 252 | 3.9 |
| 7LZ120×7.0 | 120(4¾ | 3½in | 3½in | 8~16 | 2.0~7.0 | 86~160 | 3.2 | 1850~3200 | 18~35 | 48 | 260 | 4.5 |
| 5LZ165×7.0D | 165(6½ | 4½in | 4½in | 18~30 | 2.0~7.0 | 90~180 | 2.8 | 3000~5300 | 38~63 | 80 | 700 | 5.5 |
| 5LZ165×7.0 | 165(6½ | 4½in | 4½in | 18~30 | 2.0~7.0 | 120~200 | 3.2 | 3428~6000 | 43~72 | 80 | 820 | 6.4 |

续表

| 钻具型号 | 外径/mm(in) | 接头螺纹(API-REG) | | 推荐流量/(L/s) | 钻头水眼压降/MPa | 钻头转速/(r/min) | 马达压降/MPa | 输出扭矩/N·m | 输出功率/kW | 推荐钻压/kN | 质量/kg | 钻具长度/m |
|---|---|---|---|---|---|---|---|---|---|---|---|---|
| | | 上端 | 下端 | | | | | | | | | |
| 5LZ165×7.0C | 165(6½) | 4½in | 4½in | 18~30 | 2.0~7.0 | 120~200 | 4.8 | 5140~9080 | 65~108 | 100 | 930 | 7.4 |
| 5LZ172×7.0 | 172(6¾) | 4½in | 4½in | 20~40 | 2.0~7.0 | 120~200 | 3.2 | 4200~7420 | 44~88 | 80 | 1040 | 7.4 |
| 5LZ172×7.0C | 172(6¾) | 4½in | 4½in | 20~40 | 2.0~7.0 | 120~200 | 4.0 | 5250~9275 | 55~110 | 100 | 1120 | 8.2 |
| 5LZ197×7.0 | 197(7¾) | 6⅝in | 6⅝in | 20~40 | 2.0~7.0 | 90~180 | 3.2 | 4590~10200 | 46~92 | 120 | 1120 | 7.8 |
| 5LZ197×7.0C | 197(7¾) | 6⅝in | 6⅝in | 20~40 | 2.0~7.0 | 90~180 | 4.0 | 6187~12750 | 58~116 | 150 | 1200 | 8.6 |
| 6LZ203×7.0 | 203(8) | 6⅝in | 6⅝in | 20~44 | 2.0~7.0 | 70~154 | 3.2 | 6800~12000 | 50~110 | 150 | 1170 | 8.2 |
| 6LZ203×7.0C | 203(8) | 6⅝in | 6⅝in | 20~44 | 2.0~7.0 | 70~154 | 4.0 | 8500~15000 | 62~137 | 187 | 1200 | 9.0 |
| 5LZ216×7.0 | 216(8½) | 6⅝in | 6⅝in | 22~48 | 2.0~7.0 | 62~136 | 3.2 | 7800~13650 | 50~111 | 190 | 1360 | 7.7 |
| 5LZ216×7.0C | 216(8½) | 6⅝in | 6⅝in | 25~50 | 2.0~7.0 | 62~136 | 4.0 | 9750~17060 | 63~139 | 238 | 1440 | 8.5 |
| 5LZ244×7.0 | 244(9⅝) | 6⅝in | 6⅝in | 25~50 | 2.0~7.0 | 70~140 | 3.2 | 8200~14000 | 60~120 | 200 | 2100 | 7.5 |
| 5LZ244×7.0C | 244(9⅝) | 6⅝in | 6⅝in | 28~70 | 2.0~7.0 | 70~140 | 4.0 | 10250~17500 | 75~150 | 250 | 2180 | 8.3 |

表 6-13　泸州川油钻采螺杆钻具技术规格及工作特性

| 钻具型号 | 外径/mm(in) | 井眼尺寸/mm(in) | 接头螺纹(API-REG) | | 推荐流量/(L/s) | 水眼压降/MPa | 钻头转速/(r/min) | 马达压降/MPa | 最大扭矩/N·m | 推荐钻压/kN | 质量/kg |
|---|---|---|---|---|---|---|---|---|---|---|---|
| | | | 上端 | 下端 | | | | | | | |
| 5LZ95×7 | 95(3¾) | 118~152(4¾~6) | 2⅞in | 2⅞in | 4.7~11 | 7.0 | 140~320 | 3.2 | 1240 | 21 | 1650 |
| 5LZ102×7 | 102(4) | 118~152(4¾~6) | 2⅞in | 2⅞in | 4.7~11 | 7.0 | 140~320 | 3.2 | 1240 | 21 | 2540 |
| 5LZ120×7 | 120(4¾) | 149~200(5⅞~7⅞) | 3½in | 3½in | 5.8~16 | 7.0 | 70~200 | 2.5 | 2275 | 55 | 4260 |
| 5LZ127×7 | 127(5) | 149~200(5⅞~7⅞) | 4½in | 4½in | 5.8~16 | 7.0 | 70~200 | 2.5 | 2275 | 55 | 6520 |
| 5LZ165×7 | 165(6½) | 213~251(8⅜~9⅞) | NC50 | 4½in | 16~32 | 7.0 | 100~178 | 3.2 | 5600 | 80 | 8180 |
| 5LZ172×7 | 172(6¾) | 216~251(8½~9⅞) | NC50 | 4½in | 16~32 | 7.0 | 100~178 | 3.2 | 5600 | 80 | 8450 |
| 7LZ197×7 | 197(7¾) | 251~311(9⅞~12¼) | 6⅝in | 6⅝in | 22~36 | 7.0 | 90~150 | 3.2 | 8750 | 120 | 12800 |
| 7LZ203×7 | 203(8) | 241~311(9½~12¼) | 6⅝in | 6⅝in | 22~36 | 7.0 | 95~150 | 3.2 | 8750 | 120 | 13450 |
| 9LZ244×7 | 244(9⅝) | 311~445(12¼~17½) | 6⅝in | 6⅝in | 50.5~75.7 | 7.0 | 90~140 | 2.5 | 16275 | 220 | 22800 |

表 6-14 盐城荣泰石油机械制造有限公司螺杆钻具技术规格及工作特性

| 钻具型号 | 外径尺寸 | | 钻头尺寸 | | 两端连接螺纹 | | 头数 | 级数 | 排量 | | 转速 | 工作压力降 | | 输出扭矩 | | 最大压力降 | | 最大扭矩 | | 工作钻压 | | 最大钻压 | | 输出功率 | |
|---|---|---|---|---|---|---|---|---|---|---|---|---|---|---|---|---|---|---|---|---|---|---|---|---|---|
| | mm | in | mm | in | 上端 | 下端 | | | L/min | GPM | r/min | MPa | psi | N·m | lb·ft | MPa | psi | N·m | lb·ft | kN | lb | kN | lb | kW | hp |
| 5LZ43×7.0-5 | 43 | $1\frac{11}{16}$ | 48~76 | $1\frac{7}{8}$~3 | NC12 | NC12 | 5/6 | 5 | 30~90 | 8~24 | 120~360 | 4.0 | 585 | 120 | 88 | 5.65 | 824 | 180 | 132 | 3 | 660 | 6 | 1320 | 4.5 | 6 |
| 5LZ45×7.0-6 | 45 | $1\frac{3}{4}$ | 48~76 | $1\frac{7}{8}$~3 | NC12 | Nc12 | 5/6 | 6 | 33~99 | 9~27 | 120~360 | 4.8 | 700 | 144 | 106 | 6.78 | 988 | 216 | 159 | 3 | 660 | 6 | 1320 | 6.8 | 9 |
| 5LZ54×7.0-5 | 54 | $2\frac{1}{8}$ | 60~89 | $2\frac{3}{8}$~$3\frac{1}{2}$ | $1\frac{1}{2}$in REG | $1\frac{1}{2}$in REG | 5/6 | 5 | 106~244 | 28~64 | 282~638 | 4 | 585 | 216 | 158 | 5.65 | 824 | 303 | 222 | 6 | 1320 | 12 | 2640 | 8 | 11 |
| 5LZ60×7.0-5 | 60 | $2\frac{3}{8}$ | 79~111 | $3\frac{1}{8}$~$4\frac{3}{8}$ | $1\frac{1}{2}$REG | $1\frac{1}{2}$in REG | 5/6 | 5 | 118~272 | 31~71 | 268~617 | 4 | 585 | 258 | 189 | 5.65 | 824 | 361 | 264 | 8 | 1760 | 16 | 3520 | 10 | 13.8 |
| 5LZ65×7.0-5 | 65 | $2\frac{3}{8}$ | 79~111 | $3\frac{1}{8}$~$4\frac{3}{8}$ | $1\frac{1}{2}$REG | $1\frac{1}{2}$in REG | 5/6 | 5 | 127~292 | 33~76 | 256~588 | 4 | 585 | 283 | 207 | 5.65 | 824 | 397 | 290 | 10 | 2200 | 20 | 4400 | 12 | 16 |
| 5LZ73×7.0-5 | 73 | $2\frac{7}{8}$ | 95~121 | $3\frac{3}{4}$~$4\frac{3}{4}$ | $2\frac{3}{8}$in REG | $2\frac{3}{8}$in REG | 5/6 | 5 | 162~578 | 76~153 | 121~432 | 4 | 585 | 766 | 565 | 5.62 | 824 | 1080 | 798 | 12 | 2640 | 25 | 5500 | 27 | 36 |
| 7LZ79×7.0-4 | 79 | $3\frac{1}{8}$ | 95~121 | $3\frac{3}{4}$~$4\frac{3}{4}$ | $2\frac{3}{8}$in REG | $2\frac{3}{8}$in REG | 7/8 | 4 | 175~625 | 46~165 | 134~479 | 3.2 | 466 | 790 | 582 | 4.52 | 655 | 1049 | 773 | 12 | 2640 | 25 | 5500 | 29 | 38 |
| 5LZ89×7.0-5 | 89 | $3\frac{1}{2}$ | 114~149 | $4\frac{1}{2}$~$5\frac{7}{8}$ | $2\frac{3}{8}$in REG | $2\frac{3}{8}$in REG | 5/6 | 5 | 255~766 | 67~202 | 108~325 | 4 | 585 | 1350 | 997 | 5.65 | 824 | 1603 | 1184 | 22 | 4400 | 35 | 7700 | 39 | 52 |
| 7LZ89×7.0-4 | 89 | $3\frac{1}{2}$ | 114~149 | $4\frac{1}{2}$~$5\frac{7}{8}$ | $2\frac{3}{8}$in REG | $2\frac{3}{8}$in REG | 7/8 | 4 | 255~766 | 67~202 | 108~325 | 3.2 | 466 | 1134 | 837 | 4.52 | 655 | 1603 | 1184 | 22 | 4400 | 35 | 7700 | 45 | 6 |
| 9LZ95×7.0-4 | 95 | $3\frac{3}{4}$ | 118~149 | $4\frac{5}{8}$~$5\frac{7}{8}$ | $2\frac{7}{8}$in REG | $2\frac{7}{8}$in REG | 9/10 | 4 | 460~928 | 120~245 | 139~280 | 3.2 | 466 | 1426 | 1052 | 4.52 | 655 | 1895 | 1320 | 30 | 6600 | 55 | 100 | 48 | 64 |
| 5LZ100×7.0-4 | 100 | $3\frac{15}{16}$ | 118~149 | $4\frac{5}{8}$~$5\frac{7}{8}$ | $2\frac{7}{8}$in REG | $2\frac{7}{8}$in REG | 5/6 | 4 | 337~842 | 89~222 | 124~300 | 3.2 | 466 | 1169 | 862 | 4.52 | 655 | 1652 | 1218 | 30 | 6600 | 55 | 100 | 4 | 60 |
| 9LZ100×7.0-4 | 100 | $3\frac{15}{16}$ | 118~149 | $4\frac{5}{8}$~$5\frac{7}{8}$ | $2\frac{7}{8}$in REG | $2\frac{7}{8}$in REG | 9/10 | 4 | 484~977 | 126~258 | 139~280 | 3.2 | 466 | 1501 | 1107 | 4.52 | 655 | 1995 | 1852 | 30 | 6600 | 55 | 100 | 50 | 67 |
| 9LZ105×7.0-4 | 105 | $4\frac{1}{8}$ | 121~152 | $4\frac{3}{4}$~6 | $2\frac{7}{8}$in REG | $2\frac{7}{8}$in REG | 9/10 | 4 | 498~997 | 131~263 | 132~265 | 3.2 | 466 | 1630 | 1200 | 4.52 | 655 | 2165 | 1597 | 35 | 7700 | 40 | 600 | 5 | 68 |

续表

| 钻具型号 | 外径尺寸 | | 钻头尺寸 | | 两端连接螺纹 | | 头数 | 级数 | 排量 | | 转速 | 工作压力降 | | 输出扭矩 | | 最大压力降 | | 最大扭矩 | | 工作钻压 | | 最大钻压 | | 输出功率 | |
|---|---|---|---|---|---|---|---|---|---|---|---|---|---|---|---|---|---|---|---|---|---|---|---|---|---|
| | mm | in | mm | in | 上端 | 下端 | | | L/min | GPM | r/min | MPa | psi | N·m | lb·ft | MPa | psi | N·m | lb·ft | kN | lb | kN | lb | kW | hp |
| 5LZ120×7.0-4 | 120 | 4¾ | 149~200 | 5⅞~7⅞ | 3½in REG | 3½in REG | 5/6 | 4 | 694~1388 | 184~367 | 140~279 | 3.2 | 466 | 2160 | 1593 | 4.52 | 655 | 2869 | 2116 | 49 | 10803 | 100 | 22000 | 7 | 95 |
| 7LZ120×7.0-6 | 120 | 4¾ | 149~200 | 5⅞~7⅞ | 3½in REG | 3½in REG | 7/8 | 6 | 745~1487 | 196~393 | 130~259 | 4.8 | 700 | 3702 | 2730 | 6.78 | 988 | 4916 | 3625 | 49 | 10803 | 100 | 22000 | 112 | 150 |
| 7LZ127×7.0-5 | 127 | 5 | 149~200 | 5⅞~7⅞ | 3½in REG | 3½in REG | 7/8 | 5 | 600~1300 | 158~342 | 59~128 | 4 | 585 | 6462 | 4762 | 5.65 | 824 | 8580 | 6328 | 49 | 10803 | 100 | 22000 | 41 | 14 |
| 7LZ140×7.0-5 | 140 | 5½ | 171~22[illegible] | 6¾~8¾ | 4½in REG | 4½in REG | 7/8 | 5 | 718~1436 | 190~379 | 92~184 | 4 | 585 | 4851 | 3574 | 5.65 | 824 | 6443 | 4749 | 49 | 10803 | 100 | 22000 | 73 | 98 |
| 5LZ165×7.0-4 | 165 | 6½ | 213~25[illegible] | 8⅜~9⅞ | 4½in REG | 4½in REG | 5/6 | 4 | 960~1920 | 254~506 | 116~232 | 3.2 | 466 | 4202 | 3095 | 4.52 | 655 | 5580 | 4109 | 80 | 17600 | 160 | 35200 | 55 | 119 |
| 5LZ165×7.0-5 | 165 | 6½ | 213~25[illegible] | 8⅜~9⅞ | 4½in REG | 4½in REG | 5/6 | 5 | 960~1920 | 254~506 | 116~232 | 4 | 585 | 5252 | 3868 | 5.65 | 824 | 6974 | 5135 | 80 | 17600 | 160 | 35200 | 100 | 135 |
| 5LZ165×7.0-6 | 165 | 6½ | 213~25[illegible] | 8⅜~9⅞ | 4½in REG | 4½in REG | 5/6 | 6 | 960~1920 | 254~506 | 116~232 | 4.8 | 700 | 6302 | 4641 | 6.78 | 988 | 8368 | 6161 | 80 | 17600 | 160 | 35200 | 121 | 162 |
| 5LZ172×7.0-4 | 172 | 6¾ | 213~25[illegible] | 8⅜~9⅞ | 4½in REG | 4½in REG | 5/6 | 4 | 1140~2280 | 301~600 | 112~223 | 3.2 | 466 | 5241 | 3860 | 4.52 | 655 | 6929 | 5101 | 100 | 22000 | 170 | 37400 | 126 | 170 |
| 5LZ172×7.0-5 | 172 | 6¾ | 213~25[illegible] | 8⅜~9⅞ | 4½in REG | 4½in REG | 5/6 | 5 | 1140~2280 | 301~600 | 112~223 | 4 | 585 | 6551 | 4824 | 5.65 | 824 | 8698 | 6403 | 100 | 22000 | 170 | 37400 | 134 | 180 |
| 5LZ172×7.0-6 | 172 | 6¾ | 213~25[illegible] | 8⅜~9⅞ | 4½in REG | 4½in REG | 5/6 | 6 | 1140~2280 | 301~600 | 112~223 | 4.8 | 700 | 7861 | 5788 | 6.78 | 988 | 10437 | 7682 | 100 | 22000 | 170 | 37400 | 142 | 190 |
| 7LZ172×7.0-5 | 172 | 6¾ | 213~25[illegible] | 8⅜~9⅞ | 4½in REG | 4½in REG | 7/8 | 5 | 1424~2850 | 376~750 | 80~161 | 4 | 585 | 9518 | 7008 | 5.65 | 824 | 12636 | 9518 | 100 | 22000 | 170 | 37400 | 150 | 200 |
| 5LZ185×7.0-5 | 185 | 7¼ | 222~25[illegible] | 8¾~9⅞ | 5½in REG | 6⅝in REG | 5/6 | 5 | 1200~2300 | 317~605 | 95~183 | 4 | 585 | 8002 | 5891 | 5.65 | 824 | 10623 | 8000 | 100 | 22000 | 170 | 37400 | 134 | 180 |
| 5LZ197×7.0-4 | 197 | 7¾ | 251~31[illegible] | 9⅞~12¼ | 6⅝in REG | 6⅝in REG | 5/6 | 4 | 1200~2300 | 317~605 | 105~201 | 3.2 | 466 | 7298 | 5372 | 4.52 | 655 | 9688 | 7295 | 150 | 33000 | 200 | 44000 | 1 | 33 |
| 5LZ197×7.0-5 | 197 | 7¾ | 251~31[illegible] | 9⅞~12¼ | 6⅝in REG | 6⅝in REG | 5/6 | 5 | 1200~2300 | 317~605 | 105~201 | 4 | 585 | 9123 | 6715 | 5.65 | 824 | 12110 | 9118 | 150 | 33000 | 200 | 44000 | 130 | 176 |

续表

| 钻具型号 | 外径尺寸 | | 钻头尺寸 | | 两端连接螺纹 | | 头数 | 级数 | 排量 | | 转速 | 工作压力降 | | 输出扭矩 | | 最大压力降 | | 最大扭矩 | | 工作钻压 | | 最大钻压 | | 输出功率 | |
|---|---|---|---|---|---|---|---|---|---|---|---|---|---|---|---|---|---|---|---|---|---|---|---|---|---|
| | mm | in | mm | in | 上端 | 下端 | | | L/min | GPM | r/min | MPa | psi | N·m | lb·ft | MPa | psi | N·m | lb·ft | kN | lb | kN | lb | kW | hp |
| 5LZ197×7.0–6 | 197 | 7¾ | 251~311 | 9⅞~12¼ | 6⅝in REG | 6⅝in REG | 5/6 | 6 | 1200~2300 | 317~605 | 105~201 | 4.8 | 700 | 10947 | 8057 | 6.78 | 988 | 14531 | 10940 | 150 | 33000 | 200 | 44000 | 157 | 210 |
| 7LZ197×7.0–5 | 197 | 7¾ | 251~311 | 9⅞~12¼ | 6⅝in REG | 6⅝in REG | 7/8 | 5 | 1326~2543 | 350~668 | 81~155 | 4 | 585 | 11845 | 78719 | 5.65 | 824 | 15725 | 11838 | 155 | 34100 | 200 | 44000 | 130 | 176 |
| 5LZ203×7.0–4 | 203 | 8 | 251~311 | 9⅞~12¼ | 6⅝in REG | 6⅝in REG | 5/6 | 4 | 1113~2225 | 295~588 | 79~158 | 3.2 | 466 | 7298 | 5371 | 4.52 | 655 | 9687 | 7292 | 155 | 34100 | 250 | 33000 | 1 | 33 |
| 5LZ203×7.0–5 | 203 | 8 | 251~311 | 9⅞~12¼ | 6⅝in REG | 6⅝in REG | 5/6 | 5 | 1113~2225 | 295~588 | 79~158 | 4 | 585 | 9123 | 6727 | 5.65 | 824 | 12885 | 9504 | 155 | 34100 | 250 | 55000 | 130 | 176 |
| 7LZ203×7.0–5 | 203 | 8 | 251~311 | 9⅞~12¼ | 6⅝in REG | 6⅝in REG | 7/8 | 5 | 1230~2460 | 326~650 | 75~150 | 4 | 585 | 7681 | 5649 | 5.65 | 824 | 10197 | 7520 | 155 | 34100 | 250 | 55000 | 143 | 194 |
| 7LZ216×7.0–5 | 216 | 8½ | 251~375 | 9⅞~14¾ | 6⅝in REG | 6⅝in REG | 7/8 | 5 | 1500~3200 | 397~845 | 70~149 | 4 | 585 | 13738 | 10131 | 5.65 | 824 | 18235 | 13756 | 220 | 48400 | 330 | 79200 | 179 | 240 |

**表 6–15 高峰机械厂螺杆钻具技术规格及工作特性**

| 钻具型号 | 5LZ95×7 | 5LZ102×7 | 5LZ120×7 | 5LZ127×7 | 5LZ165×7 | 5LZ172×7 | 7LZ197×7 | 7LZ203×7 | 9LZ244×7 |
|---|---|---|---|---|---|---|---|---|---|
| 公称尺寸/mm(in) | 95(3¾) | 102(4) | 120(4¾) | 127(5) | 165(6½) | 172(6¾) | 197(7¾) | 203(8) | 244(9⅝) |
| 井眼尺寸/mm | 118~152 | 118~152 | 149~200 | 149~200 | 213~251 | 216~251 | 251~311 | 241~311 | 311~445 |
| 连接螺纹 API | 2⅞in REG | 2⅞in REG | 3½in REG | 3½in REG | NC50<br>4½in REG | NC50<br>4½in REG | 6⅝in<br>REG | 6⅝in<br>REG | 6⅝in<br>REG |
| 水眼压降/MPa | 7.0 | | | | | | | | |
| 推荐流量/(L/s) | 4.7~11 | 4.7~11 | 5.8~16 | 5.8~16 | 16~32 | 16~32 | 22~36 | 22~36 | 50.5~75.7 |
| 钻头转速/(r/min) | 140~320 | 140~320 | 70~200 | 70~200 | 100~178 | 100~178 | 95~150 | 95~150 | 95~140 |

续表

| 钻具型号 | 5LZ95×7 | 5LZ102×7 | 5LZ120×7 | 5LZ127×7 | 5LZ165×7 | 5LZ172×7 | 7LZ197×7 | 7LZ203×7 | 9LZ244×7 |
|---|---|---|---|---|---|---|---|---|---|
| 马达压降/MPa | 3.2 | 3.2 | 2.5 | 2.5 | 3.2 | 3.2 | 3.2 | 3.2 | 2.5 |
| 工作扭矩/N · m | 780 | 780 | 1300 | 1300 | 3200 | 3200 | 5000 | 5000 | 9300 |
| 最大扭矩/N · m | 1240 | 1240 | 2275 | 2275 | 5600 | 5600 | 8750 | 8750 | 16275 |
| 推荐钻压/kN | 21 | 21 | 55 | 55 | 80 | 80 | 120 | 120 | 220 |
| 最大钻压/kN | 40 | 40 | 72 | 72 | 160 | 160 | 240 | 240 | 330 |
| 钻具质量/kg | 1650 | 2540 | 4260 | 6520 | 8180 | 8450 | 12800 | 13450 | 22800 |

**表 6–16 江钻等壁厚螺杆钻具技术参数**

| 钻具型号 | 外径尺寸 | | 两端连接螺纹 | | 头数 | 级数 | 排量 | | 转速 | 工作压降 | | 工作扭矩 | | 最大压降 | | 最大扭矩 | | 工作钻压 | | 最大钻压 | | 功率 | |
|---|---|---|---|---|---|---|---|---|---|---|---|---|---|---|---|---|---|---|---|---|---|---|---|
| | mm | in | 上端(REG) | 下端(REG) | | | lps | gpm | rpm | MPa | psi | N · m | lb · ft | N · m | psi | N · m | lb · ft | kN | lb | kN | lb | kW | hp |
| H5LZ120×7.0–3.1 | 120 | 4¾ | 3½ | 3½ | 5 : 6 | 3.1 | 10.8~21.7 | 172~344 | 155~309 | 4 | 580 | 2380 | 1755 | 6 | 870 | 4153 | 3063 | 49 | 11025 | 100 | 22500 | 90 | 121 |
| H7LZ127×7.0–3.1 | 127 | 5 | 3½ | 3½ | 7 : 8 | 3.1 | 12.4~24.8 | 197~393 | 130~276 | 4.65 | 674 | 3491 | 2575 | 6.2 | 899 | 5411 | 3991 | 49 | 11025 | 100 | 22500 | 90 | 121 |
| H5LZ165×7.0–3.1 | 165 | 6½ | 4½ | 4½ | 5 : 6 | 3.1 | 14.4~28.7 | 228~455 | 102~204 | 4.65 | 674 | 5314 | 3919 | 6.2 | 899 | 7085 | 5225 | 80 | 18000 | 160 | 36000 | 132 | 177 |
| H5LZ165×7.0–3.5 | 165 | 6½ | 4½ | 4½ | 5 : 6 | 3.5 | 14.4~28.7 | 228~455 | 102~204 | 5.25 | 761 | 5842 | 4308 | 8.75 | 1269 | 9055 | 6678 | 80 | 18000 | 160 | 36000 | 159 | 213 |

续表

| 钻具型号 | 外径尺寸 | | 两端连接螺纹 | | 头数 | 级数 | 排量 | | 转速 | 工作压降 | | 工作扭矩 | | 最大压降 | | 最大扭矩 | | 工作钻压 | | 最大钻压 | | 功率 | |
|---|---|---|---|---|---|---|---|---|---|---|---|---|---|---|---|---|---|---|---|---|---|---|---|
| | mm | in | 上端(REG) | 下端(REG) | | | lps | gpm | rpm | MPa | psi | N·m | lb·ft | N·m | psi | N·m | lb·ft | kN | lb | kN | lb | kW | hp |
| H7LZ165×7.0-2.6 | 165 | 6½ | 4½ | 4½ | 7:8 | 2.6 | 20~40 | 317~634 | 80~159 | 3.9 | 566 | 7726 | 5698 | 6.5 | 943 | 11976 | 8832 | 80 | 18000 | 160 | 36000 | 164 | 220 |
| H3LZ172×7.0-4 | 172 | 6¾ | 4½ | 4½ | 3:4 | 4 | 12.8~30 | 203~476 | 116~280 | 6 | 870 | 6346 | 4680 | 8 | 1160 | 8462 | 6241 | 110 | 24750 | 170 | 38250 | 135 | 181 |
| H5LZ172×7.0-3 | 172 | 6¾ | 4½ | 4½ | 5:6 | 3 | 15.8~31.6 | 250~500 | 102~204 | 4.5 | 653 | 5500 | 4056 | 6.3 | 914 | 7500 | 5531 | 110 | 24750 | 170 | 38250 | 120 | 161 |
| H5LZ172×7.0-3.5 | 172 | 6¾ | 4½ | 4½ | 5:6 | 3.5 | 18.6~31.6 | 294~500 | 117~199 | 5.28 | 766 | 6458 | 4763 | 7.39 | 1072 | 8806 | 6494 | 100 | 22500 | 170 | 38250 | 140 | 188 |
| H5LZ172×7.0-4 | 172 | 6¾ | 4½ | 4½ | 5:6 | 4 | 18.6~31.6 | 294~500 | 117~199 | 5.81 | 842 | 7097 | 5234 | 8.13 | 1179 | 9677 | 7137 | 100 | 22500 | 170 | 38250 | 155 | 208 |
| H7LZ172×7.0-1.8 | 172 | 6¾ | 4½ | 4½ | 7:8 | 1.8 | 19.7~39.4 | 313~625 | 96~193 | 2.7 | 392 | 4345 | 3204 | 4.5 | 653 | 6743 | 4966 | 100 | 22500 | 170 | 38250 | 109 | 146 |
| H7LZ172×7.0-3 | 172 | 6¾ | 4½ | 4½ | 7:8 | 3 | 19.7~39.4 | 313~625 | 96~193 | 4.65 | 674 | 7483 | 5519 | 6.2 | 899 | 11598 | 8554 | 100 | 22500 | 170 | 38250 | 150 | 201 |
| H7LZ172×7.0-3.6 | 172 | 6¾ | 4½ | 4½ | 7:8 | 3.6 | 19.7~39.4 | 313~625 | 96~193 | 5.4 | 783 | 8689 | 6408 | 7.2 | 1044 | 13469 | 9933 | 100 | 22500 | 170 | 38250 | 170 | 228 |
| H6LZ178×7.0-4 | 178 | 7 | 4½ | 4½ | 6:7 | 4 | 18.7~31.5 | 296~499 | 131~210 | 6 | 870 | 9505 | 7010 | 8.55 | 1240 | 13585 | 10019 | 100 | 22500 | 170 | 38250 | 160 | 214 |

续表

| 钻具型号 | 外径尺寸 | | 两端连接螺纹 | | 头数 | 级数 | 排量 | | 转速 | 工作压降 | | 工作扭矩 | | 最大压降 | | 最大扭矩 | | 工作钻压 | | 最大钻压 | | 功率 | |
|---|---|---|---|---|---|---|---|---|---|---|---|---|---|---|---|---|---|---|---|---|---|---|---|
| | mm | in | 上端(REG) | 下端(REG) | | | lps | gpm | rpm | MPa | psi | N·m | lb·ft | N·m | psi | N·m | lb·ft | kN | lb | kN | lb | kW | hp |
| H7LZ178×7.0–3.8 | 178 | 7 | 4½ | 4½ | 7:8 | 3.8 | 19.7~39.4 | 313~625 | 96~193 | 7.3 | 1059 | 11062 | 8158 | 9.6 | 1392 | 14744 | 10874 | 100 | 22500 | 170 | 38250 | 170 | 228 |
| H7LZ178×7.0–4 | 178 | 7 | 4½ | 4½ | 7:8 | 4 | 19.7~39.4 | 313~625 | 96~193 | 7.7 | 1117 | 11644 | 8587 | 10.1 | 1465 | 15520 | 11446 | 110 | 24750 | 170 | 38250 | 180 | 241 |
| H5LZ185×7.0–3.5 | 185 | 7¼ | 4½ | 6⅝ | 5:6 | 3.5 | 16.4~32.8 | 260~520 | 91~182 | 5.25 | 761 | 7912 | 5835 | 8.75 | 1269 | 12263 | 9044 | 100 | 22500 | 170 | 38250 | 182 | 244 |
| H5LZ197×7.0–3.1 | 197 | 7¾ | 5½ | 6⅝ | 5:6 | 3.1 | 18.6~37 | 294~587 | 90~178 | 4.65 | 674 | 8061 | 5945 | 7.75 | 1124 | 12495 | 9215 | 150 | 33750 | 200 | 45000 | 181 | 243 |
| H5LZ197×7.0–3.5 | 197 | 7¾ | 5½ | 6⅝ | 5:6 | 3.5 | 18.6~37 | 294~587 | 90~178 | 5.25 | 761 | 9102 | 6713 | 8.75 | 1269 | 14107 | 10404 | 150 | 33750 | 200 | 45000 | 205 | 275 |
| H7LZ197×7.0–3.6 | 197 | 7¾ | 5½ | 6⅝ | 7:8 | 3.6 | 25.6~46.2 | 405~732 | 98~178 | 5.4 | 783 | 11762 | 8674 | 9 | 1305 | 18231 | 13445 | 160 | 36000 | 200 | 45000 | 263 | 352 |
| H5LZ203×7.0–3.1 | 203 | 8 | 5½ | 6⅝ | 5:6 | 3.1 | 18.6~37 | 294~587 | 90~178 | 4.65 | 674 | 8601 | 5945 | 7.75 | 1124 | 12495 | 9215 | 155 | 34875 | 250 | 56250 | 181 | 243 |
| H5LZ203×7.0–3.5 | 203 | 8 | 5½ | 6⅝ | 5:6 | 3.5 | 18.6~37 | 294~587 | 90~178 | 5.25 | 761 | 9102 | 6713 | 8.75 | 1269 | 14107 | 10404 | 155 | 34875 | 250 | 56250 | 205 | 275 |
| H5LZ216×7.0–3.5 | 216 | 8½ | 6⅝ | 6⅝ | 5:6 | 3.5 | 20.5~40.9 | 325~648 | 79~157 | 5.25 | 761 | 11096 | 8183 | 7 | 1015 | 14795 | 10911 | 180 | 40500 | 300 | 67500 | 213 | 285 |
| H5LZ244×7.0–3.5 | 244 | 9⅝ | 7⅝ | 7⅝ | 5:6 | 3.5 | 27.5~55 | 436~872 | 72~144 | 5.25 | 761 | 15742 | 11610 | 8.75 | 1269 | 24399 | 17994 | 220 | 49500 | 300 | 74250 | 304 | 407 |

## (六) LZ 系列螺杆钻具水力推动与钻压关系

以大港和德州产 LZ 系列螺杆钻具为例，介绍常用螺杆钻具水力推力与钻压关系。

1. 5LZ244×7Y 型螺杆钻具水力推力和钻压平衡关系

5LZ244×7Y 型螺杆钻具水力推力和钻压平衡关系如图 6-17 所示。

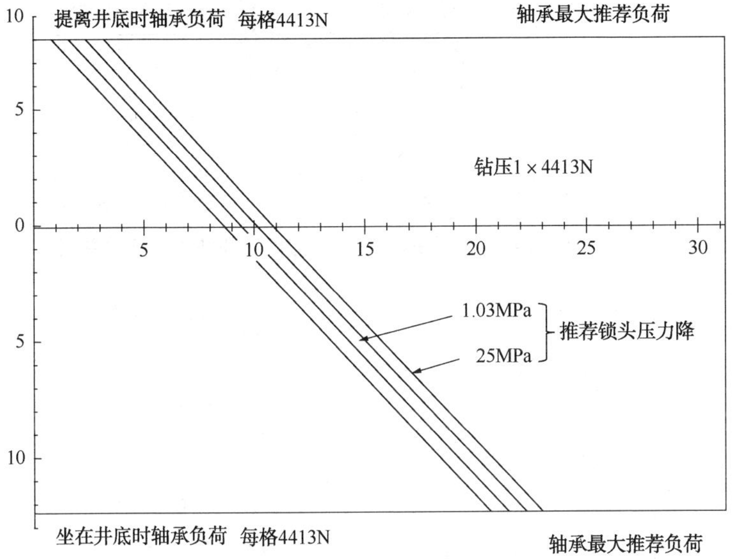


图 6-17　5LZ244×7Y 型螺杆钻具水力推力和钻压平衡关系图

2. 5LZ244×14J 型螺杆钻具水力推力和钻压平衡关系

5LZ244×14J 型螺杆钻具水力推力和钻压平衡关系如图 6-18 所示。

3. LZ197×7Y 型螺杆钻具水力推力和钻压平衡关系

LZ197×7Y 型螺杆钻具水力推力和钻压平衡关系如图 6-19 所示。

4. 5LZ197×7Y 型螺杆钻具水力推力和钻压平衡关系

5LZ197×7Y 型螺杆钻具水力推力和钻压平衡关系如图 6-20 所示。

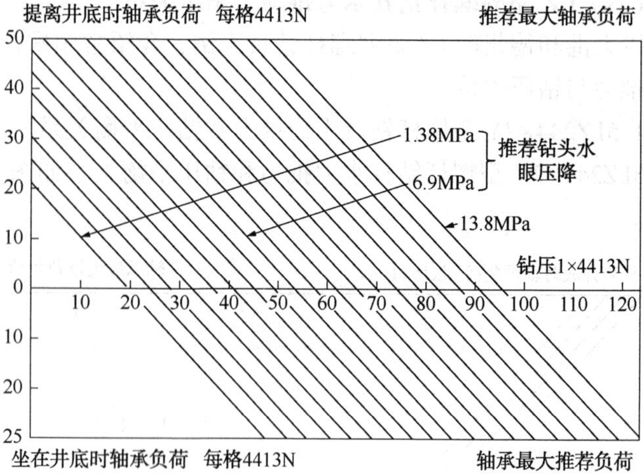


图 6-18　5LZ244×14J 型螺杆钻具水力推力和钻压平衡关系图

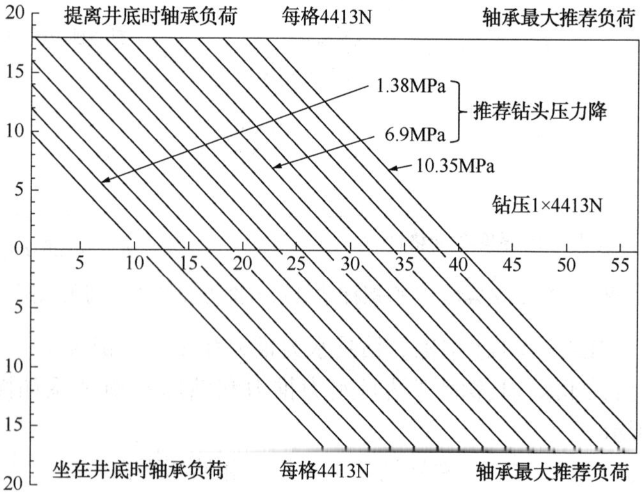


图 6-19　LZ197×7Y 型螺杆钻具水力推力和钻压平衡关系图

5. LZ165×7Y 型螺杆钻具水力推力和钻压平衡关系

LZ165×7Y 型螺杆钻具水力推力和钻压平衡关系如图 6-21 所示。

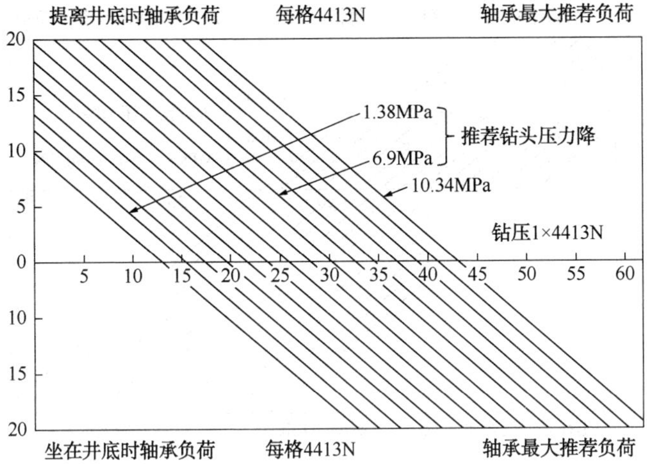


图 6-20　5LZ197×7Y 型螺杆钻具水力推力和钻压平衡关系图

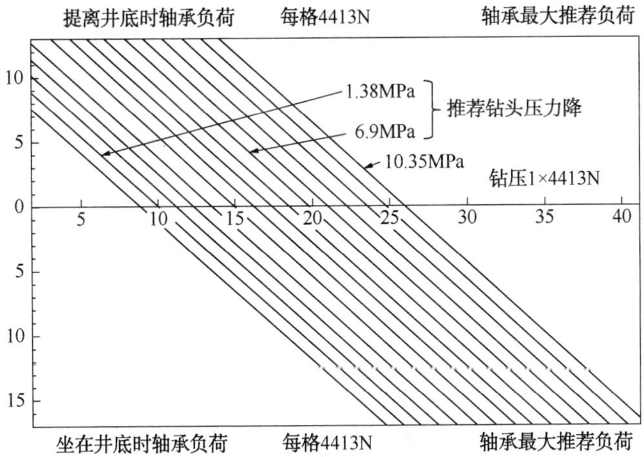


图 6-21　LZ165×7Y 型螺杆钻具水力推力和钻压平衡关系图

6. 5LZ165×7Y 型螺杆钻具水力推力和钻压平衡关系

5LZ165×7Y 型螺杆钻具水力推力和钻压平衡关系如图 6-22 所示。

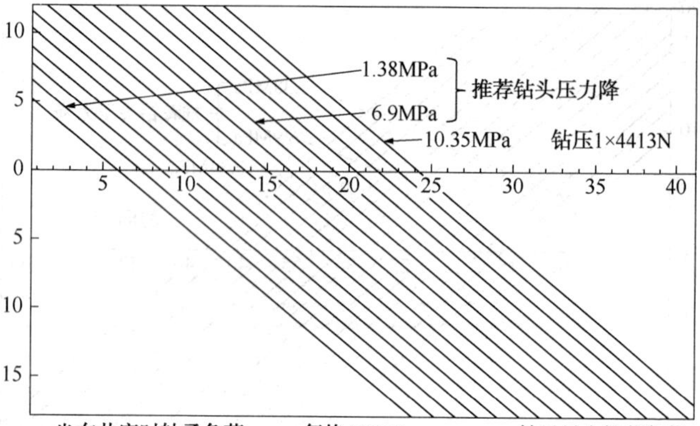


图 6-22　5LZ165×7Y 型螺杆钻具水力推力和钻压平衡关系图

7. LZ120×7Y 型螺杆钻具水力推力和钻压平衡关系

LZ120×7Y 型螺杆钻具水力推力和钻压平衡关系如图 6-23 所示。

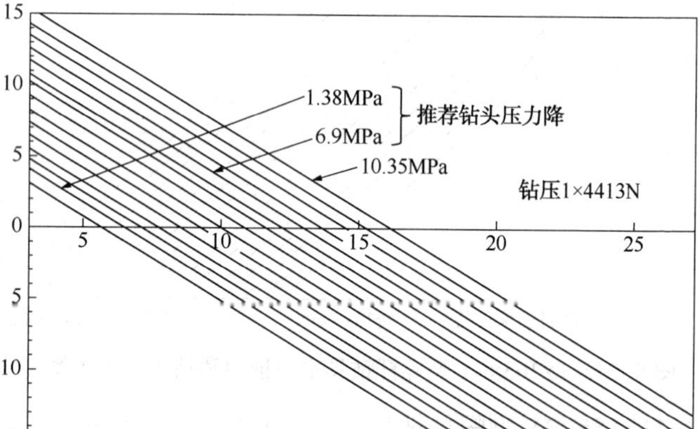


图 6-23　LZ120×7Y 型螺杆钻具水力推力和钻压平衡关系图

8. 5LZ95×7Y 型螺杆钻具水力推力和钻压平衡关系

5LZ95×7Y 型螺杆钻具水力推力和钻压平衡关系如图 6-24 所示。

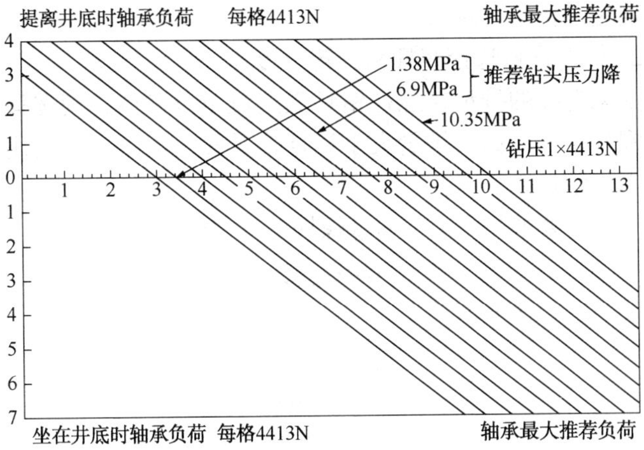


图 6-24 5LZ95×7Y 型螺杆钻具水力推力和钻压平衡关系图

9. 9LZ95 型螺杆钻具(德州)水力推力和钻压平衡关系

9LZ95 型螺杆钻具(德州)水力推力和钻压平衡关系如图 6-25所示。

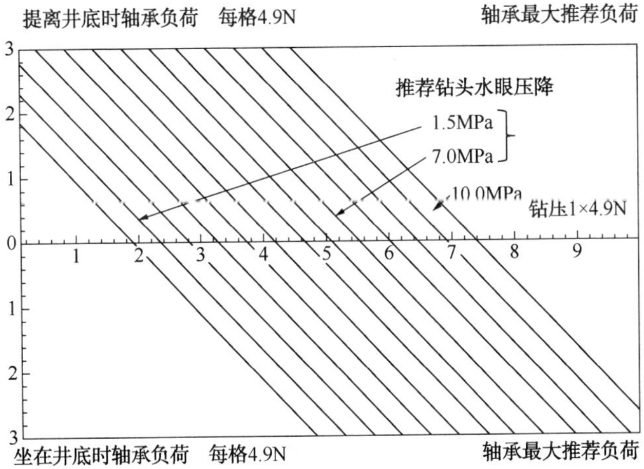


图 6-25 9LZ95 型螺杆钻具(德州)水力推力和钻压平衡关系图

### （七）确定螺杆钻具工作参数

1. 确定洗井排量

根据钻进速度、环空上返速度、携带钻屑能力及循环总压降等确定最优洗井排量。

2. 根据排量选择螺杆钻具转子形式

如果选择的排量在螺杆钻具额定流量范围内，则选择实心转子螺杆钻具。如果排量大于螺杆钻具额定流量，则选用中空型的螺杆钻具。

工程需要的排量 $Q$，通过螺杆钻具时流量为：

$$Q=Q_m+Q_b \tag{6-1}$$

设马达转速 $n$ 值

$$Q_m=\frac{n}{\eta_v\times 60}q \tag{6-2}$$

$$n=\frac{Q_m\times 60}{q}\times\eta_v \tag{6-3}$$

式中　$Q_m$——最大流量，L/s；

$n$——马达转速，r/min；

$\eta_v$——马达容积效率，取 0.9；

$q$——中空转子马达每转流量，L/s。

转子喷嘴直径 $d$：

$$d=\sqrt[4]{\frac{8989Q_b^2}{\Delta\rho}} \tag{6-4}$$

式中　$Q_b$——转子喷嘴流量，L/s；

$\Delta\rho$——钻井液密度，kg/L。

带喷嘴中空转子马达压降与钻头转速关系如图 6-26 所示。中空转子通过喷嘴流量见表 6-17。

3. 根据拟定排量选择钻头喷嘴

选定螺杆钻具规格后，即可根据钻头压降和拟定排量选择钻头喷嘴尺寸。需要注意的是，无论何种螺杆钻具(油浴轴承螺杆钻具除外)，都有总流量的 3%～7%通过轴承系统后排至环空，实际上只有93%~97%的钻井液通过钻头水眼，如图6-27所示。因此，钻头水眼尺寸应按拟定排量的93%~97%选择。

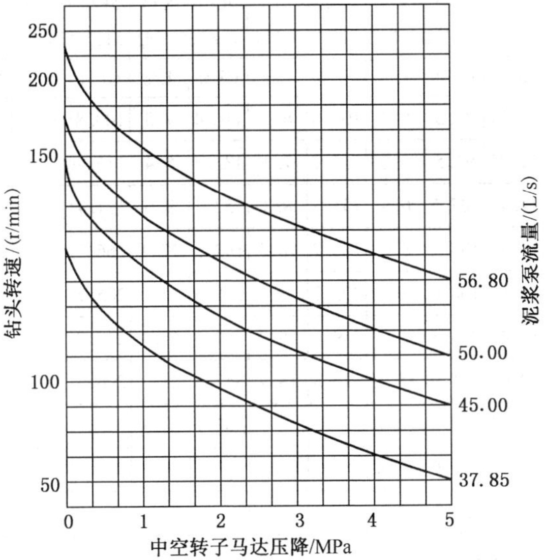


图6-26　中空转子马达压降与钻头转速关系

**表6-17　中空转子通过喷嘴流量**

| 喷嘴号 | 喷嘴入口直径 | | 通过转子喷嘴的流量 | | | | | | | | | |
|---|---|---|---|---|---|---|---|---|---|---|---|---|
| | | | 5LZ120×7Y<br>5LZ120×14J | | 5LZ×7Y<br>5LZ165×14J | | 9LZ165×7Y<br>9LZ165×14J | | 5LZ197×7Y<br>5LZ197×14J | | 5LZ224×7Y<br>5LZ224×14J | |
| | in | mm | GPM | L/s | GPM | L/s | GPM | L/s | GPM | L/s | GPM | L/s |
| 07 | 7/32 | 5.56 | 20.6 | 1.3 | 25.2 | 1.6 | 29.1 | 1.8 | 25.2 | 1.6 | 25.2 | 1.6 |
| 08 | 1/4 | 6.35 | 26.9 | 1.7 | 32.9 | 2.1 | 38.0 | 2.4 | 32.9 | 2.1 | 32.9 | 2.1 |
| 09 | 9/32 | 7.14 | 34.0 | 2.1 | 41.7 | 2.6 | 48.1 | 3.0 | 41.7 | 2.6 | 41.7 | 2.6 |
| 10 | 5/16 | 7.94 | 42.0 | 2.6 | 51.4 | 3.2 | 59.4 | 3.7 | 51.4 | 3.2 | 51.4 | 3.2 |
| 11 | 11/32 | 8.74 | 50.8 | 3.2 | 62.2 | 3.9 | 71.9 | 4.5 | 62.2 | 3.9 | 62.2 | 3.9 |
| 12 | 3/8 | 9.53 | 60.5 | 3.8 | 74.1 | 4.7 | 85.5 | 5.4 | 74.1 | 4.7 | 74.1 | 4.7 |
| 13 | 13/32 | 10.32 | 71.0 | 4.5 | 86.9 | 5.5 | 100.4 | 6.3 | 86.9 | 5.5 | 86.9 | 5.5 |

续表

| 喷嘴号 | 喷嘴入口直径 | | 通过转子喷嘴的流量 | | | | | | | | | |
|---|---|---|---|---|---|---|---|---|---|---|---|---|
| | | | 5LZ120×7Y 5LZ120×14J | | 5LZ×7Y 5LZ165×14J | | 9LZ165×7Y 9LZ165×14J | | 5LZ197×7Y 5LZ197×14J | | 5LZ224×7Y 5LZ224×14J | |
| | in | mm | GPM | L/s | GPM | L/s | GPM | L/s | GPM | L/s | GPM | L/s |
| 14 | 7/16 | 11.11 | 82.3 | 5.2 | 100.8 | 6.4 | 116.4 | 7.3 | 100.8 | 6.4 | 100.8 | 6.4 |
| 15 | 15/32 | 11.91 | 94.5 | 6.0 | 115.7 | 7.3 | 133.7 | 8.4 | 115.7 | 7.3 | 115.7 | 7.3 |
| 16 | 1/2 | 12.70 | 107.5 | 6.8 | 131.7 | 8.3 | 152.1 | 9.6 | 131.7 | 8.3 | 131.7 | 863 |
| 18 | 9/16 | 14.29 | 136.1 | 8.6 | 166.7 | 10.5 | 192.5 | 12.1 | 166.7 | 10.5 | 166.7 | 10.5 |
| 20 | 5/8 | 15.88 | 168.0 | 10.6 | 205.7 | 13.0 | 237.6 | 15.0 | 205.7 | 13.0 | 205.7 | 13.0 |
| 22 | 11/16 | 17.46 | 203.3 | 12.8 | 249.0 | 15.7 | 287.5 | 18.1 | 249.0 | 15.7 | 249.0 | 15.7 |
| 24 | 3/4 | 19.05 | 241.9 | 15.2 | 296.3 | 18.7 | 342.2 | 21.5 | 296.3 | 18.7 | 296.3 | 18.7 |
| 28 | 7/8 | 22.23 | 329.3 | 20.7 | | | 465.7 | 29.3 | | | | |
| 30 | 15/16 | 23.81 | 378.0 | 23.8 | | | | | | | | |
| 32 | 1 | 25.40 | 430.1 | 27.1 | | | | | | | | |

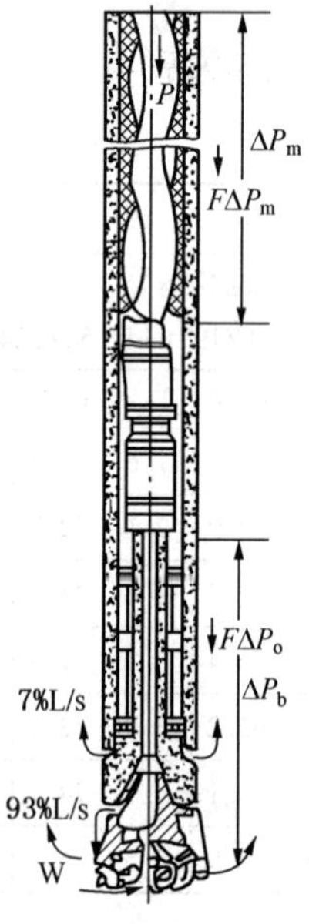


图 6-27　钻井液分流情况

4. 确定钻头转速

螺杆钻具流量在额定范围内变化时，钻头转速也发生变化。流量增大，转速增高，反之亦然。

当实际流量确定后，钻头转速可由式(6-5)确定：

$$n_{实}=\frac{Q_{实}\times n_{额}}{Q_{额}} \tag{6-5}$$

式中　$n_{实}$——实际钻头转速，r/min；

$n_{额}$——额定转速上限，从螺杆钻具规格表中查得，r/min；

$Q_{实}$——实际工作流量，L/s(或L/min)；

$Q_{额}$——额定工作流量，从螺杆钻具规格表中查得，L/s（或 L/min）。

5. 确定近似工作扭矩

在流量不变的条件下，工作扭矩、工作压差和工具的额定扭矩及压差有以下近似关系，即

$$M_{实}=\frac{M_{max}}{\Delta p_{max}}\times\Delta p_{实} \qquad (6-6)$$

式中　$M_{实}$——实际工作压差下的近似工作扭矩，N·m；

$M_{max}$——额定最大工作扭矩，N·m；

$\Delta p_{实}$——实际工作压差，MPa；

$\Delta p_{max}$——额定最大马达工作压差，MPa。

6. 确定合理钻压

合理钻压确定的步骤如下：

（1）确定实际工作流量。

（2）计算钻头压降。

（3）确定最佳钻压。

（4）确定允许的最大钻压。

（5）确定合理钻压。

7. 常用螺杆钻具两端螺纹上扣扭矩

常用螺杆钻具两端螺纹上扣扭矩可参考表 6-18。

**表 6-18　常用螺杆钻具两端螺纹上扣扭矩参考表**

| 钻具规格/mm | 上端螺纹 | 上扣扭矩/kN·m | 下端螺纹 | 上扣扭矩/kN·m |
|---|---|---|---|---|
| Φ89 | 2⅜in REG | 3.4~4.8 | 2⅜in REG | 4.1~4.7 |
| Φ95 | 2⅞in REG | 6.1~7.5 | 2⅞in REG | 6.1~7.5 |
| Φ120 | 3½in REG | 14.3~17.2 | 3½in REG | 9.5~12.2 |
| Φ165 | 4½in REG | 31.6~33.6 | 4½in REG | 16.3~21.7 |

续表

| 钻具规格/mm | 上端螺纹 | 上扣扭矩/kN · m | 下端螺纹 | 上扣扭矩/kN · m |
|---|---|---|---|---|
| Φ172 | 4½in REG | 32. 4~35. 6 | 4½in REG | 16. 3~21. 7 |
| Φ197 | 5½in REG | 54. 4~68. 0 | 6⅝in REG | 38. 0~43. 4 |
| Φ203 | 5½in REG | 54. 4~68. 0 | 6⅝in REG | 38. 0~43. 4 |
| Φ216 | 6⅝in REG | 68. 0~79. 6 | 6⅝in REG | 38. 0~43. 4 |
| Φ244 | 6⅝in REG | 74. 8~88. 4 | 7⅝in REG | 46. 1~54. 2 |
| Φ286 | 6⅝in REG | 74. 8~88. 4 | 7⅝in REG | 46. 1~54. 2 |

**(八) 螺杆钻具使用操作**

1. 井眼与钻具准备

(1) 井眼畅通，确保螺杆钻具顺利下到井底。

(2) 处理好钻井液，含砂量不得大于1%，并清除纤维质杂物。

(3) 测量起下钻摩阻力和循环压降。

(4) 用钻井通径规对所用钻具进行通径，防止钻具水眼中的杂物堵塞定向接头、螺杆钻具、钻头水眼。

2. 入井检查

(1) 将螺杆钻具平稳吊上钻台，用卡瓦将其坐入转盘内，装上安全卡瓦。

(2) 用木棒下压旁通阀活塞至下死点，然后松开，检查是否灵活。

(3) 接方钻杆，卸安全卡瓦，提出卡瓦，将螺杆钻具旁通阀下到转盘面以下，但能看见旁通阀的位置。

(4) 开泵。先小流量开通，然后逐渐增大到正常流量，检查旁通阀是否关闭，若已关闭，旁通阀孔不会流出钻井液。观察从轴承壳体间隙处流出的泥浆量大小，过大或过小都不正常；

心轴转动是否灵活；记录立管压力，该压力为马达工作压力。

（5）上提钻具检查旁通阀关闭情况，一切正常后，下放钻具让旁通阀再次下入转盘以下，停泵，放回水，待立管压力回零之后起出螺杆钻具。

（6）将螺杆钻具心轴接头坐在转盘面上，在轴上作一记录，然后提离转盘，在轴上作另一记录，两记录间的长度即为螺杆钻具轴向间隙。测量方法如图6-28所示，轴向间隙见表6-19，超过或接近最大允许间隙的螺杆钻具不得入井使用。

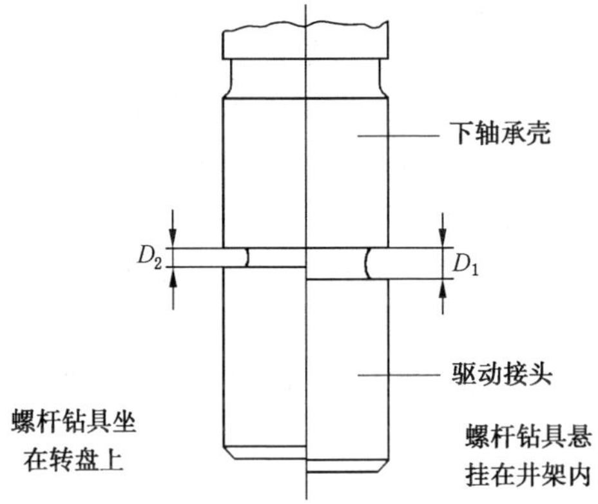


图6-28　螺杆钻具轴向间隙测量方法

**表6-19　各种螺杆钻具轴向间隙**

| 钻具型号 | 最大允许差($D_1$-$D_2$)/mm |
|---|---|
| 5LZ43/45 | 2 |
| 5LZ60/73 | 3 |
| 5LZ86/89 | 3 |
| 5(9)LZ95/5(9)LZ102 | 4 |
| 5LZ120/127 | 5 |
| 5LZ165/5(9)LZ172 | 6 |
| 5(9)LZ197 | 7 |
| 5(9)LZ241/244 | 8 |
| 5LZ286 | 10 |

(7) 下钻过程中，要控制下放速度，一般以 10m/min 为宜，中途可以适当短时开泵顶通水眼。

3. 钻进操作

(1) 开泵，下钻具至井底，然后提离井底 1~2m，记录循环立管压力。

(2) 保持设计流量，逐渐加压钻进。

(3) 允许最大泵压为悬空循环泵压加上马达压降。

(4) 在流量一定的条件下，通过立管压力变化情况判断马达和钻头的工作状态。

(5) 钻进时，必须保持压差处于推荐值之内。

(6) 在推荐压差之内，扭矩增加，转速基本保持不变。如有下降，主要是流体压力上升压迫定子橡胶，使定子与转子的间隙增大所造成的。

(7) 当发生钻压过大而蹩停时，立即上提钻具，然后减压钻进。

(8) 严禁压死钻具循环，以防缩短工具寿命。

4. 起钻

起钻时，旁通阀处于开位，允许钻柱中的钻井液泄入环空。但钻具本身不能快速地排出钻井液，通常在起钻前在钻柱上部注入一段加重钻井液，使钻杆内的钻井液顺利排出。

5. 现场维护保养

(1) 卸下旁通阀以上构件，用清水冲洗旁通阀，调整阀芯以保证移动无阻，清洗完毕后拧上提升短节。

(2) 将钻头坐入钻头盒中，卸去钻头，空出钻具中剩余钻井液。

(3) 从传动轴驱动接头孔中冲洗钻具，将传动轴上部水帽及轴承清洗干净，平放钻具并维护保养后待用。

6. 注意事项

(1) 在试旁通阀开泵、停泵前，都必须将旁通阀放到转盘面以下，防止从旁通阀孔处向钻台上刺喷钻井液。

(2) 不得长时间悬空循环，不得压死循环。

(3) 钻头遇阻时，不得转动钻柱，以防止螺杆水帽倒扣和心轴落井。

(4) 在定向井、水平井钻进中，不得以反转方式调整工具面，以防止螺杆壳体倒扣。

(5) 钻压变化时泵压变化很小，表明螺杆钻具本体有倒扣可能，应起钻检查。

(6) 钻进中泵压下降，在排除地面因素之外，可能是因为钻具刺漏、旁通阀孔刺坏或螺杆壳体倒扣，应立即起钻检查。

**(九) 故障分析与排除**

螺杆钻具使用中的故障分析与排除方法见表 6-20。

**表 6-20 螺杆钻具使用中的故障分析与排除方法**

| 异常现象 | 可能原因 | 排除方法 |
| --- | --- | --- |
| 压力表指数突然升高 | 马达失速 | 把钻具提高 0.3~0.6m，核对循环压力，逐步加钻压，压力表读数随之逐步升高，若以上均正常，可确认为马达失速问题 |
| | 马达、传动轴卡死或钻头水眼被堵 | 将钻头提离井底，若压力表读数仍很高，则只能提出钻具进行检查或更换 |
| 压力表指数慢慢升高，但不随钻井深度增加而增大的正常压降 | 钻头水眼被堵 | 将钻头提离井底，再检查压力，若压力仍高于正常循环压力，可试着改变循环流量或上下活动钻具，如无效，则只能取出修理、更换 |
| | 钻头磨损 | 可以继续边钻进、边观察，如仍无进尺，则只能取出更换 |
| | 地层变化 | 将钻具稍稍提起，如果压力与循环压力相同，则可继续工作 |
| 压力表指数缓慢降低 | 钻杆损坏 | 稍提钻具，若压力表指数低于循环压力，则应进行起钻检查 |
| | 循环压力损失变化 | 检查钻井液流量 |

续表

| 异常现象 | 可能原因 | 排除方法 |
| --- | --- | --- |
| 无进尺 | 地层变化 | 在允许范围内，适当改变钻压和流量 |
| | 旁通阀处于“开位” | 压力表读数偏低，稍提起钻具，启、停泥浆泵两次仍无效，则须提出井眼，检查更换旁通阀 |
| | 马达失速 | 压力表读数升高，钻具提离井底，检查循环压力，从小钻压开始，逐步增大钻压 |
| | 万向轴损坏 | 常伴有压力波动，稍提起钻具，若压力波动范围小，则提出钻具，进行检查更换 |
| | 钻头磨损 | 取出钻头，进行更换 |

## 二、国外螺杆钻具

国外螺杆钻具型号有很多，这里重点介绍纳维螺杆钻具技术规格、工作特性，并对其他螺杆钻具作一般介绍。

### （一）诺尔顿·克里斯坦森公司纳维螺杆钻具

常用的有 Mach1 型纳维螺杆钻具、Mach2 型纳维螺杆钻具和 Mach3 型纳维螺杆钻具。Mach1 型纳维螺杆钻具马达为 5/6 型，具有长度短、转速低和扭矩大的特点，适用于牙轮钻头(70~250r/min)定向钻井和取心钻井。

Mach2 型纳维螺杆钻具马达为 1/2 型，为中速、大扭矩型马达，主要用于钻直井，可与刀翼式稳定器配合使用。

Mach3 型纳维螺杆钻具和 Mach2 型纳维螺杆钻具一样，马达均为 1/2 型，但比 Mach3 型纳维螺杆钻具短得多，反扭矩也小，适合于定向井的造斜钻进。

各型纳维螺杆钻具技术规格及特性见表 6-21~表 6-23，最大工作钻压见表 6-24，反扭矩值见表 6-25~表 6-27，故障排除见表 6-28。

**表 6-21　Mach1 型纳维螺杆钻具技术规格及特性**

| 外径 mm | 外径 in | 推荐井眼直径/mm(in) | 流量(最小—最大)/(L/s)(gal/min) | 钻头转速/(r/min) | 最大压差/MPa(lbf/in²) | 最大扭矩/N·m(ft·lb) | 功率/kW(hp) | 最大效率/% | 接头螺纹* 旁通阀 上端母螺纹 | 接头螺纹* 钻头接头 下端母螺纹 | 长度/m(ft) | 质量/kg(lb) |
|---|---|---|---|---|---|---|---|---|---|---|---|---|
| 95.25 | 3¾ | 107.95~149.23 (4¼~5⅞) | 4.73~9.15 (75~145) | 125~250 | 4.50 (640) | 1003.14 (740) | 13~26 (17~35) | 65 | 2⅞in REG | 2⅞in REG | 5.91 (16.1) | 200 (440) |
| 120.65 | 4¾ | 152.40~200.03 (6~7⅞) | 5.05~11.67 (80~185) | 90~215 | 4.50 (580) | 1409.82 (1040) | 13~32 (17~43) | 68 | 3½in REG | 3½in REG | 5.78 (117.4) | 322 (710) |
| 171.45 | 6¾ | 212.73~250.83 (8⅜~9⅞) | 11.67~23.35 (185~370) | 90~180 | 4.50 (580) | 3443.22 (2540) | 33~65 (44~87) | 70 | 4½in REG | 4½in REG | 6.10 (20.0) | 780 (1720) |
| 203.20 | 8 | 241.00~311.15 (9½~12¼) | 19.88~38.49 (315~610) | 75~150 | 3.27 (465) | 5463.07 (4030) | 43~86 (58~105) | 70 | 6⅝in REG | 6⅝in REG | 7.01 (23.0) | 1102 (2430) |
| 241.30 | 9½ | 311.15~444.50 (12¼~17½) | 25.92~40.07 (395~635) | 90~145 | 4.50 (640) | 8350.50 (6160) | 79~127 (100~170) | 72 | 7⅝in REG | 7⅝in REG | 7.50 (24.6) | 1851 (4080) |
| 285.75 | 11¼ | 444.50~660.40 (17½~26) | 33.13~66.57 (525~1055) | 70~140 | 3.66 (520) | 11997.06 (8850) | 88~176 (118~236) | 73 | 7⅝in REG | 7⅝in REG | 8.11 (26.6) | 2753 (6070) |

注：＊仅美国用 5 ½in 正规螺纹。

### 表 6-22 Mach2 型纳维螺杆钻具技术规格及特性

| 外径 mm | 外径 in | 推荐井眼直径/mm(in) | 流量(最小—最大)/(L/s)(gal/min) | 钻头转速/(r/min) | 最大压差/MPa($lbf/in^2$) | 最大扭矩/N·m(lb·ft) | 功率/kW(hp) | 最大效率/% | 接头螺纹* 旁通阀 上端母螺纹 | 接头螺纹* 钻头接头 下端母螺纹 | 长度/m(ft) | 质量/kg(lb) |
|---|---|---|---|---|---|---|---|---|---|---|---|---|
| 44.45 | 1¾ | 47.63~69.85 (1⅞~2¾) | 1.26~2.84 (20~45) | 720~1750 | 3.27 (465) | 27.11 (20) | 26.10~64.13 (35~86) | 71 | AWROd | AWROd | 2.71 89 | 22.23 49 |
| 60.33 | 2⅜ | 73.03~88.90 (2⅞~3½) | 1.26~4.61 (20~73) | 550~1370 | 4.89 (695) | 11523 (85) | 66.37~16.00 (89~21) | 75 | BWROd | BWROd | 3.99 131 | 81.65 180 |
| 95.25 | 3¾ | 107.95~149.23 (4¼~5⅞) | 4.73~11.67 (75~185) | 280~700 | 4.08 (580) | 521.91 (385) | 14.91~40.27 (20~54) | 82 | 2⅞in REG | 2⅞in REG | 5.91 (194) | 208.66 (460) |
| 120.65 | 4¾ | 152.40~200.03 (6~7⅞) | 6.31~15.14 (100~240) | 245~600 | 4.08 (580) | 793.03 (585) | 20.13~49.96 (27~67) | 83 | 3½in REG | 3½in REG | 6.09 (200) | 381.02 (840) |

续表

| 外径 | | 推荐井眼直径/mm(in) | 流量(最小—最大)/(L/s)(gal/min) | 钻头转速/(r/min) | 最大压差/MPa(lbf/in²) | 最大扭矩/N·m(lb·ft) | 功率/kW(hp) | 最大效率/% | 接头螺纹* | | 长度/m(ft) | 质量/kg(lb) |
|---|---|---|---|---|---|---|---|---|---|---|---|---|
| mm | in | | | | | | | | 旁通阀<br>上端母螺纹 | 钻头接头<br>下端母螺纹 | | |
| 171.45 | 6¾ | 212.73~250.83<br>(8⅜~9⅞) | 12.62~29.97<br>(200~475) | 205~485 | 4.08<br>(580) | 2033.40<br>(1500) | 32.81~102.91<br>(59~138) | 86 | 4½in REG | 4½in REG | 8.11<br>(266) | 979.78<br>(2160) |
| 203.20 | 8 | 241.00~311.15<br>(9½~12¼) | 15.40~40.07<br>(245~635) | 145~380 | 3.27<br>(465) | 2833.20<br>(2090) | 43.25~113.35<br>(58~152) | 88 | 6⅝in REG | 6⅝in REG | 8.20<br>(269) | 1270.10<br>(2800) |
| 241.30 | 9½ | 311.15~444.50<br>(12¼~17½) | 24.92~46.69<br>(395~740) | 195~365 | 4.89<br>(695) | 5273.28<br>(3890) | 108.13~202.08<br>(145~271) | 90 | 7⅝in REG | 7⅝in REG | 10.00<br>(328) | 2358.72<br>(5200) |
| 285.75 | 11¼ | 444.50~660.40<br>(17½~26) | 33.08~66.47<br>(525~1055) | 120~250 | 3.2<br>(465) | 7293<br>(5380) | 90.98~190.90<br>(122~256) | 90 | 7⅝in REG | 7⅝in REG | 9.82<br>(322) | 3311.28<br>(7300) |

注：*仅美国用5 ½in 正规螺纹。

表 6-23 Mach3 型纳维螺杆钻具技术规格及特性

| 外径 | | 推荐井眼直径/mm(in) | 流量(最小—最大)/(L/s)(gal/min) | 钻头转速/(r/min) | 最大压差/MPa(lbf/in$^2$) | 最大扭矩/N·m(ft·lb) | 功率/kW(hp) | 最大效率/% | 接头螺纹* | | 长度/m(ft) | 质量/kg(lb) |
|---|---|---|---|---|---|---|---|---|---|---|---|---|
| mm | in | | | | | | | | 旁通阀 上端母螺纹 | 钻头接头 下端母螺纹 | | |
| 95.25 | 3¾ | 107.95~149.23 (4¼~5⅞) | 3.78~9.15 (60~145) | 340~855 | 4.08 (580) | 330.12 (245) | 11.93~29.83 (16~40) | 81 | 2⅞in REG | 2⅞in REG | 5.1 (16.7) | 180 (400) |
| 120.65 | 4¾ | 152.40~200.03 (6~7⅞) | 5.05~11.67 (80~185) | 270~680 | 4.08 (580) | 562.57 (415) | 15.66~40.27 (21~54) | 85 | 3½in REG | 3½in REG | 5.30 (17.4) | 310 (680) |
| 158.75 | 6¼ | 200.03~250.83 (7⅞~9⅞) | 10.73~21.77 (170~345) | 200~510 | 4.08 (580) | 1375.93 (1015) | 29.08~73.08 (39~98) | 85 | 4½in REG | 4½in REG | 7.19 (23.6) | 800 (1770) |
| 171.45 | 6¾ | 212.73~250.83 (8⅜~9⅞) | 10.10~24.92 (160~395) | 205~480 | 3.27 (465) | 1348.82 (995) | 20.13~67.86 (27~91) | 85 | 4½in REG | 4½in REG | 6.61 (21.7) | 800 (1770) |

续表

| 外径 | | 推荐井眼直径/mm(in) | 流量(最小—最大)/(L/s)(gal/min) | 钻头转速/(r/min) | 最大压差/MPa(lbf/in²) | 最大扭矩/N·m(ft·lb) | 功率/kW(hp) | 最大效率/% | 接头螺纹* | | 长度/m(ft) | 质量/kg(lb) |
|---|---|---|---|---|---|---|---|---|---|---|---|---|
| mm | in | | | | | | | | 旁通阀 | 钻头接头 | | |
| | | | | | | | | | 上端母螺纹 | 下端母螺纹 | | |
| 203.20 | 8 | 241.00~311.15 (9½~12¼) | 12.62~29.97 (200~475) | 160~400 | 3.27 (465) | 1999.51 (1475) | 34.30~84.26 (46~113) | 87 | 6⅝in REG | 6⅝in REG | 7.19 (23.6) | 1100 (2430) |
| 241.00 | 9½ | 311.15~444.50 (12¼~17½) | 15.14~38.49 (240~610) | 130~340 | 3.27 (465) | 3090.77 (2280) | 41.76~110.36 (56~148) | 90 | 7⅝in REG | 7⅞in REG | 7.50 (24.6) | 1800 (3920) |
| 241.00 | 9½ | 311.15~444.50 (12¼~17½) | 19.25~56.79 (305~900) | 140~325 | 2.04 (290) | 2995.88 (2210) | 44.00~102.16 (59~137) | 90 | 7⅝in REG | 7⅞in REG | 7.50 (24.6) | 1800 (3970) |
| 285.75 | 11¼ | 444.50~660.40 (17½~26) | 12.62~43.22 (200~685) | 115~290 | 3.27 (465) | 2711.20 (2000) | 49.22~123.04 (66~165) | 89 | 7⅝in REG | 7⅝in REG | 8.11 (26.6) | 2700 (5960) |

注：*仅美国用5 ½in 正规螺纹。

## 表 6-24　纳维螺杆钻具最大工作钻压

| 纳维螺杆钻具尺寸 | | 轴承负荷 | | 钻压 | |
|---|---|---|---|---|---|
| | | 最大 | | 最大 | |
| in | mm | lbf | kN | lbf | kN |
| 3¾ | 95 | 9600 | 4355 | 10800 | 48.99 |
| 4¾ | 121 | 11000 | 49.90 | 18000 | 81.65 |
| 6¼ | 159 | 21500 | 97.52 | 38000 | 172.37 |
| 6¾ | 171 | 21500 | 97.52 | 38000 | 172.37 |
| 8 | 203 | 36300 | 164.66 | 58000 | 263.09 |
| 9½ | 241 | 45000 | 204.12 | 80000 | 362.88 |
| 11¼ | 286 | 51700 | 234.51 | 85000 | 385.56 |

## 表 6-25　Mach1 型纳维螺杆钻具反扭矩值

| 压差 | | 各种尺寸纳维钻具反扭矩值 | | | | | | | | | | | |
|---|---|---|---|---|---|---|---|---|---|---|---|---|---|
| | | 95.25mm | | 120.65mm | | 171.45mm | | 203.20mm | | 241.00mm | | 285.75mm | |
| | | 3¾in | | 4¾in | | 6¾in | | 8in | | 9½in | | 11¼in | |
| MPa | $lbf/in^2$ | N·m | lb·ft | N·m | lb·ft | N·m | lb·ft | N·m | lb·ft | N·m | lb·ft | N·m | lb·ft |
| 0.5 | 73 | 114 | 84 | 175 | 129 | 431 | 318 | 852 | 628 | 949 | 700 | 1667 | 1230 |
| 1.0 | 145 | 227 | 167 | 350 | 258 | 863 | 637 | 1703 | 1256 | 1898 | 1400 | 3333 | 2458 |
| 1.5 | 218 | 341 | 252 | 525 | 387 | 1294 | 955 | 2555 | 1885 | 2847 | 2100 | 5000 | 3688 |
| 2.0 | 290 | 455 | 336 | 700 | 516 | 1725 | 1272 | 3406 | 2512 | 3795 | 2800 | 6667 | 4917 |
| 2.5 | 363 | 568 | 419 | 875 | 645 | 2156 | 1590 | 4258 | 3141 | 4744 | 3500 | 3333 | 6446 |
| 3.0 | 435 | 682 | 503 | 1050 | 774 | 2588 | 1909 | 5109 | 3768 | 5693 | 4199 | 10000 | 7376 |
| 3.2 | 464 | — | — | — | — | — | — | — | 4020 | — | — | — | — |
| 3.5 | 508 | 796 | 587 | 1225 | 904 | 3019 | 2227 | — | — | 6642 | 4899 | 11667 | 8605 |
| 3.6 | 522 | — | — | — | — | — | — | — | — | — | — | 12000 | 8851 |
| 4.0 | 580 | 909 | 670 | 1400 | 1033 | 3450 | 2545 | — | — | 7591 | 5599 | — | — |
| 4.4 | 638 | 1000 | 738 | — | — | — | — | — | — | 8350 | 6159 | — | — |

## 表 6-26 Mach2 型纳维螺杆钻具反扭矩值

| 压差 | | 各种尺寸纳维钻具的反扭矩值 | | | | | | | | | | | | | | | |
|---|---|---|---|---|---|---|---|---|---|---|---|---|---|---|---|---|---|
| | | 31.7mm | | 60.33mm | | 85.73mm | | 111.13mm | | 161.93mm | | 203.20mm | | 241.00mm | | 285.75mm | |
| | | 1¾in | | 2⅜in | | 3¾in | | 4¾in | | 6¾in | | 8in | | 9½in | | 11¼in | |
| MPa | $lb/in^2$ | N·m | lb·ft | N·m | lb·ft | N·m | lb·ft | N·m | lb·ft | N·m | lb·ft | N·m | lb·ft | N·m | lb·ft | N·m | lb·ft |
| 0.5 | 73 | 55 | 41 | 12.0 | 8.9 | 65 | 48 | 99 | 73 | 254 | 187 | 442 | 326 | 550 | 406 | 1141 | 842 |
| 1.0 | 145 | 109 | 80 | 24.0 | 17.7 | 130 | 96 | 197 | 145 | 508 | 375 | 884 | 652 | 1100 | 811 | 2281 | 1682 |
| 1.5 | 218 | 164 | 121 | 35.9 | 26.5 | 195 | 144 | 296 | 218 | 761 | 561 | 1327 | 978 | 1650 | 1217 | 3422 | 2524 |
| 2.0 | 290 | 219 | 201 | 47.9 | 35.3 | 260 | 192 | 394 | 291 | 1051 | 749 | 1769 | 1305 | 2200 | 1623 | 4563 | 3366 |
| 2.5 | 363 | 273 | 242 | 59.9 | 44.2 | 325 | 240 | 493 | 364 | 1269 | 936 | 2211 | 1631 | 2750 | 2028 | 5703 | 4206 |
| 3.0 | 435 | 328 | 258 | 71.9 | 53.0 | 390 | 288 | 592 | 437 | 1523 | 1123 | 2653 | 1957 | 3300 | 2434 | 6844 | 5048 |
| 3.2 | 464 | — | — | — | — | — | — | — | — | — | — | 2830 | 2087 | — | — | 7300 | 5384 |
| 3.5 | 508 | — | — | 83.9 | 61.9 | 455 | 336 | 680 | 502 | 1776 | 1310 | — | — | 3850 | 2840 | — | — |
| 4.0 | 580 | — | — | 95.8 | 70.7 | 520 | 384 | 790 | 583 | 2030 | 1497 | — | — | 4400 | 3245 | — | — |
| 4.6 | 653 | — | — | 103.0 | 79.7 | — | — | — | — | — | — | — | — | 4950 | 3651 | — | — |
| 4.9 | 696 | — | — | 115.0 | 84.8 | — | — | — | — | — | — | — | — | 5280 | 3894 | — | — |

表 6-27　Mach3 型纳维螺杆钻具反扭矩值

| 压差 | | 各种尺寸纳维螺杆钻具反扭矩值 | | | | | | | | | | | | | | | |
|---|---|---|---|---|---|---|---|---|---|---|---|---|---|---|---|---|---|
| | | 85.73mm | | 111.13mm | | 152.40mm | | 161.93mm | | 203.20mm | | 241.00mm | | 241.00mm | | 285.75mm | |
| | | 3¾in | | 4¾in | | 6¼in | | 6¾in | | 8in | | 9½in | | 9½in | | 11¼in | |
| MPa | $lbf/in^2$ | N·m | ft·lb | N·m | ft·lb | N·m | ft·lb | N·m | ft·lb | N·m | ft·lb | N·m | lb·ft | N·m | lb·ft | N·m | lb·ft |
| 0.5 | 73 | 41 | 30 | 70 | 52 | 172 | 127 | 211 | 156 | 313 | 231 | 483 | 356 | 750 | 533 | 633 | 467 |
| 1.0 | 145 | 83 | 6[illegible] | 140 | 103 | 344 | 254 | 422 | 311 | 625 | 461 | 956 | 712 | 1500 | 1106 | 1266 | 934 |
| 1.5 | 218 | 124 | 92 | 210 | 155 | 516 | 381 | 633 | 467 | 938 | 692 | 1448 | 1068 | 3250 | 1660 | 1898 | 1400 |
| 2.0 | 290 | 165 | 122 | 280 | 207 | 688 | 507 | 844 | 623 | 1250 | 922 | 1931 | 1424 | 3000 | 2213 | 2531 | 1867 |
| 2.5 | 363 | 206 | 152 | 350 | 258 | 859 | 634 | 1055 | 778 | 1563 | 1153 | 2414 | 1780 | — | — | 3164 | 2334 |
| 3.0 | 435 | 248 | 183 | 420 | 310 | 1031 | 760 | 1266 | 934 | 1875 | 1383 | 2897 | 2137 | — | — | 3797 | 2801 |
| 3.2 | 464 | — | — | — | — | — | — | 1350 | 996 | 2000 | 1475 | 3090 | 2279 | — | — | 4050 | 2987 |
| 3.5 | 508 | 289 | 213 | 490 | 361 | 1203 | 887 | — | — | — | — | — | — | — | — | — | — |
| 4.0 | 580 | 330 | 243 | 560 | 413 | 1375 | 1041 | — | — | — | — | — | — | — | — | — | — |

表 6-28 纳维螺杆钻具故障排除

| 故障 | 可能原因 | 排除方法 |
|---|---|---|
| 压力突然升高 | 纳维螺杆钻具不转 | 提离井底，然后重新以轻压钻进 |
| | 钻具被外来物堵塞 | 起钻，更换纳维螺杆钻具 |
| 压力逐步升高 | 钻头被堵塞 | 提离井底，检查压力，如果压差高于起始压差，可使用改变排量和上提下放的办法清洗钻头，如无效，则提钻 |
| | 钻头磨损 | 钻进时须小心，如果机械钻速下降，则起钻换钻头 |
| | 地层改变 | 提离井底，检查压力，如果压差和起始压力相同，继续钻进 |
| 压力逐步下降 | 泥浆漏失 | 检查泥浆量 |
| | 钻柱有刺漏 | 起钻检查钻柱 |
| 无机械进尺 | 地层改变 | 改变钻压，改变排量 |
| | 纳维螺杆钻具不转 | 提起少许，检查后以低钻压钻进 |
| | 钻头磨损 | 起钻，换钻头 |

纳维螺杆钻具的操作：

1. 地面检查

钻井前，应在钻台上对纳维螺杆钻具进行下列检查和试验：

(1) 用提升接头将纳维螺杆钻具提起并坐入转盘卡瓦内，装上安全卡瓦。

(2) 用木棒压下旁通阀的活塞至下死点，然后松开活塞，检查弹簧复位力。

(3) 纳维螺杆钻具接上方钻杆，卸去安全卡瓦，提出卡瓦，下放纳维螺杆钻具，待旁通阀下过转盘但仍能看到为止，用吊钳上紧方钻杆和钻具的接头。

(4) 开泵。流量为最大推荐量的 10% 时，钻井液会从旁通阀的出口流出，然后提高流量直至旁通阀关闭、马达启动为止，记下该流量。上提纳维螺杆钻具至仍能看到转动的驱动接头为止，在此过程中可能有部分钻井液经轴承流出。停泵前，应再次下放钻具使旁通阀位于转盘以下，检查停泵时是否有钻井液经旁通阀出口流出。

(5) 清洗纳维螺杆钻具。如有可能，清洗液应通过驱动接头，然后用链钳顺时针转动驱动接头以松弛转子。

地面检查结束后，用吊钳卡住驱动接头，用钻头盒把钻头和纳维螺杆钻具接上。

使用弯接头时，定向装置带的转盘套和定位键必须和工具面对正。如果要用单流阀，应放在纳维螺杆钻具上面。如果在驱动接头和钻头之间还要加接接头，其长度应有限制，以免产生过多的方位变化。

2. 钻进

一般来说，带有纳维螺杆钻具的钻柱下井就像标准的井下钻具组合一样，如果装有弯曲工具下井，当下至井口、套管鞋、尾管挂等处时均应特别小心。

(1) 把钻头提离井底 0.3~0.6m。

(2) 开泵并逐渐增加冲数，以达到所需流量。

(3) 记下总泵压和排量。

(4) 短时间冲洗井底后，把钻头放至井底，缓慢加钻压。钻 0.5~1m 后，逐步加大钻压，随着钻压的加大，泵压也会升高，同时造成的压差一定不得超过给定的数值。为使纳维螺杆钻具能获得长久的寿命和优异的性能，钻压不应超过所给定的数值。

当用纳维螺杆钻具钻井时，可通过循环系统的立管压力表和指重表进行检查。钻压变化、地层改变和钻头磨损都会改变钻头扭矩，这一点可由立管压差的增加或减少看出来。如果纳维螺杆钻具降速，压差会突然超过平均水平，如此，则把钻具提离井底，待压力下降后，再小心地将纳维螺杆钻具和钻头下放至井底，继续钻进。

为了在钻进时保持恒定转速和扭矩，须使排量和泵压处于稳定状态，因为转子转速直接取决于排量，只要排量稳定，钻头的转速就可维持恒定。

所需钻头转速的排量计算如下：

Mach2 型纳维螺杆钻具的计算实例：

第一种情况(纳维螺杆钻具尺寸为 9½in)：

流量：24.92~46.69L/min；

钻头转速：195~365r/min；

所需钻头转速：240r/min；

流量=(46.69/365)×240=30.70L/min。

第二种情况(纳维螺杆钻具尺寸为 8in)：

流量：15.50~40.07L/min；

钻头转速：145~380r/min；

所需钻头转速：250r/min；

流量=(40.07/380)×250=26.36L/min。

扭矩的变化(常由较高钻压造成)，只稍许改变转速。要进一步了解，请参阅纳维螺杆钻具性能图表实例。

当使用纳维螺杆钻具进行快速钻井或取心时，多数情况下钻杆须缓慢转动，以防扶正器悬挂在井壁上及压差卡钻。

3. 起钻并检查纳维螺杆钻具

起出带有纳维螺杆钻具的钻柱没有特别需要注意的步骤。起钻时，钻柱内的泥浆会自动从旁通阀中流出。卸扣时可用转盘，而纳维螺杆钻具内部接头仍会保持上紧状态。

每下完一次井，必须检查轴承间隙。

如果纳维螺杆钻具被提出地面，应按所述方法并采用相同排量做地面检查。

把该钻具放倒前，应用清水洗净。

4. 纳维螺杆钻具磨损评价

纳维螺杆钻具磨损评价如图 6-29 所示，其轴向间隙见表 6-29。

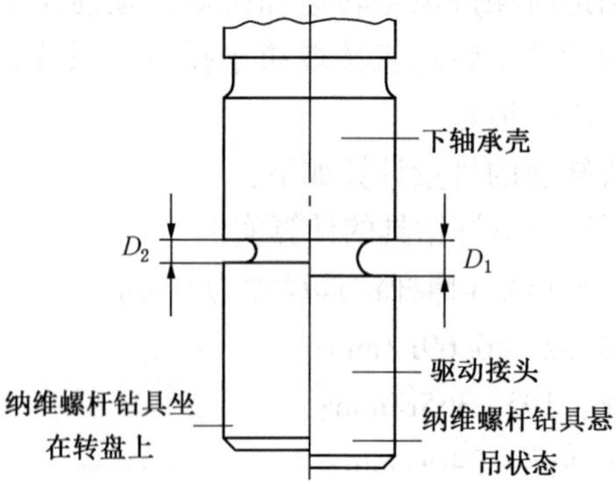


图 6-29　纳维螺杆钻具磨损评价

**表 6-29　纳维螺杆钻具轴向间隙**

| 外径 | 最大允许差($D_1-D_2$) | |
|---|---|---|
| in | mm | in |
| 1¾ | 1.3 | 0.051 |
| 2¾ | 1.7 | 0.067 |
| 2¾ | 2.5 | 0.098 |
| 3¾ | 4.0 | 0.157 |
| 4¾ | 4.0 | 0.157 |
| 6¼ | 6.0 | 0.236 |
| 6¾ | 6.0 | 0.236 |
| 8 | 8.0 | 0.315 |
| 9½ | 8.0 | 0.315 |
| 11¼ | 8.0 | 0.315 |

## (二) 国民油井(National Oilwell Varco)螺杆钻具

国民油井螺杆钻具技术规格及特性见表 6-30。

表 6-30　国民油井螺杆钻具技术规格及特性

| 外径 | | 头数 | 马达级数 | 长度 | 质量 | 接头螺纹 | | 流量（最小—最大） | 转速 | 马达压降 | 额定扭矩 | 最大扭矩 | 推荐井眼直径 |
|---|---|---|---|---|---|---|---|---|---|---|---|---|---|
| mm | in | | | m | kg | 上端母螺纹 | 下端母螺纹 | L/min | r/min | MPa | N · m | N · m | in |
| 43 | $1\frac{11}{16}$ | 5/6 | 5.0 | 3.43 | 27 | $1\frac{1}{4}$in REG | $1\frac{1}{4}$in REG | 95~170 | 323~582 | 1.4 | 165 | 248 | |
| 54 | $2\frac{1}{8}$ | 5/6 | 6.0 | 3.43 | 41 | $1\frac{1}{4}$in REG | $1\frac{1}{4}$in REG | 76~189 | 206~515 | 1.4 | 249 | 374 | |
| 73 | $2\frac{7}{8}$ | 5/6 | 3.5 | 3.92 | 91 | $2\frac{3}{8}$in REG | $2\frac{3}{8}$in REG | 227~454 | 186~372 | 2.05 | 427 | 641 | |
| 73 | $2\frac{7}{8}$ | 5/6 | 4.7 | 4.09 | 95 | $2\frac{3}{8}$in REG | $2\frac{3}{8}$in REG | 189~473 | 188~470 | 1.7 | 585 | 877 | |
| 73 | $2\frac{7}{8}$ | 5/6 | 7.0 | 4.38 | 100 | $2\frac{3}{8}$in REG | $2\frac{3}{8}$in REG | 76~303 | 106~422 | 1.4 | 700 | 1049 | |
| 79 | $3\frac{1}{8}$ | 7/8 | 3.0 | 4.43 | 122 | $2\frac{3}{8}$in REG | $2\frac{3}{8}$in REG | 303~530 | 144~252 | 3.1 | 894 | 1342 | |
| 86 | $3\frac{3}{8}$ | 4/5 | 5.0 | 4.52 | 145 | $2\frac{3}{8}$in REG<br>$2\frac{7}{8}$in REG | $2\frac{3}{8}$in REG | 227~454 | 204~408 | 2.75 | 773 | 1159 | $4\frac{1}{4}$~$4\frac{3}{4}$ |
| 86 | $3\frac{3}{8}$ | 7/8 | 3.0 | 4.52 | 145 | $2\frac{3}{8}$in REG<br>$2\frac{7}{8}$in REG | $2\frac{3}{8}$in REG | 227~454 | 94~188 | 2.4 | 1060 | 1590 | $4\frac{1}{4}$~$4\frac{3}{4}$ |
| 95 | $3\frac{3}{4}$ | 4/5 | 3.5 | 5.71 | 222 | $2\frac{3}{8}$in REG<br>$2\frac{7}{8}$in REG | $2\frac{3}{8}$in REG | 303~606 | 125~250 | 1.7 | 1244 | 1867 | $4\frac{3}{4}$~$5\frac{7}{8}$ |

续表

| 外径 | | 头数 | 马达级数 | 长度 | 质量 | 接头螺纹 | | 流量（最小—最大） | 转速 | 马达压降 | 额定扭矩 | 最大扭矩 | 推荐井眼直径 |
|---|---|---|---|---|---|---|---|---|---|---|---|---|---|
| mm | in | | | m | kg | 上端母螺纹 | 下端母螺纹 | L/min | r/min | MPa | N·m | N·m | in |
| 95 | $3\frac{3}{4}$ | 5/6 | 5.0 | 6.70 | 263 | $2\frac{3}{8}$in REG<br>$2\frac{7}{8}$in REG | $2\frac{3}{8}$in REG | 379~606 | 151~242 | 1.7 | 1430 | 2145 | $4\frac{3}{4}$~$5\frac{7}{8}$ |
| 95 | $3\frac{3}{4}$ | 6/7 | 3.0 | 6.19 | 240 | $2\frac{3}{8}$in REG<br>$2\frac{7}{8}$in REG | $2\frac{3}{8}$in REG | 303~757 | 64~160 | 2.4 | 1781 | 2672 | $4\frac{3}{4}$~$5\frac{7}{8}$ |
| 95 | $3\frac{3}{4}$ | 7/8 | 2.0 | 6.19 | 240 | $2\frac{3}{8}$in REG<br>$2\frac{7}{8}$in REG | $2\frac{3}{8}$in REG | 379~606 | 56~89 | 2.4 | 1778 | 2667 | $4\frac{3}{4}$~$5\frac{7}{8}$ |
| 95 | $3\frac{3}{4}$ | 7/8 | 2.3 | 5.71 | 222 | $2\frac{3}{8}$in REG<br>$2\frac{7}{8}$in REG | $2\frac{3}{8}$in REG | 379~606 | 76~122 | 2.4 | 1524 | 2286 | $4\frac{3}{4}$~$5\frac{7}{8}$ |
| 120 | $4\frac{3}{4}$ | 2/3 | 8.0 | 9.09 | 572 | $3\frac{1}{2}$in REG<br>$3\frac{1}{2}$in IF | $3\frac{1}{2}$in REG | 379~984 | 199~516 | 2.05 | 1936 | 2904 | 6~$6\frac{3}{4}$ |
| 120 | $4\frac{3}{4}$ | 4/5 | 3.5 | 5.71 | 358 | $3\frac{1}{2}$in REG<br>$3\frac{1}{2}$in IF | $3\frac{1}{2}$in REG | 379~946 | 107~267 | 1.7 | 1651 | 2477 | 6~$6\frac{3}{4}$ |
| 120 | $4\frac{3}{4}$ | 4/5 | 6.0 | 7.36 | 463 | $3\frac{1}{2}$in REG<br>$3\frac{1}{2}$in IF | $3\frac{1}{2}$in REG | 379~946 | 101~253 | 1.7 | 2726 | 4090 | 6~$6\frac{3}{4}$ |

续表

| 外径 | | 头数 | 马达级数 | 长度 | 质量 | 接头螺纹 | | 流量（最小—最大） | 转速 | 马达压降 | 额定扭矩 | 最大扭矩 | 推荐井眼直径 |
|---|---|---|---|---|---|---|---|---|---|---|---|---|---|
| mm | in | | | m | kg | 上端母螺纹 | 下端母螺纹 | L/min | r/min | MPa | N·m | N·m | in |
| 120 | $4\frac{3}{4}$ | 4/5 | 6.3 | 7.87 | 494 | $3\frac{1}{2}$in REG<br>$3\ \frac{1}{2}$in IF | $3\frac{1}{2}$in REG | 379~946 | 101~253 | 1.7 | 3100 | 4650 | $6\sim6\frac{3}{4}$ |
| 120 | $4\frac{3}{4}$ | 5/6 | 8.3 | 8.77 | 549 | $3\frac{1}{2}$in REG<br>$3\ \frac{1}{2}$in IF | $3\frac{1}{2}$in REG | 568~1136 | 163~326 | 4.5 | 4348 | 6522 | $6\sim6\frac{3}{4}$ |
| 120 | $4\frac{3}{4}$ | 7/8 | 2.0 | 7.18 | 449 | $3\frac{1}{2}$in REG<br>$3\ \frac{1}{2}$in IF | $3\frac{1}{2}$in REG | 379~946 | 32~80 | 2.05 | 2448 | 3672 | $6\sim6\frac{3}{4}$ |
| 120 | $4\frac{3}{4}$ | 7/8 | 2.2 | 5.71 | 358 | $3\frac{1}{2}$in REG<br>$3\frac{1}{2}$in IF | $3\frac{1}{2}$in REG | 379~946 | 55~137 | 2.05 | 2006 | 3009 | $6\sim6\frac{3}{4}$ |
| 120 | $4\frac{3}{4}$ | 7/8 | 2.6 | 8.43 | 531 | $3\frac{1}{2}$in REG<br>$3\frac{1}{2}$in IF | $3\frac{1}{2}$in REG | 568~1136 | 41~81 | 1.4 | 4745 | 7118 | $6\sim6\frac{3}{4}$ |
| 120 | $4\frac{3}{4}$ | 7/8 | 2.9 | 8.96 | 562 | $3\frac{1}{2}$in REG<br>$3\frac{1}{2}$in IF | $3\frac{1}{2}$in REG | 379~946 | 33~83 | 3.1 | 3784 | 5677 | $6\sim6\frac{3}{4}$ |
| 120 | $4\frac{3}{4}$ | 7/8 | 3.8 | 7.36 | 463 | $3\frac{1}{2}$in REG<br>$3\frac{1}{2}$in IF | $3\frac{1}{2}$in REG | 379~946 | 52~131 | 2.05 | 3161 | 4742 | $6\sim6\frac{3}{4}$ |

续表

| 外径 | | 头数 | 马达级数 | 长度 | 质量 | 接头螺纹 | | 流量（最小—最大） | 转速 | 马达压降 | 额定扭矩 | 最大扭矩 | 推荐井眼直径 |
|---|---|---|---|---|---|---|---|---|---|---|---|---|---|
| mm | in | | | m | kg | 上端母螺纹 | 下端母螺纹 | L/min | r/min | MPa | N·m | N·m | in |
| 127 | 5 | 6/7 | 6.0 | 7.31 | 508 | $3\frac{1}{2}$in REG<br>$3\frac{1}{2}$in IF | $3\frac{1}{2}$in REG | 757~1325 | 173~303 | 2.75 | 3216 | 4824 | $6\sim6\frac{3}{4}$ |
| 127 | 5 | 6/7 | 7.0 | 7.99 | 553 | $3\frac{1}{2}$in REG<br>$3\frac{1}{2}$in IF | $3\frac{1}{2}$in REG | 757~1325 | 173~302 | 3.1 | 3926 | 5888 | $6\sim6\frac{3}{4}$ |
| 127 | 5 | 6/7 | 8.0 | 8.96 | 621 | $3\frac{1}{2}$in REG<br>$3\frac{1}{2}$in IF | $3\frac{1}{2}$in REG | 568~1325 | 130~302 | 3.1 | 4746 | 7119 | $6\sim6\frac{3}{4}$ |
| 159 | $6\frac{1}{4}$ | 4/5 | 7.5 | 8.33 | 903 | $4\frac{1}{2}$in REG<br>$4\frac{1}{2}$in IF | $4\frac{1}{2}$in REG | 568~1514 | 104~276 | 1.7 | 5511 | 8267 | $7\frac{7}{8}\sim8\frac{3}{4}$ |
| 159 | $6\frac{1}{4}$ | 5/6 | 5.5 | 8.33 | 903 | $4\frac{1}{2}$in REG<br>$4\frac{1}{2}$in IF | $4\frac{1}{2}$in REG | 757~1893 | 93~232 | 2.05 | 6339 | 9508 | $7\frac{7}{8}\sim8\frac{3}{4}$ |
| 159 | $6\frac{1}{4}$ | 7/8 | 2.8 | 6.47 | 703 | $4\frac{1}{2}$in REG<br>$4\frac{1}{2}$in IF | $4\frac{1}{2}$in REG | 568~1514 | 49~131 | 1.4 | 3774 | 5661 | $7\frac{7}{8}\sim8\frac{3}{4}$ |
| 159 | $6\frac{1}{4}$ | 7/8 | 2.9 | 8.98 | 975 | $4\frac{1}{2}$in REG<br>$4\frac{1}{2}$in IF | $4\frac{1}{2}$in REG | 757~1893 | 33~82 | 2.05 | 8510 | 12765 | $7\frac{7}{8}\sim8\frac{3}{4}$ |

续表

| 外径 | | 头数 | 马达级数 | 长度 | 质量 | 接头螺纹 | | 流量（最小—最大） | 转速 | 马达压降 | 额定扭矩 | 最大扭矩 | 推荐井眼直径 |
|---|---|---|---|---|---|---|---|---|---|---|---|---|---|
| mm | in | | | m | kg | 上端母螺纹 | 下端母螺纹 | L/min | r/min | MPa | N·m | N·m | in |
| 159 | $6\frac{1}{4}$ | 7/8 | 4.8 | 8.33 | 903 | $4\frac{1}{2}$in REG<br>$4\frac{1}{2}$in IF | $4\frac{1}{2}$in REG | 568~1514 | 49~131 | 1.7 | 6472 | 9708 | $7\frac{7}{8}$~$8\frac{3}{4}$ |
| 165 | $6\frac{1}{2}$ | 1/2 | 4.0 | 7.89 | 925 | $4\frac{1}{2}$in REG<br>$4\frac{1}{2}$in IF | $4\frac{1}{2}$in REG | 757~1893 | 214~535 | 1.4 | 1757 | 2636 | $7\frac{7}{8}$~$8\frac{3}{4}$ |
| 165 | $6\frac{1}{2}$ | 8/9 | 4.0 | 7.48 | 880 | $4\frac{1}{2}$in REG<br>$4\frac{1}{2}$in IF | $4\frac{1}{2}$in REG | 757~1893 | 58~145 | 1.7 | 6337 | 9505 | $7\frac{7}{8}$~$8\frac{3}{4}$ |
| 172 | $6\frac{3}{4}$ | 2/3 | 7.0 | 8.22 | 1039 | $4\frac{1}{2}$in REG<br>$4\frac{1}{2}$in IF | $4\frac{1}{2}$in REG | 1136~2271 | 255~510 | 1.4 | 3977 | 5965 | $8\frac{1}{2}$~$9\frac{7}{8}$ |
| 172 | $6\frac{3}{4}$ | 4/5 | 4.8 | 7.04 | 889 | $4\frac{1}{2}$in REG<br>$4\frac{1}{2}$in IF | $4\frac{1}{2}$in REG | 1136~2271 | 152~304 | 1.4 | 4602 | 6903 | $8\frac{1}{2}$~$9\frac{7}{8}$ |
| 172 | $6\frac{3}{4}$ | 4/5 | 7.0 | 8.59 | 1089 | $4\frac{1}{2}$in REG<br>$4\frac{1}{2}$in IF | $4\frac{1}{2}$in REG | 1136~2271 | 155~311 | 2.4 | 6535 | 9803 | $8\frac{1}{2}$~$9\frac{7}{8}$ |
| 172 | $6\frac{3}{4}$ | 5/6 | 6.8 | 8.9 | 1125 | $4\frac{1}{2}$in REG<br>$4\frac{1}{2}$in IF | $4\frac{1}{2}$in REG | 1136~2271 | 123~246 | 2.05 | 8188 | 12282 | $8\frac{1}{2}$~$9\frac{7}{8}$ |

续表

| 外径 | | 头数 | 马达级数 | 长度 | 质量 | 接头螺纹 | | 流量（最小—最大） | 转速 | 马达压降 | 额定扭矩 | 最大扭矩 | 推荐井眼直径 |
|---|---|---|---|---|---|---|---|---|---|---|---|---|---|
| mm | in | | | m | kg | 上端母螺纹 | 下端母螺纹 | L/min | r/min | MPa | N·m | N·m | in |
| 172 | $6\frac{3}{4}$ | 6/7 | 5.0 | 8.22 | 1039 | $4\frac{1}{2}$in REG<br>$4\frac{1}{2}$in IF | $4\frac{1}{2}$in REG | 1136~2271 | 93~186 | 1.7 | 7726 | 11589 | $8\frac{1}{2}$~$9\frac{7}{8}$ |
| 172 | $6\frac{3}{4}$ | 6/7 | 6.0 | 9.49 | 1202 | $4\frac{1}{2}$in REG<br>$4\frac{1}{2}$in IF | $4\frac{1}{2}$in REG | 1136~2271 | 93~186 | 2.75 | 10451 | 15676 | $8\frac{1}{2}$~$9\frac{7}{8}$ |
| 172 | $6\frac{3}{4}$ | 7/8 | 2.0 | 7.04 | 889 | $4\frac{1}{2}$in REG<br>$4\frac{1}{2}$in IF | $4\frac{1}{2}$in REG | 757~1893 | 35~87 | 1.7 | 5493 | 8239 | $8\frac{1}{2}$~$9\frac{7}{8}$ |
| 172 | $6\frac{3}{4}$ | 7/8 | 2.9 | 8.72 | 1107 | $4\frac{1}{2}$in REG<br>$4\frac{1}{2}$in IF | $4\frac{1}{2}$in REG | 757~1893 | 34~84 | 2.05 | 8318 | 12477 | $8\frac{1}{2}$~$9\frac{7}{8}$ |
| 172 | $6\frac{3}{4}$ | 7/8 | 3.0 | 6.46 | 816 | $4\frac{1}{2}$in REG<br>$4\frac{1}{2}$in IF | $4\frac{1}{2}$in REG | 1136~2271 | 86~172 | 1.7 | 5193 | 7789 | $8\frac{1}{2}$~$9\frac{7}{8}$ |
| 172 | $6\frac{3}{4}$ | 7/8 | 5.0 | 8.06 | 1021 | $4\frac{1}{2}$in REG<br>$4\frac{1}{2}$in IF | $4\frac{1}{2}$in REG | 1136~2271 | 87~174 | 2.4 | 8097 | 12146 | $8\frac{1}{2}$~$9\frac{7}{8}$ |
| 172 | $6\frac{3}{4}$ | 7/8 | 5.7 | 9.74 | 1234 | $4\frac{1}{2}$in REG<br>$4\frac{1}{2}$in IF | $4\frac{1}{2}$in REG | 1136~2271 | 75~150 | 2.75 | 11123 | 16685 | $8\frac{1}{2}$~$9\frac{7}{8}$ |

续表

| 外径 | | 头数 | 马达级数 | 长度 | 质量 | 接头螺纹 | | 流量（最小—最大） | 转速 | 马达压降 | 额定扭矩 | 最大扭矩 | 推荐井眼直径 |
|---|---|---|---|---|---|---|---|---|---|---|---|---|---|
| mm | in | | | m | kg | 上端母螺纹 | 下端母螺纹 | L/min | r/min | MPa | N·m | N·m | in |
| 172 | $6\frac{3}{4}$ | 7/8 | 6.4 | 9.49 | 1202 | $4\frac{1}{2}$in REG<br>$4\frac{1}{2}$in IF | $4\frac{1}{2}$in REG | 1136~2271 | 92~183 | 2.4 | 10277 | 15415 | $8\frac{1}{2}$~$9\frac{7}{8}$ |
| 172 | $6\frac{3}{4}$ | 8/9 | 3.0 | 6.46 | 816 | $4\frac{1}{2}$in REG<br>$4\frac{1}{2}$in IF | $4\frac{1}{2}$in REG | 757~1893 | 60~150 | 2.05 | 5989 | 8984 | $8\frac{1}{2}$~$9\frac{7}{8}$ |
| 178 | 7 | 2/3 | 8.3 | 9.49 | 1293 | $4\frac{1}{2}$in REG<br>$4\frac{1}{2}$in IF | $4\frac{1}{2}$in REG | 1136~2271 | 470~936 | 4.5 | 2550 | 3825 | $8\frac{1}{2}$~$9\frac{7}{8}$ |
| 178 | 7 | 7/8 | 6.0 | 8.22 | 1120 | $4\frac{1}{2}$in REG<br>$4\frac{1}{2}$in IF | $4\frac{1}{2}$in REG | 1136~2271 | 100~199 | 2.4 | 8727 | 13090 | $8\frac{1}{2}$~$9\frac{7}{8}$ |
| 178 | 7 | 7/8 | 7.5 | 9.49 | 1293 | $4\frac{1}{2}$in REG<br>$4\frac{1}{2}$in IF | $4\frac{1}{2}$in REG | 1136~2271 | 93~186 | 2.4 | 11535 | 17302 | $8\frac{1}{2}$~$9\frac{7}{8}$ |
| 197 | $7\frac{3}{4}$ | 4/5 | 3.6 | 7.8 | 1302 | $6\frac{5}{8}$in REG | $6\frac{5}{8}$in REG | 1136~3407 | 75~226 | 1.4 | 6923 | 10384 | $9\frac{7}{8}$~$12\frac{1}{4}$ |
| 197 | $7\frac{3}{4}$ | 4/5 | 5.3 | 9.33 | 1556 | $6\frac{5}{8}$in REG | $6\frac{5}{8}$in REG | 1136~3407 | 77~230 | 2.05 | 9530 | 14295 | $9\frac{7}{8}$~$12\frac{1}{4}$ |
| 197 | $7\frac{3}{4}$ | 5/6 | 5.0 | 7.8 | 1302 | $6\frac{5}{8}$in REG | $6\frac{5}{8}$in REG | 1893~3407 | 143~257 | 2.05 | 7497 | 11245 | $9\frac{7}{8}$~$12\frac{1}{4}$ |

续表

| 外径 | | 头数 | 马达级数 | 长度 | 质量 | 接头螺纹 | | 流量（最小—最大） | 转速 | 马达压降 | 额定扭矩 | 最大扭矩 | 推荐井眼直径 |
|---|---|---|---|---|---|---|---|---|---|---|---|---|---|
| mm | in | | | m | kg | 上端母螺纹 | 下端母螺纹 | L/min | r/min | MPa | N·m | N·m | in |
| 197 | $7\frac{3}{4}$ | 6/7 | 4.0 | 8.77 | 1465 | $6\frac{5}{8}$in REG | $6\frac{5}{8}$in REG | 1136~3407 | 53~159 | 1.7 | 10553 | 15829 | $9\frac{7}{8}$~$12\frac{1}{4}$ |
| 197 | $7\frac{3}{4}$ | 7/8 | 2.0 | 7.8 | 1302 | $6\frac{5}{8}$in REG | $6\frac{5}{8}$in REG | 1136~3407 | 35~106 | 1.7 | 8209 | 12314 | $9\frac{7}{8}$~$12\frac{1}{4}$ |
| 197 | $7\frac{3}{4}$ | 7/8 | 3.0 | 7.8 | 1302 | $6\frac{5}{8}$in REG | $6\frac{5}{8}$in REG | 1136~3407 | 51~152 | 2.05 | 8954 | 13430 | $9\frac{7}{8}$~$12\frac{1}{4}$ |
| 197 | $7\frac{3}{4}$ | 7/8 | 4.0 | 8.77 | 1465 | $6\frac{5}{8}$in REG | $6\frac{5}{8}$in REG | 1136~3407 | 50~149 | 2.4 | 11299 | 16948 | $9\frac{7}{8}$~$12\frac{1}{4}$ |
| 203 | 8 | 5/6 | 3.0 | 6.37 | 1134 | $6\frac{5}{8}$in REG | $6\frac{5}{8}$in REG | 1893~3407 | 155~279 | 2.05 | 4659 | 6988 | $9\frac{7}{8}$~$12\frac{1}{4}$ |
| 203 | 8 | 6/7 | 5.0 | 9.89 | 1760 | $6\frac{5}{8}$in REG | $6\frac{5}{8}$in REG | 1136~3407 | 53~159 | 2.05 | 13041 | 19561 | $9\frac{7}{8}$~$12\frac{1}{4}$ |
| 244 | $9\frac{5}{8}$ | 2/3 | 7.5 | 9.26 | 2381 | $6\frac{5}{8}$in REG<br>$7\frac{5}{8}$in REG | $6\frac{5}{8}$in REG<br>$7\frac{5}{8}$in REG | 2271~4542 | 295~590 | 1.7 | 7936 | 11904 | $12\frac{1}{4}$~$17\frac{1}{2}$ |
| 244 | $9\frac{5}{8}$ | 3/4 | 4.5 | 8.49 | 2186 | $6\frac{5}{8}$in REG<br>$7\frac{5}{8}$in REG | $6\frac{5}{8}$in REG<br>$7\frac{5}{8}$in REG | 2271~4542 | 130~260 | 1.05 | 9740 | 14610 | $12\frac{1}{4}$~$17\frac{1}{2}$ |
| 244 | $9\frac{5}{8}$ | 3/4 | 6.0 | 9.76 | 2513 | $6\frac{5}{8}$in REG<br>$7\frac{5}{8}$in REG | $6\frac{5}{8}$in REG<br>$7\frac{5}{8}$in REG | 2271~4542 | 125~251 | 2.4 | 11997 | 17996 | $12\frac{1}{4}$~$17\frac{1}{2}$ |

续表

| 外径 | | 头数 | 马达级数 | 长度 | 质量 | 接头螺纹 | | 流量（最小—最大） | 转速 | 马达压降 | 额定扭矩 | 最大扭矩 | 推荐井眼直径 |
|---|---|---|---|---|---|---|---|---|---|---|---|---|---|
| mm | in | | | m | kg | 上端母螺纹 | 下端母螺纹 | L/min | r/min | MPa | N·m | N·m | in |
| 244 | $9\frac{5}{8}$ | 5/6 | 3.0 | 8.49 | 2186 | $6\frac{5}{8}$in REG<br>$7\frac{5}{8}$in REG | $6\frac{5}{8}$in REG<br>$7\frac{5}{8}$in REG | 2271~4542 | 67~133 | 1.05 | 12187 | 18280 | $12\frac{1}{4}$~$17\frac{1}{2}$ |
| 244 | $9\frac{5}{8}$ | 5/6 | 4.0 | 9.76 | 2513 | $6\frac{5}{8}$in REG<br>$7\frac{5}{8}$in REG | $6\frac{5}{8}$in REG<br>$7\frac{5}{8}$in REG | 2271~4542 | 66~132 | 1.4 | 16087 | 24131 | $12\frac{1}{4}$~$17\frac{1}{2}$ |
| 244 | $9\frac{5}{8}$ | 6/7 | 5.0 | 9.26 | 2381 | $6\frac{5}{8}$in REG<br>$7\frac{5}{8}$in REG | $6\frac{5}{8}$in REG<br>$7\frac{5}{8}$in REG | 2271~4542 | 78~156 | 1.4 | 17465 | 26197 | $12\frac{1}{4}$~$17\frac{1}{2}$ |
| 244 | $9\frac{5}{8}$ | 6/7 | 6.0 | 10.32 | 2658 | $6\frac{5}{8}$in REG<br>$7\frac{5}{8}$in REG | $6\frac{5}{8}$in REG<br>$7\frac{5}{8}$in REG | 2271~4542 | 77~155 | 1.7 | 21388 | 32082 | $12\frac{1}{4}$~$17\frac{1}{2}$ |
| 286 | $11\frac{1}{4}$ | 3/4 | 3.6 | 9.80 | 3447 | $6\frac{5}{8}$in REG<br>$7\frac{5}{8}$in REG | $6\frac{5}{8}$in REG<br>$7\frac{5}{8}$in REG | 3407~5678 | 107~179 | 1.7 | 16505 | 24758 | $14\frac{3}{4}$~26 |
| 286 | $11\frac{1}{4}$ | 6/7 | 5.5 | 10.94 | 3846 | $6\frac{5}{8}$in REG<br>$7\frac{5}{8}$in REG | $6\frac{5}{8}$in REG<br>$7\frac{5}{8}$in REG | 3407~6814 | 81~162 | 1.7 | 26260 | 39390 | $14\frac{3}{4}$~26 |
| 286 | $11\frac{1}{4}$ | 6/7 | 5.6 | 10.94 | 3846 | $6\frac{5}{8}$in REG<br>$7\frac{5}{8}$in REG | $6\frac{5}{8}$in REG<br>$7\frac{5}{8}$in REG | 3785~6814 | 90~162 | 1.7 | 26271 | 39407 | $14\frac{3}{4}$~26 |

### （三）威德福(Weatherford)公司螺杆钻具技术规格及特性

威德福(Weatherford)公司螺杆钻具技术规格及特性见表6-31。

表6-31 威德福(Weatherford)公司螺杆钻具技术规格及特性

| 外径 | | 头数 | 马达级数 | 长度 | 推荐井眼直径 | 接头螺纹 | | 质量 | 流量 | 转速 | 最大扭矩 | 最大功率 | 允许最大钻头水眼压降 |
|---|---|---|---|---|---|---|---|---|---|---|---|---|---|
| mm | in | | | m | in | 上端母螺纹 | 下端母螺纹 | kg | L/min | r/min | N·m | kW | MPa |
| 105 | $4\frac{1}{8}$ | 7/8 | 5 4 | 5.59 | $4\frac{3}{4}$~$6\frac{3}{4}$ | $2\frac{7}{8}$in IF<br>$2\frac{7}{8}$in REG | $2\frac{7}{8}$in REG | 272 | 380~760 | 130~265 | 3390 | 75 | 10.3 |
| 105 | $4\frac{1}{8}$ | 7/8 | 3 2 | 5.59 | $4\frac{3}{4}$~$6\frac{3}{4}$ | $2\frac{7}{8}$in IF<br>$2\frac{7}{8}$in REG | $2\frac{7}{8}$in REG | 272 | 380~760 | 80~160 | 3390 | 45 | 10.3 |
| 120 | $4\frac{3}{4}$ | 4/5 | 3 5 | 4.95 | $5\frac{7}{8}$~$7\frac{7}{8}$ | $3\frac{1}{2}$in REG | $3\frac{1}{2}$in REG | 356 | 380~1040 | 105~280 | 1900 | 50 | 10.3 |
| 120 | $4\frac{3}{4}$ | 4/5 | 6 3 | 7.93 | $5\frac{7}{8}$~$7\frac{7}{8}$ | $3\frac{1}{2}$in REG | $3\frac{1}{2}$in REG | 508 | 380~1140 | 100~300 | 3660 | 100 | 10.3 |
| 120 | $4\frac{3}{4}$ | 5/6 | 8 3 | 9.03 | $5\frac{7}{8}$~$7\frac{7}{8}$ | $3\frac{1}{2}$in REG | $3\frac{1}{2}$in REG | 554 | 570~1140 | 145~290 | 5535 | 135 | 10.3 |
| 120 | $4\frac{3}{4}$ | 7/8 | 2 0 | 7.93 | $5\frac{7}{8}$~$7\frac{7}{8}$ | $3\frac{1}{2}$in REG | $3\frac{1}{2}$in REG | 470 | 380~950 | 30~75 | 3390 | 22 | 10.3 |
| 120 | $4\frac{3}{4}$ | 7/8 | 2 2 | 5.99 | $5\frac{7}{8}$~$7\frac{7}{8}$ | $3\frac{1}{2}$in REG | $3\frac{1}{2}$in REG | 363 | 380~1040 | 50~140 | 1970 | 30 | 10.3 |

续表

| 外径 | | 头数 | 马达级数 | 长度 | 推荐井眼直径 | 接头螺纹 | | 质量 | 流量 | 转速 | 最大扭矩 | 最大功率 | 允许最大钻头水眼压降 |
|---|---|---|---|---|---|---|---|---|---|---|---|---|---|
| mm | in | | | m | in | 上端母螺纹 | 下端母螺纹 | kg | L/min | r/min | N·m | kW | MPa |
| 120 | $4\frac{3}{4}$ | 7/8 | 3.8 | 7.93 | $5\frac{7}{8}$~$7\frac{7}{8}$ | $3\frac{1}{2}$in REG | $3\frac{1}{2}$in REG | 492 | 380~1040 | 50~140 | 3590 | 45 | 10.3 |
| 120 | $4\frac{3}{4}$ | 7/8 | 5.0 | 7.93 | $5\frac{7}{8}$~$7\frac{7}{8}$ | $3\frac{1}{2}$in REG | $3\frac{1}{2}$in REG | 519 | 570~1140 | 95~190 | 4330 | 75 | 10.3 |
| 120 | $4\frac{3}{4}$ | 4/5 | 5.4 | 7.98 | $5\frac{7}{8}$~$7\frac{7}{8}$ | $3\frac{1}{2}$in REG | $3\frac{1}{2}$in REG | 499 | 570~1140 | 160~320 | 5150 | 135 | 10.3 |
| 120 | $4\frac{3}{4}$ | 6/7 | 2.5 | 7.52 | $5\frac{7}{8}$~$7\frac{7}{8}$ | $3\frac{1}{2}$in REG | $3\frac{1}{2}$in REG | 440 | 470~1230 | 55~145 | 6100 | 75 | 10.3 |
| 127 | 5 | 6/7 | 6.0 | 7.7 | $5\frac{7}{8}$~$7\frac{7}{8}$ | $3\frac{1}{2}$in REG | $3\frac{1}{2}$in REG | 481 | 570~1360 | 125~295 | 3800 | 100 | 10.3 |
| 127 | 5 | 6/7 | 7.0 | 8.28 | $5\frac{7}{8}$~$7\frac{7}{8}$ | $3\frac{1}{2}$in REG | $3\frac{1}{2}$in REG | 516 | 570~1360 | 125~295 | 4425 | 115 | 10.3 |
| 127 | 5 | 7/8 | 3.7 | 8.86 | $5\frac{7}{8}$~$7\frac{7}{8}$ | $3\frac{1}{2}$in REG | $3\frac{1}{2}$in REG | 589 | 570~1330 | 55~125 | 6540 | 70 | 10.3 |
| 127 | 5 | 9/10 | 2.1 | 8.86 | $5\frac{7}{8}$~$7\frac{7}{8}$ | $3\frac{1}{2}$in REG | $3\frac{1}{2}$in REG | 603 | 570~1140 | 25~50 | 6780 | 35 | 10.3 |
| 159 | $6\frac{1}{4}$ | 7/8 | 3.0 | 8.56 | $7\frac{7}{8}$~$8\frac{3}{4}$ | 4in IF<br>$4\frac{1}{2}$in XH | $4\frac{1}{2}$in REG | 950 | 760~2270 | 40~120 | 8855 | 90 | 10.3 |
| 159 | $6\frac{1}{4}$ | 7/8 | 4.8 | 7.62 | $7\frac{7}{8}$~$8\frac{3}{4}$ | 4in IF<br>$4\frac{1}{2}$in XH | $4\frac{1}{2}$in REG | 893 | 760~1890 | 65~160 | 9235 | 130 | 10.3 |

续表

| 外径 | | 头数 | 马达级数 | 长度 | 推荐井眼直径 | 接头螺纹 | | 质量 | 流量 | 转速 | 最大扭矩 | 最大功率 | 允许最大钻头水眼压降 |
|---|---|---|---|---|---|---|---|---|---|---|---|---|---|
| mm | in | | | m | in | 上端母螺纹 | 下端母螺纹 | kg | L/min | r/min | N · m | kW | MPa |
| 172 | $6\frac{3}{4}$ | 4/5 | 7.0 | 8.38 | $8\frac{1}{2}\sim10\frac{5}{8}$ | $4\frac{1}{2}$in REG | $4\frac{1}{2}$in REG | 973 | 760～1890 | 100～240 | 12800 | 275 | 10.3 |
| 172 | $6\frac{3}{4}$ | 6/7 | 5.0 | 8.1 | $8\frac{1}{2}\sim10\frac{5}{8}$ | $4\frac{1}{2}$in REG | $4\frac{1}{2}$in REG | 954 | 1140～2270 | 90～175 | 14100 | 215 | 10.3 |
| 172 | $6\frac{3}{4}$ | 7/8 | 2.0 | 6.82 | $8\frac{1}{2}\sim10\frac{5}{8}$ | $4\frac{1}{2}$in REG | $4\frac{1}{2}$in REG | 824 | 1140～2270 | 50～95 | 6460 | 50 | 10.3 |
| 172 | $6\frac{3}{4}$ | 7/8 | 3.0 | 6.25 | $8\frac{1}{2}\sim10\frac{5}{8}$ | $4\frac{1}{2}$in REG | $4\frac{1}{2}$in REG | 767 | 1140～2270 | 85～170 | 9190 | 140 | 10.3 |
| 172 | $6\frac{3}{4}$ | 7/8 | 5.0 | 8.1 | $8\frac{1}{2}\sim10\frac{5}{8}$ | $4\frac{1}{2}$in REG | $4\frac{1}{2}$in REG | 984 | 1140～2270 | 85～170 | 15310 | 225 | 10.3 |
| 172 | $6\frac{3}{4}$ | 6/7 | 2.9 | 8.05 | $8\frac{1}{2}\sim10\frac{5}{8}$ | $4\frac{1}{2}$in REG | $4\frac{1}{2}$in REG | 954 | 1140～2460 | 65～140 | 13560 | 170 | 10.3 |
| 172 | $6\frac{3}{4}$ | 6/7 | 4.8 | 8.05 | $8\frac{1}{2}\sim10\frac{5}{8}$ | $4\frac{1}{2}$in REG | $4\frac{1}{2}$in REG | 1005 | 1140～2460 | 110～240 | 13560 | 275 | 10.3 |
| 178 | 7 | 7/8 | 7.5 | 9.17 | $8\frac{1}{2}\sim12\frac{1}{4}$ | $4\frac{1}{2}$in REG | $4\frac{1}{2}$in REG | 1196 | 1140～2270 | 95～185 | 15590 | 260 | 10.3 |
| 203 | 8 | 4/5 | 5.3 | 9.35 | $8\frac{1}{2}\sim12\frac{1}{4}$ | $4\frac{1}{2}$in REG | $4\frac{1}{2}$in REG | 1646 | 1140～3410 | 75～230 | 18470 | 365 | 10.3 |
| 203 | 8 | 6/7 | 4.0 | 8.84 | $8\frac{1}{2}\sim12\frac{1}{4}$ | $4\frac{1}{2}$in REG | $4\frac{1}{2}$in REG | 1480 | 1520～3790 | 70～170 | 19870 | 290 | 10.3 |
| 203 | 8 | 6/7 | 5.0 | 9.9 | $8\frac{1}{2}\sim12\frac{1}{4}$ | $4\frac{1}{2}$in REG | $4\frac{1}{2}$in REG | 1685 | 1140～3410 | 50～150 | 22370 | 300 | 10.3 |

续表

| 外径 | | 头数 | 马达级数 | 长度 | 推荐井眼直径 | 接头螺纹 | | 质量 | 流量 | 转速 | 最大扭矩 | 最大功率 | 允许最大钻头水眼压降 |
|---|---|---|---|---|---|---|---|---|---|---|---|---|---|
| mm | in | | | m | in | 上端母螺纹 | 下端母螺纹 | kg | L/min | r/min | N·m | kW | MPa |
| 203 | 8 | 7/8 | 3.0 | 7.82 | 8½~12¼ | 4½in REG | 4½in REG | 1345 | 1140~3410 | 50~145 | 16680 | 210 | 10.3 |
| 203 | 8 | 7/8 | 4.0 | 8.8 | 8½~12¼ | 4½in REG | 4½in REG | 1526 | 1140~3410 | 50~145 | 22235 | 280 | 10.3 |
| 203 | 8 | 7/8 | 2.5 | 10 | 8½~12¼ | 4½in REG | 4½in REG | 1750 | 1140~3410 | 20~65 | 22370 | 135 | 10.3 |
| 203 | 8 | 5/6 | 5.2 | 9.65 | 8½~12¼ | 4½in REG | 4½in REG | 1706 | 1140~3410 | 70~210 | 18640 | 330 | 10.3 |
| 244 | 9⅝ | 3/4 | 6.0 | 9.7 | 12¼~17½ | 6⅝in REG<br>7⅝in REG | 6⅝in REG<br>7⅝in REG | 2246 | 2270~4540 | 135~270 | 14915 | 365 | 10.3 |
| 244 | 9⅝ | 6/7 | 5.0 | 9.45 | 12¼~17½ | 6⅝in REG<br>7⅝in REG | 6⅝in REG<br>7⅝in REG | 2300 | 2270~4540 | 75~150 | 35770 | 460 | 10.3 |
| 244 | 9⅝ | 7/8 | 5.7 | 10.01 | 12¼~17½ | 6⅝in REG<br>7⅝in REG | 6⅝in REG<br>7⅝in REG | 2506 | 2270~4540 | 75~150 | 40330 | 530 | 10.3 |
| 244 | 9⅝ | 6/7 | 3.5 | 9.25 | 12¼~17½ | 6⅝in REG<br>7⅝in REG | 6⅝in REG<br>7⅝in REG | 2360 | 2270~4540 | 65~125 | 35590 | 360 | 10.3 |
| 286 | 11¼ | 6/7 | 5.5 | 11.05 | 14¾~26 | 7⅝in REG | 7⅝in REG | 3608 | 3410~6820 | 80~160 | 31520 | 480 | 10.3 |

# 第二节　涡轮钻具

## 一、国产涡轮钻具

涡轮钻具是一种井底水力发动机，其内装有若干级涡轮（定子和转子），定子使液体以一定的方向和速度冲动转子，而转子将液体动能转变成带动钻头旋转破碎地层的机械能。

涡轮钻具按其结构和用途大致可分为单式涡轮钻具、复式涡轮钻具、短涡轮钻具、弯壳体涡轮钻具、带减速器的涡轮钻具、带滚动轴承的涡轮钻具和高速涡轮钻具等。

### （一）涡轮钻具形式及直径系列

国产涡轮钻具形式、型号、直径和壳体与橡胶机械性能均应符合 SY/T 5401—1991 规定。

1. 涡轮钻具形式

单节式：只有一个涡轮节的涡轮钻具

多节式：有两个以上涡轮节的复式涡轮钻具。

支撑节式：全部轴向推力轴承安装成专门单体的涡轮钻具。

2. 涡轮钻具结构

现以国产 WZ1-215 型单式涡轮钻具为例，介绍涡轮钻具的结构，如图 6-30 所示，其他类型的涡轮钻具与此大体相似，不再一一介绍。

涡轮钻具由旋转部分和不旋转部分组成。

旋转部分包括防松螺母、紧箍、转子螺母、支承环、支承盘、转子、上挡套、下挡套、下轴承、轴和接头。上述零部件（除轴接头外）借助于轴螺母、紧箍和防松螺母紧固在主轴上。

不旋转部分包括大小头、外壳、短节、间隔筒、止推轴承、调节环、定子、中部轴承、隔套和下部轴承。它们借助于短节紧固在外壳内。

涡轮钻具的主要部件是涡轮，每一级涡轮由一个定子和一个转子组成，如图 6-31 所示。定子和转子的形状基本相同，只是叶片的弯曲方向相反。定子装在固定不转的外壳内，转子装在可旋转的主轴上。转子和定子之间要保持一定的轴向间隙。

为了承受轴向负荷，在涡轮钻具内装有止推轴承，如图 6-32 所示，WZ1-215 型涡轮钻具共有 12 副止推轴承。轴承座与支承盘之间有 2mm 的间隙。在主轴中部的涡轮之间，装有起扶正作用的径向轴承，如图 6-33 所示。下部轴承(压紧短节)由支承盘、支承环和带有橡胶衬套的轴承座组成，如图 6-34 所示，除起扶正作用外，还起压紧短节和防止泥浆漏失的作用。

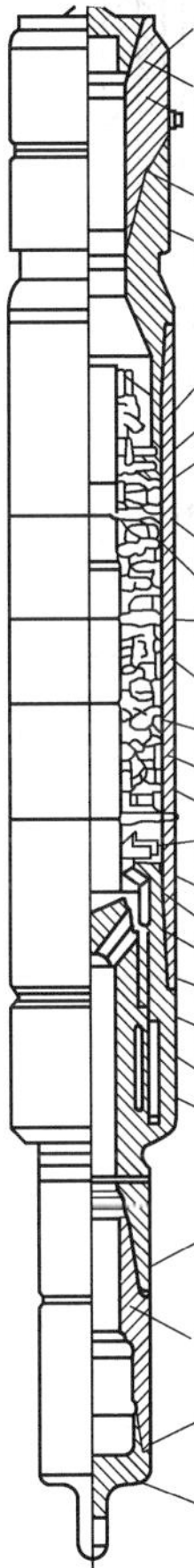


图 6-30　WZ1-215 型单式涡轮钻具示意图

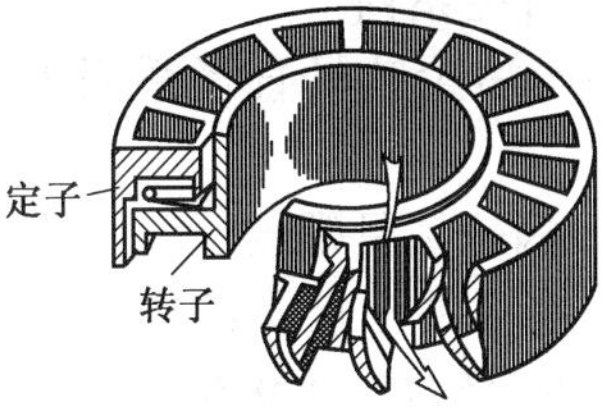


图 6-31　一级涡轮示意图

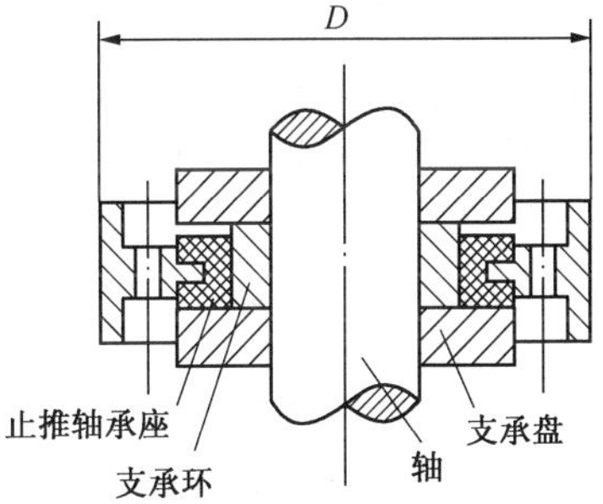


图 6-32　涡轮钻具止推轴承示意图

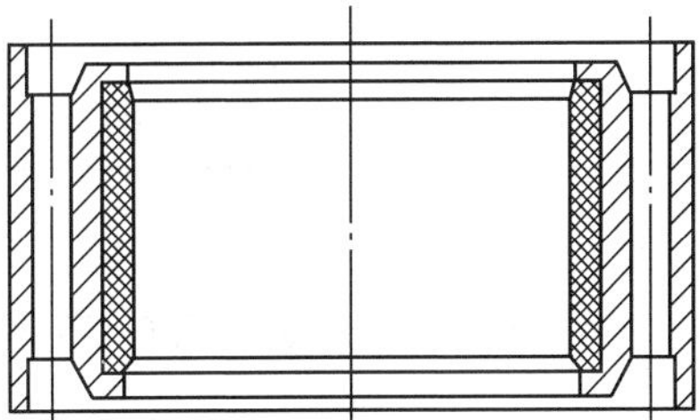

图 6-33　涡轮钻具中间轴承示意图

主轴上部为左螺纹，下部带有与钻头连接的螺纹。

涡轮钻具工作时，轴向力由止推轴承承受，径向力由下部轴承、中间轴承和止推轴承共同承受。

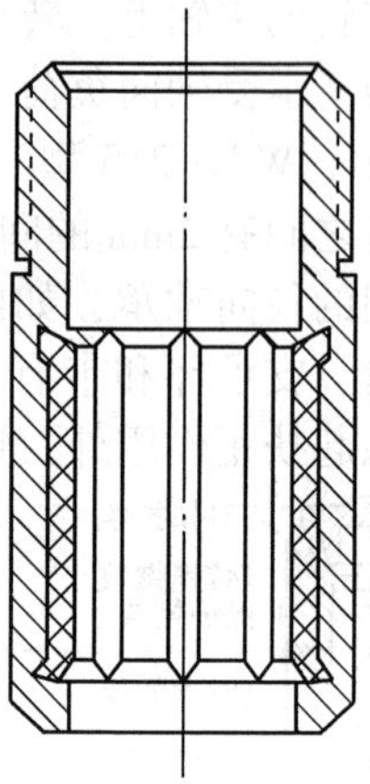

图 6-34　下轴承(压紧短节)示意图

3. 直径系列

国产涡轮钻具直径系列见表 6-32。

4. 涡轮钻具螺纹

涡轮钻具轴接头的螺纹尺寸和公差应符合 GB 9253.1 规定，轴接头螺纹规格见表 6-33。

**表 6-32　国产涡轮钻具直径系列(SY/T 5401—1991)**　　mm

| 涡轮钻具名义直径 | 102 | 127 | 172 | 195 | 215 | 240 | 255 |
|---|---|---|---|---|---|---|---|
| 涡轮机外径<br>(定子外径) | — | — | 148 | 165 | 186 | — | 221 |
| 涡轮机内径<br>(定子内径) | — | — | — | — | 100 | — | 120 |

**表 6-33　轴接头螺纹规格(SY/T 5401—1991)**

| 涡轮钻具名义直径/mm | 102 | 127 | 172 | 195 | 215 | 240 | 255 |
|---|---|---|---|---|---|---|---|
| 轴接头内螺纹 | $2\frac{7}{8}$in REG | $3\frac{1}{2}$in REG | $4\frac{1}{2}$in REG | $4\frac{1}{2}$in REG | $6\frac{1}{2}$in REG | $6\frac{5}{8}$in REG | $7\frac{5}{8}$in REG |

5. 涡轮钻具表示方法

涡轮钻具表示方法如图 6-35 所示。

□WZ－□□□

钻井技术或结构改进次序代号，用阿拉伯数字表示。

钻具的几种典形结构形式代号。用下列符号表示：
“J”表示带减速器的涡轮钻具；
“Z”表示带水力制动节的涡轮钻具；
“W”表示弯涡轮钻具；
“Q”表示取心涡轮钻具；
“D”表示短涡轮钻具；
“JW”表示带减速器的弯涡轮钻具；
“JD”表示带减速器的短涡轮钻具；
“ZQ”表示带水力制动节的取心涡轮钻具；
“QD”表示取心用的短涡轮钻具。
当钻具内不含以上九种结构，且该位置后面又需使用改进次序号时此处用“-”符号表示。但若其后面不使用改进次序号时，则符号“-”不写。

钻具名义直径，mm。

钻具名称及基本结构形式代号。
“WZ”表示带支承节的涡轮钻具；
“WZ 1”表示不带支承节的涡轮钻具；

钻具中含涡轮节的节数。用阿拉伯数码字表示。但当钻具中只有一个涡轮节时，代号“1”省略不写。

图 6-35　涡轮钻具表示方法

例：3WZ-195Z3 表示一种直径为 195mm、带支承节及水力制动节的、经过 3 次改进后的、具有 3 个涡轮节的涡轮钻具。

WZ1-172-2 表示一种直径为 172mm、不带支承节的、经过 2 次改进后的、单节式的涡轮钻具。

WZ — 240 表示一种直径为 240mm、带支承节的、单节式涡轮钻具。

## (二) 涡轮钻具技术规格及性能

1. 兰州石油机械厂涡轮钻具

兰州石油机械厂涡轮钻具技术规格及性能见表 6-34。

**表 6-34　兰州石油机械厂涡轮钻具技术规格及性能**

| 型号 | WZ-170 | WZ1-170D | WZ-195 | WZ1-195D | WZ1-215 | 2WZ1-215 | WZ1-255 |
|---|---|---|---|---|---|---|---|
| 井眼尺寸/mm | 193.7～215.9 | 193.7～215.9 | 215.9～244.5 | 215.9～244.5 | 244.5～311.1 | 244.5～311.1 | 295.3～444.5 |
| 外径/mm | 170 | 170 | 195 | 195 | 215 | 215 | 255 |

续表

| 型号 | | WZ-170 | WZ1-170D | WZ-195 | WZ1-195D | WZ1-215 | 2WZ1-215 | WZ1-255 |
|---|---|---|---|---|---|---|---|---|
| 连接螺纹 | 上端 | 4½in FH | 4½in FH | 5$\frac{9}{16}$in FH | 5$\frac{9}{16}$in FH | 5$\frac{9}{16}$in FH | 5$\frac{9}{16}$in FH | 6⅝in FH |
| | 下端 | 4½in FH | 4½in FH | 4½in FH | 4½in FH | 4½in FH | 4½in FH | 6⅝in FH |
| 流量/(L/s) | | 20~28 | 20~28 | 25~35 | 25~35 | 32~45 | 32~45 | 45~65 |
| 钻具压降/MPa | | 2.4~4.7 | 2.8~5.5 | 4.0~7.7 | 2.2~4.1 | 2.2~5.1 | | 3.7~7.8 |
| 涡轮级数 | | 110 | 60 | 130 | 70 | 11 | | 120 |
| 转速/(r/min) | | 564~790 | 818~1145 | 620~865 | 620~865 | 381~508 | | 540~780 |
| 额定扭距/N·m | | 540~1069 | 392~784 | 952~1874 | 530~1010 | 971~1736 | | 2188~4591 |
| 功率/kW | | 32~88 | 33.8~92.6 | 61.8~170.6 | 33.8~91.9 | 39~91.9 | 78~183.8 | 124~375 |
| 长度/mm | | 7.7 | 3.4 | 8.2 | 4.8 | 8.5 | 15.5 | 9 |
| 质量/kg | | 1132 | 678 | 1404 | 836 | 1650 | 3195 | 2560 |

2. 长江大学涡轮钻具

长江大学涡轮钻具技术规格及性能见表6-35。

**表6-35　长江大学涡轮钻具技术规格及性能**

| 型号 | | 165 | 175 | 195 | 240 |
|---|---|---|---|---|---|
| 井眼尺寸/mm | | 8½ | 8½ | 8½~12¼ | 12¼ |
| 外径/mm | | 165 | 175 | 195 | 240 |
| 连接螺纹 | 上端 | NC50 | NC61 | NC61 | NC77 |
| | 下端 | 5½in REG | 5½in REG | 5½in REG | 6⅝in REG |
| 流量/(L/s) | | 25~30 | 25~30 | 30~40 | 35~50 |
| 钻具压降/MPa | | 6.9~7.8 | 3.7~5.4 | 4.8~6.8 | 6.5~8.2 |
| 涡轮级数 | | 100 | 100 | 100 | 100 |

续表

| 型号 | 165 | 175 | 195 | 240 |
|---|---|---|---|---|
| 转速/(r/min) | 495～640 | 465～560 | 430～560 | 400～500 |
| 额定扭矩/N·m | 1000～1400 | 1400～2000 | 3000～4110 | 2800～4510 |
| 长度/mm | 6000 | 6500 | 7000 | 7000 |
| 质量/kg | 1000 | 1200 | 1450 | 1560 |
| 制动扭矩/N·m | 2000～2800 | 2800～3000 | 4900～7900 | 4900～7900 |
| 输出功率/kW | 85～120 | 95～150 | 160～240 | 150～300 |

注：钻井液密度为 1.0g/cm$^3$。

**（三）正确使用涡轮钻具的条件**

（1）钻井液含砂量小于 2%，无杂物。

（2）井底无落物。

（3）必须使用钻杆滤清器。

（4）心轴在 98.1～196.2N·m 力矩作用下转动平稳灵活。

（5）新涡轮的轴向间隙不大于 2mm；旧涡轮的轴向间隙不大于 5mm。轴向间隙的测量方法：将吊起的涡轮钻具的轴压在转盘上，在轴露出短节处作一标记，然后上提使涡轮钻具悬空，再在轴露出短节处作一标记。两个标记之间的距离为测量的轴向间隙值。

（6）涡轮钻具入井前必须在井口试运转，检查是否容易启动和螺纹连接处有无渗漏。先单泵启动，泵压不超过 1.5～2MPa。单泵不能启动时，可用双泵启动。仍不能启动时，可用转盘迫转 5～10min，再行开泵。要求运转平稳，无跳动。停泵时，应逐渐平稳减速至停止转动。如遇突然停止，则说明轴承摩擦力矩过大，必须重新进行试动转。

**（四）使用涡轮钻具的注意事项**

（1）涡轮钻具在井下往往需要强制启动，需反复加减钻压，甚至用转盘带动钻具旋转。强制启动的时间不应超过 20min，长时间强制启动容易损坏止推轴承。

（2）开始钻进时，应轻压、慢转活动钻头30min，然后逐渐增加钻压。最高机械钻速下的钻压为涡轮钻具最合适的钻压。

（3）定时或定进尺上提活动钻柱，防止钻柱黏附井壁。

（4）当钻压过大而使涡轮钻具制动时，应先开泵后上提钻具，然后逐渐将钻头下放到井底，均匀加压。

（5）钻进中需停泵时，在停泵后应立即上提钻具10~12m，以防岩屑下沉卡住钻头或涡轮钻具。

（6）涡轮钻具在井内需要停泵循环时，应在停泵循环前增加钻压使轴制动，防止钻头空转造成钻头先期磨损或掉牙轮。

（7）涡轮钻具不能长距离划眼。

**（五）涡轮钻具常见故障及排除方法**

涡轮钻具钻进中常见故障及排除方法见表6-36。

**表6-36　涡轮钻具常见故障及排除方法**

| 常见故障 | 发生原因 | 排除方法 |
|---|---|---|
| 轴停止运转或机械钻速忽然降低 | 1. 钻压过大，轴被制动；<br>2. 钻头失效；<br>3. 止推轴承过度磨损导致定子、转子端面相碰，工作异常；<br>4. 短节或转子螺母松动，导致轴功率下降；<br>5. 流量减小或钻柱刺坏，泵压下降；<br>6. 轴承橡胶膨胀 | 1. 减小钻压；<br>2. 更换钻头；<br>3. 更换阀轮钻具；<br>4. 起钻，拧紧短节或更换涡轮钻具；<br>5. 修泵或起钻检查钻柱；<br>6. 改善洗井液质量 |
| 加不上钻压（即一加钻压轴就制动） | 1. 止推轴承钻压面过度磨损；<br>2. 钻头牙轮卡死；<br>3. 钻头牙轮落井；<br>4. 井底有其他落物 | 1. 更换涡轮钻具；<br>2. 活动牙轮钻头无效，起钻更换钻头；<br>3. 处理落井牙轮，待井底清洁后更换钻头；<br>4. 打捞落物 |

续表

| 常见故障 | 发生原因 | 排除方法 |
| --- | --- | --- |
| 泵压忽然急剧下降 | 1. 钻具被刺漏或掉喷嘴；<br>2. 钻具折断或脱扣 | 1. 起钻，检查钻具是否需更换钻头喷嘴；<br>2. 起钻打捞钻具 |
| 泵压急剧上升 | 1. 洗井液不清洁，钻头喷嘴被堵；<br>2. 钻进过程中忽然停泵，井内岩屑下沉使钻具被堵 | 1. 多次上提或下放钻具冲不开喷嘴，则起钻更换喷嘴；<br>2. 反复提放钻具，并开泵小流量循环顶通被堵环空 |

## 二、国外涡轮钻具

### （一）普通涡轮钻具

1. 美国部分普通涡轮钻具的结构特性和水力特性

美国部分普通涡轮钻具的结构特性和水力特性见表6-37和表6-38。

**表6-37　美国部分普通涡轮钻具的结构特性**

| 制造厂家 | 型号 | 直径/mm(in) | 长度/mm | 质量/kg | 节数 | 级数 |
| --- | --- | --- | --- | --- | --- | --- |
| Eastman | SH | 130.18(5⅛) | 8763 | 651 | 1 | 125 |
| Esatman | SH | 171.45(6¾) | 9144 | 1202 | 1 | 100 |
| Redi-Drill | SH | 127.0(5) | 9375 | — | (1) | 150 |
| Redi-Drill | SH | 184.5(7¼) | 14750 | — | (2) | 220 |

注：EW6¾和涡轮用相同的叶片。SH表示直井。

**表6-38　美国部分普通涡轮钻具的水力特性($\gamma=1\times10^3kg/m^3$)**

| 制造厂家 | 直径/mm(in) | 额定流量/(L/s) | 额定转速/(r/min) | 额定扭矩/N·m | 额定输出功率/kW | 压力降/MPa | 扭矩转速比 | 速度系数 |
| --- | --- | --- | --- | --- | --- | --- | --- | --- |
| Eastman | 130.18(5⅛) | 15.75 | 780 | 320 | 26 | 3.68 | 0.04 | 49.5 |
| Esatman | 171.45(6¾) | 25.2 | 813 | 440 | 37.5 | 2.72 | 0.55 | 32.3 |

续表

| 制造厂家 | 直径/mm(in) | 额定流量/(L/s) | 额定转速/(r/min) | 额定扭矩/N · m | 额定输出功率/kW | 压力降/MPa | 扭矩转速比 | 速度系数 |
|---|---|---|---|---|---|---|---|---|
| Redi-Drill | 127.0(5) | 12.6 | 1300 | 910 | 123 | 13.4 | 0.07 | 104 |
| Redi-Drill | 184.5(7¼) | 29.9 | (912) | (390) | (375) | 18.6 | 0.43 | 30.5 |

2. 西欧部分普通涡轮钻具的结构特性和水力特性

西欧部分普通涡轮钻具的结构特性和水力特性见表 6-39 和表 6-40。

**表 6-39　西欧部分普通涡轮钻具的结构特性**

| 型号 | 最大直径/mm | 长度/mm | 质量/kg | 节数 | 级数/K | 制造厂家和经营者 |
|---|---|---|---|---|---|---|
| 1T10 | 260 | 9400 | 2520 | 1 | 100 | Trauzl |
| TFA-10in | 260 | 17400 | 5200 | 2 | 200 | Neyrfor |
| T2AI-9½in | 242 | -15600 | 4450 | 3 | (-172) | Neyrfor |
| T3AI-9½in | 242 | -21100 | 6050 | 4 | (-256) | |
| 8½in-Sz | 215.9 | 15890 | 3145 | 2 | 197 | Salzgitter |
| 2T8 | 220 | 9400 | 1875 | 1 | 100 | T |
| TT-ZB-7⅝in N | 194 | 12000 | 2400 | 1 | 150 | B. C. T-T. S. A |
| TT-ZB-7⅝in N | 194 | 12000 | 2400 | 1 | 165 | |
| TT-ZBR-7⅝in N | 194 | 16300 | 7050 | 3 | 200 | (Eastman-whipstock) |
| TT-ZBR-7⅝in N | 194 | 16300 | 7050 | 3 | 215 | |
| 7½in-Sz | 190.5 | 15782 | 2521 | 3 | 241 | Salzgitter |
| TFI-7¼in | 187 | 11252 | 1855 | 2 | 165 | |
| TFAI-7¼in | 187 | 16163 | 2644 | 3 | 220 | Neyrfor |
| 6⅝in-Sz | 168.3 | 15240 | 2035 | 3 | 226 | Salzgitter |
| 5in-Sz | 127 | 13795 | 1006 | 3 | 240 | Salzgitter |

续表

| 型号 | 最大直径/mm | 长度/mm | 质量/kg | 节数 | 级数/K | 制造厂家和经营者 |
|---|---|---|---|---|---|---|
| TT-LEC-5in | 127 | 16510 | 1350 | 3 | 240 | B. C. T-T. S. A (Eastman-whipstock) |
| TEI-5in | 127 | 2070 | 753 | 2 | (~135) | Neyrfor |
| TEI-5in | 127 | 15240 | 1252 | 3 | (~250) | |

**表 6-40　西欧部分普通涡轮钻具的结构特性和水力特性($\gamma=1\times10^3$kg/m$^3$)**

| 型号 | 直径/mm(in) | 级数 | 额定流量/(L/s) | 额定转速/(r/min) | 额定扭矩/N·m | 额定功率/kW | 压力降/MPa | 扭矩转速比 | 速度系数 |
|---|---|---|---|---|---|---|---|---|---|
| TR-IT10 | 260(10) | 100 | 50 | 600 | 2580 | 161.8 | 4.9 | 0.44 | 12 |
| TFA | 260(10) | 200 | 50 | 620 | 4454 | 289.8 | 4.12 | 0.73 | 12.4 |
| T2AI | 242(9½) | (172) | 41 | (172) | (3170) | 236 | 8.75 | 0.45 | (15.2) |
| T3AI | 242(9½) | (256) | 41 | (712) | (4740) | 353 | 12.7 | 0.67 | (15.2) |
| Sz-S | 215.9(8½) | 197 | 38 | 615 | 2806 | 181 | 8.44 | 0.47 | 16.2 |
| TR-2T8 | 203.2(8) | 100 | 38 | 700 | 1403 | 103 | 3.92 | 0.20 | 18.4 |
| ZB-N | 194(7⅝) | 150 | 33.3 | 690 | 1962 | 142 | 5.2 | 0.29 | 20.7 |
| ZB-P | 194(7⅝) | 165 | 30 | 725 | 1913 | 144.9 | 7.62 | 0.27 | 24.2 |
| ZBR-N | 194(7⅝) | 200 | 30.8 | 605 | 2237 | 142 | 6.57 | 0.38 | 19.6 |
| ZBR-P | 194(7⅝) | 215 | 26.7 | 725 | 2168 | 164.7 | 8.04 | 0.30 | 27.1 |
| Sz-S | 190.5(7½) | 241 | 25 | 593 | 1805 | 111.8 | 6.57 | 0.31 | 23.7 |
| TFI | 187(7¼) | 165 | 30 | (900) | 1717 | 161.8 | 7.85 | 0.19 | (30) |
| TFAI | 187(7¼) | 220 | 30 | (735) | 1913 | 147.1 | 7.55 | 0.26 | (24.5) |
| Sz-S | 168.2(6⅝) | 226 | 25 | 812 | 1687 | 143.4 | 9.02 | 0.21 | 32.5 |

续表

| 型号 | 直径/mm(in) | 级数 | 额定流量/(L/s) | 额定转速/(r/min) | 额定扭矩/N·m | 额定功率/kW | 压力降/MPa | 扭矩转速比 | 速度系数 |
|---|---|---|---|---|---|---|---|---|---|
| Sz-S | 127(5) | 240 | 10 | 731 | 392 | 30.1 | 6.47 | 0.055 | 73.1 |
| LEC | 127(5) | 240 | 10 | 975 | 618 | 63.2 | 8.34 | 0.065 | 97.5 |
| TF-5in | 127(5) | (135) | 10 | (1050) | (220) | 24.2 | 4.48 | 0.02 | (105) |
| T2FI-5in | 127(5) | (250) | 10 | (1050) | (440) | 48.5 | 8.25 | 0.04 | (105) |

注：1. 本表包括新近型号和传统型号。

2. 普通涡轮钻具在获得最大功率和最优效率处的转速都在 400~800 r/min。但对牙轮钻头可靠工作而言，需要转速在 150~400 r/min 的低速涡轮钻具。

## （二）低速涡轮钻具

### 1. 低速系列涡轮钻具特性

低速系列涡轮钻具是依靠增加叶片的出口角 $\alpha$ 来实现的。其性能见表 6-41 和表 6-42。

**表 6-41　低速系列涡轮钻具的结构参数**

| 型号 | 最大直径/mm | 长度/mm | 质量/kg | 节数 | 级数 |
|---|---|---|---|---|---|
| T12M3B—7½in | 195 | 9100 | 1500 | 1 | 100 |
| 3TS Sh—7½in—TL | 195 | 26110 | 4243 | 3 | 330 |
| T12M3E—6⅝in | 172 | 8440 | 1115 | 1 | 121 |
| 3TS Sh—6⅝in—TL | 172 | 25490 | 3500 | 3 | 435 |

**表 6-42　低速系列涡轮钻具的水力特性（$\gamma=1\times10^3\ kg/m^3$）**

| 型号 | 额定排量/(L/s) | 额定转速/(r/min) | 额定转矩/N·m | 功率/kW | 压力降/MPa | 扭矩转速比 | 速度系数 |
|---|---|---|---|---|---|---|---|
| T12M3B-7½in | 32 | 760 | 922 | 73.5 | 4.27 | 0.12 | 23.75 |
| 3TS Sh-7½in-TL | 33 | 285 | 1216 | 36.8 | 1.86 | 0.43 | 8.64 |

续表

| 型号 | 额定排量/(L/s) | 额定转速/(r/min) | 额定转矩/N·m | 功率/kW | 压力降/MPa | 扭矩转速比 | 速度系数 |
|---|---|---|---|---|---|---|---|
| T12M3E-6⅝in | 24 | 685 | 584 | 41.9 | 4.07 | 0.09 | 28.5 |
| 3TS Sh-6⅝in-TL | 22 | 395 | 1069 | 44.1 | 4.66 | 0.28 | 17.95 |

2. 压力曲线倾向制动端的涡轮钻具

要实现这种涡轮转速的降低，方法是增加环流系数 $\delta$。具体方法是加压力调节阀、弹簧蓄能调节法，以及螺杆马达和涡轮串联和喷增器调节等方法。其性能见表 6-43 和表 6-44。

**表 6-43　转速止动涡轮钻具结构参数**

| 型号 | 最大直径/mm | 长度/mm | 质量/kg | 节数 | 级数 |
|---|---|---|---|---|---|
| A6K3S | 164 | — | — | 2 | 220 |
| A7N4S | 195 | — | — | 2 | 228 |
| A7N4S | 195 | 16000 | 2658 | 2 | 231 |
| A9K5S | 240 | — | — | 2 | 203 |
| A7Sh | 195 | — | — | 2 | 236 |
| A9Sh | 240 | — | — | 2 | 210 |

**表 6-44　转速止动涡轮钻具水力特性($\gamma=1\times10^3$kg/m$^3$)**

| 型号 | 排量 | 转速/(r/min) | | 扭矩/N·m | | 最大功率/kW | 泵压($N_n$ 工况)/MPa |
|---|---|---|---|---|---|---|---|
| | | $N_n$ 工况 | $n_x$ | $N_n$ 工况 | $M_n$ | | |
| A6K3S | 18 | 300~400 | 1200 | 68.7~88.3 | 1470 | 25 | 6.37 |
| A7N4S | 33 | 300~500 | 1000 | 1768.8~2747 | 4460 | 95.6 | 6.81 |
| A7N4S | 33 | 248 | 855 | 1860 | 4450 | 87 | 6.08 |
| A9K5S | 45 | 200~300 | 600 | 1960~2940 | 5980 | 66 | 4.9 |
| A7Sh | 30 | 520 | 1200 | 1860 | 3730 | 103 | 8.04 |
| A9Sh | 45 | 420 | 975 | 3040 | 6080 | 132 | 6.67 |

## (三) 减速器涡轮钻具

减速器涡轮钻具即在涡轮钻具中安装 RSh195 型减速器、双行星减速器等。其性能见表 6-45 和表 6-46。

**表 6-45　带减速器涡轮钻具结构特性($a$ 为速度系数，$a=\eta/q$)**

| 减速器 | 减速比 | 类型 | 涡轮 | | 润滑方式 |
|---|---|---|---|---|---|
| | | | 形式 | 级数 | |
| RSh195 | 2.7 | 摩擦滚珠 | 正常的，$a=22$ | 58 | 开式 |
| | | 摩擦滚珠 | 正常的，$a=22$ | 116 | 开式 |
| T195RT | 约为 3 | 行星齿轮 | 正常的，$a=22$ | 136 | 油浴 |
| | | 行星齿轮 | 正常的 $a=22$，低速的 $a=8.5$ | 46、110 | 油浴 |
| | | 行星齿轮 | 正常的 $a=22$，低速的 $a=8.5$ | 23、110 | 油浴 |
| TR127 | 约为 3 | 行星齿轮 | 正常的 TS-5in | 75 | 油浴 |
| | | | 正常的 TS-5in | 160 | 油浴 |

**表 6-46　带减速器涡轮钻具水力特性($\gamma=1\times10^3$kg/m$^3$)**

| 减速器 | 涡轮级 | 额定排量/(L/s) | 额定转速/(r/min) | 额定扭矩/N·m | 额定功率/kW | 压力降/MPa | 扭矩转速比 |
|---|---|---|---|---|---|---|---|
| TRSh195 | 正常的 58 | 45 | 290 | 2450 | 74.3 | 4.8 | 0.86 |
| | 正常的 116 | 35 | 225 | 2210 | 52 | 5.9 | 1 |
| T195RT | 正常的 136 | 30 | 192 | 4100 | 82.3 | 5.06 | 2.2 |
| | 正常的 46<br>低速的 110 | 30 | 112 | 2620 | 30.7 | 2.24 | 2.4 |
| | 正常的 23<br>低速的 110 | 30 | 88 | 1930 | 17.8 | 1.37 | 2.2 |
| TR127 | 正常的 75 | 12.5 | 286 | 490 | 14.7 | 2.62 | 0.17 |
| | 正常的 160 | 8.6 | 198 | 490 | 10.1 | 2.62 | 0.25 |

## (四) 高速涡轮钻具

高速涡轮钻具的性能参数见表 6-47~表 6-50。

### 表 6-47　用于金刚石钻头的高速涡轮钻具结构特性

| 型　号 | 最大直径/mm | 长度/mm | 质量/kg | 节　数 | 级　数 |
|---|---|---|---|---|---|
| TFA-5in | 127 | 13320 | 1000 | 2 | 240 |
| LEC-5in | 127 | 16510 | 1350 | 3 | 240 |
| VNIIBT-7½in(装有特殊叶片) | 195 | — | — | 2 | 228 |
| ZBR-7⅝in-215P | 194 | 16300 | 7050 | | 215 |
| T3A1-9½in | 242 | 21420 | 6050 | 3 | 256 |

### 表 6-48　用于金刚石钻头的高速涡轮钻具水力特性($\gamma=1\times10^3$kg/m$^3$)

| 型　号 | 额定排量/(L/s) | 额定转速/(r/min) | 额定扭矩/N·m | 额定功率/kW | 压力降/MPa | 扭矩转速比 | 速度系数 |
|---|---|---|---|---|---|---|---|
| TFA-5in | 10 | 1030 | 432 | 46.3 | 7.26 | 0.043 | 103 |
| LEC-5in | 10 | 975 | 618 | 73.2 | 8.34 | 0.065 | 97.6 |
| VNIIBT-7½in(装有特殊叶片) | 30 | 723 | 2470 | 187 | 8.5 | 0.35 | 24.1 |
| ZBR-7⅝in-215P | 30 | 815 | 2740 | 233 | 10.15 | 0.34 | 27.2 |
| T3A1-9½in | 45 | 781 | 5317 | 435 | 15.1 | 0.69 | 17.4 |

### 表 6-49　美国部分高速涡轮钻具水力特性*

| 型号 | 直径/mm(in) | 额定流量/(L/s) | 额定转速/(r/min) | 额定扭矩/N·m | 额定功率/kW | 压力降/MPa | 压力/MPa | 扭矩转速比 | 速度系数 |
|---|---|---|---|---|---|---|---|---|---|
| Maurer Eng | 146.05~158.75(5¾~6¼) | 18.9 | (1900) | (37) | (74) | 5.3 | — | 0.02 | 100 |
| Engineering Enterprises | | | 1400 | 1260 | 184 | | 3.43 | 0.09 | — |
| Naurer Eng | 196.85(7¾) | 28.4 | 780 | 1090 | 165 | 6.0~8.0 | — | 0.14 | 27.5 |

注:* 为高速大扭矩短涡轮钻具特性。

**表 6-50　西方高速涡轮钻具特性***

| 直径 | | 厂家 | 型号 | 额定流量/(L/s) | 额定输出功率/kW | 额定扭矩/N·m | 额定转速/(r/min) | 压力降/MPa | 级数 | 质量/kg | 井眼尺寸 | |
|---|---|---|---|---|---|---|---|---|---|---|---|---|
| mm | in | | | | | | | | | | mm | in |
| 120.65 | $4\frac{3}{4}$ | Neyrfor | T2AL | 10 | 55 | 420 | 1180 | 9.6 | 200 | 893 | 149.23~158.75 | $5\frac{7}{8}$~$6\frac{1}{4}$ |
| 127 | 5 | Neyrfor | TF1 | 10 | 30 | 280 | 1020 | 5.3 | 129 | 765 | 152.40~171.45 | 6~$6\frac{3}{4}$ |
| | | Neyrfor | T2F1 | 10 | 58 | 540 | 1020 | 9.7 | 258 | 1256 | 152.40~171.45 | 6~$6\frac{3}{4}$ |
| | | Redi Drill | ST15 | 10 | 62 | 560 | 1030 | 8.4 | 150 | 910 | 155.58~200.03 | $6\frac{1}{8}$~$7\frac{7}{8}$ |
| | | Redi Drill | ST25 | 10 | 100 | 900 | 1030 | 14 | 240 | | 155.58~200.03 | $6\frac{1}{8}$~$7\frac{7}{8}$ |
| | | Redi Drill | STD1—5(1) | 10 | 37 | 340 | 1030 | 5 | 90 | 700 | 155.58~200.03 | $6\frac{1}{8}$~$7\frac{7}{8}$ |
| 168.28 | $6\frac{5}{8}$ | Neyrfor | T2A1 | 26.67 | 210 | 1820 | 1100 | 12.6 | 172 | 1888 | 200.03~212.73 | $7\frac{7}{8}$~$8\frac{3}{8}$ |
| | | Neyrfor | T3A1 | 26.67 | 214 | 2720 | 1100 | 18.4 | 258 | 2536 | 200.03~212.73 | $7\frac{7}{8}$~$8\frac{3}{8}$ |
| 171.45 | $6\frac{3}{4}$ | Eastman Christensen | 2L | 26.67 | 191 | 2140 | 853 | 10.2 | 212 | 2011 | 212.73~250.83 | $8\frac{3}{8}$~$9\frac{7}{8}$ |
| | | Eastman Christensen | 3L | 26.67 | 287 | 3210 | 853 | 15 | 318 | 2894 | 212.73~250.83 | $8\frac{3}{8}$~$9\frac{7}{8}$ |
| | | Eastman Christensen | 8D100(1) | 26.67 | 43 | 490 | 860 | 2.8 | 73 | 800 | 212.73~250.83 | $8\frac{3}{8}$~$9\frac{7}{8}$ |

续表

| 直径 | | 厂家 | 型号 | 额定流量/(L/s) | 额定输出功率/kW | 额定扭矩/N·m | 额定转速/(r/min) | 压力降/MPa | 级数 | 质量/kg | 井眼尺寸 | |
|---|---|---|---|---|---|---|---|---|---|---|---|---|
| mm | in | | | | | | | | | | mm | in |
| 184.15 | $7\frac{1}{4}$ | Neyrfor | T2A1 | 30 | 181 | 1970 | 880 | 10.4 | 164 | 2160 | 212.73~250.83 | $8\frac{3}{8}$~$9\frac{7}{8}$ |
| | | Neyrfor | T3A1 | 30 | 272 | 2950 | 880 | 14.9 | 246 | 2940 | 212.73~250.83 | $8\frac{3}{8}$~$9\frac{7}{8}$ |
| | | Neyrfor | TFST(1) | 30 | 41 | 510 | 750 | 2.4 | 50 | 730 | 212.73~311.15 | $8\frac{3}{8}$~$12\frac{1}{4}$ |
| | | Neyrfor | TFM(1) | 30 | 65 | 820 | 750 | 3.7 | 80 | 1030 | 212.73~311.15 | $8\frac{3}{8}$~$12\frac{1}{4}$ |
| | | Neyrfor | TF(1) | 30 | 89 | 1130 | 750 | 5 | 100 | 1390 | 212.73~311.15 | $8\frac{3}{8}$~$12\frac{1}{4}$ |
| | | Redi Drill | ST1 | 30 | 256 | 2390 | 1020 | 12.4 | 150 | 2310 | 215.90~311.15 | $8\frac{1}{2}$~$12\frac{1}{4}$ |
| | | Redi Drill | ST2 | 30 | 374 | 3500 | 1020 | 18.2 | 220 | | 215.90~311.15 | $8\frac{1}{2}$~$12\frac{1}{4}$ |
| | | Redi Drill | STD1(1) | 30 | 120 | 1120 | 1020 | 5.8 | 70 | 90 | 215.90~311.15 | $8\frac{1}{2}$~$12\frac{1}{4}$ |
| | | Redi Drill | STD2(1) | 30 | 171 | 1590 | 1020 | 8.3 | 100 | 1380 | 215.90~311.15 | $8\frac{1}{2}$~$12\frac{1}{4}$ |
| 190.50 | $7\frac{1}{2}$ | Eastman Christensen | D100(1) | 30 | 63 | 630 | 953 | 3.6 | 73 | 1000 | 215.90~311.15 | $8\frac{1}{2}$~$12\frac{1}{4}$ |
| 196.85 | $7\frac{3}{4}$ | Eastman Christensen | D100(1) | 30 | 63 | 630 | 953 | 3.6 | 73 | 1080 | 250.83~311.15 | $9\frac{7}{8}$~$12\frac{1}{4}$ |
| 241.30 | $9\frac{1}{2}$ | Eastman Christensen | 2L | 41.67 | 302 | 3930 | 732 | 10.7 | 212 | 4710 | 311.15~444.50 | $12\frac{1}{4}$~$17\frac{1}{2}$ |
| | | Eastman Christensen | 3L | 41.67 | 452 | 5900 | 732 | 15.5 | 318 | 6280 | 311.15~444.50 | $12\frac{1}{4}$~$17\frac{1}{2}$ |
| | | Neyrfor | T2A1 | 41.67 | 282 | 3610 | 723 | 11 | 172 | 4370 | 311.15~444.50 | $12\frac{1}{4}$~$17\frac{1}{2}$ |
| | | Neyrfor | T3A1 | 41.67 | 424 | 5420 | 723 | 15.7 | 258 | 5935 | 311.15~444.50 | $12\frac{1}{4}$~$17\frac{1}{2}$ |
| 260.35 | $10\frac{1}{4}$ | Neyrfor | TFST(1) | 50 | 137 | 2060 | 630 | 4.7 | 79 | 2260 | 374.65~660.40 | $14\frac{3}{4}$~26 |

### (五) 小直径涡轮钻具

苏联和法国小直径涡轮钻具性能见表 6-51 和表 6-52。

**表 6-51　小直径涡轮钻具结构特性**

| 型号 | 直径 | | 长度/mm | 质量/kg | 节数 | 级数 | 速度系数 |
|---|---|---|---|---|---|---|---|
| | $\Phi_{max}$/mm | $\Phi$/in | | | | | |
| TS4A | 101.6 | 4 | 12275 | 629 | 3 | 212 | 101 |
| YN | 95.25 | 3¾ | 4620 | 160 | 1 | 100 | 129 |
| YP | 95.25 | 3¾ | 4620 | 160 | 1 | 100 | 400 |

**表 6-52　小直径涡轮钻具水力特性($\gamma=1\times10^3$kg/m$^3$)**

| 型号 | 额定流量/(L/s) | 额定功率/(r/min) | 额定扭矩/N·m | 额定功率/kW | 压力降/MPa | 扭矩转速比 |
|---|---|---|---|---|---|---|
| TS4A-4in-212 | 8 | 810 | 191 | 16.2 | 5.4 | 0.024 |
| TT-YN-3¾in-100in | 12.5 | 1612 | 169 | 28.5 | 4.22 | 0.010 |
| TT-Y-3¾in-100in | 6 | 2400 | 81 | 20.4 | 8.19 | 0.0035 |

### (六) 俄罗斯新型涡轮钻具

1. 涡轮钻具技术特性

涡轮钻具技术特性见表 6-53。

2. 钻具、定向钻具与钻头配合

钻具、定向钻具与钻头配合见表 6-54。

3. 多级钻具的技术参数和特性

多级钻具的技术参数和特性见表 6-55。

表 6-53 涡轮钻具技术特性

| 产品代号 | 外径/mm | 所用钻头直径/mm | 长度/m | 下层力臂长度/m | 总重/kg | 涡轮数量/件 | 涡轮类型 | 钻具涡轮级数 | 钻井液流量/(L/s) | 空转次数/(r/min) | 最大功率下的转速/(r/min) | 制动力矩/kN·m | 钻具压力降/bar | 最大功率/kW | 连接螺纹 |  | 弯曲范围/(°) |
|---|---|---|---|---|---|---|---|---|---|---|---|---|---|---|---|---|---|
|  |  |  |  |  |  |  |  |  |  |  |  |  |  |  | 钻杆 | 钻头 |  |
| T02 БИ-172 | 172 | 190.5~215.9 | 9.7 | 2.6 | 1363 | 1 | TC4E-172 | 106 | 25~32 | 1250~1600 | 625~800 | 1.1~1.8 | 38~56 | 37~77 | 3~147 | 3~117 | 0~2 |
| 3TCШ БИ-172 | 172 | 212.7~215.9 | 25.4 | — | 4590 | 3 | TC4E-172 | 336 | 20~25 | 1000~1250 | 500~625 | 2.3~3.5 | 67~98 | 59~116 | 3~121 | 3~117 | — |
| 2TCШ-178T | 178 | 212.7~215.9 | 17.9 | — | 2750 | 2 | TC4E-172 | 230 | 25~28 | 1250~1400 | 625~700 | 2.4~3.0 | 71~86 | 79~112 | 3~122 | 3~117 | — |
| T1-195 | 195 | 212.7~215.9 | 25.5 | — | 4810 | 3 | T1-195 | 435 | 28~34 | 760~930 | 380~465 | 3.7~5.4 | 58~81 | 71~127 | 3~147 | 3~117 | — |
| 3TCШ1-195 | 195 | 212.7~215.9 | 25.8 | — | 4745 | 3 | 3TCШ1-195 | 330 | 28~34 | 730~890 | 365~445 | 2.8~4.2 | 58~81 | 52~93 | 3~147 | 3~117 | — |
| A7Ш | 195 | 212.7~215.9 | 17.5 | — | 3180 | 2 | A7H4C | 226 | 25~28 | 1140~1280 | 570~640 | 2.1~2.6 | 78~96 | 80~93 | 3~147 | 3~117 | — |
| T02-195 | 195 | 212.7~215.9 | 10.4 | 2.6 | 1225 | 1 | A7H4C | 104 | 28~34 | 1280~1550 | 640~775 | 1.4~2.1 | 50~68 | 43~77 | 3~147 | 3~117 | 0~2 |

续表

| 产品代号 | 外径/mm | 所用钻头直径/mm | 长度/m | 下层力臂长度/m | 总重/kg | 涡轮数量/件 | 涡轮类型 | 钻具涡轮级数 | 钻井液流量/(L/s) | 空转次数/(r/min) | 最大功率下的转速/(r/min) | 制动力矩/kN·m | 钻具压力降/bar | 最大功率/kW | 连接螺纹 | | 弯曲范围/(°) |
|---|---|---|---|---|---|---|---|---|---|---|---|---|---|---|---|---|---|
| | | | | | | | | | | | | | | | 钻杆 | 钻头 | |
| T12PT-240 | 240 | 269.9~339.7 | 8.2 | — | 2017 | 1 | 3TCШ1-240 | 104 | 45~50 | 960~1070 | 480~535 | 3.2~3.9 | 47~56 | 83~113 | 3~171 | 3~171 | — |
| TB1-240 | 240 | 269.9~339.7 | 8.2 | — | 2000 | 1 | TB1-240 | 138 | 50~55 | 910~1000 | 455~500 | 3.2~3.9 | 31~36 | 71~93 | 3~171 | 3~152 | — |
| T02-240 | 240 | 269.9~339.7 | 10.2 | 2.8 | 2506 | 1 | A9K5Ca | 92 | 45~50 | 970~1190 | 485~595 | 2.7~4.0 | 39~54 | 60~109 | 3~171 | 3~152 | 0~2 |
| T03-240БИ-B | 240 | 269.9~339.7 | 10.6 | 2.9 | 2640 | 1 | TBШ-240 | 136 | 35~50 | 950~1360 | 475~680 | 2.3~4.8 | 36~63 | 43~173 | 3~171 | 3~152 | 0~2 |
| T03-240БИ-И | 240 | 269.9~339.7 | 10.6 | 2.9 | 2640 | 1 | TB1-240 | 151 | 50~60 | 910~1090 | 455~545 | 3.5~5.0 | 33~43 | 78~134 | 3~171 | 3~152 | 0~2 |
| A9ГTШ. БИ | 240 | 269.9~339.7 | 23.3 | — | 5975 | 2+1 | A9K5Ca+A9ГTШ | 210+105 | 45 | 490 | 245 | 6.1 | 65 | 64 | 3~171 | 3~152 | — |
| 3TCШ1-240 | 240 | 269.9~339.7 | 23.3 | — | 5975 | 3 | 3TCШ1-240 | 327 | 34~45 | 730~960 | 365~480 | | | 112~258 | 3~171 | 3~152 | — |
| T1-240 | 240 | 269.9~339.7 | 23.7 | — | 6200 | 3 | T1-240 | 348 | 34~45 | 720~950 | 360~475 | 6.0~10.4 | 62~103 | 102~238 | 3~171 | 3~152 | — |

注：以上参数是在钻井液密度 1.0g/cm³ 的条件下提供的。

**表 6-54 钻具、定向钻具与钻头配合**

| 产品代号 | 外径/mm | 长度/mm | 总重/kg | 钻具的级数 | 流量/(L/s) | 主轴转速/(r/s) | 压力降/MPa | 主轴扭矩/N·m | 钻头直径/mm | 连接螺纹 | | 最大弯曲值/(°) | 主轴连接尺寸/mm |
|---|---|---|---|---|---|---|---|---|---|---|---|---|---|
| | | | | | | | | | | 钻杆 | 钻头 | | |
| 单组钻具(适用于直井) | | | | | | | | | | | | | |
| T12M3E-172 | 172 | 7940 | 1057 | 106 | 25~28 | 10.5~11.7 | 2.85~3.5 | 559~687 | 190.5~215.9 | 3~147 | 3~117 | — | — |
| T12M3Б-195 | 195 | 8060 | 1440 | 105 | 45~50 | 9.7~10.8 | 2.9~3.6 | 714~882 | 215.9~224.5 | 3~147 | 3~117 | — | — |
| T12PT-240 | 240 | 8210 | 2017 | 104 | 50~55 | 11.6~12.7 | 4.4~5.4 | 2127~2550 | 269.9 | 3~189 | 3~171 | — | — |
| 主轴涡轮(适用于直、斜井) | | | | | | | | | | | | | |
| T105K | 105 | 12700 | 590 | 303 | 8~12 | 10.6~16 | 4.5~10.2 | 170~381 | 120.6~151.0 | 3~88 | 3~76 | — | 50±5 |
| 3TCШ1-172 | 172 | 25400 | 3530 | 336 | 20~25 | 8.3~10.5 | 5.7~8.8 | 1128~1765 | 190.5~215.9 | 3~121 | 3~117 | — | 360±0.5 |

续表

| 产品代号 | 外径/mm | 长度/mm | 总重/kg | 钻具的级数 | 流量/(L/s) | 主轴转速/(r/s) | 压力降/MPa | 主轴扭矩/N·m | 钻头直径/mm | 连接螺纹 | | 最大弯曲值/(°) | 主轴连接尺寸/mm |
|---|---|---|---|---|---|---|---|---|---|---|---|---|---|
| | | | | | | | | | | 钻杆 | 钻头 | | |
| ТПС-172 | 172 | 26250 | 3325 | 426 | 25 | 7.3 | 6.5 | 1746 | 190.5~215.9 | 3~121 | 3~117 | — | 310±5 |
| А7ГТШ | 195 | 24950 | 4425 | 228+решеток Гидротор можения114 | 30 | 5.3 | 6.9 | 1814 | 215.9 | 3~147 | 3~117 | — | 310±5 |
| А7Ш | 195 | 17600 | 3135 | 200 | 30 | 8.7 | 7.85 | 1860 | 215.9 | 3~147 | 3~117 | — | 310±5 |
| 3ТСШ1-195 | 195 | 25700 | 4790 | 330 | 30~35 | 6.4~7.5 | 3.9~5.3 | 1481~2009 | 215.9~244.5 | 3~147 | 3~117 | — | 310±0.5 |
| А9ГТШ | 240 | 23290 | 6215 | 210+гидротор можения99 | 45 | 4.1 | 5.5 | 3060 | 269.9 | 3~171 | 3~152 | — | 290±0.5 |
| 3ТСШ1-240 | 240 | 23225 | 5975 | 315 | 32~34 | 7.4~7.8 | 5.5~6.2 | 2648~2991 | 269.9 | 3~171 | 3~152 | — | 290±0.5 |
| А6Ш | 164 | 17250 | 2095 | 212 | 20~25 | 7.8~9.8 | 4.3~6.6 | 680~1079 | 190.5 | 3~121 | 3~117 | — | 80±10 |

续表

| 产品代号 | 外径/mm | 长度/mm | 总重/kg | 钻具的级数 | 流量/(L/s) | 主轴转速/(r/s) | 压力降/MPa | 主轴扭矩/N·m | 钻头直径/mm | 连接螺纹 | | 最大弯曲值/(°) | 主轴连接尺寸/mm |
|---|---|---|---|---|---|---|---|---|---|---|---|---|---|
| | | | | | | | | | | 钻杆 | 钻头 | | |
| А9Ш | 240 | 16690 | 4605 | 220 | 45 | 7.0 | 6.9 | 3040 | 269.9 | 3~171 | 3~152 | — | 290±0.5 |
| 转具转向器(适用于斜井和故障井) | | | | | | | | | | | | | |
| ТО2-172 | 172 | 9715 | 1363 | 106 | 25~28 | 10.4~11.7 | 2.9~3.9 | 637~785 | 190.5 | 3~147 | 3~117 | 2 | 320±2 |
| ТО2-195 | 195 | 10110 | 1774 | 105 | 30 | 8.7 | 3.5 | 853 | 215.9~244.5 | 3~147 | 3~117 | 2 | 310±2 |
| ТО2-240 | 240 | 10170 | 2506 | 93 | 45 | 7.0 | 2.9 | 1343 | 269.9 | 3~171 | 3~152 | 2 | 285±2 |
| ШО1-195 Шпиндель-отклонитель | 195 | 4800 | 875 | | | | | | 215.9~244.5 | | 3~117 | 2 | К труб секции 310±2 |

注:钻具和定向钻具用于钻直直、斜井,同时用于事故井和高于110℃工作环境的大直径油井(带浮动定子的钻具工作环境温度不高于90℃)。

**表 6-55　多级钻具的技术参数和特性**

| 产品代号 | 钻具型号 | 钻具数量 | 最大钻井直径/mm | 钻头直径/mm | 工作介质流量/(L/s) | 钻具长度/mm | 最大钻压/kN |
|---|---|---|---|---|---|---|---|
| PTБ394M | T12M3E-172<br>или 3TCШ1-172 | 2 | 394 | 190 | 56 | 12860 | 80 |
| PTБ490M | T12M3Б-195<br>или 3TCШ1-195 | 2 | 490 | 215.9 | 60 | 12860 | 60 |
| PTБ590M | T12M3Б-195<br>или 3TCШ1-195 | 2 | 590 | 269.9 | 60 | 12860 | 85 |
| PTБ760M | T12PT-240 | 2 | 760 | 346 | 90 | 12000 | 70 |
| PTБ920M | T12PT-240 | 2 | 920 | 445 | 90 | 12000 | 75 |
| PTБ1020M | T12PT-240 | 2 | 1020 | 490 | 90 | 12000 | 80 |
| PTБ1260M | T12PT-240 | 2 | 1260 | 445 | 135 | 12000 | 125 |
| PTБ1560 | T12PT-240 | 3 | 1560 | 490 | 135 | 12000 | 130 |
| PTБ22M<br>(2080) | T12PT-240 | 3 | 2080 | 490 | 135 | 12000 | 190 |
| PTБ 2600 | T12PT-240 | 4 | 2600<br>2730 | 490<br>620 | 135 | 12000 | |

4. NGT 涡轮钻具

该新型高效涡轮钻具有效效率为 60%～70%，适用于转速 350～2500r/min 的各种类型钻头(牙轮钻头、金刚石钻头、浸渍钻头及 PDC 钻头)。5 种基本规格涡轮钻具：85mm(3⅜in)、127mm(4¾in)、178mm(6¾in)、195mm(7$^{11}/_{16}$in)和 240mm(9½in)的涡轮。新一代涡轮钻具带有轴向 PDC 轴承的主轴减震器，除了 240mm 涡轮外，所有类型的涡轮都是不锈钢材质的。涡轮钻具的工作寿命为 2000h，检修期为 300h 以上。

NGT 公司涡轮钻具的标识：

如 T2-178NGT. M1：

T 为钻具标识;2 为涡轮数量;178 为规格;M1 为钻具型号。

具有代表性的钻具型号:

T2-127NGT. M1
T2-127NGT. M2
T1-178NGT. M1
T2-178NGT. M1
T1-178NGT. M2
T2-178NGT. M2
T1-178NGT. M3
T2-178NGT. M3
T1-240NGT. M1
T2-240NGT. M1
T3-240NGT. M1

1) T2-127NGT. M1

T2-127NGT. M1 钻具具有转速快的特点,同时使用了 PDC 钻头和金刚石浸染的小直径钻头。该钻具由涡轮和主轴两部分组成,涡轮部分使用具有高转速、低压降性能的涡轮机。最大功率下涡轮机的有效系数达 68%~70%。钻具主轴通过钻井介质工作,并具有滑动的轴向轴承,其工作面是由合成金刚石制成的。这种设备具有效率高、免修期长的特点,见图 6-36 和表 6-56 及表 6-57。

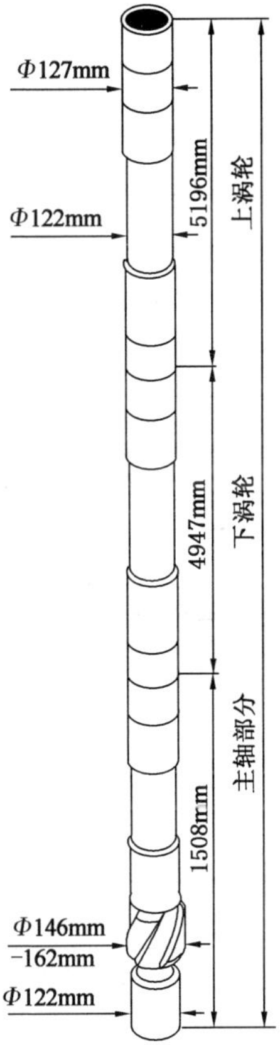

图 6-36 T2-127NGT. M1 钻具示意图

2) T2-127NGT. M2

T2-127NGT. M2 钻具具有转速快的特点,同时使用了 PDC 钻头和金刚石浸染的小直径钻头。该钻具由涡轮和主轴两部分组成。涡轮部分使用具有高转速、低压降性能的涡轮机。最大功率下涡轮机的有效系数达 68%~70%。钻具主轴通过钻井介质工作,并具有滑动的轴向轴承,其工作面是由合成金刚石制成的。因此,这种设备具有效率高、免修期长的特点,见图 6-37 和表 6-58 及表 6-59。

**表 6-56　T2-127NGT. M1 钻具技术特性**

| | |
|---|---|
| 机体外径/mm | 122 |
| 螺纹接合处外径/mm | 127 |
| 钻头直径/mm | 146.0~171.4 |
| 钻具长度/mm | 11651 |
| 上涡轮长度/mm | 5196 |
| 下涡轮长度/mm | 4947 |
| 主轴部分长度/mm | 1508 |
| 连接钻杆螺纹 | 3~88 |
| 连接钻头螺纹 | 3~88 |
| 最大钻井液密度/($g/cm^3$) | 1.6 |
| 最大轴向载荷/kN | 50 |
| 总重/kg | 750 |
| 井下最高温度/℃ | 250 |

**表 6-57　T2-127NGT. M1 钻具动力性能**

| | |
|---|---|
| 涡轮型号 | 26/10-120 |
| 涡轮机数量 | 2 |
| 钻井液流量/(L/s) | 14~16 |
| 钻井液密度/($g/cm^3$) | 1.0 |
| 制动矩/N·m | 1100~1450 |
| 工作转速/(r/min) | 1151~1316 |
| 压降/bar | 63~82 |
| 最大功率/kW | 62~93 |

**表 6-58　T2-127NGT. M2 钻具技术特性**

| | |
|---|---|
| 外径/mm | 122 |
| 螺纹接合处外径/mm | 127 |
| 钻头直径/mm | 146.0~171.4 |
| 钻具长度/mm | 11651 |
| 上涡轮长度/mm | 5196 |
| 下涡轮长度/mm | 4947 |
| 主轴部分长度/mm | 1508 |
| 连接钻杆螺纹 | 3~88 |
| 连接钻头螺纹 | 3~88 |
| 最大钻井液密度/($g/cm^3$) | 1.6 |
| 最大轴向载荷/kN | 50 |
| 总重/kg | 750 |
| 井下最高温度/℃ | 250 |

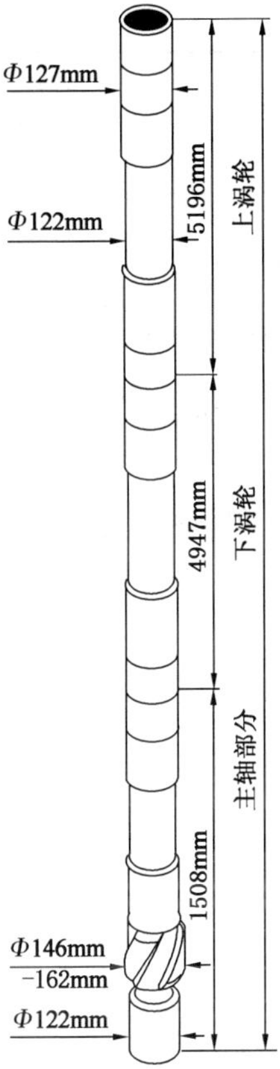


图 6-37　T2-127NGT. M2 钻具示意图

**表 6-59　T2-127NGT. M2 钻具动力性能**

| | |
|---|---|
| 涡轮型号 | 26/10-120 |
| 涡轮机数量 | 2 |
| 钻井液流量/(L/s) | 10~12 |
| 钻井液密度/($g/cm^3$) | 1.0 |
| 制动矩/N · m | 988~1423 |

续表

| 涡轮型号 | 26/10-120 |
| --- | --- |
| 工作转速/(r/min) | 1236~1483 |
| 压降/bar | 92~133 |
| 最大功率/kW | 54~93 |

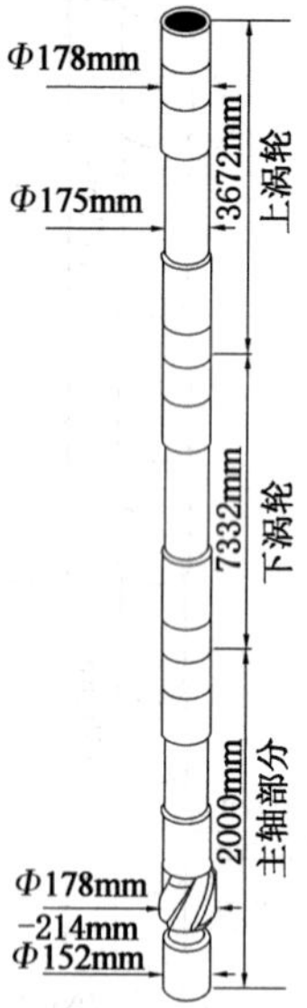


图 6-38 T1-178NGT. M1 和 T2-178NGT. M1 涡轮钻具示意图

3) T1-178NGT. M1 和 T2-178NGT. M1

直径为 212.7~215.9mm 的钻头和直径为 195mm 的涡轮钻具,其环形间隙小。为了扩大环形间隙,建议使用外径为 177.8mm T1-178NGT. M1 和 T2-178NGT. M1 型号的钻具,包括一个或两个涡轮机和一个主轴。低速转动最大功率下工作效率可达 68%~70%。主轴工作面由合成金刚石制成,具有更长的免修期,见图 6-38 和表 6-60 及表 6-61。

4) T1-178NGT. M2 和 T2-178NGT. M2

直径为 212.7~215.9mm 的钻头和直径为 195mm 的涡轮钻具,其环形间隙小。为了扩大环形间隙,建议使用外径为 177.8mm T1-178NGT. M2 和 T2-178NGT. M2 型号的钻具,包括一个或两个涡轮机和一个主轴。低速转动最大功率下工作效率可达 68%~70%。主轴工作面由合成金刚石制成,具有更长的免修期,见图 6-39 和表 6-62 及表 6-63。

**表 6-60　T1-178NGT. M1 和 T2-178NGT. M1 钻具技术特性**

| 钻具型号 | T1-178NGT. M1 | T2-178NGT. M1 |
|---|---|---|
| 机体外径/mm | 178 | |
| 钻头直径/mm | 212. 7~215. 9 | |
| 钻具长度/mm | 9332 | 16664 |
| 上涡轮长度/mm | | 3672 |
| 下涡轮长度/mm | 7332 | 7332 |
| 主轴部分长度/mm | 2000 | 2000 |
| 连接钻杆螺纹 | 3~147 | |
| 连接钻头螺纹 | 3~117 | |
| 最大钻井液密度/($g/cm^3$) | | |
| 最大轴向载荷/kN | | |
| 总重/kg | 2100 | 2500 |
| 井下最高温度/℃ | 200 | |

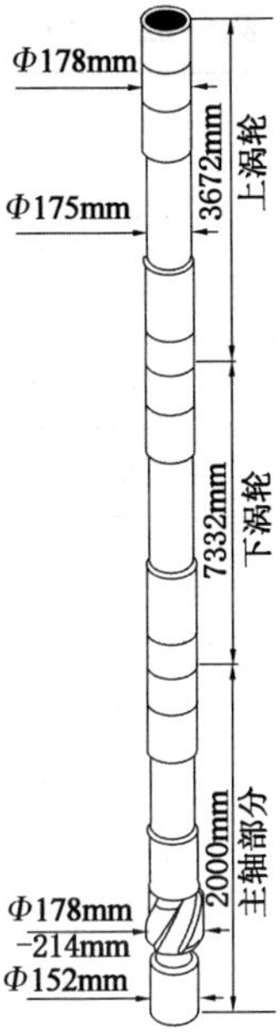

图 6-39　T1-178NGT. M2 和 T2-178NGT. M2 涡轮钻具示意图

**表 6-61　T1-178NGT. M1 和 T2-178NGT. M1 钻具动力性能**

| 涡轮型号 | 36/10-172 | |
|---|---|---|
| 涡轮机数量 | 1 | 2 |
| 钻井液流量/(L/s) | 32~36 | |
| 钻井液密度/($g/cm^3$) | 1. 0 | |
| 制动矩/N · m | 2843~3599 | 4014~5080 |
| 工作转速/(r/min) | 827~931 | 827~931 |
| 压降/bar | 58~74 | 82~104 |
| 最大功率/kW | 107~152 | 151~215 |

**表 6-62　T1-178NGT. M2 和 T2-178NGT. M2 钻具技术特性**

| 钻具型号 | T1-178NGT. M2 | T2-178NGT. M2 |
|---|---|---|
| 机体外径/mm | 178 | |
| 钻头直径/mm | 212.7~215.9 | |
| 钻具长度/mm | 9332 | 16664 |
| 上涡轮长度/mm | | 3672 |
| 下涡轮长度/mm | 7332 | 7332 |
| 主轴部分长度/mm | 2000 | 2000 |
| 连接钻杆螺纹 | 3~147 | |
| 连接钻头螺纹 | 3~117 | |
| 最大钻井液密度/(g/cm³) | 1.4 | |
| 最大轴向载荷/kN | | |
| 总重/kg | 2100 | 2500 |
| 井下最高温度/℃ | 200 | |

**表 6-63　T1-178NGT. M2 和 T2-178NGT. M2 钻具动力性能**

| 涡轮型号 | 31/10-172 | |
|---|---|---|
| 涡轮机数量 | 1 | 2 |
| 钻井液流量/(L/s) | 30~32 | 25~27 |
| 钻井液密度/(g/cm³) | 1.0 | |
| 制动矩/N · m | 3245~3693 | 3155~3680 |
| 工作转速/(r/min) | 1111~1185 | 926~1000 |
| 压降/bar | 92~104 | 89~104 |
| 最大功率/kW | 172~209 | 140~176 |

5）T1-178NGT. M3 和 T2-178NGT. M3

直径为 212.7～215.9mm 的钻头和直径为 195mm 的涡轮钻具，其环形间隙小。为了扩大环形间隙，建议使用外径为 177.8mm T1-178NGT. M3 和 T2-178NGT. M3 型号的钻具，包括一个或两个涡轮机和一个主轴。低速转动最大功率下工作效率可达 68%～70%。主轴工作面由合成金刚石制成，具有更长的免修期，见图 6-40 和表 6-64 及表 6-65。

6）T1-240NGT. M1、T2-240NGT. M1 和 T3-240NGT. M1

该涡轮钻具由一个（T1-240NGT. M1）、两个（T2-240NGT. M1）或三个涡轮（T3-240NGT. M1）与主轴组成，涡轮型号为 37/11-240。主轴是靠钻井液驱动的，并拥有复合轴承，以及高效率和长免修期，见图 6-41 和表 6-66 及表 6-67。

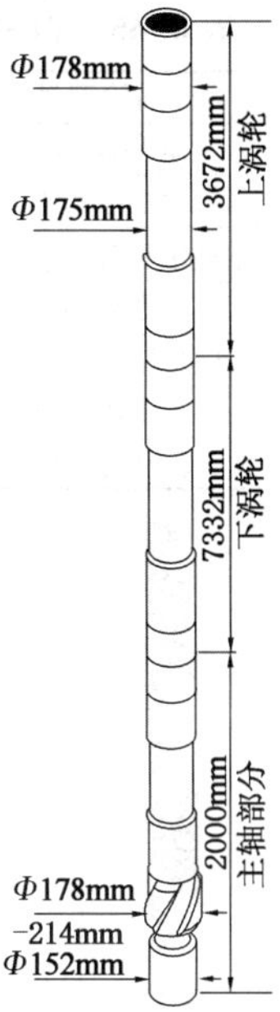


图 6-40　T1-178NGT. M3 和 T2-178NGT. M3 涡轮钻具示意图

**表 6-64　T1-178NGT. M3 和 T2-178NGT. M3 钻具技术特性**

| 钻具型号 | T1-178NGT. M3 | T2-178NGT. M3 |
|---|---|---|
| 机体外径/mm | 178 | |
| 钻头直径/mm | 212.7～215.9 | |
| 钻具长度/mm | 9332 | 16664 |
| 上涡轮长度/mm | | 3672 |
| 下涡轮长度/mm | 7332 | 7332 |
| 主轴部分长度/mm | 2000 | 2000 |
| 连接钻杆螺纹 | 3～147 | |
| 连接钻头螺纹 | 3～117 | |
| 最大钻井液密度/(g/cm³) | | |
| 最大轴向载荷/kN | | |
| 总重/kg | 2100 | 2500 |
| 井下最高温度/℃ | 200 | |

表 6-65　T1-178NGT. M3 和 T2-178NGT. M3 钻具动力性能

| 涡轮型号 | 18/18-172 | |
|---|---|---|
| 涡轮机数量 | 1 | 2 |
| 钻井液流量/(L/s) | 27~32 | 25~27 |
| 钻井液密度/(g/cm³) | 1.0 | |
| 制动矩/N · m | 2064~2899 | 2528~2949 |
| 工作转速/(r/min) | 1260~1493 | 1166~1260 |
| 压降/bar | 82~115 | 100~117 |
| 最大功率/kW | 128~214 | 146~183 |

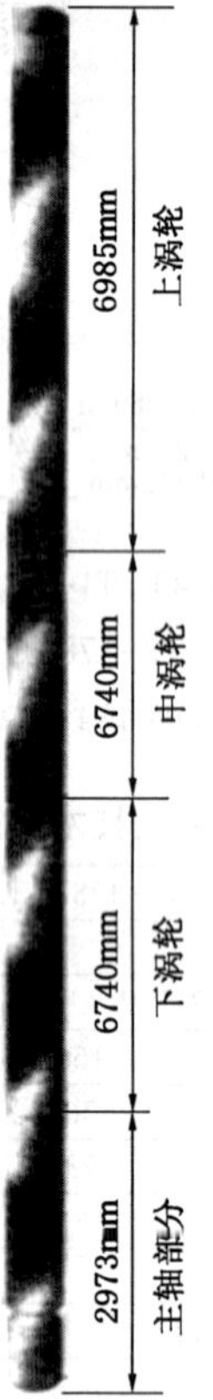


图 6-41　T1-240NGT. M1、T2-240NGT. M1 和 T3-240NGT. M1 涡轮钻具示意图

表 6-66　T1-240NGT. M1、T2-240NGT. M1 和 T3-240NGT. M1 钻具技术特性

| 钻具型号 | T1-240 NGT. M1 | T2-240 NGT. M1 | T3-240 NGT. M1 |
|---|---|---|---|
| 机体外径/mm | 240 | | |
| 钻头直径/mm | 269.9~393.7 | | |
| 钻具长度/mm | 9958 | 16698 | 23438 |
| 上涡轮长度/mm | 6985 | 6985 | 6985 |
| 中涡轮长度/mm | — | 6740 | 6740 |
| 下涡轮长度/mm | — | — | 6740 |
| 主轴部分长度/mm | 2973 | 2973 | 2973 |
| 连接钻杆螺纹 | 3~171 | | |
| 连接钻头螺纹 | 3~152 | | |
| 最大钻井液密度/(g/cm³) | 1.4 | | |
| 最大轴向载荷/kN | 300 | | |
| 总重/kg | 2535 | 4275 | 6015 |
| 井下最高温度/℃ | 150 | | |

**表 6-67　T1-240NGT. M1、T2-240NGT. M1 和 T3-240NGT. M1 钻具动力性能**

| 涡轮型号 | 37/11-240 | | |
|---|---|---|---|
| 涡轮机数量 | 1 | 2 | 3 |
| 钻井液流量/(L/s) | 36~64 | 36~50 | 36~45 |
| 钻井液密度/($g/cm^3$) | 1.2 | | |
| 制动矩/N·m | 3356~10606 | 6712~12947 | 10068~15731 |
| 工作转速/(r/min) | 510~907 | 510~709 | 510~638 |
| 压降/bar | 4.0~12.6 | 8.0~15.4 | 12.0~18.7 |
| 最大功率/kW | 84~472 | 168~450 | 252~492 |

# 第七章　定向井专用工具仪器

## 第一节　专 用 工 具

### 一、定向接头

常用定向接头有定向直接头和定向弯接头两种。定向直接头用于弯壳体螺杆钻具定向，定向弯接头用于直壳体螺杆钻具定向。两种定向直接头结构相同，都由定向键套、定位螺钉、定向键和壳体组成，如图7-1、图7-2所示。常用定向弯接头技术规格见表7-1，弯接头参考造斜率见表7-2。

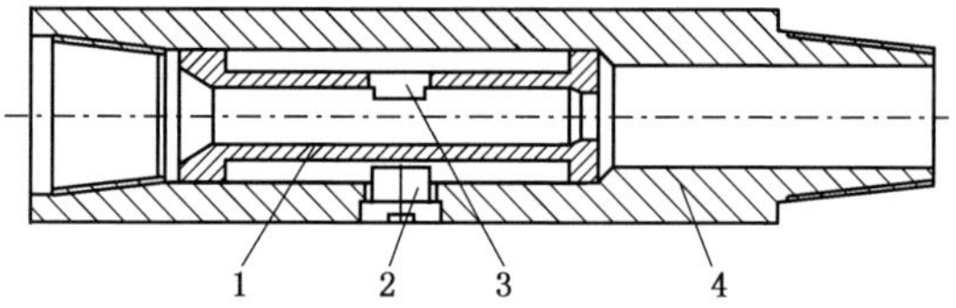


图7-1　定向直接头

1—定向键套；2—定向螺钉；3—定向键；4—壳体

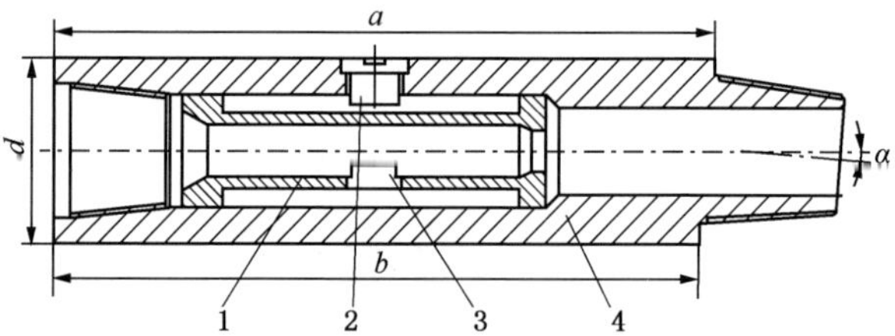


图7-2　定向弯接头

1—定向键套；2—定向螺钉；3—定向键；4—壳体

**表 7-1　常用定向弯接头技术规格**

| 外径/mm | 内径/mm | 连接螺纹 | | 弯曲角度/(°) | 长度/mm | 备注 |
|---|---|---|---|---|---|---|
| | | 母扣 | 公扣 | | | |
| 196.85 | 80 | 630 | 531 | 1.25 | 760 | 衬套内径 50mm |
| | | | | 1.50 | | |
| | | | | 1.75 | | |
| | | | | 2.00 | | |
| | | | | 2.25 | | |
| | | | | 2.50 | | |
| | | | | 2.75 | | |
| 158.75 | 70 | 4A10 | 431 | 1.25 | 500 | 衬套内径 50mm |
| | | | | 1.50 | | |
| | | | | 1.75 | | |
| | | | | 2.00 | | |
| | | | | 2.25 | | |
| | | | | 2.50 | | |
| | | | | 2.75 | | |
| 107.95 | 57 | 310 | 331 | 1.25 | 450 | 衬套内径 35mm |
| | | | | 1.50 | | |
| | | | | 1.75 | | |
| | | | | 2.00 | | |
| | | | | 2.25 | | |
| | | | | 2.50 | | |
| | | | | 2.75 | | |

**表 7-2　弯接头参考造斜率**

| 弯接头弯曲角/(°) | 95mm 钻具 | | 127mm 钻具 | | 165mm 钻具 | | 197mm 钻具 | | 244mm 钻具 | |
|---|---|---|---|---|---|---|---|---|---|---|
| | 钻头直径/mm | 造斜率/(°/30m) | 钻头直径/mm | 造斜率/(°/30m) | 钻头直径/mm | 造斜率/(°/30m) | 钻头直径/mm | 造斜率/(°/30m) | 钻头直径/mm | 造斜率/(°/30m) |
| 1.0 | 114 | 4.0 | 152 | 3.5 | 200 | 2.5 | 245 | 2.5 | 311 | 2.0 |
| 1.5 | | 4.5 | | 4.8 | | 3.5 | | 3.8 | | 3.0 |
| 2.0 | | 5.5 | | 5.5 | | 4.5 | | 5.0 | | 4.0 |

续表

| 弯接头弯曲角/(°) | 95mm 钻具 | | 127mm 钻具 | | 165mm 钻具 | | 197mm 钻具 | | 244mm 钻具 | |
|---|---|---|---|---|---|---|---|---|---|---|
| | 钻头直径/mm | 造斜率/(°/30m) | 钻头直径/mm | 造斜率/(°/30m) | 钻头直径/mm | 造斜率/(°/30m) | 钻头直径/mm | 造斜率/(°/30m) | 钻头直径/mm | 造斜率/(°/30m) |
| 1.0 | 121 | 3.0 | 171 | 3.0 | 213 | 1.8 | 270 | 2.0 | 394 | 1.8 |
| 1.5 | | 3.5 | | 4.3 | | 3.0 | | 3.5 | | 2.5 |
| 2.0 | | 4.0 | | 5.0 | | 3.8 | | 4.3 | | 3.8 |
| 2.5 | | 5.0 | | 5.8 | | 5.0 | | 5.5 | | 5.0 |
| 1.0 | 149 | 2.0 | 200 | 2.5 | 216 | 1.3 | 311 | 1.8 | 445 | 1.3 |
| 1.5 | | 2.5 | | 3.5 | | 2.0 | | 2.5 | | 2.3 |
| 2.0 | | 3.5 | | 4.5 | | 3.0 | | 3.5 | | 3.0 |
| 2.5 | | 4.5 | | 5.5 | | 4.0 | | 5.0 | | 4.0 |

弯接头弯曲度数的计算公式：

$$\alpha=57.3(a-b)/d$$

式中，$\alpha$ 为弯曲角度，(°)；$a$ 为长边长度，mm；$b$ 为短边长度，mm；$d$ 为外径，mm。

## 二、无磁钻铤

无磁钻铤可以实现无干扰磁场环境，保证磁性测斜仪器的正常工作。国外于 1990 年将其列入 API 标准，我国也制定了《无磁钻铤》(SY/T 5145)标准。无磁钻铤工作原理如图 7-3 所示，无磁钻铤材料性能见表 7-3，无磁钻铤技术规格见表 7-4。

**表 7-3　无磁钻铤材料性能**

| 无磁钻铤材料 | 特点简述 |
|---|---|
| 蒙乃尔合金 | 蒙乃尔合金虽然具有不易腐蚀的优点，但是由于镍含量高而存在以下缺点：①价格昂贵；②易磨损 |
| 铬-镍合金 | 这种合金钢约含 18%的铬和镍。易于塑性变形，导致螺纹过早损坏，特别对需要上紧扭矩大的大钻铤更为不利 |

续表

| 无磁钻铤材料 | 特点简述 |
|---|---|
| 铬、锰为基础的奥氏体合金 | 其制造方法为半热锻形变强化方法，这种钢的缺点是对盐水钻井液的应力腐蚀很敏感 |
| 铍铜巴氏合金 | 用铍铜巴氏合金制造的无磁钻铤抗钻井液的腐蚀性能好，尤其对硫化物应力破坏抵抗性更好。磁化率低，接头不易磨损，机加工性能好，由于其成分中铜占98%、铍占2%，所以价格较贵 |
| SMFI 无磁钢 | SMFI 无磁钻铤采用高抗腐蚀、高磁特性的优质无磁钢制造 |
| 国产锰铬镍钢 | 这种钢中锰占16.59%、铬占13.12%、镍占1.91%，相对磁导率小于1.01H/m |

**表7-4　无磁钻铤技术规格**

| 外径/mm | 内径/mm | 连接螺纹 | 质量/kg | |
|---|---|---|---|---|
| | | | 长度7620mm | 长度9144mm |
| 120.65 | 57.15 | NC35 | 531 | 662 |
| 120.65 | 57.15 | NC38(3½in IF) | 531 | 662 |
| 127.00 | 71.44 | NC38(3½in IF) | 606 | 755 |
| 152.40 | 57.15 | NC44 | 939 | 1169 |
| 152.40 | 71.44 | NC44 | 852 | 1061 |
| 158.75 | 57.15 | NC44 | 1034 | 1245 |
| 158.75 | 71.44 | NC46(4in IF) | 947 | 1178 |
| 165.10 | 71.44 | NC46(4in IF) | 1043 | 1298 |
| 165.10 | 57.15 | NC46(4in IF) | 1130 | 1407 |
| 171.45 | 71.44 | NC50(4½in IF) | 1141 | 1421 |
| 177.80 | 57.15 | NC50(4½in IF) | 1335 | 1663 |
| 177.80 | 71.44 | NC50(4½in IF) | 1249 | 1554 |
| 184.15 | 71.44 | NC50(4½in IF) | 1359 | 1690 |
| 196.85 | 71.44 | NC56 | 1580 | 1967 |

续表

| 外径/mm | 内径/mm | 连接螺纹 | 质量/kg | |
|---|---|---|---|---|
| | | | 长度 7620mm | 长度 9144mm |
| 203.20 | 71.44 | 6⅝in REG | 1701 | 2116 |
| 209.55 | 71.44 | 6⅝in REG | 1826 | 2265 |
| 228.60 | 71.44 | NC61-90 | 2217 | 2760 |
| 241.30 | 76.20 | 7⅝in REG | 2468 | 3064 |

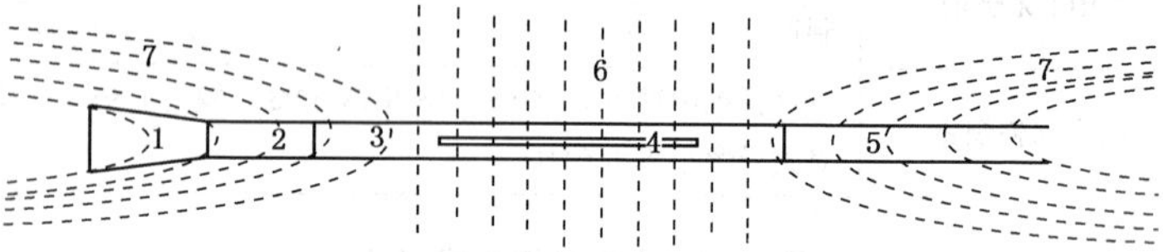


图 7-3　无磁钻铤作用原理示意图

1—钻头；2—钻头接头；3—无磁钻铤；4—磁性测斜仪；
5—钢钻铤；6—地磁场线；7—干扰磁场线

## 三、导向螺杆钻具

导向螺杆钻具带有弯壳体、稳定器等特殊结构，用于定向造斜。导向螺杆钻具有单弯、双弯、井口可调角度等结构样式，单弯及井口可调角度范围一般为 0°~3°。

### （一）单弯壳体导向螺杆钻具

单弯壳体导向螺杆钻具与常规导向螺杆钻具的使用基本相同。但在使用时应注意以下问题：

1. 造斜率

用户很重视导向螺杆钻具的造斜率，但由于导向螺杆钻具可以设计成不同的结构形式，而在使用导向螺杆钻具时又往往采用不同的钻柱组合，加之受地层可钻性的影响，因此不能简单地给出导向螺杆钻具的造斜率指标。

仅仅从导向螺杆钻具的结构而言，其造斜率受以下因素的影响：

（1）一般来说，弯角越大，造斜率越大。

（2）使用万向轴弯壳体比使用弯接头具有更大的造斜率。

（3）稳定器及垫块有助于提高导向螺杆钻具的造斜率，不同形式的稳定器、不同高度的垫块对造斜率的影响也不一样。

使用非对称稳定器的导向螺杆钻具，在下井前要检查弯万向轴外壳或弯接头角度与非对称稳定器是否共面。当共面误差较大时，对造斜率影响很大，而且井眼方位难以控制。

导向螺杆钻具的造斜在钻井作业过程中表现为井斜角的变化或井眼方位的变化。当以造斜为目标时，应使导向螺杆钻具的弯角与井斜角共面。当造斜率不够时，应注意井眼方位角的变化情况，以确认弯角是否与井斜角共面。当需要扭方位时，应当将导向螺杆钻具的弯角与方位角共面。

各厂家生产的导向螺杆钻具结构相似，造斜率相差不大，以天津立林单弯导向螺杆钻具为例，列出不同尺寸、角度的导向螺杆钻具造斜率（表7-5），仅供参考。同向双弯导向螺杆钻具的造斜率会更大一些。

**表7-5　天津立林单弯导向螺杆钻具理论造斜率**

| 钻具型号 | 井眼尺寸/mm | 理论造斜率 $K$/(°/30m) | | | | | | | | |
|---|---|---|---|---|---|---|---|---|---|---|
| | | 30′ | 45′ | 1° | 1°15′ | 1°30′ | 1°45′ | 2° | 2°15′ | 2°30′ |
| 5LZ73×7.0L | 79.4 | 5.9 | 7.8 | 20.3 | 23.6 | 30 | 37.6 | 43.7 | 48.6 | 53.8 |
| 5LZ89×7.0L | 117.5 | 7.6 | 11.5 | 15.4 | 19.0 | 23.0 | 26.7 | 30.5 | 34.4 | 38.2 |
| 5LZ95×7.0L | 117.5 | 7.3 | 10 | 13.4 | 16.3 | 20.0 | 23.7 | 27.4 | 30.0 | 34.8 |
| 5LZ95×7.0L | 117.5 | 7.3 | 10 | 13.4 | 16.3 | 20.0 | 23.7 | 27.4 | 30.0 | 34.8 |
| 5LZ120×7.0L | 152.4 | 6.5 | 7.6 | 11.3 | 14.3 | 17.2 | 20.7 | 24 | | |
| 5LZ165×7.0L | 216.0 | 4.4 | 6.5 | 8.9 | 12.0 | 13.9 | 15.4 | 17.5 | | |
| 5LZ172×7.0L | 216.0 | 4.0 | 6.02 | 8.1 | 9.80 | 11.4 | 13.3 | 15.7 | | |
| 5LZ197×7.0L | 311.0 | 4.0 | 6.0 | 8.2 | 10.2 | 12.3 | 15.2 | 16.3 | | |
| 5LZ244×7.0L | 311.0 | 3.6 | 5.4 | 7.3 | 9.1 | 10.9 | 12.7 | 14.5 | | |

2. 复合钻进

导向螺杆钻具带有弯接头或弯壳体和稳定器，由于钻头的偏移较大，复合钻进会使导向螺杆钻具受到很大的侧向力。因此，开动转盘实施复合钻进有可能引起井下事故，影响钻井作业的安全。尤其对大角度、大偏移距的钻具组合，应尽量避免长时间开动转盘。

复合钻进时，导向螺杆钻具推荐弯角在1°以下，转盘转速不超过80r/min；1°~1.25°导向螺杆钻具转盘转速不超过60r/min；1.5°导向螺杆钻具转盘转速不超过40r/min；1.5°以上导向螺杆钻具不得用于复合钻进，否则对导向螺杆钻具的寿命有很大的影响。

3. 可调角度导向螺杆钻具

可调角度导向螺杆钻具的弯壳体可调角度一般为0°~3°，现以天津立林可调弯壳体导向螺杆钻具为例，介绍角度调节步骤：

(1) 将大钳卡于如图7-4所标的旋扣区域，松开连接。

(2) 当定位套的牙与上壳体的牙仍啮合时，顺时针旋开下壳体2~4圈(但不要完全卸开)。按图7-5设置第(3)步和第(4)步。

(3) 向下滑动定位套至牙齿之间脱离。

(4) 调节弯壳体角度，顺时针旋转定位套，直到所需角度在上壳体上出现。按图7-6设置第(5)步至第(7)步。

(5) 调节弯壳体角度，顺时针旋转定位套，调到所需角度。使匹配的上壳体角度和定位套显示数对齐(图7-7)。

(6) 用丝扣油涂下壳体和定位套之间的对接面。

(7) 上推定位套，使定位套牙齿卡进槽内，旋转下壳体，按规定扭矩上紧丝扣。

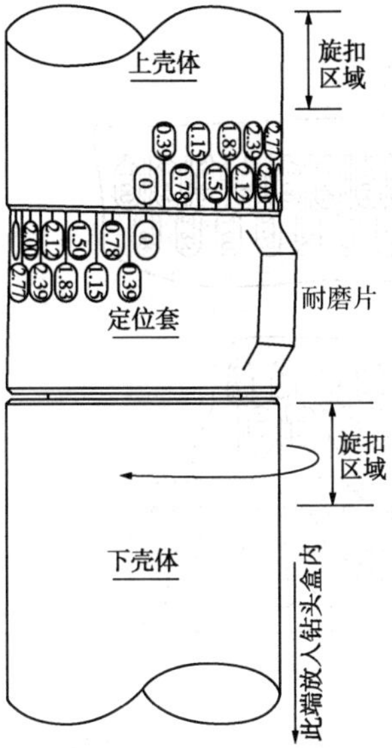


图 7-4　可调弯壳体导向螺杆钻具角度调节示意图(一)

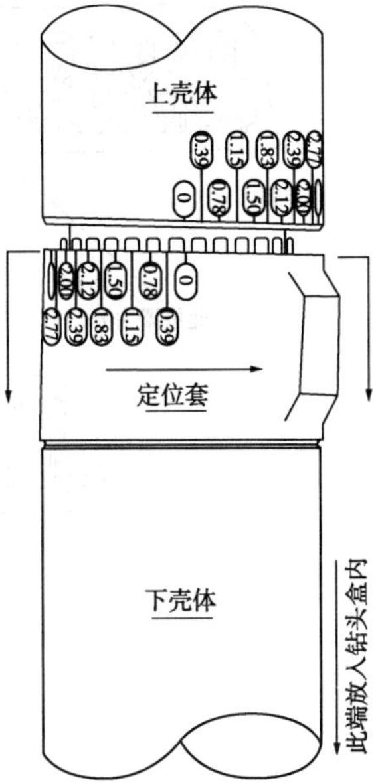


图 7-5　可调弯壳体导向螺杆钻具角度调节示意图(二)

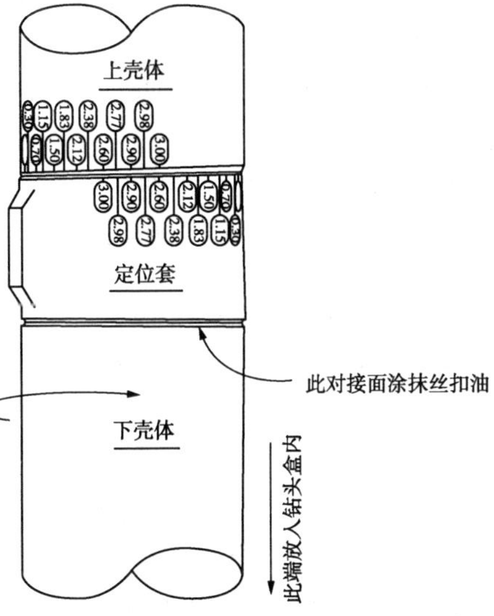


图 7-6　可调弯壳体导向螺杆钻具角度调节示意图(三)

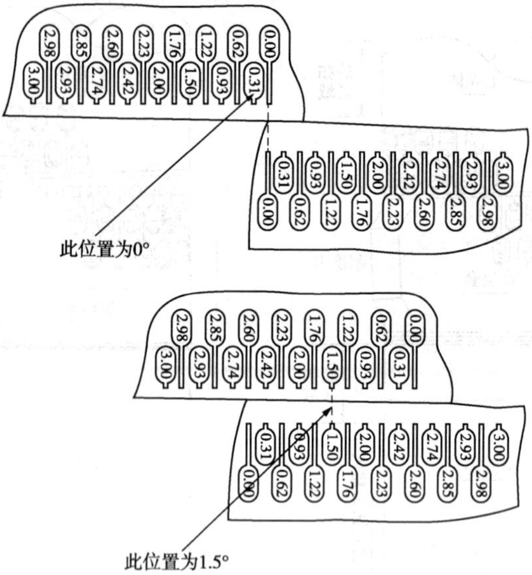


图 7-7　可调弯壳体导向螺杆钻具角度调节示意图(四)

4. 单弯导向螺杆弯壳体角度标识

为使用户在使用钻具时能清楚了解该钻具弯壳体角度，生产厂家对弯壳体的角度做了标示：

(1) 以环形槽、尖槽标示所弯角度，每一空环槽表示 1°，每一尖槽表示 15′。

(2) 空环槽、尖槽位置及尺寸如图 7-8 所示。

(3) 扎槽位置以距内螺纹边缘 200~250mm 为宜。

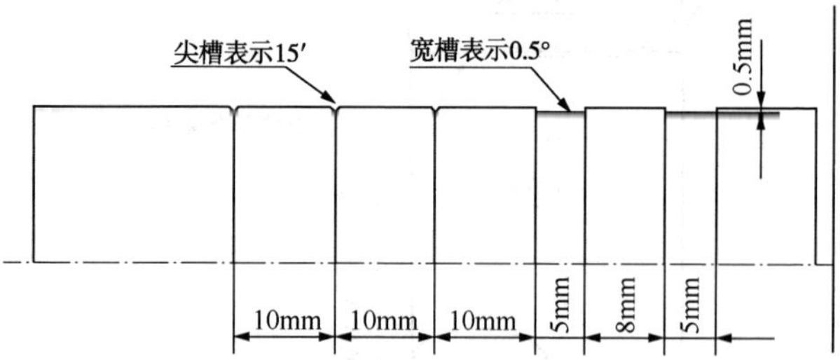


图 7-8　弯壳体角度标示

### (二) 双弯壳体螺杆钻具及铰接螺杆钻具

1. 异向双弯螺杆钻具(DTU 组合)

异向双弯螺杆钻具的特点是万向轴壳体的某两个部位各有一个弯点，两弯点方向相反，且中心线共面。即这种 DTU 组合在螺杆钻具的万向轴(或挠性轴)部分装有反向双弯的外壳，如图 7-9 所示。由于是反向双弯，钻头的偏移距较小，使用这种组合可以开动转盘(低速)实现稳斜及水平段钻进。

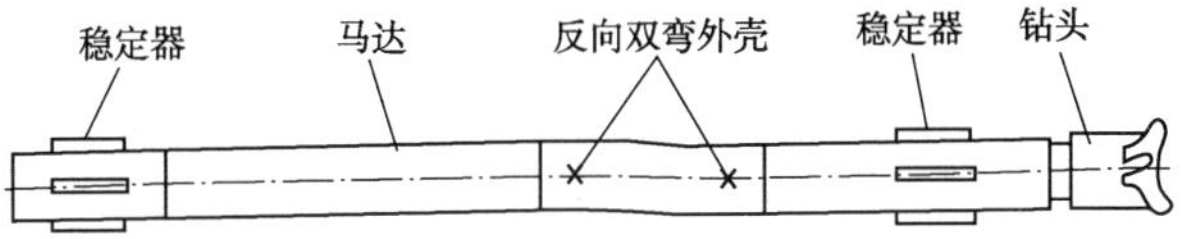


图 7-9 异向双弯螺杆钻具

异向双弯螺杆钻具既可用来打长曲率半径的造斜段，也可用来打(6~10)°/30m 造斜率的中曲率半径的造斜段，还可用来打稳斜段及水平段。由无线随钻测斜仪、DTU 马达及高效钻头组成的导向钻井系统可以实现井眼轨迹的连续控制。

2. 同向双弯螺杆钻具(DKO 组合)

同向双弯螺杆钻具的特点是万向轴壳体的某两个部位各有一个弯点，两弯点方向相同，且中心线共面。即这种 DKO 组合在螺杆钻具的万向轴(或挠性轴)部分有同向双弯外壳，其基本功能与 DTU 相同，但由于双弯同向钻头偏移距稍大，造斜能力较大，适合打中曲率半径及短曲率半径定向井及水平井的造斜段，如图 7-10 所示。

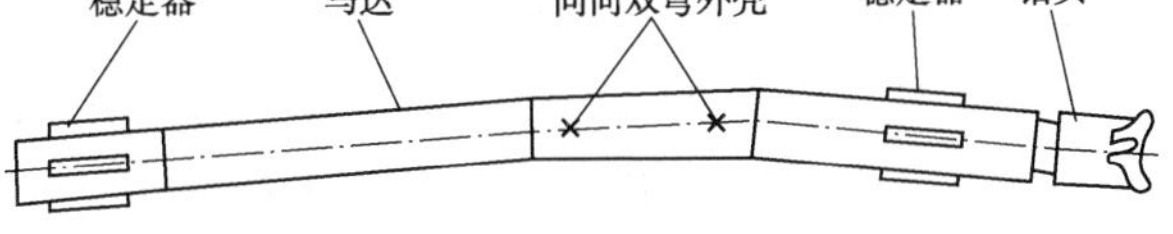


图 7-10 同向双弯螺杆钻具

3. 大偏移距同向双弯螺杆钻具(FAB 组合)

大偏移距同向双弯螺杆钻具的特点：液压马达上部与万向轴壳体某部位各有一个弯点，两弯点方向相同，且中心线共面。即这种螺杆钻具在其上部及下部(万向轴部分)各装有一单弯外壳，如图 7-11 所示。由于这种组合的钻头偏移距很大，故有很强的造斜能力，是一种强造斜组合。正因为钻头偏移距很大，不能开动转盘钻井，故不能用 FAB 组合马达组成导向钻井系统。

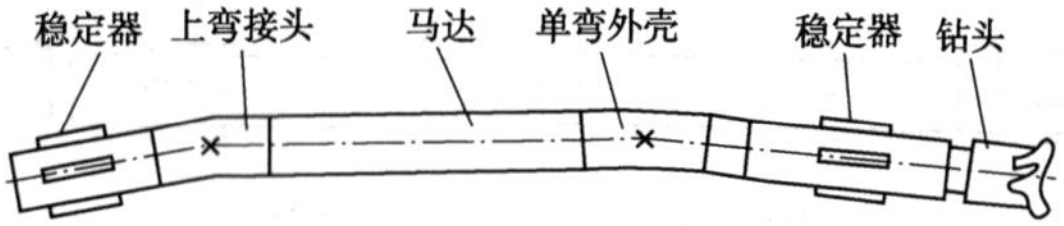


图 7-11　大偏移距同向双弯螺杆钻具

4. 球铰接螺杆钻具

球铰接螺杆钻具的特点：弯壳体钻具的数个部位呈铰接状态，如图 7-12 所示。球铰接螺杆钻具是适用于短半径水平井钻井的钻具，其造斜率可以达 4.5°/m。

图 7-12　球铰接螺杆钻具

## 四、可变径稳定器(AGS)

可变径稳定器(Adjustable Gauge Stabilizer，简称 AGS)的外径可变，在钻井中通过调整外径控制井眼的井斜角。AGS 有 3 个翼片，每一个翼片上有 4~5 个活塞控制其伸缩，并改变稳定器外径。利用开泵、停泵的方法，控制 AGS 的工作状态。开泵可引导 AGS 的工具从自由状态到另一个工作状态，停泵恢复下一个状态。可变径稳定器结构如图 7-13 所示，215.90mm(8½in)工具技术规格见表 7-6。

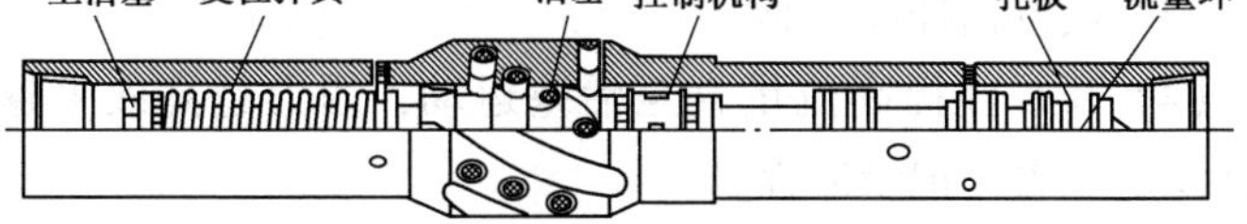


图 7-13　可变径稳定器结构示意图

**表 7-6　AGS 技术规格**

| Sperry-Sun　8½in　Adjustable Gauge Stabilizer(AGS) | | | |
|---|---|---|---|
| 适用井眼尺寸 | 215.90mm(8½in) | 心轴通孔 | 44.45mm(1¾in) |
| 质量 | 395kg(870lbs) | 硬饰面厚度 | 3.18mm(⅛in) |
| 本体材料 | 4145HTSR | | |
| 屈服强度率 | 2.38 | 最大流体密度 | 216kg/m$^3$(18ppg) |
| 最大流量 | 35L/s(600gl/min) | 运转温度范围 | 0~400℉(0~112.5℃) |
| 翼片覆盖范围 | 右旋 360°螺旋翼片 | | |
| 位置信号 | 1.1~1.75MPa(150~250psi)(当活塞伸出时，立管压力增加值) | | |
| 本体尺寸 | | | |
| 本体直径 | 171.45mm(6¾in) | 鱼颈长 | 1168.4mm(46in) |
| 翼片直径 | 539.75mm(21¼in) | 螺旋翼片长度 | 200.03~203.20mm(7⅞~8in) |
| 位置尺寸 | | | |
| 伸出 | 215.90mm(8½in) | 缩回 | 200.03~203.20mm(7⅞~8in) |
| 活塞 | | | |
| 活塞直径 | 63.50mm(2½in) | 每套工具数量 | 15 个 |

可变径稳定器的操作方法如下：

1. 可变径稳定器(AGS)的组装与地面测试

(1) 在 BHA(下部钻具组合)中组装 AGS。活塞处于静止位置，在齐平位置以下。

(2) 接钻头。AGS 下的压降必须至少 2.8MPa(400psi)，确

保工具正常工作。

(3) 接方钻杆或顶驱。

(4) 开泵并提高流量直至活塞运动，压力越高效果越好。允许设定压力并记录冲程。

(5) 测量 AGS 仪器。

(6) 如果活塞处于齐平位置，它将伸出下一个位置。

(7) 停泵时，AGS 仪器将恢复静止时的压降。

(8) 开泵，按照第(4)步记录的数据设定冲程。

(9) AGS 仪器将从静止状态循环到下一个操作位置。

(10) 再测量一次 AGS 仪器。

(11) 记录齐平与伸出位置系统的不同压力。

(12) AGS 仪器在齐平与伸出状态交替循环。

2. 使用前的设计

(1) 检查 AGS 活动压力，推荐的循环压力最低值为 3.15MPa (450psi)，最高值为 24MPa(3500psi)。

(2) 选择孔板尺寸。

3. 现场操作程序

(1) 确保至少有 2.8MPa(400psi)的循环压力。

(2) 确保安装在工作室的孔板(尺寸印在仪器的表面上)能够接收到稳定的信号，通常为 1.1～1.8MPa(150～250psi)，越高越好。

(3) 要与所用钻具一致，检查连通孔、底部接头的连接、管线的塞子等，确保密封，谨防刺漏危险。

(4) 将仪器向上放到 BHA 里，通过两次完全循环进行地面测试(开—关，开—关)。

(5) 当开泵循环一次后，AGS 将改变规径，并且当泵再次循环时，规径将恢复到最初位置。

(6) 在开始钻进之后，尽可能快地确定地面压力活塞的延伸或齐平位置，并且记录下来，建议保留规范的泵冲数和压力记录。

(7) 依据钻井要求，建立一日常的联结，如果能够与 MWD 符合，开泵传递测量数据，然后关掉它并与 MWD 联结好，这样在再次开始时，AGS 将恢复到原来位置。

4. 关闭

(1) 当通过转盘时，用水龙带循环清洗伸出的活塞直至冲掉钻井液与固体。

(2) 尽可能快地放下 AGS 仪器，将外部擦干净并用水将内部冲洗干净。

5. 注意事项

(1) 要严格按操作规程使用。

(2) 使用后要及时维修保养。

## 五、大位移井专用工具

大位移延伸井具有很长的大斜度稳斜段或很大的水平位移，钻井中钻柱摩阻和扭矩大，应采取特殊措施和专用工具。目前，国内外所使用的减摩降扭专用工具主要有套管防磨(减扭)器和裸眼减阻减扭器两大类。套管防磨器主要有两种类型：一种套装在钻杆上；另一种连接在钻杆上。

1. 防磨接头(FM)

常用防磨接头结构如图 7-14 所示。

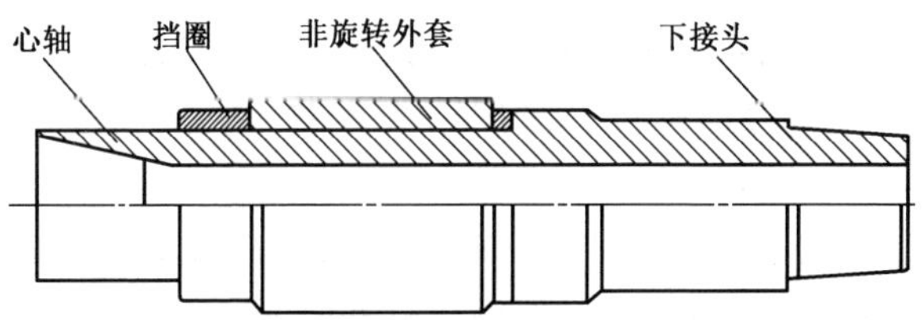


图 7-14　套管防磨接头结构

2. 滚针式减阻减扭器(ALT)

采用滚针轴承，内部装满润滑剂，平衡密封。旋转外壳有多道螺旋棱条，当钻柱轴向运动时，外壳体产生旋转，减小了摩阻力。用于 311.15mm、244.48mm、215.90mm、152.40mm 井眼，也可以作为扶正器使用，如图 7-15 所示。

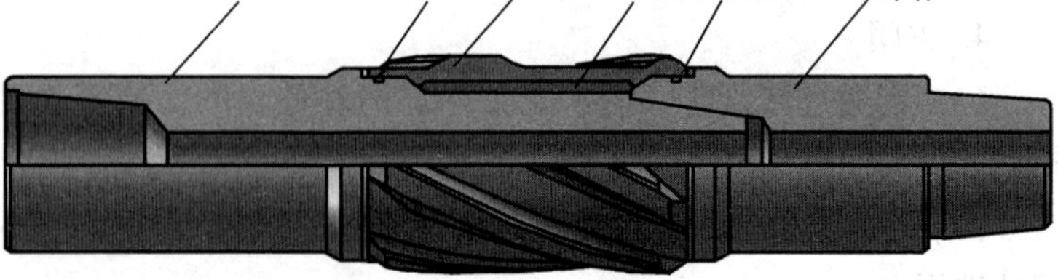


图 7-15　减阻减扭器结构

3. 套管防磨器(NFR)

套管防磨器属于套在钻杆上的类型，主要由高强度合金钢骨架和橡胶防磨材料构成。可以在钻杆上转动、上下移动，钻具径向震动时有减震和保护作用。套管防磨器结构如图 7-16 所示，在钻具中的安放位置如图 7-17 所示。

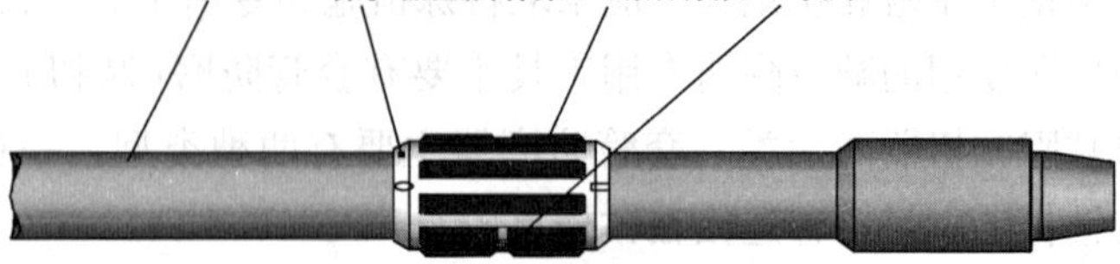


图 7-16　套管防磨器结构

4. 液力加压器(HPAL)

液力加压器具有液压减震、恒钻压送钻等功能，具有提高钻速、减轻司钻劳动强度、保护钻头等效果。液压减震送钻器 HPAL 具有 1500mm 长行程减震送钻能力，工具本身基本没有压力损失，形成了井眼尺寸 120.65～311.15mm($4\frac{3}{4}$～$12\frac{1}{4}$in)系列化。其主要由上接头、1～4 级液压缸外筒、1～4 级心轴、1～4 级推动活塞、中间接头和扭矩接头、扭矩球、钻头接头及滤板等组成，由 1 级心轴和扭矩接头通过扭矩球来传递扭矩，达到心轴自由伸缩的目的。其结构如图 7-18 所示，其技术参数见表 7-7。

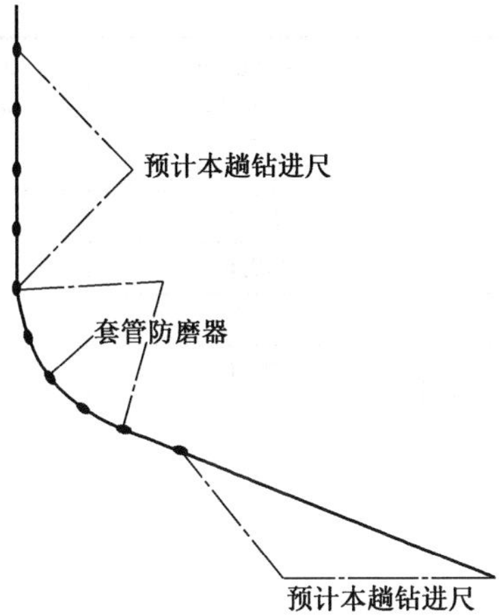


图 7-17　套管防磨器安放位置示意图

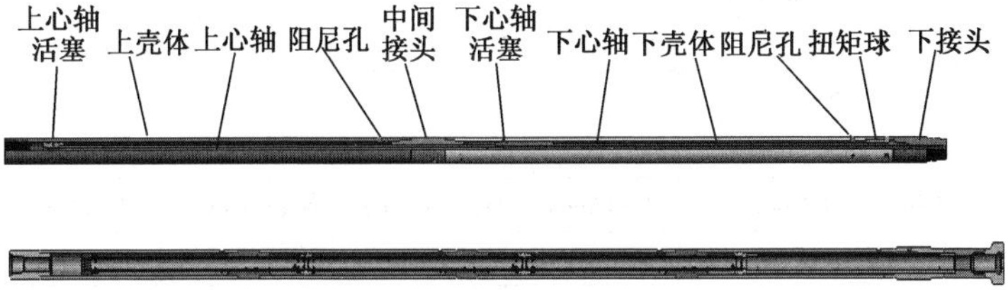


图 7-18　液力加压器结构

**表 7-7　液力加压器技术参数**

| 型　　号 | 215. 90mm<br>液压减震送钻器 | 241. 3~311. 0mm<br>液压减震送钻器 |
|---|---|---|
| 井眼尺寸/mm | 216. 00 | 241. 3~311. 0 |
| 质量/kg | 300 | 400 |
| 弯曲强度率 | 1. 9 | 2. 0 |
| 流量(最大)/(L/s) | 50 | 70 |
| 长度/mm | 3200~9600 | 3200~9600 |
| 位置信号 | 钻压表数值 | 钻压表数值 |
| 通眼/孔(心轴)/mm | 30 | 70 |
| 本体材料 | 4145HTSR | 4145HTSR |
| 最大流体密度/(g/cm$^3$) | 2. 1 | 2. 1 |

续表

| 型　　号 | | 215.90mm 液压减震送钻器 | | 241.3~311.0mm 液压减震送钻器 | |
|---|---|---|---|---|---|
| 操作温度范围/℃ | | -17~+204 | | -17~+204 | |
| 最大行程/mm | | 1500 | | 1500 | |
| 本体 | 直径/mm | 177.8 | | 203.0~216.0 | |
| | 内径/mm | 97 | | 163 | |
| 扶正器 | 内径/mm | 128.0 | | 241.3~311.0 | |
| | 直径/mm | 216 | | 146 | |
| 伸缩杆 | 直径/mm | 128 | | 146 | |
| | 内径/mm | 50 | | 60 | |
| 两端接头 | 母扣向上 | $4\frac{1}{2}$in API IF | | $6\frac{5}{8}$in API IF | |
| | 公扣向下 | $4\frac{1}{2}$in API IF | | $6\frac{5}{8}$in API IF | |
| 连接接头 | 有效长度/mm | 200 | | 200 | |
| | 双公接头 | 6-4Acme | | $6\frac{3}{8}$-5Acme | |
| | 外径/in | 7 | | 127 | |
| | 内径/mm | 71 | | 81 | |
| | 扭矩接头(扶正器) | 6-4Acme(内径 128mm) | | $6\frac{3}{8}$-5Acme(内径 146mm) | |
| 紧扣扭矩 | | $4\frac{1}{2}$in API IF | 43.39kN·m | $6\frac{5}{8}$in API IF | 62.4kN·m |
| | | 6-4Acme | 60.4kN·m | $6\frac{3}{4}$-5Acme | 63.2kN·m |
| | | 5-6Acme | 52.4kN·m | | |
| 激活压力要求最小压差 | | 2psi | | 2psi | |

## 六、小曲率半径水平井工具

一种钻小曲率半径(8m 左右)水平井的特殊工具结构如图 7-19 所示，其技术规范和技术参数见表 7-8。

**表 7-8　小曲率半径水平井工具技术规范和技术参数**

| 工具编号 | 使用套管尺寸/mm | 钻头尺寸/mm | 传动管外径/mm | 衬管内径/mm | 最大扭矩/N·m | 排量/(L/s) | 钻压/kN | 转速/(r/min) |
|---|---|---|---|---|---|---|---|---|
| 工具 A | 139.7 | 114.3 | 95.25 | 25.4 | 4730 | 4.4~7.9 | 8~15 | 20~100 |
| 工具 B | 177.8 | 158.0 | 114.30 | 38.1 | 6100 | 7.9~14.2 | 10~25 | 20~100 |

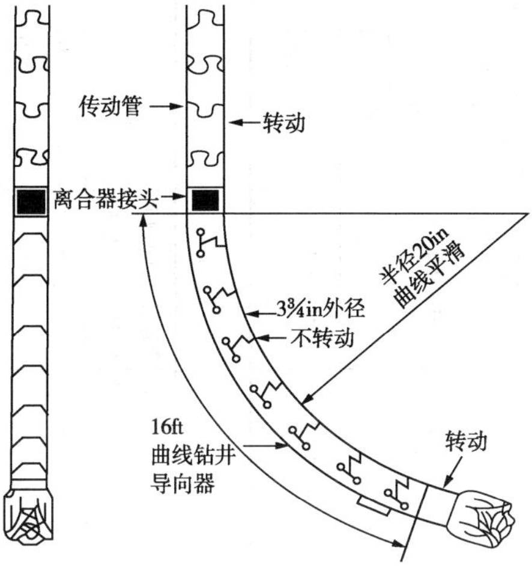


图 7-19　小曲率半径水平井工具结构

# 第二节　电子单点、多点测斜仪器

按照仪器的结构、性能、工作方式不同，可将测斜仪归纳为磁性测斜仪、陀螺测斜仪和随钻测井仪三大类，具体如图 7-20 所示。

- 磁性测斜仪
  - 电子测斜仪
    - 电子单点测斜仪
    - 电子多点测斜仪
  - 随钻测斜仪
    - 有线随钻测斜仪
    - 无线随钻测斜仪
    - 随钻测井仪
- 陀螺测斜仪
  - 单点陀螺测斜仪
  - 多点陀螺测斜仪
  - 电子陀螺测斜仪
  - 地面记录陀螺测斜仪

图 7-20　测斜仪分类

电子测斜仪有电子单点测斜仪和电子多点测斜仪两种。电子单点测斜仪用于直井或定向井直井段监测，可以用投测自浮或吊测的方式测量，其技术参数见表 7-9。电子多点测斜仪用于测量井身轨迹数据，其技术参数见表 7-10。

**表 7-9　电子单点测斜仪技术参数**

| 生产厂家 | 型号 | 外筒直径/mm | 井斜测量范围/精度/(°) | 方位测量范围/精度/(°) | 磁工具面测量范围/精度/(°) | 高边工具面测量范围/精度/(°) | 测量方式 |
|---|---|---|---|---|---|---|---|
| 北京普利门机电高技术公司 | FES-1 | 48 | 0~180/±0.2 | 0~360/±1.5 | 0~360/±1.5 | 0~360/±1.5 | 相对密度<0.78自浮，测量点 24 |
| 北京海蓝科技开发有限责任公司 | YSS-48F | 48 | 0~180/±0.2 | 0~360/±1.5 | 0~360/±1.5 | 0~360/±1.5 | 自浮 |
| | YSS-48D | | | | | | 吊测 |
| | YSS-48FD | | | | | | 自浮，吊测 |
| 北京六合伟业科技有限公司 | LHE-3000/4000 | 45/35 | 0~180/±0.2 | 0~360/±1.5 | 0~360/±1.5 | 0~360/±1.5 | 自浮，吊测 |

**表 7-10　电子多点测斜仪技术参数**

| 生产厂家 | 型号 | 外筒探管直径/mm | 井斜测量范围/精度/(°) | 方位测量范围/精度/(°) | 磁工具面测量范围/精度/(°) | 高边工具面测量范围/精度/(°) | 备　注 |
|---|---|---|---|---|---|---|---|
| 北京六合伟业科技有限公司 | LHE-1000 | 45/(35)/27 | 0~180/±0.2 | 0~360/±1.0 | 0~360/±0.5 | 0~360/±0.5 | 测点：2200<br>耐温：100℃ |
| 美国斯帕里森公司 | ESS | 44.5/32 | 0~180/±0.2 | 0~360/±1.0 | 0~360/±1.5 | 0~360/±1.5 | 测点：1000<br>耐温：125℃<br>耐压：102MPa |

续表

| 生产厂家 | 型号 | 外筒探管直径/mm | 井斜测量范围/精度/(°) | 方位测量范围/精度/(°) | 磁工具面测量范围/精度/(°) | 高边工具面测量范围/精度/(°) | 备　注 |
|---|---|---|---|---|---|---|---|
| 北京海蓝科技开发有限责任公司 | YSS-25 | 35/25 | 0~180/±0.2 | 0~360/±1.5 | 0~360/±1.5 | 0~360/±1.5 | 测点：1945<br>耐温：125℃ |
| | YSS-32 | 45/32 | | | | | 测点：1945<br>耐温：125℃ |
| | YSS-45G | 45/25 | | | | | 测点：1945<br>耐温：150℃ |
| 北京航天科工惯性技术有限公司 | LEM 系列 | 45/32 | 0~180/±0.2 | 0~360/±2.0 | 0~360/±2.0 | | 测点：2000<br>耐温：125℃ |

## 一、ESS 电子多点测斜仪

ESS(ELECTRONIC SURVEY SYSTEM，简称 ESS)电子多点测斜仪是美国 SPERRY-SUN 公司生产的一种磁性电子测斜仪，用于裸眼井段的井身轨迹静态连续测量。其具有磁性参数的分析与修正及磁扫描功能，可以消除来自井下钻具的磁性干扰。运行磁扫描程序可以检查无磁钻铤、无磁扶正器、仪器外筒等无磁材料的磁化情况，ESS 探管微机系统具有错误和状态诊断功能。在测量过程中，可以检测来自井下探管对电源、工作状态和测量环境的信息。

ESS 电子多点测斜仪利用重力加速度计和磁通门分别通过感应地球的重力场和地磁场来测量井斜角和井斜方位角，并可测量大地磁场参数和井下温度。其采用电池供电，可连续测量 1000 个点。ESS 探管井下仪器结构如图 7-21 所示，ESS 地面仪器连接示意图如图 7-22 所示。

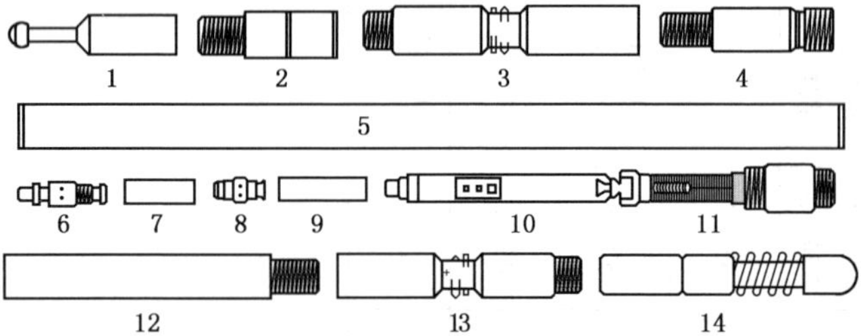


图 7-21　ESS 探管井下仪器结构示意图

1—绳帽；2—旋转接头；3、13—扶正器短节；4—配合接头；5—抗压筒；6—堵头；7、9—电池筒；8—触点接头；10—ESS 探管；11—内部减震弹簧；12—加长杆；14—底部减震弹簧

## 二、YSS 电子多点测斜仪

YSS 电子多点测斜仪是北京海蓝科技开发有限责任公司生产的一种磁性电子测斜仪，用于井身轨迹静态连续测量。YSS 探管通过三个重力加速度计感受重力加速度在三个方向上的分

量，以及磁通门感应大地磁场，来测量井斜角和井斜方位角。YSS地面仪器连接示意图如图7-23所示，YSS探管井下仪器结构示意图如图7-24所示。

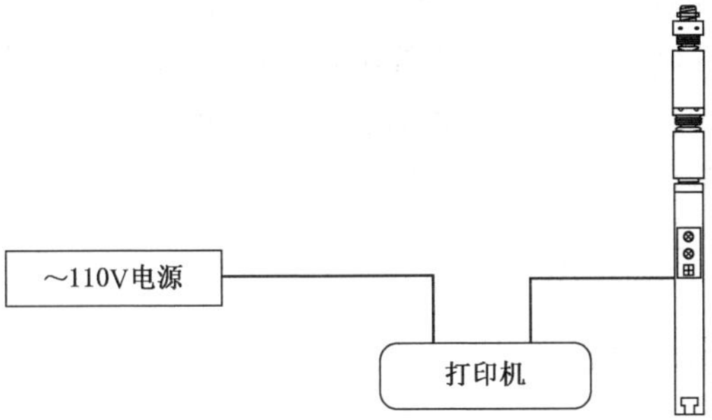


图7-22　ESS地面仪器连接示意图

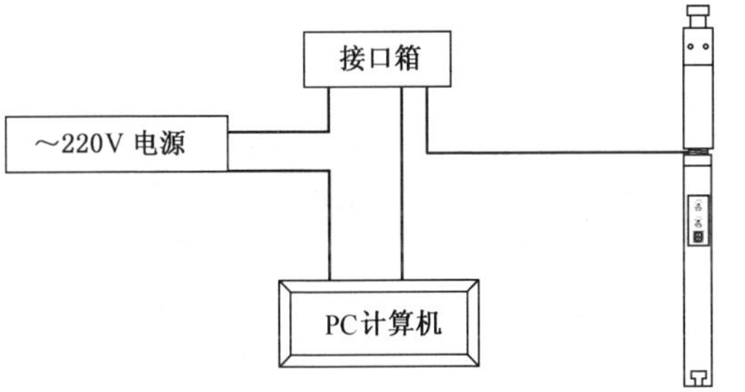


图7-23　YSS地面仪器连接示意图

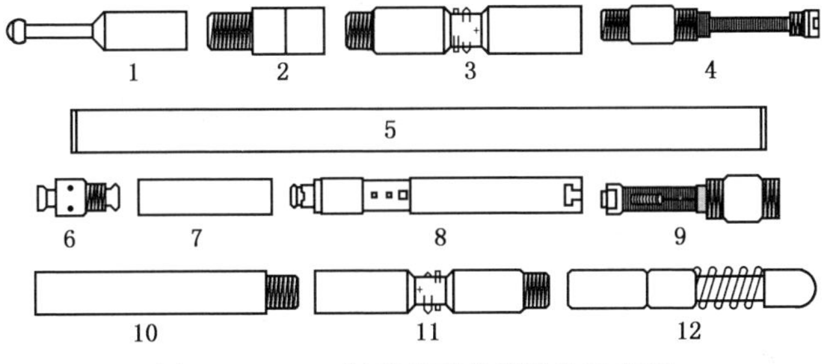


图7-24　YSS探管井下仪器结构示意图

1—绳帽；2—旋转接头；3、11—扶正器短节；4—上部悬挂；5—抗压筒；6—悬挂接头；7—电池筒；8—YSS探管；9—内部减震弹簧；10—加长杆；12—底部减震弹簧

# 第三节　有线随钻测斜仪

根据测斜仪结构特点和测量参数的传输方式不同，测斜仪可分为有线随钻测斜仪和无线随钻测斜仪(MWD)两大类。在无线随钻测斜仪基础上，技术人员开发了测量地质参数的随钻测井仪器(LWD)，两者传输方式相同。

## 一、系统组成

有线随钻测斜仪主要由井下测量系统，地面信号接收、转换、显示系统，信号传输电缆及密封装置三部分组成，如图 7-25 所示。

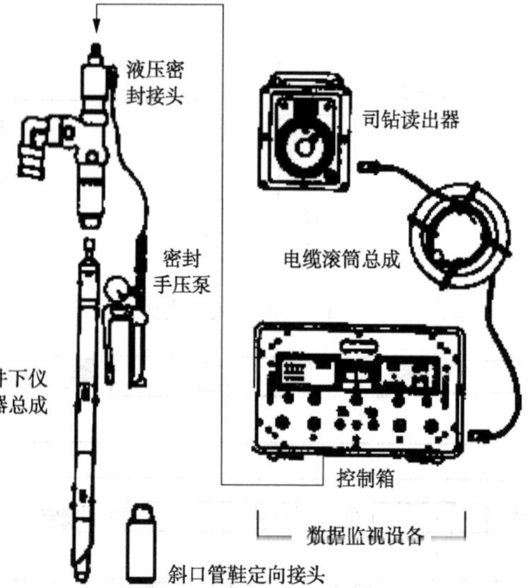


图 7-25　有线随钻测量系统

1. 井下测量系统

探管总成：主要由磁通门(磁力计)、重力加速度计等测量元器件和电子线路组成，电子线路把井下测量的井眼参数转变成电信号，通过单芯电缆传输给地面仪器。

仪器外筒总成：主要由电缆头总成、外筒扶正短节、上连接器、仪器抗压筒、下连接器、加长杆、定向鞋组成。

2. 地面接收、转换、显示系统

地面数据处理系统：为井下仪器和地面仪表提供电源，监控仪器的工作状况，并随时指示仪器出现的各种故障，以及选择仪器的工作方式和测取井眼参数。井下仪器把井眼参数以电信号的形式传输给地面系统，计算机把接收到的各种井眼参数信号进行放大、译码处理，以数字形式直观显示在显示屏、司钻读出器上并输入打印机。

司钻读出器：以数字和指针表盘的形式把井眼参数(井斜角、方位角、工具面角)直观展现在司钻操作台上，以便司钻选择钻井参数(钻压、转速、排量)。

3. 信号传输电缆及密封装置

主要由单芯电缆、电缆车(或电缆拖撬)、高压循环头(或电缆旁通接头)、液压管线及手压泵组成。

高压循环头主要由循环头、密封头、电缆卡子和手压泵组成，如图 7-26、图 7-27 所示。高压循环头直接和水龙带连接，电缆从高压循环头的顶端密封头进入钻杆，每次接单根时必须把井下仪器提到井口最上面一根钻杆里，接完单根再下到井底坐键。

电缆旁通接头总成由接头体、电缆密封总成和电缆卡子组成，如图 7-28 所示。使用旁通接头进行随钻定向、扭方位施工时，中途不需要起下电缆，节省时间。但旁通接头以上的电缆在钻杆环形空间内，容易发生挤坏电缆和电缆打扭问题。

## 二、使用要求

(1) 应根据不同地区、井斜角和方位角，按要求选配适宜长度的无磁钻铤。

(2) 最小钻具内径必须大于仪器外筒直径，以使仪器安全下入。无磁钻铤内径应满足仪器对循环通道的要求。

(3) 定向杆总成的斜口管鞋与定向键必须相匹配，且能满足循环要求。

(4) 使用循环头电缆密封装置，吊环长度不得小于3.65m。

(5) 井眼必须畅通，钻井液性能良好，含砂量低。

(6) 仪器下井前，必须对仪器各部分做系统、全面的检查。

(7) 下放仪器时，注意控制箱上的探管温度显示，探管温度不得超过仪器标定值，否则应停止下放仪器，循环钻井液降温，若无效则应起出仪器。

(8) 根据井斜角的大小，采用磁性工具面工作方式或高边工作方式。工作方式一旦确定，在仪器工作过程中不得随意改变。

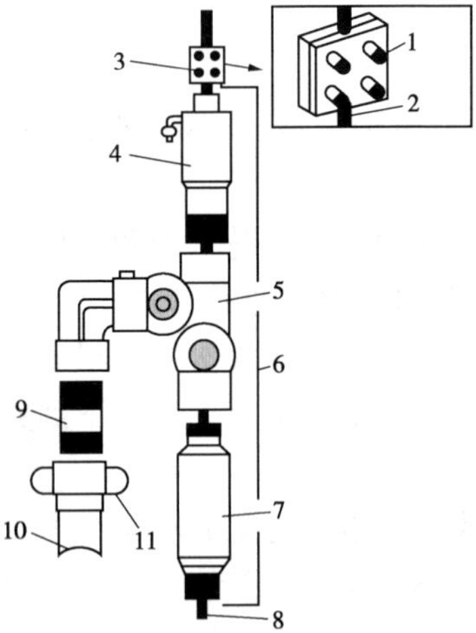


图 7-26　高压循环头

1—长螺帽；2、8—电缆；3—电缆卡子；4—液压密封头；5—循环头；6—水龙头总成；7—钻杆异径接头；9—水龙带由壬；10—水龙带；11—由壬

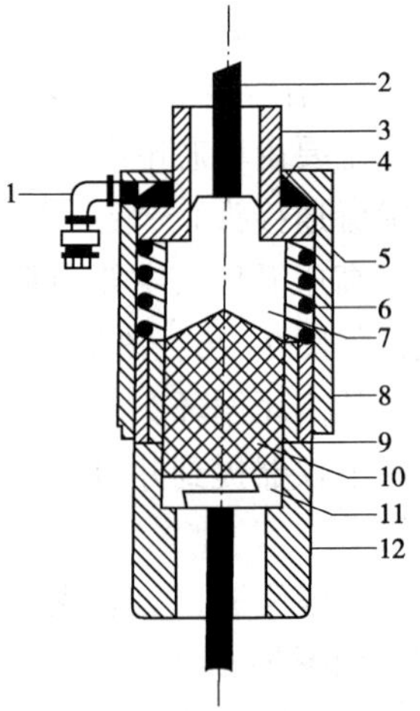


图 7-27　电缆密封接头

1—压力接头；2—电缆；3—活塞；4、5—密封；6—活塞弹簧；7—电缆补心；8—压紧螺帽；9—补心；10—电缆密封橡胶；11—联锁座；12—缸体

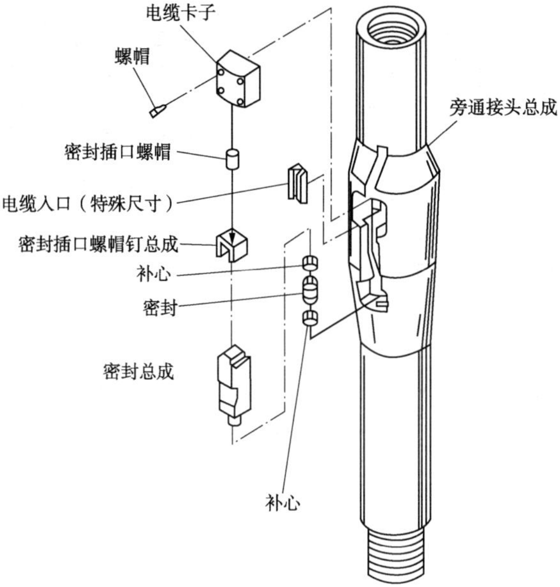


图 7-28　电缆旁通接头总成

## 三、部分生产厂家有线随钻测斜仪技术参数

有线随钻测斜仪的生产厂家较多，部分生产厂家有线随钻测斜仪技术参数见表 7-11。

### （一）SST 有线随钻测斜仪

SST 全称为 STEERING SURVEY TOOL，是美国 SPERRY-SUN 公司生产的一种有线随钻测斜仪，其利用重力加速度计和磁通门分别感应地球的重力场和地磁场，测取井斜角和井斜方位角，并可测取大地磁场参数和井下温度，通过单芯铠装电缆为井下仪器供电，并作为信号传输通道把井下探管测得的信号传到地面。应用于定向井的井身轨迹随钻测量，同时具有磁扫描功能、错误和状态诊断功能。SST 地面仪器连接如图 7-29 所示，SST 井下仪器结构如图 7-30 所示。

表 7-11　部分生产厂家有线随钻测斜仪技术参数

| 生产厂家 | 型号 | 外筒/探管直径/mm | 井斜测量范围/精度/(°) | 方位测量范围/精度/(°) | 磁性工具面测量范围/精度/(°) | 高边工具面测量范围/精度/(°) | 备注 |
|---|---|---|---|---|---|---|---|
| 北京六合伟业科技有限公司 | LHE-2000 | 45(35)/27 | 0~180/±0.2 | 0~360/±1.0 | 0~360/±0.5 | 0~360/±0.5 | 耐温：100℃<br>隔热时：260℃ |
| 美国 SPERRY-SUN 公司 | SST 0000 | 44.5/35 | 0~180/±0.3 | 0~360/±2.0 | 0~360/±2.0 | 0~360/±2.0 | 耐温：125℃<br>耐压：102MPa |
| | SST900 | 44.5/25 | | | | | 耐温：182℃<br>耐压：102MPa |
| | SST700 | 44.5/25 | | | | | 耐温：182℃<br>耐压：102MPa |
| | MS3 | 44.5/35 | 0~180/±0.2 | 0~360/±1.0 | 0~360/±1.5 | 0~360/±1.5 | 耐温：125℃<br>耐压：102MPa |
| 英国瑞塞尔公司 | FSS | 35/25 | 0~180/±0.3 | 0~360/±2.0 | 0~360/±2.0 | 0~360/±2.0 | 耐温：125℃<br>耐压：138MPa<br>磁悬浮技术 |

续表

| 生产厂家 | 型号 | 外筒/探管直径/mm | 井斜测量范围/精度/(°) | 方位测量范围/精度/(°) | 磁性工具面测量范围/精度/(°) | 高边工具面测量范围/精度/(°) | 备注 |
|---|---|---|---|---|---|---|---|
| 北京海蓝科技开发有限责任公司 | YST-25 | 35/25 | 0~180/±0. 2 | 0~360/±1. 5 | 0~360/±1. 5 | 0~360/±1. 5 | 耐温：125℃<br>耐压：100MPa |
| | YST-35 | 45/35 | | | | | |
| 北京普利门机电高技术公司 | DST-35 | 35/25 | 0~180/±0. 2 | 0~360/±1. 5 | 0~360/±1. 5 | 0~360/±1. 5 | 耐温：125℃<br>耐压：100MPa |
| | DST-Φ45 | 45/35 | | | | | |
| 北京航天科工惯性有限公司 | SZ 系列 | | 0~180/±0. 1 | 0~360/±1. 0 | 0~360/±1. 0 | 0~360/±1. 0 | 耐温：125℃<br>耐压：120MPa |

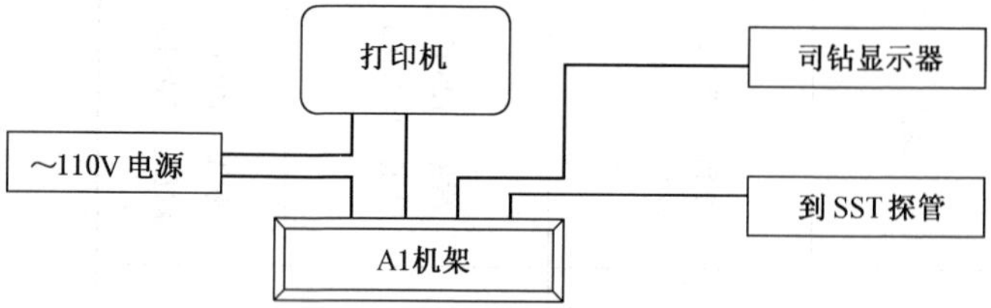


图 7-29　SST 地面仪器连接示意图

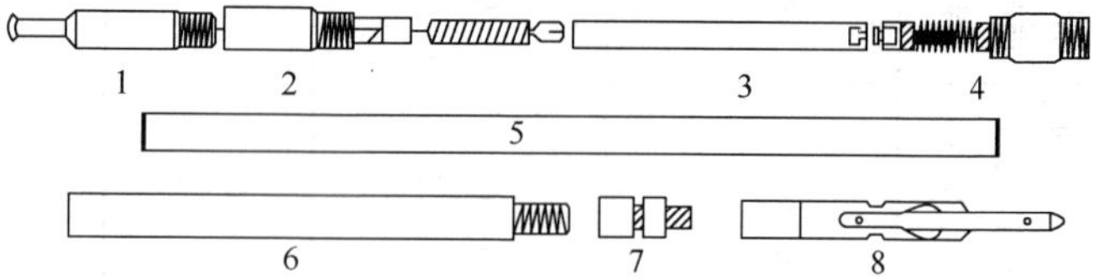


图 7-30　SST 井下仪器结构示意图

1—电缆头；2—电话线接头；3—探管；4—定向减震弹簧；5—抗压筒；6—加长杆；7—调整接头；8—斜口引鞋

### （二）MS3 有线随钻测斜仪

MS3 是美国 SPERRY-SUN 公司生产的另外一种有线随钻测斜仪，其利用重力加速度计和磁通门分别感应地球的重力场，地磁场，测取井斜角和井斜方位角，并可测取大地磁场参数和井下温度，通过单芯铠装电缆为井下仪器供电，并作为信号传输通道把井下探管测得的信号传到地面。应用于定向井的井身轨迹随钻测量，同时具有磁扫描功能、错误和状态诊断功能，还可进行电子多点测量。MS3 地面仪器连接如图 7-31 所示，MS3 井下仪器结构如图 7-32 所示。

### （三）RSS 有线随钻测斜仪

RSS 是英国瑞塞尔公司生产的一种有线随钻测斜仪，其靠一个磁悬浮重锤测得不同状态下的感应电动势的负反馈电压，然后将其转换成数字信号输出。储存在数字记忆组件 DMU 里，断电后重锤被弹簧压紧至壳体上，与壳体没有间隙，通电后电流达到一定值(25mA)时，重锤与其壳体分离，实现磁悬浮状态。应用于定向井的井身轨迹随钻测量，还能对地层进行随钻自然伽马测量。RSS 地面仪器连接如图 7-33 所示，RSS 井下仪器结构示意图如图 7-34 所示。

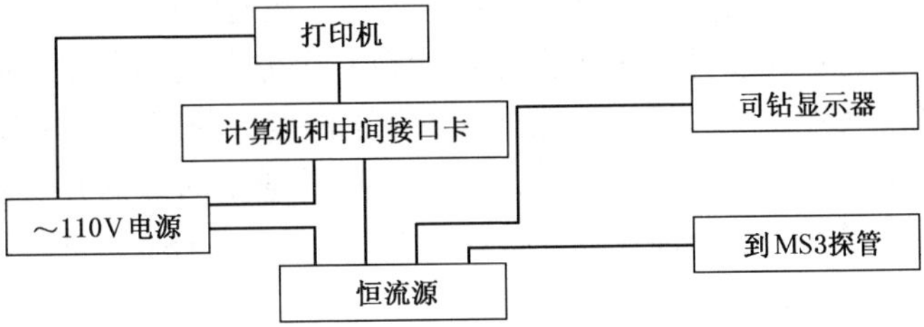


图 7-31 MS3 地面仪器连接示意图

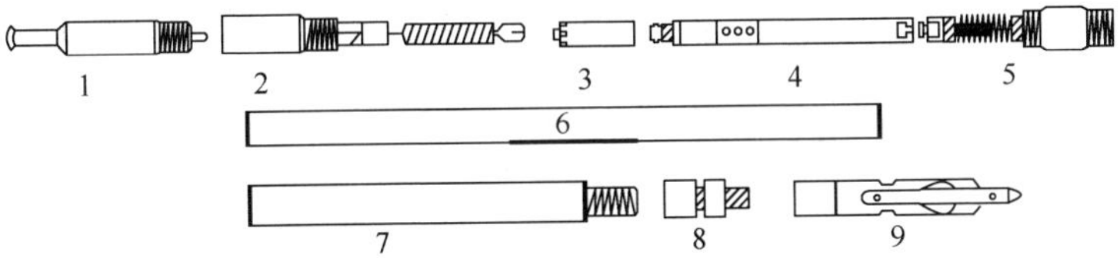


图 7-32 MS3 井下仪器结构示意图

1—电缆头；2—电话线接头；3—配合接头；4—MS3 探管；5—定向减震弹簧；6—抗压筒；7—加长杆；8—调整接头；9—斜口引鞋

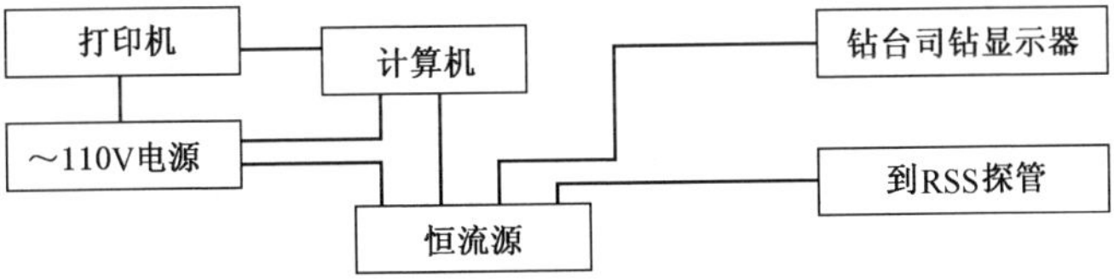


图 7-33 RSS 地面仪器连接示意图

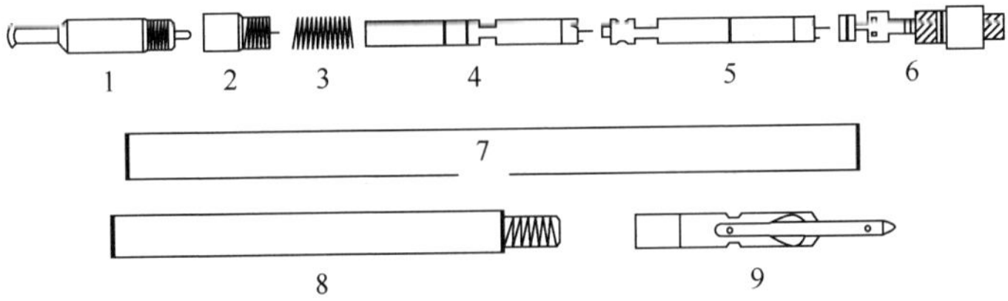


图 7-34 RSS 井下仪器结构示意图

1—电缆头；2—硬连接接头；3—弹簧；4—RSS 探管；5—伽马探管；6—固定底座；7—仪器抗压筒；8—加长杆；9—斜口引鞋

### （四）YST 有线随钻测斜仪

YST 是北京海蓝科技开发有限责任公司生产的一种有线随钻测斜仪，探管最下端是重力加速度计、磁通门和温度传感器。三个重力加速度计测量重力加速度在三个方向上的分量，磁通门感应大地磁场，温度传感器探测井下温度，分别得到井斜角、井斜方位角、工具面角和温度。应用于普通定向井的井身轨迹随钻测量，YST 地面仪器连接如图 7-35 所示，YST 井下仪器结构如图 7-36 所示。

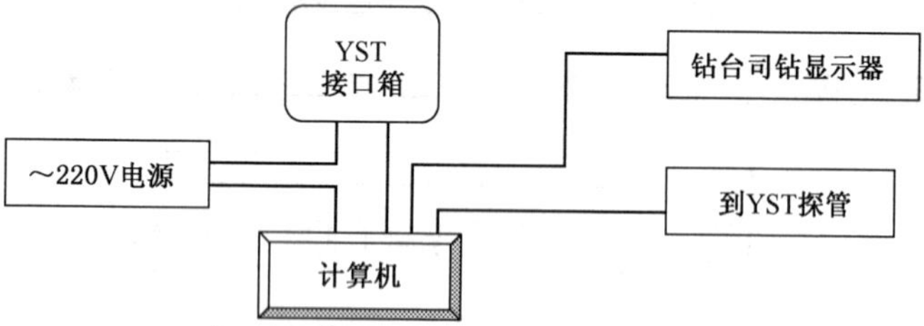


图 7-35　YST 地面仪器连接示意图

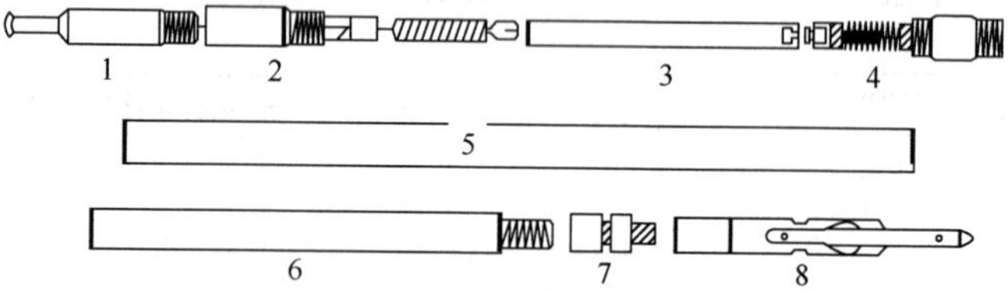


图 7-36　YST 井下仪器结构示意图

1—电缆头；2—电话线接头；3—探管；4—定向减震弹簧；
5—仪器抗压筒；6—加长杆；7—调整接头；8—斜口引鞋

## 第四节　无线随钻测斜仪

无线随钻测斜仪（Measurement While Drilling，简称 MWD）由井下探测仪器总成和地面接收仪表及数据处理系统两大部分组成，用于实时监测井下信息。通过泥浆压力脉冲或电磁波传递井眼参数编码数据，地面接收压力脉冲或电磁波后进行解码处理，以数字形式显示并打印。定向传感器使用重力加速计及磁通门测量井底井斜角、方位角、重力及磁性工具面角，以便于轨迹控制及地质导向。

## 一、井下探测仪器总成

井下仪器主要由无磁钻铤短节、电源、井眼参数探测器(探管总成)和脉冲发生器组成。

(1) 无磁钻铤短节。为磁性探测仪器提供一个没有磁干扰的工作环境，防止钻柱磁场对磁性探测仪器造成影响。

(2) 电源。可采用涡轮发电机或电池组为电子线路、井下探测仪器和脉冲发生器供电。

(3) 井眼参数探测器。由高精度三轴向磁通门、重力加速度计、温度控制器等测量电子元件组成，安置在无磁钻铤内部，测取各项井眼参数并进行处理、编码。

(4) 脉冲发生器。接收控制系统发出的编码指令，把探测仪器测取的各项井眼参数的编码数据通过泥浆压力脉冲或电磁波传至地面。目前使用的 MWD 主要有连续波、正脉冲、负脉冲和电磁波四种传输方法，其中连续波传输方法的传输速率最高。

## 二、地面接收仪表及数据处理系统

该系统主要包括脉冲接收检测器、脉冲信号过滤器、地面计算机、测量参数显示器、记录仪、司钻读出器、打印机、图形记录仪和操作终端等。

(1) 脉冲接收检测器。由井下脉冲发生器通过泥浆或电磁波传到地面的脉冲信号，经过滤器输入地面计算机。

(2) 地面计算机。它是地面系统的控制中心，进行信号过滤、编码脉冲检测、解码、数据处理、计算和数据显示与输出。

(3) 测量参数显示器和司钻读出器。直观显示测量的各项井眼参数，包括井斜角、井斜方位角、磁性工具面角及高边工具面角等。

（4）打印机、图形记录仪。打印随钻测量结果及测井曲线图等。

## 三、主要功能和用途

（1）测量井眼参数：井斜角、方位角、磁性工具面角、高边工具面角、井眼温度、压力、磁场强度。

（2）测量钻井参数：钻头钻压、扭矩、转速、环空压力。

（3）测量地层参数：自然伽马、地层电阻率、孔隙度等。

（4）主要用于定向井、套管开窗井、水平井、水平对接井、多目标井、分支井、多底井、救援井等钻井中井身轨迹随钻测量施工，并可进行自然伽马和电阻率等地层参数测量。

## 四、使用要求

（1）井底最高静液柱压力不得大于仪器最高抗压能力。

（2）井底循环温度不得超过仪器标称最高工作温度。

（3）仪器入井前，必须对系统进行全面检查调试。

（4）使用转盘钻进时，转盘转速应低于 120r/min。

（5）钻井液性能满足 MWD 的测量要求，若调整钻井液性能，应进行仪器参数调整。

（6）钻具内径应尽量保持一致。

（7）不得使用接有 MWD 的钻具划眼，防止损坏部件和电子元件。

## 五、技术参数

部分国外无线随钻测斜仪技术参数见表 7-12，部分国产无线随钻测斜仪技术参数见表 7-13。

表 7-12　部分国外无线随钻测斜仪技术参数

| 系统参数 | | DWD<br>美国 SPERRY-SUN 公司 | QDT<br>美国 GE 公司 | Tolteq MWD<br>美国 Tolteq 公司 | SureShot MWD<br>美国 APS 公司 |
|---|---|---|---|---|---|
| 系统参数 | 电源，脉冲传输 | 发电机，正脉冲 | 锂电池，正脉冲 | 锂电池，正脉冲 | 锂电池，正脉冲 |
| | 井斜测量范围/精度/(°) | 0~180/±0.2 | 0~180/±0.1 | 0~180/±0.1 | 0~180/±0.1 |
| | 方位测量范围/精度/(°) | 0~360/±1.5 | 0~360/±1.0 | 0~360/±0.25 | ±1.0(*Inc*>10，*Dip*<70) |
| | 磁工具面测量范围精度/(°) | 0~360/±2.8 | 0~360±1.0 | 0~360/±0.5 | ±2.25(*Dip*<70) |
| | 高边工具面测量范围/精度(°) | 0~360/±2.8 | 0~360/±1.0 | 0~360/±0.5 | ±1.0(*Inc*>10) |
| | 测量数据修正时间/min(Hz) | 3.5(0.5)/5.5(0.8) | | | |
| | 工具面修正时间/s(Hz) | 14(0.5)/9(0.8) | | | |
| | 自然伽马/精度/API | 0~380/±2 | | 0~150/±3，150~500/±10 | |
| | 地层电阻率/Ω · m | 0~2000 | | | |

续表

| 系统参数 | | | DWD<br>美国 SPERRY-SUN 公司 | QDT<br>美国 GE 公司 | Tolteq MWD<br>美国 Tolteq 公司 | SureShot MWD<br>美国 APS 公司 |
|---|---|---|---|---|---|---|
| 工作环境 | 钻井液类型 | | 水基，油基 | 水基，油基 | 水基，油基 | 水基，油基 |
| | 钻井液密度/($g/cm^3$) | | <2. 17 | <2. 17 | <1. 7 | |
| | 钻井液排量/(L/s) | | 5. 7~75. 7 | 21. 1~75. 7 | 10~55 | 4~69 |
| | 含砂量/% | | <0. 5 | <0. 5 | <1 | 建议<1%，<br>最大<3% |
| | 塑性黏度/mPa · s | | <50 | <50 | <50 | <50 |
| | 最大压力/MPa | | 125 | 102 | 150 | 138~172. 4 可选 |
| | 最高工作温度/℃ | | 125 | 125 | 175 | −25~150，<br>175 可选 |
| | 堵漏材料 | 类型 | 细、中型短纤维 | 细、中型短纤维 | 细、中型短纤维 | 中等粒度桥堵剂 |
| | | 含量/($kg/m^3$) | <57 | <57 | | <143 |

表 7-13　部分国产 MWD 无线随钻测斜仪技术参数

| 系统参数 | | SZD2000 | YST-48R | LHE-6000 | PMWD-1 | ZT-MWD | SQMWD-T | SDM |
|---|---|---|---|---|---|---|---|---|
| | | 西安石油仪器厂 | 北京海蓝科技开发有限公司 | 北京六合伟业科技有限公司 | 北京普利门机电高技术公司 | 北京天启明科技发展有限公司 | 郑州士奇测控技术有限公司 | 石化经纬胜利定向井公司 |
| 系统精度 | 仪器外径/mm | 47.6 | 48 | 48 | 48 | 48 | 40 | 45 |
| | 电源，脉冲传输 | 锂电池，正脉冲 | 锂电池，正脉冲 | 锂电池，正脉冲 | 锂电池，正脉冲 | 发电机，正脉冲 | 锂电池，正脉冲 | 发电机，正脉冲 |
| | 井斜测量范围/精度/(°) | 0~180/±0.1 | 0~180/±0.2 | 0~180/±0.2 | 0~180/±0.1 | 0~180/±0.1 | 0~180/±0.1 | 0~180/±0.1 |
| | 方位测量范围/精度/(°) | 0~360/±1.0 | 0~360/±1.5 | 0~360/±1.0 | 0~360/±1.0 | 0~360/±1.5 | 0~360/±1.0 | 0~360/±1.0 |
| | 磁工具面测量范围/精度/(°) | 0~360/±1.0 | 0~360/±1.5 | 0~360/±0.5 | 0~360/±1.0 | 0~360/±1.5 | 0~360/±1.0 | 0~360/±1.0 |
| | 高边工具面测量范围/精度/(°) | 0~360/±1.0 | 0~360/±1.5 | 0~360/±0.5 | 0~360/±1.0 | 0~360/±1.5 | 0~360/±1.0 | 0~360/±1.0 |
| | 测量数据采样时间/s | | 10 | | | | | |
| | 自然伽马/精度/API | | 0~150/±3<br>150~500/±10 | | | | 0~150/±3<br>150~500/±10 | |
| | 地层电阻率 | | | | | | | |
| 工作环境 | 最大抗压/MPa | 140 | 100 | 120 | 100 | 104 | 100 | 104 |
| | 最高工作温度/℃ | 150 | 125 | 125 | 150 | 150 | 125 | 150 |
| | 最大耐冲击 | 1000g，1ms | | | 1000g，0.5ms | | | |
| | 最大抗振动 | 25g，20~500Hz | | | 5g，7~200Hz | | | |

## 六、典型 MWD

### （一）DWD 无线随钻测斜仪

1. 工作原理

由美国 SPERRY－SUN 公司生产，英文全称 Directional While Drilling，简称 DWD。以正脉冲方法传输信号，井下自备发电机。上端连接一液压泵，为脉冲发生器提供能量。钻井液从孔板与蘑菇头形成的环形空间内流过，当有信号传输时蘑菇头升起并停一下，产生正压力脉冲，然后回到原位。地面压力传感器检测来自井下的脉冲信息，通过计算机处理后得到井斜角、井斜方位角、工具面角及其他信息。

DWD 包括 Superslim、350 系统、650 系统、1200 系统及 Solar175 等多个系列，用于 $4\frac{1}{8}$～$12\frac{1}{4}$in 井眼，Superslim、350 系统、650 系统、1200 系统用于温度 150℃ 以下的井底环境，Solar175 用于循环温度 175℃ 以下的井底环境。

2. 井下仪器结构

DWD 井下仪器结构如图 7-37 所示。

图 7-37　DWD 井下仪器结构示意图

3. 地面仪器连接

DWD 地面仪器连接如图 7-38 所示。

4. 技术规范

DWD 技术规范见表 7-14。

表 7-14　DWD 技术规范

| | | | |
|---|---|---|---|
| 传感器精度 | 井斜角/(°) | 测量范围 | 0～180 |
| | | 系统精度 | ±0.2 |
| | 井斜方位角/(°) | 测量范围 | 0～360 |
| | | 系统精度 | ±1.5 |

续表

| | | | | |
|---|---|---|---|---|
| 传感器精度 | 磁边工具面角/(°) | 测量范围 | 0~360 | |
| | | 系统精度 | ±2.8 | |
| | 高边工具面角/(°) | 测量范围 | 0~360 | |
| | | 系统精度 | ±2.8 | |
| | 测量数据修正时间/min | | 2.5 | |
| | 工具面修正时间/s | | 14(0.5Hz) | |
| | | | 9.3(0.8Hz) | |
| 工作环境 | 钻井液排量/(L/s) | | Superslim | 5.7~12.6 |
| | | | 350 系统 | 9.5~22.1 |
| | | | 650 系统 | 14.2~41.0 |
| | | | 1200 系统 | 22.1~75.7 |
| | 钻井液类型 | | 水基钻井液、油基钻井液 | |
| | 钻井液密度/($g/cm^3$) | | <2.17 | |
| | 含砂量/% | | <1 | |
| | 塑性黏度/mPa·s | | <50 | |
| | 最大压力/MPa | | 102 | |
| | 最高工作温度/℃ | | 125/150/175 | |
| | 堵漏材料 | | 细、中型短纤维，含量小于 $57kg/m^3$ | |

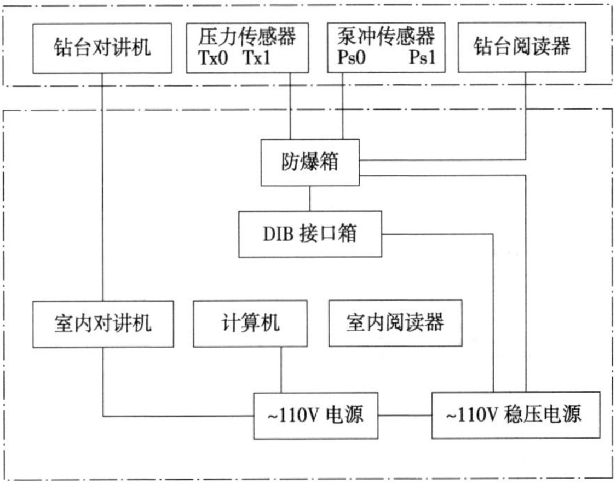


图 7-38 DWD 地面仪器连接示意图

### （二）QDT 无线随钻测斜仪

1. 工作原理

QDT 无线随钻测斜仪由美国 GE 公司子公司 QDT 公司生产，用于定向井、水平井井身轨迹随钻测量和自然伽马测量。QDT 是以正脉冲方法传输，锂电池为探管供电，钻井液从孔板与蘑菇头形成的环形空间内流过，当有信号传输时蘑菇头升起并停一下，产生正压力脉冲，然后回到原位。地面压力传感器检测来自井下的脉冲信息，通过计算机处理后得到井斜角、井斜方位角、工具面角及其他信息。

2. 地面仪器连接

QDT 地面仪器连接如图 7-39 所示。

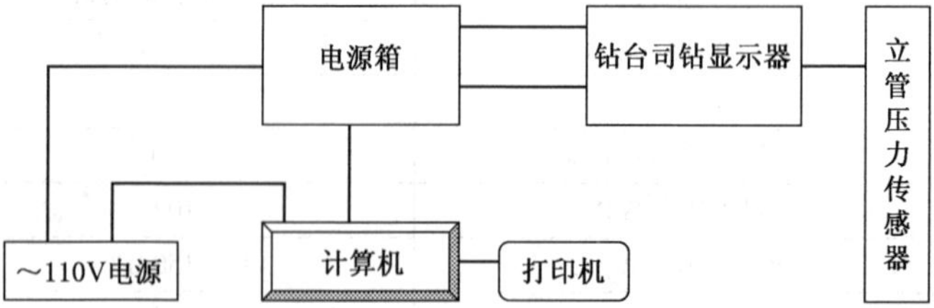


图 7-39　QDT 地面仪器连接示意图

3. 井下仪器结构

QDT 井下仪器结构如图 7-40 所示。

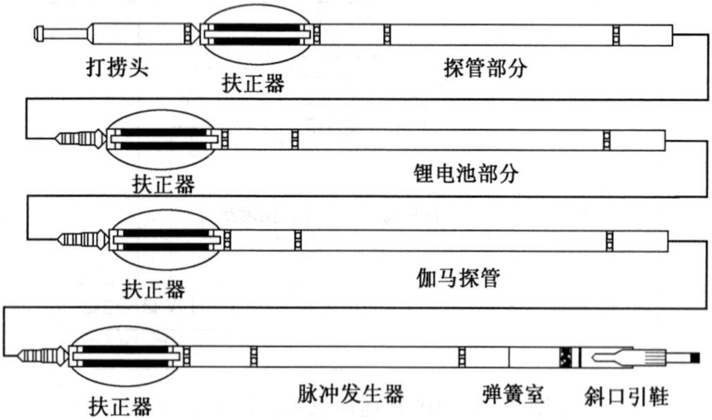


图 7-40　QDT 井下仪器结构示意图

4. 技术规范

QDT 技术规范见表 7-15。

**表 7-15　QDT 技术规范**

<table>
<tr><td rowspan="8">系统精度</td><td rowspan="2">井斜角/(°)</td><td>测量范围</td><td>0~180</td></tr>
<tr><td>系统精度</td><td>±0.1</td></tr>
<tr><td rowspan="2">井斜方位角/(°)</td><td>测量范围</td><td>0~360</td></tr>
<tr><td>系统精度</td><td>±1.0</td></tr>
<tr><td rowspan="2">磁边工具面角/(°)</td><td>测量范围</td><td>0~360</td></tr>
<tr><td>系统精度</td><td>±1.0</td></tr>
<tr><td rowspan="2">高边工具面角/(°)</td><td>测量范围</td><td>0~360</td></tr>
<tr><td>系统精度</td><td>±1.0</td></tr>
<tr><td rowspan="8">工作环境</td><td colspan="2">钻井液排量/(L/s)</td><td>22.1~75.7</td></tr>
<tr><td colspan="2">钻井液类型</td><td>水基钻井液、油基钻井液</td></tr>
<tr><td colspan="2">钻井液密度/($g/cm^3$)</td><td><2.17</td></tr>
<tr><td colspan="2">含砂量/%</td><td><1</td></tr>
<tr><td colspan="2">塑性黏度/mPa·s</td><td><50</td></tr>
<tr><td colspan="2">最大压力/MPa</td><td>102</td></tr>
<tr><td colspan="2">最高工作温度/℃</td><td>125</td></tr>
<tr><td colspan="2">堵漏材料</td><td>细、中型短纤维，含量小于 $57kg/m^3$</td></tr>
</table>

## (三) YST-48 无线随钻测斜仪

YST-48 无线随钻测斜仪由北京海蓝科技开发有限公司生产，工作原理及仪器结构与 QDT 无线随钻测斜仪相似，用于定向井、水平井井身轨迹随钻测量和地层自然伽马测量，是一种可打捞的无线随钻测斜仪。

YST-48 系列仪器有 YST-48X 和 YST-48R 两种型号，YST-48R 是 YST-48X 的升级换代产品，引入了伽马测量，通过使用新的石英传感器提高了定向探管的精度和性能。YST-48 无线随钻测斜仪性能及技术参数见表 7-16。

**表 7-16　YST-48 无线随钻测斜仪性能及技术参数**

| | | |
|---|---|---|
| 井斜角/(°) | 测量范围 | 0~180 |
| | 系统精度 | ±0.2(YST-48K)，±0.1(YST-48R) |
| 井斜方位角/(°) | 测量范围 | 0~360 |
| | 系统精度 | ±1.5(YST-48K)，±1.0(YST-48R) |
| 磁边工具面角/(°) | 测量范围 | 0~360 |
| | 系统精度 | ±1.0 |
| 高边工具面角/(°) | 测量范围 | 0~360 |
| | 系统精度 | ±1.5(YST-48K)，±1.0(YST-48R) |
| 钻井液排量/(L/s) | | 10~55 |
| 信号强度/psi | | 20~100 |
| 钻井液黏度/($g/cm^3$) | | ≤1.7 |
| 含砂量/% | | <1 |
| 塑性黏度/mPa·s | | <50 |
| 最大压力/MPa | | 100 |
| 最高工作温度/℃ | | 125 |
| 抗压筒外径/mm | | $\Phi$48 |
| 最大数据存储能力/组 | | 45000 |
| 伽马探管性能指标 | | |
| 探测范围/API | | 0~500 |
| 测量精度/API | | ±3(0~150)，±10(150~500) |
| 最大数据存储能力/组 | | $11\times10^4$ |
| 灵敏度 | | 优于 1.6 计数单位 |
| 垂直分辨率/mm | | 优于 130 |
| 推荐测速/(m/h) | | ≤30 |
| 推荐采样时间/s | | 8~12 |
| 仪器抗冲击 | | 800g，1/2sin 三轴 |
| 耐振动 | | 20g/10~200Hz rms 三轴 |

### （四）SQ 无线随钻测斜仪

SQ 无线随钻测斜仪由郑州士奇测控技术有限公司生产，仪器结构及工作原理与 QDT 无线随钻测斜仪相似，可加装伽马探管。它是专门为小井眼和开窗侧钻研制的无线随钻测量仪器，仪器外径为 40mm，适用于 $\Phi$114.3mm（4½in）以上尺寸井眼。它是一种可打捞式的正脉冲无线随钻测斜仪，其性能及技术参数见表 7-17。

**表 7-17 SQ 无线随钻测斜仪性能及技术参数**

| | | |
|---|---|---|
| 井斜角/(°) | 测量范围 | 0~180 |
| | 系统精度 | ±0.1 |
| 井斜方位角/(°) | 测量范围 | 0~360 |
| | 系统精度 | ±1.0 |
| 工具面角/(°) | 测量范围 | 0~360 |
| | 系统精度 | ±1.0 |
| 仪器外形尺寸/(mm×mm) | | $\Phi$40×6445，$\Phi$40×7635(带伽马) |
| 电池工作时间/h | | ≥180，≥150(带伽马) |

### （五）Tolteq 无线随钻测斜仪

Tolteq 无线随钻测斜仪是由美国 Tolteq 公司生产的一种可打捞式的正脉冲无线随钻测斜仪。该仪器最高工作温度 175℃，极限工作温度 185℃，采用下坐键式的仪器结构，由 iTPM 脉冲+锂电池组+智能 iDM 探管+打捞总成的结构组成，其锂电池组能抗 180℃高温。iTPM 脉冲采用活塞式设计，不再使用补偿胶囊等所有橡胶部件，避免高温下因补偿胶囊造成的脉冲损坏。Tolteq 无线随钻测斜仪性能参数见表 7-18。

**表 7-18 Tolteq 无线随钻测斜仪性能参数**

| | | |
|---|---|---|
| 井斜角/(°) | 测量范围 | 0~180 |
| | 系统精度 | ±0.1 |

续表

| | | |
|---|---|---|
| 井斜方位角/(°) | 测量范围 | 0~360 |
| | 系统精度 | ±0.25 |
| 工具面角/(°) | 测量范围 | 0~360 |
| | 系统精度 | ±0.5 |
| 信号强度/psi | | 20~100 |
| 钻井液排量/(L/s) | | 10~55(取决于钻铤尺寸) |
| 钻井液密度/(g/cm$^3$) | | ≤1.7 |
| 含砂量/% | | 小于1 |
| 仪器压降/psi | | 50~200(取决于钻铤尺寸和钻井液排量) |
| 最大压力/MPa | | 150 |
| 最高工作温度/℃ | | 175 |
| 抗压筒外径/mm | | $\phi$48 |
| 最大数据存储能力/组 | | 45000 |
| 伽马探管性能指标 | | |
| 探测范围/API | | 0~500 |
| 测量精度/API | | ±3(0~150)，±10(150~500) |
| 最大数据存储能力/组 | | $11\times10^4$ |
| 灵敏度 | | 优于1.6计数单位 |
| 垂直分辨率/mm | | 优于130 |
| 推荐测速/(m/h) | | ≤30 |
| 推荐采样时间/s | | 8~12 |
| 仪器抗冲击 | | 800g，1/2sin 二轴 |
| 耐振动 | | 20g/10~200Hz rms 三轴 |

## (六) E-LINK 电磁波无线随钻测斜仪

E-LINK 电磁波无线随钻测斜仪是由英国 GEOLINK 公司生产的无线随钻测斜仪器，主要应用于定向井、水平井的井身轨迹随钻测量施工，并可进行自然伽马参数测量。其主要由三部分组成：①井下测量工具，主要完成对井下测量点的井斜角、井斜方位角、工具面角、磁场强度、温度、自然伽马的采集和处理。②电磁波信号传输系统，主要将测量数据通过电磁波载波传输方式传输至地面。③地面系统，主要是检测来自井下电磁波发生器传输的信号，并完成数据的处理和显示。

工作原理：首先探管获取井下测量数据，然后将测量的数据加载到载波信号上，并控制电磁波发射器发射电磁波，测量信号随载波信号由电磁波发射器向四周发射。通过在地层或套管埋设信号接收极将电磁波信号传送至地面接收系统。其中，E-LINK 系统提供四种信号传输频率，分别为 4Hz、7Hz、13Hz、19Hz，适应不同工况的要求。调整井下仪器发射频率和地面操作系统接收频率为一致，即可完成信号的采集。地面操作系统将检测到的电磁波中的测量信号卸载并解码、计算，得到实际的测量数据。

E-LINK 电磁波无线随钻测斜仪地面仪器连接如图 7-41 所示，E-LINK 电磁波无线随钻测斜仪井下仪器连接如图 7-42 所示，E-LINK 电磁波无线随钻测斜仪技术规范见表 7-19。

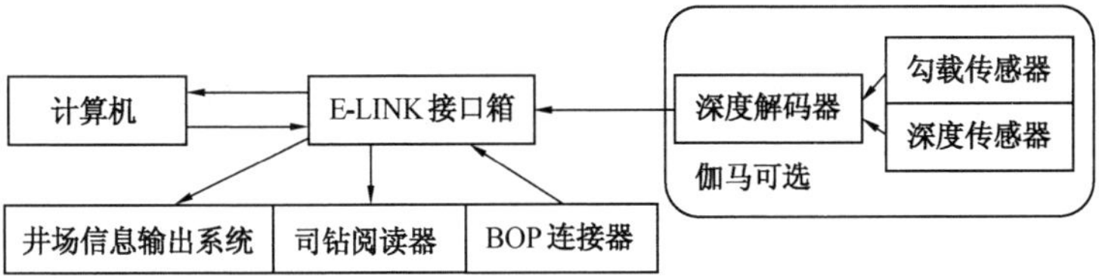


图 7-41　E-LINK 电磁波无线随钻测斜仪地面仪器连接示意图

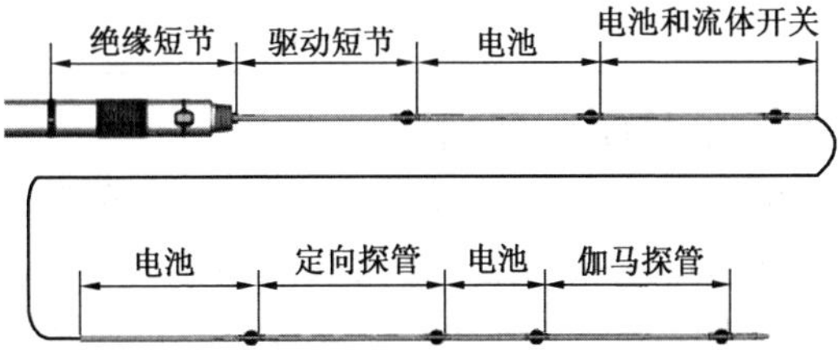


图 7-42　E-LINK 电磁波无线随钻测斜仪井下仪器连接示意图

表 7-19　E-LINK 电磁波无线随钻测斜仪技术规范

| | | | |
|---|---|---|---|
| 系统精度 | 井斜角/(°) | 测量范围 | 0~180 |
| | | 系统精度 | ±0.1 |
| | 井斜方位角/(°) | 测量范围 | 0~360 |
| | | 系统精度 | ±1.0(井斜≥5) |
| | 磁边工具面角/(°) | 测量范围 | 0~360 |
| | | 系统精度 | ±1.0(井斜和方位稳定) |
| | 高边工具面角/(°) | 测量范围 | 0~360 |
| | | 系统精度 | ±1.0 |
| | 自然伽马/API | 测量范围 | 0~500 |
| | | 系统精度 | ±2 |
| 工作环境 | 最大泥浆排量/(L/s) | | 30.28(120mm) |
| | | | 58.04(164mm) |
| | 井下仪器最大压耗/MPa | | 0.414(流量为 30.28L/s) |
| | | | 0.441(流量为 58.04L/s) |
| | 钻井液类型 | | 水基钻井液、油基钻井液 |
| | 含砂量/% | | <0.5 |
| | 钻井液黏度 | | 无限制 |
| | 最大压力/MPa | | 103.45(15000psi) |
| | 最高工作温度/℃ | | 150 |
| | 堵漏材料 | | 对正常堵漏材料无特殊要求 |
| | 最大狗腿度 | | 滑动 98°/100m，转盘 49°/100m(120mm) |
| | | | 滑动 68°/100m，转盘 32°/100m(164mm) |

## （七）RMRS 精确连通仪器

RMRS(Rotating Magnet Ranging Service)精确连通仪器是由美国 Vector Magnetics 公司生产的无线随钻辅助仪器，可用于连通已钻井、防碰控制、平行井的距离控制、过河隧道导向等多种定向工程。安装在钻头与螺杆之间的磁性接头在钻头旋转时产生交变磁场，这个交变磁场被电缆连接的位于邻井的 RMRS 探管探测出来，并通过计算得出相对方位和距离，有效范围 45m。

RMRS 精确连通仪器主要构成如图 7-43 所示，RMRS 精确连通仪器技术规范见表 7-20。

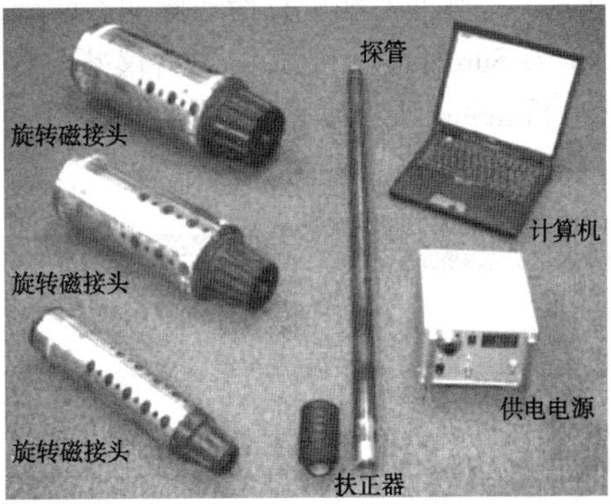


图 7-43 RMRS 精确连通仪器主要构成图

**表 7-20 RMRS 精确连通仪器技术规范**

| | |
|---|---|
| 仪器外径/mm | 44.45 |
| 探管长度/mm | 1400 |
| 磁接头长度/mm | 470 |
| 转速/(r/min) | 60~300 |
| 信号采集距离/m | 套管内≤30，裸眼内≤65 |
| 测量精度 | 距离>30m：方位、距离、垂深±7% |
| | 距离<30m：方位、距离、垂深±5% |

**(八) SureShot 无线随钻测斜仪**

SureShot 无线随钻测斜仪是由美国 APS 公司生产的一款使用 APS 公司专利产品旋转脉冲发生器的无线随钻测斜仪器。井下仪器串由两组 36V 电池供电，其中 MWD 定向探管检测仪器所处位置的井斜、方位、温度、旋转状态等参数，经编码后发送指令给脉冲器，脉冲器通过开关阀片造成钻井液循环系统的压力按照编码规律进行变化，MWD 地面系统的压力传感器检测到这些压力变化，通过解码箱滤波解码，并通过计算机在仪器房里显示出仪器工程师需要监控的数据，同时计算机通过路由器和天线把井斜、方位等参数传送到钻台上的无线司钻显示器。脉冲发生器有固定式脉冲器和可打捞式脉冲器两种，如图 7-44 所示。图 7-45 为 SureShot 无线随钻测斜仪井下仪器连接示意图，表 7-21 为 SureShot 无线随钻测斜仪技术规范。

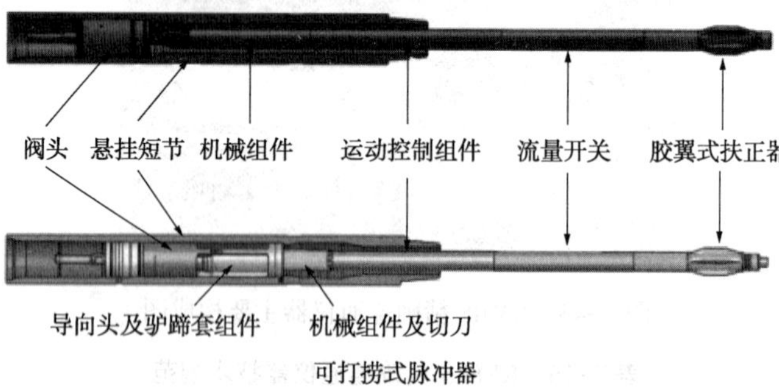


图 7-44　SureShot 无线随钻测斜仪脉冲器结构图

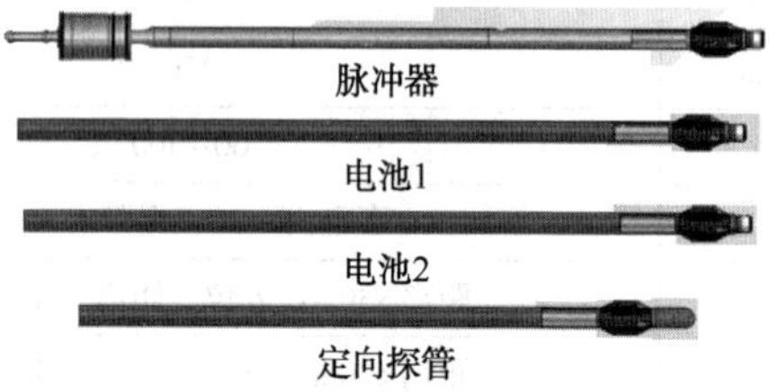


图 7-45　SureShot 无线随钻测斜仪井下仪器连接示意图

**表 7-21　SureShot 无线随钻测斜仪系统主要技术规范**

| 工作参数 | |
|---|---|
| 井斜范围/(°) | 0~180 |
| 井斜精度/(°) | ±0.1 |

续表

| 工作参数 | | |
|---|---|---|
| 方位范围/(°) | 0~360 | |
| 方位精度/(°) | ±1.0(*Inc*>10, *Dip*<70) | |
| 重力工具面精度/(°) | ±1.0(*Inc*>10) | |
| 磁性工具面精度/(°) | ±2.25(*Dip*<70) | |
| 定向探管 | | |
| 定向探管 | 美国地质勘探局(USGS)跟踪校正的三轴磁力计、石英重力加速度计 | |
| 产品规范 | | |
| 信号传输方式 | 泥浆正脉冲 | |
| 脉冲高度 | 可调节 | |
| 可打捞式/可重新安装式 | 可选 | |
| 固定安装式 | 可选 | |
| 触发方式 | 机电式 | |
| 工作电压 | 28~40V DC | |
| 脉冲器短节外径 | 8in、6.75in、4.75in、3.5in、3.125in | 203mm、171mm、121mm、89mm、79mm |
| 排量范围 | 8in：300~1100gpm<br>6.25~6.75in：150~750gpm<br>4.75in：150~350gpm<br>3.125in 和 3.5in：70~250gpm | 203mm：19~69L/s<br>159~171mm：9~47L/s<br>121mm：9~22L/s<br>79mm 和 89mm：4~16L/s |
| 含砂量/% | 建议<1，最大<3 | |
| 堵漏剂耐受能力 | 50lb/bbl(中等粒度桥堵剂) | 143kg/$m^3$(中等粒度桥堵剂) |
| 工作温度 | -13~302℉，347℉可选 | -25~150℃，175℃可选 |
| 最大压力 | 20000~25000psi 可选 | 138~172.4MPa 可选 |
| 压差 | 没有要求 | |
| 狗腿范围 | API 连接丝扣规范要求 | |

### (九) MatriView 150℃/175℃MWD 随钻测量仪器

MatriView 150℃/175℃MWD 随钻测量仪器是中石化经纬公

司地质测控技术研究院设计研发的一款无线随钻测量仪，采用泥浆涡轮发电机或锂电池为井下仪器供电，利用旋转阀正脉冲器进行信号传输，采用一体化探管电路设计，实现井斜角、方位角、工具面角等参数的准确测量和快速传输，实现与MatriView随钻测量仪器及经纬领航旋转导向仪器的一体化挂接，测量精度高，工作稳定可靠。

MatriView 150℃/175℃ MWD随钻测量仪器井下仪器连接如图7-46所示，MatriView 150℃/175℃ MWD随钻测量仪器技术规范见表7-22。

图7-46　MatriView 150℃/175℃ MWD随钻测量仪器井下仪器连接示意图

**表7-22　MatriView 150℃/175℃MWD随钻测量仪器井下仪器技术规范**

| 操作规范和限制 | 美国单位 | 国际单位 |
|---|---|---|
| 工作排量范围 | 150.6~348.7gpm<br>221.9~634.0gpm<br>396.3~871.8gpm | 9.5~22.0L/s<br>14.0~40.0L/s<br>25.0~55.0L/s |
| 最高工作温度 | 302℉，347℉可选 | 150℃，175℃可选 |
| 压力降 | 取决于泥浆密度、流量和钻铤内径 | |
| 轴向和侧向振动 | 1000g，0.5mSec-½Sine | |
| 探管材质强度 | | |
| 最大工作压力 | 138MPa，172MPa可选 | 20000psi，25000psi可选 |
| 狗腿范围 | API连接丝扣规范要求 | |
| 泥浆体系 | 水基、油基等常规泥浆体系 | |
| 含砂量/% | ≤1 | |
| 泥浆密度/(g/cm³) | <2.17 | |
| 塑性黏度/mPa·s | <50 | |
| 堵漏材料 | 143kg/m³中等粒度桥堵剂 | |

续表

| 操作规范和限制 | 美国单位 | 国际单位 |
|---|---|---|
| 系统精度 | | |
| 参数类型 | 测量范围 | 系统精度 |
| 井斜角/(°) | 0~180 | ±0.1 |
| 井斜方位角/(°) | 0~360 | ±1 |
| 工具面角/(°) | 0~360 | ±1 |
| 磁场强度/μT | 0~100 | ±0.5 |
| 磁倾角/(°) | -90~90 | ±0.5 |

## (十) 机械式无线随钻测斜仪

1. 结构

一种集机械、电子技术于一体，利用精密机械机构来测量井斜的仪器，用于直井、定向井和水平井的直井段，特别适用于深井、高温井等特殊高难度直井。由井下仪器和地面信号接收系统两部分组成。井下仪器用于测量井斜和产生脉冲信号，地面信号接收系统用于接收脉冲信号，根据脉冲信号确定井斜角。仪器主要由液压阻尼和平衡装置、摆锤-阶梯环测量机构、编码控制机构和脉冲信号发生装置组成，如图 7-47 所示。地面信号接收系统主要由传感器和电子记录仪组成。

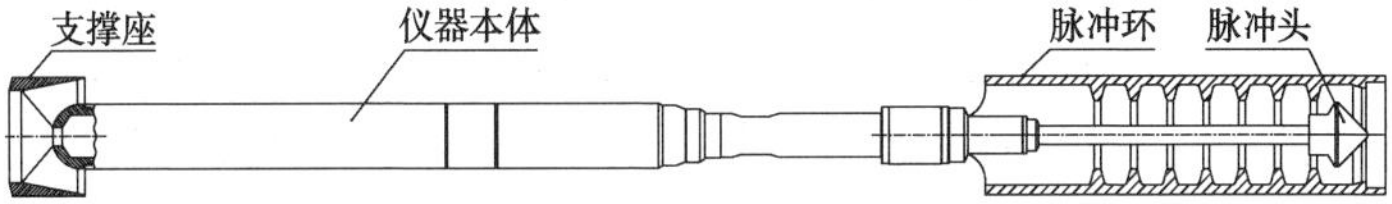


图 7-47　机械式无线随钻测斜仪井下仪器

2. 工作原理

开泵时，钻井液经过脉冲环对脉冲头施加压力，脉冲头开始下行。经过内径不同的节流环环形空间时，钻井液产生压力波动，并产生脉冲信号，记录仪显示压力波形。井斜不同，脉冲轴伸出长度不同，下行经过的节流环个数不同，显示的脉冲信号个数也就不同。如图 7-48 所示，该图中显示 4 个脉冲信号，即脉冲头下行时经过 4 个环形空间。

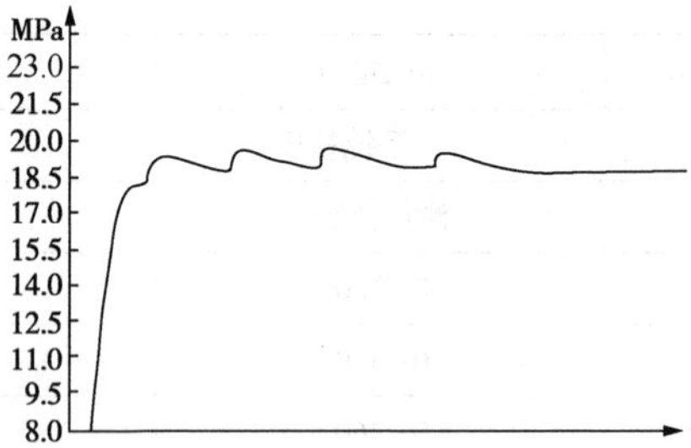


图 7-48　脉冲信号

3. 机械式无线随钻测斜仪技术参数与使用要求

1）技术参数

（1）测量精度：0.5°和 1°。

（2）井斜测量范围：测量精度为 0.5°时，井斜测量范围为 0°~10°；

测量精度为 1°时，井斜测量范围为 1°~17°。

（3）工作温度：<210℃。

（4）仪器尺寸：3½in 和 4¾in 两种规格；

（5）钻铤规格：4¾in 及以上钻铤，小于 8in 的钻铤用 3½in 的仪器，8in 及 8in 以上钻铤用 4¾in 的仪器。

2）使用要求

适用于油基或水基钻井液，不适用于泡沫钻井液。钻井液要清洁，不能有直径大于 15mm 的固体或其他尺寸的较大异物。正常钻进时，对钻井液含砂量和最大排量要求见表 7-23。

**表 7-23　钻井液含砂量和最大排量要求**

| 仪器型号 | 含砂量/% | 流量/(L/s) |
|---|---|---|
| 3½in 仪器 | <2 | 44.8 |
| | 2~5 | 38.4 |
| | 5~10 | 28.8 |
| 4¾in 仪器 | <2 | 76.8 |
| | 2~5 | 64.0 |
| | 5~10 | 44.8 |

# 第五节　LWD 无线随钻测井仪器

无线随钻测井仪器(Logging While Drilling，简称 LWD)可以实时测取地质参数，绘制出测井曲线，并进行地质信息分析。由于是实时测量，与电缆测井相比，无线随钻测井结果更接近地层的真实情况。还可以将 LWD 测井曲线与电缆测井曲线进行对比，获得地层被流体侵入的实际资料。配合定向参数测量，可以准确控制井眼轨迹在储层中穿行，提高油气层钻遇率。

## 一、FEWD 随钻地质导向仪器

1. 作用及工作原理

FEWD(Formation Evaluation While Drilling)随钻地质导向仪器是美国哈里伯顿公司生产的仪器，可实现自然伽马、感应电阻率、补偿中子孔隙度、岩石密度 4 种参数的实时测量。仪器采用模块化设计，方便挂接或者去除参数。

FEWD 随钻地质导向仪器主要仪器构成如图 7-49 所示，FEWD 随钻地质导向仪器技术规范见表 7-24～表 7-32。

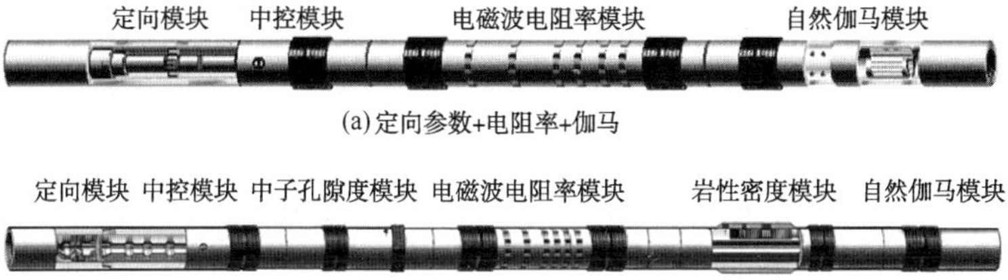


图 7-49　FEWD 随钻地质导向仪器主要仪器构成图

**表 7-24　FEWD 随钻地质导向仪器工程参数**

| 井眼尺寸/in | 12¼ | 8½ | 5⅞ |
|---|---|---|---|
| 产品名称 | 1200MWD | 650MWD | 350MWD |
| 最大外径/in | 8 | 6¾ | 4¾ |

续表

| 打捞外径/in | | 8 | $6\frac{3}{4}$ | $4\frac{3}{4}$ |
|---|---|---|---|---|
| 连接扣型 | 上部扣型 | $6\frac{5}{8}$in IF Box | $4\frac{1}{2}$in IF Box | $3\frac{1}{2}$in IF Box |
| | 底部扣型 | $6\frac{5}{8}$in IF Pin | $4\frac{1}{2}$in IF Pin | $3\frac{1}{2}$in IF Pin |
| 最大狗腿度/(°/30m) | 滑动模式 | 14 | 21 | 30 |
| | 转盘模式 | 8 | 10 | 14 |
| 堵漏材料类型 | 堵漏材料最大允许量 *ppb*/(lb/bbl) | 40 | 40 | 40 |
| | 堵漏材料类型 *specify* | medium nut | medium nut | medium nut |
| 钻井液最大含砂量/% | | ≤1 | ≤1 | ≤1 |
| 排量/(L/s) | 最大 | 22.1 | 14.2 | 8.1 |
| | 最小 | 75.7 | 42.1 | 22.1 |
| 最大钻压/lb | | 65000 | 45000 | 25000 |
| 最大震击/lb | | 110000 | 80000 | 50000 |
| 最大震动/g | | 20 | 20 | 20 |
| 电力来源(电池/涡轮) | | 涡轮 | 涡轮 | 涡轮 |
| 最大操作时间/h | | 300 | 300 | 300 |

**表 7-25　FEWD 随钻地质导向仪器脉冲发生器性能参数**

| 产品名称 | | MKⅣ | MKⅥ |
|---|---|---|---|
| 数据传输率/(bit/s) | 单位 | 0.5~0.8 | 0.5~0.8 |
| 测量时间/s | 一个周期 | 98~165 | 98~165 |
| 最大允许压力/psi | | 18000 | 18000 |
| 操作温度/℃ | | <140 | <140 |
| 最大钻井液密度/(g/cm$^3$) | | 2.17 | 2.17 |
| 最大钻井液塑性黏度/cP | | 50 | 50 |

**表 7-26　FEWD 随钻地质导向仪器探管性能参数**

| 产品名称 | PCD-K | PCD-R |
|---|---|---|
| 传输类型 | 正脉冲 | 正脉冲 |

续表

| 产品名称 | | PCD-K | PCD-R |
| --- | --- | --- | --- |
| 最大压力/psi | | 18000 | 18000 |
| 操作温度/℃ | | <140 | <140 |
| 井斜角 | 测量范围/(°) | 0~180 | 0~180 |
| | 分辨率/(°) | 0. 1 | 0. 1 |
| | 精度/(°) | ±0. 2 | ±0. 2 |
| 方位角 | 测量范围/(°) | 0~360 | 0~360 |
| | 分辨率/(°) | 0. 1 | 0. 1 |
| | 精度/(°) | ±1. 5 | ±1. 5 |
| 工具面角 | 磁性工具面角/(°) | 0~360 | 0~360 |
| | 分辨率/(°) | 5. 6 | 5. 6 |
| | 精度/(°) | ±2. 8 | ±2. 8 |
| | 重力工具面角/(°) | 0~180L，0~180R | 0~180L，0~180R |
| | 分辨率/(°) | 5. 6 | 5. 6 |
| | 精度/(°) | ±2. 8 | ±2. 8 |
| | 数据更新周期/s | 9. 3 或 14 | 9. 3 或 14 |
| | 工具面转换角/(°) | 5 | 5 |
| 最大狗腿度/(°/30m) | 滑动模式 | 21 | 30 |
| | 转盘模式 | 10 | 14 |

**表 7-27　FEWD 随钻地质导向仪器伽马传感器(钻铤型)性能参数**

| 产品名称 | 双向伽马 |
| --- | --- |
| 检测类型 | 盖格米勒管 |
| 最大压力/psi | 18000 |
| 操作温度/℃ | 140 |
| 测量范围/API | 0~380 |
| 垂直分辨率/in | 9 |
| 系统精度/API | ±3@ 50 |

续表

| 产品名称 | | 双向伽马 |
| --- | --- | --- |
| 最低采样率/s | | 8 |
| 探测半径/in | | 11.8 |
| 最大狗腿度/(°/30m) | 滑动模式 | 21 |
| | 转盘模式 | 10 |

**表 7-28　FEWD 随钻地质导向仪器电磁波电阻率性能参数**

| 产品名称 | | EWR PHASE4 |
| --- | --- | --- |
| 电阻率测量类型 | | 电磁波 |
| 最大压力/psi | | <18000 |
| 操作温度/℃ | | <140 |
| 钻井液类型 | | 无限制 |
| 最低采样周期/s | 实时 | 4 |
| | 记录 | 3 |
| 测量范围/Ω·m | 相位 | 0~2000 |
| | 幅度 | 0.1~50 |
| 系统精度/% | | ±1@10Ω·m |
| 垂直分辨率/in | | 6 |
| 最大狗腿度/(°/30m) | 滑动模式 | 21 |
| | 转盘模式 | 10 |
| 探测半径/in | 极浅相位 | 15@0.2Ω·m，30@20Ω·m |
| | 浅相位 | 18@0.2Ω·m，39@20Ω·m |
| | 中相位 | 22@0.2Ω·m，54@20Ω·m |
| | 深相位 | 30@0.2Ω·m，75@20Ω·m |
| | 极浅幅值 | 25@0.2Ω·m，77@20Ω·m |
| | 浅幅值 | 30@0.2Ω·m，86@20Ω·m |
| | 中幅值 | 38@0.2Ω·m，104@20Ω·m |
| | 深幅值 | 50@0.2Ω·m，145@20Ω·m |

### 表 7-29　FEWD 随钻地质导向仪器 CNP 补偿中子孔隙度性能参数

| | | |
|---|---|---|
| 仪器尺寸/mm | | 171(6¾in) |
| 最高工作温度/℃ | | 140/150 |
| 最大抗压强度/psi | | 18000 |
| 适用井眼范围/mm | | 215.9(8½in)~244.5(9⅝in) |
| 最小采样周期/s | | 10 |
| 测量范围/pu | | 0~70 |
| 系统精度/pu | | ±0.5~1@20 |
| 统计精度/pu | | ±2@20 |
| 垂直分辨率/mm | | 77(24in) |
| 传感器类型 | | 双组盖革-米勒管 |
| 最大狗腿度/(°/100ft) | 滑动模式 | 10 |
| | 转盘模式 | 8 |

### 表 7-30　FEWD 随钻地质导向仪器 SLD SPECIFICATIONS 岩石密度性能参数

| | | |
|---|---|---|
| 仪器尺寸/mm | | 171(6¾in) |
| 最高工作温度/℃ | | 140/150 |
| 最大抗压强度/psi | | 18000 |
| 适用井眼范围/mm | | 215.9(8½in)~244.5(9⅝in) |
| 最小采样周期/s | | 10 |
| 测量范围/($g/cm^3$) | | 1.0~3.1 |
| 系统测量误差/($g/cm^3$) | | ±0.025 |
| 垂直分辨率/mm | | 459(18in) |
| 最大狗腿度/(°/100ft) | 滑动模式 | 10 |
| | 转盘模式 | 8 |

### 表 7-31　PCG(伽马)性能参数(探管型)

| 描述 | 12¼in | 8½in | 6in |
|---|---|---|---|
| 产品名称 | PCG | PCG | PCG |

续表

| 描述 | 12¼in | 8½in | 6in |
|---|---|---|---|
| 外径/in | 1.75 | 1.75 | 1.75 |
| 操作温度/℃ | 150 | 150 | 150 |
| 最大工作压力/psi | 18000 | 18000 | 18000 |
| 传感器类型 | 闪烁体光电倍增管 | 闪烁体光电倍增管 | 闪烁体光电倍增管 |
| API | 是 | 是 | 是 |
| 精度/API | ±5@50 | ±5@50 | ±5@50 |
| 测量范围/cps | 0~76.5 | 0~76.5 | 0~76.5 |
| 垂直分辨率/in | 6(15cm) | 6(15cm) | 6(15cm) |

**表 7-32　Solar 175 仪器性能参数**

| 参　　数 | | LWD | Solar175 |
|---|---|---|---|
| 方位角/(°) | 测量范围 | 0~360 | 0~360 |
| | 测量精度 | ±1.5 | ±1.5 |
| 井斜角/(°) | 测量范围 | 0~180 | 0~180 |
| | 测量精度 | ±0.2 | ±0.2 |
| 磁性工具面角/(°) | | ±2.8 | ±2.8 |
| 高边工具面角/(°) | | ±2.8 | ±2.8 |
| 测量数据修正时间/min | | 3.5/5.5，传输频率 0.5Hz/0.8Hz | 3.5/5.5，传输频率 0.5Hz/0.8Hz |
| 工具面修正时间/s | | 14/9，传输频率 0.5Hz/0.8Hz | 14/9，传输频率 0.5Hz/0.8Hz |
| 最高耐温/℃ | | 150 | 175 |

## 二、MatriView MRC 随钻电磁波电阻率测井仪器

MatriView MRC 随钻电磁波电阻率测井仪器由中石化经纬有限公司地质测控技术研究院研发生产。该系统利用电磁波传播原理，采用 2MHz 和 400kHz 工作频率，可以获取 8 条不同探测深度的相位差、幅度比补偿电阻率曲线。与井斜、方位伽马

等测量模块集成在一起，实现了工程参数与地质参数一体化测量。适用于定向井、水平井、大位移井、丛式井的随钻地质导向和地层评价，有效指导钻具着陆、提高储层钻遇率。图 7-50 为 MatriView MRC 电磁波电阻率测井仪器示意图。

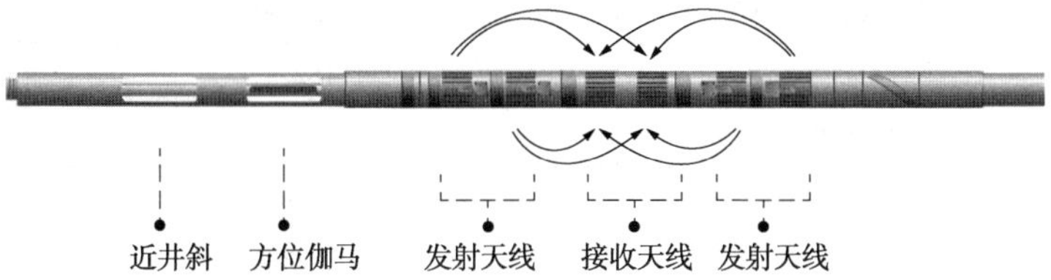


图 7-50　MatriView MRC 电磁波电阻率测井仪器示意图

MatriView MRC 电磁波电阻率无线随钻测井系统井下仪器连接如图 7-51 所示，MatriView MRC 电磁波电阻率测井仪器技术规范见表 7-33。

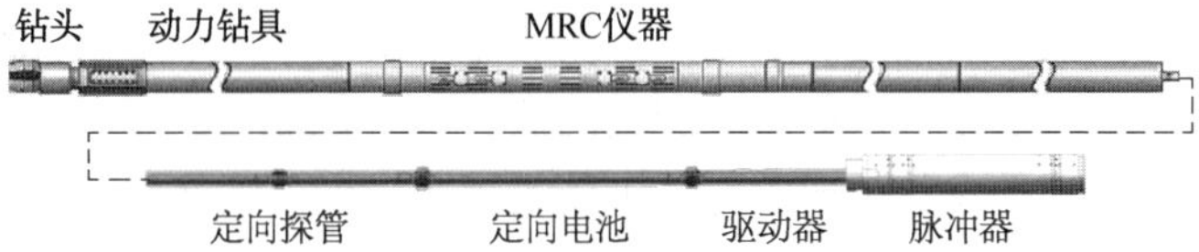


图 7-51　MatriView MRC 电磁波电阻率测井仪器井下仪器连接图

**表 7-33　MatriView MRC 电磁波电阻率测井仪器技术规范**

| 性能参数 | | | |
|---|---|---|---|
| 仪器外径/mm | 121 | 172 | 203 |
| 适用井眼尺寸/mm | 149~165 | 216~242 | >311 |
| 仪器长度/mm | 5866 | 6622 | 6622 |
| 最大流量/(L/s) | 22 | 40 | 65 |
| 井斜角测量范围/(°) | 0~180 | | |
| 井斜角测量精度/(°) | ±0.1 | | |
| 方位测量范围/(°) | 0~360 | | |
| 方位测量精度/(°) | ±1.0 | | |
| 电阻率测量范围/Ω·m | 0.1~2000(相位差电阻率) | | |
| | 0.1~400(幅度比电阻率) | | |

续表

| 性能参数 | |
|---|---|
| 电阻率垂直分辨率/mm | 203.2 |
| 伽马测量范围/API | 0~500 |
| 伽马测量精度/API | ±2@50 |
| 垂直分辨率/mm | 152.4 |
| 连续工作时间/h | 230 |
| 最高工作温度/℃ | 150 |
| 最大工作压力/MPa | 138(20000psi) |
| 含砂量/% | ≤1 |

## 三、MatriView NBGS 近钻头地质导向仪器

MatriView NBGS 近钻头地质导向仪器由中石化经纬有限公司地质测控技术研究院研发生产。该仪器采用嵌入式电磁波无线短传技术，将近钻头发射短节测量的近钻头方位伽马、近井斜、近钻头电阻率等参数传递给近钻头接收短节，电磁波无线短传技术适用于水基、油基钻井液体系。为开发薄油层、断块油层及边缘油藏等复杂储层提供优质、高效的解决方案。图 7-52 为 MatriView NBGS 近钻头地质导向仪器示意图。

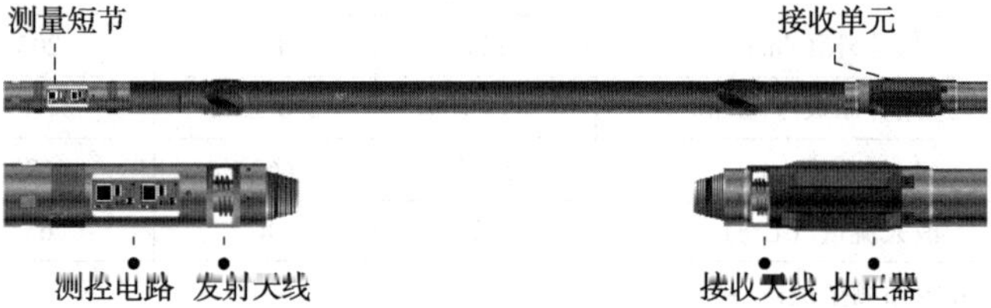


图 7-52　MatriView NBGS 近钻头地质导向仪器示意图

MatriView NBGS 近钻头地质导向仪器井下仪器连接如图 7-53所示，MatriView NBGS 近钻头地质导向仪器技术规范见表 7-34。

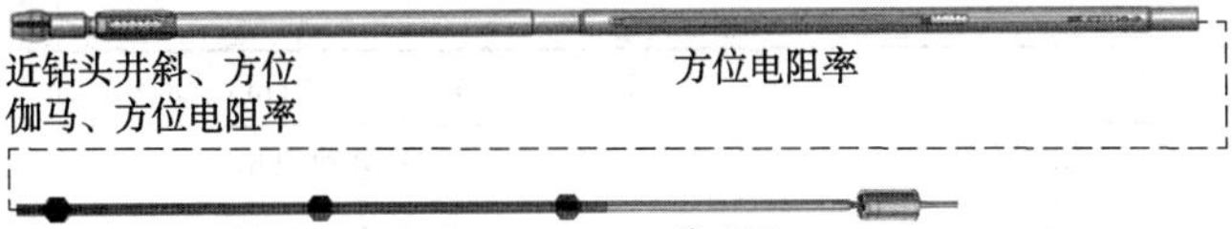


图 7-53　MatriView NBGS 近钻头地质导向仪器井下仪器连接示意图

**表 7-34　MatriView NBGS 近钻头地质导向仪器技术规范**

| 性能参数 | | | |
|---|---|---|---|
| 仪器外径/mm | 172/190 | 发射短节长度/mm | 880/700 |
| 适合井眼/mm | 215.9/241.3 | 接收短节长度/mm | 1050 |
| 电阻率测量范围/Ω·m | 0.2~1000 | 井斜测量范围/(°) | 0~180 |
| 测量精度/% | ±10@50Ω·m | 近钻头井斜精度/(°) | ±0.3 |
| 电阻率零长/mm | 400mm | 井斜零长/mm | 500 |
| 伽马测量范围/API | 0~450 | 转速测量范围/(r/min) | 0~300 |
| 伽马扇区 | 2/4/8 | 连续工作时间/h | 200 |
| 测量精度/API | ±2@50 | 最高工作压力/MPa | 120 |
| 伽马零长/mm | 500 | 最高工作温度/℃ | 150 |

## 四、MatriView AGR 随钻方位伽马仪器

MatriView AGR 随钻方位伽马仪器由中石化经纬有限公司地质测控技术研究院研发生产。该仪器可以实时测量钻遇地层的自然伽马放射性强度，形成井周伽马图像，实现对地层 360°全方位多点精确描述。主要用于地层评价，提高储层钻遇率，满足勘探开发工程一体化的技术需要。MatriView AGR 随钻方位伽马仪器技术规范见表 7-35。

**表 7-35　MatriView AGR 随钻方位伽马仪器技术规范**

| | |
|---|---|
| 工具外径尺寸/mm | 47.6(1.87in) |
| 适应井眼尺寸/mm | 215.9~241.3(8½~9½in) |
| 工具长度/mm | 1600(5.249ft) |

续表

| | |
|---|---|
| 扶正器尺寸/mm | 71(2.79in)、73(2.81in)、81(3.2in) |
| 供电方式 | 锂电池供电 |
| 传输方式 | 正脉冲 |
| 最大工作压力/MPa | 138(20000psi) |
| 钻井液体系/% | 水基、油基等常规钻井液体系 |
| 含砂量/% | ≤1 |
| 钻井液密度/($g/cm^3$) | <2.17 |
| 塑性黏度/mPa · s | <50 |
| 堵漏材料 | 不允许使用堵漏材料 |
| 方位伽马测量传感器 | |
| 范围/API | 0~500 |
| 精度/API | ±2 |
| 测量扇区 | 8 扇区 |
| 垂直分辨率/mm | 152.4(6in) |

## 五、MatriView AGR 钻铤式方位伽马仪器

MatriView AGR 钻铤式方位伽马仪器由中石化经纬有限公司地质测控技术研究院研发生产。该仪器采用特殊的屏蔽体结构和采集与控制电路设计，测量精度高。可直接连接在 MWD 定向探管下方，结构简单，使用方便。可有效解决复杂钻井情况下特别是高放射性地层的“低成本、高技术含量”的地质导向施工难题。

MatriView AGR 钻铤式方位伽马仪器井下仪器结构如图 7-54 所示，MatriView AGR 钻铤式方位伽马仪器技术规范见表 7-36。

**表 7-36　MatriView AGR 钻铤式方位伽马仪器技术规范**

| 性能参数 | |
|---|---|
| 仪器外径/mm | 172 |
| 最高工作温度/℃ | 150 |

续表

| 性能参数 | |
|---|---|
| 最大工作压力/MPa | 138(20000psi) |
| 钻井液体系 | 水基、油基等常规钻井液体系 |
| 含砂量/% | ≤1 |
| 钻井液密度/($g/cm^3$) | <2.17 |
| 传感器类型 | 碘化钠闪烁探测器 |
| 测量扇区数 | 8扇区 |
| 测量范围/API | 0~500 |
| 测量精度/API | ±2@50 |
| 垂直分辨率/mm | 152.4 |

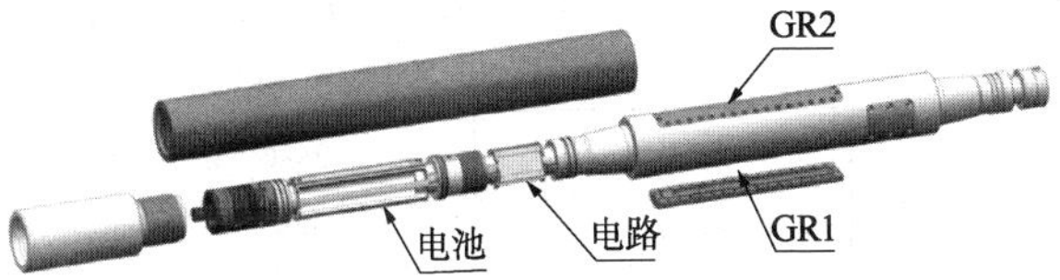


图7-54　MatriView AGR钻铤式方位伽马仪器井下仪器结构图

## 六、MatriView AMR方位电阻率仪器

MatriView AMR方位电阻率仪器由中石化经纬有限公司地质测控技术研究院研发生产。该仪器通过电阻率和定向电动势测量实现井眼周围地层电阻率成像，实时探测地层边界方位和距离，边界探测深度达5600mm，具有360°方位识别能力，同时生成32项扇区方位电阻率成像和边界成像资料，在精确地质导向钻井过程中，通过实时正、反演处理实现单、双界面精细刻画，达到优化着陆点、准确定位井眼位置、提高储层钻遇率，以及减少侧钻风险等目的。

MatriView AMR方位电阻率仪器井下仪器连接如图7-55所示，MatriView AMR方位电阻率仪器技术规范见表7-37。

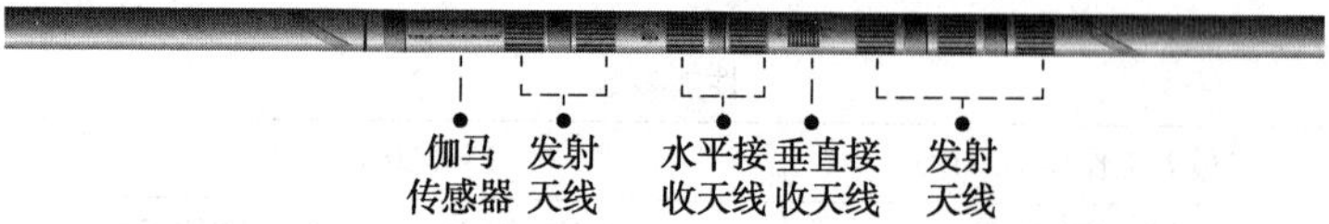


图 7-55　MatriView AMR 方位电阻率仪器井下仪器连接示意图

**表 7-37　MatriView AMR 方位电阻率仪器技术规范**

| 仪器外径/mm | 121 | | 172 | 203 |
|---|---|---|---|---|
| 适应井眼尺寸/mm | 149~165<br>(5⅞~6½in) | | 216~242<br>(8½~9½in) | >311<br>(>12¼in) |
| 工作频率 | 2MHz；400kHz | | | |
| 测量参数 | 电阻率、地层边界距离、方位伽马 | | | |
| 测量范围 | 0.1~2000Ω · m(相位差电阻率)；<br>0.1~400Ω · m(幅度比电阻率)；<br>0~500API(伽马) | | | |
| 测量精度 | 相位差电阻率 | 2MHz | ±2%@(0.1~60Ω · m)；<br>±0.5ms/m@(60~3000Ω · m) | |
| | | 400kHz | ±2%@(0.1~25Ω · m)；<br>±1ms/m@(25~1000Ω · m) | |
| | 幅度比电阻率 | 2MHz | ±2%@(0.1~25Ω · m)；<br>±1.0ms/m@(25~400Ω · m) | |
| | | 400kHz | ±5%@(0.1~5Ω · m)；<br>±5ms/m@(5~200Ω · m) | |
| 垂直分辨率/mm | 203.2 | | | |
| 电阻率探测深度<br>$R_t$ = 10m<br>$R_{xo}$ = 1m | 幅度比电阻率 | | 相位差电阻率 | |
| | 长线圈距(400kHz) | 2362mm | 长线圈距(400kHz) | 1486mm |
| | 短线圈距(400kHz) | 1956mm | 短线圈距(400kHz) | 1168mm |
| | 长线圈距(2MHz) | 1626mm | 长线圈距(2MHz) | 1118mm |
| | 短线圈距(2MHz) | 1321mm | 短线圈距(2MHz) | 864mm |
| 边界探测深度/mm<br>(1Ω · m : 50Ω · m) | 5600 | | | |

续表

| | |
|---|---|
| 成像扇区 | 32 扇区(边界)、8 扇区(方位伽马) |
| 适用井眼尺寸/mm | 216~242、311 |
| 最高工作温度/℃ | 150 |
| 最高工作压力/MPa | 140 |

## 七、SL6000LWD 地质导向钻井系统

SL6000LWD 地质导向钻井系统由山东胜利伟业石油工程技术服务有限公司研制生产。该系统主要由 SL0514A 随钻井斜方位测量仪及 SL0525A 随钻电阻率-伽马组合测量仪组成，采用泥浆正脉冲数据传输方式。SL0514A 随钻井斜方位测量仪仪器结构如图 7-56 所示，SL0514A 随钻井斜方位测量仪性能指标见表 7-38。

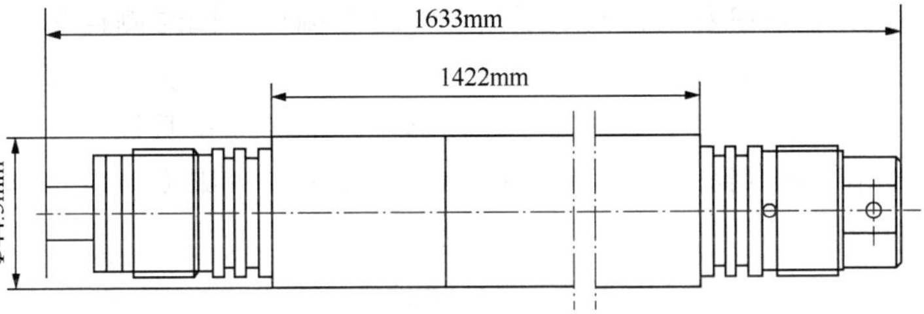


图 7-56 SL0514A 随钻井斜方位测量仪

**表 7-38 SL0514A 随钻井斜方位测量仪性能指标**

| 性能参数 | | | |
|---|---|---|---|
| 适合井眼/mm | ≥215.9(8½in) | | |
| 井斜测量范围/(°) | 0~180 | 测量精度/(°) | ±0.2 |
| 方位测量范围/(°) | 0~360 | 测量精度/(°) | ±1.0°(井斜>10°，磁倾角<70°) |
| 工具面角测量范围/(°) | 0~360 | 测量精度/(°) | ±2.8 |
| 数据传输速率/Hz | 0.5 | | |
| 最高耐压/MPa | 104 | | |
| 最高耐温/℃ | 150 | | |

续表

| 性能参数 | |
|---|---|
| 温度测量精度/℃ | ±2 |
| 仪器长度/mm | 1633 |
| 仪器质量/kg | 12.5 |
| 仪器外径/mm | Φ44.5 |
| 抗振动/(m/s²) | 196(15~200Hz，随机) |
| 抗冲击/(m/s²) | 9800(0.5ms，半正弦波) |

SL0525A 随钻电阻率-伽马组合测量仪由随钻电磁波电阻率及自然伽马测井仪主体、电磁波电阻率接收电路和中控电路短节、电磁波电阻率发射电路和自然伽马电路短节及电池短节组成，随钻电磁波电阻率可同时获得深、中、浅 3 条补偿电阻率曲线和 6 条单发双收电阻率曲线，自然伽马可同时测得 2 条自然伽马曲线并可组合成 1 条综合自然伽马曲线。从井中取出仪器后，通过地面系统读取下井仪器中存储的测量数据，进行深度匹配和资料处理，形成实时钻井测量的三电阻率、自然伽马测井资料。

SL0525A 随钻电阻率-伽马组合测量仪仪器结构如图 7-57 所示，SL0525A 随钻电阻率-伽马组合测量仪主要技术指标见表 7-39。

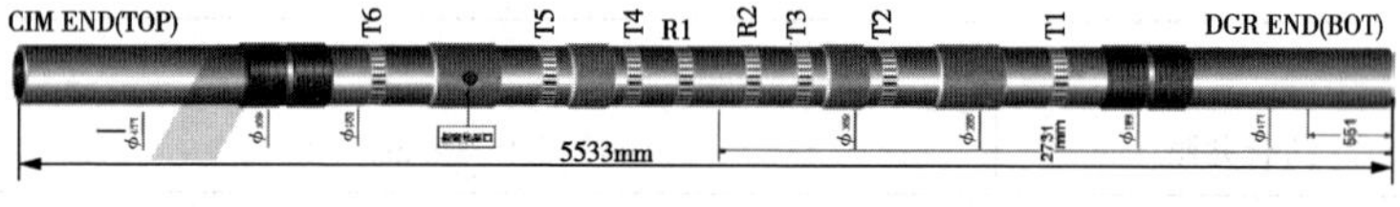


图 7-57　SL0525A 随钻电阻率-伽马组合测量仪仪器结构

**表 7-39　SL0525A 随钻电阻率-伽马组合测量仪技术指标**

| 型号 | SL0525S | SL0525A | SL0525B |
|---|---|---|---|
| 标称外径/mm | 120(4¾in) | 171.5(6¾in) | 203.2(8in) |
| 最大外径/mm | 133 | 189 | 218 |
| 水眼内径/mm | 30 | 50.8 | 60.5 |

续表

| 型号 | | SL0525S | SL0525A | SL0525B |
|---|---|---|---|---|
| 长度/mm | | 5.440 | 5.375 | 5.495 |
| 最大耐压/MPa | | 125(180000psi) | 140(20000psi) | 140(20000psi) |
| 上扣扭矩 | | 13.4~14.7kN·m | 40.7~44.7kN·m | 71.8~78.6kN·m |
| 上扣扭矩 | | 9500~10500ft·lbs | 30000~33000ft·lbs | 53000~58000ft·lbs |
| 最大狗腿度/(°/100m) | 转盘钻 | 14 | 14 | 14 |
| 最大狗腿度/(°/100m) | 滑动钻 | 30 | 25 | 25 |
| 最高耐温/℃ | | 150 | 150 | 150 |
| 扣型 | | NC38($3\frac{1}{2}$in IF) | NC50($4\frac{1}{2}$inIF) | $6\frac{5}{8}$in REG |
| 扣型 | | Box×Box | Box×Box | Box×Box |
| 最大流量 | 质量流量/(ibm/min) | 5000 | 10000 | 20000 |
| 最大流量 | 体积流量/gpm | 350 | 650 | 1200 |
| 钻井液最大含砂量/% | | 1 | 1 | 1 |
| 最高钻速/(m/h) | | 60 | 60 | 60 |
| 震动/(g/10min) | | 20 | 20 | 20 |
| 测量精度 | EWR | 10Ω·m；±1%/100Ω·m；±2% | 10Ω·m；±1%/100Ω·m；±2% | 10Ω·m；±1%/100Ω·m；±2% |
| 测量精度 | GR/% | ±5 | ±5 | ±5 |
| 测量范围 | EWR/Ω·m | 0.20~10000 | 0.20~10000 | 0.20~10000 |
| 测量范围 | GR/API | 0~380 | 0~380 | 0~380 |
| 电池容量/h | | 300 | 300 | 300 |
| 最高采样率/s | | 1 | 1 | 1 |
| 存储器容量/MB | | 32 | 32 | 32 |
| 质量/kg | 天线本体 | 400(881lb) | 900(1982lb) | 1050(2230lb) |
| 质量/kg | 中控短节 | 14.0(30.8lb) | 25.5(56.2lb) | 33.5(73.8lb) |
| 质量/kg | 伽马短节 | 18.5(40.7lb) | 33.5(73.8lb) | 42.7(94.1lb) |
| 质量/kg | 电池短节 | 11.9(26.2lb) | 10.9(24.0lb) | 18.5(40.7lb) |
| 测量点(距仪器底部)/mm | 自然伽马 | 270 | 282 | 283 |
| 测量点(距仪器底部)/mm | 自然伽马 | 515 | 537 | 538 |
| 测量点(距仪器底部)/mm | 电阻率 | 2635 | 2690 | 2705 |
| 测量点(距仪器底部)/mm | 电阻率 | 两接收天线中点 | 两接收天线中点 | 两接收天线中点 |
| 测量点(距仪器底部)/mm | 温度 | 4390 | 4493 | 4540 |

## 八、SL6000NWD 近钻头地质导向钻井系统

SL6000NWD 近钻头地质导向钻井系统由山东胜利伟业石油工程技术服务有限公司研发生产，由 SL0618A 参数测量仪(测量短节)和 SL0617A 无线短传接收仪(接收短节)及动力钻具组成。集深浅双电磁波电阻率、自然伽马和井斜测量于 1.85m 长的钻铤上，安装在螺杆动力钻具前面并靠近钻头。近钻头测量数据通过无线电磁方式短传到螺杆马达上部的 SL0617A 无线短传接收仪，然后再传送到系统并通过泥浆脉冲波实时传输到地面。

SL6000NWD 近钻头地质导向钻井系统仪器结构及连接如图 7-58 所示，SL6000NWD 近钻头地质导向钻井系统技术指标见表 7-40、表 7-41。

**表 7-40　SL0617 近钻头随钻无线数据接收仪技术指标**

| | | |
|---|---|---|
| 长度/m | | 1.62 |
| 直径/mm | | 171.5($7\frac{3}{4}$in) |
| 最大直径/mm | | 188.9($7\frac{7}{16}$in) |
| 水眼直径/mm | | 50.8(2in) |
| 最高压力/MPa | | 120 |
| 最大连接扭矩/kN · m | | 40.70~44.71(30000~33000ft · lbs) |
| 狗腿度/(°/100m) | 转盘模式 | 14 |
| | 滑动模式 | 35 |
| 最高温度/℃ | 工作 | 150(302℉) |
| | 储存 | 165(329℉) |
| 扣型 | | NC50($4\frac{1}{2}$in IF) |
| 最大流量/(L/min) | | 14.2~41.0(250~650gpm) |
| 最大含砂量/% | | 1 |
| 最高钻速/(m/h) | | 30 |
| 振动/(g/10min) | | 20 |
| 电池容量/h | | 500(27A · h) |
| 存储器容量/MB | | 16 |
| 质量/kg | | 260 |

**表 7-41　SL0617 近钻头随钻参数测量仪技术指标**

<table>
<tr><td colspan="2">长度/m</td><td colspan="4">1.85(73in)</td></tr>
<tr><td colspan="2">直径/mm</td><td colspan="4">182.6($7\frac{3}{4}$in)</td></tr>
<tr><td colspan="2">最大直径/mm</td><td colspan="4">188.9($7\frac{7}{16}$in)</td></tr>
<tr><td colspan="2">水眼直径/mm</td><td colspan="4">82.55($3\frac{1}{4}$in)</td></tr>
<tr><td colspan="2">最高压力/MPa</td><td colspan="4">120</td></tr>
<tr><td colspan="2">最大连接扭矩/kN·m</td><td colspan="4">40.70~44.7(30000~33000ft·lbs)</td></tr>
<tr><td rowspan="2">狗腿度/(°/100m)</td><td>转盘模式</td><td colspan="4">14</td></tr>
<tr><td>滑动模式</td><td colspan="4">35</td></tr>
<tr><td rowspan="2">最高温度/℃</td><td>工作</td><td colspan="4">150(302℉)</td></tr>
<tr><td>储存</td><td colspan="4">165(329℉)</td></tr>
<tr><td colspan="2">扣型</td><td colspan="4">按照配接钻具定制弯壳体</td></tr>
<tr><td colspan="2">最大流量/(L/s)</td><td colspan="4">14.2~42.0(250~650gpm)</td></tr>
<tr><td colspan="2">最大含砂量/%</td><td colspan="4">1</td></tr>
<tr><td colspan="2">最高钻速/(m/h)</td><td colspan="4">30</td></tr>
<tr><td colspan="2">振动</td><td colspan="4">20Grms，50~250Hz</td></tr>
<tr><td colspan="2">电池容量/h</td><td colspan="4">350</td></tr>
<tr><td colspan="2">存储器容量/MB</td><td colspan="4">16</td></tr>
<tr><td rowspan="3">测量范围</td><td>电阻率/Ω·m</td><td colspan="4">0.2~2000</td></tr>
<tr><td>自然伽马/API</td><td colspan="4">0~150</td></tr>
<tr><td>井斜角/(°)</td><td colspan="4">0~180</td></tr>
<tr><td rowspan="3">测量精度</td><td>电阻率</td><td colspan="4">10Ω·m；±1%/100Ω·m；±2%</td></tr>
<tr><td>自然伽马/%</td><td colspan="4">±5</td></tr>
<tr><td>井斜角/(°)</td><td colspan="4">±0.2</td></tr>
<tr><td rowspan="4">测量点(与弯壳体长度相关)</td><td>型号</td><td>SL0618A 可调弯壳体</td><td>SL0618B 常规弯壳体</td><td>SL0618C 定制弯壳体</td><td>距仪器底端面</td></tr>
<tr><td>电阻率/m</td><td>2.9</td><td>3.0</td><td>2.5</td><td>0.38</td></tr>
<tr><td>自然伽马/m</td><td>3.7</td><td>3.8</td><td>3.3</td><td>1.20</td></tr>
<tr><td>井斜/m</td><td>3.2</td><td>3.3</td><td>2.8</td><td>0.68</td></tr>
<tr><td colspan="2">总质量/kg</td><td colspan="4">277(含电路、电池组)</td></tr>
</table>

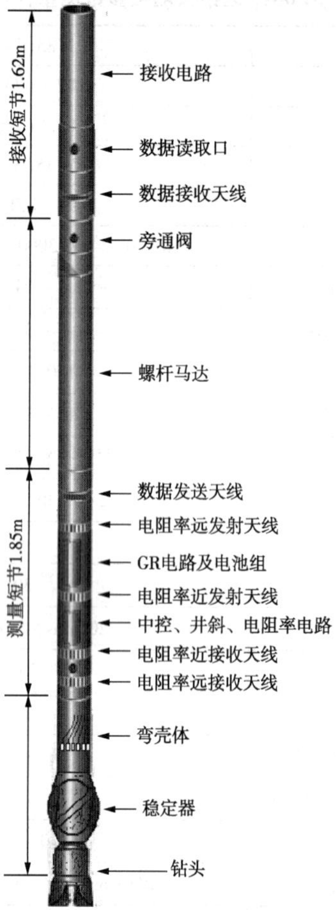


图 7-58　SL6000NMD 近钻头地质导向钻井系统仪器结构及连接

## 九、CGDS-Ⅰ近钻头地质导向钻井系统

CGDS-Ⅰ近钻头地质导向钻井系统由中国石油集团钻井工程技术研究院研发生产，由测传马达(CAIMS)、无线接收系统(WLRS)、正脉冲无线随钻测量系统(CGMWD)和地面信息处理与导向决策软件系统组成，具有测量、传输和导向功能。

CGDS-Ⅰ近钻头地质导向钻井系统仪器结构及连接如图7-59所示，CGDS-Ⅰ近钻头地质导向钻井系统技术参数见表7-42~表7-48。

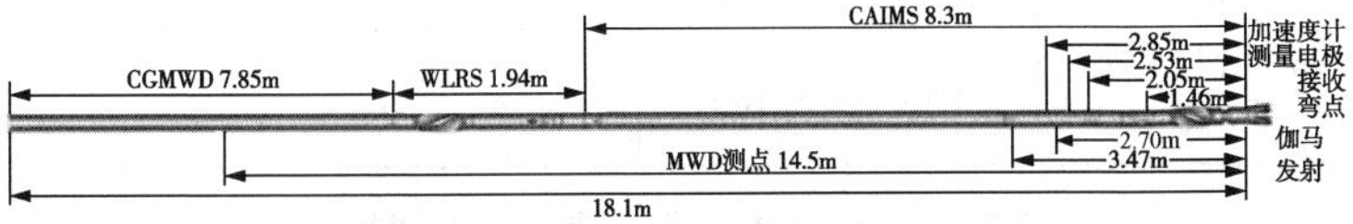


图7-59　CGDS-Ⅰ近钻头地质导向钻井系统仪器结构及连接

**表7-42　CGDS172XB系统总体技术指标**

| 项目 | 指标 | 项目 | 指标 |
|---|---|---|---|
| 公称外径/mm | Φ172 | 马达流量/(L/s) | 19~38 |
| 最大外径/mm | Φ190 | 马达压降/MPa | 3.2 |
| 适用井眼尺寸/mm | Φ216~Φ244<br>(Φ8½~Φ9½in) | 钻头转速/(r/min) | 100~200 |
| 近钻头稳定器 | 8½in井眼：Φ213mm<br>9½in井眼：Φ238mm | 马达工作扭矩/N·m | 3660 |
| 上部稳定器 | 8½in井眼：Φ210mm<br>9½in井眼：Φ235mm | 推荐钻压/kN | 80 |
| 造斜能力 | 中、长半径 | 最大钻压/kN | 160 |
| 传输深度/m | 4500 | 马达输出功率/kW | 38.3~76.6 |
| 最高工作温度/℃ | 125 | 钻头电阻率传感器位置距马达底面距离/m | 2.05 |
| 脉冲发生器类型 | 泥浆正脉冲 | 方位电阻率传感器位置距马达底面距离/m | 2.53 |
| 上传传输速率/(bit/s) | 5 | 方位自然伽马传感器位置距马达底面距离/m | 2.70 |
| 短传数据率/(bit/s) | 200 | 井斜与工具面传感器位置距马达底面距离/m | 2.85 |
| 连续工作时间/h | 200 | CAIMS长度/m | 8.3 |
| 近钻头测量参数 | 电阻率、方位电阻率、方位伽马、井斜角、工具面角 | WLRS长度/m | 1.94 |
| 最高耐压/MPa | 140 | CGMWD长度/m | 7.85 |

续表

| 项目 | 指标 | 项目 | 指标 |
|---|---|---|---|
| 最大允许冲击/($m/s^2$) | 10000 (0.2ms，1/2sin) | CGDS-Ⅰ总长度/m | 18.1 |
| 最大允许振动/($m/s^2$) | 150(10~200Hz) | | |

**表 7-43　CGMWD 测量参数与性能指标**

| 项目 | 测量范围 | 精度 |
|---|---|---|
| 方位角/(°) | 0~360 | 井斜角≥6 时：±1；<br>井斜角 3~6 时：±1.5；<br>井斜角 0~3 时：±2 |
| 井斜角/(°) | 0~180 | ±0.15 |
| 工具面角/(°) | 0~360 | 井斜角≥6 时：±1.5；<br>井斜角 3~6 时：±2.5<br>井斜角 0~3 时：±3 |
| 温度/℃ | 0~150 | 2.5 |
| 抗震动/($m/s^2$) | 200(5~1000Hz 随机) | |
| 抗冲击/($m/s^2$) | 5000(0.2ms，1/2sin) | |
| 最高耐压/MPa | 140 | |
| 最高工作温度/℃ | 125 | |
| 最大含砂量/% | 1 | |
| 最大狗腿度/(°/30m) | 10(旋转)，20(滑动) | |
| 最大钻头压降 | 不限 | |

**表 7-44　自然伽马测量技术指标**

| 项　　目 | 精　　度 |
|---|---|
| 测量范围/API | 0~250 |
| 精度/% | 最大值的±3 |
| 灵敏度/(API/cps) | 不劣于 4 |
| 最高测量速度/(m/h) | 30 |
| 分层能力/cm | 20 |
| 统计起伏/API | ±3 |

**表 7-45　钻头电阻率技术指标**

| | | |
|---|---|---|
| 水基钻井液 | 测量范围/Ω·m | 0.2~2000 |
| | 测量精度 | ±0.1Ω·m(电阻率≤2Ω·m) |
| | | ±8%FS(2Ω·m 电阻率≤200Ω·m) |
| | | ±15%FS(电阻率>200Ω·m) |
| | 垂直分辨率/m | 典型值 1.8(6ft) |
| | 探测深度/m | 0.45(18ft) |
| | 工作温度/℃ | 125 |
| | 工作压力/MPa | 140 |
| 油基钻井液 | 测量范围/Ω·m | 0.2~2000 |
| | 测量精度 | ±0.1Ω·m(电阻率≤2Ω·m) |
| | | ±7%FS(2Ω·m 电阻率≤200Ω·m) |
| | | ±12%FS(电阻率>200Ω·m) |

**表 7-46　方位电阻率技术指标**

| | | |
|---|---|---|
| 水基钻井液 | 测量范围/Ω·m | 0.2~200 |
| | 测量精度 | ±0.1Ω·m(电阻率≤2Ω·m) |
| | | ±8%FS(电阻率>2Ω·m) |
| | 垂直分辨率/m | 典型值 0.1(4in) |
| | 探测深度/m | 0.3(12in) |
| | 工作温度/℃ | 125 |
| | 工作压力/MPa | 140 |

**表 7-47　近钻头井斜、工具面技术指标**

| 项　　目 | 范　　围 | 精　　度 |
|---|---|---|
| 工具面角测量/(°) | 0~360 | 0.4 |
| 井斜角测量/(°) | 0~180 | 0.4 |

**表 7-48　工具理论造斜率指标**

| 可调弯角/(°) | 0.75 | 1.0 | 1.25 | 1.5 |
|---|---|---|---|---|
| 8½in 井眼/(°/30m) | 3.7~4.6 | 5~6 | 6.4~7.3 | 7.5~8.7 |
| 9⅝in 井眼/(°/30m) | 3.6~4.5 | 5~6 | 6.3~7.3 | 7.7~8.7 |

# 第六节　导向钻井系统简介

导向钻井技术是根据实时测量的结果，在井下实时调整井眼轨迹，是一种连续控制井眼轨迹的综合技术，包括高效能钻头、井下导向工具、随钻测量技术和井眼轨迹控制技术。根据导向工具工作方式不同，可以分为滑动式导向工具和旋转式导向工具。其区别在于导向作业时钻柱是否转动，不转动的为滑动式导向工具，转动的为旋转式导向工具。

## 一、滑动导向系统

目前，导向技术中使用较多的滑动式导向工具主要有各种弯角的固定式弯接头、弯壳体马达及可调弯角的弯接头、偏心支撑型马达等。其中，弯壳体马达的使用最为普遍，包括单弯、同向双弯和异向双弯等。

最典型的滑动导向系统是哈里伯顿的 SlickBore™ Matched Drilling System，即哈里伯顿-斯派里森公司的井眼平滑系统(图7-60)。本系统采用高性能导向马达(单弯)，带有扶正作用的钻头和马达上部使用遥控变径稳定器，站上了滑动导向系统的最高峰，为具有半智能性质的滑动导向系统。

图 7-60　井眼平滑系统

## 二、旋转导向系统

旋转导向钻井系统(Rotary Steerable System，RSS)，是在定向钻井过程中允许钻柱连续旋转的同时完成导向，即钻井过程中不需要“滑动”钻井即可完成导向。旋转导向钻井系统实质上是一个由井下闭环变径稳定器与测量传输仪器(MWD/LWD)联合组成的工具系统。它完全抛开了滑动导向方式，而以旋转导向钻进方式，自动、灵活地调整井斜和方位，大幅提高了钻井速度和钻井安全性，轨迹控制精度也非常高，非常适合目前开发特殊油藏的超深井、高难度定向井、水平井、大位移井、水平分支井等特殊工艺井导向钻井的需要。

旋转导向钻井系统的核心是井下旋转导向工具，在目前开发的系统中，根据导向方式不同，可以分为推靠式(Push the Bit)、指向式(Point the Bit)和混合式(Hybrid)三种。其工作原理都是靠偏置机构(Bias Units)偏置钻头或者钻柱，从而产生导向力。按照偏置机构工作方式不同，可以分为静态偏置(Static Bias)和动态[或者调制式(Modulated)]偏置(Dynamic Bias)。静态偏置是指导向机构在钻进过程中不与钻柱一起旋转，稳定在某一固定的方向上提供侧向力；动态偏置是指偏置导向机构在钻进过程中与钻柱一起旋转，控制系统使其在某一位置上定时提供侧向力。

结合导向方式和偏置机构工作方式，将旋转导向钻井系统井下工具的工作方式分为 4 种：静态偏置推靠钻头工作方式、静态偏置指向钻头工作方式、动态偏置推靠钻头工作方式和动态偏置指向钻头工作方式。国内外已经开发和应用的其他 4 种旋转导向钻井系统如图 7-61 所示。

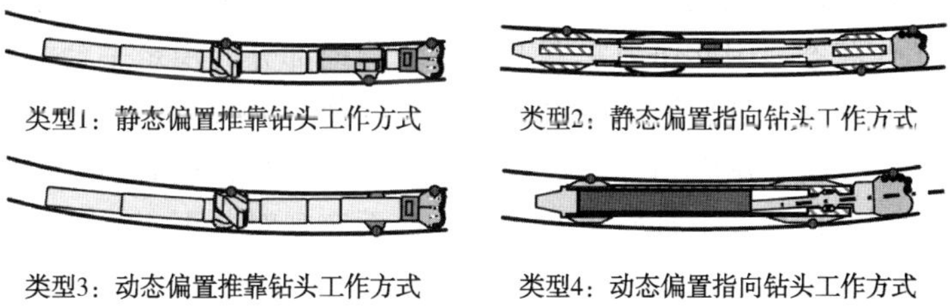


图 7-61　4 种旋转导向钻井系统

旋转导向钻井系统主要包括地面监控系统、双向通信系统、井下工具系统、井下测量系统及短程通信系统 5 个部分，如图 7-62 所示。地面监控系统的主要功能可概括为 3 个方面：

（1）随钻监测旋转导向钻井工具在井下的工作状况。

（2）当实钻井眼轨迹偏离了设计轨道，能够及时分析和计算出轨迹的偏离程度，设计出新的待钻井眼轨道，并产生使旋转导向系统按新的井眼轨道钻进的控制指令。

（3）把设计井眼轨道和实钻井眼轨迹及其他相关的重要参数可视化地显示出来，便于现场工程技术人员直观地掌握和分析钻头所在位置，以及旋转导向钻井工具对井眼轨迹的控制情况。

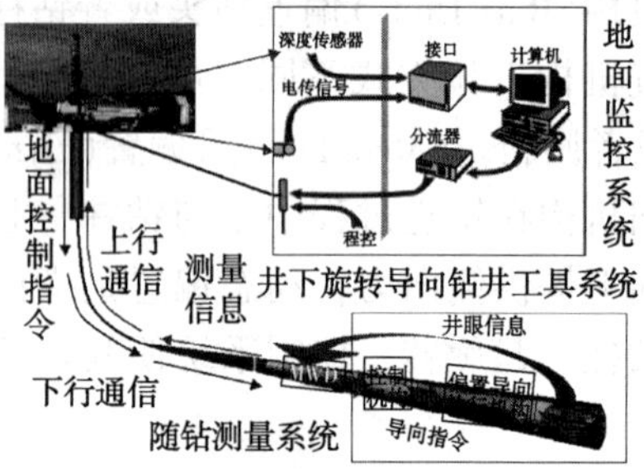


图 7-62　旋转导向钻井系统原理示意图

井下测量系统主要由随钻测量系统和工具测控系统两部分组成。随钻测量系统主要用于测量井眼轨迹几何参数和地质参数，如井斜角、方位角、工具面角、自然伽马、电阻率等。此外，由于调制式旋转导向钻井系统在钻井过程中一直处于全旋转工作状态，因此作为井下工具系统测控部分的稳定平台测量系统是保证实现旋转导向钻井的关键。稳定平台首先通过自身的测控系统在旋转钻柱内与大地保持相对静止，然后完成对井斜角、方位角及工具面角的测量，从而实现对井下工具的实时空间姿态测量。

双向通信系统首先是将井下测量信息通过上行通信系统传至地面，上传数据包含两部分：MWD 测量的实钻井眼轨迹参数及井下工具系统自身测量的近钻头轨迹参数和有关旋转导向井下工具工况的参数。上传至地面的数据可通过通信电缆或数据传输线直接传到地面监控计算机。现场工程师利用地面监控系统可将设计井眼轨迹与已钻井眼轨迹进行比较，然后通过下行通信系统发送控制指令到控制机构，实现对井眼轨迹的实时监控。井下工具测控系统与 MWD(LWD)随钻测量系统之间的数据交换由井下短程通信系统完成(图 7-62)。

## 三、国外典型旋转导向钻井工具

目前，世界上较成熟的旋转导向钻井系统以四大油服公司的 Power Drive 系列、AutoTrak 系列、Geo - Pilot 系统及 Revolution 系列为典型代表。

### （一）斯伦贝谢 Power Drive 系列

斯伦贝谢是目前拥有旋转导向系统专利数量最多的油服公司，其 Power Drive 旋转导向系统包括推靠式(Power Drive Orbit)、指向式(Power Drive Xceed)和混合式(Power Drive Archer)三种。

推靠式旋转导向钻井工具主要包括测控稳定平台、旋转阀、翼肋等。导向时，通过旋转盘阀完成钻井液的分配，从而驱动翼肋伸缩，周期性推靠井壁，偏置工具，从而实现定向钻井。指向式导向工具主要包括电控马达、偏置机构、万向节等。导向时，通过控制电控马达使得偏置机构相对钻具等速反向旋转，进而保持钻头的指向，完成定向钻进。其结构如图 7-63 所示。

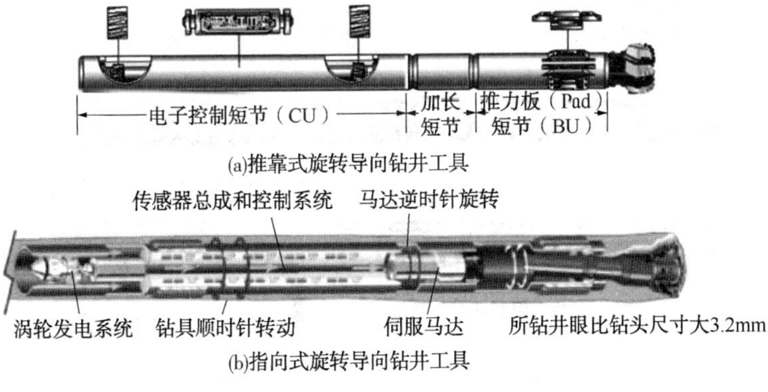


图 7-63　Power Drive 推靠式及指向式旋转导向钻井工具结构示意图

斯伦贝谢推靠式旋转导向系统由最初的 Power Drive Xtra，升级到 Power Drive X5、Power Drive X6，目前已升级到 Power Drive Orbit。最大造斜率提升至 10°/30m；目前推靠式工具 Power Drive ICE 装备有超高温集成陶瓷电子和多芯片组件，可在 200℃环境下工作。

指向式旋转导向钻井系统 Power Drive Xcel 由 Power Drive Xceed 改进升级而来，最大造斜率提升至 15°/30m。

混合式旋转导向系统 Power Drive Archer 是具有高造斜能力的旋转导向工具，其导向机构含 4 个推靠垫块，在推靠垫块的推动下，导向扶正套以万向节为支点旋转，使钻头产生偏转效果，工作原理如图 7-64 所示。推靠垫块运动部分结构和控制继承了原有动态推靠式工具 Power Drive X6 的所有结构(含稳定平台)和整个控制系统，因此采用的仍是其传统的调制式推靠控制方法；而导向扶正套带动钻头偏转部分继承了 Power Drive Xceed 动态指向式工具的工作原理。由于推靠垫块不是作用在井壁上，而是作用在工具导向扶正套内壁上，使工具可以适用于软、硬地层，在全程旋转钻进中，可以产生较好的井壁质量；同时，由于不再偏置心轴，具有较大的造斜能力，可在全旋转状态下实现 18°/30m 的高造斜率且安全钻进。该工具的导向机构是传统式的推靠式机构，但最终效果与指向式工作原理产生的效果一致。

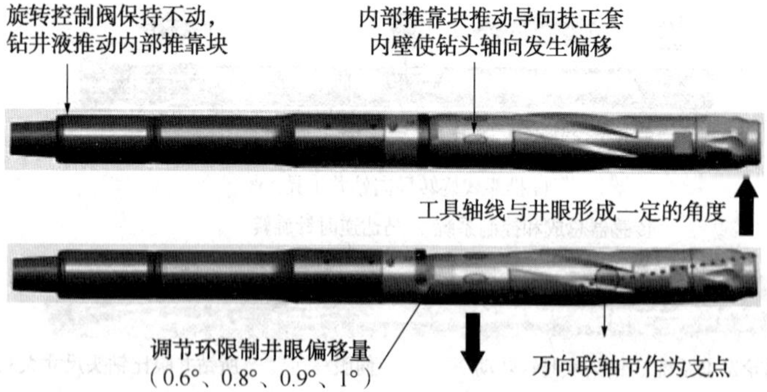


图 7-64　Power Drive Archer 工作原理示意图

此外，斯伦贝谢还推出了一种近钻头导向系统 NeoSteer At-Bit Steerable System(ABSS)。该系统缩短了偏置机构与钻头之间的距离，以提高工具造斜率和井眼清洁度为目标，最大造斜率达 16°/30m。该系统仍采用全旋转动态推靠式导向机理，但和以往的推靠式(间接推靠原理)不同，它直接作用在钻头处，是一种直接推靠式工具。在工具内、外侧钻井液压差的作用下，推动活塞支撑井壁，改变钻头姿态进行导向。液压系统密封结构采用金属液压密封件以减少冲蚀。目前，近钻头推靠式工具有两种结构：一种是导向机构与钻头分离式 NeoSteer CLx-ABSS；另一种是导向机构与钻头一体式 NeoSteer CL ABSS，如图 7-65 所示。

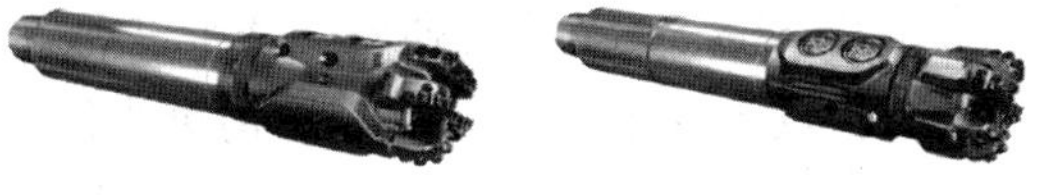

(a)NeoSteer CLxABSS　(b)NeoSteer CLABSS

图 7-65　NeoSteer 近钻头导向系统

**(二) 贝克休斯 AutoTrak 系列**

AutoTrak RCLS 系统由不旋转外筒(主要包括液压系统和偏执执行机构)和旋转心轴两大部分组成。旋转心轴上接钻柱、下接钻头，起传递钻压、扭矩和输送钻井液的作用。不旋转外筒上设置有井下 CPU、测控系统、液压系统和偏执执行机构。其导向机构如图 7-66 所示。

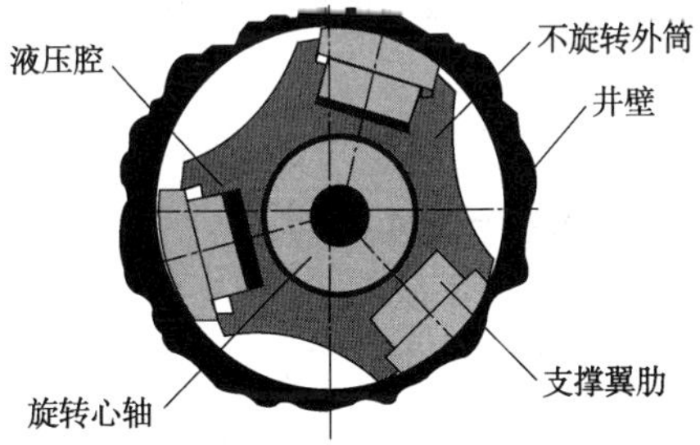


图 7-66　Auto Trak RCLS 系统导向机构

井下钻进时，周向均布的 3 个支撑翼肋分别以不同的液压力支撑于井壁上，使不旋转外筒不随钻柱一起旋转，同时井壁的反作用力对井下导向工具产生一个稳定的偏置合力，从而改变钻头的钻进方向。该系统有独立的液压系统，可为支撑翼肋的支出提供动力，通过井下 CPU 控制 3 个支撑翼肋的支出液压的大小，达到控制偏置合力的大小和方向的目的。这样既可以调节井眼轨迹方向，也可以调节造斜率的大小，从而实现控制导向钻井。井下 CPU 在下井之前，预置了井眼轨迹数据，在其工作时，可将 MWD 测量的井眼轨迹信息或 LWD 测量的地层信息与设计数据进行对比，自动产生控制命令；也可按照地面指令来控制液压系统的液压力。

基于垂直钻井系统 ATKV 设计研发的 Auto Trak 系列推靠式旋转导向工具，相较于 Auto Trak RCLS 结构更为简单、导向原理基本相同，主要有：Auto Trak eXpress 最大造斜率为 8°/30m；2012 年推出的 Auto Trak Curve，其最大造斜率为 15°/30m；Auto Trak G3 最大造斜率为 8°/30m；2014 年商业化应用的 Auto Trak eXact，其造斜率为 12°/30m。Auto Trak RCLS 系统结构如图 7-67 所示。

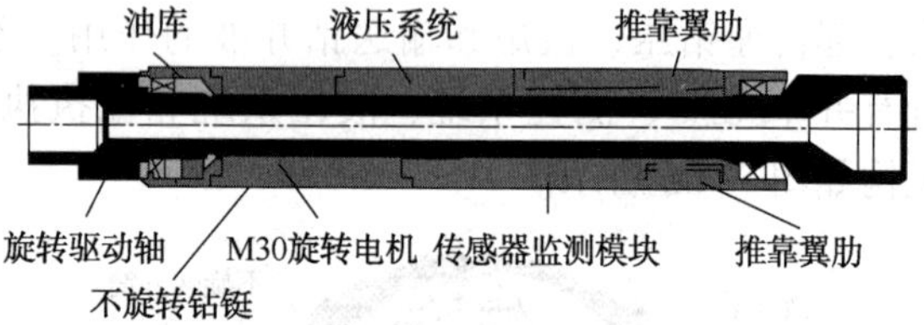


图 7-67　Auto Trak RCLS 系统结构示意图

## （三）哈里伯顿 Geo-Pilot 系列

静态指向式旋转导向系统 Geo-Pilot 系列由心轴、不旋转外筒、内外偏心环、离合器、减速器、联轴节等组成。导向时，离合器工作，心轴驱动内外偏心环转动，使之按预设偏置值进行组合调整，进而使得心轴发生偏置，达到定向钻井的目的（图 7-68）。该系列中，Geo-Pilot GXT 可实时调整倾斜角度，更加适应井下高温、高压及地层多变的环境。而 Geo-Pilot Duro 适用于高温、高压、高冲击和高振动的场合，造斜率可以达 15°/30m。此外，哈里伯顿还发布了推靠式旋转导向系统 iCruise。该系统集成了先进的传感器、电子设备及高速处理器，自动化程度较高，造斜率最高可达 18°/30m。

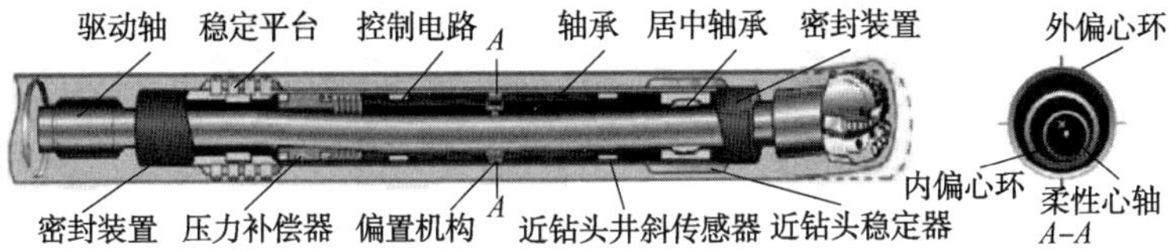


图 7-68　Geo-Pilot 系统机构及导向原理

### （四）威德福 Revolution 系列

Revolution 系列工具是一种指向式旋转导向系统，由控制系统和偏置稳定器短节两大部分组成。偏置稳定器短节由驱动心轴、不旋转外筒和偏置机构等组成，驱动心轴用于连接钻柱和钻头，传递钻压、扭矩和输送钻井液。偏置稳定器短节的动力机构是轴向均布的一组（12 个）轴向方向的柱塞泵，依靠驱动心轴的旋转带动一起运动。导向时，斜面圆盘在驱动心轴带动下压缩液压仓内的油液，控制系统将被压缩的油液导入特定的活塞腔，驱动不旋转外套和井壁产生接触，进而偏置工具，实现定向钻井（图 7-69）。目前，该系列工具改进升级至 Revolution 16，最大造斜率提升至 16°/30m。

威德福基于 Revolution 导向系统的工作原理提出一种推靠式导向钻井工具，于 2018 年推出推靠式旋转导向系统 Magnus，该系统采用模块化设计，具有实时诊断功能、自动校正的闭环控制等，最高造斜率为 10°/30m。

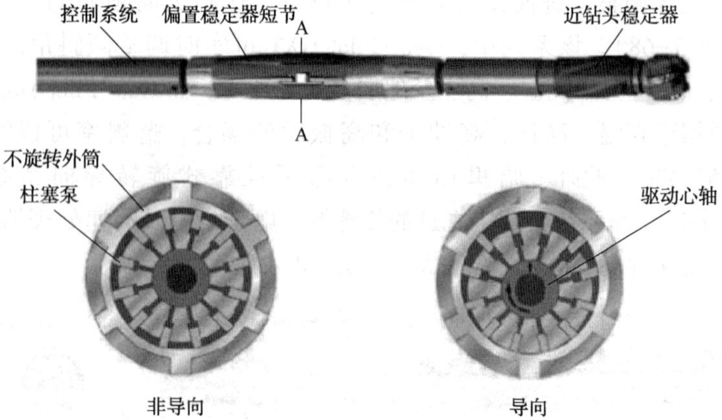


图 7-69　Revolution 系统

## 四、国内旋转导向系统

### （一）“经纬领航”Ⅰ型旋转导向系统

1. 工作原理

“经纬领航”Ⅰ型旋转导向系统是由中石化经纬有限公司研发生产的一款静态推靠式旋转导向系统，在不旋转外套上集成高精度姿态测量传感器、大推力液压控制单元，形成系统闭环控制，实现旋转钻进过程中的实时导向和精确井眼轨迹控制。系统具有造斜、稳斜和居中等工作模式，最大造斜率为 15°/30m。该系统采用 300W 钻井液发电机供电，通过电源载波总线实现仪器节点间的通信，双向通信单元由中控单元、脉冲器和发电机实现井下测量信息实时上传和地面控制指令下传。

2. 性能参数

“经纬领航”Ⅰ型旋转导向系统技术指标见表 7-49。

3. 地面下传系统

地面下传系统如图 7-70 所示。

表 7-49 “经纬领航”I 型旋转导向系统技术指标

| 规格 | 参数 | 操作规范参数 | 数值 |
|---|---|---|---|
| 仪器尺寸/mm | $\Phi$172 | 钻井液排量/(L/s) | 26~36 |
| 适应井眼尺寸/mm | $\Phi$212.8~$\Phi$250.8 | 最大钻压/kN | 200 |
| 最大造斜率/(°/30m) | 15 | 最大钻进扭矩(钻头位置)/kN·m | 21 |
| BHA 长度/m | 11.24 | 最大超载扭矩(钻头位置)/kN·m | 32 |
| BHA 质量/kg | 1700 | 最大超载拉力/kN | 3400 |
| 供电方式 | 300W 泥浆发电机 | 最大通过狗腿度(旋转状态)/(°/30m) | 12 |
| 近钻头井斜测量范围/(°) | 0~180 | 最大通过狗腿度(滑动状态)/(°/30m) | 20 |
| 近钻头井斜测量精度/(°) | ±0.2 | 最大转速/(r/min) | 200 |
| 方位伽马测量范围/API | 0~500 | 额定工作温度/℃ | 125 |
| 方位伽马测量精度/API | ±5@100 | 额定工作压力/MPa | 140 |
| 方位伽马测量扇区 | 2 扇区 | 抗震性 | 5grms |
| 方位伽马测量分辨率/cm | 15 | 最大含砂量/% | 0.5 |
| MWD 井斜测量范围/(°) | 0~180 | 堵漏材料要求 | 不可进行随钻堵漏 |
| MWD 方位测量范围/(°) | 0~360 | 方位伽马零长/m | 5.24 |
| MWD 井斜测量精度/(°) | ±0.1 | MWD 井斜零长/m | 6.56 |
| 近钻头井斜零长/m | 1.03 | MWD 方位零长/m | 6.56 |

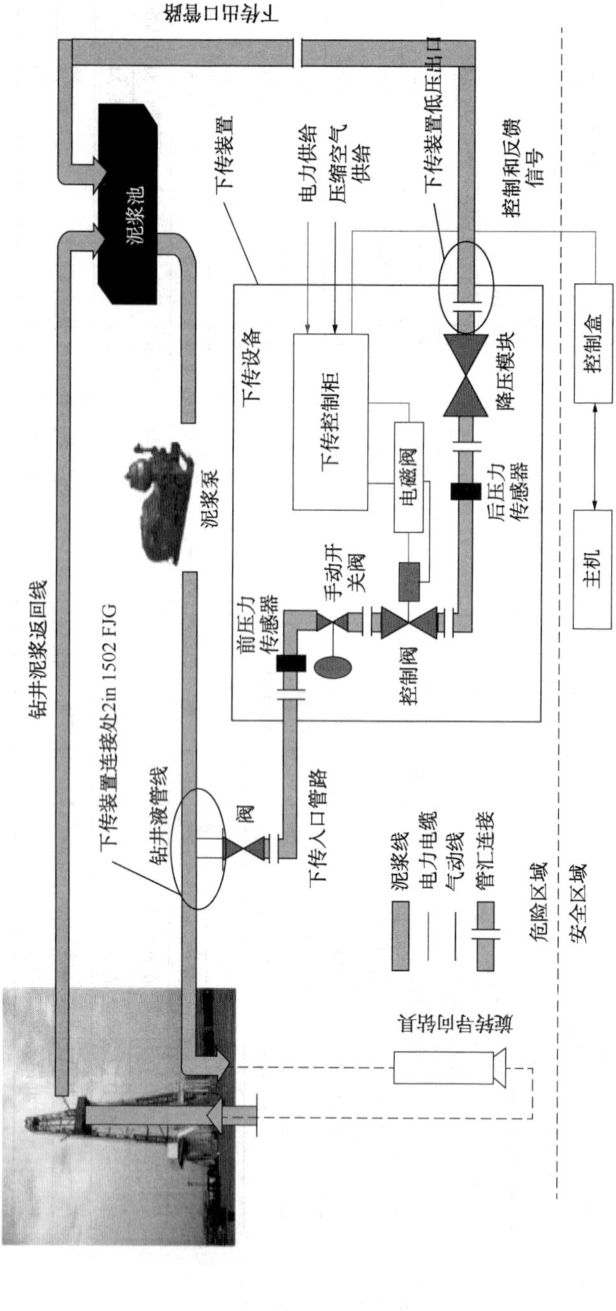


图7-70　地面下传系统示意图

### （二）Welleader 旋转导向钻井系统

中海油服自主研发的 Welleader 旋转导向钻井系统可以在钻柱旋转的同时实现井眼轨迹的自动控制。该系统通过精准的导向力矢量控制实现钻头姿态的快速响应，具有高精度近钻头井斜角及工具面角测量能力，能够实现井斜自动闭环控制，可适应复杂地层条件及钻井条件。Welleader 近钻头测量模块位于钻头后 1.3m 以内，实钻造斜率约 6.5°/30m。Welleader 可与 Drilog 无缝衔接，实现实时决策。其性能参数见表 7-50。

**表 7-50　Welleader 旋转导向钻井系统性能参数**

| 仪器规格 | 675 系列 | 950 系列 |
|---|---|---|
| 仪器外径/mm | 178 | 244 |
| 仪器总长/m | 8.03 | 10.24 |
| 适应井眼/mm | 215.9(8½in)标准 | 311(12¼in)标准 |
| 造斜率/(°) | 0~6.5 | 0~6 |
| 连接扣型 | 上部：5½in API IF. Box<br>下部：4½in API Reg. Box | 上部：6⅝in API Reg. Box<br>下部：6⅝in API Reg. Box |
| 适应排量/(L/min) | 1500~2400 | 2200~5600 |
| 最大转速/(r/min) | 160 | |
| 最大扭矩/kN·m | 20 | 45 |
| 最大钻压/t | 20 | 35 |
| 最高工作温度/℃ | 150 | |
| 最高工作压力/psi | 20000 | |
| 最高振动 | 20g rms(5Hz~1kHz) | |
| 最高冲击 | 500g@1ms 半正弦 | |
| 井斜 | 量程 0~180°；精度±0.1°(井斜大于 5°) | |
| 近钻头测量零长/m | 1.1 | 1.5 |
| 发电机供电/W | 300 | 500 |
| 指令下传 | 程控分流/关停泵 | |
| 导向控制 | 导向强度/导向角度/工作模式 | |

# 第八章 井控设备

## 第一节 装置的组合与选用

### 一、井控装置的组成

井控装置是实施油气井压力控制的一整套专用设备、仪表和工具的总称，具有发现溢流、控制井口、实施压井等功能。井控装置主要由以下部分组成(图 8-1)：

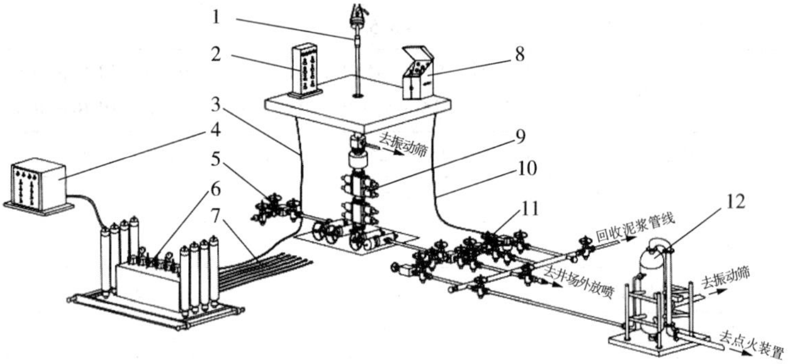


图 8-1 井控设备概况示意图

1—方钻杆上旋塞；2—司钻控制台；3—空气管理；4—辅助控制台；5—压井管汇；6—远程控制台；7—高压耐火软管；8—节流管汇控制箱；9—井口防喷器组；10—节流管汇控制箱控制管线；11—节流管汇；12—泥浆气体分离器

(1) 以防喷器为主体的钻井井口，又称防喷器组，包括闸板防喷器、环形防喷器、钻井四通、套管头、过渡法兰等；

(2) 以节流、压井管汇为主的井控管汇，包括节流管汇、压井管汇、防喷管线、放喷管线、注水管线、灭火管线、反循环管线等。

(3) 以液压防喷器、液动阀为控制对象的控制装置，包括蓄能器装置、遥控装置等。

(4) 钻具内防喷工具，包括方钻杆上、下旋塞阀(顶驱旋塞)，以及钻具止回阀、浮阀、旁通阀等。

(5) 以监测和预报地层压力异常为主的检测仪器仪表，包括泥浆罐液面、硫化氢、全烃、钻井液密度监测仪、钻井液返出量等参数的监测报警仪。

(6) 钻井液加重、除气、灌注设备。

(7) 井喷失控处理和特殊作业设备，包括不压井强行起、下管串加压装置、自封头、旋转防喷器、灭火设备、拆装井口工具等。

## 二、规格系列

1. 国产防喷器压力与通径系列

最大工作压力与公称通径两者相互配合，构成液压防喷器规格系列。我国液压防喷器的最大工作压力共分为 6 级，即 14MPa、21MPa、35MPa、70MPa、105MPa、140MPa。

公称通径共分为 10 种，即 180mm、230mm、280mm、346mm、426mm、476mm、528mm、540mm、680mm、760mm。

2. 公称通径与套管直径组合

井口装置自下而上的顺序为：套管头、钻井四通、闸板防喷器、环形防喷器、旋转防喷器、防溢流管。井控装置公称通径与套管直径组合见表 8-1。

**表 8-1 井控装置公称通径与套管直径组合**

| 井控装置公称通径/mm(in) | 井控装置最大工作压力/MPa | | | | | |
|---|---|---|---|---|---|---|
| | 14 | 21 | 35 | 70 | 105 | 140 |
| | 套管外径/mm(in) | | | | | |
| 180(7 1/16) | 114.3(4 1/2)~177.8(7) | | | | | |
| 230(9) | 193.7(7 5/8)~219.1(8 3/4) | | | | | |

续表

| 井控装置公称通径/mm(in) | 井控装置最大工作压力/MPa | | | | | |
|---|---|---|---|---|---|---|
| | 14 | 21 | 35 | 70 | 105 | 140 |
| | 套管外径/mm(in) | | | | | |
| 280(11) | 219.1(8¾)~244.5(9⅝) | | | | | |
| 346(13⅝) | 298.4(11¾)~339.7(13⅜) | | | | | — |
| 426(16¾) | 406.4(16) | | | | | — |
| 476(18¾) | 473.1(18⅝) | | | | | — |
| 528(20¾) | 508.0(20) | | | | — | |
| 540(21¼) | 580.0(20)~529(20¾) | | | | — | |
| 680(26¾) | 610(24⅛)~660(26) | | — | | | |
| 762(30) | 711(28)~762(30) | | — | | | |

3. 国外防喷器系列

API Std 53 规范防喷器系列见表 8-2。

**表 8-2　国外标准 API Std 53 规范防喷器系列**

| 法兰或卡箍名义尺寸/in | 垂直通径/mm | 额定工作压力/MPa(psi) | | | | | | |
|---|---|---|---|---|---|---|---|---|
| | | 3.5(500) | 14(2000) | 21(3000) | 35(5000) | 70(10000) | 105(15000) | 140(20000) |
| 6 | 179.4 | — | — | ▲ | ▲ | — | — | — |
| 7 1/16 | 179.4 | — | — | — | — | ▲ | ▲ | ▲ |
| 8 | 228.6 | — | — | ▲ | — | — | — | — |
| 9 | 228.6 | — | — | — | — | ▲ | ▲ | — |
| 10 | 279.4 | — | — | ▲ | ▲ | — | — | — |
| 11 | 279.4 | — | — | — | — | ▲ | ▲ | |
| 12 | 346.1 | — | — | ▲ | — | — | — | — |
| 13⅝ | 356.1 | — | — | — | ▲ | ▲ | ▲ | — |
| 16¾ | 425.5 | — | — | — | ▲ | ▲ | — | — |
| 18¾ | 476.4 | — | — | — | ▲ | ▲ | — | — |
| 20 | 527.1 | — | — | ▲ | — | — | — | — |

续表

| 法兰或卡箍名义尺寸/in | 垂直通径/mm | 额定工作压力/MPa(psi) | | | | | | |
|---|---|---|---|---|---|---|---|---|
| | | 3.5 (500) | 14 (2000) | 21 (3000) | 35 (5000) | 70 (10000) | 105 (15000) | 140 (20000) |
| 20 | 539.8 | — | ▲ | — | — | — | — | — |
| 21¼ | 539.8 | — | — | — | ▲ | ▲ | — | — |
| 26¾ | 679.5 | — | ▲ | ▲ | — | — | — | |
| 29½ | 749.3 | ▲ | — | — | — | — | — | — |

注：▲API 标准现有规格。

4. 防喷器防硫等级

目前，国内华北荣盛、上海神开生产的防喷器及四通承压件采用 25CrNiMo 材料，材料的化学成分控制在 API Spec16A 标准要求的范围之内，符合 API 材料代号 75K 的常温力学性能要求，抗 $H_2S$ 浓度>10%，抗 $CO_2$ 浓度>10%。材料符合 NACE MR-01-75 规范，满足 NACE MR-01-75 规定的用于酸性介质的工况要求，确保设备中凡接触井液的承压件材料都具备常规抗 $H_2S$ 的要求。

在高含硫地区使用的防喷器，可以参考 API 6A 规范中材料等级为 HH，在防喷器内部堆焊 Ni625 合金，其他相关零件材料的选用参照 API 6A 规范，达到最高等级的抗 $H_2S$ 和 $CO_2$ 等的效果(>35%)。防喷器防硫等级见表 8-3 和表 8-4。

**表 8-3 闸板防喷器防硫等级**

| 通径代号 | 公称通径/mm(in) | 额定工作压力及防硫等级 | | | | | | | | | | | |
|---|---|---|---|---|---|---|---|---|---|---|---|---|---|
| | | 14 | | 21 | | 35 | | 70 | | 105 | | 140 | |
| | | 低防硫 | 高抗硫 | 低防硫 | 高抗硫 | 低防硫 | 高抗硫 | 低防硫 | 高抗硫 | 低防硫 | 高抗硫 | 低防硫 | 高抗硫 |
| 18 | 179(7 1/16) | ▲ | ▲ | ▲ | ▲ | ▲ | ▲ | ▲ | ▲ | ▲ | ▲ | ▲ | ▲ |
| 23 | 228 (9) | ▲ | ▲ | ▲ | ▲ | ▲ | ▲ | ▲ | ▲ | ▲ | ▲ | ▲ | ▲ |

续表

| 通径代号 | 公称通径/mm(in) | 额定工作压力及防硫等级 | | | | | | | | | | | |
|---|---|---|---|---|---|---|---|---|---|---|---|---|---|
| | | 14 | | 21 | | 35 | | 70 | | 105 | | 140 | |
| | | 低防硫 | 高抗硫 | 低防硫 | 高抗硫 | 低防硫 | 高抗硫 | 低防硫 | 高抗硫 | 低防硫 | 高抗硫 | 低防硫 | 高抗硫 |
| 28 | 279(11) | ▲ | ▲ | ▲ | ▲ | ▲ | ▲ | ▲ | ▲ | ▲ | ▲ | ▲ | ▲ |
| 35 | 346(13⅝) | ▲ | ▲ | ▲ | ▲ | ▲ | ▲ | ▲ | ▲ | ▲ | ▲ | ▲ | ▲ |
| 43 | 425(16¾) | ▲ | ▲ | ▲ | ▲ | ▲ | ▲ | ▲ | ▲ | | | | |
| 48 | 476(18¾) | | | | | ▲ | ▲ | ▲ | ▲ | ▲ | ▲ | | |
| 53 | 527(20¾) | | | ▲ | ▲ | | | | | | | | |
| 54 | 540(21¼) | ▲ | ▲ | | | ▲ | ▲ | ▲ | ▲ | | | | |
| 68 | 680(26¾) | ▲ | ▲ | ▲ | ▲ | | | | | | | | |
| 76 | 762(30) | ▲ | ▲ | ▲ | ▲ | | | | | | | | |

**表 8-4　环形防喷器防硫等级**

| 通径代号 | 公称通径/mm(in) | 额定工作压力及防硫等级 | | | | | | | | | | | |
|---|---|---|---|---|---|---|---|---|---|---|---|---|---|
| | | 14 | | 21 | | 35 | | 70 | | 105 | | 140 | |
| | | 低防硫 | 高抗硫 | 低防硫 | 高抗硫 | 低防硫 | 高抗硫 | 低防硫 | 高抗硫 | 低防硫 | 高抗硫 | 低防硫 | 高抗硫 |
| 18 | 179(7$\frac{1}{16}$) | ▲ | | ▲ | | ▲ | | ▲ | | | | | |
| 23 | 228(9) | ▲ | | ▲ | | ▲ | | ▲ | | | | | |
| 28 | 279(11) | ▲ | | ▲ | | ▲ | | ▲ | | ▲ | | | |
| 35 | 346(13⅝) | ▲ | | ▲ | | ▲ | | ▲ | | | | | |
| 43 | 425(16¾) | ▲ | | ▲ | | ▲ | | | | | | | |
| 48 | 476(18¾) | | | | | ▲ | | ▲ | | | | | |

续表

| 通径代号 | 公称通径/mm(in) | 额定工作压力及防硫等级 | | | | | | | | | | | |
|---|---|---|---|---|---|---|---|---|---|---|---|---|---|
| | | 14 | | 21 | | 35 | | 70 | | 105 | | 140 | |
| | | 低防硫 | 高抗硫 | 低防硫 | 高抗硫 | 低防硫 | 高抗硫 | 低防硫 | 高抗硫 | 低防硫 | 高抗硫 | 低防硫 | 高抗硫 |
| 53 | 527(20¾) | | | ▲ | | | | | | | | | |
| 54 | 540(21¼) | ▲ | | | | ▲ | | | | | | | |
| 68 | 680(26¾) | | | | | | | | | | | | |
| 76 | 762(30) | | | | | | | | | | | | |

# 第二节　闸板防喷器

## 一、结构

闸板防喷器结构如图 8-2～图 8-6 所示，主要由壳体、闸板、侧门等组成。

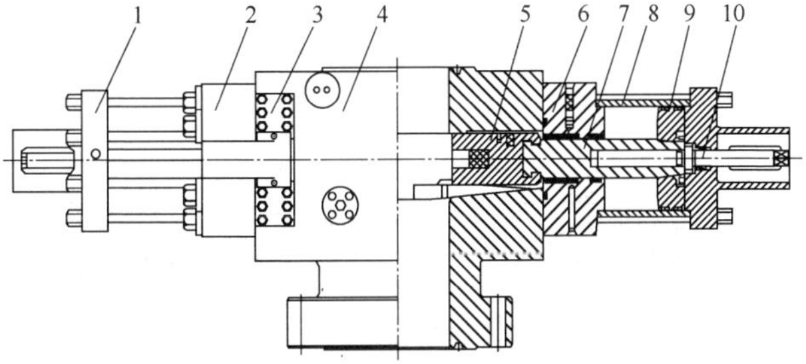


图 8-2　单闸板防喷器结构示意图

1—缸盖；2—左侧门；3—铰链座；4—壳体；5—闸板总成；6—右侧门；7—闸板轴；8—液缸；9—活塞；10—锁紧轴

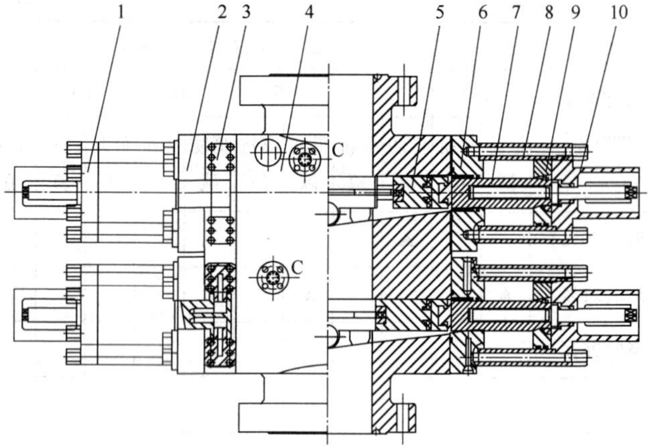


图 8-3　双闸板防喷器结构示意图

1—缸盖；2—左侧门；3—铰链座；4—壳体；5—闸板总成；
6—右侧门；7—闸板轴；8—液缸；9—活塞；10—锁紧轴

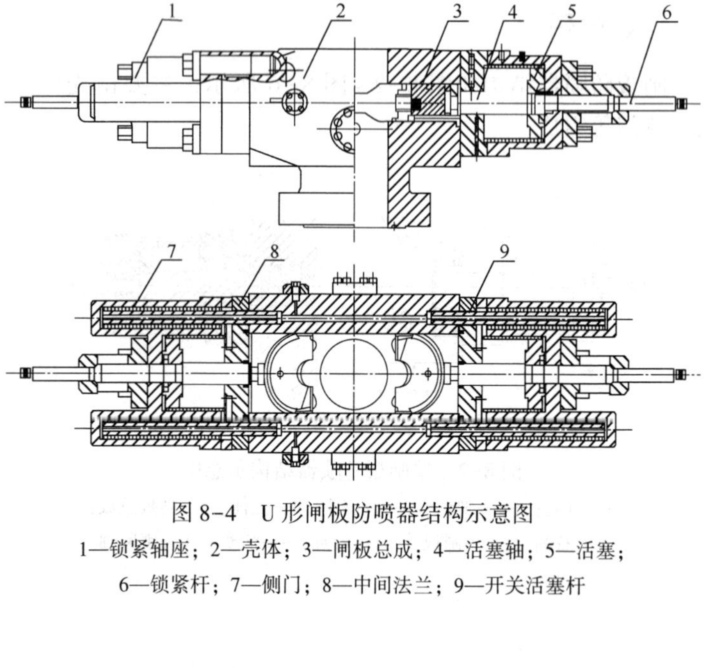


图 8-4　U 形闸板防喷器结构示意图

1—锁紧轴座；2—壳体；3—闸板总成；4—活塞轴；5—活塞；
6—锁紧杆；7—侧门；8—中间法兰；9—开关活塞杆

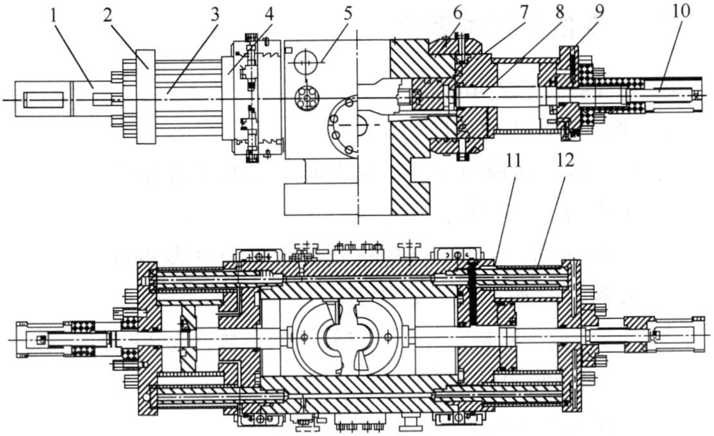


图 8-5　闸板防喷器无侧门螺栓结构示意图

1—锁紧轴座；2—缸盖；3—液缸；4—侧门；5—壳体；6—卡块；
7—闸板总成；8—闸板轴；9—活塞；10—锁紧杆；11—缸筒；12—开关活塞杆

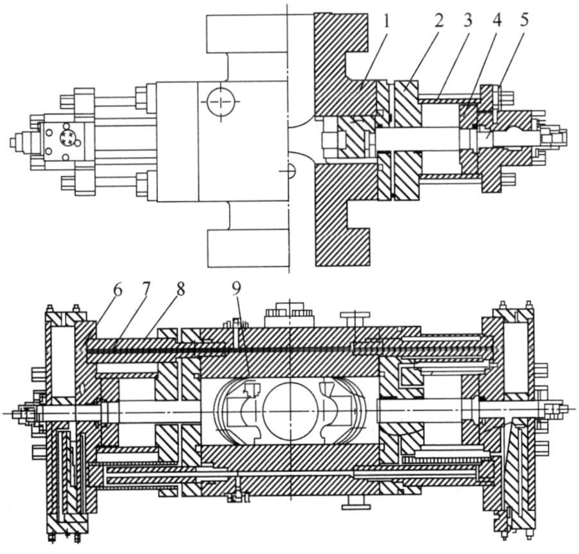


图 8-6　闸板防喷器液压锁紧结构示意图

1—壳体；2—侧门；3—液缸；4—活塞；5—闸板轴；
6—楔块式液压锁紧机构；7—开关活塞杆；8—缸筒；9—闸板总成

## 二、规格及技术参数

### （一）国产闸板防喷器

1. 华北荣盛产闸板防喷器

华北荣盛产闸板防喷器规格及技术参数见表 8-5。

2. 上海神开产闸板防喷器

上海神开产闸板防喷器规格及技术参数见表 8-6。

3. 胜利方兰德产闸板防喷器

胜利方兰德产闸板防喷器规格及技术参数见表 8-7 和表 8-8。

### （二）国外闸板防喷器

1. 美国 Cameron 公司产闸板防喷器

美国 Cameron 公司产闸板防喷器技术规范见表 8-9。

2. 美国 Sheffer 公司产闸板防喷器

美国 Sheffer 公司产闸板防喷器技术规范见表 8-10 和表 8-11。

## 三、闸板总成

闸板是闸板防喷器的核心部件，分为管柱闸板和剪切闸板两种类型。闸板主要由闸板体、顶密封、前密封或侧密封、刀体密封等组成。

1. 管柱闸板

关井时，液缸活塞推动管柱闸板使管柱闸板前端胶芯贴近密封面，利用橡胶受力时产生的较大弹性变形实现封井。管柱闸板结构如图 8-7 和图 8-8 所示。

2. 剪切闸板

剪切闸板可以剪断井内管柱实现全封闭井口，也可在井内无管柱时当作全封闸板使用。剪切闸板在防喷器内的安装与普通闸板相同。剪切闸板分为整体式剪切闸板和分体式剪切闸板两种，其结构如图 8-9 和图 8-10 所示。

表 8-5　华北荣盛产闸板防喷器规格及技术参数

| 型号 | 工作压力/MPa（psi） | 试验压力/MPa（psi） | 通径/mm | 活塞直径/mm | 开启所需油量/L | 关闭所需油量/L | 液控压力/MPa | 上端连接形式 | 下端连接形式 | 锁紧方式 | 有无侧门螺栓 | 铸锻 | 外形尺寸/mm 长度 | 外形尺寸/mm 宽度 | 外形尺寸/mm 高度 | 质量/kg |
|---|---|---|---|---|---|---|---|---|---|---|---|---|---|---|---|---|
| FZ35-14 | 13.8（2000） | 20.7（3000） | 346 | 160 | 5.6 | 7.1 | 8.4~10.5（1200~1500） | 栽丝 | 法兰 | 手动 | 有 | 铸 | 2400 | 720 | 335 | 1360 |
| FZ54-14 | | | 540 | 250 | 23.3 | 27.3 | | 栽丝 | 法兰 | | | | 3206 | 1180 | 705 | 4725 |
| | | | | | | | | 法兰 | 法兰 | | | | 3206 | 1180 | 895 | 4925 |
| | | | | | | | | 栽丝 | 栽丝 | | | | 3206 | 1180 | 520 | 4525 |
| | | | | 343 | 54 | 56 | | 法兰 | 法兰 | | | 锻 | 4494 | 1150 | 925 | 7566 |
| | | | | | 72 | 61 | | 法兰 | 法兰 | 液压 | | | 3772 | 1516 | 925 | 7585 |
| 2FZ54-14 | | | | 250 | 46.6 | 54.6 | | 栽丝 | 法兰 | 手动 | | 铸 | 3206 | 1180 | 1155 | 8980 |
| | | | | | | | | 法兰 | 法兰 | | | | 3206 | 1180 | 1345 | 9250 |
| | | | | | | | | 栽丝 | 栽丝 | | | | 3206 | 1180 | 975 | 8710 |
| | | | | | | | | 法兰 | 栽丝 | | | | 3206 | 1180 | 1155 | 8980 |
| | | | | 343 | 108 | 112 | | 法兰 | 法兰 | | | 锻 | 4494 | 1150 | 1465 | 14453 |
| | | | | | | | | 栽丝 | 法兰 | | | | 4494 | 1150 | 1250 | 13869 |
| | | | | | 144 | 122 | | 法兰 | 法兰 | 液压 | | | 3772 | 1516 | 1465 | 15219 |
| | | | | | | | | 栽丝 | 法兰 | | | | 3772 | 1516 | 1250 | 14635 |

续表

| 型号 | 工作压力/MPa (psi) | 试验压力/MPa (psi) | 通径/mm | 活塞直径/mm | 开启所需油量/L | 关闭所需油量/L | 液控压力/MPa | 上端连接形式 | 下端连接形式 | 锁紧方式 | 有无侧门螺栓 | 铸锻 | 外形尺寸/mm 长度 | 外形尺寸/mm 宽度 | 外形尺寸/mm 高度 | 质量/kg |
|---|---|---|---|---|---|---|---|---|---|---|---|---|---|---|---|---|
| FZ68-14 | 13.8 (2000) | 20.7 (3000) | 680 | 340 | 67 | 70 | 8.4~10.5 (1200~1500) | 法兰 | 法兰 | 手动 | 有 | 铸 | 4206 | 1610 | 1180 | 10909 |
| 2FZ68-14 | | | | | 134 | 140 | | 法兰 | 法兰 | | | | 4206 | 1610 | 1812 | 20274 |
| FZ18-21 | 20.7 (3000) | 31.0 (4500) | 179 | 160 | 3.2 | 4 | | 栽丝 | 栽丝 | | | | 1520 | 540 | 280 | 798 |
| | | | | 150 | 5.8 | 6.6 | | 法兰 | 法兰 | | | 锻 | 1400 | 435 | 450 | 430 |
| | | | | | | | | 栽丝 | 法兰 | | | | 1400 | 435 | 356 | 413 |
| | | | | | | | | 栽丝 | 栽丝 | | | | 1400 | 435 | 262 | 396 |
| 2FZ18-21 | | | | 160 | 6.4 | 8 | | 栽丝 | 栽丝 | | | 铸 | 1520 | 540 | 566 | 1660 |
| | | | | 150 | 11.6 | 13.2 | | 栽丝 | 法兰 | | | 锻 | 1400 | 435 | 550 | 815 |
| | | | | | | | | 法兰 | 法兰 | | | | 1400 | 435 | 642 | 860 |
| FZ23-21 | | | 228 | 140 | 3.92 | 4.72 | | 栽丝 | 栽丝 | | | 铸 | 1726 | 595 | 280 | 792 |
| 2FZ23-21 | | | | | 7.84 | 9.44 | | 栽丝 | 法兰 | | | | 1726 | 595 | 700 | 1800 |
| FZ28-21 | | | 279 | 220 | 10.5 | 12 | | 法兰 | 法兰 | | | | 2070 | 693 | 690 | 1738 |
| | | | | | | | | 法兰 | 法兰 | | | | 2070 | 675 | 690 | 1840 |
| | | | | | | | | 法兰 | 法兰 | | | | 2070 | 970 | 690 | 1890 |

续表

| 型号 | 工作压力/MPa（psi） | 试验压力/MPa（psi） | 通径/mm | 活塞直径/mm | 开启所需油量/L | 关闭所需油量/L | 液控压力/MPa | 上端连接形式 | 下端连接形式 | 锁紧方式 | 有无侧门螺栓 | 铸锻 | 外形尺寸/mm 长度 | 外形尺寸/mm 宽度 | 外形尺寸/mm 高度 | 质量/kg |
|---|---|---|---|---|---|---|---|---|---|---|---|---|---|---|---|---|
| FZ28-21 | 20.7（3000） | 31.0（4500） | 279 | 220 | 10.5 | 12 | 8.4~10.5（1200~1500） | 栽丝 | 法兰 | 手动 | 有 | 铸 | 2070 | 695 | 537 | 1700 |
| | | | | | | | | 栽丝 | 法兰 | | | | 2070 | 970 | 537 | 1750 |
| | | | | 200 | 6 | 6.5 | | 栽丝 | 栽丝 | | | | 1902 | 745 | 648 | 1885 |
| | | | | 305 | 26 | 27 | | 栽丝 | 法兰 | | | 锻 | 3142 | 784 | 623 | 2899 |
| | | | | | | | | 法兰 | 法兰 | | | | 3142 | 784 | 766 | 3017 |
| 2FZ28-21 | | | | 220 | 21 | 24 | | 法兰 | 法兰 | | | 铸 | 2070 | 970 | 1070 | 3560 |
| | | | | 305 | 52 | 54 | | 法兰 | 法兰 | | | 锻 | 3142 | 1236 | 1390 | 6727 |
| FZ35-21 | | | 346 | 220 | 11.7 | 13.3 | | 法兰 | 法兰 | | | 铸 | 2340 | 750 | 725 | 2180 |
| | | | | | | | | 栽丝 | 法兰 | | | | 2340 | 750 | 555 | 2020 |
| 2FZ35-21 | | | | | 23.4 | 26.6 | | 法兰 | 法兰 | | | | 2340 | 945 | 1140 | 3845 |
| | | | | | | | | 栽丝 | 栽丝 | | | | 2340 | 844 | 790 | 3516 |
| FZ53-21 | | | 527 | 250 | 23.3 | 27.3 | | 栽丝 | 法兰 | | | | 3206 | 1090 | 830 | 5230 |
| | | | | 343 | 54 | 56 | | 法兰 | 法兰 | | | 锻 | 4494 | 1115 | 1065 | 7936 |

续表

| 型号 | 工作压力/MPa (psi) | 试验压力/MPa (psi) | 通径/mm | 活塞直径/mm | 开启所需油量/L | 关闭所需油量/L | 液控压力/MPa | 上端连接形式 | 下端连接形式 | 锁紧方式 | 有无侧门螺栓 | 铸锻 | 外形尺寸/mm 长度 | 外形尺寸/mm 宽度 | 外形尺寸/mm 高度 | 质量/kg |
|---|---|---|---|---|---|---|---|---|---|---|---|---|---|---|---|---|
| 2FZ53-21 | 20.7 (3000) | 31.0 (4500) | 527 | 250 | 46.6 | 54.6 | 8.4~10.5 (1200~1500) | 栽丝 | 法兰 | 手动 | 有 | 铸 | 3206 | 1180 | 1280 | 9530 |
| | | | | 343 | 108 | 112 | | 法兰 | 法兰 | | | | 4494 | 1115 | 1610 | 14315 |
| | | | | | | | | 栽丝 | 法兰 | | | 锻 | 4494 | 1115 | 1370 | 13996 |
| | | | | | | | | 栽丝 | 法兰 | 液压 | | | 3772 | 1516 | 1370 | 14819 |
| | | | | | | | | 法兰 | 法兰 | | | | 3772 | 1516 | 1610 | 15138 |
| FZ68-21 | | | 680 | 340 | 67 | 70 | | 栽丝 | 法兰 | 手动 | | 铸 | 4206 | 1810 | 980 | 10179 |
| | | | | | | | | 法兰 | 法兰 | | | | 4206 | 1810 | 1260 | 10226 |
| 2FZ68-21 | | | | | 134 | 140 | | 栽丝 | 法兰 | | | | 4206 | 1810 | 1612 | 19325 |
| | | | | | | | | 法兰 | 法兰 | | | | 4206 | 1810 | 1882 | 20456 |
| | | | | 419 | 249.2 | 228 | | 法兰 | 法兰 | 手动 | | 锻 | 5532 | 1896 | 1790 | 26815 |
| FZ18-35 | 34.5 (5000) | 51.7 (7500) | 179 | 160 | 3.2 | 4 | | 栽丝 | 栽丝 | | | 铸 | 1520 | 540 | 280 | 798 |
| | | | | | | | | 栽丝 | 法兰 | | | | 1520 | 540 | 450 | 900 |
| | | | | 150 | 5.8 | 6.6 | | 法兰 | 法兰 | | | 锻 | 1400 | 405 | 556 | 496 |
| | | | | | | | | 栽丝 | 法兰 | | | | 1400 | 405 | 430 | 486 |

续表

| 型号 | 工作压力/MPa（psi） | 试验压力/MPa（psi） | 通径/mm | 活塞直径/mm | 开启所需油量/L | 关闭所需油量/L | 液控压力/MPa | 上端连接形式 | 下端连接形式 | 锁紧方式 | 有无侧门螺栓 | 铸锻 | 外形尺寸/mm 长度 | 宽度 | 高度 | 质量/kg |
|---|---|---|---|---|---|---|---|---|---|---|---|---|---|---|---|---|
| 2FZ18-35 | 34.5（5000） | 51.7（7500） | 179 | 160 | 6.4 | 8 | 8.4~10.5（1200~1500） | 栽丝 | 栽丝 | 手动 | 有 | 铸 | 1520 | 540 | 566 | 1660 |
| | | | | | | | | 栽丝 | 法兰 | | | | 1520 | 540 | 804 | 1730 |
| | | | | | | | | 法兰 | 法兰 | | | | 1520 | 540 | 920 | 1800 |
| | | | | 150 | 11.6 | 13.2 | | 法兰 | 法兰 | | | 锻 | 1400 | 405 | 778 | 898 |
| | | | | | | | | 栽丝 | 法兰 | | | | 1400 | 405 | 642 | 870 |
| | | | | | | | | 栽丝 | 栽丝 | | | | 1400 | 405 | 506 | 842 |
| FZ23-35 | | | 228 | 220 | 8.8 | 10 | | 栽丝 | 法兰 | | | 铸 | 2032 | 735 | 625 | 2010 |
| 2FZ23-35 | | | | | 17.6 | 20 | | 栽丝 | 栽丝 | | | | 2032 | 865 | 830 | 3980 |
| FZ28-35 | | | 279 | 220 | 10.3 | 11.8 | | 栽丝 | 法兰 | | | | 2120 | 768 | 660 | 2190 |
| 2FZ28-35 | | | | | 20.6 | 23.6 | | 栽丝 | 栽丝 | | | | 2120 | 865 | 830 | 4255 |
| | | | | 305 | 52 | 54 | | 栽丝 | 法兰 | | | 锻 | 3142 | 902 | 1230 | 6482 |
| | | | | | 86 | 56 | | 法兰 | 法兰 | 液压 | | | 2672 | 1526 | 1472 | 8904 |
| FZ35-35 | | | 346 | 250 | 16.5 | 17.9 | | 栽丝 | 栽丝 | 手动 | | 铸 | 2400 | 800 | 475 | 3030 |
| | | | | | | | | 栽丝 | 法兰 | | | | 2400 | 800 | 680 | 3300 |

续表

| 型号 | 工作压力/MPa（psi） | 试验压力/MPa（psi） | 通径/mm | 活塞直径/mm | 开启所需油量/L | 关闭所需油量/L | 液控压力/MPa | 上端连接形式 | 下端连接形式 | 锁紧方式 | 有无侧门螺栓 | 铸锻 | 外形尺寸/mm 长度 | 宽度 | 高度 | 质量/kg |
|---|---|---|---|---|---|---|---|---|---|---|---|---|---|---|---|---|
| FZ35-35 | 34.5（5000） | 51.7（7500） | 346 | 250 | 16.5 | 17.9 | 8.4～10.5（1200～1500） | 法兰 | 法兰 | 手动 | 有 | 铸 | 2400 | 800 | 885 | 3570 |
| | | | | | | | | 法兰 | 栽丝 | | | | 2400 | 800 | 680 | 3300 |
| | | | | 343 | 41 | 43 | | 法兰 | 法兰 | | | 锻 | 3588 | 1350 | 960 | 5180 |
| | | | | | 41.3 | 41.3 | | 栽丝 | 法兰 | 液压 | | | 3350 | 928 | 750 | 5325 |
| 2FZ35-35 | | | | 250 | 33 | 35.8 | | 栽丝 | 栽丝 | 手动 | | 铸 | 2400 | 920 | 910 | 5300 |
| | | | | | | | | 栽丝 | 法兰 | | | | 2400 | 920 | 1340 | 6020 |
| | | | | | | | | 法兰 | 法兰 | | | | 2400 | 1170 | 1340 | 6150 |
| | | | | | | | | 法兰 | 栽丝 | | | | 2400 | 920 | 1125 | 5600 |
| | | | | | | | | 栽丝 | 法兰 | | | | 2400 | 920 | 1125 | 5600 |
| | | | | 343 | 82 | 86 | | 法兰 | 法兰 | | | 锻 | 3588 | 1350 | 1495 | 9920 |
| FZ48-35 | | | 476 | 355 | 53 | 62 | | 法兰 | 法兰 | | | 铸 | 3416 | 1325 | 1242 | 9370 |
| 2FZ48-35 | | | | | 106 | 124 | | 法兰 | 法兰 | | | | 3416 | 1325 | 1797 | 16920 |
| FZ18-70 | 69（10000） | 103.5（15000） | 179 | 67 | 4.9 | 4.9 | | 法兰 | 法兰 | | | | 2100 | 514 | 778 | 1610 |
| 2FZ18-70 | | | | | 9.8 | 9.8 | | 法兰 | 法兰 | | | | 2100 | 514 | 1235 | 2903 |

续表

| 型号 | 工作压力/MPa（psi） | 试验压力/MPa（psi） | 通径/mm | 活塞直径/mm | 开启所需油量/L | 关闭所需油量/L | 液控压力/MPa | 上端连接形式 | 下端连接形式 | 锁紧方式 | 有无侧门螺栓 | 铸锻 | 外形尺寸/mm 长度 | 宽度 | 高度 | 质量/kg |
|---|---|---|---|---|---|---|---|---|---|---|---|---|---|---|---|---|
| FZ23-70 | 69（10000） | 103.5（15000） | 228 | 250 | 10.76 | 12.16 | 8.4~10.5（1200~1500） | 法兰 | 法兰 | 手动 | 无 | 铸 | 1958 | 915 | 925 | 3350 |
| 2FZ23-70 | | | | | 21.52 | 24.32 | | 法兰 | 法兰 | | | | 1958 | 915 | 1015 | 5710 |
| FZ28-70 | | | 279 | 250 | 14 | 15.4 | | 法兰 | 法兰 | | | | 2250 | 1120 | 1040 | 4870 |
| | | | | | | | | 栽丝 | 法兰 | | | | 2250 | 1120 | 808 | 4580 |
| 2FZ28-70 | | | | | 28 | 30.8 | | 法兰 | 法兰 | | | | 2250 | 1120 | 1470 | 7730 |
| | | | | | | | | 栽丝 | 栽丝 | | | | 2250 | 1120 | 996 | 7250 |
| | | | | | | | | 栽丝 | 法兰 | | | | 2250 | 1120 | 1233 | 7440 |
| FZ35-70 | | | 346 | 340 | 29.4 | 33.2 | | 栽丝 | 法兰 | | | | 2670 | 1110 | 960 | 6445 |
| | | | | | | | | 法兰 | 法兰 | | | | 2670 | 1240 | 1250 | 7070 |
| | | | | 343 | 41 | 43 | | 栽丝 | 法兰 | | | 锻 | 3632 | 950 | 927 | 6504 |
| | | | | | 58.2 | 48 | | 栽丝 | 法兰 | 液压 | 有 | | 3092 | 1219 | 872 | 6420 |
| 2FZ35-70 | | | | 340 | 58.8 | 66.4 | | 栽丝 | 法兰 | 手动 | | 铸 | 2670 | 1240 | 1485 | 11950 |
| | | | | | | | | 法兰 | 法兰 | | | | 2670 | 1240 | 1775 | 12510 |
| | | | | 343 | 82 | 86 | | 栽丝 | 法兰 | | 无 | 锻 | 3632 | 950 | 1672 | 11606 |
| | | | | | 117.6 | 132.8 | | 栽丝 | 法兰 | 液压 | 有 | | 3092 | 1219 | 1437 | 12440 |

续表

| 型号 | 工作压力/MPa (psi) | 试验压力/MPa (psi) | 通径/mm | 活塞直径/mm | 开启所需油量/L | 关闭所需油量/L | 液控压力/MPa | 上端连接形式 | 下端连接形式 | 锁紧方式 | 有无侧门螺栓 | 铸锻 | 外形尺寸/mm 长度 | 宽度 | 高度 | 质量/kg |
|---|---|---|---|---|---|---|---|---|---|---|---|---|---|---|---|---|
| FZ54-70 | 69 (10000) | 103.5 (15000) | 540 | 470 | 120 | 142 | 8.4~10.5 (1200~1500) | 栽丝 | 法兰 | 手动 | 有 | 锻 | 4877 | 1329 | 1216 | 15585 |
| | | | | 419 | 128 | 103 | | 栽丝 | 法兰 | 液压 | | | 4192 | 1463 | 1228 | 16071 |
| | | | | 470 | 120 | 145 | | 栽丝 | 法兰 | 液压 | 无 | | 4169 | 1354 | 1243 | 16600 |
| 2FZ54-70 | | | | 419 | 256 | 206 | | 栽丝 | 法兰 | 液压 | 有 | | 4192 | 1463 | 2123 | 33598 |
| FZ18-105 | 103.5 (15000) | 155.1 (22500) | 179 | 250 | 14 | 15 | | 法兰 | 法兰 | 手动 | | | 1976 | 690 | 858 | 2520 |
| | | | | | 13.6 | 26 | | 法兰 | 法兰 | | 无 | | 2540 | 750 | 858 | 2754 |
| 2FZ18-105 | | | | | 28 | 30 | | 法兰 | 法兰 | | 有 | | 1976 | 690 | 1278 | 4590 |
| | | | | | 27.2 | 52 | | 法兰 | 法兰 | | 无 | | 2540 | 750 | 1323 | 4603 |
| FZ28-105 | | | 279 | 340 | 30 | 32 | | 栽丝 | 法兰 | | 有 | | 3314 | 1073 | 990 | 6718 |
| | | | | 343 | 46 | 34 | | 法兰 | 法兰 | 液压 | | | 2830 | 1324 | 1265 | 7953 |
| | | | | | 34 | 67 | | 栽丝 | 法兰 | 手动 | 无 | | 4282 | 1074 | 990 | 7693 |
| 2FZ28-105 | | | | 340 | 60 | 62 | | 栽丝 | 法兰 | | 有 | | 3314 | 1073 | 1635 | 12386 |
| FZ35-105 | | | 346 | | 37 | 42 | | 栽丝 | 法兰 | | | | 3065 | 1115 | 1053 | 8260 |
| 2FZ35-105 | | | | | 74 | 84 | | 栽丝 | 法兰 | | | | 3065 | 1115 | 1650 | 14930 |
| FZ28-140 | 138 (20000) | 206.8 (30000) | 279 | 400 | 42.9 | 44.8 | | 栽丝 | 法兰 | | | | 3490 | 1216 | 1210 | 9835 |
| | | | | | 74 | 62 | | 栽丝 | 法兰 | | 无 | | 3344 | 1324 | 1186 | 10397 |

**表 8-6　上海神开产闸板防喷器规格及技术参数**

| 规格型号 | | FZ54-14 | FZ18-21 | FZ18-35 | FZ23-35<br>2FZ23-35 | FZ28-35<br>2FZ28-35 | FZ35-35<br>2FZ35-35 | FZ28-70<br>2FZ28-70 | FZ35-70<br>2FZ35-70 | FZ35-105<br>2FZ35-105 |
|---|---|---|---|---|---|---|---|---|---|---|
| 垂直通径/mm(in) | | 540(21¼) | 180(7 1/16) | 180(7 1/16) | 230(9) | 280(11) | 346(13⅝) | 280(11) | 345(13⅝) | 345(13⅝) |
| 工作压力/MPa | | 14 | 21 | 35 | 35 | 35 | 35 | 70 | 70 | 105 |
| 试验压力/MPa | | 21 | 42 | 70 | 70 | 70 | 70 | 105 | 105 | 175.5 |
| 液控压力/MPa | | 8.4~10.5 | | | | | | | | |
| 油缸直径/mm | | 250 | 150 | 150 | 220 | 220 | 250 | 250 | 355 | 355 |
| 开启所需油量/L | | 2×11.7<br>4×11.7 | 2×1.6<br>4×1.6 | 2×1.6<br>4×1.6 | 2×5.2<br>4×5.2 | 2×5.2<br>4×5.2 | 2×7.4<br>4×7.4 | 2×6.6<br>4×6.6 | 2×19.9<br>4×19.9 | 2×19.9<br>4×19.9 |
| 关闭所需油量/L | | 2×13<br>4×13 | 2×2<br>4×2 | 2×2<br>4×2 | 2×5.45<br>4×5.45 | 2×5.45<br>4×5.45 | 2×8.3<br>4×8.3 | 2×7.4<br>4×7.4 | 2×20<br>4×20 | 2×20<br>4×20 |
| 闸板形式 | | HF | H | H | F | S | S | H | S | H |
| 端部连接型式 | 顶部 | 栽丝 | | | | | 法兰/栽丝 | | | |
| | 底部 | 法兰 | 法兰/栽丝 | | | | | | | 法兰 |
| 螺栓 | | M42×3 | M30×3 | M36×3 | M42×3 | M48×3 | M42×3 | M45×3 | M48×3 | M58×3 |
| 密封垫环 | | R73 | R45 | R46 | R50 | R54 | BX160 | BX158 | BX159 | BX159 |

续表

| 规格型号 | | FZ54-14 | FZ18-21 | FZ18-35 | FZ23-35<br>2FZ23-35 | FZ28-35<br>2FZ28-35 | FZ35-35<br>2FZ35-35 | FZ28-70<br>2FZ28-70 | FZ35-70<br>2FZ35-70 | FZ35-105<br>2FZ35-105 |
|---|---|---|---|---|---|---|---|---|---|---|
| 闸板尺寸/mm(in) | | 全封<br>127(5)<br>340(13⅝) | 全封<br>60(2⅜)<br>73(2⅞)<br>89(3½)<br>114(4½) | 全封<br>60(2⅜)<br>73(2⅞)<br>89(3½)<br>114(4½) | 全封<br>73(2⅞)<br>89(3½)<br>114(4½)<br>127(5)<br>140(5½) | 全封<br>73(2⅞)<br>89(3½)<br>114(4½)<br>127(5)<br>178(7) | 全封<br>73(2⅞)<br>89(3½)<br>127(5)<br>140(5½)<br>178(7)<br>245(9⅝) | 全封<br>60(2⅜)<br>73(2⅞)<br>89(3½)<br>127(5)<br>140(5½)<br>178(7) | 全封<br>73(2⅞)<br>89(3½)<br>127(5)<br>140(5½)<br>178(7)<br>245(9⅝) | 全封<br>73(2⅞)<br>89(3½)<br>127(5)<br>140(5½)<br>178(7)<br>245(9⅝) |
| 外形尺寸/mm | 长度 | 3366 | 1392 | 1554 | 2027 | 2262 | 2468 | 2335 | 3274 | 3074 |
| | 宽度 | 1205 | 525<br>582 | 525<br>582 | 678<br>760 | 860 | 735<br>998 | 986 | 1238 | 1305 |
| | 高度 | 720<br>1310 | 280<br>705 | 280<br>736 | 560<br>782 | 670<br>860 | 736/952<br>999/1214 | 820/1102<br>1060/1582 | 750/1275<br>1168/1450 | 1640/1985<br>1420/1075 |
| 质量/kg | | 5505<br>9950 | 716<br>1519 | 756<br>1617 | 1735<br>3200 | 2225<br>4448 | 3304/3338<br>6020/6604 | 3724/4170<br>6238/7195 | 7238<br>12590 | 10103<br>9160 |

表 8-7 胜利方兰德手动闸板防喷器规格及技术参数

| 规格型号 | | SFZ18-21 | 2SFZ18-21 | SFZ18-35 | 2SFZ18-35 |
|---|---|---|---|---|---|
| 垂直通径/mm(in) | | 179($7\frac{1}{16}$) | 179($7\frac{1}{16}$) | 179($7\frac{1}{16}$) | 179($7\frac{1}{16}$) |
| 工作压力/MPa | | 21 | 21 | 35 | 35 |
| 试验压力/MPa | | 42 | 42 | 52 | 52 |
| 闸板形式 | | U 形 | U 形 | U 形 | U 形 |
| 端部连接形式 | 顶部 | 法兰 | 法兰 | 法兰 | 法兰 |
| | 底部 | 法兰 | 法兰 | 法兰 | 法兰 |
| 螺栓 | | M30×3 | M30×3 | M36×3 | M36×3 |
| 密封垫环 | | R45 | R45 | R46 | R46 |
| 闸板尺寸/mm(in) | | 全封<br>60.3($2\frac{3}{8}$)<br>73($2\frac{7}{8}$)<br>89($3\frac{1}{2}$) | 全封<br>60.3($2\frac{3}{8}$)<br>73($2\frac{7}{8}$)<br>89($3\frac{1}{2}$) | 全封<br>60.3($2\frac{3}{8}$)<br>73($2\frac{7}{8}$)<br>89($3\frac{1}{2}$) | 全封<br>60.3($2\frac{3}{8}$)<br>73($2\frac{7}{8}$)<br>89($3\frac{1}{2}$) |
| 外形尺寸/mm | 长度 | 1052 | 1052 | 1055 | 1055 |
| | 宽度 | 380 | 380 | 395 | 395 |
| | 高度 | 386.5 | 543 | 426.5 | 583 |
| 质量/kg | | 375 | 520 | 400 | 580 |

**表 8-8　胜利方兰德液动闸板防喷器规格及技术参数**

| 规格型号 | | FZ18-21<br>2FZ18-21 | FZ18-35<br>2FZ18-35 | FZ18-70<br>2FZ18-70 | FZ23-35<br>2FZ23-35 | FZ28-35<br>2FZ28-35 | FZ28-70<br>2FZ28-70 | FZ35-35<br>2FZ35-35 | FZ35-70<br>2FZ35-70 |
|---|---|---|---|---|---|---|---|---|---|
| 垂直通径/mm(in) | | 179($7\frac{1}{16}$) | 179($7\frac{1}{16}$) | 179($7\frac{1}{16}$) | 228(9) | 279(11) | 279(11) | 346($13\frac{5}{8}$) | 346($13\frac{5}{8}$) |
| 工作压力/MPa | | 21 | 35 | 70 | 35 | 35 | 70 | 35 | 70 |
| 试验压力/MPa | | 42 | 52 | 103.5 | 52 | 52 | 103.5 | 52 | 103.5 |
| 液控压力/MPa | | 8.4~10.5 | | | | | | | |
| 油缸直径/mm | | 120 | 150 | 222.2 | 170 | 220 | 250 | 250 | 360 |
| 开启所需油量/L | | 2×0.9 | 2×2.03 | 2×5.23 | 2×2.84 | 2×6.44 | 2×8.64 | 2×9.68 | 2×22.4 |
| | | 4×0.9 | 4×2.03 | 4×5.23 | 4×2.84 | 4×6.44 | 4×8.64 | 4×9.68 | 4×22.4 |
| 关闭所需油量/L | | 2×1.00 | 2×2.2 | 2×5.35 | 2×3.42 | 2×7.1 | 2×9.3 | 2×11 | 2×23.3 |
| | | 4×1.00 | 4×2.2 | 4×5.35 | 4×3.42 | 4×7.1 | 4×9.3 | 4×11 | 4×23.3 |
| 闸板形式 | | U 形 | U 形 | U 形 | U 形 | U 形 | U 形 | U 形 | U 形 |
| 端部连接形式 | 顶部 | 栽丝 | 栽丝 | 栽丝 | 栽丝 | 栽丝 | 栽丝 | 栽丝 | 栽丝 |
| | 底部 | 法兰 | 法兰 | 法兰 | 法兰 | 法兰 | 法兰 | 法兰 | 法兰 |
| 螺栓 | | M30×3 | M36×3 | M39×3 | M42×3 | M48×3 | M45×3 | M42×3 | M48×3 |
| 密封垫环 | | R45 | R46 | BX156 | R50 | R54 | BX158 | BX160 | BX159 |

续表

| 规格型号 | | FZ18-21<br>2FZ18-21 | FZ18-35<br>2FZ18-35 | FZ18-70<br>2FZ18-70 | FZ23-35<br>2FZ23-35 | FZ28-35<br>2FZ28-35 | FZ28-70<br>2FZ28-70 | FZ35-35<br>2FZ35-35 | FZ35-70<br>2FZ35-70 |
|---|---|---|---|---|---|---|---|---|---|
| 闸板尺寸/mm(in) | | 全封<br>60.3($2\frac{3}{8}$)<br>73($2\frac{7}{8}$)<br>89($3\frac{1}{2}$)<br>114($4\frac{1}{2}$) | 全封<br>60.3($2\frac{3}{8}$)<br>73($2\frac{7}{8}$)<br>89($3\frac{1}{2}$)<br>114($4\frac{1}{2}$) | 全封<br>60.3($2\frac{3}{8}$)<br>73($2\frac{7}{8}$)<br>89($3\frac{1}{2}$)<br>114($4\frac{1}{2}$) | 全封<br>73($2\frac{7}{8}$)<br>89($3\frac{1}{2}$)<br>114($4\frac{1}{2}$)<br>127(5)<br>140($5\frac{1}{2}$) | 全封<br>73($2\frac{7}{8}$)<br>89($3\frac{1}{2}$)<br>114($4\frac{1}{2}$)<br>127(5)<br>140($5\frac{1}{2}$) | 全封<br>73($2\frac{7}{8}$)<br>89($3\frac{1}{2}$)<br>114($4\frac{1}{2}$)<br>127(5)<br>140($5\frac{1}{2}$) | 全封<br>73($2\frac{7}{8}$)<br>89($3\frac{1}{2}$)<br>114($4\frac{1}{2}$)<br>127(5)<br>178(7)<br>245($9\frac{5}{8}$) | 全封<br>73($2\frac{7}{8}$)<br>89($3\frac{1}{2}$)<br>114($4\frac{1}{2}$)<br>127(5)<br>178(7)<br>245($9\frac{5}{8}$) |
| 外形尺寸/mm | 长度 | 1220 | 1420 | 1770 | 1587 | 2478 | 2518 | 2590 | 2800 |
| | 宽度 | 380 | 395 | 480 | 485 | 792 | 856 | 768 | 936 |
| | 高度 | 340 | 383 | 640 | 520 | 720 | 769 | 670 | 900 |
| | | 510 | 566 | 1015 | 770 | 1140 | 1222 | 1060 | 960 |
| 重量/kg | | 410 | 530 | 1740 | 1650 | 2570 | 4680 | 4805 | 7010 |
| | | 590 | 765 | 2530 | 2270 | 3210 | 6780 | 6310 | 9720 |

表 8-9 美国 Cameron 公司产闸板防喷器技术规范

| 规格型号 | 通径/mm(in) | 长度/mm | 宽度/mm | 高度/mm | | | | 闸板厚度/mm | 质量/kg | |
|---|---|---|---|---|---|---|---|---|---|---|
| | | | | 法兰 | | 卡箍 | | | | |
| 18-21 | 180(7 1/16) | 1949.7 | 508 | 643.1 | 1066.8 | — | — | 139.8 | 1350 | 2850 |
| 18-35 | 180(7 1/16) | 1949.7 | 508 | 698.5 | 1122.4 | — | — | 139.8 | 1450 | 2950 |
| 18-70 | 180(7 1/16) | 1949.7 | 508 | 776.2 | 1234.9 | — | — | 139.8 | 1720 | 3330 |
| 18-105 | 180(7 1/16) | 1949.7 | 508 | 808 | 1267.2 | — | — | 139.8 | 1840 | 3550 |
| 28-21 | 280(11) | 2465.3 | 660.4 | 738.1 | 1251 | — | — | 171.6 | 2900 | 5640 |
| 28-35 | 280(11) | 2465.3 | 660.4 | 871.5 | 1384.3 | 744.5 | 1257.3 | 171.6 | 2950 | 5750 |
| 28-70 | 280(11) | 2465.3 | 660.4 | 906.5 | 1419.1 | 817.6 | 1330.5 | 171.6 | 3240 | 6100 |
| 28-105 | 280(11) | 3099.3 | 744.7 | 1138.2 | 1771.7 | 860.6 | 1493.8 | 235.2 | 6080 | 11190 |
| 35-21 | 346.1(13 5/8) | 2887.2 | 739.1 | 795.3 | 1304.8 | — | — | 190.6 | 3750 | 7890 |
| 35-35 | 346.1(13 5/8) | 2887.2 | 739.1 | 858.8 | 1419.2 | 811.3 | 1376.6 | 190.6 | 4050 | 8180 |
| 35-70 | 346.1(13 5/8) | 2937.8 | 774.7 | 1059.2 | 1692.4 | 833.4 | 1466.9 | 190.6 | 5420 | 10190 |
| 35-105 | 346.1(13 5/8) | 3362.2 | 990.6 | 1363.7 | 2076.5 | 1065.3 | 1778 | 203.5 | 10580 | 20360 |
| 43-21 | 425.5(16 3/4) | 3231.2 | 906.8 | 1017.5 | 1671.6 | — | — | 235.1 | 6600 | 13290 |
| 43-35 | 425.5(16 3/4) | 3276.6 | 906.8 | 1093.7 | 1747.8 | 889 | 1543.1 | 235.1 | 6760 | 13450 |
| 48-70 | 476.3(18 3/4) | 3967 | 1092.2 | 1420.9 | 2209 | 1088.1 | 1876.3 | 304.9 | 12350 | 24580 |
| 53-21 | 527.1(20 3/4) | 3684.3 | 1003.3 | 1030.2 | 1679.7 | — | — | 203.5 | 7630 | 15500 |
| 54-14 | 539.8(21 1/4) | 3684.3 | 1003.3 | 944.6 | 1593.9 | 846.1 | 1495.6 | 203.5 | 7370 | 15200 |
| 54-35 | 539.8(21 1/4) | 4167.4 | 1104.9 | 1292.1 | 2081.3 | 1087.6 | 1876.6 | 343.1 | 12560 | 24170 |
| 54-70 | 539.8(21 1/4) | 4163.3 | 1199.9 | 1676.4 | 2541.5 | 1346.2 | 2211.3 | 343.1 | 18250 | 33340 |
| 68-21 | 679.5(26 3/4) | 4303.5 | 1176 | 1227.1 | 1925.1 | — | — | 203.5 | 12330 | 24520 |

## 表 8-10 美国 Sheffer 公司产 LWS 型闸板防喷器技术规范

| 工作压力/MPa | | | 70 | | 35 | | | | 21 | | | | 14 | | |
|---|---|---|---|---|---|---|---|---|---|---|---|---|---|---|---|
| 通径/mm(in) | | | 179.4 ($7\frac{1}{16}$) | 103.2 ($4\frac{1}{16}$) | 279.4 (11) | 228.6 (9) | 179.4 ($7\frac{1}{16}$) | 103.2 ($4\frac{1}{16}$) | 514.4 ($20^3/4$) | | | 279.4 (11) | 539.8 ($21\frac{1}{4}$) | | |
| 油缸内径/mm | | | 355.6 | 152.4 | 215.9 | | 165.1 | 152.4 | 254 | 355.6 | 215.9 | 165.1 | 254 | 355.6 | 215.9 |
| 液压锁紧长度/mm | | | | | | | | | 2975 | 3356 | | | 2978 | 3359 | |
| 手动锁紧长度/mm | | | 1899 | 1073 | 2292 | 2010 | 1480 | 1073 | | | 3238 | 1845 | | | 3238 |
| 宽度/mm | | | 784.2 | 398.5 | 730.3 | 549.3 | 544.5 | 398.5 | 1048 | | | 657.2 | 1048 | | |
| 高度/mm | 单闸板 | 栽丝连接 | 603.3 | 400.1 | 495.3 | 368.3 | 318 | 400.1 | 587.4 | | | 368.3 | 587.4 | | |
| | | 法兰连接 | 1013 | 527.1 | 9398 | 765.2 | 717.6 | 527.1 | 1057 | | | 688.9 | 958.9 | | |
| | | 卡箍连接 | | | 763.6 | 558.8 | | | 898.5 | | | 558.8 | 879.5 | | |
| | 双闸板 | 栽丝连接 | 1105 | | 838.2 | 749.3 | 679.5 | | 1251 | | | 746.1 | 1251 | | |
| | | 法兰连接 | 1514 | | 1283 | 1154 | 1016 | | 1721 | | | 1067 | 1622 | | |
| | | 卡箍连接 | | | 1107 | 963.6 | | | 1575 | | | 936.6 | 1543 | | |
| 质量/kg | 单闸板 | 栽丝连接 | 2783 | 376.8 | 1884 | 1303 | 628.9 | 376.8 | 3545 | 4570 | 3381 | 960.7 | 3471 | 4497 | 3307 |
| | | 法兰连接 | 3026 | 442.7 | 2188 | 1466 | 719.6 | 442.7 | 3719 | 5071 | 3882 | 1171 | 3790 | 4815 | 3625 |
| | | 卡箍连接 | 2858 | | 1880 | 1280 | | | 3422 | 4447 | 3258 | 976.1 | 3529 | 4555 | 3369 |
| | 双闸板 | 栽丝连接 | 5405 | | 3507 | 2611 | 1137 | | 6963 | 9014 | 6635 | 1860 | 6692 | 8944 | 6563 |
| | | 法兰连接 | 5645 | | 3807 | 2774 | 1229 | | 7464 | 9514 | 7135 | 2070 | 7210 | 9262 | 6880 |
| | | 卡箍连接 | 5478 | | 3469 | 2588 | | | 6838 | 8889 | 6510 | 1875 | 6948 | 8999 | 6620 |
| 关闭所需油量/L | | | 19.87 | 2.23 | 11.28 | 9.67 | 5.49 | 2.23 | 25.92 | 54.88 | 19.19 | 6.59 | 29.52 | 54.88 | 19.19 |
| 开启所需油量/L | | | 16.5 | 1.97 | 9.9 | 8.59 | 4.47 | 1.97 | 25.97 | 51.44 | 16.88 | 5.49 | 25.97 | 51.44 | 16.88 |
| 侧门螺栓 | 对边尺寸/mm | | 55.56 | 47.63 | 38.1 | 41.28 | 31.75 | 47.63 | 41.28 | | | 31.75 | 41.28 | | |
| | 上紧力矩/kN·m | | 482 | 69 | 207 | 207 | 127 | 69 | 166 | | | 126 | 166 | | |

表 8-11 美 Sheffer 公司产 SL 型闸板防喷器技术规范

| 工作压力/MPa | | | | 105 | | | | 70 | | | | | 35 | | | | 21 |
|---|---|---|---|---|---|---|---|---|---|---|---|---|---|---|---|---|---|
| 通径/mm(in) | | | | 346.1<br>(13⅝) | 279.4<br>(11) | 179.4<br>(7$\frac{1}{16}$) | 179.4<br>(7$\frac{1}{16}$) | 539.8<br>(21¼) | 476.3<br>(18¾) | 425.5<br>(16¾) | 346.1<br>(13⅝) | 279.4<br>(11) | 425.5<br>(16¾) | | 346.1<br>(13⅝) | | 346.1<br>(13⅝) |
| 油缸内径/mm | | | | 355.6 | | 254 | 355.6 | 355.6 | | | | | 254 | 355.6 | 254 | 355.6 | 254 |
| 外形尺寸/mm | 长度 | 液压锁紧式 | | 3124 | 2932 | 2007 | 2343 | 3461 | 3286 | 3232 | 2769 | 2611 | 3959 | 3007 | 2670 | 2743 | |
| | | 手动锁紧式 | | 3625 | 3435 | 2007 | | | | | 3270 | 3118 | 3594 | | 3308 | | 3308 |
| | 宽度 | | | 1241 | 1191 | 765.2 | | 1370 | 1445 | 1400 | 1041 | 979.5 | 1181 | | 892.2 | | 892.2 |
| | 高度 | 单闸板 | 栽丝 | 977.9 | | 581 | | 1016 | 938.2 | 8509 | 771.2 | 596.6 | 635 | | 438.2 | | 438.2 |
| | | | 法兰 | 1638 | 1448 | 997 | | 1765 | 1530 | 1419 | 1222 | 1089 | 1105 | | 847.7 | | 777.9 |
| | | | 卡箍 | | | | | | 1319 | 1257 | 987.4 | | 985.9 | | 743 | | |
| | | 双闸板 | 栽丝 | 1480 | 1321 | 930.3 | | 1505 | 1391 | 1314 | 1168 | 1038 | 1089 | | 863.6 | | 863.6 |
| | | | 法兰 | 2140 | 1917 | 1346 | | 2254 | 1983 | 1883 | 1680 | 1530 | 1559 | | 1273 | | 1203 |
| | | | 卡箍 | | | | | | 1772 | 1670 | 1445 | | 1413 | | 1168 | | |
| 质量/kg | 单闸板 | 栽丝 | | 11740 | 9824 | 2610 | 3136 | 14150 | 12014 | 11710 | 6118 | 5194 | 6406 | | 3634 | 4147 | 3608 |
| | | 法兰 | | 13189 | 11193 | 2815 | 3428 | 16927 | 13938 | 12903 | 6944 | 5764 | 7019 | | 4079 | 4590 | 3827 |
| | | 卡箍 | | | | | | 14437 | 12310 | 12061 | 6170 | 5315 | 6674 | | 3763 | 4152 | 3598 |
| | 双闸板 | 栽丝 | | 19041 | 15767 | 4358 | 5607 | 22112 | 20078 | 18705 | 10683 | 9312 | 11479 | | 7091 | 8115 | 7066 |
| | | 法兰 | | 20489 | 17139 | 4653 | 5879 | 24900 | 22014 | 19881 | 11516 | 9888 | 12098 | | 7540 | 8562 | 7289 |
| | | 卡箍 | | | | | | 22415 | 20018 | 19038 | 10742 | 9893 | 11752 | | 7224 | 8247 | 7059 |
| 关闭闸板所需油量/L | | | | 43.75 | 35.58 | 10.3 | | 60.75 | 55.07 | 54.77 | 40.05 | 35.77 | 22.97 | 44.51 | 20.59 | 41.64 | 20.59 |
| 打开闸板所需油量/L | | | | 39.82 | 30.66 | 8.86 | | 52.46 | 50 | 47.31 | 39.82 | 26.5 | 18.81 | 40.39 | 16.88 | 39.82 | 16.88 |
| 侧门螺栓对边尺寸/mm | | | | 79.38 | | | | 79.38 | | | | | 79.38 | | | | 79.38 |

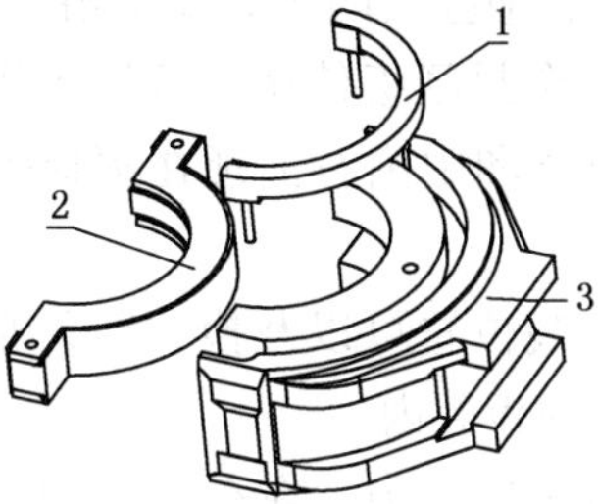


图 8-7　S 形管柱闸板结构示意图

1—顶密封；2—前密封；

3—闸板体

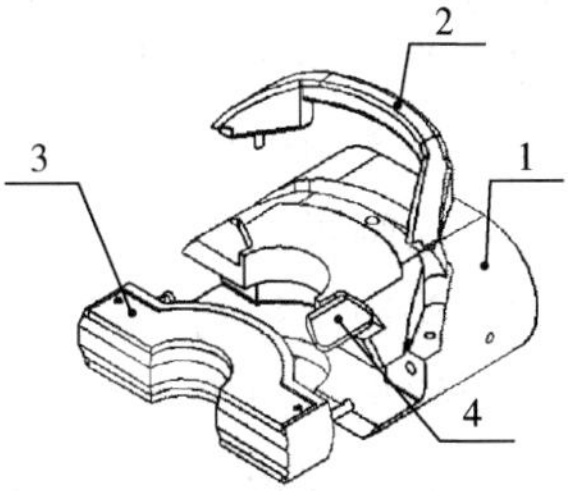


图 8-8　U 形管柱闸板结构示意图

1—闸板体；2—顶密封；

3—前密封；4-导向块

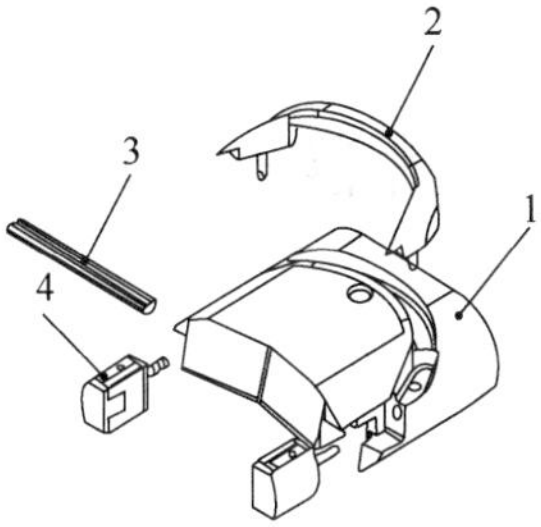


图 8-9　整体式剪切闸板结构示意图

1—剪切闸板体；2—顶密封；

3—刀体密封；4—侧密封

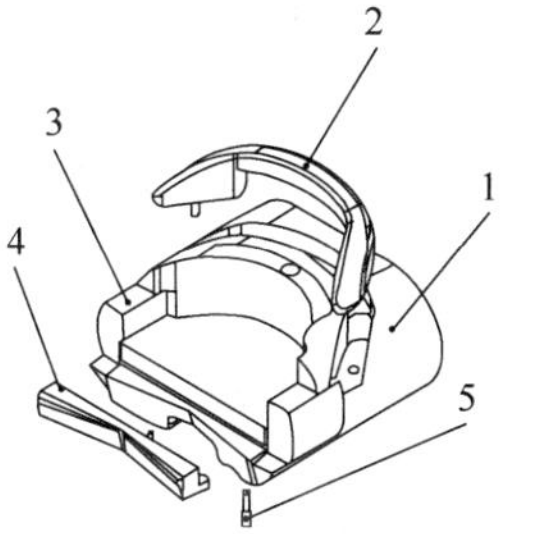


图 8-10　分体式剪切闸板结构示意图

1—剪切闸板体；2—顶密封；

3—侧密封；4—刀体；5—固定螺栓

超级剪切闸板可以剪切钻具的任意位置，在紧急情况下，可不用避开钻杆接头等特殊位置。华北荣盛设计制造的互锁结构的超级剪切闸板，刀刃采用双 V 形，可剪切 5$\frac{7}{8}$inV150 钻杆接头、5$\frac{1}{2}$inS135 钻杆接头、6$\frac{1}{2}$in 钻铤和 7in 钻铤，如图 8-11 所示。

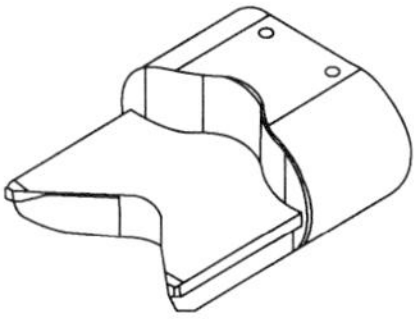

图 8-11　华北荣盛设计制造的超级剪切闸板

使用剪切闸板注意事项：

(1) 剪切能力：具有剪切 S 级、直径 127mm(5in) 钻杆，且使用寿命在 5

次以上的能力，剪切该级别钻杆时，液控关闭压力≥14MPa。

(2) 剪切闸板可以当作普通的全封闸板使用，液控操作压力可以在8.5~10.5MPa(但中国石化和中国石油现在都提倡使用剪切专用闸板)。

(3) 普通闸板与剪切闸板的安装位置可以互换，即普通闸板与剪切闸板可以安装在任何一个闸板腔内。

(4) 剪切闸板刀体不具有防 $H_2S$ 的能力，在有 $H_2S$ 的环境中工作时要慎用。

(5) 剪切闸板操作参数：液控关闭压力为14~21MPa时，可以剪断5in、G级19.5lb/ft的钻杆；液控关闭压力为16~21MPa时，可以剪断5in、S级19.5lb/ft的钻杆。

## 第三节　环形防喷器

### 一、结构特点

1. 锥形胶芯环形防喷器

胶芯外形呈锥状，锥度40°。胶芯中部为垂直通孔，孔径略大于顶盖与壳体通径，以免钻具刮伤胶芯。其结构如图8-12和图8-13所示。

支承筋为铸钢件，在胶芯中沿径向均匀分布，并与橡胶硫化在一起。支承筋在胶芯中构成刚性骨架，承受径向与轴向负荷，并控制胶芯均匀变形。支承筋数为12~30块，通径大的防喷器胶芯较大，支承筋数也较多。

2. 球形胶芯环形防喷器

球形胶芯环形防喷器由顶盖、壳体、防尘圈、活塞、胶芯等构成。顶盖与壳体采用螺栓紧固。胶芯呈半球形，铸钢支承筋径向均布，如图8-14所示。顶盖内腔为球面。活塞剖面呈“Z”字形。其结构如图8-14和图8-15所示。

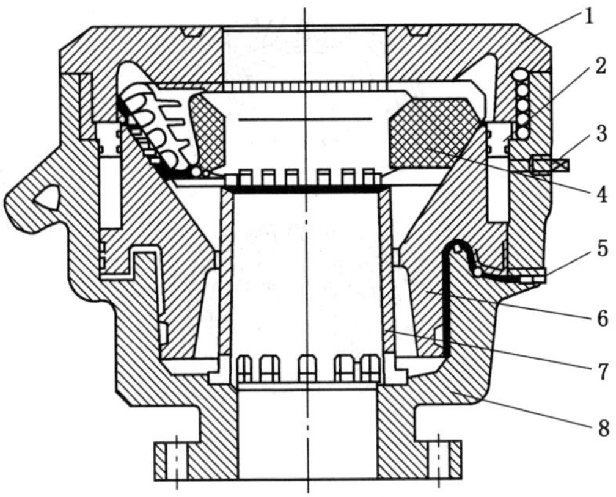


图 8-12 锥形胶芯环形防喷器结构

1—顶盖；2—防尘圈；3、5—油塞；4—胶芯；6—活塞；7—支撑筒；8—壳体

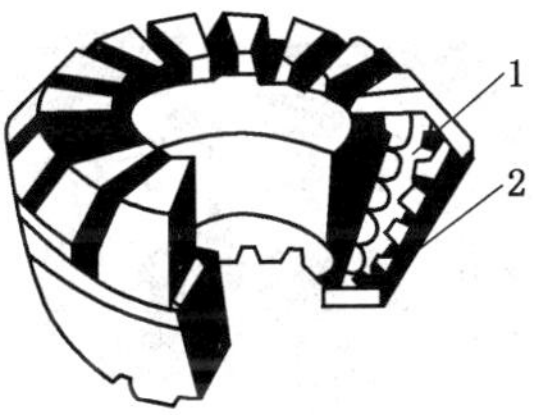


图 8-13 锥形胶芯结构

1—支撑筋；2—橡胶

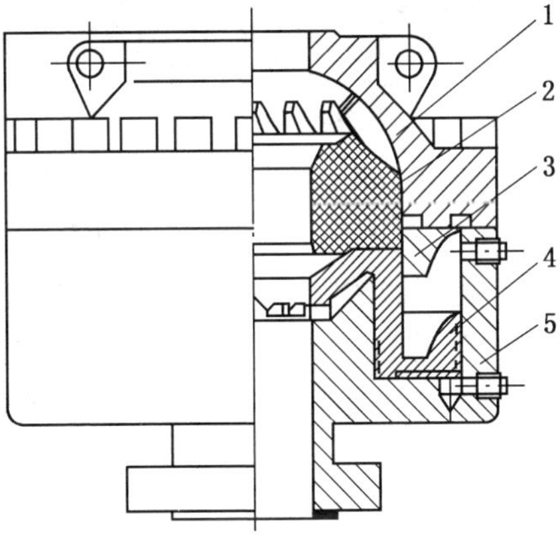


图 8-14 球形胶芯防喷器结构

1—顶盖；2—胶芯；3—防尘圈；4—活塞；5—壳体

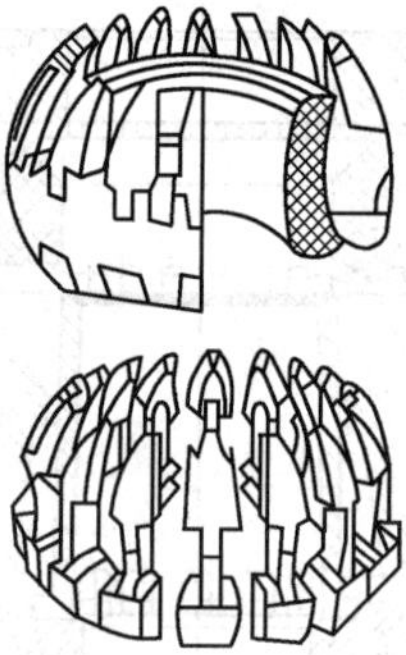

图 8-15　球形胶芯结构

3. 组合胶芯环形防喷器

组合胶芯环形防喷器结构如图 8-16 所示。

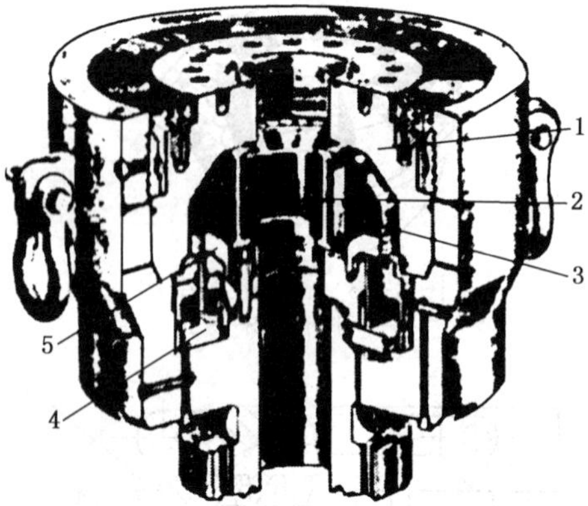


图 8-16　组合胶芯环形防喷器结构

1—快卸顶盖；2—内胶芯；3—外胶芯；4—活塞；5—推盘

组合胶芯环形防喷器的胶芯结构如图 8-17 所示，由内、外两层胶芯组成。内胶芯包含支承筋，支承筋沿圆周切向配置，支承筋的上、下端面彼此紧靠。外胶芯为橡胶制件，无支承筋，而且橡胶较软。

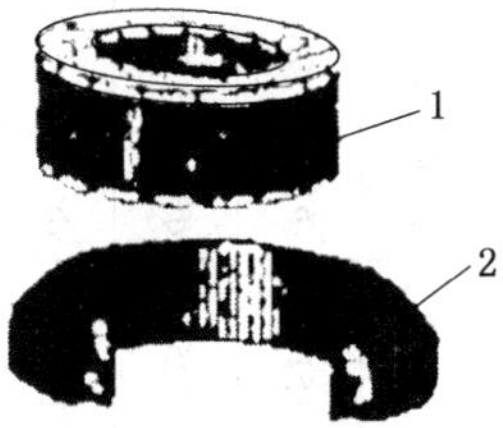


图 8-17　组合胶心环形防喷器胶芯结构

1—内胶芯；2—外胶芯

## 二、规格和形式

### (一) 国产环形防喷器

1. 规格和形式

国产环形防喷器规格和形式见表 8-12。

**表 8-12　国产环形防喷器规格和形式**

| 工作压力/MPa(psi) | 通径/mm(in) | | | | |
|---|---|---|---|---|---|
| | 179.4(7 1/16) | 228.6(9) | 279.4(11) | 346.1(13 5/8) | 539.8(21 1/4) |
| 14(2000) | — | — | — | — | A2 |
| 21(3000) | A1 | D | D | A1 | — |
| 35(5000) | A1 | A1/D | D | D | A1 |
| 70(10000) | A1 | A1/D | A1 | A1 | |

注：D 型为球形胶芯环形防喷器；A 型为锥形胶芯环形防喷器；A 型分为 A1 型和 A2 型两种。

2. 华北荣盛产锥形胶芯环形防喷器

华北荣盛产锥形胶芯环形防喷器规格见表 8-13。

3. 华北荣盛产球形胶芯环形防喷器

华北荣盛产球形胶芯环形防喷器规格见表 8-14。

表 8-13　产锥形胶芯环形防喷器规格

| 型　　号 | 通径/mm(in) | 工作压力/MPa | 强度压力/MPa | 液控压力/MPa | 关闭所需油量/L | 开启所需油量/L | 顶部连接形式 | 底部连接形式 | 整机质量/kg | 直径×高/mm×mm |
|---|---|---|---|---|---|---|---|---|---|---|
| FHZ18-70/105 | 179(7 1/16) | 69 | 103.5 | 20.7 | 36 | 27 | 栽丝 | 法兰 | 6299 | Φ1490×1250 |
| FHZ23-70/105 | 228(9) | 69 | 103.5 | 20.7 | 67 | 66 | 栽丝 | 法兰 | 11958 | Φ1687×1600 |
| FHZ28-70/105 | 279(11) | 69 | 103.5 | 20.7 | 121 | 120 | 栽丝 | 法兰 | 17640 | Φ1900×1959 |
| FHZ35-70/105 | 346(13 5/8) | 69 | 103.5 | 20.7 | 116 | 117 | 栽丝 | 法兰 | 15190 | Φ1780×1787 |
| FHZ43-21 | 425(16 3/4) | 20.7 | 31.1 | 20.7 | 118 | 84 | 栽丝 | 法兰 | 7258 | Φ1338×1553 |
| FHZ43-35/70 | 425(16 3/4) | 34.5 | 51.8 | 20.7 | 118 | 84 | 栽丝 | 法兰 | 10344 | Φ1393×1723 |
| FHZ48-70 | 476(18 3/4) | 69 | 103.5 | 20.7 | 220 | 220 | 栽丝 | 法兰 | 27016 | Φ2162×2230.5 |
| FHZ 54-14 | 540(21 1/4) | 13.8 | 20.7 | 13.8 | 136.5 | 84.9 | 栽丝 | 法兰 | 7660 | Φ1380×1437 |
| FHZ28-105/140 | 279(11) | 103.5 | 155.1 | 20.7 | 121 | 120 | 栽丝 | 法兰 | 17640 | Φ1650×1959 |

注：防喷器工作温度-18~121℃；工作介质为油、天然气、水、钻井液。

**表 8-14　产球形胶芯环形防喷器规格**

| 型号 | 通径/mm(in) | 工作压力/MPa | 强度压力/MPa | 液控压力/MPa | 关闭所需油量/L | 开启所需油量/L | 顶部连接形式 | 底部连接形式 | 液压油进出口连接 | 整机质量/kg | 直径×高/mm×mm |
|---|---|---|---|---|---|---|---|---|---|---|---|
| FH18-14 | 179(7$\frac{1}{16}$) | 13.8 | 20.7 | 13.8 | 21 | 15 | 栽丝 | 法兰 | NPT1in | 1336.5 | Φ745×754 |
| FH18-21 | 179(7$\frac{1}{16}$) | 20.7 | 31.1 | 13.8 | 21 | 15 | 栽丝 | 法兰 | NPT1in | 1432 | Φ745×769 |
| FH18-35 | 179(7$\frac{1}{16}$) | 34.5 | 51.8 | 13.8 | 21 | 15 | 栽丝 | 法兰 | NPT1in | 1520 | Φ745×821 |
| FH23-21 | 228(9) | 20.7 | 31.1 | 13.8 | 34 | 22.8 | 栽丝 | 法兰 | NPT1in | 2440 | Φ908×838 |
| FH23-35 | 228(9) | 34.5 | 51.8 | 13.8 | 42 | 33 | 栽丝 | 法兰 | NPT1in | 3050 | Φ1016×940 |
| | | | | 13.8 | | | | 卡箍 * | NPT1in | 2975 | Φ1016×962 |
| FH23-35/70 | 228(9) | 34.5 | 51.8 | 13.8 | 42 | 33 | 载丝 | 法兰 * | NPT1in | 3135 | Φ1016×942 |
| FH 28-21 | 279(11) | 20.7 | 31.1 | 13.8 | 46 | 33 | 栽丝 | 法兰 | NPT1in | 3400 | Φ1013×862 |
| FH 28-35 | 279(11) | 34.5 | 51.8 | 13.8 | 72 | 56 | 栽丝 | 法兰 | NPT1in | 4616 | Φ1146×1104 |
| FH28-35/70 | 279(11) | 34.5 | 51.8 | 13.8 | 72 | 56 | 栽丝 | 法兰 * | NPT1in | 4716 | Φ1146×1110 |
| FH35-21 | 346(13$\frac{5}{8}$) | 34.5 | 51.8 | 13.8 | 98 | 72 | 栽丝 | 法兰 | NPT1in | 5700 | Φ1271×1105 |
| FH 35-35 | 346(13$\frac{5}{8}$) | 34.5 | 51.8 | 13.8 | 98 | 72 | 栽丝 | 法兰 | NPT1in | 6448 | Φ1271×1176 |
| FH35-35/70 | 346(13$\frac{5}{8}$) | 34.5 | 51.8 | 13.8 | 98 | 72 | 栽丝 | 法兰 | NPT1in | 6778 | Φ1271×1246 |
| FH53-21 | 527(20$\frac{3}{4}$) | 20.7 | 31.1 | 13.8 | 173 | 110 | 栽丝 | 法兰 | NPT1in | 6994 | Φ1375×1293 |
| FH54-35 | 540(21$\frac{1}{4}$) | 34.5 | 51.8 | 20.7 | 227 | 171 | 栽丝 | 法兰 | NPT1in | 20220 | Φ1938×1742 |

注：* 为 70MPa 级法兰或卡箍。

4. 上海神开产环形防喷器

上海神开产环形防喷器规格见表8-15和表8-16。

**表8-15 上海神开产锥形胶芯环形防喷器规格**

| 型号 | 通径/mm(in) | 工作压力/MPa(psi) | 控制压力/MPa | 连接形式 | | 外形尺寸/mm | | 质量/kg |
|---|---|---|---|---|---|---|---|---|
| | | | | 上端 | 下端 | 外径 | 高度 | |
| FHZ35-21* | 346(13⅝) | 21(3000) | 8.4~10.5 | 栽丝 | 法兰 | 1296 | 1203 | 4693 |
| FHZ35-35* | | 35(5000) | | | | 1340 | 1350 | 5713 |
| FHZ43-21 | 425(16¾) | 21(3000) | | | | 1386 | 1368 | 6180 |
| FHZ53-21 | 527(20¾) | 21(3000) | | | | 1452 | 1463 | 7873 |
| FHZ54-14 | 540(21¼) | 14(2000) | | | | 1516 | 1337 | 6780 |
| FHZ54-35* | | 35(5000) | | | | 2065 | 2055 | 21475 |

注：带*产品暂时为外销产品。

**表8-16 上海神开产球形胶芯环形防喷器规格**

| 型号 | 通径/mm(in) | 工作压力/MPa(psi) | 控制压力/MPa | 连接形式 | | 外形尺寸/mm | | 质量/kg |
|---|---|---|---|---|---|---|---|---|
| | | | | 上端 | 下端 | 外径 | 高度 | |
| FH18-21 | 179(7$\frac{1}{16}$) | 21(3000) | 8.4~10.5 | 栽丝 | 法兰 | 737 | 743 | 1350 |
| FH18-35 | | 35(5000) | | | | 737 | 790 | 1572 |
| FH18-70/105 | | 70(10000) | | | | 1092 | 1136 | 5070 |
| FH23-21 | 228(9) | 21(3000) | | | | 900 | 830 | 2104 |
| FH23-35 | | 35(5000) | | | | 998 | 1200 | 3540 |
| FH28-21 | 279(11) | 21(3000) | | | | 1013 | 838 | 2574 |
| FH28-35 | | 35(5000) | | | | 1138 | 1081 | 4410 |
| FH28-35/70 | | 35(5000) | | | | 1138 | 1096 | 4451 |
| FH28-70/105 | | 70(10000) | | | | 1448 | 1420 | 10800 |
| FH35-35 | 346(13⅝) | 35(5000) | | | | 1270 | 1160 | 6400 |
| FH35-35/70 | | 35(5000) | | | | 1270 | 1227 | 6843 |
| FH35-70/105 | | 70(10000) | | | | 1640 | 1664 | 15110 |
| FH43-35 | 425(16¾) | 35(5000) | | | | 1524 | 1320 | 10834 |
| FH48-70* | 476(18¾) | 70(10000) | | | | 1937 | 1882 | 27161 |

5. 胜利方兰德产环形防喷器

胜利方兰德产环形防喷器规格及技术参数见表 8-17。

**表 8-17 胜利方兰德产环形防喷器规格及技术参数**

| 规格型号 | | FH18-35 | FH35-35 |
|---|---|---|---|
| 垂直通径/mm(in) | | 180(7 1/16) | 346(13 5/8) |
| 工作压力/MPa | | 35 | 35 |
| 强度试验压力/MPa | | 52 | 52 |
| 液控压力/MPa | | 8.4~10.5 | |
| 油缸直径/mm | | 611 | 1068 |
| 开启所需油量/L | | 13.8 | 70.6 |
| 关闭所需油量/L | | 18.9 | 96.6 |
| 端部连接形式 | 顶部 | 栽丝 | 栽丝 |
| | 底部 | 法兰 | 法兰 |
| 螺栓 | | M36×3 | M42×3 |
| 密封垫环 | | R46 | BX160 |
| 外形尺寸/mm | 长度 | 745 | 1270 |
| | 宽度 | 745 | 1270 |
| | 高度 | 791 | 1170 |
| 质量/kg | | 1840 | 6250 |

## (二) 国外环形防喷器

1. 美国 Cameron 公司产 D 型环形防喷器

美国 Cameron 公司产 D 型环形防喷器规格见表 8-18。

**表 8-18 美国 Cameron 公司产 D 型环形防喷器规格**

| 规格/in-MPa | 7 1/16-35 | 7 1/16-70 | 11-35 | 11-70 | 13 5/8-35 | 13 5/8-70 | 16 3/4-35 |
|---|---|---|---|---|---|---|---|
| 垂直通径 mm(in) | 179.39 (7 1/16) | 179.39 (7 1/16) | 279.40 (11) | 279.40 (11) | 346.08 (13 5/8) | 346.08 (13 5/8) | 425.45 (16 3/4) |
| 工作压力/MPa | 35 | 70 | 35 | 70 | 35 | 70 | 35 |

续表

| 厂内试验压力/MPa | | 70 | 105 | 70 | 105 | 70 | 105 | 70 |
|---|---|---|---|---|---|---|---|---|
| 关闭腔容积/L | | 6.4 | 11.1 | 21.4 | 38.4 | 45.9 | 68.5 | 84.4 |
| 开启腔容积/L | | 5.3 | 9.7 | 17.8 | 34.3 | 39 | 61.1 | 71.9 |
| 壳体外径/mm | | 708 | 950 | 1100 | 1346 | 1330 | 1695 | 1537 |
| 最大宽度/mm | | 860 | 1134 | 1403 | 1651 | 1635 | 2000 | 1842 |
| 高度/mm | 栽丝连接 | 468 | 670 | 686 | 857 | 806 | 1053 | 992 |
| | 法兰连接 | 648 | 870 | 913 | 1106 | 1020 | 1334 | 1245 |
| | 卡箍连接 | 583 | 798 | 806 | 1002 | 934 | 1208 | 1138 |
| 质量/kg | 栽丝连接 | 1180 | 3138 | 4217 | 8181 | 7070 | 16040 | 11520 |
| | 法兰连接 | 1263 | 3290 | 4449 | 8543 | 7370 | 16660 | 11950 |
| | 卡箍连接 | 1201 | 3228 | 4268 | 8326 | 7177 | 16200 | 11730 |

2. 美国 Hydril 公司产 GL 型环形防喷器

美国 Hydril 公司产 GL 型环形防喷器规格见表 8-19。

**表 8-19　美国 Hydril 公司产 GL 型环形防喷器规格**

| 规格/in-MPa | | | 13⅝-35 | 16¾-35 | 18¾-35 | 21¼-35 |
|---|---|---|---|---|---|---|
| 垂直通径/mm(in) | | | 346.08 (13⅝) | 425.45 (16¾) | 476.25 (18¾) | 539.75 (21¼) |
| 工作压力/MPa | | | 35 | | | |
| 厂内试验压力/MPa | | | 70 | | | |
| 关闭腔容积/L | | | 74.8 | 127.9 | 166.5 | 219.5 |
| 开启腔容积/L | | | 74.8 | 127.9 | 166.5 | 219.5 |
| 辅助腔容积/L | | | 31.2 | 65.5 | 75.7 | 111.7 |
| 活塞冲程/mm | | | 203 | 248 | 254 | 343 |
| 外形尺寸/mm | 高度 | 法兰连接 | 1378 | 1616 | 1727 | |
| | | 卡箍连接 | 1265 | 1514 | 1556 | 1848 |
| | 外径 | | 1365 | 1676 | 1753 | 1823 |
| | 最大宽度 | | 1422 | 1823 | 1937 | 1956 |

续表

| | | | | |
|---|---|---|---|---|
| 质量/kg | 7848 | 12807 | 15510 | 21180 |
| 连接法兰规格 | 与防喷器规格相同 | | | |
| 连接管线螺纹(NPT)/in | 1¼ | | | |

注：Hydril公司产环形防喷器形式分为“GL”型、“GK”型和“MSP”型，“GL”型为顶盖与壳体为卡块连接方式，“GK”型为顶盖与壳体为螺纹连接方式，“MSP”型为顶盖与壳体为螺栓压盖连接方式。

## 第四节　旋转防喷器

旋转防喷器(Rotating Control Device，简称RCD)是一种带有旋转密封胶芯的钻通设备，是欠平衡钻井、气体钻井和控压钻井的专用井口压力控制设备，广泛用于油气井钻井作业。根据密封胶芯初始状态的不同，将旋转防喷器分为主动型和被动型两种。靠液压油推动活塞挤压胶芯封闭环空的旋转防喷器称为主动型旋转防喷器，靠密封胶芯的过盈封闭环空的旋转防喷器称为被动型旋转防喷器。旋转防喷器又称旋转控制头(Rotating Control Head，简称RCH)。旋转防喷器现场安装如图8-18所示。

旋转防喷器的作用是封闭钻柱(如方钻杆、钻杆和套管等)与外层套管之间的环空，允许实施带压钻进作业、带压起下钻及完井管柱作业。与其他设备配合实施带压测井、完井和取心作业，与井下套管阀或强行起下钻设备配合实施全过程欠平衡钻井作业。

选用旋转防喷器时，主要根据旋转防喷器的压力级别(额定静压、额定动压)、额定转速、旋转轴承总成通径(贯穿旋转轴承总成的最小内径)和本体通径(贯穿RCD本体及底部连接的最小内径)进行选择。静压等级、动压等级和带压起下钻压力等级均针对于新密封胶芯，且为组件的最小额定压力。

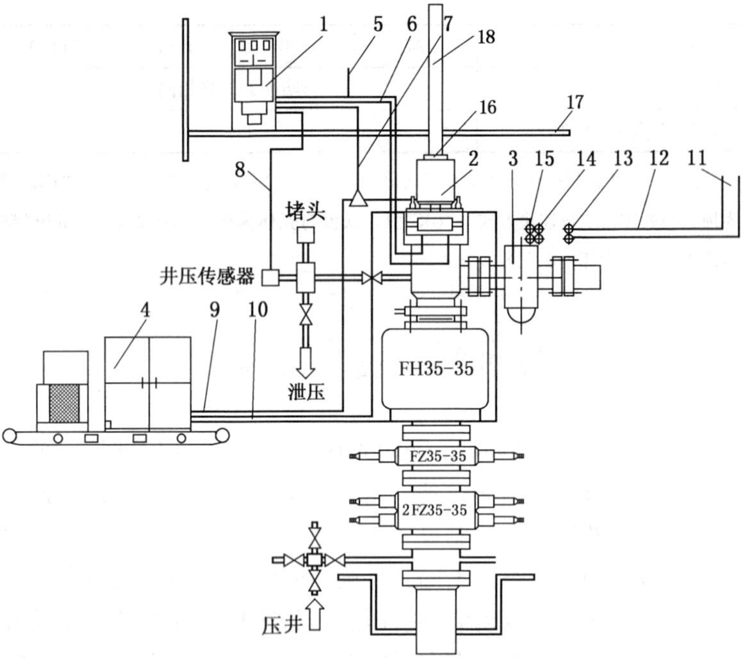


图 8-18　旋转防喷器现场安装示意图

1—遥控箱；2—旋转防喷器；3—旁通阀；4—动力箱；5—气源管线；6—液缸油管线；7—“I”油压管线；8—压井控制管线；9—润滑油管线；10—冷却油管线；11—液压站；12—液压管线；13—1in 快速公接头；14—1in 快速母接头；15—双公接头；16—方钻杆驱动器；17—钻台；18—钻具

## 一、旋转防喷器基本组成

### （一）被动型旋转防喷器基本组成及作用

旋转防喷器组成：旋转防喷器、钻台控制箱、冷却/润滑装置、胶芯和压力测试管汇等，如威德福公司的 7000 系列、胜利油田钻井院的 SLXFD 系列和川庆钻采院的 XK 系列等旋转防喷器。对于压力级别较低(一般额定静压≤7MPa)且采用润滑脂润滑的旋转防喷器，有时不配冷却/润滑装置。

1. 旋转防喷器

由底座本体、液压(或手动)卡箍、底座本体与旋转轴承总成之间的密封圈、旋转轴承总成和方钻杆驱动器等组成。其主要功能是在一定范围内承受套压，允许带压旋转钻具和带压起下钻。高压旋转防喷器采用上、下两个胶芯密封结构，低压旋转防喷器一般采用单胶芯密封结构。目前国内最常用的一种旋转防喷器组成和外形尺寸如图 8-19 所示，7100 旋转防喷器结构如图 8-20 所示，方钻杆驱动器安装如图 8-21 所示。

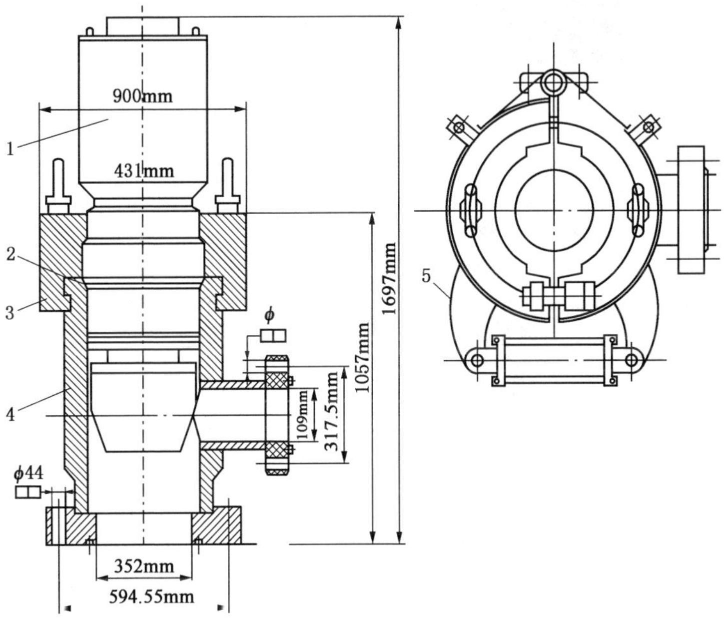


图 8-19 旋转防喷器组成及外形尺寸

1—旋转轴承总成；2—密封圈；3—卡箍；4—底座；5—油缸

2. 冷却、润滑装置

该装置主要为旋转轴承总成提供润滑油和冷却液，冷却装置有制冷机冷却和风扇冷却两种方式。

3. 钻台控制箱

钻台控制箱主要由液压源、液压卡箍开关控制阀和仪表盘等组成，通过仪表盘可监测井压、旋转轴承总成润滑油压力和液压卡箍油缸工作压力，在钻台上操作液压卡箍的夹紧或松开。图 8-22 是一种典型的钻台控制箱工作流程图。

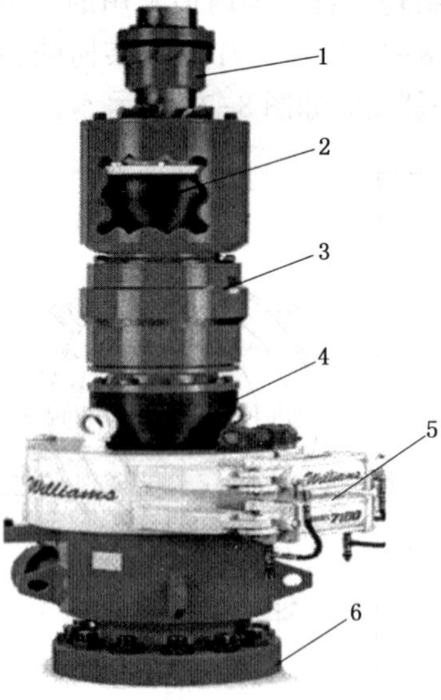


图 8-20　7100 旋转防喷器结构

1—方钻杆驱动器；2—上胶芯；3—轴承总成；4—下胶芯；5—液压卡箍；6—底座

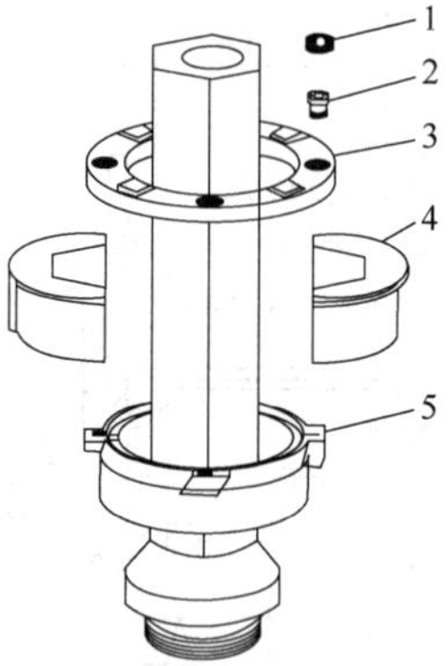


图 8-21　方钻杆驱动器安装示意图

1—沉头螺栓；2—内六角螺钉；3—上盖；4—补心；5—外套

4. 胶芯

胶芯的作用是实现井筒与钻具之间的密封，防止井中高压流体外窜。选择胶芯时，应根据所采用的钻具尺寸、钻井方式、压力、钻井液类型进行综合考虑后确定。标准的胶芯适用于气体钻井和水基钻井液钻井，聚氨基甲酸乙酯橡胶胶芯可用于油基钻井液钻井，抗高温橡胶胶芯用于高温环境。专用密封胶芯外形如图 8-23 所示，胶芯通径与钻杆直径的对应参考值见

表 8-20，国产胶芯用橡胶和国外胶芯用橡胶主要物理性能指标见表 8-21。

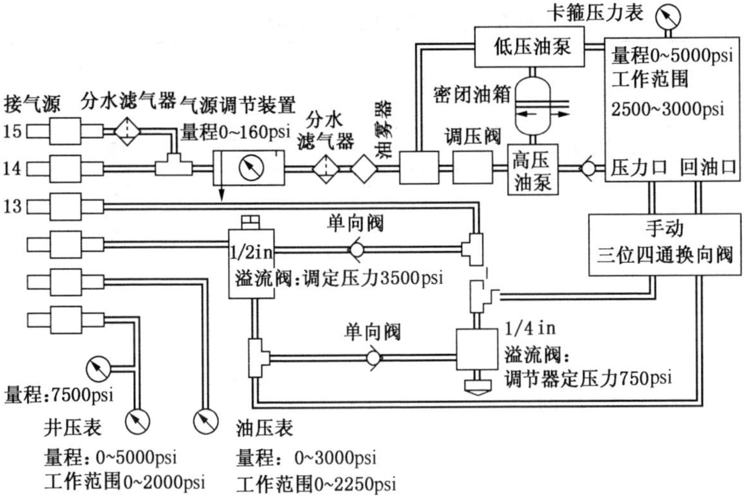


图 8-22　钻台控制箱工作流程图

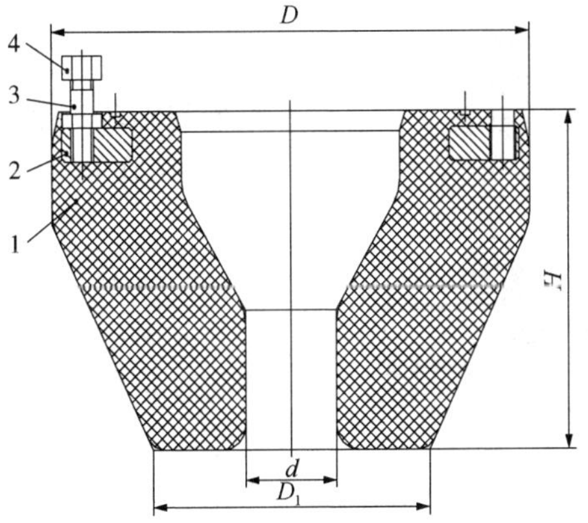


图 8-23　专用密封胶芯外形

1—橡胶密封本体；2—骨架；3—连接螺栓；4—螺母

**表 8-20　胶芯通径与钻杆直径的对应参考值**

| 钻杆直径/mm | 139.0 | 127.0 | 88.9 | 73.0 |
|---|---|---|---|---|
| 胶芯通径/mm | 114.0 | 104.8 | 73.0 | 50.8 |

**表 8-21　胶芯物理性能指标对比**

| 性能 | 国产胶芯 | 进口胶芯 |
|---|---|---|
| 硬度/邵尔 | 78 | 78~80 |
| 扯断强力/MPa | 18 | 15 |
| 伸长率/% | 350 | 335 |
| 扯断永久变形率/% | 15 | 10 |
| 磨耗/($cm^3$/1.61km) | 15.0 | 15.5 |
| 冲击强性/% | 36 | 38 |
| 300%定伸力/MPa | 38 | 30 |
| 100%定伸力/MPa | 4.5 | 4.5 |
| 撕拉强度/(N/mm) | 4.2 | 3.8 |

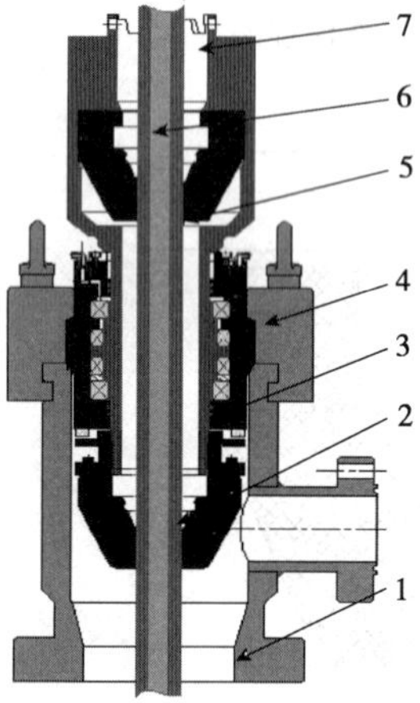


图 8-24　旋转防喷器工作原理

1—底座；2—下胶芯；3—旋转轴承总成；4—卡箍；5—上胶芯；6—钻柱；7—方钻杆驱动器

5. 压力测试管汇

压力测试管汇主要用于安装压力传感器以测试井口压力，在需要时通过该管汇对防喷器与旋转防喷器的高压液体泄压或在起钻时往井眼中灌浆。

6. 工作原理

井筒与钻具之间通过特制密封胶芯与钻具之间的过盈实现密封，井口压力起辅助密封作用。旋转轴承总成靠一个高压动密封组件实现与旋转防喷器底座之间的密封，如图 8-24 所示。

### (二) 主动型旋转防喷器基本组成及作用

1. 系统组成

包括旋转球形防喷器(RSBOP)、液压控制装置(HCU)、司钻控制盘(DCP)等，如美国 Shaffer 公司产 PCWD 旋转防喷器，其安装方式如图 8-25 所示。

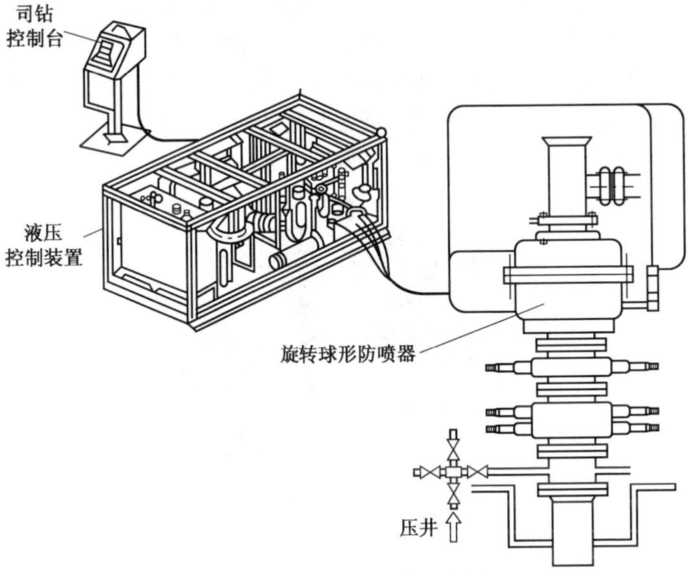


图 8-25　PCWD 安装示意图

2. 工作原理

PCWD 有“旋转”和“静态”两种工作模式。当井压变化时，RS-BOP 会自动地调节胶芯的密封压力。在“静态”时，系统靠 HCU 上预压蓄能器支持，并对胶芯施加最大的密封压力。在这种状态下，钻柱不能旋转。通过司钻控制台可以控制 PCWD 系统的工作模式、检测井口压力和 PCWD 系统的工作状况，以及对胶芯的密封压力进行调整。在关闭/旋转模式时：液压油通过下控制油口进入旋转球形防喷器下腔，O 形圈密封和动密封使之不能和钻井液混合。活塞上移关闭胶芯。通过使液压力大于钻井液压力，少量的液压油允许流入钻井液，而不允许钻井液进入液压油。其压差由液压控制系统维持。润滑油从动密封处吸收热量，离开时带走热量，回到液压站热交换器。在打开/旋转模式时：液压油通过上控制油口推动下衬套下移，并防止液压油回到密闭区。在这个位置，下壳体、下球轴承和下衬套之间有一道钢质硬密封。液压油通过下衬套的通道进入活塞和下衬套的一个空腔，压力使活塞下移，打开胶芯。在关闭/静态模式时：静态模式像常规防喷器一样可以对井口全封闭。在静态模式下，钻杆不能旋转。当选择静态模式时，静态蓄能器内压力高达38MPa的液压油被分配到回路上，像旋转模式一样，液压油进入关闭腔。液压系统上的单向阀防止回路内液压油回流，活塞两侧的压力与蓄能器的压力相同，活塞两侧的面积差使活塞有最大的上推力。PCWD系统旋转球形防喷器结构如图8-26所示。

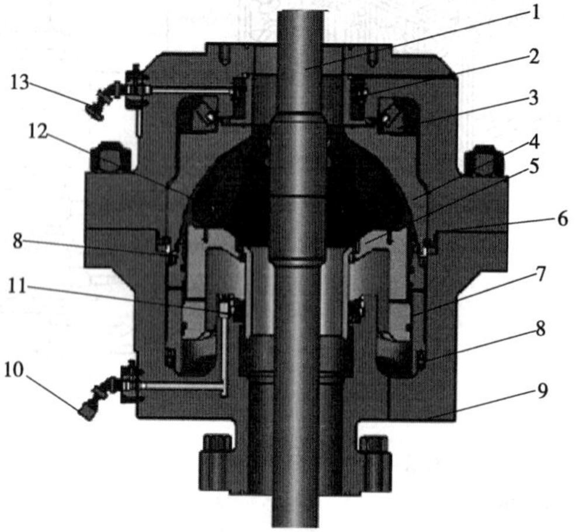


图8-26　PCWD系统旋转球形防喷器结构

1—钻杆；2—上部动密封；3—主轴承；4—内筒上壳体；5—活塞；6—上壳体；7—活塞套；8—扶正轴承；9—下壳体；10—下控制油口；11—下部动密封；12—胶芯壳；13—上控制油口

## 二、旋转防喷器技术规范

### （一）国产旋转防喷器

1. 川庆钻采院产旋转防喷器

中国石油川庆钻探工程有限公司钻采技术研究院(简称川庆钻采院)产旋转防喷器结构如图8-27和图8-28所示，其技术参数见表8-22和表8-23。

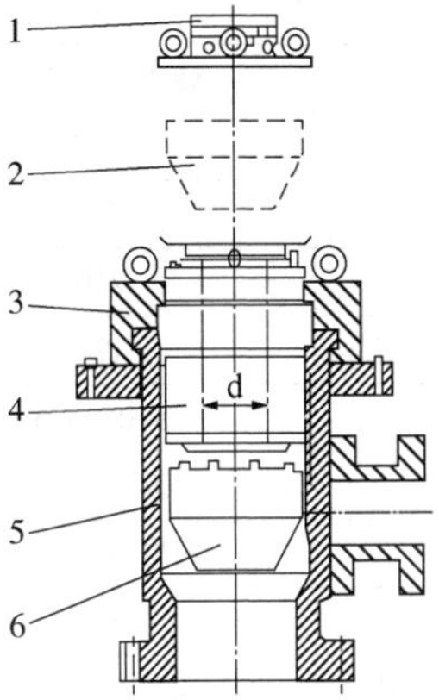


图8-27　中、高压双胶芯旋转防喷器结构

1—驱动总成；2—上部胶芯；3—卡箱；4—旋转总成；5—壳体；6—下部胶芯

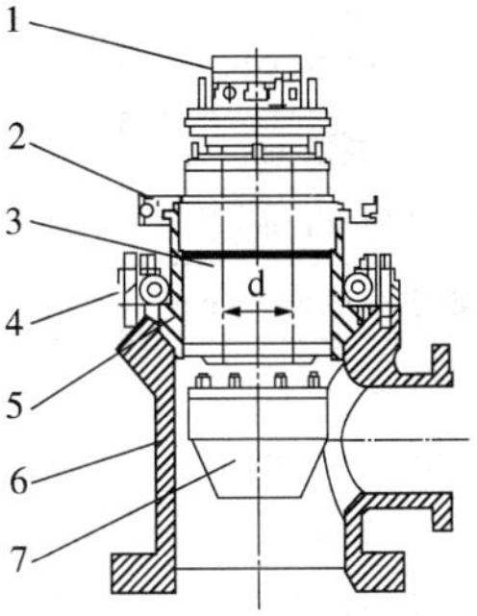


图8-28　低压单胶芯旋转防喷器结构

1—驱动总成；2—卡箍；3—旋转总成；4—连接压块；5—转换短节；6—壳体；7—胶芯

**表8-22　XK-Ⅰ型旋转防喷器技术参数**

| 序号 | 1 | 2 | 3 |
|---|---|---|---|
| 型号 | XK-17.5/35 | XK-10.5/21 | XK-7/14 |
| 动密封压力/MPa | 17.5 | 10.5 | 7.0 |
| 静密封压力/MPa | 35 | 21 | 14 |
| 公称通径/mm | 182 | 194 | 200 |
| 额定转速/(r/min) | 150 | 150 | 150 |
| 旋转轴承总成外径/mm | 440、468 | 440、468 | 440、468 |
| 侧旁通法兰/in | 根据客户需求 | 根据客户需求 | 根据客户需求 |
| 底部法兰/in | 根据客户需求 | 根据客户需求 | 根据客户需求 |
| 高度/mm | 1798 | 1798 | 925~1360 |
| 适用介质 | 气体、泡沫、液体钻井液 | 气体、泡沫、液体钻井液 | 气体、泡沫、液体钻井液 |
| 备注(单、双胶芯) | 双胶芯 | 双胶芯 | 单胶芯 |

**表 8-23　XK-Ⅱ型旋转防喷器技术参数**

| 序号 | 1 | 2 |
|---|---|---|
| 型号 | XKⅡ-21/35 | XKⅡ-10.5/21 |
| 动密封压力/MPa | 21.0 | 10.5 |
| 静密封压力/MPa | 35 | 21 |
| 公称通径/mm | 220 | 220 |
| 额定转速/(r/min) | 120 | 120 |
| 旋转轴承总成外径/mm | 510、535 | 510、535 |
| 侧旁通法兰/in | 根据客户需求 | 根据客户需求 |
| 底部法兰/in | 根据客户需求 | 根据客户需求 |
| 高度/mm | 2220 | 1620 |
| 适用介质 | 气体、泡沫、液体钻井液 | 气体、泡沫、液体钻井液 |
| 备注(单、双胶芯) | 双胶芯 | 单胶芯 |

2. 华北荣盛产旋转防喷器

华北荣盛产 FX35-21/35 双胶芯旋转防喷器结构如图 8-29 所示，旋转防喷器技术参数见表 8-24。

**表 8-24　华北荣盛产旋转防喷器技术参数**

| 序号 | 1 | 2 | 3 |
|---|---|---|---|
| 型号 | FX35-10.5/21 | FX35-17.5/35 | FX35-21/35 |
| 动密封压力/MPa | 10.5 | 17.5 | 20.7 |
| 静密封压力/MPa | 20.7 | 34.5 | 34.5 |
| 公称通径/mm | 179.4 | 206.0 | 220.0 |
| 额定转速/(r/min) | 120 | 120 | 120 |
| 旋转轴承总成外径/mm | 456 | 460 | 535 |
| 适用钻杆规格 | $3\sim5\frac{1}{4}$in 六方钻杆<br>$2\frac{7}{8}\sim6\frac{5}{8}$in 钻杆 | $3\sim5\frac{1}{4}$in 六方钻杆<br>$2\frac{7}{8}\sim6\frac{5}{8}$in 钻杆 | $3\sim5\frac{1}{4}$in 六方钻杆<br>$2\frac{7}{8}\sim6\frac{5}{8}$in 钻杆 |
| 侧旁通法兰 | $7\frac{1}{16}$in-5000psi<br>6B R46 栽丝连接<br>$2\frac{1}{16}$in-5000psi<br>6B R24 | $7\frac{1}{16}$in-5000psi<br>6B R46 栽丝连接<br>$3\frac{1}{8}$in-5000psi<br>6B R35 栽丝连接 | $7\frac{1}{16}$in-5000psi<br>6B R46 栽丝连接<br>$3\frac{1}{8}$in-5000psi<br>6B R35 栽丝连接 |

续表

| 序号 | 1 | 2 | 3 |
|---|---|---|---|
| 底部法兰 | 13⅝in-5000psi 6BX BX160 法兰连接 | 13⅝in-5000psi 6BX BX160 法兰连接 | 13⅝in-5000psi 6BX BX160 法兰连接 |
| 高度/mm | 1809 | 1824 | 2024 |
| 适用介质 | 钻井液、原油、天然气 | 钻井液、原油、天然气 | 钻井液、原油、天然气 |
| 备注(单、双胶芯) | 双胶芯 | 双胶芯 | 双胶芯 |

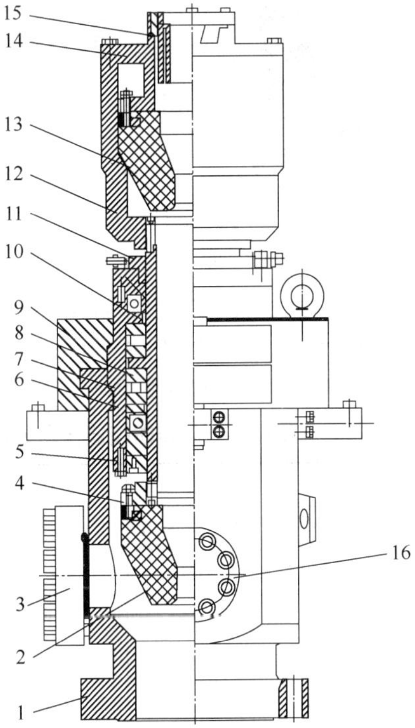


图 8-29　FX35-21/35 双胶芯旋转防喷器结构

1—壳体；2—下胶芯；3—泥浆出口；4—下胶芯座；5—下部动密封圈组合；6—轴承套；7—壳体密封圈；8—轴承总成；9—卡箍总成；10—中心管；11—上部动密封圈组合；12—旋转筒；13—上胶芯；14—上胶芯座；15—钻杆驱动器总成；16—放喷口

3. 苏州道森产旋转防喷器

苏州道森产 FX35/17.5-35 双胶心旋转防喷器及 FX28/7-14 单胶芯旋转防喷器结构如图 8-30 和图 8-31 所示，苏州道森产旋转防喷器技术参数见表 8-25。

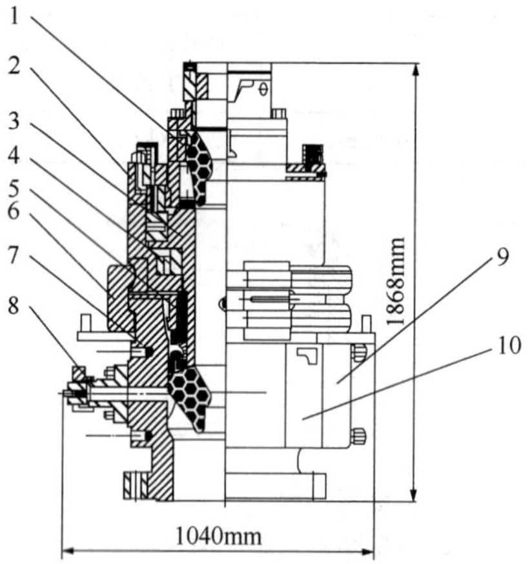


图 8-30　FX35/17.5-35 双胶芯旋转控制防喷器结构

1—上胶芯；2—旋转轴承总成；3—中心管；4—轴承；5—密封填料总成；6—卡箍；7—下胶芯；8—放喷口；9—泥浆出口；10—壳体

**表 8-25　苏州道森产旋转防喷器技术参数**

| 序号 | 1 | 2 | 3 | 4 |
|---|---|---|---|---|
| 型号 | FX28/7-14 | FX35/7-14 | FX35/10.5-21 | FX35/17.5-35 |
| 动密封压力/MPa | 7.0 | 7.0 | 10.5 | 17.5 |
| 静密封压力/MPa | 14 | 14 | 21 | 35 |
| 公称通径/mm | 279.4 | 346.1 | 346.1 | 346.1 |
| 额定转速/(r/min) | 100 | 120 | 120 | 120 |
| 旋转轴承总成内径/mm | 195 | 195 | 208 | 208 |
| 适用钻杆规格/mm | 76、89、127 | 76~139.7 | 76~139.7 | 76~139.7 |
| 侧旁通法兰/in | $4\frac{1}{16}$、$7\frac{1}{16}$ | $2\frac{1}{16}$、$7\frac{1}{16}$ | $2\frac{1}{16}$、$7\frac{1}{16}$ | $2\frac{1}{16}$、$7\frac{1}{16}$ |

续表

| 序号 | 1 | 2 | 3 | 4 |
|---|---|---|---|---|
| 底部法兰/in | 11 | $13\frac{5}{8}$ | $13\frac{5}{8}$ | $13\frac{5}{8}$ |
| 高度/mm | 1132 | 1440 | 1450 | 1868 |
| 适用介质 | 空气、泡沫及各种钻井液 | 空气、泡沫及各种钻井液 | 空气、泡沫及各种钻井液 | 空气、泡沫及各种钻井液 |
| 备注(单、双胶芯) | 单胶芯 | 单胶芯 | 单胶芯 | 双胶芯 |

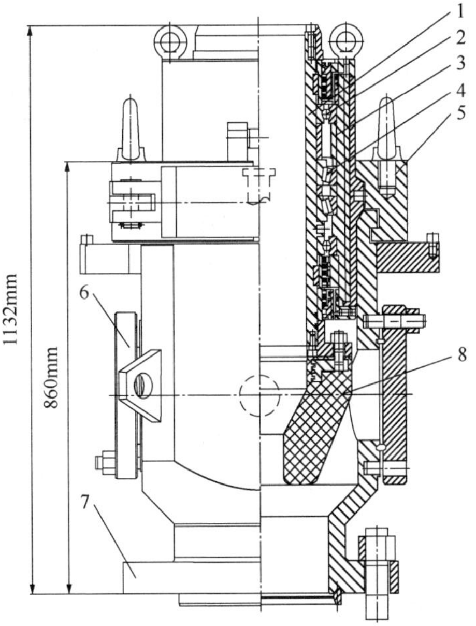


图 8-31　FX28/7-14 单胶芯旋转控制防喷器结构

1—中心管；2—轴承；3—轴承座；3—轴承；4—旋转轴承总成；5—卡箍；6—泥浆出口；7—壳体；8—胶芯

4. 胜利钻井院产旋转防喷器

中石化胜利石油工程有限公司钻井工艺研究院(简称胜利钻井院)产 SLXFD 旋转防喷器结构及尺寸如图 8-32 所示，其技术参数见表 8-26。

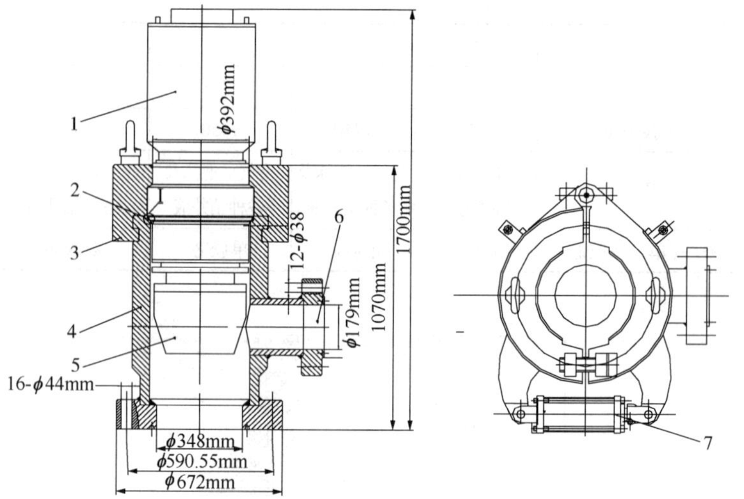


图 8-32　SLXFD 旋转防喷器结构及尺寸

1—旋转轴承总成；2—底座密封圈；3—液压卡箍；4—底座；5—密封胶芯；6—旁通法兰；7—卡箍油缸

**(二) 国外旋转防喷器**

1. 美国威德福产旋转防喷器

1) 9000 型、IP1000 型旋转防喷器

9000 型，IP1000 型旋转防喷器如图 8-33 所示，其技术参数见表 8-27。

图 8-33　9000 型、IP1000 型旋转防喷器

**表 8-26　旋转防喷器技术参数**

| 序号 | 1 | 2 | 3 | 4 | 5 | 6 |
|---|---|---|---|---|---|---|
| 型号 | SLXFD28/35 | SLXFD35/35-Ⅰ | SLXFD35/35-Ⅱ | SLXFD35/21 | SLXFD54/14 | SLXFD68/3.5 |
| 动密封压力/MPa | 17.5 | 17.5 | 17.5 | 10.5 | 7.0 | 3.5 |
| 静密封压力/MPa | 35 | 35 | 35 | 21 | 14 | 3.5 |
| 公称通径/mm | 280 | 350 | 350 | 350 | 540 | 680 |
| 额定转速/(r/min) | 150 | 150 | 150 | 150 | 100 | 100 |
| 旋转轴承总成外径/mm | 178、210 | 178、210 | 178、210 | 178、210 | 178、192、210 | 178、192、210 |
| 适用钻杆规格/mm | ≤$\Phi$139 | ≤$\Phi$139 | ≤$\Phi$139 | ≤$\Phi$139 | ≤$\Phi$139 | ≤$\Phi$139 |
| 侧旁通法兰/in | $17\frac{1}{16}$-5M | $17\frac{1}{16}$-5M | $17\frac{1}{16}$-5M | $17\frac{1}{16}$-5M | 11-2M | 11-2M |
| 底部法兰/in | $13\frac{5}{8}$in-5000psi 6BX BX160 法兰连接 | $13\frac{5}{8}$in-5000psi 6BX BX160 法兰连接 | $13\frac{5}{8}$in-5000psi 6BX BX160 法兰连接 | $13\frac{5}{8}$in-5000psi 6BX BX160 法兰连接 | $13\frac{5}{8}$in-5000psi 6BX BX160 法兰连接 | $13\frac{5}{8}$in-5000psi 6BX BX160 法兰连接 |
| 适用介质 | 钻井液、原油、天然气 | 钻井液、原油、天然气 | 钻井液、原油、天然气 | 钻井液、原油、天然气 | 钻井液、原油、天然气 | 钻井液、原油、天然气 |
| 备注(单、双胶芯) | 双胶芯 | 双胶芯 | 双胶芯 | 单胶芯 | 单胶芯 | 单胶芯 |

**表 8-27　9000 型、IP1000 型旋转防喷器技术参数**

| 序号 | 名称 | 9000 型 | IP1000 型 | 说明 |
|---|---|---|---|---|
| 1 | 额定静压力/MPa | 7.0 | 10.5 | 采用单胶芯、手动卡箍 |
| 2 | 额定动压力/MPa | 3.5 | 7.0 | |
| 3 | 额定速度/(r/min) | 100 | 100 | |

2）7000 型旋转防喷器

7000 型旋转防喷器如图 8-34 所示，其技术参数见表 8-28。

**表 8-28　7000 型旋转防喷器技术参数**

| | |
|---|---|
| 额定静态工作压力/MPa | 21 |
| 额定连续旋转工作压力/MPa | 10.5 |
| 额定间歇旋转压力/MPa | 14 |
| 钻具额定旋转速度/(r/min) | 100 |
| 底部连接法兰/mm | 179.4～425.5 |
| 适用钻杆/mm(in) | 用于 Φ127(5)以下钻杆 |
| 旋转轴承总成通径/mm | 178 |
| 高度/mm | 1320～1600(可选) |
| 外径/mm | 1320 |
| 质量/kg | 2700 |
| 胶芯/in | $2\frac{7}{8}$、$4\frac{1}{8}$ |

3）7100 型旋转防喷器

7100 型旋转防喷器如图 8-35 所示，其技术参数见表 8-29。

**表 8-29　7100 型旋转防喷器技术参数**

| 额定静态工作压力/MPa | 35 | 备注 |
|---|---|---|
| 额定连续旋转工作压力/MPa | 17.5 | 1. 底部法兰有 9 种尺寸可选择；<br>2. $2\frac{7}{8}$in 胶芯用于 $3\frac{1}{2}$in 钻杆；<br>$4\frac{1}{2}$in 胶芯用于 5in 钻杆 |
| 钻具额定旋转速度/(r/min) | 150 | |
| 底部连接法兰 | $13\frac{5}{8}$-5M | |
| 胶芯/in | $2\frac{7}{8}$、$4\frac{1}{8}$ | |
| 高度/mm | 1320～1600(可选) | |
| 外径/mm | 1320 | |
| 质量/kg | 2700 | |
| 旁通法兰直径/in | API $7\frac{1}{16}$ | |

续表

| | | |
|---|---|---|
| 旋转轴承总成通径/mm | 178 | |
| 测试管连接法兰直径/in | API $2\frac{1}{16}$ | |
| 适用钻杆/mm(in) | 用于 Φ127(5)以下钻杆 | |
| 冷却/润滑装置技术规范 | | |
| 冷却液出口温度/℃ | 0~5 | |
| 冷却液回水口温度/℃ | 40~60 | |
| 冷却液排量/(L/min) | 4 | |
| 润滑油最大压力/MPa | 21 | |
| 润滑油排量/(L/min) | 0~1 | |
| 司钻控制箱技术规范 | | |
| 油泵工作油压/MPa | 21 | |
| 油泵工作排量/(L/min) | 2 | |
| 工作气源压力/MPa | 0.7 | |

图 8-34　7000 型旋转防喷器

图 8-35　7100 型旋转防喷器

7000 型和 7100 型旋转防喷器特点：

(1) 旋转轴承总成设计有上、下两个环形密封胶芯，有利于保障施工安全。

(2) 旋转轴承总成与旋转防喷器底座采用液压卡箍连接，方便更换胶芯或旋转轴承总成。

(3) 采用强制润滑、水冷却(自身配备制冷压缩机)，有利于在炎热条件下工作。

(4) 润滑油通过旋转防喷器旋转轴承后，直接进入井筒。

2. 美国 Shaffer 产 PCWD 旋转防喷器

美国 Shaffer 产 PCWD 旋转防喷器结构如图 8-36 所示，其技术参数见表 8-30。

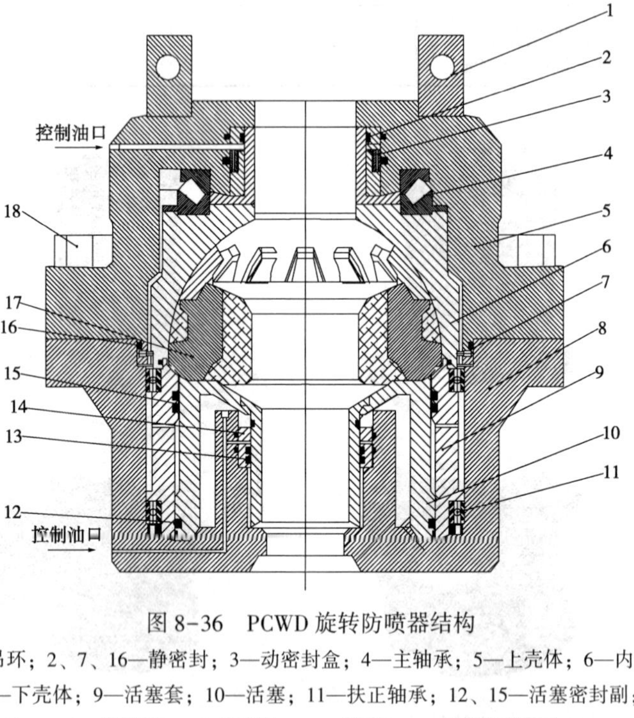


图 8-36　PCWD 旋转防喷器结构

1—吊环；2、7、16—静密封；3—动密封盒；4—主轴承；5—上壳体；6—内筒；8—下壳体；9—活塞套；10—活塞；11—扶正轴承；12、15—活塞密封副；13—动密封；14—密封盒；17—胶芯；18—壳体连接螺栓

表 8-30　PCWD 技术参数

| 工作模式 | 旋转 | 静态 |
| --- | --- | --- |
| 最大额定压力/MPa(psi) | 21(3000) | 35(5000) |
| 最大旋转速度/(r/min) | 200 | |
| 液压关闭压力/MPa(psi) | 28(4000~4200) | 38(5500) |
| 通径/in | 11 | |
| 上部法兰/in | API 11-5M | |
| 上部法兰钢圈 | R54 | |
| 底部法兰/in | API 法兰 $13\frac{5}{8}$-5M | |
| 底部法兰钢圈 | BX160 | |
| 侧部输出口/in | API $1\frac{13}{16}$-10M | |
| 侧部输出口钢圈 | BX151 | |
| 高度/mm | 1289(上法兰到下法兰的距离) | |
| 外径/mm | 1320 | |
| 总重/kg | 5980 | |
| 吊耳最大吊重/kg | 4300 | |
| 壳体螺栓/mm(in) | $115(4\frac{1}{2})$ | |
| 密封件(胶芯)质量/kg | 227 | |
| 密封件(胶芯)高度/mm | 320 | |
| 液压油 | 先导系统：MD Totco 多用途液压油；主系统：Shell Tulis 320 | |

3. 斯伦贝谢产旋转防喷器

1）RCD3 型旋转防喷器

RCD3 型旋转防喷器如图 8-37 所示，其技术参数见表 8-31。

表 8-31　RCD3 型旋转防喷器技术参数

| | |
| --- | --- |
| 额定动压力 | 7MPa/100r/min<br>10.5MPa/80r/min<br>17.5MPa/50r/min<br>21MPa/5r/min |

续表

| | |
|---|---|
| 额定静压力 | 35MPa |
| 侧法兰 | $7\frac{1}{16}$in；3000psi<br>$4\frac{1}{16}$in；3000psi<br>$2\frac{1}{16}$in；5000psi |
| 底部法兰 | $7\frac{1}{16}$in；5000psi<br>11in；5000psi 或 10000psi<br>$13\frac{5}{8}$in；5000psi 或 10000psi |
| 主体高度 | $40\frac{1}{2}$~$44\frac{1}{2}$in |

图 8-37　RCD3 型旋转防喷器

2）$18\frac{3}{4}$in 旋转防喷器

$18\frac{3}{4}$in 旋转防喷器如图 8-38 所示，其技术参数见表 8-32。

**表 8-32　$18\frac{3}{4}$in 旋转防喷器技术参数**

| | |
|---|---|
| 额定动压力/MPa | 7 |
| 额定静压力/MPa | 17.5 |
| 最大钻速/(r/min) | 150 |

续表

| | |
|---|---|
| 最大通径/in | 9¼ |
| 顶部和底部法兰 | 18¾in API 5K<br>18¾in API 5K |
| 侧法兰 | 3×7$\frac{1}{16}$in API 5K |
| 备注(单、双胶芯) | 双胶芯 |

图 8-38　18¾in 旋转防喷器

## 第五节　防喷器控制系统

地面防喷器控制装置是控制井口防喷器组及液动阀的重要设备，是钻井、修井作业中防止井喷不可缺少的装置。防喷器控制系统主要由远程控制台、司钻控制台及控制管线、管缆等组成，如图 8-39 所示。

按照控制形式可分为以下几种：

(1) 直接手动操作的 FK 系列液控装置。它适用于钻井或修井作业，不配司钻控制台，简单、轻便。

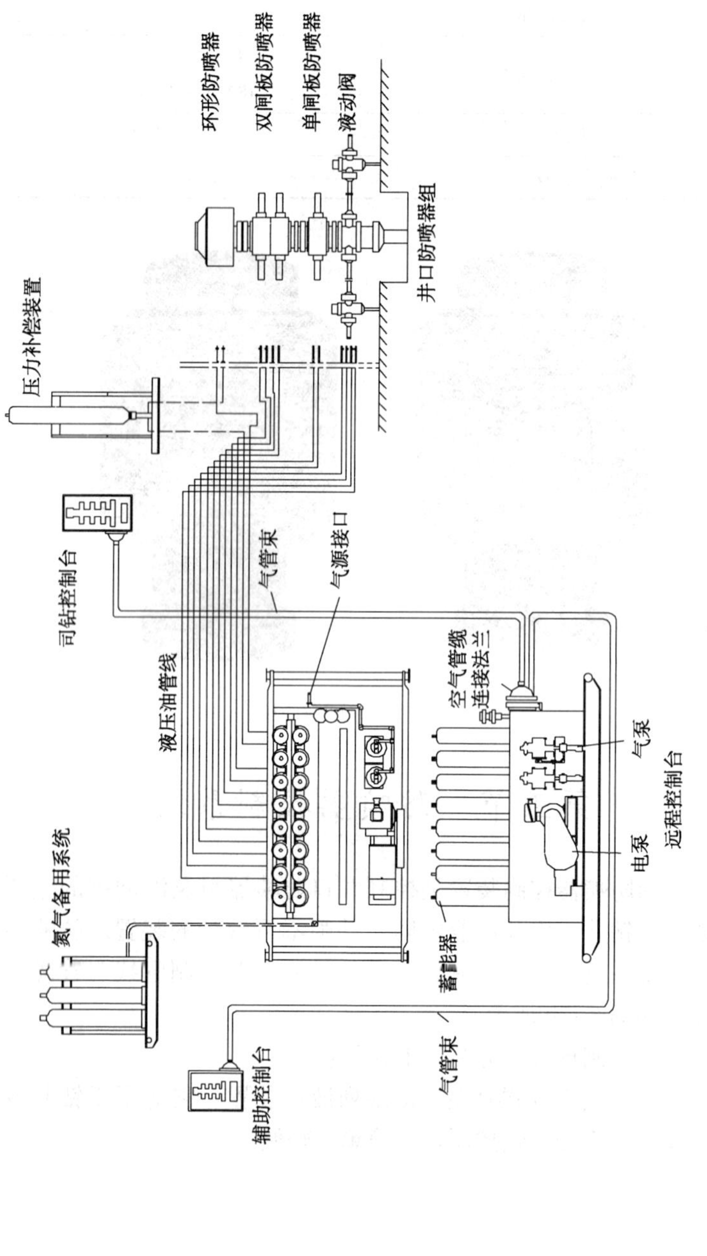


图8-39　控制系统与防喷器安装示意图

(2) 气控液 FKQ 型液控装置。该类型液控装置配有司钻控制台或辅助司钻控制台(选配)。远控台和司钻台之间，以及远控台和辅助司钻台之间使用气管束连接，可以在司钻控制台上遥控操作液控装置，达到开关防喷器的目的。另外，还可以根据需要，增加氮气备用系统、报警装置和压力补偿装置及油箱电加热装置等。

(3) 电控液 FKDQ 型液控装置。该类型远程控制台配有司钻台或辅助司钻台(选配)，同时司钻台及辅助司钻台可以配置适用于危险爆炸性气体环境的防爆形式。远控台和司钻台之间，以及远控台和辅助司钻台之间使用防火四芯电缆和标准 Profibus 通信连接。另外，可以根据客户需要配置触摸屏式辅助司钻台和 PN-T 远程控制台状态自动记录模块。该类型液控装置可以配电控或机械型防提装置。

(4) 无线电气控液型 FKWDQ 型液控装置。该类型远程控制台配有远控无线操作台(平板电脑)，可触摸操作，同步显示各项参数并进行同步控制。该产品的特点是采用无线方式传输信号，现场零维护。无线操作装置外形小巧，方便随身携带，可在安全区域随时进行操作，现场危机处理响应速度更快，无障碍通信距离超过 1000m。

(5) 防喷器智能控制装置。胜利天工防喷器智能控制装置主要由远控台、集成式司钻控制台(集成节控箱功能)、触摸屏式司钻控制台(人机交互)、遥控司钻控制台组成。该装置可根据钻井现场井控装置安装情况来建立控制界面，提前编制、储存关井程序，可实现智能关井、一键关井和无线遥控关井，有效无线遥控关井距离超过 500m。

## 一、远程控制台

远程控制台是制备、储存与控制压力油流向的液压装置。远程控制台的主要功能：泵组向蓄能器组充入油液使液压能储存于蓄能器组内，充压至设定值时泵组自动停止。当需要控制防喷器开或关时，可通过手动控制或遥控三位四通转阀动作，控制高压油输送至防喷器液缸，从而达到控制防喷器关闭或开启的目的，远程控制台储能器压力下降至设定值时，泵组自动启动充压使储存的液压能处于饱满状态，可随时紧急关闭防喷器。典型远程控制台结构如图 8-40 所示。

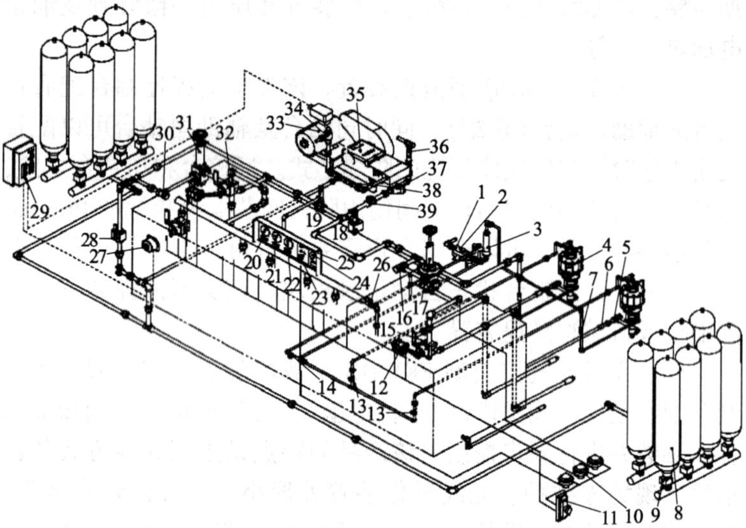


图 8-40　典型远程控制台结构示意图

1—气源处理元件；2—压力表；3—液气开关；4—气泵；5—1in 滤油器；6、9、28、36、39—球阀；7、38—单向阀；8—蓄能器；10—气动压力变送器；11—方盘；12—两位三寸气缸；13、14—截止阀；15—三位四通转阀；16、30、37—滤油器；17—气手动减压阀；18—高压球阀；19、34—溢流阀；20—蓄能器压力表；21—管汇压力表；22—环形压力表；23—气动调压阀；24—气源压力表；25—分配阀(三位四通气转阀)；26—泄荷阀；27—压力控制器；29—电控箱；31—手动减压阀；32—旁通阀；33—电机；35—电泵

### （一）北石 FK 系列液控装置

北石 FK 系列液控装置基本参数见表 8-33。

### （二）气控液型远程控制台

气控液型远程控制台主要由油泵组、储能器、管路及各种控制阀件和撬座及油箱组成。气控液型远程控制台在国内已批量生产，也是目前国内使用最多的一种控制台。其基本参数见表 8-34。

表 8-33　北石 FK 系列液控装置基本参数

| 型号 | 控制数量 | 蓄能器组 | | 油箱有效容积/L | 电动机功率/kW | 泵系统流量 | | |
|---|---|---|---|---|---|---|---|---|
| | | 总容积/L | 实际可用液量/L | | | 电动油泵/（L/min） | 气动油泵/（mL/冲） | 手动油泵/（mL/冲） |
| FK320-4A | 4 | 40×6 | 96 | 660 | 15 | 28 | 165×1 | |
| FK240-4A | 4 | 40×6 | 96 | 720 | 11 | 18 | | 14/28 |
| FK240-4B# | 4 | 40×6 | 96 | 630 | 11 | 18 | | 14/28 |
| FK240-4E# | 4 | 40×6 | 96 | 720 | 11 | 18 | 60×1 | |
| ※FK240-4F# | 4 | 40×6 | 96 | 790 | 11 | 18 | 165×1 | |
| ※FK240-4G# | 4 | 40×6 | 96 | 790 | 7.5 | 15 | 165×1 | |
| FK240-4H | 4 | 40×6 | 96 | 660 | 11 | 18 | 165×1 | |
| FK240-4J | 4 | 40×6 | 96 | 660 | 11 | 18 | | 14/28 |
| FK240-4L# | 4 | 40×6 | 96 | 660 | 11 | 18 | 165×1 | |
| △FK240-4M | 4 | 40×6 | 96 | 720 | 18.5 | 41 | 165×1 | |
| FK160-4A | 4 | 40×4 | 64 | 720 | 11 | 18 | | 14/28 |
| FK125-4 | 4 | 25×5 | 50 | 630 | 11 | 18 | | 14/28 |
| FK100-4 | 4 | 25×4 | 40 | 630 | 11 | 18 | | 14/28 |
| FK240-3# | 3 | 40×6 | 96 | 456 | 11 | 18 | | 14/28 |

续表

| 型号 | 控制数量 | 蓄能器组 | | 油箱有效容积/L | 电动机功率/kW | 泵系统流量 | | |
|---|---|---|---|---|---|---|---|---|
| | | 总容积/L | 实际可用液量/L | | | 电动油泵/(L/min) | 气动油泵/(mL/冲) | 手动油泵/(mL/冲) |
| FK240-3E | 3 | 40×6 | 96 | 500 | 11 | 18 | 60×1 | |
| FK240-3F | 3 | 40×6 | 96 | 660 | 11 | 18 | 60×1 | |
| FK160-3 | 3 | 40×4 | 64 | 630 | 11 | 18 | | 14/28 |
| FK125-3 | 3 | 25×5 | 50 | 440 | 11 | 18 | | 14/28 |
| FK125-3B# | 3 | 25×5 | 50 | 440 | 11 | 18 | | 14/28 |
| FK125-3F | 3 | 25×5 | 50 | 440 | 11 | 18 | | 14/28 |
| ※FK125-3G | 3 | 25×5 | 50 | 576 | 11 | 18 | 60×1 | |

注：※为变频启动；∠为零压启动；#为有环形。

表 8-34　气控液型远程控制台基本参数

| 型号 | 蓄能器组 | | | 油箱有效容积/L | 电动机功率/kW | 泵系统流量 | |
|---|---|---|---|---|---|---|---|
| | 总容积/L | 实际可用液量/L | 排列方式 | | | 电动油泵/(L/min) | 气动油泵/(mL/冲) |
| △FKQ1920-16A# | 60×32 | 672 | 后置 | 2700 | 18.5×2 | 41×2 | 165×4 |
| △FKQ1440-16A# | 60×24 | 504 | 后置 | 2700 | 18.5×2 | 41×2 | 165×4 |
| △FKQ1920-12# | 80×24 | 744 | 后置 | 2700 | 18.5×2 | 41×2 | 165×4 |
| FKQ1280-12★ | 80×16 | 496 | 侧置 | 2400 | 18.5×2 | 41×2 | 165×2 |
| △FKQ1280-10# | 80×16 | 496 | 侧置 | 2150 | 18.5×2 | 41×2 | 165×3 |
| FKQ1200-9 | 60×20 | 420 | 后置 | 2200 | 18.5×2 | 41×2 | 165×3 |
| △FKQ1280-8B# | 80×16 | 496 | 侧置 | 2200 | 18.5×2 | 41×2 | 165×3 |
| FKQ1280-8D# | 80×16 | 496 | 侧置 | 1795 | 18.5×2 | 41×2 | 165×3 |
| FKQ1280-8G | 80×16 | 496 | 侧置 | 1795 | 18.5×2 | 41×2 | 165×3 |
| FKQ1280-7D# | 80×16 | 496 | 侧置 | 2200 | 18.5×2 | 41×2 | 165×3 |
| FKQ960-8 | 60×16 | 336 | 侧置 | 1650 | 18.5×2 | 41×2 | 165×2 |
| FKQ960-8B | 40×24 | 384 | 后置 | 2000 | 18.5×2 | 41×2 | 165×3 |
| FKQ800-8 | 40×20 | 320 | 侧置 | 1650 | 18.5 | 41 | 165×2 |
| FKQ800-8F | 40×20 | 320 | 侧置 | 1650 | 18.5 | 41 | 165×2 |

续表

| 型号 | 蓄能器组 | | | 油箱有效容积/L | 电动机功率/kW | 泵系统流量 | |
| --- | --- | --- | --- | --- | --- | --- | --- |
| | 总容积/L | 实际可用液量/L | 排列方式 | | | 电动油泵/（L/min） | 气动油泵/（mL/冲） |
| △FKQ800-8J◎ | 40×20 | 320 | 侧置 | 1500 | 18.5 | 41 | 165×2 |
| FKQ800-7E | 40×20 | 320 | 侧置 | 1500 | 18.5 | 41 | 165×2 |
| FKQ800-7F | 40×20 | 320 | 后置 | 1280 | 18.5 | 41 | 165×2 |
| FKQ800-7J★ | 40×20 | 320 | 侧置 | 1250 | 18.5 | 41 | 165×3 |
| FKQ800-7L# | 40×20 | 320 | 侧置 | 1500 | 18.5 | 41 | 165×2 |
| FKQ800-6 | 40×20 | 320 | 侧置 | 1600 | 18.5 | 41 | 165×2 |
| FKQ800-6F | 80×10 | 310 | 侧置 | 1600 | 18.5 | 41 | 165×2 |
| FKQ720-6 | 60×12 | 252 | 侧置 | 1290 | 18.5 | 41 | 165×2 |
| FKQ640-7 | 80×8 | 248 | 侧置 | 1600 | 18.5 | 41 | 165×2 |
| △FKQ640-7G◎ | 40×16 | 256 | 侧置 | 1500 | 18.5 | 41 | 165×2 |
| FKQ640-6G | 40×16 | 256 | 侧置 | 1290 | 18.5 | 41 | 165×2 |
| FKQ640-6 | 40×16 | 256 | 后置 | 1120 | 18.5 | 41 | 165×2 |
| FKQ640-6J★ | 40×16 | 256 | 侧置 | 1800 | 18.5 | 41 | 165×2 |
| △FKQ640-7V◎ | 40×16 | 256 | 侧置 | 1500 | 18.5 | 41 | 165×2 |

续表

| 型号 | 蓄能器组 | | | 油箱有效容积/L | 电动机功率/kW | 泵系统流量 | |
|---|---|---|---|---|---|---|---|
| | 总容积/L | 实际可用液量/L | 排列方式 | | | 电动油泵/(L/min) | 气动油泵/(mL/冲) |
| FKQ480-5C | 40×12 | 192 | 侧置 | 1100 | 18.5 | 31 | 165×2 |
| FKQ480-5E | 40×12 | 192 | 后置 | 1100 | 18.5 | 31 | 165×2 |
| FKQ480-5F | 60×3 | 168 | 侧置 | 1290 | 18.5 | 41 | 165×2 |
| FKQ400-5B | 40×10 | 160 | 侧置 | 1100 | 18.5 | 31 | 165×2 |
| FKQ400-5D | 40×10 | 160 | 后置 | 1100 | 18.5 | 31 | 165×2 |
| FKQ320-6 | 40×3 | 128 | 侧置 | 790 | 15 | 28 | 165 |
| FKQ320-4G | 40×3 | 128 | 侧置 | 790 | 15 | 28 | 165×1 |
| FKQ320-4Q# | 40×3 | 128 | 侧置 | 790 | 15 | 28 | 165×1 |
| *FKQ240-4 | 40×6 | 96 | 后置 | 720 | 11 | 18 | 60×1 |
| FKQ160-4A | 40×4 | 64 | 后置 | 820 | 11 | 18 | 165×1 |
| *FKQ160-4W | 40×4 | 64 | 后置 | 720 | 11 | 18 | 60×1 |
| *FKQ125-3 | 25×5 | 50 | 后置 | 576 | 11 | 18 | 60×1 |
| *FKQ50-4 | 25×2 | 20 | 后置 | 560 | 7.5 | 15 | 14/28 手动泵 |

注：△为一寸半环形；#为气马达调压阀；*为有环形旁通；◎为传感器代替气动压力变送器。

**(三) 电控液型远程控制台**

电控液型远程控制台由底座、油箱、泵组(电泵组及气动泵组)、蓄能器组、管汇、各种阀件、仪表、通信电缆及控制电源线、HMI(Human Machinery Interface)操作面板、防爆按钮控制箱等组成，如图 8-41 所示。基本参数见表 8-35~表 8-38。

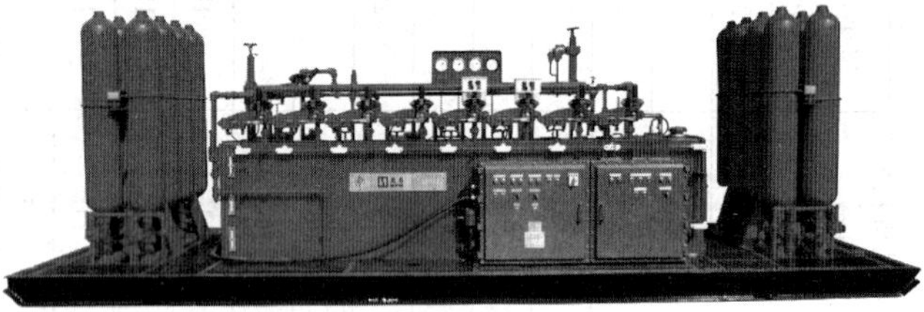

图 8-41　电控液型远程控制台

## 二、司钻控制台

司钻控制台通常安装在钻台上，方便司钻人员遥控操作，以在最短时间内控制防喷器组及液动阀的关或开。司钻控制台分气控型司钻控制台、电控型司钻控制台和无线遥控型司钻控制台。

**(一) 气控型司钻控制台**

气控型司钻控制台由司钻控制台壳体、气源处理元件、两位两通气转阀、三位四通气转阀、小气缸、比例压力表、气源压力表、方盘等组成。司钻控制台与远程控制台用气管束连接，压缩空气经分水器、油雾器，以及两位两通气转阀输送至各三位四通气转阀，再经气管束输送至远程控制台上相应的两位气缸，驱动气缸换向，从而驱动相应的三位四通转阀动作，间接控制防喷器组及液动阀开与关。调整气源调压阀输出压力来调节远程控制台上的气手动调压阀输出压力，从而调节环形防喷器所需要的控制压力。气源压力为 0.65~1.00MPa。气控型司钻控制台基本参数见表 8-39。

**表 8-35　电控液型防喷器控制系统基本参数**

| 型号 | 蓄能器组 | | | 油箱有效容积/L | 电动机功率/kW | 泵系统流量 | |
|---|---|---|---|---|---|---|---|
| | 总容积/L | 实际可用液量/L | 排列方式 | | | 电动油泵/（L/min） | 气动油泵/（mL/冲） |
| △FKDQ1600-8 | 80×20 | 620 | 侧置 | 2150 | 18.5×2 | 41×2 | 165×4 |
| △FKDQ1280-10 | 80×16 | 496 | 侧置 | 2150 | 18.5×2 | 41×2 | 165×4 |
| FKDQ1280-8B | 80×16 | 496 | 侧置 | 2000 | 18.5×2 | 41×2 | 165×3 |
| FKDQ1280-7 | 80×16 | 496 | 侧置 | 2000 | 18.5×2 | 41×2 | 165×3 |
| △FKDQ960-8A | 60×16 | 336 | 侧置 | 2200 | 18.5×2 | 41×2 | 165×3 |
| △FKDQ960-7B | 60×16 | 336 | 后置 | 2200 | 18.5×2 | 41×2 | 165×2 |
| FKDQ960-7C | 80×12 | 372 | 后置 | 1640 | 18.5×2 | 41×2 | 165×3 |
| FKDQ800-7D | 40×20 | 320 | 后置 | 1400 | 18.5×2 | 41×2 | 165×3 |
| FKDQ640-7A | 40×16 | 256 | 后置 | 1660 | 18.5 | 41 | 165×2 |
| FKDQ640-7E | 80×8 | 248 | 侧置 | 1330 | 18.5 | 41 | 165×2 |
| △FKDQ640-7F | 40×16 | 256 | 侧置 | 1500 | 18.5 | 41 | 165×2 |
| FKDQ640-6B | 40×16 | 256 | 侧置 | 1160 | 18.5 | 41 | 165×2 |
| FKDQ480-6 | 40×12 | 192 | 侧置 | 1160 | 18.5 | 41 | 165×2 |

续表

| 型号 | 蓄能器组 | | | 油箱有效容积/L | 电动机功率/kW | 泵系统流量 | |
|---|---|---|---|---|---|---|---|
| | 总容积/L | 实际可用液量/L | 排列方式 | | | 电动油泵/(L/min) | 气动油泵/(mL/冲) |
| FKDQ480-5 | 40×12 | 192 | 侧置 | 1350 | 18.5 | 41 | 165×2 |
| FKDQ480-5B | 40×12 | 192 | 后置 | 1470 | 18.5 | 31 | 165×1 |

注：△为一寸半环形。

**表 8-36　带无线遥控的电控液型防喷器控制系统基本参数**

| 型号 | 蓄能器组 | | | 油箱有效容积/L | 电动机功率/kW | 泵系统流量 | |
|---|---|---|---|---|---|---|---|
| | 总容积/L | 实际可用液量/L | 排列方式 | | | 电动油泵/(L/min) | 气动油泵/(mL/冲) |
| △FKWDQ1280-12 | 40×28 | 448 | 侧置 | 3000 | 18.5×2 | 41×3 | 165×4 |
| △FKWDQ1280-10 | 30×16 | 496 | 侧置 | 2540 | 18.5×2 | 41×2 | 165×4 |
| FKWDQ640-6 | 40×16 | 256 | 侧置 | 1800 | 18.5 | 41 | 165×2 |

注：△为一寸半环形。

表 8-37　胜利天工防喷器智能控制装置基本参数

| 型号 | 蓄能器组 | | | 油箱有效容积/L | 电动机功率/kW | 泵系统流量 | |
|---|---|---|---|---|---|---|---|
| | 总容积/L | 实际可用液量/L | 排列方式 | | | 电动油泵/(L/min) | 气动油泵/(mL/冲) |
| FKWDQ1280-10 | 80×16 | 496 | 侧置 | 2540 | 18.5×2 | 41×2 | 165×4 |
| FKWDQ960-8 | 80×12 | 372 | 侧置 | 2200 | 18.5×2 | 41×2 | 165×4 |
| FKWDQ640-6 | 40×16 | 256 | 侧置 | 1800 | 18.5 | 41 | 165×2 |

表 8-38　控制防喷器及分流器的电控液型防喷器控制系统基本参数

| 型号 | 蓄能器组 | | | 油箱有效容积/L | 电动机功率/kW | 泵系统流量 | |
|---|---|---|---|---|---|---|---|
| | 总容积/L | 实际可用液量/L | 排列方式 | | | 电动油泵/(L/min) | 气动油泵/(mL/冲) |
| FKDQ1200-15 | 60×20 | 420 | 后置 | 2300 | 21.3×2 | 40×2 | 165×3 |
| FKDQ1440-19 | 60×24 | 504 | 后置 | 2830 | 18.5×2 | 41×2 | 165×4 |
| FKDQ1440-11A | 60×24 | 504 | 后置 | 2370 | 18.5×2 | 41×2 | 165×3 |

表 8-39　气控型司钻控制台基本参数

| 型号 | 控制数量 | 系统控制 |
|---|---|---|
| SZQ014 | 4 | FKQ240-4 |
| SZQ114 | 4 | FKQ320-4G |
| SZQ115 | 5 | FKQ400-5B |
| SZQ116 | 6 | FKQ640-6/FKQ800-6 |
| SZQ117 | 7 | FKQ640-7/FKQ800-7/FKQ1280-7 |
| SZQ118 | 8 | FKQ1280-8B |
| SZQ119 | 9 | FKQ1200-9 |
| SZQ1110 | 10 | FKQ1280-10 |
| SZQ1112 | 12 | FKQ1280-12 |
| SZQ1114 | 14 | FKQ1440-14 |
| SZQ1116 | 16 | FKQ1440-16 |

气控型司钻控制台通常用气缸显示操作位置，具有操作记忆功能，可以了解前一次在司钻台上操作的状态，也可以根据需要采用指示灯即时地反馈远程控制台上的转阀位置。当远程控制台上的环形采用气马达调压阀进行调压时，司钻控制台使用三位四通气转阀来调节气马达调压阀的输出压力。

根据需要，也可以采用带应急功能的小型司钻台，其体积较小，便于放在司钻房内操作。北石小型司钻台基本参数见表 8-40。

表 8-40　北石小型司钻台基本参数

| 型号 | 控制数量 | 空气管缆出口方向 | 系统控制 |
|---|---|---|---|
| SZQ115SA | 5 | 空气管缆下出 | FKQ400-5B |
| SZQ115SB | 5 | 空气管缆左出 | FKQ400-5B |

续表

| 型号 | 控制数量 | 空气管缆出口方向 | 系统控制 |
| --- | --- | --- | --- |
| SZQ116SA | 6 | 空气管缆下出 | FKQ640-6/FKQ800-6 |
| SZQ116SB | 6 | 空气管缆左出 | FKQ640-6/FKQ800-6 |
| SZQ117SA | 7 | 空气管缆下出 | FKQ800-7E |
| SZQ117SB | 7 | 空气管缆左出 | FKQ800-7E |
| SZQ118S | 8 | 空气管缆下出 | FKQ1280-8M |

### （二）电控型司钻控制台

电控远程遥控系统由隔爆型防爆按钮控制箱（以下简称按钮箱）和 HMI 操作面板（以下简称 HMI 面板）构成。按钮箱放于司钻房内，HMI 面板放于队长房里，二者用于在紧急情况下遥控操作防喷器组，同时也可以对地面防喷器控制装置的运转状况进行监测。

电控远程遥控系统包含下列部件：

（1）1 个主控制系统，主要构成：西门子 313C-2DP PLC 一套及输入输出模块，用于系统的报警及控制、显示灯及显示按钮、电机启动装置、电磁阀和警铃等。

（2）1 个按钮箱，主要构成：西门子 ET 200M PLC 一套及输入输出模块，作为主控制系统的从站、压力表、按钮、显示灯、空开、端子等。

（3）1 个 HMI 面板，安装西门子 MP370 或 MP377 15in 的触摸屏。还包括空开、冷却风扇、温控仪和二次操作按钮等。

1. HMI 面板

HMI 面板可以实现以下操作功能：

（1）防喷器组形式的设定和修改。

（2）防喷器组的操作（开/关）。

（3）报警显示和报警点的设置。

(4) 电机自动启停的控制。

(5) 报警历史记录和压力值的趋势曲线。

2. 按钮箱

按钮箱可以实现防喷器组/分流器的操作(开/关)、报警显示及确认、电机运行显示、压力值的显示等操作功能。由隔爆型不锈钢控制箱、西门子 ET200M PLC 一套及输入输出模块、用于控制操作防喷器并显示转阀位置的按钮及显示灯、显示远程控制台上压力值的 0~10V 变比表、一个二次操作的控制按钮、一个蜂鸣器用于报警时发出声光、端子、电缆接头等，如图 8-42 所示。

## 三、报警系统

报警仪可以对远程控制台的蓄能器压力、气源压力、油箱液位和电动泵的运转进行监视，当上述参数超出设定的报警极限时，可以在远程控制台和司钻控制台上给出声、光报警信号，提示操作人员采取措施，确保地面防喷器控制装置可靠工作。报警压力可以根据需要设定，产品出厂时设定蓄能器压力为 18MPa，设定气源压力为 0.65MPa。一种常用报警系统技术参数见表 8-41。

**表 8-41　一种常用报警系统技术参数**

| | | | |
|---|---|---|---|
| 电源电压 | 220V AC | 闪光报警器供电电压 | 220V AC |
| 防爆磁浮子液压开关电压 | 220V AC | 压力控制器 | 220V AC |
| 隔爆指示灯电压 | 220/12V AC | 隔爆电铃电压 | 220V AC |
| 连接电缆芯数 | 9+1(备用) | | |

## 四、控制管线、管缆

1. 空气管缆

空气管缆是用以连接远程控制台与司钻控制台的气路。空

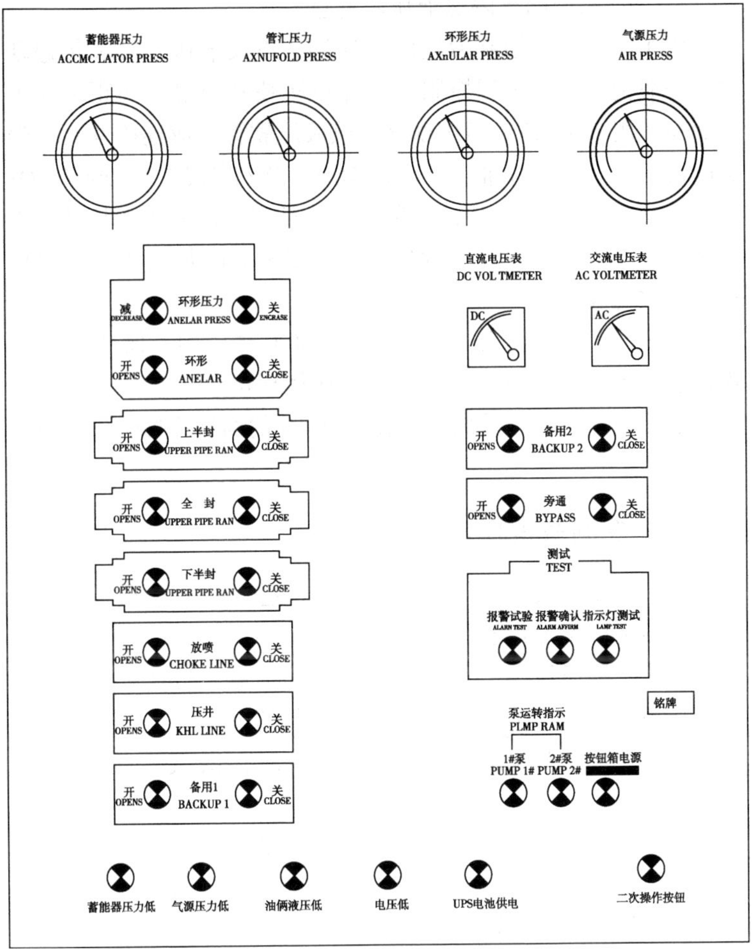


图 8-42　按钮箱分布图

气管缆由护套及多根管芯组成，两端装有连接法兰，分别与远程控制台和司钻控制台相连，连接法兰之间用橡胶密封垫密封。

2. 通信电缆及电源电缆

PROFIBUS 通信电缆及电源电缆，用于控制信号的传输及作为 HMI 操作面板和按钮箱的电源，标准长度为每根 50m。

3. GNG 高压耐火隔热液压软管总成

用于防喷器与控制台之间的连接，以及输送介质和传递动力。一般情况下，远程控制台与井口防喷器组之间的距离应大于 25m，用一组 GNG 高压耐火隔热液压软管总成连接并对防喷器进行控制。执行标准 API Spec 16D、SY/T 5053. 2—2007、Q/J B01—2012。GNG 高压耐火隔热液压软管总成常规产品基本参数见表 8-42，整体通径一致 GNG 高压耐火隔热液压软管总成基本参数见表 8-43。

隔热性能：软管总成置于恒温 300℃ 环境中，保持 20min，软管总成表面温度与管内温度的比值大于 14。

耐酸碱性：软管总成浸泡在浓度 4%的稀酸或稀碱中，浸泡 24h 应无变化。

## 五、控制装置技术要求

（1）闸板防喷器关闭时间小于 10s（超过 476mm 通径的闸板防喷器参考厂家推荐值）。

（2）公称通径小于 476mm 的环形防喷器关闭时间小于 30s，大于 476mm 的环形防喷器关闭时间不得超过 45s。

（3）气动泵输出压力为 21MPa 时，供气压力应不低于 0. 65MPa。

（4）关闭蓄能器，控制装置电动泵和气动泵的总输出液量应在 2min 内关闭环形防喷器（密封在用最小尺寸钻具），打开所有液动闸阀，并且管汇压力不小于 8. 4MPa。

（5）应在 15min 内将储能器从预充压力升压到控制装置的公称压力。

（6）溢流阀调定压力不大于 23MPa，开启压力和闭合压力均不低于 21MPa。

（7）当调压阀的进口压力调定为 21MPa，出口压力调定为 8. 5MPa 条件下，出口压力值波动应在-1. 03～1. 03MPa 范围内。

表 8-42　GNG 高压耐火隔热液压软管总成常规产品基本参数

| 名称规格 | 公称内径/mm | 外径/mm | 工作压力/MPa | 最小爆破压力/MPa | 最小弯曲半径/mm | 耐火性能(极限)705℃/min |
|---|---|---|---|---|---|---|
| GNG10×35MPa | 10±0. 2 | ≤33 | 35 | 105 | 180 | 20 |
| GNG10×70MPa | 10±0. 2 | ≤37 | 70 | 210 | 210 | 20 |
| GNG13×21MPa | 13±0. 2 | ≤37 | 21 | 63 | 180 | 20 |
| GNG13×35MPa | 13±0. 2 | ≤40 | 35 | 105 | 240 | 20 |
| GNG13×70MPa | 13±0. 2 | ≤42 | 70 | 210 | 270 | 20 |
| GNG19×21MPa | 19±0. 2 | ≤41 | 21 | 63 | 280 | 20 |
| GNG19×35MPa | 19±0. 2 | ≤46 | 35 | 105 | 350 | 20 |
| GNG19×70MPa | 19±0. 2 | ≤49 | 70 | 21 | 450 | 20 |
| GNG25×21MPa | 25±0. 2 | ≤51 | 21 | 63 | 330 | 20 |
| GNG25×35MPa | 25±0. 2 | ≤53 | 35 | 105 | 400 | 20 |
| GNG25×70MPa | 25±0. 2 | ≤56 | 70 | 210 | 500 | 20 |
| GNG32×35MPa | 32±0. 3 | ≤60 | 35 | 105 | 500 | 20 |
| GNG32×70MPa | 32±0. 3 | ≤64 | 70 | 210 | 600 | 20 |
| GNG38×35MPa | 38±0. 3 | ≤68 | 35 | 105 | 600 | 20 |
| GNG38×70MPa | 38±0. 3 | ≤72 | 70 | 210 | 700 | 20 |

表 8-43　整体通径一致 GNG 高压耐火隔热液压软管总成基本参数

| 名称规格 | 公称内径/mm | 外径/mm | 工作压力/MPa | 最小爆破压力/MPa | 最小弯曲半径/mm | 接头通径/mm | 耐火性能(极限)705℃/min |
|---|---|---|---|---|---|---|---|
| GNG10×35MPa | 10±0.2 | ≤33 | 35 | 105 | 170 | 8.5 | 20 |
| GNG10×70MPa | 10±0.2 | ≤37 | 70 | 210 | 200 | 8.5 | 20 |
| GNG13×21MPa | 13±0.2 | ≤37 | 21 | 63 | 170 | 11.5 | 20 |
| GNG13×35MPa | 13±0.2 | ≤40 | 35 | 105 | 220 | 11.5 | 20 |
| GNG13×70MPa | 13±0.2 | ≤42 | 70 | 210 | 250 | 11.5 | 20 |
| GNG19×21MPa | 19±0.2 | ≤42 | 21 | 63 | 260 | 17.5 | 20 |
| GNG19×35MPa | 19±0.2 | ≤47 | 35 | 105 | 330 | 17.5 | 20 |
| GNG19×70MPa | 19±0.2 | ≤49 | 70 | 210 | 420 | 17.5 | 20 |
| GNG25×21MPa | 25±0.2 | ≤51 | 21 | 63 | 320 | 23.5 | 20 |
| GNG25×35MPa | 25±0.2 | ≤53 | 35 | 105 | 380 | 23.5 | 20 |
| GNG25×70MPa | 25±0.2 | ≤56 | 70 | 210 | 480 | 23.5 | 20 |
| GNG32×35MPa | 32±0.3 | ≤61 | 35 | 105 | 480 | 30.5 | 20 |
| GNG32×70MPa | 32±0.3 | ≤64 | 70 | 210 | 570 | 30.5 | 20 |
| GNG38×35MPa | 38±0.3 | ≤70 | 35 | 105 | 570 | 36.5 | 20 |
| GNG38×70MPa | 38±0.3 | ≤74 | 70 | 210 | 680 | 36.5 | 20 |

(8) 蓄能器充氮气压力为(7±0.7)MPa，气源压力为0.65～0.80MPa，电源电压为(380±19)V。

(9) 当蓄能器组压力从21MPa缓慢下降到17.5MPa时，电动源、气动泵均自动启动；当压力升至21MPa时，自动停止。

(10) 蓄能器标准压力为21MPa，控制闸板防喷器和液压放喷阀压力为10.5MPa，控制环形防喷器压力≤10.5MPa。

(11) 控制系统气源标准压力为0.65～1MPa。

(12) 在停泵情况下，蓄能器组的储液量应大于关闭防喷器组所需液量的1.5倍。

(13) 在耐压能力方面，蓄能器压力为21MPa时，环形防喷器调压阀出口压力为10.5MPa。管汇压力为21MPa时，三位四通阀在10min内压降：“中”位不大于0.25MPa，“开”位、“关”位不大于0.6MPa。

(14) 油箱有效容积至少应大于蓄能器组液量的2倍。

(15) 在正常钻井施工作业中，将远程控制台三位四通阀各防喷器、液动阀控制手柄置于“中位”。

## 第六节　节流、压井管汇

节流、压井管汇主要由节流阀、平板阀、管线、压力表等组成，是成功地控制井涌、实施油气井压力控制的可靠而必要的设备。其基本结构如图8-43所示。

图8-43右侧为节流管汇，左侧为压井管汇。当发生井涌关井时，通过控制节流阀和平板阀可实现节流循环和放喷，通过压井管汇可实现反向压井作业。

### 一、型号表示方法

1. 节流管汇

节流管汇型号表示方法如8-44所示：

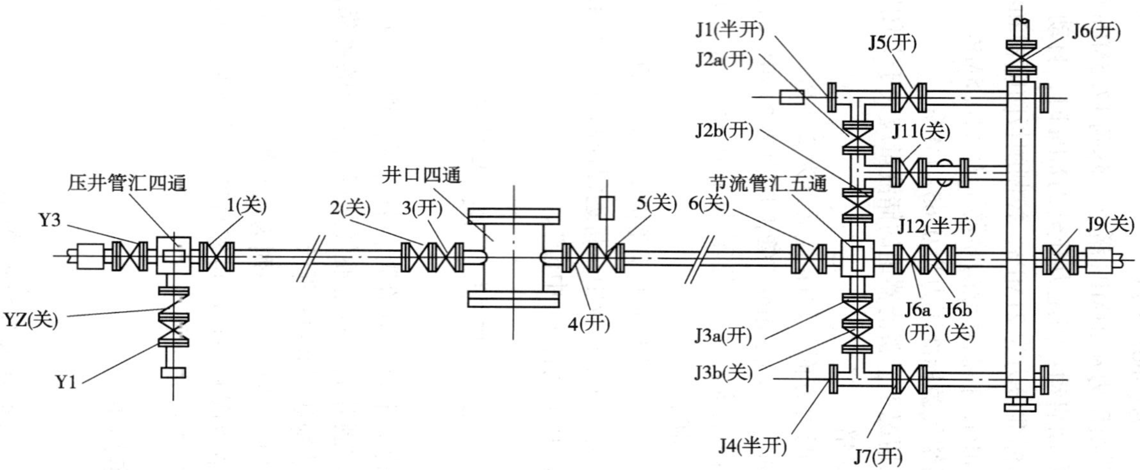


图8–43　节流、压井管汇基本结构

1.J1—液动节流阀；J4—手动节流阀；J12—可调节流阀；Y2—单流阀；
5—液动平板阀；其余—手动平板阀；
2.节流管汇五通装有压力表和压力变送器；压井管汇四通装有压力表；
3.图中未标出压力表闸阀。

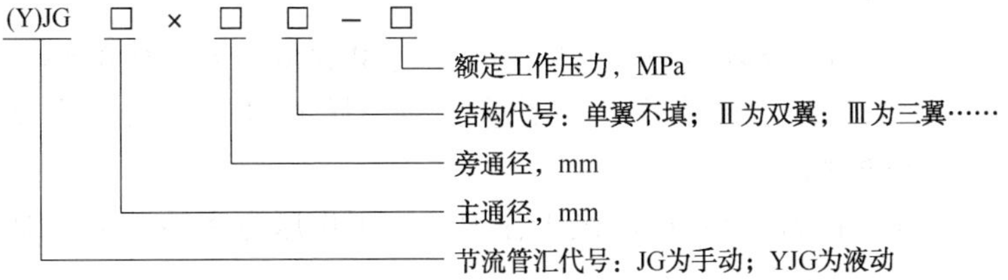


图 8-44　节流管汇型号表示方法

例：YJG78×65Ⅲ-70 表示工作压力 70MPa、主通径 78mm、旁通径 65mm 的三翼液动节流管汇。

2. 压井管汇

压井管汇型号表示方法如图 8-45 所示：

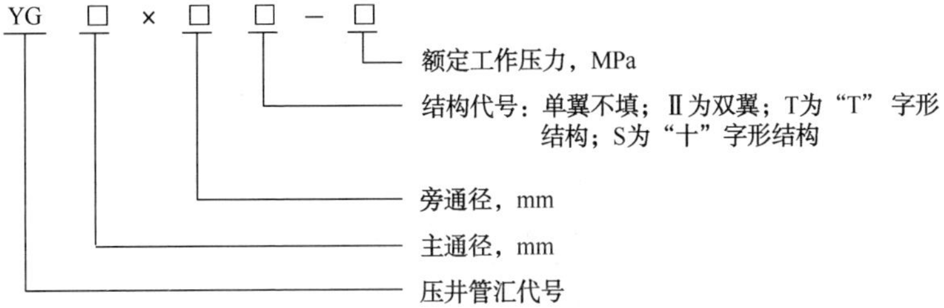


图 8-45　压井管汇型号表示方法

例：YG79×65-35 表示工作压力 35MPa、主通径 79mm、旁通径 65mm 的单翼压井管汇。

## 二、技术规范

节流、压井管汇与防喷器配套使用，目前国产节流、压井管汇压力等级分为 14MPa、21MPa、35MPa、70MPa、105MPa、140MPa6 个等级。

节流、压井管汇材料要求如下：

(1) 制造节流、压井管汇主要承压件所用钢材机械性能应符合表 8-44 的要求、化学成分应符合表 8-45 的要求。

(2) 当最大工作压力大于 105MPa 时，S、P 含量不大于0.025%。

(3) 当工作环境中含硫化物时，S、P含量不大于0.025%。

(4) 节流、压井管汇主要承压件钢材类别的选取应符合表8-46的规定。

(5) 非金属材料应满足工作温度、工作压力和钻井液、地层流体的要求。

(6) 密封垫环选用的钢材和硬度应符合表8-47的规定。

**表8-44　钢材机械性能**

| 项目名称及单位 | | | 钢材类别 | | | |
|---|---|---|---|---|---|---|
| | | | 1类 | 2类 | 3类 | 4类 |
| 机械性能 | 抗拉强度 $\sigma_b$/MPa | 不小于 | 483 | 586 | 655 | 483 |
| | 0.2%变形屈服强度 $\sigma_s$/MPa | | 248 | 414 | 517 | 310 |
| | 50mm伸长率 $\delta_s$/% | | 21 | 18 | 18 | 19 |
| | 断面收缩率/% | | 不要求 | 35 | 35 | 32 |

**表8-45　钢材化学成分**

| 合金元素 | 碳钢和低合金钢成分限制 | 马氏体不锈钢成分限制 | 焊颈法兰①用4类材料成分限制 |
|---|---|---|---|
| C(碳) | ≤0.45 | ≤0.15 | ≤0.35 |
| Mn(锰) | ≤1.80 | ≤1.00 | ≤1.05 |
| Si(硅) | ≤1.00 | ≤1.50 | ≤1.35 |
| P(磷) | ≤0.025 | | ≤0.05 |
| S(硫) | | | |
| Cr(铬) | ≤2.75 | 11.0~14.0 | — |
| Mo(钼) | ≤1.50 | ≤1.00 | |
| V(钒) | ≤0.30 | — | |

注：①在规定的最大碳含量(0.35%)以下，碳含量每减小0.01%，允许锰的最大含量(1.05%)增加0.06%，但锰的最大含量不得超过1.35%。

**表 8-46　钢材类别的选取**

<table>
<tr><th colspan="2" rowspan="3">承压件名称</th><th colspan="6">最大工作压力/MPa</th></tr>
<tr><th>14</th><th>21</th><th>35</th><th>70</th><th>105</th><th>140</th></tr>
<tr><th colspan="6">选 用 类 别</th></tr>
<tr><td colspan="2">承压本体</td><td colspan="4">2 类或 1 类</td><td>3 类</td><td>3 类</td></tr>
<tr><td rowspan="4">整体连接端部</td><td>螺纹式</td><td colspan="3">2 类</td><td>—</td><td>—</td><td>—</td></tr>
<tr><td>法兰式</td><td colspan="4">2 类</td><td>3 类</td><td>3 类</td></tr>
<tr><td>卡箍式</td><td>—</td><td>—</td><td colspan="2">2 类</td><td>—</td><td>—</td></tr>
<tr><td>盖</td><td colspan="5">1 类或 2 类、3 类、4 类</td><td>3 类</td></tr>
<tr><td rowspan="3">单件</td><td>焊颈法兰</td><td colspan="3">4 类</td><td>2 类</td><td>3 类</td><td>3 类</td></tr>
<tr><td>盲板和试验法兰</td><td colspan="4">2 类</td><td>—</td><td>3 类</td></tr>
<tr><td>螺纹式法兰</td><td colspan="3">2 类</td><td>—</td><td>—</td><td>—</td></tr>
</table>

**表 8-47　密封垫环选用的钢材和硬度**

| 钢号 | 最大布氏硬度/HB |
|---|---|
| 08，10 | 137 |
| 1Cr18Ni9 | 160 |

## 三、主要阀件

1. 平板阀

1）手动平板阀

手动平板阀结构如图 8-46 所示。丝套与阀杆以左旋螺纹连接，阀板与阀杆用 T 形榫槽挂接，阀板与阀座靠碟形弹簧相互自由贴紧，阀板下方连接尾杆。阀杆上端的护罩上开有长槽，可从外面观察到阀杆的位移情况。

顺时针旋转手轮，平板阀关闭；逆时针旋转手轮，平板阀打开。关闭和打开阀板到位以后，必须再回转手轮 1/4～1/2 圈（若操作机构为伞齿轮装置，则相应乘以传动比）。平板阀只能作“通流”或“断流”使用，不能当作节流阀使用。

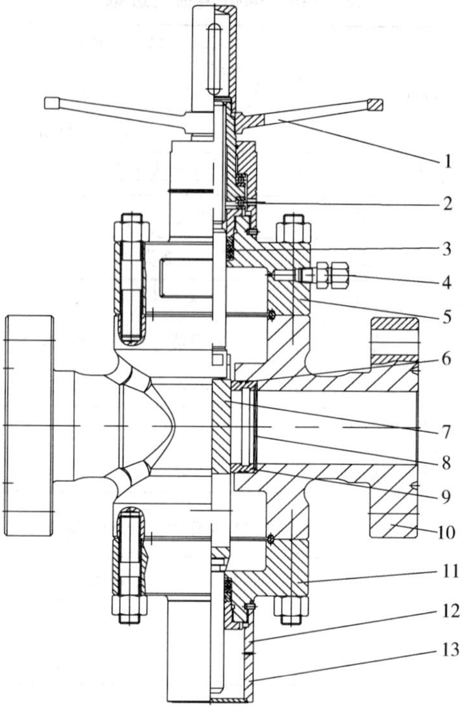


图 8-46　手动平板阀结构

1—手轮；2—轴承；3、6—密封圈；4—注脂阀；5—阀盖；7—闸板；8—波簧；9—阀座；10—阀体；11—下阀盖；12—下护套；13—下导杆

2）液动平板阀

液动平板阀结构如图 8-47 所示。液动平板阀结构、工作原理与手动平板阀相同，只是手轮机构被油缸、活塞取代而已。

平时，液动平板阀在节流管汇上处于关闭工况，只在节流、放喷或“软关井”时才启动工作。

2. 节流阀

1）手动节流阀

手动节流阀结构如图 8-48 所示。阀芯呈圆筒形，阀芯与阀座间有环隙，关闭时并不密封。阀芯与阀座皆采用耐磨材料制成，阀芯磨损后可调头安装使用。

操作节流阀时，顺时针旋转手轮，开启度变小并趋于关闭，逆时针旋转手轮，开启度变大。平时，节流阀应处于半开状态，开启度可以从护罩的槽孔中观察阀杆位置来判断。

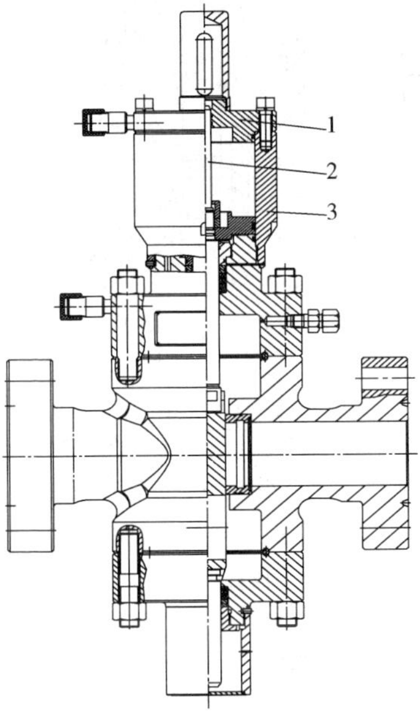


图 8-47　液动平板阀结构

1—活塞；2—显示杆；3—液缸

2）液动节流阀

液动节流阀结构如图 8-49 所示，以油缸、活塞代替手轮机构，其余与手动筒形阀板节流阀相同。液动节流阀所需液控油压为 2.4~2.8MPa。液控压力由节流管汇控制箱提供。

3）PCV 节流阀

PCV 节流阀结构如图 8-50 所示。PCV 节流阀阀体设计独特，只需更换出口或入口短节就可实现多种出口、入口的尺寸组合。出口短节设计有特殊的耐磨套。阀芯套可以实现 360°安装。阀芯套材料抗腐蚀性强，表面经硬化处理后，可保护阀芯

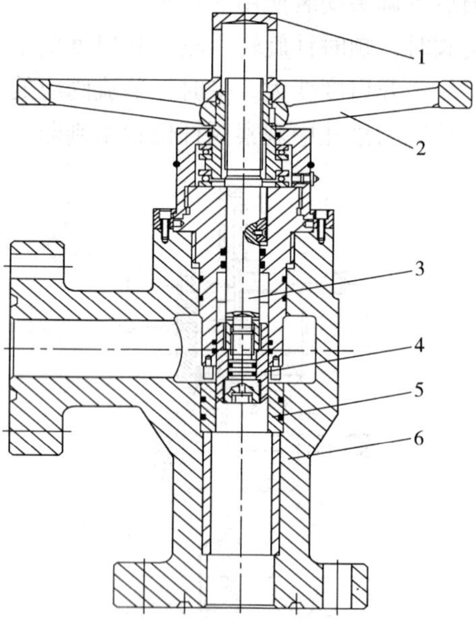


图 8-48　手动节流阀结构

1—护罩；2—手轮；3—阀杆；4—阀芯；5—阀座；6—阀体

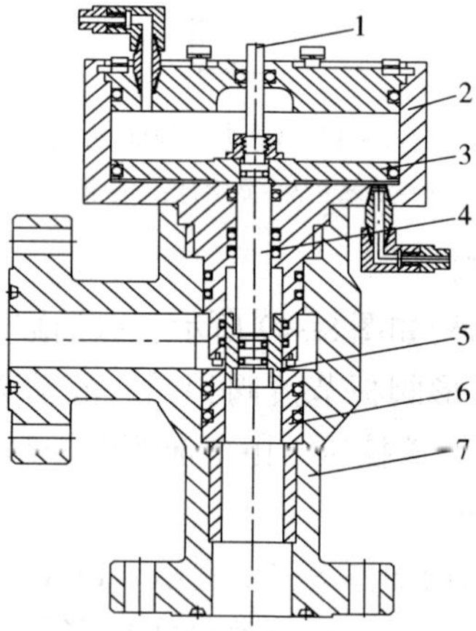


图 8-49　液动节流阀结构

1—显示杆；2—液缸；3—活塞；4—阀杆；5—阀芯；6—阀座；7—阀体

免受冲蚀。如果阀芯套正对入口处冲蚀受损，只要将阀芯套松开，将阀芯套旋转一定角度重新安装，即可延长使用寿命。阀座和阀芯结构设计独特，高速流体不接触正向密封面，延长了阀芯的使用寿命。阀座和阀芯均可调转方向安装，可使阀座和阀芯的使用寿命延长一倍，降低成本。阀杆有防转功能，以方便更换阀芯。阀芯套是通过由壬接头压紧在阀体上的。拆装阀芯套时，不需要拆下液压控制管线。PCV 手动节流阀和液动节流阀的主体部分相同，手动执行机构可以快速更换成液动执行机构。

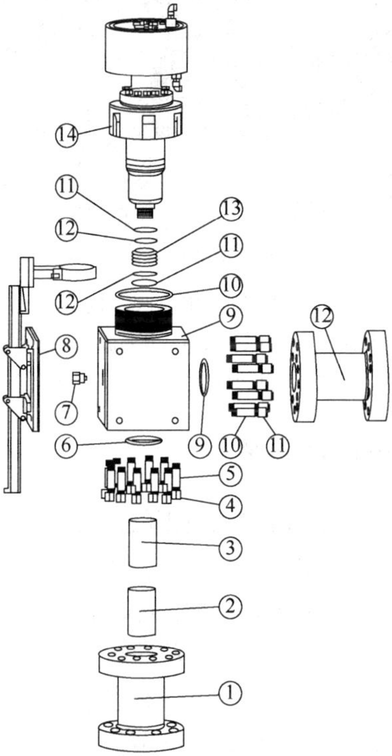


图 8-50　PCV 节流阀结构

1—出口法兰短节(防冲蚀短节)；2—防磨套 1；3—防磨套 2；4—螺母；5—双头螺栓；6—垫环；7—泄压阀；8—维修支架；9—阀体；10—O 形密封圈 172；11—O 形密封圈 75；12—阀座密封挡圈；13—阀座；14—液动执行机构

3. 单流阀

压井管汇上装有单流阀，反向压井时通过单流阀将压井液注入井筒，停泵时井口高压流体不会反向流出。该阀自封效果好，寿命长，便于现场检修。其结构如图 8-51 所示。

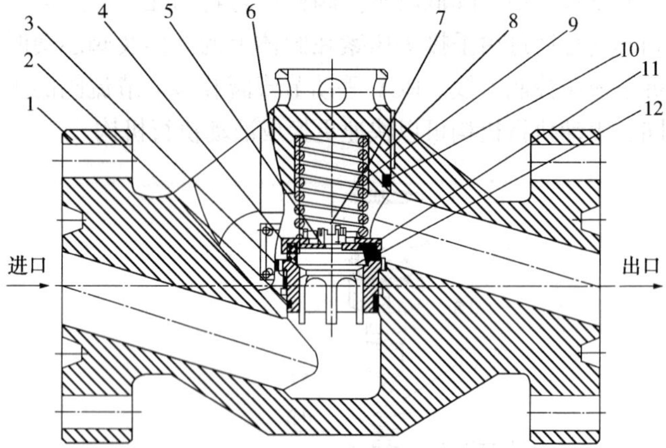


图 8-51　单流阀结构

1—阀体；2—O 形密封圈；3—凡尔座；4—凡尔胶皮；5—螺母；6—弹簧垫圈；7—开口销；8—压盖；9—弹簧；10—O 形密封圈；11—凡尔胶皮压盖；12—凡尔体

## 四、节流管汇控制箱

节流管汇控制箱是用于节流管汇的控制装置，可以远程控制节流阀的开启或关闭。配置立压传感器、套压传感器、节流阀阀位传感器和泵冲传感器来采集现场数据，可在节流管汇控制箱操作面板上显示立管压力、套管压力、节流阀的阀位开度、三通道的泵冲冲程数和对应通道的泵冲频率等，并带有应急操作功能。

根据节流管汇上节流阀的类型节流管汇控制箱目前分为两大类三种实现方式：

1. 控制液动节流阀的节流管汇控制箱（以下称液动节流管汇控制箱）

（1）采用气动液压泵、气或液介质的压力和阀位传感器的液动节流管汇控制箱。

(2) 采用防爆电动液压泵、防爆电子型的压力和阀位变送器的液动节流管汇控制箱。

2. 控制电动节流阀的节流管汇控制箱(以下称电动节流管汇控制箱)

采用电动液压泵，以及防爆设计，集数据采集和电加热于一体，具备数字显示和故障自动报警功能。

**(一) 液动节流管汇控制箱**

液动节流管汇控制箱利用气动液压泵产生液压源，通过手动三位四通换向阀远程控制液动节流阀的开启或关闭。配置气或液介质的立压传感器、套压传感器、节流阀阀位传感器和泵冲传感器来采集现场数据，可在液动节流管汇控制箱操作面板上显示立管压力、套管压力、液动节流阀的阀位开度、三通道的泵冲冲程数和对应通道的泵冲频率、气源压力和系统液压压力等，带有应急操作功能。

节流管汇控制箱内部装有油箱、气动液压泵、手动液压泵、蓄能器、截止阀、安全阀、调压阀。节流管汇控制箱调试完成后，气动液压泵可以自动补压。

1. 气动液压泵液动节流管汇控制箱型号命名规则

气动液压泵液动节流管汇控制箱型号命名规则如图8-52所示。

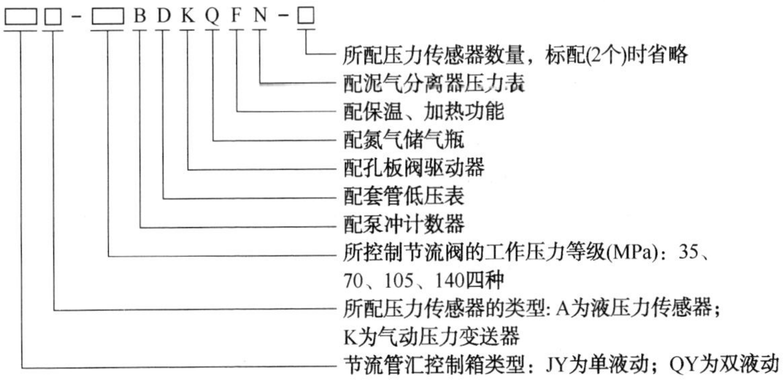


图8-52　气动液压泵液动节流管汇控制箱型号命名规则

示例：QYA-35B 液动节流管汇控制箱为控制 2 个活塞式液动节流阀，采用液压压力传感器，适用于 35MPa 级别的节流管汇，配置泥浆泵泵冲计数器，标配 2 个压力传感器。

2. 主要技术参数

气源压力：0.6~0.8MPa（除油、水、尘之干净气源）

额定工作温度：

（1）液动节流管汇控制箱：-20~+70℃。

（2）立压、套压压力传感器：-29~+121℃。

输出液压压力：

（1）控制柱塞式液动节流阀的控制箱：

额定输出液压压力：3MPa；

最大输出液压压力：4MPa；

安全溢流阀设定压力：4.2MPa。

（2）控制孔板式液动节流阀的控制箱：

额定输出液压压力：6MPa；

最大输出液压压力：8MPa；

安全溢流阀设定压力：8.4MPa。

外接管线接口：

（1）液路连接：接口螺纹 M22×1.5-6H。

（2）气路连接：接口螺纹 M16×1.5-6H。

手动液压泵：

（1）最大输出液压压力：8MPa。

（2）排量：50mL/冲。

气动液压泵排量：15mL/冲。

油箱有效容积：34~38L。

液压油规格：使用黏度为 10~60cst。不得使用黏度在 10cst 以下或 400cst 以上范围的抗磨液压油。推荐使用 10#航空液压油。

液动节流阀开启或关闭时间：<30s。

3. 示例：QYA-35B 液动节流管汇控制箱

（1）外形尺寸与外接管线接口如图 8-53 所示。

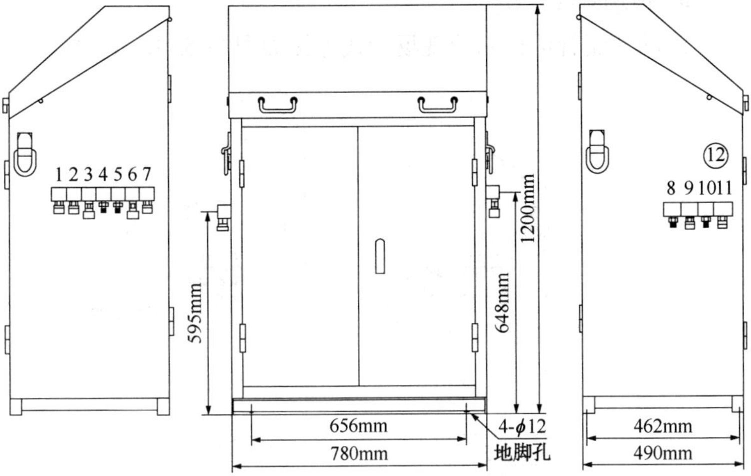


图 8-53　外形尺寸与外接管线接口

1—位供 1(阀位变送器 1 输入接口)；2—位供 2(阀位变送器 2 输入接口)；3—立管(立管压力传感器接口)；4—位返 1(阀位变送器 1 输出接口)；5—位返 2(阀位变送器 2 输出接口)；6—套管(套管压力传感器接口)；7—气源接口；8—阀开 2(液动节流阀 2 阀开接头)；9—阀关 2(液动节流阀 2 阀关接头)；10—阀开 1(液动节流阀 1 阀开接头)；11—阀关 1(液动节流阀 1 阀关接头)；12—泵冲计数器电缆接口

(2) 操作面板布置如图 8-54 所示。

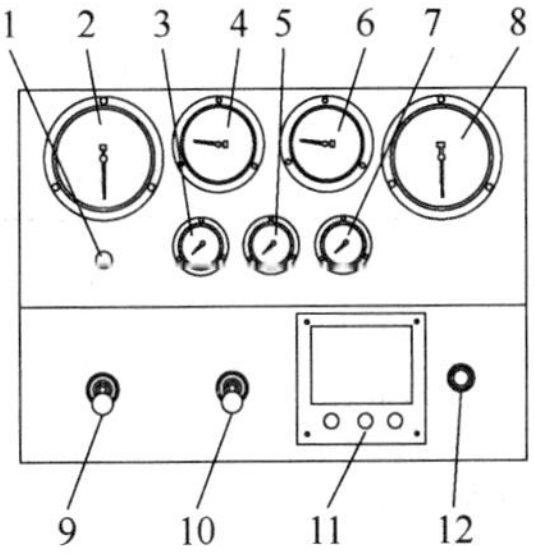


图 8-54　操作面板布置

1—速度调节阀；2—套管压力表；3—油压表；4—阀位 1 开度表；5—调压阀压力表；6—阀位 2 开度表；7—气源压力表；8—立管压力表；9—手动换向阀 1；10—手动换向阀 2；11—BC-200A 泵冲计数器；12—气源调压阀

4. 现场管线连接

液动节流管汇控制箱现场管线连接如图 8-55 所示。

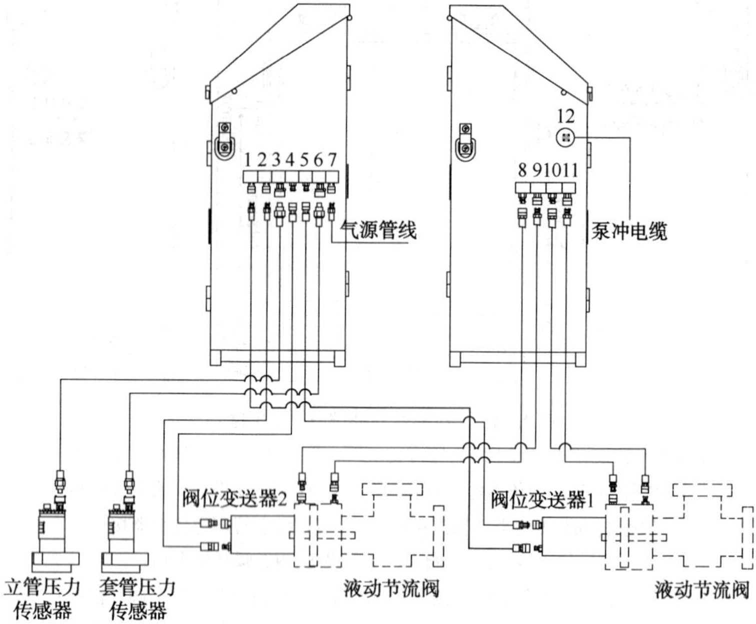


图 8-55　液动节流管汇控制箱现场管线连接

5. 主要技术参数

液动节流管汇控制箱主要参数见表 8-48。

**表 8-48　液动节流管汇控制箱主要参数**

| 额定输出油压/MPa | 最大输出油压/MPa | 气源压力/MPa | 蓄能器 | | 液压油规格 | 环境温度/℃ | 连接接头 |
|---|---|---|---|---|---|---|---|
| | | | 公称容积/L | 预充氮压力/MPa | | | |
| 3 | 4 | 0.6~0.8 | 10 | 1 | 20# 液压油 | -20~+70 | M16×1.5<br>M22×1.5 |

**(二) 采用电动液压泵的液动节流管汇控制箱**

本液动节流管汇控制箱电器部分都具有防爆性能，采用防爆电动液压泵产生液压源，通过手动三位四通换向阀或防爆电磁三位四通比例换向阀来远程控制液动节流阀的开启或关闭，配置防爆电子型的立压传感器、套压传感器、节流阀阀位传感器和泵冲传感器来采集现场数据，可在液动节流管汇控制箱操作面板上以数字的方式显示立管压力、套管压力、液动节流阀的阀位开度、三通道的泵冲冲程数和对应通道的泵冲频率和系统液压压力等，可实现本地手动控制功能和上位机远程控制功能，并带有应急操作功能。

本节流管汇控制箱内部装有油箱、电动液压泵、手动液压泵、换向阀、蓄能器、截止阀、安全阀、调压阀。控制箱调试完成后，电动液压泵可以自动补压，如图 8-56 所示，盘面电器件功能对照见表 8-49。

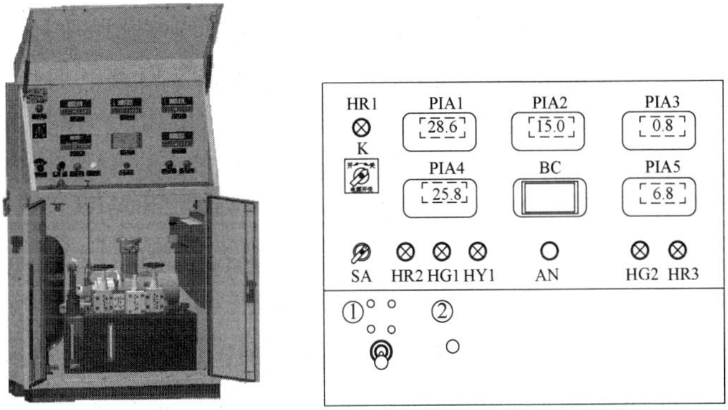


图 8-56　电动节流管汇控制箱及操作面板布置

主要技术参数如下：

供电电源：380V AC/50Hz(三相四线制)。

总功耗：≤2kW。

防爆电机：380V AC/50Hz、0. 75kW、1390rev/min。

油泵排量：4. 25L/min。

最高输出压力：9MPa。

输出压力调节范围：2~9MPa。

溢流压力调节范围：2. 5~9. 5MPa。

表 8-49　盘面电器件功能对照

| 序号 | 代号 | 功　能 | 序号 | 代号 | 功　能 |
|---|---|---|---|---|---|
| 1 | PIA1 | 套管压力数字显示表 | 8 | HR2 | 液压系统停机指示(红色) |
| 2 | PIA2 | 立管压力数字显示表 | 9 | HG1 | 液压系统运行指示(绿色) |
| 3 | PIA3 | 泥气分离器压力数字显示表 | 10 | HY1 | 电动机故障指示(黄色) |
| 4 | PIA4 | 阀位开度数字显示表 | 11 | AN | 泵冲计数器复位按钮 |
| 5 | PIA5 | 系统油压数字显示表 | 12 | HG2 | UPS 供电正常指示(绿色) |
| 6 | K | 电源开关 | 13 | HR3 | UPS 电池供电中指示(红色) |
| 7 | SA | 液压系统开关 | 14 | BC | 泵冲计数器 |

## (三) 数显式电动节流管汇控制箱

JYX16-SK/2L 数控压井节流管汇控制箱是一套新型完整的压力采集及液压控制系统。系统集两路液动节流阀的阀位、立压、套压、泥浆泵工况、液压泵站压力数据采集和电加热于一体。电气系统采用防爆设计，具有漏电、断电保护功能。液压泵设有空转限制保护功能。系统操控简便、灵敏，压力采集准确。采用工业显示屏显示，视角直观、清晰；读取方便，界面可任意切换。运行稳定、可靠。系统内置自学功能，图文并茂、方便查阅；系统具有故障自检提示、自动开/关照明灯等功能。系统具有三种动力源：①内置电动液压泵；②内置手动液压泵；③外接液压动力源接口。系统显示主界面和钻井显示界面如图 8-57和图 8-58 所示。

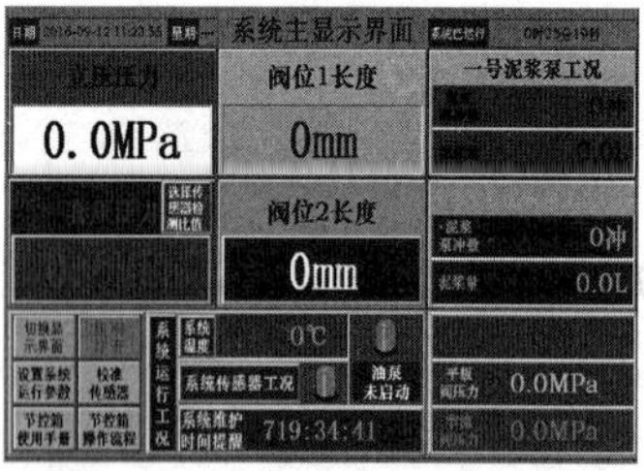


图 8-57　系统显示主界面

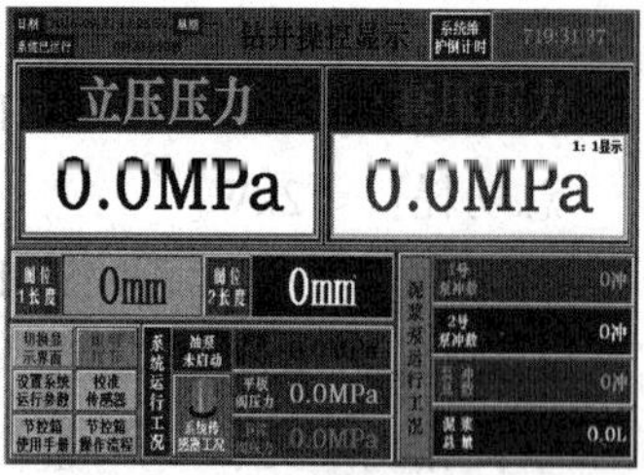


图 8-58　钻井显示界面

## 第七节 套管头

套管头用于各层套管之间、套管与防喷器之间的连接，以及用于完井后与采油(气)井口之间的支持与连接。通过悬挂器支撑各层套管与防喷器重量，形成套管之间的密封，并可释放套管之间的压力。

套管头的作用如下：

(1) 套管头安装在套管柱上端，悬挂除表层套管以外的各层套管。

(2) 能使整个钻井井口装置实现压力匹配，是套管与防喷器、采气井口连接的重要装置。

(3) 能够提高钻井井口装置的稳定性。

(4) 能在内、外套管柱之间形成压力密封。

(5) 为释放聚积在两层套管柱之间的压力提供出口。

(6) 在紧急情况下，可向井内泵入流体。如压井时的泥浆、水或高效能灭火剂等。

(7) 进行钻采工艺方面的特殊作业。

(8) 若固井质量不好，可从侧口处补灌水泥。

(9) 酸化压裂时，可从侧口处注压力平衡液。

### 一、结构

套管头主要由本体、悬挂总成等组成，本体起连接和承载作用，悬挂总成用于悬挂套管、油管及在内、外套管柱之间的环形空间形成压力密封。

根据结构形式可分为卡瓦悬挂式套管头和心轴式套管头，根据用途可分为单级套管头和多级套管头，还可分为螺纹式套管头、倒卡瓦式套管头和焊接式套管头等。

卡瓦悬挂式套管头结构如图 8-59~图 8-61 所示，心轴式套管头结构如图 8-62 和图 8-63 所示，组合式三级套管头结构如图 8-64 所示。

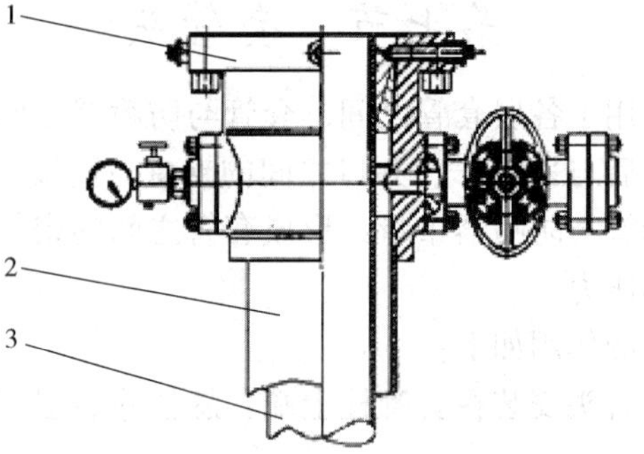


图 8-59　卡瓦悬挂式单级套管头结构

1—套管头本体；2—连接套管；3—悬挂套管

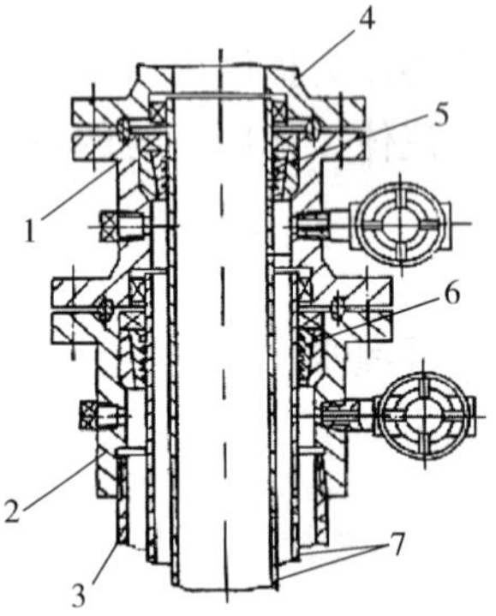


图 8-60　卡瓦悬挂式双级套管头结构

1—上部本体；2—下部本体；3—连接套管；4—油管头本体；5—上部套管悬挂器；6—下部套管悬挂器；7—悬挂套管

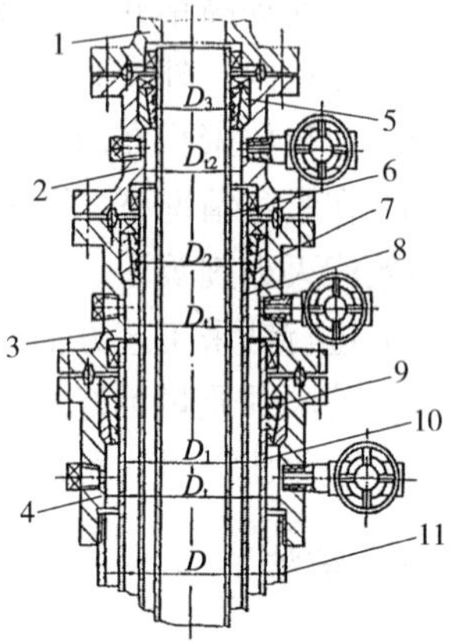


图 8-61　卡瓦悬挂式三级套管头结构

1—油管头本体；2—上部本体；3—中部本体；4—下部本体；5—上部套管悬挂器；6—悬挂套管；7—中部套管悬挂器；8—悬挂套管；9—下部套管悬挂器；10—悬挂套管；11—连接套管

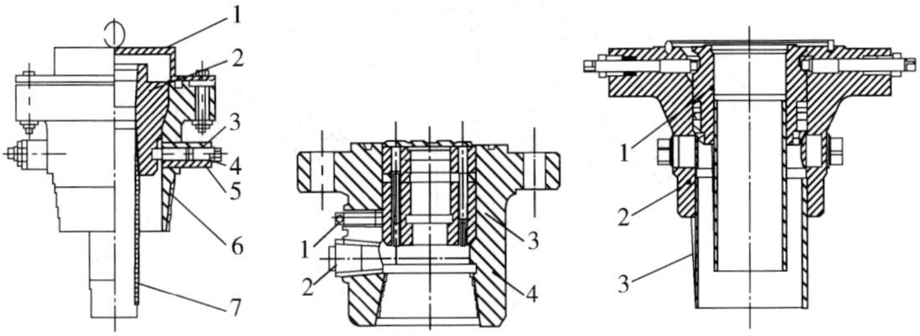


(a)　　(b)　　(c)

1—压井帽；2—套管悬挂器；3—锁紧总成；4—悬挂器锁紧杆；5—锁紧螺母；6—本体；7—悬挂套管

1—锁紧总成；2—旁通丝堵；3—套管悬挂器；4—本体

1—心轴悬挂器；2—套管头本体；3—表层套管

图 8-62　单级心轴式套管头结构

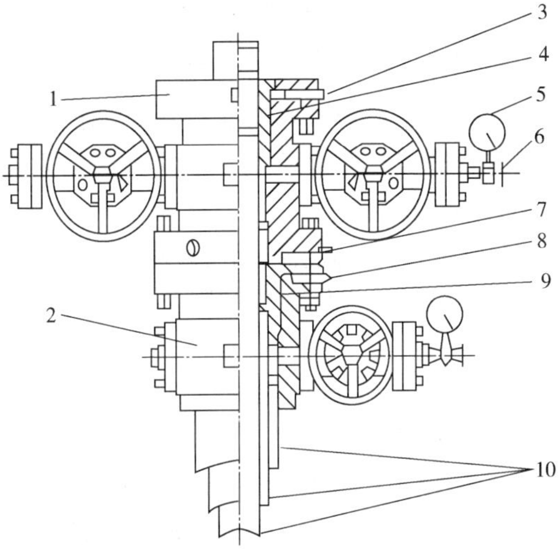


(a)分体心轴式套管头

1—上部本体；2—下部本体；3、8—顶丝；4—上部套管悬挂器；5—压力表；6—截止阀；7—试压阀；9—下部套管悬挂器；10—套管

图 8-63　双级心轴式套管头结构

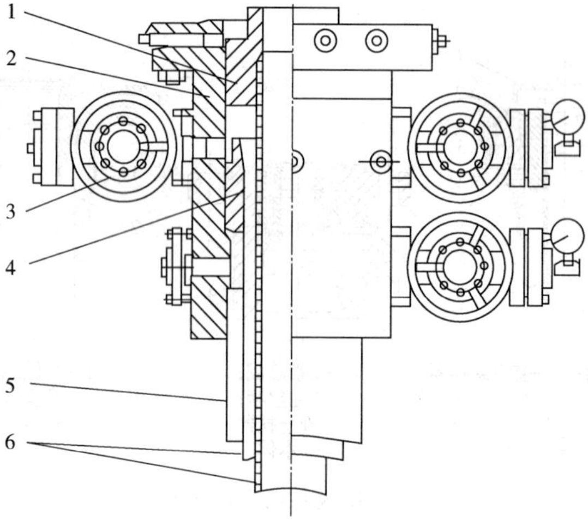


(b)整体心轴式套管头

1—上部套管悬挂器；2—套管头本体；3—手动平板阀；
4—下部套管悬挂器；5—连接套管；6—悬挂套管

图 8-63　双级心轴式套管头结构(续)

热采套管头一般用于高温高压热采井，是稠油热采的地面设备之一。主要有直通式热采套管头、预应力式热采套管头和活塞管式热采套管头三种。

直通式热采套管头：直通式悬挂器可减小油层套管的胀出幅度，为油层套管上胀、回缩提供导向和限位。其结构如图 8-65 所示。

预应力式热采套管头：与地锚配合应用于预应力固井的井况下。其结构如图 8-66 所示。

活塞管式热采套管头：活塞管式悬挂器可在筒套内密封、上升，吸收油层套管受热举升量。其结构如图 8-67 所示。

## 二、基本参数与规格型号

常规套管头基本参数与规格型号见表 8-50~表 8-56。

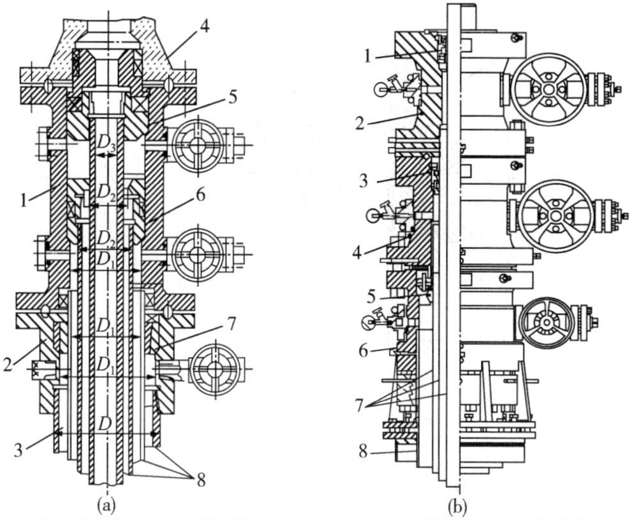


1—组合式本体；2—下部本体；
3—连接套管；4—油管头本体；
5—上部套管悬挂器；6—中部套管悬挂器；
7—下部套管悬挂器；8—悬挂套管

1—上部悬挂器；2—上部本体；
3—中部悬挂器；4—中部本体；
5—下部悬挂器；6—下部本体；
7—悬挂套管；8—表层套管

图 8-64　组合式三级套管头结构

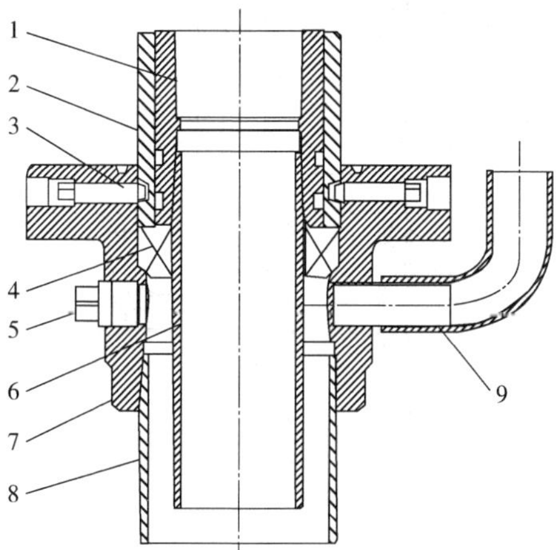


图 8-65　直通式热采套管头结构

1—止动管；2—保险罩；3—完井顶丝；4—密封盘；5—丝堵；
6—密封管；7—法兰壳体；8—套管短节；9—排流管

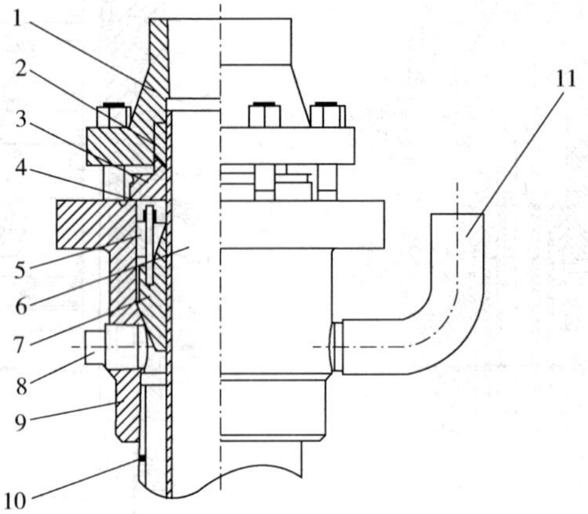


图 8-66　预应力式热采套管头结构

1—完井法兰；2—高温密封环；3—中盘；4—高温密封圈；5—悬挂锥紧组件；6—油层套管；7—悬挂器组件；8—丝堵；9—法兰壳体；10—表层套管

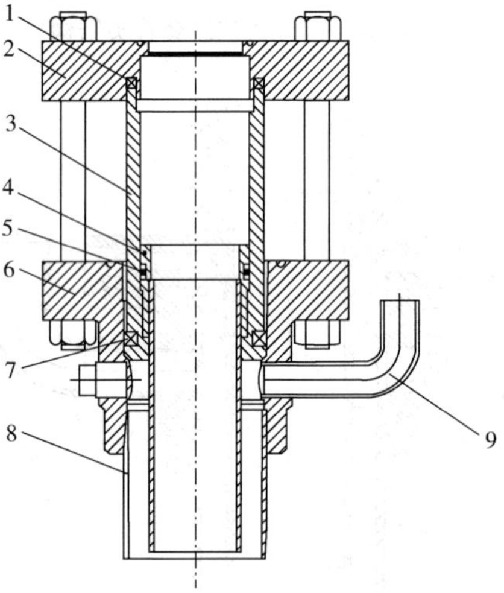


图 8-67　活塞式热采套管头结构

1—高温密封圈；2—完井法兰；3—筒套；4—活塞式悬挂器；5—高温密封圈；6—法兰壳体；7—密封环；8—表层套管；9—排流管

**表 8-50　单级套管头基本参数**

| 连接套管外径/mm(in) | 悬挂套管外径/mm(in) | 本体额定工作压力/MPa | 本体垂直通径/mm |
|---|---|---|---|
| 193.7(7⅝) | 114.3(4½) | 7 | 178 |
| | | 14 | |
| | | 21 | |
| 244.5(9⅝) | 127.0(5)<br>139.7(5½)<br>177.8(7) | 7 | 225 |
| | | 14 | |
| | | 21 | |
| | | 35 | |
| | | 70 | |
| 273.0(10¾) | 139.7(5½)<br>177.8(7) | 7 | 254 |
| | | 14 | |
| | | 21 | |
| | | 35 | |
| | | 70 | |
| 298.4(11¾) | 139.7(5½)<br>177.8(7)<br>193.7(7⅝) | 7 | 280 |
| | | 14 | |
| | | 21 | |
| | | 35 | |
| 323.8(12¾) | 139.7(5½) | 7 | 308 |
| | | 14 | |
| | | 21 | |
| | | 35 | |
| 339.7(13⅜) | 139.7(5½)<br>177.8(7)<br>193.7(7⅜)<br>244.5(9⅝) | 7 | 318 |
| | | 14 | |
| | | 21 | |
| | | 35 | |
| | | 70 | |

**表 8-51　单级套管头规格型号**

| 型号 | 适应井深/m | 工作压力/MPa | 连接套管尺寸/mm(in) | 上部法兰规格(通径×压力)/mm×MPa | 侧口法兰规格(通径×压力)/mm×MPa | 垂直通径/mm | 总高度/mm | 质量/kg |
|---|---|---|---|---|---|---|---|---|
| TG9$\frac{5}{8}$×7-140 | 4500 | 140 | 244.5 (9$\frac{5}{8}$) | 280×140 | 52×140 | 225 | 600 | 2397 |
| TG9$\frac{5}{8}$×5$\frac{1}{2}$-140 | | | | | | | | |
| TG9$\frac{5}{8}$×7-105 | | 105 | | 280×105 | 52×105 | | 490 | 1897 |
| TG9$\frac{5}{8}$×5$\frac{1}{2}$-105 | | | | | | | | |
| TG9$\frac{5}{8}$×7-70 | | 70 | | 280×70 | 52×70 | | | 1197 |
| TG9$\frac{5}{8}$×5$\frac{1}{2}$-70 | | | | | | | | |
| TG9$\frac{5}{8}$×7-35 | | 35 | | 280×35 | 52×35 | | | 950 |
| TG9$\frac{5}{8}$×5$\frac{1}{2}$-35 | | | | | | | | |
| TG12$\frac{3}{4}$×9$\frac{5}{8}$-35 | | | 325.0 (12$\frac{3}{4}$) | 350×35 | 52×35 | 315 | 485 | |
| TG12$\frac{3}{4}$×7-35 | | | | | | | | |
| TG12$\frac{3}{4}$×5$\frac{1}{2}$-35 | | | | | | | | 1180 |
| TG13$\frac{3}{8}$×9$\frac{5}{8}$-35 | | | 339.7 (13$\frac{3}{8}$) | | | | | |
| TG13$\frac{3}{8}$×7-35 | | | | | | | | |
| TG13$\frac{3}{8}$×5$\frac{1}{2}$-35 | | | | | | | | 882 |
| TG13$\frac{3}{8}$×9$\frac{5}{8}$-70 | | 70 | | 350×70 | 52×70 | | | |
| TG13$\frac{3}{8}$×7-70 | | | | | | | | |
| TG13$\frac{3}{8}$×5$\frac{1}{2}$-70 | | | | | | | | |
| TG13$\frac{3}{8}$×5$\frac{1}{2}$-21 | | 21 | | 350×21 | 内螺纹丝堵 | | | 860 |
| TG13$\frac{3}{8}$×9$\frac{5}{8}$-105 | | 105 | 339.7 (13$\frac{3}{8}$) | 350×105 | 52×105 | 225 | 550 | 1897 |
| TG13$\frac{3}{8}$×7-105 | | | | | | | | |
| TG13$\frac{3}{8}$×5$\frac{1}{2}$-105 | | | | | | | | |
| TG13$\frac{3}{8}$×9$\frac{5}{8}$-140 | | 140 | 339.7 (13$\frac{3}{8}$) | 350×140 | 52×140 | 225 | 650 | 2397 |
| TG13$\frac{3}{8}$×7-140 | | | | | | | | |
| TG13$\frac{3}{8}$×5$\frac{1}{2}$-140 | | | | | | | | |

表 8-52　双级套管头基本参数

| 连接套管外径 | 悬挂套管外径 | | 下部本体额定工作压力/MPa | 下部本体垂直通径/mm | 上部本体额定工作压力/MPa | 上部本体垂直通径/mm |
|---|---|---|---|---|---|---|
| mm(in) | | | | | | |
| 单体式 | | | | | | |
| 339.7(13⅜) | 177.8(7) | 127.0(5)<br>139.7(5½) | 14 | 318 | 21 | 164 |
| | | | 21 | | 35 | |
| | | | 35 | | 70 | |
| | 244.5(9⅝) | 127.0(5)<br>139.7(5½)<br>177.8(7) | 14 | | 21 | 225 |
| | | | 21 | | 35 | |
| | | | 35 | | 70 | |
| | | | 21 | | 35 | |
| | | | 35 | | 70 | |
| 整体式 | | | | | | |
| 339.7(13⅜) | 244.5(9⅝) | 127.0(5)<br>139.7(5½)<br>177.8(7) | 14 | 330 | 21 | 344 |
| | | | 21 | | 35 | |
| | | | 35 | | 70 | |

表 8-53　双级套管头规格型号

| 型号 | 适用井深/m | 工作压力/MPa | | 连接套管尺寸/mm(in) | 中间法兰规格/mm | 上部法兰规格/mm | 侧口法兰规格/mm | | 垂直通径/mm | | 总高度/mm |
|---|---|---|---|---|---|---|---|---|---|---|---|
| | | 下部 | 上部 | | | | 下四通 | 上四通 | 下四通 | 上四通 | |
| TG13$\frac{3}{8}$×9$\frac{5}{8}$×7-35 | 6000 | 35 | 35 | 339.7 (13$\frac{3}{8}$) | 346.1 (13$\frac{5}{8}$) | 279.4 (11) | 52.4 | 52.4 | 315 | 228 | 1128 |
| TG13$\frac{3}{8}$×9$\frac{5}{8}$×7-70 | | | 70 | | | | | | | | |
| TG13$\frac{3}{8}$×9$\frac{5}{8}$×5$\frac{1}{2}$-35 | | | 35 | | | | | | | | |
| TG13$\frac{3}{8}$×9$\frac{5}{8}$×5$\frac{1}{2}$-70 | | | 70 | | | | | | | | |
| TG13$\frac{3}{8}$×9$\frac{5}{8}$×5$\frac{1}{2}$-105 | | | 105 | | | | | | | | |
| TG13$\frac{3}{8}$×7×5-35 | | | 35 | | | | | | | | |
| TG13$\frac{3}{8}$×7×5-70 | | | 70 | | | | | | | | |
| TG13$\frac{3}{8}$×9$\frac{5}{8}$×7-105 | | 70 | 105 | | | | | | | | 1228 |
| TG13$\frac{3}{8}$×9$\frac{5}{8}$×5$\frac{1}{2}$-105 | | | | | | | | | | | |
| TG13$\frac{3}{8}$×9$\frac{5}{8}$×7-140 | 7000 | 105 | 140 | | | | | | | | 1428 |
| TG13$\frac{3}{8}$×9$\frac{5}{8}$×5$\frac{1}{2}$-140 | | | | | | | | | | | |

**表 8-55　三级套管头基本参数**

| 连接套管外径/mm(in) | 悬挂套管外径/mm(in) 一级 | 悬挂套管外径/mm(in) 二级 | 悬挂套管外径/mm(in) 三级 | 下部本体额定工作压力/MPa | 下部本体垂直通径/mm | 中部本体额定工作压力/MPa | 中部本体垂直通径/mm | 上部本体额定工作压力/MPa | 上部本体垂直通径/mm |
|---|---|---|---|---|---|---|---|---|---|
| 339.7(13⅜) | 244.5(9⅝) | 177.8(7) | 127.0(5) | 14 | 318 | 14 | 230 | 21 | 164 |
| | | | | 14 | | 21 | | 35 | |
| | | | | 21 | | 35 | | 70 | |
| 406.4(16) | 339.7(13⅜) | | | 14 | 390 | 14 | 318 | 21 | |
| | | | | 14 | | 21 | | 35 | |
| | | | | 21 | | 35 | | 70 | |
| | | 244.5(9⅝) | 177.8(7)<br>139.7(5½) | 14 | | 14 | | 21 | 230 |
| | | | | 14 | | 21 | | 35 | |
| | | | | 21 | | 35 | | 70 | |
| 508(20) | | 177.8(7) | | 14 | 486 | 14 | | 21 | 164 |
| | | | | 14 | | 21 | | 35 | |
| | | | | 21 | | 35 | | 70 | |
| | | 244.5(9⅝) | 177.8(7)<br>139.7(5½) | 14 | | 14 | | 21 | 230 |
| | | | | 14 | | 21 | | 35 | |
| | | | | 21 | | 35 | | 70 | |

表 8-56 胜利昊瑞公司产热采套管头基本参数

| 表层套管外径/mm(in) | 悬挂套管外径/mm(in) | 额定工作压力/MPa | 370℃高温工作压力/MPa | 本体垂直通径/mm |
|---|---|---|---|---|
| 244. 5. 0(9⅝) | 139. 7(5½) | 21 | 14 | 226 |
| | | 35 | 21 | |
| 273. 0(10¾) | 139. 7(5½) | 21 | 14 | 253 |
| | | 35 | 21 | |
| | 177. 8(7) | 21 | 14 | |
| | | 35 | 21 | |
| 339. 7(13⅜) | 139. 7(5½) | 21 | 14 | 317 |
| | | 35 | 21 | |
| | 177. 8(7) | 21 | 14 | |
| | | 35 | 21 | |
| | 244. 5(9⅝) | 21 | 14 | |
| | | 35 | 21 | |

## 三、套管头井口安装

套管头井口安装如图 8-68 所示。

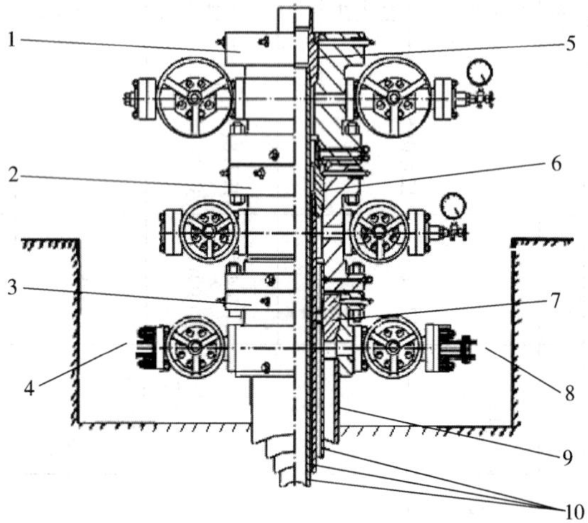


图 8-68 套管头井口安装

1—上部本体；2—中部本体；3—下部本体；4—接内防喷管线；5—上部悬挂器；6—中部悬挂器；7—下部悬挂器；8—接内防喷管线；9—连接套管；10—悬挂套管

# 第八节　钻井四通、法兰

## 一、钻井四通

钻井四通主要用于连接防喷器和套管头底法兰，侧出口连接节流与压井管汇。其基本结构如图 8-69 所示，其技术规范见表 8-57 和表 8-58。

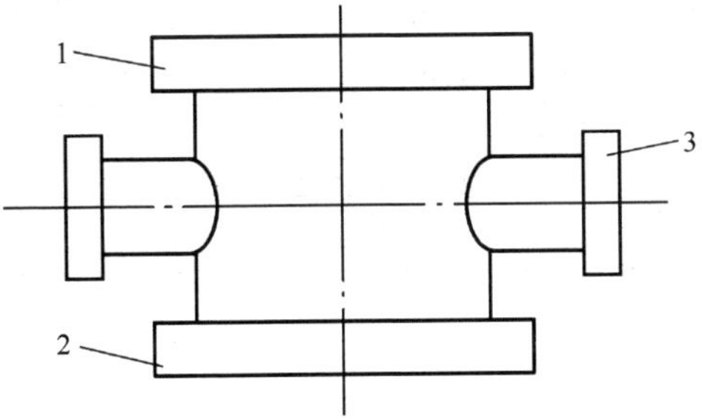


图 8-69　钻井四通基本结构

1—上部法兰；2—下部法兰；3—侧面法兰

**表 8-57　常用钻井四通技术规范**

| 钻井四通型号 | 外形尺寸/mm | | 垂直通径/mm(in) | 螺孔参数 | 侧法兰规格 | |
|---|---|---|---|---|---|---|
| | 高度 | 宽度 | | 数量×通径/个×mm | 法兰型号/mm×MPa | 钢圈 |
| FS18-21 | 494 | 675 | 180(7 1/16) | 12×32 | 65×21 | R27 |
| FS18-35 | 584 | 680 | | 12×39 | 65×35 | |
| FS18-70 | 550 | 700 | | 16×42 | 65×70 | BX153 |
| FS18-105 | 730 | 505 | | | 65×105 | |
| FS23-35 | 600 | 750 | 230(9) | 12×45 | 103×35 | R39 |
| FS28-35 | 650 | 950 | 280(11) | 12×51 | 103×35 | |
| FS28-70 | 700 | 895 | | 16×48 | 103×70 | BX155 |
| FS28-105 | 1000 | 815 | | 20×54 | 103×105 | |

续表

| 钻井四通型号 | 外形尺寸/mm | | 垂直通径/mm(in) | 螺孔参数 | 侧法兰规格 | |
|---|---|---|---|---|---|---|
| | 高度 | 宽度 | | 数量×通径/个×mm | 法兰型号/mm×MPa | 钢圈 |
| FS35-21 | 550 | 1050 | $346(13\frac{5}{8})$ | 20×39 | 103×21 | R37 |
| FS35-35 | 650 | 950 | | 16×45 | 103×35 | R39 |
| FS35-70 | 800<br>700 | 1050 | | 20×51 | 103×70 | BX155 |
| FS35-70(歇福尔) | 730 | 940 | | 20×52 | | |
| FS35-70(海德里) | 760 | 1010 | | 20×52 | | |
| FZ35-70(喀麦隆) | 700 | 1010 | | 20×52 | | |
| FS35-105 | 1020 | 885 | | 20×61 | 103×105 | |
| FS53-21 | 700 | 1120 | $527(20\frac{3}{4})$ | 20×54 | 103×21 | R37 |
| FS54-14 | 600 | 1060 | $540(21\frac{1}{4})$ | 24×45 | | |

## 二、法兰

1. 6B 型法兰

6B 型法兰结构及规格见图 8-70 及表 8-59~表 8-61。

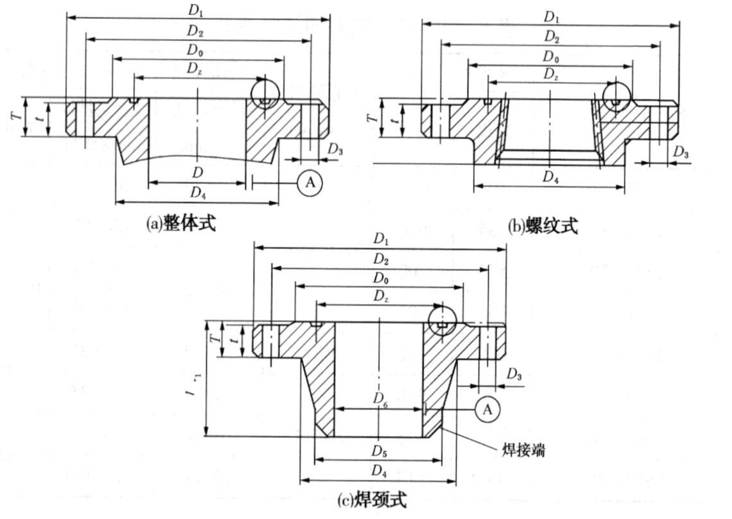


图 8-70　6B 型法兰结构

**表 8-58 华北荣盛产钻井四通技术规范**

| 钻井四通型号 | 外形尺寸/mm | | 垂直通径/mm(in) | 上法兰规格 | | 下法兰规格 | | 侧法兰规格 | |
|---|---|---|---|---|---|---|---|---|---|
| | 高度 | 宽度 | | 通径-压力-形式/mm-MPa-形式 | 垫环 | 通径-压力-形式/mm-MPa-形式 | 垫环 | 通径-压力-形式/mm-MPa-形式 | 垫环 |
| FS18-21 | 494 | 675 | 180(7⅙) | 18-21-6B | R45 | 18-21-6B | R45 | 65-21-6B | R27 |
| FS18-21 | 510 | 675 | | 18-21-6B | R45 | | | 65-21-6B | R27 |
| FS18-21 | 580 | 680 | | 18-21-6B | R45 | | | 80-21-6B | R31 |
| FS18-21 | 580 | 690 | | 18-21-6B | R45 | | | 103-21-6B | R37 |
| FS18-21/28-35 | 555 | 830 | | 28-35-6B | R54 | | | 52-35-6B | R24 |
| FS18-21/35-21 | 555 | 830 | | 35-21-6B | R57 | | | 80-21-6B | R31 |
| FS18-35 | 550 | 675 | | 18-35-6B | R46 | 18-35-6B | R46 | 65-35-6B | R27 |
| FS18-70 | 550 | 700 | | 18-70-6BX | BX156 | 18-70-6BX | BX156 | 65-70-6BX | BX153 |
| FS18-70/23-70 | 550 | 900 | | | BX156 | 23-70-6BX | BX157 | | |
| FS18-105 | 730 | 505 | | 18-105-6BX | BX156 | 18-105-6BX | BX156 | 65-105-6BX | BX153 |
| FS23-21 | 382 | 690 | 230(9) | 23-21-6B | R49 | 23-21-6B | R49 | 103-21-6B | R37 |
| FS23-35 | 600 | 750 | | 23-35-6B | R50 | 23-35-6B | R50 | 103-35-6B | R39 |
| FS23-70 | 620 | 950 | | 23-70-6BX | BX157 | 23-70-6BX | BX157 | 103-70-6BX | BX155 |
| FS23-70/28-70 | 635 | 950 | | | BX157 | 28-70-6BX | BX158 | | |
| FS23-70/35-70 | 670 | 1050 | | | BX157 | 35-70-6BX | BX159 | | |

续表

| 钻井四通型号 | 外形尺寸/mm | | 垂直通径/mm(in) | 上法兰规格 | | 下法兰规格 | | 侧法兰规格 | |
|---|---|---|---|---|---|---|---|---|---|
| | 高度 | 宽度 | | 通径-压力-形式/mm-MPa-形式 | 垫环 | 通径-压力-形式/mm-MPa-形式 | 垫环 | 通径-压力-形式/mm-MPa-形式 | 垫环 |
| FS28-21 | 550 | 830 | 280(11) | 28-21-6B | R53 | 28-21-6B | R53 | 103-21-6B | R37 |
| FS28-35 | 650 | 950 | | 28-35-6B | R54 | 28-35-6B | R54 | 103-35-6B | R39 |
| FS28-70 | 700 | 895 | | 28-70-6BX | BX158 | 28-70-6BX | BX158 | 103-70-6BX | BX155 |
| FS28-105 | 1000 | 815 | | 28-105-6BX | BX158 | 28-105-6BX | BX158 | 103-105-6BX | BX155 |
| FS28-140 | 1280 | 885 | | 28-140-6BX | BX158 | 28-140-6BX | BX158 | 103-140-6BX | BX155 |
| FS35-21 | 550 | 1050 | 346(13⅝) | 35-21-6B | R57 | 35-21-6B | R57 | 103-21-6B | R37 |
| FS35-35 | 650 | 950 | | 35-35-6BX | BX160 | 35-35-6BX | BX160 | 103-35-6B | R39 |
| FS35-70 | 800 | 1050 | | 35-70-6BX | BX159 | 35-70-6BX | BX159 | 103-70-6BX | BX155 |
| FS35-70 | 700 | | | | | | | | |
| FS35-105 | 1020 | 885 | | 35-105-6BX | BX159 | 35-105-6BX | BX159 | 103-105-6BX | BX155 |
| FS43-21 | 626 | 1030 | 425(16¾) | 43-21-6B | R66 | 43-21-6B | R66 | 103-70-6BX | BX155 |
| FS43-35 | 700 | 1100 | | 43-35-6BX | BX162 | 43-35-6BX | BX162 | 80-35-6B | R35 |
| FS48-35 | 900 | 1350 | 476(18¾) | 48-35-6BX | BX163 | 48-35-6BX | BX163 | 103-35-6B | R39 |
| FS53-21 | 700 | 1120 | 527(20¾) | 53-21-6B | R74 | 53-21-6B | R74 | 103-21-6B | R37 |
| FS54-14 | 600 | 1060 | 540(21¼) | 54-14-6B | R73 | 54-14-6B | R73 | | |
| FS54-35 | 912 | 1510 | 540(21¼) | 54-35-6BX | BX165 | 54-35-6BX | BX165 | 103-35-6B | R39 |
| FS54-70 | 1050 | 1145 | 540(21¼) | 54-70-6BX | BX165 | 54-70-6BX | BX165 | 78-70-6B | BX154 |
| FS68-14 | 1000 | 1500 | 679(26¾) | 68-14-6BX | BX167 | 68-14-6BX | BX167 | 180-21-6B | R45 |
| FS68-21 | 902 | 1370 | 679(26¾) | 68-21-6BX | BX167 | 68-21-6BX | BX167 | 180-21-6B | R45 |

表 8-59　额定工作压力 14MPa 6B 型法兰规格

| 标称尺寸和孔径/mm(in) | | 52 (2¹⁄₁₆) | 65 (2⁹⁄₁₆) | 79 (3⅛) | 103 (4¹⁄₁₆) | 130 (5⅛) | 179 (7¹⁄₁₆) | 228 (9) | 279 (11) | 346 (13⅝) | 425 (16¾) | 540 (21¼) |
|---|---|---|---|---|---|---|---|---|---|---|---|---|
| 法兰基本尺寸/mm | 法兰最大孔径 $D_{max}$ | 53.2 | 65.9 | 81.8 | 108.7 | 131.0 | 181.8 | 229.4 | 280.2 | 346.9 | 426.2 | 540.5 |
| | 外径 $D_1$ | 165 | 190 | 210 | 275 | 330 | 355 | 420 | 510 | 560 | 685 | 815 |
| | 法兰总厚 $T$ | 33.4 | 36.6 | 39.7 | 46.1 | 52.4 | 55.6 | 63.5 | 71.5 | 74.7 | 84.2 | 98.5 |
| | 法兰盘厚 $t$ | 25.4 | 28.6 | 31.8 | 38.1 | 44.5 | 47.6 | 55.6 | 63.5 | 66.7 | 76.2 | 88.9 |
| | 螺柱孔分布圆直径 $D_2$ | 127.0 | 149.2 | 168.3 | 215.9 | 266.7 | 292.1 | 349.3 | 431.8 | 489.0 | 603.2 | 723.9 |
| | 螺柱孔直径 $D_3$ | 20 | 23 | 23 | 26 | 29 | 29 | 32 | 35 | 35 | 42 | 45 |
| | 颈部直径 $D_4$ | 84 | 100 | 117 | 152 | 189 | 222 | 273 | 343 | 400 | 495 | 610 |
| 螺栓 | 数量 | 8 | | | | | 12 | | 16 | 20 | | 24 |
| | 螺纹规格/mm(in) | M16 (⅝) | M20 (¾) | | M22 (⅞) | M27 (1) | | M30×3 (1⅛) | M33×3 (1¼) | | M39×3 (1½) | M42×3 (1⅝) |
| | 长度 $L$/mm | 115 | 125 | 135 | 150 | 170 | 180 | 205 | 220 | 230 | 260 | 300 |
| 垫环号 R 或 RX | | 23 | 26 | 31 | 37 | 41 | 45 | 49 | 53 | 57 | 65 | 73 |

表 8-60　额定工作压力 21MPa 6B 型法兰规格

| 标称尺寸和孔径/mm(in) | | 52 ($2\frac{1}{16}$) | 65 ($2\frac{9}{16}$) | 79 ($3\frac{1}{8}$) | 103 ($4\frac{1}{16}$) | 130 ($5\frac{1}{8}$) | 179 ($7\frac{1}{16}$) | 228 (9) | 279 (11) | 346 ($13\frac{5}{8}$) | 425 ($16\frac{3}{4}$) | 527 ($20\frac{3}{4}$) |
|---|---|---|---|---|---|---|---|---|---|---|---|---|
| 法兰基本尺寸/mm | 法兰最大孔径 $D_{max}$ | 53.2 | 65.9 | 81.8 | 108.7 | 131.0 | 181.8 | 229.4 | 280.2 | 346.9 | 426.2 | 527.8 |
| | 外径 $D_1$ | 215 | 245 | 240 | 290 | 350 | 380 | 470 | 545 | 610 | 705 | 855 |
| | 法兰总厚 $T$ | 46.1 | 49.3 | 46.1 | 52.4 | 58.8 | 63.5 | 71.5 | 77.8 | 87.4 | 100.1 | 120.7 |
| | 法兰盘厚 $t$ | 38.1 | 41.3 | 38.1 | 44.4 | 50.8 | 55.6 | 63.5 | 69.9 | 79.4 | 88.9 | 108.0 |
| | 螺柱孔分布圆直径 $D_2$ | 165.1 | 190.5 | | 235.0 | 279.4 | 317.5 | 393.7 | 469.9 | 533.4 | 616.0 | 749.3 |
| | 螺柱孔直径 $D_3$ | 26 | 29 | 26 | 32 | 35 | 32 | 39 | | | 45 | 54 |
| | 颈部直径 $D_4$ | 104.8 | 123.8 | 127.0 | 158.8 | 190.5 | 235.0 | 298.5 | 368.3 | 419.1 | 508.0 | 622.3 |
| 螺栓 | 数量 | 8 | | | | | 12 | | 16 | 20 | | |
| | 螺纹规格/mm(in) | M22 (7/8) | M27 (1) | M22 (7/8) | M30×3 ($1\frac{1}{8}$) | M33×3 ($1\frac{1}{4}$) | M30×3 ($1\frac{1}{8}$) | M36×3 ($1\frac{3}{8}$) | | | M42×3 ($1\frac{5}{8}$) | M52×3 (2) |
| | 长度 $L$/mm | 150 | 165 | 150 | 180 | 195 | 205 | 230 | 240 | 260 | 300 | 370 |
| 垫环号 R 或 RX | | 24 | 27 | 31 | 37 | 41 | 45 | 49 | 53 | 57 | 66 | 74 |

表 8-61　额定工作压力 35MPa 6B 型法兰规格

| 标称尺寸和孔径/mm(in) | | 52 (2 1/16) | 65 (2 9/16) | 79 (3 1/8) | 103 (4 1/16) | 130 (5 1/8) | 179 (7 1/16) | 228 (9) | 279 (11) |
|---|---|---|---|---|---|---|---|---|---|
| 法兰基本尺寸/mm | 法兰最大孔径 $D_{max}$ | 53.2 | 65.9 | 81.8 | 108.7 | 131.0 | 181.8 | 229.4 | 280.2 |
| | 外径 $D_1$ | 215 | 245 | 265 | 310 | 375 | 395 | 485 | 585 |
| | 法兰总厚 $T$ | 46.1 | 49.3 | 55.6 | 62.0 | 81.0 | 92.1 | 103.2 | 119.1 |
| | 法兰盘厚 $t$ | 38.1 | 41.3 | 47.7 | 54.0 | 73.1 | 82.6 | 92.1 | 108.0 |
| | 螺柱孔分布圆直径 $D_2$ | 165.1 | 190.5 | 203.2 | 241.3 | 292.1 | 317.5 | 393.7 | 482.6 |
| | 螺柱孔直径 $D_3$ | 26 | 29 | 32 | 35 | 42 | 39 | 45 | 51 |
| | 颈部直径 $D_4$ | 104.8 | 123.8 | 133.3 | 161.9 | 196.8 | 228.6 | 292.1 | 368.3 |
| 螺栓 | 数量 | 8 | | | | | 12 | | |
| | 螺纹规格/mm(in) | M22 (7/8) | M27 (1) | M30×3 (1 1/8) | M33×3 (1 1/4) | M39×3 (1 1/2) | M36×3 (1 3/8) | M42×3 (1 5/8) | M48×3 (1 7/8) |
| | 长度 $L$/mm | 150 | 165 | 185 | 205 | 255 | 275 | 305 | 350 |
| 垫环号 R 或 RX | | 24 | 27 | 35 | 39 | 44 | 46 | 50 | 54 |

2. 6BX 型法兰

6BX 型法兰结构及规格见图 8-71 及表 8-62~表 8-65。

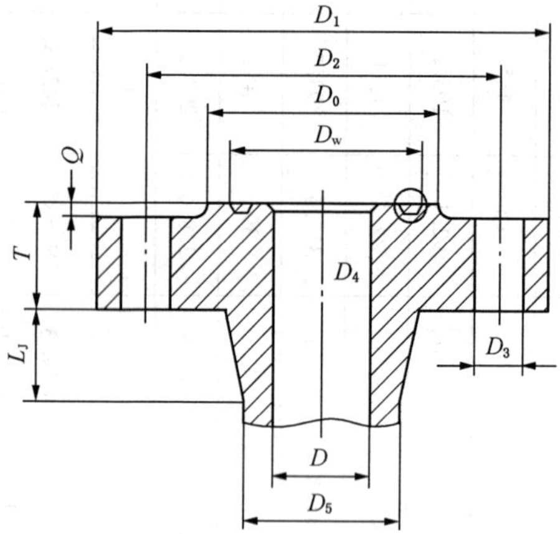


(a) 整体式法兰

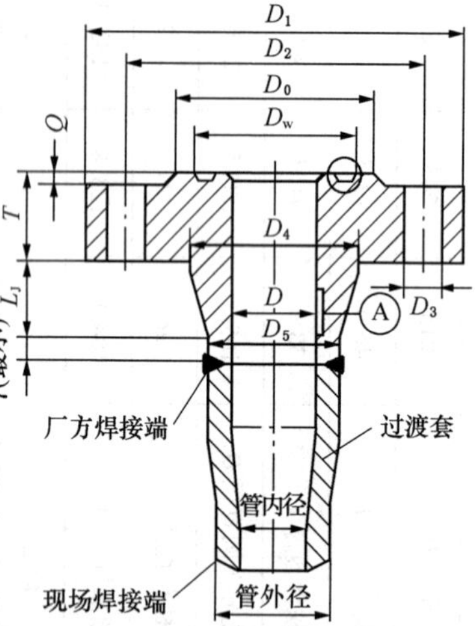


(b) 焊接法兰

图 8-71　6BX 型法兰结构

表 8-62　额定工作压力 14MPa、21MPa、35MPa 6BX 型法兰规格

| 标称尺寸和孔径/mm(in) | | 4 MPa | 679 (26¾) | 762 (30) | 21 MPa | 679 (26¾) | 762 (30) | 35 MPa | 346 (13⅝) | 425 (16¾) | 476 (18¾) | 540 (21¼) |
|---|---|---|---|---|---|---|---|---|---|---|---|---|
| 法兰基本尺寸/mm | 法兰最大孔径 $D_{max}$ | | 680.2 | 762.8 | | 680.2 | 762.8 | | 346.9 | 426.2 | 477.0 | 540.5 |
| | 外径 $D_1$ | | 1040 | 1120 | | 1100 | 1185 | | 675 | 770 | 905 | 990 |
| | 法兰总厚 $T$ | | 126.3 | 134.2 | | 161.2 | 167.1 | | 112.8 | 130.2 | 165.9 | 181.0 |
| | 螺柱孔分布圆直径 $D_2$ | | 952.5 | 1039.8 | | 1000.1 | 1090.6 | | 590.6 | 676.3 | 803.3 | 885.8 |
| | 螺柱孔直径 $D_3$ | | 48 | 45 | | 54 | 51 | | 45 | 51 | 54 | |
| | 颈部大径 $D_4$ | | 835.8 | 931.9 | | 870.0 | 970.0 | | 481.0 | 555.6 | 674.7 | 758.8 |
| | 颈部小径 $D_5$(最小) | | 743.0 | 833.0 | | 776.3 | 871.1 | | 423.9 | 527.1 | 598.5 | 679.5 |
| | 颈部长度 $L_j$(最小) | | 185.7 | 196.9 | | 185.7 | 196.9 | | 114.3 | 76.2 | 152.4 | 165.1 |
| 双头螺栓 | 数量 | | 20 | 32 | | 24 | 32 | | 16 | | 20 | 24 |
| | 螺纹规格/mm(in) | | M45×3 (1¾) | M42×3 (1⅝) | | M52×3 (2) | M48×3 (1⅞) | | M42×3 (1⅝) | M48×3 (1⅞) | M52×3 (2) | |
| | 长度 $L$/mm | | 135 | 138 | | 430 | 450 | | 315 | 370 | 445 | 480 |
| 垫环号 BX | | | 151 | 152 | | 168 | 303 | | 160 | 162 | 163 | 165 |

表 8-63　额定工作压力 70MPa 6BX 型法兰规格

| 标称尺寸和孔径/mm(in) | | 46 (1¹³⁄₁₆) | 52 (2¹⁄₁₆) | 65 (2⁹⁄₁₆) | 78 (3¹⁄₁₆) | 103 (4¹⁄₁₆) | 130 (5¹⁄₈) | 179 (7¹⁄₁₆) | 228 (9) | 279 (11) | 346 (13⁵⁄₈) | 425 (16³⁄₄) | 476 (18³⁄₄) | 540 (21¹⁄₄) |
|---|---|---|---|---|---|---|---|---|---|---|---|---|---|---|
| 法兰基本尺寸/mm | 法兰最大孔径 $D_{max}$ | 46.8 | 53.2 | 65.9 | 78.6 | 104.0 | 131.0 | 180.2 | 229.4 | 280.2 | 346.9 | 426.2 | 477.0 | 540.5 |
| | 外径 $D_1$ | 185 | 200 | 230 | 270 | 315 | 360 | 480 | 550 | 655 | 770 | 870 | 1040 | 1145 |
| | 法兰总厚 $T$ | 42.1 | 44.1 | 51.2 | 58.4 | 70.3 | 79.4 | 103.2 | 123.9 | 141.3 | 168.3 | | 223.1 | 241.3 |
| | 螺柱孔分布圆直径 $D_2$ | 146.1 | 158.8 | 184.2 | 215.9 | 258.8 | 300.0 | 403.2 | 476.3 | 565.2 | 673.1 | 776.3 | 925.5 | 1022.4 |
| | 螺柱孔直径 $D_3$ | 23 | | 26 | 29 | 32 | | 42 | | 48 | 51 | | 61 | 67 |
| | 颈部大径 $D_4$ | 88.9 | 100.0 | 120.7 | 142.1 | 182.6 | 223.8 | 301.6 | 374.7 | 450.9 | 552.5 | 655.6 | 752.5 | 847.7 |
| | 颈部小径 $D_5$(最小) | 65.1 | 74.7 | 92.1 | 110.2 | 146.1 | 182.6 | 254.0 | 327.1 | 400.1 | 495.3 | 601.7 | 674.7 | 762.0 |
| | 颈部长度 $L_j$(最小) | 48.5 | 51.6 | 57.2 | 63.5 | 73.1 | 81.0 | 95.3 | 93.7 | 103.2 | 114.3 | 76.2 | 155.6 | 165.1 |
| 双头螺栓 | 数量 | 8 | | | | | 12 | | 16 | | 20 | 24 | | |
| | 螺纹规格/mm(in) | M20 (3/4) | | M22 (7/8) | M27 (1) | M30×3 (1¹⁄₈) | | M39×3 (1¹⁄₂) | | M45×3 (1³⁄₄) | M48×3 (1⁷⁄₈) | | M58×3 (2¹⁄₄) | M64×3 (2¹⁄₂) |
| | 长度 $L$/mm | 125 | 130 | 150 | 170 | 205 | 220 | 285 | 330 | 380 | 440 | 445 | 570 | 620 |
| 垫环号 BX | | 151 | 152 | 153 | 154 | 155 | 169 | 156 | 157 | 158 | 159 | 162 | 164 | 166 |

**表 8-64　额定工作压力 105MPa 6BX 型法兰规格**

| 标称尺寸和孔径/mm(in) | | 46 (1 13/16) | 52 (2 1/16) | 65 (2 9/16) | 78 (3 1/16) | 103 (4 1/16) | 130 (5 1/8) | 179 (7 1/16) | 228 (9) | 279 (11) | 346 (13 5/8) | 476 (18 3/4) |
|---|---|---|---|---|---|---|---|---|---|---|---|---|
| 法兰基本尺寸/mm | 整体法兰最大孔径 $D_{max}$ | 46.8 | 53.2 | 65.9 | 78.6 | 104.0 | 131.0 | 180.2 | 229.4 | 280.2 | 346.9 | 477.0 |
| | 外径 $D_1$ | 210 | 220 | 255 | 290 | 360 | 420 | 505 | 650 | 815 | 885 | 1160 |
| | 法兰总厚 $T$ | 45.3 | 50.8 | 57.2 | 64.3 | 78.6 | 98.5 | 119.1 | 146.1 | 187.4 | 204.8 | 255.6 |
| | 螺柱孔分布圆直径 $D_2$ | 160.3 | 174.6 | 200.0 | 230.2 | 290.5 | 342.9 | 428.6 | 552.4 | 711.2 | 771.5 | 1016.0 |
| | 螺柱孔直径 $D_3$ | 26 | | 29 | 32 | 39 | 42 | | 51 | 54 | 61 | 80 |
| | 颈部大径 $D_4$ | 97.6 | 111.1 | 128.6 | 154.0 | 195.3 | 244.5 | 325.4 | 431.8 | 584.2 | 595.3 | 812.8 |
| | 颈部小径 $D_5$ | 7[illegible].4 | 82.5 | 100.0 | 122.2 | 158.7 | 200.0 | 276.2 | 349.2 | 427.0 | 528.6 | 730.2 |
| | 颈部长度 $L_j$ | 47.6 | 54.0 | 57.1 | 63.5 | 73.0 | 81.8 | 92.1 | 123.8 | 235.7 | 114.3 | 155.6 |
| 螺栓 | 数量 | 8 | | | | | 12 | 16 | | 20 | | |
| | 螺纹规格/mm(in) | M22 (7/8) | | M27 (1) | M30×3 (1 1/8) | M36×3 (1 3/8) | M39×3 (1 1/2) | | M48×3 (1 7/8) | M52×3 (2) | M58×3 (2 1/4) | M76×3 (3) |
| | 长度 $L$/mm | 140 | 150 | 170 | 190 | 235 | 290 | 325 | 400 | 490 | 540 | 680 |
| 垫环号 BX | | 151 | 152 | 153 | 154 | 155 | 169 | 156 | 157 | 158 | 159 | 164 |

**表 8-65　额定工作压力 140MPa 6BX 型法兰规格**

| 标称尺寸和孔径/mm(in) | | 46<br>($1\frac{13}{16}$) | 52<br>($2\frac{1}{16}$) | 65<br>($2\frac{9}{16}$) | 78<br>($3\frac{1}{16}$) | 103<br>($4\frac{1}{16}$) | 179<br>($7\frac{1}{16}$) | 228<br>(9) | 279<br>(11) | 346<br>($13\frac{5}{8}$) |
|---|---|---|---|---|---|---|---|---|---|---|
| 法兰基本尺寸/mm | 法兰最大孔径 $D_{max}$ | 46.8 | 53.2 | 65.9 | 78.6 | 104.0 | 180.2 | 229.4 | 280.2 | 346.9 |
| | 外径 $D_1$ | 255 | 285 | 325 | 355 | 445 | 655 | 805 | 885 | 1160 |
| | 法兰总厚 $T$ | 63.5 | 71.5 | 79.4 | 85.8 | 106.4 | 165.1 | 204.8 | 223.9 | 292.1 |
| | 螺柱孔分布圆直径 $D_2$ | 203.2 | 230.2 | 261.9 | 287.3 | 357.2 | 554.0 | 685.8 | 749.3 | 1016.0 |
| | 螺柱孔直径 $D_3$ | 29 | 32 | 35 | 39 | 48 | 54 | 67 | 74 | 80 |
| | 颈部大径 $D_4$ | 133.4 | 154.0 | 173.0 | 192.1 | 242.9 | 385.8 | 481.0 | 566.7 | 693.7 |
| | 颈部小径 $D_5$ | 109.5 | 127.0 | 144.5 | 160.3 | 206.4 | 338.1 | 428.6 | 508.0 | 628.6 |
| | 颈部长度 $L_j$ | 49.2 | 52.4 | 58.7 | 63.5 | 73.0 | 96.8 | 107.9 | 103.2 | 133.3 |
| 螺栓 | 数量 | 8 | | | | | 16 | | | 20 |
| | 螺纹规格/mm(in) | M27<br>(1) | M30×3<br>($1\frac{1}{8}$) | M33×3<br>($1\frac{1}{4}$) | M36×3<br>($1\frac{3}{8}$) | M45×3<br>($1\frac{3}{4}$) | M52×3<br>(2) | M64×3<br>($2\frac{1}{2}$) | M70×3<br>($2\frac{3}{4}$) | M76×3<br>(3) |
| | 长度 $L$/mm | 190 | 210 | 235 | 255 | 310 | 445 | 570 | 605 | 760 |
| 垫环号 BX | | 151 | 152 | 153 | 154 | 155 | 156 | 157 | 158 | 159 |

3. 6B 型和 6BX 型盲板法兰

6B 型盲板法兰规格尺寸和 6B 型法兰相同，6BX 型盲板法兰规格尺寸和 6BX 型法兰相同。盲板法兰结构如图 8-72 所示，6BX 型盲板法兰参数见表 8-66。

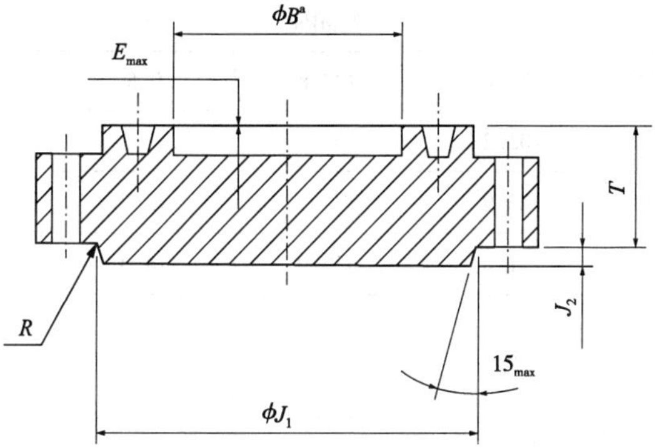


图 8-72 盲板法兰结构

**表 8-66 6BX 型盲板法兰参数**

| 标称通径和孔径 $B$ | | 法兰盘厚 $T^{+3}_{0}$ | 法兰直径 $J_{1-3}^{\ 0}$ | 沉孔深 $E$ | 法兰附加厚度 $J_{2\min}$ |
|---|---|---|---|---|---|
| mm | in | mm | | | |
| 14MPa | | | | | |
| 679 | 26¾ | 126.3 | 835.8 | 21.4 | 9.7 |
| 762 | 30 | 134.2 | 931.9 | 23.0 | 17.5 |
| 21MPa | | | | | |
| 679 | 26¾ | 161.2 | 870.0 | 21.4 | 0 |
| 762 | 30 | 167.1 | 970.0 | 23.0 | 12.7 |
| 35MPa | | | | | |
| 346 | 13⅝ | 112.8 | 481.1 | 14.3 | 23.9 |
| 425 | 16¾ | 130.2 | 555.8 | 8.3 | 17.5 |
| 476 | 18¾ | 165.9 | 674.7 | 18.3 | 19.1 |

续表

| 标称通径和孔径 $B$ | | 法兰盘厚 $T^{+3}_{0}$ | 法兰直径 $J_{1-3}^{\ 0}$ | 沉孔深 $E$ | 法兰附加厚度 $J_{2\min}$ |
|---|---|---|---|---|---|
| 540 | 21¼ | 181.0 | 758.8 | 19.1 | 22.4 |
| 70MPa | | | | | |
| 130 | 5⅛ | 79.4 | 223.8 | 9.5 | 6.4 |
| 179 | 7$\frac{1}{16}$ | 103.2 | 301.8 | 11.1 | 9.7 |
| 228 | 9 | 123.9 | 374.7 | 12.7 | |
| 279 | 11 | 141.3 | 450.9 | 14.3 | 14.2 |
| 346 | 13⅝ | 168.3 | 552.5 | 15.9 | 17.5 |
| 425 | 16¾ | | 655.6 | 8.3 | 30.2 |
| 476 | 18¾ | 223.1 | 752.3 | 18.3 | 25.4 |
| 540 | 21¼ | 241.3 | 847.9 | 19.1 | 31.8 |
| 105MPa | | | | | |
| 130 | 5⅛ | 98.5 | 244.5 | 9.5 | 6.4 |
| 179 | 7$\frac{1}{16}$ | 119.1 | 325.4 | 11.1 | 7.9 |
| 228 | 9 | 146.1 | 431.8 | 12.7 | 14.2 |
| 279 | 11 | 187.4 | 584.2 | 14.3 | 12.7 |
| 346 | 13⅝ | 204.8 | 595.3 | 15.9 | 17.5 |
| 476 | 18¾ | 255.6 | 812.8 | 18.3 | 35.1 |
| 140MPa | | | | | |
| 179 | 7$\frac{1}{16}$ | 165.1 | 385.8 | 11.1 | 7.9 |
| 228 | 9 | 204.8 | 481.1 | 12.7 | 6.4 |
| 279 | 11 | 223.9 | 566.7 | 14.3 | 12.7 |
| 346 | 13⅝ | 292.1 | 693.7 | 15.9 | 14.2 |

# 第九节　钻井液气体分离器

钻井液气体分离器(液气分离器)是将井内气侵钻井液中的气体进行脱气处理的专用装备，与节流、压井管汇配套使用。

## 一、结构及工作原理

1. 结构

钻井液气体分离器分为气控型和U形管型两种。气控型钻井液气体分离器主要由底座、分离器总成、液位控制机构、空气过滤减压阀、气动调节蝶阀、二位五通换向阀、安全阀、配套管线等组成。U形管型钻井液气体分离器由升降底座、运输支架、分离器总成、进出口管线、液位控制机构、压力表、安全阀等构成。钻井液气体分离器结构如图8-73所示，其规格见表8-67。

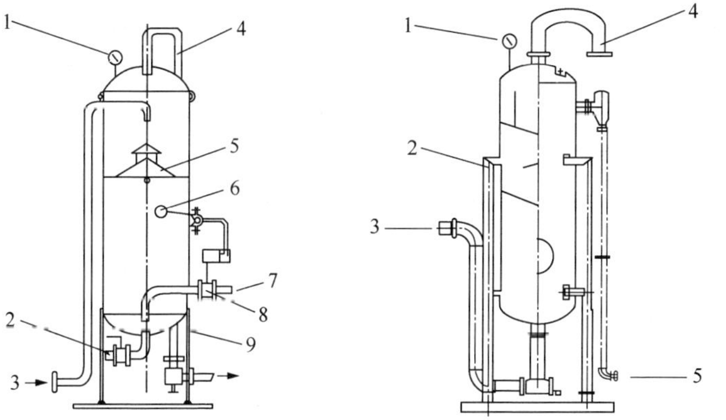


(a)气控型钻井液气体分离器

1—压力表；2—排污管；3—进液管线；4—排气管线；5—障板；6—浮球；7—排液口；8—气动蝶阀；9—支架

(b)U形管型钻井液气体分离器

1—压力表；2—支撑架；3—排液口；4—排气管线；5—进液管线

图8-73　钻井液气体分离器结构

表 8-67　钻井液气分离器规格

| 型　号 | 分离室直径/mm | 额定工作压力/MPa | 最大钻井液处理量/($m^3/h$) | 最大气体处理量(标况)/($m^3/h$) | 进液管连接形式 | 进液管直径/mm(in) | 出液口控制形式 | 出液管直径/mm(in) | 排气管连接形式 | 排气管直径/mm(in) | 结构形式 |
|---|---|---|---|---|---|---|---|---|---|---|---|
| NQF800/0.9 | 800 | 0.9 | 33 | 5000 | 由壬 | 103($4\frac{1}{16}$) | 气动蝶阀/U形管 | 150(6) | 法兰 | 203(8) | 立式 |
| NQF800/1.0 | 800 | 1.0 | 33 | 5000 | 由壬 | 103($4\frac{1}{16}$) | 气动蝶阀/U形管 | 100(4) | 法兰 | 203(8) | 立式 |
| NQF800/1.0 | 800 | 1.0 | 33 | 5000 | 法兰 | 103($4\frac{1}{16}$) | 气动蝶阀/U形管 | 203(8) | 法兰 | 150(6) | 立式 |
| NQF1000/1.6 | 1000 | 1.6 | 53 | 7500 | 由壬 | 103($4\frac{1}{16}$) | 气动蝶阀/U形管 | 250(10) | 法兰 | 203(8) | 立式 |
| NQF1200/0.7 | 1200 | 0.7 | 190 | 5000 | 由壬 | 103($4\frac{1}{16}$) | 气动蝶阀/U形管 | 245(9) | 法兰 | 245(9) | 立式 |
| NQF1200/1.6 | 1200 | 1.6 | 100 | 9000 | 法兰 | 150(6) | 气动蝶阀/U形管 | 150(6) | 法兰 | 203(8) | 立式 |

续表

| 型　号 | 分离室直径/mm | 额定工作压力/MPa | 最大钻井液处理量/($m^3/h$) | 最大气体处理量(标况)/($m^3/h$) | 进液管连接形式 | 进液管直径/mm(in) | 出液口控制形式 | 出液管直径/mm(in) | 排气管连接形式 | 排气管直径/mm(in) | 结构形式 |
|---|---|---|---|---|---|---|---|---|---|---|---|
| NQF1200/1.6 | 1200 | 1.6 | 100 | 9000 | 法兰 | 150(6) | 气动蝶阀/U形管 | 203(8) | 法兰 | 203(8) | 立式 |
| NQF1200/1.6 | 1200 | 1.6 | 100 | 9000 | 法兰 | 100(4) | 气动蝶阀/U形管 | 250(10) | 法兰 | 203(8) | 立式 |
| NQF1200/2.5 | 1200 | 2.5 | 100 | 9000 | 法兰 | 100(4) | 气动蝶阀/U形管 | 203(8) | 法兰 | 203(8) | 立式 |
| NQF1200/4.0 | 1200 | 4.0 | 100 | 9000 | 法兰 | 150(6) | 气动蝶阀/U形管 | 203(8) | 法兰 | 203(8) | 立式 |
| NQF1400/1.0 | 1400 | 1.0 | 140 | 10800 | 法兰 | 150(6) | 气动蝶阀/U形管 | 250(10) | 法兰 | 250(10) | 立式 |
| NQF1400/4.0 | 1400 | 4.0 | 333 | 6125 | 法兰 | 152(6) | 气动蝶阀/U形管 | 250(10) | 法兰 | 203(8) | 立式 |

2. 工作原理

从井内喷出的含气钻井液经节流管汇进入分离器上部，由于重力作用，液体下沉、气体上浮，气体与液体得到初次分离。初次分离后的钻井液流经分离板，并再次分离。分离出的气体从分离器顶部经排气管排出，脱气钻井液落入分离器底部，经排液管流回循环罐。安装在分离器中部的液位控制机构(U形管控制机构)，通过二位五通气阀来开、关气动蝶阀(U形管液位)，保持分离器内的液面高度，控制钻井液从排液管排出。

## 二、安全使用

1. 安装调试

钻井液气体分离器安装如图8-74所示。流程合理，各部分固定牢固。出气管从分离器接至井场外，排液管接至钻井液循环罐。

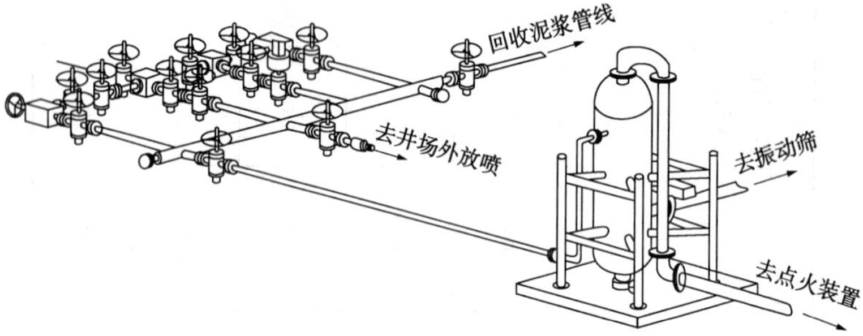


图8-74 钻井液气体分离器安装

将接入空气过滤减压阀的输入压力调整至0.65～0.80MPa，将输出压力调整至0.40～0.50MPa。注清水于分离器中，直至液位控制机构产生动作、排液管开始排水。

根据压力级别试压，达到产品试压要求。

2. 使用操作

发生井涌时，应及时关井。井内喷出液气混合物经节流阀控制后，进入进液管。观察管线振动、晃动情况，控制节流阀，确保排气管排出的是纯气体，回流钻井液含气量低。当需要放喷而不使用钻井液气体分离器时，关闭钻井液气体分离器与节流管汇相连的平板阀，防止钻井液进入钻井液气体分离器。

当停止使用钻井液气体分离器时，关闭钻井液气体分离器与节流管汇相连的平板阀，并打开钻井液气体分离器底部的手动蝶阀进行排污，排放掉钻井液气体分离器内残留的钻井液。

## 第十节　钻具内防喷工具

钻具内防喷工具主要有方钻杆旋塞阀、钻具止回阀、旁通阀等，用于隔断井内钻具内部与地面管线的连通、防止钻井液反向流动或建立循环等。

### 一、方钻杆旋塞阀

1. 普通旋塞阀

上旋塞连接于方钻杆上部，为左旋螺纹；下旋塞连接于方钻杆下部，为右旋螺纹。上、下旋塞内部结构相同，均是球阀。方钻杆旋塞阀结构如图 8-75 所示，方钻杆旋塞阀技术规格见表 8-68~表 8-71。

方钻杆旋塞阀使用要求：方钻杆旋塞阀内径应大于或等于方钻杆内径，额定工作压力应与防喷器额定压力一致。方钻杆旋塞阀扳手应可靠、好用，并放于钻台方便取用的位置。

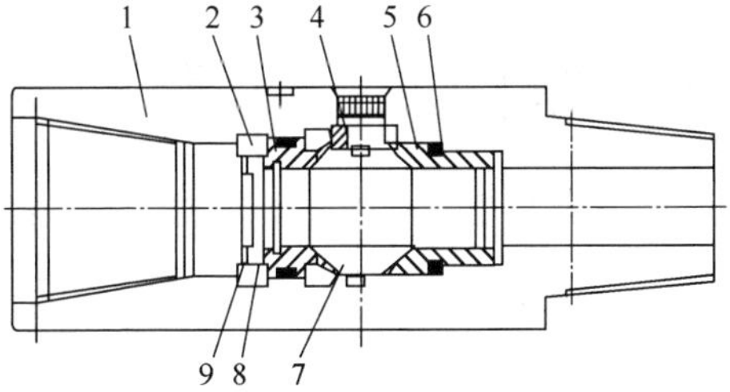


图 8-75　方钻杆旋塞阀结构

1—阀体；2—挡块；3—上阀室；4—旋塞；5—下阀室；6—片簧；7—阀球；8—内层环；9—弹性挡圈

**表 8-68　四方方钻杆上部旋塞阀技术规格**

| 方钻杆规格/mm(in) | 连接扣型规格 | | 外径/mm(in) | | 最小孔径/mm(in) | | | |
|---|---|---|---|---|---|---|---|---|
| | | | ±0.8(±1/32) | ±0.8(±1/32) | 最大工作压力 35MPa | | 最大工作压力 70MPa 和 105MPa | |
| | 标准 | 选用 | 标准 | 选用 | 标准连接 | 选用连接 | 标准连接 | 选用连接 |
| 63.5(2½) | 6⅝in REG | 4½in REG | 196.9(7⅞) | 146.0(5¾) | 76.2(3) | 50.8(2) | 63.5(2½) | 44.4(1¾) |
| 76.2(3) | 6⅝in REG | 4½in REG | 196.9(7⅞) | 146.0(5¾) | 76.2(3) | 50.8(2) | 63.5(2½) | 44.4(1¾) |
| 88.9(3½) | 6⅝in REG | 4½in REG | 196.9(7⅞) | 146.0(5¾) | 76.2(3) | 50.8(2) | 63.5(2½) | 44.4(1¾) |
| 108.0(4¼) | 6⅝in REG | 4½in REG | 196.9(7⅞) | 146.0(5¾) | 76.2(3) | 50.8(2) | 63.5(2½) | 44.4(1¾) |
| 133.4(5¼) | 6⅝in REG | — | 196.9(7⅞) | — | 76.2(3) | — | 63.5(2½) | — |
| 140.0(5½) | 6⅝in REG | — | 196.9(7⅞) | — | 76.2(3) | — | 63.5(2½) | — |
| 152.4(6) | 6⅝in REG | — | 196.9(7⅞) | — | 76.2(3) | — | 63.5(2½) | — |

**表 8-69　六方方钻杆上部旋塞阀技术规格**

| 方钻杆规格/mm(in) | 连接扣型规格 | | 外径/mm(in) | | 最小孔径/mm(in) | | | |
|---|---|---|---|---|---|---|---|---|
| | | | ±6.4(±1/4) | ±6.4(±1/4) | 最大工作压力 35MPa | | 最大工作压力 70MPa 和 105MPa | |
| | 标准 | 选用 | 标准 | 选用 | 标准连接 | 选用连接 | 标准连接 | 选用连接 |
| 76.2(3) | 6⅝in REG | 4½in REG | 196.9(7⅞) | 146.0(5¾) | 76.2(3) | 50.8(2) | 63.5(2½) | 44.4(1¾) |
| 88.9(3½) | 6⅝in REG | 4½in REG | 196.9(7⅞) | 146.0(5¾) | 76.2(3) | 50.8(2) | 63.5(2½) | 44.4(1¾) |
| 108.0(4¼) | 6⅝in REG | 4½in REG | 196.9(7⅞) | 146.0(5¾) | 76.2(3) | 50.8(2) | 63.5(2½) | 44.4(1¾) |
| 133.4(5¼) | 6⅝in REG | — | 196.9(7⅞) | — | 76.2(3) | — | 63.5(2½) | — |
| 152.4(6) | 6⅝in REG | — | 196.9(7⅞) | — | 76.2(3) | — | 63.5(2½) | — |

表 8-70　四方方钻杆下部旋塞阀技术规格

| 方钻杆规格/mm(in) | 连接扣型规格 | 最小孔径/mm(in) |
|---|---|---|
| 63.5($2\frac{1}{2}$) | NC26($2\frac{3}{8}$in IF) | 31.8($1\frac{1}{4}$) |
| 76.2(3) | NC31($2\frac{7}{8}$in IF) | 38.1($1\frac{1}{2}$) |
| 88.9($3\frac{1}{2}$) | NC38($3\frac{1}{2}$in IF) | 44.4($1\frac{3}{4}$) |
| 108.0($4\frac{1}{4}$) | NC46(4in IF) | 57.2($2\frac{1}{4}$) |
| 108.0($4\frac{1}{4}$) | NC50($4\frac{1}{2}$in IF) | 57.2($2\frac{1}{4}$) |
| 133.4($5\frac{1}{4}$) | $5\frac{1}{2}$in FH | 63.5($2\frac{1}{2}$) |
| 133.4($5\frac{1}{4}$) | NC56 | 63.5($2\frac{1}{2}$) |

表 8-71　六方方钻杆下部旋塞阀技术规格

| 方钻杆规格/mm(in) | 连接扣型规格 | 最小孔径/mm(in) |
|---|---|---|
| 76.2(3) | NC26($2\frac{3}{8}$in IF) | 31.8($1\frac{1}{4}$) |
| 88.9($3\frac{1}{2}$) | NC31($2\frac{7}{8}$in IF) | 38.0($1\frac{1}{2}$) |
| 108.0($4\frac{1}{4}$) | NC38($3\frac{1}{2}$in IF) | 44.4($1\frac{3}{4}$) |
| 133.4($5\frac{1}{4}$) | NC46(4in IF) | 57.2($2\frac{1}{4}$) |
| 133.4($5\frac{1}{4}$) | NC50($4\frac{1}{2}$in IF) | 57.2($2\frac{1}{4}$) |
| 152.4(6) | $5\frac{1}{2}$in FH | 63.5($2\frac{1}{2}$) |
| 152.4(6) | NC56 | 63.5($2\frac{1}{2}$) |

2. 高压开启旋塞阀

高压开启旋塞阀球体采用镜面加工技术及喷涂金属陶瓷，对密封表面进行超硬镀膜，以减小静摩擦力，可在旋塞阀关闭的情况下，实现阀腔内部带压情况下的单人开启，其结构如图 8-76 所示，技术规格见表 8-72。

## 二、钻具止回阀

钻具止回阀按结构形式不同分为四种，即箭形止回阀（FJ）、球形止回阀（FQ）、投入式止回阀（FT）、钻具浮阀（FZF）。常用的为箭形止回阀、投入式止回阀和钻具浮阀。

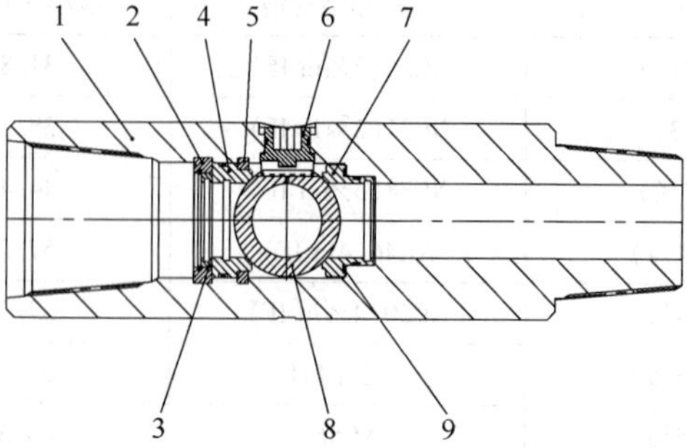


图 8-76　高压开启旋塞阀结构

1—阀体；2—上分瓣挡圈；3—挡圈；4—上球座；5—下分瓣挡圈；6—旋钮；7—下球座；8—球体；9—波形弹簧

**表 8-72　东营威特公司产高压开启旋塞阀技术规格**

| 序号 | 产品名称 | 压力/MPa | 开启扭矩/N·m | 有效时间 |
|---|---|---|---|---|
| 1 | WTXS 127<br>下旋塞阀 | 0 | 0 | 6 个月 |
| 2 | | 10 | 70 | |
| 3 | | 20 | 170 | |
| 4 | | 35 | 280 | |
| 5 | | 70 | 700 | |
| 6 | WTXS 168(178)<br>下旋塞阀 | 0 | 0 | |
| 7 | | 10 | 90 | |
| 8 | | 20 | 240 | |
| 9 | | 35 | 500 | |
| 10 | | 50 | 800 | |
| 11 | WTXS 197<br>上旋塞阀 | 0 | 50 | |
| 12 | | 10 | 200 | |
| 13 | | 20 | 410 | |
| 14 | | 35 | 800 | |
| 15 | | 40 | 1000 | |

箭形止回阀结构如图 8-77 所示，技术规格见表 8-73。

投入式止回阀结构如图 8-78 所示，技术规格见表 8-74。

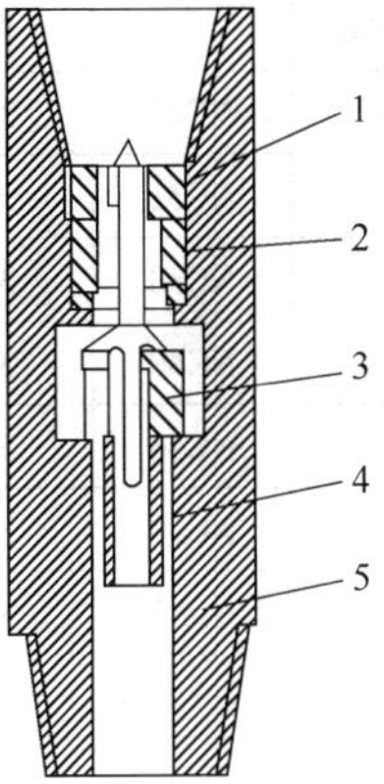


图 8-77　箭形止回阀结构

1—压帽；2—导向密封套；3—密封箭；4—导向套；5—本体

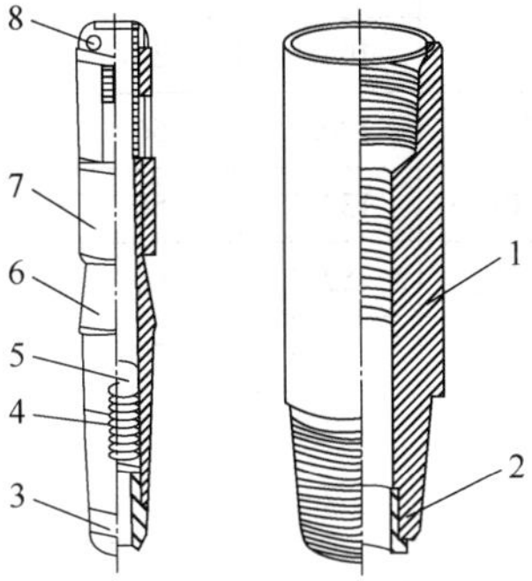


图 8-78　投入式止回阀结构

1—本体；2—压帽；3—弹簧座；4—弹簧；5—密封球；6—阀芯；7—锁紧卡瓦；8—阀芯压帽

**表 8-73　箭形止回阀技术规格**

| 规格型号 | 外径/mm | 内径/mm | 连接扣型 | 有效长度/mm |
|---|---|---|---|---|
| FJ 86/□ | 85.7 | 33 | NC26 | 400 |
| FJ 105/□ | 104.8 | 44 | NC31 | 410 |
| FJ 121/□ | 120.7 | 56 | NC38 | 440 |
| FJ 140/□ | 139.7 | 56 | NC40 | 440 |
| FJ 152/□ | 152.4 | 70 | NC46 | 470 |
| FJ 168/□ | 168.3 | 83 | NC50 | 490 |
| FJ 178/□ | 117.8 | 83 | 5½in FH | 500 |
| FJ 203/□ | 203.2 | 83 | 6⅝in REG | 520 |
| FJ 229/□ | 228.6 | 83 | 7⅝in REG | 570 |

注：□为额定工作压力等级。

**表 8-74　投入式止回阀技术规格**

| 型　号 | 连顶接头 | | 止回阀阀芯组件 | | 扣型 | 长度/mm |
|---|---|---|---|---|---|---|
| | 外径/mm | 内径/mm | 外径/mm | 内径/mm | | |
| FT 86/□ | 85.7 | 35 | 33 | 8 | NC26 | 300 |
| FT 105/□ | 104.8 | 38 | 36 | 10 | NC31 | 300 |
| FT 121/□ | 120.7 | 56 | 54 | 17 | NC38 | 310 |
| FT 140/□ | 139.7 | 56 | 54 | 17 | NC40 | 300 |
| FT 152/□ | 152.4 | 60 | 58 | 22 | NC46 | 320 |
| FT 168/□ | 168.3 | 70 | 68 | 25 | NC50 | 350 |
| FT 178/□ | 177.8 | 70 | 68 | 25 | 5½in FH | 350 |
| FT 203/□ | 203.2 | 78 | 76 | 29 | 6⅝in REG | 400 |

注：□为额定工作压力等级。

球形止回阀结构如图 8-79 所示，技术规格见表 8-75。

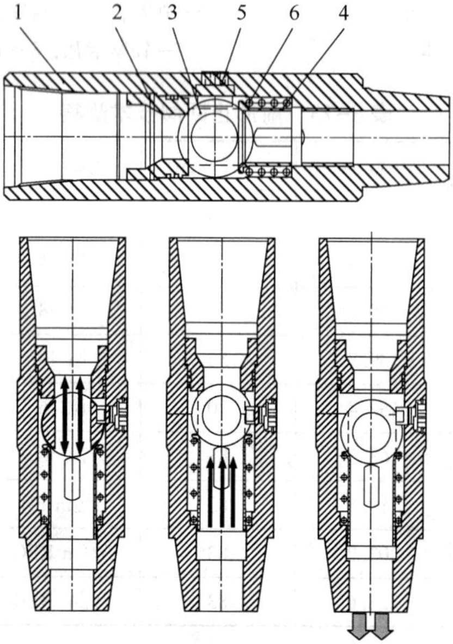


图 8-79　球形止回阀结构

1—阀体；2—上球座；3—球体；4—下球座；5—旋钮；6—弹簧

**表 8-75　球形止回阀技术规格**

| 型号 | 外径$_{0}^{+1.0}$ | | 内径/mm | L/mm |
|---|---|---|---|---|
| | mm | in | | |
| WT FQ 86/□-NC26 | 85.7 | 3⅜ | 36 | 500 |
| WT FQ 105/□-NC31 | 104.8 | 4⅛ | 46 | 530 |
| WT FQ 121/□-NC38 | 120.7 | 4¾ | 56 | 540 |
| WT FQ 127/□-NC38 | 127.0 | 5 | 56 | 540 |
| WT FQ 140/□-NC40 | 139.7 | 5½ | 56 | 550 |
| WT FQ 152/□-NC46 | 152.4 | 6 | 70 | 560 |
| WT FQ 168/□-NC50 | 168.3 | 6⅝ | 83 | 570 |
| WT FQ 178/□-5½FH | 177.8 | 7 | 83 | 620 |
| WT FQ 203/□-6⅝ FH | 203.2 | 8 | 83 | 700 |

注：□为额定工作压力等级。

翻板式钻具浮阀结构如图 8-80 所示。

箭式钻具浮阀结构如图 8-81 所示，技术规格见表 8-76。

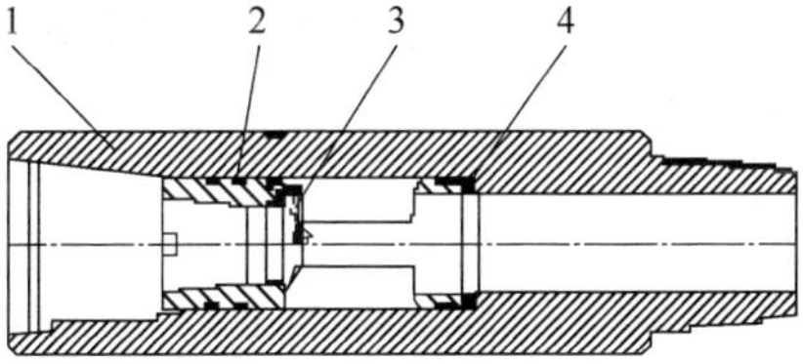


图 8-80　翻板式钻具浮阀结构

1—阀体；2—浮阀阀芯总成；3—翻板；4—密封圈

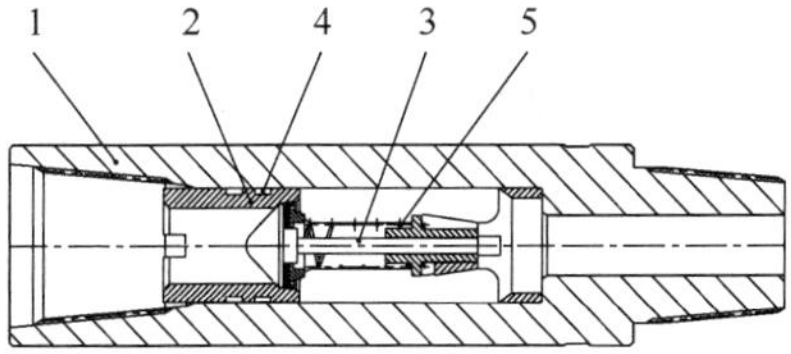


图 8-81　箭式钻具浮阀结构

1—阀体；2—浮阀阀芯总成；3—密封箭；4—密封圈；5—弹簧

**表 8-76　箭式钻具浮阀技术规格**

| 型　号 | 水眼直径 | 阀体直径×长度 | 上端接头 | 下端接头 | 浮阀阀芯型号 |
|---|---|---|---|---|---|
| | mm | mm×mm | 螺纹代号 | 螺纹代号 | |
| FZF127/□-NC38×3½REG | 57.2 | 127×610 | NC38 | 3½in REG | 2F-3R<br>3F<br>3½in IF<br>4R<br>4F<br>5R<br>5F-6R<br>6F |
| FZF165/□-NC46×4½REG | 57.2 | 165×610 | NC46 | 5½in REG | |
| FZF165/□-NC50×4½REG | 57.2 | 165×610 | NC50 | 4½in REG | |
| FZF165/□-NC50×NC50 | 57.2 | 165×610 | NC50 | NC50 | |
| FZF178/□-NC50×NC50 | 71.4 | 178×610 | NC50 | NC50 | |
| FZF203/□-6⅝REG×6⅝REG | 71.4 | 203×915 | 6⅝in REG | 6⅝in REG | |
| FZF203/□-7⅝REG×7⅝REG | 71.4 | 203×915 | 7⅝in REG | 7⅝in REG | |
| FZF229/□-7⅝REG×7⅝REG | 76.2 | 229×915 | 7⅝in REG | 7⅝in REG | |
| FZF241/□-7⅝REG×7⅝REG | 76.2 | 241×915 | 7⅝in REG | 7⅝in REG | |
| FZF279/□-7⅝REG×8⅝REG | 76.2 | 279×915 | 7⅝in REG | 8⅝in REG | |

注：1. □为额定工作压力等级。

2. 上、下端接头螺纹可按实际需要确定。

箭形止回阀与安装在止回阀顶部的顶开装置配合，可释放钻具内压力，实现抢接。箭形止回阀抢接装置结构如图 8-82 所示，技术规格见表 8-77。

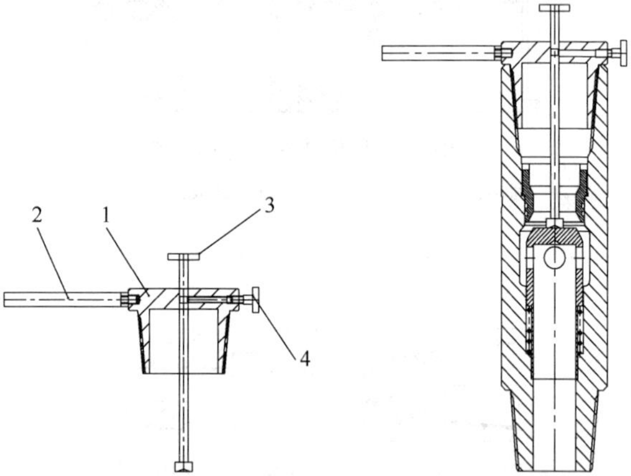


图 8-82　箭形止回阀抢接装置结构

1—本体；2—把手；3—压杆；4—锁紧杆

表 8-77　箭形止回阀顶开装置技术规格

| 序号 | 规格型号 | 外径/mm | 连接螺纹 |
|---|---|---|---|
| 1 | DK203 | 203 | 6⅝in REG |
| 2 | DK178 | 178 | 5½in FH |
| 3 | DK 168 | 168 | NC50 |
| 4 | DK 159 | 159 | NC46 |
| 5 | DK 127 | 127 | NC38 |

## 三、旁通阀

旁通阀一般配置在钻头上端，在正常钻进时只起一个配合接头的作用。当井下钻头无法实现正常循环时，为防止发生卡钻等事故，由该阀实现外循环。旁通阀结构如图 8-83 所示。牡丹江通用石油有限公司产旁通阀技术规格见表 8-78。

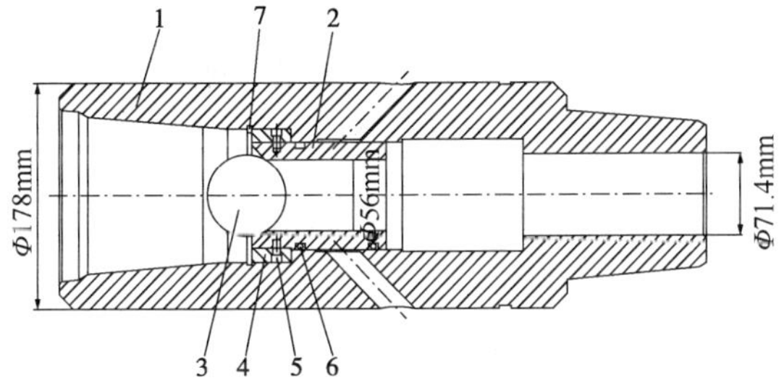


图 8-83　旁通阀结构

1—本体；2—密封滑套；3—钢球；4—剪销座；5—剪销；6—密封圈；7—弹性挡圈

表 8-78　牡丹江通用石油有限公司产旁通阀技术规格

| 序号 | 最大外径/mm | 上、下扣型 | 钢球直径/mm |
|---|---|---|---|
| 1 | 105 | 210×211 | 45 |
| 2 | 127 | 310×311 | 50 |
| 3 | 165 | 4A10×4A11 | 65 |
| 4 | 178 | 410×411 | 65 |
| 5 | 203 | 630×631 | 65 |

# 第十一节　井控装置故障与排除方法

## 一、控制系统故障判断与排除方法

控制系统故障判断与排除方法见表 8-79。

**表 8-79　控制系统故障判断与排除方法**

| 故障 | 判断与排除 |
| --- | --- |
| 电机不启动 | (1)检查电路中的各元件是否有接触不良等现象；<br>(2)电路电压是否太低；<br>(3)当用手不能转动未带负荷的电机轴时，说明轴承卡死；当用电表测得三相绕组短路及某相不通时，说明受潮或烧坏；<br>(4)检查油泵柱塞盘根是否太紧，以油泵在额定工作压力下，一个柱塞每分钟漏油不超过 10 滴为宜。油泵皮带轮在空载时扳不动，说明轴承卡死 |
| 油泵打不上压力 | (1)检查进油阀、回油阀、溢流阀；<br>(2)滤清器被脏物堵塞；<br>(3)检查油箱液面；<br>(4)检查防喷器是否大量漏油；<br>(5)检查油泵进、排油阀及柱塞盘根 |
| 油泵突然停转 | (1)检查电路；<br>(2)检查截止阀是否关闭；<br>(3)检查电机、油泵及皮带 |
| 到上限压力时不能自动停泵 | 采用自动控制时，检查液电开关 |
| 蓄能器打不起压力 | (1)内无氮气或充气阀处漏气；<br>(2)气囊及单流阀损坏；<br>(3)截止阀未打开，或油路堵塞 |
| 蓄能器稳不住压力 | (1)远程控制台内部漏油；<br>(2)油路外部漏失；<br>(3)压力表损坏 |

续表

| 故障 | 判断与排除 |
|---|---|
| 防喷器封闭不严 | (1)闸板防喷器闸板前端被硬物卡住，闸板尺寸与钻柱不符，花键轴、轴套被卡死；<br>(2)橡胶老化；<br>(3)多功能防喷器支承筋靠拢仍封闭不严时，应更换胶芯，旧胶芯严重磨损时，应立即更换 |
| 防喷器关闭后打不开 | (1)检查管线是否接对，是否堵塞或破裂，回油滤清器是否太脏；<br>(2)检查蓄能器压力油是否耗完，有无足够压缩空气；<br>(3)检查换向阀是否卡死、不起换向作用，气控换向阀操作时间太短(小于5s)；<br>(4)多功能防喷器长时间关闭后，胶芯易产生永久性变形，老化胶芯下有凝固水泥浆；<br>(5)闸板防喷器锁紧轴未解锁，或锁紧轴粘连、锈蚀；闸板体与闸板轴处挂钩断裂，或闸板体与压块之间螺钉剪断。注意：凡关闭的防喷器，在打开后，必须到井口检查防喷器是否开全，否则易发生机件损坏、提断钻具及顿钻等事故 |
| 防喷器开关不灵活及其他 | (1)检查液压油是否进水太多，使阀芯生锈，低温下水在管线中结冰，堵塞管线，卡住阀芯；<br>(2)所有管线在连接前，均应用压缩空气吹扫，接头要清洗干净；<br>(3)油路有漏油，防喷器长时间不活动，有脏物堵塞等；<br>(4)控制系统中有噪声，表明液压油中混入气体 |

## 二、液压防喷器故障判断与排除方法

液压防喷器故障判断与排除方法见表8-80。

**表8-80 液压防喷器故障判断与排除方法**

| 序号 | 故障现象 | 产生原因 | 排除方法 |
|---|---|---|---|
| 1 | 井内介质从壳体与侧门连接处流出 | (1)防喷器壳体与侧盖之间密封圈损坏；<br>(2)防喷器壳体与侧盖连接螺栓未上紧；<br>(3)防喷器壳体与侧盖密封面有脏物或损坏 | (1)更换损坏的密封圈；<br>(2)紧固该部位全部连接螺栓；<br>(3)清除表面脏物，修复密封面 |

续表

| 序号 | 故障现象 | 产生原因 | 排除方法 |
|---|---|---|---|
| 2 | 闸板移动方向与控制阀铭牌标志不符 | 控制台与防喷器连接油路管线接错 | 倒换防喷器本身的油路管线位置 |
| 3 | 液控系统正常但闸板关不到位 | 闸板接触端有其他物质或沙子、泥浆块 | 清洗闸板及侧门 |
| 4 | 井内介质窜到油缸内，使油中含水、气 | 活塞杆密封圈损坏，活塞杆变形或表面拉伤 | 更换损坏的活塞杆密封圈，修复活塞杆 |
| 5 | 防喷器液动部分稳不住压力 | 防喷器油缸、活塞、活塞杆密封圈损坏，密封表面损伤 | 更换密封圈，修复密封表面或更换为新件 |
| 6 | 侧盖铰链连接处漏油 | 密封表面拉伤，密封圈损坏 | 修复密封表面，更换密封圈 |
| 7 | 闸板关闭后封不住压力 | 闸板密封胶芯损坏，壳体闸板腔上部密封面损坏 | 更换闸板密封胶芯，修复密封面 |
| 8 | 控制油路正常，用液压打不开闸板 | 闸板被泥沙卡住或手动锁紧机构未复位 | 清除泥沙，加大控制压力，左旋手轮直到终点，使闸板解锁 |

# 第九章 钻 井 液

钻井液的主要功能是携带和悬浮岩屑、稳定井壁和平衡地层压力、冷却和润滑钻头与钻具、传递水功率、发现和保护油气层等。优质的钻井液应对人和环境无伤害，对井下工具和地面装备不能有腐蚀，对所钻井眼不需要特殊和昂贵的完井方法，不能干扰生产井的正常生产。

## 第一节 钻井液体系及类型

### 一、API 及 IADC 钻井液体系分类

API 及 IADC 把钻井液体系分成十类，前七类为水基型钻井液，第八类为油基型钻井液，第九类以气体为基本介质，第十类为合成基钻井液。各类钻井液情况介绍如下：

1. 分散体系

通过使用分散剂，以促进钻井液中黏土分散为主的水基钻井液。其主要特点：①可容纳较多的固相，较适于配制高密度钻井液。②容易在井壁上形成较致密的泥饼，滤失量一般较低。③某些分散钻井液，如以磺化栲胶、磺化褐煤和磺化酚醛树脂作为主处理剂的三磺钻井液具有较强的抗高温能力，适于在深井和超深井中使用。

2. 不分散体系

由水、膨润土、高聚物(选择性絮凝剂)组成，不添加分散剂的水基钻井液，通常用于表层及浅层钻进。

3. 钙处理体系

钙处理体系是经一定浓度的石灰、石膏或氯化钙等处理剂

处理后的水基钻井液。该体系钻井液以石灰、石膏和氯化钙为主要组分，低石灰钻井液中的石灰浓度为3000~6000mg/L，pH值为11.5~12.0，而高石灰钻井液中的过量石灰浓度为15000~150000mg/L。用石膏处理后的钻井液称为石膏钻井液，其石膏浓度为6000~12000mg/L，pH值为9.5~10.5。用氯化钙处理后的钻井液称为氯化钙或高钙钻井液。以钙、镁双价离子抑制地层中黏土和页岩的膨胀和分散，控制易塌页岩及井眼扩大。

4. 聚合物体系

经聚合物处理，具有絮凝劣质土，调节黏度、切力，降低滤失量和稳定地层等特性的水基钻井液。聚合物钻井液体系一般使用具有絮凝和包被作用的长链高相对分子质量化学剂处理，能有效地增加钻井液黏度，降低滤失量及稳定地层。

5. 低固相钻井液体系

低密度的固相体积含量小于4%(体积分数)，固相总含量在6%~10%(体积分数)的水基钻井液。其中，膨润土含量应控制在3%(体积分数)或更低，钻屑与膨润土的比例不超过2∶1，该体系钻井液一个显著优点是可以明显地提高钻速。

6. 盐水体系

该类钻井液体系包括三种类型：氯化钠达到饱和，氯根离子浓度189000mg/L，为饱和盐水钻井液；氯根离子浓度6000~189000mg/L，为盐水钻井液；氯根离子浓度低于6000mg/L，通常为咸水或海水钻井液。

7. 完井修井液体系

是一种减少对油气层损害的特种钻井液体系。它具有抑制黏土膨胀及微粒运移的功能，从而减轻对产层渗透性的损害。它与酸有相溶性，可用作压裂液(酸溶)，有利于酸化、压裂及修井作业。

8. 油基钻井液体系

油基钻井液体系常用于深井、超深井、海上钻井、大斜度定向井、水平井和水敏性复杂地层钻井及储层保护中。它包括两种类型：①油包水乳化钻井液(也称反相或逆乳化钻井液)，它以水为分散相，油为连续相。含水量可达50%。改变高分子皂类和水的用量可以控制其流变性及电稳定性。②全油基钻井液，它以油为连续相，含水量不超过5%(体积分数)，常由氧化沥青、有机酸、有机碱、各种药剂和柴油混合而成，通过调节酸、碱皂和柴油浓度，可维护其黏度及胶凝性能。

9. 空气、雾化、泡沫和充气钻井液体系

空气、雾化、泡沫和充气钻井液主要适用于钻低压油气层、易漏失地层及某些稠油油层。其特点是密度低、钻速快，可有效保护油气层，并能有效防止井漏等复杂情况的发生。

10. 合成基钻井液体系

合成基钻井液是以合成的有机化合物作为连续相，以盐水作为分散相，并含有乳化剂、降滤失剂、流型调节剂的一类新型钻井液。由于使用无毒并且能够生物降解的非水溶性有机物取代了油基钻井液中通常使用的柴油和白油，因此这类钻井液既保持了油基钻井液的各种优良特性，又能大幅降低钻井液排放时对环境造成的不良影响，成为海上复杂地层和其他陆地环境敏感区域钻井过程中必不可少的钻井液体系。

## 二、我国标准化钻井液分类

1. 淡水钻井液体系

与API分类方法相同。

2. 钙处理钻井液体系

与API分类方法相同。

3. 聚合物钻井液体系

该体系是指经过具有絮凝及包被作用的有机高分子化合物处理后的水基钻井液，具有较强的抑制分散的能力，可保持固相颗粒在较粗的粒度范围内及低固相，有利于提高钻速。

4. 盐水(包括海水或咸水)体系

该体系包括海水、咸水及盐水钻井液。其氯根浓度在189000mg/L以下，也就是达到饱和以前的各种含盐钻井液属于此类。它具有一定的抑制性。

5. 饱和盐水体系

该体系是指含盐量达到饱和程度(氯根浓度达189000mg/L)的水基钻井液。它与API分类中的饱和盐水体系相似。

6. 钾基聚合物体系

该体系是一类以各种高聚合物的钾盐、铵盐、钙盐及氯化钾(包括醋酸钾或磷酸钾)为主处理剂而配制的防塌水基钻井液，具有很强的抑制能力。主要用于不稳定的水敏性泥页岩钻井中。

7. 油基体系

与API分类中的油基体系相同。

8. 气体体系

该体系仅包括气体及泡沫体系两类，内容不如API广泛。

9. 合成基体系

该体系分为第一代和第二代合成基体系，第一代包括酯(Ester)基、醚(Ether)基、聚α-烯烃(PAO)、缩醛(Acetal)基，第二代包括线性烷基苯(LAB)、线性石蜡(LP)基、线性α-烯烃(LAO)基、异构烯烃(IO)基。

## 三、常用钻井液体系

钻井液体系选择应遵循的原则：满足地质目的和钻井工程需要，具有较好的储层保护效果，具有较好的经济性，具有低毒、低腐蚀性，根据不同地层选择不同的钻井液类型。常用钻井液体系主要包括以下几类。

### (一) 聚合物防塌钻井液

以PHP作为絮凝剂，抑制地层造浆；配合其他聚合物(如PAC系列)作为流型调节剂，控制钻井液黏度、切力及流变性能，以水解铵盐 CMC 作为降失水剂的抑制性钻井液体系，以有机硅腐殖酸钾(或 PA-1)作为防塌剂，以白油润滑剂(或聚合醇)作为润滑剂，具有适应范围广、维护处理简单、成本低等特点。

1. 基本配方

聚合物防塌钻井液配方见表 9-1。

**表 9-1 聚合物防塌钻井液配方**

| 材料与处理剂 | 功 能 | 用量/($kg/m^3$) |
| --- | --- | --- |
| PHP | 包被和页岩抑制 | 1.0~3.0 |
| 有机胺 | 页岩抑制 | 1.0~3.0 |
| 水解铵盐 | 降失水 | 10.0~20.0 |
| CMC | 降失水 | 3.0~5.0 |
| 有机硅腐殖酸钾(或 PA-1) | 页岩抑制 | 10.0~20.0 |
| 白油润滑剂(或聚合醇) | 润滑 | 10.0~20.0 |
| 油层保护剂 | 油层保护 | 按设计要求 |
| 加重剂 | 提高密度 | 按设计要求 |

2. 性能指标

聚合物钻井液性能指标见表 9-2。

**表 9-2 聚合物钻井液性能指标**

| 项 目 | 性 能 |
| --- | --- |
| 密度 $\rho$/($g/cm^3$) | 按设计要求 |
| 漏斗黏度 $FV$/s | 28~45 |
| API 失水/mL | 5~10 |
| 静切力 $G$/Pa | 2~5/3 |
| 含砂量/% | <0.5 |
| pH 值 | 淡水：9~11；咸水：11~13 |
| 塑性黏度 $PV$/mPa · s | 8~20 |
| 动切力 $YP$/Pa | 3~6 |

### (二) 钾基聚合物钻井液

以 KOH 提供钾离子，以一定量的钾离子配合一定量的聚合物，达到抑制泥岩水化膨胀及坍塌，以及抑制地层造浆的目的；配合其他聚合物(如 PAC 系列)作为流型调节剂，控制钻井液黏度、切力及流变性能，以水解铵盐、CMC 作为降失水剂，以有机硅腐殖酸钾(或 PA-1)作为防塌剂、白油润滑剂(或聚合醇)作为润滑剂，具有适应范围广、维护处理简单、成本低等特点。

1. 基本配方

钾基聚合物钻井液配方见表 9-3。

表 9-3　钾基聚合物钻井液配方

| 材料与处理剂 | 功　能 | 用量/($kg/m^3$) |
|---|---|---|
| PHP | 包被和页岩抑制 | 1.0~3.0 |
| KOH | 维持 pH 值，提供 $K^+$ | 10.0~15.0 |
| 水解铵盐 | 降失水 | 10.0~20.0 |
| CMC | 降失水 | 3.0~5.0 |
| 有机硅腐殖酸钾(或 PA-1) | 页岩抑制 | 10.0~20.0 |
| 白油润滑剂(或聚合醇) | 润滑 | 10.0~20.0 |
| 油层保护剂 | 油层保护 | 按设计要求 |
| 加重剂 | 提高密度 | 按设计要求 |

2. 性能指标

钾基聚合物钻井液性能指标见表 9-4。

表 9-4　钾基聚合物钻井液性能指标

| 项　目 | 性　能 |
|---|---|
| 密度 $\rho$/($g/cm^3$) | 按设计要求 |
| 漏斗黏度 $FV$/s | 30~45 |
| API 失水/mL | 5~10 |
| 静切力 $G$/Pa | 2~5/3 |

续表

| 项　　目 | 性　　能 |
|---|---|
| 含砂量/% | <0.5 |
| pH 值 | 淡水：9~11；咸水：11~13 |
| 塑性黏度 *PV*/mPa·s | 8~25 |
| 动切力 *YP*/Pa | 3~6 |

### (三) 聚合物 FCLS 钻井液

该钻井液是以聚合物、FCLS 为主要处理剂的一种体系。具有良好的剪切稀释特性，低的水眼黏度，并对地层泥页岩有一定的抑制分散能力。其配合喷射钻井能大幅提高钻井速度。

1. 基本配方

聚合物 FCLS 钻井液配方见表 9-5。

**表 9-5　聚合物 FCLS 钻井液配方**

| 材料与处理剂 | 功　　能 | 用量/(kg/$m^3$) |
|---|---|---|
| 聚合物 | 包被和页岩抑制 | 2.0~3.0 |
| FCLS | 控制黏度 | 5.0~15.0 |
| NaOH | 维持 pH 值 | 1.0~2.0 |
| CMC | 降失水 | 3.0~5.0 |
| SMP | 高温降失水 | 20.0~40.0 |
| 白油润滑剂 | 润滑 | 10.0~20.0 |
| 油层保护剂 | 油层保护 | 按设计要求 |
| 加重剂 | 提高密度 | 按设计要求 |

2. 性能指标

聚合物 FCLS 钻井液性能指标见表 9-6。

**表 9-6　聚合物 FCLS 钻井液性能指标**

| 项　　目 | 性　　能 |
|---|---|
| 密度 $\rho$/(g/$cm^3$) | 按设计要求 |

续表

| 项　目 | 性　能 |
|---|---|
| 漏斗黏度 *FV*/s | 30~45 |
| API 失水/mL | 5~10 |
| 静切力 *G*/Pa | 2~5/3 |
| 含砂量/% | <0.5 |
| pH 值 | 淡水：9~11；咸水：11~13 |
| 塑性黏度 *PV*/mPa · s | 8~25 |
| 动切力 *YP*/Pa | 3~6 |

**（四）聚合物、氯化钾钻井液**

该钻井液是以聚合物及氯化钾为主的一种防塌体系。通过调节 KCl 和聚合物的量，达到抑制不同类型的泥页岩水化膨胀及坍塌的目的。其具有适应范围广泛、防塌、抗盐、抗污染等特性。

1. 基本配方

聚合物、氯化钾钻井液配方见表 9-7。

**表 9-7　聚合物、氯化钾钻井液配方**

| 材料与处理剂 | 功　能 | 用量/(kg/$m^3$) |
|---|---|---|
| PHP、KPAM | 包被和页岩抑制 | 5.0~20.0 |
| 有机胺 | 页岩抑制 | 3.0~5.0 |
| KCl | 页岩抑制 | 50.0~150.0 |
| 水解铵盐 | 降失水 | 10.0~20.0 |
| CMC | 降失水 | 3.0~5.0 |
| SMP、SPNH | 高温降失水 | 5.0~20.0 |
| KOH | 维持 pH | 10.0~15.0 |
| 白油润滑剂 | 润滑 | 10.0~20.0 |
| NaCl | 盐抑制 | 盐水及饱和盐水钻井液使用 |
| 加重剂 | 提高密度 | 按设计要求 |

2. 性能指标

聚合物、氯化钾钻井液性能指标见表 9-8。

**表 9-8 聚合物、氯化钾钻井液性能指标**

| 项 目 | 性 能 |
|---|---|
| 密度 $\rho$/(g/cm³) | 按设计要求 |
| 漏斗黏度 *FV*/s | 30~55 |
| API 失水/mL | 5~15 |
| 静切力 *G*/Pa | 2~5/3 |
| 含砂量/% | <0.5 |
| pH 值 | 8~10 |
| 塑性黏度 *PV*/mPa · s | 8~20 |
| 动切力 *YP*/Pa | 3~10 |

**(五) 聚合物乳化钻井液**

该钻井液是在水基钻井液的基础上，采用混油(柴油、原油、白油等)，并加入表面活性剂及减阻材料(石墨粉、塑料小球等)，使其具有润滑、防卡及防塌特点的水基钻井液。

1. 基本配方

聚合物乳化钻井液配方见表 9-9。

**表 9-9 聚合物乳化钻井液配方**

| 材料与处理剂 | 功 能 | 用量/(kg/m³) |
|---|---|---|
| 聚合物 | 包被和页岩抑制 | 1.0~3.0 |
| NaOH | 维持 pH | 10.0~20.0 |
| 水解铵盐 | 降失水 | 10.0~20.0 |
| CMC | 降失水 | 3.0~5.0 |
| 柴油或原油 | 液相 | 100.0~150.0 |
| 表面活性剂(SN-1) | 乳化 | 1.0~5.0 |
| KCl | 页岩抑制 | 根据地层需要 |
| 加重剂 | 提高密度 | 按设计要求 |

2. 性能指标

聚合物乳化钻井液性能指标见表9–10。

**表9–10　聚合物乳化钻井液性能指标**

| 项　　目 | 性　　能 |
| --- | --- |
| 密度 $\rho$/(g/cm$^3$) | 按设计要求 |
| 漏斗黏度 *FV*/s | 30~55 |
| API失水/mL | 5~7 |
| 静切力 *G*/Pa | 3~7/5 |
| 含砂量/% | <0.5 |
| pH值 | 淡水：9~10；咸水：10~11 |
| 塑性黏度 *PV*/mPa·s | 10~20 |
| 动切力 *YP*/Pa | 5~10 |
| $K_f$ | <0.1 |

## （六）树脂钾盐钻井液

它是以聚合物、树脂、钾盐配制的一种防塌钻井液。它利用$K^+$低水化性能、聚合物的包被作用、树脂降低高温失水的特点，达到抗温、抗污染、防塌等综合效果。

1. 基本配方

树脂钾盐钻井液配方见表9–11。

**表9–11　树脂钾盐钻井液配方**

| 材料与处理剂 | 功　　能 | 用量/(kg/m$^3$) |
| --- | --- | --- |
| 聚合物 | 包被和页岩抑制 | 1.0~3.0 |
| 树脂(SMP系列或复合树脂) | 降失水 | 20.0~40.0 |
| NaOH | 维持pH值 | 3.0~6.0 |
| 水解铵盐 | 降失水 | 10.0~20.0 |
| CMC | 降失水 | 3.0~5.0 |
| 润滑消泡剂 | 润滑、消泡 | 0.5~1.0 |

续表

| 材料与处理剂 | 功　能 | 用量/(kg/m³) |
|---|---|---|
| 白油润滑剂 | 润滑 | 10.0~20.0 |
| KCl | 页岩抑制 | 30.0~70.0 |
| 加重剂 | 提高密度 | 按设计要求 |

2. 性能指标

树脂钾盐钻井液性能指标见表9-12。

**表9-12 树脂钾盐钻井液性能指标**

| 项　目 | 性　能 |
|---|---|
| 密度 $\rho$/(g/cm³) | 按设计要求 |
| 漏斗黏度 $FV$/s | 30~45 |
| API失水/mL | 5~10 |
| 静切力 $G$/Pa | 2~5/3 |
| 含砂量/% | <0.5 |
| pH值 | 8~10 |
| 塑性黏度 $PV$/mPa·s | 8~20 |
| 动切力 $YP$/Pa | 3~10 |
| $K_f$ | <0.1 |

### (七)聚合物磺化钻井液

它是以聚合物、磺化酚醛树脂、磺化褐煤为主体配制的一种抗高温钻井液体系，具有高温稳定、抗盐类污染的特点。

1. 基本配方

聚合物磺化钻井液配方见表9-13。

**表9-13 聚合物磺化钻井液配方**

| 材料与处理剂 | 功　能 | 用量/(kg/m³) |
|---|---|---|
| 聚合物 | 包被和页岩抑制 | 3.0~5.0 |
| SMP树脂 | 高温降失水 | 20.0~40.0 |
| NaOH | 维持pH | 适量 |

续表

| 材料与处理剂 | 功　　能 | 用量/(kg/m³) |
|---|---|---|
| 水解铵盐 | 降失水 | 10.0~20.0 |
| CMC | 降失水 | 3.0~5.0 |
| 重铬酸钠(钾) | 抗氧化剂 | 1.0~2.0 |
| 加重剂 | 提高密度 | 按设计要求 |

2. 性能指标

聚合物磺化钻井液性能指标见表9-14。

**表9-14　聚合物磺化钻井液性能指标**

| 项　　目 | 性　　能 |
|---|---|
| 密度 $\rho$/(g/cm³) | 按设计要求 |
| 漏斗黏度 $FV$/s | 35~65 |
| API 失水/mL | 3~7 |
| HTHP 失水/mL | <15 |
| 静切力 $G$/Pa | 3~7/5~10 |
| 含砂量/% | <0.5 |
| pH 值 | 8~10 |
| 塑性黏度 $PV$/mPa · s | 12~30 |
| 动切力 $YP$/Pa | 5~15 |
| $K_f$ | <0.15 |

## (八) 低固相完井液

它是一种低固相、低密度的钻井液，具有减少油层污染、抗温及低摩阻等特点。

1. 基本配方

低固相完井液配方见表9-15。

**表9-15　低固相完井液配方**

| 材料与处理剂 | 功　　能 | 用量/(kg/m³) |
|---|---|---|
| 膨润土 | 增黏 | <60.0 |
| 聚合物 | 包被和页岩抑制 | 2.0~10.0 |

续表

| 材料与处理剂 | 功　　能 | 用量/(kg/m³) |
|---|---|---|
| 降失水剂 | 降失水 | 5.0~10.0 |
| 石棉纤维 | 增黏 | 适量 |
| 加重剂 | 提高密度 | 按设计要求 |

2. 性能指标

低固相完井液性能指标见表9-16。

**表9-16　低固相完井液性能指标**

| 项　　目 | 性　　能 |
|---|---|
| 密度 $\rho$/(g/cm³) | 按设计要求 |
| 漏斗黏度 *FV*/s | 40~75 |
| API失水/mL | 5~15 |
| 静切力 *G*/Pa | 2~5/3~8 |
| 含砂量/% | <0.5 |
| pH值 | 8~10 |
| 塑性黏度 *PV*/mPa·s | 8~20 |
| 动切力 *YP*/Pa | 3~10 |

**(九)聚合物饱和/欠饱和盐水钻井液体系**

该钻井液体系主要解决大段纯盐层、盐膏层及盐、膏、泥复合地层钻进过程中出现的盐溶解造成井壁坍塌形成的大肚子井眼，膏泥岩吸水后发生膨胀蠕变缩径，以及泥页岩的坍塌掉块等复杂情况。该钻井液体系具有较强抑制性，在解决大段纯盐层、盐膏层及盐、膏、泥复合地层方面优于任何水基钻井液。该钻井液体系具有良好的造壁性，滤失量易于控制，同时具有一定的抗高温稳定性。

饱和/欠饱和盐水钻井液体系基本组分：膨润土、大中小相对分子质量聚合物、需要的盐类、抗盐降失水剂、抗盐防塌剂、润滑剂(包括油类及固体润滑剂)、缓蚀剂、重结晶抑制剂、加重剂等，其配方见表9-17。

**表9-17　聚合物饱和/欠饱和盐水钻井液体系配方**

| 材料与处理剂 | 功　能 | 用量/($kg/m^3$) |
|---|---|---|
| 钠土浆 | 基浆 | 20.0~30.0 |
| 抗盐土 | 基浆 | 20.0~40.0 |
| NaOH | 调节pH | 5.0~8.0 |
| PAM | 包被和页岩抑制 | 2.0~3.0 |
| SMC | 降失水 | 10.0~20.0 |
| SMP、JT、SPNH | 降失水 | 20.0~40.0 |
| 磺化沥青 | 防塌 | 5.0~20.0 |
| 聚合醇 | 防塌润滑 | 10.0~30.0 |
| NaCl | 盐抑制 | 80.0~350.0 |
| 盐重结晶抑制剂 | 抑制盐结晶 | 2.0~3.0 |
| 加重剂 | 提高密度 | 按设计要求 |

**（十）油基钻井液**

它是以柴油或矿物油作为连续相，以氧化沥青、有机土、水等作为分散相配制而成的，具有良好的润滑、防塌、抗污染、抗高温、保护油气层等特性。

1. 基本配方

油基钻井液配方见表9-18。

**表9-18　油基钻井液配方**

| 材料与处理剂 | 功　能 | 用量/($kg/m^3$) |
|---|---|---|
| 柴油或白油 | 液相 | 1000.0 |
| 有机土 | 增黏降滤失 | 20.0~30.0 |
| 氧化沥青 | 增黏降滤失 | 60.0~90.0 |
| 乳化剂 | 乳化 | 50.0~80.0 |
| 氯化钙盐水(1/4~1/3浓度) | 调节黏度、提高稳定性 | ≤1000 |
| 石灰 | 乳化、调节pH值 | 0.5~1.0 |
| 加重剂 | 提高密度 | 按需求 |

2. 性能指标

油基钻井液性能指标见表 9-19。

**表 9-19　油基钻井液性能指标**

| 项　　目 | 性　　能 |
|---|---|
| 密度 $\rho$/(g/cm³) | 按需求 |
| 漏斗黏度 *FV*/s | 40~150 |
| 150℃ HTHP 滤失量/mL | ≤5.0 |
| 静切力 *G*/Pa | 101~8/5~20 |
| 含水/% | <50.0 |
| pH 值 | 8~10 |
| 塑性黏度 *PV*/mPa · s | 25~80 |
| 动切力 *YP*/Pa | 3~20 |
| $K_f$ | <0.05 |

**(十一) 无固相钻井液体系**

无固相钻井液体系由于不含黏土，主要成分为增黏剂和有机盐/无机盐，因此具有非常强的抑制性，可避免黏土矿物膨胀和分散造成的储层伤害，有效固相颗粒堵塞油气通道，更利于发现和保护油气层。该钻井液体系不仅适用于碳酸盐岩裂缝性储层，也适用于致密性砂岩储层。对于碳酸盐岩裂缝性储层，固相颗粒是主要损害因素，一般碳酸盐岩储层埋藏较深，地层温度梯度高，井底温度最高可超过 170℃。通过抗温抗盐处理剂的使用，可使无固相钻完井液体系具有良好的抗高温能力和携岩能力，储层保护效果好，可最大限度减少钻井液对储层的伤害。

1. 基本配方

无固相钻井液体系配方见表 9-20。

**表 9-20　无固相钻井液体系配方**

| 材料与处理剂 | 功　　能 | 用量/(kg/m³) |
|---|---|---|
| 有机盐 | 调节活度、提高密度 | 依密度而定 |
| 无机盐 | 调节活度、提高密度 | 按设计要求 |

续表

| 材料与处理剂 | 功　能 | 用量/($kg/m^3$) |
|---|---|---|
| NaOH | 调节 pH | 5.0~10.0 |
| 增黏剂 | 提黏切 | 15.0~30.0 |
| 降滤失剂 | 降失水 | 20.0~30.0 |
| 润滑剂 | 提高润滑性 | 20.0~50.0 |
| 稳定剂 | 提高抗温能力 | 5.0~10.0 |
| 防水锁剂 | 降低界面张力 | 10.0~20.0 |

2. 性能指标

无固相钻井液体系性能指标见表 9-21。

**表 9-21　无固相钻井液体系性能指标**

| 项　目 | 性　能 |
|---|---|
| 密度 $\rho$/($g/cm^3$) | 按设计要求 |
| 漏斗黏度 $FV$/s | 40~60 |
| API 失水/mL | <5.0 |
| 静切力 $G$/Pa | 2~5/4~10 |
| pH 值 | 8~10 |
| 塑性黏度 $PV$/mPa · s | 12~20 |
| 动切力 $YP$/Pa | 6~15 |

## 四、钻井液现场作业

### （一）预水化膨润土浆与处理剂胶液配制

1. 预水化膨润土浆配制

（1）在专用配浆罐中加入 60%~80%（体积百分数）的水。

（2）按配方要求向配浆罐中依次加入所需烧碱、纯碱，搅拌溶解 15min 后，使用剪切泵加入所需膨润土粉。

（3）配制完成后，应持续搅拌水化 16h 以上。预水化膨润土浆黏度宜控制在 120s 以上。

2. 钻井液处理剂胶液配制

(1) 在处理剂胶液配制罐中加入80%~90%(体积百分数)的水。

(2) 使用剪切泵均匀加入计算量的处理剂，保持搅拌直到其充分水化溶解。

**(二) 盐水钻井液配制**

配制方法之一：

(1) 准备好预水化膨润土浆(或在用钻井液)和钻井液处理剂胶液，将预水化膨润土浆(或在用钻井液)与配制的处理剂胶液按配方混合，搅拌均匀，保持钻井液膨润土含量(*MBT* 值)在设计下限。预水化膨润土浆应采用抗盐土配制。

(2) 经加料漏斗均匀加入氯化钠或氯化钾干粉。黏度、切力升高时，可降低加入速度，保持搅拌循环，也可加入降黏剂调整钻井液黏度和切力。

(3) 检测钻井液性能，根据需要补充预水化膨润土浆和钻井液处理剂胶液，调整钻井液性能至设计范围内。

(4) 若采用在用钻井液配制盐水钻井液，应先加强钻井液净化，并调整钻井液膨润土含量(*MBT* 值)至盐水钻井液配方设计的下限值。

配制方法之二：

(1) 根据钻井液的矿化度和所需钻井液的总体积，计算出所需的氯化钠或氯化钾干粉、烧碱、纯碱、膨润土粉和其他处理剂的加量。

(2) 按计算浓度和体积分别在不同的专用配制罐中配制完成所需盐水、预水化膨润土浆与处理剂胶液。

(3) 将预水化膨润土浆缓慢、均匀加入盐水中，同时按比例加入处理剂胶液，保持搅拌，混合均匀后继续搅拌或循环2h以上。

(4) 检测钻井液性能，根据需要加入处理剂胶液，并调整钻井液性能至设计范围内。

**（三）水包油乳化钻井液配制**

（1）水包油乳化钻井液可使用水或处理剂胶液作为外相，也可使用预水化膨润土浆或水基钻井液作为外相。

（2）向外相流体中加入流型调节剂、降滤失剂、乳化剂，搅拌、循环均匀后，按照设计比例混入矿物油（柴油、原油等），并搅拌、循环均匀。

（3）调整钻井液性能至设计范围内。

**（四）油基钻井液配制**

1. 油包水乳化钻井液配制

（1）按配方计算和准备配制钻井液所需的材料：油、水、氯化钙干粉、乳化剂、生石灰、降滤失剂和有机土等。

（2）按配方比例在配制罐中加入所需的油、水。在搅拌和循环条件下，用加料系统向配制罐中依次缓慢加入氯化钙干粉、乳化剂、有机土、降滤失剂、生石灰，加完后应继续搅拌 2h 以上至混合均匀。

（3）缓慢、均匀加重，密度达到配方要求后应继续搅拌 2h，然后测定性能。

（4）检测钻井液性能，加入处理剂胶液调节钻井液性能至设计范围内。

2. 全油基钻井液配制

（1）在配制罐中加入所需的油，保持搅拌和循环，按配方依次加入有机土、乳化剂、降滤失剂和生石灰等，加完后应继续搅拌 2h 以上至混合均匀。

（2）缓慢、均匀加重，密度达到配方要求后应继续搅拌 2h，然后测定性能。

（3）检测钻井液性能，加入处理剂或处理剂胶液调节钻井液性能至设计范围内。

# 第二节　钻井液材料及处理剂

## 一、黏土类

1. 膨润土(以蒙脱石为主)

膨润土用来提高钻井液黏度、切力，降低钻井液滤失量和作为堵漏剂的组分。膨润土国家性能标准见表9-22。

**表9-22　膨润土国家性能标准**

| 性　能 | 指　标 |
|---|---|
| $\Phi_{600}$读数 | ≥30 |
| 屈服值/塑性黏度 | ≤1.5 |
| 滤失量/mL | ≤15.0 |
| 75μm筛余量/%(m/m) | ≤4.0 |

2. 抗盐土(主要有凹凸棒土及海泡石两种)

抗盐土主要用于配制盐水、海水和饱和盐水钻井液，提高钻井液的黏度和切力，增强携屑能力，改善流型。海泡石抗温260℃以上，可用于地热层，能部分酸溶，是配制完井(修井)液的好材料。凹凸棒土国家性能标准和海泡石国家性能标准见表9-23和表9-24。

**表9-23　凹凸棒土国家性能标准**

| 性　能 | 指　标 |
|---|---|
| $\Phi_{600}$读数 | ≥30 |
| 水分/% | ≤16.0 |
| 75μm筛余量/%(m/m) | ≤8.0 |

**表9-24　海泡石国家性能标准**

| 性　能 | 指　标 |
|---|---|
| $\Phi_{600}$读数 | ≥30 |

续表

| 性　能 | 指　标 |
| --- | --- |
| 水分/% | ≤16.0 |
| 75μm 筛余量/%(m/m) | ≤8.0 |

3. 有机膨润土(GB 27798)

有机膨润土是指在油中分散的亲油性黏土，是由钠土经过阳离子表面活性剂处理，改变其表面性能而人工制成的白色、灰白色或淡黄色自由流动的粉末，能在柴油、矿物油及合成基础油中分散的特种土类。主要用作油基钻井液、油包水钻井液配浆材料。用来调节油基、油包水钻井液的黏度、切力及降低滤失量，是油基解卡剂的基本组分。其质量标准见表 9-25。

**表 9-25　有机膨润土质量标准**

| 项　目 | 指　标 |
| --- | --- |
| 外观 | 自由流动粉末 |
| 挥发性/% | ≤5.0 |
| 筛余量(筛孔孔径为 0.18mm)/% | ≤10.0 |
| 胶体率/% | ≥90.0 |
| 塑性黏度/mPa·s | ≥6.0 |
| 表观黏度/mPa·s | ≥10.0 |
| 动切力/Pa | ≥2.5 |

## 二、加重材料

1. 重晶石粉($BaSO_4$)

重晶石粉是以硫酸钡为主要成分的天然矿物，经机械加工后形成细度适宜的粉末状产品。颜色为白色、浅黄或棕黄色。有微毒性，为不溶于水、有机溶剂、酸或碱溶液的惰性物质，不易吸水，但受潮后易结块。它是各类钻井液的加重材料。其质量标准见表 9-26。

表 9-26 重晶石粉质量标准

| 项目 | | 指标 | |
|---|---|---|---|
| | | Ⅰ型 | Ⅱ型 |
| 密度/($g/cm^3$) | | ≥4.20 | <4.2 且≥4.05 |
| 75μm 筛余量/%(m/m) | | ≤3.0 | |
| 水溶性碱土金属含量(以钙计)/(mg/kg) | | ≤250 | |
| 黏度效应/mPa·s | 加入硫酸钙前 | ≤140 | |
| | 加入硫酸钙后 | ≤140 | |

2. 石灰石粉($CaCO_3$)

石灰石粉是以碳酸钙为主要成分的天然矿石，经机械加工后形成细度适宜的粉末。颜色有白色、浅灰色或灰黄色，不溶于水，可溶于盐酸放出二氧化碳气体，受潮后易结块。由于有溶于酸的特点，可作为完井(修井)液的加重材料(不宜作钻井液密度超过 1.30$g/cm^3$ 的加重材料)。其质量标准见表 9-27。

表 9-27 石灰石粉质量标准

| 项目 | | 指标 |
|---|---|---|
| 外观 | | 白色或浅灰色流动粉末 |
| 烘失量/% | | ≤0.20 |
| 密度/($g/cm^3$) | | ≥2.70 |
| 碳酸钙含量/% | | ≥90.0 |
| 酸不溶物含量/% | | ≤5.0 |
| 水不溶物含量/% | | ≤0.10 |
| 可溶性钙镁含量(以钙计)/(mg/kg) | | ≤250 |
| 细度/% | 0.061mm 筛余量 | ≤3.0 |
| | 小于 6μm 颗粒 | ≤39.0 |

3. 氧化铁粉

氧化铁粉是由赤铁矿石经机械加工后形成细度适宜的暗褐色

粉末状产品。不溶于水，部分溶于盐酸。由于其密度大于重晶石粉，因此可作各类钻井液的加重剂。其质量标准见表9-28。

**表9-28　氧化铁粉质量标准**

| 项　目 | | 指标 | |
|---|---|---|---|
| | | Ⅰ型 | Ⅱ型 |
| 密度/(g/cm³) | | ≥5.05 | <5.05且≥4.85 |
| 水溶性碱土金属含量(以钙计)/(mg/kg) | | ≤100 | |
| 细度(质量分数)/% | 75μm筛余量 | ≤1.5 | |
| | 45μm筛余量 | ≤15 | |
| 黏度效应/mPa·s | 加硫酸钙前 | ≤140 | |
| | 加硫酸钙后 | ≤140 | |

4. 钛铁矿粉

钛铁矿粉是一种以氧化钛与四氧化三铁为主要成分的混合型矿石，经机械加工后形成细度适宜的褐色粉末，密度大，耐研磨，不溶于水，部分能与盐酸反应，不易吸水，但受潮后易结块。其质量标准见表9-29。

**表9-29　钛铁矿粉质量标准**

| 项　目 | | 指　标 |
|---|---|---|
| 密度/(g/cm³) | | ≥4.7 |
| 细度/% | 75μm筛余量 | ≤3.0 |
| | 6μm颗粒通过量 | 5.0~15.0 |
| 水溶性碱土金属含量(以钙计)/(mg/L) | | ≤100 |
| 湿度/% | | ≤1 |
| 二氧化钛含量/% | | ≥12 |
| 全铁含量/% | | ≥54 |
| 黏度效应/mPa·s | 加硫酸钙前 | ≤125 |
| | 加硫酸钙后 | ≤125 |

5. 液体加重剂(无机盐或有机盐饱和溶液)

液体加重剂是一些可以在水中溶解的无机盐或有机盐形成的高密度水溶液。主要作无固相钻井(完井)液的加重剂。几种常见的无机盐和有机盐饱和溶液的密度见表9-30。

表9-30 几种无机盐和有机盐饱和溶液密度

| 无机盐或有机盐名称 | 饱和盐水溶液密度/($g/cm^3$) | 温度/℃ |
|---|---|---|
| KCl | 1.18 | 20 |
| NaCl | 1.20 | 30 |
| $CaCl_2$ | 1.40 | 60 |
| $CaBr_2$ | 1.80 | 10 |
| $ZnBr_2$ | 2.30 | 40 |
| HCOONa | 1.34 | 20 |
| HCOOK | 1.60 | 20 |
| HCOOCs | 2.30 | 20 |

## 三、降滤失剂

1. 羧甲基纤维素钠盐

羧甲基纤维素钠盐代号为Na-CMC，简称CMC，白色或微黄色纤维状粉末。具有吸湿性、无臭、无味、无毒、不易发酵、不溶于酸、醇等有机溶剂，以及易分散于水中成胶体溶液的特征。有一定的抗盐能力和热稳定性(抗温90~140℃)。主要用作水基钻井液的降滤失剂。常用的有两种类型：

(1) 技术级低黏羧甲基纤维素，代号LV-CMC，增黏小，降滤失量。

(2) 技术级高黏羧甲基纤维素，代号HV-CMC，增黏大，降滤失量。

羧甲基纤维素钠盐技术指标见表9-31。

表 9-31　羧甲基纤维素钠盐技术指标

<table>
<tr><th colspan="3">项　　目</th><th>指　　标</th></tr>
<tr><td rowspan="2">LV-CMC</td><td colspan="2">$\Phi_{600}$读数</td><td>≤90</td></tr>
<tr><td colspan="2">滤失量/mL</td><td>≤10.0</td></tr>
<tr><td rowspan="4">HV-CMC</td><td rowspan="3">$\Phi_{600}$读数</td><td>去离子水中</td><td>≥30</td></tr>
<tr><td>4%盐水中</td><td>≥30</td></tr>
<tr><td>饱和盐水中</td><td>≥30</td></tr>
<tr><td colspan="2">饱和盐水悬浮液滤失量/mL</td><td>≤10.0</td></tr>
</table>

2. 水解聚丙烯腈盐类

1）水解聚丙烯腈钠盐(代号 Na-HPAN)

它是聚丙烯腈加氢氧化钠水解而得到的产物。为淡黄色粉末，溶于水，水溶液呈碱性。主要用作聚合物钻井液的降滤失剂，对钻井液的黏度稍有增大，抗盐达饱和，抗钙较差，耐高温。其质量指标见表 9-32。

表 9-32　水解聚丙烯腈钠盐质量指标

| 项　　目 | 指　　标 |
|---|---|
| 外观 | 自由流动的颗粒或粉末，不结块 |
| 纯度/% | ≥75.0 |
| 烘失量/% | ≤10.0 |
| 残碱量/% | ≤2.5 |
| 筛余量/% | ≤5.0 |

2）水解聚丙烯腈钙盐

代号 Ca-HPAN 或 CPAN，是腈基、酰胺基、羧钙基、羧钠基等的共聚物。浅黄色或白色粉末，水溶性好。主要用作聚合物钻井液的降滤失剂。对钻井液的黏度稍有增大，抗盐达饱和，也可抗钙侵，耐高温，浓度高时对页岩有抑制水化分散作用。其理化性能指标见表 9-33。

表 9-33 水解聚丙烯腈钙盐理化性能指标

| 项目 | 指标 |
|---|---|
| 外观 | 自由流动的颗粒或粉末，不结块 |
| 钙含量/% | ≥11.0 |
| 水分/% | ≤10.0 |
| 筛余量/% | ≤5.0 |

3）水解聚丙烯腈铵盐(代号 $NH_4$-HPAN 或 NPAN)

它为轻质灰黄色粉末或颗粒。主要用于低固相不分散聚合物钻井液的降滤失剂，兼有降黏作用。对黏土有一定的抑制作用，能抗温 150~180℃，抗盐 5%以下。其理化性能指标见表 9-34。

表 9-34 水解聚丙烯腈铵盐理化性能指标

| 项目 | 指标 |
|---|---|
| 外观 | 自由流动的颗粒或粉末，不结块 |
| 铵含量/% | ≥5.5 |
| 水分/% | ≤10.0 |
| 筛余量/% | ≤5.0 |
| 灼烧残渣 | ≤3.0 |

3. 乙烯基单元多体共聚物

目前，大量使用的乙烯基单元多体共聚物有 PAC142、PAC143、CPA-3。

1）乙烯基单元多体共聚物(代号 PAC142、PAC143)

乙烯基单元多体共聚物用作聚合物钻井液降滤失剂。PAC142 有一定的增黏作用，抗盐，耐高温；PAC143 主要用作淡水、海水、饱和盐水聚合物钻井液降滤失剂，稍有增黏作用及抗钙能力，耐高温。其理化性能指标见表 9-35。

**表 9-35　PAC142、PAC143 理化性能指标**

| 项　目 | 指　标 | |
|---|---|---|
| | PAC142 | PAC143 |
| 外观 | 白色粉末 | |
| 水分/% | ≤7.00 | |
| 1%水溶液表观黏度/mPa·s | ≥10.0 | ≥20.0 |
| 0.9mm 筛余量/% | ≤10.0 | |
| pH 值 | 7.0~9.0 | |

2) 共聚型聚丙烯酸钙(代号 CPA-3)

它主要用作聚合物水基钻井液抗钙降滤失剂，有增黏及改善流型、提高携屑能力、耐高温、抗剪切降解的作用。其理化性能指标见表 9-36。

**表 9-36　CPA-3 理化性能指标**

| 项　目 | 指　标 |
|---|---|
| 特性黏度/mPa·s | 3.0~4.5 |
| 水不溶物含量/% | ≤5.0 |
| 水分/% | ≤7.0 |
| 细度(通过 0.27mm 筛孔)/% | >80.0 |
| pH 值 | 7.0~8.0 |

4. 酚醛树脂类

1) 磺甲基酚醛树脂(代号 SMP 或 SP)

磺甲基酚醛树脂主要用作深井和超深井钻井液降滤失剂。它有一定的防塌能力，和磺化腐殖酸类、铁铬盐类复配使用，具有抗高温 200℃、抗盐、抗钙等特性，pH 值 8~11，并具有降低摩阻性能。水剂为棕红色黏稠液体，粉剂为棕红色粉末。其质量指标见表 9-37 和表 9-38。

表 9-37 SMP-Ⅰ和 SMP-Ⅱ质量指标

| 项目 | 指标 | | | |
|---|---|---|---|---|
| | SMP-Ⅰ | | SMP-Ⅱ | |
| | 水剂 | 干剂 | 水剂 | 干剂 |
| 干基含量/% | ≥42.0 | ≥90.0 | ≥42.0 | ≥90.0 |
| 动力黏度/mPa·s | 70~230 | — | 30~100 | — |
| 浊点盐度(以 $Cl^-$ 计)/(g/L) | ≥110 | ≥100 | ≥160 | ≥160 |
| 水不溶物含量/% | — | ≤10.0 | — | ≤8.0 |
| 表观黏度/mPa·s | ≤38.0 | ≤38.0 | ≤50.0 | ≤50.0 |
| 钻井液常温滤失量/mL | | ≤15 | ≤15 | ≤15 |
| 高温高压滤失量/mL | ≤25.0 | ≤25.0 | ≤35.0 | ≤35.0 |

外观：水剂；棕红色黏稠流体；干剂：自由流动粉末，10%的水溶液颜色为棕红色。

表 9-38 SMP-Ⅲ质量指标

| 项目 | 指标 |
|---|---|
| 外观 | 自由流动粉末 |
| 干基含量/% | ≥87.0 |
| 水不溶物含量/% | ≤8.0 |
| 浊点盐度(以 $Cl^-$ 计)/(g/L) | ≥100 |
| 表观黏度/mPa·s | ≤40.0 |
| 高温高压滤失量/mL | ≤28.0 |
| 起泡率/% | ≤10.0 |

2) 磺化木质素磺甲基酚醛树脂共聚物(代号 SLSP)

磺化木质素磺甲基酚醛树脂共聚物主要用作水基钻井液抗高温(200℃)、抗盐(10%)、抗 1%的 $CaCl_2$ 的降滤失剂。可降低钻井液摩阻系数，一般加量 1%~3%，有一定的防塌能力。其理化性能指标见表 9-39。

表 9-39　SLSP 理化性能指标

| 项　目 | 指　标 |
| --- | --- |
| 外观 | 棕红色粉末，不呈团块 |
| 特性黏度/mPa · s | ≥0.05 |
| 水不溶物含量/% | ≤5.0 |
| 含水量/% | ≤10.0 |
| 盐析浓度(2.5g/100mL 水溶液，以 NaCl 计)/(g/L) | ≥13.0 |
| pH 值 | 9.0~9.5 |

3）磺化褐煤磺化酚醛树脂共聚物(代号 SCSP)

磺化褐煤磺化酚醛树脂共聚物为白色或微黄色纤维状粉末，具有吸湿性，无臭、无味、无毒，不易发酵，不溶于酸、醇等有机溶剂，易分散于水中成胶体溶液。主要用作水基钻井液抗高温滤失剂，具有一定的抗盐、抗钙、防塌等能力。其质量指标见表 9-40。

表 9-40　SCSP 质量指标

| 项　目 | 指　标 |
| --- | --- |
| 外观 | 黑褐色均匀粉粒状 |
| 水不溶物含量/% | ≤12 |
| 有效物含量/% | ≥80 |
| 滤失量/mL | ≤15 |
| 热稳定后滤失量/mL | ≤20 |
| 高温高压滤失量/mL | ≤25 |

5. 腐殖酸类

1）腐殖酸钠(代号 Na-Hm 或 $N_{ac}$)

腐殖酸钠为黑褐色粉末，易溶于水，水溶液呈碱性，无毒、无味。主要用作淡水钻井液耐高温降滤失剂。有降黏作用，也有一定的抗钙能力，但抗盐性较差。其质量指标见表 9-41。

表 9-41　腐殖酸钠质量指标

| 项　　目 | 指　　标 | | |
|---|---|---|---|
| | 一级品 | 二级品 | 三级品 |
| 水溶性腐殖酸(干基)含量/% | 55.0±2 | 45.0±2 | 40.0±2 |
| 水分/% | ≤12 | ≤12 | ≤12 |
| 细度(通过 0.45mm 筛孔)/% | 100 | 100 | 100 |
| pH 值 | 9~10 | 9~10 | 9~10 |

2）硝基腐殖酸钠

硝基腐殖酸钠为黑褐色粉末，易溶于水，水溶液呈碱性。主要用作淡水钻井液降滤失剂，兼有降黏作用，抗钙能力有所提高。用量在 0.3%~3.0%时，有一定的抗温能力，并有较强的抗盐作用。其质量指标见表 9-42。

表 9-42　硝基腐殖酸钠质量指标

| 项　　目 | 指　　标 |
|---|---|
| 水溶性腐殖酸含量/% | ≥50.0 |
| 水分/% | ≤12.0 |
| 细度(通过 0.45mm 筛孔)/% | 100 |
| pH 值 | 9~10 |

6. 淀粉

钻井级淀粉由天然淀粉改性生产，产品为白色或淡黄色粉末，不结块，被广泛用作水基钻井液降滤失剂，其技术指标见表 9-43。

表 9-43　淀粉技术指标

| 项　　目 | | 指　　标 |
|---|---|---|
| $\Phi_{600}$读数 | 4%盐水中 | ≤18 |
| | 饱和盐水中 | ≤20 |
| 滤失量/mL | 4%盐水中 | ≤10 |
| | 饱和盐水中 | ≤10 |
| 2mm 筛余 | | 无 |

7. 聚阴离子纤维素(代号 PAC)

聚阴离子纤维素为白色或淡黄色粉末，无臭、无味、无毒，易吸潮溶于水。具有良好的抗温、抗盐、抗钙性能。适用于从淡水至饱和盐水钻井液体系，并有增稠快、屈服值高、降滤失性强等特点，是一种综合性能优良的钻井液处理剂。其理化性能指标见表 9-44。

表 9-44　聚阴离子纤维素理化性能指标

| 项　目 | 指　标 | |
|---|---|---|
| | PAC-LV | PAC-HV |
| 淀粉或淀粉衍生物 | 无 | |
| 水分/% | ≤10.0 | |
| 表观黏度/mPa · s | ≤40 | ≥50 |
| API 滤失量/mL | ≤16 | ≤23 |

## 四、降黏剂

目前，国内降黏剂品种已达 13 种以上，主要分为两类：一类是强分散剂，适应于分散钻井液；另一类是低相对分子质量聚合物，适用于不分散聚合物钻井液。

1. 单宁酸钠(代号 NaT)

单宁酸钠为棕褐色粉末或呈细粒状，易溶于水，水溶液呈碱性。主要用作分散性钻井液的降黏剂，抗盐、抗钙性差，也可作为水泥絮凝剂。单宁用磺化基进行磺化，形成磺甲基单宁酸钠，其作用同单宁酸钠，但抗温、抗盐能力较单宁酸钠强，其质量指标见表 9-45。

表 9-45　单宁酸钠质量指标

| 项　目 | 指　标 |
|---|---|
| 外观 | 自由流动的褐色粉末 |
| 烘失量/% | ≤10.0 |

续表

| 项　　目 | 指　　标 |
|---|---|
| 水不溶物含量/% | ≤5.0 |
| 有效物含量/% | ≥80 |
| 180℃/16h 降黏率/% | ≥80 |

2. 磺甲基褐煤(代号 SMC)

磺甲基褐煤为黑褐色粉末或颗粒。吸潮性强，易结块，易溶于水，水溶液呈碱性。主要用作深井抗高温(200～220℃)淡水钻井液的降黏剂，具有降滤失作用，但抗盐能力差。其理化性能指标见表 9-46。

**表 9-46　磺甲基褐煤理化性能指标**

| 项　　目 | 指　　标 |
|---|---|
| 水溶性干基腐殖酸含量/% | ≥50.0 |
| 外观 | 黑褐色粉末 |
| 干基全铬含量/% | 无 |
| 水分/% | ≤15.0 |

3. 磺甲基橡碗单宁酸钠(代号 SMK)

磺甲基橡碗单宁酸钠为棕褐色粉末或颗粒。不含重金属离子，无毒、无污染，易溶于水，水溶液呈碱性。其理化性能指标见表 9-47。

**表 9-47　磺甲基橡碗单宁酸钠理化性能指标**

| 项　　目 | 指　　标 |
|---|---|
| 水分/% | ≤10.0 |
| 干基水不溶物含量/% | ≤4.0 |

4. 磺甲基五倍子单宁酸钠(代号 SMT)

磺甲基五倍子单宁酸钠为棕褐色粉末或呈细粒状。吸水性强，易溶于水，水溶液呈碱性。主要用作各类水基钻井液降黏剂，在盐水和饱和盐水钻井液中有一定的降黏能力，抗钙能力强，抗温可达180~200℃。其质量指标见表9-48。

表9-48　磺甲基五倍子单宁酸钠质量指标

| 项　　目 | 指　　标 |
|---|---|
| 水分/% | ≤12.0 |
| 干基水可溶物含量/% | ≥98.0 |

5. 低相对分子质量聚丙烯酸盐(代号X-A40及X-B40)

低相对分子质量聚丙烯酸盐为淡黄色无规则颗粒或粉末，无毒、无腐蚀，易吸潮、极易溶于水。主要用作不分散聚合物钻井液的降黏剂，兼有降低滤失量、改善滤饼质量和抗钙能力作用。其质量指标见表9-49。

表9-49　低相对分子质量聚丙烯酸盐质量指标

| 项　　目 | | 指标 |
|---|---|---|
| 黏度/mPa·s | | 10~15 |
| pH值 | | 6.0~8.0 |
| 挥发物含量/% | | ≤5.0 |
| 不溶物含量/% | | ≤2.0 |
| 残余单体含量/% | | ≤5.0 |
| 降黏率 | 在12%膨润土中加入0.24%WT | ≥70 |
| | 在聚合物浆(7%膨润土中加80A51 1.0%WT)加0.12% | ≥70 |

6. 乙二胺四甲基叉磷酸盐(代号EDTMPS)

乙二胺四甲基叉磷酸盐为棕黄色清澈液体，能溶于水。主要用作低固相不分散聚合物钻井液的降黏剂，具有抗水泥及石膏侵蚀的能力，抗温达150℃。其质量指标见表9-50。

表9-50　乙二胺四甲基叉磷酸盐质量指标

| 项　　目 | 指　　标 |
|---|---|
| EDTMPS含量/% | 25~28 |

续表

| 项目 | 指标 |
|---|---|
| 密度/($g/cm^3$) | 1.30~1.40 |
| 乙二胺含量/% | ≤50 |
| pH 值 | 9~10 |

7. 高温降黏剂(FSK)

高温降黏剂为棕褐色粉末或细颗粒，极易溶于水，水溶液呈酸性，无毒，吸潮性强。主要用作淡水钻井液降黏剂，抗温180℃，并能改善滤饼质量。其理化性能指标见表9-51。

**表9-51 高温降黏剂理化性能指标**

| 项目 | 指标 |
|---|---|
| 水分/% | ≤2.0 |
| 干基水不溶物含量/% | ≤10.0 |

## 五、增黏剂

1. 高黏羧甲基纤维素钠盐(代号 HV-CMC)

高黏羧甲基纤维素钠盐为白色或微黄色纤维状粉末。具有吸湿性，无臭、无味、无毒，容易发酵，不溶于酸、醇等有机溶剂，易分散于水中形成胶体溶液，有一定的抗温能力和热稳定性。其理化性能指标见表9-52。

**表9-52 高黏羧甲基纤维素钠盐理化性能指标**

| 项目 | | 指标 |
|---|---|---|
| $\Phi_{600}$读数 | 去离子水中 | ≥30 |
| | 4%盐水中 | ≥30 |
| | 饱和盐水中 | ≥30 |
| 滤失量/mL | | ≤10.0 |

2. 复合离子型聚丙烯酸盐(代号 PAC-141)

复合离子型聚丙烯酸盐为白色或微黄色流动粉末。主要用作聚合物钻井液的抗钙、抗温、抗盐，以及调整流型的增黏剂，并有降滤失作用，是较强的“包被剂”。推荐用量：淡水钻井液0.1%～0.3%，海水钻井液0.5%～1.2%，饱和盐水钻井液0.7%～1.5%。其理化性能指标见表9-53。

**表9-53　复合离子型聚丙烯酸盐理化性能指标**

| 项　目 | 指　标 |
|---|---|
| 1%水溶液表观黏度/mPa·s | ≥30.0 |
| 外观 | 白色粉末 |
| 水分/% | ≤7.0 |
| 细度(筛孔0.9mm筛余量)/% | ≤10.0 |
| pH值 | 7.0～9.0 |
| 纯度/% | ≥83.0 |

3. 羟乙基纤维素(HEC)

羟乙基纤维素为白色或淡黄色纤维状或粉末状固体。无臭、无味、无毒，不易燃烧、可溶性好，呈黏稠半透明状胶体。主要用作钻井(完井)液的增黏剂和降滤失剂。在盐水钻井液中增黏较明显，可溶于酸，便于油层酸化。其质量指标见表9-54。

**表9-54　羟乙基纤维素质量指标**

<table>
<tr><th colspan="2" rowspan="2">项　目</th><th colspan="3">指　标</th></tr>
<tr><th>C-1000</th><th>C-700</th><th>C-500</th></tr>
<tr><td rowspan="2">黏度(2%水溶液20℃)/mPa·s</td><td>Emilar黏度计</td><td>>1000</td><td>700～1000</td><td>500～700</td></tr>
<tr><td>NDJ-1黏度计</td><td>>6000</td><td>3000～6000</td><td><3000</td></tr>
<tr><td colspan="2">克分子取代度/M.S</td><td>1.2～1.8</td><td>1.2～1.8</td><td>1.2～1.8</td></tr>
<tr><td colspan="2">水分/%</td><td><7.0</td><td><7.0</td><td><7.0</td></tr>
<tr><td colspan="2">水不溶物含量/%</td><td>≤2.0</td><td>≤2.0</td><td>≤2.0</td></tr>
<tr><td colspan="2">灰分/%</td><td>≤3.0</td><td>≤3.0</td><td>≤3.0</td></tr>
<tr><td colspan="2">pH值</td><td>6～7</td><td>6～7</td><td>6～7</td></tr>
</table>

4. 磺化聚丙烯酰胺(代号 SPAM)

磺化聚丙烯酰胺为无色或棕色黏稠液体，溶于水。主要用作各类水基钻井液的增黏剂，兼有一定的降滤失及耐温、抗盐、抗石膏和抑制黏土水化能力，使用中一般稀释成1%浓度，加量1.5%~2.0%。其质量指标见表9-55。

表9-55 磺化聚丙烯酰胺质量指标

| 项目 | 指标 |
|---|---|
| 有效物含量/% | ≥3.0 |
| 相对分子质量/$10^4$ | 300~600 |
| 磺化度/% | 25~30 |

5. 钻井液用 AMPS 多元共聚物 PAMS601

钻井液用 AMPS 多元共聚物 PAMS601 为无色或微黄色粉末，溶于水。主要用作各类水基钻井液的增黏剂，兼有一定的降滤失及耐温、抗盐、抗石膏和抑制黏土水化能力，加量0.05%~1.00%。其质量及性能指标见表9-56。

表9-56 钻井液用 AMPS 多元共聚物 PAMS601 质量及性能指标

| 项目 | 指标 |
|---|---|
| 外观 | 白色或微黄色粉末 |
| 细度(筛孔0.59mm筛余量)/% | ≤10.0 |
| 表观黏度/mPa·s | ≥30.0 |
| 有效物含量/% | ≥85.0 |
| 水分/% | ≤10.0 |
| pH值 | 8.0~10.0 |
| 室温滤失量/mL | ≤10 |
| 150℃/16h 滚动后滤失量/mL | ≤35 |

## 六、页岩抑制剂

1. 聚丙烯酸钾(代号 KHPAM 或 HZN101[Ⅱ])

聚丙烯酸钾为白色或微黄色自由流动粉末。主要用作淡水及盐水钻井液的防塌剂，具有稳定井壁、抑制地层造浆、增黏降滤失作用。其质量指标见表 9-57。

**表 9-57　聚丙烯酸钾质量指标**

| 项　目 | 指　标 |
| --- | --- |
| 固含量/% | ≥90 |
| 挥发物含量/% | <10 |
| 相对分子质量/$10^4$ | ≥300 |
| 羧甲含量/% | 30±2 |
| 细度(0.45mm 筛余量)/% | 100 |
| 残留 AM/% | <0.7 |

2. 水解聚丙烯腈钾盐(代号 K-PAN)

水解聚丙烯腈钾盐为棕红色或淡黄色粉末，易溶于水，水溶液呈碱性。遇钙离子或铝离子生成白色胶状物沉淀。主要用作聚丙烯酸类页岩的抑制剂。对黏土有抑制水化膨胀作用，亦是淡水或盐水钻井液防塌的降滤失剂，增黏不严重，抗盐不抗钙，抗温 170℃以上。其质量指标见表 9-58。

**表 9-58　水解聚丙烯腈钾盐质量指标**

| 项　目 | 指　标 |
| --- | --- |
| 水分/% | ≤7.0 |
| 粒度(通过 0.9mm 筛孔)/% | ≥80.0 |
| 黏度(1%水溶液)/mPa·s | 7~16 |
| 水解度/% | 60.0 |
| 水不溶物(含量)/% | ≤3.5 |

3. 腐殖酸钾(代号 KHm)

腐殖酸钾为黑褐色粉末，易溶于水。主要用于淡水钻井液的防塌降滤失剂，兼有一定的降黏作用，抗温可达 180℃，但不抗盐。其质量指标见表 9-59。

表 9-59 腐殖酸钾质量指标

| 项 目 | 指 标 |
| --- | --- |
| 水不溶物/% | ≤18.0 |
| 腐殖酸含量/% | ≥45.0 |
| 水分/% | ≤15.0 |
| 细度(通过 0.9mm 筛孔)/% | 100 |
| 钾离子含量(干基)/ % | ≥5.0 |
| pH 值 | 9.0~11.0 |
| 岩心线膨胀降低率/% | ≥60.0 |
| API 滤失量降低率/% | ≥45.0 |
| 表观黏度降低率/% | ≥50.0 |

4. 有机硅腐殖酸钾(代号 OSA-K)

有机硅腐殖酸钾为黑褐色颗粒或粉末。在防塌和处理井塌性能上优于腐殖酸钾，不增黏，降滤失，是胜利油田常用的一种防塌剂。其质量指标见表 9-60。

表 9-60 有机硅腐殖酸钾质量指标

| 项 目 | 指 标 |
| --- | --- |
| 相对膨胀率/% | ≤50.0 |
| 降黏率/% | ≥75.0 |
| 滤失量/mL | ≤13.0 |
| 水分/% | ≤10.0 |
| 水不溶物含量/% | ≤25.0 |
| 甲基硅醇钠含量/% | ≥20.0 |
| 钾含量/% | ≥8.0 |
| 腐殖酸含量/% | ≥35.0 |
| pH 值 | 8~10 |

5. 磺化沥青

磺化沥青是沥青制品中常用的一种页岩抑制剂，能阻止页岩水化膨胀和分散，封堵裂缝，防止井壁剥落性坍塌。主要用于页岩微裂缝及破碎带的封闭而起防塌作用，并有较好的润滑能力和降滤失能力，用于水基钻井液。常用量为1%~3%。其质量指标见表9-61。

**表9-61　磺化沥青质量指标**

| 项　目 | 指　标 |
|---|---|
| pH值(1%水溶液) | 8~9 |
| 磺酸钠基含量/% | ≥10.0 |
| 水溶物含量/% | ≥70.0 |
| 油溶物含量/% | ≥25.0 |
| 高温高压滤失量/mL | ≤25.0 |
| 表观黏度降低率% | ≥45.0 |
| 动切力降低率/% | ≥50.0 |

6. 胺基聚醇(代号AP-1)

胺基聚醇是由起始剂(含胺基等活性基团的化合物)与环氧乙烷、环氧丙烷、阳离子单体在催化剂作用下，通过活性基团单体引发、链增长、阳离子化缩聚、多步加聚反应制得。由于在胺基聚醇分子链中引入了胺基官能团，使它具有独特的分子结构，这种分子结构使其能很好地镶嵌在黏土层间，并使黏土层紧密结合在一起，从而降低黏土水化膨胀分散。其质量指标见表9-62。

**表9-62　胺基聚醇质量指标**

| 项　目 | 指　标 |
|---|---|
| 外观 | 无色至淡黄色透明液体 |
| 密度(20℃)/($g/cm^3$) | 1.0±0.1 |
| 胺值/(mgKOH/g) | ≥120 |
| pH值(1%水溶液) | ≥10 |
| 岩屑回收率/% | ≥85 |
| 页岩膨胀降低率/% | >50 |

## 七、润滑剂

1. 无荧光白油润滑剂

无荧光白油润滑剂为无色或淡黄色液体，是一种弱荧光润滑剂，不影响地质录井，可用于探井、定向井及生产井中预防压差卡钻。其质量指标见表9-63。

**表9-63　无荧光白油润滑剂质量指标**

| 项　　目 | 指　　标 |
|---|---|
| 外观 | 无色或微黄色液体 |
| 密度/(g/cm³) | 0.85~0.95 |
| 运动黏度(40℃)/(mm²/s) | ≥6.0 |
| 闪点/℃ | ≥130.0 |
| 水分/% | ≤2.0 |
| 润滑系数降低率/% | ≥75.0 |
| 黏附系数降低率/% | ≥40.0 |
| 荧光级别/级 | ≤4.0 |
| 有机氯含量/% | 0 |

2. 油基润滑剂

油基润滑剂为黄色至深棕色液体，以矿物油和植物油为主要成分，在钻井液中有良好的分散性，能降低摩擦系数，对防止压差卡钻有一定的作用。其质量指标见表9-64。

**表9-64　油基润滑剂质量指标**

| 项　　目 | 指标 | |
|---|---|---|
| | Ⅰ型 | Ⅱ型 |
| 外观 | 均匀液体 | 均匀液体 |
| 密度/(g/cm³) | 0.90±0.10 | 0.90±0.10 |
| 挥发分/% | ≤10.0 | ≤10.0 |
| 表观黏度/mPa·s | ≤20.0 | ≤20.0 |

续表

| 项　　目 | 指标 | |
|---|---|---|
| | Ⅰ型 | Ⅱ型 |
| 中压滤失量/mL | ≤20.0 | ≤20.0 |
| 润滑系数降低率/% | ≥80.0 | — |
| 黏附系数降低率/% | ≥45.0 | — |
| 120℃/16h 老化后润滑系数降低率/% | ≥60.0 | — |
| 120℃/16h 老化后浆黏附系数降低率/% | ≥40.0 | — |
| 4%盐水浆润滑系数降低率/% | — | ≥80.0 |
| 4%盐水浆黏附系数降低率/% | — | ≥45.0 |
| 120℃/16h 老化后 4%盐水浆润滑系数降低率/% | | ≥60.0 |
| 120℃/16h 老化后 4%盐水浆黏附系数降低率/% | | ≥40.0 |
| 有机氯含量/% | 0.0 | 0.0 |

3. 环保润滑剂(代号 SMLUB-E)

环保润滑剂为黄褐色均匀液体，是一种环保型润滑剂。具有优良的抗温润滑效果，用于各种类型的钻井液，可用于环境敏感区域。其质量指标见表 9-65。

**表 9-65　环保润滑剂质量指标**

| 项　　目 | 指　　标 |
|---|---|
| 外观 | 黄褐色均匀液体 |
| 润滑系数降低率/% | ≥70 |
| 160℃/16h 热滚后润滑系数降低率/% | ≥70 |
| 生物毒性 $LC_{50}$/(mg/L) | ≥30000 |

4. 固体润滑剂

固体润滑剂以固体石墨粉为主要原材料生产，在钻井液中有良好的分散性，能降低摩擦系数，用于各种类型的钻井液。其质量指标见表 9-66。

表 9-66 固体润滑剂质量指标

| 项 目 | 指 标 |
|---|---|
| 外观 | 银灰色或棕黑色粉状或柱状颗粒 |
| 挥发分/% | ≤10.0 |
| 密度/($g/cm^3$) | 2.30~2.85 |
| 筛余量/% | ≤5.0 |
| 润滑系数降低率/% | ≥45.0 |
| 有机氯含量/% | 0 |

5. 高密度钻井液用极压润滑剂

高密度钻井液用极压润滑剂以矿物油和植物油为基础油，经高温高压反应进行改性，辅以含 S、B、N 等的极压添加剂及表面活性剂制备而成，用于提升高密度钻井液在高温、高盐下的极压润滑性能，不增黏、低发泡，是一种优良的极压润滑剂。分子中含有强吸附基团且极压元素含量高，能在井壁和钻具上形成膜强度和韧性高的化学吸附膜，且含有强水化基团，抗盐性能优异。一般加量为 2%~3%。其质量指标见表 9-67。

表 9-67 高密度钻井液用极压润滑剂质量指标

<table>
<tr><th colspan="2">项 目</th><th>指 标</th></tr>
<tr><td colspan="2">外观</td><td>黑红色液体</td></tr>
<tr><td colspan="2">密度/($g/cm^3$)</td><td>0.85~0.95</td></tr>
<tr><td rowspan="2">表观黏度升高值/mPa · s</td><td>膨润上浆</td><td>≤2.0</td></tr>
<tr><td>高密度浆($\rho=2.0g/cm^3$)</td><td>≤5.0</td></tr>
<tr><td rowspan="2">润滑系数降低率/%</td><td>膨润土浆</td><td>≥88.0</td></tr>
<tr><td>高密度浆($\rho=2.0g/cm^3$)</td><td>≥35.0</td></tr>
<tr><td colspan="2">荧光级别/级</td><td>≤2</td></tr>
</table>

6. 钻井液用润滑小球

钻井液用润滑小球为一种无毒、无臭、无荧光、耐酸碱、抗温抗压的透明塑料球体，在钻井液中呈惰性，用于各类钻井液的润滑剂。用于电测、下套管前配制封井润滑钻井液，加量一般为2.5%~3.0%。其质量指标见表9-68。

**表9-68　钻井液用润滑小球质量指标**

| 项　目 | | 指　标 |
|---|---|---|
| 含水率/% | | ≤5.0 |
| 耐温性/℃ | | ≥200 |
| 圆球率/% | | ≥95.0 |
| 密度/(g/cm³) | | 1.03~1.05 |
| 外观 | | 自由流动微珠 |
| 粒度/% | 粒径(2.0~0.66mm) | ≥90.0 |
| | 粒径(0.125~0.66mm) | ≤5.0 |
| | 粒径小于0.125mm | ≤0.5 |

## 八、消泡剂

1. 甘油聚醚(代号XBS-300)

甘油聚醚为无色或微黄色黏稠状透明液体，难溶于水，能溶于苯、乙醇。主要用作各类钻井液的消泡剂。其质量指标见表9-69。

**表9-69　甘油聚醚质量指标**

| 项　目 | 指　标 |
|---|---|
| 羟值(以KOH计)(mg/L) | 50.0±6 |
| 浊点/℃ | ≥17 |
| 酸值(以KOH计)/(mg/g) | ≤0.2 |
| 水分/% | ≤0.5 |

2. AF-35消泡剂

AF-35消泡剂为黄棕色黏稠状液体。主要用作水基钻井液的消泡剂。其质量指标见表9-70。

表 9-70　AF-35 消泡剂质量指标

| 项　　目 | 指　　标 |
|---|---|
| 密度/(g/mL) | 0.85~0.90 |
| 酸值 | 10.0~15.0 |
| 有效物含量/% | 75.0±2 |
| pH 值 | 7.5~8.0 |

3. 7501 消泡剂

7501 消泡剂为浅黄棕色胶状体，不溶于水，是油溶性很好的一种多元醇型非离子表面活性剂。主要用作各类水基钻井液的消泡剂。其质量指标见表 9-71。

表 9-71　7501 消泡剂质量指标

| 项　　目 | 指　　标 |
|---|---|
| 凝固点/℃ | 39.0 |
| 酸值(以 KOH 计)/(mg/g) | ≤8.0 |
| 皂值(以 KOH 计)/(mg/g) | 145.0~185.0 |
| 灰分/% | ≤0.3 |

## 九、絮凝剂

1. 聚丙烯酰胺(代号 PAM)

聚丙烯酰胺为无色透明弹性胶体，粉剂为白色粉末或鳞片状固体。无味，无腐蚀性，能溶于水而不溶于有机溶剂。主要用作不分散低固相聚合物水基钻井液的絮凝剂，兼有改善钻井液流变性能、减少摩擦等功能。其质量指标见表 9-72。

表 9-72　聚丙烯酰胺质量指标

| 项　　目 | 指　　标 | |
|---|---|---|
| | 胶体 | 粉剂 |
| 相对分子质量/$10^4$ | 200~600 | 300~900 |

续表

| 项　目 | 指　标 | |
|---|---|---|
| | 胶体 | 粉剂 |
| 有效物含量/% | ≥8.0 | ≥90.0 |
| 游离单体含量/% | ≤1.0 | ≤1.0 |
| 水解度/% | 5.0~30.0 | 5.0~30.0 |
| 水溶性 | 全溶 | 全溶 |

2. 水解聚丙烯酰胺(代号 PHP)

水解聚丙烯酰胺为胶状无色透明胶体，粉剂为白色固体，能溶于水。主要用作不分散低固相聚合物水基钻井液的絮凝剂，兼有改善钻井液流变性能、降低摩擦等功能。其质量指标见表 9-73。

**表 9-73　水解聚丙烯酰胺质量指标**

| 项　目 | 指　标 | |
|---|---|---|
| | 胶状 | 粉剂 |
| 相对分子质量/$10^4$ | 300~600 | 300~900 |
| 有效物含量/% | ≥8.0 | ≥90.0 |
| 游离单体含量/% | ≤0.5 | ≤0.5 |
| 水解度/% | 5.0~30.0 | 5.0~30.0 |
| 水溶性 | 全溶 | 全溶 |

3. 钻井液用有机高分子絮凝剂

钻井液用有机高分子絮凝剂为以有机溶剂、丙烯酰胺等为主要原料生产的油包水型高分子聚合物，絮凝能力强，溶液黏度高。其质量指标见表 9-74。

**表 9-74　钻井液用有机高分子絮凝剂质量指标**

| 项　目 | 指　标 |
|---|---|
| 外观 | 乳白色或淡黄至白色黏稠液体 |
| 固含量/% | ≥30.0 |

续表

| 项　　目 | 指　　标 |
|---|---|
| 平均相对分子质量 | $7.0\times10^{6}\sim1.5\times10^{7}$ |
| 水解度/% | 20.0~30.0 |
| 絮凝时间/min | ≤12.0 |
| 淡水浆表观黏度/mPa·s | ≥30.0 |
| 复合盐水浆表观黏度/mPa·s | ≥20.0 |
| 有机氯含量/% | 0.0 |

## 十、解卡剂

1. 粉末解卡剂(代号 SR-301、DSK-Ⅱ)

粉末解卡剂为黑色粉末，与柴油、水搅拌可配成油包水型油基解卡剂。其质量指标见表 9-75。

**表 9-75　粉末解卡剂质量指标**

<table>
<tr><td colspan="2">理 化 指 标</td><td colspan="3">解 卡 液 指 标</td></tr>
<tr><td>外观</td><td>粉末</td><td colspan="2">破乳电压/V</td><td></td></tr>
<tr><td>0.9mm 筛余量/%</td><td>≤10</td><td colspan="2">在 50℃下陈放 24h，解卡液密度差</td><td><0.6g/cm$^3$</td></tr>
<tr><td rowspan="7">在 50℃下施加 0.3kg/cm$^2$ 负荷陈放 24h</td><td rowspan="7">无结块现象</td><td colspan="2">全为油滤失量/mL</td><td><1</td></tr>
<tr><td colspan="3">解卡液在 50℃时的性能</td></tr>
<tr><td>密度/(g/cm$^3$)</td><td>塑性黏度/mPa·s</td><td>动切力/Pa</td></tr>
<tr><td>0.95</td><td>20~40</td><td>2.4~7.2</td></tr>
<tr><td>1.20</td><td>30~50</td><td>4.7~7.2</td></tr>
<tr><td>1.60</td><td>35~55</td><td>4.7~9.5</td></tr>
<tr><td>2.00</td><td>50~80</td><td>11.9~14.3</td></tr>
</table>

2. 油状解卡剂(代号 AYA-150、DJK-Ⅰ)

油状解卡剂为黑褐色胶状液体，是油包水型乳化解卡液。其质量指标见表 9-76。

表 9-76　油状解卡剂质量指标

| 项　目 | 指　标 |
|---|---|
| 塑性黏度/mPa · s | ≥20.0 |
| 滤失量/mL | <4.0 |
| 破乳电压/V | >350 |
| 动切力/Pa | 4.7~9.5 |

3. SJK-Ⅰ型解卡剂

SJK-Ⅰ型解卡剂是胜利油田研究开发的油基型解卡剂。其质量指标见表 9-77。

表 9-77　SJK-Ⅰ型解卡剂质量指标

| 项　目 | 指　标 |
|---|---|
| API 滤失量/mL | 失油<10，不滤失水；加重后失油<10，不失水 |
| 静切力/Pa | 加重前 5~10，加重后 8~16 |
| 动切力/Pa | 加重前>7.0，加重后>10.0 |
| 电稳定性/V | >400 |
| 滤饼破裂实验 | 泥饼表面用柴油清洗后有明显的裂痕或显微镜下可观察到龟裂 |
| 提拉力降低率/% | ≥25 |
| 扭矩降低率/% | >45 |

## 十一、堵漏剂

1. 惰性堵漏剂

惰性堵漏剂可分为粒状物(贝壳粉、果壳粉、蛭石)、层状物(云母片、废塑料纸片、花生壳)和各种植物纤维物(棉籽壳、皮屑)。按尺寸分为粗、中、细三类。

2. 胜利油田应用的堵漏剂

1）SD-1 型堵漏剂

SD-1 型堵漏剂分为蚌壳渣、蚌壳粉两种。前者经加工成粒度为细(1~2mm)、中(3~4mm)、粗(5~6mm)的材料，并按比例复配而成。密度 2～1.7g/$cm^3$，水分≤5%，水溶物含量≤1.5%。蚌壳粉加工粒度为 0.1～1mm，其他同上。该堵漏剂主要用于渗漏、裂缝性及小溶洞性漏失。实现酸化解堵的概率可达 80%，有利于保护油气层。本品可单一或复配使用，或与其他堵漏材料复配。

2）SD-2 型堵漏剂

SD-2 型堵漏剂为不同粒度蚌壳渣、棉籽皮、蛭石复配而成。粒径 0.5～5mm，湿度≤10%，水不溶物含量≥99%。本品不能通过振动筛，只适用于配制堵漏钻井液并替入漏失井段，封堵只进不出的大漏失。

3）SD-3 型堵漏剂

SD-3 型堵漏剂主要以细粒径的蚌壳粉，以及加工后的棉籽皮、蛭石、云母、聚合物等复配而成。粒径 0.05～0.5mm，纤维长度 1～3mm，湿度≤10%，水不溶物含量≥98%。现场能通过 0.9mm 筛，用于循环过程中的渗漏，也可与 SD-2 型堵漏剂复配封堵裂缝性漏失。

4）SD-4 型堵漏剂

本产品有三个系列：

（1）SD-4-1 型堵漏剂：由单向压力封闭剂、超细碳酸钙、磺化沥青或油溶性树脂按 30∶60∶10 复配而成。主要用于保护油气层作屏蔽暂堵剂，也可用于因压差发生的防漏和堵漏。

（2）SD-4-2 型堵漏剂：由单向压力封闭剂、超细碳酸钙按 1∶1 复配而成。比单一的“单向压力封闭剂”和“超细碳酸钙”效果好，对于高压差的防漏和堵漏均有效。

（3）SD-4-3 型堵漏剂：由超细碳酸钙、磺化沥青或油溶性树脂复配而成，配比为 70∶30。用于油层保护中实施屏蔽暂堵的井，也可用作长裸眼井的护壁剂。

5）SD-5 型凝胶堵漏剂（又称迪赛尔堵漏剂）

本产品以粒状、片状、纤维状等桥塞物质配以聚合物和固化剂复配而成。其特点是以此剂配制的堵漏钻井液具有高滤水量，固化后具有一定的强度，能快速封堵漏层。对于只进不出的裂缝性、小渗孔性(如砾石层)堵漏有效。

6) SD-6 型低密度堵漏剂

本产品为选用质量较轻的果壳类、珍珠岩、锯末、纤维物等加工而成的桥塞堵漏剂，是用于低压地层、低密度钻井液的堵漏剂。材料规格分细(1~2mm)、中(3~4mm)、粗(5~6mm)三类，按细 30%、中 40%、粗 30%复配，也可根据用户需要复配。

7) 弹性孔网堵漏剂

本产品采用高弹性聚氨酯泡沫材料加工而成，是一种专门用于裂缝性地层的堵漏剂。材料有两种型号，弹性孔网堵漏剂Ⅰ型由小尺寸(≤3mm)弹性孔网颗粒与其他填充封堵材料复配而成，对于封堵微小裂缝和承压具有较好的效果。弹性孔网堵漏剂Ⅱ型为聚氨酯泡沫颗粒，根据需求可加工成不同规格大小(3~20mm)的颗粒，还可以配合其他封堵材料实现对较大裂缝的封堵。

8) 一袋式堵漏剂

本产品主要由刚性颗粒、可变形颗粒、弹性颗粒和矿物纤维复配而成。其特点是对裂缝具有良好的自适应性，封堵承压强度高，可用于油基、合成基钻井液堵漏，也可用于水基钻井液堵漏。

3. N 型脲素甲醛树脂堵漏剂

N 型脲素甲醛树脂堵漏剂属于化学堵剂，调配不同的配比可获得不同的稠度和凝固时间的浆液。如加入固体物质，效果更佳。其质量标准见表 9-78。

**表 9-78　N 型脲素甲醛树脂堵漏剂质量指标**

| 项　目 | 指　标 | | 备　注 |
| --- | --- | --- | --- |
| | N-1 型 | N-2 型 | |
| 外　观 | 白色粉末 | | |
| 细度(0.15mm 孔径筛余量)/% | 0 | 0 | |

续表

| 项　目 | 指　标 | | 备　注 |
|---|---|---|---|
| | N-1 型 | N-2 型 | |
| 水分/% | <5.0 | <5.0 | |
| 密度/($g/cm^3$) | 1.33 | 1.33 | |
| 水不溶物含量/% | <1.0 | <1.0 | |
| 溶解时间/min | <5 | <5 | 50%浓度，水温 25℃ |
| 溶液黏度/mPa·s | <100 | <100 | 50%浓度，水温 25℃ |
| 游离醛含量/% | <5 | <4 | |
| 凝固体抗压强度 | | | >凝固时间(20±3)s |
| 凝固体抗冲击强度 | | | >凝固时间(20±3)s |

4. 高弹性石墨

高弹性石墨封堵材料具有特殊的弹性性能在井下压力增加的情况下弹性石墨变形进入地层裂缝中，当压力释放后，材料恢复原来的形状，从而封堵裂缝防止漏失。弹性石墨封堵材料是一种经过高温处理而结构发生改变的石油焦，首先在提纯电热炉中进行连续煅烧，在惰性工作环境中加热到 2400℃，这种特殊煅烧方法使焦炭得到更高纯度的碳(99.5%)和更有序的晶体结构，从而具有更好的弹性性能。弹性石墨的多功能性已被证实，在中东、北美和其他地区的海上均有应用，与水基、合成基和油基钻井液体系具有较好的配伍性，在多种施工环节中均可使用，具有较好的堵漏和润滑效果，可降低作业风险，以及节约钻井时间。其质量指标见表 9-79。

**表 9-79　高弹性石墨质量指标**

| 项　目 | 指　标 |
|---|---|
| 外　观 | 工业品为黑色流动粉末 |
| 碳含量/% | ≥99.0 |
| 压缩率/% | ≥50 |

续表

| 项　　目 | 指　　标 |
|---|---|
| 回弹率/% | ≥50 |
| 粒度 | 根据裂缝大小选择 |

## 十二、缓蚀剂

缓蚀剂是指能抑制水基钻井液中存在的或外侵腐蚀源对钻具、套管腐蚀的化学剂。主要有碱式碳酸锌、咪唑啉季铵盐(主要成分为油酸、二亚乙基三胺、氯乙酸钠等)、硫代磷酸酯咪唑啉衍生物(主要成分为油酸、二亚乙基三胺、五硫化二磷等)。

碱式碳酸锌为白色粉末，可溶于水，水溶液呈碱性，主要用于各种钻井液的除硫剂，清除钻遇天然气层时钻井液中含有的硫化氢和深井高温时分解出的硫化物对钻具造成的腐蚀。其质量指标见表 9-80。

**表 9-80　碱式碳酸锌质量指标**

| 项　　目 | 指　　标 |
|---|---|
| 外观 | 工业品为白色粉末 |
| Zn 含量(以干基中的 Zn 计)/% | ≥57.0 |
| 灼烧残渣/% | 70.0~74.0 |
| 水分/% | ≤2.5 |
| 重金属含量(以 Pb 计)/% | ≤0.05 |
| 细度(200 目筛余量)/% | ≤6.0 |

## 十三、杀菌剂

钻井液杀菌剂是指能杀死细菌，以及维护钻井液中各种处理剂使用性能的化学剂。主要有氯化十二烷基胺、氯化十八烷基胺、氯化十二烷基三甲基胺、十二烷基二甲基苄基氯化铵、甲醛、戊二醛等。最常用的杀菌剂是甲醛。甲醛(HCHO)水溶液又称福尔马林，为白色有刺激性的液体。主要用作水基钻井液防止发酵，也可用来杀灭钻井液中的细菌，减轻钻具腐蚀。其质量指标见表 9-81。

**表 9-81 甲醛质量指标**

| 项 目 | 指 标 | |
|---|---|---|
| | 一级品 | 二级品 |
| 甲醛含量/(g/100g) | 37±0.5 | 37±0.5 |
| 游离酸(以甲酸计)/(g/100mL) | ≤0.04 | ≤0.01 |
| 铁含量/(g/100mL) | ≤0.0005 | ≤0.005 |
| 灼烧残渣/(g/100mL) | ≤0.005 | ≤0.01 |
| 甲醇/(g/100mL) | 12.0 | 12.0 |

## 十四、乳化剂

1. 渗透剂(或浸湿剂 JFC)

渗透剂为黄色黏稠液体，是一种快速渗透剂，其润滑性、乳化性、气泡性均良好，在 40℃以下效果最佳。主要用来配制解卡剂。其质量指标见表 9-82。

**表 9-82 渗透剂质量指标**

| 项 目 | 指 标 |
|---|---|
| 外观 | 白色或淡黄色膏状物 |
| pH 值(1%水溶液) | 6~8 |
| 浊点(1%活性物在 10%氯化钾中)/℃ | 85 |
| 扩散力(以联邦德国同类产品为标准，按 100%计)/% | 90~100 |

2. 快渗剂 T

快渗剂 T 简称快 T，主要用来配制解卡剂，其质量指标以渗透力为(100±5)%时为合格。其质量指标见表 9-83。

**表 9-83　快渗剂 T 质量指标**

| 项　目 | 指　标 |
|---|---|
| 外观 | 淡黄色液体 |
| pH 值 | 7.0±1.0 |
| 渗透力/s | 90s 内出现小裂纹，180s 内出现较多裂纹 |

3. 斯盘-80(代号 SPAN-80)

斯盘-80 为琥珀色黏性油状液体，具有脂肪气味，难溶于水，亲油性强，溶于一般热有机溶剂。主要用于油包水型钻井液的乳化剂。其质量指标见表 9-84。

**表 9-84　斯盘-80 质量指标**

| 项　目 | 指　标 |
|---|---|
| 皂化值(KOH)/(mg/g) | ≤135~160 |
| 酸值(KOH)(mg/g) | ≤7 |
| 羟值(KOH)/(mg/g) | ≤190~220 |

4. OP 系列乳化剂

OP 系列乳化剂为黄色油状液体至橙色半流动液体或蜡状固体的非离子型表面活性剂，耐温达 240℃，耐酸、碱、钙、镁。主要用作抗高温的水包油钻井液的乳化剂。其质量指标见表 9-85。

**表 9-85　OP 系列乳化剂质量指标**

| 项　目 | 指　标 | | | |
|---|---|---|---|---|
| | OP-4 | OP-7 | OP-10 | OP-15 |
| 浊点/℃ | | | 65~70 | 85~90 |
| pH 值 | 5~7 | 5~7 | 5~7 | 5~7 |
| 水数 | 5~7mL（蒸馏水） | 25~27mL（蒸馏水） | 浊点 | 浊点 |
| 色泽 | 黄色油状液体 | 黄色油状液体 | 黄色至橙色半流动体 | 黄色至橙色半流动体 |

5. 油包水型乳化剂

油包水型乳化剂一般为棕黄色、深棕色或红棕色液体，分为主乳化剂和辅乳化剂，在油基/合成基钻井液中广泛应用。其质量指标见表9-86。

**表9-86　中国石化油包水型乳化剂质量指标**

| 项　目 | 指　标 | |
|---|---|---|
| | 主乳化剂 | 辅乳化剂 |
| 外观 | 深棕色液体 | 深棕色或红棕色液体 |
| 密度(25℃)/(g/cm³) | 0.92~0.98 | 0.90~1.02 |
| pH值 | 6~8 | 7~9 |
| 乳状液破乳电压/V | ≥450 | |
| 油基钻井液破乳电压(50℃)/V(老化前) | ≥450 | |
| 油基钻井液破乳电压(50℃)/V(150℃、16h老化后) | ≥450 | |

中海油服开发的主乳化剂PF-MOEMUL、辅乳化剂PF-COAT HT均为棕黄色(黏稠)液体。其质量指标见表9-87和表9-88。

**表9-87　主乳化剂PF-MOEMUL质量指标**

| 项　目 | 指　标 |
|---|---|
| 外观 | 棕黄色液体 |
| 密度(常温)/(g/cm³) | 0.88~0.98 |
| 倾倒点/℃ | ≤-10 |
| 乳化率/% | ≥90 |
| 溶解性 | 全溶于白油 |

**表9-88　辅乳化剂PF-COAT HT质量指标**

| 项　目 | 指　标 |
|---|---|
| 外观 | 棕黄色黏稠液体 |
| 密度/(g/cm³) | 0.96~1.10 |

续表

| 项　　目 | 指　　标 |
|---|---|
| pH 值 | 6~8 |
| 闪点(开口)/℃ | ≥110 |
| 乳化率/% | ≥90 |

## 十五、泡沫剂

1. 烷基磺酸钠(代号 A-S)

烷基磺酸钠为白色或黄色粉末，耐热性好(270℃以上)。主要用于泡沫钻井液的发泡剂及高温钻井液的稳定剂。其质量指标见表 9-89。

**表 9-89　烷基磺酸钠质量指标**

| 项　　目 | 指　　标 |
|---|---|
| 活性物含量/% | 28±1 |
| 盐分/% | ≤6.0 |
| 不皂化物(以 100%活性计)/% | ≤6.0 |
| pH 值 | 7~9 |
| 气味 | 无油味 |

2. 烷基苯磺酸钠(代号 ABS)

烷基苯磺酸钠为白色或黄色粉末或片状固体，对酸、碱和硬水都较稳定。其质量指标见表 9-90。

**表 9-90　烷基苯磺酸钠质量指标**

| 项　　目 | 指　　标 |
|---|---|
| 活性物含量/% | 30±1 |
| 盐分/% | ≤8.0 |
| 不皂化物(以 100%活性计)/% | ≤8.0 |
| pH 值 | 7~8 |

3. 钻井液用泡沫复合材料 SLTG-PMJ

SLTG-PMJ 由具有发泡功效的离子型表面活性剂、稳泡剂、抑制剂和降滤失剂组成，形成的微泡沫是具有“三层一膜”结构的黏弹性流体，属于硬胶微泡沫。该产品用于石油钻井，具有密度低，滤失量低，携液、携岩能力强等特点，可在井底与地面之间循环使用，可在低压地区用于欠平衡钻井，可携带地层出水，清除井底岩屑，提高钻速，有利于井壁稳定，并能有效地减少地层损害。SLTG-PMJ 质量指标见表 9-91。

**表 9-91　SLTG-PMJ 质量指标**

| 项　　目 | 指　　标 |
|---|---|
| 外观 | 灰色粉末 |
| 密度/($g/cm^3$) | ≤0.85 |
| 塑性黏度 *PV*/mPa·s | ≥10.0 |
| 动切力 *YP*/Pa | ≥5.0 |
| API 滤失量/mL | ≤10.0 |
| 泡沫稳定率/% | ≥90.0 |

## 十六、其他

1. 烧碱(NaOH)

烧碱为块状、片状、粒状白色易潮解的固体，强碱性，具有很强的腐蚀性，使用时要注意安全，防止灼烧眼睛和皮肤。易溶于水，水溶液呈碱性。主要用作钻井液 pH 调节剂及与酸性有机物形成可溶性处理剂。如单宁酸钠、腐殖酸钠等。在钙处理的钻井液中，控制钙离子浓度。其质量指标见表 9-92。

**表 9-92　烧碱质量指标**

| 项　　目 | 指　　标 |
|---|---|
| 氢氧化钠含量/% | ≥95.0 |
| 碳酸钠含量/% | ≤1.6 |
| 氯化钠含量/% | ≤3.0 |

续表

| 项　目 | 指　标 |
|---|---|
| 二氧化铁含量/% | ≤0.02 |
| 色泽 | 主体白色，许可带浅色 |

2. 纯碱($Na_2CO_3$)

纯碱为白色粉末或呈粒状，易吸潮结块，易溶于水，水溶液呈强碱性，不溶于乙醇、乙醚。主要用作钙质膨润土的改性剂，作钻井液的分散剂、除钙剂，以及调节 pH 值。其质量指标见表 9-93。

**表 9-93　纯碱质量指标**

| 项　目 | 指　标 | | |
|---|---|---|---|
| | 优等品 | 一等品 | 合格品 |
| 总碱量(以碳酸钠计)/% | ≥99.2 | ≥98.8 | ≥98.0 |
| 氯化钠(以碳酸钠计)/% | ≤0.70 | ≤0.50 | ≤1.20 |
| 铁(以三氧化二铁计)/% | ≤0.0035 | ≤0.006 | ≤0.010 |
| 水不溶物含量/% | ≤0.03 | ≤0.10 | ≤0.15 |
| 筛余物(180μm)/% | ≥0.90 | ≥0.90 | ≥0.90 |

3. 生石灰(CaO)

纯生石灰为白色，有的呈淡灰色或淡黄色。与水发生放热反应，变成熟石灰[$Ca(OH)_2$]，水溶液呈强碱性，用作各种水基钻井液的碱度调节剂，在钙处理钻井液中提供钙离子作抑制剂，在油基钻井液中作辅助剂及活度调节剂。其质量指标见表 9-94。

**表 9-94　生石灰质量指标**

| 项　目 | 指　标 |
|---|---|
| 氧化钙含量/% | ≥92.0 |
| 酸不溶物(以 $SiO_2$ 计)含量/% | ≤1.60 |
| 氧化镁含量/% | ≤1.60 |
| 氧化铁和氧化铝含量/% | ≤1.60 |
| 细度(0.074mm 筛余量)/% | ≤4.0 |

4. 重铬酸钾($K_2Cr_2O_7$)

重铬酸钾俗称红矾钾，为水基钻井液的辅助处理剂。能改善木质素、腐殖酸等处理剂的耐热性能，对长期使用的老化钻井液具有较好的抗温、降黏切作用。其质量指标见表9-95。

**表9-95　重铬酸钾质量指标**

| 项　　目 | 指　　标 | |
|---|---|---|
| | 一级品 | 二级品 |
| 外观 | 橙红色三斜晶系结晶 | |
| 重铬酸钾含量/% | ≥99.5 | ≥99.0 |
| 氯化物含量($Cl^-$)/% | ≤0.05 | ≤0.08 |
| 水不溶物含量/% | ≤0.02 | ≤0.05 |

5. 氢氧化钾(KOH)

氢氧化钾又称苛性钾，为白色半透明晶体，有片状、块状、条状和粒状。易吸水分和二氧化碳而潮解。溶于水时强烈放热，水溶液呈碱性，属无机碱性腐蚀物品。主要用作钾基钻井液的pH调节剂，亦可提供大量的钾离子，增加防塌效果。其质量指标见表9-96。

**表9-96　氢氧化钾质量指标**

| 项　　目 | 指　　标 | |
|---|---|---|
| | 一级品 | 二级品 |
| 氢氧化钾含量/% | ≥94.00 | ≥92.00 |
| 碳酸钾含量/% | ≤2.50 | ≤3.00 |
| 氯化物($Cl^-$)含量/% | ≤1.00 | ≤1.50 |
| 硫酸盐($SO_4^{2-}$)含量/% | ≤0.50 | ≤0.50 |
| 铁($Fe^{3+}$)含量/% | ≤0.05 | ≤0.05 |

6. 无水氯化钙($CaCl_2$)

无水氯化钙又称冰钙，为白色多孔状或粒状，或为蜂窝状固体，极易潮解，潮解物有腐蚀性，易溶于水放出大量的热。主要用作不分散钻井液的抑制剂、油包水钻井液的活度平衡调节剂、无固相完井液加重剂、水泥促凝剂及防冻剂。其质量指标见表 9-97。

**表 9-97　无水氯化钙质量指标**

| 项　目 | 指　标 |
| --- | --- |
| 氯化钙含量/% | ≥94.00 |
| 碱度/% | ≤0.25 |
| 铁(Fe)/% | ≤0.004 |
| 水不溶物含量/% | ≤0.15 |
| 水分/% | ≤3.00 |
| 镁及碱金属含量/% | ≤0.5 |

7. 无水石膏($CaSO_4$)

无水石膏为白色、粉红色、淡黄色或灰色、透明或半透明单斜晶体，加热至 150℃脱水成无水石膏。主要用作水基钻井液的黏土抑制剂，配制石膏钻井液。其质量指标(GB/T 5483—1996)见表 9-98。

**表 9-98　无水石膏质量指标**

| 等级 | 矿物成分 | | 结晶水/% |
| --- | --- | --- | --- |
| | A 型 | B 型 | |
| | $CaSO_4 \cdot 2H_2O$ | $CaSO_4 \cdot 2H_2O+CaSO_4$ | |
| 1 | ≥95.00 | | 19.88 |
| 2 | ≥85.00 | | 17.79 |
| 3 | ≥75.00 | | 15.35 |
| | | ≥75.00 | 13.60 |
| 4 | ≥65.00 | | 13.60 |
| | | ≥65.00 | 11.96 |
| 5 | ≥55.00 | | 11.51 |
| | | ≥55.00 | 10.56 |

8. 单向压力暂堵剂

单向压力暂堵剂特点是在正压差下，对渗透地层起封闭作用，在负压差下返排解堵，恢复渗透性。在防漏、堵漏、保护油气层方面效果显著。其质量指标见表9-99。

**表9-99　单向压力暂堵剂质量指标**

| 项　目 | | 指　标 |
|---|---|---|
| 外观 | | 灰黄色粉末 |
| 粒度 | SSW0.4/0.25的筛余物/% | ≤2.0 |
| | SSW0.25/0.16的筛余物/% | ≤10.0 |
| | SSW0.18/0.125的筛余物/% | ≤35.0 |
| 水溶物/% | | ≤5 |
| 密度/(g/cm$^3$) | | ≤1.55 |
| pH值 | | 6.5~8.0 |
| 水分/% | | ≤8.0 |
| 灼烧残渣/% | | ≤7.0 |

9. 超细碳酸钙

超细碳酸钙用作油气层保护的屏蔽暂堵剂。其质量指标见表9-100。

**表9-100　超细碳酸钙质量指标**

| 型号 | 适应地层孔喉半径/μm | 粒度要求 |
|---|---|---|
| ZD-1 | ≤5 | 3~10μm≥60%，大于15μm<10% |
| ZD-2 | 5~10 | 5~20μm≥60%，大于30μm<10% |
| ZD-3 | 10~15 | 9~40μm≥60%，大于45μm<10% |
| ZD-4 | 15~20 | 15~50μm≥60%，大于50μm<10% |
| ZD-5 | 20~30 | 35~80μm≥60%，大于80μm<10% |

10. 正电胶(MMH)

正电胶是20世纪90年代胜利油田引进山东大学的技术而生产的产品，形成了正电胶钻井液体系。目前，生产的正电胶分为稀胶、浓胶和粉末三种。稀胶使用方便、性能好，缺点是包装、运输不方便。浓胶呈黏稠状膏体，在容器内难以倒出，加水后可自由流出。正电胶在调节钻井液流型、抑制坍塌、保护油气层等方面效果明显。其质量指标见表9-101。

**表9-101　正电胶质量指标**

| 项　目 | 指　标 | | |
|---|---|---|---|
| | MMH-L(稀胶) | MMH-H(浓胶) | MMH-S(粉末) |
| 外观 | 白色或微土色胶状物 | | 自由流动粉末 |
| 固相含量/% | ≥7.0 | ≥12.0 | ≥90.0 |
| 胶体稳定性/% | ≥95.0 | ≥95.0 | |
| 电动电位/mV | ≥+35.0 | | |
| 表观黏度提高率/% | ≥150.0 | | |
| 动切力提高率/% | ≥150.0 | | |

在使用MMH的同时，又生产了黑色正电胶(BPS)，其使用效果优于MMH。其质量指标见表9-102。

**表9-102　黑色正电胶质量指标**

| 项　目 | 指　标 |
|---|---|
| 外观 | 棕黑色胶状物 |
| 水分散性 | 均匀分散，无漂浮固状物 |
| 相对抑制性 | ≤1.0 |
| 有效物含量/% | ≥50.0 |
| 胶体稳定性/% | ≥95.0 |
| 电动电位/mV | ≥+60.0 |
| 表观黏度提高率/% | ≥100.0 |
| 动切力提高率/% | ≥150.0 |
| 油溶率/% | ≥80.0 |

11. SN-1固体乳化剂

SN-1固体乳化剂用于油基钻井液、油包水解卡剂、水包油钻井液的乳化剂。其质量指标见表9-103。

**表9-103　SN-1固体乳化剂质量指标**

| 外　　观 | 灰白色自由流动粉末 |
|---|---|
| 细度(0.075mm通过量)/% | ≥95.0 |
| 水分/% | ≤3.0 |
| 胶体率/% | ≥90.0 |
| 塑性黏度/mPa·s | ≥10.0 |
| 表观黏度/mPa·s | ≥25.0 |
| 动切力/Pa | ≥10.0 |
| 滤失量/mL | ≥45.0 |

12. 褐煤树脂(SPNH)

褐煤树脂为黑褐色粉末。主要用于水基钻井液的降滤失剂。其质量指标见表9-104。

**表9-104　褐煤树脂质量指标**

| 外　　观 | | 黑褐色粉末 |
|---|---|---|
| 水分/% | | ≤18.0 |
| 水不溶物含量/% | | ≤12.0 |
| pH值 | | 9.0~12.0 |
| 室温中压滤失量/mL | 淡水浆 | ≤10.0 |
| | 氯化钠污染浆 | ≤15.0 |
| 高温高压滤失量/mL | 淡水浆 | ≤30.0 |
| | 氯化钠污染浆 | ≤35.0 |
| 表观黏度/mPa·s | 淡水浆 | ≤15.0 |
| | 氯化钠污染浆 | ≤40.0 |

13. 降滤失剂SK系列产品

降滤失剂SK系列产品为白色粉末，易溶于水，水溶液呈碱性。SK-1与$CaCl_2$、NaCl等无机盐配伍性较好，是无固相完井液及低固相钻井液的降滤失剂，并兼有增黏的作用。SK-2具有较高的抗盐、抗钙能力，是不增黏的降滤失剂。SK-3 为聚合物钻井液受无机盐污染后的降黏剂，能改善钻井液高温分散的稳定性，以及降低高温高压滤失量。其质量指标见表 9-105。

**表 9-105　降滤失剂 SK 系列产品质量指标**

| 项　目 | SK-1 | SK-2 | SK-3 |
|---|---|---|---|
| 外观 | 白色粉末 | | |
| 细度 | 100%通过 0.9mm 筛孔 | | |
| 有效物含量/% | 95 | 95 | 90 |
| 比黏 | >150 | 60~80 | <20 |
| 游离单体含量/% | <1 | | |
| 水不溶物含量/% | <1 | | |
| pH 值 | 8~11 | | |
| 溶解速度 | <2h(按石化院《聚丙烯酰胺测定方法》) | | |

14. 非渗透处理剂

非渗透处理剂为自由流动粉末，用于易发生漏失、卡钻、坍塌和油层损害的复杂多压力地层的钻井，与其他处理剂配伍性好。其质量指标见表 9-106。

**表 9-106　非渗透处理剂质量指标**

| 项　目 | 指　标 | |
|---|---|---|
| 外观 | 自由流动粉末 | |
| 水分/% | ≤10.0 | |
| 筛余量/% | ≤10.0 | |
| | 室温 | 150℃老化后 |
| 0.69MPa 砂床侵入深度/cm | ≤10.0 | ≤10.0 |
| 3.0MPa 砂床滤失量/mL | 0 | 0 |
| 表观黏度/mPa · s | ≤20.0 | ≤15.0 |

15. 钻井液用甲基葡萄糖甙(MEG)

钻井液用甲基葡萄糖甙可作为抑制性钻井液的主要处理

剂，用于强水敏地层的钻井。与其他处理剂配伍性好，配制的钻井液具有良好的润滑性、抗污染能力及高温稳定性，并且毒性低、易生物降解，对环境造成的污染很小。其质量指标见表 9-107。

表 9-107 钻井液用甲基葡萄糖甙质量指标

| 项　目 | 指　标 |
|---|---|
| 外观 | 深褐色液体 |
| 有效物含量/% | ≥50 |
| pH 值 | 8~10 |
| 相对膨胀率/% | ≤30 |
| 小于 5μm 的粒径含量/% | ≤20 |
| 粒径中值/μm | ≥10 |

16. 钻井液用甲酸钠

钻井液用甲酸钠为白色粒状或结晶粉末，主要用来配制无固相钻井液或者完井液，后者用于强抑制钻井液体系。其质量指标见表 9-108。

表 9-108 钻井液用甲酸钠质量指标

| 项　目 | 指　标 |
|---|---|
| 外观 | 白色粒状或结晶粉末 |
| 水分/% | ≤1.50 |
| 水不溶物含量/% | ≤1.50 |
| 氯离子含量/% | ≤1.00 |
| 甲酸根含量/% | ≥60.0 |

17. 井壁稳定保护剂 YJB-1

井壁稳定保护剂 YJB-1 为无色黏稠液体，易溶于水。主要用于泡沫钻井，与发泡剂具有良好的协同作用，同时还具有稳定井壁的作用。其质量指标见表 9-109。

**表 9-109　井壁稳定保护剂 YJB-1 质量指标**

| 项　目 | 指　标 |
|---|---|
| 外观 | 均匀液体 |
| pH 值 | 6~8 |
| 相对膨胀率/% | ≤45 |

18. 稳泡剂

稳泡剂为无色或淡黄色均匀液体，主要用于泡沫钻井，与发泡剂一起使用，具有稳定泡沫性能的作用。其质量指标见表 9-110。

**表 9-110　稳泡剂质量指标**

| 项　目 | 指　标 |
|---|---|
| 外观 | 无色或淡黄色均匀液体 |
| pH 值 | 6~8 |
| 水不溶物含量/% | ≤1 |
| 盐水配伍性 | 无沉淀无分层 |
| 稳泡效率/% | ≥20 |

# 第三节　钻井液测试推荐程序及仪器配套标准

## 一、钻井液性能测试项目及方法

### （一）密度的测定

密度符号以 $\rho$ 表示，单位为 g/cm$^3$。

1. 测量仪器

测量仪器为密度计，灵敏度为±0.01g/cm$^3$，主要部件为带刻度横梁、钻井液杯、杯盖、水平泡、刀口、游码、支架底座、刀架、调重管等，如图 9-1 所示。

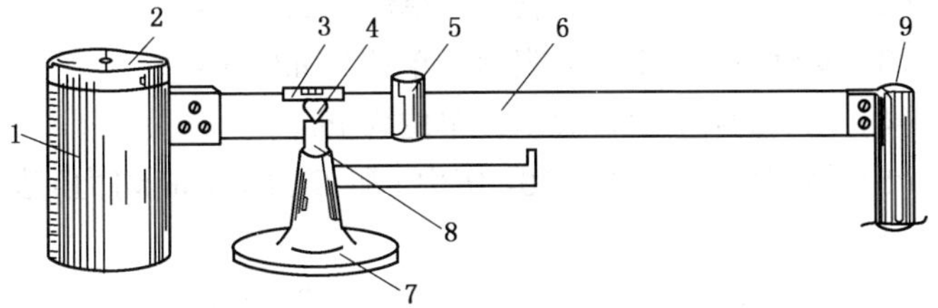


图 9-1　密度计

1—泥浆杯；2—杯盖；3—水平泡；4—刀口；5—游码；
6—横梁；7—支架底座；8—刀架；9—调重管

2. 测量步骤

(1) 将密度计底座放置在水平面上。

(2) 测量并记录待测钻井液温度。

(3) 将待测液注入洁净、干燥的钻井液杯中，把杯盖放在注满钻井液的杯上，旋转杯盖至盖紧，应确保有一些钻井液从杯盖的小孔流出，以排出混入钻井液中的空气或其他气体。

(4) 将杯盖压紧在钻井液杯上(用手指压住杯盖小孔)，用清水冲洗并擦干样品杯外部。

(5) 将仪器臂梁放在底座的刀垫上，沿刻度移动游码使之平衡(水泡位丁中央)。

(6) 从游码朝向钻井液杯的一侧读取钻井液密度值。

(7) 倒掉钻井液，洗净，擦干备用。

3. 仪器校正

(1) 用淡水注满洁净、干燥的样品杯。

(2) 盖上杯盖并擦干样品杯外部。

(3) 将刀口放在刀垫上，将游码左侧边线对准刻度 1.00g/cm$^3$处，观察密度计是否平衡。

(4) 如不平衡，在平衡圆柱中加入或取出一些铅粒，使之平衡。

**(二) 黏度和切力的测定**

1. 符号及单位

(1) 漏斗黏度：以 *FV* 表示，单位为 s。

（2）表观黏度：以 $AV$ 表示，单位为 mPa · s。

（3）塑性黏度：以 $PV$ 表示，单位为 mPa · s。

（4）动切力：以 $YP$ 表示，单位为 Pa。

（5）静切力：以 $G_{10''}$（10s 切力）和 $G_{10'}$（10min 切力）表示，单位为 Pa。

2. 漏斗黏度的测定

漏斗黏度采用马氏圆锥形漏斗（图 9-2）测定：

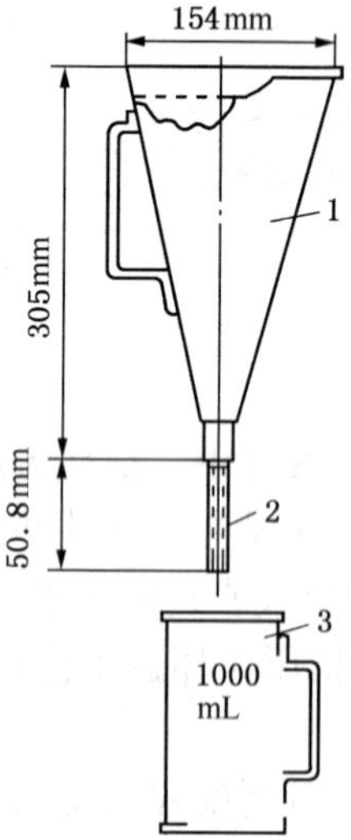


图 9-2　马氏圆锥形漏斗

1—漏斗；2—小管；3—量杯

（1）漏斗长 305mm，直径 152mm，至筛网底部容积 1500mL。

（2）流出口：长 50.8mm，内径 4.7mm。

（3）筛网孔径 1.6mm，固定在距漏斗顶部 19.0mm。

（4）刻度杯为标有 946mL 刻度线的杯子。

（5）秒表（灵敏度为 0.1s）。

（6）温度计量程为 0～105℃，分度值为 1℃。

实验步骤：

（1）用手指堵住流出口，把新取的钻井液倒入洁净、干燥并垂直向上的漏斗中，直到钻井液与筛网底部平齐为止，把刻度杯置于流出口下。

（2）在移去手指的同时启动秒表计时，测量钻井液流至杯内 946mL 刻度线所需的时间（单位：s）。

仪器校正：

按上述步骤，测定淡水的马氏漏斗黏度应为（28±0.5）s［在温度（24±3）℃］。

3. 表观黏度、塑性黏度、切力的测定

测量仪器：

（1）直读式黏度计，范(Fann)35型或同类产品。

（2）秒表：灵敏度为0.1s。

（3）样品杯：350~500mL。

（4）温度计：量程为0~105℃，分度值为1℃。

实验步骤：

（1）向样品杯中注入钻井液样品至刻度线处，将样品杯放在黏度计底架上，移动底架使样品液面恰好与外筒上的刻度线重合。在实验室中，钻井液在测定前应高速搅拌5min后进行测定，测定温度应在(24±3)℃(或所需温度范围内)。在井场上，测定应在取样后尽可能短的时间内进行(5min)。

（2）将黏度计的转速调至600r/min进行测定，待读数稳定后，读取数字并记录。计算出表观黏度：$AV=\frac{1}{2}\Phi_{600}$。

（3）将转速调至300r/min，待读数稳定后，读取数字并记录。

$$计算塑性黏度：PV=\Phi_{600}-\Phi_{300}$$

$$计算动切力：YP=\frac{1}{2}(\Phi_{300}-PV)$$

式中　$\Phi_{600}$——600r/min下的读值；

$\Phi_{300}$——300r/min下的读值。

（4）将转速调至600r/min，搅拌10s后，静置10s，测定3r/min时的最大读值。再将转速调至600r/min，搅拌10s，并静置10min，测定3r/min时的最大读值。

$$计算出10s或10min静切力：G_{10s}或G_{10min}=\frac{1}{2}\Phi_3$$

式中　$\Phi_3$——静置10s或10min后3r/min时的最大读值。

4. 切力的测定

测定仪器使用浮筒切力计测定切力，如图9-3所示。

使用时，将钻井液搅拌后注入切力计，至标尺的零线处，然后将干净的铝筒套在标尺上，待铝筒下端与钻井液接触时，轻轻松手，使铝筒垂直落下，读出铝筒上端与标尺刻度线重合处的数值，即为初切力 $\Phi_1$(Pa)。取出铝筒并洗净，待钻井液静置 10min 后，用与测初切力相同的方法测量，即得终切力 $\Phi_{10}$(Pa)(铝筒的标准质量是 5g)。

**(三) 滤失量的测定**

滤失量以 *FL* 表示，单位为 mL。滤失量测量仪器如图 9-4 所示。

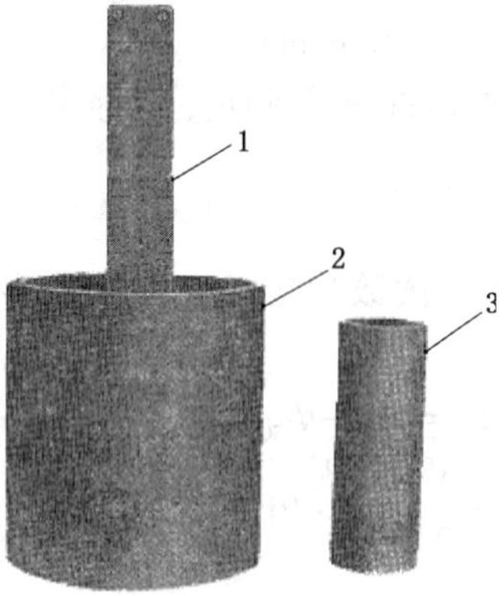


图 9-3　浮筒切力计

1—标尺；2—钻井液容器；3—浮筒

图 9-4　滤失量测定仪

1. 室温中压滤失量的测定

(1) 中压滤失仪：包括压滤器、支架、垫圈等，并带有压力源；压滤器容积为 300～400mL，直径 76.2mm，高度大于 64.0mm，由过滤面积(4580±60)$mm^2$ 的耐腐蚀材料制造。

(2) 滤纸：瓦特曼(Whatman)50 型或相当的产品。

(3) 计时器：可定时 30min。

(4) 刻度量筒：容量为 10～25mL，分度值为 0.2mL。

(5) 钢板刻度尺：刻度 1mm。

测定步骤：

（1）将已高速搅拌 1min 的钻井液倒入压滤器中，使钻井液液面距顶部约 1cm，放好密封圈和滤纸，盖好并把刻度量筒放在滤失液出口下面。

（2）迅速加压并计时。所加的压力为(690±35)kPa[(6.81±0.31)atm]，气源为压缩空气、氮气、二氧化碳，禁用氧气。

（3）滤出时间到 30min 时，将滤失仪流出口上的残留液滴收集到量筒内。移去量筒，读取并记录所采集滤液的体积(单位：mL)，同时测定并记录钻井液温度。关闭气源，放掉压滤器中的压力，取下压滤器，小心取出滤纸，用水冲洗泥饼上的钻井液和浮泥，用钢板尺测量并记录滤饼厚度(以 mm 为单位)，精确至 0.5mm，对滤饼质量进行描述，如硬、软、坚韧、柔韧、弹性、致密等。

（4）冲洗并擦净压滤器待用。

2. 高温高压滤失量的测定

（1）加热系统及压滤器：压滤器的容积为 300~400mL，过滤面积为 2258mm$^2$，由高度为 113mm，能承受 7.092MPa(70atm)的压力(150℃型)，或高度为 259mm，能承受 10.132MPa(100atm)的压力(250℃型)的耐温材料制造；滤液接收器：能承受 3.546MPa(35atm)的压力；压力源：氮气或二氧化碳气体，可供压力 7.092~10.132MPa(70~100atm)。

（2）过滤介质：测试温度在 200℃以下，用 Whatman 50 型滤纸或同类产品；如测试温度在 200℃以上，用戴纳劳依(Dynalloy)X-5 型不锈钢多孔圆盘或同类产品，每次使用新的多孔圆盘；

（3）秒表：灵敏度 0.1s。

（4）金属温度计：量程为 0~260℃两支。

（5）量筒：25mL 或 50mL。

（6）高速搅拌器。

150℃以下滤失量测定步骤：

（1）把温度计插入加热套的温度计插孔中，接通电源，预热至略高于所需的温度（高 5~6℃）。

（2）将搅拌（10min）后的钻井液倒入压滤器中，使液面距杯顶至少 1.5cm（0.6in），放好滤纸，盖好杯盖并紧固。

（3）将上、下两个阀杆关紧，装进加热套中，把另一支温度计插入压滤器的插孔中。

（4）将高温高压滤液接收器连接到底部阀杆上，并在适当位置锁定。

（5）在保证顶部、底部阀杆关紧的情况下，将底部和顶部压力调节至 690kPa，打开顶部阀杆继续加热至所需温度（样品加热时间不要超过 1h）。

（6）待样品温度达到所选定温度后，将顶部压力调节至 4140kPa，在打开底部阀杆的同时计时，收集 30min 滤出液。在整个测试过程中，温度应在所需温度±3℃以内。如底部压力超过 690kPa，则小心放出一部分滤液以降低压力至 690kPa，记录 30min 收集的滤液体积（单位：mL）、压力（单位：kPa）、温度和时间。

（7）滤液体积应被校正成过滤面积为 4580$mm^2$ 时的滤液体积。如果所用滤失仪的过滤面积为 2260$mm^2$，将所得结果乘以 2，即得到高温高压滤失量。

（8）实验结束后，关紧顶部和底部阀杆，关闭气瓶、电源，取下压滤器，并使之保持直立的状态冷却至室温，放掉压滤器的压力，小心取出滤纸，用水冲洗滤饼表面的钻井液及浮泥，测量滤饼厚度（单位：mm），观察质量并记录。洗净并擦干压滤器待用。

150℃以上高温高压滤失量的测定步骤：

测定步骤与前述基本相同，不同点有：

（1）钻井液液面至压滤器顶部距离至少 40mm。

（2）底部回压及顶部压力应根据所需温度确定（表 9-111），顶部和底部压差为 3450kPa（34.05atm）。

（3）当测定温度在200℃以上时，滤纸下面应垫戴纳劳依(Dynalloy)X-5型不锈钢多孔圆盘。

**表9-111　压力与温度关系表**

| 测试温度/℃ | 水蒸气压/MPa[kPa(atm)] | 推荐最小回压/MPa[kPa(atm)] |
|---|---|---|
| 100 | 0.101MPa[101kPa(1.00atm)] | 0.69MPa[690kPa(6.81atm)] |
| 121 | 0.207MPa[207kPa(2.04atm)] | 0.69MPa[690kPa(6.81atm)] |
| 149 | 0.462MPa[462kPa(4.56atm)] | 0.69MPa[690kPa(6.81atm)] |
| 177 | 0.932MPa[932kPa(9.20atm)] | 1.104MPa[1104kPa(10.90atm)] |
| 200 | 1.704MPa[1704kPa(16.82atm)] | 1.898MPa[1998kPa(18.73atm)] |
| 232 | 2.912MPa[2912kPa(28.74atm)] | 3.105MPa[3105kPa(30.04atm)] |

注：1. 测试条件不能超过所用仪器生产厂家推荐的最高温度、压力和体积。
2. 不同厂家生产的高温高压滤失仪形状略有不同，实验步骤大同小异，可参照本步骤执行。

**（四）水、油和固相含量的测定**

以$V_w$表示含水量，$V_o$表示含油量，$V_s$表示固相含量，数值均以百分数表示。

1. 测量仪器

（1）固相含量测定仪：范氏(Fann)固相含量测定仪或同类产品。

（2）量筒：容积等于固相含量测定仪所取钻井液体积的用量。

（3）消泡剂。

（4）润湿剂。

（5）耐高温硅酮润滑剂。

（6）试管刷。

（7）刮刀。

（8）螺丝刀。

2. 测定步骤

（1）要确保蒸馏器的样品杯、冷凝器及液体接收器在前次使用后已清洗、干燥并冷却。在每次测定前，必须彻底清洗样品杯内部及盖子，还应定期用钢丝毛轻轻擦光样品杯内部。在每次测定前，也应用试管刷清洗冷凝管并干燥。一些物质在冷凝器内的堆积可能会降低冷凝效率，并导致错误的液体体积读值。

(2) 取一份有代表性的水基钻井液样品，并使之冷却到约26℃(80℉)。将样品通过马氏漏斗1.68mm(0.066in)(12目)的筛网以清除堵漏材料、较大的钻屑或岩块。

(3) 如果样品中含有天然气或空气，则应在约300mL样品中加入2~3滴消泡剂，并缓慢搅拌2~3min以清除这些气体。

(4) 在样品杯和冷凝管的螺纹上涂上薄薄一层硅酮润滑脂。这样，既可防止蒸汽在螺纹处的漏失，又有利于测定结束后拆卸和清洗仪器。

(5) 在样品杯上部容器内加入少量钢丝毛。加入刚好足够量的钢丝毛以防止由于沸溢而使固相进入液体接收器内。

(6) 将除气后的水基钻井液样品注满蒸馏器样品杯。

(7) 小心盖上样品杯盖子，使过量的样品从盖上的小孔溢出以确保样品杯内的样品体积准确。

(8) 盖紧盖子，擦掉样品杯和盖子外面溢出的样品。要确保擦过的钻井液杯螺纹处仍有一层硅酮润滑脂，且盖子上的小孔未被堵塞。

(9) 将蒸馏器样品杯拧紧到带有冷凝器的蒸馏器容器上。

(10) 将洁净、干燥的液体接收器放置在冷凝器排出管下面。

(11) 加热蒸馏器并观察从冷凝器滴下的液体。在收集不到任何冷凝物后，继续加热10min。

(12) 从蒸馏器上取下液体接收器。注意所收集的液体中是否有固体。如果有，证明钻井液沸溢出样品杯，则必须重复(6)以后的实验步骤。

(13) 待冷却至室温后，读取液体接收器内的水和油的体积。记录所收集的水和油的体积(或体积分数)。

(14) 冷却蒸馏器，用螺丝刀取出钢丝毛，并用剐刮刀清洗样品杯。

3. 测定后的计算

1）计算

根据收集到的油、水体积及所用钻井液体积，按下式计算出钻井液中水、油、固相的体积百分数：

$$V_w=\frac{V'_w}{V}\times100\%$$

$$V_o=\frac{V'_o}{V}\times100\%$$

$$V_s=[1-(V_w+V_o)]\times100\%$$

式中　$V$——样品体积，mL；

$V'_w$——蒸馏得到的水的体积，mL；

$V'_o$——蒸馏得到的油的体积，mL。

注：固相体积百分数为样品总体积与油水体积的差值，包括了悬浮固相(加重材料和低密度固相)和一些可溶性物质(如盐等)。

2）悬浮固相体积

$$V_{ss}=V_s-\frac{V_w\times C_s}{1680000-1.21C_s}$$

式中　$V_{ss}$——悬浮固相体积百分数；

$C_s$——氯离子浓度，mg/L。

3）低密度固相体积百分数

$$V_{lg}=\frac{1}{D_b-D_{lg}}[100D_f+(D_b-D_f)\times V_{ss}-100D-(D_f-D_o)\times V_o]$$

式中　$V_{lg}$——低密度固相的体积百分数，%；

$D$——钻井液密度，g/cm$^3$；

$D_f$——滤液密度，g/cm$^3$(对于氯化钠溶液，$D_f=1+0.0000109C_s$)；

$D_b$——加重材料密度，g/cm$^3$；

$D_{lg}$——低密度固相密度，g/cm³（如果是未知的，可采用 2.6g/cm³）；

$D_o$——油的密度，g/cm³（如果是未知的，可采用 0.84 g/cm³）。

4）加重材料体积百分数计

$$V_b = V_{ss} - V_{lg}$$

5）低密度固相、加重材料及悬浮固体浓度

$$C_{lg} = 9.96D_{lg} \times V_{lg}$$

$$C_b = 9.96D_b \times V_b$$

$$C_{ss} = C_{lg} + C_b$$

式中　$C_{lg}$——低密度固相浓度，kg/m³；

$C_b$——加重材料浓度，kg/m³；

$C_{ss}$——悬浮固体浓度，kg/m³。

**（五）含砂量的测定**

含砂量以 $C_s$ 表示，数值以百分数计。筛析含砂仪如图 9-5 所示。

图 9-5　筛析含砂仪

1. 测量仪器

（1）筛框：直径为 63.5mm，中间带有 0.074mm 筛网，用金属材料制作。

（2）小漏斗：直径大的一端可套入筛框，直径小的一端可插入含砂量管中，用金属制成。

（3）含砂量管：标有钻井液体积刻度线，为了直接读出含砂百分数，在此玻璃管上标有0~20的百分数刻度线。

2. 测定步骤

（1）将钻井液注入至玻璃刻度瓶“钻井液”标记处。加水至“水”标记处。堵住瓶口并用力振荡。

（2）将此混合物倒入洁净、湿润的筛网上。弃掉通过筛网的流体。在玻璃刻度瓶中再加些水，振荡并倒入筛网上。重复，直到玻璃刻度瓶洁净。冲洗筛网上的砂子，除去残留的钻井液及其他杂质。

（3）将漏斗口朝下套在筛框上，缓慢倒置，并把漏斗尖端插入玻璃刻度瓶口中。用小水流通过筛网将砂子冲入玻璃刻度瓶内，使砂子沉淀。由玻璃刻度瓶上的刻度读出砂子的体积百分数。

（4）以体积百分数记录钻井液的含砂量。记录钻井液取样位置，如振动筛上流、钻井液池等，比砂子粗的其他固相颗粒（如堵漏材料）也会留在筛网上，应注明这类固相的存在。

**（六）亚甲基蓝容量的测定**

亚甲基蓝容量用 *MBT* 表示，单位为mL/mL。

1. 仪器和材料

（1）亚甲基蓝溶液：用试剂级亚甲基蓝（$C_{16}H_{18}N_3SCl \cdot 3H_2O$）配制成浓度为0.01mol/L的溶液。

注：试剂级亚甲基蓝中的含水量随放置时间的不同而可能发生变化。因此，在每次配制前，先对其水分进行测定，将1.000g亚甲基蓝样品在（93±3）℃下恒重，然后按下式对亚甲基蓝的取样量进行校正：

$$取样量=\frac{3.20}{恒重后的样品质量}$$

（2）过氧化氢溶液：浓度3%（m/m）。

（3）稀硫酸：浓度约2.5mol/L。

（4）注射器：2.5mL或3mL。

（5）锥形瓶：250mL。

（6）滴定管：10mL。

（7）移液管：0. 5mL 或 1mL(带刻度移液管)。

（8）量筒：50mL。

（9）搅拌棒。

（10）电炉。

（11）滤纸或亚甲基蓝实验纸。

2. 测定步骤

（1）把 2mL(或相当于消耗 2～10mL 亚甲基蓝溶液的量)钻井液加入盛有 10mL 蒸馏水的锥形瓶中。

（2）加入 15mL 浓度为 3%过氧化氢溶液和 0. 5mL 稀硫酸，缓慢煮沸 10min，不能蒸干，用蒸馏水稀释至 50mL。

（3）每次以 0. 5mL 的量把亚甲基蓝溶液加到锥形瓶中并摇 30s，在保持固相颗粒悬浮的条件下，用搅拌棒取一滴液体滴在滤纸上，当染料在染色固体周围显示出蓝色环时，即已达到最初的滴定终点。

（4）再旋摇锥形瓶 2min，并再取一滴悬浮液滴在滤纸上，如果蓝色环仍然是明显的，则确实达到终点。如果蓝色环不再出现，则继续步骤(3)的操作，直至摇 2min 后取一滴滴在滤纸上而显示蓝色环为止。

3. 计算

1）亚甲基蓝容量

$$MBT=\frac{\text{滴定所用亚甲基蓝溶液体积(mL)}}{\text{钻井液体积(mL)}}$$

2）钻井液中的膨润土含量

$$\text{钻井液中的膨润土含量(g/L)}=\frac{1000MBT}{70}\text{或 }14.25\times MBT$$

**（七）电稳定性的测定(油包水钻井液)**

电稳定性以 $Es$ 表示，单位为 V。

1. 测量仪器

(1) 电稳定性测量仪：范氏(Fann)电稳定性测量仪或同类产品。

(2) 温度计：量程为0~100℃，分度值为1℃。

2. 测定步骤

(1) 把样品温度调节至50℃±2℃，并记录。

(2) 将已由0.9mm筛网(可用马式漏斗筛网)筛过的乳状液样品置于容器中，用电极搅拌乳状液30s。

(3) 把电极插入样品中，使乳状液没过电极表面，同时不碰到容器壁和底部。

(4) 在整个实验过程中，始终压住电源钮，并保持电极不动。

(5) 将带刻度的旋钮从零开始按顺时针方向旋动以增加电压；电压增加速率约为每秒100~200V，直至指示灯闪亮。

(6) 记录电压值，并将旋钮返回到0。

(7) 用滤纸擦净电极待用。

(8) 为保证其准确性，应重复步骤(3)到步骤(6)的实验，并取平均值，两次测定的相对误差不大于5%。

3. 计算

$$Es = 2U$$

式中 $U$——旋钮读值，V。

## 二、钻井队钻井液仪器配套标准

钻井队钻井液仪器配套标准见表9-112。

**表9-112 钻井队钻井液仪器配套标准**

| 序号 | 名称 | 数量 |
|---|---|---|
| 1 | 钻井液化验房 | 1栋 |
| 2 | 钻井液材料房 | 1栋 |
| 3 | 密度计(0.8~2.0g/cm$^3$) | 1台 |
|  | 密度计(1.5~2.5g/cm$^3$) | 1台 |

续表

| 序号 | 名　称 | 数量 |
|---|---|---|
| 4 | 马式漏斗黏度计 | 1台 |
| 5 | 六速旋转黏度计 | 1台 |
| 6 | API滤失仪 | 1台 |
| 7 | 固相含量测定仪 | 1台 |
| 8 | 含砂量测定仪 | 1台 |
| 9 | 切力计 | 1台 |
| 10 | pH计(或试纸) | 1台 |
| 11 | 高温高压滤失仪 | 1台 |
| 12 | 摩擦系数测定仪 | 1台 |
| 13 | 滚子加热炉 | 1台 |
| 14 | 膨润土含量测定仪 | 1台 |
| 15 | 水分析仪 | 1套 |
| 16 | 秒表 | 1只 |
| 17 | 闹钟 | 1只 |
| 18 | 1000mL钻井液杯 | 2~4只 |
| 19 | 电动搅拌器(40~60W) | 1~2台 |
| 20 | 电炉(220V，1000W) | 1台 |
| 21 | 玻璃器皿 | 按需配置 |
| 22 | 手工工具 | 按需配置 |
| 23 | 烘箱(0~250℃) | 1台 |
| 24 | 工程电子计算器 | 1台 |
| 25 | 搪瓷盘 | 2个(大小各一) |
| 26 | 高压氮气瓶 | 1个 |
| 27 | 定时钟 | 1个 |
| 28 | 其他 | 按需配置 |

# 第四节 复杂地层钻井液技术

## 一、井壁坍塌(井塌)

### (一) 井塌的原因

(1) 由于地质构造运动，使地层发生局部或区域性的断裂、褶皱、滑动和崩塌、上升和下降，使地层失稳坍塌。

(2) 未胶结或胶结不好的疏松地层、砾岩、粗砂岩、砂砾岩、破碎且具有大量裂缝的灰岩、玄武岩、节理发育的泥页岩、不成岩的流沙、煤灰层、断层形成的破碎带等，受钻井液滤液浸泡后都容易发生井塌或剥落。

(3) 据统计，钻井常在70%以上的泥页岩中进行。一般泥页岩都是亲水的，泥页岩黏土含量、含盐量越高，含水量越少，越容易吸收水分；蒙脱石含量越高，越易吸水膨胀；绿泥石含量越高的泥页岩，易吸水裂解、剥落，而泥页岩吸水后的强度直线下降，这是造成井壁剥落、坍塌的主要原因。

(4) 在钻井或循环时，发生突发性井漏，井内液柱压力下降，使地层失去支撑而发生井塌。

(5) 下钻速度过快时，易产生激动压力，该压力大于地层破裂压力而压裂、压垮地层。起钻速度过快，易产生抽吸压力，该压力低于地层坍塌压力而使地层坍塌。

(6) 井喷引起井塌。

### (二) 井塌的预兆

(1) 钻进过程中发生井塌时，泵压上升，转盘扭矩增大，上提、下放钻具遇阻。上提钻头，泵压下降到正常值，但钻头放不到井底，返出的岩屑量增多，并出现棱角岩屑。

(2) 已钻进的地层出现遇阻、遇卡现象，须反复划眼才畅通，说明地层发生膨胀剥落的井塌。

(3) 下放钻具不能一次下到井底，中途循环时返出大量岩屑，泵压忽高忽低，很不稳定，从遇阻开始，须划眼循环才能下钻到井底，说明井塌已形成井底沉砂。

(4) 起钻时出现遇阻、遇卡现象，甚至拔活塞，下钻严重遇阻，划眼困难，甚至越划越浅；划眼中常出现憋泵现象，严重时发生卡钻，说明井塌已十分严重。

**(三) 井塌的预防**

(1) 应根据地层孔隙压力、地层破裂压力和坍塌压力三条剖面曲线，确定合理的钻井液密度，正确设计井身结构。

(2) 针对塌层特点，优选适合塌层的防塌材料，配制防塌钻井液。在钻进塌层之前使用，可以减少或抑制井塌的发生，这是防止井塌的关键环节。

(3) 严格控制井塌后的钻井液的性能。

① 按井塌地层特性，设计好钻井液类型及性能指标，严格执行。

② 钻进塌层后要维护钻井液性能，使之稳定，稳定的钻井液密度和环空流变参数尤为重要。

③ 严格控制滤失量。要求高温高压滤失量不超过 15mL，滤饼要薄而坚韧，真正起到巩固井壁的作用。

(4) 尽量减少井下压力激动。

① 下钻速度不宜过快，以免发生激动压力压漏地层，或避免钻头插入泥沙中，开泵时易憋泵，造成井塌。起钻时，速度也不能过快，特别是钻头泥包时，更应该缓慢上提，避免起钻过快造成抽吸压力，使井底瞬时压力小于地层孔隙压力引发井喷及井塌。

② 严禁起、下钻时在坍塌层段循环钻井液。

③ 起钻必须定井深或 3～4 柱灌一次钻井液。要由专人负责，一定要灌进去，直至灌满为止。

(5) 在未封隔塌层以下钻进时，始终要维持钻井液柱压力加安全附加值(油层 0.05～0.10$g/cm^3$，气层 0.07～0.15$g/cm^3$，浅气层 0.20～0.25$g/cm^3$)，使液柱压力大于地层孔隙压力。

**(四) 井塌的处理**

根据发生井塌的现象，判断为井下出现坍塌时，还应该依据当时的施工情况，详细分析产生井塌的原因，有的放矢地加以控制和处理。

1. 地层应力引起井塌

地层应力引起井塌，即钻井液密度偏低，可分为两种情况：

(1) 钻进时循环液柱压力低于地层压力。采取全井提高密度的方式，实现压力平衡。

(2) 钻进时压力平衡而起钻时欠平衡。采取起钻时井内部分或全井提高密度的方法(比正常钻进时密度高 0.01~0.02g/cm$^3$)，实现压力平衡。

2. 钻井液性能不适合地层特点引起井塌

由于钻井液性能不适合地层特点引起井塌，则必须根据实际情况，进行强化处理，通常的处理原则：尽可能降低 API 失水和 HTHP 失水；提高聚合物有效含量，增强抑制性；加大防塌剂用量，当条件允许时，可混入部分原油或润滑剂。

3. 工程措施不当引起井塌

由于工程措施不当引起井塌，则应该改变工程措施。在施工过程中，必须认真执行常规的预防井塌的工程措施。

一旦发生井塌，井下存在掉块，影响正常钻井作业时，应该采取“压到底、破碎它、带出来”的措施。“压到底”即下入牙轮钻头，将大掉块尽可能地赶到井底；“破碎它”即采取合适钻压、转速、排量，将大掉块尽可能地破碎成小块；“带出来”即破碎后将排量开大的同时旋转钻具，循环 1~2 周或更长时间(必要时可用一部分稠浆带屑，效果更好)，直到振动筛干净为止；然后将钻具提到一定高度，减小排量或停泵一段时间，对钻具小幅上提、下放。一定时间后，再将钻具放到井底，判断是否还存在掉块。如果有，则按照上述处理方法反复处理，直到井下恢复正常为止。

## 二、井漏

### （一）井漏的原因

（1）地层在沉积或地下水溶蚀或构造活动过程中，一些如砾石、粗砂岩、含砾砂岩等粗颗粒岩石未胶结或胶结性很差的松软地层，或一些如石灰岩、白云岩及地层不整合面、断层、地应力破碎带、火成岩侵入体等地层都有大量的天然裂缝、孔隙和溶(孔)洞。在液柱压力大于地层孔隙压力时，会发生渗透漏失和天然裂缝漏失或溶(孔)洞漏失。

（2）油田高压注水开发后，有的层只采不注或采多注少，形成低压层；有的层注多采少或只注不采，形成高压层。钻入高压层易发生井喷，钻入低压层易发生井漏。

（3）压裂、酸化等增产措施不当，会使地层裂缝增加或增大，发生井漏。

（4）钻井过程中施工措施不当，造成漏失：①快速钻进时，排量小，环空岩屑浓度大，甚至有大量的岩屑沉淀或井中有砂桥。下钻时钻头进入砂桥或井内钻井液停止时间过长，触变性大，下钻又没有分段充分循环而破坏钻井液的结构，而一次下到井底或钻井液黏度、切力过高，开泵太猛，使泵压过高，压(憋)漏钻头附近的地层。②下钻或接单根时，下放速度过快，造成过高的激动压力，压漏钻头以下地层。

（5）井壁坍塌，堵塞环空，开泵时压力过高，憋漏地层。

### （二）井漏的预兆

（1）凡是钻井过程中因液柱压力不平衡造成的井漏，往往是泵压下降，钻井液只进不出或进多出少，甚至环空液面下降。

（2）凡是操作不当造成的井漏，往往是泵压上升，钻井液只进不出或进多出少，但环空液面不下降。停泵时，钻柱内有回压、活动钻具时，除正常摩擦力外，没有其他阻力。

（3）凡是井塌或砂桥堵塞环空而造成的井漏，则泵压上升，钻井液只进不出或进多出少。停泵时，钻柱内有回压。活动钻具时，阻力随漏失量的增大而增加。

（4）钻遇碳酸盐岩地层、盐层及石膏层的大裂缝、大溶洞时，出现钻具突然放空、泵压突然下降的现象。

**（三）井漏的预防**

应对井漏要坚持以预防为主，尽量避免因人为失误而引起井漏。井漏预防方法见表9-113。

**表 9-113　井漏预防方法**

| 井漏预防方法 | 预防措施 |
|---|---|
| 合理设计井身结构 | 建立地层孔隙压力、破裂压力、漏失压力剖面 |
| | 正确判断漏失层 |
| | 合理设计井身结构，封隔漏失层和高压层 |
| 降低钻井液激动压力 | 选择与地层岩性配伍的钻井液体系和密度，实现近平衡压力钻井 |
| | 降低环空压耗 |
| | 控制下钻速度，降低钻井液的激动压力 |
| 提高地层承压能力 | 调整好钻井液性能 |
| | 预先加堵漏材料循环堵漏 |
| | 先期堵漏，提高地层的承受能力 |

**（四）井漏的处理**

井漏是钻井、完井过程中常见的井下复杂情况之一。为了堵住漏层，必须采用各种堵漏材料，在距井筒很近范围的漏失通道里建立一道堵塞隔墙，用于隔断漏液的流动。

1. 渗透漏失（小漏，未失去循环）

（1）调整钻井液性能。首先降低钻井液密度，然后提高钻井液的黏度、切力，一般可以见效。

（2）停止钻进，将钻头起至安全井段，静止堵漏。

（3）加入一部分暂堵剂，循环堵漏，或加入一部分能通过振动筛网的细颗粒堵漏剂，循环堵漏。

（4）如漏失量不大，可继续钻进，穿过渗透漏层，利用钻屑堵漏。如漏失继续，仍可采取静止堵漏方法。

2. 多孔隙、微裂缝漏失处理

钻进中钻井液进多出少，每小时漏失几立方米到几十立方米，说明井下发生了部分漏失。

(1) 及时将井下钻具安全起出，并在起钻前替入稠钻井液和桥堵剂的混合浆液，实施静止堵漏。

(2) 将光钻具(铤)下至漏层段以上循环，如仍有漏失，可采用控制钻井液密度、提高钻井液黏度、切力，并加入桥堵剂的方法进行堵漏。

(3) 采用高滤失浆液、化学凝胶等方法堵漏。

3. 大裂缝、大溶洞漏失处理(钻进时，钻井液只进不出，失去循环)

(1) 立即停止钻进，边起钻边灌钻井液(无钻井液时，也要灌满清水)，将钻具强行安全起出。

(2) 替入稠钻井液+桥接材料，封堵漏失层。

(3) 采用高滤失浆液封堵。

(4) 采用化学凝胶、胶质水泥或速凝水泥浆封堵漏层。

(5) 采用复合堵漏方法封堵漏层。DUN 凝胶+水泥浆；桥接钻井液+水泥浆；水泥浆混桥接材料；Z-RTR 混桥接材料；PCC 暂堵剂桥接材料；PMN 凝胶混桥接材料；FDJ 堵剂+水泥浆等。

(6) 聚丙烯酰胺水泥稠浆堵漏。稠浆成分：水泥、氯化钙、聚丙烯酰胺、纯碱、膨润土。将浓度为3%的聚丙烯酰胺溶液与水泥混合后，注入加有膨润土粉的氢氧化钙浆液中配成稠浆，在压差 0.6MPa 条件下泵达漏层。

(7) 井口冲砂堵漏。先向空井中投入填料(如砖、石块、泥球、毛品石、水泥等)，尽快建立井壁堵塞隔墙，然后再实施凝胶、水泥浆方法堵漏，也可有效堵漏。

(8) 工具堵漏。将堵漏材料直接装入强度较高的袋中(编织袋、尼龙袋均可)，浅井可直接投入井内，深井可用工具送至漏层，进行堵漏。

## 三、阻卡地层钻井液处理

### (一) 阻卡原因

(1) 钻进高渗透性的粗砂岩地层。若钻井液中固相含量高、滤失量大或为了堵漏大幅调整钻井液性能，使钻井液黏度、切力、滤失量急剧增加，这些微细颗粒在地面循环时得不到及时清除，夹杂在滤饼中返到井内，致使井壁上的滤饼增厚、粗糙、黏滞性大，当钻头通过此地层时，经常发生卡钻。钻具在井内静止时间较长，很容易导致黏附性卡钻。

(2) 在黏性很强的泥页岩中钻进，泥页岩遇水膨胀使井径缩小。

(3) 盐岩层和软泥岩的蠕变导致井眼瞬时缩径。

### (二) 阻卡的预兆

(1) 上提遇卡，下放不遇阻或上提不遇卡，每个阻卡点相对固定。离开阻卡点，上、下活动正常。

(2) 开泵循环钻井液时，泵压正常，进、出口流量平衡。但当钻遇蠕变速率较大的塑性状的盐岩层、沥青层、含水软泥岩时，泵压逐渐升高，甚至憋泵，上提钻具时，钻头放不到原来位置，划眼比钻进还困难。

### (三) 阻卡的预防

(1) 采用不分散低固相聚合物钻井液，保持钻井液“五低两好”性能，即合适的密度、低黏度、低切力、低滤失量、低含砂量，以及剪切稀释特性好、造壁性能好。

(2) 搞好固控，尽可能降低钻井液中的固相含量，无用低密度固相含量不要超过6%(体积比)。

(3) 根据钻井液类型，选用有效的润滑剂，探井可选用无荧光润滑剂。

(4) 偏远及交通不便的井队，应储备必要数量的解卡剂，一旦发生黏卡，可以及时浸泡解卡。

**(四) 阻卡的处理**

下钻遇阻不可强压，起钻遇阻不可硬拔，调整钻井液性能，充分循环钻井液。前者向下划眼，清除阻力，后者采用“倒划眼”方法起出钻具；在盐岩层、软泥岩地层、沥青层钻进时，一定要根据地层压力和稳定性，适当提高钻井液的密度，以克服缩径引起的挤坏套管事故。

## 四、盐膏地层的钻井液处理

盐膏地层是指盐岩、石膏、泥岩以不同的比例形成的地层。发生的井下复杂问题主要有：盐岩层的溶解，形成大肚子井眼，发生断钻具现象；层间及上覆的泥岩发生垮塌掉块，导致卡钻事故；盐膏层和软泥层的蠕动变形，致使井眼瞬时缩径或套管变形，导致起下钻遇卡；与多套不同的压力层系地层共存，易发生井漏、卡钻；石膏和氯化钙的溶解污染钻井液，使 $Ca^{2+}$ 含量上升，滤失量增大，滤饼质量差，悬浮、携带岩屑能力差。在这类地层中钻井，一般采用盐水钻井液体系。

主要维护措施如下：

(1) 以正电胶、阳离子聚合物、降滤失剂、盐为主要组分，一次性加足各组分量，使基浆性能达到设计要求。

(2) 钻进中，根据钻井液性能变化规律，如钻井液中 $Cl^-$ 下降，$Ca^{2+}$ 增高，滤失量上升，黏度、切力下降，pH 值降低等情况，应及时进行调整，始终维持钻井液性能良好、稳定。

(3) 配制饱和盐水混合钻井液。钻进中以胶液(主要由聚合物、降滤失剂、盐、抑钙剂等混合而成，一般浓度为 0.5% ~ 2.0%)维护，保持一定的循环量及储备量，是维持钻井液性能稳定最有效和最成功的措施之一。

(4) 钻井中，定期向钻井液中补充防塌剂、润滑剂、正电胶等处理剂，确保钻井液中各组分含量稳定。

(5) 当钻井液中膨润土含量偏高时，以稀浓度的胶液进行稀释；当钻井液中膨润土含量偏低时，补充预水化膨润土浆。

(6) 为克服地层中盐膏溶解和地层盐水使钻井液滤失量增高的不利影响，可增加钻井液中的 $SO_4^{2-}$ 量(配胶液时增大硫酸钠量)，或直接向钻井液中补充硫酸钠。

(7) 在加重钻井液工艺上，采用配制高密度钻井液与井浆混合加重的办法，确保加重钻井液均匀、稳定，以及控制钻井液密度、防漏等措施的实现。

(8) 为了抑制盐膏层塑性变形，在盐膏层埋藏深度超过4000m 时，按要求提高钻井液密度，以克服缩径引起的挤坏套管事故。

## 第五节 钻井液主要计算

### 一、体积计算

#### (一) 井眼容积

$$V_h = \frac{1}{4}\pi \times d_h{}^2 \times H$$

式中 $V_h$——井眼容积，$m^3$；

$d_h$——井眼(钻头)直径，m；

$H$——井深，m。

**例**：使用215.9mm(8½in)牙轮钻头钻至井深3000m，井筒钻井液量有多少？

$$V_h = \frac{1}{4}\pi \times d_h{}^2 \times H = \frac{3.1416}{4} \times 0.2159^2 \times 3000 = 109.83m^3$$

#### (二) 钻井液环空体积

$$V_h = \frac{1}{4}\pi \times H \times (d_h{}^2 - d_P{}^2)$$

式中 $V_h$——环空容积，$m^3$；

$d_h$——井眼(钻头)直径，m；

$d_P$——钻杆外径(若是钻铤，则为 $d_c$)，m；

$H$——井深，m。

例：215. 9mm($8\frac{1}{2}$in)钻头用 127. 0mm(5in)钻杆钻至井深 2000m，其环空容积是多少？

$$V_h=\frac{1}{4}\pi\times H\times(d_h{}^2-d_P{}^2)=0.7854\times2000\times(0.2159^2-0.127^2)$$

$$=47.88m^3$$

在现场应用中，应根据钻具结构分段计算。

**(三) 钻井液总量**

$$V_{总}=V_{井}+V_{管}+V_{池}+V_{备}$$

式中 $V_{总}$——钻井液总量，$m^3$；

$V_{井}$——井筒钻井液量，$m^3$；

$V_{管}$——地面高压循环管汇中钻井液量，$m^3$；

$V_{池}$——循环罐内钻井液量，$m^3$；

$V_{备}$——备用钻井液量，$m^3$。

地面高压循环管汇单位容积见表 9-114。

**表 9-114　地面高压循环管汇单位容积**

| 名称 | 通称尺寸 | | 内径/mm | 单位容积/(L/m) |
|---|---|---|---|---|
| | mm | in | | |
| 高压管线 | 168. 3 | $6\frac{5}{8}$ | 146. 0 | 16. 740 |
| | 168. 3 | $6\frac{5}{8}$ | 150. 0 | 17. 670 |
| | 141. 3 | $5\frac{9}{16}$ | 110. 0 | 11. 120 |
| | 141. 3 | $5\frac{9}{16}$ | 123. 0 | 11. 880 |
| | 114. 3 | $4\frac{1}{2}$ | 92. 3 | 6. 690 |
| | 114. 3 | $4\frac{1}{2}$ | 98. 3 | 7. 590 |
| 水龙带 | 63. 5 | $2\frac{1}{2}$ | 64. 0 | 3. 217 |
| | 76. 2 | 3 | 76. 0 | 4. 537 |
| | 101. 6 | 4 | 102. 0 | 8. 171 |

续表

| 名称 | 通称尺寸 | | 内径/mm | 单位容积/(L/m) |
|---|---|---|---|---|
| | mm | in | | |
| 方钻杆 | 63.5 | 2½ | 32.0 | 0.804 |
| | 76.2 | 3 | 45.0 | 1.500 |
| | 88.9 | 3½ | 57.0 | 2.552 |
| | 108.0 | 4¼ | 70.0 | 3.840 |
| | 120.7 | 4¾ | 75.0 | 4.418 |
| | 127.0 | 5 | 80.0 | 5.027 |
| | 152.4 | 6 | 90.0 | 6.362 |

**例**：某井第三次开钻井深3450m，井眼直径215.9mm。高压管汇和立管内径110.0mm，共长40m。水龙带内径为102.0mm，长度为18m。方钻杆内径为80.0mm，长度为14.5m。4个上水钻井液池的容积为160m³，备用钻井液量是井筒容积的2倍，需要准备钻井液多少立方米？

**解**：$V_{井}=\frac{1}{4}\pi\times d_h^{\ 2}\times H=0.7854\times0.2159^2\times3450=126.30\text{m}^3$ 从表9-114中查出各高压循环管汇的单位容积，并求出$V_{管}$为：

$$V_{管}=\frac{11.12}{1000}\times40+\frac{8.171}{1000}\times18+\frac{5.027}{1000}\times14.5=0.66\text{m}^3$$

$$V_{池}=160\text{m}^3$$

$$V_{备}=2\times126.30=252.60\text{m}^3$$

需要准备的钻井液量为：

$$V_{总}=V_{井}+V_{管}+V_{池}+V_{备}=126.30\text{m}^3+0.66\text{m}^3+160\text{m}^3+252.60\text{m}^3$$
$$=539.56\text{m}^3$$

说明：在现场实际计算中，还要考虑井径扩大率。

## 二、钻井液循环数据计算

### (一) 钻井液上返速度

$$v_a=\frac{1274Q}{(d_h^{\ 2}-d_p^{\ 2})}$$

式中　$v_a$——钻井液上返速度，m/s；

$Q$——钻井液排量，L/s；

$d_h$——井径(钻头直径)，mm；

$d_P$——钻杆外径，mm。

**例**：某井井眼直径为 248.0mm（9 ¾ in），钻杆外径为 127.0mm，钻井泵排量为 32L/s，问钻井液的上返速度为多少？

$$v_a=\frac{1274\times32}{(248.0^2-127.0^2)}=0.90\text{m/s}$$

常规井眼钻井液上返速度见表 9-115。

**表 9-115　常规井眼钻井液上返速度**

| 井径/mm(in) | 钻具外径/mm(in) | 排量/(L/s) | | | | | | |
|---|---|---|---|---|---|---|---|---|
| | | 25 | 30 | 35 | 40 | 45 | 50 | 55 |
| 244.5(9⅝) | 114.3(4½) | 0.68 | 0.82 | 0.96 | 1.09 | 1.23 | 1.36 | 1.50 |
| | 127.0(5) | 0.73 | 0.88 | 1.02 | 1.17 | 1.32 | 1.46 | 1.61 |
| | 139.7(5½) | 0.79 | 0.95 | 1.10 | 1.26 | 1.42 | 1.58 | 1.73 |
| | 141.3(5 9/16) | 0.80 | 0.96 | 1.12 | 1.28 | 1.44 | 1.60 | 1.76 |
| | 168.3(6⅝) | 1.01 | 1.21 | 1.41 | 1.62 | 1.82 | 2.02 | 2.22 |
| | 177.8(7) | 1.14 | 1.37 | 1.60 | 1.82 | 2.05 | 2.28 | 2.51 |
| | 203.2(8) | 1.73 | 2.08 | 2.43 | 2.77 | 3.12 | 3.50 | 3.81 |
| 222.3(8¾) | 114.3(4½) | 0.88 | 1.05 | 1.22 | 1.40 | 1.57 | 1.75 | 1.92 |
| | 127.0(5) | 0.96 | 1.15 | 1.34 | 1.53 | 1.72 | 1.92 | 2.11 |
| | 139.7(5½) | 1.06 | 1.27 | 1.48 | 1.70 | 1.91 | 2.12 | 2.33 |
| | 141.3(5 9/16) | 1.07 | 1.30 | 1.51 | 1.73 | 1.94 | 2.16 | 2.38 |
| | 177.8(7) | 1.80 | 2.16 | 2.53 | 2.89 | 3.25 | 3.61 | 3.97 |
| | 203.2(8) | 3.93 | 4.72 | 5.50 | 6.29 | 7.08 | 7.86 | 8.65 |
| 215.9(8½) | 114.3(4½) | 0.96 | 1.15 | 1.34 | 1.53 | 1.72 | 1.91 | 2.10 |
| | 127.0(5) | 1.05 | 1.27 | 1.48 | 1.69 | 1.90 | 2.11 | 2.32 |
| | 139.7(5½) | 1.16 | 1.39 | 1.63 | 1.86 | 2.09 | 2.32 | 2.56 |
| | 141.3(5 9/16) | 1.21 | 1.45 | 1.69 | 1.93 | 2.17 | 2.41 | 2.65 |
| | 177.8(7) | 2.18 | 2.60 | 3.06 | 3.49 | 3.93 | 4.37 | 4.80 |
| | 203.2(8) | 6.32 | 7.80 | 8.90 | 10.12 | 11.39 | 12.65 | 13.90 |

续表

| 井径/mm(in) | 钻具外径/mm(in) | 排量/(L/s) | | | | | | |
|---|---|---|---|---|---|---|---|---|
| | | 25 | 30 | 35 | 40 | 45 | 50 | 55 |
| 190.5(7½) | 114.3(4½) | 1.37 | 1.65 | 1.92 | 2.20 | 2.47 | 2.75 | 3.02 |
| | 127.0(5) | 1.59 | 1.91 | 2.23 | 2.54 | 2.86 | 3.18 | 3.50 |
| | 141.3(5 9/16) | 1.96 | 2.35 | 2.74 | 3.13 | 3.52 | 3.92 | 4.31 |
| | 146.05(5¾) | 2.12 | 2.55 | 2.97 | 3.40 | 3.82 | 4.23 | 4.67 |
| | 152.4(6) | 2.43 | 2.91 | 3.40 | 3.89 | 4.37 | 4.86 | 5.43 |
| 311.2(12¼) | 127.0(5) | 0.39 | 0.47 | 0.55 | 0.63 | 0.71 | 0.79 | 0.86 |
| | 139.7(5½) | 0.41 | 0.49 | 0.57 | 0.65 | 0.73 | 0.81 | 0.90 |
| | 141.3(5 9/16) | 0.41 | 0.49 | 0.58 | 0.66 | 0.74 | 0.82 | 0.91 |
| | 158.75(6¼) | 0.44 | 0.53 | 0.62 | 0.72 | 0.79 | 0.88 | 0.97 |
| | 168.28(6⅝) | 0.37 | 0.45 | 0.52 | 0.59 | 0.67 | 0.74 | 0.82 |
| | 177.8(7) | 0.49 | 0.58 | 0.68 | 0.78 | 0.87 | 0.97 | 1.07 |
| | 203.2(8) | 0.57 | 0.68 | 0.80 | 0.91 | 1.03 | 1.14 | 1.25 |
| | 228.6(9) | 0.71 | 0.85 | 0.99 | 1.13 | 1.28 | 1.42 | 1.56 |

### (二) 钻井液从井底上返时间

$$t_R = 16.67 \times \frac{V_h}{Q}$$

式中　$t_R$——钻井液从井底上返时间，min；

$V_h$——环空容积，$m^3$；

$Q$——排量，L/s。

**例：**直径为 215.9mm 钻头，用直径 127.0mm 钻杆钻至井深 1000m，钻井泵排量为 32L/s，其钻井液从井底上返时间是多少？

$$V_h = \frac{1}{4}\pi \times (d_h{}^2 - d_p{}^2) \times H = 0.7854 \times (0.2159^2 - 0.127.0^2) \times 1000$$

$$= 23.94m^3$$

$$t_R = 16.67 \times \frac{V_h}{Q} = 16.67 \times \frac{23.94}{32} = 12.47min$$

## (三) 钻井液循环一周(从进入井口至返出井口)时间

$$t=16.67\times\frac{(V_h-V_p)}{Q}$$

式中　$t$——循环一周时间，min；

$V_h$——井眼容积，$m^3$；

$V_p$——钻柱本体体积，$m^3$；

$Q$——排量，L/s。

井眼中钻井液循环一周所需的时间见表 9-116~表 9-128。

**表 9-116　114.3mm(4½in)钻杆在 190.5mm(7½in)井眼中钻井液循环一周的时间(min)**

| 井深/m | 排量/(L/s) | | | |
|---|---|---|---|---|
| | 15 | 20 | 25 | 30 |
| 100 | 0：03 | 0：02 | 0：02 | 0：01 |
| 200 | 0：06 | 0：04 | 0：03 | 0：03 |
| 400 | 0：11 | 0：08 | 0：07 | 0：06 |
| 600 | 0：17 | 0：13 | 0：10 | 0：08 |
| 800 | 0：22 | 0：17 | 0：13 | 0：11 |
| 1000 | 0：28 | 0：21 | 0：16 | 0：14 |
| 1100 | 0：31 | 0：23 | 0：18 | 0：15 |
| 1200 | 0：33 | 0：25 | 0：20 | 0：17 |
| 1300 | 0：36 | 0：27 | 0：22 | 0：18 |
| 1400 | 0：39 | 0：29 | 0：23 | 0：19 |
| 1500 | 0：42 | 0：31 | 0：25 | 0：21 |
| 1600 | 0：46 | 0：34 | 0：27 | 0：22 |
| 1700 | 0：48 | 0：36 | 0：28 | 0：24 |
| 1800 | 0：50 | 0：38 | 0：30 | 0：25 |
| 1900 | 0：53 | 0：40 | 0：32 | 0：27 |
| 2000 | 0：56 | 0：42 | 0：33 | 0：29 |
| 2100 | 0：58 | 0：44 | 0：35 | 0：30 |

续表

| 井深/m | 排　量/(L/s) | | | |
|---|---|---|---|---|
| | 15 | 20 | 25 | 30 |
| 2200 | 1：02 | 0：46 | 0：37 | 0：31 |
| 2300 | 1：04 | 0：48 | 0：38 | 0：33 |
| 2400 | 1：07 | 0：50 | 0：40 | 0：34 |
| 2500 | 1：10 | 0：52 | 0：42 | 0：36 |
| 2600 | 1：13 | 0：55 | 0：43 | 0：37 |
| 2700 | 1：15 | 0：57 | 0：45 | 0：38 |
| 2800 | 1：18 | 0：59 | 0：47 | 0：39 |
| 2900 | 1：21 | 1：01 | 0：48 | 0：41 |
| 3000 | 1：24 | 1：03 | 0：50 | 0：42 |
| 3100 | 1：27 | 1：05 | 0：52 | 0：43 |
| 3200 | 1：30 | 1：07 | 0：54 | 0：45 |
| 3300 | 1：32 | 1：09 | 0：55 | 0：46 |
| 3400 | 1：35 | 1：11 | 0：57 | 0：48 |
| 3500 | 1：38 | 1：14 | 0：59 | 0：49 |
| 3600 | 1：41 | 1：16 | 1：00 | 0：50 |

注：钻杆壁厚 10mm。

### 表 9-117　114.3mm($4\frac{1}{2}$in)钻杆在 215.9mm($8\frac{1}{2}$in)井眼中钻井液循环一周所需时间(min)

| 井深/m | 排　量/(L/s) | | | | |
|---|---|---|---|---|---|
| | 20 | 25 | 30 | 35 | 40 |
| 100 | 0：03 | 0：02 | 0：02 | 0：02 | 0：01 |
| 200 | 0：06 | 0：04 | 0：04 | 0：03 | 0：03 |
| 400 | 0：11 | 0：09 | 0：07 | 0：06 | 0：05 |
| 600 | 0：17 | 0：13 | 0：11 | 0：11 | 0：08 |
| 800 | 0：22 | 0：20 | 0：15 | 0：11 | 0：11 |
| 1000 | 0：28 | 0：22 | 0：18 | 0：16 | 0：13 |

续表

| 井深/m | 排　　量/(L/s) | | | | |
|---|---|---|---|---|---|
| | 20 | 25 | 30 | 35 | 40 |
| 1100 | 0：30 | 0：24 | 0：20 | 0：17 | 0：15 |
| 1200 | 0：33 | 0：27 | 0：22 | 0：19 | 0：16 |
| 1300 | 0：36 | 0：29 | 0：24 | 0：21 | 0：18 |
| 1400 | 0：39 | 0：31 | 0：26 | 0：22 | 0：19 |
| 1500 | 0：41 | 0：33 | 0：27 | 0：24 | 0：21 |
| 1600 | 0：44 | 0：36 | 0：29 | 0：25 | 0：22 |
| 1700 | 0：47 | 0：38 | 0：31 | 0：27 | 0：23 |
| 1800 | 0：50 | 0：40 | 0：33 | 0：29 | 0：25 |
| 1900 | 0：52 | 0：42 | 0：35 | 0：30 | 0：26 |
| 2000 | 0：55 | 0：44 | 0：37 | 0：32 | 0：27 |
| 2100 | 0：58 | 0：47 | 0：38 | 0：33 | 0：29 |
| 2200 | 1：01 | 0：49 | 0：40 | 0：35 | 0：30 |
| 2300 | 1：03 | 0：51 | 0：42 | 0：37 | 0：32 |
| 2400 | 1：06 | 0：53 | 0：44 | 0：38 | 0：33 |
| 2500 | 1：09 | 0：56 | 0：46 | 0：40 | 0：34 |
| 2600 | 1：12 | 0：58 | 0：48 | 0：41 | 0：36 |
| 2700 | 1：14 | 1：00 | 0：49 | 0：43 | 0：37 |
| 2800 | 1：17 | 1：02 | 0：51 | 0：44 | 0：38 |
| 2900 | 1：20 | 1：04 | 0：53 | 0：46 | 0：40 |
| 3000 | 1：23 | 1：07 | 0：55 | 0：48 | 0：41 |
| 3100 | 1：25 | 1：09 | 0：57 | 0：49 | 0：42 |
| 3200 | 1：28 | 1：11 | 0：59 | 0：51 | 0：44 |
| 3300 | 1：31 | 1：13 | 1：00 | 0：52 | 0：45 |
| 3400 | 1：34 | 1：16 | 1：02 | 0：54 | 0：47 |
| 3500 | 1：36 | 1：19 | 1：04 | 0：56 | 0：48 |
| 3600 | 1：39 | 1：20 | 1：06 | 0：57 | 0：49 |

注：钻杆壁厚 10mm。

## 表 9-118 114.3mm($4\frac{1}{2}$in)钻杆在 222.3mm($8\frac{3}{4}$in)井眼中钻井液循环一周所需时间(min)

| 井深/m | 排量/(L/s) | | | | |
|---|---|---|---|---|---|
| | 20 | 25 | 30 | 35 | 40 |
| 100 | 0:03 | 0:02 | 0:02 | 0:02 | 0:01 |
| 200 | 0:06 | 0:05 | 0:04 | 0:03 | 0:03 |
| 400 | 0:12 | 0:09 | 0:08 | 0:07 | 0:06 |
| 600 | 0:18 | 0:14 | 0:12 | 0:10 | 0:09 |
| 800 | 0:24 | 0:18 | 0:16 | 0:13 | 0:12 |
| 1000 | 0:30 | 0:24 | 0:20 | 0:17 | 0:15 |
| 1100 | 0:32 | 0:26 | 0:22 | 0:19 | 0:16 |
| 1200 | 0:35 | 0:28 | 0:24 | 0:20 | 0:18 |
| 1300 | 0:38 | 0:31 | 0:25 | 0:22 | 0:19 |
| 1400 | 0:41 | 0:33 | 0:27 | 0:24 | 0:21 |
| 1500 | 0:44 | 0:35 | 0:29 | 0:25 | 0:22 |
| 1600 | 0:47 | 0:38 | 0:31 | 0:27 | 0:24 |
| 1700 | 0:50 | 0:40 | 0:33 | 0:29 | 0:25 |
| 1800 | 0:53 | 0:43 | 0:35 | 0:30 | 0:26 |
| 1900 | 0:56 | 0:45 | 0:37 | 0:32 | 0:28 |
| 2000 | 0:59 | 0:47 | 0:39 | 0:34 | 0:29 |
| 2100 | 1:02 | 0:50 | 0:41 | 0:35 | 0:31 |
| 2200 | 1:05 | 0:52 | 0:43 | 0:37 | 0:32 |
| 2300 | 1:08 | 0:54 | 0:45 | 0:39 | 0:34 |
| 2400 | 1:11 | 0:57 | 0:47 | 0:41 | 0:35 |
| 2500 | 1:14 | 0:59 | 0:49 | 0:42 | 0:37 |
| 2600 | 1:17 | 1:01 | 0:51 | 0:44 | 0:38 |
| 2700 | 1:20 | 1:04 | 0:53 | 0:46 | 0:40 |
| 2800 | 1:23 | 1:06 | 0:55 | 0:48 | 0:41 |
| 2900 | 1:26 | 1:09 | 0:57 | 0:49 | 0:43 |

续表

| 井深/m | 排　量/(L/s) | | | | |
|---|---|---|---|---|---|
| | 20 | 25 | 30 | 35 | 40 |
| 3000 | 1 : 29 | 1 : 11 | 0 : 59 | 0 : 51 | 0 : 44 |
| 3100 | 1 : 31 | 1 : 13 | 1 : 01 | 0 : 52 | 0 : 46 |
| 3200 | 1 : 34 | 1 : 16 | 1 : 03 | 0 : 54 | 0 : 47 |
| 3300 | 1 : 37 | 1 : 18 | 1 : 05 | 0 : 56 | 0 : 49 |
| 3400 | 1 : 40 | 1 : 20 | 1 : 07 | 0 : 57 | 0 : 50 |
| 3500 | 1 : 43 | 1 : 23 | 1 : 09 | 0 : 59 | 0 : 51 |
| 3600 | 1 : 45 | 1 : 25 | 1 : 11 | 1 : 01 | 0 : 52 |

注：钻杆壁厚 10mm。

**表 9-119　114.3mm(4½in)钻杆在 244.5mm(9⅝in)井眼中钻井液循环一周所需时间(min)**

| 井深/m | 排　量/(L/s) | | | | |
|---|---|---|---|---|---|
| | 20 | 25 | 30 | 35 | 40 |
| 100 | 0 : 04 | 0 : 03 | 0 : 02 | 0 : 02 | 0 : 02 |
| 200 | 0 : 07 | 0 : 06 | 0 : 05 | 0 : 04 | 0 : 04 |
| 400 | 0 : 14 | 0 : 12 | 0 : 10 | 0 : 08 | 0 : 07 |
| 600 | 0 : 22 | 0 : 17 | 0 : 14 | 0 : 12 | 0 : 11 |
| 800 | 0 : 29 | 0 : 23 | 0 : 19 | 0 : 17 | 0 : 14 |
| 1000 | 0 : 36 | 0 : 29 | 0 : 24 | 0 : 21 | 0 : 18 |
| 1100 | 0 : 40 | 0 : 32 | 0 : 27 | 0 : 23 | 0 : 20 |
| 1200 | 0 : 43 | 0 : 35 | 0 : 29 | 0 : 25 | 0 : 22 |
| 1300 | 0 : 47 | 0 : 38 | 0 : 31 | 0 : 27 | 0 : 24 |
| 1400 | 0 : 51 | 0 : 41 | 0 : 34 | 0 : 29 | 0 : 25 |
| 1500 | 0 : 54 | 0 : 44 | 0 : 36 | 0 : 31 | 0 : 27 |
| 1600 | 0 : 58 | 0 : 47 | 0 : 39 | 0 : 33 | 0 : 29 |
| 1700 | 1 : 02 | 0 : 50 | 0 : 41 | 0 : 35 | 0 : 31 |
| 1800 | 1 : 05 | 0 : 52 | 0 : 43 | 0 : 37 | 0 : 33 |

续表

| 井深/m | 排　　量/(L/s) | | | | |
|---|---|---|---|---|---|
| | 20 | 25 | 30 | 35 | 40 |
| 1900 | 1：09 | 0：55 | 0：46 | 0：40 | 0：34 |
| 2000 | 1：12 | 0：58 | 0：48 | 0：42 | 0：36 |
| 2100 | 1：16 | 1：01 | 0：51 | 0：44 | 0：38 |
| 2200 | 1：20 | 1：04 | 0：53 | 0：46 | 0：40 |
| 2300 | 1：23 | 1：07 | 0：55 | 0：48 | 0：42 |
| 2400 | 1：27 | 1：10 | 0：58 | 0：50 | 0：43 |
| 2500 | 1：31 | 1：13 | 1：00 | 0：52 | 0：45 |
| 2600 | 1：34 | 1：16 | 1：03 | 0：54 | 0：47 |
| 2700 | 1：38 | 1：19 | 1：05 | 0：56 | 0：49 |
| 2800 | 1：41 | 1：22 | 1：07 | 0：58 | 0：51 |
| 2900 | 1：45 | 1：24 | 1：10 | 1：00 | 0：52 |
| 3000 | 1：49 | 1：27 | 1：12 | 1：02 | 0：54 |
| 3100 | 1：52 | 1：30 | 1：15 | 1：04 | 0：56 |
| 3200 | 1：56 | 1：33 | 1：17 | 1：07 | 0：58 |
| 3300 | 1：59 | 1：36 | 1：20 | 1：09 | 1：00 |
| 3400 | 2：03 | 1：39 | 1：22 | 1：11 | 1：02 |
| 3500 | 2：07 | 1：42 | 1：24 | 1：13 | 1：03 |
| 3600 | 2：10 | 1：45 | 1：27 | 1：15 | 1：05 |

注：钻杆壁厚 10mm。

**表 9-120　127.0mm(5in)钻杆在 215.9mm($8\frac{1}{2}$in)井眼中钻井液循环一周所需时间(min)**

| 井深/m | 排　　量/(L/s) | | | | |
|---|---|---|---|---|---|
| | 20 | 25 | 30 | 35 | 40 |
| 100 | 0：03 | 0：02 | 0：02 | 0：02 | 0：01 |
| 200 | 0：06 | 0：04 | 0：04 | 0：03 | 0：03 |
| 400 | 0：11 | 0：09 | 0：07 | 0：06 | 0：06 |

续表

| 井深/m | 排　量/(L/s) | | | | |
| --- | --- | --- | --- | --- | --- |
| | 20 | 25 | 30 | 35 | 40 |
| 600 | 0 : 17 | 0 : 13 | 0 : 11 | 0 : 09 | 0 : 08 |
| 800 | 0 : 22 | 0 : 18 | 0 : 15 | 0 : 13 | 0 : 11 |
| 1000 | 0 : 28 | 0 : 22 | 0 : 18 | 0 : 16 | 0 : 14 |
| 1100 | 0 : 30 | 0 : 24 | 0 : 20 | 0 : 17 | 0 : 15 |
| 1200 | 0 : 33 | 0 : 27 | 0 : 22 | 0 : 19 | 0 : 17 |
| 1300 | 0 : 36 | 0 : 29 | 0 : 24 | 0 : 21 | 0 : 18 |
| 1400 | 0 : 39 | 0 : 31 | 0 : 26 | 0 : 22 | 0 : 19 |
| 1500 | 0 : 42 | 0 : 33 | 0 : 28 | 0 : 24 | 0 : 21 |
| 1600 | 0 : 44 | 0 : 35 | 0 : 30 | 0 : 25 | 0 : 22 |
| 1700 | 0 : 47 | 0 : 38 | 0 : 31 | 0 : 27 | 0 : 24 |
| 1800 | 0 : 50 | 0 : 40 | 0 : 33 | 0 : 28 | 0 : 25 |
| 1900 | 0 : 53 | 0 : 42 | 0 : 35 | 0 : 30 | 0 : 26 |
| 2000 | 0 : 55 | 0 : 44 | 0 : 37 | 0 : 32 | 0 : 28 |
| 2100 | 0 : 58 | 0 : 47 | 0 : 39 | 0 : 33 | 0 : 29 |
| 2200 | 1 : 01 | 0 : 49 | 0 : 41 | 0 : 35 | 0 : 30 |
| 2300 | 1 : 04 | 0 : 51 | 0 : 42 | 0 : 36 | 0 : 32 |
| 2400 | 1 : 06 | 0 : 53 | 0 : 44 | 0 : 38 | 0 : 33 |
| 2500 | 1 : 09 | 0 : 55 | 0 : 46 | 0 : 40 | 0 : 35 |
| 2600 | 1 : 12 | 0 : 58 | 0 : 48 | 0 : 41 | 0 : 36 |
| 2700 | 1 : 15 | 1 : 00 | 0 : 50 | 0 : 43 | 0 : 37 |
| 2800 | 1 : 17 | 1 : 02 | 0 : 52 | 0 : 44 | 0 : 39 |
| 2900 | 1 : 20 | 1 : 04 | 0 : 53 | 0 : 46 | 0 : 40 |
| 3000 | 1 : 23 | 1 : 06 | 0 : 55 | 0 : 47 | 0 : 42 |
| 3100 | 1 : 26 | 1 : 09 | 0 : 57 | 0 : 49 | 0 : 43 |
| 3200 | 1 : 28 | 1 : 11 | 0 : 59 | 0 : 51 | 0 : 44 |
| 3300 | 1 : 31 | 1 : 13 | 1 : 01 | 0 : 52 | 0 : 46 |

续表

| 井深/m | 排　　量/(L/s) | | | | |
|---|---|---|---|---|---|
| | 20 | 25 | 30 | 35 | 40 |
| 3400 | 1 : 34 | 1 : 15 | 1 : 03 | 0 : 54 | 0 : 47 |
| 3500 | 1 : 37 | 1 : 17 | 1 : 05 | 0 : 55 | 0 : 48 |
| 3600 | 1 : 40 | 1 : 20 | 1 : 06 | 0 : 57 | 0 : 50 |

注：钻杆壁厚 9. 20mm。

### 表 9-121　127. 0mm(5in)钻杆在 244. 5mm($9\frac{5}{8}$in)井眼中钻井液循环一周所需时间(min)

| 井深/m | 排　　量/(L/s) | | | |
|---|---|---|---|---|
| | 30 | 35 | 40 | 45 |
| 100 | 0 : 02 | 0 : 02 | 0 : 02 | 0 : 02 |
| 200 | 0 : 05 | 0 : 04 | 0 : 04 | 0 : 03 |
| 400 | 0 : 10 | 0 : 08 | 0 : 07 | 0 : 06 |
| 600 | 0 : 15 | 0 : 12 | 0 : 11 | 0 : 10 |
| 800 | 0 : 19 | 0 : 17 | 0 : 15 | 0 : 13 |
| 1000 | 0 : 24 | 0 : 21 | 0 : 18 | 0 : 16 |
| 1100 | 0 : 27 | 0 : 23 | 0 : 20 | 0 : 18 |
| 1200 | 0 : 29 | 0 : 25 | 0 : 22 | 0 : 19 |
| 1300 | 0 : 31 | 0 : 27 | 0 : 24 | 0 : 21 |
| 1400 | 0 : 34 | 0 : 29 | 0 : 25 | 0 : 23 |
| 1500 | 0 : 36 | 0 : 31 | 0 : 27 | 0 . 24 |
| 1600 | 0 : 39 | 0 : 33 | 0 : 29 | 0 : 26 |
| 1700 | 0 : 41 | 0 : 35 | 0 : 31 | 0 : 27 |
| 1800 | 0 : 44 | 0 : 37 | 0 : 33 | 0 : 29 |
| 1900 | 0 : 46 | 0 : 39 | 0 : 34 | 0 : 31 |
| 2000 | 0 : 48 | 0 : 41 | 0 : 36 | 0 : 32 |
| 2100 | 0 : 51 | 0 : 44 | 0 : 38 | 0 : 34 |
| 2200 | 0 : 53 | 0 : 46 | 0 : 40 | 0 : 35 |

续表

| 井深/m | 排　　量/(L/s) | | | |
|---|---|---|---|---|
| | 30 | 35 | 40 | 45 |
| 2300 | 0：56 | 0：48 | 0：42 | 0：37 |
| 2400 | 0：58 | 0：50 | 0：44 | 0：39 |
| 2500 | 1：00 | 0：52 | 0：46 | 0：40 |
| 2600 | 1：03 | 0：54 | 0：47 | 0：42 |
| 2700 | 1：05 | 0：56 | 0：49 | 0：44 |
| 2800 | 1：08 | 0：59 | 0：51 | 0：45 |
| 2900 | 1：10 | 1：00 | 0：53 | 0：47 |
| 3000 | 1：13 | 1：02 | 0：54 | 0：48 |
| 3100 | 1：15 | 1：04 | 0：56 | 0：50 |
| 3200 | 1：17 | 1：06 | 0：58 | 0：52 |
| 3300 | 1：20 | 1：08 | 1：00 | 0：53 |
| 3400 | 1：22 | 1：11 | 1：02 | 0：55 |
| 3500 | 1：25 | 1：13 | 1：04 | 0：56 |
| 3600 | 1：27 | 1：15 | 1：05 | 0：58 |

注：钻井壁厚9.20mm。

**表9-122　127.0mm(5in)钻杆在311.2mm($12\frac{1}{4}$in)井眼中钻井液循环一周所需时间(min)**

| 井深/m | 排　　量/(L/s) | | | | |
|---|---|---|---|---|---|
| | 30 | 35 | 40 | 45 | 50 |
| 100 | 0：04 | 0：03 | 0：03 | 0：03 | 0：02 |
| 200 | 0：08 | 0：07 | 0：06 | 0：05 | 0：05 |
| 400 | 0：16 | 0：14 | 0：12 | 0：11 | 0：10 |
| 600 | 0：24 | 0：21 | 0：18 | 0：16 | 0：15 |
| 800 | 0：32 | 0：28 | 0：24 | 0：22 | 0：19 |
| 1000 | 0：40 | 0：35 | 0：30 | 0：27 | 0：24 |
| 1100 | 0：44 | 0：38 | 0：33 | 0：30 | 0：27 |

续表

| 井深/m | 排　量/(L/s) | | | | |
|---|---|---|---|---|---|
| | 30 | 35 | 40 | 45 | 50 |
| 1200 | 0：48 | 0：42 | 0：36 | 0：32 | 0：29 |
| 1300 | 0：52 | 0：45 | 0：39 | 0：35 | 0：31 |
| 1400 | 0：56 | 0：48 | 0：42 | 0：38 | 0：34 |
| 1500 | 1：01 | 0：52 | 0：45 | 0：40 | 0：36 |
| 1600 | 1：05 | 0：55 | 0：48 | 0：43 | 0：39 |
| 1700 | 1：09 | 0：59 | 0：51 | 0：46 | 0：41 |
| 1800 | 1：13 | 1：02 | 0：54 | 0：48 | 0：44 |
| 1900 | 1：17 | 1：06 | 0：58 | 0：51 | 0：46 |
| 2000 | 1：21 | 1：09 | 1：01 | 0：54 | 0：48 |
| 2100 | 1：25 | 1：13 | 1：04 | 0：56 | 0：51 |
| 2200 | 1：29 | 1：16 | 1：07 | 0：59 | 0：53 |
| 2300 | 1：33 | 1：20 | 1：10 | 1：02 | 0：56 |
| 2400 | 1：37 | 1：23 | 1：13 | 1：05 | 0：58 |
| 2500 | 1：41 | 1：26 | 1：16 | 1：07 | 1：01 |
| 2600 | 1：45 | 1：30 | 1：19 | 1：10 | 1：03 |
| 2700 | 1：49 | 1：33 | 1：22 | 1：13 | 1：05 |
| 2800 | 1：53 | 1：37 | 1：25 | 1：15 | 1：08 |
| 2900 | 1：57 | 1：40 | 1：28 | 1：18 | 1：10 |
| 3000 | 2：01 | 1：44 | 1：31 | 1：21 | 1：13 |
| 3100 | 2：05 | 1：47 | 1：34 | 1：23 | 1：15 |
| 3200 | 2：09 | 1：51 | 1：47 | 1：26 | 1：17 |
| 3300 | 2：13 | 1：54 | 1：40 | 1：29 | 1：20 |
| 3400 | 2：17 | 1：58 | 1：53 | 1：31 | 1：22 |
| 3500 | 2：21 | 2：01 | 1：46 | 1：34 | 1：25 |
| 3600 | 2：25 | 2：05 | 1：49 | 1：37 | 1：27 |

注：钻杆壁厚9.20mm。

表 9-123　139.7mm(5½in)钻杆在 215.9mm(8½in)井眼中钻井液循环一周所需时间(min)

| 井深/m | 排量/(L/s) | | | | |
|---|---|---|---|---|---|
| | 20 | 25 | 30 | 35 | 40 |
| 100 | 0：03 | 0：02 | 0：02 | 0：02 | 0：01 |
| 200 | 0：05 | 0：04 | 0：04 | 0：03 | 0：03 |
| 400 | 0：11 | 0：09 | 0：07 | 0：06 | 0：05 |
| 600 | 0：16 | 0：13 | 0：11 | 0：09 | 0：08 |
| 800 | 0：22 | 0：17 | 0：14 | 0：12 | 0：11 |
| 1000 | 0：27 | 0：22 | 0：18 | 0：15 | 0：13 |
| 1100 | 0：30 | 0：24 | 0：20 | 0：17 | 0：15 |
| 1200 | 0：32 | 0：26 | 0：22 | 0：18 | 0：16 |
| 1300 | 0：35 | 0：28 | 0：23 | 0：20 | 0：18 |
| 1400 | 0：38 | 0：30 | 0：25 | 0：22 | 0：19 |
| 1500 | 0：40 | 0：32 | 0：27 | 0：23 | 0：20 |
| 1600 | 0：43 | 0：34 | 0：29 | 0：25 | 0：22 |
| 1700 | 0：46 | 0：37 | 0：31 | 0：26 | 0：23 |
| 1800 | 0：49 | 0：39 | 0：32 | 0：28 | 0：24 |
| 1900 | 0：51 | 0：41 | 0：34 | 0：29 | 0：26 |
| 2000 | 0：54 | 0：43 | 0：36 | 0：31 | 0：27 |
| 2100 | 0：57 | 0：45 | 0：38 | 0：32 | 0：28 |
| 2200 | 1：00 | 0：48 | 0：40 | 0：34 | 0：30 |
| 2300 | 1：02 | 0：50 | 0：41 | 0：35 | 0：31 |
| 2400 | 1：05 | 0：52 | 0：43 | 0：37 | 0：32 |
| 2500 | 1：07 | 0：54 | 0：45 | 0：39 | 0：34 |
| 2600 | 1：10 | 0：56 | 0：47 | 0：40 | 0：35 |
| 2700 | 1：13 | 0：58 | 0：48 | 0：42 | 0：36 |
| 2800 | 1：15 | 1：00 | 0：50 | 0：43 | 0：38 |
| 2900 | 1：18 | 1：03 | 0：52 | 0：45 | 0：39 |

续表

| 井深/m | 排量/(L/s) | | | | |
|---|---|---|---|---|---|
| | 20 | 25 | 30 | 35 | 40 |
| 3000 | 1：21 | 1：05 | 0：54 | 0：46 | 0：40 |
| 3100 | 1：23 | 1：07 | 0：56 | 0：48 | 0：42 |
| 3200 | 1：26 | 1：09 | 0：57 | 0：49 | 0：43 |
| 3300 | 1：29 | 1：11 | 0：59 | 0：51 | 0：44 |
| 3400 | 1：32 | 1：13 | 1：01 | 0：52 | 0：46 |
| 3500 | 1：34 | 1：15 | 1：03 | 0：54 | 0：47 |
| 3600 | 1：37 | 1：16 | 1：05 | 0：55 | 0：49 |

注：钻杆壁厚 10.54mm。

**表 9-124 139.7mm($5\frac{1}{2}$in)钻杆在 244.5mm($9\frac{5}{8}$in)井眼中钻井液循环一周所需时间(min)**

| 井深/m | 排量/(L/s) | | | | | |
|---|---|---|---|---|---|---|
| | 20 | 25 | 30 | 35 | 40 | 45 |
| 100 | 0：04 | 0：03 | 0：02 | 0：02 | 0：02 | 0：02 |
| 200 | 0：07 | 0：06 | 0：05 | 0：04 | 0：04 | 0：03 |
| 400 | 0：14 | 0：11 | 0：09 | 0：08 | 0：07 | 0：06 |
| 600 | 0：21 | 0：17 | 0：14 | 0：12 | 0：11 | 0：09 |
| 800 | 0：28 | 0：23 | 0：19 | 0：16 | 0：14 | 0：13 |
| 1000 | 0：36 | 0：28 | 0：24 | 0：20 | 0：18 | 0：16 |
| 1100 | 0：39 | 0：31 | 0：26 | 0：22 | 0：20 | 0：17 |
| 1200 | 0：43 | 0：34 | 0：28 | 0：24 | 0：21 | 0：19 |
| 1300 | 0：45 | 0：37 | 0：31 | 0：26 | 0：23 | 0：21 |
| 1400 | 0：50 | 0：40 | 0：33 | 0：28 | 0：25 | 0：22 |
| 1500 | 0：53 | 0：43 | 0：36 | 0：30 | 0：27 | 0：24 |
| 1600 | 0：57 | 0：46 | 0：38 | 0：33 | 0：28 | 0：25 |
| 1700 | 1：00 | 0：48 | 0：40 | 0：35 | 0：30 | 0：27 |
| 1800 | 1：04 | 0：51 | 0：43 | 0：37 | 0：32 | 0：28 |

续表

| 井深/m | 排　　量/(L/s) | | | | | |
|---|---|---|---|---|---|---|
| | 20 | 25 | 30 | 35 | 40 | 45 |
| 1900 | 1：08 | 0：54 | 0：45 | 0：39 | 0：34 | 0：30 |
| 2000 | 1：11 | 0：57 | 0：47 | 0：41 | 0：36 | 0：32 |
| 2100 | 1：15 | 1：00 | 0：50 | 0：43 | 0：37 | 0：33 |
| 2200 | 1：18 | 1：03 | 0：52 | 0：45 | 0：39 | 0：35 |
| 2300 | 1：22 | 1：05 | 0：55 | 0：47 | 0：41 | 0：36 |
| 2400 | 1：25 | 1：08 | 0：57 | 0：49 | 0：43 | 0：38 |
| 2500 | 1：29 | 1：11 | 0：59 | 0：51 | 0：44 | 0：40 |
| 2600 | 1：32 | 1：14 | 1：02 | 0：53 | 0：46 | 0：41 |
| 2700 | 1：36 | 1：17 | 1：04 | 0：55 | 0：48 | 0：43 |
| 2800 | 1：40 | 1：20 | 1：06 | 0：57 | 0：50 | 0：44 |
| 2900 | 1：43 | 1：22 | 1：09 | 0：59 | 0：52 | 0：46 |
| 3000 | 1：47 | 1：25 | 1：11 | 1：01 | 0：53 | 0：47 |
| 3100 | 1：50 | 1：28 | 1：13 | 1：03 | 0：55 | 0：49 |
| 3200 | 1：54 | 1：31 | 1：16 | 1：05 | 0：57 | 0：51 |
| 3300 | 1：57 | 1：34 | 1：18 | 1：07 | 0：59 | 0：52 |
| 3400 | 2：01 | 1：37 | 1：21 | 1：09 | 1：00 | 0：54 |
| 3500 | 2：04 | 1：40 | 1：23 | 1：11 | 1：02 | 0：55 |
| 3600 | 2：08 | 1：42 | 1：25 | 1：13 | 1：04 | 0：57 |

注：钻杆壁厚 10.54mm。

**表 9-125　139.7mm($5\frac{1}{2}$in)钻杆在 311.2mm($12\frac{1}{4}$in)井眼中钻井液循环一周所需时间(min)**

| 井深/m | 排　　量/(L/s) | | | | |
|---|---|---|---|---|---|
| | 30 | 35 | 40 | 45 | 50 |
| 100 | 0：04 | 0：03 | 0：03 | 0：03 | 0：02 |
| 200 | 0：08 | 0：07 | 0：06 | 0：05 | 0：05 |
| 400 | 0：16 | 0：14 | 0：12 | 0：11 | 0：10 |

续表

| 井深/m | 排量/(L/s) | | | | |
|---|---|---|---|---|---|
| | 30 | 35 | 40 | 45 | 50 |
| 600 | 0：24 | 0：21 | 0：18 | 0：16 | 0：14 |
| 800 | 0：32 | 0：27 | 0：24 | 0：21 | 0：19 |
| 1000 | 0：40 | 0：34 | 0：30 | 0：27 | 0：24 |
| 1100 | 0：44 | 0：38 | 0：33 | 0：29 | 0：26 |
| 1200 | 0：48 | 0：41 | 0：36 | 0：32 | 0：29 |
| 1300 | 0：52 | 0：44 | 0：39 | 0：35 | 0：31 |
| 1400 | 0：56 | 0：48 | 0：42 | 0：37 | 0：33 |
| 1500 | 1：00 | 0：51 | 0：45 | 0：40 | 0：36 |
| 1600 | 1：04 | 0：55 | 0：48 | 0：43 | 0：38 |
| 1700 | 1：08 | 0：58 | 0：51 | 0：45 | 0：41 |
| 1800 | 1：12 | 1：01 | 0：54 | 0：48 | 0：43 |
| 1900 | 1：16 | 1：05 | 0：57 | 0：50 | 0：45 |
| 2000 | 1：20 | 1：08 | 1：00 | 0：53 | 0：48 |
| 2100 | 1：24 | 1：12 | 1：03 | 0：56 | 0：50 |
| 2200 | 1：28 | 1：15 | 1：06 | 0：59 | 0：53 |
| 2300 | 1：32 | 1：19 | 1：09 | 1：01 | 0：55 |
| 2400 | 1：36 | 1：22 | 1：12 | 1：04 | 0：57 |
| 2500 | 1：40 | 1：25 | 1：15 | 1：06 | 1：00 |
| 2600 | 1：44 | 1：29 | 1：18 | 1：09 | 1：02 |
| 2700 | 1：48 | 1：32 | 1：21 | 1：12 | 1：05 |
| 2800 | 1：52 | 1：36 | 1：24 | 1：14 | 1：07 |
| 2900 | 1：56 | 1：39 | 1：27 | 1：17 | 1：09 |
| 3000 | 2：00 | 1：43 | 1：30 | 1：20 | 1：12 |
| 3100 | 2：04 | 1：46 | 1：33 | 1：22 | 1：14 |
| 3200 | 2：07 | 1：49 | 1：36 | 1：25 | 1：17 |
| 3300 | 2：22 | 1：53 | 1：39 | 1：28 | 1：20 |

续表

| 井深/m | 排　　量/(L/s) | | | | |
|---|---|---|---|---|---|
| | 30 | 35 | 40 | 45 | 50 |
| 3400 | 2 : 16 | 1 : 56 | 1 : 42 | 1 : 30 | 1 : 21 |
| 3500 | 2 : 20 | 2 : 00 | 1 : 45 | 1 : 33 | 1 : 24 |
| 3600 | 2 : 24 | 2 : 03 | 1 : 48 | 1 : 36 | 1 : 26 |

注：钻杆壁厚 10. 54mm。

**表 9-126　168. 3mm($6\frac{5}{8}$in)钻杆在 244. 5mm($9\frac{5}{8}$in)井眼中钻井液循环一周所需时间(min)**

| 井深/m | 排　　量/(L/s) | | | | | |
|---|---|---|---|---|---|---|
| | 20 | 25 | 30 | 35 | 40 | 45 |
| 100 | 0 : 03 | 0 : 03 | 0 : 02 | 0 : 02 | 0 : 02 | 0 : 02 |
| 200 | 0 : 07 | 0 : 06 | 0 : 05 | 0 : 04 | 0 : 03 | 0 : 03 |
| 400 | 0 : 14 | 0 : 11 | 0 : 09 | 0 : 08 | 0 : 07 | 0 : 06 |
| 600 | 0 : 21 | 0 : 17 | 0 : 14 | 0 : 12 | 0 : 10 | 0 : 09 |
| 800 | 0 : 28 | 0 : 22 | 0 : 18 | 0 : 16 | 0 : 14 | 0 : 12 |
| 1000 | 0 : 35 | 0 : 28 | 0 : 23 | 0 : 18 | 0 : 17 | 0 : 15 |
| 1100 | 0 : 38 | 0 : 30 | 0 : 25 | 0 : 22 | 0 : 19 | 0 : 17 |
| 1200 | 0 : 42 | 0 : 33 | 0 : 28 | 0 : 24 | 0 : 21 | 0 : 18 |
| 1300 | 0 : 45 | 0 : 36 | 0 : 30 | 0 : 26 | 0 : 22 | 0 : 20 |
| 1400 | 0 : 48 | 0 : 37 | 0 : 32 | 0 : 28 | 0 : 24 | 0 : 22 |
| 1500 | 0 : 52 | 0 : 42 | 0 : 35 | 0 : 30 | 0 : 26 | 0 : 23 |
| 1600 | 0 : 55 | 0 : 44 | 0 : 37 | 0 : 32 | 0 : 28 | 0 : 25 |
| 1700 | 0 : 59 | 0 : 47 | 0 : 39 | 0 : 34 | 0 : 29 | 0 : 26 |
| 1800 | 1 : 02 | 0 : 50 | 0 : 42 | 0 : 36 | 0 : 31 | 0 : 28 |
| 1900 | 1 : 06 | 0 : 53 | 0 : 44 | 0 : 38 | 0 : 33 | 0 : 29 |
| 2000 | 1 : 09 | 0 : 55 | 0 : 46 | 0 : 40 | 0 : 35 | 0 : 31 |
| 2100 | 1 : 13 | 0 : 58 | 0 : 48 | 0 : 42 | 0 : 36 | 0 : 32 |
| 2200 | 1 : 16 | 1 : 01 | 0 : 51 | 0 : 44 | 0 : 38 | 0 : 34 |

续表

| 井深/m | 排　　量/(L/s) | | | | | |
|---|---|---|---|---|---|---|
| | 20 | 25 | 30 | 35 | 40 | 45 |
| 2300 | 1：20 | 1：04 | 0：53 | 0：46 | 0：40 | 0：35 |
| 2400 | 1：23 | 1：06 | 0：55 | 0：47 | 0：42 | 0：37 |
| 2500 | 1：27 | 1：09 | 0：58 | 0：49 | 0：43 | 0：38 |
| 2600 | 1：30 | 1：12 | 1：00 | 0：51 | 0：45 | 0：40 |
| 2700 | 1：33 | 1：15 | 1：02 | 0：53 | 0：47 | 0：42 |
| 2800 | 1：37 | 1：18 | 1：05 | 0：55 | 0：48 | 0：43 |
| 2900 | 1：40 | 1：20 | 1：07 | 0：57 | 0：50 | 0：45 |
| 3000 | 1：44 | 1：23 | 1：09 | 0：59 | 0：52 | 0：46 |
| 3100 | 1：47 | 1：26 | 1：12 | 1：01 | 0：54 | 0：48 |
| 3200 | 1：51 | 1：29 | 1：14 | 1：03 | 0：55 | 0：49 |
| 3300 | 1：54 | 1：31 | 1：16 | 1：05 | 0：57 | 0：51 |
| 3400 | 1：58 | 1：34 | 1：18 | 1：07 | 0：59 | 0：52 |
| 3500 | 2：01 | 1：37 | 1：21 | 1：09 | 1：01 | 0：54 |
| 3600 | 2：05 | 1：40 | 1：23 | 1：11 | 1：02 | 0：55 |

注：钻杆壁厚 11.00mm。

**表 9-127　168.3mm($6\frac{5}{8}$in)钻杆在 311.2mm($12\frac{1}{4}$in)井眼中钻井液循环一周所需时间(min)**

| 井深/m | 排　　量/(L/s) | | | | |
|---|---|---|---|---|---|
| | 30 | 35 | 40 | 45 | 50 |
| 100 | 0：04 | 0：04 | 0：03 | 0：03 | 0：02 |
| 200 | 0：08 | 0：07 | 0：06 | 0：05 | 0：05 |
| 400 | 0：23 | 0：13 | 0：12 | 0：10 | 0：09 |
| 600 | 0：41 | 0：23 | 0：20 | 0：18 | 0：16 |
| 800 | 0：47 | 0：27 | 0：24 | 0：21 | 0：19 |
| 1000 | 0：59 | 0：34 | 0：29 | 0：26 | 0：24 |
| 1100 | 1：05 | 0：37 | 0：32 | 0：29 | 0：26 |

续表

| 井深/m | 排量/(L/s) | | | | |
| --- | --- | --- | --- | --- | --- |
| | 30 | 35 | 40 | 45 | 50 |
| 1200 | 1 : 11 | 0 : 40 | 0 : 35 | 0 : 31 | 0 : 28 |
| 1300 | 1 : 16 | 0 : 44 | 0 : 38 | 0 : 34 | 0 : 31 |
| 1400 | 1 : 22 | 0 : 47 | 0 : 41 | 0 : 37 | 0 : 33 |
| 1500 | 1 : 28 | 0 : 50 | 0 : 44 | 0 : 39 | 0 : 35 |
| 1600 | 1 : 34 | 0 : 54 | 0 : 47 | 0 : 42 | 0 : 38 |
| 1700 | 1 : 40 | 0 : 57 | 0 : 50 | 0 : 44 | 0 : 40 |
| 1800 | 1 : 46 | 1 : 01 | 0 : 53 | 0 : 47 | 0 : 42 |
| 1900 | 1 : 52 | 1 : 04 | 0 : 56 | 0 : 50 | 0 : 45 |
| 2000 | 1 : 58 | 1 : 07 | 0 : 59 | 0 : 52 | 0 : 47 |
| 2100 | 2 : 04 | 1 : 11 | 1 : 02 | 0 : 55 | 0 : 49 |
| 2200 | 2 : 10 | 1 : 14 | 1 : 05 | 0 : 58 | 0 : 52 |
| 2300 | 2 : 15 | 1 : 17 | 1 : 08 | 1 : 00 | 0 : 54 |
| 2400 | 2 : 21 | 1 : 21 | 1 : 11 | 1 : 03 | 0 : 56 |
| 2500 | 2 : 27 | 1 : 24 | 1 : 14 | 1 : 05 | 0 : 59 |
| 2600 | 2 : 33 | 1 : 27 | 1 : 16 | 1 : 08 | 1 : 01 |
| 2700 | 2 : 39 | 1 : 31 | 1 : 19 | 1 : 11 | 1 : 04 |
| 2800 | 2 : 45 | 1 : 34 | 1 : 22 | 1 : 13 | 1 : 06 |
| 2900 | 2 : 51 | 1 : 38 | 1 : 25 | 1 : 16 | 1 : 08 |
| 3000 | 2 : 57 | 1 : 41 | 1 : 28 | 1 : 18 | 1 : 11 |
| 3100 | 3 : 02 | 1 : 44 | 1 : 31 | 1 : 21 | 1 : 13 |
| 3200 | 3 : 08 | 1 : 48 | 1 : 34 | 1 : 24 | 1 : 15 |
| 3300 | 3 : 14 | 1 : 51 | 1 : 37 | 1 : 26 | 1 : 18 |
| 3400 | 3 : 20 | 1 : 54 | 1 : 40 | 1 : 29 | 1 : 20 |
| 3500 | 3 : 26 | 1 : 58 | 1 : 43 | 1 : 32 | 1 : 22 |
| 3600 | 3 : 32 | 2 : 01 | 1 : 46 | 1 : 34 | 1 : 25 |

注：钻杆壁厚 11.00mm。

表 9-128 88.9mm(3½in)钻杆在 152.4mm(6in)井眼中钻井液循环一周所需时间(min)

| 井深/m | 排 量/(L/s) | | | | | |
|---|---|---|---|---|---|---|
| | 15 | 20 | 25 | 30 | 35 | 40 |
| 100 | 0:02 | 0:01 | 0:01 | 0:01 | 0:01 | 0:01 |
| 200 | 0:03 | 0:03 | 0:02 | 0:02 | 0:02 | 0:01 |
| 400 | 0:07 | 0:05 | 0:04 | 0:03 | 0:03 | 0:03 |
| 600 | 0:10 | 0:08 | 0:06 | 0:05 | 0:04 | 3:91 |
| 800 | 0:14 | 0:10 | 0:08 | 0:07 | 0:06 | 0:05 |
| 1000 | 0:17 | 0:13 | 0:10 | 0:09 | 0:07 | 0:07 |
| 1200 | 0:21 | 0:16 | 0:13 | 0:10 | 0:09 | 0:08 |
| 1400 | 0:24 | 0:18 | 0:15 | 0:12 | 0:10 | 0:09 |
| 1600 | 0:28 | 0:21 | 0:17 | 0:14 | 0:12 | 0:10 |
| 1800 | 0:31 | 0:23 | 0:19 | 0:16 | 0:13 | 0:12 |
| 2000 | 0:35 | 0:26 | 0:21 | 0:17 | 0:15 | 0:13 |
| 2100 | 0:37 | 0:27 | 0:22 | 0:18 | 0:16 | 0:14 |
| 2200 | 0:38 | 0:29 | 0:23 | 0:19 | 0:16 | 0:14 |
| 2300 | 0:40 | 0:30 | 0:24 | 0:20 | 0:17 | 0:15 |
| 2400 | 0:42 | 0:31 | 0:25 | 0:21 | 0:18 | 0:16 |
| 2500 | 0:43 | 0:32 | 0:26 | 0:21 | 0:19 | 0:16 |
| 2600 | 0:45 | 0:34 | 0:27 | 0:23 | 0:19 | 0:17 |
| 2700 | 0:47 | 0:35 | 0:28 | 0:23 | 0:20 | 0:18 |
| 2800 | 0:49 | 0:37 | 0:29 | 0:24 | 0:21 | 0:18 |
| 2900 | 0:50 | 0:38 | 0:30 | 0:25 | 0:22 | 0:19 |
| 3000 | 0:52 | 0:39 | 0:31 | 0:26 | 0:22 | 0:20 |
| 3100 | 0:54 | 0:40 | 0:32 | 0:27 | 0:23 | 0:20 |
| 3200 | 0:56 | 0:42 | 0:33 | 0:28 | 0:24 | 0:21 |
| 3300 | 0:57 | 0:43 | 0:34 | 0:29 | 0:25 | 0:22 |
| 3400 | 0:59 | 0:44 | 0:35 | 0:30 | 0:25 | 0:22 |
| 3500 | 1:01 | 0:46 | 0:37 | 0:30 | 0:26 | 0:23 |
| 3600 | 0:03 | 0:47 | 0:38 | 0:31 | 0:27 | 0:23 |

续表

| 井深/m | 排　量/(L/s) | | | | | |
|---|---|---|---|---|---|---|
| | 15 | 20 | 25 | 30 | 35 | 40 |
| 3800 | 1∶06 | 0∶50 | 0∶40 | 0∶33 | 0∶28 | 0∶25 |
| 3900 | 1∶08 | 0∶51 | 0∶41 | 0∶34 | 0∶29 | 0∶25 |
| 4000 | 1∶10 | 0∶52 | 0∶41 | 0∶35 | 0∶30 | 0∶26 |

注：钻杆壁厚 11.00mm。

### (四) 漏失速度计算

$$v_{漏}=\frac{Q_{漏}}{t_{漏}}$$

式中　$v_{漏}$——漏失速度，$m^3/h$；

$Q_{漏}$——在某段时间内的漏失量，$m^3$；

$t_{漏}$——漏失时间，h。

**例**：某井在 35min 内共漏失钻井液 21.5$m^3$，问该井在这段时间内的漏失速度是多少？

$$v_{漏}=\frac{21.5}{\frac{35}{60}}=36.86m^3/h$$

## 三、钻井液密度及压力计算

根据地层压力确定钻井液密度：

$$\rho_m=\frac{p_p}{10^{-3}gH}+\rho_e$$

式中　$\rho_d$——钻井液密度，$g/cm^3$；

$p_p$——地层压力，MPa；

$\rho_e$——附加密度，$g/cm^3$；

$g$——重力加速度，9.8$m/s^2$；

$H$——井深，m。

附加密度：油井为 0.05~0.10$g/cm^3$，气井为 0.07~0.15$g/cm^3$。

**例**：某井在井深 500m 处钻遇高压水层，其压力为 6.37MPa，问选用多大的钻井液密度合适？

**解**：$\rho_m = \dfrac{p_p}{10^{-3} gH} + \rho_e = \dfrac{6.37}{10^{-3} \times 9.8 \times 500} + 0.05 = 1.35 \text{g/cm}^3$

## 四、配制钻井液计算

### （一）配制定量定密度钻井液所需黏土量和水量

1. 黏土量

$$W_{土} = \frac{V_d \times \rho_{土} \times (\rho_d - \rho_w)}{\rho_{土} - \rho_w}$$

式中　$W_{土}$——所需黏土质量，kg；

$V_m$——所需钻井液量，L；

$\rho_{土}$——黏土密度，一般为 2.2~2.7g/cm³；

$\rho_d$——要配制的钻井液密度，g/cm³；

$\rho_w$——水的密度（淡水为 1.00g/cm³；海水 1.03g/cm³），g/cm³。

**例**：如配制 1.5m³ 密度为 1.12g/cm³ 的钻井液，所需密度为 2.25g/cm³ 的黏土质量是多少？

**解**：$W_{土} = \dfrac{V_d \times \rho_{土} \times (\rho_d - \rho_w)}{\rho_{土} - \rho_w} = \dfrac{1.5 \times 1000 \times 2.25 \times (1.12 - 1.00)}{2.25 - 1.00}$

$= 324 \text{kg}$

2. 水量

$$W_{水} = V_m - \frac{W_{土}}{\rho_{土}}$$

式中　$W_{土}$——配制钻井液时所需水量，L；

$V_m$——欲配制的钻井液量，L；

$W_{土}$——配制钻井液时所需黏土的质量，g；

$\rho_{土}$——用以配制钻井液密度的黏土密度，g/cm³。

**例**：用 5t 黏土配制密度为 1.12g/cm³ 的钻井液 20m³，所需要的水量是多少？

**解**：$W_{水}=V_m-\frac{W_{土}}{\rho_{土}}=20-\frac{5}{1.12}=15.54m^3$

**例**：欲配 100L 密度为 1.05g/cm³ 钻井液，需要密度为 2.40g/cm³ 的黏土和水各多少？

**解**：$W_{土}=\frac{V_d\times\rho_{土}\times(\rho_d-\rho_w)}{\rho_{土}-\rho_w}=\frac{100\times2.40\times(1.05-1.00)}{2.40-1.00}$

$=8.57kg$

$W_{水}=V_m-\frac{W_{土}}{\rho_{土}}=100-\frac{8.57}{2.40}=96.43L$

配制 1m³ 钻井液所需的黏土和水量见表 9-129。

**表 9-129　配制 1m³ 钻井液所需的黏土(kg)和水(L)量**

| 黏土密度/(g/cm³) | 钻井液密度/(g/cm³) | | | | | |
|---|---|---|---|---|---|---|
| | 1.02 | | 1.03 | | 1.04 | |
| | 黏土 | 水 | 黏土 | 水 | 黏土 | 水 |
| 1.90 | 42.22 | 978 | 63.33 | 967 | 84.44 | 956 |
| 2.00 | 40.00 | 980 | 60.00 | 970 | 80.00 | 960 |
| 2.10 | 38.18 | 982 | 57.27 | 973 | 76.36 | 964 |
| 2.20 | 36.67 | 983 | 55.00 | 975 | 73.33 | 967 |
| 2.30 | 35.38 | 985 | 53.08 | 977 | 70.77 | 969 |
| 2.40 | 34.29 | 986 | 51.43 | 979 | 68.57 | 971 |

| 黏土密度/(g/cm³) | 钻井液密度/(g/cm³) | | | | | |
|---|---|---|---|---|---|---|
| | 1.05 | | 1.06 | | 1.07 | |
| | 黏土 | 水 | 黏土 | 水 | 黏土 | 水 |
| 1.90 | 105.56 | 944 | 126.67 | 933 | 147.78 | 922 |
| 2.00 | 100.00 | 950 | 100.00 | 950 | 140.00 | 930 |
| 2.10 | 95.45 | 955 | 95.45 | 955 | 133.64 | 936 |
| 2.20 | 91.67 | 958 | 91.67 | 958 | 128.33 | 942 |
| 2.30 | 88.46 | 962 | 88.46 | 962 | 123.85 | 946 |
| 2.40 | 85.71 | 964 | 85.71 | 964 | 120.00 | 950 |

续表

| 黏土密度/(g/cm³) | 钻井液密度/(g/cm³) | | | | | |
|---|---|---|---|---|---|---|
| | 1.08 | | 1.09 | | 1.10 | |
| | 黏土 | 水 | 黏土 | 水 | 黏土 | 水 |
| 1.90 | 168.89 | 911 | 190.00 | 900 | 211.11 | 889 |
| 2.00 | 160.00 | 920 | 180.00 | 910 | 200.00 | 900 |
| 2.10 | 152.73 | 927 | 171.82 | 918 | 190.91 | 909 |
| 2.20 | 146.67 | 933 | 165.00 | 925 | 183.33 | 917 |
| 2.30 | 141.54 | 938 | 159.23 | 931 | 176.92 | 923 |
| 2.40 | 137.14 | 943 | 154.29 | 936 | 171.43 | 929 |

## (二) 加重剂用量

$$W_{加}=\frac{\rho_{加}\times V_{原}\times(\rho_{重}-\rho_{原})}{\rho_{加}-\rho_{重}}$$

式中 $W_{加}$——所需加重剂质量，t；

$\rho_{加}$——加重材料密度，g/cm³；

$\rho_{原}$——加重前钻井液密度，g/cm³；

$\rho_{重}$——加重后钻井液密度，g/cm³；

$V_{原}$——加重前原钻井液体积，m³。

**例**：欲将密度为 1.25g/cm³ 的钻井液 300m³，用密度为 4.00g/cm³ 的重晶石粉加重至密度为 1.50g/cm³，需要重晶石的质量是多少？

**解**：$$W_{加}=\frac{\rho_{加}\times V_{原}\times(\rho_{重}-\rho_{原})}{\rho_{加}-\rho_{重}}=\frac{4.00\times300\times(1.50-1.25)}{4.00-1.50}=120\text{t}$$

加重 1m³ 钻井液所需重晶石质量见表 9-130。

## 表 9-130　加重 $1m^3$ 钻井液所需重晶石质量（重晶石密度以 $4.00g/cm^3$ 计）（kg）

| | 1.00 | 1.05 | 1.10 | 1.15 | 1.20 | 1.25 | 1.30 | 1.35 | 1.40 | 1.45 | 1.50 | 1.55 | 1.60 | 1.65 | 1.70 | 1.75 | 1.80 | 1.85 | 1.90 | 1.95 | 2.00 | 2.05 | 2.10 | 2.15 | 2.20 | 2.25 | 2.30 | 2.35 | 2.40 | 2.45 | 2.50 | 增至密度/原浆密度 |
|---|---|---|---|---|---|---|---|---|---|---|---|---|---|---|---|---|---|---|---|---|---|---|---|---|---|---|---|---|---|---|---|---|
| | | | | | | 72 | 148 | 226 | 307 | 392 | 480 | 571 | 666 | 765 | 869 | 978 | 1090 | 1209 | 1333 | 1461 | 1600 | 1717 | 1895 | 2054 | 2222 | 2400 | 2589 | 2688 | 3000 | 3225 | 3468 | 1.20 |
| 1.10 | 1.00 | | | | | | 74 | 150 | 230 | 313 | 400 | 489 | 583 | 680 | 782 | 889 | 1000 | 1116 | 1238 | 1363 | 1500 | 1614 | 1789 | 1946 | 2111 | 2286 | 2471 | 2567 | 2875 | 3096 | 3333 | 1.25 |
| 1.15 | 2.00 | 0.50 | | | | | | 75 | 153 | 235 | 320 | 408 | 500 | 595 | 695 | 800 | 909 | 1023 | 1143 | 1266 | 1400 | 1511 | 1684 | 1838 | 2000 | 2172 | 2353 | 2446 | 2750 | 2967 | 3200 | 1.30 |
| 1.20 | 3.00 | 1.00 | 0.33 | | | | | | 77 | 156 | 240 | 326 | 416 | 510 | 609 | 711 | 818 | 930 | 1048 | 1169 | 1300 | 1436 | 1579 | 1729 | 1889 | 2057 | 2235 | 2328 | 2625 | 2838 | 3067 | 1.35 |
| 1.25 | 4.00 | 1.50 | 0.67 | 0.25 | | | | | | 78 | 160 | 244 | 333 | 425 | 522 | 622 | 727 | 837 | 9552 | 1071 | 1200 | 1333 | 1474 | 1622 | 1778 | 1943 | 2118 | 2203 | 2500 | 2709 | 2933 | 1.40 |
| 1.30 | 5.00 | 2.00 | 1.00 | 0.50 | 0.20 | | | | | | 80 | 163 | 250 | 340 | 435 | 533 | 636 | 744 | 857 | 874 | 1100 | 1230 | 1369 | 1514 | 1666 | 1828 | 2000 | 2082 | 2375 | 2580 | 2800 | 1.45 |
| 1.35 | 6.00 | 2.50 | 1.33 | 0.75 | 0.40 | 0.17 | | | | | | 81 | 166 | 255 | 348 | 444 | 545 | 651 | 762 | 876 | 1000 | 1128 | 1263 | 1405 | 1555 | 1714 | 1882 | 1961 | 2250 | 2451 | 2667 | 1.50 |
| 1.40 | 7.00 | 3.00 | 1.67 | 1.00 | 0.60 | 0.33 | 0.14 | | | | | | 83 | 170 | 261 | 355 | 454 | 558 | 667 | 779 | 900 | 1026 | 1158 | 1297 | 1444 | 1600 | 1765 | 1939 | 2125 | 2322 | 2533 | 1.55 |
| 1.45 | 8.00 | 3.50 | 2.00 | 1.25 | 0.80 | 0.50 | 0.29 | 0.13 | | | | | | 85 | 174 | 266 | 363 | 465 | 571 | 681 | 800 | 923 | 1053 | 1189 | 1333 | 1486 | 1647 | 1818 | 2000 | 2193 | 2400 | 1.60 |
| 1.50 | 9.00 | 4.00 | 2.33 | 1.50 | 1.00 | 0.67 | 0.43 | 0.26 | 0.11 | | | | | | 87 | 177 | 272 | 372 | 476 | 584 | 700 | 820 | 949 | 1081 | 1222 | 1372 | 1530 | 1697 | 1875 | 2064 | 2267 | 1.65 |
| 1.55 | 10.00 | 4.50 | 2.67 | 1.75 | 1.20 | 0.83 | 0.57 | 0.38 | 0.22 | 0.10 | | | | | | 89 | 181 | 279 | 381 | 487 | 600 | 713 | 842 | 973 | 1111 | 1257 | 1412 | 1576 | 1750 | 1935 | 2133 | 1.70 |
| 1.60 | 11.00 | 5.00 | 3.00 | 2.00 | 1.40 | 1.00 | 0.71 | 0.50 | 0.33 | 0.20 | 0.091 | | | | | | 91 | 186 | 296 | 390 | 500 | 615 | 737 | 865 | 1000 | 1143 | 1295 | 1455 | 1625 | 1806 | 2000 | 1.75 |
| 1.65 | 12.00 | 5.50 | 3.33 | 2.25 | 1.60 | 1.17 | 0.85 | 0.63 | 0.44 | 0.30 | 0.182 | 0.083 | | | | | | 93 | 190 | 292 | 400 | 513 | 632 | 757 | 889 | 1028 | 1177 | 1333 | 1500 | 1677 | 1867 | 1.80 |
| 1.70 | 13.00 | 6.00 | 3.67 | 2.50 | 1.80 | 1.33 | 1.00 | 0.75 | 0.56 | 0.40 | 0.273 | 0.167 | 0.077 | | | | | | 95 | 195 | 300 | 410 | 526 | 648 | 778 | 914 | 1059 | 1212 | 1375 | 1548 | 1733 | 1.85 |
| 1.75 | 14.00 | 6.50 | 4.00 | 2.75 | 2.00 | 1.50 | 1.14 | 0.88 | 0.67 | 0.50 | 0.363 | 0.250 | 0.154 | 0.071 | | | | | | 97 | 200 | 307 | 420 | 540 | 666 | 800 | 941 | 1191 | 1250 | 1419 | 1600 | 1.90 |
| 1.80 | 15.00 | 7.00 | 4.33 | 3.00 | 2.20 | 1.67 | 1.29 | 1.00 | 0.78 | 0.60 | 0.454 | 0.333 | 0.231 | 0.143 | 0.067 | | | | | | 100 | 205 | 315 | 432 | 555 | 686 | 823 | 969 | 1125 | 1290 | 1467 | 1.95 |
| 1.85 | 16.00 | 7.50 | 4.67 | 3.25 | 2.40 | 1.83 | 1.43 | 1.13 | 0.89 | 0.70 | 0.545 | 0.417 | 0.308 | 0.214 | 0.133 | 0.063 | | | | | | 103 | 210 | 324 | 444 | 572 | 705 | 848 | 1000 | 1161 | 1333 | 2.00 |

续表

| | 1.00 | 1.05 | 1.10 | 1.15 | 1.20 | 1.25 | 1.30 | 1.35 | 1.40 | 1.45 | 1.50 | 1.55 | 1.60 | 1.65 | 1.70 | 1.75 | 1.80 | 1.85 | 1.90 | 1.95 | 2.00 | 2.05 | 2.10 | 2.15 | 2.20 | 2.25 | 2.30 | 2.35 | 2.40 | 2.45 | 2.50 | 增至密度 / 原浆密度 |
|---|---|---|---|---|---|---|---|---|---|---|---|---|---|---|---|---|---|---|---|---|---|---|---|---|---|---|---|---|---|---|---|---|
| 1.90 | 17.00 | 8.00 | 5.00 | 3.50 | 2.60 | 2.00 | 1.57 | 1.26 | 1.00 | 0.80 | 0.636 | 0.500 | 0.385 | 0.286 | 0.200 | 0.125 | 0.059 | | | | | | 105 | 216 | 333 | 457 | 588 | 727 | 875 | 1032 | 1200 | 2.05 |
| 1.95 | 18.00 | 8.50 | 5.33 | 3.75 | 2.80 | 2.17 | 1.71 | 1.38 | 1.11 | 0.90 | 0.727 | 0.583 | 0.462 | 0.357 | 0.267 | 0.188 | 0.188 | 0.056 | | | | | | 108 | 222 | 343 | 470 | 606 | 750 | 903 | 1067 | 2.10 |
| 2.00 | 19.00 | 9.00 | 5.67 | 4.00 | 3.00 | 2.33 | 1.85 | 1.50 | 1.22 | 1.00 | 0.818 | 0.667 | 0.539 | 0.428 | 0.333 | 0.250 | 0.177 | 0.111 | 0.053 | | | | | | 111 | 228 | 353 | 484 | 625 | 774 | 983 | 2.15 |
| 2.05 | 20.00 | 9.50 | 6.00 | 4.25 | 3.20 | 2.50 | 2.00 | 1.63 | 1.33 | 1.10 | 0.909 | 0.750 | 0.616 | 0.500 | 0.400 | 0.313 | 0.236 | 0.167 | 0.106 | 0.05 | | | | | | 114 | 235 | 363 | 500 | 645 | 800 | 2.20 |
| 2.10 | 21.00 | 10.00 | 6.33 | 4.50 | 3.40 | 2.67 | 2.14 | 7.75 | 1.44 | 1.20 | 1.000 | 0.833 | 0.693 | 0.570 | 0.467 | 0.375 | 0.294 | 0.222 | 0.158 | 0.10 | 0.048 | | | | | | 118 | 242 | 375 | 516 | 667 | 2.25 |
| 2.15 | 22.00 | 10.50 | 6.67 | 4.75 | 3.60 | 2.83 | 2.28 | 1.88 | 1.56 | 1.30 | 1.091 | 0.917 | 0.770 | 0.643 | 0.533 | 0.438 | 0.353 | 0.278 | 0.211 | 0.15 | 0.097 | 0.045 | | | | | | 121 | 250 | 387 | 533 | 2.30 |
| 2.20 | 23.00 | 11.00 | 7.00 | 5.00 | 3.80 | 3.00 | 2.43 | 2.00 | 1.67 | 1.40 | 1.182 | 1.000 | 0.847 | 0.715 | 0.600 | 0.500 | 0.412 | 0.333 | 0.264 | 0.50 | 0.145 | 0.091 | 0.043 | | | | | | 125 | 258 | 400 | 2.35 |
| 2.25 | 24.00 | 11.50 | 7.33 | 5.25 | 4.00 | 3.17 | 2.57 | 2.13 | 7.78 | 1.50 | 1.273 | 1.083 | 0.824 | 0.786 | 0.667 | 0.563 | 0.471 | 0.389 | 0.316 | 0.25 | 0.182 | 0.136 | 0.086 | 0.042 | | | | | | 129 | 267 | 2.40 |
| 2.30 | 25.00 | 12.00 | 7.67 | 5.50 | 4.20 | 3.33 | 2.71 | 2.26 | 1.89 | 1.60 | 1.363 | 1.167 | 1.000 | 0.857 | 0.733 | 0.625 | 0.530 | 0.444 | 0.369 | 0.30 | 0.240 | 0.182 | 0.130 | 0.084 | 0.04 | | | | | | 133 | 2.45 |
| 2.35 | 26.00 | 12.50 | 8.00 | 5.75 | 4.40 | 3.50 | 2.86 | 2.38 | 2.00 | 1.70 | 1.454 | 1.250 | 1.077 | 0.929 | 0.800 | 0.688 | 0.588 | 0.500 | 0.422 | 0.35 | 0.287 | 0.227 | 0.173 | 0.125 | 0.08 | 0.038 | | | | | | 2.50 |
| 2.40 | 27.00 | 13.00 | 8.33 | 6.00 | 4.60 | 3.67 | 3.00 | 2.50 | 2.11 | 1.80 | 1.545 | 1.333 | 1.154 | 1.000 | 0.867 | 0.750 | 0.647 | 0.555 | 0.474 | 0.40 | 0.35 | 0.272 | 0.216 | 0.166 | 0.12 | 0.077 | 0.037 | | | | | |
| 2.45 | 28.00 | 13.50 | 8.67 | 6.25 | 4.80 | 3.83 | 3.14 | 2.63 | 2.22 | 1.90 | 1.636 | 1.417 | 1.231 | 1.071 | 0.933 | 0.813 | 0.706 | 0.611 | 0.526 | 0.45 | 0.382 | 0.318 | 0.257 | 0.207 | 0.16 | 0.115 | 0.078 | 0.036 | | | | |
| 2.50 | 29.00 | 14.00 | 9.00 | 6.50 | 5.00 | 4.00 | 3.29 | 2.75 | 2.33 | 2.00 | 1.727 | 1.500 | 1.308 | 1.142 | 1.000 | 0.875 | 0.765 | 0.666 | 0.579 | 0.50 | 0.428 | 0.363 | 0.304 | 0.249 | 0.20 | 0.154 | 0.111 | 0.071 | 0.034 | | | |
| 原浆密度 / 降至密度 | 1.05 | 1.10 | 1.15 | 1.20 | 1.25 | 1.30 | .35 | 1.40 | 1.45 | 1.50 | 1.55 | 1.60 | 1.65 | 1.70 | 1.75 | 1.80 | 1.85 | 1.90 | 1.95 | 2.00 | 2.05 | 2.10 | 2.15 | 2.20 | 2.25 | 2.30 | 2.35 | 2.40 | 2.45 | 2.50 | | |

降低 $1m^3$ 钻井液密度所需淡水量(淡水密度 $1.00g/cm^3$)($m^3$)

### （三）降低钻井液密度时加水量

$$W_{水}=\frac{V_{原}\times(\rho_{原}-\rho_{稀})\times\rho_{水}}{\rho_{稀}-\rho_{水}}$$

式中 $W_{水}$——所需水量，$m^3$；

$V_{原}$——原钻井液体积，$m^3$；

$\rho_{原}$——原钻井液密度，$g/cm^3$；

$\rho_{稀}$——稀释后钻井液密度，$g/cm^3$；

$\rho_{水}$——水的密度(淡水为 $1.00g/cm^3$，海水为 $1.03g/cm^3$)，$g/cm^3$。

**例**：欲将密度为 $1.40g/cm^3$ 的钻井液 $160m^3$ 降至密度为 $1.20g/cm^3$，需加淡水量是多少？

**解**：$W_{水}=\frac{W_{原}\times(\rho_{原}-\rho_{稀})\times\rho_{水}}{\rho_{稀}-\rho_{水}}=\frac{160\times(1.40-1.20)\times1.00}{1.20-1.00}$

$=160m^3$

降低 $1m^3$ 钻井液密度所需加水量见表 9-130。

### （四）维持钻井液密度时，加入 $1m^3$ 水所需重晶石质量

$$W_{加}=0.2456\times(\rho_{d}-66.778)$$

式中 $W_{加}$——加水后所需重晶石质量，kg；

$\rho_{d}$——钻井液密度，$kg/m^3$。

## 五、常用处理剂配制计算

### （一）单一溶质(如配制烧碱水、CMC、PAM 溶液等)

$$M=\frac{P}{V}\times100$$

式中 $M$——配液浓度，%；

$P$——溶质质量，kg；

$V$——配液体积，L。

**例**：欲配制浓度为 10% 的烧碱水 $2m^3$，需要烧碱质量是多少？

**解**：$P=MV=0.1\times2000=200\text{kg}$

即需要烧碱质量 0.2t。

**（二）两种溶液**

$$M=\frac{(P_1+P_2)}{V}\times100$$

式中　$M$——配液浓度，%；

$P_1$——甲溶质质量，kg；

$P_2$——乙溶质质量，kg；

$V$——配液体积，L。

注：由两种溶质配成的液体，除表明配液浓度外，还需要表明两种溶质的质量比例。

**例**：欲配单宁与烧碱质量比为 2∶1，1∶5 浓度的单宁碱液 $3\text{m}^3$，需要单宁和烧碱质量各是多少？

**解**：两种溶液中总质量为：

$$P_1+P_2=MV=\frac{1}{5}\times3=0.6\text{t}$$

$$\text{单宁质量：}(P_1+P_2)\times\frac{2}{1+2}=0.6\times\frac{2}{1+2}=0.4\text{t}$$

$$\text{烧碱质量：}(P_1+P_2)\times\frac{1}{1+2}=0.6\times\frac{1}{1+2}=0.2\text{t}$$

## 六、钻井液中处理剂加量计算

钻井液中处理剂加量用处理前液体体积或处理前固体质量占钻井液体积的百分数来表示。

$$\text{处理剂加量}=\frac{\text{处理前液体体积或处理前固体质量}}{\text{钻井液体积}}\times100\%$$

**例**：某井钻井液体积为 $140\text{m}^3$，在处理钻井液时，需加入 25%的原油、0.8%液体烧碱水，计算原油质量和烧碱水体积各是多少？

**解**：原油质量：$140\times25\%=35\text{m}^3$

烧碱水体积：140×0.8%＝1.12$m^3$

## 七、钻井液流变参数计算

### （一）钻井液流变参数

在剪切速率范围内，钻井液的基本流变参数有6个。

1. $\theta_0$——动切力，Pa

相当于旋转黏度计3r/min的读数。

2. 流性指数$n$

$$n=3.32\lg\frac{\theta_{600}}{\theta_{300}}$$

式中　$n$——流性指数，无因次；

$\theta_{600}$——旋转黏度计600r/min的读数，无因次；

$\theta_{300}$——旋转黏度计300r/min的读数，无因次。

3. 稠度系数$K$

$$K=\frac{0.511\theta_{300}}{511^n}$$

式中　$K$——稠度系数，$Pa\cdot s^n$；

$\theta_{300}$、$n$意义同前。

4. 塑性黏度$\mu_{\rho v}$

$$\mu_{\rho v}=\theta_{600}-\theta_{300}$$

式中　$\mu_{\rho v}$——塑性黏度，mPa·s；

$\theta_{600}$、$\theta_{300}$意义同前。

5. 极限高剪切黏度（接近钻头水眼黏度）

$$\eta_{\infty}^{\frac{1}{2}}=1.195(\theta_{600}^{\frac{1}{2}}-\theta_{100}^{\frac{1}{2}})=2.4142(\theta_{600}^{\frac{1}{2}}-\theta_{300}^{\frac{1}{2}})$$

式中　$\eta_{\infty}$——极限高剪切黏度，mPa·s；

$\theta_{100}$——旋转黏度计100r/min的读数，无因次；

$\theta_{600}$、$\theta_{300}$意义同前。

6. 屈服值（动切力）

$$\tau_y=\theta_{300}-\mu_{\rho v}$$

式中　$\tau_y$——屈服值(动切力)，Pa。

### (二) 相关流变参数

1. 环空剪切速率(管外)

$$r=\frac{472V_a}{d_h-d_p}$$

式中　$r$——环空剪切速率，$s^{-1}$；

$V_a$——环空上返速度，m/s；

$d_h$——井眼(钻头)直径，cm；

$d_p$——钻杆外径(计算钻铤时为 $d_c$)，cm。

2. 剪切应力

$$\theta_r=\theta_0+Kr^n$$

式中　$\theta_r$——剪切应力，Pa；

$\theta_0$——初切力，相当于旋转黏度计 3r/min 的读数，无因次。

$K$——稠度系数，$Pa\cdot s^n$；

$r$——环空剪切速率，$s^{-1}$；

$n$——流性指数，无因次。

3. 岩屑滑落(下沉)速度

$$v_s=\frac{0.071\times d_{rc}\times(\rho_{rc}-\rho_d)^{0.667}}{\rho_d^{0.333}\times\mu_f^{0.333}}$$

式中　$v_s$——岩屑滑落(下沉)速度，m/s；

$d_{rc}$——岩屑直径，mm；

$\rho_{rc}$——岩屑密度(一般取 $2.5g/cm^3$)，$g/cm^3$；

$\mu_f$——视黏度，mPa · s。

$$\mu_f=\frac{514.9\times n^{0.119}\times\theta_r}{r}$$

其他物理量意义同前。

4. 环空岩屑净化能力

$$LC=\frac{v_a-v_s}{v_a}$$

式中　$LC$——环空岩屑净化能力，无因次；

$v_a$——环空上返速度，m/s；

$v_s$——岩屑滑落速度，m/s。

5. 环空临界流速

$$v_{cr}=0.00508\times\left[\frac{20626n^{0.387}\times K\times 2.54^{n}}{\rho_d\times(d_h-d_P)^{n}}\right]^{\frac{1}{2-n}}$$

式中　$v_{cr}$——环空临界流速，m/s；

$n$——流型指数，无因次；

$K$——稠度系数，$Pa\cdot s^n$；

$d_h$——井眼直径，cm；

$d_P$——钻杆外径，cm；

$\rho_d$——钻井液密度，$g/cm^3$。

6. 流态指示值

$$Z=808\times\left(\frac{v_a}{v_{cr}}\right)^{2-n}$$

式中　$Z$——流态指示值，无因次；

$v_a$——环空上返速度，m/s；

$v_{cr}$——环空临界流速，m/s；

$n$——流性指数，无因次。

若 $Z\geqslant 808$ 或 $v_a\geqslant v_{cr}$，为紊流。若 $Z<808$ 或 $v_a<v_{cr}$，为层流。

或

$$Re=\frac{9800\times(d_h-d_p)\times{v_a}^2\times\rho_d}{\tau_y(d_h-d_p)+12\times v_a\times\mu_{\rho\nu}}$$

式中　$Re$——雷诺数，无因次；

$d_h$——井眼直径，cm；

$d_p$——钻杆外径，cm；

$v_a$——环空上返速度，m/s；

$\rho_d$——钻井液密度，$g/cm^3$；

$\tau_y$——屈服值(动切力)，Pa；

$\theta_{300}$——旋转黏度计300r/min时的读数，无因次；

$\mu_{\rho\nu}$——塑性黏度，mPa·s。

$$\tau_y=\theta_{300}-\mu_{\rho\nu}$$

若$v_a \geqslant v_{cr}$或$Re \geqslant 2100$，为紊流。若$v_a < v_{cr}$或$Re<2100$，为层流。

7. 环空岩屑浓度

$$C_a=\frac{\frac{v_a}{v_s}\times C_e}{\left(\frac{v_a}{v_s}-1\right)+C_e}$$

式中　$C_a$——环空岩屑浓度，无因次；

$v_a$——环空上返速度，m/s；

$v_s$——岩屑滑落(下沉)速度，m/s。

$$C_e=\frac{Q_c}{Q_c+Q}$$

式中　$Q_c$——每秒产生的岩屑量，L/s；

$Q$——排量，L/s。

$$Q_c=\frac{\pi\times d_h^{\ 2}}{144}\times v_m(1-\phi)\times 10^{-5}$$

式中　$Q_c$——每秒产生的岩屑量，L/s；

$d_h$——井眼直径，mm；

$\phi$——岩石孔隙度(一般取0.25)，无因次；

$v_m$——最大钻速，m/h。

## 第六节　深井钻井液

对于油气井而言，深井是指完钻井深为4570~6100m的井；超深井是指完钻井深大于6100m的井。在我国，深井、超深井比较集中的陆上地区有塔里木盆地、准噶尔盆地、四川盆地等。

深井钻井的特(难)点是钻遇地层多，地层情况复杂，页岩软硬交错，压力层系不均，井底温度、压力高，钻井周期长，地层中的水、油、盐、黏土、气等污染风险比较大，易发生喷、漏、塌、卡等复杂情况。国内外深井、超深井实践证明，深井、超深井钻井液质量对深井、超深井的成败、钻速、深部油气资源勘探开发和成本控制具有极其重要的意义。

从国内外深井、超深井钻井液研究现状来看，常用的深井、超深井钻井液有水基钻井液和油基钻井液两大类。这两类钻井液自成体系，各有各的优缺点及使用规律。我国虽曾成功地使用过油基钻井液，但目前仍以水基钻井液为主。然而，深井、超深井地层具有高温、高压的特点，尤其是高温对水基钻井液性能影响极大，已成为深井钻井液的主要矛盾。

## 一、高温对水基钻井液的影响

1. 降低钻井液的热稳定性

在不改变钻井液组分的情况下，高温加速了钻井液中黏土颗粒的分散和处理剂的高温降解，以及断链和交联聚凝而引起的钻井液高温增稠、高温胶凝、高温减稠和高温固化，使钻井液性能发生变化，热稳定性降低。

2. 降低钻井液的造壁性能

(1) 高温破坏了胶体悬浮液的聚结稳定性，使钻井液的造壁性能与流变性能降低。

(2) 高温促进可溶性盐类的溶解，易发生井壁掉块坍塌，促使盐膏层蠕变，井径缩小，起、下钻困难。

(3) 高温使钻井液滤饼增厚、渗透性变大、滤失量增高，破坏造壁性能。

(4) 在石灰岩、白云岩地层中易发生井漏。

## 二、深井对钻井液性能的要求

从深井钻井的特(难)点可知，常规钻井液是无法满足深井钻井液施工要求的，深井钻井液必须满足以下要求：

(1) 具有良好的抑制性和防塌性。特别在高温条件下，对黏土的水化分散具有较强的抑制作用。除常用的 KCl、NaCl 等无机盐和 $Ca(OH)_2$ 外，在有机聚合物中加入阳离子聚合物比加入阴离子聚合物具有更强的抑制和防塌性能。

(2) 具有良好的抗高温性能。在优选设计钻井液配方时，必须优选各种抗高温的处理剂。

(3) 具有良好的高温流变性。在高温下能否保证钻井液有良好的流变性和携带、悬浮岩屑能力至关重要。对深井高密度钻井液，尤其应加强固相控制，控制膨润土含量，避免发生高温增稠和固化。

(4) 具有良好的润滑性。由于深井钻井液密度高，增大了压差卡钻的概率，所以钻井液必须具有良好的润滑性。

(5) 具有抗污染能力。为了保持高温钻井液性能的稳定，必须加入高浓度的处理剂，高温将加快处理剂之间的反应速度。如果遇到盐、石膏，以及高压油、气、水时，更会促进钻井液性能的降低，使其难以被控制和掌握。

## 三、抗高温钻井液处理剂

在国外：M-I 公司研发的 Hostadrill 4706 为乙烯磺酸盐和乙烯氨基化合物，相对分子质量为$(50 \sim 100) \times 10^4$，抗温能力达 230℃；法国石油研究院为有效减少因滤液引起的储层污染，研发了一种新型的磺化苯乙烯衍生物，可在 182℃ 条件下保持稳定；Md. Amanulla 基于天然材料开发了一种高温稳定剂，可以在 150℃范围内确保膨润土基浆流变性相对稳定；德国研发的磺化聚合物 Polydrill 是一种相对分子质量 $20 \times 10^4$ 左右的抗高温降失水剂，可抗饱和盐，其抗 $Ca^{2+}$ 能力达 45000mg/L。

部分国外抗高温处理剂抗温能力见表 9-131。

**表 9-131　部分国外抗高温处理剂抗温能力**

| 处理剂名称 | 简　介 |
|---|---|
| SSMA | 抗高温(大于 400℃)的解絮凝剂，其相对分子质量为 1000~5000 |
| RESINEX | 与 SMC、SMP 复配的效果相当 |
| XP-20 | 改性褐煤 |
| Thermal-Thin | Bariod 公司产抗高温聚合物型分散剂，抗温可达 204℃ |
| Thermal-chek | Bariod 公司产高温聚合物降滤失剂，抗温可达 204℃ |
| COP-1 和 COP-2 | 美国 MilPark 公司生产，抗温超过 260℃ |
| VSVA | 乙烯磺酸盐乙烯酰胺共聚物，降滤失剂，相对分子质量 $100\times10^4$ 左右，抗温超过 200℃ |
| Drispac | 一种特制的聚阴离子纤维素，抗温可达 204℃ |

在国内：许娟将 AMPS 与 AM 合成的一种二元共聚物 PAX 添加到膨润土浆中后，与 Hostadrill V4706 相比，具有更好的降失水特性和抗盐性；王松以 AMPS、AM、MAM 等合成的三元共聚物能够满足 180℃的抗温需求，与 Polydrill 效果相当；黄进军等以丙烯酸、丙烯磺酸、AMPS 和小阳离子等合成的一种抗高温降黏剂 THIN，抗温达 220℃；孙金声研发了一种抗高温保护剂 GBH，显著提高了 SPNH 等降失水剂的抗温能力，可在 240℃条件下使用；赵俊峰等研发了有机硅降黏剂 OCL-GNT，能够在 200℃条件下使用，在具有良好的降黏性能的同时，还能够使黏土表面发生润湿反转，从而发挥良好的抑制性能；张广峰将 SK 表面活性剂加入聚磺钻井液中，在降低表面张力的同时，还有效提升了钻井液的高温稳定性，在 0.8%加量条件下显著控制了失水量的变化，且在车 66-1 井、义东 301 井等进行了现场应用，但是未对该表面活性剂的组分及作用原理进行阐述。

## 四、国外抗高温钻井液

国外超深井钻探起步较早，1984年，苏联在科拉半岛钻成世界上第一口超深井Gr-3井，井深12260m。1991年，第二次侧钻至12869m，至今仍保持着世界最深井的纪录。美国成功钻成多口9000m以上的深井：罗杰斯1井(井深9583m)；已登1井(井深9159m)；瑟弗兰奇1-9井(井深9043m)。德国KTB深井，井深9101m。

成熟的抗高温钻井液体系主要包括M-I公司的ULTRADRIL、哈里伯顿公司的HYDROGUADRTM、贝克休斯公司的PERFORMAX、Baroid公司的Polynox、Milpark公司的PYRO-DRILL、IDF公司的Poly Tempy等。国外部分抗高温钻井液实施情况见表9-132。

表9-132 国外部分抗高温钻井液实施情况

| 井号 | 井深/m | 温度/℃ | 国别 | 完井时间 | 钻井液体系 |
|---|---|---|---|---|---|
| SG-3 | 12262 | 215 | 俄罗斯 | 1986 | 分散/聚合物 |
| 秋明超深井 | 7502 | 175 | 苏联 | 1996 | 分散/聚合物 |
| KTB主孔 | 9101 | >240 | 德国 | 1994 | 分散钻井液 |
| Ziesterdorf UT2A | 8553 | 228 | 奥地利 | 1985 | 分散钻井液 |
| MS57#1 | 7178 | 213 | 美国 | — | 分散/聚合物 |

## 五、国内常用抗高温钻井液

与国外相比，我国在超高温水基钻井液技术研究方面起步较晚，相应的抗高温处理剂与钻井液体系相对缺乏。但近20年来，我国深井、超深井钻井技术也在不断进步与发展，同时国内钻进井底温度超过200℃的深井、超深井数量也越来越多。例如：新疆油田在克拉玛依莫索湾背斜上所钻的莫深1井，完钻井深达7391m，井底温度超过200℃；胜利油田施工的胜科1井，完钻井深7026m，测试井底温度超过235℃；河南油田施工的泌深 1 井，完钻井深 6005m，静置 24h 后，实测井底温度 236℃；在松辽盆地徐家围子所钻的徐深 22 井，完钻井深 5320m，井底温度 213℃；在松辽盆地所钻的长深 5 井，完钻井深 5321m，井底温度超过 200℃。国内部分抗高温钻井液实施情况见表 9-133。

**表 9-133　国内部分抗高温钻井液实施情况**

| 井号 | 井深/m | 温度/℃ | 完井时间 | 钻井液体系 |
|---|---|---|---|---|
| 英深 1 井 | 7258 | 171 | 2005 | 磺化有机盐 |
| 科钻 1 井 | 5158 | 140 | 2005 | 分散/聚合物 |
| 塔深 1 井 | 8408 | 180 | 2006 | 聚磺 |
| 徐深 22 井 | 5320 | 213 | 2006 | 聚磺有机硅 |
| 长深 5 井 | 5321 | >200 | 2006 | — |
| 胜科 1 井 | 7026 | >235 | 2007 | 聚磺 |
| 赵古 3 井 | 5686 | 180 | 2007 | 聚磺硅氟 |
| 莫深 1 井 | 7391 | 7200 | 2007 | 聚磺氯化钾 |
| 泌深 1 井 | 6005 | 236 | 2008 | 聚磺体系 |
| 濮深 16 井 | 5440 | 200 | 2008 | 聚磺盐水 |
| 南堡 5-4 井 | 5359 | 193 | 2008 | 聚磺海水 |
| 徐闻 X3 井 | 6010 | 211 | 2010 | 聚磺体系 |
| 马深 1 井 | 8418 | 175 | 2016 | 聚磺氯化钾 |
| 轮探 1 井 | 8882 | 160(8000m) | 2020 | — |
| 塔深 5 井 | 9017 | 180 | 2021 | — |

### （一）钙处理混油钻井液

钙处理混油钻井液是我国于 20 世纪 60 年代至 70 年代初使用的一类深井钻井液，先后钻成了大庆松基 6 井(井深 4718.71m)、胜利东风 2 井(井深 5006m)、大港新港 57 井(井深 5127m)。

这类钻井液是以石灰、石膏、氯化钙作絮凝剂，单宁、栲胶碱液、铁铬盐作稀释剂。CMC、水解聚丙烯腈作降滤失剂，混油降低滤饼摩擦系数，改善润滑性能的一套钙处理混油钻井液体系。抗盐、抗钙、抗污染能力强，抗温可达200℃，但对盐下红层(软泥岩)水化膨胀还不太适用。

**(二) 三磺钻井液**

三磺钻井液是四川石油管理局于20世纪70年代率先研发应用的深井钻井液体系。用此体系的钻井液曾先后钻成了女基井(井深6011m)和关基井(井深7175m)两口超深井，后被其他油田广泛使用。

三磺即磺甲基褐煤(SMC)、磺甲基橡碗单宁酸钠(SMK)和磺甲基酚醛树脂(SMP)。三磺钻井液能有效控制高温高压滤失量，改善滤饼质量及环空流变性能，大幅提高钻井液的防塌、防卡，抗盐膏、抗盐至饱和，以及抗钙至4000mg/L和抗温等性能(密度加至2.25g/cm$^3$，加入重铬酸钠与表面活性剂，抗温可达200~220℃)。

**(三) 聚丙烯酸盐钻井液**

不同的聚丙烯酸盐产品可分别在深井钻井液中作絮凝剂、提降黏剂、降滤失剂、页岩抑制剂。国内以聚丙烯酸盐为主配制的深井钻井液有：

1. 聚丙烯酰胺低密度钻井液

这类钻井液采用大相对分子质量的水解聚丙烯酰胺(PHP)、丙烯酰胺与丙烯酸钠共聚物(80A51)、复合离子型丙烯酸盐(PAC-141)和水解聚丙烯腈钾盐(KPAN)等作包被剂(一般加量为0.1%~0.5%)，用水解聚丙烯腈、氨基聚丙烯腈或CMC作降滤失剂或流变性能调整剂，混入少量的预水化膨润土浆提黏、降滤失，钻井液密度通常小于1.15g/cm$^3$。为提高钻井液热稳定性，可加入0.02%~0.04%的重铬酸钠，并加入适量的润滑剂防卡。聚丙烯酰胺低密度钻井液在江汉油田钻成井深5020m的潜1井。

2. PAC聚合物钻井液

用PAC-141作包被剂与提黏剂，用PAC-142(丙烯衍生物多元共聚物）或 CPAN（聚丙烯酸钙）作降滤失剂，用 PAC-143（乙烯基单体多元共聚物）作降滤失剂、降黏剂，复配成密度小于 1.40g/$cm^3$ 的深井聚合物钻井液，抗温达 180℃。河南油田用此钻井液钻成了 10 余口 4000~5500m 的深井。

3. 氯化钾/水解聚丙烯酰胺钻井液（KCl/PHP）

这类钻井液是胜利油田于 20 世纪 70 年代末至 80 年代用于钻复杂盐膏层（含红层软泥岩）的深井钻井液，后来其他油田也相继使用。它是以聚丙烯酰胺为主体，配合适量的氯化钾或复合盐类（氯化钠、硫酸铵、硫酸钠）配制而成的，基本跨过了盐膏层钻井的难关。

4. 聚丙烯酰胺（PAM）钻井液

这类钻井液是胜利油田普遍用于井深 3500~4500m 的钻井液。它是以 2%浓度的 PAM 或 PHP 胶液与井浆按比例混合而成的。可用于淡水、盐水和饱和盐水钻井液中，最高密度可使用到 1.95g/$cm^3$。

**（四）聚磺钻井液**

这类钻井液是在聚丙烯酸盐钻井液的基础上加入一些磺化处理剂，如磺化褐煤、磺化酚醛树脂、磺化沥青等抗高温处理剂而成的。此外，这类钻井液既保留了聚合物钻井液的优点，又改善了聚合物在高温、高压下的滤饼质量和流变性能。其抗温能力可达 200~250℃，抗盐至饱和，适应各种矿化度钻井液与复杂易塌地层中钻井，是目前国内使用最广泛的一类深井钻井液。新疆百余口平均井深 5100m 的深井 90%以上是用聚磺钻井液钻成的。

**（五）阳离子聚合物钻井液**

这类钻井液是以高相对分子质量（约 $200\times10^4$）的阳离子聚丙烯酰胺（CPAM）作包被剂，以低相对分子质量的有机阳离子化合物 NW-1 作泥岩抑制剂，以 SPNH（磺化褐煤、磺化树脂）、CMC 作降滤失剂，以 FT-1（磺化沥青）作封堵剂，用 FClS 与 $Ca(OH)_2$ 调整钻井液流变性能，用 NaOH 控制 pH 的一类深井钻井液。其具有较强的抑制黏土水化、膨胀、分散能力，有较好的造壁性、流变性与抗盐能力。塔里木轮西 2 井采用此类钻井液顺利地钻穿 6401m 深度易坍塌的侏罗系、三叠系泥岩地层。

**(六) 油包水钻井液**

这类钻井液先后在华北、中原、大庆、新疆等油田钻复杂地层的深井中使用过，都顺利地钻达目的层。中原油田文东沙河街地层中有两套复合盐层，并夹有高压油气层，经常发生喷、漏、塌、卡等复杂情况。在采用此类钻井液后，先后完成濮深 7 井等 4 口深井，最大井深达 5613m。

## 六、新型深井钻井液

**(一) 胜利油田研发的深井钻井液**

自 20 世纪 90 年代以来，为满足深层油气勘探开发的需要，技术人员针对胜利油田深层地层的特点研究开发了新型系列深井钻井液体系。

1. MMH(正电胶)系列钻井液

1) MMH 聚磺钻井液

在聚合物正电胶(MMH)钻井液的基础上，加入磺化处理剂，形成 MMH 聚磺钻井液。它不仅可以提高钻井液的动塑比，还具有抗温能力强、性能稳定，以及有利于保护油气层和提高机械钻速等优点，是一种性能良好、适合大井眼和易塌地层的深井钻井液。

2) MMH 聚合物饱和盐水钻井液

这类钻井液是胜利油田于 20 世纪 90 年代研发并应用的具有国际先进水平的一种新型深井钻井液。它综合利用了 MMH 钻井液、阳离子聚合物钻井液、聚磺钻井液等特点，使整个钻井液体系保持了较强的抑制性和抗盐膏污染、抗高温、悬浮稳定性好的优点，较好地适应了东营凹陷深层盐下复杂盐膏地层钻井。在井深小于 3000m 时使用盐水钻井液，当进入盐膏层前 300m 时，换为高密度 MMH 饱和盐水钻井液钻进、维护，确保全国重点科学预探井郝科1井顺利钻至井深5807.81m。

3）MMH聚合醇防塌润滑钻井液

这类钻井液利用聚合醇浊点以上防膨效果比浊点以下防膨效果好的特点，当环境温度高于聚合醇浊点温度时，聚合物钻井液发生相分离，形成一憎水似油相，自动地吸附在黏土的表面上，形成屏蔽膜，阻止黏土进一步水化膨胀，从而增强体系的防塌润滑性能。同时，对低渗透泥页岩具有封堵孔隙、有效抑制液柱压力向地层传递，以及稳固井壁的作用。它是一种适用于易塌定向井深井钻进的钻井液。

2. 硅酸盐聚合物钻井液

现场应用表明，在硅酸盐的作用下，该钻井液具有较好的聚结、抑制、封堵和高温性能稳定的特点，解决了钻井液漏失和井眼不稳定问题。它是一种适用于易塌、易漏深井钻进的钻井液。

3. 聚合物铵盐钻井液

这类钻井液以聚丙烯腈铵盐及复合铵盐代替几十年来一直使用的铁铬盐，并配合屏蔽暂堵剂，对保护油气层十分有利。

4. 超高温钻井液

超高温钻井液在勘探和开发深部油气资源中是必不可少的。进入21世纪，我国西部及东部深层钻探工作进一步加强，需要完成的深井、超深井数量进一步增加。胜科1井井深超过7000m，井底温度超过235℃，压力超过100MPa。该井在四开(4155~7026m)钻进中使用了聚磺封堵防塌钻井液、高密度聚磺非渗透钻井液和超高温钻井液体系。应用结果表明，这3种钻井液体系的高温稳定性、润滑性和剪切稀释性良好，在高固相含量情况下仍具有良好的流变性和低的高压滤失量，能经受住各种可溶性盐类及高价离子的污染，配制和维护、处理方便，各种钻井液之间的转换非常顺利，没有出现任何井下复杂情况，有效地保证了胜科1井的安全、快速钻进。

**(二) 川东北地区深井钻井液**

在川东北地区钻井施工中存在高温、高压、易漏、易塌、易卡、盐膏侵、含 $H_2S$ 气体，以及容易发生事故的复杂情况，气藏保护具有特殊性，同时陆相储层和海相储层的岩性不同，储层性质也不一样。因此，在该地区使用的钻井液多为醇基两性金属离子聚合物防塌钻井液(陆相地层)和以硅酸盐为主剂的聚硅醇封堵性防塌钻井液(海相地层)。进入油气层井段上部，使用聚合醇防塌剂、多软化点封堵防塌剂。进入油气层井段下部，使用 PB-1、PEG 等屏蔽暂堵材料，实施保护油气层的屏蔽暂堵技术。

**(三) 准噶尔盆地深井钻井液**

在准噶尔盆地钻井施工中存在地质复杂、地应力强、高温、高压、易坍塌、易漏，以及容易发生事故的情况，鉴于此，目前在该地区多采用两种钻井液体系：合成基钻井液体系和复合盐钻井液体系。合成基钻井液体系具有抗高温、抗盐钙侵、井壁稳定、润滑性好等优点，同时具有很好的储层保护效果；复合盐钻井液体系具有低活度、强封堵、低储层伤害、抗温性能好、流变性易调控等优点。在施工中，这两种钻井液体系均带来了很好的应用效果。

# 第十章 钻井取心

## 第一节 取心方式

按照对所取岩心的要求，钻井取心分为常规取心和特殊取心，对应的取心工具有常规取心工具和特殊取心工具。常规取心是指在钻井液环境条件下进行的取心，特殊取心是指对所取岩心采取保护措施条件下进行的取心。可根据油气藏类型、勘探开发阶段等不同条件选择取心方式(表 10-1 和表 10-2)。在松软地层中可选择松软地层常规取心，在中硬到硬地层中可选择硬地层常规取心，要求岩心保持原始状态可选择保形取心，既要求保持岩心原始状态又要求岩心进行含油、水饱和度分析可选择保形密闭取心，在定向井或水平井中采用定向井或水平井取心。在此基础上，再根据取心井深、地层软硬与胶结情况选择相应的取心工具与取心钻头，如单筒、中长筒取心等。

**表 10-1 取心钻头选择**

| 取心地层 | 松软未固结地层 | 中硬—极硬或成柱性好的地层 |
|---|---|---|
| 取心钻头类型 | 切削型或微切削型 | 微切削型或研磨型 |

**表 10-2 不同条件下取心方式与取心工具选择**

| 取心方式 | 取心工具类型 | |
|---|---|---|
| | 软地层取心 | 硬地层取心 |
| 常规取心 | R-8120 型、R-666 型 | Y-8120 型、Y-8100 型、Y-670 型、Y-666 型、Y-460 型等 |
| 密闭取心 | Mb-8100 型、YLRM-8100 型 | Ym-8115 型、Ym-670 型 |
| 保形取心 | Rb-8100 型、YLRb-8100 型 | Yb-8100、Yb-670 |

续表

| 取心方式 | 取心工具类型 | |
|---|---|---|
| | 软地层取心 | 硬地层取心 |
| 低污染取心 | Mb-8100 型 | |
| 定向井、水平井取心 | YLR-8100 型、YLR-8120 型、YLR-670 型 | D-8100 型 |

## 第二节　常规取心工具

常规取心工具按割心方式分为自锁式取心工具、加压式(机械加压式和液力加压式)取心工具和砂卡式取心工具三种。常规取心工具型号与技术参数见表 10-3。

**表 10-3　常规取心工具型号与技术参数(摘自 SY/T 5216—2017)**

| 取心工具型号 | 外筒尺寸/mm | | | 内筒尺寸/mm | | | 适用井眼直径/mm | 岩心名义直径/mm | 适应地层类型 | 割心方式 |
|---|---|---|---|---|---|---|---|---|---|---|
| | 外径 | 内径 | 长度 | 外径 | 内径 | 长度 | | | | |
| QC/ZS101-60 | 101.6 | 85 | 4030 | 73 | 67 | 3530 | 120.65 | 60 | | |
| QC/ZS121-66 | 121 | 93 | 8700 | 85 | 72 | 9200 | 142.9~152.4 | 66 | | |
| QC/ZS133-70 | 133 | 101 | | 88.9 | 75.9 | | 152.4~165.1 | 70 | | |
| QC/ZS146-82 | 146 | 114 | 8600 | 101.6 | 88.6 | 9200 | 165.1~190.5 | 82 | | |
| QC/ZS172-101 | 172 | 136 | | 121 | 108 | | 190.5~215.9 | 101 | | |
| QC/ZS180-105 | 180 | 144 | | 127 | 112 | | 215.9~244.5 | 105 | | |
| QC/ZS194-120 | 194 | 154 | | 139.7 | 124 | | 215.9~244.5 | 120 | | |
| QC/JY194-100 | 194 | 154 | 8600 | 121 | 108 | | 190.5~215.9 | 100 | 松软地层 | 加压 |
| QC/JY194-115 | 194 | 154 | | 139.7 | 124 | | 215.9~244.5 | 115 | | |
| QC/JY216-120 | 203 | 172 | | 139.7 | 127 | | 244.5 | 120 | | |

### 一、自锁式取心工具

自锁式取心工具是指利用岩心爪与岩心之间的摩擦力使岩

心爪收缩包心实现割心的取心工具，一般适用于中硬—硬地层或成岩性较好的软地层取心。自锁式取心工具结构如图 10-1 所示，其型号与技术参数见表 10-3 和表 10-4，推荐取心钻进参数(以直径 215mm 钻头为例)见表 10-5。

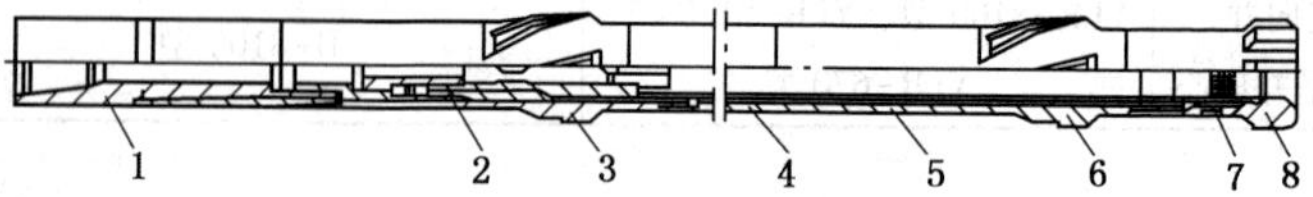


图 10-1　自锁式取心工具结构

1—上接头；2—悬挂总成；3—上扶正器；4—外岩心筒；5—内岩心筒；6—下扶正器；7—岩心爪；8—取心钻头

**表 10-4　其他自锁式取心工具型号与技术参数**

| 工具型号 | 工具类型 | 取心钻头外径×内径/mm×mm | 外岩心筒外径×内径/mm×mm | 内岩心筒外径×内径/mm×mm | 工具长度/mm | 产地 |
|---|---|---|---|---|---|---|
| SP190 | 水平井取心 | 190×100 | 168×144 | 127×112 | 9300 | 中原 |
| WQX133-70 | 外返孔取心 | 149×70 | 133×101 | 89×76 | 9200 | 四川 |
| WQX180-105 | 外返孔取心 | 215×105 | 180×144 | 127×112 | 9200 | 四川 |

**表 10-5　推荐取心钻进参数(以直径 215mm 钻头为例)**

| 取心地层 | | 树心钻压/kN | 树心进尺/m | 取心钻压/kN | 转速/(r/min) | 排量/(L/s) |
|---|---|---|---|---|---|---|
| 松软 | 胶结差 | 5~10 | 0.2~0.3 | 100~120 | 50~60 | 10~15 |
| | 一般 | 7~15 | 0.2~0.3 | 30~50 | 50~60 | 15~20 |
| | 良好 | 7~15 | 0.2~0.3 | 50~70 | 50~60 | 20~23 |
| 中硬、硬 | 差 | 7~15 | 0.2~0.3 | 30~50 | 50~60 | 15~20 |
| | 好 | 7~15 | 0.2~0.3 | 50~90 | 50~60 | 20~23 |

## 二、加压式取心工具

1. 机械加压式取心工具

机械加压式取心工具是指利用差动装置通过投球加压迫使

岩心爪收缩的取心工具，通常适用于松软或破碎性地层取心。机械加压式取心工具结构如图 10-2 所示。

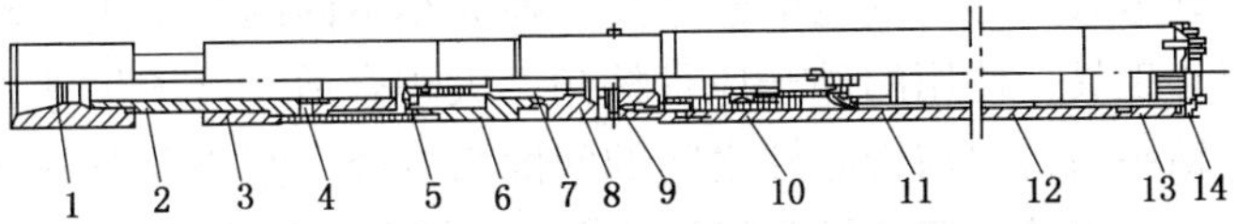


图 10-2 机械加压式取心工具结构

1—加压上接头；2—六方杆；3—六方套；4—密封盘根；5—加压球座；6—加压下接头；7—加压中杆；8—定位接头；9—悬挂销钉；10—悬挂总成；11—内筒；12—外筒总成；13—取心钻头；14—岩心爪

2. 液力加压式取心工具

液力加压式取心工具是指通过投球开泵憋压的液力加压方式迫使岩心爪收缩的取心工具，通常适用于松软或破碎性地层取心，可用于定向井、大斜度井和水平井取心。液力加压式取心工具结构如图 10-3 所示，其型号与技术参数见表 10-6。

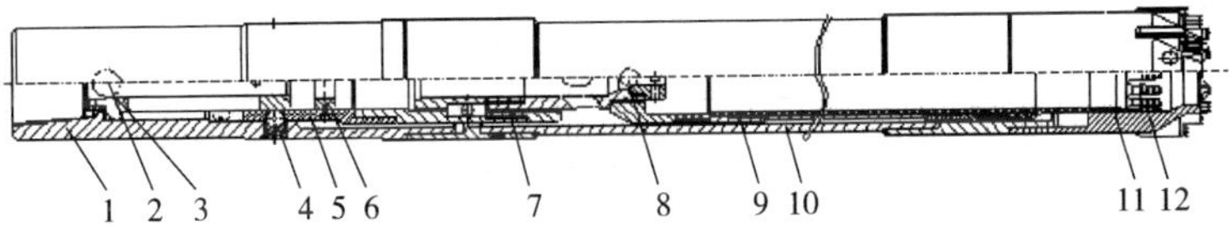


图 10-3 液力加压式取心工具结构

1—定位接头；2—加压钢球；3—承压座；4—悬挂钢球；5—内定位接头；6—泄压盘；7—悬挂总成；8—分流钢球；9—内筒总成；10—外筒总成；11—岩心爪；12—取心钻头

**表 10-6 其他加压式取心工具型号与技术参数**

| 工具型号 | 取心钻头外径×内径/mm×mm | 外岩心筒外径×内径/mm×mm | 内岩心筒外径×内径/mm×mm | 工具长度/mm | 内筒悬挂方式 | 工具螺纹 | 产地 |
|---|---|---|---|---|---|---|---|
| R-8100 | 215×100 | 180×144 | 127×112 | 9500 | 钢球悬挂 | NC50 | 胜利 |
| R-8120 | 215×115 | 194×154 | 146×126 | 9500 | 钢球悬挂 | NC50 | 胜利 |
| YLR-8120 | 215×115 | 194×154 | 146×126 | 9500 | 钢球悬挂 | NC50 | 胜利 |
| YLR-8100 | 215×100 | 194×154 | 146×126 | 9400 | 钢球悬挂 | NC50 | 胜利 |
| YLR-670 | 152×70 | 133×108 | 89×76 | 8500 | 滑块悬挂 | NC50 | 胜利 |

## 三、砂卡式取心工具

砂卡式取心工具是指通过投直径大小不同的砂子进行割心的取心工具，使用的砂子应带棱角、大小合适，砂子尺寸根据取心钻头内台肩与岩心柱之间的间隙来选择。割心前分三次按小、中、大的顺序从投砂闸门处投砂，间隔时间为1~2min。投砂完后憋泵也按三次进行：小号砂子到达钻头内台肩时，泵压升高，停泵片刻再投中号砂子。中号砂子到钻头时，泵压更高。最后投大号砂子，开泵送砂直至憋泵为止。随后，猛转转盘割断岩心。割心后，上提钻具至不同高度、以不同方向缓慢下放钻具探心。上提、下放均无卡阻，表明割心正常。起钻操作平稳，无剧烈振动，连续灌入钻井液。

这种工具仅适用于岩性均匀、胶结好的中硬和硬地层。砂卡式取心工具结构如图10-4所示，其型号与技术参数见表10-7。

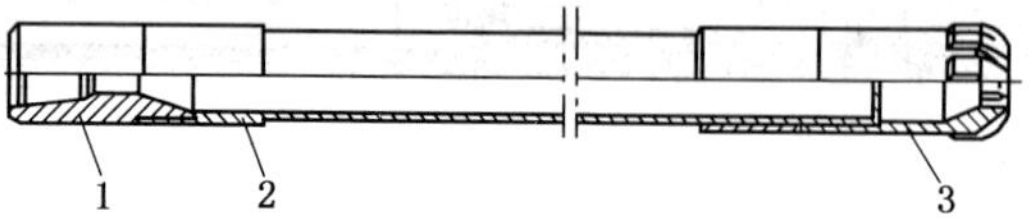


图10-4　砂卡式取心工具结构

1—上接头；2—岩心筒；3—取心钻头

**表10-7　砂卡式取心工具型号与技术参数**

| 工具型号 | 取心钻头 | | 岩心筒直径 | | 取心钻头尺寸 | | | | 工具与井眼最小间隙/mm | 砂子尺寸 | | | 投砂量/粒 |
|---|---|---|---|---|---|---|---|---|---|---|---|---|---|
| | 外径/mm | 内径/mm | 外径/mm | 内径/mm | 刃外/mm | 刃内/mm | 台肩/mm | 内腔斜度/(°) | | 小号/mm | 中号/mm | 大号/mm | |
| D-8 | 190 | 128 | 168 | 148 | 190 | 131 | 130 | 1 | 7 | 8~10 | 10~12 | 12~15 | 200~300 |
| D-9 | 213 | 134 | 177.8 | 157 | 213 | 136 | 136 | 1 | 9 | 9~11 | 11~13 | 13~16 | 250~350 |
| D-10 | 243 | 160 | 219 | 198.8 | 243 | 162 | 162 | 1 | 12 | 9~11 | 11~15 | 15~18 | 150~200 |

# 第三节　特殊取心工具

特殊取心工具是指对所取岩心有特殊要求、需要特殊保护的取心工具，其型号与技术参数见表10-8。

**表10-8　特殊取心工具型号与技术参数(摘自SY/T 5216—2017)**

| 工具名称 | 工具类型 | 外岩心筒 | | | 内岩心筒 | | | 取心钻头名义直径/mm | 岩心名义直径/mm | 产地 |
|---|---|---|---|---|---|---|---|---|---|---|
| | | 外径/mm | 内径/mm | 长度/mm | 外径/mm | 内径/mm | 长度/mm | | | |
| 密闭 | QT/MB194-115 | 194 | 154 | 9000 | 139.7 | 127 | 8200 | 215.9 | 115 | 胜利 |
| 定向 | QT/DX133-70 | 133 | 101 | 4600 | 88.9 | 76 | 4600 | 152.4~165.1 | 70 | 四川 |
| | QT/DX180-105 | 180 | 144 | 4600 | 127 | 112 | 4600 | 215.9~244.5 | 105 | 四川 |
| 保压(密闭) | QT/BY193-70 | 193 | 168 | 4876 | 88.9 | 76 | 4500 | 215 | 70 | 大庆 |
| 保形 | QT/BX194-100 | 194 | 154 | 9000 | 139.7 | 127 | 8200 | 215.9 | 100 | 胜利 |
| 保形密闭 | QT/BM194-100 | 194 | 154 | 9000 | 139.7 | 127 | 8200 | 215.9 | 100 | 胜利 |
| 水平井 | QT/SP194-105 | 194 | 154.8 | 7900(3900) | 127 | 112 | 7200(3200) | 215.9 | 105 | 胜利 |
| 疏松地层定向、水平井 | QT/SP194-100 | 194 | 154.8 | 9000 | 127 | 112 | 8200 | 215.9 | 100 | 胜利 |
| 气体钻井取心 | QT/QT194-100 | 194 | 154 | 9000 | 139.7 | 127 | 8200 | 215.9 | 100 | 胜利 |

## 一、保压密闭取心工具

能获得接近地层原始压力和几乎不受钻井液污染的岩心的

取心作业称为保压密闭取心，使用的取心工具称为保压密闭取心工具。保压密闭取心工具结构如图 10-5 和图 10-6 所示，其技术参数见表 10-9，推荐取心钻进参数见表 10-10。

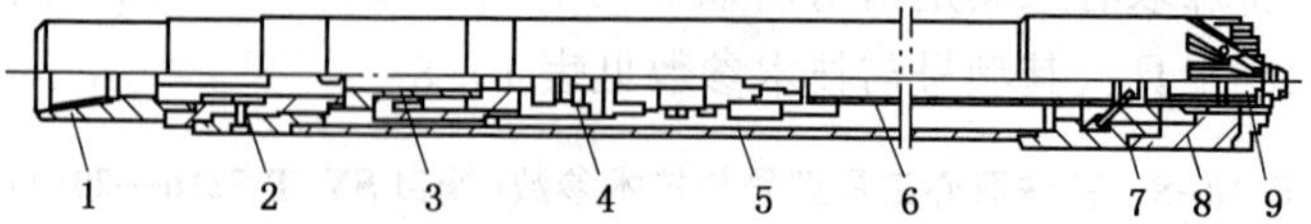


图 10-5　国产保压密闭取心工具结构

1—上接头；2—差动装置；3—悬挂总成；4—压力补偿装置；5—外筒；6—内筒；7—球阀总成；8—取心钻头；9—密闭头

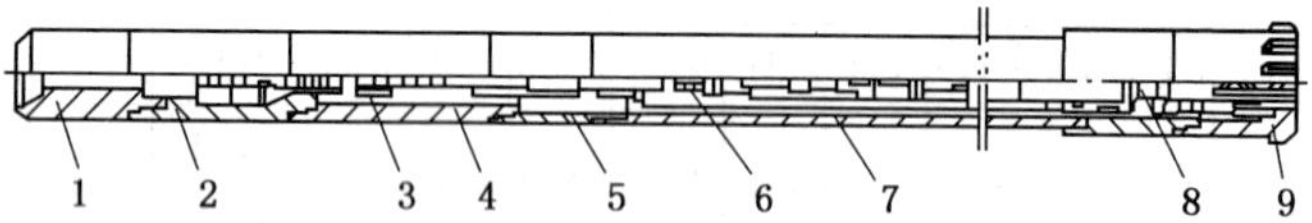


图 10-6　美国克里斯坦森保压密闭取心工具结构

1—上接头；2—释放塞；3—锁块；4—花键接头；5—配合接头；6—弹簧；7—外筒总成；8—球阀操作器及球阀；9—取心钻头

**表 10-9　保压密闭取心工具技术参数**

| 产地 | 取心钻头外径×内径/mm×mm | 外岩心筒外径×内径/mm×mm | 内岩心筒外径×内径/mm×mm | 工具长度/mm | 工具螺纹 | 取心一次密闭液用量/L | 高压室充压/MPa | 低压室外充压/MPa |
|---|---|---|---|---|---|---|---|---|
| 国产 | 215×70 | 194×168 | 89×76 | 4500 | 5½in FH | 40 | 40～50 | 10～25 |
| 美国 | 165. 1×63. 6 | 146×101. 6 | 76. 2×69. 8 | 6600 | 4½in FH | 25 | 30～140. 6 | 10～52. 1 |

**表 10-10　推荐取心钻进参数**

| 产地 | 钻压/kN | 转速/(r/min) | 排量/(L/s) |
|---|---|---|---|
| 国产 | 60～80 | 60～80 | 15～20 |
| 美国 | 20～30 | 60～80 | 7～10 |

## 二、密闭取心工具

钻取几乎不受钻井液污染岩心的取心作业称为密闭取心，使用的取心工具称为密闭取心工具。机械加压式密闭取心工具适用于松软或岩心成柱性差的地层密闭取心，其工具结构如图10-7所示；液力加压式密闭取心适用于松软或岩心成柱性差的地层密闭取心，可用于定向井、大斜度井和水平井取心，其工具结构如图10-8所示；自锁式密闭取心适用于中—中硬地层或岩心成柱性好的地层深井密闭取心，其工具结构如图10-9所示。密闭取心工具型号与技术参数见表10-8和表10-11，推荐取心钻进参数参照表10-5。

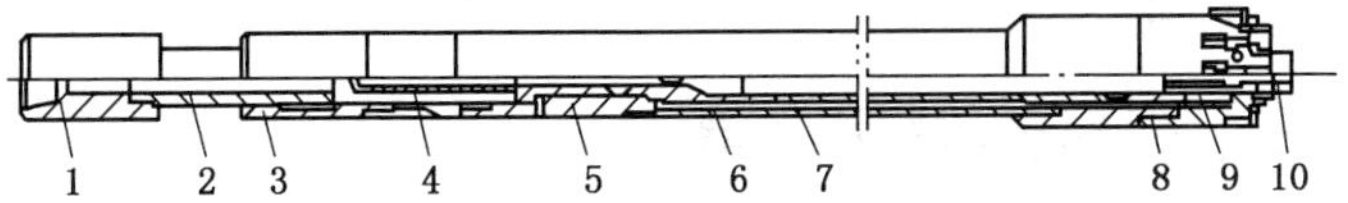


图10-7　机械加压式密闭取心工具结构

1—加压上接头；2—六方杆；3—六方套；4—加压球座及加压中心杆；5—工具上接头及悬挂部件；6—外岩心筒组合；7—内岩心筒组合；8—取心钻头；9—割心机构；10—密封活塞

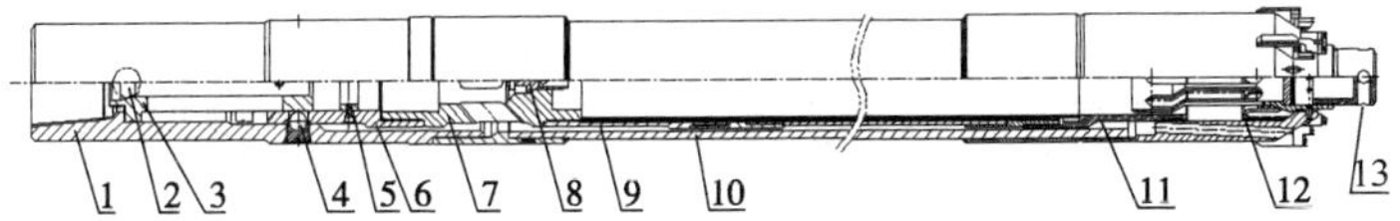


图10-8　液力加压式密闭取心工具结构

1—定位接头；2—加压钢球；3—承压座；4—悬挂钢球；5—泄压盘；6—内定位短节；7—悬挂总成；8—密封丝堵；9—内筒总成；10—外筒总成；11—密封压套；12—取心钻头；13—密封活塞

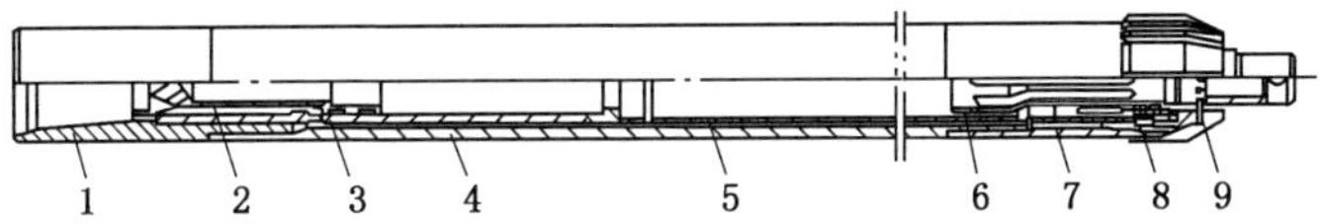


图10-9　自锁式密闭取心工具结构

1—上接头；2—浮动活塞；3—分水接头；4—外筒；5—内筒；6—活塞；7—取心钻头；8—岩心爪；9—销钉

表 10-11　其他密闭取心工具型号与技术参数

| 取心方式 | 工具型号 | 取心钻头外径×内径/mm×mm | 外岩心筒外径×内径/mm×mm | 内岩心筒外径×内径/mm×mm | 工具长度/mm | 工具接头螺纹 | 一次密闭液用量/L | 产地 |
|---|---|---|---|---|---|---|---|---|
| 加压密闭 | WB243 | 243×136 | 219×196 | 168×150 | 9000 | 5½in FH | 165 | 大庆 |
| | YLRM-8100 | 215×100 | 172×136 | 123×108 | 9500 | NC50 | 120 | 胜利 |
| | YLRM-670 | 152×70 | 133×108 | 89×76 | 8500 | NC38 | 50 | 胜利 |
| 自锁密闭 | TM-215 | 215×115 | 178×152 | 140×124 | 9500 | 5½in FH | 120 | 大庆 |
| | YM-8115 | 215×115 | 194×154 | 140×121 | 9500 | 5½in FH | 105 | 胜利 |
| | YM-670 | 165×70 | 140×121 | 101×89 | 8500 | NC38 | 50 | 胜利 |

## 三、保形密闭取心工具

取得几乎不受钻井液污染岩心且保持岩心形状的取心作业称为保形密闭取心，所使用的取心工具称为保形密闭取心工具。QT/BM194-100 型保形密闭取心工具结构如图 10-10 所示，其工具型号与技术参数见表 10-8，推荐取心钻进参数见表 10-5。

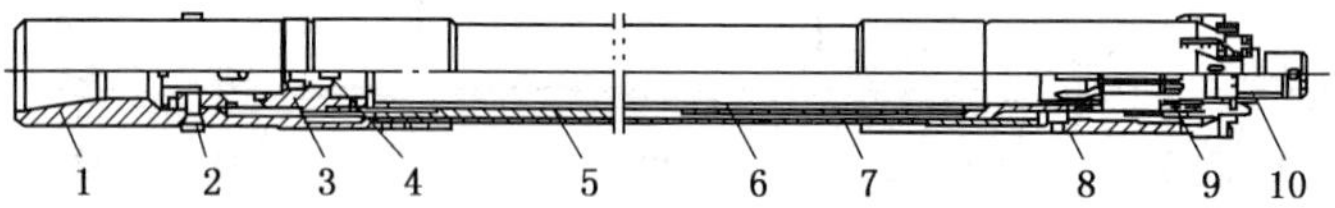


图 10-10　QT/BM194-100 型保形密闭取心工具结构

1—上接头；2—悬挂销钉；3—悬挂总成；4—丝堵；5—内岩心筒；6—衬筒；7—外岩心筒；8—取心钻头；9—岩心爪；10—密封活塞

## 四、保形取心工具

保形取心工具为利用保形取心筒获得接近地层原始形状岩心的取心工具。QT/BX194-100 型保形取心工具结构如图 10-11 所示，其型号与技术参数见表 10-8，推荐取心钻进参数见表 10-5。

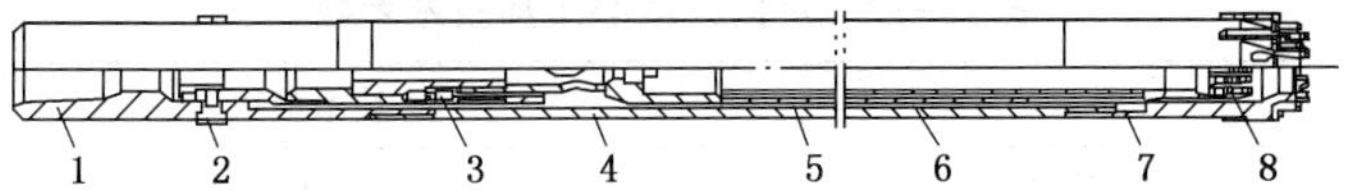


图 10-11　QT/BX194-100 型保形取心工具结构

1—上接头；2—悬挂销钉；3—悬挂总成；4—外岩心筒；
5—内岩心筒；6—衬筒；7—取心钻头；8—岩心爪

## 五、定向取心工具

定向取心工具为利用特殊结构获得反映地层倾角岩心的取心工具。QT/DX180-105 型定向取心工具结构如图 10-12 所示，其工具型号与技术参数见表 10-8，推荐取心钻进参数见表 10-5。

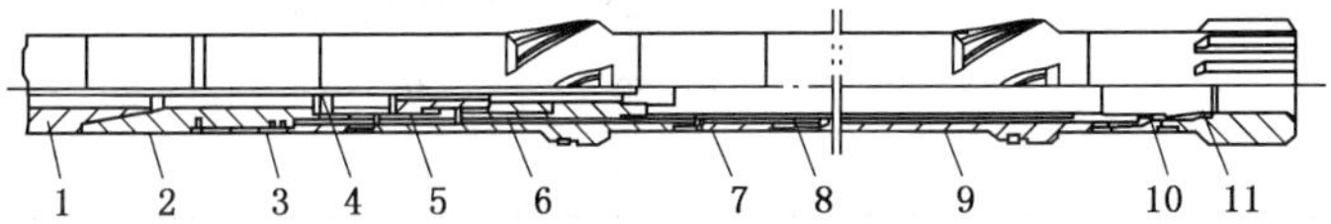


图 10-12　QT/DX180-105 型定向取心工具结构

1—无磁钻铤；2—上接头；3—安全接头；4—测斜仪；5—悬挂总成；
6、9—稳定器；7—外岩心筒；8—内岩心筒；10—取心钻头；11—岩心爪

## 六、定向井、水平井取心工具

1. 定向井取心工具

定向井取心工具为在内筒组合中带有上、下扶正结构，适用于斜井取心作业的专用工具。D-8100 型定向井取心工具结构如图 10-13 所示，定向井取心工具技术参数见表 10-12，推荐取心钻进参数见表 10-13。

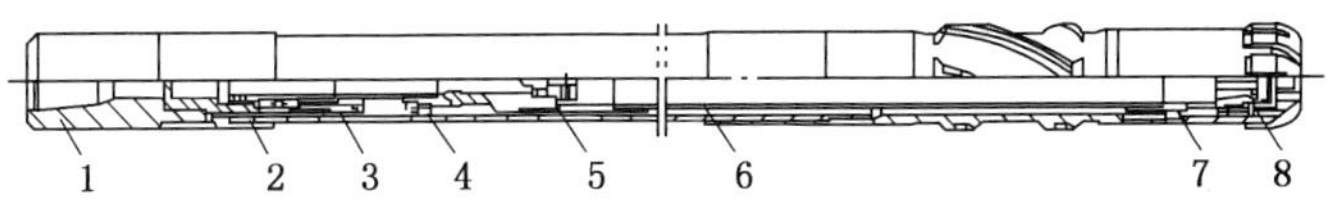


图 10-13　D-8100 型定向井取心工具结构

1—上接头；2—外岩心筒；3—悬挂轴承；4—上扶正轴承；
5—堵孔钢球；6—内岩心筒；7—取心钻头；8—下扶正轴承及割心机构

表 10-12　定向井取心工具技术参数

| 项　目 | 技术参数 |
|---|---|
| 外筒主体外径/mm(in) | 178(6¾) |
| 内岩心筒外径/mm(in) | 127(5) |
| 钻头外径/mm(in) | 215(8½) |
| 岩心直径/mm(in) | 101(4) |
| 工具总长/mm(in) | 9000(30) |
| 上扣扭矩/N · m(lb · ft) | 12000~14000(8851~10326) |
| 抗拉强度/kN(lbf) | 1810.4(407000) |

表 10-13　推荐取心钻进参数

| 取心层位 | 胶结程度 | 钻压/kN | 转速/(r/min) | 排量/(L/s) |
|---|---|---|---|---|
| 中硬—硬 | 差 | 30~50 | 40~50 | 20~25 |
|  | 好 | 60~80 | 50~60 | 25~30 |

2. 水平井取心工具

水平井取心工具为具有内筒扶正和特殊的割心机构，以及适用于水平井段取心作业的工具。QT/SP194-105 型水平井取心工具结构如图 10-14 所示，取心工具型号与技术参数见表 10-8，推荐取心钻进参数见表 10-14。

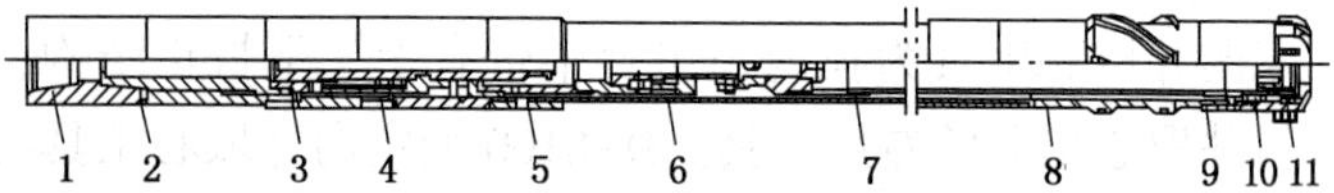


图 10-14　QT/SP194-105 型水平井取心工具结构

1—上接头；2—六方组合；3—弹挂轴；4—承托弹簧；5—外筒；6—悬挂总成；7—内筒组合；8—稳定器；9—取心钻头；10—滚柱轴承；11—卡箍岩心爪组合

表 10-14　推荐取心钻进参数

| 地层 | 钻压/kN | 转速/(r/min) | 排量/(L/s) |
|---|---|---|---|
| 软 | 30~60 | 40~50 | 20~25 |
| 硬 | 60~80 | 50~60 | 25~30 |

3. 疏松地层定向井、水平井取心工具

疏松地层定向井、水平井取心工具为采用液力加压方式进行割心，且适用于疏松地层定向井、水平井取心作业的工具。疏松地层定向井、水平井取心工具结构如图 10-3 所示，其工具型号与技术参数见表 10-3 和表 10-6，推荐取心钻进参数见表 10-14。

## 七、海绵取心工具

在衬筒内镶嵌海绵，当岩心进入时，海绵紧贴岩心。在起钻过程中，随着压力的减小，岩心中的原油外渗被海绵吸收，分析海绵与岩心中的剩余油可获得较为准确的含油饱和度。该工具适用于岩心成柱性较好的地层。海绵取心工具技术参数见表 10-15，其工具结构如图 10-15 所示，推荐取心钻进参数见表 10-5。

**表 10-15　海绵取心工具技术参数**

| 外筒直径/mm(in) | 内筒直径/mm(in) | 可取岩心直径/mm(in) | 取心长度/mm(ft) | 取心钻头/mm(in) | 内筒悬挂方式 |
|---|---|---|---|---|---|
| 174.6(6⅞) | 101.6(4) | 82.9(3½) | 4572(15) | 216(8½) | 轴承悬挂 |

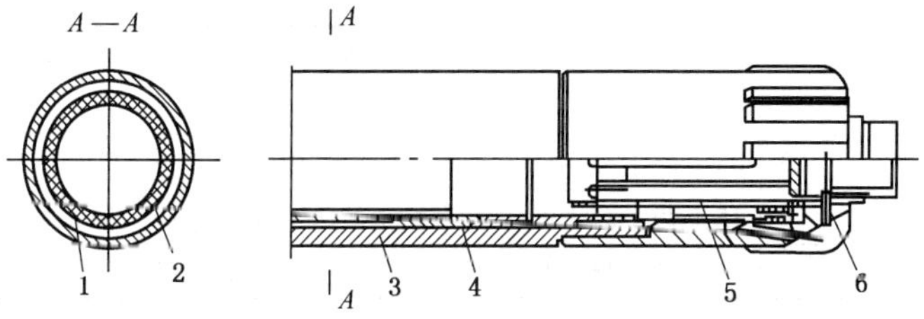


图 10-15　海绵取心工具结构

1—海绵及棱条；2—铝衬管；3—外岩心筒；4—内岩心筒；5—活塞密封导套及岩心爪；6—取心钻头

## 八、橡皮筒取心工具

在取心钻进前，橡皮筒翻套在内筒的外面，岩心进入后，在特殊结构的作用下，橡皮筒翻滑进入内筒裹住岩心，这种工具适用于破碎地层取心。橡皮筒取心工具结构如图 10-16 所示，其型号与技术参数见表 10-16，不同流量下的钻压值见表 10-17。

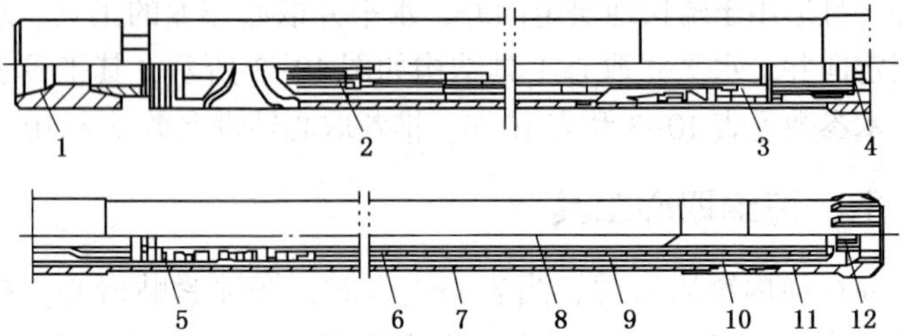


图 10-16　橡皮筒取心工具结构

1—差动装置；2—上制动器；3—高压座；4—下制动器；5—上承转节；6—内筒组合；7—外筒组合；8—提心管；9—橡皮筒；10—下承转节；11—取心钻头；12—割心装置

**表 10-16　橡皮筒取心工具型号与技术参数**

| 规格型号 | 外筒直径/mm | 内筒直径/mm | 取心钻头/mm | 岩心直径/mm | 岩心长度/mm | 最高温度/℃ | 产地 |
|---|---|---|---|---|---|---|---|
| 6⅞×3B 型 | 174.6 | 88.9 | 190.5~244.5 | 76.2 | 6100 | 80 | 美国 |
| 7×3½I 型 | 178 | 108 | 206 | 86 | 6100 | 80 | 辽河 |

**表 10-17　不同流量下的钻压值**

| 流量/(L/s) | 10 | 12 | 14 | 15 | 16 | 17 | 18 | 19 | 20 | 21 | 22 | 23 | 24 | 25 |
|---|---|---|---|---|---|---|---|---|---|---|---|---|---|---|
| 喷嘴数/只 | 钻压/kN | | | | | | | | | | | | | |
| 2 | 23 | 33 | 45 | 51 | 58 | 66 | 74 | 83 | 91 | 100 | 110 | 121 | 132 | 143 |
| 3 | | 15 | 20 | 23 | 26 | 29 | 33 | 37 | 41 | 45 | 49 | 54 | 58 | 63 |
| 4 | | | 11 | 13 | 14 | 16 | 18 | 20 | 23 | 25 | 27 | 30 | 33 | 35 |

注：表中为在钻井液密度 1.20g/cm$^3$、喷嘴直径 12mm 条件下的钻压近似值。

## 九、绳索式取心工具

绳索式取心工具为利用绳索将工具从井底提出地面的工具。绳索式取心工具结构如图 10-17 所示，其打捞机构结构如图 10-18 所示，其型号与技术参数见表 10-18，推荐取心钻进参数见表 10-5。

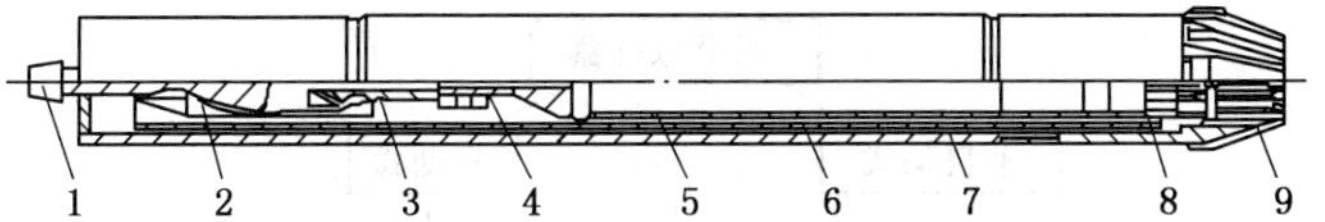


图 10-17　绳索式取心工具结构

1—打捞头；2—控制卡板组；3—控制接头；4—悬挂总成；5—内筒；6—中筒；7—外筒；8—岩心爪座及岩心爪；9—取心钻头

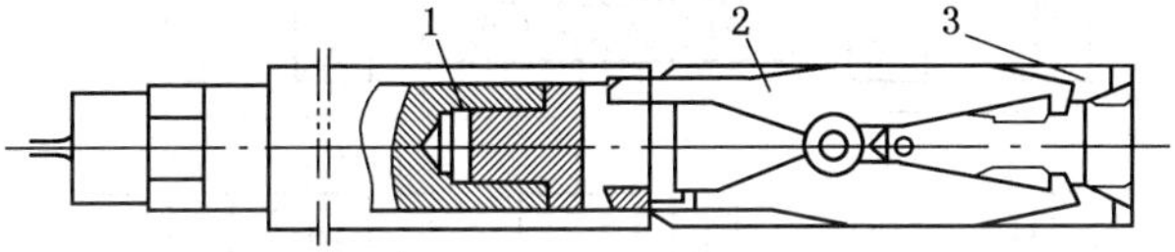


图 10-18　绳索式取心工具打捞机构结构

1—打捞器总成；2—打捞钩；3—捞矛头

**表 10-18　绳索式取心工具型号与技术参数**

| 名　称 | 产　地 | 井眼尺寸/mm | 岩心直径/mm |
|---|---|---|---|
| 中原 9507 | 中原油田 | 165 | 70 |
| 中原 9508 | 中原油田 | 215.9 | 70 |
| 克里斯坦森取心工具 | 美国 | 158.8 | 70.4 |
| 克里斯坦森取心工具 | 美国 | 122.6 | 79.4 |
| 长牌取心工具 | 澳大利亚 | 122.6 | 85 |
| S75 | 无锡钻探工具厂 | 75 | 49 |
| S95 | 无锡钻探工具厂 | 95 | 64 |

## 十、天然气水合物取心工具

天然气水合物是非常洁净的能源，俗称“可燃冰”，储存在深海或冻土层中。由于水合物的特殊性，对取心(样)也有特殊要求。

1. 海底表层取样

1）柱状取样器

柱状取样器又称取样管，各式取样器均垂直插入海底沉积物中，能采集到长度<30m 的浅海或深海表层松散沉积物的柱状样，可用作颗粒分析、化学分析、微古分析及古地磁研究。柱状取样器分类如图 10-19 所示。

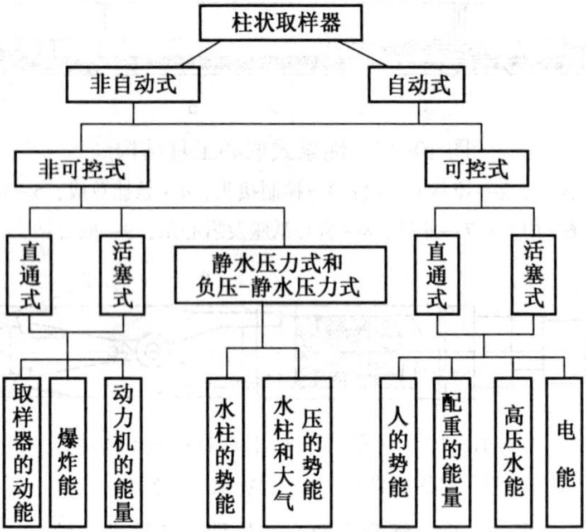


图 10-19　柱状取样器分类

2）拖曳式取样器

拖曳式取样器通过船舶拖行进行取样，主要有两种形式：圆筒形和箱形，均无盖、有网眼，如图 10-20 所示。

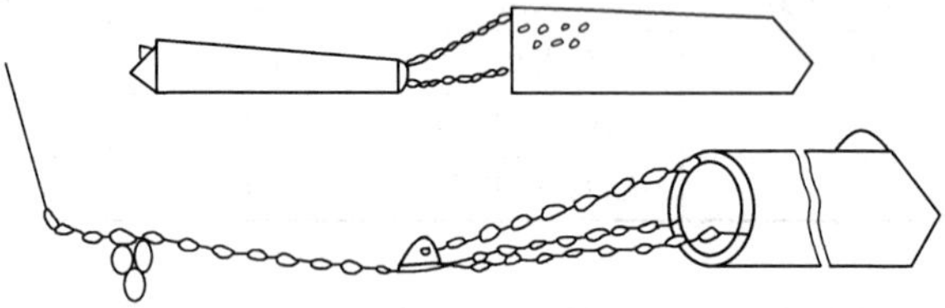

图 10-20　拖曳式取样器

3）抓斗式取样器

抓斗式取样器通过绳索下至海底取样，有挖泥斗、蚌式采样器。抓斗式取样器如图 10-21 所示。

4）海底深潜器

海底深潜器包含常压载人深潜器（ADS）、无人有缆遥控深潜器（ROV）和无人无缆深潜器（AUV，水下机器人），多用于海底采样、海底钻探取心，以及海底搜索、打捞和救生等。

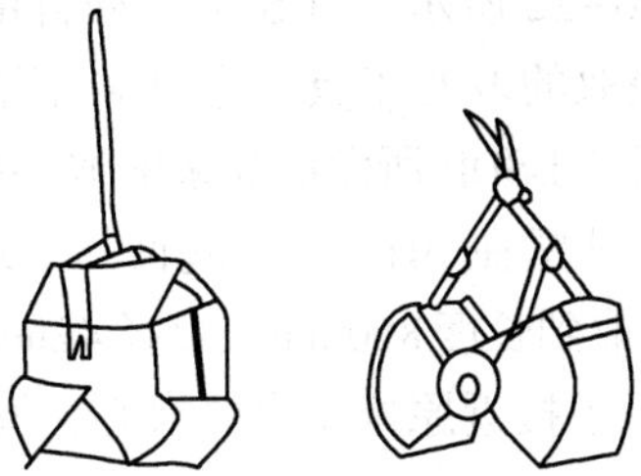

图 10-21　抓斗式取样器

2. 钻探取样器

钻探取样是识别水合物最直接的方法，目前国外主要有国际深海钻探计划(DSDP)采用的保压取样筒(PCB)，国际大洋钻探计划(ODP)采用的保压取样器(PCS)、活塞取样器(APC)，目前国内还没有针对天然气水合物取样的专用工具。

1）保压取样筒(DSDP-PCB)

DSDP-PCB 是深海钻探计划使用的保压取样筒，由一套绳索高压取心筒组成。在其底部装有球阀，球阀有直径为 58mm 的孔，在其上部有取样机构、排气孔和减压阀。取样筒沿着钻具下放并与钻头锁紧，卡断岩心后，下放绳索打捞工具并锁到 PCB 上，向上提升绳索，产生的拉力激活一系列机制，首先使球阀和排气孔关闭，最后打开释放机构，使取心筒脱离钻具。在 PCB 被提升过程中，减压阀通过排出浮动活塞蓄压器中的氮气保持内部压力不大于 34.4MPa，或者通过沉淀池和过滤器释放过高的压力，而且浮动活塞蓄压器被预先充以 27.5MPa 的氮气，一旦筒内压力超过 27.5MPa，将使活塞压缩氮气。当取样室内压力超过 34.4MPa 时，减压阀打开仅使氮气排出，这样，使天然气保持在岩样中，且使减压阀不会被沉积物堵塞，当 PCB 到达甲板上时，岩心的压力和温度可被监测，高压天然气和流体在控制的条件下被排除。

2）保压取样器(ODP-PCS)

ODP-PCS 是在 DSDP-PCB 的基础上研制的用于 ODP 的保

压取样器，如图 10-22 所示。PCS 是一种自由下落式展开、液压驱动、钢丝绳提取的取心工具，它既采用了传统的油田压力取心技术，又采用了 DSDP 所发展起来的取心技术。PCS 靠自由落体展开，坐落并锁紧在 BHA 里一起回转。理论上，在 70MPa 的高压下，PCS 可取到长度 860mm、直径 42mm 的心样，PCS 在 Leg146 等航次取得了接近原位压力的岩心、气体和水样品。

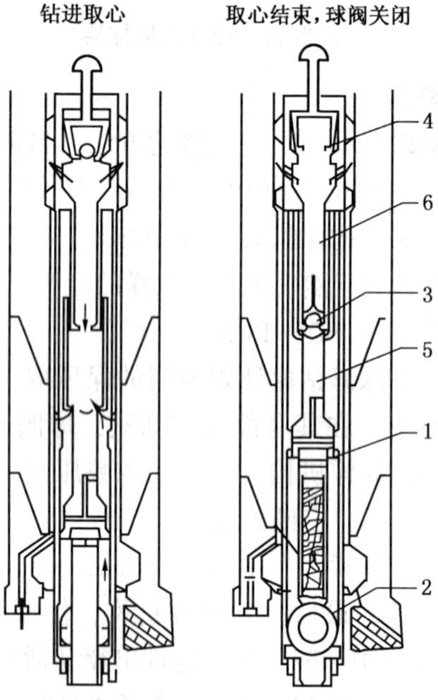


图 10-22　保压取样器(PCS)结构

1—锁紧装置；2—多支管装置；3—启动装置；4—蓄能装置；5—样品腔；6—球阀装置

3）保压取样筒(ESSO-PCB)

ESSO-PCB 主要用于含油气层取样，在内管和外管间夹有第三层传统取心管，可以补偿向上移动期间温度和外部压力的变化引起的筒内压力的变化，从而，岩心可以在完全的储层压力条件下，或更确切地说是在孔底的静止钻井液压力下取出。另外，三层管的岩心直径限制在 42.9mm 范围内，岩心的长度也只有 165.1mm。

## 十一、密闭液技术要求

油基密闭液技术要求见表10-19，水基密闭液技术要求见表10-20，合成基密闭液技术要求见表10-21。

表10-19 油基密闭液技术要求

| 项目 | 指标 | |
|---|---|---|
| | 高温前(25℃±3℃) | 高温后(135℃±5℃)、养护12h，在25℃±3℃下测定 |
| 外观 | 黄棕色稳定黏稠液体 | 黄棕色稳定黏稠液体 |
| 抽丝长度/mm | ≥300 | ≥100 |
| 黏度/mPa·s | ≥85000 | ≥650(在135℃±5℃下测定) |

表10-20 水基密闭液技术要求

| 项目 | 指标 | |
|---|---|---|
| | 高温前(25℃±3℃) | 高温后(105℃±5℃)、养护12h，在25℃±3℃下测定 |
| 外观 | 白色或黄棕色稳定黏稠液体 | 白色或黄棕色稳定黏稠液体 |
| 抽丝长度/mm | ≥100 | >0 |
| 黏度/mPa·s | ≥75000 | ≥750(在105℃±5℃下测定) |

表10-21 合成基密闭液技术要求

| 项目 | 指标 | |
|---|---|---|
| | 室温(25℃±3℃) | 高温后(145℃±5℃)、滚动加热16h，在25℃±3℃下测定 |
| 外观 | 黄棕色均匀黏稠液体 | 黄棕色固相均匀黏稠液体 |
| 抽丝长度/cm | ≥15 | ≥5 |
| 黏度/Pa·s | 50~150 | 45~150 |
| 密度/(g/cm³) | 1.02~1.20 | 1.02~1.20 |

# 第四节 取心钻头

## 一、分类及特点

根据不同破岩方式，取心钻头可分为切削型取心钻头、微切削型取心钻头和研磨型取心钻头三类。切削型取心钻头以切削方式破碎地层，适用于软—中地层取心，钻进速度快。目前，主要包括刮刀钻头和 PDC 钻头，如图 10-23 所示。微切削型取心钻头以切削、研磨同时作用方式破碎地层，适用于中硬、硬地层取心，多为各种聚晶金刚石烧结成胎体结构，如图 10-24 所示。研磨型取心钻头主要以研磨方式破碎地层，有表镶或孕镶天然金刚石与聚晶金刚石两种，适用于各种高研磨性的硬地层取心，如图 10-25 所示。

图 10-23　切削型取心钻头

图 10-24　微切削型取心钻头

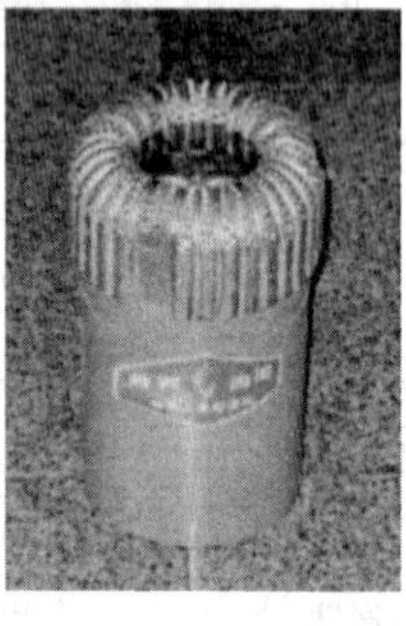

图 10-25　研磨型取心钻头

## 二、选择与使用

当取心方式、取心工具确定之后，通常根据表 10-22 确定取心钻头的类型。参考地层可钻性级值与钻头类型对应关系，可进一步确定具体的钻头型号，见表 10-23。胜利油田与国外取心钻头型号对照见表 10-24，国外取心钻头型号选择使用见表 10-25。

表 10-22　取心钻头型号与技术规范

| 钻头类型 | 形式与切削刃材质 | 外径/mm | 内径/mm | 地层 | | | 配套工具 |
|---|---|---|---|---|---|---|---|
| | | | | 地层类别 | 史氏硬度级别(级) | IADC 分类 | |
| HSC042-8115 | 刮刀形-硬质合金 | 215 | 115 | 软 | 1、2 | 1、4 | R-8120 型 |
| PSC134-8115 | 圆弧形-PDC | 215 | 115 | 软—中硬 | 1、2、3、4、5、6 | 1、4、5、2、6 | R-8120 型 |
| HSC042S-8100 | 刮刀形-硬质合金 | 215 | 105 | 软 | 1、2 | 1、4 | Sp-8100 型 |
| HSC044bm-8100 | 刮刀形-硬质合金 | 215 | 100 | 软 | 1、2 | 1、4 | Mb-8100 型 |
| HSC644-8120 | 刮刀形-柱锥形聚晶 | 215 | 120 | 软—中硬 | 1、2、3、4、5、6 | 1、4、5、2、6 | Y-8120A 型 |
| HSC644 m-8115 | 刮刀形-柱锥形聚晶 | 215 | 115 | 中硬 | 5、6 | 2、6 | Ym-8115 型 |
| PSC146bm-8100 | 刀片形-PDC | 215 | 100 | 软—中硬 | 1、2、3、4、5 | 1、4、5 | Mb-8100 型 |
| PSC136D-8100 | 圆弧形-PDC | 215 | 100 | 软—中硬 | 1、2、3、4、5、6 | 1、4、5、2、6 | D-8100 型 |
| PSC116 m-8115 | 单锥形-PDC | 215 | 115 | 中硬 | 5、6 | 2、6 | Ym-8115 型 |
| PSC136-8120 | 圆弧形-PDC | 215 | 120 | 中硬 | 5、6 | 2、6 | Y-8120A 型 |
| TMC616-8120 | 单锥形-柱锥形聚晶 | 215 | 120 | 中硬—硬 | 5、6、7、8 | 2、6、3、7 | Y-8120A 型 |
| TMC526-8120 | 双锥形-三角形聚晶 | 215 | 120 | 中硬—硬 | 5、6、7、8 | 2、6、3、7 | Y-8120B 型 |
| TMC836-8120 | 圆弧形-再制多棱聚晶 | 215 | 120 | 中硬 | 5、6 | 2、6 | Y-8120A 型 |
| TMC616m-8115 | 单锥形-柱锥形聚晶 | 215 | 115 | 中硬—硬 | 5、6、7、8 | 2、6、3、7 | Ym-8115 型 |
| TMC526m-8115 | 双锥形-三角形聚晶 | 215 | 115 | 硬—极硬 | 7、8、9、10、11、12 | 3、7、8 | Ym-8115 型 |
| TMC526D-8100 | 双锥形-三角形聚晶 | 215 | 100 | 中硬—硬 | 5、6、7、8 | 2、6、3、7 | D-8100 型 |
| TMC526S-8100 | 双锥形-三角形聚晶 | 215 | 105 | 中硬—硬 | 5、6、7、8 | 2、6、3、7 | Sp-8100 型 |
| NMC938-8120 | 圆弧形-天然金刚石 | 215 | 120 | 硬—极硬 | 7、8、9、10、11、12 | 3、7、8 | Y-8120A 型 |

### 表 10-23　地层可钻性级值与钻头类型对应关系

| 地层级别 | | Ⅰ~Ⅲ | Ⅲ~Ⅳ | Ⅳ~Ⅵ | Ⅵ~Ⅷ | Ⅷ~Ⅹ | ≥Ⅹ |
|---|---|---|---|---|---|---|---|
| 地层级值 | | $K_d<3$ | $3\leqslant K_d<4$ | $4\leqslant K_d<6$ | $6\leqslant K_d<8$ | $8\leqslant K_d<10$ | $K_d\geqslant 10$ |
| 国际地层分类 | | 黏软（SS） | 软（S） | 软—中（S—M） | 中—硬（M—H） | 硬（H） | 极硬（EH） |
| 胜利取心钻头 | 天然金刚石 | | | | | NMC938 | NMC938 |
| | PDC | PSC146 | PSC146 | PSC136 | | | |
| | TSP | | | TMC616 | TMC616 | TMC536 | TMC536 |
| | 刮刀型 | HSC043 | HSC043 | | | | |
| Christensen取心钻头 | 金刚石 | C18 | C18 | C18、C22 | C201、C22、C23 | | C23、C40 |
| | PDC | RC473 | RC444 | RC476 | RC493、RC201 | | |
| | TSP | | | | SC226、SC276、SC249 | | SC249、SC278 |

### 表 10-24　胜利油田与国外取心钻头型号对照

| 地层 | 公司 | | 地层 | 公司 | |
|---|---|---|---|---|---|
| | DBS | 胜利 | | DBS | 胜利 |
| 软 | CSD120FD<br>CSP107<br>CB17FD<br>CMD123FD | HSC043<br>HSC026 | ↓ | CT93<br>CD202<br>CT403<br>CT436 | TMC636<br>PMC136 |
| ↓ | CD512<br>CMP109 | TMC916 | 硬 | CB303<br>CMD133 | TMC636<br>TMC526 |
| 中软 | CD93 | HSC016 | ↓ | CMD256 | TMC928<br>TMC928<br>TMC938 |
| ↓ | CT303<br>CMT133 | PSC136 | | | |
| 中硬 | | TMC626 | 极硬 | CB401<br>CMD456 | TMC938 |
| | CD502<br>CMP408 | PMC136 | ↓ | CB601<br>CMD567 | |
| ↓ | CD104 | PMC116 | | | |

**表 10-25　国外取心钻头型号选择使用**

| 地层 | 软 | 中软 | 中硬 | 硬 | 极硬 |
| --- | --- | --- | --- | --- | --- |
| 钻头类型 | CSD120FFD<br>CSP107<br>CB17FD（CMD123FD）<br>CD512（CMP109）<br>CD93<br>CT303（CMT133）<br>CD502（CMP408）<br>CD104<br>CT93<br>CD202<br>CT403（CT436）<br>CB303（CMD133）<br>CMD256<br>CB401（CMD456）<br>CB601（CMD567） | | | | |

# 第十一章　侧钻工具

本章主要介绍套管开窗侧钻工具、裸眼硬地层侧钻工具和分支井工具。套管开窗侧钻技术是在定向钻井技术基础上发展起来的一项新的钻井技术。随着这项技术的发展，侧钻工具也在不断改进、完善和创新。这里给出一些国内外常用的侧钻工具。

## 第一节　套管通径工具

套管通径工具主要有通径规和刮管器两大类。

### 一、通径规

通径规结构如图 11-1 所示，通径规技术规范见表 11-1。

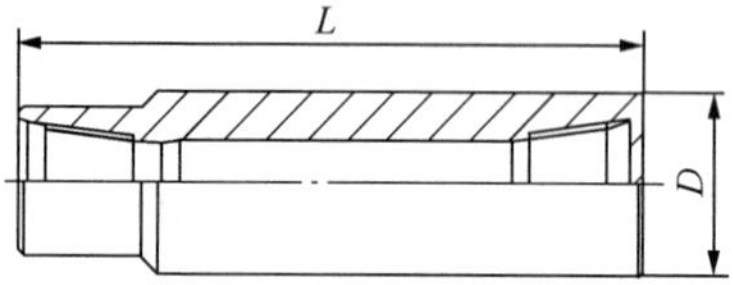


图 11-1　通径规结构

**表 11-1　通径规技术规范**

| 套管外径/mm | 通径规外径($D$)/mm | 长度($L$)/mm | 扣型 |
|---|---|---|---|
| Φ114.3 | Φ92～Φ95 | 500 | NC26 |
| Φ127.0 | Φ102～Φ107 | 500 | NC26 |
| Φ139.7 | Φ114～Φ118 | 500 | NC31 |
| Φ146.0 | Φ119～Φ128 | 500 | NC31 |
| Φ168.0 | Φ136～Φ148 | 500 | NC31 |
| Φ177.8 | Φ146～Φ158 | 500 | NC38 |
| Φ244.5 | Φ210～Φ220 | 500 | NC50 |

## 二、刮管器

1. 胶筒式刮管器

胶筒式刮管器结构如图 11-2 所示，胶筒式刮管器技术规范见表 11-2。

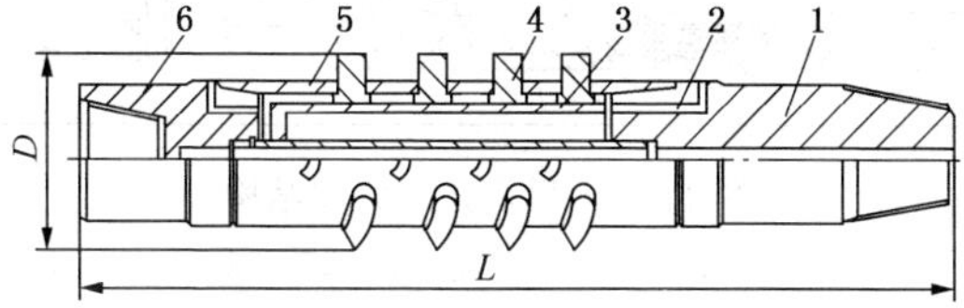


图 11-2 胶筒式刮管器结构

1—上接头；2—冲管；3—胶筒；4—刀片；5—壳体；6—下接头

**表 11-2 胶筒式刮管器技术规范**

| 序号 | 规格型号 | 外形尺寸（直径 D×长度 L）/mm×mm | 连接螺纹 | 使用规范及性能参数 | |
|---|---|---|---|---|---|
| | | | | 刮削套管/mm | 刀片伸出量/mm |
| 1 | GX-G114 | Φ112×1119 | NC26 | Φ114.3 | 13.5 |
| 2 | GX-G127 | Φ119×1340 | NC26 | Φ127.0 | 12.0 |
| 3 | GX-G140 | Φ129×1443 | NC31 | Φ139.7 | 9.0 |
| 4 | GX-G146 | Φ133×1443 | NC31 | Φ146.0 | 11.0 |
| 5 | GX-G168 | Φ156×1604 | 3½in REG | Φ168.0 | 15.5 |
| 6 | GX-G178 | Φ166×1604 | 3½in REG | Φ177.8 | 20.5 |
| 7 | GX-G245 | Φ237×1780 | 4½in REG | Φ244.5 | 25.5 |

工作原理及使用方法：由于刀片最大外径略大于套管内径，依靠胶筒弹力，下压入井后能使刀片紧贴套管内壁，通过上下活动和转动刮管器，结合循环洗井清除脏物。对于一般油泥锈蚀，采用上下活动即可清除，因为 360°圆周上均有刀片工作面。对于较大、较硬阻块，则应采用轻压慢转的方法，逐步刮削清除，直至畅通无阻。

2. 弹簧式刮管器

弹簧式刮管器结构如图11-3所示，弹簧式刮管器技术规范见表11-3。

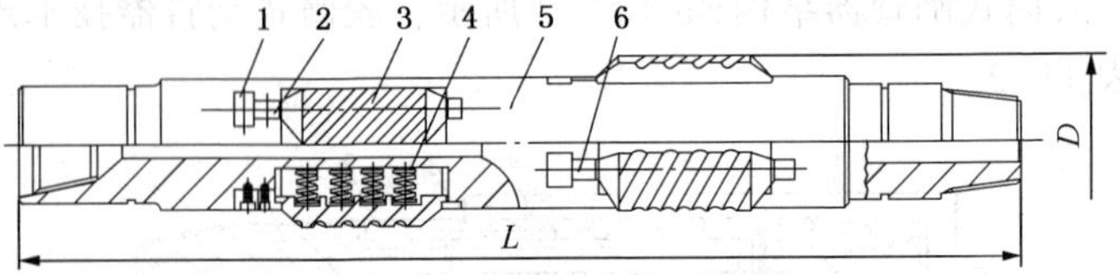


图11-3 弹簧式刮管器结构

1—固定块；2—内六角螺钉；3—刀板；4—弹簧；5—壳体；6—刀板座

**表11-3 弹簧式刮管器技术规范**

| 序号 | 规格型号 | 外形尺寸（直径 $D$×长度 $L$）/mm×mm | 连接螺纹 | 使用规范及性能参数 | |
|---|---|---|---|---|---|
| | | | | 刮削套管/mm | 刀片伸出量/mm |
| 1 | GX-T114 | $\Phi$112×1119 | NC26 | $\Phi$114.3 | 13.5 |
| 2 | GX-T127 | $\Phi$119×1340 | NC26 | $\Phi$127.0 | 12.0 |
| 3 | GX-T140 | $\Phi$129×1443 | NC31 | $\Phi$139.7 | 9.0 |
| 4 | GX-T146 | $\Phi$133×1443 | NC31 | $\Phi$146.0 | 11.0 |
| 5 | GX-T168 | $\Phi$156×1604 | 3½in REG | $\Phi$168.0 | 15.5 |
| 6 | GX-T178 | $\Phi$166×1604 | 3½in REG | $\Phi$177.8 | 20.5 |
| 7 | GX-T245 | $\Phi$233×1780 | 4½in REG | $\Phi$244.5 | 25.5 |

工作原理及使用方法：在弹簧的支撑下，刮管器最大外径略大于套管内径，使刀板紧贴套管内壁。通过上下活动和转动刮管器，并结合循环洗井，清除管壁污物。

## 第二节 套管锻铣工具

### 一、胜利天工™TDX系列锻铣器

TDX系列锻铣器结构如图11-4所示，具技术规范见表11-4。

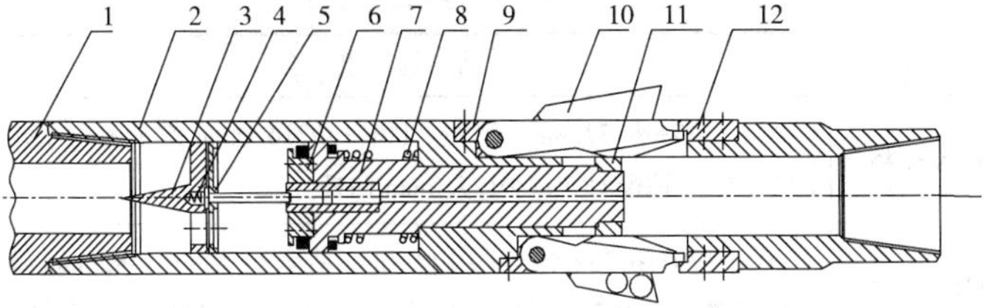


图 11-4　TDX 系列锻铣器结构

1—上接头；2—本体；3—锥帽盖；4—小弹簧；5—锥帽座；6—活塞上体；7—活塞下体；8—大弹簧；9—支撑块；10—刀片；11—止推螺母；12—限位块

**表 11-4　TDX 系列锻铣器技术规范**　mm

| 工具型号 | 连接螺纹 | 本体外径 | 刀片收拢时外径 | 刀片张开时最大外径 | 工具总长 | 限位扶正套与下扶正短节扶正外径 | 锻铣套管 | |
|---|---|---|---|---|---|---|---|---|
| | | | | | | | 外径 | 壁厚 |
| TDX-245 | NC50 | Φ210 | Φ214 | Φ310 | 1776 | $\Phi222^{+0}_{-0.5}$ | Φ244.5 | 8.94 |
| | | | | | | $\Phi220^{+0}_{-0.5}$ | | 10.03 |
| | | | | | | $\Phi218^{+0}_{-0.5}$ | | 11.05 |
| | | | | | | $\Phi216^{+0}_{-0.5}$ | | 11.99 |
| TDX-178 | NC38 | Φ144 | Φ144 | Φ210 | 1470 | $\Phi158^{+0}_{-0.5}$ | Φ177.8 | 8.05 |
| | | | | | | $\Phi156^{+0}_{-0.5}$ | | 9.19 |
| | | | | | | $\Phi154^{+0}_{-0.5}$ | | 10.36 |
| | | | | | | $\Phi151^{+0}_{-0.5}$ | | 11.51 |
| | | | | | | $\Phi149^{+0}_{-0.5}$ | | 12.65 |
| | | | | | | $\Phi147^{+0}_{-0.5}$ | | 13.72 |
| TDX-140 | NC31 | Φ114 | Φ114 | Φ170 | 1292 | $\Phi121^{+0}_{-0.5}$ | Φ139.7 | 7.72 |
| | | | | | | $\Phi118^{+0}_{-0.5}$ | | 9.17 |
| | | | | | | $\Phi115^{+0}_{-0.5}$ | | 10.54 |

工作原理：开泵后，工具活塞在压差作用下下行，活塞下部推盘则推动刀片张开；停泵后，活塞在弹簧作用下复位，刀片自动收回。

切割、磨铣套管推荐钻具组合见表 11-5。

表 11-5　推荐钻具组合

| 锻铣工具型号 | 钻具组合 |
|---|---|
| TDX-245 | TDX-245+Φ177.8mm 钻铤×1 根+Φ216.0mm 螺旋钻柱稳定器+Φ177.8mm 钻铤×8 根+Φ127.0mm 钻杆 |
| TDX-178 | TDX-178+NC38×NC35+Φ120.7mm 钻铤×1 根+Φ148.0mm 螺旋钻柱稳定器+Φ120.7mm 钻铤×5 根+NC35×NC38+Φ88.9mm 钻杆 |
| TDX-140 | TDX-140+NC31×NC26+Φ88.9mm 钻铤×1 根+Φ116.0mm 螺旋钻柱稳定器+Φ88.9mm 钻铤×8 根+NC26×NC31+Φ73.0mm 钻杆 |
| | TDX-140+Φ104.8mm 钻铤×1 根+Φ116.0mm 螺旋钻柱稳定器+Φ104.8mm 钻铤×8 根+Φ73.0mm 钻杆 |

锻铣作业参数见表 11-6。

表 11-6　锻铣作业参数

| 工具型号 | 工艺过程 | 锻铣参数 | | |
|---|---|---|---|---|
| | | 钻压/kN | 转速/(r/min) | 排量/(L/s) |
| TDX-245 | 切割 | | 50~60 | 16 |
| | 锻铣 | 10~30 | 80~100 | 24~25 |
| TDX-178 | 切割 | | 50~60 | 9 |
| | 锻铣 | 10~30 | 90~120 | 16~17 |
| TDX-140 | 切割 | | 50~60 | 8 |
| | 锻铣 | 10~25 | 90~120 | 13~14 |

## 二、贝克休斯公司锻铣工具

1. D$^{TM}$系列套管锻铣工具

D$^{TM}$系列套管锻铣工具是一种内割刀和锻铣多用工具。用于侧钻作业、磨铣产层射孔套管以及为下入更小尺寸的新套管固井而磨铣掉老套管，采用液压操作，6 刀片设计，其结构如图 11-5 所示，其技术规范见表 11-7。

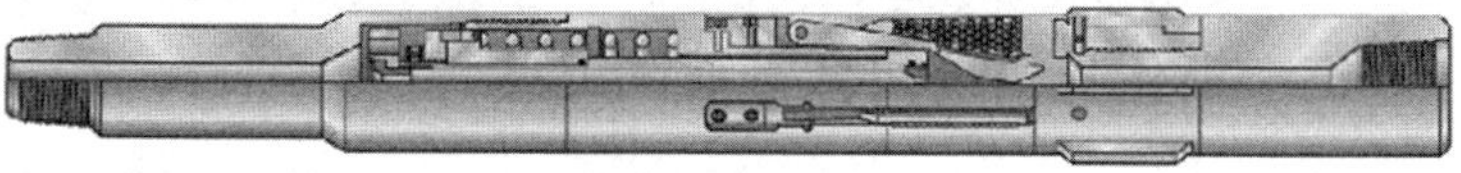

图 11-5 D™系列套管锻铣工具结构

**表 11-7 D™系列套管锻铣工具技术规范**

| 套管外径/mm | 工具外径/mm | 上部扣型 |
|---|---|---|
| Φ139.7 | Φ114.3 | $2\frac{7}{8}$in REG |
| Φ177.8 | Φ139.7 | $3\frac{1}{2}$in REG |
| Φ193.7 | Φ158.8 | |
| Φ219.1 | Φ184.2 | $4\frac{1}{2}$in REG |
| Φ244.5 | Φ209.3 | |
| Φ273.1 | Φ235.0 | $6\frac{5}{8}$in REG |
| Φ298.5 | Φ247.7 | |
| Φ339.7 | Φ292.1 | |

2. 镶装 METAL MUNCHER®切削齿的 LOCKMATIC®锻铣工具

LOCKMATIC®锻铣工具有直接锁定和解锁机构，3 刀翼双排切削齿设计，其结构如图 11-6 所示。

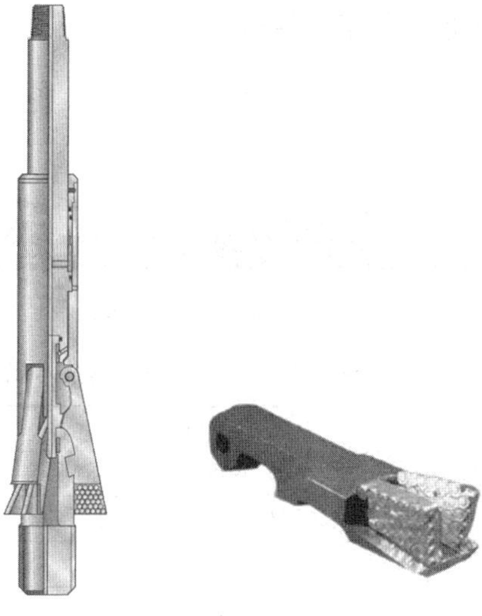

图 11-6 LOCKMATIC®锻铣工具及切削刀翼结构

## 三、斯伦贝谢公司套管锻铣工具

斯伦贝谢公司套管锻铣工具结构如图 11-7 所示，其技术规范见表 11-8。

图 11-7 斯伦贝谢公司套管锻铣工具结构

**表 11-8 斯伦贝谢公司套管锻铣工具技术规范**

| 工具外径/mm | 打捞颈外径/mm | 打捞颈长度/mm | 上部扣型 | 总长/mm | 抗扭强度/N·m | 抗拉强度/kN |
|---|---|---|---|---|---|---|
| Φ85.7 | Φ31.2 | 279.4 | 2⅜in REG Pin | 1350 | 7863 | 108.8 |
| Φ114.3 | Φ41.2 | 457.2 | 2⅞in REG Pin | 1790 | 15049 | 183.9 |
| Φ139.4 | Φ47.5 | 457.2 | 3½in REG Pin | 2310 | 25760 | 345.6 |
| Φ196.9 | Φ65.0 | 660.4 | 4½in IF Box 或 6⅝in REG Pin | 2900 | 74570 | 704.1 |
| Φ254.0 | Φ80.0 | 508.0 | 8⅝in REG Pin | 2860 | 130159 | 923.9 |

## 四、威德福公司套管锻铣工具

威德福公司套管锻铣工具结构如图 11-8 所示，其技术规范见表 11-9。

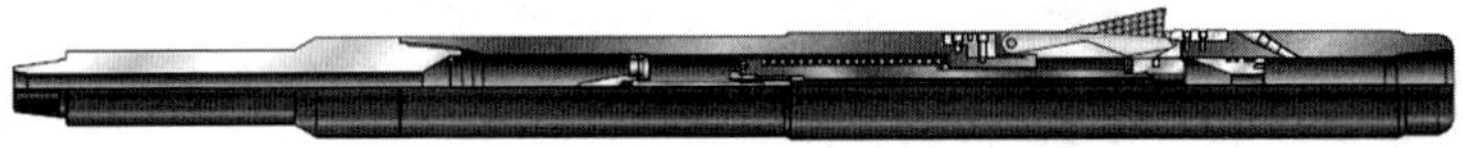

图 11-8 威德福公司套管锻铣工具

**表 11-9 威德福公司套管锻铣工具技术规范**

| 套管外径/mm | 工具外径/mm | 工具总长/mm |
|---|---|---|
| Φ168.3 和 Φ177.8 | Φ139.7 | 1900 |
| Φ193.7 | Φ155.5 | 1900 |
| Φ244.5 | Φ209.5 | 2200 |
| Φ339.7 | Φ292.1 | 2300 |

# 第三节　套管开窗工具

## 一、胜利天工$^{TM}$系列套管开窗工具

胜利天工$^{TM}$系列套管开窗工具类型包括分体式、可循环式、可回收式、一趟钻式等。

1. 分体式套管开窗工具

其主要由分体式斜向器和套管开窗磨铣工具组成，先下入斜向器坐挂，再下入套管开窗磨铣工具完成套管开窗磨铣作业。

1）SZ 系列分体式斜向器

工作原理：工具下至预定深度，使用陀螺或 MWD 调整工具斜向器至对准设计方位，然后通过开泵憋压推动上、下活塞外挤上、下卡瓦使之坐挂到套管内壁上，并通过自锁机构锁紧上、下活塞，之后正转管柱，倒扣丢手，起出送入杆完成斜向器锚定作业。SZ 系列分体式斜向器工具结构如图 11-9 所示，其技术规范见表 11-10。

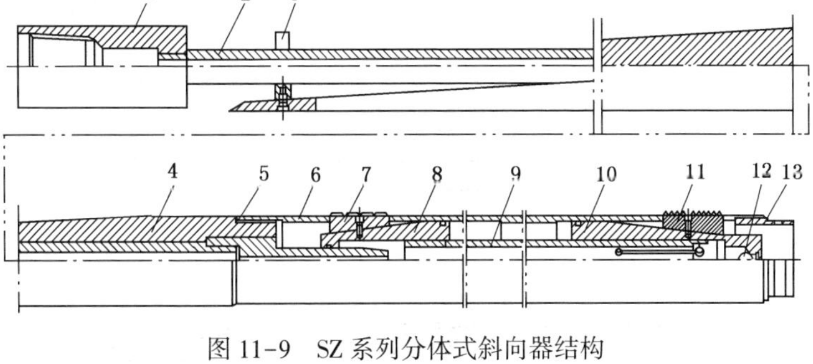


图 11-9　SZ 系列分体式斜向器结构

1—上接头；2—送入杆；3—扶正盘；4—导斜体；5—喷嘴；6—外壳体；7—上卡瓦；8—上部活塞；9—中心杆；10—下卡瓦；11—下部活塞；12—钢球；13—丝堵

表 11-10　SZ 系列分体式斜向器技术规范

| 型号 | 套管尺寸/mm | 上部扣型 | 总长/mm | 公称外径/mm | 斜面度数/(°) | 斜面长度/mm |
|---|---|---|---|---|---|---|
| SZ-118 | Φ139.7 | NC31 | 3870 | 118 | 3.0 | 1930 |
| SZ-152 | Φ177.8 | NC38 | 4635 | 152 | 3.0 | 2622 |
| SZ-162 | Φ193.7 | NC38 | 4650 | 162 | 3.0 | 2813 |
| SZ-170 | Φ193.7 | NC38 | 4910 | 170 | 3.0 | 3066 |
| SZ-210 | Φ244.5 | NC50 | 5570 | 210 | 3.0 | 4792 |
| SZ-236 | Φ273.1 | NC50 | 8300 | 236 | 2.5 | 4792 |
| SZ-268 | Φ298.5 | 6⅝in REG | 8928 | 268 | 2.5 | 3250 |
| SZ-300 | Φ339.7 | 6⅝in REG | 9450 | 300 | 2.5 | 6350 |
| SZ-430 | Φ508.0 | 6⅝in REG | 11285 | 429 | 2.5 | 7400 |
| SZ-503 | Φ609.6 | 6⅝in REG | 11341 | 503 | 3.0 | 7730 |

2）XZ 系列开窗磨铣工具

多采用 XZ 型复式铣锥（图 11-10）一次完成起始铣、开窗铣和修窗铣作业，其技术规范见表 11-11，推荐作业参数见表 11-12。定向井、水平井开窗，以及有特殊作业要求时，则建议在 XZ 型复式铣锥的上部适当位置加装 1 只钻柱式磨铣工具（图 11-11），其技术规范见表 11-13，以保证套管窗口质量。

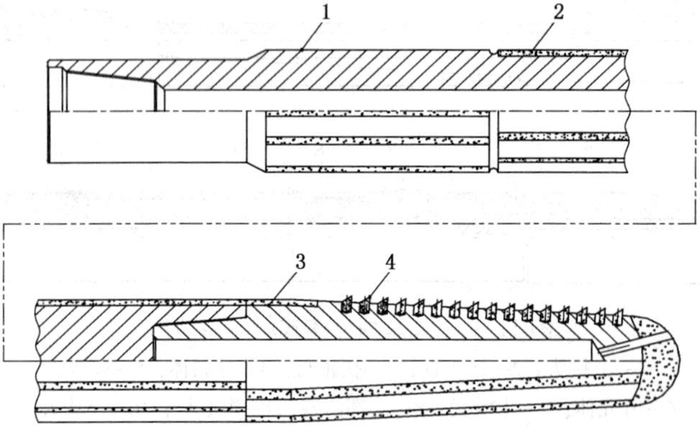


图 11-10　XZ 型复式铣锥

1—上体；2—硬质合金；3—下锥体；4—切削齿

表 11-11　XZ 型复式铣锥技术规范

| 型号 | 上部扣型 | 总长/mm | 最大外径/mm | 水眼/mm |
|---|---|---|---|---|
| XZ-118 | NC31 | 1070 | Φ120.7 | 3×Φ12 |
| XZ-152 | NC38 | 1100 | Φ152.4 | 3×Φ10 |
| XZ-216 | NC50 | 1200 | Φ216.0 | 3×Φ15 |
| XZ-311 | 6⅝in REG | 1280 | Φ311.0 | 4×Φ18 |
| XZ-445 | 7⅝in REG | 1230 | Φ445.0 | 3×Φ40 |

表 11-12　XZ 型复式铣锥推荐作业参数

| 型号 | 起始段 | | 骑套段 | | 出套段 | |
|---|---|---|---|---|---|---|
| | 钻压/kN | 转速/(r/min) | 钻压/kN | 转速/(r/min) | 钻压/kN | 转速/(r/min) |
| XZ-118 | 5 | 50~60 | 10~25 | 60~80 | 2~10 | 60~90 |
| XZ-152 | 5 | 50~60 | 15~30 | 60~80 | 2~10 | 60~90 |
| XZ-216 | 5 | 50~60 | 20~40 | 60~80 | 5~15 | 60~90 |
| XZ-311 | 5 | 50~60 | 20~40 | 60~80 | 5~15 | 60~90 |
| XZ-445 | 5 | 50~60 | 20~45 | 60~80 | 5~15 | 60~90 |

表 11-13　ZZX 型钻柱式磨铣工具技术规范

| 型号 | 扣型 | 总长/mm | 最大外径/mm |
|---|---|---|---|
| ZZX-118 | NC31 | 800 | Φ120.7 |
| ZZX-152 | NC38 | 800 | Φ152.4 |
| ZZX-216 | NC50 | 1100 | Φ216.0 |
| ZZX-311 | 6⅝in REG | 1100 | Φ311.1 |
| ZZX-445 | 7⅝in REG | 900 | Φ445.0 |

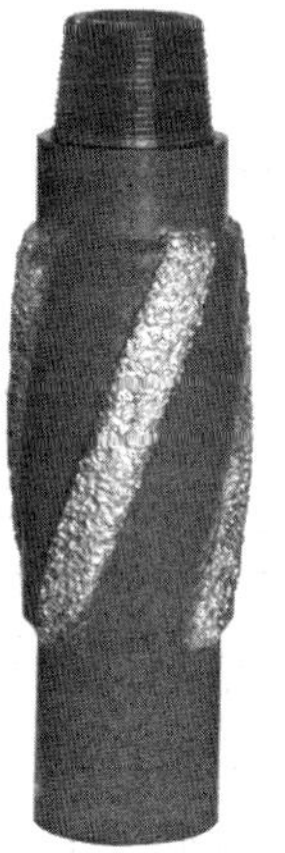

图 11-11　ZZX 型钻柱式磨铣工具

2. 可循环式套管开窗工具

该工具中的 SKX 系列可循环式斜向器(图 11-12)增加了可开关的循环阀装置，其技术规范见表 11-14。工作原理：工具下至预定深度，下压循环阀到水泥塞面或者桥塞后，循环流道打开，开泵循环钻井液，用 MWD 测斜仪测量导斜面方位，停泵，上提钻具关闭循环阀，转动钻具将导斜面方位调整到设计开窗方位，然后通过开泵憋压推动上、下活塞外挤上、下卡瓦使之坐挂在套管内壁上，并通过自锁机构锁紧上、下活塞，之后正转管柱，倒扣丢手，起出送入杆，完成斜向器锚定作业。开窗磨铣作业采用 XZ 系列开窗磨铣工具配合完成。

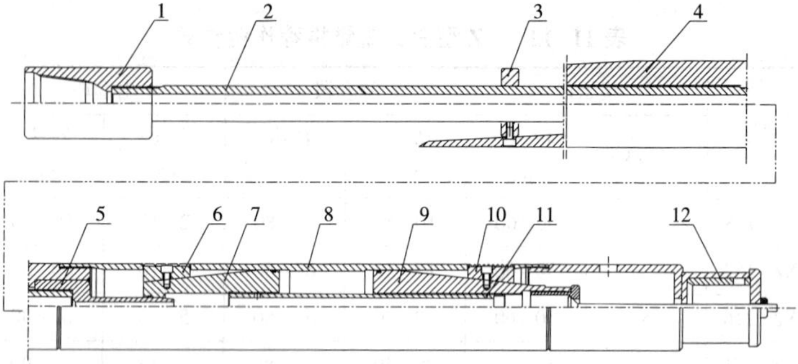


图 11-12　SKX 系列可循环式斜向器结构

1—上接头；2—送入杆；3—扶正盘；4—导斜体；5—喷嘴；6—上卡瓦；7—上部活塞；8—外壳体；9—下部活塞；10—下卡瓦；11—中心管；12—循环阀

**表 11-14　SKX 系列可循环式斜向器技术规范**

| 型号 | 套管尺寸/mm | 连接螺纹 | 总长/mm | 公称外径/mm | 斜面度数/(°) | 斜面长度/mm |
|---|---|---|---|---|---|---|
| SKX-152 | Φ177.8 | NC38 | 4850 | 152 | 3.0 | 2622 |
| SKX-210 | Φ244.5 | NC50 | 5785 | 210 | 3.0 | 3250 |
| SKX-300 | Φ339.7 | 6⅝in REG | 9733 | 300 | 2.5 | 6350 |

3. 可回收式套管开窗工具

该工具采用了 KDX 系列可回收式斜向器(图 11-13)，其技术规范见表 11-15，可按技术需求打捞回收斜向器。工作原理：工具下至预定深度，定向使工具斜面对准设计方位，然后通过开泵憋压实现坐封，之后正转管柱，倒扣丢手，起出送入杆完成斜向器锚定作业后，下入磨铣工具开窗作业。需要回收斜向器时，使用回收打捞钩组合下至坐挂井深，打捞钩和斜向器导斜体上的打捞槽啮合，上提钻具实现解锁，然后起出斜向器。

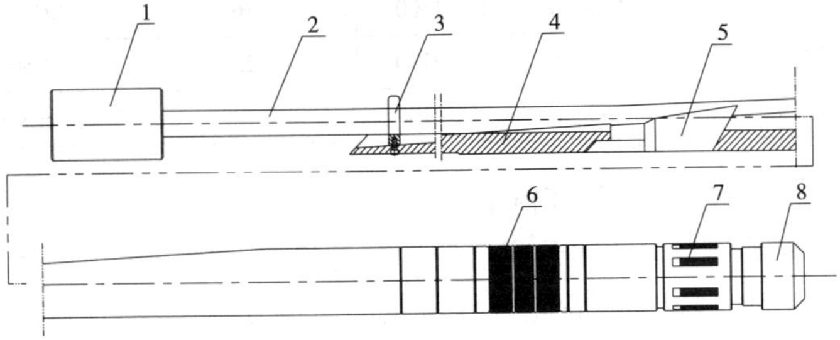

图 11-13　KDX 系列可回收式斜向器结构

1—上接头；2—送入杆；3—扶正盘；4—导斜体；5—回收槽；6—密封总成；7—坐挂卡瓦；8—引鞋

**表 11-15　KDX 系列可回收式斜向器技术规范**

| 型号 | 套管尺寸/mm | 连接螺纹 | 总长/mm | 公称外径/mm | 斜面度数/(°) | 斜面长度/mm |
|---|---|---|---|---|---|---|
| KDX-115 | Φ139.7 | NC31 | 4820 | 116 | 3.0 | 2200 |
| KDX-150 | Φ177.8 | NC38 | 5510 | 150 | 3.0 | 2600 |

其中，打捞钩具有与斜向器顶部的“打捞槽”相吻合的结构。可回收式斜向器打捞钩及打捞槽结构如图 11-14 所示，可回收式斜向器打捞钩技术规范见表 11-16。

图 11-14　可回收式斜向器打捞钩及打捞槽结构

表 11-16　可回收式斜向器打捞钩技术规范

| 套管尺寸/mm | 斜向器外径/mm | 长度/mm | 最大额定拉力/kN | 母扣类型 |
| --- | --- | --- | --- | --- |
| Φ139.7 | Φ114.0 | 1300 | 163 | 2⅞in REG |
| Φ177.8 | Φ152.0 | 1300 | 163 | NC38 |
| Φ244.5 | Φ210.0 | 2100 | 235 | NC50 |
| Φ339.7 | Φ300.0 | 2100 | 235 | 6⅝in REG |

4. 一趟钻式套管开窗工具

YT 系列斜向器和开窗磨铣组合连接成一体下至预定深度，使用 MWD 测斜仪或者陀螺仪测量斜向器方位，转动钻具将导斜面方位调整到设计开窗方位。然后通过开泵憋压实现液力坐挂并封隔下部井眼，下压剪断销钉后进行套管开窗作业，可一趟钻完成开窗、扩窗、修窗作业。YT 系列一趟钻式套管开窗工具结构如图 11-15 所示，其技术规范见表 11-17。

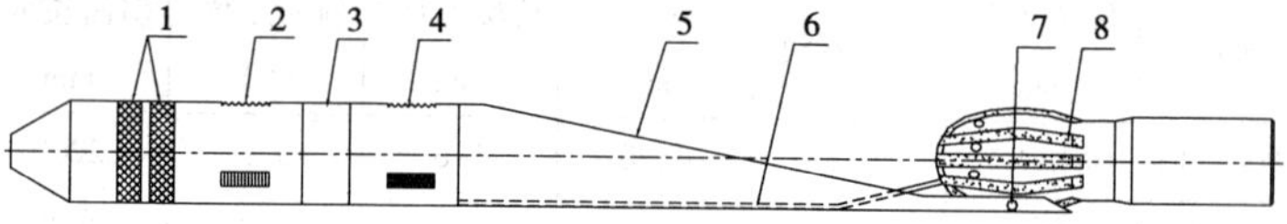


图 11-15　YT 系列一趟钻式套管开窗工具结构

1—封隔胶筒；2—下卡瓦；3—外壳体；4—上卡瓦；5—导斜体；6—传压管线；7—连接销钉；8—铣锥

表 11-17　YT 系列一趟钻式套管开窗工具技术规范

| 型号 | 套管尺寸/mm | 连接螺纹 | 总长/mm | 公称外径/mm | 斜面度数/(°) | 斜面长度/mm |
| --- | --- | --- | --- | --- | --- | --- |
| YT-114 | Φ139.7 | NC31 | 3500 | 114 | 2.5 | 1900 |
| YT-150 | Φ177.8 | NC38 | 5040 | 150 | 2.5 | 2630 |
| YT-158 | Φ193.7 | NC38 | 5150 | 158 | 2.5 | 2700 |
| YT-210 | Φ244.5 | NC50 | 5580 | 210 | 2.5 | 3250 |
| YT-300 | Φ339.7 | 6⅝in REG | 8710 | 300 | 2.5 | 5870 |

注：适合其他套管尺寸的一趟钻式斜向器可根据用户要求定制。

## 二、贝克休斯产套管开窗工具

贝克休斯拥有成系列的套管开窗工具，可实现斜向器和锚定封隔工具的模块化组合配套，可实现机械式、液压式、一趟钻式、可回收式和过油管作业等多种作业模式。

1. 贝克休斯产斜向器应用

贝克休斯产斜向器应用如图 11-16 所示。

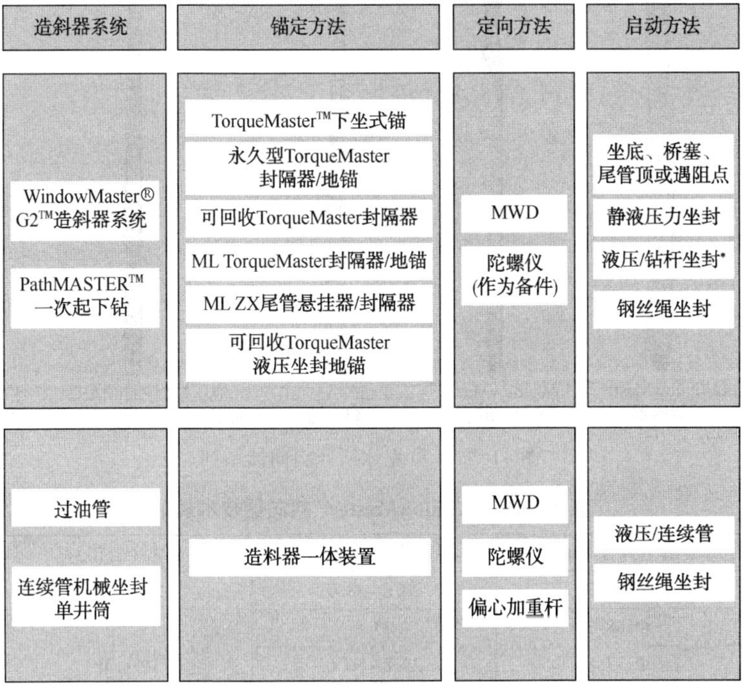


注：*要求特殊或改型的造斜器。

图 11-16　贝克休斯产斜向器应用

2. 贝克休斯产斜向器系列

具有 WindowMaster®、WindowMaster® G2™、PathMASTER™、液压坐封 PathMASTER™和 WindowMaster® G2™等斜向器系列（图 11-17），其技术规范见表 11-18～表 11-20。

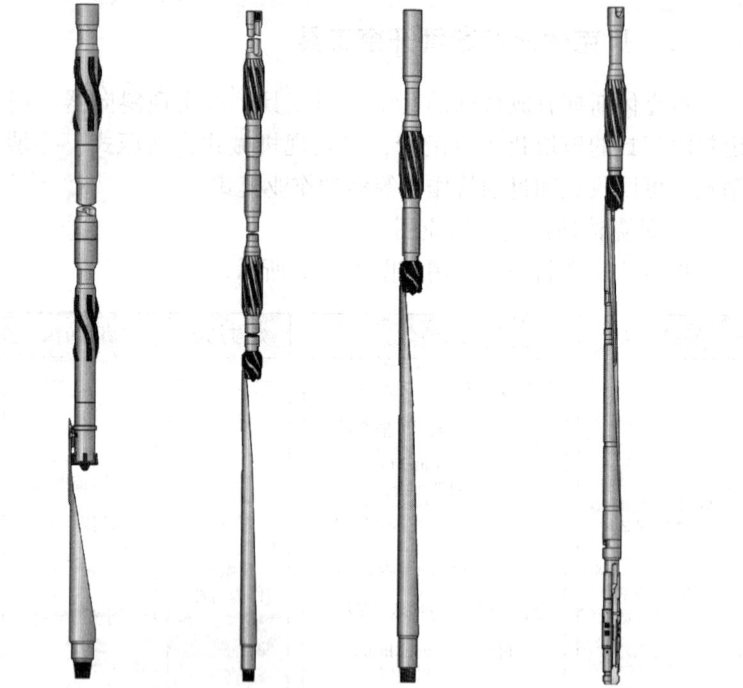

(a)WindowMaster® 斜向器　(b)WindowMaster® G2™斜向器　(c)PathMASTER™ 斜向器　(d)液压坐封PathMASTER™和WindowMaster® G2™斜向器

图 11-17　贝克休斯产斜向器系列

**表 11-18　WindowMaster®斜向器技术规范**

| 套管外径/mm | 单重/(kg/m) | 扣型(公扣) |
| --- | --- | --- |
| Φ139.7 | 20.8~38.7 | $2\frac{7}{8}$in IF |
| Φ168.3 | 29.8 | $3\frac{1}{2}$in IF |
| Φ177.8 | 29.8~56.6 | |
| Φ193.7 | 39.3~70.2 | |
| Φ219.1 | 47.7~53.6 | $4\frac{1}{2}$in IF |
| Φ244.5 | 59.6~79.7 | |
| Φ273.1 | 60.4~76.0 | |
| Φ298.5 | 80.4~105.7 | |
| Φ339.7 | 81.1~107.1 | |
| Φ406.4 | 125.0~162.2 | $6\frac{5}{8}$in REG |

**表 11-19　WindowMaster® G2™斜向器技术规范**

| 套管外径/mm | 单重/(kg/m) | 窗口长度/m | 扣型(公扣) |
|---|---|---|---|
| Φ139.7 | 20.8~34.2 | 3.90 | $2\frac{7}{8}$in PAC DSI |
| Φ146.1 | 25.3~33.5 | 3.90 | |
| Φ168.3 | 29.8~54.6 | 3.75 | $3\frac{1}{2}$in IF |
| Φ177.8 | 29.8~56.6 | 4.06 | |
| Φ193.7 | 35.7~63.7 | 4.14 | |
| Φ219.1 | 47.6~72.9 | 5.0 | 4in IF |
| Φ244.5 | 53.6~86.9 | 5.21 | $4\frac{1}{2}$in IF |
| Φ250.8 | 93.5 | 5.21 | |
| Φ273.0 | 60.3~90.3 | 6.10 | $6\frac{5}{8}$in REG |
| Φ298.5 | 70.0~120.0 | 6.79 | |
| Φ301.6 | 106.9 | 6.79 | |
| Φ339.7 | 81.1~101.3 | 7.44 | |
| Φ346.1 | 131.3 | 7.44 | |

**表 11-20　PathMASTER™斜向器技术规范**

| 套管外径/mm | 单重/(kg/m) | 窗口长度/m | 扣型(公扣) |
|---|---|---|---|
| Φ114.3 | 14.1~24.7 | 1.40 | $2\frac{3}{8}$in PAC |
| Φ127.0 | 17.1~34.5 | 1.58 | |
| Φ139.7 | 20.8~38.7 | 1.75 | $2\frac{7}{8}$in PAC DSI |
| Φ146.1 | 25.3~37.5 | 1.77 | |
| Φ168.3 | 29.8~54.6 | 2.29 | $3\frac{1}{2}$in IF |
| Φ177.8 | 29.8~56.6 | 2.39 | |
| Φ193.7 | 35.8~63.8 | 2.67 | |
| Φ219.1 | 47.6~72.9 | 2.95 | 4in IF |
| Φ244.5 | 53.6~79.7 | 3.45 | $4\frac{1}{2}$in IF |

3. PathMAKER™硬地层开窗磨铣工具

PathMAKER™硬地层开窗磨铣工具(图 11-18)适合与 PathMASTER™和 WindowMaster® G2™斜向器配合使用，可以在砂岩、

图 11-18　PathMAKER™ 硬地层开窗磨铣工具

石膏岩、石灰岩、白云岩等硬、研磨性地层中一趟起下钻完成套管开窗和领眼钻进，其技术规范见表 11-21。

4. 贝克休斯产斜向器锚定及封隔器系列

具有 TorqueMaster™可回收下座式锚定器、TorqueMaster™液压坐封可回收式锚定器、TorqueMaster™永久型封隔器和可回收式锚定器、可回收式 TorqueMaster™封隔器等系列(图 11-19)，其技术规范见表 11-22～表 11-25。

**表 11-21　PathMAKER™硬地层开窗磨铣工具技术规范**

| 套管外径/mm | 单重/(kg/m) | 磨鞋外径/mm | 扣　型 |
|---|---|---|---|
| Φ114.3 | 17.3～20.1 | Φ96.5 | 2⅜in REG |
| | | | 2⅜in PAC DSI |
| Φ127.0 | 22.3～26.8 | Φ104.8 | 2⅜in REG |
| | | | 2⅜in PAC DSI |
| | 31.0～34.5 | Φ98.4 | 2⅜in REG |
| | | | 2⅜in PAC DSI |
| Φ139.7 | 23.1～25.3 | Φ120.7 | 2⅞in PAC DSI |
| | 29.8～34.2 | Φ114.3 | |
| Φ168.3 | 29.8～35.7 | Φ146.0 | 3½in REG |
| Φ177.8 | 34.3～38.7 | Φ155.6 | |
| | 43.2 | Φ152.4 | |
| | 47.7～52.2 | Φ149.2 | |
| | 56.6 | Φ146.0 | |
| Φ193.7 | 39.3～44.2 | Φ171.4 | |
| | 50.2～58.0 | Φ165.1 | |

续表

| 套管外径/mm | 单重/(kg/m) | 磨鞋外径/mm | 扣　型 |
|---|---|---|---|
| $\Phi$219.1 | 47.6~53.6 | $\Phi$195.6 | 4½in REG |
| $\Phi$244.5 | 64.8~79.6 | $\Phi$215.9 | |
| | 79.6~86.9 | $\Phi$212.7 | |
| $\Phi$250.8 | 93.5 | $\Phi$215.9 | |
| $\Phi$273.0 | 82.6~90.3 | $\Phi$241.3 | 6⅝in REG |
| $\Phi$298.5 | 70.0~89.4 | $\Phi$269.9 | |
| $\Phi$301.6 | 106.9 | | |
| $\Phi$339.7 | 81.1~101.3 | $\Phi$311.2 | |
| $\Phi$346.1 | 131.3 | | |

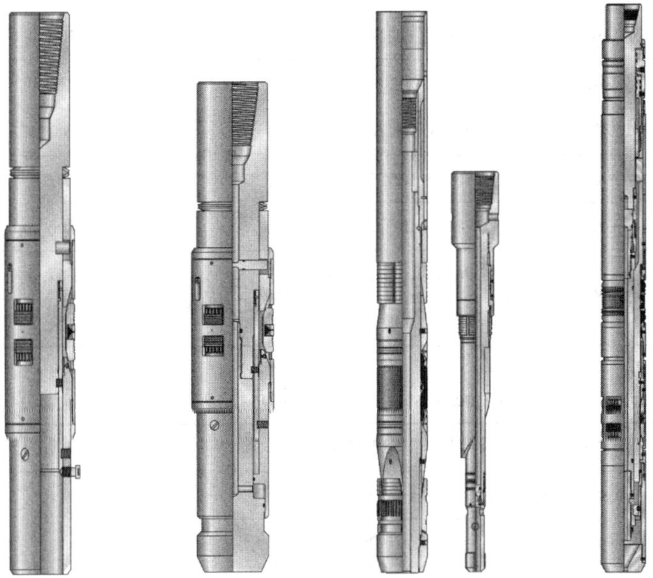

(a)TorqueMaster™可回收下坐式锚定器　(b)TorqueMaster™液压坐封可回收式锚定器　(c)TorqueMaster™永久型封隔器和可回收式锚定器　(d)可回收式TorqueMaster™封隔器

图 11-19　贝克休斯产斜向器锚定及封隔器系列

### 表 11-22　TorqueMaster™可回收下坐式锚定器技术规范

| 套管外径/mm | 单重/(kg/m) | 扣　型 | 外径/mm |
|---|---|---|---|
| Φ114.3 | 14.1~22.5 | 2⅜in PAC DSI Box | 94.0 |
| | 17.3~25.1 | | 91.4 |
| Φ127.0 | 34.5 | | 94.0 |
| | 26.8~31.8 | | 100.4 |
| Φ139.7 | 20.8~29.8 | 2⅞in IF Box | 116.9 |
| | 34.2~38.7 | | 111.8 |
| Φ177.8 | 29.8~56.6 | 3½in IF Box | 114.1 |
| | 33.7~56.6 | | 136.5 |
| Φ193.7 | 39.3~70.1 | | 156.7 |
| Φ219.1 | 35.7~65.5 | | 187.3 |
| Φ244.5 | 53.6~79.6 | 4½in IF Box | 211.8 |
| Φ273.1 | 60.3~82.6 | | 241.9 |
| Φ298.5 | 80.4~105.7 | | 263.4 |
| Φ339.7 | 81.1~107.1 | | 306.9 |
| Φ406.4 | 96.7~162.2 | 6⅝in REG | 367.5 |
| | 125.0~190.5 | | 361.2 |

### 表 11-23　TorqueMaster™液压坐封可回收式锚定器技术规范

| 套管外径/mm | 单重/(kg/m) | 扣　型 |
|---|---|---|
| Φ168.3 | 29.8~52.1 | 3½in IF Box(NC38) |
| Φ177.8 | 29.8~73.7 | |
| Φ193.7 | 39.3~70.1 | |
| Φ196.9 | 68.6~72.3 | |
| Φ219.1 | 35.7~65.5 | |

表 11-24　TorqueMaster™永久型封隔器和可回收式锚定器技术规范

| 套管外径/mm | 封隔器最大外径/mm | 封隔器内径/mm |
| --- | --- | --- |
| Φ114.3 | Φ95.3 | Φ50.0 |
| Φ127.0 | Φ100.8 | |
| Φ139.7 | Φ108.0 | |
| | Φ110.0 | |
| | Φ114.3 | |
| Φ177.8 | Φ144.4 | Φ68.3 |
| | Φ149.2 | |
| | Φ152.4 | |
| | Φ158.8 | |
| Φ193.6 | Φ158.8 | |
| | Φ165.1 | |
| Φ196.9 | Φ158.8 | |
| Φ244.5 | Φ206.4 | |
| Φ250.1 | Φ206.4 | |
| Φ273.0 | Φ239.7 | |
| Φ339.7 | Φ304.8 | |

表 11-25　可回收式 TorqueMaster™封隔器技术规范

| 套管外径/mm | 封隔器最大外径/mm |
| --- | --- |
| Φ177.8 | Φ150.1 |
| | Φ154.4 |
| Φ244.5 | Φ211.1 |
| | Φ214.6 |

5. 斜向器打捞回收工具

斜向器打捞回收工具通常包括打捞钩(图 11-20)、专用打捞筒和专用打捞母锥(图 11-21)。

图 11-20　斜向器打捞钩

图 11-21　斜向器专用打捞母锥

6. 用于井径受限情况的过油管斜向器

机械式可回收过油管斜向器(图 11-22)连接在电缆或连续管上下入井内，通过油管或过井眼受限处，坐放在较大直径套管内，然后下入开窗磨铣组合进行套管开窗作业后使用液压打捞筒打捞回收，其技术规范见表 11-26。

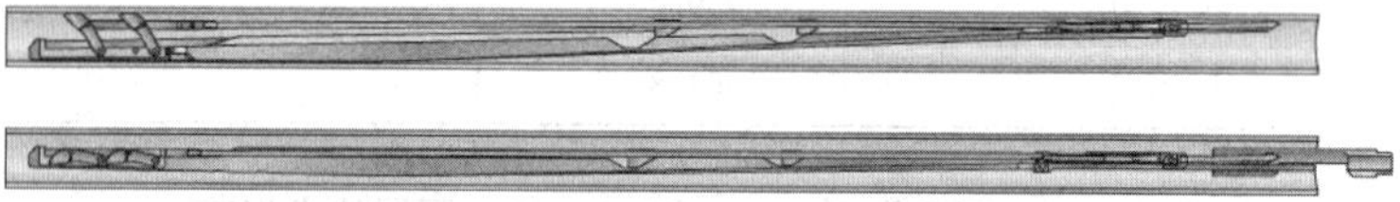

图 11-22　机械式可回收过油管斜向器

**表 11-26　机械式可回收过油管斜向器技术规范**

| 油管/套管外径/mm | 斜向器外径/mm | 窗口尺寸/mm |
| --- | --- | --- |
| Φ139.7 | Φ92.1 | Φ96.5 |
| Φ177.8 | | Φ96.5 |
| Φ177.8 | | Φ104.8 |
| Φ177.8 | | Φ114.3 |
| Φ193.7 | | Φ96.5 |
| Φ193.7 | | Φ104.8 |
| Φ193.7 | | Φ114.3 |

## 三、斯伦贝谢产套管开窗工具

斯伦贝谢拥有成系列的套管开窗工具，可实现机械式、液压式、一趟钻式、可回收式和过油管作业等多种作业模式。

1. TrackMaster 系列斜向器与开窗磨铣工具

该系列斜向器具有标准型[图 11-23(a)]、硬地层型[图 11-23(b)]和机械下压式等，导斜面多折线设计，其技术规范见表 11-27~表 11-29，其中标准型斜向器可与 FasTrack tri-mill 和 FasTrack bi-mill 开窗磨铣工具配合使用，硬地层斜向器只能与 FasTrack bi-mill 开窗磨铣工具配合使用，机械下压式斜向器与 TrackMaster 硬质合金 bi-mill 开窗磨铣工具、TrackMaster 机械下压式锚定器配合使用。

(a)标准型

(b)硬地层型

图 11-23　TrackMaster 系列斜向器

FasTrack tri-mill 开窗磨铣工具[图 11-24(a)]为 3 段组合设计，FasTrack bi-mill 开窗磨铣工具[图 11-24(b)]和 TrackMaster 硬质合金 bi-mill 开窗磨铣工具为 2 段组合设计，FasTrack tri-mill 开窗磨铣工具和 FasTrack bi-mill 开窗磨铣工具可增加 PDC 齿，以提高其耐久性和领眼钻进能力，FasTrack bi-mill 开窗磨铣工具可推荐用于双层套管开窗作业中，其技术规范见表 11-30~表 11-32。

(a)FasTrack tri-mill

(b)FasTrack bi-mill

图 11-24　FasTrack 系列开窗磨铣工具

表 11-27　TrackMaster 标准型斜向器技术规范

| 套管外径/mm | 套管单重/(kg/m) | 斜向器外径/mm | 斜向器总长/mm | 斜向器导斜面长度/mm | 下部扣型 |
|---|---|---|---|---|---|
| Φ508.0 | 140.0~251.0 | Φ406.4 | 8367 | 7181 | 8⅝in AZ IF Pin |
| Φ473.1 | 130.2~174.9 | Φ406.4 | 8367 | 7181 | 8⅝in AZ IF Pin |
| Φ410.0 | 125.0~162.0 | Φ360.7 | 9074 | 7402 | 8⅝in AZ IF Pin |
| Φ339.7 | 101.0~107.0 | Φ292.1 | 8503 | 6721 | 8⅝in AZ IF Pin |
| Φ298.4 | 63.0~97.0 | Φ257.3 | 6839 | 5588 | 5½in IF Pin |
| Φ273.0 | 60.3~90.3 | Φ231.8 | 6230 | 4854 | 5½in IF Pin |
| Φ244.5 | 48.1~79.6 | Φ203.2 | 5543 | 4275 | 5½in IF Pin |
| Φ219.1 | 36.0~65.0 | Φ177.3 | 5099 | 3818 | 4½in IF Pin |
| Φ193.7 | 36.0~58.0 | Φ152.4 | 4649 | 3467 | 4in IF Pin |
| Φ177.8 | 30.0~57.0 | Φ136.7 | 4386 | 3223 | 3½in IF Pin |
| Φ139.7 | 21.0~34.0 | Φ106.4 | 3067 | 2245 | 2⅞in IF Pin |
| Φ114.2 | 14.1~20.1 | Φ84.1 | 2683 | 1669 | 2⅜in IF Pin |

表 11-28　TrackMaster 硬地层型斜向器技术规范

| 套管外径/mm | 套管单重/(kg/m) | 斜向器外径/mm | 斜向器总长/mm | 斜向器导斜面长度/mm | 下部扣型 |
|---|---|---|---|---|---|
| Φ244.5 | 48.1~79.6 | Φ203.2 | 4845 | 3551 | 5½in IF Pin |
| Φ193.7 | 36.0~58.0 | Φ152.4 | 3759 | 2667 | 4in IF Pin |
| Φ177.8 | 30.0~57.0 | Φ136.7 | 3421 | 2403 | 3½in IF Pin |

表 11-29　TrackMaster 机械下压式斜向器技术规范

| 套管外径/mm | 套管单重/(kg/m) | 斜向器外径/mm | 斜向器导斜面长度/mm | 下部连接 |
|---|---|---|---|---|
| Φ244.5 | 48.1~79.6 | Φ203.2 | 3551 | 铰链 |
| Φ193.7 | 36.0~58.0 | Φ152.4 | 2769 | |
| Φ177.8 | 30.0~57.0 | Φ136.7 | 2402 | |
| Φ139.7 | 21.0~34.0 | Φ106.4 | 1860 | |

**表 11-30　FasTrack tri-mill 开窗磨铣工具技术规范**

| 套管外径/mm | 套管单重/(kg/m) | 工具外径范围/mm | 工具总长/mm | 上部扣型 | 打捞颈外径/mm |
|---|---|---|---|---|---|
| Φ410.0 | 125.0~162.0 | Φ368.0~Φ374.7 | 7092 | 8⅝in REG Pin | Φ266.7 |
| Φ339.7 | 101.0~107.0 | Φ308.0~Φ311.2 | 6078 | 6⅝in FH Pin | Φ228.6 |
| Φ298.5 | 63.0~97.0 | Φ267.0~Φ273.1 | 5972 | 6⅝in REG Pin | Φ190.5 |
| Φ273.1 | 60.3~90.3 | Φ241.0~Φ250.8 | 4820 | 4½in IF Pin | Φ165.1 |
| Φ244.5 | 48.1~79.6 | Φ212.7~Φ222.3 | 4315 | 4½in IF Pin | Φ165.1 |
| Φ219.1 | 36.0~65.0 | Φ191.0~Φ200.0 | 3650 | 4in IF Pin | Φ149.4 |
| Φ193.7 | 36.0~58.0 | Φ165.0~Φ174.6 | 4043 | 3½in IF Pin | Φ127.0 |
| Φ177.8 | 30.0~57.0 | Φ146.1~Φ158.8 | 3592 | 3½in IF Pin | Φ120.7 |
| Φ139.7 | 21.0~34.0 | Φ114.0~Φ123.8 | 2464 | 2⅜in IF Pin | Φ88.9 |
| Φ114.2 | 14.1~20.1 | Φ95.3~Φ98.4 | 1971 | NC23 Pin | Φ76.2 |

**表 11-31　FasTrack bi-mill 开窗磨铣工具技术规范**

| 套管外径/mm | 套管单重/(kg/m) | 工具外径范围/mm | 工具总长/mm | 上部扣型 | 打捞颈外径/mm |
|---|---|---|---|---|---|
| Φ508.0 | 140.0~251.0 | Φ445.0~Φ470.0 | 3810 | 7⅝in REG Pin | Φ241.3 |
| Φ473.1 | 130.2~174.9 | Φ438.2~Φ445.0 | 3810 | 7⅝in REG Pin | Φ241.3 |
| Φ244.5 | 48.1~79.6 | Φ238.1~Φ222.3 | 2728 | 4½in IF Pin | Φ165.1 |
| Φ193.7 | 36.0~58.0 | Φ165.0~Φ174.6 | 2098 | 3½in IF Pin | Φ127.0 |
| Φ177.8 | 30.0~57.0 | Φ146.1~Φ158.8 | 2098 | 3½in IF Pin | Φ120.7 |

**表 11-32　TrackMaster 硬质合金 bi-mill 开窗磨铣工具技术规范**

| 套管外径/mm | 套管单重/(kg/m) | 工具外径范围/mm | 工具总长/mm | 上部扣型 | 打捞颈外径/mm |
|---|---|---|---|---|---|
| Φ244.5 | 48.1~79.6 | Φ212.7~Φ222.3 | 2728 | 4½in IF Pin | Φ139.7 |
| Φ193.7 | 36.0~58.0 | Φ165.0~Φ174.6 | 2098 | 3½in IF Pin | Φ109.0 |
| Φ177.8 | 30.0~57.0 | Φ146.1~Φ158.8 | 1946 | 3½in IF Pin | Φ96.5 |
| Φ139.7 | 21.0~34.0 | Φ114.0~Φ123.8 | 1500 | 2⅜in IF Pin | Φ76.7 |

2. TrackMaster 系列锚定器

具有膨胀式锚定器、可回收式封隔锚定器、永久式封隔锚定器、机械下压式锚定器等多种类型，如图 11-25 所示。其中，机械下压式锚定器只与机械下压式斜向器配合使用。其技术规范见表 11-33~表 11-36。

(a)膨胀式锚定器　(b)可回收式封隔锚定器　(c)永久式封隔锚定器　(d)机械下压式锚定器

图 11-25　TrackMaster 系列锚定器

**表 11-33　膨胀式锚定器技术规范**

| 套管外径/mm | 锚定器外径/mm | 锚定器总长/mm | 扣　　型 |
| --- | --- | --- | --- |
| Φ339.7~Φ508.0 | Φ303.3 | 2810 | $8\frac{5}{8}$in AZ IF Box×$6\frac{5}{8}$in IF Pin |
| Φ244.5~Φ339.7 | Φ208.0 | 2180 | $5\frac{1}{2}$in IF Box |
| Φ177.8~Φ244.5 | Φ146.3 | 1660 | $3\frac{1}{2}$in IF Box |
| Φ114.3~Φ177.8 | Φ91.9 | 1550 | 3.0-10-2G-SABox |

**表 11-34　可回收式封隔锚定器技术规范**

| 套管外径/mm | 套管单重/(kg/m) | 锚定器外径/mm | 锚定器总长/mm | 扣　　型 |
| --- | --- | --- | --- | --- |
| Φ244.5 | 48.1~79.6 | Φ202.7 | 2322 | $5\frac{1}{2}$in IF Box |
| Φ177.8 | 30.0~57.0 | Φ138.9 | 2324 | $3\frac{1}{2}$in IF Box×$3\frac{1}{2}$in IF Pin |

表 11-35　永久式封隔锚定器技术规范

| 套管外径/mm | 套管单重/(kg/m) | 锚定器外径/mm | 锚定器总长/mm | 扣　型 |
|---|---|---|---|---|
| Φ339.7 | 122.0~235.0 | Φ301.0 | 2197 | $8\frac{5}{8}$in AZ IF Box |
| Φ244.5 | 48.1~79.6 | Φ202.7 | 2322 | $5\frac{1}{2}$in IF Box |
| Φ193.7 | 61.5~119.6 | Φ153.4 | 2119 | 4in IF Box |
| Φ177.8 | 50.8~96.5 | Φ139.2 | 2119 | $3\frac{1}{2}$in IF Box |
| Φ139.7 | 39.4~58.0 | Φ109.0 | 1926 | $2\frac{7}{8}$in IF Box |

表 11-36　机械下压式锚定器技术规范

| 套管外径/mm | 套管单重/(kg/m) | 锚定器外径/mm | 锚定器总长/mm | 连接 |
|---|---|---|---|---|
| Φ244.5 | 60.0~79.6 | Φ203.2 | 2210 | |
| Φ244.5 | 48.1~54.0 | Φ212.0 | 2210 | |
| Φ193.7 | 44.2~70.1 | Φ152.4 | 2185 | |
| Φ193.7 | 36.0~39.3 | Φ163.8 | 2185 | 铰链 |
| Φ177.8 | 34.0~57.0 | Φ136.5 | 2185 | |
| Φ177.8 | 25.0~30.0 | Φ147.8 | 2185 | |
| Φ139.7 | 21.0~34.0 | Φ108.0 | 2017 | |

3. TrackMaster 系列打捞回收工具

具有打捞钩和母锥两种打捞回收工具，如图 11-26 所示。

(a)打捞钩

(b)母锥

图 11-26　TrackMaster 系列打捞回收工具

4. TrackMaster TT 过油管斜向器系统

TrackMaster TT 过油管斜向器系统可通过油管在标准套管内实施套管开窗作业，如图 11-27 所示，其技术规范见表 11-37。

图 11-27　TrackMaster TT 过油管斜向器系统

**表 11-37　TrackMaster TT 过油管斜向器系统技术规范**

| | | | |
|---|---|---|---|
| 油管×套管尺寸/mm×mm | Φ114.3×Φ177.8 | 开窗直径/mm | Φ92.0~Φ99.0 |
| 工具外径/mm | Φ92.0 | 扭矩/N·m | 8135 |

## 四、威德福产套管开窗工具

1. 采用 RMN 型或 RHN 型锚定器的 QuickCut™套管开窗系统

采用结构简单却具有通用性的 MultiCatch 锚定器，既可实现机械方式坐挂，也可实现液压方式坐挂，没有封隔器密封结构，增强了径向坐挂能力，从而可提高存在高抗压地层情况下的磨铣效率，具有可回收功能。RMN 型或 RHN 型锚定器如图 11-28 所示，采用 RMN 型或 RHN 型锚定器的 QuickCut™套管开窗系统技术规范见表 11-38。

图 11-28　RMN 型或 RHN 型锚定器

**表 11-38　采用 RMN 型或 RHN 型锚定器的 QuickCut™套管开窗系统技术规范**

| 套管外径/mm | 套管单重/(kg/m) | 斜向器外径/mm | 磨铣工具外径/mm | 上部扣型 | 锚定器外径/mm |
|---|---|---|---|---|---|
| Φ114.3 | 14.1~17.3 | Φ88.9 | Φ98.4 | 2⅜in REG Box | Φ88.9 |
| | 20.1 | | Φ95.3 | | |
| | 22.4 | | Φ94.0 | | |
| Φ127.0 | 26.8 | Φ88.9 | Φ104.8 | 2⅜in REG Box | Φ88.9 |
| | 34.5 | | Φ98.4 | | |

续表

| 套管外径/mm | 套管单重/(kg/m) | 斜向器外径/mm | 磨铣工具外径/mm | 上部扣型 | 锚定器外径/mm |
|---|---|---|---|---|---|
| Φ139.7 | 20.9 | Φ114.3 | Φ123.8 | 2⅞in AOH Box | Φ88.9 |
| | 23.1~25.3 | | Φ120.7 | | |
| | 29.8 | Φ108.0 | Φ117.5 | 2⅞in AOH Box | |
| | 34.2 | | Φ114.3 | | |
| Φ146.1 | 26.2~32 | Φ114.3 | Φ123.8 | 2⅞in AOH Box | Φ88.9 |
| Φ168.2 | 25.3 | Φ139.7 | Φ152.4 | 3½in IF Box | Φ133.4 |
| | 29.8 | | Φ149.2 | | |
| | 43.2 | Φ133.4 | Φ152.4 | | |
| | 47.6 | | Φ149.2 | | |
| Φ177.8 | 29.8 | Φ139.7 | Φ158.8 | 3½in IF Box | Φ133.4 |
| | 34.2~38.7 | | Φ155.6 | | |
| | 43.2 | | Φ152.4 | | |
| | 47.6~52.1 | | Φ149.2 | | |
| | 56.5 | | Φ146.1 | | |
| Φ193.7 | 35.7 | Φ158.8 | Φ174.6 | 3½in IF Box | Φ133.4 |
| | 39.3~44.2 | | Φ171.5 | | |
| | 50.1 | Φ152.4 | Φ168.3 | | |
| | 58.0 | | Φ165.1 | | |
| Φ244.5 | 48.1 | Φ203.2 | Φ225.4 | 4½in IF Box | Φ177.8 |
| | 53.6 | | Φ222.3 | | |
| | 59.5 | | Φ219.1 | | |
| | 64.7~9.6 | | Φ215.9 | | |
| | 58.4 | | Φ209.6 | | |
| Φ339.7 | 71.5~107.3 | Φ292.1 | Φ311.2 | 6⅝in REG Box | Φ254.0 |
| Φ406.4 | 82.0~125.2 | Φ355.6 | Φ374.7 | 7⅝in REG Box | Φ355.6 |
| Φ473.1 | 116.1~140.8 | Φ431.8 | Φ444.5 | | |
| | 143.8~205.6 | | Φ431.8 | | |
| Φ508.0 | 134.1~278.6 | | Φ444.5 | | |

2. 采用 RHS 型锚定器的小角度斜面 QuickCut™开窗系统

采用 RHS 型锚定器的小角度斜面 QuickCut™开窗系统是一种一趟钻式、可回收、斜面为 2°的斜向器系统，也可设定为永久封隔锚定型，采用液压方式坐挂，具有封隔器密封结构。采用 RHS 型锚定器的小角度斜面 QuickCut™开窗系统如图 11-29 所示，其技术规范见表 11-39。

图 11-29　采用 RHS 型锚定器的小角度斜面 QuickCut™开窗系统

**表 11-39　采用 RHS 型锚定器的小角度斜面 QuickCut™开窗系统技术规范**

| 套管外径/mm | 套管单重/(kg/m) | 斜向器外径/mm | 磨铣工具外径/mm | 上部扣型 |
|---|---|---|---|---|
| Φ177.8 | 29.8~34.2 | Φ139.7 | Φ158.8 | 3½in IF Box |
| | 34.2~43.2 | | Φ155.6 | |
| | 43.2 | | Φ152.4 | |
| | 47.6 | | | |
| | 47.6~52.1 | | Φ149.2 | |
| Φ244.5 | 64.7 | Φ203.2 | Φ215.9 | 4½in IF Box |
| | 69.9 | | | |
| | 79.6 | | | |
| | 79.6 | | Φ212.7 | |
| | 86.9 | | Φ209.5 | |

RHS 型锚定封隔器如图 11-30 所示，其技术规范见表 11-40。

图 11-30　RHS 型锚定封隔器

表 11-40　RHS 型锚定封隔器技术规范

| 套管外径/mm | 套管单重/(kg/m) | 工具外径/mm | 扭矩/N·m | 额定压差/MPa |
|---|---|---|---|---|
| Φ177.8 | 29.8 | Φ152.4 | 11931 | 34.47 |
| | 34.2 | | | |
| | 38.7 | | | |
| | 43.2 | Φ146.1 | | |
| | 47.6 | | | |
| | 52.1 | | | |
| Φ244.5 | 64.7 | Φ203.2 | 27116 | 24.13 |
| | 69.9 | | | |
| | 79.6 | | | |
| | 79.6 | | | |
| | 86.9 | | | |

3. 斜向器打捞回收工具

1) QuickCut™回收打捞钩

用于 3°QuickCut™斜向器的回收打捞钩具有与斜向器顶部的“导向槽”相吻合的结构，为首选回收工具，如图 11-31 所示，其技术规范见表 11-41。

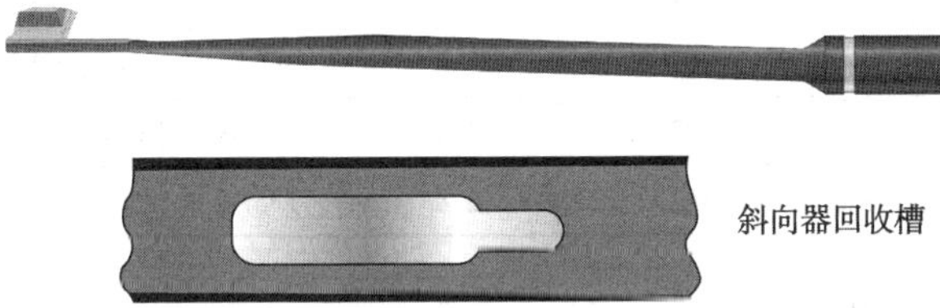


图 11-31　用于 3°QuickCut™斜向器的回收打捞钩

表 11-41　用于 3°QuickCut™斜向器的回收打捞钩技术规范

| 套管外径/mm | 套管单重/(kg/m) | 斜向器外径/mm | 打捞钩总长/m | 打捞钩最大抗拉力/kN | 扣　型 |
|---|---|---|---|---|---|
| Φ177.8 | 25.3~56.5 | Φ139.7 | 2.3 | 93.2 | 3½in IF Box |
| Φ193.7 | 50.1~58.0 | Φ152.4 | 2.3 | 93.2 | 3½in IF Box |
| | 35.7~44.2 | | | | |

续表

| 套管外径/mm | 套管单重/(kg/m) | 斜向器外径/mm | 打捞钩总长/m | 打捞钩最大抗拉力/kN | 扣　型 |
|---|---|---|---|---|---|
| Φ244.5 | 43.6～79.6 | Φ203.2 | 2.5 | 93.2 | 4½in IF Box |
| Φ473.1 | 116.1～140.6 | Φ431.8 | 2.8 | 155.4 | 6⅝in REG Box |
| Φ508.0 | 133.9～278.3 | Φ431.8 | 2.8 | 155.4 | 6⅝in REG Box |

用于2°QuickCut™斜向器的回收打捞钩如图11-32所示，其技术规范见表11-42。

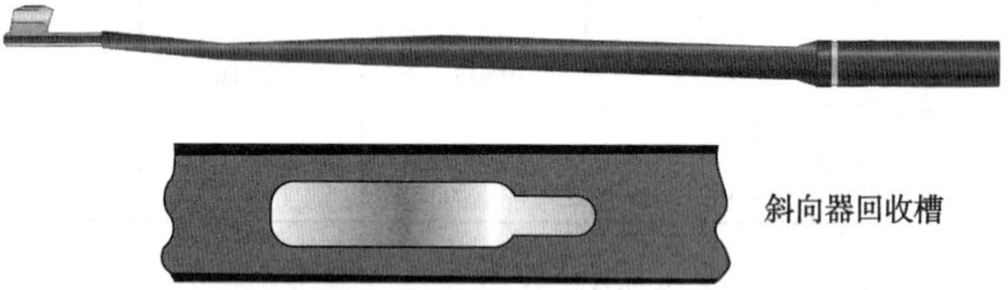


图11-32　用于2°QuickCut™斜向器的回收打捞钩

**表11-42　用于2°QuickCut™斜向器的回收打捞钩技术规范**

| 套管外径/mm | 套管单重/(kg/m) | 斜向器外径/mm | 打捞钩总长/m | 打捞钩最大抗拉力/kN | 扣　型 |
|---|---|---|---|---|---|
| Φ177.8 | 29.8～52.1 | Φ139.7 | 2.3 | 93.2 | 3½in IF Box |
| Φ244.5 | 64.7～79.6 | Φ203.2 | 3.6 | 93.2 | 4½in IF Box |
| Φ298.5 | 56.5～89.3 | Φ254.0 | 3.4 | 155.4 | 6⅝in REG Box |
| Φ339.7 | 71.4～107.1 | Φ292.1 | 2.8 | 155.4 | 6⅝in REG Box |

2）打捞母锥

斜向器打捞母锥作为回收斜向器的备选工具，与斜向器背面的螺纹配合使用有利于斜向器顶端顺利进入母锥，如图11-33所示，其技术规范见表11-43。

图11-33　打捞母锥

表 11-43 打捞母锥技术规范

| 套管外径/mm | 套管单重/(kg/m) | 斜向器外径/mm | 打捞范围/mm | 工具外径/mm | 有效打捞进入长度/mm | 扣型 |
|---|---|---|---|---|---|---|
| $\Phi$114.3 | 14.1~20.1 | $\Phi$88.9 | 57.2~84.9 | $\Phi$95.3 | 431.8 | $2\frac{3}{8}$in REG Box |
| $\Phi$127.0 | 17.1~22.3 | $\Phi$101.6 | 50.8~96.8 | $\Phi$108.0 | 744.2 | $2\frac{3}{8}$in REG Box |
| | 26.8 | | 63.5~96.8 | $\Phi$104.8 | 541.0 | |
| $\Phi$139.7 | 20.8~25.3 | $\Phi$114.3 | 88.9~111.1 | $\Phi$119.1 | 685.8 | $2\frac{3}{8}$in IF Box |
| | 29.8~34.2 | $\Phi$108.0 | 63.5~102.4 | $\Phi$114.3 | 739.1 | |
| $\Phi$168.3 | 25.3 | $\Phi$101.6 | 111.4~136.8 | $\Phi$152.4 | 762.0 | $3\frac{1}{2}$in IF Box |
| | 25.3 | | 82.6~123.8 | $\Phi$146.1 | 552.5 | |
| | 29.76 | | | | | |
| | 35.7~47.6 | $\Phi$133.4 | | | | |
| $\Phi$177.8 | 25.3 | $\Phi$101.6 | 88.9~136.8 | $\Phi$155.6 | 812.8 | $3\frac{1}{2}$in IF Box |
| | 29.8~43.2 | | 88.9~136.8 | $\Phi$152.4 | 762.0 | |
| | 43.2~52.1 | | 111.4~136.8 | $\Phi$155.6 | 812.8 | |
| | 56.5 | $\Phi$133.4 | 85.7~136.8 | $\Phi$148.8 | 762.0 | |
| $\Phi$193.7 | 29.8 | $\Phi$158.8 | 127.0~152.4 | $\Phi$169.9 | 812.8 | $3\frac{1}{2}$in IF Box |
| | 35.7~44.2 | | | $\Phi$165.1 | | |
| | 50.1 | $\Phi$152.4 | 101.6~152.4 | $\Phi$168.3 | | |
| | 58.0 | | 127.0~152.4 | $\Phi$165.1 | | |
| $\Phi$219.1 | 35.7~65.5 | $\Phi$177.8 | 123.8~174.6 | $\Phi$190.5 | 812.8 | $4\frac{1}{2}$in IF Box |
| $\Phi$244.5 | 48.1~59.5 | $\Phi$203.2 | 123.8~174.6 | $\Phi$219.1 | 543.6 | $4\frac{1}{2}$in IF Box |
| | 64.7~79.6 | | 136.8~184.2 | $\Phi$209.6 | 645.2 | |
| $\Phi$273.0 | 48.7~82.6 | $\Phi$228.6 | 130.2~196.9 | $\Phi$241.3 | 812.8 | $6\frac{5}{8}$in REG Box |
| $\Phi$298.4 | 56.5~89.3 | $\Phi$254.0 | 154.4~222.3 | $\Phi$266.7 | 812.8 | $6\frac{5}{8}$in REG Box |
| | 56.5~80.4 | | 196.9~247.7 | $\Phi$273.1 | | |
| $\Phi$339.0 | 101.2~107.1 | $\Phi$292.1 | 239.7~290.5 | $\Phi$308.0 | 812.8 | $6\frac{5}{8}$in REG Box |

# 第四节　裸眼硬地层侧钻工具

针对工艺需求或井下复杂等情况，往往需要在裸眼硬地层中进行侧钻作业，目前所采用的方法多是打水泥塞侧钻法。当裸眼侧钻位置处于大斜度、小井径、深井、高温及/或高压井段，或者侧钻位置上部存在缩径井段时，打水泥塞侧钻往往不能取得较好的效果；在具有高温、高压的更为深部的井段，水泥塞的强度一般不会高于其周围地层岩石的强度，这就造成了很难将水泥塞作为一个“侧钻平台”。侧钻将非常困难且效率低，为了达到最终侧钻成功的目的，不得不反复进行打水泥塞作业，成本高、周期长，而采用裸眼硬地层侧钻工具为提高作业效率提供了一种新的技术选择。

## 一、威德福产裸眼硬地层侧钻工具

威德福产裸眼硬地层侧钻工具可分为注水泥型裸眼用斜向器、利用落鱼锚定型裸眼用斜向器及一趟钻封隔锚定型裸眼用斜向器3种类型。

1. 注水泥型裸眼用斜向器

该工具如图11-34所示，其技术规范见表11-44，注水泥型裸眼用斜向器系统由送入工具、中心带流管的凹槽斜面和在斜向器下面接的带孔眼用于锚定的尾管组成。下入斜向器并坐到井底，这里的井底系指水泥塞、落物或桥塞的顶部。将斜向器摆放到设计方位后，开泵注水泥，水泥浆流经斜向器并从斜向器下面带眼的尾管进入环空，直至在环空中上返到斜向器组合以上设计要求的高度，加压剪断或分离斜向器和送入工具之间的连接销钉，将送入工具起到水泥塞顶部，开泵循环洗井。水泥凝固后，下入由钻头(一般是PDC钻头或者短齿旋转式钻头)、钻头接头和一根钻杆组成的柔性底钻具组合，钻水泥塞到凹槽斜向器斜面底部，然后下入钻进钻具组合恢复钻进。

图 11-34　注水泥型裸眼用斜向器

**表 11-44　注水泥型裸眼用斜向器技术规范**

| 斜向器外径/mm | 工具总长/mm | 送入工具最大外径/mm | 裸眼直径/mm |
|---|---|---|---|
| Φ101.6 | 965 | Φ113.1 | Φ120.7 |
| | | Φ109.4 | Φ114.3 |
| Φ139.7 | 1359 | Φ143.0 | Φ152.4 |
| | | | Φ149.4 |
| Φ152.4 | 1402 | Φ155.7 | Φ165.1 |
| | | | Φ171.5 |
| Φ177.8 | 1430 | Φ181.9 | Φ200.2 |
| | | | Φ193.8 |
| Φ203.2 | 1872 | Φ207.3 | Φ215.9 |
| | | | Φ222.3 |
| Φ228.6 | 2055 | Φ233.4 | Φ244.6 |
| | | | Φ251.0 |
| Φ254.0 | 2098 | Φ260.4 | Φ270.0 |
| | | | Φ279.4 |
| Φ292.1 | 2062 | Φ298.5 | Φ311.2 |

2. 利用落鱼锚定型裸眼用斜向器

该工具如图 11-35 所示，其技术规范见表 11-45。有些情况下可以不打水泥塞，因卡钻或落物进行侧钻时，外露的落物可以用作刚性井底和锚定器，这样就减少了起下钻次数、打水泥塞或下桥塞作业，也就降低了与之相关的费用。只需简单地将斜向器与可承受高扭矩的送入工具连接好，并下到设计井深，探到鱼头，根据井下落鱼鱼头的大致形状，采取卡瓦打捞筒、公母锥造扣或旋转台肩式公扣接头连接方式，与落鱼形成牢固连接。上提剪断连接销钉，起出送入工具，下入钻进钻具组合进行侧钻。

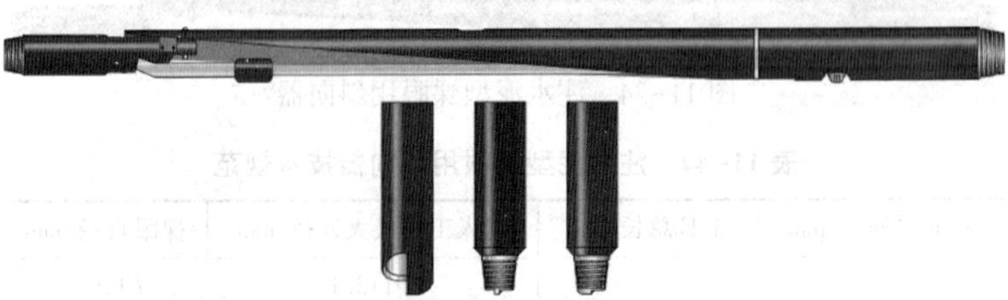

图 11-35　利用落鱼锚定型裸眼用斜向器与落鱼固连工具

**表 11-45　利用落鱼锚定型裸眼用斜向器技术规范**

| 斜向器外径/mm | 导斜面角度/(°) | 锚定巴掌高度/mm | 工具总长/mm | 送入工具最大外径/mm | 裸眼直径/mm |
|---|---|---|---|---|---|
| Φ139.7 | 3.00 | 26.9 | 1430 | Φ148.8 | Φ152.4 |
| | | 25.3 | | Φ147.6 | Φ149.4 |
| Φ152.4 | 3.00 | 28.9 | 1521 | Φ161.5 | Φ165.1 |
| | | 32.6 | | Φ165.1 | Φ171.5 |
| Φ177.8 | 3.00 | 32.6 | 1618 | Φ193.0 | Φ200.2 |
| | | 28.9 | | Φ189.5 | Φ193.8 |
| Φ203.2 | 3.00 | 26.9 | 2070 | Φ212.9 | Φ215.9 |
| | | 30.2 | | Φ212.9 | Φ215.9 |
| Φ228.6 | 3.18 | 28.9 | 2093 | Φ216.4 | Φ222.3 |
| | | 32.5 | | Φ216.4 | Φ222.3 |
| Φ254.0 | 3.58 | 28.9 | 2179 | Φ240.3 | Φ244.6 |
| | | 34.4 | | Φ244.1 | Φ251.0 |
| Φ292.1 | 3.88 | 30.5 | 2141 | Φ266.7 | Φ270.0 |
| Φ342.9 | 3.88 | 45.7 | 2771 | Φ272.3 | Φ279.4 |

3. 一趟钻封隔锚定型裸眼用斜向器

一趟钻封隔锚定型裸眼用斜向器，如 AlphstST™一趟钻裸眼固井和侧钻工具可实现裸眼坐挂、固井和侧钻一趟钻作业，由 IPP 采油锚定封隔器、3°斜向器和侧钻钻头组成，如图 11-36 所示，其技术规范见表 11-46。

图 11-36　AlphstST™一趟钻裸眼固井和侧钻工具

表 11-46　AlphstST™一趟钻裸眼固井和侧钻工具技术规范

| 斜向器外径/mm | 导斜面角度/(°) | 斜向器扣型 | 侧钻工具外径/mm | 侧钻工具扣型 | 锚定封隔器 | |
|---|---|---|---|---|---|---|
| | | | | | 外径/mm | 耐温/℃ |
| Φ152.4 | 3.00 | 3½in IF | Φ165.1 | 3½in IF | Φ139.7 | 149 |
| | | | Φ171.5 | | | |
| Φ203.2 | 3.00 | 4½in XH | Φ215.9 | 4½in IF | Φ190.5 | 149 |
| | | | Φ222.2 | | | |
| Φ292.1 | 3.88 | 4½in XH | Φ311.1 | 4½in IF | Φ234.9 | 149 |

## 二、贝克休斯产裸眼硬地层侧钻工具

该工具主要由特殊设计内插管柱(包括定位接头、坐挂接头和插入管)、封隔器、液压丢手、浮阀组成。该工具的最上端是斜向器，之下依次连接着液压丢手、封隔器、浮阀等。内插管通过斜向器的中心孔与连在斜向器下面的液压丢手连接。将斜向器组合下到预定位置并进行定向，然后注入水泥将封隔器胀封。当管柱内的压力增大到一定值时，液压丢手脱开，斜向器坐挂在预定位置，该工具如图 11-37 所示，其技术规范见表 11-47。

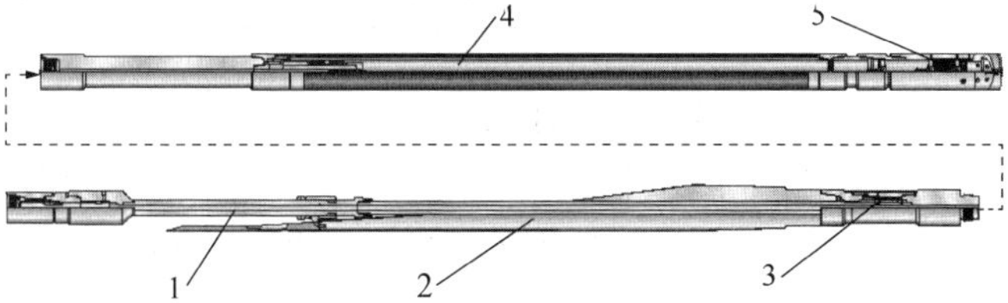


图 11-37　贝克休斯产裸眼硬地层侧钻工具

1—内插管柱；2—斜向器；3—液压丢手；4—封隔器；5—浮阀

表 11-47　贝克休斯产裸眼硬地层侧钻工具技术规范

| 裸眼尺寸/mm | 斜向器外径/mm | 锚定封隔器外径/mm | 锚定封隔器总长/mm | 地锚额定扭矩/N·m |
|---|---|---|---|---|
| Φ152.4~Φ165.1 | Φ139.7 | Φ114.3 | 2130 | 7980 |
| Φ215.9 | Φ203.2 | Φ139.7 | 2130 | 13300 |

## 三、斯伦贝谢产裸眼硬地层侧钻工具

斯伦贝谢开发出5种可替代打水泥塞作业的裸眼侧钻工具系统，并研制出能够适合深部硬到极硬或具有研磨性地层裸眼侧钻功能的专用侧钻磨铣头。

1. 卡瓦打捞筒式硬地层侧钻工具

该工具如图 11-38 所示，如果落鱼的顶部刚好为一个打捞颈，则有可能采用卡瓦打捞筒将斜向器固连到落鱼上。卡瓦打捞筒直接连在斜向器之下，由与斜向器相连的铣锥或送入工具将斜向器下到井内，通过卡瓦打捞筒将斜向器固连到落鱼上。采用卡瓦打捞筒系统进行的侧钻避免了反复起下钻进行落鱼打捞的作业，大幅节约了时间与费用。所有采用该系统的侧钻作业用时都少于打水泥塞侧钻，而且由于斜向器的存在，确保了钻离落鱼的可靠性。

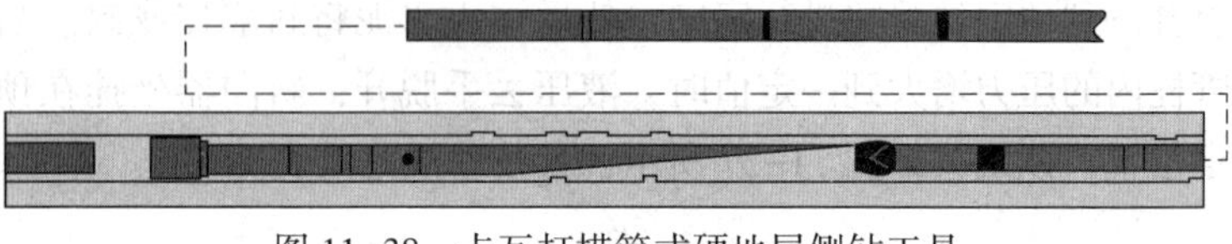

图 11-38　卡瓦打捞筒式硬地层侧钻工具

2. 对扣式硬地层侧钻工具

钻井作业中发生钻柱卡钻后，通常会下入卡点测量仪，测出卡点后，对卡点上边的那个螺纹进行倒扣，之后起出全部自由段的井下钻柱。如果对下部钻柱落鱼进行打捞，则下入打捞组合继续打捞，此时也可直接下入斜向器进行侧钻而放弃继续打捞，具体是在斜向器下边接上一个对扣接头，将斜向器固连到井下落鱼上，之后便可侧钻避开落鱼。如果落鱼的顶部为一个母扣，斜向器下边就需要戴一个与之匹配的公扣(图 11-39)。对扣式斜向器系统的一个明显不足就是无法控制侧钻方向，因此它通常用在那些对侧钻方向没有要求的井中。

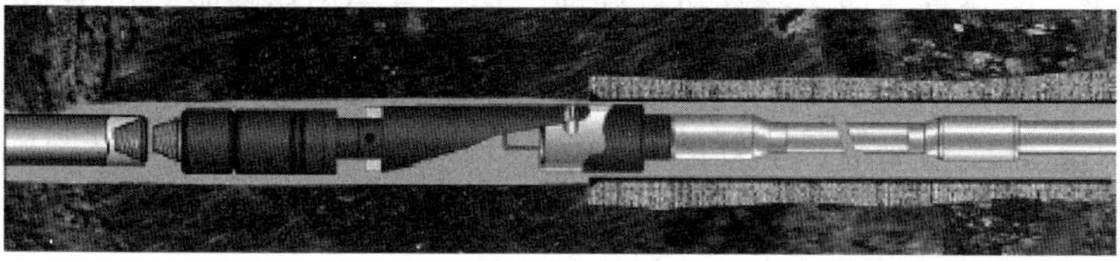

图 11-39 对扣式硬地层侧钻工具

3. 落鱼内锚定硬地层侧钻工具

当井下落鱼的内径足够大且内孔没有被杂物堵塞时，可采用落鱼内锚定法进行裸眼侧钻，具体可能包括套管鞋下切割打捞留下的管柱、倒扣打捞处理留下的被卡住的尾管或进行领眼磨铣后留下的尾管等。锚定的方式有两种，即机械式或水力液压式。对大多数情况而言，最好是采用水力液压式，因为机械式的锚定需要一个人工井底，即需要在落鱼的内孔中打一个桥塞，打桥塞需要下钻杆，这样就需要多下一趟钻，并且具有小配合间隙的机械式装置试图下进落鱼的内孔也存在一定的风险，机械式装置在整个下钻过程中也有风险，当它遇到井下台阶或鱼顶时，有可能提前工作，这些都会影响侧钻的效率，基于这个原因，最好采用水力液压式锚定方式，它的锚定动作的可控性更高(图 11-40)。

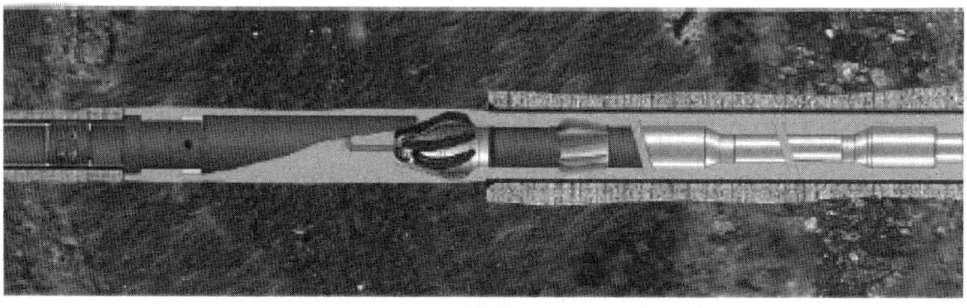

图 11-40 落鱼内锚定硬地层侧钻工具

4. 裸眼内封隔锚定硬地层侧钻工具

在某些情况下，落鱼不能作为一个可靠的“侧钻平台”，斜向器只能锚定到裸眼的井壁上，在这种情形下，必须考虑采用其他的裸眼侧钻系统，但不能使用卡壁式封隔器(卡瓦封隔器)或卡壁式悬挂器之类的机械装置，原因是它们的膨胀范围有限，而井壁又不规则，因此不能满足侧钻的锚定要求。在这种情况下，膨胀封隔器是最好的选择，这种用于裸眼侧钻的特殊封隔器，其设计应该能够承受开窗作业的高扭矩，同时还应该确保其用于不规则裸眼井段的整体完整性。

基于这种特殊的应用，封隔器可以与斜向器一起下井，也可单独下井。如果侧钻点以上的井眼轨迹不理想，就需要单独下入封隔器；如果侧钻点以上的井眼轨迹比较理想，即狗腿严重度在 49.21°/100m(15°/100ft)以内，便可与斜向器一起下井(图 11-41)，这只是一个大概的原则，不同的作业区域会有不同的情况。

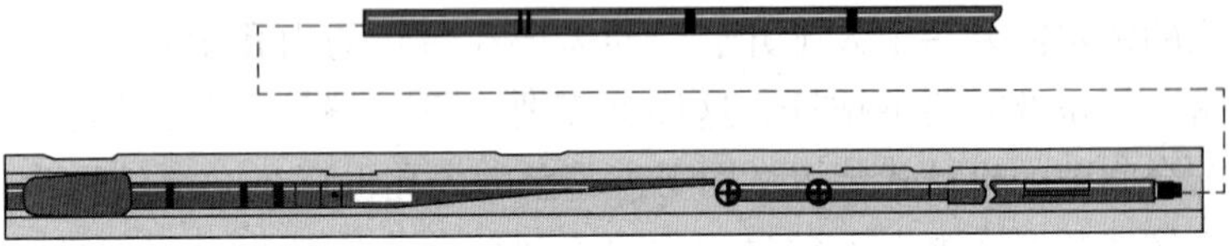

图 11-41　裸眼内封隔锚定硬地层侧钻工具

5. 注水泥固定斜向器硬地层侧钻工具

当井下不存在可供锚定的落鱼、侧钻点靠近井底，而且侧钻点以上的井眼也不存在类似套管鞋、复杂地层等对侧钻作业的干扰时，便可采用注水泥固定斜向器方式进行侧钻。

采用送入工具将斜向器和“尾管”一同送到井底，一根内管从斜向器内部直接穿过，以便为注水泥提供循环通道。系统下到预定深度后完成注水泥作业，之后起出送入工具(图 11-42)，水泥凝固后下入钻进组合进行侧钻。

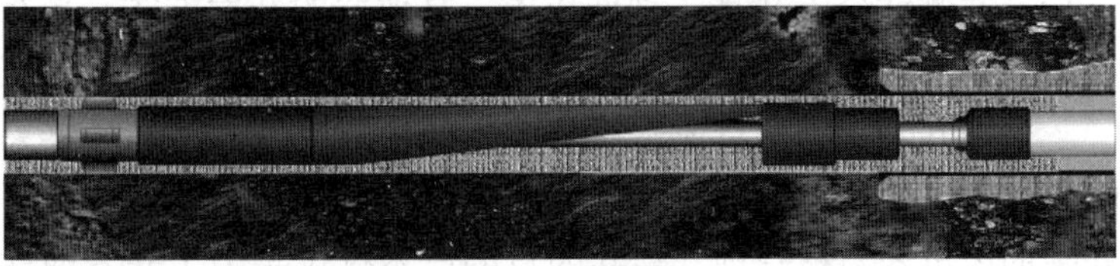

图 11-42　注水泥固定斜向器硬地层侧钻工具

# 第五节　分支井技术及工具系统

分支井技术及工具系统种类多、工序多、作业复杂程度高。尽管全球有统一的分级标准，但各研发公司的产品均不一样，难以做到全面介绍。本节仅阐述分支井技术简介及工具系统分级。

## 一、分支井技术简介

分支井技术是由一个主井眼侧钻出两个或更多进入储层的井眼，能够实现多个储层泄油。对油藏开发而言，分支井有助于制定合理的开发方案，以较低的成本有效开发多产层油藏、形状不规则油藏和低渗、稠油、薄层、枯竭油藏及裂缝油藏等；从钻井角度看，各分支享有共同的井口及上部井段，因而可以大幅降低钻井成本、减少占用土地及保护环境。因此，分支井技术正逐步成为降低钻井成本、提高油田综合开发效益的重要技术手段。

尤其是作业区不断移向更深的海域，以及随之而来的高成本作业，使作业者倾向于尽可能减少开发油气藏所需单井的数量，节约重复发生在单井及相应设备（如套管、采油平台和井口等）上的费用，减少对环境的影响。随着人们对海洋环境的日益关注和追求更高的投资回报，分支井技术在海洋油气勘探开发过程中，正扮演着越来越重要的角色。另外，我国整个东部油区均已进入开发后期，存在大量报废井，利用这些报废井进行老井侧钻分支井是一种低成本、高效益的开发方式，具有极大的潜力和发展前景。

分支井除了降低总成本以外，还能提高生产速度和最终采收率，改善油气藏泄油方式和增加储量，使油藏在油田的整个开采期内更容易被管理。钻井的目的已不仅仅是为了开发油气藏而获利，而是通过建设和管理，实现储层效益最大化。

## 二、分支井工具系统分级

1997 年，英国壳牌等公司在阿伯丁举行了分支井技术进展论坛，并按照复杂性和功能性建立了 TAML(Technology Advancement Multilaterals)分级体系，将分支井按完井方式划分为 6 个等级(图 11-43)：

TAML1 级完井的主井眼和分支井眼都为裸眼，完井作业不能对不同产层进行分隔，分支井眼连接处具有较弱的力学完整性，基本不具备水力完整性和再进入能力。

TAML2 级完井的主井眼下套管并注水泥，分支井眼裸眼或只下筛管不注水泥，连接处的机械支撑较第一等级强，但也不具备力学完整性、水力完整性和再进入能力。

TAML3 级完井的主井眼下套管注水泥固井，分支井眼下尾管并回接到主井眼套管中，连接部位不进行密封或注水泥，具有力学完整性和再进入能力，连接处所能承受的最大压裂压力也就是连接处的岩石所能承受的最大压力。

TAML4 级完井从下套管的主井眼中侧钻分支井眼，分支井眼下尾管，连接处具有力学完整性和再进入能力，但窗口部分靠固井水泥环密封，封隔器和套管的共同作用提供了层间分隔。

TAML5 级完井主井眼和分支井眼都下套管固井，连接处具有力学完整性、水力完整性和再进入能力，能实现完全的层间分隔。

TAML6 级完井靠整体地面预制成型的井眼连接系统来实现接合部的压力整体性，预制成型系统下井膨胀后，窗口可以恢复到原来的几何尺寸，为两个分支提供 API 全尺寸通道，分支井眼的钻井、下套管和完井可以彼此独立进行。

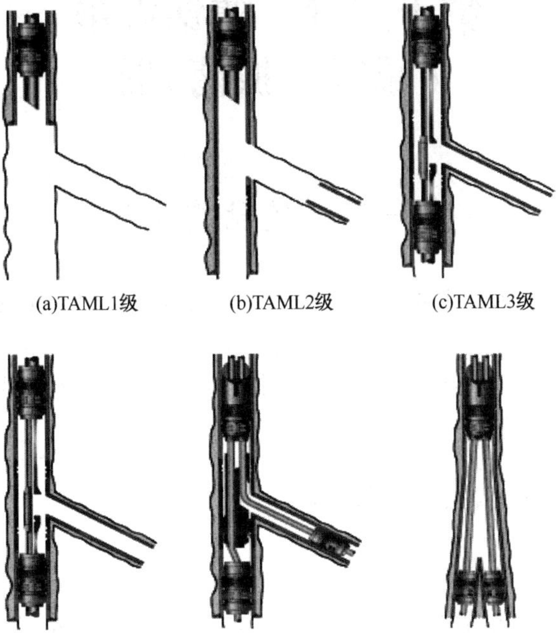

(a)TAML1级　(b)TAML2级　(c)TAML3级

(d)TAML4级　(e)TAML5级　(f)TAML6级

图 11-43　分支井分级示意图

目前，全世界已钻成的分支井绝大多数属于 TAML4 级以下的完井，只有少部分井达到了 TAML6 级完井。在不考虑窗口密封的情况下，TAML3 级完井由于具备可靠的机械回接和再进入能力应用比较广泛。

# 第十二章　随钻震击（减震、振荡）器

## 第一节　随钻震击器

随钻震击器主要用于正常钻井的钻具组合中，在发现钻具遇卡时可立即进行上击或下击使之迅速解卡。按工作原理分为机械式、液压式和液压机械式，按功能分为随钻上击式、随钻下击式和上下击一体式。

### 一、分体式随钻震击器

**（一）$Z_x^s$J 随钻震击器结构**

该震击器由随钻上击器和随钻下击器组成，可单独使用，也可联合使用。随钻上击器主要由心轴、刮子、刮子体、花键体、延长心轴、密封装置、压力体、旁通体、耐磨液压油、密封体、浮子、冲管、冲管体等组成，如图 12-1 所示。

随钻下击器主要由上接头、刮子、连接体、盘根、调节环、卡瓦心轴、卡瓦、滑套、套筒、心轴接头、花键体、心轴体、心轴等组成，如图 12-2 所示。

**（二）工作原理**

1. 随钻上击器工作原理

随钻上击器采用液压实现上击动作，上击部件由锥体、旁通体、密封体和密封体油封四种零件组成。震击时，先平稳下放钻柱，加压 30～50kN，使随钻上击器心轴向下移动，锥体活塞离开密封体，油缸内锥体与浮子之间的液压油通过旁通体畅通无阻地流入压力腔。当心轴台肩碰到刮子体端面时，工具关闭[图 12-3(a)]。

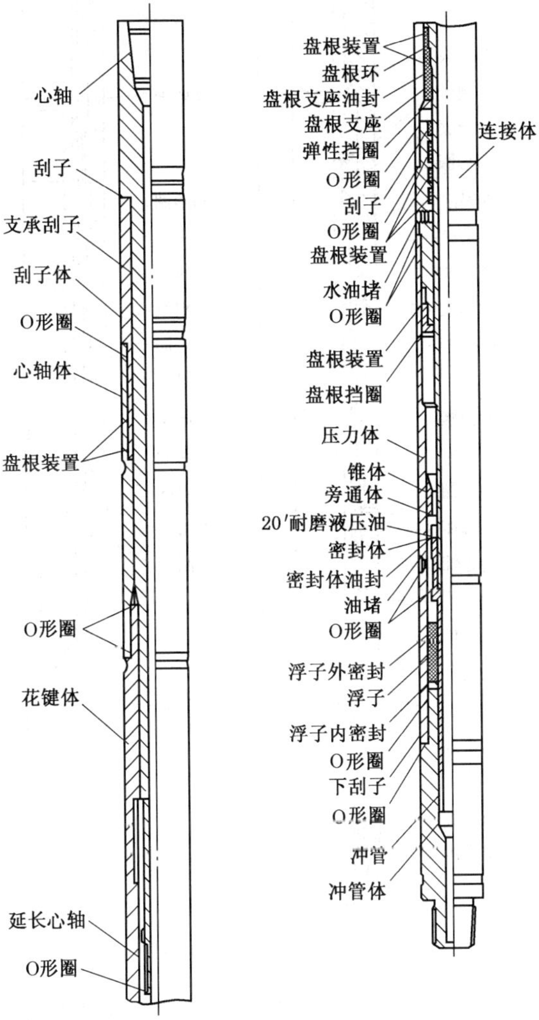


图 12-1　$Z_x^sJ$ 随钻上击器结构*

注：* 为贵州高峰机械厂产品(下同)。

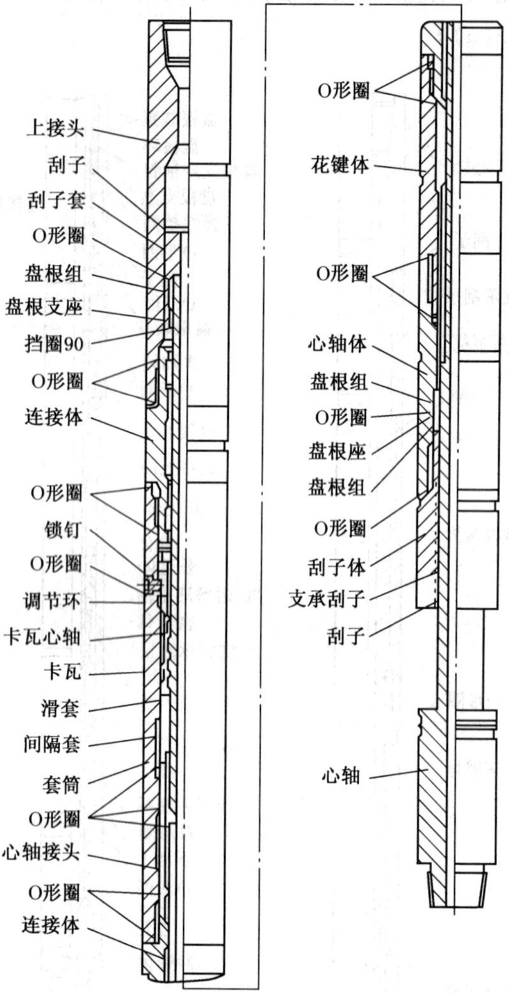


图 12-2　$Z_x^sJ$ 随钻下击器结构

上提钻柱，密封体与锥体下端面之间的通道封闭，只有锥体底面的两条卸油槽可以通过少量液压油，其余油流被阻于锥体活塞上部，随着活塞向上运动，油压增高，心轴以上钻柱逐渐伸长储存能量[图 12-3(b)]。由于油流有限地通过锥体上的限油槽，钻柱继续伸长，锥体向上运动，到达压力体卸荷槽时，压力腔内的高压油在短时间内释放能量[图 12-3(c)]，被拉伸的钻柱犹如橡皮条似的突然收缩，使延长心轴顶面以极高的速度撞击到花键体的花键台阶上，给连接在外筒下部的被卡钻柱以强烈的向上震击。平稳地下放钻具直到工具重新关闭，上提钻具，重复上述过程，可使工具产生连续上击。

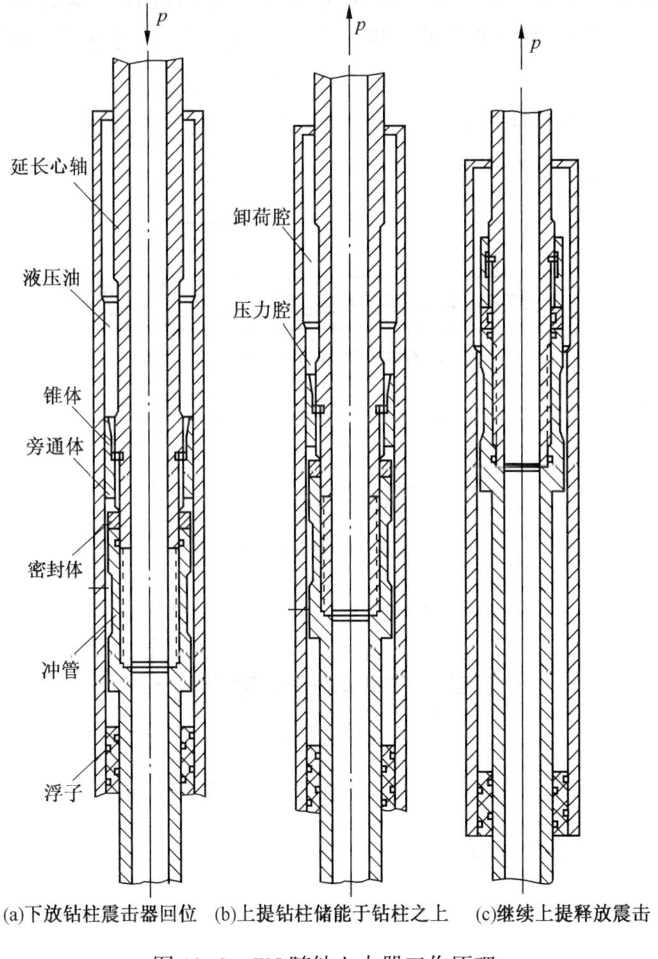


(a)下放钻柱震击器回位　(b)上提钻柱储能于钻柱之上　(c)继续上提释放震击

图 12-3　$\mathrm{Z}_{x}^{s}$J 随钻上击器工作原理

2. 随钻下击器工作原理

上提钻柱，给震击器施加 20~30kN 拉力，使随钻下击器卡瓦心轴与卡瓦产生相对移动。卡瓦回位(卡瓦上的内棱带卡住卡瓦心轴的棱带)，使工具处于准备工作状态，如图 12-4(a)所示。随后下放钻柱，由于卡瓦内棱带受卡瓦心轴棱带的约束不能滑脱，便产生挠形变形，如图 12-4(b)所示。当下放压力达到预先调定吨位时，卡瓦心轴上部连接的钻柱在下放过程中已处于压缩状态，储存了势能。卡瓦内棱带从卡瓦棱带中滑脱，如图 12-4(c)所示，所以在卡瓦滑脱时突然释放能量，刮子体端面撞击到心轴台肩时，产生猛烈的向下震击。重复上述过程，可使工具产生连续下击。

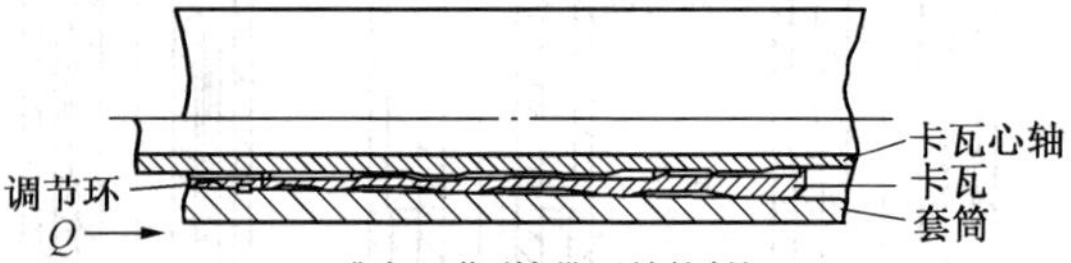

(a)准备工作(棱带开始接触)

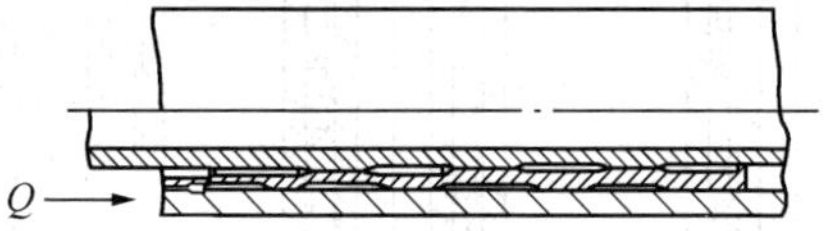

(b)摩擦过程(棱带完全接触)

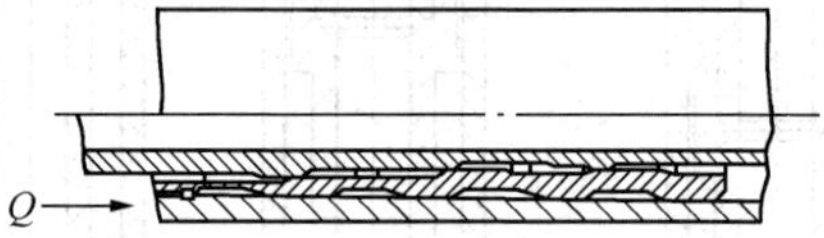

(c)将要释放(棱带即将脱离)

图 12-4　$Z_x^sJ$ 随钻下击器工作原理

## (三) 技术参数

部分国产分体式随钻震击器型号与技术规范见表 12-1~表 12-3。

**表 12-1　贵州高峰机械厂产 $Z_x^sJ$ 型随钻震击器型号与技术规范**

| 型号 | 外径/mm(in) | 水眼/mm | 接头螺纹 | 行程(上/下)/mm | 最大抗拉负荷/kN | 标准拉力/kN | | 最大工作扭矩/kN·m |
|---|---|---|---|---|---|---|---|---|
| | | | | | | 下击器 | 上击器 | |
| $Z_x^sJ36$ | 95(3¾) | 28.0 | 2⅞in REG | 254/178 | 800 | 80 | 270±50 | 5 |
| $Z_x^sJ46$ | 121(4¾) | 51.0 | NC38 | 305/178 | 1400 | 250 | 270±50 | 13 |
| $Z_x^sJ62$ | 159(6¼) | 70.0 | NC50 | 344/176 | 2200 | 550 | 550±50 | 15 |
| $Z_x^sJ70$ | 178(7) | 73.0 | 5½in FH | 343/178 | 2300 | 550 | 550±50 | 15 |
| $Z_x^sJ76$ | 197(7¾) | 71.4 | 6⅝in REG | 368/178 | 2500 | 600 | 750±50 | 18 |
| $Z_x^sJ80$ | 203(8) | 71.4 | 6⅝in REG | 368/178 | 2500 | 600 | 750±50 | 20 |

**表 12-2　北石厂产分体式随钻震击器型号与技术规范**

| 型号 | 外径/mm(in) | 长度/mm | 内径/mm | 连接螺纹 | 拉开行程/mm | 最大抗拉负荷/kN | 最大释放力(±20%)/kN | 标定释放力/kN | 最大工作扭矩/kN·m |
|---|---|---|---|---|---|---|---|---|---|
| SS159 | 159(6¼) | 5600 | 70 | 4½in IF | 343 | 1500 | 700 | 300~450 | 14 |
| SX159 | 159(6¼) | 5200 | 70 | 4½in IF | 198 | 1500 | 350 | 180~250 | 14 |
| SS165-1 | 165(6½) | 5600 | 70 | 4½in IF | 343 | 1500 | 700 | 300~450 | 14 |
| SX165-1 | 165(6½) | 5200 | 70 | 4½in IF | 343 | 1500 | 350 | 180~250 | 14 |

**表 12-3　天合集团产 ZSJ/ZXJ 分体式随钻震击器型号与技术规范**

| 型号 | 外径/mm(in) | 水眼/mm | 接头螺纹 | 拉开总长(上/下)/mm | 行程(上/下)/mm | 最大抗拉负荷/kN | 最大释放力/kN | | 最大工作扭矩/kN·m |
|---|---|---|---|---|---|---|---|---|---|
| | | | | | | | 上击器 | 下击器 | |
| $Z_x^sJ46$ | 121(4¾) | 51 | NC38 | 5300/4760 | 305/178 | 1400 | 270 | 250 | 13 |
| $Z_x^sJ56$ | 146(5¾) | 57 | 4½in FH | 5730/5000 | 332/180 | 2000 | 450 | 400 | 15 |
| $Z_x^sJ62$ | 159(6¼) | 57 | NC46 | 5360/5215 | 344/178 | 2200 | 550 | 500 | 15 |
| $Z_x^sJ70$ | 178(7) | 70 | NC50 | 5424/5215 | 344/178 | 2300 | 550 | 550 | 15 |
| $Z_x^sJ76$ | 197(7¾) | 71.4 | 6⅝in REG | 5515/5250 | 368/178 | 2500 | 750 | 600 | 18 |
| $Z_x^sJ80$ | 203(8) | 71.4 | 6⅝in REG | 5515/5250 | 368/178 | 2500 | 750 | 600 | 20 |

### （四）分体式随钻震击器安装位置

分体式随钻震击器安装位置如图 12-5 所示。

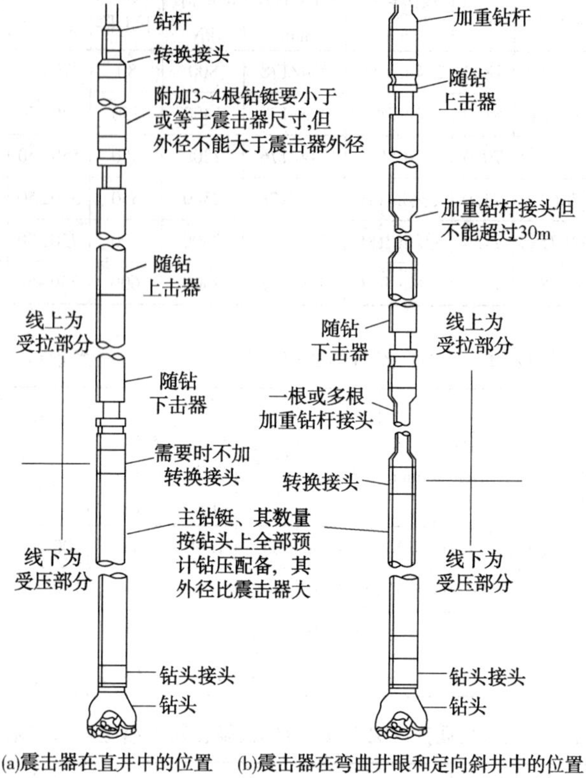


图 12-5　分体式随钻震击器安装位置

（1）随钻上击器安装在随钻下击器之上。

（2）在直井中，两部分可以连接为一体并接于主钻铤之上，其上再接 2~4 根铤，随钻震击器的位置略高于钻柱中和点。

（3）在斜井或弯曲井眼中，随钻下击器与主钻铤之间接挠性接头或接 1~3 根加重钻杆。随钻上击器、随钻下击器分开组装，两者之间可以接 2~5 根加重钻杆以减小刚度。

（4）无论上述哪种接法，随钻震击器上部钻铤和工具的外径都不允许大于随钻震击器外径，而随钻震击器下部的钻铤和工具外径只允许稍大于或等于随钻震击器外径，以防随钻震击器及以上钻具被卡。

(5) 随钻下击器下部钻铤的重量应大于预定的钻压，使随钻震击器在受拉状态下工作。

**(五) 卡箍安放位置**

卡箍安放位置如图 12-6 所示。

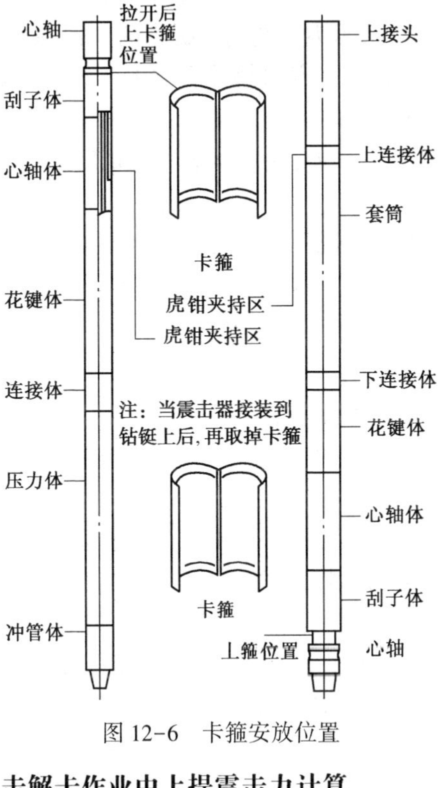


图 12-6　卡箍安放位置

**(六) 上击解卡作业中上提震击力计算**

一般计算方法是，上提拉力等于随钻震击器上部的钻柱重量加上所需的震击力。

这一负荷影响因素较多，主要是井的摩擦力影响及震击时的开泵循环效应，实际传到随钻震击器上的释放负荷与地面是不同的。

1. 定向井上击解卡上提拉力计算公式：

$$G=G_1-G_2+G_3+G_4+G_5+G_6+G_7 \quad (12-1)$$

式中　$G$——上提拉力，kN；

$G_1$——钻柱原悬重，kN；

$G_2$——随钻上击器以下钻柱的重量，kN；

$G_3$——随钻震击器所需的震击力，kN；

$G_4$——钻井液阻力，约为上提力的5%，kN；

$G_5$——摩擦阻力(定向斜井影响大，约为上提力的10%～20%)，kN；

$G_6$——指重表误差(由指重表本身精度决定)，kN；

$G_7$——开泵效应，$G_7$=泵压×面积。

2. 直井不开泵情况下，上击解卡上提拉力计算：

$$G=G_1-G_2+G_3+G_4+G_6 \quad (12-2)$$

式中符号、内容与式(12-1)相同。

**(七) 使用与操作**

1. 随钻震击器下井前的准备

(1) 出厂或送井的随钻震击器必须经过地面试验，合格后方可投入使用。

(2) 检查上、下震击器心轴是否处于完全松开状态。为防止心轴在地面关闭，特配置了卡箍装置，卡在心轴的露出端(图12-6)，直到工具与钻柱接好之后入井前方能拆除。

(3) 调节随钻下击器的震击力时，保证在任何情况下调节的震击力都不应超过随钻震击器上部的钻柱重量。震击力的调节方法：卸下调节环锁钉，在试验架上调试到设计的压缩释放力，即震击吨位。调节环朝增大方向拨动时为增加震击力，调节环每拨转一孔，负荷变化为10～30kN，调好之后上紧锁钉丝堵。

(4) 下井前，检查各油堵是否有松动，随钻震击器是否处于锁紧状态。

2. 起、下钻作业

(1) 将准备好的随钻震击器用提升短节吊上钻台，涂好密封脂并连接在钻柱上。提起钻具，取下心轴上的卡箍(应妥善保存)。

(2) 下钻时，严格控制下钻速度，防止在缩径处突然遇阻，使随钻下击器释放而产生下击作用。

(3) 若下击已经发生，随钻上击器必然回位并处于预备震击状态。这时，应向上轻提钻柱将下击器卡瓦回位，暂停作业数分钟等待上击器释放，严防猛提。

(4) 在起、下钻过程中，上卸螺纹时大钳应咬合在规定的部位(图 12-6)。起钻完，随钻震击器呈拉开状态。在井口装好心轴卡箍之后，再卸下并编入立柱放进钻杆盒。决不允许将任何夹持吊装工具卡在心轴拉开部位，以防损坏心轴。

(5) 随钻震击器在井内起、下过程中始终处于全拉开状态。

(6) 若随钻震击器不再使用时，必须将其表面清洗干净，对露出心轴部分涂抹黄油，严防碰击。

3. 正常钻进

(1) 随钻震击器在受拉状态下钻进。钻进过程中，两部分的心轴均处于拉伸状态。随钻震击器下部的钻铤重量和泵压对上击部分的心轴、冲管，以及下击部分的心轴、刮子套的作用力都有助于工具的开启。

(2) 随钻震击器在加压状态下钻进。随钻震击器也可以在受压情况下钻进，但给工具施加的压力不能超过随钻下击器下井前预调的震击吨位与泵压施加于随钻下击器心轴、刮子体上的作用力之和的一半，泵压对随钻震击器的作用力参考图 12-7 确定。

(3) 在随钻震击器加压钻进时，随钻上击器有可能关闭。上提钻柱时，在下部钻柱重量作用下，有可能产生轻微向上震击。

(4) 无论随钻震击器是在受拉还是受压状态下钻进，都必须送钻均匀，严防溜钻或顿钻。

(5)钻进过程中遇卡，可以启动随钻上击器解卡。

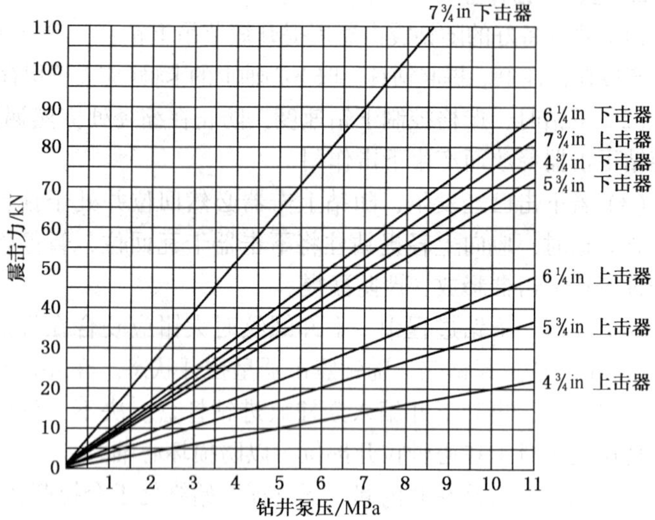


泵压与作用力$G_6$的关系($G_6$=泵压×面积)

注：上击器冲管面积：7¾in为129cm²；6¼ in为45cm²；
5¾in 为34cm²；4¾in为20cm²。
下击器刮子套面积：7¾in为129cm²；6¼ in为78.5cm²；
5¾in 为68cm²；4¾in为70cm²。

图 12-7　泵压对震击力的影响

4. 解卡作业

1）向上震击

（1）下放钻柱，使随钻上击器就位。

（2）上提钻柱使随钻震击器释放压力，震击强度由提升吨位控制。开始应用较低震击力，以后逐渐增加。在一个调整吨位上多次震击后，再调整效果较好。最大震击力决不允许超过随钻震击器以上钻柱重量与随钻上击器最大释放吨位之和(最大震击吨位见表 12-2)。

2）向下震击

（1）需要向下震击时，只需要下放钻柱上部重量超过随钻下击器预调吨位，随钻震击器将产生下击(最大震击吨位见表 12-3)。

（2）震击后，提升钻柱超过随钻震击器上部钻柱重量 3～5t，使随钻下击器回位。

（3）当随钻下击器下击时，随钻上击器自动回位。因此，上提负荷不能超过回位负荷或延续时间过长，以免引起随钻上击器释放，对解卡不利。

5. 注意事项

（1）钻井作业中随钻具下入井中，卡钻时启动随钻震击器解卡，不要单纯当震击工具用。

（2）按图 12-5 所示连接，安错位置会影响产品的使用寿命。

（3）拆装时，需要有专用的拆装设备。

（4）下井时，随钻上击器呈拉开状态，与钻具连接好后卸掉卡箍。卡箍保存好，以待起钻重新卡住心轴拉开部位。

（5）下钻到井底前，应先开泵循环再慢慢下到井底，切忌直通井底造成“人为的下击”。

6. 一般故障排除方法

1）随钻上击器不释放

（1）随钻震击器未能完全回位时，在弯曲井眼中作业可加大向下负荷或停止循环钻井液，使随钻上击器易于回位。

（2）弯曲井眼中，井壁摩擦阻力大，上提拉力被消耗，可延长释放时间或加大上提拉力。

（3）限油槽或锥体被堵塞时，应打开随钻上击器，并在短时间内迅速地关闭数次。

（4）行程到位不震击，有可能是随钻震击器液缸内缺油、漏失或污染变质等，应加油或换油。

2）随钻下击器不释放

（1）预调负荷大于加重负荷，应加大加重负荷。

（2）在深井或弯曲井眼中，钻柱紧贴井壁，钻柱重量没有传递到随钻震击器上，须追加压力负荷。

（3）随钻震击器没有回位，应重新上提使其回位，或开泵使其易回位。

(4) 若循环钻井液时震击，泵压作用于心轴刮子体上使其下击器开启，可停泵震击或加大下放重量。

7. 随钻震击器现场维修

随钻震击器起出后，清洗其外表面钻井液，冲洗心轴、冲管、随钻上击器排气孔的钻井液，水眼和排气孔内的钻井液用软管喷嘴放进去沿一个方向冲洗，直到出现净水为止。心轴表面清洗、擦干后抹上黄油，戴上卡箍，并为两端接头配戴护丝。

## 二、整体机械式随钻震击器

### (一) JZ 型机械式随钻震击器

1. 结构

JZ 型机械式随钻震击器结构如图 12-8 所示。

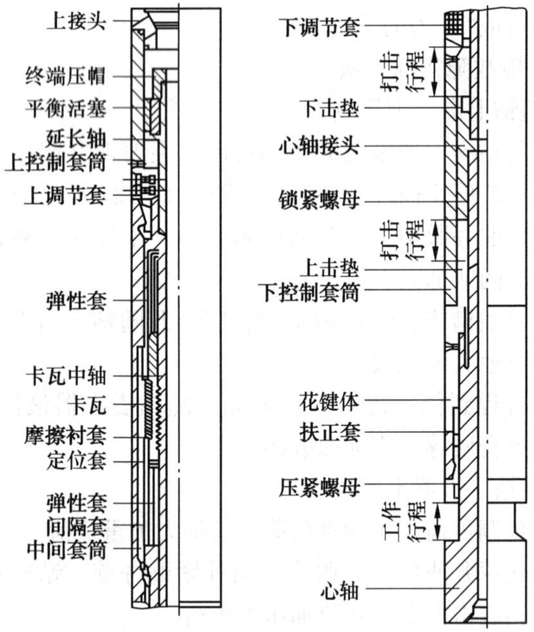


图 12-8　JZ 型机械式随钻震击器结构

2. 工作原理

1) 上击工作原理

使随钻震击器处于锁紧位置，上提钻柱。受下面一组弹性套的作用，迫使钻柱储能，实现延时。

当卡瓦下行并达到预定吨位后，解除锁紧状态，卡瓦中轴滑出并产生上击。重复上述过程，可使工具再次上击。

2) 下击工作原理

使随钻震击器处于锁紧位置，下压钻柱。受上面一组弹性套作用，迫使钻柱储能，实现延时。

当卡瓦上行并达到预定吨位后，解除锁紧状态，卡瓦中轴滑出并产生下击。重复上述过程，可使工具再次下击。

3. JZ 型机械式随钻震击器型号与技术规范

JZ 型机械式随钻震击器型号与技术规范见表 12-4。

**表 12-4 JZ 型机械式随钻震击器型号与技术规范**

| 型号 | JZ95 | JZ108 | JZ121 | JZ159 | JZ165 | JZ178 | JZ203 |
|---|---|---|---|---|---|---|---|
| 外径/mm | 95 | 108 | 121 | 159 | 165 | 178 | 203 |
| 水眼/mm | 28.0 | 36.0 | 51.4 | 57.0 | 57.0 | 57.0 | 71.4 |
| 总长/mm | 5800 | 6404 | 6343 | 6335 | 6517 | 6570 | 7244 |
| 上击行程/mm | 200.0 | 203.0 | 198.0 | 152.0 | 149.0 | 147.5 | 144.5 |
| 下击行程/mm | 200.0 | 203.0 | 205.0 | 162.0 | 166.0 | 167.5 | 176.5 |
| 接头螺纹 | 2⅞in REG | NC31 | NC38 | NC50 | NC50 | NC50 | 6⅝in REG |
| 最大抗拉负荷/kN | 500 | 700 | 1400 | 2200 | 1600 | 2300 | 2500 |
| 最大工作扭矩/kN·m | 5 | 10 | 13 | 15 | 14 | 15 | 20 |
| 开泵面积/$cm^2$ | 32 | 38 | 60 | 100 | 100 | 100 | 176 |

4. 上、下震击力计算

(1) 上击解卡上提钻具产生上震击力计算公式与随钻震击器中的公式(12-1)相同。

(2) 下击钻具产生下震击力计算：

$$G=G_3+G_4+G_5+G_6$$

式中，符号含义与随钻震击器中的公式(12-1)相同。

5. 使用与操作

1）下井前的准备

（1）重新装配后的产品，各连接螺纹应紧扣。内腔注满 L-HM32 抗磨液压油。震击吨位可根据现场具体要求调定，并经地面试验合格后方可采用。

（2）下井前，随钻震击器处于锁紧状态。

（3）钻具配置应使随钻震击器处于钻柱中和点偏上的受拉位置。

（4）推荐的钻具组合：

下钻铤(外径不得小于随钻震击器外径)+JZ 型随钻震击器+加重钻杆(外径不得大于随钻震击器外径)+上部钻具。

（5）当随钻震击器接入立柱后，取下卡箍，保存好待起钻时用。

2）操作方法

（1）下钻时，应先开泵循环，再缓慢下放，切忌直通井底造成“人为下击”。若在下钻过程中发生遇卡，可启动随钻震击器实施上击解卡。

（2）在正常钻进过程中，随钻震击器应处于打开位置，在受拉状态下工作，但当下部钻柱重量不大于随钻震击器上击锁紧力的一半时，可在锁紧状态下工作。

（3）当发生卡钻事故须上击时，按以下步骤进行：

① 下放钻具直到指重表读数小于随钻震击器以上钻具悬重 3~5t(即压到随钻震击器心轴上的力)，随钻震击器回到“锁紧”位置。如已为锁紧状态下井的随钻震击器(即下部钻柱重量不大于随钻震击器上击锁紧力的一半时在锁紧状态的随钻震击器)不执行此步骤。

执行本步骤时，可在井口钻杆上画一刻线，下放一个上击行程可确认随钻震击器回到“锁紧”位置。

② 上提钻具产生震击。

（4）当发生卡钻事故须下击时，按以下步骤进行：

① 与上击时回位方法相同，使随钻震击器回到“锁紧”位置(已处于锁紧状态的随钻震击器不执行此步骤)。

② 下放钻具产生震击。

6. 现场维护保养

在使用时间短或中等程度震击，以及震击次数少的情况下，可在钻台现场进行。

随钻震击器在井场钻台上被起出井口后，冲洗随钻震击器外表面、水眼中的钻井液，以及油堵部位。清洗心轴镀铬面，擦干后抹上钙基润滑脂，戴上卡箍，并为两端接头配戴护丝，吊放在管具架上。

**(二) JSZ 型整体机械式随钻震击器**

1. 结构及特点

JSZ 型整体机械式随钻震击器结构如图 12-9 所示。该工具属于机械式随钻震击器，是随钻类产品中最短的工具，使用方便。在钻进中可自锁且安全、可靠。当需要震击时，通过下放、上提即可实现震击。但是，不可在井下调整工作负荷，只能在车间调整。

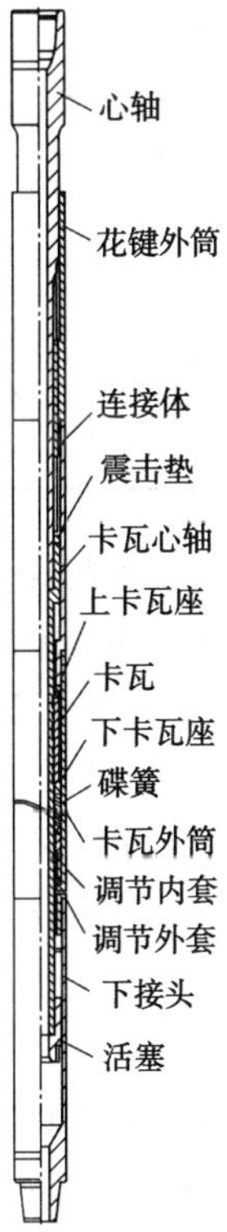

图 12-9 JSZ 型整体机械式随钻震击器结构

2. 工作原理

1) 上击工作原理

上提钻具到预定震击负荷，由于碟簧弹性势能及卡瓦机构锁紧力作用，震击器开始储能，锁紧机构受后部碟簧作用使卡瓦锁紧机构抱紧卡瓦心轴。当卡瓦心轴随心轴一起上提克服卡瓦锁紧力后，随钻震击器将产生上击。如需要连续上击，则应下放钻具直到锁紧机构重新锁紧，再重复上述步骤，将产生连续上击。

2）下击工作原理

下击机构锁紧器的松开负荷可根据顾客需要进行调整。上锁紧力和下锁紧力之间有一定比率，并且可调整。当需要下击时，下放钻具直到压力达到下锁紧力，随钻震击器将产生下击力。若需要重复震击，上提钻具到重新锁紧的位置，重复上述步骤。

3. JSZ 型整体机械式随钻震击器型号与技术规范

JSZ 型整体机械式随钻震击器型号与技术规范见表 12-5。

**表 12-5　JSZ 型整体机械式随钻震击器型号与技术规范**

| 型号 | 外径/mm | 内径/mm | API 接头螺纹 | 上击行程/mm | 下击行程/mm | 工作扭矩/kN · m | 最大抗拉负荷/kN | 最大上震击力/kN | 最大下震击力/kN | 总长/mm |
|---|---|---|---|---|---|---|---|---|---|---|
| JSZ46 | 124 | 51.4 | NC38 | 227 | 152 | 13 | 1400 | 490 | 270 | 4130 |
| JSZ62 | 162 | 57.2 | NC46 | 230 | 152 | 15 | 2200 | 600 | 360 | 4150 |
| JSZ64 | 168 | 57.2 | NC46 | 230 | 152 | 15 | 2200 | 600 | 360 | 4150 |
| JSZ80 | 203 | 71.4 | 6⅝in REG | 232 | 152 | 20 | 2500 | 820 | 460 | 4210 |

4. 使用与操作

1）下井前的准备

（1）经重新装配后的产品，各连接螺纹应紧扣，内腔应注满液压油，震击吨位可根据某口井具体要求设定，并经地面试验合格后方可采用。

（2）下井前，随钻震击器处于锁紧状态。

（3）钻具配置应使随钻震击器处于钻柱中和点偏上的受拉部位。

（4）推荐的钻具组合：

下钻铤（外径不得小于随钻震击器外径）+JSZ 型随钻震击器+加重钻杆（外径不得大于随钻震击器外径）+上部钻具。

（5）当随钻震击器接入立柱后，取下卡箍，并妥善保存。

2）操作方法

(1）下钻时，应先开泵循环，再缓慢下放，切忌直通井底造成“人为下击”。若在下钻过程中发生遇卡，可启动随钻震击器实施上击解卡。

(2）在正常钻进过程中，随钻震击器应处于锁紧位置，在受拉状态下工作。

(3）当发生卡钻事故须上击时，按以下步骤进行：

① 下放钻具直到指重读数小于随钻震击器以上钻具悬重3~5t(即压到随钻震击器心轴上的力)，随钻震击器回到“锁紧”位置。如已为锁紧状态下井的，则不执行此步骤。

执行本步骤时，可在井口钻杆上画一刻线，下放一个上击行程即可确认随钻震击器回到“锁紧”位置。

② 以拉力 $G$ 上提钻柱，刹住刹把等待随钻震击器释放。上击吨位由上提吨位控制，开始时采用较低提拉吨位，以后逐渐增加吨位，在同一上提吨位上应多次震击以加强作用效果。重复上述过程，将产生连续上击。最大上提吨位不允许超过随钻震击器以上钻柱重量与随钻震击器最大上击释放吨位之和，即

$G$=随钻震击器上部钻柱重量+随钻震击器上击释放吨位

(4）当需要下击时，按以下步骤进行：

① 以压力 $G'$下压钻具产生震击。

$G'$=地面调定的下击吨位+钻井液阻力+摩擦阻力+指重表误差

② 上提钻具，上提拉力大于随钻震击器上部钻具重量3~5t，使随钻震击器回到锁紧位置，以压力 $G'$下压钻具产生震击。重复上述步骤即可继续向下震击。当随钻震击器下击同位时，上提钻柱时间不能过长，避免产生不必要的上击。

5. 现场保养

在使用时间短或中等程度震击、震击次数少的情况下，可在钻台现场进行保养。随钻震击器在钻台上被起出井口后，冲洗随钻震击器外表面、水眼中的钻井液，以及油堵部位。清洗心轴镀铬面，擦干后抹上钙基润滑脂，戴上卡箍，并为两端接头配戴护丝。

### （三）北石厂产 QJ-K 型和 QJ-A 型机械式随钻震击器

1. 结构

QJ-K 型和 QJ-A 型机械式随钻震击器结构如图 12-10 和图 12-11 所示。

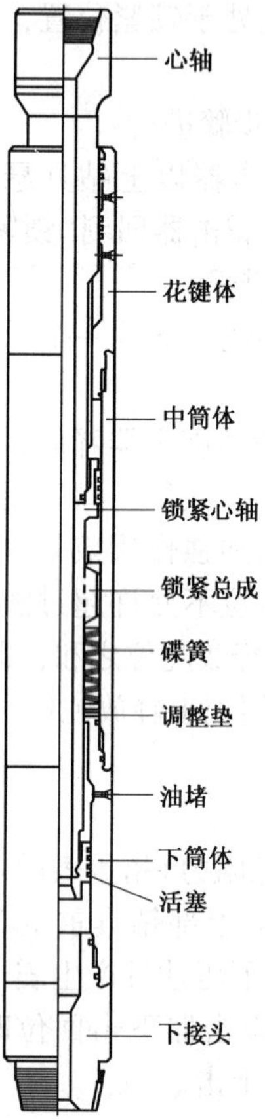


图 12-10　QJ-K 型机械式随钻震击器结构

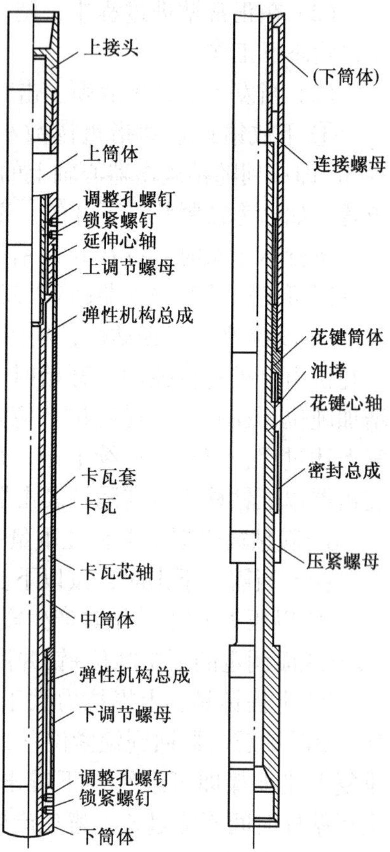


图 12-11　QJ-A 型机械式随钻震击器结构

2. 型号与技术规范

QJ-A 型和 QJ-K 型机械式随钻震击器型号与技术规范见表 12-6。

表 12-6　北石厂机械式随钻震击器型号与技术规范

| 型　号 | | | QJ159K-Ⅰ | QJ165K-Ⅰ | QJ203K | QJ121A | QJ159A-Ⅰ | QJ165A-Ⅰ | QJ178A | QJ203A | QJ229A |
|---|---|---|---|---|---|---|---|---|---|---|---|
| 外径 | | mm(in) | 159($6\frac{1}{4}$) | 165($6\frac{1}{2}$) | 203(8) | 121($4\frac{3}{4}$) | 159($6\frac{1}{4}$) | 165($6\frac{1}{2}$) | 178(7) | 203(8) | 229(9) |
| 水眼 | | mm | 57 | 70 | 45 | 57 | 57 | 70 | 70 | | |
| 最大释放力 | 上击 | kN | 600 | 650 | 800 | 400 | 600 | 650 | 800 | 900 | 1100 |
| | 下击 | kN | 350 | | 450 | 250 | 350 | | 500 | 550 | 600 |
| 出厂标定释放力 | 上击 | kN | 600±120 | 650±130 | 800±160 | 400±20 | 600±30 | 650±30 | 700±30 | 800±40 | 1000±50 |
| | 下击 | kN | 350±70 | | 450±90 | 250±20 | 350±30 | | 400±30 | 450±40 | 500±50 |
| 最大抗拉载荷 | | kN | 1500 | | 2200 | 1000 | 1500 | | 1800 | 2200 | 2500 |
| 最大工作扭矩 | | kN·m | 14 | | 18 | 12 | 14 | | 15 | 18 | 22 |
| 整机长度 | | mm | 3700 | | 4600 | 5400 | 5400 | | 5700 | 5800 | 6400 |
| 连接螺纹 | | API | $4\frac{1}{2}$in IF | | $6\frac{5}{8}$in REG | $3\frac{1}{2}$in IF | $4\frac{1}{2}$in IF | | $4\frac{1}{2}$in IF | $6\frac{5}{8}$in REG | $7\frac{5}{8}$in REG |

## 三、整体液压式随钻震击器

### (一) YSZ 型液压式随钻震击器

1. 结构

YSZ 型液压式随钻震击器结构如图 12-12 所示。

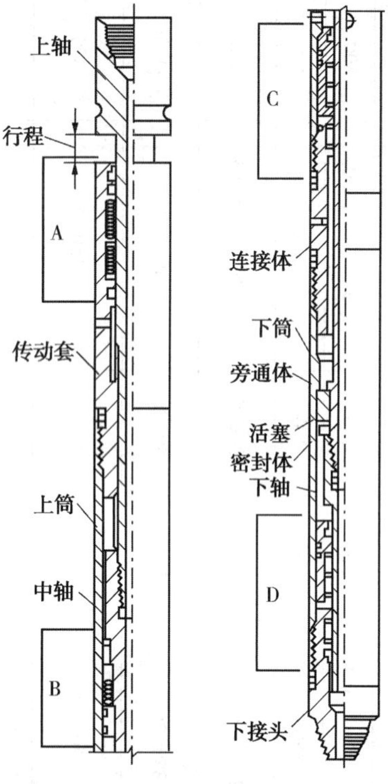


图 12-12　YSZ 型液压式随钻震击器结构

2. 工作原理

1) 上击工作原理

上击时，先下放钻柱，使心轴向下移动，活塞离开密封体，打开旁通油道。当心轴台肩碰到传动套端面时，随钻震击器关闭。再上提钻柱使随钻震击器受到一定的拉力，这时随钻震击器的活塞由下筒下部大腔逐渐进入小腔，密封体与活塞下端面的通道封闭，只有活塞底部的两条泄油槽可以通过少量液压油，形成节油阻力，其余液压油被阻于活塞上部，油压增高、阻力增大，使随钻震击器上面的钻柱在拉力作用下发生弹性伸长而储存了能量；当活塞运动到下筒上部大腔时，因间隙增大，压力腔的液压油在短时间内释放能量，活塞突然失去阻力，使钻柱骤然卸载而产生弹性收缩，随钻震击器下轴以极高的速度撞击到传动套下端，给连接在外筒下部的被卡钻具以强烈的向上震击力。重复上述步骤，可使钻具反复上击。

2）下击工作原理

下击时，先下放钻柱，使随钻震击器关闭，然后上提钻柱使随钻震击器内的活塞刚进入下筒小腔，这时猛放钻柱，使随钻震击器以上的钻柱迅速下落，直至随钻震击器的心轴接头下端面打击到传动套上端面，给连接在外筒下部的被卡钻具以强烈的向下震击力。重复上述步骤，可使钻具反复下击。

3. 型号与技术规范

YSZ 型液压式随钻震击器型号与技术规范见表 12-7。

**表 12-7　YSZ 型液压式随钻震击器型号与技术规范**

| 型号 | 外径/mm(in) | 水眼/mm | 连接螺纹 | 闭合总长/mm | 拉井行程/mm | 最大工作扭矩/kN·m | 最大抗拉负荷/kN | 最大震击力/kN | 出厂震击力/kN |
|---|---|---|---|---|---|---|---|---|---|
| YSZ121 | 121(4¾) | 50 | NC38 | 5757 | 650 | 13 | 1400 | 300 | 200 |
| YSZ159 | 159(6¼) | 60 | NC50 | 6425 | 700 | 15 | 2000 | 700 | 350 |
| YSZ178 | 178(7) | 60 | NC50 | 6425 | 700 | 15 | 2000 | 700 | 350 |
| YSZ203 | 203(8) | 70 | 6⅝in REG | 6646 | 700 | 18 | 2300 | 800 | 450 |

4. 使用与操作

1）安装位置

(1) 随钻震击器一般接装在钻具的中和点偏上的位置，使随钻震击器在受拉状态下工作。

(2) 随钻震击器应安装在井下易卡钻具的上端，并尽量靠近可能发生的卡点，以便震击时卡点受到较大的震击力。

（3）若装在钻铤与钻杆之间，随钻震击器上方应加 2~3 根加重钻杆，以便随钻震击器回位。

（4）随钻震击器上部的钻具和其他任何工具的外径应小于或等于随钻震击器外径，而随钻震击器下部的钻具和其他任何工具允许稍大或等于随钻震击器外径。

（5）随钻震击器下部钻铤的重量应大于设计钻压，使随钻震击器处于受拉状态下工作。

2）起、下钻作业

（1）将准备好的随钻震击器用提升短节吊上钻台，严防撞击。

（2）涂好丝扣油。按规定扭矩将随钻震击器拧紧在钻柱上，提起钻柱、取下上轴卡箍(保管好)。

（3）随钻震击器在井内起、下钻过程中，始终处于拉开状态。

（4）若起、下钻过程中遇卡，可启动随钻震击器解卡。

（5）起、下钻过程中，不允许将任何夹持吊装工具卡在上轴拉开部位(即上轴镀铬面的外露部分)，以防损坏上轴。

（6）起钻时，上轴呈拉开状态，必须在上轴镀铬面处装好卡箍，方可编入立柱放在钻杆盒内。

3）解卡作业

（1）上击解卡。

① 操作前，必须正确计算随钻震击器作业时指重表的读数(上提吨位)：

随钻震击器释放时指重表的读数(上提吨位)= 随钻震击器上部的钻具重量+所需的震击吨位+钻具与井壁的摩擦阻力(估算)

注意：所需的震击吨位不允许超过最大震击吨位。

② 下放钻柱对随钻震击器施加约 100kN 的压力，关闭随钻震击器。

③ 上提钻柱使随钻震击器释放震击，震击强度由提升吨位控制，开始时用中等程度的震击力，以后逐渐增加，上击时，指重表显示的吨位应下降。

④ 如果上提随钻震击器不震击，可能是随钻震击器没有完全回位，可重新下放钻柱，此次应比上一次下放的吨位大一些。若再不震击，应分析原因或将随钻震击器起出送管子站维修。

⑤ 按上述步骤，可反复进行上击。

(2) 下击解卡

下击力的大小与随钻震击器上方钻柱的重量有关，重量越大，下击力也就越大。

① 下放钻柱，对随钻震击器施加约 100kN 的压力，关闭随钻震击器。

② 上提钻柱，使随钻震击器被拉开一定行程，在方钻杆上作一刻度来测量拉开行程。

上提吨位=随钻震击器上部重量+随钻震击器所需的拉开力 98kN+钻具与井壁的摩擦阻力(估算)

③ 立即猛放钻柱，直到随钻震击器关闭并发生撞击。

④ 按上述步骤，可反复进行下击。

5. 注意事项

(1) 随钻震击器必须经地面试验合格后，心轴呈拉开状态，并戴有卡箍，方可上井使用。

(2) 入井时，必须把心轴部位的卡箍取下(保管好)。

(3) 随钻震击器下端应接安全接头，以便震击无效时，可倒扣取出随钻震击器。

(4) 随钻震击器使用过程中，起钻或下钻时应仔细检查，若发现外表有裂纹、漏油等现象，不允许下井使用。

(5) 随钻震击器在井下连续使用 500h，或进行高吨位、次数较多的震击后，应进行维修。

(6) 随钻震击器不使用时，必须将其外表面清洗干净，为心轴外露的镀铬面涂抹钙基润滑脂，并戴好卡箍，安全卸下钻台，水平放置，严防碰击。

6. 现场维修

在钻台上将起出的随钻震击器外表面，以及水眼和排气孔

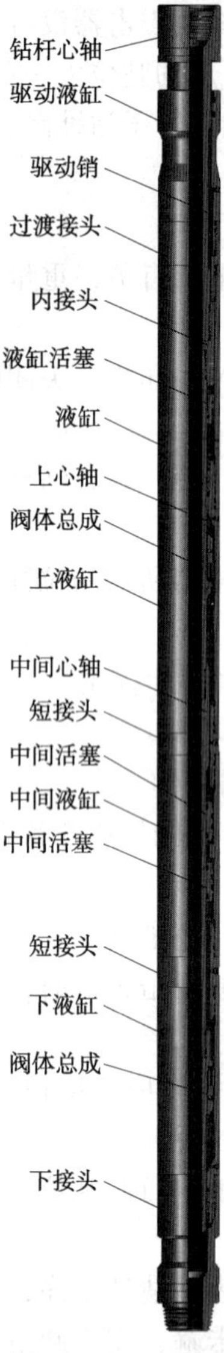


图 12-13　QY 型全液压式随钻震击器结构

内的钻井液用软管喷嘴放进去并沿一个方向冲洗，直到出现净水为止。如暂时不使用，可用油喷入排气孔内部后，再用塑料布将孔眼包住，防止泥沙进入。须对工具两端接头螺纹涂油并配戴护丝。

**（二）QY 型全液压式随钻震击器**

1. 结构

QY 型全液压式随钻震击器结构如图 12-13 所示。

QY 型全液压式随钻震击器主要由钻杆心轴、上心轴、中间心轴、下心轴、驱动液缸、液缸、上液缸、中间液缸、下液缸、下接头、活塞、阀体总成、密封件等组成。

2. 工作原理

1）上击工作原理

通过上提钻柱对 QY 型全液压式随钻震击器施加向上的力，随着 QY 型全液压式随钻震击器上击液压阻尼机构的上行，在液压油腔的液压油受压产生憋压，实现钻柱储能。当上行达到一定行程时，憋压油突然卸载，从而释放钻柱储能产生向上的冲击力。

2）下击工作原理

与上击工作原理不同，下击是通过下放钻柱对 QY 型全液压式随钻震击器施加向下的力，而实现钻柱储能的过程与上击相同，最终释放钻柱储能产生向下的冲击力。

3. 型号与技术规范

QY 型全液压式随钻震击器型号与技术规范见表 12-8 和表 12-9。

表 12-8　贵州高峰机械厂 QY 型全液压式随钻震击器型号与技术规范

| 型号 | 工具外径/mm(in) | 水眼直径/mm(in) | 拉开总长/mm | 最大上击力/kN(lbf) | 最大下击力/kN(lbf) | API 接头螺纹 | 最大抗拉/kN(lbf) | 最大抗扭/kN·m(lbf·ft) |
|---|---|---|---|---|---|---|---|---|
| QY121 | 121(4¾) | 51.4(2) | 9442 | 350(78000) | 180(40000) | NC38 | 1000(225000) | 3.5(2580) |
| QY159 | 159(6¼) | 69(2 23/32) | 10323 | 700(160000) | 350(78000) | NC46 | 1500(337000) | 14(10300) |
| QY165 | 165(6½) | 69(2 23/32) | 10323 | 700(160000) | 350(78000) | NC46 | 1500(337000) | 14(10300) |
| QY178 | 178(7) | 69(2 23/32) | 9850 | 800(180000) | 400(90000) | NC50 | 1800(405000) | 15(11000) |
| QY203 | 203(8) | 76.2(3) | 10261 | 1000(225000) | 500(120000) | 6⅝in REG | 2200(495000) | 18(13000) |
| QY241 | 241(9½) | 76.2(3) | 9987 | 1200(270000) | 600(135000) | 7⅝in REG | 2500(562000) | 22(16000) |

| 型号 | 工具外径/mm(in) | 水眼直径/mm(in) | API 接头螺纹 | 许用工作拉力/kN(lb) | 许用工作扭矩/kN·m(lb·ft) | 最大上击力/kN(lb) | 最大下击力/kN(lb) | 上击行程/mm | 下击行程/mm | 拉开长度/mm |
|---|---|---|---|---|---|---|---|---|---|---|
| QY108 Ⅲ | 108(4¼) | 38(1½) | NC31 | 800(180000) | 10(7000) | 250(55000) | 120(26000) | 152 | 152 | 5835 |
| QY121 Ⅲ | 121(4¾) | 50(2) | NC38 | 1100(250000) | 15(11000) | 350(78000) | 180(40000) | 152 | 152 | 5770 |
| QY127 Ⅲ | 127(5) | 50(2) | NC38 | 1100(250000) | 15(11000) | 350(78000) | 180(40000) | 152 | 152 | 5768 |
| QY159 Ⅲ | 159(6¼) | 57(2¼) | NC46 | 2000(450000) | 30(22000) | 700(160000) | 350(78000) | 152 | 152 | 5939 |
| QY165 Ⅲ | 165(6½) | 57(2¼) | NC50 | 2000(450000) | 30(22000) | 700(160000) | 350(78000) | 152 | 152 | 5939 |
| QY172 Ⅲ | 172(6¾) | 57(2¼) | NC50 | 2000(450000) | 30(22000) | 700(160000) | 350(78000) | 152 | 152 | 5939 |
| QY178 Ⅲ | 178(7) | 70(2¾) | NC50 | 2400(540000) | 35(25800) | 800(180000) | 400(90000) | 152 | 152 | 6000 |
| QY203 Ⅲ | 203(8) | 76.2(3) | 6⅝in REG | 2800(630000) | 45(33000) | 1000(225000) | 500(110000) | 152 | 152 | 6000 |
| QY216 Ⅲ | 216(8½) | 76.2(3) | 6⅝in REG | 2800(630000) | 45(33000) | 1000(225000) | 500(110000) | 152 | 152 | 6000 |
| QY229 Ⅲ | 229(9) | 76.2(3) | 7⅝in REG | 3000(630000) | 65(26000) | 1200(270000) | 600(132000) | 152 | 152 | 6106 |

**表 12-9　北石厂 QY 型全液压式随钻震击器型号与技术规范**

| 型号 | | | QY121A | QY159A | QY165A | QY178A | QY203A | QY229A |
|---|---|---|---|---|---|---|---|---|
| 外径 | | mm (in) | 121 (4¾) | 159 (6¼) | 165 (6½) | 178(7) | 203(8) | 229(9) |
| 水眼 | | mm | 44.5 | 57 | 57 | 70 | 70 | |
| 最大释放力 | 上击 | kN | 400 | 700 | 750 | 800 | 1000 | 1200 |
| | 下击 | kN | 250 | 350 | | 400 | 500 | 600 |
| 出厂标定释放力 | 上击 | kN | 350±20 | 500±30 | 550±30 | 600±30 | 700±40 | 800±50 |
| | 下击 | kN | 220±20 | 300±30 | | 350±30 | 400±40 | 450±50 |
| 最大抗拉载荷 | | kN | 1000 | 1500 | | 1800 | 2200 | 2500 |
| 最大工作扭矩 | | kN · m | 12 | 14 | | 15 | 18 | 22 |
| 整机长度 | | m | 8.8 | 8.7 | | 9.1 | 9.1 | 9.8 |
| 连接螺纹 | | API | 3½in IF | 4½in IF | | 4½in IF | 6⅝in REG | 7⅝in REG |

4. 使用与操作

1）使用

（1）QY 型全液压式随钻震击器下井前必须做地面试验，试验合格后方可使用。

（2）检查 QY 型全液压式随钻震击器上各油堵是否拧紧。

（3）在转盘上，QY 型全液压式随钻震击器与钻具连接好后再卸下卡箍，同钻具一起下放入井。QY 型全液压式随钻震击器与钻铤或加重钻杆可组成立柱，但应该连接在立柱的顶部。

（4）QY 型全液压式随钻震击器最适宜连接放置在整个钻具组合中和点以上部位，使 QY 型全液压式随钻震击器处于受拉状态。

（5）QY 型全液压式随钻震击器的外径应小于或等于下部钻铤和钻具的直径。

（6）推荐的钻具组合：

上部钻具+加重钻杆（外径不得大于震击器外径）+QY 型全

液压式随钻震击器+钻铤(外径不得小于震击器外径)+下部钻具。

2) 操作

(1) 上击操作：

① 下放钻具，使指重表读数比 QY 型全液压式随钻震击器上部钻具的悬重低 5~7t，使 QY 型全液压式随钻震击器“上击阻尼机构”回位。

② 上提钻具，然后等待 QY 型全液压式随钻震击器震击。

QY 型全液压式随钻震击器上击力=震击前指重表的最后读数-QY 型全液压式随钻震击器上部钻具的悬重

③ 重复上述操作步骤，可实现连续上击作业。

(2) 下击操作：

① 下放钻具，等待 QY 型全液压式随钻震击器震击。

QY 型全液压式随钻震击器下击力=QY 型全液压式随钻震击器上部钻具的悬重-震击前指重表的最后读数。

② 上提钻具，使指重表读数比 QY 型全液压式随钻震击器上部钻具的悬重高 5~7t，使 QY 型全液压式随钻震击器“下击阻尼机构”回位。

③ 立即下放钻具，等待 QY 型全液压式随钻震击器震击。

④ 重复上述操作步骤，可实现连续下击作业。

(3) 注意 QY 型全液压式随钻震击器在井下工作时，不允许上提或下放施加于 QY 型全液压式随钻震击器的力超过设计所能承受的最大工作载荷(表 12-8)。

(4) 起钻时，工具应处于全拉开状态，必须在井口装好卡箍后，再从转盘上安全卸下，防止碰撞。

## 四、整体机械液压式随钻震击器

### (一) JYQ 型机械液压式随钻震击器

1. 结构

JYQ 型机械液压式随钻震击器结构如图 12-14 所示。

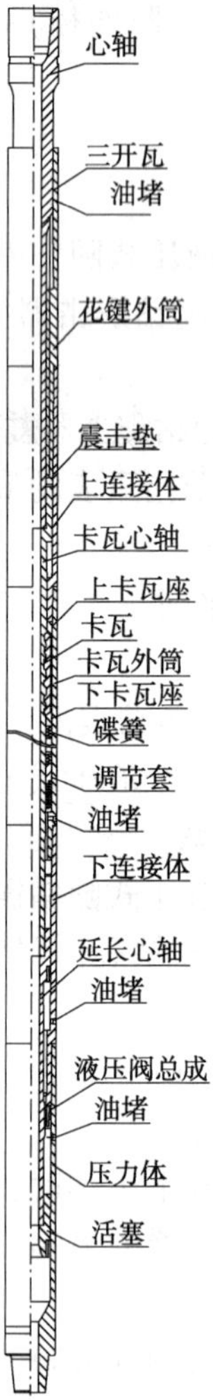


图 12-14　JYQ 型机械液压式随钻震击器结构

JYQ 型机械液压式随钻震击器是一种机械液压式随钻震击、解卡工具，集上、下震击作用于一体，可解除钻井作业过程中发生的井下遇阻、遇卡等钻井事故，是定向井、深井的首选震击工具。

2. 工作原理

1）上击工作原理

上提钻具，卡瓦组件受碟簧弹性力及卡瓦机构锁紧力作用，迫使卡瓦锁紧机构抱紧卡瓦心轴。当卡瓦心轴随心轴一起上行克服卡瓦锁紧力，以及液压阀总成与延长心轴之间的阻尼作用，JYQ 型机械液压式随钻震击器将使钻柱储能、延时，当心轴上行到解除约束状态，钻柱中储存的弹性势能转换成向上的动能，产生上击。如需要连续上击，则应下放钻具直到锁紧机构重新锁紧，再重复上述步骤，可产生连续上击。

2）下击工作原理

下击机构锁紧器的松开负荷可根据顾客需要改变。上锁紧力和下锁紧力之间有一定比率，并且可调整。当需要下击时，下放钻具直到压力达到下锁紧力，JYQ 型机械液压式随钻震击器将产生下击力。若需要重复震击，上提钻具到重新锁紧的位置，重复上述步骤，可产生连续下击。

3. 型号与技术规范

机械液压式随钻震击器型号与技术规范见表 12-10 和表 12-11。

**表 12-10　贵州高峰机械厂 JYQ 型机械液压式随钻震击器型号与技术规范**

| 型号 | 外径/mm | 内径/mm | API 接头螺纹 | 上击行程/mm | 下击行程/mm | 工作扭矩/kN·m | 最大抗拉负荷/kN | 最大上击力/kN | 最大下击力/kN | 总长/mm | 活塞面积/$mm^2$ |
|---|---|---|---|---|---|---|---|---|---|---|---|
| JYQ121 | 124 | 50.8 | NC38 | 227 | 102 | 12.5 | 1300 | 250 | 200 | 4500 | 2516 |
| JYQ121 Ⅱ | 121 | 57.2 | NC38 | 227 | 102 | 12.5 | 1300 | 250 | 200 | 4500 | 2827 |
| JYQ159 | 159 | 57.0 | NC46 | 230 | 152 | 15.0 | 2220 | 600 | 330 | 5007 | 6446 |
| JYQ165 | 165 | 70.0 | NC50 | 230 | 152 | 15.0 | 2220 | 600 | 330 | 5007 | 6446 |
| JYQ178 | 178 | 70.0 | NC50 | 230 | 152 | 18.0 | 2220 | 600 | 330 | 5007 | 6446 |
| JYQ203 | 203 | 76.2 | 55/8REG | 232 | 152 | 25.0 | 2500 | 800 | 400 | 5095 | 9170 |
| JYQ241 | 241 | 76.2 | 75/8REG | 232 | 152 | 50.0 | 5400 | 1400 | 460 | 5300 | 17200 |

**表 12-11　北石厂 YJ-A 型机械液压式随钻震击器型号与技术规范**

| 型号 | | | YJ121A | YJ159A | YJ165A | YJ178A | YJ203A | YJ229A | KYJ121A | KYJ159A | KYJ165A | KYJ178A | KYJ203A | KYJ229A |
|---|---|---|---|---|---|---|---|---|---|---|---|---|---|---|
| 外径 | | mm(in) | 121($4\frac{3}{4}$) | 159($6\frac{1}{4}$) | 165($6\frac{1}{2}$) | 178(7) | 203(8) | 229(9) | 121($4\frac{3}{4}$) | 159($6\frac{1}{4}$) | 165($6\frac{1}{2}$) | 178(7) | 203(8) | 229(9) |
| 水眼 | | mm | 44.5 | 57 | | 57 | 70 | 70 | 44.5 | 57 | | 57 | 70 | 70 |
| 最大释放力 | 上击 | kN | 480 | 700 | 750 | 800 | 900 | 1000 | 480 | 700 | 750 | 800 | 900 | 1000 |
| | 下击 | kN | 250 | 350 | | 400 | 450 | 500 | 250 | 350 | | 400 | 450 | 500 |
| 出厂标定释放力 | 上击 | kN | 400±20 | 600±30 | 650±30 | 700±30 | 800±40 | 900±50 | 400±20 | 600±30 | 650±30 | 700±30 | 800±40 | 900±50 |
| | 下击 | kN | 220±20 | 300±30 | | 350±30 | 400±40 | 450±50 | 220±20 | 300±30 | | 350±30 | 400±40 | 450±50 |
| 最大抗拉载荷 | | kN | 1000 | 1500 | | 1800 | 2200 | 2500 | 1000 | 1500 | | 1800 | 2200 | 2500 |
| 最大工作扭矩 | | kN·m | 12 | 14 | | 15 | 18 | 22 | 12 | 14 | | 15 | 18 | 22 |
| 整机长度 | | m | 6.3 | 6.4 | | 6.6 | 6.6 | 7.3 | 6.3 | 6.2 | | 6.6 | 6.6 | 7.3 |
| 连接螺纹 | | API | $3\frac{1}{2}$in IF | $4\frac{1}{2}$in IF | | $4\frac{1}{2}$in IF | $6\frac{5}{8}$in REG | $7\frac{5}{8}$in REG | $3\frac{1}{2}$in IF | $4\frac{1}{2}$in IF | | $4\frac{1}{2}$in IF | $6\frac{5}{8}$in REG | $7\frac{5}{8}$in REG |

4. 使用与操作

1）下井前的准备

（1）经重新装配后的产品，各连接螺纹应按规定紧扣。内腔注满 L-HM32 抗磨液压油，震击吨位和锁紧力可根据某口井具体要求调定，并经地面试验合格后，方可采用。

（2）下井前，JYQ 型机械液压式震击器处于锁紧状态。

（3）钻具配置应使 JYQ 型机械液压式震击器处于钻柱中和点偏上的受拉部分。

（4）推荐的钻具组合：

下钻铤(外径不得小于震击器外径)+JYQ 型机械液压式随钻震击器+加重钻杆(外径不得大于震击器外径)+上部钻具。

（5）当震击器接入立柱后，取下卡箍，并妥善保存。

2）操作方法

（1）下钻时，应先开泵循环，再缓慢下放，切忌直通井底造成“人为下击”。若在下钻过程中发生遇卡，可启动震击器实施上击解卡。

（2）在正常钻进过程中，震击器应处于锁紧位置，在受拉状态下工作。

（3）当发生卡钻事故须上击时，按以下步骤进行：

① 下放钻具直到指重表读数小于震击器以上钻具悬重 3～5t(即压到震击器心轴上的力)，震击器回到“锁紧”位置。如已为锁紧状态下，井的震击力不执行此步骤。

执行本步骤操作时，可在井口钻杆上画一刻线，下放一个上击行程可确认震击器回到“锁紧”位置。

② 以拉力 $G$ 上提钻柱，刹住刹把等待震击器释放。上击吨位由上提吨位控制，开始应用较低提拉吨位，以后逐渐增加吨位，在同一上提吨位上应多次震击以加强作用效果。最大上提吨位不允许超过震击器以上钻柱重量与震击器最大上击释放吨位之和。再重复上述过程，可产生连续上击。在不同钻头水力压降的情况下，震击器最大上击释放吨位是不同的(表 6-19)，

震击器最大上击释放吨位应按不同钻头水力压降分别确定。

$G$=震击器上部钻柱重量+震击器上击释放吨位

（4）当需要下击时，按以下步骤进行：

① 以压力 $G'$下压钻具产生震击。

$G'$=地面调定的下击吨位+钻井液阻力+摩擦阻力+指重表误差

② 上提钻具，上提拉力大于震击器上部钻具重量3~5t，使震击器回到锁紧位置，重复上述步骤，可继续向下震击。震击器下击回位时，上提钻柱时间不能过长，避免产生不必要的上击。

5. 现场保养及维修

1）现场保养

在使用时间短或中等程度震击，而震击次数少的情况下，可在钻台现场进行。当震击器在井场钻台上被起出井后，冲洗震击器外表面、水眼中的钻井液，以及油堵部位。清洗心轴镀铬面，擦干后抹上钙基润滑脂，戴上卡箍，两端接头配戴护丝。

2）管子站维修

在井下正常运转400h后，或猛烈震击作业之后，应在管子站进行大修。建议大修3次后报废该工具。

# 第二节　减　震　器

利用工具内部的减震元件或可压缩液体，吸收或减少钻井过程中对钻头与钻具的冲击和震动载荷，保护钻头、轴承和钻具，延长钻头和钻具寿命的一种工具。

## 一、液压减震器

### （一）YJA 型液压减震器

1. 结构

YJA 型液压减震器由心轴、扶正接头、花键外筒、键、缸

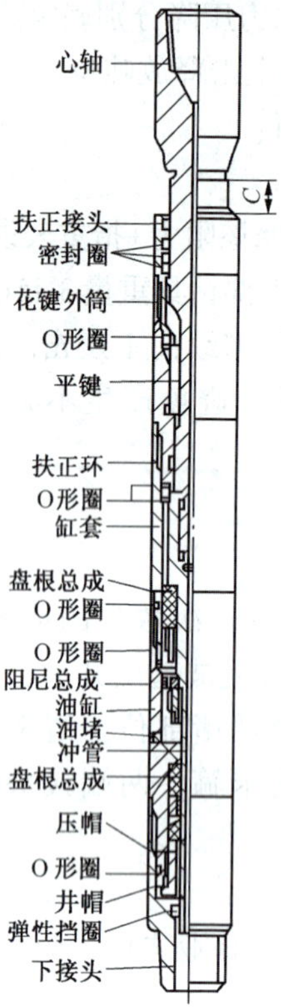


图 12-15　YJA 型液压减震器结构

套、油缸、阻尼总成、冲管、密封元件及下接头等组成，其结构如图12-15所示。

2. 工作原理

YJA 型液压减震器的减震作用，主要是通过具有可压缩的硅油来实现的。钻井作业中钻头和钻具受到冲击和震动时，其作用力使工具以极快的速度向上运动，此时油腔内的液压油不仅受到压缩，而且一部分将以极高的流速经阻尼孔流入缸套腔内，从而起到吸能及缓冲的作用。钻头上的冲击和震动负荷减小或消失时，液体膨胀，下接头以下钻具在自身重量的作用下向下运动。油缸腔恢复到原来的长度，缸套腔内的硅油经阻尼孔重新流回油腔。

3. 型号与技术规范

YJA 型液压减震器型号与技术规范见表 12-12。

表 12-12　YJA 型液压减震器型号与技术规范(贵州高峰机械厂)

| 型　　号 | YJ121 | YJ178-Ⅱ | YJ203 | YJ229 |
|---|---|---|---|---|
| 外径/mm(in) | 121(4¾) | 178(7) | 203(8) | 229(9) |
| 水眼/mm(in) | 57(2¼) | 57(2¼) | 64(2½) | 70(2¾) |
| API 连接螺纹 | 3½in REG | 5½in FH | 6⅝in REG | 7⅝in REG |
| 工作温度/℃ | -40～+150 | -40～+150 | -40～+150 | -40～+150 |
| 最大工作钻压/kN(tf) | 265(27) | 390(40) | 390(40) | 540(55) |
| 最大行程/mm | 100 | 125 | 140 | 140 |

续表

| 型　　号 | YJ121 | YJ178-Ⅱ | YJ203 | YJ229 |
|---|---|---|---|---|
| 抗拉强度/kN(tf) | 980(100) | 1470(150) | 1960(200) | 1960(200) |
| 工作扭矩/kN · m(kgf · m) | 9.8(1000) | 14.7(1500) | 19.6(2000) | 19.6(2000) |
| 拉开总长/mm | 4116 | 3755 | 3899 | 3966 |
| 平均刚度/(kN/cm)(tf/cm) | 35(3.6) | 47(4.8) | 43(4.4) | 47(4.8) |

4. 安装位置

(1) 全面钻进时，连接于钻头之上。

(2) 当使用钻头稳定器时，减震器直接接在钻头稳定器与钻铤之间。

(3) 取心钻进使用该减震器时，可将减震器直接连接在取心筒之上。

(4) 在定向井稳斜钻进时，可直接连接在第一只稳定器上部。

(5) 液压减震器只适用于牙轮钻头和研磨性取心钻头，严禁用于刮刀钻头。

(6) 钻进时，要根据具体情况优选钻压和转速，实现钻井参数的最佳配合，避免减震器在共振区内工作。

(7) 该减震器下井工作，要求井下情况正常，钻井液性能良好。

(8) YJA 型液压减震器用于中硬或硬地层，在砾石层以及软硬夹层中效果更为明显。

5. 使用措施及注意事项

1) 减震器出厂或大修后第一次下井使用

(1) 必须经地面台架试验合格后方能下井使用。

(2) 外筒各连接螺纹(修复扣)必须经三次磨合、清除毛刺、清洗干净，并经检查合格后涂匀钻铤润滑脂，才能连接紧扣。

(3) 各连接螺纹按规定紧扣扭矩值拧紧。

（4）检查油堵是否松动或漏油。

（5）确定减震器的安放位置，备好转换接头。

（6）减震器在下井前，油腔必须注满合格的硅油，在钻台上用 1~3 根钻铤加压测量 *C* 值的变化情况，并做好记录。

（7）减震器在下井前，若发现不符合下井条件时，应及时向有关人员提出，以便进行现场维护或返厂修理，防止发生井下事故。

2）减震器每次起出

（1）减震器每次下井使用都要对其工作时间及工作情况作详细记录。

（2）减震器每次取出井口都要认真清洗，并在转盘上用于下井时同样根数的钻铤加压测量并记录 *C* 值的变化。若 *C* 值比第一次下井时减小 25mm 以上，则说明液压油有漏失，不能继续下井使用。

3）注意事项

（1）操作前，必须了解 YJA 型液压减震器的结构、工作原理、性能及使用方法，操作要平稳，严禁溜钻、顿钻。

（2）下井前紧扣时，严防钳牙损坏油堵及外筒各连接螺纹的端部位置。

（3）减震器上、下钻台或搬运时，两端必须戴好护丝。

（4）在拆卸检查及场地摆放时，要均匀摆放 3~4 根木方或钢管把减震器垫平，防止产生蹩劲把丝扣或密封损坏。

（5）井底有金属落物或打捞作业时严禁使用。

注：减震器所用硅油价格昂贵，检修时要用专门容器回收，避免浪费。

**（二）YJB 型液压减震器**

1. 结构

YJB 型液压减震器由心轴、心轴套、刮子、导向套、花键套、中心缸、下接头和密封件等组成(图 12-16)。

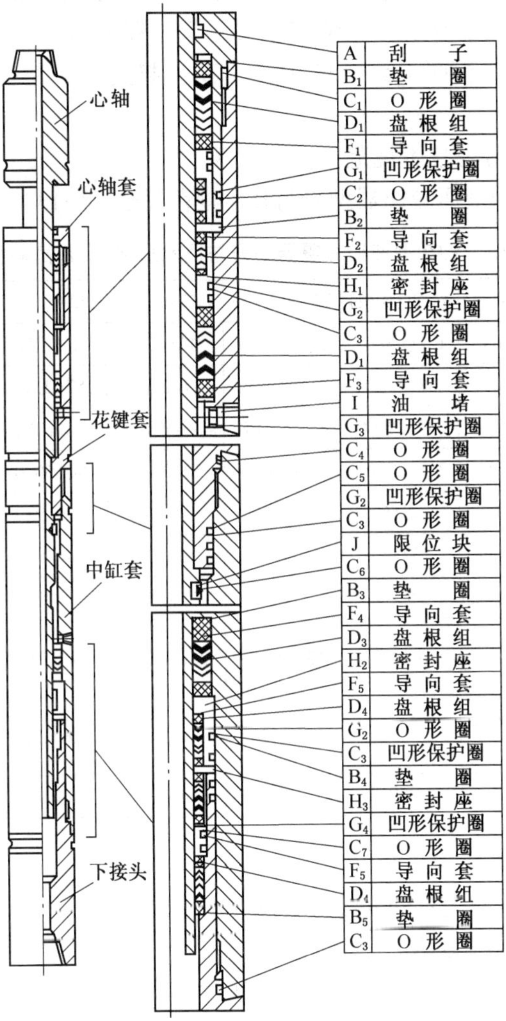


图 12-16　YJB 型液压减震器结构

2. 工作原理

减震器工作时常常处于受压状态，当工具外载增加时，心轴缩进腔内，腔内液体压力随之增加。反之减小外载时，液体压力弹性回复，心轴伸出。因此，减震器在钻井过程中可成一个压缩弹簧，它随着钻头的上下跳动吸收和释放能量，以此消除钻头向上跳动的尖峰负荷，起到保护钻头、钻具的目的。

3. 型号与技术规范

YJB 型液压减震器型号与技术规范见表 12-13。

**表 12-13　YJB 型液压减震器型号与技术规范(贵州高峰机械厂)**

| 型　　号 | YJ121(B 型) | YJ159(B 型) | YJ178(B 型) | YJ203(B 型) | YJ229(B 型) |
|---|---|---|---|---|---|
| 外径/mm(in) | 121(43/4) | 159(61/4) | 178(7) | 178(7) | 229(9) |
| 水眼/mm(in) | 38(1½) | 47(1⅞) | 57(2¼) | 57(2¼) | 64(2½) |
| API 接头螺纹 | 3½in REG | 4½in REG | 4½in REG | 6⅝in REG | 7⅝in REG |
| 最大钻压/kN | 265(27.0) | 340(34.5) | 350(35.4) | 490(50.0) | 530(54.4) |
| 工作温度/℃ | <150 | <150 | <150 | <150 | <150 |
| 总长(闭合)/mm | 3785 | 4270 | 3810 | 4140 | 4496 |
| 最大拉开行程/mm | 152.4 | 203 | 203 | 203 | 152 |
| 工作扭矩/kN · m(kg · m) | 10(1000) | 15(1500) | 20(2000) | 25(2500) | 30(3000) |
| 允许抗拉负荷/kN(tf) | 1150(115) | 1200(120) | 1700(170) | 3000(300) | 3000(300) |
| 容积/L | 2.7 | 3.69 | 4.51 | 5.9 | 8.4 |

4. 安装位置

YJB 型减震器的安装位置同 YJA 型减震器。

5. 使用方法及注意事项

YJB 型减震器的使用方法及注意事项同 YJA 型减震器。

**(三) 北石厂 JZ-Y(H)型减震器**

1. 结构

北石厂 JZ-Y(H)型减震器主要由心轴、刮泥圈、扶正外筒、花键外筒、活塞、盘根总成、冲管、过渡接头、防掉螺母、下接头等组成，如图 12-17 所示。

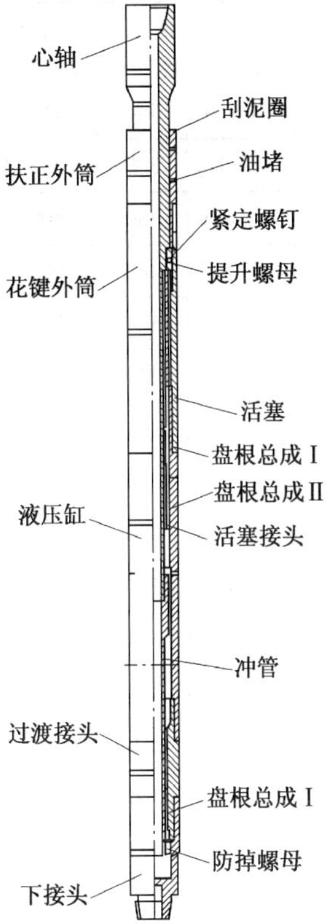


图 12-17 北石厂 JZ-Y(H)型减震器结构

2. 型号与技术规范

北石厂 JZ-Y(H)型减震器型号与技术规范见表 12-14。

**表 12-14 北石厂 JZ-Y(H)型减震器型号与技术规范**

| 产品型号 | 标称外径/mm | 水眼直径/mm | 弹性刚度/(kN/mm) | 最大工作压力/kN | 最大抗拉载荷/kN | 最大工作扭矩/kN·m | API 连接螺纹 | 长度/m |
|---|---|---|---|---|---|---|---|---|
| JZ-Y121 | 121 | 38 | 3.0~3.5 | 250 | 1000 | 10 | 3½in IF | 3.5 |
| JZ-Y159 | 159 | 45 | 3.5~5.0 | 300 | 1500 | 15 | 4in IF | 3.4 |

续表

| 产品型号 | 标称外径/mm | 水眼直径/mm | 弹性刚度/(kN/mm) | 最大工作压力/kN | 最大抗拉载荷/kN | 最大工作扭矩/kN·m | API连接螺纹 | 长度/m |
|---|---|---|---|---|---|---|---|---|
| JZ-Y165-Ⅰ | 165 | 45 | 3.5~5.0 | 300 | 1500 | 15 | 4in IF | 3.4 |
| JZ-Y178-Ⅰ | 178 | 57 | 3.5~5.0 | 350 | 1500 | 15 | 4½in IF | 3.8 |
| JZ-Y203 | 203 | 64 | 4.0~5.5 | 480 | 2000 | 20 | 6⅝in REG | 4.8 |
| JZ-Y229 | 229 | 70 | 4.0~6.5 | 540 | 2000 | 20 | 7⅝in REG | 3.9 |
| JZ-H159-Ⅰ | 159 | 50 | 3.0~6.5 | 300 | 1500 | 15 | 4in IF | 3.0 |
| JZ-H165-Ⅰ | 165 | 50 | 3.0~6.5 | 300 | 1500 | 15 | 4in IF | 3.0 |
| JZ-H178-Ⅰ | 178 | 50 | 3.0~6.5 | 350 | 1500 | 15 | 4½in IF | 3.0 |
| JZ-H203-Ⅱ | 203 | 64 | 3.0~6.5 | 480 | 2000 | 20 | 6⅝in REG | 3.0 |
| JZ-H229 | 229 | 70 | 3.0~6.5 | 540 | 2000 | 20 | 7⅝in REG | 3.5 |
| JZ-H279 | 279 | 80 | 3.0~6.5 | 600 | 2500 | 25 | 8⅝in REG | 4.0 |
| JZ-YH178 | 178 | 57 | 3.0~6.5 | 350 | 1500 | 15 | 4½in IF | 6.0 |
| KJZ-Y121 | 121 | 38 | 3.0~6.5 | 250 | 1000 | 10 | 3½in IF | 3.5 |
| KJZ-H159 | 159 | 50 | 3.0~6.5 | 300 | 1500 | 15 | 4in IF | 3.0 |
| KJZ-H165 | 165 | 50 | 3.0~6.5 | 300 | 1500 | 15 | 4in IF | 3.0 |
| KJZ-H178 | 178 | 50 | 3.0~6.5 | 350 | 1500 | 15 | 4½in IF | 3.0 |
| KJZ-H203 | 203 | 64 | 3.0~6.5 | 480 | 2000 | 20 | 6⅝in REG | 3.0 |
| KJZ-H229 | 229 | 70 | 3.0~6.5 | 540 | 2000 | 20 | 7⅝in REG | 3.5 |
| KJZ-H279 | 279 | 80 | 3.0~6.5 | 600 | 2500 | 25 | 8⅝in REG | 4.0 |

注：橡胶件的老化周期为18个月(从出厂时算起18个月后不可再用)，该产品的推荐使用周期为400h。

## 二、双向减震器

### (一) SJ双向减震器

1. 结构

SJ双向减震器主要由上接头、心轴、扶正外筒、花键外筒、键、液压缸、活塞总成、下接头等组成，如图 12-18 所示。

2. 工作原理

液压双向减震器除吸收钻进过程中钻柱纵向震动和冲击载荷外，还可通过活塞内孔、梯形螺旋到与心轴连接机构，使扭转震动及冲击载荷在瞬间转化为工作腔的纵向分力，从而保持恒定扭矩钻进。

3. 型号与技术规范

SJ 型双向减震器型号与技术规范见表 12-15 和表 12-16，北石厂 JZ-YS 型液压双向减震器型号与技术规范见表 12-17。

4. 使用方法和要求

(1) 减震器入井前，必须经台架试验合格后方可下井使用。

(2) 按规定扭矩紧扣。

(3) 检查各油堵是否漏油，如有漏油必须认真处理。

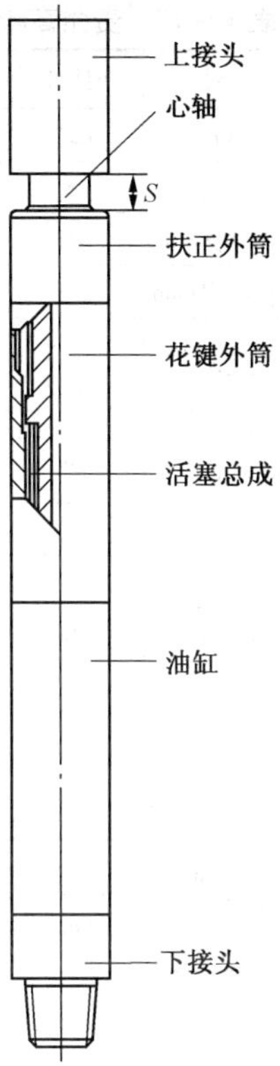

图 12-18 SJ 双向减震器结构

(4) 下井前，必须测量减震器的压缩值 $C$，其方法及要求与 YJ 系列减震器相同。起出检查项目、方法及要求也与 YJ 系列减震器相同。

(5) 减震器连续工作 500h 之后须检修，否则不得连续使用。

(6) 减震器本体外径磨损≤6mm 或者有影响安全的伤痕时，均不得下井使用。

(7) 地面密封试验以 15MPa(150 个大气压)、15min 压降不大于 0.5MPa 为合格。

表 12-15 贵州高峰机械厂 SJ 型双向减震器型号与技术规范

| 型 号 | SJ121 | SJ159Ⅲ | SJ178Ⅲ | SJ178ⅢG | SJ203Ⅲ | SJ229Ⅲ |
|---|---|---|---|---|---|---|
| 外径/mm | 121 | 59 | 78 | 78 | 03 | 229 |
| 水眼/mm | 38 | 8 | 7 | 7 | 4 | 70 |
| 最大工作行程/mm | 100 | 120 | 120 | 120 | 120 | 120 |
| 活塞最大行程/mm | 203 | 203 | 203 | 203 | 203 | 203 |
| 环境温度/℃ | -40~+150 | -40~+200 | -40~+150 | -40~+200 | -40~+150 | -40~+150 |
| 允许最大扭矩/kN·m | 10 | 15 | 15 | 15 | 20 | 20 |
| 允许最大钻压/kN | 300 | 340 | 340 | 340 | 440 | 540 |
| 抗拉载荷/kN | 1200 | 1500 | 1900 | 1900 | 1960 | 2160 |
| 总长/mm | 4700 | 6210 | 6210 | 6210 | 6400 | 6400 |
| API 连接螺纹 | NC38 | NC46 | NC50 | NC50 | 6⅝in REG | 7⅝in REG |

表 12-16 天合股份公司 SJ 型双向减震器型号与技术规范

| 产品型号 | 外径/mm | 水眼/mm | 最大行程/mm | 最大工作扭矩/kN·m | 最大钻压/kN | 抗拉载荷/kN | API 接头螺纹 | 拉开总长/mm |
|---|---|---|---|---|---|---|---|---|
| SJ121B | 121 | 38 | 120 | 10 | 200 | 1000 | NC38 | 4490 |
| SJ160C | 160 | 47 | 120 | 15 | 340 | 1500 | NC40 | 5150 |
| SJ178C | 178 | 57 | 100 | 15 | 400 | 1500 | NC50 | 5590 |
| SJ203B | 203 | 64 | 120 | 20 | 480 | 1960 | 6⅝in REG | 5800 |
| SJ229B | 229 | 71 | 120 | 20 | 540 | 1960 | 7⅝in REG | 5630 |

表 12-17 北石厂 JZ-YS 型液压双向减震器型号与技术规范

| 产品型号 | 标称外径/mm | 水眼直径/mm | 弹性刚度/(kN/mm) | 最大工作压力/kN | 最大抗拉载荷/kN | 最大工作扭矩/kN·m | API 连接螺纹 | 长度/m |
|---|---|---|---|---|---|---|---|---|
| JZ-YS159-Ⅰ | 159 | 45 | 3.0~6.5 | 300 | 1500 | 15 | 4IF | 4.6 |
| JZ-YS165-Ⅰ | 165 | 45 | 3.0~6.5 | 300 | 1500 | 15 | 4IF | 4.6 |
| JZ-YS178-Ⅰ | 178 | 50 | 3.0~6.5 | 350 | 1500 | 15 | 4½in IF | 5.4 |
| JZ-YS203-Ⅰ | 203 | 64 | 3.0~6.5 | 480 | 2000 | 20 | 6⅝in REG | 5.1 |
| JZ-YS229-Ⅱ | 229 | 70 | 3.0~6.5 | 540 | 2000 | 20 | 7⅝in REG | 4.8 |

## (二) DHJ 型机械液压减震器(双作用)

1. 概述

DHJ 型机械液压减震器是一种新型的双作用减震器，它通过两种阻尼弹簧元件碟簧和硅油的压缩储能来吸收钻具的跳动和震动，它具有良好的可维护性、耐高负荷和较长的使用寿命等优点。

2. 基本结构

心轴部分主要由心轴、心轴接头和延长心轴组成；外筒部分主要由扶正套筒、花键体、上筒体、下筒体和下接头组成。如图 12-19 所示。

减震器靠花键体传递扭矩。

阻尼腔内包含两种弹簧元件：碟簧和硅油。

3. 工作原理

DHJ 型机械液压减震器接在钻头和钻铤之间，钻压通过心轴和心轴接头压缩碟簧和硅油传递给外筒再加在钻头上；反之，钻头产生的跳钻和震动迫使碟簧和硅油压缩吸收能量，达到减震的目的。采用钢质的碟簧作为弹性元件其寿命较长，而且在装配工具时，刚度可根据用户需要进行调整；同时，采用硅油作为弹性元件，又可中和碟簧过大的刚度，使工具无论在低钻压还是高钻压下工作都可产生良好的减震效果。

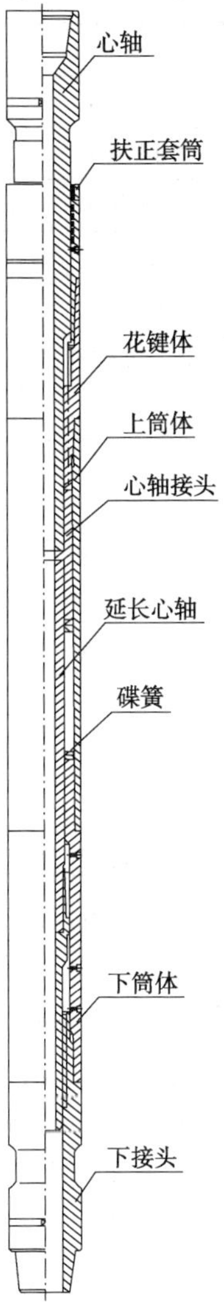


图 12-19　DHJ 型机械液压减震器

4. 型号与技术规范

DHJ 型机械液压减震器型号与技术规范见表 12-18。

表 12-18　DHJ 型机械液压减震器型号与技术规范(贵州高峰机械厂)

| 型　号 | DHJ121 | DHJ159 | DHJ178 | DHJ203 |
|---|---|---|---|---|
| 外径/mm | 121 | 159 | 178 | 203 |
| 水眼/mm | 38.0 | 50.8 | 57.0 | 71.4 |
| 最大行程/mm | 100 | 120 | 120 | 140 |
| 最大工作钻压/kN | 40 | 60 | 60 | 70 |
| 适用井温/℃ | -40~+150 | -40~+150 | -40~+150 | -40~+150 |
| API 接头螺纹 | 3½in REG | NC46 | NC50 | 6⅝in REG |
| 拉开总长/mm | 3400 | 4210 | 4210 | 4700 |

5. 维护与保养

经现场使用一个钻井工作周期后，应及时进行检查维修，维修内容包括拆卸、检查、修理，或更换零件、重新组装、注硅油和地台架试验等。

## 第三节　水力振荡器

水力振荡器是通过自身产生的纵向振动，来提高钻井过程中钻压传递的有效性和减小底部钻具与井眼之间的摩阻，在各种钻进模式中，特别是在使用动力钻具的定向钻井过程中，可改善钻压的传递，减少钻具组合黏卡的可能性，减少扭转振动。平稳的钻压传递，甚至在方位角变化很大的复杂地层中，提高对钻头工具面的调整能力，以钻达更远的目的层；在钻进过程中，不需要过多的工作来调整工具面，保持工具面的稳定，提高机械钻速。

目前，生产水力振荡器的厂家主要有山东陆海、天津立林、贵州高峰、胜利钻井院等，其工具的结构、工作原理基本相同。

### 一、结构

水力振落器基本结构如图 12-20 所示。

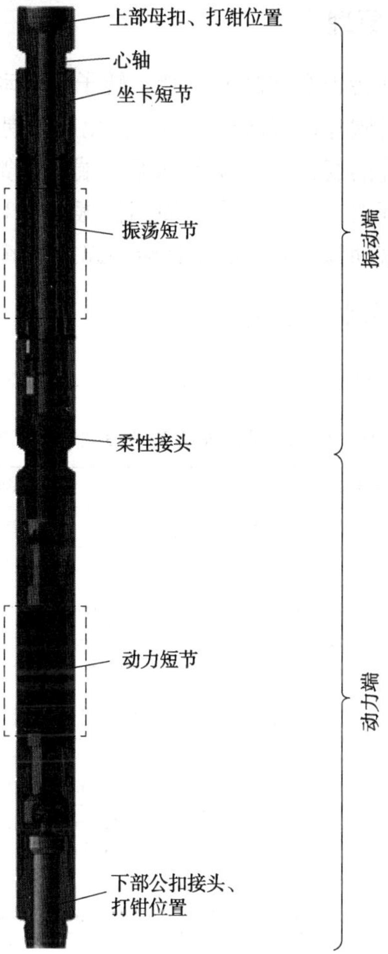


图 12-20 水力振荡器基本结构

水力振荡器系统由两部分组成：

上部工具为振荡部分，即振荡短节（连续油管作业中不需要振荡短节）。

下部工具为动力部分，包括动力总成及阀盘总成（采用单头螺杆设计，性能稳定，转速为 480~500r/min）。

## 二、工作原理

钻井液驱动转子部件高速旋转，转子旋转动阀与定阀的相错与重合，通过阀片过流面积周期性变化产生周期性压力脉冲，通过压力周期性的变化作用在上部振动端的弹簧上，就形成弹簧周期性压缩释放，从而转化为周期性振荡力和工具振幅。改善钻压传递，带动紧贴井壁的钻杆活动起来缓解托压。

## 三、型号与技术规范

各生产厂家规格型号与技术规范见表 12-19 至表 12-22。

表 12-19　山东陆海产水力振荡器型号与技术规范

| 规　　格 | 2⅞in | 3¾in | 4¾in | 6¾in | 8in |
|---|---|---|---|---|---|
| 流量/(L/s) | 3~10 | 5~10 | 10~20 | 28~35 | 32~55 |
| 工作频率/Hz | 15 | 11~20 | 18~19 | 16~17 | 16 |
| 最佳压降/psi | 500~600 | 500~600 | 500~600 | 500~600 | 500~600 |
| 连接扣型 | 2⅜in PAC | 2⅞in REG | 3½in IF | 4½in IF | 6⅝in REG |

表 12-20　天津立林产水力振荡器型号与技术规范

| 外径尺寸 | 90mm/<br>3½in | 120mm/<br>4¾in | 120mm/4¾in<br>大流量 | 172mm/<br>6¾in | 172mm/6¾in<br>大流量 | 203mm/8in |
|---|---|---|---|---|---|---|
| 总长 | 3395mm<br>11ft | 3505mm<br>11½ft | 3658mm<br>12ft | 4115mm<br>13½ft | 3871mm<br>12⅟₁₀ft | 3962mm<br>13ft |
| 质量 | 98kg<br>225lbs | 135kg<br>310lbs | 135kg<br>310lbs | 450kg<br>1000lbs | 450kg<br>1000lbs | 720kg<br>1600lbs |
| 推荐流量 | 225~<br>450lpm<br>60~<br>120gpm | 568~<br>1022lpm<br>150~<br>270gpm | 946~<br>1249lpm<br>250~<br>330gpm | 1514~<br>2271lpm<br>400~<br>600gpm | 2271~<br>3407lpm<br>600~<br>900gpm | 1893~<br>3785lpm<br>500~<br>1000gpm |
| 温度 | 160℃<br>320°F | 160℃<br>320°F | 160℃<br>320°F | 160℃<br>320°F | 160℃<br>320°F | 160℃<br>320°F |
| 工作频率 | 26Hz<br>454lpm<br>26Hz<br>120gpm | 18~19Hz<br>946lpm<br>18~19Hz<br>250gpm | 16~17Hz<br>946lpm<br>16~17Hz<br>250gpm | 16~17Hz<br>1839lpm<br>16~17Hz<br>500gpm | 13~19Hz<br>2271~3407lpm<br>13~19Hz<br>600~900gpm | 16Hz<br>3407lpm<br>16Hz<br>900gpm |

续表

| | | | | | | |
|---|---|---|---|---|---|---|
| 工作产生压降 | 3.1～4.8MPa 450～700psi | 3.45～4.14MPa 500～600psi | 3.8～4.5MPa 550～650psi | 4.14～4.83MPa 600～700psi | 4.14～4.83MPa 600～700psi | 4.14～4.83MPa 600～700psi |
| 最大拉力 | 698kN 160000lbs | 1112kN 255000lbs | 1112kN 255000lbs | 2507kN 575000lbs | 2455kN 563000lbs | 4098kN 940000lbs |
| 接头 | 2⅜in REG、2⅞in REG | 3½in IF | 3½in IF | 4½in IF | 4½in IF | 6⅝in REG、NC56 |

**表 12-21　贵州高峰产 ZDQ 型水力振荡器型号与技术规范**

| 型　　号 | ZDQ86 | ZDQ121 | ZDQ172 | ZDQ203 |
|---|---|---|---|---|
| 尺寸/mm(in) | 86(3⅜) | 121(4¾) | 172(6¾) | 203(8) |
| 长度/m | 7.6 | 7.6 | 7.9 | 8.5 |
| 最大抗拉/t | 80 | 160 | 290 | 430 |
| 最高耐温/℃ | 160 | 160 | 160 | 160 |
| 工作压差/psi | 400～650 | 450～650 | 500～700 | 550～700 |
| 质量/kg | 1037 | 1346 | 1978 | 2369 |
| 上/下扣型 | 2⅞in REG | 3½in IF | 4½in IF | 6⅝in REG |
| 排量/(L/s) | 6～10 | 9～15 | 25～35 | 35～55 |
| 压力激动频率/Hz | 19～25 | 18～19 | 16～17 | 16 |
| 推荐使用寿命/h | 120 | 150 | 200 | 300 |

**表 12-22　胜利钻井院产水力振荡器规格型号与技术规范**

| 型　　号 | HVDR89 | HVDR100 | HVDR121 | HVDR172 | HVDR203 |
|---|---|---|---|---|---|
| 工具外径/mm | 88.9 | 100 | 121 | 172 | 203 |
| 心轴伸缩量/mm | 3～8 | 3～8 | 3～8 | 3～9 | 3～9 |
| 最大冲击力/kN | 35 | 45 | 50 | 50 | 70 |
| 压耗/MPa | 3～4 | 3～4 | 3～4 | 3～4 | 2～3 |
| 工作排量/(L/s) | 6～12 | 8～15 | 10～20 | 20～35 | 40～50 |
| 工作频率/Hz(推荐排量) | 15(8L/s) | 15(12L/s) | 15(16L/s) | 15(28L/s) | 15(45L/s) |
| 质量/kg | 300 | 350 | 450 | 560 | 760 |

续表

| 型　　号 | HVDR89 | HVDR100 | HVDR121 | HVDR172 | HVDR203 |
|---|---|---|---|---|---|
| 最大抗拉/kN | 850 | 960 | 1260 | 1980 | 2400 |
| 最大抗扭/kN · m | 21 | 30 | 40 | 55 | 65 |
| 总长/m | 4.0 | 4.5 | 6.5 | 7.0 | 7.2 |
| 上、下部扣型 | 2⅞in REG (230×231) | 2⅞in IF NC31 (210×211) | 3½in IF NC38 (310×311) | 4½in IF NC50 (410×411) | 6⅝in REG (630×631) |
| 连接钻具紧扣扭矩/ft · lb | 4300 | 5800 | 9900 | 18000~22000 | 29500 |
| 工具本体紧扣扭矩/ft · lb | 4300 | 5800 | 9900 | 20000 | 22000 |

## 四、应用的井型

(1) 定向井。

(2) 水平井。

(3) 方位角变化大。

(4) 大位移井等。

(5) 连续油管作业。

水力振荡器已成为连续油管完井作业中磨铣桥塞及封隔器的标配工具。水力振荡器可显著减小连续油管受到的摩阻，在大位移井的磨铣作业中进行了大量应用。水力振荡器系统可以用在测井工具、射孔枪、可磨铣复合桥塞等工具的下放作业中，也可以用来解决油管滑套在弯曲完井管柱末端的遇卡问题。同样，水力振荡器系统也可用于尾管下放、回收遇卡的尾管/套管。

## 五、技术优势

### 1. 解决托压问题

通过轴向高频振动，带动底部钻具蠕动，将静摩擦转变为动摩擦，减小摩阻，保证滑动钻进钻压有效传递，解决滑动托压问题。

2. 降低井下作业风险

降低井下摩阻，减少蹩钻现象，提高井下作业安全性。

3. 防止黏附卡钻

底部钻具的高频轴向蠕动，避免了滑动钻进期间钻具的长时间静止，减小了钻具因井底压差或虚泥饼过厚导致的卡钻。

4. 帮助钻具解卡

通过高频活动使钻具实现解卡。

## 六、使用建议

(1) 水力振荡器通过把静摩擦力转化为动摩擦力的方式来降低摩擦阻力，在钻井施工中可以与常规做法配合使用，例如加入润滑剂和短起下钻等。可以通过降低摩阻来减少摆工具面的时间，从而提高纯钻利用率。

(2) 在定向钻井中，井眼状况十分复杂，实现安全、快速钻进是一个系统工程，在钻井液方面，必要的防黏附措施也一定要跟上，应及时添加足量的润滑剂。

## 七、工具准备

1. 单独测试(出厂已测试，可不做)

井口连接水力振荡器，测试时将工具本体放置在钻台面下，仅心轴部位露出钻台面以便观察振动效果。排量提升至钻进需要排量，记录工具压耗。

连接工具时，大钳不要在核心部件区域夹持，通常情况下仅允许在坐卡短节位置坐卡瓦。

2. 连接 MWD 系统测试

水力振荡器有自己的工作频率及振动，须测试水力振荡器对定向仪器信号的影响，包括信号干扰及信号强度衰减。测试应按照定向工程师要求的下入深度及排量进行。

3. 工具位置

为确保仪器信号解码正常及保证工具效果最佳，推荐工具离 MWD 仪器 80~300m。

常用钻具组合：PDC 钻头+定向系统+钻铤+加重钻杆+水力振荡器(距离钻头约 150m)+加重钻杆+上部钻具(工具未配置旁通阀，可按照钻井要求安放内防喷工具)。

在现场，可根据实际情况调整摆放位置。

## 八、推荐钻井参数

1. 钻压

钻压范围 30~100kN。开始钻进时，钻压不宜过大，应逐渐加大钻压，找到一个机械钻速最快的最优钻压值，然后保持该钻压钻进。在滑动工况下，第一次滑动，先增加排量，再逐渐加大钻压至正常值钻进；在复合工况下，钻压也不宜过大。

在低钻压钻进时，工具能更有效地解决钻压托压问题；在高钻压钻进时，振荡短节弹簧被压缩，工具振荡效率降低；在小井斜的井眼内，应确保振荡短节处于压缩状态以避免钻头跳动。

2. 推荐排量

水力振荡器的效果主要由排量决定，工具性能已根据井况预设好。在使用过程中，排量尽量与工具推荐工作排量一致，这样工具的使用效果才能最大化。

当排量达到推荐值时，工具振荡频率及冲击力达到最佳效能，即频率 15Hz，冲击力 50kN，心轴伸缩量 9mm；当达不到推荐排量时，使用钻井设备允许的最大排量，较大的排量使工具获得较大的压降、更高的频率，从而带来更好的工作效果。

3. 转盘转速

无特殊要求。

4. 其他措施

为防止动力短节堵塞，要求使用钻杆滤清器。

# 第十三章　套管和油管

## 第一节　套　　管

### 一、套管分类和适用范围

按照石油开采过程中的不同用途，石油套管可分为表层套管、技术套管、油层(生产)套管。按照不同制造方法，石油套管可分为无缝管和直焊缝管。目前，直焊缝管在国外已经被广泛应用，我国也进行了一定范围的应用。直焊缝管的接箍采用无缝工艺制造，套管和油管的附件也是无缝的。

按照不同螺纹类型，石油套管可分为四类：属 API 标准的有三种，分别为短圆螺纹套管(SC)、长圆螺纹套管(LC)、偏梯形螺纹套管(BC)，第四种是特殊螺纹套管(为各生产厂家开发，代号专门规定)。

按照不同产品技术规范等级，石油套管可分为：PSL-1 等级套管、PSL-2 等级套管、PSL-3 等级套管。PSL-1 等级套管要求以 API 标准为基础，PSL-2 等级套管要求是除 PSL-1 等级套管以外的要求，PSL-3 等级套管要求是除 PSL-2 等级套管以外的要求，除非另外指出 PSL-3 等级套管要求。

按照不同制造方法和热处理工艺，石油套管可分为以下钢级：H40、J55、K55、N80(所有类型)、R95、L80(所有类型)、C90、T95、C110、P110、Q125。其中：H40、J55、K55、N80(所有类型)、R95 钢级套管适用于一般地质条件，如浅井、不含腐蚀介质；L80(所有类型)、C90、T95、C110 钢级套管适用于含硫化氢等腐蚀介质的环境；P110 钢级套管适用于深井；

Q125 钢级套管适用于地质条件复杂的深井。

冷拔套管必须经过适当的热处理。API 套管和油管制造方法及热处理工艺见表 13-1。

**表 13-1 API 套管和油管制造方法及热处理工艺**

| 钢级 | 类型 | 制造方法① | 热处理⑤ | 最低回火温度/℃ |
|---|---|---|---|---|
| H40 | — | S 或 EW | — | — |
| J55 | — | S 或 EW | —② | — |
| K55 | — | S 或 EW | —② | — |
| N80 | 1 | S 或 EW | ③ | — |
| N80 | Q | S 或 EW | Q④ | — |
| R95 | — | S | Q | 538 |
| L80 | 1 | S | Q | 566 |
| L80 | 9Cr | S | Q⑥ | 593 |
| L80 | 13Cr | S | Q⑥ | 593 |
| C90 | 1 | S | Q | 621 |
| T95 | 1 | S | Q | 649 |
| C110 | — | S | Q | 649 |
| P110 | — | S 或 EW⑦ | Q | — |
| Q125 | 1 | S 或 EW⑦ | Q | — |

注：① S 为无缝工艺；EW 为电焊工艺。

② 由制造厂选择，或根据采购单规定进行全管体、全长正火、正火+回火或淬火+回火。

③ 全管体、全长热处理是强制性的。由制造厂选择进行正火或正火+回火。

④ 包括分级淬火随后控制冷却的方法。

⑤ Q 为淬火+回火。

⑥ 类型为 9Cr 和 13Cr 钢级的管可采用空气淬火。

⑦ 对产品应进行全管体、全长热处理。

目前，我国基本上执行 API 标准。国外针对不同工况制定了不同的套管技术标准，石油公司一般在执行 API 标准的同时，均要根据实际使用情况制定补充技术条件，尤其是对一些特殊工况井，还要制定专门的采购标准。因此，根据不同的区块、钻井设计需求，应制定相应的套管和油管订货补充技术协议或技术规范，以保证使用最适于现场需要的产品。

此外，还有一些特殊钢级材质、用途、螺纹的套管，我们在特殊套管部分进行介绍。

## 二、套管和油管标准

下面介绍常用的套管和油管 API 标准与国家标准和石油工业行业标准的对应情况及标准的主要内容概要。具体见表 13-2。

**表 13-2　套管和油管的国家标准、行业标准与 API 标准对应表**

| API 套管和油管标准号及名称 | 对应石油工业行业标准或国家标准编号及名称 | 主要内容概要 |
| --- | --- | --- |
| API RP 5A3《套管、油管、管线管和钻柱构件用螺纹脂推荐做法》 | GB/T 23512《石油天然气工业套管、油管和管线管用螺纹脂的评价与试验》 | 提供了套管、油管和管线管连接用螺纹脂及旋转台肩式连接用螺纹脂的试验要求、推荐做法和方法 |
| API RP 5A5《新套管、油管和平端钻杆现场检验推荐做法》 | GB/T 20656《石油天然气工业新套管、油管和平端钻杆现场检验》 | 给出了新油井管现场检验和试验用具体要求和推荐方法，包括现场检验经常用到的做法和技术，某些做法亦适用于工厂检验。涉及检验人员资质、检验方法及设备校准的描述、各种检验方法的标准化程序，还涉及缺欠的评估和检验过的油井管的标记。适用于油井管的现场检验，不作为验收或拒收的依据 |
| API Spec 5B《套管、油管和管线管螺纹的加工、测量和检验》 | GB/T 9253.2《套管、油管和管线管螺纹的加工、测量和检验》 | 包括 API 螺纹校对量规的尺寸和标记要求，其他产品螺纹和螺纹量规，以及圆螺纹套管、偏梯形螺纹套管和直连型套管连接用螺纹的检验仪器和方法 |

续表

| API 套管和油管标准号及名称 | 对应石油工业行业标准或国家标准编号及名称 | 主要内容概要 |
| --- | --- | --- |
| API Spec 5CT《套管和油管》 | GB/T 19830《油气井套管或油管用钢管》 | 规定了钢管(套管、油管、平端套管衬管和短节)和附件的交货技术条件 |
| API Spec 5CRA《套管、油管和接箍毛坯用耐蚀合金无缝管规范》 | GB/T 23802《石油天然气工业　套管、油管和接箍毛坯用耐腐蚀合金无缝管交货技术条件》、SY/T 6950《耐蚀合金套管和油管》 | 规定了两级产品规范等级套管、油管和接箍毛坯用耐蚀合金无缝管的交货技术条件。<br>规定了酸性油气井耐蚀合金无缝套管和油管在含 $CO_2$ 和 $Cl^-$、$CO_2+Cl^-$，以及 $CO_2+Cl^-$+单质 S 的石油天然气环境中服役的性能要求及建议 |
| API RP 5B1《套管、油管和管线管螺纹的加工、测量和检验推荐做法》 | GB/T 18052《套管、油管和管线管螺纹的测量和检验方法》 | 包括按照规范 API Spec 5CT、5D 和 5L 生产的套管、油管和管线管用螺纹的加工、测量和检验方法，以及套管、油管和管线管用量规格及检定 |
| API RP 5C1《套管和油管维护与使用推荐做法》 | GB/T 17745《石油天然气工业套管和油管的维护与使用》 | 套管和油管的使用、运输、贮藏、搬运和修理 |
| API TR 5C3《套管或油管的性能计算》 | GB/T 20657《石油天然气工业　套管、油管、钻杆和用作套管或油管的管线管性能公式及计算》、SY/T 6417《套管、油管和钻杆使用性能》 | 规定了套管、油管和钻杆的抗挤压力、内屈服压力和连接强度等最低使用性能。<br>规定了各种套管、油管、钻杆和管线管性能的计算公式，以及与这些公式的推导和应用有关的背景信息 |

续表

| API 套管和油管标准号及名称 | 对应石油工业行业标准或国家标准编号及名称 | 主要内容概要 |
|---|---|---|
| API RP 5C5《套管和油管连接件的测试程序》 | GB/T 21267《石油天然气工业套管及油管螺纹连接试验程序》 | 建立了石油天然气工业用套管和油管连接的最低设计验证试验方法和合格判据 |
| API TR 5TP《API 套管和油管连接用扭矩-位置上扣指南》 | — | 提供了可替代 API 5B(机紧圈数)和 API 5C1(最佳扭矩)中的连接装配方法 |
| | SY/T 5324《预应力隔热油管》 | 规定了油田注热载体用预应力隔热油管的产品种类、技术要求、试验方法、检验规则及标志、包装、运输、贮存和健康、安全、环境控制要求。预应力隔热油管用于稠油井注汽及生产 |
| | SY/T 5396《石油套管现场检验、运输与贮存》 | 规定了石油套管现场检验项目、内容、运输与贮存的技术要求 |
| | SY/T 5539《油井管产品质量评价方法》 | 规定了油井管的质量评价方法 |
| | SY/T 5989《直缝电阻焊套管》 | 规定了常用规格直缝电阻焊套管的技术条件 |
| | SY/T 6128《油套管螺纹连接性能评价方法》 | 规定了石油天然气勘探开发工业用油管、套管螺纹连接性能(黏结趋势、整体强度和密封性)的全尺寸评价方法 |
| | SY/T 6268《套管和油管选用推荐做法》 | 规定了石油天然气勘探开发中，在不同服役工况下，对油套管选用的原则与一般做法 |

续表

| API 套管和油管标准号及名称 | 对应石油工业行业标准或国家标准编号及名称 | 主要内容概要 |
|---|---|---|
| | SY/T 6857.1《石油天然气工业特殊环境用油井管第 1 部分：含 $H_2S$ 油气田环境下碳钢和低合金钢油管和套管选用推荐做法》 | 规定了含 $H_2S$ 油气田环境用碳钢和低合金钢油管和套管选用原则、质量控制要求和检验方法。适用于含 $H_2S$ 油气田环境下选用的油管和套管 |
| | SY/T 6949《特殊螺纹连接套管和油管》 | 规定了油气田目前主要应用的特殊螺纹连接套管和油管的产品种类、选用指导、验收评价及现场检测四个方面的内容。适用于套管和油管柱的特殊螺纹连接 |

## 三、API 套管主要技术指标

API 套管拉伸性能和硬度要求见表 13-3，API 套管最低使用性能见表 13-4，抗泄漏压力见表 13-5，API Spec 5CT 套管标准通径规最小尺寸见表 13-6，轴向载荷下不同钢级套管的最小挤毁压力见表 13-7～表 13-13。

**表 13-3　API 套管拉伸性能和硬度要求**

| 钢级 | 类型 | 载荷下的总伸长率/% | 屈服强度/MPa | | 最小抗拉强度/MPa | 最大平均硬度①③ | | 规定壁厚/mm | 允许硬度变化② HRC |
|---|---|---|---|---|---|---|---|---|---|
| | | | 最小 | 最大 | | *HRC* | *HBW* | | |
| 1 | 2 | 3 | 4 | 5 | 6 | 7 | 8 | 9 | 10 |
| H40 | — | 0.5 | 276 | 552 | 414 | — | — | — | — |
| J55 | — | 0.5 | 379 | 552 | 517 | — | — | — | — |
| K55 | — | 0.5 | 379 | 552 | 655 | — | — | — | — |
| N80 | 1 | 0.5 | 552 | 758 | 689 | — | — | — | — |

续表

| 钢级 | 类型 | 载荷下的总伸长率/% | 屈服强度/MPa | | 最小抗拉强度/MPa | 最大平均硬度①③ | | 规定壁厚/mm | 允许硬度变化② HRC |
|---|---|---|---|---|---|---|---|---|---|
| | | | 最小 | 最大 | | *HRC* | *HBW* | | |
| N80 | Q | 0.5 | 552 | 758 | 689 | — | — | — | — |
| R95 | — | 0.5 | 655 | 758 | 724 | — | — | — | — |
| L80 | 1 | 0.5 | 552 | 655 | 655 | 23.0 | 241 | — | — |
| L80 | 9Cr | 0.5 | 552 | 655 | 655 | 23.0 | 241 | — | — |
| L80 | 13Cr | 0.5 | 552 | 655 | 655 | 23.0 | 241 | — | — |
| C90 | 1 | 0.5 | 621 | 724 | 689 | 25.4 | 255 | ≤12.70 | 3.0 |
| | | | | | | | | 12.71~19.04 | 4.0 |
| | | | | | | | | 19.05~25.39 | 5.0 |
| | | | | | | | | ≥25.40 | 6.0 |
| T95 | 1 | 0.5 | 655 | 758 | 724 | 25.4 | 255 | ≤12.70 | 3.0 |
| | | | | | | | | 12.71~19.04 | 4.0 |
| | | | | | | | | 19.05~25.39 | 5.0 |
| | | | | | | | | ≥25.40 | 6.0 |
| C110 | — | 0.7 | 758 | 828 | 793 | 30.0 | 286 | ≤12.70 | 3.0 |
| | | | | | | | | 12.71~19.04 | 4.0 |
| | | | | | | | | 19.05~25.39 | 5.0 |
| | | | | | | | | ≥25.40 | 6.0 |
| P110 | — | 0.6 | 758 | 965 | 862 | — | — | — | — |
| Q125 | 1 | 0.65 | 862 | 1034 | 931 | b | — | ≤12.70 | 3.0 |
| | | | | | | | | 12.71~19.04 | 4.0 |
| | | | | | | | | ≥19.05 | 5.0 |

注：① 若有争议时，应采用实验室的洛氏硬度 C 实验作为仲裁方法。

② 当未规定硬度极限时，按 API Spec 5CT 的 7.8 和 7.9 规定，可用生产控制限制最大变化量。

③ 对于 L80(所有类型)、C90、T95 和 C110 钢级的全壁厚硬度实验，*HRC* 表述要求用于最大平均硬度值。

## 表 13-4　API 套管

| 代号 | | 钢级 | 外径/mm | 材料参数/缺欠参数① $K_a$/($a_N$/$t$/%) | 壁厚/mm | 内径/mm | 带螺纹和接箍 | | | 抗挤毁强度②/MPa | 管体屈服强度/kN | 内压 | | |
|---|---|---|---|---|---|---|---|---|---|---|---|---|---|---|
| | | | | | | | | 外径 | | | | 管体 | | |
| | | | | | | | | | | | | 内屈服 | | |
| | | | | | | | | | | | | | 拉梅-米塞斯 | |
| 1 | 2 | | | | | | 通径直径/mm | 标准接箍/mm | 特殊间隙接箍/mm | | | API历史公式/MPa | 开口端部/MPa | 封堵管端/MPa |
| 4½ | 9.50 | H40 | 114.30 | 2/12.5 | 5.21 | 103.89 | 100.71 | 127.00 | — | 19.0 | 492 | 21.9 | 21.8 | 24.3 |
| | 9.50 | J55 | 114.30 | 2/12.5 | 5.21 | 103.89 | 100.71 | 127.00 | — | 22.8 | 677 | 30.2 | 30.1 | 33.4 |
| | 10.50 | J55 | 114.30 | 2/12.5 | 5.69 | 102.92 | 99.75 | 127.00 | 123.83 | 27.6 | 736 | 33.0 | 32.9 | 36.4 |
| | 11.60 | J55 | 114.30 | 2/12.5 | 6.35 | 101.60 | 98.43 | 127.00 | 123.83 | 34.2 | 817 | 36.9 | 36.7 | 40.4 |
| | 9.50 | K55 | 114.30 | 2/12.5 | 5.21 | 103.89 | 100.71 | 127.00 | — | 22.8 | 677 | 30.2 | 30.1 | 33.4 |
| | 10.50 | K55 | 114.30 | 2/12.5 | 5.69 | 102.92 | 99.75 | 127.00 | 123.83 | 27.6 | 736 | 33.0 | 32.9 | 36.4 |
| | 11.60 | K55 | 114.30 | 2/12.5 | 6.35 | 101.60 | 98.43 | 127.00 | 123.83 | 34.2 | 817 | 36.9 | 36.7 | 40.4 |
| | 11.60 | L80 1 | 114.30 | 1/12.5 | 6.35 | 101.60 | 98.43 | 127.00 | 123.83 | 43.8 | 1188 | 53.6 | 53.3 | 58.7 |
| | 13.50 | L80 1 | 114.30 | 1/12.5 | 7.37 | 99.57 | 96.39 | 127.00 | 123.83 | 58.8 | 1365 | 62.1 | 61.7 | 67.6 |
| | 11.60 | L80 9Cr | 114.30 | 2/12.5 | 6.35 | 101.60 | 98.43 | 127.00 | 123.83 | 43.8 | 1188 | 53.6 | 3.3 | 58.7 |
| | 13.50 | L80 9Cr | 114.30 | 2/12.5 | 7.37 | 99.57 | 96.39 | 127.00 | 123.83 | 58.8 | 1365 | 62.1 | 61.7 | 67.6 |
| | 11.60 | L80 13Cr | 114.30 | 1/12.5 | 6.35 | 101.60 | 98.43 | 127.00 | 123.83 | 43.8 | 1188 | 53.6 | 53.3 | 58.7 |
| | 13.50 | L80 13Cr | 114.30 | 1/12.5 | 7.37 | 99.57 | 96.39 | 127.00 | 123.83 | 58.8 | 1365 | 62.1 | 61.7 | 67.6 |
| | 11.60 | N80 | 114.30 | 2/12.5 | 6.35 | 101.60 | 98.43 | 127.00 | 123.83 | 43.8 | 1188 | 53.6 | 53.3 | 58.7 |
| | 13.50 | N80 | 114.30 | 2/12.5 | 7.37 | 99.57 | 96.39 | 127.00 | 123.83 | 58.8 | 1365 | 62.1 | 61.7 | 67.6 |
| | 11.60 | N80 | 114.30 | 1/12.5 | 6.35 | 101.60 | 98.43 | 127.00 | 123.83 | 43.8 | 1188 | 53.6 | 53.3 | 58.7 |
| | 13.50 | N80 | 114.30 | 1/12.5 | 7.37 | 99.57 | 96.39 | 127.00 | 123.83 | 58.8 | 1365 | 62.1 | 61.7 | 67.6 |
| | 11.60 | C90 | 114.30 | 1/5 | 6.35 | 101.60 | 98.43 | 127.00 | 123.83 | 47.0 | 1336 | 60.3 | 59.9 | 66.1 |
| | 13.50 | C90 | 114.30 | 1/5 | 7.37 | 99.57 | 96.39 | 127.00 | 123.83 | 64.1 | 1536 | 69.9 | 69.4 | 76.0 |

## 最低使用性能

| 抗力[③] | | | | | | | 带螺纹和接箍的接头连接强度[⑤] | | | | | |
|---|---|---|---|---|---|---|---|---|---|---|---|---|
| | 圆螺纹 | | 偏梯形螺纹 | | | | 圆螺纹 | | 偏梯形螺纹 | | | |
| 延性断裂 | | | 标准接箍 | | 特殊间隙接箍 | | | | 标准接箍 | | 特殊间隙接箍 | |
| 封堵管端/MPa | 短圆螺纹/MPa | 长圆螺纹/MPa | 同等钢级/MPa | 较高钢级[④]/MPa | 同等钢级/MPa | 较高钢级[④]/MPa | 短圆螺纹/kN | 长圆螺纹/kN | 同等钢级/kN | 较高钢级/kN | 同等钢级/kN | 较高钢级/kN |
| 23.9 | 21.9 | — | — | — | — | — | 341 | — | — | — | — | — |
| 30.2 | 30.2 | — | — | — | — | — | 451 | — | — | — | — | — |
| 33.1 | 33.0 | — | 33.0 | 33.0 | 33.0 | 33.0 | 589 | — | 902 | 902 | 902 | 902 |
| 37.1 | 36.9 | 36.9 | 36.9 | 36.9 | 36.9 | 36.9 | 684 | 721 | 1000 | 1000 | 1000 | 1000 |
| 38.3 | 30.2 | — | — | — | — | | 498 | — | — | — | — | — |
| 42.0 | 33.0 | — | 33.0 | 33.0 | 33.0 | 33.0 | 651 | — | 1109 | 1109 | 1109 | 1109 |
| 47.0 | 36.9 | 36.9 | 36.9 | 36.9 | 36.9 | 36.9 | 757 | 799 | 1230 | 1230 | 1230 | 1230 |
| 57.5 | — | 53.6 | 53.6 | — | 53.6 | — | — | 942 | 1293 | — | 1293 | — |
| 67.2 | — | 62.1 | 62.1 | — | 55.1 | — | — | 1142 | 1486 | — | 1422 | — |
| 47.5 | — | 53.6 | 53.6 | — | 53.6 | — | — | 942 | 1293 | — | 1293 | — |
| 55.5 | — | 62.1 | 62.1 | — | 55.1 | — | — | 1142 | 1486 | — | 1422 | — |
| 57.5 | — | 53.6 | 53.6 | — | 53.6 | — | — | 942 | 1293 | — | 1293 | — |
| 67.2 | — | 62.1 | 62.1 | — | 55.1 | — | — | 1142 | 1486 | — | 1422 | — |
| 50.1 | — | 53.6 | 53.6 | — | 53.6 | — | — | 992 | 1351 | — | 1353 | — |
| 58.4 | — | 62.1 | 62.1 | — | 55.1 | — | — | 1202 | 1552 | — | 1497 | — |
| 60.6 | — | 53.6 | 53.6 | 53.6 | 53.6 | 53.6 | — | 992 | 1351 | 1351 | 1351 | 1351 |
| 70.7 | — | 62.1 | 62.1 | 62.1 | 55.1 | 62.1 | — | 1202 | 1552 | 1552 | 1497 | 1552 |
| 67.2 | — | 60.3 | 60.3 | — | 60.3 | — | — | 992 | 1375 | — | 1376 | — |
| 78.5 | — | 69.9 | 69.9 | — | 62.1 | — | — | 1202 | 1579 | — | 1497 | — |

| 代号 1 | 代号 2 | 钢级 | 外径/mm | 材料参数/缺欠参数① $K_a$/($a_N$/t/%) | 壁厚/mm | 内径/mm | 带螺纹和接箍 通径直径/mm | 带螺纹和接箍 外径 标准接箍/mm | 带螺纹和接箍 外径 特殊间隙接箍/mm | 抗挤毁强度②/MPa | 管体屈服强度/kN | 内压 管体 内屈服 API历史公式/MPa | 内压 管体 内屈服 拉梅-米塞斯 开口端部/MPa | 内压 管体 内屈服 拉梅-米塞斯 封堵管端/MPa |
|---|---|---|---|---|---|---|---|---|---|---|---|---|---|---|
| 4½ | 11.60 | R95 | 114.30 | 1/12.5 | 6.35 | 101.60 | 98.43 | 127.00 | 123.83 | 48.4 | 1411 | 63.7 | 63.3 | 69.7 |
| | 13.50 | R95 | 114.30 | 1/12.5 | 7.37 | 99.57 | 96.39 | 127.00 | 123.83 | 66.6 | 1621 | 73.8 | 73.2 | 80.3 |
| | 11.60 | T95 | 114.30 | 1/5 | 6.35 | 101.60 | 98.43 | 127.00 | 123.83 | 48.4 | 1411 | 63.7 | 63.3 | 69.7 |
| | 13.50 | T95 | 114.30 | 1/5 | 7.37 | 99.57 | 96.39 | 127.00 | 123.83 | 66.6 | 1621 | 73.8 | 73.2 | 80.3 |
| | 11.60 | C110 | 114.30 | 1/5 | 6.35 | 101.60 | 98.43 | — | — | 52.2 | 1633 | 73.7 | 73.2 | 80.8 |
| | 13.50 | C110 | 114.30 | 1/5 | 7.37 | 99.57 | 96.39 | — | — | 73.7 | 1877 | 85.5 | 84.8 | 92.9 |
| | 11.60 | P110 | 114.30 | 1/12.5 | 6.35 | 101.60 | 98.43 | 127.00 | 123.83 | 52.2 | 1633 | 73.7 | 73.2 | 80.8 |
| | 13.50 | P110 | 114.30 | 1/12.5 | 7.37 | 99.57 | 96.39 | 127.00 | 123.83 | 73.7 | 1877 | 85.5 | 84.8 | 92.9 |
| | 15.10 | P110 | 114.30 | 1/12.5 | 8.56 | 97.18 | 94.01 | 127.00 | 123.83 | 98.8 | 2156 | 99.4 | 98.3 | 106.9 |
| | 11.60 | P110 | 114.30 | 1/5 | 6.35 | 101.60 | 98.43 | 127.00 | 123.83 | 52.2 | 1633 | 73.7 | 73.2 | 80.8 |
| | 13.50 | P110 | 114.30 | 1/5 | 7.37 | 99.57 | 96.39 | 127.00 | 123.83 | 73.7 | 1877 | 85.5 | 84.8 | 92.9 |
| | 15.10 | P110 | 114.30 | 1/5 | 8.56 | 97.18 | 94.01 | 127.00 | 123.83 | 98.8 | 2156 | 99.4 | 98.3 | 106.9 |
| | 15.10 | Q125 | 114.30 | 1/5 | 8.56 | 97.18 | 94.01 | 127.00 | — | 109.1 | 2450 | 112.9 | 111.6 | 121.5 |
| 5 | 11.50 | J55 | 127.00 | 2/12.5 | 5.59 | 115.82 | 112.65 | 141.30 | — | 21.1 | 808 | 29.2 | 29.1 | 32.3 |
| | 13.00 | J55 | 127.00 | 2/12.5 | 6.43 | 114.15 | 110.97 | 141.30 | 136.53 | 28.5 | 923 | 33.6 | 33.4 | 36.9 |
| | 15.00 | J55 | 127.00 | 2/12.5 | 7.52 | 111.96 | 108.79 | 141.30 | 136.53 | 38.3 | 1070 | 39.3 | 39.0 | 42.9 |
| | 11.50 | K55 | 127.00 | 2/12.5 | 5.59 | 115.82 | 112.65 | 141.30 | — | 21.1 | 808 | 29.2 | 29.1 | 32.3 |
| | 13.00 | K55 | 127.00 | 2/12.5 | 6.43 | 114.15 | 110.97 | 141.30 | 136.53 | 28.5 | 923 | 33.6 | 33.4 | 36.9 |
| | 15.00 | K55 | 127.00 | 2/12.5 | 7.52 | 111.96 | 108.79 | 141.30 | 136.53 | 38.3 | 1070 | 39.3 | 39 | 42.9 |
| | 15.00 | L80 1 | 127.00 | 1/12.5 | 7.52 | 111.96 | 108.79 | 141.30 | 136.53 | 50.0 | 1556 | 57.1 | 56.7 | 62.4 |
| | 18.00 | L80 1 | 127.00 | 1/12.5 | 9.19 | 108.61 | 105.44 | 141.30 | 136.53 | 72.3 | 1877 | 69.9 | 69.1 | 75.4 |
| | 21.40 | L80 1 | 127.00 | 1/12.5 | 11.10 | 104.80 | 101.63 | 141.30 | 136.53 | 87.9 | 2229 | 84.3 | 83.1 | 89.7 |
| | 23.20 | L80 1 | 127.00 | 1/12.5 | 12.14 | 102.72 | 99.54 | 141.30 | 136.53 | 95.3 | 2417 | 92.2 | 90.6 | 97.4 |
| | 24.10 | L80 1 | 127.00 | 1/12.5 | 12.70 | 101.60 | 98.43 | 141.30 | 136.53 | 99.2 | 2515 | 96.5 | 94.6 | 101.4 |

续表

| 抗力③ | | | | | | | 带螺纹和接箍的接头连接强度⑤ | | | | | |
|---|---|---|---|---|---|---|---|---|---|---|---|---|
| | 圆螺纹 | | 偏梯形螺纹 | | | | 圆螺纹 | | 偏梯形螺纹 | | | |
| 延性断裂 | | | 标准接箍 | | 特殊间隙接箍 | | | | 标准接箍 | | 特殊间隙接箍 | |
| 封堵管端/MPa | 短圆螺纹/MPa | 长圆螺纹/MPa | 同等钢级/MPa | 较高钢级④/MPa | 同等钢级/MPa | 较高钢级④/MPa | 短圆螺纹/kN | 长圆螺纹/kN | 同等钢级/kN | 较高钢级/kN | 同等钢级/kN | 较高钢级/kN |
| 64.0 | — | 63.7 | 63.7 | — | 63.7 | — | — | 1041 | 1446 | — | 1446 | — |
| 74.8 | — | 73.8 | 73.8 | — | 65.4 | — | — | 1262 | 1662 | — | 1572 | — |
| | | | | | | | | | | | | |
| 70.8 | — | 63.7 | 63.7 | — | 63.7 | — | — | 1041 | 1446 | — | 1446 | — |
| 82.7 | — | 73.8 | 73.8 | — | 65.4 | — | — | 1262 | 1662 | — | 1572 | — |
| | | | | | | | | | | | | |
| 84.9 | — | — | — | — | — | — | — | — | — | — | — | — |
| 99.2 | — | — | — | — | — | — | — | — | — | — | — | — |
| | | | | | | | | | | | | |
| 76.8 | — | 73.7 | 73.7 | 73.7 | 73.7 | 73.7 | — | 1240 | 1713 | 1713 | 1731 | 1713 |
| 89.7 | — | 85.5 | 85.5 | 85.5 | 75.7 | 85.5 | — | 1502 | 1969 | 1969 | 1871 | 1969 |
| 105.1 | — | 99.4 | 92.7 | 99.4 | 75.7 | 86.1 | — | 1804 | 2262 | 2262 | 1871 | 2021 |
| | | | | | | | | | | | | |
| 84.9 | — | 73.7 | 73.7 | 73.7 | 73.7 | 73.7 | — | 1240 | 1713 | 1713 | 1713 | 1713 |
| 99.2 | — | 85.6 | 85.5 | 85.5 | 75.7 | 85.6 | — | 1502 | 1969 | 1969 | 1871 | 1969 |
| 116.3 | — | 99.4 | 92.7 | 99.4 | 75.7 | 86.1 | — | 1804 | 2262 | 2262 | 1871 | 2021 |
| | | | | | | | | | | | | |
| 126.6 | — | 112.9 | 105.4 | — | — | — | — | 1949 | 2464 | — | — | — |
| 29.1 | 29.2 | — | — | — | — | — | 592 | — | — | — | — | — |
| 33.7 | 33.6 | 33.6 | 33.6 | 33.6 | 33.6 | 33.6 | 750 | 810 | 1123 | 1123 | 1123 | 1123 |
| 39.6 | 39.3 | 39.3 | 39.3 | 39.3 | 35.3 | 39.3 | 919 | 992 | 1301 | 1301 | 1278 | 1301 |
| | | | | | | | | | | | | |
| 36.9 | 29.2 | — | — | — | — | — | 652 | — | — | — | — | — |
| 42.6 | 33.6 | 33.6 | 33.6 | 33.6 | 33.6 | 33.6 | 827 | 894 | 1376 | 1376 | 1376 | 1376 |
| 50.2 | 39.3 | 39.3 | 39.3 | 39.3 | 35.3 | 39.3 | 1013 | 1096 | 1595 | 1595 | 1595 | 1595 |
| 61.5 | — | 57.1 | 57.1 | — | 51.4 | — | — | 1313 | 1686 | — | 1619 | — |
| 75.9 | — | 69.9 | 68.3 | — | 51.4 | — | — | 1674 | 2033 | — | 1619 | — |
| 92.8 | — | 74.5 | 68.3 | — | 51.4 | — | — | 2072 | 2267 | — | 1619 | — |
| 102.2 | — | 74.5 | 68.3 | — | 51.4 | — | — | 2283 | 2267 | — | 1619 | — |
| 107.2 | — | 74.5 | 68.3 | — | 51.4 | — | — | 2395 | 2267 | — | 1619 | — |

| 代号 | | 钢级 | 外径/mm | 材料参数/缺欠参数① $K_a$/($a_N$/t/%) | 壁厚/mm | 内径/mm | 带螺纹和接箍 | | | 抗挤毁强度②/MPa | 管体屈服强度/kN | 内压 | | |
|---|---|---|---|---|---|---|---|---|---|---|---|---|---|---|
| | | | | | | | 通径直径/mm | 外径 | | | | 管体 | | |
| | | | | | | | | | | | | 内屈服 | | |
| | | | | | | | | | | | | | 拉梅-米塞斯 | |
| 1 | 2 | | | | | | | 标准接箍/mm | 特殊间隙接箍/mm | | | API历史公式/MPa | 开口端部/MPa | 封堵管端/MPa |
| | 15.00 | L80 9Cr | 127.00 | 2/12.5 | 7.52 | 111.96 | 108.79 | 141.30 | 136.53 | 50.0 | 1556 | 57.1 | 56.7 | 62.4 |
| | 18.00 | L80 9Cr | 127.00 | 2/12.5 | 9.19 | 108.61 | 105.44 | 141.30 | 136.53 | 72.3 | 1877 | 69.9 | 69.1 | 75.4 |
| | 21.40 | L80 9Cr | 127.00 | 2/12.5 | 11.10 | 104.80 | 101.63 | 141.30 | 136.53 | 87.9 | 2229 | 84.3 | 83.1 | 89.7 |
| | 23.20 | L80 9Cr | 127.00 | 2/12.5 | 12.14 | 102.72 | 99.54 | 141.30 | 136.53 | 95.3 | 2417 | 92.2 | 90.6 | 97.4 |
| | 24.10 | L80 9Cr | 127.00 | 2/12.5 | 12.70 | 101.60 | 98.43 | 141.30 | 136.53 | 99.2 | 2515 | 96.5 | 94.6 | 101.4 |
| | 15.00 | L80 13Cr | 127.00 | 1/12.5 | 7.52 | 111.96 | 108.79 | 141.30 | 136.53 | 50.0 | 1556 | 57.1 | 56.7 | 62.4 |
| 5 | 18.00 | L80 13Cr | 127.00 | 1/12.5 | 9.19 | 108.61 | 105.44 | 141.30 | 136.53 | 72.3 | 1877 | 69.9 | 69.1 | 75.4 |
| | 21.40 | L80 13Cr | 127.00 | 1/12.5 | 11.10 | 104.80 | 101.63 | 141.30 | 136.53 | 87.9 | 2229 | 84.3 | 83.1 | 89.7 |
| | 23.20 | L80 13Cr | 127.00 | 1/12.5 | 12.14 | 102.72 | 99.54 | 141.30 | 136.53 | 95.3 | 2417 | 92.2 | 90.6 | 97.4 |
| | 24.10 | L80 13Cr | 127.00 | 1/12.5 | 12.70 | 101.60 | 98.43 | 141.30 | 136.53 | 99.2 | 2515 | 96.5 | 94.6 | 101.4 |
| | 15.00 | N80 | 127.00 | 2/12.5 | 7.52 | 111.96 | 108.79 | 141.30 | 136.53 | 50.0 | 1556 | 57.1 | 56.7 | 62.4 |
| | 18.00 | N80 | 127.00 | 2/12.5 | 9.19 | 108.61 | 105.44 | 141.30 | 136.53 | 72.3 | 1877 | 69.9 | 69.1 | 75.4 |
| | 21.40 | N80 | 127.00 | 2/12.5 | 11.10 | 104.80 | 101.63 | 141.30 | 136.53 | 87.9 | 2229 | 84.3 | 83.1 | 89.7 |
| | 23.20 | N80 | 127.00 | 2/12.5 | 12.14 | 102.72 | 99.54 | 141.30 | 136.53 | 95.3 | 2417 | 92.2 | 90.6 | 97.4 |
| | 24.10 | N80 | 127.00 | 2/12.5 | 12.70 | 101.60 | 98.43 | 141.30 | 136.53 | 99.2 | 2515 | 96.5 | 94.6 | 101.4 |

续表

| 抗力③ | | | | | | | 带螺纹和接箍的接头连接强度⑤ | | | | | |
|---|---|---|---|---|---|---|---|---|---|---|---|---|
| | 圆螺纹 | | 偏梯形螺纹 | | | | 圆螺纹 | | 偏梯形螺纹 | | | |
| 延性断裂 | 短圆螺纹/MPa | 长圆螺纹/MPa | 标准接箍 | | 特殊间隙接箍 | | 短圆螺纹/kN | 长圆螺纹/kN | 标准接箍 | | 特殊间隙接箍 | |
| 封堵管端/MPa | | | 同等钢级/MPa | 较高钢级④/MPa | 同等钢级/MPa | 较高钢级④/MPa | | | 同等钢级/kN | 较高钢级/kN | 同等钢级/kN | 较高钢级/kN |
| 50.8 | — | 57.1 | 57.1 | — | 51.4 | — | — | 1313 | 1686 | — | 1619 | — |
| 62.7 | — | 69.9 | 68.3 | — | 51.4 | — | — | 1674 | 2033 | — | 1619 | — |
| 76.4 | — | 74.5 | 68.3 | — | 51.4 | — | — | 2072 | 2267 | — | 1619 | — |
| 84.1 | — | 74.5 | 68.3 | — | 51.4 | — | — | 2283 | 2267 | — | 1619 | — |
| 88.2 | — | 74.5 | 68.3 | — | 51.4 | — | — | 2395 | 2267 | — | 1619 | — |
| | | | | | | | | | | | | |
| 61.5 | — | 57.1 | 57.1 | — | 51.4 | — | — | 1313 | 1686 | — | 1619 | — |
| 75.9 | — | 69.9 | 68.3 | — | 51.4 | — | — | 1674 | 2033 | — | 1619 | — |
| 92.8 | — | 74.5 | 68.3 | — | 51.4 | — | — | 2072 | 2267 | — | 1619 | — |
| 102.2 | — | 74.5 | 68.3 | — | 51.4 | — | — | 2283 | 2267 | — | 1619 | — |
| 107.2 | — | 74.5 | 68.3 | — | 51.4 | — | — | 2395 | 2267 | — | 1619 | — |
| | | | | | | | | | | | | |
| 53.5 | — | 57.1 | 57.1 | — | 51.4 | — | — | 1382 | 1759 | — | 1704 | — |
| 66 | — | 69.9 | 68.3 | — | 51.4 | — | — | 1762 | 2122 | — | 1704 | — |
| 80.5 | — | 74.5 | 68.3 | — | 51.4 | — | — | 2181 | 2387 | — | 1704 | — |
| 88.5 | — | 74.5 | 68.3 | — | 51.4 | — | — | 2403 | 2387 | — | 1704 | — |
| 92.8 | — | 74.5 | 68.3 | — | 51.4 | — | — | 2521 | 2387 | — | 1704 | — |

| 代号 | | 钢级 | 外径/mm | 材料参数/缺欠参数①$K_a$/($a_N$/$t$/%) | 壁厚/mm | 内径/mm | 带螺纹和接箍 | | | 抗挤毁强度②/MPa | 管体屈服强度/kN | 内压 | | |
|---|---|---|---|---|---|---|---|---|---|---|---|---|---|---|
| | | | | | | | 通径直径/mm | 外径 | | | | 管体 | | |
| | | | | | | | | 标准接箍/mm | 特殊间隙接箍/mm | | | 内屈服 | | |
| | | | | | | | | | | | | API历史公式/MPa | 拉梅-米塞斯 | |
| 1 | 2 | | | | | | | | | | | | 开口端部/MPa | 封堵管端/MPa |
| | 15.00 | N80 | 127.00 | 1/12.5 | 7.52 | 111.96 | 108.79 | 141.30 | 136.53 | 50.0 | 1556 | 57.1 | 56.7 | 62.4 |
| | 18.00 | N80 | 127.00 | 1/12.5 | 9.19 | 108.61 | 105.44 | 141.30 | 136.53 | 72.3 | 1877 | 69.9 | 69.1 | 75.4 |
| | 21.40 | N80 | 127.00 | 1/12.5 | 11.10 | 104.80 | 101.63 | 141.30 | 136.53 | 87.9 | 2229 | 84.3 | 83.1 | 89.7 |
| | 23.20 | N80 | 127.00 | 1/12.5 | 12.14 | 102.72 | 99.54 | 141.30 | 136.53 | 95.3 | 2417 | 92.2 | 90.6 | 97.4 |
| | 24.10 | N80 | 127.00 | 1/12.5 | 12.70 | 101.60 | 98.43 | 141.30 | 136.53 | 99.2 | 2515 | 96.5 | 94.6 | 101.4 |
| | 15.00 | C90 | 127.00 | 1/5 | 7.52 | 111.96 | 108.79 | 141.30 | 136.53 | 53.9 | 1751 | 64.2 | 63.8 | 70.2 |
| | 18.00 | C90 | 127.00 | 1/5 | 9.19 | 108.61 | 105.44 | 141.30 | 136.53 | 79.4 | 2112 | 78.5 | 77.8 | 84.8 |
| | 21.40 | C90 | 127.00 | 1/5 | 11.10 | 104.80 | 101.63 | 141.30 | 136.53 | 98.9 | 2508 | 94.9 | 93.4 | 100.9 |
| | 23.20 | C90 | 127.00 | 1/5 | 12.14 | 102.72 | 99.54 | 141.30 | 136.53 | 107.2 | 2719 | 103.8 | 101.9 | 109.6 |
| | 24.10 | C90 | 127.00 | 1/5 | 12.70 | 101.60 | 98.43 | 141.30 | 136.53 | 111.6 | 2830 | 108.5 | 106.5 | 114.1 |
| | 15.00 | R95 | 127.00 | 1/12.5 | 7.52 | 111.96 | 108.79 | 141.30 | 136.53 | 55.9 | 1848 | 67.8 | 67.4 | 74.1 |
| | 18.00 | R95 | 127.00 | 1/12.5 | 9.19 | 108.61 | 105.44 | 141.30 | 136.53 | 82.9 | 2229 | 83.0 | 82.1 | 89.5 |
| 5 | 21.40 | R95 | 127.00 | 1/12.5 | 11.10 | 104.80 | 101.63 | 141.30 | 136.53 | 104.4 | 2647 | 100.1 | 98.7 | 106.5 |
| | 23.20 | R95 | 127.00 | 1/12.5 | 12.14 | 102.72 | 99.54 | 141.30 | 136.53 | 113.2 | 2870 | 109.5 | 107.6 | 115.6 |
| | 24.10 | R95 | 127.00 | 1/12.5 | 12.70 | 101.60 | 98.43 | 141.30 | 136.53 | 117.8 | 2987 | 114.6 | 112.3 | 120.4 |
| | 15.00 | T95 | 127.00 | 1/5 | 7.52 | 111.96 | 108.79 | 141.30 | 136.53 | 55.9 | 1848 | 67.8 | 67.4 | 74.1 |
| | 18.00 | T95 | 127.00 | 1/5 | 9.19 | 108.61 | 105.44 | 141.30 | 136.53 | 82.9 | 2229 | 83.0 | 82.1 | 89.5 |
| | 21.40 | T95 | 127.00 | 1/5 | 11.10 | 104.80 | 101.63 | 141.30 | 136.53 | 104.4 | 2647 | 100.1 | 98.7 | 106.5 |
| | 23.20 | T95 | 127.00 | 1/5 | 12.14 | 102.72 | 99.54 | 141.30 | 136.53 | 113.2 | 2870 | 109.5 | 107.6 | 115.6 |
| | 23.10 | T95 | 127.00 | 1/5 | 12.70 | 101.60 | 98.43 | 141.30 | 136.53 | 117.8 | 2987 | 114.6 | 112.3 | 120.4 |
| | 15.00 | C110 | 127.00 | 1/5 | 7.52 | 111.96 | 108.79 | — | — | 61.0 | 2140 | 78.5 | 78.0 | 85.8 |
| | 18.00 | C110 | 127.00 | 1/5 | 9.19 | 108.61 | 105.44 | — | — | 92.8 | 2581 | 96.0 | 95.1 | 103.6 |
| | 21.40 | C110 | 127.00 | 1/5 | 11.10 | 104.80 | 101.63 | — | — | 120.9 | 3065 | 115.9 | 114.2 | 123.3 |
| | 23.20 | C110 | 127.00 | 1/5 | 12.14 | 102.72 | 99.54 | — | — | 131.0 | 3323 | 126.8 | 124.6 | 133.9 |
| | 24.10 | C110 | 127.00 | 1/5 | 12.70 | 101.60 | 98.43 | — | — | 136.4 | 3459 | 132.6 | 130.1 | 139.5 |

续表

| 抗力③ | | | | | | | 带螺纹和接箍的接头连接强度⑤ | | | | | |
|---|---|---|---|---|---|---|---|---|---|---|---|---|
| | 圆螺纹 | | 偏梯形螺纹 | | | | 圆螺纹 | | 偏梯形螺纹 | | | |
| 延性断裂 | | | 标准接箍 | | 特殊间隙接箍 | | | | 标准接箍 | | 特殊间隙接箍 | |
| 封堵管端/MPa | 短圆螺纹/MPa | 长圆螺纹/MPa | 同等钢级/MPa | 较高钢级④/MPa | 同等钢级/MPa | 较高钢级④/MPa | 短圆螺纹/kN | 长圆螺纹/kN | 同等钢级/kN | 较高钢级/kN | 同等钢级/kN | 较高钢级/kN |
| 64.7 | — | 57.1 | 57.1 | 57.1 | 51.4 | 57.1 | — | 1382 | 1759 | 1759 | 1704 | 1759 |
| 79.9 | — | 69.9 | 68.3 | 69.9 | 51.4 | 69.9 | — | 1762 | 2122 | 2122 | 1704 | 2122 |
| 97.6 | — | 74.5 | 68.3 | 84.3 | 51.4 | 70.6 | — | 2181 | 2387 | 2520 | 1704 | 2130 |
| 107.6 | — | 74.5 | 68.3 | 92.2 | 51.4 | 70.6 | — | 2403 | 2387 | 2732 | 1704 | 2130 |
| 112.9 | — | 74.5 | 68.3 | 93.8 | 51.4 | 70.6 | — | 2521 | 2387 | 2844 | 1704 | 2130 |
| 71.9 | — | 64.2 | 64.2 | — | 57.8 | — | — | 1382 | 1796 | — | 1704 | — |
| 88.9 | — | 78.5 | 76.8 | — | 57.8 | — | — | 1762 | 2166 | — | 1704 | — |
| 108.7 | — | 83.9 | 76.8 | — | 57.8 | — | — | 2181 | 2387 | — | 1704 | — |
| 119.8 | — | 83.9 | 76.8 | — | 57.8 | — | — | 2403 | 2387 | — | 1704 | — |
| 125.8 | — | 83.9 | 76.8 | — | 57.8 | — | — | 2521 | 2387 | — | 1704 | — |
| 68.4 | — | 67.8 | 67.8 | — | 61.0 | — | — | 1451 | 1888 | — | 1789 | — |
| 84.5 | — | 83.0 | 81.1 | — | 61.0 | — | — | 1851 | 2277 | — | 1789 | — |
| 103.3 | — | 88.5 | 81.1 | — | 61.0 | — | — | 2290 | 2506 | — | 1789 | — |
| 113.8 | — | 88.5 | 81.1 | — | 61.0 | — | — | 2523 | 2506 | — | 1789 | — |
| 119.4 | — | 88.5 | 81.1 | — | 61.0 | — | — | 2647 | 2506 | — | 1789 | — |
| 75.7 | — | 67.8 | 67.8 | — | 61.0 | — | — | 1451 | 1888 | — | 1789 | — |
| 93.6 | — | 83.0 | 81.1 | — | 61.0 | — | — | 1851 | 2277 | — | 1789 | — |
| 114.4 | — | 88.5 | 81.1 | — | 61.0 | — | — | 2290 | 2506 | — | 1789 | — |
| 126.1 | — | 88.5 | 81.1 | — | 61.0 | — | — | 2523 | 2506 | — | 1789 | — |
| 132.4 | — | 88.5 | 81.1 | — | 61.0 | — | — | 2647 | 2506 | — | 1789 | — |
| 83.5 | — | — | — | — | — | — | — | — | — | — | — | — |
| 103.3 | — | — | — | — | — | — | — | — | — | — | — | — |
| 126.4 | — | — | — | — | — | — | — | — | — | — | — | — |
| 139.3 | — | — | — | — | — | — | — | — | — | — | — | — |
| 146.2 | — | — | — | — | — | — | — | — | — | — | — | — |

| 代号 | | 钢级 | 外径/mm | 材料参数/缺欠参数[①] $K_a$/($a_N$/t/%) | 壁厚/mm | 内径/mm | 带螺纹和接箍 | | | 抗挤毁强度[②]/MPa | 管体屈服强度/kN | 内压 | | |
|---|---|---|---|---|---|---|---|---|---|---|---|---|---|---|
| | | | | | | | 通径直径/mm | 外径 | | | | 管体 | | |
| | | | | | | | | 标准接箍/mm | 特殊间隙接箍/mm | | | 内屈服 | | |
| | | | | | | | | | | | | API历史公式/MPa | 拉梅-米塞斯 | |
| 1 | 2 | | | | | | | | | | | | 开口端部/MPa | 封堵管端/MPa |
| 5 | 15.00 | P110 | 127.00 | 1/12.5 | 7.52 | 111.96 | 108.79 | 141.30 | 136.53 | 61.0 | 2140 | 78.5 | 78 | 85.8 |
| | 18.00 | P110 | 127.00 | 1/12.5 | 9.19 | 108.61 | 105.44 | 141.30 | 136.53 | 92.8 | 2581 | 96.0 | 95.1 | 103.6 |
| | 21.40 | P110 | 127.00 | 1/12.5 | 11.10 | 104.80 | 101.63 | 141.30 | 136.53 | 120.9 | 3065 | 115.9 | 114.2 | 123.3 |
| | 23.20 | P110 | 127.00 | 1/12.5 | 12.14 | 102.72 | 99.54 | 141.30 | 136.53 | 131.0 | 3323 | 126.8 | 124.6 | 133.9 |
| | 24.10 | P110 | 127.00 | 1/12.5 | 12.70 | 101.60 | 98.43 | 141.30 | 136.53 | 136.4 | 3459 | 132.6 | 130.1 | 139.5 |
| | | | | | | | | | | | | | | |
| | 15.00 | P110 | 127.00 | 1/5 | 7.52 | 111.96 | 108.79 | 141.30 | 136.53 | 61.0 | 2140 | 78.5 | 78.0 | 85.8 |
| | 18.00 | P110 | 127.00 | 1/5 | 9.19 | 108.61 | 105.44 | 141.30 | 136.53 | 92.8 | 2581 | 96.0 | 95.1 | 103.6 |
| | 21.40 | P110 | 127.00 | 1/5 | 11.10 | 104.80 | 101.63 | 141.30 | 136.53 | 120.9 | 3065 | 115.9 | 114.2 | 123.3 |
| | 23.20 | P110 | 127.00 | 1/5 | 12.14 | 102.72 | 99.54 | 141.30 | 136.53 | 131.0 | 3323 | 126.8 | 124.6 | 133.9 |
| | 24.10 | P110 | 127.00 | 1/5 | 12.70 | 101.60 | 98.43 | 141.30 | 136.53 | 136.4 | 3459 | 132.6 | 130.1 | 139.5 |
| | | | | | | | | | | | | | | |
| | 18.00 | Q125 | 127.00 | 1/5 | 9.19 | 108.61 | 105.44 | 141.30 | — | 102.1 | 2933 | 109.1 | 108.0 | 117.8 |
| | 21.40 | Q125 | 127.00 | 1/5 | 11.10 | 104.80 | 101.63 | 141.30 | — | 137.4 | 3483 | 131.7 | 129.8 | 140.1 |
| | 23.20 | Q125 | 127.00 | 1/5 | 12.14 | 102.72 | 99.54 | 141.30 | — | 149.0 | 3776 | 144.1 | 141.5 | 152.1 |
| | 24.10 | Q125 | 127.00 | 1/5 | 12.70 | 101.60 | 98.43 | 141.30 | — | 155.0 | 3930 | 150.8 | 147.8 | 158.5 |
| 5½ | 14.00 | H40 | 139.70 | 2/12.5 | 6.20 | 127.30 | 124.13 | 153.67 | — | 18.1 | 717 | 21.4 | 21.3 | 23.7 |
| | | | | | | | | | | | | | | |
| | 14.00 | J55 | 139.70 | 2/12.5 | 6.20 | 127.30 | 124.13 | 153.67 | — | 21.5 | 986 | 29.4 | 29.3 | 32.6 |
| | 15.50 | J55 | 139.70 | 2/12.5 | 6.99 | 125.73 | 122.56 | 153.67 | 149.23 | 27.8 | 1104 | 33.1 | 33.0 | 36.5 |
| | 17.00 | J55 | 139.70 | 2/12.5 | 7.72 | 124.26 | 121.08 | 153.67 | 149.23 | 33.8 | 1214 | 36.7 | 36.4 | 40.2 |
| | | | | | | | | | | | | | | |
| | 14.00 | K55 | 139.70 | 2/12.5 | 6.20 | 127.30 | 124.13 | 153.67 | — | 21.5 | 986 | 29.4 | 29.3 | 32.6 |
| | 15.50 | K55 | 139.70 | 2/12.5 | 6.99 | 125.73 | 122.56 | 153.67 | 149.23 | 27.8 | 1104 | 33.1 | 33.0 | 36.5 |
| | 17.00 | K55 | 139.70 | 2/12.5 | 7.72 | 124.26 | 121.08 | 153.67 | 149.23 | 33.8 | 1214 | 36.7 | 36.4 | 40.2 |

续表

| 抗力[3] | | | | | | | 带螺纹和接箍的接头连接强度[5] | | | | | |
|---|---|---|---|---|---|---|---|---|---|---|---|---|
| | 圆螺纹 | | 偏梯形螺纹 | | | | 圆螺纹 | | 偏梯形螺纹 | | | |
| 延性断裂 | | | 标准接箍 | | 特殊间隙接箍 | | | | 标准接箍 | | 特殊间隙接箍 | |
| 封堵管端/MPa | 短圆螺纹/MPa | 长圆螺纹/MPa | 同等钢级/MPa | 较高钢级[4]/MPa | 同等钢级/MPa | 较高钢级[4]/MPa | 短圆螺纹/kN | 长圆螺纹/kN | 同等钢级/kN | 较高钢级/kN | 同等钢级/kN | 较高钢级/kN |
| 82.1 | — | 78.5 | 78.5 | 78.5 | 70.6 | 78.5 | — | 1728 | 2236 | 2236 | 2130 | 2236 |
| 101.4 | — | 96.0 | 93.8 | 96.0 | 70.6 | 80.3 | — | 2203 | 2697 | 2697 | 2130 | 2301 |
| 124 | — | 102.5 | 93.8 | 106.7 | 70.6 | 80.3 | — | 2726 | 2983 | 3202 | 2130 | 2301 |
| 136.4 | — | 102.5 | 93.8 | 106.7 | 70.6 | 80.3 | — | 3004 | 2983 | 3222 | 2130 | 2301 |
| 143.2 | — | 102.5 | 93.8 | 106.7 | 70.6 | 80.3 | — | 3151 | 2983 | 3222 | 2130 | 2301 |
| | | | | | | | | | | | | |
| 90.7 | — | 78.5 | 78.5 | 78.5 | 70.6 | 78.5 | — | 1728 | 2236 | 2236 | 2130 | 2236 |
| 112.2 | — | 96.0 | 93.8 | 96.0 | 70.6 | 80.3 | — | 2203 | 2697 | 2697 | 2130 | 2301 |
| 137.2 | — | 102.5 | 93.8 | 106.7 | 70.6 | 80.3 | — | 2726 | 2983 | 3202 | 2130 | 2301 |
| 151.2 | — | 102.5 | 93.8 | 106.7 | 70.6 | 80.3 | — | 3004 | 2983 | 3222 | 2130 | 2301 |
| 158.8 | — | 102.5 | 93.8 | 106.7 | 70.6 | 80.3 | — | 3151 | 2983 | 3222 | 2130 | 2301 |
| | | | | | | | | | | | | |
| 122.1 | — | 109.1 | 106.7 | — | — | — | — | 2379 | 2940 | — | — | — |
| 149.4 | — | 116.4 | 106.7 | — | — | — | — | 2944 | 3222 | — | — | — |
| 164.6 | — | 116.4 | 106.7 | — | — | — | — | 3244 | 3222 | — | — | — |
| 172.9 | — | 116.4 | 106.7 | — | — | — | — | 3403 | 3222 | — | — | — |
| 23.4 | 21.4 | — | — | — | — | — | 577 | — | — | — | — | — |
| | | | | | | | | | | | | |
| 29.4 | 29.4 | — | — | — | — | — | 765 | — | — | — | — | — |
| 33.3 | 33.1 | 33.1 | 33.1 | 33.1 | 32.6 | 33.1 | 897 | 966 | 1333 | 1333 | 1333 | 1333 |
| 36.9 | 36.7 | 36.7 | 36.7 | 36.7 | 32.6 | 36.7 | 1019 | 1097 | 1465 | 1465 | 1413 | 1465 |
| | | | | | | | | | | | | |
| 37.3 | 29.4 | — | — | — | — | — | 840 | — | — | — | — | — |
| 42.2 | 33.1 | 33.1 | 33.1 | 33.1 | 32.6 | 33.1 | 985 | 1063 | 1628 | 1628 | 1628 | 1628 |
| 46.7 | 36.7 | 36.7 | 36.7 | 36.7 | 32.6 | 36.7 | 1119 | 1208 | 1789 | 1789 | 1789 | 1789 |

| 代号 | | 钢级 | 外径/mm | 材料参数/缺欠参数① $K_a$/($a_N$/$t$/%) | 壁厚/mm | 内径/mm | 带螺纹和接箍 | | | 抗挤毁强度②/MPa | 管体屈服强度/kN | 内压 | | |
|---|---|---|---|---|---|---|---|---|---|---|---|---|---|---|
| | | | | | | | 通径直径/mm | 外径 | | | | 管体 | | |
| | | | | | | | | 标准接箍/mm | 特殊间隙接箍/mm | | | 内屈服 | | |
| | | | | | | | | | | | | API历史公式/MPa | 拉梅-米塞斯 | |
| 1 | 2 | | | | | | | | | | | | 开口端部/MPa | 封堵管端/MPa |
| | 17.00 | L80 1 | 139.70 | 1/12.5 | 7.72 | 124.26 | 121.08 | 153.67 | 149.23 | 43.3 | 1766 | 53.3 | 53.0 | 58.4 |
| | 20.00 | L80 1 | 139.70 | 1/12.5 | 9.17 | 121.36 | 118.19 | 153.67 | 149.23 | 60.8 | 2074 | 63.3 | 62.8 | 68.8 |
| | 23.00 | L80 1 | 139.70 | 1/12.5 | 10.54 | 118.62 | 115.44 | 153.67 | 149.23 | 76.9 | 2359 | 72.8 | 72.0 | 78.3 |
| | 17.00 | L80 9Cr | 139.70 | 2/12.5 | 7.72 | 124.26 | 121.08 | 153.67 | 149.23 | 43.3 | 1766 | 53.3 | 53.0 | 58.4 |
| | 20.00 | L80 9Cr | 139.70 | 2/12.5 | 9.17 | 121.36 | 118.19 | 153.67 | 149.23 | 60.8 | 2074 | 63.3 | 62.8 | 68.8 |
| | 23.00 | L80 9Cr | 139.70 | 2/12.5 | 10.54 | 118.62 | 115.44 | 153.67 | 149.23 | 76.9 | 2359 | 72.8 | 72.0 | 78.3 |
| | 17.00 | L80 13Cr | 139.70 | 1/12.5 | 7.72 | 124.26 | 121.08 | 153.67 | 149.23 | 43.3 | 1766 | 53.3 | 53.0 | 58.4 |
| | 20.00 | L80 13Cr | 139.70 | 1/12.5 | 9.17 | 121.36 | 118.19 | 153.67 | 149.23 | 60.8 | 2074 | 63.3 | 62.8 | 68.8 |
| 5½ | 23.00 | L80 13Cr | 139.70 | 1/12.5 | 10.54 | 118.62 | 115.44 | 153.67 | 149.23 | 76.9 | 2359 | 72.8 | 72.0 | 78.3 |
| | 17.00 | N80 | 139.70 | 2/12.5 | 7.72 | 124.26 | 121.08 | 153.67 | 149.23 | 43.3 | 1766 | 53.3 | 53.0 | 58.4 |
| | 20.00 | N80 | 139.70 | 2/12.5 | 9.17 | 121.36 | 118.19 | 153.67 | 149.23 | 60.8 | 2074 | 63.3 | 62.8 | 68.8 |
| | 23.00 | N80 | 139.70 | 2/12.5 | 10.54 | 118.62 | 115.44 | 153.67 | 149.23 | 76.9 | 2359 | 72.8 | 72.0 | 78.3 |
| | 17.00 | N80 | 139.70 | 1/12.5 | 7.72 | 124.26 | 121.08 | 153.67 | 149.23 | 43.3 | 1766 | 53.3 | 53.0 | 58.4 |
| | 20.00 | N80 | 139.70 | 1/12.5 | 9.17 | 121.36 | 118.19 | 153.67 | 149.23 | 60.8 | 2074 | 63.3 | 62.8 | 68.8 |
| | 23.00 | N80 | 139.70 | 1/12.5 | 10.54 | 118.62 | 115.44 | 153.67 | 149.23 | 76.9 | 2359 | 72.8 | 72.0 | 78.3 |
| | 17.00 | C90 | 139.70 | 1/5 | 7.72 | 124.26 | 121.08 | 153.67 | 149.23 | 46.4 | 1986 | 60.0 | 59.6 | 65.7 |
| | 20.00 | C90 | 139.70 | 1/5 | 9.17 | 121.36 | 118.19 | 153.67 | 149.23 | 66.4 | 2333 | 71.2 | 70.6 | 77.4 |
| | 23.00 | C90 | 139.70 | 1/5 | 10.54 | 118.62 | 115.44 | 153.67 | 149.23 | 85.3 | 2654 | 81.9 | 81.0 | 88.1 |
| | 26.80 | C90 | 139.70 | 1/5 | 12.70 | 114.30 | 111.13 | — | — | 102.5 | 3144 | 98.7 | 97.1 | 104.7 |

续表

| 抗力[3] | | | | | | | 带螺纹和接箍的接头连接强度[5] | | | | | |
|---|---|---|---|---|---|---|---|---|---|---|---|---|
| | 圆螺纹 | | 偏梯形螺纹 | | | | 圆螺纹 | | 偏梯形螺纹 | | | |
| 延性断裂 | | | 标准接箍 | | 特殊间隙接箍 | | | | 标准接箍 | | 特殊间隙接箍 | |
| 封堵管端/MPa | 短圆螺纹/MPa | 长圆螺纹/MPa | 同等钢级/MPa | 较高钢级[4]/MPa | 同等钢级/MPa | 较高钢级[4]/MPa | 短圆螺纹/kN | 长圆螺纹/kN | 同等钢级/kN | 较高钢级/kN | 同等钢级/kN | 较高钢级/kN |
| 57.2 | — | 53.3 | 53.3 | — | 47.4 | — | — | 1504 | 1903 | — | 1790 | — |
| 68.5 | — | 63.3 | 61.9 | — | 47.4 | — | — | 1852 | 2236 | — | 1790 | — |
| 79.3 | — | 68.1 | 61.9 | — | 47.4 | — | — | 2173 | 2448 | — | 1790 | — |
| 47.3 | — | 53.3 | 53.3 | — | 47.4 | — | — | 1504 | 1903 | — | 1790 | — |
| 56.6 | — | 63.3 | 61.9 | — | 47.4 | — | — | 1852 | 2236 | — | 1790 | — |
| 65.5 | — | 68.1 | 61.9 | — | 47.4 | — | — | 2173 | 2448 | — | 1790 | — |
| | | | | | | | | | | | | |
| 57.2 | — | 53.3 | 53.3 | — | 47.4 | — | — | 1504 | 1903 | — | 1790 | — |
| 68.5 | — | 63.3 | 61.9 | — | 47.4 | — | — | 1852 | 2236 | — | 1790 | — |
| 79.3 | — | 68.1 | 61.9 | — | 47.4 | — | — | 2173 | 2448 | — | 1790 | — |
| | | | | | | | | | | | | |
| 49.8 | — | 53.3 | 53.3 | — | 47.4 | — | — | 1546 | 1984 | — | 1885 | — |
| 59.5 | — | 63.3 | 61.9 | — | 47.4 | — | — | 1903 | 2331 | — | 1885 | — |
| 68.9 | — | 68.1 | 61.9 | — | 47.4 | — | — | 2234 | 2577 | — | 1885 | — |
| | | | | | | | | | | | | |
| 60.2 | — | 53.3 | 53.3 | 53.3 | 47.4 | 53.3 | — | 1546 | 1984 | 1984 | 1885 | 1984 |
| 72.1 | — | 63.3 | 61.9 | 63.3 | 47.4 | 63.3 | — | 1903 | 2331 | 2331 | 1885 | 2331 |
| 83.5 | — | 68.1 | 61.9 | 72.8 | 47.4 | 65.2 | — | 2234 | 2577 | 2651 | 1885 | 2356 |
| | | | | | | | | | | | | |
| 66.8 | — | 60.0 | 60.0 | — | 53.3 | — | — | 1583 | 2030 | — | 1885 | — |
| 80.1 | — | 71.2 | 69.7 | — | 53.3 | — | — | 1949 | 2384 | — | 1885 | — |
| 92.9 | — | 76.5 | 69.7 | — | 53.3 | — | — | 2288 | 2577 | — | 1885 | — |
| 113.5 | — | — | — | — | — | — | — | — | — | — | — | — |

| 代号 | | 钢级 | 外径/mm | 材料参数/缺欠参数①<br>$K_a$/($a_N$/t/%) | 壁厚/mm | 内径/mm | 带螺纹和接箍 | | | 抗挤毁强度②/MPa | 管体屈服强度/kN | 内压 | | |
|---|---|---|---|---|---|---|---|---|---|---|---|---|---|---|
| | | | | | | | 通径直径/mm | 外径 | | | | 管体 | | |
| | | | | | | | | 标准接箍/mm | 特殊间隙接箍/mm | | | 内屈服 | | |
| | | | | | | | | | | | | API历史公式/MPa | 拉梅-米塞斯 | |
| 1 | 2 | | | | | | | | | | | | 开口端部/MPa | 封堵管端/MPa |
| 5½ | 29.70 | C90 | 139.70 | 1/5 | 14.27 | 111.15 | 107.98 | — | — | 113.8 | 3490 | 110.9 | 108.7 | 116.4 |
| | 32.60 | C90 | 139.70 | 1/5 | 15.88 | 107.95 | 104.78 | — | — | 124.9 | 3832 | 123.3 | 120.2 | 127.9 |
| | 35.30 | C90 | 139.70 | 1/5 | 17.45 | 104.80 | 101.63 | — | — | 135.6 | 4159 | 135.5 | 131.5 | 139.1 |
| | 38.00 | C90 | 139.70 | 1/5 | 19.05 | 101.60 | 98.43 | — | — | 146.1 | 4480 | 148.0 | 142.7 | 150.2 |
| | 40.50 | C90 | 139.70 | 1/5 | 20.62 | 98.45 | 95.28 | — | — | 156.1 | 4787 | 160.2 | 153.5 | 160.8 |
| | 43.10 | C90 | 139.70 | 1/5 | 22.23 | 95.25 | 92.08 | — | — | 165.9 | 5090 | 172.7 | 164.3 | 171.3 |
| | 17.00 | R95 | 139.70 | 1/12.5 | 7.72 | 124.26 | 121.08 | 153.67 | 149.23 | 47.8 | 2097 | 63.3 | 62.9 | 69.4 |
| | 20.00 | R95 | 139.70 | 1/12.5 | 9.17 | 121.36 | 118.19 | 153.67 | 149.23 | 69.0 | 2463 | 75.2 | 74.5 | 81.6 |
| | 23.00 | R95 | 139.70 | 1/12.5 | 10.54 | 118.62 | 115.44 | 153.67 | 149.23 | 89.1 | 2802 | 86.4 | 85.5 | 93.0 |
| | 17.00 | T95 | 139.70 | 1/5 | 7.72 | 124.26 | 121.08 | 153.67 | 149.23 | 47.8 | 2097 | 63.3 | 62.9 | 69.4 |
| | 20.00 | T95 | 139.70 | 1/5 | 9.17 | 121.36 | 118.19 | 153.67 | 149.23 | 69.0 | 2463 | 75.2 | 74.5 | 81.6 |
| | 23.00 | T95 | 139.70 | 1/5 | 10.54 | 118.62 | 115.44 | 153.67 | 149.23 | 89.1 | 2802 | 86.4 | 85.5 | 93.0 |
| | 26.80 | T95 | 139.70 | 1/5 | 12.70 | 114.30 | 111.13 | — | — | 108.2 | 3319 | 104.1 | 102.5 | 110.4 |
| | 29.70 | T95 | 139.70 | 1/5 | 14.27 | 111.15 | 107.98 | — | — | 120.1 | 3684 | 117.1 | 114.6 | 122.8 |
| | 32.60 | T95 | 139.70 | 1/5 | 15.88 | 107.95 | 104.78 | — | — | 131.9 | 4045 | 130.2 | 126.9 | 135.1 |
| | 35.30 | T95 | 139.70 | 1/5 | 17.45 | 104.80 | 101.63 | — | — | 143.1 | 4390 | 143.1 | 138.8 | 146.9 |
| | 38.00 | T95 | 139.70 | 1/5 | 19.05 | 101.60 | 98.43 | — | — | 154.2 | 4729 | 156.2 | 150.6 | 158.5 |
| | 40.50 | T95 | 139.70 | 1/5 | 20.62 | 98.45 | 95.28 | — | — | 164.7 | 5053 | 169.1 | 162.1 | 169.7 |
| | 43.10 | T95 | 139.70 | 1/5 | 22.23 | 95.25 | 92.08 | — | — | 175.1 | 5372 | 182.2 | 173.5 | 180.8 |
| | 17.00 | C110 | 139.70 | 1/5 | 7.72 | 124.26 | 121.08 | — | — | 51.5 | 2428 | 73.3 | 72.9 | 80.3 |
| | 20.00 | C110 | 139.70 | 1/5 | 9.17 | 121.36 | 118.19 | — | — | 76.5 | 2852 | 87.1 | 86.3 | 94.5 |
| | 23.00 | C110 | 139.70 | 1/5 | 10.54 | 118.62 | 115.44 | — | — | 100.2 | 3244 | 100.1 | 98.9 | 107.7 |
| | 26.80 | C110 | 139.70 | 1/5 | 12.70 | 114.30 | 111.13 | — | — | 125.4 | 3843 | 120.7 | 118.7 | 128.0 |
| | 29.70 | C110 | 139.70 | 1/5 | 14.27 | 111.15 | 107.98 | — | — | 139.1 | 4266 | 135.6 | 132.9 | 142.3 |

续表

| 抗力[3] | | | | | | | 带螺纹和接箍的接头连接强度[5] | | | | | |
|---|---|---|---|---|---|---|---|---|---|---|---|---|
| | 圆螺纹 | | 偏梯形螺纹 | | | | 圆螺纹 | | 偏梯形螺纹 | | | |
| | | | 标准接箍 | | 特殊间隙接箍 | | | | 标准接箍 | | 特殊间隙接箍 | |
| 延性断裂<br>封堵管端/MPa | 短圆螺纹/MPa | 长圆螺纹/MPa | 同等钢级/MPa | 较高钢级[4]/MPa | 同等钢级/MPa | 较高钢级[4]/MPa | 短圆螺纹/kN | 长圆螺纹/kN | 同等钢级/kN | 较高钢级/kN | 同等钢级/kN | 较高钢级/kN |
| 128.8 | — | — | — | — | — | — | — | — | — | — | — | — |
| 144.8 | — | — | — | — | — | — | — | — | — | — | — | — |
| 160.7 | — | — | — | — | — | — | — | — | — | — | — | — |
| 177.3 | — | — | — | — | — | — | — | — | — | — | — | — |
| 194.0 | — | — | — | — | — | — | — | — | — | — | — | — |
| 211.4 | — | — | — | — | — | — | — | — | — | — | — | — |
| | | | | | | | | | | | | |
| 63.7 | — | 63.3 | 63.3 | — | 56.3 | — | — | 1662 | 2134 | — | 1979 | — |
| 76.3 | — | 75.2 | 73.6 | — | 56.3 | — | — | 2047 | 2506 | — | 1979 | — |
| 88.3 | — | 80.8 | 73.6 | — | 56.3 | — | — | 2402 | 2706 | — | 1979 | — |
| | | | | | | | | | | | | |
| 70.3 | — | 63.3 | 63.3 | — | 56.3 | — | — | 1662 | 2134 | — | 1979 | — |
| 84.3 | — | 75.2 | 73.6 | — | 56.3 | — | — | 2047 | 2506 | — | 1979 | — |
| 97.8 | — | 80.8 | 73.6 | — | 56.3 | — | — | 2402 | 2706 | — | 1979 | — |
| 119.4 | — | — | — | — | — | — | — | — | — | — | — | — |
| 135.6 | — | — | — | — | — | — | — | — | — | — | — | — |
| 152.3 | — | — | — | — | — | — | — | — | — | — | — | — |
| 169.2 | — | — | — | — | — | — | — | — | — | — | — | — |
| 186.7 | — | — | — | | | — | — | — | — | — | — | — |
| 204.3 | — | — | — | — | — | — | — | — | — | — | — | — |
| 222.5 | — | — | — | — | — | — | — | — | — | — | — | — |
| | | | | | | | | | | | | |
| 77.7 | — | — | — | — | — | — | — | — | — | — | — | — |
| 93.1 | — | — | — | — | — | — | — | — | — | — | — | — |
| 108.0 | — | — | — | — | — | — | — | — | — | — | — | — |
| 131.9 | — | — | — | — | — | — | — | — | — | — | — | — |
| 149.7 | — | — | — | — | — | — | — | — | — | — | — | — |

| 代号 | | 钢级 | 外径/mm | 材料参数/缺欠参数① $K_a$/($a_N$/t/%) | 壁厚/mm | 内径/mm | 带螺纹和接箍 | | | 抗挤毁强度②/MPa | 管体屈服强度/kN | 内压 | | |
|---|---|---|---|---|---|---|---|---|---|---|---|---|---|---|
| | | | | | | | | 外径 | | | | 管体 | | |
| | | | | | | | | | | | | 内屈服 | | |
| | | | | | | | | | | | | | 拉梅-米塞斯 | |
| 1 | 2 | | | | | | 通径直径/mm | 标准接箍/mm | 特殊间隙接箍/mm | | | API历史公式/MPa | 开口端部/MPa | 封堵管端/MPa |
| 5½ | 32.60 | C110 | 139.70 | 1/5 | 15.88 | 107.95 | 104.78 | — | — | 152.8 | 4683 | 150.8 | 147.1 | 156.5 |
| | 35.30 | C110 | 139.70 | 1/5 | 17.45 | 104.80 | 101.63 | — | — | 165.8 | 5083 | 165.8 | 160.8 | 170.2 |
| | 38.00 | C110 | 139.70 | 1/5 | 19.05 | 101.60 | 98.43 | — | — | 178.6 | 5476 | 181.0 | 174.5 | 183.7 |
| | 40.50 | C110 | 139.70 | 1/5 | 20.62 | 98.45 | 95.28 | — | — | 190.8 | 5851 | 195.9 | 187.8 | 196.7 |
| | 43.10 | C110 | 139.70 | 1/5 | 22.23 | 95.25 | 92.08 | — | — | 203.0 | 6221 | 211.2 | 201.0 | 209.5 |
| | 17.00 | P110 | 139.70 | 1/12.5 | 7.72 | 124.26 | 121.08 | 153.67 | 149.23 | 51.5 | 2428 | 73.3 | 72.9 | 80.3 |
| | 20.00 | P110 | 139.70 | 1/12.5 | 9.17 | 121.36 | 118.19 | 153.67 | 149.23 | 76.5 | 2852 | 87.1 | 86.3 | 94.5 |
| | 23.00 | P110 | 139.70 | 1/12.5 | 10.54 | 118.62 | 115.44 | 153.67 | 149.23 | 100.2 | 3244 | 100.1 | 98.9 | 107.7 |
| | 17.00 | P110 | 139.70 | 1/5 | 7.72 | 124.26 | 121.08 | 153.67 | 149.23 | 51.5 | 2428 | 73.3 | 72.9 | 80.3 |
| | 20.00 | P110 | 139.70 | 1/5 | 9.17 | 121.36 | 118.19 | 153.67 | 149.23 | 76.5 | 2852 | 87.1 | 86.3 | 94.5 |
| | 23.00 | P110 | 139.70 | 1/5 | 10.54 | 118.62 | 115.44 | 153.67 | 149.23 | 100.2 | 3244 | 100.1 | 98.9 | 107.7 |
| | 23.00 | Q125 | 139.70 | 1/5 | 10.54 | 118.62 | 115.44 | 153.67 | — | 110.7 | 3686 | 113.8 | 112.4 | 122.4 |
| 6⅝ | 20.00 | H40 | 168.28 | 2/12.5 | 7.32 | 153.64 | 150.47 | 187.71 | — | 17.4 | 1020 | 20.9 | 20.9 | 23.2 |
| | 20.00 | J55 | 168.28 | 2/12.5 | 7.32 | 153.64 | 150.47 | 187.71 | 177.80 | 20.5 | 1403 | 28.8 | 28.7 | 32.0 |
| | 24.00 | J55 | 168.28 | 2/12.5 | 8.94 | 150.39 | 147.22 | 187.71 | 177.80 | 31.4 | 1697 | 35.2 | 35.1 | 38.7 |
| | 20.00 | K55 | 168.28 | 2/12.5 | 7.32 | 153.64 | 150.47 | 187.71 | 177.80 | 20.5 | 1403 | 28.8 | 28.7 | 32.0 |
| | 24.00 | K55 | 168.28 | 2/12.5 | 8.94 | 150.39 | 147.22 | 187.71 | 177.80 | 31.4 | 1697 | 35.2 | 35.1 | 38.7 |
| | 24.00 | L80 1 | 168.28 | 1/12.5 | 8.94 | 150.39 | 147.22 | 187.71 | 177.80 | 39.7 | 2468 | 51.3 | 51.0 | 56.3 |
| | 28.00 | L80 1 | 168.28 | 1/12.5 | 10.59 | 147.09 | 143.92 | 187.71 | 177.80 | 56.3 | 2894 | 60.7 | 60.2 | 66.1 |
| | 32.00 | L80 1 | 168.28 | 1/12.5 | 12.07 | 144.15 | 140.97 | 187.71 | 177.80 | 71.1 | 3266 | 69.2 | 68.5 | 74.7 |
| | 24.00 | L80 9Cr | 168.28 | 2/12.5 | 8.94 | 150.39 | 147.22 | 187.71 | 177.80 | 39.7 | 2468 | 51.3 | 51.0 | 56.3 |
| | 28.00 | L80 9Cr | 168.28 | 2/12.5 | 10.59 | 147.09 | 143.92 | 187.71 | 177.80 | 56.3 | 2894 | 60.7 | 60.2 | 66.1 |
| | 32.00 | L80 9Cr | 168.28 | 2/12.5 | 12.07 | 144.15 | 140.97 | 187.71 | 177.80 | 71.1 | 3266 | 69.2 | 68.5 | 74.7 |

续表

| 抗力[3] | | | | | | | 带螺纹和接箍的接头连接强度[5] | | | | | |
|---|---|---|---|---|---|---|---|---|---|---|---|---|
| | 圆螺纹 | | 偏梯形螺纹 | | | | 圆螺纹 | | 偏梯形螺纹 | | | |
| 延性断裂 | | | 标准接箍 | | 特殊间隙接箍 | | | | 标准接箍 | | 特殊间隙接箍 | |
| 封堵管端/MPa | 短圆螺纹/MPa | 长圆螺纹/MPa | 同等钢级/MPa | 较高钢级[4]/MPa | 同等钢级/MPa | 较高钢级[4]/MPa | 短圆螺纹/kN | 长圆螺纹/kN | 同等钢级/kN | 较高钢级/kN | 同等钢级/kN | 较高钢级/kN |
| 168.2 | — | — | — | — | — | — | — | — | — | — | — | — |
| 186.8 | — | — | — | — | — | — | — | — | — | — | — | — |
| 206.2 | — | — | — | — | — | — | — | — | — | — | — | — |
| 225.6 | — | — | — | — | — | — | — | — | — | — | — | — |
| 245.7 | — | — | — | — | — | — | — | — | — | — | — | — |
| | | | | | | | | | | | | |
| 76.4 | — | 73.3 | 73.3 | 73.3 | 65.2 | 73.3 | — | 1979 | 2526 | 2526 | 2356 | 2526 |
| 91.4 | — | 87.1 | 85.2 | 87.1 | 65.2 | 74.0 | — | 2437 | 2967 | 267 | 2356 | 2544 |
| 106.0 | — | 93.6 | 85.2 | 96.8 | 65.2 | 74.0 | — | 2860 | 3221 | 3375 | 2356 | 2544 |
| 84.4 | — | 73.3 | 73.3 | 73.3 | 65.2 | 73.3 | — | 1979 | 2526 | 2526 | 2356 | 2526 |
| 101.1 | — | 87.1 | 85.2 | 87.1 | 65.2 | 74.0 | — | 2437 | 2967 | 2967 | 2356 | 2544 |
| 117.3 | — | 93.6 | 85.2 | 96.8 | 65.2 | 74.0 | — | 2860 | 3221 | 3375 | 2356 | 2544 |
| | | | | | | | | | | | | |
| 127.6 | — | 106.3 | 96.8 | — | — | — | — | 3088 | 3479 | — | — | — |
| 22.9 | 20.9 | — | — | — | — | — | 819 | — | — | — | — | — |
| | | | | | | | | | | | | |
| 28.8 | 28.8 | 28.8 | 28.8 | 28.8 | 28.0 | 28.8 | 1088 | 1181 | 1665 | 1665 | 1665 | 1665 |
| 35.4 | 35.2 | 35.2 | 35.2 | 35.2 | 28.0 | 35.2 | 1395 | 1514 | 2014 | 2014 | 1735 | 2014 |
| | | | | | | | | | | | | |
| 36.4 | 28.8 | 28.8 | 28.8 | 28.8 | 28.0 | 28.8 | 1187 | 1291 | 2016 | 2016 | 2016 | 2016 |
| 44.9 | 35.2 | 35.2 | 35.2 | 35.2 | 28.0 | 35.2 | 1522 | 1656 | 2439 | 2439 | 2198 | 2198 |
| | | | | | | | | | | | | |
| 54.9 | — | 51.3 | 51.3 | — | 40.7 | — | — | 2103 | 2631 | — | 2198 | — |
| 65.5 | — | 60.7 | 60.7 | — | 40.7 | — | — | 2562 | 3085 | — | 2198 | — |
| 75.2 | — | 69.2 | 67.7 | — | 40.7 | — | — | 2964 | 3481 | — | 2198 | — |
| | | | | | | | | | | | | |
| 45.4 | — | 51.3 | 51.3 | — | 40.7 | — | — | 2103 | 2631 | — | 2198 | — |
| 54.2 | — | 60.7 | 60.7 | — | 40.7 | — | — | 2562 | 3085 | — | 2198 | — |
| 62.1 | — | 69.2 | 67.7 | — | 40.7 | — | — | 2964 | 3481 | — | 2198 | — |

| 代号 | | 钢级 | 外径/mm | 材料参数/缺欠参数①$K_a$/($a_N$/t/%) | 壁厚/mm | 内径/mm | 带螺纹和接箍 | | | 抗挤毁强度②/MPa | 管体屈服强度/kN | 内压 | | |
|---|---|---|---|---|---|---|---|---|---|---|---|---|---|---|
| 1 | 2 | | | | | | 通径直径/mm | 外径 | | | | 管体 | | |
| | | | | | | | | 标准接箍/mm | 特殊间隙接箍/mm | | | 内屈服 | | |
| | | | | | | | | | | | | API历史公式/MPa | 拉梅-米塞斯 | |
| | | | | | | | | | | | | | 开口端部/MPa | 封堵管端/MPa |
| | 24.00 | L80 13Cr | 168.28 | 1/12.5 | 8.94 | 150.39 | 147.22 | 187.71 | 177.80 | 39.7 | 2468 | 51.3 | 51.0 | 56.3 |
| | 28.00 | L80 13Cr | 168.28 | 1/12.5 | 10.59 | 147.09 | 143.92 | 187.71 | 177.80 | 56.3 | 2894 | 60.7 | 60.2 | 66.1 |
| | 32.00 | L80 13Cr | 168.28 | 1/12.5 | 12.07 | 144.15 | 140.97 | 187.71 | 177.80 | 71.1 | 3266 | 69.2 | 68.5 | 74.7 |
| | 24.00 | N80 | 168.28 | 2/12.5 | 8.94 | 150.39 | 147.22 | 187.71 | 177.80 | 39.7 | 2468 | 51.3 | 51.0 | 56.3 |
| | 28.00 | N80 | 168.28 | 2/12.5 | 10.59 | 147.09 | 143.92 | 187.71 | 177.80 | 56.3 | 2894 | 60.7 | 60.2 | 66.1 |
| | 32.00 | N80 | 168.28 | 2/12.5 | 12.07 | 144.15 | 140.97 | 187.71 | 177.80 | 71.1 | 3266 | 69.2 | 68.5 | 74.7 |
| | 24.00 | N80 | 168.28 | 1/12.5 | 8.94 | 150.39 | 147.22 | 187.71 | 177.80 | 39.7 | 2468 | 51.3 | 51.0 | 56.3 |
| | 28.00 | N80 | 168.28 | 1/12.5 | 10.59 | 147.09 | 143.92 | 187.71 | 177.80 | 56.3 | 2894 | 60.7 | 60.2 | 66.1 |
| | 32.00 | N80 | 168.28 | 1/12.5 | 12.07 | 144.15 | 140.97 | 187.71 | 177.80 | 71.1 | 3266 | 69.2 | 68.5 | 74.7 |
| 6⅝ | 24.00 | C90 | 168.28 | 1/5 | 8.94 | 150.39 | 147.22 | 187.71 | 177.80 | 42.3 | 2777 | 57.7 | 57.3 | 63.3 |
| | 28.00 | C90 | 168.28 | 1/5 | 10.59 | 147.09 | 143.92 | 187.71 | 177.80 | 61.2 | 3256 | 68.3 | 67.8 | 74.3 |
| | 32.00 | C90 | 168.28 | 1/5 | 12.07 | 144.15 | 140.97 | 187.71 | 177.80 | 78.1 | 3674 | 77.8 | 77.0 | 84.0 |
| | 24.00 | R95 | 168.28 | 1/12.5 | 8.94 | 150.39 | 147.22 | 187.71 | 177.80 | 43.5 | 2931 | 60.8 | 60.5 | 66.8 |
| | 28.00 | R95 | 168.28 | 1/12.5 | 10.59 | 147.09 | 143.92 | 187.71 | 177.80 | 63.5 | 3437 | 72.1 | 71.5 | 78.5 |
| | 32.00 | R95 | 168.28 | 1/12.5 | 12.07 | 144.15 | 140.97 | 187.71 | 177.80 | 81.4 | 3878 | 82.1 | 81.3 | 88.7 |
| | 24.00 | T95 | 168.28 | 1/5 | 8.94 | 150.39 | 147.22 | 187.71 | 177.80 | 43.5 | 2931 | 60.8 | 60.5 | 66.8 |
| | 28.00 | T95 | 168.28 | 1/5 | 10.59 | 147.09 | 143.92 | 187.71 | 177.80 | 63.5 | 3437 | 72.1 | 71.5 | 78.5 |
| | 32.00 | T95 | 168.28 | 1/5 | 12.07 | 144.15 | 140.97 | 187.71 | 177.80 | 81.4 | 3878 | 82.1 | 81.3 | 88.7 |
| | 24.00 | C110 | 168.28 | 1/5 | 8.94 | 150.39 | 147.22 | — | — | 46.4 | 3394 | 70.5 | 70.1 | 77.4 |
| | 28.00 | C110 | 168.28 | 1/5 | 10.59 | 147.09 | 143.92 | — | — | 70.0 | 3979 | 83.5 | 82.8 | 90.9 |
| | 32.00 | C110 | 168.28 | 1/5 | 12.07 | 144.15 | 140.97 | — | — | 91.1 | 4490 | 95.1 | 94.1 | 102.7 |

续表

| 抗力[3] | | | | | | | 带螺纹和接箍的接头连接强度[5] | | | | | | |
|---|---|---|---|---|---|---|---|---|---|---|---|---|---|
| | 圆螺纹 | | 偏梯形螺纹 | | | | 圆螺纹 | | 偏梯形螺纹 | | | | |
| 延性断裂 | | | 标准接箍 | | 特殊间隙接箍 | | | | 标准接箍 | | 特殊间隙接箍 | | |
| 封堵管端/MPa | 短圆螺纹/MPa | 长圆螺纹/MPa | 同等钢级/MPa | 较高钢级[4]/MPa | 同等钢级/MPa | 较高钢级[4]/MPa | 短圆螺纹/kN | 长圆螺纹/kN | 同等钢级/kN | 较高钢级/kN | 同等钢级/kN | 较高钢级/kN |
| 54. 9 | — | 51. 3 | 51. 3 | — | 40. 7 | — | — | 2103 | 2631 | — | 2198 | — |
| 65. 5 | — | 60. 7 | 60. 7 | — | 40. 7 | — | — | 2562 | 3085 | — | 2198 | — |
| 75. 2 | — | 69. 2 | 67. 7 | — | 40. 7 | — | — | 2964 | 3481 | — | 2198 | — |
| | | | | | | | | | | | | |
| 47. 8 | — | 51. 3 | 51. 3 | — | 40. 7 | — | — | 2138 | 2737 | — | 2314 | — |
| 57. 0 | — | 60. 7 | 60. 7 | — | 40. 7 | — | — | 2605 | 3209 | — | 2314 | — |
| 65. 3 | — | 69. 2 | 67. 7 | — | 40. 7 | — | — | 3013 | 3621 | — | 2314 | — |
| | | | | | | | | | | | | |
| 57. 8 | — | 51. 3 | 51. 3 | 51. 3 | 40. 7 | 51. 3 | — | 2138 | 2737 | 2737 | 2314 | 2737 |
| 69. 0 | — | 60. 7 | 60. 7 | 60. 7 | 40. 7 | 55. 9 | — | 2605 | 3209 | 3209 | 2314 | 2892 |
| 79. 1 | — | 69. 2 | 67. 7 | 69. 2 | 40. 7 | 55. 9 | — | 3013 | 3621 | 3621 | 2314 | 2892 |
| | | | | | | | | | | | | |
| 64. 1 | — | 57. 7 | 57. 7 | — | 45. 8 | — | — | 2311 | 2814 | — | 2314 | — |
| 76. 6 | — | 68. 3 | 68. 3 | — | 45. 8 | — | — | 2817 | 3299 | — | 2314 | — |
| 88. 0 | — | 77. 8 | 76. 1 | — | 45. 8 | — | — | 3258 | 3723 | — | 2314 | — |
| | | | | | | | | | | | | |
| 61. 1 | — | 60. 8 | 60. 8 | — | 48. 4 | — | — | 2427 | 2959 | — | 2429 | — |
| 73. 0 | — | 72. 1 | 72. 1 | — | 48. 4 | — | — | 2958 | 3469 | | 2429 | — |
| 83. 7 | — | 82. 1 | 80. 3 | — | 48. 4 | — | — | 3421 | 3914 | — | 2429 | — |
| | | | | | | | | | | | | |
| 67. 5 | — | 60. 8 | 60. 8 | — | 48. 4 | — | — | 2427 | 2959 | — | 2429 | — |
| 80. 7 | — | 72. 1 | 72. 1 | — | 48. 4 | — | — | 2958 | 3469 | — | 2429 | — |
| 92. 6 | — | 82. 1 | 80. 3 | — | 48. 4 | — | — | 3421 | 3914 | — | 2429 | — |
| | | | | | | | | | | | | |
| 74. 6 | — | — | — | — | — | — | — | — | — | — | — | — |
| 89. 1 | — | — | — | — | — | — | — | — | — | — | — | — |
| 102. 2 | — | — | — | — | — | — | — | — | — | — | — | — |

| 代号 | | 钢级 | 外径/mm | 材料参数/缺欠参数① $K_a$/($a_N$/$t$/%) | 壁厚/mm | 内径/mm | 带螺纹和接箍 | | | 抗挤毁强度②/MPa | 管体屈服强度/kN | 内压 | | |
|---|---|---|---|---|---|---|---|---|---|---|---|---|---|---|
| | | | | | | | 通径直径/mm | 外径 | | | | 管体 | | |
| | | | | | | | | 标准接箍/mm | 特殊间隙接箍/mm | | | 内屈服 | | |
| | | | | | | | | | | | | API历史公式/MPa | 拉梅-米塞斯 | |
| 1 | 2 | | | | | | | | | | | | 开口端部/MPa | 封堵管端/MPa |
| 6⅝ | 24.00 | P110 | 168.28 | 1/12.5 | 8.94 | 150.39 | 147.22 | 187.71 | 177.80 | 46.4 | 3394 | 70.5 | 70.1 | 77.4 |
| | 28.00 | P110 | 168.28 | 1/12.5 | 10.59 | 147.09 | 143.92 | 187.71 | 177.80 | 70.0 | 3979 | 83.5 | 82.8 | 90.9 |
| | 32.00 | P110 | 168.28 | 1/12.5 | 12.07 | 144.15 | 140.97 | 187.71 | 177.80 | 91.1 | 4490 | 95.1 | 94.1 | 102.7 |
| | 24.00 | P110 | 168.28 | 1/5 | 8.94 | 150.39 | 147.22 | 187.71 | 177.80 | 46.4 | 3394 | 70.5 | 70.1 | 77.4 |
| | 28.00 | P110 | 168.28 | 1/5 | 10.59 | 147.09 | 143.92 | 187.71 | 177.80 | 70.0 | 3979 | 83.5 | 82.8 | 90.9 |
| | 32.00 | P110 | 168.28 | 1/5 | 12.07 | 144.15 | 140.97 | 187.71 | 177.80 | 91.1 | 4490 | 95.1 | 94.1 | 102.7 |
| | 32.00 | Q125 | 168.28 | 1/5 | 12.07 | 144.15 | 140.97 | 187.71 | — | 100.2 | 5102 | 108.0 | 107.0 | 116.7 |
| 7 | 17.00 | H40 | 177.80 | 2/12.5 | 5.87 | 166.07 | 162.89 | 200.03 | — | 9.8 | 874 | 15.9 | 15.9 | 17.8 |
| | 20.00 | H40 | 177.80 | 2/12.5 | 6.91 | 163.98 | 160.81 | 200.03 | — | 13.6 | 1023 | 18.7 | 18.7 | 20.9 |
| | 20.00 | J55 | 177.80 | 2/12.5 | 6.91 | 163.98 | 160.81 | 200.03 | — | 15.6 | 1406 | 25.8 | 25.7 | 28.7 |
| | 23.00 | J55 | 177.80 | 2/12.5 | 8.05 | 161.70 | 158.52 | 200.03 | 187.33 | 22.5 | 1628 | 30.0 | 29.9 | 33.2 |
| | 26.00 | J55 | 177.80 | 2/12.5 | 9.19 | 159.41 | 156.24 | 200.03 | 187.33 | 29.8 | 1847 | 34.3 | 34.1 | 37.7 |
| | 20.00 | K55 | 177.80 | 2/12.5 | 6.91 | 163.98 | 160.81 | 200.03 | — | 15.6 | 1406 | 25.8 | 25.7 | 28.7 |
| | 23.00 | K55 | 177.80 | 2/12.5 | 8.05 | 161.70 | 158.52 | 200.03 | 187.33 | 22.5 | 1628 | 30.0 | 29.9 | 33.2 |
| | 26.00 | K55 | 177.80 | 2/12.5 | 9.19 | 159.41 | 156.24 | 200.03 | 187.33 | 29.8 | 1847 | 34.3 | 34.1 | 37.7 |
| | 23.00 | L80 1 | 177.80 | 1/12.5 | 8.05 | 161.70 | 158.52 | 200.03 | 187.33 | 26.4 | 2368 | 43.7 | 43.5 | 48.3 |
| | 26.00 | L80 1 | 177.80 | 1/12.5 | 9.19 | 159.41 | 156.24 | 200.03 | 187.33 | 37.3 | 2686 | 49.9 | 49.6 | 54.8 |
| | 29.00 | L80 1 | 177.80 | 1/12.5 | 10.36 | 157.07 | 153.90 | 200.03 | 187.33 | 48.4 | 3007 | 56.2 | 55.9 | 61.5 |
| | 32.00 | L80 1 | 177.80 | 1/12.5 | 11.51 | 154.79 | 151.61 | 200.03 | 187.33 | 59.3 | 3315 | 62.4 | 61.9 | 67.9 |
| | 35.00 | L80 1 | 177.80 | 1/12.5 | 12.65 | 152.50 | 149.33 | 200.03 | 187.33 | 70.1 | 3620 | 68.6 | 67.9 | 74.1 |
| | 38.00 | L80 1 | 177.80 | 1/12.5 | 13.72 | 150.37 | 147.19 | 200.03 | 187.33 | 78.5 | 3900 | 74.4 | 73.6 | 79.9 |

续表

| 抗力③ | | | | | | | 带螺纹和接箍的接头连接强度⑤ | | | | | |
|---|---|---|---|---|---|---|---|---|---|---|---|---|
| | 圆螺纹 | | 偏梯形螺纹 | | | | 圆螺纹 | | 偏梯形螺纹 | | | |
| 延性断裂 | | | 标准接箍 | | 特殊间隙接箍 | | | | 标准接箍 | | 特殊间隙接箍 | |
| 封堵管端/MPa | 短圆螺纹/MPa | 长圆螺纹/MPa | 同等钢级/MPa | 较高钢级④/MPa | 同等钢级/MPa | 较高钢级④/MPa | 短圆螺纹/kN | 长圆螺纹/kN | 同等钢级/kN | 较高钢级/kN | 同等钢级/kN | 较高钢级/kN |
| 73.3 | — | 70.5 | 70.5 | 70.5 | 55.9 | 63.6 | — | 2851 | 3498 | 3498 | 2892 | 3123 |
| 87.5 | — | 83.5 | 83.5 | 83.5 | 55.9 | 63.6 | — | 3475 | 4101 | 4101 | 2892 | 3123 |
| 100.4 | — | 95.1 | 93.0 | 95.1 | 55.9 | 63.6 | — | 4019 | 4628 | 4628 | 2892 | 3123 |
| | | | | | | | | | | | | |
| 81.0 | — | 70.5 | 70.5 | 70.5 | 55.9 | 63.6 | — | 2851 | 3498 | 3498 | 2892 | 3123 |
| 96.7 | — | 83.5 | 83.5 | 83.5 | 55.9 | 63.6 | — | 3475 | 4101 | 4101 | 2892 | 3123 |
| 111.1 | — | 95.1 | 93.0 | 95.1 | 55.9 | 63.6 | — | 4019 | 4628 | 4628 | 2892 | 3123 |
| | | | | | | | | | | | | |
| 120.9 | — | 108.0 | 105.7 | — | — | — | — | 4398 | 5061 | — | — | — |
| 17.2 | 15.9 | — | — | — | — | — | 542 | — | — | — | — | — |
| 20.4 | 18.7 | — | — | — | — | — | 781 | — | — | — | — | — |
| | | | | | | | | | | | | |
| 25.7 | 25.8 | — | — | — | — | — | 1040 | — | — | — | — | — |
| 30.0 | 30.0 | 30.0 | 30.0 | 30.0 | 27.2 | 30.0 | 1264 | 1391 | 1922 | 1922 | 1872 | 1922 |
| 34.5 | 34.3 | 34.3 | 34.3 | 34.3 | 27.2 | 34.3 | 1486 | 1634 | 2180 | 2180 | 1872 | 2180 |
| | | | | | | | | | | | | |
| 32.5 | 25.8 | — | — | — | — | — | 1132 | — | — | — | — | — |
| 38.0 | 30.0 | 30.0 | 30.0 | 30.0 | 27.2 | 30.0 | 1376 | 1518 | 2320 | 2320 | 2320 | 2320 |
| 43.6 | 34.3 | 34.3 | 34.3 | 34.3 | 27.2 | 34.3 | 1617 | 1783 | 2631 | 2631 | 2371 | 2496 |
| | | | | | | | | | | | | |
| 46.5 | — | 43.7 | 43.7 | — | 39.5 | — | — | 1934 | 2515 | — | 2371 | — |
| 53.4 | — | 49.9 | 49.9 | — | 39.5 | — | — | 2272 | 2852 | — | 2371 | — |
| 60.4 | — | 56.2 | 56.2 | — | 39.5 | — | — | 2613 | 3193 | — | 2371 | — |
| 67.5 | — | 62.4 | 62.4 | — | 39.5 | — | — | 2942 | 3520 | — | 2371 | — |
| 74.5 | — | 68.6 | 68.6 | — | 39.5 | — | — | 3266 | 3844 | — | 2371 | — |
| 81.2 | — | 74.4 | 72.1 | — | 39.5 | — | — | 3564 | 4141 | — | 2371 | — |

| 代号 | | 钢级 | 外径/mm | 材料参数/缺欠参数①$K_a$/($a_N$/t/%) | 壁厚/mm | 内径/mm | 带螺纹和接箍 | | | 抗挤毁强度②/MPa | 管体屈服强度/kN | 内压 | | |
|---|---|---|---|---|---|---|---|---|---|---|---|---|---|---|
| | | | | | | | | 外径 | | | | 管体 | | |
| | | | | | | | | | | | | 内屈服 | | |
| | | | | | | | | | | | | | 拉梅-米塞斯 | |
| 1 | 2 | | | | | | 通径直径/mm | 标准接箍/mm | 特殊间隙接箍/mm | | | API历史公式/MPa | 开口端部/MPa | 封堵管端/MPa |
| 7 | 23.00 | L80 9Cr | 177.80 | 2/12.5 | 8.05 | 161.70 | 158.52 | 200.03 | 187.33 | 26.4 | 2368 | 43.7 | 43.5 | 48.3 |
| | 26.00 | L80 9Cr | 177.80 | 2/12.5 | 9.19 | 159.41 | 156.24 | 200.03 | 187.33 | 37.3 | 2686 | 49.9 | 49.6 | 54.8 |
| | 29.00 | L80 9Cr | 177.80 | 2/12.5 | 10.36 | 157.07 | 153.90 | 200.03 | 187.33 | 48.4 | 3007 | 56.2 | 55.9 | 61.5 |
| | 32.00 | L80 9Cr | 177.80 | 2/12.5 | 11.51 | 154.79 | 151.61 | 200.03 | 187.33 | 59.3 | 3315 | 62.4 | 61.9 | 67.9 |
| | 35.00 | L80 9Cr | 177.80 | 2/12.5 | 12.65 | 152.50 | 149.33 | 200.03 | 187.33 | 70.1 | 3620 | 68.6 | 67.9 | 74.1 |
| | 38.00 | L80 9Cr | 177.80 | 2/12.5 | 13.72 | 150.37 | 147.19 | 200.03 | 187.33 | 78.5 | 3900 | 74.4 | 73.6 | 79.9 |
| | 23.00 | L80 13Cr | 177.80 | 1/12.5 | 8.05 | 161.70 | 158.52 | 200.03 | 187.33 | 26.4 | 2368 | 43.7 | 43.5 | 48.3 |
| | 26.00 | L80 13Cr | 177.80 | 1/12.5 | 9.19 | 159.41 | 156.24 | 200.03 | 187.33 | 37.3 | 2686 | 49.9 | 49.6 | 54.8 |
| | 29.00 | L80 13Cr | 177.80 | 1/12.5 | 10.36 | 157.07 | 153.90 | 200.03 | 187.33 | 48.4 | 3007 | 56.2 | 55.9 | 61.5 |
| | 32.00 | L80 13Cr | 177.80 | 1/12.5 | 11.51 | 154.79 | 151.61 | 200.03 | 187.33 | 59.3 | 3315 | 62.4 | 61.9 | 67.9 |
| | 35.00 | L80 13Cr | 177.80 | 1/12.5 | 12.65 | 152.50 | 149.33 | 200.03 | 187.33 | 70.1 | 3620 | 68.6 | 67.9 | 74.1 |
| | 38.00 | L80 13Cr | 177.80 | 1/12.5 | 13.72 | 150.37 | 147.19 | 200.03 | 187.33 | 78.5 | 3900 | 74.4 | 73.6 | 79.9 |
| | 23.00 | N80 | 177.80 | 2/12.5 | 8.05 | 161.70 | 158.52 | 200.03 | 187.33 | 26.4 | 2368 | 43.7 | 43.5 | 48.3 |
| | 26.00 | N80 | 177.80 | 2/12.5 | 9.19 | 159.41 | 156.24 | 200.03 | 187.33 | 37.3 | 2686 | 49.9 | 49.6 | 54.8 |
| | 29.00 | N80 | 177.80 | 2/12.5 | 10.36 | 157.07 | 153.90 | 200.03 | 187.33 | 48.4 | 3006 | 56.2 | 55.9 | 61.5 |
| | 32.00 | N80 | 177.80 | 2/12.5 | 11.51 | 154.79 | 151.61 | 200.03 | 187.33 | 59.3 | 3315 | 62.4 | 61.9 | 67.9 |
| | 35.00 | N80 | 177.80 | 2/12.5 | 12.65 | 152.50 | 149.33 | 200.03 | 187.33 | 70.1 | 3620 | 68.6 | 67.9 | 74.1 |
| | 38.00 | N80 | 177.80 | 2/12.5 | 13.72 | 150.37 | 147.19 | 200.03 | 187.33 | 78.5 | 3900 | 74.4 | 73.6 | 79.9 |

续表

| 抗力③ | | | | | | | 带螺纹和接箍的接头连接强度⑤ | | | | | |
|---|---|---|---|---|---|---|---|---|---|---|---|---|
| | 圆螺纹 | | 偏梯形螺纹 | | | | 圆螺纹 | | 偏梯形螺纹 | | | |
| 延性断裂 | | | 标准接箍 | | 特殊间隙接箍 | | | | 标准接箍 | | 特殊间隙接箍 | |
| 封堵管端/MPa | 短圆螺纹/MPa | 长圆螺纹/MPa | 同等钢级/MPa | 较高钢级④/MPa | 同等钢级/MPa | 较高钢级④/MPa | 短圆螺纹/kN | 长圆螺纹/kN | 同等钢级/kN | 较高钢级/kN | 同等钢级/kN | 较高钢级/kN |
| 38.5 | — | 43.7 | 43.7 | — | 39.5 | — | — | 1934 | 2515 | — | 2371 | — |
| 44.2 | — | 49.9 | 49.9 | — | 39.5 | — | — | 2272 | 2852 | — | 2371 | — |
| 50.0 | — | 56.2 | 56.2 | — | 39.5 | — | — | 2613 | 3193 | — | 2371 | — |
| 55.7 | — | 62.4 | 62.4 | — | 39.5 | — | — | 2942 | 3520 | — | 2371 | — |
| 61.5 | — | 68.6 | 68.6 | — | 39.5 | — | — | 3266 | 3844 | — | 2371 | — |
| 67.0 | — | 74.4 | 72.1 | — | 39.5 | — | — | 3564 | 4141 | — | 2371 | — |
| 46.5 | — | 43.7 | 43.7 | — | 39.5 | — | — | 1934 | 2515 | — | 2371 | — |
| 53.4 | — | 49.9 | 49.9 | — | 39.5 | — | — | 2272 | 2852 | — | 2371 | — |
| 60.4 | — | 56.2 | 56.2 | — | 39.5 | — | — | 2613 | 3193 | — | 2371 | — |
| 67.5 | — | 62.4 | 62.4 | — | 39.5 | — | — | 2942 | 3520 | — | 2371 | — |
| 74.5 | — | 68.6 | 68.6 | — | 39.5 | | — | 3266 | 3844 | — | 2371 | — |
| 81.2 | — | 74.4 | 72.1 | — | 39.5 | — | — | 3564 | 4141 | — | 2371 | — |
| | | | | | | | | | | | | |
| 40.6 | — | 43.7 | 43.7 | — | 39.5 | — | — | 1965 | 2614 | — | 2496 | — |
| 46.5 | — | 49.9 | 49.9 | — | 39.5 | — | — | 2309 | 2965 | — | 2496 | — |
| 52.6 | — | 56.2 | 56.2 | — | 39.5 | — | — | 2656 | 3319 | — | 2496 | — |
| 58.7 | — | 62.4 | 62.4 | — | 39.5 | — | — | 2990 | 3660 | — | 2496 | — |
| 64.8 | — | 68.6 | 68.6 | — | 39.5 | — | — | 3319 | 3966 | — | 2496 | — |
| 70.6 | — | 74.4 | 72.1 | — | 39.5 | — | — | 3622 | 4305 | — | 2496 | — |

| 代号 | | 钢级 | 外径/mm | 材料参数/缺欠参数① $K_a$/($a_N$/t/%) | 壁厚/mm | 内径/mm | 带螺纹和接箍 | | | 抗挤毁强度②/MPa | 管体屈服强度/kN | 内压 | | |
|---|---|---|---|---|---|---|---|---|---|---|---|---|---|---|
| | | | | | | | 通径直径/mm | 外径 | | | | 管体 | | |
| | | | | | | | | | | | | 内屈服 | | |
| | | | | | | | | | | | | API历史公式/MPa | 拉梅-米塞斯 | |
| 1 | 2 | | | | | | | 标准接箍/mm | 特殊间隙接箍/mm | | | | 开口端部/MPa | 封堵管端/MPa |
| | 23.00 | N80 | 177.80 | 1/12.5 | 8.05 | 161.70 | 158.52 | 200.03 | 187.33 | 26.4 | 2368 | 43.7 | 43.5 | 48.3 |
| | 26.00 | N80 | 177.80 | 1/12.5 | 9.19 | 159.41 | 156.24 | 200.03 | 187.33 | 37.3 | 2686 | 49.9 | 49.6 | 54.8 |
| | 29.00 | N80 | 177.80 | 1/12.5 | 10.36 | 157.07 | 153.90 | 200.03 | 187.33 | 48.4 | 3006 | 56.2 | 55.9 | 61.5 |
| | 32.00 | N80 | 177.80 | 1/12.5 | 11.51 | 154.79 | 151.61 | 200.03 | 187.33 | 59.3 | 3315 | 62.4 | 61.9 | 67.9 |
| | 35.00 | N80 | 177.80 | 1/12.5 | 12.65 | 152.50 | 149.33 | 200.03 | 187.33 | 70.1 | 3620 | 68.6 | 67.9 | 74.1 |
| | 38.00 | N80 | 177.80 | 1/12.5 | 13.72 | 150.37 | 147.19 | 200.03 | 187.33 | 78.5 | 3900 | 74.4 | 73.6 | 79.9 |
| | 23.00 | C90 | 177.80 | 1/5 | 8.05 | 161.70 | 158.52 | 200.03 | 187.33 | 27.8 | 2665 | 49.1 | 48.9 | 54.4 |
| | 26.00 | C90 | 177.80 | 1/5 | 9.19 | 159.41 | 156.24 | 200.03 | 187.33 | 39.5 | 3022 | 56.2 | 55.8 | 61.7 |
| | 29.00 | C90 | 177.80 | 1/5 | 10.36 | 157.07 | 153.90 | 200.03 | 187.33 | 52.2 | 3382 | 63.3 | 62.8 | 69.2 |
| | 32.00 | C90 | 177.80 | 1/5 | 11.51 | 154.79 | 151.61 | 200.03 | 187.33 | 64.6 | 3730 | 70.2 | 69.7 | 76.3 |
| | 35.00 | C90 | 177.80 | 1/5 | 12.65 | 152.50 | 149.33 | 200.03 | 187.33 | 77.0 | 4072 | 77.2 | 76.5 | 83.4 |
| 7 | 38.00 | C90 | 177.80 | 1/5 | 13.72 | 150.37 | 147.19 | 200.03 | 187.33 | 88.3 | 4387 | 83.7 | 82.7 | 89.9 |
| | 42.70 | C90 | 177.80 | 1/5 | 15.88 | 146.05 | 142.88 | — | — | 100.9 | 5011 | 96.9 | 95.4 | 102.9 |
| | 46.40 | C90 | 177.80 | 1/5 | 17.45 | 142.90 | 139.73 | — | — | 109.8 | 5454 | 106.5 | 104.5 | 112.2 |
| | 50.10 | C90 | 177.80 | 1/5 | 19.05 | 139.70 | 136.53 | — | — | 118.6 | 5895 | 116.2 | 113.6 | 121.4 |
| | 53.60 | C90 | 177.80 | 1/5 | 20.62 | 136.55 | 133.38 | — | — | 127.2 | 6319 | 125.9 | 122.6 | 130.4 |
| | 57.10 | C90 | 177.80 | 1/5 | 22.23 | 133.35 | 130.18 | — | — | 135.7 | 6740 | 135.7 | 131.6 | 139.2 |
| | 23.00 | R95 | 177.80 | 1/12.5 | 8.05 | 161.70 | 158.52 | 200.03 | 187.33 | 28.5 | 2813 | 51.9 | 51.7 | 57.4 |
| | 26.00 | R95 | 177.80 | 1/12.5 | 9.19 | 159.41 | 156.24 | 200.03 | 187.33 | 40.6 | 3190 | 59.3 | 58.9 | 65.2 |
| | 29.00 | R95 | 177.80 | 1/12.5 | 10.36 | 157.07 | 153.90 | 200.03 | 187.33 | 54.0 | 3570 | 66.8 | 66.4 | 73.0 |
| | 32.00 | R95 | 177.80 | 1/12.5 | 11.51 | 154.79 | 151.61 | 200.03 | 187.33 | 67.1 | 3937 | 74.1 | 73.5 | 80.5 |
| | 35.00 | R95 | 177.80 | 1/12.5 | 12.65 | 152.50 | 149.33 | 200.03 | 187.33 | 80.3 | 4298 | 81.5 | 80.7 | 88.1 |
| | 38.00 | R95 | 177.80 | 1/12.5 | 13.72 | 150.37 | 147.19 | 200.03 | 187.33 | 92.5 | 4631 | 88.4 | 87.4 | 94.9 |

续表

| 抗力[3] | | | | | | | 带螺纹和接箍的接头连接强度[5] | | | | | |
|---|---|---|---|---|---|---|---|---|---|---|---|---|
| | 圆螺纹 | | 偏梯形螺纹 | | | | 圆螺纹 | | 偏梯形螺纹 | | | |
| 延性断裂 | | | 标准接箍 | | 特殊间隙接箍 | | | | 标准接箍 | | 特殊间隙接箍 | |
| 封堵管端/MPa | 短圆螺纹/MPa | 长圆螺纹/MPa | 同等钢级/MPa | 较高钢级[4]/MPa | 同等钢级/MPa | 较高钢级[4]/MPa | 短圆螺纹/kN | 长圆螺纹/kN | 同等钢级/kN | 较高钢级/kN | 同等钢级/kN | 较高钢级/kN |
| 48.9 | — | 43.7 | 43.7 | 43.7 | 39.5 | 43.7 | — | 1965 | 2614 | 2614 | 2496 | 2614 |
| 56.2 | — | 49.9 | 49.9 | 49.9 | 39.5 | 49.9 | — | 2309 | 2965 | 2965 | 2496 | 2965 |
| 63.7 | — | 56.2 | 56.2 | 56.2 | 39.5 | 54.4 | — | 2656 | 3319 | 3319 | 2496 | 3119 |
| 71.0 | — | 62.4 | 62.4 | 62.4 | 39.5 | 54.4 | — | 2990 | 3660 | 3660 | 2496 | 3119 |
| 78.5 | — | 68.6 | 68.6 | 68.6 | 39.5 | 54.4 | — | 3319 | 3966 | 3996 | 2496 | 3119 |
| 85.5 | — | 74.4 | 72.1 | 74.4 | 39.5 | 54.4 | — | 3622 | 4305 | 4305 | 2496 | 3119 |
| | | | | | | | | | | | | |
| 54.3 | — | 49.1 | 49.1 | — | 44.5 | — | — | 2131 | 2692 | — | 2496 | — |
| 62.4 | — | 56.2 | 56.2 | — | 44.5 | — | — | 2505 | 3054 | — | 2496 | — |
| 70.7 | — | 63.3 | 63.3 | — | 44.5 | — | — | 2881 | 3418 | — | 2496 | — |
| 78.9 | — | 70.2 | 70.2 | — | 44.5 | — | — | 3243 | 3769 | — | 2496 | — |
| 87.2 | — | 77.2 | 77.2 | — | 44.5 | — | — | 3600 | 4115 | — | 2496 | — |
| 95.1 | — | 83.7 | 81.1 | — | 44.5 | — | — | 3928 | 4433 | — | 2496 | — |
| 111.3 | — | — | — | — | — | — | — | — | — | — | — | — |
| 123.3 | — | — | — | — | — | — | — | — | — | — | — | — |
| 135.5 | — | — | — | — | — | — | — | — | — | — | — | — |
| 148.1 | — | — | — | — | — | — | — | — | — | — | — | — |
| 160.9 | — | — | — | — | — | — | — | — | — | — | — | — |
| | | | | | | | | | | | | |
| 51.8 | — | 51.9 | 51.9 | — | 46.9 | — | — | 2246 | 2831 | — | 2620 | — |
| 59.5 | — | 59.3 | 59.3 | — | 46.9 | — | — | 2640 | 3211 | — | 2620 | — |
| 67.3 | — | 66.8 | 66.8 | — | 46.9 | — | — | 3036 | 3594 | — | 2620 | — |
| 75.1 | — | 74.1 | 74.1 | — | 46.9 | — | — | 3418 | 3963 | — | 2620 | — |
| 83.0 | — | 81.5 | 81.5 | — | 46.9 | — | — | 3794 | 4327 | — | 2620 | — |
| 90.5 | — | 88.4 | 85.6 | — | 46.9 | — | — | 4140 | 4661 | — | 2620 | — |

| 代号 | | 钢级 | 外径/mm | 材料参数/缺欠参数①$K_a$/($a_N$/t/%) | 壁厚/mm | 内径/mm | 带螺纹和接箍 | | | 抗挤毁强度②/MPa | 管体屈服强度/kN | 内压 | | |
|---|---|---|---|---|---|---|---|---|---|---|---|---|---|---|
| | | | | | | | 通径直径/mm | 外径 | | | | 管体 | | |
| | | | | | | | | | | | | 内屈服 | | |
| | | | | | | | | 标准接箍/mm | 特殊间隙接箍/mm | | | API历史公式/MPa | 拉梅-米塞斯 | |
| 1 | 2 | | | | | | | | | | | | 开口端部/MPa | 封堵管端/MPa |
| | 23.00 | T95 | 177.80 | 1/5 | 8.05 | 161.70 | 158.52 | 200.03 | 187.33 | 28.5 | 2813 | 51.9 | 51.7 | 57.4 |
| | 26.00 | T95 | 177.80 | 1/5 | 9.19 | 159.41 | 156.24 | 200.03 | 187.33 | 40.6 | 3190 | 59.3 | 58.9 | 65.2 |
| | 29.00 | T95 | 177.80 | 1/5 | 10.36 | 157.07 | 153.90 | 200.03 | 187.33 | 54.0 | 3570 | 66.8 | 66.4 | 73.0 |
| | 32.00 | T95 | 177.80 | 1/5 | 11.51 | 154.79 | 151.61 | 200.03 | 187.33 | 67.1 | 3937 | 74.1 | 73.5 | 80.5 |
| | 35.00 | T95 | 177.80 | 1/5 | 12.65 | 152.50 | 149.33 | 200.03 | 187.33 | 80.3 | 4298 | 81.5 | 80.7 | 88.1 |
| | 38.00 | T95 | 177.80 | 1/5 | 13.72 | 150.37 | 147.19 | 200.03 | 187.33 | 92.5 | 4631 | 88.4 | 87.4 | 94.9 |
| | 42.70 | T95 | 177.80 | 1/5 | 15.88 | 146.05 | 142.88 | — | — | 106.5 | 5289 | 102.2 | 100.7 | 108.7 |
| | 46.40 | T95 | 177.80 | 1/5 | 17.45 | 142.90 | 139.73 | — | — | 115.9 | 5757 | 112.4 | 110.3 | 118.4 |
| | 50.10 | T95 | 177.80 | 1/5 | 19.05 | 139.70 | 136.53 | — | — | 125.3 | 6223 | 122.7 | 120.0 | 128.2 |
| | 53.60 | T95 | 177.80 | 1/5 | 20.62 | 136.55 | 133.38 | — | — | 134.2 | 6670 | 132.9 | 129.4 | 137.6 |
| | 57.10 | T95 | 177.80 | 1/5 | 22.23 | 133.35 | 130.18 | — | — | 143.2 | 7115 | 143.2 | 138.9 | 147.0 |
| | 23.00 | C110 | 177.80 | 1/5 | 8.05 | 161.70 | 158.52 | — | — | 30.6 | 3256 | 60.1 | 59.9 | 66.5 |
| | 26.00 | C110 | 177.80 | 1/5 | 9.19 | 159.41 | 156.24 | — | — | 42.9 | 3694 | 68.6 | 68.2 | 75.4 |
| 7 | 29.00 | C110 | 177.80 | 1/5 | 10.36 | 157.07 | 153.90 | — | — | 58.8 | 4134 | 77.3 | 76.8 | 84.5 |
| | 32.00 | C110 | 177.80 | 1/5 | 11.51 | 154.79 | 151.61 | — | — | 74.3 | 4559 | 85.8 | 85.2 | 93.3 |
| | 35.00 | C110 | 177.80 | 1/5 | 12.65 | 152.50 | 149.33 | — | — | 89.8 | 4977 | 94.4 | 93.4 | 102.0 |
| | 38.00 | C110 | 177.80 | 1/5 | 13.72 | 150.37 | 147.19 | — | — | 104.2 | 5362 | 102.3 | 101.1 | 109.9 |
| | 42.70 | C110 | 177.80 | 1/5 | 15.88 | 146.05 | 142.88 | — | — | 123.4 | 6124 | 118.5 | 116.7 | 125.9 |
| | 46.40 | C110 | 177.80 | 1/5 | 17.45 | 142.90 | 139.73 | — | — | 134.3 | 6667 | 130.3 | 127.8 | 137.2 |
| | 50.10 | C110 | 177.80 | 1/5 | 19.05 | 139.70 | 136.53 | — | — | 145.1 | 7205 | 142.2 | 139.1 | 148.5 |
| | 53.60 | C110 | 177.80 | 1/5 | 20.62 | 136.55 | 133.38 | — | — | 155.5 | 7723 | 154.0 | 150.0 | 159.4 |
| | 57.10 | C110 | 177.80 | 1/5 | 22.23 | 133.35 | 130.18 | — | — | 165.9 | 8238 | 165.9 | 160.9 | 170.3 |
| | 26.00 | P110 | 177.80 | 1/12.5 | 9.19 | 159.41 | 156.24 | 200.03 | 187.33 | 42.9 | 3694 | 68.6 | 68.2 | 75.4 |
| | 29.00 | P110 | 177.80 | 1/12.5 | 10.36 | 157.07 | 153.90 | 200.03 | 187.33 | 58.8 | 4134 | 77.3 | 76.8 | 84.5 |
| | 32.00 | P110 | 177.80 | 1/12.5 | 11.51 | 154.79 | 151.61 | 200.03 | 187.33 | 74.3 | 4559 | 85.8 | 85.2 | 93.3 |
| | 35.00 | P110 | 177.80 | 1/12.5 | 12.65 | 152.50 | 149.33 | 200.03 | 187.33 | 89.8 | 4977 | 94.4 | 93.4 | 102.0 |
| | 38.00 | P110 | 177.80 | 1/12.5 | 13.72 | 150.37 | 147.19 | 200.03 | 187.33 | 104.2 | 5362 | 102.3 | 101.1 | 109.9 |

续表

| 抗力[3] | | | | | | | 带螺纹和接箍的接头连接强度[5] | | | | | |
|---|---|---|---|---|---|---|---|---|---|---|---|---|
| | 圆螺纹 | | 偏梯形螺纹 | | | | 圆螺纹 | | 偏梯形螺纹 | | | |
| 延性断裂 | | | 标准接箍 | | 特殊间隙接箍 | | | | 标准接箍 | | 特殊间隙接箍 | |
| 封堵管端/MPa | 短圆螺纹/MPa | 长圆螺纹/MPa | 同等钢级/MPa | 较高钢级[4]/MPa | 同等钢级/MPa | 较高钢级[4]/MPa | 短圆螺纹/kN | 长圆螺纹/kN | 同等钢级/kN | 较高钢级/kN | 同等钢级/kN | 较高钢级/kN |
| 57.2 | — | 51.9 | 51.9 | — | 46.9 | — | — | 2246 | 2831 | — | 2620 | — |
| 65.7 | — | 59.3 | 59.3 | — | 46.9 | — | — | 2640 | 3211 | — | 2620 | — |
| 74.4 | — | 66.8 | 66.8 | — | 46.9 | — | — | 3036 | 3594 | — | 2620 | — |
| 83.1 | — | 74.1 | 74.1 | — | 46.9 | — | — | 3418 | 3963 | — | 2620 | — |
| 91.8 | — | 81.5 | 81.5 | — | 46.9 | — | — | 3794 | 4327 | — | 2620 | — |
| 100.1 | — | 88.4 | 85.6 | — | 46.9 | — | — | 4140 | 4661 | — | 2620 | — |
| 117.1 | — | — | — | — | — | — | — | — | — | — | — | — |
| 129.7 | — | — | — | — | — | — | — | — | — | — | — | — |
| 142.8 | — | — | — | — | — | — | — | — | — | — | — | — |
| 155.9 | — | — | — | — | — | — | — | — | — | — | — | — |
| 169.4 | — | — | — | — | — | — | — | — | — | — | — | — |
| | | | | | | | | | | | | |
| 63.1 | — | — | — | — | — | — | — | — | — | — | — | — |
| 72.5 | — | — | — | — | — | — | — | — | — | — | — | — |
| 82.2 | — | — | — | — | — | — | — | — | — | — | — | — |
| 91.7 | — | — | — | — | — | — | — | — | — | — | — | — |
| 101.4 | — | — | — | — | — | — | — | — | — | — | — | — |
| 110.5 | — | — | — | — | — | — | — | — | — | — | — | — |
| 129.3 | — | — | — | — | — | — | — | — | — | — | — | — |
| 143.3 | — | — | — | — | — | — | — | — | — | — | — | — |
| 157.7 | — | — | — | — | — | — | — | — | — | — | — | — |
| 172.1 | — | — | — | — | — | — | — | — | — | — | — | — |
| 187.0 | — | — | — | — | — | — | — | — | — | — | — | — |
| | | | | | | | | | | | | |
| 71.3 | — | 68.6 | 68.6 | 68.6 | 54.4 | 61.8 | — | 3082 | 3795 | 3795 | 3119 | 3369 |
| 80.8 | — | 77.3 | 77.3 | 77.3 | 54.4 | 61.8 | — | 3544 | 4248 | 4248 | 3119 | 3369 |
| 90.1 | — | 85.8 | 80.2 | 85.8 | 54.4 | 61.8 | — | 3990 | 4684 | 4684 | 3119 | 3369 |
| 99.6 | — | 94.4 | 80.2 | 94.4 | 54.4 | 61.8 | — | 4430 | 5114 | 5114 | 3119 | 3369 |
| 108.5 | — | 102.3 | 80.2 | 102.3 | 54.4 | 61.8 | — | 4834 | 5509 | 5509 | 3119 | 3369 |

| 代号 1 | 代号 2 | 钢级 | 外径/mm | 材料参数/缺欠参数[1] $K_a$/($a_N$/t/%) | 壁厚/mm | 内径/mm | 带螺纹和接箍 通径直径/mm | 带螺纹和接箍 外径 标准接箍/mm | 带螺纹和接箍 外径 特殊间隙接箍/mm | 抗挤毁强度[2]/MPa | 管体屈服强度/kN | 内压 管体 内屈服 API历史公式/MPa | 内压 管体 内屈服 拉梅-米塞斯 开口端部/MPa | 内压 管体 内屈服 拉梅-米塞斯 封堵管端/MPa |
|---|---|---|---|---|---|---|---|---|---|---|---|---|---|---|
| 7 | 26.00 | P110 | 177.80 | 1/5 | 9.19 | 159.41 | 156.24 | 200.03 | 187.33 | 42.9 | 3694 | 68.6 | 68.2 | 75.4 |
| | 29.00 | P110 | 177.80 | 1/5 | 10.36 | 157.07 | 153.90 | 200.03 | 187.33 | 58.8 | 4134 | 77.3 | 76.8 | 84.5 |
| | 32.00 | P110 | 177.80 | 1/5 | 11.51 | 154.79 | 151.61 | 200.03 | 187.33 | 74.3 | 4559 | 85.8 | 85.2 | 93.3 |
| | 35.00 | P110 | 177.80 | 1/5 | 12.65 | 152.50 | 149.33 | 200.03 | 187.33 | 89.8 | 4977 | 94.4 | 93.4 | 102.0 |
| | 38.00 | P110 | 177.80 | 1/5 | 13.72 | 150.37 | 147.19 | 200.03 | 187.33 | 104.2 | 5362 | 102.3 | 101.1 | 109.9 |
| | 35.00 | Q125 | 177.80 | 1/5 | 12.65 | 152.50 | 149.33 | 200.03 | — | 98.6 | 5656 | 107.2 | 106.2 | 115.8 |
| | 38.00 | Q125 | 177.80 | 1/5 | 13.72 | 150.37 | 147.19 | 200.03 | — | 115.3 | 6093 | 116.3 | 114.9 | 124.9 |
| 7⅝ | 24.00 | H40 | 193.68 | 2/12.5 | 7.62 | 178.44 | 175.26 | 215.90 | — | 14.0 | 1228 | 18.9 | 18.9 | 21.1 |
| | 26.40 | J55 | 193.68 | 2/12.5 | 8.33 | 177.01 | 173.84 | 215.90 | 206.38 | 20.0 | 1839 | 28.5 | 28.5 | 31.6 |
| | 26.40 | K55 | 193.68 | 2/12.5 | 8.33 | 177.01 | 173.84 | 215.90 | 206.38 | 20.0 | 1839 | 28.5 | 28.5 | 31.6 |
| | 26.40 | L80 1 | 193.68 | 1/12.5 | 8.33 | 177.01 | 173.84 | 215.90 | 206.38 | 23.4 | 2676 | 41.5 | 41.3 | 46.0 |
| | 29.70 | L80 1 | 193.68 | 1/12.5 | 9.53 | 174.63 | 171.45 | 215.90 | 206.38 | 33.0 | 3039 | 47.5 | 47.2 | 52.3 |
| | 33.70 | L80 1 | 193.68 | 1/12.5 | 10.92 | 171.83 | 168.66 | 215.90 | 206.38 | 45.2 | 3459 | 54.4 | 54.1 | 59.6 |
| | 39.00 | L80 1 | 193.68 | 1/12.5 | 12.70 | 168.28 | 165.10 | 215.90 | 206.38 | 60.8 | 3983 | 63.3 | 62.7 | 68.7 |
| | 42.80 | L80 1 | 193.68 | 1/12.5 | 14.27 | 165.13 | 161.95 | 215.90 | 206.38 | 74.5 | 4437 | 71.1 | 70.3 | 76.6 |
| | 45.30 | L80 1 | 193.68 | 1/12.5 | 15.11 | 163.45 | 160.27 | 215.90 | 206.38 | 79.3 | 4676 | 75.2 | 74.4 | 80.8 |
| | 47.10 | L80 1 | 193.68 | 1/12.5 | 15.88 | 161.93 | 158.75 | 215.90 | 206.38 | 83.0 | 4891 | 79.1 | 78.1 | 84.5 |
| | 26.40 | L80 9Cr | 193.68 | 2/12.5 | 8.33 | 177.01 | 173.84 | 215.90 | 206.38 | 23.4 | 2676 | 41.5 | 41.3 | 46.0 |
| | 29.70 | L80 9Cr | 193.68 | 2/12.5 | 9.53 | 174.63 | 171.45 | 215.90 | 206.38 | 33.0 | 3039 | 47.5 | 47.2 | 52.3 |
| | 33.70 | L80 9Cr | 193.68 | 2/12.5 | 10.92 | 171.83 | 168.66 | 215.90 | 206.38 | 45.2 | 3459 | 54.4 | 54.1 | 59.6 |
| | 39.00 | L80 9Cr | 193.68 | 2/12.5 | 12.70 | 168.28 | 165.10 | 215.90 | 206.38 | 60.8 | 3983 | 63.3 | 62.7 | 68.7 |

续表

| 抗力③ | | | | | | | 带螺纹和接箍的接头连接强度⑤ | | | | | |
|---|---|---|---|---|---|---|---|---|---|---|---|---|
| | 圆螺纹 | | 偏梯形螺纹 | | | | 圆螺纹 | | 偏梯形螺纹 | | | |
| 延性断裂 | | | 标准接箍 | | 特殊间隙接箍 | | | | 标准接箍 | | 特殊间隙接箍 | |
| 封堵管端/MPa | 短圆螺纹/MPa | 长圆螺纹/MPa | 同等钢级/MPa | 较高钢级④/MPa | 同等钢级/MPa | 较高钢级④/MPa | 短圆螺纹/kN | 长圆螺纹/kN | 同等钢级/kN | 较高钢级/kN | 同等钢级/kN | 较高钢级/kN |
| 78.8 | — | 68.6 | 68.6 | 68.6 | 54.4 | 61.8 | — | 3082 | 3795 | 3795 | 3119 | 3369 |
| 89.2 | — | 77.3 | 77.3 | 77.3 | 54.4 | 61.8 | — | 3544 | 4248 | 4248 | 3119 | 3369 |
| 99.6 | — | 85.8 | 85.8 | 85.8 | 54.4 | 61.8 | — | 3990 | 4684 | 4684 | 3119 | 3369 |
| 110.2 | — | 94.4 | 94.4 | 94.4 | 54.4 | 61.8 | — | 4430 | 5114 | 5114 | 3119 | 3369 |
| 120.1 | — | 102.3 | 99.1 | 102.3 | 54.4 | 61.8 | — | 4834 | 5509 | 5509 | 3119 | 3369 |
| 119.9 | — | 98.6 | 91.1 | — | — | — | — | 4918 | 5597 | — | — | — |
| 130.6 | — | 115.3 | 91.1 | — | — | — | — | 5367 | 6030 | — | — | — |
| 20.7 | 18.9 | — | — | — | — | — | 941 | — | — | — | — | — |
| 28.5 | 28.5 | 28.5 | 28.5 | 28.5 | 28.5 | 28.5 | 1402 | 1539 | 2150 | 2150 | 2150 | 2150 |
| 36.1 | 28.5 | 28.5 | 28.5 | 28.5 | 28.5 | 28.5 | 1521 | 1675 | 2583 | 2583 | 2583 | 2583 |
| 44.1 | — | 41.5 | 41.5 | — | 41.5 | — | — | 2144 | 2823 | — | 2823 | — |
| 50.6 | — | 47.5 | 47.5 | — | 45.1 | — | — | 2520 | 3207 | — | 3207 | — |
| 58.4 | — | 54.4 | 54.4 | — | 45.1 | — | — | 2953 | 3649 | — | 3268 | — |
| 68.4 | — | 63.3 | 63.3 | — | 45.1 | — | — | 3495 | 4202 | — | 3268 | — |
| 77.4 | — | 71.1 | 67.5 | — | 45.1 | — | — | 3965 | 4682 | — | 3268 | — |
| 82.2 | — | 72.3 | 67.5 | — | 45.1 | | | 4212 | 4934 | — | 3268 | — |
| 86.6 | — | 72.3 | 67.5 | — | 45.1 | — | — | 4434 | 5160 | — | 3268 | — |
| 36.5 | — | 41.5 | 41.5 | — | 41.5 | — | — | 2144 | 2823 | — | 2823 | — |
| 42.0 | — | 47.5 | 47.5 | — | 45.1 | — | — | 2520 | 3207 | — | 3207 | — |
| 48.3 | — | 54.4 | 54.4 | — | 45.1 | — | — | 2953 | 3649 | — | 3268 | — |
| 56.5 | — | 63.3 | 63.3 | — | 45.1 | — | — | 3495 | 4202 | — | 3268 | — |

| 代号 1 | 代号 2 | 钢级 | 外径/mm | 材料参数/缺欠参数①$K_a$/($a_N$/t/%) | 壁厚/mm | 内径/mm | 带螺纹和接箍 通径直径/mm | 带螺纹和接箍 外径 标准接箍/mm | 带螺纹和接箍 外径 特殊间隙接箍/mm | 抗挤毁强度②/MPa | 管体屈服强度/kN | 内压 管体 内屈服 API历史公式/MPa | 内压 管体 内屈服 拉梅-米塞斯 开口端部/MPa | 内压 管体 内屈服 拉梅-米塞斯 封堵管端/MPa |
|---|---|---|---|---|---|---|---|---|---|---|---|---|---|---|
| | 42.80 | L80 9Cr | 193.68 | 2/12.5 | 14.27 | 165.13 | 161.95 | 215.90 | 206.38 | 74.5 | 4437 | 71.1 | 70.3 | 76.6 |
| | 45.30 | L80 9Cr | 193.68 | 2/12.5 | 15.11 | 163.45 | 160.27 | 215.90 | 206.38 | 79.3 | 4676 | 75.2 | 74.4 | 80.8 |
| | 47.10 | L80 9Cr | 193.68 | 2/12.5 | 15.88 | 161.93 | 158.75 | 215.90 | 206.38 | 83.0 | 4891 | 79.1 | 78.1 | 84.5 |
| | 26.40 | L80 13Cr | 193.68 | 1/12.5 | 8.33 | 177.01 | 173.84 | 215.90 | 206.38 | 23.4 | 2676 | 41.5 | 41.3 | 46.0 |
| | 29.70 | L80 13Cr | 193.68 | 1/12.5 | 9.53 | 174.63 | 171.45 | 215.90 | 206.38 | 33.0 | 3039 | 47.5 | 47.2 | 52.3 |
| | 33.70 | L80 13Cr | 193.68 | 1/12.5 | 10.92 | 171.83 | 168.66 | 215.90 | 206.38 | 45.2 | 3459 | 54.4 | 54.1 | 59.6 |
| 7⅝ | 39.00 | L80 13Cr | 193.68 | 1/12.5 | 12.70 | 168.28 | 165.10 | 215.90 | 206.38 | 60.8 | 3983 | 63.3 | 62.7 | 68.7 |
| | 42.80 | L80 13Cr | 193.68 | 1/12.5 | 14.27 | 165.13 | 161.95 | 215.90 | 206.38 | 74.5 | 4437 | 71.1 | 70.3 | 76.6 |
| | 45.30 | L80 13Cr | 193.68 | 1/12.5 | 15.11 | 163.45 | 160.27 | 215.90 | 206.38 | 79.3 | 4676 | 75.2 | 74.4 | 80.8 |
| | 47.10 | L80 13Cr | 193.68 | 1/12.5 | 15.88 | 161.93 | 158.75 | 215.90 | 206.38 | 83.0 | 4891 | 79.1 | 78.1 | 84.5 |
| | 26.40 | N80 | 193.68 | 2/12.5 | 8.33 | 177.01 | 173.84 | 215.90 | 206.38 | 23.4 | 2676 | 41.5 | 41.3 | 46.0 |
| | 29.70 | N80 | 193.68 | 2/12.5 | 9.53 | 174.63 | 171.45 | 215.90 | 206.38 | 33.0 | 3039 | 47.5 | 47.2 | 52.3 |
| | 33.70 | N80 | 193.68 | 2/12.5 | 10.92 | 171.83 | 168.66 | 215.90 | 206.38 | 45.2 | 3459 | 54.4 | 54.1 | 59.6 |
| | 39.00 | N80 | 193.68 | 2/12.5 | 12.70 | 168.28 | 165.10 | 215.90 | 206.38 | 60.8 | 3983 | 63.3 | 62.7 | 68.7 |
| | 42.80 | N80 | 193.68 | 2/12.5 | 14.27 | 165.13 | 161.95 | 215.90 | 206.38 | 74.5 | 4437 | 71.1 | 70.3 | 76.6 |
| | 45.30 | N80 | 193.68 | 2/12.5 | 15.11 | 163.45 | 160.27 | 215.90 | 206.38 | 79.3 | 4676 | 75.2 | 74.4 | 80.8 |
| | 47.10 | N80 | 193.68 | 2/12.5 | 15.88 | 161.93 | 158.75 | 215.90 | 206.38 | 83.0 | 4891 | 79.1 | 78.1 | 84.5 |

续表

| 抗力③ | | | | | | | 带螺纹和接箍的接头连接强度⑤ | | | | | | |
|---|---|---|---|---|---|---|---|---|---|---|---|---|---|
| | 圆螺纹 | | 偏梯形螺纹 | | | | 圆螺纹 | | 偏梯形螺纹 | | | | |
| 延性断裂 | | | 标准接箍 | | 特殊间隙接箍 | | | | 标准接箍 | | 特殊间隙接箍 | | |
| 封堵管端/MPa | 短圆螺纹/MPa | 长圆螺纹/MPa | 同等钢级/MPa | 较高钢级④/MPa | 同等钢级/MPa | 较高钢级④/MPa | 短圆螺纹/kN | 长圆螺纹/kN | 同等钢级/kN | 较高钢级/kN | 同等钢级/kN | 较高钢级/kN | |
| 63.9 | — | 71.1 | 67.5 | — | 45.1 | — | — | 3965 | 4682 | — | 3268 | — | |
| 67.8 | — | 72.3 | 67.5 | — | 45.1 | — | — | 4212 | 4934 | — | 3268 | — | |
| 71.4 | — | 72.3 | 67.5 | — | 45.1 | — | — | 4434 | 5160 | — | 3268 | — | |
| | | | | | | | | | | | | | |
| 44.1 | — | 41.5 | 41.5 | — | 41.5 | — | — | 2144 | 2823 | — | 2823 | — | |
| 50.6 | — | 47.5 | 47.5 | — | 45.1 | — | — | 2520 | 3207 | — | 3207 | — | |
| 58.4 | — | 54.4 | 54.4 | — | 45.1 | — | — | 2953 | 3649 | — | 3268 | — | |
| 68.4 | — | 63.3 | 63.3 | — | 45.1 | — | — | 3495 | 4202 | — | 3268 | — | |
| 77.4 | — | 71.1 | 67.5 | — | 45.1 | — | — | 3965 | 4682 | — | 3268 | — | |
| 82.2 | — | 72.3 | 67.5 | — | 45.1 | — | — | 4212 | 4934 | — | 3268 | — | |
| 86.6 | — | 72.3 | 67.5 | — | 45.1 | — | — | 4434 | 5160 | — | 3268 | — | |
| | | | | | | | | | | | | | |
| 38.4 | — | 41.5 | 41.5 | — | 41.5 | — | — | 2178 | 2931 | — | 2931 | — | |
| 44.2 | — | 47.5 | 47.5 | — | 45.1 | — | — | 2559 | 3330 | — | 3330 | — | |
| 50.8 | — | 54.4 | 54.4 | — | 45.1 | — | — | 3000 | 3789 | — | 3440 | — | |
| 59.5 | — | 63.3 | 63.3 | — | 45.1 | — | — | 3550 | 4363 | — | 3440 | — | |
| 67.2 | — | 71.1 | 67.5 | — | 45.1 | — | — | 4028 | 4861 | — | 3440 | — | |
| 71.4 | — | 72.3 | 67.5 | — | 45.1 | — | — | 4278 | 5123 | — | 3440 | — | |
| 75.2 | — | 72.3 | 67.5 | — | 45.1 | — | — | 4504 | 5358 | — | 3440 | — | |

| 代号 |  | 钢级 | 外径/mm | 材料参数/缺欠参数①$K_a$/($a_N$/t/%) | 壁厚/mm | 内径/mm | 带螺纹和接箍 |  |  | 抗挤毁强度②/MPa | 管体屈服强度/kN | 内压 |  |  |
|---|---|---|---|---|---|---|---|---|---|---|---|---|---|---|
|  |  |  |  |  |  |  |  | 外径 |  |  |  | 管体 |  |  |
|  |  |  |  |  |  |  |  |  |  |  |  | 内屈服 |  |  |
|  |  |  |  |  |  |  |  |  |  |  |  |  | 拉梅-米塞斯 |  |
| 1 | 2 |  |  |  |  |  | 通径直径/mm | 标准接箍/mm | 特殊间隙接箍/mm |  |  | API历史公式/MPa | 开口端部/MPa | 封堵管端/MPa |
|  | 26.40 | N80 | 193.68 | 1/12.5 | 8.33 | 177.01 | 173.84 | 215.90 | 206.38 | 23.4 | 2676 | 41.5 | 41.3 | 46.0 |
|  | 29.70 | N80 | 193.68 | 1/12.5 | 9.53 | 174.63 | 171.45 | 215.90 | 206.38 | 33.0 | 3039 | 47.5 | 47.2 | 52.3 |
|  | 33.70 | N80 | 193.68 | 1/12.5 | 10.92 | 171.83 | 168.66 | 215.90 | 206.38 | 45.2 | 3459 | 54.4 | 54.1 | 59.6 |
|  | 39.00 | N80 | 193.68 | 1/12.5 | 12.70 | 168.28 | 165.10 | 215.90 | 206.38 | 60.8 | 3983 | 63.3 | 62.7 | 68.7 |
|  | 42.80 | N80 | 193.68 | 1/12.5 | 14.27 | 165.13 | 161.95 | 215.90 | 206.38 | 74.5 | 4437 | 71.1 | 70.3 | 76.6 |
|  | 45.30 | N80 | 193.68 | 1/12.5 | 15.11 | 163.45 | 160.27 | 215.90 | 206.38 | 79.3 | 4676 | 75.2 | 74.4 | 80.8 |
|  | 47.10 | N80 | 193.68 | 1/12.5 | 15.88 | 161.93 | 158.75 | 215.90 | 206.38 | 83.0 | 4891 | 79.1 | 78.1 | 84.5 |
|  |  |  |  |  |  |  |  |  |  |  |  |  |  |  |
|  | 26.40 | C90 | 193.68 | 1/5 | 8.33 | 177.01 | 173.84 | 215.90 | 206.38 | 24.9 | 3010 | 46.7 | 46.5 | 51.7 |
|  | 29.70 | C90 | 193.68 | 1/5 | 9.53 | 174.63 | 171.45 | 215.90 | 206.38 | 34.7 | 3419 | 53.4 | 53.1 | 58.8 |
|  | 33.70 | C90 | 193.68 | 1/5 | 10.92 | 171.83 | 168.66 | 215.90 | 206.38 | 48.6 | 3891 | 61.2 | 60.8 | 67.0 |
|  | 39.00 | C90 | 193.68 | 1/5 | 12.70 | 168.28 | 165.10 | 215.90 | 206.38 | 66.3 | 4480 | 71.2 | 70.6 | 77.3 |
| 7⅝ | 42.80 | C90 | 193.68 | 1/5 | 14.27 | 165.13 | 161.95 | 215.90 | 206.38 | 81.9 | 4992 | 80.0 | 79.2 | 86.2 |
|  | 45.30 | C90 | 193.68 | 1/5 | 15.11 | 163.45 | 160.27 | 215.90 | 206.38 | 89.2 | 5261 | 84.7 | 83.7 | 90.9 |
|  | 47.10 | C90 | 193.68 | 1/5 | 15.88 | 161.93 | 158.75 | 215.90 | 206.38 | 93.3 | 5502 | 88.9 | 87.8 | 95.2 |
|  | 51.20 | C90 | 193.68 | 1/5 | 17.45 | 158.78 | 155.60 | — | — | 101.7 | 5994 | 97.8 | 96.3 | 103.8 |
|  | 55.30 | C90 | 193.68 | 1/5 | 19.05 | 155.58 | 152.40 | — | — | 110.0 | 6485 | 106.7 | 104.7 | 112.4 |
|  |  |  |  |  |  |  |  |  |  |  |  |  |  |  |
|  | 26.40 | R95 | 193.68 | 1/12.5 | 8.33 | 177.01 | 173.84 | 215.90 | 206.38 | 25.6 | 3177 | 49.3 | 49.1 | 54.6 |
|  | 29.70 | R95 | 193.68 | 1/12.5 | 9.53 | 174.63 | 171.45 | 215.90 | 206.38 | 35.3 | 3609 | 56.4 | 56.1 | 62.1 |
|  | 33.70 | R95 | 193.68 | 1/12.5 | 10.92 | 171.83 | 168.66 | 215.90 | 206.38 | 50.2 | 4107 | 64.6 | 64.2 | 70.8 |
|  | 39.00 | R95 | 193.68 | 1/12.5 | 12.70 | 168.28 | 165.10 | 215.90 | 206.38 | 68.9 | 4729 | 75.1 | 74.5 | 81.6 |
|  | 42.80 | R95 | 193.68 | 1/12.5 | 14.27 | 165.13 | 161.95 | 215.90 | 206.38 | 85.5 | 5269 | 84.4 | 83.5 | 91.0 |
|  | 45.30 | R95 | 193.68 | 1/12.5 | 15.11 | 163.45 | 160.27 | 215.90 | 206.38 | 94.2 | 5553 | 89.4 | 88.3 | 96.0 |
|  | 47.10 | R95 | 193.68 | 1/12.5 | 15.88 | 161.93 | 158.75 | 215.90 | 206.38 | 98.5 | 5808 | 93.9 | 92.7 | 100.4 |

续表

| 抗力[③] | | | | | | | 带螺纹和接箍的接头连接强度[⑤] | | | | | |
|---|---|---|---|---|---|---|---|---|---|---|---|---|
| | 圆螺纹 | | 偏梯形螺纹 | | | | 圆螺纹 | | 偏梯形螺纹 | | | |
| 延性断裂 | | | 标准接箍 | | 特殊间隙接箍 | | | | 标准接箍 | | 特殊间隙接箍 | |
| 封堵管端/MPa | 短圆螺纹/MPa | 长圆螺纹/MPa | 同等钢级/MPa | 较高钢级[④]/MPa | 同等钢级/MPa | 较高钢级[④]/MPa | 短圆螺纹/kN | 长圆螺纹/kN | 同等钢级/kN | 较高钢级/kN | 同等钢级/kN | 较高钢级/kN |
| 46.4 | — | 41.5 | 41.5 | 41.5 | 41.5 | 41.5 | — | 2178 | 2931 | 2931 | 2931 | 2931 |
| 53.3 | — | 47.5 | 47.5 | 47.5 | 45.1 | 47.5 | — | 2559 | 3330 | 3330 | 3330 | 3330 |
| 61.5 | — | 54.4 | 54.4 | 54.4 | 45.1 | 54.4 | — | 3000 | 3789 | 3789 | 3440 | 3789 |
| 72.0 | — | 63.3 | 63.3 | 63.3 | 45.1 | 62.0 | — | 3550 | 4363 | 4363 | 3440 | 4300 |
| 81.4 | — | 71.1 | 67.5 | 71.1 | 45.1 | 62.0 | — | 4028 | 4861 | 4861 | 3440 | 4300 |
| 86.5 | — | 72.3 | 67.5 | 75.2 | 45.1 | 62.0 | — | 4278 | 5123 | 5123 | 3440 | 4300 |
| 91.2 | — | 72.3 | 67.5 | 79.1 | 45.1 | 62.0 | — | 4504 | 5358 | 5358 | 3440 | 4300 |
| | | | | | | | | | | | | |
| 51.5 | — | 46.7 | 46.7 | — | 46.7 | — | — | 2365 | 3027 | — | 3027 | — |
| 59.2 | — | 53.4 | 53.4 | — | 50.8 | — | — | 2780 | 3439 | — | 3439 | — |
| 68.3 | — | 61.2 | 61.2 | — | 50.8 | — | — | 3258 | 3913 | — | 3440 | — |
| 80.0 | — | 71.2 | 71.2 | — | 50.8 | — | — | 3856 | 4506 | — | 3440 | — |
| 90.6 | — | 80.0 | 75.9 | — | 50.8 | — | — | 4375 | 5020 | — | 3440 | — |
| 96.3 | — | 81.4 | 75.9 | — | 50.8 | — | — | 4647 | 5290 | — | 3440 | — |
| 101.5 | — | 81.4 | 75.9 | — | 50.8 | — | — | 4892 | 5508 | — | 3440 | — |
| 112.4 | — | — | — | — | — | — | — | — | — | — | — | — |
| 123.5 | — | — | — | — | — | — | — | — | — | — | — | — |
| | | | | | | | | | | | | |
| 49.1 | — | 49.3 | 49.3 | — | 49.3 | — | — | 2493 | 3183 | — | 3183 | — |
| 56.4 | — | 56.4 | 56.4 | — | 53.6 | — | — | 2930 | 3616 | — | 3612 | — |
| 65.0 | — | 64.6 | 64.6 | — | 53.6 | — | — | 3434 | 4115 | — | 3612 | — |
| 76.2 | — | 75.1 | 75.1 | — | 53.6 | — | — | 4064 | 4738 | — | 3612 | — |
| 86.2 | — | 84.4 | 80.1 | — | 53.6 | — | — | 4611 | 5279 | — | 3612 | — |
| 91.6 | — | 85.8 | 80.1 | — | 53.6 | — | — | 4898 | 5563 | — | 3612 | — |
| 96.5 | — | 85.8 | 80.1 | — | 53.6 | — | — | 5156 | 5784 | — | 3612 | — |

| 代号 1 | 代号 2 | 钢级 | 外径/mm | 材料参数/缺欠参数① $K_a$/($a_N$/t/%) | 壁厚/mm | 内径/mm | 带螺纹和接箍 通径直径/mm | 带螺纹和接箍 外径 标准接箍/mm | 带螺纹和接箍 外径 特殊间隙接箍/mm | 抗挤毁强度②/MPa | 管体屈服强度/kN | 内压 管体 内屈服 API历史公式/MPa | 内压 管体 内屈服 拉梅-米塞斯 开口端部/MPa | 内压 管体 内屈服 拉梅-米塞斯 封堵管端/MPa |
|---|---|---|---|---|---|---|---|---|---|---|---|---|---|---|
| 7⅝ | 26.40 | T95 | 193.68 | 1/5 | 8.33 | 177.01 | 173.84 | 215.90 | 206.38 | 25.6 | 3177 | 49.3 | 49.1 | 54.6 |
| | 29.70 | T95 | 193.68 | 1/5 | 9.53 | 174.63 | 171.45 | 215.90 | 206.38 | 35.3 | 3609 | 56.4 | 56.1 | 62.1 |
| | 33.70 | T95 | 193.68 | 1/5 | 10.92 | 171.83 | 168.66 | 215.90 | 206.38 | 50.2 | 4107 | 64.6 | 64.2 | 70.8 |
| | 39.00 | T95 | 193.68 | 1/5 | 12.70 | 168.28 | 165.10 | 215.90 | 206.38 | 68.9 | 4729 | 75.1 | 74.5 | 81.6 |
| | 42.80 | T95 | 193.68 | 1/5 | 14.27 | 165.13 | 161.95 | 215.90 | 206.38 | 85.5 | 5269 | 84.4 | 83.5 | 91.0 |
| | 45.30 | T95 | 193.68 | 1/5 | 15.11 | 163.45 | 160.27 | 215.90 | 206.38 | 94.2 | 5553 | 89.4 | 88.3 | 96.0 |
| | 47.10 | T95 | 193.68 | 1/5 | 15.88 | 161.93 | 158.75 | 215.90 | 206.38 | 98.5 | 5808 | 93.9 | 92.7 | 100.4 |
| | 51.20 | T95 | 193.68 | 1/5 | 17.45 | 158.78 | 155.60 | — | — | 107.3 | 6327 | 103.2 | 101.6 | 109.6 |
| | 55.30 | T95 | 193.68 | 1/5 | 19.05 | 155.58 | 152.40 | — | — | 116.1 | 6845 | 112.7 | 110.6 | 118.6 |
| | 26.40 | C110 | 193.68 | 1/5 | 8.33 | 177.01 | 173.84 | — | — | 27.1 | 3679 | 57.1 | 56.9 | 63.3 |
| | 29.70 | C110 | 193.68 | 1/5 | 9.53 | 174.63 | 171.45 | — | — | 36.9 | 4179 | 65.2 | 64.9 | 71.9 |
| | 33.70 | C110 | 193.68 | 1/5 | 10.92 | 171.83 | 168.66 | — | — | 54.2 | 4756 | 74.8 | 74.3 | 81.9 |
| | 39.00 | C110 | 193.68 | 1/5 | 12.70 | 168.28 | 165.10 | — | — | 76.3 | 5476 | 87.0 | 86.3 | 94.5 |
| | 42.80 | C110 | 193.68 | 1/5 | 14.27 | 165.13 | 161.95 | — | — | 96.0 | 6101 | 97.8 | 96.7 | 105.3 |
| | 45.30 | C110 | 193.68 | 1/5 | 15.11 | 163.45 | 160.27 | — | — | 106.4 | 6430 | 103.5 | 102.2 | 111.1 |
| | 47.10 | C110 | 193.68 | 1/5 | 15.88 | 161.93 | 158.75 | — | — | 114.0 | 6725 | 108.7 | 107.3 | 116.3 |
| | 51.20 | C110 | 193.68 | 1/5 | 17.45 | 158.78 | 155.60 | — | — | 124.4 | 7327 | 119.6 | 117.7 | 126.9 |
| | 55.30 | C110 | 193.68 | 1/5 | 19.05 | 155.58 | 152.40 | — | — | 134.5 | 7926 | 130.5 | 128.1 | 137.5 |
| | 29.70 | P110 | 193.68 | 1/12.5 | 9.53 | 174.63 | 171.45 | 215.90 | 206.38 | 36.9 | 4179 | 65.2 | 64.9 | 71.9 |
| | 33.70 | P110 | 193.68 | 1/12.5 | 10.92 | 171.83 | 168.66 | 215.90 | 206.38 | 54.2 | 4756 | 74.8 | 74.3 | 81.9 |
| | 39.00 | P110 | 193.68 | 1/12.5 | 12.70 | 168.28 | 165.10 | 215.90 | 206.38 | 76.3 | 5476 | 87.0 | 86.3 | 94.5 |
| | 42.80 | P110 | 193.68 | 1/12.5 | 14.27 | 165.13 | 161.95 | 215.90 | 206.38 | 96.0 | 6101 | 97.8 | 96.7 | 105.3 |
| | 45.30 | P110 | 193.68 | 1/12.5 | 15.11 | 163.45 | 160.27 | 215.90 | 206.38 | 106.4 | 6430 | 103.5 | 102.2 | 111.1 |
| | 47.10 | P110 | 193.68 | 1/12.5 | 15.88 | 161.93 | 158.75 | 215.90 | 206.38 | 114.0 | 6725 | 108.7 | 107.3 | 116.3 |

续表

| 抗力[3] | | | | | | | 带螺纹和接箍的接头连接强度[5] | | | | | |
|---|---|---|---|---|---|---|---|---|---|---|---|---|
| | 圆螺纹 | | 偏梯形螺纹 | | | | 圆螺纹 | | 偏梯形螺纹 | | | |
| 延性断裂 | | | 标准接箍 | | 特殊间隙接箍 | | | | 标准接箍 | | 特殊间隙接箍 | |
| 封堵管端/MPa | 短圆螺纹/MPa | 长圆螺纹/MPa | 同等钢级/MPa | 较高钢级[4]/MPa | 同等钢级/MPa | 较高钢级[4]/MPa | 短圆螺纹/kN | 长圆螺纹/kN | 同等钢级/kN | 较高钢级/kN | 同等钢级/kN | 较高钢级/kN |
| 54.2 | — | 49.3 | 49.3 | — | 49.3 | — | — | 2493 | 3183 | — | 3183 | — |
| 62.3 | — | 56.4 | 56.4 | — | 53.6 | — | — | 2930 | 3616 | — | 3612 | — |
| 71.9 | — | 64.6 | 64.6 | — | 53.6 | — | — | 3434 | 4115 | — | 3612 | — |
| 84.3 | — | 75.1 | 75.1 | — | 53.6 | — | — | 4064 | 4738 | — | 3612 | — |
| 95.4 | — | 84.4 | 80.1 | — | 53.6 | — | — | 4611 | 5279 | — | 3612 | — |
| 101.4 | — | 85.8 | 80.1 | — | 53.6 | — | — | 4898 | 5563 | — | 3612 | — |
| 106.8 | — | 85.8 | 80.1 | — | 53.6 | — | — | 5156 | 5784 | — | 3612 | — |
| 118.2 | — | — | — | — | — | — | — | — | — | — | — | — |
| 130.1 | — | — | — | — | — | — | — | — | — | — | — | — |
| | | | | | | | | | | | | |
| 59.8 | — | — | — | — | — | — | — | — | — | — | — | — |
| 68.8 | — | — | — | — | — | — | — | — | — | — | — | — |
| 79.4 | — | — | — | — | — | — | — | — | — | — | — | — |
| 93.0 | — | — | — | — | — | — | — | — | — | — | — | — |
| 105.3 | — | — | — | — | — | — | — | — | — | — | — | — |
| 111.9 | — | — | — | — | — | — | — | — | — | — | — | — |
| 118.0 | — | — | — | — | — | — | — | — | — | — | — | — |
| 130.6 | — | — | — | — | — | — | — | — | — | — | — | |
| 143.6 | — | — | — | — | — | — | — | — | — | — | — | — |
| | | | | | | | | | | | | |
| 67.7 | — | 65.2 | 65.2 | 65.2 | 62.0 | 65.2 | — | 3420 | 4271 | 4271 | 4271 | 4271 |
| 78.0 | — | 74.8 | 74.8 | 74.8 | 62.0 | 70.5 | — | 4008 | 4860 | 4860 | 4300 | 4644 |
| 91.4 | — | 87.0 | 87.0 | 87.0 | 62.0 | 70.5 | — | 4743 | 5597 | 5597 | 4300 | 4644 |
| 103.4 | — | 97.8 | 92.7 | 97.8 | 62.0 | 70.5 | — | 5381 | 6236 | 6236 | 4300 | 4644 |
| 109.8 | — | 99.4 | 92.7 | 103.5 | 62.0 | 70.5 | — | 5716 | 6571 | 6571 | 4300 | 4644 |
| 115.7 | — | 99.4 | 92.7 | 105.3 | 62.0 | 70.5 | — | 6018 | 6873 | 6873 | 4300 | 4644 |

| 代号 | | 钢级 | 外径/mm | 材料参数/缺欠参数①$K_a$/($a_N$/t/%) | 壁厚/mm | 内径/mm | 带螺纹和接箍 | | | 抗挤毁强度②/MPa | 管体屈服强度/kN | 内压 | | |
|---|---|---|---|---|---|---|---|---|---|---|---|---|---|---|
| | | | | | | | 通径直径/mm | 外径 | | | | 管体 | | |
| | | | | | | | | 标准接箍/mm | 特殊间隙接箍/mm | | | 内屈服 | | |
| | | | | | | | | | | | | API历史公式/MPa | 拉梅-米塞斯 | |
| 1 | 2 | | | | | | | | | | | | 开口端部/MPa | 封堵管端/MPa |
| 7⅝ | 29.70 | P110 | 193.68 | 1/5 | 9.53 | 174.63 | 171.45 | 215.90 | 206.38 | 36.9 | 4179 | 65.2 | 64.9 | 71.9 |
| | 33.70 | P110 | 193.68 | 1/5 | 10.92 | 171.83 | 168.66 | 215.90 | 206.38 | 54.2 | 4756 | 74.8 | 74.3 | 81.9 |
| | 39.00 | P110 | 193.68 | 1/5 | 12.70 | 168.28 | 165.10 | 215.90 | 206.38 | 76.3 | 5476 | 87.0 | 86.3 | 94.5 |
| | 42.80 | P110 | 193.68 | 1/5 | 14.27 | 165.13 | 161.95 | 215.90 | 206.38 | 96.0 | 6101 | 97.8 | 96.7 | 105.3 |
| | 45.30 | P110 | 193.68 | 1/5 | 15.11 | 163.45 | 160.27 | 215.90 | 206.38 | 106.4 | 6430 | 103.5 | 102.2 | 111.1 |
| | 47.10 | P110 | 193.68 | 1/5 | 15.88 | 161.93 | 158.75 | 215.90 | 206.38 | 114.0 | 6725 | 108.7 | 107.3 | 116.3 |
| | 39.00 | Q125 | 193.68 | 1/5 | 12.70 | 168.28 | 165.10 | 215.90 | — | 83.1 | 6223 | 98.8 | 98.0 | 107.3 |
| | 42.80 | Q125 | 193.68 | 1/5 | 14.27 | 165.13 | 161.95 | 215.90 | — | 105.8 | 6933 | 111.1 | 109.9 | 119.7 |
| | 45.30 | Q125 | 193.68 | 1/5 | 15.11 | 163.45 | 160.27 | 215.90 | — | 117.8 | 7306 | 117.6 | 116.2 | 126.2 |
| | 47.10 | Q125 | 193.68 | 1/5 | 15.88 | 161.93 | 158.75 | 215.90 | — | 128.8 | 7642 | 123.5 | 122.0 | 132.2 |
| 7¾ | 46.10 | L80 1 | 196.85 | 1/12.5 | 15.11 | 166.62 | 163.45 | — | — | 78.1 | 4759 | 74.1 | 73.2 | 79.6 |
| | 46.10 | L80 9Cr | 196.85 | 2/12.5 | 15.11 | 166.62 | 163.45 | — | — | 78.1 | 4759 | 74.1 | 73.2 | 79.6 |
| | 46.10 | L80 13Cr | 196.85 | 1/12.5 | 15.11 | 166.62 | 163.45 | — | — | 78.1 | 4759 | 74.1 | 73.2 | 79.6 |
| | 46.10 | N80 | 196.85 | 2/12.5 | 15.11 | 166.62 | 163.45 | — | — | 78.1 | 4759 | 74.1 | 73.2 | 79.6 |
| | 46.10 | N80 | 196.85 | 1/12.5 | 15.11 | 166.62 | 163.45 | — | — | 78.1 | 4759 | 74.1 | 73.2 | 79.6 |
| | 46.10 | C90 | 196.85 | 1/5 | 15.11 | 166.62 | 163.45 | — | — | 87.8 | 5354 | 83.3 | 82.3 | 89.6 |
| | 46.10 | R95 | 196.85 | 1/12.5 | 15.11 | 166.62 | 163.45 | — | — | 91.8 | 5651 | 87.9 | 87.0 | 94.5 |
| | 46.10 | T95 | 196.85 | 1/5 | 15.11 | 166.62 | 163.45 | — | — | 91.8 | 5651 | 87.9 | 87.0 | 94.5 |
| | 46.10 | C110 | 196.85 | 1/5 | 15.11 | 166.62 | 163.45 | — | — | 103.4 | 5651 | 101.8 | 100.7 | 109.4 |
| | 46.10 | P110 | 196.85 | 1/12.5 | 15.11 | 166.62 | 163.45 | — | — | 103.4 | 5651 | 101.8 | 100.7 | 109.4 |

续表

| 抗力③ | | | | | | | 带螺纹和接箍的接头连接强度⑤ | | | | | |
|---|---|---|---|---|---|---|---|---|---|---|---|---|
| | 圆螺纹 | | 偏梯形螺纹 | | | | 圆螺纹 | | 偏梯形螺纹 | | | |
| 延性断裂 | 短圆螺纹/MPa | 长圆螺纹/MPa | 标准接箍 | | 特殊间隙接箍 | | 短圆螺纹/kN | 长圆螺纹/kN | 标准接箍 | | 特殊间隙接箍 | |
| 封堵管端/MPa | | | 同等钢级/MPa | 较高钢级④/MPa | 同等钢级/MPa | 较高钢级④/MPa | | | 同等钢级/kN | 较高钢级/kN | 同等钢级/kN | 较高钢级/kN |
| 74.7 | — | 65.2 | 65.2 | 65.2 | 62.0 | 65.2 | — | 3420 | 4271 | 4271 | 4271 | 4271 |
| 86.2 | — | 74.8 | 74.8 | 74.8 | 62.0 | 70.5 | — | 4008 | 4860 | 4860 | 4300 | 4644 |
| 101.0 | — | 87.0 | 87.0 | 87.0 | 62.0 | 70.5 | — | 4743 | 5597 | 5597 | 4300 | 4644 |
| 114.4 | — | 97.8 | 92.7 | 97.8 | 62.0 | 70.5 | — | 5381 | 6236 | 6236 | 4300 | 4644 |
| 121.5 | — | 99.4 | 92.7 | 103.5 | 62.0 | 70.5 | — | 5716 | 6571 | 6571 | 4300 | 4644 |
| 128.2 | — | 99.4 | 92.7 | 105.3 | 62.0 | 70.5 | — | 6018 | 6873 | 6873 | 4300 | 4644 |
| 110.0 | — | 98.8 | 98.8 | — | — | — | — | 5312 | 6133 | — | — | — |
| 124.4 | — | 111.1 | 105.3 | — | — | — | — | 6027 | 6833 | — | — | — |
| 132.3 | — | 113.0 | 105.3 | — | — | — | — | 6402 | 7201 | — | — | — |
| 139.4 | — | 113.0 | 105.3 | — | — | — | — | 6740 | 7436 | — | — | — |
| 80.8 | — | — | — | — | — | — | — | — | — | — | — | — |
| 66.7 | — | — | — | — | — | — | — | — | — | — | — | — |
| 80.8 | — | — | — | — | — | — | — | — | — | — | — | — |
| 70.1 | — | — | — | — | — | — | — | — | — | | — | — |
| 85.1 | — | — | — | — | — | — | — | — | — | — | — | — |
| 94.6 | — | — | — | — | — | — | — | — | — | — | — | — |
| 90.0 | — | — | — | — | — | — | — | — | — | — | — | — |
| 99.6 | — | — | — | — | — | — | — | — | — | — | — | — |
| 110.0 | — | — | — | — | — | — | — | — | — | — | — | — |
| 108.0 | — | — | — | — | — | — | — | — | — | — | — | — |

| 代号 1 | 代号 2 | 钢级 | 外径/mm | 材料参数/缺欠参数① $K_a$/($a_N$/t/%) | 壁厚/mm | 内径/mm | 带螺纹和接箍 通径直径/mm | 带螺纹和接箍 外径 标准接箍/mm | 带螺纹和接箍 外径 特殊间隙接箍/mm | 抗挤毁强度②/MPa | 管体屈服强度/kN | 内压 管体 内屈服 API历史公式/MPa | 内压 管体 内屈服 拉梅-米塞斯 开口端部/MPa | 内压 管体 内屈服 拉梅-米塞斯 封堵管端/MPa |
|---|---|---|---|---|---|---|---|---|---|---|---|---|---|---|
| 7¾ | 46.10 | P110 | 196.85 | 1/5 | 15.11 | 166.62 | 163.45 | — | — | 103.4 | 5651 | 101.8 | 100.7 | 109.4 |
| | 46.10 | Q125 | 196.85 | 1/5 | 15.11 | 166.62 | 163.45 | — | — | 114.3 | 7436 | 115.7 | 114.4 | 124.4 |
| 8⅝ | 28.00 | H40 | 219.08 | 2/12.5 | 7.72 | 203.63 | 200.46 | 244.48 | — | 11.1 | 1414 | 17.0 | 16.9 | 18.9 |
| | 32.00 | H40 | 219.08 | 2/12.5 | 8.94 | 201.19 | 198.02 | 244.48 | — | 15.2 | 1628 | 19.7 | 19.6 | 21.8 |
| | 24.00 | J55 | 219.08 | 2/12.5 | 6.71 | 205.66 | 202.49 | 244.48 | 231.78 | 9.4 | 1696 | 20.3 | 20.3 | 22.7 |
| | 32.00 | J55 | 219.08 | 2/12.5 | 8.94 | 201.19 | 198.02 | 244.48 | 231.78 | 17.4 | 2238 | 27.1 | 27.0 | 30.0 |
| | 36.00 | J55 | 219.08 | 2/12.5 | 10.16 | 198.76 | 195.58 | 244.48 | 231.78 | 23.8 | 2529 | 30.7 | 30.7 | 34.0 |
| | 24.00 | K55 | 219.08 | 2/12.5 | 6.71 | 205.66 | 202.49 | 244.48 | 231.78 | 9.4 | 1696 | 20.3 | 20.3 | 22.7 |
| | 32.00 | K55 | 219.08 | 2/12.5 | 8.94 | 201.19 | 198.02 | 244.48 | 231.78 | 17.4 | 2238 | 27.1 | 27.0 | 30.0 |
| | 36.00 | K55 | 219.08 | 2/12.5 | 10.16 | 198.76 | 195.58 | 244.48 | 231.78 | 23.8 | 2529 | 30.7 | 30.7 | 34.0 |
| | 36.00 | L80 1 | 219.08 | 1/12.5 | 10.16 | 198.76 | 195.58 | 244.48 | 231.78 | 28.2 | 3678 | 44.7 | 44.6 | 49.5 |
| | 40.00 | L80 1 | 219.08 | 1/12.5 | 11.43 | 196.22 | 193.04 | 244.48 | 231.78 | 38.0 | 4112 | 50.3 | 50.1 | 55.3 |
| | 44.00 | L80 1 | 219.08 | 1/12.5 | 12.70 | 193.68 | 190.50 | 244.48 | 231.78 | 47.9 | 4542 | 55.9 | 55.5 | 61.2 |
| | 49.00 | L80 1 | 219.08 | 1/12.5 | 14.15 | 190.78 | 187.60 | 244.48 | 231.78 | 59.0 | 5024 | 62.3 | 61.8 | 67.7 |
| | 36.00 | L80 9Cr | 219.08 | 2/12.5 | 10.16 | 198.76 | 195.58 | 244.48 | 231.78 | 28.2 | 3678 | 44.7 | 44.6 | 49.5 |
| | 40.00 | L80 9Cr | 219.08 | 2/12.5 | 11.43 | 196.22 | 193.04 | 244.48 | 231.78 | 38.0 | 4112 | 50.3 | 50.1 | 55.3 |
| | 44.00 | L80 9Cr | 219.08 | 2/12.5 | 12.70 | 193.68 | 190.50 | 244.48 | 231.78 | 47.9 | 4542 | 55.9 | 55.5 | 61.2 |
| | 49.00 | L80 9Cr | 219.08 | 2/12.5 | 14.15 | 190.78 | 187.60 | 244.48 | 231.78 | 59.0 | 5024 | 62.3 | 61.8 | 67.7 |
| | 36.00 | L80 13Cr | 219.08 | 1/12.5 | 10.16 | 198.76 | 195.58 | 244.48 | 231.78 | 28.2 | 3678 | 44.7 | 44.6 | 49.5 |

续表

| 抗力[3] | | | | | | | 带螺纹和接箍的接头连接强度[5] | | | | | | |
|---|---|---|---|---|---|---|---|---|---|---|---|---|---|
| | 圆螺纹 | | 偏梯形螺纹 | | | | 圆螺纹 | | 偏梯形螺纹 | | | | |
| 延性断裂 | | | 标准接箍 | | 特殊间隙接箍 | | | | 标准接箍 | | 特殊间隙接箍 | | |
| 封堵管端/MPa | 短圆螺纹/MPa | 长圆螺纹/MPa | 同等钢级/MPa | 较高钢级[4]/MPa | 同等钢级/MPa | 较高钢级[4]/MPa | 短圆螺纹/kN | 长圆螺纹/kN | 同等钢级/kN | 较高钢级/kN | 同等钢级/kN | 较高钢级/kN |
| 119.5 | — | — | — | — | — | — | — | — | — | — | — | — |
| | | | | | | | | | | | | |
| 130.0 | — | — | — | — | — | — | — | — | — | — | — | — |
| 18.5 | 17.0 | — | — | — | — | — | 1035 | — | — | — | — | — |
| 21.4 | 19.7 | — | — | — | — | — | 1241 | — | — | — | — | — |
| | | | | | | | | | | | | |
| 20.1 | 20.3 | — | — | — | — | — | 1086 | — | — | — | — | — |
| 27.0 | 27.1 | 27.1 | 27.1 | 27.1 | 27.1 | 27.1 | 1656 | 1856 | 2576 | 2576 | 2576 | 2576 |
| 30.8 | 30.7 | 30.7 | 30.7 | 30.7 | 28.0 | 30.7 | 1928 | 2161 | 2911 | 2911 | 2911 | 2911 |
| | | | | | | | | | | | | |
| 25.5 | 20.3 | — | — | — | — | — | 1171 | — | — | — | — | — |
| 34.2 | 27.1 | 27.1 | 27.1 | 27.1 | 27.1 | 27.1 | 1790 | 2011 | 3070 | 3070 | 3070 | 3070 |
| 39.0 | 30.7 | 30.7 | 30.7 | 30.7 | 28.0 | 30.7 | 2083 | 2342 | 3468 | 3468 | 3468 | 3468 |
| | | | | | | | | | | | | |
| 47.7 | — | 44.7 | 44.7 | — | 40.7 | — | — | 3016 | 3841 | — | 3730 | — |
| 53.9 | — | 50.3 | 50.3 | — | 40.7 | — | — | 3454 | 4295 | — | 3730 | — |
| 60.1 | — | 55.9 | 55.9 | — | 40.7 | — | — | 3886 | 4743 | — | 3730 | — |
| 67.3 | — | 62.3 | 62.3 | — | 40.7 | — | — | 4371 | 5246 | — | 3730 | — |
| | | | | | | | | | | | | |
| 39.5 | — | 44.7 | 44.7 | — | 40.7 | — | — | 3016 | 3841 | — | 3730 | — |
| 44.6 | — | 50.3 | 50.3 | — | 40.7 | — | — | 3454 | 4295 | — | 3730 | — |
| 49.7 | — | 55.9 | 55.9 | — | 40.7 | — | — | 3886 | 4743 | — | 3730 | — |
| 55.6 | — | 62.3 | 62.3 | — | 40.7 | — | — | 4371 | 5246 | — | 3730 | — |
| | | | | | | | | | | | | |
| 47.7 | — | 44.7 | 44.7 | — | 40.7 | — | — | 3016 | 3841 | — | 3730 | — |

| 代号 1 | 代号 2 | 钢级 | 外径/mm | 材料参数/缺欠参数①$K_a$/($a_N$/t/%) | 壁厚/mm | 内径/mm | 带螺纹和接箍 通径直径/mm | 带螺纹和接箍 外径 标准接箍/mm | 带螺纹和接箍 外径 特殊间隙接箍/mm | 抗挤毁强度②/MPa | 管体屈服强度/kN | 内压 管体 内屈服 API历史公式/MPa | 内压 管体 内屈服 拉梅-米塞斯 开口端部/MPa | 内压 管体 内屈服 拉梅-米塞斯 封堵管端/MPa |
|---|---|---|---|---|---|---|---|---|---|---|---|---|---|---|
| 8⅝ | 40.00 | L80 13Cr | 219.08 | 1/12.5 | 11.43 | 196.22 | 193.04 | 244.48 | 231.78 | 38.0 | 4112 | 50.3 | 50.1 | 55.3 |
| | 44.00 | L80 13Cr | 219.08 | 1/12.5 | 12.70 | 193.68 | 190.50 | 244.48 | 231.78 | 47.9 | 4542 | 55.9 | 55.5 | 61.2 |
| | 49.00 | L80 13Cr | 219.08 | 1/12.5 | 14.15 | 190.78 | 187.60 | 244.48 | 231.78 | 59.0 | 5024 | 62.3 | 61.8 | 67.7 |
| | 36.00 | N80 | 219.08 | 2/12.5 | 10.16 | 198.76 | 195.58 | 244.48 | 231.78 | 28.2 | 3678 | 44.7 | 44.6 | 49.5 |
| | 40.00 | N80 | 219.08 | 2/12.5 | 11.43 | 196.22 | 193.04 | 244.48 | 231.78 | 38.0 | 4112 | 50.3 | 50.1 | 55.3 |
| | 44.00 | N80 | 219.08 | 2/12.5 | 12.70 | 193.68 | 190.50 | 244.48 | 231.78 | 47.9 | 4542 | 55.9 | 55.5 | 61.2 |
| | 49.00 | N80 | 219.08 | 2/12.5 | 14.15 | 190.78 | 187.60 | 244.48 | 231.78 | 59.0 | 5024 | 62.3 | 61.8 | 67.7 |
| | 36.00 | N80 | 219.08 | 1/12.5 | 10.16 | 198.76 | 195.58 | 244.48 | 231.78 | 28.2 | 3678 | 44.7 | 44.6 | 49.5 |
| | 40.00 | N80 | 219.08 | 1/12.5 | 11.43 | 196.22 | 193.04 | 244.48 | 231.78 | 38.0 | 4112 | 50.3 | 50.1 | 55.3 |
| | 44.00 | N80 | 219.08 | 1/12.5 | 12.70 | 193.68 | 190.50 | 244.48 | 231.78 | 47.9 | 4542 | 55.9 | 55.5 | 61.2 |
| | 49.00 | N80 | 219.08 | 1/12.5 | 14.15 | 190.78 | 187.60 | 244.48 | 231.78 | 59.0 | 5024 | 62.3 | 61.8 | 67.7 |
| | 36.00 | C90 | 219.08 | 1/5 | 10.16 | 198.76 | 195.58 | 244.48 | 231.78 | 29.3 | 4138 | 50.3 | 50.1 | 55.6 |
| | 40.00 | C90 | 219.08 | 1/5 | 11.43 | 196.22 | 193.04 | 244.48 | 231.78 | 40.4 | 4626 | 56.6 | 56.3 | 62.2 |
| | 44.00 | C90 | 219.08 | 1/5 | 12.70 | 193.68 | 190.50 | 244.48 | 231.78 | 51.6 | 5109 | 62.9 | 62.5 | 68.8 |
| | 49.00 | C90 | 219.08 | 1/5 | 14.15 | 190.78 | 187.60 | 244.48 | 231.78 | 64.4 | 5652 | 70.1 | 69.5 | 76.2 |
| | 36.00 | R95 | 219.08 | 1/12.5 | 10.16 | 198.76 | 195.58 | 244.48 | 231.78 | 30.0 | 4368 | 53.1 | 52.9 | 58.7 |
| | 40.00 | R95 | 219.08 | 1/12.5 | 11.43 | 196.22 | 193.04 | 244.40 | 231.78 | 41.5 | 4884 | 59.7 | 59.5 | 65.7 |
| | 44.00 | R95 | 219.08 | 1/12.5 | 12.70 | 193.68 | 190.50 | 244.48 | 231.78 | 53.3 | 5393 | 66.4 | 65.9 | 72.6 |
| | 49.00 | R95 | 219.08 | 1/12.5 | 14.15 | 190.78 | 187.60 | 244.48 | 231.78 | 66.8 | 5966 | 74.0 | 73.4 | 80.4 |
| | 36.00 | T95 | 219.08 | 1/5 | 10.16 | 198.76 | 195.58 | 244.48 | 231.78 | 30.0 | 4368 | 53.1 | 52.9 | 58.7 |
| | 40.00 | T95 | 219.08 | 1/5 | 11.43 | 196.22 | 193.04 | 244.48 | 231.78 | 41.5 | 4884 | 59.7 | 59.5 | 65.7 |
| | 44.00 | T95 | 219.08 | 1/5 | 12.70 | 193.68 | 190.50 | 244.48 | 231.78 | 53.3 | 5393 | 66.4 | 65.9 | 72.6 |
| | 49.00 | T95 | 219.08 | 1/5 | 14.15 | 190.78 | 187.60 | 244.48 | 231.78 | 66.8 | 5966 | 74.0 | 73.4 | 80.4 |

续表

| 抗力[3] | | | | | | | 带螺纹和接箍的接头连接强度[5] | | | | | |
|---|---|---|---|---|---|---|---|---|---|---|---|---|
| | 圆螺纹 | | 偏梯形螺纹 | | | | 圆螺纹 | | 偏梯形螺纹 | | | |
| 延性断裂 | | | 标准接箍 | | 特殊间隙接箍 | | | | 标准接箍 | | 特殊间隙接箍 | |
| 封堵管端/MPa | 短圆螺纹/MPa | 长圆螺纹/MPa | 同等钢级/MPa | 较高钢级[4]/MPa | 同等钢级/MPa | 较高钢级[4]/MPa | 短圆螺纹/kN | 长圆螺纹/kN | 同等钢级/kN | 较高钢级/kN | 同等钢级/kN | 较高钢级/kN |
| 53.9 | — | 50.3 | 50.3 | — | 40.7 | — | — | 3454 | 4295 | — | 3730 | — |
| 60.1 | — | 55.9 | 55.9 | — | 40.7 | — | — | 3886 | 4743 | — | 3730 | — |
| 67.3 | — | 62.3 | 62.3 | — | 40.7 | — | — | 4371 | 5246 | — | 3730 | — |
| | | | | | | | | | | | | |
| 41.5 | — | 44.7 | 44.7 | — | 40.7 | — | — | 3061 | 3980 | — | 3926 | — |
| 46.9 | — | 50.3 | 50.3 | — | 40.7 | — | — | 3505 | 4451 | — | 3926 | — |
| 52.4 | — | 55.9 | 55.9 | — | 40.7 | — | — | 3944 | 4915 | — | 3926 | — |
| 58.6 | — | 62.3 | 62.3 | — | 40.7 | — | — | 4436 | 5437 | — | 3926 | — |
| | | | | | | | | | | | | |
| 50.2 | — | 44.7 | 44.7 | 44.7 | 40.7 | 44.7 | — | 3061 | 3980 | 3980 | 3926 | 3980 |
| 56.7 | — | 50.3 | 50.3 | 50.3 | 40.7 | 50.3 | — | 3505 | 4451 | 4451 | 3926 | 4451 |
| 63.3 | — | 55.9 | 55.9 | 55.9 | 40.7 | 55.9 | — | 3944 | 4915 | 4915 | 3926 | 4908 |
| 70.8 | — | 62.3 | 62.3 | 62.3 | 40.7 | 55.9 | — | 4436 | 5437 | 5437 | 3926 | 4908 |
| | | | | | | | | | | | | |
| 55.7 | — | 50.3 | 50.3 | — | 45.7 | — | — | 3331 | 4130 | — | 3926 | — |
| 62.9 | — | 56.6 | 56.6 | — | 45.7 | — | — | 3814 | 4617 | — | 3926 | — |
| 70.3 | — | 62.9 | 62.9 | — | 45.7 | — | — | 4291 | 5099 | — | 3926 | — |
| 78.8 | — | 70.1 | 70.1 | — | 45.7 | — | — | 4827 | 5641 | — | 3926 | |
| 53.1 | — | 53.1 | 53.1 | — | 48.3 | — | — | 3511 | 4343 | — | 4122 | — |
| 60.0 | — | 59.7 | 59.7 | — | 48.3 | — | — | 4020 | 4857 | — | 4122 | — |
| 67.0 | — | 66.4 | 66.4 | — | 48.3 | — | — | 4523 | 5363 | — | 4122 | — |
| 75.0 | — | 74.0 | 74.0 | — | 48.3 | — | — | 5088 | 5933 | — | 4122 | — |
| 58.6 | — | 53.1 | 53.1 | — | 48.3 | — | — | 3511 | 4343 | — | 4122 | — |
| 66.2 | — | 59.7 | 59.7 | — | 48.3 | — | — | 4020 | 4857 | — | 4122 | — |
| 74.0 | — | 66.4 | 66.4 | — | 48.3 | — | — | 4523 | 5363 | — | 4122 | — |
| 82.9 | — | 74.0 | 74.0 | — | 48.3 | — | — | 5088 | 5933 | — | 4122 | — |

| 代号 1 | 代号 2 | 钢级 | 外径/mm | 材料参数/缺欠参数① $K_a$/($a_N$/t/%) | 壁厚/mm | 内径/mm | 带螺纹和接箍 通径直径/mm | 带螺纹和接箍 外径 标准接箍/mm | 带螺纹和接箍 外径 特殊间隙接箍/mm | 抗挤毁强度②/MPa | 管体屈服强度/kN | 内压 管体 内屈服 API历史公式/MPa | 内压 管体 内屈服 拉梅-米塞斯 开口端部/MPa | 内压 管体 内屈服 拉梅-米塞斯 封堵管端/MPa |
|---|---|---|---|---|---|---|---|---|---|---|---|---|---|---|
| 8⅝ | 36.00 | C110 | 219.08 | 1/5 | 10.16 | 198.76 | 195.58 | — | — | 32.3 | 5057 | 61.6 | 61.3 | 68.0 |
| | 40.00 | C110 | 219.08 | 1/5 | 11.43 | 196.22 | 193.04 | — | — | 44.0 | 5655 | 69.2 | 68.8 | 76.1 |
| | 44.00 | C110 | 219.08 | 1/5 | 12.70 | 193.68 | 190.50 | — | — | 58.0 | 6245 | 76.9 | 76.4 | 84.1 |
| | 49.00 | C110 | 219.08 | 1/5 | 14.15 | 190.78 | 187.60 | — | — | 73.9 | 6908 | 85.6 | 85.0 | 93.1 |
| | 40.00 | P110 | 219.08 | 1/12.5 | 11.43 | 196.22 | 193.04 | 244.48 | 231.78 | 44.0 | 5655 | 69.2 | 68.8 | 76.1 |
| | 44.00 | P110 | 219.08 | 1/12.5 | 12.70 | 193.68 | 190.50 | 244.48 | 231.78 | 58.0 | 6245 | 76.9 | 76.4 | 84.1 |
| | 49.00 | P110 | 219.08 | 1/12.5 | 14.15 | 190.78 | 187.60 | 244.48 | 231.78 | 73.9 | 6908 | 85.6 | 85.0 | 93.1 |
| | 40.00 | P110 | 219.08 | 1/5 | 11.43 | 196.22 | 193.04 | 244.48 | 231.78 | 44.0 | 5655 | 69.2 | 68.8 | 76.1 |
| | 44.00 | P110 | 219.08 | 1/5 | 12.70 | 193.68 | 190.50 | 244.48 | 231.78 | 58.0 | 6245 | 76.9 | 76.4 | 84.1 |
| | 49.00 | P110 | 219.08 | 1/5 | 14.15 | 190.78 | 187.60 | 244.48 | 231.78 | 73.9 | 6908 | 85.6 | 85.0 | 93.1 |
| | 49.00 | Q125 | 219.08 | 1/5 | 14.15 | 190.78 | 187.60 | 244.48 | — | 80.3 | 7850 | 97.4 | 96.5 | 105.8 |
| 9⅝ | 32.30 | H40 | 244.48 | 2/12.5 | 7.92 | 228.63 | 224.66 | 269.88 | — | 9.4 | 1624 | 15.6 | 15.6 | 17.5 |
| | 36.00 | H40 | 244.48 | 2/12.5 | 8.94 | 226.59 | 222.63 | 269.88 | — | 11.9 | 1824 | 17.6 | 17.6 | 19.6 |
| | 36.00 | J55 | 244.48 | 2/12.5 | 8.94 | 226.59 | 222.63 | 269.88 | 257.18 | 13.9 | 2509 | 24.3 | 24.2 | 27.0 |
| | 40.00 | J55 | 244.48 | 2/12.5 | 10.03 | 224.41 | 220.45 | 269.88 | 257.18 | 17.7 | 2802 | 27.2 | 27.1 | 30.2 |
| | 36.00 | K55 | 244.48 | 2/12.5 | 8.94 | 226.59 | 222.63 | 269.88 | 257.18 | 13.9 | 2509 | 24.3 | 24.2 | 27.0 |
| | 40.00 | K55 | 244.48 | 2/12.5 | 10.03 | 224.41 | 220.45 | 269.88 | 257.18 | 17.7 | 2802 | 27.2 | 27.1 | 30.2 |
| | 40.00 | L80 1 | 244.48 | 1/12.5 | 10.03 | 224.41 | 220.45 | 269.88 | 257.18 | 21.3 | 4076 | 39.6 | 39.5 | 44.0 |
| | 43.50 | L80 1 | 244.48 | 1/12.5 | 11.05 | 222.38 | 218.41 | 269.88 | 257.18 | 26.3 | 4469 | 43.6 | 43.4 | 48.2 |
| | 47.00 | L80 1 | 244.48 | 1/12.5 | 11.99 | 220.50 | 216.54 | 269.88 | 257.18 | 32.7 | 4829 | 47.3 | 47.1 | 52.2 |
| | 53.50 | L80 1 | 244.48 | 1/12.5 | 13.84 | 216.79 | 212.83 | 269.88 | 257.18 | 45.6 | 5532 | 54.6 | 54.3 | 59.8 |
| | 58.40 | L80 1 | 244.48 | 1/12.5 | 15.11 | 214.25 | 210.29 | 269.88 | 257.18 | 54.4 | 6006 | 59.6 | 59.2 | 65.0 |

续表

| 抗力[3] | | | | | | | 带螺纹和接箍的接头连接强度[5] | | | | | |
|---|---|---|---|---|---|---|---|---|---|---|---|---|
| | 圆螺纹 | | 偏梯形螺纹 | | | | 圆螺纹 | | 偏梯形螺纹 | | | |
| | | | 标准接箍 | | 特殊间隙接箍 | | | | 标准接箍 | | 特殊间隙接箍 | |
| 延性断裂<br>封堵管端/MPa | 短圆螺纹/MPa | 长圆螺纹/MPa | 同等钢级/MPa | 较高钢级[4]/MPa | 同等钢级/MPa | 较高钢级[4]/MPa | 短圆螺纹/kN | 长圆螺纹/kN | 同等钢级/kN | 较高钢级/kN | 同等钢级/kN | 较高钢级/kN |
| 64.7 | — | — | — | — | — | — | — | — | — | — | — | — |
| 73.2 | — | — | — | — | — | — | — | — | — | — | — | — |
| 81.7 | — | — | — | — | — | — | — | — | — | — | — | — |
| 91.5 | — | — | — | — | — | — | — | — | — | — | — | — |
| | | | | | | | | | | | | |
| 71.9 | — | 69.2 | 69.2 | 69.2 | 55.9 | 63.5 | — | 4691 | 5730 | 5730 | 4908 | 5300 |
| 80.3 | — | 76.9 | 76.9 | 76.9 | 55.9 | 63.5 | — | 5277 | 6328 | 6328 | 4908 | 5300 |
| 89.9 | — | 85.6 | 85.6 | 85.6 | 55.9 | 63.5 | — | 5936 | 7000 | 7000 | 4908 | 5300 |
| | | | | | | | | | | | | |
| 79.4 | — | 69.2 | 69.2 | 69.2 | 55.9 | 63.5 | — | 4691 | 5730 | 5730 | 4908 | 5300 |
| 88.7 | — | 76.9 | 76.9 | 76.9 | 55.9 | 63.5 | — | 5277 | 6328 | 6328 | 4908 | 5300 |
| 99.4 | — | 85.6 | 85.6 | 85.6 | 55.9 | 63.5 | — | 5936 | 7000 | 7000 | 4908 | 5300 |
| | | | | | | | | | | | | |
| 108.2 | — | 97.4 | 97.4 | — | — | — | — | 6654 | 7686 | — | — | — |
| 16.9 | 15.6 | — | — | — | — | — | 1128 | — | — | — | — | — |
| 19.2 | 17.6 | — | — | — | — | — | 1309 | — | — | — | — | — |
| | | | | | | | | | | | | |
| 24.1 | 24.3 | 24.3 | 24.3 | 24.3 | 24.3 | 24.3 | 1751 | 2015 | 2843 | 2843 | 2843 | 2843 |
| 27.1 | 27.2 | 27.2 | 27.2 | 27.2 | 25.2 | 27.2 | 2009 | 2313 | 3175 | 3175 | 3175 | 3175 |
| | | | | | | | | | | | | |
| 30.5 | 24.3 | 24.3 | 24.3 | 24.3 | 24.3 | 24.3 | 1883 | 2175 | 3358 | 3358 | 3358 | 3358 |
| 34.4 | 27.2 | 27.2 | 27.2 | 27.2 | 25.2 | 27.2 | 2162 | 2496 | 3751 | 3751 | 3751 | 3751 |
| 42.0 | — | 39.6 | 39.6 | — | 36.7 | — | — | 3234 | 4213 | — | 4154 | — |
| 46.4 | — | 43.6 | 43.6 | — | 36.7 | — | — | 3618 | 4619 | — | 4154 | — |
| 50.5 | — | 47.3 | 47.3 | — | 36.7 | — | — | 3970 | 4992 | — | 4154 | — |
| 58.6 | — | 54.6 | 54.6 | — | 36.7 | — | — | 4655 | 5718 | — | 4154 | — |
| 64.3 | — | 59.6 | 59.6 | — | 36.7 | — | — | 5118 | 6208 | — | 4154 | — |

| 代号 | | 钢级 | 外径/mm | 材料参数/缺欠参数① $K_a$/($a_N$/t/%) | 壁厚/mm | 内径/mm | 带螺纹和接箍 | | | 抗挤毁强度②/MPa | 管体屈服强度/kN | 内压 | | |
|---|---|---|---|---|---|---|---|---|---|---|---|---|---|---|
| | | | | | | | | 外径 | | | | 管体 | | |
| | | | | | | | | | | | | 内屈服 | | |
| | | | | | | | | | | | | | 拉梅-米塞斯 | |
| 1 | 2 | | | | | | 通径直径/mm | 标准接箍/mm | 特殊间隙接箍/mm | | | API历史公式/MPa | 开口端部/MPa | 封堵管端/MPa |
| | 40.00 | L80 9Cr | 244.48 | 2/12.5 | 10.03 | 224.41 | 220.45 | 269.88 | 257.18 | 21.3 | 4076 | 39.6 | 39.5 | 44.0 |
| | 43.50 | L80 9Cr | 244.48 | 2/12.5 | 11.05 | 222.38 | 218.41 | 269.88 | 257.18 | 26.3 | 4469 | 43.6 | 43.4 | 48.2 |
| | 47.00 | L80 9Cr | 244.48 | 2/12.5 | 11.99 | 220.50 | 216.54 | 269.88 | 257.18 | 32.7 | 4829 | 47.3 | 47.1 | 52.2 |
| | 53.50 | L80 9Cr | 244.48 | 2/12.5 | 13.84 | 216.79 | 212.83 | 269.88 | 257.18 | 45.6 | 5532 | 54.6 | 54.3 | 59.8 |
| | 58.40 | L80 9Cr | 244.48 | 2/12.5 | 15.11 | 214.25 | 210.29 | 269.88 | 257.18 | 54.4 | 6006 | 59.6 | 59.2 | 65.0 |
| | 40.00 | L80 13Cr | 244.48 | 1/12.5 | 10.03 | 224.41 | 220.45 | 269.88 | 257.18 | 21.3 | 4076 | 39.6 | 39.5 | 44.0 |
| 9⅝ | 43.50 | L80 13Cr | 244.48 | 1/12.5 | 11.05 | 222.38 | 218.41 | 269.88 | 257.18 | 26.3 | 4469 | 43.6 | 43.4 | 48.2 |
| | 47.00 | L80 13Cr | 244.48 | 1/12.5 | 11.99 | 220.50 | 216.54 | 269.88 | 257.18 | 32.7 | 4829 | 47.3 | 47.1 | 52.2 |
| | 53.50 | L80 13Cr | 244.48 | 1/12.5 | 13.84 | 216.79 | 212.83 | 269.88 | 257.18 | 45.6 | 5532 | 54.6 | 54.3 | 59.8 |
| | 58.40 | L80 13Cr | 244.48 | 1/12.5 | 15.11 | 214.25 | 210.29 | 269.88 | 257.18 | 54.4 | 6006 | 59.6 | 59.2 | 65.0 |
| | 40.00 | N80 | 244.48 | 2/12.5 | 10.03 | 224.41 | 220.45 | 269.88 | 257.18 | 21.3 | 4076 | 39.6 | 39.5 | 44.0 |
| | 43.50 | N80 | 244.48 | 2/12.5 | 11.05 | 222.38 | 218.41 | 269.88 | 257.18 | 26.3 | 4469 | 43.6 | 43.4 | 48.2 |
| | 47.00 | N80 | 244.48 | 2/12.5 | 11.99 | 220.50 | 216.54 | 269.88 | 257.18 | 32.7 | 4829 | 47.3 | 47.1 | 52.2 |
| | 53.50 | N80 | 244.48 | 2/12.5 | 13.84 | 216.79 | 212.83 | 269.88 | 257.18 | 45.6 | 5532 | 54.6 | 54.3 | 59.8 |
| | 58.40 | N80 | 244.48 | 2/12.5 | 15.11 | 214.25 | 210.29 | 269.88 | 257.18 | 54.4 | 6006 | 59.6 | 59.2 | 65.0 |

续表

| 抗力[3] | | | | | | | 带螺纹和接箍的接头连接强度[5] | | | | | |
|---|---|---|---|---|---|---|---|---|---|---|---|---|
| | 圆螺纹 | | 偏梯形螺纹 | | | | 圆螺纹 | | 偏梯形螺纹 | | | |
| 延性断裂 | | | 标准接箍 | | 特殊间隙接箍 | | | | 标准接箍 | | 特殊间隙接箍 | |
| 封堵管端/MPa | 短圆螺纹/MPa | 长圆螺纹/MPa | 同等钢级/MPa | 较高钢级[4]/MPa | 同等钢级/MPa | 较高钢级[4]/MPa | 短圆螺纹/kN | 长圆螺纹/kN | 同等钢级/kN | 较高钢级/kN | 同等钢级/kN | 较高钢级/kN |
| 34.8 | — | 39.6 | 39.6 | — | 36.7 | — | — | 3234 | 4213 | — | 4154 | — |
| 38.4 | — | 43.6 | 43.6 | — | 36.7 | — | — | 3618 | 4619 | — | 4154 | — |
| 41.8 | — | 47.3 | 47.3 | — | 36.7 | — | — | 3970 | 4992 | — | 4154 | — |
| 48.5 | — | 54.6 | 54.6 | — | 36.7 | — | — | 4655 | 5718 | — | 4154 | — |
| 53.1 | — | 59.6 | 59.6 | — | 36.7 | — | — | 5118 | 6208 | — | 4154 | — |
| 42.0 | — | 39.6 | 39.6 | — | 36.7 | — | — | 3234 | 4213 | — | 4154 | — |
| 46.4 | — | 43.6 | 43.6 | — | 36.7 | — | — | 3618 | 4619 | — | 4154 | — |
| 50.5 | — | 47.3 | 47.3 | — | 36.7 | — | — | 3970 | 4992 | — | 4154 | — |
| 58.6 | — | 54.6 | 54.6 | — | 36.7 | — | | 4655 | 5718 | — | 4154 | — |
| 64.3 | — | 59.6 | 59.6 | — | 36.7 | — | — | 5118 | 6208 | — | 4154 | — |
| 36.7 | — | 39.6 | 39.6 | — | 36.7 | — | — | 3280 | 4357 | — | 4357 | — |
| 40.4 | — | 43.6 | 43.6 | — | 36.7 | — | — | 3670 | 4777 | — | 4373 | — |
| 44.0 | — | 47.3 | 47.3 | — | 36.7 | — | — | 4026 | 5162 | — | 4373 | — |
| 51.1 | — | 54.6 | 54.6 | — | 36.7 | — | — | 4722 | 5913 | — | 4373 | — |
| 55.9 | — | 59.6 | 59.6 | — | 36.7 | — | — | 5191 | 6420 | — | 4373 | — |

| 代号 | | 钢级 | 外径/mm | 材料参数/缺欠参数① $K_a$/($a_N$/$t$/%) | 壁厚/mm | 内径/mm | 带螺纹和接箍 | | | 抗挤毁强度②/MPa | 管体屈服强度/kN | 内压 | | |
|---|---|---|---|---|---|---|---|---|---|---|---|---|---|---|
| | | | | | | | | 外径 | | | | 管体 | | |
| | | | | | | | | | | | | 内屈服 | | |
| | | | | | | | | | | | | | 拉梅-米塞斯 | |
| 1 | 2 | | | | | | 通径直径/mm | 标准接箍/mm | 特殊间隙接箍/mm | | | API历史公式/MPa | 开口端部/MPa | 封堵管端/MPa |
| | 40.00 | N80 | 244.48 | 1/12.5 | 10.03 | 224.41 | 220.45 | 269.88 | 257.18 | 21.3 | 4076 | 39.6 | 39.5 | 44.0 |
| | 43.50 | N80 | 244.48 | 1/12.5 | 11.05 | 222.38 | 218.41 | 269.88 | 257.18 | 26.3 | 4469 | 43.6 | 43.4 | 48.2 |
| | 47.00 | N80 | 244.48 | 1/12.5 | 11.99 | 220.50 | 216.54 | 269.88 | 257.18 | 32.7 | 4829 | 47.3 | 47.1 | 52.2 |
| | 53.50 | N80 | 244.48 | 1/12.5 | 13.84 | 216.79 | 212.83 | 269.88 | 257.18 | 45.6 | 5532 | 54.6 | 54.3 | 59.8 |
| | 58.40 | N80 | 244.48 | 1/12.5 | 15.11 | 214.25 | 210.29 | 269.88 | 257.18 | 54.4 | 6006 | 59.6 | 59.2 | 65.0 |
| | 40.00 | C90 | 244.48 | 1/5 | 10.03 | 224.41 | 220.45 | 269.88 | 257.18 | 22.5 | 4585 | 44.5 | 44.4 | 49.5 |
| | 43.50 | C90 | 244.48 | 1/5 | 11.05 | 222.38 | 218.41 | 269.88 | 257.18 | 27.6 | 5028 | 49.1 | 48.9 | 54.3 |
| | 47.00 | C90 | 244.48 | 1/5 | 11.99 | 220.50 | 216.54 | 269.88 | 257.18 | 34.4 | 5433 | 53.2 | 53.0 | 58.7 |
| | 53.50 | C90 | 244.48 | 1/5 | 13.84 | 216.79 | 212.83 | 269.88 | 257.18 | 49.0 | 6224 | 61.5 | 61.0 | 67.2 |
| | 58.40 | C90 | 244.48 | 1/5 | 15.11 | 214.25 | 210.29 | 269.88 | 257.18 | 59.0 | 6757 | 67.1 | 66.6 | 73.1 |
| | 59.40 | C90 | 244.48 | 1/5 | 15.47 | 213.54 | 209.58 | — | — | 61.8 | 6906 | 68.7 | 68.1 | 74.8 |
| | 64.90 | C90 | 244.48 | 1/5 | 17.07 | 210.34 | 206.38 | — | — | 74.4 | 7566 | 75.8 | 75.0 | 81.9 |
| 9⅝ | 70.30 | C90 | 244.48 | 1/5 | 18.64 | 207.19 | 203.23 | — | — | 86.8 | 8207 | 82.7 | 81.9 | 88.9 |
| | 75.60 | C90 | 244.48 | 1/5 | 20.24 | 203.99 | 200.03 | — | — | 94.2 | 8849 | 89.8 | 88.7 | 96.0 |
| | 40.00 | R95 | 244.48 | 1/12.5 | 10.03 | 224.41 | 220.45 | 269.88 | 257.18 | 22.9 | 4840 | 47.0 | 46.9 | 52.2 |
| | 43.50 | R95 | 244.48 | 1/12.5 | 11.05 | 222.38 | 218.41 | 269.88 | 257.18 | 28.5 | 5307 | 51.7 | 51.5 | 57.3 |
| | 47.00 | R95 | 244.48 | 1/12.5 | 11.99 | 220.50 | 216.54 | 269.88 | 257.18 | 35.1 | 5735 | 56.2 | 55.9 | 61.9 |
| | 53.50 | R95 | 244.48 | 1/12.5 | 13.84 | 216.79 | 212.83 | 269.88 | 257.18 | 50.6 | 6570 | 64.8 | 64.5 | 71.0 |
| | 58.40 | R95 | 244.48 | 1/12.5 | 15.11 | 214.25 | 210.29 | 269.88 | 257.18 | 61.3 | 7132 | 70.8 | 70.3 | 77.2 |
| | 40.00 | T95 | 244.48 | 1/5 | 10.03 | 224.41 | 220.45 | 269.88 | 257.18 | 22.9 | 4840 | 47.0 | 46.9 | 52.2 |
| | 43.50 | T95 | 244.48 | 1/5 | 11.05 | 222.38 | 218.41 | 269.88 | 257.18 | 28.5 | 5307 | 51.7 | 51.5 | 57.3 |
| | 47.00 | T95 | 244.48 | 1/5 | 11.99 | 220.50 | 216.54 | 269.88 | 257.18 | 35.1 | 5735 | 56.2 | 55.9 | 61.9 |
| | 53.50 | T95 | 244.48 | 1/5 | 13.84 | 216.79 | 212.83 | 269.88 | 257.18 | 50.6 | 6570 | 64.8 | 64.5 | 71.0 |
| | 58.40 | T95 | 244.48 | 1/5 | 15.11 | 214.25 | 210.29 | 269.88 | 257.18 | 61.3 | 7132 | 70.8 | 70.3 | 77.2 |

续表

| 抗力[3] | | | | | | | 带螺纹和接箍的接头连接强度[5] | | | | | | |
|---|---|---|---|---|---|---|---|---|---|---|---|---|---|
| | 圆螺纹 | | 偏梯形螺纹 | | | | 圆螺纹 | | 偏梯形螺纹 | | | | |
| 延性断裂 | | | 标准接箍 | | 特殊间隙接箍 | | | | 标准接箍 | | 特殊间隙接箍 | | |
| 封堵管端/MPa | 短圆螺纹/MPa | 长圆螺纹/MPa | 同等钢级/MPa | 较高钢级[4]/MPa | 同等钢级/MPa | 较高钢级[4]/MPa | 短圆螺纹/kN | 长圆螺纹/kN | 同等钢级/kN | 较高钢级/kN | 同等钢级/kN | 较高钢级/kN |
| 44.2 | — | 39.6 | 39.6 | 39.6 | 36.7 | 39.6 | — | 3280 | 4357 | 4357 | 4357 | 4357 |
| 48.9 | — | 43.6 | 43.6 | 43.6 | 36.7 | 43.6 | — | 3670 | 4777 | 4777 | 4373 | 4777 |
| 53.2 | — | 47.3 | 47.3 | 47.3 | 36.7 | 47.3 | — | 4026 | 5162 | 5162 | 4373 | 5162 |
| 61.7 | — | 54.6 | 54.6 | 54.6 | 36.7 | 50.4 | — | 4722 | 5913 | 5913 | 4373 | 5466 |
| 67.7 | — | 59.6 | 59.6 | 59.6 | 36.7 | 50.4 | — | 5191 | 6420 | 6420 | 4373 | 5466 |
| | | | | | | | | | | | | |
| 49.1 | — | 44.5 | 44.5 | — | 41.2 | — | — | 3575 | 4541 | — | 4373 | — |
| 54.2 | — | 49.1 | 49.1 | — | 41.2 | — | — | 4000 | 4979 | — | 4373 | — |
| 59.0 | — | 53.2 | 53.2 | — | 41.2 | — | — | 4389 | 5381 | — | 4373 | — |
| 68.6 | — | 61.5 | 61.5 | — | 41.2 | — | — | 5146 | 6164 | — | 4373 | — |
| 75.2 | — | 67.1 | 67.1 | — | 41.2 | — | — | 5658 | 6692 | — | 4373 | — |
| 77.0 | — | — | — | — | — | — | — | — | — | — | — | — |
| 85.5 | — | — | — | — | — | — | — | — | — | — | — | — |
| 93.9 | — | — | — | — | — | — | — | — | — | — | — | — |
| 102.6 | — | — | — | — | — | — | — | — | — | — | — | — |
| | | | | | | | | | | | | |
| 46.8 | — | 47.0 | 47.0 | — | 43.5 | — | — | 3769 | 4777 | — | 4591 | — |
| 51.7 | — | 51.7 | 51.7 | — | 43.5 | — | — | 4216 | 5238 | | 4591 | — |
| 56.2 | — | 56.2 | 56.2 | | 43.5 | — | — | 4626 | 5661 | — | 4591 | — |
| 65.3 | — | 64.8 | 64.8 | — | 43.5 | — | — | 5425 | 6485 | — | 4591 | — |
| 71.6 | — | 70.8 | 70.8 | — | 43.5 | — | — | 5964 | 7040 | — | 4591 | — |
| | | | | | | | | | | | | |
| 51.6 | — | 47.0 | 47.0 | — | 43.5 | — | — | 3769 | 4777 | — | 4591 | — |
| 57.0 | — | 51.7 | 51.7 | — | 43.5 | — | — | 4216 | 5238 | — | 4591 | — |
| 62.1 | — | 56.2 | 56.2 | — | 43.5 | — | — | 4626 | 5661 | — | 4591 | — |
| 72.2 | — | 64.8 | 64.8 | — | 43.5 | — | — | 5425 | 6485 | — | 4591 | — |
| 79.2 | — | 70.8 | 70.8 | — | 43.5 | — | — | 5964 | 7040 | — | 4591 | — |

| 代号 | | 钢级 | 外径/mm | 材料参数/缺欠参数① $K_a$/($a_N$/t/%) | 壁厚/mm | 内径/mm | 带螺纹和接箍 | | | 抗挤毁强度②/MPa | 管体屈服强度/kN | 内压 | | |
|---|---|---|---|---|---|---|---|---|---|---|---|---|---|---|
| | | | | | | | 通径直径/mm | 外径 | | | | 管体 | | |
| | | | | | | | | | | | | 内屈服 | | |
| | | | | | | | | 标准接箍/mm | 特殊间隙接箍/mm | | | API历史公式/MPa | 拉梅-米塞斯 | |
| 1 | 2 | | | | | | | | | | | | 开口端部/MPa | 封堵管端/MPa |
| | 59.40 | T95 | 244.48 | 1/5 | 15.47 | 213.54 | 209.58 | — | — | 64.2 | 7289 | 72.5 | 71.9 | 78.9 |
| | 64.90 | T95 | 244.48 | 1/5 | 17.07 | 210.34 | 206.38 | — | — | 77.6 | 7987 | 80.0 | 79.2 | 86.5 |
| | 70.30 | T95 | 244.48 | 1/5 | 18.64 | 207.19 | 203.23 | — | — | 90.7 | 8663 | 87.4 | 86.4 | 93.9 |
| | 75.60 | T95 | 244.48 | 1/5 | 20.24 | 203.99 | 200.03 | — | — | 99.4 | 9340 | 94.9 | 93.6 | 101.4 |
| | 40.00 | C110 | 244.48 | 1/5 | 10.03 | 224.41 | 220.45 | — | — | 24.0 | 5604 | 54.5 | 54.3 | 60.5 |
| | 43.50 | C110 | 244.48 | 1/5 | 11.05 | 222.38 | 218.41 | — | — | 30.5 | 6145 | 59.9 | 59.7 | 66.4 |
| | 47.00 | C110 | 244.48 | 1/5 | 11.99 | 220.50 | 216.54 | — | — | 36.5 | 6641 | 65.0 | 64.8 | 71.7 |
| | 53.50 | C110 | 244.48 | 1/5 | 13.84 | 216.79 | 212.83 | — | — | 54.8 | 7607 | 75.1 | 74.6 | 82.2 |
| | 58.40 | C110 | 244.48 | 1/5 | 15.11 | 214.25 | 210.29 | — | — | 67.3 | 8259 | 82.0 | 81.4 | 89.4 |
| | 59.40 | C110 | 244.48 | 1/5 | 15.47 | 213.54 | 209.58 | — | — | 70.9 | 8440 | 84.0 | 83.3 | 91.4 |
| | 64.90 | C110 | 244.48 | 1/5 | 17.07 | 210.34 | 206.38 | — | — | 86.7 | 9248 | 92.7 | 91.8 | 100.2 |
| | 70.30 | C110 | 244.48 | 1/5 | 18.64 | 207.19 | 203.23 | — | — | 102.1 | 10031 | 101.2 | 100.1 | 108.8 |
| 9⅝ | 75.60 | C110 | 244.48 | 1/5 | 20.24 | 203.99 | 200.03 | — | — | 115.2 | 10815 | 109.9 | 108.4 | 117.5 |
| | 43.50 | P110 | 244.48 | 1/12.5 | 11.05 | 222.38 | 218.41 | 269.88 | 257.18 | 30.5 | 6145 | 59.9 | 59.7 | 66.4 |
| | 47.00 | P110 | 244.48 | 1/12.5 | 11.99 | 220.50 | 216.54 | 269.88 | 257.18 | 36.5 | 6641 | 65.0 | 64.8 | 71.7 |
| | 53.50 | P110 | 244.48 | 1/12.5 | 13.84 | 216.79 | 212.83 | 269.88 | 257.18 | 54.8 | 7607 | 75.1 | 74.6 | 82.2 |
| | 58.40 | P110 | 244.48 | 1/12.5 | 15.11 | 214.25 | 210.29 | 269.88 | 257.18 | 67.3 | 8259 | 82.0 | 81.4 | 89.4 |
| | 43.50 | P110 | 244.48 | 1/5 | 11.05 | 222.38 | 218.41 | 269.88 | 257.18 | 30.5 | 6145 | 59.9 | 59.7 | 66.4 |
| | 47.00 | P110 | 244.48 | 1/5 | 11.99 | 220.50 | 216.54 | 269.88 | 257.18 | 36.5 | 6641 | 65.0 | 64.8 | 71.7 |
| | 53.50 | P110 | 244.48 | 1/5 | 13.84 | 216.79 | 212.83 | 269.88 | 257.18 | 54.8 | 7607 | 75.1 | 74.6 | 82.2 |
| | 58.40 | P110 | 244.48 | 1/5 | 15.11 | 214.25 | 210.29 | 269.88 | 257.18 | 67.3 | 8259 | 82.0 | 81.4 | 89.4 |
| | 47.00 | Q125 | 244.48 | 1/5 | 11.99 | 220.50 | 216.54 | 269.88 | — | 38.8 | 7546 | 73.9 | 73.6 | 81.5 |
| | 53.50 | Q125 | 244.48 | 1/5 | 13.84 | 216.79 | 212.83 | 269.88 | — | 58.2 | 8644 | 85.4 | 84.8 | 93.4 |
| | 58.40 | Q125 | 244.48 | 1/5 | 15.11 | 214.25 | 210.29 | 269.88 | — | 72.6 | 9385 | 93.2 | 92.5 | 101.6 |

续表

| 抗力[3] | | | | | | | 带螺纹和接箍的接头连接强度[5] | | | | | |
|---|---|---|---|---|---|---|---|---|---|---|---|---|
| | 圆螺纹 | | 偏梯形螺纹 | | | | 圆螺纹 | | 偏梯形螺纹 | | | |
| 延性断裂 | | | 标准接箍 | | 特殊间隙接箍 | | | | 标准接箍 | | 特殊间隙接箍 | |
| 封堵管端/MPa | 短圆螺纹/MPa | 长圆螺纹/MPa | 同等钢级/MPa | 较高钢级[4]/MPa | 同等钢级/MPa | 较高钢级[4]/MPa | 短圆螺纹/kN | 长圆螺纹/kN | 同等钢级/kN | 较高钢级/kN | 同等钢级/kN | 较高钢级/kN |
| 81.1 | — | — | — | — | — | — | — | — | — | — | — | — |
| 90.1 | — | — | — | — | — | — | — | — | — | — | — | — |
| 98.9 | — | — | — | — | — | — | — | — | — | — | — | — |
| 108.0 | — | — | — | — | — | — | — | — | — | — | — | — |
| | | | | | | | | | | | | |
| 57.0 | — | — | — | — | — | — | — | — | — | — | — | — |
| 63.0 | — | — | — | — | — | — | — | — | — | — | — | — |
| 68.6 | — | — | — | — | — | — | — | — | — | — | — | — |
| 79.7 | — | — | — | — | — | — | — | — | — | — | — | — |
| 87.4 | — | — | — | — | — | — | — | — | — | — | — | — |
| 89.6 | — | — | — | — | — | — | — | — | — | — | — | — |
| 99.4 | — | — | — | — | — | — | — | — | — | — | — | — |
| 109.2 | — | — | — | — | — | — | — | — | — | — | — | — |
| 119.2 | — | — | — | — | — | — | — | — | — | — | — | — |
| | | | | | | | | | | | | |
| 62.0 | — | 59.9 | 59.9 | 59.9 | 50.4 | 57.3 | — | 4916 | 6173 | 6173 | 5466 | 5903 |
| 67.5 | — | 65.0 | 65.0 | 65.0 | 50.4 | 57.3 | — | 5394 | 6671 | 6671 | 5466 | 5903 |
| 78.3 | — | 75.1 | 75.1 | 75.1 | 50.4 | 57.3 | — | 6325 | 7642 | 7642 | 5466 | 5903 |
| 85.9 | — | 82.0 | 82.0 | 82.0 | 50.4 | 57.3 | — | 6954 | 8297 | 8297 | 5466 | 5903 |
| 68.4 | — | 59.9 | 59.9 | 59.9 | 50.4 | 57.3 | — | 4916 | 6173 | 6173 | 5466 | 5903 |
| 74.5 | — | 65.0 | 65.0 | 65.0 | 50.4 | 57.3 | — | 5394 | 6671 | 6671 | 5466 | 5903 |
| 86.5 | — | 75.1 | 75.1 | 75.1 | 50.4 | 57.3 | — | 6325 | 7642 | 7642 | 5466 | 5903 |
| 94.9 | — | 82.0 | 82.0 | 82.0 | 50.4 | 57.3 | — | 6954 | 8297 | 8297 | 5466 | 5903 |
| | | | | | | | | | | | | |
| 81.0 | — | 73.9 | 73.9 | — | — | — | — | 6050 | 7341 | — | — | — |
| 94.2 | — | 85.4 | 85.4 | — | — | — | — | 7094 | 8409 | — | — | — |
| 103.3 | — | 93.2 | 93.2 | — | — | — | — | 7800 | 9129 | — | — | — |

| 代号 | | 钢级 | 外径/mm | 材料参数/缺欠参数① $K_a$/($a_N$/t/%) | 壁厚/mm | 内径/mm | 带螺纹和接箍 | | | 抗挤毁强度②/MPa | 管体屈服强度/kN | 内压 | | |
|---|---|---|---|---|---|---|---|---|---|---|---|---|---|---|
| | | | | | | | 通径直径/mm | 外径 | | | | 管体 | | |
| | | | | | | | | | | | | 内屈服 | | |
| | | | | | | | | 标准接箍/mm | 特殊间隙接箍/mm | | | API历史公式/MPa | 拉梅-米塞斯 | |
| 1 | 2 | | | | | | | | | | | | 开口端部/MPa | 封堵管端/MPa |
| $10\frac{3}{4}$ | 32.75 | H40 | 273.05 | 2/12.5 | 7.09 | 258.88 | 254.91 | 298.45 | 285.75 | 5.8 | 1633 | 12.5 | 12.5 | 14.1 |
| | 40.50 | H40 | 273.05 | 2/12.5 | 8.89 | 255.27 | 251.31 | 298.45 | 285.75 | 9.6 | 2035 | 15.7 | 15.6 | 17.6 |
| | 40.50 | J55 | 273.05 | 2/12.5 | 8.89 | 255.27 | 251.31 | 298.45 | 285.75 | 10.9 | 2797 | 21.6 | 21.6 | 24.2 |
| | 45.50 | J55 | 273.05 | 2/12.5 | 10.16 | 252.73 | 248.77 | 298.45 | 285.75 | 14.4 | 3182 | 24.7 | 24.6 | 27.5 |
| | 51.00 | J55 | 273.05 | 2/12.5 | 11.43 | 250.19 | 246.23 | 298.45 | 285.75 | 18.7 | 3562 | 27.8 | 27.7 | 30.8 |
| | 40.50 | K55 | 273.05 | 2/12.5 | 8.89 | 255.27 | 251.31 | 298.45 | 285.75 | 10.9 | 2797 | 21.6 | 21.6 | 24.2 |
| | 45.50 | K55 | 273.05 | 2/12.5 | 10.16 | 252.73 | 248.77 | 298.45 | 285.75 | 14.4 | 3182 | 24.7 | 24.6 | 27.5 |
| | 51.00 | K55 | 273.05 | 2/12.5 | 11.43 | 250.19 | 246.23 | 298.45 | 285.75 | 18.7 | 3562 | 27.8 | 27.7 | 30.8 |
| | 51.00 | L80 1 | 273.05 | 1/12.5 | 11.43 | 250.19 | 246.23 | 298.45 | 285.75 | 22.2 | 5181 | 40.4 | 40.2 | 44.8 |
| | 55.50 | L80 1 | 273.05 | 1/12.5 | 12.57 | 247.90 | 243.94 | 298.45 | 285.75 | 27.7 | 5675 | 44.4 | 44.2 | 49.1 |
| | 51.00 | L80 9Cr | 273.05 | 2/12.5 | 11.43 | 250.19 | 246.23 | 298.45 | 285.75 | 22.2 | 5181 | 40.4 | 40.2 | 44.8 |
| | 55.50 | L80 9Cr | 273.05 | 2/12.5 | 12.57 | 247.90 | 243.94 | 298.45 | 285.75 | 27.7 | 5675 | 44.4 | 44.2 | 49.1 |
| | 51.00 | L80 13Cr | 273.05 | 1/12.5 | 11.43 | 250.19 | 246.23 | 298.45 | 285.75 | 22.2 | 5181 | 40.4 | 40.2 | 44.8 |
| | 55.50 | L80 13Cr | 273.05 | 1/12.5 | 12.57 | 247.90 | 243.94 | 298.45 | 285.75 | 27.7 | 5675 | 44.4 | 44.2 | 49.1 |
| | 51.00 | N80 | 273.05 | 2/12.5 | 11.43 | 250.19 | 246.23 | 298.45 | 285.75 | 22.2 | 5181 | 40.4 | 40.2 | 44.8 |
| | 55.50 | N80 | 273.05 | 2/12.5 | 12.57 | 247.90 | 243.94 | 298.45 | 285.75 | 27.7 | 5675 | 44.4 | 44.2 | 49.1 |
| | 51.00 | N80 | 273.05 | 1/12.5 | 11.43 | 250.19 | 246.23 | 298.45 | 285.75 | 22.2 | 5181 | 40.4 | 40.2 | 44.8 |
| | 55.50 | N80 | 273.05 | 1/12.5 | 12.57 | 247.90 | 243.94 | 298.45 | 285.75 | 27.7 | 5675 | 44.4 | 44.2 | 49.1 |

续表

| 抗力[3] | | | | | | | 带螺纹和接箍的接头连接强度[5] | | | | | |
|---|---|---|---|---|---|---|---|---|---|---|---|---|
| | 圆螺纹 | | 偏梯形螺纹 | | | | 圆螺纹 | | 偏梯形螺纹 | | | |
| 延性断裂 | | | 标准接箍 | | 特殊间隙接箍 | | | | 标准接箍 | | 特殊间隙接箍 | |
| 封堵管端/MPa | 短圆螺纹/MPa | 长圆螺纹/MPa | 同等钢级/MPa | 较高钢级[4]/MPa | 同等钢级/MPa | 较高钢级[4]/MPa | 短圆螺纹/kN | 长圆螺纹/kN | 同等钢级/kN | 较高钢级/kN | 同等钢级/kN | 较高钢级/kN |
| 13.5 | 12.5 | — | — | — | — | — | 914 | — | — | — | — | — |
| 17.0 | 15.7 | — | — | — | — | — | 1395 | — | — | — | — | — |
| | | | | | | | | | | | | |
| 21.4 | 21.6 | — | 21.6 | 21.6 | 21.6 | 21.6 | 1868 | — | 3114 | 3114 | 3114 | 3114 |
| 24.5 | 24.7 | — | 24.7 | 24.7 | 22.7 | 24.7 | 2193 | — | 3541 | 3541 | 3541 | 3541 |
| 27.7 | 27.8 | — | 27.8 | 27.8 | 22.7 | 27.8 | 2514 | — | 3965 | 3965 | 3656 | 3965 |
| | | | | | | | | | | | | |
| 27.1 | 21.6 | — | 21.6 | 21.6 | 21.6 | 21.6 | 2003 | — | 3642 | 3642 | 3642 | 3642 |
| 31.1 | 24.7 | — | 24.7 | 24.7 | 22.7 | 24.7 | 2350 | — | 4142 | 4142 | 4142 | 4142 |
| 35.1 | 27.8 | — | 27.8 | 27.8 | 22.7 | 27.8 | 2695 | — | 4638 | 4638 | 4631 | 4631 |
| | | | | | | | | | | | | |
| 42.9 | 40.4 | — | 40.4 | — | 33.0 | — | 3530 | — | 5293 | — | 4631 | — |
| 47.3 | 44.4 | — | 44.4 | — | 33.0 | — | 3932 | — | 5796 | — | 4631 | — |
| | | | | | | | | | | | | |
| 35.6 | 40.4 | — | 40.4 | — | 33.0 | — | 3530 | — | 5293 | — | 4631 | — |
| 39.2 | 44.4 | — | 44.4 | — | 33.0 | — | 3932 | — | 5796 | — | 4631 | — |
| | | | | | | | | | | | | |
| 42.9 | 40.4 | — | 40.4 | — | 33.0 | — | 3530 | — | 5293 | — | 4631 | — |
| 47.3 | 44.4 | — | 44.4 | — | 33.0 | — | 3932 | — | 5796 | — | 4631 | — |
| 37.4 | 40.4 | — | 40.4 | — | 33.0 | — | 3575 | — | 5461 | — | 4875 | — |
| 41.3 | 44.4 | — | 44.4 | — | 33.0 | — | 3982 | — | 5981 | — | 4875 | — |
| | | | | | | | | | | | | |
| 45.1 | 40.4 | — | 40.4 | 40.4 | 33.0 | 40.4 | 3575 | — | 5461 | 5461 | 4875 | 5461 |
| 49.8 | 44.4 | — | 44.4 | 44.4 | 33.0 | 44.4 | 3982 | — | 5981 | 5981 | 4875 | 5981 |

| 代号 | | 钢级 | 外径/mm | 材料参数/缺欠参数① $K_a$/($a_N$/t/%) | 壁厚/mm | 内径/mm | 带螺纹和接箍 | | | 抗挤毁强度②/MPa | 管体屈服强度/kN | 内压 | | |
|---|---|---|---|---|---|---|---|---|---|---|---|---|---|---|
| | | | | | | | | 外径 | | | | 管体 | | |
| | | | | | | | | | | | | 内屈服 | | |
| | | | | | | | | | | | | | 拉梅-米塞斯 | |
| 1 | 2 | | | | | | 通径直径/mm | 标准接箍/mm | 特殊间隙接箍/mm | | | API历史公式/MPa | 开口端部/MPa | 封堵管端/MPa |
| $10\frac{3}{4}$ | 51.00 | C90 | 273.05 | 1/5 | 11.43 | 250.19 | 246.23 | 298.45 | 285.75 | 23.4 | 5829 | 45.4 | 45.3 | 50.4 |
| | 55.50 | C90 | 273.05 | 1/5 | 12.57 | 247.90 | 243.94 | 298.45 | 285.75 | 28.7 | 6384 | 50.0 | 49.7 | 55.3 |
| | 60.70 | C90 | 273.05 | 1/5 | 13.84 | 245.36 | 241.40 | 298.45 | 285.75 | 37.6 | 6995 | 55.0 | 54.8 | 60.6 |
| | 65.70 | C90 | 273.05 | 1/5 | 15.11 | 242.82 | 238.86 | 298.45 | 285.75 | 46.6 | 7599 | 60.1 | 59.7 | 65.9 |
| | 73.20 | C90 | 273.05 | 1/5 | 17.07 | 238.91 | 234.95 | — | — | 60.4 | 8517 | 67.9 | 67.3 | 73.9 |
| | 79.20 | C90 | 273.05 | 1/5 | 18.64 | 235.76 | 231.80 | — | — | 71.4 | 9246 | 74.1 | 73.4 | 80.3 |
| | 85.30 | C90 | 273.05 | 1/5 | 20.24 | 232.56 | 228.60 | — | — | 82.7 | 9976 | 80.5 | 79.6 | 86.7 |
| | 51.00 | R95 | 273.05 | 1/12.5 | 11.43 | 250.19 | 246.23 | 298.45 | 285.75 | 24.0 | 6153 | 48.0 | 47.8 | 53.2 |
| | 55.50 | R95 | 273.05 | 1/12.5 | 12.57 | 247.90 | 243.94 | 298.45 | 285.75 | 29.6 | 6739 | 52.8 | 52.5 | 58.3 |
| | 51.00 | T95 | 273.05 | 1/5 | 11.43 | 250.19 | 246.23 | 298.45 | 285.75 | 24.0 | 6153 | 48.0 | 47.8 | 53.2 |
| | 55.50 | T95 | 273.05 | 1/5 | 12.57 | 247.90 | 243.94 | 298.45 | 285.75 | 29.6 | 6739 | 52.8 | 52.5 | 58.3 |
| | 60.70 | T95 | 273.05 | 1/5 | 13.84 | 245.36 | 241.40 | 298.45 | 285.75 | 38.4 | 7383 | 58.1 | 57.8 | 63.9 |
| | 65.70 | T95 | 273.05 | 1/5 | 15.11 | 242.82 | 238.86 | 298.45 | 285.75 | 48.0 | 8021 | 63.4 | 63.0 | 69.5 |
| | 73.20 | T95 | 273.05 | 1/5 | 17.07 | 238.91 | 234.95 | — | — | 62.6 | 8990 | 71.6 | 71.0 | 78.0 |
| | 79.20 | T95 | 273.05 | 1/5 | 18.64 | 235.76 | 231.80 | — | — | 74.4 | 9759 | 78.2 | 77.5 | 84.7 |
| | 85.30 | T95 | 273.05 | 1/5 | 20.24 | 232.56 | 228.60 | — | — | 86.4 | 10531 | 85.0 | 84.0 | 91.5 |
| | 51.00 | C110 | 273.05 | 1/5 | 11.43 | 250.19 | 246.23 | — | — | 25.2 | 7124 | 55.5 | 55.3 | 61.6 |
| | 55.50 | C110 | 273.05 | 1/5 | 12.57 | 247.90 | 243.94 | — | — | 31.8 | 7803 | 61.0 | 60.8 | 67.5 |
| | 60.70 | C110 | 273.05 | 1/5 | 13.84 | 245.36 | 241.40 | — | — | 40.5 | 8549 | 67.2 | 66.9 | 74.0 |
| | 65.70 | C110 | 273.05 | 1/5 | 15.11 | 242.82 | 238.86 | — | — | 51.7 | 9288 | 73.4 | 73.0 | 80.5 |
| | 73.20 | C110 | 273.05 | 1/5 | 17.07 | 238.91 | 234.95 | — | — | 69.0 | 10410 | 83.0 | 82.3 | 90.4 |
| | 79.20 | C110 | 273.05 | 1/5 | 18.64 | 235.76 | 231.80 | — | — | 82.9 | 11301 | 90.6 | 89.8 | 98.2 |
| | 85.30 | C110 | 273.05 | 1/5 | 20.24 | 232.56 | 228.60 | — | — | 97.0 | 12193 | 98.4 | 97.4 | 106.0 |

续表

| 抗力[3] | | | | | | | 带螺纹和接箍的接头连接强度[5] | | | | | |
|---|---|---|---|---|---|---|---|---|---|---|---|---|
| | 圆螺纹 | | 偏梯形螺纹 | | | | 圆螺纹 | | 偏梯形螺纹 | | | |
| 延性断裂 | | | 标准接箍 | | 特殊间隙接箍 | | | | 标准接箍 | | 特殊间隙接箍 | |
| 封堵管端/MPa | 短圆螺纹/MPa | 长圆螺纹/MPa | 同等钢级/MPa | 较高钢级[4]/MPa | 同等钢级/MPa | 较高钢级[4]/MPa | 短圆螺纹/kN | 长圆螺纹/kN | 同等钢级/kN | 较高钢级/kN | 同等钢级/kN | 较高钢级/kN |
| 50.0 | 45.4 | — | 45.4 | — | 37.1 | — | 3909 | — | 5723 | — | 4875 | — |
| 55.3 | 50.0 | — | 50.0 | — | 37.1 | — | 4354 | — | 6268 | — | 4875 | — |
| 61.0 | 55.0 | — | 55.0 | — | 37.1 | — | 4844 | — | 6867 | — | 4875 | — |
| 67.0 | 60.1 | — | 60.1 | — | 37.1 | — | 5329 | — | 7460 | — | 4875 | — |
| 76.1 | — | — | — | — | — | — | — | — | — | — | — | — |
| 83.5 | — | — | — | — | — | — | — | — | — | — | — | — |
| 91.2 | — | — | — | — | — | — | — | — | — | — | — | — |
| | | | | | | | | | | | | |
| 47.7 | 48.0 | — | 48.0 | — | 39.1 | — | 4121 | — | 6022 | — | 5119 | — |
| 52.7 | 52.8 | — | 52.8 | — | 39.1 | — | 4591 | — | 6595 | — | 5119 | — |
| | | | | | | | | | | | | |
| 52.7 | 48.0 | — | 48.0 | — | 39.1 | — | 4121 | — | 6022 | — | 5119 | — |
| 58.2 | 52.8 | — | 52.8 | — | 39.1 | — | 4591 | — | 6595 | — | 5119 | — |
| 64.3 | 58.1 | — | 58.1 | — | 39.1 | — | 5107 | — | 7226 | — | 5119 | — |
| 70.5 | 63.4 | — | 63.4 | — | 39.1 | — | 5618 | — | 7850 | — | 5119 | — |
| 80.1 | — | — | — | — | — | — | — | — | — | — | — | — |
| 87.9 | — | — | — | — | — | — | — | — | — | — | — | — |
| 96.0 | — | — | — | — | — | — | — | — | — | — | — | — |
| | | | | | | | | | | | | |
| 63.2 | — | — | — | — | — | — | — | — | — | — | — | — |
| 69.7 | — | — | — | — | — | — | — | — | — | — | — | — |
| 77.1 | — | — | — | — | — | — | — | — | — | — | — | — |
| 84.5 | — | — | — | — | — | — | — | — | — | — | — | — |
| 88.4 | — | — | — | — | — | — | — | — | — | — | — | — |
| 97.1 | — | — | — | — | — | — | — | — | — | — | — | — |
| 106.0 | — | — | — | — | — | — | — | — | — | — | — | — |

| 代号 | | 钢级 | 外径/mm | 材料参数/缺欠参数①$K_a$/($a_N$/t/%) | 壁厚/mm | 内径/mm | 带螺纹和接箍 | | | 抗挤毁强度②/MPa | 管体屈服强度/kN | 内压 | | |
|---|---|---|---|---|---|---|---|---|---|---|---|---|---|---|
| | | | | | | | 通径直径/mm | 外径 | | | | 管体 | | |
| | | | | | | | | | | | | 内屈服 | | |
| | | | | | | | | | | | | API历史公式/MPa | 拉梅-米塞斯 | |
| 1 | 2 | | | | | | | 标准接箍/mm | 特殊间隙接箍/mm | | | | 开口端部/MPa | 封堵管端/MPa |
| 10¾ | 51.00 | P110 | 273.05 | 1/12.5 | 11.43 | 250.19 | 246.23 | 298.45 | 285.75 | 25.2 | 7124 | 55.5 | 55.3 | 61.6 |
| | 55.50 | P110 | 273.05 | 1/12.5 | 12.57 | 247.90 | 243.94 | 298.45 | 285.75 | 31.8 | 7803 | 61.0 | 60.8 | 67.5 |
| | 60.70 | P110 | 273.05 | 1/12.5 | 13.84 | 245.36 | 241.40 | 298.45 | 285.75 | 40.5 | 8549 | 67.2 | 66.9 | 74.0 |
| | 65.70 | P110 | 273.05 | 1/12.5 | 15.11 | 242.82 | 238.86 | 298.45 | 285.75 | 51.7 | 9288 | 73.4 | 73.0 | 80.5 |
| | 51.00 | P110 | 273.05 | 1/5 | 11.43 | 250.19 | 246.23 | 298.45 | 285.75 | 25.2 | 7124 | 55.5 | 55.3 | 61.6 |
| | 55.50 | P110 | 273.05 | 1/5 | 12.57 | 247.90 | 243.94 | 298.45 | 285.75 | 31.8 | 7803 | 61.0 | 60.8 | 67.5 |
| | 60.70 | P110 | 273.05 | 1/5 | 13.84 | 245.36 | 241.40 | 298.45 | 285.75 | 40.5 | 8549 | 67.2 | 66.9 | 74.0 |
| | 65.70 | P110 | 273.05 | 1/5 | 15.11 | 242.82 | 238.86 | 298.45 | 285.75 | 51.7 | 9288 | 73.4 | 73.0 | 80.5 |
| | 60.70 | Q125 | 273.05 | 1/5 | 13.84 | 245.36 | 241.40 | 298.45 | — | 41.8 | 9715 | 76.4 | 76.0 | 84.1 |
| | 65.70 | Q125 | 273.05 | 1/5 | 15.11 | 242.82 | 238.86 | 298.45 | — | 54.6 | 10554 | 83.4 | 83.0 | 91.4 |
| 11¾ | 42.00 | H40 | 298.45 | 2/12.5 | 8.46 | 281.53 | 277.57 | 323.85 | — | 7.2 | 2125 | 13.6 | 13.6 | 15.4 |
| | 47.00 | J55 | 298.45 | 2/12.5 | 9.53 | 279.40 | 275.44 | 323.85 | — | 10.4 | 3278 | 21.2 | 21.2 | 23.7 |
| | 54.00 | J55 | 298.45 | 2/12.5 | 11.05 | 276.35 | 272.39 | 323.85 | — | 14.3 | 3783 | 24.5 | 24.5 | 27.4 |
| | 60.00 | J55 | 298.45 | 2/12.5 | 12.42 | 273.61 | 269.65 | 323.85 | — | 18.4 | 4232 | 27.6 | 27.5 | 30.7 |
| | 47.00 | K55 | 298.45 | 2/12.5 | 9.53 | 279.40 | 275.44 | 323.85 | — | 10.4 | 3278 | 21.2 | 21.2 | 23.7 |
| | 54.00 | K55 | 298.45 | 2/12.5 | 11.05 | 276.35 | 272.39 | 323.85 | — | 14.3 | 3783 | 24.5 | 24.5 | 27.4 |
| | 60.00 | K55 | 298.45 | 2/12.5 | 12.42 | 273.61 | 269.65 | 323.85 | — | 18.4 | 4232 | 27.6 | 27.5 | 30.7 |
| | 60.00 | L80 1 | 298.45 | 1/12.5 | 12.42 | 273.61 | 269.65 | 323.85 | — | 21.9 | 6156 | 40.2 | 40.0 | 44.6 |
| | 65.00 | L80 1 | 298.45 | 1/12.5 | 13.56 | 271.32 | 267.36 | — | — | 26.7 | 6695 | 43.8 | 43.7 | 48.5 |
| | 71.00 | L80 1 | 298.45 | 1/12.5 | 14.78 | 268.88 | 264.92 | — | — | 33.6 | 7266 | 47.7 | 47.5 | 52.6 |
| | 60.00 | L80 9Cr | 298.45 | 2/12.5 | 12.42 | 273.61 | 269.65 | 323.85 | — | 21.9 | 6156 | 40.2 | 40.0 | 44.6 |
| | 65.00 | L80 9Cr | 298.45 | 2/12.5 | 13.56 | 271.32 | 267.36 | — | — | 26.7 | 6695 | 43.8 | 43.7 | 48.5 |
| | 71.00 | L80 9Cr | 298.45 | 2/12.5 | 14.78 | 268.88 | 264.92 | — | — | 33.6 | 7266 | 47.7 | 47.5 | 52.6 |

续表

| 抗力③ | | | | | | | 带螺纹和接箍的接头连接强度⑤ | | | | | |
|---|---|---|---|---|---|---|---|---|---|---|---|---|
| | 圆螺纹 | | 偏梯形螺纹 | | | | 圆螺纹 | | 偏梯形螺纹 | | | |
| 延性断裂 | 短圆螺纹/MPa | 长圆螺纹/MPa | 标准接箍 | | 特殊间隙接箍 | | 短圆螺纹/kN | 长圆螺纹/kN | 标准接箍 | | 特殊间隙接箍 | |
| 封堵管端/MPa | | | 同等钢级/MPa | 较高钢级④/MPa | 同等钢级/MPa | 较高钢级④/MPa | | | 同等钢级/kN | 较高钢级/kN | 同等钢级/kN | 较高钢级/kN |
| 57.3 | 55.5 | — | 55.5 | 55.5 | 45.3 | 51.5 | 4800 | — | 7088 | 7088 | 6094 | 6581 |
| 63.2 | 61.0 | — | 61.0 | 61.0 | 45.3 | 51.5 | 5347 | — | 7763 | 7763 | 6094 | 6581 |
| 69.8 | 67.2 | — | 67.2 | 67.2 | 45.3 | 51.5 | 5948 | — | 8506 | 8506 | 6094 | 6581 |
| 76.5 | 73.4 | — | 73.4 | 73.4 | 45.3 | 51.5 | 6544 | — | 9240 | 9240 | 6094 | 6581 |
| 63.2 | 55.5 | — | 55.5 | 55.5 | 45.3 | 51.5 | 4800 | — | 7088 | 7088 | 6094 | 6581 |
| 69.7 | 61.0 | — | 61.0 | 61.0 | 45.3 | 51.5 | 5347 | — | 7763 | 7763 | 6094 | 6581 |
| 77.1 | 67.2 | — | 67.2 | 67.2 | 45.3 | 51.5 | 5948 | — | 8506 | 8506 | 6094 | 6581 |
| 84.5 | 73.4 | — | 73.4 | 73.4 | 45.3 | 51.5 | 6544 | — | 9240 | 9240 | 6094 | 6581 |
| | | | | | | | | | | | | |
| 83.9 | 76.4 | — | 76.4 | — | — | — | 6681 | — | 9381 | — | — | — |
| 92.0 | 83.4 | — | 83.4 | — | — | — | 7350 | — | 10191 | — | — | — |
| 14.7 | 13.6 | — | — | — | — | — | 1368 | — | — | — | — | — |
| | | | | | | | | | | | | |
| 21.0 | 21.2 | — | 21.2 | 21.2 | — | — | 2120 | — | 3590 | 3590 | — | — |
| 24.4 | 24.5 | — | 24.5 | 24.5 | — | — | 2525 | — | 4142 | 4142 | — | — |
| 27.6 | 27.6 | — | 27.6 | 27.6 | — | — | 2886 | — | 4635 | 4635 | — | — |
| | | | | | | | | | | | | |
| 26.6 | 21.2 | — | 21.2 | 21.2 | — | — | 2265 | — | 4161 | 4161 | — | — |
| 30.9 | 24.5 | — | 24.5 | 24.5 | — | — | 2698 | — | 4801 | 4801 | — | — |
| 34.9 | 27.6 | — | 27.6 | 27.6 | — | — | 3083 | — | 5372 | 5372 | — | — |
| | | | | | | | | | | | | |
| 42.6 | 40.2 | — | 40.2 | — | — | — | 4059 | — | 6222 | — | — | — |
| 46.6 | — | — | — | — | — | — | — | — | — | — | — | — |
| 51.1 | — | — | — | — | — | — | — | — | — | — | — | — |
| | | | | | | | | | | | | |
| 35.3 | 40.2 | — | 40.2 | — | — | — | 4059 | — | 6222 | — | — | — |
| 38.7 | — | — | — | — | — | — | — | — | — | — | — | — |
| 42.2 | — | — | — | — | — | — | — | — | — | — | — | — |

| 代号 | | 钢级 | 外径/mm | 材料参数/缺欠参数[①] $K_a$/($a_N$/t/%) | 壁厚/mm | 内径/mm | 带螺纹和接箍 | | | 抗挤毁强度[②]/MPa | 管体屈服强度/kN | 内压 | | |
|---|---|---|---|---|---|---|---|---|---|---|---|---|---|---|
| | | | | | | | 通径直径/mm | 外径 | | | | 管体 | | |
| | | | | | | | | 标准接箍/mm | 特殊间隙接箍/mm | | | 内屈服 | | |
| | | | | | | | | | | | | API历史公式/MPa | 拉梅-米塞斯 | |
| 1 | 2 | | | | | | | | | | | | 开口端部/MPa | 封堵管端/MPa |
| | 60.00 | L80 13Cr | 298.45 | 1/12.5 | 12.42 | 273.61 | 269.65 | 323.85 | — | 21.9 | 6156 | 40.2 | 40.0 | 44.6 |
| | 65.00 | L80 13Cr | 298.45 | 1/12.5 | 13.56 | 271.32 | 267.36 | — | — | 26.7 | 6695 | 43.8 | 43.7 | 48.5 |
| | 71.00 | L80 13Cr | 298.45 | 1/12.5 | 14.78 | 268.88 | 264.92 | — | — | 33.6 | 7266 | 47.7 | 47.5 | 52.6 |
| | 60.00 | N80 | 298.45 | 2/12.5 | 12.42 | 273.61 | 269.65 | 323.85 | — | 21.9 | 6156 | 40.2 | 40.0 | 44.6 |
| | 65.00 | N80 | 298.45 | 2/12.5 | 13.56 | 271.32 | 267.36 | — | — | 26.7 | 6695 | 43.8 | 43.7 | 48.5 |
| | 71.00 | N80 | 298.45 | 2/12.5 | 14.78 | 268.88 | 264.92 | — | — | 33.6 | 7266 | 47.7 | 47.5 | 52.6 |
| | 60.00 | N80 | 298.45 | 1/12.5 | 12.42 | 273.61 | 269.65 | 323.85 | — | 21.9 | 6156 | 40.2 | 40.0 | 44.6 |
| | 65.00 | N80 | 298.45 | 1/12.5 | 13.56 | 271.32 | 267.36 | — | — | 26.7 | 6695 | 43.8 | 43.7 | 48.5 |
| | 71.00 | N80 | 298.45 | 1/12.5 | 14.78 | 268.88 | 264.92 | — | — | 33.6 | 7266 | 47.7 | 47.5 | 52.6 |
| 11¾ | 60.00 | C90 | 298.45 | 1/5 | 12.42 | 273.61 | 269.65 | 323.85 | — | 23.2 | 6926 | 45.1 | 45.0 | 50.2 |
| | 65.00 | C90 | 298.45 | 1/5 | 13.56 | 271.32 | 267.36 | — | — | 28.0 | 7532 | 49.3 | 49.1 | 54.6 |
| | 71.00 | C90 | 298.45 | 1/5 | 14.78 | 268.88 | 264.92 | — | — | 35.3 | 8175 | 53.7 | 53.5 | 59.3 |
| | 60.00 | R95 | 298.45 | 1/12.5 | 12.42 | 273.61 | 269.65 | 323.85 | — | 23.7 | 7310 | 47.7 | 47.5 | 52.9 |
| | 65.00 | R95 | 298.45 | 1/12.5 | 13.56 | 271.32 | 267.36 | — | — | 28.7 | 7951 | 52.1 | 51.9 | 57.6 |
| | 71.00 | R95 | 298.45 | 1/12.5 | 14.78 | 268.88 | 264.92 | — | — | 36.1 | 8629 | 56.7 | 56.5 | 62.5 |
| | 60.00 | T95 | 298.45 | 1/5 | 12.42 | 273.61 | 269.65 | 323.85 | — | 23.7 | 7310 | 47.7 | 47.5 | 52.9 |
| | 65.00 | T95 | 298.45 | 1/5 | 13.56 | 271.32 | 267.36 | — | — | 28.7 | 7951 | 52.1 | 51.9 | 57.6 |
| | 71.00 | T95 | 298.45 | 1/5 | 14.78 | 268.88 | 264.92 | — | — | 36.1 | 8629 | 56.7 | 56.5 | 62.5 |
| | 60.00 | C110 | 298.45 | 1/5 | 12.42 | 273.61 | 269.65 | — | — | 24.9 | 8465 | 55.2 | 55.0 | 61.3 |
| | 65.00 | C110 | 298.45 | 1/5 | 13.56 | 271.32 | 267.36 | — | — | 30.9 | 9206 | 60.3 | 60.0 | 66.7 |
| | 71.00 | C110 | 298.45 | 1/5 | 14.78 | 268.88 | 264.92 | — | — | 37.7 | 9991 | 65.7 | 65.4 | 72.4 |

续表

| 抗力[3] | | | | | | | 带螺纹和接箍的接头连接强度[5] | | | | | |
|---|---|---|---|---|---|---|---|---|---|---|---|---|
| | 圆螺纹 | | 偏梯形螺纹 | | | | 圆螺纹 | | 偏梯形螺纹 | | | |
| 延性断裂 | | | 标准接箍 | | 特殊间隙接箍 | | | | 标准接箍 | | 特殊间隙接箍 | |
| 封堵管端/MPa | 短圆螺纹/MPa | 长圆螺纹/MPa | 同等钢级/MPa | 较高钢级[4]/MPa | 同等钢级/MPa | 较高钢级[4]/MPa | 短圆螺纹/kN | 长圆螺纹/kN | 同等钢级/kN | 较高钢级/kN | 同等钢级/kN | 较高钢级/kN |
| 42.6 | 40.2 | — | 40.2 | — | — | — | 4059 | — | 6222 | — | — | — |
| 46.6 | — | — | — | — | — | — | — | — | — | — | — | — |
| 51.1 | — | — | — | — | — | — | — | — | — | — | — | — |
| 37.2 | 40.2 | — | 40.2 | — | — | — | 4108 | — | 6406 | — | — | — |
| 40.7 | — | — | — | — | — | — | — | — | — | — | — | — |
| 44.5 | — | — | — | — | — | — | — | — | — | — | — | — |
| | | | | | | | | | | | | |
| 44.9 | 40.2 | — | 40.2 | 40.2 | — | — | 4108 | — | 6406 | 6406 | — | — |
| 49.1 | — | — | — | — | — | — | — | — | — | — | — | — |
| 53.7 | — | — | — | — | — | — | — | — | — | — | — | — |
| | | | | | | | | | | | | |
| 49.7 | 45.1 | — | 45.1 | — | — | — | 4499 | — | 6746 | — | — | — |
| 54.5 | — | — | — | — | — | — | — | — | — | — | — | — |
| 59.6 | — | — | — | — | — | — | — | — | — | — | — | — |
| | | | | | | | | | | | | |
| 47.5 | 47.7 | — | 47.7 | — | — | — | 4744 | — | 7104 | — | — | — |
| 52.0 | — | — | | — | — | — | — | — | — | — | — | — |
| 56.9 | — | — | — | — | — | — | — | — | — | — | — | — |
| | | | | | | | | | | | | |
| 52.4 | 47.7 | — | 47.7 | — | — | — | 4743 | — | 7101 | — | — | — |
| 57.4 | — | — | — | — | — | — | — | — | — | — | — | — |
| 62.8 | — | — | — | — | — | — | — | — | — | — | — | — |
| | | | | | | | | | | | | |
| 57.8 | — | — | — | — | — | — | — | — | — | — | — | — |
| 63.4 | — | — | — | — | — | — | — | — | — | — | — | — |
| 69.3 | — | — | — | — | — | — | — | — | — | — | — | — |

| 代号 1 | 代号 2 | 钢级 | 外径/mm | 材料参数/缺欠参数① $K_a$/($a_N$/t/%) | 壁厚/mm | 内径/mm | 带螺纹和接箍 通径直径/mm | 带螺纹和接箍 外径 标准接箍/mm | 带螺纹和接箍 外径 特殊间隙接箍/mm | 抗挤毁强度②/MPa | 管体屈服强度/kN | 内压 管体 内屈服 API历史公式/MPa | 内压 管体 内屈服 拉梅-米塞斯 开口端部/MPa | 内压 管体 内屈服 拉梅-米塞斯 封堵管端/MPa |
|---|---|---|---|---|---|---|---|---|---|---|---|---|---|---|
| 11¾ | 60.00 | P110 | 298.45 | 1/12.5 | 12.42 | 273.61 | 269.65 | 323.85 | — | 24.9 | 8465 | 55.2 | 55.0 | 61.3 |
| | 65.00 | P110 | 298.45 | 1/12.5 | 13.56 | 271.32 | 267.36 | — | — | 30.9 | 9206 | 60.3 | 60.0 | 66.7 |
| | 71.00 | P110 | 298.45 | 1/12.5 | 14.78 | 268.88 | 264.92 | — | — | 37.7 | 9991 | 65.7 | 65.4 | 72.4 |
| | 60.00 | P110 | 298.45 | 1/5 | 12.42 | 273.61 | 269.65 | 323.85 | — | 24.9 | 8465 | 55.2 | 55.0 | 61.3 |
| | 65.00 | P110 | 298.45 | 1/5 | 13.56 | 271.32 | 267.36 | — | — | 30.9 | 9206 | 60.3 | 60.0 | 66.7 |
| | 71.00 | P110 | 298.45 | 1/5 | 14.78 | 268.88 | 264.92 | — | — | 37.7 | 9991 | 65.7 | 65.4 | 72.4 |
| | 60.00 | Q125 | 298.45 | 1/5 | 12.42 | 273.61 | 269.65 | 323.85 | — | 25.4 | 9619 | 62.7 | 62.5 | 69.6 |
| | 65.00 | Q125 | 298.45 | 1/5 | 13.56 | 271.32 | 267.36 | — | — | 32.3 | 10462 | 68.5 | 68.2 | 75.8 |
| | 71.00 | Q125 | 298.45 | 1/5 | 14.78 | 268.88 | 264.92 | — | — | 39.7 | 11354 | 74.7 | 74.3 | 82.3 |
| 13⅜ | 48.00 | H40 | 339.72 | 2/12.5 | 8.38 | 322.96 | 319.00 | 365.13 | — | 5.1 | 2406 | 11.9 | 11.9 | 13.4 |
| | 54.50 | J55 | 339.72 | 2/12.5 | 9.65 | 320.42 | 316.46 | 365.13 | — | 7.8 | 3795 | 18.8 | 18.8 | 21.2 |
| | 61.00 | J55 | 339.72 | 2/12.5 | 10.92 | 317.88 | 313.92 | 365.13 | — | 10.6 | 4278 | 21.3 | 21.3 | 23.8 |
| | 68.00 | J55 | 339.72 | 2/12.5 | 12.19 | 315.34 | 311.38 | 365.13 | — | 13.4 | 4757 | 23.8 | 23.8 | 26.5 |
| | 54.50 | K55 | 339.72 | 2/12.5 | 9.65 | 320.42 | 316.46 | 365.13 | — | 7.8 | 3795 | 18.8 | 18.8 | 21.2 |
| | 61.00 | K55 | 339.72 | 2/12.5 | 10.92 | 317.88 | 313.92 | 365.13 | — | 10.6 | 4278 | 21.3 | 21.3 | 23.8 |
| | 68.00 | K55 | 339.72 | 2/12.5 | 12.19 | 315.34 | 311.38 | 365.13 | — | 13.4 | 4757 | 23.8 | 23.8 | 26.5 |
| | 68.00 | L80 1 | 339.72 | 1/12.5 | 12.19 | 315.34 | 311.38 | 365.13 | — | 15.6 | 6919 | 34.6 | 34.5 | 38.7 |
| | 72.00 | L80 1 | 339.72 | 1/12.5 | 13.06 | 313.61 | 309.65 | 365.13 | — | 18.4 | 7390 | 37.1 | 36.9 | 41.3 |
| | 68.00 | L80 9Cr | 339.72 | 2/12.5 | 12.19 | 315.34 | 311.38 | 365.13 | — | 15.6 | 6919 | 34.6 | 34.5 | 38.7 |
| | 72.00 | L80 9Cr | 339.72 | 2/12.5 | 13.06 | 313.61 | 309.65 | 365.13 | — | 18.4 | 7390 | 37.1 | 36.9 | 41.3 |
| | 68.00 | L80 13Cr | 339.72 | 1/12.5 | 12.19 | 315.34 | 311.38 | 365.13 | — | 15.6 | 6919 | 34.6 | 34.5 | 38.7 |
| | 72.00 | L80 13Cr | 339.72 | 1/12.5 | 13.06 | 313.61 | 309.65 | 365.13 | — | 18.4 | 7390 | 37.1 | 36.9 | 41.3 |

续表

| 抗力[③] | | | | | | | 带螺纹和接箍的接头连接强度[⑤] | | | | | |
|---|---|---|---|---|---|---|---|---|---|---|---|---|
| | 圆螺纹 | | 偏梯形螺纹 | | | | 圆螺纹 | | 偏梯形螺纹 | | | |
| 延性断裂 | | | 标准接箍 | | 特殊间隙接箍 | | | | 标准接箍 | | 特殊间隙接箍 | |
| 封堵管端/MPa | 短圆螺纹/MPa | 长圆螺纹/MPa | 同等钢级/MPa | 较高钢级[④]/MPa | 同等钢级/MPa | 较高钢级[④]/MPa | 短圆螺纹/kN | 长圆螺纹/kN | 同等钢级/kN | 较高钢级/kN | 同等钢级/kN | 较高钢级/kN |
| 56.9 | 55.2 | — | 55.2 | 55.2 | — | — | 5523 | — | 8348 | 8348 | — | — |
| 62.4 | — | — | — | — | — | — | — | — | — | — | — | — |
| 68.1 | — | — | — | — | — | — | — | — | — | — | — | — |
| | | | | | | | | | | | | |
| 62.8 | 55.2 | — | 55.2 | 55.2 | — | — | 5523 | — | 8348 | 8348 | — | — |
| 68.8 | — | — | — | — | — | — | — | — | — | — | — | — |
| 75.2 | — | — | — | — | — | — | — | — | — | — | — | — |
| 68.3 | 62.7 | — | 62.7 | — | — | — | 6207 | — | 9227 | — | — | — |
| 74.9 | — | — | — | — | — | — | — | — | — | — | — | — |
| 81.9 | — | — | — | — | — | — | — | — | — | — | — | — |
| 12.8 | 11.9 | — | — | — | — | — | 1433 | — | — | — | — | — |
| | | | | | | | | | | | | |
| 18.7 | 18.8 | — | 18.8 | 18.8 | — | — | 2287 | — | 4045 | 4045 | — | — |
| 21.2 | 21.3 | — | 21.3 | 21.3 | — | — | 2647 | — | 4560 | 4560 | — | — |
| 23.6 | 23.8 | — | 23.8 | 23.8 | — | — | 3004 | — | 5071 | 5071 | — | — |
| | | | | | | | | | | | | |
| 23.6 | 18.8 | — | 18.8 | 18.8 | — | — | 2432 | — | 4615 | 4615 | — | — |
| 26.8 | 21.3 | — | 21.3 | 21.3 | — | — | 2815 | — | 5202 | 5202 | — | — |
| 30.0 | 23.8 | — | 23.8 | 23.8 | — | — | 3195 | — | 5784 | 5784 | — | — |
| | | | | | | | | | | | | |
| 36.6 | 34.6 | — | 34.6 | — | — | — | 4236 | — | 6872 | — | | — |
| 39.3 | 37.1 | — | 37.1 | — | — | — | 4576 | — | 7340 | — | — | — |
| | | | | | | | | | | | | |
| 30.3 | 34.6 | — | 34.6 | — | — | — | 4236 | — | 6872 | — | — | — |
| 32.5 | 37.1 | — | 37.1 | — | — | — | 4576 | — | 7340 | — | — | — |
| | | | | | | | | | | | | |
| 36.6 | 34.6 | — | 34.6 | — | — | — | 4236 | — | 6872 | — | — | — |
| 39.3 | 37.1 | — | 37.1 | — | — | — | 4576 | — | 7340 | — | — | — |

| 代号 | | 钢级 | 外径/mm | 材料参数/缺欠参数①$K_a$/($a_N$/t/%) | 壁厚/mm | 内径/mm | 带螺纹和接箍 | | | 抗挤毁强度②/MPa | 管体屈服强度/kN | 内压 | | |
|---|---|---|---|---|---|---|---|---|---|---|---|---|---|---|
| | | | | | | | 通径直径/mm | 外径 | | | | 管体 | | |
| | | | | | | | | 标准接箍/mm | 特殊间隙接箍/mm | | | 内屈服 | | |
| 1 | 2 | | | | | | | | | | | API历史公式/MPa | 拉梅-米塞斯 开口端部/MPa | 拉梅-米塞斯 封堵管端/MPa |
| 13⅜ | 68.00 | N80 | 339.72 | 2/12.5 | 12.19 | 315.34 | 311.38 | 365.13 | — | 15.6 | 6919 | 34.6 | 34.5 | 38.7 |
| | 72.00 | N80 | 339.72 | 2/12.5 | 13.06 | 313.61 | 309.65 | 365.13 | — | 18.4 | 7390 | 37.1 | 36.9 | 41.3 |
| | 68.00 | N80 | 339.72 | 1/12.5 | 12.19 | 315.34 | 311.38 | 365.13 | — | 15.6 | 6919 | 34.6 | 34.5 | 38.7 |
| | 72.00 | N80 | 339.72 | 1/12.5 | 13.06 | 313.61 | 309.65 | 365.13 | — | 18.4 | 7390 | 37.1 | 36.9 | 41.3 |
| | 68.00 | C90 | 339.72 | 1/5 | 12.19 | 315.34 | 311.38 | 365.13 | — | 16.0 | 7784 | 38.9 | 38.9 | 43.5 |
| | 72.00 | C90 | 339.72 | 1/5 | 13.06 | 313.61 | 309.65 | 365.13 | — | 19.2 | 8314 | 41.7 | 41.6 | 46.4 |
| | 68.00 | R95 | 339.72 | 1/12.5 | 12.19 | 315.34 | 311.38 | 365.13 | — | 16.1 | 8217 | 41.1 | 41.0 | 45.9 |
| | 72.00 | R95 | 339.72 | 1/12.5 | 13.06 | 313.61 | 309.65 | 365.13 | — | 19.4 | 8776 | 44.0 | 43.9 | 49.0 |
| | 68.00 | T95 | 339.72 | 1/5 | 12.19 | 315.34 | 311.38 | 365.13 | — | 16.1 | 8217 | 41.1 | 41.0 | 45.9 |
| | 72.00 | T95 | 339.72 | 1/5 | 13.06 | 313.61 | 309.65 | 365.13 | — | 19.4 | 8776 | 44.0 | 43.9 | 49.0 |
| | 68.00 | C110 | 339.72 | 1/5 | 12.19 | 315.34 | 311.38 | — | — | 16.1 | 9514 | 47.6 | 47.5 | 53.1 |
| | 72.00 | C110 | 339.72 | 1/5 | 13.06 | 313.61 | 309.65 | — | — | 19.8 | 10161 | 51.0 | 50.8 | 56.8 |
| | 68.00 | P110 | 339.72 | 1/12.5 | 12.19 | 315.34 | 311.38 | 365.13 | — | 16.1 | 9514 | 47.6 | 47.5 | 53.1 |
| | 72.00 | P110 | 339.72 | 1/12.5 | 13.06 | 313.61 | 309.65 | 365.13 | — | 19.8 | 10161 | 51.0 | 50.8 | 56.8 |
| | 68.00 | P110 | 339.72 | 1/5 | 12.19 | 315.34 | 311.38 | 365.13 | — | 16.1 | 9514 | 47.6 | 47.5 | 53.1 |
| | 72.00 | P110 | 339.72 | 1/5 | 13.06 | 313.61 | 309.65 | 365.13 | — | 19.8 | 10161 | 51.0 | 50.8 | 56.8 |
| | 72.00 | Q125 | 339.72 | 1/5 | 13.06 | 313.61 | 309.65 | 365.13 | — | 19.8 | 11547 | 57.9 | 57.7 | 64.5 |
| 16 | 65.00 | H40 | 406.40 | 2/12.5 | 9.53 | 387.35 | 382.57 | 431.80 | — | 4.3② | 3275 | 11.3 | 11.3 | 12.7 |
| | 75.00 | J55 | 406.40 | 2/12.5 | 11.13 | 384.15 | 379.37 | 431.80 | — | 7.0 | 5239 | 18.1 | 18.1 | 20.4 |
| | 84.00 | J55 | 406.40 | 2/12.5 | 12.57 | 381.25 | 376.48 | 431.80 | — | 9.7 | 5899 | 20.5 | 20.5 | 23.0 |
| | 109.00 | J55 | 406.40 | 2/12.5 | 16.66 | 373.08 | 368.30 | — | — | 17.6 | 7736 | 27.2 | 27.1 | 30.2 |

续表

| 抗力[3] | | | | | | | 带螺纹和接箍的接头连接强度[5] | | | | | |
|---|---|---|---|---|---|---|---|---|---|---|---|---|
| | 圆螺纹 | | 偏梯形螺纹 | | | | 圆螺纹 | | 偏梯形螺纹 | | | |
| 延性断裂 | | | 标准接箍 | | 特殊间隙接箍 | | | | 标准接箍 | | 特殊间隙接箍 | |
| 封堵管端/MPa | 短圆螺纹/MPa | 长圆螺纹/MPa | 同等钢级/MPa | 较高钢级[4]/MPa | 同等钢级/MPa | 较高钢级[4]/MPa | 短圆螺纹/kN | 长圆螺纹/kN | 同等钢级/kN | 较高钢级/kN | 同等钢级/kN | 较高钢级/kN |
| 32.0 | 34.6 | — | 34.6 | — | — | — | 4284 | — | 7051 | — | — | — |
| 34.2 | 37.1 | — | 37.1 | — | — | — | 4628 | — | 7531 | — | — | — |
| 38.5 | 34.6 | — | 34.6 | 34.6 | — | — | 4284 | — | 7051 | 7051 | — | — |
| 41.3 | 37.1 | — | 37.1 | 37.1 | — | — | 4628 | — | 7531 | 7531 | — | — |
| 42.7 | 38.9 | — | 38.9 | — | — | — | 4700 | — | 7486 | — | — | — |
| 45.8 | 41.7 | — | 41.7 | — | — | — | 5078 | — | 7995 | — | — | — |
| 40.7 | 41.1 | — | 41.1 | — | — | — | 4956 | — | 7882 | — | — | — |
| 43.7 | 44.0 | — | 44.0 | — | — | — | 5354 | — | 8418 | — | — | — |
| 44.9 | 41.1 | — | 41.1 | — | — | — | 4956 | — | 7882 | — | — | — |
| 48.2 | 44.0 | — | 44.0 | — | — | — | 5354 | — | 8418 | — | — | — |
| 53.9 | — | — | — | — | — | — | — | — | — | — | — | — |
| 56.8 | — | — | — | — | — | — | — | — | — | — | — | — |
| 48.9 | 47.6 | — | 47.6 | 47.6 | — | — | 5767 | — | 9249 | 9249 | — | — |
| 52.4 | 51.0 | — | 51.0 | 51.0 | — | — | 6231 | — | 9878 | 9878 | — | — |
| 53.9 | 47.6 | — | 47.6 | 47.6 | — | — | 5767 | — | 9249 | 9249 | — | — |
| 56.8 | 51.0 | — | 51.0 | 51.0 | — | — | 6231 | — | 9878 | 9878 | — | — |
| 62.9 | 57.9 | — | 57.9 | — | — | — | 7008 | — | 10956 | — | — | — |
| 12.2 | 11.3 | — | — | — | — | — | 1952 | — | — | — | — | — |
| 18.0 | 18.1 | — | 18.1 | 18.1 | — | — | 3159 | — | 5337 | 5337 | — | — |
| 20.3 | 20.5 | — | 20.5 | 20.5 | — | — | 3636 | — | 6010 | 6010 | — | — |
| 27.1 | — | — | — | — | — | — | — | — | — | — | — | — |

| 代号 1 | 代号 2 | 钢级 | 外径/mm | 材料参数/缺欠参数[①] $K_a$/($a_N/t$/%) | 壁厚/mm | 内径/mm | 带螺纹和接箍 通径直径/mm | 带螺纹和接箍 外径 标准接箍/mm | 带螺纹和接箍 外径 特殊间隙接箍/mm | 抗挤毁强度[②]/MPa | 管体屈服强度/kN | 内压 管体 内屈服 API历史公式/MPa | 内压 管体 内屈服 拉梅-米塞斯 开口端部/MPa | 内压 管体 内屈服 拉梅-米塞斯 封堵管端/MPa |
|---|---|---|---|---|---|---|---|---|---|---|---|---|---|---|
| 16 | 75.00 | K55 | 406.40 | 2/12.5 | 11.13 | 384.15 | 379.37 | 431.80 | — | 7.0 | 5239 | 18.1 | 18.1 | 20.4 |
| | 84.00 | K55 | 406.40 | 2/12.5 | 12.57 | 381.25 | 376.48 | 431.80 | — | 9.7 | 5899 | 20.5 | 20.5 | 23.0 |
| | 109.00 | K55 | 406.40 | 2/12.5 | 16.66 | 373.08 | 368.30 | — | — | 17.6 | 7736 | 27.2 | 27.1 | 30.2 |
| | 109.00 | L80 1 | 406.40 | 1/12.5 | 16.66 | 373.08 | 368.30 | — | — | 21.2 | 11252 | 39.5 | 39.4 | 43.9 |
| | 109.00 | L80 9Cr | 406.40 | 2/12.5 | 16.66 | 373.08 | 368.30 | — | — | 21.2 | 11252 | 39.5 | 39.4 | 43.9 |
| | 109.00 | L80 13Cr | 406.40 | 1/12.5 | 16.66 | 373.08 | 368.30 | — | — | 21.2 | 11252 | 39.5 | 39.4 | 43.9 |
| | 109.00 | N80 | 406.40 | 2/12.5 | 16.66 | 373.08 | 368.30 | — | — | 21.2 | 11252 | 39.5 | 39.4 | 43.9 |
| | 109.00 | N80 | 406.40 | 1/12.5 | 16.66 | 373.08 | 368.30 | — | — | 21.2 | 11252 | 39.5 | 39.4 | 43.9 |
| | 109.00 | R95 | 406.40 | 1/12.5 | 16.66 | 373.08 | 368.30 | — | — | 22.9 | 13362 | 47.0 | 46.8 | 52.2 |
| | 109.00 | P110 | 406.40 | 1/12.5 | 16.66 | 373.08 | 368.30 | — | — | 23.9 | 15472 | 54.4 | 54.2 | 60.4 |
| | 109.00 | P110 | 406.40 | 1/5 | 16.66 | 373.08 | 368.30 | — | — | 23.9 | 15472 | 54.4 | 54.2 | 60.4 |
| | 109.00 | Q125 | 406.40 | 1/5 | 16.66 | 373.08 | 368.30 | — | — | 24.3 | 17582 | 61.8 | 61.6 | 68.6 |
| 18⅝ | 87.50 | H40 | 473.08 | 2/12.5 | 11.05 | 450.98 | 446.20 | 508.00 | — | 4.3[②] | 4423 | 11.2 | 11.2 | 12.7 |
| | 87.50 | J55 | 473.08 | 2/12.5 | 11.05 | 450.98 | 446.20 | 508.00 | — | 4.3[②] | 6081 | 15.5 | 15.5 | 17.5 |
| | 87.50 | K55 | 473.08 | 2/12.5 | 11.05 | 450.98 | 446.20 | 508.00 | — | 4.3[②] | 6081 | 15.5 | 15.5 | 17.5 |
| 20 | 94.00 | H40 | 508.00 | 2/12.5 | 11.13 | 485.75 | 480.97 | 533.40 | — | 3.6[②] | 4789 | 10.5 | 10.5 | 11.9 |
| | 94.00 | J55 | 508.00 | 2/12.5 | 11.13 | 485.75 | 480.97 | 533.40 | — | 3.6[②] | 6585 | 14.5 | 14.5 | 16.4 |
| | 106.50 | J55 | 508.00 | 2/12.5 | 12.70 | 482.60 | 477.82 | 533.40 | — | 5.3[②] | 7494 | 16.6 | 16.5 | 18.7 |
| | 133.00 | J55 | 508.00 | 2/12.5 | 16.13 | 475.74 | 470.97 | 533.40 | — | 10.3 | 9451 | 21.1 | 21.0 | 23.6 |
| | 94.00 | K55 | 508.00 | 2/12.5 | 11.13 | 485.75 | 480.97 | 533.40 | — | 3.6[②] | 6585 | 14.5 | 14.5 | 16.4 |
| | 106.50 | K55 | 508.00 | 2/12.5 | 12.70 | 482.60 | 477.82 | 533.40 | — | 5.3[②] | 7494 | 16.6 | 16.5 | 18.7 |
| | 133.00 | K55 | 508.00 | 2/12.5 | 16.13 | 475.74 | 470.97 | 533.40 | — | 10.3 | 9451 | 21.1 | 21.0 | 23.6 |

续表

| 抗力[3] | | | | | | | 带螺纹和接箍的接头连接强度[5] | | | | | |
|---|---|---|---|---|---|---|---|---|---|---|---|---|
| | 圆螺纹 | | 偏梯形螺纹 | | | | 圆螺纹 | | 偏梯形螺纹 | | | |
| 延性断裂 | | | 标准接箍 | | 特殊间隙接箍 | | | | 标准接箍 | | 特殊间隙接箍 | |
| 封堵管端/MPa | 短圆螺纹/MPa | 长圆螺纹/MPa | 同等钢级/MPa | 较高钢级[4]/MPa | 同等钢级/MPa | 较高钢级[4]/MPa | 短圆螺纹/kN | 长圆螺纹/kN | 同等钢级/kN | 较高钢级/kN | 同等钢级/kN | 较高钢级/kN |
| 22.7 | 18.1 | — | 18.1 | 18.1 | — | — | 3343 | — | 5920 | 5920 | — | — |
| 25.8 | 20.5 | — | 20.5 | 20.5 | — | — | 3848 | — | 6665 | 6665 | — | — |
| 34.4 | — | — | — | — | — | — | — | — | — | — | — | — |
| 42.0 | — | — | — | — | — | — | — | — | — | — | — | — |
| 34.8 | — | — | — | — | — | — | — | — | — | — | — | — |
| | | | | | | | | | | | | |
| 42.0 | — | — | — | — | — | — | — | — | — | — | — | — |
| | | | | | | | | | | | | |
| 36.6 | — | — | — | — | — | — | — | — | — | — | — | — |
| | | | | | | | | | | | | |
| 44.2 | — | — | — | — | — | — | — | — | — | — | — | — |
| | | | | | | | | | | | | |
| 46.7 | — | — | — | — | — | — | — | — | — | — | — | — |
| | | | | | | | | | | | | |
| 56.0 | — | — | — | — | — | — | — | — | — | — | — | — |
| | | | | | | | | | | | | |
| 61.9 | — | — | — | — | — | — | — | — | — | — | — | — |
| | | | | | | | | | | | | |
| 67.3 | — | — | — | — | — | — | — | — | — | — | — | — |
| 12.1 | 11.2 | — | — | — | — | — | 2488 | — | — | — | — | — |
| | | | | | | | | | | | | |
| 15.3 | 15.5 | — | 15.5 | 15.5 | — | — | 3354 | — | 5909 | 5909 | — | — |
| | | | | | | | | | | | | |
| 19.4 | 15.5 | — | 15.5 | 15.5 | — | — | 3532 | — | 6349 | 6349 | — | — |
| 11.4 | 10.5 | 10.5 | — | — | — | — | 2583 | 2992 | — | — | — | — |
| | | | | | | | | | | | | |
| 14.3 | 14.5 | 14.5 | 14.5 | 14.5 | — | — | 3484 | 4032 | 6237 | 6237 | — | — |
| 16.4 | 16.6 | 16.6 | 16.6 | 16.6 | — | — | 4060 | 4699 | 7097 | 7097 | — | — |
| 20.9 | 21.1 | 21.1 | 21.1 | 21.1 | — | — | 5301 | 6136 | 8951 | 8951 | — | — |
| | | | | | | | | | | | | |
| 18.1 | 14.5 | 14.5 | 14.5 | 14.5 | — | — | 3661 | 4247 | 6578 | 6578 | — | — |
| 20.7 | 16.6 | 16.6 | 16.6 | 16.6 | — | — | 4266 | 4949 | 7486 | 7486 | — | — |
| 26.5 | 21.1 | 21.1 | 21.1 | 21.1 | — | — | 5571 | 6462 | 9441 | 9441 | — | — |

注：① $K_a$为断裂强度参数：对于调质钢和13Cr钢，其值为1；对于轧制和正火钢，其值为2。$a_N$为缺欠深度，即允许管体检测系统忽略的类裂纹的最大深度，如5%缺欠门槛值检测12.7mm(0.5in)壁厚的管体时，$a_N$=0.635mm(0.025in)。$t$为壁厚。

② 带标注的挤毁压力值由弹性挤毁公式计算。

③ 最小内屈服强度为接箍内屈服强度与管体内屈服强度两者中的最小值。抗泄漏压力低于最小内屈服压力，抗泄漏压力见表13-5。

④ 对J55和K55钢级套管而言，最接近的较高钢级是N80；对N80钢级套管而言，最接近的较高钢级是P110；对P110钢级而言，最接近的较高钢级是Q125。对其他钢级套管而言，尚未确定较高钢级。

⑤ 本表第23~28列中有些连接强度大于第12列中相应的管体屈服强度。

**表13-5　抗泄漏压力**

| 规格 | | 短圆螺纹/MPa | 长圆螺纹/MPa | 偏梯形螺纹 | |
|---|---|---|---|---|---|
| 外径/mm | 钢级 | | | 标准/MPa | 特殊间隙/MPa |
| 114.30 | 全部 | 123.5 | 123.5 | 119.7 | 95.8 |
| 127.00 | 全部 | 110.2 | 110.2 | 134.9 | 98.1 |
| 139.70 | 全部 | 90.7 | 90.7 | 110.9 | 81.9 |
| 168.28 | 全部 | 81.5 | 81.5 | 101.8 | 57.3 |
| 177.80 | 全部 | 81.3 | 81.3 | 102.4 | 51.5 |
| 193.68 | 全部 | 81.3 | 81.3 | 87.4 | 55.3 |
| 219.08 | 全部 | 71.5 | 71.5 | 77.4 | 43.7 |
| 244.48 | R/T95及更低钢级 | 58.3 | 58.3 | 63.1 | 35.4 |
| 244.48 | C/P110及更高钢级 | 66.9 | 6.9 | 63.1 | 35.4 |
| 273.05 | R/T95及更低钢级 | 47.4 | — | 51.3 | 28.6 |
| 273.05 | C/P110及更高钢级 | 54.4 | — | 51.3 | 28.6 |
| 298.45 | R/T95及更低钢级 | 40.1 | — | 43.4 | — |
| 298.45 | C/P110及更高钢级 | 46.0 | — | 43.4 | — |
| 339.72 | R/T95及更低钢级 | 31.3 | — | 34.0 | — |
| 339.72 | C/P110及更高钢级 | 36.0 | — | 34.0 | — |
| 406.40 | 全部 | 22.3 | — | 24.5 | — |
| 473.08 | 全部 | 21.7 | — | 24.1 | — |
| 508.00 | H40 | 14.5 | 14.5 | 16.0 | — |
| 508.00 | J55及更高钢级 | 16.6 | 16.6 | 16.0 | — |

### 表 13-6　API Spec 5CT 套管标准通径规最小尺寸

| 套管及衬管外径 | | 长度 | | 外径 | |
|---|---|---|---|---|---|
| in | mm | in | mm | in | mm |
| <9⅝ | <244.48 | 6 | 152 | $d-\frac{1}{8}$ | $d-3.18$ |
| ≥9⅝～≤13⅜ | ≥244.48～≤339.72 | 12 | 305 | $d-\frac{5}{32}$ | $d-3.97$ |
| >13⅜ | >339.72 | 12 | 305 | $d-\frac{3}{16}$ | $d-4.76$ |

注：$d$ 为套管标称内径。

### 表 13-7　在轴向载荷下套管的最小挤毁压力(H40 钢级)

| 代号 | | 外径/mm | 外径/壁厚 | 横截面积/mm² | 轴向应力/MPa | | | | | | | | | | | | |
|---|---|---|---|---|---|---|---|---|---|---|---|---|---|---|---|---|---|
| 1 | 2 | | | | -69.0 | -34.5 | 0 | 34.5 | 69.0 | 103.4 | 137.9 | 172.4 | 206.9 | 241.3 | 275.8 | 310.3 | 344.8 |
| | | | | | 挤毁压力/MPa | | | | | | | | | | | | |
| 4½ | 9.50 | 114.30 | 21.95 | 1784.51 | 20.2 | 19.7 | 19.0 | 18.2 | 17.2 | 16.0 | 14.5 | 12.7 | — | — | — | — | — |
| 5½ | 14.00 | 139.70 | 22.54 | 2599.35 | 19.1 | 18.7 | 18.1 | 17.3 | 16.4 | 15.3 | 13.9 | 12.1 | — | — | — | — | — |
| 6⅝ | 20.00 | 168.28 | 23.00 | 3699.35 | 18.3 | 17.9 | 17.4 | 16.7 | 15.8 | 14.8 | 13.4 | 11.8 | — | — | — | — | — |
| 7 | 17.00 | 177.80 | 30.30 | 3169.03 | 10.3 | 10.1 | 9.8 | 9.5 | 9.1 | 8.7 | 8.1 | 7.4 | — | — | — | — | — |
| | 20.00 | 177.80 | 25.74 | 3709.02 | 14.1 | 13.9 | 13.6 | 13.2 | 12.6 | 11.9 | 11.0 | 9.8 | — | — | — | — | — |
| 7⅝ | 24.00 | 193.68 | 25.42 | 4454.18 | 14.6 | 14.3 | 14.0 | 13.5 | 13.0 | 12.2 | 11.2 | 10.0 | — | — | — | — | — |

续表

| 代号 | | 外径/mm | 外径/壁厚 | 横截面积/mm² | 轴向应力/MPa | | | | | | | | | | | | |
|---|---|---|---|---|---|---|---|---|---|---|---|---|---|---|---|---|---|
| 1 | 2 | | | | -69.0 | -34.5 | 0 | 34.5 | 69.0 | 103.4 | 137.9 | 172.4 | 206.9 | 241.3 | 275.8 | 310.3 | 344.8 |
| | | | | | 挤毁压力/MPa | | | | | | | | | | | | |
| 7¾ | 46.00 | 196.85 | — | — | 43.0 | 41.3 | 39.1 | 36.4 | 33.3 | 29.6 | 25.4 | — | — | — | — | — | — |
| 8⅝ | 28.00 | 219.08 | 28.37 | 5127.09 | 11.7 | 11.4 | 11.1 | 10.7 | 10.3 | 9.7 | 9.1 | 8.3 | — | — | — | — | — |
| | 32.00 | 219.08 | 24.50 | 5902.57 | 15.9 | 15.6 | 15.2 | 14.6 | 13.9 | 13.1 | 12.0 | 10.7 | — | — | — | — | — |
| 9⅝ | 32.30 | 244.48 | 30.85 | 5889.00 | 9.9 | 9.7 | 9.4 | 9.2 | 8.8 | 8.4 | 7.9 | 7.2 | — | — | — | — | — |
| | 36.00 | 244.48 | 27.34 | 6615.47 | 12.5 | 12.2 | 11.9 | 11.4 | 11.0 | 10.5 | 9.8 | 8.9 | — | — | — | — | — |
| 10¾ | 32.75 | 273.05 | 38.53 | 5921.28 | 5.9 | 5.9 | 5.8 | 5.7 | 5.6 | 5.4 | 5.2 | 4.8 | — | — | — | — | — |
| | 40.50 | 273.05 | 30.71 | 7377.40 | 10.0 | 9.8 | 9.6 | 9.2 | 8.9 | 8.5 | 7.9 | 7.2 | — | — | — | — | — |
| 11¾ | 42.00 | 298.45 | 35.29 | 7705.79 | 7.4 | 7.3 | 7.2 | 7.0 | 6.8 | 6.5 | 6.1 | 5.7 | — | — | — | — | — |
| 13⅜ | 48.00 | 339.72 | 40.53 | 8725.14 | 5.1 | 5.1 | 5.1 | 5.0 | 5.0 | 4.8 | 4.6 | 4.4 | — | — | — | — | — |
| 16 | 65.00 | 406.40 | 42.67 | 11876.11 | 4.3 | 4.3 | 4.3 | 4.3 | 4.3 | 4.3 | 4.1 | 3.9 | — | — | — | — | — |
| 18⅝ | 87.50 | 473.08 | 42.82 | 16037.39 | 4.3 | 4.3 | 4.3 | 4.3 | 4.3 | 4.2 | 4.1 | 3.9 | — | — | — | — | — |
| 20 | 94.00 | 508.00 | 45.66 | 17366.42 | 3.6 | 3.6 | 3.6 | 3.6 | 3.6 | 3.5 | 3.5 | 3.4 | — | — | — | — | — |

表 13-8　轴向载荷下套管的最小挤毁压力（J55 和 K55 钢级）

| 代号 1 | 代号 2 | 外径/mm | 外径/壁厚 | 横截面积/mm² | 轴向应力/MPa -69.0 | -34.5 | 0 | 34.5 | 69.0 | 103.4 | 137.9 | 172.4 | 206.9 | 241.3 | 275.8 | 310.3 | 344.8 |
|---|---|---|---|---|---|---|---|---|---|---|---|---|---|---|---|---|---|
| | | | | | 挤毁压力/MPa | | | | | | | | | | | | |
| 4½ | 9.50 | 114.30 | 21.95 | 1784.51 | 23.7 | 23.4 | 22.8 | 22.3 | 21.5 | 20.7 | 19.7 | 18.5 | 17.0 | 15.3 | 13.3 | 9.8 | — |
| | 10.50 | 114.30 | 20.09 | 1941.29 | 29.0 | 28.3 | 27.6 | 26.8 | 25.8 | 24.6 | 23.3 | 21.7 | 19.9 | 17.7 | 14.8 | 10.6 | — |
| | 11.60 | 114.30 | 18.00 | 2153.54 | 36.0 | 35.2 | 34.2 | 33.0 | 31.6 | 30.1 | 28.3 | 26.2 | 23.8 | 20.5 | 16.4 | 11.8 | — |
| 5 | 11.50 | 127.00 | 22.73 | 2131.61 | 21.9 | 21.5 | 21.1 | 20.5 | 19.9 | 19.2 | 18.3 | 17.2 | 16.0 | 14.4 | 12.5 | 9.4 | — |
| | 13.00 | 127.00 | 19.76 | 2434.19 | 29.9 | 29.3 | 28.5 | 27.6 | 26.6 | 25.4 | 24.0 | 22.3 | 20.5 | 18.2 | 15.0 | 10.8 | — |
| | 15.00 | 127.00 | 16.89 | 2821.93 | 40.5 | 39.5 | 38.3 | 37.0 | 35.3 | 33.5 | 31.4 | 29.0 | 25.7 | 21.8 | 17.4 | 12.5 | — |
| 5½ | 14.00 | 139.70 | 22.54 | 2599.35 | 22.3 | 21.9 | 21.5 | 21.0 | 20.3 | 19.6 | 18.6 | 17.6 | 16.2 | 14.7 | 12.8 | 9.5 | — |
| | 15.50 | 139.70 | 20.00 | 2912.25 | 29.2 | 28.6 | 27.9 | 27.0 | 26.0 | 24.8 | 23.5 | 21.9 | 20.1 | 17.9 | 14.9 | 10.7 | — |
| | 17.00 | 139.70 | 18.09 | 3201.28 | 35.7 | 34.9 | 33.9 | 32.7 | 31.4 | 29.8 | 28.0 | 26.0 | 23.6 | 20.5 | 16.3 | 11.7 | — |
| 6⅝ | 20.00 | 168.28 | 23.00 | 3699.35 | 21.2 | 20.9 | 20.5 | 20.0 | 19.4 | 18.8 | 17.9 | 16.9 | 15.7 | 14.1 | 12.3 | 9.4 | — |
| | 24.00 | 168.28 | 18.82 | 4475.47 | 33.0 | 32.3 | 31.4 | 30.4 | 29.2 | 27.8 | 26.2 | 24.3 | 22.2 | 19.7 | 15.8 | 11.3 | — |
| 7 | 20.00 | 177.80 | 25.74 | 3709.02 | 16.3 | 16.0 | 15.7 | 15.2 | 14.8 | 14.4 | 13.9 | 13.3 | 12.5 | 11.5 | 10.2 | 8.4 | — |
| | 23.00 | 177.80 | 22.08 | 4294.18 | 23.4 | 23.0 | 22.5 | 21.9 | 21.2 | 20.4 | 19.4 | 18.3 | 16.9 | 15.2 | 13.2 | 9.7 | — |
| | 26.00 | 177.80 | 19.34 | 4870.31 | 31.3 | 30.6 | 29.8 | 28.9 | 27.7 | 26.5 | 25.0 | 23.2 | 21.2 | 18.8 | 15.4 | 11.0 | — |

续表

| 代号 | | 外径/mm | 外径/壁厚 | 横截面积/mm$^2$ | 轴向应力/MPa | | | | | | | | | | | | |
|---|---|---|---|---|---|---|---|---|---|---|---|---|---|---|---|---|---|
| 1 | 2 | | | | -69.0 | -34.5 | 0 | 34.5 | 69.0 | 103.4 | 137.9 | 172.4 | 206.9 | 241.3 | 275.8 | 310.3 | 344.8 |
| | | | | | 挤毁压力/MPa | | | | | | | | | | | | |
| $7\frac{5}{8}$ | 26.40 | 193.68 | 23.25 | 4850.96 | 20.6 | 20.3 | 19.9 | 19.5 | 19.0 | 18.3 | 17.4 | 16.5 | 15.3 | 13.9 | 12.1 | 9.2 | — |
| $7\frac{3}{4}$ | 46.00 | 196.85 | — | — | 58.0 | 56.1 | 53.8 | 51.2 | 48.2 | 44.9 | 41.2 | 37.2 | 32.8 | 27.8 | — | — | — |
| $8\frac{5}{8}$ | 24.00 | 219.08 | 32.67 | 4473.54 | 9.7 | 9.6 | 9.4 | 9.3 | 9.1 | 8.9 | 8.6 | 8.3 | 7.9 | 7.4 | 6.8 | 6.0 | — |
| | 32.00 | 219.08 | 24.50 | 5902.57 | 17.9 | 17.7 | 17.4 | 17.2 | 16.8 | 16.2 | 15.6 | 14.8 | 13.9 | 12.6 | 11.1 | 8.8 | — |
| | 36.00 | 219.08 | 21.56 | 6668.37 | 24.8 | 24.3 | 23.8 | 23.2 | 22.3 | 21.4 | 20.4 | 19.1 | 17.6 | 15.8 | 13.7 | 9.9 | — |
| $9\frac{5}{8}$ | 36.00 | 244.48 | 27.34 | 6615.47 | 14.5 | 14.3 | 13.9 | 13.6 | 13.2 | 12.8 | 12.2 | 11.5 | 11.0 | 10.2 | 9.2 | 7.9 | — |
| | 40.00 | 244.48 | 24.37 | 7389.66 | 18.2 | 18.0 | 17.7 | 17.4 | 17.0 | 16.4 | 15.8 | 15.0 | 14.0 | 12.8 | 11.2 | 8.8 | — |
| $10\frac{3}{4}$ | 40.50 | 273.05 | 30.71 | 7377.40 | 11.2 | 11.1 | 10.9 | 10.7 | 10.5 | 10.1 | 9.8 | 9.4 | 8.8 | 8.2 | 7.5 | 6.6 | — |
| | 45.50 | 273.05 | 26.88 | 8390.95 | 15.0 | 14.8 | 14.4 | 14.1 | 13.7 | 13.1 | 12.5 | 12.0 | 11.4 | 10.5 | 9.4 | 8.1 | — |
| | 51.00 | 273.05 | 23.89 | 9394.17 | 19.2 | 19.0 | 18.6 | 18.3 | 17.8 | 17.2 | 16.5 | 15.6 | 14.5 | 13.2 | 11.6 | 9.0 | — |
| $11\frac{3}{4}$ | 47.00 | 298.45 | 31.33 | 8645.79 | 10.7 | 10.6 | 10.4 | 10.3 | 10.0 | 9.7 | 9.4 | 9.0 | 8.5 | 7.9 | 7.2 | 6.4 | — |
| | 54.00 | 298.45 | 27.01 | 9976.11 | 14.8 | 14.6 | 14.3 | 13.9 | 13.5 | 13.0 | 12.5 | 11.9 | 11.2 | 10.5 | 9.4 | 8.1 | — |
| | 60.00 | 298.45 | 24.03 | 11161.27 | 18.9 | 18.7 | 18.3 | 18.0 | 17.5 | 17.0 | 16.3 | 15.4 | 14.3 | 13.1 | 11.4 | 9.0 | — |

续表

| 代号 | | 外径/mm | 外径/壁厚 | 横截面积/mm² | 轴向应力/MPa | | | | | | | | | | | | |
|---|---|---|---|---|---|---|---|---|---|---|---|---|---|---|---|---|---|
| 1 | 2 | | | | -69.0 | -34.5 | 0 | 34.5 | 69.0 | 103.4 | 137.9 | 172.4 | 206.9 | 241.3 | 275.8 | 310.3 | 344.8 |
| | | | | | 挤毁压力/MPa | | | | | | | | | | | | |
| $13\frac{3}{8}$ | 54.50 | 339.72 | 25.20 | 10009.01 | 7.9 | 7.9 | 7.8 | 7.7 | 7.7 | 7.5 | 7.3 | 7.1 | 6.8 | 6.4 | 5.9 | 5.3 | — |
| | 61.00 | 339.72 | 31.10 | 11281.91 | 10.9 | 10.8 | 10.6 | 10.4 | 10.2 | 9.9 | 9.5 | 9.1 | 8.6 | 8.0 | 7.3 | 6.5 | — |
| | 68.00 | 339.72 | 27.86 | 12545.14 | 13.9 | 13.7 | 13.4 | 13.1 | 12.8 | 12.3 | 11.8 | 11.2 | 10.5 | 9.8 | 8.9 | 7.7 | — |
| 16 | 75.00 | 406.40 | 26.53 | 13815.46 | 7.0 | 7.0 | 7.0 | 7.0 | 7.0 | 6.8 | 6.7 | 6.6 | 6.3 | 5.9 | 5.5 | 5.0 | — |
| | 84.00 | 406.40 | 32.32 | 15556.10 | 9.9 | 9.8 | 9.7 | 9.6 | 9.4 | 9.1 | 8.8 | 8.5 | 8.0 | 7.5 | 6.9 | 6.1 | — |
| $18\frac{5}{8}$ | 87.50 | 473.08 | 42.82 | 16037.39 | 4.3 | 4.3 | 4.3 | 4.3 | 4.3 | 4.3 | 4.3 | 4.3 | 4.3 | 4.1 | 4.0 | 3.7 | — |
| 20 | 94.00 | 508.00 | 45.66 | 17366.42 | 3.6 | 3.6 | 3.6 | 3.6 | 3.6 | 3.6 | 3.6 | 3.6 | 3.6 | 3.5 | 3.4 | 3.2 | — |
| | 106.50 | 508.00 | 40.00 | 19761.90 | 5.3 | 5.3 | 5.3 | 5.3 | 5.3 | 5.3 | 5.3 | 5.2 | 5.1 | 4.9 | 4.6 | 4.2 | — |
| | 133.00 | 508.00 | 31.50 | 24923.82 | 10.5 | 10.5 | 10.3 | 10.1 | 9.9 | 9.7 | 9.3 | 8.9 | 8.4 | 7.9 | 7.2 | 6.3 | — |

**表 13-9 轴向载荷下套管的最小挤毁压力(L80 和 N80 钢级)**

| 代号 | | 外径/mm | 外径/壁厚 | 横截面积/mm² | 轴向应力/MPa | | | | | | | | | | | | |
|---|---|---|---|---|---|---|---|---|---|---|---|---|---|---|---|---|---|
| 1 | 2 | | | | -69.0 | -34.5 | 0 | 34.5 | 69.0 | 103.4 | 137.9 | 172.4 | 206.9 | 241.3 | 275.8 | 310.3 | 344.8 |
| | | | | | 挤毁压力/MPa | | | | | | | | | | | | |
| $4\frac{1}{2}$ | 11.60 | 114.30 | 18.00 | 2153.54 | 45.3 | 44.6 | 43.8 | 43.0 | 41.9 | 40.8 | 39.5 | 38.1 | 36.6 | 34.8 | 32.9 | 30.8 | 28.3 |
| | 13.50 | 114.30 | 15.52 | 2474.83 | 61.3 | 60.1 | 58.9 | 57.4 | 55.8 | 54.1 | 52.2 | 50.1 | 47.8 | 45.2 | 42.4 | 39.4 | 35.2 |

续表

| 代号 | | 外径/mm | 外径/壁厚 | 横截面积/$mm^2$ | 轴向应力/MPa | | | | | | | | | | | | |
|---|---|---|---|---|---|---|---|---|---|---|---|---|---|---|---|---|---|
| 1 | 2 | | | | -69.0 | -34.5 | 0 | 34.5 | 69.0 | 103.4 | 137.9 | 172.4 | 206.9 | 241.3 | 275.8 | 310.3 | 344.8 |
| | | | | | 挤毁压力/MPa | | | | | | | | | | | | |
| 5 | 15.00 | 127.00 | 16.89 | 2821.93 | 51.9 | 51.0 | 50.0 | 48.9 | 47.6 | 46.3 | 44.7 | 43.0 | 41.2 | 39.1 | 36.8 | 34.3 | 31.4 |
| | 18.00 | 127.00 | 13.81 | 3403.22 | 75.6 | 74.1 | 72.4 | 70.5 | 68.3 | 66.1 | 63.1 | 59.8 | 56.2 | 52.3 | 48.3 | 43.9 | 39.2 |
| | 21.40 | 127.00 | 11.44 | 4041.29 | 93.0 | 90.6 | 88.0 | 85.2 | 82.0 | 78.6 | 74.9 | 70.9 | 66.7 | 62.2 | 57.3 | 52.1 | 46.5 |
| | 23.20 | 127.00 | 10.46 | 4381.28 | 100.8 | 98.3 | 95.4 | 92.3 | 88.9 | 85.2 | 81.2 | 76.9 | 72.3 | 67.4 | 62.1 | 56.5 | 50.4 |
| | 24.10 | 127.00 | 10.00 | 4560.64 | 104.9 | 102.3 | 99.3 | 96.0 | 92.5 | 88.7 | 84.5 | 80.1 | 75.3 | 70.2 | 64.7 | 58.8 | 52.5 |
| 5½ | 17.00 | 139.70 | 18.09 | 3201.28 | 44.8 | 44.1 | 43.4 | 42.5 | 41.5 | 40.4 | 39.2 | 37.8 | 36.3 | 34.5 | 32.6 | 30.5 | 28.1 |
| | 20.00 | 139.70 | 15.24 | 3760.00 | 63.4 | 62.2 | 60.9 | 59.4 | 57.7 | 55.8 | 53.8 | 51.6 | 49.2 | 46.6 | 43.7 | 40.1 | 35.7 |
| | 23.00 | 139.70 | 13.25 | 4277.41 | 81.2 | 79.3 | 76.9 | 74.5 | 71.7 | 68.7 | 65.5 | 62.1 | 58.4 | 54.4 | 50.1 | 45.6 | 40.7 |
| 6⅝ | 24.00 | 168.28 | 18.82 | 4475.47 | 41.0 | 40.4 | 39.7 | 39.0 | 38.1 | 37.2 | 36.1 | 34.9 | 33.5 | 32.0 | 30.3 | 28.4 | 26.2 |
| | 28.00 | 168.28 | 15.89 | 5247.08 | 58.6 | 57.5 | 56.3 | 55.0 | 53.5 | 51.9 | 50.1 | 48.1 | 45.9 | 43.4 | 40.8 | 37.9 | 34.4 |
| | 32.00 | 168.28 | 13.59 | 5920.63 | 74.3 | 72.8 | 71.2 | 69.3 | 67.2 | 65.0 | 62.5 | 59.2 | 55.6 | 51.9 | 47.9 | 43.4 | 38.8 |
| 7 | 23.00 | 177.80 | 22.08 | 4294.18 | 26.8 | 26.7 | 26.4 | 26.1 | 25.8 | 25.4 | 25.0 | 24.3 | 23.6 | 22.9 | 21.9 | 20.8 | 19.4 |
| | 26.00 | 177.80 | 19.34 | 4870.32 | 38.4 | 37.9 | 37.3 | 36.6 | 35.9 | 35.0 | 34.1 | 33.0 | 31.7 | 30.3 | 28.8 | 27.0 | 25.0 |
| | 29.00 | 177.80 | 17.16 | 5450.95 | 50.2 | 49.4 | 48.4 | 47.4 | 46.2 | 44.9 | 43.4 | 41.8 | 40.0 | 38.0 | 35.9 | 33.4 | 30.6 |
| | 32.00 | 177.80 | 15.45 | 6010.96 | 61.8 | 60.7 | 59.4 | 57.9 | 56.3 | 54.5 | 52.6 | 50.5 | 48.1 | 45.6 | 42.7 | 39.5 | 35.3 |
| | 35.00 | 177.80 | 14.06 | 6562.56 | 73.3 | 71.8 | 70.2 | 68.3 | 66.3 | 64.1 | 61.7 | 58.7 | 55.3 | 51.5 | 47.5 | 43.2 | 38.5 |
| | 38.00 | 177.80 | 12.96 | 7070.31 | 83.0 | 80.9 | 78.5 | 76.0 | 73.2 | 70.1 | 66.9 | 63.4 | 59.6 | 55.5 | 51.2 | 46.5 | 41.5 |

续表

| 代号 | | 外径/mm | 外径/壁厚 | 横截面积/mm² | 轴向应力/MPa | | | | | | | | | | | | |
|---|---|---|---|---|---|---|---|---|---|---|---|---|---|---|---|---|---|
| | | | | | -69.0 | -34.5 | 0 | 34.5 | 69.0 | 103.4 | 137.9 | 172.4 | 206.9 | 241.3 | 275.8 | 310.3 | 344.8 |
| 1 | 2 | | | | 挤毁压力/MPa | | | | | | | | | | | | |
| 7⅝ | 26.40 | 193.68 | 23.25 | 4850.96 | 24.1 | 23.8 | 23.4 | 23.0 | 22.5 | 22.0 | 21.7 | 21.3 | 20.8 | 20.2 | 19.4 | 18.5 | 17.5 |
| | 29.70 | 193.68 | 20.33 | 5510.32 | 33.9 | 33.4 | 33.0 | 32.5 | 31.9 | 31.2 | 30.5 | 29.6 | 28.5 | 27.4 | 26.1 | 24.5 | 22.8 |
| | 33.70 | 193.68 | 17.73 | 6270.96 | 46.8 | 46.1 | 45.2 | 44.3 | 43.2 | 42.1 | 40.7 | 39.3 | 37.6 | 35.9 | 33.8 | 31.6 | 29.0 |
| | 39.00 | 193.68 | 15.25 | 7220.63 | 63.3 | 62.1 | 60.8 | 59.3 | 57.6 | 55.8 | 53.8 | 51.6 | 49.2 | 46.5 | 43.6 | 40.0 | 35.7 |
| | 42.80 | 193.68 | 13.57 | 8045.15 | 77.9 | 76.3 | 74.5 | 72.5 | 70.2 | 67.2 | 64.1 | 60.7 | 57.1 | 53.2 | 49.0 | 44.6 | 39.8 |
| | 45.30 | 193.68 | 12.82 | 8478.05 | 83.8 | 81.7 | 79.4 | 76.7 | 73.9 | 70.9 | 67.6 | 64.0 | 60.2 | 56.1 | 51.7 | 47.0 | 41.9 |
| | 47.10 | 193.68 | 12.20 | 8867.73 | 87.7 | 85.5 | 83.0 | 80.3 | 77.4 | 74.1 | 70.7 | 67.0 | 63.0 | 58.7 | 54.1 | 49.2 | 43.9 |
| 7¾ | 46.00 | 196.85 | — | — | 82.6 | 80.5 | 78.2 | 75.6 | 72.9 | 69.8 | 66.5 | 63.1 | 59.3 | 55.2 | 51.0 | 46.3 | 41.3 |
| 8⅝ | 36.00 | 219.08 | 21.56 | 6668.37 | 28.8 | 28.5 | 28.3 | 27.9 | 27.5 | 27.0 | 26.5 | 25.8 | 25.0 | 24.1 | 23.1 | 21.9 | 20.4 |
| | 40.00 | 219.08 | 19.17 | 7456.11 | 39.2 | 38.7 | 38.1 | 37.4 | 36.6 | 35.7 | 34.7 | 33.6 | 32.3 | 30.9 | 29.3 | 27.4 | 25.4 |
| | 44.00 | 219.08 | 17.25 | 8233.21 | 49.6 | 48.8 | 47.9 | 46.9 | 45.7 | 44.4 | 43.0 | 41.4 | 39.6 | 37.6 | 35.5 | 33.1 | 30.4 |
| | 49.00 | 219.08 | 15.48 | 9108.37 | 61.6 | 60.4 | 59.2 | 57.7 | 56.1 | 54.3 | 52.4 | 50.3 | 48.0 | 45.4 | 42.6 | 39.4 | 35.2 |
| 9⅝ | 40.00 | 244.48 | 24.37 | 7389.66 | 21.9 | 21.6 | 21.3 | 20.9 | 20.5 | 20.1 | 19.6 | 19.0 | 18.3 | 17.9 | 17.4 | 16.7 | 15.8 |
| | 43.50 | 244.48 | 22.13 | 8102.56 | 26.7 | 26.5 | 26.3 | 26.0 | 25.6 | 25.2 | 24.8 | 24.2 | 23.5 | 22.8 | 21.8 | 20.7 | 19.4 |
| | 47.00 | 244.48 | 20.39 | 8756.11 | 33.6 | 33.2 | 32.8 | 32.3 | 31.7 | 31.0 | 30.3 | 29.4 | 28.4 | 27.2 | 25.9 | 24.4 | 22.7 |
| | 53.50 | 244.48 | 17.66 | 10030.31 | 47.2 | 46.5 | 45.6 | 44.7 | 43.6 | 42.4 | 41.1 | 39.6 | 37.9 | 36.1 | 34.1 | 31.8 | 29.2 |

续表

| 代号 | | 外径/mm | 外径/壁厚 | 横截面积/mm$^2$ | 轴向应力/MPa | | | | | | | | | | | | |
|---|---|---|---|---|---|---|---|---|---|---|---|---|---|---|---|---|---|
| 1 | 2 | | | | -69.0 | -34.5 | 0 | 34.5 | 69.0 | 103.4 | 137.9 | 172.4 | 206.9 | 241.3 | 275.8 | 310.3 | 344.8 |
| | | | | | 挤毁压力/MPa | | | | | | | | | | | | |
| 10¾ | 51.00 | 273.05 | 23.39 | 9394.17 | 22.8 | 22.5 | 22.2 | 21.8 | 21.4 | 20.9 | 20.3 | 19.7 | 19.4 | 18.8 | 18.2 | 17.4 | 16.5 |
| | 55.50 | 273.05 | 21.72 | 10288.37 | 28.2 | 28.0 | 27.7 | 27.4 | 27.0 | 26.5 | 26.0 | 25.4 | 24.6 | 23.7 | 22.7 | 21.5 | 20.1 |
| 11¾ | 60.00 | 298.45 | 24.03 | 11161.27 | 22.5 | 22.2 | 21.9 | 21.5 | 21.1 | 20.6 | 20.1 | 19.5 | 19.0 | 18.5 | 18.0 | 17.2 | 16.3 |
| 13⅜ | 68.00 | 339.72 | 27.86 | 12545.13 | 15.8 | 15.7 | 15.6 | 15.4 | 15.3 | 15.0 | 14.8 | 14.5 | 14.1 | 13.6 | 13.1 | 12.5 | 11.8 |
| | 72.00 | 339.72 | 26.02 | 13398.68 | 18.8 | 18.6 | 18.4 | 18.1 | 17.9 | 17.5 | 17.2 | 16.7 | 16.2 | 15.6 | 14.9 | 14.1 | 13.6 |

**表 13-10　轴向载荷下套管的最小挤毁压力(C90 钢级)**

| 代号 | | 外径/mm | 外径/壁厚 | 横截面积/mm$^2$ | 轴向应力/MPa | | | | | | | | | | | | |
|---|---|---|---|---|---|---|---|---|---|---|---|---|---|---|---|---|---|
| 1 | 2 | | | | -69.0 | -34.5 | 0 | 34.5 | 69.0 | 103.4 | 137.9 | 172.4 | 206.9 | 241.3 | 275.8 | 310.3 | 344.8 |
| | | | | | 挤毁压力/MPa | | | | | | | | | | | | |
| 4½ | 11.60 | 114.30 | 18.00 | 2153.54 | 48.3 | 47.7 | 47.0 | 46.2 | 45.3 | 44.3 | 43.2 | 42.1 | 40.7 | 39.2 | 37.6 | 35.7 | 33.7 |
| | 13.50 | 114.30 | 15.52 | 2474.83 | 66.4 | 65.3 | 64.1 | 62.7 | 61.3 | 59.7 | 57.9 | 56.1 | 53.9 | 51.6 | 49.2 | 46.5 | 43.6 |
| 5 | 15.00 | 127.00 | 16.89 | 2821.93 | 55.8 | 55.0 | 54.1 | 53.0 | 51.9 | 50.7 | 49.3 | 47.8 | 46.1 | 44.3 | 42.3 | 40.2 | 37.8 |
| | 18.00 | 127.00 | 13.81 | 3403.22 | 82.7 | 81.2 | 79.5 | 77.6 | 75.6 | 73.5 | 71.2 | 68.6 | 65.8 | 62.3 | 58.4 | 54.3 | 49.9 |

续表

| 代号 | | 外径/mm | 外径/壁厚 | 横截面积/mm² | 轴向应力/MPa | | | | | | | | | | | | |
|---|---|---|---|---|---|---|---|---|---|---|---|---|---|---|---|---|---|
| 1 | 2 | | | | -69.0 | -34.5 | 0 | 34.5 | 69.0 | 103.4 | 137.9 | 172.4 | 206.9 | 241.3 | 275.8 | 310.3 | 344.8 |
| | | | | | 挤毁压力/MPa | | | | | | | | | | | | |
| 5 | 21.40 | 127.00 | 11.44 | 4041.28 | 104.0 | 101.6 | 99.0 | 96.1 | 93.0 | 89.7 | 86.2 | 82.3 | 78.3 | 74.0 | 69.4 | 64.5 | 59.3 |
| | 23.20 | 127.00 | 10.46 | 4381.28 | 112.8 | 110.2 | 107.3 | 104.2 | 100.9 | 97.2 | 93.1 | 89.2 | 84.9 | 80.2 | 75.2 | 69.9 | 64.3 |
| | 24.10 | 127.00 | 10.00 | 4560.64 | 117.4 | 114.7 | 111.7 | 108.5 | 104.9 | 101.2 | 97.2 | 92.9 | 88.3 | 83.4 | 78.3 | 72.7 | 66.9 |
| 5½ | 17.00 | 139.70 | 18.09 | 3201.28 | 47.8 | 47.2 | 46.5 | 45.7 | 44.8 | 43.9 | 42.8 | 41.6 | 40.3 | 38.8 | 37.2 | 35.4 | 33.4 |
| | 20.00 | 139.70 | 15.24 | 3759.99 | 68.8 | 67.6 | 66.4 | 65.0 | 63.4 | 61.7 | 59.9 | 57.9 | 55.7 | 53.4 | 50.7 | 47.9 | 44.9 |
| | 23.00 | 139.70 | 13.25 | 4277.41 | 88.9 | 87.2 | 85.4 | 83.4 | 81.2 | 78.5 | 75.4 | 72.1 | 68.5 | 64.7 | 60.7 | 56.4 | 51.9 |
| | 26.80 | 139.70 | 11.00 | 5067.09 | 107.8 | 105.3 | 102.6 | 99.6 | 96.4 | 92.9 | 89.3 | 85.3 | 81.1 | 76.6 | 71.8 | 66.8 | 61.4 |
| | 29.70 | 139.70 | 9.79 | 5624.50 | 119.6 | 116.9 | 113.8 | 110.5 | 106.9 | 103.1 | 99.1 | 94.7 | 90.0 | 85.0 | 79.8 | 74.1 | 68.2 |
| | 32.60 | 139.70 | 8.80 | 6175.47 | 131.3 | 128.3 | 125.0 | 121.4 | 117.5 | 113.3 | 108.8 | 104.0 | 98.9 | 93.4 | 87.6 | 81.4 | 74.9 |
| | 35.30 | 139.70 | 8.01 | 6701.92 | 142.5 | 139.2 | 135.6 | 131.7 | 127.4 | 122.9 | 118.0 | 112.8 | 107.2 | 101.3 | 95.0 | 88.3 | 81.2 |
| | 38.00 | 139.70 | 7.33 | 7220.63 | 153.7 | 150.1 | 146.2 | 142.0 | 137.4 | 132.5 | 127.2 | 121.6 | 115.6 | 109.2 | 102.5 | 95.2 | 87.6 |
| | 40.50 | 139.70 | 6.77 | 7715.47 | 164.2 | 160.4 | 156.2 | 151.7 | 146.9 | 141.6 | 136.0 | 130.0 | 123.6 | 116.7 | 109.5 | 101.8 | 93.6 |
| | 43.10 | 139.70 | 6.29 | 8202.56 | 174.4 | 170.4 | 166.0 | 161.1 | 156.0 | 150.4 | 144.4 | 138.0 | 131.2 | 124.0 | 116.2 | 108.1 | 99.4 |
| 6⅝ | 24.00 | 168.28 | 18.82 | 4475.47 | 43.4 | 42.9 | 42.3 | 41.7 | 41.0 | 40.1 | 39.2 | 38.2 | 37.1 | 35.8 | 34.4 | 32.8 | 31.0 |
| | 28.00 | 168.28 | 15.89 | 5247.09 | 63.4 | 62.3 | 61.2 | 60.0 | 58.6 | 57.1 | 55.4 | 53.6 | 51.7 | 49.6 | 47.2 | 44.7 | 41.9 |
| | 32.00 | 168.28 | 13.95 | 5920.63 | 81.2 | 79.7 | 78.1 | 76.3 | 74.3 | 72.3 | 69.9 | 67.4 | 64.7 | 61.7 | 57.8 | 53.8 | 49.4 |

续表

| 代号 | | 外径/mm | 外径/壁厚 | 横截面积/$mm^2$ | 轴向应力/MPa | | | | | | | | | | | | |
|---|---|---|---|---|---|---|---|---|---|---|---|---|---|---|---|---|---|
| 1 | 2 | | | | -69.0 | -34.5 | 0 | 34.5 | 69.0 | 103.4 | 137.9 | 172.4 | 206.9 | 241.3 | 275.8 | 310.3 | 344.8 |
| | | | | | 挤毁压力/MPa | | | | | | | | | | | | |
| 7 | 23.00 | 177.80 | 22.08 | 4294.18 | 28.5 | 28.1 | 27.8 | 27.3 | 26.8 | 26.5 | 26.3 | 25.9 | 25.4 | 24.8 | 24.1 | 23.3 | 22.3 |
| | 26.00 | 177.80 | 19.34 | 4870.31 | 40.5 | 40.1 | 39.6 | 39.0 | 38.4 | 37.6 | 36.9 | 36.0 | 35.0 | 33.8 | 32.5 | 31.1 | 29.4 |
| | 29.00 | 177.80 | 17.16 | 5450.96 | 53.8 | 53.1 | 52.3 | 51.3 | 50.2 | 49.0 | 47.7 | 46.3 | 44.7 | 43.0 | 41.1 | 39.0 | 36.8 |
| | 32.00 | 177.80 | 15.45 | 6010.96 | 67.0 | 65.9 | 64.7 | 63.3 | 61.8 | 60.2 | 58.4 | 56.5 | 54.4 | 52.1 | 49.6 | 46.9 | 43.9 |
| | 35.00 | 177.80 | 14.06 | 6562.57 | 80.1 | 78.6 | 77.0 | 75.2 | 73.4 | 71.3 | 69.0 | 66.5 | 63.9 | 61.1 | 57.4 | 53.4 | 49.1 |
| | 38.00 | 177.80 | 12.96 | 7070.31 | 92.3 | 90.6 | 88.4 | 85.8 | 83.1 | 80.1 | 76.9 | 73.5 | 69.9 | 66.1 | 61.9 | 57.6 | 53.0 |
| | 42.70 | 177.80 | 11.20 | 8075.47 | 106.0 | 103.6 | 100.9 | 98.0 | 94.9 | 91.4 | 87.8 | 83.9 | 79.8 | 75.4 | 70.7 | 65.7 | 60.5 |
| | 46.40 | 177.80 | 10.19 | 8790.31 | 115.4 | 112.7 | 109.8 | 106.7 | 103.2 | 99.6 | 95.6 | 91.4 | 86.9 | 82.1 | 76.9 | 71.6 | 65.8 |
| | 50.10 | 177.80 | 9.33 | 9500.63 | 124.8 | 121.9 | 118.7 | 115.4 | 111.6 | 107.6 | 103.4 | 98.8 | 93.9 | 88.7 | 83.2 | 77.4 | 71.2 |
| | 53.60 | 177.80 | 8.62 | 10183.85 | 133.8 | 130.7 | 127.3 | 123.6 | 119.6 | 115.4 | 110.7 | 105.8 | 100.7 | 95.1 | 89.2 | 82.9 | 76.2 |
| | 57.10 | 177.80 | 8.00 | 10862.56 | 142.7 | 139.3 | 135.8 | 131.8 | 127.6 | 123.0 | 118.1 | 112.9 | 107.4 | 101.4 | 95.2 | 88.4 | 81.3 |
| 7⅝ | 26.40 | 193.68 | 23.25 | 4850.96 | 25.5 | 25.2 | 24.9 | 24.5 | 24.1 | 23.7 | 23.2 | 22.6 | 22.0 | 21.6 | 21.1 | 20.5 | 19.8 |
| | 29.70 | 193.68 | 20.33 | 5510.33 | 35.4 | 35.1 | 34.8 | 34.3 | 33.9 | 33.3 | 32.7 | 32.0 | 31.2 | 30.3 | 29.2 | 28.0 | 26.6 |
| | 33.70 | 193.68 | 17.73 | 6270.96 | 50.1 | 49.4 | 48.6 | 47.8 | 46.8 | 45.8 | 44.7 | 44.7 | 42.0 | 40.4 | 38.7 | 36.8 | 34.6 |
| | 39.00 | 193.68 | 15.25 | 7220.63 | 68.7 | 67.6 | 66.3 | 64.9 | 63.4 | 61.6 | 59.8 | 57.8 | 55.6 | 53.3 | 50.7 | 47.9 | 44.8 |

续表

| 代号 | | 外径/mm | 外径/壁厚 | 横截面积/mm² | 轴向应力/MPa | | | | | | | | | | | | |
|---|---|---|---|---|---|---|---|---|---|---|---|---|---|---|---|---|---|
| 1 | 2 | | | | -69.0 | -34.5 | 0 | 34.5 | 69.0 | 103.4 | 137.9 | 172.4 | 206.9 | 241.3 | 275.8 | 310.3 | 344.8 |
| | | | | | 挤毁压力/MPa | | | | | | | | | | | | |
| $7\frac{5}{8}$ | 42.80 | 193.68 | 13.57 | 8045.15 | 85.3 | 83.7 | 82.0 | 80.1 | 78.0 | 75.7 | 73.3 | 70.5 | 67.0 | 63.3 | 59.4 | 55.2 | 50.7 |
| | 45.30 | 193.68 | 12.82 | 8478.05 | 93.8 | 91.6 | 89.3 | 86.7 | 83.9 | 80.9 | 77.6 | 74.3 | 70.6 | 66.7 | 62.5 | 58.1 | 53.4 |
| | 47.10 | 193.68 | 12.20 | 8867.72 | 98.1 | 95.9 | 93.4 | 90.7 | 87.8 | 84.6 | 81.3 | 77.7 | 73.8 | 69.8 | 65.4 | 60.8 | 55.9 |
| | 51.20 | 193.68 | 11.10 | 9660.63 | 106.9 | 104.5 | 101.8 | 98.8 | 95.6 | 92.2 | 88.5 | 84.6 | 80.5 | 76.0 | 71.3 | 66.3 | 61.0 |
| | 55.30 | 193.68 | 10.17 | 10450.95 | 115.6 | 112.9 | 110.0 | 106.9 | 103.4 | 99.7 | 95.8 | 91.5 | 87.0 | 82.2 | 77.1 | 71.7 | 65.9 |
| $7\frac{3}{4}$ | 46.00 | 196.85 | — | — | 91.6 | 89.8 | 87.9 | 85.4 | 82.7 | 79.7 | 76.5 | 73.2 | 69.6 | 65.7 | 61.6 | 57.3 | 52.7 |
| $8\frac{5}{8}$ | 36.00 | 219.08 | 21.56 | 6668.37 | 29.9 | 29.6 | 29.3 | 29.1 | 28.8 | 28.5 | 28.1 | 27.6 | 27.0 | 26.3 | 25.5 | 24.6 | 23.5 |
| | 40.00 | 219.08 | 19.17 | 7456.11 | 41.4 | 41.0 | 40.5 | 39.9 | 39.2 | 38.5 | 37.6 | 36.7 | 35.6 | 34.5 | 33.1 | 31.6 | 29.9 |
| | 44.00 | 219.08 | 17.25 | 8234.18 | 53.2 | 52.5 | 51.6 | 50.7 | 49.6 | 48.5 | 47.2 | 45.9 | 44.3 | 42.6 | 40.7 | 38.7 | 36.4 |
| | 49.00 | 219.08 | 15.48 | 9108.37 | 66.7 | 65.6 | 64.4 | 63.1 | 61.6 | 60.0 | 58.2 | 56.3 | 54.2 | 51.9 | 49.4 | 46.7 | 43.7 |
| $9\frac{5}{8}$ | 40.00 | 244.48 | 24.37 | 7389.66 | 22.9 | 22.7 | 22.4 | 22.1 | 21.9 | 21.4 | 21.0 | 20.5 | 20.1 | 19.4 | 18.8 | 18.1 | 17.6 |
| | 43.50 | 244.48 | 22.13 | 8102.56 | 28.4 | 28.1 | 27.6 | 27.2 | 26.7 | 26.4 | 26.1 | 25.7 | 25.2 | 24.7 | 24.0 | 23.2 | 22.2 |
| | 47.00 | 244.48 | 20.39 | 8756.11 | 35.1 | 34.8 | 34.5 | 34.1 | 33.6 | 33.1 | 32.5 | 31.8 | 31.0 | 30.1 | 29.0 | 27.9 | 26.5 |
| | 53.50 | 244.48 | 17.66 | 10030.3 | 50.5 | 49.9 | 49.1 | 48.2 | 47.2 | 46.2 | 45.0 | 43.7 | 42.3 | 40.7 | 39.0 | 37.0 | 34.9 |

续表

| 代号 | | 外径/mm | 外径/壁厚 | 横截面积/$mm^2$ | 轴向应力/MPa | | | | | | | | | | | | |
|---|---|---|---|---|---|---|---|---|---|---|---|---|---|---|---|---|---|
| 1 | 2 | | | | -69.0 | -34.5 | 0 | 34.5 | 69.0 | 103.4 | 137.9 | 172.4 | 206.9 | 241.3 | 275.8 | 310.3 | 344.8 |
| | | | | | 挤毁压力/MPa | | | | | | | | | | | | |
| 9⅝ | 59.40 | 244.48 | 15 8 | 11129.01 | 64.1 | 63.0 | 61.9 | 60.6 | 59.2 | 57.7 | 56.1 | 54.2 | 52.3 | 50.1 | 47.7 | 45.1 | 42.3 |
| | 64.90 | 244.48 | 14.32 | 12194.17 | 77.4 | 76.1 | 74.5 | 72.9 | 71.0 | 69.0 | 66.9 | 64.5 | 62.0 | 59.2 | 56.3 | 52.5 | 48.3 |
| | 70.30 | 244.48 | 13.11 | 13227.07 | 90.5 | 88.8 | 86.9 | 84.9 | 82.2 | 79.2 | 76.1 | 72.7 | 69.2 | 65.4 | 61.3 | 57.0 | 52.4 |
| | 75.60 | 244.48 | 12.08 | 14260.62 | 99.0 | 96.7 | 94.3 | 91.5 | 88.5 | 85.4 | 82.0 | 78.4 | 74.5 | 70.4 | 66.1 | 61.4 | 56.4 |
| 10¾ | 51.00 | 273.05 | 23.89 | 9394.17 | 24.0 | 23.7 | 23.4 | 23.2 | 22.8 | 22.4 | 21.9 | 21.4 | 20.8 | 20.2 | 19.6 | 19.1 | 18.5 |
| | 55.50 | 273.05 | 21.72 | 10288.37 | 29.5 | 29.1 | 28.7 | 28.5 | 28.2 | 27.9 | 27.5 | 27.0 | 26.5 | 25.9 | 25.1 | 24.2 | 23.2 |
| | 59.40 | 273.05 | 19 72 | 11272.88 | 38.5 | 38.1 | 37.6 | 37.2 | 36.6 | 35.9 | 35.2 | 34.4 | 33.4 | 32.4 | 31.2 | 29.9 | 28.3 |
| | 64.53 | 273.05 | 18 07 | 12246.43 | 47.9 | 47.3 | 46.6 | 45.8 | 45.0 | 44.0 | 42.9 | 41.7 | 40.4 | 38.9 | 37.3 | 35.4 | 33.4 |
| | 73.20 | 273.05 | 16 | 13726.42 | 62.5 | 61.5 | 60.4 | 59.2 | 57.8 | 56.3 | 54.7 | 53.0 | 51.0 | 49.0 | 46.7 | 44.1 | 41.4 |
| | 79.20 | 273.05 | 14.65 | 14900.62 | 74.2 | 72.9 | 71.5 | 69.9 | 68.2 | 66.3 | 64.3 | 62.1 | 59.6 | 57.0 | 54.2 | 51.2 | 47.3 |
| | 85.30 | 273.05 | 13.49 | 16078.03 | 86.2 | 84.5 | 82.8 | 80.9 | 78.7 | 76.5 | 74.0 | 70.9 | 67.4 | 63.6 | 59.7 | 55.5 | 51.0 |
| 11¾ | 60.00 | 298.45 | 24.03 | 11161.27 | 23.6 | 23.4 | 23.2 | 22.9 | 22.5 | 22.1 | 21.7 | 21.2 | 20.6 | 19.9 | 19.3 | 18.8 | 18.2 |
| 13⅜ | 68.00 | 339.72 | 27.86 | 12545.14 | 16.1 | 16.1 | 16.0 | 15.9 | 15.9 | 15.7 | 15.5 | 15.3 | 15.0 | 14.7 | 14.3 | 13.9 | 13.3 |
| | 72.00 | 339.72 | 26.02 | 13398.68 | 19.4 | 19.3 | 19.2 | 19.0 | 18.8 | 18.5 | 18.3 | 17.9 | 17.5 | 17.0 | 16.5 | 15.9 | 15.2 |

表 13-11　轴向载荷下套管的最小挤毁压力(R95 和 T95 钢级)

| 代号 1 | 代号 2 | 外径/mm | 外径/壁厚 | 横截面积/mm$^2$ | 轴向应力/MPa -69.0 | -34.5 | 0 | 34.5 | 69.0 | 103.4 | 137.9 | 172.4 | 206.9 | 241.3 | 275.8 | 310.3 | 344.8 |
|---|---|---|---|---|---|---|---|---|---|---|---|---|---|---|---|---|---|
| | | | | | 挤毁压力/MPa | | | | | | | | | | | | |
| 4½ | 11.60 | 114.30 | 18.00 | 2153.54 | 49.7 | 49.1 | 48.5 | 47.7 | 46.9 | 46.0 | 45.0 | 43.8 | 42.5 | 41.2 | 39.6 | 38.0 | 36.1 |
| | 13.50 | 114.30 | 15.52 | 2474.83 | 68.9 | 67.8 | 66.6 | 65.3 | 63.9 | 62.3 | 60.7 | 58.9 | 56.9 | 54.7 | 52.4 | 49.9 | 47.1 |
| 5 | 15.00 | 127.00 | 16.89 | 2821.93 | 57.6 | 56.8 | 55.9 | 55.0 | 53.8 | 52.7 | 51.4 | 50.0 | 48.5 | 46.7 | 44.9 | 42.9 | 40.6 |
| | 18.00 | 127.00 | 13.81 | 3403.22 | 86.0 | 84.6 | 82.9 | 81.2 | 79.2 | 77.1 | 74.8 | 72.4 | 69.7 | 66.9 | 63.4 | 59.4 | 55.2 |
| | 21.40 | 127.00 | 11.44 | 4041.29 | 109.6 | 107.1 | 104.5 | 101.6 | 98.6 | 95.3 | 91.8 | 88.0 | 84.1 | 79.8 | 75.3 | 70.5 | 65.5 |
| | 23.20 | 127.00 | 10.46 | 4381.28 | 118.7 | 116.1 | 113.3 | 110.2 | 106.8 | 103.3 | 99.4 | 95.4 | 91.1 | 86.5 | 81.6 | 76.5 | 71.0 |
| | 24.10 | 127.00 | 10.00 | 4560.64 | 123.6 | 120.9 | 117.9 | 114.7 | 111.2 | 107.5 | 103.5 | 99.3 | 94.8 | 90.0 | 84.9 | 79.6 | 73.9 |
| 5½ | 17.00 | 139.70 | 18.09 | 3201.28 | 49.1 | 48.5 | 47.9 | 47.2 | 46.3 | 45.4 | 44.5 | 43.4 | 42.1 | 40.7 | 39.3 | 37.6 | 35.8 |
| | 20.00 | 139.70 | 15.24 | 3760.00 | 71.4 | 70.3 | 69.0 | 67.6 | 66.2 | 64.5 | 62.8 | 60.9 | 58.7 | 56.5 | 54.1 | 51.4 | 48.5 |
| | 23.00 | 139.70 | 13.25 | 4277.41 | 92.7 | 91.0 | 89.2 | 87.2 | 85.1 | 82.7 | 80.3 | 76.9 | 73.5 | 69.8 | 65.8 | 61.7 | 57.3 |
| 6⅝ | 24.00 | 168.28 | 18.82 | 4475.47 | 44.5 | 44.0 | 43.5 | 42.9 | 42.3 | 41.5 | 40.7 | 39.7 | 38.7 | 37.5 | 36.2 | 34.8 | 33.2 |
| | 28.00 | 168.28 | 15.89 | 5247.08 | 65.6 | 64.6 | 63.6 | 62.3 | 61.0 | 59.6 | 58.0 | 56.3 | 54.5 | 52.4 | 50.3 | 47.9 | 45.2 |
| | 32.00 | 168.20 | 13.95 | 5920.63 | 84.5 | 83.0 | 81.4 | 79.7 | 77.8 | 75.8 | 73.6 | 71.2 | 68.5 | 65.8 | 62.7 | 58.9 | 54.7 |

续表

| 代号 | | 外径/mm | 外径/壁厚 | 横截面积/mm² | 轴向应力/MPa | | | | | | | | | | | | |
|---|---|---|---|---|---|---|---|---|---|---|---|---|---|---|---|---|---|
| 1 | 2 | | | | -69.0 | -34.5 | 0 | 34.5 | 69.0 | 103.4 | 137.9 | 172.4 | 206.9 | 241.3 | 275.8 | 310.3 | 344.8 |
| | | | | | 挤毁压力/MPa | | | | | | | | | | | | |
| 7 | 23.00 | 177.80 | 22.08 | 4294.18 | 29.2 | 29.0 | 28.5 | 28.1 | 27.7 | 27.2 | 26.8 | 26.4 | 26.1 | 25.6 | 25.0 | 24.3 | 23.4 |
| | 26.00 | 177.80 | 19.34 | 4870.32 | 41.4 | 41.0 | 40.5 | 40.1 | 39.5 | 38.9 | 38.1 | 37.3 | 36.4 | 35.3 | 34.2 | 32.8 | 31.4 |
| | 29.00 | 177.80 | 17.16 | 5450.95 | 55.6 | 54.8 | 54.0 | 53.1 | 52.1 | 51.0 | 49.8 | 48.4 | 47.0 | 45.4 | 43.6 | 41.6 | 39.5 |
| | 32.00 | 177.80 | 15.45 | 6010.96 | 69.5 | 68.4 | 67.2 | 65.9 | 64.5 | 62.9 | 61.2 | 59.4 | 57.4 | 55.2 | 52.8 | 50.3 | 47.4 |
| | 35.00 | 177.80 | 14.06 | 6562.56 | 83.3 | 81.8 | 80.3 | 78.6 | 76.7 | 74.7 | 72.5 | 70.2 | 67.6 | 64.9 | 62.0 | 58.4 | 54.3 |
| | 38.00 | 177.80 | 12.96 | 7070.31 | 96.3 | 94.6 | 92.7 | 90.6 | 88.0 | 85.0 | 81.9 | 78.5 | 75.0 | 71.2 | 67.2 | 63.0 | 58.5 |
| 7⅝ | 26.40 | 193.68 | 23.25 | 4850.96 | 26.1 | 25.9 | 25.6 | 25.2 | 24.9 | 24.5 | 24.0 | 23.4 | 22.9 | 22.2 | 21.7 | 21.2 | 20.6 |
| | 29.70 | 193.68 | 20.33 | 5510.32 | 36.0 | 35.7 | 35.4 | 35.1 | 34.7 | 34.2 | 33.6 | 33.0 | 32.3 | 31.5 | 30.5 | 29.5 | 28.3 |
| | 33.70 | 193.68 | 17.73 | 6270.96 | 51.5 | 50.9 | 50.2 | 49.4 | 48.5 | 47.5 | 46.5 | 45.2 | 43.9 | 42.5 | 40.9 | 39.1 | 37.2 |
| | 39.00 | 193.68 | 15.25 | 7220.63 | 71.3 | 70.2 | 69.0 | 67.6 | 66.1 | 64.5 | 62.7 | 60.8 | 58.7 | 56.5 | 54.0 | 51.4 | 48.5 |
| | 42.80 | 193.68 | 13.57 | 8045.15 | 88.8 | 87.3 | 85.6 | 83.7 | 81.6 | 79.5 | 77.1 | 74.5 | 71.8 | 68.3 | 64.5 | 60.4 | 56.1 |
| | 45.30 | 193.68 | 12.82 | 8478.05 | 98.8 | 96.6 | 94.3 | 91.7 | 88.9 | 85.9 | 82.7 | 79.4 | 75.8 | 72.0 | 67.9 | 63.6 | 59.1 |
| | 47.10 | 193.68 | 12.20 | 8867.73 | 103.4 | 101.1 | 98.6 | 95.9 | 93.0 | 89.8 | 86.5 | 83.0 | 79.2 | 75.3 | 71.0 | 66.5 | 61.8 |
| 7¾ | 46.00 | 196.85 | — | — | 95.5 | 93.8 | 91.8 | 89.8 | 87.6 | 84.7 | 81.5 | 78.2 | 74.7 | 70.9 | 66.9 | 62.7 | 58.2 |

续表

| 代号 | | 外径/mm | 外径/壁厚 | 横截面积/mm² | 轴向应力/MPa | | | | | | | | | | | | |
|---|---|---|---|---|---|---|---|---|---|---|---|---|---|---|---|---|---|
| | | | | | -69.0 | -34.5 | 0 | 34.5 | 69.0 | 103.4 | 137.9 | 172.4 | 206.9 | 241.3 | 275.8 | 310.3 | 344.8 |
| 1 | 2 | | | | 挤毁压力/MPa | | | | | | | | | | | | |
| $8\frac{5}{8}$ | 36.00 | 219.08 | 21.56 | 6668.37 | 30.8 | 30.4 | 30.0 | 29.6 | 29.3 | 29.0 | 28.7 | 28.3 | 27.8 | 27.2 | 26.5 | 25.7 | 24.8 |
| | 40.00 | 219.08 | 19.17 | 7456.11 | 42.4 | 42.0 | 41.5 | 41.0 | 40.4 | 39.7 | 39.0 | 38.1 | 37.1 | 36.1 | 34.8 | 33.4 | 31.9 |
| | 44.00 | 219.08 | 17.25 | 8234.18 | 54.9 | 54.2 | 53.4 | 52.5 | 51.5 | 50.4 | 49.2 | 47.9 | 46.5 | 44.9 | 43.2 | 41.2 | 39.1 |
| | 49.00 | 219.08 | 15.48 | 9108.37 | 69.2 | 68.1 | 67.0 | 65.6 | 64.2 | 62.7 | 61.0 | 59.2 | 57.2 | 55.0 | 52.6 | 50.1 | 47.3 |
| $9\frac{5}{8}$ | 40.00 | 244.48 | 24.37 | 7389.66 | 23.3 | 23.1 | 22.9 | 22.7 | 22.4 | 22.1 | 21.7 | 21.3 | 20.8 | 20.3 | 19.7 | 18.9 | 18.2 |
| | 43.50 | 244.48 | 22.13 | 8102.56 | 29.1 | 28.8 | 28.4 | 28.1 | 27.6 | 27.0 | 26.5 | 26.3 | 25.9 | 25.4 | 24.8 | 24.1 | 23.3 |
| | 47.00 | 244.48 | 20.39 | 8756.11 | 35.6 | 35.4 | 35.1 | 34.8 | 34.4 | 33.9 | 33.4 | 32.8 | 32.1 | 31.3 | 30.3 | 29.3 | 28.1 |
| | 53.50 | 244.48 | 17.66 | 10030.31 | 52.0 | 51.4 | 50.6 | 49.9 | 49.0 | 47.9 | 46.8 | 45.6 | 44.3 | 42.8 | 41.2 | 39.4 | 37.4 |
| $10\frac{3}{4}$ | 51.00 | 273.05 | 23.89 | 9394.17 | 24.5 | 24.3 | 24.0 | 23.7 | 23.4 | 23.0 | 22.6 | 22.2 | 21.7 | 21.0 | 20.4 | 19.7 | 19.2 |
| | 55.50 | 273.05 | 21.72 | 10288.37 | 30.3 | 30.0 | 29.6 | 29.1 | 28.6 | 28.4 | 28.1 | 27.7 | 27.2 | 26.7 | 26.1 | 25.3 | 24.4 |
| $11\frac{3}{4}$ | 60.00 | 298.50 | 24.03 | 11161.27 | 24.1 | 23.9 | 23.7 | 23.4 | 23.1 | 22.8 | 22.3 | 21.9 | 21.4 | 20.8 | 20.1 | 19.4 | 19.0 |
| $13\frac{3}{8}$ | 68.00 | 339.72 | 27.86 | 12545.13 | 16.1 | 16.1 | 16.1 | 16.1 | 16.0 | 15.9 | 15.8 | 15.6 | 15.4 | 15.1 | 14.8 | 14.4 | 13.9 |
| | 72.00 | 339.72 | 26.02 | 13398.68 | 19.7 | 19.6 | 19.4 | 19.3 | 19.2 | 19.0 | 18.7 | 18.4 | 18.1 | 17.7 | 17.2 | 16.6 | 16.0 |

表 13-12　轴向载荷下套管的最小挤毁压力（C110 和 P110 钢级）

| 代号 1 | 代号 2 | 外径/mm | 外径/壁厚 | 横截面积/$mm^2$ | 轴向应力/MPa -69.0 | -34.5 | 0.0 | 34.5 | 69.0 | 103.4 | 137.9 | 172.4 | 206.9 | 241.3 | 275.8 | 310.3 | 344.8 |
|---|---|---|---|---|---|---|---|---|---|---|---|---|---|---|---|---|---|
| | | | | | 挤毁压力/MPa | | | | | | | | | | | | |
| 4½ | 11.60 | 114.30 | 18.00 | 2153.54 | 53.2 | 52.7 | 52.3 | 51.6 | 51.0 | 50.3 | 49.4 | 48.5 | 47.6 | 46.5 | 45.2 | 43.9 | 42.5 |
| | 13.50 | 114.30 | 15.52 | 2494.18 | 75.7 | 74.7 | 73.6 | 72.5 | 71.2 | 69.8 | 68.4 | 66.8 | 65.1 | 63.2 | 61.2 | 59.0 | 56.7 |
| | 15.10 | 114.30 | 13.35 | 2843.22 | 102.2 | 100.6 | 98.9 | 97.1 | 95.1 | 93.0 | 90.7 | 88.3 | 85.7 | 82.9 | 80.1 | 76.8 | 72.7 |
| 5 | 15.00 | 127.00 | 16.89 | 2821.93 | 62.5 | 61.8 | 61.0 | 60.2 | 59.3 | 58.3 | 57.2 | 56.1 | 54.7 | 53.4 | 51.9 | 50.1 | 48.3 |
| | 18.00 | 127.00 | 13.81 | 3403.22 | 95.8 | 94.5 | 92.9 | 91.2 | 89.4 | 87.5 | 85.4 | 83.2 | 80.8 | 78.3 | 75.6 | 72.6 | 69.5 |
| | 21.40 | 127.00 | 11.44 | 4041.29 | 126.1 | 123.7 | 121.0 | 118.2 | 115.1 | 111.9 | 108.5 | 104.9 | 101.1 | 97.1 | 92.9 | 88.4 | 83.7 |
| | 23.20 | 127.00 | 10.46 | 4381.28 | 136.7 | 134.0 | 131.1 | 128.0 | 124.8 | 121.3 | 117.6 | 113.7 | 109.6 | 105.2 | 100.7 | 95.8 | 90.7 |
| | 24.10 | 127.00 | 10.00 | 4560.64 | 142.3 | 139.5 | 136.5 | 133.3 | 129.9 | 126.2 | 122.4 | 118.3 | 114.0 | 109.5 | 104.7 | 99.8 | 94.5 |
| 5½ | 17.00 | 139.70 | 18.09 | 3201.28 | 52.5 | 52.1 | 51.6 | 51.0 | 50.3 | 49.6 | 48.9 | 48.0 | 47.0 | 45.9 | 44.7 | 43.4 | 42.1 |
| | 20.00 | 139.70 | 15.24 | 3760.00 | 78.7 | 77.6 | 76.5 | 75.3 | 73.9 | 72.5 | 70.9 | 69.2 | 67.4 | 65.4 | 63.4 | 61.1 | 58.6 |
| | 23.00 | 139.70 | 13.25 | 4277.41 | 103.6 | 102.0 | 100.3 | 98.4 | 96.4 | 94.3 | 91.9 | 89.5 | 86.8 | 84.1 | 81.0 | 77.4 | 73.2 |
| 6⅝ | 24.00 | 168.28 | 18.82 | 4475.47 | 47.1 | 46.8 | 46.4 | 46.0 | 45.4 | 44.9 | 44.3 | 43.6 | 42.7 | 41.9 | 40.9 | 39.9 | 38.6 |
| | 28.00 | 168.28 | 15.89 | 5247.08 | 71.9 | 71.0 | 70.1 | 69.0 | 67.8 | 66.5 | 65.2 | 63.7 | 62.1 | 60.4 | 58.5 | 56.5 | 54.3 |
| | 32.00 | 168.28 | 13.95 | 5920.63 | 94.0 | 92.7 | 91.2 | 89.5 | 87.8 | 85.9 | 83.8 | 81.7 | 79.4 | 76.9 | 74.3 | 71.4 | 68.3 |

续表

| 代号 | | 外径/mm | 外径/壁厚 | 横截面积/mm² | 轴向应力/MPa | | | | | | | | | | | | |
|---|---|---|---|---|---|---|---|---|---|---|---|---|---|---|---|---|---|
| 1 | 2 | | | | -69.0 | -34.5 | 0.0 | 34.5 | 69.0 | 103.4 | 137.9 | 172.4 | 206.9 | 241.3 | 275.8 | 310.3 | 344.8 |
| | | | | | 挤毁压力/MPa | | | | | | | | | | | | |
| 7 | 26.00 | 177.82 | 19.34 | 4370.32 | 43.5 | 43.2 | 43.0 | 42.6 | 42.2 | 41.7 | 41.2 | 40.6 | 40.0 | 39.2 | 38.3 | 37.4 | 36.3 |
| | 29.00 | 177.82 | 17.16 | 5450.95 | 60.1 | 59.5 | 58.8 | 58.1 | 57.2 | 56.3 | 55.2 | 54.1 | 53.0 | 51.6 | 50.1 | 48.5 | 46.8 |
| | 32.00 | 177.82 | 15.45 | 6010.96 | 76.5 | 75.4 | 74.3 | 73.2 | 71.9 | 70.5 | 69.0 | 67.4 | 65.6 | 63.8 | 61.7 | 59.6 | 57.2 |
| | 35.00 | 177.82 | 14.06 | 6562.56 | 92.6 | 91.3 | 89.8 | 88.2 | 86.5 | 84.7 | 82.7 | 80.5 | 78.3 | 75.8 | 73.2 | 70.5 | 67.4 |
| | 38.00 | 177.82 | 12.96 | 7070.31 | 107.9 | 106.2 | 104.4 | 102.4 | 100.3 | 98.0 | 95.6 | 92.9 | 90.2 | 86.7 | 82.9 | 78.9 | 74.7 |
| 7⅝ | 29.70 | 193.68 | 20.33 | 5510.32 | 37.5 | 37.2 | 36.9 | 36.7 | 36.5 | 36.2 | 35.9 | 35.4 | 35.0 | 34.5 | 33.9 | 33.1 | 32.3 |
| | 33.70 | 193.68 | 17.73 | 6270.96 | 55.4 | 54.9 | 54.3 | 53.6 | 52.9 | 52.1 | 51.2 | 50.3 | 49.2 | 48.1 | 46.8 | 45.4 | 43.9 |
| | 39.00 | 193.68 | 15.25 | 7220.63 | 78.6 | 77.6 | 76.4 | 75.2 | 73.8 | 72.4 | 70.8 | 69.2 | 67.3 | 65.4 | 63.2 | 61.0 | 58.5 |
| | 42.80 | 193.68 | 13.57 | 8045.15 | 99.1 | 97.6 | 96.0 | 94.3 | 92.3 | 90.3 | 88.1 | 85.8 | 83.3 | 80.7 | 77.8 | 74.8 | 71.6 |
| | 45.30 | 193.68 | 12.82 | 8478.05 | 110.1 | 108.4 | 106.5 | 104.5 | 102.3 | 99.9 | 97.4 | 94.6 | 91.2 | 87.6 | 83.7 | 79.7 | 75.5 |
| | 47.10 | 193.68 | 12.20 | 8867.73 | 119.0 | 116.7 | 114.1 | 111.5 | 108.6 | 105.6 | 102.3 | 98.9 | 95.4 | 91.6 | 87.6 | 83.4 | 79.0 |
| 7¾ | 46.00 | 196.85 | — | — | 106.9 | 105.2 | 103.4 | 101.5 | 99.4 | 97.1 | 94.7 | 92.1 | 89.4 | 86.3 | 82.5 | 78.5 | 74.4 |
| 8⅝ | 40.00 | 219.08 | 19.17 | 7456.11 | 44.7 | 44.4 | 44.1 | 43.7 | 43.2 | 42.7 | 42.2 | 41.6 | 40.9 | 40.1 | 39.2 | 38.2 | 37.0 |
| | 44.00 | 219.08 | 17.25 | 8234.18 | 59.4 | 58.7 | 58.1 | 57.3 | 56.5 | 55.6 | 54.6 | 53.5 | 52.3 | 51.0 | 49.6 | 48.1 | 46.3 |
| | 49.00 | 219.08 | 15.48 | 9108.37 | 76.1 | 75.2 | 74.1 | 72.9 | 71.6 | 70.3 | 68.7 | 67.2 | 65.4 | 63.5 | 61.5 | 59.4 | 57.0 |

续表

| 代号 1 | 代号 2 | 外径/mm | 外径/壁厚 | 横截面积/mm² | 轴向应力/MPa -69.0 | -34.5 | 0.0 | 34.5 | 69.0 | 103.4 | 137.9 | 172.4 | 206.9 | 241.3 | 275.8 | 310.3 | 344.8 |
|---|---|---|---|---|---|---|---|---|---|---|---|---|---|---|---|---|---|
| | | | | | 挤毁压力/MPa | | | | | | | | | | | | |
| 9⅝ | 43.50 | 244.48 | 22.13 | 8102.56 | 31.0 | 30.8 | 30.5 | 30.1 | 29.8 | 29.4 | 29.0 | 28.5 | 27.9 | 27.4 | 26.7 | 26.3 | 25.9 |
| | 47.00 | 244.48 | 20.39 | 8756.11 | 37.3 | 36.9 | 36.5 | 36.3 | 36.1 | 35.9 | 35.6 | 35.2 | 34.7 | 34.2 | 33.6 | 32.9 | 32.1 |
| | 53.50 | 244.48 | 17.56 | 10030.31 | 55.9 | 55.4 | 54.8 | 54.1 | 53.4 | 52.6 | 51.7 | 50.7 | 49.6 | 48.5 | 47.2 | 45.8 | 44.2 |
| 10¾ | 51.00 | 273.05 | 23.39 | 9394.17 | 25.5 | 25.4 | 25.2 | 25.1 | 24.9 | 24.6 | 24.3 | 24.1 | 23.6 | 23.2 | 22.8 | 22.2 | 21.6 |
| | 55.50 | 273.05 | 21.72 | 10288.37 | 32.3 | 32.1 | 31.8 | 31.4 | 31.1 | 30.6 | 30.1 | 29.6 | 29.0 | 28.5 | 28.2 | 27.7 | 27.2 |
| | 60.70 | 273.05 | 19.72 | 11272.88 | 41.0 | 40.8 | 40.5 | 40.3 | 39.9 | 39.6 | 39.1 | 38.6 | 38.0 | 37.3 | 36.5 | 35.7 | 34.7 |
| | 65.70 | 273.05 | 18.07 | 12246.43 | 52.7 | 52.3 | 51.7 | 51.2 | 50.5 | 49.8 | 49.0 | 48.1 | 47.2 | 46.1 | 44.9 | 43.6 | 42.1 |

**表 13-13　轴向载荷下套管的最小挤毁压力(Q125 钢级)**

| 代号 1 | 代号 2 | 外径/mm | 外径/壁厚 | 横截面积/mm² | 轴向应力/MPa -69.0 | -34.5 | 0.0 | 34.5 | 69.0 | 103.4 | 137.9 | 172.4 | 206.9 | 241.3 | 275.8 | 310.3 | 344.8 |
|---|---|---|---|---|---|---|---|---|---|---|---|---|---|---|---|---|---|
| | | | | | 挤毁压力/MPa | | | | | | | | | | | | |
| 4½ | 15.10 | 114.30 | 13.35 | 2843.22 | 112.3 | 110.8 | 109.2 | 107.5 | 105.6 | 103.7 | 101.6 | 99.4 | 97.0 | 94.5 | 91.8 | 89.0 | 86.0 |
| 5 | 18.00 | 127.00 | 13.81 | 3403.22 | 105.0 | 103.7 | 102.3 | 100.7 | 99.0 | 97.2 | 95.3 | 93.3 | 91.2 | 88.8 | 86.4 | 83.8 | 81.1 |
| | 21.40 | 127.00 | 11.44 | 4041.29 | 142.7 | 140.2 | 137.5 | 134.7 | 131.7 | 128.5 | 125.2 | 121.7 | 118.0 | 114.2 | 110.1 | 105.9 | 101.5 |
| | 24.10 | 127.00 | 10.00 | 4560.64 | 161.0 | 158.2 | 155.1 | 152.0 | 148.6 | 145.0 | 141.2 | 137.3 | 133.1 | 128.8 | 124.2 | 119.5 | 114.5 |

续表

| 代号 | | 外径/mm | 外径/壁厚 | 横截面积/mm² | 轴向应力/MPa | | | | | | | | | | | | |
|---|---|---|---|---|---|---|---|---|---|---|---|---|---|---|---|---|---|
| 1 | 2 | | | | -69.0 | -34.5 | 0.0 | 34.5 | 69.0 | 103.4 | 137.9 | 172.4 | 206.9 | 241.3 | 275.8 | 310.3 | 344.8 |
| | | | | | 挤毁压力/MPa | | | | | | | | | | | | |
| 5½ | 23.00 | 139.70 | 13.25 | 4277.41 | 113.9 | 112.4 | 110.8 | 109.0 | 107.1 | 105.1 | 103.0 | 100.7 | 98.3 | 95.8 | 93.0 | 90.2 | 87.2 |
| 6⅝ | 32.00 | 168.28 | 13.95 | 5920.63 | 102.9 | 101.6 | 100.2 | 98.7 | 97.1 | 95.4 | 93.5 | 91.5 | 89.4 | 87.2 | 84.8 | 82.3 | 79.6 |
| 7 | 35.00 | 177.80 | 14.06 | 6562.56 | 101.3 | 100.0 | 98.7 | 97.2 | 95.6 | 93.9 | 92.1 | 90.2 | 88.1 | 85.9 | 83.6 | 81.2 | 78.5 |
| | 38.00 | 177.80 | 12.96 | 7070.31 | 118.9 | 117.2 | 115.5 | 113.6 | 111.6 | 109.5 | 107.2 | 104.8 | 102.3 | 99.6 | 96.7 | 93.7 | 90.5 |
| 7⅝ | 39.00 | 193.68 | 15.25 | 7220.63 | 85.1 | 84.2 | 83.2 | 82.1 | 80.9 | 79.6 | 78.2 | 76.7 | 75.1 | 73.4 | 71.6 | 69.6 | 67.5 |
| | 42.80 | 193.68 | 13.57 | 8045.15 | 108.7 | 107.4 | 105.8 | 104.2 | 102.4 | 100.5 | 98.5 | 96.4 | 94.1 | 91.7 | 89.2 | 86.5 | 83.6 |
| | 47.10 | 193.68 | 12.22 | 8867.73 | 132.9 | 130.9 | 128.9 | 126.7 | 124.2 | 121.2 | 118.1 | 114.8 | 111.3 | 107.7 | 103.9 | 99.9 | 95.7 |
| 7¾ | 46.00 | 196.85 | — | — | 117.8 | 116.1 | 114.4 | 112.6 | 110.6 | 108.5 | 106.2 | 103.9 | 101.4 | 98.7 | 95.8 | 92.9 | 89.7 |
| 8⅝ | 49.00 | 219.08 | 15.48 | 9108.37 | 82.3 | 81.4 | 80.4 | 79.4 | 78.3 | 77.0 | 75.7 | 74.3 | 72.8 | 71.2 | 69.4 | 67.6 | 65.6 |
| 9⅝ | 47.00 | 244.48 | 20.39 | 8756.11 | 39.4 | 39.2 | 38.9 | 38.5 | 38.1 | 37.6 | 37.2 | 36.6 | 36.3 | 36.1 | 35.7 | 53.3 | 34.8 |
| | 53.50 | 244.48 | 17.66 | 10030.31 | 59.0 | 58.6 | 58.2 | 57.6 | 57.1 | 56.5 | 55.8 | 55.0 | 54.1 | 53.2 | 52.1 | 51.0 | 49.8 |
| 10¾ | 60.70 | 273.05 | 19.72 | 11272.88 | 42.6 | 42.3 | 41.9 | 41.5 | 41.4 | 41.2 | 40.9 | 40.6 | 40.3 | 39.9 | 39.3 | 38.7 | 38.1 |
| | 65.70 | 273.05 | 18.07 | 12246.43 | 55.3 | 55.0 | 54.6 | 54.4 | 53.6 | 53.2 | 52.5 | 51.9 | 51.1 | 50.3 | 49.4 | 48.3 | 47.2 |
| 11¾ | 60.00 | 298.45 | 24.03 | 11161.27 | 25.4 | 25.4 | 25.4 | 25.3 | 25.2 | 25.2 | 25.0 | 24.9 | 24.7 | 24.5 | 24.1 | 23.8 | 23.4 |
| 13⅜ | 72.00 | 339.72 | 26.02 | 13398.68 | 19.9 | 19.9 | 19.9 | 19.9 | 19.9 | 19.9 | 19.9 | 19.9 | 19.9 | 19.8 | 19.7 | 19.5 | 19.3 |

## 四、套管接箍

1. 结构

短圆螺纹套管和接箍结构如图 13-1 所示，长圆螺纹套管和接箍结构如图 13-2 所示，偏梯形螺纹套管和接箍结构如图 13-3 所示。

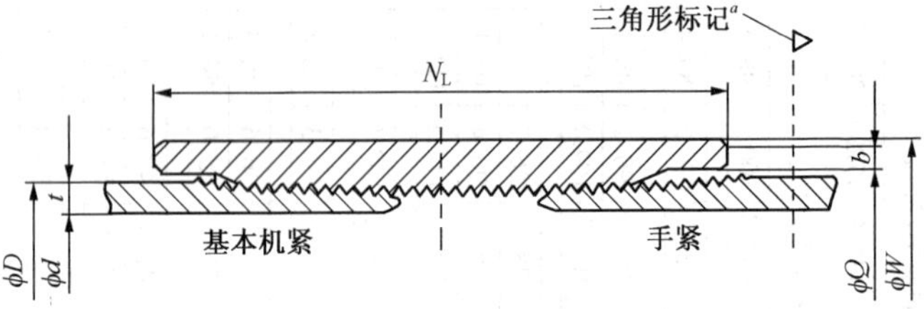


对于 H40、J55 钢级，代号 1 为 406.40mm(16in)、473.08mm($18\frac{5}{8}$in)、508.00mm(20in)的短圆螺纹套管，应在距每端 $L_4$+1.59mm 处打印一个高为 9.52mm($\frac{3}{8}$in)的等边三角形印记。

图 13-1　短圆螺纹套管和接箍结构

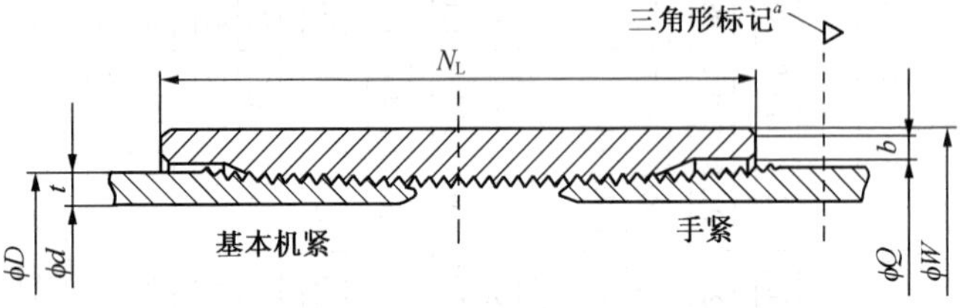


对于 H40、J55 钢级，代号 1 为 508.00mm(20in)的长圆螺纹套管，应在距每端 $L_4$+1.59mm($\frac{1}{16}$in)处打印一个高为 9.52mm($\frac{3}{8}$in)的等边三角形印记。

图 13-2　长圆螺纹套管和接箍结构

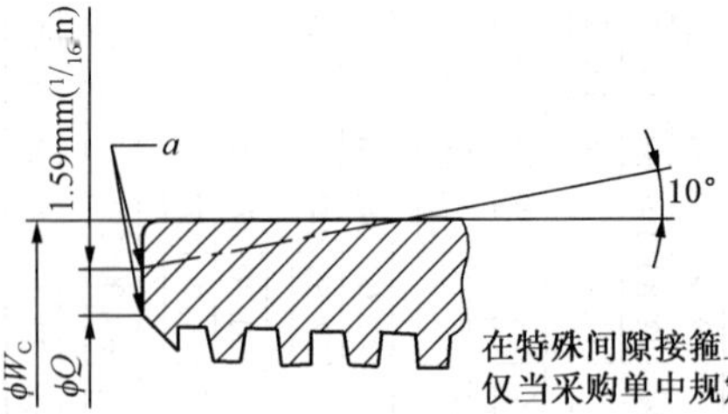


在特殊间隙接箍上，支承面内外边缘应倒角或倒圆。
仅当采购单中规定时才应供给10° 的斜面。

图 13-3　偏梯形螺纹套管和接箍结构

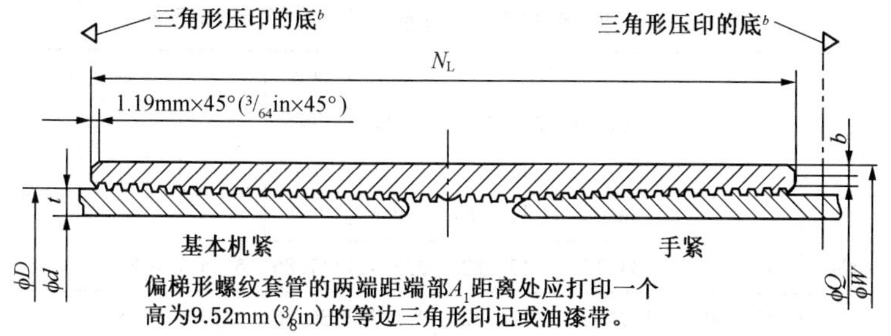


图 13-3 偏梯形螺纹套管和接箍结构(续)

2. 规范

圆螺纹套管接箍尺寸、公差和质量见表 13-14，偏梯形螺纹套管接箍尺寸、公差和质量见表 13-15。

**表 13-14 圆螺纹套管接箍尺寸、公差和质量**

| 代号 1 | 规格①<br>外径<br>($D$)/mm | 外径<br>($W$②③)/<br>mm | 最小长度/mm<br>短圆螺纹<br>($N_L$) | <br>长圆螺纹<br>($N_L$) | 镗孔直径<br>($Q$④)/<br>mm | 承载面<br>宽度<br>($b$)/mm | 质量/kg<br>短圆<br>螺纹 | <br>长圆<br>螺纹 |
|---|---|---|---|---|---|---|---|---|
| 4½ | 114.30 | 133.35 | 158.75 | 177.80 | 116.68 | 7.14 | 5.24 | 5.96 |
| 5 | 127.00 | 147.32 | 165.10 | 196.85 | 129.38 | 7.14 | 6.43 | 7.86 |
| 5½ | 139.70 | 160.02 | 171.45 | 203.20 | 142.08 | 6.35 | 7.34 | 8.92 |
| 6⅝ | 168.28 | 187.71 | 184.15 | 222.25 | 170.66 | 6.35 | 9.12 | 11.34 |
| 7 | 177.80 | 200.03 | 184.15 | 228.60 | 180.18 | 7.94 | 10.88 | 13.92 |
| 7⅝ | 193.70 | 215.90 | 190.50 | 234.95 | 197.64 | 5.56 | 12.16 | 15.63 |
| 8⅝ | 219.08 | 244.48 | 196.85 | 254.00 | 223.04 | 6.35 | 15.62 | 21.67 |
| 9⅝ | 244.48 | 269.88 | 196.85 | 266.70 | 248.44 | 6.35 | 17.85 | 25.45 |
| 10¾ | 273.05 | 298.45 | 203.20 | — | 277.02 | 6.35 | 20.58 | — |
| 11¾ | 298.45 | 323.85 | 203.20 | — | 302.42 | 6.35 | 22.43 | — |
| 13⅜ | 339.72 | 365.12 | 203.20 | — | 343.69 | 5.56 | 25.42 | — |
| 16 | 406.40 | 431.80 | 228.60 | — | 411.96 | 5.56 | 34.33 | — |
| 18⅝ | 473.08 | 508.00 | 228.60 | — | 478.63 | 5.56 | 53.33 | — |
| 20 | 508.00 | 533.40 | 228.60 | 292.10 | 513.56 | 5.56 | 42.81 | 56.98 |

注：① 接箍的规格代号和相应的管子规格代号相同。

② 对 Q125 钢级以外的所有钢级，外径 $W$ 的公差为±1%，但不大于±3.18mm。

③ 对 Q125 钢级，外径 $W$ 的公差为±1%，但不大于$^{+3.18}_{-1.59}$mm。

④ 对所有钢级，镗孔直径 $Q$ 的公差为$^{+0.79}_{0}$mm。

表 13-15　偏梯形螺纹套管接箍尺寸、公差和质量

| 代号 1 | 规格[①] | 外径 | | 最小长度 | 镗孔直径 | 承载面宽度 | 质量/kg | |
|---|---|---|---|---|---|---|---|---|
| | 外径($D$)/mm | 标准接箍($W$[②③])/mm | 特殊间隙接箍[④]($W_C$)/mm | ($N_L$)/mm | ($Q$)/mm | ($b$)/mm | 标准接箍 | 特殊间隙接箍 |
| 4½ | 114.30 | 133.35 | 123.82 | 225.42 | 117.86 | 6.35 | 6.89 | 3.48 |
| 5 | 127.00 | 147.32 | 136.52 | 231.78 | 130.56 | 7.14 | 8.38 | 4.00 |
| 5½ | 139.70 | 160.02 | 149.22 | 234.95 | 143.26 | 7.14 | 9.30 | 4.47 |
| 6⅝ | 168.28 | 187.71 | 177.80 | 244.48 | 171.83 | 6.35 | 11.01 | 5.65 |
| 7 | 177.80 | 200.03 | 187.32 | 254.00 | 181.36 | 7.94 | 13.98 | 6.28 |
| 7⅝ | 193.68 | 215.90 | 206.38 | 263.52 | 197.23 | 7.94 | 15.82 | 9.29 |
| 8⅝ | 219.08 | 244.48 | 231.78 | 269.88 | 222.63 | 9.52 | 20.86 | 10.80 |
| 9⅝ | 244.48 | 269.88 | 257.18 | 269.88 | 248.03 | 9.52 | 23.16 | 12.02 |
| 10¾ | 273.05 | 298.45 | 285.75 | 269.88 | 276.61 | 9.52 | 25.74 | 13.39 |
| 11¾ | 298.45 | 323.85 | — | 269.88 | 302.01 | 9.52 | 28.03 | — |
| 13⅜ | 339.72 | 365.12 | — | 269.88 | 343.28 | 9.52 | 31.77 | — |
| 16 | 406.40 | 431.80 | — | 269.88 | 410.31 | 9.52 | 40.28 | — |
| 18⅝ | 473.08 | 508.00 | — | 269.88 | 476.99 | 9.52 | 62.68 | — |
| 20 | 508.00 | 533.40 | — | 269.88 | 511.91 | 9.52 | 50.10 | — |

注：① 接箍的规格代号和相应的管子规格代号相同。

② 对 Q125 钢级以外的所有钢级，外径 $W$ 的公差为±1%，但不大于±3.18mm。

③ 对 Q125 钢级，外径 $W$ 的公差为±1%，但不大于$^{+3.18}_{-1.59}$mm。

④ 对 Q125 钢级以外的所有钢级，外径 $W_C$ 的公差为$^{+0.79}_{-0.40}$mm。

## 五、特种套管

多数情况下，国内外油田主要使用 API 标准系列套管。但随着石油工业的发展，API 油套管已经不能满足技术需求，油套管生产厂纷纷开发特殊非 API 油套管以满足石油勘探开发的需要。特殊非 API 油套管主要包括特殊钢级、特殊螺纹和特种功能管材。采用非 API 标准有三种情况：一是尺寸、钢级、厚

度依据 API 规范，只是采用特殊螺纹连接，例如 VAM 螺纹连接。二是为解决腐蚀或高应力问题而使用特殊钢级和材质，但尺寸、壁厚和连接仍然依据 API 标准。例如高抗挤毁套管用于高压地层，抗硫化氢应力腐蚀套管用于含硫化氢环境，稠油热采套管具有高温强度，不锈钢套管用于含 $CO_2$ 介质环境，大多数特殊扣套管具有高的气密封能力，等等。三是规格、材质和钢级都采用非 API 标准。

1. 套管尺寸系列

套管尺寸系列是指公称直径，可分为常用尺寸和不常用尺寸，均列入 API 范围。套管尺寸(名义外径)见表 13-16。

**表 13-16　套管尺寸(名义外径)**

| 常用尺寸系列(OD) | | | |
|---|---|---|---|
| mm(in) | mm(in) | mm(in) | mm(in) |
| 114.30(4½) | 193.68(7⅝) | 298.45(11¾) | 609.60(24) |
| 127.00(5) | 196.85(7¾) | 339.72(13⅜) | 660.40(26) |
| 139.70(5½) | 219.08(8⅝) | 406.40(16) | 762.00(30) |
| 168.28(6⅝) | 244.48(9⅝) | 473.08(18⅝) | 863.60(34) |
| 177.80(7) | 273.05(10¾) | 508.00(20) | 914.40(36) |
| 不常用尺寸系列(OD) | | | |
| 165.10(6½) | 250.82(9⅞) | 346.08(13⅝) | 546.10(21½) |
| 222.25(8¾) | 301.62(11⅞) | 355.60(14) | 622.30(24½) |
| 247.65(9¾) | 342.90(13½) | 371.48(14⅝) | |

2. 部分厂家特殊石油套管

1）TPCO、BG、HYST、CJT 产特殊套管

天津钢管制造有限公司(TPCO)、宝山钢铁股份有限公司(BG)、衡阳华菱钢管有限公司(HYST)、中信泰富特钢集团股份有限公司(CJT)产石油套管见表 13-17～表 13-20。

**表 13-17　TPCO 产石油套管产品**

| 产品类型 | 钢级、牌号 |
| --- | --- |
| API 系列抗 $H_2S$ 套管 | C90、T95、C110 |
| API 系列抗 $CO_2$ 套管 | L80-9Cr、L80-13Cr |
| TP 系列抗 $H_2S$ 套管 | TP80S、TP90S、TP95S、TP110S、TP110TS、TP125S、TP125TS、TP80SS、TP90SS、TP95SS、TP110SS |
| TP 系列 1Cr 抗 $CO_2$ 腐蚀套管 | TP80-1Cr、TP90-1Cr、TP95-1Cr、TP110-1Cr |
| TP 系列 3Cr 抗 $CO_2$ 腐蚀套管 | TP80-3Cr、TP90-3Cr、TP95-3Cr、TP110-3Cr |
| TP 系列 5Cr 抗 $CO_2$ 腐蚀套管 | TP80-5Cr、N80-5Cr、TP90-5Cr、TP95-5Cr、TP110-5Cr |
| TP 系列 9Cr 抗 $CO_2$ 腐蚀套管 | TP80-9Cr、TP90-9Cr、TP95-9Cr、TP110-9Cr |
| TP 系列 13Cr 抗 $CO_2$ 腐蚀套管 | TP80-13Cr、TP90-13Cr、TP95-13Cr、TP110-13Cr |
| TP 系列 13Cr 高级抗 $CO_2$ 腐蚀套管 | TP95-HP13Cr、TP110-HP13Cr、TP125-HP13Cr |
| TP 系列 13Cr 超级抗 $CO_2$ 腐蚀套管 | TP95-SUP13Cr、TP110-SUP13Cr、TP125-SUP13Cr |
| TP 系列抗挤毁套管 | TP80T、TP95T、TP110T、TP125T、TP80TT、TP95TT、TP110TT、TP125TT、TP130TT、TP140TT、TP150TT |
| TP 系列抗 $H_2S$、抗挤毁套管 | TP80TS、TP90TS、TP95TS、TP110TS、TP125TS、TP80TSS、TP90TSS、TP95TSS、TP110TSS |
| TP 系列热采井用套管 | TP90H、TP100H、TP110H、TP120TH、TP125H、TP140H、TP140TH |
| TP 系列火驱稠油用套管 | TP90H-3Cr、TP90H-9Cr、TP110H-3Cr、TP110H-9Cr、TP110H-13Cr、TP110H-HP13Cr |
| TP 系列深井、超深井用套管 | TP110V、TP125V、TP140V、TP150V、TP155V、TP165V、TP170V |
| TP 系列页岩油气套管 | TP110SG、TP125SG、TP140SG、TP155SG |
| TP 系高抗内压套管 | TP110IY、TP125IY、TP140IY |
| TP 系列强度、高强度套管 | TP50、TP65、TP80、TP90、TP100、TP110、TP125、TP140、TP150 |
| TP 系列高压、储气井用套管 | TP80CQJ、TP90CQJ、TP110CQJ |
| TP 系列特殊螺纹接头套管 | TP-CQ、TP-G2、TP-FJ、TP-NF、TP-JC、TP-QR、TP-BM、TP-CQ(FL)、TP-G2 HP、TP-G2 HC、TP-NF Ⅱ、TP-FJ、TP-FJ/Ⅱ、TP-CQ(NF)、TP-G2(NF)、TP-QR(M)、TP-CQ D、TP-CQ H、TP-NF/E、TP-TLM、TP-TW、TP-NF3、TP-G4、TP-G4(HT)、TP-SFJ、TP-SFJ(M)、TP-ISF、TP-ITB、TP-WG 等扣型，包括 TPCO 产所有钢级 |

表 13-18 BG 产石油套管产品

| 产品类型 | 钢级、牌号 |
|---|---|
| BG 系列一般抗硫套管 | BG65S、BG80S、BG90S、BG95S、BG110S、BG125S |
| BG 系列高抗硫套管 | BG80SS、BG90SS、BG95SS、BG110SS、BG125SS |
| BG 系列 5Cr 抗 $CO_2$ 腐蚀油套管 | BG80-5Cr、BG90-5Cr、BG95-5Cr、BG110-5Cr、BG125-5Cr |
| BG 系列低 Cr 抗 $CO_2$+$H_2S$ 腐蚀油套管 | BG80S-3Cr、BG90S-3Cr、BG95S-3Cr、BG110S-2Cr |
| BG 系列耐微生物腐蚀油套管（抗 SRB+$CO_2$ 腐蚀） | BG80RCB、BG90RCB、BG95RCB、BG110RCB |
| BG 系列超级 13Cr 高抗 $CO_2$ 腐蚀油套管 | L80-13Cr、BG13Cr-110、BG13Cr-110U、BG13Cr-110S、BG13Cr-125S |
| BG 系列 Ni 基合金油套管 | BG2250(G3)-110、BG2250(G3)-125、BG2830(028)-110、BG2830(028)-125、BG2240(825)-110、BG2240(825)-125、BG2532-110、BG2532-125 |
| BG 系列高强度高韧性套管 | BG110V、BG125V、BG140V、BG150V、BG155V |
| BG 系列高抗挤系列套管 | BG80TT、BG95TT、BG110TT、BG125TT、BG130TT、BG140TT |
| BG 系列超高抗挤系列套管 | BG110HC、BG125HC、BG140HC、BG150HC、BG155HC |
| BG 系列抗挤抗硫套管 | BG80TS、BG90TS、BG95TS、BG110TS |
| BG 系列耐热套管 | BG80H、BG90H、BG100H、BG110H、BG110H-3Cr、BG130H-3Cr、BG90H-9Cr、BG13Cr-110H |
| BG 系列特殊螺纹接头套管 | BGC 特殊扣，包括 BG 产各钢级 |

表 13-19 HYST 产 HS 系列石油套管产品

| 产品类型 | 钢级、牌号 |
|---|---|
| HS 系列一般抗硫套管 | HS80S、HS90S、HS95S、HS100S、HS110S、HS125S |
| HS 系列高抗硫套管 | HS80SS、HS90SS、HS95SS、HS100SS、HS110SS |
| HS 系列 3Cr 抗 $CO_2$ 腐蚀套管 | HS80-3Cr、HS90-3Cr、HS95-3Cr、HS110-3Cr |
| HS 系列 3Cr 抗 $CO_2$ 腐蚀耐高温套管 | HS80H-3Cr、HS90H-3Cr、HS110H-3Cr |

续表

| 产品类型 | 钢级、牌号 |
|---|---|
| HS 系列低 Cr 抗 $CO_2$+$H_2S$ 腐蚀套管 | HS80S-3Cr、HS90S-3Cr、HS95S-3Cr |
| HS 系列超级 13Cr 高抗 $CO_2$ 腐蚀套管 | L80-13Cr、HS13Cr110 |
| HS 系列高强高韧套管 | HS110V、HS125V、HS140V、HS150V、HS155V |
| HS 系列高抗挤套管 | HS80T、HS90T、HS95T、HS110T、HS125T、HS130T、HS140T、HS150T |
| HS 系列超高抗挤套管 | HS80TT、HS90TT、HS95TT、HS110TT、HS125TT、HS130TT |
| HS 系列抗挤抗硫套管 | HS80TS、HS90TS、HS95TS、HS110TS |
| HS 系列稠油热采井套管 | HS80H、HS90H、HS100H、HS110H |

**表 13-20　CJT 产 ZT 系列石油套管产品**

| 产品类型 | 钢级、牌号 |
|---|---|
| ZT 系列一般抗硫套管 | ZT80S、ZT90S、ZT95S、ZT110S、ZT125S |
| ZT 系列高抗硫套管 | ZT80SS、ZT90SS、ZT95SS、ZT110SS |
| ZT 系列抗挤抗硫套管 | ZT80TS(S)、ZT90TS(S)、ZT95TS(S)、ZT110TS(S)、ZT125TS |
| ZT 系列低 Cr 抗 $CO_2$ 腐蚀套管 | ZT80-1Cr(3Cr、5Cr)、ZT90-1Cr(3Cr、5Cr)、ZT95-1Cr(3Cr、5Cr)、ZT110-1Cr(3Cr、5Cr)、ZT125-1Cr(3Cr、5Cr) |
| ZT 系列 13Cr 马氏体不锈钢系列套管 | ZT80-13Cr、ZT95-13Cr、ZT110-13Cr |
| ZT 系列高级 13Cr 马氏体不锈钢系列套管 | ZT95-13CrM、ZT110-13CrM |
| ZT 系列超级 13Cr 高抗 $CO_2$ 腐蚀套管 | ZT95-13CrS、ZT110-13CrS、ZT125-13CrS |
| ZT 系列高强高韧套管 | ZT110V、ZT125V、ZT140V、ZT150V、ZT155V、ZT165V |

续表

| 产品类型 | 钢级、牌号 |
|---|---|
| ZT 系列高抗挤套管 | ZT80T(T)、ZT95T(T)、ZT110T(T)、ZT125T(T)、ZT130T(T)、ZT140T(T) |
| ZT 系列热采井套管 | ZT80H、ZT90H、ZT100H、ZT110H、ZT120H、ZT125H |
| ZT 系列低温套管 | ZT80L(L)、ZT110L(L)、ZT125L(L) |
| ZT 系列页岩气套管 | ZT125SG、ZT140SG |
| ZT 系列耐蚀合金套管 | ZT110-028、ZT110-2535、ZT110-G3、ZT125-028、ZT125-2535、ZT125-G3 |
| ZT 系列钛/镁合金套管 | ZT110Ti、ZT125Ti、可溶性管材 |
| ZT 系列特殊螺纹接头套管 | ZT-XC、ZT-FJE、ZT-HTC/ZT-BC、ZT-FJ、ZT-FJU、ZT-DST、ZT-FR |

2）SLF、SL 产特殊套管

胜利油田孚瑞特石油装备有限责任公司(SLF)和胜利油田高原钢管公司(SL)产石油套管见表 13-21 和表 13-22。

**表 13-21　SLF 产石油套管产品**

| 产品类型 | 钢级、牌号 |
|---|---|
| STJ 系列特殊螺纹接头套管 | J55、K55、L80-1、L80-13Cr(3Cr、9Cr)、N80、P110、Q125 及抗硫腐蚀等钢级(包含 STJ-SN、STJ-ST、STJ-TSB3 个系列) |
| 直连型特殊螺纹接头套管 | J55、K55、L80-1、L80-13Cr(3Cr、9Cr)、N80、P110、Q125 及抗硫腐蚀、稠油热采等钢级(包含 SLF-FJ、SLF-SFJ、SLF-CS 3 个系列) |
| SLF 系列特殊螺纹接头套管 | J55、K55、L80-1、L80-13Cr(3Cr、9Cr)、N80、P110、Q125 及抗硫腐蚀、稠油热采等钢级(包含 SLF-HT、SLF-JIP、SLF-MAX、SLF-GC 4 个系列) |
| 膨胀套管 | SLF-EX801-EC1、SLF-EX802-EC2 |
| GOST 俄标系列套管 | K、E、Л、M、P、T(GOST 俄标系列套管除涵盖 API 系列全部规格产品外，还有 Φ146、Φ324、Φ351、Φ377、Φ426 等特殊规格产品系列(包括 SC、LC、BC、OTTM、OTTG 等螺纹形式) |

续表

| 产品类型 | 钢级、牌号 |
| --- | --- |
| 应变设计热采套管 | 80HY、100HY、110HY 等钢级，采用 SLF-HT 特殊螺纹 |
| 应变型直连套管 | 80HY、100HY、110HY 等钢级，采用 SLF-FJ 特殊螺纹 |
| 页岩油气井防套损套管 | 110YT、125YT |
| 高钢级直缝焊石油套管 | L80、N80、C95、P110、Q125 |
| 高抗挤毁直缝焊石油套管 | SLF80T/TT、SLF95T/TT、SLF110T/TT、SLF125T/TT、SLF140T/TT |
| 套铣管 | N80、P110 |
| 隔热套管 | N80、P110、L80-1、80SS、L80-1Cr、P110H |
| 镍基合金套管 | ISO 13680 标准里的所有钢级，扣型为 STJ 系列 |
| 直连型隔热套管 | N80、P110、L80-1、80SS、L80-1Cr、P110H |

**表 13-22 SL 产石油套管产品**

| 产品类型 | 钢级、牌号 |
| --- | --- |
| SL 系列热采井用套管 | SL90H、SL100H、SLTP110H |
| SL 系列抗 $H_2S$ 套管 | SL90S、SL95S、SL110S、SL90SS、SL110SS |
| SL 系列 13Cr 抗 $CO_2$ 腐蚀套管 | SL80-13Cr、SL110-13Cr |
| SL 系列高抗挤套管 | SL90T、SL95T、SL110T、SL90TT、SL95TT、SL110TT |
| GY 系列特殊螺纹接头套管 | GY-1(SLT 气密扣型)、GY-2(SLCQ 特殊扣型)、GY-3(HLPC 特殊扣型)、GY-4(MS 特殊扣型)、GY-5(QRC-3 特殊扣型)，均包括所有钢级 |

3. 抗腐蚀套管

油管和套管的腐蚀类型主要有 $H_2S$ 应力腐蚀、$CO_2$电化学腐蚀、$H_2S+CO_2$综合性腐蚀。$Cl^-$作为腐蚀催化剂会加速材料的腐蚀。所有由 $H_2S$ 引起的环境敏感开裂，包括硫化氢应力腐蚀开裂(SSCC)、氢致开裂(HIC)、阶梯形裂纹(SWC)、应力定向氢致开裂(SOHIC)、软区开裂(SZC)等形式。油管和套管因材质不同，在含 $H_2S$ 环境中，会发生以上 5 种环境敏感开裂形式的一种或几种。失重腐蚀(MLC)，是由电化学机理引起的金属质量损失的一种腐蚀。包括全面腐蚀、点蚀和缝隙腐蚀等。表 13-23 列出了碳钢和低合金钢套管和油管在 $CO_2/H_2S$ 介质中的腐蚀类型。

**表 13-23 碳钢和低合金钢套管和油管在 $CO_2/H_2S$ 介质中的腐蚀类型**

| 环境类型 | $CO_2$ 分压/MPa | $H_2S$ 分压/kPa | 腐蚀类型 | 腐蚀严重程度 |
|---|---|---|---|---|
| 一般环境 | <0.05 | <0.3 | MLC | 轻微 |
| 一般环境 | 0.05~0.21 | <0.3 | MLC | 较轻 |
| 一般环境 | >0.21 | <0.3 | MLC | 中等—严重 |
| 酸性环境 | <0.02 | ≥0.3 | MLC、SSC、HIC/SWC、SOHIC/SZC | 轻微 |
| 酸性环境 | 0.15~0.21 | ≥0.3 | MLC、SSC、HIC/SWC、SOHIC/SZC | 较轻 |
| 酸性环境 | >0.21 | ≥0.3 | MLC、SSC、HIC/SWC、SOHIC/SZC | 中等—严重 |

碳钢和低合金钢油管和套管与含 $H_2S$、$CO_2$ 和 $Cl^-$ 等腐蚀介质的井流物接触，会发生较高或很高的失重腐蚀，可采取内涂层、加注缓蚀剂等措施降低腐蚀率，也可采用耐蚀油管和套管控制失重腐蚀。表 13-24 给出了腐蚀程度控制指标，可根据产量和生产井寿命，以及经济效益综合评估和选择管材或防腐措施，以便将腐蚀速率控制在可接受的范围内。

**表 13-24 腐蚀程度控制指标**

| 腐蚀速率分类 | 均匀腐蚀速率 | | 点腐蚀速率 | |
|---|---|---|---|---|
| | mpy | mm/a | mpy | mm/a |
| 轻度腐蚀 | <1.0 | <0.025 | <5 | <0.127 |
| 中度腐蚀 | 1.0~4.9 | 0.025~0.125 | 5~7.9 | 0.127~0.201 |
| 严重腐蚀 | 5.0~10 | 0.126~0.254 | 8~15 | 0.202~0.381 |
| 极严重腐蚀 | >10 | >0.254 | >15 | >0.381 |

注：mpy 为以英制单位密尔(mil)表示的年腐蚀速率，1mpy=0.025mm/a。

1）油套管在含 $H_2S$、$CO_2$ 气井工况下的选用原则

以下是《含硫化氢含二氧化碳气井油套管选用技术要求》（Q/SH 0015—2006）对含 $H_2S$ 和 $CO_2$ 等工况条件的油套管选用原则。可按照图 13-4 和图 13-5 选择。

表层套管的选用：根据表层套管工况条件，表层套管应选用如图 13-4 和图 13-5 所示的碳钢材质。

技术套管的选用：根据技术套管工况条件，技术套管应选用如图 13-4 和图 13-5 所示的高抗挤毁材质。

生产套管的选用：根据生产套管工况条件，气层段及以上 200m 的生产套管应选用如图 13-4 和图 13-5 所示的镍基合金材质或高抗硫材质。

油管的选用：根据油管工况条件，油管应选用如图 13-4 和图 13-5 所示的不锈钢镍基合金或高镍基合金材质。

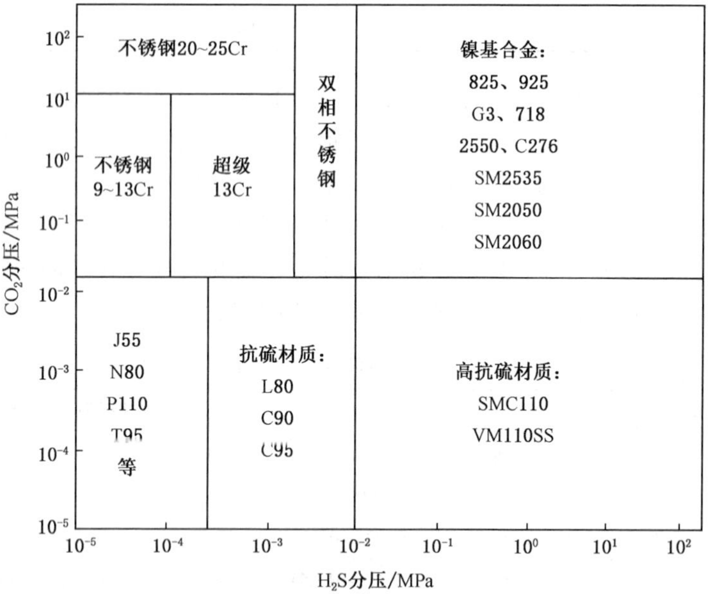


图 13-4　油套管选用分析图

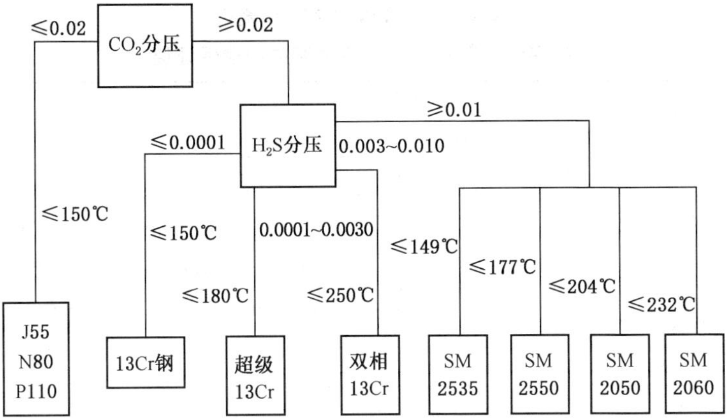


图 13-5　油套管选用流程图

注：图中未包含的有关气体分压的工况条件可参考图 13-4，未包含的有关温度的工况条件以上一级为准，如 $CO_2$ 分压≤0.02MPa、温度≥150℃时，可选超级 13Cr 或双相 13Cr 材料。

2）TPCO 产抗腐蚀套管

TPCO 产 TP 系列抗腐蚀套管产品及抗硫化氢应力腐蚀门槛保证值见表 13-25 和表 13-26。

**表 13-25　TPCO 产 TP 系列抗腐蚀套管产品**

| 钢级/ksi | 80 | 90 | 95 | 110 | 125 |
|---|---|---|---|---|---|
| 抗硫化氢腐蚀套管 | TP80S | TP90S | TP95S | TP110S | TP125S |
| 高抗硫化氢腐蚀套管 | TP80SS | TP90SS | TP95SS | TP110SS | |
| 抗硫化氢抗挤套管 | TP80TS | TP90TS | TP95TS | TP110TS | TP125TS |
| 高抗硫化氢抗挤套管 | TP80TSS | TP90TSS | TP95TSS | TP110TSS | |
| 低铬抗 $CO_2$ 腐蚀 3Cr 套管 | TP80-3Cr L80-3Cr | TP90-3Cr | TP95-3Cr | TP110-3Cr | TP125-3Cr |
| 低铬抗 $CO_2$ 腐蚀 5Cr 套管 | TP80-5Cr | TP90-5Cr | TP95-5Cr | TP110-5Cr | TP125-5Cr |
| 抗 $CO_2$ 腐蚀 13Cr 套管 | TP80-13Cr | TP90-13Cr | TP95-13Cr | TP110-13Cr | |
| 高抗 $CO_2$ 腐蚀 13Cr 套管 | | | TP95-HP13Cr | TP110-HP13Cr | TP125-HP13Cr |
| 超高抗 $CO_2$ 腐蚀 13Cr 套管 | | | TP95-SUP13Cr | TP110-SUP13Cr | TP125-SUP13Cr |

**表 13-26　TPCO 产 TP 系列**
**抗腐蚀套管抗硫化氢应力腐蚀门槛保证值**

| 钢级 | NACE TM0177<br>A 法/% | NACE TM0177<br>D 法/MPa · $m^{1/2}$ | 备注 |
|---|---|---|---|
| TP80S | 85 | 33.0 | 对于 80ksi、90ksi、95ksi 钢级：<br>S(门槛值 $\sigma_{th}$，达 85% *SMYS*)<br>SS(门槛值 $\sigma_{th}$，达 90% *SMYS*) |
| TP80SS | 90 | 33.0 | |
| TP90S | 85 | 33.0 | |
| TP90SS | 90 | 33.0 | |
| TP95S | 85 | 33.0 | |
| TP95SS | 90 | 33.0 | |
| TP110S | 80 | 24.8 | 对于 110ksi 钢级：<br>S(门槛值 $\sigma_{th}$，达 80% *SMYS*)<br>SS(门槛值 $\sigma_{th}$，达 85% *SMYS*) |
| TP110SS | 85 | 26.4 | |
| TP125S | 80 | — | |

此外，天津钢管制造有限公司(TPCO)根据 ISO 13680 和 ISO 15156 标准开发出高合金抗腐蚀油套管产品——镍(Ni)基合金油套管产品系列。由于致密、稳定的钝化膜形成于镍基合金材料表面，镍基合金油套管满足不同工况条件下高浓度 $H_2S$+$CO_2$+$Cl^-$ 酸性油气田的勘探开发需求，主要钢种包括 TDJ028、TDJ2535、TDJ825、TDJG3，用户可根据不同的工况条件选择不同的产品。其具体性能见表 13-27 和表 13-28。

**表 13-27　镍基合金油套管化学成分**　　　　%

| UNS 牌号 | TPCO 牌号 | C | Cr | Ni | Mo | Cu | P | S | Fe |
|---|---|---|---|---|---|---|---|---|---|
| N08028 | TDJ028 | ≤0.03 | 26.0~28.0 | 30.0~32.5 | 3.0~4.0 | 0.6~1.4 | ≤0.03 | ≤0.03 | Bal. |
| N08535 | TDJ2535 | ≤0.03 | 24.0~27.0 | 29.0~36.5 | 2.5~4.0 | ≤1.5 | ≤0.03 | ≤0.03 | |
| N08825 | TDJ825 | ≤0.05 | 19.5~23.5 | 38.0~46.0 | 2.5~3.5 | 1.5~3.0 | ≤0.03 | ≤0.03 | |
| N06985 | TDJG3 | ≤0.015 | 21.0~23.5 | Bal. | 6.0~8.0 | 1.5~2.5 | ≤0.04 | ≤0.03 | 18.0~21.0 |

注：化学成分用质量分数表示。

**表 13-28 镍基合金油套管力学性能**

| TPCO 牌号 | 钢级 | 屈服强度/MPa($R_{p0.2}$) | | 抗拉强度/MPa | 延伸率/% | 平均硬度值/HRC |
|---|---|---|---|---|---|---|
| | | 最小值 | 最大值 | 最小值 | 最小值 | 最大值 |
| TDJ028 | TP110 | 758 | 965 | 793 | 11 | 35 |
| | TP125 | 862 | 1034 | 896 | 10 | 37 |
| TDJ2535 | TP110 | 758 | 965 | 793 | 11 | 35 |
| | TP125 | 862 | 1034 | 896 | 10 | 37 |
| TDJ825 | TP110 | 758 | 965 | 793 | 11 | 35 |
| | TP125 | 862 | 1034 | 896 | 10 | 37 |
| TDJG3 | TP110 | 758 | 965 | 793 | 11 | 35 |
| | TP125 | 862 | 1034 | 896 | 10 | 37 |

3）BG 产抗腐蚀套管

BG 产抗腐蚀套管(常规)产品见表 13-29，BG 产超级 13Cr 油套管力学性能及适用范围见表 13-30，BG 产 Ni 基高合金油套管性能及适用范围见表 13-31，BG 产抗腐蚀套管(常规)抗腐蚀性能见表 13-32。

**表 13-29 BG 产抗腐蚀套管(常规)产品**

| 钢级 | 抗 $H_2S$ 应力腐蚀 | 经济型抗 $CO_2$ 腐蚀 | 经济型抗 $CO_2$+$H_2S$ 腐蚀 | 抗 SRB+$CO_2$ 腐蚀 |
|---|---|---|---|---|
| BG80 | BG80S、BG80SS | BG80-3Cr、BG80-5Cr | BG80S-3Cr、BG80SS-3Cr | BG80RCB |
| BG90 | BG90S、BG90SS | BG90-3Cr、BG90-5Cr | BG90S-3Cr、BG90SS-3Cr | BG90RCB |
| BG95 | BG95S、BG95SS | BG95-3Cr、BG95-5Cr | BG95S-3Cr、BG95SS-3Cr | BG95RCB |
| BG110 | BG110S、BG110SS | BG110-3Cr、BG110-5Cr | BG110S-2Cr | BG110RCB |
| BG125 | BG125S、BG125SS | BG125-3Cr、BG125-5Cr | — | BG125RCB |

**表 13-30　BG 产超级 13Cr 油套管力学性能及适用范围**

<table>
<tr><th>牌号钢级</th><th>力学性能</th><th>适用范围</th><th>备注</th></tr>
<tr><td>L80-13Cr</td><td rowspan="3">按照 API Spec 5CT 对应 L80、P110、C110 钢级控制</td><td>适用于 100℃以下高含 $CO_2$ 腐蚀井况，含有微量 $H_2S$(<0.1bar)，适用于 120℃以下高含 $CO_2$ 腐蚀井况</td><td>API Spec 5CT 产品</td></tr>
<tr><td>BG13Cr110</td><td>适用于 150℃以下高含 $CO_2$ 和微量 $H_2S$ 腐蚀井况</td><td rowspan="2">超级 13Cr 产品</td></tr>
<tr><td>BG13Cr110U<br>BG13Cr110S<br>BG13Cr125S</td><td>适用于 170℃以下高含 $CO_2$ 和微量 $H_2S$ 腐蚀井况</td></tr>
</table>

**表 13-31　BG 产 Ni 基高合金油套管性能及适用范围**

<table>
<tr><th>牌号钢级</th><th>力学性能和质量控制</th><th>腐蚀性能</th><th>适用范围</th></tr>
<tr><td>BG2250(G3)-110<br>BG2250(G3)-125</td><td rowspan="4">按照 ISO 13680 标准执行并控制</td><td rowspan="4">按照 ISO 15156 标准最高等级要求和实际工况进行腐蚀评价</td><td rowspan="4">材质为抗腐蚀合金钢，成本高。用于含 $H_2S$ 和 $CO_2$ 等腐蚀性气体及地层水中氯离子含量非常高，以及腐蚀极为严重的地区</td></tr>
<tr><td>BG2830(028)-110<br>BG2830(028)-125</td></tr>
<tr><td>BG2240(825)-110<br>BG2240(825)-125</td></tr>
<tr><td>BG2532-110<br>BG2532-125</td></tr>
</table>

**表 13-32　BG 产抗腐蚀套管(常规)抗腐蚀性能**

<table>
<tr><th rowspan="5">钢级</th><th colspan="3">性能要求</th></tr>
<tr><th>$CO_2$ 高压釜模拟腐蚀实验</th><th colspan="2">$H_2S$ 应力腐蚀实验(SSC)</th></tr>
<tr><td rowspan="3">实验溶液：3.5% NaCl；二氧化碳分压：2.5MPa；流速：2.5m/s；温度：60℃；时间：10d。<br>根据上述条件分别进行动态和静态高压釜耐腐蚀性能实验</td><td colspan="2">按 NACE TM 0177 A 法 A 溶液，720h 不发生开裂</td></tr>
<tr><td>$\Phi 6.35$</td><td>$\Phi 3.81$</td></tr>
<tr><td colspan="2">加载 *SYMS* 值</td></tr>
<tr><td>BG80S<br>BG90S<br>BG95S</td><td>—</td><td>85%</td><td>77%</td></tr>
</table>

续表

| 钢级 | 性能要求 | | |
| --- | --- | --- | --- |
| | $CO_2$高压釜模拟腐蚀实验 | $H_2S$应力腐蚀实验(SSC) | |
| | 实验溶液：3.5% NaCl；二氧化碳分压：2.5MPa；流速：2.5m/s；温度：60℃；时间：10d。<br>根据上述条件分别进行动态和静态高压釜耐腐蚀性能实验 | 按 NACE TM 0177 A 法 A 溶液，720h 不发生开裂 | |
| | | Φ6.35 | Φ3.81 |
| | | 加载 *SYMS* 值 | |
| BG110S | — | 80% | 72% |
| BG80SS | — | 90% | 81% |
| BG90SS | | | |
| BG95SS | | | |
| BG110SS | — | 85% | 77% |
| BG90-3Cr | 与现有常规 API Spec 5CT 对应钢级材质相比，抗 $CO_2$ 腐蚀性能提高 2 倍以上 | — | |
| BG95-3Cr | | | |
| BG110-3Cr | | | |
| BG125-3Cr | | | |
| BG80S-3Cr | | 80% | 72% |
| BG90S-3Cr | | | |
| BG95S-3Cr | | | |
| BG110S-2Cr | | | |
| BG80SS-3Cr | | 85% | 76% |
| BG90SS-3Cr | | | |
| BG95SS-3Cr | | | |
| BG80-5Cr | 与现有常规 API Spec 5CT 对应钢级材质相比，抗 $CO_2$ 腐蚀性能提高 3 倍以上 | — | |
| BG90-5Cr | | | |
| BG95-5Cr | | | |
| BG110-5Cr | | | |
| BG125-5Cr | | | |

续表

| 钢级 | 性能要求 | |
|---|---|---|
| | SRB 腐蚀实验 | $CO_2$高压釜模拟腐蚀实验 |
| | SRB 培养液；温度：40℃；时间：15d。<br>根据上述条件进行耐腐蚀性能实验 | 实验溶液：3.5%NaCl；二氧化碳分压：1.0MPa；温度：60℃；时间：10d。<br>根据上述条件进行高压釜耐腐蚀性能实验 |
| BG80RCB | 与现有常规 API Spec 5CT 对应钢级材质相比，抗 SRB 腐蚀性能提高 1.5 倍以上 | 与现有常规 API Spec 5CT 对应钢级材质相比，抗 $CO_2$腐蚀性能提高 2 倍以上 |
| BG90RCB | | |
| BG95RCB | | |
| BG110RCB | | |

4）HYST 产抗腐蚀油套管

HYST 产抗腐蚀油套管产品及抗腐蚀性能见表 13-33 和表 13-34。

**表 13-33　HYST 产抗腐蚀油套管产品**

| 钢级 | 耐 $H_2S$ 应力腐蚀 | 经济型耐 $CO_2$腐蚀 | 经济型耐 $CO_2$+ $H_2S$ 腐蚀 | 耐高温+ $CO_2$腐蚀 |
|---|---|---|---|---|
| HS80 | HS80S、HS80SS | HS80-3Cr、L80-13Cr | HS80S-3Cr、HS80SS-3Cr | HS80H-3Cr |
| HS90 | HS90S、HS90SS | HS90-3Cr | HS90S-3Cr、HS90SS-3Cr | HS90H-3Cr |
| HS95 | HS95S、HS95SS | HS95-3Cr | HS95S-3Cr、HS95SS-3Cr | — |
| HS110 | HS110S、HS110SS | HS110-3Cr | HS13Cr110 | HS110H-3Cr |
| HS125 | HS125S | — | — | — |

### 表 13-34 HYST 产抗腐蚀油套管抗腐蚀性能

| 钢级 | 性能要求 | | |
|---|---|---|---|
| | $CO_2$高压釜模拟腐蚀实验 | $H_2S$ 应力腐蚀实验(SSC) | |
| | 实验压力：5MPa；温度：60℃；二氧化碳分压：0.21MPa；氯离子含量：70g/L；pH 值：5。<br>根据上述条件分别进行动态和静态高压釜耐腐蚀性能实验 | 按 NACE TM 0177 A 法 A 溶液，720h 不发生开裂 | |
| | | Φ6.35 | Φ3.81 |
| | | 加载 *SYMS* 值 | |
| HS80S<br>HS90S<br>HS95S | — | 80% | 72% |
| HS110S | — | 80% | 72% |
| HS80SS | — | 85% | 77% |
| HS90SS | | | |
| HS95SS | | | |
| HS110SS | — | 85% | 77% |
| HS90-3Cr | 与现有常规 API Spec 5CT 对应钢级材质相比，抗 $CO_2$ 腐蚀性能提高 2 倍以上 | — | |
| HS95-3Cr | | | |
| HS110-3Cr | | | |
| HS80S-3Cr | | 80% | 72% |
| HS90S-3Cr | | | |
| HS95S-3Cr | | | |
| HS80SS-3Cr | | 85% | 77% |
| HS90SS-3Cr | | | |
| HS95SS-3Cr | | | |

5）CJT 产抗腐蚀套管

CJT 产抗腐蚀套管(常规)产品见表 13-35，CJT 产超级 13Cr 油套管力学性能及适用范围见表 13-36，CJT 产抗腐蚀高合金油套管性能及适用范围见表 13-37，CJT 产抗腐蚀套管(常规)抗腐蚀性能见表 13-38。

**表 13-35　CJT 产抗腐蚀套管(常规)产品**

| 钢级 | 耐 $H_2S$ 应力腐蚀 | 耐 $H_2S$ 应力腐蚀高抗挤 | 经济型耐 $CO_2$ 腐蚀 | 经济型耐 $CO_2+H_2S$ 腐蚀 |
| --- | --- | --- | --- | --- |
| ZT80 | ZT80S、ZT80SS | ZT80TS、ZT80TSS | ZT80-1Cr (3Cr、5Cr) | ZT80S-3Cr、ZT80SS-3Cr |
| ZT90 | ZT90S、ZT90SS | ZT90TS、ZT90TSS | ZT90-1Cr (3Cr、5Cr) | ZT90S-3Cr、ZT90SS-3Cr |
| ZT95 | ZT95S、ZT95SS | ZT95TS、ZT95TSS | ZT95-1Cr (3Cr、5Cr) | ZT95S-3Cr、ZT95SS-3Cr |
| ZT110 | ZT110S、ZT110SS | ZT110TS、ZT110TSS | ZT110-1Cr (3Cr、5Cr) | — |
| ZT125 | ZT125S | ZT125TS | ZT125-1Cr (3Cr、5Cr) | — |

**表 13-36　CJT 产超级 13Cr 油套管力学性能及适用范围**

| 牌号钢级 | 力学性能 | 适用范围 | 备注 |
| --- | --- | --- | --- |
| L80-13Cr | 按照 API Spec 5CT 对应 L80、P110 钢级控制 | 适用于 150℃ 以下高含 $CO_2$ 腐蚀井况 | API Spec 5CT 产品 |
| ZT110-13CrM | | 适用于 180℃ 以下高含 $CO_2$ 腐蚀井况 | 高级和超级 13Cr 产品 |
| ZT110-13CrS | | 适用于 180℃ 以下高含 $CO_2$ 和微量 $H_2S$ 腐蚀井况 | |

**表 13-37　CJT 产抗腐蚀高合金油套管性能及适用范围**

| 牌号钢级 | 力学性能和质量控制 | 腐蚀性能 | 适用范围 |
| --- | --- | --- | --- |
| ZT110-028<br>ZT125-028 | 按照 ISO 13680 标准执行并控制 | 按照 ISO 15156 标准最高等级要求和实际工况进行腐蚀评价 | 材质为抗腐蚀合金钢，成本高。用于含 $H_2S$ 和 $CO_2$ 等腐蚀性气体及地层水中氯离子含量非常高，以及腐蚀极为严重的地区 |
| ZT110-2535<br>ZT125-2535 | | | |
| ZT110-G3<br>ZT125-G3 | | | |

表 13-38 CJT 产抗腐蚀套管(常规)抗腐蚀性能

| 钢级 | 性能要求 | | |
|---|---|---|---|
| | $CO_2$高压釜模拟腐蚀实验 | $H_2S$ 应力腐蚀实验(SSC) | |
| | 实验溶液：3.5%NaCl；二氧化碳分压：2.5MPa；流速：2.5m/s；温度：60℃；时间：10d。<br>根据上述条件分别进行动态和静态高压釜耐腐蚀性能实验 | 按 NACE TM 0177 A 法 A 溶液，720h 不发生开裂 | |
| | | $\Phi$6.35 | $\Phi$3.81 |
| | | 加载 *SYMS* 值 | |
| ZT80S<br>ZT90S<br>ZT95S | — | 85% | 76% |
| ZT110S | — | 80% | 72% |
| ZT80SS<br>ZT90SS<br>ZT95SS | — | 90% | 81% |
| ZT110SS | — | 85% | 76% |
| ZT80-3Cr | 与现有常规 API Spec 5CT 对应钢级材质相比，抗 $CO_2$ 腐蚀性能提高 2 倍以上 | — | |
| ZT90-3Cr | | | |
| ZT95-3Cr | | | |
| ZT110-3Cr | | | |
| ZT125-3Cr | | | |
| ZT80S-3Cr | | 85% | 76% |
| ZT90S-3Cr | | | |
| ZT95S-3Cr | | | |
| ZT80SS-3Cr | | 90% | 81% |
| ZT90SS-3Cr | | | |
| ZT95SS-3Cr | | | |

CJT 产高合金钢管主要用于高含硫化氢($H_2S$)、二氧化碳($CO_2$)和氯离子的复杂、腐蚀环境油气井中，其力学性能见表 13-39。

**表 13-39　CJT 产高合金钢管力学性能**

| 类别 | 牌号钢级 | 屈服强度/MPa | 极限拉伸强度/MPa | 洛氏硬度/HRC | 延伸率/% |
|---|---|---|---|---|---|
| 4C 系列耐蚀合金 | ZT110-028 | 758~965 | ≥793 | ≤33 | ≥11 |
| | ZT125-028 | 862~1000 | ≥896 | ≤32 | ≥10 |
| | ZT110-2535 | 758~965 | ≥793 | ≤33 | ≥11 |
| | ZT125-2535 | 862~1000 | ≥896 | ≤32 | ≥10 |
| 4D 系列耐蚀合金 | ZT110-G3 | 758~965 | ≥793 | ≤35 | ≥11 |
| | ZT125-G3 | 862~1034 | ≥896 | ≤37 | ≥10 |

6）瓦卢瑞克·曼内斯曼钢管公司产抗腐蚀高合金钢管

在具有酸性气体（$CO_2$）的高压井中，抗腐蚀合金钢套管可代替低碳钢套管，也可不用缓蚀剂。抗腐蚀合金钢费用比一般钢材高得多，但是抗腐蚀合金钢的初始费用要比一般钢材经过抗腐蚀处理的总费用低。

CRA 钢中含有铬、钼及镍等元素，这些元素含量越高，抗腐蚀性能就越好。

瓦卢瑞克·曼内斯曼钢管公司产高合金钢管主要用于高含硫化氢（$H_2S$）、二氧化碳（$CO_2$）和氯离子的油气井中，其力学性能见表 13-40。

**表 13-40　瓦卢瑞克·曼内斯曼钢管公司产高合金钢管力学性能**

| 类别 | 牌号钢级 | 屈服强度/MPa | 极限拉伸强度/MPa | 洛氏硬度/HRC | 延伸率/% |
|---|---|---|---|---|---|
| 超级奥氏体 | VM 28 110 | 760~965 | 795 | ≤35 | ≥11 |
| | VM 28 125 | 860~1035 | 900 | ≤37 | ≥10 |
| | VM 28 135 | 930~1070 | 965 | ≤38 | ≥8 |
| 镍基合金 | VM 825 110 | 760~930 | 795 | ≤35 | ≥11 |
| | VM 825 120 | 830~1000 | 860 | ≤37 | ≥10 |
| | VM G3 110 | 760~900 | 795 | ≤35 | ≥11 |
| | VM G3 125 | 860~1000 | 900 | ≤37 | ≥10 |
| | VM 50 110 | 760~900 | 795 | ≤35 | ≥11 |
| | VM 50 125 | 860~1000 | 900 | ≤37 | ≥10 |

7）SL产抗腐蚀套管

SL产抗腐蚀套管力学性能见表13-41，SL产SL系列抗腐蚀套管使用性能见表13-42。

**表13-41　SL产抗腐蚀套管力学性能**

| 类别 | 钢级 | 屈服强度/MPa | 抗拉强度/MPa | 硬度/HRC | 夏氏V形缺口实验(10mm×10mm) | |
|---|---|---|---|---|---|---|
| | | 平均值 | 最小值 | 最大值 | 温度/℃ | 最小值/J |
| 抗 $H_2S$ 应力腐蚀套管 | SL90S(S) | 658 | 780 | 22.5 | 32(0) | 61~115 |
| | SL95S | 680 | 830 | 23.5 | 32(0) | 56~105 |
| | SL110S(S) | 770 | 870 | 24.0 | 32(0) | 37~74 |
| 抗 $CO_2$ 腐蚀套管 | SL80-13Cr | 603 | 709 | 22.5 | 32(0) | 52~95 |
| | SL110-13Cr | 680 | 830 | 23.5 | 32(0) | 42~86 |
| 抗 $CO_2$ 和 $Cl^-$ 腐蚀套管 | SL80-3Cr | 622 | 670 | 23.0 | 32(0) | 40 |
| | SL80-5Cr | 610 | 670 | 23.0 | 32(0) | 40 |

**表13-42　SL产SL系列抗腐蚀套管使用性能**

| 钢级 | 规格 | | 连接强度/kN | | 抗内压/MPa | | 抗挤毁/MPa | | 管体拉伸/kN | |
|---|---|---|---|---|---|---|---|---|---|---|
| | in | mm | API | SL | API | SL | API | SL | API | SL |
| SL80-13Cr | 2⅜ | 60.32 | 464 | 663 | 77.2 | 95.6 | 81.2 | 99.6 | 508 | 702 |
| | 2⅞ | 73.02 | 802 | 1032 | 92.7 | 113.8 | 95.8 | 117.4 | 893 | 1143 |
| SL110-13Cr | 2⅜ | 60.32 | 790 | 942 | 101.4 | 131.7 | 106.6 | 137.8 | 875 | 1037 |
| | 2⅞ | 73.02 | 1160 | 1386 | 135.2 | 149.6 | 138.5 | 153.4 | 1294 | 1548 |

4. 高抗挤毁套管

油套管被挤毁而失效，根据其力学行为，有三种挤毁方式：油套管在基本均匀外载下被挤毁；油套管在非均匀外载（如盐膏层）下被挤毁（随时间变化）；油套管在环境因素作用下剩余强度不足被挤毁。

对于前两种挤毁方式，主要是尽可能提高油套管的抗挤毁强度。而第三种挤毁方式就要考虑油套管随时间变化的剩余强度。所谓高抗挤毁套管，是指具有与 API 标准套管同样的外径、壁厚和钢级，但套管的抗挤毁强度比 API 标准高出 30%~40%。有时甚至能够提供比 API 标准套管高一级壁厚还高的抗挤毁强度。

1）TPCO 产 TP 系列高抗挤毁套管

TPCO 产抗挤毁套管的抗外挤毁性能高于同规格钢级的 API 套管，适应于盐岩层、盐膏层、泥岩层等外压较高的复杂地层井段。TP 系列高抗挤毁套管分为 TP-T 和 TP-TT 两个系列，TP-HC 系列套管等同于 TP-TT 系列套管。TP 系列高抗挤毁套管主要力学性能指标见表 13-43，部分 TP-T 和 TP-TT 套管产品抗挤毁强度保证值见表 13-44，TPCO 产特殊厚壁高抗挤毁套管性能指标见表 13-45。

**表 13-43　TP 系列高抗挤毁套管主要力学性能指标**

<table>
<tr><th rowspan="2">钢级</th><th rowspan="2">屈服强度/MPa</th><th rowspan="2">抗拉强度/MPa</th><th rowspan="2">延伸率/%</th><th colspan="2">夏比 V 形缺口全尺寸试样冲击功/J(0℃)</th></tr>
<tr><th>横向</th><th>纵向</th></tr>
<tr><td>TP80T</td><td>552~758</td><td>≥689</td><td rowspan="7">按 API Spec 5CT 公式计算</td><td colspan="2" rowspan="7">按照 API Spec 5CT 同等钢级的冲击值要求执行</td></tr>
<tr><td>TP95T</td><td rowspan="2">655~862</td><td rowspan="2">≥758</td></tr>
<tr><td>TP95TT/TP95HC</td></tr>
<tr><td>TP110T</td><td rowspan="2">758~965</td><td rowspan="2">≥862</td></tr>
<tr><td>TP110TT/TP110HC</td></tr>
<tr><td>TP125T</td><td rowspan="2">862~1034</td><td rowspan="2">≥931</td></tr>
<tr><td>TP125TT/TP125HC</td></tr>
<tr><td>TP130TT/TP130HC</td><td>896~1068</td><td>≥965</td><td rowspan="4">≥13</td><td>60</td><td>80</td></tr>
<tr><td>TP140T</td><td rowspan="2">965~1172</td><td rowspan="2">≥1034</td><td rowspan="2">60</td><td rowspan="2">80</td></tr>
<tr><td>TP140TT/TP140HC</td></tr>
<tr><td>TP150TT/TP150HC</td><td>1034~1275</td><td>≥1103</td><td>60</td><td>80</td></tr>
</table>

### 表 13-44　TP-T 和 TP-TT 套管产品抗挤毁强度保证值

| 名义外径/mm | 单重/(kg/m) | 壁厚/mm | 内径/mm | 通径尺寸/mm | API 接箍外径/mm | TP80T/MPa | TP95T/MPa | TP95TT、TP95HC/MPa | TP110T/MPa | TP110TT、TP110HC/MPa | TP125T/MPa | TP125TT、TP125HC/MPa | TP130TT/MPa | TP140TT、TP140HC/MPa |
|---|---|---|---|---|---|---|---|---|---|---|---|---|---|---|
| 114. 30 | 17. 26 | 6. 35 | 101. 60 | 98. 42 | 133. 35 | 54. 69 | 61. 10 | 64. 50 | 67. 31 | 70. 00 | — | 72. 41 | — | — |
| 114. 30 | 20. 09 | 7. 37 | 99. 56 | 96. 38 | 133. 35 | 69. 24 | 77. 72 | 83. 24 | 87. 79 | 90. 48 | — | 95. 31 | — | — |
| 114. 30 | 22. 47 | 8. 56 | 97. 18 | 94. 00 | 133. 35 | 85. 24 | 97. 24 | 101. 86 | 112. 07 | 114. 48 | 116. 00 | 119. 45 | — | — |
| 114. 30 | 25. 30 | 9. 65 | 95. 00 | 91. 82 | 133. 35 | — | — | — | 124. 00 | — | — | — | — | — |
| 127. 00 | 22. 32 | 7. 52 | 111. 96 | 108. 78 | 147. 32 | 60. 69 | 67. 93 | 73. 93 | 75. 72 | 78. 28 | 78. 69 | 85. 31 | — | — |
| 127. 00 | 26. 79 | 9. 19 | 108. 62 | 105. 44 | 147. 32 | 82. 28 | 92. 55 | 97. 38 | 106. 14 | 108. 28 | 111. 24 | 115. 79 | — | — |
| 127. 00 | 31. 85 | 11. 10 | 104. 80 | 101. 62 | 147. 32 | 98. 14 | 114. 07 | 118. 83 | 126. 90 | 129. 86 | — | 140. 30 | — | — |
| 127. 00 | 34. 53 | 12. 14 | 102. 72 | 99. 54 | 147. 32 | 106. 34 | 123. 66 | 128. 83 | 136. 00 | 140. 76 | — | 153. 66 | — | — |
| 127. 00 | 35. 86 | 12. 70 | 101. 60 | 98. 42 | 147. 32 | 110. 76 | 128. 69 | 134. 07 | 143. 17 | 146. 48 | — | 163. 10 | — | — |
| 139. 70 | 25. 30 | 7. 72 | 124. 26 | 121. 08 | 160. 02 | 54. 28 | 60. 62 | 65. 03 | 66. 62 | 68. 89 | — | 71. 72 | — | — |
| 139. 70 | 29. 76 | 9. 17 | 121. 36 | 118. 18 | 160. 02 | 71. 17 | 79. 93 | 85. 31 | 90. 55 | 92. 41 | 94. 62 | 100. 28 | — | — |
| 139. 70 | 34. 23 | 10. 54 | 118. 62 | 115. 44 | 160. 02 | 85. 86 | 98. 28 | 102. 83 | 109. 10 | 113. 00 | 117. 10 | 120. 28 | — | 131. 70 |
| 139. 70 | 38. 76 | 12. 34 | 115. 02 | 111. 84 | 160. 02 | — | 110. 60 | 120. 00 | 131. 00 | 140. 00 | 144. 04 | 150. 00 | — | — |

续表

| 名义外径/mm | 单重/(kg/m) | 壁厚/mm | 内径/mm | 通径尺寸/mm | API 接箍外径/mm | TP80T/MPa | TP95T/MPa | TP95TT、TP95HC/MPa | TP110T/MPa | TP110TT、TP110HC/MPa | TP125T/MPa | TP125TT、TP125HC/MPa | TP130TT/MPa | TP140TT、TP140HC/MPa |
|---|---|---|---|---|---|---|---|---|---|---|---|---|---|---|
| 139.70 | 40.15 | 12.70 | 114.30 | 111.12 | 160.02 | — | — | — | — | 142.20 | — | 157.00 | — | 173.50 |
| 139.70 | 44.47 | 14.27 | 111.16 | 107.98 | 160.02 | — | — | — | — | 157.80 | — | 174.30 | — | 192.60 |
| 168.28 | 35.72 | 8.94 | 150.40 | 147.22 | 187.71 | 50.76 | 56.28 | 59.31 | 61.52 | 63.72 | — | 65.86 | — | — |
| 168.28 | 41.67 | 10.59 | 147.10 | 143.92 | 187.71 | 66.76 | 74.90 | 80.55 | 84.28 | 87.24 | 87.93 | 94.00 | — | — |
| 168.28 | 47.62 | 12.06 | 144.16 | 140.98 | 187.71 | 81.10 | 91.24 | 96.14 | 104.62 | 107.00 | 109.72 | 114.41 | — | — |
| 168.28 | 49.10 | 12.70 | 142.88 | 139.70 | 187.71 | — | — | — | 109.10 | — | 117.80 | — | — | — |
| 177.80 | 34.23 | 8.05 | 161.70 | 158.75① | 200.03 | — | — | — | 38.97 | — | — | — | — | — |
| 177.80 | 34.23 | 8.05 | 161.70 | 158.52 | 200.03 | 37.93 | — | — | 39.38 | 43.79 | — | 43.93 | — | — |
| 177.80 | 38.69 | 9.19 | 159.42 | 156.24 | 200.03 | 48.41 | 52.41 | 53.10 | 55.45 | 61.72 | — | 62.21 | — | — |
| 177.80 | 43.16 | 10.36 | 157.08 | 153.90 | 200.03 | 59.17 | 66.21 | 72.28 | 73.38 | 75.86 | — | 79.45 | 82.00 | — |
| 177.80 | 47.62 | 11.51 | 154.78 | 151.60 | 200.03 | 69.72 | 78.21 | 83.72 | 88.48 | 95.30 | 95.52 | 96.70 | — | — |
| 177.80 | 52.09 | 12.65 | 152.50 | 149.32 | 200.03 | 80.21 | 90.21 | 95.10 | 103.31 | 105.93 | 108.28 | 113.10 | — | — |
| 177.80 | 56.55 | 13.72 | 150.36 | 147.18 | 200.03 | 87.59 | 101.45 | 105.86 | 112.00 | 115.00 | 120.34 | 122.76 | — | — |

续表

| 名义外径/mm | 单重/(kg/m) | 壁厚/mm | 内径/mm | 通径尺寸/mm | API 接箍外径/mm | TP80T/MPa | TP95T/MPa | TP95TT、TP95HC/MPa | TP110T/MPa | TP110TT、TP110HC/MPa | TP125T/MPa | TP125TT、TP125HC/MPa | TP130TT/MPa | TP140TT、TP140HC/MPa |
|---|---|---|---|---|---|---|---|---|---|---|---|---|---|---|
| 193.68 | 39.29 | 8.33 | 177.02 | 173.84 | 215.90 | 34.21 | — | — | 34.55 | 38.28 | — | 38.41 | — | — |
| 193.68 | 44.20 | 9.52 | 174.64 | 171.46 | 215.90 | 44.28 | 45.86 | 51.10 | 51.79 | 54.14 | — | 54.55 | — | — |
| 193.68 | 50.15 | 10.92 | 171.84 | 168.66 | 215.90 | 56.07 | 62.69 | 68.97 | 69.10 | 72.07 | 73.10 | 75.17 | — | — |
| 193.68 | 58.04 | 12.70 | 168.28 | 165.10 | 215.90 | 71.10 | 79.79 | 85.24 | 90.28 | 93.10 | 94.55 | 100.21 | — | — |
| 193.68 | 63.69 | 14.27 | 165.14 | 161.96 | 215.90 | 84.00 | 94.97 | 99.66 | 106.07 | 111.10 | — | 117.72 | — | — |
| 193.68 | 67.41 | 15.11 | 163.46 | 160.28 | 215.90 | 88.48 | 102.83 | 107.10 | 111.72 | 117.03 | 122.00 | 124.00 | — | — |
| 193.68 | 70.09 | 15.88 | 161.92 | 158.74 | 215.90 | 92.55 | 107.59 | 112.07 | 119.72 | 122.48 | — | 136.21 | — | — |
| 196.85 | 68.60 | 15.11 | 166.63 | 155.10① | 215.90 | 87.17 | — | — | — | — | — | — | — | — |
| 196.85 | 68.60 | 15.11 | 166.63 | 163.45 | 215.90 | 87.17 | 105.10 | 106.55 | 111.31 | 115.31 | — | 122.14 | — | — |
| 219.08 | 53.57 | 10.16 | 198.76 | 195.58 | 244.48 | 39.72 | 42.07 | 43.10 | 44.14 | 46.55 | — | 46.69 | — | — |
| 219.08 | 59.53 | 11.43 | 196.22 | 193.04 | 244.48 | 49.17 | 53.59 | 59.66 | 60.69 | 63.45 | — | 64.41 | — | — |
| 219.08 | 65.48 | 12.70 | 193.68 | 190.50 | 244.48 | 58.69 | 65.59 | 71.72 | 72.69 | 75.17 | 75.59 | 82.41 | — | — |
| 219.08 | 72.92 | 14.15 | 190.78 | 187.60 | 244.48 | 69.52 | 78.00 | 83.52 | 88.14 | 91.45 | 92.07 | 97.93 | — | — |

续表

| 名义外径/mm | 单重/(kg/m) | 壁厚/mm | 内径/mm | 通径尺寸/mm | API 接箍外径/mm | TP80T/MPa | TP95T/MPa | TP95TT、TP95HC/MPa | TP110T/MPa | TP110TT、TP110HC/MPa | TP125T/MPa | TP125TT、TP125HC/MPa | TP130TT/MPa | TP140TT、TP140HC/MPa |
|---|---|---|---|---|---|---|---|---|---|---|---|---|---|---|
| 222.25② | 73.96 | 14.15 | 193.95 | 190.78 | 244.48 | 69.52 | 78.00 | — | 88.14 | — | 92.07 | — | — | — |
| 244.48 | 59.53 | 10.03 | 224.40 | 222.25① | 269.88 | — | — | — | 29.17 | — | — | — | — | — |
| 244.48 | 59.53 | 10.03 | 224.40 | 220.45 | 269.88 | 30.28 | 30.97 | 31.03 | 31.86 | 33.10 | — | 33.24 | — | — |
| 244.48 | 64.73 | 11.05 | 222.40 | 218.41 | 269.88 | 36.97 | 37.10 | 39.38 | 39.52 | 43.79 | 43.93 | 44.34 | — | — |
| 244.48 | 69.94 | 11.99 | 220.50 | 216.53 | 269.88 | 44.07 | 45.52 | 47.24 | 48.97 | 52.76 | 52.96 | 54.00 | | 55.30 |
| 244.48 | 73.29 | 12.57 | 219.34 | 216.16 | 269.88 | — | 51.64 | — | — | 54.61 | — | — | — | — |
| 244.48 | 79.62 | 13.84 | 216.80 | 215.90① | 269.88 | — | — | — | 61.03 | — | — | — | — | — |
| 244.48 | 79.62 | 13.84 | 216.80 | 212.83 | 269.88 | 56.48 | 63.10 | 66.83 | 69.79 | 72.55 | 74.21 | 76.00 | — | 81.30 |
| 244.48 | 86.91 | 15.11 | 214.25 | 210.29 | 269.88 | 64.97 | 72.83 | 78.55 | 81.79 | 84.07 | 85.17 | 91.38 | — | 95.20 |
| 247.65② | 79.77 | 13.84 | 219.97 | 216.00 | 269.88 | — | — | — | — | 75.30 | — | — | — | 77.20 |
| 247.65② | 88.10 | 15.11 | 217.42 | 213.46 | 269.88 | 63.66 | 73.79 | 77.17 | 80.00 | 86.90 | — | 89.52 | — | — |
| 250.83② | 93.46 | 15.88 | 219.08 | 215.11 | 269.88 | 67.38 | 78.14 | 81.17 | 85.52 | 89.66 | 91.70 | 93.10 | — | 99.10 |
| 250.82② | 99.41 | 17.22 | 216.38 | 212.42 | 269.88 | — | — | — | — | — | — | — | — | — |

续表

| 名义外径/mm | 单重/(kg/m) | 壁厚/mm | 内径/mm | 通径尺寸/mm | API 接箍外径/mm | TP80T/MPa | TP95T/MPa | TP95TT、TP95HC/MPa | TP110T/MPa | TP110TT、TP110HC/MPa | TP125T/MPa | TP125TT、TP125HC/MPa | TP130TT/MPa | TP140TT、TP140HC/MPa |
|---|---|---|---|---|---|---|---|---|---|---|---|---|---|---|
| 250.82② | 102.38 | 17.78 | 215.27 | 211.30 | 269.88 | — | — | — | — | — | — | — | — | — |
| 273.05 | 67.71 | 10.16 | 252.73 | 250.83① | 298.45 | 21.59 | — | — | — | — | — | — | — | — |
| 273.05 | 75.90 | 11.43 | 250.20 | 246.23 | 298.45 | 32.28 | 34.34 | 34.69 | 34.97 | 35.17 | 35.31 | 36.00 | — | — |
| 273.05 | 82.59 | 12.57 | 247.90 | 244.48① | 298.45 | — | — | — | — | — | — | — | — | — |
| 273.05 | 82.59 | 12.57 | 247.90 | 243.94 | 298.45 | 39.17 | — | 43.24 | — | 45.66 | — | 46.14 | — | — |
| 273.05 | 90.33 | 13.84 | 245.40 | 241.40 | 298.45 | 46.76 | — | 55.38 | — | 57.93 | — | 58.62 | — | — |
| 273.05 | 97.77 | 15.11 | 242.80 | 238.86 | 298.45 | 54.34 | — | 63.79 | — | 69.66 | — | 74.90 | — | — |
| 339.72 | 90.78 | 10.92 | 317.88 | 313.91 | 365.12 | — | — | — | 14.00 | — | — | — | — | — |
| 339.72 | 101.20 | 12.19 | 315.34 | 311.37 | 365.12 | — | — | — | 20.10 | — | — | — | — | — |
| 339.72 | 107.15 | 13.06 | 313.60 | 311.37① | 365.12 | — | — | — | 22.00 | — | — | — | — | — |
| 339.72 | 107.15 | 13.06 | 313.60 | 309.63 | 365.12 | — | — | — | 22.00 | — | — | — | — | — |
| 365.13 | 123.16 | 13.88 | 337.37 | 332.61 | 393.89 | — | — | — | 24.00 | — | — | — | — | — |

注：① 代表特殊通径套管。

② 代表非 API 规格套管。

**表 13-45 TPCO 产特殊厚壁高抗挤毁套管性能指标**

| 钢级 | 规格/mm×mm | 接箍外径/mm | 内径/mm | 抗挤毁强度/MPa | 用途 |
|---|---|---|---|---|---|
| TP130TT | Φ152.40×16.90 | 177.80 | 118.62 | 176.7 | 盐岩层、盐膏层、射孔段 |
| TP120TH | Φ193.68×17.14 | 215.90 | 159.42 | 130.0 | 射孔段、热采井、盐岩层、盐膏层 |
| TP140V | Φ206.38×16.00 | 直连无接箍 | 174.38 | 132.0 | 盐岩层、盐膏层、射孔段、特殊间隙 |

① TP 系列高强高韧套管。

TP 系列高强高韧套管适用于超深井等复杂工况，套管具有高抗挤毁性能、高强度和高韧性，可用于封堵异常高压地层及盐膏层。TP 系列高强高韧套管力学性能指标见表 13-46，其使用性能指标见表 13-47。

**表 13-46 TP 系列高强高韧套管力学性能指标**

| 钢级 | 屈服强度/MPa | 抗拉强度/MPa | 延伸率/% | 夏比 V 形缺口全尺寸试样冲击功/J(0℃) | |
|---|---|---|---|---|---|
| | | | | 横向 | 纵向 |
| TP110V | 758~965 | ≥862 | 13 | 70 | 90 |
| TP125V | 862~1034 | ≥931 | | 70 | 90 |
| TP140V | 965~1172 | ≥1034 | | 70 | 90 |
| TP150V | 1034~1240 | ≥1068 | | 70 | 90 |
| TP155V | 1068~1275 | ≥1103 | | 60 | 80 |
| TP165V | 1137~1344 | ≥1172 | | 50 | 70 |
| TP170V | 1172~1379 | ≥1207 | | 50 | 70 |

② TP 系列页岩油气套管。

TP 系列页岩油气套管适用于浅层、深层及超深层页岩油气开发，根据不同固井设计及压裂施工要求，可选择不同钢级及规格型号的套管。TP 系列页岩油气套管力学性能指标见表 13-48，其使用性能指标见表 13-49。

表 13-47　TP 系列高强高韧套管使用性能指标

| 外径/mm | 壁厚/mm | 通径/mm | 接箍外径/mm | 钢级 | 螺纹类型 | 管体抗外挤强度/MPa | 管体屈服强度/kN | 管体抗内压/MPa | 接头抗内压/MPa | 接头连接强度/kN |
|---|---|---|---|---|---|---|---|---|---|---|
| 114.30 | 7.37 | 96.38 | 127.00 | TP125V | TP-CQ | 100.0 | 2130 | 97.2 | 97.2 | 2130 |
| 114.30 | 7.37 | 93.38 | 127.00 | TP140V | TP-CQ | 106.0 | 2390 | 108.9 | 108.9 | 2390 |
| 114.30 | 8.56 | 94.00 | 133.35 | TP125V | LC | 119.5 | 2451 | 112.9 | 112.9 | 1949 |
| 114.30 | 8.56 | 94.00 | 133.35 | TP140V | LC | 130.6 | 2743 | 126.5 | 126.5 | 2165 |
| 114.30 | 9.65 | 91.82 | 133.35 | TP140V | BC | 159.9 | 3062 | 142.6 | 142.6 | 3059 |
| 114.30 | 10.92 | 89.28 | 129.78 | TP125V | TP-G2 HC | 161.0 | 3056 | 144.1 | 144.1 | 3056 |
| 114.30 | 12.70 | 85.72 | 127.00 | TP140V | TP-CQ(SC127/12.70) | 190.0 | 3913 | 187.7 | 159.5 | 2934 |
| 127.00 | 9.19 | 105.44 | 147.32 | TP125V | LC | 113.7 | 2931 | 109.2 | 109.0 | 2378 |
| 127.00 | 10.36 | 103.10 | 141.30 | TP140V | TP-CQ | 148.0 | 3665 | 137.9 | 130.9 | 3225 |
| 127.00 | 11.10 | 101.62 | 144.42 | TP110V | TP-G2 HC | 134.3 | 3065 | 116.0 | 116.0 | 3065 |
| 127.00 | 11.10 | 101.62 | 147.32 | TP110V | TP-G2 HC(ARC) | 134.3 | 3065 | 116.0 | 116.0 | 3065 |
| 127.00 | 11.10 | 101.62 | 147.32 | TP125V | LC | 140.3 | 3483 | 131.8 | 131.8 | 2944 |
| 127.00 | 11.10 | 101.62 | 141.30 | TP125V | TP-CQ | 140.3 | 3483 | 131.9 | 131.9 | 2880 |
| 127.00 | 11.10 | 101.62 | 147.32 | TP125V | TP-CQ(ARC) | 140.3 | 3483 | 131.9 | 131.9 | 3483 |

续表

| 外径/mm | 壁厚/mm | 通径/mm | 接箍外径/mm | 钢级 | 螺纹类型 | 管体抗外挤强度/MPa | 管体屈服强度/kN | 管体抗内压/MPa | 接头抗内压/MPa | 接头连接强度/kN |
|---|---|---|---|---|---|---|---|---|---|---|
| 127.00 | 11.10 | 101.62 | 147.32 | TP125V | TP-G2 HC(ARC) | 140.3 | 3483 | 131.9 | 131.9 | 3483 |
| 127.00 | 12.70 | 98.42 | 141.30 | TP140V | TP-CQ | 190.0 | 4402 | 169.0 | 169.0 | 3585 |
| 127.00 | 12.70 | 98.42 | 147.32 | TP140V | BC | 190.0 | 4402 | 169.0 | 154.0 | 4384 |
| 127.00 | 12.70 | 98.42 | 146.74 | TP125V | TP-G2 HC | 163.1 | 3930 | 150.8 | 150.8 | 3930 |
| 127.00 | 12.70 | 98.42 | 147.32 | TP140V | TP-CQ(ARC) | 190.0 | 4402 | 169.0 | 160.5 | 4402 |
| 139.70 | 7.72 | 121.08 | 160.02 | TP110V | LC | 73.9 | 2428 | 73.4 | 73.0 | 1980 |
| 139.70 | 7.72 | 121.08 | 142.50 | TP140V | TP-SFJ | 78.0 | 3090 | 93.0 | 93.0 | 2070 |
| 139.70 | 7.72 | 121.08 | 150.00 | TP140V | TP-G2(SC85) | 78.0 | 3090 | 93.0 | 85.0 | 2626 |
| 139.70 | 9.17 | 118.18 | 160.02 | TP125V | LC | 100.0 | 3241 | 99.0 | 99.0 | 2631 |
| 139.70 | 9.17 | 118.18 | 157.00 | TP125V | TP-CQ | 100.0 | 3245 | 99.0 | 94.0 | 3245 |
| 139.70 | 9.17 | 118.18 | 157.00 | TP140V | TP-CQ | 105.0 | 3630 | 110.9 | 105.4 | 3630 |
| 139.70 | 10.54 | 115.44 | 160.02 | TP110V | LC | 113.0 | 3240 | 100.0 | 100.0 | 2860 |
| 139.70 | 10.54 | 115.44 | 157.00 | TP110V | TP-CQ | 113.0 | 3240 | 100.0 | 100.0 | 3240 |
| 139.70 | 10.54 | 115.44 | 149.23 | TP165V | BC | 135.3 | 4861 | 150.1 | 81.9 | 3301 |

续表

| 外径/mm | 壁厚/mm | 通径/mm | 接箍外径/mm | 钢级 | 螺纹类型 | 管体抗外挤强度/MPa | 管体屈服强度/kN | 管体抗内压/MPa | 接头抗内压/MPa | 接头连接强度/kN |
|---|---|---|---|---|---|---|---|---|---|---|
| 139.70 | 10.54 | 115.44 | 160.02 | TP125V | LC | 120.0 | 3686 | 114.0 | 114.0 | 3089 |
| 139.70 | 10.54 | 115.44 | 160.02 | TP125V | BC | 120.0 | 3686 | 114.0 | 114.0 | 3682 |
| 139.70 | 10.54 | 115.44 | 160.02 | TP125V | TP-CQ(ARC) | 120.0 | 3686 | 114.0 | 114.0 | 3686 |
| 139.70 | 10.54 | 115.44 | 157.00 | TP125V | TP-CQ | 120.0 | 3686 | 114.0 | 114.0 | 3686 |
| 139.70 | 10.54 | 115.44 | 157.00 | TP140V | TP-CQ | 126.0 | 4128 | 127.5 | 121.1 | 4129 |
| 139.70 | 10.54 | 115.44 | 160.02 | TP140V | BC | 126.0 | 4128 | 127.5 | 127.5 | 4099 |
| 139.70 | 11.51 | 113.50 | 157.00 | TP155V | TP-CQ | 155.0 | 4955 | 154.1 | 146.0 | 4695 |
| 139.70 | 12.09 | 112.34 | 160.02 | TP110V | TP-CQ(ARC) | 130.0 | 3676 | 114.9 | 114.9 | 3675 |
| 139.70 | 12.09 | 112.34 | 160.02 | TP125V | TP-CQ(ARC) | 140.0 | 4177 | 131.0 | 131.0 | 4177 |
| 139.70 | 12.09 | 112.34 | 157.00 | TP125V | TP-CQ | 140.0 | 4177 | 131.0 | 131.0 | 3791 |
| 139.70 | 12.09 | 112.34 | 160.02 | TP125V | LC | 140.0 | 4177 | 131.0 | 119.0 | 3593 |
| 139.70 | 12.09 | 112.34 | 160.02 | TP140V | LC | 152.7 | 4679 | 146.2 | 119.0 | 3992 |
| 139.70 | 12.09 | 112.34 | 160.02 | TP140V | TP-CQ | 152.7 | 4679 | 146.2 | 138.9 | 4241 |
| 139.70 | 12.34 | 111.84 | 160.02 | TP125V | BC | 150.0 | 4255 | 133.0 | 127.3 | 4251 |

续表

| 外径/mm | 壁厚/mm | 通径/mm | 接箍外径/mm | 钢级 | 螺纹类型 | 管体抗外挤强度/MPa | 管体屈服强度/kN | 管体抗内压/MPa | 接头抗内压/MPa | 接头连接强度/kN |
|---|---|---|---|---|---|---|---|---|---|---|
| 139.70 | 12.34 | 111.84 | 159.50 | TP125V | TP-CQ | 150.0 | 4255 | 133.0 | 133.0 | 4255 |
| 139.70 | 12.34 | 111.84 | 159.50 | TP140V | TP-CQ | 165.0 | 4766 | 149.2 | 141.8 | 4766 |
| 139.70 | 12.34 | 111.84 | 159.50 | TP155V | TP-CQ | 176.2 | 5277 | 165.2 | 157.0 | 5277 |
| 139.70 | 12.70 | 111.12 | 160.02 | TP125V | LC | 156.7 | 4367 | 137.2 | 119.0 | 3787 |
| 139.70 | 12.70 | 111.12 | 160.02 | TP125V | BC | 156.7 | 4367 | 137.2 | 127.3 | 4363 |
| 139.70 | 12.70 | 111.12 | 159.50 | TP125V | TP-CQ | 156.7 | 4367 | 137.2 | 137.2 | 4320 |
| 139.70 | 12.70 | 111.12 | 159.70 | TP125V | TP-G2 | 156.7 | 4367 | 137.2 | 137.2 | 4367 |
| 139.70 | 12.70 | 111.12 | 159.70 | TP140V | TP-G2 HC | 170.0 | 4892 | 153.5 | 145.8 | 4890 |
| 139.70 | 14.27 | 107.98 | 162.50 | TP125V | TP-CQ(ARC) | 160.0 | 4846 | 154.1 | 154.1 | 4846 |
| 139.70 | 14.27 | 107.98 | 162.50 | TP140V | TP-CQ(ARC) | 177.0 | 5428 | 172.6 | 164.0 | 5428 |
| 139.70 | 14.27 | 107.98 | 162.50 | TP155V | TP-CQ(ARC) | 200.0 | 6004 | 191.0 | 181.0 | 6004 |
| 143.32 | 12.35 | 115.44 | 154.00 | TP165V | LC | 182.0 | 5776 | 171.2 | 91.0 | 4009 |
| 168.28 | 10.59 | 143.92 | 188.00 | TP110V | TP-CQ | 86.5 | 3979 | 83.5 | 83.5 | 3978 |
| 168.28 | 12.06 | 140.98 | 178.00 | TP140V | TP-NF | 120.0 | 5713 | 121.1 | 96.8 | 4285 |

续表

| 外径/mm | 壁厚/mm | 通径/mm | 接箍外径/mm | 钢级 | 螺纹类型 | 管体抗外挤强度/MPa | 管体屈服强度/kN | 管体抗内压/MPa | 接头抗内压/MPa | 接头连接强度/kN |
|---|---|---|---|---|---|---|---|---|---|---|
| 168.28 | 12.06 | 140.98 | 188.00 | TP110V | TP-CQ | 105.4 | 4491 | 95.1 | 95.1 | 4491 |
| 177.80 | 9.19 | 156.24 | 196.00 | TP140V | TP-CQ | 63.8 | 4699 | 87.3 | 87.3 | 4698 |
| 177.80 | 10.36 | 153.90 | 200.03 | TP110V | LC | 74.6 | 4133 | 77.3 | 77.3 | 3541 |
| 177.80 | 10.36 | 153.90 | 200.03 | TP110V | BC | 74.6 | 4133 | 77.3 | 77.3 | 4247 |
| 177.80 | 10.36 | 153.90 | 196.00 | TP110V | TP-CQ | 74.6 | 4133 | 77.3 | 77.3 | 4133 |
| 177.80 | 10.36 | 153.90 | 196.00 | TP125V | TP-CQ | 84.0 | 4702 | 88.0 | 88.0 | 4702 |
| 177.80 | 10.36 | 153.90 | 194.33 | TP125V | TP-G2 | 84.0 | 4702 | 88.0 | 87.9 | 4702 |
| 177.80 | 10.36 | 153.90 | 200.03 | TP140V | LC | 87.0 | 5260 | 98.5 | 81.0 | 4432 |
| 177.80 | 10.36 | 153.90 | 196.00 | TP140V | TP-CQ | 87.0 | 5260 | 98.5 | 93.0 | 5260 |
| 177.80 | 11.51 | 151.60 | 196.00 | TP125V | TP-CQ | 97.0 | 5182 | 97.7 | 97.7 | 5145 |
| 177.80 | 11.51 | 151.60 | 196.00 | TP140V | TP-CQ | 104.2 | 5804 | 109.4 | 103.9 | 5763 |
| 177.80 | 11.51 | 151.60 | 196.00 | TP155V | TP-CQ | 112.0 | 6426 | 121.1 | 115.0 | 6381 |
| 177.80 | 12.65 | 149.32 | 200.03 | TP125V | LC | 110.0 | 5663 | 107.0 | 81.0 | 4959 |
| 177.80 | 12.65 | 149.32 | 196.00 | TP125V | TP-CQ | 110.0 | 5663 | 107.0 | 107.0 | 5152 |

续表

| 外径/mm | 壁厚/mm | 通径/mm | 接箍外径/mm | 钢级 | 螺纹类型 | 管体抗外挤强度/MPa | 管体屈服强度/kN | 管体抗内压/MPa | 接头抗内压/MPa | 接头连接强度/kN |
|---|---|---|---|---|---|---|---|---|---|---|
| 177. 80 | 12. 65 | 149. 32 | 200. 03 | TP140V | BC | 120. 0 | 6335 | 120. 2 | 102. 3 | 6232 |
| 177. 80 | 12. 65 | 149. 32 | 196. 00 | TP140V | TP-CQ | 120. 0 | 6335 | 120. 2 | 114. 2 | 5767 |
| 177. 80 | 12. 65 | 149. 32 | 200. 03 | TP140V | TP-CQ(ARC) | 120. 0 | 6335 | 120. 2 | 114. 2 | 6330 |
| 177. 80 | 12. 65 | 149. 32 | 200. 03 | TP140V | LC | 120. 0 | 6335 | 120. 2 | 81. 0 | 5465 |
| 177. 80 | 12. 65 | 149. 32 | 200. 03 | TP155V | LC | 126. 0 | 7014 | 133. 0 | 81. 0 | 5837 |
| 177. 80 | 12. 65 | 149. 32 | 196. 00 | TP155V | TP-CQ | 126. 0 | 7014 | 133. 0 | 126. 4 | 6384 |
| 177. 80 | 13. 72 | 147. 18 | 200. 03 | TP140V | TP-G2 HP | 130. 0 | 6827 | 130. 4 | 123. 8 | 6827 |
| 182. 00 | 14. 80 | 149. 22 | 196. 00 | TP140V | TP-CQ | 145. 0 | 7504 | 137. 0 | 114. 7 | 5770 |
| 182. 00 | 14. 80 | 149. 22 | 200. 03 | TP140V | BC | 145. 0 | 7504 | 137. 0 | 102. 4 | 6256 |
| 184. 15 | 15. 83 | 149. 31 | 196. 00 | TP155V | TP-NF | 168. 0 | 8957 | 161. 0 | 128. 8 | 6270 |
| 193. 68 | 10. 92 | 168. 66 | 215. 90 | TP125V | BC | 76. 0 | 5405 | 85. 1 | 85. 1 | 5329 |
| 193. 68 | 12. 70 | 165. 10 | 215. 90 | TP110V | BC | 91. 9 | 5476 | 87. 0 | 87. 0 | 5596 |
| 193. 68 | 12. 70 | 165. 10 | 215. 90 | TP125V | BC | 100. 0 | 6223 | 98. 9 | 87. 4 | 6133 |
| 193. 68 | 12. 70 | 165. 10 | 210. 00 | TP125V | TP-CQ(SC) | 100. 0 | 6223 | 98. 9 | 98. 9 | 5106 |

续表

| 外径/mm | 壁厚/mm | 通径/mm | 接箍外径/mm | 钢级 | 螺纹类型 | 管体抗外挤强度/MPa | 管体屈服强度/kN | 管体抗内压/MPa | 接头抗内压/MPa | 接头连接强度/kN |
|---|---|---|---|---|---|---|---|---|---|---|
| 193.68 | 12.70 | 165.10 | 216.00 | TP140V | TP-G2 HP | 105.3 | 6970 | 110.8 | 105.2 | 6970 |
| 193.68 | 12.70 | 165.10 | 215.90 | TP140V | TP-CQ | 105.3 | 6970 | 110.8 | 105.2 | 6970 |
| 193.68 | 15.11 | 160.28 | 214.50 | TP140V | TP-G2 HP(SC214.5/15.11) | 133.0 | 8182 | 131.8 | 125.2 | 6954 |
| 193.68 | 19.05 | 152.40 | — | TP140V | TP-FJ | 191.0 | 10088 | 166.2 | 132.9 | 5449 |
| 193.68 | 19.05 | 152.40 | — | TP155V | TP-FJ | 203.0 | 11169 | 184.0 | 147.2 | 6145 |
| 196.85 | 12.70 | 168.27 | 215.90 | TP140V | TP-CQ | 90.0 | 7095 | 109.0 | 103.6 | 7095 |
| 201.70 | 15.12 | 168.29 | 214.40 | TP155V | TP-NF | 132.0 | 9471 | 141.0 | 116.0 | 5483 |
| 206.38 | 16.00 | 171.20 | — | TP140V | TP-FJ | 132.0 | 9237 | 131.0 | 78.6 | 4952 |
| 206.38 | 17.25 | 168.70 | — | TP140V | TP-FJ | 150.0 | 9890 | 141.2 | 84.7 | 4952 |
| 206.38 | 17.25 | 168.70 | — | TP155V | TP-FJ | 162.0 | 10953 | 156.3 | 93.8 | 5480 |
| 206.38 | 17.25 | 168.70 | 229.00 | TP140V | TP-G2HP(SC85) | 150.0 | 9886 | 141.2 | 134.1 | 8411 |
| 219.08 | 12.70 | 190.50 | 244.48 | TP140V | TP-CQ | 84.9 | 7948 | 97.9 | 93.0 | 7948 |
| 219.08 | 12.70 | 190.50 | — | TP140V | TP-FJ | 84.9 | 7948 | 97.9 | 58.7 | 4046 |
| 232.50 | 16.75 | 195.82 | — | TP140V | TP-FJ | 115.0 | 10972 | 121.7 | 73.0 | 5919 |

续表

| 外径/mm | 壁厚/mm | 通径/mm | 接箍外径/mm | 钢级 | 螺纹类型 | 管体抗外挤强度/MPa | 管体屈服强度/kN | 管体抗内压/MPa | 接头抗内压/MPa | 接头连接强度/kN |
|---|---|---|---|---|---|---|---|---|---|---|
| 244.48 | 10.03 | 220.45 | 271.00 | TP125V | TP-G2HP | 33.2 | 6367 | 61.9 | 61.9 | 6367 |
| 244.48 | 10.03 | 220.45 | 271.00 | TP140V | TP-G2HP | 33.3 | 7131 | 69.3 | 65.8 | 7131 |
| 244.48 | 11.05 | 218.41 | 269.88 | TP110V | BC | 43.7 | 6141 | 60.0 | 60.0 | 6172 |
| 244.48 | 11.99 | 216.53 | 269.88 | TP110V | BC | 53.0 | 6642 | 65.1 | 63.2 | 6673 |
| 244.48 | 11.99 | 216.53 | 269.88 | TP125V | BC | 54.5 | 7548 | 74.0 | 63.2 | 7342 |
| 244.48 | 11.99 | 216.53 | 269.88 | TP125V | LC | 54.5 | 7548 | 74.0 | 50.0 | 6050 |
| 244.48 | 11.99 | 216.53 | 269.88 | TP125V | TP-CQ | 54.5 | 7548 | 74.0 | 74.0 | 7548 |
| 244.48 | 11.99 | 216.53 | 269.88 | TP140V | TP-CQ | 56.0 | 8453 | 82.9 | 79.0 | 8453 |
| 244.48 | 11.99 | 216.53 | 269.88 | TP140V | BC | 56.0 | 8453 | 82.9 | 63.2 | 8177 |
| 244.48 | 11.99 | 216.53 | 269.88 | TP155V | TP-CQ | 56.3 | 9359 | 91.7 | 87.1 | 9359 |
| 247.65 | 13.84 | 216.53 | 269.88 | TP110V | BC | 70.0 | 7710 | 74.2 | 63.2 | 6672 |
| 250.83 | 15.88 | 216.53 | 277.00 | TP140V | BC Ⅱ | 99.0 | 11314 | 106.9 | 61.7 | 10936 |
| 250.83 | 15.88 | 216.53 | 269.88 | TP140V | TP-CQ Ⅰ | 99.0 | 11314 | 106.9 | 87.8 | 8932 |
| 250.83 | 15.88 | 216.53 | 269.88 | TP140V | BC Ⅰ | 99.0 | 11314 | 106.9 | 63.2 | 8645 |

续表

| 外径/mm | 壁厚/mm | 通径/mm | 接箍外径/mm | 钢级 | 螺纹类型 | 管体抗外挤强度/MPa | 管体屈服强度/kN | 管体抗内压/MPa | 接头抗内压/MPa | 接头连接强度/kN |
|---|---|---|---|---|---|---|---|---|---|---|
| 250.83 | 15.88 | 216.53 | 277.00 | TP155V | TP-CQⅡ | 103.8 | 12526 | 118.4 | 112.5 | 12526 |
| 259.00 | 19.25 | 216.53 | 277.00 | TP140V | TP-NF | 117.0 | 13996 | 125.6 | 100.5 | 9225 |
| 259.00 | 19.25 | 216.53 | 277.00 | TP155V | TP-NF | 130.0 | 15500 | 139.0 | 111.2 | 10213 |
| 265.13 | 22.00 | 217.16 | — | TP140V | TP-FJ | 144.5 | 16221 | 140.2 | 80.7 | 8388 |
| 265.13 | 22.00 | 217.16 | — | TP155V | TP-FJ | 161.0 | 17963 | 155.0 | 89.3 | 9286 |
| 273.05 | 12.57 | 243.94 | 298.45 | TP140V | TP-CQ | 46.0 | 9929 | 77.8 | 73.8 | 9929 |
| 273.05 | 13.84 | 241.40 | 298.45 | TP110V | BC | 58.0 | 8548 | 67.3 | 51.4 | 8504 |
| 273.05 | 13.84 | 241.40 | 298.45 | TP125V | TP-CQ | 59.0 | 9713 | 76.5 | 76.5 | 9381 |
| 273.05 | 13.84 | 241.40 | 283.00 | TP125V | TP-NF | 59.0 | 9713 | 76.5 | 61.2 | 6995 |
| 273.05 | 13.84 | 241.40 | 283.00 | TP140V | TP-NF | 60.0 | 10879 | 85.7 | 68.6 | 7835 |
| 273.05 | 13.84 | 241.40 | 298.45 | TP140V | BC | 60.0 | 10879 | 85.7 | 51.4 | 10451 |
| 273.05 | 13.84 | 241.40 | 298.45 | TP140V | TP-CQ | 60.0 | 10879 | 85.7 | 82.0 | 10879 |
| 273.05 | 26.24 | 216.60 | — | TP140V | TP-FJ | 180.0 | 19644 | 162.3 | 97.4 | 8570 |
| 282.58 | 18.64 | 241.40 | 301.70 | TP140V | TP-CQ | 103.0 | 14940 | 111.0 | 105.8 | 9590 |

续表

| 外径/mm | 壁厚/mm | 通径/mm | 接箍外径/mm | 钢级 | 螺纹类型 | 管体抗外挤强度/MPa | 管体屈服强度/kN | 管体抗内压/MPa | 接头抗内压/MPa | 接头连接强度/kN |
|---|---|---|---|---|---|---|---|---|---|---|
| 282. 58 | 17. 32 | 244. 48 | 299. 00 | TP125V | TP-G2HP(SC70) | 85. 4 | 12439 | 92. 5 | 92. 5 | 8833 |
| 293. 45 | 23. 55 | 242. 38 | — | TP140V | TP-FJ | 136. 0 | 19275 | 135. 6 | 82. 6 | 10179 |
| 339. 72 | 12. 19 | 311. 37 | 365. 12 | TP110V | BC | 21. 0 | 9513 | 47. 6 | 34. 0 | 9248 |
| 339. 72 | 12. 19 | 311. 37 | 365. 12 | TP110V | TP-CQ | 21. 0 | 9513 | 47. 6 | 47. 6 | 9513 |
| 339. 72 | 12. 19 | 311. 37 | 365. 12 | TP125V | TP-CQ | 22. 1 | 10810 | 54. 1 | 54. 1 | 10810 |
| 339. 72 | 12. 19 | 311. 37 | 365. 12 | TP140V | BC | 23. 0 | 12107 | 60. 6 | 34. 0 | 11445 |
| 339. 72 | 12. 19 | 311. 37 | 365. 12 | TP140V | TP-CQ | 23. 0 | 12107 | 60. 6 | 57. 6 | 12107 |
| 339. 72 | 13. 06 | 311. 37 | 365. 12 | TP140V | TP-CQ | 26. 0 | 12930 | 65. 0 | 61. 0 | 12930 |
| 339. 72 | 13. 06 | 311. 37 | 365. 12 | TP140V | BC | 26. 0 | 12930 | 65. 0 | 34. 0 | 12230 |
| 365. 13 | 13. 88 | 333. 40 | 393. 89 | TP110V | BC | 24. 0 | 11616 | 50. 5 | 33. 0 | 11193 |
| 365. 13 | 13. 88 | 333. 40 | 393. 89 | TP110V | TP-CQ | 24. 0 | 11616 | 50. 5 | 50. 5 | 11420 |
| 365. 13 | 13. 88 | 333. 40 | 393. 89 | TP125V | TP-CQ | 24. 5 | 13216 | 57. 0 | 57. 0 | 13216 |
| 365. 12 | 24. 89 | 311. 37 | 390. 00 | TP140V | TP-NF | 97. 4 | 25663 | 115. 2 | 60. 6 | 12108 |
| 374. 65 | 18. 65 | 333. 40 | 393. 89 | TP140V | BC | 42. 1 | 20139 | 84. 1 | 33. 0 | 14925 |
| 473. 08 | 16. 48 | 435. 36 | 508. 00 | TP110V | TP-QR | 14. 7 | 17917 | 46. 2 | 46. 2 | 16603 |

**表 13-48　TP 系列页岩油气套管力学性能指标**

| 钢级 | 品类 | 载荷下的总伸长率/% | 屈服强度/MPa | 抗拉强度/MPa | 延伸率/% | 夏比 V 形缺口冲击实验/J(0℃) |
|---|---|---|---|---|---|---|
| TP110SG | 管体及接箍料 | 0.60 | 758～999 | ≥862 | ≥13 | VT10×10≥60<br>VL10×10≥80 |
| TP125SG | | 0.65 | 862～1068 | ≥931 | | VT10×10≥60<br>VL10×10≥80 |
| TP140SG | | 0.70 | 965～1206 | ≥1034 | | VT10×10≥60<br>VL10×10≥80 |

**表 13-49　TP 系列页岩油气套管使用性能指标**

| 外径 | | 壁厚/mm | 通径/mm | 接箍外径/mm | 单重/(kg/m) | 钢级 | 螺纹类型 | 管体抗外挤强度/MPa | 管体屈服强度/kN | 管体抗内压/MPa | 接头抗内压/MPa | 接头连接强度/kN |
|---|---|---|---|---|---|---|---|---|---|---|---|---|
| $4\frac{1}{2}$ | 114.30 | 8.56 | 94.00 | 133.35 | 22.69 | TP110SG | BC | 114.5 | 2157 | 99.4 | 99.4 | 2157 |
| $4\frac{1}{2}$ | 114.30 | 8.56 | 94.00 | 126.21 | 22.69 | TP110SG | TP-G2 | 114.5 | 2157 | 99.4 | 99.4 | 2157 |
| $4\frac{1}{2}$ | 114.30 | 8.56 | 94.00 | 133.35 | 22.69 | TP125SG | BC | 119.5 | 2451 | 112.9 | 112.9 | 2451 |
| $4\frac{1}{2}$ | 114.30 | 8.56 | 94.00 | 126.21 | 22.69 | TP125SG | TP-G2 | 119.5 | 2451 | 112.9 | 112.9 | 2451 |
| $4\frac{1}{2}$ | 114.30 | 8.56 | 94.00 | 133.35 | 22.69 | TP140SG | BC | 130.6 | 2745 | 126.5 | 126.5 | 2742 |

续表

| 外径 | | 壁厚/mm | 通径/mm | 接箍外径/mm | 单重/(kg/m) | 钢级 | 螺纹类型 | 管体抗外挤强度/MPa | 管体屈服强度/kN | 管体抗内压/MPa | 接头抗内压/MPa | 接头连接强度/kN |
|---|---|---|---|---|---|---|---|---|---|---|---|---|
| 4½ | 114.30 | 8.56 | 94.00 | 126.21 | 22.69 | TP140SG | TP-G2 | 130.6 | 2745 | 126.5 | 120.2 | 2745 |
| 4½ | 114.30 | 9.65 | 91.82 | 133.35 | 25.27 | TP110SG | BC | 124 | 2406 | 112.1 | 112.1 | 2406 |
| 4½ | 114.30 | 9.65 | 91.82 | 127.89 | 25.3 | TP110SG | TP-G2 | 124 | 2406 | 112.1 | 112.1 | 2406 |
| 4½ | 114.30 | 9.65 | 91.82 | 133.35 | 25.27 | TP125SG | BC | 140 | 2736 | 127.3 | 127.3 | 2736 |
| 4½ | 114.30 | 9.65 | 91.82 | 127.89 | 25.3 | TP125SG | TP-G2 | 140 | 2736 | 127.3 | 127.3 | 2736 |
| 4½ | 114.30 | 9.65 | 91.82 | 133.35 | 25.27 | TP140SG | BC | 155 | 3065 | 142.7 | 142.7 | 3059 |
| 4½ | 114.30 | 9.65 | 91.82 | 127.89 | 25.3 | TP140SG | TP-G2 | 155 | 3065 | 142.7 | 135.6 | 3065 |
| 4½ | 114.30 | 10.92 | 89.28 | 133.35 | 28.21 | TP110SG | BC | 144 | 2690 | 126.8 | 124.6 | 2690 |
| 4½ | 114.30 | 10.92 | 89.28 | 129.78 | 28.13 | TP110SG | TP-G2 | 144 | 2690 | 126.8 | 126.8 | 2690 |
| 4½ | 114.30 | 10.92 | 89.28 | 133.35 | 28.21 | TP125SG | BC | 161 | 3056 | 144.1 | 144.1 | 3056 |
| 4½ | 114.30 | 10.92 | 89.28 | 129.78 | 28.13 | TP125SG | TP-G2 | 161 | 3056 | 144.1 | 144.1 | 3056 |
| 4½ | 114.30 | 10.92 | 89.28 | 133.35 | 28.21 | TP140SG | BC | 176.7 | 3424 | 161.4 | 158.6 | 3419 |
| 4½ | 114.30 | 10.92 | 89.28 | 129.78 | 28.13 | TP140SG | TP-G2 | 176.7 | 3424 | 161.4 | 153.3 | 3424 |
| 5 | 127.00 | 9.19 | 105.44 | 147.32 | 27.19 | TP110SG | BC | 108.3 | 2580 | 96.1 | 96.1 | 2580 |

续表

| 外径 | | 壁厚/mm | 通径/mm | 接箍外径/mm | 单重/(kg/m) | 钢级 | 螺纹类型 | 管体抗外挤强度/MPa | 管体屈服强度/kN | 管体抗内压/MPa | 接头抗内压/MPa | 接头连接强度/kN |
|---|---|---|---|---|---|---|---|---|---|---|---|---|
| 5 | 127.00 | 9.19 | 105.44 | 141.50 | 27.19 | TP110SG | TP-G2 HC | 108.3 | 2580 | 96.1 | 96.1 | 2580 |
| 5 | 127.00 | 9.19 | 105.44 | 147.32 | 27.19 | TP125SG | BC | 115.8 | 2931 | 109.2 | 109.2 | 2931 |
| 5 | 127.00 | 9.19 | 105.44 | 141.50 | 27.19 | TP125SG | TP-G2 HC | 115.8 | 2931 | 109.2 | 109.2 | 2931 |
| 5 | 127.00 | 9.19 | 105.44 | 147.32 | 27.19 | TP140SG | BC | 122.9 | 3283 | 122.3 | 122.3 | 3271 |
| 5 | 127.00 | 9.19 | 105.44 | 141.50 | 27.19 | TP140SG | TP-G2 HC | 122.9 | 3283 | 122.3 | 116.2 | 3283 |
| 5 | 127.00 | 11.10 | 101.62 | 147.32 | 32.13 | TP110SG | BC | 134.3 | 3065 | 116.0 | 116.0 | 3062 |
| 5 | 127.00 | 11.10 | 101.62 | 144.42 | 32.13 | TP110SG | TP-G2 HC | 134.3 | 3065 | 116.0 | 116.0 | 3065 |
| 5 | 127.00 | 11.10 | 101.62 | 147.32 | 32.13 | TP125SG | BC | 140.3 | 3483 | 131.8 | 131.8 | 3483 |
| 5 | 127.00 | 11.10 | 101.62 | 144.42 | 32.13 | TP125SG | TP-G2 HC | 140.3 | 3483 | 131.8 | 131.8 | 3483 |
| 5 | 127.00 | 11.10 | 101.62 | 147.32 | 32.13 | TP140SG | BC | 163.1 | 3901 | 147.6 | 147.6 | 3885 |
| 5 | 127.00 | 11.10 | 101.62 | 144.42 | 32.13 | TP140SG | TP-G2 HC | 163.1 | 3901 | 147.6 | 140.2 | 3901 |
| 5 | 127.00 | 12.14 | 99.54 | 147.32 | 34.76 | TP110SG | BC | 140.8 | 3322 | 126.9 | 121.1 | 3322 |
| 5 | 127.00 | 12.14 | 99.54 | 145.94 | 34.76 | TP110SG | TP-G2 HC | 140.8 | 3322 | 126.9 | 126.9 | 3322 |
| 5 | 127.00 | 12.14 | 99.54 | 147.32 | 34.76 | TP125SG | BC | 159.5 | 3777 | 144.2 | 137.7 | 3777 |

续表

| 外径 | | 壁厚/mm | 通径/mm | 接箍外径/mm | 单重/(kg/m) | 钢级 | 螺纹类型 | 管体抗外挤强度/MPa | 管体屈服强度/kN | 管体抗内压/MPa | 接头抗内压/MPa | 接头连接强度/kN |
|---|---|---|---|---|---|---|---|---|---|---|---|---|
| 5 | 127.00 | 12.14 | 99.54 | 145.94 | 34.76 | TP125SG | TP-G2 HC | 159.5 | 3777 | 144.2 | 144.2 | 3777 |
| 5 | 127.00 | 12.14 | 99.54 | 147.32 | 34.76 | TP140SG | BC | 178.6 | 4228 | 161.5 | 154.2 | 4211 |
| 5 | 127.00 | 12.14 | 99.54 | 145.94 | 34.70 | TP140SG | TP-G2 HC | 178.6 | 4228 | 161.5 | 153.4 | 4228 |
| 5 | 127.00 | 12.70 | 98.42 | 147.32 | 36.15 | TP110SG | BC | 148.7 | 3459 | 132.7 | 121.1 | 3459 |
| 5 | 127.00 | 12.70 | 98.42 | 146.74 | 35.86 | TP110SG | TP-G2 HC | 148.7 | 3459 | 132.7 | 132.7 | 3459 |
| 5 | 127.00 | 12.70 | 98.42 | 147.32 | 36.15 | TP125SG | BC | 163.1 | 3932 | 150.9 | 137.7 | 3932 |
| 5 | 127.00 | 12.70 | 98.42 | 146.74 | 35.86 | TP125SG | TP-G2 HC | 163.1 | 3932 | 150.9 | 150.9 | 3932 |
| 5 | 127.00 | 12.70 | 98.42 | 147.32 | 36.15 | TP140SG | BC | 190.0 | 4402 | 168.9 | 154.2 | 4384 |
| 5 | 127.00 | 12.70 | 98.42 | 146.74 | 35.86 | TP140SG | TP-G2 HC | 190.0 | 4402 | 168.9 | 160.5 | 4402 |
| 5 | 127.00 | 13.00 | 97.82 | 147.32 | 36.90 | TP110SG | BC | 153.2 | 3531 | 135.9 | 121.1 | 3531 |
| 5 | 127.00 | 13.00 | 97.82 | 146.74 | 36.70 | TP110SG | TP-G2 HC | 153.2 | 3531 | 135.9 | 135.9 | 3531 |
| 5 | 127.00 | 13.00 | 97.82 | 147.32 | 36.90 | TP125SG | BC | 172.6 | 4013 | 154.4 | 137.7 | 4013 |
| 5 | 127.00 | 13.00 | 97.82 | 146.74 | 36.70 | TP125SG | TP-G2 HC | 172.6 | 4013 | 154.4 | 154.4 | 4013 |
| 5 | 127.00 | 13.00 | 97.82 | 147.32 | 36.90 | TP140SG | BC | 193.0 | 4494 | 172.9 | 154.2 | 4475 |

续表

| 外径 | | 壁厚/mm | 通径/mm | 接箍外径/mm | 单重/(kg/m) | 钢级 | 螺纹类型 | 管体抗外挤强度/MPa | 管体屈服强度/kN | 管体抗内压/MPa | 接头抗内压/MPa | 接头连接强度/kN |
|---|---|---|---|---|---|---|---|---|---|---|---|---|
| 5 | 127.00 | 13.00 | 97.82 | 146.74 | 36.70 | TP140SG | TP-G2 HC | 193.0 | 4494 | 172.9 | 164.3 | 4494 |
| 5½ | 139.70 | 10.54 | 115.44 | 160.02 | 34.05 | TP110SG | BC | 113.0 | 3244 | 100.2 | 100.2 | 3244 |
| 5½ | 139.70 | 10.54 | 115.44 | 156.41 | 34.23 | TP110SG | TP-G2 HC | 113.0 | 3244 | 100.2 | 100.2 | 3244 |
| 5½ | 139.70 | 10.54 | 115.44 | 160.02 | 34.05 | TP125SG | BC | 120.0 | 3688 | 113.8 | 113.8 | 3683 |
| 5½ | 139.70 | 10.54 | 115.44 | 156.41 | 34.23 | TP125SG | TP-G2 HC | 120.0 | 3688 | 113.8 | 113.8 | 3688 |
| 5½ | 139.70 | 10.54 | 115.44 | 160.02 | 34.05 | TP140SG | BC | 130.0 | 4128 | 127.5 | 127.5 | 4099 |
| 5½ | 139.70 | 10.54 | 115.44 | 156.41 | 34.23 | TP140SG | TP-G2 HC | 130.0 | 4128 | 127.5 | 121.1 | 4128 |
| 5½ | 139.70 | 12.09 | 112.34 | 160.02 | 38.52 | TP110SG | BC | 130.0 | 3676 | 114.9 | 112.0 | 3676 |
| 5½ | 139.70 | 12.09 | 112.34 | 158.80 | 38.69 | TP110SG | TP-G2 HC | 130.0 | 3676 | 114.9 | 114.9 | 3676 |
| 5½ | 139.70 | 12.09 | 112.34 | 160.02 | 38.52 | TP125SG | BC | 140.0 | 4177 | 130.5 | 127.3 | 4174 |
| 5½ | 139.70 | 12.09 | 112.34 | 158.80 | 38.69 | TP125SG | TP-G2 HC | 140.0 | 4177 | 130.5 | 130.5 | 4177 |
| 5½ | 139.70 | 12.09 | 112.34 | 160.02 | 38.52 | TP140SG | BC | 152.7 | 4679 | 146.2 | 142.5 | 4645 |
| 5½ | 139.70 | 12.09 | 112.34 | 158.80 | 38.69 | TP140SG | TP-G2 HC | 152.7 | 4678 | 146.2 | 138.9 | 4678 |
| 5½ | 139.70 | 12.34 | 111.84 | 160.02 | 39.23 | TP110SG | BC | 131.0 | 3745 | 117.2 | 112.0 | 3745 |

续表

| 外径 | | 壁厚/mm | 通径/mm | 接箍外径/mm | 单重/(kg/m) | 钢级 | 螺纹类型 | 管体抗外挤强度/MPa | 管体屈服强度/kN | 管体抗内压/MPa | 接头抗内压/MPa | 接头连接强度/kN |
|---|---|---|---|---|---|---|---|---|---|---|---|---|
| $5\frac{1}{2}$ | 139.70 | 12.34 | 111.84 | 159.50 | 39.00 | TP110SG | TP-CQ(FL) | 131.0 | 3745 | 117.2 | 117.2 | 3745 |
| $5\frac{1}{2}$ | 139.70 | 12.34 | 111.84 | 160.02 | 39.23 | TP125SG | BC | 150.0 | 4255 | 133.2 | 127.3 | 4251 |
| $5\frac{1}{2}$ | 139.70 | 12.34 | 111.84 | 159.50 | 39.00 | TP125SG | TP-CQ(FL) | 150.0 | 4255 | 133.2 | 133.2 | 4255 |
| $5\frac{1}{2}$ | 139.70 | 12.34 | 111.84 | 160.02 | 39.23 | TP140SG | BC | 165.0 | 4766 | 149.2 | 142.5 | 4732 |
| $5\frac{1}{2}$ | 139.70 | 12.34 | 111.84 | 159.50 | 39.00 | TP140SG | TP-CQ(FL) | 165.0 | 4766 | 149.2 | 141.7 | 4766 |
| $5\frac{1}{2}$ | 139.70 | 12.70 | 111.12 | 160.02 | 40.15 | TP110SG | BC | 139.0 | 3843 | 120.7 | 112.0 | 3843 |
| $5\frac{1}{2}$ | 139.70 | 12.70 | 111.12 | 159.70 | 42.31 | TP110SG | TP-G2 HC | 139.0 | 3843 | 120.7 | 120.7 | 3843 |
| $5\frac{1}{2}$ | 139.70 | 12.70 | 111.12 | 160.02 | 40.15 | TP125SG | BC | 156.7 | 4368 | 137.1 | 127.3 | 4363 |
| $5\frac{1}{2}$ | 139.70 | 12.70 | 111.12 | 159.70 | 42.31 | TP125SG | TP-G2 HC | 156.7 | 4368 | 137.1 | 137.1 | 4368 |
| $5\frac{1}{2}$ | 139.70 | 12.70 | 111.12 | 160.02 | 40.15 | TP140SG | BC | 170.0 | 4891 | 153.5 | 142.5 | 4856 |
| $5\frac{1}{2}$ | 139.70 | 12.70 | 111.12 | 159.70 | 42.31 | TP140SG | TP-G2 HC | 170.0 | 4891 | 153.5 | 145.8 | 4891 |
| $5\frac{7}{10}$ | 144.78 | 15.20 | 111.12 | 159.70 | 49.41 | TP110SG | TP-G2(NF) | 150.0 | 4693 | 139.3 | 120.7 | 3843 |
| $5\frac{7}{10}$ | 144.78 | 15.20 | 111.12 | 159.70 | 49.41 | TP125SG | TP-G2(NF) | 170.2 | 5333 | 158.3 | 137.1 | 4368 |
| $5\frac{7}{10}$ | 144.78 | 15.20 | 111.12 | 159.70 | 49.41 | TP140SG | TP-G2(NF) | 181.4 | 5973 | 177.4 | 145.8 | 4891 |

③ TP 系列高抗内压套管。

TP 系列高抗内压套管具有大于同钢级套管内压的能力，可适用于高压力地层或施工压裂压力工况。TP 系列高抗内压套管使用性能指标见表 13-50，部分 TP-TT 套管产品抗挤毁强度保证值见表 13-51，TPCO 产特殊厚壁高抗挤毁套管性能指标及用途见表 13-52。

**表 13-50　TP 系列高抗内压套管使用性能指标**

| 钢级 | 屈服强度/MPa | 抗拉强度/MPa | 延伸率/% | 横向全冲击(0℃)/MPa | 纵向全冲击(0℃)/MPa |
|---|---|---|---|---|---|
| TP110IY | 862~999 | ≥862 | 13 | 50 | 70 |
| TP125IY | 965~1068 | ≥965 | 13 | 50 | 70 |
| TP140IY | 1068~1207 | ≥1068 | 13 | 60 | 80 |

**表 13-51　部分 TP-TT 套管产品抗挤毁强度保证值**

| 外径/mm | 壁厚/mm | 单重/(kg/m) | 最小抗挤毁强度/MPa | | | |
|---|---|---|---|---|---|---|
| | | | TP95TT | TP110TT | TP125TT | TP140TT |
| 139.70 | 7.72 | 25.30 | 66.9 | 74.0 | — | — |
| 139.70 | 9.17 | 29.76 | 85.3 | 97.3 | — | — |
| 139.70 | 10.54 | 34.22 | 102.8 | 113.5 | 120.2 | 131.7 |
| 139.70 | 12.70 | 39.88 | — | 142.2 | 157.0 | 173.5 |
| 139.70 | 14.27 | 41.66 | — | 157.8 | 174.3 | 192.6 |
| 177.80 | 9.19 | 38.69 | 58.3 | 61.7 | — | — |
| 177.80 | 10.36 | 43.16 | 72.3 | 80.7 | — | — |
| 177.80 | 11.51 | 47.62 | 83.7 | 95.3 | — | — |
| 177.80 | 12.65 | 52.09 | 95.1 | 107.5 | 113.0 | 120.2 |
| 177.80 | 13.72 | 56.54 | 105.9 | 115.8 | 122.7 | 136.2 |
| 244.48 | 11.05 | 64.73 | 41.2 | 43.6 | 44.3 | |
| 244.48 | 11.99 | 69.94 | 50.7 | 53.8 | 54.3 | 55.3 |
| 244.48 | 13.84 | 79.61 | 69.4 | 76.9 | 79.3 | 81.3 |
| 244.48 | 15.11 | 86.90 | 78.6 | 88.7 | 91.4 | 95.2 |
| 250.83 | 15.88 | 93.46 | 81.2 | 92.0 | 94.8 | 99.1 |

表 13-52　TPCO 产特殊厚壁高抗挤毁套管性能指标及用途

| 钢级 | 规格/mm×mm | 接箍外径/mm | 内径/mm | 抗挤毁强度/MPa | 用途 |
|---|---|---|---|---|---|
| TP130TT | Φ152.40×16.90 | 177.80 | 118.62 | 176.7 | 盐岩层、盐膏层、射孔段 |
| TP120TH | Φ193.68×17.14 | 215.90 | 159.42 | 130.0 | 射孔段、热采井、盐岩层、盐膏层 |
| TP125TT | Φ250.83×15.88 | 269.88 | 219.08 | 94.8 | 盐岩层、盐膏层 |
| TP140TT | Φ247.65×13.84 | 269.88 | 219.96 | 77.2 | 盐岩层、盐膏层 |
| TP110TT | Φ273.05×15.11 | 298.45 | 242.83 | 74.1 | 盐岩层、盐膏层 |
| TP140V | Φ206.38×16.00 | 直连无接箍 | 174.38 | 132.0 | 盐岩层、盐膏层、射孔段、特殊间隙 |

2）BG 产高强度高韧性抗挤套管

BG 产高强度高韧性抗挤套管性能及适用范围见表 13-53，BG 产高强度高韧性抗挤套管抗挤毁强度保证值见表 13-54，BG 产抗挤/超高抗挤套管性能及适用范围见表 13-55，BG 产抗挤/抗硫套管性能及适用范围见表 13-56。

表 13-53　BG 产高强度高韧性抗挤套管性能及适用范围

| 钢级 | 屈服强度/MPa | | 抗拉强度/MPa | 冲击韧性/J | 适用范围 |
|---|---|---|---|---|---|
| | 最小 | 最大 | min | 室温横向全尺寸最小值 | |
| BG110V | 758 | 965 | 862 | 80 | 主要用于深井和复杂地应力井况的石油天然气开采；<br>要求高强度、高冲击韧性和高抗挤毁 |
| BG125V | 862 | 1034 | 931 | 80 | |
| BG140V | 965 | 1172 | 1034 | 60 | |
| BG150V | 1034 | 1241 | 1103 | 60 | |
| BG155V | 1069 | 1276 | 1138 | 60 | |

**表 13-54　BG 产高强度高韧性抗挤套管抗挤毁强度保证值**

| 外径/mm | 壁厚/mm | 抗挤毁强度/MPa | | | | 备注 |
|---|---|---|---|---|---|---|
| | | BG125V | BG140V | BG150V | BG155V | |
| 177.80 | 9.19 | 66.0 | 63.8 | 64.8 | 65.8 | 其他规格套管可按需方要求协商供货 |
| | 10.36 | 86.0 | 87.0 | 88.0 | 88.7 | |
| | 11.51 | 102.1 | 104.2 | 108.0 | 112.4 | |
| | 12.65 | 113.4 | 120.2 | 123.0 | 126.0 | |
| | 13.72 | 132.8 | 136.6 | 138.6 | 142.7 | |
| 244.48 | 11.05 | 45.9 | 44.1 | 44.1 | 44.1 | |
| | 11.99 | 54.0 | 56.1 | 56.2 | 56.3 | |
| | 13.84 | 81.4 | 81.3 | 82.0 | 82.8 | |
| | 15.11 | 93.1 | 95.2 | 96.5 | 98.1 | |
| 273.05 | 11.43 | 33.1 | 33.1 | 33.1 | 33..1 | |
| | 12.57 | 45.8 | 46.5 | 46.5 | 46.5 | |
| | 13.84 | 59.0 | 60.5 | 61.0 | 61.6 | |
| | 15.11 | 74.6 | 77.7 | 78.0 | 78.0 | |

**表 13-55　BG 产抗挤/超高抗挤套管性能及适用范围**

| 产品类型 | 钢级 | 常规性能 | 适用范围 |
|---|---|---|---|
| 高抗挤系列 | BG80TT<br>BG95TT<br>BG110TT<br>BG125TT<br>BG130TT<br>BG140TT<br>BG160TT | 按照 API Spec 5CT 对应钢级控制 | 主要用于如岩盐层、泥岩层、高压注水井等高地层压力或地应力异常段，抵御高压 |
| 超高抗挤系列 | BG110HC<br>BG125HC<br>BG140HC<br>BG150HC<br>BG155HC | | |

表 13-56　BG 产抗挤/抗硫套管性能及适用范围

| 产品类型 | 钢级牌号 | 抗 $H_2S$ 应力腐蚀性能 NACE TM 0177-96 | 力学性能 | 适用范围 |
|---|---|---|---|---|
| 抗挤抗硫管 | BG80TS<br>BG90TS<br>BG95TS | A 法：加载 85%*SMYS*，经 720h 不断裂 | 按照 API Spec 5CT 对应钢级控制 | 用于岩盐层、泥岩层、高压注水井等高地层压力或地应力异常段，以及含 $H_2S$ 的油气井中，抵御高压和硫化氢腐蚀 |
| | BG110TS | A 法：加载 80%*SMYS*，经 720h 不断裂 | | |

3）HYST 产高强度高韧性与抗挤套管

HYST 产高强度高韧性、抗挤/超高抗挤、抗挤抗硫套管性能及适用范围见表 13-57～表 13-59。

表 13-57　HYST 产高强度高韧性套管性能及适用范围

| 钢级 | 屈服强度/MPa | | 抗拉强度/MPa | 冲击韧性/J | 适用范围 |
|---|---|---|---|---|---|
| | 最小值 | 最大值 | 最小值 | 室温横向全尺寸最小值 | |
| HS110V | 758 | 965 | 862 | 60 | 主要用于深井和复杂地应力井况的石油天然气开采；<br>要求高强度、高冲击韧性和高抗挤毁 |
| HS125V | 862 | 1034 | 931 | 60 | |
| HS140V | 965 | 1172 | 1034 | 80 | |
| HS150V | 1034 | 1241 | 1103 | 80 | |
| HS155V | 1069 | 1276 | 1138 | 80 | |

表 13-58　抗挤/超高抗挤套管性能及适用范围

| 产品类型 | 钢级 | 常规性能 | 适用范围 |
|---|---|---|---|
| 高抗挤套管 | HS80T<br>HS90T<br>HS95T<br>HS110T<br>HS125T<br>HS130T<br>HS140T<br>HS150T | 按照 API Spec 5CT 对应钢级控制 | 主要用于岩盐层、泥岩层、高压注水井等高地层压力或地应力异常段，抵御高压 |

续表

| 产品类型 | 钢级 | 常规性能 | 适用范围 |
| --- | --- | --- | --- |
| 超高抗挤套管 | HS80TT<br>HS90TT<br>HS95TT<br>HS110TT<br>HS125TT<br>HS130TT | 按照 API Spec 5CT 对应钢级控制 | 主要用于岩盐层、泥岩层、高压注水井等高地层压力或地应力异常段，抵御高压 |

**表 13-59　抗挤抗硫套管性能及适用范围**

| 产品类型 | 钢级 | 抗 $H_2S$ 应力腐蚀性能 NACE TM 0177 | 力学性能 | 适用范围 |
| --- | --- | --- | --- | --- |
| 抗挤抗硫套管 | HS80TS<br>HS90TS<br>HS95TS | A 法：加载 85%*SMYS*，经 720h 不断裂 | 按照 API Spec 5CT 对应钢级控制 | 用于岩盐层、泥岩层、高压注水井等高地层压力或地应力异常段，以及含 $H_2S$ 的油气井中，抵御高压和硫化氢腐蚀 |
| | HS110TS | A 法：加载 80%*SMYS*，经 720h 不断裂 | | |

4）CJT 产高强度高韧性抗挤套管

CJT 产高强度高韧性抗挤、抗挤/超高抗挤、抗挤抗硫套管性能及适用范围见表 13-60~表 13-62，CJT 产高强度高韧性抗挤套管抗挤毁强度保证值见表 13-63。

**表 13-60　CJT 产高强度高韧性抗挤套管性能及适用范围**

| 钢级 | 屈服强度/MPa | | 抗拉强度/MPa | 冲击韧性/J | 适用范围 |
| --- | --- | --- | --- | --- | --- |
| | 最小值 | 最大值 | 最小值 | 0℃横向全尺寸最小值 | |
| ZT110V | 758 | 965 | 862 | 100 | 主要用于深井和复杂地应力井况的石油天然气开采；<br>要求高韧性及高抗挤毁 |
| ZT125V | 862 | 1034 | 931 | 100 | |
| ZT140V | 965 | 1172 | 1034 | 80 | |
| ZT150V | 1034 | 1241 | 1103 | 80 | |
| ZT155V | 1069 | 1276 | 1138 | 60 | |
| ZT165V | 1138 | 1345 | 1207 | 60 | |

**表 13-61　抗挤/超高抗挤套管性能及适用范围**

| 产品类型 | 钢级 | 力学性能 | | 适用范围 |
|---|---|---|---|---|
| | | 屈服强度/MPa | 抗拉强度/MPa | |
| 高抗挤系列 | ZT80T | 552~758 | ≥689 | 主要用于岩盐层、泥岩层、高压注水井等高地层压力或地应力异常层位 |
| | ZT95T | 655~758 | ≥724 | |
| | ZT110T | 758~828 | ≥793 | |
| | ZT125T | 862~965 | ≥900 | |
| | ZT130T | 896~1068 | ≥965 | |
| | ZT140T | 965~1172 | ≥1034 | |
| 超高抗挤系列 | ZT80TT | 552~758 | ≥689 | |
| | ZT95TT | 655~758 | ≥724 | |
| | ZT110TT | 758~828 | ≥793 | |
| | ZT125TT | 862~965 | ≥900 | |
| | ZT130TT | 896~1068 | ≥965 | |
| | ZT140TT | 965~1172 | ≥1034 | |

**表 13-62　抗挤抗硫套管性能及适用范围**

| 产品类型 | 钢级牌号 | 力学性能 | | 抗 $H_2S$ 应力腐蚀性能 NACE TM 0177-96 | 适用范围 |
|---|---|---|---|---|---|
| | | 屈服强度/MPa | 抗拉强度/MPa | | |
| 抗挤抗硫管 | ZT80TS | 552~655 | ≥655 | 全尺寸试样加载85% *SMYS*，经720h不断裂 | 用于岩盐层、泥岩层、高压注水井等高地层压力或地应力异常段，以及含 $H_2S$ 的油气井中，抵御高压和硫化氢腐蚀 |
| | ZT90TS | 621~724 | ≥689 | | |
| | ZT95TS | 655~758 | ≥724 | | |
| | ZT110TS | 758~828 | ≥793 | 全尺寸试样加载80% *SMYS*，经720h不断裂。ZT125TS实验温度为60℃ | |
| 超高抗挤抗硫管 | ZT125TS | 862~931 | ≥896 | | |
| | ZT80TSS | 552~655 | ≥655 | 全尺寸试样加载90% *SMYS*，经720h不断裂 | |
| | ZT90TSS | 621~724 | ≥689 | | |
| | ZT95TSS | 655~758 | ≥724 | | |
| | ZT110TSS | 758~828 | ≥793 | 全尺寸试样加载85% *SMYS*，经720h不断裂 | |

表 13-63 CJT 产高强度高韧性抗挤套管抗挤毁强度保证值

| 外径/mm | 壁厚/mm | 抗挤毁强度/MPa | | | | 备注 |
|---|---|---|---|---|---|---|
| | | ZT125V | ZT140V | ZT150V | ZT155V | |
| 177.80 | 9.19 | 66.0 | 63.8 | 64.8 | 65.8 | 其他规格套管可按需方要求协商供货 |
| | 10.36 | 86.0 | 87.0 | 88.0 | 88.7 | |
| | 11.51 | 102.1 | 104.2 | 108.0 | 112.4 | |
| | 12.65 | 113.4 | 120.2 | 123.0 | 126.0 | |
| | 13.72 | 132.8 | 136.6 | 138.6 | 142.7 | |
| 244.48 | 11.05 | 45.9 | 44.1 | 44.1 | 44.1 | |
| | 11.99 | 54.0 | 56.1 | 56.2 | 56.3 | |
| | 13.84 | 81.4 | 81.3 | 82.0 | 82.8 | |
| | 15.11 | 93.1 | 95.2 | 96.5 | 98.1 | |
| 273.05 | 11.43 | 33.1 | 33.1 | 33.1 | 33.1 | |
| | 12.57 | 45.8 | 46.5 | 46.5 | 46.5 | |
| | 13.84 | 59.0 | 60.5 | 61.0 | 61.6 | |
| | 15.11 | 74.6 | 77.7 | 78.0 | 78.0 | |

5）瓦卢瑞克 · 曼内斯曼钢管公司产抗外挤套管

瓦卢瑞克 · 曼内斯曼钢管公司产抗外挤套管性能及适用范围见表 13-64。

表 13-64 瓦卢瑞克 · 曼内斯曼钢管公司产抗外挤套管性能及适用范围

| 钢级 | 屈服强度/MPa | 极限拉伸强度/MPa | 抗外挤性能 | 适用范围 |
|---|---|---|---|---|
| VM 80 HC | 552~758 | 690 | 如果用户要求，可提供最低抗外挤压力保证值 | 主要用于高压油气井 |
| VM 95 HC | 655~862 | 758 | | |
| VM 110 HC | 785~965 | 862 | | |
| VM 125 HC | 862~1034 | 931 | | |

6）SLF 产抗外挤套管

SLF 产 SLF 系列单 TERW 系列套管和双 T 系列 ERW 套管

抗挤毁强度见表 13-65 和表 13-66。

**表 13-65　SLF 产 SLF 系列单 TERW 系列套管抗挤毁强度**

| 外径/mm | 壁厚/mm | 单重/(kg/m) | 最小抗挤强度/MPa | | | | |
|---|---|---|---|---|---|---|---|
| | | | SLF80T | SLF95T | SLF110T | SLF125T | SLF140T |
| 114.30 | 6.35 | 17.26 | 57.7 | 61.9 | 66.3 | 67.9 | 71.9 |
| 114.30 | 7.37 | 20.09 | 72.9 | 80.5 | 87.9 | 93.0 | 99.5 |
| 114.30 | 8.56 | 22.47 | 89.2 | 100.7 | 111.3 | 120.3 | 128.4 |
| 127.00 | 7.52 | 22.32 | 64.1 | 69.7 | 75.4 | 78.4 | 83.6 |
| 127.00 | 9.19 | 26.79 | 85.4 | 95.9 | 105.7 | 113.9 | 121.7 |
| 127.00 | 11.10 | 31.85 | 100.3 | 117.0 | 133.1 | 148.5 | 161.7 |
| 127.00 | 12.14 | 34.53 | 108.7 | 126.9 | 144.3 | 160.9 | 175.2 |
| 127.00 | 12.70 | 35.86 | 113.2 | 132.1 | 150.2 | 167.5 | 182.4 |
| 139.70 | 7.72 | 25.30 | 57.2 | 61.3 | 65.6 | 67.0 | 70.9 |
| 139.70 | 9.17 | 29.76 | 74.8 | 82.8 | 90.6 | 96.2 | 102.9 |
| 139.70 | 10.54 | 34.23 | 89.6 | 101.8 | 112.5 | 121.8 | 129.9 |
| 168.28 | 8.94 | 35.72 | 53.4 | 56.6 | 60.1 | 60.6 | 63.7 |
| 168.28 | 10.59 | 41.69 | 70.3 | 77.3 | 84.3 | 88.8 | 94.9 |
| 168.28 | 12.06 | 47.62 | 84.4 | 94.6 | 104.2 | 112.1 | 119.8 |
| 177.80 | 8.05 | 34.23 | 37.0 | 38.6 | 41.3 | 41.6 | 44.3 |
| 177.80 | 9.19 | 38.69 | 50.7 | 53.4 | 56.3 | 56.3 | 60.2 |
| 177.80 | 10.36 | 43.16 | 62.5 | 67.7 | 73.1 | 75.7 | 80.6 |
| 177.80 | 11.51 | 47.62 | 73.3 | 81.0 | 88.6 | 93.7 | 100.3 |
| 177.80 | 12.65 | 52.09 | 83.6 | 93.6 | 103.1 | 110.7 | 118.4 |
| 177.80 | 13.72 | 56.55 | 90.7 | 105.0 | 116.2 | 126.1 | 134.4 |
| 193.68 | 8.33 | 39.29 | 32.8 | 34.5 | 36.5 | 36.5 | 38.0 |
| 193.68 | 9.52 | 44.20 | 46.0 | 47.5 | 49.4 | 50.5 | 54.8 |
| 193.68 | 10.92 | 50.15 | 59.2 | 63.7 | 68.4 | 70.3 | 74.6 |
| 193.68 | 12.70 | 58.04 | 74.7 | 82.7 | 90.5 | 96.0 | 102.7 |
| 193.68 | 14.27 | 63.69 | 87.5 | 98.4 | 108.6 | 117.3 | 125.2 |

续表

| 外径/mm | 壁厚/mm | 单重/(kg/m) | 最小抗挤强度/MPa | | | | |
|---|---|---|---|---|---|---|---|
| | | | SLF80T | SLF95T | SLF110T | SLF125T | SLF140T |
| 219.08 | 10.16 | 53.57 | 39.6 | 40.5 | 43.6 | 44.2 | 47.7 |
| 219.08 | 11.43 | 59.53 | 51.6 | 54.5 | 57.6 | 57.7 | 61.2 |
| 219.08 | 12.70 | 65.45 | 62.0 | 67.1 | 72.4 | 74.9 | 79.7 |
| 219.08 | 14.15 | 72.92 | 73.1 | 80.7 | 88.2 | 93.3 | 99.8 |
| 244.48 | 10.03 | 59.53 | 29.8 | 30.9 | 32.3 | 32.3 | 32.8 |
| 244.48 | 11.05 | 64.73 | 36.8 | 38.4 | 41.1 | 41.4 | 44.1 |
| 244.48 | 11.99 | 69.94 | 45.7 | 47.3 | 49.1 | 50.3 | 54.6 |
| 244.48 | 13.84 | 79.62 | 59.6 | 64.2 | 69.0 | 71.0 | 75.3 |
| 273.05 | 11.43 | 75.90 | 31.1 | 32.4 | 34.1 | 34.1 | 34.9 |
| 273.05 | 12.57 | 82.59 | 38.8 | 39.9 | 42.9 | 43.4 | 46.4 |
| 273.05 | 13.84 | 90.33 | 48.9 | 51.1 | 53.6 | 53.6 | 58.1 |
| 339.72 | 12.19 | 101.19 | 21.8 | 21.8 | 21.7 | 21.7 | 21.7 |
| 339.72 | 13.06 | 107.15 | 25.8 | 26.3 | 26.8 | 26.8 | 26.9 |

**表 13-66　SLF 产 SLF 系列双 T 系列 ERW 套管抗挤毁强度**

| 外径/mm | 壁厚/mm | 单重/(kg/m) | 最小抗挤强度/MPa | | | | |
|---|---|---|---|---|---|---|---|
| | | | SLF80TT | SLF95TT | SLF110TT | SLF125TT | SLF140TT |
| 114.30 | 6.35 | 17.26 | 59.5 | 63.8 | 68.5 | 70.1 | 74.3 |
| 114.30 | 7.37 | 20.09 | 74.7 | 82.5 | 90.3 | 95.5 | 102.6 |
| 114.30 | 8.56 | 22.47 | 90.9 | 102.7 | 113.6 | 122.8 | 132.1 |
| 127.00 | 7.52 | 22.32 | 65.9 | 71.7 | 77.7 | 80.8 | 86.3 |
| 127.00 | 9.19 | 26.79 | 87.2 | 97.9 | 108.1 | 116.4 | 125.2 |
| 127.00 | 11.10 | 31.85 | 102.1 | 119.1 | 135.5 | 151.2 | 166.3 |
| 127.00 | 12.14 | 34.53 | 110.6 | 129.1 | 146.9 | 163.9 | 180.3 |
| 127.00 | 12.70 | 35.86 | 115.2 | 134.4 | 152.9 | 170.7 | 187.6 |
| 139.70 | 7.72 | 25.30 | 58.9 | 63.2 | 67.7 | 69.2 | 73.3 |
| 139.70 | 9.17 | 29.76 | 76.6 | 84.8 | 93.0 | 98.6 | 106.1 |

续表

| 外径/mm | 壁厚/mm | 单重/(kg/m) | 最小抗挤强度/MPa | | | | |
|---|---|---|---|---|---|---|---|
| | | | SLF80TT | SLF95TT | SLF110TT | SLF125TT | SLF140TT |
| 139.70 | 10.54 | 34.23 | 91.3 | 103.8 | 114.8 | 124.2 | 133.6 |
| 168.28 | 8.94 | 35.72 | 55.1 | 58.4 | 62.1 | 62.7 | 65.8 |
| 168.28 | 10.59 | 41.69 | 72.2 | 79.4 | 86.7 | 91.2 | 97.9 |
| 168.28 | 12.06 | 47.62 | 86.1 | 96.6 | 106.6 | 114.6 | 123.3 |
| 177.80 | 8.05 | 34.23 | 38.3 | 40.0 | 42.8 | 43.2 | 45.9 |
| 177.80 | 9.19 | 38.69 | 52.4 | 55.2 | 58.3 | 58.3 | 62.3 |
| 177.80 | 10.36 | 43.16 | 64.3 | 69.7 | 75.4 | 78.0 | 83.3 |
| 177.80 | 11.51 | 47.62 | 75.1 | 83.0 | 90.9 | 96.2 | 103.4 |
| 177.80 | 12.65 | 52.09 | 85.3 | 95.6 | 105.5 | 113.2 | 121.8 |
| 177.80 | 13.72 | 56.55 | 92.4 | 107.0 | 118.5 | 128.6 | 138.2 |
| 193.68 | 8.33 | 39.29 | 34.0 | 35.8 | 37.9 | 37.9 | 39.4 |
| 193.68 | 9.52 | 44.20 | 47.6 | 49.3 | 51.3 | 52.4 | 56.8 |
| 193.68 | 10.92 | 50.15 | 61.0 | 65.6 | 70.6 | 72.5 | 77.0 |
| 193.68 | 12.70 | 58.04 | 76.5 | 84.7 | 92.9 | 98.5 | 105.9 |
| 193.68 | 14.27 | 63.69 | 89.3 | 100.4 | 111.0 | 119.8 | 128.8 |
| 219.08 | 10.16 | 53.57 | 41.0 | 42.0 | 45.2 | 45.9 | 49.1 |
| 219.08 | 11.43 | 59.53 | 53.3 | 56.3 | 59.6 | 59.7 | 63.3 |
| 219.08 | 12.70 | 65.45 | 63.7 | 69.1 | 74.6 | 77.2 | 82.3 |
| 219.08 | 14.15 | 72.92 | 74.9 | 82.7 | 90.6 | 95.8 | 102.9 |
| 244.48 | 10.03 | 59.53 | 30.8 | 32.1 | 33.5 | 33.5 | 34.0 |
| 244.48 | 11.05 | 64.73 | 38.1 | 39.8 | 42.7 | 43.0 | 45.7 |
| 244.48 | 11.99 | 69.94 | 47.3 | 49.0 | 50.9 | 52.2 | 56.5 |
| 244.48 | 13.84 | 79.62 | 61.4 | 66.1 | 71.2 | 73.2 | 77.8 |
| 273.05 | 11.43 | 75.90 | 32.2 | 33.6 | 35.3 | 35.3 | 36.2 |
| 273.05 | 12.57 | 82.59 | 40.2 | 41.4 | 44.5 | 45.1 | 48.1 |
| 273.05 | 13.84 | 90.33 | 50.5 | 52.9 | 55.5 | 55.5 | 60.1 |
| 339.72 | 12.19 | 101.19 | 22.6 | 22.6 | 22.5 | 22.5 | 22.5 |
| 339.72 | 13.06 | 107.15 | 26.7 | 27.3 | 27.8 | 27.8 | 27.8 |

5. 热采井专用套管

热采井对套管性能的要求：较高强度和良好韧性；热稳定性好，高温下套管性能下降幅度小；管体具有高抗挤毁变形能力；较高的抗拉、抗压变形能力；高的密封性能。

1）TPCO 产热采井专用套管

TPCO 自主开发了适合稠油、超稠油热采井工况使用的石油套管。热采井专用套管稳定性热稳定性特点如图 13-6 所示，化学成分见表 13-67，力学性能见表 13-68，高温力学性能见表 13-69。

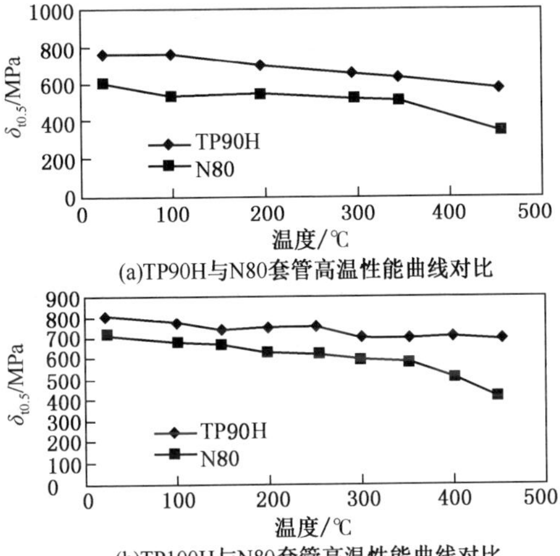

(a)TP90H与N80套管高温性能曲线对比


(b)TP100H与N80套管高温性能曲线对比

图 13-6　热采井专用套管热稳定性特点

**表 13-67　化学成分**　　　　%

| 钢级 | C（最大值） | Si（最大值） | Mn（最大值） | P（最大值） | S（最大值） | Ni（最大值） | Cr（最大值） | Mo（最大值） | Cu（最大值） |
|---|---|---|---|---|---|---|---|---|---|
| TP90H | 0.35 | 0.40 | 1.35 | 0.020 | 0.010 | — | 1.50 | 0.65 | 0.25 |
| TP100H | 0.35 | 0.40 | 1.35 | 0.020 | 0.010 | — | 1.50 | 0.65 | 0.25 |
| TP110H | 0.35 | 0.40 | 1.35 | 0.020 | 0.010 | — | 1.50 | 0.85 | 0.25 |
| TP125H | 0.35 | 0.40 | 1.35 | 0.020 | 0.010 | — | 1.50 | 0.85 | 0.25 |

注：化学成分以质量百分数表示。

**表 13-68　力学性能**

| 钢级 | 屈服强度/MPa | 抗拉强度/MPa | 延伸率/% | 夏比 V 形缺口全尺寸试样冲击功/J(0℃) | |
|---|---|---|---|---|---|
| | | | | 横向 | 纵向 |
| TP90H | 655～896 | ≥723 | ≥13 | 40 | 50 |
| TP100H | 724～965 | ≥792 | | 40 | 50 |
| TP110H | 793～999 | ≥862 | | 40 | 60 |
| TP125H | 862～1068 | ≥931 | | 40 | 60 |

**表 13-69　高温力学性能**

| 钢级 | 实验温度/℃ | 高温屈服强度/MPa |
|---|---|---|
| TP90H | 350 | 555 |
| TP100H | 350 | 650 |
| TP110H | 350 | 700 |
| TP125H | 350 | 730 |

2）BG 产稠油热采井专用套管

BG 开发了适合稠油热采井的 BG80H、BG90H、BG100H、BG110H 套管。BG 产热采井专用套管产品力学性能保证值见表 13-70。

**表 13-70　BG 产热采井专用套管产品力学性能保证值**

| 钢级 | 屈服强度/MPa | 抗拉强度/MPa | 延伸率/% | 350℃高温屈服强度/MPa |
|---|---|---|---|---|
| BG80H | 552～758 | ≥689 | 按 API 同规格同钢级产品要求 | ≥500 |
| BG90H | 621～827 | ≥724 | | ≥550 |
| BG100H | 690～896 | ≥793 | | ≥650 |
| BG110H | 758～965 | ≥862 | | ≥700 |

3）HYST 产稠油热采套管

HYST 产稠油热采套管产品力学性能保证值见表 13-71。

表 13-71　HYST 产稠油热采套管产品力学性能保证值

| 钢级 | 屈服强度/MPa | 抗拉强度/MPa | 延伸率/% | 350℃高温屈服强度/MPa |
|---|---|---|---|---|
| HS80H、HS80H-3Cr | 552~758 | ≥689 | 按 API 同规格同钢级产品要求 | ≥500 |
| HS90H、HS90H-3Cr | 621~827 | ≥724 | | ≥550 |
| HS110H、HS110H-3Cr | 758~965 | ≥862 | | ≥700 |

4）CJT 产热采井专用套管

CJT 开发了适合稠油热采井的 ZT80H、ZT90H、ZT100H、ZT110H、ZT120H，ZT125H 套管。CJT 产热采井专用套管产品力学性能保证值见表 13-72。

表 13-72　CJT 产热采井专用套管产品力学性能保证值

| 钢级 | 屈服强度/MPa | 抗拉强度/MPa | 延伸率/% | 350℃高温屈服强度/MPa |
|---|---|---|---|---|
| ZT80H | 552~758 | ≥689 | 按 API 同规格同钢级产品要求 | ≥500 |
| ZT90H | 621~827 | ≥724 | | ≥550 |
| ZT100H | 690~896 | ≥793 | | ≥650 |
| ZT110H | 758~965 | ≥862 | | ≥700 |
| ZT120H | 827~1034 | ≥896 | | ≥730 |
| ZT125H | 862~1103 | ≥931 | | ≥750 |

5）SL 产热采井专用套管

SL 产 SL 系列热采井专用套管产品常用规格及使用性能保证值见表 13-73。

表 13-73　SL 产 SL 系列热采井专用套管产品常用规格及使用性能保证值

| 钢级 | 规格/mm | | 连接强度/kN | | 抗内压/MPa | | 抗挤毁/MPa | | 管体拉伸/kN | |
|---|---|---|---|---|---|---|---|---|---|---|
| | | | API | SL | API | SL | API | SL | API | SL |
| SL100H | 139.70 | 7.72 | 2238 | 2469 | 65.2 | 69.1 | 48.6 | 56.6 | 2174 | 2448 |
| | 177.80 | 9.19 | 3456 | 3682 | 62.6 | 65.8 | 41.7 | 50.2 | 3258 | 3542 |
| SLTP110H | 139.70 | 7.72 | 2527 | 2704 | 73.4 | 76.7 | 51.6 | 59.8 | 2429 | 2630 |
| | 177.80 | 9.19 | 3795 | 3968 | 68.7 | 72.1 | 43.0 | 53.0 | 3320 | 3690 |

6）SLF 产热采井专用套管

SLF 产热采井专用套管常用规格及力学性能见表 13-74。

**表 13-74　SLF 产热采井专用套管常用规格及力学性能**

| 规格/mm×mm | 钢级 | 力学性能（常温） | | | 高温力学性能（350℃） | | | 冲击功/J | |
|---|---|---|---|---|---|---|---|---|---|
| | | 屈服强度/MPa | 拉伸强度/MPa | 延伸率/% | 屈服强度/MPa | 拉伸强度/MPa | 屈强比 | 单个冲击值 | 温度 |
| 139.70×7.72 | | | | | | | | | |
| 139.70×9.17 | 80HY | 560~650 | ≥655 | ≥22 | ≥476 | ≥557 | | ≥80 | |
| 177.80×9.19 | | | | | | | | | |
| 139.70×7.72 | | | | | | | ≤0.85 | | 0℃ |
| 139.70×9.17 | 100HY | 690~790 | ≥790 | ≥20 | ≥587 | ≥672 | | ≥70 | |
| 177.80×9.19 | | | | | | | | | |
| 139.70×7.72 | 110HY | 758~880 | ≥862 | ≥20 | ≥645 | ≥733 | | ≥60 | |

7）SLF 产应变型直连套管

应变型直连套管基于应变设计理念，采用无接箍螺纹连接接头，套管材料的受热伸长量小、螺纹密封性好，能够满足热采套损井、停产井侧钻修复后下入隔热管进行注汽吞吐的工艺需求，产品耐高温、耐高压、耐疲劳，可解决热采侧钻井因完井套管注汽伸长造成的套损难题。SLF 产应变型直连套管常用规格及技术指标见表 13-75。

**表 13-75　SLF 产应变型直连套管常用规格及技术指标**

| 名称 | 外径/mm | 壁厚/mm | 钢级 | 螺纹类型 | 使用性能 | | | | |
|---|---|---|---|---|---|---|---|---|---|
| | | | | | 外径/mm | 内径/mm | 抗挤强度/MPa | 抗内压强度/MPa | 最小抗拉载荷/kN |
| 应变型直连套管 | 139.70 | 9.17 | 110HY | SLF-FJ | 139.70 | 121.36 | 76.62 | 69.71 | 1710.10 |
| | 139.70 | 10.54 | 110HY | SLF-FJ | 139.70 | 118.62 | 100.28 | 80.14 | 1945.30 |

6. 膨胀套管

膨胀套管技术是用于临时技术套管、套管补贴、侧钻井完井等多方面的技术。膨胀套管采用无接箍式套管接头，螺纹采用改进的偏梯形螺纹，连接强度高；具有多重金属-金属、金属-非金属密封设计，密封效果较好。SLF 产膨胀套管规格及技术指标见表 13-76。

**表 13-76　SLF 产膨胀套管规格及技术指标**

| 技术规格 膨胀管×基体套管 | | 钢级 | 膨胀管系统 | | | | | 机械性能 | | | |
|---|---|---|---|---|---|---|---|---|---|---|---|
| | | | 膨胀前 | | | 膨胀后 | | 膨胀前 | | 膨胀后 | |
| in×in | mm×mm | | 外径/mm | 内径/mm | 壁厚/mm | 外径/mm | 内径/mm | 抗内压/MPa | 抗外压/MPa | 抗内压/MPa | 抗外压/MPa |
| $4\frac{1}{4}\times5\frac{1}{2}$ | 108.0×139.7 | EX80 | 108.0 | 94.8 | 6.60 | 117.9 | 105.0 | ≥55 | ≥40 | ≥50 | ≥30 |
| $5\frac{1}{2}\times7$ | 139.7×177.8 | EX80 | 139.7 | 124.2 | 7.72 | 154.3 | 139.5 | ≥50 | ≥35 | ≥45 | ≥25 |
| $6\times7\frac{5}{8}$ | 152.4×193.7 | EX80 | 152.4 | 136.9 | 7.75 | 168.4 | 154.4 | ≥45 | ≥30 | 35~40 | 15~20 |
| $7\frac{5}{8}\times9\frac{5}{8}$ | 193.7×244.5 | EX80 | 193.7 | 174.6 | 9.52 | 211.8 | 193.6 | ≥45 | ≥30 | 35~40 | 20~25 |
| $8\frac{5}{8}\times10\frac{3}{4}$ | 219.1×273.0 | EX80 | 219.1 | 201.2 | 8.94 | 240.1 | 222.5 | ≥40 | ≥25 | 30~35 | 13~15 |
| $10\frac{3}{4}\times13\frac{3}{8}$ | 273.0×339.7 | EX80 | 273.0 | 255.3 | 8.89 | 311.2 | 293.8 | ≥35 | ≥20 | 25~30 | 11~13 |

7. 隔热套管

隔热套管结构类似于隔热油管，主要由内管、外管、隔热层、连接螺纹、隔热衬套等组成，隔热套管可用于热采井的替代套管。隔热套管是从地表下入已钻井眼作衬壁，既起固井作用，又起隔热、保温功效，在完井过程中可以一次性地解决热采井的隔热问题。SLF 产隔热套管规格及技术指标见表 13-77。

表 13-77 SLF 产隔热套管规格及技术指标

| 规格/mm×mm | 钢级 | 基本参数 | | | | 主要性能参数 | | | | 使用参数 | | |
|---|---|---|---|---|---|---|---|---|---|---|---|---|
| | | 外管 | 内管 | 接箍外径/mm | 连接螺纹 | 视导热系数（内管内壁350℃时）/[W/(m·℃)] | 抗内压/MPa | 抗外挤/MPa | 平直度/% | 井深/m | 温度/℃ | |
| | | 外径×壁厚/mm×mm | 外径×壁厚/mm×mm | | | | 注汽 | 注汽 | 最大值 | 最大值 | 正常工况 | 过热工况（3~4h） |
| 177×124 | N80/P110 | 177.8×9.19 | 139.7×7.72 | 200.3 | 7BC | 0.002~0.020 | 20/40 | 21/23 | 0.2 | 1200 | 350 | 380 |
| 139×101 | N80/P110 | 139.7×7.72 | 114.3×6.35 | 160.02 | 5½BC | 0.002~0.020 | 20/45 | 21/26 | 0.2 | 1200 | 350 | 380 |

8. 套铣管

套铣管是用于套铣被卡钻具以解除井下卡钻事故的一种专用工具，还可用于冲砂、冲盐、热洗解堵等作业。套铣管采用双级同步螺纹，无接箍连接。螺纹连接强度高，容易对扣，密封可靠，螺纹经特殊表面处理后，耐磨性好，使用寿命长。SLF 产套铣管规格及技术指标见表 13-78。

**表 13-78　SLF 产套铣管规格及技术指标**

| 规格/mm | | 适用最小井眼/mm | 最大套铣尺寸/mm | 抗拉强度/kN | 抗扭强度/kN·m | 套铣钻压/kN |
|---|---|---|---|---|---|---|
| 直径 | 壁厚 | | | | | |
| 114.30 | 8.56 | 120.65 | 80.90 | 831 | 7.5 | 20 |
| 127.00 | 9.19 | 146.05 | 101.60 | 1009 | 12.2 | 30 |
| 139.70 | 7.72 | 165.00 | 117.80 | 916 | 12.0 | 35 |
| 146.05 | 9.00 | 161.93 | 120.65 | 1124 | 16.0 | 40 |
| 168.28 | 8.94 | 193.70 | 144.00 | 1245 | 21.7 | 40 |
| 177.80 | 9.19 | 203.20 | 153.00 | 1360 | 24.0 | 50 |
| 193.68 | 9.53 | 219.08 | 168.28 | 1538 | 34.0 | 50 |
| 219.08 | 12.70 | 244.48 | 187.00 | 2223 | 57.0 | 70 |
| 244.48 | 11.99 | 270.00 | 216.00 | 2223 | 61.0 | 80 |
| 273.05 | 12.57 | 298.45 | 243.80 | 2534 | 81.0 | 100 |

## 六、套管螺纹

### （一）API 套管螺纹

API 套管螺纹结构介绍如下：

1. API 短圆螺纹(SC)

API 圆螺纹(长圆螺纹、短圆螺纹)尺寸如图 13-7 所示。圆扣齿尖角 60°，8 扣/25.4mm，螺距 3.175mm(0.125in)。手紧后，余扣长度 $A$ 值有两种：114.3($4\frac{1}{2}$in)～177.8(7in)，$A$=3 扣；193.7($7\frac{5}{8}$in)～622.3($24\frac{1}{2}$in)，$A$=3.5 扣。

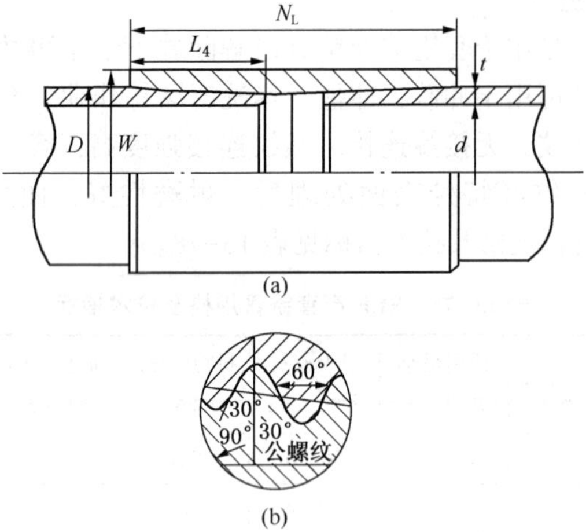


图 13-7　API 圆螺纹(长圆螺纹、短圆螺纹)尺寸

2. API 长圆螺纹(LC)

API 长圆螺纹外形结构相似于短圆螺纹，$A$ 值同短圆螺纹。

3. API 偏梯形螺纹(BC 或 BCSG)

API 偏梯形螺纹尺寸如图 13-8 所示，API 偏梯形螺纹齿根与横截面为平行线，前端面 3°，后端面 10°，垂直轴线 90°，5 扣/25.4mm，114.3(4½in)~298.45(11¾in)的套管锥度 0.0625mm/mm(0.0625in/in)，339.72(13⅜in)~406.4(16in)的套管锥度 0.0833mm/mm(0.0833in/in)，以紧至三角符号为准。

114.30(4½in)，$A$=2.54mm；127.00(5in)~339.72(13⅜in)，$A$=5.08mm；406.40(16in)~508.00(20in)，$A$=4.44mm。

4. API 直连型螺纹(XL)

API 直连型螺纹尺寸如图 13-9 所示。其内孔为非平直的，无接箍，公、母螺纹端加厚，螺纹齿面与平行线成 6°，齿尖角 30°，以紧至接触端面为止。

127.00(5in)~193.68(7⅝in)mm，6 扣/25.4mm；219.08(8⅝in)~273.05(10¾in)mm，5 扣/25.4mm。

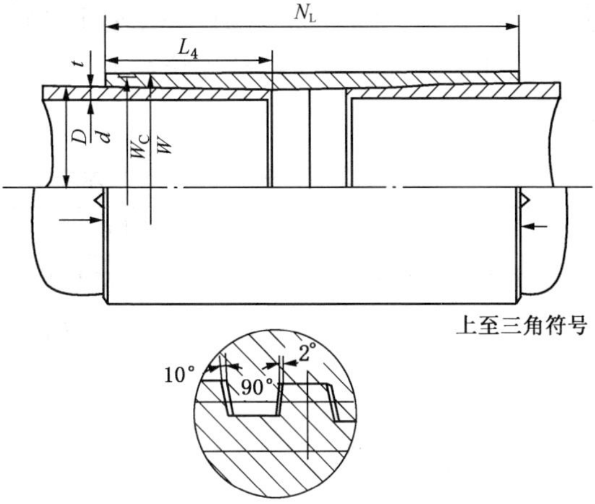


图 13-8　API 偏梯形螺纹尺寸

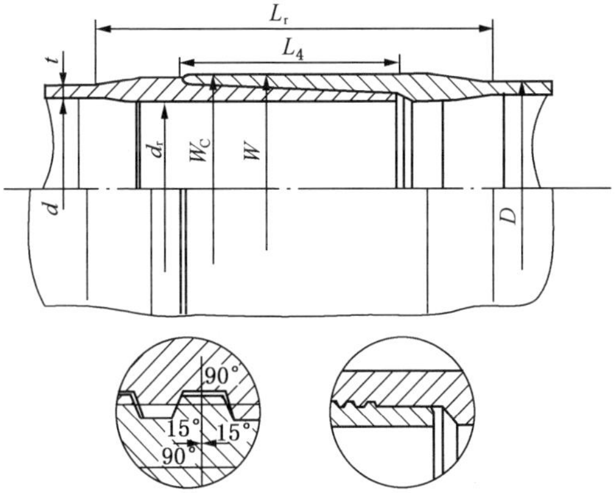


图 13-9　API 直连型螺纹(XL)尺寸

**(二) 非 API 套管螺纹**

特殊螺纹接头可以按照连接形式、螺纹形式及密封结构特点分类。

连接形式：接箍式(含特殊间隙)、标准直连型、外加厚直连型、嵌入式直连型。

螺纹形式：螺纹承载面角度范围-10°~+30°，导向面角度范围 10°~45°。

特殊螺纹性能优良，随着油气勘探开发要求的提高，对特殊油井管的需求相应增加。特殊螺纹连接在不同工况下技术要求见表 13-79。

**表 13-79　特殊螺纹连接在不同工况下技术要求**

| 工况 | 用途 | 技术要求 |
|---|---|---|
| 常规应用 | 直井用生产油套管 | GB/T 21267 CALⅡ |
| | 定向井生产油套管 | 高抗压缩、高抗弯曲和高抗扭矩：GB/T 21267 CALⅣ |
| | 回接尾管 | 高抗扭矩、高抗压缩：GB/T 21267 CALⅣ |
| | 技术套管 | 嵌入式直连型和快速上扣 |
| | 表层套管 | 快速上扣 |
| 高温高压深井 | 生产油管 | GB/T 21267 CALⅣ |
| | 生产尾管 | 高抗压缩：GB/T 21267 CALⅣ |
| | 定向井生产油套管 | 高抗扭矩：GB/T 21267 CALⅣ |
| | 厚壁生产套管 | 高抗外压：GB/T 21267 CALⅣ |
| | 技术套管 | 高抗外压、高抗压缩：GB/T 21267 CALⅣ |
| 事故处理 | 工作和测试管柱 | 高抗扭矩 |
| 特殊用途 | 钻井管柱 | 高抗扭矩 |
| | 热采管柱 | 低周抗压疲劳 |
| | 盐岩蠕变层 | 高抗外压 |
| 低压气井 | 生产套管 | 满足低压 55MPa 以内气密封要求 |

不同螺纹连接形式性能指标见表 13-80。

**表 13-80　不同螺纹连接形式性能指标**

| 连接形式 | 性能要求 | 备注 |
|---|---|---|
| 标准接箍式 | 接头连接强度等同于管体（$CYS=100\%PBYS$） | $CYS$——接头连接屈服强度；$PBYS$—管体连接屈服强度 |
| 特殊间隙接箍式 | 接头连接强度小于管体（$CYS<100\%PBYS$） | |

续表

| 连接形式 | 性能要求 | 备注 |
| --- | --- | --- |
| 外加厚直连型 | 接头连接强度不小于管体（$CYS \geq 100\% PBYS$） | $CYS$——接头连接屈服强度；$PBYS$—管体连接屈服强度 |
| 嵌入式直连型 | 接头连接强度小于管体（$70\% PBYS \leq CYS \leq 82\% PBYS$） | |
| 标准直连型 | 接头连接强度小于管体（$45\% PBYS < CYS < 70\% PBYS$） | |

国内外多家油井管生产厂相继开发出 100 多种享有专利技术的特殊螺纹接头，特殊螺纹油井管使用量在一些国家已经占到石油专用管材市场用量的一半以上。国内外特殊螺纹接头主要生产厂及其产品见表 13-81 和表 13-82。

**表 13-81　国内特殊螺纹主要生产厂及其产品**

| 生产厂 | 接头类型 |
| --- | --- |
| 天津钢管制造有限公司（TPCO） | TP-CQ、TP-G2、TP-FJ、TP-NF、TP-JC、TP-QR、TP-BM、TP-CQ(FL)、TP-G2 HP、TP-G2 HC、TP-NFⅡ、TP-FJ、TP-FJ/Ⅱ、TP-CQ(NF)、TP-G2(NF)、TP-QR(M)、TP-CQ D、TP-CQ H、TP-NF/E、TP-TLM，TP-TW、TP-NF3、TP-G4、TP-G4(HT)、TP-SFJ、TP-SFJ(M)、TP-ISF，TP-ITB. TP-WGTP-CQ、TP-CQ/M、TP-G2、TP-FJ、TP-NF |
| 宝山钢铁股份有限公司（BG） | BGT3、BGT2、BGT2C、BGT2T、BG-UT、BG-TH、BGC、BG-PT、BG-FJ、BG-FJU、BG-XC、BHC、BG-CC、BG-TS1、BGTS |
| 衡阳华菱钢管有限公司(HYST) | HSM-1、HSM-2、HSM-2-HC、HSG3、HSTS、HSG3-FJ、HSQR、HSN |
| 中信泰富特钢集团股份有限公司(CJT) | ZT-XC、ZT-FJE、ZT-HTC/ZT-BC、ZT-FJ、ZT-FJU、ZT-DST、ZT-FR |
| 胜利油田高原钢管公司(SL) | GY-1(SLT)、GY-2(SLCQ)、GY-3(HLPC)、GY-4(MS)、GY-5(QRC-3) |
| 胜利油田孚瑞特石油装备有限责任公司(SLF) | STJ-SN、STJ-ST、SLF-FJ、SLF-HT、SLF-JIP、俄标(OTTM、OTTG、ТБО) |

表 13-82　国外特殊螺纹主要生产厂及其产品

| 生产厂(国家) | 接头类型 |
|---|---|
| Tenaris(美国) | TSH BLUE、TSH BTL、TSH BNF、TSH W563、TSH W523、TSH W521、TSH W513、TSH W511 |
| Siderca(阿根廷) | SEC、ANTARES 系列、PJD、FL4S、ST-L、TC-11、NJO、Seal Lock HC、Seal Lock BOSS TKC4040 |
| Dalmine(意大利) | SEC、ANTARES 系列、PJD |
| NKK(日本) | NK3SB、NK2SC、NKEL、NKFJ1、NKFJ2、NKSL |
| Vallourec(法国) | VAM、NEW VAM、VAM TOP、VAM ACE、TM、TM-SW、VAMHW、VAMACEXS、VAMFJL VAMSLIJ |
| Mannesmann(德国) | BDS、TDS、HPC、MUST、MID OMEGA、BIG OMEGA、MAT |
| 川崎(日本) | FOX |
| 新日铁(日本) | NSCC、NSCT、NS-1T、BDS、TDS、NSR、1BT |

常见特殊螺纹简介：

1. Tenaris Blue 螺纹

Tenaris Blue 螺纹如图 13-10 所示。坚固、耐用的粗牙螺纹和大锥度深对扣设计，可实现轻松上扣，具有优越的抗压缩性能。100%抗内压和抗外压金属密封。密封面上抛物线型接触压力分布设计，大大降低了粘扣风险，同时提升了密封稳定性。主要规格：127.00(5in)~346.08(13⅝in)。

2. VAM TOP 螺纹

VAM TOP 螺纹如图 13-11 所示。依靠锥球面及端面金属对金属密封。20°锥度密封面，-15°台肩面角度，-3°承载面，10°对扣面，提升了密封性、防粘扣、防脱扣性能，抗拉伸性能大于管体，为 4~5 扣/25.4mm。

3. BDS 螺纹

BDS 螺纹尺寸如图 13-12 所示。梯形双螺纹密封，内平，接箍根部与公螺纹端部锥面呈球面接触，螺纹成 3°双密封。主要规格：127(5in)~339.72(13⅜in)，为 3~5 扣/25.4mm。

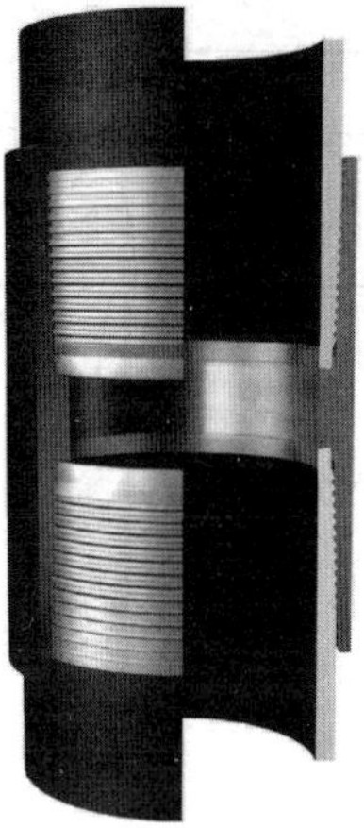

图 13-10 Tenaris Blue 螺纹

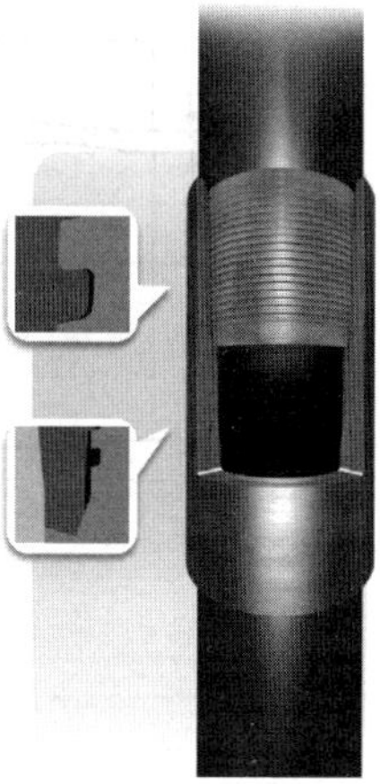

图 13-11 VAM TOP 螺纹

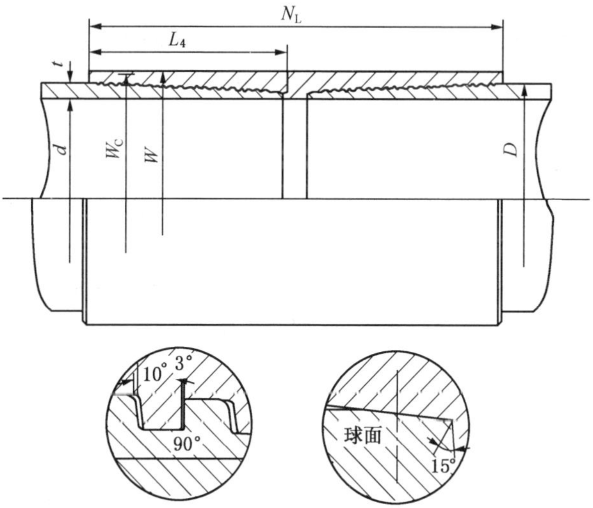


图 13-12 BDS 螺纹尺寸

4. OMEGA 螺纹

OMEGA 螺纹尺寸如图 13-13 所示。无接箍，螺纹正面与轴线成 90°，正面密封，最小内径为 $d$。主要规格：127(5in)~244.48(9⅝in)，为 4 扣/25.4mm。

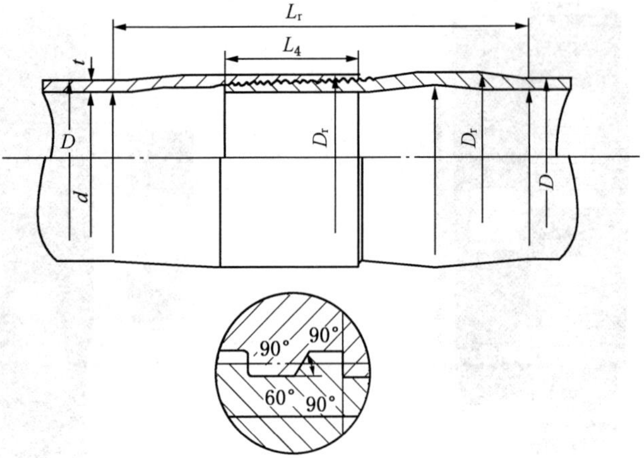


图 13-13　OMEGA 螺纹尺寸

5. TPCO 产特殊螺纹

在特殊螺纹产品研发及生产领域，TPCO 经过 20 多年的发展已开发出特殊螺纹产品 20 多种，涵盖了全部油管、套管的常用规格。

1）TP-CQ 特殊螺纹

TP-CQ 特殊螺纹如图 13-14 所示。由 TPCO 研究开发，具有独立密封结构。接头连接功能和密封功能相互独立，减少了拉伸和弯曲载荷对接头密封性能的影响。螺距 = 5TPI，锥度 = 1：16，改进型偏梯形螺纹金属-金属密封，负角度的扭矩台肩，内孔齐平。

2）TP-G4 特殊螺纹

TP-G4 特殊螺纹如图 13-15 所示。由 TPCO 研究开发的第四代带接箍特殊螺纹，为三段式密封设计，保证在复合载荷下优异的气密封能力，并最大限度地提高了接头的抗过扭能力，齿底、齿顶平行于管体轴线，对扣更轻松。螺纹的拉伸、压缩、内压、外压四个指标均达到管体的 100%，负角度的扭矩台肩，内孔齐平。

3）TP-NF3 特殊螺纹

TP-NF3 特殊螺纹如图 13-16 所示。由 TPCO 研究开发的第三代特殊间隙接箍特殊螺纹，接箍外径尺寸不超过管体尺寸的10%，连接强度约是管体的70%~85%。内、外双密封设计，保证在复合载荷下优异的气密封能力，密封可靠性更高。螺纹压缩性能与拉伸性能等同。

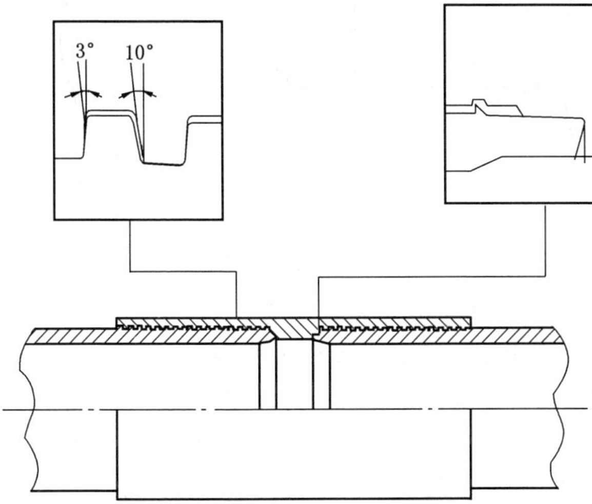


图 13-14　TP-CQ 特殊螺纹

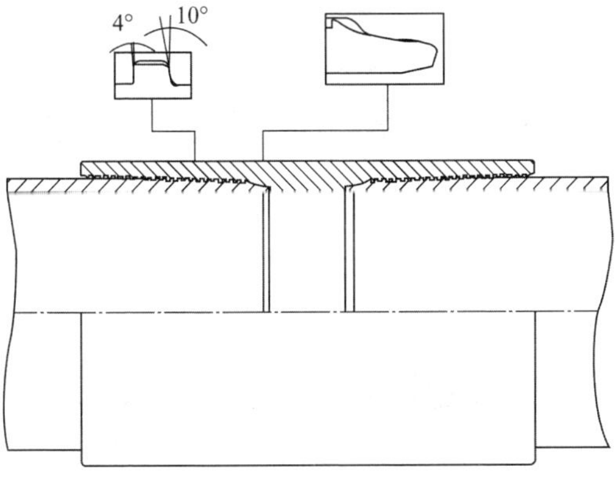


图 13-15　TP-G4 特殊螺纹

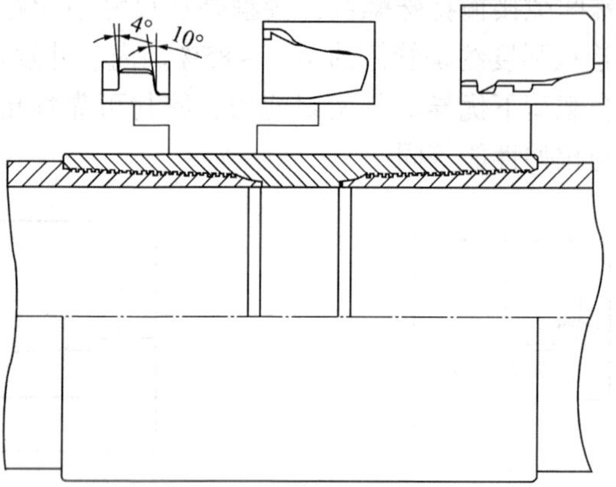


图 13-16　TP-NF3 特殊螺纹

4）TP-SFJ 镦粗直连型特殊螺纹

TP-SFJ 镦粗直连型特殊螺纹如图 13-17 所示。由 TPCO 研究开发的镦粗直连型特殊螺纹，为无接箍设计，镦粗段直径不超过管体直径的 3%，连接强度约是管体的 60%~70%，内、外双密封设计，保证在复合载荷下优异的气密封能力，密封可靠性更高。螺纹压缩性能与拉伸性能等同。

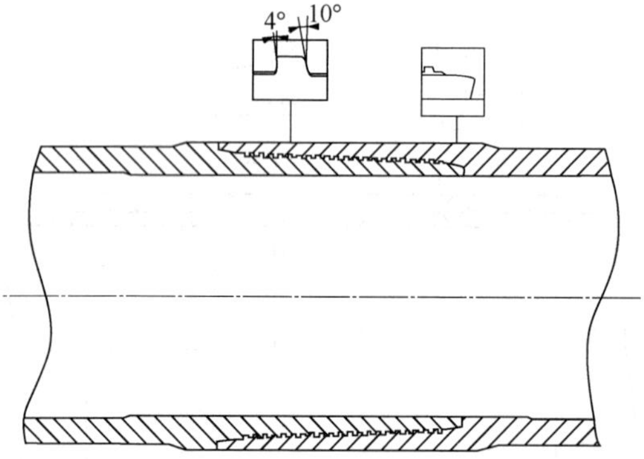


图 13-17　TP-SFJ 镦粗直连型特殊螺纹

TPCO 开发的特殊螺纹产品涵盖了全部油管、套管常用规格，具体见表 13-83。

**表 13-83 TPCO 产 TP 系列特殊螺纹特点介绍**

| 扣型 | 规格范围/mm(in) | 接头类型 | 螺纹形式 | 密封形式 | 特点 | 主要用途 |
|---|---|---|---|---|---|---|
| TP-CQ | 60.32~346.08<br>(2.375~13.625) | 带接箍 | 改进型<br>偏梯形螺纹 | 锥面-锥面<br>金属密封 | 1. 在复合载荷下具有优秀的气密封性能；<br>2. 认扣容易，操作简单、方便；<br>3. 良好的抗黏扣性能 | 一般和较复杂井况油管、套管 |
| TP-G2 | 60.32~508.00<br>(2.375~20) | 带接箍 | 钩形螺纹 | 锥面-锥面<br>金属密封 | 1. 在拉伸和弯曲下具有优秀的结构完整性；<br>2. 优异的抗黏扣性能；<br>3. 覆盖油管、套管全尺寸范围；<br>4. 在复合载荷下具有优秀的气密封性能 | 大位移井、水平井、深井、超深井套管和油管 |
| TP-FJ | 127.00~298.45<br>(5~11.75) | 直连型 | API 偏梯形<br>螺纹 | 锥面-锥面<br>金属密封 | 1. 直连型无接箍，最大限度增加环空间隙；<br>2. 内、外表面真正齐平 | 老井修复用套管、要求环空间隙大的套管 |
| TP-NF | 127.00~339.72<br>(5~13.375) | 特殊<br>间隙<br>接箍 | API 偏梯形<br>螺纹 | 锥面-锥面<br>金属密封 | 1. 小接箍设计增加合适的环空间隙；<br>2. 金属-金属密封提供可靠的气密封性能；<br>3. 带接箍的设计不需要收口和扩口 | 要求特殊环空间隙的多开井套管 |
| TP-JC | 60.32~139.72<br>(2.375~5.5) | 带接箍 | 锯齿形<br>螺纹 | 螺纹密封 | 1. 全新设计理念，首创的锯齿形螺纹结构；<br>2. 气密封性能远高于 API 圆螺纹，密封性能安全、可靠；<br>3. 性能优异，可替代外加厚油管；<br>4. 加工效率高，易于修复 | 中低压气井油管、套管 |

续表

| 扣型 | 规格范围/mm(in) | 接头类型 | 螺纹形式 | 密封形式 | 特　点 | 主要用途 |
|---|---|---|---|---|---|---|
| TP-QR | 339.72~660.40<br>(13.375~26) | 带接箍 | 粗牙螺纹 | 螺纹+扭矩台肩密封 | 1. 3牙/in粗牙螺纹保证快速上扣和不易错扣；<br>2. 扭矩台肩提供精确的拧接定位；<br>3. 内孔齐平 | 海上、陆地较差环境的大口径套管 |
| TP-G4 | 127.00~355.60<br>(5~14) | 带接箍 | 采用勾形螺纹，齿顶、齿底平行于管体轴线 | 螺纹+扭矩台肩密封 | 1. 拉伸、压缩、内压、外压，四个100%；<br>2. 三段式密封设计，保证在复合载荷下优异的气密封能力，并最大限度地提高接头的抗过扭能力；<br>3. 齿底、齿顶平行于管体轴线设计，对扣更轻松；<br>4. 多个规格通过API 5C5：2017测试，遵循一致性设计原则 | 适用于水平井、大位移井等复杂井况，适用于API钢级和TP系列钢级特别是抗腐蚀和高合金材质 |
| TP-WG | 60.32~346.03<br>(2.375~13.625) | 带接箍 | 楔形螺纹+锥对锥密封面 | 楔形螺纹+锥对锥密封面 | 1. 渐变齿宽楔形螺纹提供超高抗扭矩能力；<br>2. 楔形螺纹+锥对锥密封面提供复合载荷下稳定、可靠的气密封能力；<br>3. 手紧时齿侧空开的设计使得对扣更加容易，并且机紧只需1~2圈，而常规特殊扣机紧需要多圈；<br>4. 上扣不依赖扭矩/圈数图像进行判断，靠扭矩值和上扣位置即可判定，方便油田现场操作 | 钻套管；<br>高扭矩操作井况；<br>水平井；<br>技术套管生产套管及尾管 |

续表

| 扣型 | 规格范围/mm(in) | 接头类型 | 螺纹形式 | 密封形式 | 特　点 | 主要用途 |
|---|---|---|---|---|---|---|
| TP-SFJ | 60.32~339.72<br>(2.375~13.375) | 镦粗直连型 | 采用勾型螺纹，齿顶、齿底平行于管体轴线 | 螺纹+双台肩+内、外双密封面 | 1. 无接箍设计，镦粗段直径不超过管体直径的3%；<br>2. 内、外双密封面设计提供优异的气密封性能；<br>3. 接头拉伸效率可达管体屈服强度的60%~70%；<br>4. 内扭矩台肩可实现精准的机紧上扣 | 钻套管；<br>高扭矩操作井况；<br>水平井；<br>技术套管生产套管及尾管 |
| TP-NF3 | 127.00~339.72<br>(5~13.375) | 特殊间隙接箍 | 采用勾型螺纹，齿顶、齿底平行于管体轴线 | 螺纹+扭矩台肩密封 | 1. 接箍外径尺寸不超过管体尺寸的10%，专为特殊间隙设计的气密封接头，连接强度约是管体的70%~85%；<br>2. 内、外双金属密封结构设计，保证接头的气密封性能；<br>3. 螺纹压缩性能与拉伸性能等同；<br>4. 采用勾型螺纹，齿顶、齿底平行于管体轴线 | 要求特殊环空间隙的多开井套管 |

6. BGC 特殊螺纹

BGC 特殊螺纹由 BG 开发，如图 13-18 所示。偏梯形螺纹，承载面角+3°、导向面角+10°。金属-金属柱面和球面-球面密封结构，属于 2 点密封。扭矩台肩采用-15°反向台肩结构。

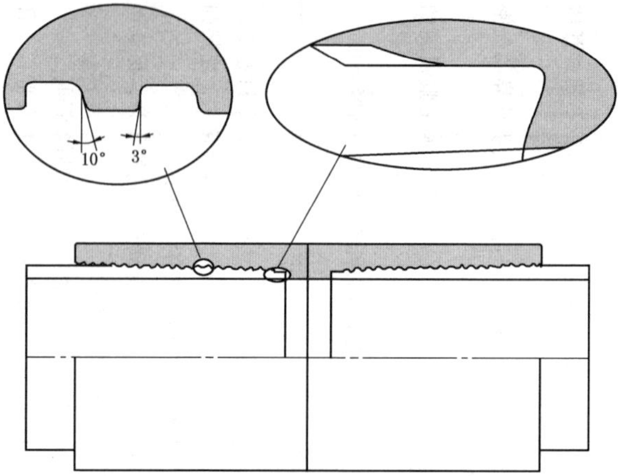


图 13-18　BGC 螺纹

BG 开发的 BG 系列特殊螺纹产品特点见表 13-84。

**表 13-84　BG 系列特殊螺纹产品特点**

| 螺纹类型 | 特点 | 用途 |
| --- | --- | --- |
| BGT2 | 锥面金属对金属密封，低气密封螺纹接头；具有负角度扭矩台肩，保证精确的上扣扭矩控制；负角度螺纹承载面，在大拉伸条件下，不脱扣；大角度导向面，方便上扣，增强抗粘扣性能；细分的螺距，具有更快的上扣速度；接头内平设计，消除油气紊流；可选的接箍特殊倒角、特殊通径、等强设计 | 具有较高的密封稳定性、抗粘扣性、抗压缩性，以及高抗扭性能，应用广泛 |

续表

| 螺纹类型 | 特点 | 用途 |
| --- | --- | --- |
| BGT1 和 BGC | 金属与金属过盈配合形式，偏梯形螺纹设计，连接强度高，扭矩台肩设计，保证上扣到位，辅助密封；结构内平设计，消除油气紊流的影响；柱面密封可保证在高拉伸载荷条件下的气密封性能；优化的螺纹中径和金属密封面过盈量，保证接头的抗粘扣性能；<br>BGT1 采用柱面、锥面、圆弧产生两点密封结构，8 牙/in；BGC 采用柱面、球面密封结构，5 牙/in | BGT1 是油管用螺纹接头，规格范围 $2\frac{3}{8}$~$4\frac{1}{2}$in；BGC 是套管用螺纹接头，规格范围 5~$9\frac{5}{8}$in；<br>适用于深井、高压气井、高温高压井、定向井、水平井的钻探开发 |
| BG-PT(T) 和 BG-PC(T) | 不同于常规 API 接头油管与常见特殊螺纹接头油管。该接头采用改进型偏梯形螺纹设计，使得螺纹具有适用于低气压的密封性能，以及等同于管体屈服的连接强度，性能优于 API 接头油管；同时，摒弃了常见特殊螺纹接头油管单独金属对金属密封面密封的原理，通过螺纹的无缝啮合，既保证油管产品的气密封性能，又节约接头成本。通过扭矩台肩的设计，具有上扣位置控制方便、接箍与管体内平设计减少油气紊流的特点。具有良好的气密封性能、抗粘扣，可多次使用、连接强度高、操作简便的特点 | BG-PT(T) 规格范围 $2\frac{7}{8}$~$4\frac{1}{2}$in，BG-PC(T) 规格范围 5~$13\frac{3}{8}$in；<br>适用于深井、超深井、低气压定向井，以及水平井开发 |
| BG-FJ | BG-FJ 直连型气密封特殊螺纹接头为一种无接箍且带有气密封性能的整体式接头。该接头产品内侧和外侧均不采用加厚结构，从而为井身设计提供了最大的环空空间。内、外双重金属对金属的密封结构，具有稳定的密封性能；负角度螺纹可防止螺纹跳扣；具有大角度承载面 | 具有良好的对扣性能，适用于小井眼钻井、旧井修复、水平井、高地层压力井等井下空间小的场合，并提供可靠的密封保障 |

续表

| 螺纹类型 | 特点 | 用途 |
| --- | --- | --- |
| BG-XC | 不带接箍的直连型螺纹连接形式，管体两端分别加工成内螺纹和外螺纹，两管之间直接连接。采用连接效率高的偏梯形螺纹，增加了扭矩台肩结构，提高了接头的耐粘扣性和抗过扭矩能力 | 主要用于小井眼钻井，开窗侧钻井及在套损井内下小套管进行旧井修复 |
| BHC | 该接头产品采用改进型偏梯形螺纹结构。设计扭矩台肩结构，确保过扭矩螺纹配合长度稳定，有控制螺纹过盈量的功能；螺纹采用改进型偏梯形螺纹结构，连接强度大于或等于管体屈服强度，保证结构完整性；内平设计结构，消除紊流，提高接头的抗腐蚀能力；优化的螺纹中径，保证了接头高抗粘扣性能 | 具有高速上扣、准确对扣特点，该类型产品适用于大规格套管产品，可以解决大风等恶劣天气条件下大规格套管对扣困难、容易错扣、上扣效率低等问题，提高油田用户作业效率。规格范围 $9\frac{5}{8}$~20in |
| BG-BUTT | BG-BUTT 接头改进了接头工厂端设计，封堵接箍中心间隙，用户端螺纹仍是常规 API 螺纹，大幅提高了接头的实际性能。上扣位置控制，提高抗粘扣性能；内平结构可消除紊流，易涂防腐层 | 用作 API 公端对顶内平油套管接头 |
| BG-TS1 和 BG-TS2 | 可与 API 圆螺纹和偏梯形接头互换，通用性好；直角扭矩台肩，上扣扭矩控制，保证精确上扣位置；增强的高抗压缩、高抗扭性能；接头内平设计，减少油气紊流 | 抗粘扣性能远高于普通 API 螺纹接头。适用于页岩气井、套管钻井、水平井开采 |

7. HSM-2 特殊螺纹

HSM-2 特殊螺纹由 HYST 开发，如图 13-19 所示。优化的偏梯形螺纹，采用勾形螺纹牙：承载面角-3°、导向面角+10°，扭矩台肩采用-15°反向台肩结构，密封结构采用锥面-锥面金属密封，可用于深井、超深井、高温高压气井等复杂工况中，该产品通过了 ISO 13679：2002 CAL-Ⅳ实验验证。产品规格：$2\frac{3}{8}$in~16in，钢级：55~155ksi。

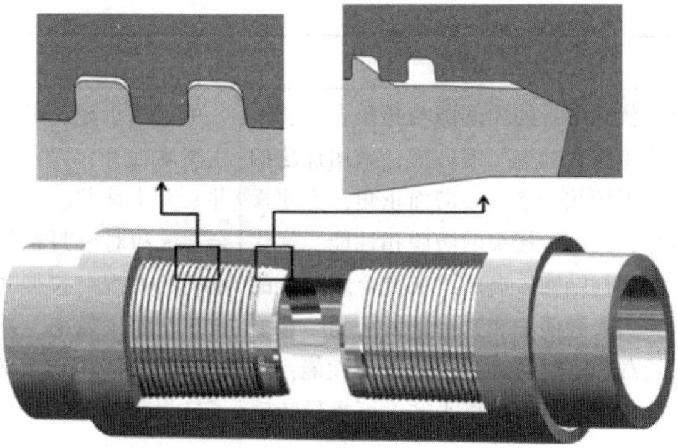

图 13-19　HSM-2 特殊螺纹

HYST 开发的 HS 系列特殊螺纹产品特点见表 13-85。

**表 13-85　HS 系列特殊螺纹产品特点**

| 螺纹类型 | 特点 | 用途 |
| --- | --- | --- |
| HSM-1 | 采用改进型偏梯形螺纹，易对扣；母扣和公扣不同的齿高，齿底与齿顶间的间隙可存储部分多余螺纹脂，并提高了抗粘扣性能；锥面-锥面径向密封结构；逆向扭矩台肩设计；管体内壁与接箍内壁平齐；可提供特殊间隙接箍 | 可用于深井、高压油气井等复杂工况。具有较好的密封性能和抗拉伸性能。拉伸效率、内压效率、外压效率均达到管体的 100%；其中油管压缩效率为管体的 100%，套管压缩效率为管体的 40% |
| HSM-2 | 采用优化的勾形螺纹，防止脱扣，提高了接头的拉伸和弯曲抗力；导向面正角有利于快速对扣，不易错扣；优化的导向面间隙和扭矩台肩结构，提高了接头的抗压缩性能；优化的锥面金属对金属密封结构；逆向扭矩台肩设计，勾形螺纹和逆向台肩产生的楔形效应，保证了密封完整性和结构完整性；管体内壁与接箍内壁平齐；可提供特殊间隙接箍 | 可用于深井、超深井、高温高压气井、页岩气井等复杂工况。具有优良的密封性能和抗拉伸、抗弯曲和抗压缩性能。在复合或极限载荷条件下，仍能保证接头的结构完整性和密封完整性。该产品通过了 ISO 13679：2002 CAL-Ⅳ实验验证。拉伸效率、内压效率、外压效率均达到管体的 100%；套管压缩效率为管体的 60% |

续表

| 螺纹类型 | 特点 | 用途 |
| --- | --- | --- |
| HSG3 | 优化的导向面间隙与扭矩台阶，提高了接头的抗压缩性能；采用优化的勾形螺纹，增大导向面正角，方便操作，提高了接头的防脱扣性能；优化的密封结构，提高了在复合载荷下的密封接触面积和密封接触压力，在复合载荷下具有优异的气密封性能；管体内壁与接箍内壁平齐；可提供特殊间隙接箍 | 可应用于超深井、超高温高压高腐蚀井，以及斜井、水平井、大位移井、页岩气井等复杂井况和对密封稳健性要求特别高的井况。拉伸效率、压缩效率、内压效率、外压效率均达到管体的100%。该产品通过了目前最苛刻的API 5C5：2017 CAL-Ⅳ实验验证 |
| HSTS | 无接箍式直连型，两级无过盈圆柱螺纹设计，其上扣速度快，具有优异的抗粘扣性能；三台肩设计，提高了接头抗扭性能和抗压缩性能；内金属-金属密封结构，保证了接头的密封性能；内、外平滑设计，降低了紊流的产生，防止冲刷腐蚀 | 适用于小井眼钻井、开窗侧钻井及旧井修复。拉伸效率、内压效率、外压效率均达到管体的100%，压缩效率为管体的40% |
| HSG3-FJ | 无接箍式直连型，接头外径与管体外径相同，可提供最大环空间隙；内、外双重锥面金属密封结构，提高了接头内、外压下的抗泄漏性能；内、外双台肩结构使接头的抗过扭性能得到提高；内、外平滑设计，降低了紊流的产生，防止冲刷腐蚀 | 螺纹直接在管端上加工，管体内、外齐平，可提供最大环空间隙，方便固井操作，可应用于盐岩层、膏岩层，以及斜井、水平井、大位移井等复杂井况；具有优异的抗内、外压及抗扭性能 |
| HSQR | 齿高增加，可防止大直径套管接头脱扣失效，保证了接头的连接效率；大螺距、陡锥度，提高了接头的上扣速度；可提供与管体拉伸效率、内屈服强度匹配的等强度接箍；如要求较高压缩性能或扭矩，可提供带台肩接箍 | 大螺距、大锥度的接箍式快速扣，提高了下井操作的便利性，对扣方便、不易错扣、快速上扣，可用于导管、表层套管、技术套管等大规格套管，接头性能等于或高于同规格同钢级API BC |
| HSN | 基于API BC而改进的接箍式套管螺纹接头，具有优良的抗扭、抗弯和抗压缩性能，并可与API BC互换 | 可用于旋转尾管固井、套管钻井，还可用于热采井 |

8. CJT产特殊螺纹

1）ZT-XC特殊螺纹

ZT-XC特殊螺纹由CJT开发，如图13-20所示。金属对金属密封，负角度扭矩台肩，负角度螺纹承载面设计。

2）ZT-FJ特殊螺纹

ZT-FJ特殊螺纹由CJT开发，如图13-21所示。完全直连型设计，内、外金属对金属双密封结构，负角度螺纹承载面设计。

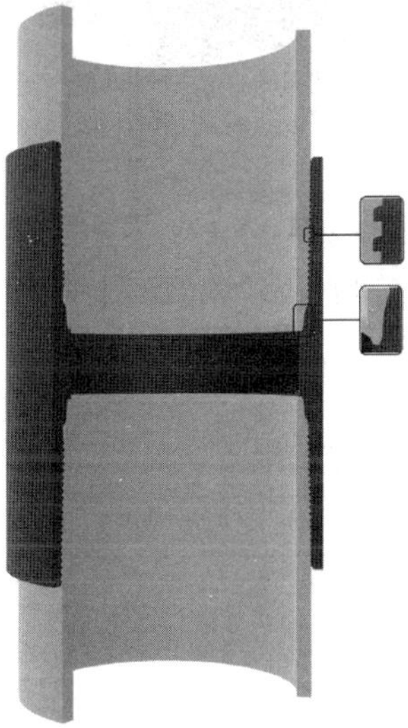

图13-20　ZT-XC特殊螺纹

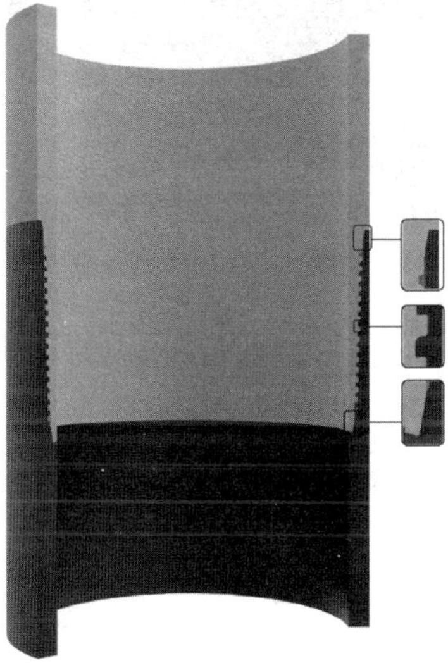

图13-21　ZT-FJ特殊螺纹

3）ZT-FJU特殊螺纹

ZT-FJU特殊螺纹由CJT开发，如图13-22所示。整体直连型设计，端部加厚处理，内、外金属对金属双密封结构，负角度螺纹承载面设计。

4）ZT-DST特殊螺纹

ZT-DST特殊螺纹由CJT开发，如图13-23所示。端部加厚直连型设计，以及双级螺纹及优化的偏梯形螺纹设计。

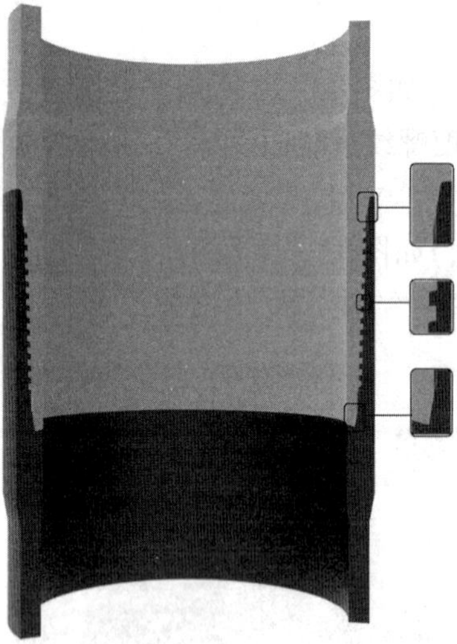

图 13-22　ZT-FJU 特殊螺纹

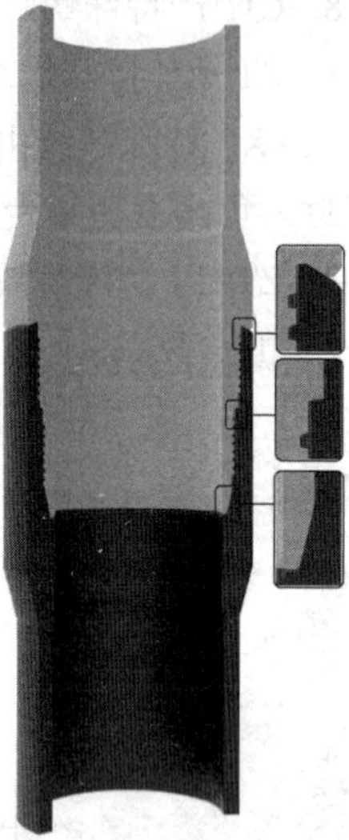

图 13-23　ZT-DST 特殊螺纹

CJT 开发的 ZT 系列特殊螺纹产品特点，具体见表 13-86。

**表 13-86　ZT 系列特殊螺纹产品特点**

| 螺纹类型 | 特点 | 用途 |
| --- | --- | --- |
| ZT-XC | 金属对金属密封，高性能气密封螺纹接头；具有负角度扭矩台肩，保证了精确的上扣扭矩控制；负角度螺纹承载面，大弯曲角度下可靠的气密封能力；抗压缩能力等同于管体；大角度导向面，方便上扣，增强了抗粘扣性能；接头内平设计，消除了油气紊流；低应力设计，适用于抗腐蚀环境；可做特殊间隙和特殊倒角设计 | 规格范围 2⅜～13⅜in。具有优异的密封稳定性、抗粘扣性、抗压缩性，以及高抗扭性能，广泛应用于生产油套管和技术套管中 |
| ZT-FJE | 整体直连型设计，接头外径与管体外径齐平，实现了环空间隙最大化；内、外台肩对顶，保证了精准的拧接定位；负角度螺纹承载面设计，提高了螺纹连接强度和抗弯曲性能 | 规格范围 4～13⅜in。适用于环空间隙较小的工况 |

续表

| 螺纹类型 | 特点 | 用途 |
| --- | --- | --- |
| ZT-FJ | 整体直连型设计，接头外径与管体外径齐平，实现了环空间隙最大化；内、外金属对金属双密封结构，保证了优异的气密封性能；负角度螺纹承载面设计，提高了螺纹连接强度和抗弯曲性能 | 规格范围 4~13⅜in。适用于环空间隙较小的工况 |
| ZT-FJU | 整体直连型设计，端部加厚处理，端部外径不超过管体外径的103%；内、外金属对金属双密封结构，保证了优异的气密封性能；负角度螺纹承载面设计，提高了螺纹连接强度和抗弯曲性能；接头连接强度可提高至管体的60%~70% | 规格范围 4~9⅝in。适用于环空间隙较小的工况，连接强度高于完全直连型接头 |
| ZT-HTC/ZT-BC | 采用API BC螺纹形式，可与API BC接头互换；直角扭矩台肩可提供精确拧接定位，接头抗过扭能力是同规格API BC的2倍；流线型内孔，最大限度地减少气体高速流动时的紊流和能量损失；抗粘扣性能优异；接头抗拉伸能力、抗压缩能力达到管体屈服强度的100%；接头抗弯曲能力与管体等同 | 规格范围 4½~13⅜in。主要用于大位移水平井旋转下套管作业，以及修井、回接管柱等施工作业 |
| ZT-DST | 端部加厚直连型设计；双级螺纹设计，深度对扣，操作简便；优化的螺纹齿形，能实现30次上卸扣不发生粘扣；复合载荷下优异的气密封能力；外台肩和中部台肩设计确保了高抗过扭能力；接头低应力设计保证了高抗疲劳能力 | 规格：2⅜in~5½in。适用于环空间隙较小的定向井油管和作业管柱 |
| ZT-FR | 粗牙螺纹设计，确保快速上扣，可提高上扣效率40%以上；直角扭矩台肩可提供精确拧接定位；接头连接强度可等同于管体；对扣容易，不易错扣，抗粘扣性能优异 | 规格：13⅜~20in。适用于大口径表层套管、导管及海上平台大口径套管 |

9. SLF产特殊螺纹

1）SLF-JIP特殊螺纹

SLF-JIP特殊螺纹由SLF开发，如图13-24所示。勾形偏梯形螺纹形式，承载面角-3°，导向面角25°。球面-锥面主密封，锥面-锥面辅助密封，属于双级密封。主扭矩台肩为-15°反向台肩结构，副扭矩台肩为30°台肩，属于双台肩结构。

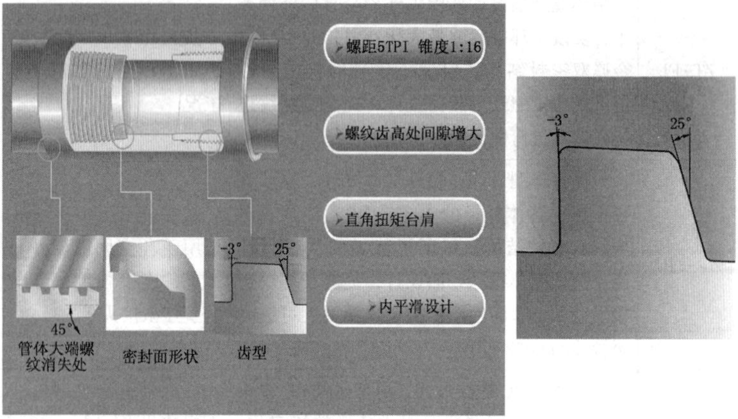


图 13-24　SLF-JIP 特殊螺纹

2）SLF-FJ 直连扣螺纹

SLF-FJ 直连扣螺纹由 SLF 开发，如图 13-25 所示。内、外螺纹直接加工在管体两端，管体内、外径完全平齐，无须内、外加厚，螺纹采用改进型偏梯形螺纹，接头连接强度达到管体强度的70%，优化设计螺纹的齿宽和齿高公差带，接头具有优良的液体及气体密封能力。具有内通径大、固井方便、利于后续作业、螺纹连接强度高、密封性能优越等特点。主要规格：2⅜～13⅜in。

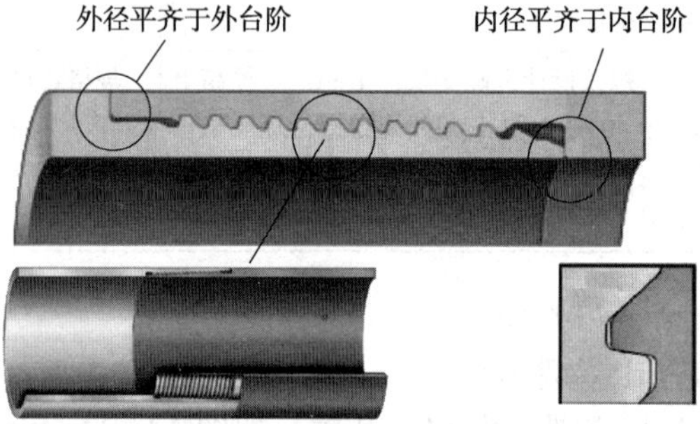


图 13-25　SLF-JIP 直连扣螺纹

10. SL 产 QRC-3 特殊螺纹

QRC-3 特殊螺纹由 SL 开发，如图 13-26 所示。表层套管快装螺纹，内平，3 牙/25.4mm，导向角 20°，锥度 1∶12，带止动台肩。主要规格：244.48mm（9⅝in）、273.05mm（10¾in）、339.72mm（13⅜in）。

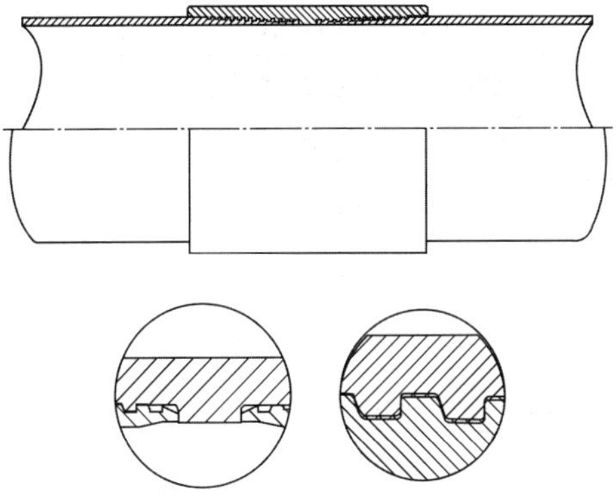

图 13-26　QRC-3 特殊螺纹

## 七、套管（油管）标记

### （一）API 钢级色标

API 钢级色标见表 13-87。

表 13-87　API 钢级色标

| 钢级 | 类型 | 长度≥1.8m 的产品[①]色带数量及颜色 | 接箍颜色 | |
|---|---|---|---|---|
| | | | 整个接箍 | 色带[②,③] |
| H40 | | 由制造厂选择不标记或黑色带 | 无 | 与管子同 |
| J55 油管 | | 一条明亮绿色带 | 明亮的绿色 | 无 |
| J55 套管 | | 一条明亮绿色带 | 明亮的绿色 | 一条白色带 |
| K55 | | 两条明亮绿色带 | 明亮的绿色 | 无 |
| N80 | 1 | 一条红色带 | 红色 | 无 |

续表

| 钢级 | 类型 | 长度≥1.8m 的产品[①]色带数量及颜色 | 接箍颜色 | |
|---|---|---|---|---|
| | | | 整个接箍 | 色带[②,③] |
| N80 | Q | 一条红色带、一条明亮绿色带 | 红色 | 绿色带 |
| R95 | | 一条棕色带 | 棕色 | 无 |
| L80 | 1 | 一条红色带、一条棕色带 | 红色 | 一条棕色带 |
| L80 | 9Cr | 一条红色带、一条棕色带、两条黄色带 | 无 | 两条黄色带 |
| L80 | 13Cr | 一条红色带、一条棕色带、一条黄色带 | 无 | 一条黄色带 |
| C90 | 1 | 一条紫色带 | 紫色 | 无 |
| T95 | 1 | 一条银色带 | 银色 | 无 |
| C110 | | 一条白色带、两条棕色带 | 白色 | 两条棕色带 |
| P110 | | 一条白色带 | 白色 | 无 |
| Q125 | 1 | 一条橙色带 | 橙色 | 无 |

注：① 对于接箍材料，除订单上另有规定外，制造厂内部要求应有规定。

② 特殊间隙接箍应有一条黑色带。

③ 带密封环接箍还应有一条蓝色带。

## (二) API 螺纹标记

套管和油管应有螺纹类型标记，见表 13-88。

**表 13-88 螺纹类型标记**

| 产品 | 螺纹类型 | 标记符号 |
|---|---|---|
| 套管 | 短圆螺纹 | SC |
| | 长圆螺纹 | LC |
| | 偏梯形螺纹 | BC |
| | 直连型 | XC |
| 油管 | 不加厚 | NU |
| | 外加厚 | EU |
| | 整体接头 | IJ |

## (三) API 套管部分使用标记含义

API 套管部分使用标记见表 13-89。

**表 13-89　API 套管部分使用标记**

| 标记项目 | 标记含义 | 标记或符号 |
| --- | --- | --- |
| 不带螺纹管子或特殊端部加工 | 加厚或不加厚不带螺纹管子 | PE |
| | 具有特殊端部加工的由制管厂或加工厂加工螺纹的管子 | SF |
| | 具有特殊端部加工的带螺纹接箍或附件 | SF |
| | 接箍毛坯 | CS |
| 产品钢级 | H40 | H |
| | J55 | J |
| | K55 | K |
| | N80 1 类 | N1 |
| | N80Q | NQ |
| | R95 | R |
| | L80 1 类 | L |
| | L80 9Cr 类 | L9 |
| | L80 13Cr 类 | L13 |
| | C90 1 类 | C90-1 |
| | T95 1 类 | T95-1 |
| | C110 | C110 |
| | P110 | P |
| | Q125 1 类 | Q1 |
| 热处理方式 | 经正火的 J55、K55 | Z |
| | 经淬火加回火的 J55、K55 | N&T |
| 制造方法 | 无缝 | S |
| | 电焊 | E |

### (四) 套管上的标记识别

套管上的标记识别如图 13-27~图 13-31 所示。

国产套管标记基本同于 API 标记。工厂代号按 TPCO、BG、HYST、CJT 等标注，国别为 CHINA。

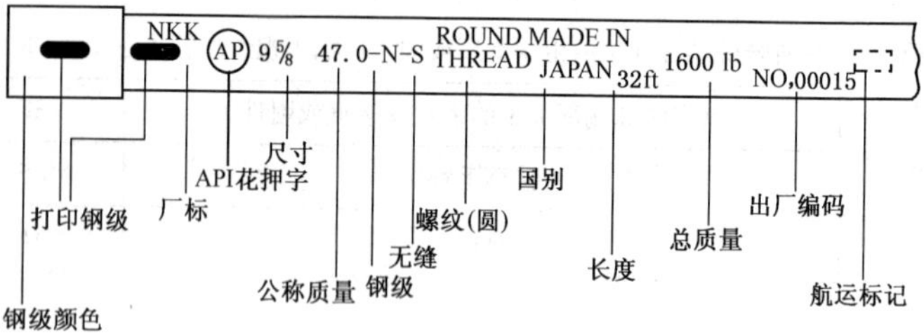


图 13-27　NKK 生产的 API 圆螺纹套管标记

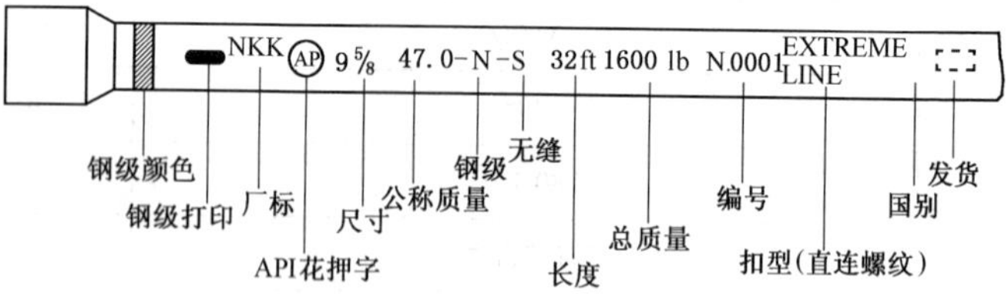


图 13-28　API 直连型螺纹套管标记

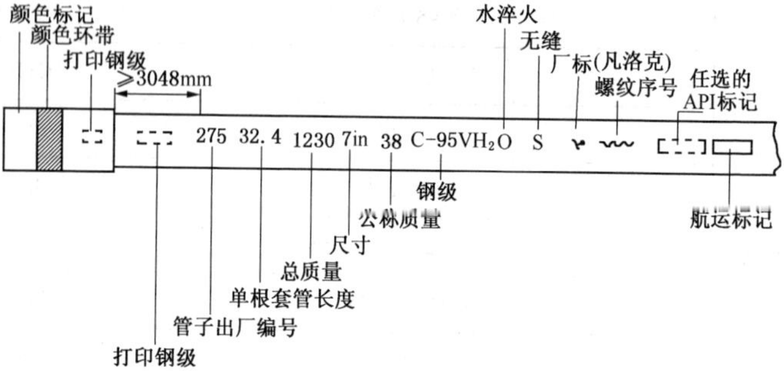


图 13-29　凡洛克生产的 VAM 螺纹套管标记

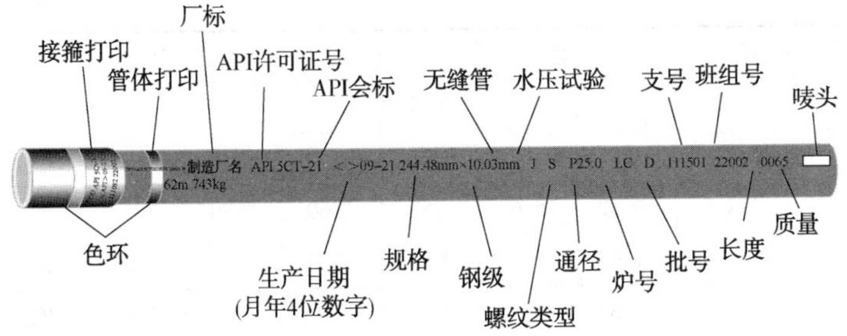


图 13-30 TPCO 生产的 API 系列套管标记

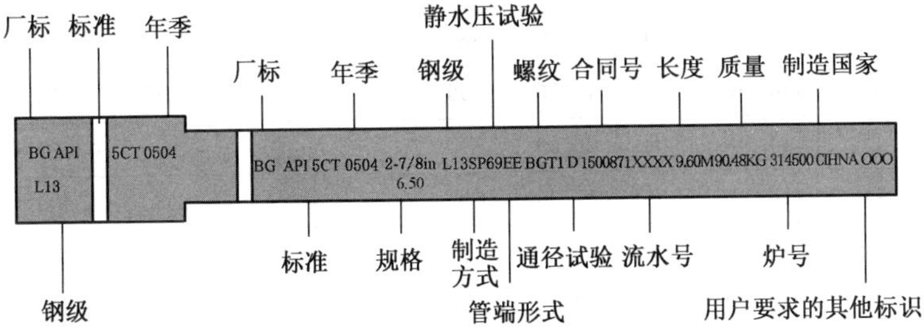


图 13-31 BG 生产的耐 $CO_2$ 腐蚀套管标记

## 八、API 套管上紧扭矩

圆螺纹套管上紧扭矩参考见表 13-90。

**表 13-90 圆螺纹套管上紧扭矩参考**

| 外径 | | 单重 | | 钢级 | 扭矩 | | | |
|---|---|---|---|---|---|---|---|---|
| | | | | | SC | | LC | |
| in | mm | 1b/ft | kg/m | | ft · 1b | N · m | ft · 1b | N · m |
| 4½ | 114.30 | 9.50 | 14.14 | H40 | 770 | 1040 | — | — |
| 4½ | 114.30 | 9.50 | 14.14 | J55 | 1010 | 1380 | — | — |
| 4½ | 114.30 | 10.50 | 15.63 | J55 | 1320 | 1790 | — | — |
| 4½ | 114.30 | 11.60 | 17.26 | J55 | 1540 | 2090 | 1620 | 2200 |
| 4½ | 114.30 | 9.50 | 14.14 | K55 | 1120 | 1520 | — | — |

续表

| 外径 | | 单重 | | 钢级 | 扭矩 | | | |
|---|---|---|---|---|---|---|---|---|
| | | | | | SC | | LC | |
| in | mm | lb/ft | kg/m | | ft · lb | N · m | ft · lb | N · m |
| 4½ | 114.30 | 10.50 | 15.63 | K55 | 1460 | 1980 | — | — |
| 4½ | 114.30 | 11.60 | 17.26 | K55 | 1700 | 2310 | 1800 | 2430 |
| 4½ | 114.30 | 11.60 | 17.26 | L80 | — | — | 2230 | 3030 |
| 4½ | 114.30 | 13.50 | 20.09 | L80 | — | — | 2710 | 3670 |
| 4½ | 114.30 | 11.60 | 17.26 | N80 | — | — | 2280 | 3090 |
| 4½ | 114.30 | 13.50 | 20.09 | N80 | — | — | 2760 | 3740 |
| 4½ | 114.30 | 11.60 | 17.26 | C90 | — | — | 2450 | 3320 |
| 4½ | 114.30 | 13.50 | 20.09 | C90 | — | — | 2970 | 4030 |
| 4½ | 114.30 | 11.60 | 17.26 | C95 | — | — | 2580 | 3500 |
| 4½ | 114.30 | 13.50 | 20.09 | C95 | — | — | 3130 | 4240 |
| 4½ | 114.30 | 11.60 | 17.26 | T95 | — | — | 2580 | 3500 |
| 4½ | 114.30 | 13.50 | 20.09 | T95 | — | — | 3130 | 4240 |
| 4½ | 114.30 | 11.60 | 17.26 | P110 | — | — | 3020 | 4100 |
| 4½ | 114.30 | 13.50 | 20.09 | P110 | — | — | 3660 | 4960 |
| 4½ | 114.30 | 15.10 | 22.47 | P110 | — | — | 4400 | 5960 |
| 4½ | 114.30 | 15.10 | 22.47 | Q125 | — | — | 4910 | 6650 |
| 5 | 127.00 | 11.50 | 17.11 | J55 | 1330 | 1810 | — | — |
| 5 | 127.00 | 13.00 | 19.35 | J55 | 1690 | 2290 | 1820 | 2470 |
| 5 | 127.00 | 15.00 | 22.32 | J55 | 2070 | 2800 | 2230 | 3020 |
| 5 | 127.00 | 11.50 | 17.11 | K55 | 1470 | 1990 | — | — |
| 5 | 127.00 | 13.00 | 19.35 | K55 | 1860 | 2520 | 2010 | 2730 |
| 5 | 127.00 | 15.00 | 22.32 | K55 | 2280 | 3090 | 2460 | 3340 |
| 5 | 127.00 | 15.00 | 22.32 | L80 | — | — | 3080 | 4170 |
| 5 | 127.00 | 18.00 | 26.79 | L80 | — | — | 3930 | 5320 |
| 5 | 127.00 | 21.40 | 31.85 | L80 | — | — | 4860 | 6590 |

续表

| 外径 | | 单重 | | 钢级 | 扭矩 | | | |
|---|---|---|---|---|---|---|---|---|
| | | | | | SC | | LC | |
| in | mm | 1b/ft | kg/m | | ft·1b | N·m | ft·1b | N·m |
| 5 | 127.00 | 23.20 | 34.53 | L80 | — | — | 5350 | 7260 |
| 5 | 127.00 | 24.10 | 35.86 | L80 | — | — | 5610 | 7610 |
| 5 | 127.00 | 15.00 | 22.32 | N80 | — | — | 3140 | 4250 |
| 5 | 127.00 | 18.00 | 26.79 | N80 | — | — | 4000 | 5420 |
| 5 | 127.00 | 21.40 | 31.85 | N80 | — | — | 4950 | 6710 |
| 5 | 127.00 | 23.20 | 34.53 | N80 | — | — | 5450 | 7400 |
| 5 | 127.00 | 24.10 | 35.86 | N80 | — | — | 5720 | 7760 |
| 5 | 127.00 | 15.00 | 22.32 | C90 | — | — | 3380 | 4590 |
| 5 | 127.00 | 18.00 | 26.79 | C90 | — | — | 4310 | 5850 |
| 5 | 127.00 | 21.40 | 31.85 | C90 | — | — | 5340 | 7240 |
| 5 | 127.00 | 23.20 | 34.53 | C90 | — | — | 5880 | 7980 |
| 5 | 127.00 | 24.10 | 35.86 | C90 | — | — | 6170 | 8370 |
| 5 | 127.00 | 15.00 | 22.32 | C95 | — | — | 3560 | 4830 |
| 5 | 127.00 | 18.00 | 26.79 | C95 | — | — | 4550 | 6160 |
| 5 | 127.00 | 21.40 | 31.85 | C95 | — | — | 5620 | 7630 |
| 5 | 127.00 | 23.20 | 34.53 | C95 | — | — | 6200 | 8400 |
| 5 | 127.00 | 24.10 | 35.86 | C95 | — | — | 6500 | 8810 |
| 5 | 127.00 | 15.00 | 22.32 | T95 | — | — | 3560 | 4830 |
| 5 | 127.00 | 18.00 | 26.79 | T95 | — | — | 4550 | 6160 |
| 5 | 127.00 | 21.40 | 31.85 | T95 | — | — | 5620 | 7630 |
| 5 | 127.00 | 23.20 | 34.53 | T95 | — | — | 6200 | 8400 |
| 5 | 127.00 | 24.10 | 35.86 | T95 | — | — | 6500 | 8810 |
| 5 | 127.00 | 15.00 | 22.32 | P110 | — | — | 4170 | 5650 |
| 5 | 127.00 | 18.00 | 26.79 | P110 | — | — | 5310 | 7210 |
| 5 | 127.00 | 21.40 | 31.85 | P110 | — | — | 6580 | 8920 |

续表

| 外径 | | 单重 | | 钢级 | 扭矩 | | | |
|---|---|---|---|---|---|---|---|---|
| | | | | | SC | | LC | |
| in | mm | lb/ft | kg/m | | ft · lb | N · m | ft · lb | N · m |
| 5 | 127.00 | 23.20 | 34.53 | P110 | — | — | 7250 | 9830 |
| 5 | 127.00 | 24.10 | 35.86 | P110 | — | — | 7600 | 10310 |
| 5 | 127.00 | 18.00 | 26.79 | Q125 | — | — | 5930 | 8050 |
| 5 | 127.00 | 21.40 | 31.85 | Q125 | — | — | 7340 | 9960 |
| 5 | 127.00 | 23.20 | 34.53 | Q125 | — | — | 8090 | 10970 |
| 5 | 127.00 | 24.10 | 35.86 | Q125 | — | — | 8490 | 11510 |
| 5½ | 139.70 | 14.00 | 20.83 | H40 | 1300 | 1760 | — | — |
| 5½ | 139.70 | 14.00 | 20.83 | J55 | 1720 | 2330 | — | — |
| 5½ | 139.70 | 15.50 | 23.07 | J55 | 2020 | 2730 | 2170 | 2940 |
| 5½ | 139.70 | 17.00 | 25.30 | J55 | 2290 | 3110 | 2470 | 3340 |
| 5½ | 139.70 | 14.00 | 20.83 | K55 | 1890 | 2560 | — | — |
| 5½ | 139.70 | 15.50 | 23.07 | K55 | 2220 | 3000 | 2390 | 3240 |
| 5½ | 139.70 | 17.00 | 25.30 | K55 | 2520 | 3410 | 2720 | 3680 |
| 5½ | 139.70 | 17.00 | 25.30 | L80 | — | — | 3410 | 4630 |
| 5½ | 139.70 | 20.00 | 29.76 | L80 | — | — | 4200 | 5700 |
| 5½ | 139.70 | 23.00 | 34.23 | L80 | — | — | 4930 | 6690 |
| 5½ | 139.70 | 17.00 | 25.30 | N80 | — | — | 3480 | 4710 |
| 5½ | 139.70 | 20.00 | 29.76 | N80 | — | — | 4280 | 5800 |
| 5½ | 139.70 | 23.00 | 34.23 | N80 | — | — | 5020 | 6810 |
| 5½ | 139.70 | 17.00 | 25.30 | C90 | — | — | 3750 | 5090 |
| 5½ | 139.70 | 20.00 | 29.76 | C90 | — | — | 4620 | 6270 |
| 5½ | 139.70 | 23.00 | 34.23 | C90 | — | — | 5430 | 7360 |
| 5½ | 139.70 | 17.00 | 25.30 | C95 | — | — | 3960 | 5360 |
| 5½ | 139.70 | 20.00 | 29.76 | C95 | — | — | 4870 | 6600 |
| 5½ | 139.70 | 23.00 | 34.23 | C95 | — | — | 5720 | 7750 |

续表

| 外径 | | 单重 | | 钢级 | 扭矩 | | | |
|---|---|---|---|---|---|---|---|---|
| | | | | | SC | | LC | |
| in | mm | lb/ft | kg/m | | ft·lb | N·m | ft·lb | N·m |
| 5½ | 139.70 | 17.00 | 25.30 | T95 | — | — | 3960 | 5360 |
| 5½ | 139.70 | 20.00 | 29.76 | T95 | — | — | 4870 | 6600 |
| 5½ | 139.70 | 23.00 | 34.23 | T95 | — | — | 5720 | 7750 |
| 5½ | 139.70 | 17.00 | 25.30 | P110 | — | — | 4620 | 6270 |
| 5½ | 139.70 | 20.00 | 29.76 | P110 | — | — | 5690 | 7720 |
| 5½ | 139.70 | 23.00 | 34.23 | P110 | — | — | 6680 | 9060 |
| 5½ | 139.70 | 23.00 | 34.23 | Q125 | — | — | 7470 | 10120 |
| 6⅝ | 168.28 | 20.00 | 29.76 | H40 | 1840 | 2490 | — | — |
| 6⅝ | 168.28 | 20.00 | 29.76 | J55 | 2450 | 3320 | 2660 | 3600 |
| 6⅝ | 168.28 | 24.00 | 35.72 | J55 | 3140 | 4250 | 3400 | 4620 |
| 6⅝ | 168.28 | 20.00 | 29.76 | K55 | 2670 | 3620 | 2900 | 3940 |
| 6⅝ | 168.28 | 24.00 | 35.72 | K55 | 3420 | 4640 | 3720 | 5050 |
| 6⅝ | 168.28 | 24.00 | 35.72 | L80 | — | — | 4730 | 6410 |
| 6⅝ | 168.28 | 28.00 | 41.67 | L80 | — | — | 5760 | 7810 |
| 6⅝ | 168.28 | 32.00 | 47.62 | L80 | — | — | 6660 | 9030 |
| 6⅝ | 168.28 | 24.00 | 35.72 | N80 | — | — | 4810 | 6520 |
| 6⅝ | 168.28 | 28.00 | 41.67 | N80 | — | — | 5860 | 7940 |
| 6⅝ | 168.28 | 32.00 | 47.62 | N80 | — | — | 6780 | 9190 |
| 6⅝ | 168.28 | 24.00 | 35.72 | C90 | — | | 5210 | 7060 |
| 6⅝ | 168.28 | 28.00 | 41.67 | C90 | — | — | 6350 | 8610 |
| 6⅝ | 168.28 | 32.00 | 47.62 | C90 | — | — | 7340 | 9950 |
| 6⅝ | 168.28 | 24.00 | 35.72 | C95 | — | — | 5490 | 7440 |
| 6⅝ | 168.28 | 28.00 | 41.67 | C95 | — | — | 6690 | 9070 |
| 6⅝ | 168.28 | 32.00 | 47.62 | C95 | — | — | 7740 | 10490 |
| 6⅝ | 168.28 | 24.00 | 35.72 | T95 | — | — | 5490 | 7440 |

续表

| 外径 | | 单重 | | 钢级 | 扭矩 | | | |
|---|---|---|---|---|---|---|---|---|
| | | | | | SC | | LC | |
| in | mm | 1b/ft | kg/m | | ft · 1b | N · m | ft · 1b | N · m |
| $6\frac{5}{8}$ | 168.28 | 28.00 | 41.67 | T95 | — | — | 6690 | 9070 |
| $6\frac{5}{8}$ | 168.28 | 32.00 | 47.62 | T95 | — | — | 7740 | 10490 |
| $6\frac{5}{8}$ | 168.28 | 24.00 | 35.72 | P110 | — | — | 6410 | 8690 |
| $6\frac{5}{8}$ | 168.28 | 28.00 | 41.67 | P110 | — | — | 7810 | 10590 |
| $6\frac{5}{8}$ | 168.28 | 32.00 | 47.62 | P110 | — | — | 9040 | 12250 |
| $6\frac{5}{8}$ | 168.28 | 32.00 | 47.62 | Q125 | — | — | 10110 | 13710 |
| 7 | 177.80 | 17.00 | 25.30 | H40 | 1220 | 1650 | — | — |
| 7 | 177.80 | 20.00 | 29.76 | H40 | 1760 | 2380 | — | — |
| 7 | 177.80 | 20.00 | 29.76 | J55 | 2340 | 3170 | — | — |
| 7 | 177.80 | 23.00 | 34.23 | J55 | 2840 | 3850 | 3130 | 4240 |
| 7 | 177.80 | 26.00 | 38.69 | J55 | 3340 | 4530 | 3670 | 4980 |
| 7 | 177.80 | 20.00 | 29.76 | K55 | 2540 | 3450 | — | — |
| 7 | 177.80 | 23.00 | 34.23 | K55 | 3090 | 4190 | 3410 | 4630 |
| 7 | 177.80 | 26.00 | 38.69 | K55 | 3640 | 4930 | 4010 | 5440 |
| 7 | 177.80 | 23.00 | 34.23 | L80 | — | — | 4350 | 5890 |
| 7 | 177.80 | 26.00 | 38.69 | L80 | — | — | 5110 | 6930 |
| 7 | 177.80 | 29.00 | 43.16 | L80 | — | — | 5870 | 7960 |
| 7 | 177.80 | 32.00 | 47.62 | L80 | — | — | 6610 | 8970 |
| 7 | 177.80 | 35.00 | 52.09 | L80 | — | — | 7340 | 9950 |
| 7 | 177.80 | 38.00 | 56.55 | L80 | — | — | 8010 | 10860 |
| 7 | 177.80 | 23.00 | 34.23 | N80 | — | — | 4420 | 5990 |
| 7 | 177.80 | 26.00 | 38.69 | N80 | — | — | 5190 | 7040 |
| 7 | 177.80 | 29.00 | 43.16 | N80 | — | — | 5970 | 8100 |
| 7 | 177.80 | 32.00 | 47.62 | N80 | — | — | 6720 | 9110 |
| 7 | 177.80 | 35.00 | 52.09 | N80 | — | — | 7460 | 10120 |

续表

| 外　径 | | 单重 | | 钢级 | 扭　矩 | | | |
|---|---|---|---|---|---|---|---|---|
| | | | | | SC | | LC | |
| in | mm | 1b/ft | kg/m | | ft·1b | N·m | ft·1b | N·m |
| 7 | 177.80 | 38.00 | 56.55 | N80 | — | — | 8140 | 11040 |
| 7 | 177.80 | 23.00 | 34.23 | C90 | — | — | 4790 | 6500 |
| 7 | 177.80 | 26.00 | 38.69 | C90 | — | — | 5630 | 7630 |
| 7 | 177.80 | 29.00 | 43.16 | C90 | — | — | 6480 | 8780 |
| 7 | 177.80 | 32.00 | 47.62 | C90 | — | — | 7290 | 9890 |
| 7 | 177.80 | 35.00 | 52.09 | C90 | — | — | 8090 | 10970 |
| 7 | 177.80 | 38.00 | 56.55 | C90 | — | — | 8830 | 11970 |
| 7 | 177.80 | 23.00 | 34.23 | C95 | — | — | 5050 | 6850 |
| 7 | 177.80 | 26.00 | 38.69 | C95 | — | — | 5930 | 8050 |
| 7 | 177.80 | 29.00 | 43.16 | C95 | — | — | 6830 | 9250 |
| 7 | 177.80 | 32.00 | 47.62 | C95 | — | — | 7680 | 10420 |
| 7 | 177.80 | 35.00 | 52.09 | C95 | — | — | 8530 | 11560 |
| 7 | 177.80 | 38.00 | 56.55 | C95 | — | — | 9310 | 12620 |
| 7 | 177.80 | 23.00 | 34.23 | T95 | — | — | 5050 | 6850 |
| 7 | 177.80 | 26.00 | 38.69 | T95 | — | — | 5930 | 8050 |
| 7 | 177.80 | 29.00 | 43.16 | T95 | — | — | 6830 | 9250 |
| 7 | 177.80 | 32.00 | 47.62 | T95 | — | — | 7680 | 10420 |
| 7 | 177.80 | 35.00 | 52.09 | T95 | — | — | 8530 | 11560 |
| 7 | 177.80 | 38.00 | 56.55 | T95 | — | — | 9310 | 12620 |
| 7 | 177.80 | 26.00 | 38.69 | P110 | — | — | 6930 | 9390 |
| 7 | 177.80 | 29.00 | 43.16 | P110 | — | — | 7970 | 10800 |
| 7 | 177.80 | 32.00 | 47.62 | P110 | — | — | 8970 | 12160 |
| 7 | 177.80 | 35.00 | 52.09 | P110 | — | — | 9960 | 13500 |
| 7 | 177.80 | 38.00 | 56.55 | P110 | — | — | 10870 | 14730 |
| 7 | 177.80 | 35.00 | 52.09 | Q125 | — | — | 11150 | 15110 |

续表

| 外径 | | 单重 | | 钢级 | 扭矩 | | | |
|---|---|---|---|---|---|---|---|---|
| | | | | | SC | | LC | |
| in | mm | lb/ft | kg/m | | ft·lb | N·m | ft·lb | N·m |
| 7 | 177.80 | 38.00 | 56.55 | Q125 | — | — | 12160 | 16490 |
| 7⅝ | 193.68 | 24.00 | 35.72 | H40 | 2120 | 2870 | — | — |
| 7⅝ | 193.68 | 26.40 | 39.29 | J55 | 3150 | 4270 | 3460 | 4690 |
| 7⅝ | 193.68 | 26.40 | 39.29 | K55 | 3420 | 4640 | 3770 | 5110 |
| 7⅝ | 193.68 | 26.40 | 39.29 | L80 | — | — | 4820 | 6530 |
| 7⅝ | 193.68 | 29.70 | 44.20 | L80 | — | — | 5670 | 7680 |
| 7⅝ | 193.68 | 33.70 | 50.15 | L80 | — | — | 6640 | 9000 |
| 7⅝ | 193.68 | 39.00 | 58.04 | L80 | — | — | 7860 | 10650 |
| 7⅝ | 193.68 | 42.80 | 63.69 | L80 | — | — | 8910 | 12090 |
| 7⅝ | 193.68 | 45.30 | 67.41 | L80 | — | — | 9470 | 12840 |
| 7⅝ | 193.68 | 47.10 | 70.09 | L80 | — | — | 9970 | 13520 |
| 7⅝ | 193.68 | 26.40 | 39.29 | N80 | — | — | 4900 | 6640 |
| 7⅝ | 193.68 | 29.70 | 44.20 | N80 | — | — | 5750 | 7800 |
| 7⅝ | 193.68 | 33.70 | 50.15 | N80 | — | — | 6740 | 9140 |
| 7⅝ | 193.68 | 39.00 | 58.04 | N80 | — | — | 7980 | 10820 |
| 7⅝ | 193.68 | 42.80 | 63.69 | N80 | — | — | 9060 | 12280 |
| 7⅝ | 193.68 | 45.30 | 67.41 | N80 | — | — | 9620 | 13040 |
| 7⅝ | 193.68 | 47.10 | 70.09 | N80 | — | — | 10130 | 13730 |
| 7⅝ | 193.68 | 26.40 | 39.29 | C90 | — | — | 5320 | 7210 |
| 7⅝ | 193.68 | 29.70 | 44.20 | C90 | — | — | 6250 | 8470 |
| 7⅝ | 193.68 | 33.70 | 50.15 | C90 | — | — | 7330 | 9930 |
| 7⅝ | 193.68 | 39.00 | 58.04 | C90 | — | — | 8670 | 11750 |
| 7⅝ | 193.68 | 42.80 | 63.69 | C90 | — | — | 9840 | 13330 |
| 7⅝ | 193.68 | 45.30 | 67.41 | C90 | — | — | 10450 | 14160 |
| 7⅝ | 193.68 | 47.10 | 70.09 | C90 | — | — | 11000 | 14910 |

续表

| 外径 | | 单重 | | 钢级 | 扭矩 | | | |
|---|---|---|---|---|---|---|---|---|
| | | | | | SC | | LC | |
| in | mm | 1b/ft | kg/m | | ft·1b | N·m | ft·1b | N·m |
| 7⅝ | 193.68 | 26.40 | 39.29 | C95 | — | — | 5600 | 7600 |
| 7⅝ | 193.68 | 29.70 | 44.20 | C95 | — | — | 6590 | 8930 |
| 7⅝ | 193.68 | 33.70 | 50.15 | C95 | — | — | 7720 | 10470 |
| 7⅝ | 193.68 | 39.00 | 58.04 | C95 | — | — | 9140 | 12390 |
| 7⅝ | 193.68 | 42.80 | 63.69 | C95 | — | — | 10370 | 14050 |
| 7⅝ | 193.68 | 45.30 | 67.41 | C95 | — | — | 11010 | 14930 |
| 7⅝ | 193.68 | 47.10 | 70.09 | C95 | — | — | 11590 | 15720 |
| 7⅝ | 193.68 | 26.40 | 39.29 | T95 | — | — | 5600 | 7600 |
| 7⅝ | 193.68 | 29.70 | 44.20 | T95 | — | — | 6590 | 8930 |
| 7⅝ | 193.68 | 33.70 | 50.15 | T95 | — | — | 7720 | 10470 |
| 7⅝ | 193.68 | 39.00 | 58.04 | T95 | — | — | 9140 | 12390 |
| 7⅝ | 193.68 | 42.80 | 63.69 | T95 | — | — | 10370 | 14050 |
| 7⅝ | 193.68 | 45.30 | 67.41 | T95 | — | — | 11010 | 14930 |
| 7⅝ | 193.68 | 47.10 | 70.09 | T95 | — | — | 11590 | 15720 |
| 7⅝ | 193.68 | 29.70 | 44.20 | P110 | — | — | 7690 | 10420 |
| 7⅝ | 193.68 | 33.70 | 50.15 | P110 | — | — | 9010 | 12220 |
| 7⅝ | 193.68 | 39.00 | 58.04 | P110 | — | — | 10660 | 14460 |
| 7⅝ | 193.68 | 42.80 | 63.69 | P110 | — | | 12100 | 16440 |
| 7⅝ | 193.68 | 45.30 | 67.41 | P110 | — | — | 12850 | 17420 |
| 7⅝ | 193.68 | 47.10 | 70.09 | P110 | — | — | 13530 | 18340 |
| 7⅝ | 193.68 | 39.00 | 58.04 | Q125 | — | — | 11940 | 16190 |
| 7⅝ | 193.68 | 42.80 | 63.69 | Q125 | — | — | 13550 | 18370 |
| 7⅝ | 193.68 | 45.30 | 67.41 | Q125 | — | — | 14390 | 19520 |
| 7⅝ | 193.68 | 47.10 | 70.09 | Q125 | — | — | 15150 | 20540 |
| 8⅝ | 219.08 | 28.00 | 41.67 | H40 | 2330 | 3150 | — | — |

续表

| 外径 | | 单重 | | 钢级 | 扭矩 | | | |
|---|---|---|---|---|---|---|---|---|
| | | | | | SC | | LC | |
| in | mm | lb/ft | kg/m | | ft·lb | N·m | ft·lb | N·m |
| 8⅝ | 219.08 | 32.00 | 47.62 | H40 | 2790 | 3780 | — | — |
| 8⅝ | 219.08 | 24.00 | 35.72 | J55 | 2440 | 3310 | — | — |
| 8⅝ | 219.08 | 32.00 | 47.62 | J55 | 3720 | 5050 | 4170 | 5660 |
| 8⅝ | 219.08 | 36.00 | 53.57 | J55 | 4340 | 5880 | 4860 | 6590 |
| 8⅝ | 219.08 | 24.00 | 35.72 | K55 | 2630 | 3570 | — | — |
| 8⅝ | 219.08 | 32.00 | 47.62 | K55 | 4020 | 5460 | 4520 | 6130 |
| 8⅝ | 219.08 | 36.00 | 53.57 | K55 | 4680 | 6350 | 5260 | 7140 |
| 8⅝ | 219.08 | 36.00 | 53.57 | L80 | — | — | 6780 | 9190 |
| 8⅝ | 219.08 | 40.00 | 59.53 | L80 | — | — | 7760 | 10530 |
| 8⅝ | 219.08 | 44.00 | 65.48 | L80 | — | — | 8740 | 11840 |
| 8⅝ | 219.08 | 49.00 | 72.92 | L80 | — | — | 9830 | 13320 |
| 8⅝ | 219.08 | 36.00 | 53.57 | N80 | — | — | 6880 | 9330 |
| 8⅝ | 219.08 | 40.00 | 59.53 | N80 | — | — | 7880 | 10680 |
| 8⅝ | 219.08 | 44.00 | 65.48 | N80 | — | — | 8870 | 12020 |
| 8⅝ | 219.08 | 49.00 | 72.92 | N80 | — | — | 9970 | 13520 |
| 8⅝ | 219.08 | 36.00 | 53.57 | C90 | — | — | 7490 | 10150 |
| 8⅝ | 219.08 | 40.00 | 59.53 | C90 | — | — | 8580 | 11630 |
| 8⅝ | 219.08 | 44.00 | 65.48 | C90 | — | — | 9650 | 13080 |
| 8⅝ | 219.08 | 49.00 | 72.92 | C90 | — | — | 10850 | 14710 |
| 8⅝ | 219.08 | 36.00 | 53.57 | C95 | — | — | 7890 | 10700 |
| 8⅝ | 219.08 | 40.00 | 59.53 | C95 | — | — | 9040 | 12260 |
| 8⅝ | 219.08 | 44.00 | 65.48 | C95 | — | — | 10170 | 13790 |
| 8⅝ | 219.08 | 49.00 | 72.92 | C95 | — | — | 11440 | 15510 |
| 8⅝ | 219.08 | 36.00 | 53.57 | T95 | — | — | 7890 | 10700 |
| 8⅝ | 219.08 | 40.00 | 59.53 | T95 | — | — | 9040 | 12260 |

续表

| 外　径 | | 单重 | | 钢级 | 扭　矩 | | | |
|---|---|---|---|---|---|---|---|---|
| | | | | | SC | | LC | |
| in | mm | 1b/ft | kg/m | | ft·1b | N·m | ft·1b | N·m |
| 8⅝ | 219.08 | 44.00 | 65.48 | T95 | — | — | 10170 | 13790 |
| 8⅝ | 219.08 | 49.00 | 72.92 | T95 | — | — | 11440 | 15510 |
| 8⅝ | 219.08 | 40.00 | 59.53 | P110 | — | — | 10550 | 14300 |
| 8⅝ | 219.08 | 44.00 | 65.48 | P110 | — | — | 11860 | 16090 |
| 8⅝ | 219.08 | 49.00 | 72.92 | P110 | — | — | 13350 | 18100 |
| 8⅝ | 219.08 | 49.00 | 72.92 | Q125 | — | — | 14960 | 20280 |
| 9⅝ | 244.48 | 32.30 | 48.07 | H40 | 2540 | 3440 | — | — |
| 9⅝ | 244.48 | 36.00 | 53.57 | H40 | 2940 | 3990 | — | — |
| 9⅝ | 244.48 | 36.00 | 53.57 | J55 | 3940 | 5340 | 4530 | 6140 |
| 9⅝ | 244.48 | 40.00 | 59.53 | J55 | 4520 | 6120 | 5200 | 7050 |
| 9⅝ | 244.48 | 36.00 | 53.57 | K55 | 4230 | 5740 | 4890 | 6630 |
| 9⅝ | 244.48 | 40.00 | 59.53 | K55 | 4860 | 6590 | 5610 | 7610 |
| 9⅝ | 244.48 | 40.00 | 59.53 | L80 | — | — | 7270 | 9860 |
| 9⅝ | 244.48 | 43.50 | 64.73 | L80 | — | — | 8130 | 11030 |
| 9⅝ | 244.48 | 47.00 | 69.94 | L80 | — | — | 8930 | 12100 |
| 9⅝ | 244.48 | 53.50 | 79.62 | L80 | — | — | 10470 | 14190 |
| 9⅝ | 244.48 | 58.40 | 86.91 | L80 | — | — | 11510 | 15600 |
| 9⅝ | 244.48 | 40.00 | 59.53 | N80 | — | — | 7370 | 10000 |
| 9⅝ | 244.48 | 43.50 | 64.73 | N80 | — | — | 8250 | 11190 |
| 9⅝ | 244.48 | 47.00 | 69.94 | N80 | — | — | 9050 | 12270 |
| 9⅝ | 244.48 | 53.50 | 79.62 | N80 | — | — | 10620 | 14390 |
| 9⅝ | 244.48 | 58.40 | 86.91 | N80 | — | — | 11670 | 15820 |
| 9⅝ | 244.48 | 40.00 | 59.53 | C90 | — | — | 8040 | 10900 |
| 9⅝ | 244.48 | 43.50 | 64.73 | C90 | — | — | 8990 | 12190 |
| 9⅝ | 244.48 | 47.00 | 69.94 | C90 | — | — | 9870 | 13380 |

续表

| 外径 | | 单重 | | 钢级 | 扭矩 | | | |
|---|---|---|---|---|---|---|---|---|
| | | | | | SC | | LC | |
| in | mm | lb/ft | kg/m | | ft·lb | N·m | ft·lb | N·m |
| 9⅝ | 244.48 | 53.50 | 79.62 | C90 | — | — | 11570 | 15690 |
| 9⅝ | 244.48 | 58.40 | 86.91 | C90 | — | — | 12720 | 17250 |
| 9⅝ | 244.48 | 40.00 | 59.53 | C95 | — | — | 8470 | 11490 |
| 9⅝ | 244.48 | 43.50 | 64.73 | C95 | — | — | 9480 | 12850 |
| 9⅝ | 244.48 | 47.00 | 69.94 | C95 | — | — | 10400 | 14100 |
| 9⅝ | 244.48 | 53.50 | 79.62 | C95 | — | — | 12200 | 16540 |
| 9⅝ | 244.48 | 58.40 | 86.91 | C95 | — | — | 13410 | 18180 |
| 9⅝ | 244.48 | 40.00 | 59.53 | T95 | — | — | 8470 | 11490 |
| 9⅝ | 244.48 | 43.50 | 64.73 | T95 | — | — | 9480 | 12850 |
| 9⅝ | 244.48 | 47.00 | 69.94 | T95 | — | — | 10400 | 14100 |
| 9⅝ | 244.48 | 53.50 | 79.62 | T95 | — | — | 12200 | 16540 |
| 9⅝ | 244.48 | 58.40 | 86.91 | T95 | — | — | 13410 | 18180 |
| 9⅝ | 244.48 | 43.50 | 64.73 | P110 | — | — | 11050 | 14980 |
| 9⅝ | 244.48 | 47.00 | 69.94 | P110 | — | — | 12130 | 16440 |
| 9⅝ | 244.48 | 53.50 | 79.62 | P110 | — | — | 14220 | 19280 |
| 9⅝ | 244.48 | 58.40 | 86.91 | P110 | — | — | 15630 | 21200 |
| 9⅝ | 244.48 | 47.00 | 69.94 | Q125 | — | — | 13600 | 18440 |
| 9⅝ | 244.48 | 53.50 | 79.62 | Q125 | — | — | 15950 | 21630 |
| 9⅝ | 244.48 | 58.40 | 86.91 | Q125 | — | — | 17540 | 23770 |
| 10¾ | 273.05 | 32.75 | 48.74 | H40 | 2050 | 2790 | — | — |
| 10¾ | 273.05 | 40.50 | 60.27 | H40 | 3140 | 4250 | — | — |
| 10¾ | 273.05 | 40.50 | 60.27 | J55 | 4200 | 5700 | — | — |
| 10¾ | 273.05 | 45.50 | 67.71 | J55 | 4930 | 6680 | — | — |
| 10¾ | 273.05 | 51.00 | 75.90 | J55 | 5650 | 7660 | — | — |
| 10¾ | 273.05 | 40.50 | 60.27 | K55 | 4500 | 6100 | — | — |

续表

| 外径 | | 单重 | | 钢级 | 扭矩 | | | |
|---|---|---|---|---|---|---|---|---|
| | | | | | SC | | LC | |
| in | mm | lb/ft | kg/m | | ft·lb | N·m | ft·lb | N·m |
| 10¾ | 273.05 | 45.50 | 67.71 | K55 | 5280 | 7160 | — | — |
| 10¾ | 273.05 | 51.00 | 75.90 | K55 | 6060 | 8210 | — | — |
| 10¾ | 273.05 | 51.00 | 75.90 | L80 | 7940 | 10760 | — | — |
| 10¾ | 273.05 | 55.50 | 82.59 | L80 | 8840 | 11990 | — | — |
| 10¾ | 273.05 | 51.00 | 75.90 | N80 | 8040 | 10900 | — | — |
| 10¾ | 273.05 | 55.50 | 82.59 | N80 | 8950 | 12140 | — | — |
| 10¾ | 273.05 | 51.00 | 75.90 | C90 | 8790 | 11920 | — | — |
| 10¾ | 273.05 | 55.50 | 82.59 | C90 | 9790 | 13270 | — | — |
| 10¾ | 273.05 | 60.70 | 90.33 | C90 | 10890 | 14770 | — | — |
| 10¾ | 273.05 | 65.70 | 97.77 | C90 | 11980 | 16240 | — | — |
| 10¾ | 273.05 | 51.00 | 75.90 | C95 | 9270 | 12560 | — | — |
| 10¾ | 273.05 | 55.50 | 82.59 | C95 | 10320 | 13990 | — | — |
| 10¾ | 273.05 | 55.50 | 82.59 | T95 | 9270 | 12560 | — | — |
| 10¾ | 273.05 | 55.50 | 82.59 | T95 | 10320 | 13990 | — | — |
| 10¾ | 273.05 | 60.70 | 90.33 | T95 | 11480 | 15570 | — | — |
| 10¾ | 273.05 | 65.70 | 97.77 | T95 | 12630 | 17130 | — | — |
| 10¾ | 273.05 | 51.00 | 75.90 | P110 | 10790 | 14630 | — | — |
| 10¾ | 273.05 | 55.50 | 82.59 | P110 | 12020 | 16300 | — | — |
| 10¾ | 273.05 | 60.70 | 90.33 | P110 | 13370 | 18130 | — | — |
| 10¾ | 273.05 | 65.70 | 97.77 | P110 | 14710 | 19950 | — | — |
| 10¾ | 273.05 | 60.70 | 90.33 | Q125 | 15020 | 20360 | — | — |
| 10¾ | 273.05 | 65.70 | 97.77 | Q125 | 16520 | 22400 | — | — |
| 11¾ | 298.45 | 42.70 | 63.54 | H40 | 3070 | 4170 | — | — |
| 11¾ | 298.45 | 47.00 | 69.94 | J55 | 4770 | 6460 | — | — |
| 11¾ | 298.45 | 54.00 | 80.36 | J55 | 5680 | 7700 | — | — |

续表

| 外径 | | 单重 | | 钢级 | 扭矩 | | | |
|---|---|---|---|---|---|---|---|---|
| | | | | | SC | | LC | |
| in | mm | lb/ft | kg/m | | ft·lb | N·m | ft·lb | N·m |
| 11¾ | 298.45 | 60.00 | 89.29 | J55 | 6490 | 8800 | — | — |
| 11¾ | 298.45 | 47.00 | 69.94 | K55 | 5090 | 6900 | — | — |
| 11¾ | 298.45 | 54.00 | 80.36 | K55 | 6060 | 8220 | — | — |
| 11¾ | 298.45 | 60.00 | 89.29 | K55 | 6930 | 9400 | — | — |
| 11¾ | 298.45 | 60.00 | 89.29 | L80 | 9130 | 12370 | — | — |
| 11¾ | 298.45 | 60.00 | 89.29 | N80 | 9240 | 12520 | — | — |
| 11¾ | 298.45 | 60.00 | 89.29 | C90 | 10110 | 13710 | — | — |
| 11¾ | 298.45 | 60.00 | 89.29 | T95 | 10660 | 14460 | — | — |
| 11¾ | 298.45 | 60.00 | 89.29 | C95 | 10660 | 14460 | — | — |
| 11¾ | 298.45 | 60.00 | 89.29 | P110 | 12420 | 16830 | — | — |
| 11¾ | 298.45 | 60.00 | 89.29 | Q125 | 13950 | 18920 | — | — |
| 13⅜ | 339.72 | 48.00 | 71.43 | H40 | 3220 | 4370 | — | — |
| 13⅜ | 339.72 | 54.50 | 81.10 | J55 | 5140 | 6970 | — | — |
| 13⅜ | 339.72 | 61.60 | 91.67 | J55 | 5950 | 8070 | — | — |
| 13⅜ | 339.72 | 68.00 | 101.19 | J55 | 6750 | 9160 | — | — |
| 13⅜ | 339.72 | 54.50 | 81.10 | K55 | 5470 | 7410 | — | — |
| 13⅜ | 339.72 | 61.60 | 91.67 | K55 | 6330 | 8580 | — | — |
| 13⅜ | 339.72 | 68.00 | 101.19 | K55 | 7180 | 9740 | — | — |
| 13⅜ | 339.72 | 68.00 | 101.19 | L80 | 9520 | 12910 | — | — |
| 13⅜ | 339.72 | 72.00 | 107.15 | L80 | 10290 | 13950 | — | — |
| 13⅜ | 339.72 | 68.00 | 101.19 | N80 | 9630 | 13060 | — | — |
| 13⅜ | 339.72 | 72.00 | 107.15 | N80 | 10400 | 14110 | — | — |
| 13⅜ | 339.72 | 68.00 | 101.19 | C90 | 10570 | 14330 | — | — |
| 13⅜ | 339.72 | 72.00 | 107.15 | C90 | 11420 | 15480 | — | — |
| 13⅜ | 339.72 | 68.00 | 101.19 | C95 | 11140 | 15110 | — | — |

续表

| 外径 | | 单重 | | 钢级 | 扭矩 | | | |
|---|---|---|---|---|---|---|---|---|
| | | | | | SC | | LC | |
| in | mm | lb/ft | kg/m | | ft·lb | N·m | ft·lb | N·m |
| 13⅜ | 339.72 | 72.00 | 107.15 | C95 | 12040 | 16320 | — | — |
| 13⅜ | 339.72 | 68.00 | 101.19 | T95 | 11140 | 15110 | — | — |
| 13⅜ | 339.72 | 72.00 | 107.15 | T95 | 12040 | 16320 | — | — |
| 13⅜ | 339.72 | 68.00 | 101.19 | P110 | 12970 | 17580 | — | — |
| 13⅜ | 339.72 | 72.00 | 107.15 | P110 | 14010 | 18990 | — | — |
| 13⅜ | 339.72 | 72.00 | 107.15 | Q125 | 15760 | 21360 | — | — |
| 16 | 406.40 | 65.00 | 96.73 | H40 | 4390 | 5950 | — | — |
| 16 | 406.40 | 75.00 | 111.61 | J55 | 7100 | 9630 | — | — |
| 16 | 406.40 | 84.00 | 125.01 | J55 | 8170 | 11080 | — | — |
| 16 | 406.40 | 75.00 | 111.61 | K55 | 7520 | 10190 | — | — |
| 16 | 406.40 | 84.00 | 125.01 | K55 | 8650 | 11730 | — | — |
| 18⅝ | 473.08 | 87.50 | 130.21 | H40 | 5590 | 7580 | — | — |
| 18⅝ | 473.08 | 87.50 | 130.21 | J55 | 7540 | 10220 | — | — |
| 18⅝ | 473.08 | 87.50 | 130.21 | K55 | 7940 | 10770 | — | — |
| 20 | 508.00 | 94.00 | 139.89 | H40 | 5810 | 7870 | 6730 | 9120 |
| 20 | 508.00 | 94.00 | 139.89 | J55 | 7830 | 10620 | 9070 | 12290 |
| 20 | 508.00 | 106.50 | 158.49 | J55 | 9130 | 12370 | 10560 | 14320 |
| 20 | 508.00 | 133.00 | 197.93 | J55 | 11920 | 16160 | 13790 | 18700 |
| 20 | 508.00 | 94.00 | 139.89 | K55 | 8230 | 11160 | 9550 | 12950 |
| 20 | 508.00 | 106.00 | 157.74 | K55 | 9590 | 13000 | 11130 | 15090 |
| 20 | 508.00 | 133.00 | 197.93 | K55 | 12520 | 16980 | 14530 | 19700 |

## 九、部分直连型套管的使用性能

部分直连型套管使用性能见表 13-91～表 13-94。

## 表 13-91 TPCO 产 TP-FJ 螺纹直连型套管使用性能

| 钢级 | 外径/mm | 壁厚/mm | 通径/mm | 螺纹损失长度/mm | 管体 | | | 接头 | | | | | | 上扣扭矩 | | | | |
|---|---|---|---|---|---|---|---|---|---|---|---|---|---|---|---|---|---|---|
| | | | | | 抗挤毁强度/MPa | 内屈服压力/MPa | 连接强度/kN | 外压效率/% | 抗挤毁强度/MPa | 内压效率/% | 内屈服压力/MPa | 连接效率/% | 连接强度/kN | 最小扭矩/N·m | 最佳扭矩/N·m | 最大扭矩/N·m | 最小拐点/N·m | 最大拐点/N·m |
| 80 | 120.65 | 10.00 | 97.47 | 100.00 | 84.0 | 80.1 | 1919 | 100 | 84.0 | 60 | 48.1 | 55 | 1063 | 6710 | 7460 | 8200 | 750 | 5970 |
| 110 | 120.65 | 10.00 | 97.47 | 100.00 | 115.3 | 110.1 | 2638 | 100 | 115.3 | 60 | 66.1 | 55 | 1462 | 7840 | 8700 | 9570 | 870 | 6970 |
| 125 | 120.65 | 10.00 | 97.47 | 100.00 | 131.1 | 125.1 | 2998 | 100 | 131.1 | 60 | 75.1 | 55 | 1661 | 8310 | 9230 | 10160 | 920 | 7390 |
| 140 | 120.65 | 10.00 | 97.47 | 100.00 | 144.4 | 140.1 | 3358 | 100 | 144.4 | 60 | 84.0 | 55 | 1860 | 8560 | 9500 | 10450 | 950 | 7610 |
| 155 | 120.65 | 10.00 | 97.47 | 100.00 | 156.6 | 155.1 | 3718 | 100 | 156.6 | 60 | 93.1 | 55 | 2059 | 8810 | 9790 | 10770 | 980 | 7840 |
| 80 | 127.00 | 9.19 | 105.44 | 96.00 | 72.4 | 69.9 | 1877 | 100 | 72.4 | 60 | 41.9 | 56 | 1051 | 4880 | 5420 | 5970 | 540 | 4340 |
| 110 | 127.00 | 9.19 | 105.44 | 96.00 | 92.8 | 96.1 | 2581 | 100 | 92.8 | 60 | 57.6 | 56 | 1445 | 6320 | 7020 | 7730 | 710 | 5610 |
| 125 | 127.00 | 9.19 | 105.44 | 96.00 | 102.2 | 109.2 | 2933 | 100 | 102.2 | 60 | 65.5 | 56 | 1642 | 6700 | 7440 | 8190 | 750 | 5950 |
| 140 | 127.00 | 9.19 | 105.44 | 96.00 | 110.8 | 122.3 | 3285 | 100 | 110.8 | 60 | 73.4 | 56 | 1839 | 6900 | 7660 | 8430 | 770 | 6130 |
| 155 | 127.00 | 9.19 | 105.44 | 96.00 | 118.8 | 135.4 | 3637 | 100 | 118.8 | 60 | 81.2 | 56 | 2037 | 7100 | 7890 | 8680 | 790 | 6320 |
| 80 | 127.00 | 11.10 | 101.62 | 110.00 | 88.1 | 84.4 | 2229 | 100 | 88.1 | 60 | 50.6 | 55 | 1226 | 6970 | 7740 | 8510 | 770 | 6200 |
| 110 | 127.00 | 11.10 | 101.62 | 110.00 | 120.9 | 116.0 | 3065 | 100 | 120.9 | 60 | 69.6 | 55 | 1686 | 8120 | 9020 | 9920 | 910 | 7210 |
| 125 | 127.00 | 11.10 | 101.62 | 110.00 | 137.5 | 131.8 | 3483 | 100 | 137.5 | 60 | 79.1 | 55 | 1916 | 8540 | 9490 | 10440 | 950 | 7590 |

续表

| 钢级 | 外径/mm | 壁厚/mm | 通径/mm | 螺纹损失长度/mm | 管体 | | | 接头 | | | | | | 上扣扭矩 | | | | |
|---|---|---|---|---|---|---|---|---|---|---|---|---|---|---|---|---|---|---|
| | | | | | 抗挤毁强度/MPa | 内屈服压力/MPa | 连接强度/kN | 外压效率/% | 抗挤毁强度/MPa | 内压效率/% | 内屈服压力/MPa | 连接效率/% | 连接强度/kN | 最小扭矩/N·m | 最佳扭矩/N·m | 最大扭矩/N·m | 最小拐点/N·m | 最大拐点/N·m |
| 140 | 127.00 | 11.10 | 101.62 | 110.00 | 153.9 | 147.6 | 3901 | 100 | 153.9 | 60 | 88.6 | 55 | 2146 | 8800 | 9780 | 10750 | 980 | 7820 |
| 155 | 127.00 | 11.10 | 101.62 | 110.00 | 170.5 | 163.5 | 4319 | 100 | 170.5 | 60 | 98.0 | 55 | 2376 | 9070 | 10070 | 11080 | 1000 | 8050 |
| 80 | 127.00 | 12.70 | 98.42 | 110.00 | 99.4 | 96.5 | 2515 | 100 | 99.4 | 60 | 57.9 | 55 | 1383 | 7930 | 8810 | 9690 | 880 | 7050 |
| 110 | 127.00 | 12.70 | 98.42 | 110.00 | 136.4 | 132.7 | 3459 | 100 | 136.4 | 60 | 79.6 | 55 | 1902 | 9250 | 10280 | 11310 | 1030 | 8220 |
| 125 | 127.00 | 12.70 | 98.42 | 110.00 | 155.2 | 150.8 | 3930 | 100 | 155.2 | 60 | 90.5 | 55 | 2162 | 9800 | 10890 | 11970 | 1080 | 8700 |
| 140 | 127.00 | 12.70 | 98.42 | 110.00 | 173.7 | 168.9 | 4402 | 100 | 173.7 | 60 | 101.4 | 55 | 2421 | 10090 | 11210 | 12340 | 1130 | 8980 |
| 155 | 127.00 | 12.70 | 98.42 | 110.00 | 192.4 | 187.0 | 4874 | 100 | 192.4 | 60 | 112.2 | 55 | 2680 | 10400 | 11550 | 12700 | 1150 | 9250 |
| 80 | 139.70 | 9.17 | 118.18 | 100.00 | 60.9 | 63.4 | 2074 | 100 | 60.9 | 60 | 38.0 | 58 | 1203 | 4160 | 4620 | 5080 | 460 | 3700 |
| 110 | 139.70 | 9.17 | 118.18 | 100.00 | 76.5 | 87.1 | 2852 | 100 | 76.5 | 60 | 52.3 | 58 | 1654 | 4850 | 5400 | 5940 | 540 | 4310 |
| 125 | 139.70 | 9.17 | 118.18 | 100.00 | 83.3 | 99.0 | 3241 | 100 | 83.3 | 60 | 59.4 | 58 | 1880 | 5140 | 5710 | 6280 | 570 | 4570 |
| 140 | 139.70 | 9.17 | 118.18 | 100.00 | 89.3 | 110.9 | 3630 | 100 | 89.3 | 60 | 66.5 | 58 | 2105 | 5300 | 5880 | 6470 | 580 | 4700 |
| 155 | 139.70 | 9.17 | 118.18 | 100.00 | 94.5 | 122.8 | 4018 | 100 | 94.5 | 60 | 73.6 | 58 | 2331 | 5450 | 6060 | 6670 | 610 | 4850 |
| 80 | 139.70 | 10.54 | 115.44 | 116.00 | 77.0 | 72.8 | 2359 | 100 | 77.0 | 60 | 43.7 | 57 | 1345 | 5860 | 6510 | 7160 | 650 | 5210 |

续表

| 钢级 | 外径/mm | 壁厚/mm | 通径/mm | 螺纹损失长度/mm | 管体 | | | 接头 | | | | | | 上扣扭矩 | | | | |
|---|---|---|---|---|---|---|---|---|---|---|---|---|---|---|---|---|---|---|
| | | | | | 抗挤毁强度/MPa | 内屈服压力/MPa | 连接强度/kN | 外压效率/% | 抗挤毁强度/MPa | 内压效率/% | 内屈服压力/MPa | 连接效率/% | 连接强度/kN | 最小扭矩/N·m | 最佳扭矩/N·m | 最大扭矩/N·m | 最小拐点/N·m | 最大拐点/N·m |
| 110 | 139.70 | 10.54 | 115.44 | 116.00 | 100.2 | 100.1 | 3244 | 100 | 100.2 | 60 | 60.1 | 57 | 1849 | 6820 | 7580 | 8340 | 760 | 6060 |
| 125 | 139.70 | 10.54 | 115.44 | 116.00 | 110.7 | 113.8 | 3686 | 100 | 110.7 | 60 | 68.3 | 57 | 2101 | 7240 | 8040 | 8840 | 800 | 6430 |
| 140 | 139.70 | 10.54 | 115.44 | 116.00 | 120.6 | 127.5 | 4129 | 100 | 120.6 | 60 | 76.5 | 57 | 2353 | 7460 | 8280 | 9110 | 830 | 6630 |
| 155 | 139.70 | 10.54 | 115.44 | 116.00 | 129.8 | 141.1 | 4571 | 100 | 129.8 | 60 | 84.7 | 57 | 2605 | 7670 | 8530 | 9380 | 850 | 6820 |

注：1. 表中数据仅供参考，以技术协议数据为准。

2. 表中抗挤毁强度为 API TR 5C3 公式计算值，对于抗挤毁套管产品以技术协议为准。

3. 80 钢级包括：N80、L80、TP80L/LL、TP80T、TP80S/SS、TP80TS/TSS。

4. 110 钢级包括：P110、C110、TP110H、TP110/TT、TP110L/LL、TP110S/SS、TP110TS/TSS、TP110V、TP110SG、TP110-1Cr/3Cr/13Cr 系列。

5. 125 钢级包括：Q125、TP125S、TP125TS、TP125T/TT、TP125V、TP125SG、TP125L/LL、TP125H、TP125-HP13Cr/SUP13Cr/SUP15Cr。

6. 140 钢级包括：TP140、TP140V、TP140T/TT、TP140SG、TP140L/LL。

7. 155 钢级包括：TP155、TP155V。

## 表 13-92　CJT 产 ZT-FJE 螺纹直连型套管使用性能

| 钢级 | 外径/mm | 壁厚/mm | 通径/mm | 螺纹损失长度/mm | 管体 | | | 接头 | | | | | | 上扣扭矩 | | | | |
|---|---|---|---|---|---|---|---|---|---|---|---|---|---|---|---|---|---|---|
| | | | | | 抗挤毁强度/MPa | 内屈服压力/MPa | 连接强度/kN | 外压效率/% | 抗挤毁强度/MPa | 内压效率/% | 内屈服压力/MPa | 连接效率/% | 连接强度/kN | 最小扭矩/N·m | 最佳扭矩/N·m | 最大扭矩/N·m | 最小拐点/N·m | 最大拐点/N·m |
| 80 | 101.60 | 6.65 | 85.12 | 54.15 | 60.6 | 63.2 | 1094 | 100 | 60.6 | 50 | 31.6 | 50 | 547 | | | | | |
| 110 | 101.60 | 6.65 | 85.12 | 54.15 | 76.1 | 86.9 | 1504 | 100 | 76.1 | 50 | 43.5 | 50 | 752 | 2700 | 3000 | 3300 | 150 | 2100 |
| 125 | 101.60 | 6.65 | 85.12 | 54.15 | 82.8 | 98.8 | 1710 | 100 | 82.8 | 50 | 49.4 | 50 | 855 | | | | | |
| 140 | 101.60 | 6.65 | 85.12 | 54.15 | 88.8 | 110.6 | 1915 | 100 | 88.8 | 50 | 55.3 | 50 | 957 | | | | | |
| 150 | 101.60 | 6.65 | 85.12 | 54.15 | 92.3 | 118.5 | 2052 | 100 | 92.3 | 50 | 59.2 | 50 | 1026 | | | | | |
| 80 | 114.30 | 6.35 | 98.42 | 54.15 | 43.8 | 53.7 | 1188 | 100 | 43.8 | 50 | 26.8 | 50 | 594 | | | | | |
| 110 | 114.30 | 6.35 | 98.42 | 54.15 | 52.3 | 73.7 | 1633 | 100 | 52.3 | 50 | 36.9 | 50 | 817 | | | | | |
| 125 | 114.30 | 6.35 | 98.42 | 54.15 | 55.2 | 83.8 | 1856 | 100 | 55.2 | 50 | 41.9 | 50 | 928 | | | | | |
| 140 | 114.30 | 6.35 | 98.42 | 54.15 | 57.3 | 93.9 | 2079 | 100 | 57.3 | 50 | 46.9 | 50 | 1039 | | | | | |
| 150 | 114.30 | 6.35 | 98.42 | 54.15 | 58.1 | 100.6 | 2227 | 100 | 58.1 | 50 | 50.3 | 50 | 1114 | | | | | |
| 80 | 114.30 | 7.37 | 96.38 | 60.15 | 58.9 | 62.3 | 1366 | 100 | 58.9 | 50 | 31.1 | 50 | 683 | 2520 | 2800 | 3080 | 280 | 2240 |
| 110 | 114.30 | 7.37 | 96.38 | 60.15 | 73.8 | 85.6 | 1878 | 100 | 73.8 | 50 | 42.8 | 50 | 939 | 2700 | 3000 | 3300 | 300 | 2400 |
| 125 | 114.30 | 7.37 | 96.38 | 60.15 | 80.1 | 97.2 | 2134 | 100 | 80.1 | 50 | 48.6 | 50 | 1067 | | | | | |

续表

| 钢级 | 外径/mm | 壁厚/mm | 通径/mm | 螺纹损失长度/mm | 管体 | | | 接头 | | | | | | 上扣扭矩 | | | | |
|---|---|---|---|---|---|---|---|---|---|---|---|---|---|---|---|---|---|---|
| | | | | | 抗挤毁强度/MPa | 内屈服压力/MPa | 连接强度/kN | 外压效率/% | 抗挤毁强度/MPa | 内压效率/% | 内屈服压力/MPa | 连接效率/% | 连接强度/kN | 最小扭矩/N·m | 最佳扭矩/N·m | 最大扭矩/N·m | 最小拐点/N·m | 最大拐点/N·m |
| 140 | 114.30 | 7.37 | 96.38 | 60.15 | 85.7 | 109.0 | 2390 | 100 | 85.7 | 50 | 54.5 | 50 | 1195 | | | | | |
| 150 | 114.30 | 7.37 | 96.38 | 60.15 | 88.9 | 116.8 | 2561 | 100 | 88.9 | 50 | 58.4 | 50 | 1280 | | | | | |
| 80 | 127.00 | 9.19 | 105.44 | 60.15 | 72.3 | 62.3 | 1366 | 100 | 72.3 | 50 | 31.1 | 50 | 683 | | | | | |
| 110 | 127.00 | 9.19 | 105.44 | 60.15 | 92.8 | 85.6 | 1878 | 100 | 92.8 | 50 | 42.8 | 50 | 939 | 4050 | 4500 | 4950 | 450 | 3600 |
| 125 | 127.00 | 9.19 | 105.44 | 60.15 | 102.1 | 97.2 | 2134 | 100 | 102.1 | 50 | 48.6 | 50 | 1067 | | | | | |
| 140 | 127.00 | 9.19 | 105.44 | 60.15 | 110.8 | 109.0 | 2390 | 100 | 110.8 | 50 | 54.5 | 50 | 1195 | | | | | |
| 150 | 127.00 | 9.19 | 105.44 | 60.15 | 116.1 | 116.8 | 2561 | 100 | 116.1 | 50 | 58.4 | 50 | 1280 | | | | | |
| 80 | 139.70 | 7.72 | 121.08 | 60.15 | 43.3 | 53.4 | 1766 | 100 | 43.3 | 50 | 26.7 | 50 | 883 | | | | | |
| 110 | 139.70 | 7.72 | 121.08 | 60.15 | 51.5 | 73.4 | 2428 | 100 | 51.5 | 50 | 36.7 | 50 | 1214 | | | | | |
| 125 | 139.70 | 7.72 | 121.08 | 60.15 | 54.4 | 83.4 | 2759 | 100 | 54.4 | 50 | 41.7 | 50 | 1379 | | | | | |
| 140 | 139.70 | 7.72 | 121.08 | 60.15 | 56.3 | 93.4 | 3090 | 100 | 56.3 | 50 | 46.7 | 50 | 1545 | | | | | |
| 150 | 139.70 | 7.72 | 121.08 | 60.15 | 57.1 | 100.1 | 3310 | 100 | 57.1 | 50 | 50.0 | 50 | 1655 | | | | | |

表 13-93　CJT 产 ZT-FJ 螺纹直连型气密封套管使用性能

| 钢级 | 外径/mm | 壁厚/mm | 通径/mm | 螺纹损失长度/mm | 管体 | | | 接头 | | | | | | 上扣扭矩 | | | | |
|---|---|---|---|---|---|---|---|---|---|---|---|---|---|---|---|---|---|---|
| | | | | | 抗挤毁强度/MPa | 内屈服压力/MPa | 连接强度/kN | 外压效率/% | 抗挤毁强度/MPa | 内压效率/% | 内屈服压力/MPa | 连接效率/% | 连接强度/kN | 最小扭矩/N · m | 最佳扭矩/N · m | 最大扭矩/N · m | 最小拐点/N · m | 最大拐点/N · m |
| 80 | 101. 60 | 6. 65 | 85. 12 | 54. 15 | 60. 6 | 63. 2 | 1094 | 100 | 60. 6 | 75 | 47. 4 | 55 | 602 | | | | | |
| 110 | 101. 60 | 6. 65 | 85. 12 | 54. 15 | 76. 1 | 86. 9 | 1504 | 100 | 76. 1 | 75 | 65. 2 | 55 | 827 | | | | | |
| 125 | 101. 60 | 6. 65 | 85. 12 | 54. 15 | 82. 8 | 98. 8 | 1710 | 100 | 82. 8 | 75 | 74. 1 | 55 | 940 | | | | | |
| 140 | 101. 60 | 6. 65 | 85. 12 | 54. 15 | 88. 8 | 110. 6 | 1915 | 100 | 88. 8 | 75 | 83. 0 | 55 | 1053 | | | | | |
| 150 | 101. 60 | 6. 65 | 85. 12 | 54. 15 | 92. 3 | 118. 5 | 2052 | 100 | 92. 3 | 75 | 88. 9 | 55 | 1128 | | | | | |
| 80 | 114. 30 | 6. 35 | 98. 42 | 54. 15 | 43. 8 | 53. 7 | 1188 | 100 | 43. 8 | 75 | 40. 2 | 55 | 653 | | | | | |
| 110 | 114. 30 | 6. 35 | 98. 42 | 54. 15 | 52. 3 | 73. 7 | 1633 | 100 | 52. 3 | 75 | 55. 3 | 55 | 898 | | | | | |
| 125 | 114. 30 | 6. 35 | 98. 42 | 54. 15 | 55. 2 | 83. 8 | 1856 | 100 | 55. 2 | 75 | 62. 8 | 55 | 1021 | | | | | |
| 140 | 114. 30 | 6. 35 | 98. 42 | 54. 15 | 57. 3 | 93. 9 | 2079 | 100 | 57. 3 | 75 | 70. 4 | 55 | 1143 | | | | | |
| 150 | 114. 30 | 6. 35 | 98. 42 | 54. 15 | 58. 1 | 100. 6 | 2227 | 100 | 58. 1 | 75 | 75. 4 | 55 | 1225 | | | | | |
| 80 | 114. 30 | 7. 37 | 96. 38 | 60. 15 | 58. 9 | 62. 3 | 1366 | 100 | 58. 9 | 75 | 46. 7 | 55 | 751 | | | | | |
| 110 | 114. 30 | 7. 37 | 96. 38 | 60. 15 | 73. 8 | 85. 6 | 1878 | 100 | 73. 8 | 75 | 64. 2 | 55 | 1033 | | | | | |

续表

| 钢级 | 外径/mm | 壁厚/mm | 通径/mm | 螺纹损失长度/mm | 管体 | | | 接头 | | | | | | 上扣扭矩 | | | | |
|---|---|---|---|---|---|---|---|---|---|---|---|---|---|---|---|---|---|---|
| | | | | | 抗挤毁强度/MPa | 内屈服压力/MPa | 连接强度/kN | 外压效率/% | 抗挤毁强度/MPa | 内压效率/% | 内屈服压力/MPa | 连接效率/% | 连接强度/kN | 最小扭矩/N·m | 最佳扭矩/N·m | 最大扭矩/N·m | 最小拐点/N·m | 最大拐点/N·m |
| 125 | 114.30 | 7.37 | 96.38 | 60.15 | 80.1 | 97.2 | 2134 | 100 | 80.1 | 75 | 72.9 | 55 | 1174 | | | | | |
| 140 | 114.30 | 7.37 | 96.38 | 60.15 | 85.7 | 109.0 | 2390 | 100 | 85.7 | 75 | 81.7 | 55 | 1314 | | | | | |
| 150 | 114.30 | 7.37 | 96.38 | 60.15 | 88.9 | 116.8 | 2561 | 100 | 88.9 | 75 | 87.6 | 55 | 1408 | | | | | |
| 80 | 127.00 | 9.19 | 105.44 | 60.15 | 72.3 | 62.3 | 1366 | 100 | 72.3 | 75 | 46.7 | 55 | 751 | | | | | |
| 110 | 127.00 | 9.19 | 105.44 | 60.15 | 92.8 | 85.6 | 1878 | 100 | 92.8 | 75 | 64.2 | 55 | 1033 | | | | | |
| 125 | 127.00 | 9.19 | 105.44 | 60.15 | 102.1 | 97.2 | 2134 | 100 | 102.1 | 75 | 72.9 | 55 | 1174 | | | | | |
| 140 | 127.00 | 9.19 | 105.44 | 60.15 | 110.8 | 109.0 | 2390 | 100 | 110.8 | 75 | 81.7 | 55 | 1314 | | | | | |
| 150 | 127.00 | 9.19 | 105.44 | 60.15 | 116.1 | 116.8 | 2561 | 100 | 116.1 | 75 | 87.6 | 55 | 1408 | | | | | |
| 80 | 139.70 | 7.72 | 121.08 | 60.15 | 43.3 | 53.4 | 1766 | 100 | 43.3 | 75 | 40.0 | 55 | 971 | | | | | |
| 110 | 139.70 | 7.72 | 121.08 | 60.15 | 51.5 | 73.4 | 2428 | 100 | 51.5 | 75 | 55.0 | 55 | 1335 | | | | | |
| 125 | 139.70 | 7.72 | 121.08 | 60.15 | 54.4 | 83.4 | 2759 | 100 | 54.4 | 75 | 62.5 | 55 | 1517 | | | | | |
| 140 | 139.70 | 7.72 | 121.08 | 60.15 | 56.3 | 93.4 | 3090 | 100 | 56.3 | 75 | 70.0 | 55 | 1699 | | | | | |
| 150 | 139.70 | 7.72 | 121.08 | 60.15 | 57.1 | 100.1 | 3310 | 100 | 57.1 | 75 | 75.1 | 55 | 1821 | | | | | |

表 13-94 CJT 产 ZT-FJU 螺纹管端加厚直连型气密封套管使用性能

| 钢级 | 外径/mm | 壁厚/mm | 通径/mm | 螺纹 | 管体 | | | 接头 | | | | | | 上扣扭矩 | | | | |
|---|---|---|---|---|---|---|---|---|---|---|---|---|---|---|---|---|---|---|
| | | | | 损失长度/mm | 抗挤毁强度/MPa | 内屈服压力/MPa | 连接强度/kN | 外压效率/% | 抗挤毁强度/MPa | 内压效率/% | 内屈服压力/MPa | 连接效率/% | 连接强度/kN | 最小扭矩/N·m | 最佳扭矩/N·m | 最大扭矩/N·m | 最小拐点/N·m | 最大拐点/N·m |
| 80 | 101.60 | 6.65 | 85.12 | 54.15 | 60.6 | 63.2 | 1094 | 100 | 60.6 | 100 | 63.2 | 80 | 875 | | | | | |
| 110 | 101.60 | 6.65 | 85.12 | 54.15 | 76.1 | 86.9 | 1504 | 100 | 76.1 | 100 | 86.9 | 80 | 1204 | | | | | |
| 125 | 101.60 | 6.65 | 85.12 | 54.15 | 82.8 | 98.8 | 1710 | 100 | 82.8 | 100 | 98.8 | 80 | 1368 | | | | | |
| 140 | 101.60 | 6.65 | 85.12 | 54.15 | 88.8 | 110.6 | 1915 | 100 | 88.8 | 100 | 110.6 | 80 | 1532 | | | | | |
| 150 | 101.60 | 6.65 | 85.12 | 54.15 | 92.3 | 118.5 | 2052 | 100 | 92.3 | 100 | 118.5 | 80 | 1641 | | | | | |
| 80 | 114.30 | 6.35 | 98.42 | 54.15 | 43.8 | 53.7 | 1188 | 100 | 43.8 | 100 | 53.7 | 80 | 950 | | | | | |
| 110 | 114.30 | 6.35 | 98.42 | 54.15 | 52.3 | 73.7 | 1633 | 100 | 52.3 | 100 | 73.7 | 80 | 1307 | | | | | |
| 125 | 114.30 | 6.35 | 98.42 | 54.15 | 55.2 | 83.8 | 1856 | 100 | 55.2 | 100 | 83.8 | 80 | 1485 | | | | | |
| 140 | 114.30 | 6.35 | 98.42 | 54.15 | 57.3 | 93.9 | 2079 | 100 | 57.3 | 100 | 93.9 | 80 | 1663 | | | | | |
| 150 | 114.30 | 6.35 | 98.42 | 54.15 | 58.1 | 100.6 | 2227 | 100 | 58.1 | 100 | 100.6 | 80 | 1782 | | | | | |
| 80 | 114.30 | 7.37 | 96.38 | 60.15 | 58.9 | 62.3 | 1366 | 100 | 58.9 | 100 | 62.3 | 80 | 1092 | | | | | |
| 110 | 114.30 | 7.37 | 96.38 | 60.15 | 73.8 | 85.6 | 1878 | 100 | 73.8 | 100 | 85.6 | 80 | 1502 | | | | | |
| 125 | 114.30 | 7.37 | 96.38 | 60.15 | 80.1 | 97.2 | 2134 | 100 | 80.1 | 100 | 97.2 | 80 | 1707 | | | | | |
| 140 | 114.30 | 7.37 | 96.38 | 60.15 | 85.7 | 109.0 | 2390 | 100 | 85.7 | 100 | 109.0 | 80 | 1912 | | | | | |
| 150 | 114.30 | 7.37 | 96.38 | 60.15 | 88.9 | 116.8 | 2561 | 100 | 88.9 | 100 | 116.8 | 80 | 2048 | | | | | |
| 80 | 127.00 | 9.19 | 105.44 | 60.15 | 72.3 | 62.3 | 1366 | 100 | 72.3 | 100 | 62.3 | 80 | 1092 | | | | | |
| 110 | 127.00 | 9.19 | 105.44 | 60.15 | 92.8 | 85.6 | 1878 | 100 | 92.8 | 100 | 85.6 | 80 | 1502 | | | | | |

续表

| 钢级 | 外径/mm | 壁厚/mm | 通径/mm | 螺纹损失长度/mm | 管体 | | | 接头 | | | | | | 上扣扭矩 | | | | |
|---|---|---|---|---|---|---|---|---|---|---|---|---|---|---|---|---|---|---|
| | | | | | 抗挤毁强度/MPa | 内屈服压力/MPa | 连接强度/kN | 外压效率/% | 抗挤毁强度/MPa | 内压效率/% | 内屈服压力/MPa | 连接效率/% | 连接强度/kN | 最小扭矩/N·m | 最佳扭矩/N·m | 最大扭矩/N·m | 最小拐点/N·m | 最大拐点/N·m |
| 125 | 127.00 | 9.19 | 105.44 | 60.15 | 102.1 | 97.2 | 2134 | 100 | 102.1 | 100 | 97.2 | 80 | 1707 | | | | | |
| 140 | 127.00 | 9.19 | 105.44 | 60.15 | 110.8 | 109.0 | 2390 | 100 | 110.8 | 100 | 109.0 | 80 | 1912 | | | | | |
| 150 | 127.00 | 9.19 | 105.44 | 60.15 | 116.1 | 116.8 | 2561 | 100 | 116.1 | 100 | 116.8 | 80 | 2048 | | | | | |
| 80 | 139.70 | 7.72 | 121.08 | 60.15 | 43.3 | 53.4 | 1766 | 100 | 43.3 | 100 | 53.4 | 80 | 1412 | | | | | |
| 110 | 139.70 | 7.72 | 121.08 | 60.15 | 51.5 | 73.4 | 2428 | 100 | 51.5 | 100 | 73.4 | 80 | 1942 | | | | | |
| 125 | 139.70 | 7.72 | 121.08 | 60.15 | 54.4 | 83.4 | 2759 | 100 | 54.4 | 100 | 83.4 | 80 | 2207 | | | | | |
| 140 | 139.70 | 7.72 | 121.08 | 60.15 | 56.3 | 93.4 | 3090 | 100 | 56.3 | 100 | 93.4 | 80 | 2472 | | | | | |
| 150 | 139.70 | 7.72 | 121.08 | 60.15 | 57.1 | 100.1 | 3310 | 100 | 57.1 | 100 | 100.1 | 80 | 2648 | | | | | |

注：1. 表中数据仅供参考，以技术协议数据为准。

2. 表中挤毁强度为 API TR 5C3 公式计算值，对于抗挤毁套管产品，以技术协议为准。

3. 80 钢级包括：N80、L80、ZT80L/LL、ZT80T、ZT80S/SS、ZT80TS/TSS。

4. 110 钢级包括：P110、C110、ZT110H、ZT110/TT、ZT110L/LL、ZT110S/SS、ZT110TS/TSS、ZT110V、ZT110SG、ZT110－1Cr/3Cr/13Cr 系列。

5. 125 钢级包括：Q125、ZT125S、ZT125TS、ZT125T/TT、ZT125V、ZT125SG、ZT125L/LL、ZT125H、ZT125－HP13Cr/SUP13Cr/SUP15Cr。

6. 140 钢级包括：ZT140、ZT140V、ZT140T/TT、ZT140SG、ZT140L/LL。

7. 150 钢级包括：ZT150、ZT150V。

# 第二节　油　　管

## 一、油管规范及强度

油管的化学成分、力学性能可参见本章第一节“套管”。《套管、油管和钻杆使用性能》(SY/T 6417—2016)提供的油管最低使用性能见表 13-95。

## 二、油管及接箍

1. 结构

不加厚油管及接箍如图 13-32 所示，外加厚油管及接箍如图 13-33 所示。

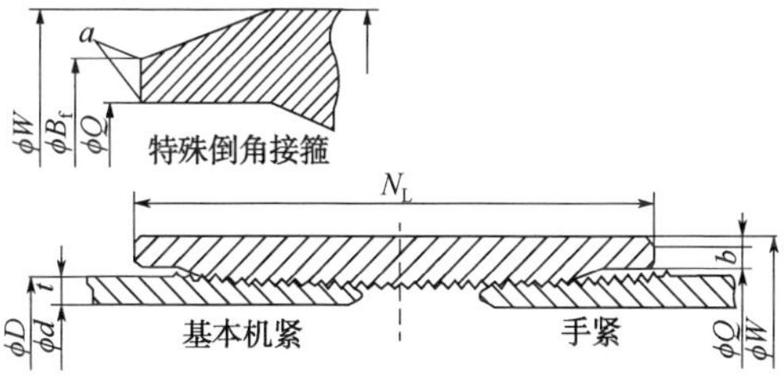


图 13-32　不加厚油管及接箍

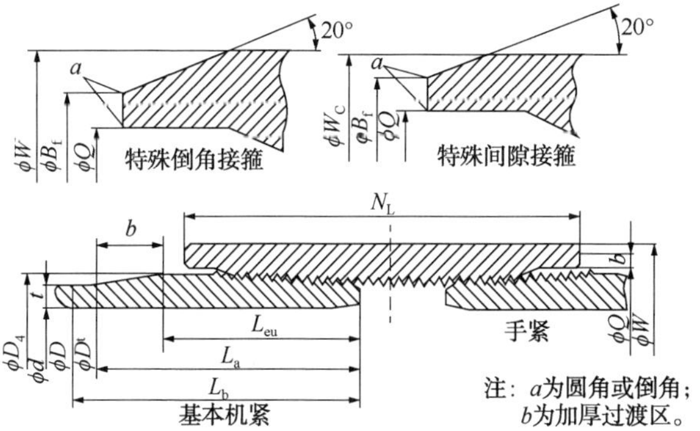


图 13-33　外加厚油管及接箍

## 表 13-95 油管

| 代号 | | | | 钢级 | 外径/mm | 材料参数/缺欠参数 $K_a/a_N/t$/% | 壁厚($t$)/mm | 内径/mm | 带螺纹和接箍 | | | | 整体接头 | |
|---|---|---|---|---|---|---|---|---|---|---|---|---|---|---|
| 1 | 2 | | | | | | | | 通径/mm | 接箍外径 | | | 通径/mm | 内螺纹外径/mm |
| | 带螺纹和接箍 | | 整体接头 | | | | | | | 不加厚/mm | 加厚 | | | |
| | 不加厚 | 加厚 | | | | | | | | | 标准/mm | 特殊间隙/mm | | |
| 1.050 | 1.14 | 1.20 | — | H40 | 26.67 | 2/12.5 | 2.87 | 20.93 | 18.55 | 33.35 | 42.16 | — | — | — |
| | 1.48 | 1.54 | — | H40 | 26.67 | 2/12.5 | 3.91 | 18.85 | 16.47 | — | 42.16 | — | — | — |
| | 1.14 | 1.20 | — | J55 | 26.67 | 2/12.5 | 2.87 | 20.93 | 18.55 | 33.35 | 42.16 | — | — | — |
| | 1.48 | 1.54 | — | J55 | 26.67 | 2/12.5 | 3.91 | 18.85 | 16.47 | — | 42.16 | — | — | — |
| | 1.14 | 1.20 | — | L80 1 | 26.67 | 1/12.5 | 2.87 | 20.93 | 18.55 | 33.35 | 42.16 | — | — | — |
| | 1.48 | 1.54 | — | L80 1 | 26.67 | 1/12.5 | 3.91 | 18.85 | 16.47 | — | 42.16 | — | — | — |
| | 1.14 | 1.20 | — | L80 9Cr | 26.67 | 2/12.5 | 2.87 | 20.93 | 18.55 | 33.35 | 42.16 | — | — | — |
| | 1.48 | 1.54 | — | L80 9Cr | 26.67 | 2/12.5 | 3.91 | 18.85 | 16.47 | — | 42.16 | — | — | — |
| | 1.14 | 1.20 | — | L80 13Cr | 26.67 | 1/12.5 | 2.87 | 20.93 | 18.55 | 33.35 | 42.16 | — | — | — |
| | 1.48 | 1.54 | — | L80 13Cr | 26.67 | 1/12.5 | 3.91 | 18.85 | 16.47 | — | 42.16 | — | — | — |
| | 1.14 | 1.20 | — | N80 | 26.67 | 2/12.5 | 2.87 | 20.93 | 18.55 | 33.35 | 42.16 | — | — | — |
| | 1.48 | 1.54 | — | N80 | 26.67 | 2/12.5 | 3.91 | 18.85 | 16.47 | — | 42.16 | — | — | — |
| | 1.14 | 1.20 | — | N80 | 26.67 | 1/12.5 | 2.87 | 20.93 | 18.55 | 33.35 | 42.16 | — | — | — |
| | 1.48 | 1.54 | — | N80 | 26.67 | 1/12.5 | 3.91 | 18.85 | 16.47 | — | 42.16 | — | — | — |
| | 1.14 | 1.20 | | C90 | 26.67 | 1/5 | 2.87 | 20.93 | 18.55 | 33.35 | 42.16 | — | — | — |
| | 1.48 | 1.54 | — | C90 | 26.67 | 1/5 | 3.91 | 18.85 | 16.47 | — | 42.16 | — | — | — |
| | 1.14 | 1.20 | — | R95 | 26.67 | 1/12.5 | 2.87 | 20.93 | 18.55 | 33.35 | 42.16 | — | — | — |
| | 1.48 | 1.54 | — | R95 | 26.67 | 1/12.5 | 3.91 | 18.85 | 16.47 | — | 42.16 | — | — | — |
| | 1.14 | 1.20 | — | T95 | 26.67 | 1/5 | 2.87 | 20.93 | 18.55 | 33.35 | 42.16 | — | — | — |
| | 1.48 | 1.54 | — | T95 | 26.67 | 1/5 | 3.91 | 18.85 | 16.47 | — | 42.16 | — | — | — |

**最低使用性能**

| 抗挤毁强度/MPa | 管体屈服强度/kN | 内压抗力 管体 内屈服压力 API历史公式/MPa | 内压抗力 管体 内屈服压力 拉梅-米塞斯 开口端部/MPa | 内压抗力 管体 内屈服压力 拉梅-米塞斯 封堵管端/MPa | 内压抗力 管体 延性断裂 封堵管端/MPa | 内压抗力 带螺纹和接箍 不加厚/MPa | 内压抗力 带螺纹和接箍 加厚 标准接箍/MPa | 内压抗力 带螺纹和接箍 加厚 特殊间隙接箍/MPa | 内压抗力 整体接头/MPa | 接头连接强度 带螺纹和接箍 不加厚/kN | 接头连接强度 带螺纹和接箍 加厚 标准接箍/kN | 接头连接强度 带螺纹和接箍 加厚 特殊间隙接箍/kN | 接头连接强度 整体接头/kN |
|---|---|---|---|---|---|---|---|---|---|---|---|---|---|
| 52.9 | 59.2 | 51.9 | 50.7 | 54.2 | 59.0 | 51.9 | 51.9 | — | — | 28.5 | 59.2 | — | — |
| 69.0 | 77.0 | 70.8 | 67.8 | 71.0 | 82.6 | — | 64.9 | — | — | — | 77.0 | — | — |
| | | | | | | | | | | | | | |
| 72.8 | 81.4 | 71.4 | 69.8 | 74.5 | 74.3 | 71.4 | 71.4 | — | — | 38.7 | 81.4 | — | — |
| 94.9 | 105.9 | 97.3 | 93.3 | 97.7 | 104.0 | — | 89.2 | — | — | — | 105.9 | — | — |
| | | | | | | | | | | | | | |
| 105.9 | 118.3 | 103.8 | 101.5 | 108.4 | 116.1 | 103.8 | 103.8 | — | — | 56.5 | 118.3 | — | — |
| 137.9 | 153.9 | 141.5 | 135.7 | 142.1 | 163.5 | — | 129.8 | — | — | — | 153.9 | — | — |
| | | | | | | | | | | | | | |
| 105.9 | 118.3 | 103.8 | 101.5 | 108.4 | 95.4 | 103.8 | 103.8 | — | — | 56.5 | 118.3 | — | — |
| 137.9 | 153.9 | 141.5 | 135.7 | 142.1 | 133.5 | — | 129.8 | — | — | — | 153.9 | — | — |
| | | | | | | | | | | | | | |
| 105.9 | 118.3 | 103.8 | 101.5 | 108.4 | 116.1 | 103.8 | 103.8 | — | — | 56.5 | 118.3 | — | — |
| 137.9 | 153.9 | 141.5 | 135.7 | 142.1 | 163.5 | — | 129.8 | — | — | — | 153.9 | — | — |
| | | | | | | | | | | | | | |
| 105.9 | 118.3 | 103.8 | 101.5 | 108.4 | 100.4 | 103.8 | 103.8 | — | — | 56.5 | 118.3 | — | — |
| 137.9 | 153.9 | 141.5 | 135.7 | 142.1 | 140.5 | — | 129.8 | — | — | — | 153.9 | — | — |
| | | | | | | | | | | | | | |
| 105.9 | 118.3 | 103.8 | 101.5 | 108.4 | 122.2 | 103.8 | 103.8 | — | — | 56.5 | 118.3 | — | |
| 137.9 | 153.9 | 141.5 | 135.7 | 142.1 | 172.0 | — | 129.8 | — | — | — | 153.9 | — | — |
| | | | | | | | | | | | | | |
| 119.1 | 133.4 | 116.8 | 114.2 | 121.9 | 136.4 | 116.8 | 116.8 | — | — | 63.6 | 133.4 | — | — |
| 155.2 | 173.5 | 159.2 | 152.6 | 159.9 | 192.6 | — | 146.1 | — | — | — | 173.5 | — | — |
| | | | | | | | | | | | | | |
| 125.7 | 140.6 | 123.3 | 120.5 | 128.7 | 129.6 | 123.3 | 123.3 | — | — | 67.2 | 140.6 | — | — |
| 163.8 | 182.8 | 168.0 | 161.1 | 168.8 | 182.4 | — | 154.2 | — | — | — | 182.8 | — | — |
| | | | | | | | | | | | | | |
| 125.7 | 140.6 | 123.3 | 120.5 | 128.7 | 143.7 | 123.3 | 123.3 | — | — | 67.2 | 140.6 | — | — |
| 163.8 | 182.8 | 168.0 | 161.1 | 168.8 | 202.9 | — | 154.2 | — | — | — | 182.8 | — | — |

| 代号 | | | | 钢级 | 外径/mm | 材料参数/缺欠参数 $K_a/a_N/t$/% | 壁厚($t$)/mm | 内径/mm | 带螺纹和接箍 | | | | 整体接头 | |
|---|---|---|---|---|---|---|---|---|---|---|---|---|---|---|
| 1 | 2 | | | | | | | | 通径/mm | 接箍外径 | | | 通径/mm | 内螺纹外径/mm |
| | 带螺纹和接箍 | | 整体接头 | | | | | | | 不加厚/mm | 加厚 | | | |
| | 不加厚 | 加厚 | | | | | | | | | 标准/mm | 特殊间隙/mm | | |
| 1.050 | 1.48 | 1.54 | — | P110 | 26.67 | 1/12.5 | 3.91 | 18.85 | 16.47 | — | 42.16 | — | — | — |
| | 1.48 | 1.54 | — | P110 | 26.67 | 1/5 | 3.91 | 18.85 | 16.47 | — | 42.16 | — | — | — |
| 1.315 | 1.70 | 1.80 | 1.72 | H40 | 33.40 | 2/12.5 | 3.38 | 26.64 | 24.26 | 42.16 | 48.26 | — | 24.26 | 39.37 |
| | 2.19 | 2.24 | — | H40 | 33.40 | 2/12.5 | 4.55 | 24.31 | 21.93 | — | 48.26 | — | — | — |
| | 1.70 | 1.80 | 1.72 | J55 | 33.40 | 2/12.5 | 3.38 | 26.64 | 24.26 | 42.16 | 48.26 | — | 24.26 | 39.37 |
| | 2.19 | 2.24 | — | J55 | 33.40 | 2/12.5 | 4.55 | 24.31 | 21.93 | — | 48.26 | — | — | — |
| | 1.70 | 1.80 | 1.72 | L80 1 | 33.40 | 1/12.5 | 3.38 | 26.64 | 24.26 | 42.16 | 48.26 | — | 24.26 | 39.37 |
| | 2.19 | 2.24 | — | L80 1 | 33.40 | 1/12.5 | 4.55 | 24.31 | 21.93 | — | 48.26 | — | — | — |
| | 1.70 | 1.80 | 1.72 | L80 9Cr | 33.40 | 2/12.5 | 3.38 | 26.64 | 24.26 | 42.16 | 48.26 | — | 24.26 | 39.37 |
| | 2.19 | 2.24 | — | L80 9Cr | 33.40 | 2/12.5 | 4.55 | 24.31 | 21.93 | — | 48.26 | — | — | — |
| | 1.70 | 1.80 | 1.72 | L80 9Cr | 33.40 | 1/12.5 | 3.38 | 26.64 | 24.26 | 42.16 | 48.26 | — | 24.26 | 39.37 |
| | 2.19 | 2.24 | — | L80 9Cr | 33.40 | 1/12.5 | 4.55 | 24.31 | 21.93 | — | 48.26 | — | — | — |
| | 1.70 | 1.80 | 1.72 | N80 | 33.40 | 2/12.5 | 3.38 | 26.64 | 24.26 | 42.16 | 48.26 | — | 24.26 | 39.37 |
| | 2.19 | 2.24 | — | N80 | 33.40 | 2/12.5 | 4.55 | 24.31 | 21.93 | — | 48.26 | — | — | — |
| | 1.70 | 1.80 | 1.72 | N80 | 33.40 | 1/12.5 | 3.38 | 26.64 | 24.26 | 42.16 | 48.26 | — | 24.26 | 39.37 |
| | 2.19 | 2.24 | — | N80 | 33.40 | 1/12.5 | 4.55 | 24.31 | 21.93 | — | 48.26 | — | — | — |
| | 1.70 | 1.80 | 1.72 | C90 | 33.40 | 1/5 | 3.38 | 26.64 | 24.26 | 42.16 | 48.26 | — | 24.26 | 39.37 |
| | 2.19 | 2.24 | — | C90 | 33.40 | 1/5 | 4.55 | 24.31 | 21.93 | — | 48.26 | — | — | — |
| | 1.70 | 1.80 | 1.72 | R95 | 33.40 | 1/12.5 | 3.38 | 26.64 | 24.26 | 42.16 | 48.26 | — | 24.26 | 39.37 |
| | 2.19 | 2.24 | — | R95 | 33.40 | 1/12.5 | 4.55 | 24.31 | 21.93 | — | 48.26 | — | — | — |

续表

| 抗挤毁强度/MPa | 管体屈服强度/kN | 内压抗力 | | | | | | | | 接头连接强度 | | | |
|---|---|---|---|---|---|---|---|---|---|---|---|---|---|
| | | 管体 | | | | 带螺纹和接箍 | | | 整体接头/MPa | 带螺纹和接箍 | | | 整体接头/kN |
| | | 内屈服压力 | | | 延性断裂 | 不加厚/MPa | 加厚 | | | 不加厚/kN | 加厚 | | |
| | | API历史公式/MPa | 拉梅-米塞斯 | | | | 标准接箍/MPa | 特殊间隙接箍/MPa | | | 标准接箍/kN | 特殊间隙接箍/kN | |
| | | | 开口端部/MPa | 封堵管端/MPa | 封堵管端/MPa | | | | | | | | |
| 189.7 | 211.7 | 194.5 | 186.5 | 195.4 | 218.3 | — | 178.5 | — | — | — | 211.7 | — | — |
| | | | | | | | | | | | | | |
| 189.7 | 211.7 | 194.5 | 186.5 | 195.4 | 243.1 | — | 178.5 | — | — | — | 211.7 | — | — |
| 50.1 | 88.1 | 48.8 | 47.8 | 51.3 | 55.3 | 48.8 | 48.8 | — | 48.8 | 48.9 | 88.1 | — | 71.2 |
| 64.8 | 113.9 | 65.7 | 63.3 | 66.6 | 76.1 | — | 65.7 | — | — | — | 113.9 | — | — |
| | | | | | | | | | | | | | |
| 68.9 | 121.0 | 67.0 | 65.7 | 70.4 | 69.6 | 67.0 | 67.0 | — | 67.0 | 67.2 | 121.0 | — | 97.4 |
| 89.2 | 156.1 | 90.3 | 87.1 | 91.6 | 95.9 | — | 90.3 | — | — | — | 156.1 | — | — |
| | | | | | | | | | | | | | |
| 100.2 | 175.7 | 97.6 | 95.6 | 102.5 | 108.6 | 97.6 | 97.6 | — | 97.6 | 97.4 | 175.7 | — | 141.9 |
| 129.6 | 227.3 | 131.3 | 126.6 | 133.3 | 150.4 | — | 131.3 | — | — | — | 227.3 | — | — |
| | | | | | | | | | | | | | |
| 100.2 | 175.7 | 97.6 | 95.6 | 102.5 | 89.2 | 97.6 | 97.6 | — | 97.6 | 97.4 | 175.7 | — | 141.9 |
| 129.6 | 227.3 | 131.3 | 126.6 | 133.3 | 123.0 | — | 131.3 | — | — | — | 227.3 | — | — |
| | | | | | | | | | | | | | |
| 100.2 | 175.7 | 97.6 | 95.6 | 102.5 | 108.6 | 97.6 | 97.6 | — | 97.6 | 97.4 | 175.7 | — | 141.9 |
| 129.6 | 227.3 | 131.3 | 126.6 | 133.3 | 150.4 | — | 131.3 | — | — | — | 227.3 | — | — |
| | | | | | | | | | | | | | |
| 100.2 | 175.7 | 97.6 | 95.6 | 102.5 | 93.9 | 97.6 | 97.6 | — | 97.6 | 97.4 | 175.7 | — | 141.9 |
| 129.6 | 227.3 | 131.3 | 126.6 | 133.3 | 129.5 | — | 131.3 | — | — | — | 227.3 | — | — |
| | | | | | | | | | | | | | |
| 100.2 | 175.7 | 97.6 | 95.6 | 102.5 | 114.3 | 97.6 | 97.6 | — | 97.6 | 97.4 | 175.7 | — | 141.9 |
| 129.6 | 227.3 | 131.3 | 126.6 | 133.3 | 158.3 | — | 131.3 | — | — | — | 227.3 | — | — |
| | | | | | | | | | | | | | |
| 112.7 | 197.9 | 109.8 | 107.6 | 115.3 | 127.4 | 109.8 | 109.8 | — | 109.8 | 109.9 | 197.9 | — | 159.7 |
| 145.9 | 255.8 | 147.7 | 142.5 | 150.0 | 177.0 | — | 147.7 | — | — | — | 255.8 | — | — |
| | | | | | | | | | | | | | |
| 119.0 | 208.6 | 115.8 | 113.5 | 121.7 | 121.1 | 115.8 | 115.8 | — | 115.8 | 115.6 | 208.6 | — | 168.6 |
| 153.9 | 270.0 | 155.9 | 150.4 | 158.3 | 167.8 | — | 155.9 | — | — | — | 270.0 | — | — |

| 代号 | | | | 钢级 | 外径/mm | 材料参数/缺欠参数 $K_a/a_N/t$/% | 壁厚(t)/mm | 内径/mm | 带螺纹和接箍 | | | | 整体接头 | |
|---|---|---|---|---|---|---|---|---|---|---|---|---|---|---|
| 1 | 2 | | | | | | | | 通径/mm | 接箍外径 | | | 通径/mm | 内螺纹外径/mm |
| | 带螺纹和接箍 | | 整体接头 | | | | | | | 不加厚/mm | 加厚 | | | |
| | 不加厚 | 加厚 | | | | | | | | | 标准/mm | 特殊间隙/mm | | |
| 1.315 | 1.70 | 1.80 | 1.72 | T95 | 33.40 | 1/5 | 3.38 | 26.64 | 24.26 | 42.16 | 48.26 | — | 24.26 | 39.37 |
| | 2.19 | 2.24 | — | T95 | 33.40 | 1/5 | 4.55 | 24.31 | 21.93 | — | 48.26 | — | — | — |
| | 2.19 | 2.24 | — | P110 | 33.40 | 1/12.5 | 4.55 | 24.31 | 21.93 | — | 48.26 | — | — | — |
| | 2.19 | 2.24 | — | P110 | 33.40 | 1/5 | 4.55 | 24.31 | 21.93 | — | 48.26 | — | — | — |
| 1.660 | 2.09 | — | 2.10 | H40 | 42.16 | 2/12.5 | 3.18 | 35.81 | 33.43 | — | — | — | 32.66 | 47.75 |
| | 2.30 | 2.40 | 2.33 | H40 | 42.16 | 2/12.5 | 3.56 | 35.05 | 32.67 | 52.17 | 55.88 | — | 32.66 | 47.75 |
| | 3.03 | 3.07 | — | H40 | 42.16 | 2/12.5 | 4.85 | 32.46 | 30.08 | — | 55.88 | — | — | — |
| | 2.09 | — | 2.10 | J55 | 42.16 | 2/12.5 | 3.18 | 35.81 | 33.43 | — | — | — | 32.66 | 47.75 |
| | 2.30 | 2.40 | 2.33 | J55 | 42.16 | 2/12.5 | 3.56 | 35.05 | 32.67 | 52.17 | 55.88 | — | 32.66 | 47.75 |
| | 3.03 | 3.07 | — | J55 | 42.16 | 2/12.5 | 4.85 | 32.46 | 30.08 | — | 55.88 | — | — | — |
| | 2.30 | 2.40 | 2.33 | L80 1 | 42.16 | 1/12.5 | 3.56 | 35.05 | 32.67 | 52.17 | 55.88 | — | 32.66 | 47.75 |
| | 3.03 | 3.07 | — | L80 1 | 42.16 | 1/12.5 | 4.85 | 32.46 | 30.08 | — | 55.88 | — | — | — |
| | 2.30 | 2.40 | 2.33 | L80 9Cr | 42.16 | 2/12.5 | 3.56 | 35.05 | 32.67 | 52.17 | 55.88 | — | 32.66 | 47.75 |
| | 3.03 | 3.07 | — | L80 9Cr | 42.16 | 2/12.5 | 4.85 | 32.46 | 30.08 | — | 55.88 | — | — | — |
| | 2.30 | 2.40 | 2.33 | L80 13Cr | 42.16 | 1/12.5 | 3.56 | 35.05 | 32.67 | 52.17 | 55.88 | — | 32.66 | 47.75 |
| | 3.03 | 3.07 | — | L80 13Cr | 42.16 | 1/12.5 | 4.85 | 32.46 | 30.08 | — | 55.88 | — | — | — |
| | 2.30 | 2.40 | 2.33 | N80 | 42.16 | 2/12.5 | 3.56 | 35.05 | 32.67 | 52.17 | 55.88 | — | 32.66 | 47.75 |
| | 3.03 | 3.07 | — | N80 | 42.16 | 2/12.5 | 4.85 | 32.46 | 30.08 | — | 55.88 | — | — | — |
| | 2.30 | 2.40 | 2.33 | N80 | 42.16 | 1/12.5 | 3.56 | 35.05 | 32.67 | 52.17 | 55.88 | — | 32.66 | 47.75 |
| | 3.03 | 3.07 | — | N80 | 42.16 | 1/12.5 | 4.85 | 32.46 | 30.08 | — | 55.88 | — | — | — |

续表

| 抗挤毁强度/MPa | 管体屈服强度/kN | 内压抗力 | | | | | | | | 接头连接强度 | | | |
|---|---|---|---|---|---|---|---|---|---|---|---|---|---|
| | | 管体 | | | | 带螺纹和接箍 | | | 整体接头/MPa | 带螺纹和接箍 | | | 整体接头/kN |
| | | 内屈服压力 | | | 延性断裂 | 不加厚/MPa | 加厚 | | | 不加厚/kN | 加厚 | | |
| | | API历史公式/MPa | 拉梅-米塞斯 | | | | 标准接箍/MPa | 特殊间隙接箍/MPa | | | 标准接箍/kN | 特殊间隙接箍/kN | |
| | | | 开口端部/MPa | 封堵管端/MPa | 封堵管端/MPa | | | | | | | | |
| 119.0 | 208.6 | 115.8 | 113.5 | 121.7 | 134.2 | 115.8 | 115.8 | — | 115.8 | 115.6 | 208.6 | — | 168.6 |
| 153.9 | 270.0 | 155.9 | 150.4 | 158.3 | 186.5 | — | 155.9 | — | — | — | 270.0 | — | — |
| 178.2 | 312.7 | 180.5 | 174.1 | 183.3 | 200.8 | — | 180.5 | — | — | — | 312.7 | — | — |
| 178.2 | 312.7 | 180.5 | 174.1 | 183.3 | 223.5 | — | 180.5 | — | — | — | 312.7 | — | — |
| 38.4 | 107.2 | 36.3 | 35.9 | 39.1 | 40.4 | — | — | — | 36.3 | — | — | — | 98.7 |
| 42.6 | 119.2 | 40.7 | 40.1 | 43.4 | 45.5 | 40.7 | 40.7 | — | 40.0 | 68.9 | 119.2 | — | 98.7 |
| 56.2 | 156.6 | 55.5 | 54.1 | 57.5 | 63.5 | — | 55.5 | — | — | — | 156.6 | — | — |
| 52.8 | 147.7 | 50.0 | 49.4 | 53.7 | 50.9 | — | — | — | 50.0 | — | — | — | 135.7 |
| 58.5 | 163.7 | 55.9 | 55.2 | 59.7 | 57.4 | 55.9 | 55.9 | — | 55.1 | 94.7 | 163.7 | — | 135.7 |
| 77.2 | 215.7 | 76.3 | 74.3 | 79.1 | 79.9 | — | 76.3 | — | — | — | 215.7 | — | — |
| 85.2 | 238.0 | 81.4 | 80.2 | 86.8 | 89.3 | 81.4 | 81.4 | — | 80.1 | 137.9 | 238.0 | — | 197.5 |
| 112.2 | 313.6 | 111.0 | 108.2 | 115.0 | 124.9 | — | 111.0 | — | — | — | 313.6 | — | — |
| 85.2 | 238.0 | 81.4 | 80.2 | 86.8 | 73.6 | 81.4 | 81.4 | — | 80.1 | 137.9 | 238.0 | — | 197.5 |
| 112.2 | 313.6 | 111.0 | 108.2 | 115.0 | 102.5 | — | 111.0 | — | — | — | 313.6 | — | — |
| 85.2 | 238.0 | 81.4 | 80.2 | 86.8 | 89.3 | 81.4 | 81.4 | — | 80.1 | 137.9 | 238.0 | — | 197.5 |
| 112.2 | 313.6 | 111.0 | 108.2 | 115.0 | 124.9 | — | 111.0 | — | — | — | 313.6 | — | — |
| 85.2 | 238.0 | 81.4 | 80.2 | 86.8 | 77.4 | 81.4 | 81.4 | — | 80.1 | 137.9 | 238.0 | — | 197.5 |
| 112.2 | 313.6 | 111.0 | 108.2 | 115.0 | 107.9 | — | 111.0 | — | — | — | 313.6 | — | — |
| 85.2 | 238.0 | 81.4 | 80.2 | 86.8 | 94.0 | 81.4 | 81.4 | — | 80.1 | 137.9 | 238.0 | — | 197.5 |
| 112.2 | 313.6 | 111.0 | 108.2 | 115.0 | 131.5 | — | 111.0 | — | — | — | 313.6 | — | — |

| 代号 1 | 代号 2 带螺纹和接箍 不加厚 | 代号 2 带螺纹和接箍 加厚 | 代号 2 整体接头 | 钢级 | 外径/mm | 材料参数/缺欠参数 $K_a/a_N/t$/% | 壁厚($t$)/mm | 内径/mm | 带螺纹和接箍 通径/mm | 接箍外径 不加厚/mm | 接箍外径 加厚 标准/mm | 接箍外径 加厚 特殊间隙/mm | 整体接头 通径/mm | 整体接头 内螺纹外径/mm |
|---|---|---|---|---|---|---|---|---|---|---|---|---|---|---|
| 1.660 | 2.30 | 2.40 | 2.33 | C90 | 42.16 | 1/5 | 3.56 | 35.05 | 32.67 | 52.17 | 55.88 | — | 32.66 | 47.75 |
| | 3.03 | 3.07 | — | C90 | 42.16 | 1/5 | 4.85 | 32.46 | 30.08 | — | 55.88 | — | — | — |
| | 2.30 | 2.40 | 2.33 | R95 | 42.16 | 1/12.5 | 3.56 | 35.05 | 32.67 | 52.17 | 55.88 | — | 32.66 | 47.75 |
| | 3.03 | 3.07 | — | R95 | 42.16 | 1/12.5 | 4.85 | 32.46 | 30.08 | — | 55.88 | — | — | — |
| | 2.30 | 2.40 | 2.33 | T95 | 42.16 | 1/5 | 3.56 | 35.05 | 32.67 | 52.17 | 55.88 | — | 32.66 | 47.75 |
| | 3.03 | 3.07 | — | T95 | 42.16 | 1/5 | 4.85 | 32.46 | 30.08 | — | 55.88 | — | — | — |
| | 3.03 | 3.07 | — | P110 | 42.16 | 1/12.5 | 4.85 | 32.46 | 30.08 | — | 55.88 | — | — | — |
| | 3.03 | 3.07 | — | P110 | 42.16 | 1/5 | 4.85 | 32.46 | 30.08 | — | 55.88 | — | — | — |
| 1.900 | 2.40 | — | 2.40 | H40 | 48.26 | 2/12.5 | 3.18 | 41.91 | 39.53 | — | — | — | 38.51 | 53.59 |
| | 2.75 | 2.90 | 2.76 | H40 | 48.26 | 2/12.5 | 3.68 | 40.89 | 38.51 | 55.88 | 63.50 | — | 38.51 | 53.59 |
| | 3.65 | 3.73 | — | H40 | 48.26 | 2/12.5 | 5.08 | 38.10 | 35.72 | — | 63.50 | — | — | — |
| | 2.40 | — | 2.40 | J55 | 48.26 | 2/12.5 | 3.18 | 41.91 | 39.53 | — | — | — | 38.51 | 53.59 |
| | 2.75 | 2.90 | 2.76 | J55 | 48.26 | 2/12.5 | 3.68 | 40.89 | 38.51 | 55.88 | 63.50 | — | 38.51 | 53.59 |
| | 3.65 | 3.73 | — | J55 | 48.26 | 2/12.5 | 5.08 | 38.10 | 35.72 | — | 63.50 | — | — | — |
| | 2.75 | 2.90 | 2.76 | L80 1 | 48.26 | 1/12.5 | 3.68 | 40.89 | 38.51 | 55.88 | 63.50 | — | 38.51 | 53.59 |
| | 3.65 | 3.73 | — | L80 1 | 48.26 | 1/12.5 | 5.08 | 38.10 | 35.72 | — | 63.50 | — | — | — |
| | 4.42 | — | — | L80 1 | 48.26 | 1/12.5 | 6.35 | 35.56 | 33.18 | — | — | — | — | — |
| | 5.15 | — | — | L80 1 | 48.26 | 1/12.5 | 7.62 | 33.02 | 30.64 | — | — | — | — | — |
| | 2.75 | 2.90 | 2.76 | L80 9Cr | 48.26 | 2/12.5 | 3.68 | 40.89 | 38.51 | 55.88 | 63.50 | — | 38.51 | 53.59 |
| | 3.65 | 3.73 | — | L80 9Cr | 48.26 | 2/12.5 | 5.08 | 38.10 | 35.72 | — | 63.50 | — | — | — |
| | 4.42 | — | — | L80 9Cr | 48.26 | 2/12.5 | 6.35 | 35.56 | 33.18 | — | — | — | — | — |
| | 5.15 | — | — | L80 9Cr | 48.26 | 2/12.5 | 7.62 | 33.02 | 30.64 | — | — | — | — | — |

续表

| 抗挤毁强度/MPa | 管体屈服强度/kN | 内压抗力 | | | | | | | | 接头连接强度 | | | |
|---|---|---|---|---|---|---|---|---|---|---|---|---|---|
| | | 管体 | | | | 带螺纹和接箍 | | | 整体接头/MPa | 带螺纹和接箍 | | | 整体接头/kN |
| | | 内屈服压力 | | | 延性断裂 | 不加厚/MPa | 加厚 | | | 不加厚/kN | 加厚 | | |
| | | API历史公式/MPa | 拉梅-米塞斯 | | 封堵管端/MPa | | 标准接箍/MPa | 特殊间隙接箍/MPa | | | 标准接箍/kN | 特殊间隙接箍/kN | |
| | | | 开口端部/MPa | 封堵管端/MPa | | | | | | | | | |
| 95.8 | 267.8 | 91.5 | 90.3 | 97.6 | 104.7 | 91.5 | 91.5 | — | 90.1 | 155.2 | 267.8 | — | 222.4 |
| 126.3 | 352.7 | 124.8 | 121.7 | 129.4 | 146.8 | — | 124.8 | — | — | — | 352.7 | — | — |
| 101.1 | 282.9 | 96.6 | 95.3 | 103.1 | 99.7 | 96.6 | 96.6 | — | 95.1 | 164.1 | 282.9 | — | 234.4 |
| 133.3 | 372.3 | 131.8 | 128.4 | 136.6 | 139.4 | — | 131.8 | — | — | — | 372.3 | — | — |
| 101.1 | 282.9 | 96.6 | 95.3 | 103.1 | 110.2 | 96.6 | 96.6 | — | 95.1 | 164.1 | 282.9 | — | 234.4 |
| 133.3 | 372.3 | 131.8 | 128.4 | 136.6 | 154.6 | — | 131.8 | — | — | — | 372.3 | — | — |
| 154.3 | 431.0 | 152.6 | 148.7 | 158.1 | 166.9 | — | 152.6 | — | — | — | 431.0 | — | — |
| 154.3 | 431.0 | 152.6 | 148.7 | 158.1 | 185.3 | — | 152.6 | — | — | — | 431.0 | — | — |
| 33.9 | 124.1 | 31.8 | 31.5 | 34.5 | 35.1 | — | — | — | 31.8 | — | — | — | 119.7 |
| 38.9 | 142.3 | 36.8 | 36.4 | 39.5 | 41.0 | 36.8 | 36.8 | — | 35.4 | 85.0 | 142.3 | — | 119.7 |
| 51.9 | 189.9 | 50.8 | 49.7 | 53.1 | 57.7 | — | 50.8 | — | — | — | 189.9 | — | — |
| 45.7 | 170.4 | 43.6 | 43.3 | 47.4 | 44.2 | — | — | — | 43.6 | — | — | — | 164.6 |
| 53.4 | 195.3 | 50.6 | 50.0 | 54.4 | 51.7 | 50.6 | 50.6 | — | 48.6 | 116.5 | 195.3 | — | 164.6 |
| 71.4 | 261.1 | 69.8 | 68.3 | 73.0 | 72.6 | — | 69.8 | — | — | — | 261.1 | — | — |
| 77.7 | 284.2 | 73.6 | 72.8 | 79.2 | 80.3 | 73.6 | 73.6 | — | 70.8 | 169.9 | 284.2 | — | 239.3 |
| 103.8 | 379.9 | 101.6 | 99.4 | 106.2 | 113.3 | — | 101.6 | — | — | — | 379.9 | — | — |
| 125.9 | 461.3 | 126.9 | 122.7 | 129.5 | 144.8 | — | — | — | — | — | — | — | — |
| 146.6 | 536.4 | 152.3 | 145.1 | 151.3 | 177.7 | — | — | — | — | — | — | — | — |
| 77.7 | 284.2 | 73.6 | 72.8 | 79.2 | 66.2 | 73.6 | 73.6 | — | 70.8 | 169.9 | 284.2 | — | 239.3 |
| 103.8 | 379.9 | 101.6 | 99.4 | 106.2 | 93.2 | — | 101.6 | — | — | — | 379.9 | — | — |
| 125.9 | 461.3 | 126.9 | 122.7 | 129.5 | 118.5 | — | — | — | — | — | — | — | — |
| 146.6 | 536.4 | 152.3 | 145.1 | 151.3 | 144.8 | — | — | — | — | — | — | — | — |

| 代号 1 | 代号 2 带螺纹和接箍 不加厚 | 代号 2 带螺纹和接箍 加厚 | 代号 2 整体接头 | 钢级 | 外径/mm | 材料参数/缺欠参数 $K_a/a_N/t$/% | 壁厚($t$)/mm | 内径/mm | 带螺纹和接箍 通径/mm | 接箍外径 不加厚/mm | 接箍外径 加厚 标准/mm | 接箍外径 加厚 特殊间隙/mm | 整体接头 通径/mm | 整体接头 内螺纹外径/mm |
|---|---|---|---|---|---|---|---|---|---|---|---|---|---|---|
| 1.900 | 2.75 | 2.90 | 2.76 | L80 13Cr | 48.26 | 1/12.5 | 3.68 | 40.89 | 38.51 | 55.88 | 63.50 | — | 38.51 | 53.59 |
| | 3.65 | 3.73 | — | L80 13Cr | 48.26 | 1/12.5 | 5.08 | 38.10 | 35.72 | — | 63.50 | — | — | — |
| | 4.42 | — | — | L80 13Cr | 48.26 | 1/12.5 | 6.35 | 35.56 | 33.18 | — | — | — | — | — |
| | 5.15 | — | — | L80 13Cr | 48.26 | 1/12.5 | 7.62 | 33.02 | 30.64 | — | — | — | — | — |
| | 2.75 | 2.90 | 2.76 | N80 | 48.26 | 2/12.5 | 3.68 | 40.89 | 38.51 | 55.88 | 63.50 | — | 38.51 | 53.59 |
| | 3.65 | 3.73 | — | N80 | 48.26 | 2/12.5 | 5.08 | 38.10 | 35.72 | — | 63.50 | — | — | — |
| | 2.75 | 2.90 | 2.76 | N80 | 48.26 | 1/12.5 | 3.68 | 40.89 | 38.51 | 55.88 | 63.50 | — | 38.51 | 53.59 |
| | 3.65 | 3.73 | — | N80 | 48.26 | 1/12.5 | 5.08 | 38.10 | 35.72 | — | 63.50 | — | — | — |
| | 2.75 | 2.90 | 2.76 | C90 | 48.26 | 1/5 | 3.68 | 40.89 | 38.51 | 55.88 | 63.50 | — | 38.51 | 53.59 |
| | 3.65 | 3.73 | — | C90 | 48.26 | 1/5 | 5.08 | 38.10 | 35.72 | — | 63.50 | — | — | — |
| | 4.42 | — | — | C90 | 48.26 | 1/5 | 6.35 | 35.56 | 33.18 | — | — | — | — | — |
| | 5.15 | — | — | C90 | 48.26 | 1/5 | 7.62 | 33.02 | 30.64 | — | — | — | — | — |
| | 2.75 | 2.90 | 2.76 | R95 | 48.26 | 1/12.5 | 3.68 | 40.89 | 38.51 | 55.88 | 63.50 | — | 38.51 | 53.59 |
| | 3.65 | 3.73 | — | R95 | 48.26 | 1/12.5 | 5.08 | 38.10 | 35.72 | — | 63.50 | — | — | — |
| | 4.42 | — | — | R95 | 48.26 | 1/12.5 | 6.35 | 35.56 | 33.18 | — | — | — | — | — |
| | 5.15 | — | — | R95 | 48.26 | 1/12.5 | 7.62 | 33.02 | 30.64 | — | — | — | — | — |
| | 2.75 | 2.90 | 2.76 | T95 | 48.26 | 1/5 | 3.68 | 40.89 | 38.51 | 55.88 | 63.50 | — | 38.51 | 53.59 |
| | 3.65 | 3.73 | — | T95 | 48.26 | 1/5 | 5.08 | 38.10 | 35.72 | — | 63.50 | — | — | — |
| | 4.42 | — | — | T95 | 48.26 | 1/5 | 6.35 | 35.56 | 33.18 | — | — | — | — | — |
| | 5.15 | — | — | T95 | 48.26 | 1/5 | 7.62 | 33.02 | 30.64 | — | — | — | — | — |
| | 3.65 | 3.73 | — | P110 | 48.26 | 1/12.5 | 5.08 | 38.10 | 35.72 | — | 63.50 | — | — | — |
| | 3.65 | 3.73 | — | P110 | 48.26 | 1/5 | 5.08 | 38.10 | 35.72 | — | 63.50 | — | — | — |

续表

| 抗挤毁强度/MPa | 管体屈服强度/kN | 内压抗力 | | | | | | | | 接头连接强度 | | | |
|---|---|---|---|---|---|---|---|---|---|---|---|---|---|
| | | 管体 | | | | 带螺纹和接箍 | | | 整体接头/MPa | 带螺纹和接箍 | | | 整体接头/kN |
| | | 内屈服压力 | | | 延性断裂 | 不加厚/MPa | 加厚 | | | 不加厚/kN | 加厚 | | |
| | | API历史公式/MPa | 拉梅-米塞斯 | | 封堵管端/MPa | | 标准接箍/MPa | 特殊间隙接箍/MPa | | | 标准接箍/kN | 特殊间隙接箍/kN | |
| | | | 开口端部/MPa | 封堵管端/MPa | | | | | | | | | |
| 77.7 | 284.2 | 73.6 | 72.8 | 79.2 | 80.3 | 73.6 | 73.6 | — | 70.8 | 169.9 | 284.2 | — | 239.3 |
| 103.8 | 379.9 | 101.6 | 99.4 | 106.2 | 113.3 | — | 101.6 | — | — | — | 379.9 | — | — |
| 125.9 | 461.3 | 126.9 | 122.7 | 129.5 | 144.8 | — | — | — | — | — | — | — | — |
| 146.6 | 536.4 | 152.3 | 145.1 | 151.3 | 177.7 | — | — | — | — | — | — | — | — |
| | | | | | | | | | | | | | |
| 77.7 | 284.2 | 73.6 | 72.8 | 79.2 | 69.7 | 73.6 | 73.6 | — | 70.8 | 169.9 | 284.2 | — | 239.3 |
| 103.8 | 379.9 | 101.6 | 99.4 | 106.2 | 98.0 | — | 101.6 | — | — | — | 379.9 | — | — |
| | | | | | | | | | | | | | |
| 77.7 | 284.2 | 73.6 | 72.8 | 79.2 | 84.5 | 73.6 | 73.6 | — | 70.8 | 169.9 | 284.2 | — | 239.3 |
| 103.8 | 379.9 | 101.6 | 99.4 | 106.2 | 119.3 | — | 101.6 | — | — | — | 379.9 | — | — |
| | | | | | | | | | | | | | |
| 87.0 | 319.8 | 82.8 | 81.9 | 89.0 | 94.0 | 82.8 | 82.8 | — | 79.6 | 190.8 | 319.8 | — | 269.1 |
| 116.8 | 427.5 | 114.2 | 111.8 | 119.5 | 133.0 | — | 114.2 | — | — | — | 427.5 | — | — |
| 141.7 | 518.6 | 142.8 | 138.0 | 145.6 | 170.4 | — | — | — | — | — | — | — | — |
| 164.9 | 603.6 | 171.4 | 163.2 | 170.2 | 209.5 | — | — | — | — | — | — | — | — |
| | | | | | | | | | | | | | |
| 90.9 | 337.6 | 87.4 | 86.4 | 94.0 | 89.6 | 87.4 | 87.4 | — | 84.1 | 201.5 | 337.6 | — | 283.8 |
| 123.3 | 451.5 | 120.6 | 118.0 | 126.2 | 126.5 | — | 120.6 | — | — | — | 451.5 | — | — |
| 149.6 | 547.5 | 150.8 | 145.7 | 153.7 | 161.6 | — | — | — | — | — | — | — | — |
| 174.0 | 637.4 | 180.9 | 172.3 | 179.7 | 198.2 | — | — | — | — | — | — | — | — |
| | | | | | | | | | | | | | |
| 90.9 | 337.6 | 87.4 | 86.4 | 94.0 | 99.1 | 87.4 | 87.4 | — | 84.1 | 201.5 | 337.6 | — | 283.8 |
| 123.3 | 451.5 | 120.6 | 118.0 | 126.2 | 140.2 | — | 120.6 | — | — | — | 451.5 | — | — |
| 149.6 | 547.5 | 150.8 | 145.7 | 153.7 | 179.5 | — | — | — | — | — | — | — | — |
| 174.0 | 637.4 | 180.9 | 172.3 | 179.7 | 220.8 | — | — | — | — | — | — | — | — |
| | | | | | | | | | | | | | |
| 142.8 | 522.6 | 139.6 | 136.6 | 146.1 | 151.4 | — | 139.6 | — | — | — | 522.6 | — | — |
| | | | | | | | | | | | | | |
| 142.8 | 522.6 | 139.6 | 136.6 | 146.1 | 168.0 | — | 139.6 | — | — | — | 522.6 | — | — |

| 代号 | | | | 钢级 | 外径/mm | 材料参数/缺欠参数 $K_a/a_N/t$/% | 壁厚(t)/mm | 内径/mm | 带螺纹和接箍 | | | | 整体接头 | |
|---|---|---|---|---|---|---|---|---|---|---|---|---|---|---|
| 1 | 2 | | | | | | | | 通径/mm | 接箍外径 | | | 通径/mm | 内螺纹外径/mm |
| | 带螺纹和接箍 | | 整体接头 | | | | | | | 不加厚/mm | 加厚 | | | |
| | 不加厚 | 加厚 | | | | | | | | | 标准/mm | 特殊间隙/mm | | |
| | 3.24 | — | 3.25 | H40 | 52.40 | 2/12.5 | 3.96 | 44.48 | 42.09 | — | — | — | 42.09 | 59.06 |
| | 4.50 | — | — | H40 | 52.40 | 2/12.5 | 5.72 | 40.97 | 38.59 | — | — | — | — | — |
| | 3.24 | — | 3.25 | J55 | 52.40 | 2/12.5 | 3.96 | 44.48 | 42.09 | — | — | — | 42.09 | 59.06 |
| | 4.50 | — | — | J55 | 52.40 | 2/12.5 | 5.72 | 40.97 | 38.59 | — | — | — | — | — |
| | 3.24 | — | 3.25 | L80 1 | 52.40 | 1/12.5 | 3.96 | 44.48 | 42.09 | — | — | — | 42.09 | 59.06 |
| | 4.50 | — | — | L80 1 | 52.40 | 1/12.5 | 5.72 | 40.97 | 38.59 | — | — | — | — | — |
| | 3.24 | — | 3.25 | L80 9Cr | 52.40 | 2/12.5 | 3.96 | 44.48 | 42.09 | — | — | — | 42.09 | 59.06 |
| | 4.50 | — | — | L80 9Cr | 52.40 | 2/12.5 | 5.72 | 40.97 | 38.59 | — | — | — | — | — |
| | 3.24 | — | 3.25 | L80 13Cr | 52.40 | 1/12.5 | 3.96 | 44.48 | 42.09 | — | — | — | 42.09 | 59.06 |
| 2.063 | 4.50 | — | — | L80 13Cr | 52.40 | 1/12.5 | 5.72 | 40.97 | 38.59 | — | — | — | — | — |
| | 3.24 | — | 3.25 | N80 | 52.40 | 2/12.5 | 3.96 | 44.48 | 42.09 | — | — | — | 42.09 | 59.06 |
| | 4.50 | — | — | N80 | 52.40 | 2/12.5 | 5.72 | 40.97 | 38.59 | — | — | — | — | — |
| | 3.24 | — | 3.25 | N80 | 52.40 | 1/12.5 | 3.96 | 44.48 | 42.09 | — | — | — | 42.09 | 59.06 |
| | 4.50 | — | — | N80 | 52.40 | 1/12.5 | 5.72 | 40.97 | 38.59 | — | — | — | — | — |
| | 3.24 | | 3.25 | C90 | 52.40 | 1/5 | 3.96 | 44.48 | 42.09 | — | — | — | 42.09 | 59.06 |
| | 4.50 | — | — | C90 | 52.40 | 1/5 | 5.72 | 40.97 | 38.59 | — | — | — | — | — |
| | 3.24 | — | 3.25 | R95 | 52.40 | 1/12.5 | 3.96 | 44.48 | 42.09 | — | — | — | 42.09 | 59.06 |
| | 4.50 | — | — | R95 | 52.40 | 1/12.5 | 5.72 | 40.97 | 38.59 | — | — | — | — | — |
| | 3.24 | — | 3.25 | T95 | 52.40 | 1/5 | 3.96 | 44.48 | 42.09 | — | — | — | 42.09 | 59.06 |
| | 4.50 | — | — | T95 | 52.40 | 1/5 | 5.72 | 40.97 | 38.59 | — | — | — | — | — |

续表

| 抗挤毁强度/MPa | 管体屈服强度/kN | 内压抗力 | | | | | | | | 接头连接强度 | | | |
|---|---|---|---|---|---|---|---|---|---|---|---|---|---|
| | | 管体 | | | | 带螺纹和接箍 | | | 整体接头/MPa | 带螺纹和接箍 | | | 整体接头/kN |
| | | 内屈服压力 | | | 延性断裂 | 不加厚/MPa | 加厚 | | | 不加厚/kN | 加厚 | | |
| | | API历史公式/MPa | 拉梅-米塞斯 | | | | 标准接箍/MPa | 特殊间隙接箍/MPa | | | 标准接箍/kN | 特殊间隙接箍/kN | |
| | | | 开口端部/MPa | 封堵管端/MPa | 封堵管端/MPa | | | | | | | | |
| 38.5 | 166.4 | 36.4 | 36.0 | 39.2 | 40.7 | — | — | — | 35.1 | — | — | — | 158.8 |
| 53.5 | 231.3 | 52.6 | 51.4 | 54.8 | 59.9 | — | — | — | — | — | — | — | — |
| 53.0 | 228.6 | 50.2 | 49.6 | 53.9 | 51.1 | — | — | — | 48.2 | — | — | — | 218.4 |
| 73.7 | 317.6 | 72.3 | 70.7 | 75.4 | 75.4 | — | — | — | — | — | — | — | — |
| 77.0 | 332.7 | 73.0 | 72.1 | 78.5 | 79.5 | — | — | — | 70.1 | — | — | — | 317.6 |
| 107.1 | 462.1 | 105.2 | 102.8 | 109.7 | 117.8 | — | — | — | — | — | — | — | — |
| 77.0 | 332.7 | 73.0 | 72.1 | 78.5 | 65.6 | — | — | — | 70.1 | — | — | — | 317.6 |
| 107.1 | 462.1 | 105.2 | 102.8 | 109.7 | 96.7 | — | — | — | — | — | — | — | — |
| 77.0 | 332.7 | 73.0 | 72.1 | 78.5 | 79.5 | — | — | — | 70.1 | — | — | — | 317.6 |
| 107.1 | 462.1 | 105.2 | 102.8 | 109.7 | 117.8 | — | — | — | — | — | — | — | — |
| 77.0 | 332.7 | 73.0 | 72.1 | 78.5 | 69.0 | — | — | — | 70.1 | — | — | — | 317.6 |
| 107.1 | 462.1 | 105.2 | 102.8 | 109.7 | 101.8 | — | — | — | — | — | — | — | — |
| 77.0 | 332.7 | 73.0 | 72.1 | 78.5 | 83.7 | — | — | — | 70.1 | — | — | — | 317.6 |
| 107.1 | 462.1 | 105.2 | 102.8 | 109.7 | 124.0 | — | — | — | — | — | — | — | — |
| 85.6 | 374.5 | 82.1 | 81.2 | 88.3 | 93.1 | — | — | — | 79.0 | — | — | — | 357.2 |
| 120.5 | 520.0 | 118.4 | 115.6 | 123.4 | 138.4 | — | — | — | — | — | — | — | — |
| 89.4 | 395.0 | 86.6 | 85.6 | 93.2 | 88.7 | — | — | — | 83.3 | — | — | — | 376.7 |
| 127.2 | 548.9 | 124.9 | 122.1 | 130.2 | 131.5 | — | — | — | — | — | — | — | — |
| 89.4 | 395.0 | 86.6 | 85.6 | 93.2 | 98.1 | — | — | — | 83.3 | — | — | — | 376.7 |
| 127.2 | 548.9 | 124.9 | 122.1 | 130.2 | 145.8 | — | — | — | — | — | — | — | — |

| 代号 1 | 代号 2 带螺纹和接箍 不加厚 | 代号 2 带螺纹和接箍 加厚 | 代号 2 整体接头 | 钢级 | 外径/mm | 材料参数/缺欠参数 $K_a/a_N/t$/% | 壁厚 $(t)$/mm | 内径/mm | 带螺纹和接箍 通径/mm | 带螺纹和接箍 接箍外径 不加厚/mm | 带螺纹和接箍 接箍外径 加厚 标准/mm | 带螺纹和接箍 接箍外径 加厚 特殊间隙/mm | 整体接头 通径/mm | 整体接头 内螺纹外径/mm |
|---|---|---|---|---|---|---|---|---|---|---|---|---|---|---|
| 2.063 | 4.50 | — | — | P110 | 52.40 | 1/12.5 | 5.72 | 40.97 | 38.59 | — | — | — | — | — |
| | 4.50 | — | — | P110 | 52.40 | 1/5 | 5.72 | 40.97 | 38.59 | — | — | — | — | — |
| 2⅜ | 4.00 | — | — | H40 | 60.32 | 2/12.5 | 4.24 | 51.84 | 49.46 | 73.03 | — | — | — | — |
| | 4.60 | 4.70 | — | H40 | 60.32 | 2/12.5 | 4.83 | 50.67 | 48.29 | 73.03 | 77.80 | 73.91 | — | — |
| | 4.00 | — | — | J55 | 60.32 | 2/12.5 | 4.24 | 51.84 | 49.46 | 73.03 | — | — | — | — |
| | 4.60 | 4.70 | — | J55 | 60.32 | 2/12.5 | 4.83 | 50.67 | 48.29 | 73.03 | 77.80 | 73.91 | — | — |
| | 4.00 | — | — | L80 1 | 60.32 | 1/12.5 | 4.24 | 51.84 | 49.46 | 73.03 | — | — | — | — |
| | 4.60 | 4.70 | — | L80 1 | 60.32 | 1/12.5 | 4.83 | 50.67 | 48.29 | 73.03 | 77.80 | 73.91 | — | — |
| | 5.80 | 5.95 | — | L80 1 | 60.32 | 1/12.5 | 6.45 | 47.42 | 45.04 | 73.03 | 77.80 | 73.91 | — | — |
| | 6.60 | — | — | L80 1 | 60.32 | 1/12.5 | 7.49 | 45.34 | 42.96 | — | — | — | — | — |
| | 7.35 | 7.45 | — | L80 1 | 60.32 | 1/12.5 | 8.53 | 43.26 | 40.87 | — | 77.80 | 73.91 | — | — |
| | 4.00 | — | — | L80 9Cr | 60.32 | 2/12.5 | 4.24 | 51.84 | 49.46 | 73.03 | — | — | — | — |
| | 4.60 | 4.70 | — | L80 9Cr | 60.32 | 2/12.5 | 4.83 | 50.67 | 48.29 | 73.03 | 77.80 | 73.91 | — | — |
| | 5.80 | 5.95 | — | L80 9Cr | 60.32 | 2/12.5 | 6.45 | 47.42 | 45.04 | 73.03 | 77.80 | 73.91 | — | — |
| | 6.60 | — | — | L80 9Cr | 60.32 | 2/12.5 | 7.49 | 45.34 | 42.96 | — | — | — | — | — |
| | 7.35 | 7.45 | — | L80 9Cr | 60.32 | 2/12.5 | 8.53 | 43.26 | 40.87 | — | 77.80 | 73.91 | — | — |
| | 4.00 | — | — | L80 13Cr | 60.32 | 1/12.5 | 4.24 | 51.84 | 49.46 | 73.03 | — | — | — | — |
| | 4.60 | 4.70 | — | L80 13Cr | 60.32 | 1/12.5 | 4.83 | 50.67 | 48.29 | 73.03 | 77.80 | 73.91 | — | — |
| | 5.80 | 5.95 | — | L80 13Cr | 60.32 | 1/12.5 | 6.45 | 47.42 | 45.04 | 73.03 | 77.80 | 73.91 | — | — |

续表

| 抗挤毁强度/MPa | 管体屈服强度/kN | 内压抗力 管体 内屈服压力 API历史公式/MPa | 内压抗力 管体 内屈服压力 拉梅-米塞斯 开口端部/MPa | 内压抗力 管体 内屈服压力 拉梅-米塞斯 封堵管端/MPa | 内压抗力 管体 延性断裂 封堵管端/MPa | 内压抗力 带螺纹和接箍 不加厚/MPa | 内压抗力 带螺纹和接箍 加厚 标准接箍/MPa | 内压抗力 带螺纹和接箍 加厚 特殊间隙接箍/MPa | 内压抗力 整体接头/MPa | 接头连接强度 带螺纹和接箍 不加厚/kN | 接头连接强度 带螺纹和接箍 加厚 标准接箍/kN | 接头连接强度 带螺纹和接箍 加厚 特殊间隙接箍/kN | 接头连接强度 整体接头/kN |
|---|---|---|---|---|---|---|---|---|---|---|---|---|---|
| 147. 3 | 635. 6 | 144. 6 | 141. 3 | 150. 8 | 157. 4 | — | — | — | — | — | — | — | — |
| | | | | | | | | | | | | | |
| 147. 3 | 635. 6 | 144. 6 | 141. 3 | 150. 8 | 174. 7 | — | — | — | — | — | — | — | — |
| 36. 0 | 205. 9 | 33. 9 | 33. 6 | 36. 7 | 37. 6 | 33. 9 | — | — | — | 133. 9 | — | — | — |
| 40. 6 | 232. 2 | 38. 6 | 38. 1 | 41. 3 | 43. 1 | 38. 6 | 38. 6 | 38. 6 | — | 160. 1 | 232. 2 | 232. 2 | — |
| | | | | | | | | | | | | | |
| 49. 5 | 283. 3 | 46. 6 | 46. 2 | 50. 4 | 47. 4 | 46. 6 | — | — | — | 184. 1 | — | — | — |
| 55. 8 | 318. 9 | 53. 1 | 52. 4 | 56. 8 | 54. 3 | 53. 1 | 53. 1 | 53. 1 | — | 219. 7 | 318. 9 | 318. 9 | — |
| | | | | | | | | | | | | | |
| 68. 8 | 411. 9 | 67. 8 | 67. 2 | 73. 3 | 73. 7 | 67. 8 | — | — | — | 267. 8 | — | — | — |
| 81. 2 | 463. 9 | 77. 2 | 76. 2 | 82. 7 | 84. 4 | 77. 2 | 77. 2 | 77. 2 | — | 319. 8 | 463. 9 | 463. 9 | — |
| 105. 3 | 602. 3 | 103. 1 | 100. 9 | 107. 8 | 115. 3 | 103. 1 | 102. 4 | 78. 8 | — | 458. 1 | 602. 3 | 602. 3 | — |
| 120. 0 | 685. 9 | 119. 8 | 116. 2 | 123. 1 | 135. 9 | — | — | — | — | — | — | — | — |
| 133. 9 | 765. 9 | 136. 5 | 131. 3 | 137. 8 | 157. 0 | — | 102. 4 | 78. 8 | — | — | 765. 9 | 628. 5 | — |
| | | | | | | | | | | | | | |
| 68. 8 | 411. 9 | 67. 8 | 67. 2 | 73. 3 | 60. 8 | 67. 8 | — | — | — | 267. 8 | — | — | — |
| 81. 2 | 463. 9 | 77. 2 | 76. 2 | 82. 7 | 69. 6 | 77. 2 | 77. 2 | 77. 2 | — | 319. 8 | 463. 9 | 463. 9 | — |
| 105. 3 | 602. 3 | 103. 1 | 100. 9 | 107. 8 | 94. 7 | 103. 1 | 102. 4 | 78. 8 | — | 458. 1 | 602. 3 | 602. 3 | — |
| 120. 0 | 685. 9 | 119. 8 | 116. 2 | 123. 1 | 111. 3 | — | | — | — | — | — | — | — |
| 133. 9 | 765. 9 | 136. 5 | 131. 3 | 137. 8 | 128. 3 | — | 102. 4 | 78. 8 | — | — | 765. 9 | 628. 5 | — |
| | | | | | | | | | | | | | |
| 68. 8 | 411. 9 | 67. 8 | 67. 2 | 73. 3 | 73. 7 | 67. 8 | — | — | — | 267. 8 | — | — | — |
| 81. 2 | 463. 9 | 77. 2 | 76. 2 | 82. 7 | 84. 4 | 77. 2 | 77. 2 | 77. 2 | — | 319. 8 | 463. 9 | 463. 9 | — |
| 105. 3 | 602. 3 | 103. 1 | 100. 9 | 107. 8 | 115. 3 | 103. 1 | 102. 4 | 78. 8 | — | 458. 1 | 602. 3 | 602. 3 | — |

| 代号 | | | | 钢级 | 外径/mm | 材料参数/缺欠参数 $K_a/a_N/t$/% | 壁厚($t$)/mm | 内径/mm | 带螺纹和接箍 | | | | 整体接头 | |
|---|---|---|---|---|---|---|---|---|---|---|---|---|---|---|
| 1 | 2 | | | | | | | | 通径/mm | 接箍外径 | | | 通径/mm | 内螺纹外径/mm |
| | 带螺纹和接箍 | | 整体接头 | | | | | | | 不加厚/mm | 加厚 | | | |
| | 不加厚 | 加厚 | | | | | | | | | 标准/mm | 特殊间隙/mm | | |
| $2\frac{3}{8}$ | 6. 60 | — | — | L80 13Cr | 60. 32 | 1/12. 5 | 7. 49 | 45. 34 | 42. 96 | — | — | — | — | — |
| | 7. 35 | 7. 45 | — | L80 13Cr | 60. 32 | 1/12. 5 | 8. 53 | 43. 26 | 40. 87 | — | 77. 80 | 73. 91 | — | — |
| | 4. 00 | — | — | N80 | 60. 32 | 2/12. 5 | 4. 24 | 51. 84 | 49. 46 | 73. 03 | — | — | — | — |
| | 4. 60 | 4. 70 | — | N80 | 60. 32 | 2/12. 5 | 4. 83 | 50. 67 | 48. 29 | 73. 03 | 77. 80 | 73. 91 | — | — |
| | 5. 80 | 5. 95 | — | N80 | 60. 32 | 2/12. 5 | 6. 45 | 47. 42 | 45. 04 | 73. 03 | 77. 80 | 73. 91 | — | — |
| | 4. 00 | — | — | N80 | 60. 32 | 1/12. 5 | 4. 24 | 51. 84 | 49. 46 | 73. 03 | — | — | — | — |
| | 4. 60 | 4. 70 | — | N80 | 60. 32 | 1/12. 5 | 4. 83 | 50. 67 | 48. 29 | 73. 03 | 77. 80 | 73. 91 | — | — |
| | 5. 80 | 5. 95 | — | N80 | 60. 32 | 1/12. 5 | 6. 45 | 47. 42 | 45. 04 | 73. 03 | 77. 80 | 73. 91 | — | — |
| | 4. 00 | — | — | C90 | 60. 32 | 1/5 | 4. 24 | 51. 84 | 49. 46 | 73. 03 | — | — | — | — |
| | 4. 60 | 4. 70 | — | C90 | 60. 32 | 1/5 | 4. 83 | 50. 67 | 48. 29 | 73. 03 | 77. 80 | 73. 91 | — | — |
| | 5. 80 | 5. 95 | — | C90 | 60. 32 | 1/5 | 6. 45 | 47. 42 | 45. 04 | 73. 03 | 77. 80 | 73. 91 | — | — |
| | 6. 60 | — | — | C90 | 60. 32 | 1/5 | 7. 49 | 45. 34 | 42. 96 | — | — | — | — | — |
| | 7. 35 | 7. 45 | — | C90 | 60. 32 | 1/5 | 8. 53 | 43. 26 | 40. 87 | — | 77. 80 | 73. 91 | — | — |
| | 4. 00 | — | — | R95 | 60. 32 | 1/12. 5 | 4. 24 | 51. 84 | 49. 46 | 73. 03 | — | — | — | — |
| | 4. 60 | 4. 70 | — | R95 | 60. 32 | 1/12. 5 | 4. 83 | 50. 67 | 48. 29 | 73. 03 | 77. 80 | 73. 91 | — | — |
| | 5. 80 | 5. 95 | — | R95 | 60. 32 | 1/12. 5 | 6. 45 | 47. 42 | 45. 04 | 73. 03 | 77. 80 | 73. 91 | — | — |
| | 6. 60 | — | — | R95 | 60. 32 | 1/12. 5 | 7. 49 | 45. 34 | 42. 96 | — | — | — | — | — |
| | 7. 35 | 7. 45 | — | R95 | 60. 32 | 1/12. 5 | 8. 53 | 43. 26 | 40. 87 | | 77. 80 | 73. 91 | — | — |
| | 4. 00 | — | — | T95 | 60. 32 | 1/5 | 4. 24 | 51. 84 | 49. 46 | 73. 03 | — | — | — | — |
| | 4. 60 | 4. 70 | — | T95 | 60. 32 | 1/5 | 4. 83 | 50. 67 | 48. 29 | 73. 03 | 77. 80 | 73. 91 | — | — |
| | 5. 80 | 5. 95 | — | T95 | 60. 32 | 1/5 | 6. 45 | 47. 42 | 45. 04 | 73. 03 | 77. 80 | 73. 91 | — | — |
| | 6. 60 | — | — | T95 | 60. 32 | 1/5 | 7. 49 | 45. 34 | 42. 96 | — | — | — | — | — |
| | 7. 35 | 7. 45 | — | T95 | 60. 32 | 1/5 | 8. 53 | 43. 26 | 40. 87 | — | 77. 80 | 73. 91 | — | — |

续表

| 抗挤毁强度/MPa | 管体屈服强度/kN | 内压抗力 | | | | | | | | 接头连接强度 | | | |
|---|---|---|---|---|---|---|---|---|---|---|---|---|---|
| | | 管体 | | | | 带螺纹和接箍 | | | 整体接头/MPa | 带螺纹和接箍 | | | 整体接头/kN |
| | | 内屈服压力 | | | 延性断裂 | 不加厚/MPa | 加厚 | | | 不加厚/kN | 加厚 | | |
| | | API历史公式/MPa | 拉梅-米塞斯 | | | | 标准接箍/MPa | 特殊间隙接箍/MPa | | | 标准接箍/kN | 特殊间隙接箍/kN | |
| | | | 开口端部/MPa | 封堵管端/MPa | 封堵管端/MPa | | | | | | | | |
| 120.0 | 685.9 | 119.8 | 116.2 | 123.1 | 135.9 | — | — | — | — | — | — | — | — |
| 133.9 | 765.9 | 136.5 | 131.3 | 137.8 | 157.0 | — | 102.4 | 78.8 | — | — | 765.9 | 628.5 | — |
| | | | | | | | | | | | | | |
| 68.8 | 411.9 | 67.8 | 67.2 | 73.3 | 64.0 | 67.8 | — | — | — | 267.8 | — | — | — |
| 81.2 | 463.9 | 77.2 | 76.2 | 82.7 | 73.2 | 77.2 | 77.2 | 77.2 | — | 319.8 | 463.9 | 463.9 | — |
| 105.3 | 602.3 | 103.1 | 100.9 | 107.8 | 99.7 | 103.1 | 102.4 | 78.8 | — | 458.1 | 602.3 | 602.3 | — |
| | | | | | | | | | | | | | |
| 68.8 | 411.9 | 67.8 | 67.2 | 73.3 | 77.5 | 67.8 | — | — | — | 267.8 | — | — | — |
| 81.2 | 463.9 | 77.2 | 76.2 | 82.7 | 88.9 | 77.2 | 77.2 | 77.2 | — | 319.8 | 463.9 | 463.9 | — |
| 105.3 | 602.3 | 103.1 | 100.9 | 107.8 | 121.4 | 103.1 | 102.4 | 78.8 | — | 458.1 | 602.3 | 602.3 | — |
| 75.4 | 463.5 | 76.3 | 75.6 | 82.5 | 86.2 | 76.3 | — | — | — | 301.6 | — | — | — |
| 91.3 | 522.2 | 86.8 | 85.7 | 93.0 | 98.9 | 86.8 | 86.8 | 86.8 | — | 359.8 | 522.2 | 522.2 | — |
| 118.4 | 677.4 | 116.0 | 113.5 | 121.2 | 135.4 | 116.0 | 115.2 | 88.7 | — | 515.1 | 677.4 | 677.4 | — |
| 134.9 | 771.7 | 134.8 | 130.8 | 138.4 | 159.8 | — | — | — | — | — | — | — | — |
| 150.6 | 861.6 | 153.5 | 147.7 | 155.0 | 184.9 | — | 115.2 | 88.7 | — | — | 861.6 | 706.8 | — |
| | | | | | | | | | | | | | |
| 78.6 | 489.3 | 80.5 | 79.8 | 87.1 | 82.2 | 80.5 | — | — | — | 318.0 | — | — | — |
| 96.3 | 551.1 | 91.6 | 90.5 | 98.2 | 94.2 | 91.6 | 91.6 | 91.6 | — | 379.9 | 551.1 | 551.1 | — |
| 125.1 | 714.8 | 122.5 | 119.8 | 127.9 | 69.7 | 122.5 | 121.6 | 93.6 | — | 544.0 | 714.8 | 714.8 | |
| 142.4 | 814.9 | 142.3 | 138.1 | 146.1 | 151.6 | — | — | — | — | — | — | — | — |
| 159.0 | 909.2 | 162.1 | 155.9 | 163.6 | 175.2 | — | 121.6 | 93.6 | — | — | 909.2 | 746.4 | — |
| | | | | | | | | | | | | | |
| 78.6 | 489.3 | 80.5 | 79.8 | 87.1 | 90.8 | 80.5 | — | — | — | 318.0 | — | — | — |
| 96.3 | 551.1 | 91.6 | 90.5 | 98.2 | 104.2 | 91.6 | 91.6 | 91.6 | — | 379.9 | 551.1 | 551.1 | — |
| 125.1 | 714.8 | 122.5 | 119.8 | 127.9 | 142.7 | 122.5 | 121.6 | 93.6 | — | 544.0 | 714.8 | 714.8 | — |
| 142.4 | 814.9 | 142.3 | 138.1 | 146.1 | 168.3 | — | — | — | — | — | — | — | — |
| 159.0 | 909.2 | 162.1 | 155.9 | 163.6 | 194.8 | — | 121.6 | 93.6 | — | — | 909.2 | 746.4 | — |

| 代号 | | | | 钢级 | 外径/mm | 材料参数/缺欠参数 $K_a/a_N/t$/% | 壁厚($t$)/mm | 内径/mm | 带螺纹和接箍 | | | | 整体接头 | |
|---|---|---|---|---|---|---|---|---|---|---|---|---|---|---|
| 1 | 2 | | | | | | | | 通径/mm | 接箍外径 | | | 通径/mm | 内螺纹外径/mm |
| | 带螺纹和接箍 | | 整体接头 | | | | | | | 不加厚/mm | 加厚 | | | |
| | 不加厚 | 加厚 | | | | | | | | | 标准/mm | 特殊间隙/mm | | |
| 2⅜ | 4.60 | 4.70 | — | P110 | 60.32 | 1/12.5 | 4.83 | 50.67 | 48.29 | 73.03 | 77.80 | 73.91 | — | — |
| | 5.80 | 5.95 | — | P110 | 60.32 | 1/12.5 | 6.45 | 47.42 | 45.04 | 73.03 | 77.80 | 73.91 | — | — |
| | 4.60 | 4.70 | — | P110 | 60.32 | 1/5 | 4.83 | 50.67 | 48.29 | 73.03 | 77.80 | 73.91 | — | — |
| | 5.80 | 5.95 | — | P110 | 60.32 | 1/5 | 6.45 | 47.42 | 45.04 | 73.03 | 77.80 | 73.91 | — | — |
| | 6.40 | 6.50 | — | H40 | 73.02 | 2/12.5 | 5.51 | 62.00 | 59.62 | 88.90 | 93.17 | 87.88 | — | — |
| | 6.40 | 6.50 | — | J55 | 73.02 | 2/12.5 | 5.51 | 62.00 | 59.62 | 88.90 | 93.17 | 87.88 | — | — |
| 2⅞ | 6.40 | 6.50 | — | L80 1 | 73.02 | 1/12.5 | 5.51 | 62.00 | 59.62 | 88.90 | 93.17 | 87.88 | — | — |
| | 7.80 | 7.90 | — | L80 1 | 73.02 | 1/12.5 | 7.01 | 59.00 | 56.62 | 88.90 | 93.17 | 87.88 | — | — |
| | 8.60 | 8.70 | — | L80 1 | 73.02 | 1/12.5 | 7.82 | 57.38 | 55.00 | 88.90 | 93.17 | 87.88 | — | — |
| | 9.35 | 9.45 | — | L80 1 | 73.02 | 1/12.5 | 8.64 | 55.75 | 53.37 | — | 93.17 | 87.88 | — | — |
| | 10.50 | — | — | L80 1 | 73.02 | 1/12.5 | 9.96 | 53.11 | 50.73 | — | — | — | — | — |
| | 11.50 | — | — | L80 1 | 73.02 | 1/12.5 | 11.18 | 50.67 | 48.29 | — | — | — | — | — |
| | 6.40 | 6.50 | — | L80 9Cr | 73.02 | 2/12.5 | 5.51 | 62.00 | 59.62 | 88.90 | 93.17 | 87.88 | — | — |
| | 7.80 | 7.90 | — | L80 9Cr | 73.02 | 2/12.5 | 7.01 | 59.00 | 56.62 | 88.90 | 93.17 | 87.88 | — | — |
| | 8.60 | 8.70 | — | L80 9Cr | 73.02 | 2/12.5 | 7.82 | 57.38 | 55.00 | 88.90 | 93.17 | 87.88 | — | — |
| | 9.35 | 9.45 | — | L80 9Cr | 73.02 | 2/12.5 | 8.64 | 55.75 | 53.37 | — | 93.17 | 87.88 | — | — |
| | 10.50 | — | — | L80 9Cr | 73.02 | 2/12.5 | 9.96 | 53.11 | 50.73 | — | — | — | — | — |
| | 11.50 | — | — | L80 9Cr | 73.02 | 2/12.5 | 11.18 | 50.67 | 48.29 | — | — | — | — | — |

续表

| 抗挤毁强度/MPa | 管体屈服强度/kN | 内压抗力 | | | | | | | | 接头连接强度 | | | |
|---|---|---|---|---|---|---|---|---|---|---|---|---|---|
| | | 管体 | | | | 带螺纹和接箍 | | | 整体接头/MPa | 带螺纹和接箍 | | | 整体接头/kN |
| | | 内屈服压力 | | | 延性断裂 | 不加厚/MPa | 加厚 | | | 不加厚/kN | 加厚 | | |
| | | API历史公式/MPa | 拉梅-米塞斯 | | | | 标准接箍/MPa | 特殊间隙接箍/MPa | | | 标准接箍/kN | 特殊间隙接箍/kN | |
| | | | 开口端部/MPa | 封堵管端/MPa | 封堵管端/MPa | | | | | | | | |
| 111.1 | 637.8 | 106.1 | 104.8 | 113.7 | 112.8 | 106.1 | 106.1 | 106.1 | — | 439.9 | 637.8 | 637.8 | — |
| 144.8 | 827.8 | 141.9 | 138.7 | 148.1 | 154.1 | 141.9 | 140.8 | 108.4 | — | 629.8 | 827.8 | 827.8 | — |
| | | | | | | | | | | | | | |
| 111.1 | 637.8 | 106.1 | 104.8 | 113.7 | 124.8 | 106.1 | 106.1 | 106.1 | — | 439.9 | 637.8 | 637.8 | — |
| 144.8 | 827.8 | 141.9 | 138.7 | 148.1 | 170.9 | 141.9 | 140.8 | 108.4 | — | 629.8 | 827.8 | 827.8 | — |
| | | | | | | | | | | | | | |
| 38.4 | 322.5 | 36.4 | 36.0 | 39.2 | 40.5 | 36.4 | 36.4 | 36.4 | — | 234.9 | 322.5 | 322.5 | — |
| | | | | | | | | | | | | | |
| 52.9 | 443.5 | 50.0 | 49.5 | 53.9 | 51.1 | 50.0 | 50.0 | 50.0 | — | 322.9 | 443.5 | 443.5 | — |
| 77.0 | 645.0 | 72.8 | 72.0 | 78.3 | 79.4 | 72.8 | 72.8 | 72.8 | — | 469.7 | 645.0 | 645.0 | — |
| 95.7 | 802.0 | 92.6 | 90.9 | 97.8 | 102.6 | 92.6 | 92.6 | 76.0 | — | 626.7 | 802.0 | 802.0 | — |
| 105.4 | 883.8 | 103.4 | 101.1 | 107.9 | 115.5 | 103.4 | 102.9 | 76.0 | — | 708.6 | 883.8 | 858.9 | — |
| 114.9 | 963.4 | 114.1 | 111.0 | 117.8 | 128.7 | — | 102.9 | 76.0 | — | — | 963.4 | 858.9 | — |
| 129.8 | 1088.0 | 131.5 | 126.8 | 133.5 | 150.7 | — | — | — | — | — | — | — | — |
| 142.9 | 1197.8 | 147.7 | 141.0 | 147.4 | 171.5 | — | — | — | — | — | — | — | — |
| | | | | | | | | | | | | | |
| 77.0 | 645.0 | 72.8 | 72.0 | 78.3 | 65.5 | 72.8 | 72.8 | 72.8 | — | 469.7 | 645.0 | 645.0 | — |
| 95.7 | 802.0 | 92.6 | 90.9 | 97.8 | 84.4 | 92.6 | 92.6 | 76.0 | | 626.7 | 802.0 | 802.0 | — |
| 105.4 | 883.8 | 103.4 | 101.1 | 107.9 | 94.9 | 103.4 | 102.9 | 76.0 | — | 708.6 | 883.8 | 858.9 | — |
| 114.9 | 963.4 | 114.1 | 111.0 | 117.8 | 105.6 | — | 102.9 | 76.0 | — | — | 963.4 | 858.9 | — |
| 129.8 | 1088.0 | 131.5 | 126.8 | 133.5 | 123.2 | — | — | — | — | — | — | — | — |
| 142.9 | 1197.8 | 147.7 | 141.0 | 147.4 | 139.9 | — | — | — | — | — | — | — | — |

| 代号 | | | | 钢级 | 外径/mm | 材料参数/缺欠参数 $K_a/a_N/t$/% | 壁厚 $(t)$/mm | 内径/mm | 带螺纹和接箍 | | | | 整体接头 | |
|---|---|---|---|---|---|---|---|---|---|---|---|---|---|---|
| 1 | 2 | | | | | | | | 通径/mm | 接箍外径 | | | 通径/mm | 内螺纹外径/mm |
| | 带螺纹和接箍 | | 整体接头 | | | | | | | 不加厚/mm | 加厚 | | | |
| | 不加厚 | 加厚 | | | | | | | | | 标准/mm | 特殊间隙/mm | | |
| 2⅞ | 6.40 | 6.50 | — | L80 13Cr | 73.02 | 1/12.5 | 5.51 | 62.00 | 59.62 | 88.90 | 93.17 | 87.88 | — | — |
| | 7.80 | 7.90 | — | L80 13Cr | 73.02 | 1/12.5 | 7.01 | 59.00 | 56.62 | 88.90 | 93.17 | 87.88 | — | — |
| | 8.60 | 8.70 | — | L80 13Cr | 73.02 | 1/12.5 | 7.82 | 57.38 | 55.00 | 88.90 | 93.17 | 87.88 | — | — |
| | 9.35 | 9.45 | — | L80 13Cr | 73.02 | 1/12.5 | 8.64 | 55.75 | 53.37 | — | 93.17 | 87.88 | — | — |
| | 10.50 | — | — | L80 13Cr | 73.02 | 1/12.5 | 9.96 | 53.11 | 50.73 | — | — | — | — | — |
| | 11.50 | — | — | L80 13Cr | 73.02 | 1/12.5 | 11.18 | 50.67 | 48.29 | — | — | — | — | — |
| | | | | | | | | | | | | | | |
| | 6.40 | 6.50 | — | N80 | 73.02 | 2/12.5 | 5.51 | 62.00 | 59.62 | 88.90 | 93.17 | 87.88 | — | — |
| | 7.80 | 7.90 | — | N80 | 73.02 | 2/12.5 | 7.01 | 59.00 | 56.62 | 88.90 | 93.17 | 87.88 | — | — |
| | 8.60 | 8.70 | — | N80 | 73.02 | 2/12.5 | 7.82 | 57.38 | 55.00 | 88.90 | 93.17 | 87.88 | — | — |
| | | | | | | | | | | | | | | |
| | 6.40 | 6.50 | — | N80 | 73.02 | 1/12.5 | 5.51 | 62.00 | 59.62 | 88.90 | 93.17 | 87.88 | — | — |
| | 7.80 | 7.90 | — | N80 | 73.02 | 1/12.5 | 7.01 | 59.00 | 56.62 | 88.90 | 93.17 | 87.88 | — | — |
| | 8.60 | 8.70 | — | N80 | 73.02 | 1/12.5 | 7.82 | 57.38 | 55.00 | 88.90 | 93.17 | 87.88 | — | — |
| | | | | | | | | | | | | | | |
| | 6.40 | 6.50 | — | C90 | 73.02 | 1/5 | 5.51 | 62.00 | 59.62 | 88.90 | 93.17 | 87.88 | — | — |
| | 7.80 | 7.90 | — | C90 | 73.02 | 1/5 | 7.01 | 59.00 | 56.62 | 88.90 | 93.17 | 87.88 | — | — |
| | 8.60 | 8.70 | — | C90 | 73.02 | 1/5 | 7.82 | 57.38 | 55.00 | 88.90 | 93.17 | 87.88 | — | — |
| | 9.35 | 9.45 | — | C90 | 73.02 | 1/5 | 8.64 | 55.75 | 53.37 | — | 93.17 | 87.88 | — | — |
| | 10.50 | — | — | C90 | 73.02 | 1/5 | 9.96 | 53.11 | 50.73 | — | — | — | — | — |
| | 11.50 | — | — | C90 | 73.02 | 1/5 | 11.18 | 50.67 | 48.29 | — | — | — | — | — |
| | | | | | | | | | | | | | | |
| | 6.40 | 6.50 | — | R95 | 73.02 | 1/12.5 | 5.51 | 62.00 | 59.62 | 88.90 | 93.17 | 87.88 | — | — |
| | 7.80 | 7.90 | — | R95 | 73.02 | 1/12.5 | 7.01 | 59.00 | 56.62 | 88.90 | 93.17 | 87.88 | — | — |
| | 8.60 | 8.70 | — | R95 | 73.02 | 1/12.5 | 7.82 | 57.38 | 55.00 | 88.90 | 93.17 | 87.88 | — | — |

续表

| 抗挤毁强度/MPa | 管体屈服强度/kN | 内压抗力 | | | | | | | | 接头连接强度 | | | |
|---|---|---|---|---|---|---|---|---|---|---|---|---|---|
| | | 管体 | | | | 带螺纹和接箍 | | | 整体接头/MPa | 带螺纹和接箍 | | | 整体接头/kN |
| | | 内屈服压力 | | | 延性断裂 | 不加厚/MPa | 加厚 | | | 不加厚/kN | 加厚 | | |
| | | API历史公式/MPa | 拉梅-米塞斯 | | | | 标准接箍/MPa | 特殊间隙接箍/MPa | | | 标准接箍/kN | 特殊间隙接箍/kN | |
| | | | 开口端部/MPa | 封堵管端/MPa | 封堵管端/MPa | | | | | | | | |
| 77.0 | 645.0 | 72.8 | 72.0 | 78.3 | 79.4 | 72.8 | 72.8 | 72.8 | — | 469.7 | 645.0 | 645.0 | — |
| 95.7 | 802.0 | 92.6 | 90.9 | 97.8 | 102.6 | 92.6 | 92.6 | 76.0 | — | 626.7 | 802.0 | 802.0 | — |
| 105.4 | 883.8 | 103.4 | 101.1 | 107.9 | 115.5 | 103.4 | 102.9 | 76.0 | — | 708.6 | 883.8 | 858.9 | — |
| 114.9 | 963.4 | 114.1 | 111.0 | 117.8 | 128.7 | — | 102.9 | 76.0 | — | — | 963.4 | 858.9 | — |
| 129.8 | 1088.0 | 131.5 | 126.8 | 133.5 | 150.7 | — | — | — | — | — | — | — | — |
| 142.9 | 1197.8 | 147.7 | 141.0 | 147.4 | 171.5 | — | — | — | — | — | — | — | — |
| | | | | | | | | | | | | | |
| 77.0 | 645.0 | 72.8 | 72.0 | 78.3 | 68.9 | 72.8 | 72.8 | 72.8 | — | 469.7 | 645.0 | 645.0 | — |
| 95.7 | 802.0 | 92.6 | 90.9 | 97.8 | 88.9 | 92.6 | 92.6 | 76.0 | — | 626.7 | 802.0 | 802.0 | — |
| 105.4 | 883.8 | 103.4 | 101.1 | 107.9 | 99.9 | 103.4 | 102.9 | 76.0 | — | 708.6 | 883.8 | 858.9 | — |
| | | | | | | | | | | | | | |
| 77.0 | 645.0 | 72.8 | 72.0 | 78.3 | 83.5 | 72.8 | 72.8 | 72.8 | — | 469.7 | 645.0 | 645.0 | — |
| 95.7 | 802.0 | 92.6 | 90.9 | 97.8 | 108.0 | 92.6 | 92.6 | 76.0 | — | 626.7 | 802.0 | 802.0 | — |
| 105.4 | 883.8 | 103.4 | 101.1 | 107.9 | 121.6 | 103.4 | 102.9 | 76.0 | — | 708.6 | 883.8 | 858.9 | — |
| | | | | | | | | | | | | | |
| 85.3 | 725.5 | 81.9 | 81.0 | 88.1 | 92.9 | 81.9 | 81.9 | 81.9 | — | 528.4 | 725.5 | 725.5 | — |
| 107.6 | 902.5 | 104.2 | 102.3 | 110.0 | 120.4 | 104.2 | 104.2 | 85.5 | — | 705.0 | 902.5 | 902.5 | — |
| 118.6 | 994.6 | 116.2 | 113.7 | 121.4 | 135.7 | 116.2 | 115.8 | 85.5 | — | 797.1 | 994.6 | 966.6 | — |
| 129.3 | 1084.0 | 128.4 | 124.8 | 132.6 | 151.2 | — | 115.8 | 85.5 | — | — | 1084.0 | 966.6 | — |
| 146.1 | 1224.1 | 147.9 | 142.7 | 150.2 | 177.3 | — | — | — | — | — | — | — | — |
| 160.7 | 1347.3 | 166.0 | 158.7 | 165.8 | 202.2 | — | — | — | — | — | — | — | — |
| | | | | | | | | | | | | | |
| 89.2 | 765.5 | 86.5 | 85.5 | 93.0 | 88.6 | 86.5 | 86.5 | 86.5 | — | 557.8 | 765.5 | 765.5 | — |
| 113.6 | 952.3 | 110.0 | 108.0 | 116.0 | 114.5 | 110.0 | 110.0 | 90.3 | — | 744.2 | 952.3 | 952.3 | — |
| 125.2 | 1049.7 | 122.7 | 120.0 | 128.2 | 128.9 | 122.7 | 122.2 | 90.3 | — | 841.1 | 1049.7 | 1019.9 | — |

| 代号 1 | 代号 2 带螺纹和接箍 不加厚 | 代号 2 带螺纹和接箍 加厚 | 代号 2 整体接头 | 钢级 | 外径/mm | 材料参数/缺欠参数 $K_a/a_N/t$/% | 壁厚($t$)/mm | 内径/mm | 带螺纹和接箍 通径/mm | 接箍外径 不加厚/mm | 接箍外径 加厚 标准/mm | 接箍外径 加厚 特殊间隙/mm | 整体接头 通径/mm | 整体接头 内螺纹外径/mm |
|---|---|---|---|---|---|---|---|---|---|---|---|---|---|---|
| | 9. 35 | 9. 45 | — | R95 | 73. 02 | 1/12. 5 | 8. 64 | 55. 75 | 53. 37 | — | 93. 17 | 87. 88 | — | — |
| | 10. 50 | — | — | R95 | 73. 02 | 1/12. 5 | 9. 96 | 53. 11 | 50. 73 | — | — | — | — | — |
| | 11. 50 | — | — | R95 | 73. 02 | 1/12. 5 | 11. 18 | 50. 67 | 48. 29 | — | — | — | — | — |
| | 6. 40 | 6. 50 | — | T95 | 73. 02 | 1/5 | 5. 51 | 62. 00 | 59. 62 | 88. 90 | 93. 17 | 87. 88 | — | — |
| | 7. 80 | 7. 90 | — | T95 | 73. 02 | 1/5 | 7. 01 | 59. 00 | 56. 62 | 88. 90 | 93. 17 | 87. 88 | — | — |
| | 8. 60 | 8. 70 | — | T95 | 73. 02 | 1/5 | 7. 82 | 57. 38 | 55. 00 | 88. 90 | 93. 17 | 87. 88 | — | — |
| | 9. 35 | 9. 45 | — | T95 | 73. 02 | 1/5 | 8. 64 | 55. 75 | 53. 37 | — | 93. 17 | 87. 88 | — | — |
| 2⅞ | 10. 50 | — | — | T95 | 73. 02 | 1/5 | 9. 96 | 53. 11 | 50. 73 | — | — | — | — | — |
| | 11. 50 | — | — | T95 | 73. 02 | 1/5 | 11. 18 | 50. 67 | 48. 29 | — | — | — | — | — |
| | 6. 40 | 6. 50 | — | P110 | 73. 02 | 1/12. 5 | 5. 51 | 62. 00 | 59. 62 | 88. 90 | 93. 17 | 87. 88 | — | — |
| | 7. 80 | 7. 90 | — | P110 | 73. 02 | 1/12. 5 | 7. 01 | 59. 00 | 56. 62 | 88. 90 | 93. 17 | 87. 88 | — | — |
| | 8. 60 | 8. 70 | — | P110 | 73. 02 | 1/12. 5 | 7. 82 | 57. 38 | 55. 00 | 88. 90 | 93. 17 | 87. 88 | — | — |
| | 6. 40 | 6. 50 | — | P110 | 73. 02 | 1/5 | 5. 51 | 62. 00 | 59. 62 | 88. 90 | 93. 17 | 87. 88 | — | — |
| | 7. 80 | 7. 90 | — | P110 | 73. 02 | 1/5 | 7. 01 | 59. 00 | 56. 62 | 88. 90 | 93. 17 | 87. 88 | — | — |
| | 8. 60 | 8. 70 | — | P110 | 73. 02 | 1/5 | 7. 82 | 57. 38 | 55. 00 | 88. 90 | 93. 17 | 87. 88 | — | — |
| | 7. 70 | — | — | H40 | 88. 90 | 2/12. 5 | 5. 49 | 77. 93 | 74. 75 | 107. 95 | — | — | — | — |
| | 9. 20 | 9. 30 | — | H40 | 88. 90 | 2/12. 5 | 6. 45 | 76. 00 | 72. 82 | 107. 95 | 114. 30 | 106. 17 | — | — |
| | 10. 20 | — | — | H40 | 88. 90 | 2/12. 5 | 7. 34 | 74. 22 | 71. 04 | 107. 95 | — | — | — | — |
| | 7. 70 | — | — | J55 | 88. 90 | 2/12. 5 | 5. 49 | 77. 93 | 74. 75 | 107. 95 | — | — | — | — |
| 3½ | 9. 20 | 9. 30 | — | J55 | 88. 90 | 2/12. 5 | 6. 45 | 76. 00 | 72. 82 | 107. 95 | 114. 30 | 106. 17 | — | — |
| | 10. 20 | — | — | J55 | 88. 90 | 2/12. 5 | 7. 34 | 74. 22 | 71. 04 | 107. 95 | — | — | — | — |
| | 7. 70 | — | — | L80 1 | 88. 90 | 1/12. 5 | 5. 49 | 77. 93 | 74. 75 | 107. 95 | — | — | — | — |
| | 9. 20 | 9. 30 | — | L80 1 | 88. 90 | 1/12. 5 | 6. 45 | 76. 00 | 72. 82 | 107. 95 | 114. 30 | 106. 17 | — | — |
| | 10. 20 | — | — | L80 1 | 88. 90 | 1/12. 5 | 7. 34 | 74. 22 | 71. 04 | 107. 95 | — | — | — | — |

续表

| 抗挤毁强度/MPa | 管体屈服强度/kN | 内压抗力 | | | | | | | | 接头连接强度 | | | |
|---|---|---|---|---|---|---|---|---|---|---|---|---|---|
| | | 管体 | | | | 带螺纹和接箍 | | | 整体接头/MPa | 带螺纹和接箍 | | | 整体接头/kN |
| | | 内屈服压力 | | | 延性断裂 | 不加厚/MPa | 加厚 | | | 不加厚/kN | 加厚 | | |
| | | API历史公式/MPa | 拉梅-米塞斯 开口端部/MPa | 拉梅-米塞斯 封堵管端/MPa | 封堵管端/MPa | | 标准接箍/MPa | 特殊间隙接箍/MPa | | | 标准接箍/kN | 特殊间隙接箍/kN | |
| 136.5 | 1144.5 | 135.5 | 131.8 | 139.9 | 143.6 | — | 122.2 | 90.3 | — | — | 1144.5 | 1019.9 | — |
| 154.1 | 1292.1 | 156.2 | 150.6 | 158.5 | 168.1 | — | — | — | — | — | — | — | — |
| 169.7 | 1422.5 | 175.3 | 167.5 | 175.0 | 191.4 | — | — | — | — | — | — | — | — |
| | | | | | | | | | | | | | |
| 89.2 | 765.5 | 86.5 | 85.5 | 93.0 | 97.9 | 86.5 | 86.5 | 86.5 | — | 557.8 | 765.5 | 765.5 | — |
| 113.6 | 952.3 | 110.0 | 108.0 | 116.0 | 126.8 | 110.0 | 110.0 | 90.3 | — | 744.2 | 952.3 | 952.3 | — |
| 125.2 | 1049.7 | 122.7 | 120.0 | 128.2 | 142.9 | 122.7 | 122.2 | 90.3 | — | 841.1 | 1049.7 | 1019.9 | — |
| 136.5 | 1144.5 | 135.5 | 131.8 | 139.9 | 159.4 | — | 122.2 | 90.3 | — | — | 1144.5 | 1019.9 | — |
| 154.1 | 1292.1 | 156.2 | 150.6 | 158.5 | 186.9 | — | — | — | — | — | — | — | — |
| 169.7 | 1422.5 | 175.3 | 167.5 | 175.0 | 213.0 | — | — | — | — | — | — | — | — |
| | | | | | | | | | | | | | |
| 100.2 | 886.5 | 100.1 | 99.0 | 107.7 | 106.0 | 100.1 | 100.1 | 100.1 | — | 645.8 | 886.5 | 886.5 | — |
| 131.5 | 1102.7 | 127.3 | 125.1 | 134.4 | 137.0 | 127.3 | 127.3 | 104.5 | — | 861.6 | 1102.7 | 1102.7 | — |
| 145.0 | 1215.2 | 142.1 | 139.0 | 148.4 | 154.3 | 142.1 | 141.5 | 104.5 | — | 974.1 | 1215.2 | 1180.9 | — |
| | | | | | | | | | | | | | |
| 100.2 | 886.5 | 100.1 | 99.0 | 107.7 | 117.3 | 100.1 | 100.1 | 100.1 | — | 645.8 | 886.5 | 886.5 | — |
| 131.5 | 1102.7 | 127.3 | 125.1 | 134.4 | 151.9 | 127.3 | 127.3 | 104.5 | — | 861.6 | 1102.7 | 1102.7 | — |
| 145.0 | 1215.2 | 142.1 | 139.0 | 148.4 | 171.3 | 142.1 | 141.5 | 104.5 | — | 974.1 | 1215.2 | 1180.9 | — |
| 31.9 | 396.3 | 29.8 | 29.6 | 32.5 | 32.9 | 29.8 | — | — | — | 289.6 | — | — | — |
| 37.1 | 460.8 | 35.0 | 34.7 | 37.8 | 38.9 | 35.0 | 35.0 | 35.0 | — | 354.1 | 460.8 | 460.8 | — |
| 41.8 | 518.6 | 39.8 | 39.3 | 42.6 | 44.6 | 39.8 | — | — | — | 411.9 | — | — | — |
| | | | | | | | | | | | | | |
| 41.1 | 544.9 | 40.9 | 40.7 | 44.6 | 41.3 | 40.9 | — | — | — | 398.1 | — | — | — |
| 51.0 | 633.8 | 48.2 | 47.6 | 52.0 | 49.0 | 48.2 | 48.2 | 48.2 | — | 486.6 | 633.8 | 633.8 | — |
| 57.4 | 713.0 | 54.8 | 54.0 | 58.6 | 56.1 | 54.8 | — | — | — | 566.2 | — | — | — |
| | | | | | | | | | | | | | |
| 54.2 | 792.6 | 59.5 | 59.1 | 64.9 | 64.2 | 59.5 | — | — | — | 579.1 | — | — | — |
| 72.6 | 921.6 | 70.0 | 69.3 | 75.5 | 76.1 | 70.0 | 70.0 | 70.0 | — | 707.7 | 921.6 | 921.6 | — |
| 83.5 | 1037.3 | 79.6 | 78.6 | 85.2 | 87.3 | 79.6 | — | — | — | 823.3 | — | — | — |

| 代号 1 | 代号 2 带螺纹和接箍 不加厚 | 代号 2 带螺纹和接箍 加厚 | 代号 2 整体接头 | 钢级 | 外径/mm | 材料参数/缺欠参数 $K_a/a_N/t$/% | 壁厚($t$)/mm | 内径/mm | 带螺纹和接箍 通径/mm | 带螺纹和接箍 接箍外径 不加厚/mm | 带螺纹和接箍 接箍外径 加厚 标准/mm | 带螺纹和接箍 接箍外径 加厚 特殊间隙/mm | 整体接头 通径/mm | 整体接头 内螺纹外径/mm |
|---|---|---|---|---|---|---|---|---|---|---|---|---|---|---|
| 3½ | 12.70 | 12.95 | — | L80 1 | 88.90 | 1/12.5 | 9.53 | 69.85 | 66.68 | 107.95 | 114.30 | 106.17 | — | — |
| | 14.30 | — | — | L80 1 | 88.90 | 1/12.5 | 10.92 | 67.06 | 63.88 | — | — | — | — | — |
| | 15.50 | — | — | L80 1 | 88.90 | 1/12.5 | 12.09 | 64.72 | 61.54 | — | — | — | — | — |
| | 17.00 | — | — | L80 1 | 88.90 | 1/12.5 | 13.46 | 61.98 | 58.80 | — | — | — | — | — |
| | 7.70 | — | — | L80 9Cr | 88.90 | 2/12.5 | 5.49 | 77.93 | 74.75 | 107.95 | — | — | — | — |
| | 9.20 | 9.30 | — | L80 9Cr | 88.90 | 2/12.5 | 6.45 | 76.00 | 72.82 | 107.95 | 114.30 | 106.17 | — | — |
| | 10.20 | — | — | L80 9Cr | 88.90 | 2/12.5 | 7.34 | 74.22 | 71.04 | 107.95 | — | — | — | — |
| | 12.70 | 12.95 | — | L80 9Cr | 88.90 | 2/12.5 | 9.53 | 69.85 | 66.68 | 107.95 | 114.30 | 106.17 | — | — |
| | 14.30 | — | — | L80 9Cr | 88.90 | 2/12.5 | 10.92 | 67.06 | 63.88 | — | — | — | — | — |
| | 15.50 | — | — | L80 9Cr | 88.90 | 2/12.5 | 12.09 | 64.72 | 61.54 | — | — | — | — | — |
| | 17.00 | — | — | L80 9Cr | 88.90 | 2/12.5 | 13.46 | 61.98 | 58.80 | — | — | — | — | — |
| | 7.70 | — | — | L80 13Cr | 88.90 | 1/12.5 | 5.49 | 77.93 | 74.75 | 107.95 | — | — | — | — |
| | 9.20 | 9.30 | — | L80 13Cr | 88.90 | 1/12.5 | 6.45 | 76.00 | 72.82 | 107.95 | 114.30 | 106.17 | — | — |
| | 10.20 | — | — | L80 13Cr | 88.90 | 1/12.5 | 7.34 | 74.22 | 71.04 | 107.95 | — | — | — | — |
| | 12.70 | 12.95 | — | L80 13Cr | 88.90 | 1/12.5 | 9.53 | 69.85 | 66.68 | 107.95 | 114.30 | 106.17 | — | — |
| | 14.30 | — | — | L80 13Cr | 88.90 | 1/12.5 | 10.92 | 67.06 | 63.88 | — | — | — | — | — |
| | 15.50 | — | — | L80 13Cr | 88.90 | 1/12.5 | 12.09 | 64.72 | 61.54 | — | — | — | — | — |
| | 17.00 | — | — | L80 13Cr | 88.90 | 1/12.5 | 13.46 | 61.98 | 58.80 | — | — | — | — | — |

续表

| 抗挤毁强度/MPa | 管体屈服强度/kN | 内压抗力 管体 内屈服压力 API历史公式/MPa | 内压抗力 管体 内屈服压力 拉梅-米塞斯 开口端部/MPa | 内压抗力 管体 内屈服压力 拉梅-米塞斯 封堵管端/MPa | 内压抗力 管体 延性断裂 封堵管端/MPa | 内压抗力 带螺纹和接箍 不加厚/MPa | 内压抗力 带螺纹和接箍 加厚 标准接箍/MPa | 内压抗力 带螺纹和接箍 加厚 特殊间隙接箍/MPa | 内压抗力 整体接头/MPa | 接头连接强度 带螺纹和接箍 不加厚/kN | 接头连接强度 带螺纹和接箍 加厚 标准接箍/kN | 接头连接强度 带螺纹和接箍 加厚 特殊间隙接箍/kN | 接头连接强度 整体接头/kN |
|---|---|---|---|---|---|---|---|---|---|---|---|---|---|
| 105. 5 | 1310. 4 | 103. 4 | 101. 1 | 107. 9 | 115. 5 | 103. 4 | 103. 4 | 73. 4 | — | 1096. 0 | 1310. 4 | 1214. 7 | — |
| 119. 1 | 1475. 8 | 118. 5 | 115. 1 | 121. 9 | 134. 2 | — | — | — | — | — | — | — | — |
| 129. 5 | 1609. 3 | 131. 2 | 126. 5 | 133. 2 | 150. 2 | — | — | — | — | — | — | — | — |
| 141. 7 | 1759. 6 | 146. 1 | 139. 7 | 146. 1 | 169. 4 | — | — | — | — | — | — | — | — |
| | | | | | | | | | | | | | |
| 54. 2 | 792. 6 | 59. 5 | 59. 1 | 64. 9 | 53. 1 | 59. 5 | — | — | — | 579. 1 | — | — | — |
| 72. 6 | 921. 6 | 70. 0 | 69. 3 | 75. 5 | 62. 8 | 70. 0 | 70. 0 | 70. 0 | — | 707. 7 | 921. 6 | 921. 6 | — |
| 83. 5 | 1037. 3 | 79. 6 | 78. 6 | 85. 2 | 72. 0 | 79. 6 | — | — | — | 823. 3 | — | — | — |
| 105. 5 | 1310. 4 | 103. 4 | 101. 1 | 107. 9 | 94. 9 | 103. 4 | 103. 4 | 73. 4 | — | 1096. 0 | 1310. 4 | 1214. 7 | — |
| 119. 1 | 1475. 8 | 118. 5 | 115. 1 | 121. 9 | 110. 0 | — | — | — | — | — | — | — | — |
| 129. 5 | 1609. 3 | 131. 2 | 126. 5 | 133. 2 | 122. 8 | — | — | — | — | — | — | — | — |
| 141. 7 | 1759. 6 | 146. 1 | 139. 7 | 146. 1 | 138. 3 | — | — | — | — | — | — | — | — |
| | | | | | | | | | | | | | |
| 54. 2 | 792. 6 | 59. 5 | 59. 1 | 64. 9 | 64. 2 | 59. 5 | — | — | — | 579. 1 | — | — | — |
| 72. 6 | 921. 6 | 70. 0 | 69. 3 | 75. 5 | 76. 1 | 70. 0 | 70. 0 | 70. 0 | — | 707. 7 | 921. 6 | 921. 6 | — |
| 83. 5 | 1037. 3 | 79. 6 | 78. 6 | 85. 2 | 87. 3 | 79. 6 | — | — | — | 823. 3 | — | — | — |
| 105. 5 | 1310. 4 | 103. 4 | 101. 1 | 107. 9 | 115. 5 | 103. 4 | 103. 4 | 73. 4 | — | 1096. 0 | 1310. 4 | 1214. 7 | — |
| 119. 1 | 1475. 8 | 118. 5 | 115. 1 | 121. 9 | 134. 2 | — | — | — | — | — | — | — | — |
| 129. 5 | 1609. 3 | 131. 2 | 126. 5 | 133. 2 | 150. 2 | — | — | — | — | — | — | — | — |
| 141. 7 | 1759. 6 | 146. 1 | 139. 7 | 146. 1 | 169. 4 | — | — | — | — | — | — | — | — |

| 代号 | | | | 钢级 | 外径/mm | 材料参数/缺欠参数 $K_a/a_N/t$/% | 壁厚($t$)/mm | 内径/mm | 带螺纹和接箍 | | | | 整体接头 | |
|---|---|---|---|---|---|---|---|---|---|---|---|---|---|---|
| 1 | 2 | | | | | | | | 通径/mm | 接箍外径 | | | 通径/mm | 内螺纹外径/mm |
| | 带螺纹和接箍 | | 整体接头 | | | | | | | 不加厚/mm | 加厚 | | | |
| | 不加厚 | 加厚 | | | | | | | | | 标准/mm | 特殊间隙/mm | | |
| 3½ | 7.70 | — | — | N80 | 88.90 | 2/12.5 | 5.49 | 77.93 | 74.75 | 107.95 | — | — | — | — |
| | 9.20 | 9.30 | — | N80 | 88.90 | 2/12.5 | 6.45 | 76.00 | 72.82 | 107.95 | 114.30 | 106.17 | — | — |
| | 10.20 | — | — | N80 | 88.90 | 2/12.5 | 7.34 | 74.22 | 71.04 | 107.95 | — | — | — | — |
| | 12.70 | 12.95 | — | N80 | 88.90 | 2/12.5 | 9.53 | 69.85 | 66.68 | 107.95 | 114.30 | 106.17 | — | — |
| | 7.70 | — | — | N80 | 88.90 | 1/12.5 | 5.49 | 77.93 | 74.75 | 107.95 | — | — | — | — |
| | 9.20 | 9.30 | — | N80 | 88.90 | 1/12.5 | 6.45 | 76.00 | 72.82 | 107.95 | 114.30 | 106.17 | — | — |
| | 10.20 | — | — | N80 | 88.90 | 1/12.5 | 7.34 | 74.22 | 71.04 | 107.95 | — | — | — | — |
| | 12.70 | 12.95 | — | N80 | 88.90 | 1/12.5 | 9.53 | 69.85 | 66.68 | 107.95 | 114.30 | 106.17 | — | — |
| | 7.70 | — | — | C90 | 88.90 | 1/5 | 5.49 | 77.93 | 74.75 | 107.95 | — | — | — | — |
| | 9.20 | 9.30 | — | C90 | 88.90 | 1/5 | 6.45 | 76.00 | 72.82 | 107.95 | 114.30 | 106.17 | — | — |
| | 10.20 | — | — | C90 | 88.90 | 1/5 | 7.34 | 74.22 | 71.04 | 107.95 | — | — | — | — |
| | 12.70 | 12.95 | — | C90 | 88.90 | 1/5 | 9.53 | 69.85 | 66.68 | 107.95 | 114.30 | 106.17 | — | — |
| | 14.30 | — | — | C90 | 88.90 | 1/5 | 10.92 | 67.06 | 63.88 | — | — | — | — | — |
| | 15.50 | — | — | C90 | 88.90 | 1/5 | 12.09 | 64.72 | 61.54 | — | — | — | — | — |
| | 17.00 | — | — | C90 | 88.90 | 1/5 | 13.46 | 61.98 | 58.80 | — | — | — | — | — |
| | 7.70 | — | — | R95 | 88.90 | 1/12.5 | 5.49 | 77.93 | 74.75 | 107.95 | — | — | — | — |
| | 9.20 | 9.30 | — | R95 | 88.90 | 1/12.5 | 6.45 | 76.00 | 72.82 | 107.95 | 114.30 | 106.17 | — | — |
| | 10.20 | — | — | R95 | 88.90 | 1/12.5 | 7.34 | 74.22 | 71.04 | 107.95 | — | — | — | — |
| | 12.70 | 12.95 | — | R95 | 88.90 | 1/12.5 | 9.53 | 69.85 | 66.68 | 107.95 | 114.30 | 106.17 | — | — |
| | 14.30 | — | — | R95 | 88.90 | 1/12.5 | 10.92 | 67.06 | 63.88 | — | — | — | — | — |
| | 15.50 | — | — | R95 | 88.90 | 1/12.5 | 12.09 | 64.72 | 61.54 | — | — | — | — | — |
| | 17.00 | — | — | R95 | 88.90 | 1/12.5 | 13.46 | 61.98 | 58.80 | — | — | — | — | — |
| | 7.70 | — | — | T95 | 88.90 | 1/5 | 5.49 | 77.93 | 74.75 | 107.95 | — | — | — | — |
| | 9.20 | 9.30 | — | T95 | 88.90 | 1/5 | 6.45 | 76.00 | 72.82 | 107.95 | 114.30 | 106.17 | — | — |
| | 10.20 | — | — | T95 | 88.90 | 1/5 | 7.34 | 74.22 | 71.04 | 107.95 | — | — | — | — |

续表

| 抗挤毁强度/MPa | 管体屈服强度/kN | 内压抗力 | | | | | | | | 接头连接强度 | | | |
|---|---|---|---|---|---|---|---|---|---|---|---|---|---|
| | | 管体 | | | | 带螺纹和接箍 | | | 整体接头/MPa | 带螺纹和接箍 | | | 整体接头/kN |
| | | 内屈服压力 | | | 延性断裂 | 不加厚/MPa | 加厚 | | | 不加厚/kN | 加厚 | | |
| | | API历史公式/MPa | 拉梅-米塞斯 | | | | 标准接箍/MPa | 特殊间隙接箍/MPa | | | 标准接箍/kN | 特殊间隙接箍/kN | |
| | | | 开口端部/MPa | 封堵管端/MPa | 封堵管端/MPa | | | | | | | | |
| 54.2 | 792.6 | 59.5 | 59.1 | 64.9 | 55.9 | 59.5 | — | — | — | 579.1 | — | — | — |
| 72.6 | 921.6 | 70.0 | 69.3 | 75.5 | 66.1 | 70.0 | 70.0 | 70.0 | — | 707.7 | 921.6 | 921.6 | — |
| 83.5 | 1037.3 | 79.6 | 78.6 | 85.2 | 75.8 | 79.6 | — | — | — | 823.3 | — | — | — |
| 105.5 | 1310.4 | 103.4 | 101.1 | 107.9 | 99.9 | 103.4 | 103.4 | 73.4 | — | 1096.0 | 1310.4 | 1214.7 | — |
| | | | | | | | | | | | | | |
| 54.2 | 792.6 | 59.5 | 59.1 | 64.9 | 67.6 | 59.5 | — | — | — | 579.1 | — | — | — |
| 72.6 | 921.6 | 70.0 | 69.3 | 75.5 | 80.1 | 70.0 | 70.0 | 70.0 | — | 707.7 | 921.6 | 921.6 | — |
| 83.5 | 1037.3 | 79.6 | 78.6 | 85.2 | 91.9 | 79.6 | — | — | — | 823.3 | — | — | — |
| 105.5 | 1310.4 | 103.4 | 101.1 | 107.9 | 121.7 | 103.4 | 103.4 | 73.4 | — | 1096.0 | 1310.4 | 1214.7 | — |
| | | | | | | | | | | | | | |
| 58.8 | 891.8 | 67.0 | 66.5 | 73.0 | 75.0 | 67.0 | — | — | — | 651.2 | — | — | — |
| 79.7 | 1036.8 | 78.8 | 77.9 | 85.0 | 89.1 | 78.8 | 78.8 | 78.8 | — | 796.2 | 1036.8 | 1036.8 | — |
| 94.0 | 1167.2 | 89.6 | 88.4 | 95.8 | 102.2 | 89.6 | — | — | — | 926.5 | — | — | — |
| 118.6 | 1474.1 | 116.3 | 113.7 | 121.4 | 135.7 | 116.3 | 116.3 | 82.6 | — | 1233.0 | 1474.1 | 1366.9 | — |
| 133.7 | 1660.0 | 133.3 | 129.5 | 137.1 | 157.8 | — | — | — | — | — | — | — | — |
| 145.7 | 1810.3 | 147.6 | 142.3 | 149.9 | 176.8 | — | — | — | — | — | — | — | — |
| 159.4 | 1979.8 | 164.3 | 157.2 | 164.3 | 199.7 | — | — | — | — | — | — | — | — |
| | | | | | | | | | | | | | |
| 61.0 | 941.6 | 70.7 | 70.1 | 77.0 | 71.6 | 70.7 | — | — | — | 687.7 | — | — | — |
| 83.2 | 1094.7 | 83.2 | 82.3 | 89.7 | 84.9 | 83.2 | 83.2 | 83.2 | — | 840.7 | 1094.7 | 1094.7 | — |
| 99.1 | 1231.7 | 94.6 | 93.4 | 101.1 | 97.4 | 94.6 | — | — | — | 977.7 | — | — | — |
| 125.3 | 1555.9 | 122.7 | 120.0 | 128.2 | 129.0 | 122.7 | 122.7 | 87.2 | — | 1301.5 | 1555.9 | 1442.5 | — |
| 141.1 | 1752.5 | 140.8 | 136.6 | 144.8 | 149.8 | — | — | — | — | — | — | — | — |
| 153.9 | 1910.9 | 155.8 | 150.3 | 158.2 | 167.6 | — | — | — | — | — | — | — | — |
| 168.2 | 2089.7 | 173.5 | 165.8 | 173.4 | 189.1 | — | — | — | — | — | — | — | — |
| 61.0 | 941.6 | 70.7 | 70.1 | 77.0 | 79.1 | 70.7 | — | — | — | 687.7 | — | — | — |
| 83.2 | 1094.7 | 83.2 | 82.3 | 89.7 | 93.9 | 83.2 | 83.2 | 83.2 | — | 840.7 | 1094.7 | 1094.7 | — |
| 99.1 | 1231.7 | 94.6 | 93.4 | 101.1 | 107.8 | 94.6 | — | — | — | 977.7 | — | — | — |

| 代号 | | | | 钢级 | 外径/mm | 材料参数/缺欠参数 $K_a/a_N/t$/% | 壁厚(*t*)/mm | 内径/mm | 带螺纹和接箍 | | | | 整体接头 | |
|---|---|---|---|---|---|---|---|---|---|---|---|---|---|---|
| 1 | 2 | | | | | | | | 通径/mm | 接箍外径 | | | 通径/mm | 内螺纹外径/mm |
| | 带螺纹和接箍 | | 整体接头 | | | | | | | 不加厚/mm | 加厚 | | | |
| | 不加厚 | 加厚 | | | | | | | | | 标准/mm | 特殊间隙/mm | | |
| 3½ | 12.70 | 12.95 | — | T95 | 88.90 | 1/5 | 9.53 | 69.85 | 66.68 | 107.95 | 114.30 | 106.17 | — | — |
| | 14.30 | — | — | T95 | 88.90 | 1/5 | 10.92 | 67.06 | 63.88 | — | — | — | — | — |
| | 15.50 | — | — | T95 | 88.90 | 1/5 | 12.09 | 64.72 | 61.54 | — | — | — | — | — |
| | 17.00 | — | — | T95 | 88.90 | 1/5 | 13.46 | 61.98 | 58.80 | — | — | — | — | — |
| | 9.20 | 9.30 | — | P110 | 88.90 | 1/12.5 | 6.45 | 76.00 | 72.82 | 107.95 | 114.30 | 106.17 | — | — |
| | 12.70 | 12.95 | — | P110 | 88.90 | 1/12.5 | 9.53 | 69.85 | 66.68 | 107.95 | 114.30 | 106.17 | — | — |
| | 9.20 | 9.30 | — | P110 | 88.90 | 1/5 | 6.45 | 76.00 | 72.82 | 107.95 | 114.30 | 106.17 | — | — |
| | 12.70 | 12.95 | — | P110 | 88.90 | 1/5 | 9.53 | 69.85 | 66.68 | 107.95 | 114.30 | 106.17 | — | — |
| 4 | 9.50 | — | — | H40 | 101.60 | 2/12.5 | 5.74 | 90.12 | 86.94 | 120.65 | — | — | — | — |
| | 10.70 | 11.00 | — | H40 | 101.60 | 2/12.5 | 6.65 | 88.29 | 85.12 | — | 127.00 | — | — | — |
| | 9.50 | — | — | J55 | 101.60 | 2/12.5 | 5.74 | 90.12 | 86.94 | 120.65 | — | — | — | — |
| | 10.70 | 11.00 | — | J55 | 101.60 | 2/12.5 | 6.65 | 88.29 | 85.12 | — | 127.00 | — | — | — |
| | 9.50 | — | — | L80 1 | 101.60 | 1/12.5 | 5.74 | 90.12 | 86.94 | 120.65 | — | — | — | — |
| | 10.70 | 11.00 | — | L80 1 | 101.60 | 1/12.5 | 6.65 | 88.29 | 85.12 | — | 127.00 | — | — | — |
| | 13.20 | — | — | L80 1 | 101.60 | 1/12.5 | 8.38 | 84.84 | 81.66 | — | — | — | — | — |
| | 16.10 | — | — | L80 1 | 101.60 | 1/12.5 | 10.54 | 80.52 | 77.34 | — | — | — | — | — |
| | 18.90 | — | — | L80 1 | 101.60 | 1/12.5 | 12.70 | 76.20 | 73.03 | — | — | — | — | — |
| | 22.20 | — | — | L80 1 | 101.60 | 1/12.5 | 15.49 | 70.61 | 67.44 | — | — | — | — | — |
| | 9.50 | — | — | L80 9Cr | 101.60 | 2/12.5 | 5.74 | 90.12 | 86.94 | 120.65 | — | — | — | — |
| | 10.70 | 11.00 | — | L80 9Cr | 101.60 | 2/12.5 | 6.65 | 88.29 | 85.12 | — | 127.00 | — | — | — |
| | 13.20 | — | — | L80 9Cr | 101.60 | 2/12.5 | 8.38 | 84.84 | 81.66 | — | — | — | — | — |
| | 16.10 | — | — | L80 9Cr | 101.60 | 2/12.5 | 10.54 | 80.52 | 77.34 | — | — | — | — | — |

续表

| 抗挤毁强度/MPa | 管体屈服强度/kN | 内压抗力 | | | | | | | | 接头连接强度 | | | |
|---|---|---|---|---|---|---|---|---|---|---|---|---|---|
| | | 管体 | | | | 带螺纹和接箍 | | | 整体接头/MPa | 带螺纹和接箍 | | | 整体接头/kN |
| | | 内屈服压力 | | | 延性断裂 | 不加厚/MPa | 加厚 | | | 不加厚/kN | 加厚 | | |
| | | API历史公式/MPa | 拉梅-米塞斯 | | 封堵管端/MPa | | 标准接箍/MPa | 特殊间隙接箍/MPa | | | 标准接箍/kN | 特殊间隙接箍/kN | |
| | | | 开口端部/MPa | 封堵管端/MPa | | | | | | | | | |
| 125.3 | 1555.9 | 122.7 | 120.0 | 128.2 | 143.0 | 122.7 | 122.7 | 87.2 | — | 1301.5 | 1555.9 | 1442.5 | — |
| 141.1 | 1752.5 | 140.8 | 136.6 | 144.8 | 166.3 | — | — | — | — | — | — | — | — |
| 153.9 | 1910.9 | 155.8 | 150.3 | 158.2 | 186.3 | — | — | — | — | — | — | — | — |
| 168.2 | 2089.7 | 173.5 | 165.8 | 173.4 | 210.5 | — | — | — | — | — | — | — | — |
| | | | | | | | | | | | | | |
| 93.2 | 1267.2 | 96.3 | 95.3 | 103.8 | 101.7 | 96.3 | 96.3 | 96.3 | — | 973.2 | 1267.2 | 1267.2 | — |
| 145.0 | 1801.4 | 142.1 | 139.0 | 148.4 | 154.3 | 142.1 | 142.1 | 101.0 | — | 1507.0 | 1801.4 | 1670.2 | — |
| | | | | | | | | | | | | | |
| 93.2 | 1267.2 | 96.3 | 95.3 | 103.8 | 112.5 | 96.3 | 96.3 | 96.3 | — | 973.2 | 1267.2 | 1267.2 | — |
| 145.0 | 1801.4 | 142.1 | 139.0 | 148.4 | 171.3 | 142.1 | 142.1 | 101.0 | — | 1507.0 | 1801.4 | 1670.2 | — |
| 27.9 | 476.8 | 27.3 | 27.1 | 29.8 | 30.0 | 27.3 | — | — | — | 320.3 | — | — | — |
| 33.8 | 547.5 | 31.6 | 31.3 | 34.3 | 34.9 | — | 31.6 | — | — | — | 547.5 | — | — |
| | | | | | | | | | | | | | |
| 35.2 | 655.6 | 37.5 | 37.2 | 41.1 | 37.8 | 37.5 | — | — | — | 440.4 | — | — | — |
| 45.4 | 752.6 | 43.4 | 43.1 | 47.2 | 44.0 | — | 43.4 | — | — | — | 752.6 | — | — |
| | | | | | | | | | | | | | |
| 45.4 | 953.7 | 54.5 | 54.2 | 59.7 | 58.5 | 54.5 | — | — | — | 640.5 | — | — | — |
| 60.6 | 1095.1 | 63.2 | 62.6 | 68.6 | 68.3 | — | 63.2 | — | — | — | 1095.1 | — | — |
| 83.4 | 1354.0 | 79.6 | 78.5 | 85.1 | 87.2 | — | — | — | — | — | — | — | — |
| 102.5 | 1663.1 | 100.0 | 98.0 | 104.9 | 111.6 | — | — | — | — | — | — | — | — |
| 120.6 | 1956.2 | 120.6 | 116.9 | 123.7 | 136.8 | — | — | — | — | — | — | — | — |
| 142.5 | 2312.1 | 147.1 | 140.6 | 146.9 | 170.8 | — | — | — | — | — | — | — | — |
| | | | | | | | | | | | | | |
| 45.4 | 953.7 | 54.5 | 54.2 | 59.7 | 48.4 | 54.5 | — | — | — | 640.5 | — | — | — |
| 60.6 | 1095.1 | 63.2 | 62.6 | 68.6 | 56.4 | — | 63.2 | — | — | — | 1095.1 | — | — |
| 83.4 | 1354.0 | 79.6 | 78.5 | 85.1 | 71.9 | — | — | — | — | — | — | — | — |
| 102.5 | 1663.1 | 100.0 | 98.0 | 104.9 | 91.7 | — | — | — | — | — | — | — | — |

| 代号 | | | | 钢级 | 外径/mm | 材料参数/缺欠参数 $K_a/a_N/t$/% | 壁厚($t$)/mm | 内径/mm | 带螺纹和接箍 | | | | 整体接头 | |
|---|---|---|---|---|---|---|---|---|---|---|---|---|---|---|
| 1 | 2 | | | | | | | | 通径/mm | 接箍外径 | | | 通径/mm | 内螺纹外径/mm |
| | 带螺纹和接箍 | | 整体接头 | | | | | | | 不加厚/mm | 加厚 | | | |
| | 不加厚 | 加厚 | | | | | | | | | 标准/mm | 特殊间隙/mm | | |
| 4 | 18.90 | — | — | L80 9Cr | 101.60 | 2/12.5 | 12.70 | 76.20 | 73.03 | — | — | — | — | — |
| | 22.20 | — | — | L80 9Cr | 101.60 | 2/12.5 | 15.49 | 70.61 | 67.44 | — | — | — | — | — |
| | 9.50 | — | — | L80 13Cr | 101.60 | 1/12.5 | 5.74 | 90.12 | 86.94 | 120.65 | — | — | — | — |
| | 10.70 | 11.00 | — | L80 13Cr | 101.60 | 1/12.5 | 6.65 | 88.29 | 85.12 | — | 127.00 | — | — | — |
| | 13.20 | — | — | L80 13Cr | 101.60 | 1/12.5 | 8.38 | 84.84 | 81.66 | — | — | — | — | — |
| | 16.10 | — | — | L80 13Cr | 101.60 | 1/12.5 | 10.54 | 80.52 | 77.34 | — | — | — | — | — |
| | 18.90 | — | — | L80 13Cr | 101.60 | 1/12.5 | 12.70 | 76.20 | 73.03 | — | — | — | — | — |
| | 22.20 | — | — | L80 13Cr | 101.60 | 1/12.5 | 15.49 | 70.61 | 67.44 | — | — | — | — | — |
| | 9.50 | — | — | N80 | 101.60 | 2/12.5 | 5.74 | 90.12 | 86.94 | 120.65 | — | — | — | — |
| | 10.70 | 11.00 | — | N80 | 101.60 | 2/12.5 | 6.65 | 88.29 | 85.12 | — | 127.00 | — | — | — |
| | 9.50 | — | — | N80 | 101.60 | 1/12.5 | 5.74 | 90.12 | 86.94 | 120.65 | — | — | — | — |
| | 10.70 | 11.00 | — | N80 | 101.60 | 1/12.5 | 6.65 | 88.29 | 85.12 | — | 127.00 | — | — | — |
| | 9.50 | — | — | C90 | 101.60 | 1/5 | 5.74 | 90.12 | 86.94 | 120.65 | — | — | — | — |
| | 10.70 | 11.00 | — | C90 | 101.60 | 1/5 | 6.65 | 88.29 | 85.12 | — | 127.00 | — | — | — |
| | 13.20 | — | — | C90 | 101.60 | 1/5 | 8.38 | 84.84 | 81.66 | — | — | — | — | — |
| | 16.10 | — | — | C90 | 101.60 | 1/5 | 10.54 | 80.52 | 77.34 | — | — | — | — | — |
| | 18.90 | — | — | C90 | 101.60 | 1/5 | 12.70 | 76.20 | 73.03 | — | — | — | — | — |
| | 22.20 | — | — | C90 | 101.60 | 1/5 | 15.49 | 70.61 | 67.44 | — | — | — | — | — |

续表

| 抗挤毁强度/MPa | 管体屈服强度/kN | 内压抗力 | | | | | | | | 接头连接强度 | | | |
|---|---|---|---|---|---|---|---|---|---|---|---|---|---|
| | | 管体 | | | | 带螺纹和接箍 | | | 整体接头/MPa | 带螺纹和接箍 | | | 整体接头/kN |
| | | 内屈服压力 | | | 延性断裂 | 不加厚/MPa | 加厚 | | | 不加厚/kN | 加厚 | | |
| | | API历史公式/MPa | 拉梅-米塞斯 | | | | 标准接箍/MPa | 特殊间隙接箍/MPa | | | 标准接箍/kN | 特殊间隙接箍/kN | |
| | | | 开口端部/MPa | 封堵管端/MPa | 封堵管端/MPa | | | | | | | | |
| 120.6 | 1956.2 | 120.6 | 116.9 | 123.7 | 112.1 | — | — | — | — | — | — | — | — |
| 142.5 | 2312.1 | 147.1 | 140.6 | 146.9 | 139.3 | — | — | — | — | — | — | — | — |
| | | | | | | | | | | | | | |
| 45.4 | 953.7 | 54.5 | 54.2 | 59.7 | 58.5 | 54.5 | — | — | — | 640.5 | — | — | — |
| 60.6 | 1095.1 | 63.2 | 62.6 | 68.6 | 68.3 | — | 63.2 | — | — | — | 1095.1 | — | — |
| 83.4 | 1354.0 | 79.6 | 78.5 | 85.1 | 87.2 | — | — | — | — | — | — | — | — |
| 102.5 | 1663.1 | 100.0 | 98.0 | 104.9 | 111.6 | — | — | — | — | — | — | — | — |
| 120.6 | 1956.2 | 120.6 | 116.9 | 123.7 | 136.8 | — | — | — | — | — | — | — | — |
| 142.5 | 2312.1 | 147.1 | 140.6 | 146.9 | 170.8 | — | — | — | — | — | — | — | — |
| 45.4 | 953.7 | 54.5 | 54.2 | 59.7 | 51.0 | 54.5 | — | — | — | 640.5 | — | — | — |
| 60.6 | 1095.1 | 63.2 | 62.6 | 68.6 | 59.4 | — | 63.2 | — | — | — | 1095.1 | — | — |
| | | | | | | | | | | | | | |
| 45.4 | 953.7 | 54.5 | 54.2 | 59.7 | 61.6 | 54.5 | — | — | — | 640.5 | — | — | — |
| 60.6 | 1095.1 | 63.2 | 62.6 | 68.6 | 71.9 | — | 63.2 | — | — | — | 1095.1 | — | — |
| | | | | | | | | | | | | | |
| 48.8 | 1072.9 | 61.3 | 60.9 | 67.1 | 68.4 | 61.3 | — | — | — | 720.6 | — | — | — |
| 66.1 | 1231.7 | 71.1 | 70.5 | 77.2 | 79.9 | — | 71.1 | — | — | — | 1231.7 | — | — |
| 93.8 | 1523.4 | 89.5 | 88.3 | 95.7 | 102.2 | — | — | — | — | — | — | — | — |
| 115.3 | 1871.3 | 112.6 | 110.2 | 118.0 | 131.0 | — | — | — | — | — | — | — | — |
| 135.7 | 2200.9 | 135.7 | 131.6 | 139.2 | 160.9 | — | — | — | — | — | — | — | — |
| 160.3 | 2600.7 | 165.5 | 158.1 | 165.3 | 201.4 | — | — | — | — | — | — | — | — |

| 代号 | | | | 钢级 | 外径/mm | 材料参数/缺欠参数 $K_a/a_N/$ $t/\%$ | 壁厚$(t)$/mm | 内径/mm | 带螺纹和接箍 | | | | 整体接头 | |
|---|---|---|---|---|---|---|---|---|---|---|---|---|---|---|
| 1 | 2 | | | | | | | | 通径/mm | 接箍外径 | | | 通径/mm | 内螺纹外径/mm |
| | 带螺纹和接箍 | | 整体接头 | | | | | | | 不加厚/mm | 加厚 | | | |
| | 不加厚 | 加厚 | | | | | | | | | 标准/mm | 特殊间隙/mm | | |
| 4 | 9.50 | — | — | R95 | 101.60 | 1/12.5 | 5.74 | 90.12 | 86.94 | 120.65 | — | — | — | — |
| | 10.70 | 11.00 | — | R95 | 101.60 | 1/12.5 | 6.65 | 88.29 | 85.12 | — | 127.00 | — | — | — |
| | 13.20 | — | — | R95 | 101.60 | 1/12.5 | 8.38 | 84.84 | 81.66 | — | — | — | — | — |
| | 16.10 | — | — | R95 | 101.60 | 1/12.5 | 10.54 | 80.52 | 77.34 | — | — | — | — | — |
| | 18.90 | — | — | R95 | 101.60 | 1/12.5 | 12.70 | 76.20 | 73.03 | — | — | — | — | — |
| | 22.20 | — | — | R95 | 101.60 | 1/12.5 | 15.49 | 70.61 | 67.44 | — | — | — | — | — |
| | 9.50 | — | — | T95 | 101.60 | 1/5 | 5.74 | 90.12 | 86.94 | 120.65 | — | — | — | — |
| | 10.70 | 11.00 | — | T95 | 101.60 | 1/5 | 6.65 | 88.29 | 85.12 | — | 127.00 | — | — | — |
| | 13.20 | — | — | T95 | 101.60 | 1/5 | 8.38 | 84.84 | 81.66 | — | — | — | — | — |
| | 16.10 | — | — | T95 | 101.60 | 1/5 | 10.54 | 80.52 | 77.34 | — | — | — | — | — |
| | 18.90 | — | — | T95 | 101.60 | 1/5 | 12.70 | 76.20 | 73.03 | — | — | — | — | — |
| | 22.20 | — | — | T95 | 101.60 | 1/5 | 15.49 | 70.61 | 67.44 | — | — | — | — | — |
| 4½ | 26.10 | 12.75 | — | H40 | 114.30 | 2/12.5 | 6.88 | 100.53 | 97.36 | 132.08 | 141.30 | — | — | — |
| | 26.10 | 12.75 | — | J55 | 114.30 | 2/12.5 | 6.88 | 100.53 | 97.36 | 132.08 | 141.30 | — | — | — |
| | 26.10 | 12.75 | — | N80 | 114.30 | 1/12.5 | 6.88 | 100.53 | 97.36 | 132.08 | 141.30 | — | — | — |
| | 12.60 | 12.75 | — | C90 | 114.30 | 1/5 | 6.88 | 100.53 | 97.36 | 132.08 | 141.30 | — | — | — |
| | 15.20 | — | — | C90 | 114.30 | 1/5 | 8.56 | 97.18 | 94.01 | — | — | — | — | — |
| | 17.00 | — | — | C90 | 114.30 | 1/5 | 9.65 | 95.00 | 91.82 | — | — | — | — | — |
| | 18.90 | — | — | C90 | 114.30 | 1/5 | 10.92 | 92.46 | 89.28 | — | — | — | — | |
| | 21.50 | — | — | C90 | 114.30 | 1/5 | 12.70 | 88.90 | 85.73 | — | — | — | — | — |
| | 23.70 | — | — | C90 | 114.30 | 1/5 | 14.22 | 85.85 | 82.68 | — | — | — | — | — |
| | 26.10 | — | — | C90 | 114.30 | 1/5 | 16.00 | 82.30 | 79.12 | — | — | — | — | — |
| | 12.60 | 12.75 | — | R95 | 114.30 | 1/12.5 | 6.88 | 100.53 | 97.36 | 132.08 | 141.30 | — | — | — |
| | 15.20 | — | — | R95 | 114.30 | 1/12.5 | 8.56 | 97.18 | 94.01 | — | — | — | — | — |

续表

| 抗挤毁强度/MPa | 管体屈服强度/kN | 内压抗力 | | | | | | | | 接头连接强度 | | | |
|---|---|---|---|---|---|---|---|---|---|---|---|---|---|
| | | 管体 | | | | 带螺纹和接箍 | | | 整体接头/MPa | 带螺纹和接箍 | | | 整体接头/kN |
| | | 内屈服压力 | | | 延性断裂 | 不加厚/MPa | 加厚 | | | 不加厚/kN | 加厚 | | |
| | | API历史公式/MPa | 拉梅-米塞斯 | | | | 标准接箍/MPa | 特殊间隙接箍/MPa | | | 标准接箍/kN | 特殊间隙接箍/kN | |
| | | | 开口端部/MPa | 封堵管端/MPa | 封堵管端/MPa | | | | | | | | |
| 50.4 | 1132.5 | 64.7 | 64.4 | 70.9 | 65.3 | 64.7 | — | — | — | 760.6 | — | — | — |
| 68.8 | 1300.2 | 75.0 | 74.4 | 81.5 | 76.2 | — | 75.0 | — | — | — | 1300.2 | — | — |
| 99.1 | 1608.0 | 94.5 | 93.2 | 101.0 | 97.3 | — | — | — | — | — | — | — | — |
| 121.7 | 1974.9 | 118.9 | 116.4 | 124.5 | 124.5 | — | — | — | — | — | — | — | — |
| 143.2 | 2323.2 | 143.2 | 138.9 | 147.0 | 152.7 | — | — | — | — | — | — | — | — |
| 169.2 | 2745.3 | 174.7 | 166.9 | 174.5 | 190.6 | — | — | — | — | — | — | — | — |
| | | | | | | | | | | | | | |
| 50.4 | 1132.5 | 64.7 | 64.4 | 70.9 | 72.1 | 64.7 | — | — | — | 760.6 | — | — | — |
| 68.8 | 1300.2 | 75.0 | 74.4 | 81.5 | 84.2 | — | 75.0 | — | — | — | 1300.2 | — | — |
| 99.1 | 1608.0 | 94.5 | 93.2 | 101.0 | 107.7 | — | — | — | — | — | — | — | — |
| 121.7 | 1974.9 | 118.9 | 116.4 | 124.5 | 138.0 | — | — | — | — | — | — | — | — |
| 143.2 | 2323.2 | 143.2 | 138.9 | 147.0 | 169.5 | — | — | — | — | — | — | — | — |
| 169.2 | 2745.3 | 174.7 | 166.9 | 174.5 | 212.1 | — | — | — | — | — | — | — | — |
| 30.9 | 640.5 | 29.1 | 28.9 | 31.7 | 32.0 | 29.1 | 29.1 | — | — | 464.4 | 640.5 | — | — |
| | | | | | | | | | | | | | |
| 39.5 | 880.7 | 40.0 | 39.7 | 43.6 | 40.3 | 40.0 | 40.0 | — | — | 638.3 | 880.7 | — | — |
| | | | | | | | | | | | | | |
| 51.7 | 1281.0 | 58.1 | 57.7 | 63.4 | 65.9 | 58.1 | 58.1 | — | — | 928.3 | 1281.0 | — | — |
| | | | | | | | | | | | | | |
| 55.9 | 1441.2 | 65.3 | 64.9 | 71.3 | 73.2 | 65.3 | 65.3 | — | — | 1044.4 | 1441.2 | | — |
| 84.2 | 1764.1 | 81.3 | 80.4 | 87.5 | 92.1 | — | — | — | — | — | — | — | — |
| 95.9 | 1968.7 | 91.6 | 90.4 | 97.8 | 104.8 | — | — | — | — | — | — | — | — |
| 107.2 | 2200.9 | 103.7 | 101.8 | 109.5 | 119.7 | — | — | — | — | — | — | — | — |
| 122.5 | 2515.3 | 120.6 | 117.7 | 125.5 | 141.2 | — | — | — | — | — | — | — | — |
| 135.1 | 2775.1 | 135.0 | 131.0 | 138.7 | 160.1 | — | — | — | — | — | — | — | — |
| 149.3 | 3066.5 | 151.9 | 146.2 | 153.6 | 182.7 | — | — | — | — | — | — | — | — |
| 57.9 | 1521.2 | 69.0 | 68.5 | 75.3 | 69.8 | 69.0 | 69.0 | — | — | 1102.7 | 1521.2 | — | — |
| 87.9 | 1862.4 | 85.8 | 84.8 | 92.3 | 87.8 | — | — | — | — | — | — | — | — |

| 代号 | | | | 钢级 | 外径/mm | 材料参数/缺欠参数 $K_a/a_N/t$/% | 壁厚(*t*)/mm | 内径/mm | 带螺纹和接箍 | | | | 整体接头 | |
|---|---|---|---|---|---|---|---|---|---|---|---|---|---|---|
| 1 | 2 | | | | | | | | 通径/mm | 接箍外径 | | | 通径/mm | 内螺纹外径/mm |
| | 带螺纹和接箍 | | 整体接头 | | | | | | | 不加厚/mm | 加厚 | | | |
| | 不加厚 | 加厚 | | | | | | | | | 标准/mm | 特殊间隙/mm | | |
| 4½ | 17.00 | — | — | R95 | 114.30 | 1/12.5 | 9.65 | 95.00 | 91.82 | — | — | — | — | — |
| | 18.90 | — | — | R95 | 114.30 | 1/12.5 | 10.92 | 92.46 | 89.28 | — | — | — | — | — |
| | 21.50 | — | — | R95 | 114.30 | 1/12.5 | 12.70 | 88.90 | 85.73 | — | — | — | — | — |
| | 23.70 | — | — | R95 | 114.30 | 1/12.5 | 14.22 | 85.85 | 82.68 | — | — | — | — | — |
| | 26.10 | — | — | R95 | 114.30 | 1/12.5 | 16.00 | 82.30 | 79.12 | — | — | — | — | — |
| | 12.60 | 12.75 | — | T95 | 114.30 | 1/5 | 6.88 | 100.53 | 97.36 | 132.08 | 141.30 | — | — | — |
| | 15.20 | — | — | T95 | 114.30 | 1/5 | 8.56 | 97.18 | 94.01 | — | — | — | — | — |
| | 17.00 | — | — | T95 | 114.30 | 1/5 | 9.65 | 95.00 | 91.82 | — | — | — | — | — |
| | 18.90 | — | — | T95 | 114.30 | 1/5 | 10.92 | 92.46 | 89.28 | — | — | — | — | — |
| | 21.50 | — | — | T95 | 114.30 | 1/5 | 12.70 | 88.90 | 85.73 | — | — | — | — | — |
| | 23.70 | — | — | T95 | 114.30 | 1/5 | 14.22 | 85.85 | 82.68 | — | — | — | — | — |
| | 26.10 | — | — | T95 | 114.30 | 1/5 | 16.00 | 82.30 | 79.12 | — | — | — | — | — |

续表

| 抗挤毁强度/MPa | 管体屈服强度/kN | 内压抗力 | | | | | | | | 接头连接强度 | | | |
|---|---|---|---|---|---|---|---|---|---|---|---|---|---|
| | | 管体 | | | | 带螺纹和接箍 | | | 整体接头/MPa | 带螺纹和接箍 | | | 整体接头/kN |
| | | 内屈服压力 | | | 延性断裂 | 不加厚/MPa | 加厚 | | | 不加厚/kN | 加厚 | | |
| | | API历史公式/MPa | 拉梅-米塞斯 | | | | | | | | | | |
| | | | 开口端部/MPa | 封堵管端/MPa | 封堵管端/MPa | | 标准接箍/MPa | 特殊间隙接箍/MPa | | | 标准接箍/kN | 特殊间隙接箍/kN | |
| 101.2 | 2078.1 | 96.7 | 95.4 | 103.2 | 99.8 | — | — | — | — | — | — | — | — |
| 113.1 | 2323.2 | 109.5 | 107.6 | 115.5 | 113.9 | — | — | — | — | — | — | — | — |
| 129.3 | 2655.0 | 127.3 | 124.2 | 132.4 | 134.2 | — | — | — | — | — | — | — | — |
| 142.6 | 2929.0 | 142.6 | 138.3 | 146.4 | 151.9 | — | — | — | — | — | — | — | — |
| 157.6 | 3236.8 | 160.4 | 154.3 | 162.2 | 173.1 | — | — | — | — | — | — | — | — |
| | | | | | | | | | | | | | |
| 57.9 | 1521.2 | 69.0 | 68.5 | 75.3 | 77.1 | 69.0 | 69.0 | — | — | 1102.7 | 1521.2 | — | — |
| 87.9 | 1862.4 | 85.8 | 84.8 | 92.3 | 97.1 | — | — | — | — | — | — | — | — |
| 101.2 | 2078.1 | 96.7 | 95.4 | 103.2 | 110.4 | — | — | — | — | — | — | — | — |
| 113.1 | 2323.2 | 109.5 | 107.6 | 115.5 | 126.2 | — | — | — | — | — | — | — | — |
| 129.3 | 2655.0 | 127.3 | 124.2 | 132.4 | 148.8 | — | — | — | — | — | — | — | — |
| 142.6 | 2929.0 | 142.6 | 138.3 | 146.4 | 168.7 | — | — | — | — | — | — | — | — |
| 157.6 | 3236.8 | 160.4 | 154.3 | 162.2 | 192.5 | — | — | — | — | — | — | — | — |

2. 尺寸、质量和公差

(1) 不加厚油管及接箍尺寸、质量和公差见表 13-96。

(2) 外加厚油管及接箍尺寸、质量和公差见表 13-97。

**表 13-96　不加厚油管及接箍尺寸、质量和公差**

| 油管外径(D) | | 外径(W)/mm | 最小长度($N_L$)/mm | 镗孔直径(Q)/mm | 承载面宽度(b)/mm | 特殊倒角的最大承载面直径($B_f$)/mm | 质量/kg |
|---|---|---|---|---|---|---|---|
| in | mm | | | | | | |
| 1.050 | 26.67 | 33.35 | 80.96 | 28.27 | 1.59 | 30.00 | 0.23 |
| 1.315 | 33.40 | 42.16 | 82.55 | 35.00 | 2.38 | 37.80 | 0.38 |
| 1.660 | 42.16 | 52.17 | 88.90 | 43.76 | 3.18 | 47.17 | 0.59 |
| 1.900 | 48.26 | 55.88 | 95.25 | 49.86 | 1.59 | 52.07 | 0.56 |
| 2⅜ | 60.32 | 73.02 | 107.95 | 61.93 | 4.76 | 66.68 | 1.28 |
| 2⅞ | 73.02 | 88.90 | 130.18 | 74.63 | 4.76 | 80.98 | 2.34 |
| 3½ | 88.90 | 107.95 | 142.88 | 90.50 | 4.76 | 98.42 | 3.71 |
| 4 | 101.60 | 120.65 | 146.05 | 103.20 | 4.76 | 111.12 | 4.35 |
| 4½ | 114.30 | 132.08 | 155.58 | 115.90 | 4.76 | 123.19 | 4.89 |

注：外径 W 的公差为±1%，接箍的规格代号和相应的管子规格代号相同。

**表 13-97　外加厚油管及接箍尺寸、质量和公差**

| 油管外径(D) | | 外径 | | 最小长度($N_L$)/mm | 镗孔直径(Q)/mm | 标准接箍承载面宽度(b)/mm | 最大承载面直径($B_f$) | | 质量/kg | |
|---|---|---|---|---|---|---|---|---|---|---|
| in | mm | 标准接箍(W)/mm | 特殊间隙接箍($W_c$)/mm | | | | 具有特殊倒角的标准接箍/mm | 特殊间隙接箍/mm | 标准接箍 | 特殊间隙接箍 |
| 1.050 | 26.67 | 42.16 | — | 82.55 | 35.00 | 2.38 | 37.80 | — | 0.38 | - |
| 1.315 | 33.40 | 48.26 | — | 88.90 | 38.89 | 2.38 | 42.77 | — | 0.57 | - |
| 1.660 | 42.16 | 55.88 | — | 95.25 | 47.63 | 3.18 | 50.95 | — | 0.68 | - |
| 1.900 | 48.26 | 63.50 | — | 98.42 | 54.76 | 3.18 | 58.34 | — | 0.84 | - |

续表

| 油管外径(D) | | 外径 | | 最小长度($N_L$)/mm | 镗孔直径(Q)/mm | 标准接箍承载面宽度(b)/mm | 最大承载面直径($B_f$) | | 质量/kg | |
|---|---|---|---|---|---|---|---|---|---|---|
| in | mm | 标准接箍(W)/mm | 特殊间隙接箍($W_c$)/mm | | | | 具有特殊倒角的标准接箍/mm | 特殊间隙接箍/mm | 标准接箍 | 特殊间隙接箍 |
| 2⅜ | 60.32 | 77.80 | 73.91 | 123.82 | 67.46 | 3.97 | 71.83 | 69.90 | 1.55 | 1.07 |
| 2⅞ | 73.02 | 93.17 | 87.88 | 133.35 | 80.16 | 5.56 | 85.88 | 83.24 | 2.40 | 1.55 |
| 3½ | 88.90 | 114.30 | 106.17 | 146.05 | 96.85 | 6.35 | 104.78 | 100.71 | 4.10 | 2.38 |
| 4 | 101.60 | 127.00 | — | 152.40 | 109.55 | 6.35 | 117.48 | — | 4.82 | - |
| 4½ | 114.30 | 141.30 | — | 158.75 | 122.25 | 6.35 | 130.96 | — | 6.05 | — |

注：1. 外径 W 的公差为±1%。

2. 外径 $W_c$ 的公差为±0.38mm。

3. 接箍的规格代号和相应的管子规格代号相同。

## 三、油管上紧扭矩

圆螺纹油管上紧扭矩参考见表 13-98，API Spec 5CT 油管标准通径规最小尺寸见表 13-99。

**表 13-98　圆螺纹油管上紧扭矩参考**

| 外径 | | 螺纹和接箍的公称单重 | | 钢级 | 螺纹 | 扭矩 | |
|---|---|---|---|---|---|---|---|
| in | mm | lb/ft | kg/m | | | ft·lb | N·m |
| 1.050 | 26.67 | 1.14 | 1.70 | H40 | NU | 140 | 190 |
| 1.050 | 26.67 | 1.14 | 1.70 | J55 | NU | 180 | 240 |
| 1.050 | 26.67 | 1.14 | 1.70 | C75 | NU | 230 | 320 |
| 1.050 | 26.67 | 1.14 | 1.70 | L80 | NU | 240 | 330 |
| 1.050 | 26.67 | 1.14 | 1.70 | N80 | NU | 250 | 340 |
| 1.050 | 26.67 | 1.14 | 1.70 | C90 | NU | 260 | 350 |

续表

| 外径 | | 螺纹和接箍的公称单重 | | 钢级 | 螺纹 | 扭矩 | |
|---|---|---|---|---|---|---|---|
| in | mm | 1b/ft | kg/m | | | ft · 1b | N · m |
| 1.050 | 26.67 | 1.20 | 1.79 | H40 | EU | 460 | 630 |
| 1.050 | 26.67 | 1.20 | 1.79 | J55 | EU | 600 | 810 |
| 1.050 | 26.67 | 1.20 | 1.79 | C75 | EU | 780 | 1060 |
| 1.050 | 26.67 | 1.20 | 1.79 | L80 | EU | 810 | 1090 |
| 1.050 | 26.67 | 1.20 | 1.79 | N80 | EU | 830 | 1130 |
| 1.050 | 26.67 | 1.20 | 1.79 | C90 | EU | 880 | 1190 |
| 1.315 | 33.40 | 1.70 | 2.53 | H40 | NU | 210 | 280 |
| 1.315 | 33.40 | 1.70 | 2.53 | J55 | NU | 270 | 370 |
| 1.315 | 33.40 | 1.70 | 2.53 | C75 | NU | 360 | 480 |
| 1.315 | 33.40 | 1.70 | 2.53 | L80 | NU | 370 | 500 |
| 1.315 | 33.40 | 1.70 | 2.53 | N80 | NU | 380 | 510 |
| 1.315 | 33.40 | 1.70 | 2.53 | C90 | NU | 400 | 540 |
| 1.315 | 33.40 | 1.80 | 2.68 | H40 | EU | 440 | 590 |
| 1.315 | 33.40 | 1.80 | 2.68 | J55 | EU | 570 | 770 |
| 1.315 | 33.40 | 1.80 | 2.68 | C75 | EU | 740 | 1010 |
| 1.315 | 33.40 | 1.80 | 2.68 | L80 | EU | 760 | 1040 |
| 1.315 | 33.40 | 1.80 | 2.68 | N80 | EU | 790 | 1070 |
| 1.315 | 33.40 | 1.80 | 2.68 | C90 | EU | 830 | 1130 |
| 1.315 | 33.40 | 1.72 | 2.56 | H40 | IJ | 310 | 410 |
| 1.315 | 33.40 | 1.72 | 2.56 | J55 | IJ | 400 | 540 |
| 1.315 | 33.40 | 1.72 | 2.56 | C75 | IJ | 520 | 700 |
| 1.315 | 33.40 | 1.72 | 2.56 | L80 | IJ | 530 | 720 |
| 1.315 | 33.40 | 1.72 | 2.56 | N80 | IJ | 550 | 740 |
| 1.315 | 33.40 | 1.72 | 2.56 | C90 | IJ | 580 | 780 |
| 1.660 | 42.16 | 2.30 | 3.42 | H40 | NU | 270 | 360 |
| 1.660 | 42.16 | 2.30 | 3.42 | J55 | NU | 350 | 470 |

续表

| 外径 | | 螺纹和接箍的公称单重 | | 钢级 | 螺纹 | 扭矩 | |
|---|---|---|---|---|---|---|---|
| in | mm | 1b/ft | kg/m | | | ft·1b | N·m |
| 1.660 | 42.16 | 2.30 | 3.42 | C75 | NU | 460 | 620 |
| 1.660 | 42.16 | 2.30 | 3.42 | L80 | NU | 470 | 640 |
| 1.660 | 42.16 | 2.30 | 3.42 | N80 | NU | 490 | 660 |
| 1.660 | 42.16 | 2.30 | 3.42 | C90 | NU | 510 | 700 |
| 1.660 | 42.16 | 2.30 | 3.42 | H40 | EU | 530 | 720 |
| 1.660 | 42.16 | 2.40 | 3.57 | J55 | EU | 690 | 940 |
| 1.660 | 42.16 | 2.40 | 3.57 | C75 | EU | 910 | 1230 |
| 1.660 | 42.16 | 2.40 | 3.57 | L80 | EU | 940 | 1270 |
| 1.660 | 42.16 | 2.40 | 3.57 | N80 | EU | 960 | 1300 |
| 1.660 | 42.16 | 2.40 | 3.57 | C90 | EU | 1020 | 1380 |
| 1.660 | 42.16 | 2.10 | 3.13 | H40 | U | 380 | 520 |
| 1.660 | 42.16 | 2.33 | 3.47 | H40 | U | 380 | 520 |
| 1.660 | 42.16 | 2.10 | 3.13 | J55 | U | 500 | 680 |
| 1.660 | 42.16 | 2.33 | 3.47 | J55 | U | 500 | 680 |
| 1.660 | 42.16 | 2.33 | 3.47 | C75 | U | 650 | 890 |
| 1.660 | 42.16 | 2.33 | 3.47 | L80 | U | 680 | 920 |
| 1.660 | 42.16 | 2.33 | 3.47 | N80 | U | 690 | 940 |
| 1.660 | 42.16 | 2.33 | 3.47 | C90 | U | 730 | 1000 |
| 1.900 | 48.26 | 2.75 | 4.09 | H40 | NU | 320 | 430 |
| 1.900 | 48.26 | 2.75 | 4.09 | J55 | NU | 410 | 560 |
| 1.900 | 48.26 | 2.75 | 4.09 | C75 | NU | 540 | 730 |
| 1.900 | 48.26 | 2.75 | 4.09 | L80 | NU | 560 | 760 |
| 1.900 | 48.26 | 2.75 | 4.09 | N80 | NU | 570 | 780 |
| 1.900 | 48.26 | 2.75 | 4.09 | C90 | NU | 610 | 830 |
| 1.900 | 48.26 | 2.90 | 4.32 | H40 | EU | 670 | 910 |
| 1.900 | 48.26 | 2.90 | 4.32 | J55 | EU | 880 | 1190 |

续表

| 外径 | | 螺纹和接箍的公称单重 | | 钢级 | 螺纹 | 扭矩 | |
|---|---|---|---|---|---|---|---|
| in | mm | 1b/ft | kg/m | | | ft · 1b | N · m |
| 1.900 | 48.26 | 2.90 | 4.32 | C75 | EU | 1150 | 1560 |
| 1.900 | 48.26 | 2.90 | 4.32 | L80 | EU | 1190 | 1610 |
| 1.900 | 48.26 | 2.90 | 4.32 | N80 | EU | 1220 | 1650 |
| 1.900 | 48.26 | 2.90 | 4.32 | C90 | EU | 1300 | 1760 |
| 1.900 | 48.26 | 2.40 | 3.57 | H40 | IJ | 450 | 600 |
| 1.900 | 48.26 | 2.76 | 4.11 | H40 | IJ | 450 | 600 |
| 1.900 | 48.26 | 2.40 | 3.57 | J55 | IJ | 580 | 790 |
| 1.900 | 48.26 | 2.76 | 4.11 | J55 | IJ | 580 | 790 |
| 1.900 | 48.26 | 2.76 | 4.11 | C75 | IJ | 760 | 1030 |
| 1.900 | 48.26 | 2.76 | 4.11 | L80 | IJ | 790 | 1070 |
| 1.900 | 48.26 | 2.76 | 4.11 | N80 | IJ | 810 | 1100 |
| 1.900 | 48.26 | 2.76 | 4.11 | N80 | IJ | 860 | 1160 |
| 2.063 | 52.40 | 3.25 | 4.84 | H40 | IJ | 570 | 770 |
| 2.063 | 52.40 | 3.25 | 4.84 | J55 | IJ | 740 | 1010 |
| 2.063 | 52.40 | 3.25 | 4.84 | C75 | IJ | 970 | 1320 |
| 2.063 | 52.40 | 3.25 | 4.84 | L80 | IJ | 1010 | 1370 |
| 2.063 | 52.40 | 3.25 | 4.84 | N80 | IJ | 1030 | 1400 |
| 2.063 | 52.40 | 3.25 | 4.84 | C90 | IJ | 1100 | 1490 |
| $2\frac{3}{8}$ | 60.32 | 4.00 | 5.95 | H40 | NU | 470 | 630 |
| $2\frac{3}{8}$ | 60.32 | 4.60 | 6.85 | H40 | NU | 560 | 760 |
| $2\frac{3}{8}$ | 60.32 | 4.00 | 5.95 | J55 | NU | 610 | 830 |
| $2\frac{3}{8}$ | 60.32 | 4.60 | 6.85 | J55 | NU | 730 | 990 |
| $2\frac{3}{8}$ | 60.32 | 4.00 | 5.95 | C75 | NU | 800 | 1090 |
| $2\frac{3}{8}$ | 60.32 | 4.60 | 6.85 | C75 | NU | 960 | 1300 |
| $2\frac{3}{8}$ | 60.32 | 5.80 | 8.63 | C75 | NU | 1380 | 1860 |
| $2\frac{3}{8}$ | 60.32 | 4.00 | 5.95 | L80 | NU | 830 | 1130 |

续表

| 外径 | | 螺纹和接箍的公称单重 | | 钢级 | 螺纹 | 扭矩 | |
|---|---|---|---|---|---|---|---|
| in | mm | 1b/ft | kg/m | | | ft·1b | N·m |
| 2⅜ | 60.32 | 4.60 | 6.85 | L80 | NU | 990 | 1350 |
| 2⅜ | 60.32 | 5.80 | 8.63 | L80 | NU | 1420 | 1930 |
| 2⅜ | 60.32 | 4.00 | 5.95 | N80 | NU | 850 | 1160 |
| 2⅜ | 60.32 | 4.60 | 6.85 | N80 | NU | 1020 | 1380 |
| 2⅜ | 60.32 | 5.80 | 8.63 | N80 | NU | 1460 | 1980 |
| 2⅜ | 60.32 | 4.00 | 5.95 | C90 | NU | 910 | 1230 |
| 2⅜ | 60.32 | 4.60 | 6.85 | C90 | NU | 1080 | 1470 |
| 2⅜ | 60.32 | 5.80 | 8.63 | C90 | NU | 1550 | 2110 |
| 2⅜ | 60.32 | 4.60 | 6.85 | P110 | NU | 1280 | 1740 |
| 2⅜ | 60.32 | 5.80 | 8.63 | P110 | NU | 1840 | 2490 |
| 2⅜ | 60.32 | 4.70 | 6.99 | H40 | EU | 990 | 1340 |
| 2⅜ | 60.32 | 4.70 | 6.99 | J55 | EU | 1290 | 1750 |
| 2⅜ | 60.32 | 5.95 | 8.85 | C75 | EU | 1700 | 2310 |
| 2⅜ | 60.32 | 4.70 | 6.99 | C75 | EU | 2120 | 2870 |
| 2⅜ | 60.32 | 5.95 | 8.85 | L80 | EU | 1760 | 2390 |
| 2⅜ | 60.32 | 5.95 | 8.85 | L80 | EU | 2190 | 2970 |
| 2⅜ | 60.32 | 4.70 | 6.99 | N80 | EU | 1800 | 2450 |
| 2⅜ | 60.32 | 4.70 | 6.99 | N80 | EU | 2240 | 3040 |
| 2⅜ | 60.32 | 5.95 | 8.85 | C90 | EU | 1920 | 2610 |
| 2⅜ | 60.32 | 4.70 | 6.99 | C90 | EU | 2390 | 3250 |
| 2⅜ | 60.32 | 4.70 | 6.99 | P110 | EU | 2270 | 3080 |
| 2⅜ | 60.32 | 5.95 | 8.85 | P110 | EU | 2830 | 3830 |
| 2⅞ | 73.02 | 6.40 | 9.52 | H40 | NU | 900 | 1080 |
| 2⅞ | 73.02 | 6.40 | 9.52 | J55 | NU | 1050 | 1420 |
| 2⅞ | 73.02 | 6.40 | 9.52 | C75 | NU | 1380 | 1880 |
| 2⅞ | 73.02 | 7.80 | 11.61 | C75 | NU | 1850 | 2500 |

续表

| 外径 | | 螺纹和接箍的公称单重 | | 钢级 | 螺纹 | 扭矩 | |
|---|---|---|---|---|---|---|---|
| in | mm | 1b/ft | kg/m | | | ft · 1b | N · m |
| 2⅞ | 73.02 | 8.60 | 12.80 | C75 | NU | 2090 | 2830 |
| 2⅞ | 73.02 | 6.40 | 9.52 | L80 | NU | 1430 | 1940 |
| 2⅞ | 73.02 | 7.80 | 11.61 | L80 | NU | 1910 | 2590 |
| 2⅞ | 73.02 | 8.60 | 12.80 | L80 | NU | 2160 | 2930 |
| 2⅞ | 73.02 | 8.60 | 12.80 | N80 | NU | 1470 | 1990 |
| 2⅞ | 73.02 | 7.80 | 11.61 | N80 | NU | 1960 | 2650 |
| 2⅞ | 73.02 | 8.60 | 12.80 | N80 | NU | 2210 | 3000 |
| 2⅞ | 73.02 | 6.40 | 9.52 | C90 | NU | 1570 | 2130 |
| 2⅞ | 73.02 | 7.80 | 11.61 | C90 | NU | 2090 | 2840 |
| 2⅞ | 73.02 | 8.60 | 12.80 | C90 | NU | 2370 | 3210 |
| 2⅞ | 73.02 | 6.40 | 9.52 | P110 | NU | 1850 | 2510 |
| 2⅞ | 73.02 | 7.80 | 11.61 | P110 | NU | 2470 | 3350 |
| 2⅞ | 73.02 | 8.60 | 12.80 | P110 | NU | 2790 | 3790 |
| 2⅞ | 73.02 | 6.50 | 9.67 | H40 | EU | 1250 | 1700 |
| 2⅞ | 73.02 | 6.50 | 9.67 | J55 | EU | 1650 | 2230 |
| 2⅞ | 73.02 | 6.50 | 9.67 | C75 | EU | 2170 | 2940 |
| 2⅞ | 73.02 | 7.90 | 11.76 | C75 | EU | 2610 | 3540 |
| 2⅞ | 73.02 | 8.70 | 12.95 | C75 | EU | 2850 | 3860 |
| 2⅞ | 73.02 | 6.50 | 9.67 | L80 | EU | 2250 | 3050 |
| 2⅞ | 73.02 | 7.90 | 11.76 | L80 | EU | 2710 | 3680 |
| 2⅞ | 73.02 | 8.70 | 12.95 | L80 | EU | 2950 | 4000 |
| 2⅞ | 73.02 | 6.50 | 9.67 | N80 | EU | 2300 | 3120 |
| 2⅞ | 73.02 | 7.90 | 11.76 | N80 | EU | 2770 | 3760 |
| 2⅞ | 73.02 | 8.70 | 12.95 | N80 | EU | 3020 | 4090 |
| 2⅞ | 73.02 | 6.50 | 9.67 | C90 | EU | 2460 | 3340 |
| 2⅞ | 73.02 | 7.90 | 11.76 | C90 | EU | 2970 | 4020 |

续表

| 外径 | | 螺纹和接箍的公称单重 | | 钢级 | 螺纹 | 扭矩 | |
|---|---|---|---|---|---|---|---|
| in | mm | lb/ft | kg/m | | | ft·lb | N·m |
| 2⅞ | 73.02 | 8.70 | 12.95 | C90 | EU | 3230 | 4380 |
| 2⅞ | 73.02 | 6.50 | 9.67 | P110 | EU | 2910 | 3940 |
| 2⅞ | 73.02 | 7.90 | 11.76 | P110 | EU | 3500 | 4750 |
| 2⅞ | 73.02 | 8.70 | 12.95 | P110 | EU | 3810 | 5170 |
| 3½ | 88.90 | 7.70 | 11.46 | H40 | NU | 920 | 1250 |
| 3½ | 88.90 | 9.20 | 13.69 | H40 | NU | 1120 | 1520 |
| 3½ | 88.90 | 10.20 | 15.18 | H40 | NU | 1310 | 1770 |
| 3½ | 88.90 | 7.70 | 11.46 | J55 | NU | 1210 | 1640 |
| 3½ | 88.90 | 9.20 | 13.69 | J55 | NU | 1480 | 2010 |
| 3½ | 88.90 | 10.20 | 15.18 | J55 | NU | 1720 | 2330 |
| 3½ | 88.90 | 7.70 | 11.46 | C75 | NU | 1600 | 2170 |
| 3½ | 88.90 | 9.20 | 13.69 | C75 | NU | 1950 | 2650 |
| 3½ | 88.90 | 10.20 | 15.18 | C75 | NU | 2270 | 3080 |
| 3½ | 88.90 | 12.70 | 18.90 | C75 | NU | 3030 | 4100 |
| 3½ | 88.90 | 7.70 | 11.46 | L80 | NU | 1660 | 2250 |
| 3½ | 88.90 | 9.20 | 13.69 | L80 | NU | 2030 | 2750 |
| 3½ | 88.90 | 10.20 | 15.18 | L80 | NU | 2360 | 3200 |
| 3½ | 88.90 | 12.70 | 18.90 | L80 | NU | 3140 | 4260 |
| 3½ | 88.90 | 7.70 | 11.46 | N80 | NU | 1700 | 2300 |
| 3½ | 88.90 | 9.20 | 13.69 | N80 | NU | 2070 | 2810 |
| 3½ | 88.90 | 10.20 | 15.18 | N80 | NU | 2410 | 3270 |
| 3½ | 88.90 | 12.70 | 18.90 | N80 | NU | 3210 | 4350 |
| 3½ | 88.90 | 7.70 | 11.46 | C90 | NU | 1820 | 2460 |
| 3½ | 88.90 | 9.20 | 13.69 | C90 | NU | 2220 | 3010 |
| 3½ | 88.90 | 10.20 | 15.18 | C90 | NU | 2590 | 3510 |
| 3½ | 88.90 | 12.70 | 18.90 | C90 | NU | 3440 | 4670 |

续表

| 外径 | | 螺纹和接箍的公称单重 | | 钢级 | 螺纹 | 扭矩 | |
|---|---|---|---|---|---|---|---|
| in | mm | 1b/ft | kg/m | | | ft · 1b | N · m |
| 3½ | 88.90 | 9.20 | 13.69 | P110 | NU | 2620 | 3550 |
| 3½ | 88.90 | 12.70 | 18.90 | P110 | NU | 4060 | 5510 |
| 3½ | 88.90 | 9.30 | 13.84 | H40 | EU | 1730 | 2340 |
| 3½ | 88.90 | 9.30 | 13.84 | J55 | EU | 2280 | 3090 |
| 3½ | 88.90 | 9.30 | 13.84 | C75 | EU | 3010 | 4080 |
| 3½ | 88.90 | 12.95 | 19.27 | C75 | EU | 4040 | 5480 |
| 3½ | 88.90 | 9.30 | 13.84 | L80 | EU | 3030 | 4240 |
| 3½ | 88.90 | 12.95 | 19.27 | L80 | EU | 4200 | 5700 |
| 3½ | 88.90 | 9.30 | 13.84 | N80 | EU | 3200 | 4330 |
| 3½ | 88.90 | 12.95 | 19.27 | N80 | EU | 4290 | 5820 |
| 3½ | 88.90 | 9.30 | 13.84 | C90 | EU | 3430 | 4650 |
| 3½ | 88.90 | 12.95 | 19.27 | C90 | EU | 4610 | 6250 |
| 3½ | 88.90 | 9.30 | 13.84 | Pl10 | EU | 4050 | 5490 |
| 3½ | 88.90 | 9.30 | 13.84 | Pl10 | EU | 5430 | 7370 |
| 4 | 101.60 | 9.50 | 14.14 | H40 | NU | 930 | 1260 |
| 4 | 101.60 | 9.50 | 14.14 | J55 | NU | 1220 | 1660 |
| 4 | 101.60 | 9.50 | 14.14 | C75 | NU | 1620 | 2200 |
| 4 | 101.60 | 9.50 | 14.14 | L80 | NU | 1680 | 2280 |
| 4 | 101.60 | 9.50 | 14.14 | N80 | NU | 1720 | 2330 |
| 4 | 101.60 | 9.50 | 14.14 | C90 | NU | 1950 | 2500 |
| 4 | 101.60 | 11.00 | 16.37 | H40 | EU | 1940 | 2630 |
| 4 | 101.60 | 11.00 | 16.37 | J55 | EU | 2560 | 3470 |
| 4 | 101.60 | 11.00 | 16.37 | C75 | EU | 3390 | 4600 |
| 4 | 101.60 | 11.00 | 16.37 | L80 | EU | 3530 | 4780 |
| 4 | 101.60 | 11.00 | 16.37 | N80 | EU | 3600 | 4880 |
| 4 | 101.60 | 11.00 | 16.37 | N80 | EU | 3870 | 5250 |

续表

| 外径 | | 螺纹和接箍的公称单重 | | 钢级 | 螺纹 | 扭矩 | |
|---|---|---|---|---|---|---|---|
| in | mm | lb/ft | kg/m | | | ft·lb | N·m |
| 4½ | 114.30 | 12.60 | 18.75 | H40 | NU | 1320 | 1780 |
| 4½ | 114.30 | 12.60 | 18.75 | J55 | NU | 1740 | 2360 |
| 4½ | 114.30 | 12.60 | 18.75 | C75 | NU | 2300 | 3120 |
| 4½ | 114.30 | 12.60 | 18.75 | L80 | NU | 2400 | 3250 |
| 4½ | 114.30 | 12.60 | 18.75 | N80 | NU | 2440 | 3310 |
| 4½ | 114.30 | 12.60 | 18.75 | C90 | NU | 2630 | 3570 |
| 4½ | 114.30 | 12.75 | 18.97 | H40 | EU | 2160 | 2930 |
| 4½ | 114.30 | 12.75 | 18.97 | J55 | EU | 2860 | 3870 |
| 4½ | 114.30 | 12.75 | 18.97 | C75 | EU | 3780 | 5130 |
| 4½ | 114.30 | 12.75 | 18.97 | L80 | EU | 3940 | 5340 |
| 4½ | 114.30 | 12.75 | 18.97 | N80 | EU | 4020 | 5450 |
| 4½ | 114.30 | 12.75 | 18.97 | C90 | EU | 4330 | 5870 |

注：1. 建议上紧以位置而不是以扭矩为基础。

2. 在正常情况下，所列出的扭矩值在±25%的范围内变化应当是可以接受的。

3. NU 指管端不加厚，带螺纹和接箍；EU 指管端外加厚，带螺纹和接箍；IJ 指整体接头。

**表 13-99　API Spec 5CT 油管标准通径规最小尺寸**

| 油管外径 | | 通径规长度 | | 通径规外径 | |
|---|---|---|---|---|---|
| in | mm | in | mm | in | mm |
| ≤2⅞ | ≤73.02 | 42 | 1067 | $d-\frac{3}{32}$ | $d-2.38$ |
| >2⅞～≤8⅝ | >73.02～≤219.08 | 42 | 1067 | $d-\frac{1}{8}$ | $d-3.18$ |
| >8⅝～<10¾ | >219.08～<273.05 | 42 | 1067 | $d-\frac{5}{32}$ | $d-3.97$ |

注：$d$ 为油管标称内径。

# 第十四章　固井与完井

## 第一节　完井方法

完井(Well Completion)是指裸眼井钻达设计井深后，使井底和油层以一定结构连通起来的工艺。完井质量的好坏直接影响到油井的生产能力和经济寿命，关系到油田的合理开发。根据钻进程序、开发方式等要求，完井方法分为非防砂井完井方法、防砂井完井方法、强化完井方法三类。

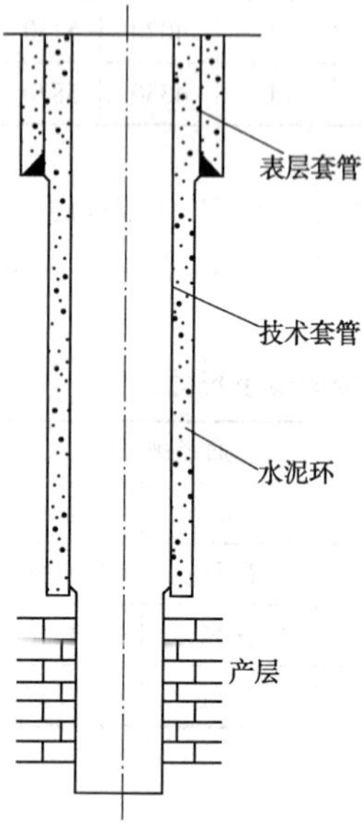


图 14-1　先期裸眼完井方法

### 一、非防砂井完井方法

**(一) 裸眼完井方法**

1. 先期裸眼完井方法

先期裸眼完井方法是钻至油层顶部附近后，下套管注水泥固井，水泥浆凝固后，再从套管中下入直径较小的钻头，钻穿水泥塞和油层，如图 14－1 所示。

2. 后期裸眼完井方法

钻穿油层至设计井深，然后下技术套管至油层顶界附近注水泥固井，如图 14-2所示。为防止水泥浆损害套管鞋以下的产层，通常在套管下部安装套管外封隔器和注水接头(或分级箍)，或者替入低失水、高黏度的钻井液，并采用水泥伞以防水泥浆下沉。

3. 复合型裸眼完井方法

若产层上部有气顶、水层或顶部有不稳定的夹层，可将技术套管下过油气界面进行封隔，然后打开产层，下部裸眼完井。必要时，可以再射开上部的含油段，此完井方法被称为复合型裸眼完井方法，如图 14-3 所示。

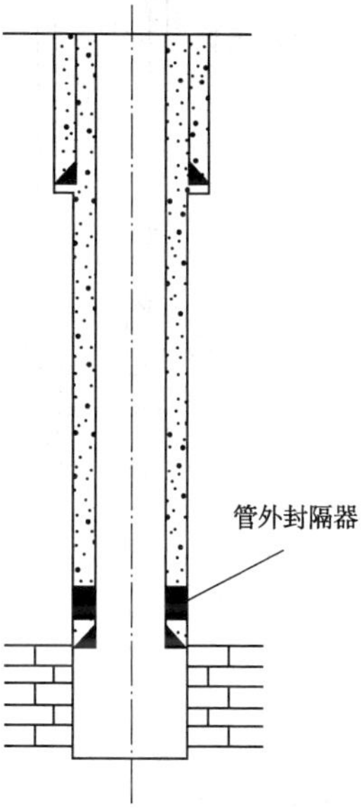


图 14-2　后期裸眼完井方法

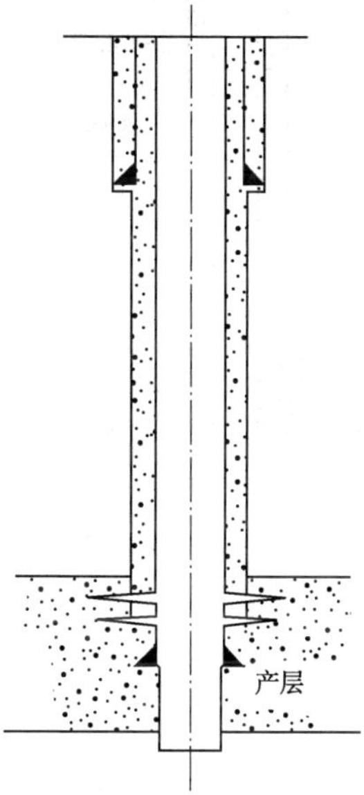


图 14-3　复合型裸眼完井方法

**（二）套管固井射孔完井方法**

套管固井射孔完井是指在产层段下入油层套管、用水泥封固产层后，利用射孔弹将套管、水泥射穿并穿进产层岩石形成油气流的通道，连通产层和井筒的完井方法。

1. 常规套管固井射孔完井方法

射孔完井方法包括套管射孔完井方法和尾管射孔完井方法，如图 14-4 和图 14-5 所示。该完井方法几乎可用于所有类型的储层岩石，是目前应用最多和适应性最广的完井方法。尾管射孔完井方法可以减少套管和油井水泥用量，有利于保护油层，较深的油井、气井大多采用此方法完井。

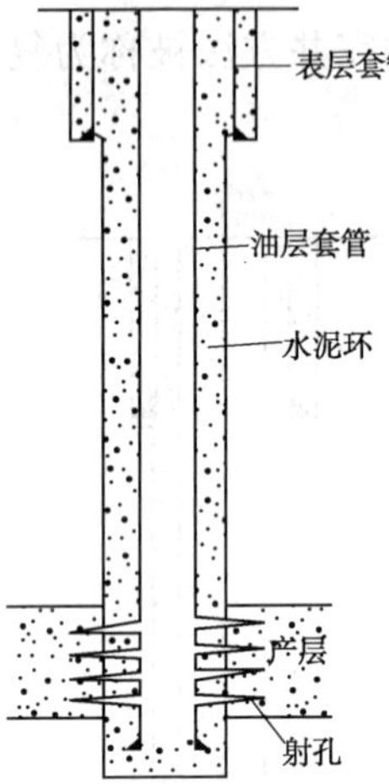


图 14-4　套管射孔完井方法

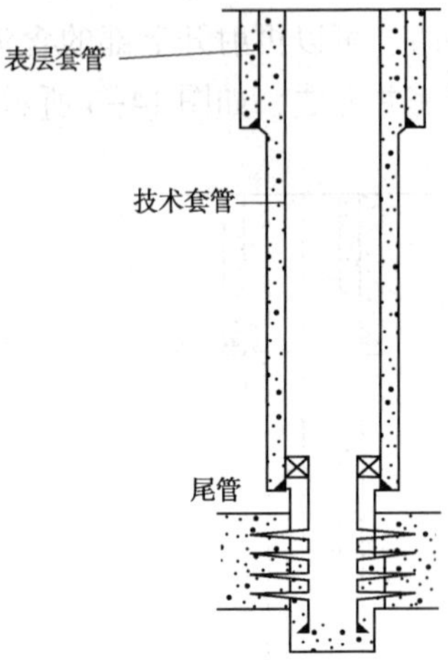


图 14-5　尾管射孔完井方法

2. 膨胀套管固井射孔完井方法

它是利用膨胀套管作为技术套管或完井套管，实现最大完井内径的一种完井方法。利用膨胀套管作为技术套管，可以优化井身结构，减少井下复杂情况；利用膨胀套管作为完井套管，可有效增大完井套管内径，实施分层开采和机械防砂等系列措施。

## 二、防砂井完井方法

### （一）管外防砂完井方法

管外防砂完井方法适用于岩性较为疏松的稠油油藏，特别是在水平井中应用较为广泛，是当前主要的完井方法之一。

1. 筛管顶部注水泥完井方法

它是套管柱下端与筛管（割缝筛管、精密防砂筛管、砾石预充填筛管等)连接，将筛管下入油层部位，对上部套管进行固井的完井方法，如图 14-6 所示。该方法在主要油层段采用筛管完井，保持了油层的原始渗透率，适合裂缝灰岩油藏和稳定的砂岩油气藏。上部井段固井，可有效封隔水层等异质层，兼顾了筛管完井和固井完井的共同特点。

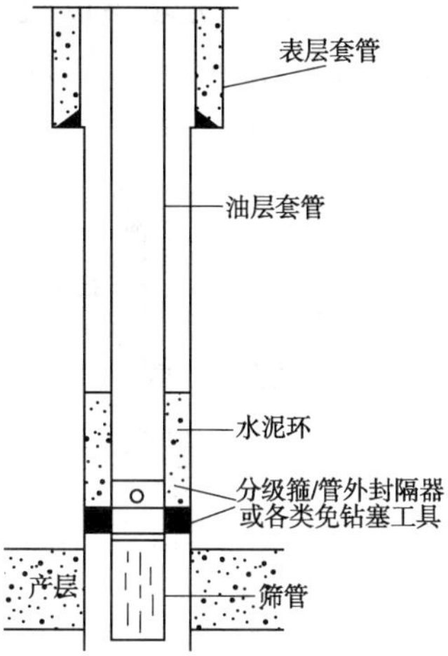


图 14-6 筛管顶部注水泥完井方法

2. 悬挂筛管顶部注水泥防砂完井方法

先下技术套管注水泥固井，然后用直径小一级的钻头钻穿下部地层和油层，最后通过尾管悬挂器、套管外封隔器、分级箍、盲板(或各类免钻塞工具)对油层顶面上部地层注水泥固井，而油层段采用防砂筛管(割缝筛管、精密防砂筛管、砾石预充填筛管等)防砂完井，如图 14-7 所示。

3. 悬挂筛管防砂完井方法

先下技术套管注水泥固井，然后用直径小一级的钻头钻穿油层至设计井深，最后在油层部位下入防砂筛管，如图 14-8 所示。在打开产层前，上部地层已封固，可以采用与油层相配伍的钻井液或其他保护油层的钻井技术钻开油层。

4. 管外裸眼砾石充填防砂完井方法

对于胶结疏松出砂严重或者粉细砂岩地层，一般采用砾石充填防砂完井方法。管外裸眼砾石充填防砂完井方法分为循环连续充填完井和分段连续充填完井两种方法。

1) 循环连续充填完井方法

先按照上述管外防砂完井方法将油层段防砂管柱下入到位，然后用充填液将砾石泵送至防砂筛管与井眼之间的环形空间内，构成一个砾石充填层以阻挡油层砂流入井筒，达到保护井壁、防砂入井的目的，如图 14-9 所示。

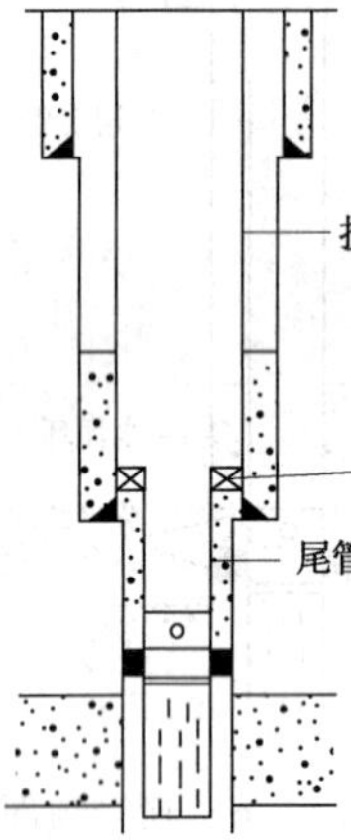


图 14-7　悬挂筛管顶部注水泥防砂完井方法

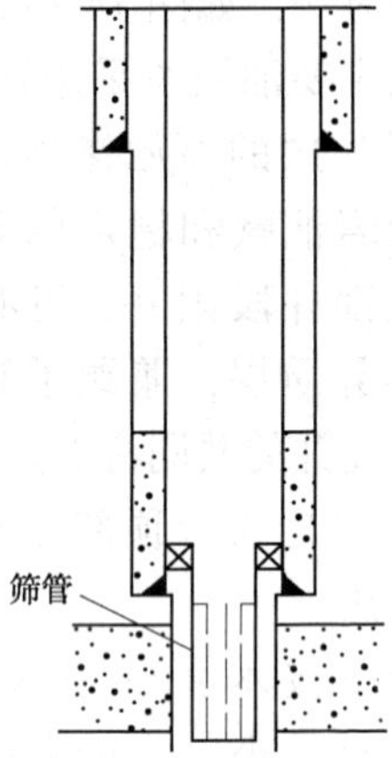


图 14-8　悬挂筛管防砂完井方法

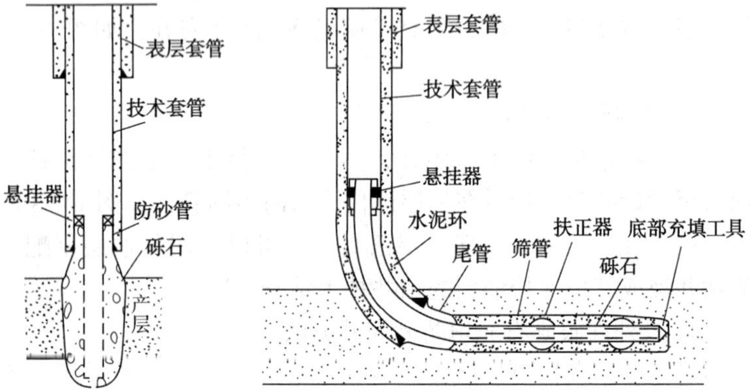


图 14-9　循环连续充填完井方法

2）分段连续充填完井方法

该方法适用于水平井，防止水平井砾石充填过程中沉降形成砂桥堵塞，有效提高充填密实程度，如图 14-10 所示。

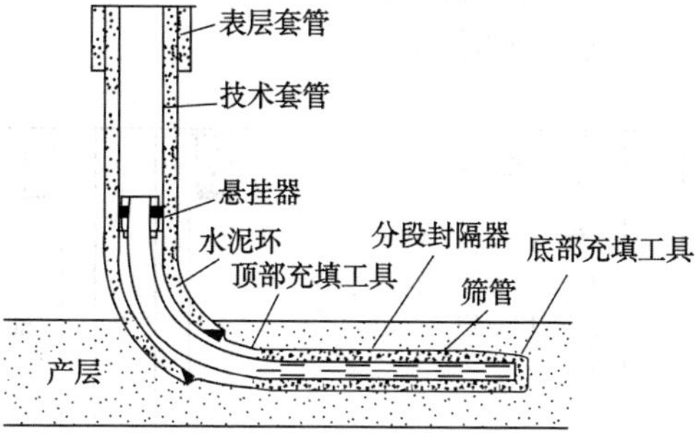


图 14-10 分段连续充填完井方法

**（二）管内防砂完井方法**

1. 管内挂滤防砂完井方法

1）常规滤砂管挂滤防砂完井方法

它是指在完成下套管、射孔作业之后，通过悬挂器悬挂小尺寸防砂管完井，液流由射孔孔眼进入管内实现防砂生产，如图 14-11 所示。防砂管的顶端有尾管悬挂器，用油管将防砂管柱送至适当位置，用机械或液压的方法使悬挂器张开。

2）悬挂膨胀筛管防砂完井方法

采用膨胀悬挂器将膨胀筛管管柱悬挂密封在套管内，通过变径膨胀工具实现筛管适应性膨胀，筛管紧贴井壁。膨胀筛管包括膨胀基管、过滤筛网和保护外罩三部分，采用先悬挂后膨胀的作业方式，膨胀后大幅增大筛管完井内径，防止环空砂砾运移，并提供可靠井壁支撑，达到砾石充填防砂效果。悬挂膨胀筛管防砂完井方法可用于套损井管内二次防砂，也适用于裸眼膨胀筛管防砂完井中。

2. 管内砾石充填完井方法

它是在油层套管和管内防砂管间充填砾石的防砂完井方法。钻穿油层后，下入油层套管注水泥固井，开采时对油层部位射孔，然后下入各类筛管并对管内防砂管和油层套管的环空进行砾石充填，如图 14-12 所示。管内砾石充填完井属于二次完井方法，可以在射孔后就进行砾石充填，也可在生产一段时间后发现出砂再进行砾石充填。

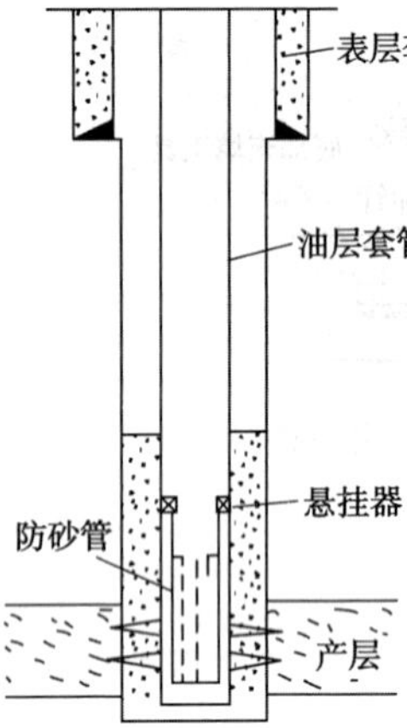


图 14-11　管内挂滤防砂完井方法

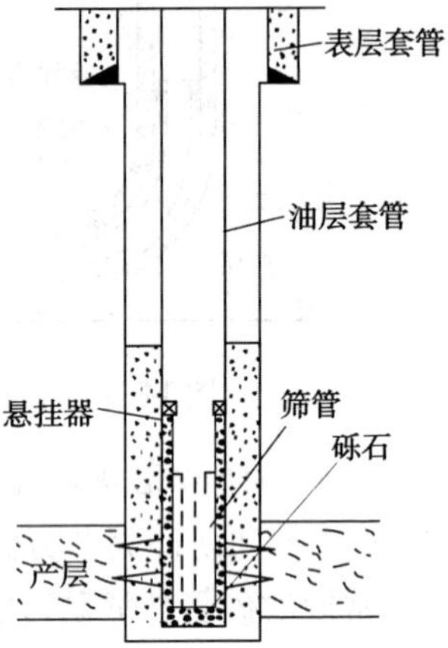


图 14-12　管内砾石充填完井方法

# 第二节　固井计算

## 一、套管强度设计及校核

### （一）套管强度计算

1. 抗挤强度

1）屈服挤毁强度

当 $D_c/\delta \leqslant (D_c/\delta)_{yp}$ 时：

$$p_{co}=2Y_p\left[\frac{(D_c/\delta)-1}{(D_c/\delta)^2}\right] \tag{14-1}$$

注：式中符号及含义见表 14-3，下同。

其中：

$$(D_c/\delta)_{yp}=\frac{(A-2)+\sqrt{(A-2)^2+8(B+0.0068947C/Y_p)}}{2(B+0.0068947C/Y_p)} \tag{14-2}$$

$$A=2.8762+1.5485\times10^{-4}Y_p+4.47\times10^{-7}Y_p^2-1.62\times10^{-10}Y_p^3 \tag{14-3}$$

$$B=0.026233+7.34\times10^{-5}Y_p \tag{14-4}$$

$$C=-465.93+4.475715Y_p-2.2\times10^{-4}Y_p^2+1.12\times10^{-7}Y_p^3 \tag{14-5}$$

2）塑性挤毁强度

当$(D_c/\delta)_{yp}\leqslant D_c/\delta\leqslant(D_c/\delta)_{pt}$时：

$$p_{co}=Y_p\left[\frac{A}{D_c/\delta}-B\right]-0.0068947C \tag{14-6}$$

其中：

$$(D_c/\delta)_{pt}=\frac{Y_p(A-F)}{0.0068947C+Y_p(B-G)} \tag{14-7}$$

$$F=\frac{3.238\times10^5\left(\dfrac{3B/A}{2+B/A}\right)^3}{Y_p\left(\dfrac{3B/A}{2+B/A}-B/A\right)\left(1-\dfrac{3B/A}{2+B/A}\right)^2} \tag{14-8}$$

$$G=FB/A \tag{14-9}$$

3）过渡挤毁强度

当$(D_c/\delta)_{pt}\leqslant D_c/\delta\leqslant(D_c/\delta)_{te}$时：

$$p_{co}=Y_p\left(\frac{F}{D_c/\delta}-G\right) \tag{14-10}$$

其中：

$$(D_c/\delta)_{te}=\frac{2+B/A}{3B/A} \tag{14-11}$$

4）弹性挤毁强度

当$D_c/\delta\geqslant(D_c/\delta)_{te}$时：

$$p_{co}=\frac{3.238\times10^5}{(D_c/\delta)(D_c/\delta-1)^2} \tag{14-12}$$

2. 管体屈服强度

$$T_y=7.85\times10^{-4}(D_c^2-D_{ci}^2)Y_p \tag{14-13}$$

3. 抗内压强度

$$p_{bo}=0.875\frac{2Y_p\delta}{D_c} \tag{14-14}$$

式中，0.875是考虑壁厚不均而引入的系数。

4. 抗拉强度

1）圆螺纹连接

螺纹断裂强度：

$$T_o=9.5\times10^{-4}A_{jp}U_p \tag{14-15}$$

螺纹滑脱强度：

$$T_o=9.5\times10^{-4}A_{jp}L_j\left(\frac{4.99D_c{}^{-0.59}U_p}{0.5L_j+0.14D_c}+\frac{Y_p}{L_j+0.14D_c}\right) \tag{14-16}$$

其中：

$$A_{jp}=0.785[(D_c-3.6195)^2-D_{ci}^2] \tag{14-17}$$

2）梯形螺纹连接

管体螺纹强度：

$$T_o=9.5\times10^{-4}A_pU_p[25.623-1.007(1.083-Y_p/U_p)D_c] \tag{14-18}$$

接箍螺纹强度：

$$T_o=9.5\times10^{-4}A_cU_c \tag{14-19}$$

其中：

$$A_p=0.785\times(D_c^2-D_{ci}^2) \tag{14-20}$$

$$A_c=0.785\times(D_{cj}^2-d_{cj}^2) \tag{14-21}$$

5. 三轴应力强度

三轴抗挤强度：

$$p_{ca}=p_{co}\left[\sqrt{1-\frac{3}{4}\left(\frac{\sigma_a+p_i}{Y_p}\right)^2}-\frac{1}{2}\left(\frac{\sigma_a+p_i}{Y_p}\right)\right] \tag{14-22}$$

三轴抗内压强度：

$$p_{ba}=p_{bo}\left[\frac{r_i^2}{\sqrt{3r_o^4+r_i^4}}\left(\frac{\sigma_a+p_o}{Y_p}\right)+\sqrt{1-\frac{3r_o^4}{3r_o^4+r_i^4}\left(\frac{\sigma_a+p_o}{Y_p}\right)^2}\right] \tag{14-23}$$

三轴抗拉强度：

$$T_a=10^{-3}\pi(p_ir_i^2-p_or_o^2)+\sqrt{T_o^2+3\times10^{-6}\pi^2(p_i^2-p_o^2)r_o^4} \tag{14-24}$$

6. 管材屈服强度

用式(14-25)计算管材屈服强度：

$$Y_p=\frac{10^3T_y}{\pi(r_o^2-r_i^2)} \tag{14-25}$$

或用钢级代号(如 N-80 代号为 80)乘以 1000 除以 145 得到管材屈服强度(MPa)。

**(二) 有效外载计算**

1. 有效内压力

1) 表层套管和技术套管

(1) 气井：

按下一次使用的最大钻井液密度计算套管鞋处的最大内压力，即

$$p_{bs}=0.00981\rho_{max}H_s \tag{14-26}$$

任意井深处套管最大内压力用式(14-27)计算：

$$p_{bh}=\frac{p_{bs}}{e^{1.1155\times10^{-4}(H_s-h)\rho g}} \tag{14-27}$$

有效内压力用式(14-28)计算：

$$p_{be}=p_{bh}-0.00981\rho_c h \tag{14-28}$$

(2) 油井：

任一井深处套管最大内压力：

$$p_{bh}=0.00981\rho_{max}h \tag{14-29}$$

有效内压力用式(14-30)计算：

$$p_{be}=p_{bh}-0.00981\rho_c h \tag{14-30}$$

2）生产套管和生产尾管

（1）油井：

对不用油管生产的井，用式(14-31)计算最大内压力：

$$p_{bs}=G_P H_S \tag{14-31}$$

任一井深处套管最大内压力：

$$p_{bh}=\frac{p_{bs}}{e^{1.1155\times10^{-4}(H_s-h)\rho_g}} \tag{14-32}$$

对用油管生产的井，用式(14-33)计算最大内压力：

$$p_{bh}=G_p H_s+0.00981\rho_w h \tag{14-33}$$

有效内压力：

$$p_{be}=p_{bh}-0.00981\rho_c h \tag{14-34}$$

（2）气井：

按管内充满天然气考虑，即任一井深处最大内压力为：

$$p_{bh}=p_p \tag{14-35}$$

有效内压力为：

$$p_{be}=p_{bh}-0.00981\rho_c h \tag{14-36}$$

（3）定向井：

定向井有效内压力计算，应将斜直段和弯曲段的测量深度换算为垂直井深。

2. 有效外压力

1）表层套管和技术套管

对非塑性蠕变地层：

$$p_{ce}=0.00981[\rho_m-(1-k_m)\rho_{min}]h \tag{14-37}$$

对塑性蠕变地层：

$$p_{ce}=\left[\frac{\mu}{1-\mu}G_v-0.00981(1-k_m)\rho_{min}\right]h \tag{14-38}$$

2）生产套管和生产尾管

对非塑性蠕变地层：

$$p_{ce}=0.00981[\rho_m-(1-k_m)\rho_w]h \tag{14-39}$$

对塑性蠕变地层：

$$p_{ce}=\left[\frac{\mu}{1-\mu}G_v-0.00981\times(1-k_m)\rho_w\right]h \qquad (14-40)$$

定向井有效外压力计算，应将弯曲段和斜直段的测量深度换算为垂直井深。

3. 有效轴向力计算

1）直井

直井有效轴向力用式(14-41)计算：

$$T_e=\left[\left(\sum_{i=1}^{n-1}T_i\right)+0.00981(H_s-h)q_j\right]k_f \qquad (14-41)$$

其中：

$$k_f=1-\frac{\rho_m}{\rho_s} \qquad (14-42)$$

2）定向井有效拉力

套管自重拉力：

如图 14-13 所示为定向井井身剖面。垂直段井深 $H_{v1}$，增斜段曲率半径为：

$$R=\frac{180}{\pi}\times\frac{100}{\theta}=\frac{5730}{\theta} \qquad (14-43)$$

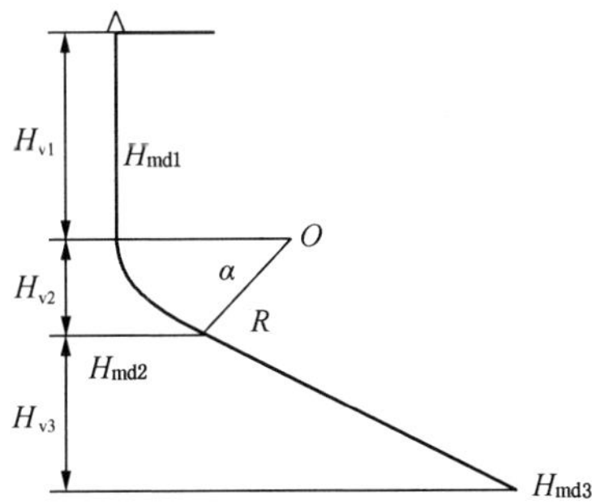


图 14-13　定向井计算

斜垂直长度：

$$H_{v2}=R\sin\alpha \tag{14-44}$$

稳斜段垂直长度：

$$H_{v3}=(H_{md3}-H_{md2})\cos\alpha \tag{14-45}$$

井口拉力：

$$T_h=0.00981(q_vH_{v1}+q_kH_{v2}+q_sH_{v3})k_f \tag{14-46}$$

垂直段任一测量深度的拉力：

$$T_{va}=T_h-0.00981H_{md}q_vk_f \tag{14-47}$$

造斜段顶部的拉力：

$$T_{kt}=T_h-0.00981H_{v1}q_vk_f \tag{14-48}$$

造斜段任一测量深度的拉力：

$$T_{ka}=T_h-0.0098\left[H_{v1}q_v+q_kR\sin\frac{(H_{md}-H_{v1})\theta}{100}\right]k_f \tag{14-49}$$

稳斜段顶点的拉力：

$$T_{st}=T_h-0.00981(H_{v1}q_v+H_{v2}q_k)k_f \tag{14-50}$$

稳斜段任一测量深度的拉力：

$$T_{sa}=T_h-0.0098\left[H_{v1}q_v+H_{v2}q_k+q_s\left(H_{md}-H_{v1}-100\frac{\alpha}{\theta}\right)\sin\alpha\right]k_f \tag{14-51}$$

套管弯曲力：

$$F_b=2.32\times10^{-3}D_cq\theta \tag{14-52}$$

弯曲段套管任一点的拉力：

$$T_b=F_b+T_{ka} \tag{14-53}$$

### （二）套管强度设计

套管强度设计的实质是使套管强度大于所受的有效外载并有一定的安全余量。本手册采用三轴强度设计方法。

1. 安全系数

抗挤系数：$S_c=1.00\sim1.15$，抗内压系数 $S_i=1.05\sim1.15$，抗拉系数 $S_t=1.60\sim2.00$。

2. 设计原始数据

设计原始数据见表 14-1。

**表 14-1　设计原始数据**

| 项目 | 单位 | 项目 | 单位 |
|---|---|---|---|
| 井别 | | 地层压力梯度 | MPa/m |
| 井号 | | 上覆岩层压力梯度 | MPa/m |
| 套管类型 | | 地层破裂压力梯度 | MPa/m |
| 套管下深 | m | 岩石的泊松系数 | |
| 水泥返深 | m | 套管下入总长 | m |
| 固井时钻井液密度 | $g/cm^3$ | 掏空系数 | |
| 下次钻井最大钻井液密度 | $g/cm^3$ | 抗挤系数 | |
| 下次钻井最小钻井液密度 | $g/cm^3$ | 抗内压系数 | |
| 地层水密度 | $g/cm^3$ | 抗拉系数 | |
| 天然气相对密度 | | 是否塑变地层 | |

3. 套管性能参数

套管性能参数见表 14-2。

**表 14-2　套管性能参数**

| 项目 | 单位 | 项目 | 单位 |
|---|---|---|---|
| 直径 | mm | 单位长度质量 | kg/m |
| 钢级 | | 抗挤强度 | MPa |
| 牙型 | | 抗内压强度 | MPa |
| 壁厚 | mm | 抗拉强度 | kN |
| 管体屈服强度 | kN | | |

4. 设计方法及步骤

先按抗挤强度自下而上进行设计，同时进行抗拉强度和抗内压强度校核。当设计到抗拉强度或抗内压强度不能满足要求时，选择比上一段高一级的套管，改为按抗拉强度或抗内压强度设计，并进行抗挤强度校核，一直到满足设计要求为止。

（1）确定第一段套管的钢级和壁厚：

计算套管鞋处的有效外挤压力 $p_{ce1}$，并根据 $p_{ca1} \geqslant S_c \cdot p_{ce1}$ 的原则，选择第一段套管的钢级和壁厚，用前述套管强度公式计算或查出套管强度，列出套管性能参数表。

（2）确定第一段套管下入长度 $L_1$：

第一段套管下入长度 $L_1$ 取决于第二段套管下入深度 $H_2$，因此第二段应选比第一段套管强度低一级的套管。第二段套管下入深度 $H_2$，依据 $p_{ca1} \geqslant S_c \cdot p_{ce1}$ 的原则确定。

第一段套管下入长度 $L_1$ 为：

$$L_1 = H_1 - H_2 \tag{14-54}$$

（3）对第一段套管顶部进行抗内压强度校核：

按前述三轴抗内压公式计算出第一段套管顶部的三轴抗拉强度 $p_{ba1}$ 及有效内压力 $p_{be1}$，则第一段套管的抗内压安全系数为：

$$S_{i1} = p_{ba1} / p_{be1} \tag{14-55}$$

如果 $S_{i1} \geqslant S_i$，则满足要求，否则选择高一级的套管并改为按抗拉设计。

（4）对第一段套管顶部进行抗拉强度校核：

按前述三轴抗拉公式计算出第一段套管顶部的三轴抗拉强度 $T_{a1}$ 及有效拉力 $T_{e1}$，则第一段套管抗拉安全系数为：

$$S_{t1} = T_{a1} / T_{e1} \tag{14-56}$$

如果 $S_{t1} \geqslant S_t$，则满足要求。按上述步骤继续设计第二段、第三段等，直到井口为止。

按上述抗挤设计到第 $n$ 段套管，如果抗拉强度或抗内压强度不满足要求，则应选用高一级的套管，改为用抗拉强度设计该段套管。

（5）按套管抗拉强度计算该段套管的下入长度 $L_{on}$。

（6）计算三轴应力下该段套管的长度 $L_{an}$：

计算出 $L_{on}$ 及 $L_{an}$ 后，如果 $\left|\frac{L_{an}-L_{on}}{L_{an}}\right| \leqslant 0.01$，则 $L_n = L_{an}$，否则重复上述计算，直到 $\left|\frac{L_{an}-L_{on}}{L_{an}}\right| \leqslant 0.01$ 为止。然后进行该段套管抗内压和抗挤强度校核，直到满足设计井深为止。

**表 14-3　公式中的代号含义及单位**

| 序号 | 代号 | 含义 | 单位 |
| --- | --- | --- | --- |
| 1 | $D_C$ | 套管外径 | mm |
| 2 | $D_{Ci}$ | 套管内径 | mm |
| 3 | $D_{Cj}$ | 接箍外径 | mm |
| 4 | $d_{cj}$ | 接箍内径 | mm |
| 5 | $r_o$ | 套管外半径 | mm |
| 6 | $r_i$ | 套管内半径 | mm |
| 7 | $\delta$ | 套管壁厚 | mm |
| 8 | $L_j$ | 螺纹配合长度 | mm |
| 9 | $R$ | 造斜段曲率半径 | m |
| 10 | $L_i$ | 第 $i$ 段套管下入长度 | m |
| 11 | $L_{on}$ | 按抗拉强度套管可下入长度 | m |
| 12 | $L_{an}$ | 按三轴抗拉强度套管可下入长度 | m |
| 13 | $L_n$ | 设计段套管下入长度 | m |
| 14 | $H_s$ | 套管下深或套管鞋深度 | m |
| 15 | $h$ | 计算点深度 | m |
| 16 | $H_{md}$ | 计算点测量深度 | m |
| 17 | $H_{md1}$、$H_{md2}$、$H_{md3}$ | 垂直段、造斜段、稳斜段底部的测量井深 | m |
| 18 | $H_{v1}$、$H_{v2}$、$H_{v3}$ | 垂直段、造斜段、斜直段的垂深 | m |
| 19 | $A_p$ | 管端截面积 | $mm^2$ |
| 20 | $A_c$ | 接箍截面积 | $mm^2$ |
| 21 | $A_{jp}$ | 最末一扣管壁截面积 | $mm^2$ |
| 22 | $A_i$ | 第 $i$ 段套管截面积 | $mm^2$ |

续表

| 序号 | 代号 | 含义 | 单位 |
|---|---|---|---|
| 23 | $\rho_m$ | 固井时钻井液密度 | g/cm$^3$ |
| 24 | $\rho_{max}$ | 下次钻井最大钻井液密度 | g/cm$^3$ |
| 25 | $\rho_{min}$ | 下次钻井最小钻井液密度 | g/cm$^3$ |
| 26 | $\rho_c$ | 地层水密度(1.03~1.06g/cm$^3$) | g/cm$^3$ |
| 27 | $\rho_w$ | 完井液密度 | g/cm$^3$ |
| 28 | $\rho_s$ | 套管钢材密度 | g/cm$^3$ |
| 29 | $\rho_g$ | 天然气相对密度(0.5~0.55) | |
| 30 | $y_p$ | 管材屈服强度 | MPa |
| 31 | $U_p$ | 管材最小极限强度 | MPa |
| 32 | $U_c$ | 接箍最小极限强度 | MPa |
| 33 | $p_{co}$ | 抗挤强度 | MPa |
| 34 | $p_{bo}$ | 抗内压强度 | MPa |
| 35 | $p_{ca}$ | 三轴抗挤强度 | MPa |
| 36 | $p_{ba}$ | 三轴抗内压强度 | MPa |
| 37 | $\sigma_a$ | 轴向应力 | MPa |
| 38 | $p_{bs}$ | 套管鞋处最大内压力 | MPa |
| 39 | $p_{bh}$ | 计算点最大内压力 | MPa |
| 40 | $p_{be}$ | 有效内压力 | MPa |
| 41 | $P_{ce}$ | 有效外压力 | MPa |
| 42 | $p_i$ | 管内液柱压力 | MPa |
| 43 | $p_o$ | 管外液柱压力 | MPa |
| 44 | $p_p$ | 地层或油层压力 | MPa |
| 45 | $p_{coi}$ | 第 $i$ 段套管抗挤强度 | MPa |
| 46 | $p_{cei}$ | 第 $i$ 段套管有效外挤压力 | MPa |
| 47 | $p_{cai}$ | 第 $i$ 段套管三轴抗挤强度 | MPa |
| 48 | $\sigma_{ai}$ | 第 $i$ 段套管轴向应力 | MPa |
| 49 | $y_{pi}$ | 第 $i$ 段套管材料屈服强度 | MPa |
| 50 | $p_{bei}$ | 第 $i$ 段套管有效内压力 | MPa |

续表

| 序号 | 代号 | 含义 | 单位 |
|---|---|---|---|
| 51 | $p_{bai}$ | 第 $i$ 段套管三轴抗内压强度 | MPa |
| 52 | $p_{in}$ | 设计段管内最小液柱压力 | MPa |
| 53 | $p_{on}$ | 设计段管外最大液柱压力 | MPa |
| 54 | $G_p$ | 油层或地层压力梯度 | MPa/m |
| 55 | $G_v$ | 上覆岩层压力梯度 | MPa/m |
| 56 | $G_{cei}$ | 第 $i$ 段套管有效外压力梯度 | MPa/m |
| 57 | $T_o$ | 抗拉强度 | kN |
| 58 | $T_a$ | 三轴抗拉强度 | kN |
| 59 | $T_y$ | 管体屈服强度 | kN |
| 60 | $T_e$ | 有效轴向力 | kN |
| 61 | $T_i$ | 计算段以下第 $i$ 段套管的重量 | kN |
| 62 | $T_h$ | 大钩载荷 | kN |
| 63 | $T_{kt}$ | 造斜段顶点拉力 | kN |
| 64 | $T_{va}$ | 垂直段任意井深的拉力 | kN |
| 65 | $T_{ka}$ | 造斜段任意测量深度的拉力 | kN |
| 66 | $T_{st}$ | 稳斜段顶点的拉力 | kN |
| 67 | $T_{sa}$ | 稳斜段任意测量深度的拉力 | kN |
| 68 | $F_b$ | 套管弯曲力 | kN |
| 69 | $T_b$ | 弯曲段套管拉力 | kN |
| 70 | $T_{yi}$ | 第 $i$ 段套管屈服强度 | kN |
| 71 | $T_{ai}$ | 第 $i$ 段套管三轴抗拉强度 | kN |
| 72 | $T_{ei}$ | 第 $i$ 段套管有效拉力 | kN |
| 73 | $T_{on}$ | 设计段套管抗拉强度 | kN |
| 74 | $T_{an}$ | 设计段套管三轴抗拉强度 | kN |
| 75 | $T_s$ | 套管初拉力 | kN |
| 76 | $q$ | 单位长度套管质量 | kg/m |
| 77 | $q_i$ | 设计段以下第 $i$ 段套管单位长度质量 | kg/m |
| 78 | $q_j$ | 设计段套管单位长度质量 | kg/m |

续表

| 序号 | 代号 | 含义 | 单位 |
| --- | --- | --- | --- |
| 79 | $q_v$ | 垂直段套管单位长度质量 | kg/m |
| 80 | $q_k$ | 造斜段套管单位长度质量 | kg/m |
| 81 | $q_s$ | 稳斜段套管单位长度质量 | kg/m |
| 82 | $\alpha$ | 井斜角 | (°) |
| 83 | $\theta$ | 造斜段增斜率 | (°)/100m |
| 84 | $k_m$ | 掏空系数($k_m$=0—1)，1表示全掏空 | |
| 85 | $\mu$ | 地层岩石泊松系数($\mu$=0.3~0.5) | |
| 86 | $S_i$ | 规定的抗内压系数 | |
| 87 | $S_t$ | 规定的抗拉系数 | |
| 88 | $S_c$ | 规定的抗挤系数 | |
| 89 | $S_{ii}$ | 第 $i$ 段套管抗内压系数 | |
| 90 | $S_{ti}$ | 第 $i$ 段套管抗拉系数 | |
| 91 | $S_{ci}$ | 第 $i$ 段套管抗挤系数 | |
| 92 | $n$ | 设计套管段号 | |
| 93 | $k_f$ | 浮力系数 | |
| 94 | $(D_C/\delta)_{yp}$ | 屈服挤毁与塑性挤毁交点的径厚比 | |
| 95 | $(D_C/\delta)_{pt}$ | 塑性挤毁与过渡挤毁交点的径厚比 | |
| 96 | $(D_C/\delta)_{te}$ | 过渡挤毁与弹性挤毁交点的径厚比 | |

## 二、预应力固井计算

预应力固井一般在热采井固井中采用，是在注水泥前或水泥凝固前，给套管提拉一定的预拉力，使套管内部产生预应力，然后固井或待水泥凝固。预应力固井的目的是防止注高温、高压蒸汽时套管因膨胀而挤压损坏，注水泥工艺与常规固井工艺基本相同。

1. 允许温升值与套管材质的关系

管柱由于温度变化产生的压缩应力是2.482MPa/℃。

设温度变化为 $\Delta T$℃，应力计算公式为：

$$\sigma_{压} = 2.482\Delta T \tag{14-57}$$

式中　$\sigma_{压}$——因温度升高形成的压应力，MPa；

$\Delta T$——温度变化值，℃。

为防止最大压应力对套管的破坏，不同钢级套管的允许温升值见表 14-4。

**表 14-4　不同钢级套管的允许温升值**

| 钢级 | H40 | J55 | K55 | C75 | N80 | C95 | P110 | V150 |
|---|---|---|---|---|---|---|---|---|
| 最小屈服强度极限/MPa | 275.6 | 379.6 | 379.6 | 516.9 | 551.3 | 655.3 | 758.3 | 1034.9 |
| 允许温升值/℃ | 111 | 153 | 153 | 208 | 222 | 264 | 305 | 417 |

为了增大允许温升值，热采井常采用预应力固井的方法。

2. 套管受热伸长与热应力公式

（1）套管受热伸长值 $\Delta L$ 计算：

$$\Delta L = L \times \Delta T \times \lambda \tag{14-58}$$

式中　$\Delta L$——套管受热伸长值，m；

$L$——套管长度，m；

$\Delta T$——温度增加值，℃；

$\lambda$——钢材线膨胀系数，$℃^{-1}$。

一般情况下，$\lambda$ 取值为 $12.1 \times 10^{-6}℃^{-1}$；用于热采井计算时，$\lambda$ 取值为 $(13.0 \sim 13.5) \times 10^{-6}℃^{-1}$。钢材线膨胀系数 $\lambda$ 与温度关系如图 14-14 所示。

套管受热伸长值 $\Delta L$ 也可以用式(4-59)计算：

$$\Delta L = \frac{FL}{EA} \tag{14-59}$$

式中　$E$——钢材弹性模量，MPa；

$F$——温度变化产生的力，kN；

$A$——管体截面积，$mm^2$；

$L$——受热管体长度，m。

钢材弹性模量一般取值为 $2.06 \times 10^5$ MPa；高温时，钢材弹性模量与温度关系如图 14-15 所示。

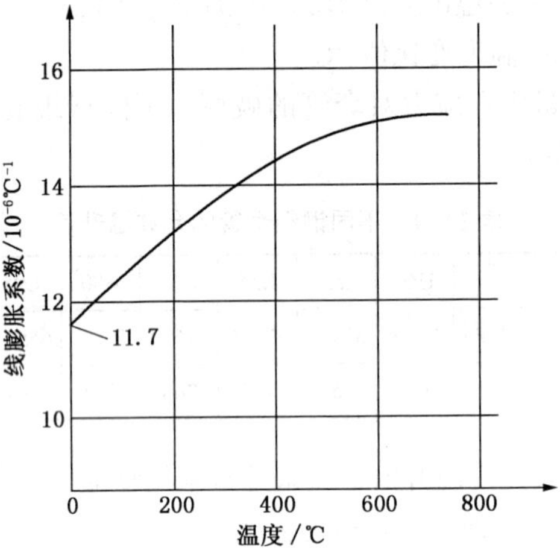


图 14-14　钢材线膨胀系数与温度的关系

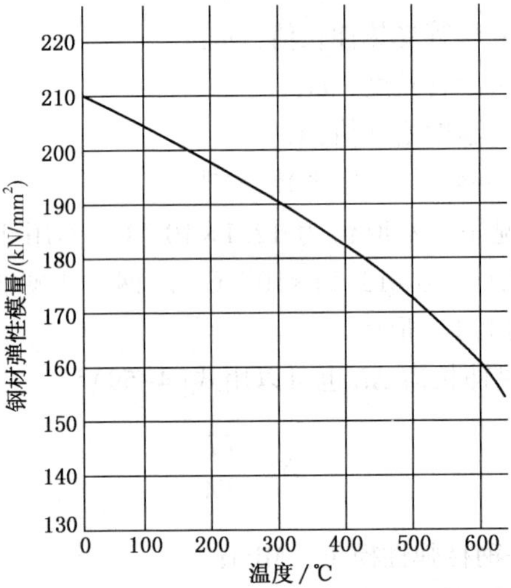


$1kN/mm^2=10^3MPa$。

图 14-15　钢材弹性模量与温度的关系

（2）热应力计算：

套管在受热条件下所承受的最大热应力计算公式：

$$\sigma_{max}=\lambda \cdot E \cdot \Delta T \tag{14-60}$$

式中　$\sigma_{max}$——套管所承受的最大热应力，MPa；

$\lambda$——钢材线膨胀系数，取$(13.0\sim13.5)\times10^{-6}$℃$^{-1}$；

$E$——钢材弹性模量，MPa；

$\Delta T$——温度增加值,℃。

不同温度下钢材弹性模量见表14-5。

**表14-5　不同温度下钢材弹性模量**

| 钢级 | 因数 | | | | | |
|---|---|---|---|---|---|---|
| | 20℃ | 200℃ | 250℃ | 300℃ | 350℃ | 400℃ |
| N80 | 2.10 | 1.69 | 1.52 | 1.39 | 1.20 | 1.13 |
| P110 | 2.10 | 1.88 | 1.81 | 1.76 | 1.70 | 1.66 |
| TP110H | 1.96 | 1.79 | 1.72 | 1.68 | 1.65 | 1.60 |

注：$E$=因数×9.8×$10^4$MPa。

3. 应施加预应力和预拉力计算

$$\Delta\sigma=\sigma_{max}-B\sigma_{min} \tag{14-61}$$

$$F=\frac{\Delta\sigma \cdot A}{1000} \tag{14-62}$$

式中　$\Delta\sigma$——应施加的套管最小预应力，MPa；

$F$——应施加的套管最小预拉力，kN；

$B$——高温条件下套管强度降低系数，见表14-6；

$A$——套管管体横截面积，$mm^2$；

$\sigma_{min}$——套管最小屈服应力，MPa；

$\sigma_{max}$——套管所承受的最大热应力。

表 14-6　不同温度下套管强度降低系数

| 钢级 | 套管强度降低系数 | | | | | |
|---|---|---|---|---|---|---|
| | 20℃ | 200℃ | 250℃ | 300℃ | 350℃ | 400℃ |
| N80 | 0. 77 | 0. 76 | 0. 76 | 0. 76 | 0. 72 | 0. 66 |
| P110 | 0. 77 | 0. 66 | 0. 65 | 0. 64 | 0. 61 | 0. 57 |
| TP110H | 1. 0 | 0. 89 | 0. 87 | 0. 85 | 0. 81 | 0. 77 |

4. 套管在井内的重量

注水泥后套管在井内的重量(考虑浮力)：

$$W=\left(qL+\frac{A_1L\rho_m-A_2L\rho_c}{1000}\right)\times 9.8\times 10^{-3} \tag{14-63}$$

式中　$W$——套管在井内的重量，kN；

$q$——套管单位长度重量，kg/m；

$L$——套管段长度(热采井水泥返出地面)，m；

$A_1$——套管内横断面积，$mm^2$；

$A_2$——套管横断面积，$mm^2$；

$\rho_c$——水泥浆密度，$g/cm^3$；

$\rho_m$——钻井液密度，$g/cm^3$。

5. 井口拉力计算

$$p=\frac{\Delta\sigma\cdot A}{1000}+W=F+W \tag{14-64}$$

式中　$p$——井口拉力，kN；

$W$——套管在井内的重量，kN；

$\Delta\sigma$——应施加的套管最小预应力，MPa；

$F$——应施加的套管最小预拉力，kN；

$A$——套管管体横截面积，$mm^2$。

6. 套管伸长量的计算

$$\Delta L=\frac{10^3FL}{EA} \tag{14-65}$$

式中　$\Delta L$——预拉力 $F$ 作用下的套管实际伸长量，m；

$L$——套管柱长度，m；

$F$——应施加的套管最小预拉力，kN；

$E$——钢材弹性模量，MPa；

$A$——套管管体横截面积，$mm^2$。

## 三、定向井、水平井满足套管下入的井眼条件

美国石油学会（API）和国际钻井承包商协会（IADC）推荐了套管允许通过的最大井眼曲率公式，两公式的形式完全相同，只是系数不同，形式如下：

$$C_m = \frac{\sigma_s}{59.9 D_o K_1 K_2} \tag{14-66}$$

式中　$C_m$——套管允许通过的最大井眼曲率，(°)/30m；

$K_1$——安全系数，API 推荐为 1.8，IADC 推荐为 1.2～1.5；

$K_2$——螺纹应力集中系数，API 推荐为 3.0，IADC 推荐为 2.0～2.5；

$D_o$——套管管体外径，m；

$\sigma_s$——套管管体屈服强度，MPa。

国内专家在分析套管可通过的最大井眼曲率影响因素的基础上，参照了国内 139.7mm 套管弯曲实验数据和胜利油田、大港油田的现场经验，提出了一种套管可通过的最大井眼曲率的确定方法，算例表明其更接近实际。其公式为：

$$C_m = 16.63 \frac{p_j - p_e}{D_o K A} \tag{14-67}$$

式中　$C_m$——套管允许通过的最大井眼曲率，(°)/30m；

$p_j$——套管螺纹连接强度，kN；

$p_e$——套管已承受的有效轴向力，kN；

$D_o$——套管管体外径，mm；

$K$——考虑套管螺纹应力集中等因素的系数，取 $K=1.65$；

$A$——套管管体截面积，$mm^2$。

## 四、注水泥计算

### (一) 基本计算公式

1. 水泥浆密度

$$水泥浆密度=\frac{水泥质量+水质量}{水泥体积+水体积}=\frac{水泥和水总质量}{水泥浆体积} \tag{14-68}$$

2. 水泥质量

1m³ 水泥浆需用水泥量计算公式：

$$Q=\frac{\rho_c(\rho_s-\rho_w)}{\rho_c-\rho_w}\cdot 1m^3 \tag{14-69}$$

式中　$Q$——需用水泥质量，kg；

$\rho_c$——水泥密度，$kg/m^3$；

$\rho_w$——配浆水密度，$kg/m^3$（淡水为 1.0$kg/m^3$，海水为 1.0197~1.02$kg/m^3$）；

$\rho_s$——水泥浆密度，$kg/m^3$。

3. 水泥的吨数

配 1m³ 水泥浆所需水泥的吨数：

设水的密度为 1.0$kg/m^3$，则

$$N_c=1.465(\rho_s-1.0) \tag{14-70}$$

式中　$N_c$——水泥的吨数，t。

4. 用水量

已知水灰比 $m$，配制 1m³ 水泥浆的用水量：

$$V_w=\frac{m\rho_c\rho_w}{\rho_w+m\rho_c} \tag{14-71}$$

当 $\rho_w=1.0kg/m^3$ 时，

$$V_w=\frac{m\rho_c}{1+m\rho_c} \tag{14-72}$$

式中　$V_w$——用水量，$m^3$。

5. 加重剂用量

由原水泥浆密度 $\rho_{s1}$ 提至 $\rho_{s2}$，1m³ 水泥浆需用加重剂用量为：

$$Q_z=\frac{\rho_z(\rho_{s2}-\rho_{s1})}{\rho_z-\rho_{s2}}\cdot 1\text{m}^3 \tag{14-73}$$

式中　$Q_z$——加重剂用量，kg；

$\rho_z$——加重剂密度，kg/m³。

6. 干灰密度

掺入密度为 $\rho_z$ 的加重剂后的干灰密度为：

$$\rho_{zc}=\frac{Q}{\dfrac{Q_c}{\rho_c}-\dfrac{Q_z}{\rho_z}} \tag{14-74}$$

式中　$\rho_{zc}$——混合后干灰密度，g/cm³；

$Q$——加重后混合水泥总质量，t；

$Q_c$——水泥质量，t；

$Q_z$——加重剂质量，t；

$\rho_c$——水泥密度，g/cm³；

$\rho_z$——加重剂密度，g/cm³。

其中，$Q=Q_c+Q_z$。

**(二) 注水泥设计及计算**

1. 水泥量计算

1) 水泥浆总量

$$V_s=V_{s1}+V_{s2} \tag{14-75}$$

式中　$V_s$——注入水泥浆总量，m³；

$V_{s1}$——环空水泥浆量，m³；

$V_{s2}$——管内水泥塞用量，m³。

2) 环空水泥浆量

$$V_{s1}=\frac{\pi}{4}[(K\times D)^2-d^2]H \tag{14-76}$$

式中　$V_{s1}$——环空水泥浆量，$m^3$；

$D$——井眼直径或外层套管内径，m；

$d$——套管外径，m；

$H$——环空水泥段长度，m；

$K$——井眼扩大系数，在套管内 $K=1$。

3）管内水泥浆量

$$V_{s2}=\frac{\pi}{4}d_i^2h \tag{14-77}$$

式中　$V_{s2}$——管内水泥塞体积，$m^3$；

$d_i$——套管内径，m；

$h$——水泥塞长度，m。

4）水泥量

$$N_c=V_s/q \tag{14-78}$$

式中　$N_c$——水泥吨数，t；

$V_s$——水泥浆总体积，$m^3$；

$q$——每吨水泥配成水泥浆后的体积，$m^3$。

井场水泥准备量应在 $N_c$ 值上附加 0.05~0.10 倍。

5）配浆用水量

$$V_w=Q_cm \tag{14-79}$$

式中　$V_w$——理论用水量，$m^3$；

$m$——水灰比；

$Q_c$——总水泥量，t。

井场实际备水量应在此基础上附加 50%~100%。

6）外加剂用量

采取加入配浆水中的方式时，应按井场储备水量 $V_w$ 作计算依据，公式如下：

$$q_n=\frac{V_w}{m}Z \tag{14-80}$$

式中　$q_n$——加入总水量中的外加剂，t；

$Z$——外加剂加入水泥中的质量百分比；

$m$——水灰比；

$V_m$——理论用水量，$m^3$。

2. 替泥浆量计算

$$V_u = \frac{\pi}{4}K(L_1 d_1{}^2 + L_2 d_2{}^2 + \cdots + L_n d_n^2) \quad (14-81)$$

式中 $V_u$——替泥浆量，$m^3$；

$L_1 \sim L_n$——不同壁厚段套管长度，m；

$d_1 \sim d_n$——不同壁厚段套管内径，m；

$K$——压缩系数，一般取 1.03。

3. 注水泥流动阻力计算

注水泥井口压力为压力表指示的数值，包括管内、外循环流动阻力及管内、外静液柱压差。注水泥替泥浆的最大压力还包括胶塞接触阻流环碰压时的突增压力。经验数据为：地面管汇流动阻力取 0.5MPa，碰压突增压力取 3.0~5.0MPa。

管内、外流动阻力计算有下列三种方法：

1）经验公式近似计算方法之一

$$H<1000\text{m 时：} p = 0.0981(0.01H) + 0.8 \quad (14-82)$$

$$1000\text{m}<H<5000\text{m 时：} p = 0.0981(0.01H) + 1.6 \quad (14-83)$$

式中 $p$——循环流动阻力，MPa；

$H$——套管下深，m。

2）经验公式近似计算方法之二

$$p = 0.0015H + 1.2 \quad (14-84)$$

3）考虑流速及流体密度因素的流动阻力计算方法

（1）套管内压力降：

$$p_1 = 9.81\times10^{-3} h_f \rho \quad (14-85)$$

式中 $p_1$——管内压力降，MPa；

$\rho$——流体密度，$g/cm^3$；

$h_f$——管内流动水头损失，m。

$$h_f = \lambda \frac{L_1}{d_1} \cdot \frac{v_1^2}{2g} + \cdots + \lambda \frac{L_n}{d_n} \cdot \frac{v_n^2}{2g} \quad (14-86)$$

式中　$L_1 \sim L_n$——不同壁厚段套管长度，m；

$d_1 \sim d_n$——不同壁厚段套管内径，m；

$g$——重力加速度，9.8m/s$^2$；

$\lambda$——流体摩阻系数，取0.025~0.030；

$v_1 \sim v_n$——不同内径段流速，m/s。

习惯上，$d$ 值及 $v$ 值取平均值。

（2）环空压力降：

$$p_2 = 9.81 \times 10^{-3} h_f' \rho \tag{14-87}$$

式中　$p_2$——环空压力降，MPa；

$\rho$——环空流体密度，g/cm$^3$；

$h_f'$——环空流动水头损失，m。

$$h_f' = \lambda \frac{H_1}{D_1 - d} \cdot \frac{v_1^2}{2g} + \lambda \frac{H_2}{D_2 - d} \cdot \frac{v_2^2}{2g} \tag{14-88}$$

式中　$\lambda$——流体摩阻系数，一般取0.025；

$H_1$——裸眼井段长度，m；

$H_2$——外层套管段长度，m；

$D_1$——裸眼段平均井径，m；

$D_2$——外层套管内径，m；

$v_1$——裸眼段环空平均流速，m/s；

$v_2$——双层套管段环空平均流速，m/s；

$g$——重力加速度，9.8m/s$^2$；

$d$——套管外径，m。

4. 液柱压差计算

1）环空静液柱压力

固井结束时的环空静液柱压力公式为：

$$p_h = 9.8 \times 10^{-3} (L_S \rho_s + L_q \rho_q + L_m \rho_m) + p_b \tag{14-89}$$

式中　$p_h$——环空静液柱压力，MPa；

$L_S$——水泥段长度，m；

$\rho_s$——水泥浆密度，g/cm³；

$L_q$——前置液段长度，m；

$\rho_q$——前置液密度，g/cm³；

$L_m$——钻井液段长度，m；

$\rho_m$——钻井液密度，g/cm³；

$p_b$——环空憋压压力，MPa。

2）动液柱压力

固井中的动液柱压力一般指固井过程中变化着的液柱压力，其计算公式为：

$$p_d = 9.8\times10^{-3}(L_S\rho_s + L_q\rho_q + L_m\rho_m) + p_l \tag{14-90}$$

式中　$p_d$——环空动液柱压力，MPa；

$p_l$——环空流动阻力，MPa。

其他符号意义同前。

3）套管内、外压差

由于采用了不同密度的流体，在套管内、外形成压差，基本公式为：

$$p_c = 9.8\times10^{-3}[L_S\rho_s + L_q\rho_q - (L_m + L_q)\rho_m] \tag{14-91}$$

式中　$p_c$——套管内、外静液柱压差，MPa。

其他符号意义同前。

5. 注水泥最高泵压及其校核

$$p_{max} = p_1 + p_2 + p_c + 3\sim5\text{MPa} \tag{14-92}$$

式中　$p_{max}$——最高泵压，MPa；

$p_1$——管内流动阻力，MPa；

$p_2$——环空流动阻力，MPa；

$p_c$——套管内、外静液柱压差，MPa。

3~5MPa 系指碰压附加压力。为了控制最高泵压，在替泥浆末期，应降低泵入排量，这样可有效降低 $p_1$、$p_2$值，保证施工安全。对计算值进行校核，当 $p_2$加环空静液柱压力小于地层破裂压力时，设计完成。

6. 固井压力平衡设计基本条件

固井设计必须满足如下条件：

$$p_{min}>p_k，p_{max}<p_p \tag{14-93}$$

式中　$p_{min}$——最小环空动液柱压力，MPa；

$p_{max}$——最大环空动液柱压力，MPa；

$p_k$——地层孔隙压力，MPa；

$p_p$——地层破裂压力，MPa。

**(三) 插入法固井有关计算**

1. 套管串所受浮力计算

对下入深度大的大直径表层套管固井，一般采用插入法固井，要求水泥返出地面。为了保证套管不被浮起，套管串所受浮力 $F_f$ 必须小于套管串及管内液体重量之和 $G_t$。

套管串所受浮力 $F_f$ 为：

$$F_f=9.8A_wH\rho_s \tag{14-94}$$

式中　$F_f$——套管串所受浮力，kN；

$A_w$——套管外截面积，$m^2$；

$H$——浮箍深度，m；

$\rho_s$——水泥浆密度，$g/cm^3$。

套管串及管内液体重量之和 $G_t$ 为：

$$G_t=qH\times10^{-3}+9.8A_nH\rho_m \tag{14-95}$$

式中　$G_t$——套管串及管内液体重量之和重量，kN；

$q$——每米套管重量，N/m；

$H$——浮箍深度，m；

$A_n$——套管内截面积，$m^2$；

$\rho_m$——套管内钻井液密度，$g/cm^3$。

要保证套管串不浮起，应保证 $G_t\geqslant F_f$；若计算后，$G_t\leqslant F_f$，则必须加重顶替钻井液。一是加大 $\rho_m$ 值，以提高管内液柱的重量，因此必须进行替入钻井液"临界密度"$\rho_{min}$ 的计算。

令
$$F_f=G_t$$

则
$$\rho_{min}=(A_w\rho_s-10^{-4}q)/A_n \tag{14-96}$$

式中　$\rho_{min}$——临界密度，g/cm$^3$。

其他符号意义同前。

在做固井设计时，设计替入水泥浆的密度 $\rho_s$ 要大于临界密度 $\rho_{min}$，一般附加 0.1～0.2g/cm$^3$。

2. 钻柱坐封压力计算

插入法固井内管(钻柱)和浮箍的连接是通过插入接头和浮箍插座用插入的方法连接的，若不在密封球面与承压锥面之间施加一定的压力，在施工中就会在泵压的作用下产生钻具“回缩”，使密封球面与承压锥面脱离而失去密封作用。因此，在设计中要进行坐封压力计算。

坐封压力 $F_z$ 的计算公式为：

$$F_z = p_{max} A_m \times 10^{-1} \tag{14-97}$$

式中　$F_z$——需施加的压力(坐封压力)，kN；

$p_{max}$——施工最大泵压，MPa；

$A_m$——密封面积，cm$^2$。

**(四) 套管在自重作用下的伸长量**

$$\Delta L = \frac{7.854-\rho_m}{4} L^2 \times 10^{-7} \tag{14-98}$$

式中　$\Delta L$——套管在自重作用下的伸长量，m；

$\rho_m$——钻井液密度，g/cm$^3$；

$L$——套管原有长度，m。

**(五) 套管下缩距计算**

$$\Delta L = \frac{L_1}{E}(L_2\rho_s - L\rho_m) \times 10^{-2} \tag{14-99}$$

式中　$\Delta L$——下缩距，m；

$L$——套管总长，m；

$L_1$——自由段套管长度，m；

$L_2$——封固段套管长度，m；

$\rho_s$——钢材密度，g/cm$^3$，取值 7.854g/cm$^3$；

$\rho_m$——钻井液密度，g/cm$^3$；

$E$——套管弹性模量，MPa，取值 $2.06\times10^5$MPa。

## 第三节　油井水泥及水泥外加剂

### 一、油井水泥

1. API 油井水泥分级方法

鉴于油井水泥特殊的使用环境及对性能的要求，API 建立了专门的油井水泥分级方法。目前，API 油井水泥分 A 级、B 级、C 级、D 级、E 级、F 级、G 级和 H 级八个级别，每种水泥适用于不同的井况。此外，还可按水泥抗硫酸盐能力进行分类，分为普通型(O)、中抗硫酸盐型(MSR)和高抗硫酸盐型(HSR)三类。API 油井水泥化学成分和物理性能见表 14-7 和表 14-8。

过去，API 油井水泥曾被分为 A 级、B 级、C 级、D 级、E 级、F 级、G 级、H 级、J 级九种基本水泥，现已简化成 A 级、B 级、C 级、G 级、H 级五种，而且归结为一类基本水泥。D 级、E 级、F 级水泥可由 G 级、H 级水泥加缓凝剂来实现。最近 ISO(世界标准化组织) ISO/Dis 10426—1 明确取消了 J 级水泥。取消 J 级水泥的原因如下：

(1) 目前采用 G 级水泥+石英砂再加适当的外加剂(主要是缓凝剂)就能达到固深井的要求，特别是当前的缓凝剂可以解决这一问题。

(2) 调节水泥矿物组分及化学成分生产 J 级水泥控制困难，每批水泥的质量难以保持一致。

(3) J 级水泥对外加剂适应性和相容性较差，沉降稳定性控制也相对困难。

2. 适用范围

A 级：深度范围 0~1830m，温度 77℃以内。无特殊性能要求，仅有普通型。

表 14-7 API 油井水泥化学成分

| 水泥级别 | | 化学成分/% | | | | | | | | |
| --- | --- | --- | --- | --- | --- | --- | --- | --- | --- | --- |
| | | 氧化镁不高于 | 三氧化硫不高于 | 烧失量不高于 | 不溶残渣不高于 | 硅酸三钙不高于 | 硅酸三钙不低于 | 铝酸三钙不高于 | 铁铝酸四钙不高于 | 以 $Na_2O$ 当量表示的总碱量不高于 |
| A | 普通型 | 6.0 | 3.5 | 3.0 | 0.75 | | | | | |
| B | 中抗硫 | 6.0 | 3.5 | 3.0 | 0.75 | | | 8 | | |
| | 高抗硫 | 6.0 | 3.0 | 3.0 | 0.75 | | | 3 | 24 | |
| C | 普通型 | 6.0 | 4.5 | 3.0 | 0.75 | 15 | | | | |
| | 中抗硫 | 6.0 | 3.0 | 3.0 | 0.75 | | | 8 | | |
| | 高抗硫 | 6.0 | 3.0 | 3.0 | 0.75 | | | 3 | 24 | |
| D、E、F | 中抗硫 | 6.0 | 3.0 | 3.0 | 0.75 | | | 8 | | |
| | 高抗硫 | 6.0 | 3.0 | 3.0 | 0.75 | | | 3 | 24 | |
| G | 中抗硫 | 6.0 | 3.0 | 3.0 | 0.75 | 58 | 48 | 8 | | 0.75 |
| | 高抗硫 | 6.0 | 3.0 | 3.0 | 0.75 | 65 | 48 | 3 | 24 | 0.75 |
| H | 中抗硫 | 6.0 | 3.0 | 3.0 | 0.75 | 58 | 48 | 8 | | 0.75 |
| | 高抗硫 | 6.0 | 3.0 | 3.0 | 0.75 | 65 | 48 | 3 | 24 | 0.75 |

**表 14-8　API 油井水泥物理性能**

| 水泥级别 | 类型 | 主要物理性能要求 | | | | | | | | | | 比表面积/($cm^2/g$) |
|---|---|---|---|---|---|---|---|---|---|---|---|---|
| | | 水灰比 | 15~30min 初始稠度/Bc | 稠化时间 | | | 抗压强度 | | | | | |
| | | | | 实验条件 | | 时间/min | 养护条件 | | | | 最低抗压强度/MPa | |
| | | | | 温度/℃ | 压力/MPa | | 温度/℃ | 压力/MPa | 时间/h | | | |
| A | 普通型 | 0.46 | <30 | 45 | 27.2 | >90 | 38 | 常压 | 8 | | 1.76 | 1500~1900 |
| | | | | | | | 38 | 常压 | 24 | | 12.66 | |
| B | 中抗硫 | 0.46 | <30 | 45 | 27.2 | >90 | 38 | 常压 | 8 | | 1.41 | 1500~1900 |
| | 高抗硫 | | | | | | 38 | 常压 | 24 | | 10.55 | |
| C | 普通型 | 0.56 | <30 | 45 | 27.2 | >90 | 38 | 常压 | 8 | | 2.10 | 2000~2400 |
| | 中抗硫 | | | | | | 38 | 常压 | 24 | | 14.06 | |
| | 高抗硫 | | | | | | | | | | | |
| D | 中抗硫 | 0.38 | <30 | 62 | 51.6 | >100 | 110 | 211 | 8 | | 3.52 | 1100~1500 |
| | | | | | | | 77 | 211 | 24 | | 7.03 | |
| | 高抗硫 | | | | | | 110 | 211 | 24 | | 14.06 | |

续表

| 水泥级别 | 类型 | 主要物理性能要求 | | | | | | | | | 比表面积/(cm²/g) |
|---|---|---|---|---|---|---|---|---|---|---|---|
| | | 水灰比 | 15～30min初始稠度/Bc | 稠化时间 | | | 抗压强度 | | | | |
| | | | | 实验条件 | | 时间/min | 养护条件 | | | 最低抗压强度/MPa | |
| | | | | 温度/℃ | 压力/MPa | | 温度/℃ | 压力/MPa | 时间/h | | |
| E | 中抗硫 | 0.38 | <30 | 97 | 94.1 | >154 | 143 | 211 | 8 | 3.52 | |
| | | | | | | | 77 | 211 | 24 | 7.03 | |
| | 高抗硫 | | | | | | 110 | 211 | 24 | 14.06 | |
| F | 中抗硫 | 0.38 | <30 | 120 | 113.5 | >190 | 110 | 211 | 24 | 7.03 | |
| | 高抗硫 | | | | | | 160 | 211 | 8 | 3.52 | |
| G | 中抗硫 | 0.44 | <30 | 52 | 36.3 | 90～120 | 38 | 常压 | 8 | 2.11 | 1400～1600 |
| | 高抗硫 | | | | | | 60 | 常压 | 8 | 10.55 | |
| H | 中抗硫 | 0.38 | <30 | 52 | 36.3 | 90～120 | 38 | 常压 | 8 | 2.11 | 1200～1400 |
| | 高抗硫 | | | | | | 60 | 常压 | 8 | 10.55 | |

B 级：深度范围 0～1830m，温度 77℃以内。属中热水泥，分为中抗硫酸盐型和高抗硫酸盐型。

C 级：深度范围 0～1830m，温度 77℃以内。属早强水泥，分普通型、中抗硫酸盐型和高抗硫酸盐型。

D 级：深度范围 1830～3050m，温度 77～127℃。为基本水泥加缓凝剂，用于中温、中压条件，分中抗硫酸盐型和高抗硫酸盐型。

E 级：深度范围 3050～4270m，温度 77～143℃。为基本水泥加缓凝剂，用于高温、高压条件，分中抗硫酸盐型和高抗硫酸盐型。

F 级：深度范围 3050～4880m，温度 110～160℃。为基本水泥加缓凝剂，用于超高温、超高压条件，分为中抗硫酸盐型和高抗硫酸盐型。

G 级及 H 级：深度范围 0～2440m，温度 0～93℃。为两种基本水泥，分中抗硫酸盐型和高抗硫酸盐型。当加入促凝剂或缓凝剂时，能适应较大范围的井深和温度变化。

## 二、水泥外加剂

1. 促凝剂

促凝剂具有加速水泥水化反应和提高水泥早期强度的作用，常用的促凝剂有七种，主要是氯化钠、氯化钾、氯化铵、硅酸钠、石膏等。为了克服含氯的促凝剂引起水泥石在高温下强度下降的弱点，满足提高浅的热采井与调整井固井质量的要求，研究成功了无氯的促凝剂 SW-1 等，以及促凝早强剂 T90、S601、S604 等，并将促凝剂、早强剂、膨胀剂及非渗透防气窜剂复配在一起形成防窜水泥体系，此体系具有候凝时间短、过渡时间短、低渗透、低失水、高早强和微膨胀等多种功能，提高了固井质量。国产促凝剂及国外促凝剂见表 14-9 和表 4-10。

表 14-9　国产促凝剂

| 名称 | 主要成分及组成 | 生产厂家 | 备注(相当于) |
| --- | --- | --- | --- |
| 氯化钙($CaCl_2$) | 氯化钙 | 各化工厂 | S-1，A-7 |
| 氯化钾(KCl) | 氯化钾 | | A-5，D-44 |
| 甲酰胺($HCONH_2$) | 甲酰胺 | 连云港曙光化工厂 | |
| 纯碱($Na_2CO_3$) | 纯碱 | 各化工厂 | |
| 盐(NaCl) | NaCl | | D44 |
| 水玻璃($Na_2SiO_3$) | 硅酸钠 | | D-57，Diacela |

表 14-10　国外促凝剂

| 材料 | 说明 | 产品形态 | 产品供应商 | | | | |
| --- | --- | --- | --- | --- | --- | --- | --- |
| | | | BJ 服务公司 | 福拉斯马斯特公司 | 道威尔 | 哈里伯顿 | 诺斯科 |
| 氯化钠 | 其浓度为1%～10%(占水重) | 粒状 | A-5、盐或氯化钠 | 盐 | D44 | 盐 | 水泥细度级盐 |
| 氯化钙 | 掺量为1%～3%(占水泥重) | 固体 | A-7 或 $CaCI_2$ | $CaCI_{2-1}$ | S1 | $CaCI_2$ | $CaCI_2$ |
| | | 液体 | A-7L 或 $CaCI_2$-L | $CaCI_2$-L | D77 | 液体 $CaCI_2$ | |
| 硅酸盐 | 促凝，并可增加水泥浆的黏度 | 粉末或微珠 | A-2、偏硅酸钠或 Diacel A | TXB-1 | D79，Diacel A | Econolite，Diacel A | EXC |
| | | 液体 | A-3L 或硅酸纳 | EXT-100 | D75 | 液体 Econolite | EXC-L |
| 半水石膏或石膏 | 常用于生产触变水泥 | 粉末 | A-10 或石膏 | Ultracal-60 | D53 | Cal-Seal，EA-2 | GYP-Cem Qulk Gyp |

续表

| 材料 | 说明 | 产品形态 | 产品供应商 | | | | |
|---|---|---|---|---|---|---|---|
| | | | BJ 服务公司 | 福拉期马斯特公司 | 道威尔 | 哈里伯顿 | 诺斯科 |
| 氯化钾 | | 粒状 | A-9 或 KCI | KCI | M117 | KCI | KCI |
| 氯化铵 | | 粒状 | 按需供应 | 按需供应 | 按需供应 | 按需供应 | 按需供应 |
| 专用促凝剂 | | | AEF-100L, T-40L | | | | |

2. 缓凝剂

缓凝剂按使用温度范围及特殊用途分类。

低温到中温的缓凝剂主要是木质素磺酸盐及其接枝改性产品。

中高温到高温主要使用柠檬酸、葡萄糖酸盐、酒石酸钾钠、酒石酸、羧甲基羟乙基纤维素、丙烯酰胺及丙烯酸类聚合物、柠檬酸盐与木质素磺酸盐复合物、葡萄糖酸盐与木质素磺酸盐和无机盐(缓凝增强剂)复合、木质素磺酸盐与硼砂或硼酸盐混合物(表 14-11 和表 14-12)。

**表 14-11　国产缓凝剂产品**

| 品名及名称 | 主要成分及组成 | 生产厂家 |
|---|---|---|
| 丹宁酸钠(NaT) | 单宁酸 | 广西梧州化工厂等 |
| 酒石酸 | 酒石酸 | 上海染料七厂 |
| 硼酸($H_3BO_3$) | 硼酸 | |
| 铁铬盐(FeLs) | 铁铬木质素磺酸盐 | 牡丹江红旗化工厂等 |
| 腐殖酸铁 | 弱酸类高分子化合物 | 山西考义腐殖酸厂 |
| 磺化丹宁(SMT) | 弱酸类高分子化合物 | 成都栲胶厂 |
| 丹宁酸 | 丹宁酸 | 成都化工厂 |
| SY-8 CMC | 羧甲基纤维表 | 泸州化工厂 |

续表

| 品名及名称 | 主要成分及组成 | 生产厂家 |
|---|---|---|
| 磺化栲胶 | | 成都栲胶厂 |
| 葡萄糖酸钙 | （葡　钙） | 重庆626制药厂、上海葡萄糖厂 |
| 葡萄糖酸钠 | （葡　钠） | |
| H-1 | | 天津东方红化工厂 |
| HR-A | | 长春化学试剂厂 |
| CR-3，CR-2 | | 湛江化工厂 |
| 磺化褐煤(SMC) | | 鹤岗腐殖酸厂 |
| 木钙 | 木质素磺酸盐 | |
| BK-$HBO_3$ | 酒石酸+硼酸 | |

**表 14-12　国外缓凝剂产品**

| 主要材料或主要成分 | BJ公司 | 道威尔 | 哈里伯顿 |
|---|---|---|---|
| 木质素磺酸盐及其改性产品或它们的混合物、改性木质磺酸盐与硼砂或硼砂盐的混合物、有机酸或有机酸盐混合物、羧甲基羟乙基纤维素、合成聚合物或共聚物、柠檬酸或其类似材料 | R-3、R-21L、R-10#、R-11#、R-12#、R-14#、R-6、R-21L、R-8、R-15LS、SR-30、SR-30(1)、R-7、R-18 | D13、D81、D800、D801、D110、D8、D28、D150、D93、D121、D161、D74、D81 | HR-4、HR-7、HR-4L、HR-7L、HR-6L、Diacel LWL、HR-12、HR-15、HR-20、HR-25、SCR-100、SCR-100L、HR-25L、SSR-100、MMCR |

特高温主要使用有机膦酸盐。此外，道威尔与哈里伯顿公司还研究出用于提高水泥柱抗压强度的缓凝剂及用于微细水泥的缓凝剂。

缓凝剂应与其他外加剂相容，适用于各种水质，其缓凝效果随加量而按比例增加，不应有灵敏区，更不应在加量低时出现促凝现象。此外，加入缓凝剂应对水泥浆沉降稳定性不发生影响或影响较小。

3. 分散剂

分散剂亦称紊流剂，它具有减小水泥浆黏度的作用，是一种改善水泥浆紊流条件的处理剂。

国外油井水泥分散剂分通用型、饱和盐水型和抗沉降型三类(表 14-13)。按其化学组分可归纳为以下几类：

(1) 木质素磺酸盐及其衍生物。

(2) 聚萘磺酸盐型。

(3) 磺化醛酮缩合物。

(4) 水溶性密胺树脂。

(5) 磺化乙烯基类聚合物及其衍生物。

(6) 柠檬酸类。

(7) AMPS(2-丙烯酰胺-2-甲基丙烷磺酸)聚合物类。

(8) 其他如糖类、羟基羧酸盐类等。

**表 14-13　国外分散剂产品**

| 应用 | 产品类型 | 产品形态 | 产品供应商及其产品 | | | | |
|---|---|---|---|---|---|---|---|
| | | | BJ 服务公司 | 福拉斯马斯特公司 | 道威尔 | 哈里伯顿 | 斯诺科 |
| 适用于一般淡水水泥浆 | 聚萘磺酸盐型(PNS)，产品举例如 Lomar-D、Daxad-19 或等材料 | 粉末 | CD-31 | FRC-3 | D65 | CFR-2 | T-10 |
| | | 液体 | CD-31L、CD-31LN、CD-31LS | FRC-100 | D80 | CFR-2L | T-10L |
| | 专用产品，非聚萘磺酸盐，非木质素磺酸盐 | 粉末 | | | | CFR-3 | |
| | | 液体 | | | | CFR-3L | |
| | | 液体 | | | D145 | | |

续表

| 应用 | 产品类型 | 产品形态 | 产品供应商及其产品 | | | | |
|---|---|---|---|---|---|---|---|
| | | | BJ 服务公司 | 福拉斯马斯特公司 | 道威尔 | 哈里伯顿 | 斯诺科 |
| 适用于一般淡水水泥浆 | 专用产品 | 粉末 | CD-32 | | | | |
| | | 固体 | CD-32L | | | | |
| | 专用产品能用于循环温度为93℃ | 粉末 | | | D121 | | |
| 适用于饱和盐水水泥浆 | 柠檬酸，柠檬酸盐或类似产品 | 粉末/细颗粒 | XR-2 | FRC-2 | D-45 | FE-2 | T-11 |
| | 聚合材料，非柠檬酸、柠檬酸盐等 | 粉末 | | D65A | CFR-3 | | |
| | | 液体 | | D80AD<br>604AM | CFR-3L | | |
| 具有防沉降性或抗沉降性且易分散水泥浆 | | 粉末 | CD-32 | | | CFR-2 | |

前三类在我国已较广泛使用，如 FCLS、FDN、UNZ、USX、SAF、XTJ、CFRH、SXY 等(表 14-14)。

**表 14-14　国产分散剂产品**

| 品名及名称 | 主要成分及组成 | 生产厂家 | 备注 |
|---|---|---|---|
| FDN | β 萘磺酸甲醛缩合物 | 湛江外加剂厂、山东莱芜硫酸厂 | CFR-1、D16、D65、TF-5 |
| FCLS | 铁铬木质素磺酸盐 | | 也用于缓凝剂 |
| SZ | 萘磺酸盐类 | | D80、CFR-2L |

续表

| 品名及名称 | 主要成分及组成 | 生产厂家 | 备注 |
|---|---|---|---|
| 木钙 | 木质素磺盐 | | 也用于缓凝，D45 |
| 草酸 | | | |
| 木质素磺化钠 | | 开山屯化纤浆厂 | |
| 木质素磺化钙 | | 开山屯化纤浆厂 | |
| TOC | | | |

4. 降失水剂

注入井下的水泥浆，因压差关系出现失水及滤失，将导致注替水泥浆过程流动阻力增大，水泥浆的失水还会造成对产层的污染。因此，对水泥要加以控制。依据现场经验，在设计水泥浆时，7MPa 压差、30min 的失水量应控制在下述范围：

（1）气井、大斜度井、水平井固井：失水<50mL。

（2）高压挤水泥作业水泥：失水<50~150mL。

（3）深井(尾管)固井：失水<200mL。

（4）常规井、技术套管固井：失水<200~500mL。

降失水剂按其作用机理均可归纳为两大类。一类是通过加入外加剂改变水泥浆体系颗粒的分布和级配，降低其渗透率来降低水泥浆失水量。另一类是增加液相黏度，即增大向地层的滤失阻力来降低水泥浆失水量。如一些水溶性聚合物羧甲基纤维素的衍生物、淀粉改性产物、丙烯酸与丙烯酸聚合物、AMPS 的共聚物等。

两大类降失水剂产品：颗粒材料和水溶性高分子及有机材料。在颗粒材料中，胶乳凭借其良好的降滤失、防气窜、增韧等优点成为国内外的研究热点。目前，大部分降失水剂产品均为水溶性聚合物及有机材料，这类产品又可分为改性天然产物与合成聚合物。此外，国外对环保型降失水剂也做了大量研究。

1）改性天然产物类降失水剂

改性纤维素是水溶性天然产物中应用较多的一类降失水剂。

可用作降失水剂的改性纤维素有 CMC(羧甲基纤维素)、HEC(羟乙基纤维素)、CMHEC(羧甲基羟乙基纤维素)等。CMC 使水泥浆产生絮凝，且缓凝性强，现已不使用。HEC 综合性能尚可，有少量应用。CMHEC 在国外使用较多，但在国内生产很少。改性纤维素共同的缺点是水溶性差、黏度高，耐温性能差，延迟水泥强度发展。通过对纤维素进行化学接枝共聚反应，引入其他功能单体，是改善其性能缺陷的较好方法。国外如 BJ 公司开发了 FL-52、FL-54 等改性纤维素产品。FL-52 使用温度可达 149℃，FL-54 使用温度可达 176℃，可用于淡水和盐水水泥浆中。国内改性纤维素产品有天津中油渤星公司的 BXF-1、河南卫辉公司的 G301 等。

2）聚合物类降失水剂

聚合物类降失水剂品种繁多、性能优异，具有一些天然产物无法比拟的特点。

（1）非离子型聚合物。

PVA(聚乙烯醇)体系是国内应用较广的一类非离子型降失水剂，具有独特的优点，典型产品如天津中油渤星公司的 G60S。该体系使用温度可达 95℃，高于此温度后，交联键被破坏，降滤失性能变差。此外，该体系抗盐(NaCl)性能差，抗盐通常不超过 5%。为了改善 PVA 体系耐温、耐盐性能较差的缺陷，可以采用化学交联的方法对 PVA 进行改性，如采用醛类或酸类等缩合剂使 PVA 的醇基发生缩合反应以得到部分交联的 PVA。化学交联的 PVA 单独使用，不需要硼砂等交联剂，耐温可达 120℃，抗盐可达 8%，滤失量可以控制在 50mL 以下。

（2）阴离子型聚合物。

阴离子型聚合物是国内外研究最为广泛、产品种类最多的一类降失水剂。其共聚单体包括非离子单体和阴离子单体两大类。非离子单体主要包括：AM(丙烯酰胺)、NVP(N-乙烯基吡咯烷酮)、NNDMA(N，N-二甲基丙烯酰胺)、St(苯乙烯)、VI(乙烯咪唑)、VFA(乙烯甲酰胺)、VP(乙烯吡啶)、VMAA(N-

甲基-N-乙烯基乙酰胺)等。这些单体中，AM 易水解，所以在共聚物中含量不可太多；NNDMA 引入了不易水解基团，耐高温性能明显增强，但这种单体价格昂贵，国内尚处于小试阶段。阴离子单体主要包括两类：一类是磺酸盐单体，如 AMPS(2-丙烯酰胺基-2-甲基丙磺酸)、SS(苯乙烯磺酸盐)、VS(乙烯磺酸盐)、PS(丙烯磺酸盐)；另一类是羧酸盐单体，如 AA(丙烯酸)、MAA(甲基丙烯酸)、HEA(羟乙基丙烯酸)、IA(衣康酸)等。AMPS 耐温、耐盐能力强，聚合活性高，使用日益广泛，国内已形成规模化生产。

国外如哈里伯顿公司开发的 Halad-344、Halad-413、Halad-4、Halad-700，以及 BJ 公司开发的 FL-32、FL-33 等均属于此类产品。国内典型产品如天津中油渤星公司开发的 BXF-200L。

3）环保型降失水剂

所谓环保型降失水剂，是指生物降解性能较好的降失水剂产品。目前，开发环保型降失水剂的途径主要有：①开发具有降滤失功能的天然产物；②对现有天然产物降失水剂进行改性，拓宽其应用范围；③开发在强碱性环境中稳定，而在中性水介质中降解的降失水剂；④用可降解交联剂交联低相对分子质量高分子以获得高相对分子质量降失水剂；⑤对可降解合成高分子进行改性，使其具有降滤失功能；⑥开发与天然产物结构类似，微生物可使其降解的合成高分子降失水剂。

5. 减轻剂

减轻剂用以降低水泥浆密度，从而降低固井水泥浆柱的静压力。

减轻剂按其作用原理不同可分为三类：第一类是膨润土类材料，其吸附能力强，造浆率高，即通过水泥浆高的水灰比来降低水泥浆密度；第二类是一些低密度的材料，因其自身密度比水泥密度小，故加入水泥浆后可以使水泥浆密度降低，如漂珠、玻璃微珠等；第三类是泡沫水泥，以向水泥浆中充气或化学发气的方法，形成泡沫水泥浆，使之形成超低密度。

国内外共有膨润土、绿坡缕石、F 型粉煤灰、C 型粉煤灰、微细粉煤灰、天然火山灰、硅藻土、珍珠岩/膨胀珍珠岩、硅灰、玻璃微珠、火山灰微珠、硅酸钠、专用充填剂等十三类减轻剂(表 14-15)。

**表 14-15 国产减轻剂产品**

| 品名及名称 | 主要成分及组成 | 生产厂家 | 备注 |
|---|---|---|---|
| 坂土粉 | 膨润土 | 黑山膨润土 | HOWCO、Gel、T Gel |
| 粉煤灰 | 粉煤灰 | 阜新发电厂 | POZA、Pozmix，A，F |
| 沥青粉 | 硬沥青 | 河南辉县振兴化工厂 | D-24、D92 |
| 硅藻土 | 硅藻土 | 辽宁向阳公社 | D56 |
| 珍珠岩 | | | D72 |
| PZ 系列空心微珠 | 空心玻璃微珠 | 火力发电厂 | Litepo、Z500 |
| SNC | 硅酸钠 | 河南郸城生物化工厂 | Econol、ite-L、D75 |

为了满足极低压井注水泥的需要，泡沫水泥、化学充氮泡沫水泥及陶粒粉与微珠复合物、陶粒粉与膨胀珍珠岩复配、非渗透水泥与玻璃微珠复配等低密度水泥均开始用于现场固井作业中。

6. 加重剂

当钻遇高压油气层时，为防止井喷、气窜，须加大水泥浆密度，常常往水泥中加入加重剂。常用的加重剂有重晶石、赤铁矿、钛铁矿等(表 14-16)。

**表 14-16 水泥加重剂性能**

| 加重剂名称 | 密度/($g/cm^3$) | 粒度/目 | 水泥浆密度/($g/cm^3$) | 对抗压强度的影响 | 对稠化时间的影响 |
|---|---|---|---|---|---|
| 细重晶石 | 4.3~4.6 | 300 | 2.28 | 降低 | 缩短 |
| 钛铁矿 | 4.45 | 30~200 | 2.4 | 无 | 无 |
| 赤铁矿 | 5.0~5.3 | 40~200 | 2.4~2.6 | 略降 | 缩短 |

7. 防气窜剂

为了防止水泥浆初凝时由于体积收缩产生油气运移通道，需要加入防气窜剂，或减少其失水，或改变水泥的胶结强度，或增加基质流动阻力，或使水泥石体积微量膨胀，以提高固井质量，增加固井的安全性。

按防气窜作用机理不同将此类外加剂分为六类。

（1）降失水：使用降失水剂。

（2）增加基质流动阻力或阻塞：使用苯乙烯-丁二烯类或聚丙烯酸胶乳、硅灰或共聚物等外加剂配成的非渗透水泥体系。

（3）改变触变水泥的胶结强度，使用石膏、复合或交联聚合物等。

（4）改变胶结强度，延迟胶凝。

（5）改变水泥的可压缩性发气剂：铝粉、氮气膨胀剂等。

（6）改变水泥可压缩性泡沫水泥：采用化学方法产生氮气，形成可压缩泡沫水泥。

目前，以苯乙烯-丁二烯类或聚丙烯酸胶乳为防气窜主要成分开发出来的胶乳防气窜剂常用在高压气井中。胶乳防气窜剂中聚合物胶粒的粒径为 0.05～0.50μm，比水泥颗粒(一般在 20～50μm)小得多，胶粒在水泥颗粒间聚集形成气体不能渗透的一层膜，从而起到防气窜作用(表 14-17 和表 14-18)。

**表 14-17　国内防气窜剂产品**

| 产品代号 | 说　明 | 形　态 | 生产厂家 |
|---|---|---|---|
| KQ-A | 铝粉 | 粉末 | 成都栲胶厂 |
| ZC-2 | 铝粉 | 粉末 | 河南滑县化工厂 |
| DG29 | 铝粉 | 粉末 | 牡丹江立新工业公司 |
| G60，G69 | 有机高分子聚合物 | 粉末 | 工程技术研究院 |
| BXF-200L | AMPS 多元共聚物 | 粉末 | 工程技术研究院 |
| BCT-800L | 丁苯胶乳 | 液体 | 工程技术研究院 |
| SYJR-1 | 丁苯胶乳 | 液体 | 山东胜油固井公司 |

表 14-18　国外防气窜剂产品

| 主要材料或主要成分 | BJ 公司 | 道威尔 | 哈里伯顿 |
| --- | --- | --- | --- |
| 非胶乳共聚混合物，胶乳、硅灰-聚合物混合物，半水石膏或石膏，交联或络合物，铝粉或类似材料 | BA-56、BA-100、FLAG-56、BA-86L、BA-58、BA-29、BA-61、LS-1、C-D32、CD-32L | D600、D134、D154、D155、D65A、D604、D138 | LAP-1、LA-2、EA-2 Gasstop、Gasstop HT、Super CBL、Thix Set-31 Gas Ban |

8. 减少或阻止高温下水泥石强度衰退的硅质材料

在深井、地热井和蒸汽注入井中，凝固的水泥石常处于高于 110℃的条件下，其强度随时间延长而下降，加入适量的硅粉，能改善高温下水泥石初始抗压强度，明显地延缓水泥石强度衰退和渗透率的增加。

硅粉细度分为三种，即砂、硅粉、微硅。硅粉的纯度必须大于 96%，并对粒度分布和级配均作出了明确规定。砂(粗硅粉)的粒径为 120μm，硅粉(细硅粉)的粒径为 53μm。对密度低于 1.92~2.30g/cm$^3$ 的水泥浆，使用粗硅粉(砂)。硅粉加量与温度有关，对于井底静止温度处于 110~204℃的井，硅粉加量为 35%~40%，对蒸汽注入井或蒸汽采油井，硅粉加量通常在 60%以上。为了提高水泥在高温下的防渗透性能，除加入硅粉，还加入一定数量的微硅(表 14-19)。

热采井固井作业中已经广泛采用硅粉来减少和防止水泥石强度衰退，但对硅粉纯度、粒度分布和级配没有明确的质量要求。对于不同类别的井，亦没有采用不同颗粒级别的硅粉。加硅粉耐高温水泥浆体系的最高温度为 358℃。超过此温度，二氧化硅在高温、高压水蒸气下被溶出形成间隙和空间。为了提高水泥石热稳定性，美国研究成功了耐高温高铝水泥，把它作为注水泥的基本水泥浆体系。

表 14-19 国外硅质材料

| 材料 | 产品类型 | 产品形态 | 供应商及其产品 | | | | |
|---|---|---|---|---|---|---|---|
| | | | BJ公司 | 福拉期马斯特公司 | 道威尔 | 哈里伯顿 | 诺斯科 |
| 砂 | 晶体硅过 100 目筛，常规相对密度 2.65 | 粒状固体 | S-8C | FA-100 | D30 | SSA-2 | J-10 |
| 硅粉 | 晶体硅过 200 目筛或更细，常规相对密度 2.65 | 细粉末 | S-8 | SFA-200 | D66 | SSA-1 | SFA-200、SFA-325 |
| 微硅用于微细水泥中 | 晶体硅常规相对密度 2.65 | 细粉末 | | FS-1 | | 细砂 | |

9. 抑泡剂和消泡剂

部分水泥外加剂在配浆过程中可能引起水泥浆发泡，气泡的聚集可能产生气穴，造成水泥浆密度达不到设计要求，从而影响固井质量。

一切能破坏泡沫稳定存在的化学剂均可作抑泡剂和消泡剂。消泡剂应由主消泡剂、辅助消泡剂、载体、乳化剂、稳定剂组成。国外消泡剂主要有大相对分子质量醇、多元醇及其他消泡剂，其使用效果不够理想(表 14-20)。

我国消泡剂有聚乙二醇、甘油聚醚、硬脂酸铝、辛醇、有机硅、环氧烷等(表 14-21)。

10. 减少和防止井漏的外加剂和外掺料

注水泥施工过程中发生井漏会影响固井质量或诱发井喷，故通常对易发生漏失的井，在注水泥施工之前必须进行堵漏，使地层承压达到固井施工中环空最高压力。

表 14-20 国外抑泡剂和消泡剂

| 应用范围 | 产品类型 | 产品形态 | BJ 公司 | 福拉斯马斯特公司 | 道威尔 | 哈里伯顿 | 诺斯科 |
|---|---|---|---|---|---|---|---|
| 防止或减少混拌过程中形成的泡沫 | 大相对分子质量醇、多元醇 | 干粉颗粒或小珠状 | FP-11 | DEF-3 | D46 | D-Air 1 | |
| | | 液体 | FP-6L、FP-9L、FP-10L、FP-12L、AFA-3 | DEF-1、DEF-5 | D47、D144、M45 | D-Air 1、D-Air 2、NF-3、NF-4、NF-1 | AFA-2、AFA-3 |

表 14-21 国产消泡剂产品

| 品名及名称 | 主要成分及组成 | 生产厂家 | 备注 |
|---|---|---|---|
| GPE | 有机硅 | | P-Air、D6-L、D47 |
| 辛醇-2 | | 上海五化 | |
| 甘油聚醚 | 甘油聚醚 | 大连化工厂 | NF-P、D-6、D46、AF-6 |
| 消泡剂 | | 吉林石油化工研究所 | |
| | 有机硅消泡剂 | 四川晨光化工厂 | |

国外常用触变水泥浆体系形成胶凝来堵漏或用密度很低的泡沫水泥来避免压漏，或用超细水泥、聚合物来堵微细裂缝，或用云母、纤维、木屑等来堵漏。

国内防漏、堵漏材料品种繁多，基本上与国外相似，由于漏层特点不同，因而所使用的材料与堵漏方法亦不相同。国内主要采用泡沫水泥、低密度水泥等来防漏，采用桥塞、注水泥、化学凝胶、柴油膨润土水泥、单向压力封堵剂等进行堵漏。

11. 隔离液和化学冲洗液/前置液(预冲洗液)

固井施工过程中采用隔离液和冲洗液提高水泥浆顶替钻井液效率，改善水泥环质量，并有助于改善地层渗透率，提高原油产能。

早期的固井作业中常用水作为隔离液，破坏钻井液的胶凝结构，并充分顶替钻井液。但以水作隔离液会引起井壁坍塌，并可造成对储层的伤害，经过改进，在钻井液中加入一些添加剂或使用盐水作为隔离液。

目前，隔离液和冲洗液品种有20多种。有用于冲洗水基泥浆、油基泥浆及冷环境下的化学冲洗液；有能调节流型的水基、油基或溶剂基隔离液；有用于油基钻井液和高浓盐水或饱和盐水钻井液的隔离液；有用于含矿渣钻井液的隔离液。

12. 纤维水泥浆体系

以特种纤维材料为主的防漏增韧水泥浆体系为国内外近年来新开发的特种水泥浆体系。国外有斯伦贝谢公司开发的CemNET纤维水泥、BJ公司开发的BJ-Fiber纤维水泥；国内主要有南京工业大学开发的F27A纤维水泥、天津中油渤星公司开发的BCE-200S纤维水泥等。纤维除了能够起到防漏、堵漏的作用，还具有增强、增韧的效果，可减小井下作业对水泥环的损坏，延长油气井生产寿命。

1）CemNET纤维水泥

CemNET纤维是一种硅质纤维，长度为12mm左右，直径为20μm，使用温度可达232℃。CemNET纤维表面经过特殊处理，在水泥浆中很容易被搅散，形成桥堵网，从而具有堵漏能力。CemNET纤维采用“后批混”施工工艺，即先配好水泥浆，然后将纤维材料加入水泥浆中混合搅拌，再泵入井内。

2）BJ-Fiber纤维水泥

BJ-Fiber纤维与CemNET纤维类似，长度为12mm左右，直径为18μm，推荐掺量为0~1%BWOC。

3）F27A 纤维水泥

F27A 纤维水泥防漏增韧剂系不同尺度的混杂纤维材料，采用干混方式混灰。据介绍，F27A 纤维水泥的防漏作用源于混杂纤维的三维乱向分布和在地层裂缝边缘的搭桥作用，增韧效果来自纤维对水泥石中不同尺寸微裂纹的阻裂作用，增强效果得益于对水泥石微观结构的改善。

4）BCE-200S 纤维水泥

BCE-200S 特种纤维由圆柱状和片状两种形状纤维混杂而成，可以在水泥中干混，也可以在水泥浆制备好后加入搅散。由于这种纤维增稠作用小，因此很容易制备各种密度的防漏水泥浆。

13. 高性能低(高)密度水泥浆体系

低密度和高密度水泥浆体系在固井中总是存在一对矛盾，即混合和顶替时最优的水泥浆性能与凝固水泥进行长期层间封隔时所要求的力学性能之间的矛盾，水泥浆的流变性、稳定性、水泥环的收缩及耐久性等问题始终没有得到很好的解决。目前，国内外应用紧密堆积理论研究并开发出了高性能低密度、高密度水泥浆体系。

斯伦贝谢公司在世界上首先提出并应用紧密堆积理论开发出了 LiteCRETE 高性能低密度水泥浆、DensCRETE 高性能高密度水泥浆，其技术核心是通过调节干灰混合物的不同颗粒尺寸分布，使干灰混合物的堆积率($PVF$)大于 0.8。

LiteCRETE 水泥浆密度可低至 $0.96g/cm^3$，密度 $1.20g/cm^3$ 的水泥浆 24h 后抗压强度大于 14MPa。LiteCRETE 低密度水泥浆体系中应用了合成钠硼珠，合成钠硼珠密度低（可低至 $0.15g/cm^3$），耐压高（最高可达 18000psi）。

DensCRETE 高性能高密度水泥浆的加重材料由超细的锰矿粉（Micromax）和中等细度的钛铁矿、赤铁矿等组成，该水泥浆具有较高的抗压强度和良好的流变性及稳定性，密度可达 $2.9g/cm^3$。

国内四川、华北、吉林、胜利、大庆、新疆等油田开展了高性能高密度、高性能低密度水泥浆体系等方面的研究并在油田中得到应用，新疆油田高密度水泥浆现场应用达到 2.6g/cm$^3$（霍 10 井）。国内依据紧密堆积理论开发了相应的高性能低密度、高密度水泥浆体系，低密度水泥浆最低可达 0.96g/cm$^3$，50℃ 条件下 24h 后强度达 14MPa，高密度水泥浆可达 2.8g/cm$^3$。

14. 膨胀水泥浆体系

膨胀水泥浆具有凝固过程体积膨胀的效果，该水泥浆体系主要用于固井易产生“微环隙”井的固井施工，一般要求其膨胀率不超过 5%，以免产生副作用。

在水泥环与套管或水泥环与地层之间的界面上出现“微环隙”的原因主要有：顶替效率低、井壁残留过多的泥饼；内部压力或热应力导致的套管伸缩；钻井液或地层流体引起的水泥污染；通井或钻水泥塞；水泥浆形成水泥石的过程中本身产生的体积收缩。

膨胀水泥可以有效消除微环隙，提高水泥环胶结质量。即使在套管或地层的表面留有少量钻井液，采用这种水泥也会获得较好的效果。

可以产生膨胀的水泥浆体系有三种：凝固后产生大量钙铝矾晶体的钙铝矾体系、加铝粉等的发气水泥浆体系、掺入煅烧氧化镁（氧化钙）的水泥浆体系。

钙铝矾基水泥浆体系在 80℃ 以上不能产生明显的膨胀，因此其使用的静止温度不能超过 80℃。发气水泥浆体系也只适用于浅井，煅烧的氧化镁水泥浆体系可以用于 288℃ 的温度条件。

目前，常用气体膨胀和以氧化镁（氧化钙）为主要成分的晶格膨胀水泥浆体系。

15. 自愈合水泥浆体系

自愈合水泥是近年来提出概念和深化研究的前沿性水泥浆

体系，对于提高前期的固井质量和保持水泥石的长期完整性，都有着十分重要的历史意义。

该种水泥不但在水泥浆凝固期间遇地层流体(油、气、水)有一定的体积膨胀，减轻水泥浆失重效应，提高界面胶结质量，而且一旦由于各种外界因素使水泥石基体内部产生微裂缝或水泥环与地层之间产生微间隙，诱发高压地层流体窜流时，能够再次产生体积膨胀，修复微裂缝或微间隙，阻止地层流体的窜流。

国外斯伦贝谢公司研制开发出了自愈合水泥，在水泥浆凝固后，微间隙或微裂缝形成并出现油气窜时能够被激活，使水泥环产生微膨胀，封闭油气窜的通道。该种水泥在部分地下储气库和少数油井的固井中得到了成功应用。

遇水膨胀水泥浆体系，在水泥浆凝固后期及形成水泥石后，当遇到地层水及发生地层先期水窜时，能再度产生塑性体积膨胀，实现水泥石微间隙或微裂缝的自修复，提高水泥环的胶结强度，阻止地层水的窜流，保证水泥石的完整性。

自愈合水泥分为遇水膨胀水泥、遇油(气)膨胀水泥、遇油(气)遇水膨胀水泥。

16. 弹(柔)性水泥浆体系

弹(柔)性水泥浆是针对开发过程中水泥环的脆性而提出的，对于水泥石在开发过程中保持稳定性有较大意义，特别是在储气库井周期性注采过程中，井筒内压力及温度变化使套管、环空水泥石及近井壁围岩产生应变，而三者形变互异，常规水泥石很难满足要求。

该水泥浆主要性能就是解决水泥石的脆性，水泥石不仅要抗压强度高，而且要韧性好、抗折强度高、抗冲击破碎能力强，在储气库运行中保持完整性、不破碎、不产生微间隙。水泥浆体系具有低温下抗盐、低失水、微膨胀、高强度、防气窜、抗冲击、韧性好、界面胶结良好等特性。如山东欧博特石油工程技术有限公司产柔性水泥浆体系(SFCS)性能见表14-22，SFCS

水泥浆体系综合性能指标见表 14-23。

**表 14-22　柔性水泥浆体系(SFCS)性能**

| | | |
|---|---|---|
| 密度/(g/cm³) | 1.55 | 1.90 |
| 水泥石渗透率/$10^{-3}\mu m^2$ | 0.009 | 0.005 |
| 水泥石孔隙度/% | 30.81 | 30.35 |
| 线膨胀率/% | 1.35 | 1.51 |
| 水泥石杨氏模量/MPa | 1860 | 1780 |
| 气窜量/mL | 0 | 0 |

**表 14-23　SFCS 水泥浆体系综合性能指标**

| 养护条件 | 温度 | 压力 |
|---|---|---|
| | 45℃ | 20MPa |
| 密度/(g/cm³) | 1.55 | 1.90 |
| 6.9MPa×30minAPI 失水量/mL | 44 | 40 |
| 72h 抗压强度/MPa | 23.0 | 35.8 |
| 初始稠度/Bc | 10 | 12 |
| 45℃×20MPa×30min 稠化时间/min | 290 | 224 |
| 游离液/% | 0 | 0 |

# 第四节　套管工具附件

## 一、常用套管工具

### (一) 吊卡

套管吊卡规范(以 CD 吊卡为例)见表 14-24。

表 14-24　套管吊卡规范(以 CD 吊卡为例)

| 规格型号 | 吊卡孔径/mm | 套管外径 | | 最大载荷/kN |
|---|---|---|---|---|
| | | in | mm | |
| CD117 | 116.96 | 4½ | 114.3 | 900 |
| CD130 | 130.18 | 5 | 127.0 | 1125 |
| CD142 | 142.88 | 5½ | 139.7 | 1350 |
| CD171 | 171.45 | 6⅝ | 168.3 | 1800 |
| CD181 | 180.89 | 7 | 177.8 | 2250 |
| CD197 | 197.64 | 7⅝ | 193.7 | 2700 |
| CD223 | 223.04 | 8⅝ | 219.1 | 3150 |
| CD248 | 248.44 | 9⅝ | 244.5 | 3600 |
| CD277 | 277.83 | 10¾ | 273.0 | 4500 |
| CD303 | 303.23 | 11¾ | 298.4 | |
| CD331 | 331.08 | 12⅞ | 325.0 | |
| CD344 | 344.50 | 13⅜ | 339.7 | |
| CD411 | 411.96 | 16 | 406.4 | |
| CD478 | 479.43 | 18⅝ | 473.1 | |
| CD515 | 515.14 | 20 | 508.0 | |
| CD557 | 557.24 | 21½ | 546.10 | |
| CD565 | 565.94 | 22 | 558.80 | |
| CD617 | 617.55 | 24 | 609.60 | |
| CD630 | 630.25 | 24½ | 622.30 | |
| CD669 | 669.14 | 26 | 660.40 | |
| CD694 | 694.54 | 27 | 685.80 | |
| CD720 | 720.32 | 28 | 711.20 | |
| CD771 | 771.53 | 30 | 762.00 | |
| CD822 | 822.73 | 32 | 812.80 | |
| CD925 | 925.53 | 36 | 914.40 | |

## (二) 吊钳

1. 多扣合吊钳技术规格

见表 14-25。

**表 14-25 多扣合吊钳技术规格**

| 型号 | 适用管径范围/mm(in) | 最大扭矩/kN · m |
|---|---|---|
| Q60-273×35 | 60.3~273.1(2⅜~10¾) | 35 |
| Q340-648×35 | 339.7~647.7(13⅜~25½) | 35 |
| Q86-324×75 | 85.7~114.3(3½~4½) | 55 |
| | 114.3~196.9(4½~7¾) | 75 |
| | 196.9~298.5(7¾~12¼) | 55 |
| Q89-299×75 | 88.9~114.3(3½~4½) | 55 |
| | 114.3~196.9(4½~7¾) | 75 |
| | 196.9~298.5(7¾~11¾) | 55 |
| Q86-432×90 | 85.7~215.9(3⅜~8½) | 90 |
| | 215.9~431.8(8½~17) | 55 |
| Q102-305×140 | 101.6~304.8(4~12) | 140 |

2. 单扣合吊钳技术规格

见表 14-26。

**表 14-26 单扣合吊钳技术规格**

| 型 号 | 适用管径/mm(in) | 适用接箍或接头外径/mm(in) | 最大扭矩/kN · m |
|---|---|---|---|
| Q324×8 | 323.9 (12¾) | 349.2 (13¾) | 8 |
| Q340×8 | 339.7 (13⅜) | 365.1 (14⅜) | 8 |
| Q375×8 | 374.7 (14⅜) | 400.1 (15¾) | 8 |
| Q425×8 | 425.5 (16¾) | 450.9 (17¾) | 8 |
| Q60×30 | 60.3 (2⅜) | 85.7 (3⅜) | 30 |
| Q73×30 | 73.0 (2⅞) | 104.8 (4⅛) | 30 |

3. 套管动力钳技术规格

见表 14-27。

**表 14-27　套管动力钳技术规格**

| 技术规格 | 型号 | | | | |
|---|---|---|---|---|---|
| | TQ16 | TQ16G | TQH20 | TQH20G | TQH70 |
| 适用管径/mm(in) | 52~194($2\frac{1}{16}$~$7\frac{5}{8}$) | | 102~340(4~$13\frac{3}{8}$) | | 219~609($8\frac{5}{8}$~24) |
| 最大扭矩/kN·m | 16 | 25 | 20 | 35 | 70 |
| 高挡扭矩/kN·m | ≥3 | ≥5 | ≥3.5 | ≥6 | ≥20 |
| 低挡转速/(r/min) | 8~16 | 4~16 | 6~14 | 3~14 | 4~12 |
| 高挡转速/(r/min) | 60~90 | 34~90 | 50~80 | 28~80 | 30~60 |
| 质量/kg | ≤500 | ≤550 | ≤600 | ≤650 | ≤1500 |

## (三) 卡瓦

套管卡瓦名义尺寸及最大载荷见表 14-28。

**表 14-28　套管卡瓦名义尺寸及最大载荷**

| 名义尺寸/mm(in) | 114.3<br>($4\frac{1}{2}$) | 127.0<br>(5) | 139.7<br>($5\frac{1}{2}$) | 168.3<br>($6\frac{5}{8}$) | 177.8<br>(7) | 193.7<br>($7\frac{5}{8}$) | 219.1<br>($8\frac{5}{8}$) |
|---|---|---|---|---|---|---|---|
| 最大载荷/kN | 1125，2250 | | | | | | |
| 名义尺寸/mm(in) | 244.5<br>($9\frac{5}{8}$) | 273.0<br>($10\frac{3}{4}$) | 298.4<br>($11\frac{3}{4}$) | 339.7<br>($13\frac{3}{8}$) | 406.4<br>(16) | 508.0<br>(20) | 660.4<br>(26) |
| 最大载荷/kN | 1125，2250 | | | | 1125 | | |

# 二、常用套管附件

## (一) 引鞋

引鞋分水泥引鞋、全钢引鞋和铝引鞋等，如图 14-16 所示。

1. 水泥引鞋

水泥引鞋技术参数见表 14-29。

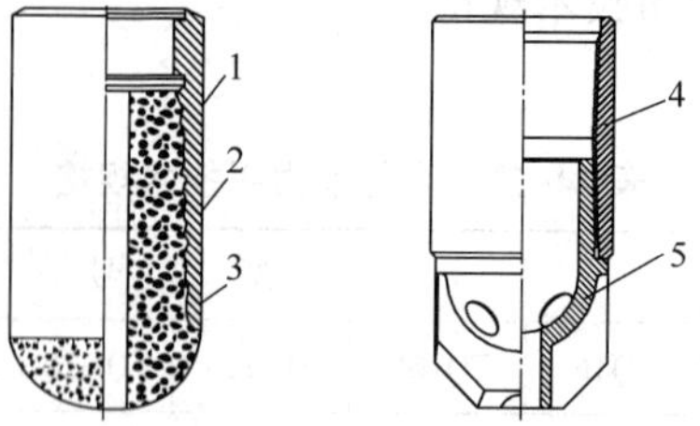


图 14-16　引鞋分类

1—本体；2—循环孔；3—水泥石；4—接箍；5—铝头

**表 14-29　水泥引鞋技术参数**　mm

| 规格 | 外径 | 循环孔直径 | 长度 |
|---|---|---|---|
| 177. 8 | 195 | 70 | 600 |
| 244. 5 | 270 | 80 | 600 |
| 273. 0 | 299 | 80 | 600 |
| 339. 7 | 365 | 90 | 600 |

2. 铝质引鞋

结构为接箍一端螺纹上连接铝质引鞋头，特点是可钻性好。铝质引鞋头有圆头和刮刀型两种类型。铝质引鞋技术参数见表 14-30。

**表 14-30　铝质引鞋技术参数**　mm

| 规格 | 88. 9 | 114 | 127 | 140 | 178 | 194 | 244 |
|---|---|---|---|---|---|---|---|
| 外径 | 114. 3 | 127 | 141 | 154 | 200 | 216 | 270 |
| 长度 | 230~500 | | | | | | |

3. 全钢引鞋

全钢引鞋结构、作用同铸铁引鞋，选用 35CrMo 以上的材质。

**(二) 浮箍、浮鞋**

1. 分类

浮箍、浮鞋按下井时钻井液的进入方式可分为自灌型和非自灌型两种类型，按其回压装置的工作方式分为浮球式、弹簧式和舌板式三种类型。其结构如图 14-17~图 14-19 所示。

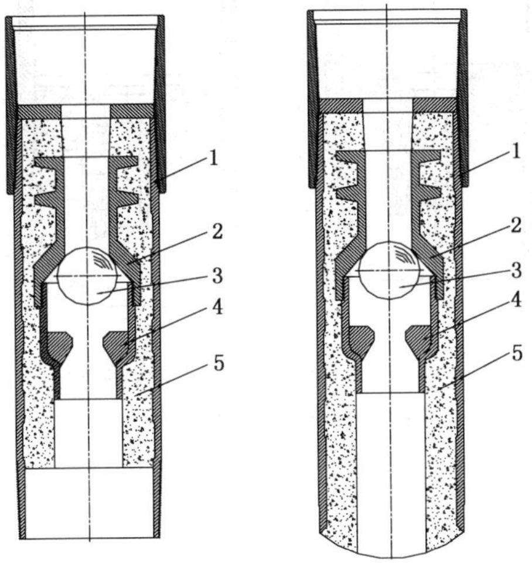


图 14-17 浮球式浮箍、浮鞋结构

1—本体；2—阀座；3—尼龙球；4—托架；5—水泥石

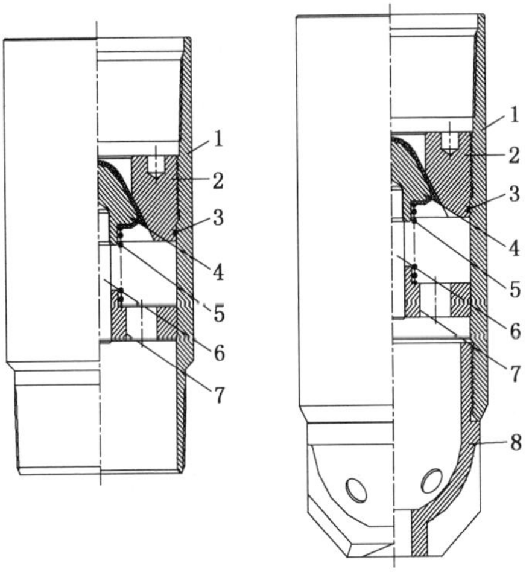


图 14-18 弹簧式浮箍、浮鞋结构

1—本体；2—阀座；3—O 形圈；4—挂胶球；5—弹簧；6—阀杆；7—下挡板；8—铝质引鞋头

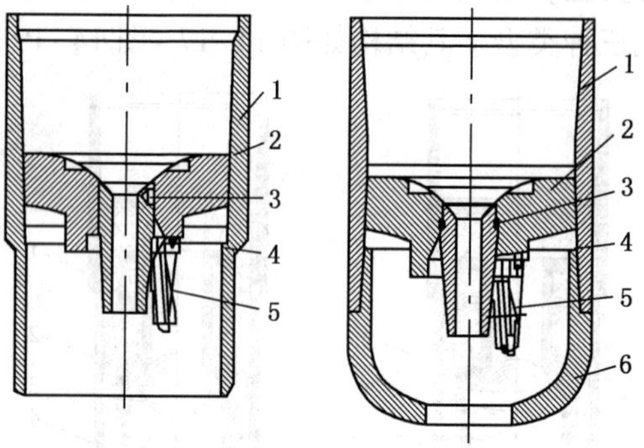


图 14-19　舌板式浮箍、浮鞋结构

1—本体；2—挡板；3—O 形圈；4—剪切管；

5—瓣阀；6—铝质引鞋头

2. 型号表示方法

浮箍、浮鞋型号表示方法如图 14-20 所示。

□ □—□ □ □

- □（第五位）—尺寸代号
- □（第四位）—工作方式代号：Q 为浮球式；T 为弹簧式；S 为舌板式
- □（第三位）—钻井液进入方式代号：Z 为自灌型；FZ 为非自灌型
- □（第二位）—压力代号
- □（第一位）—名称代号：FG 为浮箍；FX 为浮鞋

图 14-20　浮箍、浮鞋型号表示方法

例如：外径 139. 7mm(5½in)套管用 I 型弹簧自灌型浮鞋标记为：FX I-ZT140。

3. 技术规格

浮箍、浮鞋技术规格见表 14-31，浮箍、浮鞋试验压力见表 14-32。

4. 侧循环孔式浮鞋

侧循环孔式浮鞋结构如图 14-21 所示，侧循环孔式浮鞋技术规格见表 14-33。

### 表 14-31　浮箍、浮鞋技术规格　　mm

<table>
<tr><td colspan="2">规格</td><td>89</td><td>102</td><td>114</td><td>127</td><td>140</td><td>168</td><td>178</td><td>194</td><td>219</td><td>245</td><td>273</td><td>298</td><td>340</td><td>508</td></tr>
<tr><td colspan="2">外径</td><td>108</td><td>121</td><td>127</td><td>141</td><td>154</td><td>188</td><td>195</td><td>216</td><td>245</td><td>270</td><td>299</td><td>324</td><td>365</td><td>540</td></tr>
<tr><td colspan="2">内径</td><td>73</td><td>96</td><td>98</td><td>108</td><td>120</td><td>148</td><td>155</td><td>172</td><td>196</td><td>221</td><td>250</td><td>276</td><td>318</td><td>483</td></tr>
<tr><td colspan="2">循环孔径</td><td colspan="8">46~60</td><td colspan="6">60~70</td></tr>
<tr><td rowspan="2">长度</td><td>水泥填充型</td><td colspan="4">450~500</td><td colspan="4">550~600</td><td colspan="4">600~700</td><td colspan="2">600~700</td></tr>
<tr><td>非水泥填充型</td><td colspan="14">300~500</td></tr>
<tr><td colspan="2">浮球直径</td><td>45</td><td colspan="2">55</td><td colspan="2">65</td><td colspan="5">75</td><td colspan="3">85</td><td>90</td></tr>
</table>

### 表 14-32　浮箍、浮鞋试验压力

| 压力代号 | Ⅰ | Ⅱ |
|---|---|---|
| 正向承压/MPa | 20 | 25 |
| 反向承压/MPa | 30 | 35 |

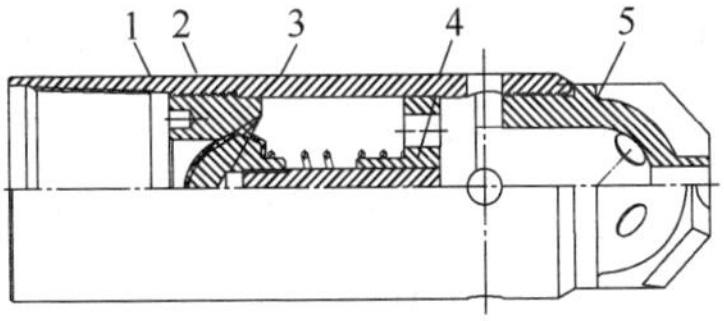


图 14-21　侧循环孔式浮鞋结构

1—本体；2—上篮；3—挂胶球；4—下篮；5—刮刀引鞋头

### 表 14-33　侧循环孔式浮鞋技术规范

<table>
<tr><td>规格</td><td>114</td><td>127</td><td>140</td><td>178</td></tr>
<tr><td>外径/mm</td><td>127</td><td>141</td><td>154</td><td>195</td></tr>
<tr><td>内径/mm</td><td>98</td><td>108</td><td>120</td><td>155</td></tr>
<tr><td>循环孔径/mm</td><td colspan="4">46~60</td></tr>
<tr><td>长度/mm</td><td colspan="4">300~500</td></tr>
<tr><td>正向承压/MPa</td><td colspan="4">35</td></tr>
<tr><td>反向承压/MPa</td><td colspan="4">28</td></tr>
</table>

5. 耐高温高压浮箍、浮鞋

耐高温高压浮箍、浮鞋适用于水平井、大斜度井、高温高压井及清水替浆时使用。弹簧式浮箍、浮鞋主要技术规格见表 14-34。

表 14-34　弹簧式浮箍、浮鞋主要技术规格

| 规格/in | 总长/mm | 最大外径/mm | 最小内径/mm | 水眼直径/mm | 正向承压/MPa | 反向承压/MPa |
|---|---|---|---|---|---|---|
| 5½ | 427 | 153.7 | 121 | 55 | 70 | 70 |
| 7 | 432 | 200.03 | 157 | 65 | 50 | 50 |

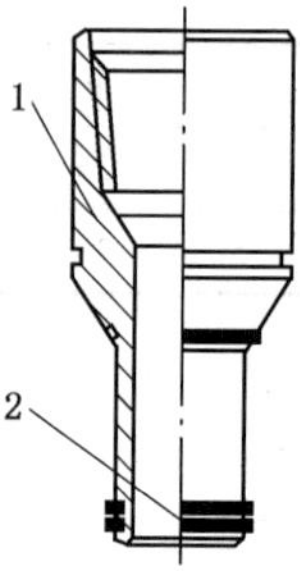


图 14-22　插头结构

1—本体；2—密封圈

## (三) 内管注水泥装置

在大直径套管内，以钻杆或油管作内管，水泥浆通过内管注入，并从套管鞋处返至环形空间的注水泥装置。它主要包括插头和插座两个部分，其结构及技术参数分别如图 14-22 和图 14-23 及表 14-35 和表 14-36 所示。

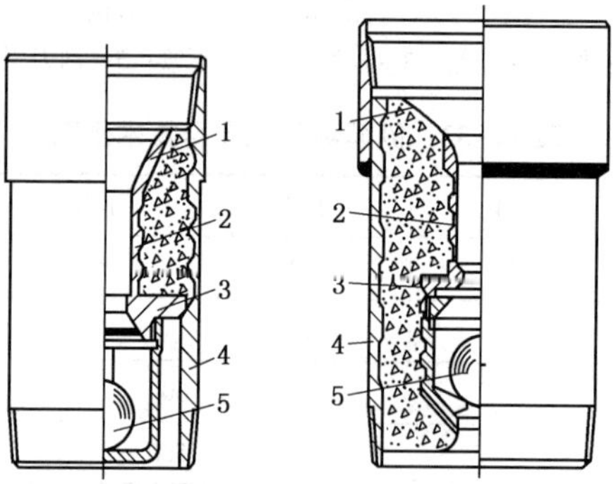


图 14-23　插座结构

1—喇叭口；2—心管；3—承环；4—本体；5—尼龙球

表 14-35　插头技术参数

| 类型 | 套管嵌装型 | 水泥浇注型 |
| --- | --- | --- |
| 总长/mm | 435 | 435 |
| 本体外径/mm | 156~165 | 156~165 |
| 配合段长度/mm | 147 | 150 |
| 配合段外径/mm | 129 | 82 |
| 正向、反向承压/MPa | >18 | >15 |

表 14-36　插座技术参数

| 类型 | 套管嵌装型 | 水泥浇注型 |
| --- | --- | --- |
| 总长/mm | 500~550 | 650~700 |
| 接箍外径 | — | 与套管接箍相同 |
| 本体外径 | — | 与套管相同 |
| 本体最小壁厚/mm | — | 7 |
| 配合段长度/mm | 150 | 160 |
| 配合段外径/mm | 129 | 82 |
| 最小过水内径/mm | 95 | 75 |
| 喇叭口内径/mm | >220 | >220 |
| 正向、反向承压/MPa | >18 | >18 |

## (四) 套管扶正器

套管扶正器分为四种：弹性套管扶正器、刚性套管扶正器、液压套管扶正器和整体式扶正器。

1. 弹性套管扶正器

弹性套管扶正器结构如图 14-24 所示，弹性套管扶正器技术参数见表 14-37。

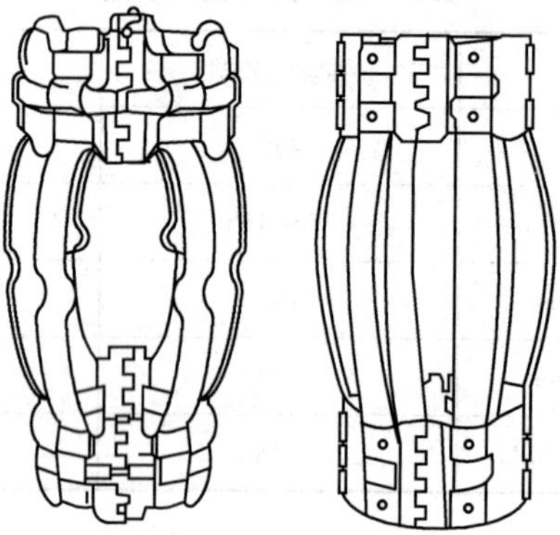

(a) 双弓套管扶正器　(b) 单弓套管扶正器

图 14-24　弹性套管扶正器结构

**表 14-37　弹性套管扶正器技术参数**

| 规格型号/mm | 套管尺寸/mm | 井眼尺寸/mm | 弹簧片最大外径/mm | 环箍内径/mm | 最大启动力/N | 最小复位力/N |
|---|---|---|---|---|---|---|
| 140×89 | 89 | 140 | 160 | 92 | ≤2200 | ≥2200 |
| 216×140 | 140 | 216 | 225 | 144 | ≤2758 | ≥2758 |
| 216×178 | 178 | 216 | 225 | 182 | ≤3690 | ≥3690 |
| 311×245 | 244 | 311 | 316 | 250 | ≤7117 | ≥7117 |
| 445×340 | 340 | 445 | 448 | 344 | ≤9250 | ≥9250 |
| 660×508 | 508 | 661 | 668 | 512 | ≤10350 | ≥10350 |

2. 刚性套管扶正器

刚性套管扶正器分为普通刚性套管扶正器和树脂螺旋套管扶正器，普通刚性套管扶正器结构如图 14-25 所示，滚轮式刚性套管扶正器结构如图 14-26 所示，刚性套管扶正器技术参数见表 14-38。

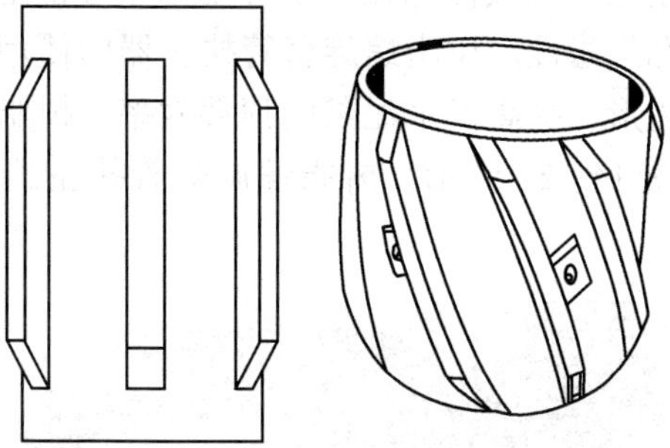

图 14-25　普通刚性套管扶正器结构

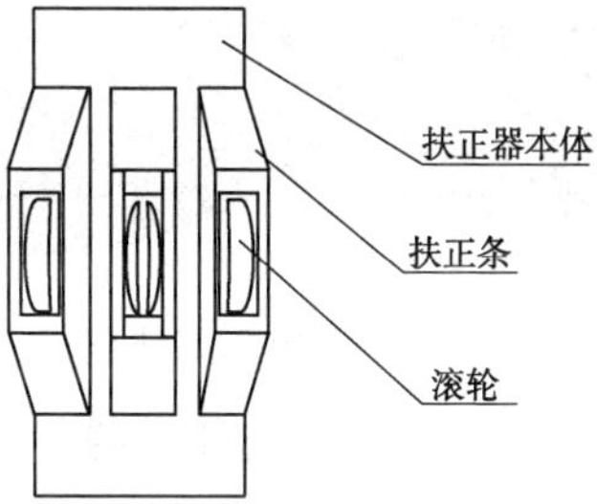


图 14-26　滚轮式刚性套管扶正器结构

**表 14-38　刚性套管扶正器技术参数**

| 规格型号/mm | 套管尺寸/mm | 井眼尺寸/mm | 环箍内径/mm | 最大外径/mm |
|---|---|---|---|---|
| 140×89 | 89 | 118 | 91 | 114 |
| 216×140 | 140 | 216 | 144 | 210 |
| 216×178 | 178 | 216 | 182 | 214 |
| 311×245 | 244 | 311 | 250 | 303 |

树脂螺旋套管扶正器是高分子材料在模具中通过高温高压一次性一体化铸造而成的，它的螺旋扶正器径的角度在 20°~30°，扶正器的定位器通过使用限位环定位，用于主力油层段，改变环空水泥浆的流型，提高水泥浆顶替效率。其主要特点是具有低摩擦力，在井下运动时摩擦力小，耐磨损，扭矩小，低

密度，坚固耐用，机械性能在-40~245℃保持稳定，具有极强的耐腐蚀性和绝缘性。树脂螺旋套管扶正器的使用有效地改变了水泥浆的流形，提高了水泥浆的顶替效率。树脂螺旋套管扶正器结构如图 14-27 所示，树脂螺旋套管扶正器技术参数见表 14-39。

图 14-27　树脂螺旋套管扶正器结构

**表 14-39　树脂螺旋套管扶正器技术参数**

| 产品型号 | 井眼/mm | 内径/mm | 外径/mm | 高度/mm |
|---|---|---|---|---|
| 114. 3×152 | 152 | 117 | 145 | 250 |
| 140×215. 9 | 215. 9 | 143 | 210 | 250 |
| 168×206. 4 | 206. 4 | 171 | 198 | 250 |
| 177. 8×215. 9 | 215. 9 | 181 | 210 | 250 |
| 177. 8×241 | 241 | 181 | 234 | 250 |
| 244. 5×311 | 311 | 248 | 304 | 270 |
| 339. 7×445 | 445 | 343 | 436 | 270 |

3. 液压套管扶正器

常规套管扶正器由于外径大，在水平井、大斜度井及特殊地层井中刮划井壁，下入困难；普通刚性套管扶正器因外径比井眼小而不能使套管完全居中。液压套管扶正器入井时外径比常规套管扶正器外径小，在井下膨胀后外径非常大，使得套管下入容易、居中度更高。

如图14-28所示，液压套管扶正器由液缸、活塞、扶正片、止退机构和上、下连接螺纹等组成。按常规套管扶正器设计方法设计液压套管扶正器在套管柱上安装的位置和数量，对于水平井段重点考虑套管自身的挠度，推荐每两根套管安装一支液压套管扶正器。液压膨胀式套管扶正器与套管串连接入井后，利用套管内打压的方式使其膨胀并与井壁紧密接触，达到水平段套管居中的目的。液压套管扶正器技术参数见表14-40。

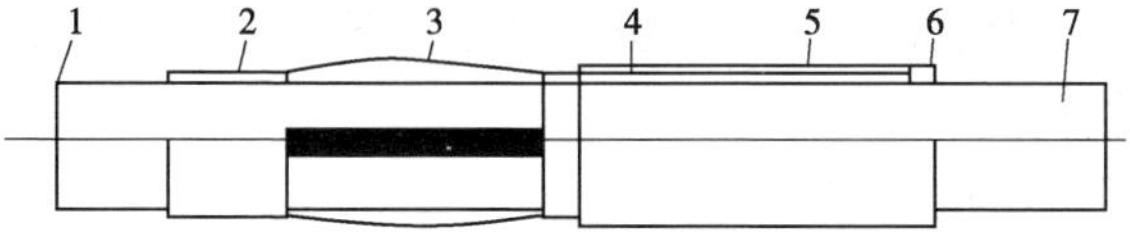


图14-28　液压套管扶正器结构

1—下连接螺纹；2—挡箍；3—扶正片；4—活塞；5—液缸；6—液缸进液孔；7—上连接螺纹

**表14-40　液压套管扶正器技术参数**

| 型号 | 套管/mm | 外径/mm | 内径/mm | 胀开最大外径/mm | 适用井径/mm |
|---|---|---|---|---|---|
| 140 | 139.7 | 182 | 121.3 | 385 | 216~300 |
| 178 | 177.8 | 210 | 157.3 | 420 | 240~350 |

4. 整体式扶正器

普通弹性套管扶正器整体强度较低，因此在裸眼段较长或深井中采用整体强度更高的整体式扶正器，其结构如图14-29所示。整体式扶正器采用一体成型工艺，无分离或焊接部件，具有本体强度高、无应力薄弱点、可靠性高等特点，其技术参数见表14-41。

图14-29　整体式扶正器结构

**表 14-41 整体式扶正器技术参数**

| 规格(钻头×套管)/mm | 高度/mm | 外径/mm | 内径/mm | 接箍外径/mm | 扶正片数 |
|---|---|---|---|---|---|
| 216×140 | ≥420 | 216±3 | 142±3 | 153±2 | 5/6 |
| 216×178 | ≥350 | 216±3 | 182±3 | 193±2 | 5/6 |
| 241×178 | ≥350 | 240±3 | 182±3 | 193±2 | 5/6 |
| 311×245 | ≥420 | 320±3 | 248±3 | 260±2 | 5/6 |

**(五) 水泥伞**

水泥伞为装在套管上，防止水泥浆下沉的隔离装置。

1. 结构

水泥伞结构如图 14-30 所示。

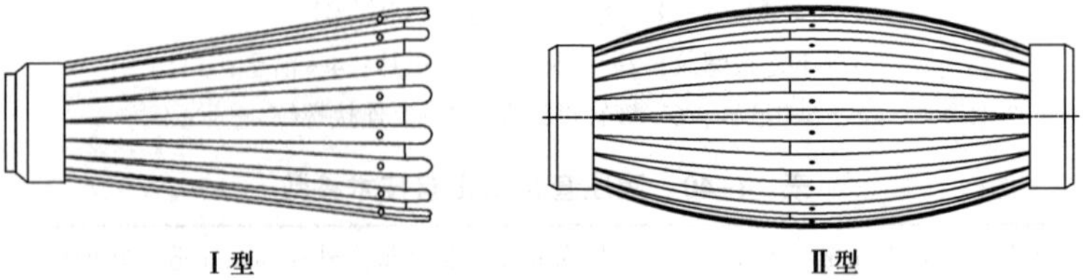


图 14-30 水泥伞结构

2. 技术参数

水泥伞技术参数见表 14-42。

**表 14-42 水泥伞技术参数**

| 规格/mm | 长度/mm | | 通径/mm | 外径/mm | 推荐井眼尺寸/mm | |
|---|---|---|---|---|---|---|
| | Ⅰ型 | Ⅱ型 | | | 最小 | 最大 |
| 114 | 435 | 495 | 117 | 200 | 194 | 267 |
| 127 | 435 | 495 | 130 | 155 | 194 | 267 |
| 139.7 | 435 | 495 | 143 | 168 | 200 | 279 |
| 177.8 | 435 | 600 | 181 | 206 | 229 | 318 |
| 244.5 | 435 | 870 | 248 | 273 | 305 | 381 |

续表

| 规格/mm | 长度/mm | | 通径/mm | 外径/mm | 推荐井眼尺寸/mm | |
|---|---|---|---|---|---|---|
| | Ⅰ型 | Ⅱ型 | | | 最小 | 最大 |
| 279 | 435 | 870 | 276 | 301 | 337 | 413 |
| 339.7 | 435 | 870 | 343 | 368 | 406 | 479 |
| 508 | 435 | 870 | 511 | 536 | 574 | 648 |

### (六) 尾管悬挂器

尾管悬挂器为将尾管悬挂在上一层套管柱底部进行注水泥作业的特殊装置。尾管悬挂器按作用方式不同可分为卡瓦式尾管悬挂器(内嵌式、非内嵌式)和膨胀式尾管悬挂器，其中卡瓦式尾管悬挂器按作用方式不同又分为液压式尾管悬挂器、机械式尾管悬挂器和机械-液压双作用式尾管悬挂器三类，其主要技术参数见表 14-43。按功能类型不同可分为常规式尾管悬挂器、平衡液缸式尾管悬挂器、牵制式尾管悬挂器、封隔式尾管悬挂器和旋转式尾管悬挂器等。

1. 机械式尾管悬挂器工作原理

机械式尾管悬挂器按结构类型不同可分为轨道式与 J 形槽式两种类型，如图 14-31 和图 14-32 所示。

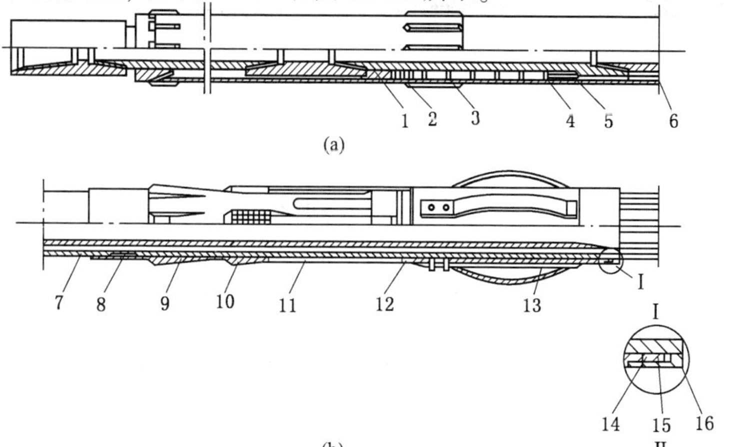


图 14-31　轨道式机械尾管悬挂器结构

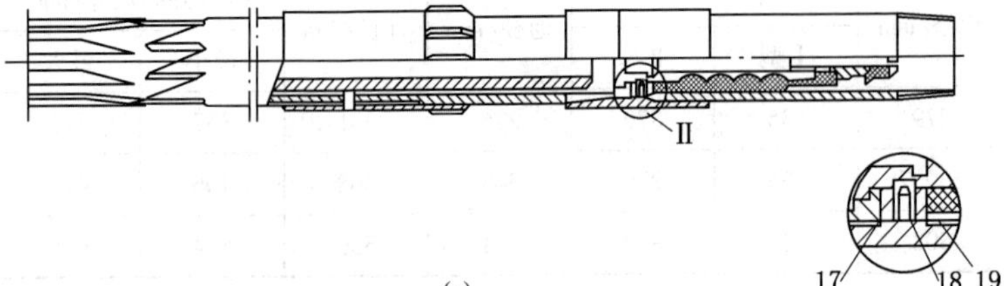


(c)

图 14-31　轨道式机械尾管悬挂器结构(续)

1—调节环；2—轴承；3—弹簧；4—反扣螺套；5—花键轴；6—中心管；7—反扣接头；8—密封套；9—锥套；10—卡瓦；11—推杆；12—卡箍；13—滑套；14—转环帽；15—导向销钉；16—转环；17—剪销座；18—销钉；19—空心胶塞

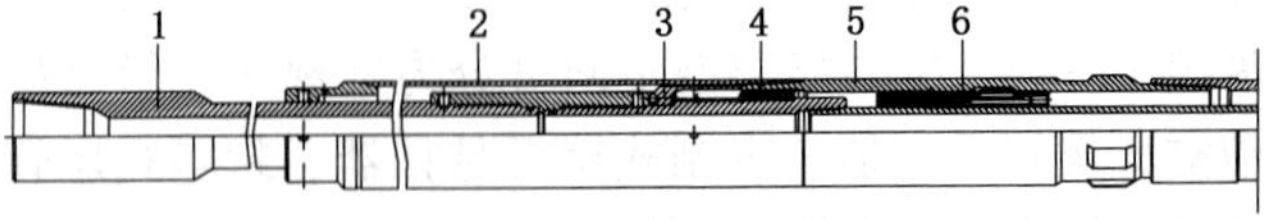


(a)

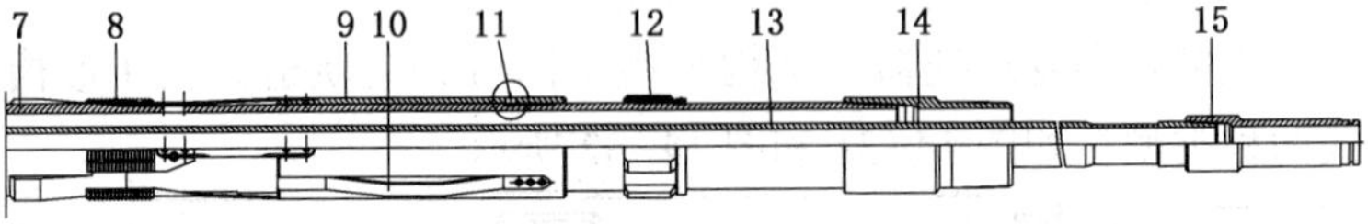


(b)

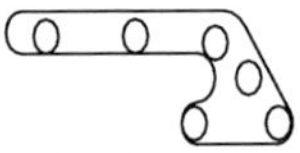

J形槽示意图

图 14-32　J 形槽式机械尾管悬挂器

1—提升短节；2—回接筒；3—载荷支撑套；4—反扣螺套；5—密封套；6—补心；7—本体；8—卡瓦；9—转环套；10—弹簧弓；11—导向销钉；12—扶正环；13—中心管；14—接头；15—连接管

**表 14-43 尾管悬挂器主要技术参数**

| 规格型号/in | 额定负荷/kN | 作用方式 | 倒扣方式 | 中心管密封方式 | 耐温性能/℃ | 耐压性能/MPa | 卡瓦排数及片数 | | 回接筒内径/mm |
|---|---|---|---|---|---|---|---|---|---|
| | | | | | | | 排 | 片数 | |
| 7×5 Ⅱ 型 | 300 | 机械式 | 严格找中和点 | 铝密封套 | 200 | 15 | 1 | 4 | |
| 7×5 Ⅱ A 型 | 300 | 机械式 | 加压倒扣，无须严格找中和点 | | 200 | 15 | 1 | 4 | 130.75 |
| 7×5 Ⅰ B 型 | 300 | 液压式 | | 可提出金属密封套 | 200 | 15 | 1 | 4 | 130.75 |
| $9\frac{5}{8}$×7 Ⅰ 型 | 600 | 液压式 | 严格找中和点 | 双杯型橡胶堵塞器，可提出 | 120 | 15 | 1 | 4 | |
| $9\frac{5}{8}$×7 Ⅰ A 型 | 1200 | 机械式 | 加压倒扣，无须严格找中和点 | 铝密封套 | 200 | 20 | 2 | 6 | 187.33 |
| $9\frac{5}{8}$×7 Ⅱ A 型 | 1200 | 液压式 | | | 200 | 20 | 2 | 6 | 187.33 |
| $9\frac{5}{8}$×$5\frac{1}{2}$ Ⅰ 型 | 600 | 液压式 | 严格找中和点 | 双杯型橡胶堵塞器，可提出 | 120 | 15 | 1 | 4 | |
| $9\frac{5}{8}$×$5\frac{1}{2}$ Ⅰ A 型 | 1200 | 液压式 | 加压倒扣，无须严格找中和点 | 铝密封套 | 200 | 20 | 2 | 6 | 187.33 |
| $9\frac{5}{8}$×$5\frac{1}{2}$ Ⅱ A 型 | 1200 | 机械式 | | | 200 | 20 | 2 | 6 | 187.33 |
| $8\frac{5}{8}$×$5\frac{1}{2}$ Ⅱ A 型 | 400 | 机械式 | | | 200 | 20 | 1 | 4 | 162.00 |
| JY$9\frac{5}{8}$×7($5\frac{1}{2}$) | 1200 | 双作用 | | | 200 | 20 | 2 | 6 | 187.33 |

2. 液压式尾管悬挂器工作原理

液压式尾管悬挂器按结构不同可分为单缸单锥、单缸双锥、双缸双锥和封隔式。液压式尾管悬挂器和封隔式尾管悬挂器结构如图 14-33 和图 14-34 所示。液压式尾管悬挂器主要技术参数见表 14-44。

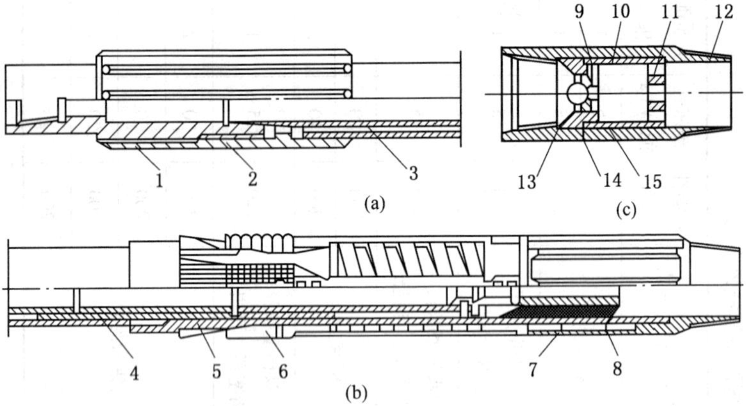


图 14-33　液压式尾管悬挂器结构

1—送入反螺纹接头；2—回接筒；3—中心管；4—密封环；5—锥体；6—卡瓦；7—液缸；8—空心塞；9—剪销；10—衬套；11—孔板；12—短节；13—球；14—胶塞座；15—球座

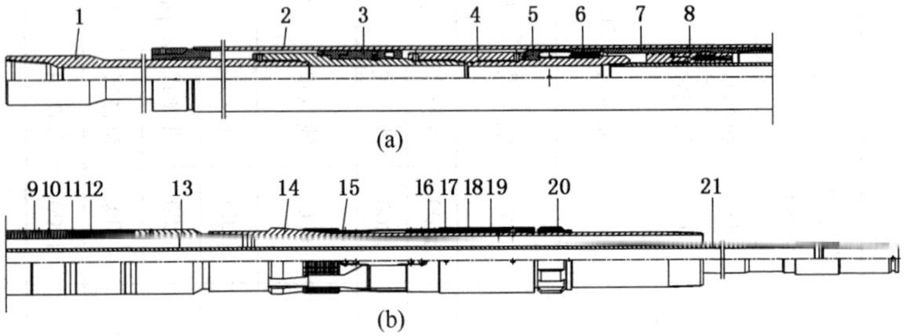


图 14-34　封隔式尾管悬挂器结构

1—提升短节；2—回接筒；3—胀封挡块；4—接头；5—载荷支撑套；6—反扣螺套；7—密封套；8—补心；9—推环；10—锁块；11—背圈；12—胶筒；13—下接头；14—本体 15—卡瓦；16—卡瓦推套；17—液缸；18—活塞；19—剪切销钉；20—扶正套；21—中心管

**表 14-44 液压式尾管悬挂器主要技术参数**

<table>
<tr><th colspan="14">悬挂器主要尺寸和主要性能参数</th></tr>
<tr><th>型 号</th><th>上层套管公称直径/mm</th><th>尾管公称尺寸/mm</th><th>最大外径/mm</th><th>最小内径/mm</th><th>额定负荷/kN</th><th>送入工具螺纹</th><th>密封能力/MPa</th><th>液缸剪钉剪切压力/MPa</th><th>液缸剪钉与球座剪钉剪切压力差/MPa</th><th>尾管胶塞剪钉剪切压力/MPa</th><th>复合胶塞承受回压能力/MPa</th><th>回接筒有效密封长度/mm</th><th>封隔器坐挂力/kN</th><th>封隔器坐封后密封能力/MPa</th></tr>
<tr><td>XG 140×89</td><td>140</td><td>89</td><td>117</td><td>76</td><td>300</td><td rowspan="2">NC31</td><td rowspan="10">≥25</td><td rowspan="10">5~10</td><td rowspan="10">8~10</td><td rowspan="10">4~12</td><td rowspan="10">≥10</td><td rowspan="2">≥500</td><td rowspan="2">30~100</td><td rowspan="10">≥25</td></tr>
<tr><td>XG 140×102</td><td>140</td><td>102</td><td>117</td><td>76</td><td>300</td></tr>
<tr><td>XG 178×114</td><td>178</td><td>114</td><td>152</td><td>99.6</td><td>500</td><td rowspan="3">NC38</td><td rowspan="8">≥1000</td><td rowspan="3">50~200</td></tr>
<tr><td>XG 178×127</td><td>178</td><td>127</td><td>152</td><td>108.6</td><td>500</td></tr>
<tr><td>XG 194×127</td><td>194</td><td>127</td><td>166</td><td>108.6</td><td>600</td></tr>
<tr><td>XG 194×140</td><td>194</td><td>140</td><td>166</td><td>121.4</td><td>900</td><td rowspan="5">NC50</td><td rowspan="5">100~300</td></tr>
<tr><td>XG 219×127</td><td>219</td><td>127</td><td>192</td><td>108.6</td><td>900</td></tr>
<tr><td>XG 219×140</td><td>219</td><td>140</td><td>192</td><td>121.4</td><td>900</td></tr>
<tr><td>XG 245×140</td><td>245</td><td>140</td><td>215</td><td>121.4</td><td>1200</td></tr>
<tr><td>XG 245×178</td><td>245</td><td>178</td><td>215</td><td>155</td><td>1200</td></tr>
</table>

续表

| 悬挂器主要尺寸和主要性能参数 | | | | | | | | | | | | | | |
|---|---|---|---|---|---|---|---|---|---|---|---|---|---|---|
| 型 号 | 上层套管公称直径/mm | 尾管公称尺寸/mm | 最大外径/mm | 最小内径/mm | 额定负荷/kN | 送入工具螺纹 | 密封能力/MPa | 液缸剪钉剪切压力/MPa | 液缸剪钉与球座剪钉剪切压力差/MPa | 尾管胶塞剪钉剪切压力/MPa | 复合胶塞承受回压能力/MPa | 回接筒有效密封长度/mm | 封隔器坐挂力/kN | 封隔器坐封后密封能力/MPa |
| XG 245×194 | 245 | 194 | 245 | 171.8 | 1200 | | | | | | | | | |
| XG 273×194 | 273 | 194 | 245 | 171.8 | 1800 | | | | | | | | 100~300 | |
| XG 273×178 | 273 | 178 | 245 | 155 | 1800 | | | | | | | | | |
| XG 340×245 | 340 | 245 | 308 | 220.5 | 2400 | NC50 | ≥25 | 5~10 | 8~10 | 4~12 | ≥10 | ≥1000 | | ≥25 |
| XG 340×273 | 340 | 273 | 308 | 248 | 2400 | | | | | | | | | |
| XG 508×340 | 508 | 340 | 460<br>470 | 313 | 2400 | | | | | | | | 150~350 | |
| XG 508×406 | 508 | 406 | 460<br>470 | 348 | 2400 | | | | | | | | | |

3. 膨胀式尾管悬挂器工作原理

膨胀式尾管悬挂器通过液压实现外筒膨胀和橡胶挤压密封完成尾管悬挂和密封。膨胀式尾管悬挂器结构如图 14-35 所示。膨胀式尾管悬挂器主要技术参数见表 14-45。

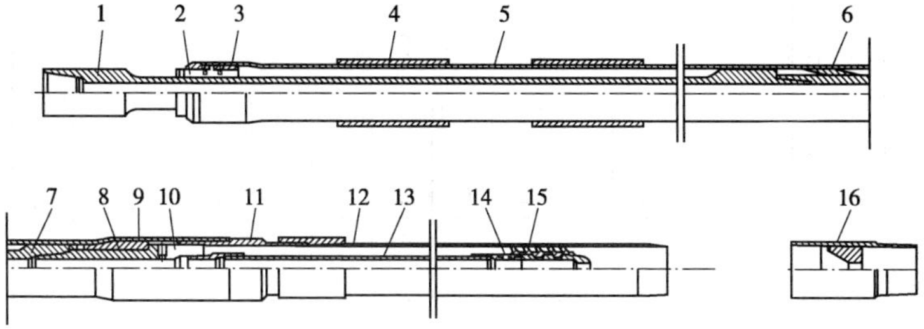


图 14-35　膨胀式尾管悬挂器结构

1—提升短节；2—喇叭口挡块；3—膨胀喇叭口；4—密封胶筒；5—膨胀外筒；6—挡泥器；7—固定关节；8—膨胀锥；9—膨胀启动器；10—倒扣接头；11—变扣接头；12—套管短节；13—胶塞导管；14—剪切座；15—空心胶塞；16—球座

4. 平衡液缸式尾管悬挂器工作原理

平衡液缸式尾管悬挂器具有镜像对称的两组液缸，球座胶塞安装在两液缸传压孔之间，其结构如图 14-36 所示。在没有投球时，两组液缸所产生的压力大小相等、方向相反，因此无论管柱内的压力多大，都不会造成悬挂器提前坐挂。当球到达球座后憋压，压力通过悬挂器本体上的传压孔传到液缸内，当压力达到 9~10MPa 时，剪断液缸剪钉，液缸推动卡瓦支撑套并带动卡瓦沿锥套斜面上行，卡瓦胀开，楔入悬挂器锥体和上层套管之间的环状间隙中实现坐挂。

5. 牵制式尾管悬挂器工作原理

在尾管悬重较小时，在悬挂器下安装牵制短节，能解决由于轻尾管带来的丢手判断困难问题。牵制短节的锁定方式为液压式，其连接在悬挂器的下方，可与非旋转式液压尾管悬挂器配套使用，如图 14-37 所示。现场作业时，先投球，待憋压球到达球座后，憋压至坐挂压力，坐挂悬挂器。待确定悬挂器坐

**表 14-45 膨胀式尾管悬挂器主要技术参数**

| 型号 | 上层套管公称直径/mm | 上层套管壁厚/mm | 膨胀前本体外径/mm | 膨胀前最大外径/mm | 膨胀后内径/mm | 剪钉剪切压力/MPa | 密封能力/MPa |
|---|---|---|---|---|---|---|---|
| PZXG-140×114 | 140 | 7.72/9.17 | 102 | 114 | 101 | 10~15 | 55 |
| PZXG-178×140 | 178 | 12.65 | 133 | 144 | 128 | | 45 |
| | | 11.51 | 133 | 146 | 130 | | |
| | | 10.36 | 140 | 150 | 134 | | |
| | | 9.19 | 140 | 152 | 136 | | |
| | | 8.05 | 140 | 152 | 137 | | |
| PZXG-194×152 | 194 | 15.88 | 140 | 152 | 137 | | 40 |
| | | 15.11 | | 153 | 138 | | |
| | | 14.27 | | 155 | 140 | | |
| | | 12.65 | 146 | 160 | 144 | | |
| | | 10.92 | | 162 | 147 | | |
| | | 9.53 | | 164 | 148 | | |
| | | 8.33/7.62 | | 166 | 150 | | |

续表

| 型号 | 上层套管公称直径/mm | 上层套管壁厚/mm | 膨胀前本体外径/mm | 膨胀前最大外径/mm | 膨胀后内径/mm | 剪钉剪切压力/MPa | 密封能力/MPa |
|---|---|---|---|---|---|---|---|
| PZXG-245×194 | 245 | 20. 24 | 178 | 194 | 175 | 10~15 | 35 |
| | | 18. 64 | 178 | 196 | 178 | | |
| | | 17. 07 | 178 | 198 | 180 | | |
| | | 15. 47/15. 11 | 178 | 202 | 183 | | |
| | | 13. 84 | 194 | 217 | 186 | | |
| | | 11. 99 | | | | | |
| | | 11. 05/10. 03 | 194 | 212 | 191 | | |
| | | 8. 94 | 194 | 215 | 194 | | |
| PZXG-273×194 | 273 | 13. 84 | 219 | 235 | 215 | | 32 |
| | | 11. 43 | 219 | 238 | 218 | | |
| PZXG-340×273 | 340 | 9. 65 | 273 | 306 | 282 | | 30 |

挂成功后，下压钻具 50～100kN，继续憋压剪断牵制短节液缸上的剪钉，稳压 2～3min，液缸推动整片卡瓦沿锥套上的斜面下行，卡瓦胀开，牵制短节锁定，实现限制悬挂器及整个尾管串上行的功能。继续憋压至球座剪钉压力，憋通球座，建立循环。在悬挂器处下压 50～100kN 钻具载荷进行正转倒扣操作，完成丢手。

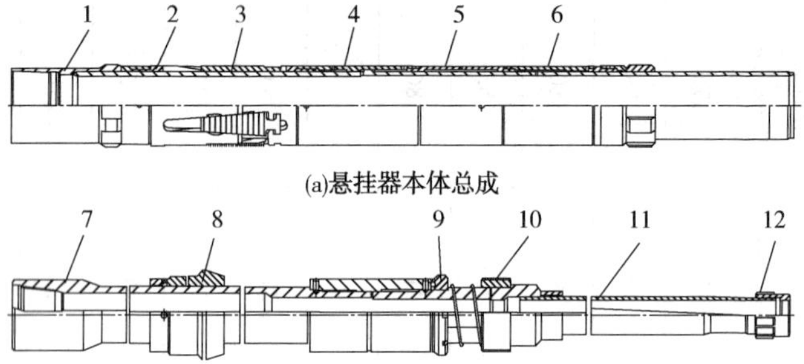


(a)悬挂器本体总成

(b)送入工具总成

图 14-36　平衡液缸式尾管悬挂器结构

1—上接头；2—锥套；3—卡瓦；4—上液缸；5—连接体；6—下液缸；7—提拉管；8—塞帽；9—载荷支撑盘；10—倒扣螺母；11—中心管；12—接箍

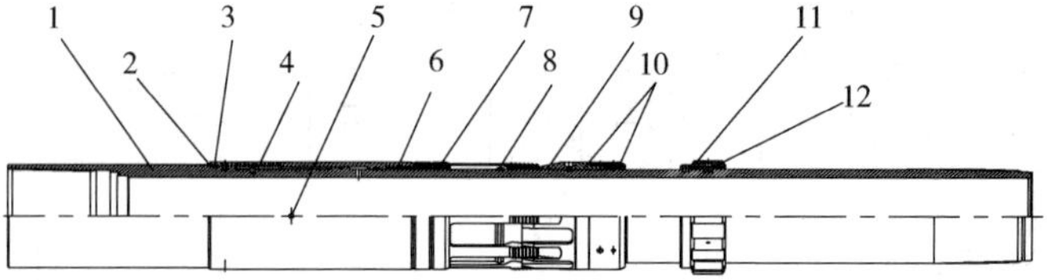


图 14-37　牵制短节总成

1—本体；2—液缸；3—锁定剪钉；4—卡簧；5—导向螺钉；6—调整环；7—卡瓦；8—卡环Ⅰ；9—锥套；10—解锁机构；11—扶正环；12—卡环Ⅱ

若牵制短节提前锁定，则上提送入工具，上提载荷超过 30t（可调）时，解锁剪钉剪断，解锁机构下行至扶正环处，此时卡瓦与锥套分离，牵制短节解锁。

6. 封隔式尾管悬挂器工作原理

封隔式尾管悬挂器采用液压坐挂悬挂器、机械坐封封隔器方式。使用时，配合专用的送入工具，将尾管封隔悬挂器及尾管下至井内设计深度。投球，当球到达球座后憋压，压力通过悬挂器本体上的传压孔传到液缸内，压力推动活塞上行，剪断液缸剪钉，再推动推杆支撑套，并带动卡瓦上行，卡瓦沿锥面胀开，楔入悬挂器锥体和上层套管之间的环状间隙中，当钻具下放时，尾管重量被支撑在上层套管上，如图 14-38 所示。继续打压，憋通球座，建立正常循环。倒扣及固井作业完成后，缓慢上提送入工具，当胀封挡块提出回接筒后，胀封挡块在弹簧作用下胀开，下放钻具，胀封挡块压在回接筒上。继续下放钻具，钻具重量通过胀封挡块传至回接筒，再传至锁紧滑套，剪断销钉后挤压封隔器胶筒，封隔器胶筒在外力下挤压变形，将封隔器本体与套管之间的环状间隙封隔住，锁紧滑套实现自锁，如图 14-39 和图 14-40 所示。

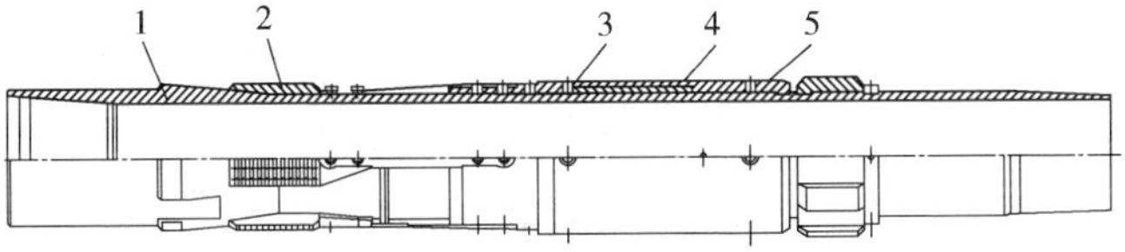


图 14-38　悬挂器本体总成

1—锥体；2—卡瓦；3—剪钉；4—活塞；5—液缸

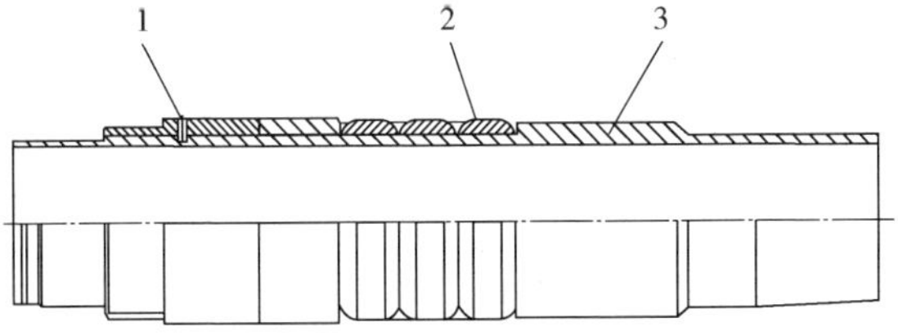


图 14-39　封隔器总成

1—座封剪钉；2—封隔器胶筒；3—封隔器本体

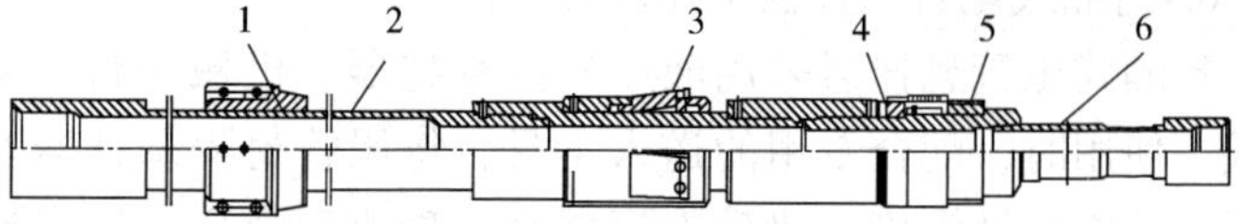


图 14-40　送入工具总成

1—塞帽；2—提拉管；3—坐封挡块；4—轴承；5—倒扣螺母；6—中心管

7. 旋转式尾管悬挂器工作原理

旋转式尾管悬挂器采用投球憋压的方式实现坐挂，配合专门的送入工具与高载荷推力轴承，可以在下井及固井过程中旋转尾管，从而保证尾管顺利下到位和提高固井质量。使用时，通过送入钻具将尾管悬挂器及尾管下至井内设计深度。旋转式尾管悬挂器结构如图 14-41 所示。

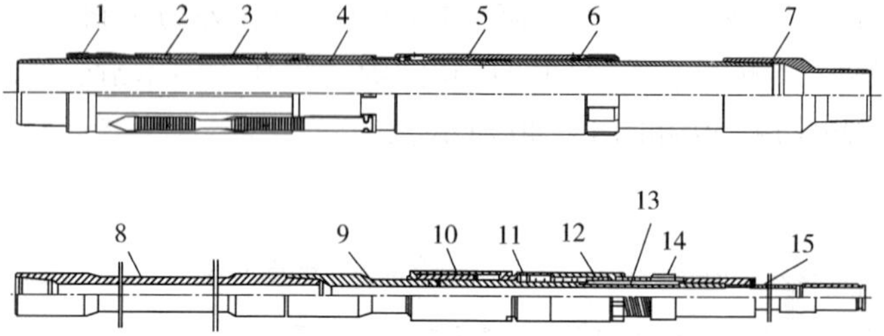


图 14-41　旋转式尾管悬挂器结构

1—轴承；2—卡瓦；3—锥体；4—本体；5—液缸；6—剪切销钉；
7—接头；8—提升短节；9—倒扣心轴；10，11—轴承；
12—扭矩套；13—平键；14—倒扣螺套；15—中心管

**（七）分级注水泥器（分级箍）**

为实现双级或多级注水泥作业而在套管柱的预定位置上安装的一种特殊装置，称为分级注水泥器（分级箍）。分级注水泥器按打开方式是否投胶塞可分为重力式（机械式）分级注水泥器和液压式（压差式）分级注水泥器。

1. 结构

分级注水泥器主要由本体、打开套、关闭套、承托环、一级塞、重力塞、关闭塞等组成，其结构如图 14-42 和图 14-43 所示。

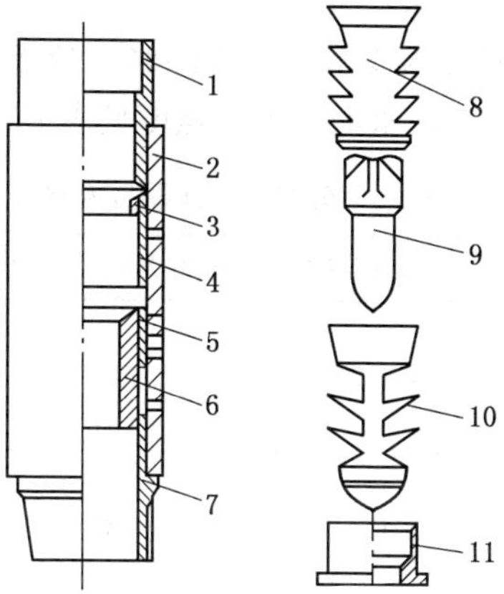


图 14-42　重力式(机械式)分级注水泥器及附件结构

1—上接头；2—本体；3—关闭套铝座；4—关闭套；5—打开套；6—打开套铝座；7—下接头；8—关闭塞；9—重力塞；10—下胶塞；11—承托环

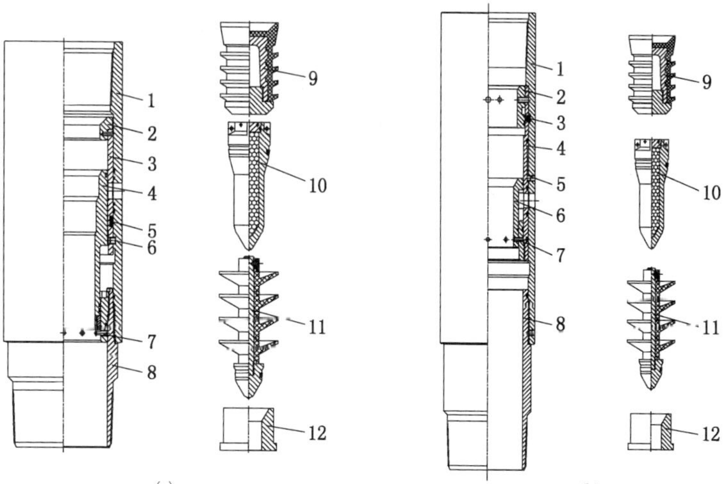


(a)

1—本体；2—关闭套支撑座；3—关闭套；4—打开套；5—卡簧；6—关闭套销钉；7—打开套销钉；8—下接头；9—关闭塞；10—重力塞；11—一级塞；12—承托环

(b)

1—本体；2—关闭套支撑座；3—锁块；4—关闭套；5—关闭套销钉；6—打开套；7—打开套销钉；8—下接头；9—关闭塞；10—重力塞；11—一级塞；12—承托环

图 14-43　液压式(压差式)分级注水泥器及附件结构

2. 技术参数

分级注水泥器技术参数见表 14-46、分级注水泥器胶塞长度见表 14-47，分级注水泥器本体强度见表 14-48。

**表 14-46　分级注水泥器技术参数**　　mm

| 型号规格 | 最大外径(*D*) | 不可钻最小通径(*d*) | 总长 |
|---|---|---|---|
| YFZ89<br>CFZ89 | ≤112 | ≥79 | ≤580 |
| YFZ102<br>CFZ102 | ≤126 | ≥87 | ≤780 |
| YFZ114<br>CFZ114 | ≤136 | ≥97 | ≤980 |
| YFZ127<br>CFZ127 | ≤152 | ≥109 | ≤1100 |
| YFZ140<br>CFZ140 | ≤180 | ≥119 | ≤1100 |
| YFZ178<br>CFZ178 | ≤210 | ≥154 | ≤1200 |
| YFZ244<br>CFZ244 | ≤290 | ≥220 | ≤1300 |
| YFZ273<br>CFZ273 | ≤310 | ≥248 | ≤1300 |
| YFZ340<br>CFZ340 | ≤390 | ≥317 | ≤1300 |

注：YFZ 为机械式分级注水泥器，CFZ 为压差式分级注水泥器。

表 14-47　分级注水泥器胶塞长度　mm

| 型号规格 | 挠性塞 | 重力式打开塞 | 顶替式打开塞 | 关闭塞 |
|---|---|---|---|---|
| YFZ89 | ≤300 | ≤300 | ≤350 | ≤300 |
| CFZ89 | ≤300 | - | - | ≤300 |
| YFZ102 | ≤300 | ≤300 | ≤350 | ≤300 |
| CFZ102 | ≤300 | - | - | ≤300 |
| YFZ114 | ≤350 | ≤350 | ≤350 | ≤300 |
| CFZ114 | ≤350 | - | - | ≤300 |
| YFZ127 | ≤400 | ≤350 | ≤400 | ≤320 |
| CFZ127 | ≤400 | - | - | ≤320 |
| YFZ140 | ≤450 | ≤350 | ≤450 | ≤340 |
| CFZ140 | ≤450 | - | - | ≤340 |
| YFZ178 | ≤450 | ≤400 | ≤450 | ≤360 |
| CFZ178 | ≤450 | - | - | ≤360 |
| YFZ244 | ≤550 | ≤450 | ≤550 | ≤380 |
| CFZ244 | ≤550 | - | - | ≤380 |
| YFZ273 | ≤650 | ≤500 | ≤650 | ≤380 |
| CFZ273 | ≤650 | - | - | ≤380 |
| YFZ340 | ≤750 | ≤500 | ≤750 | ≤400 |
| CFZ340 | ≤750 | - | - | ≤400 |

注：用于非连续式注水泥作业的胶塞式(机械式)分级注水泥器使用重力式打开塞；用于连续式注水泥作业的胶塞式(机械式)分级注水泥器使用顶替式打开塞。

表 14-48　分级注水泥器本体强度

| 规格/mm | 抗内压强度/MPa | 抗外挤强度/MPa | 螺纹最小抗拉负荷/MN | 危险截面抗拉负荷/MN |
|---|---|---|---|---|
| 89 | 71 | 64 | | 1.1 |
| 102 | 56 | 43 | | 1.2 |

续表

| 规格/mm | 抗内压强度/MPa | 抗外挤强度/MPa | 螺纹最小抗拉负荷/MN | 危险截面抗拉负荷/MN |
|---|---|---|---|---|
| 114 | 63 | 53 | | 1.2 |
| 127 | 71 | 73 | 1.79 | 1.7 |
| 140 | 65 | 62 | 1.9 | 2.1 |
| 178 | 63 | 60 | 3 | 3.3 |
| 245 | 45 | 27 | 3.7 | 4.5 |
| 273 | 41 | 24 | | 4.8 |
| 340 | 37.8 | 18.7 | 4.7 | 5.1 |

**(八) 套管外封隔器**

根据工作原理的不同，固井用套管外封隔器可分为水力胀封式套管外封隔器和自膨胀式套管外封隔器两大类。

1. 水力胀封式套管外封隔器

水力胀封式套管外封隔器接在套管柱上，在固井碰压之后能使套管与裸眼环空形成永久性桥堵的装置。

1）结构

水力胀封式套管外封隔器主要由橡胶筒、中心筒、密封环、阀箍等组成，其结构如图 14-44 所示。橡胶筒是由内胶筒和硫化在骨架上的外胶筒组成的，是一种可承受高压的可膨胀的密封元件，外胶筒两端由软金属叠加成加强层，以提高胶筒的承受压力，中心筒为一段短套管，可与套管连接；阀箍由 2 支断开杆和 3 个并列串联的控制阀组成，这组控制阀分别是锁紧阀、单流阀和限压阀，在施工中这组控制阀可以准确控制套管外封隔器坐封，不必为封隔器提前坐封和坐封压力过大胀破胶筒而担心。同时，阀箍中还设有滤网装置，可防止钻井液中的颗粒物进入通道堵塞阀孔。

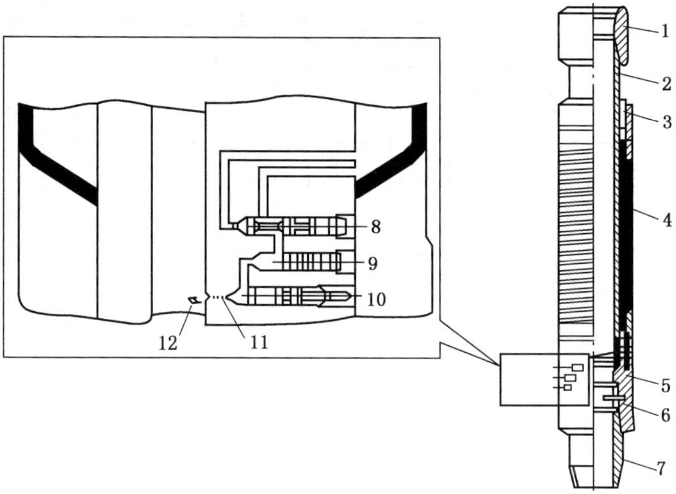


图 14-44　水力胀封式套管外封隔器结构

1—接箍；2—中心管；3—密封圈；4—胶筒；5—阀箍；6—断开杆；7—短节；8—限压阀；9—单流阀；10—锁紧阀；11—滤网；12—断开杆

2）工作原理

水力胀封式套管外封隔器是根据帕斯卡流体原理设计的。当封隔器内部达到一定压力后，将引起封隔器外径的增加，并实现与井壁间的密封作用。

3）技术参数

水力胀封式套管外封隔器技术参数见表 14-49。

4）使用要求

(1) 准备工作：

搬运封隔器时，应轻抬慢放，摆放牢靠，避免撞坏。在现场应置于有垫杠的平坦地面上。下井使用前，检查螺纹和胶筒是否完好，管内 2 支断开杆是否俱在，中心管应无堵塞物。3 只控制阀是否齐全、上紧，锁紧阀和限压阀是否穿好，应无损伤。校核封隔器铭牌标注压力是否与现场使用压力相符。将两端螺纹洗净，涂抹好螺纹密封脂。封隔器应在地面上与套管连

**表 14-49　水力胀封式套管外封隔器技术参数**

| 尺寸/mm | 型号 | 最大外径/mm | 内径/mm | 总长/mm | 密封长度/mm | 质量/kg | 钢级 | 中心管壁厚/mm | 加工处厚度/mm | 抗内压强度/MPa | 抗外挤强度/MPa | 抗拉强度/kN | 承受压力/MPa | | 适应井径/mm | |
|---|---|---|---|---|---|---|---|---|---|---|---|---|---|---|---|---|
| | | | | | | | | | | | | | 最大 | 最小 | 最大 | 最小 |
| 89 | Ⅰ | 114 | 76 | 2620 | 950 | 45 | N80 | 6. 45 | 5. 45 | 72. 9 | 45. 1 | 721. 6 | 28 | 7 | 160 | 127 |
| 102 | Ⅰ | 133 | 89 | 2680 | 950 | 50 | N80 | 5. 74 | 4. 74 | 56. 7 | 49. 0 | 653. 2 | 28 | 7 | 178 | 140 |
| 114 | Ⅰ | 146 | 97 | 2660 | 950 | 90 | P110 | 8. 56 | 7. 9 | 94. 6 | 88. 4 | 720. 3 | 28 | 7 | 225 | 155 |
| 127 | Ⅰ | 146 | 108 | 2680 | 950 | 105 | P110 | 9. 19 | 7. 2 | 82. 1 | 66. 5 | 980. 8 | 28 | 7 | 235 | 155 |
| 140 | Ⅰ | 178 | 118 | 2750 | 950 | 120 | P110 | 10. 54 | 7. 7 | 95. 1 | 89. 4 | 1097. 6 | 28 | 7 | 270 | 200 |
| | Ⅱ | 190 | 118 | 2750 | 950 | 130 | P110 | 10. 54 | 7. 7 | 95. 5 | 101. 6 | 1097. 6 | 28 | 7 | 280 | 200 |
| 178 | Ⅰ | 204 | 155 | 2790 | 950 | 180 | P110 | 11. 51 | 10. 1 | 78. 1 | 58. 5 | 1631. 7 | 28 | 7 | 280 | 220 |
| | Ⅱ | 210 | 155 | 2790 | 950 | 190 | P110 | 11. 51 | 10. 1 | 78. 1 | 58. 5 | 1631. 7 | 28 | 7 | 300 | 280 |
| 245 | Ⅰ | 286 | 220 | 2790 | 950 | 275 | P110 | 11. 99 | 11 | 61. 5 | 31. 5 | 2557. 8 | 28 | 7 | 385 | 300 |

接好，在上钻台时，不允许碰撞和在地面上拖拉。封隔器上扣要求与常规下套管要求相同，但务必注意“X→←X”标记区域处严禁使用吊卡和卡瓦，以免咬伤胶筒和控制阀。在封隔器两端上、下套管柱上应加套管扶正器，以免下套管过程中将封隔器胶筒刮坏。

(2) 使用要求：

井身质量良好，下套管前应认真通井，调整好钻井液性能，以防下封隔器过程遇阻。计算固井施工作业过程中的最高泵压，以确定锁紧阀销钉的剪断压力，一般经验公式为：

$$p_{剪}=p_{高}+(3\sim4)\,\text{MPa} \tag{14-100}$$

式中 $p_{剪}$——锁紧阀销钉剪断压力，MPa；

$p_{高}$——施工最高泵压，MPa。

认真记录钻井液密度 $\rho_m$、水泥浆密度 $\rho_c$、水泥浆返深 $H$ 和套管外封隔器下入深度 $h$，以便计算水泥车剪销时压力表值。

$$p_{表}=p_{剪}+(\rho_c-\rho_m)\times(H-h)/10^2 \tag{14-101}$$

式中 $p_{表}$——水泥车压力表值，MPa；

$p_{剪}$——锁紧阀销钉剪断压力，MPa；

$\rho_c$——水泥浆平均密度，$g/cm^3$；

$\rho_m$——钻井液密度，$g/cm^3$；

$H$——水泥浆返深，m；

$h$——套管外封隔器下入深度，m。

固井施工碰压后，应指定一台水泥车进行锁紧阀钉剪销作业，并有专人观察和记录压力，要求怠速升压，当表压升到剪销值时，表针若出现瞬时停止或稍有下降现象，即表明锁紧阀销钉被剪断，此时可稳压 3~5min 后放压到零。若压力表指针显示不明显，有关施工人员应立即商定采取应急措施，处理好善后工作。

2. 自膨胀式套管外封隔器

目前，国内外相继研发出各类自膨胀式套管外封隔器，包括遇油遇水自膨胀式套管外封隔器和热敏式自膨胀式套管外封隔器。

遇油遇水自膨胀式套管外封隔器胶筒通过与地层流体的作用发生膨胀从而贴紧井壁分隔环空；热敏式自膨胀式套管外封隔器利用注蒸汽过程中产生的高温使工具内可膨胀材料膨胀，推动液缸前行，胀封封隔器，其结构如图 14-45 和图 14-46 所示，性能参数见表 14-50 和表 14-51。

图 14-45　遇油遇水自膨胀式套管外封隔器结构

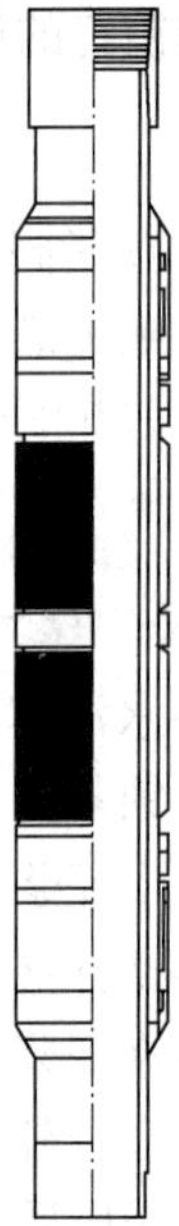

图 14-46　热敏式自膨胀式套管外封隔器结构

**表 14-50　遇油遇水自膨胀式套管外封隔器技术参数**

| 尺寸/mm | 最大外径/mm | 内径/mm | 总长/mm | 密封长度/mm | 钢级 |
|---|---|---|---|---|---|
| 140 | 196 | 121 或 124 | 3000 | 270 | P110、N80 |
| 178 | 216 | 159 或 157 | 3000 | 320 | P110、N80 |

表 14-51　热敏式自膨胀式套管外封隔器技术参数

| 尺寸/mm | 最大外径/mm | 内径/mm | 总长/mm | 胶筒长度/mm | 适用井径/mm |
|---|---|---|---|---|---|
| 178 | 220 | 159 或 157 | ≥3900 | ≥700 | 242~295 |

## (九) 打捞式免钻塞完井工具

打捞式免钻塞完井工具已经广泛应用于筛管顶部注水泥工艺中，它集管外封隔器、分级注水泥器及盲板的功能于一身，施工中随完井管串下入，起到隔离产层、建立注水泥通道、防止水泥污染油层等作用。

1. 技术原理

打捞式免钻塞完井工具由可打捞式注水泥系统、可打捞式盲板、碰压胶塞、可退式打捞矛四个部分组成。在完井作业过程中，打捞式免钻塞完井工具随完井管柱一起下入；完井管柱到位后，液压胀封管外封隔器，开启注水泥通道，正常循环固井；胶塞碰压进入可打捞式注水泥工具内部，关闭注水泥通道；观察井口回水情况，在确认注水泥通道关闭后，即可用小钻杆连接可退式打捞矛进行打捞，在打捞住可打捞式注水泥工具的内套后，上提出井。

2. 技术参数

打捞式免钻塞完井工具技术参数见表 14-52。

表 14-52　打捞式免钻塞完井工具技术参数

| | |
|---|---|
| 规格/mm | 178 |
| 最大外径/mm | 210 |
| 工具长度/mm | 2131 |
| 可捞内芯长度/mm | 1294 |
| 最小通径/mm | 154 |
| 打开套开启压力/MPa | 17 |
| 关闭套开启压力/MPa | 5(关闭销钉) |
| 循环孔 | 6 个×30mm |

## （十）热力补偿器

目前，稠油热采水平井都采用热力补偿器技术保护完井管柱，降低蒸汽吞吐开发过程中高温引起的管柱升长对完井管柱的损坏。现场应用的热力补偿器主要为销钉式热力补偿器和热熔式热力补偿器，销钉式热力补偿器利用销钉实现内、外套筒的相对移动；热熔式热力补偿器采用一种功能性复合材料通过温度控制热力补偿器的开启。

1. 结构

销钉式热力补偿器结构如图 14-47 所示，热熔式热力补偿器结构如图 14-48 所示。

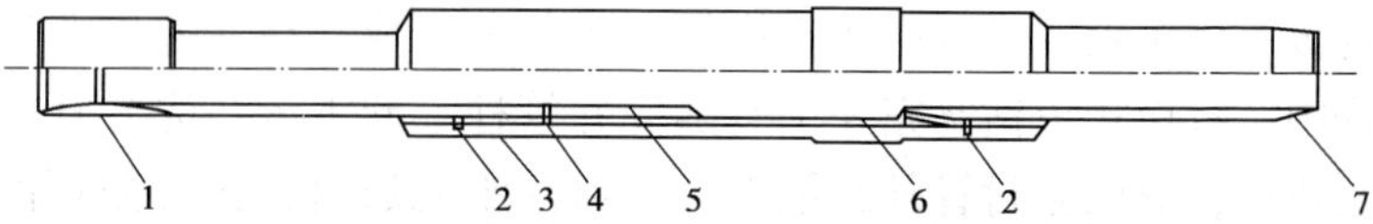


图 14-47　销钉式热力补偿器结构

1—上接头；2—密封件；3—外筒；4—销钉；5—内筒；6—补偿空间；7—下接头

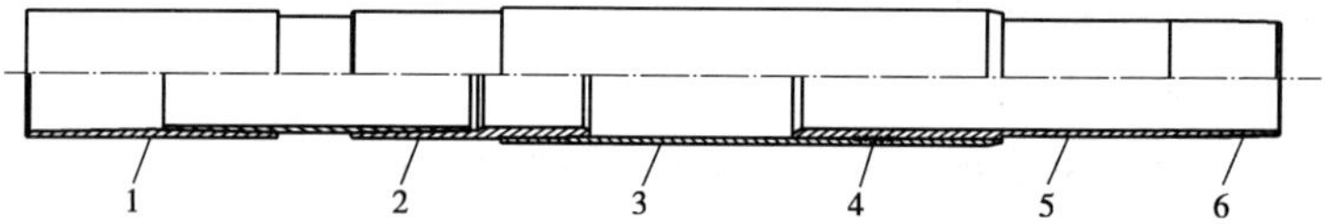


图 14-48　热熔式热力补偿器结构

1—上接头；2—连接套；3—外筒；4—热熔式锁定环；5—内筒；6—下接头

2. 技术参数

热力补偿器技术参数见表 14-53。

**表 14-53　热力补偿器技术参数**

| 尺寸/mm | 最大外径/mm | 内径/mm | 总长/mm | 补偿空间长度/mm | 钢级 |
|---|---|---|---|---|---|
| 178 | 205~210 | 159 或 157 | ≥1600 | ≥600 | P110、N80 |

### （十一）水泥头

在注水泥作业中内装胶塞，并具有压塞、注替管汇、阀门连接的高压井口装置。

1. 结构

水泥头按其连接螺纹不同可分为钻杆水泥头与套管水泥头两种。钻杆水泥头在井口与送入钻具连接；套管水泥头与井口套管连接。根据不同用途，套管水泥头可分为单塞水泥头、双塞水泥头和超高压整体式内平衡水泥头；根据水泥头与套管的连接机构不同，套管水泥头可分为简易水泥头、快装式水泥头和卡箍式水泥头，其结构如图 14－49 所示。

2. 技术参数

钻杆水泥头与套管单、双塞水泥头等各种类型水泥头技术参数见表 14-54~表 14-58。

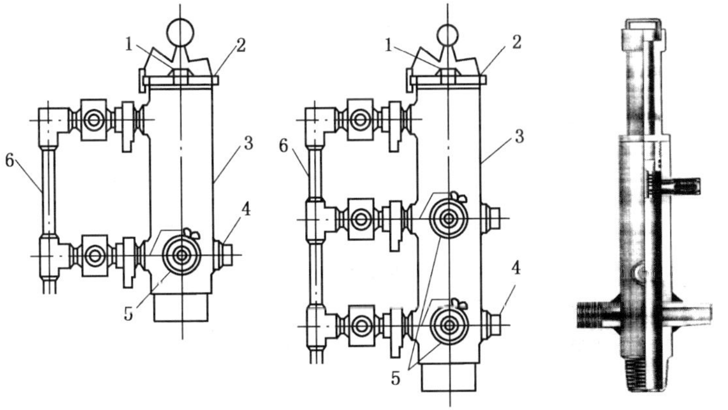


(a)单塞水泥头　(b)双塞水泥头　(c)钻杆水泥头

1、4—堵头；2—水泥头盖；3—本体；5—挡销；6—管汇组合

图 14-49　各种类型水泥头结构

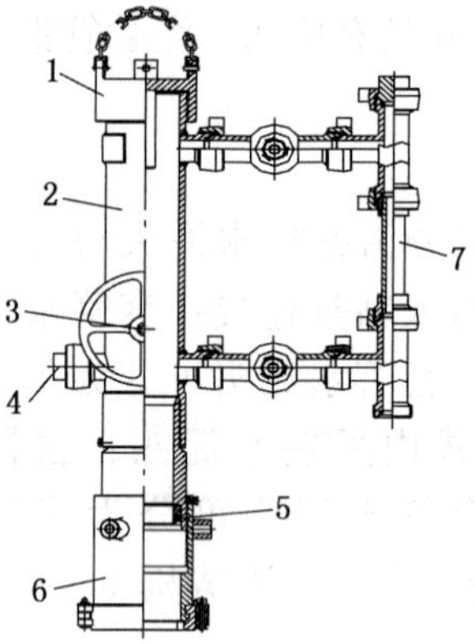


(d)卡箍式水泥头

1—水泥头盖；2—本体；3—挡销；4—堵头；5—垫子；6—卡箍；6—管汇组合

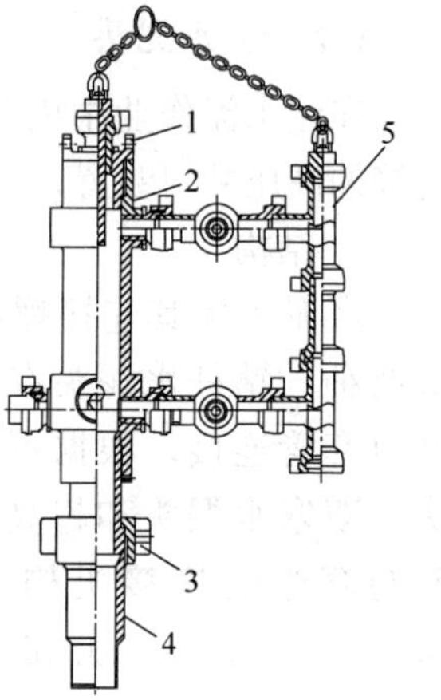


(e)超高压整体式内平衡快装水泥头

1—水泥头盖；2—本体；3—大由壬；4—套管接头；5—高压管汇组合

图 14-49　各种类型水泥头结构(续)

**表 14-54　钻杆水泥头技术参数**

| 规格/mm | 内径/mm | 长度/mm | 可容胶塞长度/mm | 工作压力/MPa | 钻杆螺纹代号 |
|---|---|---|---|---|---|
| 73 | 55~60 | <1000 | ≥280 | 35，50 | NC31 |
| 89 | 66~73 | <1000 | ≥300 | 35，50 | NC38 |
| 127 | 100~108 | <1000 | ≥350 | 35，50 | NC50 |
| 140 | 111~120 | <1200 | ≥380 | 35，50 | FH5 $\frac{9}{16}$ |

**表 14-55　套管单塞水泥头技术参数**

| 规格/mm | 127 | 139.7 | 177.8 | 244.5 | 273 | 339.7 |
|---|---|---|---|---|---|---|
| 外径/mm | 157 | 170 | 208 | 275 | 303 | 370 |
| 内径/mm | 112 | 121 | 157 | 222 | 248 | 320 |
| 总长/mm | <1000 | | | <1300 | | |
| 可容胶塞长度/mm | ≥400 | | ≥450 | ≥550 | | ≥600 |
| 挡销形式 | 单 | 双 | 双 | 双 | 双 | 双 |
| 工作压力/MPa | 35，50，70 | | 35，70 | 35 | 21，35 | |

**表 14-56　套管双塞水泥头技术参数**

| 规格/mm | | 127 | 139.7 | 177.8 | 244.5 | 273 | 339.7 | 508 |
|---|---|---|---|---|---|---|---|---|
| 外径/mm | | 157 | 170 | 208 | 275 | 303 | 370 | |
| 内径/mm | | 112 | 121 | 157 | 222 | 248 | 320 | 480 |
| 可容胶塞长度/mm | 一级 | 250 | 310 | 310 | 460 | 460 | 460 | 510 |
| | 二级 | 320 | 350 | 350 | 550 | 550 | 550 | 650 |
| 挡销形式 | | 单 | 单，双 | 单，双 | 单，双 | 双 | 双 | 双，三 |
| 工作压力/MPa | | 35，50，70 | | 35，50 | | 14，21，35 | | |

**表 14-57　卡箍水泥头技术参数**

| 规格 | | 内径/mm | 外径/mm | 可容塞长度/mm | 工作压力/MPa | 备注 |
|---|---|---|---|---|---|---|
| mm | in | | | | | |
| 140 | $5\frac{1}{2}$ | 140 | 165 | >350 | 50 | 本水泥头可应用于任何扣型 |
| 168 | $6\frac{5}{8}$ | 168 | 200 | >350 | 50 | |
| 178 | 7 | 178 | 211 | >350 | 50 | |
| 244 | $9\frac{5}{8}$ | 244 | 272 | >350 | 35 | |
| 273 | $10\frac{3}{4}$ | 273 | 301 | >380 | 35 | |
| 340 | $13\frac{3}{8}$ | 340 | 370 | >380 | 21 | |

**表 14-58　超高压整体式内平衡快装水泥头技术参数**

| 规格 | | 内径/mm ±1 | 容塞长度/mm | 工作压力/MPa | 总长/mm | 备注 |
|---|---|---|---|---|---|---|
| mm | in | | | | | |
| 140 | $5\frac{1}{2}$ | 143 | >400 | 105 | <1700 | 1. 整体式结构设计，无焊接，耐高温、高压、安全性高<br>2. 套管接头可与循环接头互换使用<br>3. 套管接头由壬快装式，安装快捷 |
| 140 | $5\frac{1}{2}$ | 143 | >400 | 70 | <1700 | |
| 178 | 7 | 181 | >400 | 70 | <1700 | |
| 244 | $9\frac{5}{8}$ | 248 | >350 | 50 | <1650 | |

### (十二) 固井胶塞

固井胶塞是一种具有多级盘翼状的橡胶体，在固井作业过程中起着隔离、刮削及碰压等作用。按用途不同可分为上胶塞、下胶塞、加长胶塞、尾管胶塞、钻杆胶塞和自锁胶塞等。加长胶塞主要用于清水替浆井中。常用胶塞结构如图 14-50 所示，技术参数见表 14-59~表 14-61。

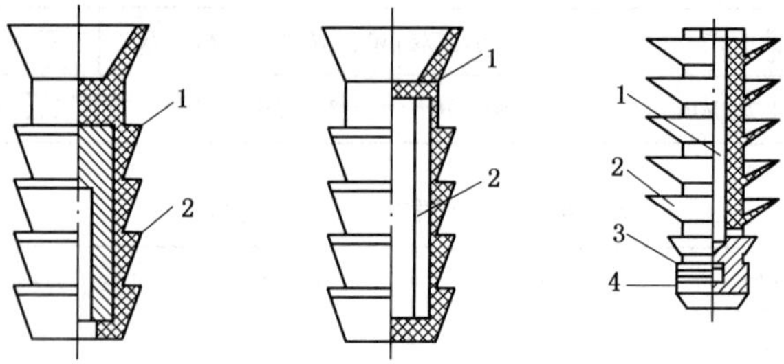


(a)上胶塞
1—胶盘；2—铝芯

(b)下胶塞
1—胶盘；2—空铝芯

(c)自锁胶塞
1—连接杆；2—胶盘；
3—O形圈；4—卡簧

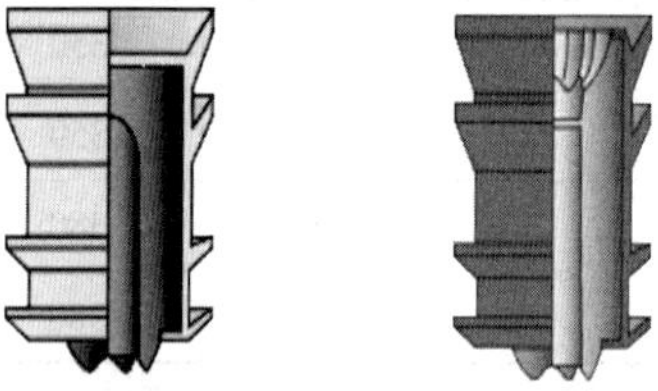

(d)防转上胶塞

(e)防转下胶塞

图 14-50　常用胶塞结构

**表 14-59　胶塞技术参数**　　　　　　mm

| 规格 | 最大外径 | 唇部直径 | 主体直径 | 下部孔径 | 心部外径 | 长度 |
|---|---|---|---|---|---|---|
| 127.0 | 127 | 120 | 90 | 50 | 70 | 210 |
| 139.7 | 140 | 130 | 105 | 50 | 70 | 210 |
| 177.8 | 178 | 170 | 130 | 70 | 100 | 240 |
| 244.5 | 240 | 232 | 192 | 70 | 100 | 260 |
| 339.7 | 335 | 328 | 264 | 70 | 100 | 350 |

表 14-60　部分尺寸自锁胶塞与自锁胶塞座技术参数　mm

| 规格 | 自锁胶塞 | | | | 自锁胶塞座 | | | | | |
|---|---|---|---|---|---|---|---|---|---|---|
| | 最大外径 | 配合长度 | 配合直径 | 长度 | 外径 | 插座内径 | 长度 | 螺纹长度 | 配合长度 | 配合直径 |
| 127.0 | 115 | 65.5 | 65 | 353 | 100 | 96 | 80 | 25 | 34 | 65 |
| 139.7 | 134 | 65.5 | 65 | 363 | 110 | 106 | 90 | | | |
| 177.8 | 170 | 65.5 | 65 | 363 | 110 | 106 | 90 | | | |

表 14-61　加长胶塞技术参数

| 规格/mm | 最大外径/mm | 主体直径/mm | 承压能力/MPa | 长度/mm |
|---|---|---|---|---|
| 139.7 | 140 | 100 | 70 | ≥330 |
| 177.8 | 178 | 125 | 70 | ≥350 |

## (十三) 固井振荡装置

实验表明，固井施工过程中套管振动、水泥浆脉冲能够辅助提高固井质量，提高洗井效果、水泥浆水化效果和水泥石强度，防失重和油气水侵，增加界面胶结质量。固井振荡装置是一种安装在套管柱底部的振动和脉冲发生装置，钻井液或水泥浆流经该装置时，产生机械振动和流体脉冲。

固井振荡装置一般结构如图 14-51 所示，流体通过机械振动部分时可产生机械振动，同时产生机械脉动波；流体通过结构不同的流体脉冲波发生器时产生均衡交变的流体脉冲波。固井振荡装置技术参数见表 14-62。

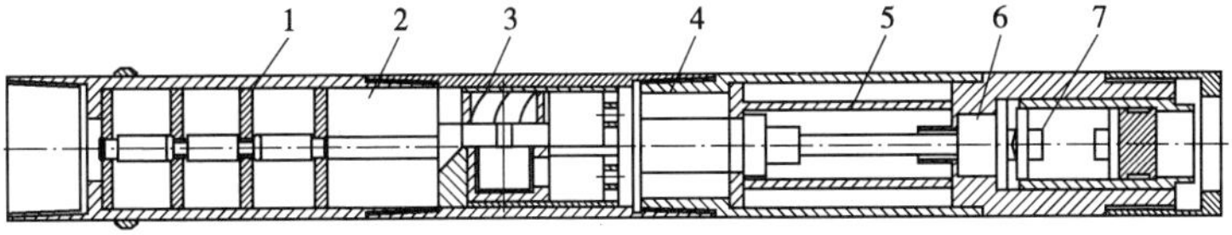


图 14-51　固井振荡装置一般结构

1—机械振动部分；2、3—连接结构；4、5、6、7—流体脉冲波发生器

表 14-62　固井振荡装置技术参数

| 型号/mm | 套管/mm | 外径/mm | 过流面积/mm² | 长度/mm | 工作压力/MPa |
|---|---|---|---|---|---|
| 140 | 139.7 | 177 | 85 | 1385 | 0~3 |
| 178 | 177.8 | 194 | 95 | 1420 | 0~3 |

## (十四) 漂浮接箍(漂浮减阻器)

漂浮接箍适用于大位移井或长段水平井下套管及固井施工作业，可以有效减少下套管阻力，避免下套管过程中的套管与井壁黏卡，减少事故，提高下套管成功率。漂浮接箍及附件结构如图 14-52 所示。可钻式防落物浮箍是下套管漂浮接箍的配套附件，其主要作用是：①下套管防落物堵塞；②固井时起单流阀作用；③具有可钻性能。高承压漂浮旋流浮鞋也是下套管漂浮接箍的配套附件，主要作用是：①下套管起引鞋作用；②漂浮时承载高回压；③固井水泥上返时形成旋流，水泥浆倒返时起单流阀作用；④具有可钻性能。XPJQ 系列下套管漂浮接箍技术参数见表 14-63。

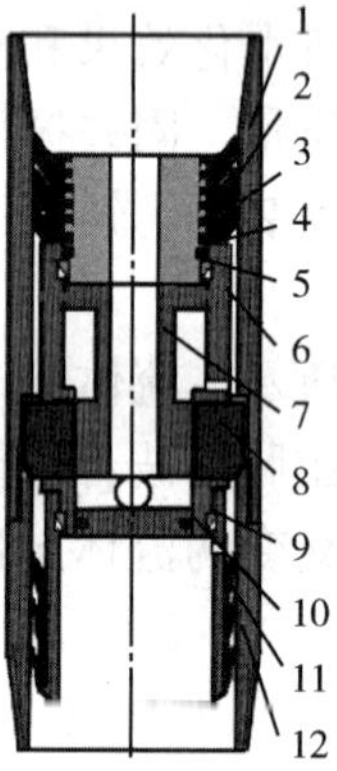


(a)漂浮接箍本体

1—钢制外筒；2—密封胶塞；3—金属塞芯；4—胶塞密封圈；5—胶塞卡簧；6—打开芯销钉；7—打开芯；8—承载滑块；9—扶正胶塞卡簧；10—打开芯密封圈；11—扶正胶塞；12—承载短节

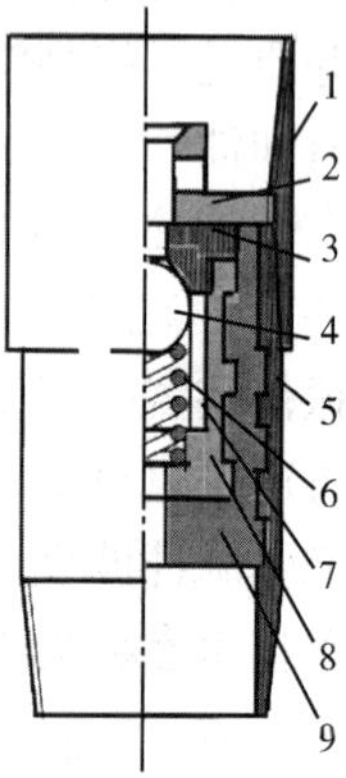


(b)可钻式防落物浮箍

1—套管接箍；2—防落物承托环；3—球座；4—凡尔球；5—钢制外筒；6—弹簧；7—扶正筋版；8—弹簧扶正座；9—水泥

图 14-52　漂浮接箍及附件结构

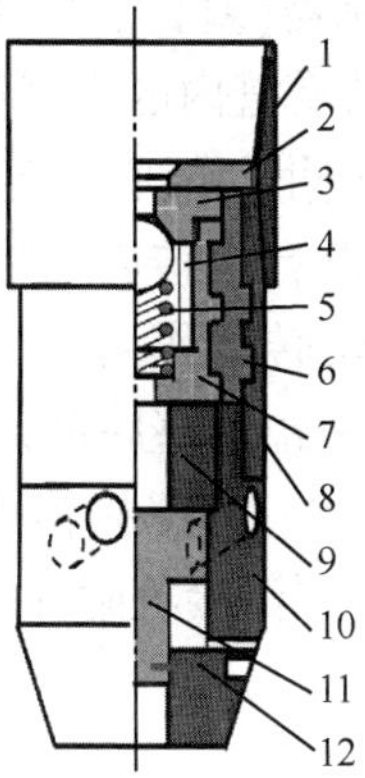


(c)高承压漂浮旋流浮鞋

1—套管接箍；2—压环；3—球座；
4—扶正筋；5—弹簧；6—水泥；
7—弹簧扶正座；8—钢制外筒；9—限位套；
10—旋流引鞋；11—回压堵头；12—剪切销钉

图 14-52　漂浮接箍及附件结构(续)

**表 14-63　XPJQ 系列下套管漂浮接箍技术参数**

| 名称 | 型号 | 公称尺寸/mm | 最大外径/mm | 长度/mm | 钻后内径/mm | 抗内压强度/MPa | 抗外挤强度/MPa | 单销剪压/MPa | 备注 |
|---|---|---|---|---|---|---|---|---|---|
| 普通下套管漂浮接箍 | XPJQ5½-P | 139.7 | 153 | 968 | 118.6 | 51.7 | 84.4 | 4 | 用销钉数调节总剪切压力，共 6 个销钉 |
| | XPJQ 7-P | 177.8 | 194.5 | 1100 | 154.8 | 56.8 | 74.7 | 5 | |
| 可钻式下套管漂接箍 | XPJQ 7-K | 177.8 | 194.5 | 1100 | 154.8 | 56.8 | 74.7 | 5 | 内芯可钻 |
| | XPJQ 9⅝-K | 244.5 | 270 | 1200 | 220.5 | 58.5 | 36.6 | 5 | |
| | XPJQ 13⅜-K | 339.7 | 365.1 | 1200 | 318 | 57.3 | 11.4 | 6 | |

剪销式套管清理指示器(塞)主要作用是：在套管下完、憋开漂浮接箍、置换出掏空段套管内的空气后，用剪销式套管清理指示器将漂浮接箍内的多余附件清理到套管底部浮箍处；剪销式套管清理指示器(塞)顶部设有防转剪切体座，主要用来与碰压塞耦合，起到钻碰压塞时防转的作用。防转碰压塞结构和常规碰压塞结构基本相同，只是碰压塞底部设有与剪销式套管清理指示器(塞)配套的防转机构。漂浮接箍配套胶塞结构如图 14-53 所示，XPJQ 系列下套管漂浮接箍附件技术参数见表 14-64。

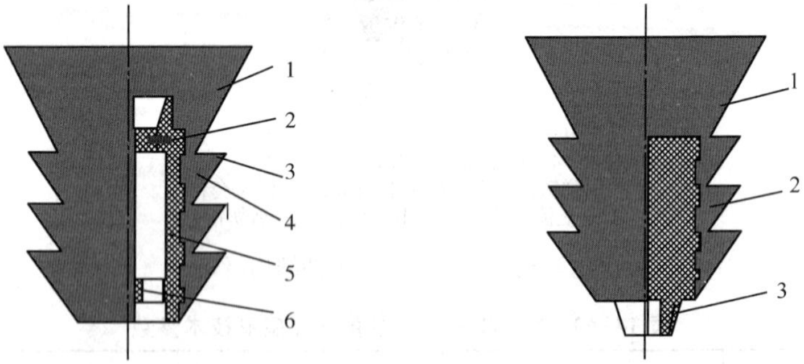


(a)剪销式套管清理指示器(塞)结构

1—胶翼；2—剪切销钉；
3—防转剪切体；4—剪切体；
5—塞芯体；6—剪切体托篮

(b)防转碰压塞结构

1—胶翼；2—塞芯体；
3—防转锥

图 14-53　漂浮接箍配套胶塞结构

**表 14-64　XPJQ 系列下套管漂浮接箍附件技术参数**

| 名称 | 型号 | 附件名称 | 公称尺寸/mm | 最大外径/mm | 长度/mm | 钻后内径/mm | 抗内压强度/MPa | 抗外挤强度/MPa | 指示塞剪销压/MPa | 备注 |
|---|---|---|---|---|---|---|---|---|---|---|
| 普通下套管漂浮接箍 | XPJQ 5½-P、XPJQ 7—P | 浮箍 | 5½ | 153.7 | 510 | 118.6 | 51.7 | 84.4 | — | |
| | | | 7 | 194.5 | 510 | 157 | 56.8 | 74.7 | — | |
| | | 浮鞋 | 5½ | 152 | 743 | 118.6 | 51.7 | 84.4 | — | |
| | | | 7 | 194.5 | 743 | 157 | 56.8 | 74.7 | — | |

续表

| 名称 | 型号 | 附件名称 | 公称尺寸/mm | 最大外径/mm | 长度/mm | 钻后内径/mm | 抗内压强度/MPa | 抗外挤强度/MPa | 指示塞剪销压/MPa | 备注 |
|---|---|---|---|---|---|---|---|---|---|---|
| 普通下套管漂浮接箍 | XPJQ 5½-P、XPJQ 7—P | 指示塞 | 5½ | 126 | 340 | — | — | — | 3 | |
| | | | 7 | 155 | 340 | — | — | — | 3 | |
| | | 碰压塞 | 5½ | 130 | 440 | — | — | — | — | |
| | | | 7 | 160 | 440 | — | — | — | — | |
| 可钻式下套管漂浮接箍 | XPJQ 7—K、XPJQ 9⅝—K XPJQ 13⅜—K | 浮箍 | 7 | 194.5 | 510 | 157 | 56.8 | 74.7 | | 内芯可钻 |
| | | | 9⅝ | 270 | 530 | 220.5 | 58.5 | 36.6 | | |
| | | | 13⅜ | 365.1 | 550 | 318 | 57.3 | 11.4 | | |
| | | 浮鞋 | 7 | 194.5 | 743 | 157 | 56.8 | 74.7 | | |
| | | | 9⅝ | 270 | 800 | 220.5 | 58.5 | 36.6 | | |
| | | | 13⅜ | 365.1 | 850 | 318 | 57.3 | 11.4 | | |
| | | 指示塞 | 7 | 155 | 340 | — | — | — | 3 | |
| | | | 9⅝ | 235 | 400 | — | — | — | 3 | |
| | | | 13⅜ | 324 | 400 | — | — | — | 3 | |
| | | 碰压塞 | 7 | 160 | 440 | — | — | — | — | |
| | | | 9⅝ | 240 | 500 | — | — | — | — | |
| | | | 13⅜ | 328 | 500 | — | — | — | — | |

### (十五) 尾管回接工具

对于需要进行尾管回接的井，将回接插头连接在回接套管底部，在注完水泥、替完泥浆碰压后，将回接插头插入回接筒，回接插头上的密封组件将回接插头与回接筒之间的环状间隙密封住，最终使尾管回接至所需位置。

尾管回接工具主要由回接插头、胶塞、节流浮箍和铣鞋组成。

1. 回接插头

回接插头主要由导向头、循环接头、密封组件、插头本体及接箍等组成，如图 14-54 所示。

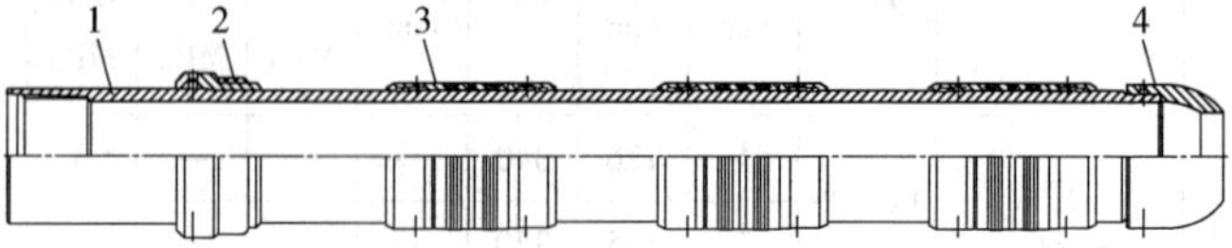


图 14-54　回接插头结构

1—插头本体；2—密封胶圈；3—密封组件；4—导向头

2. 节流浮箍

节流浮箍为回接专用浮箍，它与常规浮箍的区别在于其内套有两个小孔。当回接插头插入回接筒时，回接插头与回接筒已形成密封，继续下插时，节流浮箍以下的泥浆及压力通过该小孔传到节流浮箍以上，如图 14-55 所示。

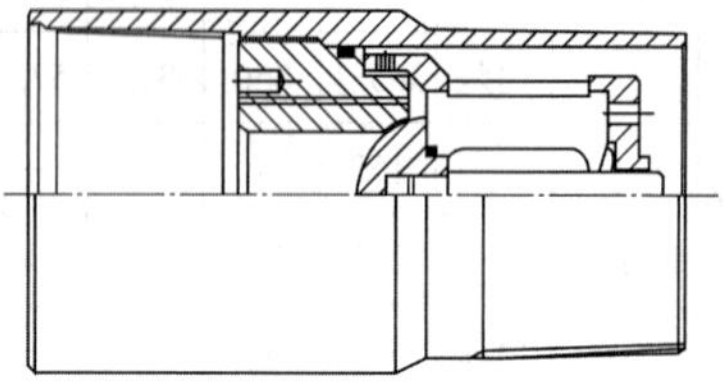

图 14-55　节流浮箍结构

3. 铣鞋

铣鞋为回接专用工具，可重复使用，为选配件。用于磨铣回接筒内表面，保证回接插头插入后的密封效果，如图 14-56 所示。

图 14-56　铣鞋结构

HC 178 型回接工具技术参数见表 14-65。

**表 14-65　HC 178 型回接工具技术参数**

| 项　　目 | 技术参数 |
| --- | --- |
| 规格/mm(in) | 178(7) |
| 回接插头密封能力/MPa | 25~70 |
| 本体最大外径/mm | 210 |
| 本体最小内径/mm | 157 |
| 回接插头插入部分外径/mm | 187 |
| 循环槽数量/个 | 4 |
| 铣鞋外径/mm | 186 |
| 铣鞋连接扣型 | 410(NC50) |

## 第五节　固井设备

1. GJC45-21 型单机单泵固井水泥车

GJC45-21 型单机单泵固井水泥车是中石化第四石油四机厂(简称石油四机厂)生产的、在卡车上装有一台卧式单作用三缸柱塞泵的注水泥设备。柱塞泵由一台柴油发动机驱动，该设备配有自制水泥浆的混浆系统，具有自动混浆及二次混浆功能，由底盘发动机带动混浆泵、喷射泵，设备操作方便可靠。由一人完成，设备设有超压停泵装置，采用非放射性低压密度计，准确测量水泥浆的瞬时密度值，以确保固井质量。GJC45-21 型单机单泵固井水泥车主要部件及性能见表 14-66。4. 5in 柱塞泵各种工况下性能参数见表 14-67。

2. SGC350-17Ⅱ型单机单泵固井水泥车

SGC350-17Ⅱ型单机单泵固井水泥车是中石化第四石油四机厂生产的注水泥设备，为在卡车上装有一台卧式单作用三缸柱塞泵的注水泥设备，柱塞泵由一台柴油发动机驱动，卡车发动机在固井施工时不工作。该设备具有自动混浆及二次混浆功能，设备操作可由一人完成，设备设有超压停泵装置，采用非放射性低压密度计，准确测量水泥浆的瞬时密度值，以确保固井质量。SGC350-17Ⅱ型单机单泵固井水泥车主要部件及性能见表 14-68。5in 柱塞泵各种工况下性能参数见表 14-69。

**表 14-66　GJC45-21 型单机单泵固井水泥车主要部件及性能**

| 部件名称 | 型号 | 数量 | 制造商 | 主要性能 |
|---|---|---|---|---|
| 底盘卡车 | 北奔 ND1250F44J | 1 | 北奔重型汽车集团有限公司 | 发动机：WP10.375，功率 247kW；底盘：6×6 驱动 |
| 台面发动机 | DDC6063HV39 | 2 | 美国底特律公司 | 额定功率 354kW；最大扭矩 1954N · m |
| 台面传动箱 | HT-750DR | 2 | 美国艾利逊变速箱公司 | 液力机械传动箱，最大输入功率 332kW；最大扭矩 1946N · m |
| 水泥泵 | TWS600 | 2 | 石油四机厂 | 单作用三柱塞泵，冲程 152.4mm；柱塞直径 114.3mm；动力端最大输入功率 447kW |
| 喷射泵 | MISSION4×3 离心泵 | 1 | 美国国民油井公司 | 排量 2.07$m^3$/min；工作压力 0.80～1.25MPa |
| 循环泵 | PN5×6 离心泵 | 1 | 石油四机厂 | 排量 3.2$m^3$/min；工作压力 0.35MPa |
| 供水泵 | MISSION 4×5 离心泵 | 1 | 美国国民油井公司 | 排量 2.07$m^3$/min；工作压力 0.21～0.35MPa |
| 混浆系统 | ACM-IV.1 | 1 | 石油四机厂 | 最大混浆能力 2.3$m^3$/min；水泥浆密度 1.0～2.1g/$cm^3$，精度范围±0.012g/$cm^3$ |

续表

| 部件名称 | 型号 | 数量 | 制造商 | 主要性能 |
| --- | --- | --- | --- | --- |
| 水柜 | $3m^3 \times 2$ | 1 | 石油四机厂 | 容量：两室，每室容量 $3m^3$，总容量 $6m^3$，两室可以单独计量，也可以互通 |
| 整车尺寸/mm | 9500×2500×3700 | | | |

**表 14-67 4.5in 柱塞泵各种工况下性能参数**

| 挡位 | 柴油机转速/(r/min) | 冲次/$min^{-1}$ | 理论排量/(L/min) | 最高压力/MPa |
| --- | --- | --- | --- | --- |
| Ⅰ | 2100 | 57 | 267 | 44.3 |
| Ⅱ | | 143 | 670 | 23 |
| Ⅲ | | 225 | 1055 | 14 |
| Ⅳ | | 330 | 1548 | 10 |
| Ⅴ | 2070 | 450 | 2111 | 7 |

**表 14-68 SGC350-17 Ⅱ型单机单泵固井水泥车主要部件及性能**

| 部件名称 | 型号 | 数量 | 制造商 | 主要性能 |
| --- | --- | --- | --- | --- |
| 底盘卡车 | 北奔 D1250F44J | 1 | 北奔重型汽车集团有限公司 | 发动机：WP10.375，功率 247kW；底盘：6×6 驱动 |
| 台面发动机 | DDC6063HV39 | 2 | 美国底特律公司 | 额定功率 354kW；最大扭矩 1954N·m |
| 台面传动箱 | HD4700OFS | 2 | 美国艾利逊变速箱公司 | 液力机械传动箱，最大输入功率 447kW；最大扭矩 2508N·m |
| 水泥泵 | 3ZB-265 | 2 | 石油四机厂 | 单作用三柱塞泵，冲程 127mm；柱塞直径 127mm；动力端最大输入功率 265kW |

续表

| 部件名称 | 型号 | 数量 | 制造商 | 主要性能 |
| --- | --- | --- | --- | --- |
| 喷射泵 | MISSION4×3 离心泵 | 1 | 美国国民油井公司 | 排量 1.6m³/min；工作压力 0.8~1.2MPa |
| 循环泵 | PN5×6 离心泵 | 1 | 石油四机厂 | 排量 3.2m³/min；工作压力 0.35MPa |
| 供水泵 | MISSION 4×3 离心泵 | 1 | 美国国民油井公司 | 排量 1.2m³/min；工作压力 0.8~1.2MPa |
| 混浆系统 | ACM-IV | 1 | 石油四机厂 | 最大混浆能力 2.3m³/min；水泥浆密度 1.0~2.1g/cm³，精度范围±0.012g/cm³ |
| 水柜 | 2m³×2 | 1 | 石油四机厂 | 容量：两室，每室容量 2m³，总容量 4m³，两室可以单独计量，也可以互通 |
| 整车尺寸/mm | 10270×2500×4000 | | | |

**表 14-69　5in 柱塞泵各种工况下性能参数**

| 挡位 | 柴油机转速/(r/min) | 冲次/min⁻¹ | 理论排量/(L/min) | 最高压力/MPa |
| --- | --- | --- | --- | --- |
| Ⅰ | 2100 | 64 | 307 | 33 |
| Ⅱ | | 138 | 665 | 15.3 |
| Ⅲ | | 254 | 1225 | 8 |
| Ⅳ | | 339 | 1636 | 6 |

3. SGJ600-17 型单机单泵固井水泥车

SGJ600-17 型单机单泵固井水泥车是中石化第四石油四机厂生产的注水泥设备，为在卡车上装有一台卧式单作用三缸柱塞泵的注水泥设备，柱塞泵由一台柴油发动机驱动，主车、台面发动机均可带动循环泵、喷射泵，是在原单机单泵固井水泥车基础上，为适应现场要求而设计的新一代水泥车。该设备具有自动混浆及二次混浆功能，设备设有超压停泵装置，采用非放射性低压密度计，准确测量水泥浆的瞬时密度值，配有数据采集系统及云平台，以确保固井质量。SGJ600-17 型单机单泵固井水泥车主要部件及性能见表 14-70。4in 柱塞泵各种工况下性能参数见表 14-71。

**表 14-70 SGJ600-17 型单机单泵固井水泥车主要部件及性能**

| 部件名称 | 型号 | 数量 | 制造商 | 主要性能 |
|---|---|---|---|---|
| 底盘卡车 | 北奔 ND2250FDJ7Z01 | 1 | 北奔重型汽车集团有限公司 | 发动机：WP1H375E62，功率 276kW；底盘：6×6 驱动 |
| 台面发动机 | CAT C15 | 2 | 美国卡特彼勒公司 | 额定功率 403kW；最大扭矩 2373N · m |
| 台面传动箱 | HD4700OFS | 2 | 美国艾利逊变速箱公司 | 液力机械传动箱，最大输入功率 447kW；最大扭矩 2508N · m |
| 水泥泵 | STP600 | 2 | 石油四机厂 | 单作用三柱塞泵，冲程 152.4mm；柱塞直径 127mm；动力端最大输入功率 447kW |
| 喷射泵 | MISSION4×3 离心泵 | 1 | 美国国民油井公司 | 排量 1.6m³/min；工作压力 0.8~1.2MPa |
| 循环泵 | PN5×6 离心泵 | 1 | 石油四机厂 | 排量 3.18m³/min；工作压力 0.35MPa |
| 混浆系统 | ACM-IV | 1 | 石油四机厂 | 最大混浆能力 2.3m³/min；水泥浆密度 1.0~2.1g/cm³，精度范围±0.012g/cm³ |

续表

| 部件名称 | 型号 | 数量 | 制造商 | 主要性能 |
|---|---|---|---|---|
| 水柜 | $2m^3\times2$ | 1 | 石油四机厂 | 容量：两室，每室容量 $2m^3$，总容量 $4m^3$，两室可以单独计量，也可以互通 |
| 整车尺寸/mm | 10700×2500×4000 | | | |

**表 14-71　4in 柱塞泵各种工况下性能参数**

| 挡位 | 柴油机转速/(r/min) | 冲次/$min^{-1}$ | 理论排量/(L/min) | 最高压力/MPa |
|---|---|---|---|---|
| Ⅰ | 2100 | 60 | 221 | 55 |
| Ⅱ | | 130 | 482 | 32 |
| Ⅲ | | 238 | 886 | 17.5 |
| Ⅳ | | 318 | 1183 | 13.2 |
| Ⅴ | 2070 | 450 | 1667 | 9.3 |

4. SGJ350-25 型双机双泵固井水泥车

SGJ350-25 型双机双泵固井水泥车是中石化第四石油四机厂生产的适应于高压、深井、超深井固井作业的水泥车，是在卡车上装有两台卧式单作用三缸柱塞泵的注水泥设备，柱塞泵由两台柴油机驱动。该设备配有自制水泥浆的混浆系统，具有自动混浆及二次混浆功能，由一人操作，自动化程度高，设备设有超压停泵装置，采用非放射性低压密度计，准确测量水泥浆的瞬时密度值，配有数据采集系统及云平台，以确保固井质量。SGJ350-25 型双机双泵固井水泥车主要部件及性能见表 14-72。3¾in 和 5in 柱塞泵各种工况下性能参数见表 14-73 和表 14-74。

**表 14-72　SGJ350-25 型双机双泵固井水泥车主要部件及性能**

| 部件名称 | 型号 | 数量 | 制造商 | 主要性能 |
|---|---|---|---|---|
| 底盘卡车 | VOLVO FM440；MAN TGS33.440 | 1 | 瑞典沃尔沃公司；德国曼公司 | 发动机：D13、D2066，功率 324kW；底盘：6×6 驱动 |
| 台面发动机 | DDC6063 HV39；CUMMINS QSX15 | 2 | 美国底特律公司；美国康明斯公司 | 额定功率 354kW、403kW；最大扭矩 1954N·m、2373N·m |
| 台面传动箱 | HD4700OFS | 2 | 美国艾利逊变速箱公司 | 液力机械传动箱，最大输入功率 447kW；最大扭矩 2508N·m |
| 水泥泵 | 3ZB-265 | 2 | 石油四机厂 | 单作用三柱塞泵，冲程 127mm；柱塞直径 95.2mm、127mm；动力端最大输入功率 265kW |
| 喷射泵 | MISSION4×3 离心泵 | 1 | 美国国民油井公司 | 排量 1.6$m^3$/min；工作压力 0.8~1.2MPa |
| 循环泵 | PN5×6、RA5×6 离心泵 | 1 | 石油四机厂 | 排量 3.18$m^3$/min；工作压力 0.35MPa |
| 混浆系统 | ACM-IV.1 | 1 | 石油四机厂 | 最大混浆能力 2.3$m^3$/min；水泥浆密度 1.0~2.1g/$cm^3$，精度范围±0.012g/$cm^3$ |
| 水柜 | 2$m^3$×2 | 1 | 石油四机厂 | 容量：两室，每室容量 2$m^3$，总容量 4$m^3$，两室可以单独计量，也可以互通 |
| 整车尺寸/mm | 12490×2650×4100；11600×2650×4000 | | | |

**表 14-73　3¾in 柱塞泵各种工况下性能参数**

| 挡位 | 柴油机转速/(r/min) | 冲次/min$^{-1}$ | 理论排量/(L/min) | 最高压力/MPa |
|---|---|---|---|---|
| Ⅰ | 2100 | 43 | 117 | 70 |
| Ⅱ | | 93 | 254 | 53 |
| Ⅲ | | 172 | 466 | 29 |
| Ⅳ | | 229 | 623 | 22 |
| Ⅴ | 2070 | 328 | 890 | 15 |

**表 14-74　5in 柱塞泵各种工况下性能参数**

| 挡位 | 柴油机转速/(r/min) | 冲次/min$^{-1}$ | 理论排量/(L/min) | 最高压力/MPa |
|---|---|---|---|---|
| Ⅰ | 2100 | 43 | 207 | 35 |
| Ⅱ | | 93 | 451 | 30 |
| Ⅲ | | 172 | 829 | 16 |
| Ⅳ | | 229 | 1107 | 12 |
| Ⅴ | 2070 | 328 | 1583 | 8 |

5. SGJ600-30 型双机双泵固井水泥车

SGJ600-30 型双机双泵固井水泥车是中石化第四石油四机厂生产的适应于高压、深井、超深井固井作业的水泥车，是在卡车上装有两台卧式单作用三缸柱塞泵的注水泥设备，柱塞泵由两台柴油机驱动。该设备配有自制水泥浆的混浆系统，具有自动混浆及二次混浆功能，由一人操作，自动化程度高，设备设有超压停泵装置，采用非放射性低压密度计，准确测量水泥浆的瞬时密度值，配有数据采集系统及云平台，以确保固井质量。SGJ600-30 型双机双泵固井水泥车主要部件及性能见表 14-75。3in、4.5in 柱塞泵各种工况下性能参数见表 14-76 和表 14-77。

**表 14-75　SGJ600-30 型双机双泵固井水泥车主要部件及性能**

| 部件名称 | 型号 | 数量 | 制造商 | 主要性能 |
| --- | --- | --- | --- | --- |
| 底盘卡车 | MANTGS 33.430；ZZ5446V54 EMF1 | 1 | 德国曼集团；山东重汽集团 | 发动机：D2066LF40，功率 326kW，底盘：8×6 驱动；发动机：MC13.54-61 功率 397kW；底盘 8×6 驱动 |
| 台面发动机 | DDC6063HV39；CAT C15 | 2 | 美国底特律公司；美国卡特彼勒公司 | 额定功率 354kW、403kW；最大扭矩 2373N·m、2468N·m |
| 台面传动箱 | HD4700OFS | 2 | 美国艾利逊变速箱公司 | 液力机械传动箱，最大输入功率 447kW；最大扭矩 2508N·m |
| 水泥泵 | STP600 | 2 | 石油四机厂 | 单作用三柱塞泵，冲程 152.4mm；柱塞直径 88.9mm、114.3mm；动力端最大输入功率 447kW |
| 喷射泵 | MISSION4×3 离心泵 | 1 | 美国国民油井公司 | 排量 1.6$m^3$/min；工作压力 0.8～1.2MPa |
| 循环泵 | MISSION6×5 离心泵 | 1 | 美国国民油井公司 | 排量 3.18$m^3$/min；工作压力 0.35MPa |
| 混浆系统 | ACM-IV.2 | 1 | 石油四机厂 | 最大混浆能力 3.0$m^3$/min；水泥浆密度 1.0～2.5g/$cm^3$，精度范围±0.024g/$cm^3$ |
| 水柜 | 2$m^3$×2 | 1 | 石油四机厂 | 容量：两室，每室容量 2$m^3$，总容量 4$m^3$，两室可以单独计量，也可以互通 |
| 整车尺寸/mm | 12400×2550×4000 | | | |

表 14-76　3in 柱塞泵各种工况下性能参数

| 挡位 | 柴油机转速/(r/min) | 冲次/min$^{-1}$ | 理论排量/(L/min) | 最高压力/MPa |
|---|---|---|---|---|
| Ⅰ | 2100 | 60 | 123 | 100 |
| Ⅱ | | 130 | 271 | 57 |
| Ⅲ | | 239 | 496 | 31 |
| Ⅳ | | 319 | 676 | 23 |
| Ⅴ | 2070 | 450 | 936 | 17 |

表 14-77　4.5in 柱塞泵各种工况下性能参数

| 挡位 | 柴油机转速/(r/min) | 冲次/min$^{-1}$ | 理论排量/(L/min) | 最高压力/MPa |
|---|---|---|---|---|
| Ⅰ | 2100 | 60 | 280 | 45 |
| Ⅱ | | 130 | 609 | 25 |
| Ⅲ | | 239 | 1118 | 14 |
| Ⅳ | | 319 | 1494 | 10 |
| Ⅴ | 2070 | 450 | 2105 | 7 |

使用工况：最大排量时，连续工作 2h；最高压力时，连续工作 1h。

6. SGJ2500Q-24 型大功率固井水泥车

SGJ2500Q-24 型大功率固井水泥车是中石化第四石油四机厂根据用户要求，设计制造的一款适应于特高压、大排量、大功率固井作业的水泥车，是在卡车上装有一台卧式单作用五缸柱塞泵的注水泥设备，柱塞泵由一台柴油机驱动。在注水泥过程中，需要使用底盘发动机驱动循环泵、喷射泵。该设备配有自制水泥浆的混浆系统，具有自动混浆及二次混浆功能，自动化程度高，设备设有超压停泵装置，采用非放射性低压密度计，准确测量水泥浆的瞬时密度值，配有远程操作顶替功能、数据采集系统及云平台，以确保固井安全和固井质量。SGJ2500Q-

24 型大功率水泥车主要部件及性能见表 14-78。4in 柱塞泵各种工况下性能参数见表 14-79。

**表 14-78　SGJ2500Q-24 型大功率水泥车主要部件及性能**

| 部件名称 | 型号 | 数量 | 制造商 | 主要性能 |
| --- | --- | --- | --- | --- |
| 底盘卡车 | ZZ5446 V54EMF1 | 1 | 济南重汽集团 | 发动机：MC13.54-61，功率 397kW；底盘：8×6 驱动 |
| 台面发动机 | MTU 12V4000S83 | 2 | 德国 MTU 公司 | 额定功率 1678kW；最大扭矩 10000N·m |
| 台面传动箱 | ALLISON S9832OFS | 2 | 美国艾利逊变速箱公司 | 液力机械传动箱，最大输入功率 1864kW；最大扭矩 10507N·m |
| 水泥泵 | SQP2500EG | 2 | 石油四机厂 | 单作用五柱塞泵，冲程 203.2mm；柱塞直径 101mm；动力端最大输入功率 1866kW |
| 喷射泵 | MISSION4×3 离心泵 | 1 | 美国国民油井公司 | 排量 1.6$m^3$/min；工作压力 0.8～1.2MPa |
| 循环泵 | MISSION6×5 离心泵 | 2 | 美国国民油井公司 | 排量 3.18$m^3$/min；工作压力 0.35MPa |
| 混浆系统 | ACM-IV.2 | 1 | 石油四机厂 | 最大混浆能力 3.0$m^3$/min；水泥浆密度 1.0～2.5g/$cm^3$，精度范围±0.024g/$cm^3$ |
| 水柜 | 2$m^3$×2 | 1 | 石油四机厂 | 容量：两室，每室容量 2$m^3$，总容量 4$m^3$，两室可以单独计量，也可以互通 |
| 整车尺寸/mm | 12960×2550×4000 | | | |

表 14-79　4in 柱塞泵各种工况下性能参数

| 挡位 | 柴油机转速/(r/min) | 冲次/min$^{-1}$ | 理论排量/(L/min) | 最高压力/MPa |
|---|---|---|---|---|
| Ⅰ | 1900 | 79 | 656 | 100 |
| Ⅱ | | 111 | 916 | 89 |
| Ⅲ | | 135 | 1119 | 73 |
| Ⅳ | | 169 | 1391 | 58 |
| Ⅴ | | 189 | 1559 | 52 |
| Ⅵ | | 235 | 1939 | 42 |
| Ⅶ | | 299 | 2463 | 33 |

7. PCT-1000A 型大功率固井水泥车

PCT-1000A 型大功率固井水泥车是四机赛瓦石油钻采设备有限公司(简称四机赛瓦)根据用户要求，设计制造的一款适应于特高压、大排量、大功率固井作业的水泥车，是在卡车上装有一台卧式单作用五缸柱塞泵的注水泥设备，柱塞泵由一台柴油机驱动。在注水泥过程中，需要使用底盘发动机驱动循环泵、喷射泵。该设备配有自制水泥浆的混浆系统，具有自动混浆及二次混浆功能，自动化程度高，设备设有超压停泵装置，采用非放射性低压密度计，准确测量水泥浆的瞬时密度值，配有远程操作顶替功能、数据采集系统及云平台，以确保固井安全和固井质量。PCT-1000A 型大功率固井水泥车主要部件及性能见表 14-80。3.5in 柱塞泵各种工况下性能参数见表 14-81。

表 14-80　PCT-1000A 型大功率固井水泥车主要部件及性能

| 部件名称 | 型号 | 数量 | 制造商 | 主要性能 |
|---|---|---|---|---|
| 底盘卡车 | ZZ5446V54 EMF1 | 1 | 济南重汽集团 | 发动机：MC13.50-61，功率 368kW；底盘：8×6 驱动 |
| 台面发动机 | CAT C27 | 2 | 美国卡特彼勒公司 | 额定功率 858kW；最大扭矩 5255N · m |

续表

| 部件名称 | 型号 | 数量 | 制造商 | 主要性能 |
| --- | --- | --- | --- | --- |
| 台面传动箱 | ALLISON、8610OFS | 2 | 美国艾利逊变速箱公司 | 液力机械传动箱，最大输入功率 896kW；<br>最大扭矩 4881N·m |
| 水泥泵 | QPB1000 | 2 | 四机赛瓦 | 单作用五柱塞泵，冲程 152.4mm；<br>柱塞直径 89mm；<br>动力端最大输入功率 746kW |
| 喷射泵 | MISSION4×3 离心泵 | 1 | 美国国民油井公司 | 排量 1.6m³/min；<br>工作压力 0.8~1.2MPa |
| 循环泵 | SCP6×5 离心泵 | 2 | 四机赛瓦 | 排量 3.18m³/min；<br>工作压力 0.35MPa |
| 混浆系统 | ACM-IV.I | 1 | 四机赛瓦 | 最大混浆能力 2.3m³/min；<br>水泥浆密度 1.0~2.5g/cm³，精度范围±0.024g/cm³ |
| 水柜 | 2m³×2 | 1 | 石油四机厂 | 容量：两室，每室容量 2m³，总容量 4m³，两室可以单独计量，也可以互通 |
| 整车尺寸/mm | 12800×2550×4000 | | | |

**表 14-81　3.5in 柱塞泵各种工况下性能参数**

| 挡位 | 柴油机转速/(r/min) | 冲次/min$^{-1}$ | 理论排量/(L/min) | 最高压力/MPa |
| --- | --- | --- | --- | --- |
| Ⅰ | 2100 | 62 | 510 | 71.7 |
| Ⅱ | | 148 | 930 | 43.4 |
| Ⅲ | | 250 | 1270 | 31.6 |
| Ⅳ | | 375 | 1640 | 24.5 |
| Ⅴ | | 562 | 2120 | 18.9 |

8. SGJQ600-30D 型双机双泵电驱固井撬

SGJQ600-30D 型双级双泵电驱固井撬是中石化第四石油四机厂生产的利用电驱代替柴驱的固井作业固井撬，是在撬座上装有两台卧式单作用三缸柱塞泵的注水泥设备，柱塞泵由两台变频调速一体机驱动，一台定速电机驱动液压控制系统，该设备配有自制水泥浆的混浆系统，具有自动混浆及二次混浆功能，由一人操作，自动化程度高，设备设有超压停泵装置，采用非放射性低压密度计，准确测量水泥浆的瞬时密度值，配有数据采集系统及云平台，以确保固井质量。SGJQ600-30D 型双机双泵固井撬主要部件及性能见表 14-82。3in 和 4. 5in 柱塞泵各种工况下性能参数见表 14-83 和表 14-84。

**表 14-82　SGJQ600-30D 型双机双泵固井撬主要部件及性能**

| 部件名称 | 型号 | 数量 | 制造商 | 主要性能 |
|---|---|---|---|---|
| 主电机 | YKVFT-450-6-V01 | 2 | 青岛中加特 | 额定功率 400kW，额定电压 600V，额定电流 450A，额定转速 580r/min；最大扭矩 6586N · m |
| 副电机 | YKVF-315-4 | 1 | 青岛中加特 | 额定功率 250kW，额定电压 600V，额定电流 281A，额定转速 1470r/min；最大扭矩 1624N · m |
| 水泥泵 | STP600 | 2 | 石油四机厂 | 单作用三柱塞泵，冲程 152. 4mm；柱塞直径 88. 9mm、114. 3mm；动力端最大输入功率 447kW |
| 喷射泵 | MISSION4×3 离心泵 | 1 | 美国国民油井公司 | 排量 1. 6$m^3$/min；工作压力 0. 8~1. 2MPa |
| 循环泵 | PN6×5 离心泵 | 1 | 石油四机厂 | 排量 3. 18$m^3$/min；工作压力 0. 35MPa |

续表

| 部件名称 | 型号 | 数量 | 制造商 | 主要性能 |
|---|---|---|---|---|
| 混浆系统 | ACM-IV | 1 | 石油四机厂 | 最大混浆能力 2.3$m^3$/min；水泥浆密度 1.0～2.5g/$cm^3$，精度范围±0.024g/$cm^3$ |
| 水柜 | 2$m^3$×2 | 1 | 石油四机厂 | 容量：两室，每室容量 2$m^3$，总容量 4$m^3$，两室可以单独计量，也可以互通 |
| 整车尺寸/mm | 10000×2500×3300 | | | |

**表 14-83　3in 柱塞泵各种工况下性能参数**

| 挡位 | 电机转速/(r/min) | 冲次/$min^{-1}$ | 理论排量/(L/min) | 最高压力/MPa |
|---|---|---|---|---|
| Ⅰ | 276 | 60 | 123 | 82.3 |
| Ⅱ | 599 | 130 | 271 | 79.8 |
| Ⅲ | 1097 | 239 | 496 | 43.5 |
| Ⅳ | 1466 | 319 | 676 | 32.6 |
| Ⅴ | 2070 | 450 | 936 | 16.7 |

**表 14-84　4.5in 柱塞泵各种工况下性能参数**

| 挡位 | 电机转速/(r/min) | 冲次/$min^{-1}$ | 理论排量/(L/min) | 最高压力/MPa |
|---|---|---|---|---|
| Ⅰ | 276 | 60 | 281 | 36.6 |
| Ⅱ | 599 | 130 | 610 | 35.4 |
| Ⅲ | 1097 | 239 | 1116 | 19.3 |
| Ⅳ | 1466 | 319 | 1492 | 14.4 |
| Ⅴ | 2070 | 450 | 2111 | 7.4 |

9. BACF-350-100A 型固井批量混浆车

BACF-350-100A 型固井批量混浆车是四机赛瓦石油钻采有

限公司为特殊固井作业设计制造的固井批量混浆车，具有泥浆密度自动控制功能，通过合理组合混浆系统管汇上的蝶阀，可以实现连续大批量地混配出高质量的水泥浆，卡车上装有两个 $8m^3$(50bbl)的批混罐和一套自动混浆系统，台面上装有一台柴油机，可为液压系统提供动力，该设备配有自制水泥浆的混浆系统，具有自动混浆及二次混浆功能，自动化程度高，采用非放射性低压密度计，准确测量水泥浆的瞬时密度值，以确保混浆密度。BACF-350-100A 型固井批量混浆车主要部件及性能见表 14-85。

**表 14-85　BACF-350-100A 型固井批量混浆车主要部件及性能**

| 部件名称 | 型号 | 数量 | 制造商 | 主要性能 |
| --- | --- | --- | --- | --- |
| 底盘卡车 | ND2253F50J | 1 | 德国道依茨公司 | 发动机：TCD2015V06，功率 360kW；<br>底盘：6×6 驱动 |
| 台面发动机 | CAT C9 | 2 | 美国卡特皮勒公司 | 额定功率 261kW；<br>最大扭矩 1470N · m |
| 喷射泵 | MISSION4×3 离心泵 | 1 | 美国国民油井公司 | 排量 1.6$m^3$/min；<br>工作压力 0.8~1.2MPa |
| 循环泵 | MISSION6×5 离心泵 | 2 | 美国国民油井公司 | 排量 3.18$m^3$/min；<br>工作压力 0.35MPa |
| 混浆系统 | ACM-IV.I | 1 | 四机赛瓦 | 最大混浆能力 2.3$m^3$/min；<br>水泥浆密度 1.0~2.5g/$cm^3$，精度范围±0.012g/$cm^3$ |
| 水柜 | $8m^3$×2 | 1 | 四机赛瓦 | 容量：两室，每室容量 $8m^3$，总容量 $16m^3$，两室可以单独计量，也可以互通 |
| 整车尺寸/mm | 11000×2500×4000 | | | |

10. JSJ5310GXH3 型气动下灰车

JSJ5310GXH3 型气动下灰车是由江汉三机特车有限责任公司生产的使用油田下灰车和粉粒物料运输车，该车采用北奔载重汽车底盘，装有一台双缸单作用空压机，为罐内提供气体，使水泥流动，达到气体卸料的目的。JSJ5310GXH3 型气动下灰车主要性能见表 14-86。

**表 14-86　JSJ5310GXH3 型气动下灰车主要性能**

| 描述 | 主要性能 |
|---|---|
| 底盘卡车 | 北奔重卡；发动机：WP10.375，功率 276kW；底盘：8×4 驱动 |
| 压风机 | 型号：WBF-10/2；轴功率 37.5kW；排气量 $10m^3/min$；排气压力 0.2MPa |
| 工作压力 | ≥0.2MPa |
| 连续下灰速度 | ≥1.5t/min |
| 剩余量 | ≤0.3 |
| 输送介质 | 油井水泥(1500~3400$kg/m^3$) |
| 输送能力 | 水平输送距离≥20m，垂直输送距离≥8m |
| 整车自重 | 16000kg |
| 连续工作 | ≥60min |
| 灰罐有效容积 | 总容量 $17m^3$，两室单独使用 |
| 整车尺寸/mm | 11000×2500×3800 |

11. JSJ5316GXHZ6 型气动下灰车

JSJ5316GXHZ6 型气动下灰车是由随州力神专用汽车有限公司生产的使用油田下灰车和粉粒物料运输车，该车采用济南重汽载重汽车底盘，装有一台螺杆空压机，为罐内提供气体，使水泥流动，达到气体卸料的目的，该设备使用铝合金罐体，并装有罐内除尘器，提高了运输能力和防止了现场环境污染。JSJ5316GXHZ6 型气动下灰车主要性能见表 14-87。

**表 14-87　JSJ5316GXHZ6 型气动下灰车主要性能**

| 描述 | 主要性能 |
|---|---|
| 底盘卡车 | 济南重汽；发动机：MC11. 40-61，功率 298kW；底盘：8×4 驱动 |
| 压风机 | 型号：WB-10/2；轴功率 34kW；排气量 10m$^3$/min；排气压力 0. 2MPa |
| 工作压力 | ≥0. 2MPa |
| 连续下灰速度 | ≥1. 5t/min |
| 剩余量 | ≤0. 3 |
| 输送介质 | 油井水泥(1500~3400kg/m$^3$) |
| 输送能力 | 水平输送距离≥20m，垂直输送距离≥8m |
| 整车自重 | 14000kg |
| 连续工作 | ≥60min |
| 灰罐有效容积 | 总容量 17m$^3$，两室单独使用 |
| 整车尺寸/mm | 10700×2550×3840 |

12. ZHBC-35 型综合泵车

ZHBC-35 型综合泵车由兰州矿场机械有限公司设计制造生产，主要用于固井施工中的供水、配液、压塞、吊装作业，也可以用于洗井等作业。该设备全部动力由汽车发动机提供，装有一台三缸单作用柱塞泵和两台离心泵。ZHBC-35 型综合泵车主要部件及性能见表 14-88。4in 柱塞泵各种工况下性能参数见表 14-89。

**表 14-88　ZHBC-35 型综合泵车主要部件及性能**

| 部件名称 | 型号 | 数量 | 制造商 | 主要性能 |
|---|---|---|---|---|
| 底盘卡车 | SX1255UM434 | 1 | 陕西重型汽车有限公司 | 发动机型号：WP10. 300N；功率 221kW；<br>底盘：6×4 驱动 |

续表

| 部件名称 | 型号 | 数量 | 制造商 | 主要性能 |
|---|---|---|---|---|
| 柱塞泵 | LK3PC-180 | 1 | 兰州通用机器制造厂 | 单作用三缸柱塞泵，冲程 160mm；柱塞直径 100mm；动力端最大输入功率 134kW |
| 供水泵 | IS125-100-315 离心泵 | 2 | 兰州通用机器制造厂 | 流量：$2m^3/min$；抽吸：5m；扬程：50m |
| 折臂吊 | SQ1ZK2Q | 1 | 徐工集团 | 最大起升质量 1000kg；最大起升力矩 2t · m |
| 水柜 | $2.5m^3×2$ | 1 | 兰州通用机器制造厂 | 容量：两室，每室容量 $2.5m^3$，总容量 $5m^3$，两室可以单独计量，也可以互通 |
| 整车尺寸/mm | 9860×2500×3530 | | | |

**表 14-89 4in 柱塞泵各种工况下性能参数**

| 挡位 | 柴油机转速/(r/min) | 冲次/$min^{-1}$ | 理论排量/(L/min) | 最高压力/MPa |
|---|---|---|---|---|
| 爬 | 1900 | 21.50 | 79 | 35 |
| Ⅰ | | 32.22 | 119 | 35 |
| Ⅱ | | 43.91 | 162 | 35 |
| Ⅲ | | 58.91 | 218 | 33.03 |
| Ⅳ | | 77.49 | 286 | 25.18 |
| Ⅴ | | 108.0 | 399 | 18.05 |
| Ⅵ | | 147.9 | 546 | 13.19 |
| Ⅶ | | 197.3 | 729 | 9.877 |
| WIII | | 260.4 | 962 | 7.484 |

13. SHL5170TGY 型供水车

SHL5170TGY 型供水车由胜利油田高原石油装备有限责任公司(简称胜利高原)设计制造，主要用于固井施工中的供水、配液作业。该设备全部动力由汽车发动机提供，装有两台离心泵。SHL5170TGY 型供水车主要部件及性能见表 14-90。

**表 14-90　SHL5170TGY 型供水车主要部件及性能**

| 部件名称 | 型号 | 数量 | 制造商 | 主要性能 |
| --- | --- | --- | --- | --- |
| 底盘卡车 | ZZ1257M 4347D1 | 1 | 济南重汽集团 | 发动机型号：10. 28-40；<br>功率 204kW；<br>底盘：6×4 驱动 |
| 供水泵 | RA4×3×13 离心泵 | 2 | 四机赛瓦 | 流量：$2m^3$/min；抽吸：5m；<br>扬程：50m |
| 水柜 | $2m^3$×2 | 1 | 胜利高原 | 容量：两室，每室容量 $2m^3$，总容量 $4m^3$，两室可以单独计量，也可以互通 |
| 整车尺寸/mm | 8250×2500×3300 | | | |

14. 水泥化验设备

常用水泥化验设备性能及参数见表 14-91。

**表 14-91　常用水泥化验设备性能及参数**

| 名　称 | 型　号 | 生产厂商 | 性能特点及参数 |
| --- | --- | --- | --- |
| 恒速搅拌器 | 30-60-1 | 美国千德乐公司 | 配制水泥浆，搅拌水泥干灰和水；两个预置 API 恒定转速挡 4000r/min 和 12000r/min，可以实现恒速运转，获得清晰的转速显示 |
| 常压稠化仪 | 1250 | 美国千德乐公司 | 按照 API 规范养护水泥浆，测定水泥浆的流变性、自由水和失水；数字式温度控制器可精确地控制温度，升温速率可调，保证符合 API 规范 10 的要求；试验温度范围 27~93℃ |

续表

| 名　称 | 型　号 | 生产厂商 | 性能特点及参数 |
| --- | --- | --- | --- |
| 增压稠化仪 | 8040B10 | 美国千德乐公司 | 模拟井下条件，测定水泥浆的稠化时间；液压油冷却时间短，提高使用效率；模块式电子控制仪表箱；配有微机数据采集处理系统；试验温度范围 27~315℃，压力范围 0~275MPa |
| 增压稠化仪 | 8040-CT | 美国千德乐公司 | 模拟井下条件，测定水泥浆的稠化时间；液压油冷却时间短，提高使用效率；模块式电子控制仪表箱；配有微机数据采集处理系统；试验温度范围 27~315℃，压力范围 0~275MPa |
| 增压稠化仪（便携式） | 7716 | 美国千德乐公司 | 模拟井下条件，测定水泥浆稠化时间；占地面积少，操作简便；数字式智能温度控制器可获得数字温度显示，并配有大功率加热器；笔式记录仪记录温度及稠度数值；试验温度范围 27~177℃，压力范围 0~110MPa |
| 搅拌式失水仪 | 7120 | 美国千德乐公司 | 模拟现场水泥浆流动情况，测定 API 失水量；在加温加压条件下连续搅拌，接近模拟实际状态；搅拌和失水同时完成，水泥浆均匀，沉淀降至最低；智能温度控制；试验温度范围 27~232℃，压力范围 0~14MPa |
| 养护釜 | 1910 | 美国千德乐公司 | 模拟井下条件养护水泥石；符合 API 规范，具有两个升温段；试验温度范围 27~370℃，压力范围 0~200MPa |
| 流变黏度计 | Chan35 | 美国千德乐公司 | 测定水泥浆流变参数 $n$、$k$ 值；采用进步电机 12/16 速无级变速 |
| 压力机 | YAW-300 | 济南压力机厂 | 测定水泥石抗压强度；实现均匀恒速加压；微机控制加载速度；试验压力范围 0~300kN |
| 失水仪 | GGS71 | 青岛照相机厂 | 测定 API 水泥浆失水量；试验温度范围 27~260℃，压力范围 0~7.1MPa |

续表

| 名　称 | 型　号 | 生产厂商 | 性能特点及参数 |
|---|---|---|---|
| 胶凝强度仪 | 5265 | 美国千德乐公司 | 模拟井下条件，测定静态胶结强度的发展，以及抗压强度的形成；采用无损法测定静胶凝强度；实时观测随时间发展的静胶凝强度；微处理机智能温度控制；试验温度范围 27～204℃，压力范围 0～160MPa |
| 水泥水化分析仪 | 7200 | 美国千德乐公司 | 用于测定不同油井水泥配方对气窜的敏感性；通过测量内部水泥温度的变化可预测水泥水化程度及进程；可大致判断水泥的气体渗透率 |

# 第六节　固井施工技术

## 一、内管法固井工艺

内管法固井工艺一般用于大直径套管固井，是用下部连接有插入头的钻杆插入套管的插座式浮箍与环空建立循环，用水泥车通过钻杆向套管外环空注水泥。采用该工艺注水泥能减少水泥浆在套管内与钻井液的掺混，缩短顶替钻井液时间，减少因附加水泥量过大而造成的浪费和环境污染。

主要工具包括插入式浮鞋、浮箍、插入头、钻杆扶正器等，固井工艺流程为：注前置液→注水泥浆→替钻井液→放回水，检查回压凡尔是否正常→上提钻具循环出多余水泥浆。

（1）因大多数应用于表层套管固井，表层套管直径大、下入浅，必须计算浮力。

（2）将内管法注水泥插座接于套管柱底部。

（3）套管按设计长度下入井内，并及时灌满钻井液。

（4）接插头、钻杆及套管内扶正器，按常规要求下钻。

（5）计算好钻柱到达插座时的方入、悬重，接好方钻杆，慢放，接近插座预计位置时，慢放钻杆对插座，观察指重表，加压 5~6kN，标记方入位置。

(6) 开泵观察泵压及套管内环空钻井液是否外溢，方入标记是否上移，若不外溢，则不上移，压稳刹把，正常循环。

(7) 若套管内环空钻井液外溢不止，上移方入标记，适当对插座施加压力，若无效，上提钻柱循环，慢转轻放，重新对插座。

(8) 循环正常后停泵，迅速转入注水泥施工。

(9) 注替过程结束，立即上提钻柱 4~5m，开泵冲洗，直到将井内残余水泥浆全部返出井口为止。

(10) 起出井下全部钻具，卸内管扶正器及插头。

(11) 候凝时间必须确保水泥石抗压强度达 3.5MPa，方可钻掉插座及水泥塞。

(12) 施工过程中，防止井内落物。

## 二、尾管固井工艺

尾管固井是指套管不延伸到井口的套管固井，将这段不到井口的套管称作尾管。较短的尾管可坐于井底，但绝大部分必须要求实施尾管悬挂。悬挂器装在尾管顶部，尾管由悬挂器悬挂于上层套管内壁上。

尾管的主要目的有两个：一是为了节约套管，减少钻井投资；二是为了减小一次下套管负荷，减小一次性固井封固段，减小一次固井环空流动阻力。关键工具是尾管悬挂器，主要有液压式尾管悬挂器、机械式尾管悬挂器、液压-机械双作用尾管悬挂器和旋转尾管悬挂器等。

### (一) 液压式尾管悬挂器操作程序

1. 工具检查

按照装箱单检查悬挂器及各附件是否齐全，应包含悬挂器本体、提升短节、回接筒、球座、铜球、大小胶塞，以及选配的浮箍、浮鞋、通径规等。

按照现场检查表对各部件进行检查、测量与记录，检查内容包括：

（1）各部件外观是否正常，有无磕碰，密封件是否完好。

（2）各部件是否匹配，丝扣是否完好。

（3）悬挂器内部是否有杂物。

（4）浮箍、浮鞋密封情况。

（5）丝扣、胶塞尺寸是否与使用的套管匹配。

（6）性能参数是否满足作业要求等。

（7）各销钉是否完好。

2. 准备工作

（1）下尾管前通井，调整好钻井液性能。

（2）校核尾管长度，计算钻杆回缩距，应准备 2~3 根与所用钻具同规格的短钻杆，配好后送入钻具。

（3）校核指重表和泵压表，保证其灵敏、准确。

（4）检查钻机循环系统、提升系统是否正常。

（5）下尾管前，称送入钻具质量，并记录开泵、停泵、转动、上提、下放时的悬重及开泵排量和泵压。

3. 下尾管

（1）推荐的管串排列：浮鞋+套管+浮箍+套管+球座+套管串+尾管悬挂器总成+送入钻具+水泥头。

（2）按顺序下入套管及附件，按标准扭矩上扣。

（3）连接浮鞋、浮箍后，检查浮鞋、浮箍的畅通及防回压情况，每下入 5~10 根套管灌满钻井液 1 次。

（4）防止井内及套管内落物，操作应平稳，不得猛提、猛刹和猛放。

（5）按设计要求安放扶正器（扶正器性能应符合标准 SY/T 5024），悬挂器以下每 2 根套管各加 1 只刚性扶正器。

（6）下完套管，先灌满钻井液再连接悬挂器，对于中心管下面带有尾管胶塞的悬挂器，在中心管接箍上连接尾管胶塞，并用链钳或管钳上紧扣，在尾管胶塞胶碗上涂上钻杆丝扣油，然后缓慢插入套管内。

(7) 在回接筒内灌满机油或专用填充液，盖好筛帽，上紧固定螺钉。

(8) 称重，做好记录，锁死转盘。

(9) 当悬挂器入井并经过井口装置时，应缓慢下放，防止悬挂器卡瓦、液缸受到挤压、碰撞。

(10) 尾管坐挂前，不得转动送入钻具，送入钻杆应逐柱灌浆，每下 10 立柱必须灌满 1 次，下放速度应控制在 1.5～2.0min/立柱，中途遇阻开泵循环时，循环压力应低于额定坐挂压力的 80%。

(11) 将尾管下至剩最后 1 个单根时，先灌满钻井液，再接最后 1 个单根及方钻杆(旋转水泥头或顶驱)，上提、下放称重并记录。

(12) 调整钻(方)余，小排量开泵循环，待钻井液返出后可逐渐增加排量，并使循环压力低于额定坐挂压力的 80%，循环压力稳定后再以设计顶替排量循环，总循环量应不少于 2 周。

4. 坐挂及倒扣

(1) 投入憋压球，以小排量泵送，在球下落至计算的球座位置之前 10min，密切注视泵压变化，当球到达球座起压后，憋压至额定坐挂压力以上 20%或超过 2～4MPa，但应低于球座额定憋通压力的 80%，稳压 2～5min，慢慢下放钻具，当总悬重下降到等于送入钻具总悬重+游车重量，且送入钻具回缩距等于或接近计算值时，即坐挂成功。

(2) 当正常循环压力超过额定坐挂压力时，不投球进行试坐挂操作。

(3) 继续下压 100～200kN，确保坐挂可靠。

(4) 继续憋压，憋通球座，建立正常循环。

(5) 停泵，松开转盘，确保倒扣螺母(反扣)处于中和点，对于有载荷支撑套装置的悬挂器下压 30～100kN，以低于 30r/min 的转速先正转 2～5 圈进行试倒扣，检查倒扣扭矩，累计有效倒扣圈数应不少于反扣螺纹圈数的 1.5~2 倍。

(6) 从中和点位置上提钻具，上提高度应大于 1.5m，但应小于中心管有效密封长度 0.5~1m，若悬重一直等于上部钻具+游车重量，表明扣已倒开。

(7) 将钻具放回并下压 30~100kN，按固井设计要求循环，准备固井。

5. 固井及提出中心管

(1) 按固井设计要求注水泥。

(2) 替浆完毕，正转 2~4 圈，缓慢上提钻具，上提高度应大于中心管长度 1~2m，判断送入工具与悬挂器是否完全脱开，然后提至设计位置，按正常排量循环 1 周以上，冲出多余的水泥浆。

(3) 起钻，候凝。

**(二) 机械式尾管悬挂器操作程序**

1. J 形槽式机械尾管悬挂器

(1) 将尾管悬挂器送至井内预定位置后，下放钻具 0.5~1m，然后再慢慢上提至原位置以上 0.5m。

(2) 缓慢正转钻具 1.5~2 圈，锁住转盘，2min 后慢慢下放钻具。当总悬重下降到等于送入钻具总重量+游车重量且送入钻具回缩距等于或接近计算值时，即坐挂成功。注意：当使用左旋坐挂悬挂器时，应反转钻杆坐挂。

2. 轨道管式机械尾管悬挂器

(1) 悬挂器接好准备入井前，先将转换支撑套从长槽中移至轨道管底部，当悬挂器进入套管后遇阻时，转换套自动换向进入短槽。

(2) 钻具上提时，操作要缓慢，上提高度不能超过 0.5m 的安全值，防止提前坐挂。

(3) 发生中途坐挂，应缓慢上提钻具，至悬重不变时再缓慢下放解除坐挂，恢复正常下钻。

(4) 将尾管下放，再上提至预定深度，上提高度不小于换向长度+0.5m，调整好钻余或方余，循环泥浆。

（5）确保转换套已自动换向后，直接慢慢下放钻具即可坐挂。当总悬重下降到等于送入钻具总重量+游车重量，且送入钻具回缩距等于或接近计算值时，即坐挂成功。

（6）机械式尾管悬挂器其他操作规程同液压式尾管悬挂器。

**（三）液压-机械双作用尾管悬挂器操作程序**

液压-机械双作用尾管悬挂器具有两种坐挂方式：使用液压方式进行坐挂时，其操作方式与液压式尾管悬挂器相同；使用机械方式坐挂时（通过正转释放卡瓦的悬挂器），操作方法如下：

（1）将尾管放到井底，下压钻具，确保载荷支撑套承载50~100kN，进行倒扣操作，按规定圈数进行倒扣。

（2）上提至设计坐挂位置，然后下放，使尾管坐挂在上层套管上，建立循环。

（3）其他操作规程同液压式尾管悬挂器。

**（四）旋转尾管悬挂器操作程序**

1. 下套管

尾管串顺序为：浮鞋+套管+浮箍+套管+球座+套管组合+悬挂器总成+送入工具+旋转水泥头。

按顺序下入套管及附件。连接浮鞋、浮箍后，应检查浮鞋、浮箍的畅通及防回压情况。

（1）控制下放速度，防止压漏地层，每单根尾管下放时间不少于15s。

（2）下放尾管时，定期检查是否正常灌入钻井液，井口是否正常返出钻井液，每下入20根套管至少灌满钻井液1次。

悬挂器下面2根套管连续加2个扶正器。套管下完后，先灌满钻井液再接尾管悬挂器。

接尾管悬挂器：提起悬挂器总成，检查尾管悬挂器反扣连接情况。在中心管下端的接头上连接上尾管胶塞，在尾管胶塞皮碗上涂丝扣油，缓慢插入套管，然后连接悬挂器与套管。

接循环头，开泵循环，泵压不能超过 6MPa，循环尾管容积的 1.5 倍。上提悬挂器检查是否有泄漏，称重并做好记录，锁死转盘。

下入钻具。严防管串反转，下 10 柱灌满钻井液 1 次，控制下放速度 1.5~2.0min/柱，对送入钻柱进行通径检查，满足钻杆胶塞通径尺寸要求。

在进入裸眼前 1 柱，接方钻杆循环，循环泵压不超过 6MPa。在循环的同时，坐钻杆卡瓦，以 10~20r/min 的转速转动管柱，记录扭矩。注意：旋转钻具扭矩不能超过套管上扣扭矩最小值的 70%。

继续下钻，每 5 柱灌满钻井液 1 次。如果遇阻，可以正转管柱和循环，开泵泵压不得超过 6MPa。注意：停止旋转时，应控制倒转，以防销钉被剪断。

将尾管下至预定深度，先灌满钻井液再接方钻杆。记录悬重，以小排量开泵循环，泵压不超过 6MPa，以 10~20r/min 的转速转动管柱。

2. 坐挂及倒扣

调整好钻(方)余，先进行试坐挂操作。受井下条件限制，有时循环压力过高未投球就将液缸剪钉剪断。

如果没有坐挂则投球，接方钻杆、坐卡瓦，以 5L/s 的排量送球，同时缓慢转动钻具待球下行。

关注泵压变化，预计球入座前 5min 停泵，停止转动。待小球落座后缓慢开泵打压至 10.5MPa，稳压 5min，缓慢下放管柱观察悬重变化，当总悬重下降到等于送入钻具总重量+游车重量时即坐挂成功。否则，重复上述操作，并且适当增大泵压。

坐挂成功后，继续下压 10~20t，检查坐挂可靠性。

将钻具上提至中和点，继续缓慢打压至 15MPa，稳压 2min。下压 5~10t，松开转盘，然后正转进行倒扣，累计有效倒扣圈数不小于 30 圈。

将钻具缓慢提至中和点后，再上提 1.0~1.2m，观察悬重，判断扣是否倒开。如未倒开，应重复操作并适当提高压力 1~2MPa，并调整下压吨位。若仍无法倒扣，则采取紧急倒扣措施：缓慢反转送入钻具 1/2 圈(注意：左转扭矩不能超过套管最小上扣扭矩的 70%)，下压 5~10t，松开转盘，然后正转进行倒扣。

倒扣成功后，继续下放管柱下压 15t，开泵憋压至 20MPa，剪断球座。建立正常循环。上提所下压吨位至中和点，以 5~10r/min 动转盘，观察扭矩。如果扭矩正常，说明键已复合，否则缓慢上下活动管柱，密切观察扭矩变化，直至扭矩正常。

3. 固井及拔中心管

以 10~20r/min 动转盘，密切注意扭矩变化。

装钻杆胶塞，卸方钻杆，接水泥头及固井管线，试压。注意：对所有固井管线，必须用安全带和绳索将其固定，防止发生跟转现象。

注水泥。以 10~20r/min 转动转盘，密切注意扭矩变化。

压钻杆胶塞。

替浆。替浆过程中，可以 10~20r/min 转动转盘，密切注意扭矩变化。当小胶塞到达大胶塞位置前 1.5$m^3$ 左右时，应降低排量，注意泵压表的变化。如果观察到泵压明显上升后又回到正常值，说明大、小胶塞已经复合，此时应校核替浆计量。

当替浆量剩 1.5$m^3$ 左右时，降低排量，碰压。

停转，放回水，检查浮箍、浮鞋密封情况，卸管汇。

顶压 8~10MPa，上提钻具 5~6m(注意悬重变化)，当送入工具与悬挂器脱开后(压力突然下降)上提 1~3 柱，然后大排量循环 1 周以上，冲出多余水泥浆。循环过程中要转动或上下活动钻具，保证钻具安全及循环干净。

起钻，侯凝。

**(五) 膨胀尾管悬挂器操作规程**

1. 施工准备及要求

(1) 下尾管前要通井，调整好钻井液性能，并记录通井管柱下至悬挂位置时的钻具悬重。

(2) 对于侧钻井、加深井等原井技术套管进行刮管除垢，并对悬挂点以上套管进行 15MPa 清水试压，验证上部套管完整性。

(3) 按要求对入井钻杆、套管及其他入井工具进行通径，确保畅通，并对钻具进行 30MPa 试压。

(4) 校核指重表和泵压表，保证其灵敏、准确。

(5) 参照膨胀悬挂器的"产品说明"检查各主要参数。

(6) 检查膨胀悬挂器附件配套齐全，并检测倒扣正常，检查膨胀悬挂器本体、胶筒良好。

(7) 校核尾管长度，计算钻杆回缩距，配好送入钻具并确定坐挂位置。

2. 下尾管

(1) 推荐的管串结构：浮(引)鞋+旋流管+浮箍(球式、弹簧式各一个)+套管+球座+套管串+膨胀悬挂器+安全接头+送入钻具+方钻杆(短方)(旋转水泥头或顶驱)。

(2) 按要求下入套管及附件，按标准扭矩上扣，下放过程平稳，及时灌满钻井液。

(3) 按设计要求安放扶正器，为膨胀悬挂器以下 2 根套管各加 1 只刚性扶正器。

(4) 套管下入完毕后，灌满钻井液，锁死转盘，测下入尾管串悬重，并做好记录。

(5) 连接膨胀悬挂器，入井口时应扶正且缓慢下放，防止膨胀悬挂器受到挤压、碰撞。

(6) 连接送入钻具，每下 5~10 立柱灌满钻井液 1 次，下放速度应控制在 2.0min/立柱，中途遇阻开泵循环时，循环压力应低于额定坐挂压力的 80%。

(7) 下入最后 1 根钻杆时，须先灌满钻井液，再接方钻杆(旋转水泥头或顶驱)，测上提、下放悬重并进行记录。

(8) 调整钻(方)余，小排量开泵循环，待钻井液返出后可逐渐增大排量，循环压力稳定后再以设计顶替排量循环，总循环时间应不少于 2 个循环周。

3. 倒扣

（1）活动钻具至中和点，以低于 30r/min 的转速先正转钻具 5~10 圈进行试倒扣，检查倒扣扭矩，累计有效倒扣圈数应不少于反扣螺纹圈数的 1.5~2 倍。

（2）从中和点位置缓慢上提送入钻具，钻具悬重在膨胀悬挂器自由行程内一直等于送入钻具质量，超过自由行程则悬重增加明显，以此判断倒扣是否成功。

（3）倒扣成功后，上提钻具至悬重再增加 10~30kN，按固井设计要求循环，准备固井作业。

4. 固井作业

（1）按钻井设计及固井设计要求固井。

（2）水泥浆可泵时间应大于注水泥时间+顶替时间+2h+喇叭口以上残余水泥返出时间。

（3）固井时，注意泵压变化，以及井口返出量。

（4）顶替过程中，在钻杆胶塞与固井胶塞复合及碰压计量接近设计要求时，应采用小排量复合或碰压。

（5）碰压后，检查浮箍、浮鞋密封性。

5. 膨胀坐挂

（1）小排量打压至膨胀悬挂器的设计膨胀压力，保持稳压，并缓慢上提送入钻具。

（2）缓慢上提钻具，注意悬重表的变化情况，直至压力释放，膨胀悬挂器坐挂完毕。

6. 冲洗、起钻

（1）压力释放后，立刻下放钻具至悬挂器喇叭口处，以正常排量循环 1 周以上。

（2）循环过程中应活动钻具，并有人观察出口返出情况，及时排掉返出的前置液、水泥浆和混浆。

（3）起钻，候凝。

### (六) 常用尾管与井眼、上层套管尺寸的配合

常用尾管与井眼、上层套管尺寸的配合见表 14-92。

表 14-92　常用尾管与井眼、上层套管尺寸的配合

| 尾管尺寸/mm(in) | 上层套管尺寸/mm(in) | 井眼尺寸/mm(in) | 重叠长度/m | 水泥环厚度/mm | 常用系列 |
|---|---|---|---|---|---|
| 88.9(3½) | 139.7(5½) | 118.0 | 50~150 | 14.6 | ※ |
| 101.6(4) | 139.7(5½) | 118.0 | 50~150 | 8.2 | |
| 101.6(4) | 177.8(7) | 152.4(6) | 50~150 | 25.4 | ※ |
| 114.3(4½) | 177.8(7) | 152.4(6) | 50~150 | 19.1 | ※ |
| 127.0(5) | 177.8(7) | 152.4(6) | 100~150 | 12.7 | ※ |
| 127.0(5) | 177.8(7) | 155.6(6¹/₈) | 100~150 | 14.3 | ※ |
| 127.0(5) | 193.7(7⅝) | 168.3(6⅝) | 100~150 | 20.7 | |
| 139.7(5½) | 193.7(7⅝) | 168.3(6⅝) | 100~150 | 14.3 | |
| 139.7(5½) | 244.5(9⅝) | 215.9(8½) | 150~200 | 38.1 | ※ |
| 177.8(7) | 244.5(9⅝) | 215.9(8½) | 150~200 | 19.1 | ※ |
| 177.8(7) | 244.5(9⅝) | 219.1(8⅝) | 150~200 | 20.7 | |
| 193.7(7⅝) | 244.5(9⅝) | 215.9(8½) | 200~250 | 11.1 | |
| 193.7(7⅝) | 273.1(10¾) | 241.3(9½) | 200~250 | 23.8 | |
| 244.5(9⅝) | 298.5(11¾) | 269.9(10⅝) | 200~250 | 12.7 | |
| 244.5(9⅝) | 339.7(13⅜) | 317.5(12½) | 200~250 | 36.5 | ※ |

注：※为常用系列。

## 三、分级固井工艺

分级固井工艺是注水泥作业分两次或多次完成的一种特殊工艺，该工艺关键工具为分级注水泥器，简称分级箍。

分级固井工艺适用于如下井：一次性注水泥量过大的井；

封固段过长的井；地层破裂压力系数低的井；地层渗透漏失严重的井。

分级注水泥器(分级箍)有机械式分级注水泥器、压差式分级注水泥器和机械-压差双作用式分级注水泥器等。双级固井工艺原理如图 14-57 所示。

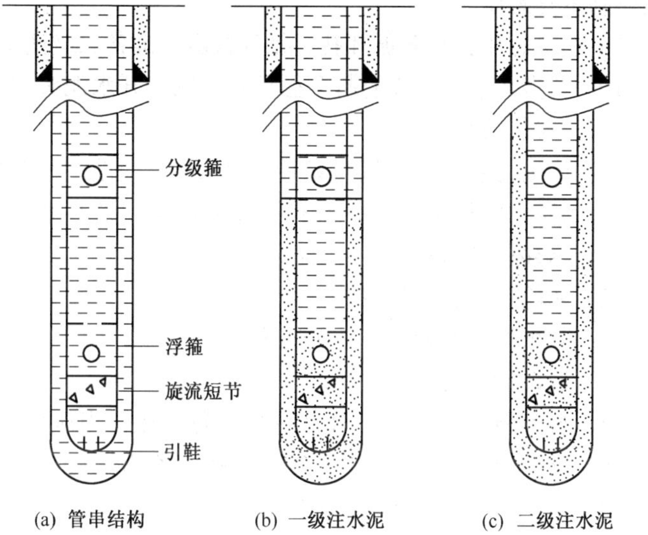


图 14-57　双级固井注水泥工艺原理

**(一) 机械-压差双作用式分级注水泥器操作程序**

(1) 现场落实送井工具及附件，包括分级注水泥器本体、一级塞、重力塞、关闭塞和承托环。

(2) 分级注水泥器要放在井径规则、井壁稳定处。距上部油层较近，距下部油层较远。

(3) 依据套管设计，管串连接结构自下而上为：引鞋+旋流短节+套管 1 根+回压凡尔+套管 1 根+回压凡尔+承托环+套管串+分级注水泥器+套管串到井口。

(4) 下套管串、分级注水泥器和承托环并安放在设计位置。在分级注水泥器上、下各加 2 个套管扶正器。

(5) 分级注水泥器螺纹要涂密封脂。

(6) 下完套管后，循环钻井液，调整钻井液性能，达到固井设计要求。

(7) 注前置液、水泥浆，释放一级塞。

(8) 按设计量替入钻井液，碰压；放回压，观察是否倒返，若倒返则重复憋压。

(9) 继续憋压，打开循环孔，循环候凝，准备二级注水泥。

(10) 若多次憋压仍没有打开循环孔，则卸开水泥头盖，投入重力塞，安装关闭塞。

(11) 待重力塞下落至打开套时，用水泥车缓慢憋压至打开压力，直到压力明显下降，井口有钻井液返出，说明循环孔被打开，循环候凝，准备二级注水泥。

(12) 注前置液、水泥浆。

(13) 开水泥头挡销，释放关闭塞。

(14) 按设计量替入钻井液。

(15) 替到最后 $2\sim3m^3$，降低排量进行碰压，当压力突增，说明关闭塞已坐在关闭套上，关闭压力超过关闭销钉压力与实际静压差之和 2~3MPa，稳压 3~5min。

(16) 放压，观察是否倒返，若倒返，则重复顶压。

**(二) 压差式分级注水泥器操作程序**

(1) 现场落实送井工具及附件，包括分级注水泥器本体、一级塞、重力塞、关闭塞和承托环。

(2) 分级注水泥器要放在井径规则、井壁稳定处。距上部油层较近，距下部油层较远。

(3) 依据套管设计，管串连接结构自下而上为：引鞋+旋流短节+套管 1 根+回压凡尔+套管 1 根+回压凡尔+承托环+套管串+分级注水泥器+套管串到井口。

(4) 下套管串、分级注水泥器和承托环并安放在设计位置。在分级注水泥器上、下各加 2 个套管扶正器。

(5) 分级注水泥器螺纹要涂密封脂。

(6) 套管下完后，循环钻井液，并调整钻井液性能，达到固井设计要求。

(7) 注前置液、水泥浆，释放一级塞。

(8) 按设计量替入钻井液，碰压；放回压，观察是否倒返，若倒返则重复憋压。

(9) 继续憋压，打开循环孔，循环候凝，准备二级注水泥。

(10) 注前置液、水泥浆。

(11) 开水泥头挡销，释放关闭塞。

(12) 按设计量替入钻井液。

(13) 替到最后 $2\sim3m^3$，降低排量进行碰压，当压力突增，说明关闭塞已坐在关闭套上，关闭压力超过关闭销钉压力与实际静压差之和 2~3MPa，稳压 3~5min。

(14) 放压，观察是否倒返，若倒返，则重复顶压。

**(三) 重力式分级注水泥器操作程序**

与机械-压差双作用式分级注水泥器操作程序基本相同，只是在一级碰压后，观察井口若不倒返，则卸开水泥头盖，投入重力塞，用重力塞打开循环孔，建立循环。其他方面与机械-压差双作用式分级注水泥器操作程序相同。

## 四、预应力固井工艺

预应力固井是在稠油热采固井中采用的一种固井工艺技术，在注水泥前或水泥浆凝固前，给套管提拉一定的拉力，使套管内部预先产生拉应力，从而平衡或减小套管受热膨胀时所产生的压应力，防止原油热采过程中套管发生膨胀损坏。关键工具为预应力固井地锚。

(1) 套管选择：钢级在 N80 以上，连接螺纹以梯形螺纹为主，抗拉安全系数取 2.3~2.5。

(2) 使用套管扶正器，以保证套管居中，保证水泥胶结质量。

(3) 水泥中必须加入硅粉热稳定剂，常用配方见表 14-93。

表 14-93　热稳定剂配方

| 井型 | 配　　方 |
| --- | --- |
| 热采井 | G 级水泥+(30%~40%)硅粉+其他性能要求的添加剂 |
| | G 级水泥+35%石英粉+2%坂土+(10%~20%)珍珠岩+其他性能要求的添加剂 |
| | G 级水泥+60%火山灰+硅藻土 3%+硅粉 50%+其他性能要求的添加剂 |

(4) 水泥浆返出地面，保证上部水泥环质量。

(5) 必须按设计预应力提拉。

(6) 定向斜井一般不采用预应力固井；当必须采用预应力固井时，一定使用近满眼的刚性套管扶正器。

## 五、筛管顶部注水泥固井工艺

筛管顶部注水泥固井工艺是在裸眼段下入筛管而将筛管顶部套管注水泥固井的工艺。分级箍和管外封隔器配合，可完成筛管顶部注水泥工艺。

筛管顶部注水泥固井工艺的特点是既能以筛管工艺完井，又能有效封固产层以上地层，保证产层与上部油、气、水层的有效封隔，提高筛管完井的油井寿命。该工艺适用于全井下套管固井，也适用于尾管固井。

特殊工具：分级注水泥器、管外封隔器和盲管等。

1. 常规筛管顶部注水泥操作程序

(1) 现场落实送井工具及附件，包括分级注水泥器本体、关闭塞和承托环。

(2) 分级注水泥器要放在井径规则、井壁稳定处。

(3) 依据套管设计，管串连接结构自下而上为：引鞋+筛管串+盲管+套管 1 根+封隔器+分级注水泥器+套管串到井口。

(4) 下套管串、分级注水泥器和承托环并安放在设计位置。在分级注水泥器上、下各加 2 个套管扶正器。

(5) 对分级注水泥器螺纹要涂密封脂。

(6) 下完套管后，憋压胀开管封。

(7) 继续憋压，打开分级箍循环孔。

(8) 循环钻井液，调整钻井液性能，达到固井设计要求。

(9) 注前置液、水泥浆。

(10) 开水泥头挡销，释放关闭塞。

(11) 按设计量替入钻井液。

(12) 替到最后 2~3$m^3$，降低排量进行碰压，当压力突增，说明关闭塞已坐在关闭套上，关闭压力超过关闭销钉压力与实际静压差之和 2~3MPa，稳压 3~5min。

(13) 放压，观察是否倒返，若倒返，则重复顶压。

目前，随着技术发展和井下后续开发需要，又研发出免钻塞筛管顶部注水泥工艺、尾管筛管顶部注水泥工艺和筛管分段完井工艺等。

2. 免钻塞筛管顶部注水泥工艺

免钻塞筛管顶部注水泥工艺是为了避免常规筛管顶部注水泥后钻塞造成套管或分级箍脱扣等隐患而衍生出的固井工艺，关键工具为可打捞式免钻塞装置，集封隔器、分级箍为一体，串接在筛管顶部，碰压、候凝结束后，用打捞筒打捞出该装置的内部结构，避免钻塞，捞出结构可以重复使用。

3. 尾管筛管顶部注水泥工艺

尾管筛管顶部注水泥工艺主要针对深井尾管采用。管串结构为：引鞋+筛管串+盲管+套管 1 根+封隔器+分级注水泥器+套管串+尾管悬挂器+送入钻具到井口。施工程序为：分级箍打开，建立正常循环后操作悬挂器，正常坐挂成功后执行尾管固井施工程序。

## 六、封隔器完井工艺

封隔器完井工艺是以保护油气层为主要目的的一种完井工艺，有时也作为处理复杂井的一种手段。该工艺是在裸眼井段下入套管后不采用注水泥封固套管施工，而是在产层上、下采用管外封隔器封隔环空。

特殊工具：管外封隔器。目前，现场主要使用三种管外封隔器，分别为水力胀封式封隔器、遇油遇水自膨胀式封隔器和热敏式自膨胀式封隔器。

## 七、定向井、水平井固井技术

1. 固井工艺难点

(1) 弯曲井段曲率大，套管不易下入。

(2) 斜井段套管与井壁发生大面积的接触；井斜角越大，摩阻力越大。当井斜角超过 70°时，管柱重量的 90%作用于井眼下侧，若方位变化大，则情况更为严重。井眼摩阻力与井斜角的关系如图 14-58 所示。

(3) 环空的严重偏心度使窄边钻井液不能有效清除。

(4) 易形成集中的水带，尤其是水平井，游离水易集中于井眼上方，使油气串通。

(5) 普通 API 螺纹受弯曲应力后，容易导致螺纹密封能力下降。

(6) 直井中常用的固井附件不能使用，需要改进或重新设计。

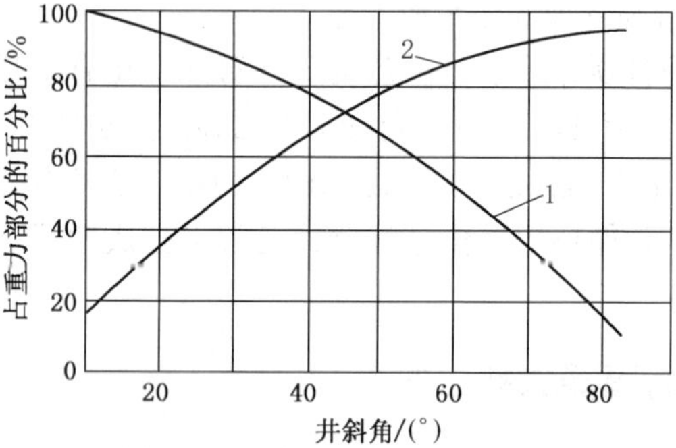


图 14-58　井眼摩阻力与井斜的关系

1—井轴线方向作用力；2—摩阻力

2. 定向井、水平井应采取的特殊工艺措施

(1) 核算满足套管下入的井眼允许条件。

(2) 在下套管前，要采取降低摩阻力的措施，如加入塑料小球，或混入油剂。

(3) 斜井段管柱每根套管须加扶正器，大斜度井段和水平井段要加刚性扶正器，并使用定位箍。

(4) 以下入套管的最佳尺寸与钻进的钻铤尺寸接近为好。

(5) 控制水泥浆自由水量为零或接近零，使水泥浆失水量小于 50mL。

(6) 根据钻井液体系，确定前置液，控制较小的失水量，加入适量的表面活性剂，达到对井下最大清洗要求，使具有冲洗和隔离两项功能。保证前置液长度在环空中 200m 以上。

(7) 选择高密度高流性水泥浆体系，提高顶替效率。

(8) 在条件允许的条件下，尽量采用“漂浮”设计，即提高水泥浆密度，降低顶替液密度。

## 八、高压井固井技术

高压井固井是指封固高压油、气、水层的固井。高压的概念是以压力梯度来表示的，当压力梯度值超过 14kPa/m (0.014MPa/m)时，认为已属高压范围。

1. 高压井固井难点

高压井固井难点是钻井液密度高，油、气、水活跃，固井时易发生水泥浆窜槽、油气侵窜，以及候凝时水泥浆失重等问题。

2. 主要固井措施

高压井固井除使用常规固井措施外，还要增加以下措施：

(1) 采用双凝或多凝水泥浆技术。使从高压层以上 50~100m 至井底的水泥段先凝固，失重仅在这段水泥段发生。由于上部水泥浆还未达到初凝，这时整个环空压力大于高压层压力，待上段水泥浆初凝时下部高压层已经固死。

（2）环空憋压。对于上部有技术套管的高压井，固井后可关上防喷器，在环空憋起一定压力，以平衡水泥浆凝固失重时所减小的压力。憋压大小根据计算的失重压力和技术套管鞋处的破裂压力确定，一般为3~6MPa。

（3）应用套管外封隔器。对部分油气活跃严重的井，采用管外封隔器封隔技术，可以有效解决高压井固井在候凝过程中的油气上窜问题，特别是对无技术套管无法环空憋压的井及封固段较长水泥浆失重明显的井，封隔器位置放在高压层上部10~50m井径规则、扩大率较小处。

（4）合理下技术套管。下技术套管把上部易漏层封住：一是保证用高密度钻井液压稳油、气、水层时，上部不漏；二是固井后可环空憋压，平衡地层压力，不使高压油气、水、上窜，同时也可以降低封固段的长度。

（5）采用化学方法防窜。在水泥浆中加入膨胀剂使水泥浆在凝固过程中发生膨胀，从而提高水泥浆柱对气层的压力，以达到防油气窜的目的；或加入气锁剂，使完全分散于水泥中的胶乳颗粒聚结形成不透气膜，以阻止气体继续侵入，具有自动封闭机理。

（6）采用封隔器完井工艺。用多个封隔器把油层封隔，然后通过分级注水泥器完成上部井段注水泥作业。

## 九、漏失井固井工艺

（1）采用封隔器-分级箍注水泥工艺。对井径规则的井，采用封隔器-分级箍注水泥工艺，在漏层上部加封隔器和分级箍，固井前胀开封隔器，并打开分级箍，有效封固封隔器以上地层。对井径扩大严重的漏失井，采用水泥伞-分级箍双级注水泥工艺。先把漏失层上部50m进行封固，再打开分级箍循环，待水泥凝固后，再对上部井段注水泥。对漏失层在封固段中间的井，采用封隔器-分级箍双级注水泥工艺(图14-59)，即在漏失层上部安装封隔器和分级箍，先封固封隔器以下封固段，然后胀开封隔器并打开分级箍，进行上部封固段固井。分级箍和封隔器安装位置要视井下漏层的具体情况而定。

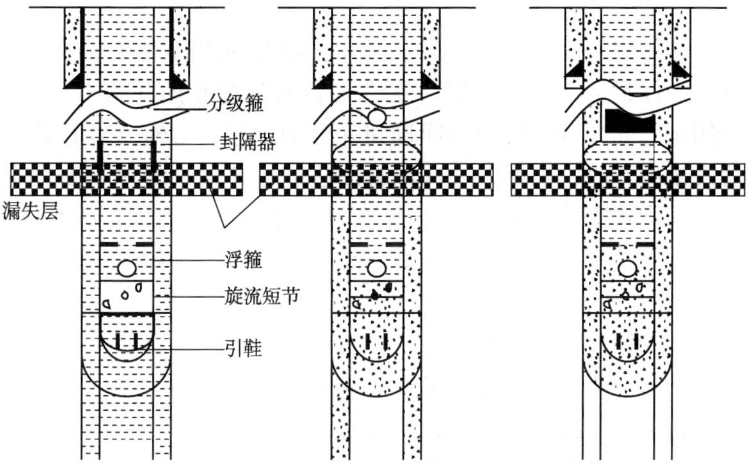


图 14-59　封隔器-分级箍双级注水泥工艺

(2) 采用低失水堵漏剂水泥浆体系。

(3) 采用低失水低密度水泥浆体系。常用的低密度水泥浆体系有粉煤灰水泥浆体系、玻璃微珠水泥浆体系、坂土粉水泥浆体系和火山灰水泥浆体系等。

(4) 采用泡沫水泥浆体系。采用化学发泡剂或用机械的方法在水泥浆内部产生氮气或充入空气，并加入稳泡剂和其他外加剂的水泥浆体系。其泡沫密闭独立，细小均匀，最低密度可降至 0.84g/cm$^3$。

(5) MTC 体系。利用钻井过程中使用的钻井液，在其中加入激活剂、分散剂、炼钢高炉矿渣等外加剂和外掺料，使泥浆直接转化为固体，具有成本低、密度低、强度高等特点。

(6) 纤维低密度水泥浆体系。针对低压漏失等漏失量大的井，在低密度水泥浆中掺混不同尺寸的纤维，混拌成纤维低密度水泥浆体系，在地层孔隙间架桥堵漏，实现一定的堵塞裂缝漏失，同时又可以提高水泥石韧性。

## 十、尾管回接固井工艺

尾管回接固井工艺多用于深井、超深井或高压气井，为降低一次性封固难度，减轻一次性下套管负荷和固井施工难度，采用尾管固井后进行套管回接到井口的工艺。另外，当上层套管发生破坏时，也可以进行尾管回接进行补救。尾管回接固井工艺与常规固井工艺基本相同，只是套管柱下部结构有所不同。

回接管串一般结构自下而上为：回接插头+1～2 根套管+浮箍+套管串。特殊情况下，可根据需要调整管串结构。

尾管回接工艺流程：

(1) 尾管固井作业结束后，候凝。

(2) 下带刮刀钻头的钻具清洗回接筒内壁。

(3) 按照下套管作业程序下回接管串。

(4) 将回接插头试插入回接筒，试压，测试插头是否密封。若密封，则进行下步程序；若不密封，则反复试插、试压几次，若仍不密封，则起套管更换插头。

(5) 将插头提出回接筒 1～2m，循环钻井液 1～2 周，进行常规固井作业。

(6) 注前置液、水泥浆，释放胶塞，替钻井液，碰压。

(7) 下放插头插入回接筒，下压 5～10t，放回压，候凝。

(8) 根据情况选择敞压候凝或憋压候凝。一般常规井选择敞压候凝，对气井或者尾管固井质量较差的井，要求环空憋压 10MPa 左右候凝。

## 十一、干法固井工艺

干法固井工艺又称气体介质下固井工艺技术，是针对空气钻井、氮气钻井、泡沫钻井等新型钻井技术研发的配套固井工艺技术，主要优点为保证大尺寸套管固井封固质量，避免转换钻井液带来的井下复杂事故，缩短完井周期，降低成本。目前，主要应用于导管、表层和下深较浅的技术套管(没有出现油、气、水层)固井。

主要难点：下套管前，保持井眼稳定和井壁光滑难度大；固井过程中，易发生井漏，返高难以控制；水泥浆在非连续流动下施工参数难以控制；套管内封闭的空气无法及时排出；深井水泥浆的自流效应和失水作用对水泥浆体系的性能要求高；井下不确定因素多，潜在风险大；对固井工具附件的抗冲击性能要求高。

(1) 管串结构通常为：浮鞋+套管+浮箍+套管+浮箍(内插法时须带插座)+套管柱，井深小于1000m时，可使用一只浮箍或只使用一只浮鞋。对于导管和浅表层，由于下开次继续采用空气钻进可进一步简化套管柱设计，采用引鞋或浮鞋+浮箍(内插式)套管柱简化结构，甚至只使用引鞋或浮鞋+套管柱结构。

(2) 空气或泡沫钻完井后，用大排量气压冲洗井壁，置换出破碎岩屑，尽量保持井筒清洁。

(3) 模拟下套管，通井。

(4) 下套管，合理选择套管扶正器，尽量扶正套管串。

(5) 正注水泥浆程序：一般不设计注前置液，对于深井，一般采用常规压胶塞正注反灌注水泥工艺；对于浅井或者大尺寸套管固井，一般采用内插法正注反灌注水泥工艺。正注水泥量控制在内、外管压力平衡即可，注水泥排量根据环空排气量适当调整。

(6) 候凝6~12h后，环空反灌水泥浆，可多次反灌，直至井口返出纯水泥。

(7) 候凝12~24h，钻塞。

## 十二、振动固井工艺技术

振动固井是在下套管、注水泥浆、顶替和候凝过程中，采用机械振动、液压或空气脉冲、水力冲击等手段，产生振动波作用于套管、钻井液和固井液来提高固井质量的一项新技术。

1. 主要优点

(1) 大幅降低水泥浆静切力。

(2) 增加界面的胶结强度。

(3) 提高水泥石强度。

(4) 缩短水泥浆候凝时间。

(5) 消除水泥浆中的气泡，形成完好的水泥环。

2. 分类

按作用原理不同可分为水力脉冲式振动器、套管内振动棒式振荡器、声频振动固井装置、地面环空水力或空气脉冲振动固井装置和套管偏心振动器等。

其中，机械式井口振动器、井口环空脉冲振动装置和声频井口振动器安放位置均为井口，操作简单、易行，不受常规固井操作的限制。其共同的缺点是：振动装置安装在井口，距离目标层太远，大部分振动能量被钻井液吸收，深处层位的振动效果受传输距离的影响，对地面设备的功率要求很大。

机械式内管振动器和机械式套管偏心振动器只能将振动器安装固定在套管某一位置，振动范围有限，而且替浆结束后就停止工作，候凝阶段无法施加振动。

此外，磁致伸缩式振动器是利用镍杆在磁致伸缩力的作用下产生的强烈固有振动，并从杆端射出频率相同的声波。压电陶瓷式振动器是在电场中放入压电晶体，让压电晶体发生强烈的压缩或拉伸，产生振动。磁致伸缩式振动器和压电陶瓷式振动器都可以制成棒状，用电缆送入井内套管中进行振动。

水力脉冲式振动器是目前国内常用的固井振荡装置，是一种安装在套管根部的振动和脉冲发生装置，钻井液或水泥浆流经该装置时产生机械振动和流体脉冲。该装置安装在套管柱的底部，下接浮箍或浮鞋。套管柱下入过程中，按要求及时灌浆，注意泥浆要清洁，避免大量固相沉淀；开泵平缓起压，直到建立正常循环；按正常程序固井施工。

# 第七节　固井质量评价

## 一、井温测井

主要应用于确定管外水泥返高，也可作为水泥充填程度的补充解释。水泥凝固产生的热量将使其在正常温度基础上升高几摄氏度。利用井温测井可以确定水泥面位置，以及检查水泥窜槽。

## 二、水力测试

水力测试可以检测邻近层的油、水或气、水窜槽位置，以及检查射孔井段的封堵效果。目前，最常用的方法是耐压试验和排液试验。

(1) 耐压试验。耐压试验就是在井口加一定的压力，观察压力下降的情况，以检查套管柱的密封性或挤水泥质量。

(2) 排液试验。排液试验是用气举或提捞等方法，部分或全部掏空井内液体，关井一段时间后，观察井内变化。

## 三、声波测井

1. 水泥胶结测井(CBL)

水泥胶结测井(Cement Bond Log，简称 CBL)是声幅测井的一种，通过测量套管的滑行波(简称套管波)的幅度或衰减，来探测管外水泥的固结情况。水泥胶结测井通常用单发单收声系，即一个声波发射器，一个声波接收器，源距多为 1m。目前，尚有与声波变密度测井(VDL)合测的组合测井仪，采用单发双收声系。第一个声波接收器记录 CBL 信号，源距 0.91m。第二个声波接收器记录 VDL 信号，源距 1.52m。

注水泥后，如果套管与水泥胶结良好，套管与水泥环的声阻抗差较小，在套管与水泥环的界面上声耦合好，套管波的能量容易通过水泥环向外传播，使套管波信号有较大的衰减，则测得的 CBL 值就很低。若套管与水泥胶结不好，管外为钻井液时，套管与钻井液的声阻抗差别大，声耦合较差，套管波的能量不容易通过钻井液向地层传播，使套管波的信号减小，则 CBL 值较高，在自由套管井段，则会出现最大的 CBL 值。CBL/VDL 测井图例如图 14-60 所示。

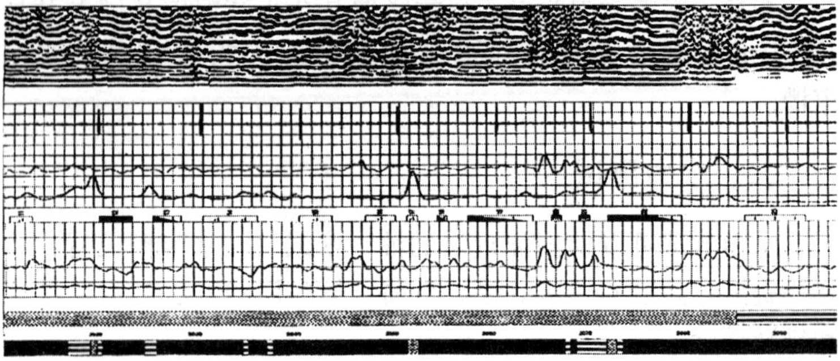

图 14-60　CBL/VDL 测井图例

2. 声波变密度测井(VDL)

声波变密度测井(Variable Density Log，简称 VDL)，属声幅测井的一种，与 CBL 不同的是，它记录井下声波信号的全波列。因此，亦称声波全波列测井，它属于大信息量的测井方法，而 CBL 则只记录声波全波列中的首波幅度。

目前，VDL 通常与 CBL 同测，用单发双收声系组成两种仪器，共用一个发射器。

声波全波列指的是声波从发射器发射后，接收器能接收到的所有声波信息的组合。声波有 5 条路径从发射器传播至接收器，即通过仪器主体、井内钻井液、套管、水泥环及地层。为评价固井质量，必须消除通过仪器主体传播的声波信号，因此在 VDL 仪器上，按时间先后顺序接收到的声波信号分别是套管波、水泥环波、地层波和钻井液波。

3. 扇区水泥胶结测井(SBT)

20 世纪 80 年代末，阿特拉斯测井公司推出了一种新的固井质量测井仪。它主要从纵向和横向(沿套管圆周)两个方向上测量水泥胶结质量。它利用装在6个滑板上的12个高频定向换能器的声系来定量套管周围6个60°区块。有6个动力推靠臂,每个臂均把一块发射和接收换能器滑板贴在套管内壁上。在该仪器设计中考虑的短源距使补偿衰减测量结果基本不受快速地层影响。实现了测量的高分辨率和360°全方位覆盖。

双发双收补偿测量系统测量6条声波衰减率曲线。衰减率越大,水泥胶结越好。平均衰减率ATVT和最小衰减率ATMN的差异反映了水泥胶结环向不均匀性。平均声幅AMAV相当于理想测井条件下的CBL曲线。水泥图环向分辨率较高,详细、直观地显示水泥环胶结质量。相对方位RB,可确定水泥沟槽的方位。此外,可利用5ft(1.5m)源距的变密度图评价水泥环与地层界面的胶结状况。SBT测井图例如图14-61所示。

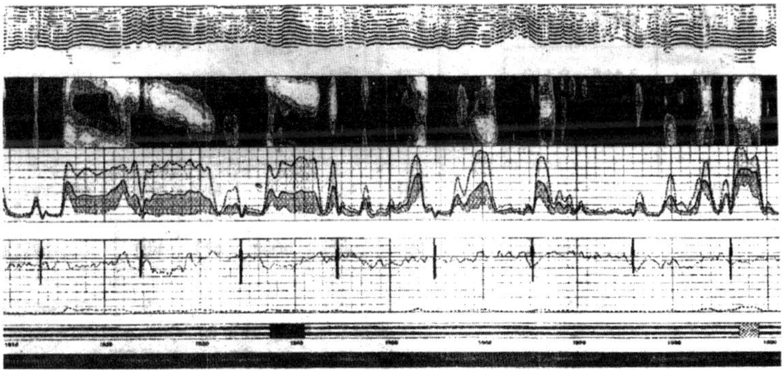

图14-61 SBT测井图例

## 四、固井质量评价

1. 根据CBL定量评价水泥胶结状况

根据CBL可定量评价水泥环第一界面的胶结状况。通常以CBL≤15%为优,以15%<CBL≤30%为中等(合格),以CBL>30%为差(不合格)。

对于低密度水泥浆体系,可适当放宽声幅值,一般以CBL

≤20%为优，以 20%<CBL≤40%为中等（合格），以 CBL>40%为差（不合格）。

2. 根据 VDL 定性评价水泥胶结状况

根据 VDL 可定性评价水泥环第一界面和第二界面的胶结状况（表 14-93）。

**表 14-93　根据 VDL 定性评价固井质量**

| VDL 特征 | | 固井质量定性评价结论 | |
|---|---|---|---|
| 套管波特征 | 地层波特征 | 第一界面胶结状况 | 第二界面胶结状况 |
| 很弱或无 | 地层波清晰，且相线与 AC 同步良好 | 良好 | 良好 |
| 很弱或无 | 无，AC 反映为松软地层，未扩径 | 良好 | 良好 |
| 很弱或无 | 无，AC 反映为松软地层，大井眼 | 良好 | 差 |
| 很弱或无 | 较弱 | 良好 | 部分胶结 |
| 较弱 | 地层波较清晰 | 部分胶结（或微间隙） | 部分胶结至良好 |
| 较弱 | 无或地层波弱 | 部分胶结 | 差 |
| 较弱 | 地层波不清晰 | 中等 | 差 |
| 较强 | 弱 | 较差 | 部分胶结至良好 |
| 很强 | 无 | 差 | 无法确定 |

注：AC 为在裸眼井中测量的纵波时差曲线。

3. 根据固井施工作业记录评价

1）固井施工设计要求

固井施工前，应根据实钻情况制定有针对性的固井施工设计。施工设计内容应包括 HSE 预案。

2）固井施工质量评价

（1）固井施工质量评价的使用条件：

评价的使用条件包括：

① 固井设备配备压力、排量和密度实时监测和采集系统。

② 施工设计合格。

（2）根据固井施工记录，按表 14-94 的技术要求打分，并完成如表 14-94 所示的“固井施工质量评价表”。如果得分大于 14，则施工质量应评估为“合格”；否则，应通过其他方法检测固井质量。

**表 14-94　固井施工质量评价表**

| 参　数 | 技术要求 | 得分 |
|---|---|---|
| 钻井液屈服值 | 若 $\rho_m$<1.3g/cm$^3$，则屈服值小于 5Pa；<br>若 1.3g/cm$^3$≤$\rho_m$≤1.8g/cm$^3$，则屈服值小于 8Pa；<br>若 $\rho_m$>1.8g/cm$^3$，则屈服值小于 15Pa | 2 |
| 钻井液塑性黏度 | 符合设计要求 | 2 |
| 钻井液滤失量 | 符合设计要求 | 1 |
| 钻井液循环 | >2 循环周 | 1 |
| 水泥浆密度波动范围 | 若自动混拌水泥浆，则±0.025g/cm$^3$；<br>若手动混拌水泥浆，则±0.035g/cm$^3$ | 2 |
| 前置液接触时间 | >10min | 1 |
| 水泥浆稠化时间 | 符合设计要求 | 2 |
| 水泥浆滤失量 | 符合设计要求 | 1 |
| 注替浆量 | 符合设计要求 | 1 |
| 注替排量 | 符合设计要求 | 1 |
| 套管扶正器加放 | 符合设计要求 | 1 |
| 活动套管 | 是 | 2(奖励*) |
| 固井作业中间断时间 | <3min | 1 |
| 施工过程中复杂情况 | 无 | 1 |

续表

| 参　数 | 技术要求 | 得分 |
| --- | --- | --- |
| 碰压 | 是 | 1 |
| 试压 | 符合设计要求 | 1 |
| 候凝方式 | 符合设计要求 | 1 |
| 总分数 | | 20 |

注：* 在水泥浆过程中，若活动套管，则奖励 2 分；未活动套管不扣分。

(3)不可通过固井施工质量评价的情况：

若出现下列情况之一，施工质量评价不可通过，采用其他方法评价：

① 施工过程中发生严重井漏、漏封油气层。

② 水泥浆出套管鞋后施工间断时间超过 30min。

③“灌香肠”或替空。

④ 套管未下至设计井深，造成沉砂口袋不符合设计要求。

⑤ 固井后环空冒油、气、水。

4. 水泥环与套管出现微环隙的测井

水泥环与套管间出现微环隙时，可在套管内加压进行水泥胶结测井。加压参考值随微环隙形成原因而变(表 14-95)。套管内加压值必须小于套管破裂压力的 70%，小于套管鞋或尾管顶部的试压压力。

**表 14-95　为消除微环隙对固井质量测井影响的套管内加压参考值**

| 微环隙的形成原因 | 测井时套管内加压参考值 |
| --- | --- |
| 温度剧烈变化 | 现有静水压力+7MPa |
| 候凝时憋压过大、憋压时间过长或者套管内加压过大 | 候凝期间憋压值(或固井原先套管内所加最大压力)+7MPa |
| 套管内静水压力降低 | 现有静水压力+静水压力减少值+7MPa |
| 挤水泥 | 最大挤水泥压力 |
| 通井或钻水泥塞 | 现有静水压力+7MPa |

## 五、套管柱强度试压要求

采用注水泥后立即试压的套管柱试压值为套管抗内压强度值、浮箍正向试验强度值和套管螺纹承压状态下剩余连接强度最小值三者中最小值的55%，稳压10min，以无压降为合格。

采用固井质量评价后试压的套管柱，套管直径小于或等于244.5mm(9⅝in)的套管柱试压值为20MPa，套管直径大于244.5mm(9⅝in)的套管柱试压值为10MPa，稳压30min，以压降小于或等于0.5MPa为合格。

# 第十五章　常用井下故障处理工具

## 第一节　常用打捞工具

### 一、公锥

#### （一）普通公锥

1. 结构和工作原理

公锥是用在管柱水眼部位造扣，进行打捞作业的一种常用工具。一般用来打捞钻杆、钻铤及套管等。

公锥为一通心圆锥体，打捞螺纹为 8 扣/25.4mm，锥度为 1∶16。打捞螺纹刀刃坚硬而锋利，便于造扣。打捞螺纹轴向上有 4~5 道深 2.5mm 的轴向切削槽，便于造扣和排屑。公锥的材质为高强度合金钢，经渗碳淬火、回火。表面硬度达 HRC60~65，接头部位硬度为 HB285。

普通公锥的结构如图 15-1 所示。

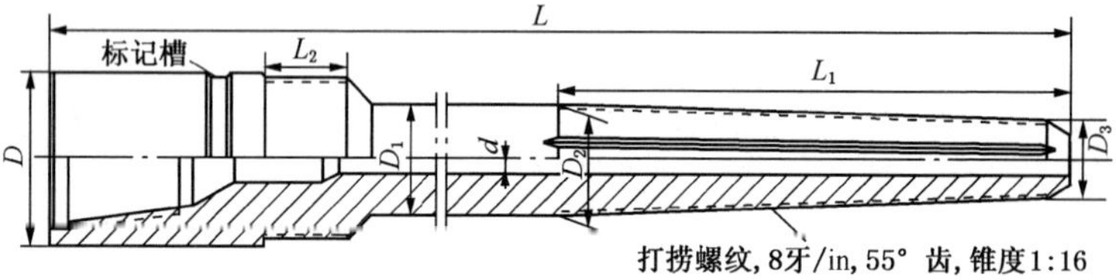


图 15-1　普通公锥结构

2. 规格型号

普通公锥的打捞螺纹分为左旋螺纹与右旋螺纹，国内常见的公锥技术规范见表 15-1。

**表 15-1　普通公锥技术规范**　mm

| 规格 | 接头螺纹 | 水眼（$d$） | 小端直径（$D_3$） | 大端直径（$D_1$） | 接头外径（$D$） | 螺纹长（$L_1$） | 总长（$L$） | $L_2$ | 适用打捞孔径 |
|---|---|---|---|---|---|---|---|---|---|
| Gz/NC31（2⅞inIF） | NC31 | 20 | 43.0 | 70 | 105 | 432 | 800 | 150 | 48～60 |
| Gz/NC38（3½inIF） | NC38 | 20 | 55.0 | 82 | 121 | 432 | 800 | 150 | 60～77 |
| Gz/NC50（4½inIF） | NC50 | 25 | 86.5 | 108 | 165 | 344 | 800 | 150 | 89～103 |
| Gz/（5½inIF） | NC50 | 25 | 83.5 | 108 | 178 | 392 | 900 | 150 | 89～103 |

3. 使用要点

公锥打捞位置一般为钻铤水眼部位、钻杆接头部位和加厚部位、套管与油管接箍等较厚部位。断口壁厚较薄，如钻杆、套管、油管本体则不选用。

**(二) 大范围打捞公锥**

大范围打捞公锥的特点是打捞螺纹部分较长，直径变化大，适用范围较广。其结构如图 15-2 所示，技术规范见表 15-2。牡丹江建材机械厂产公锥结构如图 15-3 所示，技术规范见表 15-3。

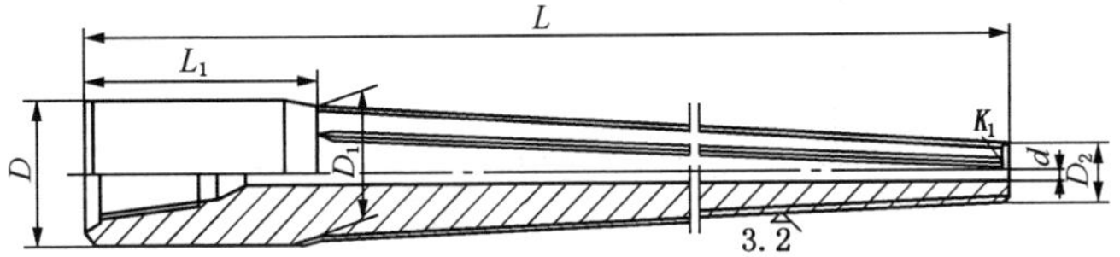


图 15-2　大范围打捞公锥结构

表 15-2 大范围打捞公锥技术规范 mm

| 规格 | 接头螺纹 | $L$ | $L_1$ | $D$ | $D_1$ | $D_2$ | $d$ | 打捞螺纹 | 适用打捞孔径 |
|---|---|---|---|---|---|---|---|---|---|
| Gz80 | 210 | 844 | 156 | 80 | 79.4 | 36 | 9 | 8 扣/25.44mm，1 : 16 | 40~75 |
| Gz105 | 310 | 1000 | 200 | 105 | 95 | 45 | 20 | 5 扣/25.44mm，1 : 16 | 50~90 |
| Gz155 | 410 | 1450 | 230 | 155 | 130 | 65 | 30 | 5 扣/25.44mm，1 : 16 | 70~125 |
| Gz165 | 410 | 850 | 230 | 160 | 160 | 120 | 80 | 5 扣/25.44mm，1 : 16 | 125~155 |
| Gz203 | 630 | 680 | 200 | 203 | 200 | 185 | 80 | 8 扣/25.44mm，1 : 16 | 190~195 |

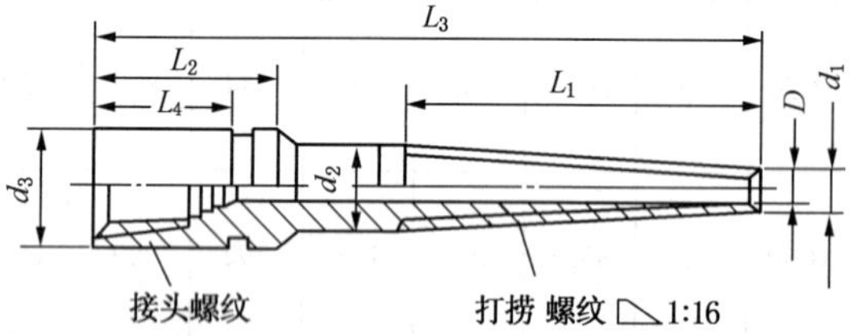

图 15-3 牡丹江建材机械厂产公锥结构

## 二、母锥

1. 结构

母锥是用造扣方法从管柱顶部外径打捞落鱼的一种常用工具，主要用于打捞管壁较薄的钻杆、套管、油管等。母锥内部螺纹为 8 扣/25.4mm、锥度为 1 : 16。也有锥度为 1 : 24 的母锥。打捞螺纹硬度为 HRC60~65。打捞螺纹上有切削槽，便于造扣和排屑。

母锥结构如图 15-4 所示。

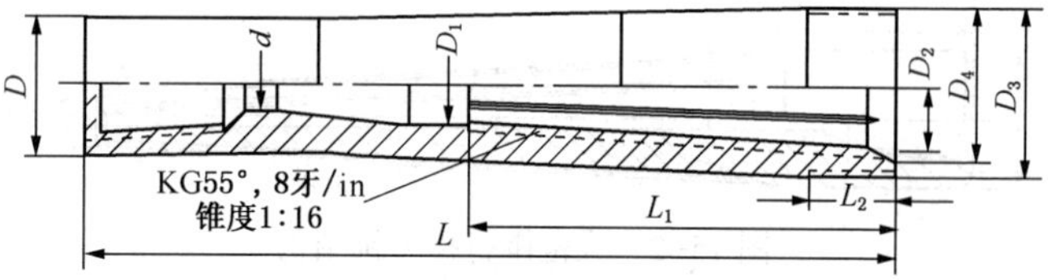

图 15-4 母锥

表 15-3　牡丹江建材机械厂产公锥技术规范

| 产品代号 | $D$/mm | $d_1$/mm | $d_2$/mm | $d_3$/mm | $L_1$/mm | $L_2$/mm | $L_3$/mm | $L_4$/mm | 拉力/t | 承受扭矩/t·m | 打捞孔径范围/mm |
|---|---|---|---|---|---|---|---|---|---|---|---|
| GZ-NC31×Φ40×Φ60 | 12 | 40 | 60 | 105 | 320 | 200 | 640 | 160 | 44.9 | 0.312 | 45~55 |
| GZ-NC38×Φ50×Φ80 | 20 | 50 | 80 | 121 | 480 | 200 | 800 | 160 | 73.2 | 0.61 | 55~75 |
| GZ-NC50×Φ58×Φ88 | 20 | 58 | 88 | 156 | 480 | 200 | 800 | 180 | 94.97 | 0.94 | 63~83 |
| GZ-NC50×Φ60×Φ90 | 20 | 60 | 90 | 156 | 480 | 200 | 800 | 160 | 102.3 | 1.04 | 65~85 |
| GZ-NC50×Φ73×Φ108 | 25 | 73 | 108 | 156 | 560 | 200 | 880 | 160 | 161 | 1.93 | 78~103 |
| GZ-NC50×Φ75×Φ108 | 25 | 73 | 108 | 156 | 528 | 200 | 850 | 160 | 165.7 | 2.02 | 80~103 |
| GZ-NC50×Φ80×Φ110 | 25 | 80 | 110 | 156 | 480 | 200 | 800 | 160 | 189.9 | 2.45 | 85~105 |
| GZ-NC50×Φ90×Φ138 | 25 | 90 | 138 | 156 | 768 | 200 | 1080 | 160 | 236 | 3.4 | 95~133 |
| GZ-NC50×Φ105×Φ138 | 25 | 105 | 138 | 156 | 528 | 200 | 850 | 160 | 327.1 | 5.48 | 110~133 |
| GZ-6⅝REG×Φ120×Φ160 | 25 | 120 | 160 | 197 | 640 | 240 | 1000 | 180 | 423.6 | 8.16 | 125~155 |
| GZ-6⅝REG×Φ140×Φ180 | 30 | 140 | 180 | 197 | 640 | 240 | 1000 | 180 | 585.1 | 12.93 | 145~175 |
| GZ-6⅝REG×Φ160×Φ190 | 30 | 160 | 190 | 197 | 480 | 240 | 840 | 180 | 771.3 | 19.27 | 165~185 |

注：表中所列“拉力”“承受扭矩”为理论计算数值，计算断面位置距底部 100mm。

2. 规格型号

母锥技术规范见表15-4。牡丹江建材机械厂产母锥结构如图15-5所示，其技术规范见表15-5。

**表15-4　母锥技术规范**　　mm

| 母锥规格 | 接头螺纹 | 螺纹大端直径（$D_2$） | 外径（$D_3$） | 接头外径（$D$） | 打捞螺纹长度（$L_1$） | 总长（$L$） | $L_2$ | 被打捞直径 |
|---|---|---|---|---|---|---|---|---|
| MZ/NC26 | NC26 | 52 | 86 | 86 | 175 | 295 | 76 | 48～50 |
| MZ/NC26 | NC26 | 62 | 95 | 86 | 170 | 280 | 76 | 59～60 |
| MZ/NC26 | NC26 | 75 | 95 | 86 | 206 | 340 | 76 | 68～73 |
| MZ/NC31 | NC31 | 75 | 114 | 105 | 222 | 350 | 76 | 69～73 |
| MZ/NC31 | NC31 | 84 | 114 | 105 | 262 | 390 | 76 | 71～82 |
| MZ/NC31 | NC31 | 95 | 115 | 105 | 220 | 440 | 76 | 89～93 |
| MZ/NC38 | NC38 | 110 | 135 | 121 | 340 | 480 | 76 | 95～118 |
| MZ/NC50 | NC50 | 135 | 180 | 156 | 400 | 750 | 76 | 110～135 |
| MZ/5½FH | NC50 | 150 | 194 | 165 | 400 | 750 | 76 | 130～150 |
| MZ/6⅝REG | 6⅝REG | 176 | 205 | 165 | 377 | 730 | 76 | 140～175 |

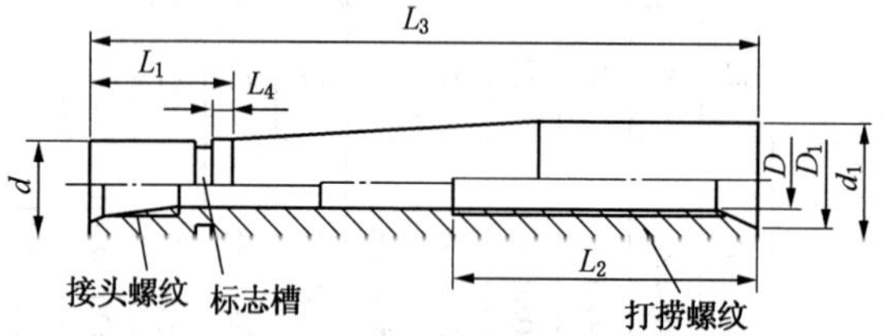


图15-5　牡丹江建材机械厂产母锥结构

3. 使用要点

由于母锥外径大，还可以接更大的引鞋，容易抓到鱼头，但必须注意与井径的配合。

**表 15-5　牡丹江建材机械厂产母锥技术规范**

| 产品代号 | $D$/mm | $D_1$/mm | $d$/mm | $d_1$/mm | $L_1$/mm | $L_2$/mm | $L_3$/mm | $L_4$/mm | 拉力/t | 承受扭矩/t·m | 打捞孔径范围/mm |
|---|---|---|---|---|---|---|---|---|---|---|---|
| MZ-NC31×$\Phi$65×$\Phi$90 | 90 | 95 | 105 | 115 | 180 | 300 | 600 | 60 | 163.5 | 4.5 | 65~90 |
| MZ-NC38×$\Phi$70×$\Phi$105 | 105 | 135 | 121 | 146 | 200 | 350 | 700 | 60 | 323.6 | 10.6 | 70~105 |
| MZ-NC50×$\Phi$80×$\Phi$105 | 105 | 135 | 121 | 146 | 200 | 350 | 700 | 60 | 323.6 | 10.6 | 80~105 |
| MZ-NC50×$\Phi$98×$\Phi$120 | 120 | 150 | 156 | 168 | 220 | 400 | 750 | 70 | 433.5 | 16.4 | 98~120 |
| MZ-NC50×$\Phi$110×$\Phi$135 | 135 | 150 | 156 | 168 | 220 | 400 | 750 | 70 | 316.5 | 13.1 | 110~135 |
| MZ-NC50×$\Phi$130×$\Phi$155 | 155 | 170 | 156 | 185 | 220 | 400 | 750 | 70 | 323.9 | 15.2 | 130~155 |
| MZ-NC50×$\Phi$140×$\Phi$175 | 175 | 193 | 178 | 203 | 270 | 560 | 920 | 70 | 337.0 | 17.8 | 140~175 |
| MZ-6⅝REG×$\Phi$150×$\Phi$182 | 182 | 205 | 197 | 215 | 270 | 512 | 760 | 70 | 415.1 | 22.8 | 150~182 |

注：表中所列“拉力”“承受扭矩”为理论计算数值，计算断面位置距底部 100mm。

## 三、母扣打捞器

母扣打捞器是用在钻柱母扣部位造扣，进行打捞作业的一种常用工具。一般用来打捞钻杆、钻铤及其他带扣的工具等。

母扣打捞器为一通心圆锥体，打捞螺纹为 8 扣/25.4mm，锥度与打捞螺纹锥度一致。打捞螺纹刀刃坚硬而锋利，便于造扣。打捞螺纹轴向上有 4~5 道深 2.5mm 的轴向切削槽，便于造扣和排屑。母扣打捞器结构如图 15-6 所示，牡丹江建材机械厂产母扣打捞器技术规范见表 15-6。

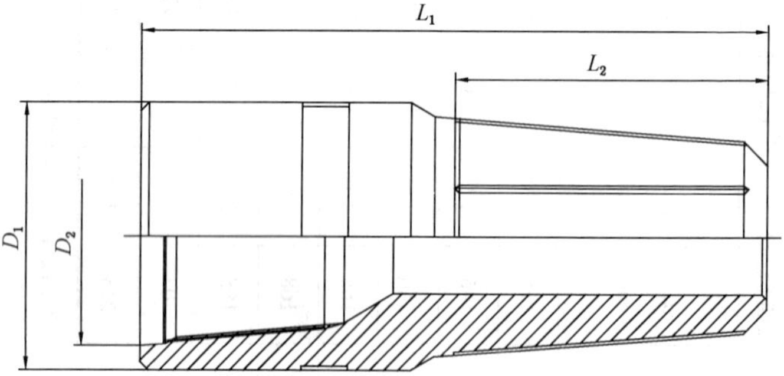


图 15-6　母扣打捞器结构

**表 15-6　牡丹江建材机械厂产母扣打捞器技术规范**

| 产品代号 | $D$/mm | $D_1$/mm | $L_1$/mm | $L_2$/mm | 拉力/t | 承受扭矩/t·m | 打捞扣型 |
|---|---|---|---|---|---|---|---|
| NC31 母扣打捞器 | 105 | 87 | 380 | 120 | 163.5 | 4.5 | NC31 |
| NC38 母扣打捞器 | 121 | 103 | 380 | 120 | 323.6 | 10.6 | NC38 |
| NC40 母扣打捞器 | 140 | 110 | 380 | 130 | 323.6 | 10.6 | NC40 |
| NC46 母扣打捞器 | 159 | 123 | 400 | 140 | 433.5 | 16.4 | NC46 |
| NC50 母扣打捞器 | 165 | 134 | 400 | 140 | 316.5 | 13.1 | NC50 |

续表

| 产品代号 | $D$/mm | $D_1$/mm | $L_1$/mm | $L_2$/mm | 拉力/t | 承受扭矩/t·m | 打捞扣型 |
|---|---|---|---|---|---|---|---|
| 5½FH 母扣打捞器 | 165 | 134 | 400 | 150 | 323.9 | 15.2 | 5½in FH |
| 6⅝REG 母扣打捞器 | 165 | 134 | 400 | 150 | 337.0 | 17.8 | 6⅝in REG |
| 7⅝REG 母扣打捞器 | 203 | 134 | 400 | 150 | 415.1 | 22.8 | 7⅝in REG |

## 四、卡瓦打捞筒

1. 结构与工作原理

卡瓦打捞筒是用于抓捞外径光滑落鱼的一种常用工具，由外筒和内部组件组成。同一外筒可使用多种不同尺寸的卡瓦来实现对不同落鱼的打捞作业。卡瓦打捞筒结构如图 15-7 所示。

2. 规格型号

根据不同井眼，可选择不同的打捞筒。每一种打捞筒有多个打捞尺寸，配有螺旋卡瓦或篮状卡瓦。每种卡瓦上都打有钢号，其打捞范围比钢号数字大 1~3mm。如 $\Phi$177.8mm 的卡瓦牙，打捞范围为 178.8~180.8mm。卡瓦打捞筒技术规范见表 15-7。其常用配套卡瓦牙尺寸见表 15-8。

3. 卡瓦选择原则

卡瓦最大尺寸应比落鱼尺寸小 1~3mm；选择打捞筒时，应考虑井径的大小；下井连接时，大钳不得夹卡筒体，以免损坏。

## 五、卡瓦打捞矛

1. 结构

卡瓦打捞矛是通过落鱼内孔打捞落物的一种常用工具，用于打捞钻杆、套管和油管。卡瓦打捞矛结构如图 15-8 所示。

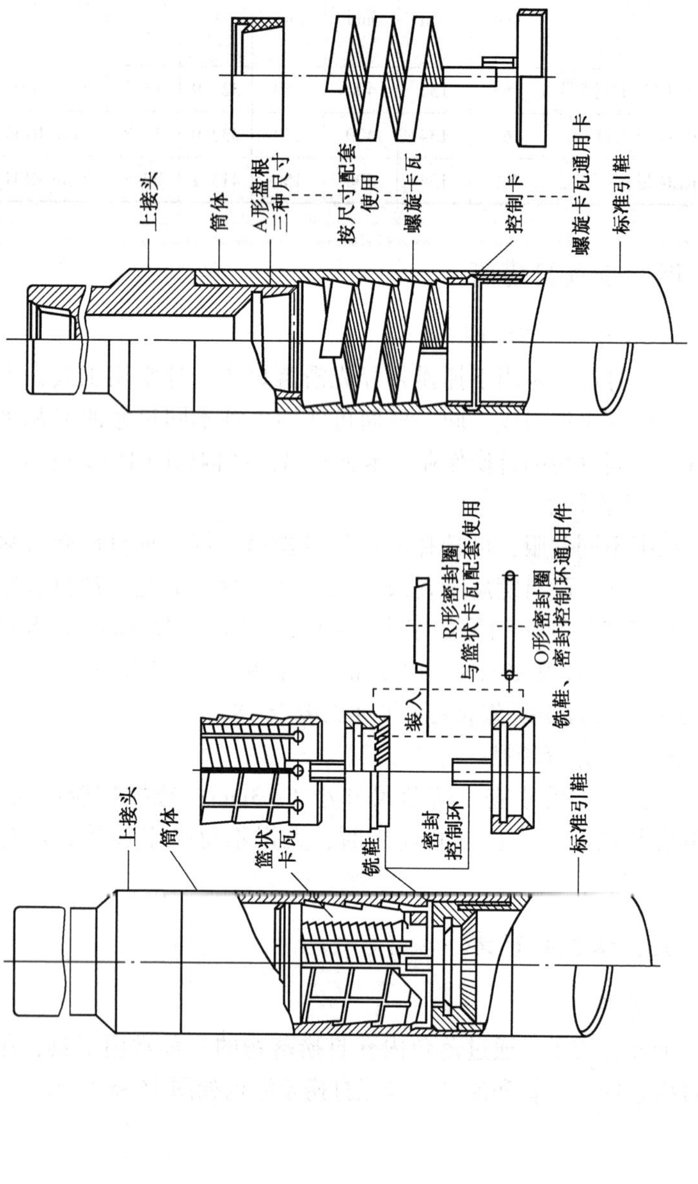


图15-7　卡瓦打捞筒结构

表 15-7　卡瓦打捞筒技术规范

| 型号 | 打捞筒外径/mm | 接头螺纹 | 最大打捞尺寸/mm | | 抗拉屈服载荷/kN | | |
|---|---|---|---|---|---|---|---|
| | | | 螺旋卡瓦 | 篮状卡瓦 | 螺旋卡瓦 | 篮状卡瓦 | |
| | | | | | | 无台肩 | 有台肩 |
| LT-T89 | 89 | NC26 | 60.0 | 47.5 | 1372 | 1176 | 735 |
| LT-T92 | 92 | NC26 | 76.0 | 66.5 | 568 | 470 | 245 |
| LT-T95 | 95 | NC26 | 77.5 | 68.0 | 902 | 892 | 833 |
| LT-T105 | 105 | NC31 | 82.5 | 70.5 | 666 | 598 | 382 |
| LT-T127 | 127 | NC38 | 101.0 | 87.0 | 2274 | 1999 | 1421 |
| LT-T140 | 140 | NC38 | 117.5 | 105.0 | 1323 | 1147 | 823 |
| LT-T143 | 143 | NC38 | 121.0 | 108.0 | 1323 | 1147 | 823 |
| LT-T152 | 152 | NC38 | 127.0 | 114.3 | 1872 | 1568 | 1127 |
| LT-T162 | 162 | NC46 | 139.7 | 127.0 | 1793 | 1578 | 1137 |
| LT-T168 | 168 | NC50 | 146.0 | 132.0 | 2832 | 2548 | 2048 |
| LT-T187 | 187 | NC50 | 159.0 | 143.0 | 2832 | 2411 | 1872 |
| LT-T194 | 194 | NC50 | 159.0 | 141.3 | 2411 | 2127 | 1617 |
| LT-T200 | 200 | NC50 | 159.0 | 141.3 | 2911 | 2528 | 1901 |
| LT-T206 | 206 | NC50 | 178.0 | 162.0 | 1872 | 1771 | 1372 |
| LT-T213 | 213 | NC50 | 178.0 | 162.0 | 2734 | 2577 | 1989 |
| LT-T219 | 219 | NC50 | 178.0 | 165.0 | 2832 | 2411 | 1813 |
| LT-T225 | 225 | NC50 | 184.0 | 168.0 | 1842 | 1592 | 1225 |
| LT-T232 | 232 | NC50 | 190.5 | 171.5 | 1911 | 1715 | 1312 |
| LT-T238 | 238 | NC50 | 203.2 | 183.0 | 1872 | 1784 | 1372 |
| LT-T245 | 245 | 6⅝in REG | 206.0 | 190.0 | 2832 | 2548 | 2048 |
| LT-T260 | 260 | 6⅝in REG | 219.0 | 203.0 | 2920 | 2568 | 2068 |
| LT-T270 | 270 | 6⅝in REG | 228.5 | 210.0 | 2930 | 2469 | 1979 |
| LT-T279 | 279 | 6⅝in REG | 237.5 | 218.0 | 2930 | 3048 | 1999 |
| LT-T286 | 286 | 6⅝in REG | 244.5 | 225.5 | 2920 | 3568 | 2068 |
| LT-T302 | 302 | 6⅝in REG | 254.0 | 235.0 | 3685 | 3303 | 2479 |

**表 15-8　常用配套卡瓦牙尺寸**　　mm

| 打捞筒尺寸 | | 286 | 245 | 219.0 | 213.0 | 200.0 | 194.0 | 143.0 | 114 |
|---|---|---|---|---|---|---|---|---|---|
| 所配卡瓦内径 | 螺旋 | 238 | 200 | 177.8 | 177.8 | 158.7 | 158.7 | 120.6 | 86 |
| | | 228 | 197 | 174.6 | 174.6 | 155.6 | 155.6 | 117.5 | 83 |
| | | 225 | 194 | 171.5 | 171.5 | 152.4 | 152.4 | 114.3 | 70 |
| | 篮状 | 200 | 175 | 165.0 | 162.0 | 141.3 | 141.3 | 108.0 | 63 |
| | | 197 | 172 | 158.5 | 155.6 | 123.8 | 123.8 | 96.8 | 60 |
| | | 175 | 165 | 152.4 | 152.4 | 120.6 | 120.6 | 88.9 | 57 |
| | | 162 | 162 | 127.0 | 127.0 | 114.3 | 114.3 | 85.7 | 54 |
| | | 124 | 124 | 123.8 | 128.8 | 85.7 | 79.4 | 73.0 | |

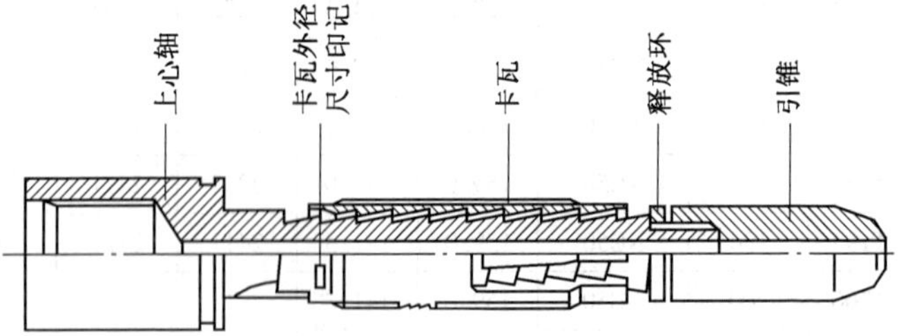


图 15-8　卡瓦打捞矛结构

2. 规格型号

每一种打捞矛都配有多种尺寸的卡瓦，落鱼外径尺寸应比打捞矛卡瓦尺寸小 1~3mm。卡瓦打捞矛技术规范见表 15-9。

**表 15-9　卡瓦打捞矛技术规范**

| 规格型号 | 抗拉强度/kN | 引鞋直径/mm | 接头螺纹代号 | 卡瓦外径/mm | 可捞落鱼内径/mm | 可捞落鱼名称 |
|---|---|---|---|---|---|---|
| LM-T63.5 | 590 | 59 | 2⅜in REG | 64 | 62 | 73mm 油管 |
| LM-T114.3 | 588 | 59 | NC38 | 63.5 | 61.79 | 73mm 钻杆 |
| | | | | 67 | 66.09 | 88.9mm 钻杆 |

续表

| 规格型号 | 抗拉强度/kN | 引鞋直径/mm | 接头螺纹代号 | 卡瓦外径/mm | 可捞落鱼内径/mm | 可捞落鱼名称 |
| --- | --- | --- | --- | --- | --- | --- |
| LM-T114.3 | 588 | 59 | NC38 | 70 | 68.26 | |
| | | | | 72 | 70.9 | 165.1mm 钻铤 |
| | | | | 75.5 | 73.5 | |
| LM-T127 | 980 | 78 | NC50 | 83 | 79.37 | |
| | | | | 86 | 82.55 | |
| | | | | 89 | 85.73 | 114.3mm 钻杆 |
| | | | | 92 | 90 | 127mm 钻杆 |
| | | | | 95.5 | 93.7 | 127mm 钻杆 |
| LM-T127 | 1470 | 102 | NC50 | 111 | 108.6 | 127mm 钻杆 |
| | | | | 115 | 113 | 127mm 钻杆 |
| | | | | 117 | 114.1 | 127mm 套管 |
| | | | | 119 | 115.8 | |
| LM-T139.7 | 1470 | 102 | NC50 | 121 | 118.6 | 139.7mm 钻杆 |
| | | | | 124 | 121.4 | |
| | | | | 127 | 124.3 | 139.7mm 套管 |
| | | | | 128 | 125.7 | |
| | | | | 130 | 127.3 | |
| LM-177.8 | | | NC50 | 154 | 150.37 | 177.8mm 套管 |
| | | | | 156 | 152.5 | |
| | | | | 158.5 | 154.79 | |
| | | | | 163 | 157.07 | |
| | | | | 165 | 161.7 | |
| | | | | 167.7 | 163.98 | |

续表

| 规格型号 | 抗拉强度/kN | 引鞋直径/mm | 接头螺纹代号 | 卡瓦外径/mm | 可捞落鱼内径/mm | 可捞落鱼名称 |
|---|---|---|---|---|---|---|
| LM-177.8 | | | NC50 | 169 | 166.07 | 177.8mm 套管 |
| | | | | 174.4 | 171.83 | |
| | | | | 177.5 | 174.61 | |
| | | | | 180.5 | 177.01 | |
| | | | | 182 | 178.44 | |
| LM-T245 | | | 6⅝in REG | 220.5 | 216.8 | 244.5mm 套管 |
| | | | | 224.5 | 220.5 | |
| | | | | 226.5 | 222.38 | |
| | | | | 228.5 | 224.41 | |
| | | | | 230.5 | 226.59 | |
| | | | | 232.5 | 228.63 | |
| LM-T340 | | | 7⅝in REG | 313.5 | 311.68 | 339.7mm 套管 |
| | | | | 315 | 313.61 | |
| | | | | 317.5 | 315.34 | |
| | | | | 320 | 317.88 | |
| | | | | 322.5 | 320.42 | |

3. 选用原则

各种规格的打捞矛配有多种不同尺寸的卡瓦，卡瓦上打印此卡瓦最大外径尺寸，一般原则为卡瓦最大尺寸大于落鱼尺寸1～3mm。

## 六、大范围打捞矛

1. 用途概述

大范围打捞矛是一种新型的管柱打捞工具，它具有打捞范围大、安全可靠、操作方便等优点。它主要用于打捞套管、油管及非标准管(震击器、减震器)等，它可以与内割刀、震击器等工具配合使用。如果落鱼被卡，可退出捞矛，起出钻具。大范围打捞矛结构如图15-9所示。

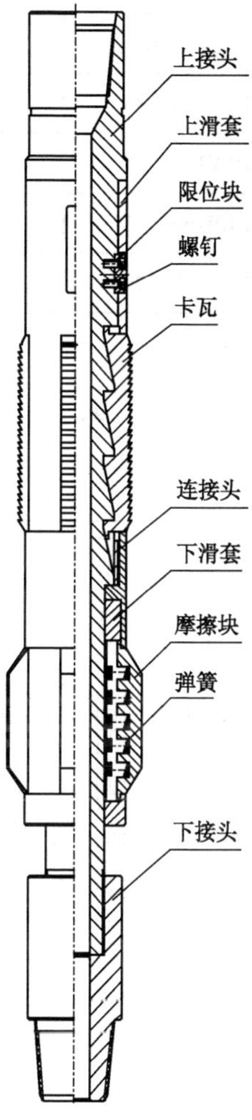

图15-9 大范围打捞矛结构

2. 结构与原理

1) 结构

大范围打捞矛由心轴(上接头)、上滑套、限位块、螺钉、卡瓦、连接套、下滑套、摩擦块、摩擦块弹簧、下接头(引锥)等组成，具体结构参见打捞矛结构。

2) 原理

当大范围打捞矛接触落鱼时，由于摩擦块外径比落鱼内径大，迫使摩擦块压缩弹簧进入落鱼内，摩擦块受弹簧弹力作用，紧紧粘在落鱼内壁上，此时卡瓦牙还处于释放状态；当大范围打捞矛完全进入落鱼后，右旋钻具90°(正扣打捞矛)，心轴上的限位块沿着上滑套槽旋转；上提钻具，心轴倒锯齿锥面迫使卡瓦径向张开，紧紧咬住落鱼内壁，抓紧落鱼。

井下退出打捞矛：当落鱼被卡时，下放钻具，然后左旋90°(正扣打捞矛)，上提钻具即可退出打捞矛，起出钻具。

3. 规格型号

大范围打捞矛技术规范见表15-10。

表 15-10　大范围打捞矛技术规范

| 规格型号 | 打捞范围/mm | 连接螺纹 |
|---|---|---|
| DLM110-135 | 110～125；120～135 | 410(NC50) |
| DLM130-165 | 130～150；145～165 | 410(NC50) |
| DLM160-195 | 160～180；175～195 | 410(NC50) |
| DLM215-229 | 214～229 | 410(NC50) |

# 第二节　辅助打捞工具

## 一、安全接头

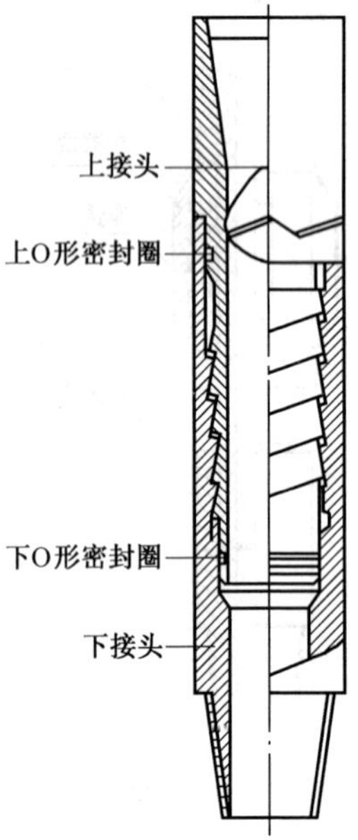


图 15-10　AJ 型安全接头结构

最常用的安全接头类型有 AJ 型、H 型和 J 型等。根据不同用途可分为左旋、右旋螺纹安全接头。除螺纹有左旋、右旋之分外，其余结构均相同。

### （一）AJ 型安全接头

1. 结构与工作原理

AJ 型安全接头由上接头、下接头和两只 O 形密封圈组成，如图 15-10 所示。

AJ 型安全接头工作原理是利用内部的特殊锯齿螺纹在一定反扭矩下易于松扣解脱。

2. 规格型号

AJ 型安全接头技术规范见表 15-11。

**表 15-11　AJ 型安全接头技术规范**

| 型号 | 接头外径/mm | 接头螺纹 | 水眼直径/mm | 最大许用拉力/kN | 最大许用扭矩/kN·m |
|---|---|---|---|---|---|
| AJ-86 | 86 | NC26($2\frac{3}{8}$in IF) | 41 | 1395 | 9.200 |
| AJ-95 | 95 | $2\frac{3}{8}$in REG | 32 | 1536 | 12.100 |
| AJ-105 | 105 | NC31 | 54 | 2205 | 17.900 |
| AJ-121 | 121 | NC38($3\frac{1}{2}$in IF) | 62 | 2612 | 21.500 |
| AJ-159 | 159 | NC46(4in IF) | 71 | 4938 | 60.600 |
| AJ-165 | 165 | NC50($4\frac{1}{2}$in IF) | 71 | 5462 | 67.400 |
| AJ-178 | 178 | NC50($4\frac{1}{2}$in IF) | 102 | 5568 | 76.200 |
| AJ-203 | 203 | $6\frac{5}{8}$in REG | 127 | 6445 | 100.600 |
| AJ-229 | 229 | $7\frac{5}{8}$in REG | 101 | | |
| AJ-254 | 254 | $7\frac{5}{8}$in REG | 121 | | |

3. 使用要点

在安全接头下井前，主要检查公、母锯齿螺纹及密封圈是否完好。装配前涂油，以利于润滑和防腐。

**(二) H 型安全接头**

1. 结构与工作原理

H 型安全接头结构如图 15-11 所示。

H 型安全接头是利用接头内部公、母段 H 型凸块和滑槽的配合，达到连接和脱开的目的。

2. 规格型号

H 型安全接头技术规范见表 15-12，H 型安全接头销钉技术规范见表 15-13。

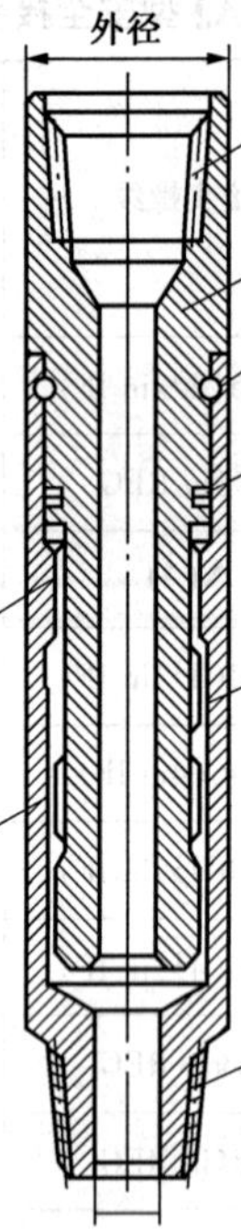


图 15-11　H 型安全接头结构

**表 15-12　H 型安全接头技术规范**

| 型号 | 接头外径/mm | 接头螺纹 | 水眼直径/mm | 最大工作拉力/kN | 最大工作扭矩/kN·m |
|---|---|---|---|---|---|
| H-105 | 105 | NC31 | 38 | 1340 | 12.70 |
| H-121 | 121 | NC38(3½in IF) | 50 | 1400 | 17.65 |
| H-159 | 159 | NC46(4in IF) | 71 | 1600 | 35.00 |
| H-178 | 178 | NC50(4½in IF) | 80 | 2500 | 40.00 |
| H-203 | 203 | 6⅝in REG | 90 | 3300 | 44.00 |

**表 15-13　H 型安全接头销钉技术规范**

| 安全接头 | 销钉直径/mm | 销钉材料 | 销钉剪断力/kN |
|---|---|---|---|
| H-105<br>H-121 | 7 | 25 | 88.5 |
| | | HPB59-1 | 56 |
| | | LY12 | 45 |
| H-159 | 10 | 25 | 180 |
| | | HPB59-1 | 114 |
| | | LY12 | 92.5 |
| H-178<br>H-203 | 12 | 25 | 256 |
| | | HPB59-1 | 162 |
| | | LY12 | 131.5 |

### (三) J 型安全接头

1. 结构与工作原理

J 型安全接头结构如图 15-12 所示。

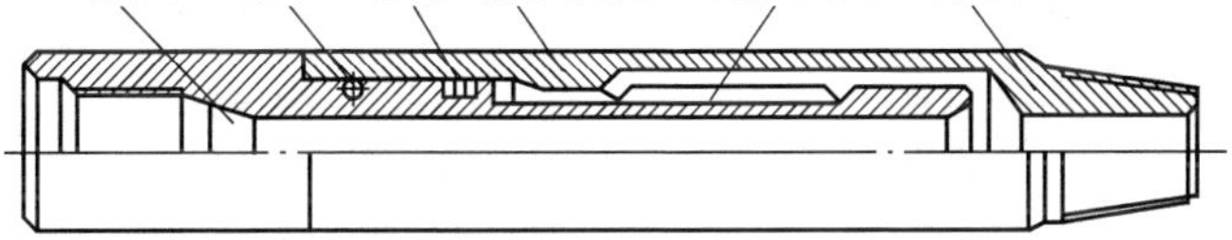


图 15-12　J 型安全接头结构

J 型安全接头类似于 H 型安全接头，是利用接头内部公、母段 J 型凸块和滑槽的配合，达到连接和脱开的目的。

2. J 型安全接头技术规范见表 15-14。

**表 15-14　J 型安全接头技术规范**

| 型号 | 外径/mm | 内径/mm | 接头螺纹 | 最大工作扭矩/kN·m | 最大工作拉力/kN | 销子剪断力/kN | | |
|---|---|---|---|---|---|---|---|---|
| | | | | | | 铝销 | 铜销 | 钢销 |
| J159 | 159 | 70 | NC46 | 16 | 1500 | 88 | 132 | 176 |
| J178 | 178 | 80 | NC50 | 22 | 2000 | 88 | 132 | 176 |
| J203 | 203 | 71 | 6⅝in REG | 22 | 2500 | 127 | 137 | 225 |

## 二、KJ 可变弯接头

1. 结构与工作原理

可变弯接头可以产生拐弯作用，给打捞工具增加了斜向捞到落鱼的可能性。它可以和公锥、母锥、打捞筒、打捞矛等配合使用。同时，由于它强度高，能承受较大的拉、压、扭转力量，可以和震击器配合使用，也可以进行倒扣作业。其结构及工作原理如图 15-13 和图 15-14 所示。为了实现接头的弯度可变功能，还有两个必不可少的辅助零件，就是限流塞和打捞器。限流塞与打捞器结构如图 15-15 所示。

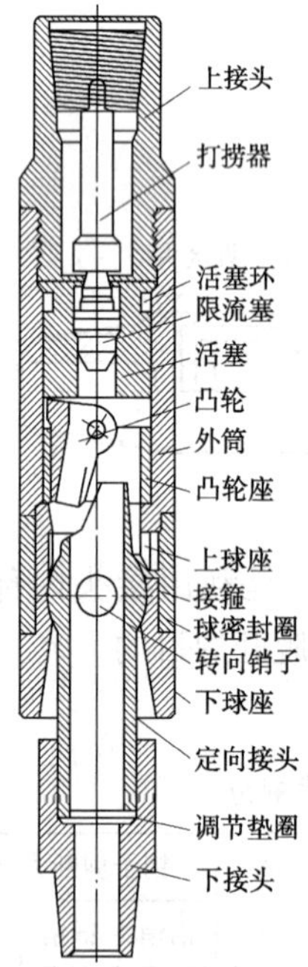


图 15-13　KJ 可变弯接头结构

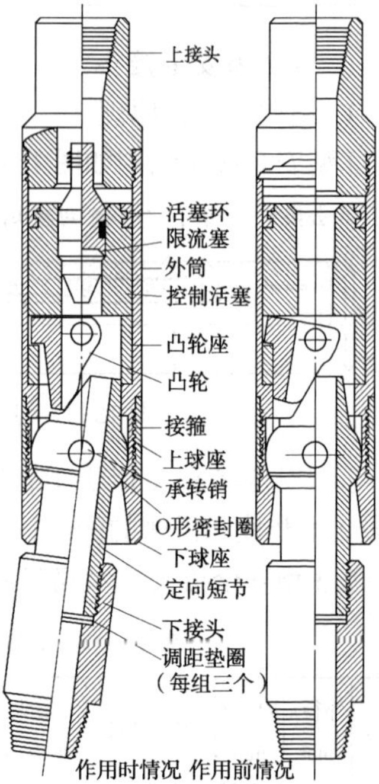


图 15-14　KJ 可变弯接头工作原理

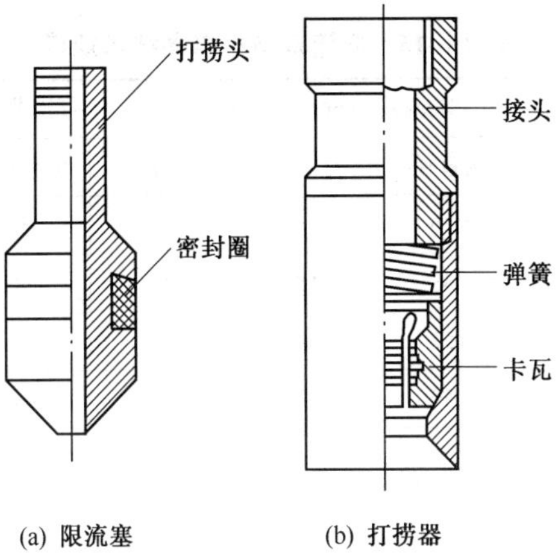


图 15-15　限流塞与打捞器结构

2. 规格型号

KJ 可变弯接头技术规范见表 15-15，限流塞与打捞器技术规范见表 15-16。

表 15-15　KJ 可变弯接头技术规范

| 型号 | 外径/mm | 接头螺纹 | | 水眼直径/mm | 弯曲角度/(°) | 屈服强度/kN | 最大扭矩/kN·m |
|---|---|---|---|---|---|---|---|
| | | 上接头 | 下接头 | | | | |
| KJ102 | 102 | NC31 | NC31 | 35 | 7 | 1176 | 10.9 |
| KJ108 | 108 | NC31 | NC31 | 40 | 7 | 1470 | 15.7 |
| KJ120 | 120 | NC31 | NC31 | 50 | 7 | 1666 | 22.8 |
| KJ146 | 146 | NC38 | NC38 | 65 | 7 | 1960 | 30.6 |
| KJ165 | 165 | NC50 | NC50 | 70 | 7 | 2352 | 39.2 |
| KJ184 | 184 | NC50 | NC50 | 75 | 7 | 2744 | 49.4 |
| KJ190 | 190 | NC50 | NC50 | 80 | 7 | 3136 | 60.4 |
| KJ200 | 200 | NC50 | NC50 | 90 | 7 | 3430 | 63.7 |
| KJ210 | 210 | NC50 | NC50 | 114 | 7 | 3920 | 81.5 |
| KJ222 | 222 | 6⅝in REG | 6⅝in REG | 114 | 7 | 4312 | 101.1 |
| KJ244 | 244 | 6⅝in REG | 6⅝in REG | 140 | 7 | 4802 | 105.8 |

表 15-16　限流塞与打捞器技术规范

| 钻柱水眼直径/mm | 限流塞/mm | | 打捞器/mm | | |
|---|---|---|---|---|---|
| | 大端直径 | 打捞颈 | 外径 | 引鞋外径 | 引鞋内径 |
| 41.3~44.5 | 33×36 | | | 36 | 32 |
| 50.8~54.0 | 40×43 | 18 | 36 | 40 | 36 |
| 61.9~69.9 | 49×52 | | | 50 | 46 |
| 76.2~82.6 | 56×59 | 22 | 43 | 58 | 52 |
| 88.9~95.3 | 72×75 | | | 65 | 57 |
| 101.6~114.3 | 75×78 | | | 77 | 62 |
| | 89×92 | 30 | 55 | | |
| | 114×117 | | | | |

## 三、打捞筒配件

1. 壁钩

壁钩无一定的规范，一般根据需要来执行。常用的一般有两种：一种是配合打捞筒来使用，其长度较短；另一种专门用来拨动鱼头，其长度在 3~7m。其结构及使用方法如图 15-16 和图 15-17 所示。

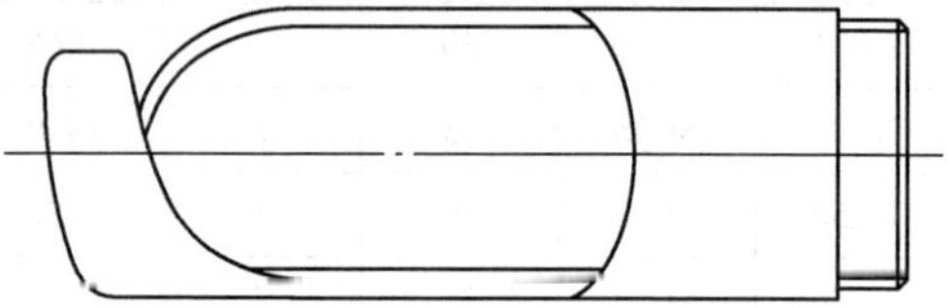

图 15-16　壁钩结构

2. 加长筒

加长筒结构和打捞筒外筒相同，两端加工有连接螺纹，用于鱼顶破裂或缩小时使卡瓦能捞住鱼顶以下部位，而加长外筒。其结构如图 15-18 所示。

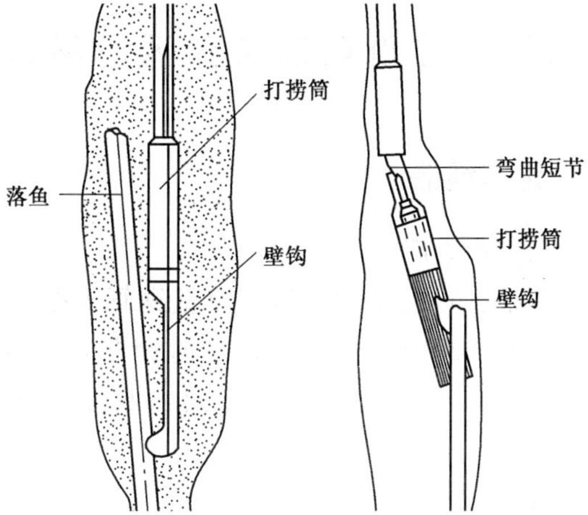


图 15-17 壁钩使用方法

3. 大引鞋

在井径大而落鱼小的情况下，为了使落鱼容易进入捞筒，可以采用大引鞋。其结构如图 15-19 所示。

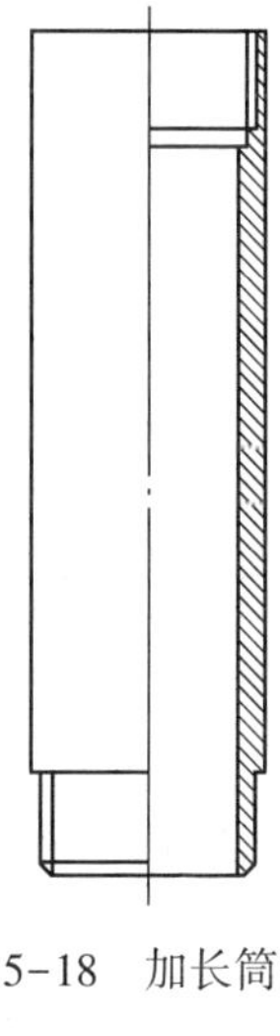

图 15-18 加长筒结构

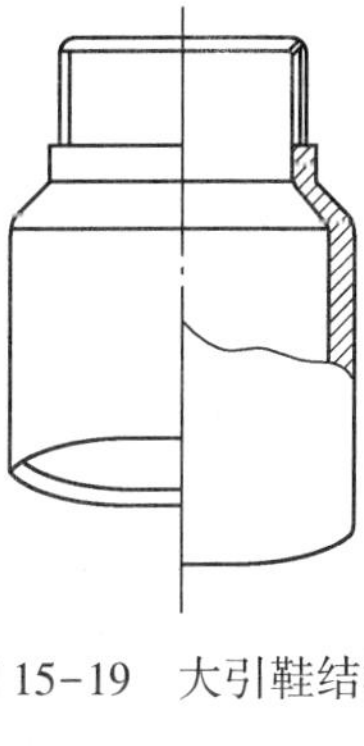

图 15-19 大引鞋结构

# 第三节　常用电缆及仪器打捞工具

## 一、内钩捞绳器

1. 结构与工作原理

内钩捞绳器也叫内捞矛，是在厚壁钢管内壁上焊上挂钩制成的，如图 15-20 所示。挂钩向顺时针方向倾斜，电缆被挂钩挂住之后，转动捞绳器，钩体向内收缩，使打捞更为可靠。

2. 技术规格

使用内钩捞绳器时，其外径与套管内径或井眼直径的间隙不得大于电缆直径。其技术规格见表 15-17。

**表 15-17　内钩捞绳器技术规格**

| 外径/mm | 接头螺纹 | 挂钩数目/只 | 挂钩直径(Φ)/mm | 开口长度($L_1$)/mm | 总长($L$)/mm |
|---|---|---|---|---|---|
| 219 | NC50 | 6 | 16 | 950 | 1400 |
| 194 | NC50 | 5 | 14 | 800 | 1200 |
| 168 | NC38 | 4 | 14 | 600 | 1100 |
| 140 | NC38 | 3 | 14 | 500 | 900 |
| 102 | NC31 | 3 | 14 | 400 | 800 |

## 二、外钩捞绳器

外钩捞绳器也叫外捞矛，由接头、挡绳帽、本体和捞钩组成，如图 15-21 所示。本体的锥体部分焊有直径为 15mm 的捞钩，捞钩与本体直线呈正旋方向倾角，挡绳帽的外径应比钻头直径小 8~10mm，圆周可以开 6~8 个斜水槽。

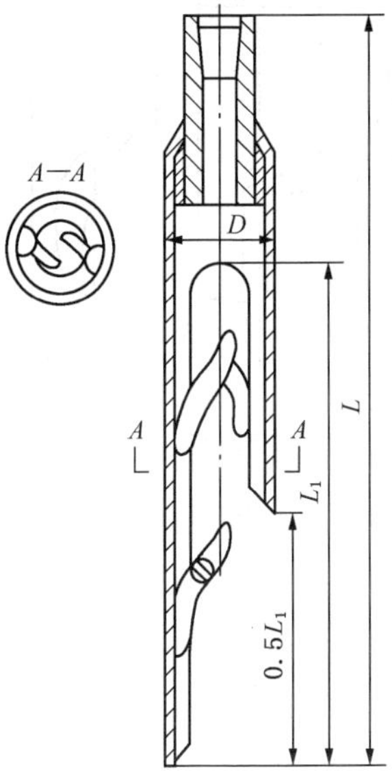


图 15-20　内钩捞绳器结构

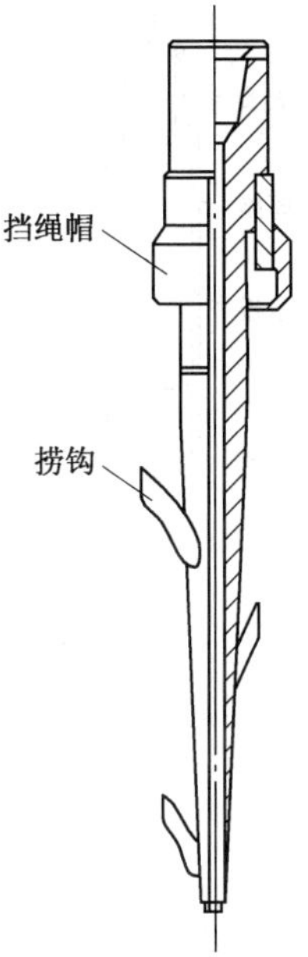


图 15-21　外钩捞绳器结构

## 三、卡板式打捞筒

卡板式打捞筒用于打捞落入井内的细长杆状物件如测斜仪、电测仪、撬杠等，结构如图 15-22 所示。引鞋是引导鱼头进入捞筒的工具，其基本形式有三种，如图 15-23 所示。大引鞋在井眼大捞筒小的情况下使用。半圆式引鞋，即沿周向将管壁的二分之一削去 0.3～0.4m，形成一个高度差，这对于判明井下打捞情况十分有利。壁钩式引鞋可以拨动鱼头，改变鱼头在井内所处的位置，有利于引入。

## 四、钻杆穿心法解卡电缆与仪器工具

钻杆穿心法是目前使用最普遍、效率最高、安全性最好的电缆解卡打捞方法，它能一次将仪器和电缆全部捞出，其结构和工作原理如图 15-24 所示。

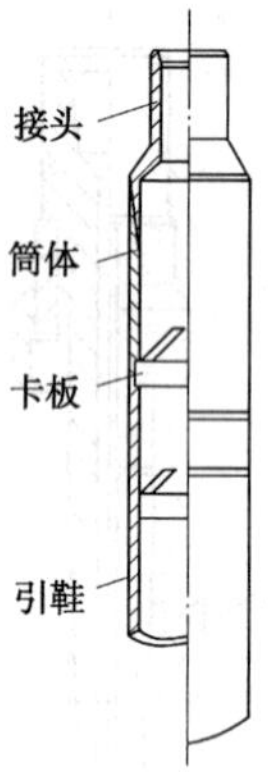


图 15-22　卡板式打捞筒结构

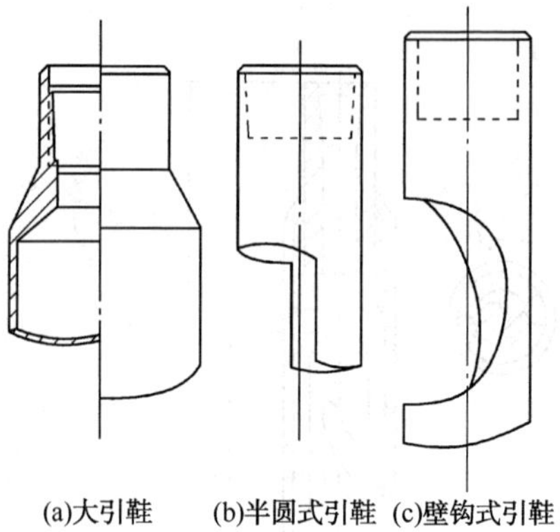


图 15-23　引鞋结构

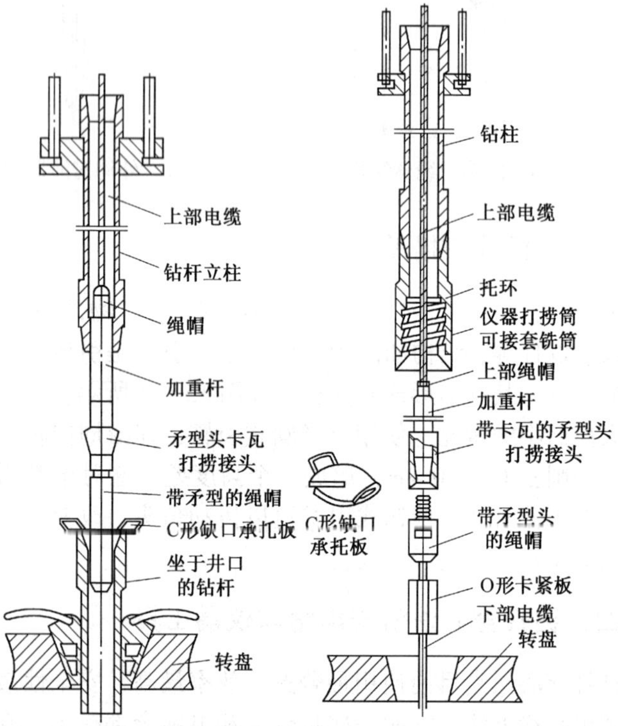


图 15-24　钻杆穿心打捞工具结构和工作原理

## 五、旁开式测井仪打捞筒

旁开式测井仪打捞筒是一种不截断电缆而进行打捞的工具，打捞时用钻具从电缆旁边下入打捞筒打捞被卡仪器。因为不截断电缆，可以随时监视仪器和电缆的解卡情况。捞住仪器后，也不必拉断电缆。其结构如图 15-25 所示。

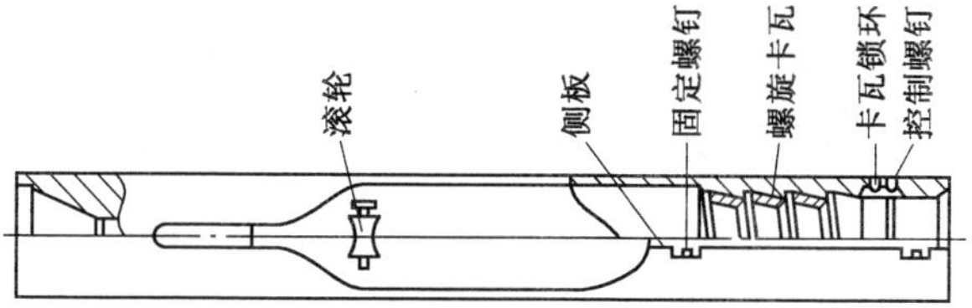


图 15-25　旁开式测井仪打捞筒结构

# 第四节　鱼顶修理及探测工具

## 一、套筒磨鞋

当发生井下事故时，如果落鱼的鱼头不规则，如变形、破裂、弯曲或鱼顶不齐，妨碍打捞工具进入或无法造扣，就需要修整鱼顶，使其符合打捞工具的抓捞要求，以便打捞。

常用的修整鱼顶的工具是套筒磨鞋，也叫外引磨鞋或裙子磨鞋，其结构如图 15-26 所示，因为它面积大，容易套住鱼头，可以防止鱼顶偏磨，如果鱼顶在套管内，还可以起到保护套管的作用。它的结构实质上就是在普通磨鞋的外围加焊套筒，下部割有引鞋，以便引入鱼头。使用时，应使套筒磨鞋外径小于井径 6%以上，套筒磨鞋内径应大于鱼头外径 10mm 以上。

## 二、领眼磨鞋

领眼磨鞋也叫内引磨鞋，如鱼顶胀裂，或环形空间太小，不便下入套筒磨鞋时，可以下入领眼磨鞋修整鱼顶，它由平底磨鞋和导向杆组成，导向杆的直径应由鱼头内径决定。应比鱼头内径小 10mm，长度以 150~200mm 为宜，顶部做成锥形或笔尖形，使它容易进入鱼头。领眼磨鞋结构如图 15-27 所示。

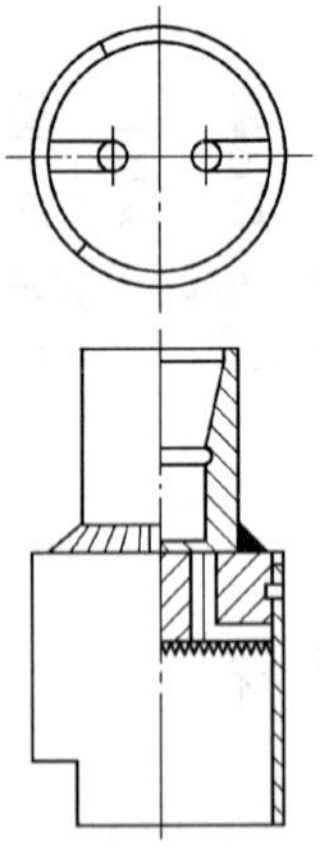

图 15-26　套筒磨鞋结构

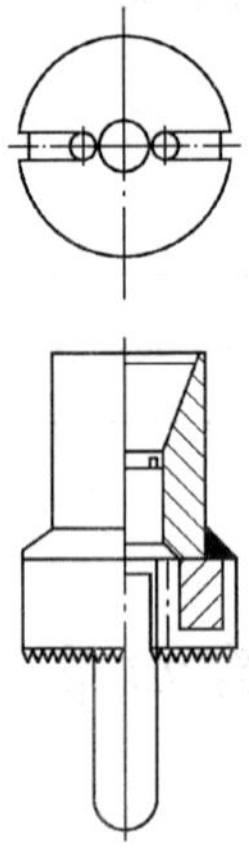

图 15-27　领眼磨鞋结构

## 三、铅模

1. 结构与工作原理

当井下落物情况不明或鱼头变形情况不明、无法决定下何种打捞工具时，需要用铅模来探测落鱼形状、尺寸和位置，有时套管断裂、错位或挤扁，也需要用铅模来加以证实。

铅模结构如图 15-28 所示，由接头体和铅模两部分组成。平底铅模用于探测平面形状，锥形铅模用于探测径向变形。

2. 技术规格

平底铅模技术规格见表 15-18。

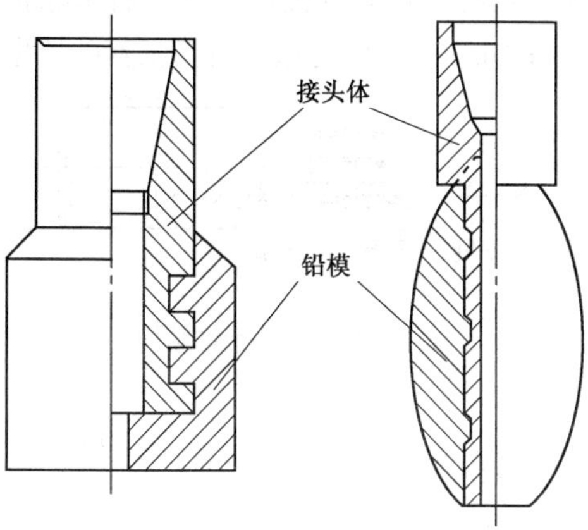


图 15-28　铅模结构

**表 15-18　平底铅模技术规格**

| 规格/mm | 接头 | | 铅印水眼/mm | 铅印长度/mm | 总长/mm |
|---|---|---|---|---|---|
| | 外径/mm | 螺纹 | | | |
| 270 | 203 | 6⅝in REG | 40 | 150 | 350 |
| 225 | 159 | NC50 | 40 | 130 | 300 |
| 195 | 159 | NC50 | 30 | 120 | 250 |
| 170 | 121 | NC38 | 30 | 120 | 200 |
| 120 | 105 | NC31 | 20 | 100 | 200 |

## 四、扩孔铣锥

1. 结构与工作原理

有些落鱼，从外径打捞，环形空间太小，母锥、打捞筒等无法下入，而从内径打捞时，内径又太小，能够下入的工具强度太小，很容易断入水眼，导致打捞失败，为了解决这个问题，唯一的办法是把落鱼水眼扩大，以便下入强度较大的打捞工具进行打捞。扩孔铣锥结构如图 15-29 所示。

使用铣锥扩孔后，要测量铣锥外径，而实际扩孔内径应比铣锥外径大 1~1.5mm，并作为选择打捞工具的依据。

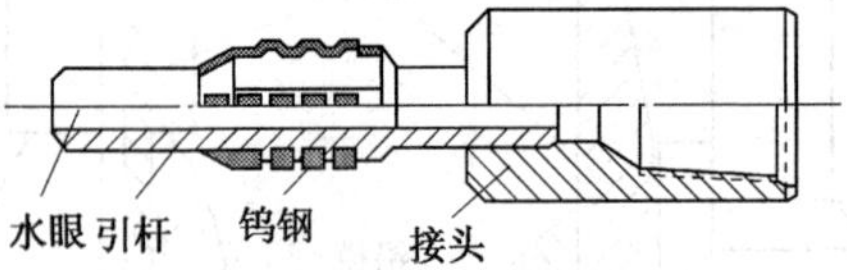


图 15-29　扩孔铣锥结构

# 第五节　倒扣与套铣

## 一、倒扣接头

1. 结构与工作原理

在倒扣作业中可以代替公锥，它容易上扣，也容易退出，而且上提拉力越大，传递的倒扣力矩也越大，这就避免了公锥容易滑扣的问题。倒扣接头与落鱼对扣后，上提钻柱带动胀心轴上行，使胀心套胀大，把螺纹撑紧，撑紧螺纹的程度和上提拉力成正比关系，使对扣螺纹能承受下部钻具的倒扣力矩时，才可实施倒扣。倒扣接头结构如图 15-30 所示。

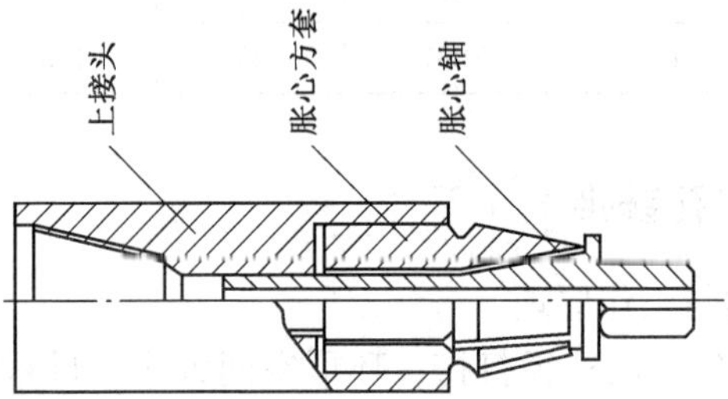


图 15-30　倒扣接头结构

2. 技术规范

倒扣接头技术规范见表 15-19。

表 15-19　倒扣接头技术规范

| 外径/mm | 上接头螺纹(左旋) | 打捞螺纹(右旋) | 抗拉强度/kN | 抗扭强度/kN·m |
|---|---|---|---|---|
| 105 | NC31 | NC31 | 500 | 9 |
| 121 | NC38 | NC38 | 900 | 15 |
| 159 | NC46 | NC46 | 1500 | 35 |
| 178 | NC50 | NC50 | 2000 | 50 |
| 203 | 6⅝in REG | 6⅝in REG | 2500 | 65 |

## 二、倒扣打捞矛

1. 结构与工作原理

倒扣打捞矛具有抓捞和传递扭矩的作用，也容易从鱼顶退出，在倒扣作业中比公、母锥具有更大的灵活性。倒扣打捞矛结构如图 15-31 所示。

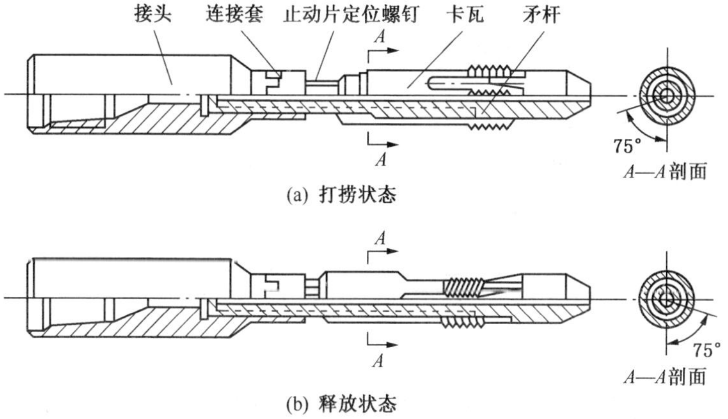


图 15-31　倒扣打捞矛结构

2. 技术规范

倒扣打捞矛技术规范见表 15-20。

表 15-20　倒扣打捞矛技术规范

| 型号 | 外形尺寸/mm | | 接头螺纹 | 可供打捞落鱼内径/mm | 抗拉强度/kN | 倒扣参数 | |
|---|---|---|---|---|---|---|---|
| | 直径 | 长度 | | | | 拉力/kN | 扭矩/kN·m |
| DLM-T48 | 95 | 600 | NC26 | 39.7~41.9 | 25.6 | 117.7 | 3.30 |
| DLM-T60 | 100 | 620 | NC31 | 49.7~51.9 | 329.8 | 147.1 | 5.75 |
| DLM-T73 | 114 | 670 | NC31 | 61.5~77.9 | 600.0 | 166.7 | 7.73 |
| DLM-T89 | 138 | 750 | NC38 | 75.4~91.0 | 711.9 | 166.7 | 7.73 |
| DLM-T102 | 145 | 800 | NC38 | 88.2~102.8 | 833.6 | 196.0 | 17.16 |
| DLM-T114 | 160 | 820 | NC50 | 99.8~102.8 | 902.2 | 196.0 | 18.44 |
| DLM-T127 | 160 | 820 | NC50 | 107.0~115.8 | 931.6 | 196.0 | 21.22 |
| DLM-T178 | 178 | 870 | NC50 | 150.4~166.7 | 2400.7 | 294.0 | 25.42 |
| DLM-T245 | 235 | 1170 | 6⅝in REG | 216.8~228.7 | 2936.0 | 343.0 | 37.28 |
| DLM-T340 | 330 | 1650 | 7⅝in REG | 313.6~322.9 | 3432.0 | 392.0 | 42.17 |

## 三、倒扣打捞筒

1. 结构与工作原理

倒扣打捞筒是从落鱼外径打捞并倒扣的一种工具。倒扣打捞筒结构如图 15-32 所示。

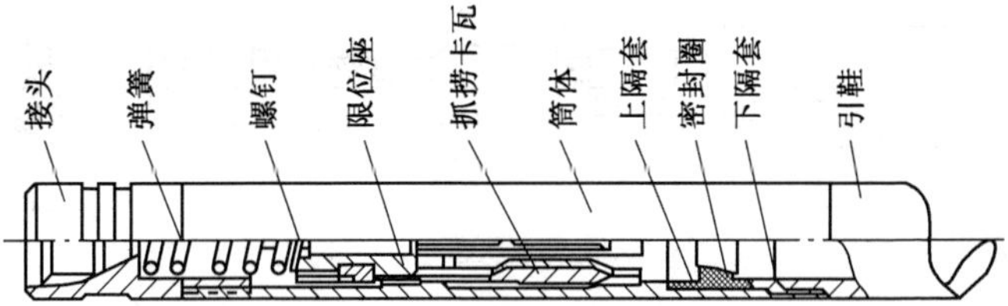


图 15-32　倒扣打捞筒结构

2. 技术规范

倒扣打捞筒技术规范见表 15-21。

**表 15-21　倒扣打捞筒技术规范**

| 型号 | 外形尺寸/mm | | 接头螺纹 | 可供打捞落鱼内径/mm | 抗拉强度/kN | 倒扣参数 | |
|---|---|---|---|---|---|---|---|
| | 直径 | 长度 | | | | 拉力/kN | 扭矩/kN·m |
| DLT-T48 | 95 | 650 | $2\frac{7}{8}$in REG | 47.0~59.3 | 300 | 117.7 | 4.12 |
| DLT-T60 | 105 | 720 | NC31 | 59.7~61.3 | 400 | 147.1 | 7.65 |
| DLT-T73 | 114 | 735 | NC31 | 72.0~74.6 | 450 | 176.4 | 10.33 |
| DLT-T89 | 134 | 750 | NC38 | 88.0~91.0 | 550 | 176.4 | 16.09 |
| DLT-T102 | 145 | 750 | NC38 | 101.0~104.0 | 800 | 196 | 17.65 |
| DLT-T114 | 160 | 820 | NC50 | 113.0~115.0 | 1000 | 196 | 18.63 |
| DLT-T127 | 185 | 820 | NC50 | 126.0~129.0 | 1600 | 235.4 | 21.57 |
| DLT-T140 | 200 | 850 | NC50 | 139.0~142.0 | 1800 | 235.4 | 25.50 |
| DLT-T178 | 240 | 950 | NC50 | 177.0~180.0 | 2536 | 294.2 | 34.32 |
| DLT-T245 | 305 | 1250 | $5\frac{9}{16}$in FH | 244.0~247.0 | 4070 | 343.2 | 39.23 |
| DLT-T340 | 400 | 1650 | $6\frac{5}{8}$in REG | 339.0~341.0 | 5295 | 392.3 | 49.03 |

## 四、铣鞋

铣鞋结构与工作原理如下：

铣鞋与取心钻头相似，呈环形结构，上有螺纹和铣管连接，下有铣齿用来破碎地层或清除环空堵塞物，它的结构有多种样式，可根据套铣对象来决定，如图 15-33 所示。

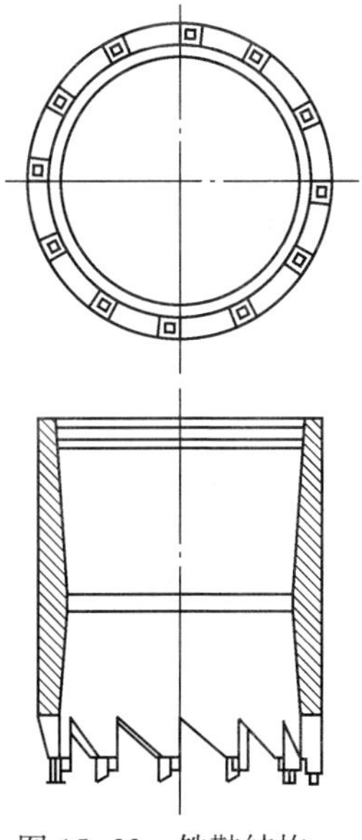

图 15-33　铣鞋结构

## 五、铣管

1. 结构与工作原理

为了保证作业安全，铣管一般采用高强度的合金钢管制成。铣管分为有接箍铣管和无接箍铣管。有接箍铣管又分为内接箍铣管和外接箍铣管。无接箍铣管又分为单级扣与双级扣两种类型。其结构如图 15-34 和图 15-35 所示。

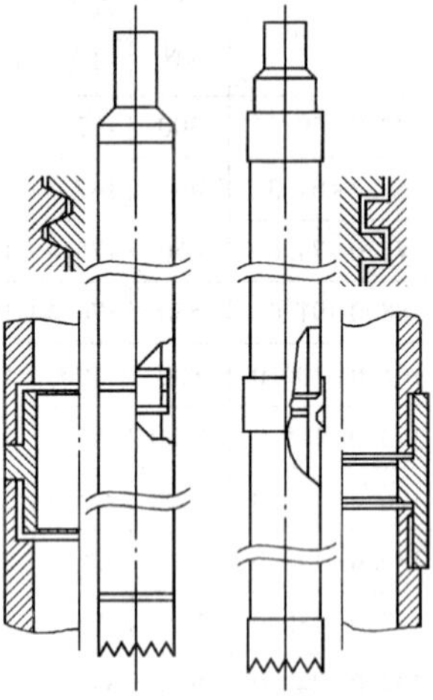

(a)内接箍铣管　(b)外接箍铣管

图 15-34　有接箍铣管结构

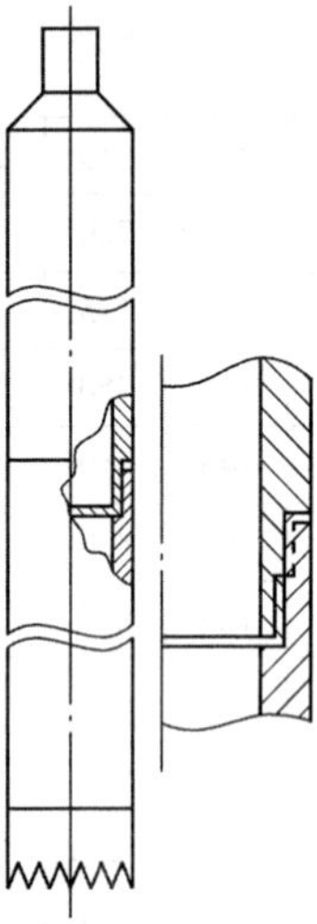

图 15-35　无接箍铣管结构

2. 规格型号与选用标准

一般情况下，井眼与铣管的最小间隙为 12. 7mm，铣管与落鱼之间的间隙最小为 3. 2mm。可根据表 15-22 选用铣管。铣管的长度要根据井身质量、铣管质量和地层可钻性来决定。地层松软，铣管可以适当加长，硬地层则一次只用一根铣管。

## 六、套铣防掉工具

1. 套铣防掉矛

1）结构与工作原理

钻头不在井底的卡钻，套铣解卡后，落鱼可能下落。为了防止这种情况的发生，设计了套铣防掉矛。它能将落鱼挂在铣管内，起钻时即可将落鱼和铣管一同取出。套铣防掉矛和 H 型安全接头配合使用，能解决在套铣过程中落鱼未解卡之前需要起钻的问题。套铣防掉矛结构如图 15-36 所示。

## 表 15-22 铣管技术规格

| 外径/mm | 壁厚/mm | 有接箍 | | | 无接箍(单级扣/双级扣) | | 强度 | | 套铣钻压/kN |
|---|---|---|---|---|---|---|---|---|---|
| | | 接箍外径/mm | 适用最小井眼/mm | 最大套铣尺寸/mm | 适用最小井眼/mm | 最大套铣尺寸/mm | 抗拉/kN | 抗扭/kN·m | |
| 298.5 | 11.05 | 323.85 | 349.0 | 269.8 | 324.0 | 269.8 | 2756 | 88.0 | 120 |
| 273.1 | 11.43 | 298.45 | 323.8 | 243.8 | 298.0 | 243.8 | 2534 | 81.0 | 100 |
| 244.5 | 11.05<br>13.84 | 269.88 | 295.0 | 216.0<br>210.0 | 270.0 | 216.0<br>210.0 | 2223 | 61.0 | 80 |
| 228.6 | 10.80 | | | 200.6 | 254.0 | 200.6 | 2000 | 47.0 | 80 |
| 219.1 | 12.70 | 244.85<br>(224) | 270.0<br>(249) | 187.0 | 244.5 | 187.0 | 2223 | 57.0 | 70 |
| 206.4 | 11.94 | | | 176.0 | 232.0 | 176.0 | 2040 | 47.0 | 60 |
| 193.7 | 9.53 | 215.90<br>(210) | 241.3<br>(235) | 168.0 | 219.0 | 168.0 | 1538 | 34.0 | 50 |
| 177.8 | 9.19 | 194.46 | 219.0 | 153.0 | 203.2 | 153.0 | 1360 | 24.0 | 50 |
| 168.3 | 8.94 | 187.71 | 213.0 | 144.0 | 193.7 | 144.0 | 1245 | 21.7 | 40 |
| 139.7 | 7.72 | 153.67 | 179.0 | 117.8 | 165.0 | 117.8 | 916 | 12.0 | 35 |
| 127.0 | 9.19 | 141.30 | 166.7 | 102.0 | 152.4 | 102.0 | 1009 | 12.2 | 30 |
| 114.3 | 8.56 | 127.00 | 152.0 | 89.0 | 139.7 | 89.0 | 831 | 7.5 | 20 |
| 88.9 | 6.45 | | | 70.0 | 114.3 | 70.0 | 480 | 4.0 | 15 |
| 57.2 | 4.85 | | | 41.0 | 77.6 | 41.0 | 160 | 1.0 | 5 |

注：1. 括号内的数字为专用套铣管尺寸。

2. 强度是指 $P_{105}$ 钢级双级同步螺纹铣管强度。

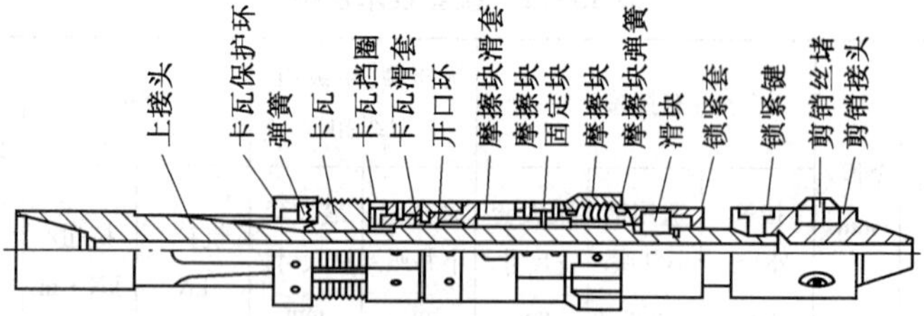


图 15-36　套铣防掉矛结构

2）规格型号及使用要点

套铣防掉矛的规格型号见表 15-23。

**表 15-23　套铣防掉矛规格型号**

| 工具规格 | 配用铣管 mm | | | 销钉剪力/kN | | |
|---|---|---|---|---|---|---|
| | | | | 铅销 | 铜销 | 钢销 |
| HT100 | 127 | 140 | 146 | | 48 | 80 |
| HT146 | 178 | 194 | 219 | 62 | 100 | 190 |
| HT187 | 219 | 229 | 245 | 62 | 100 | 190 |

这种工具只需要更换摩擦块、卡瓦和卡瓦保护环、剪销丝堵等配件，就可以适用于几种规格的套铣筒。本工具要求在无内台肩的铣管内使用，多与无接箍双级同步螺纹铣管配合使用，如果一次套铣不能解卡，需要起出铣管和套铣防掉矛，应在矛下接 H 型安全接头。

2. 套铣倒扣器

套铣倒扣器装在铣管顶部，在套铣完一段落鱼之后，利用铣管内装的对扣接头和落鱼对扣，然后爆松倒扣，将这段落鱼捞出，这样下井一次作业就可完成套铣、打捞两项工作。套铣倒扣器结构如图 15-37 所示。

3. 防掉接头

图 15-38(a)为一种防掉接头，其主要部件为铣鞋和打捞接头，两者用右旋梯形螺纹连接在一起，当接头 B 下至鱼顶

并与鱼顶对扣后便和落鱼连接在一起了。继续正转钻具，则铣鞋A与接头B脱离，可以向下套铣。当落鱼解卡后，带着接头B下滑。当接头B到达铣鞋A时，便悬挂在此处，随套铣筒一同起出井口。图15-38(b)为另一种防掉接头，它的工作原理与图15-38(a)中防掉接头相同，但它具有防止背锁效应的功能，即可避免在套铣过程中抓住落鱼时发生背锁卡钻。

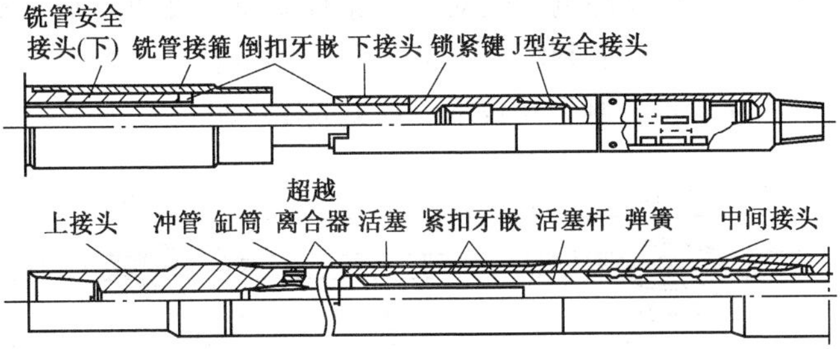


图15-37　套铣倒扣器结构

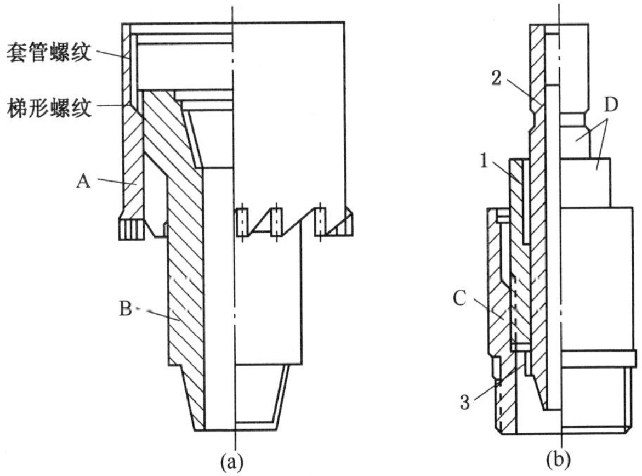


图15-38　套铣防掉接头结构

A—铣鞋；B—打捞接头；C—接箍；D—打捞接头；

1—过渡接头；2—打捞心轴；3—止退环

## 七、测卡与爆松倒扣工具

爆松倒扣就是在给被卡钻具施加反扭矩的情况下，利用炸药的瞬间压力使钻具连接螺纹迅速退扣的方法。但它只能在未卡钻具中进行，在已卡部位是毫无用处的。

1. 测卡仪

测卡仪的工作原理是利用虎克定律(弹性变形原理)，由高灵敏度的电子仪器即测卡仪对井下钻柱微量形变进行放大后由地面仪表读出，从而判断出卡点位置。测卡仪井下部分的结构如图 15-39 所示，测卡仪技术参数见表 15-24。

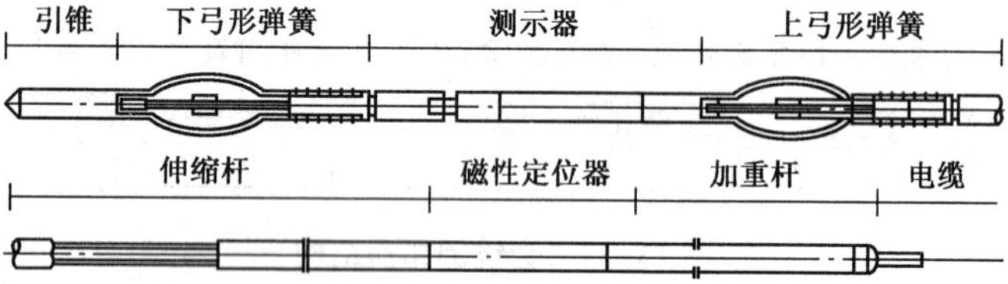


图 15-39　测卡仪井下部分的结构

**表 15-24　测卡仪技术参数**

| 仪器外径/mm | 最小测量内径/mm | 灵敏度抗压(扭转) | 耐压/MPa | 耐温/℃ |
|---|---|---|---|---|
| 17.50 | 19.05 | 3.8mm/1000m (0.5°/1000m) | 143 | 246 |
| 25.40 | 31.75 | 3.8mm/1000m (0.5°/1000m) | 143 | 246 |
| 34.90 | 41.28 | 3.8mm/1000m (0.5°/1000m) | 143 | 246 |
| 41.28 | 47.62 | 3.8mm/1000m (0.5°/1000m) | 143 | 246 |

2. 爆炸松扣工具

爆炸松扣工具由电缆接头、加重杆、磁性定位器、爆炸杆、过渡接头、导线接头、上接头和下接头（引锥）组成，如图 15-40所示。还有一种爆炸装置，是把以上组合中的爆炸杆换成爆炸电缆，把导爆索捆绑在电缆上，长度应以跨越两对接头为宜，争取在爆炸时至少有一对接头松扣，以提高爆炸松扣的成功率。

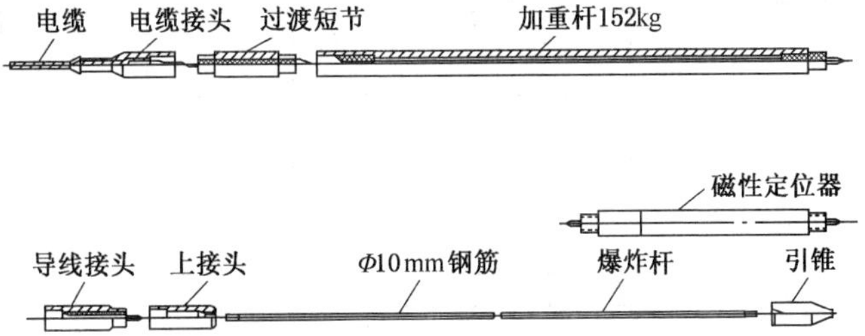


图 15-40　爆炸松扣工具组装图

3. 钻杆紧扣与松扣

在爆松倒扣作业中，这是一个非常重要的环节。紧扣的目的是使钻柱各连接部位受力均匀，并有足够的紧固程度，以防在施加反扭矩时把钻具倒开。钻杆紧扣与松扣时扭转圈数见表 15-25。

**表 15-25　钻杆紧扣与松扣时扭转圈数**

| 通称尺寸/mm | 140 | 127 | 114 | 89 | 73 | 60 |
|---|---|---|---|---|---|---|
| 紧扣圈数/(圈/1000m) | 3.5 | 3.8 | 4.3 | 5.5 | 6.7 | 8.0 |
| 松扣圈数/(圈/1000m) | 2.5 | 2.7 | 3.1 | 3.9 | 4.8 | 5.2 |

4. 药量的推荐

爆炸杆炸药用量的大小和钻具的尺寸、井深、钻井液密度及炸药的性能有关。

爆炸松扣推荐药量见表 15-26。

表 15-26　爆炸松扣推荐药量(g)

| 井深/m | <500 | 500~1000 | 1000~1500 | 1500~2000 | 2000~2500 | 2500~3000 | 3000~3500 | 3500~4000 | 4000~4500 | 4500~5000 | 5000~5500 | 5500~6000 |
|---|---|---|---|---|---|---|---|---|---|---|---|---|
| 油管 | | | | | | | | | | | | |
| $2\frac{3}{8}$ | 50 | 50 | 50 | 50 | 50 | 100 | 100 | 150 | 200 | 200 | 200 | 200 |
| $2\frac{7}{8}$ | 50 | 50 | 100 | 100 | 100 | 100 | 100 | 150 | 150 | 150 | 200 | 200 |
| $3\frac{1}{2}$ | 100 | 100 | 100 | 100 | 150 | 150 | 150 | 200 | 200 | 250 | 250 | 300 |
| 4 | 100 | 100 | 100 | 100 | 150 | 150 | 150 | 200 | 200 | 250 | 250 | 300 |
| $4\frac{1}{2}$ | 100 | 100 | 100 | 150 | 150 | 200 | 200 | 250 | 250 | 300 | 300 | 300 |
| 钻杆 | | | | | | | | | | | | |
| $2\frac{3}{8}$ | 100 | 100 | 100 | 150 | 150 | 200 | 200 | 250 | 250 | 300 | 300 | 350 |
| $2\frac{7}{8}$ | 100 | 150 | 150 | 150 | 200 | 200 | 250 | 250 | 250 | 300 | 350 | 400 |
| $3\frac{1}{2}$ | 150 | 150 | 150 | 200 | 200 | 200 | 250 | 250 | 300 | 300 | 350 | 400 |

续表

| 井深/m | <500 | 500~1000 | 1000~1500 | 1500~2000 | 2000~2500 | 2500~3000 | 3000~3500 | 3500~4000 | 4000~4500 | 4500~5000 | 5000~5500 | 5500~6000 |
|---|---|---|---|---|---|---|---|---|---|---|---|---|
| 4 | 150 | 200 | 200 | 200 | 200 | 200 | 250 | 300 | 350 | 350 | 400 | 450 |
| $4\frac{1}{2}$ | 200 | 200 | 200 | 200 | 250 | 250 | 300 | 300 | 350 | 350 | 400 | 450 |
| 5 | 200 | 250 | 250 | 250 | 300 | 350 | 350 | 350 | 400 | 450 | 450 | 500 |
| 钻铤 | | | | | | | | | | | | |
| $3\frac{1}{2}$~$4\frac{3}{4}$ | 200 | 200 | 200 | 250 | 250 | 250 | 300 | 350 | 400 | 400 | 450 | 500 |
| 5~$5\frac{3}{4}$ | 250 | 250 | 300 | 300 | 300 | 300 | 350 | 400 | 450 | 450 | 500 | 550 |
| 6~$6\frac{3}{4}$ | 300 | 300 | 300 | 350 | 350 | 350 | 400 | 450 | 500 | 550 | 600 | 650 |
| 7~$7\frac{3}{4}$ | 350 | 350 | 400 | 400 | 450 | 450 | 500 | 550 | 600 | 650 | 700 | 750 |
| 8~$8\frac{3}{4}$ | 450 | 450 | 450 | 500 | 500 | 500 | 500 | 550 | 600 | 650 | 700 | 750 |
| 9~$9\frac{3}{4}$ | 500 | 500 | 550 | 550 | 550 | 600 | 600 | 650 | 700 | 750 | 800 | 850 |

# 第六节　切割工具

## 一、机械式内割刀

1. 结构与工作原理

要将井下落鱼未卡部分或已套铣解卡部分用切割的办法取出，就需要割铣工具。机械式内割刀是从管柱内径向外切割的工具。它可对钻杆、套管、油管进行切割，也可以和打捞作业同时进行，以提高作业效率。机械式内割刀由摩擦扶正、锚定缓冲和切割三部分组成，如图 15-41 所示。

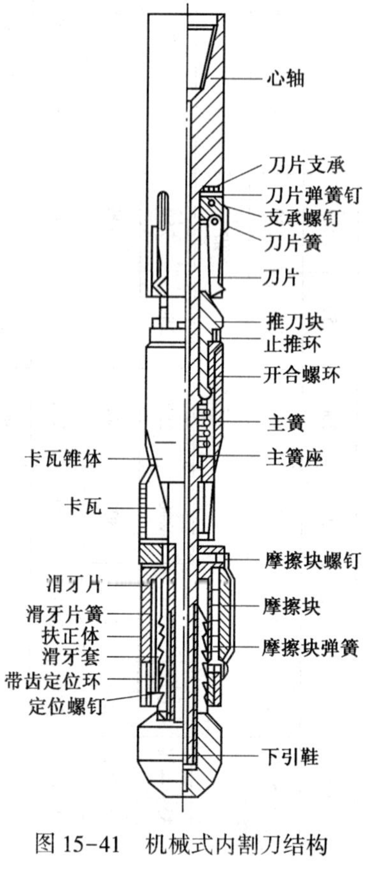


图 15-41　机械式内割刀结构

2. 规格型号

ND-J 机械式内割刀规格型号见表 15-27。

**表 15-27　ND-J 机械式内割刀规格型号**

| 型号 | 割刀外径/mm | 接头螺纹 | 水眼直径/mm | 切割管外径/mm | | 换刀后切割管外径/mm | |
|---|---|---|---|---|---|---|---|
| | | | | 套管、油管 | 钻杆 | 套管、油管 | 钻杆 |
| ND-J89 | 57 | 2⅞in REG | 12 | 88.9 | | 101.6、114.3 | 101.6、114.3 |
| ND-J102 | 83 | 2⅞in REG | 14 | 101.6 | | | |
| ND-J114 | 85 | 2⅞in REG | 16 | 114.3、114.3 | 114.3、127.0 | | |
| ND-J127 | 102 | NC31 | 18 | 127.0 | | 127.0 | |
| ND-J140 | 112 | NC31 | 18 | 139.7 | | | |
| ND-J168 | 127 | NC38 | 20 | 168.3 | | | |
| ND-J168 | 138 | NC38 | 20 | 168.3 | | | |
| ND-J178 | 145 | NC46 | 40 | 177.8 | | 193.7 | |
| ND-J219 | 185 | NC50 | 50 | 219.1 | | | |
| ND-J245 | 210 | NC50 | 55 | 244.5 | | | |
| ND-J298 | 260 | 6⅝in REG | 80 | 298.4 | | | |
| ND-J340 | 295 | 6⅝in REG | 80 | 339.7 | | | |
| ND-J406 | 370 | 7⅝in REG | 125 | 406.4 | | | |
| ND-J508 | 475 | 7⅝in REG | 125 | 508.0 | | | |

## 二、机械式外割刀

1. 结构与工作原理

机械式外割刀是一种自动给进式井下管柱切割工具，外割刀是从管柱外径向内切割的工具。由于采用了弹簧自动给进装置，可以避免由于操作疏忽造成拉力过大而损坏刀片的故障。其结构主要由切割部分、引导锚定部分和止推轴承三部分组成，如图 15-42 所示。

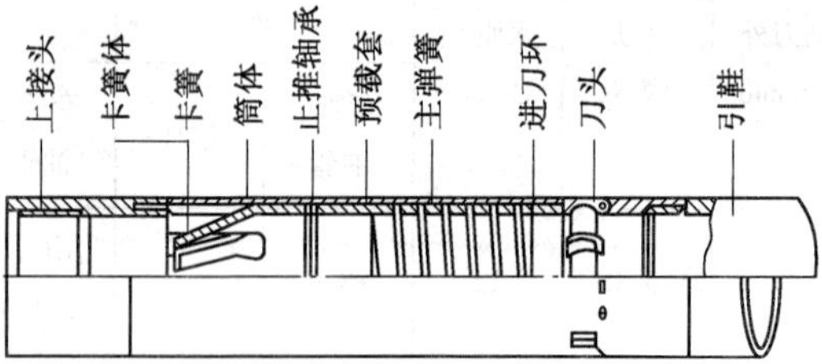


图 15-42　机械式外割刀结构

2. 规格型号

WD-J 机械式外割刀规格型号见表 15-28。

**表 15-28　WD-J 机械式外割刀规格型号**

| 割刀型号 | 外径/mm | 内径/mm | 切割管径/ mm | 适用最小井眼/mm | 能过最大落鱼/mm | 接头螺纹 | 销钉剪力/kN | |
|---|---|---|---|---|---|---|---|---|
| | | | | | | | 单 | 双 |
| WD-J58 | 58 | 41 | | 62 | | | 1.29 | 2.58 |
| WD-J98 | 98 | 79 | 60 | 105 | 78 | | 1.29 | 2.58 |
| WD-J114 | 114 | 82 | 60 | 120 | 79 | NC31 | 2.89 | 5.78 |
| WD-J119 | 119 | 98 | 73 | 125.4 | 95 | NC38 | 1.29 | 2.58 |
| WD-J143 | 143 | 111 | 52<br>89 | 146.2 | 108 | NC38 | 2.89 | 5.78 |
| WD-J149 | 149 | 117 | 60<br>89 | 155.6 | 114 | NC38 | 2.89 | 5.78 |
| WD-J154 | 154 | 124 | 60<br>101 | 158.8 | 120 | NC46 | 2.89 | 5.78 |

续表

| 割刀型号 | 外径/mm | 内径/mm | 切割管径/mm | 适用最小井眼/mm | 能过最大落鱼/mm | 接头螺纹 | 销钉剪力/kN | |
|---|---|---|---|---|---|---|---|---|
| | | | | | | | 单 | 双 |
| WD-J194 | 194 | 162 | 89<br>101<br>114<br>127 | 209.5 | 159 | NC50 | 2.89 | 5.78 |
| WD-J206 | 206 | 168 | 101<br>146 | 219 | 165 | 6⅝in REG | 2.89 | 5.78 |

## 三、水力式内割刀

1. 结构与工作原理

水力式内割刀是利用液压推动割刀从管子内部切割管体的工具。它主要由上接头、调压总成、活塞总成、缸套、弹簧、导流管总成、本体、刀片总成、扶正块和堵头组成。其结构如图 15-43 所示。

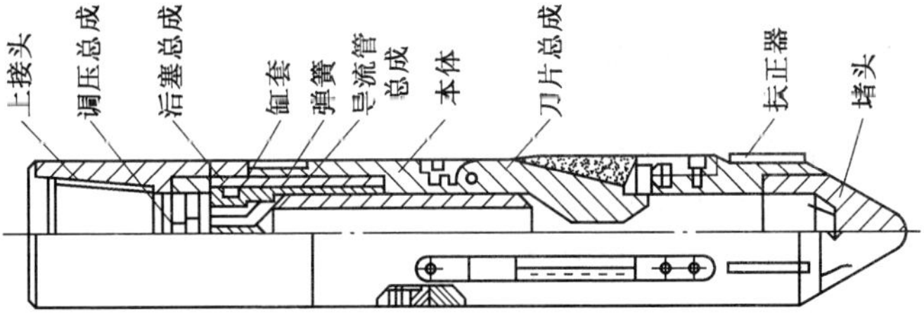


图 15-43　水力式内割刀结构

2. 规格型号

水力式内割刀规格型号见表 15-29。

表 15-29　水力式内割刀规格型号

| 型号 | 接头螺纹 | 本体外径/mm | 刀片收缩外径/mm | 刀片张开外径/mm | 工具总长/mm | 扶正套与扶正块外径/mm | 可切割管径/mm | |
|---|---|---|---|---|---|---|---|---|
| | | | | | | | 外径 | 壁厚 |
| TGX-9 | NC50 | 210 | 210 | 310 | 1512 | 222 | 244.47 | 8.94 |
| | | | | | | 220 | | 10.03 |
| | | | | | | 218 | | 10.05 |
| | | | | | | 216 | | 11.99 |
| TGX-7 | NC38 | 146 | 146 | 210 | 1313 | 158 | 177.8 | 8.05 |
| | | | | | | 156 | | 9.19 |
| | | | | | | 154 | | 10.36 |
| | | | | | | 151 | | 11.51 |
| | | | | | | 149 | | 12.65 |
| | | | | | | 147 | | 13.72 |
| TGX-5 | NC31 | 114 | 114 | 170 | 1287 | 121 | 139.7 | 7.72 |
| | | | | | | 118 | | 9.17 |
| | | | | | | 115 | | 10.54 |

## 四、水力式外割刀

1. 结构与工作原理

水力式外割刀是靠液压推动刀头从外向内切割各种类型的管状落鱼的工具，由于其工作平稳，容易控制，是一种高效、可靠的切割工具。它主要由筒体部分、给进部分、切割机构和限位机构组成。其结构如图 15-44 所示。

2. 技术规范

水力式外割刀技术规范见表 15-30。

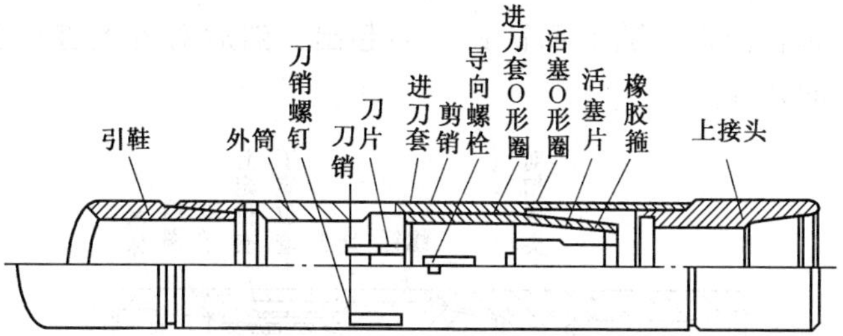


图 15-44　水力式外割刀结构

表 15-30　水力式外割刀技术规范

| | | | | |
|---|---|---|---|---|
| 外径/mm | 103.2 | 112.7 | 119.1 | 142.9 |
| 内径/mm | 81.0 | 92.1 | 98.4 | 109.5 |
| 割刀活塞允许通过的最大尺寸/mm | 77.8 | 87.3 | 92 | 104.8 |
| 切割范围/mm | 33.4~69.5 | 48.3~73 | 48.3~73 | 52.4~101 |
| 适用井眼/mm | 109.5 | 119.1 | 125.4 | 149.2 |

## 五、水力切割接头

1. 结构与工作原理

在以下几种情况下，可使用水力切割接头，处理卡钻事故。一是被卡钻柱由于强扭强转，爆炸松扣成功率很低；二是对超过4000m的深井，由于上部井眼的阻力，钻柱扭矩很难传下去，松扣位置的准确性难以保证；三是对边远探井，爆炸松扣的组织工作需要很长时间，会造成事故恶化。水力切割接头可将本体切断，使事故的进一步处理更加容易。其结构如图 15-45所示。

正常钻进时，将该工具接在钻柱的预定部位。当钻具被卡时，将堵头由地面钻杆水眼投入，堵塞接头阀座。开泵循环时，钻井液经上、下定位套的缝隙高速喷出，对接头本体进行切割，在 40～120min 就能把本体切断。切断后，堵头、上定位套和护套可随上部钻具一同起出，然后对落鱼进行其他方法的处理。

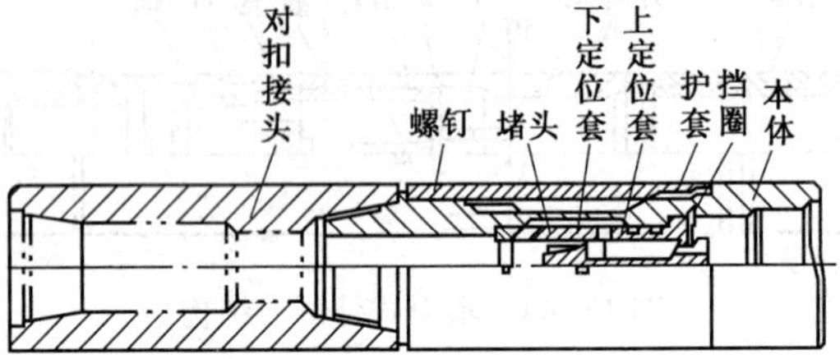


图 15-45　水力切割接头结构

2. 规格型号

SQJ 型水力切割接头规格型号见表 15-31。

**表 15-31　SQJ 型水力切割接头规格型号**

| 型号 | 外径/mm | 接头螺纹 | 总长/mm |
|---|---|---|---|
| SQJ178 | 178 | NC50 | 800 |

# 第七节　井底落物打捞及磨铣工具

## 一、磁铁打捞器

1. 强磁打捞器

1) 结构与工作原理

强磁打捞器是打捞井内可被磁化的金属碎物的一种工具，按磁性不同可分为永磁性和充磁性两种，按循环方式不同又可分为正循环式和反循环式两种。正循环式强磁打捞器结构如图 15-46所示。

2) 技术规范

技术规范见表 15-32。

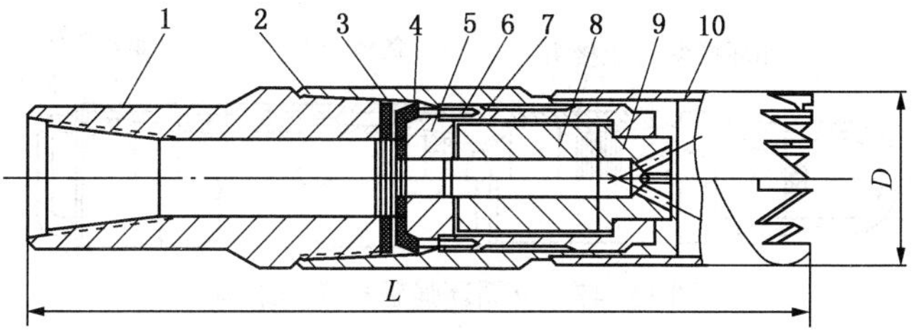


图 15-46　强磁打捞器结构

1—接头；2—外筒；3—橡皮垫；4—螺钉；5—压盖；
6—绝缘筒；7—垫圈；8—磁铁；9—喷水头；10—铣鞋

**表 15-32　强磁打捞器技术规范**

| 公称直径/mm | 连接螺纹 | 适用井眼/mm | 理想接触最大吸力±10% | | 适用温度/℃ | 磁稳定性 | | |
|---|---|---|---|---|---|---|---|---|
| | | | | | | 温度衰减率/% | 振动磁物质接触衰减率/% | |
| | | | A 型/kN | B 型/kN | | | A 型 | B 型 |
| 86 | NC26 | 95~108 | 3.5 | 1.0 | 0~210 | ≤0.07 | ≤1 | ≤5 |
| 100 | | 108~137 | 5.5 | 1.7 | | | | |
| 125 | NC31 | 137~149 | 9.5 | 2.2 | | | | |
| 140 | | 149~184 | 11 | 4.0 | | | | |
| 175 | NC50 | 184~216 | 18 | 5.0 | | | | |
| 190 | | 203~229 | 21 | 6.2 | | | | |
| 200 | | 216~241 | 23 | 6.8 | | | | |
| 225 | $6\frac{5}{8}$in REG | 241~279 | 28 | 9.8 | | | | |
| 255 | | 279~311 | 38 | 13.0 | | | | |
| 290 | | 311~375 | 42 | 14.0 | | | | |

2. 反循环强磁打捞器

1）结构与工作原理

反循环强磁打捞器是反循环打捞篮和强磁打捞器组合的产物，具有两者的优点。其结构如图 15-47 所示，它的作用原理与反循环打捞篮一样，不同的是反循环打捞篮可以钻进取心，而反循环强磁打捞器不可以钻进取心。

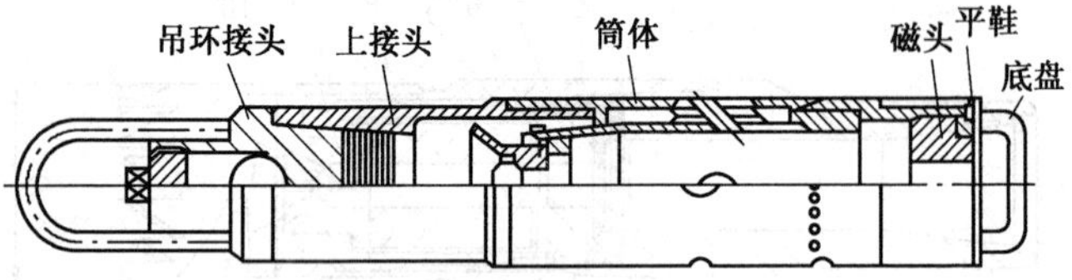


图 15-47　反循环强磁打捞器结构

2）技术规范

反循环强磁打捞器技术规范见表 15-33。

**表 15-33　反循环强磁打捞器技术规范**

| 型号 | 适用井眼直径/mm | 筒体外径/mm | 最大打捞落物直径/mm | 钢球直径/mm | 接头螺纹 | 磁心 | | 引鞋外径/mm |
|---|---|---|---|---|---|---|---|---|
| | | | | | | 外径/mm | 理想吸力/kN | |
| LC-F92 | 95.2～101.6 | 92 | 57.2 | 30 | NC26 | 45 | 1.24 | 94 |
| LC-F102 | 104.8～114.3 | 102 | 63.5 | 30 | NC26 | 52 | 1.57 | 103 |
| LC-F114 | 117.5～127.0 | 114 | 77.8 | 35 | NC26 | 65 | 2.65 | 116 |
| LC-F124 | 130.0～139.7 | 124 | 90.5 | 35 | 2⅞in REG | 77 | 3.72 | 127 |
| LC-F130 | 142.9～152.4 | 130 | 95.3 | 40 | NC31 | 81 | 4.12 | 132 |
| LC-F146 | 155.6～165.1 | 146 | 111.1 | 40 | NC38 | 97 | 5.91 | 152 |
| LC-F159 | 168.2～187.3 | 159 | 120.7 | 45 | NC38 | 104 | 6.79 | 164 |
| LC-F178 | 190.5～209.5 | 178 | 130.2 | 45 | NC46 | 110 | 7.60 | 184 |
| LC-F200 | 212.7～241.3 | 200 | 154.0 | 50 | NC50 | 132 | 10.94 | 208 |
| LC-F225 | 244.5 | 225 | 176 | 50 | NC50 | 150 | 14.13 | 234 |
| LC-F230 | 244.5～269.9 | 230 | 179.4 | 50 | 6⅝in REG | 153 | 14.70 | 240 |
| LC-F257 | 273.0～295.3 | 257 | 195.3 | 55 | 6⅝in REG | 165 | 17.10 | 264 |
| LC-F279 | 298.5～317.5 | 279 | 211.1 | 55 | 6⅝in REG | 180 | 20.35 | 292 |

续表

| 型号 | 适用井眼直径/mm | 筒体外径/mm | 最大打捞落物直径/mm | 钢球直径/mm | 接头螺纹 | 磁心 |  | 引鞋外径/mm |
|---|---|---|---|---|---|---|---|---|
|  |  |  |  |  |  | 外径/mm | 理想吸力/kN |  |
| LC-F295 | 320.6~346.1 | 295 | 220.7 | 60 | 7⅝in REG | 190 | 22.68 | 304 |
| LC-F302 | 320.6~346.1 | 302 | 220.7 | 60 | 7⅝in REG | 190 | 22.68 | 314 |
| LC-F330 | 349.3~406.4 | 330 | 249.2 | 60 | 7⅝in REG | 218 | 29.86 | 344 |
| LC-F380 | 406.4~444.5 | 380 | 279.4 | 60 | 7⅝in REG | 245 | 38.64 | 400 |

3. 弧形强磁打捞器

1）结构特点

弧形强磁打捞器主要由上接头、筒体、封水盘、强磁等组成。打捞时，含磁落物将两磁极导通，落物则被牢牢地吸附在磁力打捞器侧面上。本产品主要是针对落井牙轮打捞进行设计的，能够有效地打捞1~3只牙轮。其结构如图15-48所示。

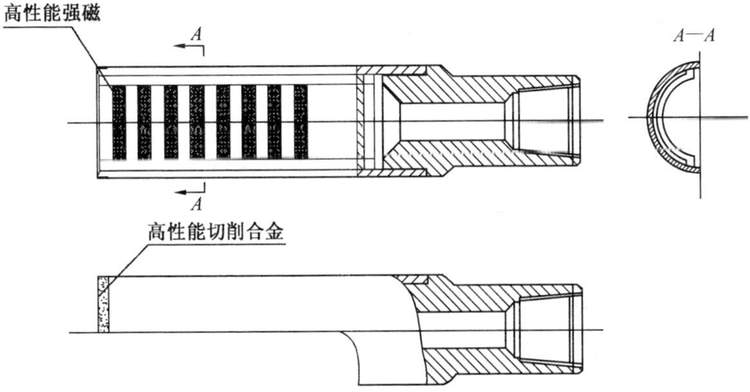


图15-48　弧形强磁打捞器结构

2）技术规范

弧形强磁打捞器技术规范见表 15-34。

**表 15-34　弧形强磁打捞器技术规范**

| 规格型号 | 连接扣型 | 适用井眼/in | 圆弧最大内径/mm | 备注 |
|---|---|---|---|---|
| Φ206 | NC50 | 8½ | Φ165 | |
| Φ143 | NC38 | 6 | Φ113 | |

## 二、反循环打捞篮

1. 投球式反循环打捞篮

1）结构与工作原理

反循环打捞篮是利用工具的特殊结构，造成钻井液在井底的局部反循环，将井底碎物冲入篮内而进行打捞的工具。其结构如图 15-49 所示。它由接头、筒体(包括外筒和内筒)、喇叭口、球座、篮筐、篮爪和铣鞋等组成。

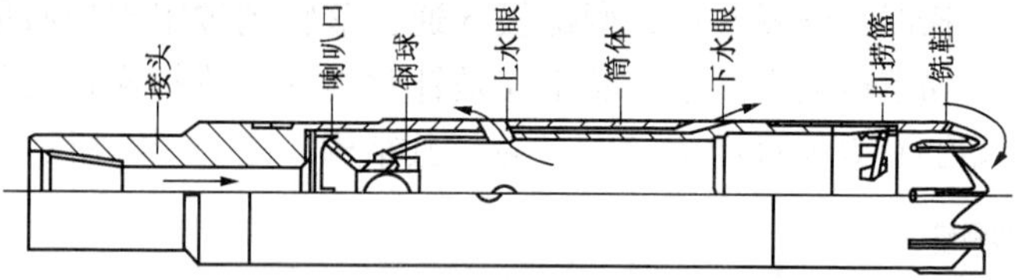


图 15-49　投入式反循环打捞篮结构

2）技术规范

投球式反循环打捞篮技术规范见表 15-35。

**表 15-35　反循环打捞篮技术规范**

| 型号 | 适用井眼直径/mm | 筒体外径/mm | 落物最大直径/mm | 钢球直径/mm | 接头螺纹 |
|---|---|---|---|---|---|
| LL-F89 | 95. 2~101. 6 | 89 | 60 | 30 | NC26 |
| LL-F97 | 107. 9~114. 3 | 97 | 64. 5 | 30 | NC26 |

续表

| 型号 | 适用井眼直径/mm | 筒体外径/mm | 落物最大直径/mm | 钢球直径/mm | 接头螺纹 |
|---|---|---|---|---|---|
| LL-F110 | 117.5~127.0 | 110 | 78 | 35 | NC26 |
| LL-F121 | 130.0~139.7 | 121 | 90.5 | 35 | NC31 |
| LL-F130 | 142.9~152.4 | 130 | 95.5 | 40 | NC31 |
| LL-F140 | 155.6~165.0 | 140 | 112 | 40 | NC38 |
| LL-F156 | 168.2~187.3 | 156 | 121 | 45 | NC38 |
| LL-F178 | 190.5~209.5 | 178 | 132 | 45 | NC50 |
| LL-F200 | 212.7~241.7 | 200 | 154 | 50 | NC50 |
| LL-F232 | 244.5~269.6 | 232 | 179.5 | 50 | 6⅝in REG |
| LL-F257 | 273.0~295.3 | 257 | 195.5 | 55 | 6⅝in REG |
| LL-F279 | 298.0~317.5 | 279 | 211.5 | 55 | 7⅝in REG |
| LL-F295 | 320.6~346.1 | 295 | 221 | 60 | 7⅝in REG |
| LL-F330 | 349.3~406.4 | 330 | 251 | 60 | 7⅝in REG |
| LL-F380 | 406.4~444.5 | 380 | 282.6 | 60 | 7⅝in REG |

反循环打捞篮结构的组合要根据落物的形状、大小及地层硬软等因素来选配篮筐和铣鞋，必须做到使落物能进入篮筐。如果井下落物是牙轮，就可参考表 15-36 所给的牙轮钻头的牙轮尺寸来选择打捞篮。

**表 15-36　牙轮钻头的牙轮尺寸**

| 钻头尺寸/mm | 牙轮尺寸/mm | | 钻头尺寸/mm | 牙轮尺寸/mm | |
|---|---|---|---|---|---|
| | *A* | *B* | | *A* | *B* |
| 95.3~105.0 | 50 | 68.66 | 142.9~152.4 | 69.40 | 102.00 |
| 108.0~114.3 | 56 | 74.22 | 155.6~165.1 | 78.98 | 106.40 |
| 117.5~127.0 | 59.53 | 81.36 | 168.3~177.8 | 87.30 | 115.89 |
| 130.2~139.7 | 67.10 | 83.00 | 181.0~190.5 | 94.06 | 123.03 |

续表

| 钻头尺寸/mm | 牙轮尺寸/mm | | 钻头尺寸/mm | 牙轮尺寸/mm | |
|---|---|---|---|---|---|
| | *A* | *B* | | *A* | *B* |
| 193. 68～203. 2 | 100. 80 | 133. 75 | 368. 30～381 | 187. 72 | 243. 68 |
| 206. 40～215. 9 | 111. 13 | 146. 84 | 406. 4 | 205. 00 | 257. 18 |
| 219. 08～228. 2 | 115. 10 | 153. 20 | 431. 80～444. 50 | 208. 40 | 283. 76 |
| 231. 78～241. 3 | 115. 89 | 162. 72 | 470. 00～494. 40 | 223. 04 | 290. 50 |
| 244. 48～250. 83 | 125. 41 | 168. 67 | 508. 00 | 241. 30 | 282. 60 |
| 266. 70～292. 10 | 137. 71 | 181. 77 | 558. 80 | 265. 90 | 256. 00 |
| 298. 45～317. 50 | 155. 60 | 202 | 609. 60 | 277. 80 | 369. 90 |
| 320. 68～333. 38 | 160. 33 | 215. 50 | 660. 40 | 312. 34 | 367. 90 |
| 342. 90～362 | 178. 60 | 223. 83 | | | |

注：*A* 为牙轮最大高度，*B* 为牙轮最大外径。

2. 喷射吸入式反循环打捞篮

1）结构与工作原理

这种工具与其他的反循环打捞工具的工作原理基本相同，不同的是没有钢球和球座，而是在上接头的下端安装一个喷嘴，这样不但增加了反循环排量，而且使环空钻井液更容易流入内筒，提高了打捞效率。其结构如图 15-50 所示。

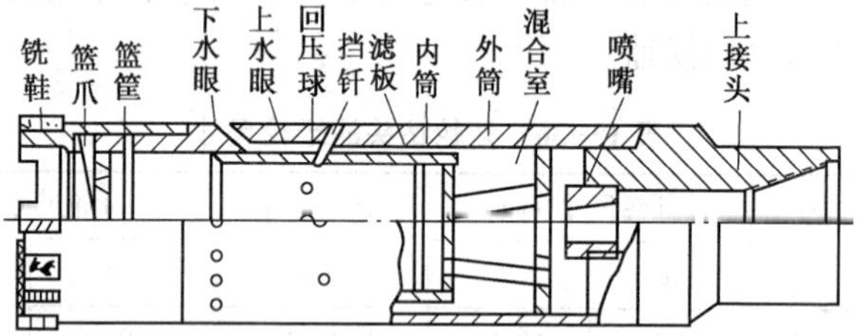


图 15-50　喷射吸入式反循环打捞篮结构

2）技术规格

喷射吸入式反循环打捞篮技术规范见表 15-37。

表 15-37 喷射吸入式反循环打捞篮技术规范

| 型号 | 适用井眼直径/mm | 筒体外径/mm | 最大打捞直径/mm | 喷嘴直径/mm | 连接螺纹 | 适用排量/(L/s) |
|---|---|---|---|---|---|---|
| LC-F92 | 95.2~101.6 | 92 | 57.2 | | NC26 | 8 |
| LC-F104 | 104.8~114.3 | 102 | 63.5 | 10 | NC26 | 10 |
| LC-F114 | 117.5~127.0 | 114 | 77.8 | 11 | NC26 | 12 |
| LC-F124 | 130.0~139.7 | 124 | 90.5 | 12 | 2⅞in REG | 15 |
| LC-F130 | 142.9~152.4 | 130 | 95.3 | 14 | NC31 | 18 |
| LC-F146 | 155.6~165.1 | 146 | 111.1 | 15 | NC38 | 20 |
| LC-F159 | 168.2~187.3 | 159 | 120.7 | 16 | NC46 | 20 |
| LC-F178 | 190.5~209.5 | 178 | 132.3 | 18 | NC50 | 25 |
| LC-F200 | 212.7~241.3 | 200 | 154 | 19 | NC50 | 30 |
| LC-F225 | 237.5~258.5 | 225 | 176 | 19 | 6⅝in REG | 35 |
| LC-F232 | 244.5~269.9 | 232 | 179.4 | 21 | 6⅝in REG | 35 |
| LC-F257 | 273.0~295.3 | 257 | 195.3 | 21 | 6⅝in REG | 45 |
| LC-F279 | 298.5~317.5 | 279 | 211.1 | 23 | 7⅝in REG | 45 |
| LC-F295 | 320.6~346.1 | 295 | 220.7 | 23 | 7⅝in REG | 50 |
| LC-F302 | 320.6~346.1 | 302 | 220.7 | 23 | 7⅝in REG | 50 |
| LC-F330 | 349.3~406.4 | 330 | 249.2 | 23 | 7⅝in REG | 50 |
| LC-F380 | 406.4~444.5 | 380 | 279.4 | 23 | 7⅝in REG | 60 |

3. 反循环一把抓打捞篮

反循环一把抓打捞篮是由反循环打捞篮改进而来的，它是将反循环打捞篮的铣鞋换成一把抓，特点是双保险。当抓篮失去作用时，还可以用一把抓将落物捞出。它与普通一把抓的不同点是增加了局部反循环的功能，使落物更容易进入捞筒。它与反循环打捞篮的不同点是不能铣进。

## 三、取心筒式打捞器

1. 结构与工作原理

取心筒式打捞器是一个较短的机械加压式取心筒，如

图 15-51所示。它利用铣鞋划眼把落物套入内筒，同时还可以取一段岩心，然后加压剪断销钉。钻压由六方套心轴传给内筒，内筒下压爪式岩心抓，使岩心抓沿铣鞋内台肩斜坡向中心收缩，捞获落物。它的打捞作用类似一把抓，但比一把抓可靠得多。

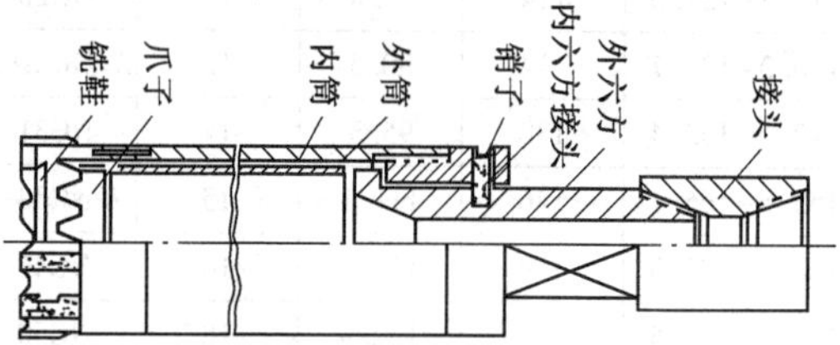


图 15-51　取心筒式打捞器结构

## 四、DLQ 型多功能打捞器

DLQ 型多功能打捞器是集打捞杯、强磁打捞器和一把抓三种功能工具于一体的新型组合工具，它具有结构简单、操作方便、安全可靠等优点，能高效净化井底。工具的结构如图 15-52所示。技术参数见表 15-38。

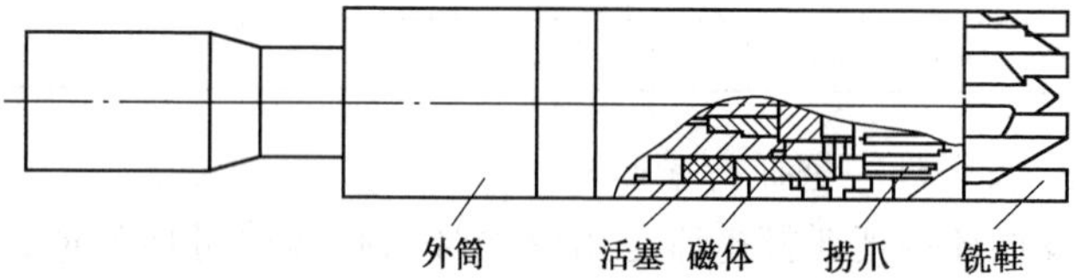


图 15-52　DLQ 型多功能打捞器结构

**表 15-38　DLQ 型多功能打捞器技术参数**

| 型号 | 筒体外径/mm | 铣鞋外径/mm | 接头螺纹 | 总长/mm | 磁体吸力/kgf | 适用井眼/mm |
|---|---|---|---|---|---|---|
| DLQ135 | 135 | 137 | NC38 | 1058 | 600 | 152.4 |
| DLQ190 | 190 | 193 | NC50 | 1251 | 800 | 215.9 |

## 五、随钻打捞杯

1. G 型随钻打捞杯

G 型随钻打捞杯是一种在钻进过程中打捞细碎落物如钻头牙齿、滚柱、滚珠等物件的工具。在磨铣井底落物的过程中，也用于打捞铣碎的铁块。其结构如图 15-53 所示，工作原理如图 15-54 所示，技术规范见表 15-39。

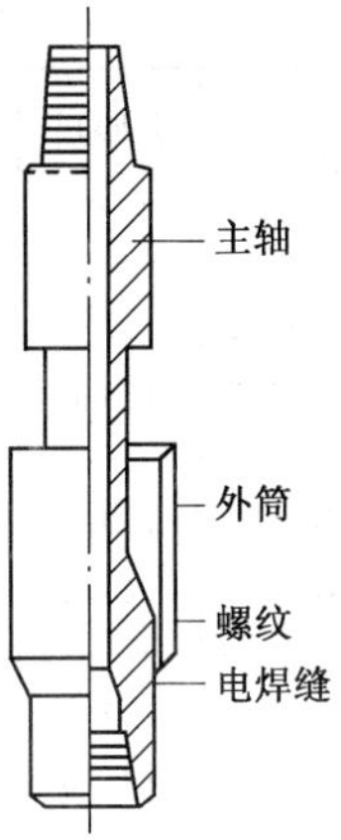


图 15-53 G 型随钻打捞杯结构

2. H 型随钻打捞杯

与 G 型随钻打捞杯相比，H 型随钻打捞杯外筒可卸下更换，容易取出捞获的碎物，容量也较大，结构如图 15-55 所示，技术规范见表 15-39。

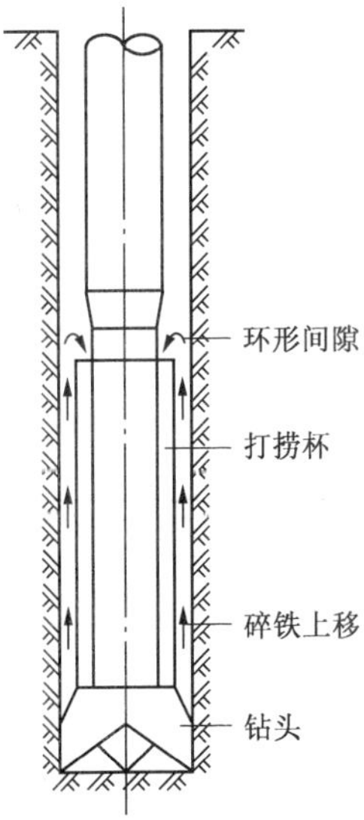


图 15-54 工作原理

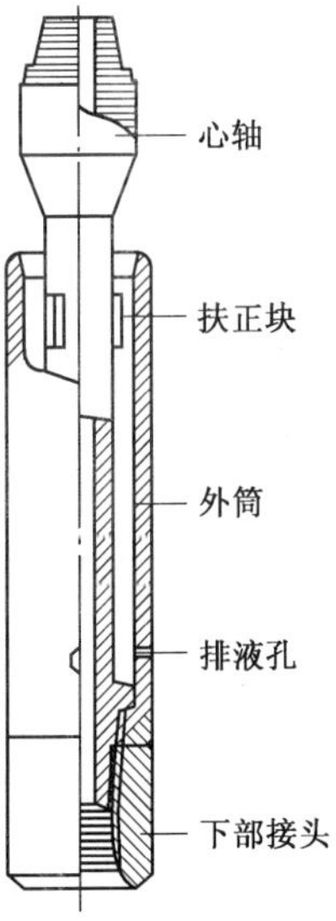


图 15-55 H 型随钻打捞杯结构

表 15-39 随钻打捞杯技术规范

| 型号 | 井眼尺寸/mm | 连接螺纹 | 最大外径/mm | 杯体内径/mm | 接头外径/mm | 水眼直径/mm | 心轴外径/mm |
|---|---|---|---|---|---|---|---|
| LB-G-102<br>LB-H-102 | 117.5<br>123.8 | 2⅞in<br>REG | 102 | 92 | 95 | 31.8 | 66.7 |
| LB-G-114<br>LB-H-114 | 130.2<br>149.2 | 3½in<br>REG | 114 | 106 | 108 | 38.5 | 79 |
| LB-G-127<br>LB-H-127 | 152.4<br>161.9 | 3½in<br>REG | 127 | 116 | 108 | 38.5 | 82.6 |
| LB-G-140<br>LB-H-140 | 165.1<br>190.5 | 3½in<br>REG | 140 | 124 | 108 | 38.5 | 82.6 |
| LB-G-168<br>LB-H-168 | 193.7<br>215.9 | 4½in<br>REG | 168 | 151 | 140 | 57 | 114.3 |
| LB-G-178<br>LB-H-178 | 219.0<br>244.5 | 4½in<br>REG | 178 | 160 | 140 | 57 | 114.3 |
| LB-G-219<br>LB-H-219 | 244.5<br>288.9 | 6⅝in<br>REG | 219 | 202 | 197 | 70 | 146 |
| LB-G-245<br>LB-H-245 | 292.1<br>330.2 | 6⅝in<br>REG | 245 | 217 | 197 | 70 | 146 |

## 六、磨鞋

1. 结构与工作原理

如图 15-56 所示，磨鞋主要由上接头和镶有硬质合金或堆焊耐磨材料的磨鞋体组成。根据用途不同可分为以下几种形式：

(1) 平底或凹底磨鞋：用来磨碎落井的钻头、牙轮、刮刀片等大块落物。

（2）套筒磨鞋：一般用来修平鱼顶。

（3）保径磨鞋：镶有保径齿的磨鞋。

（4）锥形磨鞋：用来修复变形鱼顶及进行井下特殊作业(如开窗)，硬度合金镶在锥度翼瓣面和右旋侧面上。

（5）高效磨鞋：一种磨铣效能非常高的磨鞋，结构与普通磨鞋大体相当，但通过合金的焊接工艺来提高磨鞋的磨铣效能。一趟钻就可以将牙轮钻头的三只牙轮磨铣掉。

2. 技术规范

平底磨鞋技术规范见表15-40。

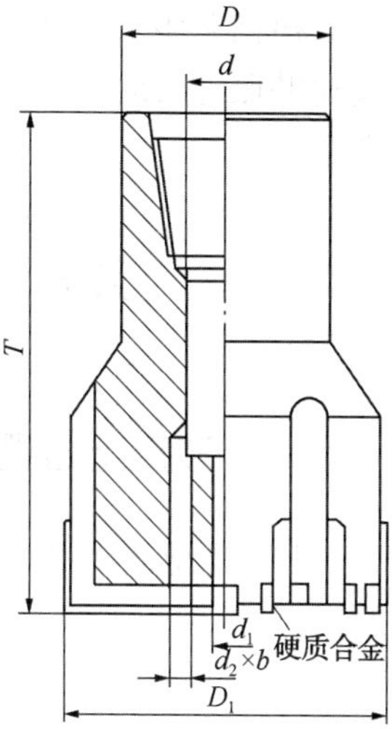

图15-56　平底磨鞋

**表15-40　平底磨鞋技术规范**

| 外径(D)/mm | 中间水眼直径($d_1$)/mm | 鞋底其他水眼直径×数目($d_2 \times b$)/mm | 连接螺纹 | 适用井眼直径/mm |
|---|---|---|---|---|
| 270 | 10 | 30×4 | 6⅝in REG | >311 |
| 248 | 10 | 24×3 | 6⅝in REG | 269 |
| 220 | 10 | 24×2 | 6⅝in REG | 244 |
| 200 | 10 | 20×2 | 6⅝in REG | 215 |
| 190 | 10 | 18×2 | NC50 | 210 |
| 153 | 10 | 16×2 | NC46 | 161 |
| 120 | 10 | 14×2 | NC38 | 139.7 |
| 98 | 8 | 12×2 | NC31 | 101 |
| 70 | 8 | 10×2 | NC26 | |
| 50 | 8 | 8×2 | NC26 | |

根据井眼尺寸大小选择相应尺寸的磨鞋，一般磨鞋尺寸应比井眼小 15~30mm，套管内使用的磨鞋外侧不得有硬质合金。

## 第八节　震击解卡工具

### 一、液压上击器

1. YSJ 型液压上击器

1）结构与工作原理

YSJ 型液压上击器结构分为三个部分，即活塞杆部分、油缸部分和活塞部分，如图 15-57 所示。活塞杆与油缸之间注满液压油，当上提钻柱时，液压油只能在活塞环的间隙中发生少量泄漏，对活塞向上运动产生液阻，为钻具弹性变形提供了足够的时间。当活塞上行到油缸卸载槽时，液压油突然无阻回流，钻具贮存的弹性势能获得释放，巨大的动载荷带动震击杆震击垫向上运动，并打击上缸套的下端面，产生向上震击力。反复震击，直到产生作用。

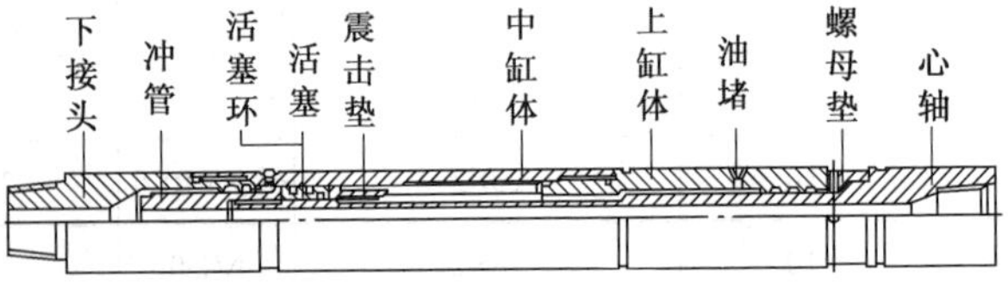


图 15-57　YSJ 型液压上击器结构

2）技术规范

YSJ 型液压上击器行业标准见表 15-41。贵州高峰厂产 YSJ 型液压上击器技术规范见表 15-42。

表 15-41　YSJ 型液压上击器行业标准

| 型　号 | YSJ95 | YSJ102 | YSJ108 | YSJ121 | YSJ146 | YSJ159 | YSJ178 | YSJ203 |
|---|---|---|---|---|---|---|---|---|
| 外径/mm | 95 | 102 | 108 | 121 | 146 | 159 | 178 | 203 |
| 最大抗拉负荷/kN | 900 | 1000 | 1100 | 1200 | 1300 | 1400 | 1500 | 1600 |
| 密封压力/MPa | 15 | 15 | 15 | 15 | 15 | 15 | 15 | 15 |
| 活塞行程/mm | 381 | 381 | 381 | 381 | 381 | 381 | 381 | 381 |
| 水眼直径/mm | 32 | 32 | 32 | 38 | 51 | 57 | 60 | 60 |
| 打开时总长/mm | 2585 | 2630 | 2680 | 2730 | 2781 | 2832 | 2680 | 2930 |
| 接头螺纹 | $2\frac{3}{8}$in REG | $2\frac{7}{8}$in REG | NC31 | NC38 | NC46 | NC50 | NC50 | $6\frac{5}{8}$in REG |

表 15-42　贵州高峰厂产 YSJ 型液压上击器技术规范

| 型　号 | YSJ70 | YSJ46 | YSJ44 |
|---|---|---|---|
| 长度/mm | 2613 | 2114 | 1986 |
| 外径/mm | 178 | 121 | 114 |
| 内径/mm | 60 | 38 | 38 |
| 行程/mm | 379 | 290 | 288 |
| 最大工作扭矩/N·m | 19600 | 7840 | 4900 |
| 最大震击力量/MN | 0.764 | 0.294 | 0.196 |
| 工作温度/℃ | 120 | 150 | 150 |
| 接头螺纹 | NC50 | NC38 | $2\frac{7}{8}$REG |
| 质量/kg | 400 | 200 | 150 |

2. 超级震击器

1）结构与工作原理

超级震击器结构如图 15-58 所示，通过锥体活塞在液压缸内的运动和钻具被提拉时由于锥体活塞与密封体之间的阻尼作用，为钻具贮能提供了时间。当锥体活塞运动到释放腔时，随着高压液压油瞬时卸载，钻具将突然收缩，产生向上的动载荷。

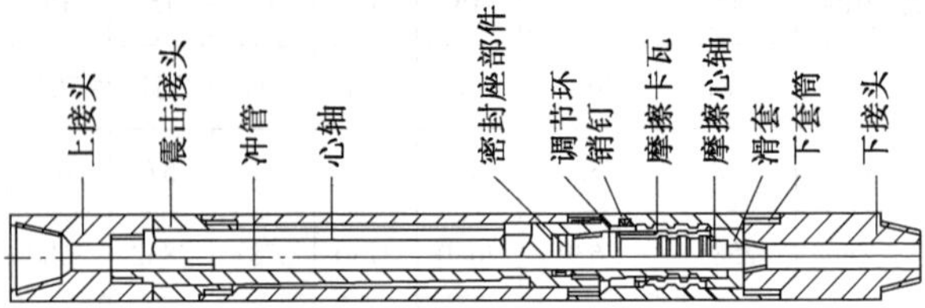


图 15-58　超级震击器结构

2）技术规范

超级震击器行业标准见表 15-43，贵州高峰厂产 CSJ 型超级震击器技术规范见表 15-44。

**表 15-43　超级震击器行业标准**

| 型　号 | CS95 | CS102 | CS108 | CS121 | CS146 | CS159 | CS178 | CS203 |
|---|---|---|---|---|---|---|---|---|
| 外径/mm | 95 | 102 | 108 | 121 | 146 | 159 | 178 | 203 |
| 水眼直径/mm | 30 | 38 | 51 | 51 | 57 | 57 | 60 | 78 |
| 行程/mm | 300 | 300 | 300 | 305 | 305 | 320 | 320 | 330 |
| 密封压力/MPa | 20 | 20 | 20 | 20 | 20 | 20 | 20 | 20 |
| 最大抗拉负荷/kN | 900 | 1000 | 1100 | 1200 | 1300 | 1400 | 1500 | 1600 |
| 接头螺纹 | $2\frac{3}{8}$in REG | $2\frac{7}{8}$in REG | NC31 | NC38 | NC46 | NC50 | NC50 | $6\frac{5}{8}$in REG |

表 15-44　贵州高峰厂产 CSJ 型超级震击器技术规范

| 型　号 | CSJ46 | CSJ62 | CSJ70 | CSJ76 |
|---|---|---|---|---|
| 外径/mm | 121 | 159 | 178 | 197 |
| 内径/mm | 51 | 57 | 60 | 78 |
| 总长/mm | 3980 | 4080 | 4130 | 4450 |
| 拉开行程/mm | 305 | 320 | 320 | 330 |
| 井下工作扭矩/kN·m | <9800 | <14700 | <14700 | <19800 |
| 井下最大提拉力/kN | 400 | 700 | 900 | 1200 |
| 井下工作温度/℃ | <150 | <120 | <120 | <120 |
| 质量/kg | 340 | 420 | 480 | 560 |
| 接头螺纹 | NC38 | NC46 | NC50 | 6⅝in REG |

## 二、机械上击器

1. 结构与工作原理

机械上击器是一种采用摩擦副工作原理的井下上击工具。运动部件都密封在一个油腔内，工作可靠，工作拉力可以在井内调节。因为采用机械摩擦副的工作原理，即使密封失败，也能正常工作，所以特别适合于深井高温高压下的事故处理。其结构如图 15-59 所示。

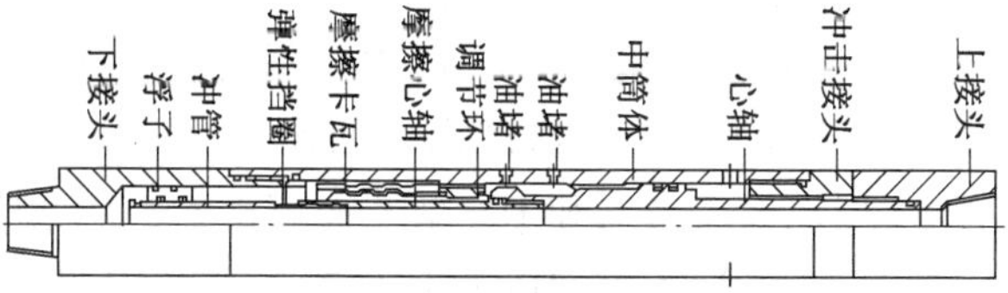


图 15-59　机械上击器结构

2. 技术规范

贵州高峰厂产 JS70 型机械上击器技术规范见表 15-45。

**表 15-45　贵州高峰厂产 JS70 型机械上击器技术规范**

| 型　　号 | JS70 | 型　　号 | JS70 |
| --- | --- | --- | --- |
| 外径/mm | 178 | 井下最大提拉力/kN | 1470 |
| 内径/mm | 75 | 井下工作温度/℃ | 150 |
| 总长/mm | 2331 | 质量/kg | 400 |
| 拉开行程/mm | 182 | 接头螺纹 | NC50 |
| 井下工作扭矩/kN · m | 14700 | | |

## 三、地面震击器

1. 结构与工作原理

地面震击器是在地面上作业，无论是钻柱的任何部分被卡，或卡瓦类型的工具和打捞工具被卡，抑或是测试或修井的工具和堵塞工具被卡，均可使用地面震击器下击解卡。利用该工具的向下冲击力，还可以驱动随钻工具或安全接头轻松地倒扣，抑或解救其他工具所发生的类似故障。震击力的大小可以在井口调节，结构简单，使用方便。地面震击器是连接在捞柱上的，上提捞柱，使弹性套变形，迫使钻柱储能，当卡瓦上行达到预定吨位后，卡瓦心轴将从卡瓦中滑出，伸长的捞柱突然收缩，伴随着落鱼上部的自由段钻柱重量传给卡点，使卡点受到猛烈的向下冲击力。每震击一次以后，使心轴回位，又可以进行第二次震击。如此可反复作业。目前，常用的有 DJ 型地面震击器和 DX 型地面震击器，DJ 型地面震击器结构如图 15-60 所示。DX 型地面震击器结构如图 15-61 所示。

2. 技术规范

DJ 型地面震击器技术规范见表 15-46，DX 型地面震击器技术规范见表 15-47。

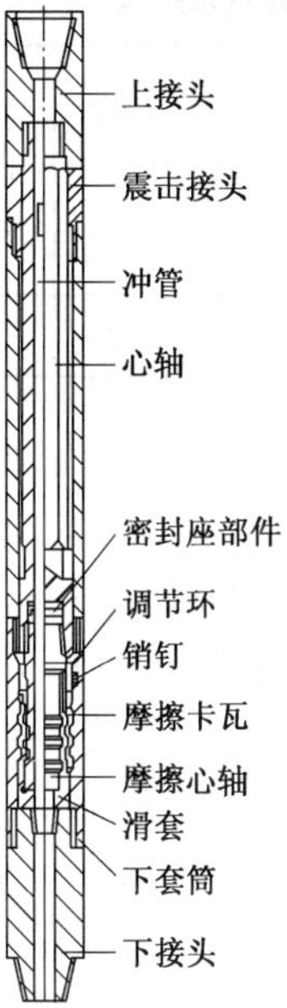


图 15-60　DJ 型地面震击器结构

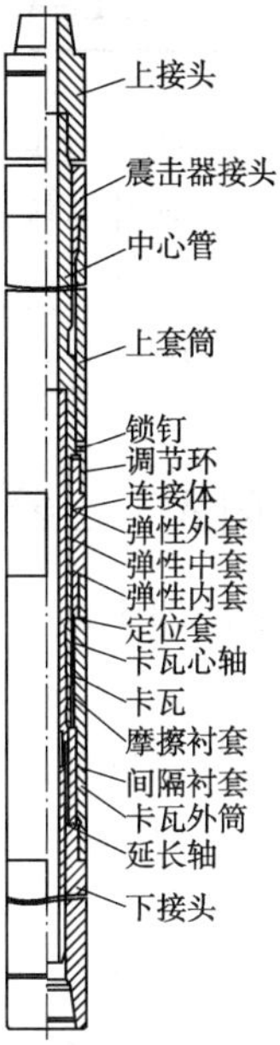


图 15-61　DX 型地面震击器结构

**表 15-46　DJ 型地面震击器技术规范**

| 型　号 | DJ46 | DJ70 |
|---|---|---|
| 外径/mm | 121 | 178 |
| 水眼直径/mm | 32 | 51 |
| 行程/mm | 1000 | 1220 |
| 闭合长度/mm | 2500 | 3000 |
| 密封压力/MPa | 15 | 15 |
| 最大震击拉力/kN | 600 | 1000 |
| 最大抗拉负荷/kN | 1200 | 1500 |
| 质量/kg | 200 | 525 |
| 接头螺纹 | NC38 | NC50 |

表 15-47　DX 型地面震击器技术规范

| 型号 | 外径/mm | 内径/mm | 接头螺纹 | 最大抗拉负荷/kN | 最大抗扭/kN·m | 最大震击力/kN | 最大行程/mm | 密封压力/MPa | 闭合总长/mm |
|---|---|---|---|---|---|---|---|---|---|
| DX178 | 178 | 57 | NC50 | 1800 | 15 | 1000 | 1223 | 20 | 4830 |

## 四、闭式下击器

闭式下击器类似于加速器，活塞只起扶正作用，不起密封作用。液压油只起润滑作用，不起压缩储能作用。行程较短，工作可靠。其结构如图 15-62 所示，行业标准见表 15-48。贵州高峰厂产 BXJ 型闭式下击器技术规范见表 15-49。

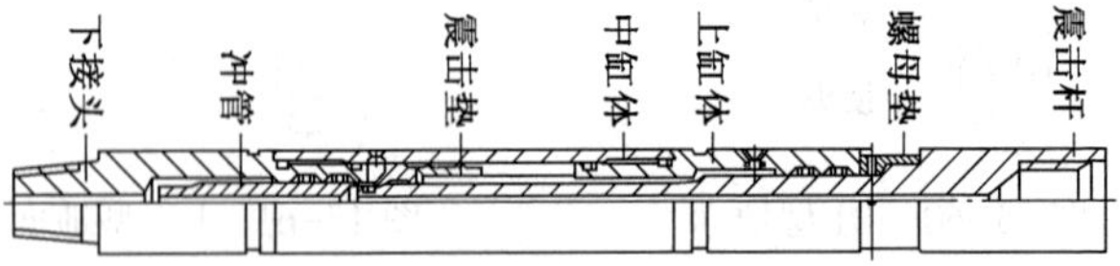


图 15-62　闭式下击器结构

表 15-48　闭式下击器行业标准

| 型　号 | BX95 | BX102 | BX114 | BX121 | BX158 | BX178 | BX203 |
|---|---|---|---|---|---|---|---|
| 外径/mm | 95 | 102 | 114 | 121 | 158 | 178 | 203 |
| 水眼直径/mm | 32 | 32 | 38 | 38 | 57 | 70 | 70 |
| 行程/mm | 300 | 300 | 405 | 405 | 460 | 470 | 470 |
| 打开总长/mm | 2850 | 2850 | 2690 | 2690 | 3100 | 3420 | 3300 |
| 密封压力/MPa | 15 | 15 | 15 | 15 | 15 | 15 | 15 |
| 最大抗拉负荷/kN | 900 | 1000 | 1100 | 1100 | 1400 | 1500 | 1600 |
| 接头螺纹 | $2\frac{3}{8}$in REG | $2\frac{7}{8}$in REG | NC31 | NC38 | NC46 | NC50 | $6\frac{5}{8}$in REG |

**表 15-49　贵州高峰厂产 BXJ 型闭式下击器技术规范**

| 型　号 | BXJ70 | BXJ46 | BXJ44 |
|---|---|---|---|
| 外径/mm | 178 | 121 | 114 |
| 内径/mm | 70 | 38 | 38 |
| 总长/mm | 2952 | 2285 | 1832 |
| 行程/mm | 470 | 405 | 268 |
| 井下工作扭矩/kN · m | 19600 | 7840 | 4900 |
| 井下最大提拉力/kN | 1470 | 490 | 490 |
| 井下工作温度/℃ | 120 | 150 | 150 |
| 质量/kg | 400 | 180 | 120 |
| 接头螺纹 | NC50 | NC38 | 2⅞in IF |

## 五、开式下击器

开式下击器的六方心轴和被卡钻具连接，与外筒下接头的内六方配合传递扭矩。外筒(缸套)和上部钻具连接，它借助钻柱的重量和钻柱弹性伸长所积蓄的弹性能量下击被卡钻具。活塞密封是为了高压钻井液的循环。缸套下部有四个通孔，便于钻井液进出，所以叫开式下击器。它可以和管子割刀配合使用，也可作恒压给进工具。其结构如图 15-63 所示。开式下击器行业标准见表 15-50，贵州高峰厂产 KXJ 型开式下击器技术规范见表 15-51。

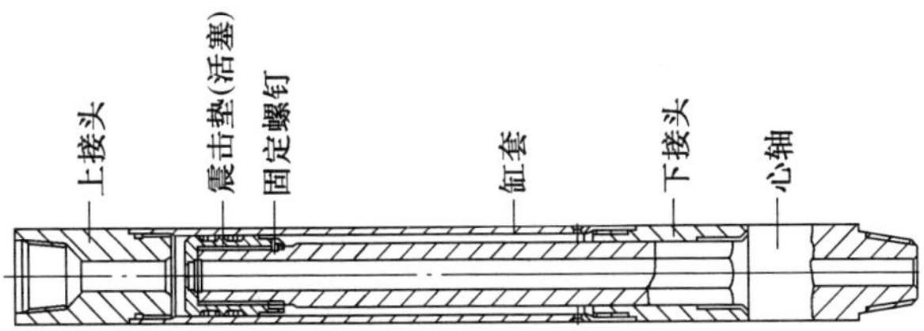


图 15-63　开式下击器结构

表 15-50 开式下击器行业标准

| 型 号 | KX95 | KX102 | KX108 | KX121 | KX159 | KX178 | KX203 |
|---|---|---|---|---|---|---|---|
| 外径/mm | 95 | 102 | 1108 | 121 | 159 | 178 | 20 |
| 水眼直径/mm | 32 | 32 | 32 | 38 | 51 | 70 | 70 |
| 行程/mm | 900 | 1000 | 1100 | 1200 | 1400 | 1500 | 1600 |
| 闭合总长/mm | 1800 | 1900 | 2000 | 2100 | 2500 | 2700 | 2900 |
| 密封压力/MPa | 15 | 15 | 15 | 15 | 15 | 15 | 15 |
| 最大抗拉负荷/kN | 900 | 1000 | 1100 | 1200 | 1400 | 1500 | 1600 |
| 接头螺纹 | $2\frac{3}{8}$in REG | $2\frac{7}{8}$in REG | NC31 | NC38 | NC46 | NC50 | $6\frac{5}{8}$in REG |

表 15-51 贵州高峰厂产 KXJ 型开式下击器技术规范

| 型 号 | KXJ70 | KXJ46 | KXJ44 |
|---|---|---|---|
| 外径/mm | 178 | 121 | 114 |
| 内径/mm | 70 | 38 | 38 |
| 总长/mm | 2736 | 1986 | 1500 |
| 行程/mm | 1524 | 914 | 440 |
| 最大工作扭矩/kN · m | 19600 | 9800 | 7840 |
| 最大抗拉载荷/kN | 1470 | 980 | 784 |
| 工作温度/℃ | 120 | 150 | 150 |
| 质量/kg | 500 | 150 | 120 |
| 接头螺纹 | NC50 | NC38 | NC31 |

## 六、液压加速器

1. 结构与工作原理

液压加速器又叫震击加速器，它和液压上击器的结构相似，只是活塞是完全密封的，也没有卸载槽，整个工具就是一个液压储能器。它与液压上击器配合使用，接在上击器上面，中间接 3~6 根钻铤，它工作时能对其下方的钻铤和上击器心轴起加速作用，使之对卡点产生强大的震击力。同时，它又能吸收部分弹性能，减少上部钻具的反弹震动。其结构如图 15-64 所示。液压加速器在下井前必须做地面拉力试验，试验数据应符合表 15-52之规定。当试验拉力释放后，允许有 65mm 的间隙不复位，如果大于此间隙，则表明加油量不足，或者密封件有渗漏。

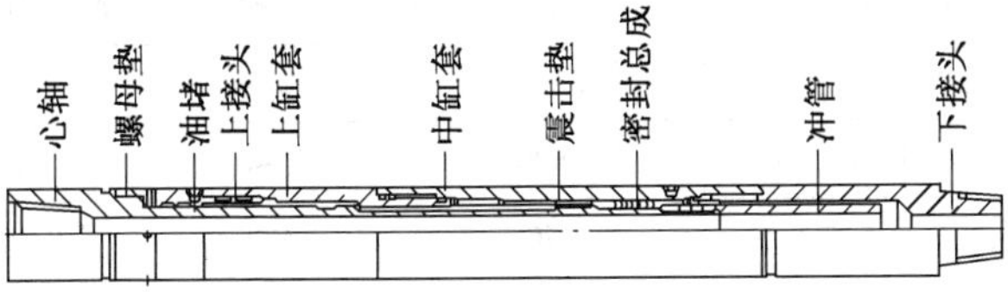


图 15-64　液压加速器结构

**表 15-52　液压加速器拉力试验数据**

| 型号 | ZJ95 | ZJ102 | ZJ108 | ZJ121 | ZJ146 | ZJ159 | ZJ178 | ZJ203 |
|---|---|---|---|---|---|---|---|---|
| 拉力/kN | 150~250 | 250~340 | 340~440 | 440~540 | 540~640 | 640~740 | 740~830 | 830~930 |

2. 技术规范

液压加速器行业标准见表 15-53，贵州高峰厂产 YJQ 型液压加速器技术规范见表 15-54。

**表 15-53　液压加速器行业标准**

| 型　号 | ZJ95 | ZJ102 | ZJ108 | ZJ121 | ZJ159 | ZJ178 | ZJ203 |
|---|---|---|---|---|---|---|---|
| 外径/mm | 95 | 102 | 1108 | 121 | 159 | 178 | 20 |
| 水眼直径/mm | 32 | 32 | 32 | 38 | 57 | 60 | 60 |
| 行程/mm | 330 | 330 | 330 | 330 | 330 | 330 | 330 |
| 闭合总长/mm | 3772 | 3820 | 3870 | 3922 | 4020 | 4070 | 4121 |
| 密封压力/MPa | 15 | 15 | 15 | 15 | 15 | 15 | 15 |
| 最大抗拉负荷/kN | 900 | 1000 | 1100 | 1200 | 1400 | 1500 | 1600 |
| 接头螺纹 | $2\frac{3}{8}$in REG | $2\frac{7}{8}$in REG | NC31 | NC38 | NC46 | NC50 | $6\frac{5}{8}$in REG |

**表 15-54　贵州高峰厂产 YJQ 型液压加速器技术规范**

| 型　号 | YJQ70 | YJQ46 | YJQ44 |
|---|---|---|---|
| 外径/mm | 178 | 121 | 114 |
| 内径/mm | 60 | 38 | 38 |
| 总长/mm | 4038 | 2998 | 2666 |
| 行程/mm | 314 | 229 | 216 |
| 最大工作扭矩/kN · m | 19600 | 7840 | 4900 |
| 最大抗拉载荷/kN | 1470 | 490 | 490 |
| 工作温度/℃ | 120 | 150 | 150 |
| 质量/kg | 500 | 230 | 175 |
| 接头螺纹 | NC50 | NC38 | NC31 |
| 油腔容积/L | 14 | 4.9 | 3.7 |

# 第九节　键槽破坏器

## 一、螺旋式键槽破坏器

螺旋式键槽破坏器也叫扩孔器，类似于一般的螺旋扶正器，只是着重于在翼片上、下两个斜肩面上加焊硬质合金，使其具有更强的破坏地层的能力，如图 15-65 所示。其工作原理就是靠高强度的硬质合金来破坏地层，从而达到破坏键槽的日的。

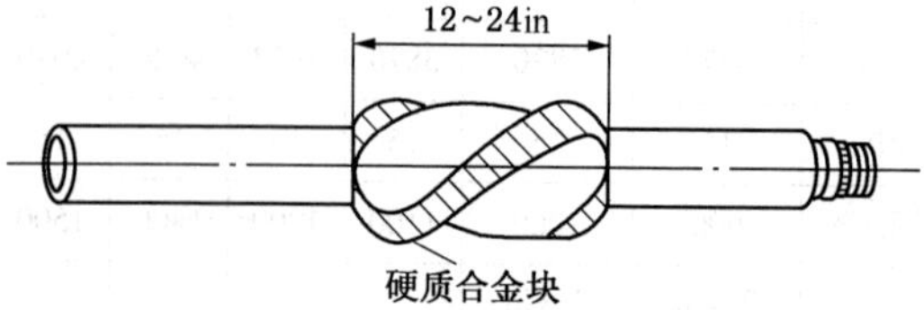


图 15-65　螺旋式键槽破坏器结构

螺旋式键槽破坏器多根据井眼与钻具组合的大小来进行加工，无统一的规格。

## 二、滑套式键槽破坏器

1. 结构与工作原理

这种工具是为了破坏键槽而专门设计的井下专用工具。使用时，将其连接在钻铤上方，能有效地扩大键槽部位的井眼尺寸，是钻井过程中常用的工具。其结构如图 15-66 所示。

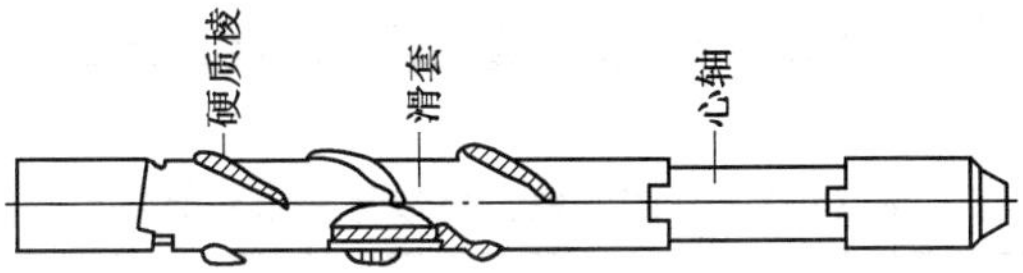


图 15-66　滑套式键槽破坏器结构

2. 技术规范型号

贵州高峰厂产 JKQ 型键槽破坏器技术规范见表 15-55。

**表 15-55　贵州高峰厂产 JKQ 型键槽破坏器技术规范**

| 型　号 | JKQ121 | JKQ203 |
|---|---|---|
| 外径/mm | 121 | 203 |
| 硬质合金棱外径/mm | 125 | 207 |
| 水眼/mm | 40 | 70 |
| 滑套行程/mm | 315 | 25 |
| 总长度/mm | 1602 | 1739 |
| 下接头螺纹 | NC38 | 6⅝in REG |
| 上接头螺纹 | 3½in TBG | 5½in TBG |
| 最高工作温度/℃ | <200 | <200 |

# 第十六章　基础数据及有关计算

## 第一节　常用数值及公式

### 一、寸的分数、小数与毫米对照表(表 16-1)

表 16-1　寸的分数、小数与毫米对照表

| 寸的分数 | 寸的小数 | 毫米 |
| --- | --- | --- |
| 1/16 | 0. 062500 | 1. 587500 |
| 1/8 | 0. 125000 | 3. 175000 |
| 1/4 | 0. 250000 | 6. 350000 |
| 3/8 | 0. 375000 | 9. 525000 |
| 1/2 | 0. 500000 | 12. 700000 |
| 5/8 | 0. 625000 | 15. 875000 |
| 3/4 | 0. 750000 | 19. 050000 |
| 7/8 | 0. 875000 | 22. 225000 |
| 1 | 1. 000000 | 25. 400000 |

### 二、寸与毫米对照表(表 16-2)

### 三、常用法定计量单位及换算表(表 16-3、表 16-4)

**表 16-2　寸与毫米对照表**

mm

| 寸 (in) | 0 | 1/16 | 1/8 | 3/16 | 1/4 | 5/16 | 3/8 | 7/16 | 1/2 | 9/16 | 5/8 | 11/16 | 3/4 | 13/16 | 7/8 | 15/16 |
|---|---|---|---|---|---|---|---|---|---|---|---|---|---|---|---|---|
| 0 | 0 | 1. 588 | 3. 175 | 4. 763 | 6. 350 | 7. 938 | 9. 525 | 11. 113 | 12. 700 | 14. 288 | 15. 875 | 17. 463 | 19. 050 | 20. 638 | 22. 225 | 23. 813 |
| 1 | 25. 400 | 26. 988 | 28. 575 | 30. 163 | 31. 750 | 33. 338 | 34. 925 | 36. 513 | 38. 100 | 39. 688 | 41. 275 | 42. 863 | 44. 450 | 46. 038 | 47. 625 | 49. 213 |
| 2 | 50. 800 | 52. 388 | 53975 | 55. 563 | 57. 150 | 58. 738 | 60. 325 | 61. 913 | 63. 500 | 65. 088 | 66. 675 | 68. 263 | 69. 850 | 71. 438 | 73. 025 | 74. 613 |
| 3 | 76. 200 | 77. 788 | 79. 375 | 80. 963 | 82. 550 | 84. 138 | 85. 725 | 87. 313 | 88. 900 | 90. 488 | 92. 075 | 93. 663 | 95. 250 | 96. 838 | 98. 425 | 100. 01 |
| 4 | 101. 60 | 103. 19 | 104. 78 | 106. 36 | 107. 95 | 109. 54 | 111. 13 | 112. 71 | 114. 30 | 115. 89 | 117. 48 | 119. 06 | 120. 65 | 122. 24 | 123. 83 | 125. 41 |
| 5 | 127. 00 | 128. 59 | 130. 18 | 131. 76 | 133. 35 | 134. 94 | 136. 53 | 138. 11 | 139. 70 | 141. 29 | 142. 88 | 144. 46 | 146. 05 | 147. 64 | 149. 23 | 150. 81 |
| 6 | 152. 40 | 153. 99 | 155. 58 | 157. 16 | 158. 75 | 160. 34 | 161. 93 | 163. 51 | 165. 10 | 166. 69 | 168. 28 | 169. 86 | 171. 45 | 173. 04 | 147. 63 | 176. 21 |
| 7 | 177. 80 | 179. 39 | 180. 98 | 182. 56 | 184. 15 | 185. 74 | 187. 33 | 188. 91 | 190. 50 | 192. 09 | 193. 68 | 195. 26 | 196. 85 | 198. 44 | 200. 03 | 201. 61 |
| 8 | 203. 20 | 204. 79 | 206. 38 | 207. 96 | 209. 55 | 211. 14 | 212. 73 | 214. 31 | 215. 90 | 217. 49 | 219. 08 | 220. 66 | 222. 25 | 223. 84 | 225. 43 | 227. 01 |
| 9 | 228. 60 | 230. 19 | 231. 78 | 233. 36 | 234. 95 | 236. 54 | 238. 13 | 239. 71 | 241. 30 | 242. 89 | 244. 48 | 246. 06 | 247. 65 | 249. 24 | 250. 83 | 252. 41 |
| 10 | 254. 00 | 255. 59 | 257. 18 | 258. 76 | 260. 35 | 261. 94 | 263. 53 | 265. 11 | 266. 70 | 268. 29 | 269. 88 | 271. 46 | 273. 05 | 274. 64 | 276. 23 | 277. 81 |
| 11 | 279. 40 | 280. 99 | 282. 58 | 284. 16 | 285. 75 | 287. 34 | 288. 93 | 290. 51 | 292. 10 | 293. 69 | 295. 28 | 296. 86 | 298. 45 | 300. 04 | 301. 63 | 303. 21 |
| 12 | 304. 80 | 306. 39 | 307. 98 | 309. 56 | 311. 15 | 312. 74 | 314. 33 | 315. 91 | 317. 50 | 319. 09 | 320. 68 | 322. 26 | 323. 85 | 325. 44 | 327. 03 | 328. 61 |

续表

| 寸 (in) | 0 | 1/16 | 1/■ | 3/16 | 1/4 | 5/16 | 3/8 | 7/16 | 1/2 | 9/16 | 5/8 | 11/16 | 3/4 | 13/16 | 7/8 | 15/16 |
|---|---|---|---|---|---|---|---|---|---|---|---|---|---|---|---|---|
| 13 | 330.20 | 331.79 | 333.38 | 334.96 | 336.55 | 338.14 | 339.73 | 341.31 | 342.90 | 344.49 | 346.08 | 347.66 | 349.25 | 350.84 | 352.43 | 354.01 |
| 14 | 355.60 | 357.19 | 358.78 | 360.36 | 361.95 | 363.54 | 365.13 | 366.71 | 368.30 | 369.89 | 371.48 | 373.06 | 374.65 | 376.24 | 377.83 | 379.41 |
| 15 | 381.00 | 382.59 | 384.18 | 385.76 | 387.35 | 388.94 | 390.53 | 392.11 | 393.70 | 395.29 | 396.88 | 398.46 | 400.05 | 401.64 | 403.23 | 404.81 |
| 16 | 406.40 | 407.99 | 409.58 | 411.16 | 412.75 | 414.34 | 415.93 | 417.51 | 419.10 | 420.69 | 422.28 | 423.86 | 425.45 | 427.04 | 428.63 | 430.21 |
| 17 | 431.80 | 433.39 | 434.98 | 436.56 | 438.15 | 439.74 | 441.33 | 442.91 | 444.50 | 446.09 | 447.68 | 449.26 | 450.85 | 452.44 | 454.03 | 455.61 |
| 18 | 457.20 | 458.79 | 460.38 | 461.96 | 463.55 | 465.14 | 466.73 | 468.31 | 469.90 | 471.49 | 473.08 | 474.66 | 476.25 | 477.84 | 479.43 | 481.01 |
| 19 | 482.60 | 484.19 | 485.78 | 487.36 | 488.95 | 490.54 | 492.13 | 493.71 | 495.30 | 496.89 | 498.48 | 500.06 | 501.65 | 503.24 | 504.83 | 506.41 |
| 20 | 508.00 | 509.59 | 511.18 | 512.76 | 514.35 | 515.94 | 517.53 | 519.11 | 520.70 | 522.29 | 523.88 | 525.46 | 527.05 | 528.64 | 530.23 | 531.81 |
| 21 | 533.40 | 534.99 | 536.58 | 538.16 | 539.75 | 541.34 | 542.93 | 544.51 | 546.10 | 547.69 | 549.28 | 550.86 | 552.45 | 554.04 | 555.63 | 557.21 |
| 22 | 558.80 | 560.39 | 561.98 | 563.56 | 565.15 | 566.74 | 568.33 | 569.91 | 571.50 | 573.09 | 574.68 | 576.26 | 577.85 | 579.44 | 581.03 | 582.61 |
| 23 | 584.20 | 585.79 | 587 38 | 588.96 | 590.55 | 592.14 | 593.73 | 595.31 | 596.90 | 598.49 | 600.08 | 601.66 | 603.25 | 604.84 | 606.43 | 608.01 |
| 24 | 609.60 | 611.19 | 612 78 | 614.36 | 615.95 | 617.54 | 619.13 | 620.71 | 622.30 | 623.89 | 625.48 | 627.06 | 628.65 | 630.24 | 631.83 | 633.41 |
| 25 | 635.00 | 636.59 | 638 18 | 639.76 | 641.35 | 642.94 | 644.53 | 646.11 | 647.70 | 649.29 | 650.88 | 652.46 | 654.05 | 655.64 | 657.23 | 658.81 |

续表

| 寸 (in) | 0 | 1/16 | 1/8 | 3/16 | 1/4 | 5/16 | 3/8 | 7/16 | 1/2 | 9/16 | 5/8 | 11/16 | 3/4 | 13/16 | 7/8 | 15/16 |
|---|---|---|---|---|---|---|---|---|---|---|---|---|---|---|---|---|
| 26 | 660. 40 | 661. 99 | 663. 58 | 665. 16 | 666. 75 | 668. 34 | 669. 93 | 671. 51 | 673. 10 | 674. 69 | 676. 28 | 677. 86 | 679. 45 | 681. 04 | 682. 63 | 684. 21 |
| 27 | 685. 80 | 687. 39 | 688. 98 | 690. 56 | 692. 15 | 693. 74 | 695. 33 | 696. 91 | 698. 50 | 700. 09 | 701. 68 | 703. 26 | 704. 85 | 706. 44 | 708. 03 | 709. 61 |
| 28 | 711. 20 | 712. 79 | 714. 38 | 715. 96 | 717. 55 | 719. 14 | 720. 73 | 722. 31 | 723. 90 | 725. 49 | 727. 08 | 728. 66 | 730. 25 | 731. 84 | 733. 43 | 735. 01 |
| 29 | 736. 60 | 738. 19 | 739. 78 | 741. 35 | 742. 95 | 744. 54 | 746. 13 | 747. 71 | 749. 30 | 750. 89 | 752. 48 | 754. 06 | 755. 65 | 757. 24 | 758. 83 | 760. 41 |
| 30 | 762. 00 | 763. 59 | 765. 18 | 766. 75 | 768. 35 | 769. 94 | 771. 53 | 773. 11 | 774. 70 | 776. 29 | 777. 88 | 779. 46 | 781. 05 | 782. 64 | 784. 23 | 785. 81 |
| 31 | 787. 40 | 788. 99 | 790. 58 | 792. 15 | 793. 75 | 795. 34 | 796. 93 | 798. 51 | 800. 10 | 801. 69 | 803. 28 | 804. 86 | 806. 45 | 808. 04 | 809. 63 | 811. 21 |
| 32 | 812. 80 | 814. 39 | 815. 98 | 817. 56 | 819. 15 | 820. 74 | 822. 33 | 823. 91 | 825. 50 | 827. 09 | 828. 68 | 830. 26 | 831. 85 | 833. 44 | 835. 03 | 836. 61 |
| 33 | 838. 20 | 839. 79 | 841. 38 | 842. 96 | 844. 55 | 846. 14 | 847. 73 | 849. 31 | 850. 90 | 852. 49 | 854. 08 | 855. 66 | 857. 25 | 858. 84 | 860. 43 | 862. 01 |
| 34 | 863. 60 | 865. 19 | 866. 78 | 868. 36 | 869. 95 | 871. 54 | 873. 13 | 874. 71 | 876. 30 | 877. 89 | 879. 48 | 881. 06 | 882. 65 | 884. 24 | 885. 83 | 887. 41 |
| 35 | 889. 00 | 890. 59 | 892. 18 | 893. 76 | 895. 35 | 896. 94 | 898. 53 | 900. 11 | 901. 70 | 903. 29 | 904. 88 | 906. 46 | 908. 05 | 909. 64 | 911. 23 | 912. 81 |
| 36 | 914. 40 | 915. 99 | 917. 58 | 919. 16 | 920. 75 | 922. 34 | 923. 93 | 925. 51 | 927. 10 | 928. 69 | 930. 28 | 931. 86 | 933. 45 | 935. 04 | 936. 63 | 938. 21 |
| 37 | 939. 80 | 941. 39 | 942. 98 | 944. 56 | 946. 15 | 947. 74 | 949. 33 | 950. 91 | 952. 50 | 954. 09 | 955. 68 | 957. 26 | 958. 85 | 960. 44 | 962. 03 | 963. 61 |
| 38 | 965. 20 | 966. 79 | 968. 38 | 969. 96 | 971. 55 | 973. 14 | 974. 73 | 976. 31 | 977. 90 | 979. 49 | 981. 08 | 982. 66 | 984. 25 | 985. 84 | 987. 43 | 989. 01 |

续表

| 寸 (in) | 0 | 1/16 | 1/8 | 3/16 | 1/4 | 5/16 | 3/8 | 7/16 | 1/2 | 9/16 | 5/8 | 11/16 | 3/4 | 13/16 | 7/8 | 15/16 |
|---|---|---|---|---|---|---|---|---|---|---|---|---|---|---|---|---|
| 39 | 990.60 | 992.19 | 993.78 | 995.36 | 996.95 | 998.54 | 1000.1 | 1001.7 | 1003.3 | 1004.9 | 1006.5 | 1008.1 | 1009.7 | 1011.2 | 1012.8 | 1014.4 |
| 40 | 1016.00 | 1017.6 | 1019.2 | 1020.8 | 1022.4 | 1023.9 | 1025.5 | 1027.1 | 1028.7 | 1030.3 | 1031.9 | 1033.5 | 1035.1 | 1036.6 | 1038.2 | 1039.8 |
| 41 | 1041.40 | 1043.0 | 1044.6 | 1046.2 | 1047.8 | 1049.3 | 1050.9 | 1052.5 | 1054.1 | 1055.7 | 1057.3 | 1058.9 | 1060.5 | 1062.0 | 1063.6 | 1065.2 |
| 42 | 1066.80 | 1068.4 | 1070.0 | 1071.6 | 1073.2 | 1074.7 | 1076.3 | 1077.9 | 1079.5 | 1081.1 | 1082.0 | 1084.3 | 1085.9 | 1087.4 | 1089.0 | 1090.6 |
| 43 | 1092.20 | 1093.8 | 1095.4 | 1097 | 1098.6 | 1100.1 | 1101.7 | 1103.3 | 1104.9 | 1106.5 | 1108.1 | 1109.7 | 1111.3 | 1112.8 | 1114.4 | 1116.0 |
| 44 | 1117.60 | 1119.2 | 1120.8 | 1122.4 | 1124.0 | 1125.5 | 1127.1 | 1128.7 | 1130.3 | 1131.9 | 1133.5 | 1135.1 | 1136.7 | 1138.2 | 1139.8 | 1141.4 |
| 45 | 1143.00 | 1144.6 | 1146.2 | 1147.8 | 1149.4 | 1150.9 | 1152.5 | 1154.1 | 1155.7 | 1157.3 | 1158.9 | 1160.5 | 1162.1 | 1163.6 | 1165.2 | 1166.8 |
| 46 | 1168.40 | 1170.0 | 1171.6 | 1173.2 | 1174.8 | 1176.3 | 1177.9 | 1179.5 | 1181.1 | 1182.7 | 1184.3 | 1185.9 | 1187.5 | 1189.0 | 1190.6 | 1192.2 |
| 47 | 1193.80 | 1195.4 | 1197.0 | 1198.6 | 1200.2 | 1201.7 | 1203.3 | 1204.9 | 1206.5 | 1208.1 | 1209.5 | 1211.3 | 1212.9 | 1214.4 | 1216.0 | 1217.6 |
| 48 | 1219.20 | 1220.8 | 1222.4 | 1224.0 | 1225.6 | 1227.1 | 1228.7 | 1230.3 | 1231.9 | 1233.5 | 1235.1 | 1236.7 | 1238.3 | 1239.8 | 1241.4 | 1243.0 |
| 49 | 1244.60 | 1246.2 | 1247.8 | 1249.4 | 1251.0 | 1252.5 | 1254.1 | 1255.7 | 1257.3 | 1258.9 | 1260.5 | 1262.1 | 1263.7 | 1265.2 | 1266.8 | 1268.4 |
| 50 | 1270.00 | 1271.6 | 1273.2 | 1274.8 | 1276.4 | 1277.9 | 1279.5 | 1281.1 | 1282.7 | 1284.3 | 1285.9 | 1287.5 | 1289.1 | 1290.6 | 1292.2 | 1293.8 |

**表 16-3 常用法定计量单位及换算表**

| 量的名称 | 法定计量单位 | | 非法定计量单位 | | 换算因数 |
|---|---|---|---|---|---|
| | 名称 | 符号 | 名称 | 符号 | |
| 长度 | 米 | m | | | SI 基本单位 |
| | 分米 | dm | | | $1dm=10^{-1}m$ |
| | 厘米 | cm | | | $1cm=10^{-2}m$ |
| | 毫米 | mm | | | $1mm=10^{-3}m$ |
| | 微米 | μm | | | $1\mu m=10^{-6}m$ |
| | 千米(公里) | km | | | 1km(公里)= 1000m，公里为我国习惯用法 |
| | 海里(国际) | n mile | | | 1 海里(国际)= 1852m(只用于航程) |
| | | | 英寸 | in | 1in=25.4mm=2.54cm=0.0254m |
| | | | 英尺 | ft | 1ft = 12in = 304.8mm = 30.48cm =0.3048m |
| | | | 码 | yd | 1yd=3ft=914.4mm=91.44cm =0.9144m |
| | | | 英里 | mile | 1mile=5280ft=1609.344m |
| | | | 英海里 | n mile | 1n mile=1853148mm=185314.8cm =1853.148m |
| | | | 〔市〕里 | | 1〔市〕里=150 丈=500m |
| | | | 丈 | | 1 丈=10/3m≈3.33m |
| | | | 尺 | | 1 尺=1/3m≈0.33m |
| | | | 寸 | | 1 寸=1/30m≈0.033m |
| 面积 | 平方米 | $m^2$ | | | SI 导出单位 |
| | 公顷 | $hm^2$ | | | $1hm^2=10^4m^2$ |
| | 平方千米 | $km^2$ | | | $1km^2=10^6m^2$ |

续表

| 量的名称 | 法定计量单位 | | 非法定计量单位 | | 换算因数 |
|---|---|---|---|---|---|
| | 名称 | 符号 | 名称 | 符号 | |
| 面积 | 平方分米 | $dm^2$ | | | $1dm^2 = 10^{-2}m^2$ |
| | 平方厘米 | $cm^2$ | | | $1cm^2 = 10^{-4}m^2$ |
| | 平方毫米 | $mm^2$ | | | $1mm^2 = 10^{-6}m^2$ |
| | 平方微米 | $\mu m^2$ | | | $1\mu m^2 = 10^{-12}m^2$ |
| | | | 平方英寸 | $in^2$ | $1in^2 = 645.16mm^2$ |
| | | | 平方英尺 | $ft^2$ | $1ft^2 = 0.09290304m^2$ |
| | | | 平方码 | $yd^2$ | $1yd^2 = 0.83612736m^2$ |
| | | | 平方英里 | $mile^2$ | $1mile^2 = 2.589988km^2$ |
| | | | 亩 | | 1 亩 ≈ $666.6m^2$ |
| | | | 公亩 | | 1 公亩 = $100m^2$ |
| | | | 公顷 | | 1 公顷 = $10000m^2$ |
| | | | 〔市〕分 | | 1〔市〕分 ≈ $66.6m^2$ |
| | | | 〔市〕厘 | | 1〔市〕厘 ≈ $6.6m^2$ |
| | | | 英亩 | | 1 英亩 = $4046.86m^2$ |
| 体积（容积） | 立方米 | $m^3$ | | | SI 导出单位 |
| | 升 | L | | | $1L = 10^{-3}m^3 = 1dm^3$ |
| | 立方分米 | $dm^3$ | | | $1dm^3 = 10^{-3}m^3$ |
| | 立方厘米 | $cm^3$ | | | $1cm^3 = 10^{-6}m^3 = 1cc = 10^{-3}L$ |
| | 立方毫米 | $mm^3$ | | | $1mm^3 = 10^{-9}m^3$ |
| | 毫升 | mL | | | $1mL = 10^{-6}m^3 = 1cm^3$ |
| | | | 立方英寸 | $in^3$ | $1in^3 = 16.387064cm^3 = 16.3871 \times 10^{-3}L$ |
| | | | 立方英尺 | $ft^3$ | $1ft^3 = 28.31685dm^3 = 2.832 \times 10^{-2}m^3 = 28.32L$ |

续表

| 量的名称 | 法定计量单位 | | 非法定计量单位 | | 换算因数 |
|---|---|---|---|---|---|
| | 名称 | 符号 | 名称 | 符号 | |
| 体积（容积） | | | 立方码 | $yd^3$ | $1yd^3=0.7645549m^3=764.55L$ |
| | | | (英)加仑 | ukgal | $1(uk)gal=4.5461\times10^{-3}m^3=4.546L$ |
| | | | (美)加仑 | usgal | $1(us)gal=3.7854\times10^{-3}m^3=3.785L$ |
| | | | (英)石油桶 | (英)桶 | 1(uk)桶$=163.654dm^3=163.654L$ |
| | | | (美)石油桶 | (美)桶 | 1(us)桶$=158.9873dm^3=158.9873L$ |
| | | | 立方〔市〕尺 | | 1立方〔市〕尺$=0.037m^3=37.037L$ |
| 时间 | 秒 | s | | | SI 基本单位 |
| | 天(日) | d | | | $1d=24h=1440min=86400s$ |
| | 小时 | h | | | $1h=60min=36\times10^2s$ |
| | 分 | min | | | $1min=60s$ |
| | 毫秒 | ms | | | $1ms=10^{-3}s$ |
| 力 | 牛〔顿〕 | N | | | SI 导出单位，$1N=1kg\cdot m/s^2$ |
| | 兆牛〔顿〕 | MN | | | $1MN=10^6N$ |
| | 千牛〔顿〕 | kN | | | $1kN=10^3N$ |
| | 毫牛〔顿〕 | mN | | | $1mN=10^{-3}N$ |
| | 微牛〔顿〕 | μN | | | $1\mu N=10^{-6}N$ |
| | | | 达因 | dgn | $1dgn=10^{-5}N$ |
| | | | 磅力 | lbf | $1lbf=4.448222N$ |
| | | | 千克力 | kgf | $1kgf=9.80665N$ |
| | | | 英顿力 | uktonf | $1uktonf=9964.02N=9.96402kN$ |

续表

| 量的名称 | 法定计量单位 | | 非法定计量单位 | | 换算因数 |
|---|---|---|---|---|---|
| | 名称 | 符号 | 名称 | 符号 | |
| 压力（压强/应力） | 帕〔斯卡〕 | Pa | | | SI 导出单位，石油工业常用 MPa，$1Pa=10^{-6}MPa$ |
| | 兆帕〔斯卡〕 | MPa | | | $1MPa=10^6Pa$ |
| | 千帕〔斯卡〕 | kPa | | | $1kPa=10^3Pa$ |
| | 毫帕〔斯卡〕 | mPa | | | $1mPa=10^{-3}Pa$ |
| | | | 磅力每平方英寸 | $lbf/in^2$ | $1lbf/in^2=6894.757Pa$ |
| | | | 磅力每平方英尺 | $lbf/ft^2$ | $1lbf/ft^2=47.8803Pa$ |
| | | | 达因每平方厘米 | $dgn/cm^2$ | $1dgn/cm^2=0.1Pa$ |
| | | | 英寸汞柱高 | inHg | 1inHg=3386.39Pa |
| | | | 英尺水柱高 | $ftH_2O$ | $1ftH_2O=2989.07Pa$ |
| | | | 千克力每平方米 | $kgf/m^2$ | $1kgf/m^2=9.80665Pa=9.80665\times10^{-6}MPa$ |
| | | | 千克力每平方厘米 | $kgf/cm^2$ | $1kgf/cm^2=9.80665\times10^4Pa=9.80665\times10^{-2}MPa$ |
| | | | 千克力每平方毫米 | $kgf/mm^2$ | $1kgf/mm^2=9.80665\times106Pa=9.80665MPa$ |
| | | | 巴 | bar | $1bar=100kPa=10^5Pa=0.1MPa$ |
| | | | 标准大气压 | atm | 1atm=101325Pa=0.101325MPa |

续表

| 量的名称 | 法定计量单位 | | 非法定计量单位 | | 换算因数 |
|---|---|---|---|---|---|
| | 名称 | 符号 | 名称 | 符号 | |
| 压力(压强/应力) | | | 工程大气压 | at | $1at=1kgf/cm^2=0.0980665MPa$ |
| | | | 约定毫米汞柱 | mmHg | $1mmHg=13.5951mmH_2O=133.3224Pa$ |
| | | | 约定毫米水柱 | $mmH_2O$ | $1mmH_2O=10^{-4}at=9.80665Pa$ |
| 质量 | 千克 | kg | | | SI 基本单位 |
| | 克 | g | | | $1g=10^{-3}kg$ |
| | 吨 | t | | | 1t=1000kg |
| | 兆克 | Mg | | | $1Mg=10^6g=10^3kg$ |
| | 毫克 | mg | | | $1mg=10^{-3}g=10^{-6}kg$ |
| | | | 磅 | lb | 1lb=0.45359237kg |
| | | | 英担 | cwt | 1(uk)cwt=121lb=50.80235kg |
| | | | 美担 | cwt | 1(us)cwt=100lb=45.359237kg |
| | | | 英顿(长) | ukton(长) | 1(uk)ton(长)=1 长顿(美)=2240lb=1016.047kg |
| | | | 英顿(短) | ukton(短) | 1(uk)ton(短)=2000lb=907.1847kg |
| | | | 盎司 | oz | 1oz=1/16lb=28.34952g |
| | | | 〔米制〕克拉 | | 1〔米制〕克拉=200mg |
| | | | 斤 | | 1 斤=500g=0.5kg |
| | | | 〔市〕担 | | 1〔市〕担=50kg |
| | | | 〔公〕担 | | 1〔公〕担=100kg |

续表

| 量的名称 | 法定计量单位 | | 非法定计量单位 | | 换算因数 |
|---|---|---|---|---|---|
| | 名称 | 符号 | 名称 | 符号 | |
| 质量 | | | 〔公〕两 | | 1〔公〕两=100g，1两=50g |
| | | | 〔公〕钱 | | 1〔公〕钱=10g，1钱=5g |
| 密度 | 千克每立方米 | $kg/m^3$ | | | SI导出单位 |
| | 吨每立方米 | $t/m^3$ | | | $1t/m^3=10^3kg/m^3=1g/cm^3$ |
| | 千克每升 | kg/L | | | $1kg/L=10^3kg/m^3=1g/cm^3$ |
| | 兆克每立方米 | $Mg/m^3$ | | | $1Mg/m^3=10^3kg/m^3$ |
| | 千克每立方分米 | $kg/dm^3$ | | | $1kg/dm^3=10^3kg/m^3$ |
| | 克每立方厘米 | $g/cm^3$ | | | $1g/cm^3=10^3kg/m^3$ |
| | 克每升 | g/L | | | $g/L=1kg/m^3$ |
| | 毫克每升 | mg/L | | | $1mg/L=10^{-3}kg/m^3$ |
| | | | 磅每立方英寸 | $lb/in^3$ | $1lb/in^3\approx 2.76799kg/m^3$ |
| | | | 磅每立方英尺 | $lb/ft^3$ | $1lb/ft^3\approx 16.01846kg/m^3$ |
| | | | 磅每立方英码 | $lb/yd^3$ | $1lb/yd^3\approx 0.59328kg/m^3$ |
| | | | 磅每(美)加仑 | lb/usgal | $1lb/usgal=0.119826g/m^3$ |
| | | | 磅每(英)加仑 | lb/usgal | $1lb/usgal=0.0997763g/m^3$ |

续表

| 量的名称 | 法定计量单位 | | 非法定计量单位 | | 换算因数 |
|---|---|---|---|---|---|
| | 名称 | 符号 | 名称 | 符号 | |
| 密度 | | | 磅(美)石油桶 | lb/usgal | 1lb/usgal = 0. 00285301g/$m^3$ |
| | | | 磅(英)石油桶 | lb/usgal | 1lb/usgal = 0. 002771654g/$m^3$ |
| 质量流量 | 千克每秒 | kg/s | | | SI 导出单位 |
| | 克每分 | g/min | | | 1g/min≈1. 666667×$10^{-5}$kg/s |
| | 千克每天 | kg/d | | | 1kg/d≈1. 157407×$10^{-5}$kg/s |
| | 千克每小时 | kg/h | | | 1kg/h≈2. 777778×$10^{-4}$kg/s |
| | 吨每天 | t/d | | | 1t/d≈1. 157407×$10^{-2}$kg/s |
| | 吨每小时 | t/h | | | 1t/h≈0. 277778kg/s |
| | 吨每分 | t/min | | | 1t/min≈16. 666667kg/s |
| | | | 磅每小时 | lb/h | 1lb/h≈1. 259979×$10^{-4}$kg/s |
| | | | 磅每分 | lb/min | 1lb/min≈7. 559873×$10^{-3}$kg/s |
| | | | 磅每秒 | lb/s | 1lb/s≈0. 45359237kg/s |
| | | | 英吨每天 | ukton/d | 1ukton/d≈1. 175980×$10^{-2}$kg/s |
| | | | 英吨每小时 | ukton/h | 1ukton/h≈0. 288235kg/s |
| | | | 美吨每天 | uston/d | 1uston/d≈1. 049982kg/s |
| | | | 美吨每小时 | uston/h | 1uston/d≈0. 251996kg/s |
| 体积流量 | 立方米每秒 | $m^3$/s | | | SI 导出单位 |
| | 升每天 | L/d | | | 1L/d≈1. 157407×$10^{-8}$$m^3$/s |
| | 升每小时 | L/h | | | 1L/h≈2. 777778×10−7$m^3$/s |
| | 升每分 | L/min | | | 1L/min≈1. 666667×$10^{-5}$$m^3$/s |
| | 升每秒 | L/s | | | 1L/s = $10^{-3}$$m^3$/s |
| | 立方米每天 | $m^3$/d | | | 1$m^3$/d≈1. 157047×$10^{-5}$$m^3$/s |

续表

| 量的名称 | 法定计量单位 | | 非法定计量单位 | | 换算因数 |
|---|---|---|---|---|---|
| | 名称 | 符号 | 名称 | 符号 | |
| 体积流量 | 立方米每小时 | $m^3/h$ | | | $1m^3/h \approx 2.777778 \times 10^{-4} m^3/s$ |
| | 立方米每分 | $m^3/min$ | | | $1m^3/min \approx 1.666667 \times 10^{-2} m^3/s$ |
| | | | 石油桶每天 | bbl/d | $1bbl/d \approx 1.804130728 \times 10^{-6} m^3/s$ |
| | | | 石油桶每小时 | bbl/h | $1bbl/h = 4.416313748 \times 10^{-5} m^3/s$ |
| | | | 石油桶每分 | bbl/min | $1bbl/min = 2.6497882488 \times 10^{-3} m^3/s$ |
| | | | 石油桶每秒 | bbl/s | $1bbl/s = 0.158987294928 m^3/s$ |
| | | | 英加仑每天 | ukgal/d | $1ukgal/d \approx 5.261680414 \times 10^{-8} m^3/s$ |
| | | | 英加仑每小时 | ukgal/h | $1ukgal/h \approx 1.2628033 \times 10^{-6} m^3/s$ |
| | | | 英加仑每分 | ukgal/min | $1ukgal/min \approx 7.586819797 \times 10^{-5} m^3/s$ |
| | | | 英加仑每秒 | ukgal/s | $1ukgal/s \approx 4.546091878 \times 10^{-3} m^3/s$ |
| | | | 美加仑每天 | usgal/d | $1usgal/d \approx 4.381263639 \times 10^{-8} m^3/s$ |
| | | | 美加仑每小时 | usgal/h | $1usgal/h \approx 1.051503273 \times 10^{-6} m^3/s$ |
| | | | 美加仑每分 | usgal/min | $1usgal/min \approx 6.30901964 \times 10^{-5} m^3/s$ |
| | | | 美加仑每秒 | usgal/s | $1usgal/s \approx 3.785411784 \times 10^{-3} m^3/s$ |
| | | | 立方英尺每天 | $ft^3/d$ | $1ft^3/d \approx 3.2774128 \times 10^{-7} m^3/s$ |
| | | | 立方英码每天 | $yd^3/d$ | $1yd^3/d \approx 8.849014558 \times 10^{-6} m^3/s$ |

续表

| 量的名称 | 法定计量单位 | | 非法定计量单位 | | 换算因数 |
|---|---|---|---|---|---|
| | 名称 | 符号 | 名称 | 符号 | |
| 能（功/热） | 焦〔耳〕 | J | | | SI 导出单位 |
| | 瓦〔特〕小时 | W·h | | | $1W \cdot h=3.6\times10^3J=3.6kJ$ |
| | 电子伏〔特〕 | eV | | | $1eV\approx1.60217733\times10^{-19}J$ |
| | 兆焦〔耳〕 | MJ | | | $1MJ=10^6J$ |
| | 千焦〔耳〕 | kJ | | | $1kJ=10^3J$ |
| | 毫焦〔耳〕 | mJ | | | $1mJ=10^{-3}J$ |
| | 千瓦〔特〕小时 | kW·h | | | $1kW \cdot h=3.6MJ$ |
| | 兆瓦〔特〕小时 | MW·h | | | $1MW \cdot h=3.6\times10^3MJ$ |
| | 千电子伏〔特〕 | keV | | | $1keV\approx1.60217733\times10^{-16}J$ |
| | 兆电子伏〔特〕 | MeV | | | $1MeV=1.60217733\times10^{-13}J$ |
| | | | 尔格 | erg | $1erg=10^{-7}J$ |
| | | | 英尺磅力 | ft·lbf | $1ft \cdot lbf=1.3558179483314004J$ |
| | | | 千克力米 | kgf·m | $1kgf \cdot m=9.80665J$ |
| | | | 国际蒸汽表卡 | $cal_{IT}$ | $1cal_{IT}=4.1868J$，<br>$1Mcal_{IT}=1.163kW \cdot h$ |
| | | | 热化学卡 | $cal_{th}$ | $1cal_{th}=4.184J$ |
| | | | 平均卡 | $\overline{cal}$ | $1\overline{cal}=4.1897J$ |
| 功率 | 瓦〔特〕 | W | | | SI 导出单位，J/s |
| | 兆瓦〔特〕 | MW | | | $1MW=10^6W$ |
| | 千瓦〔特〕 | kW | | | $1kW=10^3W=1.36$ 马力 |
| | 毫瓦〔特〕 | mW | | | $1mW=10^{-3}W$ |
| | | | 英尺磅力每秒 | ft·lbf/s | $1ft \cdot lbf/s\approx1.355818W$ |
| | | | 千克力米每秒 | kgf·m/s | $1kgf \cdot m/s\approx9.80665W$ |

续表

| 量的名称 | 法定计量单位 | | 非法定计量单位 | | 换算因数 |
|---|---|---|---|---|---|
| | 名称 | 符号 | 名称 | 符号 | |
| 功率 | | | 〔米制〕马力 | | 1〔米制〕马力 = 75kgf · m/s = 735.49875W |
| | | | 英制热单位小时 | Btu/h | 1Btu/h ≈ 0.2930711W |
| | | | 〔英制〕马力 | hp | 1hp = 745.69987158227022W |
| | | | 尔格每秒 | | 1erg/s = $10^{-7}$W |
| | | | (水)马力 | | 1(水)马力 = 746.043W |
| | | | (电工)马力 | | 1(电工)马力 = 746.0000W |
| | | | 卡每秒 | | 1 卡每秒 = 4.1868W |
| 动力黏度 | 帕〔斯卡〕·秒 | Pa · s | | | SI 导出单位 |
| | 毫帕〔斯卡〕·秒 | mPa · s | | | 1mPa · s = $10^{-3}$Pa · s |
| | | | 泊 | P | 1P = 0.1Pa · s，石油工程中常用 mPa · s |
| | | | 厘泊 | cP | 1cP = 1mPa · s = $10^{-3}$Pa · s |
| | | | 千克力秒每平方米 | kgf · s/$m^2$ | 1kgf · s/$m^2$ = 9.80665Pa · s |
| | | | 磅力秒每平方英尺 | lbf · s/$ft^2$ | 1lbf · s/$ft^2$ = 47.88026Pa · s |
| 运动黏度 | 二次方米每秒 | $m^2$/s | | | SI 导出单位 |
| | 二次方毫米每秒 | $mm^2$/s | | | 1$mm^2$/s = $10^{-6}m^2$/s |
| | | | 斯〔托克斯〕 | st | 1st = $10^{-4}m^2$/s |

续表

| 量的名称 | 法定计量单位 | | 非法定计量单位 | | 换算因数 |
|---|---|---|---|---|---|
| | 名称 | 符号 | 名称 | 符号 | |
| 运动黏度 | | | 二次方英寸每秒 | $in^2/s$ | $1in^2/s=6.4516\times10^{-4}m^2/s$ |
| | | | 二次方英尺每秒 | $ft^2/s$ | $1ft^2/s=9.290304\times10^{-2}m^2/s$ |
| 温度 | 开(尔文) | K | | | SI 基本单位 |
| | 摄氏度 | ℃ | | t | 对温度间隔和温差而言，1℃ =1K<br>F=32+(9/5)t<br>T=273.15+t<br>F—℉，T—K，t—℃ |
| | 华氏度 | ℉ | | F | |
| 速度(流速、风速) | 米每秒 | m/s | | | SI 导出单位 |
| | 千米每小时 | km/h | | | $1km/s=10^3m/h$ |
| | 节 | kn | | | 1kn = 1n mile/h = 0.51444m/s (只用于航行) |
| | | | 英寸每秒 | in/s | 1in/s=0.0254m/s |
| | | | 英尺每秒 | ft/s | 1ft/s=0.3048m/s |
| | | | 码每小时 | yd/h | $1yd/h=0.9144m/h=0.254\times10^{-3}m/s$ |
| | | | 英里每小时 | n mile/h | 1n mile/h=0.45m/h |
| | | | 英节 | ukkont | 1ukkont =1.00064kn<br>=0.514773m/s |
| 加速度 | 米每二次方秒 | $m/s^2$ | | | SI 导出单位 |
| | 重力加速度 | g | | | 1 标准重力加速度 $=9.80665m/s^2$ |
| | | | 伽 | cal | $1cal=0.01m/s=1cm/s^2$ |
| | | | 英尺每二次方秒 | $ft/s^2$ | $1ft/s^2=0.3048m/s^2$ |

续表

| 量的名称 | 法定计量单位 | | 非法定计量单位 | | 换算因数 |
|---|---|---|---|---|---|
| | 名称 | 符号 | 名称 | 符号 | |
| 平面角 | 弧度 | rad | | | SI 辅助单位 |
| | 度 | (°) | | | SI 的法定单位。<br>$1° = 60' = \left(\frac{\pi}{180}\right)$ rad |
| | 〔角〕分 | (′) | | | SI 的法定单位。<br>$1' = 60'' = \left(\frac{\pi}{10800}\right)$ rad |
| | 〔角〕秒 | (″) | | | SI 的法定单位。<br>$1'' = \left(\frac{\pi}{648000}\right)$ rad |
| 力矩 | 牛〔顿〕· 米 | N · m | | | SI 导出单位，石油工程中常用单位为千牛〔顿〕· 米<br>$1N \cdot m = 10^{-3} kN \cdot m$ |
| | | | 磅英尺 | lbf · ft | $1lbf \cdot ft = 0.138257kg \cdot m$<br>$= 1.355838N \cdot m$<br>$= 1.355838 \times 10^{-3} kN \cdot m$ |
| 渗透率 | 平方米 | $m^2$ | | | SI 导出单位，石油工程中常用 $\mu m^2$ |
| | 平方微米 | $\mu m^2$ | | | |
| | | | 达西 | D | $1D = 1\mu m^2 = 10^3 mD$（毫达西） |
| | | | 毫达西 | mD | $1mD = 10^{-3} D = 10^{-3} \mu m^2$ |
| 角速度 | 弧度每秒 | rad/s | | | $1rad/s = 57.2958(°)/s = \frac{30}{\pi}$ |

续表

| 量的名称 | 法定计量单位 | | 非法定计量单位 | | 换算因数 |
|---|---|---|---|---|---|
| | 名称 | 符号 | 名称 | 符号 | |
| 表面张力 | 牛〔顿〕每米 | N/m | | | |
| | | | | | |
| 旋转速度 | 转每分 | r/min | | | $1r/min=\left(\frac{1}{60}\right)s^{-1}$ |
| | | | | | |
| 频率 | 赫〔兹〕 | Hz | | | |
| 旋转频率 | 每秒(负一次方秒) | $s^{-1}$ | | | |
| 电流 | 安(培) | I | | | |
| 电压 | 伏(特) | U(V) | | | |
| 电阻 | 欧(姆) | R | | | |
| 热导率(导热系数) | 瓦〔特〕每米开 | W/(m·K) | | | |
| | 〔尔文〕 | | | | |
| 传热系数 | 瓦〔特〕每平方开 | $W/(m^2\cdot K)$ | | | |
| | 未井〔尔文〕 | | | | |
| 物质浓度 | 摩(尔)每立方米 | $mol/m^3$ | | | SI 基本单位 |
| | 摩(尔)每升 | mol/L | | | |
| | | | 体积摩(尔)浓度 | M | $1M=1mol/L=1000mol/m^3$ |

**表 16-4　石油钻井工程常用参数代码及计量单位**

| 代码 | 名称 | 单位符号 | 代码 | 名称 | 单位符号 |
|---|---|---|---|---|---|
| $L_{(1)}$ | 长度 | km、m、cm、mm | $D_{lh}$ | 尾管挂深度 | m |
| $D$ | 井深 | m | $D_{cd}$ | 导管深度 | m |
| $D_b$ | 钻头深度 | m | $D_z$ | 零轴向力点深度 | m |
| $D_{tv}$ | 目标点垂深 | m | $D_s$ | 卡点深度 | m |
| $D_c$ | 套管深度 | m | $D_v$ | 垂直井深 | m |
| $D_{rc}$ | 水泥返高 | m | $D_m$ | 测量井深(测深) | m |
| $D_{cp}$ | 水泥塞面深度 | m | $D_{cr}$ | 临界井深 | m |
| $D_{sc}$ | 表层套管深度 | m | $D_{kop}$ | 造斜点深度 | m |
| $D_{ic}$ | 中间套管深度 | m | $S_h$ | 水平位移 | m |
| $D_{pc}$ | 生产套管深度 | m | $L_{cs}$ | 套管柱长度 | m |
| $D_{ls}$ | 漏失液面深度 | m | $L_k$ | 方钻杆长度 | m |
| $D_l$ | 尾管深度 | m | $L_{ki}$ | 方入 | m |
| $L_b$ | 钻头深度 | m | $d_{\infty}$ | 套管外径 | mm |
| $L_c$ | 钻铤长度 | m | $d_{cin}$ | 套管内径 | mm |
| $L_p$ | 钻杆长度 | m | $H_O$ | 油层厚度 | m |
| $L_{\infty}$ | 岩心长度 | m | $\delta_{ca}$ | 套管壁厚 | mm |
| $L_j$ | 接头长度 | m | $\delta_p$ | 钻杆壁厚 | mm |
| $L_{bs}$ | 弯接头长度 | m | $\delta_c$ | 钻铤壁厚 | mm |
| $L_{nm}$ | 无磁钻铤长度 | m | $\delta_m$ | 滤饼厚度 | mm |
| $L_{hw}$ | 加重钻杆长度 | m | $F$ | 进尺 | m |
| $L_s$ | 稳定器长度 | m | $F_d$ | 日进尺 | m/d |
| $L_m$ | 动力钻具长度 | m | $F_m$ | 月进尺 | m/mon |
| $r_t$ | 度靶区半径 | m | $F_a$ | 年进尺 | m/a |

续表

| 代码 | 名称 | 单位符号 | 代码 | 名称 | 单位符号 |
|---|---|---|---|---|---|
| $r_c$ | 井眼曲率半径 | m | $F_c$ | 取心进尺 | m |
| $d_h$ | 井眼直径 | mm | $F_b$ | 钻头进尺 | m |
| $d_b$ | 钻头直径 | mm | $A$ | 面积 | $km^2$、$m^2$、$cm^2$、$mm^2$ |
| $d_n$ | 喷嘴直径 | mm | $A_b$ | 井底面积 | $mm^2$ |
| $d_{ne}$ | 喷嘴(当量)直径 | mm | $A_{nt}$ | 喷嘴总面积 | $mm^2$ |
| $d_c$ | 钻铤外径 | mm | $A_{cs}$ | 套管截面积 | $mm^2$ |
| $d_{ci}$ | 钻铤内径 | mm | $A_p$ | 钻杆截面积 | $mm^2$ |
| $d_p$ | 钻杆外径 | mm | $A_o$ | 钻铤截面积 | $mm^2$ |
| $d_{pi}$ | 钻杆内径 | mm | $A_a$ | 环空面积 | $mm^2$ |
| $d_{jo}$ | 钻杆接头外径 | mm | $V$ | 体积 | $m^3$、$cm^3$、$mm^3$、L、mL |
| $d_{ji}$ | 钻杆接头内径 | mm | $V_o$ | 油流量 | |
| $V_g$ | 气流量 | $m^3/min$ | $t_l$ | 测井时间 | h、min |
| $V_w$ | 水流量 | $m^3/min$ | $t_{cm}$ | 固井时间 | h、min |
| $V_{po}$ | 管外每米容积 | L/m | $t_{sm}$ | 辅助工作时间 | h、min |
| $V_{pi}$ | 管内每米容积 | L/m | $t_a$ | 事故时间 | h、min |
| $V_{cs}$ | 水泥浆用量 | $m^3$ | $t_{td}$ | 测试时间 | h、min |
| $V_{df}$ | 钻井液量 | $m^3$ | $t_m$ | 组织停工时间 | h、min |
| $V_{lo}$ | 漏失量 | $m^3$ | $t_{ph}$ | 复杂时间 | h、min |
| $V_{of}$ | 溢出量 | $m^3$ | $t_r$ | 修理时间 | h、min |
| $FL$ | 滤失量 | mL(mL/30min) | $t_n$ | 非生产时间 | h、min |
| $Y_d$ | 造浆率 | $m^3/t$ | $t_p$ | 生产时间 | h、min |
| $Q$ | 排量 | L/s | $t_{\infty}$ | 取心时间 | h、min |

续表

| 代码 | 名称 | 单位符号 | 代码 | 名称 | 单位符号 |
|---|---|---|---|---|---|
| $Q_o$ | 最优排量 | L/s | $t_{cp}$ | 完井时间 | h、min |
| $Q_r$ | 额定排量 | L/s | $t_{cs}$ | 建井周期 | d、h |
| $Q_c$ | 临界排量 | L/s | $t_{dr}$ | 钻井周期 | d、h |
| $t$ | 时间 | s、min、h、d、mon、a | $t_c$ | 完井周期 | d、h |
| $t_d$ | 纯钻时间 | h、min | $v$ | 速度 | km/h、m/h、m/s |
| $t_t$ | 起下钻时间 | h、min | $v_j$ | 射流喷速 | m/s |
| $t_{cn}$ | 接单根时间 | h、min | $v_a$ | 环空返速 | m/s |
| $t_{rr}$ | 划眼时间 | h、min | $v_{cr}$ | 临界返速 | m/s |
| $t_{cb}$ | 换钻头时间 | h、min | $v_p$ | 纯钻速(机械钻速) | m/h |
| $t_{cf}$ | 循环时间 | h、min | $v_t$ | 行程钻速 | m/h |
| $v_s$ | 岩屑滑落速度 | m/s | $p$ | 压力 | MPa |
| $n$ | 转盘转速 | r/min | $p_h$ | 静液柱压力 | MPa |
| $n_p$ | 泵速 | 冲/min | $p_{st}$ | 立管压力 | MPa |
| $v_m$ | 钻机月速 | m/(台·月) | $\Delta p$ | 压差 | MPa |
| $\alpha$ | [平面]角 | rad、(°)(′)(″) | $\Delta p_b$ | 钻头压降 | MPa |
| $\alpha_i$ | 井斜角 | (°) | $\Delta p_{cs}$ | 循环系统压耗 | MPa |
| $\Phi$ | 方位角 | (°) | $\Delta p_g$ | 地面管汇压耗 | MPa |
| $\theta$ | 磁偏角 | (°) | $\Delta p_i$ | 管内压耗 | MPa |
| $\beta$ | 装置角 | (°) | $\Delta p_a$ | 环空压耗 | MPa |
| $\beta_t$ | 工具面角 | (°) | $p_p$ | 孔隙压力 | MPa |
| $\alpha_{max}$ | 最大井斜角 | (°) | $p_o$ | 上覆地层压力 | MPa |

续表

| 代码 | 名称 | 单位符号 | 代码 | 名称 | 单位符号 |
|---|---|---|---|---|---|
| $\beta_r$ | 动力钻具反扭角 | (°) | $p_f$ | 地层破裂压力 | MPa |
| $R_h$ | 全角变化率 | (°)/30m | $p_{ci}$ | 初始循环压力 | MPa |
| $R_a$ | 方位变化率 | (°)/30m | $p_{cf}$ | 终了循环压力 | MPa |
| $R_b$ | 造斜率 | (°)/30m | $p_{sd}$ | 关井立管压力 | MPa |
| $R_d$ | 降斜率 | (°)/30m | $p_{sc}$ | 关井套管压力 | MPa |
| $F$ | 力 | MN、kN、N | $p_{wh}$ | 井口压力 | MPa |
| $W$ | 钻压 | kN | $p_{bh}$ | 井底压力 | MPa |
| $F_i$ | 射流冲击力 | N | $p_r$ | 额定压力 | MPa |
| $W_s$ | 悬重 | kN | $\sigma_n$ | 正应力 | Pa |
| $W_{st}$ | 净重 | kN | $\sigma_t$ | 拉应力 | Pa |
| $W_u$ | 单位长度重 | kN/m | $\sigma_c$ | 压应力 | Pa |
| $\sigma_b$ | 弯曲应力 | Pa | $\eta(\mu)$ | [动力]黏度 | Pa·s |
| $\tau_{yp}$ ($YP$) | 动切力 | Pa | $PV$ | 塑性黏度 | mPa·s |
| $\tau_g$ | 静切力 | Pa | $FV$ | 漏斗黏度 | s |
| $\tau_i$ | 初切(10s) | Pa | $AV$ | 表观黏度 | mPa·s |
| $\tau_{lo}$ | 中切(10min) | Pa | $P$ | 功率 | kW |
| $G_h$ | 静液压力梯度 | MPa/m | $P_r$ | 泵额定功率 | kW |
| $G_p$ | 孔隙压力梯度 | MPa/m | $P_{ao}$ | 泵允用功率 | kW |
| $G_o$ | 上覆地层压力梯度 | MPa/m | $P_b$ | 钻头水功率 | kW |
| $G_f$ | 地层破裂压力梯度 | MPa/m | $P_p$ | 泵实际功率 | kW |
| $m$ | 质量 | t、kg、g | $P_s$ | 比水功率 | $W/mm^2$ |
| $\rho$ | 密度 | $t/m^3$、$kg/m^3$、$g/cm^3$ | $t$ | 温度(摄氏) | ℃ |

续表

| 代码 | 名称 | 单位符号 | 代码 | 名称 | 单位符号 |
|---|---|---|---|---|---|
| $\rho_d$ | 钻井液密度 | $g/cm^3$ | $t_i$ | 钻井液进口温度 | ℃ |
| $\rho_c$ | 水泥浆密度 | $g/cm^3$ | $t_o$ | 钻井液出口温度 | ℃ |
| $\rho_{rs}$ | 解卡液密度 | $g/cm^3$ | $t_g$ | 地温梯度 | ℃/100m |
| $\rho_e$ | 等效循环密度 | $g/cm^3$ | $C_u$ | 钻井直接成本 | 元/m |
| $\rho_{fw}$ | 地层水密度 | $g/cm^3$ | $C_b$ | 钻头单价 | 元/只 |
| $\rho_B$ | 质量浓度 | kg/L、g/L、mg/L | $C_r$ | 每小时钻机使用费 | 元/h |
| $\rho_b$ | 膨润土含量 | g/L | $K_p$ | 岩石塑性系数 | 无因次量 |
| $\rho_s$ | 固相含量 | g/L | $e$ | 转速指数 | 无因次量 |
| $\rho_w$ | 加重剂含量 | g/L | $f$ | 比水功率指数 | 无因次量 |
| $k_e$ | 井眼扩大系数 | 无因次量 | $n$ | 流性指数 | 无因次量 |
| $k_i$ | 管内压耗系数 | 无因次量 | $Re$ | 雷诺数 | 无因次量 |
| $k_a$ | 环空压耗系数 | 无因次量 | $\mu$ | 岩石泊松比 | 无因次量 |
| $k_c$ | 循环系统压耗系数 | 无因次量 | $S_t$ | 抗拉安全系数 | 无因次量 |
| $k_b$ | 钻头压降系数 | 无因次量 | $S_c$ | 抗挤安全系数 | 无因次量 |
| $k_g$ | 地面管汇压耗系数 | 无因次量 | $S_b$ | 抗内压安全系数 | 无因次量 |
| $k$ | 浮力系数 | 无因次量 | $\theta_{300}$ | 旋转黏度计300r/min时读数 | 无因次量 |
| $k_{Wg}$ | 井身质量合格率 | 无因次量 | $\theta_{600}$ | 旋转黏度计600r/min时读数 | 无因次量 |
| $k_r$ | 钻机利用率 | 无因次量 | $d_c$ | $d_c$指数 | 无因次量 |
| $d$ | 钻压指数 | 无因次量 | | | |

## 四、常用面积计算公式(表 16-5)

表 16-5　常用面积计算公式

| 名　称 | 简　图 | 计算公式 |
|---|---|---|
| 正方形 | 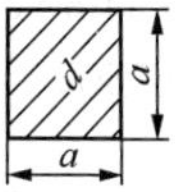 | $F=a^2$；$a=0.707d=\sqrt{F}$；<br>$d=1.414a=1.414\sqrt{F}$ |
| 长方形 | 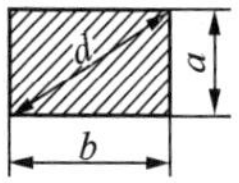 | $F=a\times b=a\sqrt{d^2-a^2}=b\sqrt{d^2-b^2}$；<br>$d=\sqrt{a^2+b^2}$；$a=\sqrt{d^2-b^2}=\frac{F}{b}$；<br>$b=\sqrt{d^2-a^2}=\frac{F}{a}$ |
| 平行四边形 | 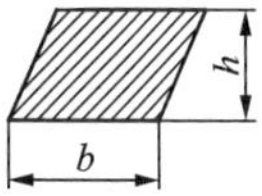 | $F=b\times h$；$h=\frac{F}{b}$；$b=\frac{F}{h}$ |
| 三角形 | 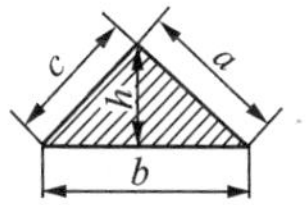 | $F=\frac{b\times h}{2}=\frac{b}{2}\sqrt{a^2-\left(\frac{a^2+b^2-c^2}{2b}\right)^2}$；<br>$P=\frac{1}{2}(a+b+c)$；<br>$F=\sqrt{P(P-a)\times(P-b)\times(P-c)}$ |
| 梯　形 | 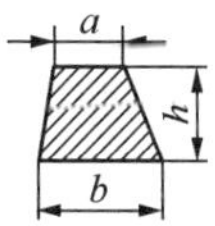 | $F=\frac{(a+b)}{2}\times h$；$h=\frac{2F}{a+b}$；<br>$a=\frac{2F}{h}-b$；$b=\frac{2F}{h}-a$ |
| 正六角形 | 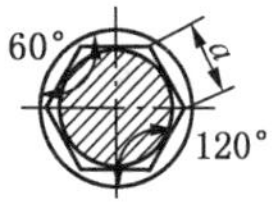 | $F=2.598a^2=2.598R^2=3.464r^2$；<br>$R=a=1.155r$；$r=0.866a=0.866R$ |

续表

| 名　称 | 简　图 | 计 算 公 式 |
|---|---|---|
| 圆 | 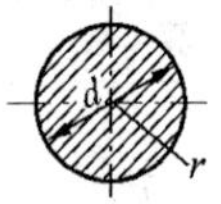 | $F=\pi\times r^2=3.1416r^2=0.7854d^2$;<br>$L=2\pi\times r=6.2832r=3.1416d$;<br>$r=L/6.2832=\sqrt{F/3.1416}=0.564\sqrt{F}$;<br>$d=L/3.1416=\sqrt{F/0.7854}=1.128\sqrt{F}$ |
| 椭圆 | 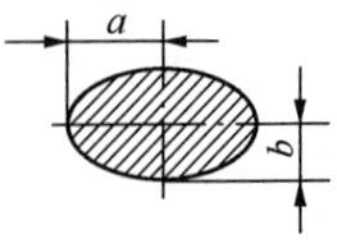 | $F=\pi\times a\times b=3.1416ab$，即<br>$F=\pi\times a\times b=3.1416\times a\times b$<br>周长的近似值：$2P\approx3.1416\sqrt{2(a^2+b^2)}$；<br>比较正确的计算：<br>$2P=3.1416\sqrt{2(a^2+b^2)-\frac{(a-b)^2}{4}}$ |
| 扇形 | 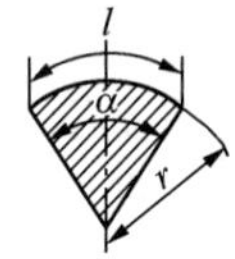 | $l=\frac{r\times\alpha\times3.1416}{180}=0.01745\alpha\times r$；$l=\frac{2F}{r}$<br>$F=\frac{1}{2}rl=0.008727\alpha\times r^2$；$\alpha=\frac{57.296l}{r}$<br>$r=\frac{2F}{l}=\frac{57.296l}{\alpha}$ |
| 弓形 | 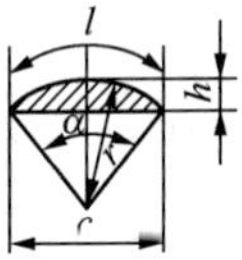 | $c=2\sqrt{h(2r-h)}$；$F=\frac{1}{2}[rl-c(r-h)]$；<br>$r=\frac{c^2+4h^2}{8h}$；$l=0.01745r\times\alpha$；<br>$\alpha=\frac{57.296l}{r}$；$h=r-\frac{l}{2}\sqrt{4r^2-c^2}$ |
| 圆环 | 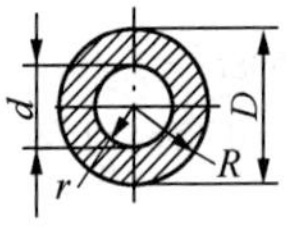 | $F=\pi(R^2-r^2)=3.1416(R^2-r^2)=$<br>$0.7854(D^2-d^2)$ |

续表

| 名　称 | 简　图 | 计算公式 |
|---|---|---|
| 环式扇形 | 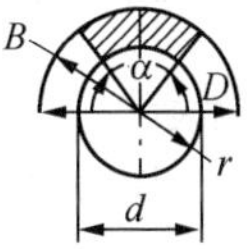 | $F=\frac{\alpha\times\pi}{360}(R^2-r^2)=0.00873\alpha(R^2-r^2)=\frac{\alpha\times\pi}{4\times360}(D^2-d^2)=0.00218\alpha(D^2-d^2)$ |

注：$F$—面积；$P$—半周长度 ；$L$—圆周长度；$R$—外接圆的半径；$r$—内切圆的半径。

## 五、常用体积和表面积计算公式(表 16-6)

**表 16-6　常用体积和表面积计算公式**

| 名　称 | 简　图 | 计算公式 | |
|---|---|---|---|
| | | 表面积 $S$、侧表面积 $M$ | 体积 $V$ |
| 正立方体 | 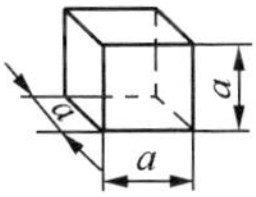 | $S=6a^2$ | $V=a^3$ |
| 长立方体 | 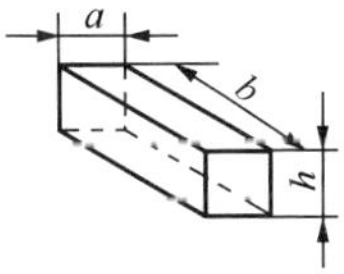 | $S-2(a\times h+b\times h+a\times b)$ | $V=a\times b\times h$ |
| 圆　柱 | 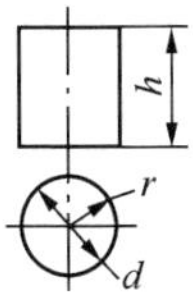 | $M=2\pi\times r\times h=\pi\times d\times h$ | $V=\pi\times r^2\times h=\left(\frac{d^2\times\pi}{4}\right)\times h$ |

续表

| 名　　称 | 简　　图 | 计　算　公　式 | |
|---|---|---|---|
| | | 表面积 $S$、侧表面积 $M$ | 体积 $V$ |
| 空心圆柱（管） | 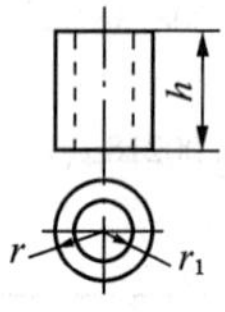  | $M$ = 内侧表面积 + 外侧表面积 $=2\pi\times h(r+r_1)$ | $V=\pi\times h(r^2-r_1^2)$ |
| 斜底截圆柱 | 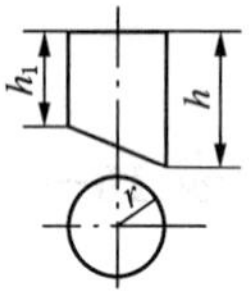  | $M=\pi\times r(h+h_1)$ | $V=\pi\times r^2\left(\dfrac{h+h_1}{2}\right)$ |
| 正六角柱 | 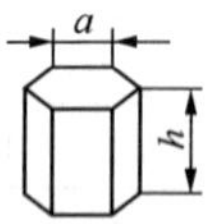  | $S=2\times2.598a^2+6ah$ | $V=2.598a^2\times h$ |
| 正方角锥台 | 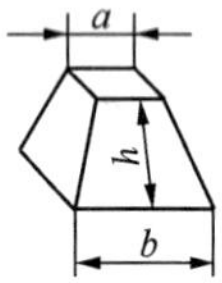  | $S=a^2+b^2+4\times(a+b)/2\times h)$ | $V=h/3(a^2+b^2+a\times b)$ |
| 球 |   | $S=4\pi\times r^2=\pi\times d^2$ | $V=4/3\pi\times r^3=\pi\times d^3/6$ |
| 圆锥 | 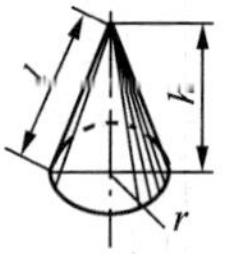  | $M=\pi\times r\times l=$ $\pi\times rr^2+h^2$ | $V=h/3\times\pi\times r^2$ |
| 截头圆锥 | 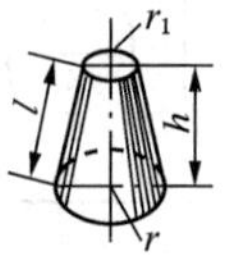  | $M=\pi(r+r_1)$ | $V=(r^2+r_1^2+r\times r_1)\times$ $\pi\times h/3$ |

## 六、浮力系数表(表16-7)

表16-7　浮力系数

| 液体密度/(g/cm³) | 浮力系数 $K_b$ | 液体密度/(g/cm³) | 浮力系数 $K_b$ | 液体密度/(g/cm³) | 浮力系数 $K_b$ | 液体密度/(g/cm³) | 浮力系数 $K_b$ |
|---|---|---|---|---|---|---|---|
| 1.00 | 0.872 | 1.34 | 0.829 | 1.58 | 0.798 | 1.89 | 0.759 |
| 1.03 | 0.869 | 1.35 | 0.828 | 1.60 | 0.796 | 1.90 | 0.758 |
| 1.05 | 0.866 | 1.37 | 0.826 | 1.61 | 0.795 | 1.91 | 0.756 |
| 1.08 | 0.862 | 1.39 | 0.823 | 1.63 | 0.792 | 1.94 | 0.752 |
| 1.10 | 0.859 | 1.40 | 0.822 | 1.65 | 0.789 | 1.95 | 0.751 |
| 1.12 | 0.856 | 1.41 | 0.820 | 1.68 | 0.786 | 1.96 | 0.749 |
| 1.15 | 0.853 | 1.44 | 0.817 | 1.70 | 0.783 | 1.99 | 0.746 |
| 1.17 | 0.850 | 1.45 | 0.815 | 1.73 | 0.780 | 2.00 | 0.745 |
| 1.20 | 0.847 | 1.46 | 0.814 | 1.75 | 0.777 | 2.01 | 0.743 |
| 1.22 | 0.844 | 1.49 | 0.810 | 1.77 | 0.774 | 2.04 | 0.740 |
| 1.25 | 0.841 | 1.50 | 0.809 | 1.80 | 0.771 | 2.06 | 0.737 |
| 1.27 | 0.838 | 1.51 | 0.807 | 1.82 | 0.768 | 2.08 | 0.734 |
| 1.29 | 0.835 | 1.54 | 0.804 | 1.84 | 0.765 | 2.11 | 0.731 |
| 1.30 | 0.834 | 1.55 | 0.803 | 1.85 | 0.764 | 2.13 | 0.728 |
| 1.32 | 0.832 | 1.56 | 0.801 | 1.87 | 0.762 | 2.16 | 0.725 |

# 第二节 直径与容积关系

## 一、地面管汇及管柱体积、内容积和总体积

### （一）地面高压循环管汇单位容积(表 16-8)

表 16-8 地面高压循环管汇单位容积

| 管汇名称 | 通称尺寸/in | 内径/mm | 单位容积/(L/m) | 备注 |
|---|---|---|---|---|
| 高压管线 | 6⅝ | 146.0 | 16.74 | |
| | 6⅝ | 150.0 | 17.67 | |
| | 5$\frac{9}{16}$ | 119.0 | 11.12 | |
| | 5$\frac{9}{16}$ | 123.0 | 11.88 | |
| | 4½ | 92.3 | 6.69 | |
| | 4½ | 98.3 | 7.59 | |
| 水龙带 | 2½ | 64.0 | 3.217 | |
| | 3 | 76.0 | 4.537 | |
| | 4 | 102.0 | 8.171 | |
| 方钻杆 | 2½ | 32.0 | 0.804 | 国产 |
| | 3 | 45.0 | 1.590 | |
| | 3½ | 57.0 | 2.552 | |
| | 4¼ | 70.0 | 3.849 | |
| | 4¾ | 75.0 | 4.418 | |
| | 5 | 80.0 | 5.027 | |
| | 6 | 90.0 | 6.362 | |
| | 2½ | 31.8 | 0.794 | API 方钻杆 |
| | 3 | 44.5 | 1.554 | |
| | 3½ | 57.2 | 2.568 | |
| | 4¼ | 69.9 | 3.836 | |
| | 5¼ | 82.6 | 5.356 | |
| | 6 | 88.9 | 6.204 | |

## (二) API 钻杆体积、内容积、总体积(表 16-9)

表 16-9　API 钻杆体积、内容积、总体积

| 外径 mm | 外径 in | 壁厚/mm | 内径/mm | 体积/(L/m) | 内容积/(L/m) | 总体积/(L/m) | 长度/m | 质量/(kg/m) | 备注 |
|---|---|---|---|---|---|---|---|---|---|
| 60.3 | 2⅜ | 4.83 | 50.67 | 0.84 | 2.01 | 2.85 | | 7.22 | |
| | | 7.11 | 46.10 | 1.19 | 1.66 | | | 9.89 | |
| 73.03 | 2⅞ | 5.51 | 62.00 | 1.17 | 3.02 | 4.19 | | 10.19 | |
| | | 9.19 | 54.64 | 1.83 | 2.34 | | | 15.48 | |
| 88.9 | 3½ | 6.45 | 76.00 | 1.67 | 4.53 | 6.20 | | 14.13 | |
| | | 9.35 | 70.21 | 2.34 | 3.87 | | | 19.79 | |
| | | 11.41 | 66.09 | 2.77 | 3.43 | | | 23.06 | |
| 101.6 | 4 | 6.66 | 88.29 | 1.98 | 6.12 | 8.10 | | 17.63 | |
| | | 8.38 | 84.84 | 2.45 | 5.65 | | | 20.83 | |
| 114.3 | 4½ | 6.88 | 100.53 | 2.33 | 7.93 | 10.26 | | 20.46 | |
| | | 8.56 | 97.18 | 2.84 | 7.42 | | | 24.70 | |
| | | 9.47 | 95.35 | 3.12 | 7.14 | | | 26.93 | |
| | | 10.92 | 92.46 | 3.54 | 6.72 | | | 29.76 | |
| 127.0 | 5 | 7.52 | 111.96 | 2.82 | 9.84 | 12.66 | | 24.20 | |
| | | 9.19 | 108.61 | 3.40 | 9.26 | | | 29.01 | |
| 139.7 | 5½ | 9.17 | 121.36 | 3.76 | 11.56 | 15.32 | | 32.58 | |
| | | 10.54 | 118.62 | 4.29 | 11.04 | | | 36.75 | |
| 168.28 | 6⅝ | 8.38 | 151.51 | 4.22 | 18.02 | 22.24 | | 37.43 | |

## (三) API 钻铤体积、内容积、总体积(表 16-10)

表 16-10　API 钻铤体积、内容积、总体积

| 外径 | | 内径/mm | 钻铤长度/m | 质量/(kg/m) | 体积/(L/m) | 内容积/(L/m) | 总体积/(L/m) | 壁厚/mm |
|---|---|---|---|---|---|---|---|---|
| in | mm | | | | | | | |
| 3½ | 88.90 | 38.10 | 9.144 | 39.64 | 5.06 | 1.14 | 6.20 | 25.40 |
| 4⅛ | 104.78 | 50.80 | | 51.60 | 6.60 | 2.02 | 8.62 | 26.99 |
| 4¾ | 120.65 | 50.8 | | 74.50 | 9.41 | 2.02 | 11.43 | 34.93 |
| 4¾ | 120.65 | 57.15 | | 69.49 | 8.87 | 2.56 | 11.43 | 31.75 |
| 5¾ | 146.05 | 57.15 | 9.144～12.802 | 111.15 | 14.19 | 2.56 | 16.75 | 44.45 |
| 6 | 152.40 | 57.15 | | 122.76 | 15.68 | 2.56 | 18.24 | 47.63 |
| 6¼ | 158.75 | 57.15 | | 135.11 | 17.23 | 2.56 | 19.79 | 50.80 |
| 6½ | 165.10 | 71.44 | | 136.24 | 17.40 | 4.00 | 21.40 | 46.83 |
| 6¾ | 171.45 | 71.44 | | 148.82 | 19.08 | 4.00 | 23.08 | 50.01 |
| 7 | 177.80 | 71.44 | | 163.20 | 20.82 | 4.00 | 24.82 | 53.18 |
| 7¼ | 184.15 | 71.44 | | 177.49 | 22.63 | 4.00 | 26.63 | 56.50 |
| 7¾ | 196.85 | 71.44 | | 206.06 | 26.43 | 4.00 | 30.43 | 62.71 |
| 8 | 203.20 | 71.44 | | 223.91 | 28.42 | 4.00 | 32.42 | 65.88 |
| 9 | 228.60 | 76.20 | | 286.00 | 36.48 | 4.56 | 41.04 | 76.20 |
| 11 | 279.40 | 76.20 | 9.15 或 9.45 | 445.50 | 56.72 | 4.56 | 61.28 | 101.60 |

## (四) API 套管体积、内容积、总体积(表 16-11)

表 16-11　API 套管体积、内容积、总体积

| 外径 | | 壁厚/mm | 内径/mm | 质量/(kg/m) | 体积/L | 内容积/(L/m) | 总体积/(L/m) | 备注 |
|---|---|---|---|---|---|---|---|---|
| in | mm | | | | | | | |
| 4½ | 114.3 | 5.21 | 103.9 | 14.14 | 1.79 | 8.47 | 10.26 | |
| | | 5.69 | 102.9 | 15.62 | 1.95 | 8.31 | 10.26 | |
| | | 6.35 | 101.6 | 17.26 | 2.16 | 8.1 | 10.26 | |
| | | 7.37 | 99.67 | 20.09 | 2.46 | 7.8 | 10.26 | |
| | | 8.56 | 97.2 | 22.47 | 2.84 | 7.42 | 10.26 | |

续表

| 外径 in | 外径 mm | 壁厚/mm | 内径/mm | 质量/(kg/m) | 体积/L | 内容积/(L/m) | 总体积/(L/m) | 备注 |
|---|---|---|---|---|---|---|---|---|
| 5 | 127 | 5.59 | 115.8 | 17.11 | 2.13 | 10.53 | 12.67 | |
| | | 6.43 | 114.1 | 19.43 | 2.44 | 10.22 | 12.67 | |
| | | 7.52 | 111.96 | 22.32 | 2.82 | 9.34 | 12.67 | |
| | | 9.19 | 108.6 | 26.78 | 3.40 | 9.26 | 12.67 | |
| 5½ | 139.7 | 6.20 | 127.3 | 20.83 | 2.60 | 12.72 | 15.32 | |
| | | 6.98 | 125.7 | 23.06 | 2.92 | 12.4 | 15.32 | |
| | | 7.72 | 124.3 | 25.30 | 3.19 | 12.13 | 15.32 | |
| | | 9.17 | 121.4 | 29.76 | 3.75 | 11.57 | 15.32 | |
| | | 10.54 | 118.6 | 34.22 | 4.28 | 11.04 | 15.32 | |
| 6⅝ | 168.3 | 7.32 | 153.7 | 29.76 | 3.69 | 18.55 | 22.24 | |
| | | 8.94 | 150.4 | 35.71 | 4.48 | 17.76 | 22.24 | |
| | | 10.59 | 147.1 | 41.66 | 5.25 | 16.99 | 22.24 | |
| | | 12.06 | 144.2 | 47.62 | 5.91 | 16.33 | 22.24 | |
| 7 | 177.8 | 5.87 | 166.1 | 25.30 | 3.16 | 21.66 | 24.82 | |
| | | 6.91 | 164.0 | 29.76 | 3.70 | 21.12 | 24.82 | |
| | | 8.05 | 161.7 | 34.22 | 4.29 | 20.53 | 24.82 | |
| | | 9.19 | 159.4 | 38.69 | 4.87 | 19.95 | 24.82 | |
| | | 10.36 | 157.1 | 43.15 | 5.44 | 19.38 | 24.82 | |
| | | 11.51 | 154.8 | 47.62 | 6.00 | 18.82 | 24.82 | |
| | | 12.65 | 152.5 | 52.08 | 6.56 | 18.26 | 24.82 | |
| | | 13.72 | 150.4 | 56.54 | 7.06 | 17.76 | 24.82 | |
| 7⅝ | 193.68 | 7.62 | 178.44 | 35.71 | 4.45 | 24.89 | 29.46 | |
| | | 8.33 | 177.02 | 39.28 | 4.85 | 24.61 | 29.46 | |
| | | 9.52 | 174.64 | 44.19 | 5.51 | 23.80 | 29.46 | |

续表

| 外径 | | 壁厚/mm | 内径/mm | 质量/(kg/m) | 体积/L | 内容积/(L/m) | 总体积/(L/m) | 备注 |
|---|---|---|---|---|---|---|---|---|
| in | mm | | | | | | | |
| 7⅝ | 193.68 | 10.92 | 171.84 | 50.15 | 6.27 | 22.99 | 29.46 | |
| | | 12.70 | 168.28 | 58.03 | 7.22 | 22.24 | 29.46 | |
| 8⅝ | 219.1 | 6.71 | 205.7 | 35.71 | 4.45 | 33.23 | 37.7 | |
| | | 7.72 | 203.7 | 41.66 | 5.11 | 32.58 | 37.7 | |
| | | 8.94 | 201.7 | 47.62 | 5.74 | 31.95 | 37.7 | |
| | | 10.16 | 198.7 | 53.57 | 6.69 | 31.00 | 37.7 | |
| | | 11.43 | 196.7 | 59.52 | 7.31 | 30.38 | 37.7 | |
| | | 12.70 | 193.7 | 65.47 | 8.23 | 29.46 | 37.7 | |
| | | 14.15 | 190.7 | 72.91 | 9.13 | 28.56 | 37.7 | |
| 9⅝ | 244.5 | 7.92 | 228.7 | 48.06 | 5.88 | 41.07 | 46.95 | |
| | | 8.94 | 226.6 | 53.57 | 6.63 | 40.32 | 46.95 | |
| | | 10.03 | 224.4 | 59.52 | 7.41 | 39.54 | 46.95 | |
| | | 11.05 | 222.4 | 64.73 | 8.11 | 38.84 | 46.95 | |
| | | 11.99 | 220.5 | 69.94 | 8.77 | 38.18 | 46.95 | |
| | | 13.84 | 216.8 | 79.61 | 10.04 | 36.91 | 46.95 | |
| 10¾ | 273.05 | 7.09 | 258.9 | 48.73 | 5.91 | 52.64 | 58.53 | |
| | | 8.89 | 255.3 | 60.26 | 7.36 | 51.19 | 58.53 | |
| | | 10.16 | 252.7 | 67.70 | 8.40 | 50.15 | 58.53 | |
| | | 11.43 | 250.1 | 75.89 | 9.43 | 49.12 | 58.53 | |
| | | 12.57 | 247.9 | 82.58 | 10.29 | 48.26 | 58.53 | |
| | | 13.84 | 245.4 | 90.32 | 11.26 | 47.29 | 58.53 | |
| | | 15.11 | 242.8 | 97.76 | 12.25 | 46.30 | 58.53 | |
| 11¾ | 298.4 | 8.46 | 281.5 | 62.50 | 7.70 | 62.23 | 69.93 | |
| | | 9.52 | 279.4 | 69.94 | 8.62 | 61.31 | 69.93 | |

续表

| 外径 | | 壁厚/ | 内径/ | 质量/ | 体积/ | 内容积/ | 总体积/ | 备注 |
|---|---|---|---|---|---|---|---|---|
| in | mm | mm | mm | (kg/m) | L | (L/m) | (L/m) | |
| $11\frac{3}{4}$ | 298.4 | 11.05 | 276.3 | 80.35 | 9.98 | 59.95 | 69.93 | |
| | | 12.42 | 273.6 | 89.28 | 11.14 | 58.79 | 69.93 | |
| $13\frac{3}{8}$ | 339.70 | 8.38 | 322.9 | 71.42 | 8.75 | 81.88 | 90.63 | |
| | | 9.65 | 320.4 | 81.10 | 10.01 | 80.62 | 90.63 | |
| | | 10.92 | 317.9 | 90.77 | 11.26 | 79.37 | 90.63 | |
| | | 12.19 | 315.3 | 101.18 | 12.56 | 78.07 | 90.63 | |
| | | 13.06 | 313.6 | 107.14 | 13.40 | 77.23 | 90.63 | |
| 16 | 406.4 | 9.52 | 387.36 | 96.72 | 11.87 | 117.84 | 129.71 | |
| | | 11.13 | 384.16 | 111.60 | 13.81 | 115.90 | 129.71 | |
| | | 12.57 | 381.26 | 124.99 | 15.55 | 114.16 | 129.71 | |
| $18\frac{5}{8}$ | 473.08 | 11.05 | 450.96 | 130.20 | 16.05 | 159.72 | 175.77 | |
| 20 | 508.0 | 10.60 | 486.80 | | 16.57 | 186.11 | 202.68 | |
| | | 11.12 | 485.76 | 139.87 | 17.36 | 185.32 | 202.68 | |
| | | 12.70 | 482.60 | 158.47 | 19.76 | 182.92 | 202.68 | |
| | | 16.13 | 475.74 | 197.90 | 24.93 | 177.75 | 202.68 | |

## (五) 油管体积、内容积、总体积(表 16-12)

**表 16-12　油管体积、内容积、总体积**

| 外径 | | 壁厚/ | 内径/ | 质量/ | 体积/ | 内容积/ | 总体积/ |
|---|---|---|---|---|---|---|---|
| in | mm | mm | mm | (kg/m) | L | (L/m) | (L/m) |
| $1\frac{1}{2}$ | 38.1 | 4 | 30.1 | 4.39 | 0.43 | 0.71 | 1.14 |
| 2 | 50.8 | 5 | 40.8 | 6.84 | 0.72 | 1.31 | 2.03 |
| $2\frac{1}{2}$ | 63.5 | 5.5 | 52.5 | 9.16 | 1.00 | 2.16 | 3.17 |

续表

| 外径 | | 壁厚/ mm | 内径/ mm | 质量/ (kg/m) | 体积/ L | 内容积/ (L/m) | 总体积/ (L/m) |
|---|---|---|---|---|---|---|---|
| in | mm | | | | | | |
| 3 | 76.2 | 6.5 | 63.2 | 13.22 | 1.42 | 3.14 | 4.56 |
| 3½ | 88.9 | 6.5 | 75.9 | 15.22 | 1.68 | 4.52 | 6.20 |
| 4 | 101.6 | 7 | 87.6 | 18.47 | 2.08 | 6.02 | 8.10 |

## 二、井眼容积(表 16-13)

**表 16-13　井眼容积**

| 井眼尺寸 | | 容积/ ($m^3$/m) | 井眼尺寸 | | 容积/ ($m^3$/m) | 井眼尺寸 | | 容积/ ($m^3$/m) | 井眼尺寸 | | 容积/ ($m^3$/m) |
|---|---|---|---|---|---|---|---|---|---|---|---|
| in | mm | | in | mm | | in | mm | | in | mm | |
| 2 | 50.8 | 0.00203 | 3⅞ | 98.4 | 0.0076 | 5¾ | 146.1 | 0.0168 | 7⅝ | 193.7 | 0.02946 |
| 2⅛ | 54.0 | 0.00229 | 4 | 101.6 | 0.0081 | 5⅞ | 149.2 | 0.0175 | 7¾ | 196.9 | 0.03045 |
| 2¼ | 57.2 | 0.00257 | 4⅛ | 104.8 | 0.0086 | 6 | 152.4 | 0.0182 | 7⅞ | 200.0 | 0.03142 |
| 2⅜ | 60.3 | 0.00285 | 4¼ | 108.0 | 0.0092 | 6⅛ | 155.6 | 0.0190 | 8 | 203.2 | 0.03243 |
| 2½ | 63.5 | 0.00317 | 4⅜ | 111.1 | 0.0097 | 6¼ | 158.8 | 0.0198 | 8⅛ | 206.4 | 0.03345 |
| 2⅝ | 66.7 | 0.00349 | 4½ | 114.3 | 0.0103 | 6⅜ | 161.9 | 0.0206 | 8¼ | 209.6 | 0.03449 |
| 2¾ | 69.9 | 0.00383 | 4⅝ | 117.5 | 0.0108 | 6½ | 165.1 | 0.0214 | 8⅜ | 212.7 | 0.35540 |
| 2⅞ | 73.0 | 0.00419 | 4¾ | 120.7 | 0.0114 | 6⅝ | 168.3 | 0.0222 | 8½ | 215.9 | 0.03661 |
| 3 | 76.2 | 0.00456 | 4⅞ | 123.8 | 0.0120 | 6¾ | 171.5 | 0.0231 | 8⅝ | 219.1 | 0.03769 |
| 3⅛ | 79.4 | 0.00495 | 5 | 127.0 | 0.0127 | 6⅞ | 174.6 | 0.0240 | 8¾ | 222.3 | 0.03879 |
| 3¼ | 82.6 | 0.00535 | 5⅛ | 135.5 | 0.0133 | 7 | 177.8 | 0.0248 | 8⅞ | 225.4 | 0.03990 |
| 3⅜ | 85.7 | 0.00577 | 5¼ | 133.4 | 0.0140 | 7⅛ | 181.0 | 0.0257 | 9 | 228.6 | 0.04104 |
| 3½ | 88.9 | 0.00621 | 5⅜ | 136.5 | 0.0146 | 7¼ | 184.2 | 0.0266 | 9⅛ | 231.8 | 0.04219 |
| 3⅝ | 92.1 | 0.00666 | 5½ | 139.7 | 0.0153 | 7⅜ | 187.3 | 0.0276 | 9¼ | 235.0 | 0.04336 |
| 3¾ | 95.3 | 0.00713 | 5⅝ | 142.9 | 0.0160 | 7½ | 190.5 | 0.0285 | 9⅜ | 238.1 | 0.04453 |

续表

| 井眼尺寸 | | 容积/ | 井眼尺寸 | | 容积/ | 井眼尺寸 | | 容积/ | 井眼尺寸 | | 容积/ |
|---|---|---|---|---|---|---|---|---|---|---|---|
| in | mm | (m³/m) | in | mm | (m³/m) | in | mm | (m³/m) | in | mm | (m³/m) |
| 9½ | 241.3 | 0.04573 | 12½ | 317.5 | 0.07917 | 15½ | 393.7 | 0.12174 | 18½ | 469.9 | 0.17342 |
| 9⅝ | 244.5 | 0.04695 | 12⅝ | 320.7 | 0.08076 | 15⅝ | 396.9 | 0.12371 | 18⅝ | 473.1 | 0.17577 |
| 9¾ | 244.7 | 0.04817 | 12¾ | 323.9 | 0.08237 | 15¾ | 400.1 | 0.12570 | 18¾ | 476.3 | 0.17814 |
| 9⅞ | 250.8 | 0.04941 | 12⅞ | 327.0 | 0.08399 | 15⅞ | 403.2 | 0.12770 | 18⅞ | 479.4 | 0.18052 |
| 10 | 254.0 | 0.05067 | 13 | 330.2 | 0.08563 | 16 | 406.4 | 0.12972 | 19 | 482.6 | 0.18292 |
| 10⅛ | 257.2 | 0.05195 | 13⅛ | 333.4 | 0.08729 | 16⅛ | 409.6 | 0.13175 | 19⅛ | 485.8 | 0.18534 |
| 10¼ | 260.4 | 0.05324 | 13¼ | 336.6 | 0.08896 | 16¼ | 412.8 | 0.13380 | 19¼ | 489.0 | 0.18777 |
| 10⅜ | 263.5 | 0.05454 | 13⅜ | 339.7 | 0.09065 | 16⅜ | 415.9 | 0.13587 | 19⅜ | 492.1 | 0.19021 |
| 10½ | 266.7 | 0.05585 | 13½ | 342.9 | 0.09235 | 16½ | 419.1 | 0.13795 | 19½ | 495.3 | 0.19268 |
| 10⅝ | 269.9 | 0.05720 | 13⅝ | 346.1 | 0.09407 | 16⅝ | 422.3 | 0.14005 | 19⅝ | 498.5 | 0.19515 |
| 10¾ | 273.1 | 0.05856 | 13¾ | 349.3 | 0.09580 | 16¾ | 425.5 | 0.14216 | 19¾ | 501.7 | 0.19765 |
| 10⅞ | 276.2 | 0.05993 | 13⅞ | 352.4 | 0.09755 | 16⅞ | 428.6 | 0.14429 | 19⅞ | 504.8 | 0.20016 |
| 11 | 279.4 | 0.06131 | 14 | 355.6 | 0.09931 | 17 | 431.8 | 0.14644 | 20 | 508.0 | 0.20268 |
| 11⅛ | 282.6 | 0.06271 | 14⅛ | 358.8 | 0.10110 | 17⅛ | 435.0 | 0.14860 | 20⅛ | 511.2 | 0.20522 |
| 11¼ | 285.8 | 0.06413 | 14¼ | 362.0 | 0.10289 | 17¼ | 438.2 | 0.15078 | 20¼ | 514.4 | 0.20778 |
| 11⅜ | 288.9 | 0.06556 | 14⅜ | 365.1 | 0.10471 | 17⅜ | 441.3 | 0.15297 | 20⅜ | 517.5 | 0.21035 |
| 11½ | 292.1 | 0.06701 | 14½ | 368.3 | 0.10654 | 17½ | 444.5 | 0.15518 | 20½ | 520.7 | 0.21294 |
| 11⅝ | 295.3 | 0.06848 | 14⅝ | 371.5 | 0.10838 | 17⅝ | 447.7 | 0.15740 | 20⅝ | 523.9 | 0.21555 |
| 11¾ | 298.5 | 0.06996 | 14¾ | 374.7 | 0.11024 | 17¾ | 450.9 | 0.15960 | 20¾ | 527.1 | 0.21817 |
| 11⅞ | 301.6 | 0.07145 | 14⅞ | 377.8 | 0.11212 | 17⅞ | 454.0 | 0.16190 | 20⅞ | 530.2 | 0.22081 |
| 12 | 304.8 | 0.07297 | 15 | 381.0 | 0.11401 | 18 | 457.2 | 0.16417 | 21 | 533.4 | 0.22346 |
| 12⅛ | 308.0 | 0.07449 | 15⅛ | 384.2 | 0.11592 | 18⅛ | 460.4 | 0.16646 | 21⅛ | 536.6 | 0.22613 |
| 12¼ | 311.2 | 0.07604 | 15¼ | 387.4 | 0.11784 | 18¼ | 463.6 | 0.16877 | 21¼ | 539.8 | 0.22881 |
| 12⅜ | 314.3 | 0.07760 | 15⅜ | 390.5 | 0.11978 | 18⅜ | 466.7 | 0.17109 | 21⅜ | 542.9 | 0.23151 |

续表

| 井眼尺寸 | | 容积/ | 井眼尺寸 | | 容积/ | 井眼尺寸 | | 容积/ | 井眼尺寸 | | 容积/ |
|---|---|---|---|---|---|---|---|---|---|---|---|
| in | mm | ($m^3/m$) | in | mm | ($m^3/m$) | in | mm | ($m^3/m$) | in | mm | ($m^3/m$) |
| 21½ | 546.1 | 0.23423 | 24 | 609.6 | 0.29186 | 27 | 685.8 | 0.36939 | 32 | 812.8 | 0.51887 |
| 21⅝ | 549.3 | 0.23695 | 24⅛ | 612.8 | 0.29491 | 27¼ | 692.2 | 0.37626 | 32¼ | 819.2 | 0.52701 |
| 21¾ | 552.5 | 0.23970 | 24¼ | 616.0 | 0.29798 | 27½ | 698.5 | 0.38320 | 32½ | 825.5 | 0.53521 |
| 21⅞ | 555.6 | 0.24247 | 24⅜ | 619.1 | 0.30106 | 27¾ | 704.9 | 0.39020 | 32¾ | 831.9 | 0.54348 |
| 22 | 558.8 | 0.24525 | 24½ | 622.3 | 0.30415 | 28 | 711.2 | 0.39726 | 33 | 838.2 | 0.55180 |
| 22⅛ | 562.0 | 0.24804 | 24⅝ | 625.5 | 0.30726 | 28¼ | 717.6 | 0.40438 | 33¼ | 844.6 | 0.56020 |
| 22¼ | 565.2 | 0.25085 | 24¾ | 628.7 | 0.31039 | 28½ | 723.9 | 0.41157 | 33½ | 850.4 | 0.56865 |
| 22⅜ | 568.3 | 0.25368 | 24⅞ | 631.8 | 0.31353 | 28¾ | 730.3 | 0.41883 | 33¾ | 857.3 | 0.57717 |
| 22½ | 571.5 | 0.25652 | 25 | 635.0 | 0.31669 | 29 | 736.6 | 0.42614 | 34 | 863.6 | 0.58575 |
| 22⅝ | 574.7 | 0.25938 | 25⅛ | 638.2 | 0.31987 | 29¼ | 743.0 | 0.43352 | 34¼ | 870.0 | 0.59440 |
| 22¾ | 577.9 | 0.26225 | 25¼ | 641.4 | 0.32306 | 29½ | 749.3 | 0.44096 | 34½ | 876.3 | 0.60311 |
| 22⅞ | 581.0 | 0.26514 | 25⅜ | 644.5 | 0.32626 | 29¾ | 755.7 | 0.44847 | 34¾ | 882.7 | 0.61188 |
| 23 | 584.2 | 0.26805 | 25½ | 647.7 | 0.32949 | 30 | 762.0 | 0.45604 | 35 | 889.0 | 0.62072 |
| 23⅛ | 587.4 | 0.27097 | 25⅝ | 650.9 | 0.33272 | 30¼ | 768.4 | 0.46367 | 35¼ | 895.4 | 0.62962 |
| 23¼ | 590.6 | 0.27391 | 25¾ | 654.1 | 0.33598 | 30½ | 774.7 | 0.47136 | 35½ | 901.7 | 0.63858 |
| 23⅜ | 593.7 | 0.27685 | 25⅞ | 657.2 | 0.33925 | 30¾ | 781.1 | 0.47912 | 35¾ | 908.1 | 0.64760 |
| 23½ | 596.9 | 0.27983 | 26 | 660.4 | 0.34253 | 31 | 787.4 | 0.48695 | 36 | 914.4 | 0.65669 |
| 23⅝ | 600.1 | 0.28281 | 26¼ | 666.8 | 0.34915 | 31¼ | 793.8 | 0.49483 | | | |
| 23¾ | 603.3 | 0.28581 | 26½ | 673.1 | 0.35584 | 31½ | 800.1 | 0.50278 | | | |
| 23⅞ | 606.4 | 0.28883 | 26¾ | 679.5 | 0.36258 | 31¾ | 806.5 | 0.51079 | | | |

## 三、井眼与钻杆环形容积

### （一）井眼与73.0mm（$2\frac{7}{8}$in）钻杆环形容积（表16-14）

表16-14　73.0mm（$2\frac{7}{8}$in）总体积4.18L/m　　L/m

| 井径/mm | 0 | 1 | 2 | 3 | 4 | 5 | 6 | 7 | 8 | 9 |
|---|---|---|---|---|---|---|---|---|---|---|
| 120 | 7.12 | 7.31 | 7.50 | 7.70 | 7.89 | 8.09 | 8.28 | 8.48 | 8.68 | 8.88 |
| 130 | 9.09 | 9.29 | 9.50 | 9.71 | 9.92 | 10.13 | 10.34 | 10.56 | 10.77 | 10.99 |
| 140 | 11.21 | 11.43 | 11.65 | 11.88 | 12.10 | 12.33 | 12.56 | 12.79 | 13.02 | 13.25 |
| 150 | 13.49 | 13.72 | 13.96 | 14.20 | 14.44 | 14.68 | 14.93 | 15.17 | 15.42 | 15.67 |

### （二）井眼与88.9mm（$3\frac{1}{2}$in）钻杆环形容积（表16-15）

表16-15　88.9mm（$3\frac{1}{2}$in）总体积6.20L/m　　L/m

| 井径/mm | 0 | 1 | 2 | 3 | 4 | 5 | 6 | 7 | 8 | 9 |
|---|---|---|---|---|---|---|---|---|---|---|
| 120 | 5.10 | 5.29 | 5.48 | 5.68 | 5.87 | 6.07 | 6.26 | 6.46 | 6.66 | 6.86 |
| 130 | 7.07 | 7.27 | 7.48 | 7.69 | 7.90 | 8.11 | 8.32 | 8.54 | 8.75 | 8.97 |
| 140 | 9.19 | 9.41 | 9.63 | 9.86 | 10.08 | 10.31 | 1054 | 10.77 | 11.00 | 11.23 |
| 150 | 11.47 | 11.70 | 11.94 | 12.18 | 12.42 | 12.66 | 12.91 | 13.15 | 13.40 | 13.65 |
| 160 | 13.90 | 14.15 | 14.41 | 14.66 | 14.92 | 15.18 | 15.44 | 15.70 | 15.96 | 16.23 |

### （三）井眼与101.6mm（4in）钻杆环形容积（表16-16）

表16-16　101.6mm（4in）总体积8.10L/m　　L/m

| 井径/mm | 0 | 1 | 2 | 3 | 4 | 5 | 6 | 7 | 8 | 9 |
|---|---|---|---|---|---|---|---|---|---|---|
| 140 | 7.29 | 7.51 | 7.73 | 7.96 | 8.18 | 8.41 | 8.64 | 8.87 | 9.10 | 9.33 |
| 150 | 9.57 | 9.80 | 10.04 | 10.28 | 10.52 | 10.76 | 11.01 | 11.25 | 11.50 | 11.75 |
| 160 | 12.00 | 12.25 | 12.51 | 12.76 | 13.02 | 13.28 | 13.54 | 13.80 | 14.06 | 14.33 |
| 170 | 14.59 | 14.86 | 15.13 | 15.40 | 15.67 | 15.95 | 16.22 | 16.50 | 16.78 | 17.06 |

续表

| 井径/mm | 0 | 1 | 2 | 3 | 4 | 5 | 6 | 7 | 8 | 9 |
|---|---|---|---|---|---|---|---|---|---|---|
| 180 | 17. 34 | 17. 63 | 17. 91 | 18. 20 | 18. 49 | 18. 78 | 19. 07 | 19. 36 | 19. 65 | 19. 95 |
| 190 | 20. 25 | 20. 55 | 20. 85 | 21. 15 | 21. 45 | 21. 76 | 22. 07 | 22. 38 | 22. 69 | 23. 00 |
| 200 | 23. 31 | 23. 63 | 23. 94 | 24. 26 | 24. 58 | 24. 90 | 25. 22 | 25. 55 | 25. 87 | 26. 20 |
| 210 | 26. 53 | 26. 86 | 27. 19 | 27. 53 | 27. 86 | 28. 20 | 28. 54 | 28. 88 | 29. 22 | 29. 56 |

## (四) 井眼与114. 3mm(4½in)钻杆环形容积(表16-17)

表16-17　114. 3mm(4½in)总体积10. 26L/m　　L/m

| 井径/mm | 0 | 1 | 2 | 3 | 4 | 5 | 6 | 7 | 8 | 9 |
|---|---|---|---|---|---|---|---|---|---|---|
| 150 | 7. 41 | 7. 64 | 7. 88 | 8. 12 | 8. 36 | 8. 6 | 8. 85 | 9. 09 | 9. 34 | 9. 59 |
| 160 | 9. 84 | 10. 09 | 10. 35 | 10. 60 | 10. 86 | 11. 12 | 11. 38 | 11. 64 | 11. 90 | 12. 17 |
| 170 | 12. 43 | 12. 70 | 12. 97 | 13. 24 | 13. 51 | 13. 79 | 14. 06 | 14. 34 | 14. 62 | 14. 90 |
| 180 | 15. 18 | 15. 47 | 15. 75 | 16. 04 | 16. 33 | 16. 62 | 16. 91 | 17. 2 | 17. 49 | 17. 79 |
| 190 | 18. 09 | 18. 39 | 18. 69 | 18. 99 | 19. 29 | 19. 60 | 19. 91 | 20. 22 | 20. 53 | 20. 84 |
| 200 | 21. 15 | 21. 47 | 21. 78 | 22. 10 | 22. 42 | 22. 74 | 23. 06 | 23. 39 | 23. 71 | 24. 04 |
| 210 | 24. 37 | 24. 70 | 25. 03 | 25. 37 | 25. 70 | 26. 04 | 26. 38 | 26. 72 | 27. 06 | 27. 40 |
| 220 | 27. 75 | 28. 09 | 28. 44 | 28. 79 | 29. 14 | 29. 5 | 29. 85 | 30. 21 | 30. 56 | 30. 92 |
| 230 | 31. 28 | 31. 64 | 32. 01 | 32. 37 | 32. 74 | 33. 11 | 33. 48 | 33. 85 | 34. 22 | 34. 6 |
| 240 | 34. 97 | 35. 35 | 35. 73 | 36. 11 | 36. 49 | 36. 88 | 37. 26 | 37. 65 | 38. 04 | 38. 43 |
| 250 | 38. 82 | 39. 22 | 39. 61 | 40. 01 | 40. 41 | 40. 81 | 41. 21 | 41. 61 | 42. 01 | 42. 42 |

## (五) 井眼与127. 0mm(5in)钻杆环形容积(表16-18)

表16-18　127. 0mm(5in)总体积12. 66L/m　　L/m

| 井径/mm | 0 | 1 | 2 | 3 | 4 | 5 | 6 | 7 | 8 | 9 |
|---|---|---|---|---|---|---|---|---|---|---|
| 190 | 15. 68 | 15. 98 | 16. 28 | 16. 59 | 16. 89 | 17. 20 | 17. 50 | 17. 81 | 18. 12 | 18. 43 |
| 200 | 18. 75 | 19. 06 | 19. 38 | 19. 70 | 20. 02 | 20. 30 | 20. 66 | 20. 99 | 21. 31 | 21. 64 |

续表

| 井径/mm | 0 | 1 | 2 | 3 | 4 | 5 | 6 | 7 | 8 | 9 |
|---|---|---|---|---|---|---|---|---|---|---|
| 210 | 21.97 | 22.30 | 22.63 | 22.96 | 23.30 | 23.64 | 23.98 | 24.32 | 24.66 | 25.00 |
| 220 | 25.34 | 25.69 | 26.04 | 26.39 | 26.74 | 27.09 | 27.45 | 27.80 | 28.16 | 28.52 |
| 230 | 28.88 | 29.24 | 29.60 | 29.97 | 30.34 | 30.71 | 31.07 | 31.45 | 31.82 | 32.19 |
| 240 | 32.57 | 32.95 | 33.33 | 33.71 | 34.09 | 34.47 | 34.86 | 35.25 | 35.64 | 36.03 |
| 250 | 36.42 | 36.81 | 37.21 | 39.60 | 38.00 | 38.40 | 38.80 | 39.21 | 39.61 | 40.02 |
| 260 | 40.42 | 40.83 | 41.24 | 41.66 | 42.07 | 42.49 | 42.90 | 43.32 | 43.74 | 44.16 |
| 270 | 44.59 | 45.01 | 45.44 | 45.87 | 46.30 | 46.73 | 47.16 | 47.59 | 48.03 | 48.47 |
| 280 | 48.91 | 49.35 | 49.79 | 50.23 | 50.68 | 51.12 | 51.57 | 52.02 | 52.47 | 52.93 |
| 290 | 53.38 | 53.84 | 54.30 | 54.76 | 55.22 | 55.68 | 56.14 | 56.61 | 57.08 | 57.55 |
| 300 | 58.02 | 58.49 | 58.96 | 59.44 | 59.91 | 60.39 | 61.87 | 61.35 | 61.84 | 62.32 |
| 310 | 62.81 | 63.29 | 63.78 | 64.26 | 64.76 | 65.26 | 65.76 | 66.25 | 66.75 | 67.25 |
| 320 | 67.76 | 68.26 | 68.76 | 69.27 | 69.78 | 70.29 | 70.80 | 71.31 | 71.83 | 72.34 |
| 330 | 72.86 | 73.38 | 73.90 | 74.42 | 74.95 | 75.47 | 76.00 | 76.52 | 77.06 | 77.59 |
| 340 | 78.12 | 78.66 | 79.19 | 79.73 | 80.27 | 80.81 | 81.35 | 81.90 | 82.44 | 82.99 |
| 350 | 83.54 | 84.09 | 84.64 | 85.20 | 85.75 | 86.31 | 86.87 | 87.43 | 87.99 | 88.55 |
| 360 | 89.12 | 89.68 | 90.25 | 90.82 | 91.39 | 91.96 | 92.54 | 93.11 | 93.69 | 94.27 |
| 370 | 94.85 | 95.43 | 96.02 | 96.60 | 97.19 | 97.78 | 98.37 | 98.96 | 99.55 | 100.14 |
| 380 | 100.74 | 101.34 | 101.94 | 102.54 | 103.14 | 103.74 | 104.35 | 104.96 | 105.57 | 106.18 |
| 390 | 106.79 | 107.40 | 108.02 | 108.63 | 109.25 | 109.87 | 110.49 | 111.14 | 111.74 | 112.37 |
| 400 | 112.99 | 113.62 | 114.25 | 114.88 | 115.52 | 116.15 | 116.76 | 117.43 | 118.07 | 118.71 |
| 410 | 119.35 | 120.00 | 120.64 | 121.29 | 121.94 | 122.59 | 123.25 | 123.90 | 124.56 | 125.21 |
| 420 | 125.87 | 126.53 | 127.20 | 127.86 | 128.52 | 129.19 | 129.85 | 130.53 | 131.20 | 131.87 |
| 430 | 132.55 | 133.22 | 133.90 | 134.58 | 135.26 | 135.95 | 136.63 | 137.31 | 138.00 | 138.69 |
| 440 | 139.38 | 140.07 | 140.77 | 141.46 | 142.16 | 142.86 | 143.56 | 144.26 | 144.96 | 145.67 |
| 450 | 146.37 | 147.08 | 147.79 | 148.50 | 149.22 | 149.92 | 150.64 | 151.36 | 152.08 | 152.80 |

## （六）井眼与139.7mm($5\frac{1}{2}$in)钻杆环形容积(表16-19)

表16-19　139.7mm($5\frac{1}{2}$in)总体积15.32L/m　　L/m

| 井径/mm | 0 | 1 | 2 | 3 | 4 | 5 | 6 | 7 | 8 | 9 |
|---|---|---|---|---|---|---|---|---|---|---|
| 190 | 13.03 | 13.33 | 13.63 | 13.94 | 14.24 | 14.54 | 14.85 | 15.16 | 15.47 | 15.78 |
| 200 | 16.10 | 16.41 | 16.73 | 17.05 | 17.37 | 17.69 | 18.01 | 18.33 | 18.66 | 18.99 |
| 210 | 19.32 | 19.65 | 19.98 | 20.31 | 20.65 | 20.99 | 21.32 | 21.66 | 22.01 | 22.35 |
| 220 | 22.69 | 23.04 | 23.39 | 23.74 | 24.09 | 24.44 | 24.79 | 25.15 | 25.51 | 25.87 |
| 230 | 26.23 | 26.59 | 26.95 | 27.32 | 27.69 | 28.05 | 28.42 | 28.80 | 29.17 | 29.54 |
| 240 | 29.92 | 30.30 | 30.68 | 31.06 | 31.44 | 31.82 | 32.21 | 32.60 | 32.99 | 33.38 |
| 250 | 33.77 | 34.16 | 34.56 | 34.95 | 35.35 | 35.75 | 36.15 | 36.55 | 36.96 | 37.37 |
| 260 | 37.77 | 38.18 | 38.59 | 39.01 | 39.42 | 39.83 | 40.25 | 40.67 | 41.09 | 41.51 |
| 270 | 41.94 | 42.36 | 42.79 | 43.21 | 43.64 | 44.08 | 44.51 | 44.94 | 45.38 | 45.82 |
| 280 | 46.26 | 46.70 | 47.14 | 47.58 | 48.03 | 48.47 | 48.92 | 49.37 | 49.82 | 50.28 |
| 290 | 50.73 | 51.19 | 51.65 | 52.11 | 52.57 | 53.03 | 53.49 | 53.96 | 54.43 | 54.90 |
| 300 | 55.37 | 55.84 | 56.31 | 56.79 | 57.26 | 57.74 | 58.22 | 58.70 | 59.19 | 59.67 |
| 310 | 60.16 | 60.64 | 61.13 | 61.62 | 62.12 | 62.61 | 63.11 | 63.60 | 64.10 | 64.60 |
| 320 | 65.10 | 65.61 | 66.11 | 66.62 | 67.13 | 67.64 | 68.15 | 68.66 | 69.18 | 69.69 |
| 330 | 70.21 | 70.73 | 71.25 | 71.77 | 72.30 | 72.82 | 73.35 | 73.88 | 74.41 | 74.94 |
| 340 | 75.47 | 76.01 | 76.54 | 77.08 | 77.62 | 78.16 | 78.70 | 79.25 | 79.79 | 80.34 |
| 350 | 80.89 | 81.44 | 81.99 | 82.55 | 83.10 | 83.66 | 84.22 | 84.78 | 85.38 | 85.88 |
| 360 | 86.48 | 87.08 | 87.58 | 88.18 | 88.78 | 89.28 | 89.88 | 90.48 | 91.08 | 91.58 |
| 370 | 92.18 | 92.78 | 93.38 | 93.98 | 94.58 | 95.08 | 95.68 | 96.28 | 96.88 | 97.48 |
| 380 | 98.08 | 98.68 | 99.28 | 99.88 | 100.48 | 101.08 | 101.68 | 102.28 | 102.88 | 103.48 |
| 390 | 104.18 | 104.78 | 105.38 | 105.98 | 106.50 | 107.21 | 107.83 | 108.46 | 109.08 | 109.71 |
| 400 | 110.33 | 110.96 | 111.59 | 112.23 | 112.86 | 113.50 | 114.13 | 114.77 | 115.41 | 116.05 |

续表

| 井径/mm | 0 | 1 | 2 | 3 | 4 | 5 | 6 | 7 | 8 | 9 |
|---|---|---|---|---|---|---|---|---|---|---|
| 410 | 116.70 | 117.34 | 117.99 | 118.64 | 119.28 | 119.94 | 120.59 | 121.24 | 121.90 | 122.56 |
| 420 | 123.21 | 123.88 | 124.54 | 125.20 | 125.86 | 126.53 | 127.20 | 127.87 | 128.54 | 129.22 |
| 430 | 129.89 | 130.57 | 131.24 | 131.92 | 132.60 | 133.29 | 133.97 | 134.66 | 135.34 | 136.03 |
| 440 | 136.72 | 137.42 | 138.11 | 138.80 | 139.50 | 140.20 | 140.90 | 141.60 | 142.30 | 143.01 |
| 450 | 143.71 | 144.42 | 145.13 | 145.84 | 146.55 | 147.29 | 147.98 | 148.70 | 149.42 | 150.14 |
| 460 | 150.86 | 151.58 | 152.31 | 153.04 | 153.76 | 154.49 | 155.22 | 155.96 | 156.69 | 157.43 |
| 470 | 158.16 | 158.90 | 159.64 | 160.39 | 161.13 | 161.88 | 162.62 | 163.37 | 164.12 | 164.87 |
| 480 | 165.63 | 166.38 | 167.14 | 167.90 | 168.65 | 169.42 | 179.18 | 170.94 | 171.71 | 172.48 |
| 490 | 173.24 | 174.02 | 174.79 | 175.56 | 176.34 | 177.11 | 177.89 | 178.67 | 179.45 | 180.24 |

## （七）井眼与141.3mm（$5\frac{9}{16}$in）钻杆环形容积（表16-20）

**表16-20 141.3mm（$5\frac{9}{16}$in）总体积15.68L/m** L/m

| 井径/mm | 0 | 1 | 2 | 3 | 4 | 5 | 6 | 7 | 8 | 9 |
|---|---|---|---|---|---|---|---|---|---|---|
| 190 | 12.67 | 12.96 | 13.27 | 13.57 | 13.76 | 14.18 | 14.48 | 14.79 | 15.10 | 15.41 |
| 200 | 15.72 | 16.04 | 16.36 | 16.68 | 17.00 | 17.32 | 17.64 | 17.96 | 18.29 | 18.62 |
| 210 | 18.95 | 19.28 | 19.61 | 19.94 | 20.28 | 20.61 | 20.95 | 21.29 | 21.63 | 21.98 |
| 220 | 22.32 | 22.67 | 23.01 | 23.36 | 23.72 | 24.07 | 24.42 | 24.78 | 25.13 | 25.49 |
| 230 | 25.85 | 26.22 | 26.58 | 26.94 | 27.31 | 27.68 | 28.05 | 28.42 | 28.79 | 29.17 |
| 240 | 29.54 | 29.92 | 30.30 | 30.68 | 31.06 | 31.45 | 31.83 | 32.22 | 32.61 | 33.00 |
| 250 | 33.39 | 33.78 | 34.18 | 34.57 | 34.97 | 35.37 | 35.77 | 36.18 | 36.58 | 36.99 |
| 260 | 37.39 | 37.80 | 38.21 | 38.62 | 39.04 | 39.45 | 39.87 | 40.29 | 40.71 | 41.13 |
| 270 | 41.55 | 41.98 | 42.40 | 42.83 | 43.26 | 43.69 | 44.13 | 44.56 | 45.00 | 45.43 |

续表

| 井径/mm | 0 | 1 | 2 | 3 | 4 | 5 | 6 | 7 | 8 | 9 |
|---|---|---|---|---|---|---|---|---|---|---|
| 280 | 45. 87 | 46. 31 | 46. 75 | 47. 20 | 47. 64 | 48. 09 | 48. 54 | 48. 99 | 49. 44 | 49. 89 |
| 290 | 50. 35 | 50. 80 | 51. 26 | 51. 72 | 52. 18 | 52. 64 | 53. 11 | 53. 57 | 54. 04 | 54. 51 |
| 300 | 54. 98 | 55. 45 | 55. 92 | 56. 40 | 56. 87 | 57. 35 | 57. 83 | 58. 31 | 58. 80 | 59. 28 |
| 310 | 59. 77 | 60. 25 | 60. 74 | 61. 23 | 61. 72 | 62. 22 | 62. 71 | 63. 21 | 63. 71 | 64. 21 |
| 320 | 64. 71 | 65. 21 | 65. 72 | 66. 23 | 66. 73 | 67. 24 | 67. 75 | 68. 27 | 68. 78 | 69. 30 |
| 330 | 69. 81 | 70. 33 | 70. 85 | 71. 37 | 71. 90 | 72. 42 | 72. 95 | 73. 48 | 74. 01 | 74. 54 |
| 340 | 75. 07 | 75. 61 | 76. 14 | 76. 68 | 77. 22 | 77. 76 | 78. 30 | 78. 85 | 79. 39 | 79. 94 |
| 350 | 80. 49 | 81. 04 | 81. 59 | 82. 14 | 82. 70 | 83. 26 | 83. 81 | 84. 37 | 84. 94 | 85. 50 |
| 360 | 86. 06 | 86. 63 | 87. 20 | 87. 77 | 88. 34 | 88. 91 | 89. 48 | 90. 06 | 90. 63 | 91. 21 |
| 370 | 91. 79 | 92. 38 | 92. 96 | 93. 54 | 94. 13 | 94. 72 | 95. 31 | 95. 90 | 96. 49 | 97. 09 |
| 380 | 97. 68 | 98. 28 | 98. 88 | 99. 48 | 100. 08 | 100. 68 | 101. 29 | 101. 90 | 102. 50 | 103. 11 |
| 390 | 103. 73 | 104. 34 | 104. 95 | 105. 57 | 106. 19 | 106. 81 | 107. 43 | 108. 05 | 108. 67 | 109. 30 |
| 400 | 109. 93 | 110. 56 | 111. 19 | 111. 82 | 112. 45 | 113. 09 | 113. 72 | 114. 36 | 115. 00 | 115. 64 |
| 410 | 116. 29 | 116. 93 | 117. 58 | 118. 22 | 118. 87 | 119. 52 | 120. 18 | 120. 83 | 121. 48 | 122. 14 |
| 420 | 122. 80 | 123. 46 | 124. 12 | 124. 79 | 125. 45 | 126. 12 | 126. 79 | 127. 46 | 128. 13 | 128. 80 |
| 430 | 129. 47 | 130. 15 | 130. 83 | 131. 51 | 132. 19 | 132. 87 | 133. 55 | 134. 24 | 134. 92 | 135. 61 |
| 440 | 136. 30 | 136. 99 | 137. 69 | 138. 38 | 139. 08 | 139. 78 | 140. 48 | 141. 18 | 141. 88 | 142. 58 |
| 450 | 143. 29 | 144. 00 | 144. 71 | 145. 42 | 146. 13 | 146. 84 | 147. 56 | 148. 27 | 148. 99 | 149. 71 |
| 460 | 150. 43 | 151. 16 | 151. 88 | 152. 61 | 153. 33 | 154. 06 | 154. 79 | 155. 53 | 156. 26 | 157. 00 |
| 470 | 157. 73 | 158. 47 | 159. 21 | 159. 95 | 160. 70 | 161. 44 | 162. 19 | 162. 94 | 163. 69 | 164. 44 |
| 480 | 165. 20 | 165. 95 | 166. 70 | 167. 46 | 168. 22 | 168. 98 | 169. 74 | 170. 50 | 171. 27 | 172. 04 |
| 490 | 172. 81 | 173. 58 | 174. 35 | 175. 12 | 175. 90 | 176. 67 | 177. 45 | 178. 23 | 179. 01 | 179. 79 |

## （八）井眼与168.3mm（$6\frac{5}{8}$in）钻杆环形容积（表16-21）

表16-21 168.3mm（$6\frac{5}{8}$in）总体积22.24L/m　　L/m

| 井径/mm | 0 | 1 | 2 | 3 | 4 | 5 | 6 | 7 | 8 | 9 |
|---|---|---|---|---|---|---|---|---|---|---|
| 240 | 23.07 | 23.45 | 23.83 | 24.21 | 24.59 | 24.97 | 25.36 | 25.75 | 26.14 | 26.53 |
| 250 | 26.92 | 27.31 | 27.71 | 28.10 | 28.50 | 28.90 | 29.30 | 29.70 | 30.11 | 30.52 |
| 260 | 30.92 | 31.33 | 31.74 | 32.16 | 32.57 | 32.98 | 33.40 | 33.82 | 34.24 | 34.66 |
| 270 | 35.09 | 35.51 | 35.94 | 36.36 | 36.79 | 37.23 | 37.66 | 38.09 | 38.53 | 38.97 |
| 280 | 39.41 | 39.85 | 40.29 | 40.73 | 41.18 | 41.62 | 42.07 | 42.52 | 42.97 | 43.43 |
| 290 | 43.88 | 44.34 | 44.80 | 45.26 | 45.72 | 46.18 | 46.64 | 47.11 | 47.58 | 48.05 |
| 300 | 48.52 | 48.99 | 49.46 | 49.94 | 50.41 | 50.89 | 51.37 | 51.85 | 52.34 | 52.82 |
| 310 | 53.31 | 53.79 | 54.28 | 54.77 | 55.27 | 55.76 | 56.26 | 56.75 | 57.25 | 57.75 |
| 320 | 58.25 | 58.76 | 59.26 | 59.77 | 60.28 | 60.79 | 61.30 | 61.81 | 62.33 | 62.84 |
| 330 | 63.36 | 63.88 | 64.40 | 64.92 | 65.45 | 65.97 | 66.50 | 67.03 | 67.56 | 68.09 |
| 340 | 68.62 | 69.16 | 69.69 | 70.23 | 70.77 | 71.31 | 71.85 | 72.40 | 72.94 | 73.49 |
| 350 | 74.04 | 74.59 | 75.14 | 75.70 | 76.25 | 76.81 | 77.37 | 77.93 | 78.53 | 79.03 |
| 360 | 79.63 | 80.23 | 80.73 | 81.33 | 81.93 | 82.43 | 83.03 | 83.63 | 84.23 | 84.73 |
| 370 | 85.33 | 85.93 | 86.53 | 87.13 | 87.73 | 88.23 | 88.83 | 89.43 | 90.03 | 90.63 |
| 380 | 91.23 | 91.83 | 92.43 | 93.03 | 93.63 | 94.23 | 94.83 | 95.43 | 96.03 | 96.63 |
| 390 | 97.33 | 97.93 | 98.53 | 99.13 | 99.73 | 100.30 | 100.92 | 101.55 | 102.17 | 102.80 |
| 400 | 103.42 | 104.05 | 104.68 | 105.32 | 105.95 | 106.59 | 107.22 | 107.86 | 108.50 | 109.14 |
| 410 | 109.79 | 110.43 | 111.08 | 111.73 | 112.37 | 113.03 | 113.68 | 114.33 | 114.99 | 115.65 |
| 420 | 116.30 | 116.97 | 117.63 | 118.29 | 118.95 | 119.62 | 120.29 | 120.96 | 121.63 | 122.31 |
| 430 | 122.98 | 123.66 | 124.33 | 125.01 | 125.69 | 126.38 | 127.06 | 127.75 | 128.43 | 129.12 |
| 440 | 129.81 | 130.51 | 131.20 | 131.89 | 132.59 | 133.29 | 133.99 | 134.69 | 135.39 | 136.10 |
| 450 | 136.80 | 137.51 | 138.22 | 138.93 | 139.64 | 140.38 | 141.07 | 141.79 | 142.51 | 143.23 |
| 460 | 143.95 | 144.67 | 145.40 | 146.13 | 146.85 | 147.58 | 148.31 | 149.05 | 149.78 | 150.52 |
| 470 | 151.25 | 151.99 | 152.73 | 153.48 | 154.22 | 154.97 | 155.71 | 156.46 | 157.21 | 157.96 |
| 480 | 158.72 | 159.47 | 160.23 | 160.99 | 161.74 | 162.51 | 163.27 | 164.03 | 164.80 | 165.57 |
| 490 | 166.33 | 167.11 | 167.88 | 168.65 | 169.43 | 170.20 | 170.98 | 171.76 | 172.54 | 173.33 |

## 四、井眼与钻铤环形容积

### (一) 井眼与 88.9mm(3½in) 钻铤环形容积(表 16-22)

表 16-22　88.9mm(3½in) 钻铤总体积 6.20L/m　　L/m

| 井径/mm | 0 | 1 | 2 | 3 | 4 | 5 | 6 | 7 | 8 | 9 |
|---|---|---|---|---|---|---|---|---|---|---|
| 120 | 5.10 | 5.29 | 5.48 | 5.68 | 5.87 | 6.07 | 6.26 | 6.46 | 6.66 | 6.86 |
| 130 | 7.07 | 7.27 | 7.48 | 7.69 | 7.90 | 8.11 | 8.32 | 8.54 | 8.75 | 8.97 |
| 140 | 9.19 | 9.41 | 9.63 | 9.86 | 10.08 | 10.31 | 10.54 | 10.77 | 11.00 | 11.23 |
| 150 | 11.47 | 11.70 | 11.94 | 12.18 | 12.42 | 12.66 | 12.91 | 13.15 | 13.40 | 13.65 |
| 160 | 13.90 | 14.15 | 14.41 | 14.66 | 14.92 | 15.18 | 15.44 | 15.70 | 15.96 | 16.23 |
| 170 | 16.49 | 16.76 | 17.03 | 17.30 | 17.57 | 17.85 | 18.12 | 18.40 | 18.68 | 18.96 |
| 180 | 19.24 | 19.53 | 19.81 | 20.10 | 20.39 | 20.68 | 20.97 | 21.26 | 21.55 | 21.85 |

### (二) 井眼与 104.8mm(4⅛in) 钻铤环形容积(表 16-23)

表 16-23　104.8mm(4⅛in) 总体积 8.62L/m　　L/m

| 井径/mm | 0 | 1 | 2 | 3 | 4 | 5 | 6 | 7 | 8 | 9 |
|---|---|---|---|---|---|---|---|---|---|---|
| 150 | 9.05 | 9.28 | 9.52 | 9.76 | 10.00 | 10.24 | 10.49 | 10.73 | 10.98 | 11.23 |
| 160 | 11.48 | 11.73 | 11.99 | 12.24 | 12.5 | 12.76 | 13.02 | 13.28 | 13.54 | 13.81 |
| 170 | 14.07 | 14.34 | 14.61 | 14.88 | 15.15 | 15.43 | 15.70 | 15.98 | 16.26 | 16.54 |
| 180 | 16.82 | 17.11 | 17.39 | 17.68 | 17.97 | 18.26 | 18.55 | 18.84 | 19.13 | 19.43 |
| 190 | 19.73 | 20.03 | 20.33 | 20.63 | 20.93 | 21.24 | 21.55 | 21.86 | 22.17 | 22.48 |
| 200 | 22.79 | 23.11 | 23.42 | 23.74 | 24.06 | 24.38 | 24.70 | 25.03 | 25.35 | 25.68 |

## （三）井眼与120.7mm($4\frac{3}{4}$in)钻铤环形容积(表16-24)

表16-24　120.7mm($4\frac{3}{4}$in)总体积11.43L/m　L/m

| 井径/mm | 0 | 1 | 2 | 3 | 4 | 5 | 6 | 7 | 8 | 9 |
|---|---|---|---|---|---|---|---|---|---|---|
| 150 | 6.24 | 6.47 | 6.71 | 6.95 | 7.19 | 7.43 | 7.68 | 7.92 | 8.17 | 8.42 |
| 160 | 8.67 | 8.92 | 9.18 | 9.43 | 9.69 | 9.95 | 10.21 | 10.47 | 10.73 | 11.00 |
| 170 | 11.26 | 11.53 | 11.80 | 12.07 | 12.34 | 12.62 | 12.89 | 13.17 | 13.45 | 13.73 |
| 180 | 14.01 | 14.30 | 14.58 | 14.87 | 15.16 | 15.45 | 15.74 | 16.03 | 16.32 | 16.62 |
| 190 | 16.92 | 17.22 | 17.52 | 17.82 | 18.12 | 18.43 | 18.74 | 19.05 | 19.36 | 19.67 |
| 200 | 19.98 | 20.30 | 20.61 | 20.93 | 21.25 | 21.57 | 21.89 | 22.22 | 22.54 | 22.87 |

## （四）井眼与152.4mm(6in)钻铤环形容积(表16-25)

表16-25　152.4mm(6in)总体积18.24L/m　L/m

| 井径/mm | 0 | 1 | 2 | 3 | 4 | 5 | 6 | 7 | 8 | 9 |
|---|---|---|---|---|---|---|---|---|---|---|
| 160 | 1.86 | 2.11 | 2.37 | 2.62 | 2.88 | 3.14 | 3.40 | 3.66 | 3.92 | 4.19 |
| 170 | 4.45 | 4.72 | 4.99 | 5.26 | 5.53 | 5.81 | 6.08 | 6.36 | 6.64 | 6.92 |
| 180 | 7.20 | 7.49 | 7.77 | 8.06 | 8.35 | 8.64 | 8.93 | 9.22 | 9.51 | 9.81 |
| 190 | 10.11 | 10.41 | 10.71 | 11.01 | 11.31 | 11.62 | 11.93 | 12.24 | 12.55 | 12.86 |
| 200 | 13.17 | 13.49 | 13.80 | 14.12 | 14.44 | 14.76 | 15.08 | 15.41 | 15.73 | 16.06 |
| 210 | 16.39 | 16.72 | 17.05 | 17.39 | 17.72 | 18.06 | 18.40 | 18.74 | 19.08 | 19.42 |
| 220 | 19.76 | 20.11 | 20.46 | 20.81 | 21.16 | 21.51 | 21.86 | 22.22 | 22.58 | 22.93 |

## （五）井眼与158.8mm（6¼in）钻铤环形容积（表16-26）

表16-26　158.8mm（6¼in）总体积19.78L/m　　L/m

| 井径/mm | 0 | 1 | 2 | 3 | 4 | 5 | 6 | 7 | 8 | 9 |
|---|---|---|---|---|---|---|---|---|---|---|
| 180 | 5.65 | 5.94 | 6.22 | 6.51 | 6.80 | 7.09 | 7.38 | 7.67 | 7.96 | 8.26 |
| 190 | 8.56 | 8.86 | 9.16 | 9.46 | 9.76 | 10.07 | 10.38 | 10.69 | 11.00 | 11.31 |
| 200 | 11.62 | 11.94 | 12.25 | 12.57 | 12.89 | 13.21 | 13.53 | 13.86 | 14.18 | 14.51 |
| 210 | 14.84 | 15.17 | 15.50 | 15.84 | 16.17 | 16.51 | 16.85 | 17.19 | 17.53 | 17.87 |
| 220 | 18.22 | 18.56 | 18.91 | 19.26 | 19.61 | 19.97 | 20.32 | 20.68 | 21.03 | 21.39 |

## （六）井眼与165.1mm（6½in）钻铤环形容积（表16-27）

表16-27　165.1mm（6½in）总体积21.40L/m　　L/m

| 井径/mm | 0 | 1 | 2 | 3 | 4 | 5 | 6 | 7 | 8 | 9 |
|---|---|---|---|---|---|---|---|---|---|---|
| 180 | 4.04 | 4.33 | 4.61 | 4.90 | 5.19 | 5.48 | 5.77 | 6.06 | 6.35 | 6.65 |
| 190 | 6.95 | 7.25 | 7.55 | 7.85 | 8.15 | 8.46 | 8.77 | 9.08 | 9.39 | 9.70 |
| 200 | 10.01 | 10.33 | 10.64 | 10.96 | 11.28 | 11.60 | 11.92 | 12.25 | 12.57 | 12.9 |
| 210 | 13.23 | 13.56 | 13.89 | 14.23 | 14.56 | 14.90 | 15.24 | 15.58 | 15.92 | 16.26 |
| 220 | 16.61 | 16.95 | 17.30 | 17.65 | 18.00 | 18.36 | 18.71 | 19.07 | 19.42 | 19.78 |

## （七）井眼与171.5mm（6¾in）钻铤环形容积（表16-28）

表16-28　171.5mm（6¾in）总体积23.08L/m　　L/m

| 井径/mm | 0 | 1 | 2 | 3 | 4 | 5 | 6 | 7 | 8 | 9 |
|---|---|---|---|---|---|---|---|---|---|---|
| 190 | 5.27 | 5.57 | 5.87 | 6.17 | 6.47 | 6.78 | 7.09 | 7.40 | 7.71 | 8.02 |
| 200 | 8.33 | 8.65 | 8.96 | 9.28 | 9.60 | 9.92 | 10.24 | 10.57 | 10.89 | 11.22 |
| 210 | 11.55 | 11.88 | 12.21 | 12.55 | 12.88 | 13.22 | 13.56 | 13.90 | 14.24 | 14.58 |
| 220 | 14.93 | 15.27 | 15.62 | 15.97 | 16.32 | 16.68 | 17.03 | 17.39 | 17.74 | 18.10 |

## (八) 井眼与177.8mm(7in)钻铤环形容积(表16-29)

表16-29 177.8mm(7in)总体积24.82L/m L/m

| 井径/mm | 0 | 1 | 2 | 3 | 4 | 5 | 6 | 7 | 8 | 9 |
|---|---|---|---|---|---|---|---|---|---|---|
| 200 | 6.58 | 6.90 | 7.22 | 7.53 | 7.85 | 8.17 | 8.50 | 8.82 | 9.15 | 9.47 |
| 210 | 9.80 | 10.13 | 10.46 | 10.80 | 11.13 | 11.47 | 11.81 | 12.15 | 12.49 | 12.83 |
| 220 | 13.18 | 13.52 | 13.87 | 14.22 | 14.57 | 14.92 | 15.28 | 15.63 | 15.99 | 16.35 |
| 230 | 16.71 | 17.07 | 17.44 | 17.80 | 18.17 | 18.54 | 18.91 | 19.28 | 19.65 | 20.02 |
| 240 | 20.40 | 20.78 | 21.16 | 21.54 | 21.92 | 22.30 | 22.69 | 23.08 | 23.46 | 23.85 |
| 250 | 24.25 | 24.64 | 25.03 | 25.43 | 25.83 | 26.23 | 26.63 | 27.03 | 27.44 | 27.84 |
| 260 | 28.25 | 28.66 | 29.07 | 29.48 | 29.90 | 30.31 | 30.73 | 31.15 | 31.57 | 31.99 |
| 270 | 32.41 | 32.84 | 33.26 | 33.69 | 34.12 | 34.55 | 34.98 | 35.42 | 35.85 | 36.29 |
| 280 | 36.73 | 37.17 | 37.61 | 38.05 | 38.50 | 38.95 | 39.39 | 39.84 | 40.29 | 40.75 |
| 290 | 41.20 | 41.66 | 42.12 | 42.58 | 43.04 | 43.50 | 43.96 | 44.43 | 44.90 | 45.36 |
| 300 | 45.83 | 46.31 | 46.78 | 47.25 | 47.73 | 48.21 | 48.69 | 49.17 | 49.65 | 50.14 |
| 310 | 50.62 | 51.11 | 51.60 | 52.09 | 52.58 | 53.08 | 53.57 | 54.07 | 54.57 | 55.07 |
| 320 | 55.57 | 56.07 | 56.58 | 57.08 | 57.59 | 58.10 | 58.61 | 59.12 | 59.64 | 60.15 |
| 330 | 60.67 | 61.19 | 61.71 | 62.23 | 62.76 | 63.28 | 63.81 | 64.34 | 64.87 | 65.40 |
| 340 | 65.93 | 66.46 | 67.00 | 67.54 | 68.08 | 68.62 | 69.16 | 69.70 | 70.25 | 70.80 |
| 350 | 71.35 | 71.90 | 72.45 | 73.00 | 73.56 | 74.11 | 74.67 | 75.23 | 75.79 | 76.36 |
| 360 | 76.92 | 77.49 | 78.05 | 78.62 | 79.19 | 79.77 | 80.34 | 80.91 | 81.49 | 82.07 |
| 370 | 82.65 | 83.23 | 83.82 | 84.40 | 84.99 | 85.57 | 86.16 | 86.75 | 87.35 | 87.94 |
| 380 | 88.54 | 89.14 | 89.73 | 90.33 | 90.94 | 91.54 | 92.15 | 92.75 | 93.36 | 93.97 |
| 390 | 94.58 | 95.20 | 95.81 | 96.42 | 97.04 | 97.66 | 98.28 | 98.91 | 99.53 | 100.16 |
| 400 | 100.78 | 101.41 | 102.04 | 102.67 | 103.31 | 103.94 | 104.58 | 105.22 | 105.86 | 106.50 |

## （九）井眼与 184.2mm（7¼in）钻铤环形容积（表 16-30）

表 16-30　184.2mm（7¼in）总体积 26.63L/m　　L/m

| 井径/mm | 0 | 1 | 2 | 3 | 4 | 5 | 6 | 7 | 8 | 9 |
|---|---|---|---|---|---|---|---|---|---|---|
| 220 | 11.38 | 11.72 | 12.07 | 12.42 | 12.77 | 13.13 | 13.48 | 13.84 | 14.19 | 14.55 |
| 230 | 14.91 | 15.27 | 15.64 | 16.00 | 16.37 | 16.74 | 17.11 | 17.48 | 17.85 | 18.23 |
| 240 | 18.60 | 18.98 | 19.36 | 19.74 | 20.12 | 20.51 | 20.89 | 21.28 | 21.67 | 22.06 |
| 250 | 22.45 | 22.85 | 23.24 | 23.64 | 24.04 | 24.44 | 24.84 | 25.24 | 25.64 | 26.05 |
| 260 | 26.46 | 26.87 | 27.28 | 27.69 | 28.10 | 28.52 | 28.94 | 29.36 | 29.78 | 30.20 |
| 270 | 30.62 | 31.05 | 31.47 | 31.90 | 32.33 | 32.76 | 33.19 | 33.63 | 34.06 | 34.50 |
| 280 | 34.94 | 35.38 | 35.82 | 36.27 | 36.71 | 37.16 | 37.61 | 38.06 | 38.51 | 38.96 |
| 290 | 39.42 | 39.87 | 40.33 | 40.79 | 41.25 | 41.71 | 42.18 | 42.64 | 43.11 | 43.58 |
| 300 | 44.05 | 44.52 | 45.00 | 45.47 | 45.95 | 46.43 | 46.91 | 47.39 | 47.87 | 48.36 |
| 310 | 48.84 | 49.33 | 49.82 | 50.31 | 50.80 | 51.30 | 51.79 | 52.29 | 52.79 | 53.29 |
| 320 | 53.79 | 54.29 | 54.80 | 55.30 | 55.81 | 56.32 | 56.83 | 57.35 | 57.86 | 58.38 |
| 330 | 58.89 | 59.41 | 59.93 | 60.46 | 60.98 | 61.51 | 62.03 | 62.56 | 63.09 | 63.62 |
| 340 | 64.16 | 64.69 | 65.23 | 65.77 | 66.31 | 66.85 | 67.39 | 67.93 | 67.48 | 69.03 |
| 350 | 69.58 | 70.13 | 70.68 | 71.23 | 71.79 | 72.34 | 72.90 | 73.46 | 74.02 | 74.59 |
| 360 | 75.15 | 75.72 | 76.29 | 76.86 | 77.43 | 78.00 | 78.57 | 79.15 | 79.73 | 80.31 |
| 370 | 80.89 | 81.47 | 82.05 | 82.64 | 83.22 | 83.81 | 84.40 | 84.99 | 85.59 | 86.18 |
| 380 | 86.78 | 87.37 | 87.97 | 88.57 | 89.18 | 89.78 | 90.39 | 90.99 | 91.60 | 92.21 |
| 390 | 92.82 | 93.44 | 94.05 | 94.67 | 95.29 | 95.91 | 96.53 | 97.15 | 97.78 | 98.40 |
| 400 | 99.03 | 99.66 | 100.29 | 100.92 | 101.55 | 102.19 | 102.83 | 103.47 | 104.11 | 104.75 |
| 410 | 105.39 | 106.04 | 106.68 | 107.33 | 107.98 | 108.63 | 109.28 | 109.94 | 110.59 | 111.25 |
| 420 | 111.91 | 112.57 | 113.23 | 113.90 | 114.56 | 115.23 | 115.90 | 116.57 | 117.24 | 117.91 |
| 430 | 118.58 | 119.26 | 119.94 | 120.62 | 121.30 | 121.98 | 122.67 | 123.35 | 124.04 | 124.73 |
| 440 | 125.42 | 126.11 | 126.80 | 127.50 | 128.20 | 128.89 | 129.59 | 130.29 | 131.00 | 131.70 |

## (十) 井眼与196.9mm($7\frac{3}{4}$in)钻铤环形容积(表16-31)

表16-31　196.9mm($7\frac{3}{4}$in)总体积30.43L/m　L/m

| 井径/mm | 0 | 1 | 2 | 3 | 4 | 5 | 6 | 7 | 8 | 9 |
|---|---|---|---|---|---|---|---|---|---|---|
| 220 | 7.58 | 7.92 | 8.27 | 8.62 | 8.97 | 9.33 | 9.68 | 10.04 | 10.39 | 10.75 |
| 230 | 11.11 | 11.47 | 11.84 | 12.20 | 12.57 | 12.94 | 13.31 | 13.68 | 14.05 | 14.43 |
| 240 | 14.80 | 15.18 | 15.56 | 15.94 | 16.32 | 16.71 | 17.09 | 17.48 | 17.87 | 18.26 |
| 250 | 18.65 | 19.05 | 19.44 | 19.84 | 20.24 | 20.64 | 21.04 | 21.44 | 21.84 | 22.25 |
| 260 | 22.66 | 23.07 | 23.48 | 23.89 | 24.30 | 24.72 | 25.14 | 25.56 | 25.98 | 26.40 |
| 270 | 26.82 | 27.25 | 27.67 | 28.10 | 28.53 | 28.96 | 29.39 | 29.83 | 30.26 | 30.70 |
| 280 | 31.14 | 31.58 | 32.02 | 32.47 | 32.91 | 33.36 | 33.81 | 34.26 | 34.71 | 35.16 |
| 290 | 35.62 | 36.07 | 36.53 | 36.99 | 37.45 | 37.91 | 38.38 | 38.84 | 39.31 | 39.78 |
| 300 | 40.25 | 40.72 | 41.20 | 41.67 | 42.15 | 42.63 | 43.11 | 43.59 | 44.07 | 44.56 |
| 310 | 45.04 | 45.53 | 46.02 | 46.51 | 47.00 | 47.50 | 47.99 | 48.49 | 48.99 | 49.49 |
| 320 | 49.99 | 50.49 | 51.00 | 51.50 | 52.01 | 52.52 | 53.03 | 53.55 | 54.06 | 54.58 |
| 330 | 55.09 | 55.61 | 56.13 | 56.66 | 57.18 | 57.71 | 58.23 | 58.76 | 59.29 | 59.82 |
| 340 | 60.36 | 60.89 | 61.43 | 61.97 | 62.51 | 63.05 | 63.59 | 64.13 | 64.68 | 65.23 |
| 350 | 65.78 | 66.33 | 66.88 | 67.43 | 67.99 | 68.54 | 69.10 | 69.66 | 70.22 | 70.79 |
| 360 | 71.35 | 71.92 | 72.49 | 73.06 | 73.63 | 74.20 | 74.77 | 75.35 | 75.93 | 76.51 |
| 370 | 77.09 | 77.67 | 78.25 | 78.84 | 79.42 | 80.01 | 80.60 | 81.19 | 81.79 | 82.38 |
| 380 | 82.98 | 83.57 | 84.17 | 84.77 | 85.38 | 85.98 | 86.59 | 87.19 | 87.80 | 88.41 |
| 390 | 89.02 | 89.64 | 90.25 | 90.87 | 91.49 | 92.11 | 92.73 | 93.35 | 93.98 | 94.60 |
| 400 | 95.23 | 95.86 | 96.49 | 97.12 | 97.75 | 98.39 | 99.03 | 99.67 | 100.31 | 100.95 |
| 410 | 101.59 | 102.24 | 102.88 | 103.53 | 104.18 | 104.83 | 105.48 | 106.14 | 106.79 | 107.45 |
| 420 | 108.11 | 108.77 | 109.43 | 110.10 | 110.76 | 111.43 | 112.10 | 112.77 | 113.44 | 114.11 |
| 430 | 114.78 | 115.46 | 116.14 | 116.82 | 117.50 | 118.18 | 118.87 | 119.55 | 120.24 | 120.93 |
| 440 | 121.62 | 122.31 | 123.00 | 123.70 | 124.40 | 125.09 | 125.79 | 126.49 | 127.20 | 127.90 |

## （十一）井眼与203.2mm(8in)钻铤环形容积(表16-32)

表16-32　203.2mm(8in)总体积32.42L/m　　L/m

| 井径/mm | 0 | 1 | 2 | 3 | 4 | 5 | 6 | 7 | 8 | 9 |
|---|---|---|---|---|---|---|---|---|---|---|
| 220 | 5.59 | 5.93 | 6.28 | 6.63 | 6.98 | 7.34 | 7.69 | 8.05 | 8.40 | 8.76 |
| 230 | 9.12 | 9.48 | 9.85 | 10.21 | 10.58 | 10.95 | 11.32 | 11.69 | 12.06 | 12.44 |
| 240 | 12.81 | 13.19 | 13.57 | 13.95 | 14.33 | 14.72 | 15.10 | 15.49 | 15.88 | 16.27 |
| 250 | 16.66 | 17.06 | 17.45 | 17.85 | 18.25 | 18.65 | 19.05 | 19.45 | 19.85 | 20.26 |
| 260 | 20.67 | 21.08 | 21.49 | 21.90 | 22.31 | 22.73 | 23.15 | 23.57 | 23.99 | 24.41 |
| 270 | 24.83 | 25.26 | 25.68 | 26.11 | 26.54 | 26.97 | 27.40 | 27.84 | 28.27 | 28.71 |
| 280 | 29.15 | 29.59 | 30.03 | 30.48 | 30.92 | 31.37 | 31.82 | 32.27 | 32.72 | 33.17 |
| 290 | 33.63 | 34.08 | 34.54 | 35.00 | 35.46 | 35.92 | 36.39 | 36.85 | 37.32 | 37.79 |
| 300 | 38.26 | 38.73 | 39.21 | 39.68 | 40.16 | 40.64 | 41.12 | 41.60 | 42.08 | 42.57 |
| 310 | 43.05 | 43.54 | 44.03 | 44.52 | 45.01 | 45.51 | 46.00 | 46.50 | 47.00 | 47.50 |
| 320 | 48.00 | 48.50 | 49.01 | 49.51 | 50.02 | 50.53 | 51.04 | 51.56 | 52.07 | 52.59 |
| 330 | 53.10 | 53.62 | 54.14 | 54.67 | 55.19 | 55.72 | 56.24 | 56.77 | 57.30 | 57.83 |
| 340 | 58.37 | 58.90 | 59.44 | 59.98 | 60.52 | 61.06 | 61.60 | 62.14 | 62.69 | 63.24 |
| 350 | 63.79 | 64.34 | 64.89 | 65.44 | 66.00 | 66.55 | 67.11 | 67.67 | 68.23 | 68.80 |
| 360 | 69.36 | 69.93 | 70.50 | 71.07 | 71.64 | 72.21 | 72.78 | 73.36 | 73.94 | 74.52 |
| 370 | 75.10 | 75.68 | 76.26 | 76.85 | 77.43 | 78.02 | 78.61 | 79.20 | 79.80 | 80.39 |
| 380 | 80.99 | 81.58 | 82.18 | 82.78 | 83.39 | 83.99 | 84.60 | 85.20 | 85.81 | 86.42 |
| 390 | 87.03 | 87.65 | 88.26 | 88.88 | 89.50 | 90.12 | 90.74 | 91.36 | 91.99 | 92.61 |
| 400 | 93.24 | 93.87 | 94.50 | 95.13 | 95.76 | 96.40 | 97.04 | 97.68 | 98.32 | 98.96 |
| 410 | 99.60 | 100.25 | 100.89 | 101.54 | 102.19 | 102.84 | 103.49 | 104.15 | 104.80 | 105.46 |
| 420 | 106.12 | 106.78 | 107.44 | 108.11 | 108.77 | 109.44 | 110.11 | 110.78 | 111.45 | 112.12 |
| 430 | 112.79 | 113.47 | 114.15 | 114.83 | 115.51 | 116.19 | 116.88 | 117.56 | 118.25 | 118.94 |
| 440 | 119.63 | 120.32 | 121.01 | 121.71 | 122.41 | 123.10 | 123.80 | 124.50 | 125.21 | 125.91 |

## （十二）井眼与228.6mm(9in)钻铤环形容积(表16-33)

表16-33　228.6mm(9in)总体积41.04L/m　L/m

| 井径/mm | 0 | 1 | 2 | 3 | 4 | 5 | 6 | 7 | 8 | 9 |
|---|---|---|---|---|---|---|---|---|---|---|
| 250 | 8.04 | 8.44 | 8.83 | 9.23 | 9.63 | 10.03 | 10.43 | 10.83 | 11.23 | 11.64 |
| 260 | 12.05 | 12.46 | 12.87 | 13.28 | 13.69 | 14.11 | 14.53 | 14.95 | 15.37 | 15.79 |
| 270 | 16.21 | 16.64 | 17.06 | 17.49 | 17.92 | 18.35 | 18.78 | 19.22 | 19.65 | 20.09 |
| 280 | 20.53 | 20.97 | 21.41 | 21.86 | 22.30 | 22.75 | 23.20 | 23.65 | 24.10 | 24.55 |
| 290 | 25.01 | 25.46 | 25.92 | 26.38 | 26.84 | 27.30 | 27.77 | 28.23 | 28.70 | 29.17 |
| 300 | 29.64 | 30.11 | 30.59 | 31.06 | 31.54 | 32.02 | 32.50 | 32.98 | 33.46 | 33.95 |
| 310 | 34.43 | 34.92 | 35.41 | 35.90 | 36.39 | 36.89 | 37.38 | 37.88 | 38.38 | 38.88 |
| 320 | 39.38 | 39.88 | 40.39 | 40.89 | 41.40 | 41.91 | 42.42 | 42.94 | 43.45 | 43.97 |
| 330 | 44.48 | 45.00 | 45.52 | 46.05 | 46.57 | 47.10 | 47.62 | 48.15 | 48.68 | 49.21 |
| 340 | 49.75 | 50.28 | 50.82 | 51.36 | 51.90 | 52.44 | 52.98 | 53.52 | 54.07 | 54.62 |
| 350 | 55.17 | 55.72 | 56.27 | 56.82 | 57.38 | 57.93 | 58.49 | 59.05 | 59.61 | 60.18 |
| 360 | 60.74 | 61.31 | 61.88 | 62.45 | 63.02 | 63.59 | 64.16 | 64.74 | 65.32 | 65.90 |
| 370 | 66.48 | 67.06 | 67.64 | 68.23 | 68.81 | 69.40 | 69.99 | 70.58 | 71.18 | 71.77 |
| 380 | 72.37 | 72.96 | 73.56 | 74.16 | 74.77 | 75.37 | 75.98 | 76.58 | 77.19 | 77.80 |
| 390 | 78.41 | 79.03 | 79.64 | 80.26 | 80.88 | 81.50 | 82.12 | 82.74 | 83.37 | 83.99 |
| 400 | 84.62 | 85.25 | 85.88 | 86.51 | 87.14 | 87.78 | 88.42 | 89.06 | 89.70 | 90.34 |
| 410 | 90.98 | 91.63 | 92.27 | 92.92 | 93.57 | 94.22 | 94.87 | 95.53 | 96.18 | 96.84 |
| 420 | 97.50 | 98.16 | 98.82 | 99.49 | 100.15 | 100.82 | 101.49 | 102.16 | 102.83 | 103.50 |
| 430 | 104.17 | 104.85 | 105.53 | 106.21 | 106.89 | 107.57 | 108.26 | 108.94 | 109.63 | 110.3 |
| 440 | 111.01 | 111.70 | 112.39 | 113.09 | 113.79 | 114.48 | 115.18 | 115.88 | 116.59 | 117.29 |

## (十三) 井眼与279.4mm(11in)钻铤环形容积(表16-34)

表16-34　279.4mm(11in)总体积61.28L/m　　L/m

| 井径/mm | 0 | 1 | 2 | 3 | 4 | 5 | 6 | 7 | 8 | 9 |
|---|---|---|---|---|---|---|---|---|---|---|
| 300 | 9.37 | 9.84 | 10.32 | 10.79 | 11.27 | 11.74 | 12.22 | 12.71 | 13.19 | 13.67 |
| 310 | 14.16 | 14.65 | 15.14 | 15.63 | 16.12 | 16.61 | 17.11 | 17.60 | 18.10 | 18.60 |
| 320 | 19.10 | 19.61 | 20.11 | 20.62 | 21.13 | 21.64 | 22.15 | 22.66 | 23.17 | 23.69 |
| 330 | 24.21 | 24.73 | 25.25 | 25.77 | 26.29 | 26.82 | 27.34 | 27.87 | 28.40 | 28.93 |
| 340 | 29.47 | 30.00 | 30.54 | 31.07 | 31.61 | 32.15 | 32.70 | 33.24 | 33.79 | 34.33 |
| 350 | 34.88 | 35.43 | 35.98 | 36.54 | 37.09 | 37.65 | 38.21 | 38.77 | 39.33 | 39.89 |
| 360 | 40.46 | 41.02 | 41.59 | 42.16 | 42.73 | 43.30 | 43.88 | 44.45 | 45.03 | 45.61 |
| 370 | 46.19 | 46.77 | 47.35 | 47.94 | 48.52 | 49.11 | 49.70 | 50.29 | 50.88 | 51.48 |
| 380 | 52.07 | 52.67 | 53.27 | 53.87 | 54.47 | 55.08 | 55.68 | 56.29 | 56.90 | 57.51 |
| 390 | 58.12 | 58.73 | 59.35 | 59.96 | 60.58 | 61.20 | 61.82 | 62.44 | 63.07 | 63.69 |
| 400 | 64.32 | 64.95 | 65.58 | 66.21 | 66.84 | 67.48 | 68.12 | 68.75 | 69.39 | 70.04 |
| 410 | 70.68 | 71.32 | 71.97 | 72.62 | 73.27 | 73.92 | 74.57 | 75.22 | 75.88 | 76.54 |
| 420 | 77.19 | 77.85 | 78.52 | 79.18 | 79.84 | 80.51 | 81.18 | 81.85 | 82.52 | 83.19 |
| 430 | 83.87 | 84.54 | 85.22 | 85.90 | 86.58 | 87.26 | 87.95 | 88.63 | 89.32 | 90.01 |
| 440 | 90.70 | 91.39 | 92.08 | 92.78 | 93.47 | 94.17 | 94.87 | 95.57 | 96.27 | 96.98 |
| 450 | 97.68 | 98.39 | 99.10 | 99.81 | 100.52 | 101.23 | 101.95 | 102.67 | 103.38 | 104.10 |
| 460 | 104.83 | 105.55 | 106.27 | 107.00 | 107.73 | 108.46 | 109.19 | 109.92 | 110.65 | 111.39 |
| 470 | 112.13 | 112.87 | 113.61 | 114.35 | 115.09 | 115.84 | 116.58 | 117.33 | 118.08 | 118.83 |
| 480 | 119.58 | 120.34 | 121.09 | 121.85 | 122.61 | 123.37 | 124.13 | 124.90 | 125.66 | 126.43 |

## 五、井眼与套管环形容积

### （一）井眼与114.3mm（$4\frac{1}{2}$in）套管环形容积（表16-35）

表16-35　114.3mm（$4\frac{1}{2}$in）总体积10.26L/m　L/m

| 井径/mm | 0 | 1 | 2 | 3 | 4 | 5 | 6 | 7 | 8 | 9 |
|---|---|---|---|---|---|---|---|---|---|---|
| 160 | 9.84 | 10.09 | 10.35 | 10.60 | 10.86 | 11.12 | 11.38 | 11.64 | 11.90 | 12.17 |
| 170 | 12.43 | 12.70 | 12.97 | 13.24 | 13.51 | 13.79 | 14.06 | 14.34 | 14.62 | 14.90 |
| 180 | 15.18 | 15.47 | 15.75 | 16.04 | 16.33 | 16.62 | 16.91 | 17.20 | 17.49 | 17.79 |
| 190 | 18.09 | 18.39 | 18.69 | 18.99 | 19.29 | 19.60 | 19.91 | 20.22 | 20.53 | 20.84 |
| 200 | 21.15 | 21.47 | 21.78 | 22.10 | 22.42 | 22.74 | 23.06 | 23.39 | 23.71 | 24.04 |

### （二）井眼与127.0mm（5in）套管环形容积（表16-36）

表16-36　127.0mm（5in）总体积12.67L/m　L/m

| 井径/mm | 0 | 1 | 2 | 3 | 4 | 5 | 6 | 7 | 8 | 9 |
|---|---|---|---|---|---|---|---|---|---|---|
| 160 | 7.44 | 7.69 | 7.95 | 8.20 | 8.46 | 8.72 | 8.98 | 9.24 | 9.50 | 9.77 |
| 170 | 10.03 | 10.30 | 10.57 | 10.84 | 11.11 | 11.39 | 11.66 | 11.94 | 12.22 | 12.50 |
| 180 | 12.78 | 13.07 | 13.35 | 13.64 | 13.93 | 14.22 | 14.51 | 14.80 | 15.09 | 15.39 |
| 190 | 15.69 | 15.99 | 16.29 | 16.59 | 16.89 | 17.20 | 17.51 | 17.82 | 18.13 | 18.44 |
| 200 | 18.75 | 19.07 | 19.38 | 19.70 | 20.02 | 20.34 | 20.66 | 20.99 | 21.31 | 21.64 |

### （三）井眼与139.7mm（$5\frac{1}{2}$in）套管环形容积（表16-37）

表16-37　139.7mm（$5\frac{1}{2}$in）总体积15.32L/m　L/m

| 井径/mm | 0 | 1 | 2 | 3 | 4 | 5 | 6 | 7 | 8 | 9 |
|---|---|---|---|---|---|---|---|---|---|---|
| 180 | 10.12 | 10.41 | 10.69 | 10.98 | 11.27 | 11.56 | 11.85 | 12.14 | 12.43 | 12.73 |
| 190 | 13.03 | 13.33 | 13.63 | 13.93 | 14.23 | 14.54 | 14.85 | 15.16 | 15.47 | 15.78 |

续表

| 井径/mm | 0 | 1 | 2 | 3 | 4 | 5 | 6 | 7 | 8 | 9 |
|---|---|---|---|---|---|---|---|---|---|---|
| 200 | 16.09 | 16.41 | 16.72 | 17.04 | 17.36 | 17.68 | 18.00 | 18.33 | 18.65 | 18.98 |
| 210 | 19.31 | 19.64 | 19.97 | 20.31 | 20.64 | 20.98 | 21.32 | 21.66 | 22.00 | 22.34 |
| 220 | 22.69 | 23.03 | 23.38 | 23.73 | 24.08 | 24.44 | 24.79 | 25.15 | 25.5 | 25.86 |
| 230 | 26.22 | 26.58 | 26.95 | 27.31 | 27.68 | 28.05 | 28.42 | 28.79 | 29.16 | 29.54 |

## (四) 井眼与168.3mm(6⅝in)套管环形容积(表16-38)

**表16-38 168.3mm(6⅝in)总体积22.24L/m** L/m

| 井径/mm | 0 | 1 | 2 | 3 | 4 | 5 | 6 | 7 | 8 | 9 |
|---|---|---|---|---|---|---|---|---|---|---|
| 200 | 9.18 | 9.50 | 9.81 | 10.13 | 10.45 | 10.77 | 10.09 | 11.42 | 11.74 | 12.07 |
| 210 | 12.40 | 12.73 | 13.06 | 13.40 | 13.73 | 14.07 | 14.41 | 14.75 | 15.09 | 15.43 |
| 220 | 15.78 | 16.12 | 16.47 | 16.82 | 17.17 | 17.53 | 17.88 | 18.24 | 18.59 | 18.95 |
| 230 | 19.31 | 19.67 | 20.04 | 20.40 | 20.77 | 21.14 | 21.51 | 21.88 | 22.25 | 22.63 |

## (五) 井眼与177.8mm(7in)套管环形容积(表16-39)

**表16-39 177.8mm(7in)总体积24.83L/m** L/m

| 井径/mm | 0 | 1 | 2 | 3 | 4 | 5 | 6 | 7 | 8 | 9 |
|---|---|---|---|---|---|---|---|---|---|---|
| 220 | 13.19 | 13.53 | 13.88 | 14.23 | 14.58 | 14.94 | 15.29 | 15.65 | 16.00 | 16.36 |
| 230 | 16.72 | 17.08 | 17.45 | 17.81 | 18.18 | 18.55 | 18.92 | 19.29 | 19.66 | 20.04 |
| 240 | 20.41 | 20.79 | 21.17 | 21.55 | 21.93 | 22.32 | 22.70 | 23.09 | 23.48 | 23.87 |
| 250 | 24.26 | 24.66 | 25.05 | 25.45 | 25.85 | 26.25 | 26.65 | 27.05 | 27.45 | 27.86 |

## （六）井眼与193.7mm(7⅝in)套管环形容积(表16-40)

表16-40　193.7mm(7⅝in)总体积29.46L/m　L/m

| 井径/mm | 0 | 1 | 2 | 3 | 4 | 5 | 6 | 7 | 8 | 9 |
|---|---|---|---|---|---|---|---|---|---|---|
| 210 | 5.18 | 5.51 | 5.84 | 6.18 | 6.51 | 6.85 | 7.19 | 7.53 | 7.87 | 8.21 |
| 220 | 8.56 | 8.90 | 9.25 | 9.60 | 9.95 | 10.31 | 10.66 | 11.02 | 11.37 | 11.73 |
| 230 | 12.09 | 12.45 | 12.82 | 13.18 | 13.55 | 13.92 | 14.29 | 14.66 | 15.03 | 15.41 |
| 240 | 15.78 | 16.16 | 16.54 | 16.92 | 17.30 | 17.69 | 18.07 | 18.46 | 18.85 | 19.24 |
| 250 | 19.63 | 20.03 | 20.42 | 20.82 | 21.22 | 21.62 | 22.02 | 22.42 | 22.82 | 23.23 |
| 260 | 23.64 | 24.05 | 24.46 | 24.87 | 25.28 | 25.70 | 26.12 | 26.54 | 26.96 | 27.38 |
| 270 | 27.80 | 28.23 | 28.65 | 29.08 | 29.51 | 29.94 | 30.37 | 30.81 | 31.24 | 31.68 |

## （七）井眼与219.1mm(8⅝in)套管环形容积(表16-41)

表16-41　219.1mm(8⅝in)总体积37.70L/m　L/m

| 井径/mm | 0 | 1 | 2 | 3 | 4 | 5 | 6 | 7 | 8 | 9 |
|---|---|---|---|---|---|---|---|---|---|---|
| 240 | 7.54 | 7.91 | 8.29 | 8.67 | 9.05 | 9.44 | 9.82 | 10.21 | 10.6 | 10.99 |
| 250 | 11.38 | 11.78 | 12.17 | 12.57 | 12.97 | 13.37 | 13.77 | 14.17 | 14.57 | 14.98 |
| 260 | 15.39 | 15.80 | 16.21 | 16.62 | 17.03 | 17.45 | 17.87 | 18.29 | 18.71 | 19.13 |
| 270 | 19.55 | 19.98 | 20.40 | 20.83 | 21.26 | 21.69 | 22.12 | 22.56 | 22.99 | 23.43 |
| 280 | 23.87 | 24.31 | 24.75 | 25.20 | 25.64 | 26.09 | 26.54 | 26.99 | 27.44 | 27.89 |
| 290 | 28.35 | 28.80 | 29.26 | 29.72 | 30.18 | 30.64 | 31.11 | 31.57 | 32.04 | 32.51 |
| 300 | 32.98 | 33.45 | 33.93 | 34.40 | 34.88 | 35.36 | 35.84 | 36.32 | 36.80 | 37.29 |
| 310 | 37.77 | 38.26 | 38.75 | 39.24 | 39.73 | 40.23 | 40.72 | 41.22 | 41.72 | 42.22 |
| 320 | 42.72 | 43.22 | 43.73 | 44.23 | 44.74 | 45.25 | 45.76 | 46.28 | 46.79 | 47.31 |

## (八) 井眼与244.5mm(9⅝in)套管环形容积(表16-42)

**表16-42　244.5mm(9⅝in)总体积46.95L/m**　　L/m

| 井径/mm | 0 | 1 | 2 | 3 | 4 | 5 | 6 | 7 | 8 | 9 |
|---|---|---|---|---|---|---|---|---|---|---|
| 320 | 33.47 | 33.97 | 34.48 | 34.98 | 35.49 | 36.00 | 36.51 | 37.03 | 37.54 | 38.06 |
| 330 | 38.57 | 39.09 | 39.61 | 40.14 | 40.66 | 41.19 | 41.71 | 42.24 | 42.77 | 43.30 |
| 340 | 43.84 | 44.37 | 44.91 | 45.45 | 45.99 | 46.53 | 47.07 | 47.61 | 48.16 | 48.71 |

## (九) 井眼与273.1mm(10¾in)套管环形容积(表16-43)

**表16-43　273.1mm(10¾in)总体积58.55L/m**　　L/m

| 井径/mm | 0 | 1 | 2 | 3 | 4 | 5 | 6 | 7 | 8 | 9 |
|---|---|---|---|---|---|---|---|---|---|---|
| 320 | 21.87 | 22.37 | 22.88 | 23.38 | 23.89 | 24.40 | 24.91 | 25.43 | 25.94 | 26.46 |
| 330 | 26.97 | 27.49 | 28.01 | 28.54 | 29.06 | 29.59 | 30.11 | 30.64 | 31.17 | 31.70 |
| 340 | 32.24 | 32.77 | 33.31 | 33.85 | 34.39 | 34.93 | 35.47 | 36.01 | 36.56 | 37.11 |
| 350 | 37.66 | 38.21 | 38.76 | 39.31 | 39.87 | 40.42 | 40.98 | 41.54 | 42.10 | 42.67 |
| 360 | 43.23 | 43.80 | 44.37 | 44.94 | 45.51 | 46.08 | 46.65 | 47.23 | 47.81 | 48.39 |
| 370 | 48.97 | 49.55 | 50.13 | 50.72 | 51.30 | 51.89 | 52.48 | 53.07 | 53.67 | 54.26 |
| 380 | 54.86 | 55.45 | 56.05 | 56.65 | 57.26 | 57.86 | 58.47 | 59.07 | 59.68 | 60.29 |
| 390 | 60.90 | 61.52 | 62.13 | 62.75 | 63.37 | 63.99 | 64.61 | 65.23 | 65.86 | 66.48 |
| 400 | 21.87 | 22.37 | 22.88 | 23.38 | 23.89 | 24.40 | 24.91 | 25.43 | 25.94 | 26.46 |

## (十) 井眼与298.5mm(11¾in)套管环形容积(表16-44)

**表16-44　298.5mm(11¾in)总体积69.93L/m**　　L/m

| 井径/mm | 0 | 1 | 2 | 3 | 4 | 5 | 6 | 7 | 8 | 9 |
|---|---|---|---|---|---|---|---|---|---|---|
| 390 | 49.50 | 50.12 | 50.73 | 51.35 | 51.97 | 52.59 | 53.21 | 53.83 | 54.46 | 55.08 |
| 400 | 55.71 | 56.34 | 56.97 | 57.60 | 58.23 | 58.87 | 59.51 | 60.15 | 60.79 | 61.43 |

续表

| 井径/mm | 0 | 1 | 2 | 3 | 4 | 5 | 6 | 7 | 8 | 9 |
|---|---|---|---|---|---|---|---|---|---|---|
| 410 | 62.07 | 62.72 | 63.36 | 64.01 | 64.66 | 65.31 | 65.96 | 66.62 | 67.27 | 67.93 |
| 420 | 68.59 | 69.25 | 69.91 | 70.58 | 71.24 | 71.91 | 72.58 | 73.25 | 73.92 | 74.59 |
| 430 | 75.26 | 75.94 | 76.62 | 77.30 | 77.98 | 78.66 | 79.35 | 80.03 | 80.72 | 81.41 |
| 440 | 82.10 | 82.79 | 83.48 | 84.18 | 84.88 | 85.57 | 86.27 | 86.97 | 87.68 | 88.38 |

## (十一) 井眼与339.7mm(13⅜in)套管环形容积(表16-45)

**表16-45　339.7mm(13⅜in)总体积90.63L/m**　L/m

| 井径/mm | 0 | 1 | 2 | 3 | 4 | 5 | 6 | 7 | 8 | 9 |
|---|---|---|---|---|---|---|---|---|---|---|
| 450 | 68.41 | 69.12 | 69.82 | 70.54 | 71.25 | 71.96 | 72.68 | 73.39 | 74.11 | 74.83 |
| 460 | 75.56 | 76.28 | 77.00 | 77.73 | 78.46 | 79.19 | 79.92 | 80.65 | 81.39 | 82.12 |
| 470 | 82.86 | 83.60 | 84.34 | 85.08 | 85.82 | 86.57 | 87.32 | 88.07 | 88.82 | 89.57 |
| 480 | 90.32 | 91.08 | 91.83 | 92.59 | 93.35 | 94.11 | 94.87 | 95.64 | 96.40 | 97.17 |

## (十二) 井眼与406.4mm(16in)套管环形容积(表16-46)

**表16-46　406.4mm(16in)总体积129.71L/m**　L/m

| 井径/mm | 0 | 1 | 2 | 3 | 4 | 5 | 6 | 7 | 8 | 9 |
|---|---|---|---|---|---|---|---|---|---|---|
| 470 | 43.77 | 44.52 | 45.26 | 46.00 | 46.74 | 47.49 | 48.24 | 48.99 | 49.74 | 50.49 |
| 480 | 51.24 | 52.00 | 52.75 | 53.51 | 54.27 | 55.03 | 55.79 | 56.56 | 57.32 | 58.09 |
| 490 | 58.86 | 59.63 | 60.40 | 61.18 | 61.95 | 62.73 | 63.51 | 64.29 | 65.07 | 65.85 |
| 500 | 66.63 | 67.42 | 68.21 | 69.00 | 69.79 | 70.58 | 71.38 | 72.17 | 72.97 | 73.77 |
| 510 | 74.57 | 75.37 | 76.17 | 76.98 | 77.78 | 78.59 | 79.40 | 80.21 | 81.03 | 81.84 |
| 520 | 82.66 | 83.47 | 84.29 | 85.11 | 85.94 | 86.76 | 87.59 | 88.41 | 89.24 | 90.07 |

## （十三）井眼与473.1mm(18⅝in)套管环形容积(表16-47)

表16-47　473.1mm(18⅝in)总体积175.77L/m　　L/m

| 井径/mm | 0 | 1 | 2 | 3 | 4 | 5 | 6 | 7 | 8 | 9 |
|---|---|---|---|---|---|---|---|---|---|---|
| 610 | 116.46 | 117.41 | 118.37 | 119.33 | 120.30 | 121.26 | 122.23 | 123.20 | 124.17 | 125.14 |
| 620 | 126.11 | 127.09 | 128.06 | 129.04 | 130.02 | 131.00 | 131.98 | 132.97 | 133.95 | 134.94 |
| 630 | 135.93 | 136.92 | 137.91 | 138.91 | 139.90 | 140.90 | 141.90 | 142.89 | 143.90 | 144.90 |
| 640 | 145.90 | 146.91 | 147.92 | 148.93 | 149.94 | 150.95 | 151.96 | 152.98 | 154.00 | 155.02 |

## （十四）井眼与508.0mm(20in)套管环形容积(表16-48)

表16-48　508.0mm(20in)总体积202.68L/m　　L/m

| 井径/mm | 0 | 1 | 2 | 3 | 4 | 5 | 6 | 7 | 8 | 9 |
|---|---|---|---|---|---|---|---|---|---|---|
| 670 | 149.89 | 150.93 | 151.99 | 153.04 | 154.10 | 155.16 | 156.22 | 157.29 | 158.35 | 159.42 |
| 680 | 160.48 | 161.55 | 162.62 | 163.69 | 164.77 | 165.84 | 166.92 | 168.00 | 169.08 | 170.16 |
| 690 | 171.24 | 172.33 | 173.41 | 174.50 | 175.59 | 176.68 | 177.77 | 178.87 | 179.96 | 181.06 |
| 700 | 182.16 | 183.26 | 184.36 | 185.47 | 186.57 | 187.68 | 188.79 | 189.90 | 191.01 | 192.12 |

## （十五）井眼与762.0mm(30in)套管环形容积(表16-49)

表16-49　762.0mm(30in)总体积456.04L/m　　L/m

| 井径/mm | 0 | 1 | 2 | 3 | 4 | 5 | 6 | 7 | 8 | 9 |
|---|---|---|---|---|---|---|---|---|---|---|
| 920 | 208.72 | 210.17 | 211.62 | 213.07 | 214.52 | 215.97 | 217.42 | 218.88 | 220.34 | 221.80 |
| 930 | 223.26 | 224.72 | 226.18 | 227.64 | 229.11 | 230.58 | 232.05 | 233.52 | 234.99 | 236.47 |
| 940 | 237.94 | 239.42 | 240.90 | 242.38 | 243.86 | 245.34 | 246.83 | 248.32 | 249.80 | 251.29 |
| 950 | 252.79 | 254.28 | 255.77 | 257.27 | 258.77 | 260.27 | 261.77 | 263.27 | 264.77 | 266.28 |

## 六、套管与钻杆、钻铤环形容积(表 16-50)

**表 16-50　套管与钻杆、钻铤环形容积**

| 套管 | | | 套管-钻杆 | | 套管-钻铤 | |
|---|---|---|---|---|---|---|
| 规格/in | 壁厚/mm | 内容积/(L/m) | 钻杆规格/in | 环空容积/(L/m) | 钻杆规格/in | 环空容积/(L/m) |
| 5 | 6.43 | 10.23 | 2⅜ | 7.27 | 3½ | 4.03 |
| | 7.52 | 9.85 | | 6.89 | | 3.65 |
| | 9.19 | 9.26 | | 6.30 | | 3.06 |
| | 11.10 | 8.62 | | 5.66 | | 2.42 |
| | 12.70 | 8.10 | | 5.14 | | 1.90 |
| 5½ | 7.72 | 12.13 | 2⅜ | 9.17 | 3½ | 5.93 |
| | 9.17 | 11.57 | | 8.61 | | 5.37 |
| | 10.54 | 11.04 | | 8.08 | | 4.84 |
| | 12.09 | 10.47 | | 7.51 | | 4.27 |
| 6⅝ | 7.32 | 18.52 | 2⅞ | 14.16 | 4¾ | 7.09 |
| | 8.94 | 17.76 | | 13.40 | | 6.33 |
| | 10.59 | 16.98 | | 12.62 | | 5.55 |
| | 12.07 | 16.32 | | 11.96 | | 4.89 |
| 7 | 6.91 | 21.11 | 3½ | 14.60 | | 9.68 |
| | 8.05 | 20.53 | | 14.02 | | 9.10 |
| | 9.19 | 19.95 | | 13.44 | | 8.52 |
| | 10.36 | 19.37 | | 12.86 | | 9.74 |
| | 11.51 | 18.81 | | 12.30 | | 7.38 |
| | 12.65 | 18.26 | | 11.75 | | 6.83 |
| 7⅝ | 8.33 | 24.59 | | 18.08 | | 13.16 |
| | 9.53 | 23.93 | | 17.42 | | 12.50 |
| | 10.92 | 23.17 | | 16.66 | | 11.74 |
| | 12.70 | 22.24 | | 15.73 | | 10.81 |
| | 14.27 | 21.40 | | 14.89 | | 9.97 |
| 8⅝ | 8.94 | 31.78 | | 25.27 | 6¼ | 11.99 |
| | 10.16 | 31.02 | | 24.51 | | 11.23 |
| | 11.43 | 30.22 | | 23.71 | | 10.43 |
| | 12.70 | 29.45 | | 22.99 | | 9.66 |
| | 14.15 | 28.58 | | 22.07 | | 8.79 |

续表

| 套管 | | | 套管-钻杆 | | 套管-钻铤 | |
|---|---|---|---|---|---|---|
| 规格/in | 壁厚/mm | 内容积/(L/m) | 钻杆规格/in | 环空容积/(L/m) | 钻杆规格/in | 环空容积/(L/m) |
| | 8.94 | 40.31 | | 29.61 | | 15.49 |
| | 10.03 | 39.53 | | 28.83 | | 14.71 |
| $9\frac{5}{8}$ | 11.05 | 38.83 | $4\frac{1}{2}$ | 28.13 | | 14.01 |
| | 11.95 | 38.17 | | 27.74 | | 13.35 |
| | 13.00 | 36.90 | | 26.20 | 7 | 12.08 |
| | 8.89 | 51.16 | | 37.98 | | 26.34 |
| $10\frac{3}{4}$ | 10.16 | 50.13 | 5 | 36.95 | | 25.31 |
| | 11.43 | 49.14 | | 35.96 | | 24.32 |
| | 12.57 | 48.24 | | 35.06 | | 23.42 |
| $10\frac{3}{4}$ | 13.84 | 47.27 | | 34.09 | 7 | 22.45 |
| | 9.53 | 61.32 | | 48.14 | | 28.90 |
| $11\frac{3}{4}$ | 11.05 | 59.97 | | 46.79 | 8 | 27.55 |
| | 12.42 | 58.76 | | 45.58 | | 26.34 |
| | 8.38 | 81.90 | | 68.72 | | 49.50/40.86 |
| $13\frac{3}{8}$ | 9.65 | 80.58 | | 67.40 | | 48.20/39.54 |
| | 10.92 | 79.33 | | 66.15 | | 46.90/38.30 |
| | 12.19 | 78.04 | 5 | 64.86 | | 45.60/37.00 |
| | 9.53 | 117.81 | | 104.63 | | 85.40/76.80 |
| 16 | 11.13 | 115.87 | | 102.69 | 8/9 | 83.50/74.80 |
| | 12.57 | 114.13 | | 100.95 | | 81.70/73.10 |
| $13\frac{3}{8}$ | 11.05 | 159.67 | | 146.49 | | 127.30/118.60 |
| | 11.13 | 185.26 | | 172.08 | | 152.80/144.20 |
| $13\frac{3}{8}$ | 12.70 | 182.82 | | 169.64 | | 150.40/141.80 |
| | 16.13 | 177.64 | | 164.46 | | 145.20/136.60 |

## 七、起钻时井内钻井液液面降低米数(表 16-51)

**表 16-51　起钻时井内钻井液液面降低米数**

| 钻杆直径/mm(in) | 114.3(4½) | | 127.0(5) | | | 139.7(5½) | | |
|---|---|---|---|---|---|---|---|---|
| 井眼直径/mm(in)<br>钻具长度/m | 244.5(9⅝) | 215.9(8½) | 311.15(12¼) | 244.5(9⅝) | 215.9(8½) | 311.15(12¼) | 244.5(9⅝) | 215.9(8½) |
| 1 | 0.07 | 0.09 | 0.045 | 0.079 | 0.101 | 0.052 | 0.087 | 0.114 |
| 100 | 7 | 9 | 4.5 | 7.9 | 10.1 | 5.2 | 8.7 | 11.4 |
| 200 | 14 | 18 | 9.00 | 15.8 | 20.2 | 10.4 | 17.4 | 22.8 |
| 300 | 21 | 27 | 13.5 | 23.7 | 30.3 | 15.6 | 26.1 | 34.2 |
| 400 | 28 | 36 | 18.00 | 31.6 | 40.4 | 20.8 | 34.8 | 45.6 |
| 500 | 35 | 45 | 22.50 | 39.5 | 50.5 | 26 | 43.5 | 57 |
| 600 | 42 | 54 | 27.00 | 47.4 | 60.6 | 31.2 | 52.2 | 68.4 |
| 700 | 49 | 63 | 31.5 | 55.3 | 70.7 | 36.4 | 60.9 | 79.8 |
| 800 | 56 | 72 | 36.00 | 63.2 | 80.8 | 41.6 | 69.6 | 91.2 |
| 900 | 63 | 81 | 40.5 | 71.1 | 90.9 | 46.8 | 78.3 | 102.6 |
| 1000 | 70 | 90 | 45.00 | 79 | 101 | 52 | 87 | 114 |
| 1100 | 77 | 99 | 49.50 | 86.9 | 111.1 | 57.2 | 95.7 | 125.4 |
| 1200 | 84 | 108 | 54.00 | 94.8 | 121.1 | 62.4 | 104.4 | 136.8 |
| 1300 | 91 | 117 | 58.5 | 102.7 | 131.3 | 67.6 | 113.1 | 148.2 |
| 1400 | 98 | 126 | 63.00 | 110.6 | 141.4 | 72.8 | 121.8 | 159.6 |
| 1500 | 105 | 135 | 67.50 | 118.5 | 151.5 | 78 | 130.5 | 171 |
| 2000 | 140 | 180 | 90.00 | 158 | 202 | 104 | 174 | 228 |
| 2500 | 175 | 225 | 112.5 | 197.5 | 252.5 | 130 | 217.5 | 285 |
| 3000 | 210 | 270 | 135.00 | 237 | 303 | 156 | 261 | 342 |
| 3500 | 845 | 315 | 157.50 | 276.5 | 353.5 | 182 | 304.5 | 399 |

## 八、钻头与套管间隙标准

### (一) 常用钻头与套管间隙标准(表 16-52)

表 16-52　常用钻头与套管间隙标准

| 套管尺寸 | | | 通径/mm | 钻头尺寸(小于紧密配合尺寸) | | 钻头与套管之间的间隙值/mm |
|---|---|---|---|---|---|---|
| 外径/mm(in) | 壁厚/mm | 名义内径/mm | | in | mm | |
| 127.0(5) | 10.72① | 105.6 | 102.4 | $3\frac{7}{8}$ | 98.4 | 7.2 |
| | 9.19 | 108.6 | 105.4 | $4\frac{1}{8}$ | 104.8 | 3.8 |
| | 7.52 | 112.0 | 108.8 | $4\frac{1}{4}$ | 107.9 | 4.1 |
| | 6.43 | 114.1 | 111.0 | $4\frac{1}{4}$ | 107.9 | 6.2 |
| | 5.59 | 115.8 | 112.6 | $4\frac{1}{4}$ | 107.9 | 7.9 |
| 139.7($5\frac{1}{2}$) | 10.54 | 118.6 | 115.4 | $4\frac{1}{2}$ | 114.3 | 4.3 |
| | 9.17 | 121.4 | 118.2 | $4\frac{5}{8}$ | 117.5 | 3.9 |
| | 7.72 | 124.3 | 121.1 | $4\frac{3}{4}$ | 120.6 | 3.7 |
| | 6.98 | 125.7 | 122.6 | $4\frac{3}{4}$ | 120.6 | 5.1 |
| | 6.20 | 127.3 | 124.1 | $4\frac{5}{8}$ | 123.8 | 3.5 |
| 168.8($6\frac{5}{8}$) | 12.06 | 144.1 | 141.0 | $4\frac{7}{8}$ | 123.8 | 20.4 |
| | 10.59 | 147.1 | 143.9 | $5\frac{5}{8}$ | 142.9 | 4.2 |
| | 8.94 | 150.4 | 147.2 | $5\frac{3}{4}$ | 146.0 | 4.4 |
| | 7.32 | 153.7 | 150.5 | $5\frac{7}{8}$ | 149.2 | 4.5 |
| 177.8(7) | 16.25① | 145.3 | 142.1 | $4\frac{7}{8}$ | 123.8 | 21.5 |
| | 14.98① | 147.8 | 144.7 | $5\frac{5}{8}$ | 142.9 | 4.9 |
| | 13.72 | 150.4 | 147.2 | $5\frac{3}{4}$ | 146.0 | 4.4 |
| | 12.65 | 152.5 | 149.3 | $5\frac{7}{8}$ | 149.2 | 3.3 |

续表

| 套管尺寸 | | | 通径/mm | 钻头尺寸（小于紧密配合尺寸） | | 钻头与套管之间的间隙值/mm |
|---|---|---|---|---|---|---|
| 外径/mm(in) | 壁厚/mm | 名义内径/mm | | in | mm | |
| 177.8 (7) | 11.51 | 154.8 | 151.6 | $5\frac{7}{8}$ | 149.2 | 5.6 |
| | 10.36 | 157.1 | 153.9 | 6 | 152.4 | 4.7 |
| | 9.19 | 159.4 | 156.2 | $6\frac{1}{8}$ | 155.6 | 3.8 |
| | 8.05 | 161.7 | 158.5 | $6\frac{1}{8}$ | 155.6 | 6.1 |
| | 6.91 | 164.0 | 160.0 | $6\frac{1}{4}$ | 158.7 | 5.3 |
| | 5.87 | 166.1 | 162.9 | $6\frac{1}{4}$ | 158.7 | 7.4 |
| 193.7 ($7\frac{5}{8}$) | 12.70 | 168.3 | 165.1 | $6\frac{1}{4}$ | 158.7 | 9.6 |
| | 10.92 | 171.9 | 168.7 | $6\frac{5}{8}$ | 168.3 | 3.6 |
| | 9.52 | 174.7 | 171.4 | $6\frac{5}{8}$ | 168.3 | 6.4 |
| | 8.33 | 177.0 | 173.8 | $6\frac{3}{4}$ | 171.4 | 5.6 |
| | 7.62 | 178.5 | 175.3 | $6\frac{3}{4}$ | 171.4 | 7.1 |
| 219.1 ($8\frac{5}{8}$) | 14.15 | 190.8 | 187.6 | $7\frac{3}{8}$ | 187.3 | 3.5 |
| | 12.70 | 193.7 | 190.5 | $7\frac{3}{8}$ | 187.3 | 6.4 |
| | 11.43 | 196.2 | 193.0 | $7\frac{3}{8}$ | 187.3 | 8.9 |
| | 10.16 | 198.8 | 195.6 | $7\frac{5}{8}$ | 193.7 | 5.1 |
| | 8.94 | 201.2 | 198.6 | $7\frac{5}{8}$ | 193.7 | 7.5 |
| | 7.72 | 203.7 | 200.5 | $7\frac{7}{8}$ | 200.0 | 3.7 |
| | 6.71 | 295.7 | 202.5 | $7\frac{7}{8}$ | 200.0 | 5.7 |
| 244.5 ($9\frac{5}{9}$) | 19.05① | 206.4 | 202.4 | $7\frac{7}{8}$ | 200.0 | 6.4 |
| | 15.87① | 212.7 | 208.8 | $7\frac{7}{8}$ | 200.0 | 12.7 |
| | 15.11① | 214.3 | 210.3 | $7\frac{7}{8}$ | 200.0 | 14.3 |
| | 13.84 | 216.8 | 212.8 | $8\frac{3}{8}$ | 212.7 | 4.1 |
| | 11.99 | 220.5 | 216.5 | $8\frac{1}{2}$ | 215.9 | 4.6 |

续表

| 套管尺寸 | | | 通径/mm | 钻头尺寸（小于紧密配合尺寸） | | 钻头与套管之间的间隙值/mm |
|---|---|---|---|---|---|---|
| 外径/mm(in) | 壁厚/mm | 名义内径/mm | | in | mm | |
| 244.5 ($9\frac{5}{9}$) | 11.05 | 222.7 | 218.4 | $8\frac{1}{2}$ | 215.9 | 6.8 |
| | 10.03 | 224.4 | 220.4 | $8\frac{5}{8}$ | 219.1 | 5.3 |
| | 8.94 | 226.6 | 222.6 | $8\frac{3}{4}$ | 222.2 | 4.4 |
| | 7.92 | 228.7 | 224.7 | $8\frac{3}{4}$ | 222.2 | 6.5 |
| 273.0 ($10\frac{3}{4}$) | 15.51 | 242.8 | 238.9 | 9 | 228.6 | 14.2 |
| | 13.84 | 245.4 | 241.4 | 9 | 228.6 | 16.7 |
| | 12.57 | 247.9 | 243.9 | 9 | 228.6 | 19.3 |
| | 11.43 | 250.1 | 246.2 | $9\frac{5}{8}$ | 244.5 | 5.6 |
| | 10.16 | 252.7 | 248.8 | $9\frac{5}{8}$ | 244.5 | 8.2 |
| | 8.89 | 255.2 | 251.3 | $9\frac{7}{8}$ | 250.8 | 4.4 |
| | 7.09 | 258.8 | 254.9 | $9\frac{7}{8}$ | 250.8 | 8.0 |
| 298.4 ($11\frac{3}{4}$) | 12.42 | 273.6 | 269.6 | $9\frac{7}{8}$ | 250.8 | 22.8 |
| | 11.05 | 276.3 | 272.4 | $10\frac{5}{8}$ | 269.9 | 6.4 |
| | 9.52 | 279.4 | 275.4 | $10\frac{5}{8}$ | 269.9 | 9.5 |
| | 8.46 | 281.5 | 277.6 | $10\frac{5}{8}$ | 269.9 | 11.6 |
| 339.7 ($13\frac{3}{8}$) | 13.06 | 313.6 | 309.7 | 12 | 304.8 | 8.8 |
| | 12.19 | 315.3 | 311.4 | $12\frac{1}{4}$ | 311.1 | 4.2 |
| | 10.92 | 317.9 | 313.9 | $12\frac{1}{4}$ | 311.1 | 6.8 |
| | 9.65 | 320.4 | 316.5 | $12\frac{1}{4}$ | 311.1 | 9.3 |
| | 8.38 | 322.9 | 319.0 | $12\frac{1}{4}$ | 311.1 | 11.8 |
| 406.4 (16) | 12.57 | 381.3 | 376.5 | $14\frac{3}{4}$ | 374.6 | 6.7 |
| | 11.57 | 384.1 | 379.4 | $14\frac{3}{4}$ | 374.6 | 9.5 |
| | 9.52 | 387.4 | 382.6 | 15 | 381.0 | 6.4 |

续表

| 套管尺寸 | | | 通径/mm | 钻头尺寸（小于紧密配合尺寸） | | 钻头与套管之间的间隙值/mm |
|---|---|---|---|---|---|---|
| 外径/mm(in) | 壁厚/mm | 名义内径/mm | | in | mm | |
| 473.1 (18⅝) | 11.05 | 451.0 | 446.2 | 17½ | 444.5 | 6.5 |
| 508.0 (20) | 16.13 | 475.7 | 470.9 | 18½ | 469.9 | 5.8 |
| | 12.70 | 482.6 | 477.8 | 18½ | 469.9 | 12.7 |
| | 11.13 | 485.9 | 481.0 | 18½ | 469.9 | 15.8 |

注：①非 API 标准。

## （二）套管与钻头尺寸配合系列(表 16-53)

表 16-53　套管下入井眼尺寸　mm(in)

| 套管 | 井眼 | 套管 | 井眼 | 套管 | 井眼 |
|---|---|---|---|---|---|
| 762 (30) | 914.4 (36) | 298.45 (11¾) | 381～444.5 (15～17½) | 177.8 (7) | 212.725～250.825 (8⅜～9⅞) |
| 508 (20) | 660.4 (26) | 273.05 (10¾) | 311.15～381.0 (14¼～15) | 168.275 (6⅝) | 200.025～222.25 (7⅞～8¾) |
| 473.075 (18⅝) | 609.6 (24) | 244.475 (95/8) | 311.15 (121/4) | 139.7 (51/2) | 171.45～222.25 (6¾～8¾) |
| 406.4 (16) | 469.9～508.0 (18½～20) | 219.075 (8⅝) | 241.3～311.15 (9½～12¼) | 127 (5) | 152.4～200.025 (6～7⅞) |
| 339.725 (13⅜) | 444.5 (17½) | 193.675 (7⅝) | 215.9～269.875 (8½～10⅝) | 114.3 (4½) | 152.4～200.025 (6～7⅞) |

## （三）美国休斯公司推荐的套管与钻头尺寸配合及间隙表(表 16-54)

**表 16-54　美国休斯公司推荐的套管与钻头尺寸配合及间隙**

| 套管规范 | | | | | | | | | 钻头外径 | | 间隙 | | | |
|---|---|---|---|---|---|---|---|---|---|---|---|---|---|---|
| 外径 | | 壁厚 | 带接箍重量 | | 接箍外径 | | 内径 | | | | 英制 | | 公制 | |
| in | mm | mm | lb/ft | kg/m | in | mm | in | mm | in | mm | in | 近似值 | mm | 近似值 |
| 4½ | 114.3 | 5.21 | 9.50 | 14.14 | 5.000 | 127.00 | 4.090 | 103.89 | 3⅞ | 98.42 | 0.215 | 7/32 | 5.46 | 5 |
| 4½ | 114.3 | 5.69 | 10.50 | 15.63 | 5.000 | 127.00 | 4.052 | 102.92 | 3⅞ | 98.42 | 0.177 | 11/64 | 4.50 | 5 |
| 4½ | 114.3 | 6.35 | 11.60 | 17.26 | 5.000 | 127.00 | 4.000 | 101.60 | 3⅞ | 98.42 | 0.125 | 1/8 | 3.18 | 3 |
| 4½ | 114.3 | 7.37 | 13.50 | 20.09 | 5.000 | 127.00 | 3.920 | 99.57 | 3¾ | 95.25 | 0.170 | 11/64 | 4.32 | 4 |
| 4¾ | 120.6 | 8.46 | 16.00 | 23.81 | 5.364 | 136.25 | 4.082 | 103.68 | 3⅞ | 98.42 | 0.207 | 13/64 | 5.26 | 5 |
| 5 | 127.0 | 5.59 | 11.50 | 17.11 | 5.563 | 141.30 | 4.560 | 115.82 | 4½① | 114.30 | 0.310 | 5/16 | 1.52 | 2 |
| 5 | 127.0 | 6.43 | 13.00 | 19.35 | 5.563 | 141.30 | 4.494 | 114.15 | 4¼① | 107.95 | 0.244 | 1/4 | 6.20 | 6 |
| 5 | 127.0 | 7.52 | 15.00 | 22.32 | 5.563 | 141.30 | 4.408 | 111.96 | 4¼① | 107.95 | 0.158 | 5/32 | 4.01 | 4 |
| 5 | 127.0 | 9.20 | 18.00 | 26.79 | 5.563 | 141.30 | 4.276 | 108.61 | 4⅛ | 104.77 | 0.151 | 5/32 | 3.84 | 4 |
| 5 | 127.0 | 11.10 | 21.40 | 31.85 | 5.563 | 141.30 | 4.126 | 104.80 | 3⅞ | 98.42 | 0.251 | 1/4 | 6.38 | 6 |
| 5 | 127.0 | 12.70 | 24.10 | 35.86 | 5.563 | 141.30 | 4.000 | 101.60 | 3⅞ | 98.42 | 0.125 | 1/8 | 3.18 | 3 |
| 5½ | 139.7 | 5.79 | 13.00 | 19.35 | 6.050 | 153.67 | 5.044 | 128.12 | 4¾ | 120.65 | 0.294 | 19/64 | 5.69 | 6 |
| 5½ | 139.7 | 6.20 | 14.00 | 20.83 | 6.050 | 153.67 | 5.012 | 127.30 | 4¾ | 120.65 | 0.262 | 17/64 | 6.65 | 7 |

续表

| 套管规范 | | | | | | | | | 钻头外径 | | 间隙 | | | |
|---|---|---|---|---|---|---|---|---|---|---|---|---|---|---|
| 外径 | | 壁厚 | 带接箍重量 | | 接箍外径 | | 内径 | | | | 英制 | | 公制 | |
| in | mm | mm | lb/ft | kg/m | in | mm | in | mm | in | mm | in | 近似值 | mm | 近似值 |
| $5\frac{1}{2}$ | 139.7 | 6.68 | 15.00 | 22.32 | 6.155 | 156.34 | 4.974 | 126.34 | $4\frac{3}{4}$ | 120.65 | 0.224 | 7/32 | 7.47 | 7 |
| $5\frac{1}{2}$ | 139.7 | 6.98 | 15.50 | 23.07 | 6.050 | 153.67 | 4.950 | 125.73 | $4\frac{3}{4}$ | 120.65 | 0.200 | 13/64 | 5.08 | 5 |
| $5\frac{1}{2}$ | 139.7 | 7.72 | 17.00 | 25.30 | 6.050 | 153.67 | 4.892 | 124.26 | $4\frac{3}{4}$ | 120.65 | 0.142 | 9/64 | 3.61 | 4 |
| $5\frac{1}{2}$ | 139.7 | 9.17 | 20.00 | 29.76 | 6.050 | 153.67 | 4.778 | 121.36 | $4\frac{5}{8}$① | 117.47 | 0.153 | 5/32 | 3.89 | 4 |
| $5\frac{1}{2}$ | 139.7 | 10.54 | 23.00 | 34.23 | 6.050 | 153.67 | 4.670 | 118.62 | $4\frac{1}{2}$① | 114.30 | 0.170 | 11/64 | 4.32 | 4 |
| $6\frac{5}{8}$ | 168.3 | 6.24 | 17.00 | 25.30 | 7.390 | 187.71 | 6.135 | 155.83 | 6 | 152.40 | 0.135 | 9/64 | 3.43 | 3 |
| $6\frac{5}{8}$ | 168.3 | 7.33 | 20.00 | 29.76 | 7.390 | 187.71 | 6.049 | 153.64 | $5\frac{7}{8}$ | 149.22 | 0.174 | 11/64 | 4.42 | 4 |
| $6\frac{5}{8}$ | 168.3 | 8.96 | 20.00 | 35.72 | 7.390 | 187.71 | 5.921 | 150.39 | $4\frac{3}{4}$ | 120.65 | 1.171 | $1\frac{11}{64}$ | 29.74 | 30 |
| $6\frac{5}{8}$ | 168.3 | 9.79 | 26.00 | 38.69 | 7.390 | 187.71 | 5.855 | 148.72 | $4\frac{3}{4}$ | 120.65 | 1.105 | $1\frac{7}{64}$ | 28.08 | 28 |
| $6\frac{5}{8}$ | 168.3 | 10.61 | 28.00 | 41.67 | 7.390 | 187.71 | 5.791 | 147.09 | $4\frac{3}{4}$ | 120.65 | 1.041 | $1\frac{3}{64}$ | 26.44 | 26 |
| $6\frac{5}{8}$ | 168.3 | 10.99 | 29.00 | 43.16 | 7.390 | 187.71 | 5.761 | 146.33 | $4\frac{3}{4}$ | 120.65 | 1.011 | $1\frac{1}{64}$ | 25.68 | 26 |
| $6\frac{5}{8}$ | 168.3 | 12.08 | 32.00 | 47.62 | 7.390 | 187.71 | 5.375 | 144.14 | $4\frac{3}{4}$ | 120.65 | 0.925 | 59/64 | 23.49 | 23 |
| 7 | 177.8 | 5.87 | 17.00 | 25.30 | 6.656 | 194.46 | 6.538 | 166.07 | $6\frac{1}{4}$ | 158.75 | 0.288 | 9/32 | 7.32 | 7 |

续表

| 套管规范 | | | | | | | | | 钻头外径 | | 间隙 | | | |
|---|---|---|---|---|---|---|---|---|---|---|---|---|---|---|
| 外径 | | 壁厚 | 带接箍重量 | | 接箍外径 | | 内径 | | | | 英制 | | 公制 | |
| in | mm | mm | lb/ft | kg/m | in | mm | in | mm | in | mm | in | 近似值 | mm | 近似值 |
| 7 | 177.8 | 6.91 | 20.00 | 29.76 | 7.656 | 194.46 | 6.456 | 163.98 | 6¼ | 158.75 | 0.206 | 13/64 | 5.23 | 5 |
| 7 | 177.8 | 7.65 | 22.00 | 32.74 | 7.656 | 194.46 | 6.398 | 162.51 | 6¼ | 158.75 | 0.148 | 9/64 | 3.76 | 4 |
| 7 | 177.8 | 8.05 | 23.00 | 34.23 | 7.656 | 194.46 | 6.366 | 161.70 | 6½ | 158.75 | 0.116 | 7/64 | 2.95 | 3 |
| 7 | 177.8 | 8.44 | 24.00 | 35.72 | 7.656 | 194.46 | 6.336 | 160.93 | 6⅛ | 155.57 | 0.211 | 7/32 | 5.36 | 5 |
| 7 | 177.8 | 9.20 | 26.00 | 38.69 | 7.656 | 194.46 | 6.276 | 159.41 | 6⅛ | 155.57 | 0.151 | 5/32 | 3.84 | 4 |
| 7 | 177.8 | 9.98 | 28.00 | 41.67 | 7.656 | 194.46 | 6.214 | 157.84 | 6 | 152.40 | 0.214 | 7/32 | 5.44 | 6 |
| 7 | 177.8 | 10.37 | 29.00 | 43.16 | 7.656 | 194.46 | 6.184 | 157.07 | 6 | 152.40 | 0.184 | 3/16 | 4.67 | 5 |
| 7 | 177.8 | 10.75 | 30.00 | 44.65 | 7.656 | 194.46 | 6.154 | 156.31 | 6 | 152.40 | 0.154 | 5/32 | 3.91 | 4 |
| 7 | 177.8 | 11.51 | 32.00 | 47.62 | 7.656 | 194.46 | 6.094 | 154.79 | 6 | 152.40 | 0.094 | 3/32 | 2.39 | 2 |
| 7 | 177.8 | 12.65 | 35.00 | 52.09 | 7.656 | 194.46 | 6.004 | 152.50 | 5⅞ | 149.22 | 0.129 | 1/8 | 3.28 | 3 |
| 7 | 177.8 | 13.72 | 38.00 | 56.55 | 7.656 | 194.46 | 5.920 | 150.37 | 5⅞ | 149.22 | 0.045 | 3/64 | 1.14 | 1 |
| 7⅝ | 193.7 | 6.36 | 20.00 | 29.76 | 8.500 | 215.90 | 7.125 | 180.98 | 6¾ | 171.45 | 0.375 | 3/8 | 9.52 | 10 |
| 7⅝ | 193.7 | 7.63 | 24.00 | 35.72 | 8.500 | 215.90 | 7.025 | 178.44 | 6¾ | 171.45 | 0.275 | 9/32 | 6.98 | 7 |

续表

| 套管规范 | | | | | | | | | 钻头外径 | | 间隙 | | | |
|---|---|---|---|---|---|---|---|---|---|---|---|---|---|---|
| 外径 | | 壁厚 | 带接箍重量 | | 接箍外径 | | 内径 | | | | 英制 | | 公制 | |
| in | mm | mm | lb/ft | kg/m | in | mm | in | mm | in | mm | in | 近似值 | mm | 近似值 |
| $7\frac{5}{8}$ | 193.7 | 8.35 | 26.40 | 39.29 | 8.500 | 215.90 | 6.969 | 177.01 | $6\frac{3}{4}$ | 171.45 | 0.219 | 7/32 | 5.56 | 6 |
| $7\frac{5}{8}$ | 193.7 | 9.54 | 29.70 | 44.20 | 8.500 | 215.90 | 6.875 | 174.62 | $6\frac{3}{4}$ | 171.45 | 0.125 | 1/8 | 3.18 | 3 |
| $7\frac{5}{8}$ | 193.7 | 10.94 | 33.70 | 50.15 | 8.500 | 215.90 | 6.765 | 171.83 | $6\frac{5}{8}$ | 168.27 | 0.140 | 9/64 | 3.56 | 4 |
| $7\frac{5}{8}$ | 193.7 | 12.71 | 39.00 | 59.04 | 8.500 | 215.90 | 6.625 | 168.28 | $6\frac{1}{4}$ | 158.75 | 0.375 | 3/8 | 9.52 | 10 |
| $7\frac{5}{8}$ | 193.7 | 14.29 | 42.80 | 63.69 | 8.500 | 215.90 | 6.501 | 165.13 | $6\frac{1}{4}$ | 158.75 | 0.251 | 1/4 | 6.38 | 6 |
| $7\frac{5}{8}$ | 193.7 | 15.89 | 47.10 | 70.09 | 8.500 | 215.90 | 6.375 | 161.93 | $6\frac{1}{4}$ | 158.75 | 0.125 | 1/8 | 3.18 | 3 |
| $8\frac{5}{8}$ | 219.1 | 6.72 | 24.00 | 35.72 | 9.625 | 244.48 | 8.097 | 205.66 | $7\frac{7}{8}$ | 200.02 | 0.222 | 7/32 | 5.64 | 6 |
| $8\frac{5}{8}$ | 219.1 | 7.74 | 28.00 | 41.62 | 9.625 | 244.48 | 8.017 | 203.63 | $7\frac{7}{8}$ | 200.02 | 0.142 | 9/64 | 3.61 | 4 |
| $8\frac{5}{8}$ | 219.1 | 8.96 | 32.00 | 47.62 | 9.625 | 244.48 | 7.921 | 201.19 | $7\frac{7}{8}$ | 200.02 | 0.046 | 3/64 | 1.17 | 1 |
| $8\frac{5}{8}$ | 219.1 | 10.17 | 36.00 | 53.57 | 9.625 | 244.48 | 7.825 | 198.76 | $6\frac{3}{4}$ | 171.45 | 1.075 | 15/64 | 27.30 | 27 |
| $8\frac{5}{8}$ | 219.1 | 10.81 | 38.00 | 56.55 | 9.625 | 244.48 | 7.775 | 197.48 | $6\frac{3}{4}$ | 171.45 | 1.025 | 1/32 | 26.03 | 26 |
| $8\frac{5}{8}$ | 219.1 | 11.44 | 40.00 | 59.53 | 9.625 | 244.48 | 7.725 | 196.22 | $6\frac{3}{4}$ | 171.45 | 0.975 | 31/32 | 24.76 | 25 |
| $8\frac{5}{8}$ | 219.1 | 12.38 | 43.00 | 63.99 | 9.625 | 244.48 | 7.651 | 194.34 | $6\frac{3}{4}$ | 171.45 | 0.901 | 29/32 | 22.89 | 23 |

续表

| 套管规范 | | | | | | | | | 钻头外径 | | 间隙 | | | |
|---|---|---|---|---|---|---|---|---|---|---|---|---|---|---|
| 外径 | | 壁厚 | 带接箍重量 | | 接箍外径 | | 内径 | | | | 英制 | | 公制 | |
| in | mm | mm | lb/ft | kg/m | in | mm | in | mm | in | mm | in | 近似值 | mm | 近似值 |
| 8⅝ | 219.1 | 12.71 | 44.00 | 65.48 | 9.625 | 244.48 | 7.625 | 193.68 | 6¾ | 171.45 | 0.875 | 7/8 | 22.22 | 22 |
| 8⅝ | 219.1 | 14.16 | 49.00 | 72.92 | 9.625 | 244.48 | 7.511 | 190.78 | 6¾ | 171.45 | 0.761 | 49/64 | 19.33 | 19 |
| 9⅝ | 244.5 | 7.15 | 29.30 | 43.60 | 10.625 | 269.88 | 9.063 | 230.20 | 8¾ | 222.25 | 0.313 | 5/16 | 7.95 | 8 |
| 9⅝ | 244.5 | 7.94 | 32.30 | 48.07 | 10.625 | 269.88 | 9.001 | 228.63 | 8¾ | 222.25 | 0.251 | 1/4 | 6.38 | 6 |
| 9⅝ | 244.5 | 8.96 | 36.00 | 53.57 | 10.625 | 269.88 | 8.921 | 226.59 | 8¾ | 222.25 | 0.171 | 11/64 | 4.34 | 4 |
| 9⅝ | 244.5 | 10.05 | 40.00 | 59.53 | 10.625 | 269.88 | 8.835 | 224.41 | 8⅝ | 219.10 | 0.210 | 13/64 | 5.33 | 5 |
| 9⅝ | 244.5 | 11.06 | 43.50 | 64.74 | 10.625 | 269.88 | 8.755 | 222.38 | 8⅝ | 219.10 | 0.130 | 1/8 | 3.30 | 3 |
| 9⅝ | 244.5 | 12.00 | 47.00 | 69.94 | 10.625 | 269.88 | 8.681 | 220.50 | 8½ | 215.90 | 0.181 | 3/16 | 4.60 | 5 |
| 9⅝ | 244.5 | 13.86 | 53.50 | 79.62 | 10.625 | 269.88 | 8.585 | 216.79 | 8⅜ | 212.72 | 0.160 | 5/32 | 4.06 | 4 |
| 10¾ | 273.0 | 7.06 | 32.75 | 48.74 | 11.750 | 298.45 | 10.192 | 258.88 | 9⅞ | 250.82 | 0.317 | 5/16 | 8.05 | 8 |
| 10¾ | 273.0 | 8.86 | 40.50 | 60.27 | 11.750 | 298.45 | 10.050 | 255.27 | 9⅞ | 250.82 | 0.175 | 11/64 | 4.44 | 4 |
| 10¾ | 273.0 | 10.14 | 45.50 | 67.71 | 11.750 | 298.45 | 9.950 | 252.73 | 9⅞ | 250.82 | 0.075 | 5/64 | 1.90 | 2 |
| 10¾ | 273.0 | 11.45 | 51.00 | 75.90 | 11.750 | 298.45 | 9.850 | 250.10 | 9⅝① | 244.50 | 0.225 | 7/32 | 5.72 | 6 |

续表

| 套管规范 | | | | | | | | | 钻头外径 | | 间隙 | | | |
|---|---|---|---|---|---|---|---|---|---|---|---|---|---|---|
| 外径 | | 壁厚 | 带接箍重量 | | 接箍外径 | | 内径 | | | | 英制 | | 公制 | |
| in | mm | mm | lb/ft | kg/m | in | mm | in | mm | in | mm | in | 近似值 | mm | 近似值 |
| $10\frac{3}{4}$ | 273.0 | 12.55 | 55.50 | 82.59 | 11.750 | 298.45 | 9.760 | 247.90 | $9\frac{5}{8}$① | 244.50 | 0.135 | 9/64 | 3.43 | 3 |
| $10\frac{3}{4}$ | 273.0 | 13.82 | 60.70 | 90.33 | 11.750 | 298.45 | 9.660 | 245.36 | $9\frac{1}{2}$ | 241.30 | 0.160 | 5/32 | 4.06 | 4 |
| $10\frac{3}{4}$ | 273.0 | 15.09 | 65.37 | 97.28 | 11.750 | 298.45 | 9.560 | 242.82 | $9\frac{1}{2}$ | 241.30 | 0.060 | 1/16 | 1.52 | 2 |
| $11\frac{3}{4}$ | 298.4 | 7.60 | 38.00 | 56.55 | 12.750 | 323.85 | 11.150 | 283.21 | 11 | 279.40 | 0.150 | 5/32 | 3.81 | 4 |
| $11\frac{3}{4}$ | 298.4 | 8.44 | 42.00 | 62.50 | 12.750 | 323.85 | 11.084 | 281.53 | 11 | 279.40 | 0.084 | 5/64 | 2.13 | 2 |
| $11\frac{3}{4}$ | 298.4 | 9.50 | 47.00 | 69.94 | 12.750 | 323.85 | 11.000 | 279.40 | $10\frac{5}{8}$ | 269.88 | 0.375 | 3/8 | 9.52 | 10 |
| $11\frac{3}{4}$ | 298.4 | 9.89 | 60.00 | 89.29 | 12.750 | 323.85 | 10.772 | 278.61 | $10\frac{5}{8}$ | 269.88 | 0.147 | 9/64 | 8.73 | 4 |
| $11\frac{3}{4}$ | 298.4 | 11.03 | 54.00 | 80.36 | 12.750 | 323.85 | 10.880 | 276.35 | $10\frac{5}{8}$ | 269.88 | 0.255 | 1/4 | 6.48 | 6 |
| $13\frac{3}{8}$ | 339.7 | 8.37 | 48.00 | 71.43 | 14.375 | 365.12 | 12.715 | 322.96 | $12\frac{1}{4}$ | 311.15 | 0.465 | 15/32 | 11.81 | 12 |
| $13\frac{3}{8}$ | 339.7 | 9.64 | 54.50 | 81.11 | 14.375 | 365.12 | 12.615 | 320.42 | $12\frac{1}{4}$ | 311.15 | 0.365 | 23/64 | 9.27 | 9 |
| $13\frac{3}{8}$ | 339.7 | 10.91 | 61.00 | 90.78 | 14.375 | 365.12 | 12.515 | 317.88 | $12\frac{1}{4}$ | 311.15 | 0.265 | 17/64 | 6.73 | 7 |
| $13\frac{3}{8}$ | 339.7 | 12.18 | 68.00 | 101.20 | 14.375 | 365.12 | 12.415 | 315.34 | $12\frac{1}{4}$ | 311.15 | 0.165 | 11/64 | 4.19 | 4 |
| $13\frac{3}{8}$ | 339.7 | 13.05 | 72.00 | 107.15 | 14.375 | 365.12 | 12.347 | 313.61 | 12① | 304.80 | 0.347 | 11/32 | 8.81 | 9 |

续表

| 套管规范 | | | | | | | | | 钻头外径 | | 间隙 | | | |
|---|---|---|---|---|---|---|---|---|---|---|---|---|---|---|
| 外径 | | 壁厚 | 带接箍重量 | | 接箍外径 | | 内径 | | | | 英制 | | 公制 | |
| in | mm | mm | lb/ft | kg/m | in | mm | in | mm | in | mm | in | 近似值 | mm | 近似值 |
| 13⅜ | 339.7 | 15.23 | 83.00 | 123.52 | 14.375 | 365.12 | 12.175 | 309.24 | 12① | 304.80 | 0.175 | 11/64 | 4.44 | 4 |
| 16 | 406.4 | 7.94 | 55.00 | 81.85 | 17.000 | 431.00 | 15.375 | 390.52 | 15① | 381.00 | 0.375 | 3/8 | 9.50 | 10 |
| 16 | 406.4 | 9.52 | 65.00 | 96.78 | 17.000 | 431.00 | 15.250 | 387.35 | 15① | 381.00 | 0.250 | 1/4 | 6.35 | 6 |
| 16 | 406.4 | 11.11 | 75.00 | 111.61 | 17.000 | 431.00 | 15.125 | 384.18 | 14¾ | 374.65 | 0.375 | 3/8 | 9.52 | 10 |
| 16 | 406.4 | 12.58 | 84.00 | 125.01 | 17.000 | 431.00 | 15.010 | 381.25 | 14¾ | 374.65 | 0.260 | 17/64 | 6.60 | 7 |
| 18⅝ | 473.1 | 9.79 | 78.00 | 116.08 | 19.750 | 501.65 | 17.855 | 453.52 | 17½ | 444.50 | 0.355 | 23/64 | 9.02 | 9 |
| 18⅝ | 473.1 | 11.06 | 87.50 | 130.22 | 19.750 | 501.65 | 17.755 | 450.98 | 17½ | 444.50 | 0.255 | 1/4 | 6.48 | 6 |
| 18⅝ | 473.1 | 12.33 | 96.50 | 143.61 | 19.750 | 501.65 | 17.655 | 448.44 | 17½ | 444.50 | 0.155 | 5/32 | 3.94 | 4 |
| 20 | 508.0 | 10.59 | 90.00 | 133.94 | 21.000 | 533.40 | 19.166 | 486.82 | 17½ | 444.50 | 1.666 | 1 43/64 | 42.32 | 42 |
| 20 | 508.0 | 11.13 | 94.00 | 139.89 | 21.000 | 533.40 | 19.124 | 485.75 | 17½ | 444.50 | 1.624 | 1⅝ | 41.25 | 41 |
| 20 | 508.0 | 12.70 | 106.50 | 158.49 | 21.000 | 533.40 | 19.000 | 482.60 | 17½ | 444.50 | 1.500 | 1½ | 38.10 | 38 |
| 20 | 508.0 | 16.13 | 133.00 | 197.93 | 21.000 | 533.40 | 18.730 | 475.74 | 17½ | 444.50 | 1.230 | 1 5/64 | 31.24 | 31 |

注：①非标准钻头。

## 九、API 井身结构数据

套管与井眼(钻头尺寸)间隙选择如图 16-1 所示。

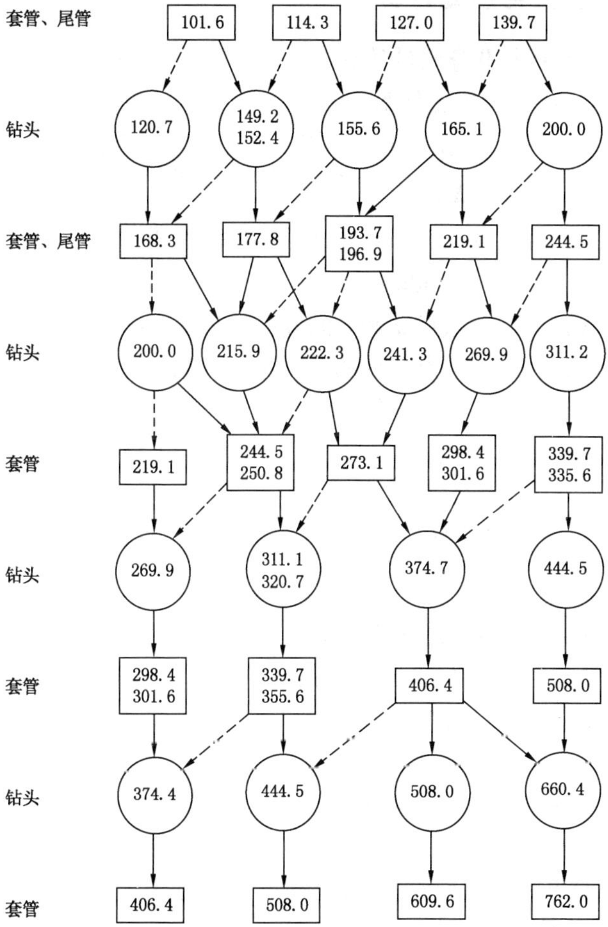


注1. 数据的单位均为 mm。
2. 实线箭头代表常用配合，虚线箭头表示不常用配合。

图 16-1　套管与井眼(钻头尺寸)间隙选择

# 第三节　钻井常用计算公式

## 一、井身质量计算

### （一）直井井身质量计算

1. 井斜角全角变化率

$$G_{ab}=\frac{30}{\Delta L_{ab}}\sqrt{(\alpha_a-\alpha_b)^2+\Delta\Phi_{ab}^2\sin^2\frac{\alpha_a+\alpha_b}{2}}$$

式中　$G_{ab}$——测量点 $a$ 和 $b$ 间井段的井斜全角变化率，(°)/30m；

$\Delta L_{ab}$——测量点 $a$ 和 $b$ 间井段的长度，m；

$\alpha_a$——测量点 $a$ 处的井斜角，(°)；

$\alpha_b$——测量点 $b$ 处的井斜角，(°)；

$\Delta\Phi_{ab}$——测量点 $a$ 和 $b$ 间的方位差，$\Delta\Phi_{ab}=\Phi_b-\Phi_a$，(°)。

2. 井底水平位移

$$S_z=\sqrt{(N_o-N_n)^2+(E_o-E_n)^2}$$

式中　$S_z$——井底水平位移，m；

$N_o$——井口 N 坐标值，m；

$N_n$——实际井底 N 坐标值，m；

$E_o$——井口 E 坐标值，m；

$E_n$——实际井底 E 坐标值，m。

3. 最大井斜角

根据井深、井斜测量数据获取，或根据井斜测井资料获得。

4. 平均井径扩大系数

$$C_p=\frac{D_{实}}{D_b}$$

式中　$C_p$——平均井径扩大系数，无因次量；

$D_{实}$——实际平均井径，mm；

$D_b$——钻头名义直径，mm。

5. 最大井径扩大系数

$$C_{max}=\frac{D_{max}}{D_b}$$

式中　$C_{max}$——最大井径扩大系数，无因次量；

$D_{max}$——实际最大井径，mm；

$D_b$——钻头名义直径，mm。

**（二）定向井井身质量计算**

1. 井斜角全角变化率

井斜角全角变化率计算公式同直井井斜角全角变化率计算公式。

2. 井底水平偏差距

$$S_s=\sqrt{(N_d-N_n)^2+(E_d-E_n)^2}$$

式中　$S_s$——定向井井底水平偏差距，m；

$N_d$——设计井底坐标，m；

$N_n$——实际井底的 N 坐标，m；

$E_d$——设计井底坐标，m；

$E_n$——实际井底的 E 坐标，m。

3. 井底垂直偏差距

$$\Delta H=H-H_n$$

式中　$\Delta H$——定向井井底垂直偏差距，m；

$H$——设计垂直井深，m；

$H_n$——实际垂直井深，m。

4. 实际井底与设计井底的空间距离

$$R=\sqrt{\Delta H^2+S_s^2}$$

式中　$R$——定向井实际井底与设计井底的空间距离，m；

$\Delta H$——实际井底与设计井底的垂直偏差距，m；

$S_s$——实际井底与设计井底的水平偏差距，m。

5. 平均井径扩大系数

平均井径扩大系数计算同直井。

6. 最大井径扩大系数

最大井径扩大系数计算同直井。

## 二、喷射钻井水力参数计算

### (一) 钻井泵额定水功率

$$P_{pr}=p_r\times Q_r$$

式中　$P_{pr}$——钻井泵额定水功率，kW；

$p_r$——钻井泵额定泵压，MPa；

$Q_r$——钻井泵额定流量，L/s。

### (二) 钻井泵实发水功率

$$P_p=p_s\times Q$$

式中　$P_p$——钻井泵实发水功率，kW；

$p_s$——钻井泵工作泵压，MPa；

$Q$——钻井泵工作流量，L/s。

### (三) 钻井泵水功率分配关系

$$P_p=P_b+\Delta P_{cr}$$

式中　$P_p$——钻井泵实发水功率，kW；

$P_b$——钻头(喷嘴)水功率，kW；

$\Delta P_{cr}$——循环系统损耗水功率，kW。

### (四) 钻井泵压力分配关系

$$p_s=\Delta p_b+\Delta p_g+\Delta p_{cs}$$

式中　$p_s$——钻井泵实发泵压，MPa；

$\Delta p_b$——钻头喷嘴压降，MPa；

$\Delta p_g$——地面管汇压力损耗，MPa；

$\Delta p_{cs}$——井内循环压力损耗，MPa。

$$\Delta p_{cs}=\Delta p_{pi}+\Delta p_{ci}+\Delta p_{pa}+\Delta p_{ca}$$

式中　$\Delta p_{pi}$、$\Delta p_{pa}$——钻杆内、外循环压力损耗，MPa；

$\Delta p_{ci}$、$\Delta p_{ca}$——钻铤内、外循环压力损耗，MPa。

**（五）钻头(喷嘴)压力降**

$$\Delta p_b = k_b \times Q^2$$

式中　$\Delta p_b$——钻头(喷嘴)压力降，MPa；

$Q$——钻井液流量，L/s；

$k_b$——钻头(喷嘴)压降系数，无因次量。

$$k_b = \frac{554.4\rho_d}{A_J^2}$$

式中　$\rho_d$——钻井液密度，g/cm$^3$；

$A_J$——喷嘴截面积，mm$^2$。

$$A_J = \left(\frac{554.4 \times \rho_d \times Q^2}{P_s - \Delta p_{cs}}\right)^{0.5}$$

式中　$\rho_d$——钻井液密度，g/cm$^3$；

$Q$——钻井液流量，L/s；

$P_s$——钻井泵实发泵压，MPa；

$\Delta p_{cs}$——循环系统压力损耗，MPa。

**（六）地面管汇压力损耗**

$$\Delta p_g = k_g \times Q^{1.8}$$

式中　$\Delta p_g$——地面管汇压力损耗，MPa；

$Q$——流量，L/s；

$k_g$——地面管汇压力损耗系数。

$$k_g = 3.767 \times 10^{-4} \times \rho_d^{\ 0.8} \times \mu_{pv}^{\ 0.2}$$

式中　$\mu_{pv}$——塑性黏度，mPa·s。

$$\mu_{pv} = \theta_{600} - \theta_{300}$$

式中　$\theta_{600}$、$\theta_{300}$——旋转黏度计 600r/min、300r/min 的读数，无因次量。

**（七）管内循环压力损耗**

1. 钻杆内

$$\Delta p_{pi} = k_{pi} \times L_P \times Q^{1.8}$$

$$k_{pi}=7628\times\rho_d^{0.8}\times\mu_{pv}^{0.2}\times\frac{1}{d_{pi}^{4.8}}$$

式中　$\Delta p_{pi}$——钻杆内循环压力损耗，MPa；

$k_{pi}$——钻杆内循环压力损耗系数，无因次量；

$L_p$——钻杆长度，m；

$Q$——流量，L/s；

$\rho_d$——钻井液密度，g/cm$^3$；

$\mu_{pv}$——塑性黏度，mPa·s；

$d_{pi}$——钻杆内径，mm。

2. 钻铤内

$$\Delta p_{ci}=k_{ci}\times L_C\times Q^{1.8}$$

$$k_{ci}=7628\times\rho_d^{0.8}\times\mu_{pv}^{0.2}\times\frac{1}{d_{ci}^{4.8}}$$

式中　$\Delta p_{ci}$——钻铤内循环压力损耗，MPa；

$k_{ci}$——钻铤内循环压力损耗系数，无因次量；

$L_C$——钻铤长度，m；

$Q$——流量，L/s；

$\rho_d$——钻井液密度，g/cm$^3$；

$\mu_{pv}$——塑性黏度，mPa·s；

$d_{ci}$——钻铤内径，mm。

**(八) 管外循环压力损耗**

1. 钻杆外

$$\Delta p_{pa}=k_{pa}\times L_P\times Q^{1.8}$$

$$k_{pa}=\frac{7628\times\rho_d^{0.8}\times\mu_{pv}^{0.2}}{(d_h-d_p)^3(d_h+d_p)^{1.8}}$$

式中　$\Delta p_{pa}$——钻杆外循环压力损耗，MPa；

$k_{pa}$——钻杆外循环压力损耗系数，无因次量；

$L_P$——钻杆长度，m；

$Q$——流量，L/s；

$\rho_d$——钻井液密度，$g/cm^3$；

$\mu_{pv}$——塑性黏度，mPa·s；

$d_h$——井眼直径，mm；

$d_p$——钻杆外径，mm。

2. 钻铤外

$$\Delta p_{ca}=k_{ca}\times L_C\times Q^{1.8}$$

$$k_{ca}=\frac{7628\times\rho_d^{0.8}\times\mu_{pv}^{0.2}}{(d_h-d_c)^3(d_h+d_c)^{1.8}}$$

式中　$\Delta p_{ca}$——钻铤外循环压力损耗，MPa；

$k_{ca}$——钻铤外循环压力损耗系数，无因次量；

$L_C$——钻铤长度，m；

$Q$——流量，L/s；

$\rho_d$——钻井液密度，$g/cm^3$；

$\mu_{pv}$——塑性黏度，mPa·s；

$d_h$——井眼直径，mm；

$d_c$——钻铤外径，mm。

**（九）钻头(喷嘴)水功率**

$$P_b=\Delta p_b\times Q$$

式中　$P_b$——钻头(喷嘴)水功率，kW；

$\Delta p_b$——钻头(喷嘴)压力降，MPa；

$Q$——排量，L/s。

或

$$p_b=\frac{0.05\rho_d Q^3}{C^2A_0^2}$$

式中　$\rho_d$——钻井液密度，$g/cm^3$；

$C$——喷嘴流量系数，无因次量。

或

$$p_b=\frac{0.081\rho_d Q^3}{C^2 d_{ne}^4}$$

式中　$d_{ne}$——喷嘴当量直径，cm；

$A_0$——喷嘴出口截面积，$cm^2$。

### （十）射流喷射速度

1. 钻头喷嘴总过流面积

$$S=0.785(d_1^2+d_2^2+d_3^2+\cdots\cdots+d_n^2)$$

式中　$S$——钻头喷嘴总过流面积，$mm^2$；

$d_1$、$d_2$、$d_3$…，$d_n$——钻头各喷嘴的出口直径，mm。

2. 射流喷射速度

$$V_J=\frac{1000Q}{A_J}$$

式中　$V_J$——射流喷射速度，m/s；

$Q$——流量，L/s；

$A_J$——喷嘴截面积，$mm^2$。

### （十一）射流冲击力

$$F_J=\rho_d\times v_J\times Q$$

式中　$F_J$——射流冲击力，N；

$\rho_d$——钻井液密度，$g/cm^3$；

$v_J$——射流喷射速度，m/s；

$Q$——流量，L/s。

### （十二）钻头单位面积水功率(比水功率)

$$P_{bs}=\frac{1000P_b}{A_b}$$

式中　$P_{bs}$——钻头单位面积水功率(比水功率)，$W/mm^2$；

$P_b$——钻头水功率，kW；

$A_b$——井底面积(即钻头面积)，$mm^2$；

$$A_b=\frac{1}{4}\pi d_b^2$$

$d_b$——钻头直径，mm。

### （十三）钻井泵功率利用率

$$\eta=\frac{P_b}{P_p}$$

式中 $\eta$——钻井泵功率利用率，无因次量；

$P_b$——钻头水功率，kW；

$P_p$——钻井泵实发水功率，kW。

**（十四）钻井液环空返速**

$$v_a=\frac{1273Q}{d_h^2-d_p^2}$$

式中 $v_a$——钻井液环空返速，m/s；

$Q$——流量，L/s；

$d_h$——井眼直径，mm；

$d_p$——钻杆外径，mm。

**（十五）环空临界流速**

1. 宾汉流体

$$v_{cr}=\frac{30.864\mu_{pv}+[(30.864\mu_{pv})^2\times123.5\tau_{yp}\times\rho_d(d_h-d_p)^2]^{0.5}}{24\rho_d(d_h-d_p)}$$

$$Re=\frac{9800(d_h-d_p)v_a^2\times\rho_d}{\tau_{yp}(d_h-d_p)+12v_a\mu_{pv}}$$

式中 $v_{cr}$——环空临界流速，m/s；

$\mu_{pv}$——塑性黏度，mPa · s；

$\tau_{yp}$——屈服值(动切力)，Pa；

$\rho_d$——钻井液密度，g/cm$^3$；

$d_h$——井眼直径，mm；

$d_p$——钻杆外径，mm；

$Re$——雷诺数，无因次量；

$v_a$——钻井液上返速度，m/s。

若 $v_a\geqslant v_{cr}$或 $Re\geqslant2100$，为紊流；

若 $v_a<v_{cr}$或 $Re<2100$，为层流。

$$\tau_{yp}=0.479(2\theta_{300}-\theta_{600})$$

2. 幂律流体

$$v_{cr}=0.00508\left[\frac{2.04\times10^4\times n^{0.387}\times K}{\rho_d}\left(\frac{25.4}{d_h-d_p}\right)^n\right]^{\frac{1}{2-n}}$$

$$Z=808\left(\frac{v_a}{v_{cr}}\right)^{2-n}$$

式中　$v_{cr}$——环空临界流速，m/s；

$n$——钻井液流型指数，无因次量；

$K$——钻井液稠度系数，$Pa \cdot s^n$；

$\rho_d$——钻井液密度，$g/cm^3$；

$d_h$——井眼直径，mm；

$d_p$——钻杆外径，mm；

$Z$——钻井液流态指示值，无因次量；

$v_a$——钻井液环空上返速度，m/s；

若 $v_a \geqslant v_{cr}$ 或 $Z \geqslant 800$，为紊数；

若 $v_a < v_{cr}$ 或 $Z < 800$，为层流。

$$n=3.32\lg\frac{\theta_{600}}{\theta_{300}}$$

$$K=\frac{0.479\theta_{300}}{511^n}$$

**（十六）岩屑滑落速度**

$$v_s=\frac{0.071d_{rc}(\rho_{rc}-\rho_d)^{0.667}}{(\rho_d \times \mu_f)^{0.333}}$$

式中　$v_s$——岩屑滑落速度，m/s；

$d_{rc}$——岩屑直径，mm；

$\rho_{rc}$——岩屑密度，$g/cm^3$（一般取 $2.5g/cm^3$）；

$\rho_d$——钻井液密度，$g/cm^3$；

$\mu_f$——视黏度，$mPa \cdot s$。

$$\mu_f=\mu_{pv}+0.112\left[\frac{\tau_{yp}(d_h-d_p)}{v_a}\right]$$

**（十七）环空净化能力**

$$L_c=1-\frac{v_s}{v_a}$$

式中 $L_c$——环空净化能力，无因次量；

$v_s$——岩屑滑落速度，m/s；

$v_a$——钻井液环空上返速度，m/s。

**（十八）临界井深（选择宾汉流体）**

1. 最大钻头水功率工作方式

$$D_{cr}=\frac{0.357p_r-k_g\times Q^{1.8}-k_c\times L_c\times Q^{1.8}}{k_p\times Q^{1.8}}+L_c$$

式中 $D_{cr}$——临界井深，m；

$p_r$——钻井泵额定泵压，MPa；

$k_g$——地面管汇循环压力损耗系数，无因次量；

$k_c$——钻铤循环压力损耗系数，无因次量；

$L_c$——钻铤长度，m；

$Q$——流量，L/s；

$k_p$——钻杆循环压力损耗系数，无因次量。

2. 最大冲击力工作方式

$$D_{cr}=\frac{0.526p_r-k_g\times Q^{1.8}-k_c\times L_c\times Q^{4.8}}{k_p\times Q^{1.8}}+L_c$$

式中 $D_{cr}$——临界井深，m；

$p_r$——钻井泵额定泵压，MPa；

$k_g$——地面管汇循环压力损耗系数，无因次量；

$k_c$——钻铤循环压力损耗系数，无因次量；

$L_c$——钻铤长度，m；

$Q$——流量，L/s；

$k_p$——钻杆循环压力损耗系数，无因次量。

**（十九）最优流量（选择宾汉流体）**

1. 最大钻头水功率工作方式

$$Q_{opt}=\left(\frac{0.375p_r}{k_g+k_p\times L_p+k_c\times L_c}\right)^{\frac{1}{1.8}}$$

式中 $Q_{opt}$——最优流量，L/s；

$p_r$——钻井泵额定泵压，MPa；

$k_g$——地面管汇循环压力损耗系数，无因次量；

$k_p$——钻杆循环压力损耗系数，无因次量；

$L_p$——钻杆长度，m；

$k_c$——钻铤循环压力损耗系数，无因次量；

$L_c$——钻铤长度，m。

2. 最大冲击力工作方式

$$Q_{opt}=\left(\frac{0.526p_r}{k_g+k_p\times L_p+k_c\times L_c}\right)^{\frac{1}{1.8}}$$

式中　$Q_{opt}$——最优排量，L/s；

$p_r$——钻井泵额定泵压，MPa；

$k_g$——地面管汇循环压力损耗系数，无因次量；

$k_p$——钻杆循环压力损耗系数，无因次量；

$L_p$——钻杆长度，m；

$k_c$——钻铤循环压力损耗系数，无因次量；

$L_c$——钻铤长度，m。

## 三、优选参数钻井计算

### （一）钻速方程

$$v_{pe}=\frac{131.27}{(5.5076)^d\times 60^\lambda\times(10.26)^f}\times W_s^d\times$$

$$n_r^\lambda\times HP_e^f\times e\Delta\rho_d(\rho_d-1.15)$$

$$HP_e=3P_{hs}\times\frac{d_1^4+d_2^4+d_3^4}{(d_1^2+d_2^2+d_3^2)^2}$$

式中　$v_{pe}$——机械钻速，m/h；

$d$——钻压指数（$d=0.5366+0.1993k_d$），无因次量；

$k_d$——岩石可钻性级值；

$\lambda$——转速指数（$\lambda=0.9250-0.0375k_d$），无因次量；

$f$——地层水力指数（$f=0.7011-0.05682k_d$），无因

次量；

$W_s$——单位钻头直径钻压（比钻压），kN/mm；

$n_r$——转速，r/min；

$HP_e$——喷嘴等效比水功率，W/mm²；

$\Delta\rho_d$——钻井液密度差系数（$\Delta\rho_d=0.97673k_d-7.2703$），无因次量；

$\rho_d$——钻井液密度，g/cm³；

$P_{bs}$——钻头比水功率，W/mm²；

$d_1$、$d_2$、$d_3$——钻头喷嘴直径，mm。

**（二）钻头牙齿磨损方程**

$$\frac{dH}{dt}=\frac{A_f\times P(n_r+4.35\times10^{-5}\times n_r^3)}{259.58\times D_1\times d_b(W_{cr}-W_s)(1+c_1h_f)}$$

式中　$\frac{dH}{dt}$——钻头牙齿磨损速度，无因次量；

$P$——钻头系数，镶齿钻头 $P=0.5$；

$A_f$——地层研磨性系数，无因次量；

$n_r$——转速，r/min；

$D_1$——钻压影响系数，无因次量；

$d_b$——钻头直径，mm；

$W_{cr}$——单位钻头直径临界比钻压，kN/mm；

$W_s$——单位钻头直径钻压（比钻压），kN/mm；

$c_1$——钻头牙齿磨损减慢系数，无因次量；

$h_f$——牙齿磨损量，无因次量。

单位钻头直径临界比钻压取值：

$$W_{cr}=\frac{10D_2}{D_1\times d_b}$$

式中　$D_1$——钻压影响系数，无因次量；

$D_2$——钻压影响系数，无因次量。

铣齿牙轮钻头：$W_{cr}=1.77$kN/mm；

镶齿牙轮钻头：$W_{cr}=1.34$kN/mm。

### （三）钻头轴承磨损方程

$$\frac{\mathrm{d}B}{\mathrm{d}t}=\frac{n_{\mathrm{r}}(d_{\mathrm{b}}\times W_{\mathrm{s}})^{1.5}}{30.68\times b}$$

式中　$\frac{\mathrm{d}B}{\mathrm{d}t}$——钻头轴承磨损速度，无因次量；

$n_{\mathrm{r}}$——转速，r/min；

$d_{\mathrm{b}}$——钻头直径，mm；

$W_{\mathrm{s}}$——单位钻头直径钻压(比钻压)，kN/mm；

$b$——钻头轴承工作系数，无因次量。

### （四）钻井成本方程

$$C_{\mathrm{u}}=\frac{C_{\mathrm{b}}+C_{\mathrm{r}}(t_{\mathrm{d}}+t_{\mathrm{t}}+t_{\mathrm{cn}})}{F_{\mathrm{b}}}$$

式中　$C_{\mathrm{u}}$——钻井直接成本，元/m；

$C_{\mathrm{b}}$——钻头单价，元/只；

$C_{\mathrm{r}}$——钻机作业费，元/h；

$t_{\mathrm{d}}$——纯钻进时间，h；

$t_{\mathrm{t}}$——起下钻时间，h；

$t_{\mathrm{cn}}$——接单根时间，h；

$F_{\mathrm{b}}$——钻头进尺，m。

### （五）其他参数

1. 地层研磨性系数

$$A_{\mathrm{f}}=\frac{259.58\times D_1\times d_{\mathrm{b}}(W_{\mathrm{cr}}-W_{\mathrm{s}})(h_{\mathrm{f}}+c_1h_{\mathrm{f}}^2/2)}{t_{\mathrm{d}}\times p(n_{\mathrm{r}}+4.35\times10^{-3}\times n_{\mathrm{r}}^3)}$$

式中　$A_{\mathrm{f}}$——地层研磨性系数，无因次量；

$c_1$——钻头牙齿磨损减慢系数，无因次量；

$h_{\mathrm{f}}$——钻头牙齿磨损量，无因次量；

$n_{\mathrm{r}}$——转速，r/min；

$D_1$——钻压影响系数，无因次量；

$d_{\mathrm{b}}$——钻头直径，mm；

$P$——钻头系数，镶齿钻头 $P=0.5$；

$t_d$——钻头纯钻进时间，h；

$W_{cr}$——单位钻头直径临界比钻压，kN/mm；

$W_s$——单位钻头直径钻压(比钻压)，kN/mm。

2. 钻头寿命

当 $A_f \leqslant 4$ 时，由轴承决定钻头寿命 $t_d$

$$t_d = \frac{30.68(b_f \times b)}{n_r(d_b \times W_s)^{1.5}}$$

式中　$t_d$——钻头轴承寿命，h；

$b_f$——钻头轴承磨损量，无因次量；

$b$——钻头轴承工作系数，无因次量；

$n_r$——转速，r/min；

$d_b$——钻头直径，mm；

$W_s$——单位钻头直径钻压(比钻压)，kN/mm。

当 $A_f > 4$ 时，由牙齿决定钻头寿命 $t_t$

$$t_t = \frac{259.58 \times D_1 \times d_b(W_{cr} - W_s)(h_f + c_1 h_f^2/2)}{A_f \times p(n_r + 4.35 \times 10^{-5} \times n_r^3)}$$

式中　$T_t$——钻头牙齿寿命，h；

$c_1$——钻头牙齿磨损减慢系数，无因次量；

$h_f$——钻头牙齿磨损量，无因次量；

$A_f$——地层研磨性系数，无因次量；

$n_r$——转速，r/min；

$D_1$——钻压影响系数，无因次量；

$d_b$——钻头直径，mm；

$W_{cr}$——单位钻头直径临界比钻压，kN/mm；

$W_s$——单位钻头直径钻压(比钻压)，kN/mm。

## 四、井内压力计算

1. 静液柱压力

$$p_h = 10^{-3} \times \rho_m \times g \times H$$

式中　$p_h$——静液柱压力，MPa；

$\rho_m$——钻井液密度，$g/cm^3$；

$H$——液柱高度，m；

$g$——重力加速度，$9.81m/s^2$。

2. 地层(孔隙)压力

$$p_p = 10^{-3} \times \rho_h \times g \times H$$

式中　$p_p$——地层孔隙压力，MPa；

$\rho_h$——地层流体密度，$g/cm^3$；

$g$——重力加速度，$9.81m/s^2$；

$H$——地层重直深度(静液柱高度)，m。

3. 上覆岩层压力

$$p_o = 10^{-3} \times [\Phi \times \rho_f + (1-\Phi) \times \rho_{ma}] \times g \times H$$

式中　$p_o$——上覆岩层压力，MPa；

$H$——目的层深度，m；

$\Phi$——岩石孔隙度,%；

$g$——重力加速度，$9.81m/s^2$；

$\rho_f$——岩层孔隙流体密度，$g/cm^3$；

$\rho_{ma}$——岩石骨架密度，$g/cm^3$。

4. 地层破裂压力

$$p_f = 10^{-3} \times \rho_f \times g \times H_f$$

式中　$p_f$——地层破裂压力(岩石开裂时井内流体压力)，MPa；

$\rho_f$——地层破裂压力当量密度，$g/cm^3$；

$H_f$——破裂层深度，m。

5. 压力之间的关系

$$p_o = p_p + \sigma_z$$

式中　$p_o$——上覆岩层压力，MPa；

$p_p$——地层孔隙压力，MPa；

$\sigma_z$——有效上覆岩层压力(骨架颗粒间压力或垂直的骨架应力)，MPa。

## 五、$d_c$ 指数计算

1. $d_c$ 指数

$$d_c=\frac{\lg\left(0.0547\frac{v_m}{n}\right)}{\lg\left(0.0684\frac{W}{D}\right)}\times\frac{\rho_n}{\rho_m}$$

式中　$d_c$——修正 $d$ 指数，无因次量；

$v_m$——机械钻速，m/h；

$n$——转盘转速，r/min；

$W$——钻压，kN；

$D$——钻头直径，mm；

$\rho_n$——地区正常地层压力当量密度，一般取 1.00～1.07g/cm³；

$\rho_m$——钻井液密度，g/cm³。

2. 正常趋势线方程

$$d_{cn}=a\times10^{bH}$$

式中　$d_{cn}$——$d_c$ 指数正常趋势线方程，无因次量；

$a$——正常趋势线截距，无因次量；

$b$——正常趋势线斜率，$m^{-1}$；

$H$——做 $d_c$ 指数试验时的井深，m。

## 六、压井计算

### （一）地层压力

$$p_p=p_d+p_{md}=p_d+10^{-3}\times\rho_m\times g\times H$$

$$p_p=p_a+p_{ma}=p_a+10^{-3}\times\rho\times g\times H$$

式中　$p_p$——地层压力，MPa；

$p_d$——关井立管压力（关井后待压力达到稳定，观察录取），MPa；

$p_{md}$——钻柱内钻井液液柱压力，MPa；

$p_a$——关井套管压力(关井后待压力达到稳定，观察录取)，MPa；

$p_{ma}$——环空钻井液液柱压力，MPa；

$\rho_m$——钻柱内钻井液密度，g/cm³；

$\rho$——环空受污染钻井液平均密度，g/cm³；

$g$——重力加速度，9.81m/s²；

$H$——深度，m。

$$p_{ma}=10^{-3}\rho\times g\times H$$

**(二) 立管压力**

当钻具中没有回压阀时，立管压力按照上述方法录取。当钻具中连接回压阀时，分两种情况测定。

不循环法(开泵顶通法)：

$$p_d=p_{d1}-\Delta p_a$$

循环法：

$$p_d=p_T-p_{ci}$$

式中 $p_d$——关井立管压力，MPa；

$p_{d1}$——开泵顶通后停泵时立管压力，MPa；

$\Delta p_a$——顶通时套管压力升高值，MPa；

$p_T$——循环时立管压力，MPa；

$p_{ci}$——压井泵速下(正常循环时已测得)的立管压力，MPa。

**(三) 压井液密度**

$$\rho_{mk}=\rho_m+\Delta\rho_m+\rho_e$$

$$\Delta\rho_m=\frac{p_d}{10^{-3}\times g\times H}$$

式中 $\rho_{mk}$——压井钻井液密度，g/cm³；

$\rho_m$——钻柱内钻井液密度，g/cm³；

$\Delta\rho_m$——钻井液密度增量，g/cm³；

$\rho_e$——密度安全附加量，油井取0.05～0.10g/cm³，气井取0.07～0.15g/cm³。

**(四) 压井液用量**

$$V=V_d+V_a$$

$$V_d=\frac{\pi}{4}(d_1^2L_1+d_2^2L_2+\cdots+d_n^2L_n)$$

$$V_a=\frac{\pi}{4}[(D_{h1}^2-D_1^2)L_1+(D_{h2}^2-D_2^2)L_2+\cdots+(D_{hn}^2-D_n^2)L_n]$$

式中　$V$——钻柱内容积与环空容积之和，$m^3$；

$V_d$——钻柱内容积，$m^3$；

$V_a$——环空容积，$m^3$；

$d_1\sim d_n$——各段钻具内径，m；

$L_1\sim L_n$——各段钻具长度，m；

$D_{h1}\sim D_{hn}$——各段井眼内径，m；

$D_1\sim D_n$——各段钻具外径，m。

所需压井液量，一般取总容积 $V$ 的 1.5~2 倍。

**(五) 压井时间**

$$t=t_d+t_a=\frac{10^3\times(V_d+V_a)}{60\times Q_k}$$

式中　$t$——压井总时间，min；

$t_d$——注满钻柱内容积所需时间，min；

$t_a$——注满环空容积所需时间，min；

$Q_k$——压井排量，L/s。

压井排量，一般取钻进时排量的 1/3~1/2。

**(六) 压井循环立管总压力**

1. 初始循环立管总压力

$$p_{Ti}=p_d+p_{ci}$$

式中　$p_{Ti}$——压井循环立管总压力，MPa；

$p_{ci}$——压井排量下的循环压力，MPa。

2. 终了循环立管总压力

$$p_{Tf}=p_{ci}\times\frac{\rho_{mk}}{\rho_m}$$

式中　$p_{Tf}$——压井终了循环立管总压力，MPa。

## 七、油气上窜速度计算

### （一）迟到时间法

一种采用迟到时间法计算油气上窜速度，在地质录井中普遍采用。

$$v=\frac{H_{油}-\frac{H_{钻头}}{t_{迟}}t}{t_{静}}$$

式中　$v$——油气上窜速度，m/h；

$H_{油}$——油气层深度，m；

$H_{钻头}$——循环钻井液时钻头所在深度，m；

$t_{迟}$——钻头所在深度迟到时间，h；

$t$——从开泵循环到见到油气显示的时间，h；

$t_{静}$——从停泵起钻至本次开泵的总静止时间，h。

### （二）相对时间法

通过测量下钻完后循环中两个时间相对长短计算油气上窜速度的方法，即测量循环开始阶段没有油气显示的时间和后期油气显示持续的时间，可以准确计算油气上窜速度。针对钻具中不装回压阀和装有回压阀，分别采用相应公式进行计算。

1. 钻具中不装回压阀

钻具中不装回压阀，下钻中钻井液同时返入钻具内部，计算公式相对复杂。不同井身结构和钻具结构系列计算公式如下：

1）一级复合井径井眼（单一直径井眼）

（1）钻头深度浅于油层顶部深度：

$$v=\frac{H_{钻头}}{q\left(\frac{t_2}{q_1t_1}+\frac{1}{q_1+q_{内}}\right)t_{静}}+\frac{\Delta h_1}{t_{静}}$$

（2）钻头深度等于油层顶部深度：

$$v=\frac{H_{钻头}}{q\left(\frac{t_2}{q_1t_1}+\frac{1}{q_1+q_{内}}\right)t_{静}}$$

（3）钻头深度大于油层顶部深度：

$$v=\frac{H_{钻头}}{q\left(\frac{t_2}{q_1t_1}+\frac{1}{q_1+q_{内}}\right)t_{静}}-\frac{\Delta h_2}{t_{静}}$$

2）二级复合井径井眼（两种直径井眼）

（1）钻头深度浅于油层顶部深度：

$$v=\frac{H_{钻头}+\left(\frac{q_3}{q_1}-1\right)H_3}{q\left(\frac{t'}{q_1t_1}+\frac{1}{q_1+q_{内}}\right)t_{静}}+\frac{\Delta h_1}{t_{静}}$$

（2）钻头深度等于油层顶部深度：

$$v=\frac{H_{钻头}+\left(\frac{q_3}{q_1}-1\right)H_3}{q\left(\frac{t'}{q_1t_1}+\frac{1}{q_1+q_{内}}\right)t_{静}}$$

（3）钻头深度大于油层顶部深度：

$$v=\frac{H_{钻头}+\left(\frac{q_3}{q_1}-1\right)H_3}{q\left(\frac{t'}{q_1t_1}+\frac{1}{q_1+q_{内}}\right)t_{静}}-\frac{\Delta h_2}{t_{静}}$$

3）三级复合井径井眼（三种直径井眼）

（1）钻头深度浅于油层顶部深度：

$$v=\frac{H_{钻头}+\left(\frac{q_3}{q_1}-1\right)H_3+\left(\frac{q_4}{q_1}-1\right)H_4}{q\left(\frac{t''}{q_1t_1}+\frac{1}{q_1+q_{内}}\right)t_{静}}+\frac{\Delta h_1}{t_{静}}$$

（2）钻头深度等于油层顶部深度：

$$v=\frac{H_{钻头}+\left(\frac{q_3}{q_1}-1\right)H_3+\left(\frac{q_4}{q_1}-1\right)H_4}{q\left(\frac{t''}{q_1t_1}+\frac{1}{q_1+q_{内}}\right)t_{静}}$$

（3）钻头深度大于油层顶部深度：

$$v=\frac{H_{钻头}+\left(\frac{q_3}{q_1}-1\right)H_3+\left(\frac{q_4}{q_1}-1\right)H_4}{q\left(\frac{t''}{q_1t_1}+\frac{1}{q_1+q_{内}}\right)t_{静}}-\frac{\Delta h_2}{t_{静}}$$

式中　$H_{钻头}$——钻头深度，m；

$t_1$——循环时油气显示持续时间，h；

$t_2$、$t'$、$t''$——从开泵到见到油气显示的时间，h；

$H_3$、$H_4$——相应井段长度，m；

$q_1$、$q_3$、$q_4$——对应 $H_1$、$H_2$、$H_3$、$H_4$ 各井段环空容积，L/m；

$q$——油气侵井段单位长度容积，L/m；

$q_{内}$——钻具(管柱)内单位长度容积，L/m；

$\Delta h_1$——钻具(管柱)浅于油气层的长度，m；

$\Delta h_2$——钻具(管柱)下入油气层的长度，m。

比较复杂的三级复合井径井眼计算原理如图 16-2 所示(以钻头深度大于油层顶部深度为例)，其他井身结构更为简单，可参阅理解。

2. 钻具中装有回压阀

钻具中装有回压阀，下钻中钻井液不能返入钻具内部，计算公式相对简单。不同井身结构和钻具结构系列计算公式如下：

1）一级复合井径井眼(单一直径井眼)

（1）钻头深度浅于油层顶部深度：

$$v=\frac{q_1}{q}\cdot\frac{t_1}{t_1+t_2}\cdot\frac{H_{钻头}}{t_{静}}+\frac{\Delta h_1}{t_{静}}$$

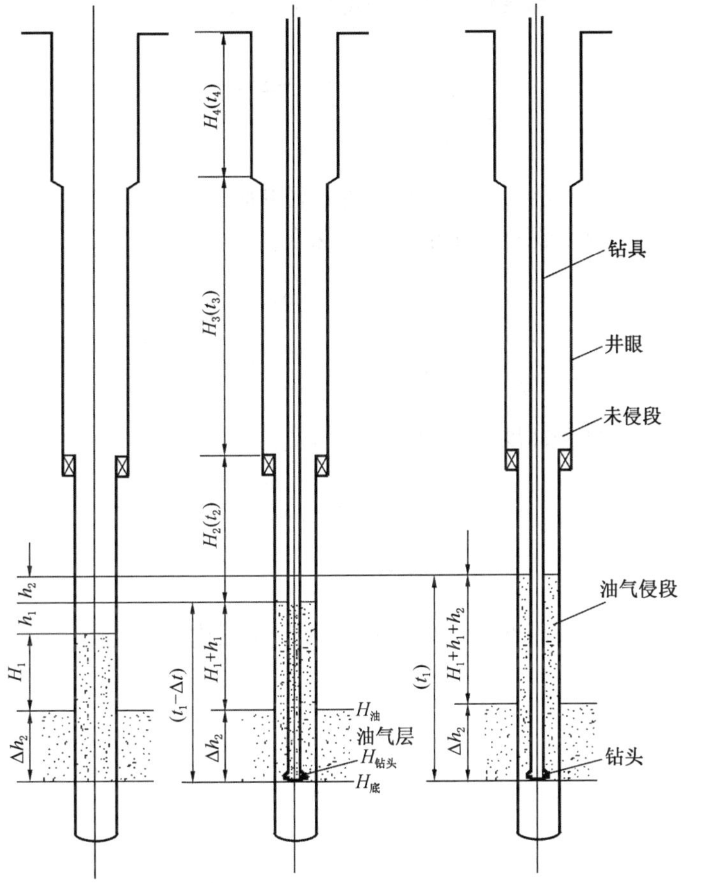


图 16-2 三级复合井径井眼计算原理(钻头深度大于油层顶部深度)

(2) 钻头深度等于油层顶部深度:

$$v=\frac{q_1}{q}\cdot\frac{t_1}{t_1+t_2}\cdot\frac{H_{钻头}}{t_{静}}$$

(3) 钻头深度大于油层顶部深度(油层内部或与底部深度相等):

$$v=\frac{q_1}{q}\cdot\frac{t_1}{t_1+t_2}\cdot\frac{H_{钻头}}{t_{静}}-\frac{\Delta h_2}{t_{静}}$$

（4）钻头深度位于油层底部以下（下过油层）：

$$v=\frac{t_1}{t_1+t_2}\cdot\frac{\frac{q_1}{q}H_{钻头}-\Delta h_3}{t_{静}}-\frac{h_2}{t_{静}}$$

2）二级复合井径井眼（两种直径井眼）

（1）钻头深度浅于油层顶部深度：

$$v=\frac{q_1}{q}\cdot\frac{t_1}{t_1+t'}\cdot\frac{H_{钻头}+\left(\frac{q_3}{q_1}-1\right)H_3}{t_{静}}+\frac{\Delta h_1}{t_{静}}$$

（2）钻头深度等于油层顶部深度：

$$v=\frac{q_1}{q}\cdot\frac{t_1}{t_1+t'}\cdot\frac{H_{钻头}+\left(\frac{q_3}{q_1}-1\right)H_3}{t_{静}}$$

（3）钻头深度大于油层顶部深度（油层内部或与底部深度相等）：

$$v=\frac{q_1}{q}\cdot\frac{t_1}{t_1+t'}\cdot\frac{H_{钻头}+\left(\frac{q_3}{q_1}-1\right)H_3}{t_{静}}-\frac{\Delta h_2}{t_{静}}$$

（4）钻头深度位于油层底部以下（下过油层）：

$$v=\frac{t_1}{t_1+t'}\cdot\frac{\frac{q_1}{q}\left[H_{钻头}+\left(\frac{q_3}{q_1}-1\right)H_3\right]-\Delta h_3}{t_{静}}-\frac{h_2}{t_{静}}$$

3）三级复合井径井眼（三种直径井眼）

（1）钻头深度浅于油层顶部深度：

$$v=\frac{q_1}{q}\cdot\frac{t_1}{t_1+t''}\cdot\frac{H_{钻头}+\left(\frac{q_3}{q_1}-1\right)H_3+\left(\frac{q_4}{q_1}-1\right)H_4}{t_{静}}+\frac{\Delta h_1}{t_{静}}$$

（2）钻头深度等于油层顶部深度：

$$v=\frac{q_1}{q}\cdot\frac{t_1}{t_1+t''}\cdot\frac{H_{钻头}+\left(\frac{q_3}{q_1}-1\right)H_3+\left(\frac{q_4}{q_1}-1\right)H_4}{t_{静}}$$

（3）钻头深度大于油层顶部深度（油层内部或与底部深度相等）：

$$v=\frac{q_1}{q}\cdot\frac{t_1}{t_1+t''}\cdot\frac{H_{钻头}+\left(\frac{q_3}{q_1}-1\right)H_3+\left(\frac{q_4}{q_1}-1\right)H_4}{t_{静}}\quad\frac{\Delta h_2}{t_{静}}$$

（4）钻头深度位于油层底部以下（下过油层）：

$$v=\frac{t_1}{t_1+t''}\cdot\frac{\frac{q_1}{q}\left[H_{钻头}+\left(\frac{q_3}{q_1}-1\right)H_3+\left(\frac{q_4}{q_1}-1\right)H_4\right]-\Delta h_3}{t_{静}}\quad\frac{h_2}{t_{静}}$$

比较复杂的三级复合井径井眼计算原理如图 16-3 所示（以钻头深度大于油层顶部深度为例），与不装回压阀相比，更为简单。其他井身结构原理相同。

**（三）测试法**

测试法可以测试油气上窜速度是否大于安全允许值，不能计算上窜速度的具体数值，测试步骤如下（图 16-4）：

（1）设定允许上窜速度值 $[v]$。根据井控要求，油气上窜速度一般要求不大于 10～15m/h。

（2）确定短程起钻钻头位置 $H$。短程起钻钻头位置一般确定在技术套管内或井壁稳定的裸眼井段，与油气层顶部间隔长度一般不小于 150m。

（3）确定停泵间隔时间 $t$。根据设定的允许上窜速度、钻头位置和油气层深度，确定停泵时间。如：允许上窜速度最大值 $[v]=10$m/h，钻头位置与油气层间隔长度 $H=150$m，则停泵间隔时间为 $t=15$h，即 $t=\frac{H}{v}=\frac{150}{10}=15$h。

（4）检测油气上窜速度 $v$。到确定的停泵时间 $t$ 后，开泵观察返出钻井液油气侵情况。若未见油气侵显示，则证明上窜速度不大于其允许值，井内是安全的；若发现油气侵，则证明上窜速度大于其允许值，须进行钻井液循环加重后再行测定。

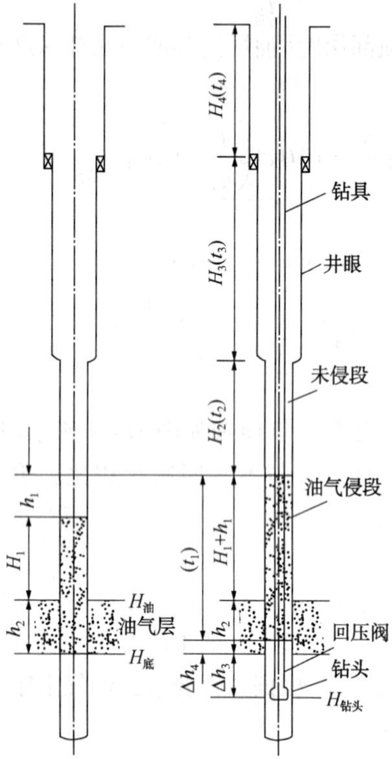


图 16-3　三级复合井径井眼计算原理（钻头深度大于油层顶部深度）

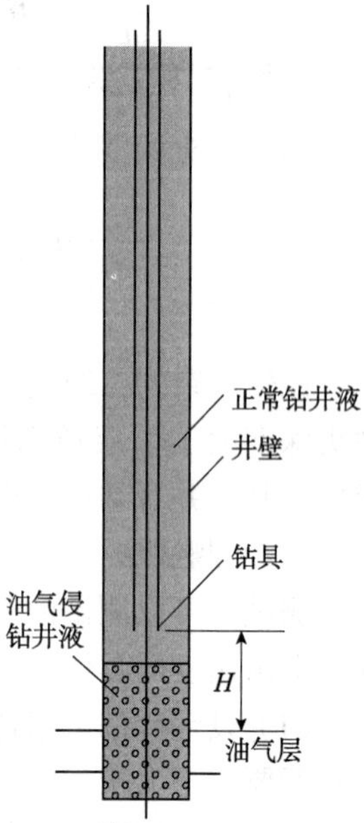


图 16-4　测试法计算油气上窜速度示意图

## 八、卡点深度、钻杆允许扭转圈数及泡油量计算

### （一）卡点深度计算

$$L=\frac{\Delta LEF}{p}=210F\frac{\Delta L}{p}=K\frac{\Delta L}{p}$$

式中　$L$——卡点深度，m；

$\Delta L$——在拉力 $p$ 作用下的钻具伸长量，cm；

$E$——钢材弹性系数，$E=2.1\times10^5$MPa；

$F$——管体截面积，$cm^2$；

$p$——提升时超过钻具自由悬重的拉力，kN；

$K$——计算系数，$K=210\times F$，其值见表 16-55。

**表 16-55　钻杆计算系数 $K$ 值表**

| 外径 | | 壁厚/mm | $F/cm^2$ | $K$ | 备注 |
|---|---|---|---|---|---|
| in | mm | | | | |
| 2⅜ | 60.3 | 7.11 | 11.89 | 2496.9 | API |
| | | 8 | 13.1 | 2751.0 | 国产 |
| 2⅞ | 73.0 | 9 | 18.0 | 3780.0 | 国产 |
| | | 9.19 | 18.43 | 3870.3 | API |
| 3½ | 88.9 | 9 | 22.5 | 4725.0 | 国产 |
| | | 9.35 | 23.36 | 4905.6 | API |
| | | 11 | 26.8 | 5628.0 | 国产 |
| | | 11.41 | 27.77 | 5831.7 | API |
| 4 | 101.6 | 9 | 26.18 | 5497.8 | 国产 |
| | | 11 | 31.31 | 6575.1 | 国产 |
| 4½ | 114.3 | 9 | 29.7 | 6237.0 | 国产 |
| | | 10.92 | 35.47 | 7448.7 | API |
| | | 11 | 35.70 | 7497.0 | 国产 |
| 5 | 127 | 7.52 | 28.23 | 5928.3 | API |
| | | 9 | 33.35 | 7003.5 | 国产 |
| | | 9.19 | 34.03 | 7146.3 | API |
| | | 11 | 40.09 | 8418.9 | 国产 |
| 5½ | 139.7 | 9 | 36.95 | 7759.5 | 国产 |
| | | 9.17 | 37.61 | 7898.1 | API |
| | | 10.54 | 42.77 | 8981.7 | API |
| | | 11 | 44.48 | 9340.8 | 国产 |

### (二) 复合钻具卡点深度计算

(1) 通过大于钻柱原悬重的实际拉力提拉被卡钻具，量出钻柱总伸长量 $\Delta L$。

(2) 计算在该拉力下，每段钻具的绝对伸长量(假设有三种钻具)：

$$\Delta L_1=\frac{L_1\times p\times10^5}{E\times F_1};\ \Delta L_2=\frac{L_2\times p\times10^5}{E\times F_2};\ \Delta L_3=\frac{L_3\times p\times10^5}{E\times F_3}$$

(3) 分析 $\Delta L$ 与 $\Delta L_1+\Delta L_2+\Delta L_3$ 值的关系：

若 $\Delta L\geqslant\Delta L_1+\Delta L_2+\Delta L_3$，说明卡点在钻头上；

若 $\Delta L\geqslant\Delta L_1+\Delta L_2$，说明卡点在第三段上；

若 $\Delta L\geqslant\Delta L_1$，说明卡点在第二段上；

若 $\Delta L\leqslant\Delta L_1$，说明卡点在第一段上。

(4) 计算 $\Delta L\geqslant\Delta L_1+\Delta L_2$ 的卡点位置：

① 先求 $\Delta L_3$：$\Delta L_3=\Delta L-(\Delta L_1+\Delta L_2)$。

② 计算 $L_3'$ 值：$L_3'=\dfrac{\Delta L_3\times E\times F_3}{p\times10^5}$，该值即为第三段钻具没被卡部分的长度。

③ 计算卡点位置：$L=L_1+L_2+L_3'$。

(5) 其他情况可类推。

(6) 符号说明：

$\Delta L_1$、$\Delta L_2$、$\Delta L_3$——自上而下三种钻具的伸长量，cm；

$\Delta L$——总伸长量，cm；

$p$——上提拉力，kN；

$L_1$、$L_2$、$L_3$——自上而下三种钻具的下井长度，m；

$F_1$、$F_2$、$F_3$——自上而下三种钻具的截面积，$cm^2$；

$E$——钢材弹性系数，$E=2.1\times10^5$MPa；

$L_3'$——第三段钻具没被卡部分的长度，m；

$L$——卡点位置，m。

## (三) 钻杆允许扭转圈数

$$N=K\times L$$

式中 $N$——钻杆允许扭转圈数，圈；
$K$——扭转系数，圈/m；
$L$——卡点深度，m。

$$K=\frac{10.0\times0.5\times\sigma_s}{\pi\times G\times S\times d_p}$$

式中 $\sigma_s$——钢材屈服强度，MPa；
$\pi$——圆周率，取 3.1416；
$G$——钢材剪切弹性系数；
$S$——安全系数，取 $S=1.5$；
$d_p$——钻杆(钻铤或套管)外径，cm。

API 钻杆扭转系数见表 16-56，1000m E 级、1000m X95 级、1000m G105 级、1000m S135 级钻杆在已知的轴向拉力下的最大许可扭转圈数见表 16-57~表 16-60。

**表 16-56 API 钻杆扭转系数**

| 外径 | | 扭转系数/(圈/m) | | | |
|---|---|---|---|---|---|
| in | mm | D 级 | E 级 | G105 | S135 |
| 2⅜ | 60.3 | 0.00851 | 0.0116 | 0.01624 | 0.02554 |
| 2⅞ | 73.0 | 0.00703 | 0.00957 | 0.0134 | 0.0211 |
| 3½ | 88.9 | 0.00577 | 0.00787 | 0.01101 | 0.01732 |
| 4 | 101.6 | 0.00505 | 0.00688 | 0.00963 | 0.01516 |
| 4½ | 114.3 | 0.00449 | 0.00612 | 0.00856 | 0.01347 |
| 5 | 127.0 | 0.00404 | 0.00551 | 0.00771 | 0.01213 |
| 5½ | 139.7 | 0.00368 | 0.00501 | 0.00701 | 0.01102 |
| 5 9/16 | 141.3 | — | — | — | 0.0109 |
| 6⅝ | 168.3 | 0.00305 | 0.00415 | 0.00581 | 0.00915 |

## 表 16-57　1000m E 级钻杆在已知的轴向拉力下的最大许可扭转圈数

| 公称直径/mm \ 轴向拉力/$10^4$N | 0 | 10 | 20 | 30 | 40 | 50 | 60 | 70 | 80 | 90 | 100 |
|---|---|---|---|---|---|---|---|---|---|---|---|
| 60. 3 | 18¾ | 18¼ | 17¾ | 16½ | 14 | | | | | | |
| 73. 0 | 15½ | 15¼ | 15 | 14½ | 14 | 13 | 11¾ | 10½ | 8¼ | 5 | |
| 88. 9 | 12¾ | 12½ | 12¼ | 11¾ | 11¼ | 10¼ | 9 | 7¼ | 4¾ | | |
| 88. 9 | 12¾ | 12½ | 12¼ | 12 | 11¾ | 11¾ | 11½ | 10¼ | 9¼ | 8¼ | 7 |
| 88. 9 | 12¾ | 12¾ | 12½ | 12½ | 12 | 11¾ | 11½ | 11 | 10½ | 10 | 9 |
| 101. 6 | 11 | 11 | 11 | 10½ | 10 | 10½ | 9 | 8 | 7 | 5½ | 2½ |
| 101. 6 | 11 | 11 | 11 | 10½ | 10½ | 10 | 10½ | 9 | 8½ | 7¾ | 6½ |
| 101. 6 | 11 | 11 | 10½ | 10½ | 10½ | 10¼ | 10 | 10½ | 9¼ | 8½ | 8 |
| 114. 3 | 9¾ | 9¾ | 9¾ | 10½ | 9¼ | 8¾ | 8½ | 7½ | 6¾ | 6 | 5 |
| 114. 3 | 9¾ | 9¾ | 10½ | 10½ | 9¼ | 9¼ | 8¾ | 8½ | 8¼ | 7¾ | 7 |
| 114. 3 | 9¾ | 9¾ | 8¾ | 9¾ | 10½ | 10½ | 10½ | 9¼ | 9 | 8½ | 8½ |
| 127. 0 | 8¾ | 8¾ | 9¾ | 8½ | 9¼ | 8¼ | 8 | 8 | 7½ | 7 | 6½ |
| 127. 0 | 8¾ | 8¾ | 9¾ | 8½ | 8½ | 8½ | 8¼ | 8 | 7¾ | 7½ | 7¼ |
| 127. 0 | | 8¾ | 8½ | 8½ | 8½ | 8½ | 8½ | 8¼ | 8¼ | 8¼ | 8 |
| 139. 7 | 8 | 8 | 8 | 8 | 7¾ | 7¾ | 7½ | 7½ | 7¼ | 7 | 6½ |
| 139. 7 | 8 | 8 | 8 | 7¾ | 7¾ | 7¾ | 7½ | 7½ | 7¼ | 7 | 6¾ |
| 139. 7 | 8 | 8 | 8 | 8 | 7¾ | 7¾ | 7½ | 7¼ | 7 | 7½ | 7½ |
| 168. 3 | 6¾ | 6¾ | 6¾ | 6½ | 6½ | 6½ | 6¼ | 6¼ | 6¼ | 6 | 6 |

续表

| 轴向拉力/$10^4$N<br>公称直径/mm | 110 | 120 | 130 | 140 | 150 | 160 | 170 | 180 | 190 | 200 | 210 |
|---|---|---|---|---|---|---|---|---|---|---|---|
| 60.3 | | | | | | | | | | | |
| 73.0 | | | | | | | | | | | |
| 88.9 | | | | | | | | | | | |
| 88.9 | 5½ | | | | | | | | | | |
| 88.9 | 8 | 6½ | 5½ | 2¾ | | | | | | | |
| 101.6 | | | | | | | | | | | |
| 101.6 | 5½ | 3½ | | | | | | | | | |
| 101.6 | 7¼ | 6 | 4½ | 2½ | | | | | | | |
| 114.3 | 3½ | | | | | | | | | | |
| 114.3 | 6¼ | 5½ | 4½ | 3 | | | | | | | |
| 114.3 | 8¼ | 7¾ | 7¼ | 6½ | 5¾ | 5 | 3¾ | 1½ | | | |
| 127.0 | 5¾ | 5 | 4 | 2¼ | | | | | | | |
| 127.0 | 7 | 6½ | 6 | 5¼ | 4½ | 3½ | 2 | | | | |
| 127.0 | 8 | 7¾ | 7½ | 7¼ | 6¾ | 6½ | 6¼ | 5¾ | 5¼ | 4¾ | 4 |
| 139.7 | 6¼ | 5¾ | 5 | 4¼ | 3½ | 2 | | | | | |
| 139.7 | 6½ | 6¼ | 6 | 5½ | 5¼ | 4¾ | 3¾ | 3 | | | |
| 139.7 | 7 | 6¾ | 6½ | 6¼ | 6 | 5¼ | 5 | 4½ | 4¼ | 3½ | 2½ |
| 168.3 | 5¾ | 5½ | 5¼ | 5 | 4¾ | 4½ | 4 | 3¾ | 3¼ | 2½ | 1½ |

**表 16-58　1000m X95 级钻杆在已知的轴向拉力下的最大许可扭转圈数**

| 公称直径/mm ＼ 轴向拉力/$10^4$N | 0 | 10 | 20 | 30 | 40 | 50 | 60 | 70 | 80 | 90 | 100 |
|---|---|---|---|---|---|---|---|---|---|---|---|
| 60.3 | 23¾ | 23½ | 23 | 22 | 20½ | 18¼ | 15 | 10¼ | | | |
| 73.0 | 19½ | 19¼ | 19¼ | 19 | 18½ | 18 | 17 | 16 | 14½ | 13 | 10¾ |
| 88.9 | 16 | 15¾ | 15¾ | 15½ | 15 | 14¼ | 13½ | 12½ | 11 | 9 | 6¼ |
| 88.9 | 16 | 16 | 15¾ | 15¾ | 15½ | 15¼ | 15 | 14½ | 14 | 13 | 12 |
| 88.9 | 16 | 16 | 16 | 15¾ | 15½ | 15¼ | 15 | 14¾ | 14½ | 13½ | 13 |
| 101.6 | 14 | 14 | 14 | 13¾ | 13½ | 13 | 12½ | 12 | 11 | 10 | 8½ |
| 101.6 | 14 | 14 | 14 | 13¾ | 13½ | 13¼ | 13 | 12½ | 12 | 11½ | 11 |
| 101.6 | 14 | 14 | 14 | 13¾ | 13¾ | 13½ | 13½ | 13¼ | 12¾ | 12¼ | 11¾ |
| 114.3 | 12½ | 12¼ | 12¼ | 12 | 12 | 11¾ | 11½ | 11 | 10½ | 10 | 10½ |
| 114.3 | 12½ | 12¼ | 12¼ | 12 | 12 | 12 | 11½ | 11¼ | 11 | 10¾ | 10½ |
| 114.3 | 12½ | 12½ | 12½ | 12¼ | 12¼ | 12 | 12 | 12 | 11¾ | 11½ | 11¼ |
| 127.0 | 11¼ | 11¼ | 11¼ | 11 | 11 | 10¾ | 10½ | 10¼ | 10 | 9¾ | 10½ |
| 127.0 | 11¼ | 11¼ | 11¼ | 11 | 11 | 11 | 10¾ | 10¾ | 10½ | 10¼ | 10 |
| 127.0 | 11¼ | 11¼ | 11¼ | 11 | 11 | 11 | 11 | 10¾ | 10¾ | 10½ | 10½ |
| 139.7 | 10¼ | 10¼ | 10¼ | 10 | 10 | 10 | 9¾ | 9¾ | 10½ | 9¼ | 9 |
| 139.7 | 10¼ | 10¼ | 10¼ | 10 | 10 | 10 | 9¾ | 9¾ | 10½ | 10½ | 9¼ |
| 139.7 | 10¼ | 10¼ | 10¼ | 10 | 10 | 10 | 10 | 9¾ | 9¾ | 10½ | 10½ |
| 168.3 | 8½ | 8½ | 8½ | 8¼ | 8¼ | 8¼ | 8¼ | 8 | 8 | 8 | 7¾ |

续表

| 轴向拉力/$10^4$N<br>公称直径/mm | 110 | 120 | 130 | 140 | 150 | 160 | 170 | 180 | 190 | 200 | 210 |
|---|---|---|---|---|---|---|---|---|---|---|---|
| 60.3 | | | | | | | | | | | |
| 73.0 | 7¾ | | | | | | | | | | |
| 88.9 | | | | | | | | | | | |
| 88.9 | 11 | 10 | 8½ | 6¼ | 2 | | | | | | |
| 88.9 | 12½ | 12 | 11 | 10 | 9 | 7½ | 5½ | | | | |
| 101.6 | 7¼ | 5¼ | | | | | | | | | |
| 101.6 | 10 | 9 | 8 | 7 | 4¾ | | | | | | |
| 101.6 | 10½ | 10 | 10 | 9 | 8 | 7 | 5 | 2¼ | | | |
| 114.3 | 8½ | 7½ | 6½ | 4½ | | | | | | | |
| 114.3 | 10 | 10½ | 8¾ | 8 | 7¼ | 6¼ | 5 | 3 | | | |
| 114.3 | 11 | 10¾ | 10½ | 10 | 10½ | 9 | 8½ | 7¼ | 6¼ | 5¼ | |
| 127.0 | 9 | 8½ | 8 | 7¼ | 6½ | 5½ | 4½ | 2¼ | | | |
| 127.0 | 9¾ | 10½ | 9 | 8¾ | 8¼ | 7¾ | 7¼ | 6½ | 5½ | 4½ | 3½ |
| 127.0 | 10¼ | 10¼ | 10 | 10 | 9¾ | 10½ | 9¼ | 9 | 8¾ | 8¼ | 8 |
| 139.7 | 8¾ | 8½ | 8 | 7¾ | 7¼ | 6¾ | 6 | 5¼ | 4½ | 3¼ | |
| 139.7 | 9 | 8¾ | 8½ | 8¼ | 8 | 7¾ | 7½ | 7 | 6½ | 5¾ | 5¼ |
| 139.7 | 9¼ | 9 | 9 | 8¾ | 8½ | 8¼ | 8 | 7¾ | 7½ | 7¼ | 7¼ |
| 168.3 | 7½ | 7½ | 7¼ | 7¼ | 7 | 7 | 6½ | 6½ | 6¼ | 5¾ | 5 |

## 表 16-59 1000m G105 级钻杆在已知的轴向拉力下的最大许可扭转圈数

| 轴向拉力/$10^4$N<br>公称直径/mm | 0 | 10 | 20 | 30 | 40 | 50 | 60 | 70 | 80 | 90 | 100 |
|---|---|---|---|---|---|---|---|---|---|---|---|
| 60.3 | 26¼ | 26 | 25½ | 25 | 23½ | 21½ | 18½ | 15 | 10 | | |
| 73.0 | 21¾ | 21½ | 21 | 21 | 20½ | 20 | 19¼ | 18¼ | 17¼ | 16 | 14 |
| 88.9 | 17¾ | 17½ | 17¼ | 17¼ | 16¾ | 16 | 15¼ | 14½ | 13¼ | 11¾ | 9¾ |
| 88.9 | 17¾ | 17½ | 17¼ | 17¼ | 17 | 16¾ | 16½ | 160/4 | 15¾ | 15 | 14¼ |
| 88.9 | 17¾ | 17¾ | 17½ | 17¼ | 17¼ | 17 | 17 | 16½ | 16½ | 15¾ | 15¼ |
| 101.6 | 15½ | 15¼ | 15 | 15 | 14½ | 14½ | 14 | 13½ | 13 | 12 | 11 |
| 101.6 | 15½ | 15¼ | 15¼ | 15 | 15 | 15 | 14¾ | 14½ | 14 | 13¼ | 12½ |
| 101.6 | 15½ | 15½ | 15¼ | 15¼ | 15 | 15 | 14¾ | 14½ | 14 | 13¾ | 13½ |
| 114.3 | 13¾ | 13½ | 13½ | 13¼ | 13 | 13 | 12¾ | 12½ | 12 | 11½ | 11 |
| 114.3 | 13¾ | 13¾ | 13½ | 13½ | 13¼ | 13¼ | 13 | 12¾ | 12½ | 12½ | 12 |
| 114.3 | 13¾ | 13¾ | 13¾ | 13½ | 13½ | 13¼ | 13¼ | 13 | 13 | 12¾ | 12¾ |
| 127.0 | 12½ | 12¼ | 12¼ | 12 | 12 | 12 | 11¾ | 11½ | 11½ | 11¼ | 11 |
| 127.0 | 12½ | 12¼ | 12¼ | 12¼ | 12 | 12 | 12 | 11¾ | 11½ | 11½ | 11¼ |
| 127.0 | 12½ | 12¼ | 12¼ | 12¼ | 12¼ | 12¼ | 12¼ | 12 | 12 | 12 | 12 |
| 139.7 | 11¼ | 11¼ | 11 | 11 | 11 | 11 | 11 | 10¾ | 10¾ | 10½ | 10¼ |
| 139.7 | 11¼ | 11¼ | 11¼ | 11 | 11 | 11 | 11 | 10¾ | 10¾ | 10¾ | 10½ |
| 139.7 | 11¼ | 11¼ | 11¼ | 11¼ | 11 | 11 | 11 | 11 | 10¾ | 10¾ | 10½ |
| 168.3 | 9¼ | 9¼ | 9¼ | 9¼ | 9 | 9 | 9 | 9 | 9 | 9 | 8¾ |

续表

| 轴向拉力/$10^4$N<br>公称直径/mm | 110 | 120 | 130 | 140 | 150 | 160 | 170 | 180 | 190 | 200 | 210 |
|---|---|---|---|---|---|---|---|---|---|---|---|
| 60.3 | | | | | | | | | | | |
| 73.0 | 12 | 9¼ | 4½ | | | | | | | | |
| 88.9 | 7¼ | 2 | | | | | | | | | |
| 88.9 | 13½ | 12 | 11 | 10½ | 8 | 5½ | | | | | |
| 88.9 | 14¾ | 14 | 13¼ | 12½ | 11½ | 10½ | 10½ | 8 | 5½ | | |
| 101.6 | 9¾ | 8 | 6 | | | | | | | | |
| 101.6 | 12 | 11¼ | 10½ | 10½ | 8 | 6¾ | 4¼ | | | | |
| 101.6 | 13 | 12½ | 11½ | 11 | 10¼ | 9¼ | 8 | 7 | 5 | | |
| 114.3 | 10½ | 10½ | 8½ | 7½ | 6¼ | 4¼ | | | | | |
| 114.3 | 11½ | 11 | 10½ | 10 | 10½ | 8½ | 7½ | 6½ | 4½ | 3 | |
| 114.3 | 12½ | 12¼ | 12 | 11¾ | 11¼ | 10¾ | 10¼ | 9¾ | 9¼ | 8¾ | 8 |
| 127.0 | 10½ | 10 | 10½ | 9 | 8½ | 7½ | 6½ | 5½ | 4½ | 2¼ | |
| 127.0 | 11 | 11 | 10¾ | 10½ | 10¼ | 9¾ | 9 | 8½ | 7½ | 6½ | 6¼ |
| 127.0 | 11¾ | 11½ | 11½ | 11¼ | 11 | 10¾ | 10½ | 10¼ | 10 | 9¾ | 10½ |
| 139.7 | 10 | 9¾ | 10½ | 9 | 8¾ | 8¼ | 7¾ | 7¼ | 5½ | 5½ | 4½ |
| 139.7 | 10½ | 10¼ | 10 | 9¾ | 10½ | 9¼ | 9 | 8½ | 8 | 7½ | 7 |
| 139.7 | 10½ | 10½ | 10¼ | 10 | 10 | 9¾ | 10½ | 9¼ | 9 | 8½ | 8¼ |
| 168.3 | 8¾ | 8½ | 8½ | $8\frac{1}{1}$ | 8¼ | 8 | 7¾ | 7½ | 7¼ | 7 | 6½ |

## 表 16-60　1000m S135 级钻杆在已知的轴向拉力下的最大许可扭转圈数

| 公称直径/mm \ 轴向拉力/$10^4$N | 0 | 10 | 20 | 30 | 40 | 50 | 60 | 70 | 80 | 90 | 100 |
|---|---|---|---|---|---|---|---|---|---|---|---|
| 88.9 | 22¾ | 22¾ | 22½ | 22¼ | 22 | 21¼ | 20½ | 20 | 19½ | 18½ | 17¼ |
| 88.9 | 22¾ | 22¾ | 22½ | 22½ | 22¼ | 22 | 22 | 21½ | 21¼ | 20¾ | 20¼ |
| 88.9 | 22¾ | 22¾ | 22½ | 22½ | 22½ | 22¼ | 22¼ | 22 | 21¾ | 20¼ | 20¾ |
| 101.6 | 20 | 19¾ | 19¾ | 19½ | 19¼ | 19 | 18¾ | 18¼ | 17¾ | 17¼ | 16½ |
| 101.6 | 20 | 19¾ | 19¾ | 19½ | 19½ | 19¼ | 19¼ | 19 | 18¾ | 18½ | 18 |
| 101.6 | 20 | 19¾ | 19¾ | 19¾ | 19½ | 19½ | 19¼ | 19¼ | 19 | 18¾ | 18½ |
| 114.3 | 17¾ | 17¾ | 17½ | 17¼ | 17¼ | 17 | 17 | 16¾ | 16½ | 16 | 15½ |
| 114.3 | 17¾ | 17¾ | 17½ | 17½ | 17¼ | 17¼ | 17 | 17 | 16¾ | 16½ | 16¼ |
| 114.3 | 17¾ | 17¾ | 17¾ | 17½ | 17½ | 17¼ | 17¼ | 17¼ | 17 | 17 | 16¾ |
| 127.0 | 16 | 15¾ | 15¾ | 15¾ | 15½ | 15½ | 15½ | 15¼ | 15¼ | 15 | 14¾ |
| 127.0 | 16 | 15¾ | 15¾ | 15¾ | 15¾ | 15½ | 15½ | 15½ | 15½ | 15¼ | 15¼ |
| 127.0 | 16 | 15¾ | 15¾ | 15¾ | 15¾ | 15¾ | 15½ | 15½ | 15½ | 15½ | 15¼ |
| 139.7 | 14½ | 14½ | 14½ | 14½ | 14¼ | 14¼ | 14¼ | 14¼ | 14 | 14 | 14 |

续表

| 公称直径/mm \ 轴向拉力/$10^4$N | 110 | 120 | 130 | 140 | 150 | 160 | 170 | 180 | 190 | 200 | 210 |
|---|---|---|---|---|---|---|---|---|---|---|---|
| 88.9 | 16 | 14½ | 12½ | 9¾ | 6 | | | | | | |
| 88.9 | 19¾ | 18¾ | 18 | 17¼ | 16½ | 15½ | 14½ | 13¼ | 11 | 9 | 6 |
| 88.9 | 20½ | 20 | 19½ | 19 | 18½ | 18 | 17¼ | 16½ | 15½ | 14½ | 13¼ |
| 101.6 | 16 | 15 | 14 | 13 | 11¾ | 10 | 7½ | 4½ | | | |
| 101.6 | 17½ | 17 | 16½ | 15¾ | 15¼ | 14¼ | 13 | 12 | 11 | 9½ | 8 |
| 101.6 | 18¼ | 18 | 17½ | 17 | 16½ | 16 | 15¼ | 14½ | 13¾ | 12¾ | 11¾ |
| 114.3 | 15 | 14½ | 14 | 13½ | 12¾ | 12 | 11 | 10 | 8½ | 6½ | 4½ |
| 114.3 | 16 | 15½ | 15¼ | 15 | 14½ | 14 | 13½ | 12¾ | 12¼ | 11½ | 10½ |
| 114.3 | 16¾ | 16½ | 16¼ | 16 | 15¾ | 15½ | 15 | 14½ | 14¼ | 14 | 13¾ |
| 127.0 | 14½ | 14¼ | 14 | 13½ | 13 | 12½ | 12 | 11½ | 11 | 10¼ | 9¼ |
| 127.0 | 15 | 14¾ | 14¾ | 14½ | 14¼ | 14 | 13½ | 13 | 12½ | 12¼ | 12 |
| 127.0 | 15¼ | 15¼ | 15 | 15 | 14¾ | 14¾ | 14½ | 14½ | 14½ | 14¼ | 14 |
| 139.7 | 13¾ | 13½ | 13¼ | 13 | 12¾ | 12½ | 12 | 11¾ | 11¼ | 10¾ | 10 |

### （四）泡解卡剂量计算

$$Q=Q_1+Q_2+Q_3=K\times\frac{1}{4}\pi(d_h^2-d_p^2)\times H+\frac{1}{4}\pi d_{pi}^2\times h+Q_3$$

式中　$Q$——泡解卡剂总用量，$m^3$；

$Q_1$——被卡井段环空容积，$m^3$；

$Q_2$——被卡井段管内容积，$m^3$；

$Q_3$——预计顶替量，$m^3$；

$K$——附加系数(一般取 1.20～1.30)；

$H$——钻杆外解卡剂高度，m；

$d_h$——钻头直径，m；

$d_p$——钻杆(或钻铤)外径，m；

$d_{pi}$——钻杆(或钻铤)内径，m；

$h$——钻杆内解卡剂高度，m。

如果使用复合钻具，则按不同的井径及不同的管柱内、外径分段计算后累加，即可得泡解卡剂总用量。

## 九、定向井计算

### （一）平均井斜角法

这种方法按相邻两测点间的井段为一条直线进行计算(实际上，两测点间的井段并不都是直线)，该直线的井斜角 $\alpha$ 和方位角 $\phi$ 等于上、下两测点间的相应角度的平均值，如图 16-5 所示。

由图 16-5 可知：

$$\alpha_{c_{23}}=\frac{\alpha_2+\alpha_3}{2}$$

$$\phi_{c_{23}}=\frac{\phi_2+\phi_3}{2}$$

式中　$\alpha_{c_{23}}$——2、3 两点的平均井斜角，(°)；

$\phi_{c_{23}}$——2、3 两点的平均方位角，(°)；

$\alpha_2$——2 点测得的井斜角，(°)；

$\alpha_3$——3 点测得的井斜角，(°)；

$\phi_2$——2 点测得的方位角，(°)；

$\phi_3$——3 点测得的方位角，(°)。

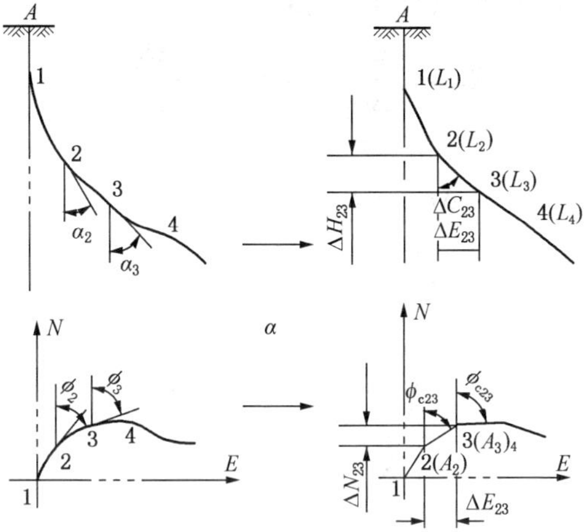


图 16-5　平均井斜角法

平均井斜角法计算剖面数据用以下公式：

$$\Delta H_{23}=\Delta L_{23}\cos\alpha_{c_{23}}$$

$$\Delta\delta_{23}=\Delta L_{23}\sin\alpha_{c_{23}}$$

$$\Delta N_{23}=\Delta\delta_{23}\cos\phi_{c_{23}}$$

$$\Delta E_{23}=\Delta E_{23}\sin\phi_{c_{23}}$$

式中　$\Delta H_{23}$——2、3 两测点对应的垂直井深，m；

$\Delta L_{23}$——2、3 两测点的斜井段长度，m；

$\Delta\delta_{23}$——2、3 两测点的水平面上投影的长度，m；

$\Delta E_{23}$——2、3 两测点的水平面上投影的长度，再投影到平面 $E$ 轴上的长度，m；

$\Delta N_{23}$——2、3 两测点的水平面上投影的长度，再投影到平面 $N$ 轴上的长度，m。

其余井段计算方法相同。这种方法比较简单，但误差相对较大，逐步被其他方法取代。

**（二）曲率半径法**

这种方法认为相邻两测点间的井段为一条圆弧曲线，整个井眼由若干段曲率半径不等的圆弧组成。

在垂直投影面上(图 16-6)：

$$R_{23}=\frac{\Delta L_{23}}{|\Delta\alpha_{23}|}=57.3\frac{\Delta L_{23}}{|\Delta\alpha_{23}|}$$

$$\Delta\delta_{23}=R_{23}|\sin\alpha_3-\sin\alpha_2|$$

$$\Delta H_{23}=R_{23}|\cos\alpha_3-\cos\alpha_2|$$

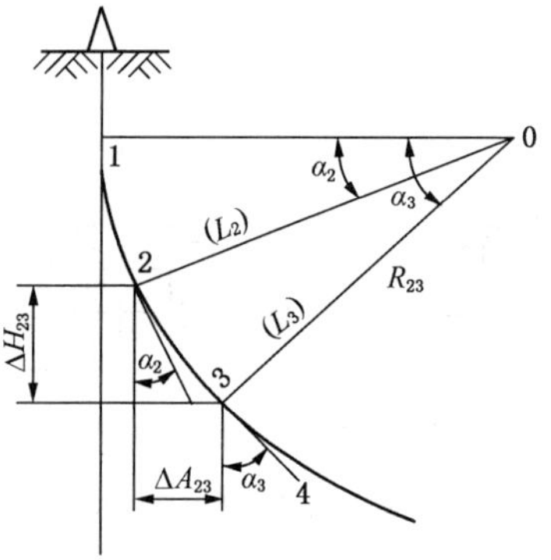


图 16-6　曲率半径法(在垂直投影面上)

在水平投影面上(图 16-7)：

$$R_{23}=\frac{\Delta\delta_{23}}{|\Delta\phi_{23}|}=57.3\frac{\Delta\delta_{23}}{|\Delta\phi_{23}|}$$

$$\Delta E_{23}=r_{23}|\sin\phi_3-\sin\phi_2|$$

$$\Delta N_{23}=r_{23}|\cos\phi_3-\cos\phi_2|$$

式中　$R_{23}$——2、3 两点间的井身轴线在垂直面上投影的曲率半径，m；

$\Delta\alpha_{23}$——2 点到 3 点的井斜增量，(°)；

$\Delta\alpha_{23}$——$\alpha_3-\alpha_2$，(°)；

$r_{23}$——2、3 两点间的井身轴线在水平面上投影的曲率半径，m；

$\Delta\phi_{23}$——$\phi_3-\phi_2$，(°)。

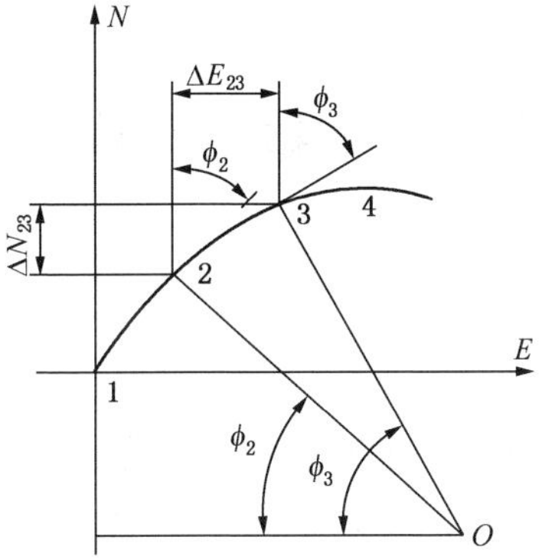


图 16-7　曲率半径法(在水平投影面上)

这种方法的假设比较接近井眼的实际情况，计算结果较为准确。由于实际井段并不都是真正的圆弧，计算结果仍有一定的误差。在计算曲率半径(垂直及水平投影面上的 $R$ 与 $r$)时，所用计算公式比较复杂，计算工作量较大，在设计井段要求精确度较高时，使用这种计算方法。

**(三) 全角变化率公式——“井眼曲率”**

$$\cos\Delta E=\cos\alpha_1\cos\alpha_2+\sin\alpha_1\sin\alpha_2\cos\beta$$

或

$$\Delta E=\cos^{-1}(\cos\alpha_1\cos\alpha_2+\sin\alpha_1\sin\alpha_2\cos\beta)$$

$$\Delta E^2=\alpha_1^2+\alpha_2^2-2\alpha_1\alpha_2\cos\beta$$

$$\Delta E=\sqrt{\alpha_1^2+\alpha_2^2-2\alpha_1\alpha_2\cos\beta}$$

式中　$\Delta E$——上、下两测点在任意长度时计算出的“井眼曲率”，(°)/25m 或(°)/30m；

$\alpha_1$——上测点的井斜角，(°)；

$\alpha_2$——下测点的井斜角，(°)；

$\beta$——上、下两测点方位变化的绝对值，(°)。

# 第十七章　钻井常用材料及其他

## 第一节　钻 井 油 料

### 一、燃料类

#### （一）燃料分类

按照GB/T 12692—1990中燃料分类标准，燃料类以英文字母F表示，简称F类。其性质和组成分类见表17-1。

**表17-1　石油燃料性质和组成分类**

| 组别字母 | 燃 料 类 型 |
| --- | --- |
| G | 气体燃料：主要为甲烷或乙烷，或它们混合组成的石油气体燃料 |
| L | 液化气燃料：主要为丙烷-丙烯，或丁烷-丁烯，或丙烷-丙烯和丁烷-丁烯混合组成的石油液化气燃料 |
| D | 馏分燃料：除液化石油气以外的石油馏分燃料，包括汽油、煤油和柴油。重质馏分油可含少量蒸馏残油 |
| R | 残渣燃料：主要为蒸馏残油组成的石油燃料 |
| C | 石油焦，由原油或原料深度加工所得，主要由碳组成，来自石油的固体燃料 |

#### （二）燃料性能及用途

1. 汽油类别及技术标准

见表17-2。

2. 柴油类别及技术标准

见表17-3～表17-5。

**表 17-2　汽油类别及技术标准(GB 17930—2013)**

| 项　目 | | 质　量　指　标 | | | | | | 备　注 |
|---|---|---|---|---|---|---|---|---|
| 品　种 | | 车用汽油Ⅲ | | | 车用汽油Ⅳ | | | |
| 标　号 | | 90# | 93# | 97# | 90# | 93# | 97# | |
| 抗爆性: | | | | | | | | |
| 研究法辛烷值(RON) | 不大于 | 90 | 93 | 97 | 90 | 93 | 97 | |
| 抗爆指数(RON+RON)/2 | 不大于 | 85 | 88 | 报告 | 85 | 88 | 报告 | |
| 铅含量①/(g/L) | 不小于 | 0.0005 | | | 0.0005 | | | GB/T 8020 |
| 馏程:10%馏出温度/℃ | 不小于 | 70 | | | 70 | | | GB/T 6536 |
| 50%馏出温度/℃ | 不小于 | 120 | | | 120 | | | |
| 90%馏出温度/℃ | 不小于 | 190 | | | 190 | | | |
| 终馏点/℃ | 不小于 | 205 | | | 205 | | | |
| 残留量(体积百分数)/% | 不小于 | 2 | | | 2 | | | |
| 蒸汽压②/kPa | | | | | | | | GB/T 8017 |
| 11 月 1 日至 4 月 30 日 | 不小于 | 88 | | | 42~85 | | | |
| 5 月 1 日至 10 月 31 日 | 不小于 | 72 | | | 40~68 | | | |
| 胶质含量/(mg/100mL) | 不小于 | | | | | | | GB/T 8019 |
| 未洗胶质含量(加入清洗剂前) | | 30 | | | 30 | | | |
| 溶剂洗胶质含量 | | 5 | | | 5 | | | |
| 诱导期/min | 不大于 | 480 | | | 480 | | | GB/T 8018 |
| 硫含量③/(mg/kg)(%) | 不小于 | 150 | | | 50 | | | SH/T 0689 |

续表

| 项　　目 | 质　量　指　标 | | 备　　注 |
|---|---|---|---|
| 硫醇(满足下列指标之一，即判断为合格)： | | | |
| 博士实验 | 通过 | 通过 | SH/T 0174 |
| 硫醇硫酸含量(质量分数)/%　不小于 | 0.001 | 0.001 | GB/T 1792 |
| 铜片腐蚀(50℃，3h)/级　不小于 | 1 | 1 | GB/T 5096 |
| 水溶性酸或碱 | 无 | 无 | GB/T 259 |
| 机械杂质及水分/% | 无 | 无 | 目测④ |
| 苯含量⑤(体积分数)/%　不小于 | 1.0 | 1.0 | SH/T 0173 |
| 芳烃含量⑥(体积分数)/%　不小于 | 40 | 40 | GB/T 11132 |
| 烯烃含量⑥(体积分数)/%　不小于 | 30 | 28 | GB/T 11132 |
| 氧含量(质量分数)/%　不小于 | 2.7 | 2.7 | SH/T 0663 |
| 甲醇含量①(质量分数)/%　不小于 | 0.3 | 0.3 | SH/T 0663 |
| 锰含量⑦/(g/L)　不小于 | 0.016 | 0.008 | SH/T 0711 |
| 铁含量①/(g/L)　不小于 | 0.01 | 0.01 | SH/T 0712 |

注：①车用汽油中，不得人为加入甲醇及含铅或含铁的添加剂。

②车用汽油Ⅳ标准中，本条款也可采用 SH/T 0974，在有异议时，以 GB/T 8017 测定结果为准。

③也可采用 GB/T 11140、SH/T 0253、ASTM D7039，在有异议时，以 SH/T 0689 测定结果为准。

④将试样注入 100mL 玻璃量筒中观察，应当透明，没有悬浮和沉降的机械杂质和水分，在有异议时，以 GB/T 511 和 GB/T 260 测定结果为准。

⑤也可采用 SH/T 0693，在有异议时，以 SH/T 0713 测定结果为准。

⑥对于 97#车用汽油，在烯烃、芳烃总含量控制不变的前提下，可允许芳烃的最大值为 42%(体积分数)。也可采用 NB/SH/T0741，在有异议时，以 GB/T 11132 测定结果为准。

⑦锰含量是指汽油中以甲基环戊二烯三羰基锰形式存在的总锰含量，不得加入其他类型的含锰添加剂。

表 17-3 柴油类别及技术标准

| 项目 | | 低温动力黏度/mPa·s 不大于 | 边界泵送温度/℃ 不高于 | 运动黏度(100℃)/($mm^2/s$) | 高温高剪切黏度(150℃，$10^6s^{-1}$)/mPa·s 不小于 | 黏度指数 不小于 | 倾点/℃ 不高于 |
|---|---|---|---|---|---|---|---|
| 试验方法 | | GB/T 6538 | GB/T 9171 | GB/T 265 | SH/T 0618[②]、SH/T 0703、SH/T 0751 | GB/T 1995、GB/T 2541 | GB/T 3535 |
| 质量等级 | 黏度等级 | — | — | — | — | — | — |
| CC[①]、CD | 0W-20 | 3250(-30℃) | -35 | 5.6~<9.3 | 2.6 | — | -40 |
| | 0W-30 | 3250(-30℃) | -35 | 9.3~<12.5 | 2.9 | — | |
| | 0W-40 | 3250(-30℃) | -35 | 12.5~<16.3 | 2.9 | — | |
| | 5W-20 | 3500(-25℃) | -30 | 5.6~<9.3 | 2.6 | — | -35 |
| | 5W-30 | 3500(-25℃) | -30 | 9.3~<12.5 | 2.9 | — | |
| | 5W-40 | 3500(-25℃) | -30 | 12.5~<16.3 | 2.9 | — | |
| | 5W-50 | 3500(-25℃) | -30 | 16.3~<21.9 | 3.7 | — | |
| | 10W-30 | 3500(-20℃) | -25 | 9.3~<12.5 | 2.9 | — | -30 |
| | 10W-40 | 3500(-20℃) | -25 | 12.5~<16.3 | 2.9 | — | |
| | 10W-50 | 3500(-20℃) | -25 | 16.3~<21.9 | 3.7 | — | |

续表

| 项　目 | | 低温动力黏度/mPa·s 不大于 | 边界泵送温度/℃ 不高于 | 运动黏度(100℃)/(mm²/s) | 高温高剪切黏度(150℃，$10^6s^{-1}$)/mPa·s 不小于 | 黏度指数 不小于 | 倾点/℃ 不高于 |
|---|---|---|---|---|---|---|---|
| 试验方法 | | GB/T 6538 | GB/T 9171 | GB/T 265 | SH/T 0618②、SH/T 0703、SH/T 0751 | GB/T 1995、GB/T 2541 | GB/T 3535 |
| 质量等级 | 黏度等级 | — | — | — | — | — | — |
| CC①、CD | 15W-30 | 3500(-15℃) | -20 | 9.3~<12.5 | 2.9 | — | -23 |
| | 15W-40 | 3500(-15℃) | -20 | 12.5~<16.3 | 3.7 | — | |
| | 15W-50 | 3500(-15℃) | -20 | 16.3~<21.9 | 3.7 | | |
| | 20W-40 | 4500(-10℃) | -15 | 12.5~<16.3 | 3.7 | — | -18 |
| | 20W-50 | 4500(-10℃) | -15 | 16.3~<21.9 | 3.7 | — | |
| | 20W-60 | 4500(-10℃) | -15 | 21.9~<26.1 | 3.7 | — | |
| | 30 | — | — | 9.3~<12.5 | — | 75 | -15 |
| | 40 | — | — | 12.5~<16.3 | — | 80 | -10 |
| | 50 | — | — | 16.3~<21.9 | — | 80 | -5 |
| | 60 | — | — | 21.9~<26.1 | — | 80 | -5 |

续表

| 项　目 | | 低温动力黏度/mPa·s 不大于 | 低温泵送黏度/mPa·s 在无屈服应力时，不大于 | 运动黏度(100℃)/($mm^2/s$) | 高温高剪切黏度(150℃，$10^6s^{-1}$)/mPa·s 不小于 | 黏度指数 不小于 | 倾点/℃ 不高于 |
|---|---|---|---|---|---|---|---|
| 试验方法 | | GB/T 6538、ASTM D5293④ | SH/T 0562 | GB/T 265 | SH/T 0618⑤、SH/T 0703、SH/T 0751 | GB/T 1995 GB/T 2541 | GB/T 3535 |
| 质量等级 | 黏度等级 | — | — | — | — | — | — |
| CF、CF-4、CH-4、CI-4③ | 0W-20 | 6200(-35℃) | 60000(-40℃) | 5.6~<9.3 | 2.6 | — | -40 |
| | 0W-30 | 6200(-35℃) | 60000(-40℃) | 9.3~<12.5 | 2.9 | — | |
| | 0W-40 | 6200(-35℃) | 60000(-40℃) | 12.5~<16.3 | 2.9 | — | |
| | 5W-20 | 6600(-30℃) | 60000(-35℃) | 5.6~<9.3 | 2.6 | — | -35 |
| | 5W-30 | 6600(-30℃) | 60000(-35℃) | 9.3~<12.5 | 2.9 | — | |
| | 5W-40 | 6600(-30℃) | 60000(-35℃) | 12.5~<16.3 | 2.9 | — | |
| | 5W-50 | 6600(-30℃) | 60000(-35℃) | 16.3~<21.9 | 3.7 | — | |
| | 10W-30 | 7000(-25℃) | 60000(-30℃) | 9.3~<12.5 | 2.9 | — | -30 |
| | 10W-40 | 7000(-25℃) | 60000(-30℃) | 12.5~<16.3 | 2.9 | — | |
| | 10W-50 | 7000(-25℃) | 60000(-30℃) | 16.3~<21.9 | 3.7 | — | |
| | 15W-30 | 7000(-20℃) | 60000(-25℃) | 9.3~<12.5 | 2.9 | — | -25 |
| | 15W-40 | 7000(-20℃) | 60000(-25℃) | 12.5~<16.3 | 3.7 | — | |
| | 15W-50 | 7000(-20℃) | 60000(-25℃) | 16.3~<21.9 | 3.7 | — | |

续表

| 项目 | | 低温动力黏度/mPa·s 不大于 | 低温泵送黏度/mPa·s 在无屈服应力时，不大于 | 运动黏度(100℃)/($mm^2/s$) | 高温高剪切黏度(150℃，$10^6s^{-1}$)/mPa·s 不小于 | 黏度指数 不小于 | 倾点/℃ 不高于 |
|---|---|---|---|---|---|---|---|
| 试验方法 | | GB/T 6538、ASTM D5293④ | SH/T 0562 | GB/T 265 | SH/T 0618⑤、SH/T 0703、SH/T 0751 | GB/T 1995 GB/T 2541 | GB/T 3535 |
| 质量等级 | 黏度等级 | — | — | — | — | — | — |
| CF、CF-4、CH-4、CI-4③ | 20W-30 | 9500(-15℃) | 60000(-20℃) | 12.5~<16.3 | 3.7 | — | -20 |
| | 20W-40 | 9500(-15℃) | 60000(-20℃) | 16.3~<21.9 | 3.7 | — | |
| | 20W-50 | 9500(-15℃) | 60000(-20℃) | 21.9~<26.1 | 3.7 | — | |
| | 30 | — | — | 9.3~<12.5 | — | 75 | -15 |
| | 40 | — | — | 12.5~<16.3 | — | 80 | -10 |
| | 50 | — | — | 16.3~<21.9 | — | 80 | -5 |
| | 60 | — | — | 21.9~<26.1 | — | 80 | -5 |

注：①CC 不要求测定高温高剪切黏度。

②为仲裁方法。

③CI-4 所有黏度等级的高温高剪切黏度均为不小于 2.6mPa·s，但当 SAEJ300 指标高于 3.5mPa·s 时，允许以 SAE J300 为准。

④GB/T 6538—2000 正在修订中，在新标准正式发布前，0W 油使用 ASTM D5293：2004 方法测定。

⑤ 为仲裁方法。

**表 17-4　柴油机油理化性能要求(1)**

| 项　目 | | 质量指标 | | | | | 试验方法 |
|---|---|---|---|---|---|---|---|
| | | CC、CD | CF、CF-4 | CH-4 | | CI-4 | |
| 水分(体积分数)/% | 不大于 | 痕迹 | 痕迹 | 痕迹 | | 痕迹 | GB/T 260 |
| 泡沫性(泡沫倾向/泡沫稳定性)/(mL/mL) | | | | | | | GB/T 12579① |
| 24℃ | 不大于 | 25/0 | 20/0 | 10/0 | | 10/0 | |
| 93.5℃ | 不大于 | 150/0 | 50/0 | 20/0 | | 20/0 | |
| 后 24℃ | 不大于 | 25/0 | 20/0 | 10/0 | | 10/0 | |
| 蒸发损失(质量分数)/% | 不大于 | | | 10W-30 | 15W-40 | | |
| 诺亚克法(250℃，1h)或 | | — | — | 20 | 18 | 15 | SH/T 0059 |
| 气相色谱法(371℃馏出量) | | — | — | 17 | 15 | — | ASTM D6417 |
| 机械杂质(质量分数)/% | 不大于 | 0.01 | | | | | GB/T 511 |
| 闪点(开口)/℃(黏度等级) | 不低于 | 200(0W、5W 多级油)；<br>205(10W 多级油)；<br>215(15W，20W 多级油)；<br>220(30)；<br>225(40)；<br>230(50)；<br>240(60) | | | | | GB/T 3536 |

注：①CH-4、CI-4 不允许使用步骤 A。

表 17-5　柴油机油理化性能要求(2)

| 项　　目 | 质量指标<br>CC、CD、CF、CF-4、CH-4、CI-4 | 试验方法 |
| --- | --- | --- |
| 碱值(以 KOH 计)①/(mg/g) | 报告 | SH/T 0251 |
| 硫酸盐灰分①(质量分数)/% | 报告 | GB/T 2433 |
| 硫①(质量分数)/% | 报告 | GB/T 387、GB/T 388、GB/T 11140、GB/T 17040、GB/T 17476、SH/T 0172、SH/T 0631、SH/T 0749 |
| 磷①(质量分数)/% | 报告 | GB/T 17476、SH/T 0296、SH/T 0631、SH/T 0749 |
| 氮①(质量分数)/% | 报告 | GB/T 9170、SH/T 0656、、SH/T 0704 |

注：①生产者在每批产品出厂时要向使用者或经销者报告该项目的实测值，有争议时，以发动机台架试验结果为准。

## 二、清洗用溶剂油

按照 GB/T 498—2014 最新规定，溶剂油及化工原料用英文字母 S 表示，简称 S 类。

溶剂油按产品馏程不同分为 5 个牌号：1 号中沸点；2 号高沸点，低干点；3 号高沸点；4 号高沸点、高闪点；5 号煤油型。高沸点溶剂油按照芳烃含量不同进一步分为 3 种类型：普通型：芳烃含量(体积分数)8%～22%；中芳型：芳烃含量(体积分数)2%～8%；低芳型：芳烃含量(体积分数)0%～2%。中沸点和煤油型分为中芳型和低芳型两种类型。油漆及清洗用溶剂油的技术要求见表 17-6。

**表 17-6　油漆及清洗用溶剂油的技术要求**

| 项　目 | 1号 | | 2号 | | | 3号 | | | 4号 | | | 5号 | | 备　注 |
|---|---|---|---|---|---|---|---|---|---|---|---|---|---|---|
| | 中芳型 | 低芳型 | 普通型 | 中芳型 | 低芳型 | 普通型 | 中芳型 | 低芳型 | 普通型 | 中芳型 | 低芳型 | 中芳型 | 低芳型 | |
| 芳香烃含量(体积分数)/% | 2~8 | 0~<2 | 8~22 | 2~<8 | 0~<2 | 8~22 | 2~<8 | 0~<2 | 8~22 | 2~<8 | 0~<2 | 2~8 | 0~<2 | GB/T 11132<br>SH/T 0166<br>SH/T 0245<br>SH/T 0411<br>SH/T 0693 |
| 外观 | 透明，无沉淀及悬浮物 | | | | | | | | | | | | | 目测 |
| 闪点(闭口)/℃　不低于 | 4 | | 38 | | | 38 | | | 60 | | | 65 | | SH/T 0733<br>GB/T 261 |
| 颜色　不深于 | 赛博特色号+28或铂钴色号10 | | 赛博特色号+25或铂钴色号25 | | | 赛博特色号+25或铂钴色号25 | | | 赛博特色号+25或铂钴色号25 | | | 赛博特色号+25 | | GB/T 3555<br>GB/T 3143 |
| 溴值/(gBr/100g)　不大于 | 5 | | | | | | | | | | | — | | GB/T 11135<br>GB/T 3143 |
| 博士试验 | — | | 通过 | | | | | | | | | | | SH/T 0174 |

续表

| 项目 | 1号 | | 2号 | | | 3号 | | | 4号 | | | 5号 | | 备注 |
|---|---|---|---|---|---|---|---|---|---|---|---|---|---|---|
| | 中芳型 | 低芳型 | 普通型 | 中芳型 | 低芳型 | 普通型 | 中芳型 | 低芳型 | 普通型 | 中芳型 | 低芳型 | 中芳型 | 低芳型 | |
| 馏程： | | | | | | | | | | | | | | |
| 初馏点/℃ 不低于 | 115 | | 150 | | | 150 | | | 175 | | | 200 | | |
| 50%蒸发温度/℃ 不高于 | 130 | | 175 | | | 180 | | | 200 | | | — | | |
| 干点/℃ 不高于 | 155 | | 185 | | | 215 | | | 215 | | | 300 | | GB/T 6536 |
| 残留量(体积分数)/% 不大于 | — | | 1.5 | | | 1.5 | | | 1.5 | | | — | | |
| 水溶性酸碱 | — | | 无 | | | | | | | | | | | GB/T 259 |
| 铜片腐蚀 不大于 | | | | | | | | | | | | | | |
| 100℃，3h | — | | — | | | — | | | — | | | 1 | | |
| 50℃，3h | 1 | | 1 | | | 1 | | | 1 | | | — | | GB/T 5096 |
| 密度(20℃)/($kg/cm^3$) | 报告 | | | | | | | | | | | | | GB/T 1884<br>GB/T 1885 |

## 三、润滑油类

按照 GB/T 498—2014 中石油产品最新分类规定，润滑油及有关产品用英文字母 L 表示，简称 L 类。

### （一）润滑油分类

1. 按应用场合分类

根据 GB 7631. 1—2008 中分类原则，此类产品共分 18 组，见表 17-7。

**表 17-7　润滑油及有关产品的分类**

| 组别 | 应用场合 | 分类标准 |
| --- | --- | --- |
| A | 全损耗系统 | GB/T 7631. 13 |
| B | 脱模 | — |
| C | 齿轮 | GB/T 7631. 7 |
| D | 压缩机(包括冷冻机和真空泵) | GB/T 7631. 9 |
| E | 内燃机 | GB/T 7631. 17 |
| F | 主轴、轴承和离合器 | GB/T 7631. 4 |
| G | 导轨 | GB/T 7631. 11 |
| H | 液压系统 | GB/T 7631. 2 |
| M | 金属加工 | GB/T 7631. 5 |
| N | 电器绝缘 | GB/T 7631. 15 |
| P | 气动工具 | GB/T 7631. 16 |
| Q | 热传导液 | GB/T 7631. 12 |
| R | 暂时保护防腐蚀 | GB/T 7631. 6 |
| T | 汽轮机 | GB/T 7631. 10 |
| U | 热处理 | GB/T 7631. 14 |
| X | 用润滑脂的场合 | GB/T 7631. 8 |
| Y | 其他应用场合 | — |
| Z | 蒸汽汽缸 | — |

2. 按黏度分类

根据《工业液体润滑剂-ISO 黏度分类》(GB/T 3141—1994)分类原则，按40℃时黏度从2~3200mm²/s分为20个黏度等级，大体包括从煤油到汽缸油的黏度范围，见表17-8。

**表17-8　工业液体润滑油黏度分类**

| ISO黏度等级 | 中间点运动黏度(40℃)/(mm²/s) | 运动黏度范围(40℃)/(mm²/s) | | ISO黏度等级 | 中间点运动黏度(40℃)/(mm²/s) | 运动黏度范围(40℃)/(mm²/s) | |
|---|---|---|---|---|---|---|---|
| | | 最小 | 最大 | | | 最小 | 最大 |
| 2 | 2.2 | 1.98 | 2.42 | 100 | 100 | 90 | 110 |
| 3 | 3.2 | 2.88 | 3.52 | 150 | 150 | 135 | 165 |
| 5 | 4.6 | 4.14 | 5.06 | 220 | 220 | 198 | 242 |
| 7 | 6.8 | 6.12 | 7.48 | 320 | 320 | 288 | 352 |
| 10 | 10 | 9.00 | 11.00 | 460 | 460 | 414 | 506 |
| 15 | 15 | 13.50 | 16.50 | 680 | 680 | 612 | 748 |
| 22 | 22 | 19.80 | 24.20 | 1000 | 1000 | 900 | 1100 |
| 32 | 32 | 28.80 | 35.20 | 1500 | 1500 | 1350 | 1650 |
| 46 | 46 | 41.40 | 50.60 | 2200 | 2200 | 1980 | 2420 |
| 68 | 68 | 61.20 | 74.80 | 3200 | 3200 | 2880 | 3520 |

## (二) 润滑油性能及用途

1. 齿轮油(C组)

按GB/T 7631.7—1995标准分类，齿轮油分闭式齿轮油和开式齿轮油两类。其技术指标见表17-9和表17-10。

**表17-9　闭式齿轮油技术指标**

| 项　目 | 质量指标 | | | | | | | 备注 |
|---|---|---|---|---|---|---|---|---|
| 黏度等级(按GB/T 3141—1994) | 68 | 100 | 150 | 220 | 320 | 460 | 680 | |
| 运动黏度(40℃)/(mm²/s) | 61.2~74.8 | 90~110 | 135~165 | 198~242 | 288~352 | 414~506 | 612~748 | GB/T 265 |
| 黏度指数　≥ | 90 | | | | | | | GB/T 2541 |
| 闪点(开口)/℃　≥ | 180 | | | 200 | | | 220 | GB/T 267 |
| 倾点/℃　≤ | -8 | | | | | | -5 | GB/T 3535 |
| 机械杂质/%　≤ | 0.02 | | | | | | | GB/T 511 |

续表

| 项　　目 | 质量指标 | | | | | | | 备注 |
|---|---|---|---|---|---|---|---|---|
| 黏度等级(按 GB/T 3141—1994) | 68 | 100 | 150 | 220 | 320 | 460 | 680 | |
| 腐蚀实验(铜片，100℃，3h)/级　≤ | 1 | | | | | | | GB/T 5096 |
| 氧化安定性(95℃，312h)100℃运动黏度增长/%　≤ | 10 | | | | | | | SH/T 0123 |
| 泡沫性(泡沫倾向/稳定性)/(mL/mL)<br>24℃　≤<br>93℃　≤ | <br><br>75/10<br>75/10 | | | | | | | GB/T 12579 |
| 抗乳化性(82℃)<br>油中水/%　≤<br>乳化层/mL　≤<br>总分离水/mL　≥ | <br>1.0<br>2.0<br>60 | | | | <br>1.4<br>4.0<br>50 | | | GB/T 8022 |

**表 17-10　开式齿轮油技术指标**

| 项　　目 | 质量指标 | | | | | 备注 |
|---|---|---|---|---|---|---|
| 黏度等级(按 SH 0363—1992) | 68 | 100 | 150 | 220 | 320 | |
| 运动黏度(100℃)/($mm^2$/s) | 60~75 | 90~110 | 135~165 | 200~245 | 290~350 | SH 0363 附录 A |
| 闪点(开口)/℃　≥ | 200 | | 210 | | | GB/T 267 |
| 腐蚀实验(45#钢片，100℃，3h) | 合　格 | | | | | SH/T 1905 |
| 防锈性(15#钢，蒸馏水) | 无　锈 | | | | | GB/T 11143 |
| 最大无卡咬负荷(PB)/N　≥ | 686 | | | | | GB/T 3142 |
| 清洁性 | 必须无沙子和磨料 | | | | | |

2. 压缩机油(D 组)

根据 GB/T 7631.9—2014，压缩机油包括空气压缩机润滑油、气体压缩机润滑油和制冷压缩机润滑油，其技术指标分别见表 17-11~表 17-13。

## 表 17-11　空气压缩机润滑油技术指标

| 项　　目 | 质量指标 | | | | | | | | | | 备注 |
|---|---|---|---|---|---|---|---|---|---|---|---|
| 品　　种 | L-DAA | | | | | L-DAB | | | | | |
| 黏度等级(按 GB 3141) | 32 | 46 | 68 | 100 | 150 | 32 | 46 | 68 | 100 | 150 | — |
| 运动黏度(40℃)/(mm²/s) | 28.8 ~ 35.2 | 41.6 ~ 50.6 | 61.2 ~ 74.8 | 90.0 ~ 110.0 | 135.0 ~ 165.0 | 28.8 ~ 35.2 | 41.6 ~ 50.6 | 61.2 ~ 74.8 | 90.0 ~ 110.0 | 135.0 ~ 165.0 | GB 265 |
| 闪点(开口)/℃　≥ | 175 | 185 | 195 | 205 | 215 | 175 | 185 | 195 | 205 | 215 | GB 3536 |
| 倾点/℃　≤ | -9 | | | | -3 | -9 | | | | -3 | GB 3535 |
| 腐蚀实验(铜片, 100℃, 3h)/级　≤ | 1 | | | | | 1 | | | | | GB 5096 |
| 抗乳化(40mL-37mL-3mL)/min | | | | | | | | | | | GB 7305 |
| 54℃　≤ | — | | | | | 30 | | | — | | |
| 82℃　≤ | — | | | | | — | | | 30 | | |

## 表 17-12　真空泵润滑油技术指标

| 项　　目 | | 质量指标 | | | 备注 |
|---|---|---|---|---|---|
| 黏度等级(按 GB 3141) | | 46 | 68 | 100 | |
| 运动黏度(40℃)/(mm²/s) | | 41.4 ~ 50.6 | 61.2 ~ 74.8 | 90.0 ~ 110.0 | GB/T 265 |
| 黏度指数 | ≥ | 90 | 90 | 90 | GB/T 2541 |
| 密度(20℃)/(g/cm³) | ≤ | 0.880 | 0.882 | 0.884 | GB/T 1884 |
| 闪点(开口)/℃ | ≥ | 215 | 225 | 240 | GB/T 3536 |
| 倾点/℃ | ≤ | -9 | -9 | -9 | GB/T 3535 |
| 机械杂质/% | ≤ | 无 | 无 | 无 | GB/T 511 |
| 中和值/(mgKOH/g) | ≤ | 0.1 | 0.1 | 0.1 | GB/T 4945 |
| 色度/号 | ≤ | 0.5 | 1.0 | 2.0 | GB/T 6540 |
| 残碳/% | ≤ | 0.02 | 0.03 | 0.05 | GB/T 268<br>GB/T 5096 |
| 腐蚀实验(铜片, 100℃, 3h)/级 | ≤ | 1 | 1 | 1 | |
| 氧化安定性<br>a. 酸值到 2.0mgKOH/g 时间/h<br>b. 旋转氧弹(150℃)/min | ≥ | 1000<br>报告 | 1000<br>报告 | 1000<br>报告 | GB/T 12581<br>SH/T 0193 |

续表

| 项　目 | | 质量指标 | | 备注 |
|---|---|---|---|---|
| 泡沫性(泡沫倾向/稳定性)/(mL/mL) | | | | |
| 24℃ | ≤ | 100/0 | 100/0 | 100/0 | GB/T 12579 |
| 93℃ | ≤ | 75/0 | 75/0 | 75/0 | |
| 抗乳化度(40mL-37mL-3mL)/min | | | | |
| 54℃ | ≤ | 10 | 15 | | GB/T 7305 |
| 82℃ | ≤ | | | 20 | |

## 表 17-13　L-DRA 冷冻机油技术指标

| 项　目 | 质量指标 | | | | | 备注 |
|---|---|---|---|---|---|---|
| 黏度等级(按 GB/T 3141) | 15 | 22 | 32 | 46 | 68 | |
| 外观 | 清澈透明 | | | | | 目测 |
| 运动黏度(40℃)/($mm^2$/s) | 13.5~16.5 | 19.8~24.2 | 28.8~35.2 | 41.4~50.6 | 61.2~74.8 | GB/T 265 |
| 倾点/℃　≤ | -39 | | -36 | | -33 | GB/T 3535 |
| 闪点(开口)/℃　≥ | 150 | | 160 | | 170 | GB/T 3536 |
| 密度(20℃)/(kg/$m^3$) | 报告 | | | | | GB/T 1884 和 GB/T 1885 |
| 酸值/(mgKOH/g)　≤ | 0.02 | | | | | GB/T 4945 |
| 灰分(质量分数)/%　≤ | 0.005 | | | | | GB/T 508 |
| 水分/(mg/kg)　≤ | 30 | | | | | ASTM D3604 |
| 颜色/号　≤ | 1 | 1 | 1 | 1.5 | 2.0 | GB/T 6540 |
| 机械杂质/% | 无 | | | | | GB/T 511 |
| 泡沫性(泡沫倾向/泡沫稳定性，24℃)/(mL/mL) | 报告 | | | | | GB/T 12579 |
| 腐蚀实验($T_2$ 铜片，100℃，3h)级　≤ | 1 | | | | | GB/T 5096 |
| 残碳(质量分数)/%　≤ | 0.05 | | | | | GB/T 268 |

续表

| 项　目 | 质量指标 | | | | | 备注 |
|---|---|---|---|---|---|---|
| 黏度等级(按 GB/T 3141) | 15 | 22 | 32 | 46 | 68 | |
| 氧化安定性(140℃，14h)<br>氧化油酸值/(mgKOH/g)　≤ | 0.2 | | | | | SH/T 0196 |
| 氧化油沉淀物(质量分数)/%　≤ | 0.02 | | | | | |
| 极压性能(法莱克斯法)失效负荷/N | 报告 | | | | | SH/T 0187 |
| 压缩机台架试验 | 通过 | | | | | 供需双方商定 |

3. 内燃机油(E 组)

内燃机油主要产品包括汽油机油、柴油机油、铁路内燃机油、航空发动机油等，这里只介绍柴油机油。

按 GB/T 28772—2012 规定，柴油机油分类见表 17-14。

**表 17-14　柴油机油分类**

| 品种代号 | 特性和使用场合 |
|---|---|
| CC | 用于中负荷及重负荷下运行的自然吸气、涡轮增压和机械增压式柴油机及一些重负荷汽油机，对于柴油机具有控制高温沉积物和轴瓦腐蚀的性能，对于汽油机具有控制锈蚀、腐蚀和高温沉积物的性能 |
| CD | 用于需要高效控制磨损及沉积物或使用包括高硫燃料自然吸气、涡轮增压和机械增压式柴油机及要求使用 API CD 级油的柴油机，具有控制轴瓦腐蚀和高温沉积物的性能，并可代替 CC |
| CF | 用于非道路间接空喷射式柴油发动机和其他柴油发动机，也可用于需要有效控制活塞沉积物、磨损和含铜轴瓦腐蚀的自然吸气、涡轮增压和机械增压式柴油机。能够使用硫的质量分数大于 0.5%的高硫柴油燃料，并可代替 CD |
| CF-2 | 用于需要高效控制气缸、环表面胶合沉积物的二冲程柴油发动机，并可代替 CDⅡ |

续表

| 品种代号 | 特性和使用场合 |
|---|---|
| CF-4 | 用于高速、四冲程柴油发动机及要求使用 API CF-4 级油的柴油机，特别适用于高速公路形式的重负荷卡车，此种油品在既有消耗和活塞沉淀物控制等方面的性能优于 CE，并可替代 CE、CD 和 CC |
| CG-4 | 用于可在高速公路和非道路使用的高速、四冲程柴油发动机，能够使用硫的质量分数小于 0.05%~0.50%的柴油燃料，此种油品可有效控制高温活塞沉积物、磨损、腐蚀、泡沫、氧化和烟炱的累积，并可替代 CF-4、CE、CD 和 CC |
| CH-4 | 用于高速、四冲程柴油发动机，能够使用硫的质量分数大于 0.5%的柴油燃料。即使在不利的应用场合，此种油品可凭借其在磨损控制、高温稳定性和烟炱控制方面的特性有效地保证发动机的耐久性；对于非铁金属元素的腐蚀、氧化和不溶物的增稠、泡沫性，以及由于剪切所造成的黏度损失可提供最佳的保护。其性能优于 CG-4，并可替代 CG-4、CF-4、CE、CD 和 CC |
| CI-4 | 用于高速、四冲程柴油发动机，能够使用硫的质量分数大于 0.5%的柴油燃料。此种油品在装有废气再循环装置的系统里使用可保证发动机的耐久性。对于腐蚀性和与烟炱有关的磨损倾向、活塞沉积物，以及由于烟炱累积所引起的黏温性变差、氧化增稠、机油消耗、泡沫性、密封材料的适应性降低和由于剪切所造成的年度损失可提供最佳的保护。其性能优于 CH-4，并可替代 CH-4、CG-4、CF-4、CE、CD 和 CC |
| CJ-4 | 用于高速、四冲程柴油发动机，能够使用硫的质量分数大于 0.5%的柴油燃料。对于使用废气后处理系统的发动机，如使用硫的质量分数大于 0.0015%的燃料，可能会影响废气后处理系统的耐久性和/或机油的换油期。此种油品在装有微粒过滤器和其他后处理系统里使用可特别有效地保证排放控制系统的耐久性。对于催化剂中毒的控制、微粒过滤器的堵塞、发动机磨损、活塞沉积物、高低温稳定性、烟炱处理特性、氧化增稠、泡沫性和由于剪切所造成的黏度损失可提供最佳的保护。其性能优于 CI-4，并可代替 CI-4、CH-4、CG-4、CF-4、CE、CD 和 CC |

CC 类、CD 类柴油机油通用技术指标和不通用技术指标分别见表 17-15 和表 17-16。CF 类柴油机油技术指标见表 17-17。

**表 17-15　CC 类、CD 类柴油机油通用技术指标**

| 项　　目 | 质　量　指　标 | | | | | | 备注 |
|---|---|---|---|---|---|---|---|
| 黏度等级(按 GB 11122—1989) | 5W-30 | 10W-30 | 15W-40 | 20W-40 | 30 | 40 | |
| 运动黏度(100℃)/($mm^2/s$) | 9.3~12.5 | 9.3~12.5 | 12.5~16.3 | 12.5~16.3 | 9.3~12.5 | 12.5~16.3 | GB/T 265 |
| 低温动力黏度/mPa·s　≤(℃) | 3500<br>(-25℃) | 3500<br>(-20℃) | 3500<br>(-15℃) | 4500<br>(-10℃) | — | — | GB/T 6538 |
| 边界泵送温度/℃　≤ | -30 | -25 | -20 | -15 | | | GB/T 9171 |
| 高温高剪切黏度(150℃，$10^4s^{-1}$)/mPa·s　≥ | 2.9 | 2.9 | 3.7 | 3.7 | — | — | SH/T 0618<br>SH/T 0703<br>SH/T 0751 |
| 黏度指数　≥ | — | — | — | — | 75 | 80 | GB/T 1995<br>GB/T 2541 |
| 闪点(开口)/℃　≥ | 200 | 205 | 215 | 215 | 220 | 225 | GB/T 3536 |
| 倾点/℃　≤ | -35 | -30 | -23 | -18 | -15 | -10 | GB/T 3535 |

续表

| 项　　目 | | 质　量　指　标 | 备注 |
|---|---|---|---|
| 水分/% | ≤ | 痕迹 | GB/T 260 |
| 泡沫性(泡沫倾向/稳定性)/(mL/mL) | | | GB/T 12579 |
| 24℃ | ≤ | 25/0 | |
| 93℃ | ≤ | 150/0 | |
| 后 24℃ | ≤ | 25/0 | |
| 机械杂质(质量分数)/% | ≤ | 0.01 | GB/T 511 |
| L-38 发动机试验轴瓦失重/mg | ≤ | 50 | SH/T 0265 |
| 活塞裙部漆模评分 | ≥ | 9.0 | |
| 剪切安定性 100℃黏度变化/($mm^2/s$) | | 在本等级黏度范围内(适用于多级油) | SH/T 0265<br>GB/T 265 |

注：CC 类不要求测量高温高剪切黏度。

**表 17-16　CC 类、CD 类柴油机油不通用技术指标**

| 品牌代号 | 项　　目 | | 质量指标 | 试验方法 |
|---|---|---|---|---|
| CC | 高温清净性和抗磨性实验(开特皮勒 1H2 法)： | | | GB/T 9932 |
| | 顶环槽积炭填充体积(体积分数)/% | ≤ | 45 | |
| | 总缺点加权总评分 | ≤ | 140 | |
| | 活塞环侧间隙损失/mm | ≤ | 0. 013 | |
| CD | 高温清净性和抗磨性实验(开特皮勒 1G2 法)： | | | GB/T 9933 |
| | 顶环槽积炭填充体积(体积分数)/% | ≤ | 80 | |
| | 总缺点加权总评分 | ≤ | 300 | |
| | 活塞环侧间隙损失/mm | ≤ | 0. 013 | |

表 17-17 CF 类柴油机油技术指标

| 项目 | 质量指标 | | | | | | 备注 |
|---|---|---|---|---|---|---|---|
| 黏度等级(按 GB 11122—1989) | 5W-30 | 10W-30 | 15W-40 | 20W-40 | 30 | 40 | |
| 低温动力黏度/mPa·s ≤(℃) | 6600<br>(-30℃) | 7000<br>(-25℃) | 7000<br>(-20℃) | 9500<br>(-15℃) | — | — | GB/T 6538<br>ASTM D5293 |
| 低温泵送黏度/mPa·s 在无屈服应力时 ≤ | 6000<br>(-35℃) | 6000<br>(-30℃) | 6000<br>(-25℃) | 6000<br>(-20℃) | — | — | SH/T 0562 |
| 运动黏度(100℃)/($mm^2/s$) | 9.3~12.5 | 9.3~12.5 | 12.5~16.3 | 12.5~16.3 | 9.3~12.5 | 12.5~16.3 | GB/T 265 |
| 高温高剪切黏度(150℃，$10^4s^{-1}$)/mPa·s ≥ | 2.9 | 2.9 | 3.7 | 3.7 | — | — | SH/T 0618<br>SH/T 0703<br>SH/T 0751 |
| 黏度指数 ≥ | — | — | — | — | 75 | 80 | GB/T 1995 |
| 倾点/℃ ≤ | -35 | -30 | -25 | -20 | -15 | -10 | GB/T 3535 |
| 闪点(开口)/℃ ≥ | 200 | 205 | 215 | 215 | 220 | 225 | GB/T 3536 |
| 水分(体积分数)/% ≤ | 痕迹 | | | | | | GB/T 260 |
| 泡沫性(泡沫倾向/稳定性)/(mL/mL)<br>24℃ ≤<br>93.5℃ ≤<br>后 24℃ ≤ | <br>20/0<br>50/0<br>20/0 | | | | | | GB/T 12579 |

续表

| 项　目 | 质　量　指　标 | 备注 |
|---|---|---|
| 机械杂质(质量分数)/% ≤ | 0.01 | GB/T 511 |
| L-38 发动机试验 | 一次试验 二次试验平均 三次试验平均 | |
| 轴瓦失重/mg ≤ | 43.7　48.1　50.0 | SH/T 0265 |
| 剪切安定性 | 在本等级油黏度范围内 | SH/T 0265 |
| 100℃运动黏度/($mm^2/s$) | (适用于多级油) | GB/T 265 |
| 程序Ⅶ发动机试验 | | ASTM D6709 |
| 轴瓦失重/mg ≤ | 29.3　31.9　33.0 | |
| 剪切安定性 | 在本等级油黏度范围内 | |
| 100℃运动黏度/($mm^2/s$) | (适用于多级油) | |
| 开特皮勒 1M-PC 试验 | 二次试验平均　三次试验平均　四次试验平均 | |
| 总缺点加权评分(WTD) ≤ | 240　MTAC　MTAC | |
| 顶环槽充炭率(体积分数)(TGF)/% ≤ | 70 | ASTM D6618 |
| 环侧间隙损失/mm ≤ | 0.013 | |
| 活塞环黏结 | 无 | |
| 活塞、环和缸套擦伤 | 无 | |

4. 液压油(H 组)

L-HM 液压油、液力传动油、4603、4603-1、4604 合成刹车油、7 号矿油刹车油技术指标见表 17-18~表 17-22。

**表 17-18　L-HM 液压油技术指标**

| 项　目 | 质量指标 | | | | | | 备注 |
|---|---|---|---|---|---|---|---|
| 黏度等级(GB/T 3141) | 22 | 32 | 46 | 68 | 100 | 150 | |
| 外观 | 透明 | | | | | | 目测 |
| 闪点(开口)/℃　≥ | 165 | 175 | 185 | 195 | 205 | 215 | GB/T 3536 |
| 运动黏度/($mm^2$/s) | | | | | | | GB/T 265 |
| 0℃　≤ | 300 | 420 | 780 | 1400 | 2560 | — | |
| 40℃ | 19.8~24.2 | 28.8~35.2 | 41.4~50.6 | 61.2~74.8 | 90~110 | 135~165 | |
| 黏度指数　≥ | 85 | | | | | | GB/T 1995 |
| 倾点/℃　≤ | -15 | -15 | -9 | -9 | -9 | -9 | GB/T 3535 |
| 空气释放值(50℃)/min　≤ | 5 | 6 | 10 | 13 | 报告 | 报告 | GB/T 0308 |
| 密封适应性指数　≤ | 13 | 12 | 10 | 8 | 报告 | 报告 | SH/T 0305 |
| 抗乳化性(乳化液到 3mL 的时间)/min | | | | | | | GB/T 7305 |
| 54℃　≤ | 30 | 30 | 30 | 30 | — | — | |
| 82℃　≤ | — | — | — | — | 30 | 30 | |
| 泡沫性(泡沫倾向/稳定性)/(mL/mL) | | | | | | | GB/T 12579 |
| 24℃　≤ | 150/0 | | | | | | |
| 93.5℃　≤ | 75/0 | | | | | | |
| 后 24℃　≤ | 150/0 | | | | | | |
| 机械杂质/%　≤ | 无 | | | | | | GB/T 511 |
| 酸值/(mgKOH/g) | 报告 | | | | | | GB/T 4945 |
| 腐蚀实验(铜片,100℃,3h)/级　≤ | 1 | | | | | | GB/T 5096 |
| 氧化安定性 1000h 氧化后总酸值(以 KOH 计)/(mg/g)　≤ | 2.0 | | | | | | GB/T 12581 |
| 旋转氧弹(150℃)/min 抗磨性 | 报告 | | | | | | SH/T 0193 |
| 齿轮机试验/失效级　≥ | — | 10 | | | | | SH/T 0306 |
| 叶片泵(100h)总失重/mg　≤ | 100 | | | | | | SH/T 0307 |

**表 17-19 液力传动油技术指标**

| 项目 | | 质量指标 | | | 备注 |
|---|---|---|---|---|---|
| 黏度等级(按 GB 3141) | | 6 | 8 | 10 | |
| 运动黏度(100℃)/($mm^2$/s) | | 5.0~7.0 | 7.5~9.0 | 7.5~9.0 | GB/T 265 |
| 黏度指数 | ≥ | 100 | — | — | GB/T 2541 |
| 运动黏度比($v_{100℃}/v_{150℃}$) | ≤ | — | 3.6 | 3.6 | GB/T 265 |
| 闪点(开口)/℃ | ≥ | 180 | 150 | 150 | GB/T 267 |
| 凝点/℃ | ≤ | -20 | -20 | -50 | GB/T 510 |
| 最大无卡咬负荷/N | ≥ | 784.5 | 784.5 | 784.5 | GB/T 3142 |
| 机械杂质/% | ≤ | 无 | | | GB/T 510 |
| 水分/% | ≤ | 痕迹 | | | GB/T 260 |
| 腐蚀实验(铜片，100℃，3h) | | 合格 | | | GB/T 0195 |
| 水溶性酸或碱 | | 无 | | | GB/T 259 |
| 泡沫性(93℃)/(mL/mL) | | 报告 | | | GB/T 12579 |

**表 17-20 4603、4603-1 合成刹车油技术指标**

| 项目 | | 质量指标 | | 备注 |
|---|---|---|---|---|
| | | 4603 | 4603-1 | |
| 运动黏度/($mm^2$/s) | | | | GB/T 265 |
| 50℃ | ≥ | 8.0 | 7.5 | |
| -40℃ | ≤ | 5000 | 500 | |
| 闪点(开口)/℃ | ≥ | 100 | 120 | GB/T 267 |
| 平衡回流沸扑点/℃ | ≥ | 190 | 230 | SH/T 0430 |
| pH 值 | | 8~11 | 8~11 | SH/T 0463 |
| 皮碗实验(70℃，120h) | | | | SH/T 0463 |
| 皮碗根部直径/mm | | 0.15~1.4 | 0.15~1.4 | |
| 腐蚀(T3 铜片，100℃，3h) | | 合格 | 合格 | SH/T 0195 |
| 叠片腐蚀(100℃，120h) | | | | SH/T 0463 |

续表

| 项目 | 质量指标 | | 备注 |
|---|---|---|---|
| | 4603 | 4603-1 | |
| 实片重量变化/($mg/cm^2$) | | | |
| 马口铁 | ±0.2 | ±0.2 | |
| 10号钢 | ±0.2 | ±0.2 | |
| LY12铝 | ±0.1 | ±0.1 | |
| HT21-40铸铁 | ±0.2 | ±0.2 | |
| H62黄铜 | ±0.4 | ±0.4 | |
| T2紫铜 | ±0.4 | ±0.4 | |
| 用途 | 适用于载重汽车和工程机械的液压制动系统，使用气温-30℃以上地区，但4603不宜在湿热条件下使用 | | |

## 表17-21 4604合成刹车油技术指标

| 项目 | | 质量指标 | 备注 |
|---|---|---|---|
| 运动黏度/($mm^2/s$) | | | |
| 100℃ | ≥ | 1.5 | GB/T 265 |
| -40℃ | ≤ | 1800 | |
| 平衡回流沸扑点/℃ | ≥ | 200 | SH/T 0430 |
| pH值 | | 8~11 | SH/T 0463—1992 |
| 皮碗实验(70℃，120h)皮碗根部直径/mm | | 0.15~1.4 | SH/T 0463—1992 |
| 腐蚀(T3铜片，100℃，3h) | | 合格 | SH/T 0195 |
| 叠片腐蚀(100℃，120h) | | | SH/T 0463—1992 |
| 实片重量变化/($mg/cm^2$) | | | |
| 马口铁 | | ±0.2 | |
| 10号钢 | | ±0.2 | |
| LY12铝 | | ±0.1 | |
| HT21-40铸铁 | | ±0.2 | |

续表

| 项　目 | 质量指标 | 备注 |
|---|---|---|
| H62 黄铜 | ±0.4 | |
| T2 紫铜 | ±0.4 | |
| 用途 | 适用于各种高级轿车和其他类型车辆的液压制动系统，全国通用，四季通用 | |

**表 17-22　7 号矿油刹车油技术指标**

| 项　目 | 质量指标 | 备注 |
|---|---|---|
| 运动黏度/($mm^2/s$) | | |
| 50℃ | 0.15~1.4 | GB/T 265 |
| -40℃　≤ | 500 | |
| 初馏点/℃　≥ | 210 | GB/T 255 |
| 闪点(开口)/℃　≥ | 100 | GB/T 267 |
| 机械杂质/%　≤ | 无 | GB/T 511 |
| 水分/%　≤ | 无 | GB/T 260 |
| 酸值/(mgKOH/g)　≤ | 0.1 | GB/T 264 |
| 腐蚀度(100℃，120h)/($mg/cm^2$) | | |
| 钢 | ±0.1 | |
| 紫铜 | ±0.1 | |
| 铝 | ±0.1 | |
| 铸铁 | ±0.5 | |
| 用途 | 适用于汽车液压制动系统，全国通用，四季通用，尤其适用于严寒地区 | |

5. 其他

1）石油脂型防锈油

石油脂型防锈油简称脂型防锈油，代号 L-RK，膜的性质属于软质膜，主要用途是类似转动轴承类的高精度机加工表面的防锈，涂敷温度在 80℃以下。石油脂型防锈油技术指标见表 17-23。

表 17-23 石油脂型防锈油技术指标

| 项目 | | | 质量指标 | 试验方法 |
|---|---|---|---|---|
| 锥入度(25℃, 150g)/(1/10mm) | | ≥ | 200~325 | GB/T 269 |
| 滴熔点/℃ | | ≥ | 55 | GB/T 8026 |
| 闪点/℃ | | ≥ | 175 | GB/T 3536 |
| 分离安定性 | | | 无相变, 不分离 | SH/T 0214 |
| 蒸发量(m/m)/% | | ≥ | 1.0 | SH/T 0035 |
| 吸氧量(100h, 99℃)/kPa | | ≥ | 150 | SH/T 0060 |
| 沉淀值/mL | | ≥ | 0.05 | SH/T 0215 |
| 磨损性 | | | 无伤痕 | SH/T 0215 |
| 流下点/℃ | | ≥ | 40 | SH/T 0082 |
| 除膜性 | | | 除膜(15 次) | SH/T 0212 |
| 低温附着性 | | | 合格 | |
| 腐蚀性(质量变化)/($mg/cm^2$) | | | 钢±0.2; 黄铜±0.2; 锌±0.2; 铅±1.0; 铝±0.2; 镁±0.5; 铬±0.2。除铅外, 无明显锈蚀、污物及变色 | SH/T 0080 |
| 防锈性 | 湿热(A 级)/h | ≥ | 720 | GB/T 2361 |
| | 盐雾(A 级)/h | ≥ | 120 | SH/T 0081 |
| | 包装贮存(A 级)/d | ≥ | 360 | SH/T 0584 |

2) 钢丝绳表面脂

钢丝绳表面脂技术指标见表 17 24。

表 17-24 钢丝绳表面脂技术指标

| 项目 | | 质量指标 | 备注 |
|---|---|---|---|
| 滴点/℃ | ≥ | 58 | GB/T 4929 |
| 运动黏度(100℃)/($mm^2/s$) | ≥ | 20 | GB/T 265 |
| 腐蚀(100℃, 3h) | | 合格 | SH/T 0331 |
| 滑落实验(55℃, 1h) | | 实测 | SH 0387—1992 附录一 |
| 水分/% | | 痕迹 | GB/T 512 |

续表

| 项　　目 | 质量指标 | 备注 |
| --- | --- | --- |
| 低温性能(-30℃，30min) | 合格 | SH 0387—1992 附录二 |
| 湿热实验(钢片，30d) | 合格 | GB/T 2631 |
| 盐雾实验(钢片) | 实测 | SH/T 0081 |

3）钢丝绳麻芯脂

钢丝绳麻芯脂技术指标见表 17-25。

**表 17-25　钢丝绳麻芯脂技术指标**

| 项　　目 | 质量指标 | 备注 |
| --- | --- | --- |
| 滴点/℃ | 45~55 | GB/T 4929 |
| 运动黏度(100℃)/($mm^2/s$)　≥ | 20 | GB/T 265 |
| 腐蚀(100℃，3h) | 合格 | SH/T 0331 |
| 水分/% | 痕迹 | GB/T 512 |
| 低温性能(-30℃，30min) | 合格 | SH 0387—1992 附录二 |
| 湿热实验(钢片，30d) | 合格 | GB/T 2631 |
| 盐雾实验(钢片) | 实测 | SH/T 0081 |

4）防锈汽轮机油(L-TSA)

防锈汽轮机油(L-TSA)技术指标见表 17-26。

**表 17-26　防锈汽轮机油(L-TSA)技术指标**

| 项　　目 | 质量指标 | | | | | | | 备注 |
| --- | --- | --- | --- | --- | --- | --- | --- | --- |
| | A 级 | | | B 级 | | | | |
| 黏度等级(按 GB 3141) | 32 | 46 | 68 | 32 | 46 | 68 | 100 | |
| 运动黏度(40℃)/($mm^2/s$) | 28.8~35.2 | 41.4~50.6 | 61.2~74.8 | 28.8~35.2 | 41.4~50.6 | 61.2~74.8 | 90~110 | GB/T 265 |
| 黏度指数　≥ | 90 | | | 85 | | | | GB/T 1995 |
| 闪点(开口)/℃　≥ | 186 | 186 | 195 | 186 | 186 | 186 | 195 | GB/T 3536 |
| 倾点/℃　≤ | -6 | | | | | | -7 | GB/T 3535 |

续表

| 项目 | 质量指标 | | | | | | | 备注 |
|---|---|---|---|---|---|---|---|---|
| | A级 | | | B级 | | | | |
| 酸值(KOH)/(mg/g) ≤ | 0.2 | | | 0.2 | | | | GB/T 4945 |
| 水分(质量分数)/% | 0.02 | | | 0.02 | | | | GB/T 11133 |
| 抗乳化性(乳化液达到3mL的时间/min | | | | | | | | GB/T 7305 |
| 54℃ ≤ | 15 | 15 | 30 | 15 | 15 | 30 | — | |
| 82℃ ≤ | — | — | — | — | — | — | 30 | |
| 泡沫性(泡沫倾向/稳性)/(mL/mL) | | | | | | | | GB/T 12579 |
| 24℃ ≤ | 450/0 | | | 450/0 | | | | |
| 93.5℃ ≤ | 50/0 | | | 100/0 | | | | |
| 后24℃ ≤ | 450/0 | | | 450/0 | | | | |
| 腐蚀实验(铜片，100℃，3h)/级 ≤ | 1 | | | 1 | | | | GB/T 5096 |
| 氧化安定性1000h后总酸值(KOH)/(mg/g) ≤ | 0.3 | 0.3 | 0.3 | 报告 | 报告 | 报告 | — | GB/T 12581 |
| 总酸值达到2.0(KOH)/(mg/g)的时间/h ≤ | 3500 | 3000 | 2500 | 2000 | 2000 | 1500 | 1000 | GB/T 12581 |
| 1000h后油泥/mg ≤ | 200 | 200 | 200 | 报告 | 报告 | 报告 | — | SH/T 0565 |
| 承载能力<br>齿轮机试验/失效级 ≤ | 8 | 9 | 10 | — | | | | GB/T 19936.1 |
| 过滤性 | | | | | | | | SH/T 0805 |
| 干法/% ≤ | 85 | | | 报告 | | | | |
| 湿法 | 通过 | | | 报告 | | | | |
| 清洁度/级 ≤ | —/18/15 | | | 报告 | | | | GB/T 14039 |

## 四、润滑密封脂类

### (一) 3号防锈锂基润滑脂

根据GB/T 7324—2010，3号防锈锂基润滑脂技术指标见表17-27。

表 17-27　3号防锈锂基润滑脂技术指标

| 项　目 | 质量指标 | 备注 |
|---|---|---|
| | 3号 | |
| 外观 | 浅黄色至褐色均匀油膏 | 目测 |
| 滴点/℃　≥ | 180 | GB/T 4929 |
| 工作锥入度/(1/10mm) | 220~250 | GB/T 269 |
| 氧化安定(99℃，100h，0.760MPa)压力降/MPa　≤ | 0.070 | SH/T 0325 |
| 蒸发量(99℃，22h)(质量分数)/%　≤ | 无 | SH/T 0329 |
| 钢网分油(100℃，24h)质量分数/%　≤ | 5 | SH/T 0324 |
| 腐蚀($T_2$铜片，100℃，24h) | 铜片无绿色或黑色变化 | GB/T 7326 乙法 |
| 相似黏度(-15℃，$10s^{-1}$)/Pa·s　≤ | 1300 | SH/T 0048 |
| 杂质(显微镜法)/(个/$cm^3$)<br>10μm以上　≤<br>25μm以上　≤<br>75μm以上　≤<br>125μm以上　≤ | <br>2000<br>1000<br>200<br>0 | SH/T 0336 |
| 水淋流失量(38℃，1h)质量分数/%　≤ | 8 | SH/T 0109 |
| 延长工作锥入度(100000次)/(0.1mm)　≤ | 320 | GB/T 269 |

## (二) 真空密封脂

真空密封脂技术指标见表 17-28。

表 17-28　真空密封脂技术指标

| 项　目 | 质量指标/$10^{-6}$ | | | | 备注 |
|---|---|---|---|---|---|
| | KZ-1 | KZ-2 | KZ-3 | KZ-4 | |
| 饱和蒸汽压(20℃)/Pa　≤ | 133.322 | 133.322 | 133.322 | 133.322 | SY 2672 |
| 滴点/℃　≥ | 45 | 50 | 55 | 200 | GB 270 |
| 运动黏度(100℃)/($mm^2$/s) | 30~100 | 130~150 | 40~60 | — | GB 268 |
| 微锥入度(25℃)/(1/10mm) | 40~65 | 30~55 | — | — | SY 2724 |
| 用途 | 用于真空系统的玻璃活塞和磨口接头的润滑和密封，其中KZ-1、KZ-2、KZ-3号在常温下使用，KZ-4号温度不高于135℃ | | | | — |

## (三) 套管螺纹密封脂

套管螺纹密封脂技术指标见表17-29。

**表17-29　套管螺纹密封脂技术指标**

| 项　　目 | | 质量指标 | | | 备注 |
|---|---|---|---|---|---|
| | | 7405 | 7405-1 | JL-3 | |
| 滴点/℃ | ≥ | — | — | 138 | GB/T 4929 |
| 工作锥入度/(1/10mm) | | 220~280 | 300~380 | 300~400 | GB/T 269 |
| 分油量/% | ≤ | 5.0 | — | 10 | GB 392 |
| 腐蚀(100℃，3h)45号钢 | | 合格 | 合格 | 合格 | SY 2710 |
| 蒸发度(150℃，24h) | ≤ | 4.0 | 4.0 | 3.75 | SY 2723 |
| 逸气量(66℃，120h)/mL | ≤ | — | — | 20 | SY/T 5199 |
| 水沥滤(66℃，2h)/% | ≤ | — | — | 5.0 | SY/T 5199 |

## (四) 钻具螺纹密封脂

钻具螺纹密封脂技术指标见表17-30。

**表17-30　钻具螺纹密封脂技术指标**

| 项　　目 | | 质量指标 | | | 备注 |
|---|---|---|---|---|---|
| | | 7409 | 7409-1 | JL-1 | |
| 滴点/℃ | ≥ | — | — | 180(普通)<br>160(高寒) | GB/T 4929 |
| 工作锥入度/(1/10mm) | | 340~380 | 340~385 | 290~350 | GB/T 269 |
| 分油量(65℃，24h)/% | ≤ | — | — | 5 | SH/T 0324 |
| 腐蚀(100℃，3h)45号钢 | | 合格 | 合格 | 合格 | SY 2710 |
| 蒸发度(150℃，24h) | ≤ | 4.0 | 4.0 | 4.0 | SY 2723 |
| 相似黏度/mPa·s | | | | | SY 2720 |
| -10℃，$10s^{-1}$ | ≤ | 0.001 | — | — | |
| -30℃，$10s^{-1}$ | ≤ | — | 0.0022 | — | |
| 水沥滤(65℃，2h)/% | ≤ | — | — | 5.0 | SY/T 5198 |

### （五）7411号钻头螺纹密封脂

7411号钻头螺纹密封脂技术指标见表17-31。

表17-31　7411号钻头螺纹密封脂技术指标

| 项　　目 | | 质量指标 | 备注 |
|---|---|---|---|
| 外观 | | 黑色均匀油膏 | 目测 |
| 滴点/℃ | ≥ | 260 | GB/T 3498 |
| 工作锥入度/(1/10mm) | | 300~350 | GB/T 265 |
| 蒸发度(150℃，24h) | ≤ | 5.0 | SY/T 2723 |
| 分油量/% | ≤ | 15 | GB/T 392 |
| 腐蚀(100℃，3h)45号钢 | | 合格 | SY/T 2710 |

### （六）7022号通用润滑脂

7022号通用润滑脂技术指标见表17-32。

表17-32　7022号通用润滑脂技术指标

| 项　　目 | | 质量指标 | 备注 |
|---|---|---|---|
| 滴点/℃ | ≥ | 200 | GB/T 3498 |
| 工作锥入度/(1/10mm) | | 250~290 | GB/T 265 |
| 蒸发度(100℃，24h)/% | ≤ | 2.0 | SY/T 2723 |
| 分油量/% | ≤ | 8.0 | GB/T 392 |
| 抗水性(79℃±2℃)/% | ≤ | 10 | SY/T 2718 |
| 相似黏度(-20℃，20$s^{-1}$)/mPa·s | ≤ | 0.0018 | SY/T 2720 |

### （七）7501号真空硅脂润滑脂

7501号真空硅脂润滑脂技术指标见表17-33。

表17-33　7501号真空硅脂润滑脂技术指标

| 项　　目 | | 质量指标 | 备注 |
|---|---|---|---|
| | | 7501号 | |
| 外观 | | 白色半透明光滑、均匀油膏 | 目测 |
| 1/4工作锥入度/(1/10mm) | | 45~60 | GB/T 269 |
| 蒸发度(200℃)(质量分数)/% | ≤ | 2.0 | SH/T 0337 |

续表

| 项　　目 | | 质量指标 | 备注 |
|---|---|---|---|
| | | 7501 号 | |
| 压力分油(质量分数)/% | ≤ | 6.0 | GB/T 392 |
| 相似黏度(-40℃，$10s^{-1}$)/Pa·s | ≤ | 1000 | SH/T 0048 |

## (八) 7903 号耐油密封脂

7903 号耐油密封脂技术指标见表 17-34。

**表 17-34　7903 号耐油密封脂技术指标**

| 项　　目 | | 质量指标 | 备注 |
|---|---|---|---|
| 外观 | | 黏稠均匀油膏 | 目测 |
| 滴点/℃ | ≥ | 250 | GB 3498 |
| 1/4 锥入度(不工作)/(1/10mm) | | 55~70 | GB 5017 |
| 腐蚀(T2 铜片 100℃，24h)/级 | ≤ | 1 | GB 7326 甲法 |
| 抗燃料性<br>溶解度(质量分数)/%<br>脂外观 | <br>≤<br> | <br>20<br>通过 | SH/T 0011 |
| 抗水和抗水-乙醇(1∶1)溶液性能<br>蒸馏水<br>水-乙醇(1∶1)溶液 | | <br>通过<br>通过 | SY/T 4029 |
| 膜稳定性和钢腐蚀(100℃，7d)45 号钢 | | 通过 | SH/T 0011 |
| 贮存安定性(54℃，120d) | | 通过 | SY 4028 |

## (九) 7603 号阀杆密封剂

7603 号阀杆密封剂技术指标见表 17-35。

**表 17-35　7603 号阀杆密封剂技术指标**

| 项　　目 | | 质量指标 | 备注 |
|---|---|---|---|
| 外观 | | 黑色可塑性棒状物 | 目测 |
| 工作锥入度/(1/10mm) | | 20~120 | GB/T 265 |
| 蒸发度(200℃，24h)/% | ≤ | 测定 | SY/T 2723 |
| 腐蚀(100℃，3h)45 号钢 | | 合格 | SY/T 2710 |

## （十）7605 号热采阀门密封脂

7605 号热采阀门密封脂技术指标见表 17-36。

**表 17-36　7605 号热采阀门密封脂技术指标**

| 项　　目 | 质量指标 | 备注 |
|---|---|---|
| | 7605 号 | |
| 外观 | 黑色均匀油膏 | 目测 |
| 滴点/℃　≥ | 300 | GB/T 3498 |
| 工作锥入度/(1/10mm) | 280～340 | GB/T 265 |
| 分油量(200g±5g)/%　≤ | 5 | GB/T 392 |
| 腐蚀(100℃，3h)45 号钢 | 合格 | SY/T 2710 |
| 溶解度(质量分数)/%　≤ | 20 | FS 791 |
| 脂外观 | 通过 | B 5414. 3 方法 |
| 抗水和抗水-乙醇(1∶1)溶液性 | 脂团不解体、不溶解，溶液允许轻微浑浊 | SY/T 4029 |

## （十一）齿轮润滑脂

齿轮润滑脂技术指标见表 17-37。

**表 17-37　齿轮润滑脂技术指标**

| 项　　目 | 7408 | | | 7412 | | 备注 |
|---|---|---|---|---|---|---|
| | 0 号 | 00 号 | 000 号 | 00 号 | 000 号 | |
| 滴点/℃　≥ | 160 | 160 | 160 | 200 | 200 | GB/T 3489 |
| 锥入度/(1/10mm) | 355～385 | 400～430 | 445～475 | 400～430 | 445～475 | GB/T 269 |
| 蒸发度/% | — | — | — | — | — | SY/T 2723 |
| 120℃　≤ | 2. 0 | 2. 0 | 2. 0 | — | — | |
| 150℃　≤ | — | — | — | 4. 0 | 4. 0 | |
| 四球实验 | — | — | — | — | — | GB/T 3142 |
| 负荷/N　≥ | — | — | — | 980 | 980 | |
| 烧结负荷/N　≥ | — | — | — | 2450 | 2450 | |
| 综合磨损值　≥ | — | — | — | 440 | 440 | |

## 五、钻井常用汽油、柴油、润滑油、密封脂

钻井常用汽油、柴油、润滑油、密封脂品种见表17-38。

表17-38　钻井常用汽油、柴油、润滑油、密封脂品种

| 类别 | 品种规格 | | 适用范围或要求 | 备注 |
|---|---|---|---|---|
| 汽油 | 车用 | 90# | 解放、东风 | GB/T 12692—1990 |
| | | 93# | BJ213、桑塔娜 | |
| | | 97# | 奥迪、雪铁龙 | |
| | 无铅车用 | 90# | 解放、东风 | SH 0041—1993 |
| | | 93# | BJ213、桑塔娜 | |
| | | 95# | 奥迪、雪铁龙 | |
| 柴油 | 0# | | 夏季 | GB 252—2015 |
| | -10# | | 南方冬季 | |
| | -20# | | 黄河以南、长江以北冬季 | |
| | -35# | | 寒区冬季 | |
| | -50# | | 极寒区冬季 | |
| 润滑油 | 150#齿轮油 | | 钻井泥浆泵(冬季) | GB/T 7631.7—1995 |
| | 220#齿轮油 | | 钻井泥浆泵(夏季) | |
| | GL-5#齿轮油 | | 高速齿轮 | |
| | 26#双曲线齿轮油 | | 拖拉机变速箱 | GB/T 7631.9—2014 |
| | DAB-100压缩机油 | | 空气压缩机 | |
| | DAB-150压缩机油 | | | |
| | N46冷冻机油 | | 冷库、冷冻机 | GB/T 28772—2012 |
| | 30CD柴油机油 | | 冬季(中增压、高负荷) | |
| | 40CD柴油机油 | | 夏季 | |
| | 15W/30CD柴油机油 | | 冬夏通用 | |
| | 15W/40CD柴油机油 | | | |
| | N32抗磨液压油 | | 液压大钳 | GB/T 7631.2—2003 |
| | N46抗磨液压油 | | 挖掘机(国产) | |
| | N68抗磨液压油 | | 挖掘机(进口) | |
| | 8#液力传动油 | | 汽车后压包 | |
| | N32防锈汽轮机油 | | 井控装置 | |
| 密封脂 | 3#锂基脂(黄油) | | 轴承 | Q/SH 006.1.43—1994 |
| | 3#二硫化钼锂基脂 | | 适合高温高载荷精密设备 | |
| | JL-3、7405#套管丝扣密封脂 | | 耐高温高压 | |
| | JL-1、7409#钻具螺纹润滑脂 | | 耐高温高压、抗水抗酸碱 | |
| | 7411#钻头脂 | | 适合高温高速 | |
| | 7603#阀杆密封脂 | | 井口装置液控防喷器等 | |

## 六、钻机配套辅助设备五定润滑

钻机配套辅助设备五定润滑见表17-39。

**表 17-39　钻机配套辅助设备五定润滑**

| 设备名称 | 润滑部位 | 点数 | 油品名称牌号 |  | 润滑保养规范 |  |  | 油品更换 |  | 备　注 |
|---|---|---|---|---|---|---|---|---|---|---|
|  |  |  | 原设计 | 推荐 | 周期/h | 用量/kg | 方法 | 周期/h | 容量/L |  |
| 700-II 液力变矩器 | 滑轮、轴、轴承箱 | 1 | 22 透平油或 6 号液力传动油 | 6 号液力传动油 |  |  | 油箱加油 | ★ 2000 |  | ★指按质更换，2000h 参考周期。<br>用 7022 脂后，加注周期延长到 1000h 左右，用量可减少。<br>ZG-2 为 2 号钙基脂；<br>ZGS 为石墨钙基脂；<br>ZL-2 为 2 号锂基脂；<br>ZL-3 为 3 号锂基脂；<br>$MoS_2$ 为二硫化钼 |
| 方钻杆旋转短节 | 马达轴承<br>上下轴承 | 1<br>2 | ZG-2 | 7022 或 ZL-3 | 500 | 0.1<br>0.5 | 油枪加脂 | 检修时 |  |  |
|  | 大齿圈 | 1 | ZGS |  |  |  | 涂抹 |  |  |  |
| 排绳器 | 滑轮组<br>轴承 | 2<br>4 | ZG-2 |  | 一口井 |  | 油枪加脂 |  |  |  |
|  | 钢丝绳 | 1 | 废机油 | 废机油 | 一口井 |  | 涂抹 |  |  |  |
| 汽动卸扣器 | 汽缸活塞组 | 2 | ZG-2 | 7022 | 一口井 |  | 油枪 |  |  |  |
|  | 导油轮 | 1 |  | ZL-3 | 一口井 |  | 加脂 |  |  |  |
|  | 钢丝绳 | 1 | 废机油 | 废机油 |  |  | 涂抹 |  |  |  |
| 除砂器 | 电动机轴承<br>激振器 | 2<br>4 | ZG-2<br>$MoS_2$ | 7022 或 ZL-3 | 24 |  | 加脂<br>涂抹 |  |  |  |
| 振动筛 | 振动轴轴承<br>卡瓦锁紧处 | 4<br>8 | ZL-2 |  | 150 |  | 加脂<br>涂抹 |  |  |  |
| 防碰天车 |  | 1 | HJ-30 | AN46 | 起下钻时 | 加至油面 | 油箱加脂 | ★ |  |  |
| 猫头立柱 |  | 2 | ZG-3 | 7022<br>ZL-3 |  |  | 油枪加脂 |  |  |  |

# 第二节　钻井绳类

## 一、钢丝绳

### （一）钢丝绳结构、捻向

钢丝绳结构、捻向如图 17-1 和图 17-2 所示。

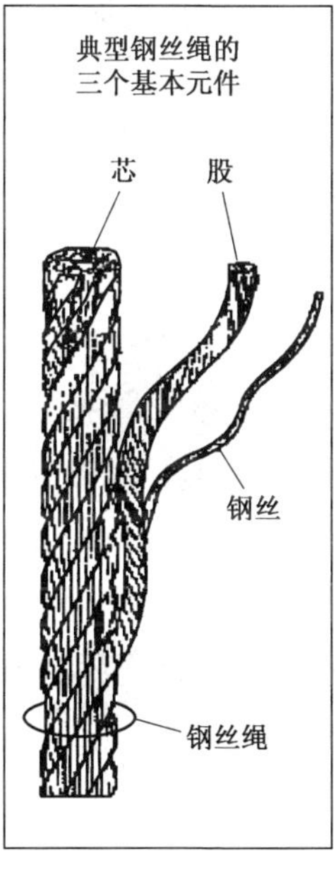


图 17-1　钢丝绳结构

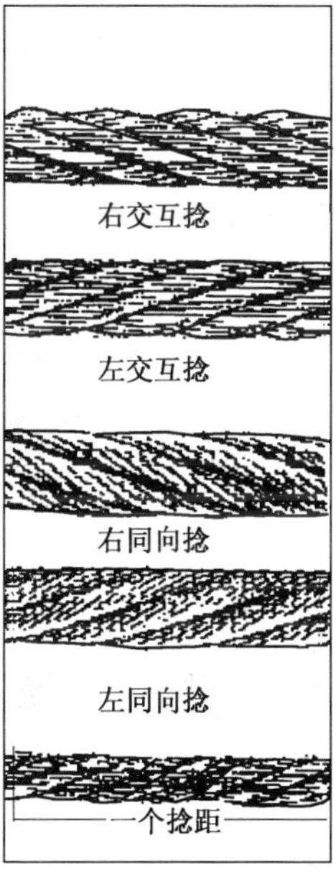


图 17-2　钢丝绳捻向

### （二）钢丝绳分类

（1）按钢丝绳捻制方向分为：交互捻（左交互捻、右交互捻）和同向捻（左同向捻、右同向捻）两种。

（2）按钢丝绳股内各层钢丝相互接触状态分为：

① 点接触钢丝绳，如图 17-3 所示。这种钢丝绳接触应力高，使用寿命较短。

② 线接触钢丝绳，如图 17-4 所示。这种钢丝绳股内相邻层钢丝为线接触，接触面积大，改善了受力状态，使用寿命为点接触钢丝绳的 1.5 倍。

③ 点线接触钢丝绳。在钢丝绳的股中，相邻层钢丝接触状态有点状、线状，叫点线接触钢丝绳。

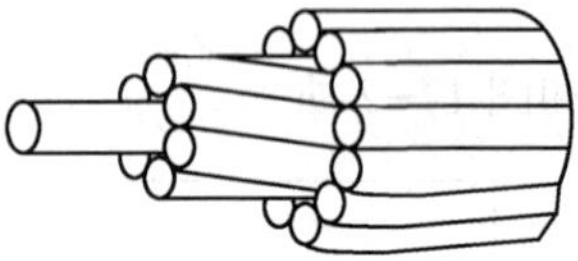
图 17-3　点接触钢丝绳

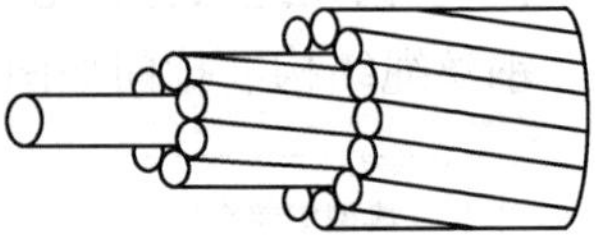
图 17-4　线接触钢丝绳

(3) 按钢丝绳股数目分，有单股、六股、八股和十八股、三十四股等，如图 17-5 所示。

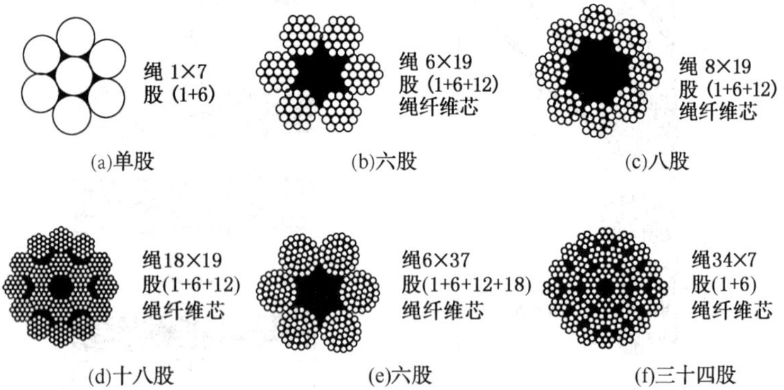

图 17-5　钢丝绳股数与每股根数示意图

(4) 按钢丝绳股的断面形状分，有圆形股钢丝绳和异形股钢丝绳。

## (三) 钢丝绳常用知识

1. 强度安全系数

钢丝绳强度安全系数见表 17-40。

**表 17-40 钢丝绳强度安全系数**

| 钢丝绳的用途 | 强度安全系数 | 钢丝绳的用途 | 强度安全系数 |
|---|---|---|---|
| 牵索和拉绳 | 3 | 机械传动起重用钢丝绳 | 5 |
| 用手传动起重用钢丝绳 | 4 | 绳套用钢丝绳 | 8 |

2. 强度等级

钢丝绳强度等级见表 17-41。

**表 17-41 钢丝绳强度等级**

| 标 准 | 钢丝绳强度等级 | | | | |
|---|---|---|---|---|---|
| GB 11202 | 1370MPa | 1520MPa | 1670MPa | 1810MPa | 1960MPa |
| ISO 2232 | 1570MPa | | 1760MPa | | 1960MPa |
| API | PS | IPS | | EIPS | EEIPS |

3. 钢丝绳卡规格、用量及使用方法

根据 GB/T 5976—2006 中的要求，钢丝绳卡规格及用量见表 17-42。

**表 17-42 钢丝绳卡规格及用量**

| 钢丝绳卡型号 | 适用最大钢丝绳直径/mm | 使用绳卡个数 | 钢丝绳卡型号 | 适用最大钢丝绳直径/mm | 使用绳卡个数 |
|---|---|---|---|---|---|
| 6 | 6 | 3 | 26 | >24~26 | 4 |
| 8 | >6~8 | 3 | 28 | >26~28 | 5 |
| 10 | >8~10 | 3 | 32 | >28~32 | 5 |
| 12 | >10~12 | 3 | 36 | >32~36 | 5 |
| 14 | >12~14 | 3 | 40 | >36~40 | 6 |
| 16 | >14~16 | 3 | 44 | >40~44 | 6 |
| 18 | >16~18 | 3 | 48 | >44~48 | 7 |
| 20 | >18~20 | 4 | 52 | >48~52 | 7 |
| 22 | >20~22 | 4 | 56 | >52~56 | 7 |
| 24 | >22~24 | 4 | 60 | >56~60 | 7 |

钢丝绳卡应把夹座扣在钢丝绳的工作段上，U 形螺栓扣在钢丝绳的尾端，钢丝绳卡不得在钢丝绳上交替布置。如图 17-6 所示，钢丝绳卡间的距离 *A* 等于 6~7 倍钢丝绳直径。

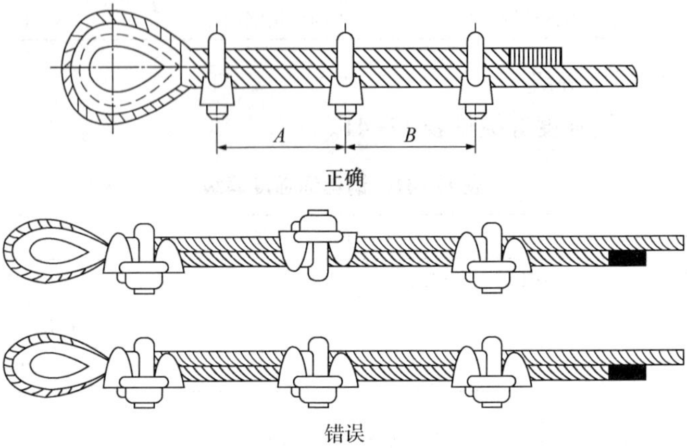


图 17-6　钢丝绳卡使用方法

4. 钢丝绳直径及测量方法

钢丝绳直径及测量方法如图 17-7 所示。

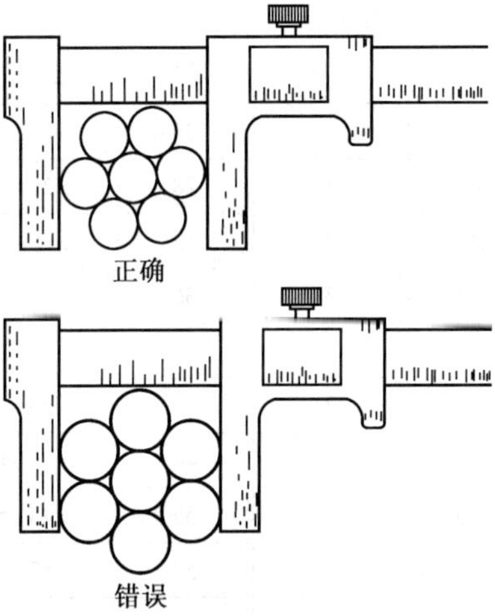


图 17-7　钢丝绳测量方法

5. 钢丝绳的各种结扣方法

钢丝绳的各种结扣方法如图 17-8 所示。

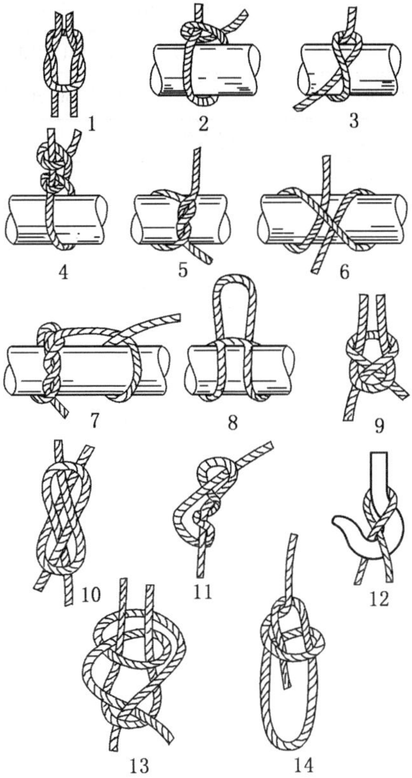


图 17-8　钢丝绳的各种结扣方法

1—直套式绳结；2—简单绳结；3—压头绳结；4—双扣简单绳结；5—渔夫用绳结；6—死扣绳结；7—直提钢梁和圆木用的绳结；8—套扣式绳结；9—单扣绳结；10—挽具用绳结；11—装卸工用绳结；12—套钩用绳结；13—双扣绳结；14—锁扣式绳结

## (四) 钢丝绳性能及用途

1. 结构及性质

6×19 类、6×37 类点接触钢丝绳结构及性能见表 17-43 和表 17-44。

## 表 17-43　6×19 类点接触钢丝绳结构及性能

| 钢丝绳结构 | 公称抗拉强度/ MPa | | | | |
|---|---|---|---|---|---|
| | 1570 | 1670 | 1770 | 1870 | 1960 |
| | 最大公称直径(光面/镀锌)/mm | | | | |
| $6\times19+F_c$，(12+6+1) | 50/50 | 50/36 | 50/30 | 40/28 | 36/24 |

| 钢丝绳力学性能 | | | | | | | |
|---|---|---|---|---|---|---|---|
| 公称直径 | | 近似质量 | 最小破断拉力/kN | | | | |
| *d* | 偏差 | | | | | | |
| mm | % | kg/100m | | | | | |
| 11 | | 42 | 58 | 62 | 66 | 69 | 73 |
| 12 | | 50 | 69 | 74 | 78 | 83 | 87 |
| 13 | | 59 | 81 | 87 | 92 | 97 | 102 |
| 14 | | 68 | 94 | 100 | 106 | 112 | 118 |
| 16 | | 89 | 123 | 131 | 139 | 146 | 154 |
| 18 | | 112 | 156 | 166 | 176 | 186 | 195 |
| 20 | | 138 | 192 | 205 | 217 | 229 | 214 |
| 22 | | 167 | 233 | 248 | 263 | 277 | 291 |
| 24 | | 199 | 277 | 295 | 312 | 330 | 347 |
| 26 | | 234 | 325 | 346 | 367 | 388 | 408 |
| 28 | 0~6 | 271 | 377 | 401 | 426 | 450 | 472 |
| 30 | | 311 | 433 | 461 | 489 | 516 | 542 |
| 32 | | 354 | 493 | 524 | 556 | 587 | 616 |
| 34 | | 400 | 557 | 592 | 628 | 663 | 696 |
| 36 | | 448 | 624 | 664 | 704 | 744 | 780 |
| 38 | | 500 | 695 | 740 | 784 | 828 | 869 |
| 40 | | 554 | 771 | 820 | 869 | 918 | 963 |
| 42 | | 610 | 850 | 904 | 958 | 1010 | 1060 |
| 44 | | 670 | 933 | 992 | 1050 | 1110 | 1165 |
| 46 | | 732 | 1010 | 1080 | 1140 | 1210 | 1270 |
| 48 | | 797 | 1110 | 1180 | 1250 | 1320 | 1390 |
| 50 | | 865 | 1200 | 1280 | 1360 | 1440 | 1500 |

## 表 17-44 6×37 类点接触钢丝绳结构及性能

| 钢丝绳结构 | | | 公称抗拉强度/MPa | | | | |
|---|---|---|---|---|---|---|---|
| | | | 1570 | 1670 | 1770 | 1870 | 1960 |
| | | | 最大公称直径(光面/镀锌)/mm | | | | |
| $6\times37+F_c$,(18+12+6+1) | | | 70/70 | 70/50 | 70/44 | 54/38 | 50/34 |
| 钢丝绳力学性能 | | | | | | | |
| 公称直径 | | 近似质量 | 最小破断拉力/kN | | | | |
| *d* | 偏差 | | | | | | |
| mm | % | kg/100m | | | | | |
| 13 | 0~6 | 59 | 78 | 83 | 88 | 93 | 98 |
| 14 | | 68 | 91 | 97 | 102 | 108 | 113 |
| 16 | | 89 | 118 | 126 | 133 | 141 | 148 |
| 18 | | 112 | 150 | 156 | 169 | 178 | 187 |
| 20 | | 138 | 185 | 197 | 208 | 220 | 231 |
| 22 | | 167 | 224 | 238 | 252 | 266 | 280 |
| 24 | | 199 | 260 | 283 | 300 | 317 | 332 |
| 26 | | 234 | 313 | 333 | 352 | 372 | 391 |
| 28 | | 271 | 363 | 386 | 409 | 432 | 453 |
| 30 | | 311 | 416 | 443 | 469 | 496 | 520 |
| 32 | | 354 | 474 | 504 | 535 | 564 | 592 |
| 34 | | 400 | 535 | 569 | 603 | 637 | 668 |
| 36 | | 448 | 600 | 638 | 676 | 714 | 749 |
| 38 | | 500 | 668 | 711 | 753 | 796 | 835 |
| 40 | | 554 | 741 | 788 | 835 | 882 | 925 |
| 42 | | 610 | 816 | 869 | 921 | 973 | 1020 |
| 44 | | 670 | 896 | 953 | 1010 | 1060 | 1120 |
| 46 | | 732 | 980 | 1040 | 1100 | 1160 | 1220 |
| 48 | | 797 | 1020 | 1130 | 1200 | 1270 | 1330 |
| 50 | | 865 | 1150 | 1230 | 1300 | 1370 | 1450 |
| 52 | | 936 | 1250 | 1330 | 1410 | 1490 | 1560 |
| 54 | | 1010 | 1350 | 1430 | 1520 | 1600 | 1690 |
| 56 | | 1090 | 1450 | 1540 | 1630 | 1720 | 1810 |
| 58 | | 1160 | 1550 | 1650 | 1750 | 1850 | 1950 |
| 60 | | 1250 | 1660 | 1770 | 1870 | 1980 | 2080 |
| 62 | | 1330 | 1780 | 1890 | 2000 | 2120 | 2220 |
| 64 | | 1420 | 1890 | 2010 | 2130 | 2250 | 2370 |
| 66 | | 1510 | 2010 | 2140 | 2270 | 2400 | 2520 |
| 68 | | 1600 | 2200 | 2280 | 2410 | 2550 | 2670 |
| 70 | | 1695 | 2270 | 2410 | 2560 | 2700 | 2830 |

2. 换新标准

常用钢丝绳换新标准见表 17-45。

**表 17-45　常用钢丝绳换新标准**

| 安全系数 | 钢丝绳规格 | | | |
|---|---|---|---|---|
| | 6×19 | 6×37 | 6×61 | 18×19 |
| | 每一股上有如下断丝数量则钢丝绳作废 | | | |
| 6 以下 | 12 | 22 | 36 | 36 |
| 6~7 | 14 | 26 | 38 | 38 |
| 7 以上 | 16 | 30 | 40 | 40 |

注：1. 钢丝绳每一股上断丝根数达到表中所列数量时作废。

2. 本表所列为交互捻钢丝绳的换新标准。如为同向捻钢丝绳，则容许断丝数为表中数量的 50%。

3. 钢丝绳绕过圆筒或滑轮的直径，不得小于绳直径的 18 倍。

3. 破断拉力换算系数

钢丝绳破断拉力换算系数见表 17-46。

**表 17-46　钢丝绳破断拉力换算系数**

| 钢丝绳类别 | 钢丝绳结构 | 换算系数 |
|---|---|---|
| 圆形钢丝绳 | 1×7、1×19、1×(19) | 0.90 |
| | 6×7、6×12、7×7 | 0.88 |
| | 1×37、6×19、7×19、6×24、6×30、6X(19)、6W(19)、6T(25)、6X(24)、6W(24)、6X(31)、8×19、8X(19)、8W(19)、8T(25)、18×7 | 0.85 |
| | 6×37、8×37、18×19、6W(35)、6W(36)、6X(36)、6X(37) | 0.82 |
| | 6×61、34×7 | 0.80 |
| 异形钢丝绳 | 6△(18)、6△(19) | 0.86 |
| | 6△(24)、6△(30)、6△X(36)、6△X(37)、6△(33)、6△(34)、6△(38)、6△(37)、6△(42)、6△(43) | 0.84 |
| | 6○(21)+6△(8)、6○(33)+6△(21) | 0.82 |

## （五）钻井常用钢丝绳尺寸和长度

1. 钻井常用钢丝绳尺寸和长度（表17-47）

**表17-47 钻井常用钢丝绳尺寸和长度**

| 用途 | 名称 | 结构 | 备注 |
|---|---|---|---|
| 立井提升 | 三角股钢丝绳 | 6△X(36)、6△X(37)、6△X(21)、6△X(24)、6△X(30)、6△X(33)、6△X(34)、6△X(36)、6△X(37)、6△X(42)、6△X(43) | |
| | 线接触钢丝绳 | 6X(19)、6W(19)、6T(25)、6X(31)、6X(37)、6W(35)、6W(36)、6X(36) | 6X(19)不宜在腐蚀严重的井筒中使用 |
| | 钢丝绳 | 6×19、6×37 | |
| | 多层异型股(不旋转)钢丝绳 | 6○(21)+6△(8)、6○(33)+6△(21) | 仅用于钢丝绳管道的立井 |
| | 多层股(不旋转)钢丝绳 | 18×7、34×7 | |
| 开凿立井提升(建井用) | 多层异型股(不旋转)钢丝绳 | 6○(21)+6△(8)、6○(33)+6△(21) | |
| | 多层股(不旋转)钢丝绳 | 18×7、34×7 | |
| 立井管道及索道承重 | 密封钢丝绳 | 见密封钢丝绳标准 | |
| | 三角股钢丝绳 | 6△(18)、6△(19) | |
| | 钢丝绳 | 6×7、7×7 | |
| | 多层股(不旋转)钢丝绳 | 18×7 | |

续表

| 用　途 | 名　称 | 结　构 | 备　注 |
|---|---|---|---|
| 立井平衡 | 钢丝绳 | 6×19、6×37、6×24 | |
| | 多层股(不旋转)钢丝绳 | 18×7、34×7 | |
| 挖掘机(电铲卷机)及石油钻井 | 线接触钢丝绳 | 6X(19)+7×7、6W(19)+7×7<br>6T(25)+7×7、6X(31)+7×7<br>6X(37)+7×7、6W(35)+7×7<br>6W(36)+7×7、6XW(36)+7×7 | 石油钻井可采用不加 7×7 金属绳芯者 |
| | 三角股钢丝绳 | 6△X(36)、6△X(37)、6△(33)、6×34、6△(36)、6△(37)、6△(42)、6△(43) | 经双方协商也可生产加 7×7 金属绳芯者 |
| | 钢丝绳 | 6×19、6×37 | |
| 港口装卸起重机和建筑用塔式起重机 | 多层异型股(不旋转)钢丝绳 | 6○(21)+6△(8) | |
| | 多层股(不旋转)钢丝绳 | 18×19、34×7 | |

2. 钻井常用钢丝绳规格和长度(表 17-48~表 17-55)

**表 17-48 绞车钢丝绳规格和长度**

| 钻机分类 | 钻机型号 | 最大设计钻井深度/m | 井架高度/m | 大钩公称起重量/t | 绞车用钢丝绳 | | | | |
|---|---|---|---|---|---|---|---|---|---|
| | | | | | 捻法 | 结构 | 直径 | | 建议长度/m |
| | | | | | | | in | mm | |
| 大型钻机 | Y-3 Ⅱ | 5000 | 53 | 200 | 左交 | 6×19 | $1\frac{5}{16}$ | 33 | 1000 |
| | 3DH-200A | 5000 | 44.27 | 200 | 左交 | 6×19 | $1\frac{1}{4}$ | 32 | 1000 |
| | 4LD-150D | 3500 | 42.7 | 150 | 左交 | 6×19 | $1\frac{1}{8}$ | 32 | 1000 |
| | F-200 | 3500 | 43 | 200 | 左交 | 6×19 | $1\frac{1}{8}$ | 28 | 1000 |
| | 5D-300-150 | 3200 | 41.4 | 150 | 左交 | 6×19 | $1\frac{1}{8}$ | 28 | 1000 |
| | ZJ1-130 | 3200 | 41.4 | 130 | 左交 | 6×19 | $1\frac{1}{8}$ | 28 | 1000 |
| | Y5-Ⅱ | 3200 | 41.4 | 130 | 左交 | 6×19 | $1\frac{1}{8}$ | 28 | 1000 |
| | 4DH-3215 | 7000 | 59.365 | 315 | 左交 | 6×19 | $1\frac{3}{8}$ | 35 | 1000 |
| | 大庆Ⅱ型 | 4000 | 41.6 | 200 | 左交 | 6×19 | | | 1000 |
| | ZJ32J | 3200 | 43.0 | 250 | 左交 | 6×19 | | | 1000 |
| | ZJ45J | 4500 | 43.0 | 350 | 左交 | 6×19 | | | 1000 |
| | ZJ45D | 4500 | 43.0 | 350 | 左交 | 6×19 | | | 1000 |
| | ZJ60L | 6000 | 44.8 | 450 | 左交 | 6×19 | | | 1000 |
| | ZJ60D | 6000 | 44.8 | 450 | 左交 | 6×19 | $1\frac{3}{8}$ | 35 | 1000 |
| | F200 | 4000 | 41.8 | 300 | 左交 | 6×19 | | | 1000 |
| | F320 | 6000 | 43.5 | 400 | 左交 | 6×19 | | | 1000 |
| | F400 | 7000 | 44.0 | 500 | 左交 | 6×19 | | | 1000 |
| | C-Ⅰ-Ⅱ | 5000 | 43.28 | 550 | 左交 | 6×19 | | | 1000 |
| | E2100 | 7000 | 46.59 | 525 | 左交 | 6×19 | | | 1000 |
| | C-Ⅲ | 9000 | 43.0 | | 左交 | 6×19 | | | 1000 |
| | C-2-Ⅱ | 9000 | | | 左交 | 6×19 | | | 1000 |
| | Zj80 | 8000 | 45.8 | 585 | 左交 | 6×19 | | | 1000 |

续表

| 钻机分类 | 钻机型号 | 最大设计钻井深度/m | 井架高度/m | 大钩公称起重量/t | 绞车用钢丝绳 | | | | |
|---|---|---|---|---|---|---|---|---|---|
| | | | | | 捻法 | 结构 | 直径 | | 建议长度/m |
| | | | | | | | in | mm | |
| 大型钻机 | ZJ70D | 7000 | 45 | 450 | 左交 | 6×19 | | | 1000 |
| | ZJ50D | 5000 | 45 | 315 | 左交 | 6×19 | | | 1000 |
| | ZJ45L | 4500 | 45 | 315 | 左交 | 6×19 | | | 1000 |
| 中型钻机 | ZJ25 | 2500 | | 160 | 左交 | 6×19 | 1 | 25 | 1000 |
| | ZJ20 | 2000 | 35 | | 左交 | 6×19 | 1 | 25 | 1000 |
| | XJ135K | 2500 | 41.6 | 135 | 左交 | 6×19 | 1 | 25 | 1000 |
| | ZJ20S | 2000 | 31.5 | 135 | 左交 | 6×19 | 1 | 25 | 1000 |
| | 2DH-100 | 2200 | 41.4 | 100 | 左交 | 6×19 | 1 | 25 | 1000 |
| | 2DH-75A | 1800 | 41.4 | 75 | 左交 | 6×19 | 1 | 25 | 1000 |
| | C-1500 | 1200 | 38.7 | 40 | 左交 | 6×19 | 1 | 25 | 1000 |
| | 5Y-40 | 1200 | 38.7 | 40 | 左交 | 6×19 | 1 | 25 | 1000 |
| 轻便钻机 | 国产 B3-1200 | 1200 | 24 | 2.5 | 左交 | 6×19 | 3/4 | 18.5 | 200~300 |
| | 瑞典 B3-1200 | 1200 | 24 | 2.5 | 左交 | 6×19 | 3/4 | 18.5 | 200~300 |
| | C-1000 | 1000 | 24 | 2.5 | 左交 | 6×19 | 3/4 | 18.5 | 200~300 |
| | 红旗-1000 | 1000 | 24 | — | 左交 | 6×19 | 3/4 | 18.5 | 200~300 |
| | XB-1000 | 1000 | 24 | 3 | 左交 | 6×19 | 7/8 | 21.5 | 200~300 |
| | XU-600 | 600 | — | 2.5 | 左交 | 6×19 | 5/8 | 15.5 | 100 |
| | KAM-500 | 500 | — | 2.2 | 左交 | 6×19 | 5/8 | 15.5 | 100 |
| 地震钻机 | ABB-3-100 | 100 | 8.8 | 1.25 | 左交 | 6×19 | 1/2 | 12.5 | 50 |
| | DPP-100 | — | — | — | 左交 | 6×19 | 1/2 | 12.5 | 50 |
| | 710-100 | — | — | — | 左交 | 6×19 | 1/2 | 12.5 | 50 |
| | XU-100 | — | — | — | 左交 | 6×19 | 1/2 | 12.5 | 50 |

表 17-49　修井机用钢丝绳规格和长度

| 机　　型 | 运用井深/m | 井架高度/m | 超重能力/t | 绞车用钢丝绳 | | | | |
|---|---|---|---|---|---|---|---|---|
| | | | | 捻法 | 结构 | 直径 | | 滚筒容绳量/m |
| | | | | | | in | mm | |
| XT-30B | 2000~2500 | 18 | 30 | 左交 | 6×19 | 1/2 | 12.5 | 2000 |
| XJ-30G | 2000~2500 | 18 | 30 | 左交 | 6×19 | 1/2 | 12.5 | 2000 |
| 黄河-30 | 2000~2500 | 18 | 30 | 左交 | 6×19 | 1/2 | 12.5 | 2000 |
| SXJ-50 | 3000~4000 | 27.3 | 50 | 左交 | 6×19 | | | |
| B-2 | 1500 | 17 | 30 | 左交 | 6×19 | 1/2 | 12.5 | 1500 |
| | | | | 左交 | 6×19 | 3/4 | 18.5 | 180 |
| JC5-M16 | 2000~2900 | 14.4 | 28 | 左交 | 6×19 | 9/16 | 14 | 2250 |
| | | | | 左交 | 6×19 | 5/8 | 15.5 | 1730 |
| | | | | 左交 | 6×19 | 3/4 | 18.5 | 1230 |
| ZA100/7 | 2000 | | 40 | 左交 | 6×19 | 9/16 | 14 | 2700 |
| ZA198 | 3000 | | 60 | 左交 | 6×19 | 9/16 | 14 | 4000 |
| ZA312 | 4000~5000 | 28 | 80 | 左交 | 6×19 | 9/16 | 14 | 5000 |
| ZA315 | 4000~6000 | | 100 | 左交 | 6×19 | 9/16 | 14 | 5000 |
| SR-6 | 1600 | 16.5 | 31.6 | 左交 | 6×19 | 1/2 | 12.5 | 960 |
| SR-12 | 3000 | 27.5 | 66 | | 6×19 | 5/8 | 15.5 | 3000 |
| SR-15 | 4200 | 27.5 | 65 | | 6×19 | 5/8 | 15.5 | 4000 |

**表 17-50　通井机用钢丝绳规格和长度**

| 机　型 | 运用井深/m | 滚筒尺寸/mm | | 绞车用钢丝绳 | | | | 滚筒容绳量/m |
|---|---|---|---|---|---|---|---|---|
| | | 直径 | 长度 | 捻法 | 结构 | 直径 | | |
| | | | | | | in | mm | |
| 仿 IT2m-80 | 2300 | 380 | 1000 | 交左 | 6×19 | 5/8 | 15.5 | 2300 |
| JIT2m-80 | 2300 | 380 | 1000 | 交左 | 6×19 | 5/8 | 15.5 | 2300 |
| JIT-11km | 2500 | 345 | 910 | 交左 | 6×19 | 5/8 | 15.5 | 2500 |
| TJ-66 | 1500 | 345 | 790 | 交左 | 6×19 | 1/2 | 12.5 | 2000 |
| TJ-9 | 2300 | 320 | 800 | 交左 | 6×19 | 5/8 | 15.5 | 2300 |
| TJJ-30 | 2500 | 345 | 910 | 交左 | 6×19 | 5/8 | 15.5 | 2500 |
| TJ1-3200 | 3200 | 345 | 910 | 交左 | 6×19 | 1/2 | 12.5 | 3200 |
| 黄河-3500 | 3500 | 345 | 900 | | 6×19 | 1/2 | 12.5 | 3500 |

**表 17-51　吊钳用钢丝绳规格和长度**

| 用　途 | 钢丝绳直径 | | 需要数量/m | |
|---|---|---|---|---|
| | in | mm | 41m 井架 | 38.7m 井架 |
| 高悬猫头绳 | 5/8~3/4 | 15.88~19.05 | 50 | 35 |
| 外钳尾绳 | 3/4 | 19.05 | 8 | 5 |
| 内钳尾绳 | 3/4 | 19.05 | 7 | 4 |
| 外钳吊绳 | 1/2 | 12.70 | 72 | 64 |
| 内钳吊绳 | 1/2 | 12.70 | 64 | 56 |
| 旋绳器用绳 | 3/8 | 9.53 | 3 | 3 |
| 防喷盒用绳 | 3/8 | 9.5 | 64 | 56 |
| 大门绷绳 | 5/8~7/8 | 15.88~22.23 | 40 | 40 |

**表 17-52　井架绷绳用钢丝绳规格和长度**

| 井架类型 | 井架高度/m | 绷绳 | | | | | 备注 |
|---|---|---|---|---|---|---|---|
| | | 直径 | | 根数 | 每根长度/m | 总长度/m | |
| | | in | mm | | | | |
| BJ-18 | 18 | 3/4 | 19.05 | 4 | 30 | 120 | |
| BJ-24 | 24 | 3/4 | 19.05 | 4 | 35 | 140 | |
| BJ-29 | 29 | 3/4 | 19.05 | 4 | 40 | 160 | 前绷绳 |
| | | 1⅛ | 28.58 | 2 | 45 | 90 | 后绷绳 |
| BY-40 | 38.7 | 3/4 | 19.05 | 8 | 60 | 480 | 前绷绳 |
| | | 1⅛ | 28.58 | 2 | 45 | 90 | 后绷绳 |
| BM-41 | 41.4 | 7/8 | 22.23 | 8 | 65 | 520 | |
| B1-300-53 | 53 | 7/8 | 22.23 | 8 | 75 | 600 | |
| TM-315 | 59.365 | 7/8 | 22.23 | 8 | 90 | 720 | |

**表 17-53　起重机用钢丝绳规格和长度**

| 型　号 | 起重量/t | 使用钢丝绳 | | | 备　注 |
|---|---|---|---|---|---|
| | | 结构 | 直径/mm | 长度/m | |
| Q1-5(Q51) | 5 | | 14 | 34.5 | |
| K-51 | 5 | | 14.5 | 86 | 起重用43m，变幅用41m |
| Q1-8(Q82) | 8 | | 21.5<br>15.5<br>14 | | 拉臂绳<br>起重绳<br>变幅绳 |
| Q2-8 | 8 | 6×19+1 | 14 | 86 | 起重绳 |
| Q81 | 8 | | 21<br>17.5 | | 变幅绳<br>起重绳 |
| Q2-12 | 12 | 6×37+1 | 15.5 | 95 | 起重绳 |
| QL2-8 | 8 | | 12.5 | 60 | |
| QL1-15 | 15 | | 21.5<br>17<br>14 | | 拉臂绳<br>起重绳<br>变幅绳 |
| QL3-16 | 16 | | 21.5<br>17<br>14 | | 拉臂绳<br>起重绳<br>变幅绳 |
| QL4-40 | 40 | | 31<br>23.5<br>23.5 | | 拉臂绳<br>起重绳<br>变幅绳 |
| NK-160 | 16 | 6×$F_i$(29)<br>I. W. R. C | 16 | 290 | 主绳200m，辅助绳90m |
| NK-300 | 30 | | 18 | 235 | 主绳135m，辅助绳100m |

**表 17-54　电动葫芦用钢丝绳规格和长度**

| 型　　号 | 起重量/t | 起重高度/m | 钢丝绳规格 |
|---|---|---|---|
| TVH-0.25<br>TVH-0.25A | 0.25 | 6<br>12 | 6×19+1-4.8 |
| TVH-0.5<br>TVH-0.5A | 0.5 | 6<br>12 | 6×19+1-6.2 |
| TV-1<br>TV-112<br>TV-113<br>TV-114 | 1 | 6<br>12<br>18<br>24 | G×37+1-8.8 |

续表

| 型　　号 | 起重量/t | 起重高度/m | 钢丝绳规格 |
|---|---|---|---|
| TV-2<br>TV-212<br>TV-213<br>TV-214 | 2 | 6<br>12<br>18<br>24 | 6×37+1-11 |
| TV-301<br>TV-310<br>TV-306<br>TV-305<br>TV-308 | 3 | 6<br>10<br>20<br>25<br>30 | 6×37+1-13 |
| TV-501<br>TV-5-2<br>TV-504<br>TV-506<br>TV-505 | 5 | 6<br>12<br>20<br>25<br>30 | 6×37+1-13 |
| GQ-10 | 10 | 5<br>10<br>15 | 6×37+1-17.5 |
| STV-4C<br>STV-5C<br>STV-6C<br>STV-7C | 10 | 25<br>32<br>36<br>45 | 6×37+1-17.5 |
| CD 1-6D MD<br>CD 1-9D MD<br>CD 1-12D MD<br>CD 1-18D MD<br>CD 1-24D MD<br>CD 1-30D MD | 1 | 6<br>9<br>12<br>18<br>24<br>30 | 6×37+1-7.6 |
| CD 2-6D MD<br>CD 2-9D MD<br>CD 2-12D MD<br>CD 2-18D MD<br>CD 2-24D MD<br>CD 2-30D MD | 2 | 6<br>9<br>12<br>18<br>24<br>30 | 6×37+1-11 |

续表

| 型　　号 | 起重量/t | 起重高度/m | 钢丝绳规格 |
|---|---|---|---|
| CD 3-6D<br>MD | 3 | 6 | 6×37+1-13 |
| CD 3-9D<br>MD | | 9 | |
| CD 3-12D<br>MD | | 12 | |
| CD 3-18D<br>MD | | 18 | |
| CD 3-24D<br>MD | | 24 | |
| CD 3-30D<br>MD | | 30 | |
| CD 5-6D<br>MD | 5 | 6 | 6×37+1-15.5 |
| CD 5-9D<br>MD | | 9 | |
| CD 5-12D<br>MD | | 12 | |
| CD 5-18D<br>MD | | 18 | |
| CD 5-24D<br>MD | | 24 | |
| CD 5-30D<br>MD | | 30 | |
| CD 10-9D<br>MD | 10 | 9 | 6×37+1-15.5 |
| CD 10-12D<br>MD | | 12 | |
| CD 10-18D<br>MD | | 18 | |
| CD 10-24D<br>MD | | 24 | |
| CD 10-30D<br>MD | | 30 | |
| DFD 5-6D<br>DFS | 5 | 6 | 6×37+1-15.5 |
| DFD 5-9D<br>DFS | | 9 | |
| DFD 5-12D<br>DFS | | 12 | |
| DFD 5-18D<br>DFS | | 18 | |
| DFD 5-24D<br>DFS | | 24 | |
| DFD 5-30D<br>DFS | | 30 | |
| CD-1 | 0.5 | 6 | 6×19+1-4.2 |
| BD-6D | 3 | 6 | 6×37+1-13 |
| DH-5 | 3 | 10 | $\phi$13 |
| 珠江(Ⅱ) | 3 | 10 | $\phi$13 |
| BH21 | 5 | 6 | 6×19+1-6.2 |

续表

| 型　号 | 起重量/t | 起重高度/m | 钢丝绳规格 |
| --- | --- | --- | --- |
| BH22 | 0. 5 | 12 | 6×19+1-6. 2 |
| BH41 | 2 | 6 | 6×37+1-11 |
| BH42 | 2 | 12 | 6×37+1-11 |
| BH43 | 2 | 18 | 6×37+1-11 |
| BH44 | 2 | 24 | 6×37+1-11 |
| BH45 | 2 | 30 | 6×37+1-11 |
| BMH41 | 2 | 6 | 6×37+1-8. 7 |
| BMH42 | 2 | 12 | 6×37+1-8. 7 |
| BMH43 | 2 | 18 | 6×37+1-8. 7 |
| BWH41 | 2 | 6 | 6×37+1-8. 7 |
| BWH42 | 2 | 12 | 6×37+1-8. 7 |
| BMH41 | 5 | 6 | 6×37+1-3 |
| BMH62 | 5 | 12 | 6×37+1-3 |
| BMH63 | 5 | 20 | 6×37+1-3 |
| BMH65 | 5 | 30 | 6×37+1-3 |
| BMH61 | 5 | 6 | 6×37+1-3 |

**表 17-55　卷扬机用钢丝绳规格和长度**

| 型　号 | 额定牵引力 | | 滚筒尺寸/mm | | 钢丝绳规格 | | 滚筒容绳量/m |
| --- | --- | --- | --- | --- | --- | --- | --- |
| | *t*/kN | | 直径 | 长度 | 结构 | 直径/mm | |
| J0. 5 | 0. 5 | 5 | 130 | 460 | | 7. 7 | 100 |
| SJ1 | 1 | 10 | 180 | 500 | | 11 | 150 |
| DSJ3 | 3 | 10 | 200 | 520 | | 15. 5 | 200 |
| DSJ5 | 5 | 30 | 280 | 670 | | 18. 5 | 200 |
| SBJ-0. 5 | 0. 5 | 5 | 200 | 60 | | 7. 7 | 5 |
| FJ-0. 5 | 0. 5 | 5 | 350 | 750 | 6×19+1 | 6. 2 | 120 |
| JJK-0. 5B | 0. 5 | 5 | 114 | 450 | 6×19+1 | 7. 7 | 100 |
| JJK-0. 5B | 0. 5 | 5 | 180 | 350 | 6×19+1 | 8. 8 | 50 |
| JJK-0. 75 | 0. 75 | 7. 5 | 192 | 348 | 6×19+1 | 8. 8 | 75 |
| JJK-0. 9 | 0. 9 | 9 | 760 | 600 | | 16 | 300 |
| JJK-1A | 1 | 10 | 180 | 335 | | 9. 75 | 120 |
| JJK-1A | 1 | 10 | 240 | 400 | 6×19+1 | 12. 5 | 100 |
| JJK-2 | 2 | 20 | 260 | 440 | 6×24+1 | 15 | 150 |
| JJK-3 | 3 | 30 | 350 | 500 | 6×19+1 | 17 | 300 |
| JJK-3A | 3 | 30 | 325 | 500 | 6×19+1 | 18. 5 | 200 |
| JJK-5 | 5 | 50 | 410 | 700 | | 23. 5 | 300 |
| JJK2K-1 | 1 | 10 | 200 | 400 | | 13 | 59 |
| JJ2K-5A | 5 | 50 | 550 | 850 | | 26. 5 | 500 |
| JJM2 | 2 | 20 | 325 | 650 | 6×19+1 | 15. 5 | 180 |

续表

| 型 号 | 额定牵引力 | | 滚筒尺寸/mm | | 钢丝绳规格 | | 滚筒容绳量/ |
|---|---|---|---|---|---|---|---|
| | t/kN | | 直径 | 长度 | 结构 | 直径/mm | m |
| JJM3 | 3 | 30 | 340 | 500 | 6×19+1 | 15.5 | 110 |
| JJM3A | 3 | 30 | 400 | 630 | 6×37+1 | 17.5 | 260 |
| JJM5A | 5 | 50 | 400 | 630 | 6×37+1 | 24 | 200 |
| JJM5 | 5 | 50 | 400 | 840 | 6×37+1 | 24 | 190 |
| JJM8 | 8 | 80 | 550 | 1000 | | 29 | 350 |
| JJM10 | 10 | 100 | 750 | 1312 | 18×19+1 | 31 | 1000 |
| JJM14 | 14 | 140 | 400 | 300 | | 22 | 150 |

### (六) 钻井录井钢丝

钻井录井钢丝主要性质见表 17-56。

**表 17-56 钻井录井钢丝主要性能**

| 优质钢材 | | | 超级犁钢 | | 超强犁钢 | |
|---|---|---|---|---|---|---|
| 最小延展率 1.5% | | | —* | | —* | |
| 钢丝直径/mm(±0.3) | 公称拉力/kN | 最小扭转次数 | 公称拉力/kN | 最小扭转次数 | 公称拉力/kN | 最小扭转次数 |
| 1.6 | 3.28 | 34 | 3.82 | —* | 3.98 | —* |
| 1.8 | 4.16 | 30 | 4.95 | —* | 5.08 | —* |
| 2.0 | 5.10 | 27 | 6.05 | —* | 6.27 | —* |
| 2.2 | 6.12 | 24 | 7.25 | —* | 7.52 | —* |
| 2.4 | 7.20 | 22 | 8.57 | —* | 8.88 | —* |
| 2.5 | 7.79 | 21 | 9.28 | —* | 9.62 | —* |
| 2.8 | 9.70 | 19 | 11.58 | —* | 11.98 | —* |

注：* 值由厂家和用户双方商定。

## 二、白棕绳

白棕绳也叫马尼拉绳，是用蕉麻或龙舌兰麻制成的。良好的棕绳成银白色或淡黄色，有光泽，其拉力性能极好，耐摩擦，且很柔软。遇水膨胀小，不怕海水侵蚀，潮湿后拉力并不降低，甚至会有增加，长期浸在水中或干湿交替也不会腐烂，在石油工业中常用于钻井作业或起重作业。

### (一) 强度和重量

白棕绳强度和重量见表 17-57。

表 17-57　白棕绳强度和重量

| 圆周 | | 每股直径 | | 股数 | 细股数 | 单位重量 | | 单位长度 | | 破断拉力 | | |
|---|---|---|---|---|---|---|---|---|---|---|---|---|
| in | mm | in | mm | | | 特级 | 甲、乙级 | 特级 | 甲、乙级 | 特级 | 甲级 | 乙级 |
| | | | | | | N/100m | | m/100kg | | kN | | |
| 1/2 | 12.6 | 3/16 | 4 | 3 | 3 | 2.27 | 2.05 | 4400 | 4890 | 19.5 | 12 | 11.5 |
| 3/4 | 18.9 | 1/4 | 6 | 3 | 6 | 3.18 | 2.95 | 3140 | 3637 | 24.5 | 17.6 | 14 |
| 1 | 25.1 | 5/16 | 8 | 3 | 9 | 5 | 5 | 2000 | 2000 | 40.8 | 28.5 | 22.8 |
| 1¼ | 31.4 | 7/16 | 10 | 3 | 12 | 8.2 | 8.2 | 1160 | 1220 | 76.7 | 46 | 36 |
| 1½ | 37.4 | 1/2 | 12 | 3 | 18 | 12.7 | 12.7 | 633 | 785 | 98.0 | 78.4 | 60 |
| 1¾ | 44 | 9/16 | 14 | 3 | 24 | 16.8 | 16.8 | 564 | 597 | 134.7 | 107.8 | 75 |
| 2 | 50.3 | 5/8 | 16 | 3 | 33 | 21.8 | 21.8 | 440 | 459 | 163.3 | 120 | 100 |
| 1¼ | 56.6 | 3/4 | 18 | 3 | 42 | 27.3 | 27.3 | 385 | 370 | 191.9 | 153.4 | 120 |
| 1½ | 62.8 | 13/16 | 20 | 3 | 54 | 31.8 | 31.8 | 297 | 314 | 228.6 | 182.9 | 154 |
| 2¾ | 69.1 | 7/8 | 22 | 3 | 63 | 40.9 | 38.6 | 244 | 259 | 265.4 | 212.2 | 175 |
| 3 | 75.1 | 1 | 24 | 3 | 75 | 50 | 47.7 | 200 | 209 | 334.8 | 267.8 | 245 |
| 3 3/2 | 86 | 1⅛ | 28 | 3 | 102 | 61.4 | 59.1 | 163 | 169 | 428.7 | 321.5 | 260 |
| 4 | 100.5 | 1 5/16 | 32 | 3 | 135 | 79.5 | 75 | 125 | 133 | 544.3 | 400 | 350 |
| 4½ | 111.1 | 1½ | 36 | 3 | 161 | 100 | 91 | 100 | 110 | 680.7 | 476 | 400 |
| 5 | 125.7 | 1⅝ | 40 | 3 | 192 | 109.1 | 104.5 | 92 | 96 | 816.5 | 571.5 | 480 |
| 5½ | 138.2 | 1¾ | 44 | 3 | 222 | 127.3 | 118.2 | 79 | 84 | 1020.6 | 714.4 | 610 |
| 6 | 150.8 | 2 | 48 | 3 | 264 | 163.6 | 154.5 | 61 | 65 | 1224.7 | 857.3 | 675 |

**(二) 常用尺寸**

钻井常用白棕绳尺寸见表 17-58。

**表 17-58 钻井常用白棕绳尺寸**

| 项 目 | 白棕绳 | | 项 目 | 白棕绳 | |
|---|---|---|---|---|---|
| | 直径/mm | 长度/m | | 直径/mm | 长度/m |
| 高悬毛头绳 | 50.8 | 45 | 大门绷绳 | 38.1 | 20 |
| 大钳毛头绳 | 38.1~50.8 | 8~9 | | | |

注：适用于 41m 井架。

# 第三节 皮带及链条

## 一、皮带

钻井常用皮带主要有普通三角皮带、联组窄型皮带等，这里主要介绍这两种皮带。

**(一) 普通三角皮带**

(1) 普通三角皮带结构如图 17-9 所示。

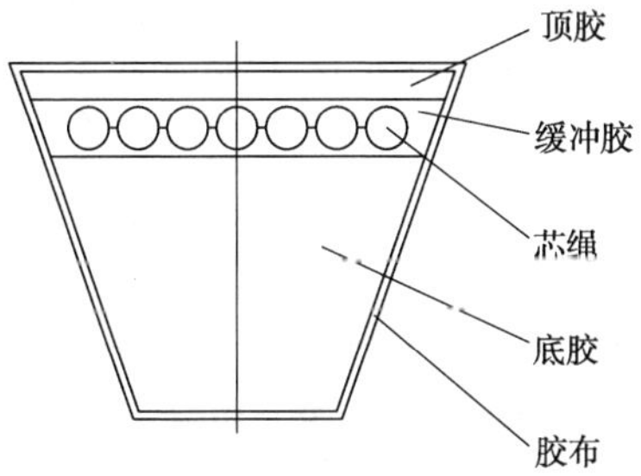


图 17-9 普通三角带结构

(2) 普通三角皮带标准型号及断面尺寸见图 17-10、表 17-59。

(3) 普通三角皮带型号及规范见表 17-60。

(4) 普通三角皮带物理机械性能见表 17-61。

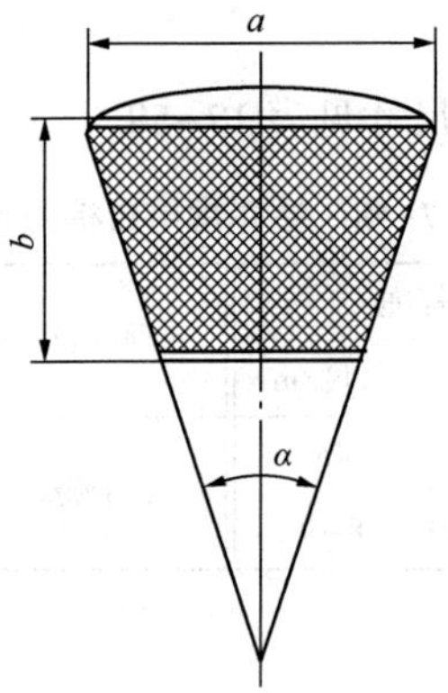


图 17-10　普通三角皮带断面尺寸

$a$—三角皮带的上底宽度；$b$—三角皮带的高度；

$\alpha$—三角皮带的夹角

**表 17-59　普通三角皮带标准型号及断面尺寸**

| 甲种(及苏式)三角皮带断面规格 | | | | 乙种三角皮带断面规格 | | | | | | |
|---|---|---|---|---|---|---|---|---|---|---|
| 型号 | 断面规格 | | | 型号 | 断面规格 | | | 允许公差 | | |
| | 上底宽度 $a$ | 高度 $b$ | 角度 $\alpha$ | | 上底宽度 $a$ | 高度 $b$ | 角度 $\alpha$ | $a$ | $b$ | $\alpha$ |
| | mm | | (°) | | mm | | (°) | mm | | (°) |
| O | 10 | 6 | 40 | A | 12.7 | 8.7 | 40 | −0.29～+0.73/ | −0.4～+1.0/ | ±0.25 |
| A | 13 | 8 | 40 | B | 16.5 | 11 | 40 | −0.29～+0.73/ | −0.4～+1.0/ | ±0.25 |
| B(Б) | 17 | 10.5 | 40 | C | 22 | 13.5 | 40 | −0.36～+1.10/ | −0.5～+1.5/ | ±0.25 |
| C(B) | 22 | 13.5 | 40 | D | 31.5 | 19 | 40 | −0.58～+1.16/ | −0.8～+1.6/ | ±0.25 |
| D(г) | 32 | 19 | 40 | E | 38 | 25.4 | 40 | −0.58～+1.16/ | −0.8～+1.6/ | ±0.25 |
| E(д) | 38 | 23.5 | 40 | | | | | | | |
| F(E) | 50 | 30 | 40 | | | | | | | |

**表 17 60　普通三角皮带型号及规范**

| 三角皮带内周长度/mm | 各型三角皮带的计算长度/mm | | | | | | |
|---|---|---|---|---|---|---|---|
| | O | A | B | C | D | E | F |
| 450 | 469 | | | | | | |
| 500 | 519 | | | | | | |
| 560 | 579 | 585 | | | | | |
| 630 | 649 | 655 | 663 | | | | |
| 710 | 729 | 735 | 743 | | | | |

续表

| 三角皮带内周长度/mm | 各型三角皮带的计算长度/mm | | | | | | |
|---|---|---|---|---|---|---|---|
| | O | A | B | C | D | E | F |
| 800 | 819 | 825 | 833 | | | | |
| 900 | 919 | 925 | 933 | | | | |
| 1000 | 1019 | 1025 | 1033 | | | | |
| 1120 | 1139 | 1145 | 1153 | | | | |
| 1250 | 1269 | 1275 | 1283 | 1294 | | | |
| 1400 | 1419 | 1425 | 1433 | 1444 | | | |
| 1600 | 1619 | 1625 | 1633 | 1644 | | | |
| 1800 | 1819 | 1825 | 1833 | 1844 | | | |
| 2000 | 2019 | 2025 | 2033 | 2044 | | | |
| 2240 | 2259 | 2265 | 2273 | 2284 | | | |
| 2500 | 2519 | 2525 | 2533 | 2544 | | | |
| 2800 | | 2825 | 2833 | 2844 | | | |
| 3150 | | 3175 | 3183 | 3194 | 3210 | | |
| 3550 | | 3575 | 3583 | 3594 | 3610 | | |
| 4000 | | 4025 | 4033 | 4044 | 4060 | | |
| 4500 | | | 4533 | 4544 | 4560 | 4574 | |
| 5000 | | | 5033 | 5044 | 5060 | 5074 | |
| 5600 | | | 5633 | 5644 | 5660 | 5674 | |
| 6300 | | | 6333 | 6344 | 6360 | 6374 | 6395 |
| 7100 | | | | 7144 | 7160 | 7174 | 7195 |
| 8000 | | | | 8044 | 8060 | 8074 | 8095 |
| 9000 | | | | 9044 | 9060 | 9074 | 9095 |
| 10000 | | | | | 10060 | 10074 | 10095 |
| 11200 | | | | | 11260 | 11274 | 11295 |
| 12500 | | | | | | 12574 | 12595 |
| 14000 | | | | | | 14074 | 14095 |
| 16000 | | | | | | 16074 | 16095 |

注：1. 内周长度是指三角皮带内周的长度。

2. 计算长度是指通过皮带横断面中心的长度。

**表 17-61　普通三角皮带物理机械性能**

| 性能名称 | | 线绳结构参数 |
|---|---|---|
| 线绳黏合强度/(kN/m) | ≥ | 10 |
| 布与顶胶间黏合强度(不含 O/A 型)/(kN/m) | ≥ | 2 |
| O 型整条扯断强力/(kN/条) | ≥ | 2 |

续表

| 性能名称 | | 线绳结构参数 |
|---|---|---|
| A 型整条扯断强力/(kN/条) | ≥ | 3 |
| B 型整条扯断强力/(kN/条) | ≥ | 5 |
| C 型整条扯断强力/(kN/条) | ≥ | 9 |
| D 型整条扯断强力/(kN/条) | ≥ | 15 |
| E 型整条扯断强力/(kN/条) | ≥ | 20 |

(5) 普通三角皮带的计量单位及其计算方法。

普通三角皮带的标准计量单位为 $Am$。在编制物资计划及订定时，应采用复式计量单位——根/$Am$。$Am$ 的计算公式为：

$$Am = 内周长(mm) \times 折算系数$$

各种类型三角皮带折算系数及参考重量见表 17-62。

**表 17-62　各种类型三角皮带折算系数及参考重量**

| 型　　别 | O | A | B | C | D | E | F |
|---|---|---|---|---|---|---|---|
| 折算系数 | 0.54 | 1 | 1.69 | 2.94 | 5.75 | 8.84 | 13.39 |
| 参考重量/(kg/m) | 0.07 | 0.11 | 0.19 | 0.3 | 0.6 | 0.9 | 1.5 |

(6) 普通三角皮带选用范围见表 17-63。

**表 17-63　普通三角皮带选用范围**

| 传递功率 | | 选用皮带型号 |
|---|---|---|
| hp | kW | |
| 0.5~1.0 | 0.38~0.75 | O |
| 1.0~2.9 | 0.75~2.20 | O、A |
| 2.9~5.0 | 2.20~3.75 | O、A、B |
| 5.0　10.1 | 3.75~7.60 | O、A、B |
| 10.1~26.8 | 7.60~20.1 | B、C |
| 26.8~53.6 | 20.1~40.2 | C、D |
| 53.6~100.5 | 40.2~75.4 | D、E |
| 100.5~201 | 75.4~150.8 | E、F |
| 201 以上 | 150.8 以上 | F |

普通三角皮带传递功率与速度的关系见表 17-64。

**表 17-64 普通三角皮带传递功率与速度的关系**

| 速度/(m/s) | 各种类型三角皮带每根传递最大功率(kW)和马力(hp) | | | | | | | | | | | | | |
|---|---|---|---|---|---|---|---|---|---|---|---|---|---|---|
| | O | | A | | B | | C | | D | | E | | F | |
| 1 | 0.07 | 0.1 | 0.15 | 0.2 | 0.22 | 0.3 | 0.37 | 0.5 | 0.82 | 1.1 | 1.19 | 1.6 | 2.24 | 3 |
| 2 | 0.15 | 0.2 | 0.3 | 0.4 | 0.52 | 0.7 | 0.82 | 1.1. | 1.75 | 2.3 | 2.46 | 3.3 | 4.1 | 5.5 |
| 3 | 0.22 | 0.3 | 0.45 | 0.6 | 0.75 | 1 | 1.19 | 1.6 | 2.54 | 3.4 | 3.66 | 5 | 6.79 | 9.1 |
| 4 | 0.3 | 0.4 | 0.6 | 0.8 | 0.97 | 1.3 | 1.64 | 2.2 | 3.28 | 4.4 | 4.77 | 6.4 | 8.13 | 10.9 |
| 5 | 0.37 | 0.4 | 0.75 | 1 | 1.19 | 1.6 | 2.01 | 2.7 | 4.1 | 5.5 | 5.96 | 8 | 10.15 | 13.6 |
| 6 | 0.45 | 0.6 | 0.82 | 1.1 | 1.42 | 1.9 | 2.39 | 3.2 | 5.52 | 7.4 | 7.1 | 9.5 | 12.16 | 16.3 |
| 7 | 0.52 | 0.7 | 0.97 | 1.3 | 1.64 | 2.2 | 2.76 | 3.7 | 5.67 | 7.6 | 8.28 | 11.1 | 14.02 | 18.8 |
| 8 | 0.6 | 0.8 | 1.04 | 1.4 | 1.87 | 2.5 | 3.12 | 4.2 | 6.42 | 8.6 | 9.33 | 12.5 | 15.82 | 21.2 |
| 9 | 0.67 | 0.9 | 1.19 | 1.6 | 2.09 | 2.8 | 3.51 | 4.7 | 7.16 | 9.6 | 10.44 | 14 | 17.53 | 23.5 |
| 10 | 0.82 | 1.1 | 1.34 | 1.8 | 2.31 | 3.1 | 3.95 | 5.3 | 7.91 | 10.6 | 11.49 | 15.4 | 19.17 | 25.7 |
| 11 | 0.82 | 1.1 | 1.49 | 2 | 2.46 | 3.3 | 4.18 | 5.6 | 8.58 | 11.5 | 12.46 | 16.7 | 20.81 | 27.9 |
| 12 | 0.9 | 1.2 | 1.57 | 2.1 | 2.69 | 3.6 | 4.47 | 6 | 9.25 | 12.4 | 13.42 | 18 | 22.6 | 30.3 |
| 13 | 0.97 | 1.3 | 1.64 | 2.2 | 2.83 | 3.8 | 4.77 | 6 | 9.92 | 13.3 | 14.32 | 19.2 | 24.25 | 32.5 |
| 14 | 1.04 | 1.4 | 1.79 | 2.4 | 2.98 | 4 | 5 | 6.7 | 10.44 | 14 | 15.14 | 20.3 | 25.59 | 34.3 |
| 15 | 1.04 | 1.4 | 1.87 | 2.5 | 3.21 | 4.3 | 5.3 | 7.1 | 10.97 | 14.7 | 15.89 | 21.3 | 26.85 | 36 |
| 16 | 1.12 | 1.5 | 1.94 | 2.6 | 3.28 | 4.4 | 5.52 | 7.4 | 11.41 | 15.3 | 16.49 | 22.1 | 27.9 | 37.4 |
| 17 | 1.19 | 1.6 | 1.99 | 2.7 | 3.43 | 4.6 | 5.74 | 7.7 | 11.93 | 16 | 17.23 | 23.1 | 29.02 | 38.9 |
| 18 | 1.19 | 1.6 | 2.09 | 2.8 | 3.59 | 4.8 | 5.96 | 8 | 12.38 | 16.6 | 17.83 | 23.9 | 30.21 | 40.5 |
| 19 | 1.27 | 1.7 | 2.16 | 2.9 | 3.66 | 5 | 6.12 | 8.2 | 12.61 | 16.9 | 18.28 | 24.5 | 30.98 | 41.5 |
| 20 | 1.27 | 1.7 | 2.24 | 3 | 3.73 | 5 | 6.27 | 8.4 | 12.98 | 17.4 | 18.8 | 25.2 | 31.85 | 42.7 |
| 21 | 1.27 | 1.7 | 2.24 | 3.0 | 3.8 | 5.1 | 6.49 | 8.7 | 13.28 | 17.8 | 19.39 | 26 | 32.9 | 44.1 |
| 22 | 1.34 | 1.8 | 2.31 | 3.1 | 3.88 | 5.2 | 6.49 | 8.7 | 13.42 | 18 | 19.55 | 26.2 | 33.12 | 44.4 |
| 23 | 1.34 | 1.8 | 2.31 | 3.1 | 3.88 | 5.2 | 6.56 | 8.8 | 13.58 | 18.2 | 19.55 | 26.2 | 33.42 | 44.8 |
| 24 | 1.34 | 1.8 | 2.31 | 3.1 | 3.95 | 5.3 | 6.56 | 8.8 | 13.58 | 18.2 | 19.55 | 26.2 | 33.42 | 44.8 |
| 25 | 1.34 | 1.8 | 2.31 | 3.1 | 3.95 | 5.3 | 6.56 | 8.8 | 13.58 | 182 | 19.55 | 262 | 33.42 | 44.8 |

（7）普通三角皮带使用皮带轮的最小直径见表 17-65。

**表 17-65　普通三角皮带使用皮带轮的最小直径**

| 型别 | 相应轮槽角度 | | | 型别 | 相应轮槽角度 | | |
|---|---|---|---|---|---|---|---|
| | 34° | 36° | 38° | | 34° | 36° | 38° |
| | 皮带轮最小直径/mm | | | | 皮带轮最小直径/mm | | |
| O | 70 | 90 | 112 及以上 | D | 315 | 400 | 500 及以上 |
| A | 100 | 125 | 160 及以上 | E | 500 | 710 | 800 及以上 |
| B | 148 | 180 | 225 及以上 | F | 800 | 1000 | 1250 及以上 |
| C | 200 | 250 | 315 及以上 | | | | |

（8）钻井常用三角皮带型号、长度和数量见表 17-66。

**表 17-66　钻井常用三角皮带型号、长度和数量**

| 钻机型号 | 安装部位 | 皮带型号 | 单件数量/根 | 合计/根 |
|---|---|---|---|---|
| 4DH-215 | 1 号柴油机传动箱到 1 号压风机驱动轴传动皮带 | C4000、4044 | 5 | 5 |
| | 1 号压风机传动皮带 | C3000、3044 | 3 | 3 |
| | 2 号压风机传动皮带 | C3150、3194 | 3 | 3 |
| | 2PN-340M 泥浆泵传动皮带 | E8500、8574 | 12 | 12 |
| | 液力变矩器风扇传动皮带 | B2120、2134 | 2 | 8 |
| | K5654 型压风机传动皮带 | C2650、2694 | 2 | 2 |
| 3DH-200A | 泥浆筛传动皮带 | B2360 | 2 | 6 |
| | 空压机传动皮带 | C3150、3194 | 3 | 6 |
| | 液力变矩器风扇皮带 | B2120、2134 | 2 | 6 |
| | MG-2-4 型泥浆搅拌器平皮带 | 6mm×100mm×8250mm | 1 | 1 |
| 4LD-150D | 3PN-465 型泥浆泵传动皮带 | E7500、7574、7620 | 16 | 16 |
| | $UP_{23}$-07A 型压风机传动皮带 | C3750、3794 | 3 | 6 |
| | 涡轮联轴节散热器风扇皮带 | B2120、2134 | 2 | 8 |

续表

| 钻机型号 | 安装部位 | 皮带型号 | 单件数量/根 | 合计/根 |
|---|---|---|---|---|
| 2DH-75A | 3PN-465 型泥浆泵传动皮带 | E7500、7574、7620、7499 | 16 | 16 |
| | 2PN-340M 型泥浆泵传动皮带 | E7500、7574、7620 | 12 | 12 |
| | $UP_{23}$-07A 型压风机传动皮带 | C4000、4040、4044 | 3 | 3 |
| | K5654 型压风机传动皮带 | C2650、2694 | 2 | 2 |
| 大庆Ⅰ型-130、大庆Ⅱ型-130 | Y8-3 型泥浆泵传动皮带 | E10074、10033、10084、10160 | 16 | 32 |
| | 传动装置并车传动皮带 | E5600、5674 | 16 | 48 |
| | 压风机传动皮带 | C4500、4544 | 4 | 4 |
| | 1V-3/8 型压风机风扇皮带 | B1093 | 1 | 1 |
| C-1500、BY-40 | 传动装置第二轴到带直流发电机传动平皮带 | 150mm×2160mm | 1 | 1 |
| | 传动装置第二轴到带搅拌器传动平皮带 | 150mm×2500mm | 1 | 1 |
| F-200 | 压风机传动皮带 | C3000 | | 6 |
| | 压风机传动皮带 | C4000 | | 6 |
| | 泥浆筛传动皮带 | B2360 | | 4 |
| | TVA-700 冷却系统 | B2000 | | 2 |
| | TVA-700 冷却系统 | C2120 | | 2 |
| | 动力机-7¼“×12”双缸泵组 | E8500 | | 12 |
| | 电动压风机组 | C3150 | | 3 |
| C-1000 | 传动轴 | C5334 | 7 | 7 |
| | 张紧轮 | C6858 | 7 | 7 |
| | 泥浆泵传动皮带 | C5334 | 5 | 10 |

续表

| 钻机型号 | 安装部位 | 皮带型号 | 单件数量/根 | 合计/根 |
|---|---|---|---|---|
| B3-1200 | 传动轴 | C5334 | 7 | 7 |
| | 张紧轮 | C8382 | 7 | 7 |
| | 泥浆泵传动皮带 | C5334 | 5 | 10 |
| 3ИФ-650 | 变速箱 | D3210 | 5 | 5 |
| | | A1245 | 3 | 3 |
| XJ-100 | 减速器传动皮带 | B1397 | 3 | 3 |
| | 水泵传动皮带 | B1346 | 3 | 3 |
| XU-100 | 油泵传动皮带 | B1397 | 3 | 3 |
| | 螺杆水泵传动皮带 | B1120 | 2 | 2 |
| X-50 | 传动皮带 | B980 | 2 | 2 |
| | 水泵皮带 | B1259 | 2 | 2 |
| 京-30 | 传动皮带 | B965 | 2 | 2 |
| | 水泵皮带 | B1245 | 2 | 2 |

## (二) 联组窄型三角皮带(窄 V 带)

联组窄型三角皮带结构、规格和长度见图 17-11 和表 17-67。

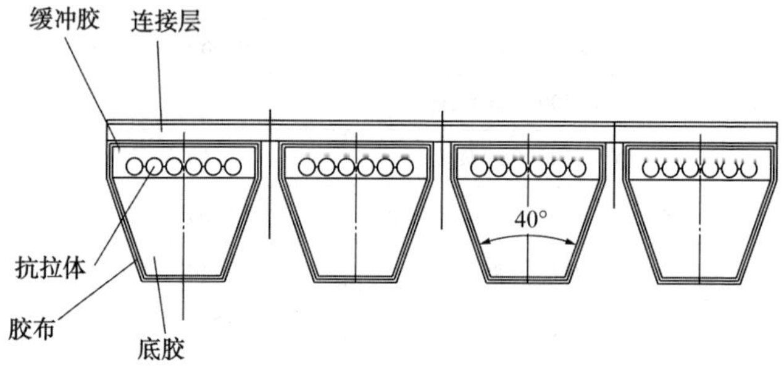


图 17-11　联组窄型三角皮带结构

**表 17-67　联组窄型三角皮带规格和长度**

| 型号 | 长度/m | 用量 | 用途 |
| --- | --- | --- | --- |
| 4/8V-2500 | 2.50 | 每次一组 | 并车传动 |
| 4/8V-4500 | 4.50 | | 泵传动 |
| 5V4L-6350 | 6.35 | | 抽油机传动 |
| 8V3L-7100 | 7.10 | | 柴油机传动 |
| 8V4L-7620 | 7.62 | | |

国内几种常用钻机传动皮带规格和数量见表 17-68。

**表 17-68　国内几种常用钻机传动皮带规格和数量**

| 序号 | 名称规格 | 单位 | 数量 | 安装部位 |
| --- | --- | --- | --- | --- |
| 钻机型号 | ZJ32J 钻机 | | | |
| 1 | 联组窄型三角皮带 4/8V2500 | 根 | 8 | 并车传动 |
| 2 | 联组窄型三角皮带 4/8V4500 | 根 | 8 | 传动钻井泵传动空压机 |
| 3 | 三角皮带 C2500 | 根 | 8 | |
| 钻机型号 | ZJ45D 钻机 | | | |
| 1 | 尼龙三角皮带 E10160 | 根 | 32 | 钻井泵 |
| 2 | 三角皮带 D3124 | 根 | 6 | 空气压缩机 |
| 3 | 三角皮带 C3150 | 根 | 10 | 钻井泵灌注泵 |
| 4 | 三角皮带 B2000 | 根 | 3 | 空气包充气压缩机 |
| 5 | 三角 HC 带 A3150 | 根 | 4 | 钻井泵喷淋泵 |
| 钻机型号 | ZJ45J 钻机 | | | |
| 1 | 三角皮带 E6700 | 根 | 40 | 并车传动 |
| 2 | 三角皮带 E10160 | 根 | 32 | 钻井泵 |
| 3 | 三角皮带 D3550 | 根 | 8 | 空气压缩机 |
| 4 | 三角皮带 C3150 | 根 | 10 | 钻井泵灌注泵 |
| 5 | 三角皮带 C3150 | 根 | 4 | 钻井泵喷淋泵 |

续表

| 序号 | 名称规格 | 单位 | 数量 | 安装部位 |
|---|---|---|---|---|
| 钻机型号 | 大庆 II130 钻机 | | | |
| 1 | 三角皮带 E6700 | 根 | 31 | 并车传动 |
| 2 | 三角皮带 E10160 | 根 | 32 | 钻井泵 |
| 3 | 三角皮带 C4250 | 根 | 4 | 空气压缩机 |
| 钻机型号 | F320-3DH 钻机 | | | |
| 1 | 三角皮带 C2360 | 根 | 5 | 自动压风机 |
| 2 | 三角皮带 A1500 | 根 | 各 2 | 自动、电动压风机 |
| 3 | 三角皮带 A2100 | 根 | 15 | 变矩器风扇皮带 |

## 二、链条

主要介绍符合 SY/T 5595—2013 的钻井作业的滚子链条系列。

**（一）链条分类**

链条标记识别及代号如图 17-12 所示。

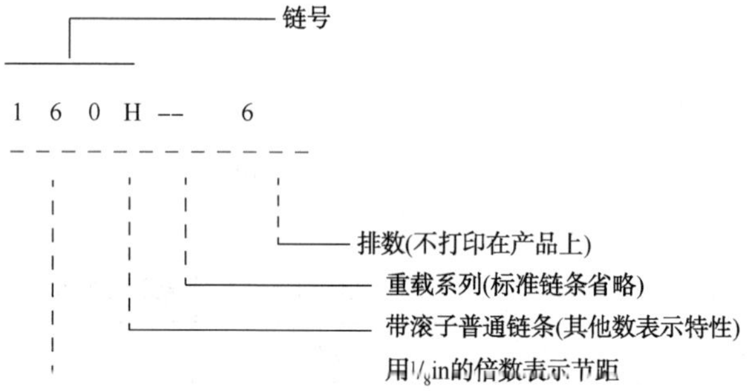


图 17-12　链条标记识别及代号

按链条排数可分为单排链条和多排链条，如图 17-13 所示。

**（二）链条性能及用途**

短节距传动用逐节可拆高强度精密滚子链石油钻机链链条标准规范及性能见图 17-14 和表 17-69。

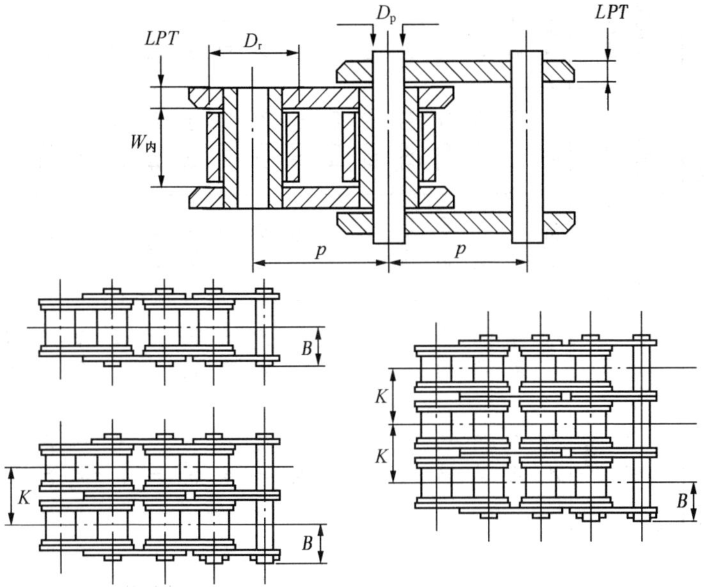


图 17-13　单排链条和多排链条

$p$—链条节距；$W_内$—内链条节宽；$LPT$—链板厚度；

$D_r$—滚子直径(最大)；$D_p$—销轴直径

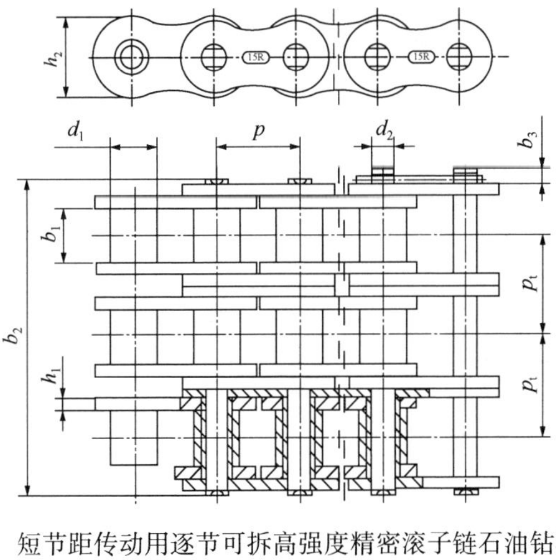


图 17-14　短节距传动用逐节可拆高强度精密滚子链石油钻机链链条

表 17-69 短节距传动用逐节可拆高强度精密滚子链石油钻机链链条标准规范及性能

| 链号 | GB 链号 | 节距($p$)/mm | 滚子直径($d_1$)/mm | 内链节内宽($b_1$)/mm | 销轴直径($d_2$)(max)/mm | 链板厚度($h_1$)/mm | 链板高度($h_2$)/mm | 排距($p_t$)/mm | 销轴长度($b_2$)/mm | 拉伸载荷/kN | 每米质量/(kg/m) |
|---|---|---|---|---|---|---|---|---|---|---|---|
| 80-1 | 16A-1 | 25.40 | 15.88 | 15.75 | 7.94 | 3.18 | 24.13 | — | 36.20 | 55.60 | 2.84 |
| 80-2 | 16A-2 | 25.40 | 15.88 | 15.75 | 7.94 | 3.18 | 24.13 | 29.29 | 65.50 | 111.20 | 5.54 |
| 80-3 | 16A-3 | 25.40 | 15.88 | 15.75 | 7.94 | 3.18 | 24.13 | 29.29 | 94.80 | 166.80 | 8.23 |
| 80-4 | 16A-4 | 25.40 | 15.88 | 15.75 | 7.94 | 3.18 | 24.13 | 29.29 | 124.10 | 222.40 | 10.93 |
| 80-5 | 16A-5 | 25.40 | 15.88 | 15.75 | 7.94 | 3.18 | 24.13 | 29.29 | 153.40 | 278.00 | 13.63 |
| 80-6 | 16A-6 | 25.40 | 15.88 | 15.75 | 7.94 | 3.18 | 24.13 | 29.29 | 182.60 | 333.60 | 16.32 |
| 80-8 | 16A-8 | 25.40 | 15.88 | 15.75 | 7.94 | 3.18 | 24.13 | 29.29 | 241.20 | 444.80 | 21.72 |
| 100-1 | 20A-1 | 31.75 | 19.05 | 18.90 | 9.54 | 3.96 | 30.18 | — | 43.60 | 86.74 | 4.25 |
| 100-2 | 20A-2 | 31.75 | 19.05 | 18.90 | 9.54 | 3.96 | 30.18 | 35.76 | 79.30 | 173.48 | 8.31 |
| 100-3 | 20A-3 | 31.75 | 19.05 | 18.90 | 9.54 | 3.96 | 30.18 | 35.76 | 115.10 | 260.22 | 12.36 |
| 100-4 | 20A-4 | 31.75 | 19.05 | 18.90 | 9.54 | 3.96 | 30.18 | 35.76 | 150.80 | 346.96 | 16.41 |
| 100-5 | 20A-5 | 31.75 | 19.05 | 18.90 | 9.54 | 3.96 | 30.18 | 35.76 | 186.60 | 433.70 | 20.47 |
| 100-6 | 20A-6 | 31.75 | 19.05 | 18.90 | 9.54 | 3.96 | 30.18 | 35.76 | 222.40 | 520.44 | 24.52 |
| 100-8 | 20A-8 | 31.75 | 19.05 | 18.90 | 9.54 | 3.96 | 30.18 | 35.76 | 293.90 | 693.92 | 32.63 |
| 120-1 | 24A-1 | 38.10 | 22.22 | 25.23 | 11.11 | 4.75 | 36.20 | — | 54.10 | 125.10 | 6.18 |
| 120-2 | 24A-2 | 38.10 | 22.22 | 25.23 | 11.11 | 4.75 | 36.20 | 45.44 | 99.60 | 250.20 | 12.12 |

续表

| 链号 | GB 链号 | 节距($p$)/mm | 滚子直径($d_1$)/mm | 内链节内宽($b_1$)/mm | 销轴直径($d_2$)(max)/mm | 链板厚度($h_1$)/mm | 链板高度($h_2$)/mm | 排距($p_t$)/mm | 销轴长度($b_2$)/mm | 拉伸载荷/kN | 每米质量/(kg/m) |
|---|---|---|---|---|---|---|---|---|---|---|---|
| 120-3 | 24A-3 | 38.10 | 22.22 | 25.23 | 11.11 | 4.75 | 36.20 | 45.44 | 145.00 | 375.30 | 18.06 |
| 120-4 | 24A-4 | 38.10 | 22.22 | 25.23 | 11.11 | 4.75 | 36.20 | 45.44 | 190.50 | 500.40 | 23.99 |
| 120-5 | 24A-5 | 38.10 | 22.22 | 25.23 | 11.11 | 4.75 | 36.20 | 45.44 | 235.90 | 625.50 | 29.93 |
| 120-6 | 24A-6 | 38.10 | 22.22 | 25.23 | 11.11 | 4.75 | 36.20 | 45.44 | 281.30 | 750.60 | 35.89 |
| 120-7 | 24A-7 | 38.10 | 22.22 | 25.23 | 11.11 | 4.75 | 36.20 | 45.44 | 326.70 | 875.00 | 41.82 |
| 120-8 | 24A-8 | 38.10 | 22.22 | 25.23 | 11.11 | 4.75 | 36.20 | 45.44 | 372.20 | 1000.80 | 47.75 |
| 120-10 | 24A-10 | 38.10 | 22.22 | 25.23 | 11.11 | 4.75 | 36.20 | 45.44 | 463.10 | 1251.00 | 59.63 |
| 140-1 | 28A-1 | 44.45 | 25.40 | 25.23 | 12.71 | 5.56 | 42.24 | - | 58.40 | 170.27 | 7.91 |
| 140-2 | 28A-2 | 44.45 | 25.40 | 25.23 | 12.71 | 5.56 | 42.24 | 48.87 | 107.20 | 340.54 | 15.60 |
| 140-3 | 28A-3 | 44.45 | 25.40 | 25.23 | 12.71 | 5.56 | 42.24 | 48.87 | 156.10 | 510.81 | 23.25 |
| 140-4 | 28A-4 | 44.45 | 25.40 | 25.23 | 12.71 | 5.56 | 42.24 | 48.87 | 205.00 | 681.08 | 30.90 |
| 140-5 | 28A-5 | 44.45 | 25.40 | 25.23 | 12.71 | 5.56 | 42.24 | 48.87 | 253.90 | 851.35 | 38.55 |
| 140-6 | 28A-6 | 44.45 | 25.40 | 25.23 | 12.71 | 5.56 | 42.24 | 48.87 | 302.70 | 1021.62 | 46.20 |
| 140-8 | 28A-8 | 44.45 | 25.40 | 25.23 | 12.71 | 5.56 | 42.24 | 48.87 | 400.50 | 1362.16 | 61.50 |
| 140-10 | 28A-10 | 44.45 | 25.40 | 25.23 | 12.71 | 5.56 | 42.24 | 48.87 | 498.20 | 1702.70 | 76.81 |
| 160-1 | 32A-1 | 50.80 | 28.57 | 31.55 | 14.29 | 6.35 | 48.26 | — | 69.00 | 222.40 | 10.47 |
| 160-2 | 32A-2 | 50.80 | 28.57 | 31.55 | 14.29 | 6.35 | 48.26 | 58.55 | 127.50 | 444.80 | 20.65 |

续表

| 链号 | GB 链号 | 节距($p$)/mm | 滚子直径($d_1$)/mm | 内链节内宽($b_1$)/mm | 销轴直径($d_2$)(max)/mm | 链板厚度($h_1$)/mm | 链板高度($h_2$)/mm | 排距($p_t$)/mm | 销轴长度($b_2$)/mm | 拉伸载荷/kN | 每米质量/(kg/m) |
|---|---|---|---|---|---|---|---|---|---|---|---|
| 160-3 | 32A-3 | 50. 80 | 28. 57 | 31. 55 | 14. 29 | 6. 35 | 48. 26 | 58. 55 | 186. 10 | 667. 20 | 30. 82 |
| 160-4 | 32A-4 | 50. 80 | 28. 57 | 31. 55 | 14. 29 | 6. 35 | 48. 26 | 58. 55 | 244. 60 | 889. 20 | 40. 99 |
| 160-5 | 32A-5 | 50. 80 | 28. 57 | 31. 55 | 14. 29 | 6. 35 | 48. 26 | 58. 55 | 303. 20 | 1112. 00 | 51. 60 |
| 160-6 | 32A-6 | 50. 80 | 28. 57 | 31. 55 | 14. 29 | 6. 35 | 48. 26 | 58. 55 | 361. 70 | 1334. 40 | 61. 33 |
| 160-8 | 32A-8 | 50. 80 | 28. 57 | 31. 55 | 14. 29 | 6. 35 | 48. 26 | 58. 55 | 478. 80 | 1779. 20 | 81. 68 |
| 180-1 | 36A-1 | 57. 15 | 35. 71 | 35. 48 | 17. 46 | 7. 14 | 54. 31 | — | 77. 70 | 280. 20 | 13. 96 |
| 180-2 | 36A-2 | 57. 15 | 35. 71 | 35. 48 | 17. 46 | 7. 14 | 54. 31 | 65. 84 | 143. 60 | 560. 50 | 27. 88 |
| 180-3 | 36A-3 | 57. 15 | 35. 71 | 35. 48 | 17. 46 | 7. 14 | 54. 31 | 65. 84 | 209. 40 | 840. 70 | 41. 62 |
| 180-4 | 36A-4 | 57. 15 | 35. 71 | 35. 48 | 17. 46 | 7. 14 | 54. 31 | 65. 84 | 275. 30 | 1121. 00 | 55. 36 |
| 200-1 | 40A-1 | 63. 50 | 39. 67 | 37. 85 | 19. 85 | 7. 92 | 60. 33 | — | 84. 50 | 347. 50 | 17. 35 |
| 200-2 | 40A-2 | 63. 50 | 39. 67 | 37. 85 | 19. 85 | 7. 92 | 60. 33 | 71. 55 | 156. 00 | 695. 00 | 34. 14 |
| 200-3 | 40A-3 | 63. 50 | 39. 67 | 37. 85 | 19. 85 | 7. 92 | 60. 33 | 71. 55 | 227. 60 | 1042. 50 | 50. 94 |
| 200-4 | 40A-4 | 63. 50 | 39. 67 | 37. 85 | 19. 85 | 7. 92 | 60. 33 | 71. 55 | 299. 10 | 1390. 00 | 67. 73 |
| 240-1 | 48A-1 | 76. 20 | 47. 62 | 47. 35 | 23. 81 | 9. 52 | 72. 39 | — | 102. 20 | 500. 40 | 25. 20 |
| 240-2 | 48A-2 | 76. 20 | 47. 62 | 47. 35 | 23. 81 | 9. 52 | 72. 39 | 87. 83 | 190. 10 | 1000. 80 | 49. 81 |
| 240-3 | 48A-3 | 76. 20 | 47. 62 | 47. 35 | 23. 81 | 9. 52 | 72. 39 | 87. 83 | 277. 90 | 1501. 20 | 74. 43 |
| 240-4 | 48A-4 | 76. 20 | 47. 62 | 47. 35 | 23. 81 | 9. 52 | 72. 39 | 87. 83 | 365. 70 | 2001. 60 | 99. 04 |

钻井常用链条型号、尺寸和节数见表 17-70。

**表 17-70　钻井常用链条型号、尺寸和节数**

| 机型 | 安装部位 | 链条型号 | 需要节数 | 执行标准 |
|---|---|---|---|---|
| 大庆 130 Ⅰ. Ⅱ型 | 1. 绞车传动链条 | TG508A3 | 194/152 | SY/T 5609—1999 |
| | 2. 转盘传动链条 | TG508A2 | 158/160 | |
| | 3. 绞车内全部传动链条 | TG508A2 | 532 | |
| | 4. 1 号联动机组链条传动箱 | TG445A2 | 52 | |
| ZJ45 | 1. 爬台、绞车输入 | TG508A3 | 520 | SY/T 5609—1999 |
| | 2. 绞车、带转盘 | TG508A3 | 196 | |
| | 3. 绞车、带转盘 | TG508A3 | 86 | |
| | 4. 绞车、带转盘 | TG159A3 | 106 | |
| ZJ45J | 1. 传动链条箱 | 28S-8 | 526 | SY/T 5609—1999 |
| | 2. 主绞车 | 32S-3 | 288 | |
| | 3. 主绞车、猫头绞车 | 32S-2 | 478 | |
| | 4. 传动链条箱、主绞车 | 08B-2 | 446 | |
| ZJ50J | 1. 绞车 | 160-2×80 | 80 | SY/T 5595—2013 |
| | | 160-3×288 | 288 | |
| | 2. 传动链条数 | 140-8×446 | 446 | |
| ZJ50D | 1. 绞车(带翻转箱) | 120-4×134 | 134 | SY/T 5595—2013 |
| | | 160-2×296 | 296 | |
| | | 160-3×208 | 208 | |
| ZJ70L | 1. 绞车 | 140-8×140 | | SY/T 5595—2013 |
| | | 160-4×368 | | |
| | | 160-2×86 | | |
| | 2. 传动链箱 | 140-8×538 | | |
| ZJ70D | 1. 中间轴—猫头轴传动 | 32S-2×88 | 88 | GB 3638—1983 |
| | 2. 滚筒轴—转盘中间轴传动 | 32S-2×82 | 82 | |
| | 3. 转盘中间轴—转盘传动轴传动 | 32S-2×54 | 54 | |
| | 4. 转盘传动轴—转盘驱动轴传动 | 32S-2×86 | 86 | |
| | 5. 中间轴—滚筒轴(高速) | 32S-4×104 | 104 | |
| | 6. 中间轴—滚筒轴(低速) | 32S-4×124 | 124 | |
| | 7. 输入轴—中间轴传动(高速) | 24S-6×78 | 78 | |
| | 8. 输入轴—中间轴传动(低速) | 24S-6×68 | 68 | |
| | 9. 齿轮油泵传动 | 08B-2×122 | 122 | GB 1243—2006 |

续表

| 机型 | 安装部位 | 链条型号 | 需要节数 | 执行标准 |
|---|---|---|---|---|
| ZJ32J | 1. 绞车 | 32S-2＊44 | 44 | GB 3638—1983 |
| | | 32S-2＊48 | 48 | |
| | | 32S-2＊54 | 54 | |
| | | 32S-2＊58 | 58 | |
| | | 32S-2＊60 | 60 | |
| | | 32S-2＊64 | 64 | |
| | | 32S-2＊80 | 80 | |
| | | 32S-2＊82 | 82 | |
| | | 32S-2＊96 | 96 | |
| | | 32S-2＊124 | 124 | |
| | 2. 链条箱 | 28S-8＊84 | 84 | |
| | | 28S-8＊98 | 98 | |
| | | 28S-8＊124 | 124 | |
| | | 28S-8＊136 | 136 | GB 1243—2006 |
| | | 08B-2＊134 | 134 | |

## (三) 滚子链传动的润滑方式

各种规格滚子链条在不同速度下的润滑类型见表 17-71。

**表 17-71　各种规格滚子链条在不同速度下的润滑类型**

| 链条节距/mm(in) | 链速/(m/min)(ft/min) | | |
|---|---|---|---|
| | Ⅰ型 | Ⅱ型 | Ⅲ型 |
| 25.40(1.000) | ~52(170) | ~451(1480) | >451(1480) |
| 31.75(1.250) | ~44(145) | ~396(1300) | >396(1300) |
| 38.10(1.500) | ~38(125) | ~357(1170) | >357(1170) |
| 44.45(1.750) | ~34(110) | ~329(1080) | >329(1080) |
| 50.80(2.000) | ~30(100) | ~305(1000) | >305(1000) |
| 63.50(2.500) | ~26(85) | ~268(880) | >268(880) |
| 76.20(3.000) | ~23(75) | ~241(790) | >241(790) |

# 第四节　常用钢材机械性能

## 一、钢材分类

常用钢材分类见表 17-72。

**表 17-72　常用钢材分类**

<table>
<tr><td>名称</td><td colspan="6">属　性</td></tr>
<tr><td>重轨</td><td colspan="6">每米重量>30kg/m 的一般钢轨和吊车钢轨</td></tr>
<tr><td>轻轨</td><td colspan="6">每米重量≤30kg/m</td></tr>
<tr><td>其他钢材</td><td colspan="6">重轨配件（角尾板、垫板）；车轮；轮箍；法兰（直径 700~2100mm）；盘件（300~500mm）；环件（600~2100mm）；锻件坯；钢球料；拉伸钢网；车轴坯</td></tr>
<tr><td rowspan="3">大型型钢</td><td rowspan="2">工、槽钢高度/mm</td><td rowspan="2">圆、方、六（八）角、螺纹钢直径/mm</td><td colspan="2">角钢</td><td rowspan="2">扁钢宽/mm</td><td>异型型钢</td></tr>
<tr><td>等边边宽/mm</td><td>不等边边宽/mm</td><td></td></tr>
<tr><td>≥180</td><td>≥81</td><td>≥150</td><td>≥100×150</td><td>≥101</td><td>履带板，钢板，18 号异型槽钢，钢板桩，中凹扁钢，球扁钢 20 号以上</td></tr>
<tr><td>中型型钢</td><td>≤180</td><td>38~80</td><td>50~149</td><td>40×60~99×149</td><td>60~100</td><td>花扁钢；U 钢；丁字钢；犁铧钢；11 号加厚工字钢；18kg 矿用工字钢；球扁钢（12 ~ 18 号）；道岔补强板等</td></tr>
</table>

续表

| 名称 | 属性 | | | | | |
|---|---|---|---|---|---|---|
| 小型型钢 | | 10~37 | 20~49 | 20×30~39×59 | ≤50 | 浅槽钢；小槽钢；丁字钢；球扁钢（5~6号）；半圆钢；电梯钢；热轧六角；普通冷拉钢；切草机刀片等 |
| 热轧圆盘（线材） | 盘条；直条；电焊盘条；爆破线用盘条；调质螺纹盘条；优质盘条 | | | | | |
| 中厚钢板 | 厚度>4mm<br>普通中厚钢板（普通沸腾钢钢板；普通镇静钢钢板；桥梁钢板；造船钢板；汽车大梁钢板；锅炉钢板；低合金高强度钢板；花纹钢板）<br>优质中厚钢板（碳素结构钢钢板；碳素工具钢钢板；合金结构钢钢板；合金工具钢钢板；弹簧钢钢板；滚珠轴承钢钢板；高速工具钢钢板；不锈钢钢板；不锈复合钢板；90系钢板；防弹钢板；纯铁钢板；耐压钢板；高压钢板；低磁钢板） | | | | | |
| 薄钢板 | 厚度≤4mm<br>热轧普通薄钢板（普通薄钢板；造船薄钢板；搪瓷薄钢板；油桶薄钢板；花纹薄钢板；镀锌薄钢板；镀锡薄钢板；镀铅薄钢板；低磁薄钢板）<br>冷轧普通薄钢板（冷轧普通薄钢板；冷轧纯铁薄钢板）<br>热轧优质薄钢板（碳素结钢薄板；碳素工具钢薄板；合金结构钢薄板；合金工具钢薄板；弹簧钢薄板；滚珠钢薄板；高速工具钢薄板；不锈钢薄板；90系钢板；防弹钢板；纯铁钢薄板）<br>冷轧优质薄钢板（冷轧碳素结钢薄板；冷轧不锈钢薄板） | | | | | |
| 硅钢薄钢板 | 热轧电机硅钢薄钢板；热（冷）轧变压器硅钢薄钢板 | | | | | |
| 钢带 | 即带钢包括：<br>热轧普通（优质）钢带<br>冷轧普通钢带（手推车用钢带；打包铁皮；镀锡钢带；电缆钢带；镀锡电缆钢带；普冷带）<br>冷轧优质钢带（碳素结构钢钢带；碳素工具钢钢带；合金结构钢钢带；合金工具钢钢带；弹簧钢钢带；高速工具钢钢带；滚珠钢钢带；不锈钢钢带；纯铁钢带；镍铬钢带；硅钢钢带） | | | | | |

续表

| 名称 | 属 性 |
|---|---|
| 优质型材 | (圆、方、扁及六角钢)指用优质钢热轧、锻压和冷拉而成的各种型钢，包括：碳素结构型钢(包括易切削钢、冷镦钢等)；碳素工具型钢；合金结构型钢；合金工具型钢；高速工具钢；滚珠轴承钢；弹簧钢；特殊用途钢(如不锈钢、耐热钢、磁性钢等)；低合金结构钢；工业纯钢；高温合金(如热轧板、冷轧板、冷拉材、管材、型材、带材、丝材、铸造母合金、圆饼锻件、焊条)；精密合金(2.4mm 以下毛细血管、带材、矽钢带、丝材、型材、铸造磁钢、双金属片、板材) |
| 无缝钢管 | 热轧无缝钢管(一般钢管、锅炉钢管、高压锅炉钢管、合金钢管、不锈钢管、裂化钢管、石油钢管、石油套管、地质钢管)<br>冷拔无缝钢管(一般钢管、锅炉钢管、高压锅炉钢管、合金钢管、不锈钢管、渗铝钢管、裂化钢管、碳素薄壁钢管、合金薄壁钢管、不锈薄壁钢管、石油钢管、地质钻杆及岩心管、高压油管、异型钢管、毛细钢管、极度薄壁钢管) |
| 焊接钢管 | 一般焊接钢管；吹氧钢管；电线套管；镀锌钢管；公制电焊钢管；电焊薄壁钢管；变压器管；电焊异型钢管；螺旋电焊管；波文管 |
| 金属制品 | 钢丝绳(光面钢丝绳、镀锌钢丝绳、瓦林吞钢丝绳、西鲁式钢丝绳、航空钢丝绳，其他如三角股钢丝绳、多股钢丝绳、盐井钢丝绳、轮胎钢丝绳、密封钢丝绳、单股钢丝绳)<br>钢绞线(包括预应力钢绞线)<br>钢丝(碳素结构钢丝、碳素工具钢丝、合金结构钢丝、合金工具钢丝、一般弹簧钢丝、高级弹簧钢丝、滚珠轴承钢丝、不锈钢丝、高速工具钢丝、银亮钢丝、顶锻钢丝、易切钢丝、碳素结构焊丝、合金结构焊丝、不锈焊丝、铬铝丝，以及其他如针布钢丝、镀锌钢丝、轮胎钢丝、胶管钢丝、被覆线钢丝、自行车辐条钢丝、琴钢丝、异型钢丝，其中：方、扁、梯型、六角)<br>预应力钢丝<br>铁丝(通信铁丝、镀锌铁丝、黑铁丝) |

## 二、中国国家标准钢铁产品牌号表示方法

中国国家标准钢铁产品牌号表示方法见表 17-73。

**表 17-73　中国国家标准钢铁产品牌号表示方法(GB/T 221—2008)**

| 产品名称 | 第一部分 | | 第二部分 | 第三部分 | 第四部分 | 备注 |
|---|---|---|---|---|---|---|
| | 采用汉字 | 字母(含义) | | | | |
| 一、生铁 | | | | | | |
| 炼钢用生铁 | 炼 | L(拼音 LIAN) | 含硅量为 0.85%~1.25%的该产品阿拉伯数字为 10 | — | — | 牌号示例：L10 |
| 铸造用生铁 | 铸 | Z(拼音 ZHU) | 含硅量为 2.8%~3.2%的该产品阿拉伯数字为 30 | — | — | 牌号示例：Z30 |
| 球墨铸铁用生铁 | 球 | Q(拼音 QIU) | 含硅量为 1.0%~1.4%的该产品阿拉伯数字为 12 | — | — | 牌号示例：Q12 |
| 耐磨生铁 | 耐磨 | NM (拼音 NAI MO) | 含硅量为 1.6%~2.0%的该产品阿拉伯数字为 18 | — | — | 牌号示例：NM18 |
| 脱碳低磷粒铁 | 脱粒 | TL(拼音 TUOLI) | 含碳量为 1.2%~1.6%的该产品阿拉伯数字为 14 | — | — | 牌号示例：TL14 |
| 含钒生铁 | 钒 | F(拼音 FAN) | 含钒量不小于 0.4%的该产品阿拉伯数字为 04 | — | — | 牌号示例：F04 |
| 二、碳素结构钢和低合金结构钢 | | | | | | |
| 热轧光圆钢筋 | 热轧光圆钢筋 | HPB(单词 Hot Rolled Plain Bars) | 屈服强度特征值 235n/mm$^2$ | — | — | 牌号示例：HPB235 |

续表

| 产品名称 | 第一部分 | | 第二部分 | 第三部分 | 第四部分 | 备注 |
|---|---|---|---|---|---|---|
| | 采用汉字 | 字母(含义) | | | | |
| 热轧带肋钢筋 | 热轧带肋钢筋 | HRB(单词 Hot Rolled Ribbed Bars) | 屈服强度特征值 335n/mm$^2$ | — | — | 牌号示例：HRB335 |
| 细晶粒热轧带肋钢筋 | 热轧带肋钢筋+细 | HRBF(单词 Hot Rolled Ribbed Bars+Fine) | 屈服强度特征值 335n/mm$^2$ | — | — | 牌号示例：HRBF335 |
| 冷压带肋钢筋 | 冷压带肋钢筋 | CRB(单词 Cold Rolled Ribbed Bars) | 最小抗拉强度 550n/mm$^2$ | — | — | 牌号示例：CRB550 |
| 预应力混凝土用螺纹钢筋 | 预应力、螺纹、钢筋 | PSB(单词 Presstressing、Screw、Bars) | 最小屈服强度 830n/mm$^2$ | — | — | 牌号示例：PSB830 |
| 焊接气瓶用钢 | 焊瓶 | HP(拼音 HAN PING) | 最小屈服强度 345n/mm$^2$ | — | — | 牌号示例：HP345 |
| 管线用钢 | 管线 | L(单词 Line) | 最小规定总延伸强度 415MPa | — | — | 牌号示例：L415 |
| 船用锚链钢 | 船锚 | CM(拼音 CHUAN MAO) | 最小抗拉强度 370MPa | — | — | 牌号示例：CM370 |

续表

| 产品名称 | 第一部分 | | 第二部分 | 第三部分 | 第四部分 | 备注 |
|---|---|---|---|---|---|---|
| | 采用汉字 | 字母(含义) | | | | |
| 煤机用钢 | 煤 | M(拼音 MEI) | 最小抗拉强度 510MPa | — | — | 牌号示例：M510 |
| 锅炉和压力容器用钢 | 容 | R 拼音(RONG) | 最小屈服强度 $345n/mm^2$ | — | 特殊镇静钢 | 压力容器“容”的拼音为 R，牌号示例：Q345QQR |
| 锅炉用钢(管) | 锅 | G 拼音(GUO) | — | — | — | 位置为牌号尾 |
| 低温压力容器用钢 | 低容 | DR 拼音(DI RONG) | — | — | — | 位置为牌号尾 |
| 桥梁用钢 | 桥 | Q 拼音(QIAO) | — | — | — | 位置为牌号尾 |
| 耐候钢 | 耐候 | NH 拼音(NAI HOU) | — | — | — | 位置为牌号尾 |
| 高耐候钢 | 高耐候 | GNH 拼音(GAO NAI HOU) | — | — | — | 位置为牌号尾 |
| 汽车大梁用钢 | 梁 | L 拼音(LIANG) | — | — | — | 位置为牌号尾 |
| 高性能建筑结构用钢 | 高建 | GJ 拼音(GAO JIAN) | — | — | — | 位置为牌号尾 |

续表

| 产品名称 | 第一部分 | | 第二部分 | 第三部分 | 第四部分 | 备注 |
|---|---|---|---|---|---|---|
| | 采用汉字 | 字母(含义) | | | | |
| 低焊接裂纹敏感性用钢 | 低焊接裂纹敏感性 | — | — | — | — | 位置为牌号尾 |
| 保证淬透性钢 | 淬透性 | — | — | — | — | 位置为牌号尾 |
| 矿用钢 | 矿 | K 拼音(KUANG) | — | — | — | 位置为牌号尾 |
| 船用钢 | 采用国际符号 | | | | | |
| 碳素结构钢 | 最小屈服强度 $235n/mm^2$ | | A 级 | 沸腾钢 | — | 牌号示例：Q235AF |
| 低合金高强度结构钢 | 最小屈服强度 $345n/mm^2$ | | D 级 | 特殊镇静钢 | — | 牌号示例：Q345D |
| 三、优质碳素结构钢和优质碳素弹簧钢 | | | | | | |
| 优质碳素结构钢 | 碳含量 0.05%~0.1[illegible]% | | 锰含量(Mn)0.25%~0.50% | 优质钢 | 沸腾钢(F) | 牌号示例：08F |
| 优质碳素结构钢 | 碳含量 0.47%~0.55% | | 锰含量(Mn)0.5%~0.8% | 高级优质钢(A、B、C、D 四个等级) | 镇静钢 | 牌号示例：50A |
| 优质碳素结构钢 | 碳含量 0.48%~0.56% | | 锰含量(Mn)0.7%~1.0% | 特级优质钢(E) | 镇静钢 | 牌号示例：50MnE |

续表

| 产品名称 | 第一部分 | | 第二部分 | 第三部分 | 第四部分 | 备注 |
|---|---|---|---|---|---|---|
| | 采用汉字 | 字母(含义) | | | | |
| 保证淬透性用钢 | 碳含量0.42%~0.50% | | 锰含量(Mn)0.9%~1.2% | 高级优质钢(A、B、C、D四个等级) | 保证淬透性用钢表示符号为"H" | 牌号示例：45AH |
| 优质碳素弹簧钢 | 碳含量0.62%~0.70% | | 锰含量(Mn)0.50%~0.85% | 优质钢 | 镇静钢(Z) | 保证淬透性钢表示符号，牌号示例：65Mn |
| 四、易切削钢 | | | | | | |
| 易切削钢 | 易切削钢表示符号为"Y" | | 两位阿拉伯数字表示平均碳含量(万分之几计算) | 易切削元素符号( ) | — | 元素为硫和硫磷且含锰量不高时，不加元素符号牌号示例：Y45Ca，Y45Mn，Y45MnS |
| 五、车辆车轴及机车车辆用钢 | | | | | | |
| 车辆车轴用钢 | 辆轴 | LZ(拼音：LIANG ZHOU) | 碳含量0.40%~0.48% | — | — | 牌号示例：LZ45 |
| 机车车辆用钢 | 机轴 | JZ(拼音：JI ZHOU) | 碳含量0.40%~0.48% | — | — | 牌号示例：JZ45 |

续表

| 产品名称 | 第一部分 | | 第二部分 | 第三部分 | 第四部分 | 备注 |
|---|---|---|---|---|---|---|
| | 采用汉字 | 字母(含义) | | | | |
| 六、合金弹簧钢与合金结构钢(表示方法相同) | | | | | | |
| 合金结构钢 | 碳含量 0.22%~0.29% | | 铬含量 1.50%~1.80%<br>钼含量 0.25%~0.35%<br>钒含量 0.15%~0.30% | 高级优质钢 | — | 牌号示例:<br>25CrMoVA |
| 锅炉和压力容器用钢 | 碳含量≤0.22% | | 锰含量 1.20%~1.60%<br>钼含量 0.45%~0.65%<br>钒含量 0.15%~0.05% | 特优优质钢 | 锅炉和压力容器用钢 | 牌号示例:<br>18MnMoNbER |
| 优质弹簧钢 | 碳含量 0.56%~0.64% | | 硅含量 1.60%~2.00%<br>锰含量 0.70%~1.00% | 优质钢 | — | 牌号示例:<br>60Si2Mn |
| 七、非调制机械结构钢 | | | | | | |
| 非调制机械结构钢 | 非 | F(拼音:FEI) | 碳含量 0.32%~0.39% | 钒含量<br>0.06%~0.13% | 硫含量<br>0.035%~0.075% | 牌号示例:<br>F35VS |
| 八、工具钢 | | | | | | |
| 碳素工具钢 | 碳 | T(拼音:TAN) | 碳含量 0.8%~0.9% | 锰含量<br>0.4%~0.6% | 高级优质钢 | 牌号示例:T8MnA |
| 合金工具钢 | 碳含量 0.85%~0.95% | | 硅含量 1.20%~1.60%<br>硌含量 0.95%~1.25% | — | — | 牌号示例:9SiCr |

续表

| 产品名称 | 第一部分 | | 第二部分 | 第三部分 | 第四部分 | 备注 |
|---|---|---|---|---|---|---|
| | 采用汉字 | 字母(含义) | | | | |
| 高速工具钢 | 碳含量 0.8%~0.9% | | 钨含量 5.50%~6.75%<br>钼含量 4.50%~5.50%<br>铬含量 3.80%~4.40%<br>钒含量 1.75%~2.20% | — | — | 牌号示例:<br>W6Mo5Cr4V2 |
| 高速工具钢 | 碳含量 0.86%~0.94% | | 钨含量 5.90%~6.70%<br>钼含量 4.50%~5.50%<br>铬含量 3.80%~4.40%<br>钒含量 1.75%~2.20% | — | — | 牌号示例:<br>CW6Mo5Cr4V2 |
| 九、轴承钢 | | | | | | |
| 高碳铬轴承钢 | 滚 | G(拼音 GUN) | 铬含量 1.40%~1.65% | 硅含量<br>0.45%~0.75%<br>锰含量<br>0.95%~1.25% | — | 牌号示例:<br>GCrI5SiMn |
| 十、钢轨钢、冷镦钢 | | | | | | |
| 钢轨钢 | 轨 | U(拼音 GUI) | 碳含量 0.66%~0.74% | 硅含量<br>0.85%~1.15%<br>锰含量<br>0.85%~1.15% | — | 牌号示例:<br>U70MnSi |

续表

| 产品名称 | 第一部分 | | 第二部分 | 第三部分 | 第四部分 | 备注 |
|---|---|---|---|---|---|---|
| | 采用汉字 | 字母(含义) | | | | |
| 冷墩钢 | 铆螺 | ML(拼音 MAO LUO | 碳含量 0.26%~0.344% | 铬含量 0.80%~1.10% 钼含量 0.15%~0.25% | — | 牌号示例：ML30CrMo |
| 十一、焊接用钢 | | | | | | |
| 焊接用钢 | 焊 | H(拼音 HAN) | 碳含量≤0.10%的高级优质碳素结构钢 | 碳含量 | — | 牌号示例：H08A |
| 焊接用钢 | 焊 | H(拼音 HAN) | 碳含量≤0.10% 钼含量 0.40%~0.60% 铬含量 0.80%~1.10%的高级优质合金结构钢 | — | — | 牌号示例：H08CrMoA |
| 十二、电磁纯铁 | | | | | | |
| 电磁纯铁 | 电铁 | DT(拼音 DIAN TIE) | 顺序号 4 | 磁性能 A 级 | — | 牌号示例：DT4A |
| 十三、原料纯铁 | | | | | | |
| 原料纯铁 | 原铁 | YT(拼音 YUAN TIE) | 顺序号 1 | — | — | 牌号示例：YT1 |

## 三、钻井常用钢材的机械性能

中国标准石油钻采钢管用钢机械性能见表 17−74。

**表 17−74　中国标准石油钻采钢管用钢机械性能**

| 钢级 | | 屈服强度/(kg/mm²) | 抗拉强度/(kg/mm²) | 伸长率/% | 断面收缩率/% | | 冲击韧性/(kg · m/cm²) | 应用范围 |
|---|---|---|---|---|---|---|---|---|
| 新号 | 旧号 | | | $\&_{5}$ | $\&_{10}$ | | | |
| | DZ1 | 34 | 60 | 16 | 12 | 40 | 4 | 套管、钻头、接头料、油管 |
| D40 | DZ2 | 38 | 65 | 14 | 10 | 40 | 4 | 套管、钻头、接头料、油管 |
| D50 | DZ3 | 50 | 70 | 12 | 10 | 40 | 4 | 套管、钻头、接头料、油管 |
| D55 | DZ4 | 55 | 75 | 12 | 10 | 40 | 4 | 钻杆、钻铤、岩心管、油管等 |
| D60 | — | 60 | 78 | 12 | 10 | 40 | 4 | 钻杆、钻铤、岩心管、接头等 |
| D65 | DZ5 | 65 | 80 | 12 | 10 | 40 | 4 | 钻杆、钻铤、岩心管、接头等 |
| D75 | DZ6 | 75 | 90 | 10 | 10 | 40 | 4 | 高强度钻杆、钻铤、套管、接头、油管等 |
| D85 | — | 85 | 95 | 10 | — | 40 | 4 | 高强度钻杆、钻铤、套管、接头、油管等 |
| D95 | — | 95 | 105 | 10 | — | 40 | 4 | 高强度钻杆、接头 |
| 35CrMo | — | 70 | 90 | 18 | — | 50 | 4 | 钻杆接头及各种短节 |

注：1. 断面收缩率，冲击韧性试验值，对于 $\phi$60mm 以下小直径钻杆、岩心管、套管只作参考；$\phi$80mm 以下的不做断面收缩率和冲击韧性试验。

2. DZ−65 ~ DZ−95 钢级，一般通过调质(淬火加回火)或其他热处理方法，达到表中所列性能。

AP1 标准石油钻采钢管用钢机械性能见表 17-75。

**表 17-75 AP1 标准石油钻采钢管用钢机械性能**

| 钢级 | 屈服强度/($kg/mm^2$) | | | 抗拉强度/($kg/mm^2$) | | 伸长率/% | 断面收缩率/% | 冲击韧性/($kg \cdot m/cm^2$) | 应用范围 | | | | | | | |
|---|---|---|---|---|---|---|---|---|---|---|---|---|---|---|---|---|
| | 最小 | 平均 | 最大 | 最小 | 平均 | | | | 钻杆接头料 | 岩心管 | 钻杆 | 石油钻杆 | 钻铤 | 方钻杆 | 套管 | 油管 |
| F-25 | 17.6 | — | — | 28.1 | — | 40 | — | — | — | — | — | — | — | — | △ | △ |
| H-40 | 28.1 | 35.2 | — | 42.2 | — | 27 | — | — | — | — | — | — | — | — | △ | △ |
| J-55 | 38.7 | 45.7 | 56.2 | 52.7 | 59.8 | 20 | — | — | — | — | — | — | — | — | △ | △ |
| K-55 | 38.7 | 45.7 | 56.2 | 66.8 | 75.2 | — | — | — | — | — | — | — | — | — | △ | △ |
| D | 38.7 | — | — | 66.8 | — | 18 | 40 | 4 | △* | — | △ | — | — | — | — | — |
| E | 52.7 | — | — | 70.3 | — | 18 | 40 | 4 | △* | △ | △ | — | — | △ | — | — |
| C-75 | 52.7 | 50.8 | 63.3 | 66.8 | 77.3 | 16 | — | — | — | — | △ | — | — | — | △ | — |
| N-80 | 56.2 | 63.3 | 77.3 | 70.3 | 80.8 | 16 | — | — | — | — | △ | — | — | — | △ | △ |
| C-95 | 66.8 | — | 77.3 | 73.8 | 84.4 | — | — | — | — | — | △ | — | — | — | △ | — |
| P-105 | 73.8 | 84.4 | 94.9 | 84.4 | — | 15 | — | — | — | — | △ | △ | △ | — | △ | △ |
| P-110 | 77.3 | 87.9 | 98.4 | 87.9 | 119.5 | 15 | — | — | — | — | △ | — | — | — | △ | — |
| V-150 | 105.5 | 114.6 | — | 120.0 | — | 12 | — | — | △ | — | — | — | — | — | △ | — |
| AISI 3140 | 70.3 | | 83 | 84~99 | — | 15 | — | 8 | △ | — | — | — | — | — | — | — |
| AISI 4140 | 80 | | — | 90~110 | — | 12 | 45 | 8 | △ | — | — | — | — | △ | — | — |
| AISI 4142 | — | | — | — | — | — | — | — | — | — | — | — | — | △ | — | — |
| AISI 4145 | — | | — | — | — | — | — | — | — | — | — | — | △ | △ | — | — |
| AISI 4150 | — | | 132.2 | 70.3~149 | — | 13 | 43 | — | — | — | — | — | △ | △ | — | — |

注：1. △* 表示自行调质处理，达到表中所列性能。

2. 屈服强度是在拉伸试验时试样的伸长值等于原始长度的 0.5%的条件下得到的。

美国石油协会标准中抗硫化氢钢管用C75钢的化学成分及机械性能见表17-76。

表17-76　美国石油协会标准中抗硫化氢钢管用C75钢的化学成分及机械性能

| 类　型 | | 1 | 2 | 3 | 4 |
| --- | --- | --- | --- | --- | --- |
| 热处理制度 | | 常化+回火 | 淬火+回火 | 常化+回火 | 常化+回火 |
| 化学成分/% | 碳 | <0.05 | <0.40 | 0.38~0.43 | 0.43~0.48 |
| | 锰 | <1.90 | <1.50 | 0.75~1.00 | 0.75~1.00 |
| | 钼 | 0.15~0.30 | — | 0.15~0.25 | 0.15~0.25 |
| | 铬 | — | — | 0.80~1.00 | 0.80~1.00 |
| | 铬+镍+铜 | <0.05 | — | — | — |
| | 磷 | <0.040 | <0.040 | <0.040 | <0.040 |
| | 硫 | <0.060 | <0.060 | <0.040 | <0.040 |
| | 硅 | <0.35 | <0.35 | — | — |
| 机械性能 | 抗拉强度/($kg/mm^2$) | ≥66.8 | ≥66.8 | ≥66.8 | ≥66.8 |
| | 屈服点/($kg/mm^2$) | 52.7~63.3 | 52.7~63.3 | 52.7~63.3 | 52.7~63.3 |
| | 伸长率/% | | | | |
| | 管状 | ≥18 | ≥18 | ≥18 | ≥18 |
| | 弧状 | ≥16 | ≥16 | ≥16 | ≥16 |

注：回火温度≥621℃，回火后除通常的矫直外，不得进行其他冷加工。

# 第五节　橡　胶　件

## 一、胶管、胶板

钻井常用胶管规格型号见表17-77。

## 二、橡胶密封圈

橡胶密封圈物理机械性能及使用特点见表17-78。

表 17-77 钻井常用胶管规格型号

| 序号 | 产品名称 | 执行标准 | 标准编号(代号) | 标准名称 | 主要技术指标或参数 |
|---|---|---|---|---|---|
| 1 | 夹布橡胶板 | 国家标准 | GB/T 5574—2008 | 工业用橡胶板 | 表面为帆布层。其他要求同 6 |
| 2 | 防静电橡胶板 | 行业标准 | HG 2793—1996 | 工业用导电和抗静电橡胶板 | 拉伸强度≥5MPa；硬度(邵尔 A)为 60~75；厚度公差，厚度不大于 3mm 时，公差为±0.5mm；其他为厚度的±10%；电阻(Ω)为 $5\times10^4 \sim 5\times10^8$ |
| 3 | 防滑橡胶板 | 国家标准 | GB/T 5574—2008 | 工业用橡胶板 | 表面为突出的粒状结构或条表面为条状沟状结构。其他要求同 6 |
| 4 | 氯丁橡胶板 | 国家标准 | GB/T 5574—2008 | 工业用橡胶板 | 要求材料为氯丁橡胶。其他要求同 6 |
| 5 | 耐油橡胶板 | 国家标准 | GB/T 5574—2008 | 工业用橡胶板 | 中等耐油(B 类)，3#标准油(100℃×72h)，体积变化率不大于 90%。其他要求同 6 |
| 6 | 普通橡胶板 | 国家标准 | GB/T 5574—2008 | 工业用橡胶板 | 拉伸强度≥4MPa；扯断伸长率≥200%；硬度(邵尔 A)为 70；厚度公差，厚度不大于 3mm 时，公差为±0.5mm；其他为厚度的±10% |
| 7 | 绝缘橡胶板 | 行业标准 | HG 2949—1999 | 电绝缘橡胶板 | 拉伸强度≥5.0MPa；扯断伸长率≥250%；硬度(邵尔 A)为 55~70；厚度公差，厚度为 4/6mm 时，公差为 -0.4~+0.6mm；其他为厚度的±10%. 厚度(mm)/最小击穿电压(kV)关系：4/15，6/30，8/35，10/40，12/45 |
| 8 | 单头埋吸胶管 | 行业标准 | HG/T 3035—2011 | 吸水和排水用橡胶软管及软管组合件规范 | 在埋吸胶管的一端，装配有快装接头或其他结构的连接件。其他同 15 |

续表

| 序号 | 产品名称 | 执行标准 | 标准编号(代号) | 标准名称 | 主要技术指标或参数 |
|---|---|---|---|---|---|
| 9 | 钢丝编织胶管总成 | 行业标准 | JB/T 8727—2004 | 液压软管总成 | 钢丝编织胶管，管体符合 GB/T 3683 要求；钢丝缠绕胶管，管体符合 GB/T 10544 要求；接头与管体装配牢固；在 2 倍的最大工作压力下，不得有泄漏和其他异常现象；最大工作压力下，长度变化率-4%～+2% |
| 10 | 钢丝缠绕胶管总成 | 国家标准 | GB/T10544-2003 | 橡胶软管及软管组合件油基或水基液体使用的钢丝缠绕增强外覆橡胶液压型规范 | 内径范围为 6.3～51mm；工作压力范围为 16.5～45MPa；最小爆破压力不小于工作压力的 4 倍；工作压力下，长度变化范围为-4%～+2% |
| 11 | 喷砂胶管 | 行业标准 | HG/T 2192—2014 | 喷砂橡胶软管 | 内径范围为 12.5～51mm；常用规格为 19/25/32mm，内径公差分别是±1.25mm；内、外胶厚度分别不小于 5.0mm、1.0mm；内、外胶拉伸强度分别不小于 14MPa、10MPa；内、外胶伸长率分别不小于 400%、300%；胶管的最大工作压力 0.63MPa；最小爆破压力 2.5MPa；工作压力下的伸长率不大于±8%；层间黏合强度不低于 2.0kN/m，按 ISO 4649：2002A 法，磨耗不大于 140$mm^3$ |
| 12 | 输水胶管 | 行业标准 | HG/T 2184—2008 | 通用输水织物增强橡胶软管 | 内径范围为 10～100mm；常用规格为 19/25mm，内径公差分别是±0.75mm/±1.25mm；内、外胶厚度分别不小于 2.5mm、1.5mm；内、外胶拉伸强度分别不小于 5.0MPa、5.0MPa；伸长率分别不小于 200%、200%；胶管的最大工作压力 0.3MPa；最小爆破压力 0.9MPa；层间黏合强度不低于 1.5kN/m |

续表

| 序号 | 产品名称 | 执行标准 | 标准编号(代号) | 标准名称 | 主要技术指标或参数 |
|---|---|---|---|---|---|
| 13 | 双接头埋吸胶管 | 行业标准 | HG/T 3035—2011 | 吸水和排水用橡胶软管及软管组合件规范 | 在埋吸胶管的两端，装配有快装接头或其他结构的连接件。其他同 15 |
| 14 | 外耐油内耐热管 | 行业标准 | HG/T 3036—2009 | 饱和蒸汽用橡胶软管及软管组合件规范 | 外胶耐油要求，GB/T 1690，3#标准油(100℃×72h)，体积变化率不大于 100%。其他同 24 |
| 15 | 吸酸碱胶管 | 行业标准 | HG/T 3035—2011 | 吸水和排水用橡胶软管及软管组合件规范 | 内胶耐酸(以 HCl 含量不超过 10%)或碱(以 NaOH 含量不超过 10%)计，(70℃×72h)，体积变化率不大于 25%。其他见 23 |
| 16 | 纤维缠绕吸酸碱胶管 | 行业标准 | HG/T 3035—2011 | 吸水和排水用橡胶软管及软管组合件规范 | 一般埋吸胶管骨架是纤维布+钢丝，纤维缠绕管结构是帘线+钢丝。耐压性能更好。其他同 15 |
| 17 | 氧气胶管 | 国家标准 | GB/T 2550—2016 | 气体焊接设备焊接、切割和类似作业用橡胶软管 | 内径范围为 4~50mm；常用规格为 8/10mm，内径公差 ± 0.5mm；内、外胶厚度分别不小于 1.5mm、1.0mm；内、外胶拉伸强度分别不小于 5MPa、7MPa；伸长率分别不小于 200%、250%；氧气胶管的最大工作压力 2.0MPa；最小爆破压力 6.0MPa |
| 18 | 乙炔胶管 | 国家标准 | GB/T 2550—2016 | 气体焊接设备焊接、切割和类似作业用橡胶软管 | 内径范围为 4~50mm；常用规格为 8/10mm，内径公差 ± 0.5mm；内、外胶厚度分别不小于 1.5mm、1.0mm；内、外胶拉伸强度分别不小于 5MPa、7MPa；伸长率分别不小于 200%、250%；乙炔胶管的最大工作压力 0.3MPa；最小爆破压力 0.9MPa |

续表

| 序号 | 产品名称 | 执行标准 | 标准编号(代号) | 标准名称 | 主要技术指标或参数 |
|---|---|---|---|---|---|
| 19 | 吹灰胶管总成 | 行业标准 | HG/T 3035—2011 | 吸水和排水用橡胶软管及软管组合件规范 | 骨架是纤维布+钢丝，只是布层更多或使用强度更高的布，或是帘线+钢丝。耐压性能更好。其他同 15 |
| 20 | 耐火软管 | 行业标准 | SY/T 7387—2017、QSH 1020 2163—2013 | 石油天然气钻采设备井控设备控制系统用耐火软管总成 | 内径范围为 10～38mm；有Ⅰ/Ⅱ/Ⅲ三种型号，有 21MPa(3000psi)和 35MPa(5000psi)两种工作压力；常用规格为 19/25mm，连接方式分别为 NPT3/4 或 NPT1、NPT1。内、外胶拉伸强度分别不小于 16MPa、8MPa；伸长率分别不小于 250%、500%；按 SY/T 5053.2—2007 中 10.1.2 的规定，在火焰温度 704℃(1300℉)下，承受至少 5min 工作压力 |
| 21 | 空气胶管 | 国家标准 | GB/T 1186—2016 | 压缩空气用织物增强橡胶软管 | 内径范围为 4～102mm；内、外胶厚度分别不小于 1.5mm、2mm；内、外胶拉伸强度≥7.0MPa；伸长率≥250%；最大工作压力 1.0MPa；最小爆破压力 4.0MPa；使用温度范围-25～+70℃ |
| 22 | 埋吸油管 | 行业标准 | HG/T 3035—2011 | 吸水和排水用橡胶软管及软管组合件规范 | 内胶中等耐油(B 类)，3#标准油(100℃×72h)，体积变化率不大于 90%。其他见 23 |
| 23 | 埋吸水管 | 行业标准 | HG/T 3035—2011 | 吸水和排水用橡胶软管及软管组合件规范 | 内径范围为 16～315mm；内、外胶厚度分别不小于 1.5mm、2mm；内、外胶拉伸强度分别不小于 7MPa、7MPa；伸长率分别不小于 200%、200%；最小吸入压力-0.063MPa，最大输出压力 0.3MPa；使用介质温度范围 0～70℃，最小爆破压力 1.0MPa；层间黏合强度不低于 2.0kN/m，最小弯曲半径，约为直径的 7 倍 |

续表

| 序号 | 产品名称 | 执行标准 | 标准编号(代号) | 标准名称 | 主要技术指标或参数 |
|---|---|---|---|---|---|
| 24 | 耐热胶管 | 行业标准 | HG/T 3036—2009 | 饱和蒸汽用橡胶软管及软管组合件规范 | 内径范围为 9.5～102mm；常用规格为 19/25mm，内径公差是±1.0mm；内、外胶厚度分别不小于 2.5mm、1.5mm；内、外胶拉伸强度分别不小于 8MPa、8MPa；伸长率分别不小于 200%、200%；胶管的最大工作压力 0.6MPa；相对蒸汽温度 164℃，最小爆破压力 6MPa(不小于工作压力的 10 倍)；层间黏合强度不低于 2.4kN/m，按 GB/T 9867—2008A 法，磨耗不大于 200mm³ |
| 25 | 耐酸碱胶管 | 行业标准 | HG/T 3035—2011 | 吸水和排水用橡胶软管及软管组合件规范 | 同 15 |
| 26 | 耐油胶管 | 国家标准 | GB/T 1186—2016 | 压缩空气用织物增强橡胶软管 | 按 ISO 1817，外胶耐 3#标准油，中等耐油(B 类)(70℃×72h)，体积变化率不大于 115%。其他同 21 |
| 27 | 铠装胶管 | 国家标准 | GB/T 1186—2016 | 压缩空气用织物增强橡胶软管 | 外层用塑料铠装，其他同 21 |
| 28 | 钻探胶管 | 行业标准 | API 7K (−20℃～+120℃，FSL1) | 钻井和井口操作设备规范 | 内径范围(mm/寸)从 50.8mm(2″)～152.4mm(6″). 压力范围从 10.3MPa/1500psi/A 级～103.4MPa/15000psi/水泥级. 安全系数，工作压力不大于 51.7MPa/7500psi/E 级时，不小于 2.5；其他为 2.25，其他详见第七节 |
| 29 | 钻探胶管 | 国家标准 | GE/T 24145—2009 | 旋转钻探和减震用橡胶软管及软管组合件规范 | 内径范围为 38～152mm. 压力范围从 10.3MPa/A 级～103.4MPa/G 级。安全系数，工作压力不大于 51.7MPa/E 级时，不小于 2.5；其他为 2.25；其他详见第七节 |
| 30 | 高压硫化胶管 | 国家标准 | 参考 GB/T 24145—2009 | 旋转钻探和减震用橡胶软管及软管组合件规范 | 最大工作压力 70MPa；最小爆破压力 185MPa；层间黏合强度≥2.5kN/m；长度变化率≤4% |

## 表 17-78　橡胶密封圈物理机械性能及使用特点

| 项目 | | 胶料组别 | | | | | | | | | | | | | |
|---|---|---|---|---|---|---|---|---|---|---|---|---|---|---|---|
| | | Ⅰ组耐油胶料 | | | | Ⅱ组普通胶料 | | | | Ⅲ组耐热胶料 | | | Ⅳ组耐酸碱胶料 | | |
| | | Ⅰ-1 | Ⅰ-2 | Ⅰ-3 | Ⅰ-4 | Ⅱ-1 | Ⅱ-2 | Ⅱ-3 | Ⅱ-4 | Ⅲ-1 | Ⅲ-2 | Ⅲ-3 | Ⅳ-1 | Ⅳ-2 | Ⅳ-3 |
| | | 硬度范围 | | | | | | | | | | | | | |
| | | 低 | 中 | 高 | 高 | 低 | 中 | 高 | 高 | 低 | 中 | 高 | 低 | 中 | 高 |
| 硬度(邵尔 A 型) | | 55±5 | 65±5 | 75±5 | 85±5 | 55±5 | 65±5 | 75±5 | 85±5 | 55±5 | 65±5 | 75±5 | 55±5 | 65±5 | 75±5 |
| 扯断力/MPa | ≥ | 80 | 100 | 100 | 100 | 150 | 150 | 150 | 120 | 80 | 100 | 100 | 80 | 100 | 100 |
| 扯断伸长率/% | ≥ | 350 | 300 | 250 | 150 | 450 | 400 | 300 | 200 | 400 | 350 | 300 | 400 | 350 | 300 |
| 扯断永久变形/% | ≤ | 30 | 25 | 25 | 20 | 35 | 30 | 30 | 25 | 35 | 30 | 30 | 35 | 30 | 30 |
| 脆性温度(不高于老化系数)/℃ | | -35 | -30 | -30 | -25 | -40 | -40 | -35 | -35 | | | | -30 | -30 | -30 |
| (78℃±2℃×96h) | ≥ | 0.7 | 0.7 | 0.7 | 0.8 | 0.7 | 0.7 | 0.7 | 0.7 | 0.85 | 0.85 | 0.85 | 0.75 | 0.75 | 0.75 |
| 耐油重量变化率/% 120 号汽油(75 份)+苯(25 份)，15~25℃×24h | ≤ | +25 | +25 | +25 | +20 | | | | | | | | | | |
| 耐油重量变化率/% 15 号机油 70℃±2℃×24h | ≤ | -3~+5 | -3~+5 | -3~+5 | -2~+4 | | | | | | | | | | |
| 耐酸碱系数 20%硫酸或盐酸 15~25℃×24h | ≥ | | | | | | | | | | | | 0.8 | 0.8 | 0.8 |
| 耐酸碱系数 20%氢氧化钠 15~25℃×24h | ≥ | | | | | | | | | | | | 0.8 | 0.8 | 0.8 |
| 胶料特性 | | 耐油 | | | | 有较高扯断力和弹性及缓冲减震等特性 | | | | 耐热 | | | 耐酸碱 | | |
| 工作温度范围/℃ | | -25~+80 | | | -20~+80 | -40~+80 | | -35~+80 | | -20~+120 | | | -20~+60 | | |
| 工作介质 | | 润滑油、燃料油、液压油等 | | | | 空气、水，制动油等 | | | | 水、空气 | | | 20%以下硫酸、盐酸、氢氧化钠、氢氧化钾 | | |

# 第六节　焊料与电气焊工具

## 一、焊条与焊丝

选用焊条的基本要点见表 17-79。

**表 17-79　选用焊条的基本要点**

| 分类 | 要　点 |
|---|---|
| 考虑工件的物理、机械性能和化学成分 | 1. 从等强度的观点出发，选择满足机械性能的焊条，或结合母材可焊性，改用非强度可焊性好的焊条，改变焊缝结构形式，以满足等强度、等刚度要求。<br>2. 使其合金成分符合或接近母材。<br>3. 母材化学成分中碳、硫、磷有害杂质含量较高时，应选择抗烈性和抗气孔能力较好的焊条。建议选用钛钙渣系钛铁矿渣系焊条。如果尚不能解决，可选低氢性焊条 |
| 考虑工件的工作条件使用性能 | 1. 在承受动载荷或冲击载荷情况下，除了要求保证抗拉强度之外，对冲击韧性延伸率均有较高要求，应选用低氢型、钛钙型、锰型、氧化铁渣系焊条。<br>2. 在腐蚀介质中工作的，必须分析介质种类、浓度、工作温度，以及区分是一般腐蚀还是晶间腐蚀等，从而选择合适的不锈钢焊条。<br>3. 在受磨损条件下工作时，须区分是一般磨损，还是受冲击磨损，是在常温下磨损，还是在高温下磨损等 |
| 考虑工件几何形状的复杂程度、刚度大小、焊接坡口的制备、情况和焊接部位所处的位置 | 1. 形状复杂或大厚度的工件，由于焊缝金属在冷却收缩时产生大的内应力，容易产生裂缝。因此，必须选用抗裂性强的焊条，如锰型渣系、氧化铁渣系焊条。<br>2. 受条件限制，焊接部位所处的位置不能翻转，就必须选用能在任何空间位置进行焊接的焊条。例如，立焊和仰焊时建议按钛型渣系、钛铁矿渣系焊条顺序选用。<br>3. 受条件限制，某些焊接部位难以清理干净，就应考虑选用氧化性强对铁锈氧化皮和油垢不如碱性焊条敏感的酸性焊条，以免产生气孔等缺陷 |
| 考虑施焊工地设备 | 如在没有直流焊机的地方，就不宜选用直流电源的焊条，而应选用交直流电源的焊条 |
| 为改善焊接工艺和保护工人健康 | 在酸性焊条和碱性焊条都可以满足要求的地方，尽量采用酸性焊条 |
| 考虑节约 | 在使用性能相同的基础上，选择低价格的电焊条，如钛钙型渣系焊条的涂料部分原料费用很高，而钛铁矿渣系焊条的制造费用低廉，希望推广这种渣系焊条 |

焊条型号规范及表示法见表 17-80。

**表 17-80　焊条型号规范及表示法**

| 名称 | 焊条型号规范 | | | | | | | | | | | | 拼音字母代表意义 |
|---|---|---|---|---|---|---|---|---|---|---|---|---|---|
| | 药皮 | | | | 电源及其他特点 | | 珠光体类熔焊金属类型 | | 奥氏体类熔焊金属类型 | | 铁素体类熔焊金属类型 | | |
| | JB | | GB | | GB | JB | GB | JB | GB | JB | GB | JB | |
| | 类型 | 特点 | 类型 | 特点 | | | | | | | | | |
| 0 | 不规定 | | | | | | | | | | | | |
| 1 | 纤维素型（酸性） | 适用于各种位置焊接，通常只能用直流反接焊接，当药皮中含有稳弧组成物时，也适用交流电源焊接，但要求较高的空载电压 | 钛型（酸性） | 焊接工艺性能好，适用于各种位置焊接，特别适用于薄板焊接。熔敷金属塑性及抗裂性能较差 | 直流或交流 | 限用直流 | Mo0.5 型 | | Cr18 Ni19 型 | | Cr13 型 | | JB<br>A："奥"氏体；<br>B：铸铁焊"补"；<br>C："常"温下工作耐磨表面；<br>D："堆"焊或"刀具"；<br>G："高"温下工作耐磨表面或低碳"钢"；<br>S：高温及腐蚀环境中工作的耐腐蚀表面；<br>T：手弧焊用焊"条"或"铁"素体；<br>Z："珠"光体；<br>Q："气"焊条；<br>L：钎"料"。<br>GB<br>A："奥"氏体；<br>R：珠光体耐"热"钢；<br>G："铬"不锈钢低碳钢；<br>Z：焊补"铸"铁 |
| 2 | 氧化钛型（酸性） | 适用于各种位置，直流或交流焊接，工艺性能良好 | 钙钛型（酸性） | 工艺性能好，适用于各种位置焊接 | | 交直流两用 | Mo0.5 Cr0.5 型 | | Cr25 Ni13 型 | | Cr17 型 | | |
| 3 | 钛铁矿型（酸性） | 适用于各种位置，直流或交流焊接，工艺性能较氧化钛型稍差 | 钛铁矿型（酸性） | 同 JB | | 直流铁粉焊条 | Cr1.0 Mo1.5 型 | | Cr25 Ni20 型 | | （GB）Cr25 型 | | |

续表

| 名称 | 焊条型号规范 | | | | | | | | | | | | 拼音字母代表意义 |
|---|---|---|---|---|---|---|---|---|---|---|---|---|---|
| | 药皮 | | | | 电源及其他特点 | | 珠光体类熔焊金属类型 | | 奥氏体类熔焊金属类型 | | 铁素体类熔焊金属类型 | | |
| | JB | | GB | | GB | JB | GB | JB | GB | JB | GB | JB | |
| | 类型 | 特点 | 类型 | 特点 | | | | | | | | | |
| 4 | 氧化铁（酸性） | 适用于平焊及其他位置直流或交流焊接 | 锰型（酸性） | 工艺性能较差，熔敷金属抗裂性能较好，最适宜中厚板平焊 | 直流或交流 | 交直流两用铁粉焊条 | Cr2.5 Mo1.0型 | | （GB）Cr16 Ni25 | | | | JB<br>A：“奥”氏体；<br>B：铸铁焊“补”；<br>C：“常”温下工作耐磨表面；<br>D：“堆”焊或“刀具”；<br>G：“高”温下工作耐磨表面或低碳“钢”；<br>S：高温及腐蚀环境中工作的耐腐蚀表面；<br>T：手弧焊用焊“条”或“铁”素体；<br>Z：“珠”光体；<br>Q：“气”焊条；<br>L：钎“料”。<br>GB<br>A：“奥”氏体；<br>R：珠光体耐“热”钢；<br>G：“铬”不锈钢低碳钢；<br>Z：焊补“铸”铁 |
| 5 | 氧化钙低氢型（碱性） | 具有良好的抗热裂性能，焊缝金属的机械性能特别好<br>适用于各种位置焊接，直流反接焊接，当药皮中含有稳弧组成物时也能用交流 | 锰型（酸性） | 焊接工艺性能较差，熔敷金属抗裂性能良好，适于含碳量较高的中等厚度以上钢板焊接。<br>立焊、仰熔操作性能较差 | | 直流管状焊条 | Cr5.0 Mo0.5型 | | （GB）Cr15 Ni35型 | | | | |
| 6 | 氧化钛低氢型（碱性） | 工艺性较上者稍好，但焊接质量稍差，能用直流或交流进行各种位置的焊接 | 低氢型（碱性） | 工艺性一般，具有特别良好的抗热裂性能和机械性能。能用于含碳、含硫较高的钢材焊接。7型药皮中加稳弧剂也可用交流电源 | | 交直流两用管状焊条 | | | | | | | |
| 7 | | | | | 直流 | | | | | | | | |

常用焊条和自动焊丝型号、性能及用途见表 17−81。

**表 17−81 常用焊条和自动焊丝型号、性能与用途**

| 类别 | 型号 | | 焊条牌号 | | | | | | 药皮 | 电源 | 焊缝性能 | | | 主要用途 |
|---|---|---|---|---|---|---|---|---|---|---|---|---|---|---|
| | GB | JB | 上焊 | 上海 | 大桥 | 辽河 | 湘江 | 长虹 | | | 抗拉强度/（kg/mm$^2$） | 延伸率/% | 冲击值/（kg·m/cm$^2$） | |
| 低碳钢及低合金钢 | T420 | T4202 | 上焊15 | | | | | | 钛铁型+钛型 | 交直流 | ≥42 | 20~30 | 10~16 | 焊接较重要的低碳钢结构 |
| | T420 | T4202 | 上焊25 | | T−50 T−46 | 沈焊11−5 | | | 钛钙型 | 交直流 | >42 | 20~30 | 10~16 | 利用滑移式机架半机械化进行，直到角焊 |
| | T421 | T4222 | 上焊10 | | T−43 T−45 | | | | 钛型 | 交直流 | >42 | 20~28 | 10~14 | 焊接一般低碳钢结构 |
| | T421 | T4222 | 上焊10A | | | | Z421 | | 高钛型 | 交直流 | >42 | | | 焊接薄板用 |
| | T421 | T4224 | 上焊14 | | | | | | 铁粉钛型 | 交直流 | ≥42 | ≥18 | ≥8 | 快速俯焊低碳钢结构 |
| | T422 | T4222 | 上焊12A | 上海422 | | 沈焊2 11−1A | 425 Z 427 | CH−421 | 钛钙型 | 交直流 | >42 | 20~30 | 12~18 | 焊接较重要的低碳钢结构 |

续表

| 类别 | 型号 | | 焊条牌号 | | | | | | 药皮 | 电源 | 焊缝性能 | | | 主要用途 |
|---|---|---|---|---|---|---|---|---|---|---|---|---|---|---|
| | GB | JB | 上焊 | 上海 | 大桥 | 辽河 | 湘江 | 长虹 | | | 抗拉强度/（$kg/mm^2$） | 延伸率/% | 冲击值/（$kg\cdot m/cm^2$） | |
| 低碳钢及低合金钢 | T423 | T4232 | 06上焊22A | | | | Z429 | CH-423 | 钛锰型、钛铁矿型 | 交直流 | >42 | 20~30 | 10~14、10~16 | 焊接较重要的低碳钢结构 |
| | T423 | T4232 | 上焊24 | 上海423 | T-47 | 沈焊11-4 | | | 钛铁矿型 | 交直流 | >42 | 18~24 | 8~12 | 焊接一般低碳钢结构 |
| | T424 | T4242 | 上焊30 | | T-48 | | | CH-422 | 氧化铁型 | 交直流 | >42 | 20~30 | 10~14 | 焊接较重要的低碳钢结构，俯焊较宜 |
| | T425 | T4242 | 上焊33 | 上海425 | T-49 | | | | 锰型 | 交直流 | >42 | 20~30 | 10~14 | 焊接中厚低碳钢结构和含硫略高的钢材 |
| | T426 | T4252 | 上焊40J | 上海426 | TU-45J | | Z422J | | 碱性低氢 | 交直流 | >42 | ≥22 | ≥14 | 焊接重要的低碳钢结构和低合金钢结构受动载荷的结构，如高压容器、机车等 |
| | T427 | T4251 | 上焊40 | 上海427 | TU-45 | 沈焊11-6 | Z422A | CH-426 | 碱性低氢 | 直流+ | >42 | 25~30 | 18~28 | |
| | T500 | | | | | | | | | | 50 | | | |
| | T502 | T5022 | | 上海502 | | | | | 钛锰型 | 交直流 | 50~58 | 19~28 | 10~28 | 焊接16Mn、16MnCu制成的静载结构 |

续表

| 类别 | 型号 | | 焊条牌号 | | | | | | 药皮 | 电源 | 焊缝性能 | | | 主要用途 |
|---|---|---|---|---|---|---|---|---|---|---|---|---|---|---|
| | GB | JB | 上焊 | 上海 | 大桥 | 辽河 | 湘江 | 长虹 | | | 抗拉强度/（$kg/mm^2$） | 延伸率/% | 冲击值/（$kg \cdot m/cm^2$） | |
| 高强度钢焊条 | T505 | T4202 | | 上海 505 | | | | | 锰型 | 交直流 | 50~58 | 18~25 | 8~15 | |
| | T506 | T4202 | 上焊 41J | 506A 上海 506 | TU-55J | 沈焊 12-1J | Z501J | | 碱性低氢 | 交直流 | 50~59 | ≥20 | （直流 20~30）≥13 | 焊接重要的中碳钢结构和低合金钢结构和在常温及低温情况下受动载荷的结构，如起重机等重型机械 |
| | T507 | T4222 | 上焊 41 | 上海 507 | TU-55 | 沈焊 12-1 | Z501A | | 碱性低氢 | 直流+ | 50~57 | 25~30 | 20~30 | |
| | T557 | T4222 | 上焊 41Mn | | | | | | 碱性低氢 | 直流+ | 55~62 | 24~30 | 18~28 | 焊接普通低合金钢 |
| | T557 | T4224 | 上焊 41Si | | | | | | 碱性低氢 | 直流+ | 56~64 | 24~30 | 18~28 | |
| | T606 | T4222 | 上焊 42J | 上海 606 | TG-60J | 沈焊 12-2J | Z601J | CH-421 | 碱性低氢 | 交直流 | ≥60 | ≥18 | ≥10 | 焊接强度约为 588.6MPa 的钢材，即较重要的低合金钢，中碳钢结构如高压容器、重型机械等，焊接 20CrMo、20CrMnSi 等低合金钢结构 |
| | T607 | T4232 | 上焊 42 | 上海 607 | TG-60 | 沈焊 12-2 | Z601A | CH-423 | 碱性低氢 | 直流+ | ≥60 | ≥18 | ≥10 | |
| | T707 | T4232 | 上焊 45 | | | | Z701A | | 碱性低氢 | 直流+ | 70~85 | >12 | >6 | |
| | T707 | T4242 | 上焊 42 Mo | 上海 707 | | | | CH-422 | 碱性低氢 | 直流+ | 70~82 | 20~26 | 16~24 | |

续表

| 类别 | 型号 | | 焊条牌号 | | | | | | 药皮 | 电源 | 焊缝性能 | | | 主要用途 |
|---|---|---|---|---|---|---|---|---|---|---|---|---|---|---|
| | GB | JB | 上焊 | 上海 | 大桥 | 辽河 | 湘江 | 长虹 | | | 抗拉强度/（$kg/mm^2$） | 延伸率/% | 冲击值/（$kg\cdot m/cm^2$） | |
| 高强度钢焊条 | T707 | T4242 | 上焊 42 Nb | | | | | | 碱性低氢 | 直流+ | 75~84 | 20~25 | 16~23 | 冲击韧性较高，可供焊接高强度钢材 |
| | T707 | T4252 | 上焊 45 Ni | | | | | | 碱性低氢 | 直流+ | 78~86 | 18~25 | 室温 8~25 -60℃，8~14 | 焊接低合金钢 |
| | T857 | T4251 | 上焊 43 | 上海 857 | TG-85 | 沈焊 12-3 | Z851A | CH-426 | 碱性低氢 | 直流+ | ≥85 | ≥12 | ≥5 | |
| | T857 | T8551 | 上焊 46 | | | | | | 碱性低氢 | 直流+ | ≥85 | ≥12 | ≥5 | 焊接强度约为 784.8MPa 的低合金钢结构 |
| | T107 | T1051 | 上焊 47 | | | 沈焊 12-4 | | | | | ≥100 | ≥10 | ≥5 | 焊接 30CrMo、30CrMoSi 等低合金钢结构 |
| | T12X | | | | | | | | | | ≥120 | ≥10 | ≥5 | 焊接 30CrMo、30CrMoSi 等低合金钢结构 |
| | T14X | | | | | | | | | | 1373.4 | 4 | 4 | 焊接高强度结构钢 |

续表

| 类别 | 型号 | | 焊条牌号 | | | | | | 电源 | 焊芯主要成分 | 主要用途 |
|---|---|---|---|---|---|---|---|---|---|---|---|
| | GB | JB | 上焊 | 上海 | 大桥 | 辽河 | 湘江 | 长虹 | | | |
| 铸铁焊条 | TZNiCu | TBNiCu-1 | 上焊70 | | TZ-NiCu1 | | | | 交直流 | 镍铜 | 焊补灰铸铁，焊后可加工 |
| | TZG-2 | TBG-2 | 上焊71 | 上海974 | TZ-G2 | 沈焊15-1，2 | ZS-1 | | 交直流 | 碳钢（石墨化药皮） | 焊补灰口铸铁件的一般不再加工的缺陷；对于承受应力及冲击的重要铸铁件结构不宜采用 |
| | TZG-1 | TBG-1 | 上焊72 | | | 沈焊12~7 | | | 交直流 | 碳钢（氧化性药皮） | 修复次要铸件的缺陷 |
| | TZCuFe | | 上焊73 | | TZ-CuFe | 沈焊15~9 | ZS-3 | | 交直流 | 紫铜（低氢药皮） | 焊补灰铸件，焊后不能加工（耐裂性良好，但硬度不均匀） |
| | TZNi | TBNi | 上焊74 | | | | | | 直流+ | 纯镍 | 焊补气缸盖，发动机座，生铁薄壁套管，齿轮箱及其他重要灰铸铁件（有良好的耐裂性和可切削性） |
| | TZNiFe | TBNiFe | 上焊75 | | | | | CH-421 | 交直流 | 镍铁 | 除与TZNi相同以外，还可以焊球墨铸铁及含磷较高（磷含量在0.2%左右）的铸铁（接头机械性能与球墨铸铁相近） |
| | TZG-3 | | 上焊76 | | | | | CH-423 | 交直流 | 碳钢（高钒药皮） | 用于冷焊或半热焊铸铁件的缺陷，如气缸机架齿轮箱等的修理 |
| | TZG-3 | TBG-2 | | | TQ-G50 | 沈焊15~3 | | | 交直流 | 碳钢（石墨化药皮） | 用于球墨铸铁的焊补 |
| | TZG-3 | TBG-2 | | | | 沈焊15~4 | | CH-422 | 交直流 | 碳钢（石墨化药皮） | 用于铸铁及反复受热的机器零件的焊补 |
| | TZG-2 | TB | | | | 沈焊15~5 | | | 交直流 | 高硅铸铁（石墨化药皮） | 焊补铸件 |
| | TZG-3 | | | | | 沈焊15~8 | | | 直流 | 碳钢（低氢药皮） | 用于缸体、炉排片及反复受热的机器零件的焊补 |

续表

| 类别 | 型号 | | 焊条牌号 | | | | | | 电源 | 焊芯主要成分 | 主要用途 |
|---|---|---|---|---|---|---|---|---|---|---|---|
| | GB | JB | 上焊 | 上海 | 大桥 | 辽河 | 湘江 | 长虹 | | | |
| 铜及铜合金焊条 | TCu | TCu | 上焊 80 | 上海 076 | ZY-Cu | 沈焊 16~1 | ZY-1 | | 直流+ | 紫铜(低氢药皮) | 焊接铜结构,但不适于要求高导电性的焊接接头 |
| | TCuSi | | 上焊 82 | | | | | | | 硅青铜:<br>Si2. 75%~3. 5%<br>Mn1%~1. 5%<br>Cu 余量 | 机械性能和冲击韧性较高,但减磨性不好。在大气、海水、矿岩溶液、酸性溶液中都具有很高的耐腐蚀性。用于硅青铜及其他铜合金工件,铜合金与钢的焊接 |
| | TCuSn-1 | TCuSn-1 | 上焊 83A | | | | | | 直流+ | 磷青铜:Sn4%~6%<br>P0. 15%~0. 35%<br>Cu 余量 | 塑性减磨性耐腐蚀性能均很好,能承受大的冲击载荷。TCuSn-1 常用于有冲击载荷的大型轴承轴瓦。TCuSn-2,硬度较高、冲击韧性较差,常用于工作条件较重的机构上。均适于青铜及铜、黄铜、铸铁与钢的焊接 |
| | TCuSn-2 | TCuSn-2 | 上焊 83B | | | | ZY-2 | | 直流+ | 磷青铜:Sn7%~8%<br>P0. 15%~0. 35%<br>Cu 余量 | |
| | TCuAl | TCuAl-1 | 上焊 84 | | | | ZY-3 | | 直流+ | 铝青铜:Mn~2. 0%<br>Al7. 0%~9. 0%<br>Cu 余量 | 强度高、耐腐蚀性与耐磨性优良,适于铝青铜及其他铝合金、铜合金与钢的焊接。用于堆焊轴承、齿轮及耐海水、弱酸、碱等腐蚀的零件 |

续表

| 类别 | 型号 | | 焊条牌号 | | | | | | 电源 | 焊芯主要成分 | 主要用途 |
|---|---|---|---|---|---|---|---|---|---|---|---|
| | GB | JB | 上焊 | 上海 | 大桥 | 辽河 | 湘江 | 长虹 | | | |
| 铝及铝合金焊条 | TAl | TAl | 上焊85 | | TY-Al | 沈焊16~2 | ZY-4 | | 直流+ | 纯铝：Al≥99.5%（盐类药皮） | 焊接纯铝板及一般接头强度要求不高的铝合金工件 |
| | TAlSi-1 | TAlSi-1 | 上焊86 | | | | ZY-5 | | 直流+ | 硅硅合金：Si4%~6% Al≥93% | 有较高的抗热裂性能，焊接铝、铝硅合金板材、铸件，一般铝合金及硬铝，但不宜焊接铝镁合金 |
| | TAlMn | TAlMn | 上焊87 | | | | ZY-6 | | 直流+ | 铝锰合金：Mn~1.3% Al余量 | 强度较纯铝高，耐腐蚀性与纯铝差不多，用于焊接铝锰合金、纯铝及其他铝合金 |

注：型号意义（GB），第一位拼音字母代表焊条；第二位、第三位数字代表焊敷金属抗拉强度；第四位数字代表药皮及电源。药皮中有多量铁粉时，在型号末尾再加注符号“Fe”。

型号意义（GB），第一位拼音字母代表焊条；第二位拼音字母代表焊补铸铁；第三位或第三位以后几位拼音字母或数字代表焊心金属组成类型，焊心金属同一类型但具有不同特点时以数字1、2……顺序表示在短划线以后。

型号意义（GB），第二位、第三位以后拼音字母代表焊敷金属、化学组成类型。其他同上。

## 二、电气焊工具

### (一) 电焊工具

常用焊钳型号及技术规范见表 17-82。

表 17-82　常用焊钳型号及技术规范

| 型　　号 | 160A 型 | | 300A 型 | | 500A 型 | |
|---|---|---|---|---|---|---|
| 额定焊接电流/A | 160 | | 300 | | 500 | |
| 负载持续率/% | 60 | 35 | 60 | 35 | 60 | 30 |
| 焊接电流/A | 160 | 220 | 300 | 400 | 500 | 560 |
| 适用焊条直径/mm | 1.6~4 | | 2~5 | | 3.2~8 | |
| 连接电缆截面积/$mm^2$ | 25~35 | | 35~50 | | 70~95 | |
| 手柄温度/℃ | ≤40 | | ≤40 | | ≤40 | |
| 外形尺寸($A \times B \times C$) | 220m×70m×30m | | 235m×80m×36m | | 258m×86m×38m | |
| 质量/kg | 0.24 | | 0.34 | | 0.40 | |

滤光玻璃常用规格见表 17-83。

表 17-83　滤光玻璃常用规格

| 颜色号 | 7~8 | 9~10 | 11~12 |
|---|---|---|---|
| 颜色深度 | 较浅 | 中等 | 较深 |
| 适用焊接电流/A | <100 | 100~350 | ≥350 |
| 玻璃尺寸(厚×宽×长) | 2m×50m×107m | 2m×50m×107m | 2m×50m×107m |

GCS 光控电焊面罩主要技术指标见表 17-84。光控全塑电焊面罩系列产品型号及主要技术指标见表 17-85。

表 17-84　GCS 光控电焊面罩主要技术指标

| 项　　目 | 技术指标 |
|---|---|
| 观察窗口尺寸 | 90mm×40mm |
| 滤光玻璃(护目镜片)安装尺寸 | 96mm×48mm |
| 自动调光遮光 | 0.012s |

续表

| 项　　目 | 技术指标 |
| --- | --- |
| 亮态遮光号 | 4号(可见光透过率8%) |
| 紫外线透过率210~365mm | <0.0002% |
| 红外线透过率780~1300mm，1300~2000mm | <0.0002% |
| 暗态遮光号 | 6号、11号、14号 |
| 自动变态响应时间 | <0.03s |
| 电源电压 | 3V |
| 面罩壳燃烧时间 | <50mm/min |
| 工作温度 | -5~50℃ |
| 相对湿度 | ≤90% |
| 面罩质量 | 500g |
| 规格尺寸 | 符合GB 3609.1—1983 |

**表17-85　光控全塑电焊面罩系列产品型号及主要技术指标**

| 型号 | 名称 | 主要技术指标 | 质量/g |
| --- | --- | --- | --- |
| GSZ-A11 | 光控手持式电焊面罩 | 适用200A以下焊接电流，遮光号11，响应时间<30ms | 460 |
| GSZ-A14 | 光控手持式电焊面罩 | 适用200~400A焊接电流，遮光号14，响应时间<30ms | 490 |
| GSZ-B11 | 光控头盔式电焊面罩 | 适用逆变弧焊机、氩弧焊机，遮光号7~11，响应时间<15ms | 570 |
| GSZ-B14 | 光控头盔式电焊面罩 | 适用400A以下焊接电流，遮光号11~14，响应时间<15ms | 600 |
| GCD-D11 | 光控头盔式防护面罩 | 适用等离子弧切割用，遮光号7~11，响应时间<15ms | 570 |

续表

| 型号 | 名称 | 主要技术指标 | 质量/g |
|---|---|---|---|
| BHP-A | 特种外保护片 | 108mm×50mm，配 SZ-A、GSZ-A 及其他面罩。耐磨不黏焊渣。使用寿命 500h，比普通外保护片延长使用寿命 10~20 倍 | |
| BHP-B | 特种外保护片 | 118mm×65mm，配 SZ-B 或 GSZ-B 面罩。不黏焊渣。使用寿命 500h，比普通外保护片延长使用寿命 10~20 倍 | |

## （二）气焊、气割工具

气焊炬型号及技术参数见表 17-86~表 17-89。

**表 17-86　氧乙炔焰射吸式焊炬焊嘴型号及技术参数**

| 型号 | 口部半径 $D$ | | | | | 型号与技术参数 | 嘴长 | 气室 | |
|---|---|---|---|---|---|---|---|---|---|
| | 1# | 2# | 3# | 4# | 5# | $MD$ | $L$ | $l_1$ | $l_2$ |
| H01-2 | 0.5 | 0.6 | 0.7 | 0.8 | 0.9 | M6×1 | ≥25 | 4 | 6 |
| H01-6 | 0.9 | 1.0 | 1.1 | 1.2 | 1.3 | M8×1 | ≥40 | 7 | 9 |
| H01-12 | 1.4 | 1.6 | 1.8 | 2.0 | 2.2 | M10×1.25 | ≥45 | 7.5 | 10 |
| H01-20 | 2.4 | 2.6 | 2.8 | 3.0 | 3.2 | M12×1.25 | ≥50 | 9.5 | 12 |

**表 17-87　氧乙炔焰射吸式焊炬型号及技术参数（一）**

| 型　号 | H01-2 | H01-6 | H01-12 | H01-20 |
|---|---|---|---|---|
| 焊接低碳钢厚度/mm | 0.5~2 | 2~6 | 6~12 | 12　20 |

**表 17-88　氧乙炔焰射吸式焊炬型号及技术参数（二）**

| 型号 | 氧气工作压力/MPa | | | | | 乙炔压力/MPa | 焊炬总长度/mm |
|---|---|---|---|---|---|---|---|
| | 1# | 2# | 3# | 4# | 5# | | |
| H01-2 | 0.1 | 0.125 | 0.15 | 0.2 | 0.25 | 0.001~0.1 | 300 |
| H01-6 | 0.2 | 0.25 | 0.3 | 0.35 | 0.4 | | 400 |
| H01-12 | 0.4 | 0.45 | 0.5 | 0.6 | 0.7 | | 500 |
| H01-20 | 0.6 | 0.65 | 0.7 | 0.75 | 0.8 | | 600 |

**表 17-89　氧乙炔焰等压式焊炬型号及技术参数**

| 型号 | 焊嘴号 | 孔径/mm | 氧气压力/MPa | 乙炔压力/MPa | 焰心长度(≥)/mm | 焊炬总长度/mm | 焊接低碳钢厚度/mm |
|---|---|---|---|---|---|---|---|
| H02-12 | 1 | 0.6 | 0.2 | 0.02 | 4 | 500 | 0.5~12 |
| | 2 | 1.0 | 0.25 | 0.03 | 11 | | |
| | 3 | 1.4 | 0.3 | 0.04 | 13 | | |
| | 4 | 1.8 | 0.35 | 0.05 | 17 | | |
| | 5 | 2.2 | 0.4 | 0.06 | 20 | | |
| H02-20 | 1 | 0.6 | 0.2 | 0.02 | 4 | 600 | 0.5~20 |
| | 2 | 1.0 | 0.25 | 0.03 | 11 | | |
| | 3 | 1.4 | 0.3 | 0.04 | 13 | | |
| | 4 | 1.8 | 0.35 | 0.05 | 17 | | |
| | 5 | 2.2 | 0.4 | 0.06 | 20 | | |
| | 6 | 2.6 | 0.5 | 0.07 | 21 | | |
| | 7 | 3.0 | 0.6 | 0.08 | 21 | | |

气割炬型号及技术参数见表 17-90~表 17-93。

**表 17-90　氧乙炔焰射吸式割炬割嘴型号与尺寸**

| 尺寸 | 型号 | | | | | | | | | |
|---|---|---|---|---|---|---|---|---|---|---|
| | G01-30 | | | G01-100 | | | G01-300 | | | |
| $l$ | ≥55 | | | ≥65 | | | ≥75 | | | |
| $l_1$ | 16 | | | 18 | | | 19 | | | |
| $l_2$ | 10 | | | 11.5 | | | 12 | | | |
| $d$ | $13^{-0.150}$ | | | $13^{-0.150}$ | | | $16.5^{-0.150}$ | | | |
| $d_1$ | 4.5 | | | 5.5 | | | 5.5 | | | |
| $d_2$ | 7 | | | 8 | | | 8 | | | |
| $d_3$ | 16 | | | 18 | | | 19 | | | |
| 嘴号 | 1 | 2 | 3 | 1 | 2 | 3 | 1 | 2 | 3 | 4 |
| $D$ | 2.9 | 3.1 | 3.3 | 3.5 | 3.7 | 4.1 | 4.5 | 5.0 | 5.5 | 6.0 |
| $D_1$ | 0.7 | 0.9 | 1.1 | 1.0 | 1.3 | 1.6 | 1.8 | 2.2 | 2.6 | 3.0 |
| $d_4$ | 2.4 | 2.6 | 2.8 | 2.8 | 3.0 | 3.3 | 3.8 | 4.2 | 4.5 | 5.0 |

表 17-91　氧乙炔焰射吸式割炬型号及技术参数

| 型　　号 | G01-30 | G01-100 | G01-300 |
|---|---|---|---|
| 切割低碳钢厚度/mm | 3~30 | 10~100 | 100~300 |

表 17-92　氧乙炔焰射吸式割炬基本技术参数

| 型号 | 氧气工作压力/MPa | | | | 乙炔压力/MPa | 割炬总长度/mm |
|---|---|---|---|---|---|---|
| | 1# | 2# | 3# | 4# | | |
| G01-30 | 0.2 | 0.25 | 0.3 | — | 0.001~0.1 | 500 |
| G01-100 | 0.3 | 0.4 | 0.5 | — | | 550 |
| G01-300 | 0.5 | 0.65 | 0.8 | 1.0 | | 650 |

表 17-93　氧乙炔焰等压式割炬型号及技术参数

| 型号 | 焊嘴号 | 切割氧孔径/mm | 氧气工作压力/MPa | 乙炔工作压力/MPa | 可见切割氧流长度(≥)/mm | 焊炬总长度/mm | 焊接低碳钢厚度/mm |
|---|---|---|---|---|---|---|---|
| G02-100 | 1 | 0.7 | 0.2 | 0.04 | 60 | 550 | 3~100 |
| | 2 | 0.9 | 0.25 | 0.04 | 70 | | |
| | 3 | 1.1 | 0.3 | 0.05 | 80 | | |
| | 4 | 1.3 | 0.4 | 0.05 | 90 | | |
| | 5 | 1.6 | 0.5 | 0.06 | 100 | | |
| G02-300 | 1 | 0.7 | 0.2 | 0.04 | 60 | 650 | 3~300 |
| | 2 | 0.9 | 0.25 | 0.04 | 70 | | |
| | 3 | 1.1 | 0.3 | 0.05 | 80 | | |
| | 4 | 1.3 | 0.4 | 0.05 | 90 | | |
| | 5 | 1.6 | 0.5 | 0.06 | 100 | | |
| | 6 | 1.8 | 0.6 | 0.06 | 110 | | |
| | 7 | 2.2 | 0.65 | 0.07 | 130 | | |
| | 8 | 2.6 | 0.8 | 0.08 | 150 | | |
| | 9 | 3.0 | 1.0 | 0.09 | 170 | | |

# 第七节　固控装置与水龙带

## 一、振动筛网

根据《石油钻井液固相控制设备规范》(SY/T 5612—2007)中对筛网技术数据的规定，筛网的结构形式根据安装形式不同可分为两大类：钩边筛网和框架筛网。

1. 钩边筛网

钩边筛网是通过钩条将筛网绷紧在振动筛筛箱上，有两种绷紧形式：纵向绷紧和横向绷紧。

钩边筛网按结构形式分为三种：

(1) 单层筛网：只有一层筛网通过制造钩边而成。

(2) 叠层筛网：背衬为目数较小的筛网，由黏结剂将筛分层和支撑层黏结在一起，通过制造钩边而形成。

(3) 衬板筛网：分为平板筛网和波浪筛网。

平板筛网：背衬为刚性孔板或薄钢板条框，由黏结剂将筛网和背衬黏结在一起，通过制造钩边而形成。

波浪筛网：背衬为刚性孔板或薄钢板条框，筛网制成波浪形状，由黏结剂将筛网和背衬黏结在一起，通过制造钩边而形成。

钩边筛网的型号表示方法如图 17-15 所示。

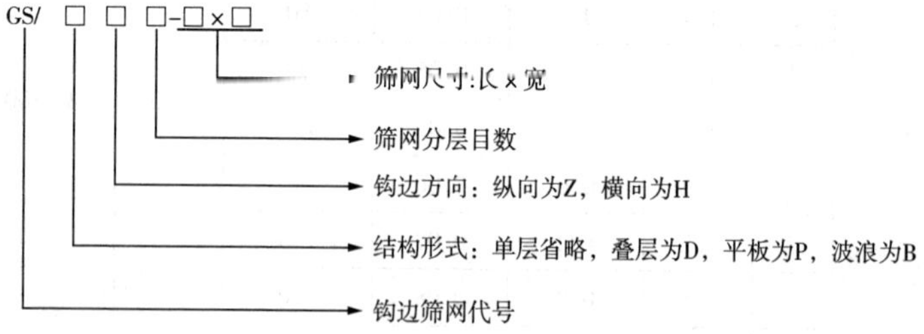


图 17-15　钩边筛网的型号表示方法

示例 1：GS/Z20-1750×600 表示单层钩边筛网，纵向钩边，20 目，长×宽为 1750mm×600mm。

示例 2：GS/PH80-1050×700 表示平板钩边筛网，横向钩边，80 目，长×宽为 1050mm×700mm。

2. 框架筛网

框架筛网是通过楔块或压紧装置将筛网安装在振动筛上。

框架筛网按结构形式分为两种：

（1）框架平面网：背衬为厚度较大的钢框架结构，由黏结剂将筛网和框架背衬黏结在一起，筛网为平面状。

（2）框架波浪网：背衬为厚度较大的钢框架结构，筛网制成波浪形状，由黏结剂将筛网和背衬黏结在一起，筛网为波浪状。

框架筛网的型号表示方法如图 17-16 所示。

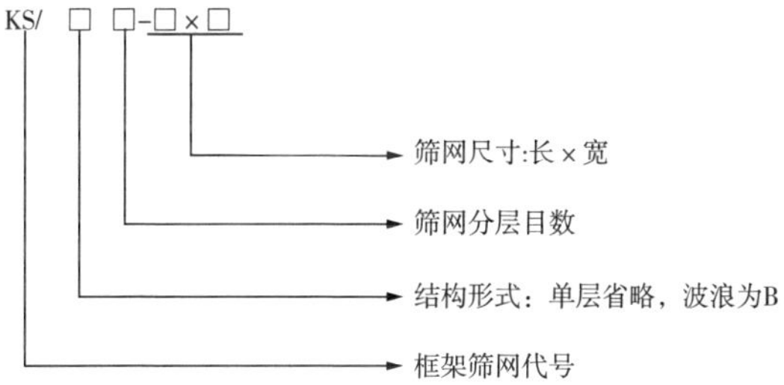


图 17-16　框架筛网的型号表示方法

示例 1：KS/60-1250×635 表示框架平面筛网，60 目，长×宽为 1750mm×600mm。

示例 2：KS/B80-1250×635 表示框架波浪筛网，80 目，长×宽为 1050mm×700mm。

筛网的规格按表 17-94 选取。

表 17-94 钻井液振动筛常用筛网型号与技术规范

| 网孔基本尺寸/mm | 金属丝直径/mm | 筛分面积百分率/% | 单位面积网重/(kg/m²) | 相当英制目数/in |
|---|---|---|---|---|
| 2.000 | 0.500<br>0.450 | 64<br>67 | 1.260<br>1.040 | 10 |
| 1.600 | 0.500<br>0.450 | 58<br>61 | 1.500<br>1.250 | 12 |
| 1.000 | 0.315<br>0.280 | 58<br>61 | 0.952<br>0.773 | 20 |
| 0.560 | 0.280<br>0.250 | 44<br>48 | 1.180<br>0.974 | 30 |
| 0.425 | 0.224<br>0.200 | 43<br>46 | 0.976<br>0.808 | 40 |
| 0.300 | 0.200<br>0.180 | 36<br>39 | 1.010<br>0.852 | 50 |
| 0.250 | 0.160<br>0.140 | 37<br>41 | 0.788<br>0.634 | 60 |
| 0.200 | 0.125<br>0.112 | 38<br>41 | 0.607<br>0.507 | 80 |
| 0.160 | 0.100<br>0.090 | 38<br>41 | 0.485<br>0.409 | 100 |
| 0.140 | 0.090<br>0.071 | 37<br>44 | 0.444<br>0.302 | 120 |
| 0.112 | 0.056<br>0.050 | 44<br>48 | 0.336<br>0.195 | 150<br>160 |
| 0.100 | 0.063<br>0.056 | 38<br>41 | 0.307<br>0.254 | 160 |
| 0.075 | 0.050<br>0.045 | 36<br>39 | 0.252<br>0.213 | 200 |
| 0.063<br>0.056 | 0.040<br>0.045 | 37<br>31 | | 250 |
| 0.050<br>0.045 | 0.030<br>0.032 | 39<br>34 | | 325 |

部分矩形孔筛网与方形孔筛网在钻井液中实际分离能力的顺序排列见表 17-95。

**表 17-95　筛网实际分离能力顺序**

| 筛　　号 |
| --- |
| S12、S16、B20、S20、S24、B40、S30、S40、B60、S50、B80、S60、B100、S80 |

注：S 为矩形孔筛号；B 为方形孔筛号。

## 二、旋流器

旋流器的型号表示方法如图 17-17 所示。旋流器的基本参数见表 17-96。

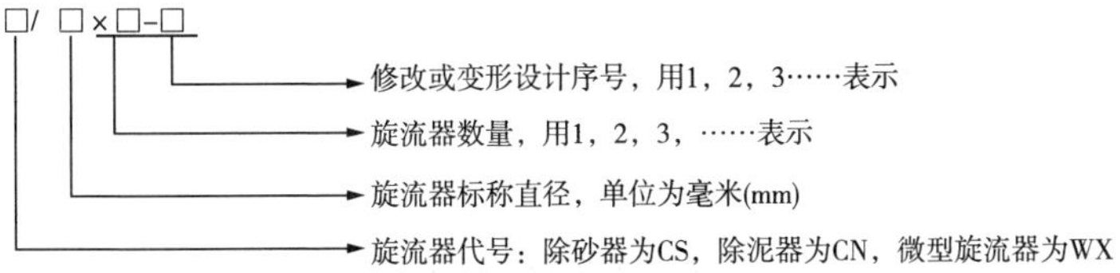


图 17-17　旋流器的型号表示方法

**表 17-96　旋流器的基本参数**

| 参　　数 | 除砂器 | | | | 除泥器 | | 微型旋流器 |
| --- | --- | --- | --- | --- | --- | --- | --- |
| 分离颗粒/μm | 44~74 | | | | 15~44 | | 5~10 |
| 标称直径(*D*)/mm | 300 | 250 | 200 | 150 | 125 | 100 | 50 |
| 圆锥筒锥度 | 20　35 | | 20 | | | | 10 |
| 处理器/($m^3$/h) | >120 | >100 | >30 | >20 | >15 | >10 | >5 |
| 额定工作压力/kPa | 200~400 | | | | | | |
| 钻井液密度/($g/cm^3$) | 1.05~2.20 | | | | | | |

## 三、清洁器

清洁器是钻井液旋流器和钻井液细网振动筛的组合体，其型号表示如图 17-18 所示。

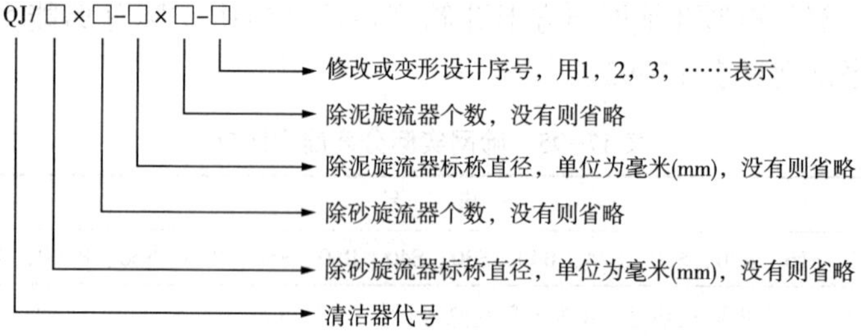


图 17-18　清洁器型号的表示方法

清洁器基本参数为：清洁器的进口工作压力为 200～400kPa，处理量为各个钻井液旋流器的处理量之和，所用振动筛网的目数为 120～180 目。

## 四、砂泵

砂泵型号及技术规范见表 17-97。

**表 17-97　砂泵型号与技术规范**

| 型号 | SB80×50 | SB100×80 | SB125×100 | SB150×125 | SB200×150 |
|---|---|---|---|---|---|
| 流量/($m^3$/h) | 30 | 55～90 | >90～150 | >150～200 | >200～240 |
| 扬程/m | 15 | 18～25 | 24～25 | 28～33 | 33～37 |
| 转速/(r/min) | 1440 | 1440～1470 | 1470 | 1480 | 1480 |
| 效率/% | ≥55 | ≥60 | | | ≥63～65 |
| 汽蚀余量/m | 4.0 | 4.0 | 4.2 | 4.5 | 4.5 |
| 辅功率/kW | 2.3 | 4.5～10.2 | 10.2～17 | 19～30 | 28.5～37.2 |
| 配套电机功率/kW | 4～7.5 | 7.5～15 | 15～22 | 30～45 | 45～75 |

## 五、水龙带

1. 美国 TAURUS 公司钻井用水龙带

美国 TAURUS 公司钻井用水龙带技术性能见表 17-98。美国 API 钻井用水龙带重量见表 17-99。

**表 17-98 美国 TAURUS 公司钻井用水龙带技术性能**

| 水龙带内径尺寸 | | | mm(in) | 50.8(2) | 63.5(2½) | 76.2(3) | 88.9(3½) | 101.6(4) |
|---|---|---|---|---|---|---|---|---|
| 管线螺纹尺寸 | | | mm(in) | 63.5(2½) | 76.2(3) | 101.6(4) | 101.6(4) | 127(5) |
| 级别 | | | | A，B，C | A，B，CD，E | C，D，E | C，D，E | C，D |
| 工作压力 | 级别 | A | MPa | 10.34 | 10.34 | | | |
| | | | psi | 1500 | 1500 | | | |
| | | B | MPa | 13.79 | 13.79 | | | |
| | | | psi | 2000 | 2000 | | | |
| | | C | MPa | 27.59 | 27.79 | 27.79 | 27.79 | 27.79 |
| | | | psi | 4000 | 4000 | 4000 | 4000 | 4000 |
| | | D | MPa | | 34.48 | 34.48 | 34.48 | 34.48 |
| | | | psi | | 5000 | 5000 | 5000 | 5000 |
| | | E | MPa | | 51.72 | 51.72 | 51.72 | |
| | | | psi | | 7500 | 7500 | 7500 | |

续表

| 水龙带内径尺寸 | | | mm(in) | 50.8(2) | 63.5(2½) | 76.2(3) | 88.9(3½) | 101.6(4) |
|---|---|---|---|---|---|---|---|---|
| 试验压力 | 级别 | A | MPa | 20.69 | 20.69 | | | |
| | | | psi | 3000 | 3000 | | | |
| | | B | MPa | 27.59 | 27.59 | | | |
| | | | psi | 4000 | 4000 | | | |
| | | C | MPa | 55.17 | 55.17 | 55.17 | 55.17 | 55.17 |
| | | | psi | 8000 | 8000 | 8000 | 8000 | 8000 |
| | | D | MPa | | 68.96 | 68.96 | 68.96 | 68.96 |
| | | | psi | | 10000 | 10000 | 10000 | 10000 |
| | | E | MPa | | 103.45 | 103.45 | 103.45 | |
| | | | psi | | 15000 | 15000 | 15000 | |
| 弯曲半径 | | | m(ft) | 0.91(3) | 1.22(4) | 1.22(4) | 1.37(4½) | 1.37(4½) |
| 工作温度 | | | ℃(℉) | −37~190(−38~88) | | | | |
| 水龙带长度 | | | m(ft) | 9.14~27.43(30~90) | | | | |

**表 17-99　美国 API 钻井用水龙带重量**

| 内径 | API 级别 | 水龙带重量 | | 两端连接器重量 | | 两端接头重量 | |
|---|---|---|---|---|---|---|---|
| mm(in) | | lb/ft | kg/m | lb | kg | lb | kg |
| 50.8(2) | A | 6 | 8.93 | 15.2 | 6.89 | 22 | 9.98 |
| | B | 6 | 8.93 | 15.2 | 6.89 | 22 | 9.98 |
| | C | 7.4 | 11.01 | 28.6 | 12.97 | 22 | 9.98 |
| 63.5(2½) | A | 7.1 | 10.59 | 19.8 | 8.97 | 30.9 | 14.02 |
| | B | 7.1 | 10.56 | 19.8 | 8.97 | 30.9 | 14.02 |
| | C | 9.0 | 13.39 | 33.6 | 15.23 | 30.9 | 14.02 |
| | D | 10.3 | 15.32 | 47.2 | 21.40 | 30.9 | 14.02 |
| | E | 15.3 | 22.76 | 70.5 | 31.97 | 41.9 | 19.01 |
| 76.2(3) | C | 13.0 | 19.34 | 48.5 | 21.99 | — | |
| | D | 18.8 | 27.94 | 70.5 | 31.97 | — | |
| | E | 23.5 | 34.96 | 141.1 | 63.98 | — | |
| 88.9(3½) | C | 14.8 | 22.02 | 75.0 | 34.01 | 46.3 | 21.00 |
| | D | 24.8 | 36.90 | 101.4 | 45.98 | 46.3 | 21.00 |
| | E | 27.2 | 40.47 | 211.6 | 95.96 | 48.5 | 22.00 |
| 101.6(4) | C | 17.7 | 26.33 | 57.3 | 26.00 | | |
| | D | 28.7 | 42.70 | 97.0 | 44.00 | | |

2. 减震水龙带

减震水龙带技术性能见表 17-100。

**表 17-100　减震水龙带技术性能**

| 名称 | | 压井水龙带 | | | 超高压水龙带 | | |
|---|---|---|---|---|---|---|---|
| 水龙带内径 | mm(in) | 50.8 (2) | 63.5 (2½) | 76.2 (3) | 50.8 (2) | 63.5 (2½) | 76.2 (3) |
| 工作压力 | MPa | 68.96 | 68.96 | 68.96 | 103.45 | 103.45 | 103.45 |
| | psi | 10000 | 10000 | 10000 | 15000 | 15000 | 15000 |
| 试验压力 | MPa | 103.45 | 103.45 | 103.45 | 155.17 | 155.17 | 155.17 |
| | psi | 15000 | 15000 | 15000 | 22500 | 22500 | 22500 |
| 水龙带单重 | kg/m | 22.47 | 22.77 | 34.97 | 26.94 | 30.66 | 37.40 |
| | lb/ft | 15.1 | 15.3 | 23.5 | 18.1 | 20.6 | 25.13 |
| 两端连接器重量 | kg | 29.94 | 57.88 | 64.00 | 37.92 | 59.88 | 88.91 |
| | lb | 66 | 127.6 | 141.1 | 83.6 | 132 | 196 |
| 工作弯曲半径 | m(ft) | 0.914 (3) | 1.219 (4) | 1.219 (4) | 1.067 (3.5) | 1.3729 (4.5) | 1.524 (5) |
| 工作温度 | ℃(℉) | -38~88(-37~190) | | | | | |
| 水龙带长度 | m(ft) | 1.52~9.14(5~30) | | | | | |

3. 国产常用钻井用水龙带

国产常用钻井压水龙带技术规范见表 17-101。

**表 17-101　国产常用钻井用水龙带技术规范**

| 内径/mm (in) | 压力级别 | 工作压力/MPa(psi) | 试验压力/MPa(psi) | 安全系数 | 最小爆破压力/MPa(psi) | MBR(工时)/m 最小 | 外径尺寸/mm 约 | 净重量/(kg/m) 约 | 备注 |
|---|---|---|---|---|---|---|---|---|---|
| 50.8 (2.0) | A | 10.3(1500) | 15.5(2250) | 2.5 | 25.8(3750) | 0.9 | 66 | 3.2 | |
| | B | 13.8(2000) | 20.7(3000) | 2.5 | 34.5(5000) | 0.9 | 66 | 3.2 | |
| | C | 27.6(4000) | 41.4(6000) | 2.5 | 69.0(10000) | 0.9 | 70 | 5.1 | |
| | D | 34.5(5000) | 51.7(7500) | 2.5 | 86.3(12500) | 0.9 | 70 | 5.1 | |
| | F | 69.0(10000) | 103.4(15000) | 2.25 | 155.3(22500) | 1.2 | 74 | 7.1 | * |
| | G | 103.4(15000) | 155.1(22500) | 2.25 | 232.7(33750) | 1.4 | 87 | 14 | * |
| 63.5 (2.5) | B | 13.8(2000) | 20.7(3000) | 2.5 | 34.5(5000) | 0.9 | 81 | 4.9 | |
| | D | 34.5(5000) | 51.7(7500) | 2.5 | 86.3(12500) | 0.9 | 88 | 8.1 | |
| | F | 69.0(10000) | 103.4(15000) | 2.25 | 155.3(22500) | 1.2 | 92 | 12 | * |

续表

| 内径/mm (in) | 压力级别 | 工作压力/MPa(psi) | 试验压力/MPa(psi) | 安全系数 | 最小爆破压力/MPa(psi) | MBR(工时)/m 最小 | 外径尺寸/mm 约 | 净重量/(kg/m) 约 | 备注 |
|---|---|---|---|---|---|---|---|---|---|
| 76.2 (3.0) | D | 34.5(5000) | 51.7(7500) | 2.5 | 86.3(12500) | 1.2 | 110 | 16 | |
| | F | 69.0(10000) | 103.4(15000) | 2.25 | 155.3(22500) | 1.5 | 120 | 24 | * |
| | G | 103.4(15000) | 155.1(22500) | 2.25 | 232.7(33750) | 1.6 | 126 | 29 | * |
| 101.6 (4.0) | D | 34.5(5000) | 51.7(7500) | 2.5 | 86.3(12500) | 1.4 | 138 | 23 | |
| | F | 69.0(10000) | 103.4(15000) | 2.25 | 155.3(22500) | 1.8 | 150 | 33 | * |
| 127.0 (5.0) | D | 34.5(5000) | 51.7(7500) | 2.5 | 86.3(12500) | 1.5 | 265 | 31 | |
| | F | 69.0(10000) | 103.4(15000) | 2.25 | 155.3(22500) | 1.8 | 150 | 33 | * |

注：1. 工作温度范围/℃(℉)，一般产品，−20~100℃(−4~212℉)；特殊产品，−25~121℃(−4~250℉)。

2. *：API 7K 中的水泥级 69MPa/103.4MPa，在 GB/T 24145—2009 中分别是 F 级/G 级。

3. 性能要求为管体承压强度高、变形小、抗脉冲性能好，抗油类介质，耐屈绕疲劳。

# 第八节 常见材料性质

## 一、常用材料密度(表 17-102)

表 17-102 常用材料密度

| 材料名称 | 密度/($g/cm^3$) | 材料名称 | 密度/($g/cm^3$) | 材料名称 | 密度/($g/cm^3$) |
|---|---|---|---|---|---|
| 水 | 1 | 石灰岩 | 2.60~2.80 | 焦炭 | 1.25~1.4 |
| 海水 | 1.026 | 生石灰 | 1.15~1.25 | 石棉 | 2.1~2.8 |
| 酒精 | 0.79 | 水泥 | 3.15 | 钢 | 7.85 |
| 石油 | 0.85~0.89 | 木材 | 0.4~1.05 | 铸铁 | 7.15 |
| 汽油 | 0.70~0.75 | 橡胶 | 1.3~1.8 | 熟铁 | 7.69 |
| 柴油 | 0.86~0.87 | 毛毡 | 0.24~0.38 | 铝 | 2.77 |
| 煤油 | 0.78~0.82 | 有机玻璃 | 1.18 | 黄铜 | 8.4~8.86 |
| 机油 | 0.90~0.91 | 普通玻璃 | 2.5~2.7 | 紫铜 | 8.89 |
| 甘油 | 1.26 | 软木 | 0.25~0.45 | 铅 | 11.34 |
| 水银 | 13.559 | 干砂 | 1.4~1.6 | 黄金 | 19.361 |
| 沥青 | 1.10~1.50 | 泥岩 | 1.5~2.0 | 银 | 10.5 |
| 硫酸(100%) | 1.89 | 页岩 | 1.9~2.6 | 锰 | 7.44 |
| 硝酸(100%) | 1.513 | 砂岩 | 2.0~2.7 | 锌 | 6.872 |
| 盐酸(40%) | 1.2 | 灰岩 | 2.6~2.8 | 赤铁矿 | 4.9 |
| 氢氟酸(40%) | 1.11~1.13 | 砾石 | 1.75 | 褐铁矿 | 4.60~4.70 |
| 重晶石 | 4~4.5 | 干黏土 | 1.8 | 菱铁矿 | 3.8 |
| 单宁 | 1.69 | 结晶石膏 | 2.17~2.31 | 黄铁矿 | 2 |
| 烧碱 | 3.40~3.90 | 石膏 | 2.96 | 钛铁矿 | 4.7 |
| 纯碱 | 2.53 | 卵石 | 1.8~2 | 石墨 | 1.0~2.35 |
| 芒硝 | 1.4~1.5 | 金刚石 | 3.4~3.6 | 高岭土 | 2.2 |
| 氯化钙 | 2.5 | 褐煤 | 1.2~1.4 | 混凝土 | 1.8~2.5 |
| 氯化钠 | 2.16 | 烟煤 | 1.27 | 松香 | 1.07 |
| 黏土 | 2.50~2.70 | 无烟媒 | 1.5 | 氧化铁 | 4.30~5.00 |
| 凝析油 | 0.68~0.79 | 海泡石土 | 1.80~1.90 | 坂土 | 2.30~2.70 |
| 硫化氢 | 0.0011906 | 空气 | 0.00129 | 天然气 | 0.000603 |
| | | 水玻璃 | 2.0~2.4 | | |

## 二、工业用水硬度(表 17-103)

表 17-103　工业用水硬度

| 类　别 | 每百万份当量制/(mg/L) | 每百万份分率制/(mg/L) |
|---|---|---|
| 极软水 | 0~1.5 | 0~75 |
| 软水 | 1.5~3.0 | 75~150 |
| 中等水 | 3.0~6.0 | 150~300 |
| 硬水 | 6.0~10 | 300~500 |
| 极硬水 | 10 以上 | 500 以上 |

## 三、饮用水水质标准(表 17-104)

表 17-104　饮用水水质标准

| 项　目 | 标准限值 | |
|---|---|---|
| | 一级 | 二级 |
| 色 | 色度不超过 15，并不得呈现其他异色 | 不应有明显的其他异色 |
| 浑浊度 | ≤3 | — |
| 臭和味 | 不得有异臭、异味 | 不应有明显的异臭、异味 |
| pH 值 | 6.5~8.5 | 6.5~8.5 |
| 总硬度(以碳酸钙计)/(mg/L) | ≤350 | ≤450 |
| 溶解铁/(mg/L) | ≤0.3 | ≤0.5 |
| 锰/(mg/L) | ≤0.1 | ≤0.1 |
| 铜/(mg/L) | ≤1.0 | ≤1.0 |
| 锌/(mg/L) | ≤1.0 | ≤1.0 |
| 铬(六价)/(mg/L) | ≤0.05 | ≤0.05 |
| 铅/(mg/L) | ≤0.05 | ≤0.07 |

续表

| 项　　目 | 标准限值 | |
|---|---|---|
| | 一级 | 二级 |
| 银/(mg/L) | ≤0.05 | ≤0.05 |
| 铍/(mg/L) | ≤0.0002 | ≤0.0002 |
| 氨氮(以氮计)/(mg/L) | ≤0.5 | ≤1.0 |
| 硝酸盐(以氮计)/(mg/L) | ≤10 | ≤20 |
| 耗氧量($KMnO_4$)法/(mg/L) | ≤3 | ≤6 |
| 总$\beta$放射性/($Bp/L^2$) | ≤1 | ≤1 |
| 挥发酚(以苯酚计)/(mg/L) | ≤0.002 | ≤0.004 |
| 阴离子合成洗涤剂/(mg/L) | ≤0.3 | ≤0.3 |
| 硫酸盐/(mg/L) | <250 | <250 |
| 氯化物/(mg/L) | <250 | <250 |
| 溶解性总固体/(mg/L) | <1000 | <1000 |
| 氟化物/(mg/L) | ≤1.0 | ≤1.0 |
| 氰化物/(mg/L) | ≤0.05 | ≤0.05 |
| 砷/(mg/L) | ≤0.05 | ≤0.05 |
| 硒/(mg/L) | ≤0.01 | ≤0.01 |
| 汞/(mg/L) | ≤0.001 | ≤0.001 |
| 镉/(mg/L) | ≤0.01 | ≤0.01 |
| 苯并($\alpha$)芘/($\mu g \cdot L^{-1}$) | ≤0.01 | ≤0.01 |
| 滳滳涕/(μg/L) | ≤1 | ≤1 |
| 六六六/(μg/L) | ≤5 | ≤5 |
| 百菌清/(mg/L) | ≤0.01 | ≤0.01 |
| 总大肠菌群/(个/L) | ≤1000 | ≤10000 |
| 总$\alpha$放射性(Bp/L) | ≤0.1 | ≤0.1 |

## 四、常用化工产品(表 17-105)

表 17-105　常用化工产品

| 化学名称 | 化学式 |
| --- | --- |
| 烧碱(氢氧化钠) | NaOH |
| 生石灰(氧化钙) | CaO |
| 熟石灰(氢氧化钙) | $Ca(OH)_2$ |
| 食盐(氯化钠) | NaCl |
| 氯化钙 | $CaCl_2$ |
| 碳酸 | $H_2CO_3$ |
| 氢氧化钾 | KOH |
| 纯碱(碳酸钠) | $Na_2CO_3$ |
| 小苏打(碳酸氢钠) | $NaHCO_3$ |
| 碳酸钙 | $CaCO_3$ |
| 硫酸 | $H_2SO_4$ |
| 芒硝(硫酸钠) | $Na_2SO_4$ |
| 石膏(硫酸钙) | $CaSO_4$ |
| 煤碱液 | NaC |
| 丹宁碱液 | NaT |
| 羧基甲基纤维素钠盐 | CMC |
| 铁铬腐殖酸 | FeCrHm |
| 氯化钾 | KCl |
| 磺化聚丙烯酰胺 | SPAM |
| 重晶石(硫酸钡) | $BaSO_4$ |
| 硫酸钾 | $K_2SO_4$ |
| 氯化镁 | $MgCl_2$ |
| 硅酸钠 | $Na_2SiO_3$ |
| 磺化褐煤 | SMC |
| 钛铁矿粉 | $TiO_2 \cdot Fe_3O_4$ |
| 聚丙烯酰胺 | PAM |

续表

| 化学名称 | 化学式 |
| --- | --- |
| 木质素磺酸铁铬盐 | FClS |
| 电石气，乙炔 | $C_2H_2$ |
| 石棉 | $CaO \cdot {}_3MgO \cdot SiO_2$ |
| 铅白，铅粉 | $Pb(OH)_2 \cdot PbCO_3$ |
| 硼砂 | $Na_2B_4O_7 \cdot 10H_2O$ |
| 漂白粉(氯化碳) | $CaCl(OCl)$ |
| 铁锈(氢氧化铁) | $Fe(OH)_3$ |
| 醋(醋酸) | $CH_3COOH$ |
| 蜜 | $C_3 \cdot H_5(OH)_3$ |
| 一氧化碳 | CO |
| 硝酸 | $HNO_3$ |
| 盐酸 | HCl |
| 火酒，酒精(乙醇) | $C_2H_5OH$ |
| 水 | $H_2O$ |
| 水解聚丙烯腈(钙盐) | Ca-HPAN(CPAN) |
| 水解聚丙烯腈(钠盐) | Na-HPAN(HPAN) |
| 水解聚丙烯腈(铵盐) | $NH_4$-HPAN(NPAN) |
| 泻盐(硫酸镁) | $MgSO_4$ |
| 氢氧化铁 | $Fe(OH)_3$ |
| 三氯化铁 | $FeCl_3$ |
| 氢氧化镁 | $Mg(OH)_2$ |
| 碳酸 | $H_2CO_3$ |
| 水解聚丙烯腈钾盐(钾盐) | K-HPAN |
| 磺甲醛酚醛树脂 | SMP(SP) |
| 甲醛 | HCHO |
| 水解聚丙烯酰胺 | PHP |

## 二、地史单位表

<table>
<tr><td colspan="4">国际性</td><td>地方性</td></tr>
<tr><td colspan="2">时间(年代)地层单位</td><td colspan="2">地质(年代)时代单位</td><td>岩石地层单位</td></tr>
<tr><td colspan="2">宇 Eonthem</td><td colspan="2">宙 Eon</td><td rowspan="8">群 Group<br>组 Formation<br>段 Member<br>层 Bed</td></tr>
<tr><td colspan="2">界 Erathem</td><td colspan="2">代 Era</td></tr>
<tr><td colspan="2">系 System</td><td colspan="2">纪 Period</td></tr>
<tr><td rowspan="3">统 Series</td><td>上 Upper</td><td rowspan="3">世 Epoch</td><td>晚 Late</td></tr>
<tr><td>中 Middle</td><td>中 Middle</td></tr>
<tr><td>下 Lower</td><td>早 Early</td></tr>
<tr><td colspan="2">阶 Stage</td><td colspan="2">期 Age</td></tr>
<tr><td colspan="2">时带 Chronozone</td><td colspan="2">时 Chron</td></tr>
</table>

## 三、地层顺序(附表 2)

**附表 2 地层顺序表**

<table>
<tr><td colspan="4">地层单位及地层符号</td><td>距今年数/百万年</td><td>造山运动</td><td>主要现象</td></tr>
<tr><td rowspan="9">新生界 Kz</td><td rowspan="4">第四系 Q</td><td colspan="2">全新统 $Q_4$</td><td>0.012</td><td>喜马拉雅构造运动阶段</td><td>新石器时代开始</td></tr>
<tr><td rowspan="3">更新统 Q</td><td>上更新统 $Q_3$</td><td rowspan="3">2.48<br>(1.64)</td><td></td><td rowspan="3">冰川广布，北极圈，欧亚美诸州北方大部分地区均为冰雪复盖。黄土生成。人类出现</td></tr>
<tr><td>中更新统 $Q_2$</td><td>←陇山运动</td></tr>
<tr><td>下更新统 $Q_1$</td><td></td></tr>
<tr><td rowspan="5">第三系 R</td><td rowspan="2">新近系 N</td><td>上新统 $N_2$</td><td>5.3</td><td>←南岭运动</td><td rowspan="2">第三纪山系形成，喜马拉雅运动。主要活动期是第三纪中末期，很多大山系都在这次运动中形成</td></tr>
<tr><td>中新统 $N_1$</td><td>23.3</td><td>←茅山运动</td></tr>
<tr><td rowspan="3">古近系 E</td><td>渐新统 $E_2$</td><td>36.5</td><td>←四川运动</td><td>哺乳类分化</td></tr>
<tr><td>始新统 $E_2$</td><td>53</td><td></td><td rowspan="2">花果繁殖，哺乳类急速发展。新生代是哺乳类动物的时代</td></tr>
<tr><td>古新统 $E_1$</td><td>65</td><td></td></tr>
<tr><td rowspan="5">中生界 Mz</td><td rowspan="2">白垩系 K</td><td colspan="2">上白垩统 $K_2$</td><td rowspan="2">135<br>(140)</td><td>燕山构造运动阶段：<br>←兴安运动</td><td rowspan="2">广大海浸，晚期造山作用强烈，岩浆活动，矿产生成</td></tr>
<tr><td colspan="2">下白垩统 $K_1$</td><td>←宁镇运动</td></tr>
<tr><td rowspan="3">侏罗系 J</td><td colspan="2">上侏罗统 $J_3$</td><td rowspan="3">208</td><td>←三都运动</td><td rowspan="3">恐龙、菊石极盛，全球第二次森林广布，煤田生成</td></tr>
<tr><td colspan="2">中侏罗统 $J_2$</td><td>←印支运动</td></tr>
<tr><td colspan="2">下侏罗统 $J_1$</td><td>←龙华运动</td></tr>
</table>

续表

| 地层单位及地层符号 | | | | 距今年数/百万年 | 造山运动 | 主要现象 |
|---|---|---|---|---|---|---|
| 中生界Mz | | 三叠系T | 上三叠统 $T_3$ | 250 | ←桂西运动 | 陆地增大，恐龙发育，哺乳类开始 |
| | | | 中三叠统 $T_2$ | | ←苏皖运动 | |
| | | | 下三叠统 $T_1$ | | 海西构造运动阶段: | |
| 古生界 | 上古生界 $PZ_2$ | 二叠系P | 上二叠统 $P_2$ | 290 | ←东吴运动 | 造山运动强烈，生物剧变 |
| | | | 下二叠统 $P_1$ | | ←昆明运动 | |
| | | 石炭系C | 上石炭统 $C_3$ | 362(355) | ←淮南运动 | 早期珊瑚礁发育，爬行类、昆虫发生，北半球煤田生成，南半球末期冰川广布 |
| | | | 中石炭统 $C_2$ | | ←柳江运动 | |
| | | | 下石炭统 $C_1$ | | ←黔桂运动 | |
| | | 泥盆系D | 上泥盆统 $D_3$ | 409 | ←曲靖运动 | 陆生植物发育，腌足类，鱼类极盛，两栖类发育 |
| | | | 中泥盆统 $D_2$ | | ←百越运动 | |
| | | | 下泥盆统 $D_1$ | | ←广西运动 | |
| | 下古生界 $Pz_1$ | 志留系S | 上志留统 $S_3$ | 439 | 加里东构造运动阶段: | 珊瑚发育，气候局部干燥，末期造山运动强烈 |
| | | | 中志统 $S_2$ | | | |
| | | | 下志留统 $S_1$ | | | |
| | | 奥陶系O | 上奥陶统 $O_3$ | 510 | ←宜昌上升 | 地势低平，海水广布，无脊椎动物极盛 |
| | | | 中奥陶统 $O_2$ | | | |
| | | | 下奥陶统 $O_1$ | | | |
| | | 寒武系∊ | 上寒武统 $\epsilon_3$ | 570(600) | ←冶里上升 | 浅海广布，生物开始大量发展 |
| | | | 中寒武统 $\epsilon_2$ | | ←云贵上升 | |
| | | | 下寒武统 $\epsilon_1$ | | ←蓟县上升 | |
| 元古界Pt | 上元古界 $Pt_2$ | 震旦系 $Z_2$ | 上统 $Z_{Z2}$ | 800 | | 早期地形二平，冰川广布，晚期海浸加广 |
| | | | 下统 $Z_{Z1}$ | | | |
| | | 青白口系Zp | | 1000 | | |
| | | 蓟县系Zi | | 1400 | | |
| | | 长城系Zc | | 1800 | ←吕梁运动 | |
| | 下古元界 $Pt_1$ | 上部 $Pt_1^2$ 滹沱群 17.5亿 | | | ←五台运动 | 早期沉淀作用为主，晚期造山作用变质强烈，岩浆活动，矿产生成 |
| | | 下部 $Pt_1^1$ 五台群 20.5亿 | | 2500 | | |
| 太古界 $A_r$ | | 泰山群、桑干群 | | >3500 | ←泰山运动 | 早期基性喷发，继以造山作用变质强烈，岩浆侵入，生物发生 |

## 四、我国主要油田地质岩石可钻性及机械性质(附表 3)

附表 3　我国主要油田地层岩石可钻性及机械性质测定汇总表

| 地质时代 | 层位 | 深度 | 岩性简述 | 岩石可钻性① | | | 硬度 | 塑性系数 |
|---|---|---|---|---|---|---|---|---|
| | | 千米 | | 秒数 | 级别 | 块数 | MPa | |
| 大港油田 | | | | | | | | |
| 第三系 | | 1.3~2.9 | 泥岩、砂岩、灰岩 | 6~103 | 2~6 | 9 | | |
| 胜利油田 | | | | | | | | |
| 近近系 | 馆陶 | 1.52~1.58 | 灰质砂岩 | 14 | 3 | 1 | 981 | 3.8 |
| | 东营 | 1.82~1.84 | 泥岩 | 8~14 | 3 | 2 | 667~883 | 2.5~3.2 |
| | 沙一 | 1.7~2.8 | 泥岩、砂岩、灰岩 | 3.5~83 | 1~6 | 9 | 186~1569 | 1.6~>6 |
| | 沙二 | 1.9~2.9 | 泥岩、砂岩、细砂 | 3~100 | 1~6 | 9 | 324~2020 | 1.9~>6 |
| | 沙三 | 1.8~3.3 | 泥岩、砂岩、白云岩 | 3~195 | 1~7 | 14 | 313~2962 | 1.2~>6 |
| | 沙四 | 1.5~3.2 | 泥岩、砂岩、灰岩、白云岩、岩盐、底砾岩 | 2.3~356 | 1~8 | 35 | 29~3275 | 1.2~∞ |
| | 孔店 | | 泥岩、砂岩、火成岩 | | | | | |
| 石炭二叠系 | | 1.55 | 泥岩、砂岩、灰岩 | 158 | 7 | 1 | 2412 | 1.8 |
| 奥陶系 | | 1.56 | 灰岩 | 205 | 7 | 1 | 1863 | 1.7 |
| 寒武系 | | 1.7~2.1 | 灰岩、泥岩、玄武岩 | 3~90.1 | 1~6 | 3 | 226~3746 | 1.7~>6 |

续表

| 地质时代 | 层位 | 深度 | 岩性简述 | 岩石可钻性[①] | | | 硬度 | 塑性系数 |
|---|---|---|---|---|---|---|---|---|
| | | 千米 | | 秒数 | 级别 | 块数 | MPa | |
| 江苏油田 | | | | | | | | |
| 古近系 | 戴 2 段 | 2.7 | 粉砂岩 | 34.7 | 5 | 1 | 2491 | 2.3 |
| | 真 1~2 段 | 1.2~2.2 | 泥岩、砂岩 | 7.5~7.8 | 2 | 2 | 637~829 | 2.8~2.9 |
| | 阜 1~4 段 | 1.4~2.7 | 泥岩、砂岩 | 14.9~49 | 3~5 | 4 | 637~1500 | 1.7~2.9 |
| 白垩系 | 浦口组 | 1.9~2.6 | 砂质泥岩 | 36.9~41.2 | 5 | 2 | 1147~1274 | 1.5~1.6 |
| 侏罗系 | 大王山组 | 1.0~1.3 | 粗面岩 | 571~1297 | 9~10 | 2 | 4021~4217 | 1.9 |
| 长庆油田 | | | | | | | | |
| 白垩系 | 华池环河组 | 0 | 粉砂岩、细砂岩 | 24~87 | 6 | 2 | 2040~3344 | 2.9~3 |
| 侏罗系 | 直罗系 | 0.4~1.7 | 砂岩 | 39.9~61.5 | 5 | 3 | 1255~3344 | 1.6~3 |
| 侏罗系 | 富县组 | 1.3~2.1 | 砂岩、砾岩 | 29~116 | 4~6 | 3 | 2040~3187 | 1.4~5 |
| 三叠系 | 延 2~10 | 0.3~2.2 | 砂岩(含 FeS)、泥岩 | 14~276 | 3~8 | 35 | 588~3511 | 1.1~6 |
| 三叠系 | $T_1^{-3}$~$Y_1^{-3}$ | 1.6~2.3 | 砂岩 | 22.6~107 | 4~6 | 3 | 1373~2373 | 1.2~3.2 |
| 三叠系 | 长 1~10 | 0.37~2.2 | 砂岩、泥岩 | 8.6~163.3 | 3~7 | 28 | 863~2697 | 1.2~76 |
| 二叠系 | 山西组 | 1.5 | 砂岩 | 47 | 5 | 1 | 2491 | 2 |
| 二叠系 | 安定组 | 1.6 | 泥灰岩、灰岩 | 41.7~227 | 5~7 | 2 | 1726~3511 | 1.4~2.3 |

续表

| 地质时代 | 层位 | 深度 | 岩性简述 | 岩石可钻性① | | | 硬度 | 塑性系数 |
|---|---|---|---|---|---|---|---|---|
| | | 千米 | | 秒数 | 级别 | 块数 | MPa | |
| 江汉油田 | | | | | | | | |
| 古近系 | 新1~2段 | 0.7~1.0 | 泥岩、砂岩 | 13~89 | 3~5 | 4 | 971~1373 | 2.1~3 |
| | 荆沙组 | 1.74~1.75 | 泥岩、砂岩 | 3~13 | 1~3 | 2 | 912~1138 | 2.5~>6 |
| | 潜江组 | 0.8~3.1 | 泥岩、砂岩 | 4~151 | 2~7 | 9 | 461~2628 | 1.5~>6 |
| 白垩系 | | 1.4~1.8 | 砂岩、角砾岩 | 165~365 | 7~8 | 2 | 2393~3197 | 2.4~2.6 |
| 二叠三叠系 | | 1.2~1.5 | 泥灰岩、灰岩 | 133~136 | 7 | 2 | 1716~1893 | 2.6~3.3 |
| 志留寒武系 | | 1.5~1.9 | 页岩、白云岩 | 81~135 | 6~7 | 2 | 1726~2167 | 1.5~2.1 |
| 华北油田 | | | | | | | | |
| 新近系<br>古近系 | 明化镇 | 1.4~1.5 | 砂岩 | 3 | 1 | 2 | | |
| | 馆陶 | 1.63~1.66 | 砂岩 | 3.2~3.8 | 1 | 2 | | |
| | 东营组 | 2.2~2.7 | 泥岩、砂岩 | 33~66.4 | 5~6 | 2 | | |
| | 沙一~三段 | 1.0~3.1 | 泥岩、砂岩 | 4.6~92.1 | 2~6 | 12 | 481~1667 | 1.9~4.3 |
| | 沙四段 | 1.8~3.8 | 砂岩、砾岩 | 40.5~234 | 5~7 | 3 | 1334~3168 | 2.1~>6 |
| | 孔店组 | 1.8~2.2 | 油砂、砾岩、灰岩、白云岩 | 3.3~229 | 1~7 | 6 | 1157~1804 | 1.6~3.9 |
| 中生界 | | 1.8~3.4 | 泥岩、砂岩、白云岩 | 30.2~344 | 4~8 | 9 | 1010~3746 | 1.5~3.7 |
| 震旦系 | | 1.1~3.3 | 灰岩、白云岩 | 21.5~844 | 4~9 | 7 | 1942~4913 | 1.3~2.5 |

续表

| 地质时代 | 层位 | 深度 | 岩性简述 | 岩石可钻性① | | | 硬度 | 塑性系数 |
|---|---|---|---|---|---|---|---|---|
| | | 千米 | | 秒数 | 级别 | 块数 | MPa | |
| 大庆油田 | | | | | | | | |
| 白垩系 | 葡萄花 | 1.410 | 含砂泥岩 | 17.1 | 4 | 1 | 628 | 4 |
| | 太平屯 | 1.4~2.2 | 砂岩 | 16~78 | 4~6 | 6 | 588~2118 | 1.8~3.5 |
| | 姚 1~4 段 | 1.3~1.5 | 泥岩、砂岩 | 17~71.4 | 4~6 | 5 | 736~1746 | 1.4~2.5 |
| 白垩系 | [illegible]~4 段 | [illegible] | 泥岩、砂岩 | [illegible] | [illegible] | [illegible] | [illegible] | [illegible] |
| 侏罗系 | | 4.46~4.6 | 砾岩、流纹岩 | 267.5~1025 | 8~10 | 4 | 1961~6178 | 1~2 |
| 四川油田 | | | | | | | | |
| 侏罗系 | 自流井② | | 泥岩、页岩、砂岩 | | | | 520~4531 | 1.7~3.2 |
| | 香 1~2 | 2.2~3.6 | 砂岩、砂质泥岩 | 40.4~243 | 5~7 | 4 | 785~3668 | 1~3.2 |
| 三叠系 | 嘉 3~4 | 2.3~3.8 | 石膏、灰岩、白云岩 | 66.4~124.4 | 6~7 | 4 | 549~3511 | 1.6~2.8 |
| | 飞仙关 | 2.68~2.7 | 页岩、泥质灰岩 | 86.4~124.4 | 6 | 2 | 1353~2491 | 2.7~3.2 |
| 二叠系 | 乐平、阳 3 | 2.2~4.7 | 百灰岩 | 17~159.5 | 4~7 | 4 | 1402~2550 | 1~3.6 |
| 震旦系 | 灯影组 | 1.0~3.7 | 白云岩 | 249.5~479 | 7~8 | 3 | 3776~4786 | 1.2~2.7 |
| 新疆油田 | | | | | | | | |
| 下白垩系 | 吐谷鲁系 | | 砂岩，泥岩 | | | | 196~461 | 3.15~>6 |
| 中侏罗系 | 齐依古系 | | 泥岩，砂岩 | | | | 98~922 | 3.72~>6 |
| | 含煤系 | | 泥岩，砂岩 | | | | 69~1854 | 1.77~>6 |

续表

| 地质时代 | 层位 | 深度 | 岩性简述 | 岩石可钻性[1] | | | 硬度 | 塑性系数 |
|---|---|---|---|---|---|---|---|---|
| | | 千米 | | 秒数 | 级别 | 块数 | MPa | |
| 三叠系 | 克拉玛依系 | | 泥岩，砂岩 | | | | 461~745 | 2.2~>6 |
| | 泥盆纪 | | 泥岩，板岩 | | | | 324~2373 | 2.3~4 |
| 青海油田 | | | | | | | | |
| 新近系 | $Trh_3$ | | 泥岩，砂岩 | | | | 196~363 | 5~>6 |
| | $Trh_2$ | | 泥岩，砂岩 | | | | 324~755 | 2.1~>6 |
| 古近系 | $Trh_1$ | | 石灰岩，泥岩，砂岩 | | | | 628~2226 | 1.6~3.5 |
| 玉门油田 | | | | | | | | |
| 新近系 古近系 | 胳塘沟 | | 泥岩，砂岩 | | | | 186~392 | >6 |
| | 弓形山 | | 黏土，砂质泥岩 | | | | 402~922 | 1.8~4.8 |
| | 干油泉 | | 泥岩，砂质泥岩 | | | | 333~765 | 2.2~>6 |
| | 石油沟 | | 泥岩，砂质泥岩 | | | | 481~892 | 2.4~>6 |
| | 闻泉子 | | 砂岩 | | | | 157~216 | >6 |
| | 火烧沟 | | 泥岩 | | | | 951 | 1.9 |

注：由华东石油学院于1978年测定。

# 五、土壤与岩石性质

## 1. 土壤的安全抗压强度(附表4)

**附表4　土壤安全抗压强度**

| 土　壤　类　别 | 抗压强度/MPa |
|---|---|
| 须爆炸尚能挖出的页岩及中等岩石 | 0.9562～1.4318 |
| 以镐头不易挖动的胶结砂岩及砾岩 | 0.7649～0.9562 |
| 以镐头不易挖动的软岩石及崩散的矿石 | 0.4776～0.9562 |
| 以镐头能挖动的致密砂岩及砾岩 | 0.4776～0.5737 |
| 以镐头能挖动的硬黏土 | 0.3825～0.4776 |
| 粗砂岩及砾岩 | 0.3825～0.4776 |
| 松中、粗砂岩及细的致密砂岩 | 0.2864～0.3825 |
| 用铁锹可以挖动的中等黏土 | 0.1912～0.3825 |
| 细松砂岩 | 0.09611～0.1912 |
| 软黏土 | 0.1432 |

## 2. 岩石的抗扭破力(破碎压力)(附表5)

**附表5　岩石的抗扭破力(破碎压力)**

| 岩　石　名　称 | 岩石抗扭破力/MPa |
|---|---|
| 最硬质和黏结质石英 | 294.1995 |
| 最硬质和细粒花岗岩 | 235.3596 |
| 最硬花岗岩，辉绿岩，闪长石 | 215.7463 |
| 玄武岩，斑岩，角闪岩，花岗岩 | 196.133 |
| 片麻岩，黑花岗岩，玢岩 | 176.5197 |
| 最硬质石灰石和砂岩，片麻岩，黑花岗岩，粗粒石英 | 156.9064 |
| 最硬质砂岩，石灰石，最硬质黄铁矿和磁铁矿 | 137.2931 |
| 建筑用石灰石，玢岩，片麻岩，硬质结晶石灰石，最硬质页岩 | 117.6798 |
| 大理石，白云石，石灰石，黄铁矿，磁铁矿 | 98.0665 |
| 菱铁矿，石灰岩，砂岩 | 78.4532 |
| 砂质页岩，层状砂岩 | 58.8399 |
| 硬质粘土质页岩，层状砂岩 | 39.2266 |
| 煤 | 19.6133 |

## 3. 岩石强度关系(附表6)

**附表6　岩石强度关系**

| 岩石名称 | 相当于抗压强度的百分数/% | | |
|---|---|---|---|
| | 抗张强度 | 抗剪强度 | 抗挠强度 |
| 花岗岩 | 0.02~0.04 | 0.08 | 0.09 |
| 砂岩 | 0.02~0.05 | 0.08~0.2 | 0.01~0.12 |
| 石灰岩 | 0.04~0.1 | 0.08~0.1 | 0.5 |

## 4. 岩石摩擦系数(附表7)

**附表7　岩石摩擦系数**

| 岩石名称 | 摩擦系数 | 岩石名称 | 摩擦系数 |
|---|---|---|---|
| 铁质石英岩 | 0.35~0.45 | 石　灰　岩 | 0.25~0.35 |
| 花　岗　岩 | 0.30~0.40 | 泥　灰　岩 | 0.20~0.30 |
| 石英质砂岩 | 0.35~0.50 | 黏　　土 | 0.11~0.29 |

## 5. 标准岩样的物理机械性质及可钻性(附表8)

**附表8　标准岩样的物理机械性质及可钻性**

| 序号 | 名称 | 物理机械性质 | | | | 可钻性 |
|---|---|---|---|---|---|---|
| | | 密度/($g/cm^3$) | 抗压强度/MPa | 抗弯强度/MPa | 肖氏硬度/度 | 级值(等比分级) |
| 1 | 白云质大理岩 | 2.89 | 170 | 13.8 | 58.2 | 6.4 |
| 2 | 白云岩 | 2.88 | 117 | 11.1 | 52.8 | 6.4 |
| 3 | 汉白玉 | 2.87 | 153 | 18.8 | 42.4 | 6.8 |
| 4 | 大理岩 | 2.7 | 62 | 21.1 | 48.3 | 5.7 |
| 5 | 大理岩 | 2.69 | 68 | 13 | 48.7 | 5.8 |
| 6 | 蛇纹石化白云岩 | 2.86 | 209 | 38.8 | 44.3 | 6.6 |
| 7 | 花岗闪长岩 | 2.82 | 213 | 28.3 | 98.5 | 10.6 |
| 8 | 黑云母花岗岩 | 2.58 | 135 | 90.3 | 86.5 | 9.1 |

续表

| 序号 | 名称 | 物理机械性质 | | | | 可钻性 |
|---|---|---|---|---|---|---|
| | | 密度/(g/cm³) | 抗压强度/MPa | 抗弯强度/MPa | 肖氏硬度/度 | 级值(等比分级) |
| 9 | 辉长石 | 3.07 | 257 | 36.8 | 79.8 | 9 |
| 10 | 石灰岩 | 2.73 | 89 | 22.5 | 62.7 | 6.5 |
| 11 | 石灰岩 | 2.73 | 122 | 18.7 | 67 | 6.9 |
| 12 | 生物石灰岩 | 2.72 | 142 | 12.5 | 60.8 | 7.4 |
| 13 | 橄榄岩 | 2.65 | 92 | 15.9 | 44.2 | 6.2 |

注：可钻性试验条件是钻压 0.45kN，转速 60r/min，钻深 2.4mm，钻头直径 16mm，钻头用 16 片砂轮整形片装成。级值为上述条件下所钻时间(s)取以 2 为底的对数值。

## 六、渤海湾盆地古近纪沉积环境与气候环境(附表 9)

**附表 9　渤海湾盆地古近纪沉积环境与气候环境对应表**

| 年代与地层 | | | | 沉积环境 | 气候环境 |
|---|---|---|---|---|---|
| 古近纪 | | 东营组 | 一段 | 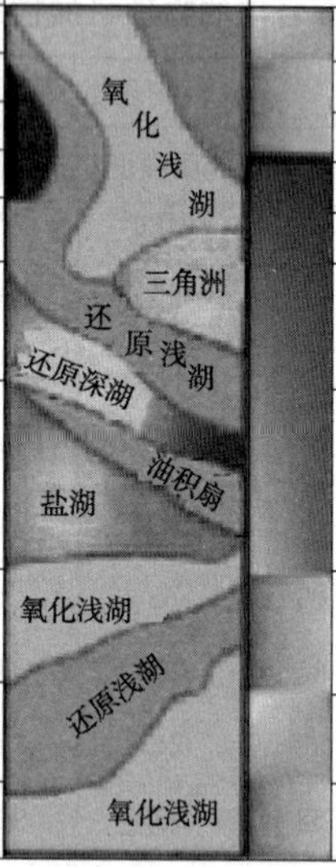 | 南亚热带型气候 |
| | | | 二段 | | 中亚雨季型气候 |
| | | | 三段 | | 中亚雨季型气候 |
| | | 沙河街组 | 一段 | | 北亚热带型气候 雨林 |
| | | | 二段 | | 北亚热带型气候 旱生灌木 草原 |
| | | | 三段 | | 北亚热带型气候 雨林 |
| | | | 四段 | | 北亚热带型气候 旱生灌木 草原 |
| | | 孔店组 | 一段 | | 中亚热带型气候 旱生灌木 草原 |
| | | | 二段 | | 南亚热带型气候 温带阔叶林 |
| | | | 三段 | | 中亚热带型气候 |

## 七、风速及风压(附表 10)

附表 10　风速及风压

| 风级 | 特征 | 地面征象 | 海面情况 | 8m 高度风速 |  | 风压/Pa |
|---|---|---|---|---|---|---|
|  |  |  |  | m/s | km/h |  |
| 0 | 完全无风 | 树叶不动，烟囱冒出的烟直升 | 无风无浪 | 0~0.5 | 0~1.8 | 0.294 |
| 1 | 轻风 | 树叶几乎不动，烟略有倾斜，风标不动 | 很平静 | 0.6~1.7 | 2~6 | 3.92 |
| 2 | 微风 | 树叶显著摇动并沙沙发响，旗帜开始飞动，人可感到有风流动 | 平静 | 1.8~3.3 | 7~12 | 13.73 |
| 3 | 弱风 | 细树枝摇动，旗帜展开，表面雪有轻度吹起 | 微浪 | 3.4~5.2 | 13~18 | 33.34 |
| 4 | 中等风 | 树枝摇动，能把灰尘扬起，降雪变为风雪 | 中等浪 | 5.3~7.4 | 19~26 | 67.67 |
| 5 | 速风大风 | 大树枝摇动，烟一出烟囱就被吹散 | 大浪 | 7.5~9.8 | 27~35 | 117.68 |
| 6 | 强风 | 粗树枝及小树干摇动，电线发出啸声 | 不平静 | 9.9~12.4 | 36~44 | 188.29 |
| 7 | 烈风 | 不大的树干摇动，大的树枝弯曲，行路增加困难 | 很不平静 | 12.5~15.2 | 45~54 | 282.43 |
| 8 | 极强的风 | 细树枝及干树叶折落，中等树木弯曲 | 弱风暴 | 15.3~18.2 | 55~65 | 406.00 |
| 9 | 暴风 | 大树折断，瓦由屋顶上飞起 | 风暴 | 18.3~21.5 | 66~77 | 566.82 |
| 10 | 强烈暴风 | 树木连根拔起，电杆折断，住房屋顶吹坏 | 强烈风暴 | 21.6~25.1 | 78~90 | 772.76 |
| 11 | 极强暴风 | 大的破坏 | 严重风暴 | 25.2~29 | 91~104 | 1029.70 |
| 12 | 飓风(台风) | 巨大的灾害，毁灭性的破坏 | 飓风(台风) | >29 | >104 | >1029.70 |

## 八、元素周期表(附表11)

附表11　元素周期表

原子序数 — 92 U — 元素符号，红色指放射性元素
元素名称 — 铀 — 外围电子层排布，括号指可能的电子层排布
注*的是人造元素 — $5f^36d^17s^2$
238.0 — 相对原子质量(加括号的数据为该放射性元素半衰期最长同位素的质量数)

非金属　金属　过滤元素

| 周期\族 | ⅠA 1 | | | | | | | | | | | | | | | | | 0 18 | 电子层 | 0族电子数 |
|---|---|---|---|---|---|---|---|---|---|---|---|---|---|---|---|---|---|---|---|---|
| 1 | 1 H 氢 $1s^1$ 1.008 | ⅡA 2 | | | | | | | | | | | ⅢA 13 | ⅣA 14 | ⅤA 15 | ⅥA 16 | ⅦA 17 | 2 He 氦 $1s^2$ 4.003 | K | 2 |
| 2 | 3 Li 锂 $2s^1$ 6.941 | 4 Be 铍 $2s^2$ 9.012 | | | | | | | | | | | 5 B 硼 $2s^22p^1$ 10.81 | 6 C 碳 $2s^22p^2$ 12.01 | 7 N 氮 $2s^22p^3$ 14.01 | 8 O 氧 $2s^22p^4$ 16.00 | 9 F 氟 $2s^22p^5$ 19.00 | 10 Ne 氖 $2s^22p^6$ 20.18 | L K | 8 2 |
| 3 | 11 Na 钠 $3s^1$ 22.99 | 12 Mg 镁 $3s^2$ 24.31 | ⅢB 3 | ⅣB 4 | ⅤB 5 | ⅥB 6 | ⅦB 7 | Ⅷ 8 | 9 | 10 | ⅠB 11 | ⅡB 12 | 13 Al 铝 $3s^23p^1$ 26.98 | 14 Si 硅 $3s^23p^2$ 28.09 | 15 P 磷 $3s^23p^3$ 30.97 | 16 S 硫 $3s^23p^4$ 32.06 | 17 Cl 氯 $3s^23p^5$ 35.45 | 18 Ar 氩 $3s^23p^6$ 39.95 | M L K | 8 8 2 |
| 4 | 19 K 钾 $4s^1$ 39.10 | 20 Ca 钙 $4s^2$ 40.08 | 21 Sc 钪 $3d^14s^2$ 44.96 | 22 Ti 钛 $3d^24s^2$ 47.87 | 23 V 钒 $3d^34s^2$ 5094 | 24 Cr 铬 $3d^54s^1$ 52.00 | 25 Mn 锰 $3d^54s^2$ 54.94 | 26 Fe 铁 $3d^64s^2$ 55.85 | 27 Co 钴 $3d^74s^2$ 58.93 | 28 Ni 镍 $3d^84s^2$ 58.69 | 29 Cu 铜 $3d^{10}4s^1$ 63.55 | 30 Zn 锌 $3d^{10}4s^2$ 65.41 | 31 Ga 镓 $4s^24p^1$ 69.72 | 32 Ge 锗 $4s^24p^2$ 72.64 | 33 As 砷 $4s^24p^3$ 74.92 | 34 Se 硒 $4s^24p^4$ 78.96 | 35 Br 溴 $4s^24p^5$ 79.90 | 36 Kr 氪 $4s^24p^6$ 83.80 | N M L K | 8 18 8 2 |
| 5 | 37 Rb 铷 $5s^1$ 85.47 | 38 Sr 锶 $5s^2$ 87.62 | 39 Y 钇 $4d^15s^2$ 88.91 | 40 Zr 锆 $4d^25s^2$ 91.22 | 41 Nb 铌 $4d^45s^1$ 92.91 | 42 Mo 钼 $4d^55s^1$ 95.94 | 43 Tc 锝 $4d^55s^2$ 〔98〕 | 44 Ru 钌 $4d^75s^1$ 101.1 | 45 Rh 铑 $4d^85s^1$ 102.9 | 46 Pd 钯 $4d^{10}$ 106.4 | 47 Ag 银 $4d^{10}5s^1$ 107.9 | 48 Cd 镉 $4d^{10}5s^2$ 112.4 | 49 In 铟 $5s^25p^1$ 114.8 | 50 Sn 锡 $5s^25p^2$ 118.7 | 51 Sb 锑 $5s^25p^3$ 121.8 | 52 Te 碲 $5s^25p^4$ 127.6 | 53 I 碘 $5s^25p^5$ 126.9 | 54 Xe 氙 $5s^25p^6$ 131.3 | O N M L K | 8 18 18 8 2 |
| 6 | 55 Cs 铯 $6s^1$ 132.9 | 56 Ba 钡 $6s^2$ 137.3 | 57~71 La~Lu 镧系 | 72 Hf 铪 $5d^26s^2$ 178.5 | 73 Ta 钽 $5d^36s^2$ 180.9 | 74 W 钨 $5d^46s^2$ 183.8 | 75 Re 铼 $5d^56s^2$ 186.2 | 76 Os 锇 $5d^66s^2$ 190.2 | 77 Ir 铱 $5d^76s^2$ 192.2 | 78 Pt 铂 $5d^96s^1$ 195.1 | 79 Au 金 $5d^{10}6s^1$ 197.0 | 80 Hg 汞 $5d^{10}6s^2$ 200.6 | 81 Tl 铊 $6s^26p^1$ 204.4 | 82 Pb 铅 $6s^26p^2$ 207.2 | 83 Bi 铋 $6s^26p^3$ 209.0 | 84 Po 钋 $6s^25p^4$ 〔209〕 | 85 At 砹 $6s^26p^5$ 〔210〕 | 86 Rn 氡 $6s^26p^6$ 〔222〕 | P O N M L K | 8 18 32 18 8 2 |
| 7 | 87 Fr 钫 $7s^1$ 〔223〕 | 88 Ra 镭 $7s^2$ 〔226〕 | 89~103 Ac~Lr 锕系 | 104 Rf 𬬻* $(6d^27s^2)$ 〔261〕 | 105 Db 𬭊* $(6d^37s^2)$ 〔262〕 | 106 Sg 𬭳* 〔264〕 | 107 Bh 𬭛* 〔264〕 | 108 Hs 𬭶* 〔277〕 | 109 Mt 鿏* 〔268〕 | 110 Ds 𫟼* 〔281〕 | 111 Rg 𬬭* 〔272〕 | 112Uub * 〔285〕 | …… | | | | | | | |

| | | | | | | | | | | | | | | | |
|---|---|---|---|---|---|---|---|---|---|---|---|---|---|---|---|
| 镧系 | 57 La 镧 $5d^16s^2$ 138.9 | 58 Ce 铈 $4f^15d^16s^2$ 140.1 | 59 Pr 镨 $4f^36s^2$ 140.9 | 60 Nd 钕 $4f^46s^2$ 144.2 | 61 Pm 钷 $4f^56s^2$ 〔145〕 | 62 Sm 钐 $4d^66s^2$ 150.4 | 63 Eu 铕 $4f^76s^2$ 152.0 | 64 Gd 钆 $4f^75d^16s^2$ 157.3 | 65 Tb 铽 $4d^96s^2$ 158.9 | 66 Dy 镝 $4d^{10}6s^2$ 162.5 | 67 Ho 钬 $4f^{11}6s^2$ 164.9 | 68 Er 铒 $4f^{12}6s^2$ 167.3 | 69 Tm 铥 $4f^{13}6s^2$ 168.9 | 70 Yb 镱 $4f^{14}6s^2$ 173.0 | 71 Lu 镥 $4f^{14}5d^16s^2$ 175.0 |
| 锕系 | 89 Ac 锕 $6d^17s^2$ 〔227〕 | 90 Th 钍 $6d^27s^2$ 232.0 | 91 Pa 镤 $5f^26d^17s^2$ 231.0 | 92 U 铀 $5f^36d^17s^2$ 238.0 | 93 Np 镎 $5f^46d^17s^2$ 〔237〕 | 94 Pu 钚 $5f^67s^2$ 〔244〕 | 95 Am 镅* $5f^77s^2$ 〔243〕 | 96 Cm 锔* $5f^76d^17s^2$ 〔247〕 | 97 Bk 锫* $5d^97s^2$ 〔247〕 | 98 Cf 锎* $5d^{10}7s^2$ 〔251〕 | 99 Es 锿* $5f^{11}7s^2$ 〔252〕 | 100 Fm 镄* $5f^{12}7s^2$ 〔257〕 | 101 Md 钔* $(5f^{13}7s^2)$ 〔258〕 | 102 No 锘* $(5f^{14}7s^2)$ 〔259〕 | 103 Lr 铹* $(5f^{14}6d^17s^2)$ 〔262〕 |

注：
相对原子质量录自2001年国际原子量表，并全部取4位有效数字。

人民教育出版社化学室

# 后　记

自2001年5月着手编写方案开始，至本次出版历时22年，连续出版发行了四版。多年以来，通过日积月累、不断更新、不断修订，每隔6年再版一次，保持了手册内容的最新状态，为广大使用者提供了一本可以信赖和依赖的工具用书。

首版发行之前，当时的工具书难以满足使用者的参阅需求。笔者1981年参加工作，到2001年的20年间，先后使用过原石油化学工业出版社于1978年出版的《钻井测试手册》、胜利油田钻井工程公司1987年编写的《钻井技术手册》、石油工业出版社1990年出版的《钻井手册(甲方)》、石油工业出版社1999年出版的《钻井工具手册》、科学技术出版社2000年出版的《钻采工具手册》等。尽管这些手册都发挥了重要作用，但内容不全、针对性差、没有及时更新等问题突出，已不能满足钻井技术发展的需要。

解决手册不适用问题，是编印这部手册的初衷，同时为全行业提供内容最全、最新、最准确的工具用书，也是胜利油田钻井技术人员的应有责任担当。面向钻井队工程师(技术员)、各级技术管理人员、科研院所以及院校相关人员，让广大钻井技术需求者有处可查、有据可依，并提高工作效率，达到我们编写目的。

编写伊始，思想上经历了长期的纠结和酝酿，因为手册是技术工作的“字典”，具有无可替代的作用。但能否及时成书、能否达到应有的水平，有很大的心理压力。现在想来，一本手册能够始终跟踪技术进展，连续不间断进行更新再版，始终保持同类书籍的领先和先进水平，实属不易！之所以能够坚持下来，是因为这项工作意义非凡，需要极强的责任心和事业心驱使，也需要顽强的毅力和恒心，更需要付出努力和艰辛。

编写本手册，没有成立编委会和编写组等组织机构，所有起草人员都是从事相应工作的在职技术骨干或负责人，对手册需要纳入的内容很清晰，并掌握了大量的宝贵素材。参编人员日常工作都很繁忙，额外承担该项工作更加辛苦，但基于对这项工作重要性和急迫性的认知，大家都排除万难、加班加点，善始善终、保质保量完成了起草编写工作。在此，对同志们的艰辛付出深表谢意！

由于手册内容多，篇幅大，参加的编写人员多。从第一版至第四版，参加编写人员(次)157 人，见附表。其中参与了两版编写的人员 23 人，参与了三版编写的人员 8 人，张桂林、张延明、史桂云、张连涛、吴仲华等 5 人参与了第一版至第四版所有版次的编写。

手册的主要功能在于查询应用，其先进性、正确性直接影响技术决策和实施，技术要求很高。出版社依据原稿精编精校，确保手册内容准确无误。同时考虑钻井队现场的使用环境差，查阅频繁，在封装质量、封面材质等方面都进行了精心策划，使该手册成为精品出版物。邓敦夏任责任编辑两版，程天阁连续四版一直任责任编辑，保证了该手册的连续性和高水平出版。

基于编印质量和发行应用效果，该书曾获得 2012 年中国石油和化学工业出版物奖(图书奖)一等奖。作为一种专业手册实属难能可贵，既是对这项工作的肯定，也是对大家辛勤付出的一种认可！

关于本手册，希望能不断得到修订更新、延续再版，能一直为钻井技术人员提供可靠依据与支撑。但鉴于本人已退休，若仍按 6 年再版一次的时间间隔，到再修订时已 70 岁有余，虽然深感责任在肩也万般不舍，但再亲自组织修订恐已力不从心。因此，在参阅者中有这方面意向的专业技术人员，可以考虑任主编承接全版的修订工作并延续下去，我将给予全力支持！

祝愿这部手册常修常新保持应有活力，始终受到使用者的信赖与喜爱。祝愿这部手册作为钻井技术工作者的“伙伴”，为钻井技术进步发挥更大作用！

**编写人员表**

| 版次<br>章序 | 第一版 | 第二版 | 第三版 | 第四版 | |
|---|---|---|---|---|---|
| 第一章 | 张延明<br>闫振来<br>高兴坤 | 张延明<br>闫振来<br>刘晓兰<br>张桂林 | 刘晓兰<br>张桂林<br>张延明 | 彭　烨<br>毛洪伟 | 原第五章 |
| 第二章 | 曾　光<br>张以华<br>孙献蔚 | 张以华<br>张士华 | 张以华<br>蒙占彬 | 刘光磊<br>张桂林 | 原第三章 |
| 第三章 | 黄　成<br>于建军 | 于建军<br>欧阳兰<br>周国清<br>张桂林 | 刘光磊<br>欧阳岚<br>张桂林<br>张海峰 | 张连涛<br>蔡文军 | 原第四章 |
| 第四章 | 陈　伟<br>张连涛 | 陈　伟<br>张连涛 | 陈　伟<br>张连涛 | 王智锋<br>孙　在 | 原第十三章 |
| 第五章 | 孙明光 | 孙明光<br>彭　烨 | 彭　烨<br>温林荣 | 孟祥卿<br>初新杰<br>乔建华 | 原第二章 |
| 第六章 | 史桂云 | 史桂云<br>张桂林<br>姜兰其 | 史桂云<br>张桂林<br>姜兰其 | 史桂云<br>张桂林 | |
| 第七章 | 史桂云 | 史桂云 | 史桂云 | 张晓林<br>孙　鹏 | 原第十二章 |
| 第八章 | 张桂林<br>袁　强<br>杨德京 | 张桂林<br>韩兴伟<br>杨德京 | 张桂林<br>韩兴伟<br>杨德京 | 杨利强<br>宋荣荣<br>张桂林 | |
| 第九章 | 杨启贞<br>张明昌<br>张　伟 | 杨启贞<br>张宏军<br>李绍晨 | 杨启贞<br>张宏军<br>李绍晨<br>张建国 | 郭保雨<br>王旭东 | 原第十一章 |
| 第十章 | 许俊良 | 许俊良 | 许俊良<br>裴学良<br>司英晖 | 刘　峰 | |

续表

| 版次<br>章序 | 第一版 | 第二版 | 第三版 | 第四版 | |
|---|---|---|---|---|---|
| 第十一章 | 范坤模<br>李振学 | 何兴贵<br>唐代绪<br>郭保雨<br>严　波 | 何兴贵<br>刘振东<br>郭保雨<br>严　波 | 吴仲华<br>陈忠帅 | 原第十五章 |
| 第十二章 | 王升廷<br>孙文胜<br>秦利民<br>赵金华 | 秦利民<br>刘　华 | 刘玉榜<br>张晓林 | 马国良<br>史桂云<br>黄　磊 | 原第七章 |
| 第十三章 | 杨东亮<br>王国良<br>张伟超 | 杨东亮<br>王国良<br>张伟超 | 杨东亮<br>白　涛 | 牛步青<br>郑振兴 | 原第三章 |
| 第十四章 | 张连涛<br>吕维华 | 吕维华<br>张连涛 | 冯相尧<br>张桂林 | 李延伟<br>邓　杰 | 原第九章 |
| 第十五章 | 马清明<br>温林荣<br>徐希良<br>吴仲华 | 吴仲华<br>温林荣<br>裴学良<br>宿振国 | 吴仲华<br>温林荣<br>裴学良<br>宿振国 | 冯相尧<br>张桂林 | 原第十四章 |
| 第十六章 | 刘　奇<br>潘信阳<br>王汝卿<br>王　舒 | 刘　奇<br>刘顺吉 | 曲　忭<br>刘晓兰<br>杨　军 | 张延明<br>隋　梅<br>张桂林 | 原第一章 |
| 第十七章 | | | | 刘佑云<br>曲　忭 | 原第十六章 |
| 附录 | | | | 张桂林<br>邓美寅 | 原第十六章 |
| 主编 | 赵金洲<br>张桂林 | 赵金洲<br>张桂林 | 张桂林 | 张桂林 | |
| 初审 | 蒋希文<br>蒲健康<br>丛祥生 | | | | |
| 责任编辑 | 邓敦夏<br>程天阁 | 邓敦夏<br>程天阁 | 程天阁 | 程天阁<br>陈　庆 | |
| 人数合计 | 43 | 40 | 40 | 34 | |